離散時間訊號處理

Discrete-Time Signal Processing

Alan V. Oppenheim · Ronald W. Schafer 著

陳常侃 · 王鵬華 · 丁建均 譯

（依姓氏筆畫排列）

台灣培生教育出版股份有限公司

Pearson Education Taiwan Ltd.

目錄

前言

本書《離散時間訊號處理》第三版（Discrete-Time Signal Processing）主要改寫自我們於 1975 年出版的《數位訊號處理》（Digital Signal Processing）一書。當時數位訊號處理這個領域才剛開始發跡，而本書即搭上了這班順風車成爲一本成功的教科書。當時關於數位訊號處理這個主題在學界被當成是研究所層級的課程來教授，且只有極爲少數的學校有開設相關的課程。而我們在 1975 出版的《離散時間訊號處理》第一版主要就是針對當時的課程要求來做設計的，於此之後，本書便一直不斷再版並被美國與國際許多大學院校廣泛採用。

到了 1980 年代，訊號處理的研究、應用與實作技術讓數位訊號處理（digital signal processing, DSP）的可實現性更加明朗化，並且超出在 1970 年代學術界對於此領域未來潛力的預期。爲了因應數位訊號處理研究上的重要性與快速成長，本書不斷改版與推陳出新。我們在規劃改版的期間中，發現此主題教學須要改變的內容不論在領域、層級與風格上，份量之大甚至於足夠我們完全推出一本全新的書籍。雖然新版的內容當然大抵還是基於原版作編寫，但是內容已經和第一版有很大不同，以至於我們推出新版後第一版仍然有繼續再版的價值。於是我們把這本於 1989 年改版後的新書命題名爲《離散時間訊號處理》（Discrete-Time Signal Processing），藉此強調本書中所介紹與討論到的數位訊號處理理論與設計技術無論是數位或類比部分，大體而言是應用在離散時間系統（discrete-time system）上。

在離散時間訊號處理一書的撰寫期間中，我們觀察到關於數位訊號處理的基礎原理在大學層級的課程就已經很常被拿來當作教材，有時甚至被列入離散時間線性系統（discrete-time linear systems）第一堂課的部分課程內容。不過大抵而言，這些課程內容多數還是大學三年級、四年級，或者是研究所的初級課程才會有較多機會涉略到。因此，我們認爲該主題應更進一步推廣並涵蓋更多層面，諸如線性系統（linear system）、取樣定理（sampling）、多速率訊號處理與應用（multirate signal processing and application）以及頻譜分析（spectral analysis）等。除此之外，我們在書中許多章節導入了很多新的範例以對讀者強調和闡明重要的相關概念。本書附有超過 400 題的習題，而每個相關的範例和作業習題我們也依照重要性做過適當的安排與規劃。

該領域在理論與應用上不斷逐步成熟與發展，儘管在理論基礎部分大體而言還是維持一致，但在強調的主題與教學方面已經有了許多變更。於是，我們在 1999 年推出了第二版的《離散時間訊號處理》。相較於第一版，第二版當中做了很多調整讓離散時間訊號處理這個科目能讓學生與實習工程師更爲容易學習與了解，且不捨棄一些我們認爲在該領域的重要觀念。

而在這本第三版的《離散時間訊號處理》，則主要基於第二版進一步修改，主要呼應數位訊號處理這個主題教學方針的改變以及大學部與第一年研究所層級典型相關課程所包含範疇的轉變。新版中維持了許多舊版的傳統，諸如強調各主題能讓同學更容易吸收、練習工程學上的實際應用、著眼基礎理論廣泛的可應用性等等。而新版的離散時間訊號處理一書最大的特色，在於我們導入並且擴充更多進階的主題，這些進階主題現今此領域被認爲是重要且須要進一步了解的部分，能讓讀者能更有效率進入狀況。在第二版時我們針對每一個章節已經做過相當幅度的審視與修改，我們加入了一個全新的章節，而原本在第一版中的其中一個章節我們也做過大幅度的翻修與調整。

在我們持續使用第二版當作教材教授十餘年的這段期間裡，我們也不斷爲作業練習與考題建立很多新的習題。同樣的，我們新設計了很多範例和作業習題，並從中選出最好的 130 題放在這本第三版當中，加上原有的題目，本書總共有超過 700 題的習題。

如同本書早期的版本，我們都假設讀者們都已經具備有高等微積分背景，且熟悉複數與複變數。至於連續時間訊號、拉普拉斯轉換和傅立葉轉換等線性系統理論，在大部分電機工程科系和機械工程科系的大學部都是屬於基礎必修課程，也是了解本書須要的基礎知識。而現在離散時間訊號與系統、離散時間傅立葉轉換、連續時間訊號的離散時間處理等等主題於現在很多大學部課程中越來越普遍。

根據我們以往在大學部高年級與研究所教授離散時間訊號處理的經驗，先完整複習過一些相關基礎能幫助學生更順利銜接至更高階的主題，讓同學們能夠具備更爲穩固的基礎並熟悉在本書和課程當中會一直使用到的符號與表示方法。對於一般大學部低年級初次接觸到離散時間訊號處理的學生，同學們主要學習如何去做相關的數學運算與推導，但在本書新版中，我們的著眼點在讓同學們更深刻理解一些重要的基礎觀念。因此，在本書當中我們還是於前五章涉及較基礎的主題，並增加了很多新範例和更廣泛的討論。在這五章中部分的後面小節當中，我們假設讀者們已經具備有隨機訊號的基本背景，所以導入了一些像量化雜訊等等的議題，而這些基礎背景知識回顧的小節我們放在第 2 章和附錄 A 當中。

在過去十多年中數位訊號處理這個主題的教學已經有重要且大幅度的轉變，一些套裝軟體像是 MATLAB、LabVIEW 和 Mathematica 的出現和廣泛使用，提供了學生們互動式與自己動手操作的經驗。這些套裝軟體可得性與容易操作的特性讓讀者們更能把離散時間訊號處理基礎的觀念和數學理論作結合，並有機會實際接觸到真實訊號和真實時間系統。這些套裝軟體都附有相當完整的說明文件、完善的技術支援以及優良的使用者介面，讓學生們更容易快速了解軟體的使用，並且放更多的心思在理論的學習上而不偏離原本學習的目標。目前很多大專院校的訊號處理課程中都設計了許多專題和作業，並讓同學們能夠使用這些套裝軟體來完成。當然這些專題與作業都必須要有妥善的規劃，藉由強調觀念性、參數設定、以及其他重點的實驗以強化學生的學習效益，而非只是單純照本宣科的實驗或紙上作業。令人感到振奮的是，這些功能強大的套裝軟體只要安裝在同學們的個人電腦與筆記型電腦當中，人人就可以很輕易的擁有最先進實驗室和器材來體驗離散時間訊號處理觀念與系統實作的奧妙之處。

本書的所有教材都經過適當組織與規劃，不論是大學部或者是研究所層級的課程都提供了相當多使用上的彈性。針對一般大學部單學期的課程，建議選擇：第 2 章 2.0 到 2.9 節、第 3 章、第 4 章 4.0 到 4.6 節、第 5 章 5.0 到 5.3 節、第 6 章 6.0 到 6.5 節、第 7 章 7.0 到 7.3 節、以及簡單介紹 7.4 到 7.6 節。如果學生過去在修習訊號與系統時已經學習過離散訊號與系統了，那麼第 2 章、第 3 章、第 4 章等章節就可以快速瀏覽過去，以保留更多時間來講解第 8 章的部分。如果是針對研究所一年級或者更高年級選修課程，則建議可以更進一步和涵蓋第 5 章剩下的小節，以及第 4 章剩下的小節，其中 4.7 節主要是討論多速率訊號處理、4.8 節主要介紹一些量化的相關議題、4.9 節主要介紹 A/D 和 D/A 轉換中的雜訊整形。此外在研究所一年級課程中，我們也建議含括介紹量化議題的 6.6 到 6.9 小節、探討最佳 FIR 濾波器的 7.7 到 7.9 小節、完整介紹離散傅立葉轉換（discrete Fourier transform）的第 8 章、以及介紹離散傅立葉轉換快速演算法或一般稱爲快速傅立葉轉換（fast Fourier transform, FFT）的第 9 章。有關離散傅立葉轉換的介紹和討論建議可以輔以第 10 章的範例。至於針對研究所雙學期的課程，整本書的內容包含新章節像是第 11 章參數訊號模型（parametric signal modeling）以及第 13 章倒頻譜（cepstrum）還有其他許多進階的主題都可以納入教材。在全部的章節當中，每章最後面的習題都可輔以或不輔以電腦來完成。

在本前言剩下的篇幅中，我們會針對每個章節做總覽，並強調在第三版當中我們做了哪些重大的修改。

在第 2 章當中，我們介紹了離散時間訊號與系統的基本類別並定義了一些基本的系統特性，諸如線性（linearity）、非時變形（time invariant）、穩定性（stability）、因果律（causality）等。本書主要著眼於線性非時變系統（linear time-invariant system）上，因其具有很多相對應且可運用的工具供我們設計與分析這種類別的系統。除此之外，第 2 章我們藉由旋積和（convolution sum）發展出線性非時變系統的時域表示法，並討論藉由常係數線性差分方程式（linear constant-coefficient difference equation）表示之線性非時變系統的類別。在第 6 章時我們會更加詳細介紹建立這種系統的模型。同樣地，在第 2 章中我們會討論如何藉由離散時間傅立葉轉換（discrete-time Fourier transform）來建立離散時間訊號與系統的頻域表示法。第 2 章主要著眼點在如何使用離散時間傅立葉轉換來表示一連串的訊號序列，像是複指數的線性組合，以及離散時間傅立葉轉換基本性質的建立等等。

在第 3 章當中，我們建立了所謂的 z 轉換（z-transform），其爲傅立葉轉換更一般化的形式。本章主要著眼於建立 z 轉換的基本理論和特性，以及逆 z 轉換（inverse z-transform）的一些方法，像是部分等式展開法（partial fraction expansion method）等。而在第三版當中，我們新增了一個小節來討論單邊 z 轉換（unilateral z-transform）。在第 5 章裡，我們於第 2 章和第 3 章所建立的理論會被延伸應用來討論線性非時變系統的表示與分析。雖然第 2 章和第 3 章的教材對很多學生而言可能看似是在複習，但大部分導論性質的訊號與系統課程當中，其實都不及本書這兩章節所涵蓋內容的深度和廣度。除此之外，此兩章所建立的符號在本書中會一直重複使用，所以我們建議同學們儘可能仔細研讀第 2 章和第 3 章，往後對於離散時間訊號處理基礎的學習和理解才會更具有信心。

第 4 章的部分，我們主要討論當離散時間訊號主要是由週期取樣連續時間訊號而來時，連續時間訊號與離散時間訊號會有什麼樣的關係性，其中也包含 Nyquist 取樣定理的建立。除此之外，我們也討論離散時間訊號的升頻（upsampling）和降頻（downsampling），其有諸多應用方式，比如說多速率訊號處理系統以及取樣率的轉換。本章總結了一些實際應用上議題的討論，從連續時間到離散時間訊號轉換中的前置濾波避免疊頻現象（prefiltering to avoid aliasing）、如何建立將離散時間訊號以數位化表示之振幅量化模型、運用超取樣（oversampling）來簡化 A/D 與 D/A 的轉換處理。在第三版當中，我們新導入了一些量化雜訊模擬的實例、運用 Spline 設計內插濾波器、以及多階內插法（multi-stage interpolation）與雙通道多速率濾波器（two-channel multi-rate filter banks）等的討論。

在第 5 章中，我們應用前面幾章所建立的觀念來深入學習線性非時變系統的特性。我們定義了理想的選頻濾波器（frequency-selective filter），並藉由常係數線性差分方程式爲系統建立系統函數和極點零點表示法，這種類別的系統實作在第 6 章裡會有更詳細的討論。同樣在第 5 章，我們定義與討論所謂的群延遲（group delay）、相位響應（phase response）、相位失真（phase distortion）、以及系統強度響應（magnitude response）和相位響應（phase response）的關係性，並討論最小相位（minimum-phase）、全通（allpass）以及一般化的線性相位系統。第三版中的改變包含相位延遲與衰減效應的新實例，同樣的我們也把這些實例放在專屬網站中以供讀者做互動式實驗。

在第 6 章中，我們特別將重點放在如何使用常係數線性差分方程式來表示系統，並藉由區塊圖和線性訊號流程圖來建立他們的表示法。本章的內容大部分涉及各種重要系統架構的建立，並比較各種系統的差異性，而濾波器的架構和離散時間系統的實現有很密切的關係，濾波器係數的非精準度和算數誤差都會受到所使用的濾波器架構影響。數位與離散時間類比系統的實現法非常相似，但在本章中我們主要探討濾波器係數量化和算數化整雜訊（arithmetic roundoff noise）在實現上對於數位濾波器的影響與效應。在新版中，我們增加了一個新的小節來詳細討論運用在實現常係數線性差分方程式的 FIR 和 IIR 線性格狀濾波器。在第 6 章和隨後的第 11 章我們會討論到，因爲其所需的性質這種類別的濾波器在非常多的實際應用上已經變得極度重要。在很多書籍和論文中，格狀濾波器在線性預測分析和訊號模型的重要性常常被討論。然而，使用 FIR 和 IIR 濾波器之格狀實現的重要性和差分方程式如何實作是完全獨立的兩回事，比如說在第 7 章我們會提到，差分方程式的實現可以使用一些濾波器的設計技巧來達成，或在第 11 章我們會介紹到參數訊號模型，以及諸多方法都可以運用在實作線性差分方程式在這方面的用途上。

在第 6 章介紹完常係數線性差分方程式的表示法和實作之後，在第 7 章我們將進一步討論如何獲得線性差分方程式的係數來近似我們所要求的系統響應。我們把設計技巧分成無限脈衝響應濾波器（infinite impulse response, IIR）和有限脈衝響應濾波器（finite impulse response, FIR）兩種，而新的 IIR 濾波器設計的範例可提供我們對不同近似技巧的一些迥異觀點。新的濾波器設計範例爲內插提供了比較 IIR 和 FIR 濾波器在實際設定上的基礎。

在連續時間線性系統理論中，傅立葉轉換爲表示訊號與系統的主要工具。相較之下，在離散時間的例子當中，許多訊號處理系統和演算法都須要用傅立葉轉換來進行實際運算。定義裡的連續傅立葉轉換本身無法做數位運算實現，但其簡化的版本，或者一般我們稱作是離散傅立葉轉換（discrete Fourier transform, DFT）被提出來解決實現上的問題，主要設計給有限長度的離散訊號且其爲訊號的完整傅立葉表示法。在第 8 章，我們會針對離散傅立葉轉換（DFT）的性質作介紹，並詳細討論其和離散時間傅立葉轉換（DTFT）的相關性。在本章當中，我們也介紹了所謂的離散餘弦轉換（discrete cosine transform, DCT），此種轉換在當今的音訊和視訊壓縮上等應用上都扮演著非常重要的角色。

在第 9 章，我們會介紹與討論用來計算與實現 DFT 的各種重要演算法，其中包含了 Goertzel 演算法、快速傅立葉轉換演算法（fast Fourier transform, FFT）以及啾聲轉換（chirp transform）。在第三版裡，我們藉由第 4 章介紹到一些基本的升頻和降頻運算來提供讀者們一些 FFT 演算法推導上的額外觀點。同樣在本章當中會討論到，技術的演進已經大幅改變以往我們評估訊號處理演算法效益的方式。在我們於 1970 年推出的第一版時，電腦無論是記憶體或是算術運算（乘法和浮點數加法運算）都非常昂貴，而當時演算法的效益主要就是藉由使用了多少記憶體和算術運算的資源來加以評估。而在第三版推出的現在，藉由增加記憶體來達成訊號處理演算法實作上加速與降低功率消耗的要求已經變成很普遍的方式。運用類似的方式，所謂的多核心處理平台（multi-core platform）被提出之後，也導致平行處理演算法實現的出現並更進一步提高了運算上的複雜度。現今在演算法的架構實現的選擇上，資料交換所需的時脈週期（cycle）、晶片的上各種運算單元的溝通、以及功率消耗已經變成我們主要的考量。所以在第 9 章中我們會討論到，儘管 FFT 所須要的乘法數要比起 Goertzel 演算法或者是直接的 DFT 實現更有效率，但當我們的主要考量延伸到處理器運算與溝通所須要的時脈週期時，Goertzel 演算法或者是直接的 DFT 實現可能比起 FFT 能達到更高度的平行化（Parallelized），在這種情況發生時 FFT 或許就不再是最有效率的選擇。

有了前面九個章節的基礎當背景，尤其是第 2 章、第 3 章、第 5 章和第 8 章，我們在第 10 章當中將著眼於使用 DFT 來對訊號作傅立葉分析。在沒有非常了解連續時間傅立葉轉換（continuous-time Fourier transform）、DTFT、DFT 這幾種轉換之間差異性的情況下，就冒然直接使用 DFT 來分析實際的訊號通常會造成學習者很大的混亂和誤解，所以在第 10 章中我們會特別針對這些議題做強調。除此之外，我們也將詳述藉由時間相關傅立葉轉換（time-dependent Fourier transform）來對擁有時變特性的訊號做傅立葉分析等議題。而本章中，第三版新增了關於濾波器組分析（filter bank analysis）像是 MPEG 濾波器組的詳細討論，而新的範例有描述視窗長度影響的啾聲（chirp）訊號之時間相關傅立葉分析（time-dependent Fourier analysis），以及量化雜訊分析的細部模擬等等。

第 11 章是在第三版中完全新加的章節，主要涉及參數訊號模型（Parametric Signal Modeling）等議題。一開始我們會介紹以 LTI 系統輸出來表示訊號的基本觀念，接著我們會介紹如何利用線性方程組的解來獲得訊號模型的參數，至於計算的細節像是如何設置與解方程組等等，我們主要藉由範例來做介紹。在此我們會特別強調一種名為 Levinson-Durbin 求解演算法的特殊方法，以及由此演算法細節所獲得的解之諸多性質，像是格狀濾波器的解釋即為一例。

第 12 章主要討論離散希爾伯特轉換（Hilbert transform），此種轉換有很多實際上的應用，像是反濾波（inverse filtering）、實數帶通訊號（real bandpass signal）的複數表示法、單邊頻帶調變技術（single-sideband modulation）、以及許多其他未提及的諸多應用。隨著通訊系統的複雜度與精細度越來越高，以及大量高效率寬頻（wide-band）與多頻（multi-band）連續時間訊號的取樣法被提出，對於希爾伯特轉換的了解越來越形重要。在第 13 章裡，希爾伯特轉換將在倒頻譜（cepstrum）的討論上扮演一個非常重要的角色。

我們於 1975 年推出的數位訊號處理和在 1989 年推出的第一版《離散時間訊號處理》都將倒頻譜分析和同態解旋積（homomorphic deconvolution）視為非線性技術。這些技巧都扮演者越來越重要的角色，且在現今被廣泛應用在語音編碼（speech coding）、語音和語者辨識（speech and speaker recognition）、地理學資料分析（analysis of geophysical data）、醫學影像資料分析（analysis of medical imaging data）、以及其他諸多關於解旋積的應用。在第三版中，我們運用更多的討論和範例來介紹這些相關的主題。本章包含了倒頻譜定義和性質的詳細分析和討論，並介紹各種倒頻譜的計算方法，像是以多項式根爲基礎來計算倒頻譜的新技巧等。第 13 章的教材提供了讀者們關於前面章節的一些新觀點，像是越來越形重要的非線性訊號方程組分析技巧，便可以提供線性訊號相同類型分析技巧上面一些新的切入點。本章中我們導入了很多新的範例來描述同態濾波在解旋積上的使用。

我們期望這本新書可以使用在我們的教學上，也希望我們的教師及同學們能夠從中獲益。訊號處理與離散時間訊號處理在各種層面上都富有廣大的實用性，而我們預期將來這個領域還會繼續逐步演進，產生更多讓人驚艷的研究成果和應用。

Alan V. Oppenheim

Ronald W. Schafer

CHAPTER

01

簡介

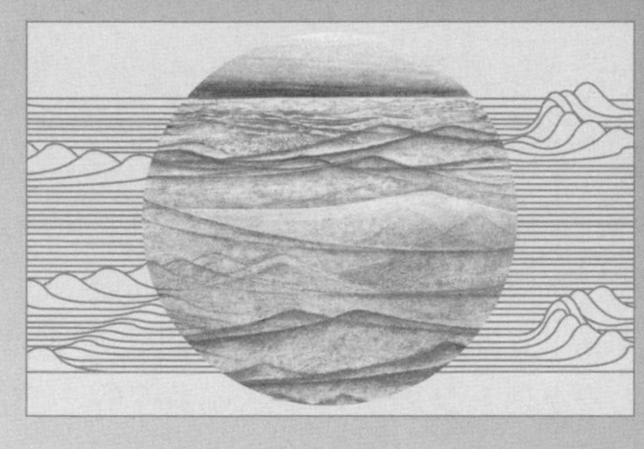

訊號處理豐富的歷史性和未來發展性主要導因自越來越複雜的應用、新理論的發展，與不斷出現的新硬體架構與平台之間的強力交互作用。訊號處理的影響可說是無遠弗屆，包含了娛樂、通訊、太空探勘、醫學、考古學、地理學等等。訊號處理演算法與硬體普及於各種不同的系統當中，從高階的特製化軍事系統、工業應用到低階的高品質消費性電子等等，都可見其芳蹤。儘管我們常把常見多媒體系統的高效能視爲理所當然，但一些高解析度視訊、高傳真音訊及互動式遊戲等，都是建構在最尖端工藝技術的訊號處理技術上。而當今非常普及的個人行動電話，其核心也都是架構在精密的數位訊號處理器上。MPEG 視訊與音訊及 JPEG 影像資料壓縮標準中，也大量運用了很多本書中介紹到的訊號處理原理與技術。高密度資料儲存裝置與新的固態記憶體也應用到訊號處理技術來提供穩定性、持久性與其他耐久層面的特性。當我們展望未來，可以很清楚看到訊號處理所扮演的角色不斷在擴張，驅動了更多通訊、電腦、以及訊號處理在消費性電子領域以及高階工業與政府上的應用。

多元應用的成長與對更加精密演算法的要求都隨著訊號處理系統裝置技術快速發展。根據估計，儘管摩爾定律似乎已經快要到達極限，特殊應用的訊號微處理器與個人電腦的處理效能仍然每十年以一定的級數在上升。很明顯的，訊號處理扮演角色的重要性在未來仍然會以穩定的速度持續成長。

訊號處理技術主要希望能夠針對訊號與其挾帶資訊作表示、轉換與各種運算處理，舉例來說，我們可能希望把原本經過一些處理如加法、乘法或者旋積後而結合起來的訊號重新分解多兩筆或者更多筆的訊號，又比如說我們可能想要加強某些訊號的成分或者估測訊號模型的一些參數等等。在通訊系統中，在把訊號送入通道之前我們常常會須要做一些前處理像是調變、訊號檢查、以及壓縮等等，接著在接收端的部分我們可能會對訊號做一些後處理將訊號還原。在 1960 年以前，這種訊號處理的技術大部分都是建立在連續時間的類比系統上面。之後，隨著數位電腦、微處理器、低成本類比轉數位（A/D）與數位轉類比（D/A）晶片的快速演進，訊號處理的技術逐漸由類比轉移到數位技術上。這些技術的發展已經被很多重要的理論演進所強化，例如快速傅立葉轉換演算法（FFT）、參數訊號模型、多速率技術、多相位濾波器實現以及新的訊號表示法像是小波轉換等。這邊再提一個類比過渡到數位的例子，類比無線電通訊系統現在已經演變爲可組態的「軟體無線電傳輸」，其實現上幾乎可以全部以數位運算的方式來完成。

離散時間訊號處理主要是在處理以整數爲索引值的數列，而非連續時間且獨立變數的函數。而在數位訊號處理當中，訊號主要是以具有有限精準度的數列表示而成，而其所有的處理都是藉由數位的運算來實現。而更一般化的名詞 —「離散時間訊號處理」即包含了前面提到的數位訊號處理，亦即數位訊號處理只是離散時間訊號處理的一個特例，而離散時間訊號處理中即包含了樣本序列（取樣資料）可以被其他離散時間技術處理的可能性。一般而言，分辨離散時間訊號處理和數位訊號處理這兩個術語的定義其實並不是那麼重要，因兩者其實都是在處理離散時間的訊號，尤其當我們的運算單元具有很高的精準度時，兩者的差異性往往不是那麼明顯。雖然一般我們要處理的訊號大部分都是離散的序列，但大部分的應用都涵括使用離散時間的技術來處理源自於連續時間的訊號。在這個情形下，連續時間訊號一般都會先轉換成離散的取樣序列，比如說離散時間訊號。事實上，數位訊號處理之所以能夠產生很多重要應用的原因之一，即是由於基於各種不同量化雜訊整形的低成本 A/D 與 D/A 轉換器晶片的發展。在經過離散時間訊號處理後，輸出的訊號序列會轉回原本的連續時間訊號，而即時處理在這樣的系統通常是必須的。隨著電腦的運算速度加快，連續時間訊號的即時離散時間處理在通訊系統、雷達、聲納、語音和視訊編碼與增強，甚至於生醫工程及其他許多廣泛的應用已經變得越來越普遍。當然非即時的應用也是所在多有，像是光碟機及 MP3 播放器即是，我們稱其爲非對稱式系統，這種系統中輸入訊號只會進行一次的處理，而第一次的處理可能是即時的、略低於即時或者甚至是遠快於即時。經過處理後的輸入訊號會被儲存起來（存於光碟片或者固態記憶體中），而當我們想要聆聽音樂時，即會對訊號進行即時重建把音樂訊號還原。光碟片與 MP3 的儲存與播放系統所根據的即是在本書當中我們會介紹到的諸多訊號處理概念。

財務工程是另一個快速發展且整合大量數位訊號處理概念與技術的新興領域。有效率的建模、預測和過濾經濟資料可以大幅改善經濟效能與穩定性。舉例來說，投資組合管理即使用了大量且精密的訊號處理技術，因即使是很小幅度的訊號可預測性或可訊雜比（Signal-to-noise Ratio）提升，都可能造成經濟效能非常大幅度的提升。

訊號處理另一個重要的領域是訊號的解釋（Signal Interpretation），其主要目標是希望獲得輸入訊號的一些特徵。比如說，在語音辨識與分析系統中主要的目標爲闡明輸入訊號或從中萃取一些資訊。一般而言，這種系統會先進行一些數位前處理（濾波、參數估測或其他處理），其後標型辨識系統會產生一些符號表示，像是語音的聲韻轉譯。此種符號輸出可以接著當成以規則爲基礎之專家系統（Rule-based Expert System）等符號處理系統的輸入以產生訊號最終的解釋。

目前仍然有些相關的新種訊號處理技術，像是訊號處理表示式的符號運算，這種處理技術在訊號處理工作站或者電腦輔助設計訊號處理系統中具有很大的發展潛能。在此種類別的處理技術中，訊號與系統被表示和處理爲摘要資料物件（Abstract Data Object）。物件導向程式語言提供了操作訊號、系統以及未明確求取表示之訊號序列一方便環境。此種訊號表示處理序統的精密度會直接受到基礎訊號處理概念、理論、特性所影響，而這些即是本書的主要基礎。舉例來說，訊號處理環境整合了時域旋積等效於頻域乘積的特性，並以此發展出各種不同排列方式的濾波器架構，其可直接使用離散傅立葉轉換及快速傅立葉轉換來達成。同樣的，取樣率與疊頻現象的關係性可以讓濾波器實現中的抽點與內插運算使用上更有效率。相同的概念目前也正被運用來探索網路環境中訊號處理技術的實現，在此種環境下，資料可以被標記上一個運算處理所需的高階標籤，而實現方式的細節則根據該網路可以獲得的資源來做動態性的調整。

很多本書中所討論到的觀念和設計技巧現在也被整合到很多精密的軟體系統當中，像是 MATLAB、Simulink、Mathematica 以及 LabVIEW 等。在這諸多例子當中，離散時間訊號得以在電腦中被獲得與存取，而這些工具都可藉由基本的函式來實現極度精密的訊號處理技術。在很多情況下，我們不需要知道演算法。

實作上的細節，像是快速傅立葉轉換等，但我們想要知道什麼正被運算，以及處理過的資料會變成如何。換句話說，運用當今使用廣泛的訊號處理軟體工具來更深入了解本書中所介紹到的訊號處理觀念是非常重要的。

訊號處理問題當然並不只侷限於一維訊號，雖然一維訊號和多維訊號處理在根本上有些差異，但在本書當中所討論到的大部分教材可以直接延伸與擴充到多維的系統上面。多維數位訊號處理的理論目前已經有非常大量的參考文獻，包括 Mersereau (1984)、Lim (1989) 以及 Bracewell (1994)。另外很多影像處理的應用所運用的就是二維訊號處理的技巧。同樣的，在視訊編碼、醫學影像、航太影像的強化與分析、衛星天氣圖的分析、月球與太空遙測視訊傳輸的強化等等都是二維訊號處理的應用範例。多維訊號處理在影像處理應用上正被廣泛討論，像是 Macovski (1983)、Castleman (1996)、Jain (1989)、

Bovic (2005)、Woods (2006)、Gonzalez 和 Woods (2007) 還有 Pratt (2007) 等。在石油探勘、地震量測、核子偵測儀等所須要運用到之地震資料分析所使用的也都是多維訊號處理的技術。而地震學應用的例子可以參考 Robinson 與 Teritel (1980) 和 Robinson 與 Durrani (1985)。

多維訊號處理只是建構在本書中所介紹到諸多基礎理論上的進階與特殊主題的其中之一。基於離散傅立葉轉換的頻譜分析和訊號模型應用則是訊號處理另一個特殊且重要的例子。關於這方面的議題我們在第 10 章與第 11 章會討論到，其主要著眼於離散傅立葉轉換及參數模型運用上的基本觀念與技巧。在第 11 章，我們也將討論一些關於高解析度頻譜分析方法的細節，其主要根據將欲分析之資料表示爲離散時間線性非時變濾波器對應於脈衝或白雜訊之響應。頻譜分析可以藉由估測系統參數（例如差分方程式係數）與其後的模型濾波器之頻率響應振幅開根來達成，有關這方面的詳細參考資料可以在以下幾本書中找到：Kay (1988)、Marple (1987)、Therrien (1992)、Hayes (1996) 以及 Stoica 與 Moses (2005)。

訊號模型在資料壓縮與編碼上扮演著非常重要的角色，同樣在此處差分方程式提供了我們了解這些技術的諸多基礎。舉個例子，有一種訊號編碼的技術，或者我們一般稱爲線性預測編碼（Linear Predictive Coding, LPC），運用了當訊號是某種類別離散時間濾波器的響應，其在任意時間的訊號值爲其前一個值的線性函數（或者說是線性可預測形式）這樣的關係性來做編碼。接著，我們可以藉由估測這些預測參數與並運用它們及預測誤差去更有效率表示訊號。當我們有須要時便可以藉由模型參數來重建回我們所要的原訊號。此種訊號編碼技術在語音編碼的應用上非常有效率，而在 Jayant 與 Noll (1984)、Markel 與 Gray (1976)、Rabiner 與 Schafer (1989) 和 Quatieri (2002) 等參考資料中可以找到更爲詳細的討論，或者在本書第 11 章我們也會有詳細的討論。

另一個進階且重要的相關主題爲可適性訊號處理，在本書中，我們所強調的都是線性非時變系統，而可適性系統則是一線性非時變系統，其已有廣泛的應用和完整的設計與分析技巧。於此我們再一次強調，這些技術大部分都是建構在本書中會提到的各種離散時間訊號處理的基礎技術上。關於可適性訊號處理可以在 Widrow 與 Stearns (1985)、Haykin (2002) 以及 Sayed (2009) 等文獻中找到更多相關的參考資料。

以上已提及延伸自本書涵蓋內容的所有進階主題都還只是很小一部分，其他還包括有高階與特殊濾波器設計方法、各種求取傅立葉轉換的特殊演算法、特殊濾波器架構以及各種高等多速率訊號處理技術像是小波轉換等等 [這方面資料可參考 Burrus，Gopinath 與 Guo (1997)、Vaidyanathan (1993) 和 Vetterli 與 Kovačevič (1995) 中關於這些主題的介紹。]

我們必須說，本書時在撰寫時是以寫一本好的基礎書籍爲主要考量，並希望儘可能涵蓋有關的基本主題，但數位訊號處理所牽涉的議題何其廣，疏漏仍難免所在多有。而在選擇相關的主題和涵蓋範圍的深度時，我們同樣是基於寫一本好的基礎書籍爲重點在做取捨。在前面簡要介紹與本書後面參考文獻的部分都很清楚點明了，儘管熟讀了數位訊號處理的所有基礎教材，在此領域當中還有很多本書未能涵蓋，各種充滿挑戰性的理論和應用等著讀者們去自我發掘。

歷史回顧

離散時間訊號處理在過去可說是以不規則的步伐在演進，而回顧離散時間訊號處理的歷史發展可以提供我們一個有用的觀點來看這個領域如何在漫長的時光中逐漸萌芽。在十七世紀時因爲微積分的發明，科學家與工程師們已經有能力藉由連續變數和微分方程去建立模型來表示一些物理現象。然而，當時用解析解來求解的方法還未發展完全，所以一般還是使用數值方法去求解這些方程式。而實際上，牛頓所使用的有限差分法（Finite-Difference Method）即是我們在本書中所提及的部分離散時間系統之特例。十八世紀的數學家，像是由拉（Euler）、白努力（Bernoulli）、以及拉格朗日（Langrage）建立了數值積分法與連續變數函數的內差法。在此我們講一個有趣的故事，Heidenman、Johnson 與 Burrus 所研究出的歷史現象揭露了一段很有意思的故事，基礎的離散傅立葉轉換（在第 9 章會討論到）基礎理論已經早在 1805 年就已經被高斯（Gauss）發現了，時間點甚至還早於傅立葉最早發表關於函數的諧波級數表示法之著作。

直至 1950 年代，訊號處理的技術已經開始逐漸出現且被應用與實作在電子電路和機械裝置等類比系統當中。儘管在當時數位電腦已經出現並且可在大型企業或者科學實驗室看到，但其價格仍然非常昂貴且運算能力非常有限。而在此同時，一些特殊領域的應用對於更精密訊號處理技術的要求越來越高，也因此致使離散時間訊號處理的技術逐漸開始受到關注。數位訊號處理在數位電腦的第一個應用是地理探勘，其所觀測到的地震波訊號可以被數位化並且儲存在磁帶當中以供往後的處理使用。然而，此種數位訊號處理技術仍然不能達到即時的處理運算，電腦常常須要數分鐘乃至於數小時的時間來處理僅僅數秒鐘長度的資料。因此，更具有彈性的數位電腦和其潛能開始引起高度的關注。

同樣在 1950 年，訊號處理在數位電腦上的運用開始以各種不同的形式出現。由於數位電腦具有彈性，當時在將訊號處理系統實作在類比硬體上以前，通常會先在數位電腦上對訊號處理系統進行模擬。運用這種方式，新的訊號處理演算法或系統可以先在更具彈性的環境中研究其特性，其後再使用工程資源去實作它們，此種模擬的典型例子有由麻省理工學院（MIT）和貝爾實驗室（Bell Lab）所合作進行的聲音傳播機模擬。在此我們藉由類比通道聲音傳播機的實作來舉例，濾波器的特性很容易會影響到語音編碼系統品質，但我們很難有效去量化此影響。藉由電腦的模擬，這些濾波器的特性便可以被加以調整，且語音編碼系統的接收品質可以在真正實作在類比系統上之前先做過評估。

在這些使用數位電腦做訊號處理的例子當中，電腦在彈性上擁有極佳的優勢。然而，此時的數位電腦仍然不能做到即時運算。隨後在 1960 年代晚期，使用數位電腦來進行**近似**和**模擬**類比系統開始普及起來。維持同樣的方式，早期的數位濾波器大部分是依循以下步驟—訊號經過 A/D 轉換、數位濾波、D/A 轉換，藉由這樣一套系統就可近似出不錯的類比濾波器了。然而事實上，數位系統在真正即時系統的實作上像是語音通訊、雷達處理、或者任何其他相關的應用上，似乎仍然存在著非常多的不確定性。而考量到速度、成本、晶片大小這三個主要因素，類比系統在當時還是較受青睞。

當訊號能夠在數位電腦上被處理，研究學者們很自然會想要在上面實驗更爲精密複雜的訊號處理演算法。儘管這些方法可以彈性在數位電腦上面做實驗，然而一些精密的訊號處理演算法因爲複雜度高似乎沒有辦法真正實作在類比裝置上面，所以這些演算法在當時都只能被當成是有趣但卻不切實際的想法。然而，這些訊號處理演算法的發展卻反而讓全數位訊號處理系統開始變得更具吸引力。於是逐漸有人開始投資研究數位聲音傳播機、數位頻譜分析儀、以及其他全數位系統，希望未來這些系統在未來會變成確實可行。

離散時間訊號處理開始有逐步加速的進展是在 Cooley 和 Tukey (1965) 開發出有一種效率演算法來進行傅立葉轉換，或者一般我們稱爲快速傅立葉轉換。快速傅立葉轉換之所有重要的理由有以下幾點。許多建立在數位電腦上的訊號處理演算法須要遠超過即時好幾個級數的運算時間才能完成，通常這是因爲頻譜分析在訊號處理是非常重要的一環，但是當時我們並沒有有效去的方式去加以實現。而快速傅立葉轉換在當時即將傳統傅立葉轉換的運算量降低了好幾個級數，讓我們得以實現更多複雜的訊號處理演算法，而其所需的運算時間尙允許我們對系統進行更多重複性實驗。除此之外，隨著快速傅立葉轉換的出現，很多在過去被認爲是不切實際的訊號處理演算法逐漸開始變成可能。

快速傅立葉轉換的另外一個重要性質是，其主要發展自離散時間的觀念。所以離散時間訊號與序列的傅立葉轉換主要都是建構在離散時間域的特性與數學上，其用以近似連續時間訊號似乎並不是那麼直接與容易。這也影響了很多訊號處理觀念和演算法在離散時間數學上的重新成形，而這些技巧全部都是建立在離散時間域的關係上。隨著類比訊號處理技術逐漸轉移到近似類比訊號處理且以數位電腦爲基礎的訊號處理技術，逐漸出現新的觀點認爲離散時間訊號處理確實有其自身在研究上的重要性存在。

另一個離散時間訊號處理的重要歷史發展發生在微電子領域當中，微處理機的發明與激增爲離散時間訊號處理系統的低成本實現開拓了一條嶄新道路。雖然第一代的微處理機在實現離散時間訊號處理上仍然過慢無法達到即時運算，但到了 1980 年代中期，積體電路技術的演進讓高速定點數與浮點數且特別針對離散時間訊號處理演算法做架構設計的微處理機之實現變成可能。隨著這種技術的出現，一時之間各種離散時間訊號處理技術的應用可實現性宛如雨後春筍。微處理機快速的發展步伐在很多層面上都大幅度影響了各種訊號處理演算法的技術，比如說在早期的即時數位訊號處理裝置中，記憶體的成本相對的非常昂貴，所以在建立數位訊號處理演算法的一項重要考量即是記憶體運用效率的高低與否。而現今，記憶體的價格不再昂貴，所以很多演算法可以按照其用途整合進更多甚至超過其需求的記憶體量，來達成處理器功率消耗的降低。另一個造成數位訊號處理發展的障礙是訊號由類比到離散時間（數位）的轉換。最早可以使用的 A/D 與 D/A 轉換器單單就其價格就高達數千美元。藉由結合數位訊號處理理論和微處理機技術，超取樣的 A/D 與 D/A 轉換器現在只要花費數美元或者更低廉的價格，就可能達成大量的即時運算處理。

運用相同方式，最小化算數運算的量，像是乘法或者浮點數加法運算，現在似乎已經不再是那麼重要，因爲現代熱門的多核處理器可以提供我們大量的乘法運算，而我們的重點逐漸由減少運算量轉換到如何減少多核處理器中核心與核心之間的互相溝通，即使在其中可能尚牽涉到很多的乘法運算。我們舉個例子，在多核處理器環境中，傳統直接的離散傅立葉轉換運算（或者使用 Goertzel 演算法）可能比快速傅立葉轉換更有效率，雖然直接的離散傅立葉轉換會使用到較多的乘法運算，但其運算處理可以有效率被分散到各個處理器核心中以降低通訊所需的成本。更廣義的說，演算法的重建與這些新觀念的發展，建立訊號處理演算法的平行化與更分散式的運算或者將是一個重要的新發展方向。

未來展望

隨著微電子學工程技術讓晶片的電路密度與產率不斷上升，微處理系統的複雜度和精密度也不斷在提升。數位訊號處理晶片的速度與運算能力從 1980 年代就一直呈現指數增加，且目前仍然沒有減緩的跡象。因爲晶圓的集積技術高度發展，超複雜離散時間訊號處理系統能夠以低成本、小尺寸、低功耗的形式被實現。除此之外，一些技術像是微機電系統（MEMS）可望產生更多種類的小型感測器，其輸出可以運用分散式陣列感測器輸出的數位訊號處理技術來進行處理。於是，離散時間訊號處理的重要性將持續不斷提升，此領域的未來可望比我們在本書中描述的有更加劇烈的發展。

離散時間訊號處理技術已經在很多領域的應用上造成革命性的發展，一個非常著名的例子即是電話通訊，其藉由整合了離散時間訊號處理技術、微電子技術、光纖傳輸技術，爲現有的通訊系統帶來革命性的轉變。而同樣的衝擊可以預期會發生在很多其他的領域中。事實上，訊號處理一直是，或者即將是會不斷蓬勃發展新應用的一個領域。很多領域應用的需求可能必須藉由其他領域的知識來達成，而常常一個新的應用會須要模擬很多新的演算法和新的硬體去加以實現。像是地震學、雷達、通訊的應用即提供了很多本書中會介紹到諸多訊號處理技術的發展緣由。可以肯定的，訊號處理在國防、娛樂、通訊、醫學照顧與診斷一直都是應用的主要核心。而最近，訊號處理技術也開始被應用在 DNA 序列的分析這項新興的領域上。

雖然要預測未來會有什樣新應用會出現是非常困難的，但無庸置疑的是訊號處理技術讓會人們開始嘗試去認識它。解決新訊號處理問題的重要關鍵在於，其通常都是架構在基本訊號與系統的數學基礎與相關的設計與處理演算法上面。離散時間訊號處理是一個動態且逐步穩定成長的領域，其相關的基礎知識已經被建立得很完整了，且具有極高的學習價值。我們在本書的主要目標，希望能夠涵蓋離散時間線性系統理論、濾波、取樣、離散時間傅立葉轉換、訊號模型等課題。本教科書提供讀者廣泛應用與離散時間訊號處理的必要知識，讓讀者們在研讀完本書後，能夠有能力在這個領域做更爲深入的研究。

CHAPTER

02

離散時間訊號與系統

2.0 簡介

「訊號」一詞廣義而言指的是某種傳遞資訊的東西。舉例來說，訊號可以是傳遞關於實際系統的狀態或行爲資訊。另外一個更爲實際的例子，訊號可以被合成來傳遞人與人之間或者人與機器之間溝通之資訊。雖然訊號可以用各種形式來表示，但在很多情況下，資訊可能被挾帶在變動的標型中。訊號可以用單變數或者多變數函數的數學形式來表示，比如說，語音訊號可以用時間函數的數學形式來表示，攝影影像可以用雙空間變數的光強度函數來表示。在本書當中，我們一律統一將訊號數學表示式的獨立變數設定爲時間，雖然在很多特定的例子當中，獨立變數所對應到的並不一定是時間。

訊號數學表示式中的獨立變數可以是連續也可以是離散的。**連續時間訊號**是定義在連續的時間變數上，所以其可用連續的獨立變數來表示，而連續時間訊號一般也稱爲**類比訊號**。**離散時間訊號**（Discrete-Time Signals）被定義在離散的時間變數上，而獨立變數也都是離散的值，換句話說，離散時間訊號是使用數列來表示的。像是語音或是影像等訊號都可以是連續或者離散變數的表示式，在某些條件成立時，這兩種表示式甚至可以是完全等效的。除了獨立變數可以是連續或離散之外，訊號的強度也可以是連續或是離散的，像數位訊號所代表的即是時間與強度上都是離散的訊號。

訊號處理系統根據要處理訊號的不同也可以被分成兩個種類，也就是說，連續時間系統是設計為輸入與輸出都是連續時間訊號的系統，而離散時間系統則是設計為輸入與輸出都是離散時間訊號的系統。同樣的，數位系統所代表的即是輸入與輸出都是數位訊號的系統。因此，數位訊號處理所進行的即是在強度和時間上都是離散的訊號之轉換運算。本書主要討論離散時間訊號與系統，而非單純只有數位訊號與系統。不過，離散時間與系統的理論應用在數位訊號與系統當中一樣是非常有用的，尤其當訊號的強度被量化到非常精細的情況。訊號強度量化的影響在本書中的 4.8、6.8 到 6.10 以及 9.7 小節中會有所討論。

在本章中，我們將描述一些基本定義、設立相關符號並且建立與回顧離散時間訊號與系統一些相關的基本觀念。在本教材中我們假設讀者在之前就已經接觸過一些相關的知識了，只是可能表示和符號的使用不太一樣。因此，本章主要嘗試提供讀者們在後面章節教材中可能會用到的常見基礎。

在 2.1 小節中，我們將討論離散時間訊號運用數列的表示方式，並且介紹一些常用的序列像是單位脈衝序列、單位步階序列、複指數序列等等，他們在離散時間系統的特徵化上扮演者非常重要的中心角色，為建立一般序列的基礎。在 2.2 小節中，我們將展示一些關於離散時間系統的表示式、基本性質以及範例。在 2.3 和 2.4 小節中，我們的重點主要放在線性非時變系統與他們藉由旋積和的離散時間表示法上。在 2.5 小節中，我們會介紹使用線性常係數差分方程式來所示的各種不同特定之線性非時變系統。第 2.6 小節我們會藉由複指數和固有函數（eigenfunctions）的觀念來建立離散時間系統的頻域（frequency domain）表示法，而在第 2.7、2.8 與 2.9 小節中，我們會將離散時間傅立葉轉換表示式建立為複指數的線性組合。最後在第 2.10 小節中，我們將會簡介離散時間隨機變數。

2.1 離散時間訊號

離散時間訊號（discrete-time signals）在數學上可以表示爲一串序列。對於一串序列 x，其在第 n 點的數我們以 $x[n]$[①]來表示，而更爲正式的寫法如下

$$x = \{x[n]\}, \quad -\infty < n < \infty, \tag{2.1}$$

其中 n 是整數。在實用上，這種訊號通常是藉由週期取樣連續（比如說連續時間）訊號 $x_a(t)$所產生的。在這個例子當中，序列中第 n 個數的數值可以等效於原本連續訊號 $x_a(t)$ 中在時間 nT 的值，亦即

$$x[n] = x_a(nT), \quad -\infty < n < \infty \tag{2.2}$$

其中 T 值所代表的是**取樣週期**，其倒數所代表的則是**取樣頻率**。雖然並非所有的數列都是取樣自連續訊號，但便利上我們我們還是以 $x[n]$來表示數列中的「第 n 個樣本」。雖然嚴格來講，$x[n]$所表示的不只是數列中的第 n 個樣本，且 (2.1) 式通常是不必要且多餘的，但其通常較方便且較明確的用以表示整段 $x[n]$序列，就如同我們提到整段類比訊號是使用 $x_a(t)$一樣。我們底下針對離散時間訊號（序列）作圖，而結果顯示在圖 2.1 當中。雖然在圖中我們的橫坐標是畫成連續線，但要特別注意到 $x[n]$還是只定義在整數 n 的位置上面。我們也可以把 n 不是整數值位置的 $x[n]$視爲零，或者說 $x[n]$在非整數值 n 的位置上是不定義的。

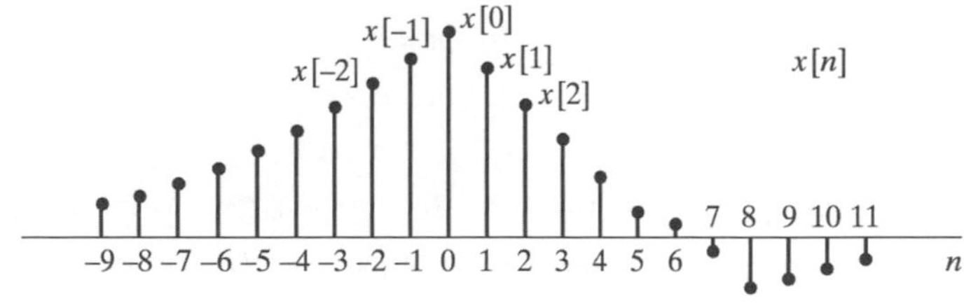

圖 2.1 離散時間訊號的圖形表示

底下我們舉一個藉由取樣所獲得之序列的例子，圖 2.2(a) 表示一段聲音壓力變化對時間所形成函數之語音訊號，而圖 2.2(b) 所表示的即是這段語音訊號取樣後的序列。雖然原始的語音訊號是定義在所有的時間值 t 上面，取樣後序列所挾帶的只有在離散時間點上關於這個訊號的資訊。在第 4 章時我們會介紹取樣定理，其保證當我們的取樣頻率夠高，訊號可以由取樣樣本序列完美重建回原訊號。

---

① 注意：離散函數的自變數外框是 []，連續函數的自變數的外框是 ()。

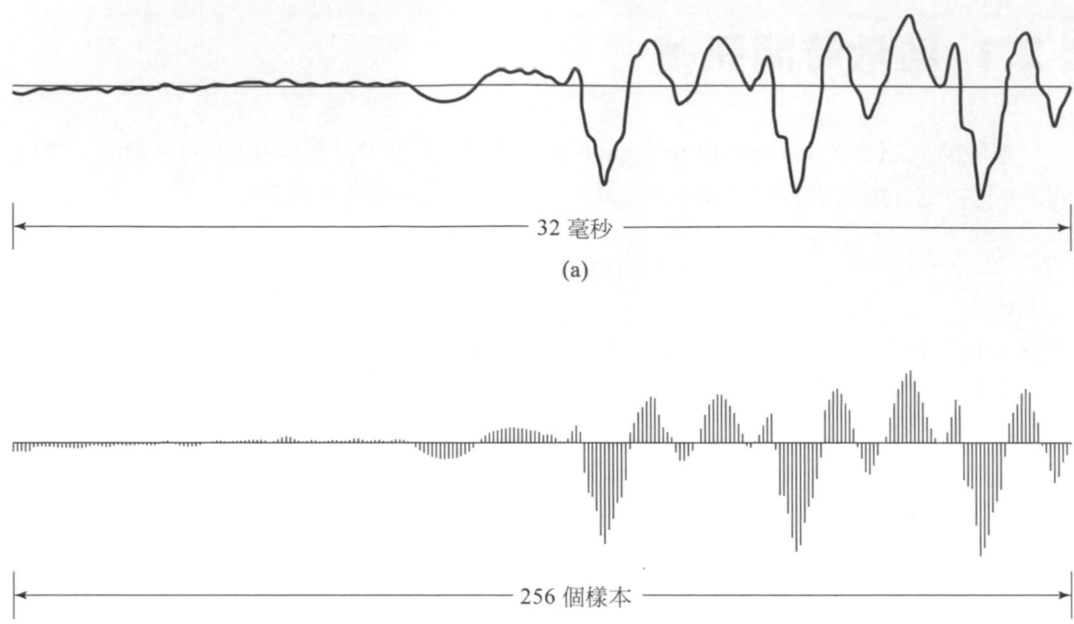

圖 2.2 (a) 連續時間語音訊號 $x_a(t)$的片段。(b) 以取樣間隔 T = 125 *u*s 取樣圖 2.2(a) 所獲得的取樣樣本序列 $x[n] = x_a(nT)$

當我們討論離散時間訊號與系統理論，有必要先認識幾種特別重要的基本序列，而這些序列顯示在圖 2.3 中，接下來我們將針對這些序列做點討論。

單位脈衝序列（Unit Sample Sequence）（圖 2.3(a)）的定義如下

$$\delta[n] = \begin{cases} 0, & n \neq 0, \\ 1, & n = 0 \end{cases} \tag{2.3}$$

單位脈衝序列在離散時間訊號與系統中等同於單位脈衝函數（狄拉克 δ 函數）在連續時間訊號與系統所扮演的角色。爲了方便起見，我們通常把單位脈衝序列稱做是離散時間脈衝序列或者直接簡稱爲脈衝序列。值得注意的是，離散時間脈衝並不像連續時間脈衝有複雜的數學關係式，其於 (2.3) 式的定義是非常簡單而且明確的。

脈衝序列的一個重要特性是，任意的序列都可以藉由經過縮放與延遲脈衝之合成來加以表示。舉例來說，在圖 2.4 中的序列 $p[n]$可以表示成

$$p[n] = a_{-3}\delta[n+3] + a_1\delta[n-1] + a_2\delta[n-2] + a_7\delta[n-7] \tag{2.4}$$

或者更一般化的，任意序列均可表示為

$$x[n]=\sum_{k=-\infty}^{\infty}x[k]\delta[n-k] \tag{2.5}$$

底下我們將利用 (2.5) 式來討論離散時間線性系統的表示。

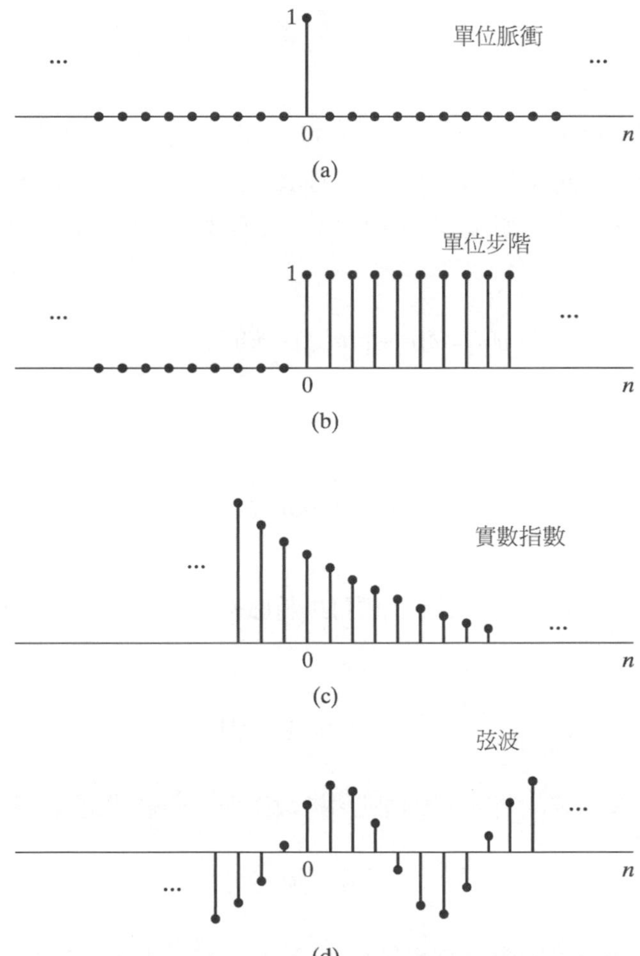

圖 2.3 一些基本的序列。圖中所顯示的序列在離散時間訊號與系統的表示與分析上扮演著非常重要的角色

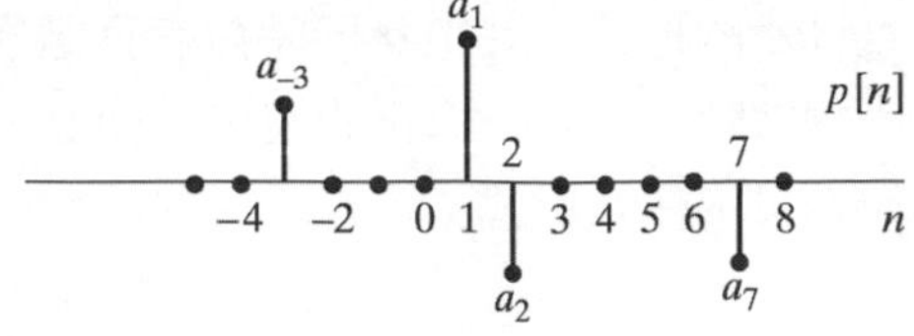

圖 2.4 將序列藉由經過縮放與延遲脈衝之合成來加以表示的例子

單位步階序列（Unit Step Sequence）（圖 2.3(b)）的定義如下

$$u[n]=\begin{cases}1, & n\geq 0,\\ 0, & n<0\end{cases} \tag{2.6}$$

單位步階和單位脈衝的關係式可以表示如下

$$u[n]=\sum_{k=-\infty}^{n}\delta[k]; \tag{2.7}$$

換句話說，單位步階序列在（時間）變數 n 的值相當於脈衝序列在變數值 n 與其前面時間點的值之累計總和。單位步階函數的另一種表示式可以藉由將圖 2.3(b) 的步階函數藉由延遲過的脈衝和來達成，如同 (2.5) 所示。在這個例子當中，所有非 0 的值都是 1，所以

$$u[n]=\delta[n]+\delta[n-1]+\delta[n-2]+\cdots \tag{2.8a}$$

或

$$u[n]=\sum_{k=0}^{\infty}\delta[n-k] \tag{2.8b}$$

此外還有另一種尚未提過的表示法，我們可以將脈衝序列表示為單位步階序列的差分方程，亦即

$$\delta[n]=u[n]-u[n-1] \tag{2.9}$$

指數序列另一個重要的基本訊號類別。指數序列的一般式定義如下

$$x[n]=A\alpha^{n} \tag{2.10}$$

如果 A 和 α 都是實數，則指數序列也是實數。當 $1<\alpha<1$ 且 A 為正數，則指數序列的值是正的且其會隨著 n 上升而遞減，如圖 2.3(c) 所示。當 $-1<\alpha<0$，則指數序列的值會呈現正負交錯且其會隨著 n 上升而遞減。當 $|\alpha|>1$，則指數序列會隨著 n 上升而遞增。

指數序列也可以表示為 $A\alpha^{n}$ 的形式，其中 α 同時擁有實數與虛數，而 A 是一用來調整強度且同樣有實數與虛數的常數。在更特殊化的情況，即 $\alpha=|\alpha|e^{j\omega_0}$ 且 $A=A|A|e^{j\phi}$，則指數序列 $A\alpha^{n}$ 可以被表示為以下任意形式：

$$x[n] = A\alpha^n = |A| e^{j\phi} |\alpha|^n e^{j\omega_0 n}$$
$$= |A||\alpha|^n e^{j(\omega_0 n+\phi)} \tag{2.11}$$
$$= |A||\alpha|^n \cos(\omega_0 n+\phi) + j|A||\alpha|^n \sin(\omega_0 n+\phi)$$

當 $\alpha > 1$，指數序列會隨著指數成長的包跡而振盪；而當 $\alpha > 1$，指數序列會隨著指數遞減的包跡而振盪（舉例來說，考慮 $\omega_0 = \pi$ 的例子）。

當 $|\alpha| = 1$，指數序列可以有以下形式

$$x[n] = |A| e^{j(\omega_0 n+\phi)} = |A|\cos(\omega_0 n+\phi) + j|A|\sin(\omega_0 n+\phi); \tag{2.12}$$

也就是說，$e^{j\omega 0n}$ 的實部與虛部會隨著 n 呈現弦波變化。用連續時間來類比，ω_0 我們稱爲複數弦波或複指數的**頻率**，而 φ 則稱之爲**相位**。然而，因爲 n 是沒有單位的整數，所以 ω_0 的單位是徑度。如果我們想要像連續時間訊號一樣標單位，則我們可以把 ω_0 的單位設定徑度/樣本，而 n 的單位是樣本。

在 (2.12) 式中 n 永遠是整數導致離散時間與連續時間複指數序列和弦波序列存在一些關鍵性的差異。舉例來說，考慮一頻率爲 $(\omega_0 + 2\pi)$ 的複指數訊號。在這個例子當中，

$$x[n] = Ae^{j(\omega_0+2\pi)n}$$
$$= Ae^{j\omega_0 n}e^{j2\pi n} = Ae^{j\omega_0 n} \tag{2.13}$$

一般而言，我們可以發現頻率爲 $(\omega_0 + 2\pi r)$ 的複指數序列是無法分辨彼此的，其中 r 爲整數。上面這一段敘述在弦波序列上同樣適用。更精確的說，我們可以藉由以下式子證明

$$x[n] = A\cos[(\omega_0 + 2\pi r)n + \phi]$$
$$= A\cos(\omega_0 n + \phi) \tag{2.14}$$

這個性質對於藉由取樣所獲得之弦波訊號與其他訊號所蘊含的意義我們會在第 4 章當中討論到。而現在，我們的結論是，當討論到的複指數訊號呈現 $x[n] = Ae^{j\omega 0n}$ 的形式或者實數弦波訊號 $x[n] = \cos(\omega_0 n + \varphi)$ 的形式，則我們只須要考慮區間長度爲 2π 範圍內的頻率。一般而言，我們會選擇 $-\pi < \omega_0 < \pi$ 或 $0 < \omega_0 < 2\pi$。

另一個連續時間與離散時間複指數訊號和弦波訊號的重要差異是關於他們在 n 上面的週期性。在連續時間的情形中，弦波訊號與複指數訊號兩者在時間上都是週期性的，而其週期爲 2π 除以頻率。在離散時間的例子中，週期性序列滿足下列關係式

$$x[n] = x[n+N], \quad \text{對所有 } n \tag{2.15}$$

其中週期 N 必須是整數。

如果我們用週期性序列的關係式來測試離散時間弦波（discrete-time sinusoids），則

$$A\cos(\omega_0 n+\phi)=A\cos(\omega_0 n+\omega_0 N+\phi), \tag{2.16}$$

其中

$$\omega_0 N=2\pi k, \tag{2.17}$$

此處 k 爲一個整數。同樣的敘述我們用在複指數序列 $Ce^{j\omega 0n}$ 上也一樣成立，亦即週期 N 可滿足

$$e^{j\omega_0(n+N)}=e^{j\omega_0 n}, \tag{2.18}$$

此式只有在 $\omega_0 N = 2\pi k$ 時才成立，如同 (2.17) 式所示。因此，複指數序列與弦波序列的週期在 n 上未必就是週期爲 $(2\pi\ /\ \omega_0)$ 的週期序列，是否爲週期性主要視 ω_0 而定，所以有時序列可能完全不存在週期性。

範例 2.1 週期與非週期離散時間弦波

考慮一個訊號 $x_1[n] = \cos(\pi n/4)$，其週期 $N = 8$。此訊號的週期證明如下，$x[n+8] = \cos(\pi(n + 8)/4) = \cos(\pi n/4 + 2\pi) = \cos(\pi n/4) = x[n]$，滿足離散時間週期訊號的定義。相較於連續時間訊號，離散時間訊號增加 ω_0 的值未必會減少訊號的週期。考慮一個離散時間訊號 $x_2[n] = \cos(3\pi n/8)$，其訊號週期高於訊號 $x_1[n]$。然而 $x_2[n]$的訊號週期並不是 8，因為 $x_2[n + 8] = \cos(3\pi\ (n+8)\ /\ 8) = \cos(3\pi n/8 + 3\pi) = -x_2[n]$。運用週期性訊號的定義，我們可以得知訊號 $x_2[n]$擁有週期 $N = 16$。因此，將 $\omega_0 = 2\pi/8$ 增加到 $\omega_0 = 3\pi/8$，則訊號的週期也隨之增加。這種情況之所以會發生是因為離散時間訊號只定義在整數變數 n 上。

變數 n 只能爲整數的限制讓一些弦波訊號未必存在有週期性。舉例來說，在全部的 n 中不存在整數 N 能讓訊號 $x_3[n] = \cos(n)$ 滿足條件 $x_3[n + N] = x_3[n]$。離散時間訊號和連續時間訊號這些性質上的差異，主要是導因自離散時間訊號與系統時間變數 n 只能限定是整數。

當我們結合 (2.17) 式和前面觀察到 ω_0 與 $(\omega_0 + 2\pi r)$ 兩種頻率爲相同的特性，可以很清楚發現到存在有 N 個不同頻率且週期爲 N 的序列，一組頻率 $\omega_k = 2\pi k/N$，$k = 0, 1, \ldots, N - 1$。複指數序列和弦波序列的這些特性是離散時間傅立葉分析運算演算法的理論與設計上非常基礎的理論，詳細的內容我們在第 8 章和第 9 章中會有更爲詳細的討論。

根據前面的討論我們可以知道高頻與低頻的定義與解釋對連續時間與離散時間弦波訊號和複指數訊號都是不同的。對於連續時間訊號 $x(t) = A\cos(\Omega_0 t + \varphi)$ 而言，當 Ω_0 增加，$x(t)$振盪的速度也會隨之加快。對於離散時間訊號 $x[n] = A\cos(\omega_0 n + \varphi)$，當 ω_0 從 0 增加到 π，$x[n]$ 的振盪也會隨之加快；然而，當 ω_0 從 π 增加到 2π，振盪的速度反而開始產生遞減。這種現象我們描述於圖 2.5 中。

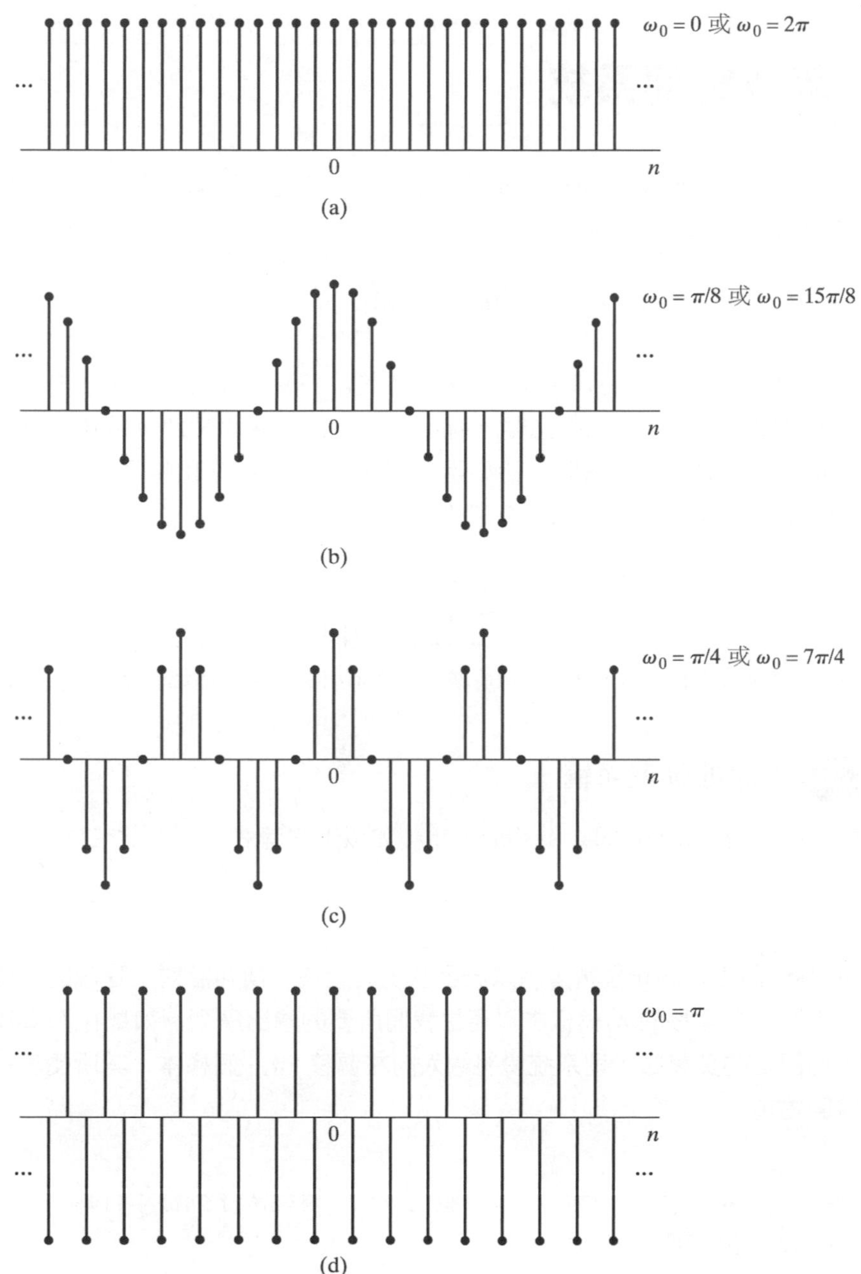

圖 2.5　對應到各種不同 ω_0 的 $\cos(\omega_0 n)$。當 ω_0 從 0 增加到 π（從 a 小圖到 d 小圖），序列振盪會加快。當 ω_0 從 π 增加到 2π（從 d 小圖到 a 小圖），序列振盪會減緩

事實上，因爲弦波序列與複指數序列在 ω_0 上的週期性，$\omega_0 = 2\pi$ 和 $\omega_0 = 0$ 是無法判別的，或者用更一般化的說法，在 $\omega_0 = 2\pi$ 附近的頻率和在 $\omega_0 = 0$ 附近的頻率是無法分出差異性的。於是，對於弦波訊號與複指數訊號，在 $\omega_0 = 2\pi k$ 附近的頻率值，其中 k 爲任意的整數值，一般我們稱之爲低頻（相對較慢速的振盪）；而 $\omega_0 = (\pi + 2\pi k)$ 附近的頻率值，其中 k 爲任意的整數值，一般我們稱之爲高頻（相對較快速的振盪）。

2.2 離散時間系統

離散時間系統(discrete-time systems)在數學上被定義爲將輸入序列 $x[n]$ 映射至 $y[n]$ 的轉換或者運算子，其可被表示爲

$$y[n] = T\{x[n]\} \tag{2.19}$$

我們將其圖形化顯示於圖 2.6。(2.19) 式所表示的是計算輸入序列值產生出相對應輸出序列值的一種規則或公式。我們在此強調，輸出序列在每一個變數值 n 的值或許會和所有變數值 n 上面的輸入樣本 $x[n]$ 相關。比如說，y 在時間 n 上或許和整段或一部分的序列 x 有關。下面的範例即描述一些簡單而有用的系統。

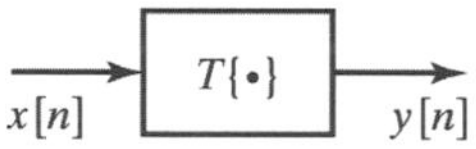

$x[n]$ → $T\{\bullet\}$ → $y[n]$

圖 2.6 離散時間系統的表示，其為某種將輸入序列 $x[n]$映射至一特定輸出序列 $y[n]$的轉換

範例 2.2 理想的延遲系統

理想的延遲系統（ideal delay system）定義如以下方程式

$$y[n] = x[n-n_d], \quad -\infty < n < \infty, \tag{2.20}$$

其中 n_d為一個固定的正整數，用以表示系統的延遲。換句話説，理想的延遲系統會將輸入序列向右偏移的 n_d個樣本以產生我們所要的輸出序列。如果在 (2.20) 式中，n_d為一個固定的負整數，則系統會將輸入向左偏移 $|n_d|$ 個樣本，其所代表的物理意義為時間提前。

在範例 2.2 的系統當中，輸出樣本的產生只和一個輸入序列樣本有關。但這在下面的範例當中，就不再是那麼一回事。

範例 2.3　移動平均

一般移動平均（moving average）的系統定義如以下方程式

$$
\begin{aligned}
y[n] &= \frac{1}{M_1+M_2+1}\sum_{k=-M_1}^{M_2} x[n-k] \\
&= \frac{1}{M_1+M_2+1}\{x[n+M_1]+x[n+M_1-1]+\cdots+x[n] \\
&\quad +x[n-1]+\cdots+x[n-M_2]\}
\end{aligned} \tag{2.21}
$$

此系統計算在第 n 點附近總共 (M_1+M_2+1) 個樣本的平均值以產生輸出序列的第 n 個樣本。圖 2.7 所表示的是一個以 k 為函數的輸入序列，在輸出樣本 $y[n]$ 的計算中，其設定 $n = 7$、$M_1 = 0$、$M_2 = 5$。輸出樣本 $y[7]$ 等於所有在垂直虛線範圍內的樣本和的六分之一。而 $y[8]$ 的計算即是將虛線向右偏移一個樣本後再進行同樣的運算。

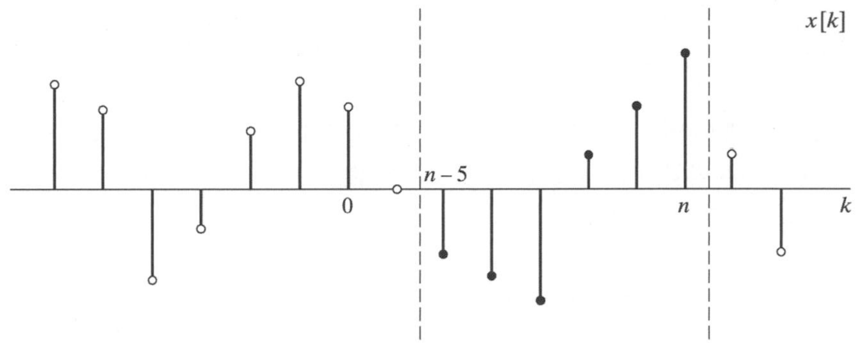

圖 2.7　計算 $M_1 = 0$ 與 $M_2 = 5$ 時之移動平均所包含到的序列值

系統的分類定義主要是藉由在轉換函式 T{·} 的性質上設立一些限制，如此一來我們即可獲得非常一般化的數學表示式，這在之後我們會實際看到。而一些重要性且特殊的系統限制與性質我們將在 2.2.1 到 2.2.5 小節中討論。

2.2.1 無記憶系統

當輸出 $y[n]$ 在每一個 n 的值只和同樣在 n 的輸入訊號 $x[n]$ 有關，一個系統即可被稱為無記憶系統（memoryless systems）。

範例 2.4　無記憶系統

此為一個無記憶系統的例子，其輸入 $x[n]$ 與輸出 $y[n]$ 可用下式表示

$$y[n] = (x[n])^2, \quad \text{對於每個 } n \text{ 值} \tag{2.22}$$

在範例 2.2 的系統只有當 $n_d = 0$ 時才是無記憶的。在其它情況，不論 n_d 是正的（時間延遲）或者負的（時間提前），我們都說此系統是有記憶的。而在範例 2.3 中的移動平均系統只有當 $M_1 = 0$ 與 $M_2 = 0$ 才是無記憶的。

2.2.2 線性系統

線性系統（linear systems）主要是藉由重疊原理（superposition pronciple）來加以定義。假設輸出 $y_1[n]$ 和 $y_2[n]$ 分別為輸入 $x_1[n]$ 和 $x_2[n]$ 的系統響應，則此系統為線性的充分且必要條件如下

$$T\{x_1[n]+x_2[n]\} = T\{x_1[n]\}+T\{x_2[n]\} = y_1[n]+y_2[n] \tag{2.23a}$$

與

$$T\{ax[n]\} = aT\{x[n]\} = ay[n], \tag{2.23b}$$

其中 a 為任意的常數。第一個性質我們稱之為**加成性質**（additivity property），而第二個性質我們則稱為**同性質**（homogeneity）或**縮放性質**（scaling property）。這兩種性質結合起來就是重疊原理，可描述為

$$T\{ax_1[n]+bx_2[n]\} = aT\{x_1[n]\}+bT\{x_2[n]\} \tag{2.24}$$

對於任意的常數 a 和 b。這個方程式可以被一般化為多個輸出的重疊，或者更精確的說

$$x[n] = \sum_k a_k x_k[n], \tag{2.25a}$$

於是線性系統的輸出即為

$$y[n] = \sum_k a_k y_k[n], \tag{2.25b}$$

其中 $y_k[n]$ 為對應到輸入 $x_k[n]$ 的系統響應。

藉由使用重疊原理的定義，我們很容易便能證明範例 2.2 與 2.3 的系統都是線性系統（可參考習題 2.39），而範例 2.4 所描述的是一個非線性系統。

範例 2.5　累加器系統

此系統定義為以下輸入－輸出方程式

$$y[n]=\sum_{k=-\infty}^{n}x[k] \tag{2.26}$$

其為一個累加器系統（accumulator system），因其在時間 n 的輸出為目前與所有過去輸入樣本的累加或者總合。累加器系統為一個線性系統。因為這在證明上並不是那麼明顯與直觀，所以在此我們依照較為正式的方法一步一步去證明。一開始我們定義兩任意輸入訊號 $x_1[n]$和 $x_2[n]$與他們相對應的輸出為

$$y_1[n]=\sum_{k=-\infty}^{n}x_1[k], \tag{2.27}$$

$$y_2[n]=\sum_{k=-\infty}^{n}x_2[k] \tag{2.28}$$

當輸入為 $x_3[n]=ax_1[n]+bx_2[n]$，則由重疊原理我們知道對於任何可能的 a 與 b，輸出滿足 $y_3[n]=ay_1[n]+by_2[n]$。我們可以藉由 (2.26) 式來證明：

$$y_3[n]=\sum_{k=-\infty}^{n}x_3[k], \tag{2.29}$$

$$=\sum_{k=-\infty}^{n}(ax_1[k]+bx_2[k]), \tag{2.30}$$

$$=a\sum_{k=-\infty}^{n}x_1[k]+b\sum_{k=-\infty}^{n}x_2[k], \tag{2.31}$$

$$=ay_1[n]+by_2[n] \tag{2.32}$$

因此，(2.26) 式的累加器系統針對所有的輸入都滿足重疊原理，所以其為一個線性系統。

範例 2.6　非線性系統

考慮一個系統定義如下

$$w[n]=\log_{10}(|x[n]|) \tag{2.33}$$

此系統為非線性的（nonlinear system）。為了證明這一點，我們只須要找到一個反例—也就是說，找到一組輸入與輸出來顯示此系統確實違反 (2.24) 式所定義的重疊原理。輸入 $x_1[n]=1$ 和 $x_2[n]=10$ 即是一個反例。對於 $x_1[n]+x_2[n]=11$，其輸出為

$$\log_{10}(1+10)=\log_{10}(11)\neq\log_{10}(1)+\log_{10}(10)=1$$

同樣的，對應於第一個訊號的輸出為 $w_1[n] = 0$，而對應於第二個訊號的輸出為 $w_2[n] = 1$。線性系統的縮放性質要求，當訊號 $x_2[n] = 10\,x_1[n]$，如果系統為線性的，則 $w_2[n] = 10\,w_1[n]$ 必須成立。然而由於 (2.33) 式對於這一組輸入與輸出都不成立，所以此系統為非線性的。

2.2.3 非時變系統

非時變系統（time-invariant system，通常又等同於平移不變系統）爲一於輸入序列產生時間平移與延遲會導致相對應的輸出序列平移的系統。更精確的說，假設一個系統將輸入序列 $x[n]$ 轉爲輸出序列 $y[n]$，如果對於所有的 n_0，輸入序列 $x_2[n] = x_1[n-n_0]$ 能夠產生相對應的輸出序列 $y_2[n] = y_1[n-n_0]$，則此系統被稱爲非時變系統。

當在線性的例子中，如果我們想要證明系統是非時變的，我們必須證明在沒有對輸入做任何特定的限制時，這個系統都將會是非時變得的。另一方面，要證明非時變性只須要找到相對於時變性的一個反例即可。在範例 2.2 到 2.6 中的所有系統都是非時變的，而非時變性的典型證明我們描述在範例 2.7 和 2.8。

範例 2.7 證明累加器為非時變性系統

考慮範例 2.5 中的累加器。我們定義 $x_1[n] = x[n-n_0]$。為了證明此系統為非時變的，我們必須求出 $y\,[n-n_0]$ 和 $y_1[n]$ 並且比較他們是否相等。首先，

$$y[n-n_0] = \sum_{k=-\infty}^{n-n_0} x[k] \tag{2.34}$$

接著，我們發現

$$y_1[n] = \sum_{k=-\infty}^{n} x_1[k] \tag{2.35}$$

$$= \sum_{k=-\infty}^{n} x[k-n_0] \tag{2.36}$$

進行變數變換 $k_1 = k - n_0$ 並帶入式子可求得

$$y_1[n] = \sum_{k_1=-\infty}^{n-n_0} x[k_1] \tag{2.37}$$

由於 (2.34) 式的變數 k 和 (2.37) 式的變數 k_1 在累加式中是屬於無用變數且我們可以用任何編號去加以表示，所以我們可以證得 $y_1[n] = y\,[n-n_0]$。因此累加器是屬於非時變系統（time-invariant system）。

範例 2.8　壓縮器

本系統定義如以下關係式

$$y[n]=x[Mn], \quad -\infty<n<\infty, \tag{2.38}$$

其中 M 為正整數，而此系統稱之為壓縮器（Compressor System）。更精確的說，此系統在 M 個樣本中捨棄了 $(M-1)$ 的樣本，也就是說，其每經過 M 個樣本就選出其中一個當成輸出序列。此系統並不是非時變的，我們可以藉由考慮輸入 $x_1[n]=x[n-n_0]$ 對應到輸出響應 $y_1[n]$ 來證明此點。若一個系統是非時變的，當系統輸入為 $x_1[n]$ 則系統的輸出必為 $y[n-n_0]$。由輸入 $x_1[n]$ 所對應的輸出 $y_1[n]$ 可以直接由 (2.38) 式計算，如

$$y_1[n]=x_1[Mn]=x[Mn-n_0] \tag{2.39}$$

將 $y[n]$ 延遲 n_0 個樣本點可以產生

$$y[n-n_0]=x[M(n-n_0)] \tag{2.40}$$

比較這兩個輸出，我們可以發現對於所有的 M 與 n_0，$y[n-n_0]$並不等於 $y_1[n]$，所以此系統並不是非時變的。

我們也可以藉由找一個會違反非時變性質的單一反例來證明一個系統並不是非時變的。舉例來說，壓縮器的一個反例為當 $M=2$，$x[n]=\delta[n]$，且 $x_1[n]=\delta[n-1]$。在這個輸入與 M 的選擇中，$y[n]=\delta[n]$，但是 $y_1[n]=0$。所以很明顯的在這個系統當中 $y_1[n]\neq y[n-1]$。

2.2.4 因果律（Causality）

對於所有 n_0 的選擇，如果輸入序列值在變數 $n=n_0$ 的時候會和所有 $n\leq n_0$ 的輸入序列有關，則我們稱一個系統具有因果性。這隱含了如果對於所有 $n\leq n_0$ 都滿足 $x_1[n]=x_2[n]$，則對於所有 $n\leq n_0$ 也會滿足 $y_1[n]=y_2[n]$。也就是說，此系統是不可預期的。在範例 2.2 的系統對於 $n_d\geq 0$ 是因果的，但對於 $n_d<0$ 卻是非因果的。範例 2.3 的系統只有在 $-M_1\geq 0$ 與 $M_2\geq 0$ 時是因果的，在其他情形下都是非因果的。範例 2.4 的系統是因果的，同樣在範例 2.5 中的累加器與範例 2.6 中的非線性系統也都是因果的。不過，範例 2.8 的系統在 $M>1$ 時是非因果的，因爲 $y[1]=x[M]$。另外有一個非因果的系統我們放在底下的範例當中。

範例 2.9 向前與向後差分系統

此系統定義如以下關係式

$$y[n]=x[n+1]-x[n] \tag{2.41}$$

我們稱其為**向前差分系統**（forward difference systems）。此系統為非因果的，因為目前的輸出值會和未來的輸入值有關。我們可以藉由以下式子來顯示此系統確實違反因果律，考慮兩輸入 $x_1[n]=\delta[n]$ 與 $x_2[n]=0$ 還有他們相對應的輸出 $y_1[n]=\delta[n]-\delta[n-1]$與 $y_2[n]=0$，對於所有的 n。注意到當 $n\le 0$ 時，會滿足 $x_1[n]=x_2[n]$，則根據因果律我們知道對於 $n\le 0$ 要滿足 $y_1[n]=y_2[n]$，但在 $n=0$ 此關係式並不成立。因此，藉由這個反例，我們可以證明此系統是非因果的。

向後差分系統（backward difference systems）的定義如下

$$y[n]=x[n]-x[n-1], \tag{2.42}$$

其輸出值會和現在與過去的輸入值有關。因為 $y[n_0]$ 只與 $x[n_0]$ 和 $x[n_0-1]$ 有關，此系統是因果的。

2.2.5 穩定性

對於系統的穩定性（stability）我們有許多常用但不一樣的定義。在本書中，我們一律使用限入限出（BIBO）穩定性的定義。

一個系統爲限入限出只發生在當每一個有限輸入序列只會產生一個有限輸出序列的情形下。輸入 $x[n]$ 爲有限輸入，發生於存在一個固定正有限值 B_x 滿足

$$|x[n]|\le B_x<\infty, \quad \text{，對於所有 } n \tag{2.43}$$

而穩定性的條件爲，對於每一個有限輸入，只存在一個固正有限值 B_y 滿足

$$|y[n]|\le B_y<\infty, \quad \text{，對於所有 } n \tag{2.44}$$

在此特別強調我們在這個小節中所定義的性質爲**系統**的性質，而不是輸入對系統的性質。也就是說，我們可以找到一組滿足性質條件的輸入，然而這並不代表所有輸入能夠讓系統有同樣滿足條件。但反過來，對於擁有穩定性的系統，其對於**所有**的輸入都是成立的。舉個例子，一個非穩定系統或許有部分的有限輸入能夠產生有限輸出，但是對於一個滿足穩定性質的系統，其對於**全部**的有限輸入都能有產生有限輸出。如果我們能夠

找到任何一組輸入讓系統性質無法成立，則我們就能夠證明系統並沒有穩定性。下面的例子主要描述與判斷我們所定義的一些系統是否滿足穩定性。

範例 2.10　測試系統為穩定或非穩定

範例 2.4 的系統是非穩定的，此性質證明如下。假設輸入 $x[n]$ 為有限輸入，對於所有的 n 都滿足 $|x[n]| \le B_x$。所以 $|y[n]| = |x[n]|^2 \le B_x^2$。因此，我們可以選擇 $B_y = B_x^2$ 來證明 $y[n]$ 為有限輸出。

同樣的，我們可以知道範例 2.6 的系統是不穩定的，當 $x[n] = 0$ 時，$y[n] = \log_{10}(|x[n]|) = -\infty$，雖然在輸入不為 0 時此系統輸出將會是有限的。

我們定義在範例 2.5 中 (2.26) 式的累加器，同樣是屬於非穩定的系統。舉例來說，考慮當 $x[n] = u[n]$，此例很顯然滿足有限輸入的條件 $B_x = 1$。對於這個輸入，累加器的輸出為

$$y[n] = \sum_{k=-\infty}^{n} u[k] \tag{2.45}$$

$$= \begin{cases} 0, & n < 0, \\ (n+1), & n \ge 0 \end{cases} \tag{2.46}$$

然而我們沒有辦法對所有的 n 都滿足 $(n+1) \le B_y < \infty$。因此，此系統為非穩定的。

使用同樣的方法，我們可以證明範例 2.2、2.3、2.8 與 2.9 的系統都是穩定的。

2.3 線性非時變系統（LTI system）

如同連續時間訊號，一個離散時間系統類別也必須同時擁有線性與非時變性兩大特殊且重要的性質，結合此兩大特性可以讓我們更便於表示一個系統。更重要的是，此種系統在訊號處理上有非常重要的應用。此類線性系統主要用 (2.24) 式的重疊原理來加以定義。如果我們把線性性質和 (2.5) 式中將一般序列表示為很多延遲脈衝的線性組合等兩個性質結合起來，則我們可以把一個線性系統完全使用它自身的脈衝響應加以標定。更精確的說，讓 $h_k[n]$爲系統對輸入 $\delta[n-k]$的響應，此脈衝發生在 $n = k$。接著，我們使用 (2.5) 式來表示輸入，則

$$y[n] = T\left\{ \sum_{k=-\infty}^{\infty} x[k]\delta[n-k] \right\}, \tag{2.47}$$

藉由 (2.24) 式的重疊原理，則我們可以寫為

$$y[n]=\sum_{k=-\infty}^{\infty}x[k]T\{\delta[n-k]\}=\sum_{k=-\infty}^{\infty}x[k]h_k[n] \tag{2.48}$$

根據 (2.48) 式，系統對任何輸入的響應可由其對 $\delta[n-k]$的響應來表示。如果只引用線性性質，則 $h_k[n]$會和 n 及 k 有關，於是 (2.48) 式的計算效率是有限的。為了得到更有用的結果，我們須再額外引入非時變性質的限制。

若 $h[n]$為系統對 $\delta[n]$的響應，則非實變性質隱涵 $\delta[n-\mathrm{k}]$的響應為 $h[n-\mathrm{k}]$。多了此條件，則 (2.48) 式為變成

$$y[n]=\sum_{k=-\infty}^{\infty}x[k]h[n-k], \quad \text{，對所有 } n \tag{2.49}$$

藉由 (2.49) 式的結果，一個 LTI 系統可以完全使用其脈衝響應 $h[n]$來描述系統，亦即，對於所有的 n 給定序列 $x[n]$和 $h[n]$，我們能使用 (2.49) 式來計算每一個輸出序列樣本 $y[n]$。

(2.49) 式一般稱為**旋積和**（convolution sum），而我們可以用以下運算符號來加以表示

$$y[n]=x[n]*h[n] \tag{2.50}$$

離散時間旋積和的操作主要是藉由 $x[n]$ 和 $h[n]$ 兩個序列來產生第三個序列 $y[n]$。(2.49) 式表示每一個輸出序列的樣本會和所有輸入序列與脈衝響應序列的全部樣本有關。

(2.50) 式的符號主要為 (2.49) 式旋積和操作的簡寫，其在使用上更為便利與精簡，但須要小心使用。兩個序列旋積和的基本定義放在 (2.49) 式中，而使用 (2.50) 簡式的人都應仔細回去參考與了解 (2.49) 式的定義。舉例來說，考慮 $y[n-n_0]$，藉由 (2.49) 式所以可以得知

$$y[n-n_0]=\sum_{k=-\infty}^{\infty}x[k]h[n-n_0-k] \tag{2.51}$$

或者更加精簡表示為

$$y[n-n_0]=x[n]*h[n-n_0] \tag{2.52}$$

將 (2.49) 式中的 n 取代為 $(n-n_0)$ 也可以獲得同樣的結果與結論，但如果同樣的取代法用在 (2.50) 式則不成立。事實上，$x[n-n_0]*h[n-n_0]$ 會產生輸出 $y[n-2n_0]$。

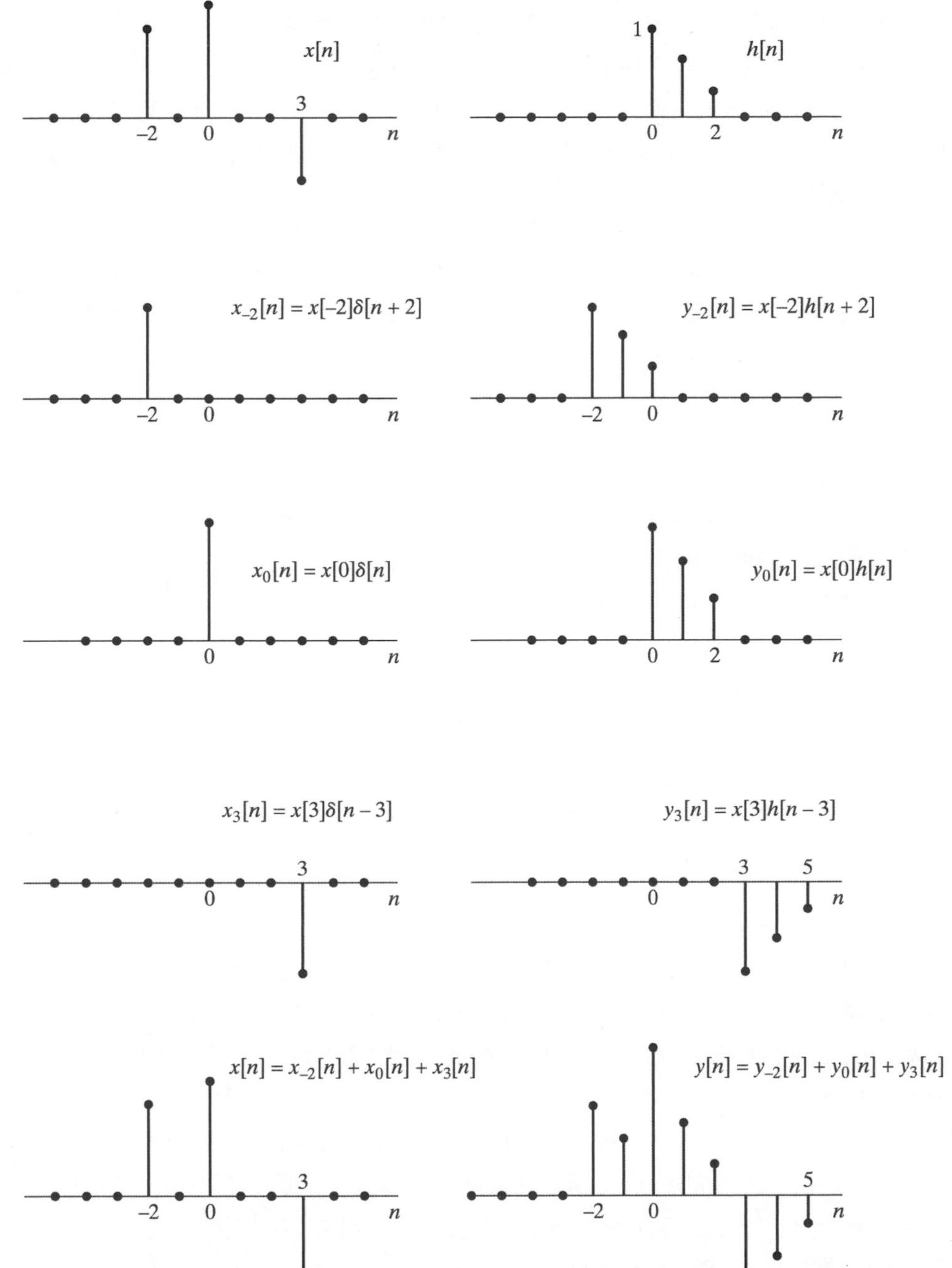

圖 2.8　線性非時變系統的輸出可表示為每個輸出樣本響應的和

(2.49) 式的推導假設輸入訊號在 $n = k$ 的輸入取樣，或者我們可以表示爲 $x[n]\delta[n-k]$，會在系統中進行轉換以產生對應於輸入序列 $x[n]\delta[n-k]$ 的輸出序列，其中 $-\infty < n < \infty$，並且對於所有的 k，這些序列都可以被疊加（相加）以產生系統全部的輸出序列。此表示式我們繪製於圖 2.8 中，其顯示一脈衝響應、一擁有三個非零取樣點的輸入序列、對

應到每一個樣本的個別輸出、以及全部輸入序列樣本產生的完整輸出序列。更精確的說，$x[n]$ 可以被分解為三個非零序列 $x[-2]\delta[n+2]$、$x[0]\delta[n]$、$x[3]\delta[n-3]$，其可用以表示序列 $x[n]$ 中三個非零的值。而序列 $x[-2]h[n+2]$、$x[0]h[n]$、$x[3]h[n-3]$ 分別為對應到 $x[-2]\delta[n+2]$、$x[0]\delta[n]$、$x[3]\delta[n-3]$ 的系統響應。所以系統對應於序列 $x[n]$ 的響應即是這三個個別響應的和。

雖然旋積和（convolution-sum）的表示非常類似連續時間系統中的旋積積分理論，旋積和不該被視為是旋積積分的一個近似。旋積積分主要是用來分析連續時間線性系統理論的數學分析工具。而我們可以發現到旋積和除了其在分析上的重要性外，也常常被用在線性系統的實現上面。因此，我們必須對於旋積和在實際運算上的一些性質有些了解。

在前面 (2.49) 式中我們曾強調旋積和是線性非時變系統一個直接的實現方式。不過，如果我們稍微換個角度來看 (2.49) 式，會發現其在運算的闡述上具有非常有用的特性。當我們將其視為一計算單一輸出序列值的公式，則 (2.49) 式即指明了 $y[n]$（或者說是第 n 個輸出值）可以藉由將輸入序列（表示為 k 的函數）和所有序列 $h[n-k]$ 進行相乘來獲得，其中對於任意固定 n 值滿足 $-\infty < k < \infty$，則將所有的 $x[n]h[n-k]$ 相加起來即可獲到我們要的輸出序列。因此，計算兩個序列旋積和的運算就相當於處理 (2.49) 式對應到所有 n 的運算，接著便可產生完整的輸出序列 $y[n]$，而 $-\infty < n < \infty$。藉由進行 (2.49) 式的運算來獲得 $y[n]$，我們只須知道如何產生序列 $h[n-k]$，其中對於所有我們有興趣的 n 值，$-\infty < k < \infty$。最後，我們可以發現

$$h[n-k] = h[-(k-n)] \tag{2.53}$$

為了描述 (2.53) 式，假設 $h[k]$ 為顯示於圖 2.9(a) 的序列且我們希望能找到關係式 $h[n-k] = h[-(k-n)]$。我們定義 $h_1[k]$ 為 $h[-k]$，其顯示於圖 2.9(b) 中。接著我們把 $h_2[k]$ 定義為 $h_1[k]$ 在 k 軸上延遲 n 的樣本版本，亦即 $h_2[k] = h_1[k-n]$。圖 2.9(c) 所顯示的是將圖 2.9(b) 延遲 n 個樣本後的結果序列。運用 $h_1[k]$ 和 $h[k]$ 的相關性，我們可以得知 $h_2[k] = h_1[k-n] = h[-(k-\mathrm{n})] = h[n-k]$，所以在最底部的圖就是我們所想要得到的訊號。做個總結，為了從 $h[n-k]$ 去計算 $h[k]$，我們首先必須將 $h[k]$ 在時間上相對於 $k=0$ 做反轉接著再將時間反轉後的訊號延遲 n 個樣本。

為了實現離散時間旋積和，我們要將兩序列 $x[k]$ 和 $h[n-k]$ 針對 $-\infty < k < \infty$ 一個樣本一個樣本做相乘，接著把所有的相乘結果做相加就可以算每最後的輸出序列 $y[n]$。想要獲得一新的輸出樣本，原本的 $h[-k]$ 可以平移到新的取樣位置，而相同的運算會一直重複。這整個運算程序不論在取樣資料的數值運算上或者是分析上都有很簡單的公式可以使用。下面範例主要為描述離散時間旋積的例子。

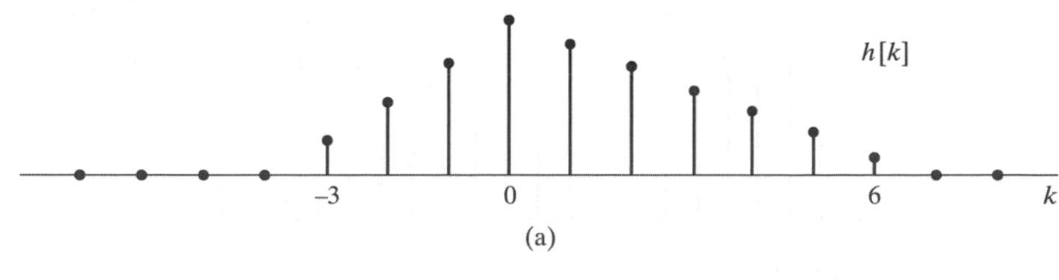

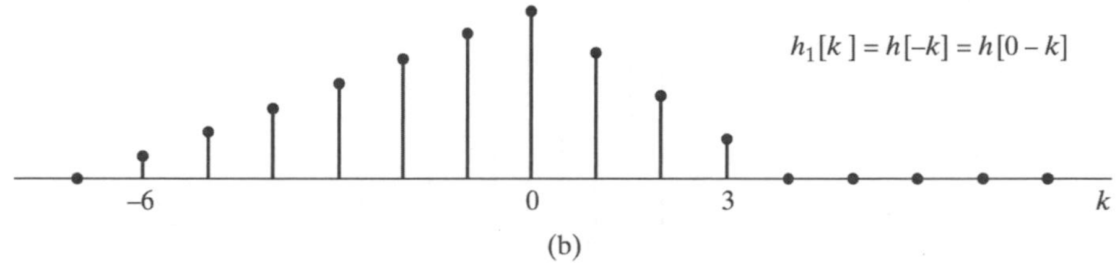

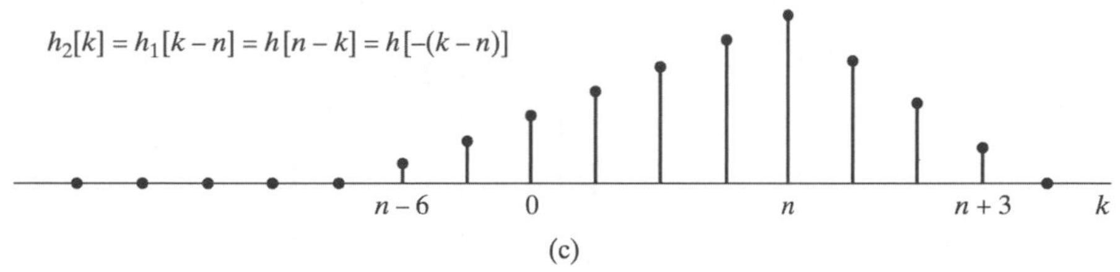

圖 2.9 序列 $h[n-k]$ 的形成。(a) 序列 $h[k]$。(b) 序列 $h[-k]$。(c) 序列 $h[n-k]=h[-(k-n)]$ 當 $n=4$

範例 2.11　旋積和的分析評估

考慮一個系統擁有以下脈衝響應

$$h[n]=u[n]-u[n-N]$$
$$=\begin{cases}1, & 0\le n\le N-1,\\ 0, & \text{其他}\end{cases}$$

其輸出為

$$x[n]=\begin{cases}a^n, & n\ge 0,\\ 0, & n<0,\end{cases}$$

或者等效上

$$x[n]=a^n u[n]$$

為了找到某一個特定變數 n 的輸出，我們必須將所有 k 上的 $x[k]\,h[n-k]$ 做相加。在這個例子中，我們可以找出對於所有不同 n 的 $y[n]$ 之公式。為了完成這個工作，我們把序列 $x[k]$ 與 $x[n-k]$ 繪製成 k 對不同 n 的函數。舉例來說，圖 2.10(a) 所繪製的是當 n 為負整數值時，序列 $x[k]$ 與 $h[n-k]$ 的結果。很明顯的，

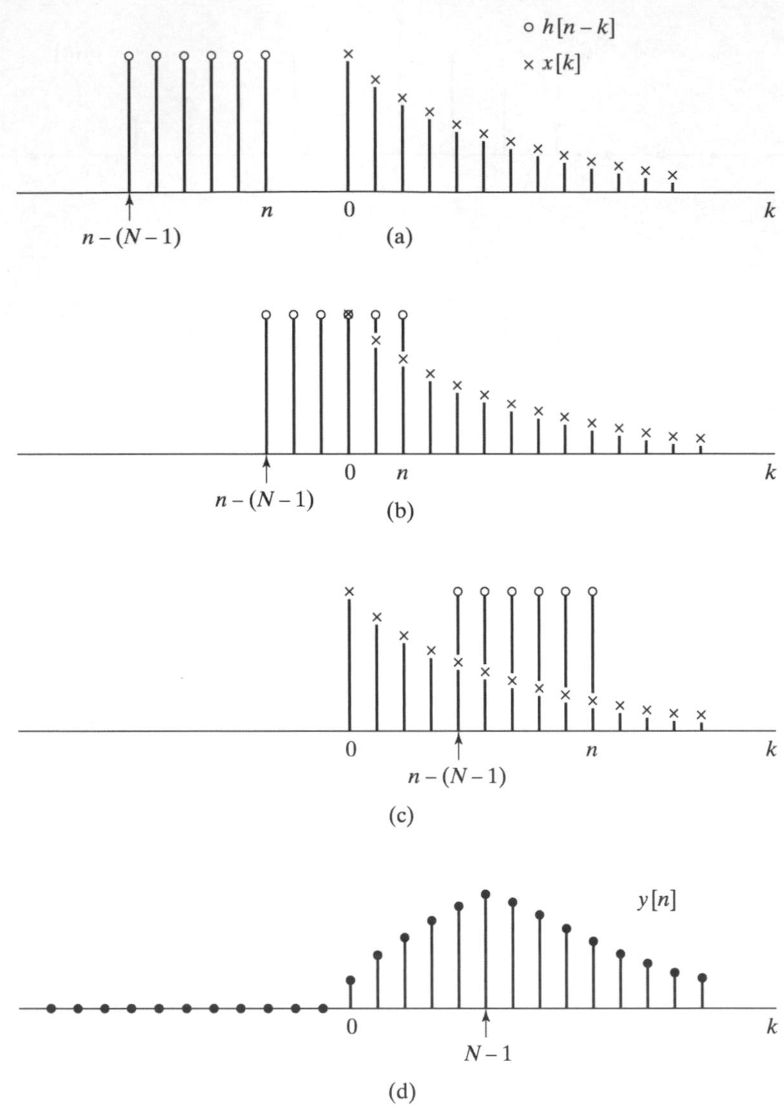

圖 2.10 計算離散旋積的序列。(a) － (c) 序列 $x[k]$ 與 $x[n-k]$ 為 k 針對不同 n 的函數。(d) 相對應的輸出序列對 n 的函數

對於所有負數的 n 值都可以獲得類似的結果，亦即，$x[k]$與 $h[n-k]$兩個序列非零的位置是不重疊的，所以

$$y[n]=0,\quad n<0$$

圖 2.10(b) 所描述的是當 $0 \le n$ 與 $n-N+1 \le 0$ 的兩序列。這兩種條件可以被結合成單一條件 $0 \le n \le N-1$。參考圖 2.10(b)，我們可以發現

$$x[k]h[n-k]=a^k,\quad \text{當 } 0 \le k \le n$$

當 $0 \le n \le N-1$。

因此

$$y[n]=\sum_{k=0}^{n}a^k,\quad 0\le n\le N-1 \tag{2.54}$$

這個和的上下限我們可以直接由圖 2.10(b) 來決定。(2.54) 式顯示 $y[n]$為 $n+1$ 項等比級數的和，而此等比級數的公比為 a。這個和可以運用更為一般化的公式來表示

$$\sum_{k=N_1}^{N_2}\alpha^k=\frac{\alpha^{N_1}-\alpha^{N_2+1}}{1-\alpha},\quad N_2\ge N_1 \tag{2.55}$$

把這個公式套用到 (2.54) 式，我們可以得到

$$y[n]=\frac{1-a^{n+1}}{1-a},\quad 0\le n\le N-1 \tag{2.56}$$

最後，圖 2.10(c) 所顯示的是當 $0<n-N+1$ 與 $N-1<n$ 的兩個序列，於是

$$x[k]h[n-k]=a^k,\quad n-N+1\le k\le n,$$

而現在和的底限為 $n-N+1$，我們可以從圖 2.10(c) 觀察出來。因此

$$y[n]=\sum_{k=n-N+1}^{n}a^k,\quad \text{當 } N-1<n \tag{2.57}$$

使用 (2.55) 式，我們可以得到

$$y[n]=\frac{a^{n-N+1}-a^{n+1}}{1-a},$$

或

$$y[n]=a^{n-N+1}\left(\frac{1-a^N}{1-a}\right) \tag{2.58}$$

因此，由於輸入與單位脈衝響應的片段指數性質，我們能夠獲得下列 $y[n]$對 n 的函數表示式：

$$y[n]=\begin{cases}0, & n<0,\\ \dfrac{1-a^{n+1}}{1-a}, & 0\le n\le N-1,\\ a^{n-N+1}\left(\dfrac{1-a^N}{1-a}\right), & N-1<n\end{cases} \tag{2.59}$$

此序列顯示在圖 2.10(d) 中。

範例 2.11 描述當輸入與脈衝響應可以被表示爲簡單的公式時，旋積和可以運用解析形式來運算。在這樣的例子中，這些和都有一些精簡的形式可以藉由等比級數或者是其他「封閉形式」的公式來求得[②]。即使和沒有精簡形式的公式，當輸入序列或者脈衝響應其中一者爲有限長度（非零樣本的個數爲有限時）時，旋積和仍然可以使用我們在範例 2.11 中所提到的數值方式求取出來，。

2.4 線性非時變系統的性質

因爲所有的線性非時變（linear time-invariant, LTI）系統都可以藉由 (2.49) 式的旋積和來描述，故此種類別的系統可以藉由離散時間旋積性質來定義。因此，脈衝響應爲 LTI 系統性質的一個完全特徵化表示法。

有些 LTI 系統的一般化性質可以藉由旋積操作的性質找到[③]。舉例來說，旋積操作滿足交換律

$$x[n]*h[n]=h[n]*x[n] \tag{2.60}$$

我們可以藉由對 (2.49) 式的累加變數做變數變換來證明這個性質。或者更精確的說，讓 $m=n-k$

$$y[n]=\sum_{m=\infty}^{-\infty}x[n-m]h[m]=\sum_{m=-\infty}^{\infty}h[m]x[n-m]=h[n]*x[n], \tag{2.61}$$

所以 $x[n]$ 與 $h[n]$ 在相加中的角色是可以互換的。也就是說，在序列中的旋積運算順序是不重要的。因此，即使輸入與脈衝響應的角色互調，系統輸出的結果還是一樣的。根據這個推論，一個擁有輸入 $x[n]$ 和脈衝響應 $h[n]$ 的 LTI 系統與擁有輸入 $h[n]$ 和脈衝響應 $x[n]$ 的 LTI 系統兩者會產生相同的輸出。而旋積操作也同樣滿足加法分配律，亦即

$$x[n]*(h_1[n]+h_2[n])=x[n]*h_1[n]+x[n]*h_2[n] \tag{2.62}$$

這個性質直接藉由 (2.49) 式及旋積和交換律的性質便能很輕易推得。我們將方程式 (2.62) 以圖例表示在圖 2.11 中，其中圖 2.11(a) 顯示的是 (2.62) 式的右式，而圖 2.11(b) 顯示的是 (2.62) 式的左式。

---

② 這些公式在諸如 Grossman (1992) 及 Jolley (2004) 的論文中被討論。

③ 在本書以後的內文當中，我們將用 (2.50) 式這樣簡化的式子來表示旋積。但必須強調的是，旋積的性質是由 (2.49) 式推導而來的。

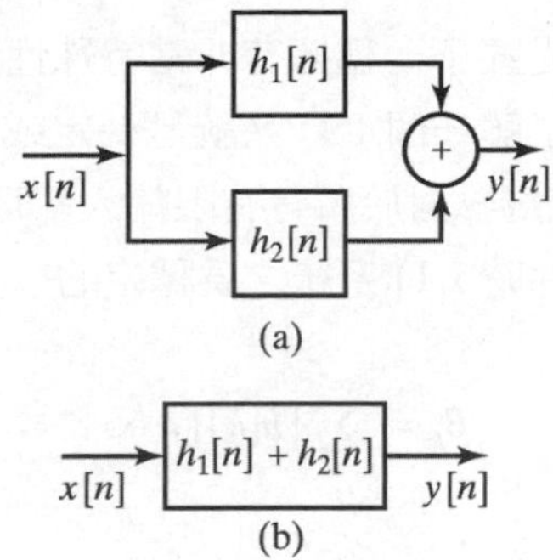

(a)

$x[n]$　$h_1[n]+h_2[n]$　$y[n]$

(b)

圖 2.11　(a) LTI 系統的並接組合。(b) 等效系統

旋積操作也同樣滿足交換律，亦即

$$y[n]=(x[n]*h_1[n])*h_2[n]=x[n]*(h_1[n]*h_2[n]) \tag{2.63}$$

同樣由於旋積操作滿足交換律，(2.63) 式可以等效為

$$y[n]=x[n]*(h_2[n]*h_1[n])=(x[n]*h_2[n])*h_1[n] \tag{2.64}$$

這個等式我們以圖例顯示於圖 2.12 中。同樣的，(2.63) 式與 (2.64) 式很清楚顯示了兩個擁有脈衝響應 $h_1[n]$ 與 $h_2[n]$ 的 LTI 系統，而兩者等效的整體系統響應 $h[n]$ 為

$$h[n]=h_1[n]*h_2[n]=h_2[n]*h_1[n] \tag{2.65}$$

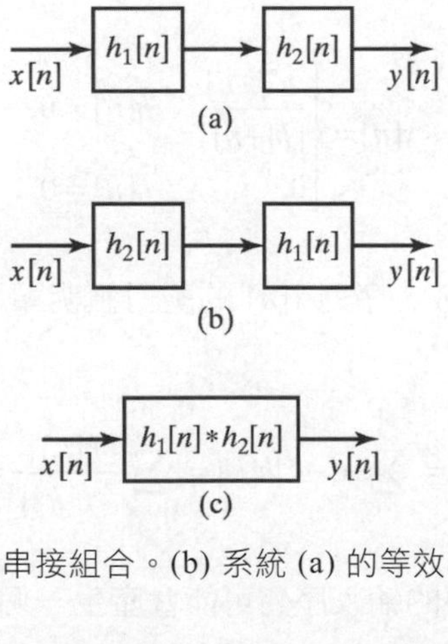

$x[n]$　$h_1[n]$　$h_2[n]$　$y[n]$

(a)

$x[n]$　$h_2[n]$　$h_1[n]$　$y[n]$

(b)

$x[n]$　$h_1[n]*h_2[n]$　$y[n]$

(c)

圖 2.12　(a) LTI 系統的串接組合。(b) 系統 (a) 的等效串接。(c)單一等效系統

在並接系統當中，每個個別系統有相同的輸入，而這些個別系統的輸出可以被相加起來以產生整體系統的輸出。旋積分配律的性質讓兩個並接的 LTI 系統可以等效為一個單一系統，而其脈衝響應為個別脈衝響應的總和，亦即

$$h[n]=h_1[n]+h_2[n] \tag{2.66}$$

線性與非時變性質的限制定義了一種擁有非常特殊性質的系統類別。穩定性與因果律則代表額外的性質，因其在了解一個 LTI 系統是穩定或因果與否是非常重要的。我們回憶 2.2.5 小節中提到穩定系統爲一對於所有有限輸入都可以產生有限輸出的系統。只有在系統響應滿足完全可加的條件時 LTI 系統才爲穩定的

$$B_h = \sum_{k=-\infty}^{\infty} |h[k]| < \infty \tag{2.67}$$

這個性質的證明如下。由 (2.61) 式，

$$|y[n]| = \left| \sum_{k=-\infty}^{\infty} h[k]x[n-k] \right| \leq \sum_{k=-\infty}^{\infty} |h[k]||x[n-k]| \tag{2.68}$$

如果 $x[n]$ 爲有限輸入，則

$$|x[n]| \leq B_x,$$

然後對 $|x[n-k]|$ 用 B_x 取代可以加強這不等式。因此，

$$|y[n]| \leq B_x B_h \tag{2.69}$$

所以，若 (2.67) 式成立，$y[n]$ 會是有限的。換句話說，(2.67) 式是穩定性的充分條件。若 $B_h = \infty$，一個有限的輸入會造成一個無限的輸出，如此一來可以說它是亦是必要條件。例如一個序列的輸入，它的值爲

$$x[n] = \begin{cases} \dfrac{h^*[-n]}{|h[-n]|}, & h[n] \neq 0, \\ 0, & h[n] = 0, \end{cases} \tag{2.70}$$

在這邊 $h^*[n]$ 是 $h[n]$ 的共軛複數，序列 $x[n]$ 的絕對值明顯地小於等於 1。然而，在 $n = 0$ 時的輸出值爲

$$y[0] = \sum_{k=-\infty}^{\infty} x[-k]h[k] = \sum_{k=-\infty}^{\infty} \frac{|h[k]|^2}{|h[k]|} = B_h \tag{2.71}$$

因此，若 $B_h = \infty$，則一個有限的輸入序列可能會產生一個無限的輸出序列。

在 2.2.4 小節，我們定義「一個因果系統是其輸出 $y[n_0]$ 只和 $n \leq n_0$ 的輸入樣本 $x[n]$ 有關的系統」。從 (2.49) 或 (2.67) 式，這條件意謂著線性非時變（LTI）系統的因果律條件爲

$$h[n] = 0, \quad n < 0, \tag{2.72}$$

（見習題 2.69）。對此，我們稱「凡在 $n < 0$ 時序列值爲零的序列即爲因果序列」，故因果系統的脈衝響應爲因果序列。

爲了去解釋線性非時變（LTI）系統的性質如何反應在脈衝響應上，我們可以考慮範例 2.2 到 2.9 所定義的系統。首先，注意到只有範例 2.2、2.3、2.5 和 2.9 的系統是線性且非時變的。雖然非線性和時變系統的脈衝響應可以藉由使用一個脈衝輸入去得到，但因爲旋積和、表示穩定性的 (2.67) 式和表示因果律的 (2.72) 式均不適用在此類系統，故其沒有受到很大的關注。

首先，讓我們找出範例 2.2、2.3、2.5 和 2.9 等系統的脈衝響應。我們可以使用這些系統定義的關係去做簡單的計算，算出每個系統對 $\delta[n]$ 的響應。所得到的結果如下：

理想延遲（範例 2.2）

$$h[n] = \delta[n - n_d], \quad n_d \text{ 是正整數} \tag{2.73}$$

移動平均（範例 2.3）

$$\begin{aligned} h[n] &= \frac{1}{M_1 + M_2 + 1} \sum_{k=-M_1}^{M_2} \delta[n-k] \\ &= \begin{cases} \dfrac{1}{M_2 + M_2 + 1}, & -M_1 \le n \le M_2, \\ 0, & \text{其他} \end{cases} \end{aligned} \tag{2.74}$$

累加器（範例 2.5）

$$h[n] = \sum_{k=-\infty}^{n} \delta[k] = \begin{cases} 1, & n \ge 0, \\ 0, & n < 0, \end{cases} = u[n] \tag{2.75}$$

前向差分（範例 2.9）

$$h[n] = \delta[n+1] - \delta[n] \tag{2.76}$$

後向差分（範例 2.9）

$$h[n] = \delta[n] - \delta[n-1] \tag{2.77}$$

從這些系統的脈衝響應 [(2.73) 到 (2.77) 式]，我們可以計算

$$B_h = \sum_{n=-\infty}^{\infty} |h[n]|$$

的和，來測試它們的穩定性。

對於理想延遲、移動平均、前向差分和後向差分等例子來說，$B_h < \infty$，這是因爲他們的脈衝響應只有非零項只有有限個。一般而言，一個系統若爲有限長度的脈衝響應 [稱作有限脈衝響應（FIR）系統] 且每個脈衝響應的值大小均有限，它的系統一定總是爲穩定的。不過，累加器是不穩定的，因爲

$$B_h = \sum_{n=0}^{\infty} u[n] = \infty$$

在 2.2.5 小節，我們也用一個有限大的輸入（單位步階）卻有無限大的輸出的例子，證明累加器是不穩定的。

累加器的脈衝響應爲無限長度的，我們稱這類系統爲**無限脈衝響應**（IIR）系統。一個穩定的 IIR 系統的例子，其脈衝響應爲 $h[n] = a^n u[n]$ 且 $|a| < 1$。在此情形

$$B_h = \sum_{n=0}^{\infty} |a|^n \tag{2.78}$$

若$|a| < 1$，從無窮等比級數和得到

$$B_h = \frac{1}{1-|a|} < \infty \tag{2.79}$$

另一方面，若$|a| \geq 1$，此公式的無窮等比級數總和將是無窮，且系統會是不穩定的。

去驗證範例 2.2、2.3、2.5 和 2.9 裡線性非時變（LTI）系統是不是因果的，我們可以看是否當 $n < 0$ 時，$h[n] = 0$。如同 2.2.4 小節討論的，理想延遲 [在 (2.20) 式中的 $n_d \geq 0$] 是因果的；但如果 $n_d < 0$，此系統會變爲非因果的。對於移動平均而言，因果的條件爲 $-M_1 \geq 0$ 且 $M_2 \geq 0$。累加器和前向差分系統是因果的，而後向差分系統是非因果的。

旋積的觀念使得不少有關係系統的問題可以被簡化，尤其是對於理想延遲的系統。由於延遲系統的輸出是 $y[n] = x[n-n_d]$，所以它的脈衝響應是 $h[n] = \delta[n-n_d]$，如下：

$$x[n] * \delta[n-n_d] = \delta[n-n_d] * x[n] = x[n-n_d] \tag{2.80}$$

也就是說，任意訊號 $x[n]$ 和脈衝序列的延遲作旋積的結果，就是 $x[n]$的延遲，且延遲的量與原來脈衝序列的延遲量相同。

由於延遲是線性系統的基本運算，因此前面的結果對於分析和簡化線性非時變（LTI）系統的組合是很有幫助的。例如，考慮圖 2.13(a) 中有一個前向差分串接一個單一樣本理想延遲的系統。根據旋積的交換律，串接順序對線性非時變（LTI）系統是不重

要的。因此，先計算前向差分再延遲 [圖 2.13(a)] 得出的結果，與先延遲再計算前向差分 [圖 2.13(b)] 得出的結果是相同的。再者，由 (2.65) 式和圖 2.12 我們得知，整個系統的脈衝響應等於每個串接系統的脈衝響應的旋積。因此

$$\begin{aligned} h[n] &= (\delta[n+1]-\delta[n]) * \delta[n-1] \\ &= \delta[n-1] * (\delta[n+1]-\delta[n]) \\ &= \delta[n]-\delta[n-1] \end{aligned} \tag{2.81}$$

因此，$h[n]$ 和後向差分系統的脈衝響應是一樣的，也就是說，圖 2.13(a) 和圖 2.13(b) 中的串接系統可由圖 2.13(c) 的後向差分所取代。

因此，圖 2.13(a) 和 (b) 中非因果的前向差分系統已經由串上一延遲而轉成因果系統。一般來說，任何非因果的 FIR 系統都可經由串上一長串的延遲而變成因果系統。

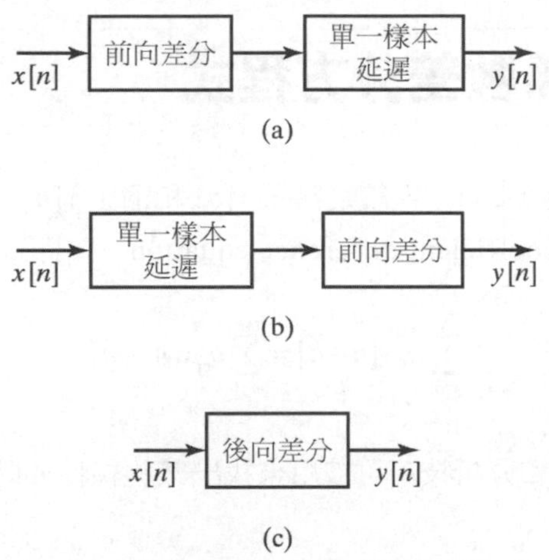

圖 2.13　經由旋積交換律而得的等效系統

另一個串接系統的例子引進**反系統**的觀念，考慮圖 2.14 中的串接系統，其脈衝響應為

$$\begin{aligned} h[n] &= u[n] * (\delta[n]-\delta[n-1]) \\ &= u[n]-u[n-1] \\ &= \delta[n] \end{aligned} \tag{2.82}$$

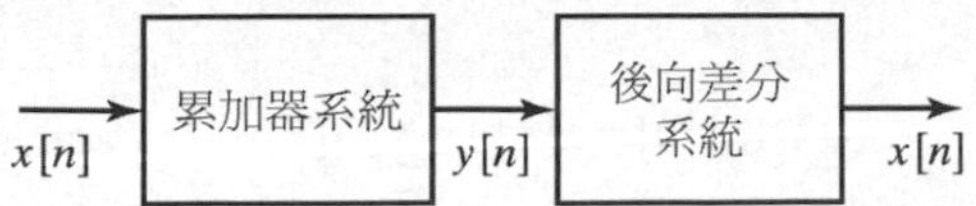

圖 2.14　累加器串上後向差分。因為後向差分是累加器的反系統，故此串接組合等效成單一系統

也就是說，累加器串上一個後向差分所得的系統，其脈衝響應爲單一脈衝。因此，串接系統的輸出將總是等於輸入，因爲 $x[n]*\delta[n]=x[n]$。在這個情形，後向差分系統確確實實補償累加器的作用，也就是說，後向差分系統是累加器的反系統。從旋積的交換律，累加器同樣亦是後向差分系統的反系統。注意，此例子提供了 (2.7) 式和 (2.9) 式的系統解釋。一般來說，若線性非時變（LTI）系統有脈衝響應 $h[n]$，則其反系統的脈衝響應 $h_i[n]$ 有如下之關係：

$$h[n]*h_i[n]=h_i[n]*h[n]=\delta[n] \tag{2.83}$$

在許多情形下，反系統是非常有用的，因它可以用來補償系統的作用。一般來說，當 $h[n]$ 被給定，我們很難從 (2.83) 式直接求出 $h_i[n]$，不過在第 3 章，我們將使用 z 轉換，以較直接的方式來找出反系統。

2.5 線性常係數差分方程式

一重要的線性非時變（LTI）系統是輸入 $x[n]$ 和輸出 $y[n]$ 滿足 N 階線性常係數差分方程式（linear constant-coefficient difference equation），即

$$\sum_{k=0}^{N} a_k y[n-k]=\sum_{m=0}^{M} b_m x[n-m] \tag{2.84}$$

在 2.4 小節所討論的性質和分析技巧可被用來找出某些線性非時變（LTI）系統的差分方程表示式。

範例 2.12 累加器的差分方程表示式

累加器（accumulator）系統定義如下：

$$y[n]=\sum_{k=-\infty}^{n} x[k] \tag{2.85}$$

為了去證明輸入和輸出可寫成如 (2.84) 式的差分方程式（difference equation）的形式，我們重寫 (2.85) 式如同：

$$y[n]=x[n]+\sum_{k=-\infty}^{n-1} x[k] \tag{2.86}$$

從 (2.85) 式，我們知道：

$$y[n-1]=\sum_{k=-\infty}^{n-1}x[k] \tag{2.87}$$

將 (2.87) 式代入 (2.86) 式得出：

$$y[n]=x[n]+y[n-1], \tag{2.88}$$

把輸出全部寫在等號左邊，輸入全寫在等號右邊，可得：

$$y[n]-y[n-1]=x[n] \tag{2.89}$$

因此，累加器除了滿足 (2.85) 式所定義的關係，其輸入輸出也滿足 (2.84) 式線性常係數差分方程式，其中 $N=1, a_0=1, a_1=-1, M=0$ 和 $b_0=1$。

(2.88) 式的差分方程式讓我們知道如何簡單實作累加器。根據 (2.88) 式，對每一個 n 值，我們把目前的輸入值 $x[n]$ 加到先前累積和 $y[n-1]$，這個累加器的說明被畫在圖 2.15 的方塊圖中。

(2.88) 式和圖 2.15 之方塊圖稱爲系統的遞迴表示，因爲每一個值使用先前的值來計算，在這一小節的後面，將更加詳細探討此一般概念。

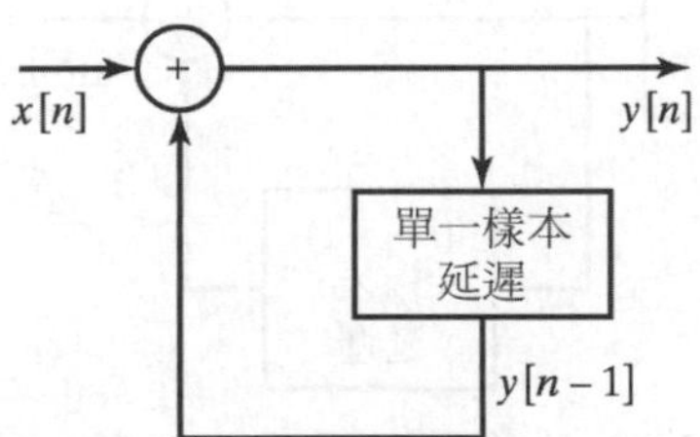

圖 2.15　表示累加器的遞迴差分方程式之方塊圖

範例 2.13　移動平均系統的差分方程表示式

讓我們考慮範例 2.3 中的移動平均系統，選 $M_1=0$，讓系統是因果的。在這個情形，從 (2.74) 式得其脈衝響應為

$$h[n]=\frac{1}{(M_2+1)}(u[n]-u[n-M_2-1]), \tag{2.90}$$

於是

$$y[n]=\frac{1}{(M_2+1)}\sum_{k=0}^{M_2}x[n-k], \tag{2.91}$$

此式是 (2.84) 式的特殊情形，且 $N=0, a_0=1, M=M_2$ 以及 $0\le k\le M_2$ 時，$b_k=1/(M_2+1)$。

再者，脈衝響應可表示成

$$h[n]=\frac{1}{(M_2+1)}(\delta[n]-\delta[n-M_2-1])*u[n], \tag{2.92}$$

這式子說明了因果移動平均系統可表示成圖 2.16 之串接系統。從此方塊圖，我們得到一個差分方程式：

$$x_1[n]=\frac{1}{(M_2+1)}(x[n]-x[n-M_2-1]) \tag{2.93}$$

從範例 2.12 中的 (2.89) 式得知，累加器的輸出滿足下列的差分方程式：

$$y[n]-y[n-1]=x_1[n],$$

故

$$y[n]-y[n-1]=\frac{1}{(M_2+1)}(x[n]-x[n-M_2-1]) \tag{2.94}$$

再者，我們有一如同 (2.84) 式的差分方程式，但這邊 $N=1, a_0=1, a_1=-1, M=M_2+1$ 和，其他 $b_k=0$ 。

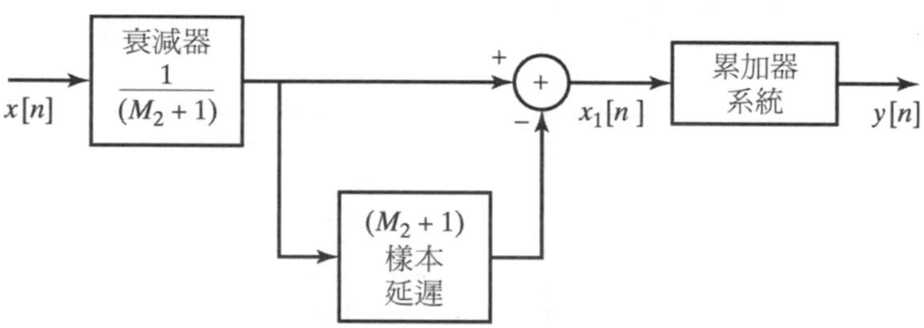

圖 2.16 移動平均系統的遞迴形式之方塊圖

在範例 2.13 中，我們介紹兩種不同的方式來表示移動平均系統。在第 6 章，我們將看到 [許多不同的差分方程式可用來表示一給定的線性非時變（LTI）輸入輸出關係]。

正如同連續時間系統的線性常係數微分方程式一樣，若不加上額外的限制或其他資訊，對給定的輸入，線性常係數差分方程式並沒有提供唯一的輸出。確切地說，若給定的輸入為 $x_p[n]$ ，我們可以藉由某一種方法找到滿足 (2.84) 式的輸出序列 $x_p[n]$ ，則下列任一輸出均滿足 (2.84) 式：

$$y[n]=y_p[n]+y_h[n], \tag{2.95}$$

此處 $y_h[n]$ 是 (2.84) 式在 $x[n]=0$ 的任一答案，即

$$\sum_{k=0}^{N} a_k y_h[n-k]=0 \tag{2.96}$$

(2.96) 式稱作**齊次差分方程式**，且 $y_h[n]$ 稱爲齊次解。事實上，序列 $y_h[n]$ 的一家族答案有下列形式：

$$y_h[n]=\sum_{m=1}^{N} A_m z_m^n, \tag{2.97}$$

此處係數 A_m 將滿足 $y[n]$ 之輔助條件的情況。將 (2.97) 式代入 (2.96) 式，則可證明複數 z_m 必是下列多項式的根：

$$A(z)=\sum_{k=0}^{N} a_k z^{-k} \tag{2.98}$$

換句話說，$A(z_m)=0$，$m=1,2,\ldots,N$。(2.97) 式已假設 (2.98) 式之多項式的 N 個根都是不同的，若有重根，則其形式稍有不同，但總是有 N 個未決定的係數。在習題 2.49 中，我們將考慮重根的齊次解。

因爲 $y_h[n]$ 有 N 個未決定的係數，故對給定的 $x[n]$，須再有 N 個輔助條件才能唯一決定 $y[n]$。這些輔助條件通常是在某些時刻 n 時的 $y[n]$ 值，像 $y[-1], y[-2], \ldots, y[-N]$，然後我們只需解一組聯立方程式，便可得到 N 個未定係數。

另外，若輔助條件是一組 $y[n]$ 的輔助值，則 $y[n]$ 的其他值可由 (2.84) 式所改寫的遞迴式求得，即

$$y[n]=-\sum_{k=1}^{N}\frac{a_k}{a_0}y[n-k]+\sum_{k=0}^{M}\frac{b_k}{a_0}x[n-k] \tag{2.99}$$

若輸入 $x[n]$ 和輔助值 $y[-1], y[-2], \ldots, y[-N]$ 被給定，則 $y[0]$ 可以由 (2.99) 式求得，然後由 $y[0], y[-1], \ldots$，$y[-N+1]$ 等值，$y[1]$ 可被算出。使用此步驟，$y[n]$ 可遞迴地被算出來，也就是說，輸出的計算不只用到出入序列，亦用到輸出序列先前的值。

爲了產生 $n<-N$ 時的 $y[n]$ 值（假設 $y[-1], y[-2], \ldots, y[-N]$ 被給定），我們將 (2.84) 式改寫如下：

$$y[n-N]=-\sum_{k=0}^{N-1}\frac{a_k}{a_N}y[n-k]+\sum_{k=0}^{M}\frac{b_k}{a_N}x[n-k], \tag{2.100}$$

$y[-N-1], y[-N-2], \ldots$ 可遞迴地被算出。

在此書中，我們主要的興趣是線性非時變（LTI）系統，故輔助條件必須和這些額外的要求一致。在第 3 章中，我們將使用 z 轉換來討論差分方程式的答案，隱含地併入線性和非時變的條件。在那時候的討論，我們可以看到「即使線性和非時變的限制被加入，差分方程式的答案仍是不唯一」。特別地，因果和非因果的線性非時變（LTI）系統皆會和給定的差分方程式一致。

假如系統爲線性常係數差分方程式，且限制它爲線性、非時變和因果的，則它的答案是唯一的。在這情形，輔助條件常叫做「初始靜止條件」，換句話說，輔助條件是「若輸入 $x[n]$ 在 $n \le n_0$ 時爲零，則其輸出 $y[n]$ 亦必須限制在 $n \le n_0$ 時爲零」，這提供充分的初始條件去使用 (2.99) 式來遞迴地計算 $n \ge n_0$ 時的 $y[n]$。

若系統的輸入和輸出滿足線性常係數差分方程式，我們整理此系統的結果如下：

- 對給定的輸入，輸出不一定唯一，且輔助條件或其資訊需被提供。
- 若輔助資訊是 N 個連續輸出值，則可經由重新排列差分方程式爲前向遞歸關係式算出後面的值，也可經由重新排列差分方程式爲後向遞歸關係式算出前面的值。
- 系統是否「線性」、是否「非時變」和是否爲「因果的」，會由輔助條件來決定。若系統的額外條件是「初始靜止不動」，則系統會是線性、非時變和因果的。

先前的討論假設 (2.84) 式中的 $N \ge 1$，若 $N = 0$，則差分方程式不需用遞迴的方式去計算輸出，且不需要輔助條件，也就是說

$$y[n] = \sum_{k=0}^{M} \left(\frac{b_k}{a_0}\right) x[n-k] \tag{2.101}$$

(2.101) 式是旋積的形式，若設 $x[n] = \delta[n]$ ，則其脈衝響應爲

$$h[n] = \sum_{k=0}^{M} \left(\frac{b_k}{a_0}\right) \delta[n-k],$$

或

$$h[n] = \begin{cases} \left(\dfrac{b_n}{a_0}\right), & 0 \le n \le M, \\ 0, & \text{其他} \end{cases} \tag{2.102}$$

此脈衝響應明顯地是有限長度，實際上，任何 FIR 系統的輸出可以使用 (2.101) 式無遞迴地算出，此處係數便是脈衝響應的值。範例 2.13 中的移動平均系統 $(M_1 = 0)$ 便是一個因果 FIR 系統的例子，此系統的一有趣特色是我們亦可找到一遞迴方程式來算輸出。在

第 6 章，我們將證明「實現想要的信號轉換，將有許多可能的方式」，哪一種方式比較好則需考量實際的因素，像數值精確度、資料的儲存，以及計算每個樣本輸出所需的乘法和加法量等。

2.6 離散時間信號和系統的頻域表示

在先前的各節，我們介紹了許多離散時間信號和系統的基本觀念，對線性非時變（LTI）系統而言，若其輸出為延遲脈衝的加權和，則其輸出亦會是延遲脈衝的加權和。如同連續時間信號，離散時間信號有許多種表示方式，例如，弦波和複指數序列在表示離散時間信號上扮演極重要的角色，這是因為複指數序列是線性非時變（LTI）系統的固有函數，而弦波輸入的響應仍是弦波，且頻率相同，而振幅大小和相位由系統決定。基於線性系統的原則，這個線性非時變（LTI）系統的基本性質使得「用弦波或複指數來表示信號」是非常有用的。

2.6.1 線性非時變系統的固有函數

使用離散信號中的複指數之固有函數（eigenfunctions）的特性，並讓輸入 $x[n]=e^{j\omega n}$ 對 $-\infty<n<\infty$ 代入 (2.61) 式，可知脈衝響應為 $h[n]$ 的線性非時變（LTI）系統之輸出為

$$y[n]=H(e^{j\omega})e^{j\omega n}, \tag{2.103}$$

此處

$$H(e^{j\omega})=\sum_{k=-\infty}^{\infty}h[k]e^{-j\omega k} \tag{2.104}$$

所以，$e^{j\omega n}$ 是系統的一個固有函數，且固有值為 $H(e^{j\omega})$。從 (2.103) 式，我們得知 $H(e^{j\omega})$ 描述著複指數的複數振幅大小之改變，且為頻率 ω 的函數，

固有值 $H(e^{j\omega})$ 是系統的**頻率響應**（frequency response）。一般來說，$H(e^{j\omega})$ 是複數，故可以分成實部和虛部來表示：

$$H(e^{j\omega})=H_R(e^{j\omega})+jH_I(e^{j\omega}) \tag{2.105}$$

或根據強度和相位來表示：

$$H(e^{j\omega})=|H(e^{j\omega})|\,e^{j\angle H(e^{j\omega})} \tag{2.106}$$

範例 2.14 理想延遲系統的頻率響應

我們以一個簡單且重要的例子來看，考慮理想延遲系統（ideal delay system）的定義如下：

$$y[n] = x[n-n_d], \tag{2.107}$$

此處 n_d 是一個固定的整數，若系統的輸入 $x[n] = e^{j\omega n}$，則從 (2.107) 式，我們得到

$$y[n] = e^{j\omega(n-n_d)} = e^{-j\omega n_d} e^{j\omega n}$$

因此，理想延遲的頻率響應為

$$H(e^{j\omega}) = e^{-j\omega n_d} \tag{2.108}$$

另一種得到頻率響應方法如下，因為理想延遲系統的脈衝響應 $h[n] = \delta[n-n_d]$，從 (2.104) 式，我們得到

$$H(e^{j\omega}) = \sum_{n=-\infty}^{\infty} \delta[n-n_d] e^{-j\omega n} = e^{-j\omega n_d}$$

頻率響應的實部和虛部為

$$H_R(e^{j\omega}) = \cos(\omega n_d), \tag{2.109a}$$

$$H_I(e^{j\omega}) = -\sin(\omega n_d) \tag{2.109b}$$

強度和相位為

$$|H(e^{j\omega})| = 1 \tag{2.110a}$$

$$\angle H(e^{j\omega}) = -\omega n_d \tag{2.110b}$$

在 2.7 小節中，我們將證明一大類的信號可以表示成複指數的線性組合

$$x[n] = \sum_k \alpha_k e^{j\omega_k n} \tag{2.111}$$

由重疊原理和 (2.103) 式，線性非時變（LTI）系統之輸出爲

$$y[n] = \sum_k \alpha_k H(e^{j\omega_k}) e^{j\omega_k n} \tag{2.112}$$

因此，若 $x[n]$ 可表示成複指數續列的線性組合，如同 (2.111) 式，若我們知道系統的頻率響應，則可由 (2.112) 式找出輸出。

下列的例子將闡明線性非時變（LTI）系統的這個基本性質。

範例 2.15　線性非時變系統的弦波響應（Sinusoidal Response）

考慮一個弦波輸入

$$x[n] = A\cos(\omega_0 n + \phi) = \frac{A}{2}e^{j\phi}e^{j\omega_0 n} + \frac{A}{2}e^{-j\phi}e^{-j\omega_0 n} \tag{2.113}$$

從 (2.103) 式，$x_1[n] = (A/2)e^{j\phi}e^{j\omega_0 n}$ 的響應為

$$y_1[n] = H(e^{j\omega_0})\frac{A}{2}e^{j\phi}e^{j\omega_0 n} \tag{2.114a}$$

又 $x_2[n] = (A/2)e^{-j\phi}e^{-j\omega_0 n}$ 的響應為

$$y_2[n] = H(e^{-j\omega_0})\frac{A}{2}e^{-j\phi}e^{-j\omega_0 n} \tag{2.114b}$$

因此，全部的響應為

$$y[n] = \frac{A}{2}[H(e^{j\omega_0})e^{j\phi}e^{j\omega_0 n} + H(e^{-j\omega_0})e^{-j\phi}e^{-j\omega_0 n}] \tag{2.115}$$

若 $h[n]$ 是實數，則可證明 $H(e^{-j\omega_0}) = H^*(e^{j\omega_0})$（見習題 2.78），因此

$$y[n] = A\,|H(e^{j\omega_0})|\cos(\omega_0 n + \phi + \theta), \tag{2.116}$$

此處 $\theta = \angle H(e^{j\omega_0})$ 是系統在 ω_0 的相位。

範例 2.14 中的理想延遲這個簡單例子，$|H(e^{j\omega_0})| = 1$ 且 $\theta = -\omega_0 n_d$，因此

$$\begin{aligned} y[n] &= A\cos(\omega_0 n + \phi - \omega_0 n_d) \\ &= A\cos[\omega_0(n - n_d) + \phi], \end{aligned} \tag{2.117}$$

這個結果和理想延遲系統的定義式一致的。

對於連續時間和離散時間系統而言，線性非時變（LTI）系統的頻率響應的觀念必是相同的。不過，有一個很重要的不同，即離散時間線性非時變（LTI）系統的頻率響應總是頻率 ω 的週期函數，且週期為 2π。為了去證明此，我們將 $\omega + 2\pi$ 代入 (2.104) 式，得到

$$H(e^{j(\omega+2\pi)}) = \sum_{n=-\infty}^{\infty} h[n]e^{-j(\omega+2\pi)n} \tag{2.118}$$

使用「對 n 是整數時，$e^{\pm j2\pi n}=1$」的事實，我們知道

$$e^{-j(\omega+2\pi)n}=e^{-j\omega n}e^{-j2\pi n}=e^{-j\omega n}$$

因此，

$$H(e^{j(\omega+2\pi)})=H(e^{j\omega}),\quad \text{對任何 } \omega \tag{2.119}$$

更一般化，可得

$$H(e^{j(\omega+2\pi r)})=H(e^{j\omega}),\quad \text{對任何整數 } r \tag{2.120}$$

即 $H(e^{j\omega})$ 是週期為 2π 的週期函數，因為當 n_d 為一個整數時，$e^{-j(\omega+2\pi)n_d}=e^{-j\omega n_d}$，故對理想延遲系統而言，週期性非常明顯。

此週期性的事實和我們之前的觀察是有關的，即序列

$$\{e^{j\omega n}\},\quad -\infty<n<\infty,$$

和序列

$$\{e^{j(\omega+2\pi)n}\},\quad -\infty<n<\infty,$$

是沒有分別的，因為對所有的 n，兩序列的值是一樣的，故系統必定對此兩輸入序列有相同的響應，這意謂 (2.119) 式需成立。

因為 $H(e^{j\omega})$ 是週期為 2π 的週期函數，且頻率 ω 和 $\omega+2\pi$ 並無分別，因此我們只需指定 $H(e^{j\omega})$ 的長度區間為 2π 即可，譬如說「$0\le\omega\le2\pi$ 或 $-\pi\le\omega\le\pi$」。週期性自然地定義了所選區間以外的頻率響應，為了簡化且為了和連續時間的情形一致，去指定 $H(e^{j\omega})$ 在區間 $-\pi\le\omega\le\pi$ 內是很方便的。在此區域內，在零附近的頻率稱為「低頻」，而在 $\pm\pi$ 附近的頻率稱為「高頻」，由於頻率加上 2π 的整數倍並不改變，故前面的敘述可以一般化如下：在 π 的偶數倍附近的頻率為「低頻」，在 π 的奇數倍附近的頻率為「高頻」，這和之前 2.1 小節討論是一致的。

有一重要的線性非時變（LTI）系統，其頻率響應在某個區間內為一，而剩下的區間為零，這便是理想的「選頻濾波器」。圖 2.17(a) 顯示了理想的低通濾波器的頻率響應，由於離散時間頻率響應的天生週期性，故它外表像多頻帶濾波器，且在 $\omega=0$ 附近的頻率和在 $\omega=2\pi$ 附近的頻率並無不同，實際上，此頻率響應僅低頻成分可通過，而高頻成分會被濾掉。因為頻率響應被完全指定在區間 $-\pi\le\omega\le\pi$ 內，故理想的低通濾波器只需如同圖 2.17(b) 一樣，指定在區間 $-\pi\le\omega\le\pi$ 內即可。然後在根據頻率響應的週期為 2π 來

得出區間以外的頻率響應。藉由隱含的假設，圖 2.18(a)、(b) 和 (c) 顯示了理想的高通（highpass）、帶拒（bandstop）、帶通（bandpass）濾波器的頻率響應。,

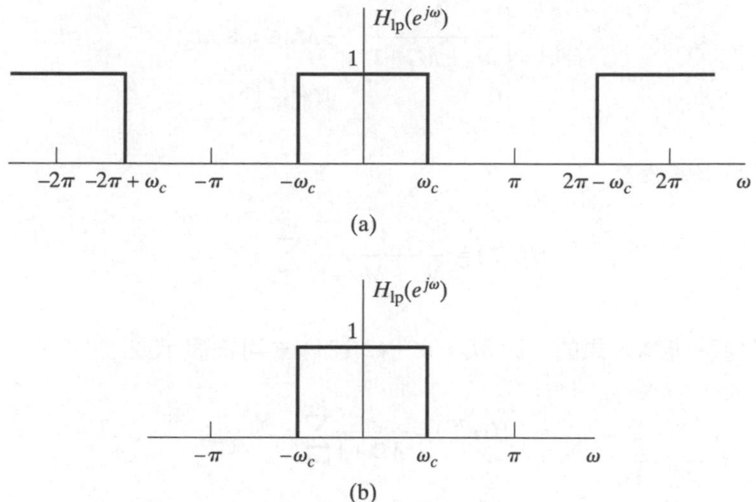

圖 2.17 顯示理想的低通濾波器 (a) 頻率響應的週期性；(b) 頻率響應的一個週期

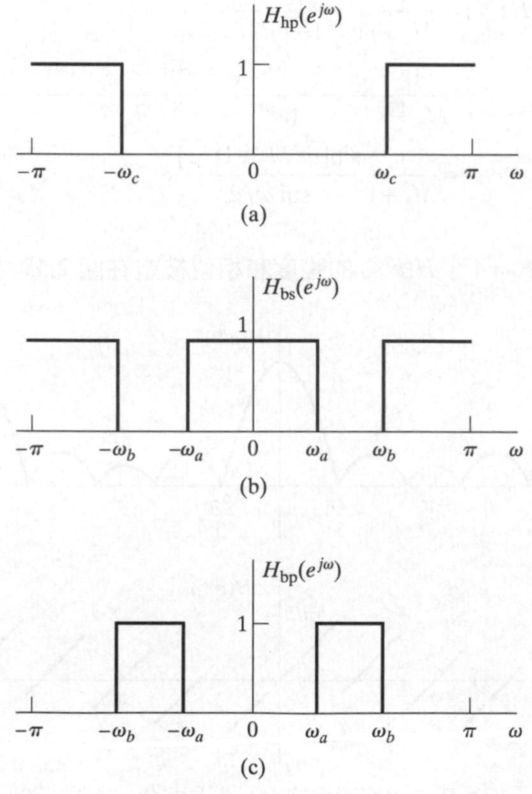

圖 2.18 理想選頻濾波器 (a) 高通濾波器；(b) 帶拒濾波器；(c) 帶通濾波器，在每一種情形，頻率響應是週期為 2π 的函數。圖中只顯示一個週期

範例 2.16 移動平均系統的頻率響應

範例 2.3 中移動平均系統的脈衝響應為

$$h[n]=\begin{cases}\dfrac{1}{M_1+M_2+1}, & -M_1\le n\le M_2,\\ 0, & \text{其他}\end{cases}$$

因此，其頻率響應為

$$H(e^{j\omega})=\frac{1}{M_1+M_2+1}\sum_{n=-M_1}^{M_2}e^{-j\omega n} \tag{2.121}$$

若移動平均系統為因果的，即 $M_1=0$，(2.121) 式可被表示成：

$$H(e^{j\omega})=\frac{1}{M_2+1}\sum_{n=0}^{M_2}e^{-j\omega n} \tag{2.122}$$

使用 (2.55) 式，(2.122) 式變成

$$\begin{aligned}H(e^{j\omega})&=\frac{1}{M_2+1}\left(\frac{1-e^{-j\omega(M_2+1)}}{1-e^{-j\omega}}\right)\\ &\frac{1}{M_2+1}\frac{(e^{j\omega(M_2+1)/2}-e^{-j\omega(M_2+1)/2})e^{-j\omega(M_2+1)/2}}{(e^{j\omega/2}-e^{-j\omega/2})e^{-j\omega/2}}\\ &=\frac{1}{M_2+1}\frac{\sin[\omega(M_2+1)/2]}{\sin\omega/2}e^{-j\omega M_2/2}\end{aligned} \tag{2.123}$$

在此情形，選擇 $M_2=4$，$H(e^{j\omega})$ 的強度和相位被畫在圖 2.19 中。

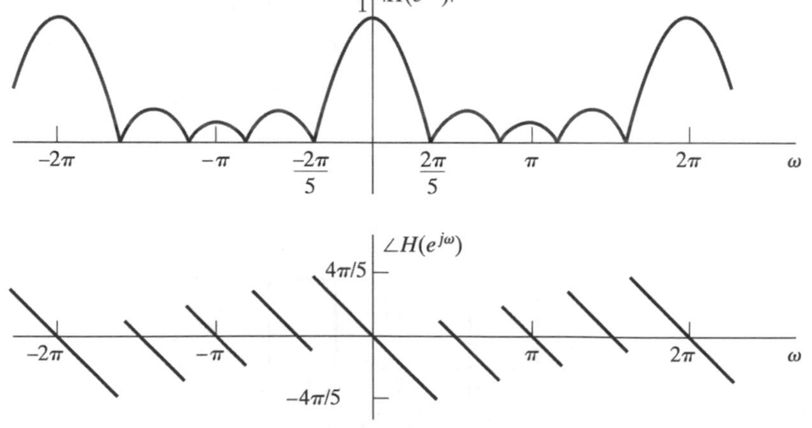

圖 2.19 移動平均系統之頻率響應的 (a) 強度和 (b) 相位。在此 $M_1=0$，$M_2=4$

若移動平均濾波器是對稱的，也就是說，$M_1 = M_2$，然後 (2.123) 式會被更換成

$$H(e^{j\omega}) = \frac{1}{2M_2+1}\frac{\sin[\omega[2M_2+1)/2]}{\sin(\omega/2)} \tag{2.124}$$

注意，如同離散時間系統的頻率響應一樣 $H(e^{j\omega})$ 為週期函數。$|H(e^{j\omega})|$ 在高頻會衰減，而 $H(e^{j\omega})$ 的相位會隨著 ω 呈線性變化，高頻成分的衰減表示把輸入序列快速變化的部分拿掉，即變平滑。也就是說，這個系統和低通濾波器非常類似，這和我們直覺上認為移動平均系統會有的行為是一致的。

2.6.2 驟然輸入的複指數信號

我們已經知道複指數輸入（complex exponential inputs）$e^{j\omega n}$，而 $-\infty < n < \infty$，它在線性非時變（LTI）系統的輸出爲 $H(e^{j\omega})e^{j\omega n}$。在數學上我們可以用它來代表許多種的信號，包括只有在有限區間內才不爲零的信號。而我們可以藉由下面的輸入來觀察線性非時變（LTI）系統：

$$x[n] = e^{j\omega n}u[n], \tag{2.125}$$

也就是說，我們在某個時刻才驟然輸入複指數信號，爲了方便起見，在此我們選擇 $n=0$。從 (2.61) 式的旋積和可知，把這種輸入送進線性非時變（LTI）系統之脈衝響應爲 $h[n]$，所得到的輸出爲：

$$y[n] = \begin{cases} 0, & n<0, \\ \left(\sum_{k=0}^{n} h[k]e^{-j\omega k}\right)e^{j\omega n}, & n \ge 0 \end{cases}$$

當我們考慮 $n \ge 0$ 的輸出，上式可寫成

$$y[n] = \left(\sum_{k=0}^{\infty} h[k]e^{-j\omega k}\right)e^{j\omega n} - \left(\sum_{k=n+1}^{\infty} h[k]e^{-j\omega k}\right)e^{j\omega n} \tag{2.126}$$

$$= H(e^{j\omega})e^{j\omega n} - \left(\sum_{k=n+1}^{\infty} h[k]e^{-j\omega k}\right)e^{j\omega n} \tag{2.127}$$

由 (2.127) 式，我們可以發現輸出包含兩部分，即 $y[n] = y_{ss}[n] + y_t[n]$。其中第一項爲

$$y_{ss}[n] = H(e^{j\omega})e^{j\omega n},$$

被稱作「穩態響應」（steady-state response）。它和輸入為 $e^{j\omega n}$（對所有 n）時的響應是相同的。而第二項為

$$y_t[n] = -\sum_{k=n+1}^{\infty} h[k]e^{-j\omega k}e^{j\omega n},$$

是和以固有函數為輸入所得出的結果彼此之間的差，它被稱為「暫態響應」（transient response），這是因為它常常趨近於零。我們可以從這一項的大小討論在什麼情況下它會趨近於零，它的強度（magnitude）將限定在：

$$|y_t[n]| = \left| \sum_{k=n+1}^{\infty} h[k]e^{-j\omega k}e^{j\omega n} \right| \leq \sum_{k=n+1}^{\infty} |h[k]| \tag{2.128}$$

從 (2.128) 式，很清楚地若脈衝響應的長度是有限的，即 $h[n]$ 只有在 $0 \leq n \leq M$ 時不為 0，則當 $n+1 > M(n > N-1)$ 的時候 $y_t[n]$ 將為零。在這種情況下，

$$y[n] = y_{ss}[n] = H(e^{j\omega})e^{j\omega n}, \quad 對\ n > N-1$$

若脈衝響應為無限長，則暫態響應將不會突然地消失。可是如果當 n 增加時，脈衝響應將漸趨近於零，然後 $y_t[n]$ 也將趨近於零。(2.128) 式可寫成：

$$|y_t[n]| = \left| \sum_{k=n+1}^{\infty} h[k]e^{-j\omega k}e^{j\omega n} \right| \leq \sum_{k=n+1}^{\infty} |h[k]| \leq \sum_{k=0}^{\infty} |h[k]| \tag{2.129}$$

也就是說，暫態響應的強度將不超過脈衝響應樣本的絕對值和。如果 (2.129) 式的右邊是有界的，那麼

$$\sum_{k=0}^{\infty} |h[k]| < \infty$$

此系統是穩定的。由 (2.129) 式可發現，一個穩定系統的暫態響應必需要隨著 $n \to \infty$ 而逐漸變小。因此，暫態響應逐漸衰減的充分條件是這個系統是穩定的。

圖 2.20 中顯示頻率為 $\omega = 2\pi/10$ 的複指數信號的實數部分。有塗黑的點表示複指數信號目前輸入，而空心的點則表示此複指數信號為「遺失」（已輸入過，但不重要的）。而灰色的點表示脈衝響應 $h[n-k]$ 為 k 的函數（設 $n=8$）。圖 2.20(a) 表示脈衝響應為有限長的情形，我們可以發現當 $n \geq 8$ 的時候輸出將只含有穩態響應的部分。當脈衝響應為無限長時，我們可以發現若脈衝響應逐漸衰減，則隨著 n 增加，複指數信號為「遺失」樣本的影響會越來越小。

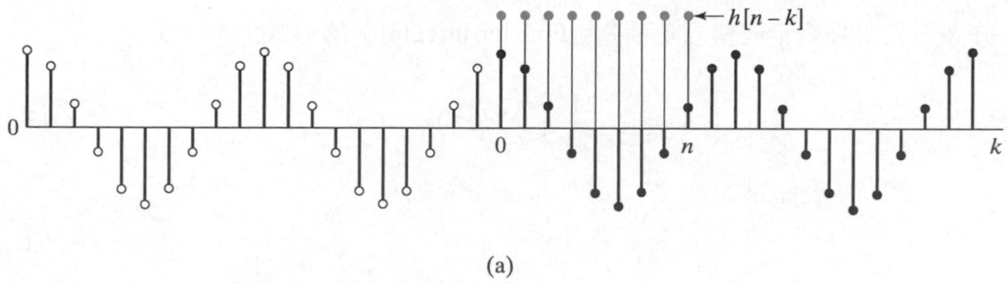

(a)

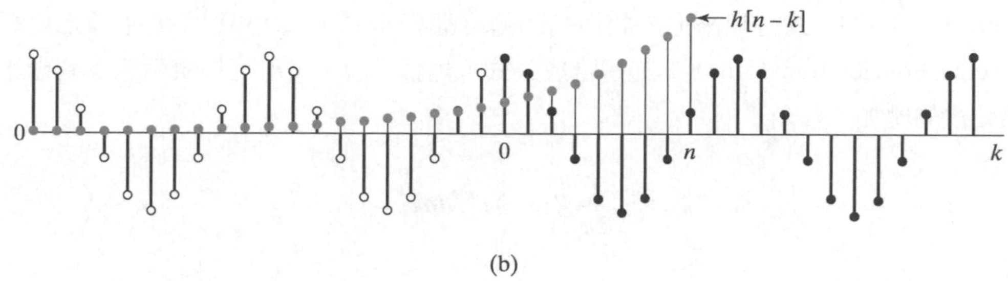

(b)

圖 2.20 驟然的複指數信號之實數部分與 (a) 有限脈衝響應（FIR）；(b) 無限脈衝響應（IIR）

系統穩定的條件也將是頻率響應函數存在的充分條件。這是因為

$$|H(e^{j\omega})| = \left|\sum_{k=-\infty}^{\infty} h[k]e^{-j\omega k}\right| \le \sum_{k=-\infty}^{\infty} |h[k]e^{-j\omega k}| \le \sum_{k=-\infty}^{\infty} |h[k]|,$$

所以如果

$$\sum_{k=-\infty}^{\infty} |h[k]| < \infty$$

則 $H(e^{j\omega})$ 將必定會存在。這個結果並不令人驚訝。事實上，對所有的 n 都存在的複指數信號可被視為在 $n=-\infty$ 時輸入的信號。複指數的固有函數性質與系統的穩定度有關，這是因為當 n 為有限時，暫態響應必定變為零，所以對所有 n 只存在穩態響應 $H(e^{j\omega})e^{j\omega n}$ 。

2.7 用傅立葉轉換表示序列

線性非時變（LTI）系統的頻率響應表示法的好處是系統行為的解釋變得很容易，像範例 2.16 便是一例，在第 5 章，我們將詳細地討論此事項。不過，現在我們回頭考慮一個問題，即對於任何的輸入序列如何找出 (2.111) 式的表示式。

許多序列可被表示成傅立葉積分（Fourier integral）的形式：

$$x[n] = \frac{1}{2\pi}\int_{-\pi}^{\pi} X(e^{j\omega})e^{j\omega n}d\omega, \tag{2.130}$$

此處

$$X(e^{j\omega}) = \sum_{n=-\infty}^{\infty} x[n]e^{-j\omega n} \tag{2.131}$$

(2.130) 和 (2.131) 式合起來形成此序列的傅立葉表示式，(2.130) 式是逆傅立葉轉換（inverse Fourier transform），亦是合成公式，也就是說， $x[n]$ 可被表示成下列極小的複數弦波的疊加

$$\frac{1}{2\pi} X(e^{j\omega})e^{j\omega n}d\omega,$$

其中 ω 在一長度爲 2π 的區間上，而 $X(e^{j\omega})$ 決定每個複數弦波成分的相對量。雖然 (2.130) 式中 ω 的範圍，我們選擇在 $-\pi$ 和 $+\pi$ 之間，但任何長度爲 2π 的區間均可被使用。(2.131) 式是傅立葉轉換[4]，爲一個從序列 $x[n]$ 計算出 $X(e^{j\omega})$ 的式子，可用來分析並決定序列 $x[n]$ 每個頻率成分上的分量如何使用 (2.130) 式去合成 $x[n]$。

一般來說，傅立葉轉換是 ω 的複數值的函數。如同頻率響應，我們可把 $X(e^{j\omega})$ 表示成直角座標的形式：

$$X(e^{j\omega}) = X_R(e^{j\omega}) + jX_I(e^{j\omega}) \tag{2.132a}$$

或表示成極座標的形式：

$$X(e^{j\omega}) = |\, x(e^{j\omega})\,|\, e^{j\angle X(e^{j\omega})} \tag{2.132b}$$

$|X(e^{j\omega})|$ 和 $\angle X(e^{j\omega})$ 是傅立葉轉換（Fourier transform）的強度跟相位。

(2.130a) 式中的相位 $\angle X(e^{j\omega})$ 並不是唯一指定的，因爲對於任何 ω 值，我們可以把 $\angle X(e^{j\omega})$ 加上 2π 的整數倍，並不會影響複指數的結果，當我們想把 $\angle X(e^{j\omega})$ 限定在 $-\pi$ 和 $+\pi$ 之間，則我們以 ARG$[X(e^{j\omega})]$ 來表示。如果我們想要把相位函數在 $0<\omega<\pi$ 之間弄成連續函數，則可以用 arg$[X(e^{j\omega})]$ 來表示。

---

④ 有時候我們將 (2.131) 式更精確地稱作離散時間傅立葉轉換（DTFT），尤其是用來區別連續時間傅立葉轉換的時候。

比較 (2.104) 和 (2.131) 式，我們得知線性非時變（LTI）系統的頻率響應只是脈衝響應的傅立葉轉換，故脈衝響應可從頻率響應使用逆傅立葉轉換積分而得，即

$$h[n]=\frac{1}{2\pi}\int_{-\pi}^{\pi}H(e^{j\omega})e^{j\omega n}d\omega \tag{2.133}$$

如同先前所討論的，頻率響應是 ω 的週期函數，同樣地，傅立葉轉換是 ω 的週期函數且週期為 2π。傅立葉級數通常用來表示週期信號，值得注意地，(2.131) 式是週期函數 $X(e^{j\omega})$ 的傅立葉級數，而 (2.130) 式是藉由週期函數 $X(e^{j\omega})$ 去表示序列 $x[n]$，即是去獲得傅立葉級數的係數之積分，我們使用 (2.133) 和 (2.134) 式去得到序列 $x[n]$ 的表示式，儘管如此，去了解「連續變數週期函數的傅立葉級數表示法和離散時間信號的傅立葉轉換表示法」的等效性是很有用的，因為所有傅立葉級數的常見到的性質均可使用在序列的傅立葉轉換表示法上 [Oppenheim 和 Willsky (1997)，McClellan，Schafer 和 Yoder (2003)]。

決定哪一類信號可被 (2.130) 式所表示的問題相同於考慮 (2.131) 式中的無窮多項的和哪時候收斂，也就是說，下列條件需被滿足

$$|X(e^{j\omega})|<\infty \quad \text{對所有 } \omega,$$

此處 $X(e^{j\omega})$ 是下列的有限和取 $M\to\infty$：

$$X_M(e^{j\omega})=\sum_{n=-M}^{M}x[n]e^{-j\omega n} \tag{2.134}$$

一個收斂的充分條件可被找出如下：

$$\begin{aligned}|X(e^{j\omega})|&=\left|\sum_{n=-\infty}^{\infty}x[n]e^{-j\omega n}\right|\\&\le\sum_{n=-\infty}^{\infty}|x[n]||e^{-j\omega n}|\\&\le\sum_{n=-\infty}^{\infty}|x[n]|<\infty\end{aligned}$$

因此，若 $x[n]$ 是**絕對可加**的，則 $X(e^{j\omega})$ 存在。此外，此級數會均勻地往 ω 的連續函數收斂 [Korner (1988), Kammler (2000)]。因為穩定的序列是絕對可加的，故所有穩定序列有傅立葉轉換，再者，任何穩定的系統，會有一個絕對可加的脈衝響應，故會有一有限且連續的頻率響應。

絕對可加性是傅立葉轉換表示法存在的的充分條件，在範例 2.14 和 2.16，我們計算了延遲系統和移動平均系統的脈衝響應之傅立葉轉換，因爲它們的長度均爲有限的，故其脈衝響應爲絕對可加的，明顯地，任何有限長度的序列是絕對可加的，故有傅立葉轉換表示法。在線性非時變（LTI）系統的內容中，任何 FIR 系統都是穩定的，故有一有限且連續的頻率響應。然而，當序列爲無限長時，我們必須考慮無窮多項的和之收斂性，下列的例子將描述此種情形。

範例 2.17 驟然輸入的指數之絕對可加性

讓 $x[n]=a^n u[n]$，這序列的傅立葉轉換為

$$X(e^{j\omega})=\sum_{n=0}^{\infty}a^n e^{-j\omega n}=\sum_{n=0}^{\infty}(ae^{-j\omega})^n$$

$$=\frac{1}{1-ae^{-j\omega}} \quad \text{若} \; |ae^{-j\omega}|<1 \quad \text{或} \quad |a|<1$$

明顯地，$|a|<1$ 是 $x[n]$ 為絕對可加的條件，即

$$\sum_{n=0}^{\infty}|a|^n=\frac{1}{1-|a|}<\infty \quad \text{當} \; |a|<1 \tag{2.135}$$

絕對可加性是傅立葉轉換表示法存在的的充分條件，它也保證均勻收斂，某些序列不是絕對可加的，但卻是平方可加的，即

$$\sum_{n=-\infty}^{\infty}|x[n]|^2<\infty \tag{2.136}$$

若我們放寬對 $X(e^{j\omega})$ 定義無窮多項的和的均勻收斂條件，則這些序列可由傅立葉轉換來表示，特別地，在此情形，我們可以使用均方收斂，即

$$X(e^{j\omega})=\sum_{n=-\infty}^{\infty}x[n]e^{-j\omega n} \tag{2.137a}$$

且

$$X_M(e^{j\omega})=\sum_{n=-M}^{M}x[n]e^{-j\omega n}, \tag{2.137b}$$

那麼

$$\lim_{M\to\infty}\int_{-\pi}^{\pi}|X(e^{j\omega})-X_M(e^{j\omega})|^2=d\omega=0 \tag{2.138}$$

換句話說，誤差 $|X(e^{j\omega})-X_M(e^{j\omega})|$ 對每一個 ω 值可能不會趨近於零，但當 $M\to\infty$，誤差總能量卻能趨近於零，範例 2.18 闡述這種情形。

範例 2.18　理想低通濾波器的平方可加性

此範例我們將決定在 2.6 小節討論的理想低通濾波器（ideal lowpass filter）之脈衝響應，其頻率響應為

$$H_{\text{lp}}(e^{j\omega})=\begin{cases}1, & |\omega|<\omega_c,\\ 0, & \omega_c<|\omega|\le\pi,\end{cases} \tag{2.139}$$

其週期為 2π，使用 (2.130) 式的傅立葉轉換合成式，我們可以得到脈衝響應 $h_{\text{lp}}[n]$ 如下：

$$\begin{aligned}h_{\text{lp}}[n]&=\frac{1}{2\pi}\int_{-\omega_c}^{\omega_c}e^{j\omega n}d\omega\\ &=\frac{1}{2\pi jn}[e^{j\omega n}]_{-\omega_c}^{\omega_c}=\frac{1}{2\pi jn}(e^{j\omega_c n}-e^{-j\omega_c n})\\ &=\frac{\sin\omega_c n}{\pi n},\quad -\infty<n<\infty\end{aligned} \tag{2.140}$$

注意，因為 $h_{\text{lp}}[n]$ 在 $n<0$ 時不為零，故理想低通濾波器是非因果的，再者，$h_{\text{lp}}[n]$ 不是絕對可加的，當 $n\to\infty$，序列值會以 $\frac{1}{n}$ 的速度趨近於零，這是因為 $H_{\text{lp}}(e^{j\omega})$ 在 $\omega=\omega_c$ 處是不連續的。又因為 $h_{\text{lp}}[n]$ 不是絕對可加的，故無窮多項的和為

$$\sum_{n=-\infty}^{\infty}\frac{\sin\omega_c n}{\pi n}e^{-j\omega n}$$

對所有的 ω 值，不會均勻收斂。為了得到直覺的想法，讓我們考慮有限項和 $H_M(e^{j\omega})$：

$$H_M(e^{j\omega})=\sum_{n=-M}^{M}\frac{\sin\omega_c n}{\pi n}e^{-j\omega n} \tag{2.141}$$

幾個不同的 M 值，$H_M(e^{j\omega})$ 被畫在圖 2.21 上。注意，當 M 增加時，在 $\omega=\omega_c$ 附近（經常稱作 Gibbs 現象）的振盪行為變得更快速，但漣波的大小並沒有遞減。事實上，當 $M\to\infty$ 時，振盪的最大振幅並沒有趨近於零，只是振盪往點 $\omega=\pm\omega_c$ 處靠近而已，因此，對 (2.139) 式的不連續函數 $H_{\text{lp}}(e^{j\omega})$，無窮多項的和並不是均勻收斂，然而，(2.140) 式中的 $h_{\text{lp}}[n]$ 式平方可加的，因此 $H_M(e^{j\omega})$ 以均方形式收斂至 $H_{\text{lp}}(e^{j\omega})$，即

$$\lim_{M\to\infty}\int_{-\pi}^{\pi}|H_{\text{lp}}(e^{j\omega})-H_M(e^{j\omega})|^2\,d\omega=0$$

雖然當 $M \to \infty$，$H_M(e^{j\omega})$ 和 $H_{1p}(e^{j\omega})$ 只在 $\omega = \omega_c$ 處不同，故兩函數間的誤差似乎不重要，但在第 7 章離散時間系統的濾波器之設計中，我們可以看到如同 (2.141) 式有限項的行為將有重要的含意。

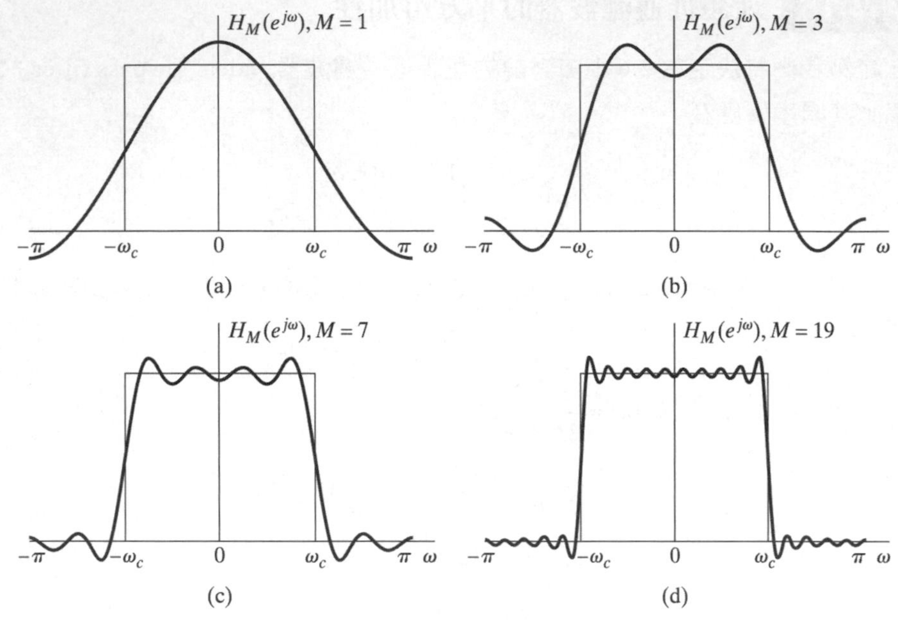

圖 2.21 傅立葉轉換的收斂。在 $\omega = \omega_c$ 處的振盪行為稱作 Gibbs 現象

有時候，去找出「某些既不是絕對可加也不是平方可加的序列之傅立葉轉換表示法」是有用的，我們用許多例子來闡述這些情形。

範例 2.19 常數的傅立葉轉換

考慮 $x[n]$ 對所有 n，值皆為一。這序列既不是絕對可加的，也不是平方可加的，而在此情形，(2.131) 式既不是均勻收斂

也不是均方收斂，不過，去定義序列 $x[n]$ 的傅立葉轉換為週期脈衝列式很有用的：

$$X(e^{j\omega}) = \sum_{r=-\infty}^{\infty} 2\pi\delta(\omega + 2\pi r) \qquad (2.142)$$

在此情形，脈衝是連續變數的函數，故其「高度無限高，寬度為零，面積為一」，這和 (2.131) 式不收斂的事實一致 [見 Oppenheim and Willsky (1997)，對於定義的討論和脈衝響應的性質]。因為將 (2.142) 式代入 (2.130) 式可以導出正確的結果，故序列 $x[n]=1$ 的傅立葉表示法被證明出是 (2.142) 式，在範例 2.20，可以看到範例 2.19 的歸納。

範例 2.20　複指數序列的傅立葉轉換

考慮一組序列 $x[n]$，它的傅立葉轉換是週期脈衝列：

$$X(e^{j\omega}) = \sum_{r=-\infty}^{\infty} 2\pi\delta(\omega - \omega_0 + 2\pi r) \tag{2.143}$$

我們將證明 $x[n]$ 是一個複指數序列 $e^{j\omega_0 n}$ 且 $-\pi < \omega_0 \le \pi$。

我們可將 $X(e^{j\omega})$ 代入 (2.130) 式的逆傅立葉轉換積分求出 $x[n]$。由於 $X(e^{j\omega})$ 的積分只牽涉到一個週期 $(-\pi < \omega < \pi)$，因此在 (2.143) 式中我們只需考慮 $r = 0$ 的那一項。所以

$$x[n] = \frac{1}{2\pi}\int_{-\pi}^{\pi} 2\pi\delta(\omega - \omega_0)e^{j\omega n}d\omega \tag{2.144}$$

從脈衝函數的定義，可得

$$x[n] = e^{j\omega_0 n} \quad \text{對所有的 } n \text{ 值}$$

若 $\omega_0 = 0$，會變成範例 2.19 所考慮的序列。

明顯地，在範例 2.20 中的 $x[n]$ 不是絕對可加的，也不是平方可加的，$|X(e^{j\omega})|$ 對所有 ω 並不是有限的，因此數學描述

$$\sum_{n=-\infty}^{\infty} e^{j\omega_0 n}e^{-j\omega n} = \sum_{r=-\infty}^{\infty} 2\pi\delta(\omega - \omega_0 + 2\pi r) \tag{2.145}$$

必定使用廣義函數的內容去解釋（Lighthill, 1958），使用此理論，傅立葉轉換表示法的觀念可延伸至更廣泛的序列，即任何可表示成離散頻率成分和的序列：

$$x[n] = \sum_k a_k e^{j\omega_k n}, \quad -\infty < n < \infty \tag{2.146}$$

從範例 2.20 的結果，可得

$$X(e^{j\omega}) = \sum_{r=-\infty}^{\infty}\sum_k 2\pi a_k \delta(\omega - \omega_k + 2\pi r) \tag{2.147}$$

這和 (2.146) 式中的 $x[n]$ 之傅立葉轉換表示法一致。

另一個既不是絕對可加的，也不是平方可加的序列是單位步階序列 $u[n]$，雖然它的證明不是很直接，但此序列的傅立葉轉換如下：

$$U(e^{j\omega}) = \frac{1}{1-e^{-j\omega}} + \sum_{r=-\infty}^{\infty} \pi\delta(\omega + 2\pi r) \tag{2.148}$$

2.8 傅立葉轉換的對稱性質

在使用傅立葉轉換時，詳細地知道傅立葉轉換性質的證明方法是很有用的，在這一小節和 2.9 小節中，我們將討論並總結這些性質。

傅立葉轉換的對稱性質對簡化問題是非常有用的，下面我們將討論此性質。證明在習題 2.79 和 2.80 中，在呈現這些性質之前，我們先開始一些定義。

共軛對稱序列 $x_e[n]$ 的定義是一個滿足 $x_e[n] = x_e^*[-n]$ 的序列；**共軛反對稱序列** $x_o[n]$ 的定義是一個滿足 $x_o[n] - x_o^*[-n]$ 的序列，此處 * 表示共軛複數。任何序列 $x[n]$ 均可被表示成共軛對稱序列和共軛反對稱序列的和，即

$$x[n] = x_e[n] + x_o[n], \tag{2.149a}$$

此處

$$x_e[n] = \tfrac{1}{2}(x[n] + x^*[-n]) = x_e^*[-n] \tag{2.149b}$$

且

$$x_o[n] = \tfrac{1}{2}(x[n] - x^*[-n]) = -x_o^*[-n] \tag{2.149c}$$

(2.149b) 和 (2.149c) 式的相加可以確認 (2.149a) 式成立。一共軛對稱實序列滿足 $x_e[n] = x_e[-n]$，叫做**偶序列**；一共軛反對稱實序列滿足 $x_o[n] = -x_o[-n]$，叫做**奇序列**。

一傅立葉轉換 $X(e^{j\omega})$ 可被分解成共軛對稱函數和共軛反對稱函數的和，即

$$X(e^{j\omega}) = X_e(e^{j\omega}) + X_o(e^{j\omega}), \tag{2.150a}$$

此處

$$X_e(e^{j\omega}) = \tfrac{1}{2}[X(e^{j\omega}) + X^*(e^{-j\omega})] \tag{2.150b}$$

且

$$X_o(e^{j\omega}) = \tfrac{1}{2}[X(e^{j\omega}) - X^*(e^{-j\omega})] \tag{2.150c}$$

將 $-\omega$ 代入(2.150 b) 和 (2.150c) 式中的 ω，可發現 $X_e(e^{j\omega})$ 是共軛對稱，而 $X_o(e^{j\omega})$ 是共軛反對稱，即

$$X_e(e^{j\omega}) = X_e^*(e^{-j\omega}) \tag{2.151a}$$

且

$$X_o(e^{j\omega}) = -X_o^*(e^{-j\omega}) \tag{2.151b}$$

若連續變數實函數是共軛對稱，它則稱爲**偶函數**；若連續變數實函數是共軛反對稱，它則稱爲**奇函數**。

傅立葉轉換的對稱性質被整理在表 2.1 中，前六個性質用在一般複數序列之傅立葉轉換 $X(e^{j\omega})$。性質 1 和 2 在習題 2.79 中考慮，由性質 1 和 2，以及「兩序列和的傅立葉轉換等於其個別的傅立葉轉換之和」，我們可知道性質 3。特別地，$\mathcal{R}e\{x[n]\} = \frac{1}{2}(x[n] + x^*[n])$ 的傅立葉轉換是 $X(e^{j\omega})$ 的共軛對稱部分 $X_e(e^{j\omega})$，同理，$j\mathcal{I}m\{x[n]\} = \frac{1}{2}(x[n] - x^*[n])$ 的傅立葉轉換是 $X(e^{j\omega})$ 的共軛反對稱部分 $X_o(e^{j\omega})$，這便是性質 4。性質 5 和 6 則是考慮 $x[n]$ 的共軛對稱 $x_e[n]$ 和共軛反對稱 $x_o[n]$ 的傅立葉轉換。

若 $x[n]$ 是一組實序列，這些對稱性質將變成特別直接和有用，特別地，性質 7 說明了實序列的傅立葉轉換是共軛對稱，即 $X(e^{j\omega}) = X^*(e^{j\omega})$，若 $X(e^{j\omega})$ 用實部和虛部來表示：

$$X(e^{j\omega}) = X_R(e^{j\omega}) + jX_I(e^{j\omega}), \tag{2.152}$$

則我們可推導性質 8 和 9：

$$X_R(e^{j\omega}) = X_R(e^{-j\omega}) \tag{2.153a}$$

且

$$X_I(e^{j\omega}) = -X_I(e^{-j\omega}) \tag{2.153b}$$

換句話說，若爲實序列，則傅立葉轉換的實部是偶函數，虛部是奇函數，以同樣的方法，若 $X(e^{j\omega})$ 用極座標形式來表示：

$$X(e^{j\omega}) = |x(e^{j\omega})|\, e^{j\angle X(e^{j\omega})}, \tag{2.154}$$

而性質 10 和 11 說明了「對於一組實序列 $x[n]$，其傅立葉轉換的強度 $|X(e^{j\omega})|$ 是 ω 的偶函數，而相位 $\angle X(e^{j\omega})$ 是 ω 的奇函數」。再者，性質 12 和 13 說明了「對於一組實序列 $x[n]$，$x[n]$ 的偶成分之傅立葉轉換爲 $X_R(e^{j\omega})$，而 $x[n]$ 的奇成分之傅立葉轉換爲 $jX_I(e^{j\omega})$」。

▼表 2.1 傅立葉轉換的對稱性質

序列 $x[n]$	傅立葉轉換 $X(e^{j\omega})$
1. $x^*[n]$	$X^*(e^{-j\omega})$
2. $x^*[-n]$	$X^*(e^{j\omega})$
3. $\mathcal{R}e\{x[n]\}$	$X_e(e^{j\omega})$($X(e^{j\omega})$ 的共軛對稱部分)
4. $j\mathcal{I}m\{x[n]\}$	$X_o(e^{j\omega})$($X(e^{j\omega})$ 的共軛反對稱部分)
5. $x_e[n]$ ($x[n]$的共軛對稱部分)	$X_R(e^{j\omega}) = \mathcal{R}e\{X(e^{j\omega})\}$
6. $x_o[n]$ ($x[n]$的共軛反對稱部分)	$jX_I(e^{j\omega}) = j\mathcal{I}m\{X(e^{j\omega})\}$
下列性質只適用在 $x[n]$ 為實序列	
7. Any real $x[n]$	$X(e^{j\omega}) = X^*(e^{-j\omega})$ (傅立葉轉換是共軛對稱)
8. Any real $x[n]$	$X_R(e^{j\omega}) = X_R(e^{-j\omega})$ (實部偶函數)
9. Any real $x[n]$	$X_I(e^{j\omega}) = -X_I(e^{-j\omega})$ (虛部奇函數)
10. Any rcal $x[n]$	$|X(e^{j\omega})| = |X(e^{-j\omega})|$ (強度為偶函數)
11. Any rcal $x[n]$	$\angle X(e^{j\omega}) = -\angle X(e^{-j\omega})$ (相位為奇函數)
12. $x_e[n]$ ($x[n]$的偶數部分)	$X_R(e^{j\omega})$
13. $x_o[n]$ ($x[n]$的奇數部分)	$jX_I(e^{j\omega})$

範例 2.21 對稱性質的說明

讓我們再度考慮範例 2.17 中的序列，我們已經證明了實序列 $x[n] = a^n u[n]$ 的傅立葉轉換為

$$X(e^{j\omega}) = \frac{1}{1 - ae^{-j\omega}} \quad 當 |a| < 1 \tag{2.155}$$

接著，根據複數的性質，得出

$$X(e^{j\omega}) = \frac{1}{1 - ae^{-j\omega}} = X^*(e^{-j\omega}) \quad (性質 7),$$

$$X_R(e^{j\omega}) = \frac{1 - a\cos\omega}{1 + a^2 - 2a\cos\omega} = X_R(e^{-j\omega}) \quad (性質 8),$$

$$X_I(e^{j\omega}) = \frac{-a\sin\omega}{1 + a^2 - 2a\cos\omega} = -X_I(e^{-j\omega}) \quad (性質 9),$$

$$|X(e^{j\omega})| = \frac{1}{(1+a^2-2a\cos\omega)^{1/2}} = |X(e^{-j\omega})| \quad (\text{性質 10}),$$

$$\angle X(e^{j\omega}) = \tan^{-1}\left(\frac{-a\sin\omega}{1-a\cos\omega}\right) = -\angle X(e^{-j\omega}) \quad (\text{性質 11})$$

當 $a>0$，這些函數被畫在圖 2.22 中，$a=0.75$ 用實線表示，$a=0.5$ 用虛線表示，在習題 2.31 中，我們將考慮 $a<0$ 實的圖形。

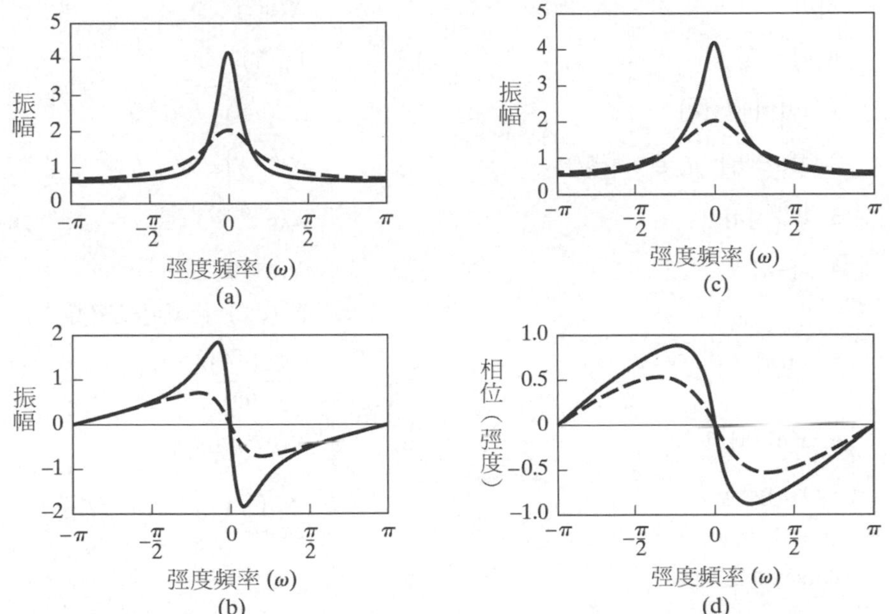

圖 2.22　脈衝響應 $h[n]=a^n u[n]$ 的系統之頻率響應。(a) 實部；(b) 虛部；(c) 強度；(d) 相位，$a>0$。$a=0.75$（實線），$a=0.5$（虛線）

2.9 傅立葉轉換定理

除了對稱性質（symmetry property），有關序列之傅立葉轉換的定理運算將在 2.9.1 到 2.9.7 小節中做介紹，我們將看到這些定理和連續時間信號，以及其傅立葉轉換在大部分情形下會很類似，爲了讓定理的敘述方便，我們引進下列的運算子符號：

$$X(e^{j\omega}) = \mathcal{F}\{x[n]\},$$

$$x[n] = \mathcal{F}^{-1}\{X(e^{j\omega})\},$$

$$x[n] \overset{\mathcal{F}}{\longleftrightarrow} X(e^{j\omega})$$

也就是說，$\mathcal{F}$ 代表「取 $x[n]$ 的傅立葉轉換」之運算，$\mathcal{F}^{-1}$ 表示逆轉換的運算。大部分的定理將不被證明，在習題 2.81 的證明亦只用到簡單的加法和積分的變數運算而已，這節的定理被整理在表 2.2 中。

▼表 2.2 傅立葉轉換定理

序列	傅立葉轉換
$x[n]$	$X(e^{j\omega})$
$y[n]$	$Y(e^{j\omega})$
1. $ax[n]+by[n]$	$aX(e^{j\omega})+by(e^{j\omega})$
2. $x[n-n_d]$ (n_d是一整數)	$e^{-j\omega n_d}X(e^{j\omega})$
3. $e^{j\omega_0 n}x[n]$	$X(e^{j(\omega-\omega_0)})$
4. $x[-n]$	$X(e^{-j\omega})$ $X^*(e^{j\omega})$ 若 $x[n]$ 是實數
5. $nx[n]$	$j\dfrac{dX(e^{j\omega})}{d\omega}$
6. $x[n]*y[n]$	$X(e^{j\omega})Y(e^{j\omega})$
7. $x[n]y[n]$	$\dfrac{1}{2\pi}\int_{-\pi}^{\pi}X(e^{j\theta})Y(e^{j(\omega-\theta)})d\theta$
Parseval 定理	
8. $\sum_{n=-\infty}^{\infty}\lvert x[n]\rvert^2=\frac{1}{2\pi}\int_{-\pi}^{\pi}\lvert X(e^{j\omega})\rvert^2\,d\omega$	
9. $\sum_{n=-\infty}^{\infty}x[n]y^*=\frac{1}{2}\int_{-\pi}^{\pi}X(e^{j\omega})Y^*(e^{j\omega})d\omega$	

2.9.1 傅立葉轉換的線性性質

若

$$x_1[n]\stackrel{\mathcal{F}}{\longleftrightarrow}X_1(e^{j\omega})$$

且

$$x_2[n]\stackrel{\mathcal{F}}{\longleftrightarrow}X_2(e^{j\omega}),$$

那麼將它們代入離散時間傅立葉轉換（DTFT）的定義可得出

$$ax_1[n]+bx_2[n]\stackrel{\mathcal{F}}{\longleftrightarrow}aX_1(e^{j\omega})+bX_2(e^{j\omega}) \tag{2.156}$$

2.9.2 時間平移和頻率平移定理

若

$$x[n]\stackrel{\mathcal{F}}{\longleftrightarrow}X(e^{j\omega}),$$

則對於時間平移（time shifting）序列 $x[n-n_d]$，把它代入離散時間傅立葉轉換（DTFT）的定義式，並將連加符號的變數加以變換而得：

$$x[n-n_d]\stackrel{\mathcal{F}}{\longleftrightarrow}e^{-j\omega n_d}X(e^{j\omega}) \tag{2.157}$$

而頻率平移（frequency shifting）的傅立葉轉換之結果，可直接由代入定義式而得出：

$$e^{j\omega_0 n}x[n]\stackrel{\mathcal{F}}{\longleftrightarrow}X(e^{j(\omega-\omega_0)}) \tag{2.158}$$

2.9.3 時間反轉定理

若

$$x[n]\stackrel{\mathcal{F}}{\longleftrightarrow}X(e^{j\omega}),$$

則時間反轉（time reversal）序列之傅立葉轉換為

$$x[-n]\stackrel{\mathcal{F}}{\longleftrightarrow}X(e^{-j\omega}) \tag{2.159}$$

若 $x[n]$ 為實數，這個定理可簡化成

$$x[-n]\stackrel{\mathcal{F}}{\longleftrightarrow}X^*(e^{j\omega}) \tag{2.160}$$

2.9.4 頻域上微分定理

若

$$x[n]\stackrel{\mathcal{F}}{\longleftrightarrow}X(e^{j\omega})$$

對 DTFT 的公式做微分後，我們可以發現

$$nx[n] \overset{\mathcal{F}}{\longleftrightarrow} j\frac{dX(e^{j\omega})}{d\omega} \tag{2.161}$$

2.9.5 Parseval 定理

若

$$x[n] \overset{\mathcal{F}}{\longleftrightarrow} X(e^{j\omega})$$

則

$$E = \sum_{n=-\infty}^{\infty} |x[n]|^2 = \frac{1}{2}\int_{-\pi}^{\pi} |X(e^{j\omega})|^2 \, d\omega \tag{2.162}$$

因爲 $|X(e^{j\omega})|^2$ 決定能量在頻率域上如何分佈，故它叫做能量密度頻譜。必然地，能量密度頻譜只對有限能量信號定義，在習題 2.84 中，一個更一般化的 Parseval 定理通式將被證明。

2.9.6 旋積定理

若

$$x[n] \overset{\mathcal{F}}{\longleftrightarrow} X(e^{j\omega})$$

則

$$h[n] \overset{\mathcal{F}}{\longleftrightarrow} H(e^{j\omega}),$$

且若

$$y[n] = \sum_{k=-\infty}^{\infty} x[k]h[n-k] = x[n]*h[n], \tag{2.163}$$

則

$$Y(e^{j\omega}) = X(e^{j\omega})H(e^{j\omega}) \tag{2.164}$$

因此，序列的旋積其實就是傅立葉轉換的相乘，注意，時間平移的性質是旋積性質的特例，因爲

$$\delta[n-n_d] \overset{\mathcal{F}}{\longleftrightarrow} e^{-j\omega n_d} \tag{2.165}$$

且若 $h[n]=\delta[n-n_d]$，則 $y[n]=x[n]*\delta[n-n_d]=x[n-n_d]$，因此

$$H(e^{j\omega})=e^{-j\omega n_d} \quad 且 \quad Y(e^{j\omega})=e^{-j\omega n_d}X(e^{j\omega})$$

經由對 (2.163) 式中的 $y[n]$ 做傅立葉轉換，我們可以證明旋積定理（Convolution Theorem），這定理亦是「複指數是線性非時變（LTI）系統的固有函數」此事實下之必然結果，記得 $H(e^{j\omega})$ 是脈衝響應 $h[n]$ 的線性非時變（LTI）系統之頻率響應，同樣地，若

$$x[n]=e^{j\omega n},$$

則

$$y[n]=H(e^{j\omega})e^{j\omega n}$$

也就是說，複指數是線性非時變（LTI）系統的**固有函數**，而 $h[n]$ 的傅立葉轉換 $H(e^{j\omega})$ 是固有值。由積分的定義，我們可用傅立葉轉換合成公式將序列表示爲無限小的複指數之疊加，換句話說

$$x[n]=\frac{1}{2\pi}\int_{-\pi}^{\pi}X(e^{j\omega})e^{j\omega n}d\omega=\lim_{\Delta\omega\to 0}\frac{1}{2\pi}\sum_k X(e^{jk\Delta\omega})e^{jk\Delta\omega n}\Delta\omega$$

由線性系統的固有函數性質及重疊原理，對應的輸出爲

$$y[n]=\lim_{\Delta\omega\to 0}\frac{1}{2\pi}\sum_k H(e^{jk\Delta\omega})X(e^{jk\Delta\omega})e^{jk\Delta\omega n}\Delta\omega=\frac{1}{2\pi}\int_{-\pi}^{\pi}H(e^{j\omega})X(e^{j\omega})e^{j\omega n}d\omega$$

因此，我們證明 (2.164) 式：

$$Y(e^{j\omega})=H(e^{j\omega})X(e^{j\omega}),$$

2.9.7 調變定理或加窗定理

若

$$x[n] \stackrel{\mathcal{F}}{\longleftrightarrow} X(e^{j\omega})$$

且

$$w[n] \stackrel{\mathcal{F}}{\longleftrightarrow} W(e^{j\omega}),$$

且若

$$y[n] = x[n]w[n], \tag{2.166}$$

則

$$Y(e^{j\omega}) = \frac{1}{2\pi}\int_{-\pi}^{\pi} X(e^{j\theta})W(e^{j(\omega-\theta)})d\theta \tag{2.167}$$

(2.167) 式是週期旋積，也就是說，對兩個週期函數做旋積，其積分上下限只在一個週期內，當我們比較旋積和調變定理（Modulation Theorem）時，可發現大部分的傅立葉轉換定理都具有對偶性（duality），然而，與連續時間情形去比較，其對偶性爲完全的，而離散時間情形基本上不同於連續時間情形，這是因爲傅立葉轉換是和的公式，而逆轉換是一個週期函數的積分。雖然對於連續時間的情形，在時間域上的旋積對到在頻率域上的相乘，反之亦然，但在離散時間的情形，敘述須稍做修改，特別地，離散時間序列的旋積（旋積和）會等於其對應的週期傅立葉轉換之相乘，而序列的相乘等於其對應的傅立葉轉換之週期旋積。

這小節中的定理及許多基本傅立葉轉換對被整理在表 2.2 及表 2.3 中，了解傅立葉轉換的定理和性質對計算傅立葉轉換或逆轉換是很有用的，常常，我們可用已知的定理及傅立葉轉換對，藉由找其它序列已知的傅立葉轉換之運算，去表示一組序列，因而簡化困難或單調乏味的問題。範例 2.22-2.26 將解釋此方法。

▼表 2.3　傅立葉轉換對

序列	傅立葉轉換
1. $\delta[n]$	1
2. $\delta[n-n_0]$	$e^{-j\omega n_0}$
3. $1\ (-\infty<n<\infty)$	$\sum_{k=-\infty}^{\infty} 2\pi\delta(\omega+2\pi k)$
4. $a^n u[n]\ (\|a\|<1)$	$\frac{1}{1-ae^{-j\omega}}$
5. $u[n]$	$\frac{1}{1-e^{-j\omega}}+\sum_{k=-\infty}^{\infty}\pi\delta(\omega+2\pi k)$
6. $(n+1)a^n u[n]\ (\|a\|<1)$	$\frac{1}{(1-ae^{-j\omega})^2}$
7. $\frac{r^n \sin\omega_p(n+1)}{\sin\omega_p}u[n]\ (\|r\|<1)$	$\frac{1}{1-2r\cos\omega_p e^{-j\omega}+r^2 e^{-j2\omega}}$
8. $\frac{\sin\omega_c n}{\pi n}$	$X(e^{j\omega})=\begin{cases}1, & \|\omega\|<\omega_c,\\ 0, & \omega_c<\|\omega\|\le\pi\end{cases}$
9. $x[n]=\begin{cases}1, & 0\le n\le M\\ 0, & \text{其他}\end{cases}$	$\frac{\sin[\omega(M+1)/2]}{\sin(\omega/2)}e^{-j\omega M/2}$
10. $e^{j\omega_0 n}$	$\sum_{k=-\infty}^{\infty} 2\pi\delta(\omega-\omega_0+2\pi k)$
11. $\cos(\omega_0 n+\phi)$	$\sum_{k=-\infty}^{\infty}[\pi e^{j\phi}\delta(\omega-\omega_0+2\pi k)+\pi e^{-j\phi}\delta(\omega+\omega_0+2\pi k)]$

範例 2.22　使用表 2.2 及 2.3 來求傅立葉轉換

假設我們希望找序列 $x[n]=a^n u[n-5]$ 的傅立葉轉換，它可以由表 2.2 中的定理 1 和 2 及表 2.3 中的傅立葉轉換對 4 求得。讓 $x_1[n]=a^n u[n]$，我們以此信號開始，因為它是表 2.3 中與 $x[n]$ 最相似的信號，由表 2.3 可知

$$X_1(e^{j\omega})=\frac{1}{1-ae^{-j\omega}} \tag{2.168}$$

要從 $x_1[n]$ 來得出 $x[n]$，首先我們先將 $x_1[n]$ 延遲 5 個樣本，也就是 $x_2[n]=x_1[n-5]$。而從表 2.2 中的定理 2 可知，$X_2(e^{j\omega})=e^{-5j\omega}X_1(e^{j\omega})$，因此

$$X_2(e^{j\omega})=\frac{e^{-j5\omega}}{1-ae^{-j\omega}} \tag{2.169}$$

我們只要將 $x_2[n]$ 乘上 a^5 就可得到 $x[n]$，也就是說 $x[n]=a^5x_2[n]$。從表 2.2 中定理 1 的傅立葉轉換之線性性質可得出：

$$X(e^{j\omega})=\frac{a^5e^{-j5\omega}}{1-ae^{-j\omega}} \tag{2.170}$$

範例 2.23 使用表 2.2 及 2.3 來求逆傅立葉轉換

假設

$$X(e^{j\omega})=\frac{1}{(1-ae^{-j\omega})(1-be^{-j\omega})} \tag{2.171}$$

將 $X(e^{j\omega})$ 直接代入 (2.130) 式，則產生一個很難用原本實數積分技巧去計算的積分式，不過，假如使用部份分式展開的技巧（將在第 3 章討論），則 $X(e^{j\omega})$ 可表成下列形式

$$X(e^{j\omega})=\frac{a/(a-b)}{1-ae^{-j\omega}}-\frac{b/(a-b)}{1-be^{-j\omega}} \tag{2.172}$$

從表 2.2 中的定理 1 及表 2.3 中的傅立葉轉換對 4，可得

$$x[n]=\left(\frac{a}{a-b}\right)a^nu[n]-\left(\frac{b}{a-b}\right)b^nu[n] \tag{2.173}$$

範例 2.24 由頻率響應來求得脈衝響應

一個高通濾波器的頻率響應為

$$H(e^{j\omega})=\begin{cases}e^{-j\omega n_d}, & \omega_c<|\omega|<\pi\\ 0, & |\omega|<\omega_c,\end{cases} \tag{2.174}$$

它的週期為 2π，其相位為線性的。此頻率響應可被表示成

$$H(e^{j\omega})=e^{-j\omega n_d}(1-H_{\text{lp}}(e^{j\omega}))=e^{-j\omega n_d}-e^{-j\omega n_d}H_{\text{lp}}(e^{j\omega}),$$

此處 $H_{\text{lp}}(e^{j\omega})$ 是週期為 2π 的週期函數，且

$$H_{\text{lp}}(e^{j\omega})=\begin{cases}1, & |\omega|<\omega_c,\\ 0, & \omega_c<|\omega|<\pi\end{cases}$$

使用範例 2.18 的結果，可得 $H_{\text{lp}}(e^{j\omega})$ 的逆轉換，連同表 2.2 中的性質 1 和 2，我們可得到

$$\begin{aligned} h[n] &= \delta[n-n_d] - h_{\text{lp}}[n-n_d] \\ &= \delta[n-n_d] - \frac{\sin\omega_c(n-n_d)}{\pi(n-n_d)} \end{aligned}$$

範例 2.25　由差分方程來求得脈衝響應

在此範例，我們計算一個穩定的線性非時變（LTI）系統之脈衝響應，其輸入 $x[n]$ 和輸出 $y[n]$ 滿足下列線性常係數差分方程式

$$y[n] = \frac{1}{2}y[n-1] = x[n] = \frac{1}{4}x[n-1] \tag{2.175}$$

在第 3 章，我們將看到「z 轉換在處理差分方程的能力比傅立葉轉換好」，不過，此範例將提供線索「如何利用轉換方法在線性系統的分析上」，為了去找脈衝響應，我們讓 $x[n]=\delta[n]$，而 $h[n]$ 為脈衝響應，(2.175) 式變成

$$h[n] - \frac{1}{2}h[n-1] = \delta[n] - \frac{1}{4}\delta[n-1] \tag{2.176}$$

在 (2.176) 式的兩邊取傅立葉轉換，並使用表 2.2 中的性質 1 和 2，我們可得到

$$H(e^{j\omega}) - \frac{1}{2}e^{-j\omega}H(e^{j\omega}) = 1 - \frac{1}{4}e^{-j\omega}, \tag{2.177}$$

或

$$H(e^{j\omega}) = \frac{1-\frac{1}{4}e^{-j\omega}}{1-\frac{1}{2}e^{-j\omega}} \tag{2.178}$$

為了得到 $h[n]$，我們想要找出 $H(e^{j\omega})$ 的逆傅立葉轉換。為此目的，我們重寫 (2.178) 式如下：

$$H(e^{j\omega}) = \frac{1}{1-\frac{1}{2}e^{-j\omega}} - \frac{\frac{1}{4}e^{-j\omega}}{1-\frac{1}{2}e^{-j\omega}} \tag{2.179}$$

從表 2.3 中的轉換 4，得到

$$\left(\frac{1}{2}\right)^n u[n] \xleftrightarrow{\mathcal{F}} \frac{1}{1-\frac{1}{2}e^{-j\omega}}$$

利用此轉換及表 2.2 中的性質 2，我們可得到

$$-\left(\frac{1}{4}\right)\left(\frac{1}{2}\right)^{n-1} u[n-1] \xleftrightarrow{\mathcal{F}} -\frac{\frac{1}{4}e^{-j\omega}}{1-\frac{1}{2}e^{-j\omega}} \tag{2.180}$$

基於表 2.2 中的性質 1，則

$$h[n]=\left(\frac{1}{2}\right)^n u[n]-\left(\frac{1}{4}\right)\left(\frac{1}{2}\right)^{n-1} u[n-1] \tag{2.181}$$

2.10 離散時間隨機訊號

前面幾小節主要在探討離散時間信號和系統的數學表示式，以及從這些數學表示式推得的內涵。離散時間信號和系統均有在時域（time domain）和頻域上的表示式，每一個表示式在離散時間信號處理系統的理論和設計均有其重要的位置。直到現在，我們均假設信號是決定性的，即序列的每一個值均可被一數學表示式、資料表，或某種規則唯一決定之。

在許多情況，產生信號的過程是如此複雜以致於去對信號做精確的描述是很困難或不合需要的，在這些情形，把信號模型化成隨機程序是很有用的[⑤]，譬如說，在第 6 章，我們可以看到「當數位信號處理演算法利用有限長度的暫存器來實現時，其量化誤差可被表示成可加式雜訊，也就是說，隨機序列」，許多機械系統所產生的聲音或振動的信號亦可模型化成隨機訊號（random signal），這些信號可用來診斷系統潛在的毛病。在自動識別或頻寬壓縮的語音信號及音樂亦是兩個典型的例子。

一個隨機訊號可被視爲成一群離散時間信號，他的特徵由機率密度函數來標定。在更特殊的情況，某些信號在特定時間的振幅大小皆由某一種機率方法來決定。也就是說，對於信號的每一個樣本結果 $x[n]$ 皆由隨機變數 x_n 來決定，而整個信號可視爲這些隨機變

⑤ 在信號處理的文獻中，「隨機」（random）和「隨機」（stochastic）兩字可以交替使用。在教科書中，這類信號我們主要指的是隨機訊號或隨機過程。

數 x_n 的集合，$-\infty < n < \infty$。這個隨機變數的集合叫做「隨機過程」（random process），而我們假設樣本 $x[n]$ 的序列（$-\infty < n < \infty$）是藉由隨機過程所產生。爲了完整的描述隨機過程，我們必須詳述所有隨機變數的個別以及聯合機率分佈。

從信號模型來描述有用結果的關鍵在於「平均」，而平均可由所假定的機率法則或對信號的估測求出。雖然隨機訊號既不是絕對可加也不是平方可加（傅立葉轉換不存在），但此信號的性質可用「平均」來概述，像是自相關或自變異序列（傅立葉轉換存在）。如同這一小節討論的，自相關序列的傅立葉轉換對於信號功率的頻譜分佈有一很有用的解釋，而且自相關序列和它的轉換有另一重要的優點：自相關序列在使用離散的線性非時變（LTI）系統來處理隨機訊號時提供非常方便的描述。

在下面的討論，我們假設讀者已熟悉隨機過程的基本觀念，像是平均、相關和變異函數，及功率頻普，在附錄 A 中，我們簡要回顧並整理了許多符號和觀念，有關隨機訊號的細節理論陳述可參看 Davenport (1970)、Papoulis (2002)、Gray 和 Davidson (2004)、Kay (2006) ，以及 Bertsekas 和 Tsitsiklis (2008) 的教科書。

這一小節的目的在於介紹一些隨機訊號表示的結果給之後的章節使用，因此，我們特別討論使用線性非時變（LTI）系統來處理廣義穩態隨機訊號（wide-sense stationary random signals）和他們的表示式，爲了簡化，我們假設 $x[n]$ 和 $h[n]$ 式實數値，這些結果亦可類推到複數的情形。

考慮一個脈衝響應爲實數序列 $h[n]$ 的穩定線性非時變(LTI)系統，且讓實數序列 $x[n]$ 是一個廣義穩態離散時間隨機過程，則線性系統的輸出和輸入過程有下列的線性轉換：

$$y[n]=\sum_{k=-\infty}^{\infty} h[n-k]x[k]=\sum_{k=-\infty}^{\infty} h[k]x[n-k]$$

因爲系統是穩定的，若 $x[n]$ 是有界的，則 $y[n]$ 也會是有界的，我們將看到若輸入爲穩態（stationary）的[⑥]，則輸出亦是穩態的。輸入信號可由它的平均値（mean）m_x 和自相關函數 $\phi_{xx}[m]$ 來加以描述，亦可由一階或二階機率分佈等額外資訊來描述，在描述輸出隨機過程 $y[n]$ 時，我們想要相似的資訊。對許多的應用，去描述輸入和輸出的平均值、變異數，以及自相關就足夠了，因此，我們將推導這些量的輸入和輸出的關係。

⑥ 若 $x[n]$ 是穩態的，則 $m_x[n]$ 和 n 是獨立的，故可簡寫成 m_x，用相似的表示法，若 $y[n]$ 是穩態的，可得平均值為 $m_y[n]$。

輸入和輸出過程的平均值（means）定義爲

$$m_{x_n} = \varepsilon\{x_n\}, \quad m_{y_n} = \varepsilon\{y_n\}, \tag{2.182}$$

此處 $\varepsilon\{\}$ 代表隨機變數的期望值，在大部分的討論中，我們並不會仔細區分隨機變數 x_n 和 y_n 以及它們的特定值 $x[n]$ 和 $y[n]$，以簡化數學符號。例如，(2.182) 式可被改寫成：

$$m_x[n] = \varepsilon\{x[n]\}, \quad m_y[n] = \varepsilon\{y[n]\} \tag{2.183}$$

輸出過程的平均值爲

$$m_y[n] = \varepsilon\{y[n]\} = \sum_{k=-\infty}^{\infty} h[k]\varepsilon\{x[n-k]\},$$

此處我們使用「和的期望值等於期望值的和」的事實，因爲輸入是穩態的，故 $m_x[n-k] = m_x$，可得

$$m_y[n] = m_x \sum_{k=-\infty}^{\infty} h[k] \tag{2.184}$$

從 (2.184) 式，我們知道「輸出的平均值亦是常數」，根據頻率響應，(2.184) 式的等效表示式爲

$$m_y = H(e^{j0})m_x \tag{2.185}$$

暫時假設輸出爲非穩態的，對輸入爲實數的，其輸出過程的自相關函數爲

$$\begin{aligned}
\phi_{yy}[n, n+m] &= \varepsilon\{y[n]y[n+m]\} \\
&= \varepsilon\left\{\sum_{k=-\infty}^{\infty}\sum_{r=-\infty}^{\infty} h[k]h[r]x[n-k]x[n+m-r]\right\} \\
&= \sum_{k=-\infty}^{\infty} h[k]\sum_{r=-\infty}^{\infty} h[r]\varepsilon\{x[n-k]x[n+m-r]\}
\end{aligned}$$

因爲 $x[n]$ 被假設成穩態的，$\varepsilon\{x[n-k]x[n+m-r]\}$ 只和時間差 $m+k-r$ 有關，因此

$$\phi_{yy}[n, n+m] = \sum_{k=-\infty}^{\infty} h[k]\sum_{r=-\infty}^{\infty} h[r]\phi_{xx}[m+k-r] = \phi_{yy}[m] \tag{2.186}$$

也就是說，輸出自相關序列只和時間差 m 有關，因此，當線性非時變（LTI）有廣義穩態輸入，則其輸出亦是廣義穩態。

藉由替換 $\ell = r - k$ ，式 (2.186) 可表示成

$$\begin{aligned}\phi_{yy}[m] &= \sum_{\ell=-\infty}^{\infty} \phi_{xx}[m-\ell] \sum_{k=-\infty}^{\infty} h[k]h[\ell+k] \\ &= \sum_{\ell=-\infty}^{\infty} \phi_{xx}[m-\ell] c_{hh}[\ell],\end{aligned} \tag{2.187}$$

此處我們定義

$$c_{hh}[\ell] = \sum_{k=-\infty}^{\infty} h[k]h[\ell+k] \tag{2.188}$$

序列 $c_{hh}[\ell]$ 稱爲**決定性的自相關序列**或 $h[n]$ 的**自相關序列**，注意自相關 $c_{hh}[\ell]$ 是非週期的，也就是說， $c_{hh}[\ell]$ 爲有限能量序列且不應該與無限能量隨機序列的自相關混淆，事實上， $c_{hh}[\ell]$ 只是 $h[n]$ 和 $h[-n]$ 的離散旋積，式(2.187)意謂著一個線性系統的輸出之自相關是其輸入的自相關和系統脈衝響應的非週期自相關兩者的旋積。

(2.187) 式表明說「傅立葉轉換在描述隨機輸入的線性非時變（LTI）系統之響應」是非常有用的，爲了方便，假設 $m_x = 0$，即自相關和自變異序列是相同的，然後，$\Phi_{xx}(e^{j\omega})$、$\Phi_{yy}(e^{j\omega})$ 和 $C_{hh}(e^{j\omega})$ 分別是 $\phi_{xx}[m]$ 、 $\phi_{yy}[m]$ 和 $c_{hh}[\ell]$ 的傅立葉轉換，從 (2.187) 式可得

$$\Phi_{yy}(e^{j\omega}) = C_{hh}(e^{j\omega})\Phi_{xx}(e^{j\omega}) \tag{2.189}$$

同樣，從 (2.188) 式可得

$$\begin{aligned}C_{hh}(e^{j\omega}) &= H(e^{j\omega})H^*(e^{j\omega}) \\ &= |H(e^{j\omega})|^2,\end{aligned}$$

故

$$\Phi_{yy}(e^{j\omega}) = |H(e^{j\omega})|^2\, \Phi_{xx}(e^{j\omega}) \tag{2.190}$$

(2.190) 式提供了「功率頻譜密度」（power density spectrum）一詞的意義，特別地，

$$\begin{aligned}\mathcal{E}\{y^2[n]\} = \phi_{yy}[0] &= \frac{1}{2\pi}\int_{-\pi}^{\pi} \Phi_{yy}(e^{j\omega})d\omega \\ &= \text{輸出的總平均功率}\end{aligned} \tag{2.191}$$

將 (2.190) 式代入 (2.191) 式，我們可得

$$\varepsilon\{y^2[n]\} = \phi_{yy}[0] = \frac{1}{2\pi}\int_{-\pi}^{\pi} |H(e^{j\omega})|^2\, \Phi_{xx}(e^{j\omega})d\omega \qquad (2.192)$$

假設 $H(e^{j\omega})$ 是如圖 2.18(c) 所示的理想帶通濾波器，從 $\phi_{xx}[m]$ 是實數的偶序列，它的傅立葉轉換也會是實數且偶數的，也就是說

$$\Phi_{xx}(e^{j\omega}) = \Phi_{xx}(e^{-j\omega})$$

同樣地，$|H(e^{j\omega})|^2$ 是 ω 的偶函數，因此，我們可得

$$\begin{aligned}\phi_{yy}[0] &= \text{輸出的平均功率}\\ &= \frac{1}{2\pi}\int_{\omega_a}^{\omega_b} \Phi_{xx}(e^{j\omega})d\omega + \frac{1}{2\pi}\int_{-\omega_b}^{-\omega_a} \Phi_{xx}(e^{j\omega})d\omega\end{aligned} \qquad (2.193)$$

因此，$\Phi_{xx}(e^{j\omega})$ 在 $\omega_a \le \omega \le \omega_b$ 下的面積表示輸入信號在那段頻帶的均方值，我們可看到輸出功率必定是非負的，故

$$\lim_{(\omega_b-\omega_a)\to 0} \phi_{yy}[0] \ge 0$$

結合此結果和 (2.193) 式，以及在頻帶 $\omega_a \le \omega \le \omega_b$ 可以是無限小，可得

$$\Phi_{xx}(e^{j\omega}) \ge 0 \quad \text{對所有的 } \omega \qquad (2.194)$$

故實信號的功率密度函數是實數、偶數和非負的。

範例 2.26 白雜訊

白雜訊（white noise）的觀念對於信號處理和通訊系統的設計和分析非常的有用，一個白雜訊信號是一種自相關函數為 $\phi_{xx}[m] = \sigma_x^2\delta[m]$ 的信號，在這裡我們假設信號的平均值為零，白雜訊信號的功率頻譜為常數，即

$$\Phi_{xx}(e^{j\omega}) = \sigma_x^2 \quad \text{對所有的 } \omega$$

因此，白雜訊信號的平均功率為

$$\phi_{xx}[0] = \frac{1}{2\pi}\int_{-\pi}^{\pi} \Phi_{xx}(e^{j\omega})d\omega = \frac{1}{2\pi}\int_{-\pi}^{\pi} \sigma_x^2 d\omega = \sigma_x^2$$

白雜訊的觀念對於表示功率頻譜不為常數的隨機訊號也很有幫助，例如，一個隨機訊號 $y[n]$ 的功率頻譜為 $\Phi_{yy}(e^{j\omega})$，它可被看成一個線性非時變（LTI）系統，其輸入

為白雜訊所得到的輸出，也就是說，我們用 (2.190) 式來定義一個頻率響應為 $H(e^{j\omega})$ 的系統，且 $H(e^{j\omega})$ 滿足

$$\Phi_{yy}(e^{j\omega}) = |H(e^{j\omega})|^2 \sigma_x^2,$$

其中 σ_x^2 為白雜訊輸入的平均功率，我們可調整 σ_x^2 值以得出 $y[n]$ 正確的平均功率。例如，假設 $h[n] = a^n u[n]$，則

$$H(e^{j\omega}) = \frac{1}{1 - ae^{-j\omega}},$$

那麼只要隨機訊號的功率頻譜為如下的形式我們都可以表示它：

$$\Phi_{yy}(e^{j\omega}) = \left| \frac{1}{1 - ae^{-j\omega}} \right|^2 \sigma_x^2 = \frac{\sigma_x^2}{1 + a^2 - 2a\cos\omega}$$

另外一重要的結果是線性非時變（LTI）系統的輸入和輸出的互相關（cross-correlation）：

$$\begin{aligned} \phi_{yy}[m] &= \varepsilon\{x[n]y[n+m]\} \\ &= \varepsilon\left\{x[n]\sum_{k=-\infty}^{\infty} h[k]x[n+m-k]\right\} \\ &= \sum_{k=-\infty}^{\infty} h[k]\phi_{xx}[m-k] \end{aligned} \tag{2.195}$$

在此情形，輸入和輸出間的互相關是脈衝響應和輸入之自相關序列的旋積。

(2.195) 式的傅立葉轉換為

$$\Phi_{yx}(e^{j\omega}) = H(e^{j\omega})\Phi_{xx}(e^{j\omega}) \tag{2.196}$$

當輸入是白雜訊，這個結果會是一個很有用的應用，即當 $\phi_{xx}[m] = \sigma_x^2 \delta[m]$ 且代入 (2.195) 式，得到

$$\phi_{yx}[m] = \sigma_x^2 h[m] \tag{2.197}$$

也就是說，對平均值為零的白雜訊輸入，線性系統之輸入與輸出的互相關和系統的脈衝響應成正比，同理，白雜訊輸入的功率頻譜為

$$\Phi_{xx}(e^{j\omega}) = \sigma_x^2, \quad -\pi \le \omega \le \pi \tag{2.198}$$

因此，從 (2.196) 式可得到

$$\Phi_{yx}(e^{j\omega}) = \sigma_x^2 H(e^{j\omega}) \tag{2.199}$$

也就是說，在這個例子中，互功率頻譜和系統的脈衝響應成正比。若線性非時變（LTI）系統的輸入是白雜訊，則 (2.197) 和 (2.199) 式可用來估計一個線性非時變（LTI）系統的脈衝響應或頻率響應。

2.11 總結

在這一章，我們討論了許多離散時間訊號與系統的基本相關定義。我們用一些基本序列，並利用旋積和的運算，以及穩定性和因果性來定義與表示線性非時變（LTI）系統。輸入和輸出滿足常係數線性微分方程的系統，若有初始條件，則爲線性非時變（LTI）系統當中重要的子系統。其中，這裡探討了差分方程式的遞迴解並且對 FIR 和 IIR 系統作了定義。

頻率域表示法是分析和表示線性非時變（LTI）系統的一種重要方法，系統對複指數信號的響應應被考慮，這也導致了頻率響應的定義。因此，脈衝響應和頻率響應的關係是一種傅立葉轉換對。

我們專注在許多傅立葉轉換表示式的基本特質，並且討論各種有用的傅立葉轉換對。表 2.1 和表 2.2 總結了所有特質跟定理，而表 2.3 包含了一些有用的傅立葉轉換對。

這一章對離散隨機訊號的介紹作個總結。在之後的章節，這些基本定義和結果將有更深入的延伸。

習題

有解答的基本問題

2.1 對於以下的系統，判斷這些系統是否有 (1) 穩定性；(2) 因果性；(3) 線性；(4) 時變性；以及 (5) 無記憶性：

(a) $T(x[n]) = g[n]x[n]$ 當 $g[n]$ 被給定

(b) $T(x[n]) = \sum_{k=n_0}^{n} x[k] \quad n \neq 0$

(c) $T(x[n]) = \sum_{k=n-n_0}^{n+n_0} x[k]$

(d) $T(x[n]) = x[n-n_0]$

(e) $T(x[n]) = e^{x[n]}$

(f) $T(x[n]) = ax[n]+b$

(g) $T(x[n]) = x[-n]$

(h) $T(x[n]) = x[n]+3u[n+1]$

2.2 **(a)** 已知一個線性非時變（LTI）系統的脈衝響應在區間 $N_0 \le n \le N_1$ 以外都是 0。輸入訊號 $y_s[n]$ 在區間 $N_2 \le n \le N_3$ 以外都是 0，結果，輸出在 $N_4 \le n \le N_5$ 以外的區間也被限制爲 0。試利用 N_0, N_1, N_2 和 N_3 來表示 N_4 和 N_5。

(b) 若 $X(e^{j\omega})$ 除了 N 個連續點以外都是 0，$Y(e^{j\omega})$ 除了 M 個連續點以外都是 0，則 $\phi_x(N,\omega)$ 最多有多少個非零的連續點？

2.3 利用旋積和計算一個線性非時變系統的步階響應，其脈衝響應爲。

$$h[n] = a^{-n}u[-n], \quad 0 < a < 1$$

2.4 一個線性常係數差分方程式

$$y[n] - \tfrac{3}{4}y[n-1] + \tfrac{1}{8}y[n-2] = 2x[n-1]$$

其中 $N \ge 0$，且 $y[n]=0$，n < 0，試決定 $y[n]$ 在 $e[n]$ 時的值。

2.5 一個因果線性非時變（LTI）系統其差分方程式如下：

$$y[n] - 5y[n-1] + 6y[n-2] = 2x[n-1]$$

(a) 決定系統的齊次響應，即可能的輸出若 $s[n]=0$（對所有 n）。

(b) 決定系統的脈衝響應。

(c) 決定系統的步階響應。

2.6 **(a)** 找出線性非時變（LTI）系統的頻率響應 $H(e^{j\omega})$，其輸入和輸出滿足下列差分方程式

$$y[n] - \tfrac{1}{2}y[n-1] = x[n] + 2x[n-1] + x[n-2]$$

(b) 找出差分方程式，其系統的頻率響應爲

$$H(e^{j\omega}) = \frac{1 - \frac{1}{2}e^{-j\omega} + e^{-j3\omega}}{1 + \frac{1}{2}e^{-j\omega} + \frac{3}{4}e^{-j2\omega}}$$

2.7 下面哪些訊號是週期的？若是週期訊號，則求其週期。

(a) $x[n] = e^{j(\pi n/6)}$

(b) $x[n] = e^{j(3\pi n/4)}$

(c) $x[n]=[\sin(\pi n/5)]/(\pi n)$

(d) $x[n]=e^{j\pi n/\sqrt{2}}$

2.8 一個線性非時變(LTI)系統的脈衝響應為 $h[n]=5(-1/2)^n u[n]$。當輸入為 $x[n]=(1/3)^n u[n]$ 時，請用傅立葉轉換算出這個系統的輸出。

2.9 對於以下的差分方程式

$$y[n]-\frac{5}{6}y[n-1]+\frac{1}{6}y[n-2]=\frac{1}{3}x[n-1]$$

(a) 請算出滿足上式的因果線性非時變（LTI）系統的脈衝響應、頻率響應以及步階響應。

(b) 什麼是這個差分方程式的一般同態解？

(c) 考慮另一個滿足此差分方程式的系統，但是它不是因果也不是線性非時變(LTI)，且 $y[0]=y[1]=1$ 。求出輸入為 $x[n]=\delta[n]$ 時，這個系統的響應。

2.10 若一個線性非時變（LTI）系統的脈衝響應 $h[n]$ 和輸入的 $x[n]$ 為下列選項所述，試對每一個情況求其輸出。

(a) $x[n]=u[n]$ 和 $h[n]=a^n u[-n-1]$, 當 $a>1$

(b) $x[n]=u[n-4]$ 和 $h[n]=2^n u[-n-1]$

(c) $x[n]=u[n]$ 和 $h[n]=(0.5)2^n u[-n]$

(d) $h[n]=2^n u[-n-1]$ 和 $x[n]-u[n-10]$

運用你對線性非時變（LTI）的知識來簡化 (b) － (d) 的計算。

2.11 一個頻率響應如下的線性非時變（LTI）系統

$$H(e^{j\omega})=\frac{1-e^{-j2\omega}}{1+\frac{1}{2}e^{-j4\omega}},\quad -\pi<\omega\le\pi$$

當輸入為 $x[n]=\sin(\frac{\pi n}{4})$（對所有 n）時，試求輸出 $y[n]$（對所有 n）。

2.12 考慮一個輸入為 $x[n]$ ，輸出為 $y[n]$ ，且滿足如下差分方程式的系統

$$y[n]=ny[n-1]+x[n]$$

這個系統是因果的，且滿足初始靜止條件，即如果當 $n<n_0$ 時，$x[n]=0$，且 $y[n]$ 在 $n<n_0$ 時，也等於 0。

(a) 若 $x[n]=\delta[n]$ ，求 $y[n]$（對所有 n）。

(b) 這個系統是否為線性？請證明你的答案。

(c) 這個系統是否為非時變？請證明你的答案。

2.13 指出下列哪些離散時間訊號爲穩定線性非時變（LTI）離散時間系統的固有函數？

(a) $e^{j2\pi n/3}$

(b) 3^n

(c) $2^n u[-n-1]$

(d) $\cos(\omega_0 n)$

(e) $(1/4)^n$

(f) $(1/4)^n u[n] + 4^n u[-n-1]$

2.14 下面是 3 個系統的輸入－輸出關係對：

(a) 系統 A： $x[n] = (1/3)^n,\ y[n] = 2(1/3)^n$

(b) 系統 B： $x[n] = (1/2)^n,\ y[n] = (1/4)^n$

(c) 系統 C： $x[n] = (2/3)^n u[n],\ y[n] = 4(2/3)^n u[n] - 3(1/2)^n u[n]$

根據這些資訊，來判斷這些系統最可能符合下面哪一個敘述？

(i) 這個系統不可能是線性非時變（LTI）。

(ii) 這個系統一定是線性非時變（LTI）。

(iii) 這個系統可能是線性非時變（LTI），而只有一種線性非時變（LTI）系統能形成輸入輸出對。

(iv) 這個系統可能是線性非時變（LTI），而不只有一種線性非時變（LTI）系統能形成這樣的輸入輸出對。

如果選擇(Ⅲ)，請寫出這個線性非時變（LTI）系統的脈衝響應 $h[n]$ 或頻率響應 $H(e^{j\omega})$。

2.15 考慮如圖 P2.15 的系統，其整個系統的輸出是一個脈衝響應爲 $h[n] = (1/4)^n u[n+10]$ 的線性非時變（LTI）系統的輸出再乘上步階方程式 $u[n]$。請回答以下的問題，並簡短證明你的答案。

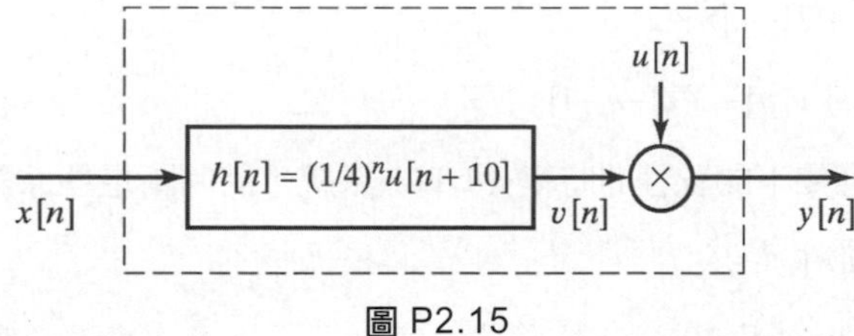

圖 P2.15

(a) 這整個系統是否爲 LTI？

(b) 這整個系統是否爲因果的？

(c) 這整個系統從 BIBO 的觀點來看，是否爲穩定的？

2.16 考慮如下的差分方程式：

$$y[n]-\frac{1}{4}y[n-1]-\frac{1}{8}y[n-2]=3x[n]$$

(a) 求此差分方程式的一般同態解。

(b) 有一個因果的與一個反因果的線性非時變（LTI）系統滿足上面的差分方程式。分別求出這兩個系統的脈衝響應。

(c) 證明其中因果的線性非時變（LTI）系統為穩定的， 反因果的線性非時變（LTI）系統為不穩定的。

(d) 找出當 $x[n]=(1/2)^n u[n]$ 時的特殊解。

2.17 **(a)** 決定下列序列的傅立葉轉換：

$$r[n]=\begin{cases}1, & 0\le n\le M,\\ 0, & \text{其他}\end{cases}$$

(b) 考慮序列

$$w[n]=\begin{cases}\frac{1}{2}\left[1-\cos\left(\frac{2\pi n}{M}\right)\right], & 0\le n\le M,\\ 0, & \text{其他}\end{cases}$$

畫出 $w[n]$ 並用 $r[n]$ 的傅立葉轉換，$R(e^{j\omega})$ 來表示 $w[n]$ 的傅立葉轉 $W(e^{j\omega})$。（提示：一開始先用 $r[n]$ 和複數指數 $e^{j(2\pi n/M)}$ 和 $e^{-j(2\pi n/M)}$ 來表示 $w[n]$ ）。

(c) 畫出 $R(e^{j\omega})$ 和 $W(e^{j\omega})$ 的大小（當 $M=4$ ）。

2.18 對於脈衝響應如下的線性非時變（LTI）系統，請判斷這些系統是否為因果的？

(a) $h[n]=(1/2)^n u[n]$

(b) $h[n]=(1/2)^n u[n-1]$

(c) $h[n]=(1/2)^{|n|}$

(d) $h[n]=u[n+2]-u[n-2]$

(e) $h[n]=(1/3)^n u[n]+3^n u[-n-1]$

2.19 對於脈衝響應如下的線性非時變（LTI）系統，請判斷這些系統是否為穩定的？

(a) $h[n]=4^n u[n]$

(b) $h[n]=u[n]-u[n-10]$

(c) $h[n]=3^n u[-n-1]$

(d) $h[n]=\sin(\pi n/3)u[n]$

(e) $h[n]=(3/4)^{|n|}\cos(\pi n/4+\pi/4)$

(f) $h[n]=2u[n+5]-u[n]-u[n-5]$

2.20 一個因果線性非時變（LTI）系統可被表示成如下的差分方程式：

$$y[n]+(1/a)y[n-1]=x[n-1]$$

(a) 求出這個系統的脈衝響應 $h[n]$（表示爲 a 的函式）。

(b) 當 a 在什麼範圍之內才能使系統是穩定的？

基本問題

2.21 一個離散時間訊號 $x[n]$ 如圖 P2.21 所示

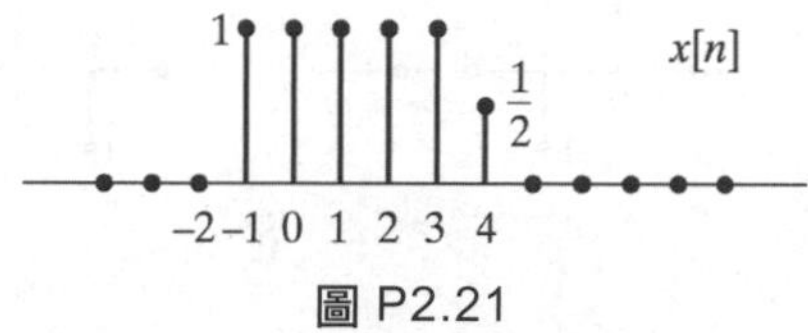

圖 P2.21

試畫出下列的訊號並清楚地標示之。

(a) $x[n-2]$

(b) $x[4-n]$

(c) $x[2n]$

(d) $x[n]u[2-n]$

(e) $x[n-1]\delta[n-3]$

2.22 脈衝響應爲 $h[n]$ 的離散時間線性非時變（LTI）系統。假如其輸入 $x[n]$ 是週期爲 N 的週期序列（即 $[n]=x[n+N]$），試證明其輸出 $y[n]$ 也是週期爲 N 的週期序列。

2.23 對於下列的系統，試判斷它們是否爲 (1) 穩定的；(2) 因果的；(3) 線的，以及 (4) 非時變的。

(a) $T(x[n])=(\cos\pi n)x[n]$

(b) $T(x[n])=x[n^2]$

(c) $T(x[n])=x[n]\sum_{k=0}^{\infty}\delta[n-k]$

(d) $T(x[n])=\sum_{k=n-1}^{\infty}x[k]$

2.24 考慮一任意的線性系統，其輸入爲 $x[n]$，輸出爲 $y[n]$。試證明當 $x[n]=0$（對所有 n），$y[n]$ 也必定是 0（對所有 n）。

2.25 圖 P2.25 顯示了 4 對的線性非時變（LTI）系統的輸入 $x[n]$ 和脈衝響應 $h[n]$，試使用離散旋積找出系統的響應。

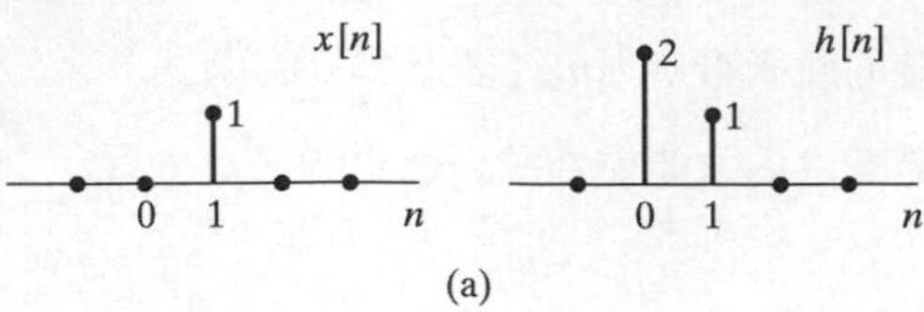

(a)

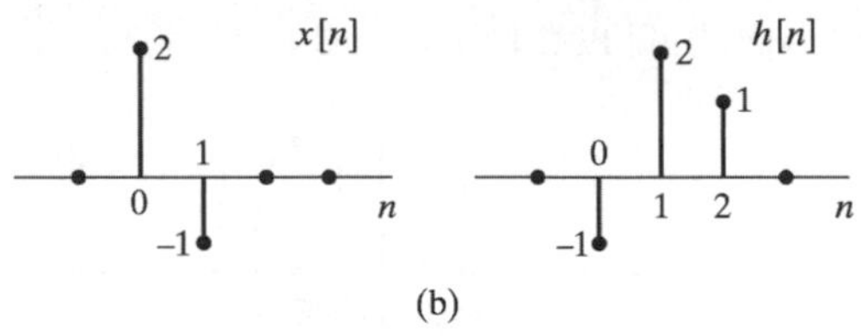

(b)

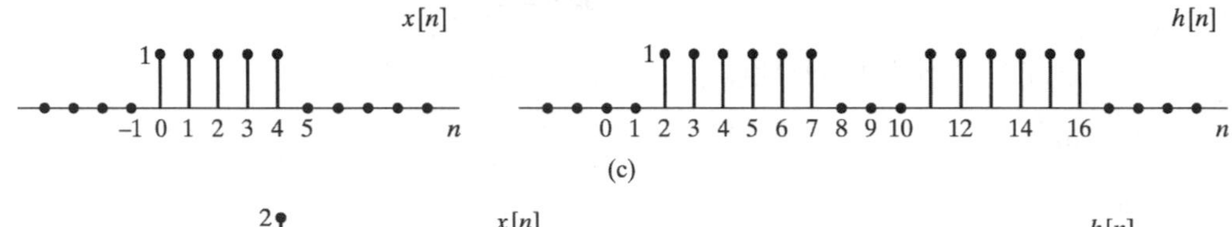

(c)

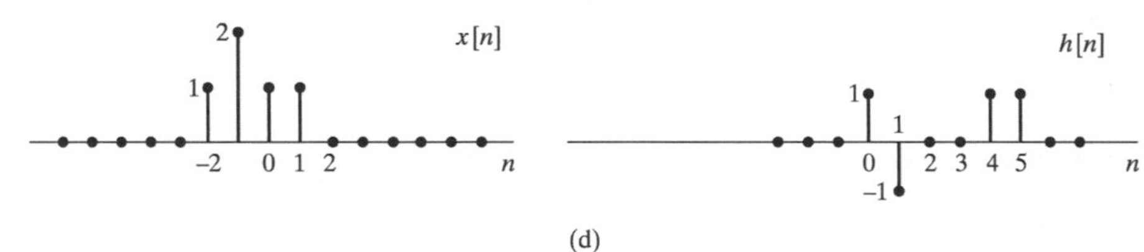

(d)

圖 2.25

2.26 圖 P2.26 中圖示一個線性非時變（LTI）系統的脈衝響應，若輸入為 $x[n]=u[n-4]$ 時，請求出並清楚地畫出系統的響應。

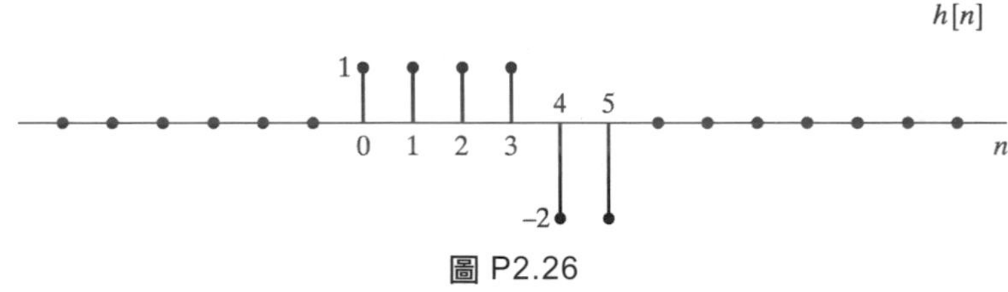

圖 P2.26

2.27 一個線性非時變（LTI）系統其脈衝響應為 $h[n]=u[n]$。若系統的輸入 $x[n]$ 如圖 P2.27 所示且描述如下，求出此系統的響應。

$$x[n]=\begin{cases}0, & n<0,\\ a^{n}, & 0\le n\le N_1,\\ 0, & N_1<n<N_2,\\ a^{n-N_2}, & N_2\le n\le N_2+N_1,\\ 0, & N_2+N_1<n,\end{cases}$$

其中 $0< a < 1$。

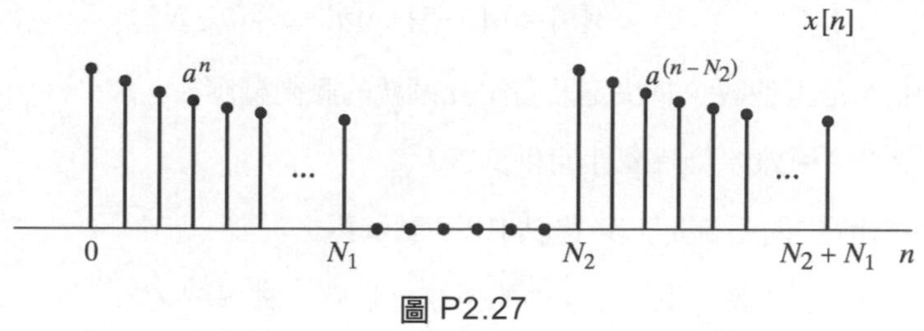

圖 P2.27

2.28 考慮以下的差分方程式

$$y[n]+\frac{1}{15}y[n-1]-\frac{2}{15}y[n-2]=x[n]$$

(a) 求出此方程式一般型態的齊次解。

(b) 若因果性和反因果性的線性非時變（LTI）系統都被如上的方程式所表示。試分別找出兩種系統的脈衝響應。

(c) 試證明因果性線性非時變（LTI）系統是穩定的，而反因果性線性非時變（LTI）系統是不穩定的。

(d) 當 $x[n]=(3/5)^n u[n]$ ，試找出此差分方程式的特殊解。

2.29 三個系統 A、B 和 C，其輸入和輸出如圖 P2.29 所示，決定是否每個系統是線性非時變（LTI）嗎？若你的答案是肯定的，則是否有超過一個以上的線性非時變（LTI）系統能符合給定的輸入－輸出對，清楚地解釋你的答案。

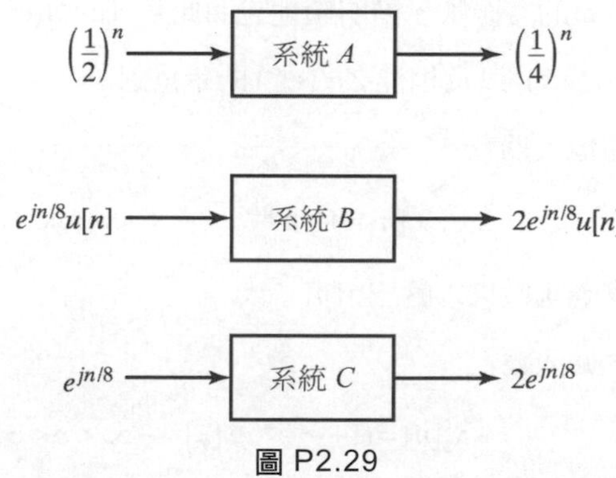

圖 P2.29

2.30 假如一個因果性線性非時變（LTI）系統的輸入和輸出滿足以下的差分方程式

$$y[n]=ay[n-1]+x[n]$$

則此系統的脈衝響應必定是 $h[n]=a^n u[n]$ 。

(a) 當 a 等於多少時，此系統會穩定？

(b) 考慮一個因果性線性非時變（LTI）系統如以下差分方程式所示

$$y[n]=ay[n-1]+x[n]-a^N x[n-N],$$

其中 N 是正整數，試決定及畫出此系統的脈衝響應。

提示：使用線性及時變性簡化解答。

(c) 選項 (b) 中的系統是 FIR 還試 IIR？試解釋之。

(d) 當 a 等於多少時，選項 (b) 中的系統會穩定？試解釋之。

2.31 當 $X(e^{j\omega})=1/(1-ae^{-j\omega})$，其中 $-1<a<0$，試求出並畫出以下以 $\int_{-\pi}^{\pi}X(e^{j\omega})d\omega$ 爲函數的各選項：

(a) $\mathcal{R}e\{X(e^{j\omega})\}$

(b) $\mathcal{I}m\{X(e^{j\omega})\}$

(c) $|X(e^{j\omega})|$

(d) $\angle X(e^{j\omega})$

2.32 考慮一個線性非時變（LTI）系統，其差分方程式如下

$$y[n]=-2x[n]+4x[n-1]-2x[n-2]$$

(a) 求出此系統的脈衝響應。

(b) 求出此系統的頻率響應。用以下形式表示你的答案：

$$H(e^{j\omega})=A(e^{j\omega})e^{-j\omega n_d},$$

其中 $A(e^{j\omega})$ 是 ω 的實函數。請明確地說明此系統的 $A(e^{j\omega})$ 以及延遲 n_d。

(c) 請畫出振幅 $|H(e^{j\omega})|$ 以及相位 $\angle H(e^{j\omega})$ 的示意圖。

(d) 假設此系統的輸入爲

$$x_1[n]=1+e^{j0.5\pi n}\quad -\infty<n<\infty$$

試使用頻率響應函數來求輸出 $y[n]$。

(e) 假設此系統的輸入爲

$$x_2[n]=(1+e^{j0.5\pi n})u[n]\quad -\infty<n<\infty$$

利用題目給定的差分方程式或離散旋積來求出相對應的輸出 $y_2[n], -\infty<n<\infty$，比較 $y_1[n]$ 和 $y_2[n]$，它們應該在某特定 n 值時會相同，求出 n 的範圍？

2.33　下列何者離散時間訊號可以是任何穩定的線性非時變（LTI）系統的特徵函數？

(a) $5^n u[n]$

(b) $e^{j2\omega n}$

(c) $e^{j\omega n}+e^{j2\omega n}$

(d) 5^n

(e) $5^n \cdot e^{j2\omega n}$

2.34　一個線性非時變（LTI）系統其脈衝響應 $h[n]$ 如下圖所示：

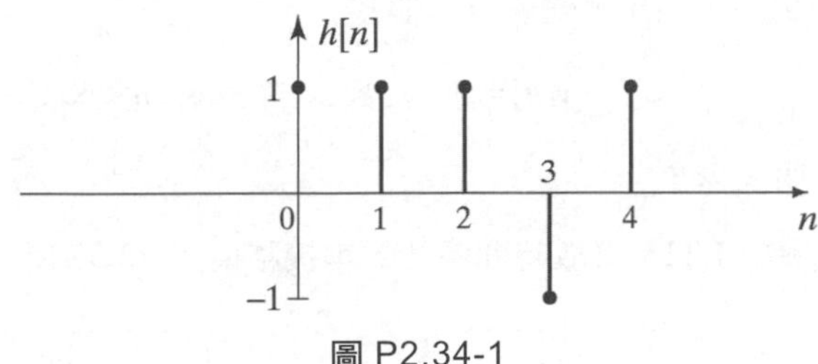

圖 P2.34-1

輸入 $x[n]$ 如下圖所示：

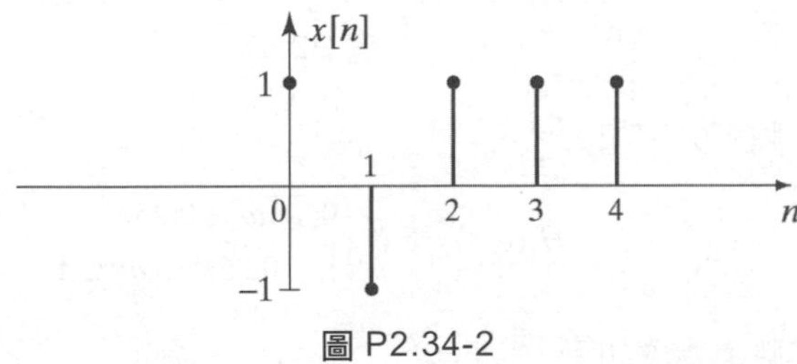

圖 P2.34-2

(a) 使用離散旋積求出系統 $y[n]=x[n]*h[n]$ 的輸出，其輸入為上圖所示。試畫出輸出 $y[n]$ 並仔細地標示並且確保標示的範圍能完整定義此輸出。

(b) 訊號 $x[n]$ 的決定性的自相關被定義在 (2.188) 式：$c_{xx}[n]=x[n]*x[-n]$。圖 P2.34-1 是圖 P2.34-2 輸入訊號的**匹配濾波器**。已知 $h[n]=x[-(n-4)]$，試用 $c_{xx}[n]$ 表示選項 (a) 中的輸出。

(c) 求出並畫出此系統的輸出，其脈衝響應為 $h[n]$，輸入為 $x[n]=u[n+2]$。

2.35　若一個線性非時變（LTI）系統的頻率響應如下：

$$H(e^{j\omega})=e^{-j(\omega-\frac{\pi}{4})}\left(\frac{1+e^{-j2\omega}+4e^{-j4\omega}}{1+\frac{1}{2}e^{-j2\omega}}\right),\quad -\pi<\omega\leq\pi$$

假設輸入 $x[n]$ 如下，求其輸出 $y[n]$（對所有 n）

$$x[n]=\cos\left(\frac{\pi n}{2}\right)$$

2.36 一個線性非時變（LTI）離散時間系統其頻率響應如下

$$H(e^{j\omega}) = \frac{(1-je^{-j\omega})(1+je^{-j\omega})}{1-0.8e^{-j\omega}} = \frac{1+e^{-j2\omega}}{1-0.8e^{-j\omega}} = \frac{1}{1-0.8e^{-j\omega}} + \frac{e^{-j2\omega}}{1-0.8e^{-j\omega}}$$

(a) 使用以上任一頻率響應的形式求得系統的脈衝響應方程式 $h[n]$。

(b) 從已知的頻率響應，求出滿足此系統的差分方程式。

(c) 假如輸入訊號如下

$$x[n] = 4 + 2\cos(\omega_0 n), \quad 當 -\infty < n < \infty$$

則 ω_0 為多少時？輸出會變成以下形式：

$$y[n] = A = 常數, \quad 當 -\infty < n < \infty$$

又試問 A 為多少？

2.37 一個線性非時變（LTI）離散時間系統的串接結構如 P2.37 所示

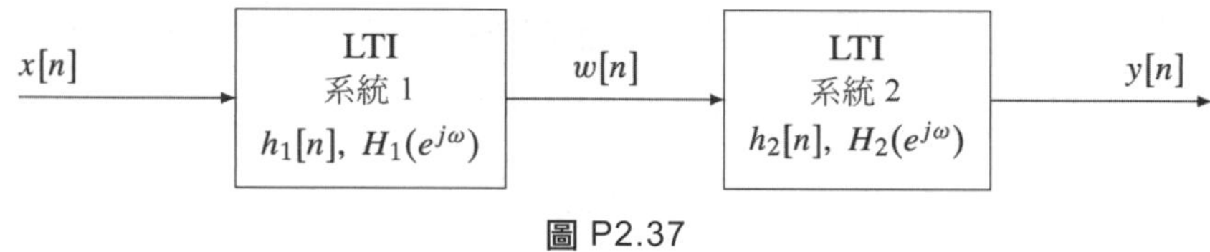

圖 P2.37

第一個系統其頻率響應如下

$$H_1(e^{j\omega}) = e^{-j\omega}\begin{cases} 0, & |\omega| \le 0.25\pi \\ 1, & 0.25\pi < |\omega| \le \pi \end{cases}$$

第二個系統其脈衝響應如下

$$h_2[n] = 2\frac{\sin(0.5\pi n)}{\pi n}$$

(a) 求出整個系統的頻率響應，$H(e^{j\omega})$，$-\pi \le \omega \le \pi$。

(b) 畫出整個系統的振幅 $|H(e^{j\omega})|$ 以及相位 $\angle H(e^{j\omega})$，$-\pi \le \omega \le \pi$。

(c) 使用任何方便的方法求出整個系統的脈衝響應 $h[n]$。

2.38 一個穩定的線性非時變（LTI）系統的輸入－輸出對如圖 P2.38-1 所示

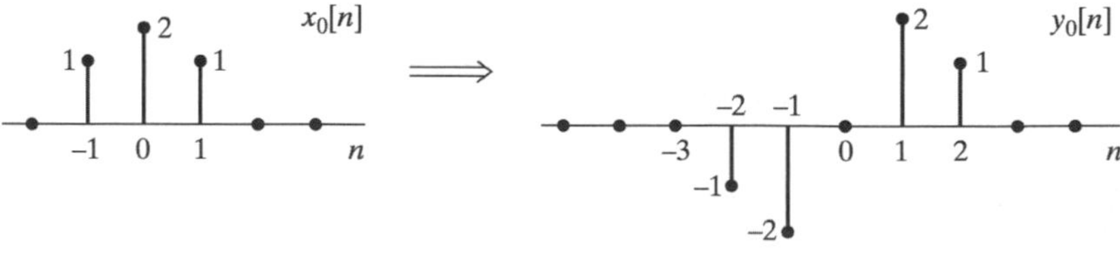

圖 2.38-1

其輸入 $x_1[n]$ 如圖 2.38-2 所示，求其輸出。

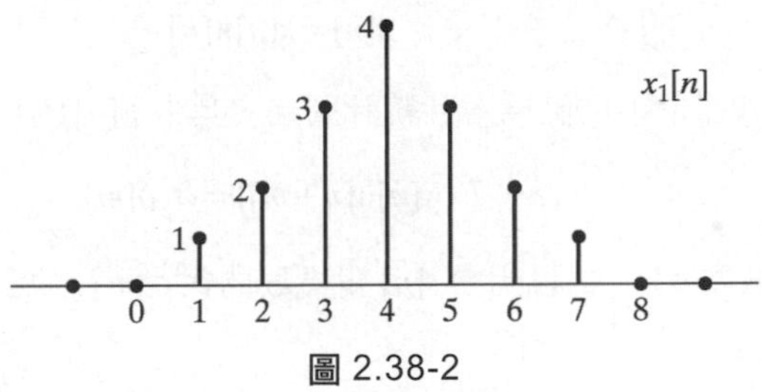

圖 2.38-2

求出此系統的脈衝響應。

2.39 使用線性定義 [(2.23a) － (2.23b) 式] 證明理想延遲系統（範例 2.2）和移動平均系統（範例 2.3）都是線性系統。

2.40 判斷下列何者為週期性。若為週期性，則求出其週期。

(a) $x[n] = e^{j(2\pi n/5)}$

(b) $x[n] = \sin(\pi n/19)$

(c) $x[n] = ne^{j\pi n}$

(d) $x[n] = e^{jn}$

2.41 若一個線性非時變（LTI）系統滿足 $|H(e^{j\omega})| = 1$，且 $\angle H(e^{j\omega})$ 如圖 P2.41 所示。假設輸入為

$$x[n] = \cos\left(\frac{3\pi}{2}n + \frac{\pi}{4}\right),$$ ，

求其輸出 $y[n]$。

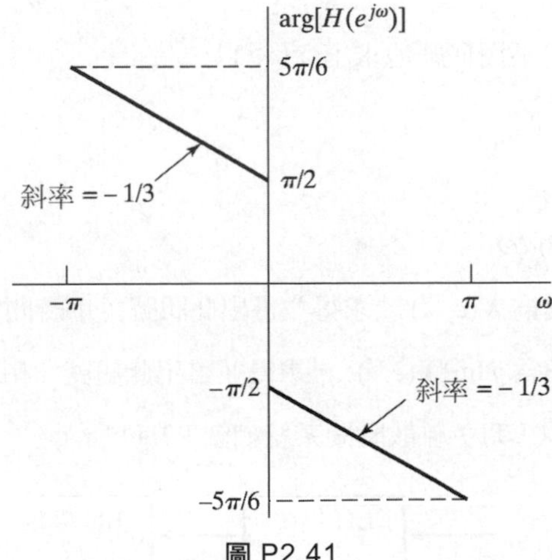

圖 P2.41

2.42 若 $s[n]$，$x[n]$ 和 $w[n]$ 都是廣義穩態隨機程序的時間序列，其中

$$s[n] = x[n]w[n]$$

序列 $x[n]$ 和 $w[n]$ 都是平均值為零且統計獨立，其中 $w[n]$ 的自相關函數如下

$$E\{w[n]w[n+m]\} = \sigma_w^2 \delta[m],$$

且 $x[n]$ 的變異數為 σ_x^2。試證明當 $s[n]$ 變異數為 $\sigma_x^2 \sigma_w^2$ 時，則 $s[n]$ 為白雜訊。

進階問題

2.43 若 $X(e^{j\omega})$ 為複數訊號 $x[n]$ 的傅立葉轉換，則 $x[n]$ 的實數和虛數部分如圖 P2.43 所示（注意：序列在圖以外區間的值都是零）：

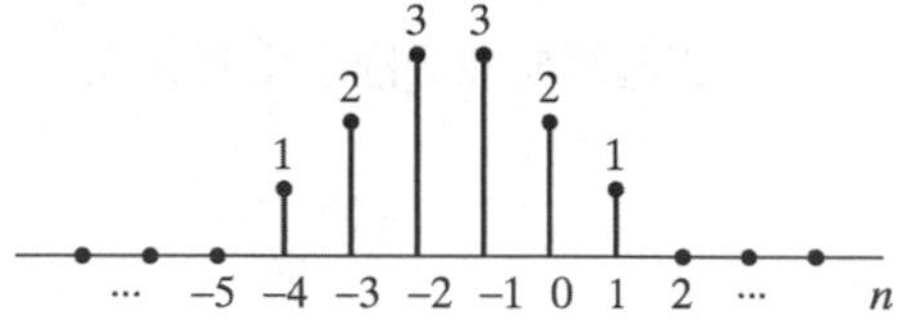

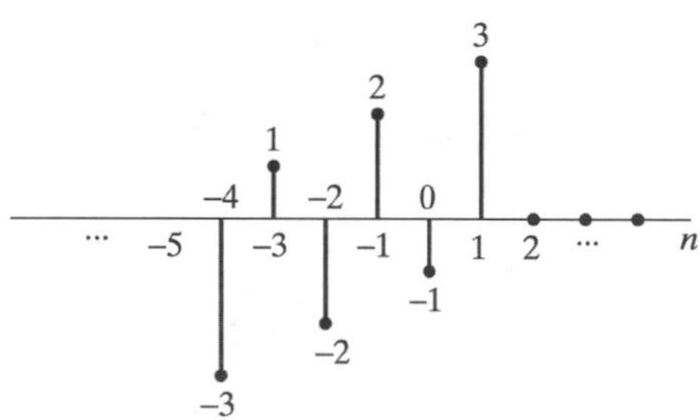

圖 P2.43

求出下列的計算 [不用仔細地求出 $X(e^{j\omega})$]。

(a) 計算 $X(e^{j\omega})|_{\omega=0}$

(b) 計算 $X(e^{j\omega})|_{\omega=\pi}$

(c) 計算 $\int_{-\pi}^{\pi} X(e^{j\omega})d\omega$

(d) 若傅立葉轉換為 $X(e^{-j\omega})$，求得並畫出此訊號（用時間定義）。

(e) 若傅立葉轉換為 $j\,\mathrm{Im}\{X(e^{j\omega})\}$，求得並畫出此訊號（用時間定義）。

2.44 一個線性非時變（LTI）離散時間系統如圖 P2.44 所示

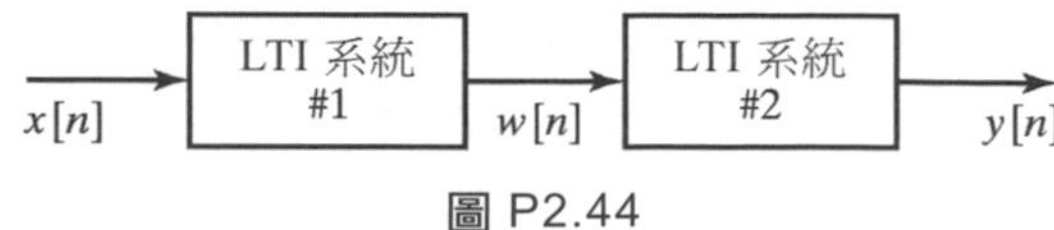

圖 P2.44

其中第一個系統滿足

$$H_1(e^{j\omega}) = \begin{cases} 1, & |\omega| < 0.5\pi, \\ 0, & 0.5\pi \le |\omega| < \pi, \end{cases}$$

第二個系統滿足

$$y[n] = w[n] - w[n-1]$$

若系統的輸入為

$$x[n] = \cos(0.6\pi n) + 3\delta[n-5] + 2$$

試求輸出 $y[n]$。你可以直接由線性非時變（LTI）系統的性質來得出答案。

2.45 若離散時間傅立葉轉換（DTFT）關係對如 (P2.45-1) 所示

$$a^n u[n] \Leftrightarrow \frac{1}{1-ae^{-j\omega}} \quad |a|<1 \tag{P2.45-1}$$

(a) 使用式子 (P2.45-1) 求出離散時間傅立葉轉換（DTFT），$X(e^{j\omega})$，其序列如下

$$x[n] = -b^n u[-n-1] = \begin{cases} -b^n, & n \le -1 \\ 0, & n \ge 0 \end{cases}$$

若 $x[n]$ 的離散時間傅立葉轉換（DTFT）必須存在，則 b 值的限制為何？

(b) 求出序列 $y[n]$，其離散時間傅立葉轉換（DTFT）如下

$$Y(e^{j\omega}) = \frac{2e^{-j\omega}}{1+2e^{-j\omega}}$$

2.46 考慮一個訊號如下所示

$$x[n] = w[n]\cos(\omega_0 n)$$

(a) 試用 $W(e^{j\omega})$ 來表示 $X(e^{j\omega})$

(b) 若 $w[n]$ 是有限長度序列，如下所示

$$w[n] = \begin{cases} 1, & -L \le n \le L \\ 0, & \text{其他} \end{cases}$$

求其離散時間傅立葉轉換（DTFT），$W(e^{j\omega})$。提示：使用表 2.2 和 2.3。你應該可以發現 $W(e^{j\omega})$ 是 ω 的實函數。

(c) 畫出離散時間傅立葉轉換（DTFT），$W(e^{j\omega})$，其訊號如 (b) 所示。對於一個給定的 ω_0，該如何選擇 L，讓圖型有兩個峰值。

2.47 在圖 P2.47 中的系統 T 是**非時變的**，當系統的輸入是 $x_1[n]$，$x_2[n]$ 和 $x_3[n]$ 時的輸出是 $y_1[n]$，$y_2[n]$ 和 $y_3[n]$，如下所示：

(a) 決定系統 T 是否是線性。

(b) 若系統 T 的輸入 $x[n]$ 是 $\delta[n]$，則輸出 $y[n]$ 是什麼？

(c) 決定所有可能的輸入 $x[n]$，對這些 $x[n]$ 而言，系統 T 的響應只能夠從給定的資訊決定之。

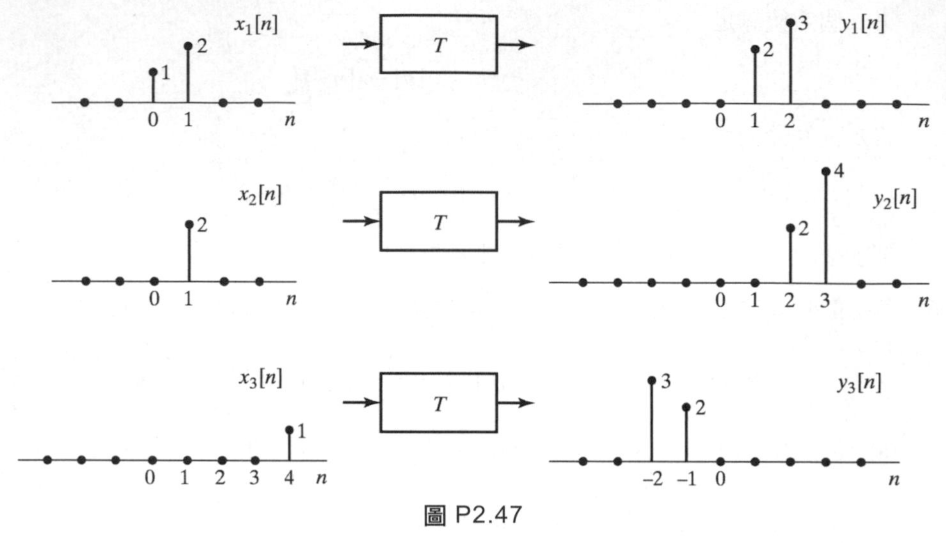

圖 P2.47

2.48 在圖 P2.48 中的系統 L 是**線性**，三個輸出訊號 $y_1[n]$， $y_2[n]$ 和 $y_3[n]$ 其輸入訊號分別為 $x_1[n]$， $x_2[n]$ 和 $x_3[n]$。

(a) 判斷系統 L 是否是非時變的。

(b) 若系統 L 的輸入 $x[n]$ 是 $\delta[n]$，則系統響應 $y[n]$ 是什麼？

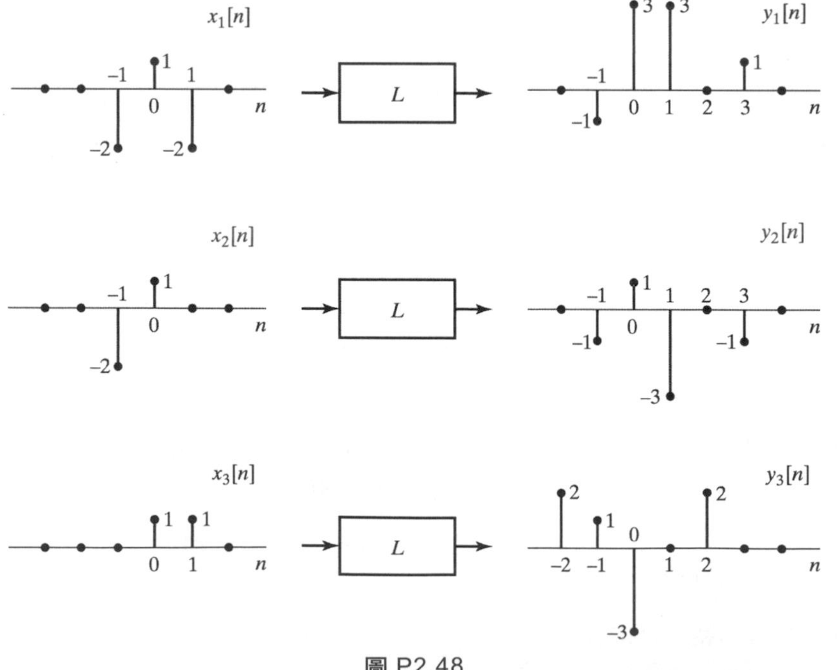

圖 P2.48

2.49 在 2.5 節中，齊次差分方程式：

$$\sum_{k=0}^{N} a_k y_h[n-k] = 0$$

的解如下：

$$y_h[n] = \sum_{m=1}^{N} A_m z_m^n, \tag{P2.49-1}$$

此處 A_m 是任意數且 z_m 是下列多項式的 N 個根

$$A(z) = \sum_{k=0}^{N} a_k z^{-k}; \tag{P2.49-2}$$

即

$$A(z) = \sum_{k=0}^{N} a_k z^{-k} = \prod_{m=1}^{N} (1 - z_m z^{-1})$$

(a) 求出下列差分方程式的齊次解

$$y[n] - \tfrac{3}{4} y[n-1] + \tfrac{1}{8} y[n-2] = 2x[n-1]$$

(b) 若 $y[-1]=1$ 且 $y[0]=0$ ，決定齊次解的係數 $Y(e^{j\omega})$ 。

(c) 現在，考慮差分方程式如下

$$y[n] - y[n-1] + \tfrac{1}{4} y[n-2] = 2x[n-1] \tag{P2.49-3}$$

若齊次解只包含(P2.49-1) 的項，試證初始條件 $y[-1]=1$ 且 $y[0]=0$ 並不被滿足。

(d) 若式子 (P2.49-2) 有兩根是相同的，則取代式子 (P2.49-1)，取 $y_h[n]$ 為下列形式

$$y_h[n] = \sum_{m=1}^{N-1} A_m z_m^n + n B_1 z_1^n, \tag{P2.49-4}$$

其中我們假設重根是 z_1 ，則使用式子 (P2.49-4) 求出式子 (P2.49-3) 的一般型態，$y_h[n]$ 。仔細地解釋您的答案滿足式子 (P2.49-3) 當 $x[n]=0$ 。

(e) 若 $y[-1]=1$ 且 $y[0]=0$ ，試決定 (d) 中之齊次解的係數 A_1 和 B_1 。

2.50 考慮一系統，其輸入為 $x[n]$，輸出為 $y[n]$，且輸入－輸出關係由下列兩個性質所定義：

1. $y[n] - ay[n-1] = x[n]$,

2. $y[0] = 1$

(a) 判斷系統是否為非時變。

(b) 判斷系統是否為線性。

(c) 假如差分方程式式子（性質 1）仍維持一樣，但 $y[0]$ 被標定為零，則在 (a) 和 (b) 中的答案是否有所改變。

2.51 一個線性非時變（LTI）系統其脈衝響應爲 $h[n]=a^n u[n]$

(a) 當系統的輸入爲 $x_1[n]=e^{j(\pi/2)n}$，求 $y_1[n]$。

(b) 當系統的輸入爲 $x_2[n]=\cos(\pi n/2)$，利用選項 (a) 的結果求出 $y_2[n]$。

(c) 當系統的輸入爲 $x_3[n]=e^{j(\pi/2)n}u[n]$，求出 $y_3[n]$。

(d) 比較 $y_1[n]$ 和 $y_3[n]$（在 n 很大的時候）。

2.52 考慮線性非時變（LTI）系統，其脈衝響應爲

$$h[n]=\left(\frac{j}{2}\right)^n u[n],\quad \text{其中 } j=\sqrt{-1}$$

試決定輸入爲 $x[n]=\cos(\pi n)u[n]$ 時的穩態響應（在 n 很大的時候）。

2.53 一個線性非時變（LTI）系統其頻率響應如下

$$H(e^{j\omega})=\begin{cases} e^{-j\omega 3}, & |\omega|<\frac{2\pi}{16}\left(\frac{3}{2}\right), \\ 0, & \frac{2\pi}{16}\left(\frac{3}{2}\right)\le|\omega|\le\pi \end{cases}$$

若系統的輸入是一週期單一脈衝列，且週期 $N=16$，即

$$x[n]=\sum_{k=-\infty}^{\infty}\delta[n+16k]$$

請找出系統的輸出。

2.54 考慮圖 P2.54

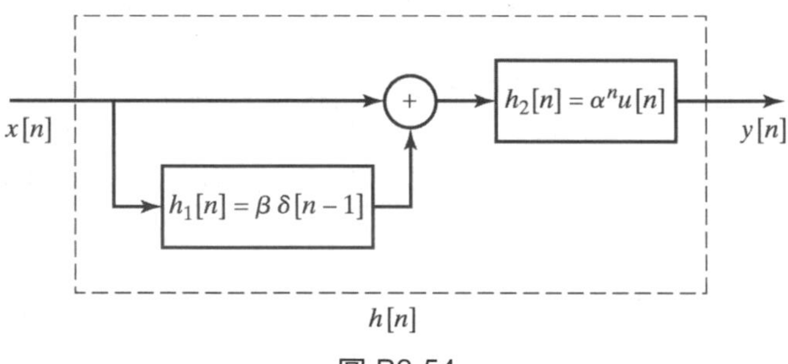

圖 P2.54

(a) 求出整個系統的脈衝響應 $h[n]$。

(b) 求出整個系統的頻率響應。

(c) 標定輸入 $x[n]$ 和輸出 $y[n]$ 之間的差分方程式。

(d) 系統是因果的嗎？什麼條件下系統將穩定？

2.55 讓 $X(e^{j\omega})$ 是訊號 $x[n]$ 的傅立葉轉換，$x[n]$ 被圖示在圖 P2.55 中，在不明確計算 $X(e^{j\omega})$ 下，找出下列各量：

(a) 計算 $X(e^{j\omega})|_{\omega=0}$

(b) 計算 $X(e^{j\omega})|_{\omega=\pi}$

(c) 求出 $\angle X(e^{j\omega})$

(d) 計算 $\int_{-\pi}^{\pi} X(e^{j\omega})d\omega$

(e) 求並畫出傅立葉轉換爲 $X(e^{-j\omega})$ 的訊號。

(f) 求出並畫出傅立葉轉換爲 $\mathcal{R}e\{X(e^{j\omega})\}$ 的訊號。

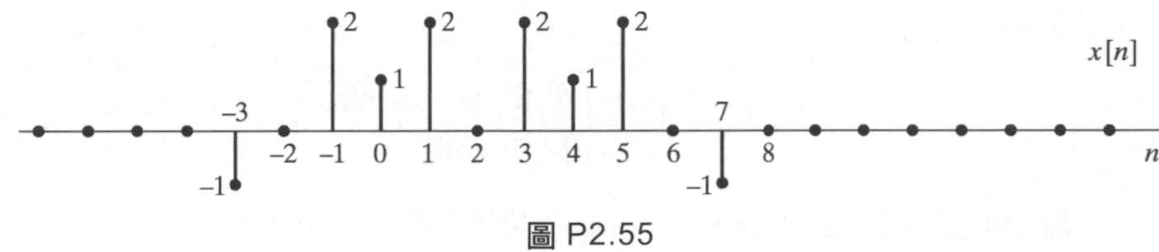

圖 P2.55

2.56 對圖 P2.56 所示的系統，當輸入 $x[n]$ 是 $\delta[n]$ 且 $H(e^{j\omega})$ 是一個理想的低通濾波器如下，試決定其輸出的 $y[n]$。

$$H(e^{j\omega})=\begin{cases}1, & |\omega|<\pi/2,\\ 0, & \pi/2<|\omega|\le\pi\end{cases}$$

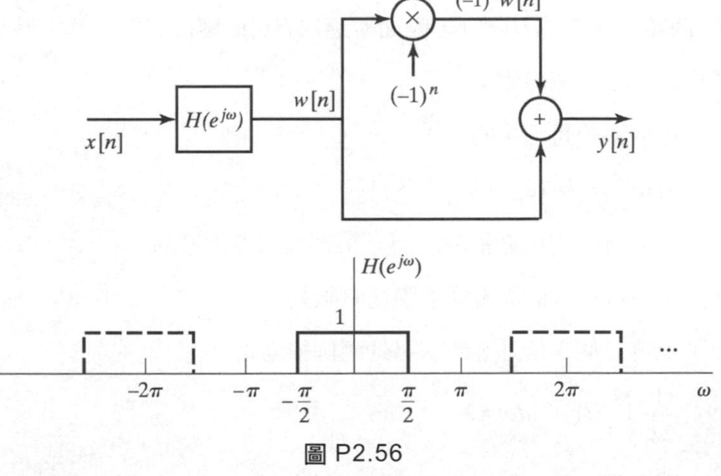

圖 P2.56

2.57 若一組序列的離散時間傅立葉轉換爲：

$$X(e^{j\omega})=\frac{1-a^2}{(1-ae^{-j\omega})(1-ae^{j\omega})},\quad |a|<1$$

(a) 求出此序列 $x[n]$。

(b) 計算 $1/2\int_{-\pi}^{\pi} X(e^{j\omega})\cos(\omega)d\omega$。

2.58 若一個線性非時變（LTI）系統的輸入－輸出關係為

$$y[n] = x[n] + 2x[n-1] + x[n-2]$$

(a) 求出此系統的脈衝響應 $h[n]$。

(b) 這系統是否為穩定的？

(c) 計算此系統的頻率響應 $H(e^{j\omega})$。以三角函數的相等關係來簡化 $H(e^{j\omega})$ 的表示式。

(d) 畫出頻率響應的強度與相位響應。

(e) 若有另一個系統的頻率響應為 $H_1(e^{j\omega}) = H(e^{j(\omega+\pi)})$。求出此系統的脈衝響應 $h_1[n]$。

2.59 若一個實數的離散時間訊號 $x[n]$，其傅立葉轉換為 $X(e^{j\omega})$，是一個系統的輸入。而此系統的輸出 $y[n]$ 為

$$y[n] = \begin{cases} x[n], & \text{當 } n \text{ 是偶數,} \\ 0, & \text{其他} \end{cases}$$

(a) 畫出離散時間訊號 $s[n] = 1 + \cos(\pi n)$ 及其傅立葉轉換 $S(e^{j\omega})$。

(b) 以 $X(e^{j\omega})$ 和 $S(e^{j\omega})$ 來表示輸出的傅立葉轉換，$Y(e^{j\omega})$。

(c) 我們可以用 $w[n] = y[n] + (1/2)(y[n+1] + y[n-1])$，即用內插的方式來近似 $x[n]$。試以 $Y(e^{j\omega})$ 來表示 $w[n]$ 的傅立葉轉換，$W(e^{j\omega})$。

(d) 畫出 $X(e^{j\omega})$，$y(e^{j\omega})$ 及 $W(e^{j\omega})$ 當 $x[n] = \sin(\pi n/a)(\pi n/a)$ 且 $a > 1$。在什麼情況下內插而得出的訊號 $w[n]$ 會最接近 $x[n]$？

2.60 考慮一個頻率響應為 $H(e^{j\omega})$，脈衝響應為 $h[n]$ 的離散時間線性非時變（LTI）系統。

(a) 若已知下面三個線索：

(i) 這個系統是因果的。

(ii) $H(e^{j\omega}) = H^*(e^{-j\omega})$。

(iii) 序列 $h[n+1]$ 的離散時間傅立葉轉換為實數序列。

試證明這個系統的脈衝響應應為有限長。

(b) 除了上述三個線索外，還有另外兩個線索：

(iv) $\dfrac{1}{2\pi}\int_{-\pi}^{\pi} H(e^{j\omega})d\omega = 2$。

(v) $H_1(e^{j\pi}) = 0$。

請問是否只有一個系統完全符合這些線索？若是，請算出脈衝響應 $h[n]$。若否，請盡量找出各種能符合以上線索的 $h[n]$。

2.61 考慮下列三個序列：

$$v[n] = u[n] - u[n-6],$$
$$w[n] = \delta[n] + 2\delta[n-2] + \delta[n-4],$$
$$q[n] = v[n] * w[n]$$

(a) 求出並畫出序列 $q[n]$。

(b) 若 $r[n] * v[n] = \sum_{k=-\infty}^{n-1} q[k]$，試求出並畫出 $r[n]$。

(c) 是否 $q[-n] = v[-n] * w[-n]$？證明你的答案。

2.62 若一個線性非時變（LTI）系統的頻率響應為

$$H(e^{j\omega}) = e^{-j[(\omega/2)+(\pi/4)]}, \quad -\pi < \omega \le \pi$$

且輸入如下（對所有 n）

$$x[n] = \cos\left(\frac{15\pi n}{4} - \frac{\pi}{3}\right)$$

請求輸出，$y[n]$。

2.63 考慮系統 S，它的輸入 $x[n]$ 與輸出 $y[n]$ 之間的關係如圖 P2.63-1。

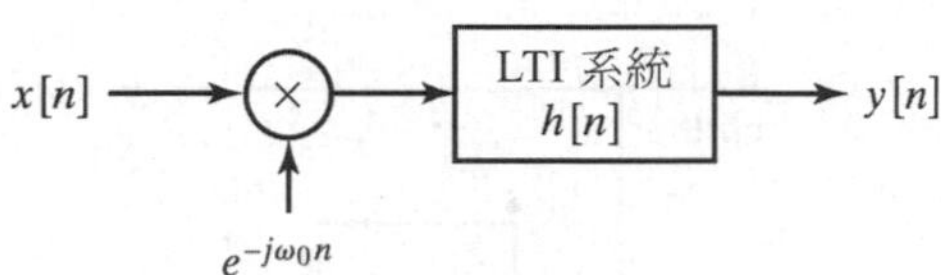

圖 P2.63-1

即輸入 $x[n]$ 先乘上 $e^{-j\omega_0 n}$，再通過脈衝響應為 $h[n]$ 的穩定線性非時變（LTI）系統。

(a) 系統 S 是線性的嗎？證明你的答案。

(b) 系統 S 是非時變的嗎？證明你的答案。

(c) 系統 S 是穩定的嗎？證明你的答案。

(d) 妥善地設計系統 C，使得圖 P2.63-2 的系統輸入與輸出之關係與系統 S 相同 [注意，系統 C 不必是線性非時變（LTI）的系統]。

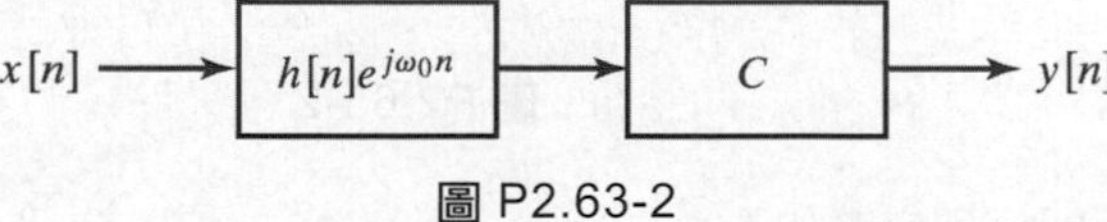

圖 P2.63-2

2.64 一個理想低通濾波器的脈衝響應為 $h_{\text{lp}}[n]$，其頻率響應為

$$H_{\text{lp}}(e^{j\omega}) = \begin{cases} 1, & |\omega| < 0.2\pi, \\ 0, & 0.2\pi \le |\omega| \le \pi \end{cases}$$

(a) 若新的濾波器脈衝響應爲 $h_1[n]=(-1)^n h_{1p}[n]=e^{j\pi n}h_{1p}[n]$。求其頻率響應 $H_1(e^{j\omega})$，並將 $|\omega|<\pi$ 的部分畫出來。試問它是哪一種濾波器？

(b) 另一個濾波器脈衝響應爲 $h_2[n]=2h_{1p}[n]\cos(0.5\pi n)$。求其頻率響應 $H_2(e^{j\omega})$，並將 $|\omega|<\pi$ 的部分畫出來。它是哪一種濾波器？

(c) 第三個濾波器脈衝響應爲：

$$h_3[n]=\frac{\sin(0.1\pi n)}{\pi n}h_{1p}[n]$$

求其頻率響應 $H_3(e^{j\omega})$，並將 $|\omega|<\pi$ 的部分畫出來。它是哪一種濾波器？

2.65 一個線性非時變（LTI）系統

$$H(e^{j\omega})=\begin{cases}-j, & 0<\omega<\pi,\\ j, & -\pi<\omega<0,\end{cases}$$

可被稱作 90° 的相角移動器且可產生可解析的訊號 $w[n]$，如圖 P2.65-1 所示。$w[n]$ 是一個複數訊號如下：

$$\mathcal{R}e\{w[n]\}=x[n],$$
$$\mathcal{I}m\{w[n]\}=y[n]$$

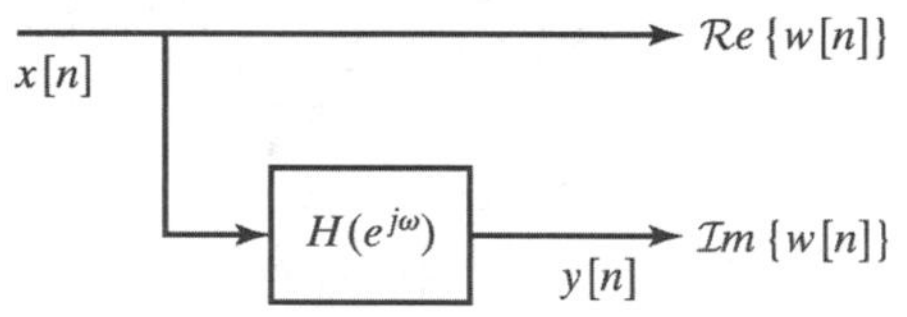

$x[n]$ → $\mathcal{R}e\{w[n]\}$；$x[n]$ → $H(e^{j\omega})$ → $y[n]$ → $\mathcal{I}m\{w[n]\}$

圖 P2.65-1

若 $\mathcal{R}e\{X(e^{j\omega})\}$ 如圖 P2.65-2 所示且 $\mathcal{I}m\{X(e^{j\omega})\}=0$，求出並畫出可解析的訊號 $w[n]=x[n]+jy[n]$ 的傅立葉轉換，$W(e^{j\omega})$。

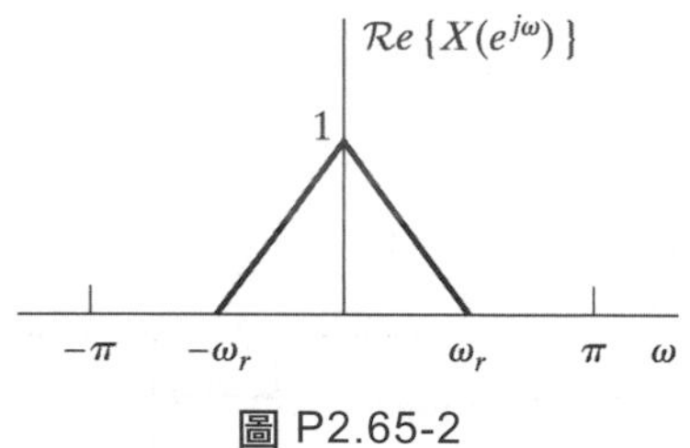

圖 P2.65-2

2.66 若 $x[n]$ 的自相關序列定義如下

$$R_x[n]=\sum_{k=-\infty}^{\infty}x^*[k]x[n+k]$$

(a) 證明一個適當訊號 $g[n]$ 可使得 $R_x[n]=x[n]*g[n]$，並求得 $g[n]$ 合適的選擇。

(b) 證明 $R_x[n]$ 的傅立葉轉換爲 $|X(e^{j\omega})|^2$

2.67 若一個線性非時變（LTI）系統的輸入 $x[n]$ 與輸出 $y[n]$ 如圖 P2.67-1 所示

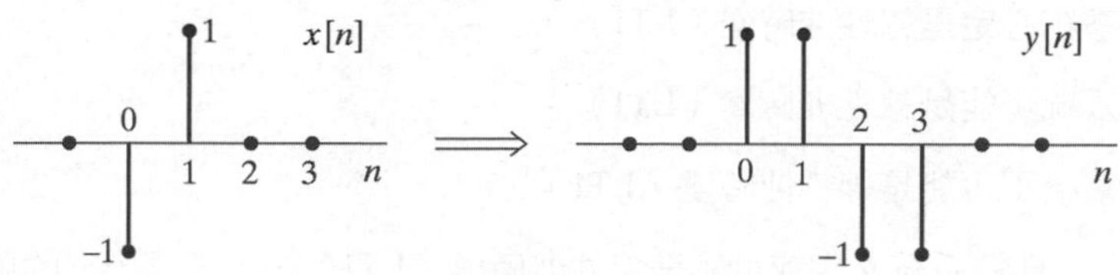

圖 P2.67-1

(a) 若輸入改為 $x_2[n]$，如圖 P2.67-2 所示，求其輸出。

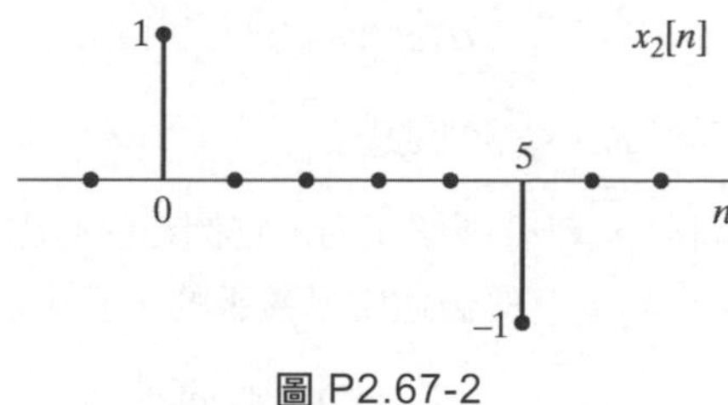

圖 P2.67-2

(b) 求出此系統的脈衝響應 $h[n]$。

2.68 若一個系統其輸入 $x[n]$ 與輸出 $y[n]$ 滿足如下的差分方程式：

$$y[n]-\frac{1}{2}y[n-1]=x[n]$$

且對於任何的輸入，$y[-1]$ 皆為零。請問這系統是否為穩定的？若是，請說明理由。若不是，請寫出一個有限輸入卻得出無限的輸出的例子。

延伸問題

2.69 在 2.2.4 節中被定義的系統的因果性，由此定義，試證明，對任何線性非時變（LTI）系統，因果性意謂著脈衝響應當 $n<0$ 時，$h[n]$ 是零。一種方法是證明「當 $n<0$ 時，若 $h[n]$ 不為零，則系統不是因果的」，亦可證明「當 $n<0$ 時，若脈衝響應是零，則系統必定是因果的」。

2.70 若一個離散時間的輸入 $x[n]$ 為

$$x[n]=\left(\frac{1}{4}\right)^n u[n],$$

而輸出 $y[n]$ 為

$$y[n]=\left(\frac{1}{2}\right)^n \quad \text{對所有的 } n$$

那麼下面哪一個敘述是正確的？

- 這系統必定是線性非時變（LTI）。
- 這系統可能是線性非時變（LTI）。
- 這系統不可能是線性非時變（LTI）。

如果你認爲這系統必定或可能是線性非時變（LTI）的，請寫出它的脈衝響應。如果你認爲這系統不可能是線性非時變（LTI）的，請清楚地解釋爲什麼？

2.71 若一個線性非時變（LTI）系統的頻率響應爲

$$H(e^{j\omega}) = e^{-j\omega/2}, \quad |\omega| < \pi$$

請問這系統是否爲因果的，並說明原因。

2.72 圖 P2.72 中顯示了 $x_1[n]$、$x_2[n]$ 兩個序列，它們在沒有顯示的部分的值皆爲零。它們的傅立葉轉換 $X_1(e^{j\omega})$，$X_2(e^{j\omega})$ 的值通常是複數的，且可以表示成

$$X_1(e^{j\omega}) = A_1(\omega)e^{j\theta_1(\omega)},$$
$$X_2(e^{j\omega}) = A_2(\omega)e^{j\theta_2(\omega)},$$

其中 $A_1(\omega)$，$\theta_1(\omega)$，$A_2(\omega)$ 和 $\theta_2(\omega)$ 皆爲實數函數，且 $A_1(\omega)$、$A_2(\omega)$ 在 $\omega = 0$ 時皆爲非負的（在其他情況不限）。請求出 $\theta_1(\omega)$、$\theta_2(\omega)$ 的適當選擇，並將它們在 $0 < \omega < 2\pi$ 的部分畫出。

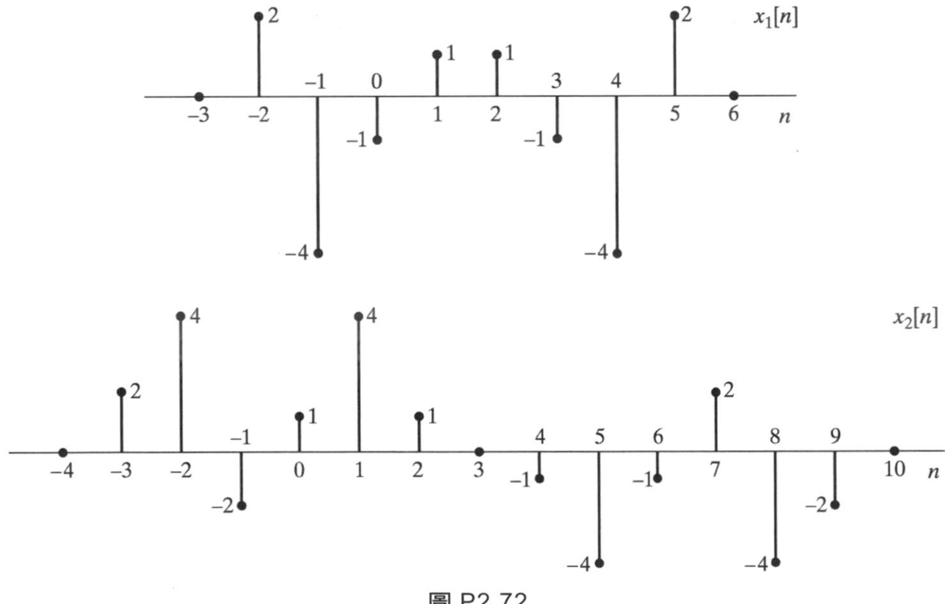

圖 P2.72

2.73 圖 P2.73 爲一個離散時間系統的串接結構。其中時間反轉系統被定義爲 $f[n]=e[-n]$ 及 $y[n]=g[-n]$。在這個習題中我們假設 $x[n]$、$h_1[n]$ 爲實數序列。

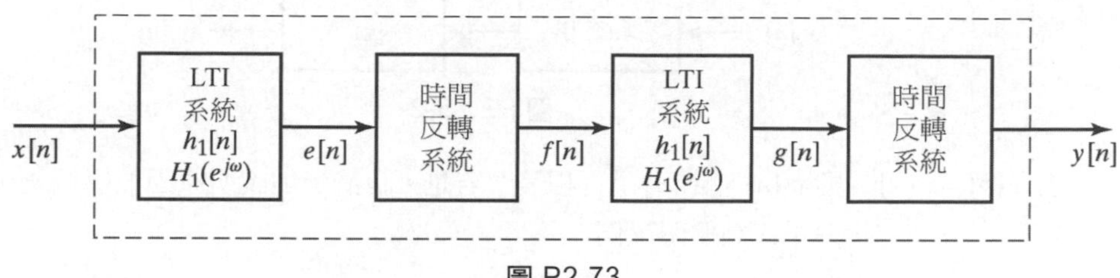

圖 P2.73

(a) 用 $X(e^{j\omega})$、$H_1(e^{j\omega})$ 來表示 $E(e^{j\omega})$、$F(e^{j\omega})$、$G(e^{j\omega})$ 和 $Y(e^{j\omega})$。

(b) 由 (a) 小題的結果可知全部的系統爲線性非時變（LTI）的。求出整個系統的頻率響應 $H(e^{j\omega})$。

(c) 試由 $h_1[n]$ 來表示全部系統的脈衝響應 $h[n]$。

2.74 圖 P2.74 虛線中的整個系統可以被證明是線性且非時變的。

(a) 以內部線性非時變（LTI）系統的頻率響應 $H_1(e^{j\omega})$ 來表示出全部系統的頻率響應 $H(e^{j\omega})$ [記得 $(-1)^n = e^{j\pi n}$]。

(b) 若內部線性非時變（LTI）系統的頻率響應如下，請畫出 $H(e^{j\omega})$ 來。

$$H_1(e^{j\omega}) = \begin{cases} 1, & |\omega| < \omega_c, \\ 0, & \omega_c < |\omega| \le \pi \end{cases}$$

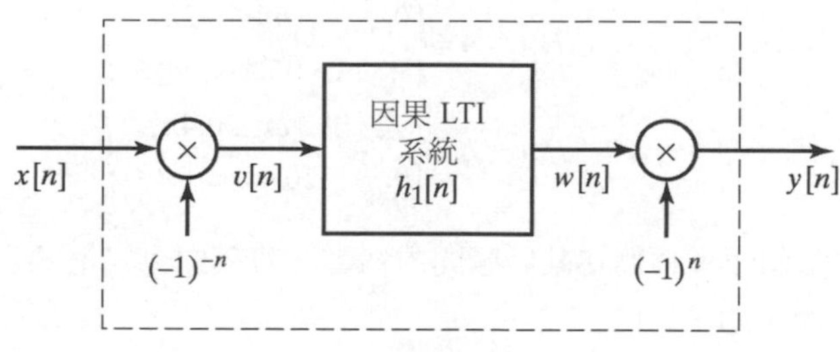

圖 P2.74

2.75 圖 P2.75-1 顯示了系統 A、B 的輸入－輸出關係，圖 P.75-2 則顯示了這兩個系統可能的串接組合。

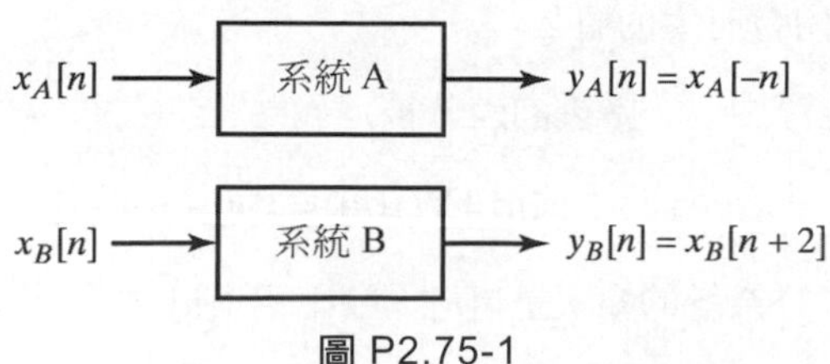

圖 P2.75-1

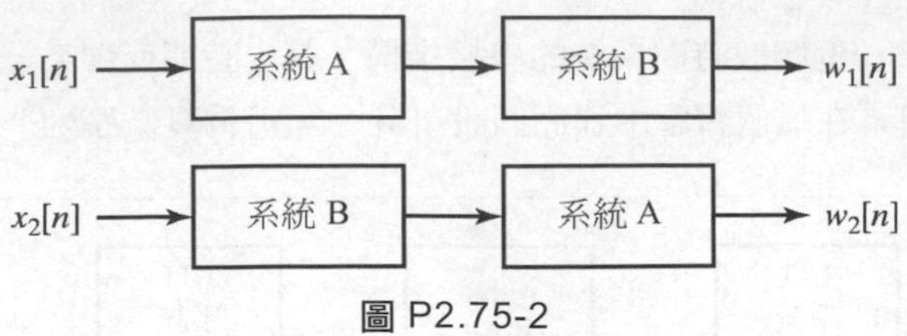

圖 P2.75-2

若 $x_1[n] = x_2[n]$，則 $w_1[n]$、$w_2[n]$ 是否相等？若是，請清楚地說明原因並舉個例子。若答案爲「不一定相等」，請舉個反例。

2.76 考慮如圖 P2.76 的系統，其中子系統 S_1、S_2 皆爲線性非時變（LTI）。

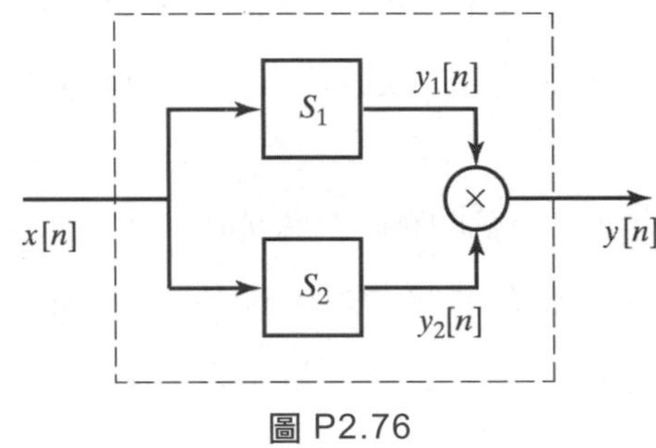

圖 P2.76

(a) 虛線內的系統（輸入爲 $x[n]$、輸出是 $y_1[n]$ 與 $y_2[n]$ 的乘積 $y[n]$）是否爲線性非時變（LTI）的系統？若是，請說明理由。若否，請舉個反例。

(b) 假設 S_1 和 S_2 的頻率響應爲 $H_1(e^{j\omega})$ 和 $H_2(e^{j\omega})$，如下：

$$H_1(e^{j\omega}) = \begin{cases} 0, & |\omega| \le 0.2\pi, \\ \text{未定}, & 0.2\pi < |\omega| \le \pi, \end{cases}$$

$$H_2(e^{j\omega}) = \begin{cases} \text{未定}, & |\omega| \le 0.4\pi, \\ 0, & 0.4\pi < |\omega| \le \pi \end{cases}$$

其中這兩個頻率響應在某個區間內爲零，若我們也知道輸入 $x[n]$ 的頻率被限定在 0.3π 以內，即

$$X(e^{j\omega}) = \begin{cases} \text{未定}, & |\omega| < 0.3\pi, \\ 0, & 0.3\pi \le |\omega| \le \pi \end{cases}$$

那在 $-\pi \le \omega < \pi$ 的範圍內，$y[n]$ 的離散時間傅立葉轉換（DTFT）$\sigma_x^2 = \sigma_x^2 \sum_{n=-\infty}^{\infty} h^2[n].$，在什麼區域內會有零的值？

2.77 在一般的數值運算中，一階後向差分被定義爲

$$y[n] = \nabla(x[n]) = x[n] - x[n-1],$$

此處一階後向差分系統的輸入是 $x[n]$，輸出爲 $y[n]$。

(a) 證明這系統是線性非時變（LTI）的。

(b) 找出系統的脈衝響應。

(c) 找出並畫出頻率響應（大小和相位）。

(d) 證明若

$$x[n]=f[n]*g[n],$$

則

$$\nabla(x[n])=\nabla(f[n])*g[n]=f[n]*\nabla(g[n])$$

此處 * 表示離散旋積。

(e) 找出一個系統的脈衝響應，使其和一階差分系統串接在一起時，能回復輸入訊號 $x[n]$，即找出 $h_i[n]$ 使得

$$h_i[n]*\nabla(x[n])=x[n]$$

2.78 讓 $H(e^{j\omega})$ 爲脈衝響應是 $h[n]$ 的線性非時變（LTI）系統的頻率響應，通常此處 $h[n]$ 是複數的。

(a) 使用 (2.104) 式證明脈衝響應爲 $h^*[n]$ 的系統，其頻率響應爲 $H^*(e^{j\omega})$，此處*表示共軛複數。

(b) 證明若 $h[n]$ 是實數，則頻率響應呈共軛對稱，$H(e^{-j\omega})=H^*(e^{j\omega})$。

2.79 讓 $X(e^{j\omega})$ 是 $x[n]$ 的傅立葉轉換，使用傅立葉轉換的合成或分析方程式 [(2.130) 式和 (2.131) 式] 來證明

(a) $x^*[n]$ 的傅立葉轉換是 $X^*(e^{-j\omega})$。

(b) $x^*[-n]$ 的傅立葉轉換是 $X^*(e^{j\omega})$。

2.80 若 $x[n]$ 是實數的，證明表 2.1 中的性質 7 可由性質 1 推得，而性質 8-11 可由性質 7 推得。

2.81 在 2.9 節中，我們敘述了一些傅立葉轉換的定理但是沒有證明，試使用傅立葉轉換的分析或合成方程式 [(2.130) 式和 (2.131) 式] 證明表 2.2 中之定理 1-5 是有效的。

2.82 在 2.9.6 節中，我們直覺地說明

$$Y(e^{j\omega})=H(e^{j\omega})X(e^{j\omega}), \tag{P2.82-1}$$

此處 $Y(e^{j\omega})$，$H(e^{j\omega})$ 和 $X(e^{j\omega})$ 是線性非時變（LTI）性系統

$$y[n]=\sum_{k=-\infty}^{\infty}x[k]h[n-k] \tag{P2.82-2}$$

的輸出 $y[n]$，脈衝響應 $h[n]$ 和輸入 $x[n]$ 的傅立葉轉換。試對 (P2.82-2) 式中的旋積和作傅立葉轉換，來證明 (P2.82-1) 式。

2.83 利用傅立葉合成方程式 [(2.130) 式至 (2.167) 式] 中，及表 2.2 中的定理 3 去證明調變定理（定理 7，表 2.2）是有效的。

2.84 讓 $x[n]$ 和 $y[n]$ 是複數序列，且 $X(e^{j\omega})$ 和 $Y(e^{j\omega})$ 是其傅立葉轉換。

(a) 利用旋積定理（表 2.2 中定理 6）和表 2.2 中適當的性質去找出一組序列，使得其傅立葉轉換是 $X(e^{j\omega})Y^*(e^{j\omega})$。

(b) 使用 (a) 的結果，證明

$$\sum_{n=-\infty}^{\infty} x[n]y^*[n] = \frac{1}{2\pi}\int_{-\pi}^{\pi} X(e^{j\omega})Y^*(e^{j\omega})d\omega \qquad \text{(P2.84-1)}$$

(P2.84-1) 式是 Parseval 定理的一般形式（2.9.5 節）。

(c) 利用 (P2.84-1) 式求出下列的數值和：

$$\sum_{n=-\infty}^{\infty} \frac{\sin(\pi n/4)}{2\pi n}\frac{\sin(\pi n/6)}{5\pi n}$$

2.85 讓 $x[n]$ 和 $X(e^{j\omega})$ 表示一組序列及其傅立葉轉換，且利用 $X(e^{j\omega})$ 來表示 $y_s[n]$， $y_d[n]$ 和 $y_n[n]$ 的傅立葉轉換，另外，$X(e^{j\omega})$ 被圖示在圖 P2.85，試畫出 $Y_s(e^{j\omega})$，$Y_d(e^{j\omega})$ 和 $Y_e(e^{j\omega})$。

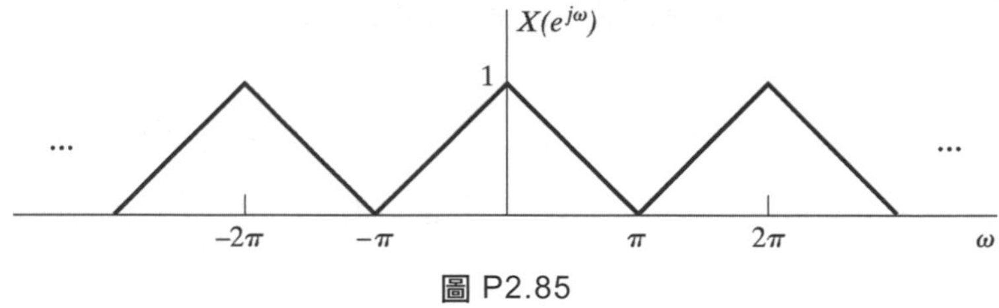

圖 P2.85

(a) 取樣器

$$y_s[n] = \begin{cases} x[n], & n\text{ 為偶數,} \\ 0, & n\text{ 為奇數} \end{cases}$$

其中 $y_s[n] = \frac{1}{2}\{x[n] + (-1)^n x[n]\}$ 且 $-1 = e^{j\pi}$。

(b) 壓縮器

$$y_d[n] = x[2n]$$

(c) 擴張器

$$y_e[n] = \begin{cases} x[n/2], & n\text{ 為偶數,} \\ 0, & n\text{ 為奇數} \end{cases}$$

2.86 兩頻率的相關函數 $\phi_x(N,\omega)$ 常被用在雷達及聲納以測量訊號的頻率與傳播訊號其時間的解析度。對於離散時間訊號其定義如下：

$$\Phi_x(N,\omega) = \sum_{n=-\infty}^{\infty} x[n+N]x^*[n-N]e^{-j\omega n}$$

(a) 試證

$$\Phi_x(-N,-\omega)=\Phi_x^*(N,\omega)$$

(b) 若

$$x[n]=Aa^n u[n],\quad 0<a<1,$$

試求 $\Phi_x(N,\omega)$（假設 $N\geq 0$）

(c) 此訊號有相對應的頻率域。試證

$$\Phi_x(N,\omega)=\frac{1}{2\pi}\int_{-\pi}^{\pi}X(e^{j[\upsilon+(\omega/2)]})X^*(e^{j[\upsilon-(\omega/2)]})e^{j2\upsilon N}d\upsilon$$

2.87 讓 $x[n]$ 和 $y[n]$ 是穩態，且不相關的隨機訊號，證明若

$$w[n]=x[n]+y[n],$$

則

$$m_w=m_x+m_y \quad 和 \quad \sigma_w^2=\sigma_x^2+\sigma_y^2$$

2.88 讓 $e[n]$ 是一組白雜訊序列，$s[n]$ 是一個和 $e[n]$ 無關的序列，則證明序列

$$y[n]=s[n]e[n]$$

是白雜訊，即

$$E\{y[n]y[n+m]\}=A\delta[m],$$

其中，A 是一個常數。

2.89 若一個隨機訊號爲 $x[n]=s[n]+e[n]$，其中 $s[n]$ 與 $e[n]$ 爲互相獨立且平均值均爲零的穩態隨機訊號，其自相關函數分別爲 $\phi_{ss}[m]$ 和 $\phi_{ee}[m]$。

(a) 請表示出 $\phi_{xx}[m]$ 和 $\phi_{xx}(e^{j\omega})$

(b) 請表示出 $\phi_{xe}[m]$ 和 $\phi_{xe}(e^{j\omega})$

(c) 請表示出 $\phi_{xs}[m]$ 和 $\phi_{xs}(e^{j\omega})$

2.90 考慮脈衝響應爲 $h[n]=a^n u[n]$（其中，$|a|<1$）的線性非時變（LTI）系統。

(a) 計算出此脈衝響應的決定性自相關函數 $\phi_{hh}[m]$。

(b) 找出此系統的強度平方函數 $|H(e^{j\omega})|^2$。

(c) 以 Parseval 定理來計算以下積分：

$$\frac{1}{2\pi}\int_{-\pi}^{\pi}|H(e^{j\omega})|^2\,d\omega$$

2.91 若範例 2.9 的一階後向差分系統的輸入是平均爲零的白雜訊訊號，且其自相關函數爲 $\phi_{xx}[m]=\sigma_x^2\delta[m]$。

(a) 求出和畫出這個系統輸出的功率頻譜和自相關函數。

(b) 這系統輸出的平均功率是？

(c) 從這個輸入雜訊於一階後向差分系統的例子當中，我們得到什麼結論？

2.92 假設 $x[n]$ 是一個實數，穩態，且是白雜訊程序，其平均值爲零且變異數爲 σ_x^2，當 $x[n]$ 輸入至一個脈衝響應爲 $h[n]$ 的線性非時變（LTI）系統時，其對應的輸出爲 $y[n]$，試證：

(a) $E\{x[n]y[n]\}=h[0]\sigma_x^2$

(b) $\sigma_x^2=\sigma_x^2\sum_{n=-\infty}^{\infty}h^2[n]$

2.93 假設 $x[n]$ 是一個實數，穩態，白雜訊序列，零平均值且變異數爲 σ_x^2，其中 $x[n]$ 是一如圖 P2.93 所示之串接兩個因果且線性非時變離散時間系統的輸入：

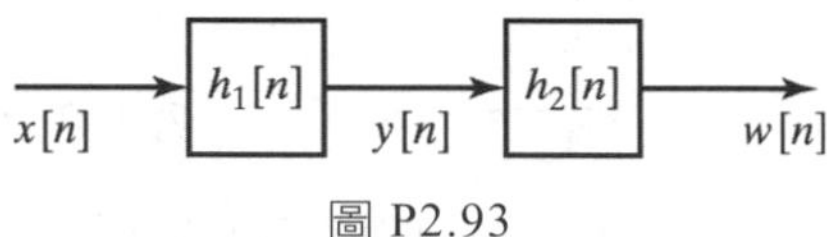

圖 P2.93

(a) $\sigma_y^2=\sigma_x^2\sum_{k=0}^{\infty}h_1^2[k]$，這結果對嗎?

(b) $\sigma_w^2=\sigma_y^2\sum_{k=0}^{\infty}h_2^2[k]$，這結果對嗎?

(c) 讓 $h_1[n]=a^nu[n]$ 且 $h_2[n]=b^nu[n]$，求出圖 P2.93 中整個系統的脈衝響應，由此結果，試決定 σ_w^2。試問，你在 (b) 和 (c) 中的答案是否一致？

2.94 有時候，當線性非時變（LTI）系統的輸入時間突然加入一隨機訊號，我們對系統的統計行爲是感興趣的，圖 P2.94 圖示這種情況。讓 $x[n]$ 是一穩態白雜訊程序，則系統的輸入 $w[n]$ 爲

$$w[n]=\begin{cases}x[n], & n\geq 0,\\ 0, & n<0,\end{cases}$$

是一個非穩態程序，故輸出 $y[n]$ 亦然。

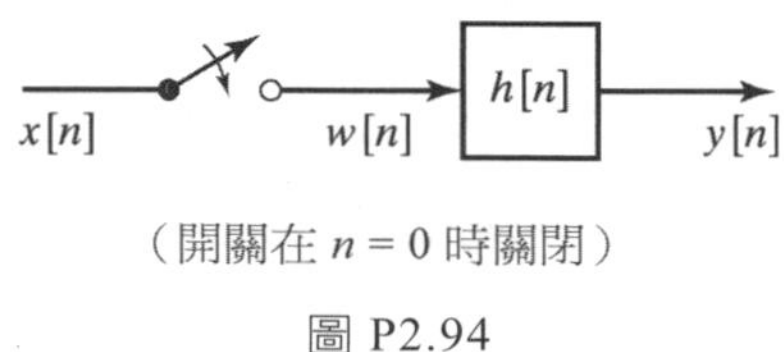

（開關在 $n=0$ 時關閉）

圖 P2.94

(a) 試利用輸入的平均值推導出輸出的平均值之表示式。

(b) 試推導輸出的自相關序列 $\phi_{yy}[n_1,n_2]$ 之表示式。

(c) 證明若 n 夠大，則 (a) 和 (b) 中的式子將逼近穩態輸入的結果。

(d) 假設 $h[n]=a^n u[n]$，試利用輸入的平均值和均方值去找出輸出的平均值和均平方值。試以 n 的函數畫出這些參數。

2.95 若 $x[n]$、$y[n]$ 爲某個系統的輸入與輸出。以下的輸入與輸出之間關係可用來減少影像的雜訊

$$y[n]=\frac{\sigma_s^2[n]}{\sigma_x^2[n]}(x[n]-m_x[n])+m_x[n],$$

其中

$$\sigma_x^2[n]=\frac{1}{3}\sum_{k=n-1}^{n+1}(x[k]-m_x[n])^2,$$

$$m_x[n]=\frac{1}{3}\sum_{k=n-1}^{n+1}x[k],$$

$$\sigma_s^2[n]=\begin{cases}\sigma_x^2[n]-\sigma_w^2, & \sigma_x^2[n]\geq\sigma_w^2,\\ 0, & \text{其他}\end{cases}$$

而 σ_x^2 是一個和雜訊功率大小成正比的已知常數。

(a) 此系統是否爲線性？

(b) 此系統是否爲非時變？

(c) 此系統是否爲穩定？

(d) 此系統是否爲因果的？

(e) 若 $x[n]=\cos(\pi n)u[n]$ 爲固定，試求在 σ_w^2 非常大時（高雜訊功率），及 σ_w^2 非常小時（低雜訊功率）的 $y[n]$ 值。$y[n]$ 在這些極端的情況下是否仍有意義？

2.96 考慮一個隨機程序 $x[n]$，其線性非時變（LTI）系統的響應如圖 P2.96 所示。其中，$w[n]$ 是一個實數且平均值爲零的穩態的白雜訊序列，且 $E\{w^2[n]\}=\sigma_w^2$。

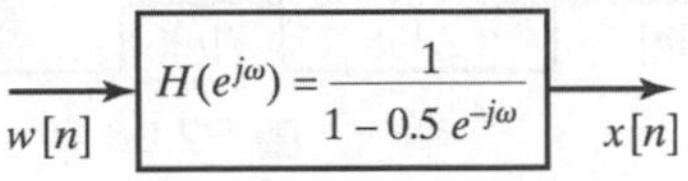

$$w[n]\longrightarrow\boxed{H(e^{j\omega})=\frac{1}{1-0.5e^{-j\omega}}}\longrightarrow x[n]$$

圖 P2.96

(a) 試利用 $\phi_{xx}[n]$ 或 $\phi_{xx}(e^{j\omega})$ 表示 $\varepsilon\{x^2[n]\}$。

(b) 試求 $x[n]$ 的功率密度頻率 $\Phi_{xx}(e^{j\omega})$。

(c) 試求 $x[n]$ 的相關函數 $\phi_{xx}[n]$。

2.97 考慮線性非時變（LTI）系統，其脈衝響應 $h[n]$ 是實數的，假設系統對輸入 $x[n]$ 和 $v[n]$ 的響應是 $y[n]$ 和 $z[n]$，如圖 P2.97 所示。

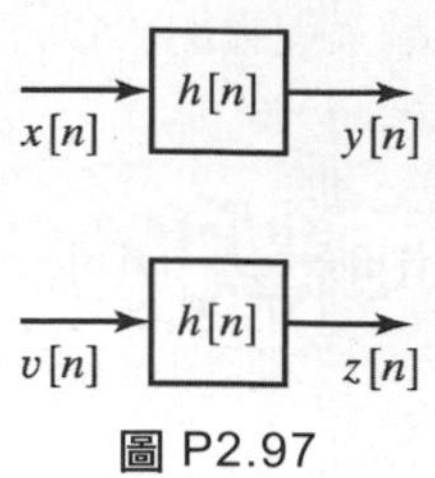

圖 P2.97

輸入 $x[n]$ 和 $v[n]$ 是實數且平均值為零的穩態隨機程序，其自相關函數為 $\Phi_{xx}(e^{j\omega})$ 和 $\Phi_{vv}(e^{j\omega})$，互功率頻譜為 $\Phi_{xv}(e^{j\omega})$。

(a) 已知 $\phi_{xx}[n]$，$\phi_{vv}[n]$，$\Phi_{xv}[n]$，$\Phi_{xx}(e^{j\omega})$，$\Phi_{vv}(e^{j\omega})$ 和 $\Phi_{xv}(e^{j\omega})$，試決定 $\Phi_{yz}(e^{j\omega})$ 即 $y[n]$ 和 $z[n]$ 的互功率頻譜，此處 $\Phi_{yz}(e^{j\omega})$ 被定義為

$$\phi_{yz}[n] \overset{\mathcal{F}}{\longleftrightarrow} \Phi_{yz}(e^{j\omega})$$
$$\phi_{yz}[n] = E\{y[k]z[k-n]\}$$

是否互功率頻譜 $\Phi_{xv}(e^{j\omega})$ 總是不為負的？

(b) [即是否 $\Phi_{xv}(e^{j\omega}) \geq 0$（對所有 ω）？] 試證明你的答案。

2.98 考慮如圖 P2.98 的線性非時變（LTI）系統。它的輸入 $e[n]$ 為穩態且平均值為零的白雜訊訊號，其平均功率為 σ_e^2。第一個系統為後向差分系統：$f[n]=e[n]-e[n-1]$。第二個系統為理想的低通濾波器，其頻率響應如下：

$$H_2(e^{j\omega}) = \begin{cases} 1, & |\omega| < \omega_c, \\ 0, & \omega_c < |\omega| \leq \pi \end{cases}$$

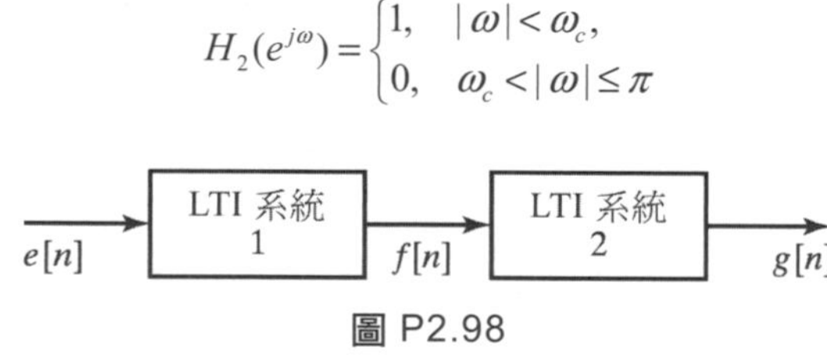

圖 P2.98

(a) 表示出 $f[n]$ 的功率頻譜 $\Phi_{ff}(e^{j\omega})$，並畫出 $-2\pi < \omega < 2\pi$ 之部分。

(b) 表示出 $f[n]$ 的功率頻譜 $\phi_{ff}[m]$。

(c) 表示出 $g[n]$ 的功率頻譜 $\Phi_{gg}(e^{j\omega})$，並畫出 $-2\pi < \omega < 2\pi$ 之部分。

(d) 表示並求出輸出的平均功率 σ_g^2。

CHAPTER

03

z 轉換

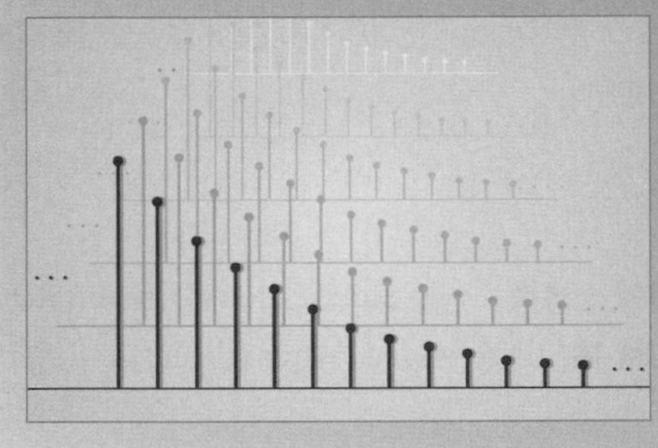

3.0 簡介

在這一章中，我們將介紹序列的 z 轉換（z-transform）表示，並且研究序列的 z 轉換性質。離散時間訊號之 z 轉換和連續時間的拉普拉斯轉換是相對應的，且二者皆和傅立葉轉換有相似的關係。介紹這個一般化傅立葉轉換的動機之一，是因爲它能包含比傅立葉轉換更廣之訊號。第二個好處是在解析問題中，z 轉換的符號常比傅立葉轉換的符號更方便。

3.1 z 轉換

一個序列 $H_2(e^{j\omega})$ 的傅立葉轉換，在第 2 章被定義爲

$$X(e^{j\omega}) = \sum_{n=-\infty}^{\infty} x[n]e^{-j\omega n} \tag{3.1}$$

而序列 $|\omega|<\pi$ 的 z 轉換 $X(z)$ 被定義成

$$X(z)=\sum_{n=-\infty}^{\infty} x[n]z^{-n} \tag{3.2}$$

一般而言，這個方程式是一個無限和，或是無限冪級數，其中 z 是一個複數變數。有時去考慮 (3.2) 式轉換一序列成一函數是有用的。**z 轉換運算子** $\mathcal{Z}\{\}$ 被定義爲

$$\mathcal{Z}\{x[n]\}=\sum_{n=-\infty}^{\infty} x[n]z^{-n}=X(z), \tag{3.3}$$

由此觀點來看，z 轉換運算子可視爲將序列 $|\omega|<\pi$ 轉換成函數 90^0，此處 z 爲一連續複數變數。一個序列和其 z 轉換的關係可由下列符號所示

$$x[n]\stackrel{\mathcal{Z}}{\longleftrightarrow}X(z) \tag{3.4}$$

(3.2) 式所定義之 z 轉換，我們常稱之爲**雙邊 z 轉換**（two-sided z-transform; bilateral z-transform）。而相對於它的是**單邊 z 轉換**（one-sided z-transform; unilateral z-transform），被定義如下

$$\mathcal{X}(z)=\sum_{n=0}^{\infty} x[n]z^{-n} \tag{3.5}$$

我們可清楚地看出，假如對所有 $n<0$， $x[n]=0$ 的話，則單邊和雙邊轉換是等效的，反之，則不然。在 3.6 節中，我們會對單邊 z 轉換的性質作個簡短的介紹。

從 (3.1) 和 (3.2) 式的比較，可知傅立葉轉換和 z 轉換間有密切的關係。特別是，若我們取代 (3.2) 式中之複數變數 z 爲 $\omega[n]$，則 z 轉換就變成了傅立葉轉換，故若傅立葉轉換存在，則可表成 $X(z)$，其中 $z=e^{j\omega}$。此種形式，意謂著若限制 z 有單位大小，即當 $|z|=1$ 時，則 z 轉換對應到傅立葉轉換。

更一般來說，我們能表示複數變數 z 爲極座標形式如下

$$z=re^{j\omega}$$

使用這種形式的 z，(3.2) 式變成

$$X(re^{j\omega})=\sum_{n=-\infty}^{\infty} x[n](re^{j\omega})^{-n},$$

或

$$X(re^{j\omega}) = \sum_{n=-\infty}^{\infty} (x[n]r^{-n})e^{-j\omega n} \tag{3.6}$$

(3.6) 式能被解釋成原始序列 $W(e^{j\omega})$ 和指數序列 r^{-n} 之乘積的傅立葉轉換。當 $r=1$ 時，(3.6) 式將可簡化成 $g[n]$ 的傅立葉轉換。

因爲 z 轉換是一複數變數的函數，故使用複數 z 平面去描述和解釋它是方便的。在 z 平面上，對應到 $|z|=1$ 的軌跡是一個半徑爲一的圓，如圖 3.1 所示。這軌跡稱爲單位圓，且對應到一組點 $z=e^{j\omega}$ ，此處 $0 \le \omega < 2\pi$ 。

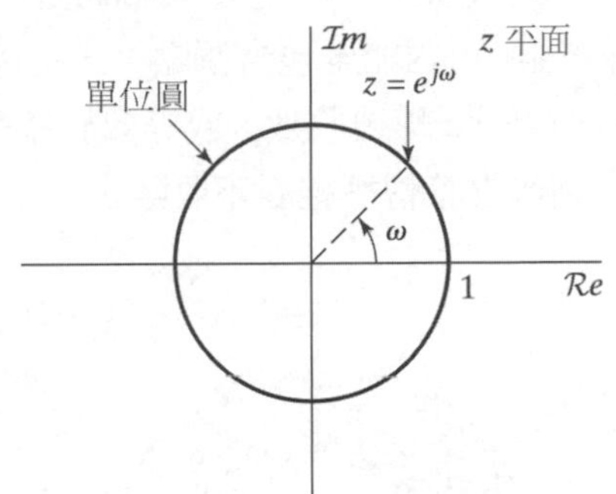

圖 3.1 在複數 z 平面上的單位圓

在單位圓上所計算出來的 z 轉換便對應到傅立葉轉換，注意 $g[n]$ 是介於單位圓上一點 z 之向量和複數 z 平面實軸間的角度，若我們計算 $X(z)$ 從 $z=1$（即 $\omega=0$ ）經過 $z=j(\omega=\pi/2)$ 和 $z=-1(\omega=\pi)$ 時，我們得到 $h[n]$ 的傅立葉轉換，繼續繞著單位圓計算，則得到 $\omega=\pi$ 到 $\omega=2\pi$ 的傅立葉轉換，或等效成從 $\omega=-\pi$ 到 $\omega=0$ 。在第 2 章，傅立葉轉換在線性頻率軸上呈現，故解釋傅立葉轉換爲在單位圓上的 z 轉換，觀念上相當應於沿著單位圓的線性頻率軸作扭曲，且在 $z=1$ 時 $\omega=0$ ，在 $z=-1$ 時 $\omega=\pi$ 。從這個解釋，在傅立葉轉換頻率上的週期性很自然地被捕捉，因爲 z 平面上，徑度改變 $y[n]$ 即繞單位圓一周，故又回到相同的點。

如同我們在第 2 章所討論的，傅立葉轉換的冪級數並未表示對所有序列都收斂，即無限和不總是有限的。同理，z 轉換並未對所有序列或所有 z 值收斂。對任一給定的序列，所有對 z 轉換收斂的 z 值集合稱爲**收斂區間**，簡稱爲 ROC（Region Of Convergence），如同 2.7 節所探討的，傅立葉轉換的均勻收斂須要序列是絕對可加的，應用此至 (3.6) 式，可導出下列條件使得 z 轉換絕對收斂

$$|X(re^{j\omega})| \le \sum_{n=-\infty}^{\infty} |x[n]r^{-n}| < \infty \tag{3.7}$$

從 (3.7) 式清楚可知，因爲對序列乘上一個實數指數 r^{-n}，可使傅立葉轉換不收斂時，z 轉換卻收斂。譬如說，序列 $x_2[n]$ 不是絕對可加的，因此傅立葉轉換不收斂，然而，若 $r>1$，則 $r^{-n}u[n]$ 是絕對可加的。這意謂單位步階的 z 轉換存在一收斂區間 $|z|>1$。

(3.2) 式之冪級數的收斂僅和 $A_1(\omega)$ 有關，即因爲 $|X[z]|<\infty$，故若

$$\sum_{n=-\infty}^{\infty}|x[n]||z|^{-n}<\infty, \tag{3.8}$$

在 (3.2) 式中冪級數的收斂區間包含所有使得 (3.8) 式不等式成立的 z 值，因此，若某個 z 值 $A_2(\omega)$ 在 ROC 內，那麼所有在 $|z|=|z_1|$ 所定義的圓上 z 值，均在 ROC 內，故此種序列，其收斂區間將是一以圓點爲中心的圓環，它的外圈將是一圓（ROC 或許可以拓展到無限大），且他的內圈亦是一圓（可內縮至包含原點），這圖示在圖 3.2，若 ROC 包含單位圓，這當然隱含著當 $|z|=1$ 時，z 轉換收斂，或等效於序列的傅立葉轉換收斂。相反地，若 ROC 不包含單位圓，則傅立葉轉換絕對不收斂。

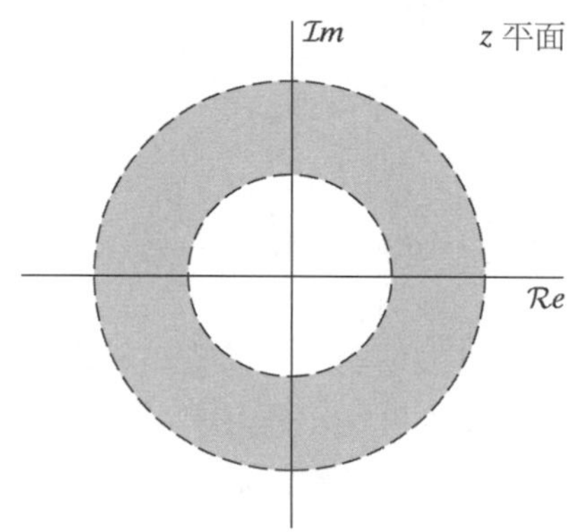

圖 3.2 收斂區間在 z 平面上是一個環。在特殊情形中，內圈可內縮至包含原點，使得收斂區變成一圓碟。而在其他情形中，外圈可拓展至無限大

(3.2) 式的冪級數形式是一勞倫級數（Laurent series），因此，一些複數函數當中有用的定理，將可用來研究 z 轉換。勞倫級數或 z 轉換，表示在收斂區間內每點是可解析的函數。因此 z 轉換和它的所有導數，在收斂區間內，必定是 z 的連續函數。這意謂著，若均勻收斂區間包含單位圓，那麼傅立葉轉換和所有其對 ω 的導數均是 ω 的連續函數。而且，從 2.7 節的討論，這序列必定是絕對可加的，即一穩定序列。

如同 (3.7) 式所示，z 轉換的均勻收斂須要指數權重序列且絕對可加的，至於序列如下

$$x_1[n]=\frac{\sin\omega_c n}{\pi n}, \quad -<\infty<n<\infty, \tag{3.9}$$

和

$$x_2[n] = \cos\omega_0 n, \quad -\infty < n < \infty, \tag{3.10}$$

均不是絕對可加的，再者，這些序列乘上 $\theta_1(\omega)$ 後，亦並非對所有 $\theta_2(\omega)$ 值均絕對可加，因此，這些序列沒有絕對收斂的 z 轉換。然而，我們已在 2.7 節中證實即使 $x_1[n]$ [如 (3.9) 式所示] 不是絕對可加的，但是有有限能量，即它的傅立葉轉換以均平方收斂至一不連續的週期函數。同理，序列 $x_2[n]$ [如 (3.10) 式所示] 不是絕對和平方可加的，但是可用脈衝函數去定義 $x_2[n]$ 的傅立葉轉換。在這兩種情況，傅立葉轉換不是連續的無限可微分函數，故它們不能在單位圓上計算 z 轉換而得。因此，在這種情形中，去認定傅立葉轉換是在單位圓上計算 z 轉換，不是嚴格正確的，儘管我們所使用符號已隱含此。

當無限和能表示成一個封閉形式時，z 轉換是最有用的，即它的和能表示成一簡單數學式，所有最有用且最重要的 z 轉換是 $X(z)$ 在收斂區間內是一有理函數，即

$$X(z) = \frac{P(z)}{Q(z)} \tag{3.11}$$

此處 $P(z)$ 和 $Q(z)$ 是 z 的多項式。當 $X(z) = 0$ 時的 z 值稱爲 $X(z)$ 的零點，且使得 $X(z)$ 爲無窮大的 z 值稱爲 $X(z)$ 的極點。在這個例子中，有理函數如 (3.11) 式所示，零點即分子多項式的根，而極點是分母多項式的根，此外，極點有可能發生在 $z = 0$ 或 $z = \infty$ ，對於有理 z 轉換，一些 $X(z)$ 極點位置和 z 轉換收斂區間有重要關係存在，我們將在 3.2 節中討論，不過在那之前，我們會先闡示一些 z 轉換的例子。

範例 3.1 右邊指數序列

考慮訊號 $x[n] = a^n u[n]$，其中已知 a 為一個實數或複數。由於它的值只在 $n \geq 0$ 時不為零，故這是一個**右邊序列**，其中序列在 N_1 開始且只有在區間 $N_1 \leq n < \infty$ 不為零，即占據了此序列圖形的右邊。從 (3.2) 式，

$$X(z) = \sum_{n=-\infty}^{\infty} a^n u[n] z^{-n} = \sum_{n=0}^{\infty} (az^{-1})^n$$

要使 $X(z)$ 收斂，我們要求

$$\sum_{n=0}^{\infty} |az^{-1}|^n < \infty$$

因此，收斂區間是$|az^{-1}|<1$內的 z 值，或等效成$|z|>|a|$。在收斂區間內，無限級數收斂至

$$X(z)=\sum_{n=0}^{\infty}(az^{-1})^n=\frac{1}{1-az^{-1}}=\frac{z}{z-a},\quad |z|>|a| \tag{3.12}$$

此處，我們已使用熟悉的公式去利用幾何級數表示其和，對於任何有限值 $H(e^{j\omega})$，z 轉換收斂，另一方面，$h[n]$ 的傅立葉轉換僅在 $H_1(e^{j\omega})$ 時收斂，當$|a|=1$時，$(-1)^n=e^{j\omega n}$ 是單位步階序列，其 z 轉換為

$$X(z)=\frac{1}{1-z^{-1}},\quad |z|>1 \tag{3.13}$$

若$|a|<1$，$x[n]=a^n u[n]$ 的傅立葉轉換會收斂為

$$X(e^{j\omega})=\frac{1}{1-ae^{-j\omega}} \tag{3.14}$$

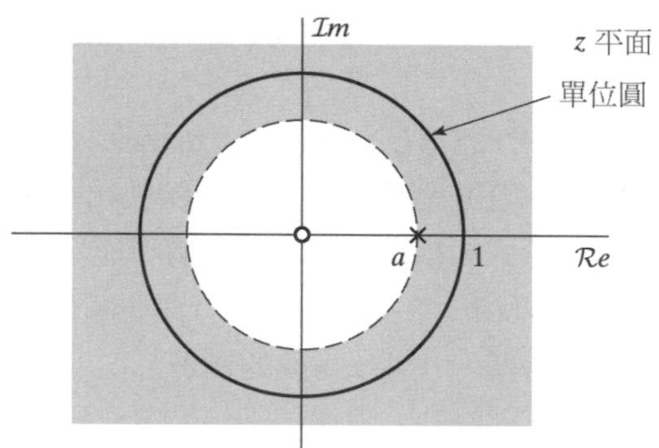

圖 3.3 範例 3.1 的極點零點圖和收斂區間

在範例 3.1 中，無限和等於一個在收斂區間內的 z 值有理函數，且對大部分的目的，用有理函數來表示比無限和來得更方便。我們將看到，任何能表示成指數和的序列，可等效表示成有理 z 轉換函數，此種 z 轉換可由乘上一常數並根據其零點和極點而得，譬如說，有一零點在 $z=0$ 且有一極點在 $z=a$。範例 3.1 的極點零點圖和收斂區間如圖 3.3 所示，此處"o"代表零點，"×"代表極點。對 $a\geq 1$，ROC 沒有包含單位圓，故對這些 a 值，指數成長序列 $a^n u[n]$ 的傅立葉轉換不收斂。

範例 3.2　左邊指數序列

現在令

$$x[n] = -a^n u[-n-1] = \begin{cases} -a^n, & n \le -1 \\ 0, & n \le -1 \end{cases}$$

由於它的值只在 S_2 時不為零，故這是一個**左邊序列**，其 z 轉換為

$$\begin{aligned} X(z) &= -\sum_{n=-\infty}^{\infty} a^n u[-n-1] z^{-n} = -\sum_{n=-\infty}^{-1} a^n z^{-n} \\ &= -\sum_{n=1}^{\infty} a^{-n} z^n = 1 - \sum_{n=0}^{\infty} (a^{-1}z)^n \end{aligned} \tag{3.15}$$

若 $|a^{-1}z|<1$，或等效成 $|z|<|a|$，則其和在 (3.15) 式中收斂，且

$$X(z) = 1 - \frac{1}{1-a^{-1}z} = \frac{1}{1-az^{-1}} = \frac{z}{z-a}, \quad |z|<|a| \tag{3.16}$$

這個例子的極點－零點圖和收斂區間，如圖 3.4 所示。

注意當 $|a|<1$ 時，序列 $-a^n u[-n-1]$ 在 $n \to -\infty$ 時，將呈現指數成長。因此，傅立葉轉換不存在。然而，當 $|a|>1$ 時，傅立葉轉換為

$$X(e^{j\omega}) = \frac{1}{1-ae^{-j\omega}}, \tag{3.17}$$

上式與 (3.14) 式乍看之下相同，似乎違反了傅立葉轉換的獨特性。然而，如果我們仔細回想一下 (3.14) 式是當 $|a|<1$ 時，$H_2(e^{j\omega})$ 的傅立葉轉換，而 (3.17) 式是當 $|a|>1$ 時，$-a^n u[-n-1]$ 的傅立葉轉換，這種模稜兩可的情況就可理解了。

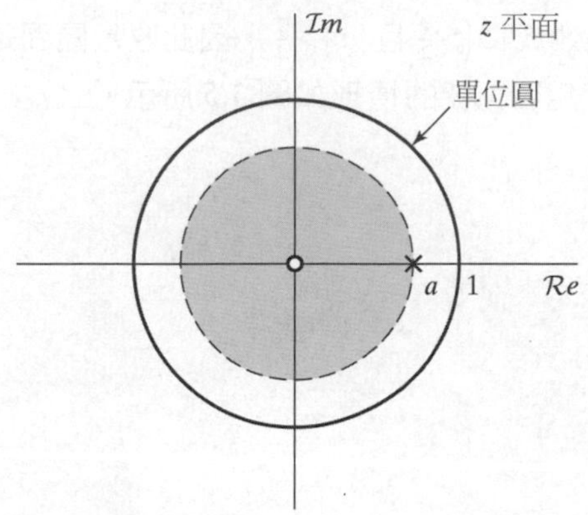

圖 3.4　範例 3.2 的極點零點圖和收斂區間

比較 (3.12) 和 (3.16) 式及圖 3.3 和圖 3.4，我們知道，即使序列及無限和是不同的，但 $X(z)$ 的代數表示式和相關的極點零點圖在圖 3.1 和圖 3.2 是相同的。即 z 轉換僅在收斂區間不同，這表示說，我們需要對一給定序列同時標示其 z 轉換的代數表示式和收斂區間。而且，這兩個例子的序列是指數的，且其 z 轉換是有理的。事實上，下一個例子將進一步闡述，若 $-\pi \le \omega < \pi$ 是實數或是複數指數的組合時，$X(z)$ 將是有理的。

範例 3.3 兩個指數序列的和

考慮一個訊號，其為兩實數指數序列的和：

$$x[n] = \left(\frac{1}{2}\right)^n u[n] + \left(-\frac{1}{3}\right)^n u[n] \tag{3.18}$$

故 z 轉換爲

$$\begin{aligned} X(z) &= \sum_{n=-\infty}^{\infty} \left\{ \left(\frac{1}{2}\right)^n u[n] + \left(-\frac{1}{3}\right)^n u[n] \right\} z^{-n} \\ &= \sum_{n=-\infty}^{\infty} \left(\frac{1}{2}\right)^n u[n] z^{-n} + \sum_{n=-\infty}^{\infty} \left(-\frac{1}{3}\right)^n u[n] z^{-n} \end{aligned} \tag{3.19}$$

$$\begin{aligned} &= \sum_{n=0}^{\infty} \left(\frac{1}{2} z^{-1}\right)^n + \sum_{n=0}^{\infty} \left(-\frac{1}{3} z^{-1}\right)^n \\ &= \frac{1}{1-\frac{1}{2}z^{-1}} + \frac{1}{1+\frac{1}{3}z^{-1}} = \frac{2\left(1-\frac{1}{12}z^{-1}\right)}{\left(1-\frac{1}{2}z^{-1}\right)\left(1+\frac{1}{3}z^{-1}\right)} \\ &= \frac{2z\left(z-\frac{1}{12}\right)}{\left(z-\frac{1}{2}\right)\left(z+\frac{1}{3}\right)} \end{aligned} \tag{3.20}$$

若 $X(z)$ 是收斂的，在 (3.19) 式中的兩個和都必須收斂。此須 $|\frac{1}{2}z^{-1}|<1$ 且 $|\left(-\frac{1}{3}\right)z^{-1}|<1$，或等效成 $|z|>\frac{1}{2}$ 且 $|z|>\frac{1}{3}$。因此收斂區間是 $|z|>\frac{1}{2}$。各項 z 轉換的極點零點圖和 ROC 及組合訊號的情形如圖 3.5 所示。

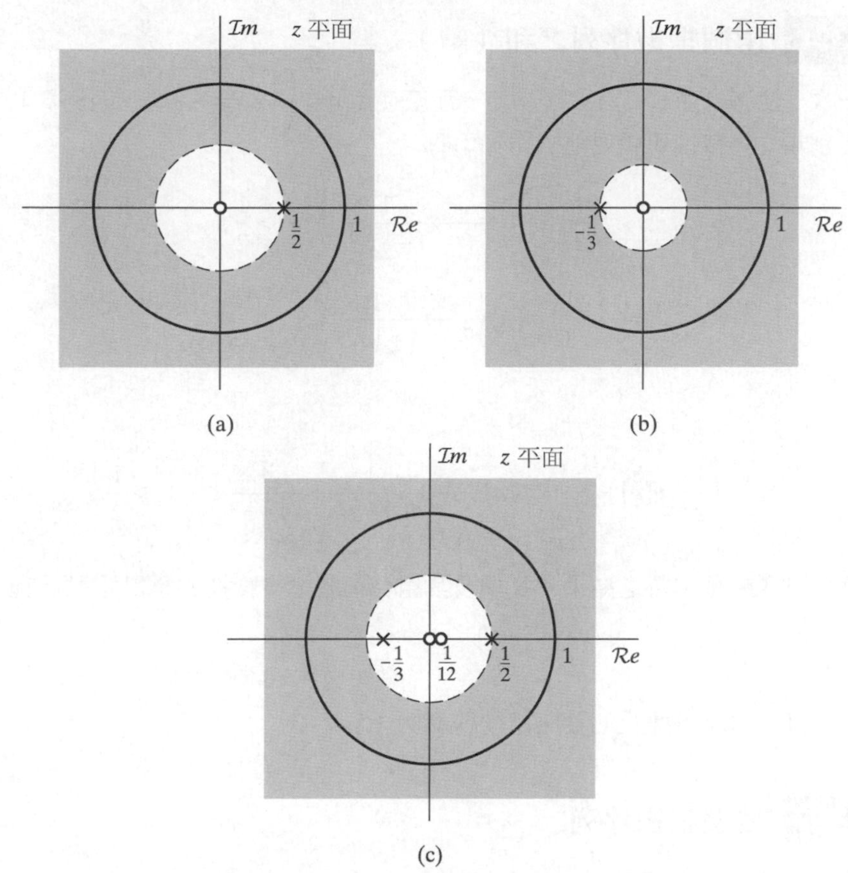

圖 3.5 範例 3.3 和 3.4 中，各項及其和之極點零點圖和收斂區間。(a) $1/(1-\frac{1}{2}z^{-1}), |z| > \frac{1}{2}$；(b) $1/(1+\frac{1}{3}z^{-1}), |z| > \frac{1}{3}$；(c) $1/(1-\frac{1}{2}z^{-1}) + 1/(1+\frac{1}{3}z^{-1}), |z| > \frac{1}{2}$

在先前的每一個範例中，我們由序列的定義出發，然後將每一無限和轉爲可認知的形式。當序列可被視爲如範例 3.1 和 3.2 中指數序列之和時，利用 z 轉換爲線性運算子的事實，該序列之 z 轉換能夠被更簡單地計算。更明確地說，從 (3.2) 式之 z 轉換的定義得知，假若 $x[n]$ 爲兩項之和，則 $X(z)$ 將每項各自做 z 轉換後之和。而 ROC 將爲各項收斂區間的交集，亦即使各項均收斂的 z 值。我們已經示範過利用 z 轉換爲線性運算子的性質來求得範例 3.3 中之 (3.19) 式。範例 3.4 將示範如何利用 z 轉換爲線性運算子的特性更直接地求得範例 3.3 中之 z 轉換。

範例 3.4 兩個指數序列之和（續）

再一次，使 $x[n]$ 如 (3.18) 式所給定。那麼使用 $a=\frac{1}{2}$ 和 $a=-\frac{1}{3}$ 時，範例 3.1 中的結果，兩各別項之 z 轉換可輕易地求得如下

$$\left(\frac{1}{2}\right)^n u[n] \overset{z}{\longleftrightarrow} \frac{1}{1-\frac{1}{2}z^{-1}}, \quad |z|>\frac{1}{2}, \tag{3.21}$$

$$\left(-\frac{1}{3}\right)^n u[n] \overset{z}{\longleftrightarrow} \frac{1}{1+\frac{1}{3}z^{-1}}, \quad |z|>\frac{1}{3}, \tag{3.22}$$

故

$$\left(\frac{1}{2}\right)^n u[n]+\left(-\frac{1}{3}\right)^n u[n] \overset{z}{\longleftrightarrow} \frac{1}{1-\frac{1}{2}z^{-1}}+\frac{1}{1+\frac{1}{3}z^{-1}}, \quad |z|>\frac{1}{2}, \tag{3.23}$$

如範例 3.3 中所求得之結果。各項及其組合信號之 z 轉換的極點零點圖與 ROC 如圖 3.5 所示。

範例 3.1 到 3.4 所提及的要點總結於範例 3.5。

範例 3.5 雙邊指數序列

考慮序列

$$x[n]=\left(-\frac{1}{3}\right)^n u[n]-\left(\frac{1}{2}\right)^n u[-n-1] \tag{3.24}$$

注意此序列隨 $n\to\infty$ 呈指數成長。使用 $a=-\frac{1}{3}$ 時範例 3.1 的結果可得

$$\left(-\frac{1}{3}\right)^n u[n] \overset{z}{\longleftrightarrow} \frac{1}{1+\frac{1}{3}z^{-1}}, \quad |z|>\frac{1}{3},$$

而使用 $a=\frac{1}{2}$ 時範例 3.2 的結果可得

$$-\left(\frac{1}{2}\right)^n u[-n-1] \overset{z}{\longleftrightarrow} \frac{1}{1-\frac{1}{2}z^{-1}}, \quad |z|<\frac{1}{2}$$

因此，經由 z 轉換的線性性質得，

$$\begin{aligned} X(z) &= \frac{1}{1+\frac{1}{3}z^{-1}}+\frac{1}{1-\frac{1}{2}z^{-1}}, \quad \frac{1}{3}<|z| \text{和} |z|<\frac{1}{2}, \\ &= \frac{2\left(1-\frac{1}{12}z^{-1}\right)}{\left(1+\frac{1}{3}z^{-1}\right)\left(1-\frac{1}{2}z^{-1}\right)} = \frac{2z\left(z-\frac{1}{12}\right)}{\left(z+\frac{1}{3}\right)\left(z-\frac{1}{2}\right)} \end{aligned} \tag{3.25}$$

在這個情形，ROC 是一個環狀區域$\frac{1}{3}<|z|<\frac{1}{2}$。注意本例中的有理函數與範例 3.4 中的有理函數是相同的，但 ROC 卻是不同的。本例之極點零點圖及 ROC 如圖 3.6 所示。

由於本例之收斂區間未包含單位圓，(3.24) 式之序列沒有傅立葉轉換。

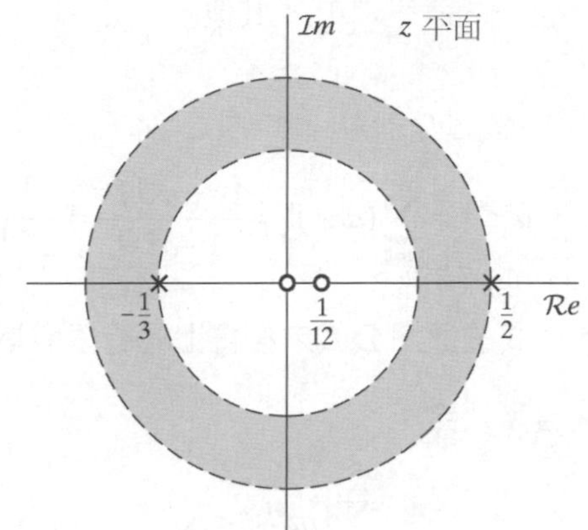

圖 3.6 範例 3.5 之極點零點圖及其收斂區間

在先前的每一例中，我們以 z 的多項式比值或 z^{-1} 的多項式比值表示 z 轉換。從 (3.2) 式之 z 轉換的定義形式可見，當序列在 $n<0$ 之值皆為零時，$X(z)$ 只與 z 的負次冪有關。因此對於這類信號，將 $X(z)$ 表示成 z^{-1} 的多項式較為方便。不過，即便當 $x[n]$ 在 $n<0$ 非零，$X(z)$ 仍然可表示成由 $(1-az^{-1})$ 為因子所構成的形式。請留意，這個因子引進了一個極點與一個零點，如同前例中之代數表示式所示。

這些例子顯示出無限長指數序列的 z 轉換可以表示成 z 或 z^{-1} 的有理函數。當序列是有限長時，其 z 轉換亦有較為簡單的形式。若序列僅在 $N_1 \le n \le N_2$ 內不為零，只要每項 $|x[n]z^{-n}|$ 均有限，則其 z 轉換必收斂。

$$X(z)=\sum_{n=N_1}^{N_2} x[n]z^{-n} \tag{3.26}$$

一般而言，有限項之和不一定可表示成封閉形式，但在此情況下，封閉形式並非必要的。例如，若 $x[n]=\delta[n]+\delta[n-5]$，則 $X(z)=1+z^{-5}$ 在 $|z|>0$ 時有限。範例 3.6 將給一個有限項和之 z 轉換能被表示成較簡潔形式的例子。

範例 3.6 截成有限長度的指數序列

考慮序列

$$x[n]=\begin{cases}a^n, & 0\le n\le N-1,\\ 0, & \text{其他}\end{cases}$$

那麼

$$X(z)=\sum_{n=0}^{N-1}a^nz^{-n}=\sum_{n=0}^{N-1}(az^{-1})^n=\frac{1-(az^{-1})^N}{1-az^{-1}}=\frac{1}{z^{N-1}}\frac{z^N-a^N}{z-a}, \tag{3.27}$$

其中我們使用了 (2.55) 式的通用公式來獲得上式有限級數和的公式解。

ROC 則由下列 z 值集合所決定

$$\sum_{n=0}^{N-1}|az^{-1}|^n<\infty$$

因為此不等式左邊僅含有限數目的非零項，故只要 az^{-1} 有限則其和有限，即 $|a|<\infty$ 且 $z\neq 0$。因此，若假定 $|a|$ 為有限，ROC 包含除了零點（ $z=0$ ）以外的整個 z－平面。圖 3.7 畫出當 $N=16$ 及 a 為實數且值在零到一時之一例。確切的說，分子多項式的 N 個根在 z 平面上的位置為

$$z_k=ae^{j(2\pi k/N)},\quad k=1,\dots,N-1 \tag{3.28}$$

（注意這些值滿足 $z^N=a^N$ 方程式，且當 $a=1$ 時這些複數值為單位圓上的 N 個根。）$k=0$ 時的零點恰消去了 $z=a$ 時的極點。因此，除了原點有 $N-1$ 階極點外沒有其他的極點。剩餘的零點位置為

$$z_k=ae^{j(2\pi k/N)},\quad k=1,\dots,N-1 \tag{3.29}$$

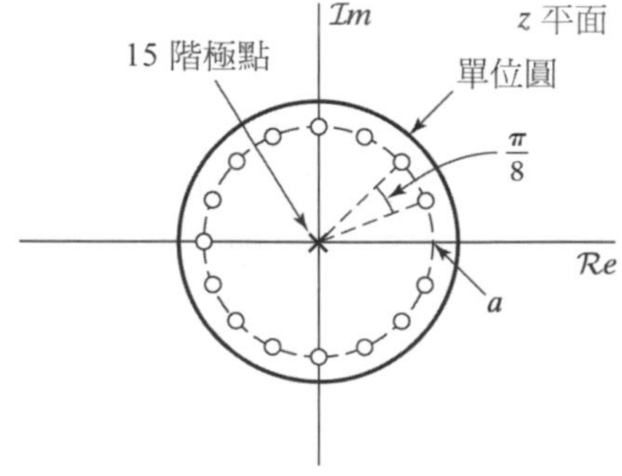

圖 3.7 當 $N=16$ 及 a 為實數且 $0<a<1$ 時，範例 3.6 的極點零點圖。本例的 ROC 由除了 $z=0$ 之外的所有 z 值構成

▼表 3.1 一些常用的 z 轉換對

序列	轉換	ROC
1 $\delta[n]$	1	所有 z
2. $u[n]$	$\dfrac{1}{1-z^{-1}}$	$\lvert z\rvert>1$
3. $-u[-n-1]$	$\dfrac{1}{1-z^{-1}}$	$\lvert z\rvert<1$
4. $\delta[n-m]$	z^{-m}	所有 z 除了 0（若 $m>0$）或 ∞（若 $m<0$）
5. $a^n u[n]$	$\dfrac{1}{1-az^{-1}}$	$z\rvert>\lvert a\rvert$
6. $-a^n u[-n-1]$	$\dfrac{1}{1-az^{-1}}$	$z\rvert<\lvert a\rvert$
7. $na^n u[n]$	$\dfrac{az^{-1}}{(1-az^{-1})^2}$	$\lvert z\rvert>\lvert a\rvert$
8. $-na^n u[-n-1]$	$\dfrac{az^{-1}}{(1-az^{-1})^2}$	$\lvert z\rvert<\lvert a\rvert$
9. $\cos(\omega_0 n)u[n]$	$\dfrac{1-\cos(\omega_0)z^{-1}}{1-2\cos(\omega_0)z^{-1}+z^{-2}}$	$\lvert z\rvert>1$
10. $\sin(\omega_0 n)u[n]$	$\dfrac{\sin(\omega_0)z^{-1}}{1-2\cos(\omega_0)z^{-1}+z^{-2}}$	$\lvert z\rvert>1$
11. $r^n\cos(\omega_0 n)u[n]$	$\dfrac{1-r\cos(\omega_0)z^{-1}}{1-2r\cos(\omega_0)z^{-1}+r^2z^{-2}}$	$\lvert z\rvert>r$
12. $r^n\sin(\omega_0 n)u[n]$	$\dfrac{r\sin(\omega_0)z^{-1}}{1-2r\cos(\omega_0)z^{-1}+r^2z^{-2}}$	$\lvert z\rvert>r$
13. $\begin{cases} a^n, & 0\le n\le N-1, \\ 0, & \text{其他} \end{cases}$	$\dfrac{1-a^Nz^{-N}}{1-az^{-1}}$	$\lvert z\rvert>0$

表 3.1 整理了前述範例的轉換對與一些其他常遇到的 z 轉換對。我們將看到這些基本轉換對對於給定序列來求其相對應 z 轉換，或者反過來地，給定 z 轉換求其相對應序列是非常有用的。

3.2 z 轉換收斂區間（ROC）的性質

前一節的例子顯示了 ROC 的性質是由信號的本質決定。這些性質總結於本節並附上一些討論與直觀的驗證。我們明確地假定 z 轉換的代數表示是有理函數且 $x[n]$ 除了可能在 $n=\infty$ 或 $=-\infty$ 外其振福有限。

性質 1：ROC 爲 $0 \le r_R \le |z|$ 或 $|z| < r_L \le \infty$ 的形式，或更一般地說，ROC 爲環形狀，亦即 $0 \le r_R < |z| < r_L \le \infty$。

性質 2：$x[n]$ 的傅立葉轉換絕對收斂若且唯若 $x[n]$ 的 z 轉換之 ROC 包含單位圓。

性質 3：ROC 不能含有任何極點。

性質 4：若 $x[n]$ 爲**有限區間序列**，亦即，該序列除了在有限區間 $-\infty < N_1 \le n \le N_2 < \infty$ 外其餘爲零，則 ROC 除了可能在 $z=0$ 或 $z=\infty$ 外包含整個 z 平面。

性質 5：若 $x[n]$ 爲一**右邊序列**，亦即，該序列在 $n < N_1 < \infty$ 爲零，ROC 的範圍由 $X(z)$ 的**最外邊**（亦即最大強度）有限極點向外擴展至（且可能包含）$z=\infty$。

性質 6：若 $x[n]$ 爲一**左邊序列**，亦即，該序列在 $n > N_2 > -\infty$ 爲零，ROC 的範圍由 $X(z)$ 的**最內邊**（最小強度）非零極點向內擴展至（且可能包含）$z=0$。

性質 7：一個**雙邊序列**爲一無限區間序列亦即其不是右邊序列亦非左邊序列。若 $x[n]$ 爲一雙邊序列，ROC 將在 z 平面構成一環狀範圍，內外邊界由極點所限制，且符合性質 3 不包含任何極點。

性質 8：ROC 必爲一連結的區域。

性質 1 總結 ROC 的一般形狀。如 3.1 小節討論過的，這是由於 (3.2) 式收斂的條件需符合下式

$$\sum_{n=-\infty}^{\infty} |x[n]| r^{-n} < \infty \tag{3.30}$$

其中 $r=|z|$。(3.30) 式顯示出對一個給定的 $x[n]$，收斂與否只由 $r=|z|$ 決定（亦即，不是由 z 的角度決定）。注意若 z 轉換在 $|z|=r_0$ 收斂，則我們可減少 r 直到 z 轉換不再收斂。此值 $|z|=r_R$ 使得當 $n\to\infty$ 時 $|x[n]|r^{-n}$ 成長的速度太快（或者衰減得太慢），因而造成該級數不是絕對可加。這定義了 r_R。當 $r \le r_R$ 時 z 轉換更不可能收斂，因爲 r^{-n} 甚至成長得更快速。相同地，外邊界 r_L 能藉由將 r 以 r_0 爲始增加其值且考慮當 $n\to-\infty$ 會發生甚麼情況而決定。

性質 2 是由於當$|z|=1$時 (3.2) 式簡化爲傅立葉轉換所得之結果。性質 3 是由於 $X(z)$ 在極點爲無限大，因此由定義便可知其不收斂。

性質 4 可由有限長度序列的 z 轉換爲 z 的有限次冪的有限和而推得，亦即，

$$X(z)=\sum_{n=N_1}^{N_2} x[n]z^{-n}$$

因此，除了當 $N_2>0$ 時 $z=0$ 且／或當 $N_1<0$ 時 $z=\infty$ 外對所有的 z 值$|X(z)|<\infty$。

性質 5 和性質 6 爲性質 1 的特例。爲了解釋有理 z 轉換之性質 5，注意到有下列形式之序列

$$x[n]=\sum_{k=1}^{N} A_k(d_k)^n u[n] \tag{3.31}$$

是由振幅 A_k 和指數因子 d_k 所組成之指數右邊序列的例子。即便這不是最一般化的右邊序列，用來解釋性質 5 已是足夠的。更一般化的右邊序列可藉由加入有限長度序列或將指數序列平移有限的量而產生；不過，對 (3.31) 式做這樣的修改不會改變我們的結論。應用線性性質，(3.1) 式中 $x[n]$的 z 轉換爲

$$X(z)=\sum_{k=1}^{N}\underbrace{\frac{A_k}{1-d_k z^{-1}}}_{|z|>|d_k|} \tag{3.32}$$

注意對落在所有個別 ROCs 的 z 值，$|z|>|d_k|$，這些項可被合併而得一個具有共同分母如下的有理函數

$$\prod_{k=1}^{N}(1-d_k z^{-1});$$

亦即，$X(z)$的極點位於 $z=d_1,\ldots,d_N$。爲了方便，假設這些極點依照強度大小作排序，d_1 具有最小的強度，對應到最內側的極點，而 d_N 有最大的強度，對應到最外側的極點。當 n 增加時，這些指數中增加最不迅速的所對應到的是最內側的極點，亦即，d_1，而衰減最慢的（或者說成長最快速的）所對應到的是最外側的極點，亦即，d_N。不出意料地，d_N 決定 ROC 的內界，也就是$|z|>|d_k|$這些區域交集的內邊界。換言之，右邊指數序列和的 z 轉換的 ROC 是

$$|z|>|d_N|=\max_k |d_k|=r_R, \tag{3.33}$$

亦即，ROC 是由最遠極點的外側延伸至無窮處。若右邊序列從 $n = N_1 < 0$ 開始，則 ROC 將不包含 $|z| = \infty$。另一種解釋性質 5 的方法是應用 (3.30) 到 (3.31) 式獲得

$$\sum_{n=0}^{\infty}\left|\sum_{k=1}^{N} A_k (d_k)^n\right| r^{-n} \leq \sum_{k=1}^{N} |A_k| \left(\sum_{n=0}^{\infty} |d_k / r|^n\right) < \infty, \tag{3.34}$$

上式顯示若所有的序列 $|d_k / r|^n$ 是絕對地可加則收斂可被確保。再一次，因為 $|d_N|$ 是最大強度的極點，我們選取 $|d_k / r| < 1$，或 $|r| > |d_N|$。

對於考量左邊序列的性質 6，完全平行地論點可被用來解釋對於左邊指數序列和之 ROC 將由最小強度的極點定義。對極點的順序做相同的假設，ROC 將為

$$|z| < |d_1| = \min_k |d_k| = r_L, \tag{3.35}$$

亦即，ROC 在最內側極點之內。若左邊序列在 n 為正值時有非零值，則 ROC 將不包含原點，$z = 0$。因為 $x[n]$ 現在沿著負 n 軸至 $-\infty$，r 必須被限制使得對每一個 d_k，當 n 朝 $-\infty$ **減少**時指數序列 $(d_k r^{-1})^n$ 衰減至零。

對右邊序列，ROC 由指數權重 r^{-n} 所支配以使得當增加 n 時所有的指數項皆衰減至零；對左邊序列，指數權重必須使得當減少 n 時所有指數項皆衰減至零。性質 7 是由於對雙邊序列，指數權重需要保持平衡，因為若當增加 n 時它衰減得太快，當減少 n 時則它有可能會成長得過快且反之亦然。更確切地說，對雙邊序列而言，某些極點只在 $n > 0$ 時才有貢獻而剩餘的則只在 $n < 0$ 時才有。ROC 內界由 $n > 0$ 時有貢獻的最大強度極點限界而外界由 $n < 0$ 時有貢獻的最小強度極點限界。

性質 8 可藉由我們在性質 4 到 7 的討論而直覺地推論。任一無限雙邊序列可被表示成右邊部分（對 $n \geq 0$）與包含一切未被包含於該右邊部分中的左邊部分。右邊部分 ROC 由 (3.33) 式給定，而左邊部分的 ROC 則由 (3.35) 式給定。整個雙邊序列的 ROC 必定為這兩個區域的交集。因此，若此交集存在，ROC 將總是如下式般呈連結的環狀區域

$$r_R < |z| < r_L$$

右邊與左邊部分的 ROC 沒有重疊是可能的；亦即，$r_R < |z| < r_L$。在此情況下，該序列的 z 轉換就不存在。

範例 3.7 不重疊區域的收斂性

下序列為一個例子

$$x[n] = \left(\frac{1}{2}\right)^n u[n] - \left(-\frac{1}{3}\right)^n u[-n-1]$$

將每一項使用表 3.1 相對應的公式可得

$$X(z)=\underbrace{\frac{1}{1-\frac{1}{2}z^{-1}}}_{|z|>\frac{1}{2}}+\underbrace{\frac{1}{1+\frac{1}{3}z^{-1}}}_{|z|<\frac{1}{3}}$$

由於 $|z|>\frac{1}{2}$ 與 $|z|<\frac{1}{3}$ 之間沒有重疊，故結論是 $x[n]$ 沒有 z 轉換（也沒有傅立葉轉換）表示法。

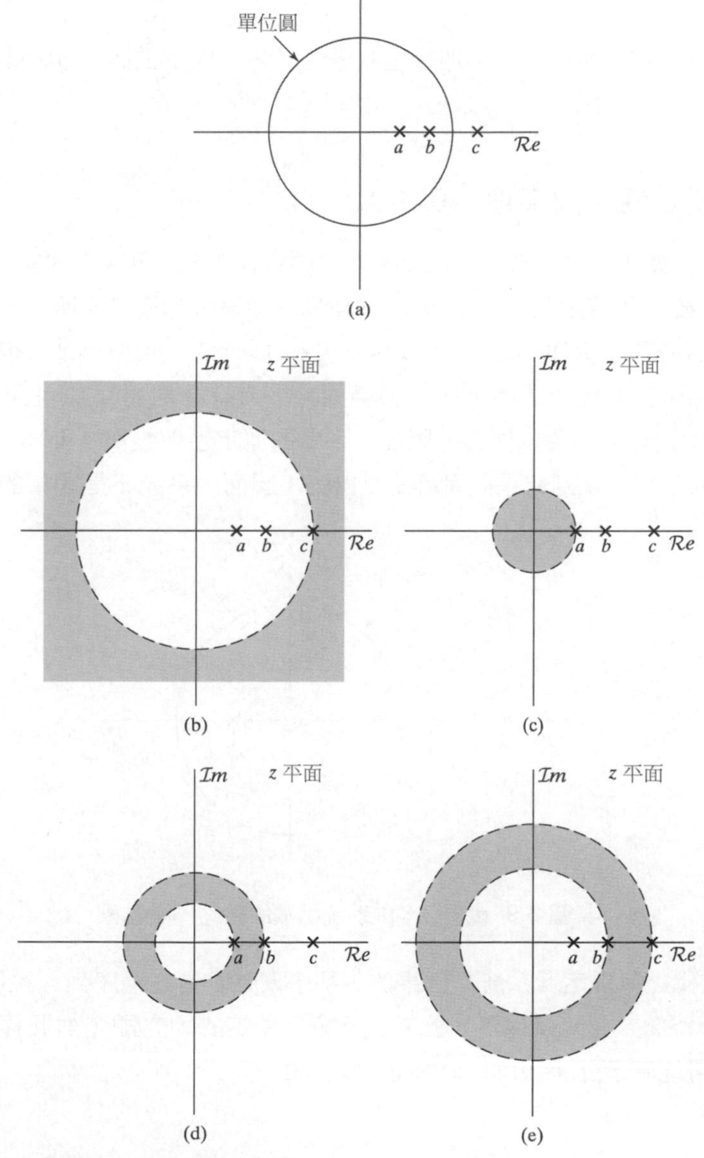

圖 3.8 四個有相同極點－零點位置 z 轉換的例子，圖解 ROC 的不同可能性，每一 ROC 對應到不同的序列：(b) 右邊序列，(c) 左邊序列，(d) 雙邊序列，與 (e) 另一個雙邊序列

如同我們在比較範例 3.1 和 3.2 所提及，代數表示或極點－零點的模式無法完全確定一個序列的 z 轉換；亦即，ROC 也必須確定。本節中所考量的性質限制了給定極點－零點模式下的 ROC 可能性。爲了說明這點，考量圖 3.8(a) 所畫出的極點－零點模式。由性質 1、3，與 8 可知，此 ROC 只有四種可能性。這四種可能性標示於圖 3.8(b)、(c)、(d)，和(e)，每一個 ROC 對應不同的序列。更明確地說，圖 3.8(b) 對應一個右邊序列，圖 3.8(c) 對應一個左邊序列，而圖 3.8(d) 和 3.8(e) 對應到兩個不同的雙邊序列。

若我們假設，如圖 3.8(a) 所示，單位圓落在 $z = b$ 的極點和 $z = c$ 的極點之間，則這四種情形中只有圖 3.8(e) 的情形其傅立葉轉換會收斂。

經由 z 轉換表示序列時，隱含地透過該序列之時域性質去確定 ROC 有時候是方便的。這在範例 3.8 中做說明。

範例 3.8 穩定性、因果性，與 ROC

考慮一個脈衝響應為 $h[n]$ 的 LTI 系統。如我們將在 3.5 節更深入討論，$h[n]$ 的 z 轉換稱為 LTI 系統的**系統函數**。假設 $H(z)$ 的極點－零點圖如圖 3.9 所示。有三種與性質 1 到 8 相符合的可能 ROC；亦即，$|z|<\frac{1}{2}$，$\frac{1}{2}<|z|<2$，和 $|z|>2$。但是，假使我們除此之外再規定此系統是穩定的（或相同地，$h[n]$ 為絕對可加且因而有傅立葉轉換），則 ROC 必須包含單位圓。因此，系統的穩定性與性質 1 到 8 暗示 ROC 的區域為 $\frac{1}{2}<|z|<2$。注意到結果是 $h[n]$ 是雙邊的；因而，系統不是因果的。

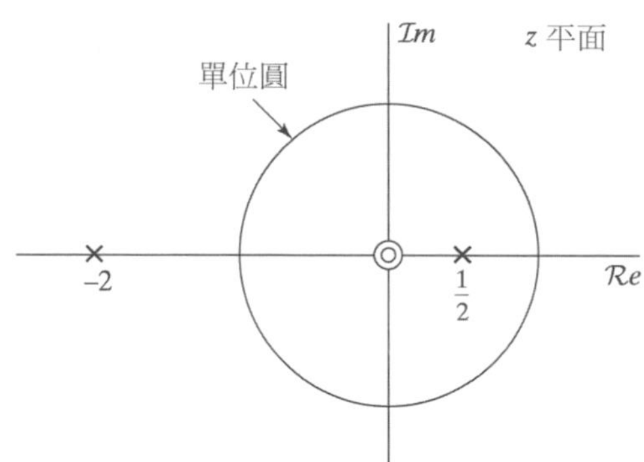

圖 3.9 範例 3.8 中系統函數的極點－零點圖

若我們取而代之地規定此系統是因果的，那麼 $h[n]$ 便是右邊序列。性質 5 需要 ROC 的區域為 $|z|>2$。在此條件下，此系統不會是穩定的，亦即，對此極點－零點圖，沒有 ROC 可能暗示此系統同時為穩定且因果的。■

3.3 逆 z 轉換

在使用 z 轉換對離散時間訊號與系統作分析時，我們必須能在時域與 z 域的表示法之間來去自如。往往這樣的分析牽涉到找出序列的 z 轉換，並對其做代數式的處理後找出其逆 z 轉換（inverse z-transform）有關。

逆 z 轉換爲如下的複數路徑積分：

$$x[n] = \frac{1}{2\pi j}\oint_C X(z)z^{n-1}dz, \tag{3.36}$$

其中 C 代表 z 轉換的 ROC 內之封閉路徑。此積分表示可由複變數理論的柯西積分定理推導而得（見 Brown 與 Churchill，2007 對勞倫級數與複數積分定理的討論，其內的討論與 z 轉換基本數學基礎的深入研究緊密相切）。但是，對於我們在離散 LTI 系統的分析所將遇到的典型序列與 z 轉換，較不正式的做法即已足夠且較適合基於 (3.36) 式的求值技巧。在第 3.3.1 到 3.3.3 節，我們考慮一些這樣的做法，也就是檢視法、部份分式展開法、與冪級數展開法。

3.3.1 檢視法

檢視法（inspection method）由熟悉或察覺特定轉換對構成。舉例來說，在 3.1 節，我們對 $x[n]=a^n u[n]$ 形式的序列做 z 轉換，其中 a 可爲實數或複數。這樣形式的序列經常可見，因此，直接使用下列的轉換對是特別有用的

$$a^n u[n] \overset{z}{\longleftrightarrow} \frac{1}{1-az^{-1}}, \quad |z|>|a| \tag{3.37}$$

若我們需要找出下列的逆 z 轉換

$$X(z)=\left(\frac{1}{1-\frac{1}{2}z^{-1}}\right), \quad |z|>\frac{1}{2}, \tag{3.38}$$

回想 (3.37) 式的 z 轉換對，我們便可判斷出其相對應的序列是 $x[n]=\left(\frac{1}{2}\right)^n u[n]$。若 (3.38) 式的 ROC 爲 $|z|<\frac{1}{2}$，我們可回憶表 3.1 中第六項並經由觀察找出其逆 z 轉換爲 $x[n]=-\left(\frac{1}{2}\right)^n u[-n-1]$。

z 轉換的表格，如表 3.1，對應用檢視法是極爲有用的。若此表格夠廣泛，將可能對給定的 z 轉換表示爲多項之和，且每項的逆轉換皆可查表而得。若是如此，此逆轉換（亦即，相對應的序列）即可透過查表而得。

3.3.2 部份分式展開法

如同前段所述，若 z 轉換敘述式可察覺或已列表，則其逆 z 轉換可經由檢視法找出。有時候，$X(z)$ 無法直接地透過查表而得，但是我們還是有可能間接地先將 $X(z)$ 改寫成一些簡單項之和使得每項皆能透過查表而求得。對任何有理函數皆屬此種情況，因爲我們能先將原式做部份分式展開，並簡單地對展開後的每一項找出相對應的序列。

爲了理解如何獲得部份分式展開（partial fractional expansion），我們假設 $X(z)$ 可寫成 z^{-1} 之多項式比值，亦即，

$$X(z)=\frac{\sum_{k=0}^{M}b_k z^{-k}}{\sum_{k=0}^{N}a_k z^{-k}} \tag{3.39}$$

此種 z 轉換時常在研究 LTI 系統時遇到。等效的表示法爲

$$X(z)=\frac{z^N\sum_{k=0}^{M}b_k z^{M-k}}{z^M\sum_{k=0}^{N}a_k z^{N-k}} \tag{3.40}$$

假設 a_0、b_0、a_N、b_M 皆不爲零，(3.40) 式明顯地顯示了對於這樣的函數，在非零的位置將有 M 個零點和 N 個極點於有限的 z 平面上。除此之外，若 $M>N$ 則 $z=0$ 將有 $M-N$ 個極點，或者若 $N>M$ 則 $z=0$ 將有 $N-M$ 個零點。換句話說，呈 (3.39) 式形式之 z 轉換在有限 z 平面上必有相同數目的極點與零點，且在 $z=\infty$ 沒有極點與零點存在。爲了獲得 (3.39) 式的部份分式展開，將 $X(z)$ 改寫爲如下的形式更爲方便

$$X(z)=\frac{b_0}{a_0}\frac{\prod_{k=1}^{M}(1-c_k z^{-1})}{\prod_{k=1}^{N}(1-d_k z^{-1})}, \tag{3.41}$$

其中 c_k 爲 $X(z)$ 中非零的零點而 d_k 爲 $X(z)$ 中非零的極點。若 $M<N$ 且極點皆爲一階的，則 $X(z)$ 可改寫成

$$X(z)=\sum_{k=1}^{N}\frac{A_k}{1-d_k z^{-1}} \tag{3.42}$$

顯然地，(3.42) 式中分式的共同分母與 (3.41) 式的分母相同。將 (3.42) 式等號的左右兩邊同時乘上 $(1-d_k z^{-1})$ 並將 $z=d_k$ 代入，則係數 A_k 可經由下式求得

$$A_k = (1-d_k z^{-1})X(z)\big|_{z=d_k} \tag{3.43}$$

範例 3.9　二階 z 轉換

考慮序列 $x[n]$ 其 z 轉換為

$$X(z) = \frac{1}{\left(1-\frac{1}{4}z^{-1}\right)\left(1-\frac{1}{2}z^{-1}\right)}, \quad |z| > \frac{1}{2} \tag{3.44}$$

$X(z)$ 的極點零點圖如圖 3.10 所示。由 ROC 與 3.2 節的性質 5，我們可知 $x[n]$ 為一個右邊序列。由於極點皆為一階，$X(z)$ 可表示成 (3.42) 式的形式；亦即，

$$X(z) = \frac{A_1}{\left(1-\frac{1}{4}z^{-1}\right)} + \frac{A_2}{\left(1-\frac{1}{2}z^{-1}\right)}$$

由 (3.43) 式，

$$A_1 = \left(1-\frac{1}{4}z^{-1}\right)X(z)\Big|_{z=1/4} = \frac{(1-\frac{1}{4}z^{-1})}{(1-\frac{1}{4}z^{-1})(1-\frac{1}{2}z^{-1})}\Bigg|_{z=1/4} = -1,$$

$$A_2 = \left(1-\frac{1}{2}z^{-1}\right)X(z)\Big|_{z=1/2} = \frac{(1-\frac{1}{2}z^{-1})}{(1-\frac{1}{4}z^{-1})(1-\frac{1}{2}z^{-1})}\Bigg|_{z=1/2} = 2$$

（注意到當代入 z 值以求得 A_1 與 A_2 之前需先消去分子與分母間共同的因子。）因此，

$$X(z) = \frac{-1}{\left(1-\frac{1}{4}z^{-1}\right)} + \frac{2}{\left(1-\frac{1}{2}z^{-1}\right)}$$

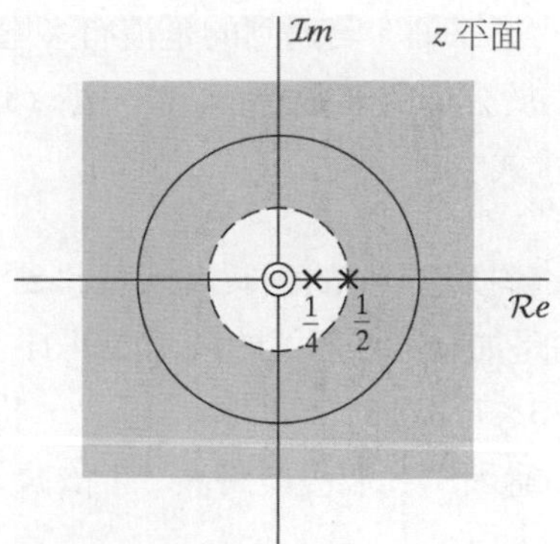

圖 3.10　範例 3.9 的極點零點圖與 ROC

因為 $x[n]$ 為右邊序列，各項的 ROC 皆從最外側的極點向外延伸。由表 3.1 與 z 轉換的線性性質，可求得

$$x[n] = 2\left(\frac{1}{2}\right)^n u[n] - \left(\frac{1}{4}\right)^n u[n]$$

清楚地，(3.42) 式的每一項相加後，分子最高次冪只能到 z^{-1} 的$(N-1)$階。若 $M \geq N$，額外的 $(M-N)$ 次多項式必須加入 (3.42) 式的右側。因此，對 $M \geq N$，完整的部份分式展開有如下的形式

$$X(z) = \sum_{r=0}^{M-N} B_r z^{-r} + \sum_{k=1}^{N} \frac{A_k}{1-d_k z^{-1}} \tag{3.45}$$

若我們面對如 (3.39) 式形式的有理函數且 $M \geq N$，$B_r s$ 可使用長除法將分子除以分母而求得，除法運算直到餘數部份的次冪低於分母才停止。$A_k s$ 仍然可利用 (3.43) 式求得。

若 $X(z)$ 有多階的極點且 $M \geq N$，(3.45) 式必須更進一步修正。特別地，當 $X(z)$ 在 $z = d_i$ 有一個 s 階的極點且其它極點皆為一階時，(3.45) 式變為

$$X(z) = \sum_{r=0}^{M-N} B_r z^{-r} + \sum_{k=1,\, k\neq 1}^{N} \frac{A_k}{1-d_k z^{-1}} + \sum_{m=1}^{s} \frac{C_m}{(1-d_i z^{-1})^m} \tag{3.46}$$

係數 A_k 與 B_r 可用先前的算法求得。係數 C_m 可用下式求得

$$C_m = \frac{1}{(s-m)!(-d_i)^{s-m}} \left\{ \frac{d^{s-m}}{dw^{s-m}} [(1-d_i w)^s X(w^{-1})] \right\}_{w=d_i^{-1}} \tag{3.47}$$

對一個 $M \geq N$ 且具有一個 s 階極點 d_i 並表示為 z^{-1} 函數之有理函數的部份分式展開，(3.46) 式為最一般化的形式。若遇到的是多個多階極點的問題，則對每一個多階極點都需加入如 (3.46) 式中的第三項。若遇到的是沒有多階極點的問題，(3.46) 式簡化為 (3.45) 式。若分子的階數小於分母的階數 $(M < N)$，則 (3.45) 式中的多項式項將消失因而使 (3.46) 式簡化為 (3.42) 式。

注意到若是假設有理 z 轉換是以 z 的函數表示而非 z^{-1}，我們仍能推出相同的結果。也就是說，我們將考慮到的是如 $(z-a)$ 形式的因子而非 $(1-az^{-1})$ 形式的因子。經由推導我們可得一系列與 (3.41) 到 (3.47) 式形式相同的方程式，若是如此，使用一個依據 z 而建立的 z 轉換表將較方便。不過因為我們發現將表 3.1 依據 z^{-1} 建立最為方便，我們所選擇的發展形式較為有用。

爲了瞭解如何找出一個序列相對應的有理 z 轉換，讓我們假設 $X(z)$ 僅有一階的極點，因而 (3.45) 式是部份分式展開最一般化的形式。爲了找出 $x[n]$，我們留意到 z 轉換運算是線性的，因此各項的逆轉換找到後再將它們相加起來即可得到 $x[n]$。

$B_r z^{-r}$ 這項相對應的是平移且縮放後的脈衝序列，亦即，如 $B_r\delta[n-r]$ 形式的項。分式項相對應的是指數序列。爲了決定

$$\frac{A_k}{1-d_k z^{-1}}$$

項對應的是 $(d_k)^n u[n]$ 或 $-(d_k)^n u[-n-1]$，我們必須使用到 3.2 節中所討論的 ROC 的性質。由該節的討論可知若 $X(z)$ 僅有普通的極點且 ROC 爲 $r_R<|z|<r_L$ 的形式，則當 $|d_k|\ge r_R$ 時一個給定的極點 d_k 對應到的是右邊指數 $(d_k)^n$，而當 $|d_k|\ge r_L$ 時此極點對應到的是左邊指數。因此，ROC 可以用來分類極點，全部極點皆落在內界 r_R 之內的對應到右邊序列，全部極點落在外界之外的對應到左邊序列。多階極點也可依相同的方法將其貢獻分爲左邊與右邊。使用 ROC 與部份分式展開法找出逆 z 轉換的方法將於接下來的例子中做說明。

範例 3.10　使用部份分式法找逆轉換

為了說明當部份分式展開具有 (3.45) 式形式的情況，考慮序列 $x[n]$ 之 z 轉換如下

$$X(z)=\frac{1+2z^{-1}+z^{-2}}{1-\frac{3}{2}z^{-1}+\frac{1}{2}z^{-2}}=\frac{(1+z^{-1})^2}{\left(1-\frac{1}{2}z^{-1}\right)(1-z^{-1})},\quad |z|>1 \tag{3.48}$$

$X(z)$ 的極點零點圖如圖 3.11 所示。由其 ROC 與 3.2 節中的性質 5，顯然地 $x[n]$ 為右邊序列。由於 $M=N=2$ 且所有極點皆為一階的，$X(z)$ 可表示如下

$$X(z)=B_0+\frac{A_1}{1-\frac{1}{2}z^{-1}}+\frac{A_2}{1-z^{-1}}$$

利用長除法可求得常數 B_0：

$$\begin{array}{r} 2\phantom{+2z^{-1}+1} \\ \tfrac{1}{2}z^{-2}-\tfrac{3}{2}z^{-1}+1\,\overline{)\,z^{-2}+2z^{-1}+1} \\ \underline{z^{-2}-3z^{-1}+2} \\ 5z^{-1}-1 \end{array}$$

因為經過一次的長除法後餘數的次冪為變數 z^{-1} 的一次，我們就不需繼續除下去了。因此，$X(z)$ 可表示為

$$X(z)=2+\frac{-1+5z^{-1}}{\left(1-\frac{1}{2}z^{-1}\right)(1-z^{-1})} \tag{3.49}$$

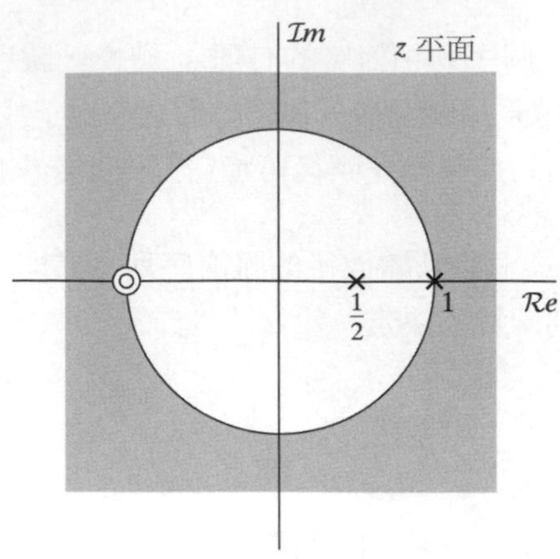

圖 3.11 範例 3.10 的 z 轉換極點零點圖

現在我們可使用 (3.43) 式到 (3.48) 式，或者，等效地，(3.49) 式求出係數 A_1 與 A_2。使用 (3.49) 式可得

$$A_1 = \left[\left(2 + \frac{-1+5z^{-1}}{(1-\frac{1}{2}z^{-1})(1-z^{-1})}\right)\left(1-\frac{1}{2}z^{-1}\right)\right]_{z=1/2} = -9,$$

$$A_2 = \left[\left(2 + \frac{-1+5z^{-1}}{(1-\frac{1}{2}z^{-1})(1-z^{-1})}\right)(1-z^{-1})\right]_{z=1} = 8$$

因此，

$$X(z) = 2 - \frac{9}{1-\frac{1}{2}z^{-1}} + \frac{8}{1-z^{-1}} \tag{3.50}$$

由表 3.1，我們了解因為 ROC 為 $|z|>1$，

$$2 \overset{z}{\longleftrightarrow} 2\delta[n],$$

$$\frac{1}{1-\frac{1}{2}z^{-1}} \overset{z}{\longleftrightarrow} \left(\frac{1}{2}\right)^n u[n],$$

$$\frac{1}{1-z^{-1}} \overset{z}{\longleftrightarrow} u[n]$$

因此，由 z 轉換的線性性質可得

$$x[n] = 2\delta[n] - 9\left(\frac{1}{2}\right)^n u[n] + 8u[n]$$

在 3.4 節中，我們將討論並解釋一連串與 z 轉換相關的性質並與部分分式展開法相結合，提供即使當 $X(z)$ 並非如 (3.41) 式的形式時，決定其逆 z 轉換的方法。本節所舉的例子屬於較為簡單的，使得部份分式展開的計算不算困難。

但是，當 $X(z)$ 是一個分子分母爲高次多項式的有理函數時，分解其分母與計算係數的計算過程將變得更爲困難。在此情況下，像 MATLAB 這樣的軟體可幫我們輕鬆地解決計算問題。

3.3.3 冪級數展開法（power series expansion）

定義 z 轉換敘述式的級數爲勞倫級數（Laurent series），其中序列值 $x[n]$ 爲 z^{-n} 的係數。因此，若 z 轉換寫成如下的級數形式

$$\begin{aligned} X(z) &= \sum_{n=-\infty}^{\infty} x[n]z^{-n} \\ &= \cdots + x[-2]z^2 + x[-1]z + x[0] + x[1]z^{-1} + x[2]z^{-2} + \cdots, \end{aligned} \tag{3.51}$$

序列中的任何值可藉由找到適當對應 z^{-1} 次冪的係數而決定。我們已經使用此法找出當 $M \geq N$ 時部份分式展開中多項式項的逆轉換。此法也適合用來解決當 $X(z)$ 沒有比 z^{-1} 多項式更簡單形式的有限長序列。

範例 3.11　有限長序列

假設 $X(z)$ 有如下的形式

$$X(z) = z^2\left(1 - \frac{1}{2}z^{-1}\right)(1 + z^{-1})(1 - z^{-1}) \tag{3.52}$$

雖然 $X(z)$ 顯然為 z 的有理函數，它並非是如 (3.39) 式形式般的有理函數。它唯一的極點在 $z = 0$，因此 3.3.2 節中所介紹的技巧並不適合解決此問題。不過，將 (3.52) 式乘開後，我們可將 (3.52) 式改寫如下

$$X(z) = z^2 - \frac{1}{2}z^{-1} + \frac{1}{2}z^{-1}$$

因此，藉由觀察可得 $x[n]$ 為

$$x[n] = \begin{cases} 1, & n = -2, \\ -\frac{1}{2}, & n = -1, \\ -1, & n = 0, \\ \frac{1}{2}, & n = 1, \\ 0, & \text{其他} \end{cases}$$

等效地，

$$x[n]=\delta[n+2]-\frac{1}{2}\delta[n+1]-\delta[n]+\frac{1}{2}\delta[n-1]$$

在求出一個序列之 z 轉換的問題時，我們試圖將 (3.51) 式的冪級數加起來以獲得一個較簡化的數學式子，例如一個有理函數。若我們希望使用冪級數法找出一個與序列相對應且呈封閉式的 $X(z)$，我們必須將 $X(z)$ 展回爲冪級數。許多特別的函數如 log、sin、sinh、等等皆能透過查表而得其冪級數。在某些情況下，這類的冪級數如範例 3.2 所示，與 z 轉換之間有密切的關係。對於有理 z 轉換，如範例 3.13 所示，冪級數展開可透過長除法求得。

範例 3.12 利用冪級數展開求逆轉換

考慮下列之 z 轉換

$$X(z)=\log(1+az^{-1}),\quad |z|>|a| \tag{3.53}$$

在 $|x|<1$ 的情況下，利用泰勒級數展開法對 $\log(1+x)$ 做展開而得

$$X(z)=\sum_{n=1}^{\infty}\frac{(-1)^{n+1}a^n z^{-n}}{n}$$

因此，

$$x[n]=\begin{cases}(1-)^{n-1}\dfrac{a^n}{n}, & n\geq 1,\\ 0, & n\leq 0\end{cases} \tag{3.54}$$

當 $X(z)$ 爲多項式的分式時，有時候使用多項式的長除法則較爲實用。

範例 3.13 利用長除法求冪級數展式

考慮下列之 z 轉換

$$X(z)=\frac{1}{1-az^{-1}},\quad |z|>|a| \tag{3.55}$$

因為 ROC 為圓外區域，此序列為右邊序列。此外，因為當 z 趨近無限時 $X(z)$ 趨近一個有限常數，此序列為因果的。因此，我們使用長除法以獲得一個呈 z^{-1} 次幂的級數

$$
\begin{array}{r|l}
 & 1+az^{-1}+a^2z^{-2}+\cdots \\
\hline
1-az^{-1} & 1 \\
 & \underline{1-az^{-1}} \\
 & \quad az^{-1} \\
 & \quad \underline{az^{-1}-a^2z^{-2}} \\
 & \qquad a^2z^{-2}\cdots
\end{array}
$$

或者

$$\frac{1}{1-az^{-1}}=1+az^{-1}+a^2z^{-2}+\cdots$$

因此，$x[n]=a^n u[n]$。

在範例 3.13 中，藉由將分母內 z^{-1} 的最高次冪除分子內的最高次冪，我們得到一個 z^{-1} 的級數。另一種做法是將該有理函數改寫成 z 多項式的分式然後再做除法。這將使我們得到一個 z 的級數且求得一個相對應的左邊序列。

3.4 z 轉換的性質

大多數 z 轉換的數學性質對於研究離散時間信號與系統是特別地實用。舉例來說，這些性質常常用來與 3.3 節中所討論過的逆 z 轉換技巧一起使用以求得更複雜式子的逆 z 轉換。在 3.5 節與第五章中，我們將明白這些性質也是基於轉換常係數線性微分方程至以轉換變數 z 構成的代數方程式而來，其解即可由逆 z 轉換求得。在本節中，我們將考慮一些最常使用的性質。在接下來的討論中，$X(z)$ 代表 $x[n]$ 的 z 轉換，而 $X(z)$ 的 ROC 標示為 R_x；亦即，

$$x[n]\overset{z}{\longleftrightarrow}X(z),\quad \text{ROC}=R_x$$

如上述，R_x 代表一個 z 值得集合使得 $r_R<|z|<r_L$。對於包含兩個序列與其 z 轉換之性質，轉換對將如下表示

$$x_1[n]\overset{z}{\longleftrightarrow}X_1(z),\quad \text{ROC}=R_{x_1},$$
$$x_2[n]\overset{z}{\longleftrightarrow}X_2(z),\quad \text{ROC}=R_{x_2}$$

3.4.1 線性性質

線性性質（linearity）陳述了

$$ax_1[n]+bx_2[n]\overset{z}{\longleftrightarrow}aX_1(z)+bX_2(z),\quad \text{ROC 包含 } R_{x_1}\cap R_{x_2},$$

線性性質可直接由 (3.2) 式 z 轉換的定義而得；亦即，

$$\sum_{n=-\infty}^{\infty}(ax_1[n]+bx_2[n])z^{-n}=a\underbrace{\sum_{n=-\infty}^{\infty}x_1[n]z^{-n}}_{|z|\in R_{x_1}}+b\underbrace{\sum_{n=-\infty}^{\infty}x_2[n]z^{-n}}_{|z|\in R_{x_2}}$$

如上所標示，爲了分開和的 z 轉換成相對應 z 轉換的和，z 必須滿足兩者的 ROC。因此，ROC 至少須爲各 ROC 的交集合。對 z 轉換爲有理的序列，若 $aX_1(z)+bX_2(z)$ 的極點組成 $X_1(z)$ 和 $X_2(z)$ 的所有極點（亦即，極點零點沒有對消），則 ROC 恰爲各 ROC 相互重疊的部份。若線性組合使得某些零點產生且對消極點，則 ROC 有可能更大。此情形之一例爲當 $x_1[n]$ 與 $x_2[n]$ 是無限長度的，但經過線性組合後變爲有限長度的序列。在這樣的情況下，經過線性組合後的 ROC 除了可能在 $z=0$ 或 $z=\infty$ 外將包含整個 z 平面。範例 3.6 爲一個例子，其中 $x[n]$ 可被表示爲

$$x[n]=a^n(u[n]-u[n-N])=a^nu[n]-a^nu[n-N]$$

$a^nu[n]$ 與 $a^nu[n-N]$ 兩者皆爲無限範圍的右邊序列，而它們皆有一個 $z=a$ 的極點。因此，兩者的 ROC 皆爲 $|z|>|a|$。但是，如範例 3.6 所示，$z=a$ 的極點被 $z=0$ 的零點對消，也因而 ROC 除了 $z=0$ 外延伸至整個 z 平面。

我們已在前面討論利用部份分式展開法求逆 z 轉換時使用過線性性質。在當時，$X(z)$ 先展開成簡易項的和，然後經由線性性質，逆 z 轉換爲展開後的各項做逆轉換後的和。

3.4.2 時間平移性質

時間平移（time shifting）性質爲

$$x[n-n_0]\overset{Z}{\longleftrightarrow}z^{-n_0}X(z),\quad \text{ROC}=R_x\text{（除了可能會多出或刪去 } z=0 \text{ 或 } z=\infty \text{ 的情形）}$$

n_0 是一個整數。若 n_0 爲正，原來的序列 $x[n]$ 向右平移，若 n_0 爲負，$x[n]$ 向左平移。如同線性性質的情形，ROC 可能會改變，因爲 z^{-n_0} 可能改變在 $z=0$ 或 $z=\infty$ 的極點個數。

此性質可直接由 (3.2) 式中 z 轉換式子推導而得。更明確地說，若 $y[n]=x[n-n_0]$，則相對應的 z 轉換爲

$$Y(z)=\sum_{n=-\infty}^{\infty}x[n-n_0]z^{-n}$$

將 $m=n-n_0$ 帶入上式，

$$\begin{aligned}Y(z)&=\sum_{m=-\infty}^{\infty}x[m]z^{-(m+n_0)}\\&=z^{-n_0}\sum_{m=-\infty}^{\infty}x[m]z^{-m},\end{aligned}$$

或

$$Y(z)=z^{-n_0}X(z)$$

時間平移性質與其它的性質和技巧結合對於求逆 z 轉換是非常實用的。我們以例子來做說明。

範例 3.14 平移的指數序列

考慮下列 z 轉換

$$X(z)=\frac{1}{z-\frac{1}{4}},\quad |z|>\frac{1}{4}$$

觀察 ROC 我們可確認相對應的為右邊序列。我們可先改寫 $X(z)$ 為如下的形式

$$X(z)=\frac{z^{-1}}{1-\frac{1}{4}z^{-1}},\quad |z|>\frac{1}{4} \tag{3.56}$$

此 z 轉換為當 $M=N=1$ 時 (3.41) 式的形式，而它的展開為 (3.45) 式的形式

$$X(z)=-4+\frac{4}{1-\frac{1}{4}z^{-1}} \tag{3.57}$$

由 (3.57) 式，$x[n]$ 可被表示成

$$x[n]=-4\delta[n]+4\left(\frac{1}{4}\right)^n u[n] \tag{3.58}$$

藉由線性平移性質 $x[n]$ 可被更直接地求得。首先，$X(z)$ 可寫成

$$X(z) = z^{-1}\left(\frac{1}{1-\frac{1}{4}z^{-1}}\right), \quad |z| > \frac{1}{4} \tag{3.59}$$

由線性平移性質，我們察覺到 (3.59) 式中的因子 z^{-1} 會使得序列 $\left(\frac{1}{4}\right)^n u[n]$ 向右平移一個樣本值；亦即，

$$x[n] = \left(\frac{1}{4}\right)^{n-1} u[n-1] \tag{3.60}$$

我們可以輕易地驗證，對所有 n 值，(3.58) 和 (3.60) 式皆相同；也就是說，兩者代表相同的序列。

3.4.3 與指數序列相乘

指數相乘性質爲

$$z_0^n x[n] \overset{\mathcal{Z}}{\longleftrightarrow} X(z/z_0), \quad \text{ROC} = |z_0| R_x$$

$\text{ROC} = |z_0| R_x$ 代表 ROC 是 R_x 經由 $|z_0|$ 縮放後的區域；亦即，若 R_x 爲 z 值的集合中使得 $r_R < |z| < r_L$，則 $|z_0| R_x$ 爲 z 值的集合中使得 $|z_0| r_R < |z| < |z_0| r_L$。此性質僅需將 $z_0^n x[n]$ 代入 (3.2) 式即可證明。經由與指數序列相乘後，所有極點零點的位置被因子 z_0 做縮放的效果，因爲，若 $X(z)$ 在 $z = z_1$ 有一個極點（或零點），則 $X(z/z_0)$ 將在 $z = z_0 z_1$ 有一個極點（或零點）。若 z_0 爲正實數，縮放效應可解釋爲 z 平面上的縮小或放大；亦即，極點與零點的位置在 z 平面上沿著放射狀的線改變。

若 z_0 爲複數且強度爲 1 使得 $z_0 = e^{j\omega_0}$，則此縮放相對應的效應是在 z 平面上做角度 ω_0 的旋轉；亦即，極點與零點的位置沿著以原點爲中心之圓做旋轉改變。這樣的改變可解釋爲頻率平移或離散時間傅立葉轉換的平移，即爲在時域上做複指數序列 $e^{j\omega_0 n}$ 的調變。換言之，若傅立葉轉換存在，指數相乘性質有如下的形式

$$e^{j\omega_0 n} x[n] \overset{\mathcal{F}}{\longleftrightarrow} X(e^{j(\omega-\omega_0)})$$

範例 3.15 指數相乘

由下列轉換對出發

$$u[n] \overset{\mathcal{Z}}{\longleftrightarrow} \frac{1}{1-z^{-1}}, \quad |z| > 1, \tag{3.61}$$

我們可使用指數相乘性質來決定如下序列的 z 轉換

$$x[n] = r^n \cos(\omega_0 n)u[n], \quad r > 0 \tag{3.62}$$

首先，$x[n]$ 可表示為

$$x[n] = \frac{1}{2}(re^{j\omega_0})^n u[n] + \frac{1}{2}(re^{-j\omega_0})^n u[n]$$

接著，使用 (3.61) 式和指數相乘性質

$$\frac{1}{2}(re^{j\omega_0})^n u[n] \overset{z}{\longleftrightarrow} \frac{\frac{1}{2}}{1 - re^{j\omega_0 z^{-1}}}, \quad |z| > r,$$

$$\frac{1}{2}(re^{-j\omega_0})^n u[n] \overset{z}{\longleftrightarrow} \frac{\frac{1}{2}}{1 - re^{-j\omega_0} z^{-1}}, \quad |z| > r$$

由線性性質，最後可得

$$\begin{aligned} X(z) &= \frac{\frac{1}{2}}{1 - re^{j\omega_0} z^{-1}} + \frac{\frac{1}{2}}{1 - re^{-j\omega_0} z^{-1}}, \quad |z| > r \\ &= \frac{1 - r\cos(\omega_0) z^{-1}}{1 - 2r\cos(\omega_0) z^{-1} + r^2 z^{-2}}, \quad |z| > r \end{aligned} \tag{3.63}$$

3.4.4 $X(z)$的微分

微分定理敘述了

$$xn[n] \overset{z}{\longleftrightarrow} -z\frac{dX(z)}{dz}, \quad \text{ROC} = R_x$$

此性質可由對 (3.2) 式的 z 轉換式做微分而驗證；亦即，對

$$X(z) = \sum_{n=-\infty}^{\infty} x[n] z^{-n},$$

我們可求得

$$\begin{aligned} -z\frac{dX(z)}{dz} &= -z \sum_{n=-\infty}^{\infty} (-n) x[n] z^{-n-1} \\ &= \sum_{n=-\infty}^{\infty} nx[n] z^{-n} = \mathcal{Z}\{nx[n]\} \end{aligned}$$

我們利用兩個例子來說明微分定理的用法。

範例 3.16 非有理 z 轉換的逆轉換

在本例中，我們將微分性質與時間平移性質一起使用來求出範例 3.12 中逆 z 轉換問題。即，

$$X(z)=\log(1+az^{-1}),\quad |z|>|a|,$$

我們首先透過微分得到下列有理式：

$$\frac{dX(z)}{dz}=\frac{-az^{-2}}{1+az^{-1}}$$

再由微分性質

$$nx[n]\overset{z}{\longleftrightarrow}-z\frac{dX(z)}{dz}=\frac{az^{-1}}{1+az^{-1}},\quad |z|>|a| \tag{3.64}$$

(3.64) 式的逆轉換可由結合範例 3.1 中的 z 轉換對，線性性質與時間平移性質求得。更明確地說，我們可將 $nx[n]$ 表示為

$$nx[n]=a(-a)^{n-1}u[n-1]$$

因此，

$$x[n]=(-1)^{n+1}\frac{a^n}{n}u[n-1]\overset{z}{\longleftrightarrow}\log(1+az^{-1}),\quad |z|>|a|$$

範例 3.16 的結果將對於我們在第 13 章中倒頻譜的討論非常有用。

範例 3.17 二階極點

作為微分性質用法的另一個例子，我們欲求如下序列的 z 轉換

$$x[n]=na^nu[n]=n(a^nu[n])$$

由範例 3.1 的 z 轉換對與微分性質可得

$$\begin{aligned}X(z)&=-z\frac{d}{dz}\left(\frac{1}{1-az^{-1}}\right),\quad |z|>|a|\\&=\frac{az^{-1}}{(1-az^{-1})^2},\quad |z|>|a|\end{aligned}$$

因此，

$$na^nu[n]\overset{z}{\longleftrightarrow}\frac{az^{-1}}{(1-az^{-1})^2},\quad |z|>|a|$$

3.4.5 複數序列的共軛性質

共軛（conjugation）性質可表示爲

$$x^*[n] \overset{z}{\longleftrightarrow} X^*(z^*), \quad \text{ROC} = R_x$$

此性質的推導可直觀地由 z 轉換的定義而得，詳細的推導過程將當作習題（見習題 3.54）。

3.4.6 時間反轉性質

時間反轉性質（time reversal）如下

$$x^*[-n] \overset{z}{\longleftrightarrow} X^*(1/z^*), \quad \text{ROC} = \frac{1}{R_x}$$

$\text{ROC} = 1/R_x$ 標示爲 R_x 的反轉；亦即，若 R_x 爲使得 $r_R < |z| < r_L$ 的 z 值集合，則 $X^*(1/z^*)$ 的 ROC 爲使得 $1/r_L < |z| < 1/r_R$ 的 z 值集合。因此，若 z_0 在 $x[n]$ 的 ROC 內，則 $1/z_0^*$ 在 $x^*[-n]$ 的 ROC 內。若序列 $x[n]$ 是實數的或者我們並不對複數序列做共軛，則結果變成

$$x[-n] \overset{z}{\longleftrightarrow} X(1/z), \quad \text{ROC} = \frac{1}{R_x}$$

如同共軛性質，時間反轉性質也可由 z 轉換的定義輕易推導，詳細的推導過程亦留作習題（習題 3.54）。

注意若 z_0 爲 $X(z)$ 的極點（或零點），則 $1/z_0$ 將是 $X(1/z)$ 的極點（或零點）。$1/z_0$ 的強度即爲 z_0 強度的倒數。當 $X(z)$ 的極點和零點全部皆爲實數的或者呈複共軛對，如實數序列 $x[n]$ 之極點零點必呈複共軛對，此複共軛對的性質會維持。

範例 3.18　時間反轉的指數序列

作為一個如何使用時間反轉性質的例子，考慮如下序列

$$x[n] = a^{-n}u[-n],$$

此序列為 $a^n u[n]$ 的時間反轉版本。由時間反轉性質可得

$$X(z) = \frac{1}{1-az} = \frac{-a^{-1}z^{-1}}{1-a^{-1}z^{-1}}, \quad |z| < |a^{-1}|$$

注意到 $a^n u[n]$ 的 z 轉換在 $z = a$ 時有一個極點，但是 $X(z)$ 是在 $1/a$ 處有一個極點。■

3.4.7 序列的旋積

依據旋積性質（convolution property），

$$x_1[n]*x_2[n]\overset{z}{\longleftrightarrow}X_1(z)X_2(z),\quad \text{ROC 包含 } R_{x_1}\cap R_{x_2}$$

為了正式地推導此性質，我們考慮

$$y[n]=\sum_{k=-\infty}^{\infty}x_1[k]x_2[n-k],$$

使得

$$\begin{aligned}Y(z)&=\sum_{n=-\infty}^{\infty}y[n]z^{-n}\\&=\sum_{n=-\infty}^{\infty}\left\{\sum_{k=-\infty}^{\infty}x_1[k]x_2[n-k]\right\}z^{-n}\end{aligned}$$

若我們交換總和的順序（僅當 z 在 ROC 內時允許），

$$Y(z)=\sum_{k=-\infty}^{\infty}x_1[k]\sum_{n=-\infty}^{\infty}x_2[n-k]z^{-n}$$

將第二個和的索引值由 n 改為 $m=n-k$ 可得

$$\begin{aligned}Y(z)&=\sum_{k=-\infty}^{\infty}x_1[k]\left\{\sum_{m=-\infty}^{\infty}x_2[m]z^{-m}\right\}z^{-k}\\&=\sum_{k=-\infty}^{\infty}x_1[k]\underbrace{X_2(z)}_{|z|\in R_{x_2}}z^{-k}=\left(\sum_{k=-\infty}^{\infty}x_1[k]z^{-k}\right)X_2(z)\end{aligned}$$

因此，對於同時落於 $X_1(z)$ 與 $X_2(z)$ 的 ROC 範圍內的 z 值，我們可將其寫為

$$Y(z)=X_1(z)X_2(z),$$

其中 Y 的 ROC 包含 $X_1(z)$ 與 $X_2(z)$ 兩者 ROC 的交集。若兩 z 轉換 ROC 其中之一的極點位於邊界上且與另一者的零點對消，則 $Y(z)$ 的 ROC 有可能更大。在接下來的例子中，我們說明使用 z 轉換計算旋積的用法。

範例 3.19 有限長度序列的旋積

假定

$$x_1[n]=\delta[n]+2\delta[n-1]+\delta[n-2]$$

是一個有限長序列，並且和序列 $x_2[n]=\delta[n]-\delta[n-1]$ 做旋積。兩者相對應的 z 轉換為

$$X_1(z)=1+2z^{-1}+z^{-2}$$

與 $X_2(z)=1-z^{-1}$。$y[n]=x_1[n]*x_2[n]$ 的 z 轉換為

$$\begin{aligned}Y(z)&=X_1(z)X_2(z)=(1+2z^{-1}+z^{-2})(1-z^{-1})\\&=1+z^{-1}-z^{-2}-z^{-3}\end{aligned}$$

由於兩序列皆為有限長度，ROC 皆為 $|z|>0$，也因此 $Y(z)$ 的 ROC 亦是如此。由 $Y(z)$，我們透過檢視其多項式的係數而得

$$y[n]=\delta[n]+\delta[n-1]-\delta[n-2]-\delta[n-3]$$

本例的重點在於有限長序列的旋積等同於多項式的乘法。相反地，兩多項式乘積之係數可由多項式係數的離散旋積而求得。

如我們將在 3.5 節與第 5 章所討論的，旋積性質對於分析 LTI 系統扮演非常重要的角色。3.5 節將介紹一個使用 z 轉換來計算兩個無限區間序列的旋積的例子。

3.4.8 z 轉換性質的整理

我們已經討論過許多 z 轉換的定理與性質，多數對於操作 z 轉換來分析離散時間系統是非常有用的。這些介紹過的性質整理於表 3.2，以方便查閱使用。

3.5 z 轉換與 LTI 系統

在 3.4 節中所討論過的性質使得 z 轉換對於離散時間系統分析來說是一個非常好用的工具。由於在第 5 章與其後章節裡我們將大量地使用到 z 轉換，在此說明如何使用 z 轉換處理 LTI 系統的描述與分析是有極高價值的。

回想在 2.3 節中，一個 LTI 系統可表示爲輸入 $x[n]$ 與 $h[n]$ 的旋積 $y[n]=x[n]*h[n]$，其中 $h[n]$ 是輸入爲 $\delta[n]$ 時的系統響應。由 3.4.7 的旋積性質可得 $y[n]$ 的 z 轉換爲

$$Y(z)=H(z)X(z) \tag{3.65}$$

▼表 3.2 一些 z 轉換性質

性質編號	節號	序列	轉換	ROC
		$x[n]$	$X(z)$	R_x
		$x_1[n]$	$X_1(z)$	R_{x_1}
		$x_2[n]$	$X_2(z)$	R_{x_2}
1	3.4.1	$ax_1[n]+bx_2[n]$	$aX_1(z)+bX_2(z)$	包含 $R_{x_1}\cap R_{x_2}$
2	3.4.2	$x[n-n_0]$	$z^{-n_0}X(z)$	R_x 除了可能在原點和 ∞ 之相加或相消
3	3.4.3	$z_0^n x[n]$	$X(z/z_0)$	$\|z_0\|R_x$
4	3.4.4	$nx[n]$	$-z\dfrac{dX(z)}{dz}$	R_x
5	3.4.5	$x^*[n]$	$X^*(z^*)$	R_x
6		$\mathcal{Re}\{x[n]\}$	$\frac{1}{2}[X(z)+X^*(z^*)]$	包含 R_x
7		$\mathcal{Im}\{x[n]\}$	$\frac{1}{2j}[X(z)-X^*(z^*)]$	包含 R_x
8	3.4.6	$x^*[-n]$	$X^*(1/z^*)$	$1/R_x$
9	3.47	$x_1[n]*x_2[n]$	$X_1(z)X_2(z)$	包含 $R_{x_1}\cap R_{x_2}$

其中 $X(z)$ 與 $H(z)$ 分別是 $x[n]$ 與 $h[n]$ 的 z 轉換。在此，z 轉換 $H(z)$ 稱為 LTI 系統的**系統函數**且此系統的脈衝響應為 $h[n]$。

接下來的例子將說明如何使用 z 轉換來計算 LTI 系統的輸出。

範例 3.20 無限長度序列的旋積

令 $h[n]=a^n u[n]$ 與 $x[n]=Au[n]$。為了使用 z 轉換計算 $y[n]=x[n]*h[n]$，我們由找出兩者相對應的 z 轉換出發

$$H(z)=\sum_{n=0}^{\infty}a^n z^{-n}=\frac{1}{1-az^{-1}},\quad |z|>|a|,$$

和

$$X(z)=\sum_{n=0}^{\infty}Az^{-n}=\frac{A}{1-z^{-1}},\quad |z|>1$$

因此，旋積 $y[n]=x[n]*h[n]$ 的 z 轉換為

$$Y(z)=\frac{A}{(1-az^{-1})(1-z^{-1})}=\frac{Az^2}{(z-a)(z-1)},\quad |z|>1,$$

其中我們假設 $|a|<1$ 使得 ROC 的重疊區域為 $|z|>1$。

$Y(z)$ 的極點與零點畫於圖 3.12，ROC 可從圖中看出為重疊的區域。序列 $y[n]$ 可由逆 z 轉換而求得。$Y(z)$ 的部份分式展開為

$$Y(z)=\frac{A}{1-a}\left(\frac{1}{1-z^{-1}}-\frac{a}{1-az^{-1}}\right)\quad |z|>1$$

因此，對每一項做逆 z 轉換可得

$$y[n]=\frac{A}{1-a}(1-a^{n+1})u[n]$$

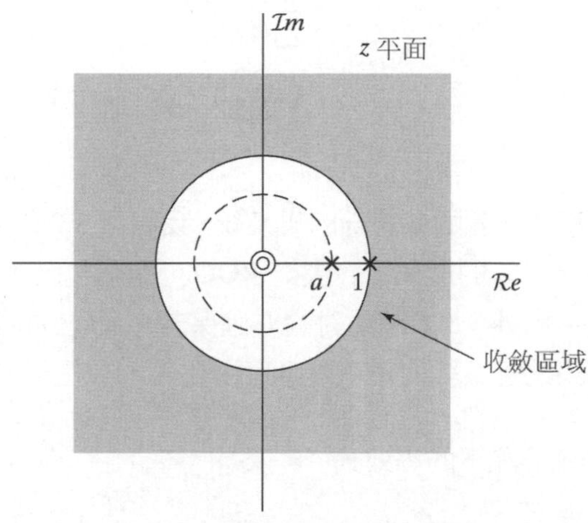

圖 3.12 序列 $u[n]$ 與 $a^n u[n]$ 兩者旋積之 z 轉換的極點零點圖（假設 $|a|<1$）

z 轉換對於以差分方程描述的 LTI 系統分析特別有用。回想在 2.5 節中，我們證明了如下的差分方程式

$$y[n]=-\sum_{k=1}^{N}\left(\frac{a_k}{a_0}\right)y[n-k]+\sum_{k=0}^{M}\left(\frac{b_k}{a_0}\right)x[n-k],\tag{3.66}$$

具有因果 LTI 系統的行為。前述敘述建立在 $n=0$ 前輸入為零且在輸入變成非零值前所有序列值皆為零的前提下；亦即，

$$y[-N],\ y[-N+1],\ldots,\ y[-1]$$

皆假設為零。在此初始休息條件假設下的 LTI 微分方程定義了 LTI 系統，不過我們也對於系統函數感到興趣。若我們應用線性性質(3.4.1 節)與時間平移性質(3.4.2 節)至 (3.66) 式，我們可以得到

$$Y(z) = -\sum_{k=1}^{N}\left(\frac{a_k}{a_0}\right)z^{-k}Y(z) + \sum_{k=0}^{M}\left(\frac{b_k}{a_0}\right)z^{-k}X(z) \tag{3.67}$$

將上式的 $Y(z)$ 依 $X(z)$ 與差分方程式的係數改寫如下

$$Y(z) = \left(\frac{\sum_{k=0}^{M} b_k z^{-k}}{\sum_{k=0}^{N} a_k z^{-k}}\right)X(z), \tag{3.68}$$

且透過比較 (3.65) 式與 (3.68) 式可得 (3.66) 式所描述的 LTI 系統之系統函數為

$$H(z) = \frac{\sum_{k=0}^{M} b_k z^{-k}}{\sum_{k=0}^{N} a_k z^{-k}} \tag{3.69}$$

由於 (3.66) 式的差分方程所定義的系統為因果系統，我們在 3.2 節的討論告訴我們 (3.69) 式中 $H(z)$ 的 ROC 必為 $|z| > r_R$ 的形式，且因為 ROC 可能不包含極點，r_R 必為 $H(z)$ 中最遠離原點之極點的強度。此外，3.2 節的討論亦確保若 $r_R < 1$，亦即，所有極點皆位於單位圓內，則此系統為因果的且系統的頻率響應可由代入 $z = e^{j\omega}$ 至 (3.69) 式而求得。

注意若 (3.66) 式表示為如下的等效式

$$\sum_{k=0}^{N} a_k y[n-k] = \sum_{k=0}^{M} b_k x[n-k] \tag{3.70}$$

則 (3.69) 式，給定了其以 z^{-1} 多項式比值表示的系統函數（與此穩定系統的頻率響應），可透過觀察其分子項之 z 轉換表示式與輸入的係數及延遲項相關，而分母項與則與輸出的係數與延遲項相關。同樣地，若給定如 (3.69) 式以 z^{-1} 多項式比值表示的系統函數，我們可直觀地先寫出如 (3.70) 式形式的系統函數然後再將其寫成如 (3.66) 式的形式來做遞迴實現。

範例 3.21 一階系統

假設一個因果的 LTI 系統可表示成如下的差分方程式

$$y[n] = ay[n-1] + x[n] \tag{3.71}$$

透過觀察可知此系統的系統函數為

$$H(z) = \frac{1}{1-az^{-1}}, \tag{3.72}$$

且 ROC 為 $|z|>|a|$。由表 3.1 第五項可知此系統的脈衝響應為

$$h[n] = a^n u[n] \tag{3.73}$$

最後，若序列 $x[n]$ 對應的是有理 z 轉換如 $x[n] = Au[n]$，我們可利用三種不同的方式找出系統的輸出。(1) 我們可迭代式 (3.71) 中的差分方程式。一般而言，此法可處理任何類型的輸入且能用來實作系統，但是此法無法求出一個對所有 n 皆成立的封閉式，即便它是存在的。(2) 我們可利用 2.3 節所說明的技巧來計算 $x[n]$ 與 $h[n]$ 的旋積。(3) 由於 $x[n]$ 與 $h[n]$ 兩者的 z 轉換皆為 z 的有理函數，我們可利用 3.3.2 節所介紹的部份分式法來找出對所有 n 皆成立的封閉式。事實上，範例 3.20 即是使用此法。

我們將在第 5 章與其後續的章節中更常使用到的 z 轉換。舉例來說，在 5.2.3 節中，我們將對有理系統函數的 LTI 系統之脈衝響應求出一個更一般化的敘述式，且我們將解釋系統的頻率響應與 $H(z)$ 之極點與零點位置兩者之間的關係。

3.6 單邊 z 轉換

在本章截至目前爲止，對於如 (3.2) 式所定義的 z 轉換稱作雙邊 z 轉換（bilateral z-transform; two-sided z-transform）。相反地，**單邊 z 轉換**（unilateral z-transform; one-sided z-transform）定義如下

$$\mathcal{X}(z) = \sum_{n=0}^{\infty} x[n]z^{-n} \tag{3.74}$$

單邊 z 轉換與雙邊 z 轉換的不同之處在於和的下限總是由零開始，而不考慮 $n<0$ 時 $x[n]$ 的值，若在 $n<0$ 時 $x[n]=0$，單邊 z 轉換與雙邊 z 轉換是相同的，而若在 $n<0$ 時 $x[n]$ 不爲零，他們將是不同的。此差異性在接下來的例子做說明。

範例 3.22 脈衝的單邊轉換

假設 $x_1[n]=\delta[n]$。則由 (3.74) 式可知 $\mathcal{X}_1(z)=1$，也就是脈衝的雙邊 z 轉換。但是，考慮 $x_2[n]=\delta[n+1]=x_1[n+1]$。此時，使用 (3.74) 式我們可得 $\mathcal{X}_2(z)$，然而單邊 z 轉換將會求得 $X_2(z)=zX_1(z)=z$。

因爲單邊 z 轉換事實上忽略了任何序列的左邊部份，單邊 z 轉換的 ROC 性質將與假定其 $n<0$ 之值爲零而得右邊序列的雙邊 z 轉換相同。也就是說，所有單邊 z 轉換的 ROC 將呈 $|z|>r_R$ 的形式，而對有理單邊 z 轉換，ROC 的邊界將由 z 平面上離原點最遠的極點所決定。

在數位信號處理的應用中，如 (3.66) 式形式的差分方程式一般皆與初始休息值一同使用。但是，在某些情況下，非初始休息條件也許會發生。在這樣的情形下，單邊 z 轉換的線性性質與時間平移性質是非常好用的工具。單邊 z 轉換的線性性質與雙邊 z 轉換的線性性質相同（表 3.2 中的性質 1）。時間平移性質與單邊的情況不同因爲單邊 z 轉換的下限固定於零。

爲了說明如何推倒此性質，考慮序列 $x[n]$ 及其單邊 z 轉換 $X(z)$ 並令 $y[n]=x[n-1]$。則由定義

$$\mathcal{Y}(z)=\sum_{n=0}^{\infty}x[n-1]z^{-n}$$

將新的索引值 $m=n-1$ 代入，我們可將 $\mathcal{Y}(z)$ 寫爲

$$\mathcal{Y}(z)=\sum_{m=-1}^{\infty}x[m]z^{-(m+1)}=x[-1]+z^{-1}\sum_{m=0}^{\infty}x[m]z^{-m},$$

使得

$$\mathcal{Y}(z)=x[-1]+z^{-1}\mathcal{X}(z) \tag{3.75}$$

因此，爲了找出延遲序列的單邊 z 轉換，我們必須給予於計算 $\mathcal{X}(z)$ 時所忽略的序列值。經由類似的分析，可以證明若 $y[n]=x[n-k]$，其中 $k>0$，則

$$\begin{aligned}\mathcal{Y}(z)&=x[-k]+x[-k+1]z^{-1}+\ldots+x[-1]z^{-k+1}+z^{-k}+\mathcal{X}(z)\\&=\sum_{m=1}^{k}x[m-k-1]z^{-m+1}+z^{-k}\mathcal{X}(z)\end{aligned} \tag{3.76}$$

下面的例子將用來說明如何使用單邊 z 轉換以求出具有非零初始條件之差分方程的輸出。

範例 3.23 非零初始條件的效應

考慮由常係數線性差分方程式所描述的系統

$$y[n]-ay[n-1]=x[n], \tag{3.77}$$

上式與範例 3.20 與 3.21 中的系統相同。假設在 $n<0$ 時 $x[n]=0$ 且 $n=-1$ 時的初始條件標示為 $y[-1]$。對 (3.77) 式作單邊 z 轉換並使用線性性質與 (3.75) 式中的時間平移性質，我們可以得到

$$\mathcal{Y}(z)-ay[-1]-az^{-1}\mathcal{Y}(z)=\mathcal{X}(z)$$

對 $\mathcal{Y}(z)$ 求解可得

$$\mathcal{Y}(z)=\frac{ay[-1]}{1-az^{-1}}+\frac{1}{1-az^{-1}}\mathcal{X}(z) \tag{3.78}$$

注意若 $y[-1]=0$ 第一項將消失，且我們剩下 $\mathcal{Y}(z)=H(z)\mathcal{X}(z)$，其中

$$H(z)=\frac{1}{1-az^{-1}},\quad |z|>|a|$$

是和初始休息條件迭代時，(3.77) 式中的差分方程式所對應之 LTI 系統的系統函數。

這確認了初始休息條件是使迭代的差分方程式具有 LTI 系統行為的必要條件。此外，注意若對所有 n 值 $x[n]=0$，輸出將等同於

$$y[n]=y[-1]a^{n+1}\quad n\geq -1$$

這顯示了若 $y[-1]\neq 0$，此系統將不為線性的，因為線性系統的縮放性質 [(2.23b) 式] 要求當輸入對所有 n 皆為零時，輸出必須也一樣對所有 n 皆為零。

更明確的說，假設如範例 3.20 中 $x[n]=Au[n]$。我們可求出對 $n\geq -1$ 時 $y[n]$ 的方程式，首先 $[n]=Au[n]$ 的單邊 z 轉換如下

$$\mathcal{X}(z)=\frac{A}{1-z^{-1}},\quad |z|>1$$

使得 (3.78) 式變為

$$\mathcal{Y}(z)=\frac{ay[-1]}{1-az^{-1}}+\frac{A}{(1-az^{-1})(1-z^{-1})} \tag{3.79}$$

應用部份分式展開的技巧至 (3.79) 式可得

$$\mathcal{Y}(z)=\frac{ay[-1]}{1-az^{-1}}+\frac{\frac{A}{1-a}}{1-z^{-1}}+\frac{-\frac{aA}{1-a}}{1-az^{-1}},$$

最後，我們可得完整的解答為

$$y[n]=\begin{cases} y[-1] & n=-1 \\ \underbrace{y[-1]a^{n+1}}_{\text{ZIR}}+\underbrace{\frac{A}{1-a}(a-a^{n+1})}_{\text{ZICR}} & n\geq 0 \end{cases} \quad (3.80)$$

(3.80) 式顯示此系統的響應由兩個部份組成。零輸入響應（ZIR）為當輸入為零時的響應（在本例中即當 $A=0$）。零初始條件響應（ZICR）為與輸入呈正比的部份（如線性性質所要求）。當 $y[-1]=0$ 時此部份依然存在。在習題 3.49 中，使響應分為 ZIR 與 ZICR 的分解將被證明對任何如 (3.66) 式形式的差分方程式皆成立。

3.7 總結

在本章中，我們定義了序列的 z 轉換並證明其爲傅立葉轉換的一般化。本章的討論專注在介紹 z 轉換的性質與技巧以求得序列的 z 轉換且反之亦然。明確地說，我們證明了定義 z 轉換的冪級數有可能在傅立葉轉換不收斂時收斂。我們深入探討 ROC 的形狀與序列的性質兩者間的相關性。對於成功的使用 z 轉換來說全面性的了解 z 轉換的性質是重要的。這對於給定 z 轉換求其相對應序列的技巧來說更爲重要，亦即，找出逆 z 轉換。大部份所做的討論專注在收斂區域內爲有理函數的 z 轉換。對於這些函數，我們探討了一個基於 $X(z)$ 之部份分式展開的逆轉換技巧。

我們也討論了其他逆轉換的技巧，如使用列表的冪級數展開與長除法。本章一個重要的部分在於討論對分析離散時間信號與系統非常有用的一些 z 轉換性質。不同類型的例子已示範這些性質如何被用來找出正與逆 z 轉換。

習題

有解答的基本問題

3.1 找出下列每一個序列之 z 轉換及其 ROC：

(a) $\left(\frac{1}{2}\right)^n [n]$

(b) $-\left(\frac{1}{2}\right)^n u[-n-1]$

(c) $\left(\frac{1}{2}\right)^n u[-n]$

(d) $\delta[n]$

(e) $\delta[n-1]$

(f) $\delta[n+1]$

(g) $\left(\frac{1}{2}\right)^n ([n]-u[n-10])$

3.2 找出下列序列之 z 轉換

$$x[n]=\begin{cases} n, & 0\le n\le N-1, \\ N, & N\le n \end{cases}$$

3.3 找出下列每個一序列之 z 轉換並於 z 平面上畫出相對應的 ROC 及極點零點圖。將所有的和以封閉式表示；α 可為複數。

(a) $x_a[n]=\alpha^{|n|},\quad 0<|\alpha|<1$

(b) $x_b[n]=\begin{cases} 1, & 0\le n\le N-1, \\ 0, & \text{其他} \end{cases}$

(c) $x_c[n]=\begin{cases} n+1, & 0\le n\le N-1, \\ 2N-1-n, & N\le n\le 2(N-1), \\ 0, & \text{其他} \end{cases}$

提示：$x_b[n]$ 為方序列而 $x_c[n]$ 為三角序列。先將 $x_c[n]$ 依 $x_b[n]$ 表示。

3.4 考慮如圖 P3.4 極點零點圖所示之 z 轉換 $X(z)$。

(a) 若其傅立葉轉換存在，找出 $X(z)$ 的 ROC。在這樣的情況下，決定相對應的序列 $x[n]$ 是右邊，左邊，或是雙邊的？

(b) 如圖 P3.4 所示之極點零點圖有幾種可能的雙邊序列？

(c) 如圖 P3.4 極點零點圖所對應的序列有可能同時是穩定的且因果的嗎？若是如此，寫出恰當的 ROC。

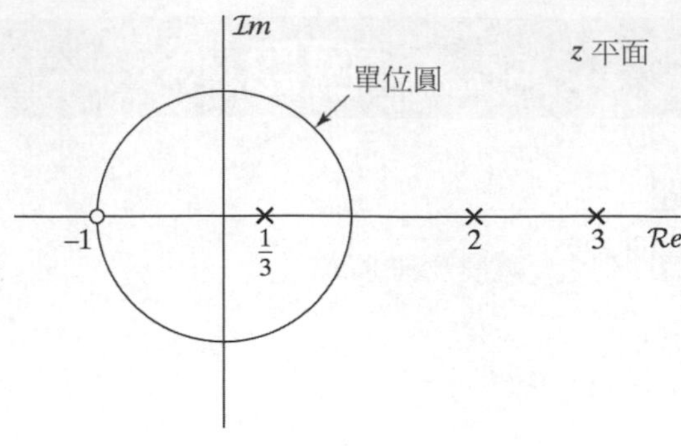

圖 P3.4

3.5 找出如下 z 轉換所對應的序列 $x[n]$

$$X(z) = (1+2z)(1-3z^{-1})(1-z^{-1})$$

3.6 使用 3.3 節所討論的部份分式展開法與冪級數展開法找出下列 z 轉換的逆 z 轉換。除此之外，標示每小題的傅立葉轉換是否存在。

(a) $X(z) = \dfrac{1}{1+\frac{1}{2}z^{-1}},\quad |z| > \dfrac{1}{2}$

(b) $X(z) = \dfrac{1}{1+\frac{1}{2}z^{-1}},\quad |z| < \dfrac{1}{2}$

(c) $X(z) = \dfrac{1-\frac{1}{2}z^{-1}}{1+\frac{3}{4}z^{-1}+\frac{1}{8}z^{-2}},\quad |z| > \dfrac{1}{2}$

(d) $X(z) = \dfrac{1-\frac{1}{2}z^{-1}}{1-\frac{1}{4}z^{-2}},\quad |z| > \dfrac{1}{2}$

(e) $X(z) = \dfrac{1-az^{-1}}{z^{-1}-a},\quad |z| > |1/a|$

3.7 一個因果 LTI 系統的輸入為

$$x[n] = u[-n-1] + \left(\frac{1}{2}\right)^n u[n]$$

此系統輸出的 z 轉換為

$$Y(z) = \frac{-\frac{1}{2}z^{-1}}{\left(1-\frac{1}{2}z^{-1}\right)(1+z^{-1})}$$

(a) 找出 $H(z)$，此系統脈衝響應的 z 轉換。記得詳述 ROC。

(b) $Y(z)$ 的 ROC 為何？

(c) 找出 $y[n]$。

3.8　一個因果 LTI 系統的系統函數爲

$$H(z)=\frac{1-z^{-1}}{1+\frac{3}{4}z^{-1}}$$

此系統的輸入爲

$$x[n]=\left(\frac{1}{3}\right)^n u[n]+u[-n-1]$$

(a) 找出此系統的脈衝響應，$h[n]$。

(b) 求輸出 $y[n]$。

(c) 此系統是穩定的嗎？也就是說，$h[n]$是絕對可加嗎？

3.9　一個因果 LTI 系統之脈衝響應爲 $h[n]$，且其 z 轉換爲

$$H(z)=\frac{1+z^{-1}}{\left(1-\frac{1}{2}z^{-1}\right)\left(1+\frac{1}{4}z^{-1}\right)}$$

(a) $H(z)$ 的 ROC 爲？

(b) 此系統是穩定的嗎？請解釋。

(c) 找出產生輸出如下之輸入 $x[n]$ 的 z 轉換

$$y[n]=-\frac{1}{3}\left(-\frac{1}{4}\right)^n u[n]-\frac{4}{3}(2)^n u[-n-1]$$

(d) 求此系統的脈衝響應 $h[n]$。

3.10　試著不直接求解 $X(z)$，找出下列每一序列之 z 轉換的 ROC，並決定傅立葉轉換是否收斂：

(a) $x[n]=\left[\left(\frac{1}{2}\right)^n+\left(\frac{3}{4}\right)^n\right]u[n-10]$

(b) $x[n]=\begin{cases}1, & -10\le n\le 10,\\ 0, & \text{其他}\end{cases}$

(c) $x[n]=2^n u[-n]$

(d) $x[n]=\left[\left(\frac{1}{4}\right)^{n+4}-(e^{j\pi/3})^n\right]u[n-1]$

(e) $x[n]=u[n+10]-u[n+5]$

(f) $x[n]=\left(\frac{1}{2}\right)^{n-1}u[n]+(2+3j)^{n-2}u[-n-1]$

3.11 下列爲四個 z 轉換。決定哪一個可能爲因果序列的 z 轉換。不要計算逆 z 轉換。你應該能夠透過檢視寫出答案。清楚地敘述你的答案。

(a) $\dfrac{(1-z^{-1})^2}{\left(1-\frac{1}{2}z^{-1}\right)}$

(b) $\dfrac{(z-1)^2}{\left(z-\frac{1}{2}\right)}$

(c) $\dfrac{\left(z-\frac{1}{4}\right)^5}{\left(z-\frac{1}{2}\right)^6}$

(d) $\dfrac{\left(z-\frac{1}{4}\right)^6}{\left(z-\frac{1}{2}\right)^5}$

3.12 畫出下列每一個 z 轉換之極點零點圖並將 ROC 畫上陰影：

(a) $X_1(z)=\dfrac{1-\frac{1}{2}z^{-1}}{1+2z^{-1}}$, ROC : $|z|<2$

(b) $X_2(z)=\dfrac{1-\frac{1}{3}z^{-1}}{\left(1+\frac{1}{2}z^{-1}\right)\left(1-\frac{2}{3}z^{-1}\right)}$, $x_2[n]$ 爲因果的

(c) $X_3(z)=\dfrac{1+z^{-1}-2z^{-2}}{1-\frac{13}{6}z^{-1}+z^{-2}}$, $x_3[n]$ 絕對可加

3.13 因果序列 $g[n]$ 的 z 轉換爲

$$G(z)=\sin(z^{-1})(1+3z^{-2}+2z^{-4})$$

求 $g[11]$。

3.14 若 $H(z)=\dfrac{1}{1-\frac{1}{4}z^{-2}}$ 且 $h[n]=A_1\alpha_1^n u[n]+A_2\alpha_2^n u[n]$，決定 A_1、A_2、α_1 與 α_2 之值。

3.15 若對 $|z|>0$，$H(z)=\dfrac{1-\frac{1}{1024}z^{-10}}{1-\frac{1}{2}z^{-1}}$，則相對應的 LTI 系統是因果的嗎？證明你的答案。

3.16 當 LTI 系統的輸入爲

$$x[n]=\left(\frac{1}{3}\right)^n u[n]+(2)^n u[-n-1],$$

相對應的輸出爲

$$y[n]=5\left(\frac{1}{3}\right)^n u[n]-5\left(\frac{2}{3}\right)^n u[n]$$

(a) 找出此系統的系統函數 $H(z)$。畫出 $H(z)$ 的極點與零點並標示 ROC。

(b) 找出此系統的脈衝響應 $h[n]$。

(c) 寫出滿足此輸入與輸出的差分方程式。

(d) 此系統穩定嗎？是因果的嗎？

3.17　考慮輸入 $x[n]$ 與輸出 $y[n]$ 且滿足下列差分方程式的 LTI 系統

$$y[n]-\frac{5}{2}y[n-1]+y[n-2]=x[n]-x[n-1]$$

找出此系統之脈衝響應 $h[n]$ 在 $n=0$ 時所有可能的值。

3.18　假設因果 LTI 系統有系統函數為

$$H(z)=\frac{1+2z^{-1}+z^{-2}}{\left(1+\frac{1}{2}z^{-1}\right)(1-z^{-1})}$$

(a) 找出此系統的脈衝響應，$h[n]$。

(b) 找出此系統的輸出 $y[n]$，當輸入為

$$x[n]=2^n$$

3.19　對下列每一個輸入 z 轉換 $X(z)$ 與系統函數 $H(z)$ 對，找出輸出 z 轉換 $Y(z)$ 的 ROC ：

(a)

$$X(z)=\frac{1}{1+\frac{1}{2}z^{-1}},\quad |z|>\frac{1}{2}$$

$$H(z)=\frac{1}{1-\frac{1}{4}z^{-1}},\quad |z|>\frac{1}{4}$$

(b)

$$X(z)=\frac{1}{1-2z^{-1}},\quad |z|<2$$

$$H(z)=\frac{1}{1-\frac{1}{3}z^{-1}},\quad |z|>\frac{1}{3}$$

(c)

$$X(z)=\frac{1}{\left(1-\frac{1}{5}z^{-1}\right)(1+3z-1)},\quad \frac{1}{5}<|z|<3$$

$$H(z)=\frac{1+3z^{-1}}{1+\frac{1}{3}z^{-1}},\quad |z|>\frac{1}{3}$$

3.20　對下列每一個輸入與輸出 z 轉換 $X(z)$ 與 $Y(z)$ 對，找出系統函數 $H(z)$ 的 ROC：

(a)

$$X(z)=\frac{1}{1-\frac{3}{4}z^{-1}},\quad |z|>\frac{3}{4}$$

$$Y(z)=\frac{1}{1+\frac{2}{3}z^{-1}},\quad |z|>\frac{2}{3}$$

(b)

$$X(z)=\frac{1}{1+\frac{1}{3}z^{-1}},\quad |z|<\frac{1}{3}$$

$$Y(z)=\frac{1}{\left(1-\frac{1}{6}z^{-1}\right)\left(1+\frac{1}{3}z^{-1}\right)},\quad \frac{1}{6}<|z|<\frac{1}{3}$$

基本問題

3.21 考慮一個脈衝響應如下的 LTI 系統

$$h[n]=\begin{cases}a^n, & n\geq 0,\\ 0, & n<0,\end{cases}$$

且輸入為

$$x[n]=\begin{cases}1, & 0\leq n\leq (N-1),\\ 0, & \text{其他}\end{cases}$$

(a) 藉由直接計算 $x[n]$ 與 $h[n]$ 的離散旋積求出輸出 $y[n]$。

(b) 藉由計算 $x[n]$ 與 $h[n]$ 兩者 z 轉換乘積的逆 z 轉換求出輸出 $y[n]$。

3.22 考慮一個因果 LTI 系統且其脈衝響應的 z 轉換 $H(z)$ 為

$$H(z)=\frac{3}{1+\frac{1}{3}z^{-1}}$$

假設此系統的輸入 $x[n]$ 是單位步階序列。

(a) 藉由計算 $x[n]$ 與 $h[n]$ 的離散旋積求出輸出 $y[n]$。

(b) 藉由計算 $Y(z)$ 的逆 z 轉換求出輸出 $y[n]$。

3.23 一個 LTI 系統有如下的系統函數

$$H(z)=\frac{\left(1-\frac{1}{2}z^{-2}\right)}{\left(1-\frac{1}{2}z^{-1}\right)\left(1-\frac{1}{4}z^{-1}\right)},\quad |z|>\frac{1}{2}$$

(a) 求出此系統的脈衝響應。

(b) 求出此系統輸入 $x[n]$ 與輸出 $y[n]$ 之間的差分方程式。

3.24 畫出下列每一個序列並求出它們的 z 轉換，包含 ROC：

(a) $\displaystyle\sum_{k=-\infty}^{\infty}\delta[n-4k]$

(b) $\displaystyle\frac{1}{2}\left[e^{j\pi n}+\cos\left(\frac{\pi}{2}n\right)+\sin\left(\frac{\pi}{2}+2\pi n\right)\right]u[n]$

3.25 考慮有如下 z 轉換的右邊序列 $x[n]$

$$X(z)=\frac{1}{(1-az^{-1})(1-bz^{-1})}=\frac{z^2}{(z-a)(z-b)}$$

在 3.3 節中，我們將 $X(z)$ 視為 z^{-1} 多項式的分式並使用部份分式展開法求解 $x[n]$。將 $X(z)$，z 的多項式分式，做部份分式展開，並由此求解 $x[n]$。

3.26 對下列每一序列找出單邊 z 轉換及其 ROC：

(a) $\delta[n]$

(b) $\delta[n-1]$

(c) $\delta[n+1]$

(d) $\left(\frac{1}{2}\right)^n u[n]$

(e) $-\left(\frac{1}{2}\right)^n u[-n-1]$

(f) $\left(\frac{1}{2}\right)^n u[-n]$

(g) $\left\{\left(\frac{1}{2}\right)^n + \left(\frac{1}{4}\right)^n\right\} u[n]$

(h) $\left(\frac{1}{2}\right)^{n-1} u[n-1]$

3.27 若 $X(z)$ 是 $x[n]$ 的單邊 z 轉換，找出下列每一序列的單邊 z 轉換並且用 $X(z)$ 表示。

(a) $x[n-2]$

(b) $x[n+1]$

(c) $\sum_{m=-\infty}^{n} x[m]$

3.28 對下列每一個差分方程式與伴隨的輸入及初始條件，使用單邊 z 轉換找出對 $n \geq 0$ 時的響應 $y[n]$。

(a) $y[n]+3y[n-1]=x[n]$

$$x[n]=\left(\tfrac{1}{2}\right)^n u[n]$$
$$y[-1]=1$$

(b) $y[n]-\frac{1}{2}y[n-1]=x[n]-\frac{1}{2}x[n-1]$

$$x[n]=u[n]$$
$$y[-1]=0$$

(c) $y[n]-\frac{1}{2}y[n-1]=x[n]-\frac{1}{2}x[n-1]$

$$x[n]=\left(\tfrac{1}{2}\right)^n u[n]$$
$$y[-1]=1$$

進階問題

3.29 因果 LTI 系統有系統函數

$$H(z)=\frac{1-z^{-1}}{1-0.25z^{-2}}=\frac{1-z^{-1}}{(1-0.5z^{-1})(1+0.5z^{-1})}$$

(a) 找出當輸入 $x[n]=u[n]$ 時此系統的輸出。

(b) 找出輸入 $x[n]$ 使得上列系統相對應的輸出為 $y[n]=\delta[n]-\delta[n-1]$。

(c) 找出當輸入為 $x[n]=\cos(0.5\pi n)$ 且 $-\infty<n<\infty$ 時輸出 $y[n]$。你可將你的答案依任何方便的形式表示。

3.30 找所有下列的逆 z 轉換。在 (a) 到 (c) 小題，使用要求的方法求解 [在 (d) 小題，方法沒有限定]。

(a) 長除法：

$$X(z)=\frac{1-\frac{1}{3}z^{-1}}{1+\frac{1}{3}z^{-1}},\quad x[n]\text{ 為右邊序列}$$

(b) 部份分式法：

$$X(z)=\frac{3}{z-\frac{1}{4}-\frac{1}{8}z^{-1}},\quad x[n]\text{ 為穩定的}$$

(c) 冪級數法：

$$X(z)=\ln(1-4z),\quad |z|<\frac{1}{4}$$

(d) $X(z)=\dfrac{1}{1-\frac{1}{3}z^{-3}},\quad |z|>(3)^{-1/3}$

3.31 利用已知方法，求出下列各項的逆 z 轉換：

(a) $X(z)=\dfrac{1}{(1+\frac{1}{2}z^{-1})^n(1-2z^{-1})(1-3z^{-1})}$, （$x[n]$ 為一穩定序列）

(b) $X(z)=e^{z^{-1}}$

(c) $X(z)=\dfrac{z^3-2z}{z-2}$ （$x[n]$ 為一左邊序列）

3.32 求出下列各項的逆 z 轉換。需要利用 3.4 節的 z 轉換性質。

(a) $X(z)=\dfrac{3z^{-3}}{(1-\frac{1}{4}z^{-1})^2}$, $x[n]$ 為一個左邊信號

(b) $X(z)=\sin(z)$ 收斂區間（ROC）包含 $|z|=1$

(c) $X(z)=\dfrac{z^7-2}{1-z^{-7}}$, $|z|>1$

3.33 求出一個 $x[n]$ 序列信號，其 z 轉換爲 $X(z)=e^{z}+e^{1/z}, z\neq 0$

3.34 求出下方訊號的逆 z 轉換

$$X(z)=\log(1-2z), \quad |z|<\frac{1}{2},$$

藉由

(a) 使用冪級數

$$\log(1-x)=-\sum_{m=1}^{\infty}\frac{x^m}{m}, \quad |x|<1;$$

(b) 或 $X(z)$ 的一階微分，並且計算用微分性質重建出 $x[n]$

3.35 對於下列所有序列，決定其 z 轉換和收斂區間（ROC），並且畫出其極點－零點圖。

(a) $x[n]=a^n u[n]+b^n u[n]+c^n u[-n-1], \quad |a|<|b|<|c|$

(b) $x[n]=n^2 a^n u[n]$

(c) $x[n]=e^{n^4}\left[\cos\left(\frac{\pi}{12}n\right)\right]u[n]-e^{n^4}\left[\cos\left(\frac{\pi}{12}n\right)\right]u[n-1]$

3.36 圖 3.36 的極點－零點圖對應到一個 $x[n]$ 因果序列的 z 轉換 $X(z)$。而且 $y[n]=x[-n+3]$。畫出 $Y(z)$ 的極點－零點圖並且標示 $Y(z)$ 的收斂區間（ROC）。

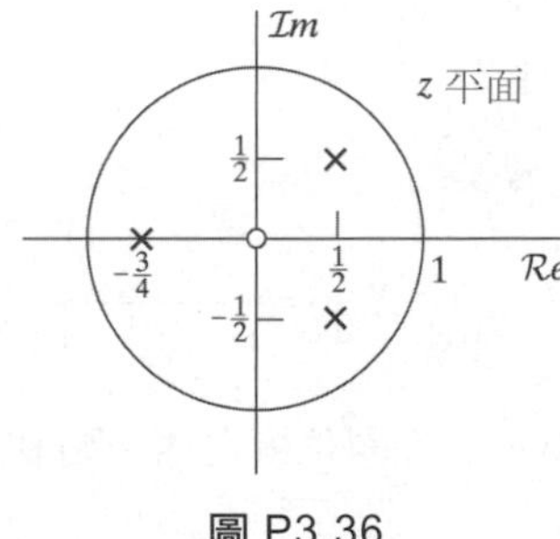

圖 P3.36

3.37 若是 $x[n]$ 序列的極點－零點圖如下圖 P3.37 所示。請畫出下列信號的極點－零點圖。

(a) $y[n]=\left(\frac{1}{2}\right)^n x[n]$

(b) $w[n]=\cos\left(\frac{\pi n}{2}\right)x[n]$

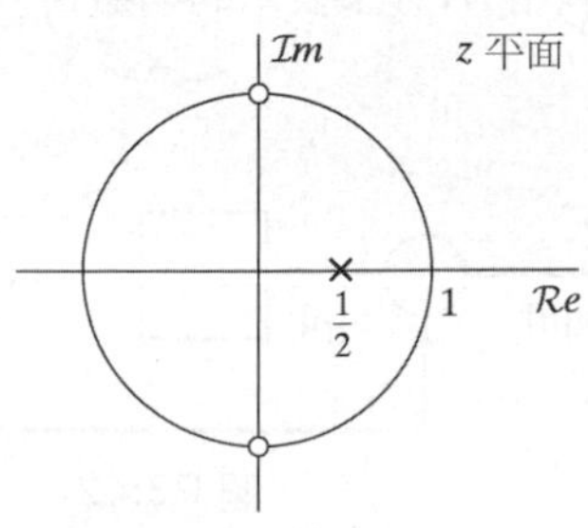

圖 P3.37

3.38 假設有一個穩定的線性非時變（LTI）系統，並且給定一個 $H(z)$ 訊號，其脈衝響應的 z 轉換如下

$$H(z)=\frac{3-7z^{-1}+5z^{-2}}{1-\frac{5}{2}z^{-1}+z^{-2}}$$

並假設 $x[n]$ 序列為一個單位步階序列的輸入信號。

(a) 藉由計算 $x[n]$ 和 $h[n]$ 的離散旋積找出輸出信號 $y[n]$。

(b) 藉由計算 $Y(z)$ 的逆 z 轉換找出輸出信號 $y[n]$。

3.39 決定一個因果性系統的單位步階序列響應，藉由已知脈衝響應訊號的 z 轉換如下：

$$H(z)=\frac{1-z^{3}}{1-z^{4}}$$

3.40 假設一個線性非時變系統的輸入 $x[n]=u[n]$，輸出為

$$y[n]=\left(\frac{1}{2}\right)^{n-1}u[n+1]$$

(a) 找出系統脈衝響應的 z 轉換 $H(z)$，並且畫出其極點－零點圖。

(b) 找出系統的脈衝響應 $h[n]$。

(c) 此系統是否穩定？

(d) 此系統是否具有因果性？

3.41 若一個序列信號 $x[n]$ 的 z 轉換為

$$X(z)=\frac{\frac{1}{3}}{1-\frac{1}{2}z^{-1}}+\frac{\frac{1}{4}}{1-2z^{-1}}$$

並且已知其收斂區間（ROC）在單位圓之內。請利用初始值定理（參考問題 3.57）來找出 $x[0]$。

3.42 圖 P3.42 中，$H(z)$ 為一個因果線性非時變（LTI）系統的系統函數。

(a) 使用下圖中信號的 z 轉換來獲得 $W(z)$ 的如下表示形式

$$W(z)=H_1(z)X(z)+H_2(z)E(z)$$

$H_1(z)$ 和 $H_2(z)$ 都是利用 $H(z)$ 來表示的函數。

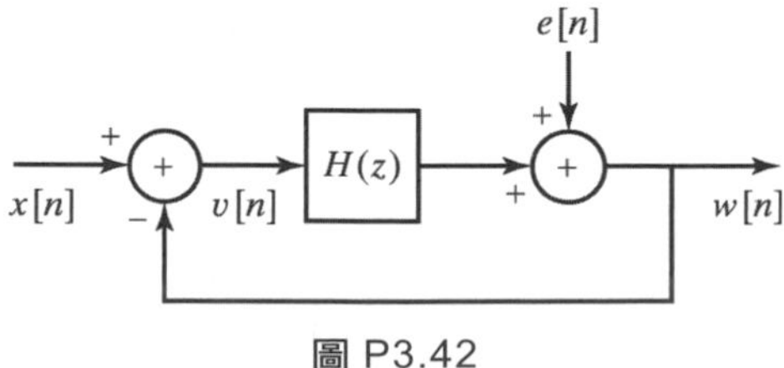

圖 P3.42

(b) 對於特定情形 $H(z)=z^{-1}/(1-z^{-1})$，決定出 $H_1(z)$ 和 $H_2(z)$。

(c) 系統 $H(z)$ 是否穩定？系統 $H_1(z)$ 和 $H_2(z)$ 是否穩定？

3.43 圖 3.43 中，$h[n]$ 是在系統內部中的線性非時變（LTI）系統的脈衝響應。由輸入訊號 $v[n]$ 以及輸出訊號 $w[n]$ 組成。$h[n]$ 訊號的 z 轉換 $H(z)$ 存在於收斂區間（ROC）如下:

$$0<r_{\min}<|z|<r_{\max}<\infty$$

(a) 此一線性非時變系統的脈衝響應 $h[n]$ 是否爲限入限出（BIBO）穩定的？ 若答案是肯定的，決定此一穩定系統的 $r_{\min}$, $r_{\max}$ 限制，以滿足不等式。若答案是否定的，簡述其理由。

(b) 整個系統（在虛線內部，擁有 $x[n]$ 輸入和 $y[n]$ 輸出）是否爲線性非時變（LTI）？若答案是肯定的，找出其脈衝響應 $g[n]$。若答案是否定的，簡述其理由。

(c) 整個系統是否爲限入限出（BIBO）穩定的？若答案是肯定的，決定此一穩定系統的 α , $r_{\min}$, $r_{\max}$ 限制與關係，以滿足不等式。若答案是否定的，簡述其理由。

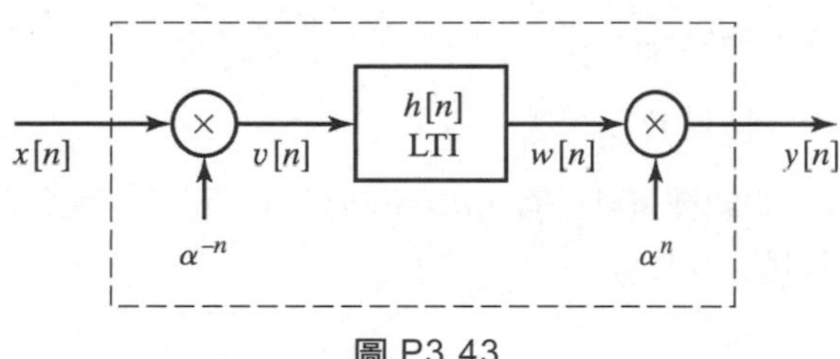

圖 P3.43

3.44 一個因果且穩定的線性非時變系統 $\mathcal{S}$ 擁有 $x[n]$ 輸入和 $y[n]$ 輸出。其輸出輸入關係滿足常係數線性微分方程：

$$y[n]+\sum_{k=1}^{10}\alpha_k y[n-k]=x[n]+\beta x[n-1]$$

若此 $\mathcal{S}$ 的脈衝響應序列爲 $h[n]$。

(a) 證明 $h[0]$ 必定不等於零

(b) 證明 α_1 可以由已知 β 、$h[0]$, 和 $h[1]$ 決定。

(c) 若 $h[n]=(0.9)^n\cos(\pi n/4)$ 當 $0\le n\le 10$，畫出此一系統 $\mathcal{S}$ 的極點－零點圖以及收斂區間。

3.45 若一個線性非時變（LTI）系統的輸入爲：

$$x[n]=\left(\frac{1}{2}\right)^n u[n]+2^n u[-n-1],$$

輸出爲：

$$y[n]=6\left(\frac{1}{2}\right)^n u[n]-6\left(\frac{3}{4}\right)^n u[n]$$

(a) 找出此系統函數 $H(z)$。畫出 $H(z)$ 的極點和零點以及其收斂區間範圍。

(b) 找出此系統的脈衝響應 $h[n]$。

(c) 寫出表示此系統的差分方程式。

(d) 此系統是否爲穩定？是否具因果性？

3.46 當一個因果線性非時變系統的輸入爲：

$$x[n] = -\frac{1}{3}\left(\frac{1}{2}\right)^n u[n] - \frac{4}{3}2^n u[-n-1],$$

而輸出的 z 轉換爲：

$$Y(z) = \frac{1+z^{-1}}{(1-z^{-1})\left(1+\frac{1}{2}z^{-1}\right)(1-2z^{-1})}$$

(a) 找出 $x[n]$ 訊號的 z 轉換。

(b) $Y(z)$ 訊號的收斂區間爲何？

(c) 找出系統的脈衝響應。

(d) 此系統是否爲穩定的？

3.47 假設一個離散時間訊號 $x[n]$ 具有 $x[n]=0$, $n \le 0$ 以及其 z 轉換 $X(z)$。以及由已知 $x[n]$ 定義的離散時間訊號 $y[n]$ 爲：

$$y[n] = \begin{cases} \frac{1}{n}x[n], & n > 0, \\ 0, & \text{其他} \end{cases}$$

(a) 計算 $Y(z)$ 並利用 $X(z)$ 表示。

(b) 利用 (a) 的結果找出下列函數的 z 轉換：

$$w[n] = \frac{1}{n+\delta[n]}u[n-1]$$

3.48 訊號 $y[n]$ 是一線性非時變系統的輸出，並已知脈衝響應 $h[n]$ 及輸入 $x[n]$。假設 $y[n]$ 是穩定的並且其 z 轉換 $Y(z)$ 以及極點－零點圖繪於圖 3.48-1 中，而輸入訊號 $x[n]$ 是穩定並且其極點－零點圖繪於圖 3.48-2 中。

(a) 收斂區間以及 $Y(z)$ 爲何？

(b) $y[n]$ 訊號爲單左邊、單右邊或雙邊？

(c) 收斂區間以及 $X(z)$ 爲何？

(d) $x[n]$ 序列是否爲因果？ 也就是 $x[n]=0$, $n \le 0$。

(e) $x[0]$ 爲何？

(f) 畫出 $H(z)$ 的極點－零點圖並指出其收斂區間。

(g) $h[n]$ 序列是否爲非因果？也就是 $h[n]=0$, $n>0$。

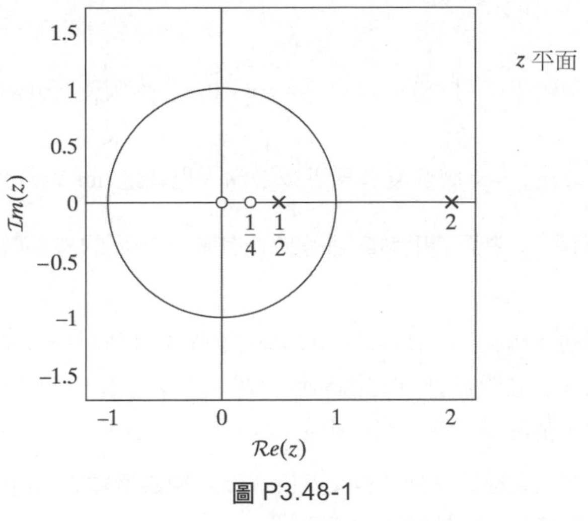

圖 P3.48-1

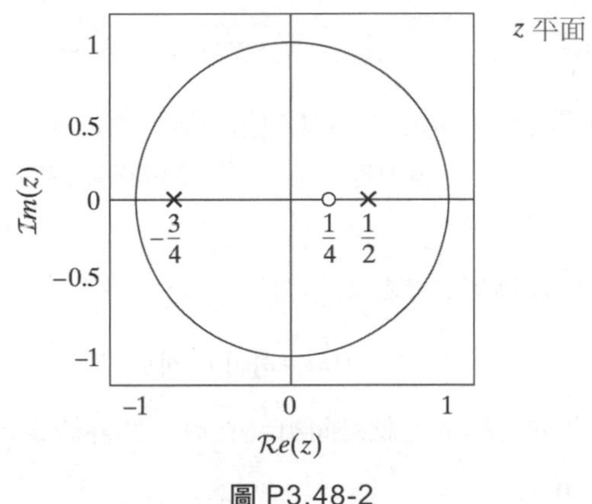

圖 P3.48-2

3.49 對於下列差分方程式 (3.66)：

(a) 對於非零的初值條件而言，輸出信號的單邊 z 轉換其差分方程式爲：

$$\mathcal{Y}(z)=\frac{\sum_{k=1}^{N}a_k\left(\sum_{m=1}^{k}y[m-k-1]z^{-m+1}\right)}{\sum_{k=0}^{N}a_k z^{-k}}+\frac{\sum_{k=0}^{M}b_k z^{-k}}{\sum_{k=0z}^{N}a_k z^{-k}}\mathcal{X}(z)$$

(b) 利用 (a) 結果證明輸出序列具有下列形式：

$$y[n]=y_{\text{ZIR}}[n]+y_{\text{ZICR}}[n]$$

$y_{\text{ZIR}}[n]$ 爲當輸入訊號全部爲零時的輸出，而 $y_{\text{ZICR}}[n]$ 爲當初值條件全部爲零時的輸出。

(c) 證明當初值條件全爲零時候，其結果將變成由雙邊 z 轉換求出的結果。

延伸問題

3.50 若 $x[n]$ 爲一個因果序列，也就是 $x[n]=0, n<0$。此外假設 $x[0]\neq 0$ 並且其 z 轉換爲一個有理函數。

(a) 證明 $X(z)$ 在 $z=\infty$ 時候沒有極點或零點。也就是 $\lim_{z\to\infty} X(z)$ 爲非零且有限。

(b) 證明在有限 z 平面的極點數目等於在有限 z 平面的零點數目（有限 z 平面不包含 $z=\infty$）。

3.51 有一個序列的 z 轉換爲 $X(z)=P(z)/Q(z)$,而 $P(z)$ 和 $Q(z)$ 爲 z 的多項函式。若是此序列具絕對可加性並且函數 $Q(z)$ 的根都包含在單位圓之內，則序列是否必定爲因果？若答案是肯定的，請解釋。若答案是否定的，請舉出反例。

3.52 若 $x[n]$ 爲一個因果穩定序列且其 z 轉換 $X(z)$。**複數倒頻譜** $\hat{x}[n]$ 被定義爲 $X(z)$ 訊號的對數函數結果而後做逆 z 轉換。也就是：

$$\hat{X}(z)=\log X(z)\overset{z}{\longleftrightarrow}\hat{x}[n],$$

而 $\hat{X}(z)$ 的收斂區間包含於單位圓內（嚴格來說，對一複數求其對數的結果需要更仔細的判斷。除此之外，對於一個對數做有效的 z 轉換期結果並非一定是有效的，但假設這裡做的運算是有效可行的）。

由以上敘述來決定此序列的複數倒頻譜：

$$x[n]=\delta[n]+a\delta[n-N]$$

3.53 假設 $x[n]$ 是實數且偶對稱；也就是 $x[n]=x[-n]$ 。此外假設 z_0 帶入 $X(z)$ 爲零。

也就是， $X(z_0)=0$ 。

(a) 證明 $1/z_0$ 帶入 $X(z)$ 中結果也是零。

(b) 由上面提示中是否還有可能的變數帶入 $X(z)$ 中結果也是零？

3.54 利用 (3.2) 式定義的 z 轉換，證明如果 $X(z)$ 爲 $x[n]=x_R[n]+jx_I[n]$ 的 z 轉換，則滿足

(a) $x^*[n]\overset{z}{\longleftrightarrow}X^*(z^*)$

(b) $x[-n]\overset{z}{\longleftrightarrow}X(1/z)$

(c) $x_R[n]\overset{z}{\longleftrightarrow}\frac{1}{2}[X(z)+X^*(z^*)]$

(d) $x_I[n]\overset{z}{\longleftrightarrow}\frac{1}{2j}[X(z)-X^*(z^*)]$

3.55 對於一個**實數**序列 $x[n]$，其 z 轉換後的所有極點和零點都包含於單位圓內。藉由 $x[n]$ 去決定一個不等於 $x[n]$ 的 $x_1[n]$ **實數**序列，其 $x_1[0]=x[0]$，$|x_1[n]|=|x[n]|$，而且 $x_1[n]$ z 轉換後的極點和零點都包含於單位圓內。

3.56 有一個實數有限長度序列 z 轉換的零點不可能同時出現共軛倒數對，並且在單位圓上的零點不可能是在傅立葉轉換相位乘上一個正數所唯一指定的 (Hayes et al., 1980)。

舉例來說，一個共軛倒數對座標值是 $z=a$ 和 $z=(a^*)^{-1}$，即便透過我們產生一序列且不滿足前述的條件，但是幾乎任何實際問題的序列滿足此一條件，而且是由其傅立葉轉換的相位乘上一正比例因子所單獨指定。

試想一個序列 $x[n]$ 爲實數，且於 $0 \le n \le N-1$ 均爲零，並且其 z 轉換沒有零點位於共軛倒數對或是單位圓上。我們希望發展一個演算法將 $\angle X(e^{j\omega})$（$x[n]$ 的傅立葉轉換相位）重建回 $c \cdot x[n]$（c 是正比例因子）。

(a) 指派一個 $(N-1)$ 個線性方程式組，而其答案將會提供由 $\tan\{\angle X(e^{j\omega})\}$ 乘上正或負比例因子而回復成 $x[n]$。你不需要證明 $(N-1)$ 個線性方程式組具有單一解。除此之外，證明若是已知 $\angle X(e^{j\omega})$ 而非 $\tan\{\angle X(e^{j\omega})\}$，則比例因子的正負符號可以被決定。

(b) 假設

$$x[n]=\begin{cases} 0, & n<0, \\ 1, & n=0, \\ 2, & n=1, \\ 3, & n=2, \\ 0, & n\ge 3 \end{cases}$$

使用在 (a) 中的步驟方法，決定 $c \cdot x[n]$ 可以由 $\angle X(e^{j\omega})$ 來決定（c 是一正比例因子）。

3.57 對一個序列 $x[n]$ 在 $n<0$ 時爲零，利用式 3.2 證明

$$\lim_{z\to\infty} X(z)=x[0]$$

這結果稱之**初值定理**。若是當一個序列 $n>0$ 時爲零，其相對應的定理爲何？

3.58 對於一個實數穩定序列 $x[n]$ 的非週期自相關函數如下

$$c_{xx}[n]=\sum_{k=-\infty}^{\infty} x[k]x[n+k]$$

(a) 證明 $c_{xx}[n]$ 的 z 轉換爲

$$C_{xx}(z)=X(z)X(z^{-1})$$

決定 $C_{xx}(z)$ 的收斂區間（ROC）。

(b) 假設 $x[n]=a^n u[n]$。畫出 $C_{xx}(z)$ 的極點－零點圖以及其收斂區間。並且藉此計算 $C_{xx}(z)$ 的逆 z 轉換來獲得 $c_{xx}[n]$。

(c) 找到另一個序列 $x_1[n]$，其不等於 (b) 小題中的 $x[n]$，但是和 (b) 小題中的 $x[n]$ 具有相同自相關函數 $c_{xx}[n]$。

(d) 再找到另一個序列 $x_2[n]$，其不等於 (b) 小題中的 $x[n]$ 也不等於 (c) 小題中的 $x_1[n]$，但是和 (b) 小題中的 $x[n]$ 具有相同自相關函數 $c_{xx}[n]$。

3.59 決定是否一個函數 $X(z)=z^*$ 可以是某一序列的 z 轉換。清楚解釋你的理由。

3.60 $X(z)$ 爲一 z 的多項式函數相除。也就是

$$X(z)=\frac{B(z)}{A(z)}$$

證明若 $X(z)$ 具有一階極點位於 $z=z_0$，則 $X(z)$ 位於 $z=z_0$ 的餘數應等於

$$\frac{B(z_0)}{A'(z_0)}$$

而 $A'(z_0)$ 爲 $A(z)$ 位於 $z=z_0$ 的導數。

CHAPTER

04

連續時間訊號的取樣

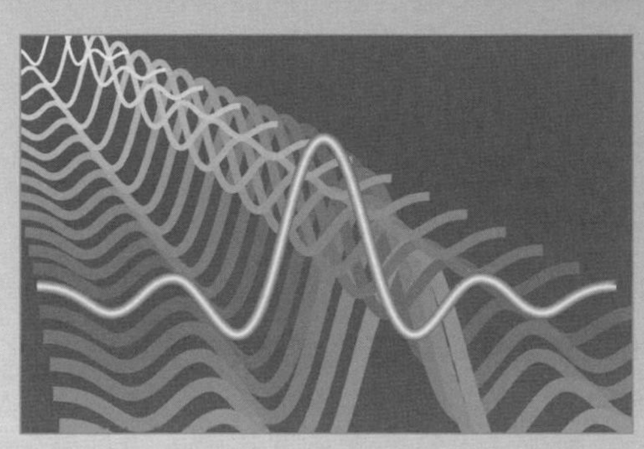

4.0 簡介

離散時間訊號可能會出現在許多情況下，但是它們最常發生於表示連續時間訊號的取樣（sampling）。取樣對於許多讀者而言無疑是很熟悉的，我們還是需回顧許多的基本議題，比如疊頻（aliasing）現象以及連續時間訊號處理實作上可以藉由先取樣步驟，離散時間處理，並且重建回連續時間訊號的重要用途。在徹底的討論這些基本議題過後，我們將討論多速率訊號處理，類比－數位（A/D）轉換、以及超取樣類比－數位（A/D）轉換的用途。

4.1 週期性取樣

訊號的離散表示可以具有多種形式，包括多種型態的基本序列展開，訊號建置的參數模型（第 11 章），以及非均勻取樣 [參考 Yen (1956), Yao, and Tomas (1967) and Eldar and Oppenheim (2000) 的範例]。這些表示式常常是由於預知訊號的特性，再採用比較有效率的表示方式。然而，這些許多替代的表示式一般是由對連續時間訊號作週期性取樣

（periodic sampling）結果的離散時間表示式。也就是一個序列樣本，$x[n]$，是由連續時間訊號 $x_c(t)$ 根據 (4.1) 式的關係而獲得，T 表示**取樣週期**，以及其倒數，$f_s = 1/T$ 代表**取樣頻率**，表示每秒取樣次數。當我們想使用每秒多少弧度的頻率時候我們也利用 $\Omega_s = 2\pi/T$ 表示取樣頻率。既然取樣的表示式只依據傅立葉轉換的有限頻寬假設，它們可適用於許多種類的訊號進而產生許多實用的應用。

$$x[n] = x_c(nT), \quad -\infty < n < \infty \tag{4.1}$$

我們參考一個實作式 (4.1) 的系統，作為**理想的連續－離散時間（C/D）轉換器**，並且我們描繪出如圖 4.1 所指出的方塊圖。在圖 4.2 中我們介紹一個連續時間語音波形和對應的序列樣本 $x_c(t)$ 和 $x[n]$ 之間的關係範例。

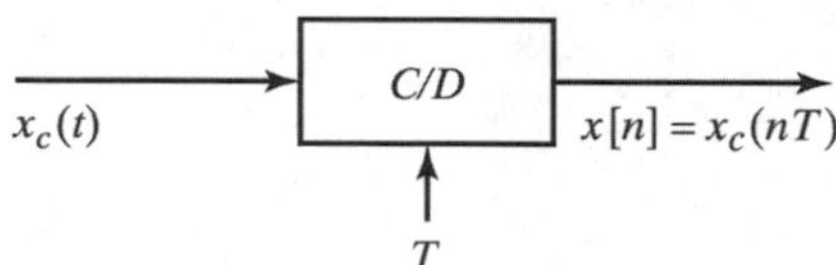

圖 4.1 方塊圖表示一個理想的連續－離散時間（C/D）轉換器

在實際裝置上，取樣動作的實作是由類比－數位（A/D）轉換器完成。這種裝置可以被視為近似理想連續－離散時間（C/D）轉換器。除了考慮取樣速率之外，理想的連續－離散時間（C/D）轉換器，很重要還考慮到實作或類比－數位（A/D）轉換器的選擇，還包括輸出訊號的量化、量化步驟的線性性質、取樣－保持電路的需求、以及取樣速率的限制。對於量化的影響於 4.8.2 和 4.8.3 節討論。其他類比－數位（A/D）轉換實際電路議題將不在本書的討論範圍。

取樣的操作一般是不可逆的；也就是說，給定一個輸出 $x[n]$，則一般不可能重建回輸入訊號 $x_c(t)$，這是因為許多種的連續時間訊號都可能產生相同的樣本序列輸出。這種取樣上本有的模糊性是在訊號處理上基本的議題。然而，要移除這種模糊性，可以藉由限制輸入訊號的頻率內容來重建回進入取樣器前的輸入。

在 (4.2) 式中可以很方便的用兩階段的數學式來表示取樣過程。這階段包含一個脈衝列調變器，緊跟著是將脈衝列轉成序列。這週期性的脈衝列是

$$s(t) = \sum_{n=-\infty}^{\infty} \delta(t - nT), \tag{4.2}$$

其中 $\delta(t)$ 是單位脈衝函數，或稱狄拉克 δ 函數。然後 $s(t)$ 和 $x_c(t)$ 的乘積為

$$\begin{aligned} x_s(t) &= x_c(t)s(t) \\ &= x_c(t)\sum_{n=-\infty}^{\infty}\delta(t-nT) = \sum_{n=-\infty}^{\infty} x_c(t)\delta(t-nT) \end{aligned} \tag{4.3}$$

利用連續時間脈衝函數的性質 $x(t)\delta(t)=x(0)\delta(t)$，有時稱之為脈衝函數的「平移性質」（參閱如 Oppenheim and Willsky, 1997）。$x_s(t)$ 可以表示成。

$$x_s(t) = \sum_{n=-\infty}^{\infty} x_c(nT)\delta(t-nT) \tag{4.4}$$

也就是說，於取樣時間 nT 時脈衝的大小（面積）等於此刻連續時間訊號的數值。也就意味著 (4.3) 式的脈衝列調變等於取樣的數學表式。

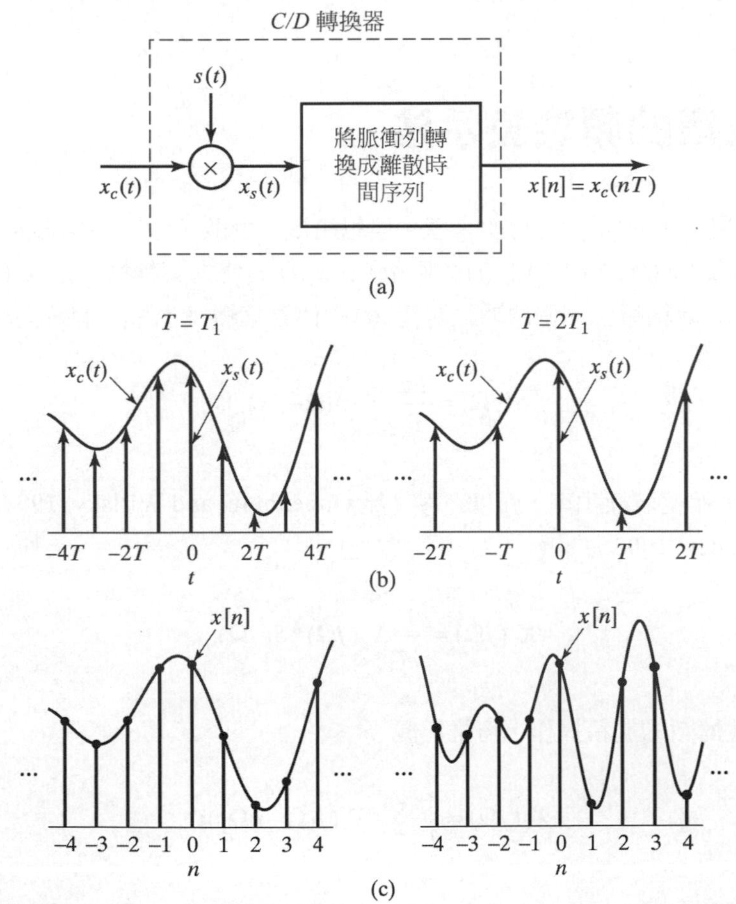

圖 4.2 利用離散時間序列達到週期脈衝列取樣。(a) 整個系統，(b) 對於兩種取樣速率的 $x_s(t)$，(c) 兩種不同取樣速率下的輸出序列

圖 4.2(b) 有一連續時間訊號 $x_c(t)$ 和兩個不同速率的脈衝列取樣結果。注意到箭頭代表著脈衝 $x_c(nT)\delta(t-nT)$ 以及它的長度和面積成正比。圖 4.2(c) 描繪出對應的輸出序列。意義上，$x_s(t)$ 和 $x[n]$ 的基本差異是 $x_s(t)$ 為一個連續時間訊號（精確來說，是一個脈衝列）且在除了 T 的整數倍數外全部為零。

另一方面，序列 $x[n]$ 被整數倍數的變數 n 所標示，也可視為一種時間正規化。也就是說，序列 $x[n]$ 的數目不包含有關取樣週期 T 的資訊。除此之外，$x_c(t)$ 訊號的取樣結果利用有限數目的 $x[n]$ 而非利用 $x_s(t)$ 的脈衝面積表示。

要強調的是，圖 4.2 是嚴格的數學表示式，對於利用時域或頻域來深入洞察取樣都很方便。但這卻不是對於物理電路或取樣操作的系統設計的近似表示。硬體元件可以近似建立如圖 4.2(a) 般在此刻是較後面的議題。我們必須介紹這種取樣操作的表示式，是因為它將導致一個重要簡單的推導結果而且藉由操作傅立葉轉換式和更多的正式的推導，這逐步的導致一系列的重要發現。

4.2 取樣的頻域表示法

我們能利用 $x_s(t)$ 的傅立葉轉換來產生理想連續－離散（C/D）轉換器的頻域關係。因為從式 4.3 可知 $x_s(t)$ 是 $x_c(t)$ 和 $s(t)$ 的乘積，且 $x_s(t)$ 的傅立葉轉換正是 $X_c(j\Omega)$ 和 $S(j\Omega)$ 的旋積再乘上 $1/2\pi$ 結果。一個週期脈衝列 $s(t)$ 的傅立葉轉換也是一個週期脈衝列：

$$S(j\Omega)=\frac{2\pi}{T}\sum_{k=-\infty}^{\infty}\delta(\Omega-k\Omega_s), \tag{4.5}$$

而 $\Omega_s=2\pi/T$ 是弧度取樣頻率，弧度／秒（見 Oppenheim and Willsky, 1997；McClellan, Schafer and Yoder, 2003）。所以

$$X_s(j\Omega)=\frac{1}{2\pi}X_c(j\Omega)*S(j\Omega),$$

而$*$表示連續性變數的旋積操作，可推導成

$$X_s(j\Omega)=\frac{1}{T}\sum_{k=-\infty}^{\infty}X_c(j(\Omega-k\Omega_s)) \tag{4.6}$$

(4.6) 式是圖 4.2(a) 中輸入的傅立葉轉換和脈衝列調變器的輸出再經傅立葉轉換之間的關係。(4.6) 式表示了 $x_s(t)$ 的傅立葉轉換是由 $X_c(j\Omega)$ 的週期重複複製所組成，而 $X_c(j\Omega)$ 是 $x_s(t)$ 的傅立葉轉換。這些複製訊號平移取樣頻率的整數倍數後，再相互疊加

產生脈衝列樣本的週期傅立葉轉換。圖 4.3 描繪脈衝列取樣的頻域表示。圖 4.3(a) 表示有限頻寬訊號的傅立葉轉換具有性質 $X_c(j\Omega)=0$ 對於 $|\Omega|\geq|\Omega_N|$。圖 4.3(b) 表示週期脈衝列 $S(j\Omega)$，以及圖 4.3(c) 展示 $X_s(j\Omega)$，它是由 $X_c(j\Omega)$ 和 $S(j\Omega)$ 旋積再乘上 $1/2\pi$ 的結果。很明顯的當

$$\Omega_s-\Omega_N\geq\Omega_N,\quad \text{或者}\quad \Omega_s\geq 2\Omega_N, \tag{4.7}$$

則如圖 4.3(c) 所示，$X_c(j\Omega)$ 的疊加訊號不會重疊，因而，當 (4.6) 式中的訊號被疊加在一起時，依據 $X_c(j\Omega)$ 在每一個 Ω_s 的整數倍地方（也就是乘積 $1/T$ 數倍）。所以，$x_c(t)$ 可以藉由 $x_s(t)$ 和一個理想低通濾波器重建回來。圖 4.4(a) 中描繪出一個脈衝列調變器其次是一個頻率響應為 $H_r(j\Omega)$ 的線性非時變（LTI）系統。

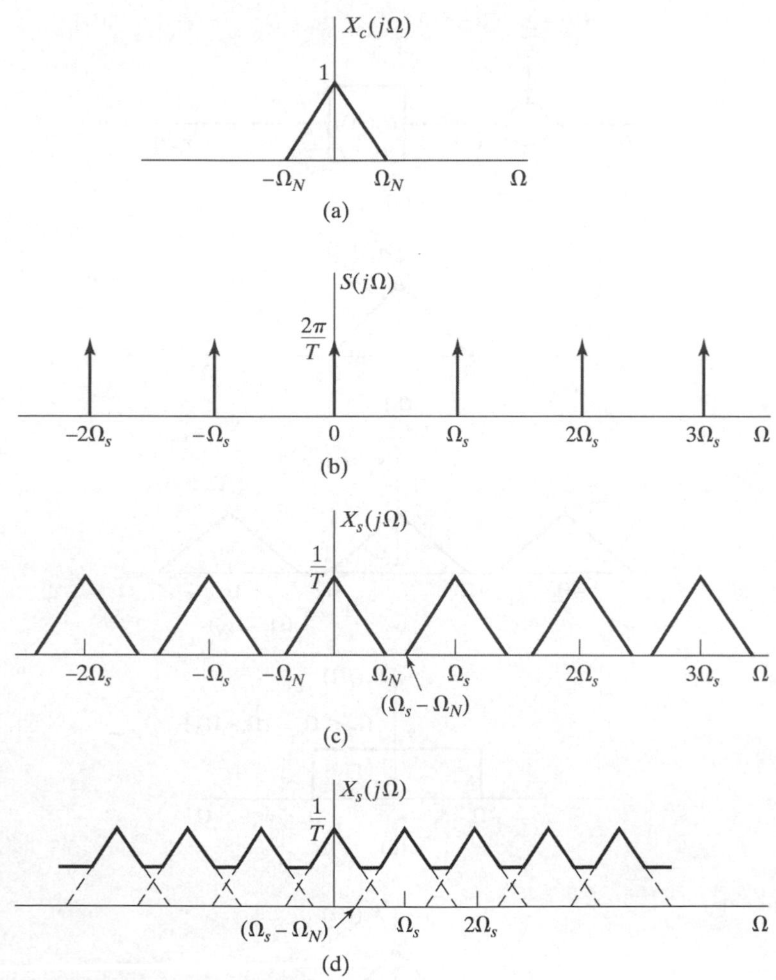

圖 4.3 時域中取樣後的頻域表示。(a) 原本訊號的頻譜，(b) 取樣函數的傅立葉轉換，(c) 取樣訊號其 $\Omega_s\geq 2\Omega_N$ 的傅立葉轉換，(d) 取樣訊號其 $\Omega_s<2\Omega_N$ 的傅立葉轉換

圖 4.4(b) 繪出 $X_c(j\Omega)$ ，以及圖 4.4(c) 繪出 $X_s(j\Omega)$，並且假設 $\Omega_s \geq 2\Omega_N$ 。因而

$$X_r(j\Omega) = H_r(j\Omega)X_s(j\Omega), \tag{4.8}$$

若是 $H_r(j\Omega)$ 是一個增益爲 T 以及截止頻率 Ω_c 的理想的低通濾波器，如下

$$\Omega_N \leq \Omega_c \leq (\Omega_s - \Omega_N) \tag{4.9}$$

則

$$X_r(j\Omega) = X_c(j\Omega) \tag{4.10}$$

如同圖 4.4(e) 所繪，所以 $x_r(t) = x_c(t)$ 。

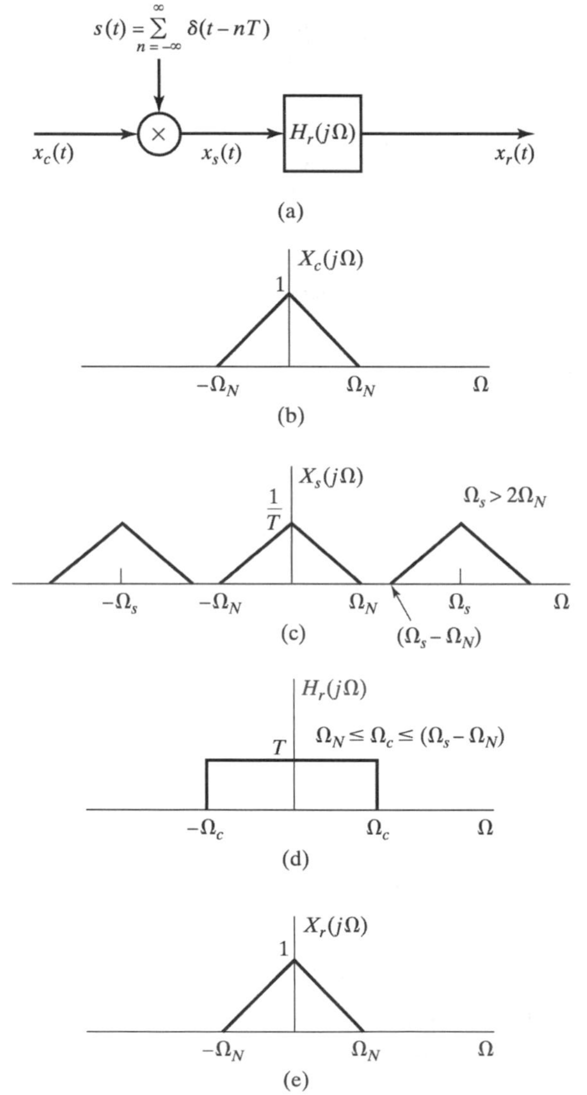

圖 4.4 由連續時間訊號的樣本經過一個理想低通濾波器來完整重建原來訊號的過程

若是不滿足不等式 (4.7)，也就是當 $\Omega_s < 2\Omega_N$ ，則 $X_c(j\Omega)$ 疊加訊號會重疊，以致於它們會有部分相互疊加在一起，$X_c(j\Omega)$ 就無法由低通濾波器重建回來。這種現象描繪於圖 4.3(d) 中。在這情況，於圖 4.4(a) 中重建的輸出訊號 $x_r(t)$ 將是原本連續時間輸入訊號經過失真，稱爲**疊頻失真**（aliasing distortion），亦簡稱爲**疊頻現象**（aliasing）。圖 4.5 描繪了一個簡單餘弦訊號範例的頻域中疊頻現象。

$$x_c(t) = \cos\Omega_0 t \tag{4.11a}$$

它的傅立葉轉換爲

$$X_c(j\Omega) = \pi\delta(\Omega - \Omega_0) + \pi\delta(\Omega + \Omega_0) \tag{4.11b}$$

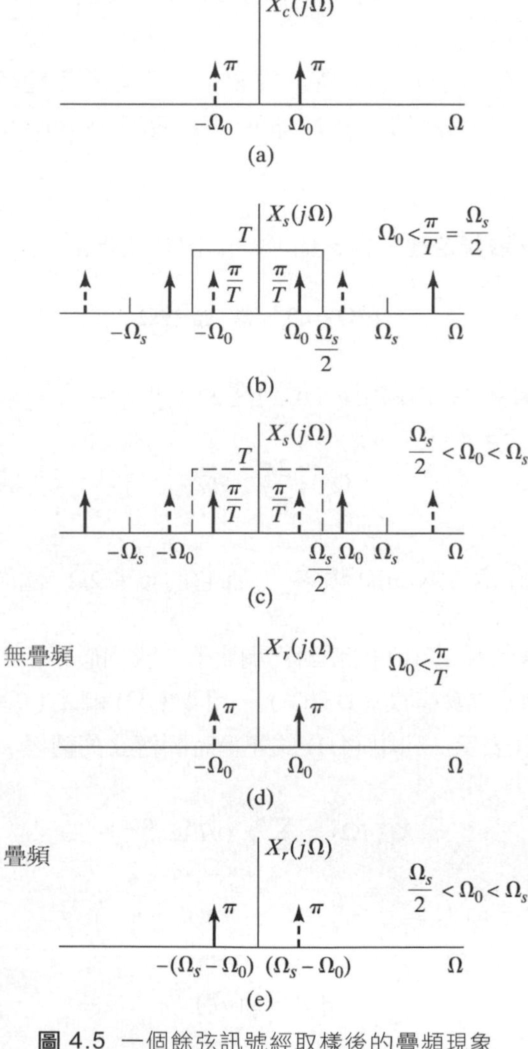

圖 4.5　一個餘弦訊號經取樣後的疊頻現象

如圖 4.5(a) 所繪。注意到脈衝於 $-\Omega_0$ 為虛線。這有助於觀察接下來對序列圖形的影響。圖 4.5(b) 顯示當 $\Omega_0 < \Omega_s/2$ 的 $x_s(t)$ 傅立葉轉換，圖 4.5(c) 顯示當 $\Omega_s/2 < \Omega_0 < \Omega_s$ 的 $x_s(t)$ 傅立葉轉換。圖 4.5(d) 和 4.5(e) 分別為 $\Omega_0 < \Omega_s/2 = \pi/T$ 和 $\Omega_s/2 < \Omega_0 < \Omega_s$ 的情形下，對低通濾波器的輸出做傅立葉轉換結果，而 $\Omega_c = \Omega_s/2$。

圖 4.5(c) 和 4.5(e) 對應到其疊頻現象的範例。若是沒有疊頻發生 [如圖 4.5(b) 和 (d)]，則重建回的輸出為

$$x_r(t) = \cos\Omega_0 t \tag{4.12}$$

若是有疊頻現象發生，則重建回的輸出為

$$x_r(t) = \cos(\Omega_s - \Omega_0)t; \tag{4.13}$$

也就是，較高頻的訊號 $\cos\Omega_0 t$ 發生疊頻現象後，則取樣和重建將產生較低頻訊號 $\cos(\Omega_s - \Omega_0)t$ 為結果。這裡討論的就是 Nyquist 取樣定理 (Nyquist, 1928; Shannon, 1949) 的基礎，如下所示

Nyquist-Shannon 取樣定理：當 $x_c(t)$ 為一有限頻寬訊號如：

$$X_c(j\Omega) = 0, \quad 當 |\Omega| \geq \Omega_N \tag{4.14a}$$

則 $x_c(t)$ 將可被它的樣本 $x[n] = x_c(nT),\ n = 0, \pm1, \pm2, \ldots,$ 所唯一決定。

$$\Omega_s = \frac{2\pi}{T} \geq 2\Omega_N \tag{4.14b}$$

頻率 Ω_N 一般被稱作為「Nyquist 頻率」，而它的頻率 $2\Omega_N$ 當作為「Nyquist 速率」。

至此，我們只考慮到圖 4.2(a) 的脈衝列調變器。我們最終目的是表示 $X(e^{j\omega})$，也就是序列 $x[n]$ 的離散時間傅立葉轉換（DTFT），用 $X_s(j\Omega)$ 和 $X_c(j\Omega)$ 形式表示。為此，讓我們思考 $X_s(j\Omega)$ 的替代表示。利用 (4.4) 式連續時間傅立葉轉換，我們可以獲得：

$$X_s(j\Omega) = \sum_{n=-\infty}^{\infty} x_c(nT)e^{-j\Omega Tn} \tag{4.15}$$

既然

$$x[n] = x_c(nT) \tag{4.16}$$

而且

$$X(e^{j\omega}) = \sum_{n=-\infty}^{\infty} x[n]e^{-j\omega n}, \tag{4.17}$$

接下來

$$X_s(j\Omega) = X(e^{j\omega})|_{\omega=\Omega T} = X(e^{j\Omega T}) \tag{4.18}$$

所以，從 (4.6) 和 (4.18) 式中，

$$X(e^{j\Omega T}) = \frac{1}{T}\sum_{k=-\infty}^{\infty} X_c(j(\Omega - k\Omega_s)), \tag{4.19}$$

或等同：

$$X(e^{j\omega}) = \frac{1}{T}\sum_{k=-\infty}^{\infty} X_c\left[j\left(\frac{\omega}{T} - \frac{2\pi k}{T}\right)\right] \tag{4.20}$$

從 (4.18) 至 (4.20) 式我們可以看出 $X(e^{j\omega})$ 爲 $X_s(j\Omega)$ 的頻譜取樣後版本，取樣的頻率比例爲 $\omega = \Omega T$。這比例是可以透過正規化頻率座標軸而改變的，也就是說在 $X_s(j\Omega)$ 中 $\Omega = \Omega_s$ 被正規化爲 $\omega = 2\pi$ 對應到 $X(e^{j\omega})$。這 $X_s(j\Omega)$ 對應到 $X(e^{j\omega})$ 頻率比例或是正規化的轉換正是在時間正規化轉換從 $x_s(t)$ 對應到 $x[n]$ 的結果。

正確而言，當我們看到圖 4.2，$x_s(t)$ 保留住了在取樣週期 T 內的空間。相對而言，每一個 $x[n]$ 序列之間的空間距離都是固定的，也就是時間座標軸被參數 T 給正規化過。對應到頻譜，則是頻率座標軸被 $f_s = 1/T$ 給正規化的結果。

對一個餘弦波表示式爲 $x_c(t) = \cos(\Omega_0 t)$，其最高（且唯一）頻率是 Ω_0，既然訊號爲一個簡單的函數，也很容易計算其取樣後的訊號結果。接下來兩個例子利用到餘弦波訊號展現取樣時的重要關鍵。

範例 4.1　弦波訊號的取樣和重建

若是我們對連續時間訊號 $x_c(t) = \cos(4000\pi t)$ 做週期為 $T = 1/6000$ 的取樣，我們獲得 $x[n] = x_c(nT) = \cos(4000\pi Tn) = \cos(\omega_0 n)$，而 $\omega_0 = 4000\pi T = 2\pi/3$。這範例中，$\Omega_s = 2\pi/T = 12000\pi$ 而且此訊號最高頻率 $\Omega_0 = 4000\pi$，所以滿足 Nyquist 取樣定理條件而不會有疊頻現象發生。$x_c(t)$ 的傅立葉轉換為：

$$X_c(j\Omega) = \pi\delta(\Omega - 4000\pi) + \pi\delta(\Omega + 4000\pi)$$

圖 4.6(a) 展現

$$X_s(j\Omega)=\frac{1}{T}\sum_{k=-\infty}^{\infty}X_c[j(\Omega-k\Omega_s)] \tag{4.21}$$

而 $\Omega_s=12000\pi$。注意到 $X_c(j\Omega)$ 於 $\Omega=\pm4000\pi$ 擁有脈衝配對，而且我們看到傅立葉轉換上位移的複製中心出現在 $\pm\Omega_s,\pm2\Omega_s,\ldots$，等等。畫出 $X(e^{j\omega})=X_s(j\omega/T)$ 為一個正規化頻率 $(\omega=\Omega T)$ 的函數於圖 4.6(b) 中，這裡我們利用脈衝的獨立變數比例化也會改變其面積的現象來對應原本訊號，也就是說，$\delta(\omega/T)=T\delta(\omega)$（Oppenheim and Willsky, 1997）。注意到原始的頻率 $x[n]$ 對應到正規化頻率 $\omega_0=4000\pi T=2\pi/3$（也滿足不等式 $\omega_0<\pi$），滿足 $\Omega_0=4000\pi<\pi/T=6000\pi$ 的現象。圖 4.6(b) 也展示給定一個取樣速率 $\Omega_s=12000\pi$ 之下理想重建濾波器的頻率響應 $H_r(j\Omega)$。圖中展示重建訊號擁有頻率 $\Omega_0=4000\pi$，也就是原始訊號 $x_c(t)$ 的頻率。

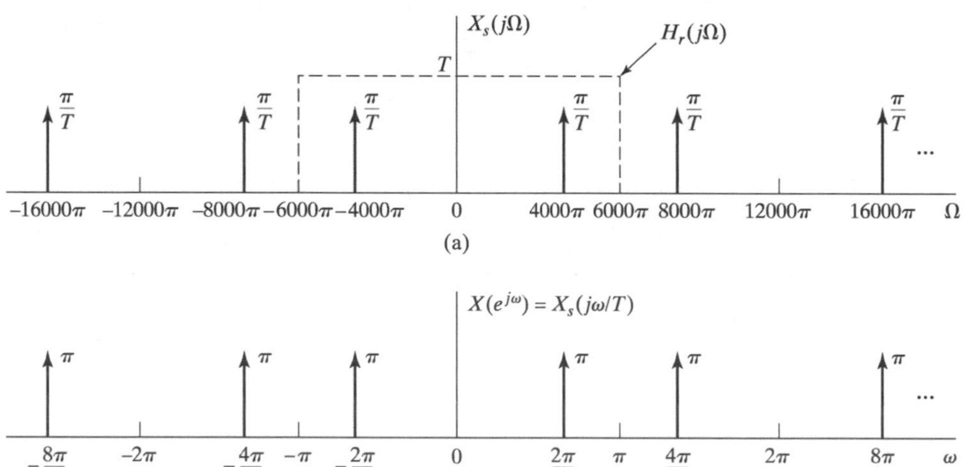

圖 4.6 (a) 連續時間，(b) 離散時間的餘弦訊號（頻率 $\omega_0=4000\pi$）利葉轉換利用取樣週期 $T=1/6000$

範例 4.2 弦波訊號取樣時的疊頻現象

現在假設一個連續時間訊號 $x_c(t)=\cos(16000\pi t)$，但是取樣週期為 $T=1/6000$，如同範例 4.1 所述。此取樣週期不滿足 Nyquist 取樣定理條件，因為 $\Omega_s=2\pi/T=12000\pi<2\Omega_0=32000\pi$。結果將產生疊頻現象。此範例的傅立葉轉換 $X_s(j\Omega)$ 唯一對應到如圖 4.6(a) 所示。然而，位於 $\Omega=-4000\pi$ 的脈衝是從 $X_c[j(\Omega-\Omega_s)]$ 在 (4.21) 式而來，而非來自 $X_c(j\Omega)$；同樣位於 $\Omega=4000\pi$ 的脈衝是從 $X_c[j(\Omega+\Omega_s)]$ 而來。也就是頻率為 $\pm4000\pi$ 的訊號是疊頻現象發生的結果。畫出 $X(e^{j\omega})=X_s(j\omega/T)$ 為

ω 產生的函數展示於圖 4.6(b) 中，因為我們藉由相同取樣週期做正規化。對於這兩種不同取樣序列的相同結果，其理由是因為

$$\cos(16000\pi n/6000) = \cos(2\pi n + 4000\pi n/6000) = \cos(2\pi n/3)$$

（回想我們可以增加任何乘上 2π 的整數當作餘弦訊號的參數而不改變其輸出數值）也就是說，我們可以獲得相同的樣本序列 $x[n] = \cos(2\pi n/3)$ 藉由相同的取樣頻率對兩個不同連續時間訊號做取樣。在第一個案例中，取樣頻率滿足 Nyquist 定理。而另一個則不滿足。如之前所述，圖 4.6 展現了給定一個取樣速率為 $\Omega_s = 12000\pi$ 之後的理想重建濾波器 $H_r(j\Omega)$ 的頻率響應。圖中清楚地描繪訊號重建後的頻率 $\Omega_0 = 4000\pi$，正是原本訊號頻率 16000π 利用取樣頻率 $\Omega_s = 12000\pi$ 而產生疊頻現象後的頻率。

範例 4.1 和 4.2 展示出弦波訊號取樣動作下一些意義不明確的關係。範例 4.1 證實當取樣定理條件能被滿足，則原本訊號可以被樣本重建回來。範例 4.2 敘述若當取樣頻率不滿足取樣定理，我們不可能利用一個截止頻率為取樣頻率一半的理想低通重建濾波器重建回原本訊號。重建回的訊號是原本訊號對應到原本連續時間訊號取樣的速率而產生疊頻的頻率。在這兩個範例中，樣本序列 $x[n] = \cos(2\pi n/3)$，但是原本連續時間訊號卻不同。如同這兩個範例的延伸下，我們可以利用無窮多種方法獲得相同的樣本序列藉由對一連續時間弦波週期性取樣。然而，若我們選擇 $\Omega_s > 2\Omega_0$，以上的含糊將會消失。

4.3 有限頻寬訊號下的樣本重建

根據取樣定理，連續時間有限頻寬訊號（continuous-time bandlimited signal）的樣本足夠明確的代表一個訊號只要頻率的足夠，也就是訊號可以由樣本重建，且若已知取樣週期。脈衝列調變提供了一個方便的意義來理解重建連續時間有限頻寬訊號的樣本重建。

在 4.2 節中，我們看到若當取樣定理條件被滿足，並且若經調變後的脈衝列再經過適當低通濾波器，則濾波器輸出的傅立葉轉換就必定會是原本連續時間訊號 $x_c(t)$ 的傅立葉轉換，所以，濾波器的輸出將會是 $x_c(t)$。若是我們給一個樣本序列 $x[n]$，我們可以製造一個脈衝列 $x_s(t)$，它的連續脈衝面積被序列的數值給決定。也就是：

$$x_s(t) = \sum_{n=-\infty}^{\infty} x[n]\delta(t - nT) \qquad (4.22)$$

在脈衝時間爲 $t = nT$ 的第 n 個樣本，也就是 $x[n]$ 序列和 T 取樣週期的關係。若是脈衝列輸入到一個理想低通連續時間濾波器，當它的頻率響應 $H_r(j\Omega)$ 和脈衝響應 $h_r(t)$ 則此濾波器的輸出爲

$$x_r(t) = \sum_{n=-\infty}^{\infty} x[n]h_r(t-nT) \tag{4.23}$$

圖 4.7(a) 的方塊圖表示訊號重建過程。注意這理想重建濾波器擁有增益 T [爲了補償在 (4.19) 和 (4.20) 式的 $1/T$ 參數]，並且截止頻率 Ω_c 在 Ω_N 和 $\Omega_s - \Omega_N$ 之間。一個方便實用的選擇截止頻率是 $\Omega_c = \Omega_s/2 = \pi/T$。這很適當的選擇建立了 Ω_s 和 Ω_N 的關係且沒有疊頻現象（也就是 $\Omega_s \geq 2\Omega_N$ ）。圖 4.7(b) 展示了理想重建濾波器的頻率響應。對應的脈衝響應 $h_r(t)$，是 $H_r(j\Omega)$ 的逆傅立葉轉換，而且截止頻率 π/T 產生了

$$h_r(t) = \frac{\sin(\pi t/T)}{\pi t/T} \tag{4.24}$$

這個脈衝響應於圖 4.7(c) 中。接著代替 (4.24) 式於 (4.23) 式中：

$$x_r(t) = \sum_{n=-\infty}^{\infty} x[n]\frac{\sin[\pi(t-nT)/T]}{\pi(t-nT)/T} \tag{4.25}$$

(4.23) 和 (4.25) 式利用線性組合基底函數 $h_r(t-nT)$ 和樣本 $x[n]$ 當作係數來表示一個連續時間訊號。對於其他的基底函數和相對的係數選擇還有多種方法去代表，存在許多其他種類的連續時間函數。然而，(4.24) 式函數和樣本 $x[n]$ 分別爲自然基底函數和參數去表示一個有線頻寬連續時間訊號。

從 4.2 節的頻域觀點來看，我們可看出若 $x[n] = x_c(nT)$ 當 $X_c(j\Omega) = 0$, $|\Omega| \geq \pi/T$,則 $x_r(t)$ 和 $x_c(t)$ 會相等。這在單獨看 (4.25) 式時候不能立即明顯的觀察出。然而，當更仔細觀察這方程式會有進一步的獲得。首先，讓我們思考在 (4.24) 式中的函數 $h_r(t)$，我們發現：

$$h_r(0) = 1 \tag{4.26a}$$

這是根據 l'Hopital's 規則或是小角度近似於它的弦波函數的觀念。除此之外

$$h_r(nT) = 0, \qquad 當\ n = \pm 1, \pm 2, \ldots \tag{4.26b}$$

根據 (4.26a) 和 (4.26b) 和 (4.23) 式，若 $x[n] = x_c(nT)$ ，則對所有整數 m 而言：

$$x_r(mT) = x_c(mT) \tag{4.27}$$

也就是說：藉由 (4.25) 式重建回的訊號和原本連續時間訊號在取樣時間上擁有相同的數值，並且取樣週期 T 是不影響重建的。

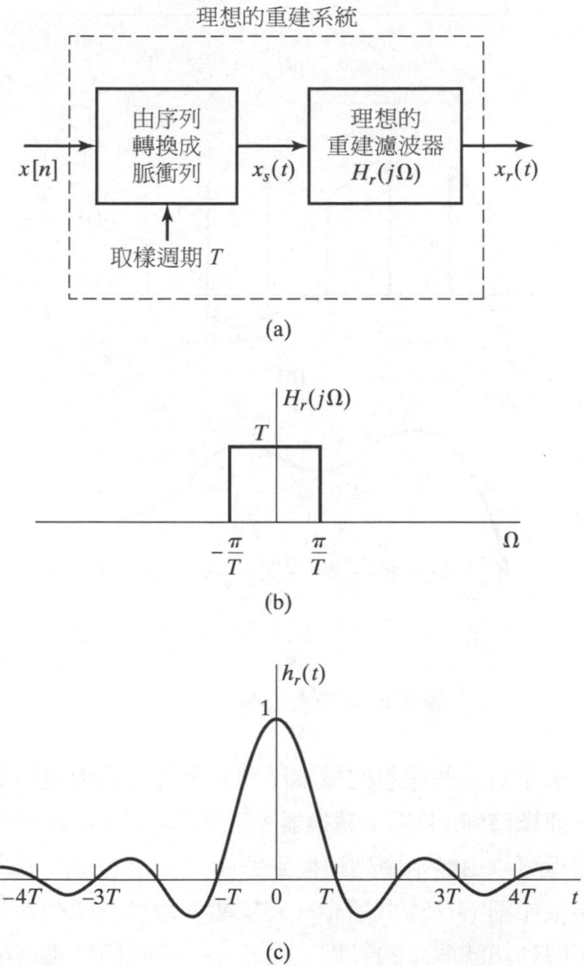

圖 4.7　(a) 理想有限頻寬訊號重建系統的方塊圖。(b) 理想重建濾波器的頻率響應。(c) 理想重建濾波器的脈衝響應

在圖 4.8 中，我們展示一個連續時間訊號 $x_c(t)$ 和其對應的調變脈衝列。圖 4.8(c) 展示了如下列形式

$$x[n]\frac{\sin[\pi(t-nT)/T]}{\pi(t-nT)/T}$$

並且重建回訊號 $x_r(t)$ 的結果。如圖中所示，這理想低通濾波器在訊號 $x_s(t)$ 之間做內插並建立一個連續時間訊號 $x_r(t)$ 。從 (4.27) 式看出，當結果訊號正好是取樣時間的時刻，就能重建 $x_c(t)$ 。事實上，若沒有疊頻現象發生，藉由樣本和它的頻域分析以及重建流程，最後這低通濾波器內插後能產生正確的重建。

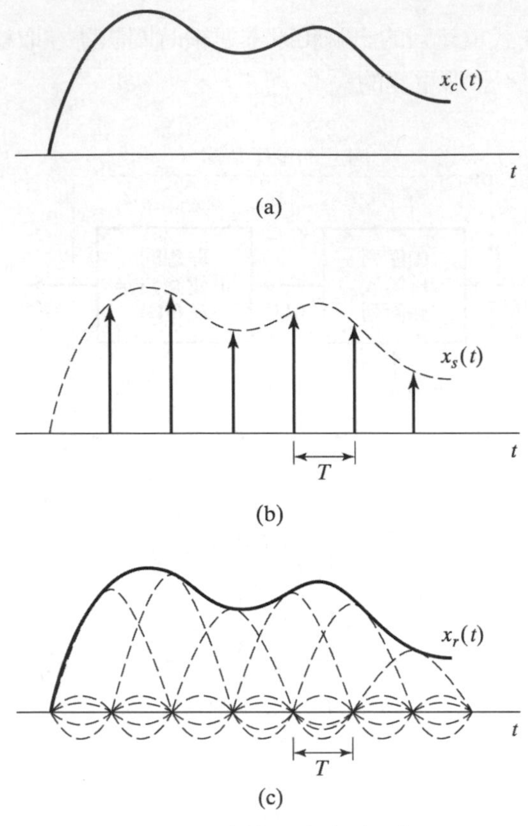

圖 4.8 理想有限頻寬的內插

由先前討論結果去定義一個理想的樣本序列而重建有限頻寬訊號的系統。我們將此系統稱作**理想離散－連續時間（D/C）轉換器**。這樣的系統描繪於圖 4.9 中。如同我們所看到，這理想重建過程可以由樣本序列轉換到脈衝列，如 (4.22) 式所示，接著經過一個理想低通濾波器，結果如同 (4.25) 式所示。將脈衝列轉換成訊號有著簡單的推導式，如 (4.25) 式，而且也了解到訊號重建的過程。然而，一旦我們熟悉這部過程，我們就可以用更精簡的表示，如圖 4.9(b) 所繪，輸入由 $x[n]$ 序列以及產生連續時間輸出訊號 $x_r(t)$ 的代表 (4.25) 式。

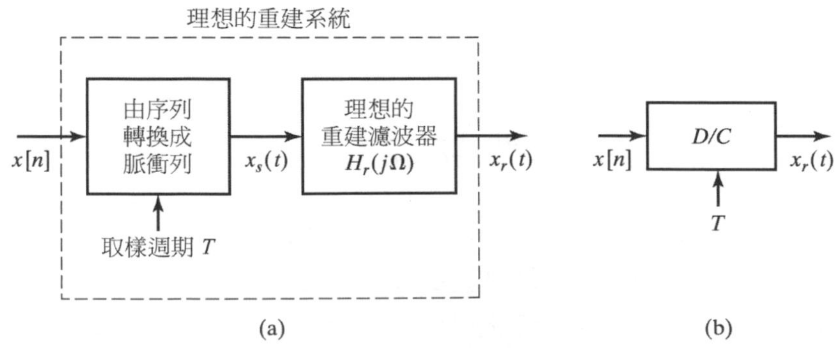

圖 4.9 (a) 理想有限頻寬訊號的重建。(b) 理想離散－連續（D/C）轉換器的相同表示

理想離散－連續（D/C）轉換器的性質若在頻域觀點上更易觀察，在 (4.23) 或 (4.25) 式其傅立葉轉換下，可以在頻域下推導輸出和輸入之間的關係如下：

$$X_r(j\Omega) = \sum_{n=-\infty}^{\infty} x[n]H_r(j\Omega)e^{-j\Omega Tn}$$

既然 $H_r(j\Omega)$ 存在於所有的總和項目，我們可以修正成

$$X_r(j\Omega) = H_r(j\Omega)X(e^{j\Omega T}) \tag{4.28}$$

(4.28) 式提供頻譜上描述理想離散－連續（D/C）轉換器。根據 (4.28) 式，$X(e^{j\omega})$ 是以頻率爲尺度（事實上，從序列到脈衝列讓 ω 被 ΩT 給取代）。所以理想低通濾波器 $H_r(j\Omega)$ 的基礎週期 決定了週期傅立葉轉換 $X(e^{j\Omega T})$ 以及 $1/T$ 的取樣增益補償結果。然而，若序列 $x[n]$ 是從有限頻寬訊號經過比 Nyquist 速率更高的頻率取樣，重建後的訊號 $x_r(t)$ 將會等於原本的有限頻寬訊號。在任何情況下，(4.28) 式也清楚表示理想離散－連續（D/C）轉換器的輸出是在此低通濾波器的截止頻率下的有限頻寬，通常是由取樣頻率的一半所決定。

4.4 在離散時間上處理連續時間訊號

離散時間系統（discrete-time system）的一種主要應用是於處理連續時間訊號（continuous-time signal）。圖 4.10 所示的系統完成了這項任務。這系統串接一個連續－離散 C/D 轉換器，接著一個離散時間系統，以及後面的一個離散－連續 D/C 轉換器。注意到這整個系統和連續時間系統具有相同的功能，因爲它將輸入的連續時間訊號 $x_c(t)$ 轉換成連續時間輸出訊號 $y_r(t)$。這整個系統的性質是根據離散時間系統以及取樣速率所定。我們假設圖 4.10 中的連續－離散（C/D）轉換器和離散－連續（D/C）轉換器具有相同的取樣速率。這不是必然的，本章後面內容及本章最後的習題將會探討當輸入和輸出的取樣速率不同的系統。

本章之前的內容已經著力介紹圖 4.10 中的連續－離散（C/D）轉換和離散－連續（D/C）轉換的操作方式。爲求方便以及首先步驟要了解到圖 4.10 中的整個系統，如下我們摘要了這些操作步驟的數學表示式。

這連續－離散（C/D）轉換器產生了一個離散時間訊號：

$$x[n] = x_c(nT) \tag{4.29}$$

也就是說：一個連續時間樣本序列訊號 $x_c(t)$，這序列的離散傅立葉轉換（DTFT）和連續時間輸入訊號的連續時間傅立葉轉換的關係：

$$X(e^{j\omega}) = \frac{1}{T}\sum_{k=-\infty}^{\infty} X_c\left[j\left(\frac{\omega}{T} - \frac{2\pi k}{T}\right)\right] \tag{4.30}$$

這離散－連續（D/C）轉換器製造一個連續時間輸出訊號的形式

$$y_r(t) = \sum_{n=-\infty}^{\infty} y[n]\frac{\sin[\pi(t-nT)/T]}{\pi(t-nT)/T}, \tag{4.31}$$

而 $x[n]$ 是爲離散時間的輸入，$y[n]$ 序列爲此系統的輸出。從 (4.28) 式，$Y_r(j\Omega)$ 是連續時間 $y_r(t)$ 的傅立葉轉換，而 $y[n]$ 的離散傅立葉轉換（DTFT）結果 $Y(e^{j\omega})$ 彼此的關係爲：

$$Y_r(j\Omega) = H_r(j\Omega)Y(e^{j\Omega T}) = \begin{cases} TY(e^{j\Omega T}), & |\Omega| < \pi/T, \\ 0, & \text{其他} \end{cases} \tag{4.32}$$

下一步，讓我們連接輸出樣本 $y[n]$ 和輸入樣本 $x[n]$ 的關係，或相同意義表示，$X(e^{j\omega})$ 和 $Y(e^{j\omega})$ 關係。舉出一個簡單的恆等系統範例，也就是當 $x[n] = y[n]$。這也是目前爲止我們曾經深入討論的例子，我們已知當 $x_c(t)$ 的傅立葉轉換是一個有限頻寬，爲 $X_c(j\Omega) = 0$ 當 $|\Omega| \geq \pi/T$ 而且若圖 4.10 的離散時間系統是一個恆等系統，爲 $y[n] = x[n] = x_c(nT)$，則輸出將是 $x_c(t) = y_r(t)$。回想過去，爲了證明這結果，我們利用頻域觀點去表示連續時間和離散時間訊號，因爲在頻域上較易理解疊頻現象的主要概念。同樣的，當我們處理比恆等系統更複雜的系統時，我們一般採用頻域的觀念來分析。若當離散時間系統是非線性或時變，系統輸入和輸出的傅立葉轉換關係通常就難以獲得（在習題 4.50 中，我們考慮一個圖 4.10 的系統範例，這個離散時間系統爲非線性）。然而，這線性非時變（LTI）的範例推導出一個簡單和常常實用的結果。

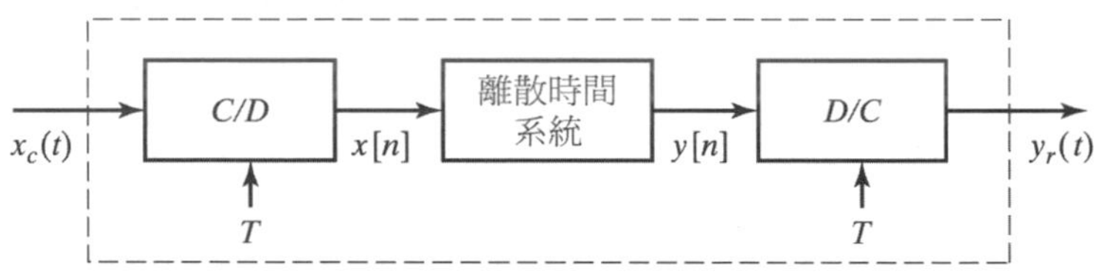

圖 4.10 連續時間訊號的離散時間處理

4.4.1 連續時間訊號的離散時間線性非時變（LTI）處理

若當圖 4.10 的離散時間系統爲線性且非時變（LTI），可以知道

$$Y(e^{j\omega}) = H(e^{j\omega})X(e^{j\omega}) \tag{4.33}$$

$H(e^{j\omega})$ 是系統的頻率響應，和單位樣本響應的傅立葉轉換同意義，而且 $H(e^{j\omega})$ 和 $Y(e^{j\omega})$ 各別是輸入和輸出的傅立葉轉換。結合 (4.32) 和 (4.33) 式，我們獲得：

$$Y_r(j\Omega) = H_r(j\Omega)H(e^{j\Omega T})X(e^{j\Omega T}) \tag{4.34}$$

下一步，利用 (4.30) 式和 $\omega = \Omega T$，可以推導出

$$Y_r(j\Omega) = H_r(j\Omega)H(e^{j\Omega T})\frac{1}{T}\sum_{k=-\infty}^{\infty} X_c\left[j\left(\Omega - \frac{2\pi k}{T}\right)\right] \tag{4.35}$$

若 $X_c(j\Omega) = 0$ 當 $|\Omega| \geq \pi / T$，則理想低通重建濾波器 $H_r(j\Omega)$ 消除了 $1/T$ 的增益因素，並選擇了 (4.35) 式當中 $k = 0$ 的部分訊號，也就是：

$$Y_r(j\Omega) = \begin{cases} H(e^{j\Omega T})X_c(j\Omega), & |\Omega| < \pi / T, \\ 0, & |\Omega| \geq \pi / T \end{cases} \tag{4.36}$$

然而，若 $X_c(j\Omega)$ 爲一個有限頻寬且取樣速率大於或等於 Nyquist 速率，則透過方程式得知輸出和輸入的關係如：

$$Y_r(j\Omega) = H_{\text{eff}}(j\Omega)X_c(j\Omega), \tag{4.37}$$

當

$$H_{\text{eff}}(j\Omega) = \begin{cases} H(e^{j\Omega T}), & |\Omega| < \pi / T, \\ 0, & |\Omega| \geq \pi / T \end{cases} \tag{4.38}$$

也就是整體的連續時間系統等同於如 (4.38) 式裡面**有效**頻率響應中的線性非時變（LTI）系統。

在圖 4.10 中的系統強調線性和非時變的特性有很重要的兩點。第一，離散時間系統必須是線性而且是非時變（LTI）的。第二，輸入序號必須是有限頻寬並且取樣速率必須夠大以保證任何能產生疊頻現象部分能被離散時間系統消除。

我們簡單的說明當第二個條件不被滿足的情況下，試想若 $x_c(t)$ 爲單一有限長度且單位振幅的脈衝，其長度若是比取樣週期還少。當脈衝在時間 $t = 0$ 時候爲單位振幅，也就是 $x[n] = \delta[n]$。然而，很有可能的卻是脈衝稍許位移而導致和取樣時間並不對齊，也就是 $x[n] = 0$ 對所有 n，這樣的有限時間脈衝，並非有限頻寬而且不滿足取樣定理條件。即使離散時間系統爲恆等系統，正如 $y[n] = x[n]$，若是疊頻現象發生在輸入的取樣時，這整個系統將不是非時變。總而言之，若圖 4.10 的離散時間系統爲線性非時變，且當取樣頻率在根據輸入訊號 $x_c(t)$ 的頻寬所決定的 Nyquist 速率以上，則整個系統的有效頻率響應 [如

(4.38) 式所示] 將同等於一個線性非時變（LTI）連續時間系統。除此之外，只要 $H(e^{j\omega})$ 能夠濾除疊頻的元素，即使在連續－離散（C/D）轉換器發生疊頻現象，(4.38) 式仍然能成立。範例 4.3 爲此做個簡單說明。

範例 4.3 利用離散時間低通濾波器完成理想連續時間低通濾波

思考圖 4.10 中，線性非時變（LTI）離散時間系統擁有的頻率響應

$$H(e^{j\omega}) = \begin{cases} 1, & |\omega| < \omega_c, \\ 0, & \omega_c < |\omega| \le \pi \end{cases} \tag{4.39}$$

這頻率響應以 2π 為週期性，如同圖 4.11(a) 所示。對於有限頻寬輸入的取樣大於或等於 Nyquist 速率而言，對圖 4.10 整個系統行為遵守 (4.38) 式的線性非時變（LTI）連續時間系統且其頻率響應為

$$H_{\text{eff}}(j\Omega) = \begin{cases} 1, & |\Omega T| < \omega_c \text{ 或 } |\Omega| < \omega_c / T, \\ 0, & |\Omega T| \ge \omega_c \text{ 或 } |\Omega| \ge \omega_c / T \end{cases} \tag{4.40}$$

如圖 4.11(b) 所示，一個理想低通濾波器在截止頻率 $\Omega_c = \omega_c / T$ 才是有效的頻率響應。

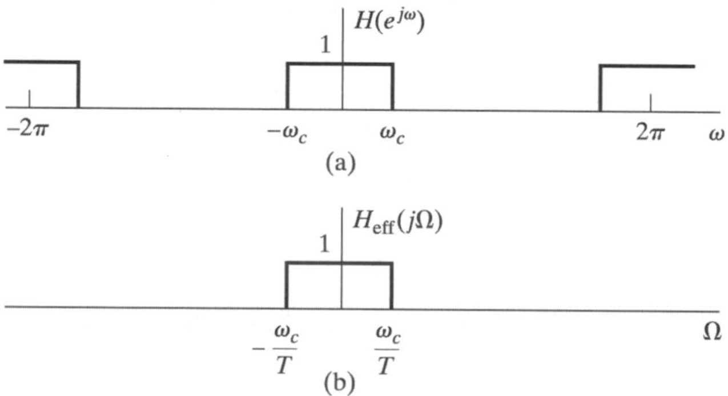

圖 4.11 (a) 圖 4.10 中離散時間系統的頻率響應。(b) 對一個有限頻寬輸入其有效連續時間的頻率響應

圖 4.12 說明了有效響應是如何達成的。圖 4.12(a) 展示一個有限頻寬訊號的傅立葉轉換。

圖 4.12(b) 展示經脈衝列立即調變後的傅立葉轉換，也就是 $X(e^{j\Omega T})$，是一個取樣為 $\omega = \Omega T$ 的樣本序列的離散時間傅立葉轉換（DTFT）。在圖 4.12(c) 中，樣本序列的 DTFT 和離散時間系統的頻率響應都以函數形式繪於圖中，以及經過正規化後的離散時間頻率變數 ω。圖 4.12(d) 展示 $Y(e^{j\omega}) = H(e^{j\omega})X(e^{j\omega})$，離散時間系統輸出的傅立葉轉換。圖 4.12(e) 則說明離散時間系統輸出的傅立葉轉換，對應到連續時間頻率 Ω 函數，以及虛線的離散－連續（D/C）轉換器中理想重建濾波器的頻率響應。最後，

圖 4.12(f)中展示離散－連續(D/C)轉換器輸出的傅立葉轉換結果。藉由比較圖 4.12(a)和圖 4.12(f)，我們可以得知此系統操作如同線性非時變（LTI）系統，其頻率響應如 (4.40) 式所示，並繪於圖 4.11(b) 中。

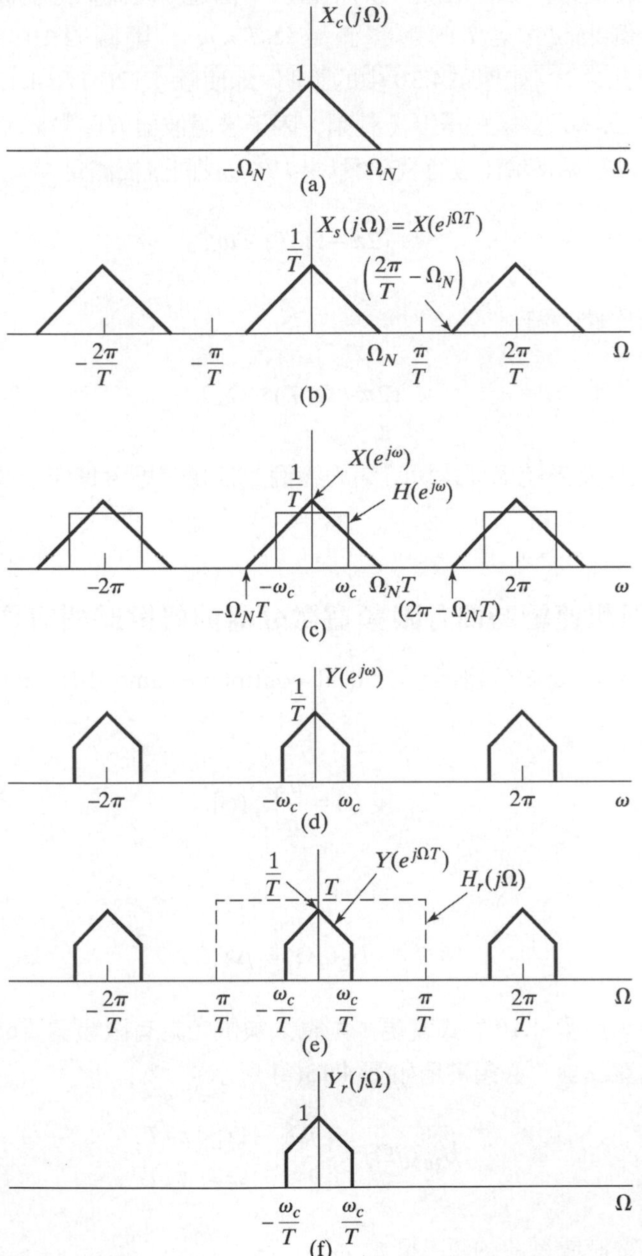

圖 4.12　(a) 一個有限頻寬訊號的傅立葉轉換。(b) 繪出樣本輸入的傅立葉轉換以及對應連續時間頻率 Ω 。(c) 樣本序列的傅立葉轉換 $X(e^{j\omega})$ 以及離散時間系統的頻率響應 $X(e^{j\omega})$ 對應到 ω 座標。(d) 離散時間系統輸出的傅立葉轉換。(e) 離散時間系統輸出的傅立葉轉換以及理想重建濾波器的頻率響應對應其 ω 座標。(f) 輸出的傅立葉轉換

範例 4.3 中說明了一些重要關鍵。首先，注意到理想低通離散時間濾波器和其離散時間截止頻率 ω_c 作用如同在埋想低通濾波器其即指頻率爲 $\Omega_c = \omega_c / T$ 上，如同圖 4.10 的組織圖上操作。這截止頻率依賴 ω_c 和 T 。特別的是，若使用一個固定的離散時間低通濾波器，但是其取樣週期 T 卻不固定，則相當於一個連續時間低通濾波器，其截止頻率具可調性的。舉例來說，若 T 的選擇滿足 $\Omega_N T < \omega_c$ ，則圖 4.10 系統的輸出將會是 $y_r(t) = x_c(t)$。除此之外，如習題 4.30 中的說明，即使圖 4.12(b) 和 4.12(c) 擁有疊頻現象，(4.40) 式仍然成立，只要這些干擾（疊頻）因子被濾波器 $H(e^{j\omega})$ 給消除。特別的是，從圖 4.12(c) 中可以看見當輸出沒有發生疊頻現象，我們需要滿足：

$$(2\pi - \Omega_N T) \geq \omega_c, \tag{4.41}$$

和 Nyquist 需求比較情況：

$$(2\pi - \Omega_N T) \geq \Omega_N T \tag{4.42}$$

另一個利用離散時間系統處理連續時間的範例，讓我們思考實作一個理想有限頻寬的微分器。

範例 4.4 理想連續時間有限頻寬微分器的離散時間實作

一個理想連續時間微分器系統（ideal continuous-time differentiator system）定義如下：

$$y_c(t) = \frac{d}{dt}[x_c(t)], \tag{4.43}$$

以及其頻率響應：

$$H_c(j\Omega) = j\Omega \tag{4.44}$$

既然我們想利用圖 4.10 方式實現，則輸入被限定為有限頻寬（bandlimited）。為了處理有限頻寬訊號，必須滿足如圖 4.13(a) 所示：

$$H_{\text{eff}}(j\Omega) = \begin{cases} j\Omega, & |\Omega| < \pi / T, \\ 0, & |\Omega| \geq \pi / T \end{cases} \tag{4.45}$$

其對應的離散時間系統的頻率響應：

$$H(e^{j\omega}) = \frac{j\omega}{T}, \quad |\omega| < \pi, \tag{4.46}$$

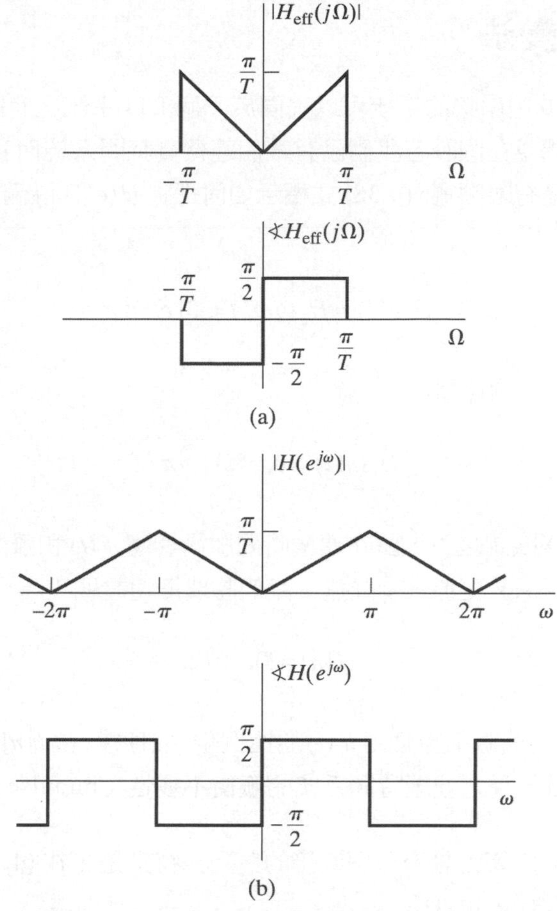

圖 4.13 (a) 連續時間理想有限頻寬微分器的頻率響應 $H_c(j\Omega)=j\Omega, |\Omega|<\pi/T$ 。(b) 離散時間濾波器的頻率響應以實作連續時間有限頻寬的差分器

而且其週期為 2π 。圖 4.13(b) 繪出其頻率響應。對應的脈衝響應如下：

$$h[n]=\frac{1}{2\pi}\int_{-\pi}^{\pi}\left(\frac{j\omega}{T}\right)e^{j\omega n}d\omega=\frac{\pi n\cos(\pi n)-\sin(\pi n)}{\pi n^2T},\quad -\infty<n<\infty$$

或等同於：

$$h[n]=\begin{cases}0, & n=0,\\ \dfrac{\cos(\pi n)}{nT}, & n\neq 0\end{cases}\tag{4.47}$$

然而，若依照圖 4.10 組織中的一個離散時間系統和其脈衝響應，則對適當有限頻寬輸入得情況，輸出都可以由輸入推導出來。習題 4.24 中的弦波輸入訊號提供證明這點。■

4.4.2 脈衝不變法

我們已知圖 4.10 中串接的系統可以等同於一個 LTI 系統在有限頻寬輸入的情況下。如圖 4.14 所繪，我們現在假設若我們已有一個連續實時間系統而我們期望實作如圖 4.10 的形式。當 $H_c(j\Omega)$ 是有限頻寬，(4.38) 式標示如何選定 $H(e^{j\omega})$ 以滿足 $H_{\text{eff}}(j\Omega) = H_c(j\Omega)$。特別是，

$$H(e^{j\omega}) = H_c(j\omega/T), \quad |\omega| < \pi, \tag{4.48}$$

隨著更多需求以致 T 的選擇情形：

$$H_c(j\Omega) = 0, \quad |\Omega| \geq \pi/T \tag{4.49}$$

在 (4.48) 式和 (4.49) 限制之下，將在連續時間脈衝響應 $h_c(t)$ 和離散時間脈衝響應 $h[n]$ 間具有直觀且有用的關係。更進一步詳述，我們將要簡短證明：

$$h[n] = Th_c(nT); \tag{4.50}$$

也就是，離散時間系統的脈衝響應由 $h_c(t)$ 給比例化、取樣後。當 $h[n]$ 和 $h_c(t)$ 的關係如 (4.50) 式，這離散時間系統被稱之連續時間系統的**脈衝不變性**（impulse invariance）說法。

(4.50) 式是在 4.22 節討論過一個直接的序列。特別是，在 (4.16) 式中當 $x[n]$ 和 $x_c(t)$ 個別被 $h[n]$ 和 $h_c(t)$ 取代，也就是

$$h[n] = h_c(nT), \tag{4.51}$$

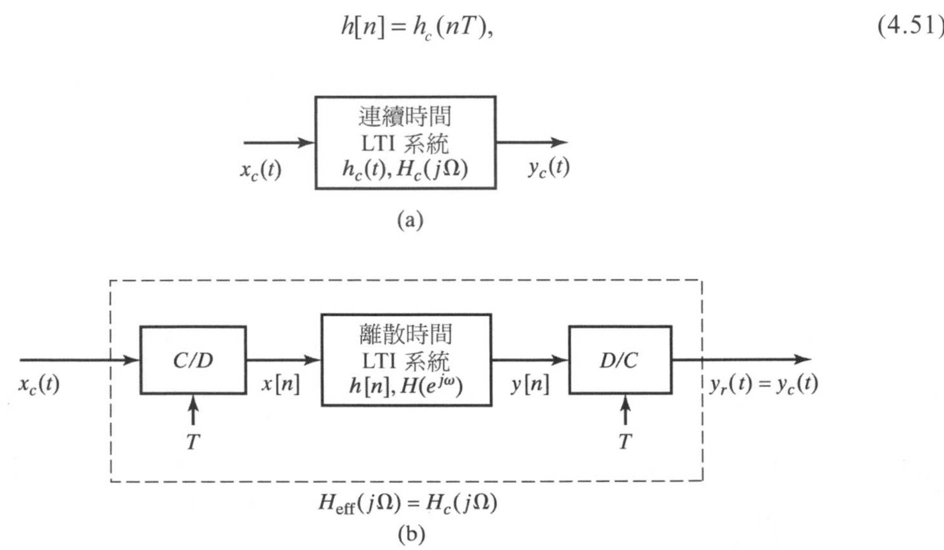

圖 4.14 (a) 連續時間線性非時變（LTI）系統。(b) 對一個有限頻寬輸入的同等系統

(4.20) 式將變成：

$$H(e^{j\omega}) = \frac{1}{T}\sum_{k=-\infty}^{\infty} H_c\left(j\left(\frac{\omega}{T} - \frac{2\pi k}{T}\right)\right), \tag{4.52}$$

或是，當滿足 (4.49) 式的情況下：

$$H(e^{j\omega}) = \frac{1}{T}H_c\left(j\frac{\omega}{T}\right),\quad |\omega| < \pi \tag{4.53}$$

更改 (4.51) 和 (4.53) 式以解釋在圖 4.50 中比例化的因子 T，我們有：

$$h[n] = Th_c(nT), \tag{4.54}$$

$$H(e^{j\omega}) = H_c\left(j\frac{\omega}{T}\right),\quad |\omega| < \pi \tag{4.55}$$

範例 4.5　藉由脈衝不變法來獲得一個離散時間低通濾波器

假設我們希望獲得一個理想低通離散時間濾波器（ideal lowpass discrete-time filter）及其截止頻率為 $\omega_c < \pi$。我們可以藉由取樣一個連續時間理想低通濾波器，其截止頻率為 $\Omega_c = \omega_c / T < \pi / T$，定義於：

$$H_c(j\Omega) = \begin{cases} 1, & |\Omega| < \Omega_c, \\ 0, & |\Omega| \geq \Omega_c \end{cases}$$

連續時間系統的脈衝響應為：

$$h_c(t) = \frac{\sin(\Omega_c t)}{\pi t},$$

所以我們定義此離散系統的脈衝響應為：

$$h[n] = Th_c(nT) = T\frac{\sin(\Omega_c nT)}{\pi nT} = \frac{\sin(\omega_c n)}{\pi n},$$

這裡 $\omega_c = \Omega_c T$，我們已知道此序列對應到的離散時間傅立葉轉換（DTFT）：

$$H(e^{j\omega}) = \begin{cases} 1, & |\omega| < \omega_c, \\ 0, & \omega_c \leq |\omega| \leq \pi, \end{cases}$$

對於 $H_c(j\omega/T)$ 是唯一的，如同 (4.55) 式所示。

範例 4.6 脈衝不變法適用於連續時間系統下合理的系統函數

許多連續時間系統是由一長串指數序列的合成，而組成的脈衝響應形式：

$$h_c(t) = Ae^{s_0 t}u(t)$$

這樣的時間函數的拉普拉斯轉換為：

$$H_c(s) = \frac{A}{s - s_0} \quad \mathcal{R}e(s) > \mathcal{R}e(s_0)$$

若是我們採用脈衝不變法觀念在此連續時間系統，我們能獲得其脈衝響應：

$$h[n] = Th_c(nT) = ATe^{s_0 Tn}u[n],$$

而其 z 轉換的系統函數為：

$$H(z) = \frac{AT}{1 - e^{s_0 T}z^{-1}} \qquad |z| > |e^{s_0 T}|$$

而且，假設 $\mathcal{R}e(s_0) < 0$ ，此頻率響應為

$$H(e^{j\omega}) = \frac{AT}{1 - e^{s_0 T}e^{-j\omega}}$$

此範例在 (4.55) 式不完全成立，因為原本的連續時間系統並不具有嚴謹的有限頻寬頻率響應，然而，導致離散時間頻率響應為 $H_c(j\Omega)$ 的**疊頻**結果。即使疊頻現象發生在如此的案例中，影響的效果仍然很小。由許多複雜的指數項和而組成的高階系統，其脈衝響應事實上可能在高頻處快速的降下，以至於當取樣速率足夠高時疊頻現象的影響會很小。然而，這是一種方法，讓離散時間去模擬連續時間系統，亦或是透過對類比濾波器的脈衝響應做取樣達成數位濾波器的設計。

4.5 在連續時間上處理離散時間訊號

在第 4.4 節中，我們討論和分析如何利用圖 4.10 所描繪的離散時間系統去處理連續時間訊號的方式。在本節中，我們試想如圖 4.15 中相反的情況，也就可以合理的當成在連續時間上處理離散時間訊號。雖然圖 4.15 的系統去實現離散時間系統的方式並不普遍，但是利用此方式能提供有用的一些表示方法，它提供一些不容易在離散空間域中表示的方式。

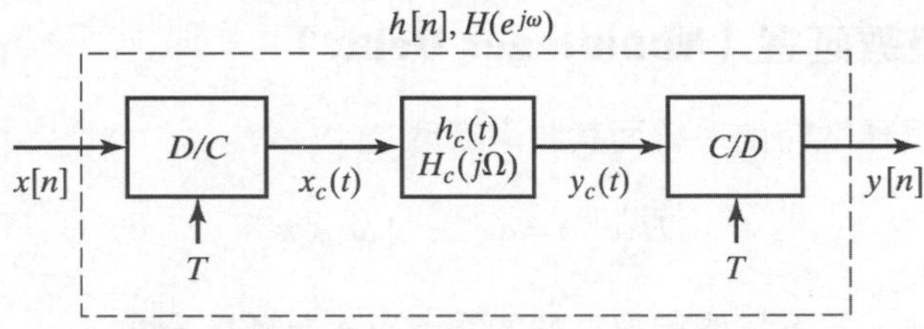

圖 4.15　在連續時間上處理離散時間訊號

從定義理想離散－連續（D/C）轉換器中，$X_c(j\Omega)$ 如同 $Y_c(j\Omega)$ 一般在 $|\Omega| \geq \pi/T$ 必須爲零。因此，這連續－離散（C/D）轉換器對 $y_c(t)$ 取樣不會產生疊頻，而且我們能表示 $x_c(t)$ 和 $y_c(t)$ 如下：

$$x_c(t) = \sum_{n=-\infty}^{\infty} x[n] \frac{\sin[\pi(t-nT)/T]}{\pi(t-nT)/T} \tag{4.56}$$

以及

$$y_c(t) = \sum_{n=-\infty}^{\infty} y[n] \frac{\sin[\pi(t-nT)/T]}{\pi(t-nT)/T}, \tag{4.57}$$

其中 $x[n] = x_c(nT)$，$y[n] = y_c(nT)$。圖 4.15 中，用頻域的觀點來看：

$$X_c(j\Omega) = TX(e^{j\Omega T}), \qquad |\Omega| < \pi/T, \tag{4.58a}$$

$$Y_c(j\Omega) = H_c(j\Omega) X_c(j\Omega), \tag{4.58b}$$

$$Y(e^{j\omega}) = \frac{1}{T} Y_c\left(j\frac{\omega}{T}\right), \qquad |\omega| < \pi \tag{4.58c}$$

因此，把 (4.58a) 和 (4.58b) 式帶入 (4.58c) 式中，整個系統行爲就如同離散時間系統，而其頻率響應爲：

$$H(e^{j\omega}) = H_c\left(j\frac{\omega}{T}\right), \quad |\omega| < \pi, \tag{4.59}$$

或等同意義的是，當圖 4.15 整個系統的頻率響應將會和已知的 $H(e^{j\omega})$ 相同，若是連續時間系統的頻率響應爲

$$H_c(j\Omega) = H(e^{j\Omega T}), \quad |\Omega| < \pi/T \tag{4.60}$$

因爲 $X_c(j\Omega) = 0$ 當 $|\Omega| \geq \pi/T$ 時，$H_c(j\Omega)$ 可以任意決定超過 π/T 的數值。一個方便 — 且獨斷 — 的選擇是 $H_c(j\Omega) = 0$ for $|\Omega| \geq \pi/T$。

利用這個離散時間系統表示，我們可以著重在有限頻寬連續時間訊號 $x_c(t)$ 在連續時間系統上的是否具有同等影響的效果。範例 4.7 和 4.8 有進一步說明。

範例 4.7 非整數延遲（Noninteger Delay）

讓我們考慮一個離散時間系統而其頻率響應為：

$$H(e^{j\omega}) = e^{-j\omega\Delta}, \quad |\omega| < \pi \tag{4.61}$$

而 Δ 為一個整數，此系統能夠很直觀的顯示出 Δ 為延遲現象。

也就是說：

$$y[n] = x[n-\Delta] \tag{4.62}$$

當 Δ 並非整數時，(4.62) 式並沒有正式的意義，因為我們不可能位移 $x[n]$ 序列非整數的量。然而，利用圖 4.15 的系統，一個有用的時域觀點能夠去表示 (4.61) 式所標定的特別系統。

在圖 4.15 的 $H_c(j\Omega)$ 被選定為：

$$H_c(j\Omega) = H(e^{j\Omega T}) = e^{-j\omega T\Delta} \tag{4.63}$$

然後，從 (4.59) 式，在圖 4.15 中整個離散時間系統的頻率響應將為 (4.61) 式，不管是否 Δ 為整數。為了解釋 (4.61) 式的系統，我們注意 (4.63) 式代表了時間延遲 $T\Delta$ 秒現象。

因此

$$y_c(t) = x_c(t - T\Delta) \tag{4.64}$$

除此之外，$x_c(t)$ 為 $x[n]$ 的有限頻寬內插結果，而且 $y[n]$ 是由 $y_c(t)$ 做取樣而來。舉例來說，若 $\Delta = \frac{1}{2}$，$y[n]$ 將會是輸入序列的有限頻寬中內插。這在圖 4.16 中說明。我們也可以藉由 (4.61) 式中所定義的直接旋積來表示此系統。從 (4.64) 和 (4.56) 式中，我們能獲得

$$\begin{aligned} y[n] &= y_c(nT) = x_c(nT - \Delta T) \\ &= \sum_{k=-\infty}^{\infty} x[k] \left. \frac{\sin[\pi(t - \Delta T - kT)/T]}{\pi(t - \Delta T - kT)/T} \right|_{t=nT} \\ &= \sum_{k=-\infty}^{\infty} x[k] \frac{\sin(\pi(n-k-\Delta))}{\pi(n-k-\Delta)}, \end{aligned} \tag{4.65}$$

根據定義，這是 $x[n]$ 和如下函數做旋積運算：

$$h[n] = \frac{\sin(\pi(n-\Delta))}{\pi(n-\Delta)}, \quad -\infty < n < \infty$$

當 Δ 不是整數，$h[n]$ 序列無窮長延伸。然而，當 $\Delta = n_0$ 是一整數，這很輕易的得知 $h[n] = \delta[n - n_0]$，就是一個理想整數延遲系統的脈衝響應。

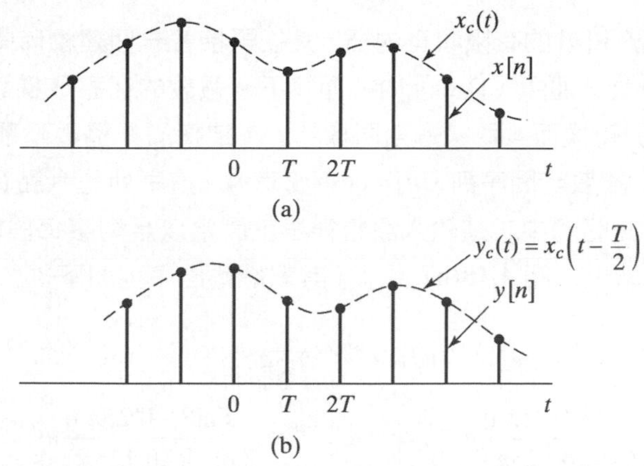

圖 4.16 (a) 利用連續時間處理離散時間序列；(b) 能製造出一個延遲一半取樣時間的新序列

(4.65) 式展示非整數延遲（noninteger delay）重要的實際意義，因爲這樣的因素經常在系統的頻域表示上被提及。當因果離散時間系統中這種形式在頻率響應中被發掘，它就稍微的和這範例有關。在範例 4.8 中有說明解釋。

範例 4.8　非整數延遲的移動平均系統

在範例 2.16 中，我們思考一般移動平均系統以及獲得其頻率響應。對於一個因果 $(M+1)$ 點的移動平均系統範例：$M_1 = 0$，和 $M_2 = M$，以及其頻率響應為

$$H(e^{j\omega}) = \frac{1}{(M+1)} \frac{\sin[\omega(M+1)/2]}{\sin(\omega/2)} e^{-j\omega M/2}, \quad |\omega| < \pi \tag{4.66}$$

這樣的頻率響應表示建議將利用 $(M+1)$ 點的移動平均系統去表示成串接的兩個系統，如圖 4.17 所示。第一個系統加入了頻域中振幅的加權。第二個系統在 (4.66) 式表示了其線性相位項目。當 M 是一個偶數（表示奇數樣本的移動平均），則線性相位的項目對應其整數的延遲，也就是：

$$y[n] = w[n - M/2] \tag{4.67}$$

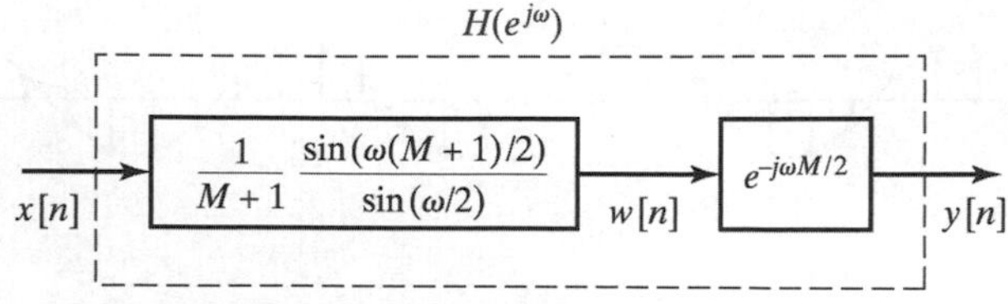

圖 4.17　藉由兩個系統串接來表示平均移動系統

然而，當 M 是奇數，則線性相位的項目對應到非整數的延遲，明確的説，一個整數加一半的取樣間隔。這樣的非整數延遲可以利用範例 4.7 討論的形式來表示。也就

是，$y[n]$ 等同於 $w[n]$ 的有限頻寬內插，其後再接著一個連續時間延遲 $MT/2$ [而 T 是位於 $w[n]$ 的離散－連續（D/C）內插運算下，假設的任意取樣週期]，接著一個連續－離散（C/D）轉換而其取樣週期同樣為 T，這樣的非整數延遲於圖 4.18 中說明。圖 4.18(a) 展示離散時間序列 $x[n]=\cos(0.25\pi n)$。這序列是六點 $(M=5)$ 平均移動濾波器的輸入。在此範例中，這輸入訊號很早就開始以足夠讓每段時間間隔中的輸出只包含穩態響應結果。圖 4.18(b) 展示了其對應輸出序列如下：

$$\begin{aligned}y[n] &= H(e^{j0.25\pi})\frac{1}{2}e^{j0.25\pi n}+H(e^{-j0.25\pi})\frac{1}{2}e^{-j0.25\pi n}\\ &=\frac{1}{2}\frac{\sin[3(0.25\pi)]}{6\sin(0.125\pi)}e^{-j(0.25\pi)5/2}e^{j0.25\pi n}+\frac{1}{2}\frac{\sin[3(-0.25\pi)]}{6\sin(-0.125\pi)}e^{j(0.25\pi)5/2}e^{-j0.25\pi n}\\ &=0.308\cos[0.25\pi(n-2.5)]\end{aligned}$$

因此，這六點移動平均濾波器消除了餘弦訊號的振幅，並且製造出一個相位位移 2.5 的樣本延遲。圖 4.18 中很明顯，我們描繪出連續時間餘弦訊號由一個理想離散－連續（D/C）轉換器將輸入和輸出序列做內插運算的結果。注意圖 4.18(b) 中，六點平均移動濾波器產生一個餘弦訊號樣本，而其樣本點對照到輸入的樣本點被位移了 2.5 個樣本。從圖 4.18 中可以看出，比較在輸入的內插餘弦的最大值高峰於 8，而到輸出的內插餘弦的最大值高峰於 10.5 現象。因此，六點平均移動濾波器似乎擁有 $5/2=2.5$ 的樣本延遲。

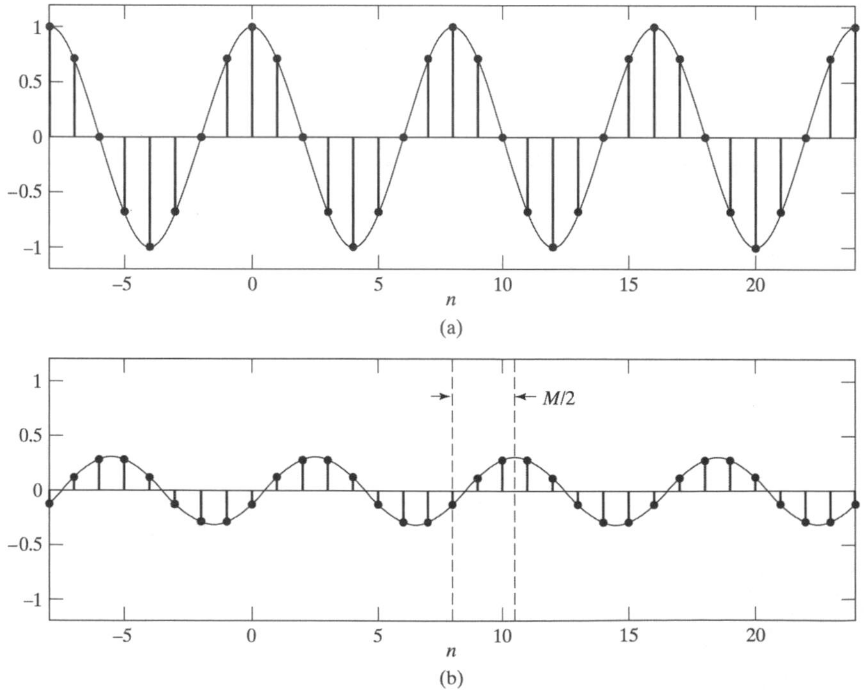

圖 4.18 平均移動濾波器的說明。(a) 輸入訊號 $x[n]=\cos[0.25\pi(n)]$。(b) 其對應六點平均移動濾波器的輸出

4.6 利用離散時間處理改變取樣速率

我們已知一個連續時間訊號 $x_c(t)$ 可以由離散時間訊號組成的樣本序列來表示。

$$x[n] = x_c(nT) \tag{4.68}$$

除此之外，我們之前討論過即使 $x[n]$ 和取樣之前的數值不同，我們仍能夠利用有限頻寬內插的 (4.25) 式來重建回連續時間有限頻寬訊號 $x_r(t)$，它的樣本如：$x[n] = x_r(nT) = x_c(nT)$ 也就是，$x_c(t)$ 和 $x_r(t)$ 的樣本在取樣時間上是相同的，即便 $x_r(t) \neq x_c(t)$。

通常改變離散時間訊號的取樣速率是很必要的，也就是說，依照這種形式表示底層連續時間訊號進而獲得一個新的離散時間表示：

$$x_1[n] = x_c(nT_1), \tag{4.69}$$

其中 $T_1 \neq T$。這操作過程通常稱之**重新取樣**。觀念上，$x_1[n]$ 可以藉由 $x[n]$ 獲得，是利用 (4.25) 式將 $x[n]$ 重建回訊號 $x_c(t)$，然後再重新利用週期 T_1 取樣來獲得 $x_1[n]$。然而，這通常是不實際的方法，因爲非理想的類比重建濾波器，好比「數位－類比（D/A）轉換器」，和「類比－數位（A/D）轉換器」將經常會在實作上使用。因此，思考一個只利用離散時間操作的方法來改變取樣速率是很有趣的問題。

4.6.1 取樣速率減少整數倍

樣本的取樣速率（sampling rate）可以藉由「取樣」而減少，也就是藉由定義一個新序列：

$$x_d[n] = x[nM] = x_c(nMT) \tag{4.70}$$

(4.70) 式定義圖 4.19 的一個系統，稱之爲**取樣率壓縮器**（參照 Crochiere and Rabiner, 1983 與 Vaidyanathan, 1993）或簡稱**壓縮器**。從 (4.70) 式可以看到 $x_d[n]$ 是唯一由 $x_c(t)$ 藉由利用週期 $T_d = MT$ 取樣而獲得。除此之外，當 $X_c(j\Omega) = 0, |\Omega| \geq \Omega_N$，則 $x_d[n]$ 正好是 $x_c(t)$ 的相同表示，若當 $\pi / T_d = \pi /(MT) \geq \Omega_N$。也就是，取樣速率可以減少 π / M 倍數而沒有疊頻現象，若是原本取樣速率至少高於 Nyquist 速率 M 倍數，或是當序列的頻寬一開始就藉由離散時間濾波器減少了 M 倍數。總而言之，取樣速率減少整數倍數（包括任何前置濾波）的操作稱之**降頻取樣**。

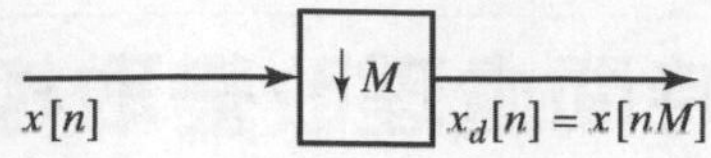

$x[n]$ → $\downarrow M$ → $x_d[n] = x[nM]$

取樣週期 T　　取樣週期 $T_d = MT$

圖 4.19 壓縮器或離散時間取樣器的表示

當取樣一個連續時間訊號情況，在壓縮器中獲得輸入和輸出之間頻域的關係是很有用處的。此時，然而，看到離散時間傅立葉轉換（DTFTs）之間的關係。雖然一些方式可以被使用以獲得理想結果，但我們仍依據先前連續時間取樣所獲得結果開始。首先，回想 $x[n] = x_c(nT)$ 的 DTFT 爲：

$$X(e^{j\omega}) = \frac{1}{T}\sum_{k=-\infty}^{\infty} X_c\left[j\left(\frac{\omega}{T} - \frac{2\pi k}{T}\right)\right] \tag{4.71}$$

同理， $x_d[n] = x[nM] = x_c(nT_d)$ 的 DTFT 和 $T_d = MT$ 爲：

$$X_d(e^{j\omega}) = \frac{1}{T_d}\sum_{r=-\infty}^{\infty} X_c\left[j\left(\frac{\omega}{T_d} - \frac{2\pi r}{T_d}\right)\right] \tag{4.72}$$

現在，既然 $T_d = MT$ ，我們可以寫出 (4.72) 式爲：

$$X_d(e^{j\omega}) = \frac{1}{MT}\sum_{r=-\infty}^{\infty} X_c\left[j\left(\frac{\omega}{MT} - \frac{2\pi r}{MT}\right)\right] \tag{4.73}$$

爲了看出 (4.73) 和 (4.71) 式的關係，注意 (4.73) 式中合成參數 r 可以被表示爲：

$$r = i + kM \tag{4.74}$$

而 k 和 i 爲整數，其範圍是 $-\infty < k < \infty$ 和 $0 \le i \le M-1$。明確的說，參數 r 仍舊是一個整數界於 $-\infty$ 到 ∞ ，而現在 (4.73) 式可以表示成：

$$X_d(e^{j\omega}) = \frac{1}{M}\sum_{i=0}^{M-1}\left\{\frac{1}{T}\sum_{k=-\infty}^{\infty} X_c\left[j\left(\frac{\omega}{MT} - \frac{2\pi k}{T} - \frac{2\pi i}{MT}\right)\right]\right\} \tag{4.75}$$

(4.75) 式方框中的項目可以由 (4.71) 式取代：

$$X_d(e^{j(\omega-2\pi i)/M}) = \frac{1}{T}\sum_{k=-\infty}^{\infty} X_c\left[j\left(\frac{\omega-2\pi i}{MT} - \frac{2\pi k}{T}\right)\right] \tag{4.76}$$

因此，我們能將 (4.75) 式表示：

$$X_d(e^{j\omega}) = \frac{1}{M}\sum_{i=0}^{M-1} X(e^{j(\omega/M-2\pi i/M)}) \tag{4.77}$$

(4.71) 和 (4.77) 式有強烈的相似性：(4.71) 式利用連續時間訊號 $x_c(t)$ 的傅立葉轉換去表示 $x[n]$（週期 T 樣本序列的傅立葉轉換，(4.77) 式利用 $x[n]$ 序列的傅立葉轉換去表示 $x_d[n]$（取樣週期 M ）離散時間取樣序列的傅立葉轉換。若是我們比較 (4.72) 和 (4.77) 式，我們可以看出 $X_d(e^{j\omega})$ 是由兩種可能訊號來合成。一種是 $X_c(j\Omega)$ 振幅加權後、頻率經由 $\omega = \Omega T_d$ 正規化、然後位移 2π 整數倍數的無窮項目所疊加組合而成 [於 (4.72) 式]，另一種是振幅加權 $1/M$ 倍數，週期性傅立葉轉換 $X(e^{j\omega})$ 、頻率加權 M 倍數，然後位移 2π 的整數倍數的無窮項目其疊加組合 [(4.77) 式]。這兩種都清楚地表示出 $X_d(e^{j\omega})$ 為週期 2π（為 DTFTs）和確保 $X(e^{j\omega})$ 為有限頻寬可以避免疊頻現象，也就是說：

$$X(e^{j\omega}) = 0, \quad \omega_N \leq |\omega| \leq \pi, \tag{4.78}$$

而且 $2\pi / M \geq 2\omega_N$ 。

圖 4.20 說明 $M = 2$ 的降頻取樣，圖 4.20(a) 展示了一個有限頻寬連續訊號的傅立葉轉換，而圖 4.20(b) 展示當取樣週期為 T 時，樣本脈衝列的傅立葉轉換。圖 4.20(c) 展示 $X(e^{j\omega})$ 和圖 4.20(b) 之間的關係如 (4.18) 式。正如同我們所見，圖 4.20(b) 和 4.20(c) 差異只在頻率變數的比例化。圖 4.20(d) 展示 $M = 2$ 降頻取樣序列的離散時間傅立葉轉換 DTFT。將繪製出的傅立葉轉換透過正規化頻率 $\omega = \Omega T_d$ 對應到一個新函數。最後，圖 4.20(e) 展示 $M = 2$ 降頻取樣序列的離散時間傅立葉轉換（DTFT）對應到連續時間頻率變數 Ω 所繪出的函數。圖 4.20(e) 和圖 4.20(d) 是相同意義的，除了對應到的頻率座標尺度是經由 $\Omega = \omega / T_d$ 的關係尺度化結果。

在此範例中，$2\pi / T = 4\Omega_N$ ，也就是原本的取樣速率正好是避免疊頻現象的速率乘上兩倍。因此，原本取樣序列經過 $M = 2$ 因素的降頻取樣將不會有疊頻現象發生。若降頻取樣的因子 M 在此範例中比 2 還要大，則會發生疊頻現象，如同圖 4.21 說明：

圖 4.21(a) 展示 $x_c(t)$ 連續時間的傅立葉轉換。而且圖 4.21(b) 展示了當 $2\pi / T = 4\Omega_N$ 時，$x[n] = x_c(nT)$ 序列的離散時間傅立葉轉換（DTFT）。因此，$\omega_N = \Omega_N T = \pi / 2$ 。如果現在以 $M = 3$ 的倍數降頻取樣，會得到序列 $x_d[n] = x[3n] = x_c(n3T)$ ，其離散時間傅立葉轉換示於圖 4.21(c)，其中頻率軸用 $\omega = \Omega T_d$ 加以正規化。注意到因為 $M\omega_N = 3\pi / 2$ 這個值大於 π ，所以會發生疊頻現象。一般來說，以 M 的倍率降頻取樣時，為了避免疊頻現象的發生，必須滿足下式：

$$\omega_N M \leq \pi \qquad \text{或} \qquad \omega_N \leq \pi / M \tag{4.79}$$

如果上式不成立，就會發生疊頻現象，但是在某些實際應用中，或許可以容忍部分疊頻現象的發生。在其他情況下，如果我們願意在作降頻取樣前先縮減信號 $x[n]$ 的頻寬，降頻取樣時就不會出現疊頻現象。因此，如果用一個截止頻率為 π / M 的理想低通濾波器對信號 $x[n]$ 作濾波，則輸出信號 $\tilde{x}[n]$ 作降頻取樣時就不會發生疊頻現象，這個情況如同圖

4.21(d)、(e) 和 (f) 所示。注意到原來的連續時間信號 $x_c(t)$ 不再用 $\tilde{x}_d[n]=\tilde{x}[nT]$ 來表示，取而代之的是 $\tilde{x}_d[n]=\tilde{x}_c(nT_d)$，其中 $T_d=MT$。所以 $\tilde{x}_c(t)$ 是以 $x_c(t)$ 通過截止頻率 $\Omega_c=\pi/T_d=\pi/(MT)$ 的低通濾波器之後所得到的。

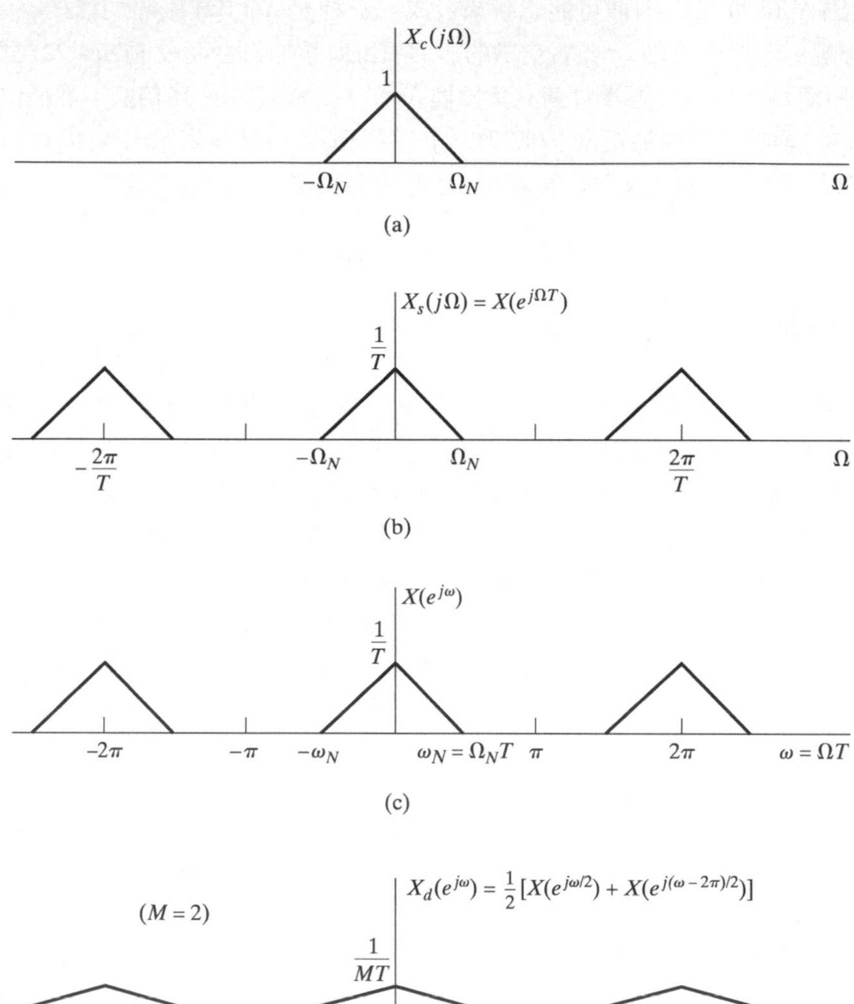

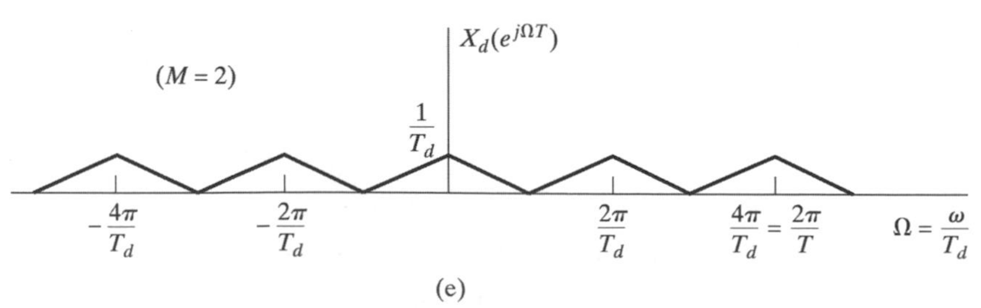

圖 4.20 降頻取樣（以頻域來說明）

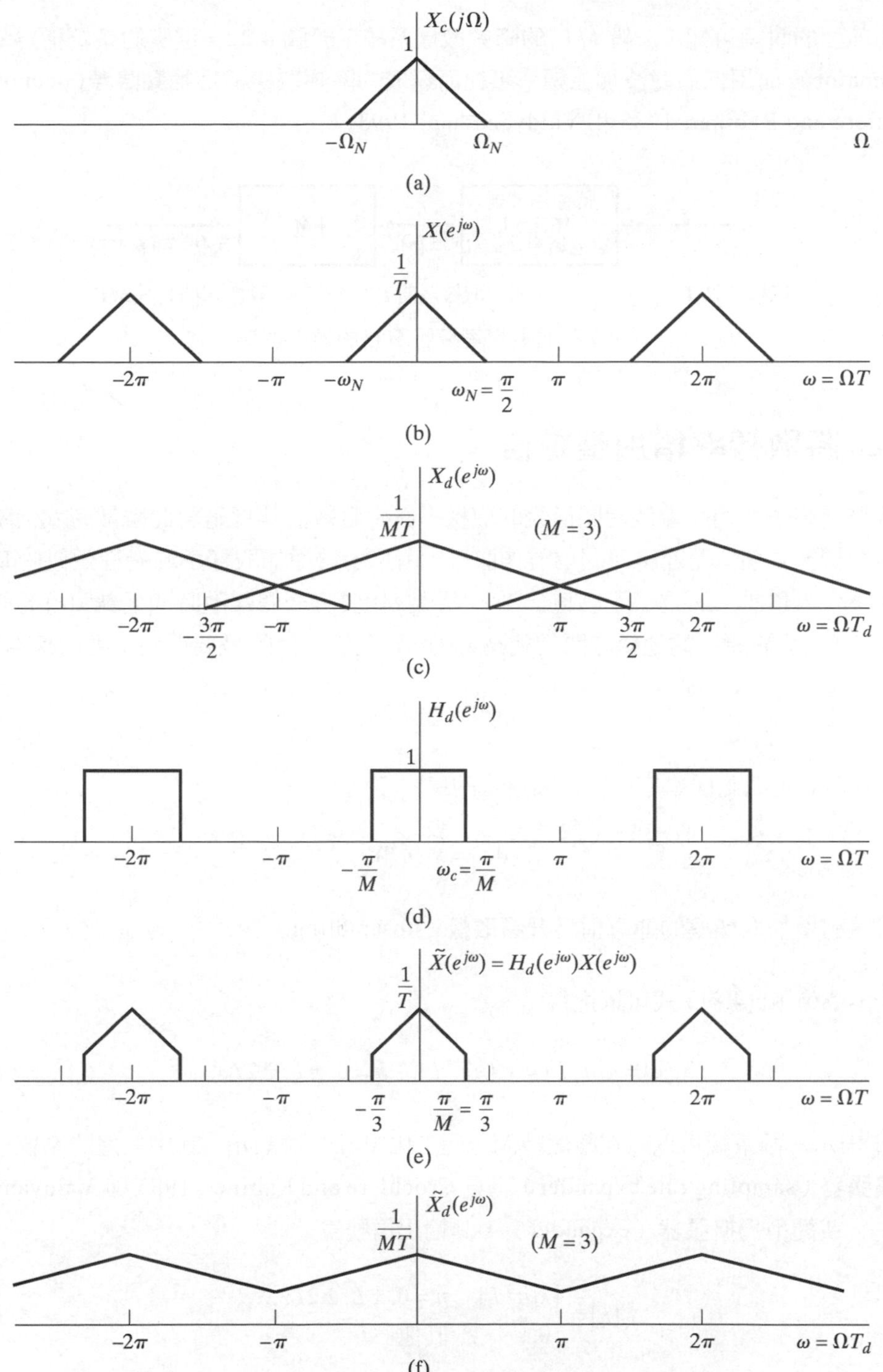

圖 4.21　(a)－(c) 有疊頻現象的降頻取樣。(d)－(f) 使用前置濾波器以避免疊頻現象的降頻取樣

由前面的討論可知，一般 M 倍的降頻取樣系統示於圖 4.22，這樣的系統稱爲**降頻器**（decimator），而用低通濾波加上頻率壓縮而達成的降頻取樣稱爲**抽點降頻**（decimation）(Crochiere and Rabiner, 1983 和 Vaidyanathan, 1993)。

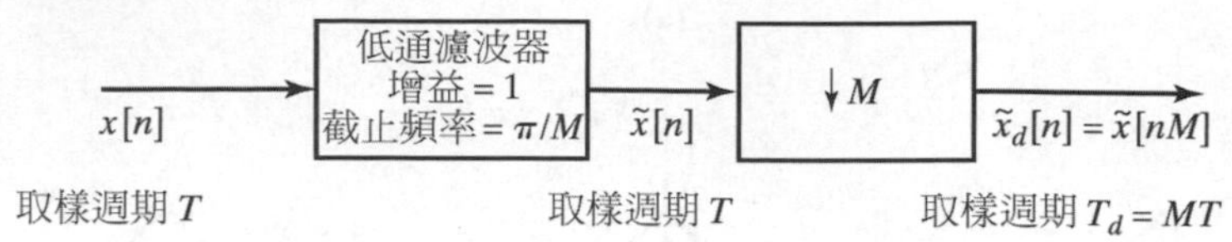

圖 4.22 將取樣率降低 M 倍的通用系統

4.6.2 將取樣率增加整數倍

我們已經了解到將離散時間信號的取樣率減少整數倍其實是對此離散時間信號作取樣，而取樣方式類似對連續時間信號作取樣。所以對於增加取樣率的過程類似於 D/C 轉換，就不令人驚訝了。爲了了解這一點，假設我們要將一個離散時間信號 $x[n]$ 的取樣率增加 L 倍，且假設原始的連續時間信號爲 $x_c(t)$，則我們的目的是要得到下列的樣本序列：

$$x_i[n] = x_c(nT_i), \tag{4.80}$$

其中 $T_i = T/L$，而此樣本序列得自於原本的樣本序列：

$$x[n] = x_c(nT) \tag{4.81}$$

我們將這種增加取樣率的運算稱爲**升頻取樣**（upsampling）。

由 (4.80) 和 (4.81) 式可以推得

$$x_i[n] = x[n/L] = x_c(nT/L), \quad n = 0, \pm L, \pm 2L, \ldots \tag{4.82}$$

圖 4.23 表示一個系統可以只在離散時間處理上由 $x[n]$ 得到 $x_i[n]$，其中左邊的系統稱爲**取樣率擴張器**（sampling rate expander）（見 Crochiere and Rabiner, 1983 與 Vaidyanathan, 1993），或簡稱爲**擴張器**（expander）。其輸出信號爲

$$x_e[n] = \begin{cases} x[n/L], & n = 0, \pm L, \pm 2L, \ldots, \\ 0, & \text{其他} \end{cases} \tag{4.83}$$

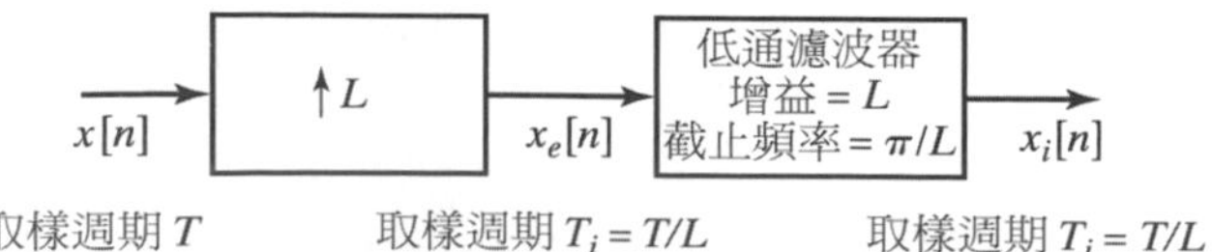

圖 4.23 將取樣率增為 L 倍的通用系統

也可以等於

$$x_e[n]=\sum_{k=-\infty}^{\infty}x[k]\delta[n-kL] \tag{4.84}$$

而右方的系統是一個低通離散時間濾波器，其截止頻率為 π/T ，增益為 L。此系統所扮演的角色和圖 4.9(b) 的理想 D/C 轉換器相似。首先，我們生成一個離散時間脈衝列 $x_e[n]$，接著用低通濾波器來重建此序列。

在頻域上圖 4.23 中的系統運作方式是最容易被理解的。 $x_e[n]$ 的傅立葉轉換可以表示成：

$$\begin{aligned}X_e(e^{j\omega})&=\sum_{n=-\infty}^{\infty}\left(\sum_{k=-\infty}^{\infty}x[k]\delta[n-kL]\right)e^{-j\omega n}\\&=\sum_{k=-\infty}^{\infty}x[k]e^{-j\omega Lk}=x(e^{j\omega L})\end{aligned} \tag{4.85}$$

因此，擴張器輸出信號的傅立葉轉換其實是輸入信號的傅立葉轉換的頻率刻度形式，換句話說 ω 被 ωL 所取代，使得 ω 被下列式子正規化

$$\omega=\Omega T_i \tag{4.86}$$

上述結果呈現於圖 4.24。圖 4.24(a) 是一個有限頻寬的連續時間信號的傅立葉轉換，而圖 4.24(b) 是序列 $x[n]=x_c(nT)$ 的離散時間傅立葉轉換，其中 $\pi/T=\Omega_N$。圖 4.24(c) 是由 (4.85) 式所得到的 $X_e(e^{j\omega})$ ，其中 $L=2$。圖 4.24(e) 則是預期的信號 $x_i[n]$ 的傅立葉轉換。我們可以發現 $X_i(e^{j\omega})$ 可以由 $X_e(e^{j\omega})$ 來求得，方法是將 $X_e(e^{j\omega})$ 的振幅刻度由 $1/T$ 改為 $1/T_i$ ，以及移除所有 $X_c(j\Omega)$ 的頻率刻度，只保留頻率位於 2π 整數倍的 $X_c(j\Omega)$。對於圖 4.24 所描述的例子中，要用到增益為 2 且截止頻率為 $\pi/2$ 的低通濾波器，此低通濾波器表示於圖 4.24(d)。一般來說，因為 $L(1/T)=[1/(T/L)]=1/T_i$ ，所以所需的增益為 L 且截止頻率為 π/L。

上例中，如果圖 4.23 的輸入序列 $x[n]=x_c(nT)$ 是經取樣而得，且沒有產生疊頻現象，則輸出信號確實會滿足 (4.80) 式。因為此系統填補了遺失的樣本，所以被稱為**內插器**（interpolator），而升頻取樣也被視為和信號的**內插**（interpolation）具有同樣的意義。

如同 D/C 轉換器的例子，我們是可以用 $x[n]$ 來表示內插表示式 $x_i[n]$。首先，注意到圖 4.23 中低通濾波器的脈衝響應為

$$h_i[n]=\frac{\sin(\pi n/L)}{\pi n/L} \tag{4.87}$$

利用 (4.84) 式可得

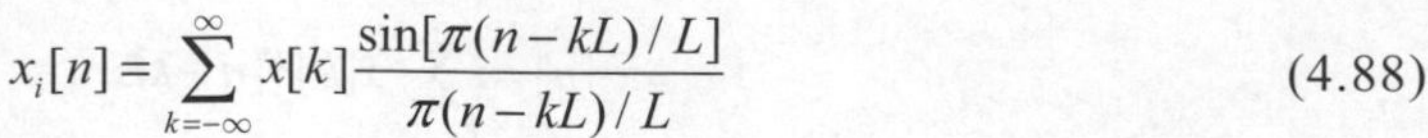

$$x_i[n] = \sum_{k=-\infty}^{\infty} x[k] \frac{\sin[\pi(n-kL)/L]}{\pi(n-kL)/L} \tag{4.88}$$

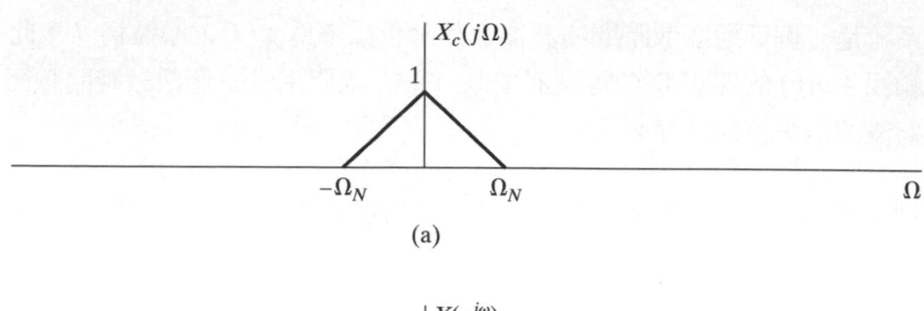

(a)

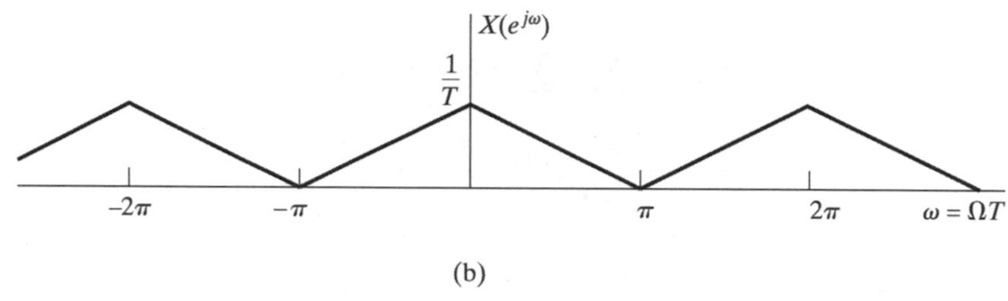

(b)

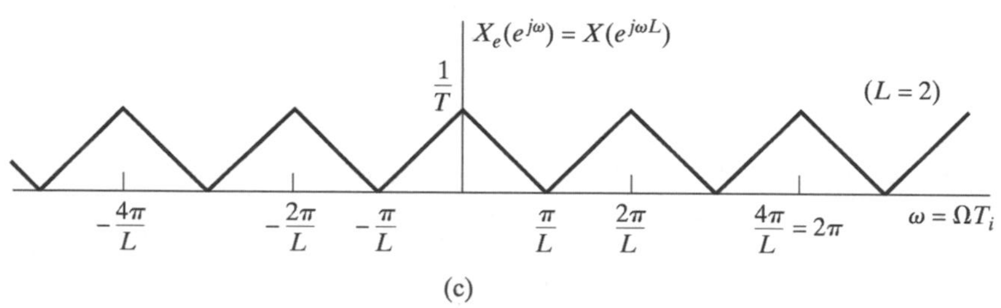

(c)

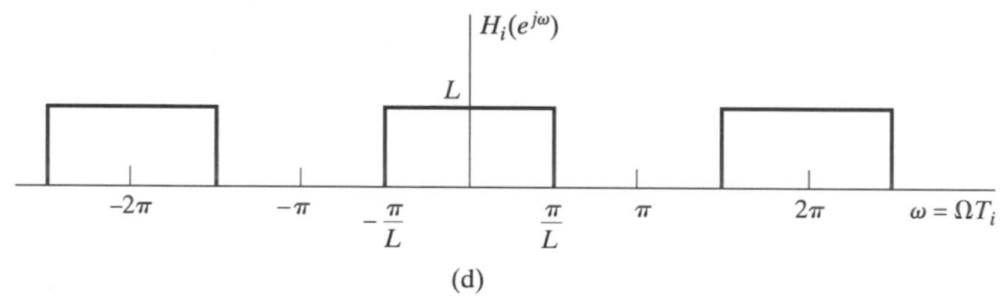

(d)

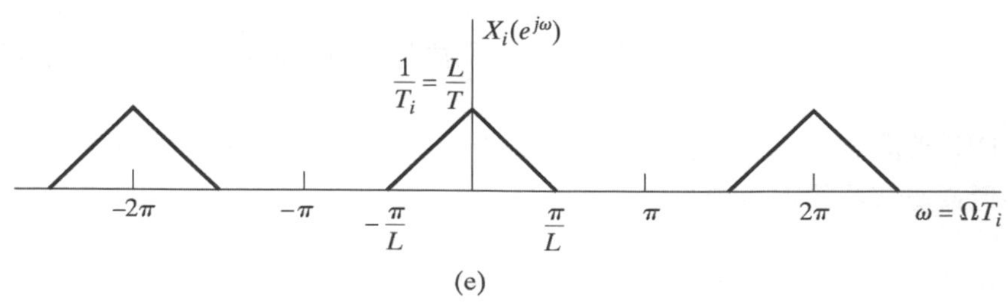

(e)

圖 4.24 在頻域上內插的說明

而脈衝響應 $h_i[n]$ 有以下性質：

$$\begin{aligned} h_i[0] &= 1, \\ h_i[n] &= 0, \quad n = \pm L, \pm 2L, \ldots \end{aligned} \tag{4.89}$$

因此，對於理想低通內插濾波器，我們預期輸出信號為

$$x_i[n] = x[n/L] = x_c(nT/L) = x_c(nT_i), \quad n = 0, \pm L, \pm 2L, \ldots \tag{4.90}$$

而 $x_i[n] = x_c(nT_i)$ 此一事實正是我們在頻域上討論的結果。

4.6.3 簡單且實際的內插濾波器

雖然理想低通內插濾波器（interpolation filter）無法被百分之百的設計出來，但是在第 7 章中我們將會討論一個相當好的近似設計。不過，在有些情況下，只要用非常簡單的內插方法就足夠了，因為經常會用線性內插（即使它通常不是很精確），所以值得花時間用我們發展的一般化架構來檢驗線性內插。

因為線性內插對應於內插，所以兩原始樣本之間的樣本會落在連接兩個原始樣本值的直線上。而圖 4.23 中的系統可以完成線性內插，其濾波器有三角形形狀的脈衝響應

$$h_{\text{lin}}[n] = \begin{cases} 1 - |n|/L, & |n| \le L, \\ 0, & \text{其他} \end{cases} \tag{4.91}$$

則線性內插是可以被完成的。圖 4.25 顯示在 $L = 5$ 的脈衝響應。藉由這個濾波器，經過內插的輸出信號是

$$x_{\text{lin}}[n] = \sum_{k=n-L+1}^{n+L-1} x_e[k] h_{\text{lin}}[n-k] \tag{4.92}$$

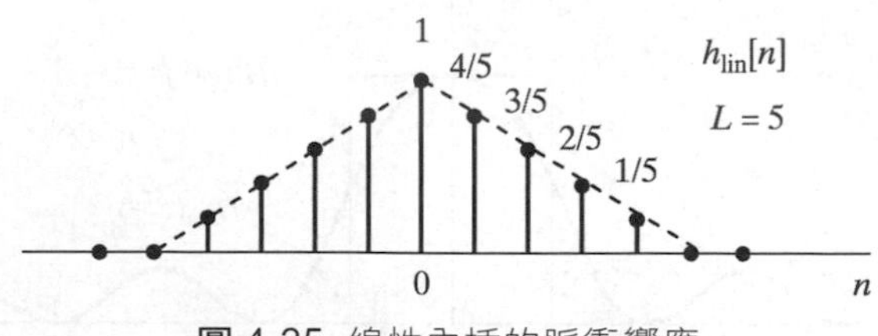

圖 4.25 線性內插的脈衝響應

圖 4.26(a) 給了在 $L = 5$ 時的 $x_e[k]$（以虛線表示一個特別值 $n = 18$ 的 $h_{\text{lin}}[n-k]$ 的包絡線）和對應的輸出信號 $x_{\text{lin}}[n]$，在這個例子中，對於 $n = 18$ 的 $x_{\text{lin}}[n]$，其只和原始樣本 $x[3]$ 和 $x[4]$ 有關。且由圖可知，$x_{\text{lin}}[n]$ 和經由連接直線上兩邊橫跨 n 的兩原始樣本的序列相同，接著

在 $L-1$ 個預期點中重新取樣。除此之外，注意到因為 $|n| \ge L$ 時 $h_{\text{lin}}[0]=1$ 且 $h_{\text{lin}}[n]=0$，所以原始樣本值可以被保存。

藉由比較線性內插器的頻率響應和 L 倍內插的理想低通內插器，介於樣本間失真的基本性值會比較好理解。其可被表示成（見習題 4.50）

$$H_{\text{lin}}(e^{j\omega}) = \frac{1}{L}\left[\frac{\sin(\omega L/2)}{\sin(\omega/2)}\right]^2 \tag{4.93}$$

當 $L = 5$ 時，此函數與理想低通內插濾波器的頻率響應繪於圖 4.26(b)，從圖中可見，當原始信號以 Nyquist 率被取樣時（沒有超取樣），線性內插的結果不是很精確，因為在線性內插濾波器的輸出信號中有許多能量落在 $\pi/L<|\omega|\le\pi$ 的頻帶中，導致頻率刻度鏡像位於 $2\pi/L$ 的倍數上的 $X_c(j\Omega)$ 不會被線性內插濾波器移除。但是，當原始取樣率較 Nyquist 率來的高時，線性內插則可以更能成功的移除這些鏡像，因為 $H_{\text{lin}}(e^{j\omega})$ 的值在這些一般化的頻率中窄的區域裡較小，且在較高取樣率時，增加的頻率刻度導致 $X_c(j\Omega)$ 的平移副本被侷限於 $2\pi/L$ 的倍數。從時域的觀點來看，這情形在直觀上相當合理，因為如果原始取樣率遠高於 Nyquist 率時，信號在樣本間的變化不會太大，也因為這樣，將線性內插用於超取樣信號會得到較精確的成果。

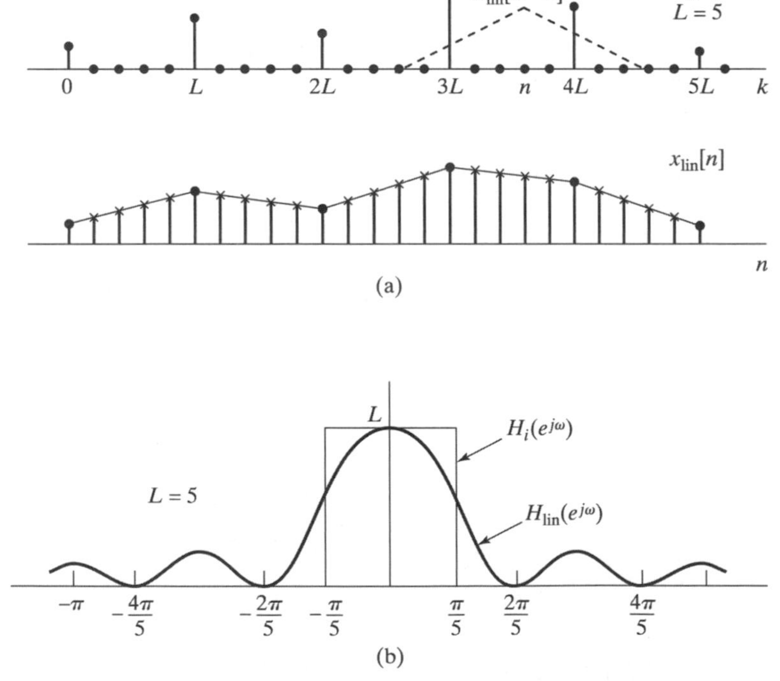

圖 4.26 (a) 以濾波器說明線性內插。(b) 線性內插器的頻率響應與理想低通內插濾波器頻率響應的比較

因爲它的雙邊帶無限長脈衝響應，理想的有限頻寬內插器包含在計算每個內插樣本中的**所有**樣本；相反的，線性內插只需要在計算每個內插樣本中的**兩個**樣本。想更佳的估算理想有限頻寬內插，就必須用有較長脈衝響應的濾波器，爲了這個目的，FIR 濾波器有許多優點。對於要作 L 倍數的內插，一個 FIR 濾波器的脈衝響應 $\tilde{h}_i[n]$ 通常被設計擁有下列性質：

$$\tilde{h}_i[n]=0 \quad |n|\geq KL \tag{4.94a}$$

$$\tilde{h}_i[n]=\tilde{h}_i[-n] \quad |n|\leq KL \tag{4.94b}$$

$$\tilde{h}_i[0]=1 \quad n=0 \tag{4.94c}$$

$$\tilde{h}_i[n]=0 \quad n=\pm L,\pm 2L,\ldots,\pm KL \tag{4.94d}$$

所以內插的輸出信號即爲

$$\tilde{x}_i[n]=\sum_{k=n-KL+1}^{n+KL-1} x_e[k]\tilde{h}_i[n-k] \tag{4.95}$$

注意到線性內插的脈衝響應滿足 (4.94a)－(4.94d) 式，其中 K = 1。

理解 (4.94a)－(4.94d) 式的限制動機是重要的，(4.94a) 式說明 FIR 濾波器的長度爲 $2KL-1$ 個樣本。除此之外，此限制保證 $\tilde{x}_i[n]$ 的每個樣本的運算中只有 $2K$ 個原始樣本被運算到，這是因爲，雖然 $\tilde{h}_i[n]$ 有 $2KL-1$ 個非零樣本，但輸入信號 $x_e[k]$ 在 $\tilde{h}_i[n-k]$ 的樣本區域內只有 $2K$ 個非零樣本，其中 n 是在兩原始樣本間的任意值。(4.94b) 式保證 FIR 濾波器不會對內插的樣本作相位平移，因爲其對應的頻率響應是 ω 的一個實數函數。此系統藉由延遲至少 $KL-1$ 個樣本可以變爲因果的系統。而事實上，脈衝響應 $\tilde{h}_i[n-KL]$ 會產出一個延遲 KL 個樣本的內插輸出，其相當於在原始樣本取樣率上延遲 K 個樣本。我們想要插入其他數量的延遲，以便等化一個較大的系統其部份的延遲，其中牽涉到多個子系統需運作在不同的取樣率上。最後，(4.94c) 與 (4.94d) 式確保這些原始信號樣本會被保存在輸出信號中，也就是：

$$\tilde{x}_i[n]=x[n/L], \qquad 當\ n=0,\pm L,\pm 2L,\ldots \tag{4.96}$$

因此，如果 $\tilde{x}_i[n]$ 的取樣率隨後被降回原始的取樣率（沒有干擾的延遲或是 L 倍數的樣本延遲），則 $\tilde{x}_i[nL]=x[n]$。換言之，原始的信號被確實地恢復了。如果此一致性不被需要，那麼 (4.94c) 與 (4.94d) 式的條件在設計 $\tilde{h}_i[n]$ 中可以被放寬。

圖 4.27 顯示 $x_e[k]$ 和 $\tilde{h}_i[n-k]$，其中 K = 2。此圖說明了每個內插的值與原始輸入信號的 $2K=4$ 個樣本有關。並注意到每個內插樣本的運算只需要 $2K$ 個乘法和 $2K-1$ 個加法，因爲在 $x_e[k]$ 的每個原始樣本之間總是會有 $L-1$ 個零樣本。

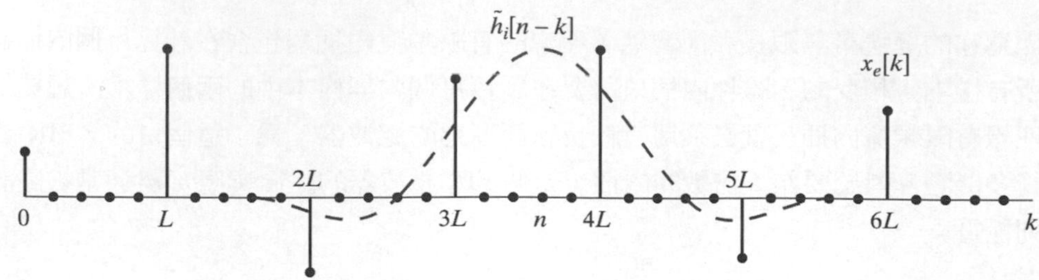

圖 4.27 說明內插包含 $2K = 4$ 個樣本，其中 $L = 5$

在數值分析中，內插是一個很多人研究的問題。在這個領域裡，許多的研究成果都是以內插方程式為基礎來準確地內插某一程度上的多項式。舉例來說，某線性內插器對於一固定信號提供許多精確的結果，其中一個結果的樣本值沿著一條直線變化。就像線性內插、高階拉格朗日內插公式 (Schafer and Rabiner, 1973) 以及立方曲線內插公式 (Keys, 1981 和 Unser, 2000) 的情況可以投射到我們的線性濾波器架構來提供更長的濾波器給內插用。舉例來說，式子

$$\tilde{h}_i[n] = \begin{cases} (a+2)\,|n/L|^3 - (a+3)\,|n/L|^2 + 1, & 0 \le n \le L \\ a\,|n/L|^3 - 5\,|n/L|^2 + 8a\,|n/L| - 4a, & L \le n \le 2L \\ 0, & \text{其他} \end{cases} \tag{4.97}$$

定義一個方便的內插濾波器脈衝響應家族，在計算每個內插的樣本中其牽涉到 4 個 $(K = 2)$ 原始樣本。圖 4.28(a) 說明了 $a = -0.5$ 的立方濾波器的脈衝響應和用來作線性 $(K = 1)$ 內插的 $L = 5$ 的線性濾波器（虛線三角形），它們對應的頻率響應以對數振幅（dB）刻度呈現在圖 4.28(b)。注意到立方濾波器和線性內插器相比，在 $2\pi / L$ 和 $4\pi / L$（在這個例子是 0.4π 和 0.8π）的頻率附近有較寬的區域，但是有較低的邊波帶。立方濾波器在圖中標示為虛線。

4.6.4 以非整數倍改變取樣率

我們已經說明了如何將序列的取樣率增加或降低整數倍，而藉由結合抽點降頻和內插，也可以改變取樣率成非整數倍。更明確來說，圖 4.29(a) 顯示一個內插器將取樣週期由 T 降為 T / L，加上一個降頻器將取樣週期增為 M 倍，最後產生出一個輸出序列 $\tilde{x}_d[n]$，其等效取樣週期為 TM / L。適當地選擇 L 與 M，我們可以隨意地逼近到任何想要的取樣週期比。舉例來說，如果 $L = 100$ 且 $M = 101$，則等效取樣週期為 $1.01T$。

如果 $M > L$，則取樣週期的淨值會增加（取樣率會下降），反之亦然。因為圖 4.29(a) 的內插和降頻濾波器是串聯在一起的，所以他們可以如圖 4.29(b) 所示，合併成一低通濾波器，其增益為 L，而截止頻率為 π / L 和 π / M 兩者中的較小值。如果 $M > L$，則 π / M 為

主導的截止頻率，且取樣率的淨值會減少。如同我們在 4.6.1 節曾指出的，如果 $x[n]$ 是以 Nyquist 率取樣得到的，並且爲了避免疊頻現象發生，則序列 $\tilde{x}_d[n]$ 會是原始有限頻寬信號經低通濾波器所得到的輸出結果。反過來說，如果 $M<L$，則 π/L 爲主導的截止頻率，且因爲信號頻寬低於原始 Nyquist 頻率，所以不需要再對它加上更多限制

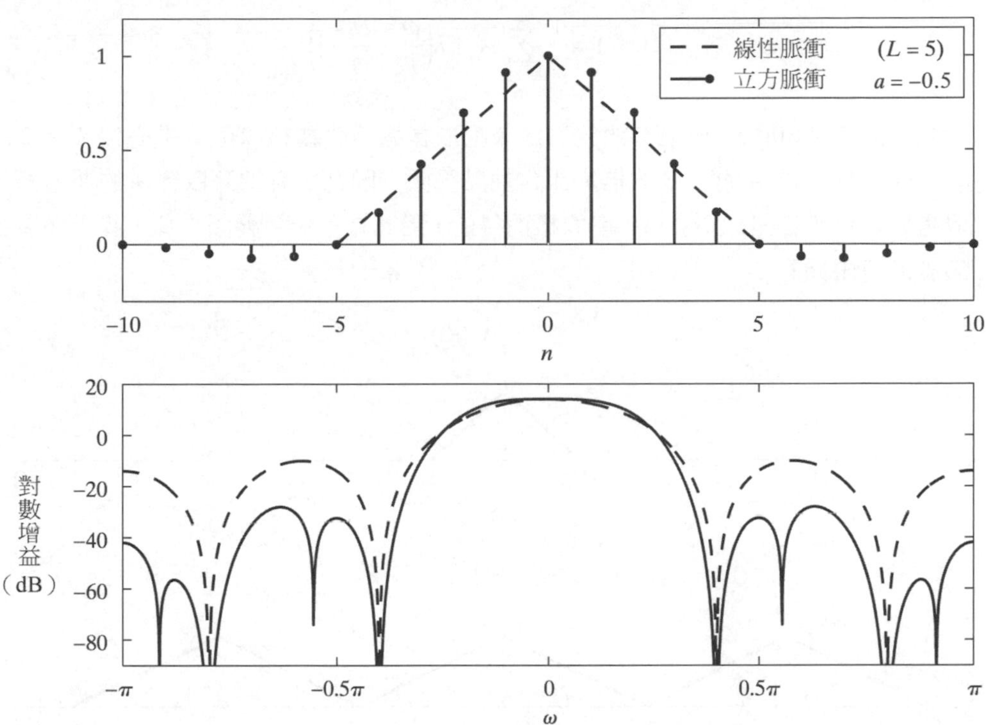

圖 4.28　線性和立方內插的脈衝響應與頻率響應

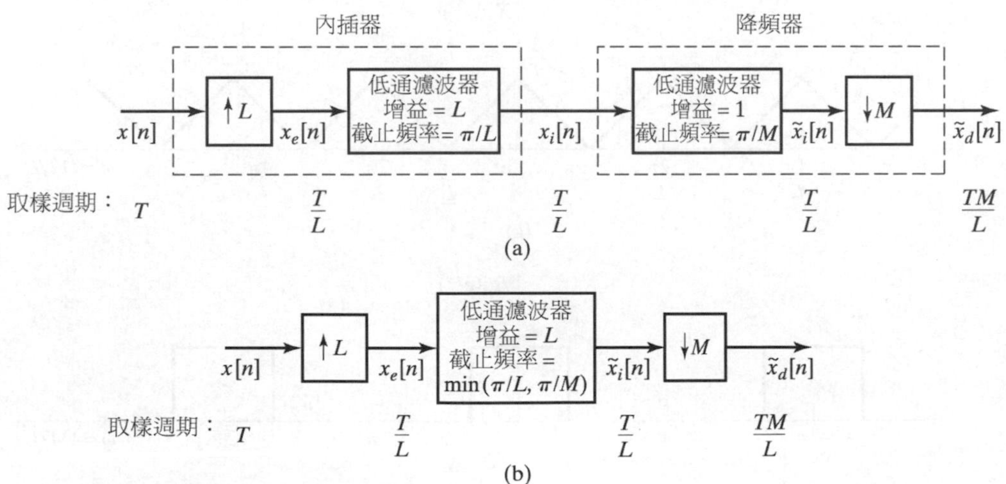

圖 4.29　(a) 以非整數倍改變取樣率的系統架構。(b) 簡化後的系統，其降頻和內插濾波器已合併在一起

範例 4.9 以非整數的倍率改變取樣率

圖 4.30 說明了用分數倍改變取樣率的過程。假設圖 4.30(a) 是一個有限頻寬信號以 Nyquist 率取樣後所得的頻譜 $X_c(j\Omega)$，也就是 $2\pi/T = 2\Omega_N$。其離散時間傅立葉轉換頻譜為：

$$X(e^{j\omega}) = \frac{1}{T}\sum_{k=-\infty}^{\infty} X_c\left(j\left(\frac{\omega}{T} - \frac{2\pi k}{T}\right)\right)$$

此式繪於圖 4.30(b)。一個有效的方法來把取樣週期改為 $(3/2)T$，是先以 $L = 2$ 的倍率來作內插，再用 $M = 3$ 的倍率來作抽點降頻。因為這意謂著取樣率的淨值降低，但是原始信號卻是以 Nyquist 率取樣而得的，因此為了避免疊頻現象，我們必須合併額外的有限頻寬。

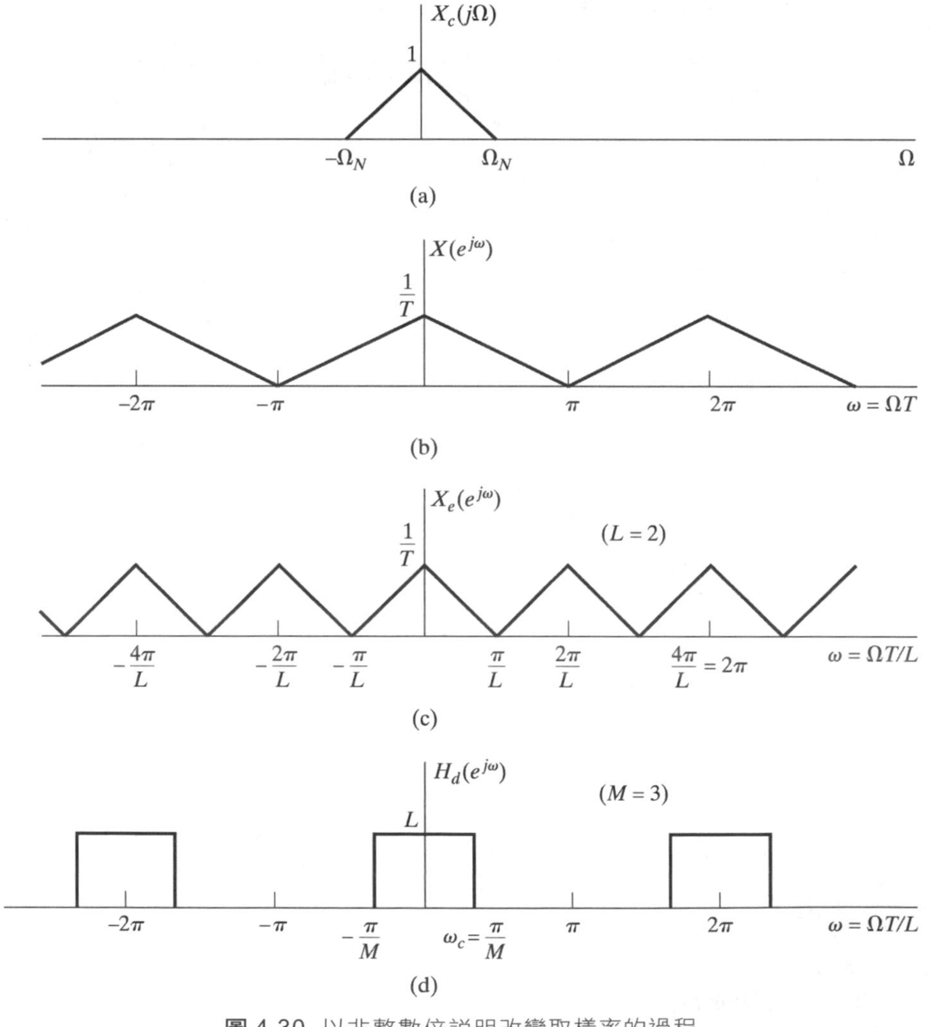

圖 4.30 以非整數倍說明改變取樣率的過程

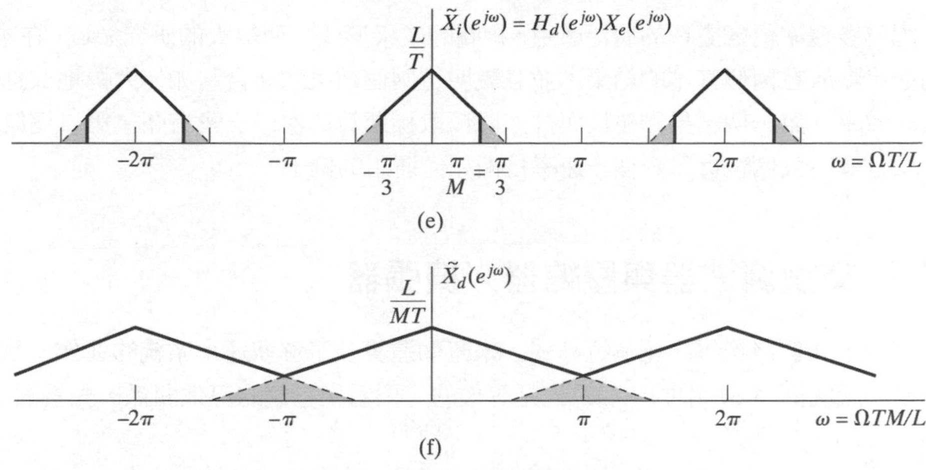

圖 4.30（續）以非整數倍說明改變取樣率的過程

圖 4.30(c) 是升頻取樣器輸出信號的離散時間傅立葉轉換，其倍率為 $L = 2$。如果只作 2 倍的內插，我們可以選擇使用截止頻率 $\omega_c = \pi/2$ 且增益 $L = 2$ 的低通濾波器。但是因為此濾波器的輸出信號要用 $M = 3$ 的倍率作抽點降頻，所以截止頻率必須用 $\omega_c = \pi/3$，增益依舊是 2，如圖 4.30(d) 所示。圖 4.30(e) 表示此低通濾波器輸出信號的傅立葉轉換 $\tilde{X}_i(e^{j\omega})$，其中陰影部分是信號的頻譜被濾掉的部分，被濾掉的原因是內插濾波器的截止頻率較低的關係。最後，圖 4.30(f) 是降頻取樣器輸出信號的離散時間傅立葉轉換，其倍率為 $M = 3$。注意到如果內插低通濾波器的截止頻率是 $\pi/2$ 而不是 $\pi/3$ 的話，則陰影部分表示發生疊頻現象。

4.7 多速率信號處理

我們發現可以藉由結合內插和抽點降頻來改變離散時間信號的取樣率。舉例來說，如果我們想用一個新取樣週期 $1.01T$ 來作取樣，則可以先用一個截止頻率爲 $\omega_c = \pi/101$ 的低通濾波器作倍率 $L = 100$ 的內插，再作倍率 $M = 101$ 的抽點降頻。如果在這麼高的取樣率下直接實現濾波運作，則這些取樣率暫時的劇烈變化會使得輸出每一個樣本時，都需要大量的運算。值得慶幸的是，利用**多速率信號處理**（multirate signal processing）中一些基本技術的優點，可以將運算量大幅減少。一般來說，這些多速率技術是利用升頻取樣、降頻取樣、壓縮器與擴張器等系統，以各種方式來增加信號處理系統的效率。這些技術除了用在改變取樣率之外，在運用到超取樣及雜訊整形（noise shaping）的 A/D 和 D/A 系統中也非常有用。另外一個越來越重視多速率技術的重要信號處理演算法的類別，是用來作信號分析處理的濾波器組（filter banks）。

因爲多速率信號處理的廣泛應用，相關的成果形成一個很大的研究領域。在本節中，我們把焦點放在兩個基本的結果，並且說明這兩個結果的結合將如何大幅地改進取樣率變換的效率。第一個結果和濾波與升／降頻取樣運算的次序交換有關。第二個結果是有關多相分解。我們也會舉兩個多速率技術如何運用的例子。

4.7.1 交換濾波器與壓縮器／擴張器

首先，我們將推導出兩個恆等式，來幫助運算及了解多速率系統的運作。我們可以很容易的證明圖 4.31 中的兩個系統是等效的，要看出它們的等效關係，先看圖 4.31(b) 中的

$$X_b(e^{j\omega}) = H(e^{j\omega M})X(e^{j\omega}), \tag{4.98}$$

並由 (4.77) 式可知

$$Y(e^{j\omega}) = \frac{1}{M}\sum_{i=0}^{M-1} X_b(e^{j(\omega/M-2\pi i/M)}) \tag{4.99}$$

將 (4.98) 式代入 (4.99) 式可得

$$Y(e^{j\omega}) = \frac{1}{M}\sum_{i=0}^{M-1} X(e^{j(\omega/M-2\pi i/M)})H(e^{j(\omega-2\pi i)}) \tag{4.100}$$

由於 $H(e^{j(\omega-2\pi i)}) = H(e^{j\omega})$ ，(4.100) 式可簡化成

$$\begin{aligned} Y(e^{j\omega}) &= H(e^{j\omega})\frac{1}{M}\sum_{i=0}^{M-1} x(e^{j(\omega/M-2\pi i/M)}) \\ &= H(e^{j\omega})X_a(e^{j\omega}), \end{aligned} \tag{4.101}$$

此式代表圖 4.31(a) 的運作，如此一來，圖 4.31(a) 和 4.31(b) 的兩系統即完全地等效。

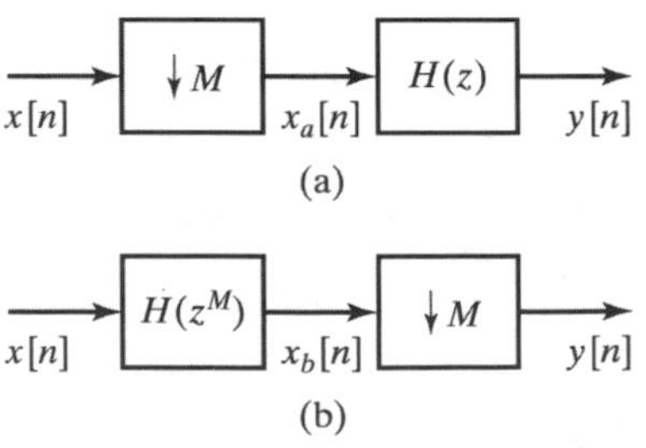

圖 4.31 降頻取樣恆等式所代表的兩個等效系統

而在升頻取樣上也有類似的恆等式可用。確切地說，利用 4.6.2 節中的 (4.85) 式，也可以很容易地證明圖 4.32 中的兩個系統是等效的。由 (4.85) 式和圖 4.32(a) 可得

$$\begin{aligned} Y(e^{j\omega}) &= X_a(e^{j\omega L}) \\ &= X(e^{j\omega L})H(e^{j\omega L}) \end{aligned} \tag{4.102}$$

並由於從 (4.85) 式得知

$$X_b(e^{j\omega}) = X(e^{j\omega L}),$$

故 (4.102) 式可寫成

$$Y(e^{j\omega}) = H(e^{j\omega L})X_b(e^{j\omega}),$$

此式代表圖 4.32(b) 的運作。

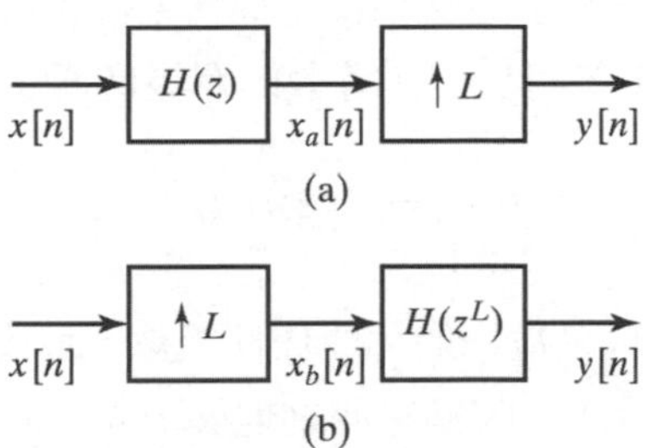

圖 4.32　升頻取樣恆等式所代表的兩個等效系統

總結來說，我們證明了線性濾波器運算和升／降頻取樣的次序可以交換，前提是需將線性濾波作些微的修正。

4.7.2 多級降頻與內插

當降頻和內插的比例比較大時，就必須使用有很長脈衝響應的濾波器來實現對於所需要的低通濾波器其適當的估算值。在這種情況下，透過使用多級降頻（multistage decimation）或內插（interpolation）可減少大量的運算量。圖 4.33(a) 說明了二級降頻系統，其中整體的降頻比爲 $M = M_1M_2$。在這情況下，需要兩個低通濾波器；$H_1(z)$ 是一個表面截止頻率爲 π/M_1 的低通濾波器，同樣的 $H_2(z)$ 則是一個表面截止頻率爲 π/M_2 的低通濾波器。注意到對於單級降頻，所需的表面截止頻率會是 $\pi/M = \pi/(M_1M_2)$，其和兩個濾波器中任一個相較之下都來的小。在第 7 章我們會發現窄頻濾波器通常需要高階系統函數來實現對於選頻濾波器其特性的驟變截止估算值。因爲這個影響，二級的實作通常比單級的實作來的有效率。

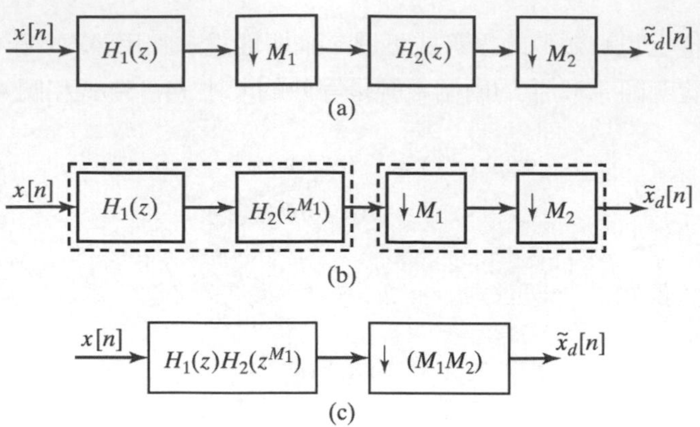

圖 4.33 多級降頻：(a) 二級降頻系統。(b) 利用圖 4.31 的降頻取樣恆等式改進 (a)。(c) 等效的單級降頻

等效於圖 4.33(a) 的單級系統可以用圖 4.33(b) 的降頻取樣恆等式來求得。圖 4.33(b) 說明了將 $H_2(z)$ 系統和其前面的降頻取樣器(降 M_1 倍)更換爲先 $H_2(z^{M_1})$ 系統再跟著 M_1 倍降頻取樣器。圖 4.33(c) 則是呈現了結合串接型線性系統和串接型降頻取樣器而得到相對應的單級系統成果。從這個系統可發現，等效的單級低通濾波器其系統函數其乘積為

$$H(z) = H_1(z)H_2(z^{M_1}) \tag{4.103}$$

如果 M 有許多倍數這個式子可以被一般化成任何級數，而且對於二級降頻器其整體有效的頻率響應是非常有用的表示式。因爲它明確地展現兩個濾波器的效果，並且可以被用來當作幫助使設計的有效多級降頻器其運算量最小（參考 Crochiere and Rabiner, 1983, Vaidyanathan, 1993, 和 Bellanger, 2000）。(4.103) 式其因式分解已經被用來直接地設計低通濾波器 (Neuvo et al., 1984)。在本節中 (4.103) 式所代表的濾波器其系統函數被稱爲內插 FIR 濾波器，這是因爲對應的脈衝響應可以被視爲 $h_1[n]$ 和第二個脈衝響應其擴張 M_1 倍的旋積，如同下式所示

$$h[n] = h_1[n] * \sum_{k=-\infty}^{\infty} h_2[k]\delta[n-kM_1] \tag{4.104}$$

同樣的多級原理可以應用在內插，在此情況下，圖 4.32 的升頻取樣恆等式被用來聯繫二級內插器和等效的單級系統，如同圖 4.34 所示。

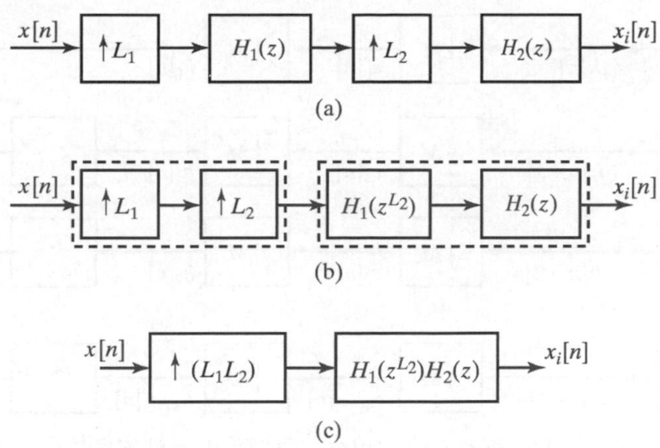

圖 4.34　多級內插：(a) 二級內插系統。(b) 利用圖 4.32 的升頻取樣恆等式改進 (a)。(c) 等效的單級內插

4.7.3 多相分解

一個序列是原序列的多相分解（polyphase decompositions），代表將一個序列延遲後每隔 M 點取一個值可得一個子序列，並藉由重複地延遲和取值得出的 M 個子序列的重疊結果。將此分解應用到濾波器的脈衝響應，在許多應用上都能得到有效的方式來實現線性濾波器。明確地說，考慮一脈衝響應 $h[n]$，我們將其分解成下列 M 個子序列 $h_k[n]$，其中 $k = 0, 1, \ldots, M-1$：

$$h_k[n] = \begin{cases} h[n+k], & n = M \text{ 的整倍數} \\ 0, & \text{其他} \end{cases} \tag{4.105}$$

藉由不斷地延遲子序列，可以用下列方式重建原始的脈衝響應 $h[n]$：

$$h[n] = \sum_{k=0}^{M-1} h_k[n-k] \tag{4.106}$$

圖 4.35 中的方塊圖代表這樣的分解。如果我們在輸入端鏈結起一連串的提前元件，並在輸出端鏈結起一連串的延遲元件，則圖 4.36 中的方塊圖就會和圖 4.35 中的方塊圖等效。在圖 4.35 與圖 4.36 所代表的分解運算中，序列 $e_k[n]$ 爲：

$$e_k[n] = h[nM+k] = h_k[nM] \tag{4.107}$$

通常此序列被當作是 $h[n]$ 的多相成分。雖然有許多種不同的方法能求出多相成分，以及爲了標示符號上的簡便，對於多相成分有不同的編號方式 (Bellanger, 2000 和 Vaidyanathan, 1993)，但是 (4.107) 式所下的定義即能夠滿足本節的需要。

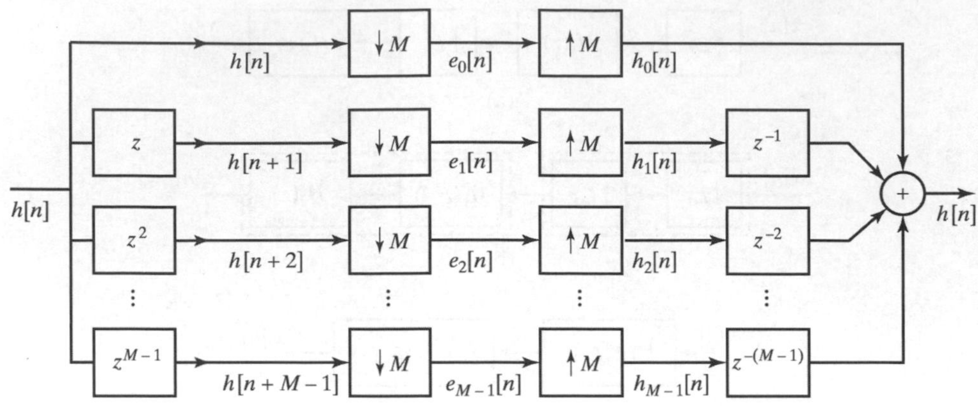

圖 4.35 利用多相成分 $e_k[n]$ 來表示濾波器 $h[n]$ 的多相分解

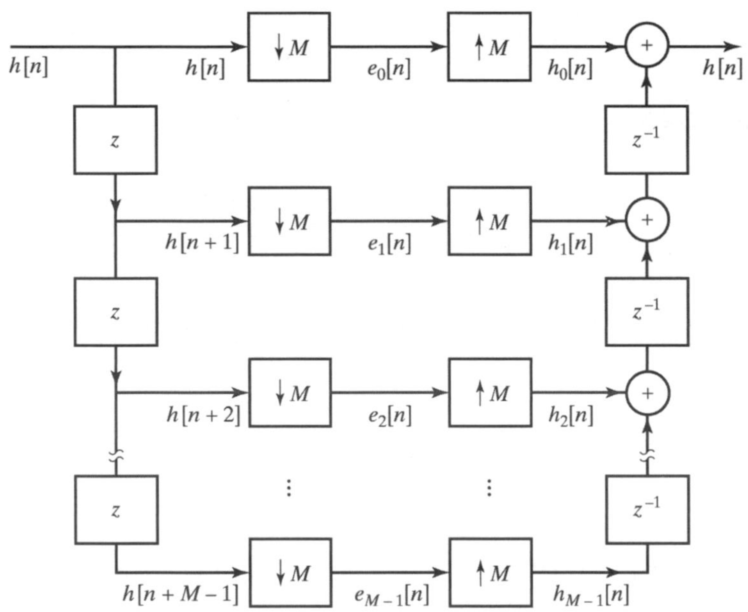

圖 4.36 利用多相成分 $e_k[n]$ 及延遲鏈來表示濾波器 $h[n]$ 的多相分解

雖然無法用圖 4.35 和圖 4.36 來實現濾波器，但是這兩個圖說明了如何將濾波器分解成 M 個並聯的濾波器。我們注意到在頻域或 z 轉換的表示法中，圖 4.35 和圖 4.36 其實是將 $H(z)$ 表示成以下相當於多相表示式的形式：

$$H(z)=\sum_{k=0}^{M-1}E_k(z^M)z^{-k} \tag{4.108}$$

(4.108) 式將系統函數 $H(z)$ 表示成延遲後的多相成分濾波器的總和。舉例來說，由 (4.108) 式可得到圖 4.37 中的濾波器架構。

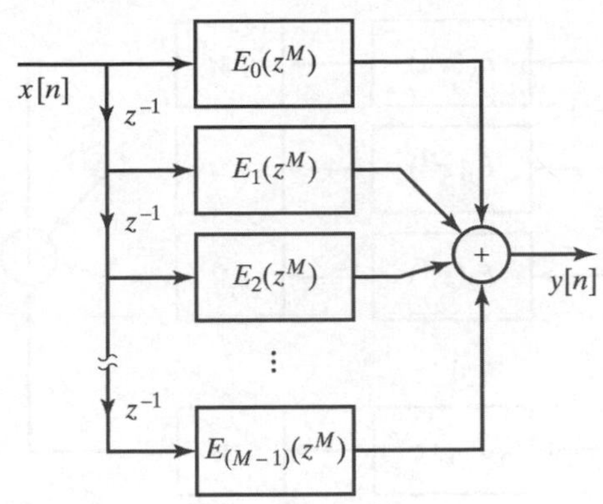

圖 4.37　以 $h[n]$ 的多相分解實現出的架構

4.7.4 降頻濾波器的多相實現

多相分解（polyphase decomposition）的重要應用之一是用來實現某個濾波器，而此濾波器的輸出序列會被降頻取樣，如圖 4.38 所示。

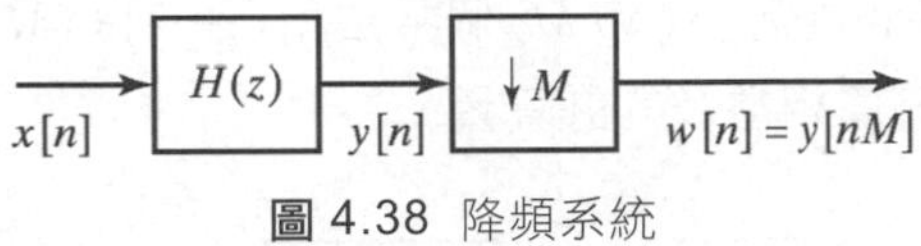

圖 4.38　降頻系統

以最直接的方式實現圖 4.38 時，濾波器對於每個 n 都會算出一個輸出樣本，但是每 M 個輸出樣本之中只有一個會被保留下來。直覺上，我們想要得到一個更有效的實現方式，其可以不必去計算那些被捨棄的樣本。

我們可以應用濾波器的多相分解來得到更有效的實現方式，確切的說，假設要用下列的多相成分將 $h[n]$ 表示爲多相形式：

$$e_k[n] = h[nM + k] \tag{4.109}$$

由 (4.108) 式可得

$$H(z) = \sum_{k=0}^{M-1} E_k(z^M) z^{-k} \tag{4.110}$$

利用這樣的分解方式以及降頻取樣可以和加法互換的特性，圖 4.38 可以重畫成圖 4.39。然後將圖 4.31 的恆等式應用到圖 4.39，可以發現圖 4.39 變成圖 4.40 的系統。

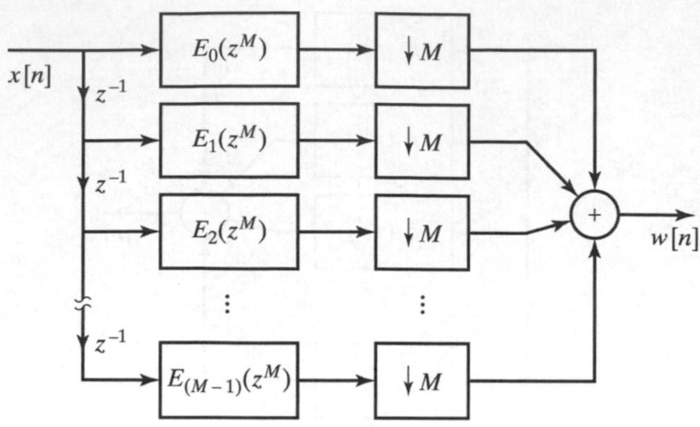

圖 4.39 利用多相分解實現降頻濾波器

爲了說明圖 4.40 優於圖 4.38 之處，我們假設輸入信號 $x[n]$ 在每個單位時間內會有一個樣本，並假設 $H(z)$ 是一個 N 點的 FIR 濾波器。要直接實現圖 4.38 的話，每個單位時間內須使用 N 個乘法和 $(N-1)$ 個加法。然而在圖 4.40 的系統中，每個濾波器 $E_k(z)$ 的長度是 N/M，而它們在每 M 個單位時間內才會有一個輸入信號。因此，每個濾波器在每個單位時間內只需要 $\frac{1}{M}\left(\frac{N}{M}\right)$ 個乘法和 $\frac{1}{M}\left(\frac{N}{M}-1\right)$ 個加法。且因爲總共有 M 個多相成分，所以整個系統在每個單位時間內需要 (N/M) 個乘法和 $\left(\frac{N}{M}-1\right)+(M-1)$ 個加法。因此，對於某些 M 和 N 來說，可以節省相當多的計算量。

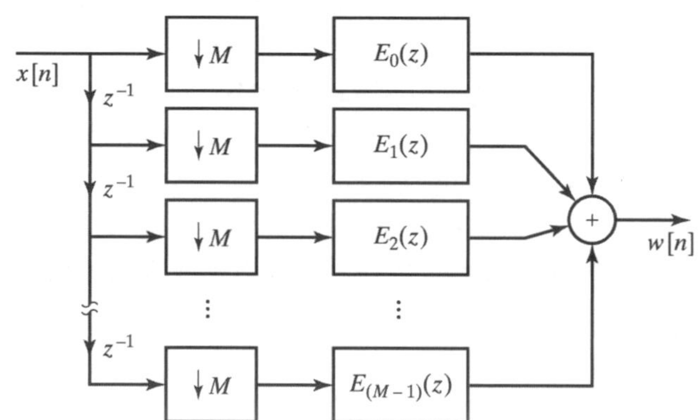

圖 4.40 將降頻取樣恆等式應用到多相分解後所實現的降頻濾波器

4.7.5 內插濾波器的多相實現

圖 4.41 是一個濾波器加上一個升頻取樣器的系統，將多相分解應用到這個系統可以節省相當多的計算量，這點類似於上一節對於降頻濾波器所作的討論。既然樣本序列 $w[n]$ 每隔 L 點才會出現一個非零的值，那麼最直接的方式來實現圖 4.41 是將濾波器的係數乘以一些序列，其中這些序列的值事先已知爲零。直覺上，我們再一次認爲可能會有較有效的實現方式。

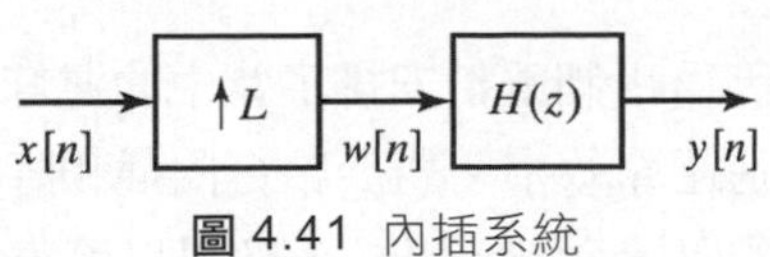

圖 4.41 內插系統

我們仍利用 $H(z)$ 的多相分解來有效的實線圖 4.41 中的系統。舉例來說，我們可以將 $H(z)$ 表示成 (4.110) 式，然後將圖 4.41 畫成圖 4.42。並運用圖 4.32 的恆等式，可以將圖 4.42 重新排列畫成圖 4.43。

為了說明圖 4.43 優於圖 4.41 之處，我們注意到如果圖 4.41 中的 $x[n]$ 在每個單位時間內會有一個樣本，則 $w[n]$ 在每個單位時間內會有 L 個樣本。假使 $H(z)$ 是一個長度為 N 的 FIR 濾波器，那麼在每個單位時間內需要 NL 個乘法和 $(NL-1)$ 個加法。另一方面，對於圖 4.43 中的整組多相濾波器而言，在每個單位時間內只需要 $L(N/L)$ 個乘法和 $L\left(\frac{N}{L}-1\right)$ 個加法；若要得到 $y[n]$，則要再加上 $(L-1)$ 加法。因此，對於某些 L 和 N 來說，依舊可以省下相當多的計算量。

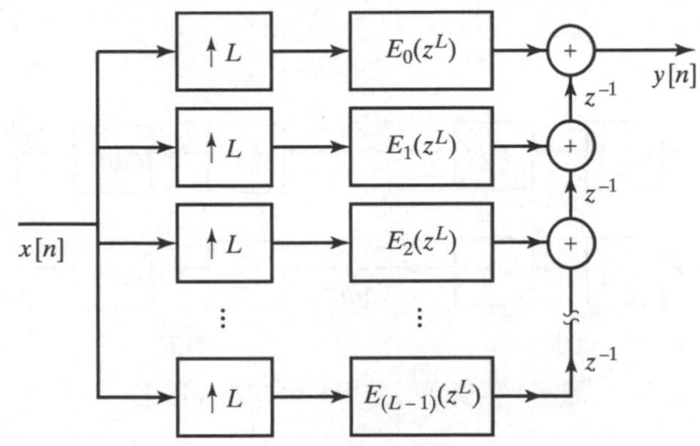

圖 4.42 利用多相分解來實現內插濾波器

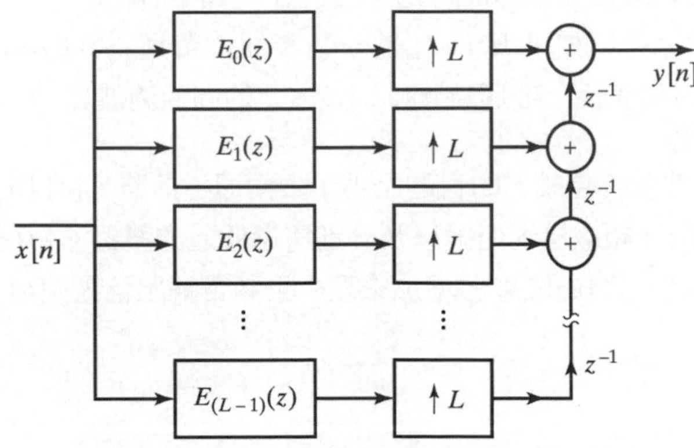

圖 4.43 將升頻取樣恆等式應用到多相分解後所實現的內插濾波器

對於降頻和內插而言，因爲我們重新安排了當中的運算方式，使得濾波能夠在較低的取樣率下完成，所以能增進運算效率。對於結合內插和降頻所得到的非整數倍取樣率變換系統而言，當需要較高的取樣率時，多相分解可以節省相當多的運算。

4.7.6 多速率濾波器組（multirate filter banks）

降頻和內插的多相結構被廣泛地用在濾波器組，爲了分析和合成音訊以及語音信號。舉例來說，圖 4.44 說明了一個雙通道分析和合成濾波器組的方塊圖，這通常被用在語音編碼的應用上。此系統分析部分的目的在於要將輸入信號 $x[n]$ 的頻譜分開成以降頻取樣信號 $v_0[n]$ 表示的低通頻帶和以 $v_1[n]$ 表示的高通頻帶。在語音和音訊編碼的應用中，通道信號爲了傳輸或儲存而被量化，因爲原始的頻帶表面上被分爲兩寬度同爲 $\pi/2$ 弧度的部分，濾波器輸出信號的取樣率會是輸入信號的 1/2，所以每秒樣本總數仍然一樣[①]。注意到降頻取樣此低通濾波器的輸出信號會讓低頻帶增加到整個範圍 $|\omega|<\pi$。另一方面，降頻取樣高通濾波器的輸出信號會讓高頻帶向下平移，並將高頻帶增加到整個範圍 $|\omega|<\pi$。

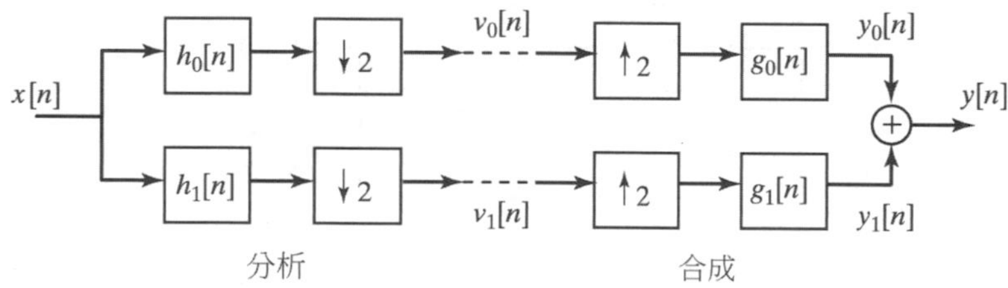

圖 4.44 雙通道分析和合成濾波器組

分解需要 $h_0[n]$ 和 $h_1[n]$ 分別成爲低通濾波器的脈衝響應和高通濾波器的脈衝響應。一般的方法是由低通濾波器取得高通濾波器，藉由 $h_1[n]=e^{j\pi n}h_0[n]$。這也意味 $H_1(e^{j\omega})=H_0(e^{j(\omega-\pi)})$，所以如果 $H_0(e^{j\omega})$ 是一個表面上帶通爲 $0\le|\omega|\le\pi/2$ 的低通濾波器，那麼 $H_1(e^{j\omega})$ 就會是表面上帶通爲 $\pi/2\le|\omega|\le\pi$ 的高通濾波器。

圖 4.44 右半邊部分（合成）的目的是爲了由兩通道信號 $v_0[n]$ 和 $v_1[n]$ 還原估算值給 $x[n]$。這個目的可藉由升頻取樣兩信號以及分別透過低通濾波器 $g_0[n]$ 和高通濾波器 $g_1[n]$ 傳遞它們來達成。內插信號的成果被增加來產生全頻帶輸出信號 $y[n]$，其取樣率爲輸入信號的取樣率。

---

① 保存了每秒樣本總數的濾波器組被稱為最稱為最大抽取濾波器組（maximally decimated filter banks）。

應用頻域的的成果來降頻取樣和升頻取樣圖 4.44 的系統會導致下列結果：

$$Y(e^{j\omega})=\frac{1}{2}[G_0(e^{j\omega})H_0(e^{j\omega})+G_1(e^{j\omega})H_1(e^{j\omega})X(e^{j\omega}) \tag{4.111a}$$

$$+\frac{1}{2}[G_0(e^{j\omega})H_0(e^{j(\omega-\pi)})$$

$$+G_1(e^{j\omega})H_1(e^{j(\omega-\pi)}]X(e^{j(\omega-\pi)}) \tag{4.111b}$$

如果因為此分析和合成濾波器是理想的以至於它們能精確地將頻帶 $0\le|\omega|\le\pi$ 分成兩相同的部分而沒有重疊，則可以很容易的驗證 $Y(e^{j\omega})=X(e^{j\omega})$；也就是說合成濾波器組精確地重建輸入信號。然而，完美或接近完美的重建也可以藉由非理想的濾波器組達成，其中在分析濾波器組的降頻取樣操作會發生疊頻現象。要看到此現象，可注意到 $Y(e^{j\omega})$ 表示式的第二項 [行標為 (4.111b) 式]，其代表來自降頻取樣操作內部的疊頻失真，並且可選擇用下式的濾波器組來消除：

$$G_0(e^{j\omega})H_0(e^{j(\omega-\pi)})+G_1(e^{j\omega})H_1(e^{j(\omega-\pi)})=0 \tag{4.112}$$

這種條件被稱作**消去疊頻的條件**（alias cancellation condition），其中一組條件可證明 (4.112) 式的是

$$h_1[n]=e^{j\pi n}h_0[n]\Leftrightarrow H_1(e^{j\omega})=H_0(e^{j(\omega-\pi)}) \tag{4.113a}$$

$$g_0[n]=2h_0[n]\Leftrightarrow G_0(e^{j\omega})=2H_0(e^{j\omega}) \tag{4.113b}$$

$$g_1[n]=-2h_1[n]\Leftrightarrow G_1(e^{j\omega})=-2H_0(e^{j(\omega-\pi)}) \tag{4.113c}$$

因為 (4.113a) 式強制以 $\omega=\pi/2$ 鏡相對稱，所以濾波器 $h_0[n]$ 和 $h_1[n]$ 被稱作**正交鏡相濾波器**（quadrature mirror filters）。將這些關係式代入 (4.111a) 式可導出下列關係式：

$$Y(e^{j\omega})=[H_0^2(e^{j\omega})-H_0^2(e^{j(\omega-\pi)})]X(e^{j\omega}), \tag{4.114}$$

其結果就是最佳的重建（可能伴隨著 M 個樣本的延遲）需要

$$H_0^2(e^{j\omega})-H_0^2(e^{j(\omega-\pi)})=e^{-j\omega M} \tag{4.115}$$

這可以被說明 (Vaidyanathan, 1993) 唯有滿足 (4.115) 式且計算上可實現的濾波器組才真的是擁有 $h_0[n]=c_0\delta[n-2n_0]+c_1\delta[n-2n_1-1]$ 的脈衝響應的系統，其中 n_0 和 n_1 是任意選擇的整數而且 $c_0c_1=\frac{1}{4}$。此系統無法提供語音和音訊編碼應用所需要的尖銳的頻率選擇特性，但為了說明此系統可以準確的完成重建，可使用簡單的兩點移動平均低通濾波器：

$$h_0[n]=\frac{1}{2}(\delta[n]+\delta[n-1]), \tag{4.116a}$$

其頻率響應爲

$$H_0(e^{j\omega}) = \cos(\omega/2)e^{-j\omega/2} \tag{4.116b}$$

對於這個濾波器，可藉由將 (4.116b) 式代入 (4.114) 式來證明 $Y(e^{j\omega}) = e^{-j\omega}(e^{j\omega})$ 。

FIR 或 IIR 濾波器兩者其中一個可被用在圖 4.44 中的分析／合成系統以提供接近完美的重建，其濾波器組和 (4.113a)－(4.113c) 式有關。此濾波器組的設計是以找到可容許的低通濾波器近似值 $H_0(e^{j\omega})$ 爲基礎，此近似值同時在一個可容許的近似誤差下滿足 (4.115) 式。此組濾波器以及它們的設計演算法是由 Johnston (1980) 所提出的。Smith 和 Barnwell (1984) 以及 Mintzer (1985) 證明如果濾波器組和 (4.113a)－(4.113c) 每一個式子相比之下有不同的關係，那麼圖 4.44 的雙通道濾波器組的完美重建是可能的，不同的關係所導致的濾波器稱爲共軛正交濾波器（Conjugate quadrature filters, CQF）。

多相技術可以被用來節省實現圖 4.44 中的分析／合成系統所需的運算量，應用圖 4.40 所描述的多相降頻取樣結果到雙通道上，可產生圖 4.45(a) 的方塊圖，其中

$$e_{00}[n] = h_0[2n] \tag{4.117a}$$

$$e_{01}[n] = h_0[2n+1] \tag{4.117b}$$

$$e_{10}[n] = h_1[2n] = e^{j2\pi n}h_0[2n] = e_{00}[n] \tag{4.117c}$$

$$e_{11}[n] = h_1[2n+1] = e^{j2\pi n}e^{j\pi}h_0[2n+1] = -e_{01}[n] \tag{4.117d}$$

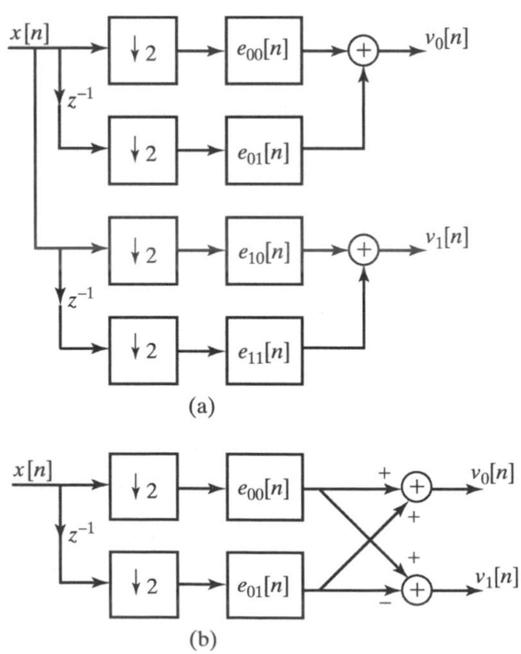

圖 4.45 圖 4.44 的雙通道分析濾波器組的多相表示

(4.117c) 和 (4.117d) 式說明了作爲 $h_1[n]$ 的多相濾波器和 $h_2[n]$ 的相同（除了符號不同），所以 $e_{00}[n]$ 與 $e_{01}[n]$ 只有一個集合需要被實現。圖 4.45(b) 呈現了 $v_0[n]$ 和 $v_1[n]$ 兩者如何藉由兩個多相濾波器的輸出而產生，這個等效結構只需要圖 4.45(a) 運算量的一半，原因當然完全是由於兩濾波器間的簡單關係。

多相技術同樣地可以被應用到合成濾波器組上，方法是藉由辨識兩個可以被它們多相的應用所取代的內插器，接著，因爲 $g_1[n]=-e^{j\pi n}g_0[n]=-e^{j\pi n}2h_0[n]$，多相結構可以被結合。多相合成系統的結果可以藉由多相濾波器 $f_{00}[n]=2e_{00}[n]$ 和 $f_{01}[n]=2e_{01}[n]$ 來表示，如同圖 4.46 所示。就像在分析濾波器組的情形下一樣，合成濾波器組可以被分享在兩個通道間，使得運算量得以減半。

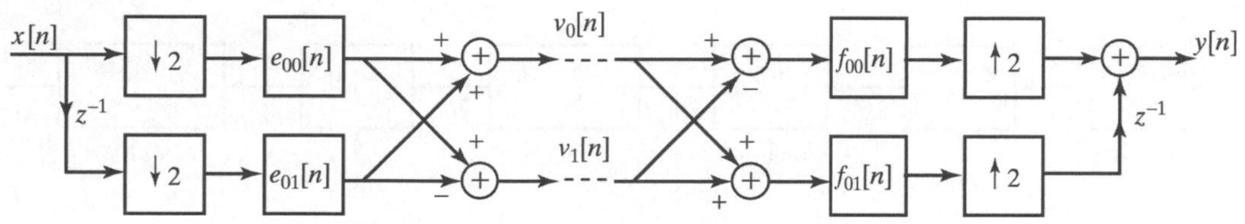

圖 4.46　圖 4.44 的雙通道分析和合成濾波器組的多相表示

此雙頻帶分析／合成系統可以被一般化成 N 個相同寬度的通道來得到一個良好的頻譜分解。而此系統被用在音訊編碼，在數位資訊率壓縮上它們促進人類聽覺感知特性的發展（參考 MPEG audio coding standard and Spanias, Painter, and Atti, 2007）。除此之外，此雙頻帶系統可以被併入樹狀結構，來得到一個均勻或非均勻通道空間的分析／合成系統。當由 Smith、Barnwell 和 Mintzer 所提出的共軛正交濾波器被使用時，準確的重建是有可能的，而且分析合成系統的結果基本上是離散小波轉換（參考 Vaidyanathan, 1993 和 Burrus, Gopinath and Guo, 1997）。

4.8　類比信號的數位處理

到目前爲止，對於以離散時間信號來表示連續時間信號的討論中，都集中在週期取樣和有限頻寬內插的理想化模型上。我們用根據一個理想化取樣系統其稱爲**理想連續－離散（C/D）轉換器**（ideal continuous-to-discrete (C/D) converter）與一個理想化有限頻寬內插器系統其稱爲**理想離散－連續（D/C）轉換器**（ideal discrete-to-continuous (D/C) converter）來使我們的討論更正式。在一個有限頻寬信號和其樣本之間，這個理想化轉換系統使我們將重點放在這些關係式的基本數學細節。舉例來說，如果輸入信號是有限頻寬信號，且取樣率也超過 Nyquist 率，那麼在 4.4 節中我們用理想 C/D 和 D/C 轉換系統，就可以證明線性非時變離散時間系統可以用圖 4.47(a) 的配置方式來實現線性非時變連續時間系統。然而在實際的配置中，因為連續時間信號不可能是明確地有限頻寬信號，也不可能實現理想的濾波器，所以理想的C/D和D/C轉換器只能分別用類比－數位(A/D)和數位－類比轉換器來近似。對於連續時間（類比）信號的數位處理而言，圖 4.47(b) 的方塊圖表現出更接近真實的模型。在本節中，我們將會介紹圖 4.47(b) 系統內的每個元件，並檢驗某些需注意的地方。

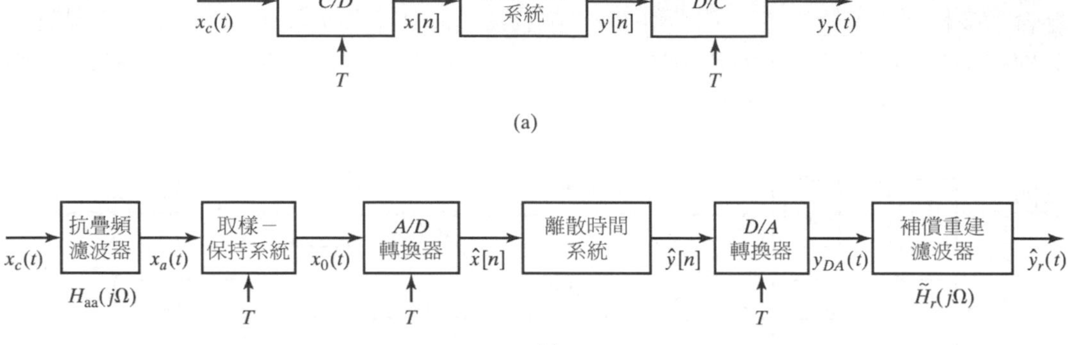

圖 4.47 (a) 連續時間信號在離散時間上的濾波操作，(b) 類比信號的數位處理

4.8.1 前置濾波避免疊頻現象

在使用離散時間系統處理類比信號時，通常會盡量降低取樣率，這是因為在實現此系統時，需要的算術運算量與所處理的樣本數成正比。如果輸入信號非有限頻寬，或是它的 Nyquist 頻率太高，就可能需要用前置濾波。語音信號處理就是這情況的例子之一，雖然語音信號在 4 kHz 到 20 kHz 的範圍內可能包含了重要的頻率內容，但通常只要使用 3－4 kHz 以下的低頻帶，就足以理解信號內容了。除此之外，即使信號本來就是有限頻寬，但是可加成的寬頻雜訊可能會填滿較高頻帶的範圍，且由於取樣的關係，這些雜訊成份會進入低頻帶，產生疊頻現象。如果想要避免疊頻現象，就需要強迫輸入信號變成有限頻寬，最高頻率必須低於所用取樣率的一半。我們可以在 C/D 轉換之前，藉由將連續時間信號作低通濾波而達成將輸入信號變成有限頻寬的目的，如同圖 4.48 所示。本文中，在 C/D 轉換器之前的低通濾波器稱為**抗疊頻濾波器**（antialiasing filter）。理想的情況來說，抗疊頻濾波器的頻率響應為

$$H_{aa}(j\Omega)=\begin{cases}1, & |\Omega|<\Omega_c\le\pi/T,\\ 0, & |\Omega|\ge\Omega_c\end{cases} \tag{4.118}$$

由 4.4.1 節的討論可知，因為 C/D 轉換器的輸入信號 $x_a(t)$ 被抗疊頻濾波器強迫變成頻寬低於 π/T 弳度／秒的有限頻寬信號，所以從抗疊頻濾波器的輸出信號 $x_a(t)$ 到最後的輸出

信號 $y_r(t)$ 之間整個系統就像一個線性非時變系統。因此，在圖 4.48 中整體的有效頻率響應是 $H_{aa}(j\Omega)$ 和 $x_a(t)$ 到 $y_r(t)$ 之間有效頻率響應的乘積。將 (4.118) 和 (4.38) 式合併可得

$$H_{\text{eff}}(j\Omega) = \begin{cases} H(e^{j\Omega T}), & |\Omega| < \Omega_c, \\ 0, & |\Omega| \geq \Omega_c \end{cases} \tag{4.119}$$

所以，即使 $X_c(j\Omega)$ 不是有限頻寬，對於一個理想的低通抗疊頻濾波器，圖 4.48 中的系統會像一個線性非時變系統般作用，其中頻率響應來自 (4.119) 式。在實際上，頻率響應 $H_{aa}(j\Omega)$ 不可能是完美的有限頻寬頻譜，但是可以讓 $H_{aa}(j\Omega)$ 的值在 $|\Omega| > \pi/T$ 的範圍內盡量地小，而使得疊頻現象降到最低。在這個情況下，圖 4.48 中整體系統的頻率響應可近似為

$$H_{\text{eff}}(j\Omega) \approx H_{aa}(j\Omega)H(e^{j\Omega T}) \tag{4.120}$$

為了在頻率高於 π/T 時達到小到足以忽略的頻率響應，$H_{aa}(j\Omega)$ 必須在頻率低於 π/T 時開始「滾降」，也就是說在頻率低於 π/T 時就要開始衰減。(4.120) 式表示，如果在設計離散時間系統時能將抗疊頻濾波器的衰減考慮進去，就可以部分地補償抗疊頻濾波器的滾降（以及補償其他之後會討論到的線性非時變失真）。習題 4.61 將會對此作進一步的說明。

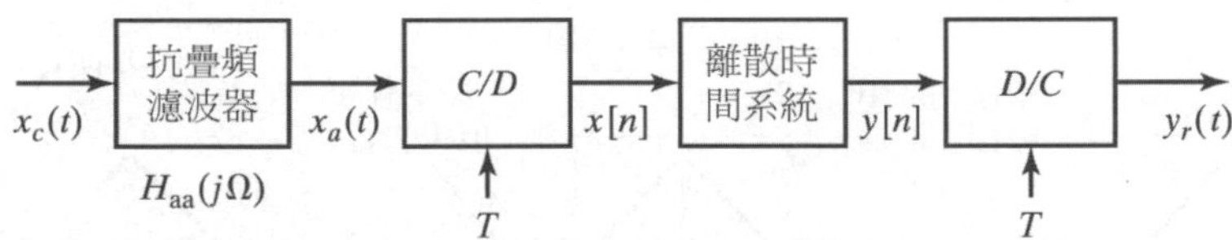

圖 4.48 使用前置濾波器來避免疊頻現象

在先前的討論中提到抗疊頻濾波器的截止頻率必須極為準確，這種具有精準截止頻率的類比濾波器可以用主動網路和積體電路來實現。然而，在以離散時間處理類比信號的系統中，既然使用了功能強大又便宜的數位處理器，這些連續時間濾波器可以看作是最主要的成本部分。如果系統要在不同的取樣率下運作，要實現一個具有精準截止頻率的濾波器就變得既昂貴又困難，因此需要有可調式的濾波器。除此之外，具有精準截止頻率的類比濾波器通常會有高度非線性的相位響應，特別是在通帶的邊緣。正因為如此，我們想減少使用連續時間濾波器或是簡化對它們的需求。

圖 4.49 中描述了其中一種方法。首先，使用一個很簡單的抗疊頻濾波器，其頻率響應逐漸地衰減，但在 $M\Omega_N$ 之後有相當大的衰減，其中 Ω_N 代表在抗疊頻濾波完成後，信號的頻譜中最後被保留住的最高頻率部分。接著，以遠高於 $2\Omega_N$ 的取樣率（例如，$2M\Omega_N$）來實現 C/D 轉換。最後，在離散時間上將取樣率降低 M 倍，其包含了精準的抗疊頻濾波操作。後續的離散時間處理可以在較低的取樣率下完成，使計算量降到最低。

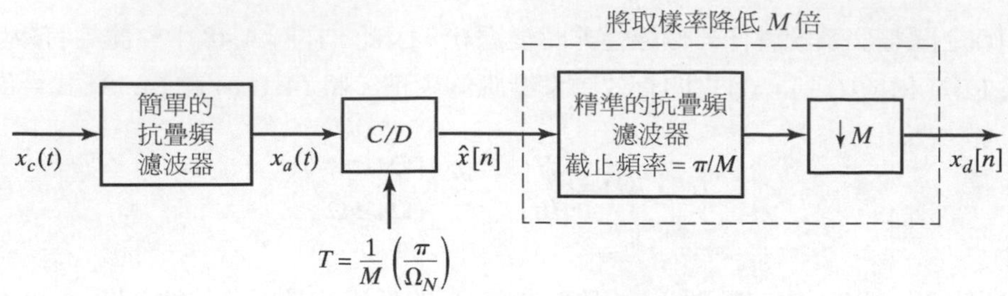

圖 4.49 使用超取樣 A/D 轉換以簡化連續時間抗疊頻濾波器

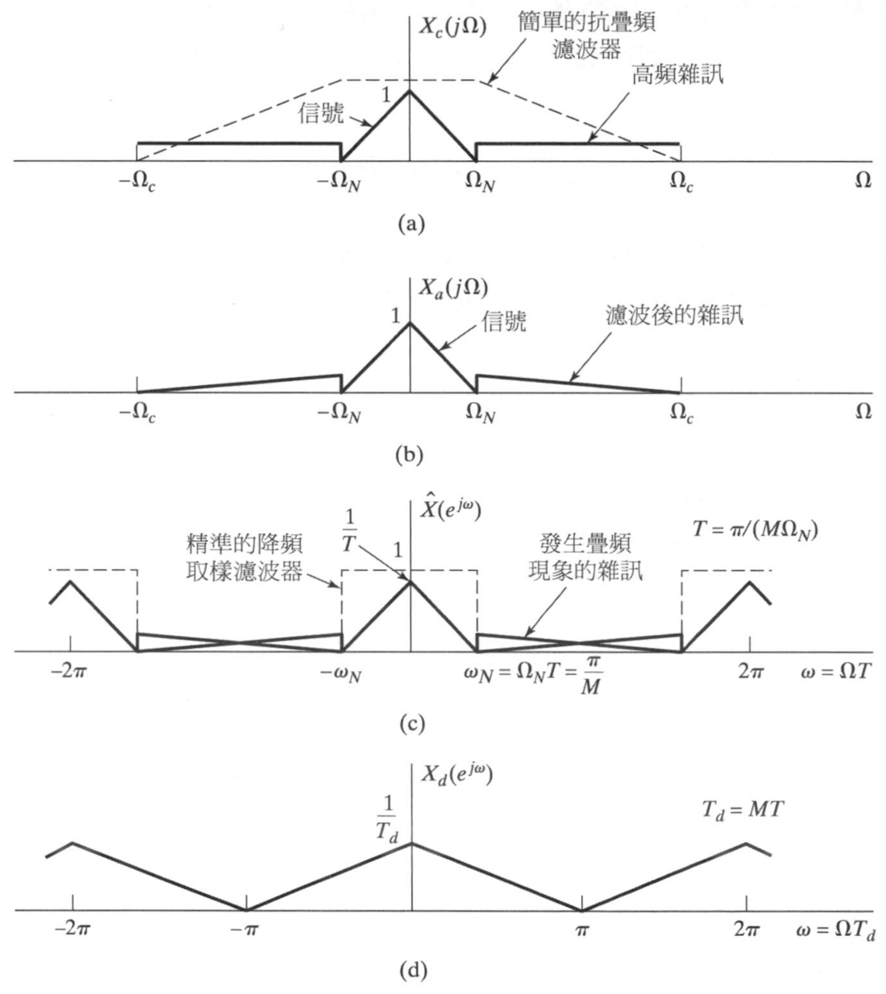

圖 4.50 在 C/D 轉換中使用超取樣和抽點降頻

圖 4.50 說明了這種應用超取樣加上取樣率轉換的方法。圖 4.50(a) 是一個信號的傅立葉轉換，佔據了 $|\Omega| < \Omega_N$ 的頻率範圍，加上一個可以相當於高頻「雜訊」的傅立葉轉換，或是我們想用抗疊頻濾波器在最後消除這個不想要的部分。圖中也表示出抗疊頻濾波器的頻率響應（虛線部分），其頻率響應並非精確地截止，而是逐漸地變小到頻率高

於 Ω_N 之後下降為零。圖 4.50(b) 表示此濾波器輸出信號的傅立葉轉換，如果信號 $x_a(t)$ 的取樣週期滿足 $(2\pi/T-\Omega_c)\geq\Omega_N$，則取樣所得序列 $\hat{x}[n]$ 的離散時間傅立葉轉換（DTFT）就如同圖 4.50(c) 所示。

注意到雖然「雜訊」會造成疊頻現象，此疊頻現象不會影響在 $|\omega|<\omega_N=\Omega_N T$ 範圍內的信號頻譜。此時，如果我們選用 T 和 T_d 使得 $T_d=MT$ 和 $\pi/T_d=\Omega_N$，則 $\hat{x}[n]$ 可以用一個精準截止頻率的離散時間濾波器加以濾波 [圖 4.50(c) 表示其理想的頻率響應]，其增益為 1 而截止頻率為 π/M。此離散時間濾波器的輸出序列經過 M 倍的降頻取樣後，可得到序列 $x_d[n]$ 的傅立葉轉換如圖 4.50(d) 所示。因此，所有要用到精準截止頻率的濾波動作都由離散時間系統來完成，而在連續時間上只需要簡易的濾波操作。因為離散時間 FIR 濾波器可以具有確切地線性相位，所以有可能用這種超取樣的方式來實現抗疊頻濾波器的濾波操作，而幾乎不產生任何相位失真。如果保留信號頻譜以及信號波形都變得極重要時，這就是一個重要的優點。

4.8.2 A/D 轉換

理想的 C/D 轉換器將一個連續時間信號轉換成一個離散時間信號，每一個樣本都有無窮多的精確度。在數位信號處理中，圖 4.51 中的系統將連續時間（類比）信號轉換成數位信號，也就是由有限精確度或是量化後的樣本所組成的序列，此系統是理想 C/D 轉換器的近似作法。圖 4.51 中的兩個系統都有現成的元件可用。A/D 轉換器是一個現成的元件，可將其輸入信號的電壓或電流的振幅大小轉換成二進位碼，此二進位碼表示經量化後最接近輸入信號振幅大小的數值。在外部時脈的控制下，可以使 A/D 轉換器每隔 T 秒就啓動並完成一次 A/D 轉換的動作。然而，這個轉換無法在瞬間完成，正因如此，一個高效能的 A/D 系統通常都包含了一個取樣－保持（sample-and-hold）系統，如圖 4.51 所示。

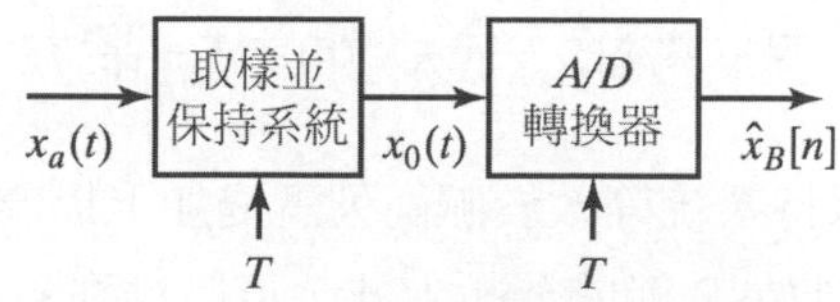

圖 4.51 A/D 轉換的物理架構

理想的取樣－保持系統的輸出信號為

$$x_0(t)=\sum_{n=-\infty}^{\infty}x[n]h_0(t-nT), \tag{4.121}$$

其中 $x[n]=x_a(nT)$ 是 $x_a(t)$ 的理想樣本序列，而 $h_0(t)$ 是零階保持系統（zero-order-hold system）的脈衝響應，如下所示

$$h_0(t)=\begin{cases}1, & 0<t<T,\\ 0, & \text{其他}\end{cases} \tag{4.122}$$

如果我們注意到 (4.121) 式有下列的等效式

$$x_0(t)=h_0(t)*\sum_{n=-\infty}^{\infty}x_a(nT)\delta(t-nT), \tag{4.123}$$

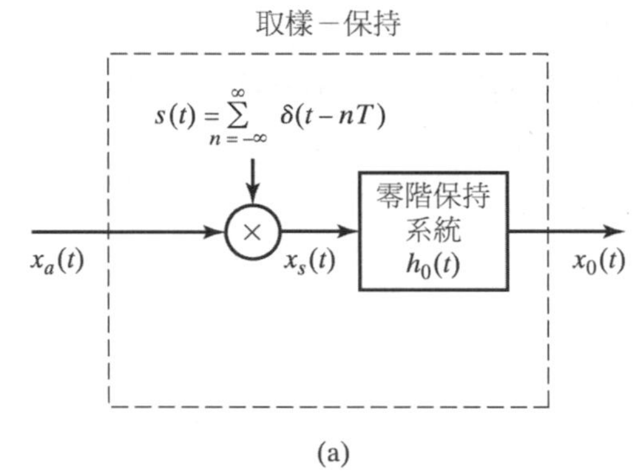

(a)

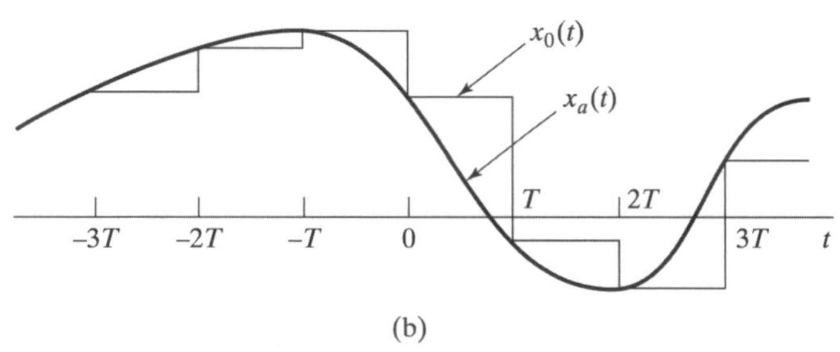

(b)

圖 4.52 (a) 理想的取樣－保持系統的表示法。(b)取樣－保持系統的輸出輸入信號圖示

就可以發現理想的取樣－保持系統等效於脈衝列調變加上以零階保持系統所作的線性濾波，如圖 4.52(a) 所示。依照 4.2 節的分析方式，可以找到 $x_0(t)$ 的傅立葉轉換和 $x_a(t)$ 的傅立葉轉換之間的關係，在討論 D/A 轉換器時也會作類似的分析。然而，這樣的分析在此是不必要的，因爲就系統的作爲來說，我們要知道的每一件事情都可由時域上的表示式得知。明確地說，零階保持系統的輸出信號會有階梯式的波形，因爲在 T 秒的取樣週期內，取到的樣本值會維持一個定值。此波形如圖 4.52(b) 所示。在設計實際的取樣－保持電路時，會盡可能在瞬間取樣得到 $x_a(t)$，並且在取得下一個樣本前，也會盡可能將取到的樣本保持恆定。這個目的是在於供給 A/D 轉換器所需的恆定電壓（或電流）。有關各種 A/D 轉換過程的細節、取樣－保持的細節以及如何實現 A/D 電路，並不在本書的討

論範圍之內。在設計取樣－保持系統時，許多實作上的問題來自於如何快速地取得樣本，以及取得的樣本值如何保持恆定，而且在過程中不會發生延遲或“glitch”的現象（glitch是指因短時脈衝所引起的干擾）。在 A/D 轉換器的電路設計中，許多類似的實作課題在於增加轉換的速度及精確度，這些問題在 Hnatek (1988) 和 Schmid (1976) 中有被討論到。而特定的產品其效能上的細節，可由製造商所提供的產品特性資料和產品手冊上得知。在本節中，我們將重點放在 A/D 轉換中量化效應的分析。

因爲圖 4.51 中的取樣－保持系統的目的在於實現理想的取樣操作，並且保持住取得的樣本值，以提供給 A/D 轉器換器量化之用，所以我們可以用圖 4.53 的系統來表示圖 4.51，其中的理想 C/D 轉換器代表取樣－保持系統所作的取樣操作，而量化器（quantizer）和編碼器（coder）兩者皆表示 A/D 轉換器所進行的運算，我們將在稍後的內容討論這兩個系統。

圖 4.53　表示圖 4.51 中系統的概念

量化器是種非線性系統，其作用在於把輸入樣本 $x[n]$ 轉換成一個事先指定且有限的數值。量化器的操作可表示爲

$$\hat{x}[n] = Q(x[n]) \tag{4.124}$$

其中 $\hat{x}[n]$ 代表經量化得到的樣本值。無論量化準位（quantization level）的間距是否均等，都可以用來定義量化器。然而，如果要用樣本值作數值運算，所用的量化步階（quantization steps）通常都是均等的。圖 4.54 是一個均勻量化器的典型特性圖[②]，其中樣本值被四捨五入到最近的量化準位。

我們要強調圖 4.54 中的某些特質。首先要注意的是，這種量化器適合用於樣本值有正有負（雙極，bipolar）的信號。如果事先就知道輸入信號的樣本值都是正的（或都是負的），那麼以不同分佈的量化準位做量化會比較適當。其次，我們發現圖 4.54 中的量化器具有偶數個量化準位，因爲這樣，在振幅爲零時就不可能有其量化準位，而且正數和負數的量化準位的數目也不會一樣。一般來說，量化準位的數目是 2 的冪次方，但當此數目遠大於 8 時，正負量化準位的數目差異通常是不重要的。

② 因為量化器的量化步階以線性增加，所以又稱為線性量化器。

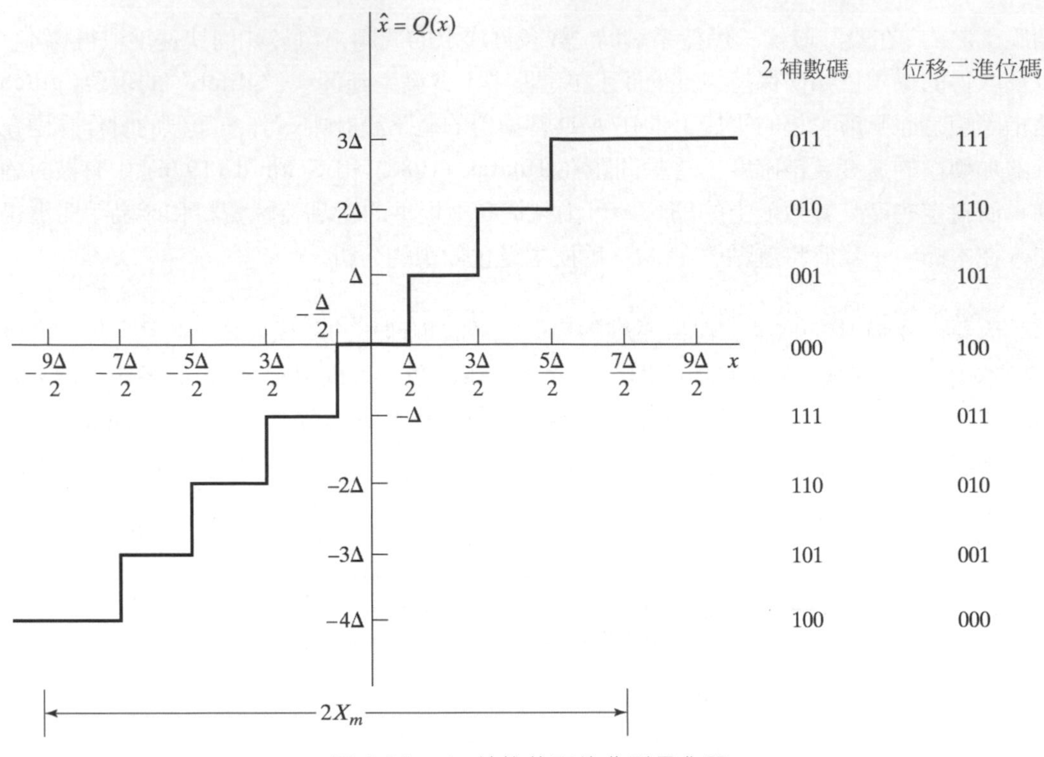

圖 4.54 A/D 轉換使用的典型量化器

圖 4.54 也描述了量化準位的編碼方式。因為圖中有 8 個量化準位，所以我們可以用 3 位元的二進位碼來標記它們 [一般來說，可以用 $(B+1)$-位元的二進位碼標記 2^{B+1} 個準位]。原則上，任何符號都可以用來作標記用，並且有許多二進位編碼方式存在，而在不同的應用中各有其優缺點。舉例來說，圖 4.54 中右欄的二進位數字說明了**偏移二進碼**編碼一覽表，其二進位碼是從最小的量化準位開始，根據數值序列加以指定。然而在數位信號處理中，我們通常想用二進位的碼字來表示量化後的樣本值，並且也希望能直接用這些二進位碼作運算。

圖 4.54 的左欄說明了根據二補數二進位系統指定量化準位得到的二進位碼，在大部份的電腦和微處理器中，都是用此系統來表示有正負號的數（signed number），因此對於量化準位而言，這或許是最方便的二進位標記系統。值得注意的是，剛好有個方法可以簡單地將偏移二進位碼轉換成 2 補數碼，只要將最高效位元（most significant bit）變成原來的補數即可。

在二補數系統中，最左邊的位元，也就是最高效位元，被當成表示正負號的位元，而其餘的位元表是一個二進位的整數或分數。在此我們假設它是分數，也就是說，假設一個二進位分數的小數點位於最高效的兩位元之間。因此，當 $B = 2$ 時，下表的數字說明了在 2 補數系統中二進位數字所具有的意義：

二進位符號	數值
$0_{\diamond}11$	3/4
$0_{\diamond}10$	1/2
$0_{\diamond}01$	1/4
$0_{\diamond}00$	0
$0_{\diamond}11$	–1/4
$0_{\diamond}10$	–1/2
$0_{\diamond}01$	–3/4
$0_{\diamond}00$	–1

一般來說，如果用下列型式表示一個 (B+1)-位元、2 補數的二進位分數：

$$a_{0\diamond}a_1a_2\ldots a_B,$$

則其值爲

$$-a_0 2^0 + a_1 2^{-1} + a_2 2^{-2} + \cdots + a_B 2^{-B}$$

要注意的是，“◇”這個符號代表此數字的二進制小數點。碼字和信號量化後大小的關係與圖 4.54 中的參數 X_m 有關，此參數決定 A/D 轉換器的滿刻度準位。一般來說，可以由圖 4.54 發現量化器的步階大小爲：

$$\Delta = \frac{2X_m}{2^{B+1}} = \frac{X_m}{2^B} \tag{4.125}$$

最小的量化準位 (±Δ) 對應到二進位碼字中的最低效位元（least significant bit）。除此之外，碼字和量化後樣本值的數值關係爲：

$$\hat{x}[n] = X_m \hat{x}_B[n], \tag{4.126}$$

我們在此假設 $\hat{x}_B[n]$ 爲滿足 $-1 \le \hat{x}_B[n] < 1$ 的二進位數（以 2 補數系統表示）。在這 2 補數系統中，二進位編碼後的樣本值 $\hat{x}_B[n]$ 和量化後的樣本值（表示成 2 補數的二進位數值）成正比，所以編碼後的樣本可以被當作樣本實際大小的數值。事實上，通常很適合去假設輸入信號已經被正規化，如此一來，$\hat{x}[n]$ 和 $\hat{x}_B[n]$ 的數值完全相同，也就不需要區分量化後的樣本與二進位編碼後的樣本了。

圖 4.55 呈現一個簡單的例子，其表示一個正弦波的樣本經由 3 位元量化器量化並編碼之後的結果，其中量化前的樣本 $x[n]$ 以實心圓表示，而空心圓點表示量化後的樣本 $\hat{x}[n]$。圖中也畫出了理想的取樣－保持系統的輸出結果，標示爲「D/A 轉換器的輸出結果」的虛線將於稍後討論。除此之外，圖 4.55 也呈現了代表樣本值的 3 位元碼字，要注

意的是，因爲輸入的類比信號 $x_a(t)$ 超過了量化器的滿刻度準位，所以有些大於零的樣本被「截斷」了。

雖然之前許多討論都是用 2 補數系統作量化準位的編碼，可是在 A/D 轉換中，無論用哪一種二進位系統表示樣本，量化和編碼的基本原則是不變的。更多數位運算所用的二進位算術系統的細節討論，可以在一些電腦算術的書本中找到（例如，Knuth, 1998）。我們現在轉向於分析量化所造成的效應，因爲此分析與二進位碼字的指定方法無關，所以得到的將會是一般的結果。

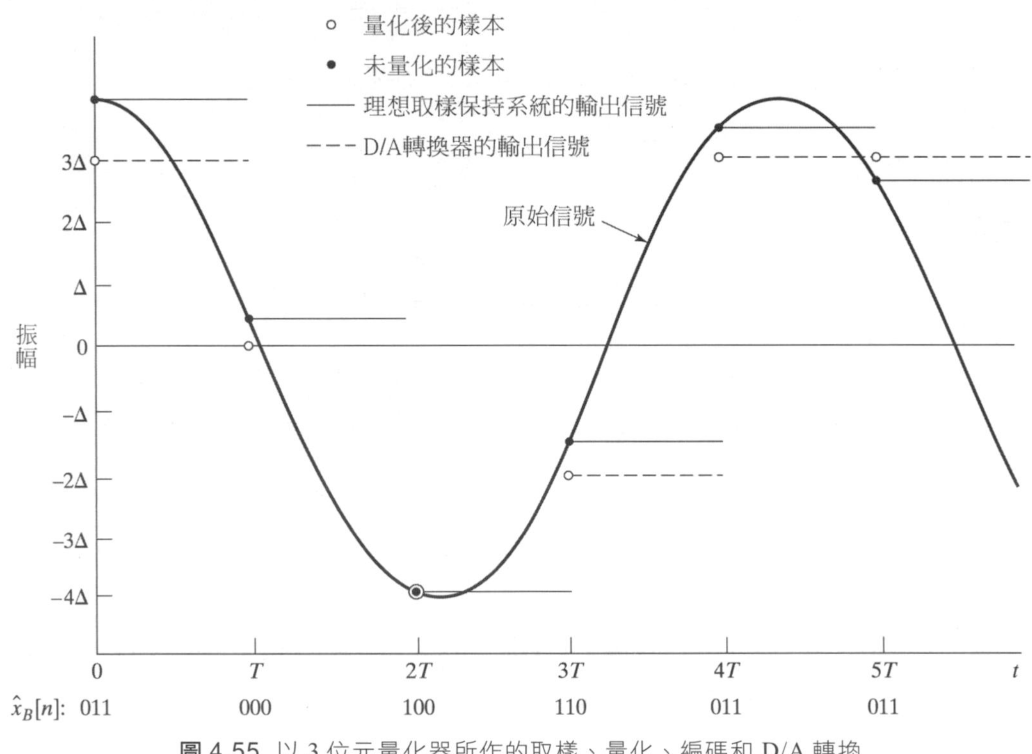

圖 4.55 以 3 位元量化器所作的取樣、量化、編碼和 D/A 轉換

4.8.3 量化誤差的分析

由圖 4.54 和圖 4.55 可以發現，量化後的樣本 $\hat{x}[n]$ 和真正的樣本 $x[n]$ 通常不同，它們的差別稱爲**量化誤差**（quantization error），定義爲：

$$e[n] = \hat{x}[n] - x[n] \tag{4.127}$$

以圖 4.54 中的 3 位元量化器爲例，如果 $\Delta/2 < x[n] \le 3\Delta/2$，那麼 $\hat{x}[n] = \Delta$，其量化誤差爲

$$-\Delta/2 \le e[n] < \Delta/2 \tag{4.128}$$

在圖 4.54 的例子中，只要樣本滿足下式，則其量化誤差 (4.128) 式成立

$$-9\Delta/2 < x[n] \leq 7\Delta/2 \tag{4.129}$$

在一般的情況中，如果一個 $(B+1)$-位元量化器的最小量化準位 Δ 滿足 (4.125) 式，且樣本值滿足下式，則其量化誤差滿足 (4.128) 式

$$(-X_m - \Delta/2) < x[n] \leq (X_m - \Delta/2) \tag{4.130}$$

如果 $x[n]$ 超出了上式範圍，如同圖 4.55 中 $t=0$ 時的樣本值，則其量化誤差的大小會大於 $\Delta/2$，我們稱此樣本被**截斷**，並稱此量化器為**過載**的量化器。

一個簡單卻實用的量化器模型描述於圖 4.56，在此模型中，量化誤差的樣本被看作是可加成的雜訊。如果我們知道 $e[n]$，則此模型確實等效於量化器，可是在大部分的情況中，我們無法得知 $e[n]$，因此，當我們要表示量化效應時，根據圖 4.56 的統計模型通常很有用。在第 6 章和第 9 章中，我們也將使用這樣的模型來描述信號處理的演算法中所出現的量化效應。我們基於以下的假設給出量化誤差的統計表示：

1. 誤差序列 $e[n]$ 是一個穩態隨機程序（stationary random process）的樣本序列。
2. 誤差序列和序列 $x[n]$ 不相關[3]。
3. 由誤差序列得到的隨機變數彼此不相關，也就是說，誤差是一個白雜訊過程（white-noise process）。
4. 在量化誤差的範圍內，誤差過程呈現均勻機率分佈。

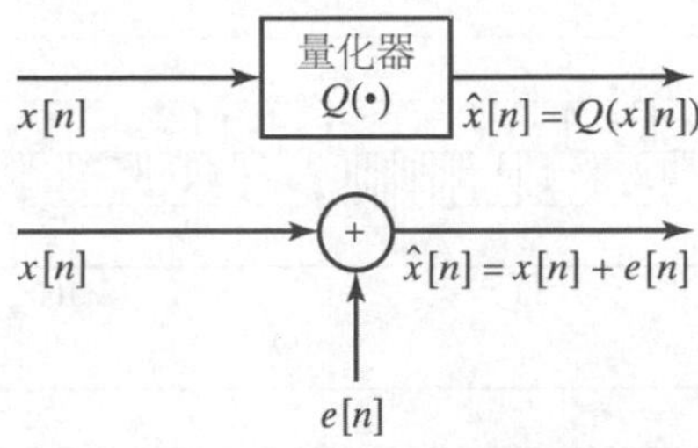

圖 4.56 量化器的可加成雜訊模型

就如同我們所見，上述假設使得量化效應的分析變得很容易，可是儘管如此，也可以輕易找出上述假設不成立的情形。舉例來說，如果 $x_a(t)$ 是一個步階函數，那麼這些假設就不成立了。然而，如果信號是語音或樂音這種複雜的信號，其變動快得無法預測，

---

[3] 因為誤差是直接由輸入信號決定的，所以不相關不代表統計上的獨立。

則上述假設會較接近真實情況。由實驗測量和理論的分析可知，當信號變得複雜以及量化步階（也就是誤差）大小太小時，在信號和量化誤差間所測得的相關性會變小，而且誤差本身也變得更不相關 (Bennett, 1948; Widrow, 1956, 1961; Sripad and Snyder, 1977; and Widrow and Kollar, 2008)。如果量化器沒有過載、信號又夠複雜，而量化步階也夠小，使得信號振幅由一個樣本變到另一個樣本像是經過了許多量化步階的話，則上述統計模型所作的假設可以看作是正確的。

範例 4.10 弦波信號的量化誤差

圖 4.57(a) 是餘弦信號 $x[n]=0.99\cos(n/10)$ 的未量化樣本序列，而圖 4.57(b) 是以 3 位元量化器 $(B+1=3)$ 量化上述信號所得的樣本序列 $\hat{x}[n]=Q\{x[n]\}$，此處假設 $X_m=1$。圖中的虛線表示可能出現的 8 個量化準位。圖 4.57(c) 和圖 4.57(d) 分別表示 3 位元及 8 位元量化所產生的量化誤差 $e[n]=\hat{x}[n]-x[n]$。我們在本例中調整了量化誤差的比例，使得虛線之間的範圍是 ±Δ。

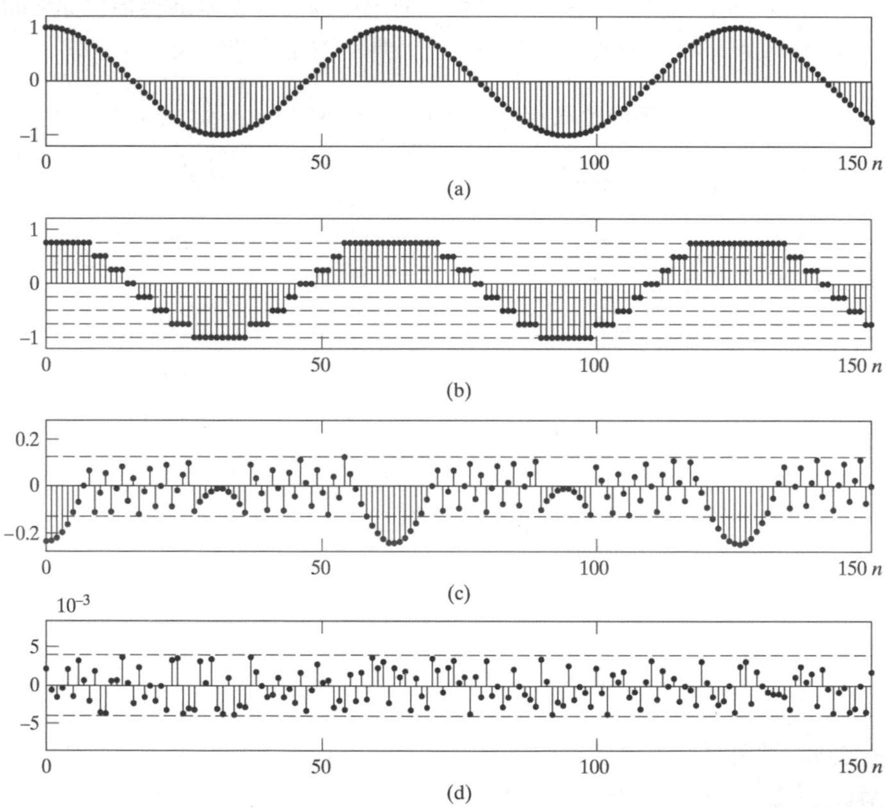

圖 4.57 量化雜訊的範例。(a) 信號 $x[n]=0.99\cos(n/10)$ 未量化的樣本。(b) 以 3 位元量化器量化 (a) 中的餘弦波形所得的量化樣本。(c) 以 3 位元量化器量化 (a) 中的信號所得的量化誤差序列。(d) 以 8 位元的量化器量化 (a) 中的信號所得的量化誤差序列

在 3 位元的情況中要注意的是誤差信號和未量化信號間的高度相關性，舉例來說，量化後的信號在餘弦信號的波峰和波谷附近連續數個樣本值都相等，使得誤差序列和輸入序列在這些區間內具有相同的波形。除此之外，注意到波峰附近的誤差大小會超過 $\Delta/2$，這是因為輸入信號太大，超過了量化器的設計參數所致④。另一方面，8 位元量化器的量化誤差沒有明顯的波形，在此精細量化（8 位元）的情況中，對於這些圖的檢查再度確認了對於量化雜訊（quantization noise）特性所作的假設，也就是說，誤差樣本表現出隨機的變化，而和未量化的信號沒有明顯的相關，其範圍在 $-\Delta/2$ 到 $\Delta/2$ 之間。

對於圖 4.54 的量化器而言，它將樣本值四捨五入至最接近的量化準位，其量化雜訊的振幅位於下列範圍內

$$-\Delta/2 \le e[n] < \Delta/2 \tag{4.131}$$

對於很小的 Δ 而言，假設 $e[n]$ 爲均勻分佈在 $-\Delta/2 \le e[n] < \Delta/2$ 之間的隨機變數是合理的，那麼此量化雜訊所呈現的一階機率密度函數示於圖 4.58（如果我們用捨去法（truncation）而非四捨五入來實現量化，則此時誤差必爲負的，所以我們將機率密度函數假設爲均勻分佈在 $-\Delta$ 到 0 之間）。爲了完成量化雜訊的統計模型，我們假設連續兩個量化雜訊樣本彼此是不相關的，也假設 $e[n]$ 和 $x[n]$ 是不相關的，因此 $e[n]$ 被假定是均勻分佈的白雜訊序列，其平均值爲零，變異數爲

$$\sigma_e^2 = \int_{-\Delta/2}^{\Delta/2} e^2 \frac{1}{\Delta} de = \frac{\Delta^2}{12} \tag{4.132}$$

對於滿刻度準位爲 X_m 的 $(B+1)$-位元量化器來說，其雜訊的變異數，或者說是功率，可表示爲

$$\sigma_e^2 = \frac{2^{-2B} X_m^2}{12} \tag{4.133}$$

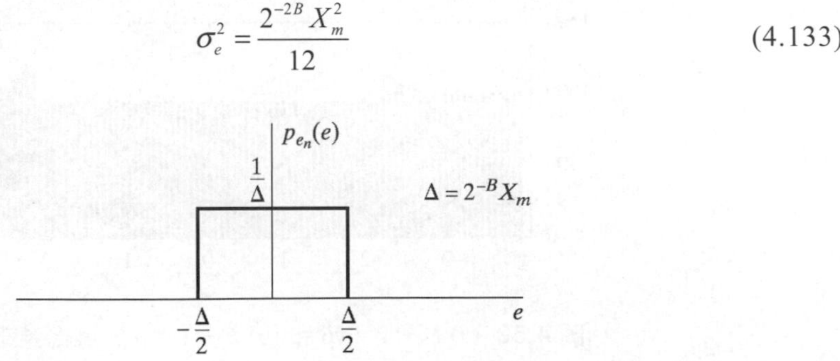

圖 4.58 表示在圖 4.54 中的四捨五入量化器所產生量化誤差的機率密度函數

④ 對於週期餘弦信號，其量化誤差當然也是週期的，所以其功率頻譜會集中在輸入信號的頻率倍數上，因此我們在本例中令頻率 $\omega_0 = 1/10$，以避免這種情形發生。

(4.133) 式能完成量化雜訊的白雜訊模型是因爲自相關函數爲 $\phi_{ee}[m]=\sigma_e^2\delta[m]$，以及對應的功率密度頻譜爲

$$P_{ee}(e^{j\omega})=\sigma_e^2=\frac{2^{-2B}X_m^2}{12} \quad |\omega|\le\pi \tag{4.134}$$

範例 4.11 測量量化雜訊

為了證實以及說明量化雜訊模型的正確性，再次思考量化信號 $x[n]=0.99\cos(n/10)$，其可以和 64 位元的浮點精確度（floating-point precision）（對於所有未量化的目標）作運算以及量化到 $B+1$ 位元。因為我們已知量化器的輸入和輸出，所以量化雜訊序列也可以被計算。一個振幅直方圖表示了一定數量的樣本，其落在每一組連續振幅區間，或說是「容器」（bin），其通常被用來當作估計一隨機信號的機率分佈。圖 4.59 呈現了以 $X_m=1$ 分別用 16 位元和 8 位元量化的量化雜訊直方圖。因為樣本總數為 101000 且容器的個數為 101，所以如果雜訊是均勻分佈的，則我們可以預計在每個容器中有大約 1000 個樣本。除此之外，對於 16 位元與 8 位元量化，其樣本的總範圍應當分別是 $\pm1/2^{16}=1.53\times10^{-5}$ 與 $\pm1/2^{8}=3.9\times10^{-3}$。雖然 8 位元的情況呈現出一些來自均勻分佈的明顯的偏差，但圖 4.59 中的直方圖仍和這些值一致。

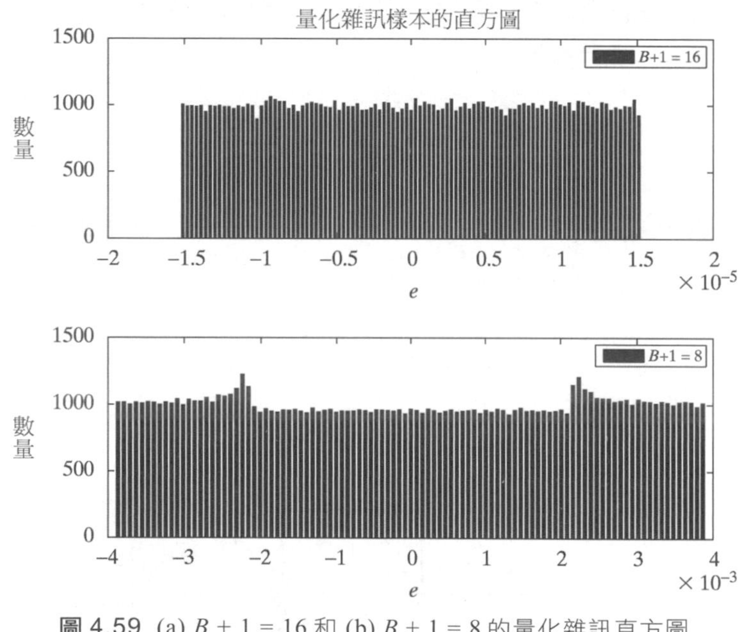

圖 4.59 (a) $B+1=16$ 和 (b) $B+1=8$ 的量化雜訊直方圖

在第 10 章將說明如何來計算估計功率密度頻譜。圖 4.60 說明了量化雜訊信號的頻譜估計，其中 $B+1=16$、12、8、4 位元，注意到在這個例子中，當位元數為 8 或是更大時，頻譜在整個頻率範圍 $0\le\omega\le\pi$ 內是相當平坦的，至於頻譜層級（dB）相當接近下列的值：

$$10\log_{10}(P_{ee}(e^{j\omega}))=10\log_{10}\left(\frac{1}{12(2^{2B})}\right)=-(10.79+6.02B),$$

其是由白雜訊均勻分佈模型預測出來的。要注意的是，B = 7、11、15 的弧線差在於頻率皆差距約 24 dB，然而，當 $B+1=4$ 時，此模型無法預測出雜訊的功率頻譜形狀。

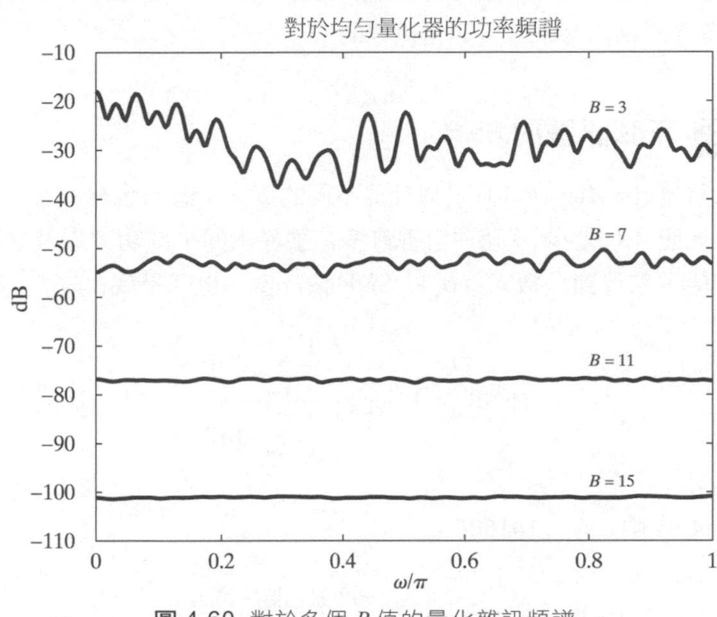

圖 4.60 對於多個 B 值的量化雜訊頻譜

這個範例證明了對於量化雜訊來說，這個假設的模型在預測均勻量化器的效能上是很有用的。通常用訊雜比（signal-to-noise ratio, SNR）來測量可加成雜訊對於信號所造成的破壞程度以及特別的量化雜訊。訊雜比被定義爲信號的變異數（功率）對於雜訊變異數的比值，若以分貝（dB）爲單位，則 $(B+1)$-位元的均勻量化器其訊號－量化雜訊比可表示成

$$\begin{aligned}\mathrm{SNR}_Q&=10\log_{10}\left(\frac{\sigma_x^2}{\sigma_e^2}\right)=10\log_{10}\left(\frac{12\cdot 2^{2B}\sigma_x^2}{X_m^2}\right)\\&=6.02B+10.8-20\log_{10}\left(\frac{X_m}{\sigma_x}\right)\end{aligned}\tag{4.135}$$

由 (4.135) 式可知，如果將量化樣本的字碼長度增加 1 位元，也就是說，將量化準位的數目增加一倍時，訊雜比大約增加 6 dB，而 (4.135) 式中需要特別注意的是最後一項：

$$-20\log_{10}\left(\frac{X_m}{\sigma_x}\right)\tag{4.136}$$

首先回想到 X_m 是量化器的參數之一，在實際的系統中通常是固定的。σ_x 是信號振幅的均方根（rms）值，它一定會小於信號的最大值。舉例來說，如果 $x_a(t)$ 是一個正弦波，其振幅的峰值為 X_p，則 $\sigma_x = X_p/\sqrt{2}$。如果 σ_x 太大，則信號振幅的峰值會超過 A/D 轉換器的滿刻度準位 X_m。在此情況下，(4.135) 式不再有效且嚴重的失真，另一方面，如果 σ_x 太小，則 (4.136) 式這項會向負值方向成長，結果使 (4.135) 式表示的訊雜比減少。事實上，當 σ_x 變為原來的一半時，很容易看出訊雜比減少 6 dB，因此，小心地不讓信號振幅超過 A/D 轉換器的滿刻度準位是非常重要的。

範例 4.12 正弦訊號的 SNR

我們用信號 $x[n] = A\cos(n/10)$ 可以計算不同的 $B+1$ 值的量化誤差，其中 $X_m = 1$、A 為可變值。圖 4.61 說明了藉由計算許多信號樣本的平均功率以及分割相對應的雜訊平均估計值，來得到函數 X_m/σ_x 的 SNR 估計值，也就是說

$$\text{SNR}_Q = 10\log_{10}\left(\frac{\frac{1}{N}\sum_{n=0}^{N-1}(x[n])^2}{\frac{1}{N}\sum_{n=0}^{N-1}(e[n])^2}\right),$$

其中在圖 4.61 中，$N = 101000$。

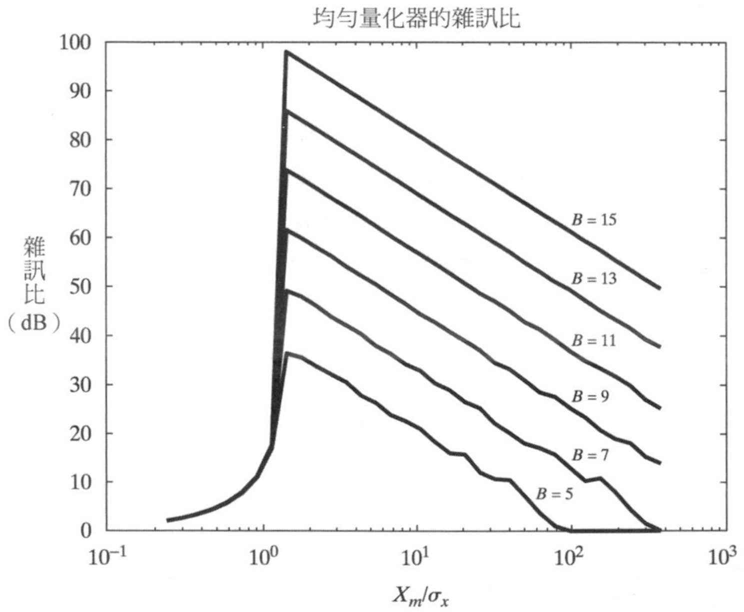

圖 4.61 對於不同 B 值的函數 X_m/σ_x 的訊號－量化雜訊比

注意到圖 4.61 中的曲線緊跟著 (4.135) 式遍及 B 值很大的範圍，特別是這些曲線都是函數 $\log(X_m/\sigma_x)$ 的直線，而且因為它們的 B 值依序相差 2，所以其偏移量依序相

差 12 dB。因為 σ_x 增加、X_m 固定，所以當訊雜比增加 X_m/σ_x 會降低，這意味著此信號用了更多的可用量化準位。然而，注意到當 $X_m/\sigma_x \to 1$ 時，該曲線會劇降，因為對於正弦波當 $\sigma_x = 0.707A$ 時，這代表振幅 A 變的比 $X_m = 1$ 還要大以及發生嚴重的截斷。因此振幅超過 X_m 之後，訊雜比迅速地下降。

對於語音或音樂這些類比信號而言，其振幅分佈在零附近變動，而且當振幅增加時，它會很快地變小，在此情形下，樣本的振幅比均方根的 3 或 4 倍還大的機率很小。舉例來說，如果信號振幅呈現高斯分佈，那麼只有 0.064% 的樣本會大於 $4\sigma_x$。因此，如果要避免截斷信號的峰值（以滿足我們在統計模型所作的假設），可以設定位於 A/D 轉換器之前的濾波器和放大器的增益值，使 $\sigma_x = X_m/4$。將此 σ_x 值代入 (4.135) 式可得：

$$\mathrm{SNR}_Q \approx 6B - 1.25\mathrm{dB} \tag{4.137}$$

舉例來說，在高品質的錄放音裝置中，需要 16 位元的量化器以得到大約 90－96 dB 的訊雜比，可是要記住的是，只有小心地讓輸入信號符合 A/D 轉換器的滿刻度範圍，才能達到這樣的效能。

信號振幅的峰值與量化雜訊的絕對大小之間的取捨是所有量化過程的基本課題。當我們在第 6 章討論離散時間線性系統的捨入雜訊時，會再次發現它的重要性。

4.8.4 D/A 轉換

在 4.3 節中，我們已經討論了有限頻寬的信號是如何利用一個通過理想低通濾波器取樣的樣本序列重建。以傅立葉轉換的觀點來說，重建的信號可以表示成：

$$X_r(j\Omega) = X(e^{j\Omega T})H_r(j\Omega), \tag{4.138}$$

其中 $X(e^{j\omega})$ 是樣本序列的離散時間傅立葉轉換（DTFT）；而 $X_r(j\Omega)$ 則是重建後連續時間信號的傅立葉轉換。理想重建濾波器則是

$$H_r(j\Omega) = \begin{cases} T, & |\Omega| < \pi/T, \\ 0, & |\Omega| \geq \pi/T \end{cases} \tag{4.139}$$

由於選擇了上式此種重建濾波器 $H_r(j\Omega)$，$x_r(t)$ 與 $x[n]$ 之間的對應關係可以寫成

$$x_r(t) = \sum_{n=-\infty}^{\infty} x[n] \frac{\sin[\pi(t-nT)/T]}{\pi(t-nT)/T} \tag{4.140}$$

此種以 $x[n]$ 序列作爲輸入並且產生輸出 $x_r(t)$ 的系統，被稱爲**理想 D/C 轉換器**（idea D/C converter）。實際上，理想 D/C 轉換的實現是利用 D/A 轉換加上一個近似的低通濾波器。如圖 4.62，D/A 轉換將二進位碼字的序列 $x_b[n]$ 作爲輸入並產生一個連續時間的輸出：

$$\begin{aligned} x_{DA}(t) &= \sum_{n=-\infty}^{\infty} X_m \hat{x}_B[n] h_0(t-nT) \\ &= \sum_{n=-\infty}^{\infty} \hat{x}[n] h_0(t-nT), \end{aligned} \tag{4.141}$$

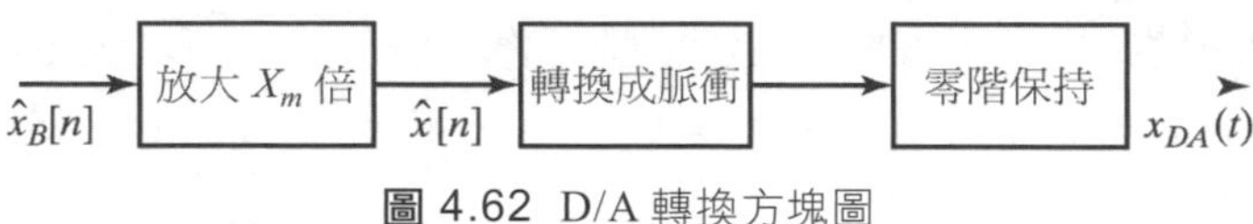

圖 4.62 D/A 轉換方塊圖

其中定義於 (4.122) 式的 $h_0(t)$ 爲零階保持系統的脈衝響應。圖 4.55 的虛線表示對一個量化後的正弦波樣本經過 D/A 轉換後的結果。我們可以注意到 D/A 轉換會把量化後的樣本點維持住一個取樣週期的時間，此法同於取樣保持會將未量化的輸入樣本點做保持的動作。如果我們套用可加成雜訊模型來表示量化效應，(4.141) 式就變成

$$x_{DA}(t) = \sum_{n=-\infty}^{\infty} x[n] h_0(t-nT) + \sum_{n=-\infty}^{\infty} e[n] h_0(t-nT) \tag{4.142}$$

爲了簡化我們的論述，我們定義

$$x_0(t) = \sum_{n=-\infty}^{\infty} x[n] h_0(t-nT), \tag{4.143}$$

$$e_0(t) = \sum_{n=-\infty}^{\infty} e[n] h_0(t-nT), \tag{4.144}$$

所以 (4.142) 式可以被表示成

$$x_{DA}(t) = x_0(t) + e_0(t) \tag{4.145}$$

由於 $x[n] = x_a(nT)$，所以信號成分 $x_0(t)$ 與輸入信號 $x_a(t)$ 有關；而雜訊信號 $e_0(t)$ 則和量化雜訊的樣本 $e[n]$ 的關係與 $x_0(t)$ 和非量化信號樣本的關係相同。(4.143) 式的傅立葉轉換爲

$$\begin{aligned} X_0(j\Omega) &= \sum_{n=-\infty}^{\infty} x[n] H_0(j\Omega) e^{-j\Omega nT} \\ &= \left(\sum_{n=-\infty}^{\infty} x[n] e^{-j\Omega Tn} \right) H_0(j\Omega) \\ &= X(e^{j\Omega T}) H_0(j\Omega) \end{aligned} \tag{4.146}$$

而因為

$$X(e^{j\Omega T}) = \frac{1}{T}\sum_{k=-\infty}^{\infty} X_a\left(j\left(\Omega - \frac{2\pi k}{T}\right)\right) \tag{4.147}$$

所以可得

$$X_0(j\Omega) = \left[\frac{1}{T}\sum_{k=-\infty}^{\infty} X_a\left(j\left(\Omega - \frac{2\pi k}{T}\right)\right)\right] H_0(j\Omega) \tag{4.148}$$

在 (4.148) 式中，假設 $X_a(j\Omega)$ 是有限頻帶且最高頻率為 π/T，則 $X_a(j\Omega)$ 平移後的複製不會與它自己重疊，若我們定義補償重建濾波器為

$$\tilde{H}_r(j\Omega) = \frac{H_r(j\Omega)}{H_0(j\Omega)}, \tag{4.149}$$

此時如果輸入信號為 $x_0(t)$，則輸出信號為 $x_a(t)$。可以很容易的發現零階維持濾波器的頻率響為

$$H_0(j\Omega) = \frac{2\sin(\Omega T/2)}{\Omega} e^{-j\Omega T/2} \tag{4.150}$$

因此，補償重建濾波器的頻率響應為

$$\tilde{H}_r(j\Omega) = \begin{cases} \dfrac{\Omega T/2}{\sin(\Omega T/2)} e^{j\Omega T/2}, & |\Omega| < \pi/T, \\ 0, & |\Omega| \geq \pi/T \end{cases} \tag{4.151}$$

圖 4.63(a) 描繪出 (4.150) 式中所示之 $|H_0(j\Omega)|$，與 (4.139) 式中所示的理想內插濾波器 $|H_r(j\Omega)|$ 的比較。這兩個濾波器在 $\Omega = 0$ 時的增益值皆是 T，但是零階維持的本質上雖然是低通濾波器，可是在 $\Omega = \pi/T$ 時卻沒辦法快速精準的截止。圖 4.63(b) 描繪一個理想補償重建濾波器的頻率響應強度，通常補償重建濾波器會被裝置在像 D/A 轉換的零階維持重建系統之後，以便補償重建之用。相位響應理想上是對應到 $T/2$ 秒的提前時間平移，這是為了補償零階維持系統所造成的延遲。因為要用真正的即時系統去近似理想補償濾波器時，無法實現具有時間提前的系統，所以只有強度響應會被正確地補償，而甚至此補償也常常會被忽略，這是因為零階保持濾波器的響應在 $\Omega = \pi/T$ 只衰減到 $2/\pi$（或者 −4 dB）。

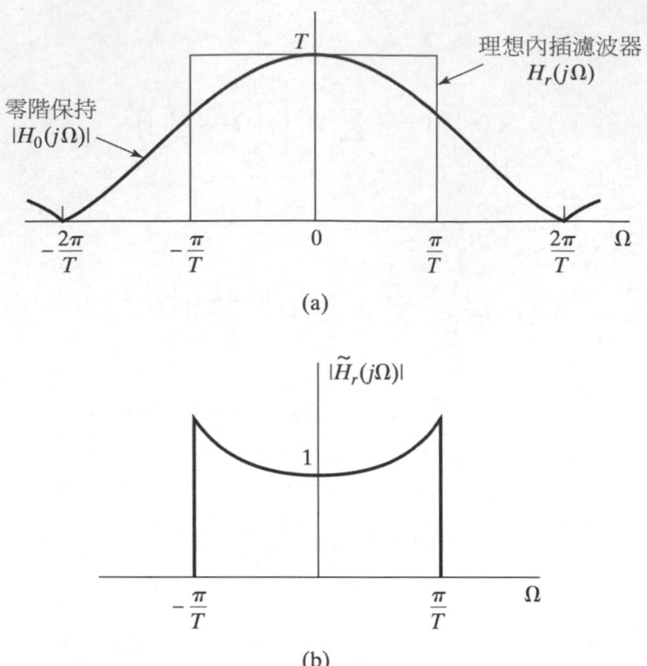

圖 4.63 (a) 零階保持濾波器與理想內插濾波器的頻率響應比較。(b) 理想補償重建濾波器的頻率響應，用來補償零階保持濾波器的輸出信號

圖 4.64 描述一個 D/A 轉換後端加上一個理想補償重建濾波器的方塊圖。就像我們之前所討論的，若 D/A 轉換之後串接一個理想補償重建濾波器，則被重建的輸出信號爲

$$\begin{aligned}\hat{x}_r(t) &= \sum_{n=-\infty}^{\infty} \hat{x}[n]\frac{\sin[\pi(t-nT)/T]}{\pi(t-nT)/T} \\ &= \sum_{n=-\infty}^{\infty} x[n]\frac{\sin[\pi(t-nT)/T]}{\pi(t-nT)/T} + \sum_{n=-\infty}^{\infty} e[n]\frac{\sin[\pi(t-nT)/T}{\pi(t-nT)/T}\end{aligned} \tag{4.152}$$

換句話說，輸出信號可表示成

$$\hat{x}_r(t) = x_a(t) + e_a(t), \tag{4.153}$$

其中 $e_a(t)$ 是一個有限頻寬的白雜訊信號。

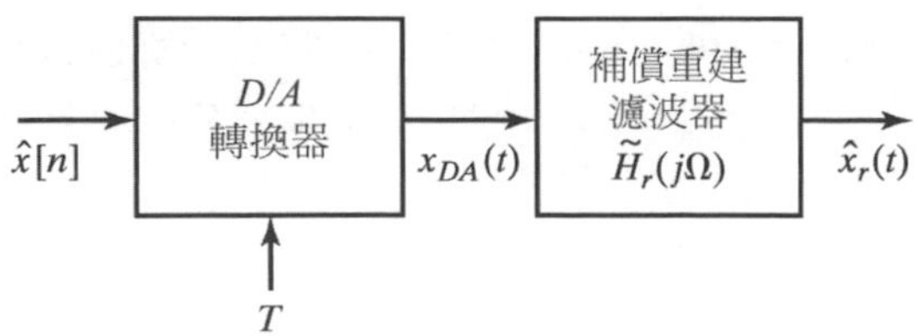

圖 4.64 數位－類比轉換的實際架構

接著我們回頭考慮圖 4.47(b)，以更加了解利用數位方式處理類比信號的系統行爲機制。如果我們假設抗疊頻濾波器的輸出爲頻率低於 π/T 的有限頻寬信號，$\tilde{H}_r(j\Omega)$ 也是有限頻寬，並且離散時間系統爲線性非時變，則整個系統的輸出可以寫成

$$\hat{y}_r(t) = y_a(t) + e_a(t), \tag{4.154}$$

其中

$$TY_a(j\Omega) = \tilde{H}_r(j\Omega)H_0(j\Omega)H(e^{j\Omega T})H_{\text{aa}}(j\Omega)X_c(j\Omega), \tag{4.155}$$

(4.155) 式中，$H_{\text{aa}}(j\Omega)$ 、$H_0(j\Omega)$ 以及 $\tilde{H}_r(j\Omega)$ 分別表示抗疊頻濾波器、D/A 轉換中的零階保持濾波器、以及重建低通濾波器的頻率響應。而 $H(e^{j\Omega T})$ 是離散時間系統的頻率響應。同樣地，假設 A/D 轉換所造成的量化雜訊是變異數爲 $\sigma_e^2 = \Delta^2/12$ 的白雜訊，所以輸出雜訊的功率頻譜可以被表示成

$$P_{e_a}(j\Omega) = |\tilde{H}_r(j\Omega)H_0(j\Omega)H(e^{j\Omega T})|^2\ \sigma_e^2, \tag{4.156}$$

以就是說，量化雜訊輸入被離散時間與連續時間連續兩級的濾波所改變。由 (4.155) 式可知，在量化雜訊模型下，如果假設交疊現象可忽略，那麼從 $x_c(t)$ 到 $\hat{y}_r(t)$ 的整個有效頻率響應爲

$$TH_{\text{eff}}(j\Omega) = \tilde{H}_r(j\Omega)H_0(j\Omega)H(e^{j\Omega T})H_{\text{aa}}(j\Omega) \tag{4.157}$$

如果理想抗疊頻濾波器爲真實存在，頻率響應滿足 (4.118) 式，再如果重建濾波器也能用 (4.151) 式的頻率響應作完美的補償，那麼有效的頻率響應就會是如 (4.119) 式所述的那樣子。不然的話，(4.157) 式對於有效頻率響應提供了一個合理的模型。可以注意到 (4.157) 式暗示了，對於這四項中任何一項補償不好，原則上可以用其他項加以修正。譬如說，離散時間系統可以適當地補償抗疊頻濾波器、零階保持濾波器或是重建濾波器、甚至是所有濾波器索引器的失真。

除了 (4.157) 式所提到的濾波操作外，(4.154) 式提醒了我們，經過濾波後的量化雜訊對於輸出信號也會造成干擾。在第 6 章，我們將發現且了解到雜訊也會在實現離散時間線型系統時被產生。一般來說，這些內部雜訊有些會被離散時間系統實現濾除、有些則被 D/A 轉換中的零階保持濾波器濾除、也有一些被重建濾波器所濾除。

4.9 在 A/D 和 D/A 轉算中使用過度取樣及雜訊整形

在 4.8.1 節中我們已經說明了，藉由組合數位濾波及抽點降頻，過度取樣（oversampling）也許可以用來實現有精準明確的截止頻率的抗疊頻濾波器。在 4.9.1 節中我們將會討論到過度取樣、其後的離散時間濾波器以及降頻取樣也可以讓我們增加量化器的步階寬度 Δ，也就是說，可以減少 A/D 轉換所需要的位元數。在 4.9.1 節中我們會說明，藉由組合過度取樣以及量化雜訊的回饋，步階寬度是如何被進一步的減少。而在 4.9.3 節中，我們會說明過度取樣的原理是如何被運用到 D/A 轉換。

4.9.1 以直接量化作過度取樣的 A/D 轉換

我們利用圖 4.65 中的系統來探討過度取樣量化與量化步寬之間的關係。為了要分析過度取樣在此系統中所造成的效應，我們將 $x_a(t)$ 當成一個平均值為零且為廣義穩態（wide-sense-stationary）的隨機程序，而其功率頻譜密度（power spectral density）被標記為 $\Phi_{x_a x_a}(j\Omega)$、自相關函數標記為 $\phi_{x_a x_a}(\tau)$。為了簡化我們的討論，假設 $x_a(t)$ 是有限頻寬信號，且最高頻為 Ω_N，也就是說

$$\Phi_{x_a x_a}(j\Omega) = 0, \quad |\Omega| \geq \Omega_N, \tag{4.158}$$

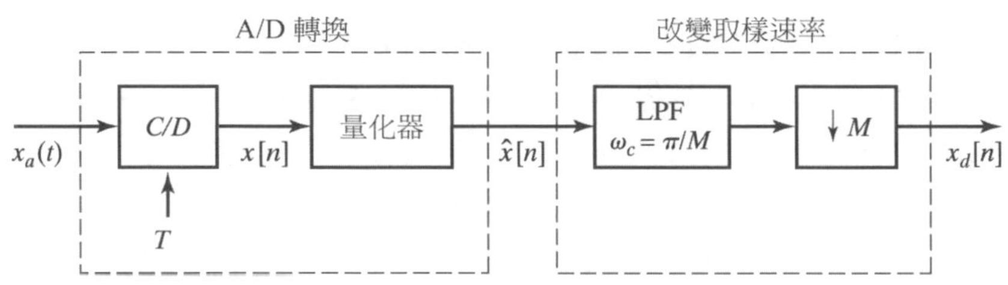

圖 4.65 以簡易的量化和降頻取樣作出過度取樣的 A/D 取樣

接著我們假設 $2\pi/T = 2M\Omega_N$。常數 M 為一個整數，並稱為**超取樣比**（oversampling ratio）。利用在 4.8.3 節中詳細討論過的可加成的雜訊模型，我們可以用圖 4.66 來取代圖 4.65。圖 4.66 中的降頻濾波器是一個理想的低通濾波器，其增益值為 1，截止頻率 $\omega_c = \pi/M$。因為圖 4.66 中的整個系統是線性，所以可將其輸出信號 $x_d[n]$ 看成兩個信號成分相加，其中一個信號來至輸入信號 $x_a(t)$，另一個則是來自於量化雜訊 $e[n]$。我們分別把這兩個輸出信號成分記為 $x_{da}[n]$ 和 $x_{de}[n]$。

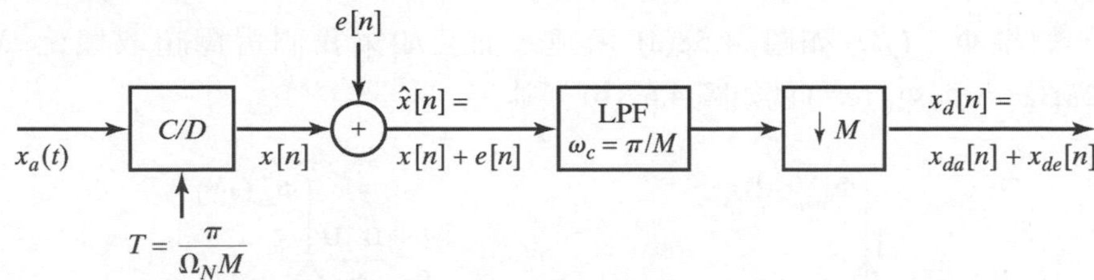

圖 4.66 以線性雜訊模型取代圖 4.65 中的量化器所得的系統

我們的目標在於決定輸出信號的信號功率 $\varepsilon\{x_{da}^2[n]\}$ 與量化雜訊功率 $\varepsilon\{x_{de}^2[n]\}$ 兩者的比值，並將此比值表示成量化步寬 Δ 與超取樣比 M 兩者的函數。因爲圖 4.66 中的系統是線性，而且因爲假設雜訊與信號爲獨立的，所以我們可將這兩個信號分開來看待，分別計算輸出的信號功率與雜訊功率。

首先，我們考慮輸出的信號成分，我們藉由找出類比信號 $x_a(t)$ 的功率頻譜密度、自相關函數和樣本序列 $x[n]$ 的功率頻譜密度、自相關函數之間的關係。

令 $\phi_{xx}[m]$ 與 $\Phi_{xx}(e^{j\omega})$ 分別表示 $x[n]$ 的自相關函數與功率頻譜密度。由定義可知，$\phi_{xx}[m]=\varepsilon\{x[n+m]x[x]\}$，且 $x[n]=x_a(nT)$ 以及 $x[n+m]=x_a(nT+mT)$，所以

$$\varepsilon\{x[n+m]x[n]\}=\varepsilon\{x_a((n+m)T)x_a(nT)\} \tag{4.159}$$

因此

$$\phi_{xx}[m]=\phi_{x_ax_a}(mT); \tag{4.160}$$

也就是說，樣本序列的自相關函數是對連續時間訊號的自相關函數作取樣而得。特別的是，利用廣義穩態隨機程序的假設，$\varepsilon\{x_a^2(t)\}$ 必須是一個和時間 t 無關的函數。因此可得：

$$\varepsilon\{x^2[n]\}=\varepsilon\{x_a^2(nT)\}=\varepsilon\{x_a^2(t)\},\quad \text{對所有 } n \text{ 或 } t \tag{4.161}$$

因爲功率頻譜密度是自相關函數的傅立葉轉換，所以由 (4.160) 式可得

$$\Phi_{xx}(e^{j\Omega T})=\frac{1}{T}\sum_{k=-\infty}^{\infty}\Phi_{x_ax_a}\left[j\left(\Omega-\frac{2\pi k}{T}\right)\right] \tag{4.162}$$

假設輸入信號就如同 (4.158) 式所表示的有限頻寬信號，而且超取樣比的因子爲 M，也就是滿足 $2\pi/T=2M\Omega_N$，將 $\Omega=\omega/T$ 代入 (4.162) 式可得：

$$\Phi_{xx}(e^{j\omega})=\begin{cases}\dfrac{1}{T}\Phi_{x_ax_a}\left(j\dfrac{\omega}{T}\right), & |\omega|<\pi/M,\\ 0, & \pi/M<\omega\le\pi\end{cases} \tag{4.163}$$

譬如說，如果 $\Phi_{x_a x_a}(j\Omega)$ 如圖 4.58(a) 所述，而且如果我們選擇超取樣比 M 滿足 $2\pi/T = 2M\Omega_N$，則 $\Phi_{xx}(e^{j\omega})$ 就如圖 4.67(b) 所述。

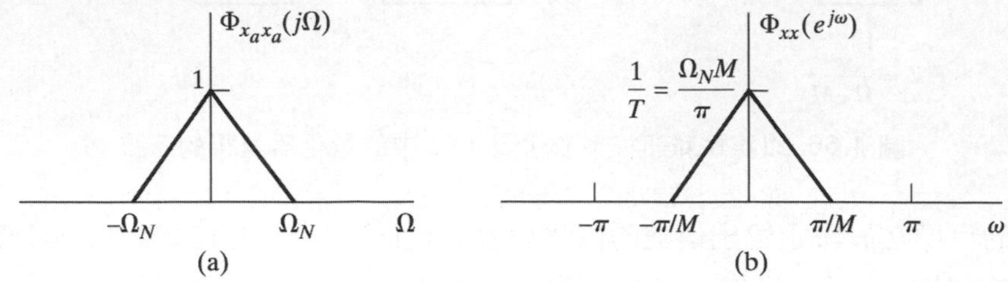

圖 4.67 $\Phi_{x_a x_a}(j\Omega)$ 與 $\Phi_{xx}(e^{j\omega})$ 的頻率和振幅間的比例變化

在此我們運用功率頻譜來驗證 (4.161) 式的正確性。原本類比信號的總功率為

$$\varepsilon\{x_a^2(t)\} = \frac{1}{2\pi}\int_{-\Omega_N}^{\Omega} \Phi_{x_a x_a}(j\Omega)d\Omega$$

由 (4.163) 式可知，樣本序列的總功率為

$$\varepsilon\{x^2[n]\} = \frac{1}{2\pi}\int_{-\pi}^{\pi} \Phi_{xx}(e^{j\omega})d\omega \tag{4.164}$$

$$= \frac{1}{2\pi}\int_{-\pi/M}^{\pi/M} \frac{1}{T}\Phi_{x_a x_a}\left(j\frac{\omega}{T}\right)d\omega \tag{4.165}$$

利用已知的因素 $\Omega_N T = \pi/M$，$\Omega = \omega/T$ 代入 (4.165) 式可得

$$\varepsilon\{x^2[n]\} = \frac{1}{2\pi}\int_{-\Omega_N}^{\Omega_N} \Phi_{x_a x_a}(j\Omega)d\Omega = \varepsilon\{x_a^2(t)\}$$

因此，就像 (4.161) 式所述，樣本序列的總功率與原本類比信號的總功率是完全相同的。因為降頻濾波器是一個截止於 $\omega_c = \pi/M$ 的理想低通濾波器，信號 $x[n]$ 通過此濾波器時不受任何干擾。因此，在輸出端的降頻取樣信號成分 $x_{da}[n] = x[nM] = x_a(nMT)$ 也會有相同的總功率。這點也可以從觀察功率頻譜而得，這是因為 $\Phi_{x_a x_a}(j\Omega)$ 是有限頻寬，頻寬的範圍是 $|\omega| = \pi/M$，所以

$$\begin{aligned}\Phi_{x_{da}x_{da}}(e^{j\omega}) &= \frac{1}{M}\sum_{k=0}^{M-1}\Phi_{xx}(e^{j(\omega-2\pi k)/M}) \\ &= \frac{1}{M}\Phi_{xx}(e^{j\omega/M}) \quad |\omega| < \pi\end{aligned} \tag{4.166}$$

利用 (4.166) 式可得

$$\begin{aligned}\mathcal{E}\{x_{da}^2[n]\} &= \frac{1}{2\pi}\int_{-\pi}^{\pi}\Phi_{x_{da}x_{da}}(e^{j\omega})d\omega \\ &= \frac{1}{2\pi}\int_{-\pi}^{\pi}\frac{1}{M}\Phi_{xx}(e^{j\omega/M})d\omega \\ &= \frac{1}{2\pi}\int_{-\pi/M}^{\pi/M}\Phi_{xx}(e^{j\omega})d\omega = \mathcal{E}\{x^2[n]\},\end{aligned}$$

上式表示信號 $x_a(t)$ 從輸入端通過整個系統而得到輸出信號 $x_{da}[n]$ 的過程，信號的功率維持不變。就功率頻譜來看，會發生這種現象是因爲，在取樣時頻率軸尺度的縮放會被振幅的尺度縮放所抵銷，所以當我們做取樣時，功率頻譜從 $\Phi_{x_ax_a}(j\Omega)$ 到 $\Phi_{xx}(e^{j\omega})$ ，再到 $\Phi_{x_ax_a}(e^{j\omega})$ 的過程中，功率頻譜的面積都維持不變。

現在讓我們開始考慮量化所產生的雜訊成分。根據 4.8.3 節中所提到的模型，我們假設 $e[n]$ 爲廣義穩態的白雜訊程序，其平均值爲零，變異數⑤爲

$$\sigma_e^2 = \frac{\Delta^2}{12}$$

因此， $e[n]$ 的自相關函數和功率密度頻譜分別爲

$$\phi_{ee}[m] = \sigma_e^2\delta[m] \tag{4.167}$$

和

$$\Phi_{ee}(e^{j\omega}) = \sigma_e^2 \quad |\omega| < \pi \tag{4.168}$$

在圖 4.68 中我們給出了 $e[n]$ 和 $x[n]$ 的功率密度頻譜。既然在我們的模型中假設信號樣本和量化雜訊樣本互相獨立，所以量化信號 $\hat{x}[n]$ 的功率密度頻譜是這兩個頻譜的和。

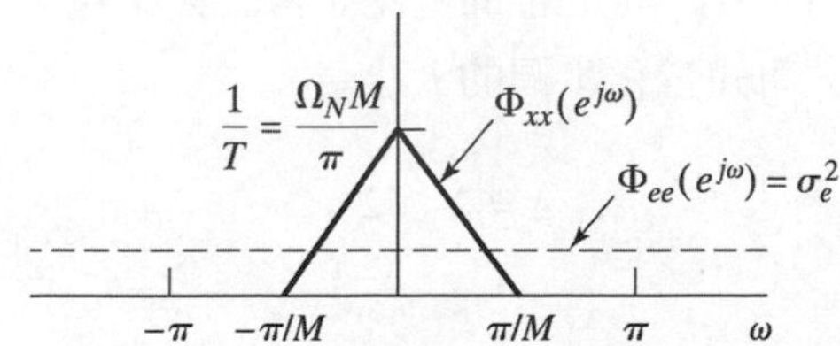

圖 4.68　超取樣比為 M 時，信號和量化雜訊的功率密度頻譜

⑤　因為此隨機程序的平均值為零，所以其平均功率與變異數相同。

雖然我們已經說明了 $e[n]$ 和 $x[n]$ 的功率和 M 無關，但可以注意到的是當超取樣比 M 增加，量化雜訊頻譜和信號頻譜的重疊部分減少。正是超取樣的此一效應，使我們可以藉由降低取樣頻率而改進信號－量化雜訊比。確切地說，理想低通濾波器讓信號不受擾動地通過，並移除了位於 $\pi/M<|\omega|\leq\pi$ 此一頻帶內的量化雜訊。理想低通濾波器輸出端的雜訊功率爲

$$\varepsilon\{e^2[n]\}=\frac{1}{2\pi}\int_{-\pi/M}^{\pi/M}\sigma_e^2\,d\omega=\frac{\sigma_e^2}{M}$$

其次，低通濾波後的信號雖然被降頻取樣，然而就像我們看到的，信號經降頻取樣後的功率依然保持不變。在圖 4.69 中，我們給了 $x_{da}[n]$ 和 $x_{de}[n]$ 的功率密度頻譜。比較圖 4.68 和圖 4.69，我們會發現，由於頻率軸和振幅軸上的尺度變換大小互爲倒數，所以信號功率頻譜下的面積不變。另一方面，雜訊在抽點降頻輸出端的功率等於它在低通濾波器輸出端的功率，也就是說，

$$\varepsilon\{x_{de}^2[n]\}=\frac{1}{2\pi}\int_{-\pi}^{\pi}\frac{\sigma_e^2}{M}\,d\omega=\frac{\sigma_e^2}{M}=\frac{\Delta^2}{12M} \tag{4.169}$$

因此，經過濾波器和降頻取樣後，量化雜訊的功率由 $\varepsilon\{x_{de}^2[n]\}$ 變爲原本的 $1/M$，而信號功率依然不變。

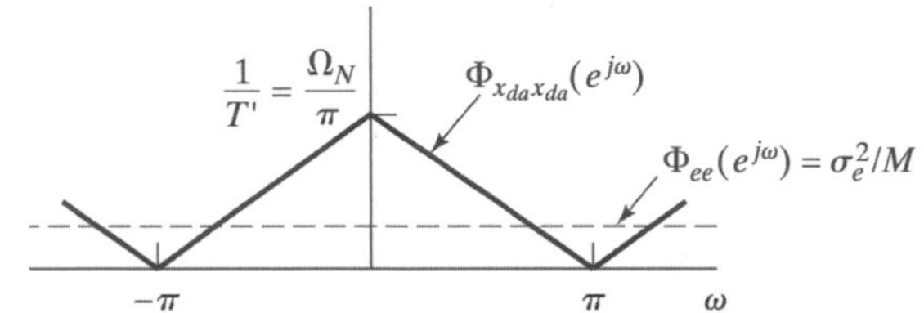

圖 4.69 信號和量化雜訊在降頻取樣後的功率密度頻譜

由 (4.169) 式可以發現，對於一個固定的量化雜訊功率而言，超取樣比 M 和量化步幅 Δ 之間有明顯取捨。就 $(B+1)$ -位元的量化器而言，如果輸入信號的大小是在 $+X_m$ 和 $-X_m$ 之間，由於 (4.125) 式可知量化步幅的大小爲

$$\Delta=X_m/2^B,$$

因此，

$$\varepsilon\{x_{de}^2[n]\}=\frac{1}{12M}\left(\frac{X_m}{2^B}\right)^2 \tag{4.170}$$

(4.170) 式說明如果固定一個量化器，我們可以藉由增加超取樣比 M 而減少雜訊功率。因為信號功率與 M 無關，所以增加 M 也同時增加了信號－量化雜訊比。不同的是，如果固定量化雜訊功率 $P_{de} = \varepsilon\{x_{de}^2[n]\}$ 所需的 B 值為

$$B = -\frac{1}{2}\log_2 M - \frac{1}{2}\log_2 12 - \frac{1}{2}\log_2 P_{de} + \log_2 X_m \tag{4.171}$$

由 (4.171) 式我們可以發現，如果將超取樣比 M 增加一倍，就可以少用 1/2 位元，而且可以達到同樣的信號－量化雜訊比。換句話說，如果 $M = 4$ 作超取樣，那麼我們可以少用 1 位元來表示信號，而且也能達到預期的精準度。

4.9.2 具雜訊整形的超取樣 A/D 轉換

在上一節，我們說明了超取樣和抽點降頻可以改進信號－量化雜訊比。可這似乎是一個相當不尋常的結果。因為這意味著只要超取樣比夠高，即使一開始對於信號的樣本做的是很粗略的量化，藉助於對有雜訊的信號樣本所做的數位計算，原則上仍然可以精確地表示原來的樣本。目前問題是，如果要將位元數大幅減少，我們需要很大的超取樣比。舉例來說，要從 16 位元降為 12 位元，我們需要 $M = 4^4 = 256$ 倍的超取樣比。這代價似乎太昂貴了，但無論如何，如果我們將超取樣和雜訊頻譜的回饋整形這些概念組合在一起，過度取樣此基本原則依舊可以得到很好的效果。

由圖 4.68 可以發現，直接量化的量化雜訊功率密度頻譜在整個頻譜上都是一個常數，雜訊整形的基本概念是對於 A/D 轉換的過程作些微修正，使得量化雜訊的功率密度頻譜不在是常數，而是讓大部分的雜訊功率落在 $|\omega| < \pi / M$ 此一頻帶以外，透過這樣的方式，低通濾波和降頻取樣可以濾掉更多的量化雜訊功率。

圖 4.70 式雜訊整形量化器的系統架構，此量化器通常也稱為取樣資料的戴爾它－西格瑪調變器（sampled-data Delta-Sigma modulator）（見 Candy and Temes, 1992，書中收集了許多和此主題有關的論文。）。圖 4.70(a) 說明如何使用積分電路實現此系統的方塊圖。圖中的積分電路是一個轉換電容（switched-capacitor）離散時間積分器。雖然很有多方式可以實現圖中的 A/D 轉換，但常用的是一個簡單的 1 位元量化器或是比較器（comparator）。D/A 轉換將 A/D 轉換所輸出的數位信號轉換成類比的脈衝信號，而輸入信號在積分器的輸入端減去上述的類比脈衝信號。此系統可以等效為圖 4.70(b) 的離散時間系統。轉換電容積分器在圖中是以累加器（accumulator）表示，而回饋路徑上的系統延遲器代表 D/A 轉換器引入的延遲時間。

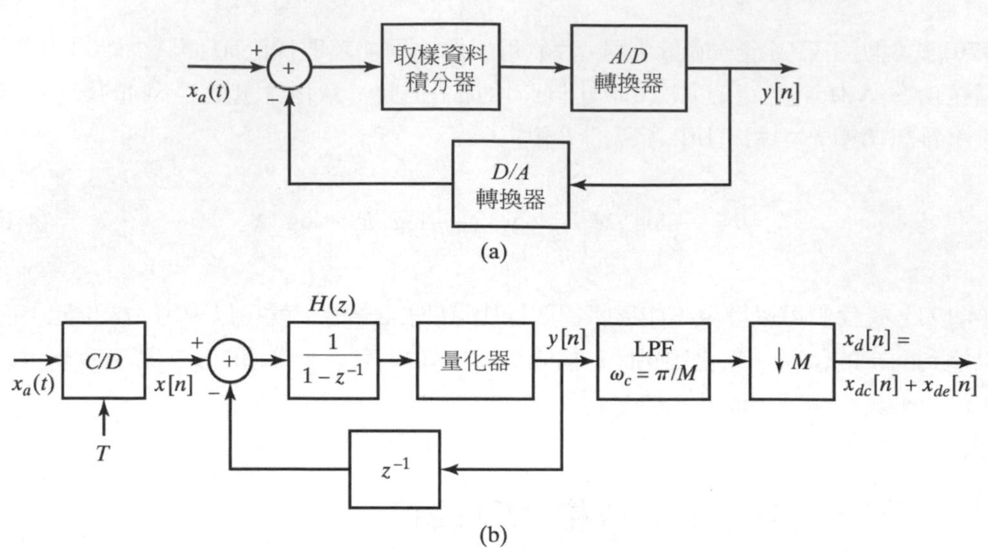

圖 4.70 去雜訊整形的過度取樣量化器

如同先前所討論的，我們可以將量化誤差當成是可加成的雜訊源，所以圖 4.70 的系統可以換成圖 4.71 的線性模型。輸出信號 $y[n]$ 在此模型中的兩個信號成份的和：一個信號成分 $y_x[n]$ 只和輸入信號 $x[n]$ 有關；而另一個信號成分 $\hat{e}[n]$ 只和雜訊 $e[n]$ 有關。

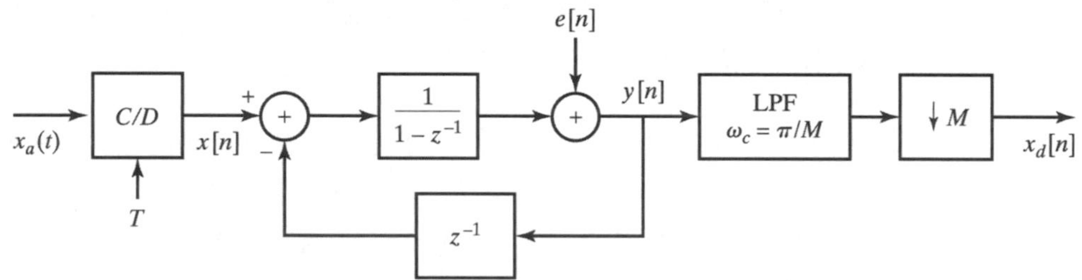

圖 4.71 以線性雜訊模型代替圖 4.70 的量化器所得到的系統

我們將 $x[n]$ 到 $y[n]$ 之間的轉移函數記為 $H_x(z)$，而 $e[n]$ 到 $y[n]$ 之間的轉移函數記為 $H_e(z)$。可以直接算出這兩個轉移函數，結果是

$$H_x(z) = 1, \tag{4.172a}$$

$$H_e(z) = (1 - z^{-1}) \tag{4.172b}$$

因此可得，

$$y_x[n] = x[n], \tag{4.173a}$$

和

$$\hat{e}[n] = e[n] - e[n-1] \tag{4.173b}$$

也就是說，輸出信號 $y[n]$ 可以表示成 $y[n] = x[n] + \hat{e}[n]$，其中 $x[n]$ 到達輸出端時不受影響，而量化雜訊 $e[n]$ 被一階差分（first-difference）運算子 $H_e(z)$ 所修正。圖 4.72 的方塊圖表示出這樣的系統。如果 $e[n]$ 的功率密度頻譜如 (4.168) 式所示，則量化雜訊在 $y[n]$ 中的功率密度頻譜可以寫成

$$\begin{aligned}\Phi_{\hat{e}\hat{e}}(e^{j\omega}) &= \sigma_e^2 \, |H_e(e^{j\omega})|^2 \\ &= \sigma_e^2 [2\sin(\omega/2)]^2\end{aligned} \tag{4.174}$$

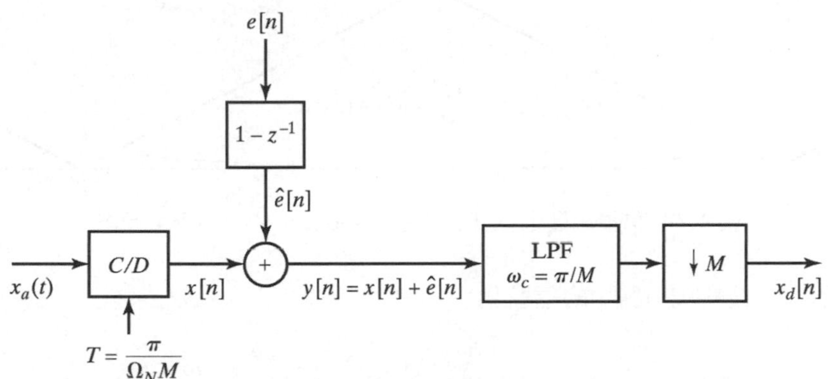

圖 4.72　和圖 4.71 等效的系統

我們在圖 4.73 中給出 $\hat{e}[n]$ 和 $e[n]$ 的功率密度頻譜，圖 4.67(a) 和圖 4.67(b) 也給出它們的功率密度頻譜。有趣的是，雜訊的**總功率**從量化器的 $\varepsilon\{e^2[n]\} = \sigma_e^2$ 增爲雜訊整型系統輸出端的 $\varepsilon\{e^2[n]\} = 2\sigma_e^2$。

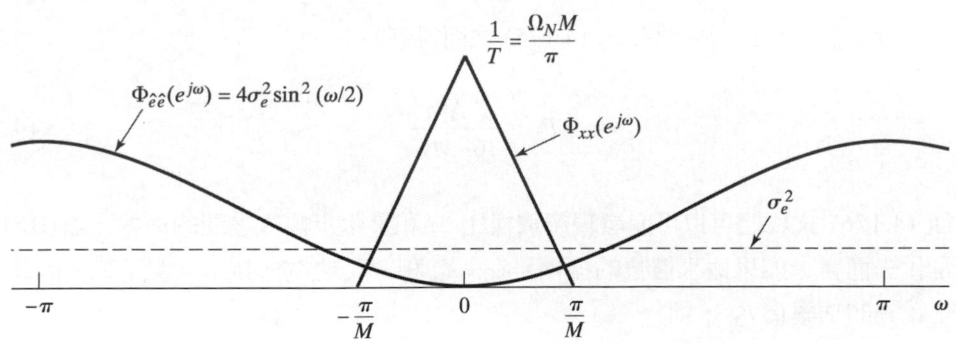

圖 4.73　量化雜訊和信號的功率密度頻譜

無論如何，比較圖 4.68 和圖 4.73 後可以發現，量化雜訊已被整形，整形的結果和直接做過度取樣所得的平坦雜訊頻譜比較起來，量化雜訊在$|\omega|<\pi/M$此頻帶之外有較多的功率。

在圖 4.70 的系統中，信號頻帶之外的雜訊功率被低通濾波器所移除。確切地說，我們在圖 4.74 顯示了功率密度頻譜$\Phi_{x_{da}x_{da}}(e^{j\omega})$疊加在功率密度頻譜$\Phi_{x_{de}x_{de}}(e^{j\omega})$上。既然降頻取樣器不會移除信號的功率，所以$x_{da}[n]$的功率為

$$P_{da}=\mathcal{E}\{x_{da}^2[n]\}=\mathcal{E}\{x^2[n]\}=\mathcal{E}\{x_a^2(t)\}$$

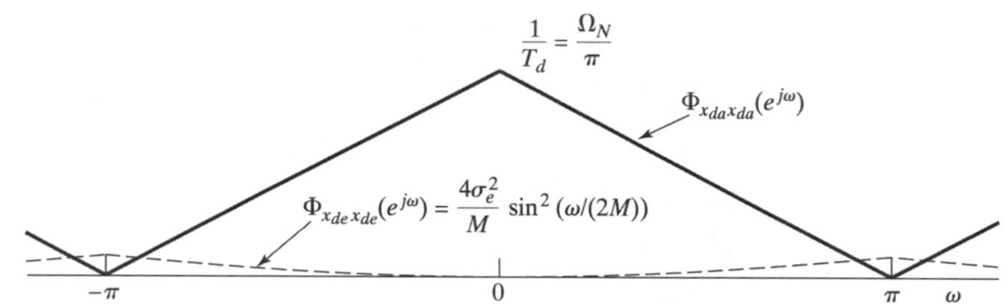

圖 4.74 信號和量化雜訊功率在降頻取樣後的功率密度頻譜

而量化雜訊在最後輸出信號中的信號為

$$P_{de}=\frac{1}{2\pi}\int_{-\pi}^{\pi}\Phi_{x_{de}x_{de}}(e^{j\omega})d\omega=\frac{1}{2\pi}\frac{\Delta^2}{12M}\int_{-\pi}^{\pi}\left(2\sin\left(\frac{\omega}{2M}\right)\right)^2d\omega \tag{4.175}$$

如果要大略比較一下 4.9.1 節和此處的結果，我們假設M的值大到足以滿足下式：

$$\sin\left(\frac{\omega}{2M}\right)\approx\frac{\omega}{2M}$$

利用這個近似值，可以很容易計算 (4.175) 式而得到

$$P_{de}=\frac{1}{36}\frac{\Delta^2\pi^2}{M^3} \tag{4.176}$$

從 (4.176) 式我們可以再度發現超取樣比M和量化步幅Δ之間的取捨。就(B+1)-位元的量化去而言，如果輸入信號的振幅是在$+X_m$和$-X_m$之間，則$\Delta=X_m/2^B$。因此，如果量化雜訊的功率為P_{da}，則

$$B=-\frac{3}{2}\log_2 M+\log_2(\pi/6)-\frac{1}{2}\log_2 P_{de}+\log_2 X_m \tag{4.177}$$

比較 (4.177) 和 (4.171) 式我們可以發現將超取樣比 M 加倍時，雖然用直接量化可以少用 1/2 位元，可是用雜訊整型的技術可以省下 1.5 位元。

表 4.1 是不同的量化方式相對於不做過度取樣 ($M=1$) 的直接量化所少用的位元數。所使用的量化方式為：(a) 4.9.1 節中所討論的技術，以超取樣作直接量化；以及 (b) 本節所討論的方法，以雜訊整形作超取樣。

▼表 4.1　以 $M=1$ 為基準，量化器以直接量化和一階雜訊整形所節省的位元數

M	直接量化	雜訊整形
4	1	2.2
8	1.5	3.7
16	2	5.1
32	2.5	6.6
64	3	8.1

圖 4.70 的雜訊整形技術可以被推廣到圖 4.75 的二級累加器。此情形中，依舊將量化器當作是可加成的雜訊源 $e[n]$，可以得到

$$y[n]=x[n]+\hat{e}[n]$$

其中此二級累加器的情況中，$\hat{e}[n]$ 是量化雜訊 $e[n]$ 通過以下的轉移函數之後所得的輸出信號

$$H_e(z)=(1-z^{-1})^2 \tag{4.178}$$

此時量化雜訊在 $y[n]$ 中的功率密度頻譜為

$$\Phi_{\hat{e}\hat{e}}(e^{j\omega})=\sigma_e^2[2\sin(\omega/2)]^4, \tag{4.179}$$

由此結果可知，雖然量化雜訊在二級整形系統輸出端的總功率大於它在一級整形系統的總功率，可是和一級系統比較起來，二級系統有較多的雜訊落在信號頻帶之外。更一般的情況的 p 級回饋累加系統，雜訊以下列方式被整形

$$\Phi_{\hat{e}\hat{e}}(e^{j\omega})=\sigma_e^2[2\sin(\omega/2)]^{2p} \tag{4.180}$$

在表 4.2 中，我們列出了量化器所節省下的位元數，將他表示為量化器階數 p 和超取樣比 M 的函數。值得注意的是，在 $p=2$ 且 $M=64$ 的條件下可以增加 13 位元的精準度，意旨 1 位元的量化器可以在抽點降頻的輸出端得到 14 位元的精準度。

▼表 4.2 使用 p 階雜訊整形的量化器所省下的位元數

量化器 階數 p	超取樣比 M 4	8	16	32	64
0	1.0	1.5	2.0	2.5	3.0
1	2.2	3.7	5.1	6.6	8.1
2	2.9	5.4	7.9	10.4	12.9
3	3.5	7.0	10.5	14.0	17.5
4	4.1	8.5	13.0	17.5	22.0
5	4.6	10.0	15.5	21.0	26.5

雖然使用如圖 4.75 中的多級回饋系統可以減少雜訊，卻也不是毫無問題的。確切地說，在 p 很大時，系統發生不穩定和震盪的可能性會增加。我們在習題 4.67 會討論另外一種稱為多級雜訊整形（multistage noise shaping, MASH）的系統。

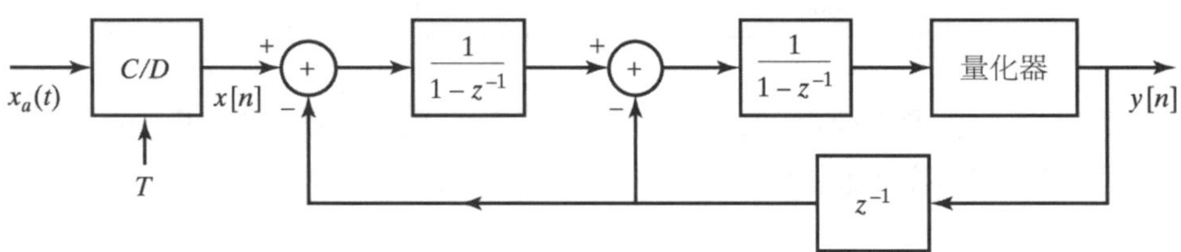

圖 4.75 使用二階雜訊整形的超取樣量化器

4.9.3 D/A 轉換中的超取樣和雜訊整形

在 4.9.1 節和 4.9.2 節中我們討論了使用超取樣來簡化類比到數位轉換的技術。就像我們在當中提到的，信號在一開始以過度取樣來簡化抗疊頻濾波器的設計，並且改善了精確度，然而 A/D 轉換器的輸出序列 $x_d[n]$ 到最後是以 $x_a(t)$ 的 Nyquist 率做取樣。不管是作數位信號處理，或者只是要以數位方式表示類比信號，像是 CD 錄音系統所用到的，當然都想用盡量低的取樣頻率完成，所以我們在 D/A 轉換此一相反於 A/D 轉換的過程中，自然也用超取樣的原則得到改善。

圖 4.76 所示的基本系統架構可以對應到圖 4.65。將要轉換成連續時間信號的序列 $y_a[n]$ 先被升頻取樣而產生序列 $\hat{y}[n]$，此序列經過再一次的量化後被送到 D/A 轉換器，此 D/A 轉換器以再量化過程的位元數接收二進位樣本序列。如果我們可以確保量化雜訊不會佔據信號頻帶，就能使用簡單的量化器以及較少的位元數，因此量化雜訊可以被便宜的類比濾波操作所濾除。

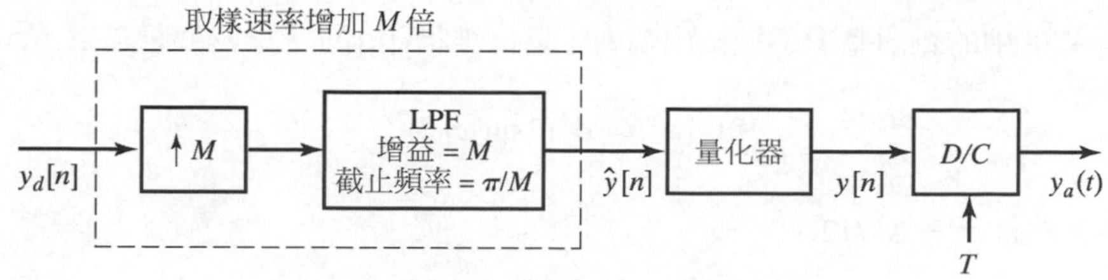

圖 4.76　超取樣 D/A 轉換系統

在圖 4.77 中的系統中，量化器將量化雜訊加以整形，整形的方式類似圖 4.70 的一階雜訊整形系統。在我們的分析中，我們假設相對於 $y[n]$，$y_d[n]$ 實際上未被取樣，或者也可以是非常精確地取樣，那麼量化雜訊的最主要來源就是圖 4.76 中的量化器。爲了分析圖 4.76 和圖 4.77 的系統，我們可以用可加成的白雜訊源 $e[n]$ 取代圖 4.77 中的量化器，所以可用圖 4.78 取代圖 4.77。

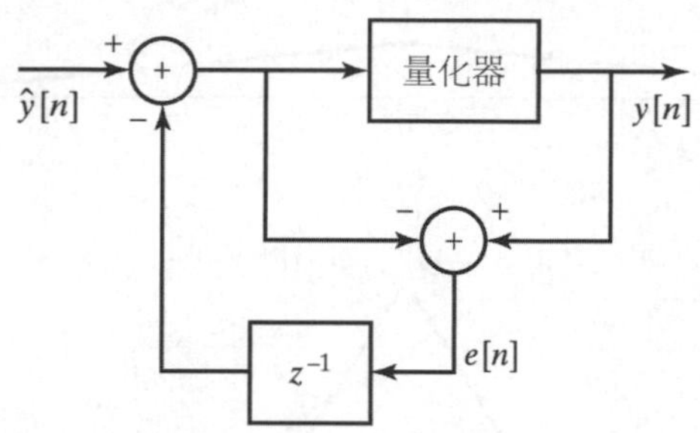

圖 4.77　超取樣 D/A 量化中的一階雜訊整形系統

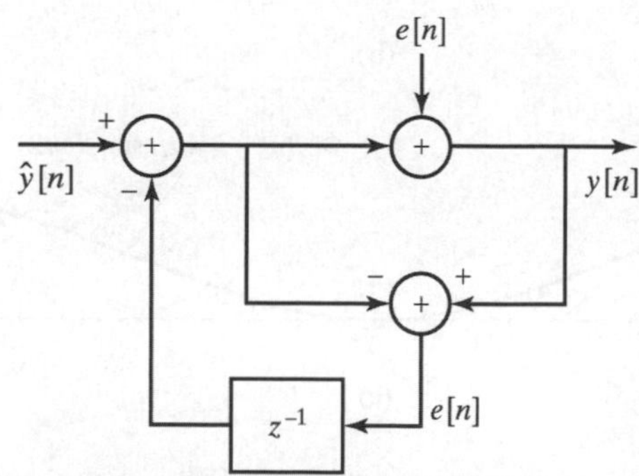

圖 4.78　以線性雜訊模型代替圖 4.77 中的量化器所得的系統

因爲 $\hat{y}[n]$ 到 $y[n]$ 之間的轉移函數爲 1，所以升頻取樣所得的序列 $\hat{y}[n]$ 不受干擾地出現在輸出端。從 $e[n]$ 到 $y[n]$ 的轉移函數 $H_e(z)$ 爲：

$$H_e(z) = 1 - z^{-1}$$

因此在圖 4.78 中的雜訊整形系統輸出端處，量化雜訊 $\hat{e}[n]$ 的功率密度頻譜為

$$\Phi_{\hat{e}\hat{e}}(e^{j\omega}) = \sigma_e^2(2\sin\omega/2)^2, \tag{4.181}$$

其中變異仍然是 $\sigma_e^2 = \Delta^2/12$。

以這種方式所作的 D/A 轉換示於圖 4.79。圖 4.79(a) 是圖 4.76 中輸入信號 $y_d[n]$ 的功率頻譜 $\Phi_{y_d y_d}(e^{j\omega})$。值得注意的是，我們假設 $y_d[n]$ 是以 Nyquist 率作取樣。圖 4.79(b) 是以 $y_d[n]$ 作為（M 倍）升頻取樣器的輸入信號時，所對應的輸出功率頻譜。圖 4.79(c) 是量化器／雜訊整形系統輸出端的量化雜訊頻譜。最後，圖 4.79(d) 是信號以及雜訊在圖 4.76 中 D/C 轉換器類比輸出端的功率頻譜。在此情況中，我們假設 D/C 轉換器中理想低通重建濾波器的截止頻率為 $\pi/(MT)$，此濾波器將會盡可能的多移除量化雜訊。

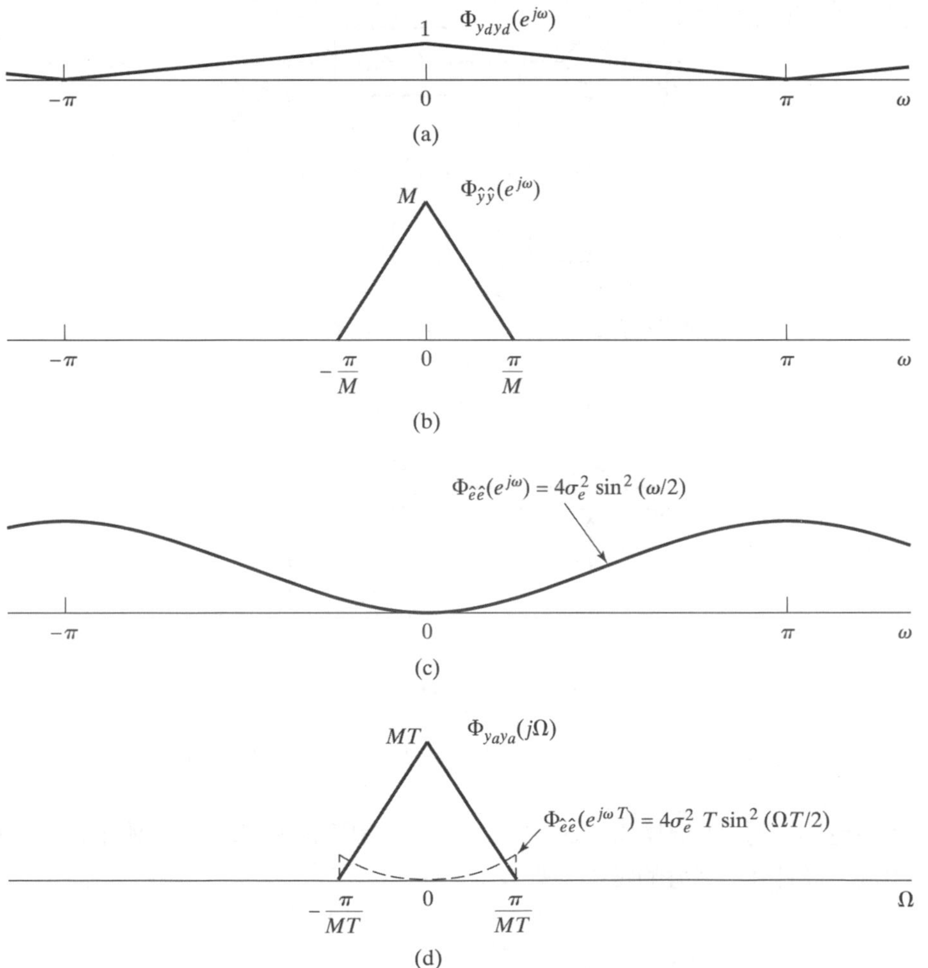

圖 4.79 (a) 信號 $y_d[n]$ 的功率頻譜密度。(b) 信號 $\hat{y}[n]$ 的功率頻譜密度。(c) 量化雜訊的功率頻譜密度。(d) 連續時間信號和量化雜訊的功率頻譜密度

在實際系統中，我們會避免使用具有精準截止頻率的類比重建濾波器。由圖 4.79(d)，可以很清楚的知道如果我們能夠容忍多一點的量化雜訊，顯然 D/C 重建濾波器就不必非常快速地衰減。再者，如果我們使用多級的技術在雜訊整形系統中，則我們可以得到下列的輸出雜訊頻譜

$$\Phi_{\hat{e}\hat{e}}(e^{j\omega}) = \sigma_e^2(2\sin\omega/2)^{2p},$$

此雜訊整形技術會使更多的雜訊落到高頻帶區域。這樣的情形下，類比重建濾波器的規格可以進一步放寬。

4.10 總結

在本章中，我們發展並探討了連續時間的信號與週期取樣所獲得的離散時間信號之間的關係。以離散時間序列表示連續時間信號的理論基礎是根據 Nyquist 定理，此定理闡述對於一個有限頻寬信號而言，只要取樣頻率高出信號的最高頻率夠多，週期取樣所得的樣本就足以表示連續時間信號。在此情況下，藉由低通濾波可以從信號樣本重建出連續時間信號，此低通濾波其實就是有限頻寬內插估計運算。如果取樣頻率甚低於信號頻寬的話，就會發生交疊失真。

以樣本表示信號此一方式讓我們可以在離散時間上處理連續時間信號。這種信號處理的過程是先取樣，接著做離散時間信號處理，最後將離散時間處理所得的序列重建回連續時間信號。我們所給的例子是低通濾波及微分運算的離散時間處理。

和取樣頻率變換有關的信號處理方式是離散時間信號處理的一個非常重要的類別。將離散時間信號作降頻取樣在頻域上對應到的是離散時間頻譜的平移複製和頻率軸的尺度變換，此過程中或許對信號頻寬加以限制以避免交疊現象發生。要增加取樣頻率所作的升頻取樣在頻域上也對應到頻率軸的尺度變換，將整數倍的降頻取樣和升頻取樣加以組合，可以對於取樣頻率作非整數倍的變換。我們也說明了如可用多速率技術以有效地達成取樣頻率的變換。

本章的最後一節中，我們探討了許多和離散時間處理連續時間信號有關的實際考量，包括使用前置濾波以避免交疊現象的技術、A/D 轉換中的量化誤差，以及一些和連續時間的取樣或重建中的濾波操作有關的議題。最後，我們說明了離散時間的抽值降頻、插值升頻、以及雜訊整形是如何被用來簡化 A/D 和 D/A 轉換中的類比面。

在本章中，我們所關注的事一直是如何獲取連續時間信號的離散表示的這過程中的週期性取樣。雖然此種表示法顯然是最常見而且幾乎是在本書之後章節討論的主題的基礎，但仍然存在有其他的方法去求得離散表示法，這些表示法對於那些已經有關於其他資訊的信號，譬如頻寬，也許會有更簡潔的表示法。

習題

有解答的基本問題

4.1 有一個信號 $x_c(t)=\sin(2\pi(100)t)$ 以週期 $T=1/400$ 秒對它做取樣，並得到一離散時間信號 $x[n]$。求此序列 $x[n]$？

4.2 有一個序列 $x[n]=\cos\left(\frac{\pi}{4}n\right), -\infty<n<\infty,$ 是由一連續時間信 $x_c(t)=\cos(\Omega_0 t)$, 以取樣頻率每秒1000個樣本，作取樣而得。求出兩個可能且大於零的 Ω_0，使得 $x_c(t)$ 可以得到 $x[n]$？

4.3 有一連續時間信號 $x_c(t)=\cos(4000\pi t)$ 以取樣週期 T 作取樣，得到一離散時間信號 $x[n]=\cos\left(\frac{\pi n}{3}\right)$。

(a) 求出符合條件的的取樣週期 T。

(b) 在 (a) 中所得的 T 是否爲唯一？如果是，解釋原因；如果不是，求出另一個滿足條件的取樣週期 T？

4.4 有一連續時間信號 $x_c(t)=\sin(20\pi t)+\cos(40\pi t)$ 以取樣週期 T 作取樣之後，得到離散時間信號 $x[n]=\sin\left(\frac{\pi n}{5}\right)+\cos\left(\frac{2\pi n}{5}\right)$

(a) 求出符合條件的的取樣週期 T。

(b) 在 (a) 中所得的 T 是否爲唯一？如果是，解釋原因；如果不是，求出另一個滿足條件的取樣週期 T？

4.5 考慮圖 4.10 中的系統，此離散時間系統有一個理想低通濾波器，其截止頻率爲每秒 $\pi/8$ 弳度。

(a) 若 $x_c(t)$ 的頻寬被限制在頻率 5 kHz 以內，求最大的 T 值，使得 C/D 轉換器不會發生交疊現象。

(b) 如果 $1/T = 10$ kHz，求有效連續時間濾波器的截止頻率是什麼？

(c) 重複 (b)，如果 $1/T = 20$ kHz。

4.6　若 $h_c(t)$ 是一個線性非時變連續時間濾波器的脈衝響應；而 $h_d[n]$ 是一個線性非時變離散時間濾波器的脈衝響應。

(a) 如果

$$h_c(t) = \begin{cases} e^{-at}, & t \geq 0, \\ 0, & t < 0, \end{cases}$$

其中 a 是一正實數，試求連續時間濾波器的頻率響應，並畫出其強度。

(b) 若 $h_d[n] = Th_c(nT)$ ，$h_c(t)$ 如 (a) 所示，試求離散時間濾波器的頻率響應，並畫出其強度。

(c) 給定一個 a 值，試求離散時間濾波器的頻率響應的最小強度。將解寫成 T 函數

4.7　圖 P4.7-1 所顯示的是一個多路徑通訊通道的簡易模型。假設 $s_c(t)$ 是一有限頻寬信號，即 $S_c(j\Omega) = 0$ ，$|\Omega| \geq \pi / T$ 。同時以取樣週期 T 對 $x_c(t)$ 作取樣並得到序列 $x[n] = x_c(nT)$

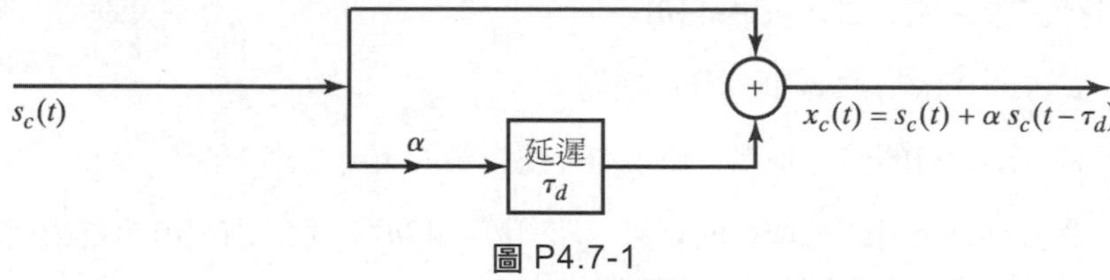

圖 P4.7-1

(a) 試求 $x_c(t)$ 的傅立葉轉換及 $x[n]$ 的傅立葉轉換，並用 $S_c(j\Omega)$ 來表示。

(b) 我們想要以圖 P4.7-2 中所示的離散時間系統 $H(e^{j\omega})$ 來模擬多路徑系統，使得當輸入 $s[n] = s_c(nT)$ ，其輸出為 $r[n] = x_c(nT)$ 。試以 T 和 τ_d 來表示 $H(e^{j\omega})$ 。

(c) 試求圖 P4.7-2 中的脈衝響應 $h[n]$ 當(i) $\tau_d = T$ ，(ii) $\tau_d = T/2$ 。

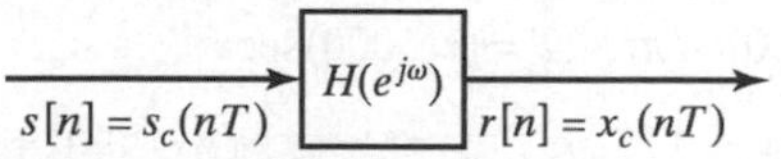

$s[n] = s_c(nT)$ → $H(e^{j\omega})$ → $r[n] = x_c(nT)$

圖 P4.7-2

4.8　考慮圖 P4.8 所示的系統，以及如下的關係：

$$X_c(j\Omega) = 0, \quad |\Omega| \geq 2\pi \times 10^4,$$
$$x[n] = x_c(nT),$$
$$y[n] = T \sum_{k=-\infty}^{n} x[k]$$

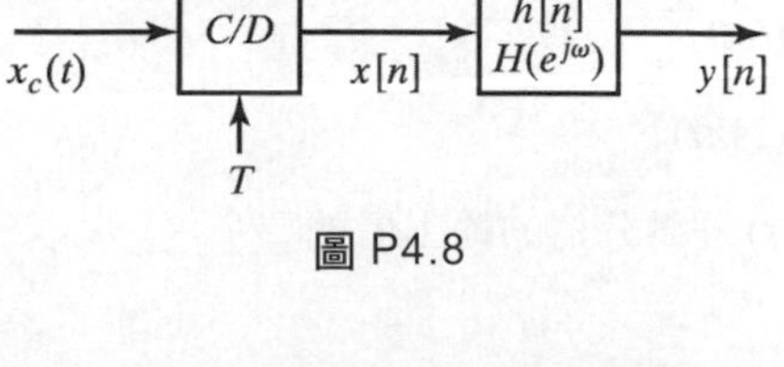

$x_c(t)$ → C/D (T) → $x[n]$ → $h[n]$, $H(e^{j\omega})$ → $y[n]$

圖 P4.8

(a) 對此系統而言，若不發生交疊現象，則最大允許的 T 值爲多少？即 $x_c(t)$ 可由 $x[n]$ 重建。

(b) 試決定 $h[n]$。

(c) 試求 $n=\infty$ 時之 $y[n]$ 值並以 $X(e^{j\omega})$。

(d) 決定是否存在 T 值使得

$$y[n]\big|_{n=\infty} = \int_{-\infty}^{\infty} x_c(t)dt \qquad \text{(P4.8-1)}$$

假使存在此 T 值，試求其最大值。假使不存在，解釋之並具體說明如何選擇一 T 值，使得 (P4.8-1) 式有最佳的近似。

4.9 考慮一個穩定的離散時間信號 $x[n]$ 其離散時間傅立葉轉換 $X(e^{j\omega})$ 滿足下式

$$X(e^{j\omega}) = X(e^{j(\omega-\pi)})$$

並且具有對偶性，即 $x[n]-x[-n]$。

(a) 試證明 $X(e^{j\omega})$ 具週期性且週期爲 π。

(b) 是找出 $x[n]$ 的值（提示：將所有 n 爲奇數的 $x[n]$ 求出）。

(c) 令 $y[n]$ 爲 $x[n]$ 經抽取後的結果，即 $y[n]=x[2n]$。可以由 $y[n]$ 重建出 $x[n]$ 嗎？可以的話，怎麼做？不行的話，證明你的答案。

4.10 以下每一個連續時間信號都被拿來當作是圖 4.1 中的理想 C/D 轉換的輸入信號 $x_c(t)$，並且取樣頻率分別如下指定。試找出所有的離散時間信號 $x[n]$。

(a) $x_c(t)=\cos(2\pi(1000)t),\quad T=(1/3000)\text{sec}$

(b) $x_c(t)=\sin(2\pi(1000)t),\quad T=(1/1500)\text{sec}$

(c) $x_c(t)=\sin(2\pi(1000)t)/\pi t,\quad T=(1/5000)\text{sec}$

4.11 以下的連續時間信號輸入 $x_c(t)$ 以及其對應離散時間信號輸出 $x[n]$，都是圖 4.1 中理想 C/D 轉換器的輸出入信號。試著求出每種情形的取樣週期，並且說明是否爲唯一解，不是的話，找出另一種可能的取樣週期。

(a) $x_c(t)=\sin(10\pi t),\quad x[n]=\sin(\pi n/4)$

(b) $x_c(t)=\sin(10\pi t)/(10\pi t),\quad x[n]=\sin(\pi n/2)/(\pi n/2)$

4.12 圖 4.10 的系統中，假設 $H(e^{j\omega})=j\omega/T, -\pi\le\omega<\pi$, 且 $T=1/10$ 秒。

(a) 對於每個以下的輸入 $x_c(t)$，試求出對應的輸出 $y_c(t)$。

(i) $x_c(t)=\cos(6\pi t)$

(ii) $x_c(t)=\cos(14\pi t)$

(b) 那些求出的 $y_c(t)$ 是微分器的輸出信號嗎？

4.13 圖 4.15 中，系統的 $h_c(t)=\delta(t-T/2)$。

(a) 假設輸入 $x[n]=\sin(\pi n/2)$ 且 $T=10$。試求 $y[n]$。

(b) 假設如 (a)，使用同樣的 $x[n]$ 爲輸入，但 T 變成 5。試求 $y[n]$。

(c) 一般而言，連續時間線性非時變（LTI）系統 $h_c(t)$ 在不改變輸出 $y[n]$ 的前提下，對於取樣週期 T 有何限制？

4.14 在圖 4.19 的系統中，下列哪些信號以 2 倍作降頻取樣，不會有任何資訊流失？

(a) $x[n]=\delta[n-n_0]$，n_0 爲任意整數。

(b) $x[n]=\cos(\pi n/4)$

(c) $x[n]=\cos(\pi n/4)+\cos(3\pi n/4)$

(d) $x[n]=\sin(\pi n/3)/(\pi n/3)$

(e) $x[n]=(-1)^n\sin(\pi n/3)/(\pi n/3)$

4.15 考慮圖 P4.15 中的系統，對下列每一個輸入信號 $x[n]$，指出是否輸出信號 $x_r[n]=x[n]$。

(a) $x[n]=\cos(\pi n/4)$

(b) $x[n]=\cos(\pi n/2)$

(c) $x[n]=\left[\dfrac{\sin(\pi n/8)}{\pi n}\right]^2$

提示：使用傅立葉轉換調變性質求出 $X(e^{j\omega})$。

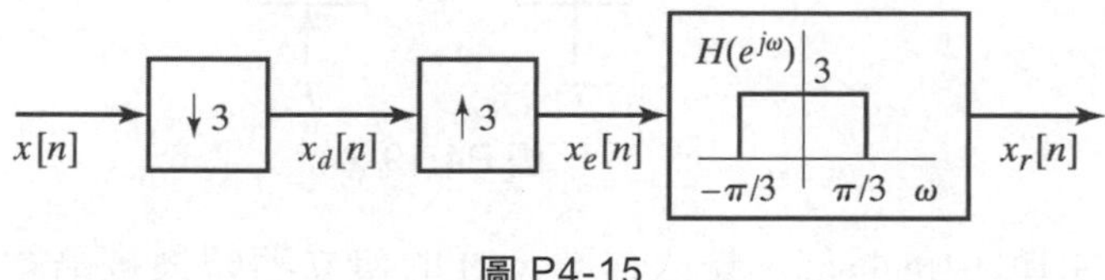

圖 P4-15

4.16 考慮圖 4.29 中的系統。在給定某種 M/L 的比值下，輸入信號 $x[n]$ 和其對應的輸出信號 $\tilde{x}_d[n]$ 如下所示。試求 M/L，並明確說明答案是否唯一。

(a) $x[n]=\sin(\pi n/3)/(\pi n/3),\ \tilde{x}_d[n]=\sin(5\pi n/6)/(5\pi n/6)$

(b) $x[n]=\cos(3\pi n/4),\ \tilde{x}_d[n]=\cos(\pi n/2)$

4.17 圖 4.29 的系統中，下列各輸入信號 $x[n]$ 分別以指定的 L 和 M 值做升頻和降頻取樣，求出對應的輸出信號 $\tilde{x}_d[n]$。

(a) $x[n]=\sin(2\pi n/3)/\pi n,\quad L=4, M=3$

(b) $x[n]=\sin(3\pi n/4),\quad L=6, M=7$

4.18 在圖 4.29 的系統中，輸入信號 $x[n]$ 的傅立葉轉換 $X(e^{j\omega})$，如圖 P4.18 所示。對於以下各指定的 L 和 M 值，求出 ω_0 的最大值使得 $\tilde{X}_d(e^{j\omega})=aX(e^{jM\omega/L})$，其中 a 爲常數。

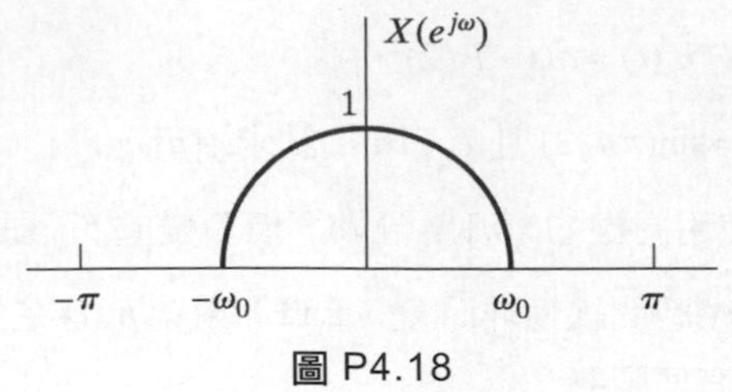

圖 P4.18

(a) $M=3, L=2$

(b) $M=5, L=3$

(c) $M=2, L=3$

4.19 若一個連續時間信號 $x_c(t)$ 的傅立葉轉換爲 $X_c(j\Omega)$，如圖 P4.19-1 所示。此信號通過一系統，如圖 P4.19-2 所示。試求 T 在什麼範圍下能使得 $x_r(t)=x_c(t)$ 滿足。

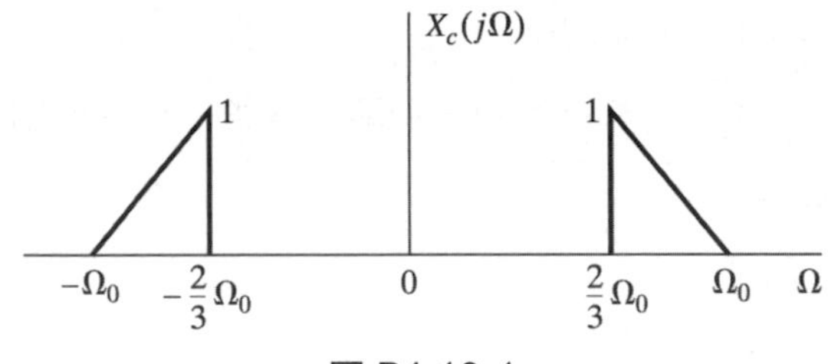

圖 P4.19-1

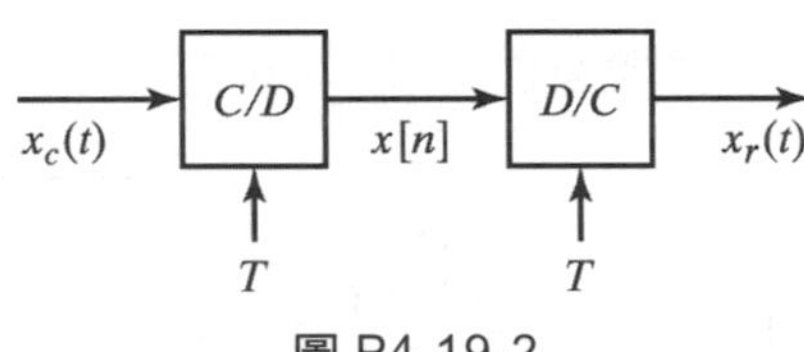

圖 P4.19-2

4.20 考慮圖 4.10 中的系統。輸入信號 $x_c(t)$ 的傅立葉轉換被描繪於圖 P4.20，其中 $\Omega_0=2\pi(1000)$ 弳度/秒。離散時間系統爲理想低通濾波器，頻率響應爲

$$H(e^{j\omega})=\begin{cases}1, & |\omega|<\omega_c,\\ 0, & \text{其他}\end{cases}$$

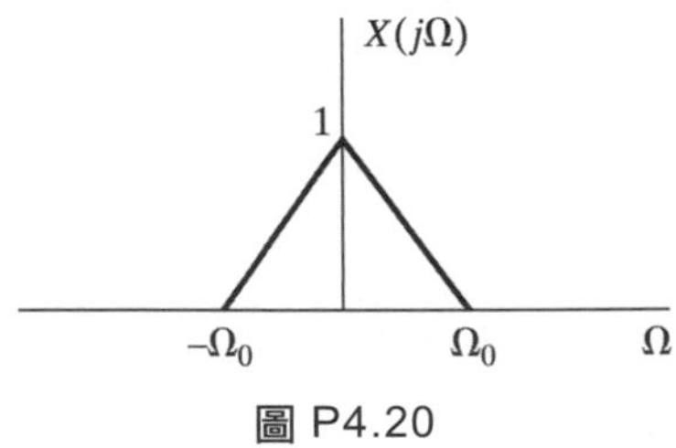

圖 P4.20

(a) 對輸入信號作取樣時，試求出不發生交疊現象的最小取樣頻率 $F_s=1/T$。

(b) 如果 $\omega_c=\pi/2$，使得 $y_c(t)=x_c(t)$ 的最小取樣頻率是多少？

基本問題

4.21 考慮一連續時間信號 $x_c(t)$，其傅立葉轉換 $X_c(j\Omega)$，如圖 P4.21-1 所示。

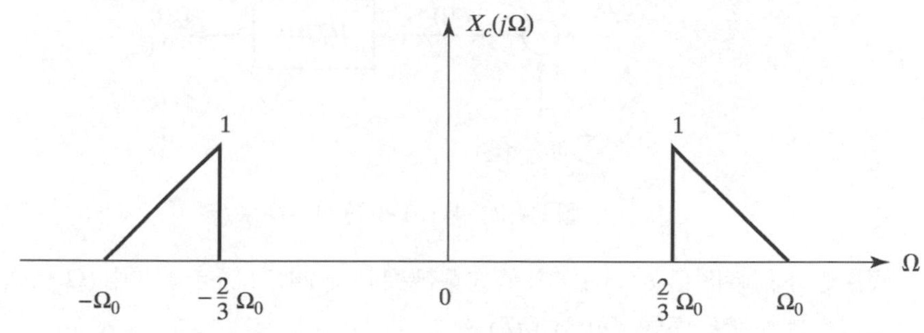

圖 P4.21-1 傅立葉轉換 $X_c(j\Omega)$

(a) 連續時間信號 $x_r(t)$ 是通過圖 P4.21-2 系統所產生的信號。此系統首先將 $x_c(t)$ 乘上一週期為 T 的脈衝列並得到波形 $x_s(t)$，即

$$x_s(t) = \sum_{n=-\infty}^{+\infty} x[n]\delta(t - nT_1)$$

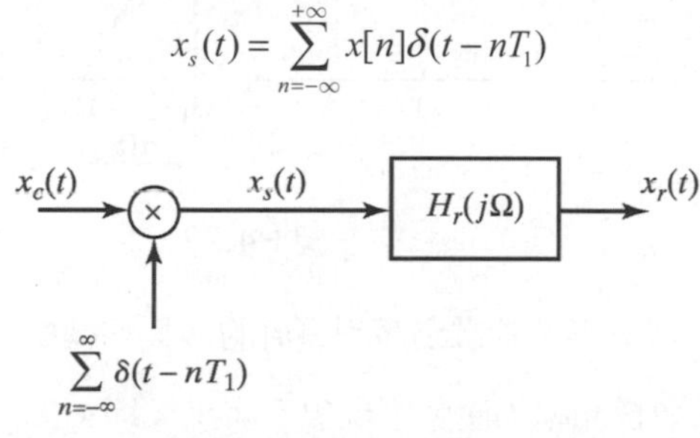

圖 P4.21-2 (a) 的轉換系統

接著 $x_s(t)$ 通過一個頻率響應為 $H_r(j\Omega)$ 的低通濾波器。其中 $H_r(j\Omega)$ 如圖 P4.21-3 所示。

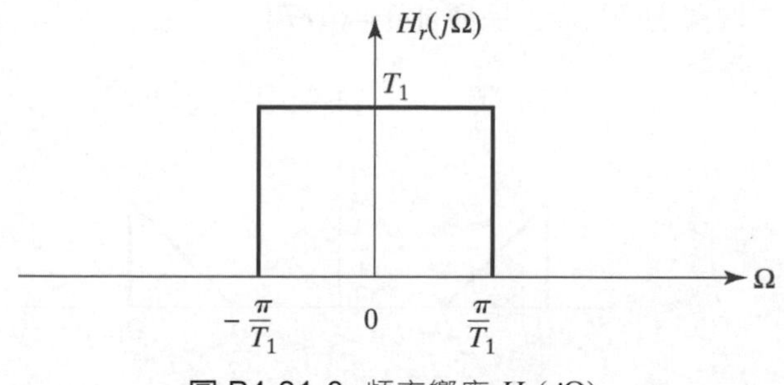

圖 P4.21-3 頻率響應 $H_r(j\Omega)$

試求 T_1 的範圍使得 $x_r(t) = x_c(t)$。

(b) 考慮圖 P4.21-4 中的系統。此系統與 (a) 中的系統除了取樣頻率由 T_1 變為 T_2 之外，其他部分都一樣。而系統 $H_s(j\Omega)$ 為某個連續時間且理想線性非時變（LTI）濾波器。我們想要在給定某個 $H_s(j\Omega)$ 情況下使得 $x_0(t) = x_c(t)$。試求出 T_2 的所有可能值，並

滿足 $x_0(t)=x_c(t)$。在找出的所有可能值中，最大的 T_2 仍然可以重建 $x_c(t)$，試著選擇 $H_s(j\Omega)$ 使得 $x_0(t)=x_c(t)$，並畫出 $H_s(j\Omega)$。

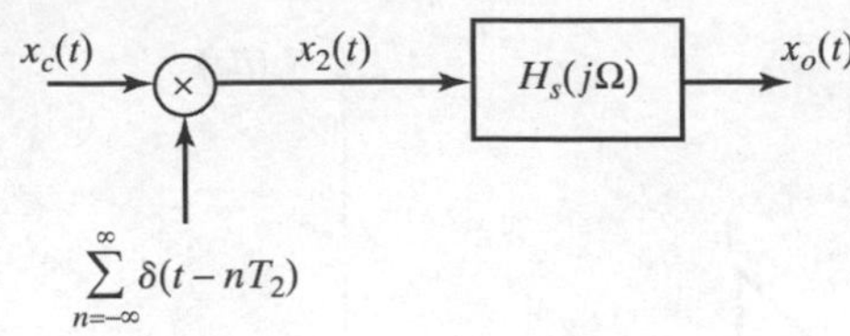

圖 P4.21-4 (b) 小題的轉換系統

4.22 一個複數連續時間信號 $x_c(t)$，其傅立葉轉換如圖 P4.22 所示。其中 $(\Omega_2-\Omega_1)=\Delta\Omega$。此信號被取樣並產生序列 $x[n]=x_c(nT)$。

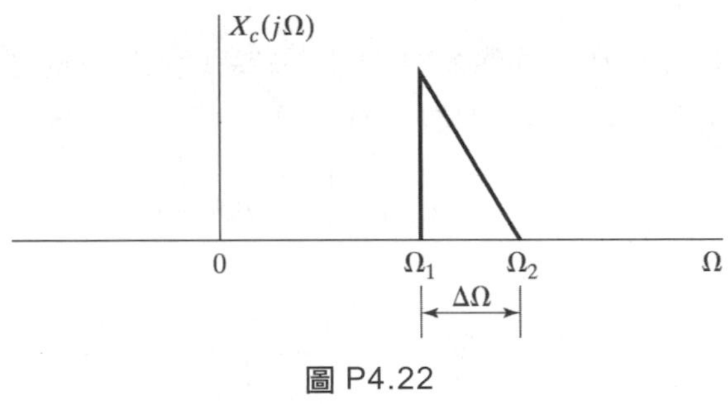

圖 P4.22

(a) 在 $T=\pi/\Omega_2$ 的情形下，試畫出序列 $x[n]$ 的傅葉利轉換 $X(e^{j\omega})$。

(b) 什麼是最低的取樣頻率，使疊頻現象不發生，即 $x_c(t)$ 可以由 $x[n]$ 重建。

(c) 畫出由 $x[n]$ 重建 $x_c(t)$ 的系統方塊圖，其中假設取樣頻率高於 (b) 所決定的頻率。且假設可利用理想濾波器。

4.23 一個連續時間信號 $x_c(t)$，其傅立葉轉換 $X_c(j\Omega)$ 如圖 P4.23 所示。對此訊號以取樣週期 $T=2\pi/\Omega_0$ 作取樣之後，產生序列 $x[n]=x_c(nT)$。

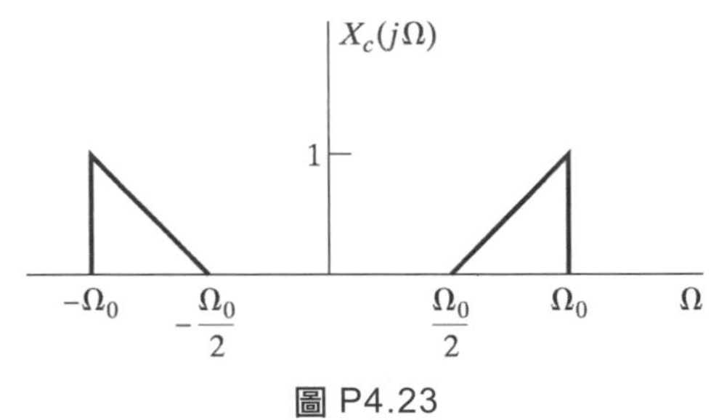

圖 P4.23

(a) 畫出傅立葉轉換 $X(e^{j\omega})$，$|\Omega|<\pi$。

(b) 信號 $x[n]$ 在一數位通道被傳輸。原本的信號 $x_c(t)$ 必須在接收端被重建。畫出重建系統的方塊圖，並明確說明其特徵。假設可運用理想濾波器。

(c) 用 Ω_0 表示 T 的範圍，並且 $x_c(t)$ 能用 $x[n]$ 重建。

4.24 假設範例 4.4 中的有限頻寬微分器，其輸入為 $x_c(t)=\cos(\Omega_0 t)$ ，$\Omega_0 < \pi/T$ 。此習題中，我們希望證明，由有限頻寬微分器的輸出所回復的連續時間信號，事實上就是 $x_c(t)$ 的微分。

(a) 被取樣的信號為 $x[n]=\cos(\omega_0 n)$，其中 $\omega_0=\Omega_0 T<\pi$ 。試求在 $|\omega|<\pi$ 情形下， $X(e^{j\omega})$ 的明確表示式。

(b) 現在利用 (4.46) 式來決定離散時間系統輸出 $Y(e^{j\omega})$ 的離散時間傅立葉轉換（DTFT）。

(c) 由 (4.32) 式決定 D/C 轉換輸出的連續時間傅立葉轉換 $Y_r(j\Omega)$ 。

(d) 利用 (c) 的結果證明。

$$y_r(t)=-\Omega_0\sin(\Omega_0 t)=\frac{d}{dt}[x_c(t)]$$

4.25 圖 P4.25-1 表示一個以線性非時變（LTI）離散時間理想低通濾波器實現的連續時間濾波器，其中在範圍 $-\pi\le\omega\le\pi$ 內的頻率響應為

$$H(e^{j\omega})=\begin{cases}1, & |\omega|<\omega_c\\ 0, & \omega_c<|\omega|\le\pi\end{cases}$$

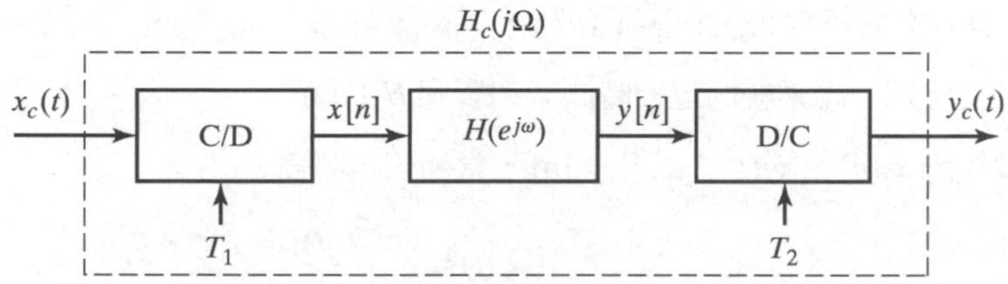

圖 P4.25-1

(a) 若 $x_c(t)$ 的連續時間傅立葉轉換為 $X_c(j\Omega)$，如圖 P4.25-2 所示，且 $\omega_c=\frac{\pi}{5}$，試畫出下列每一種情況的 $X(e^{j\omega})$ 、 $Y(e^{j\omega})$ ，以及 $Y_c(j\Omega)$ ：

(i)　$1/T_1=1/T_2=2\times10^4$

(ii)　$1/T_1=4\times10^4,\ 1/T_2=10^4$

(iii)　$1/T_1=10^4,\ 1/T_2=3\times10^4$

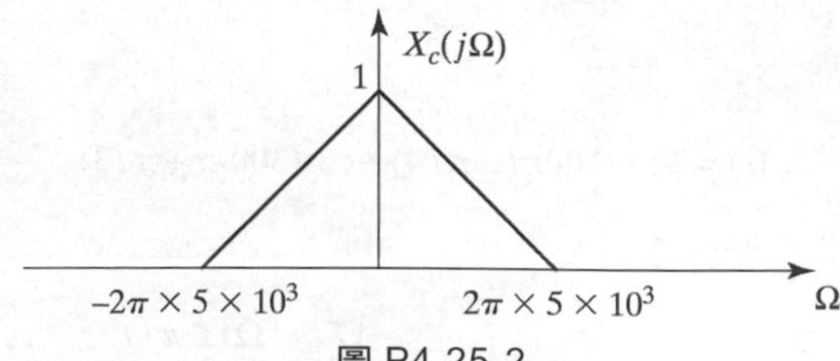

圖 P4.25-2

(b) 當 $1/T_1 = 1/T_2 = 6\times10^3$，且輸入信號 $x_c(t)$ 爲 $|\Omega| < 2\pi\times5\times10^3$ 的有限頻寬信號，試求濾波器 $H(e^{j\omega})$ 的最大可能截止頻率 ω_c 使得整體系統爲 LTI？對於此最大可能的 ω_c，試明確說明 $H_c(j\Omega)$。

4.26 圖 P4.26 中的系統是用來近似一有限頻寬連續時間輸入波的微分器。

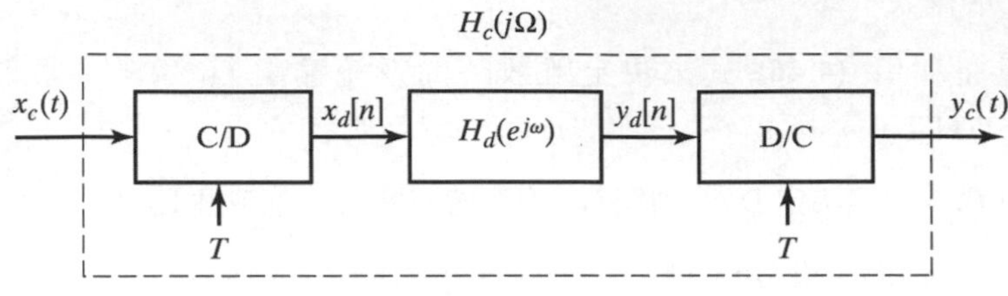

圖 P4.26

- 連續時間輸入信號 $x_c(t)$ 爲有限頻寬且 $|\Omega| < \Omega_M$。
- C/D 轉換的取樣頻率 $T = \dfrac{\pi}{\Omega_M}$，且其產生的信號爲 $x_d[n] = x_c(nT)$。
- 離散時間濾波器，其頻率響應爲。

$$H_d(e^{j\omega}) = \frac{e^{j\omega/2} - e^{-j\omega/2}}{T}, \quad |\omega| \le \pi$$

- 理想 D/C 轉換使得 $y_d[n] = y_c(nT)$。

(a) 試找出端到端系統的連續時間頻率響應 $H_c(j\Omega)$。

(b) 試找出 $x_d[n]$、$y_c(t)$，以及 $y_d[n]$，當輸入信號爲

$$x_c(t) = \frac{\sin(\Omega_M t)}{\Omega_M t}$$

4.27 考慮圖 P4.27 所示，取樣之後重建的處理表示法。

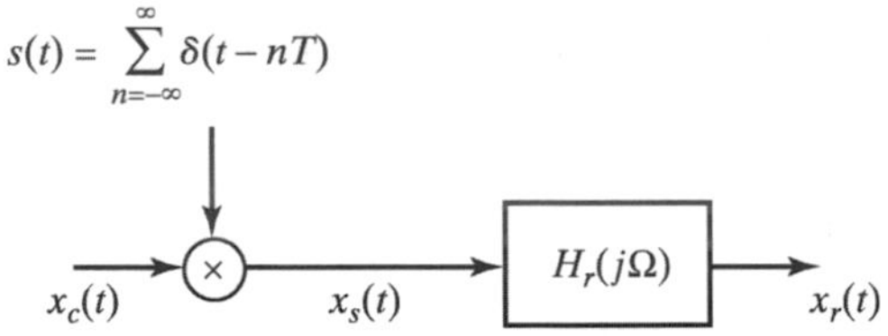

$$s(t) = \sum_{n=-\infty}^{\infty} \delta(t - nT)$$

圖 P4.27

假設輸入信號爲

$$x_c(t) = 2\cos(100\pi t - \pi/4) + \cos(300\pi t + \pi/3) \quad -\infty < t < \infty$$

重建濾波器的頻率響應爲

$$H_r(j\Omega) = \begin{cases} T, & |\Omega| \le \pi/T \\ 0, & |\Omega| > \pi/T \end{cases}$$

(a) 試決定連續時間傅立葉轉換 $X_c(j\Omega)$ 並將之以 Ω 函數表示畫出來。

(b) 假設 $f_s = 1/T = 500$ 樣本／秒。此種條件下，輸出 $x_r(t)$ 是什麼？（請給出確切的方程式）

(c) 現在，假設 $f_s = 1/T = 250$ 樣本／秒，重複 (b)。

(d) 有可能找出一種取樣頻率使得 $x_r(t) = A + 2\cos(100\pi t - \pi/4)$ 嗎？其中 A 是常數。如果可能，此種取樣頻率 $f_s = 1/T$ 是多少？那麼 A 的數值又是多少？

4.28 圖 P4.28 中，假設 $X_c(j\Omega) = 0$，$|\Omega| \geq \pi/T_1$。在通常情況下，系統中的 $T_1 \neq T_2$，試求以 $x_c(t)$ 表示 $y_c(t)$。$T_1 > T_2$ 和 $T_1 < T_2$ 的關係式是否有基本上的不同？

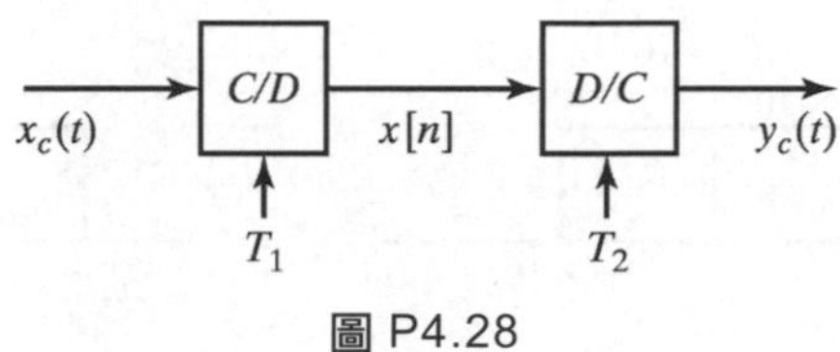

圖 P4.28

4.29 圖 P4.29 的系統中，$X_c(j\Omega)$ 和 $H(e^{j\omega})$ 如圖所示。試畫出並標出下列各情況下 $y_c(t)$ 的傅立葉轉換。

(a) $1/T_1 = 1/T_2 = 10^4$

(b) $1/T_1 = 1/T_2 = 2\times10^4$

(c) $1/T_1 = 2\times10^4,\ 1/T_2 = 10^4$

(d) $1/T_1 = 10^4,\ 1/T_2 = 2\times10^4$

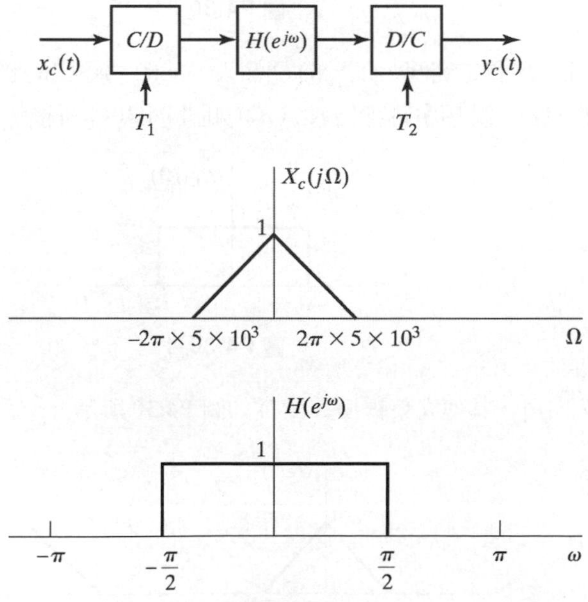

圖 P4.29

4.30 圖 P4.30-1 顯示利用一離散時間濾波器去濾一連續時間信號的系統。重建濾波器 $H_r(j\Omega)$ 的頻率響應和離散時間濾波器 $H(e^{j\omega})$ 如圖 P4.30-2 所示。

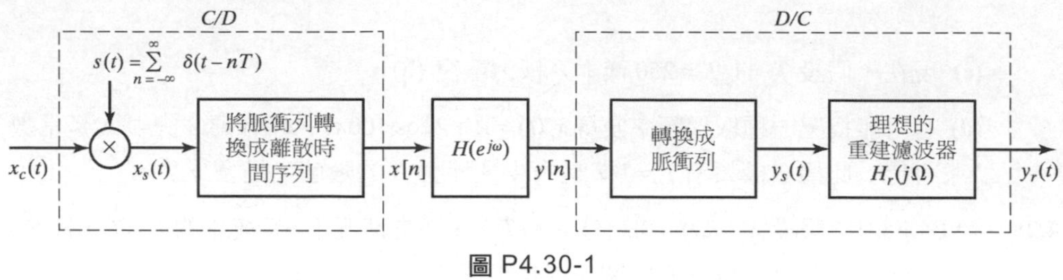

圖 P4.30-1

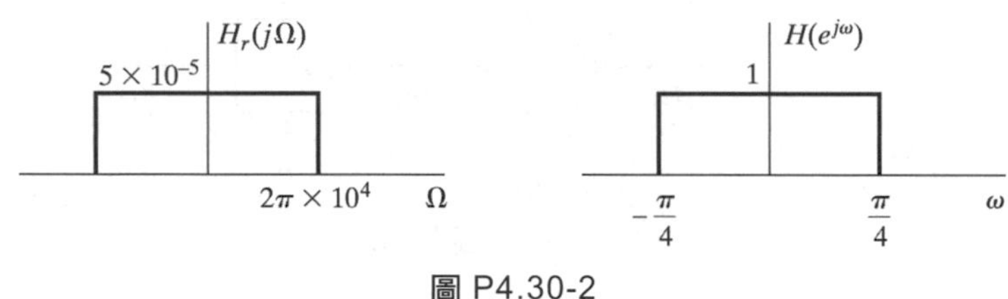

圖 P4.30-2

(a) 對圖 P4.30-3 所示的 $X_c(j\Omega)$，其 $1/T=20\text{ kHz}$，畫出 $X_s(j\Omega)$ 和 $X(e^{j\omega})$。

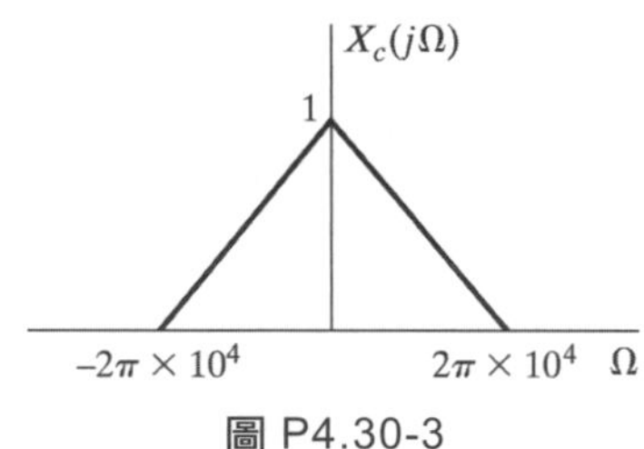

圖 P4.30-3

對 T 值的一段特定範圍，以 $x_c(t)$ 爲輸入，$y_c(t)$ 爲輸出的整個系統等效於一連續時間低通濾波器，其頻率響應爲 $H_{eff}(j\Omega)$ 如圖 P4.30-4 所繪。

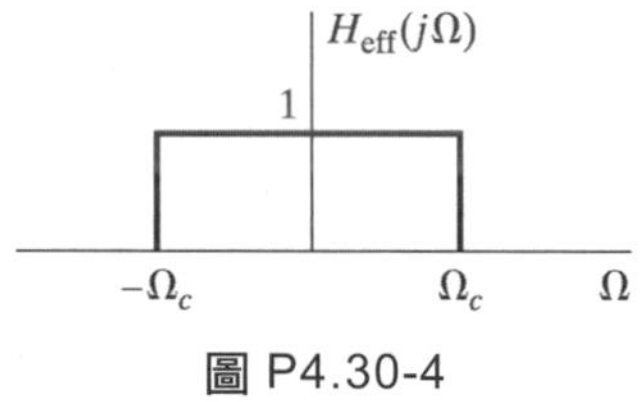

圖 P4.30-4

(b) 考慮序列 $x[n]$，其傅立葉轉換 $X(e^{j\omega})$ 如圖 P4.30 所示。

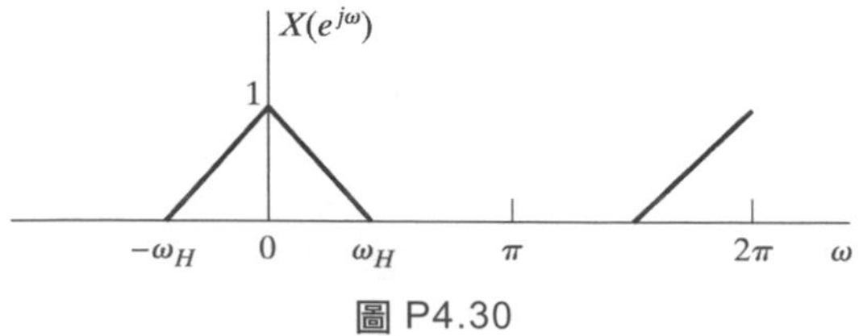

圖 P4.30

定義

$$x_s[n]=\begin{cases}x[n], & n=Mk, \quad k=0,\pm1,\pm2,\ldots\\ 0, & \text{其他}\end{cases}$$

以及

$$x_d[n]=x_s[Mn]=x[Mn]$$

(a) 畫出下列各情況的 $X_s(e^{j\omega})$ 和 $X_d(e^{j\omega})$。

(i) $M=3, \omega_H=\pi/2$

(ii) $M=3, \omega_H=\pi/4$

(b) 當 $M=3$ 時，能避免交疊現象的 ω_H 的最大值是什麼？

(c) 如圖 P4.30-3 所示，當 $X_c(j\Omega)$ 爲有限頻寬且 $|\Omega|<2\pi\times10^4$，試決定 T 值的範圍使得 (a) 中所提到的資訊都是正確的。

(d) 對 (b) 中所決定範圍而言，將 Ω_c 以 $1/T$ 的函數表示並畫出來。

注意：這是一種利用固定連續時間、離散時間濾波器和一個可變的取樣頻率來實現可變截止連續時間濾波器的方法。

4.31 考慮圖 P4.31-1 中的離散時間系統

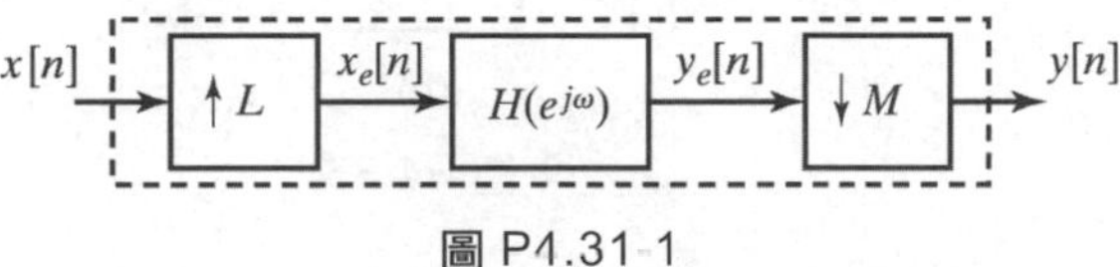

圖 P4.31-1

其中：

(i) L 和 M 皆是正整數。

(ii) $x_e[n]=\begin{cases}x[n/L] & n=kL, \quad k\text{是任意整數}\\ 0, & \text{其他}\end{cases}$

(iii) $y[n]=y_e[nM]$

(iv) $H(e^{j\omega})=\begin{cases}M, & |\omega|\le\frac{\pi}{4}\\ 0, & \frac{\pi}{4}<|\omega|\le\pi\end{cases}$

(a) 假設 $L=2$，$M=4$，且 $x[n]$ 的離散時間傳立葉轉換 $X(e^{j\omega})$ 爲實數且如圖 P4.31-2 所示。試適當地分別畫出 $x_e[n]$、$y_e[n]$、$y[n]$ 的離散時間傳立葉轉換 $X_e(e^{j\omega})$、$Y_e(e^{j\omega})$、$Y(e^{j\omega})$。請確實標示出強度及頻率。

(b) 現在假設 $L=2$，$M=8$。試決定此時的 $y[n]$。

提示：請看在 (a) 中你所畫的圖哪一個改變了。

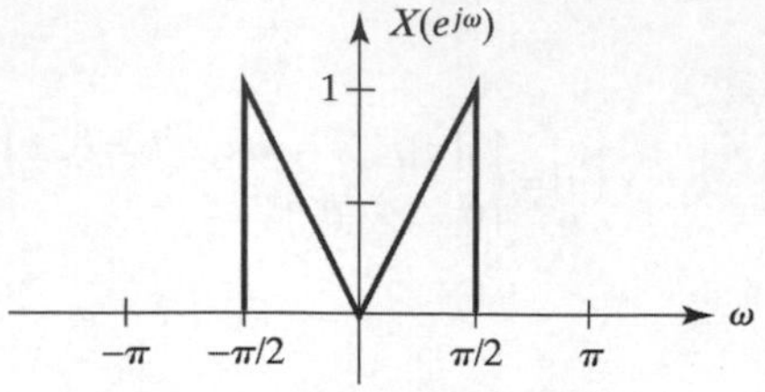

圖 P4.31-2

4.32 對於圖 P4.32 中的系統，試著以 $x[n]$ 來表示 $y[n]$。盡可能簡化你的表示式。

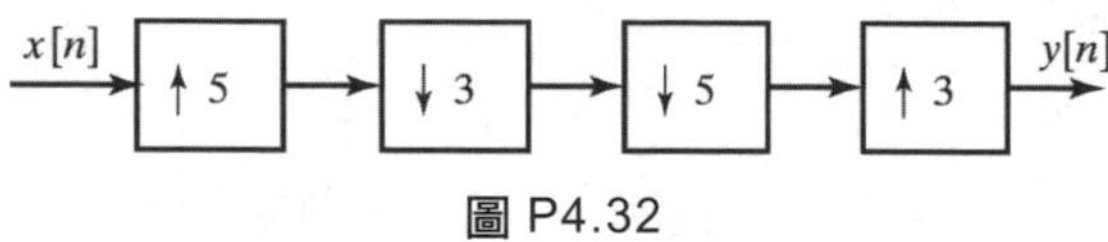

圖 P4.32

4.33 考慮圖 P4.33 中的兩個系統。假設 $H_1(e^{j\omega})$ 是固定且已知的，且兩個系統的輸入是相同的，試求另一個 LTI 系統的頻率響應 $H_2(e^{j\omega})$，使得 $y_2[n]=y_1[n]$。

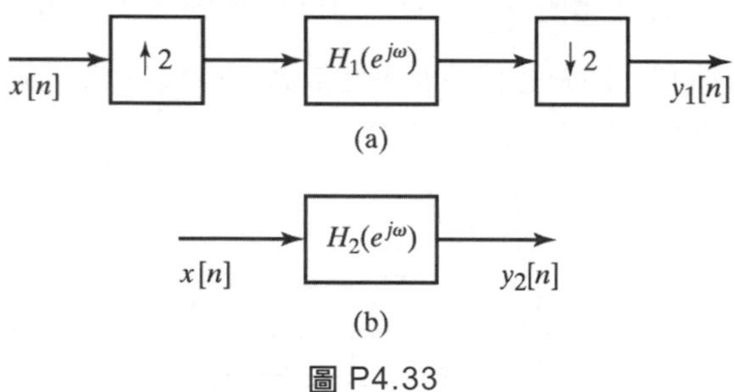

圖 P4.33

4.34 考慮圖 P4.34-1 中的系統，其中

$$H(e^{j\omega})=\begin{cases}1, & |\omega|<\pi/L \\ 0, & \pi/L<|\omega|\le\pi\end{cases}$$

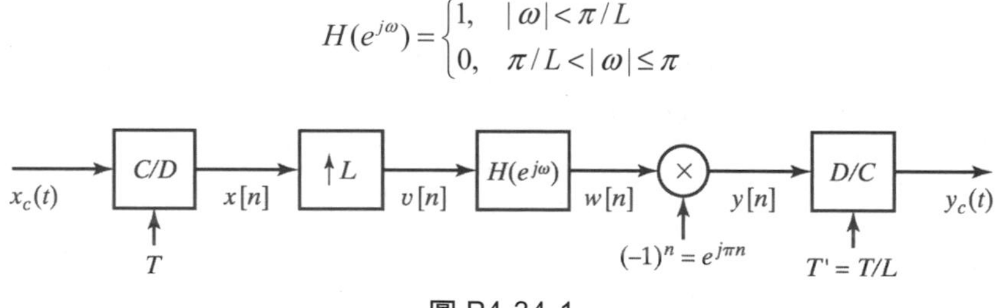

圖 P4.34-1

如果 $X_c(j\Omega)$ 如圖 P4.34-2 所示，試畫出 $Y_c(j\Omega)$。

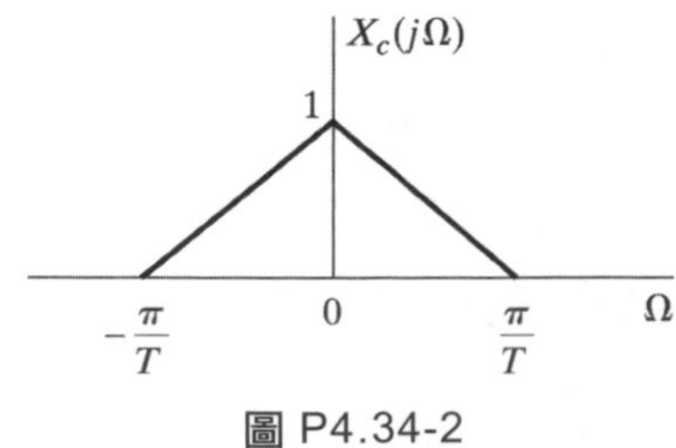

圖 P4.34-2

4.35 考慮圖 P4.35 中的系統。你可以假設 $R_c(j\Omega)$ 為有限頻寬；即 $R_c(j\Omega)=0$，$|\Omega|\geq 2\pi(1000)$，如圖所示

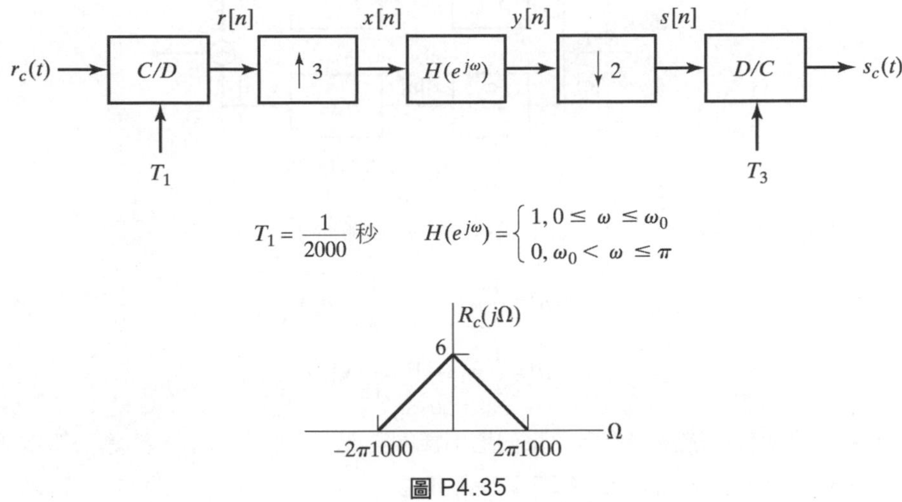

圖 P4.35

(a) 試畫出 $R_c(j\Omega)$ 和 $X(e^{j\omega})$。

(b) 試選擇 ω_0 和 T_2。此兩值皆不為零，且在 α 為非零常數的條件下，使得

$$y[n]=\alpha r_c(nT_2)$$

（不需求出 α 的值）。

(c) 利用在 (b) 中所求得的 ω_0 值。在 β 為非零常數的條件下，試求 T_3（不需求出 β 的值）。

$$s_c(t)=\beta r_c(t)$$

進階問題

4.36 我們有一離散時間訊號 $x[n]$，它是由對其來源以每秒 $\frac{1}{T_1}$ 個樣本作取樣而得。我們想要對其重新做數位取樣而得到 $y[n]$，而它的取樣頻率為每秒 $\frac{1}{T_2}$ 個樣本，其中 $T_2=\frac{3}{5}T_1$。

(a) 畫出一個用來作重新取樣的離散時間系統方塊圖。明確說明每個方塊的輸出入在頻域的關係。

(b) 當輸入信號為 $x[n]=\delta[n]=\begin{cases}1, & n=0\\0, & \text{其他}\end{cases}$，試求 $y[n]$。

4.37 考慮圖 P4.37-1 中的降頻濾波器架構：

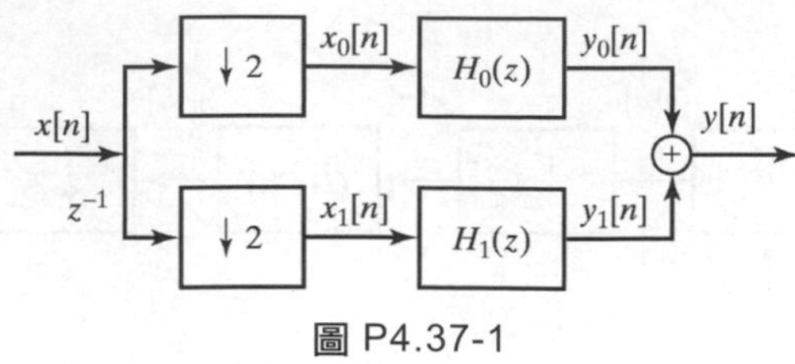

圖 P4.37-1

其中 $y_0[n]$ 和 $y_1[n]$ 方別有以下兩個差分方程式所產生：

$$y_0[n]=\frac{1}{4}y_0[n-1]-\frac{1}{3}x_0[n]+\frac{1}{8}x_0[n-1]$$

$$y_1[n]=\frac{1}{4}y_1[n-1]+\frac{1}{12}x_1[n]$$

(a) 試求實現此濾波器架構，每個輸出樣本需要多少個乘法器？把除法器當成乘法器。降頻濾波器可以如圖 P4.37-2 般所實現，

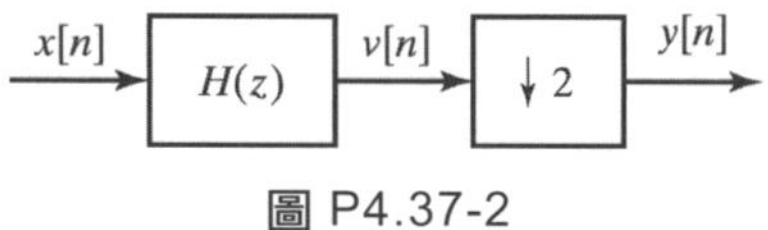

圖 P4.37-2

其中 $v[n]=av[n-1]+bx[n]+cx[n-1]$ 。

(b) 試決定 a,b,c 。

(c) 第二種實現法，每個輸出樣本需要多少個乘法器？

4.38 考慮圖 P4.38 中的兩個系統。

(a) 在 $M=2$，$L=3$，任意 $x[n]$ 的條件下， $y_A[n]$ 換等於 $y_B[n]$ 嗎？若答案爲是，試證明。若答案爲否定的，清楚的解釋或給一個反例。

(b) 任意 $x[n]$ ，且保證 $y_A[n]=y_B[n]$ ，則 M 和 L 的關係是如何？

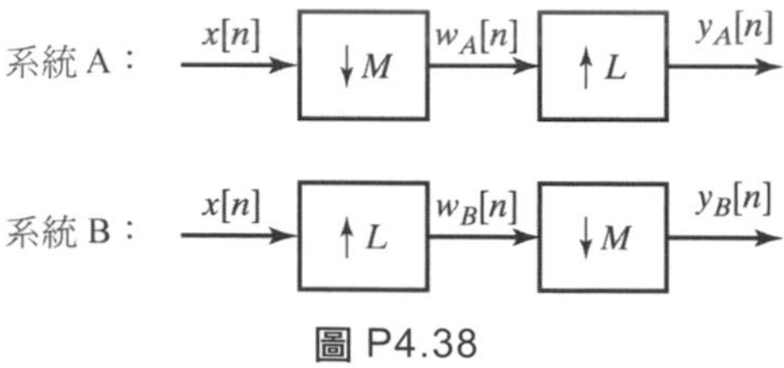

圖 P4.38

4.39 考慮圖 P4.39-1 中的離散時間系統。

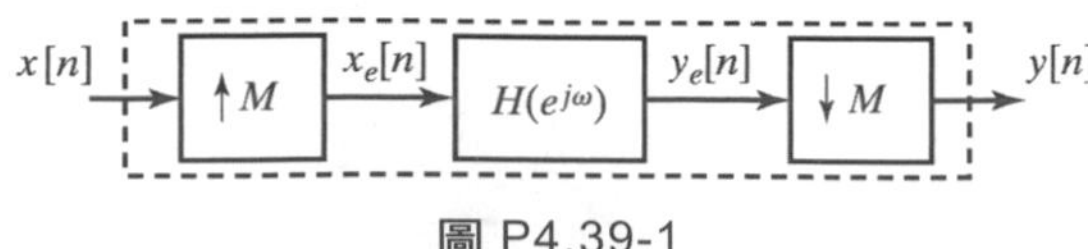

圖 P4.39-1

其中

(i) M 爲整數

(ii) $x_e[n]=\begin{cases} x[n/M] & n=kM,\ \ k \text{ 是任意整數} \\ 0, & \text{其他} \end{cases}$

(iii) $y[n]=y_e[nM]$

(iv) $H(e^{j\omega})=\begin{cases} M, & |\omega|\le \frac{\pi}{4} \\ 0, & \frac{\pi}{4}<|\omega|\le\pi \end{cases}$

(a) 假設 $M=2$，且 $x[n]$ 的離散時間傅立葉轉換 $X(e^{j\omega})$ 爲實數，如圖 P4.39-2 所示。分別確切的畫出 $x_e[n]$、$y_e[n]$、$y[n]$ 的離散時間傅立葉轉換 $X_e(e^{j\omega})$、$Y_e(e^{j\omega})$、$Y(e^{j\omega})$。請確實標示出強度及頻率。

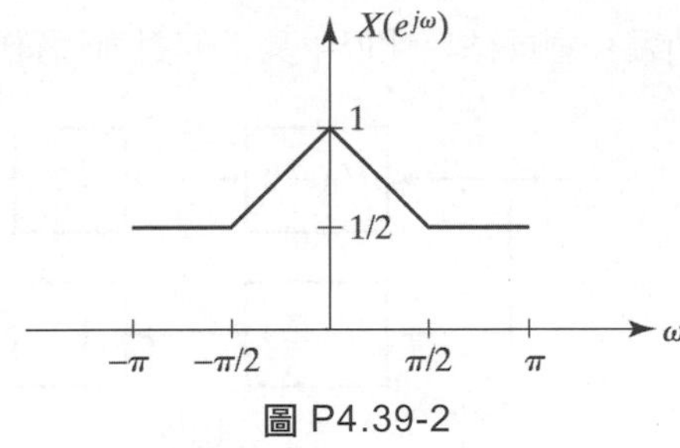

圖 P4.39-2

(b) $M=2$，且 $X(e^{j\omega})$ 如圖 P4.39-2 所示，試求出

$$\varepsilon=\sum_{n=-\infty}^{\infty}|x[n]-y[n]|^2$$

的值。

(c) $M=2$，且整個系統爲 LTI。試決定整個系統的頻率響應的強度 $|H_{\text{eff}}(e^{j\omega})|$ 並畫出。

(d) $M=6$，整個系統依然是 LTI。試決定整個系統的頻率響應的強度 $|H_{\text{eff}}(e^{j\omega})|$ 並畫出。

4.40 考慮圖 P4.40-1 中的系統，其中 $H_0(z)$、$H_1(z)$、$H_2(z)$ 爲三個 LTI 系統的系統函數。假設 $x[n]$ 爲任意具穩定性但不具任何對稱性質的複數信號。

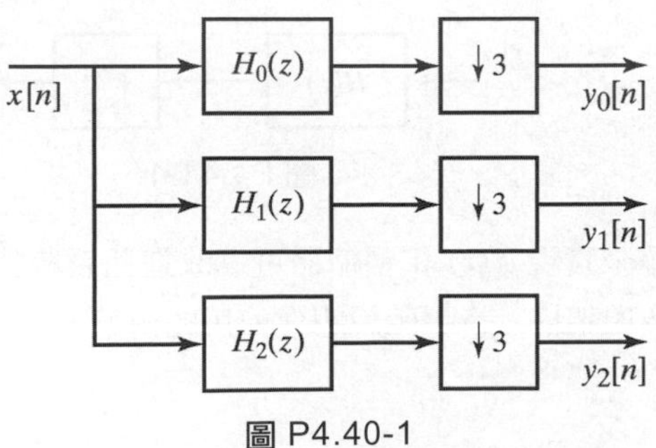

圖 P4.40-1

(a) 若 $H_0(z)=1$、$H_1(z)=z^{-1}$、$H_2(z)=z^{-2}$。可以從 $y_0[n]$、$y_1[n]$ 和 $y_2[n]$ 重建 $x[n]$ 嗎？如果可以，怎麼作？如果不行，證明之。

(b) 假定 $H_0(e^{j\omega})$、$H_1(e^{j\omega})$、$H_2(e^{j\omega})$ 分別如下：

$$H_0(e^{j\omega})=\begin{cases}1, & |\omega|\le\pi/3,\\ 0, & \text{其他}\end{cases}$$

$$H_1(e^{j\omega})=\begin{cases}1, & \pi/3<|\omega|\le 2\pi/3,\\ 0, & \text{其他}\end{cases}$$

$$H_2(e^{j\omega})=\begin{cases}1, & 2\pi/3<|\omega|\le\pi,\\ 0, & \text{其他}\end{cases}$$

可以從 $y_0[n]$、$y_1[n]$ 和 $y_2[n]$ 重建 $x[n]$ 嗎？如果可以，怎麼作？如果不行，證明之。

現在考慮圖 4.40-2 中的系統。若 $H_3(e^{j\omega})$ 及 $H_4(e^{j\omega})$ 為圖中 LTI 系統的頻率響應。同樣地，假設 $x[n]$ 為任意具穩定性但不具任何對稱性質的複數信號。

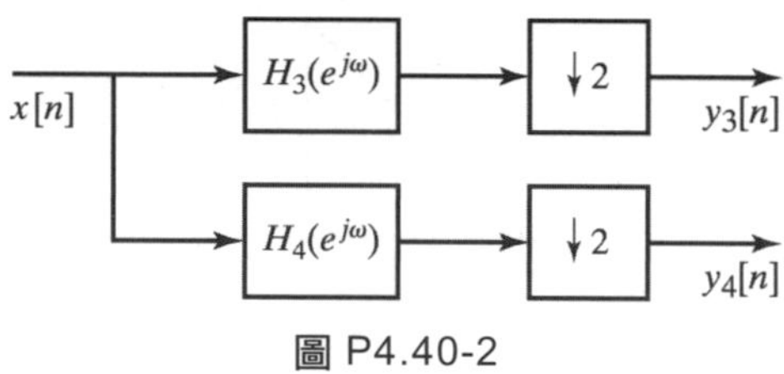

圖 P4.40-2

(c) 假設 $H_3(e^{j\omega})=1$ 且

$$H_4(e^{j\omega})=\begin{cases}1, & 0\le\omega\le\pi,\\ -1, & -\pi\le\omega<0\end{cases}$$

可以從 $y_3[n]$ 和 $y_4[n]$ 重建 $x[n]$ 嗎？如果可以，怎麼作？如果不行，證明之。

4.41 **(a)** 考慮圖 P4.41-1 中的系統，其中 $H(z)$ 之後接著一個壓縮器。假設 $H(z)$ 的脈衝響應如下式：

$$h[n]=\begin{cases}(\frac{1}{2})^n, & 0\le n\le 11\\ 0, & \text{其他}\end{cases} \qquad \text{P4.41-1}$$

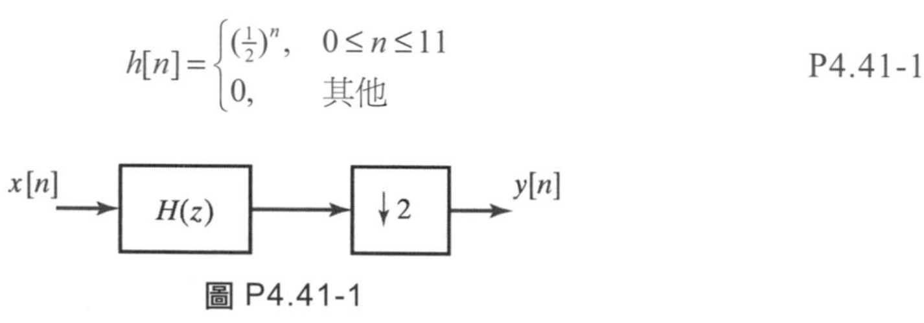

圖 P4.41-1

利用多相分解來實現 $H(z)$ 和壓縮器可以改進此系統的效能。利用兩個多相成分畫出此系統的多項架構。請明確說明你使用的濾波器。

(b) 現在考慮圖 4.41-2 中的系統，其中 $H(z)$ 之前接著一個擴張器。假設 $H(z)$ 的脈衝響應如 (P4.41-1) 式。

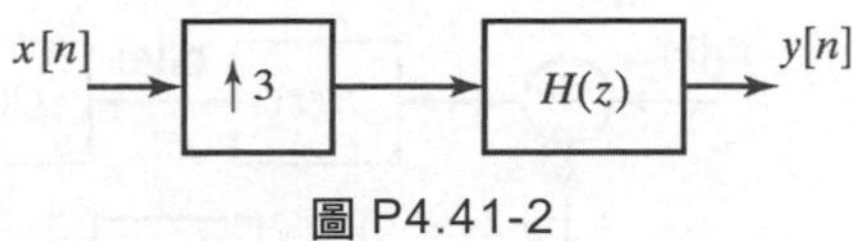

圖 P4.41-2

利用多相分解來實現 $H(z)$ 和擴張器可以改進此系統的效能。利用三個多相成分畫出此系統的多項架構。請明確說明你使用的濾波器。

4.42 圖 P4.42-1 和圖 P4.42-2 中的系統。試決定在系統 2 中，當 $x_2[n]=x_1[n]$ 時，是否可能明確選擇一個 $H_2(z)$ 使得 $y_2[n]=y_1[n]$？ $H_1(z)$ 圖如系統 1 所給。如果可能。求出 $H_2(z)$，如果不可能，詳細解釋。

系統 1：

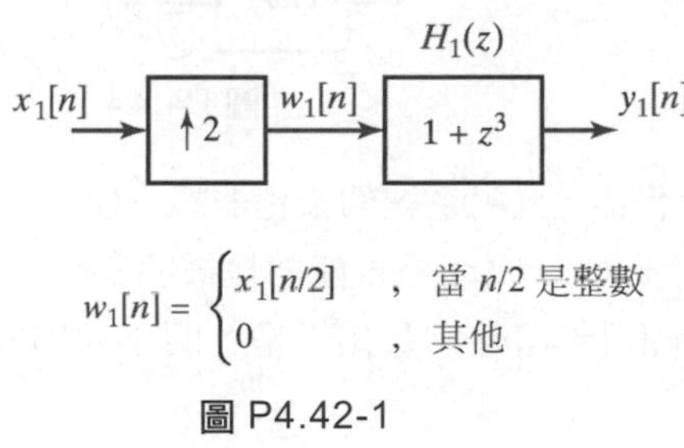

$$w_1[n]=\begin{cases} x_1[n/2] & ,\ \text{當 } n/2 \text{ 是整數} \\ 0 & ,\ \text{其他} \end{cases}$$

圖 P4.42-1

系統 2：

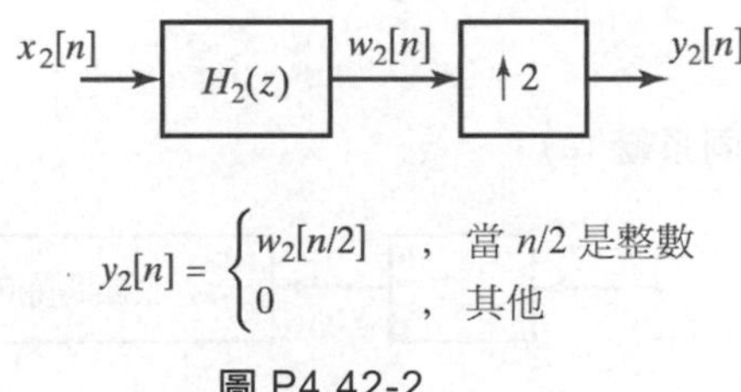

$$y_2[n]=\begin{cases} w_2[n/2] & ,\ \text{當 } n/2 \text{ 是整數} \\ 0 & ,\ \text{其他} \end{cases}$$

圖 P4.42-2

4.43 圖 P4.43 中的方塊圖表示一個我們想去實現的系統。試決定由 LTI 系統、壓縮器、擴張器串接組成的等效系統方塊圖，而且對每個輸出取樣而言，使用最少數目的乘法器。

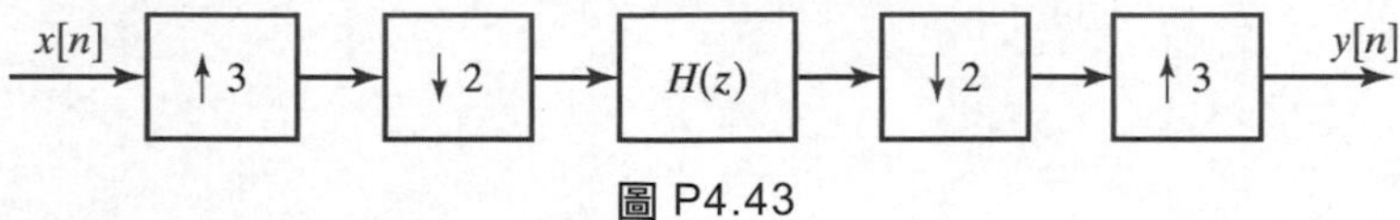

圖 P4.43

注意：所謂的「等效系統」是指對於任意給定的輸入，它會產生的輸出序列與原來系統一樣。

$$H(z)=\frac{z^{-6}}{7+z^{-6}-2z^{-12}}$$

4.44 考慮圖 P4.44 所示的兩系統。

系統 A：

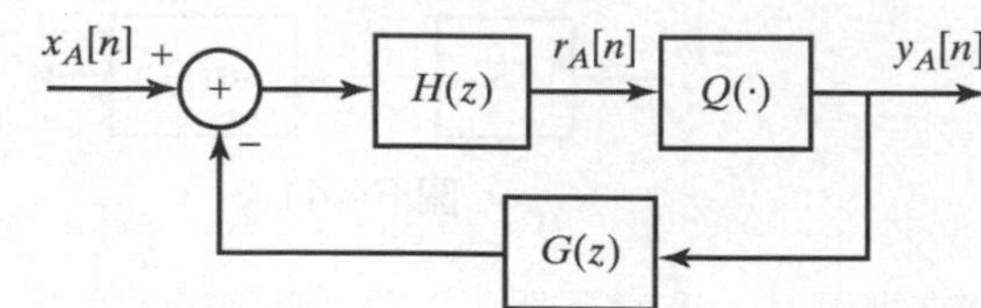

系統 B：

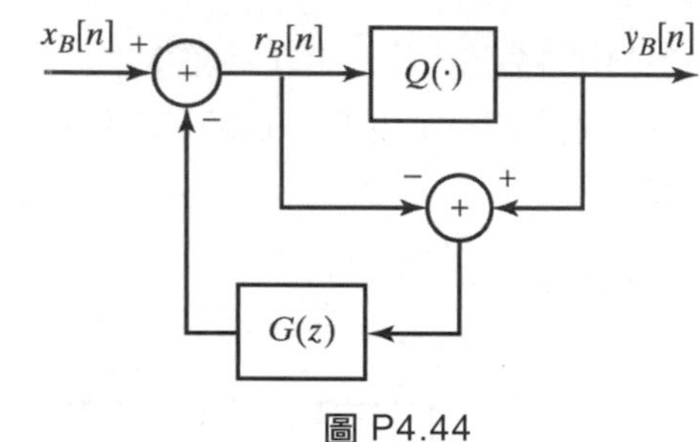

圖 P4.44

其中 $Q(\cdot)$ 表示量化器，且兩系統的量化器都一樣。對於任意給定的 $G(z)$，請問在任意量化器 $Q(\cdot)$ 的情況下，$H(z)$ 是否能總是被明確決定，使得兩系統爲等價關係（即當 $x_A[n]=x_B[n]$，$y_A[n]=y_B[n]$）？如果是，明確求出 $H(z)$。如果不是，清楚解釋你的理由。

4.45 以下是三個是被提出的等同系統包含壓縮器和擴張器。試論述對每個個別系統而言，是否真的相等。如果你的答案是相同，清楚地證明之。如果答案是否定的，請舉個簡單的反例。

(a) 所提出的等同系統 (a)：

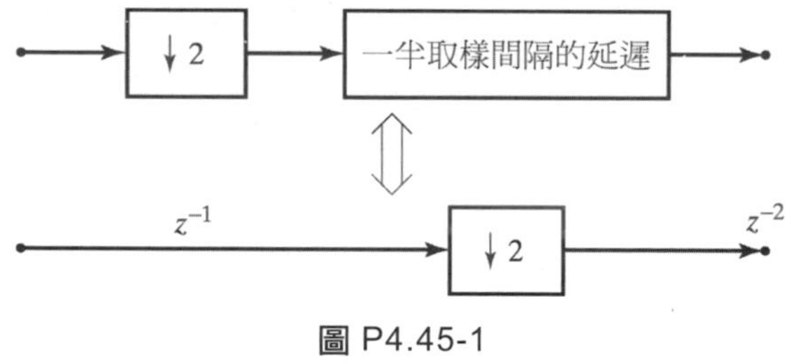

圖 P4.45-1

(b) 所提出的等同系統 (b)：

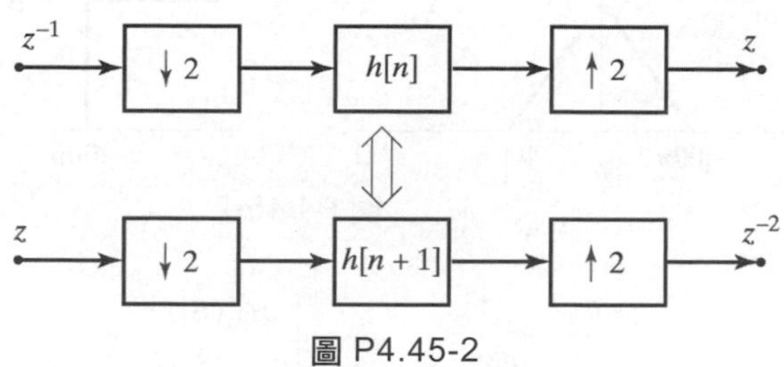

圖 P4.45-2

(c) 所提出的等同系統 (c)：

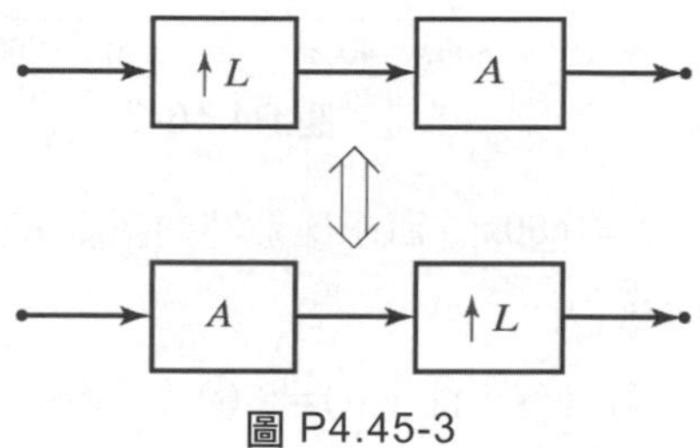

圖 P4.45-3

其中 L 為正整數，且 A 以 $X(e^{j\omega})$ 和 $Y(e^{j\omega})$（分別為 A 的輸入及輸出的離散時間傅立葉轉換）定義如下：

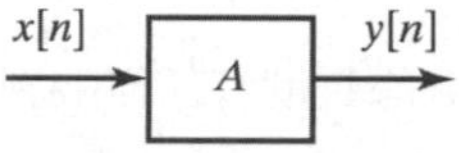

$x[n]$ → A → $y[n]$

$$Y(e^{j\omega}) = \left(X(e^{j\omega})\right)^L$$

圖 P4.45-4

4.46 考慮圖 P4.46-1 中用來對連續時間信號 $g_c(t)$ 作離散時間處理的系統。而輸入 $g_c(t)$ 可以寫成 $g_c(t) = f_c(t) + e_c(t)$，其中 $f_c(t)$ 和 $e_c(t)$ 的傅立葉轉換如圖 P4.46-2 所示。因為輸入信號不是有限頻寬，所以必須使用連續時間抗疊頻濾波器 $H_{aa}(j\Omega)$。$H_{aa}(j\Omega)$ 頻率響應的強度如圖 P4.46-3 所示，而抗疊頻濾波器的相位響應為 $\angle H_{aa}(j\Omega) = -\Omega^3$。

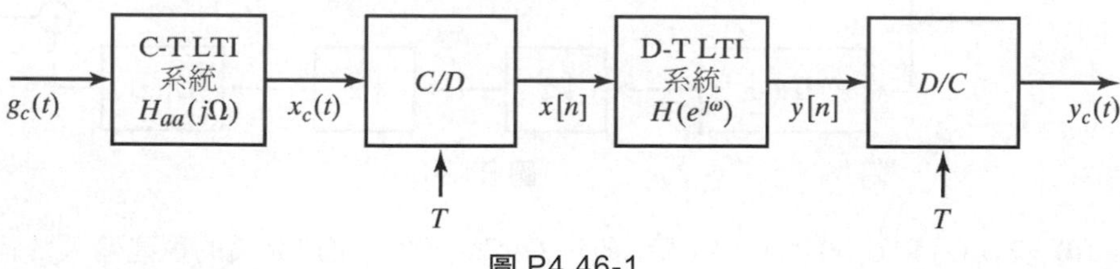

圖 P4.46-1

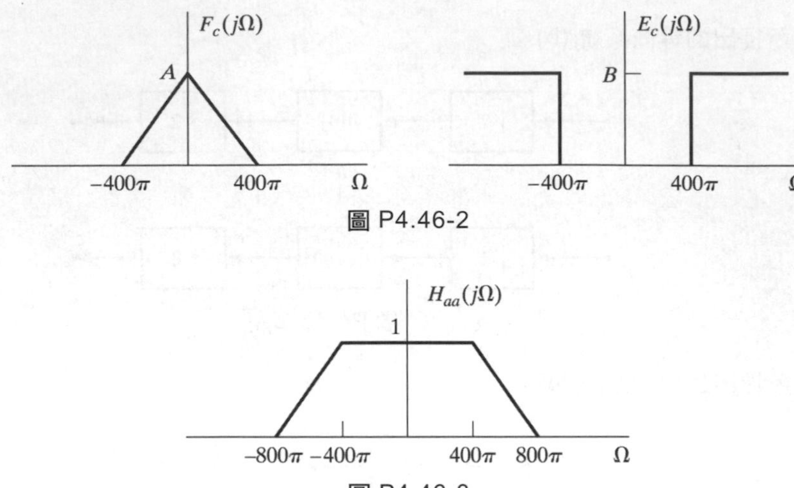

圖 P4.46-2

圖 P4.46-3

(a) 若取樣頻率爲 $2\pi/T=1600\pi$，試求離散時間系統 $H(e^{j\omega})$ 的頻率響應的強度和相位，使得輸出爲 $y_c(t)=f_c(t)$ 。

(b) 若 $2\pi/T<1600\pi$ ，有沒有可能 $y_c(t)=f_c(t)$ ？如果可能， $2\pi/T$ 的最小值是多少？並決定在此 $2\pi/T$ 值情況下的 $H(e^{j\omega})$ 。

4.47 **(a)** 一個有限序列 $b[n]$ ，如下

$$B(z)+B(-z)=2c, \quad c\neq 0$$

試解釋 $b[n]$ 的結構。 $b[n]$ 的長度有任何限制嗎？

(b) 有無可能 $B(z)=H(z)H(z^{z^{-1}})$ ？並解釋。

(c) 一段長度爲 N 的濾波器 $H(z)$ ，如下

$$H(z)H(z^{-1})+H(-z)H(-z^{-1})=c \qquad \text{(P4.47-1)}$$

試找出 $G_0(z)$ 和 $G_1(z)$ 使得圖 P4.47 中系統爲 LTI：

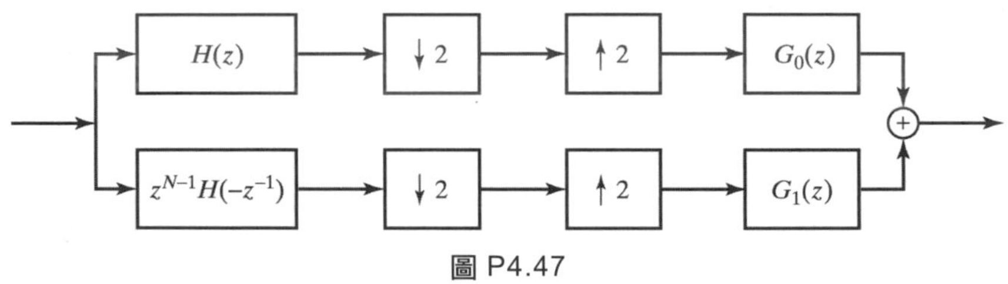

圖 P4.47

(d) 若 $G_0(z)$ 和 $G_1(z)$ 如 (c) 所得那般。是否整個系統可以完美的重建輸入？請解釋。

4.48 考慮圖 P4.48-1 中的多速率系統，其輸入輸出分別為 $x[n]$ 、 $y[n]$ ：

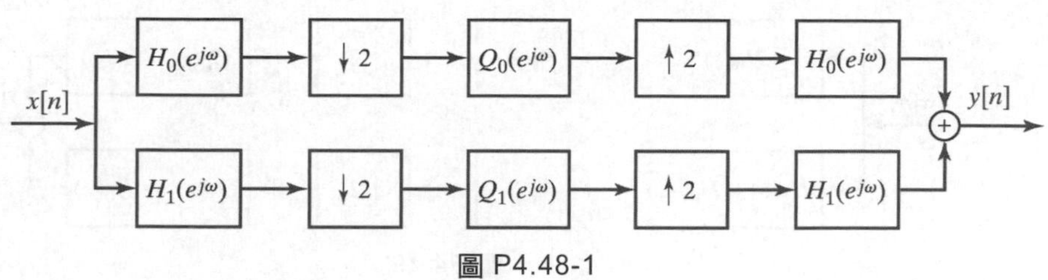

圖 P4.48-1

其中兩個 LTI 系統的頻率響應分別為 $Q_0(e^{j\omega})$ 和 $Q_1(e^{j\omega})$。 $H_0(e^{j\omega})$ 和 $H_1(e^{j\omega})$ 分別為截止頻率為 $\pi/2$ 的理想低通和高通濾波器，如圖 P4.48-2 所示：

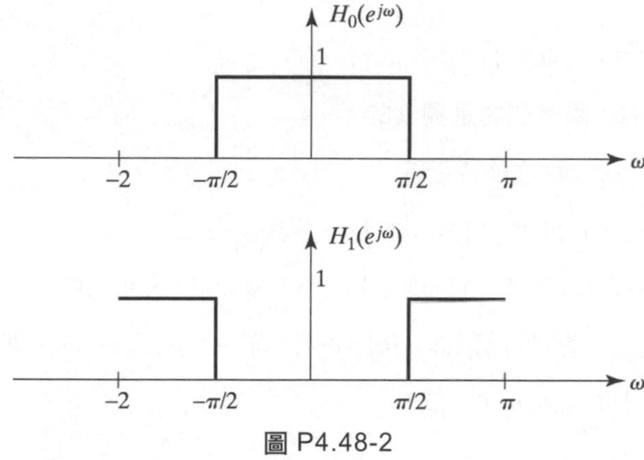

圖 P4.48-2

如果 $Q_0(e^{j\omega})$ 和 $Q_1(e^{j\omega})$ 如圖 P4.48-3 所示，那整個系統就會是 LTI。

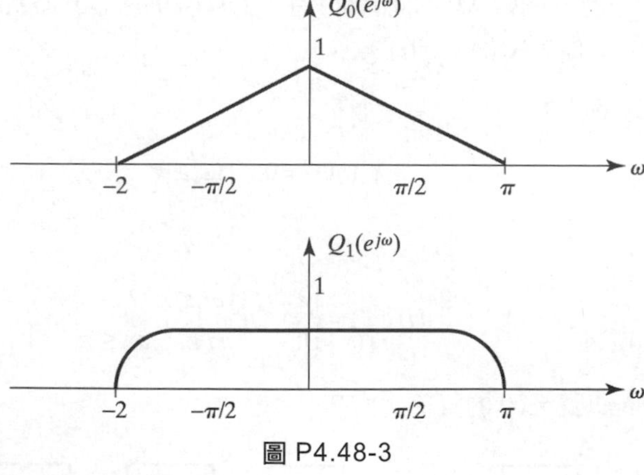

圖 P4.48-3

選擇這兩種 $Q_0(e^{j\omega})$ 和 $Q_1(e^{j\omega})$，畫出整個系統的頻率響應：

$$G(e^{j\omega}) = \frac{Y(e^{j\omega})}{X(e^{j\omega})}$$

4.49 考慮一個如圖 P4.49 的 QMF 濾波器組

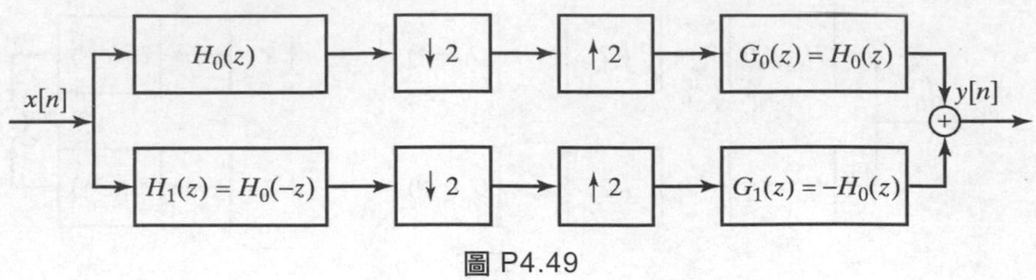

圖 P4.49

它輸入輸出的關係是 $Y(z) = T(z)X(z)$，其中

$$T(z) = \frac{1}{2}(H_0^2(z) - H_0^2(-z)) = 2z^{-1}E_0(z^2)E_1(z^2)$$

$E_0(z^2)$ 和 $E_1(z^2)$ 是 $H_0(z)$ 的多相成份。

以下 (a) 和 (b) 兩個問題是獨立的。

(a) 解釋下列兩項敘述是否正確：

(a1) 如果 $H_0(z)$ 線性相位，則 $T(z)$ 是線性相位。

(a2) 如果 $E_0(z)$ 和 $E_1(z)$ 是線性相位，則 $T(z)$ 是線性相位。

(b) 假設濾波器的原型已知爲 $h_0[n] = \delta[n] + \delta[n-1] + \frac{1}{4}\delta[n-2]$ ，則

(b1) 求 $h_1[n]$ 、 $g_0[n]$ 和 $g_1[n]$

(b2) 求 $e_0[n]$ 和 $e_1[n]$

(b3) 求 $T(z)$ 和 $t[n]$

4.50 如圖 4.10，考慮一個當 $|\Omega| \geq 2\pi(1000)$ 時 $X_c(j\Omega) = 0$ 的平方器系統（即 $y[n] = x^2[n]$ ）。求最大的 T 值能使得 $y_c(t) = x_c^2(t)$ 。

4.51 如圖 P4.51 的系統：

$$X_c(j\Omega) = 0, \quad |\Omega| \geq \pi/T$$

和

$$H(e^{j\omega}) = \begin{cases} e^{-j\omega}, & |\omega| \leq \pi/L, \\ 0, & \pi/L < |\omega| \leq \pi \end{cases}$$

則 $y[n]$ 和輸入訊號 $x_c(t)$ 的關係爲何？

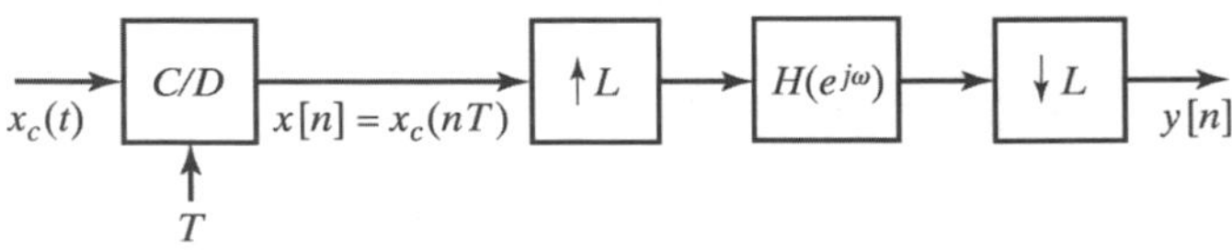

圖 P4.51

延伸問題

4.52 在很多的應用中，離散時間亂數訊號會經由週期性地對連續時間亂數訊號所產生。我們關心這個推導亂數訊號取樣定理的問題。考慮一個連續時間、穩態的隨機過程 $\{x_a(t)\}$，其中 t 是一個連續的變數。它的自相關函數定義為：

$$\phi_{x_cx_c}(\tau)=\varepsilon\{x(t)x^*(t+\tau)\},$$

功率密度頻譜定義為：

$$P_{x_cx_c}(\Omega)=\int_{-\infty}^{\infty}\phi_{x_cx_c}(\tau)e^{-j\Omega\tau}d\tau$$

一個由週期性取樣而得的離散時間隨機過程定義為一個隨機變數 $\{x[n]\}$ 的集合，其中 $x[n]=x_a(nT)$ 且 T 是取樣週期。

(a) 請問 $\phi_{xx}[n]$ 和 $\phi_{x_cx_c}(\tau)$ 的關係為何？

(b) 以連續時間隨機過程的功率密度頻譜來表示離散時間隨機過程的功率密度頻譜。

(c) 在什麼情況下離散時間的功率密度頻譜可以表示正確的連續時間功率密度頻譜？

4.53 考慮一個有限頻寬且功率密度頻譜如圖 P4.53-1 之連續時間隨機過程 $x_c(t)$。假設我們對 $x_c(t)$ 取樣，得到一個離散時間隨機過程 $x[n]=x_c(nT)$

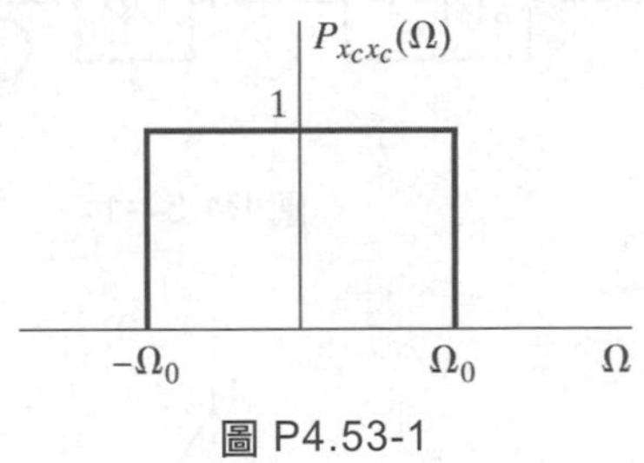

圖 P4.53-1

(a) 求這個離散時間隨機過程的自相關序列。

(b) 如何選擇取樣週期 T 使得對一個連續時間功率密度頻譜為圖 P4.53-1 之隨機過程取樣之離散時間隨機過程為「白色的」？也就是說，對所有的 ω 它的功率頻譜為一個定值。

(c) 如果給定一個連續時間功率密度頻譜如圖 P4.53-2，如何選擇 T 讓取樣後的離散時間隨機過程為「白色的」？

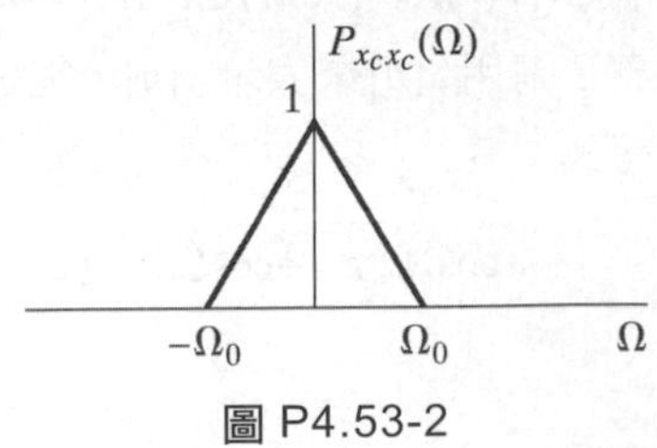

圖 P4.53-2

(d) 對於連續時間隨機過程和取樣週期，有什麼必備條件能使得離散時間隨機過程為「白色的」？

4.54 這個問題探討了對一個訊號交換運算順序所造成的影響。也就是指取樣和做一個無記憶性非線性運算。

(a) 考慮兩個如圖 P4.54-1 的訊號處理系統，其中 C/D 和 D/C 是理想的連續－離散（C/D）轉換和理想的離散－連續（D/C）轉換。其中映射 $g[x]=x^2$ 代表一個無記憶性非線性裝置。畫出圖中兩個系統在點 1、2 和 3 的訊號頻譜。其中取樣頻率為 $1/T=2f_m$。此外，圖 P4.54-2 是 $x_c(t)$ 的傅立葉轉換。

$y_1(t)$ 會等於 $y_2(t)$ 嗎？如果不是的話，為什麼？

$y_1(t)$ 會等於 $x^2(t)$ 嗎？闡述你的答案。

系統 1：

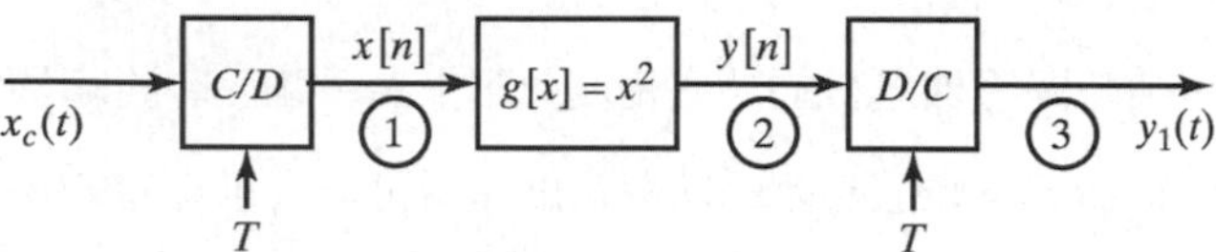

系統 2：

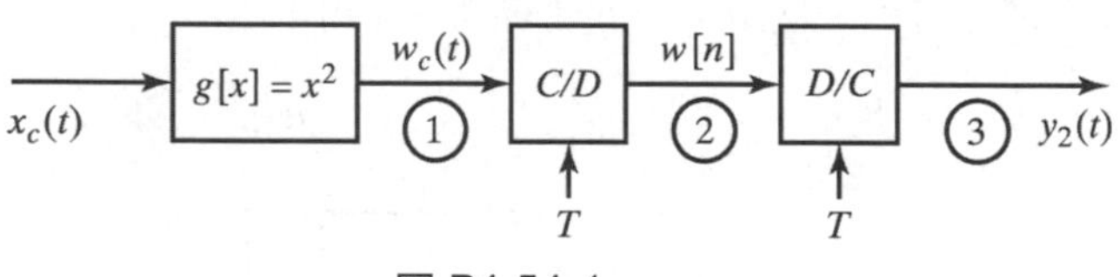

圖 P4.54-1

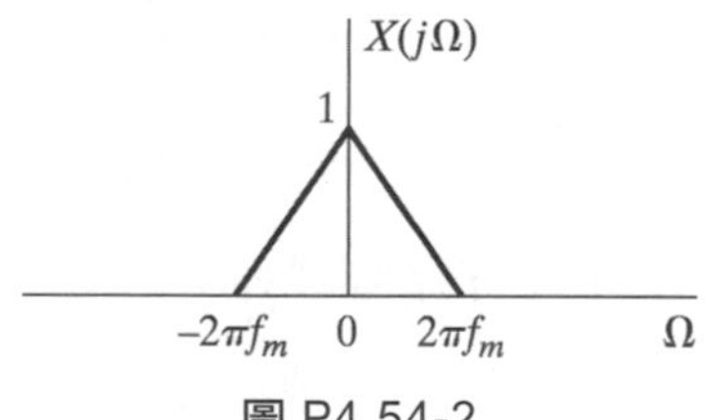

圖 P4.54-2

(b) 考慮系統 1，讓 $x(t)=A\cos(30\pi t)$，取樣頻率為 $1/T=40$ Hz。則 $y_1(t)$ 和 $x_c^2(t)$ 相等嗎？闡述為什麼相等或為什麼不相等。

(c) 考慮圖 P4.54-3 所示之訊號處理系統。其中 $g[x]=x^3$ 且 $g^{-1}[v]$ 是它的反運算，也就是說：$g^{-1}[g(x)]=x$。讓 $x(t)=A\cos(30\pi t)$ me $1/T=40$ Hz。請用 $x[n]$ 來表示 $v[n]$。有沒有發生頻譜疊頻現象？請用 $x[n]$ 來表示 $y[n]$。從這個範例你可以得到什麼結論？下面是一個有用的恆等式：

$$\cos^3\Omega_0 t=\tfrac{3}{4}\cos\Omega_0 t+\tfrac{1}{4}\cos 3\Omega_0 t$$

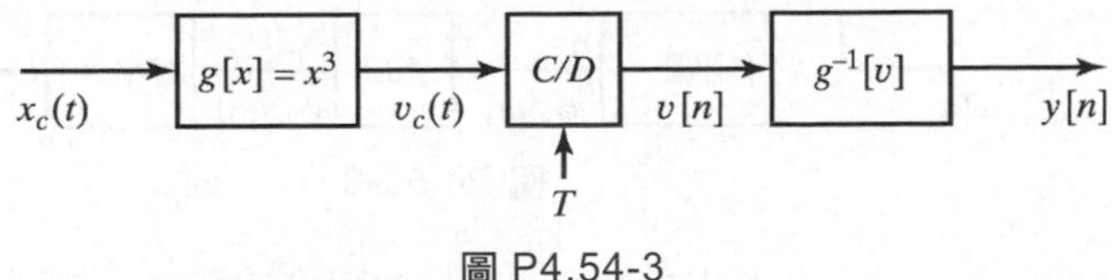

圖 P4.54-3

(d) 其中一個實際的問題是數位化一個訊號有一個很大的動態範圍。假設我們藉由在 A/D 轉換之前讓一個訊號通過一個無記憶非線性裝置，接著在 A/D 轉換後再把它擴張回來來壓縮這個動態範圍，那 A/D 轉換器用不同的取樣頻率會對前面的非線性運算造成什麼樣的影響？

4.55 圖 4.23 是一個把訊號內插 L 倍的系統，其中

$$x_e[n]=\begin{cases} x[n/L], & n=0,\pm L,\pm 2L,\text{等等}\ldots, \\ 0, & \text{其他} \end{cases}$$

而且其中的低通濾波器在 $x_e[n]$ 的非零值之中內插以產生升頻或經過內插的訊號 $x_i[n]$。當低通濾波器是理想時，內插的動作爲有限頻寬內插。如同第 4.6.3 節提到的，簡單的內插動作在很多應用上是夠用的。有兩種經常使用到的內插方式：零階保持內插和線性內插。對零階保持內插而言，在 $x[n]$ 中的每個值都簡單地重覆 L 次，如下：

$$x_i[n]=\begin{cases} x_e[0], & n=0,1,\ldots,L-1, \\ x_e[L], & n=L,L+1,\ldots,2L-1, \\ x_e[2L], & n=2L,2L+1,\ldots, \\ \vdots & \end{cases}$$

線性內插則已經在 4.6.2 節有討論到。

(a) 爲圖 4.23 的低通濾波器決定一個適當的脈衝響應以實現零階保持內插。此外，求出相對應的頻率響應。

(b) (4.91) 式詳述了線性內插的脈衝響應。求出其相對應的頻率響應（你可以發現其中 $h_{\text{lin}}[n]$ 是三角波，因此，它對應到的是兩個方波序列的旋積）。

(c) 畫出零階保持內插和線性內插的濾波器頻率響應強度。其中哪一個對於理想的有限頻寬內插是較佳的近似？

4.56 如圖 P4.56-1，我們想要計算一個經過升頻後的訊號的自相關函數。有一建議指出這個目的可以相同地經由圖 P4.56-2 的系統完成。則 $H_2(e^{j\omega})$ 如何選擇而使得 $\phi_3[m]=\phi_1[m]$？如果不能的話，爲什麼？如果可以的話，求 $H_2(e^{j\omega})$。

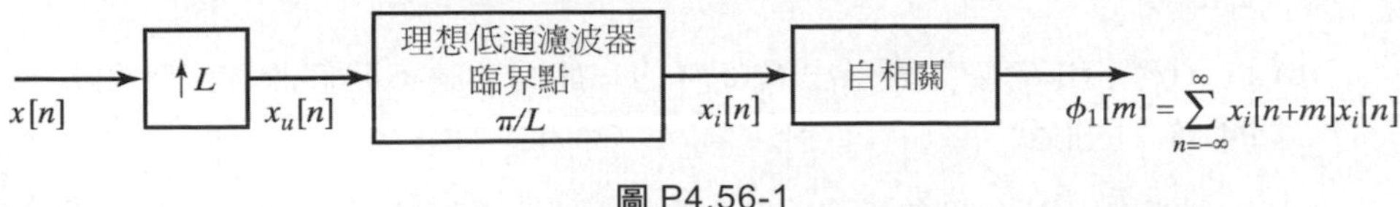

圖 P4.56-1

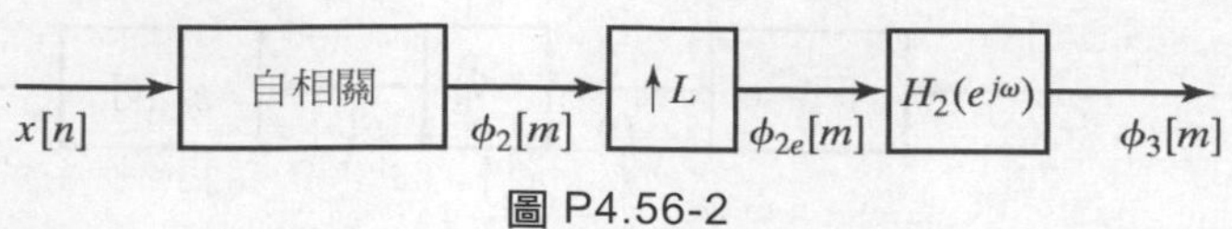

圖 P4.56-2

4.57 如圖 4.23 的一個系統，我們對把一個序列升頻兩倍有興趣。然而，在圖中的低通濾波器是以一個脈衝響應如圖 P4.57-1 的五點濾波器所近似。在這個系統中，輸出 $y_1[n]$ 是由 $h[n]$ 和 $w[n]$ 直接旋積而得。

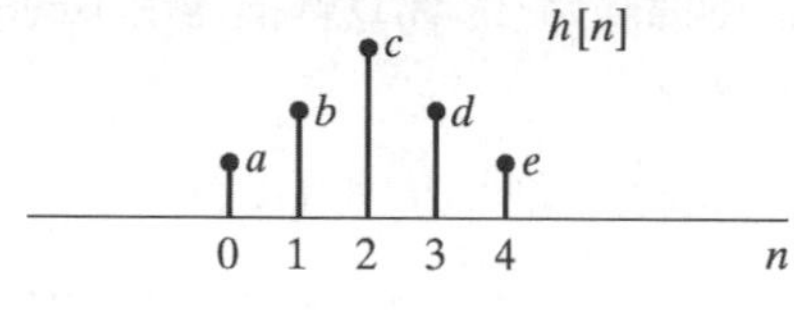

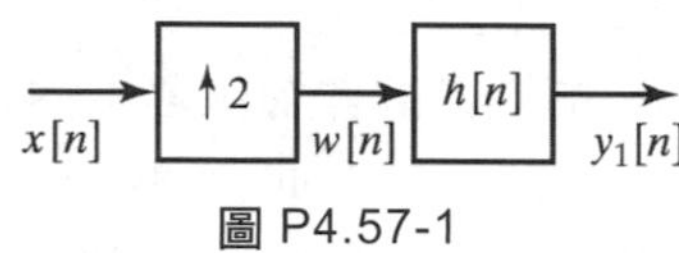

圖 P4.57-1

(a) 圖 P4.57-2 實現一個使用前面提到的 $h[n]$ 之系統。其中 $h_1[n]$、$h_2[n]$ 和 $h_3[n]$ 這三個脈衝響應在 $0 \le n \le 2$ 以外的值都被限制爲零。求出並詳細地推導出對所有 $x[n]$ 使得 $y_1[n] = y_2[n]$ 的 $h_1[n]$、$h_2[n]$ 和 $h_3[n]$，換句話說，這兩個系統就是完全等效的。

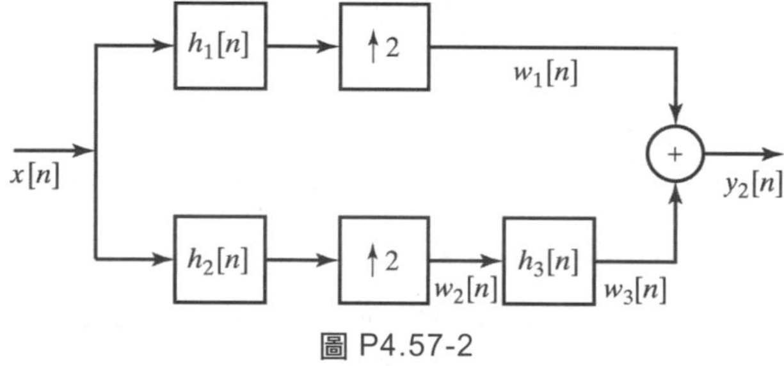

圖 P4.57-2

(b) 求出在圖 P4.57-1 和圖 P4.57-2 的系統中，每個輸出的點所需運算的乘法次數。你可以發現圖 P4.57-2 的系統比較有效率。

4.58 考慮圖 P4.58-1 的分析–合成系統。其中低通濾波器 $h_0[n]$ 在分析器和合成器都完全相同，且高通濾波器 $h_1[n]$ 在分析器和合成器也完全相同。$h_0[n]$ 和 $h_1[n]$ 的傅立葉轉換關係爲：

(a) 如果 $X(e^{j\omega})$ 和 $H_0(e^{j\omega})$ 如圖 P4.58-2 所示，以適當的比例畫出 $X_0(e^{j\omega})$、$G_0(e^{j\omega})$ 和 $Y_0(e^{j\omega})$。

(b) 以 $X(e^{j\omega})$ 和 $H_0(e^{j\omega})$ 表示出 $G_0(e^{j\omega})$ 的一般式。請不要假設 $X(e^{j\omega})$ 和 $H_0(e^{j\omega})$ 爲圖 P4.58-2 的形式。

(c) 儘可能求出 $H_0(e^{j\omega})$ 的一組一般化條件，能使得對於所有穩定的輸出 $x[n]$ 而言，能保證 $|Y(e^{j\omega})|$ 和 $|X(e^{j\omega})|$ 會成比例。

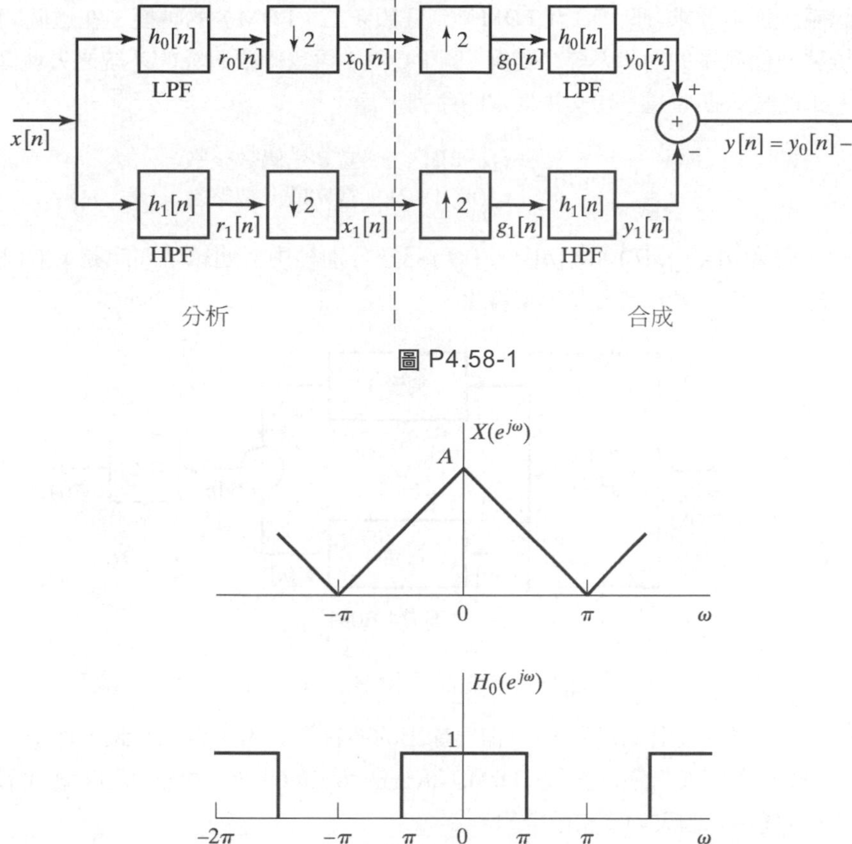

圖 P4.58-1

圖 P4.58-2

注解：在這個題目中，這種型式的分析–合成器濾波器組和正交鏡相濾波器濾波器組非常相似 [延伸閱讀：Crochiere and Rabiner (1983)，378-392 頁]。

4.59 考慮一個實係數的序列 $x[n]$，其中：

$$X(e^{j\omega}) = 0, \quad \frac{\pi}{3} \le |\omega| \le \pi$$

其中 $x[n]$ 序列中有一個值被改變了，而我們想要近似或完全回復這個值。$\hat{x}[n]$ 爲經過破壞的原始訊號，其中

$$\hat{x}[n] = x[n] \text{，對於所有的 } n \ne n_0$$

且 $\hat{x}[n_0]$ 爲實係數序列但和 $x[n_0]$ 無關。在以下的三個情況中，各指出一個實際的演算法來從 $\hat{x}[n]$ 近似或完全回復原來的序列 $x[n]$。

(a) n_0 是一個未知數。

(b) 不知道 n_0 確切的值，但我們知道它是一個偶數。

(c) 只知道 n_0 的值。

4.60 通訊系統通常要求分時多工（TDM）到分頻多工（FDM）的轉換。在這個問題中，我們檢驗一個簡單的通訊系統之範例。圖 P4.60-1 爲我們要研究的系統之方塊圖。假設分時多工的輸入訊號爲一串交錯樣本的序列，爲：

$$w[n]=\begin{cases}x_1[n/2], & \text{當 } n \text{ 是偶數整數,}\\ x_2[(n-1)/2], & \text{當 } n \text{ 是奇數整數}\end{cases}$$

假設序列 $x_1[n]=x_{c1}(nT)$ 和 $x_2[n]=x_{c2}(nT)$ 已經分別經由對連續時間訊號 $x_{c1}(t)$ 和 $x_{c2}(t)$ 所取樣出來，而且並沒有疊頻現象發生。

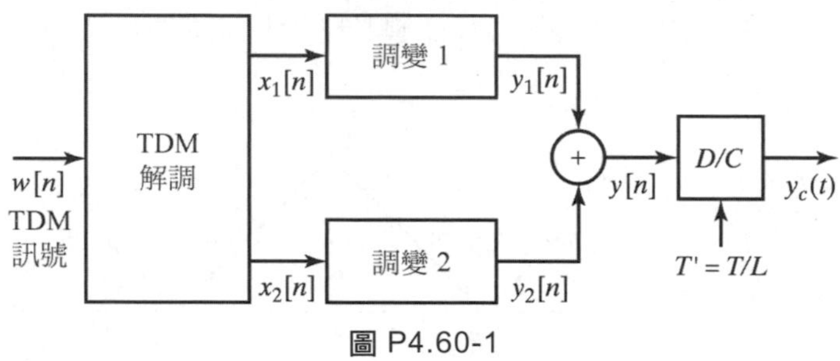

圖 P4.60-1

同樣地，假設這兩個訊號都有相同的最高頻率，Ω_N，且取樣週期爲 $T=\pi/\Omega_N$。

(a) 畫出一個產生出 $x_1[n]$ 和 $x_2[n]$ 作爲輸出的系統方塊圖；也就是說，得出一個用一些簡單的運算來讓分時多工（TDM）訊號解多工的系統。指出你的系統是否爲線性，非時變性，因果的，和穩定的。

第 k 個調變器系統（$k=1$ 或 2）定義爲圖 P4.60-2 所示之方塊圖。其中兩個頻道使用相同的低通濾波器 $H_i(e^{j\omega})$，其增益爲 L，截止頻率爲 π/L，並且其中高通濾波器 $H_k(e^{j\omega})$ 的增益爲 1 且截止頻率爲 ω_k。調變器的頻率滿足：

$$\omega_2=\omega_1+\pi/L \text{ 以及 } \omega_2+\pi/L\le\pi \qquad (\text{假設 } \omega_1>\pi/2)$$

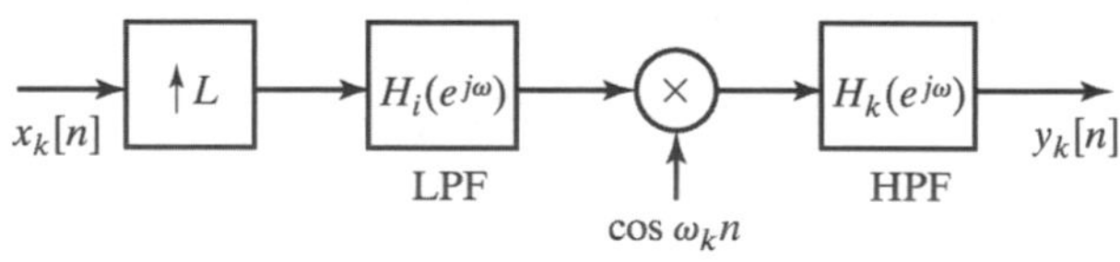

圖 P4.60-2

(b) 假設 $\Omega_N=2\pi\times5\times10^3$。找出除了下列頻帶內，能滿足經過取樣週期爲 T/L 的理想離散–連續（D/C）轉換後，$y_c(t)$ 的傅立葉轉換爲零之 ω_1 和 L 的值。

$$2\pi\times10^5\le|\omega|\le2\pi\times10^5+2\Omega_N$$

(c) 假設兩個原來的輸入訊號之連續時間傅立葉轉換如圖 P4.60-3 所示。描繪出系統中所有點的傅立葉轉換。

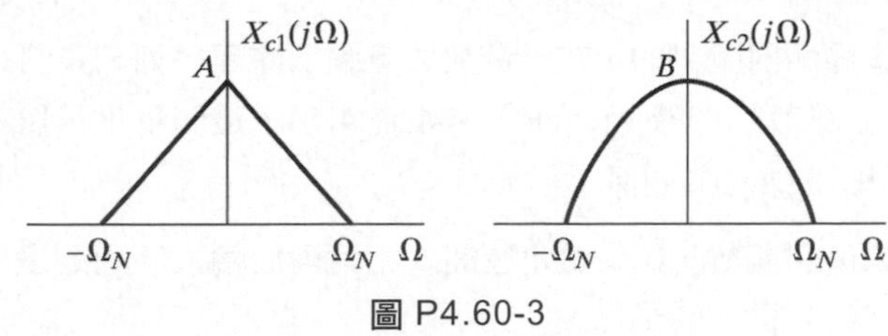

圖 P4.60-3

(d) 基於你 (a)－(c) 部份的答案，試著討論爲什麼這個系統可以一般化地處理 M 個相同頻寬的通道。

4.61 在 4.8.1 節中，我們考慮到使用前置濾波以避免疊頻現象。實際上，抗疊頻濾波器不可能是理想的。然而，我們至少可以在連續時間－離散時間（C/D）轉換器的輸出端序列 $x[n]$ 插入一個離散時間系統來部份地彌補這個效應。

考慮圖 P4.61-1 中的兩個系統。其中圖 P4.61-2 爲兩個抗疊頻濾波器 $H_{\text{ideal}}(j\Omega)$ 和 $H_{\text{aa}}(j\Omega)$。而圖 P4.61-1 中的 $H(e^{j\omega})$ 爲所求，使得 $H(e^{j\omega})$ 可以彌補 $H_{\text{aa}}(j\Omega)$ 的非理想性質。

畫出使得 $x[n]$ 和 $w[n]$ 相等的 $H(e^{j\omega})$。

系統 1：

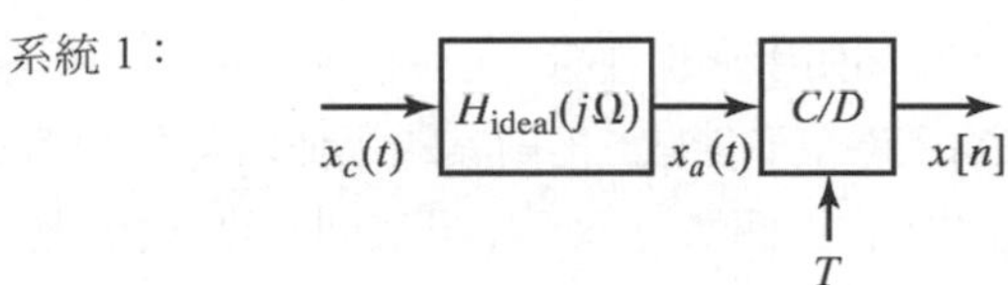

系統 2：

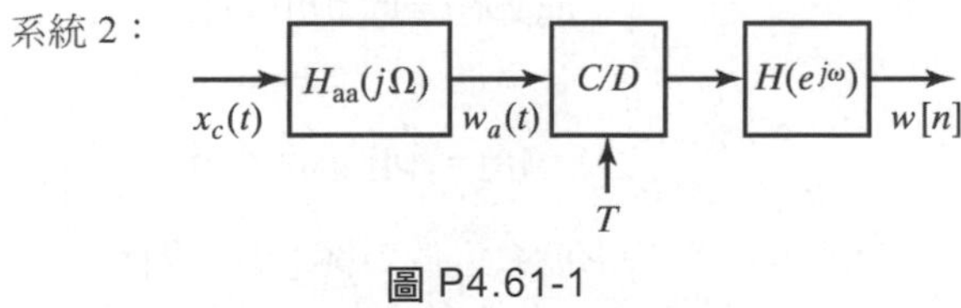

圖 P4.61-1

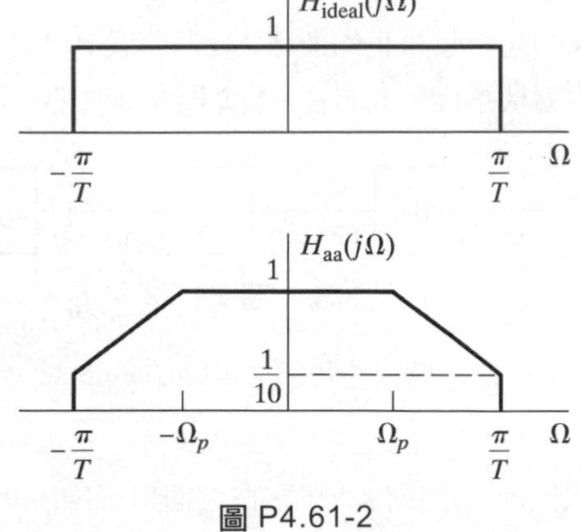

圖 P4.61-2

4.62 如同第 4.8.2 節所討論到的，在一台數位電腦上處理序列，我們必須要對序列的振幅量化以得到一組離散的位階（levels）。如圖 4.54，這個量化可以表示爲使輸入序列 $x[n]$ 通過一個量化器 $Q(x)$ 的關係。

如同 4.8.3 節所討論的，如果量化區間 Δ 相對對於輸入序列的變化量，我們可以假設量化器的輸出型式爲：

$$y[n] = x[n] + e[n],$$

其中 $e[n] = Q(x[n]) - x[n]$ 且 $e[n]$ 爲在 $-\Delta/2$ 和 $\Delta/2$ 之間一階機率密度爲均勻分佈的穩態的隨機過程，其中每個取樣之間不相關且和 $x[n]$ 也不相關，意即對於所有的 m 和 n，$\mathcal{E}\{e[n]x[m]\} = 0$。

讓 $x[n]$ 爲一個平均爲 0，變異數爲 σ_x^2 之穩態的白雜訊過程。

(a) 求出 $e[n]$ 的平均值、變異數和 $e[n]$ 的自相關序列。

(b) 求訊號–量化雜訊比 σ_x^2/σ_e^2。

(c) 量化訊號 $y[n]$ 被一個脈衝響應爲 $h[n] = \frac{1}{2}[a^n + (-a)^n]u[n]$ 的數位濾波器濾波。求出因輸入端量化雜訊所產生在輸出端的雜訊之變異數，並求出輸出端的訊雜比（SNR）。

在某些情況下，我們想要使用非線性量化位準，例如：對數區間的量化位準。如圖 P4.62 所示，其可以由對輸入端值取對數，再對其結果作均勻量化所實現。其中 $Q[\cdot]$ 爲圖 4.54 所定義之均勻量化器。在這個情況下，如果我們假設 Δ 相對於序列 $\ln(x[n])$ 的值是較小的，那我們可以假設量化器的輸出爲

$$\ln(y[n]) = \ln(x[n]) + e[n]$$

因此，

$$y[n] = x[n] \cdot \exp(e[n])$$

對於小的 e 值，我們可以用 $1 + e[n]$ 來近似 $\exp(e[n])$，因而

$$y[n] \approx x[n](1 + e[n]) = x[n] + f[n] \qquad \text{(P4.62-1)}$$

這個方程式將用來描述對數量化的效應。我們假設 $e[n]$ 是一個和訊號 $x[n]$ 獨立、樣本間爲不相關之穩態的隨機過程，且其在 $-\Delta/2$ 和 $\Delta/2$ 之間一階機率密度爲均勻分佈。

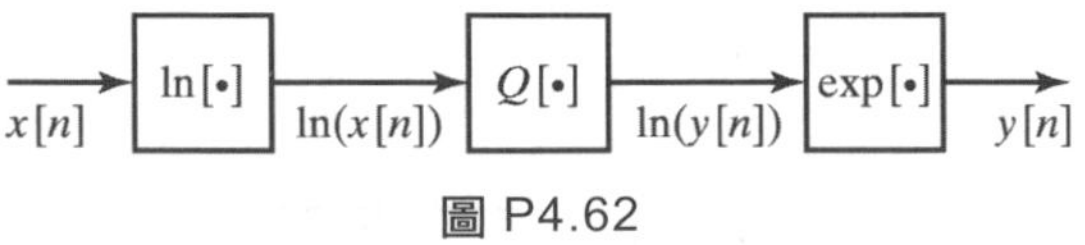

圖 P4.62

(d) 求方程式 (4.57) 定義之疊加性雜訊（*additive* noise） $f[n]$ 的平均值、變異數、和自相關序列。

(e) 訊號–量化雜訊比 σ_x^2/σ_e^2 爲何？注意在這個情況中，σ_x^2/σ_e^2 和 σ_x^2 爲獨立的。因此，在假設的限制下，訊號–量化雜訊比和輸入訊號的位階（levels）是獨立的，然而，對於線性量化而言，σ_x^2/σ_e^2 和 σ_x^2 有直接的相依關係。

(f) 量化訊號 $y[n]$ 根據一個脈衝響應為 $h[n]=\frac{1}{2}[a^n+(-a)^n]u[n]$. 的濾波器所濾波。求出因輸入端量化雜訊所產生在輸出端的雜訊之變異數，並求出輸出端的訊雜比（SNR）。

4.63 圖 P4.63-1 呈現了一個系統，其中兩個連續時間訊號相乘，並且經由對它們的積以 Nyquist 率取樣得到一個離散時間訊號；也就是說，$y_1[n]$ 是 $y_c(t)$ 由 Nyquist 率取樣而得的樣本。訊號 $x_1(t)$ 的頻寬上限為 25 kHz（對於 $|\Omega|\geq 5\pi\times 10^4$，$X_1(j\Omega)=0$），並且 $x_1(t)$ 的頻寬上限為 2.5 kHz（對於 $|\Omega|\geq(\pi/2)\times 10^4$　$|\Omega|\geq 5\pi\times 10^4$，$X_2(j\Omega)=0$　$X_1(j\Omega)=0$）。

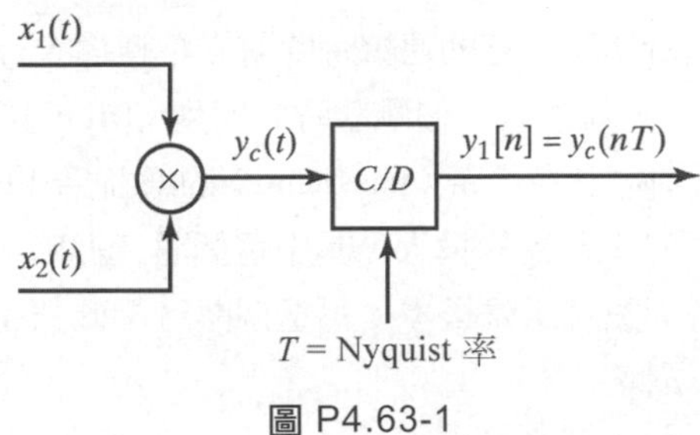

圖 P4.63-1

如圖 P4.63-2，在一些情況下（例如：數位傳輸），可能在乘法運算的前面或後面會有額外的處理，例如：連續時間訊號可能已經以他們自己的 Nyquist 率來取樣，且乘法運算會在離散時間域來運作。其中系統中的 A、B、和 C 都是相同或可以用一個或多個圖 P4.63-3 所示之模組來實現。

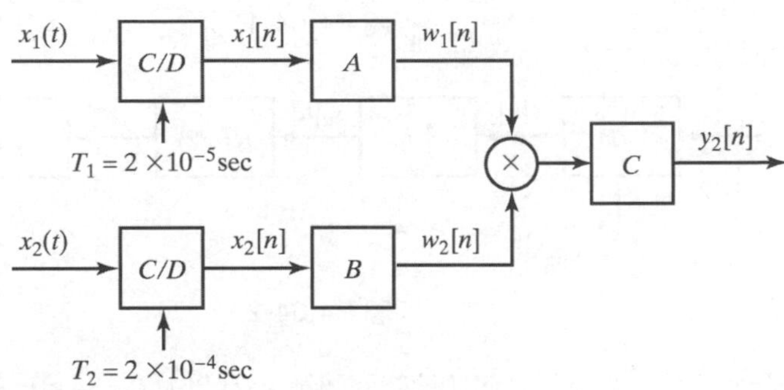

圖 P4.63-2

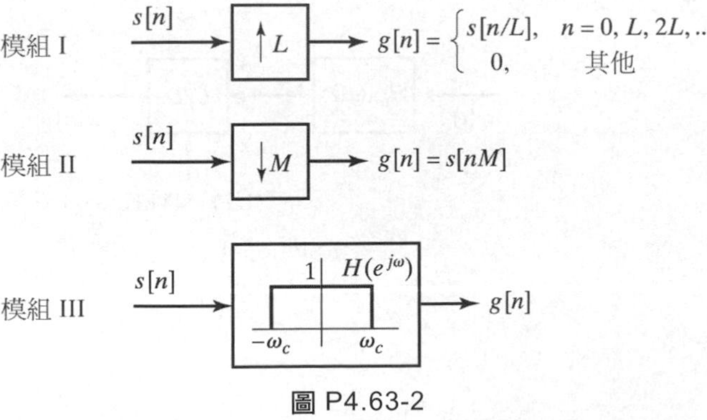

圖 P4.63-2

詳述出 A、B、和 C 這三個系統。其中對於任一個系統而言，都可以是圖 P4.63-3 指出的模組中的一個或可以是其中多個模組的適當連結。同樣地，詳細地求出所有有關的參數 L、M 和 ω_c。A、B、和 C 這些系統要能使得 $y_2[n]$ 和 $y_1[n]$ 能成比例，也就是說：

$$y_2[n] = ky_1[n] = ky_c(nT) = kx_1(nT) \times x_2(nT),$$

且這些樣本都是以 Nyquist 率來取樣，意即 $y_2[n]$ 不代表 $y_c(t)$ 的超取樣（oversampling）或低取樣（undersampling）的結果。

4.64 假設 $s_c(t)$ 是一個語音訊號，它的連續時間傅立葉轉換 $S_c(j\Omega)$ 如圖 P4.64-1 所示。我們從圖 P4.64-2 所示之系統得到一個離散時間序列 $s_r[n]$，其中 $H(e^{j\omega})$ 是一個如圖 4.29(b) 所示、截止頻率爲 $e_1[n]$ 且在通帶（passband）的增益爲 1 的理想離散時間低通濾波器。訊號 $s_r[n]$ 會作爲語音編碼器的輸入，其中這個語音編碼器只能正確地操作在以 8 kHz 頻率取樣的離散時間語音訊號樣本。爲這個語音編碼器選擇可以產生正確的輸入訊號 $s_r[n]$ 的 L、M、和 ω_c。

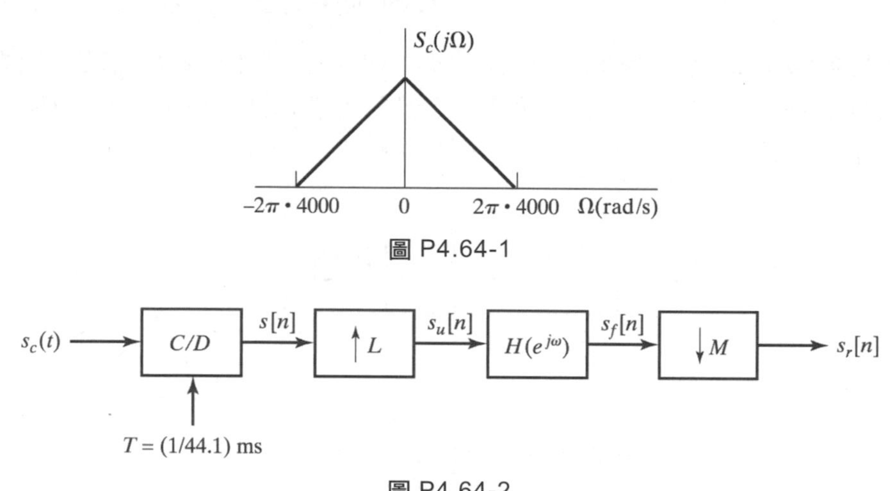

圖 P4.64-2

4.65 在很多音訊應用中，必須對一個連續時間訊號 $x_c(t)$ 以 $1/T = 44$ kHz 的取樣頻率來取樣。圖 P4.65-1 爲一個直覺的系統，包括了一個連續時間抗疊頻濾波器 $H_{a0}(j\Omega)$。這個系統可以獲得我們想要的樣本。

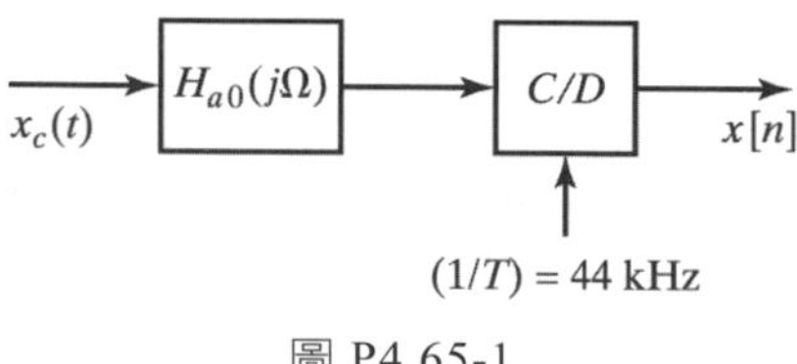

圖 P4.65-1

在很多應用中，圖 P4.65-2 中的「四倍超取樣」系統常用來取代圖 P4.65-1 中傳統的系統。在圖 P4.65-2 的系統中：

$$H(e^{j\omega}) = \begin{cases} 1, & |\omega| \le \pi/4, \\ 0, & \text{其他} \end{cases}$$

是一個理想的低通濾波器，且

$$H_{a1}(j\Omega) = \begin{cases} 1, & |\Omega| \le \Omega_p, \\ 0, & |\Omega| > \Omega_s, \end{cases}$$

對於特定的 $0 \le \Omega_p \le \Omega_s \le \infty$。

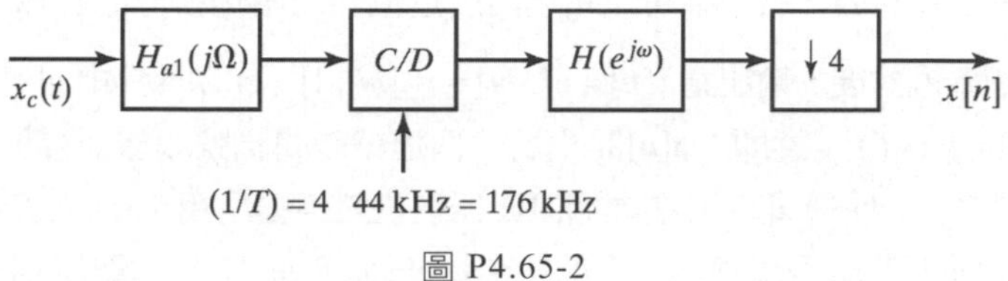

圖 P4.65-2

假設 $H(e^{j\omega})$ 是理想的，求出抗疊頻濾波器 $H_{a1}(j\Omega)$ 規格的最小集合，意即，求出最小的 Ω_p 和最大的 Ω_s，使得圖 P4.65-2 中的整個系統和圖 P4.65-1 等效。

4.66 在這個問題中，如圖 P4.66 所示，我們考慮一個含有雜訊整形之「雙重積分」量化系統。在這個系統中，

$$H_1(z) = \frac{1}{1 - z^{-1}} \quad \text{和} \quad H_2(z) = \frac{z^{-1}}{1 - z^{-1}},$$

且降頻濾波器的頻率響應爲

$$H_3(e^{j\omega}) = \begin{cases} 1, & |\omega| < \pi/M, \\ 0, & \pi/M \le |\omega| \le \pi \end{cases}$$

我們假設代表量化器的雜訊源 $e[n]$ 是一個平均值爲零的白雜訊（功率頻譜爲定值）訊號，其中這個白雜訊訊號的振幅是均勻分佈且雜訊功率爲 $\sigma_e^2 = \Delta^2/12$。

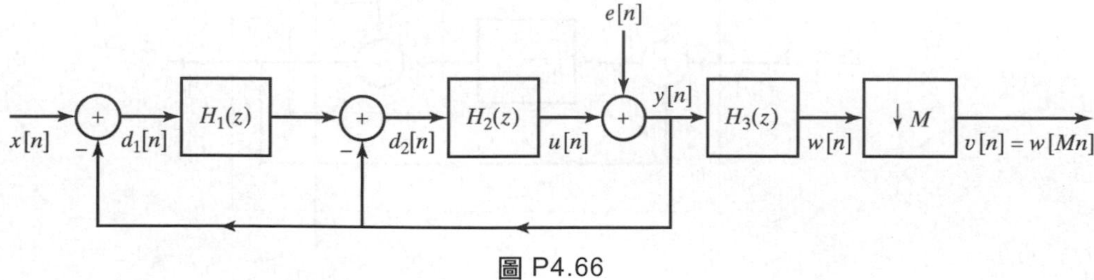

圖 P4.66

(a) 求出用 $X(z)$ 和 $E(z)$ 來表示 $Y(z)$ 的方程式。在這個部份中，假設 $E(z)$ 存在。從 Z 轉換的關係中，證明 $y[n]$ 可以表示爲 $y[n] = x[n-1] + f[n]$，其中 $f[n]$ 是由於雜訊源 $e[n]$ 的輸出。請問 $f[n]$ 和 $e[n]$ 在時域上有什麼關係？

(b) 現在假設 $e[n]$ 是一個如 (a) 小題所敘述的白雜訊訊號。利用 (a) 小題的結果說明雜訊 $f[n]$ 的功率頻譜為

$$P_{ff}(e^{j\omega}) = 16\sigma_e^2 \sin^4(\omega/2)$$

求訊號 $y[n]$ 的雜訊成份中**全部的**雜訊功率 σ_f^2。在同樣的坐標下，畫出 $0 \le \omega \le \pi$ 中 $P_{ee}(e^{j\omega})$ 和 $P_{ff}(e^{j\omega})$ 的功率頻譜。

(c) 現在假設當 $\pi/M < \omega \le \pi$ 時 $X(e^{j\omega}) = 0$。討論 $H_3(z)$ 的輸出是不是 $w[n] = x[n-1] + g[n]$？請敘述 $g[n]$ 為何？

(d) 求降頻濾波器的輸出端的雜訊功率 σ_g^2 之表示式。假設 $\pi/M \ll \pi$，也就是說，M 是一個很大的數，所以你可以用小角度近似法來簡化積分的計算。

(e) 經過降頻器後，輸出為 $v[n] = w[Mn] = x[Mn-1] + g[n]$，其中 $g[n] = g[Mn]$。現在假設 $x[n] = x_c(nT)$（意即：$x[n]$ 是由對一個連續時間訊號取樣而得）。$X_c(j\Omega)$ 必須滿足什麼條件，使得 $x[n-1]$ 在經過濾波器後仍然不變？用 $x_c(t)$ 來表示輸出端 $v[n]$ 的「訊號成份」。輸出端雜訊的全部功率 σ_q^2 為何？求出一個輸出端雜訊功率頻譜的表示式，並且，在同樣的坐標下，畫出 $0 \le \omega \le \pi$ 中 $P_{ee}(e^{j\omega})$ 和 $P_{qq}(e^{j\omega})$ 的功率頻譜。

4.67 對於一個含有高階回饋迴圈的 sigma-delta 超取樣的類比－數位（A/D）轉換器而言，穩定性已經成為一個重要的考量。另外一個被稱為多級雜訊整形（MASH）的實現方法可以只用一階回饋而得到高階的雜訊整形結果。圖 P4.67-2 為一個二階的多級雜訊整形結構。本題將討論這個結構。

圖 P4.67-1 為一個一階 sigma-delta (Σ–Δ) 雜訊整形系統，其中量化器的效應表示為一個疊加性雜訊訊號 $e[n]$。雜訊 $e[n]$ 在示意圖中清楚地表示為第二個系統輸出。假設輸入 $x[n]$ 為一個平均值為零的廣義穩態(wide-sense stationary)隨機過程。同樣地，假設 $e[n]$ 的平均值為零、變異數為 σ_e^2、且為白色的廣義穩態隨機過程。$e[n]$ 和 $x[n]$ 不相關。

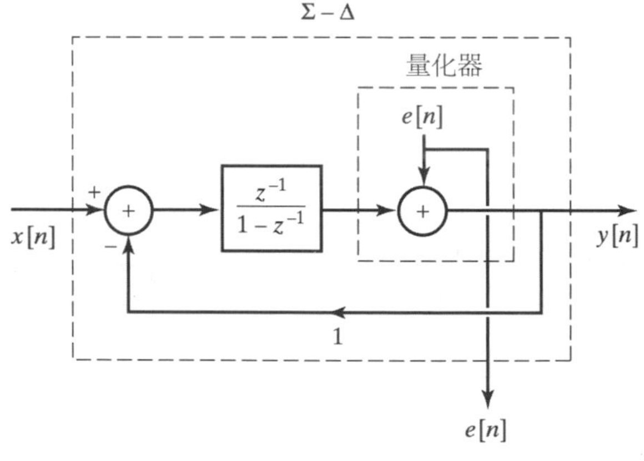

圖 P4.67-1

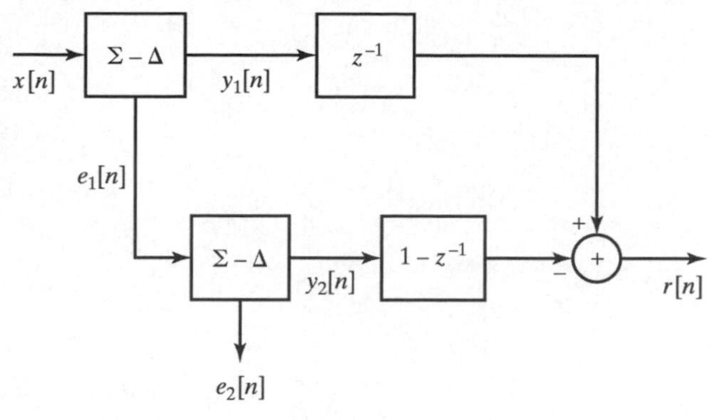

圖 P4.67-2

(a) 在圖 P4.67-1 的系統中，輸出端 $y[n]$ 由一個只被 $x[n]$ 所影響的成份 $y_x[n]$ 和一個只被 $e[n]$ 所影響的成份 $y_e[n]$ 所組成，意即 $y[n]=y_x[n]+y_e[n]$ 。

(i) 以 $x[n]$ 來表示 $y_x[n]$ 。

(ii) 求 $y_e[n]$ 的功率密度頻譜 $P_{y_e}(\omega)$ 。

(b) 現在圖 P4.67-1 被連結在圖 P4.67-2 所示的多級雜訊整形（MASH）系統結構中。注意到其中 $e_1[n]$ 和 $e_2[n]$ 是 sigma-delta 雜訊整形系統中的量化器所產生的雜訊訊號。系統的輸出 $r[n]$ 由一個只被 $x[n]$ 所影響的成份 $r_x[n]$ 和一個只被量化雜訊所影響的成份 $r_e[n]$ 所組成，意即 $r[n]=r_x[n]+r_e[n]$ 。假設 $e_1[n]$ 和 $e_2[n]$ 的平均值爲零、變異數爲 σ_e^2 ，且爲白色的廣義穩態隨機過程。假設 $e_1[n]$ 和 $e_2[n]$ 不相關。

(i) 以 $x[n]$ 來表示 $r_x[n]$ 。

(ii) 求 $r_e[n]$ 的功率密度頻譜 $P_{r_e}(\omega)$ 。

CHAPTER

05

線性非時變系統的轉換分析

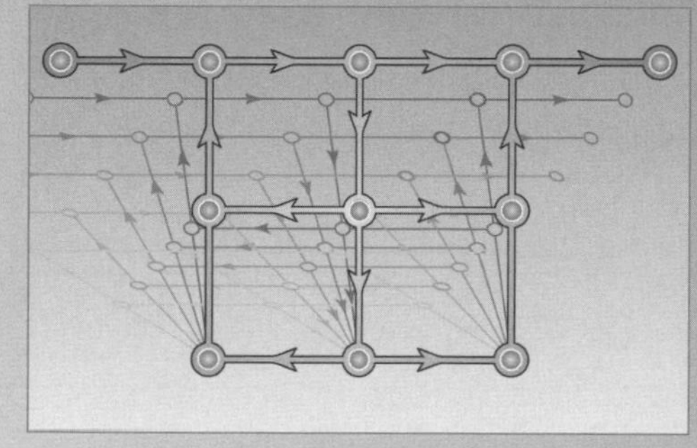

5.0 前言

在第 2 章中，我們發展了離散時間訊號和系統的傅立葉表示，並且在第 3 章中我們把這個表示法推廣到 z 轉換。在這兩章中，我們都在強調這些轉換和它們的性質，我們只有粗淺地預告它們在分析線性非時變（linear time-invariant, LTI）系統時的應用。在這個章節中，我們將會更加詳細地研究如何以傅立葉和 z 轉換來表示並分析 LTI 系統。這些課程將會奠定後面第 6 章 LTI 系統的實現和第 7 章 LTI 系統的設計的基礎。

如同第 2 章所提到的，一個 LTI 系統可以完全地由它在時域上的脈衝響應 $h[n]$ 所描述。其中輸出和給定的輸入會有一個旋積和的關係

$$y[n] = \sum_{k=-\infty}^{\infty} x[k][n-k] \tag{5.1}$$

取而代之地，由於頻率響應和脈衝響應在傅立葉轉換上有直接的關係，因此，當頻率響應存在時 [意即：$H(z)$ 的不重疊的收斂區間（ROC）包含 $z = e^{j\omega}$]，頻率響應提供我們一個絕佳的分析 LTI 系統之工具。在第 3 章中，我們發展了一個傅立葉轉換的一般化轉換，

我們稱之爲 z 轉換。一個 LTI 系統輸出端的 z 轉換和其輸入端的 z 轉換和這一個系統脈衝響應的 z 轉換等在一個關係

$$Y(z)=H(z)X(z), \tag{5.2}$$

其中 $Y(z)$ 、 $X(z)$ 和 $H(z)$ 分別代表 $y[n]$、$x[n]$和 $h[n]$的 z 轉換，且它們都具有適當的收斂區間。我們一般稱 $H(z)$ 爲**系統函數**（system function）。由於任一個序列和其 z 轉換結果有獨特的一對一關係，由此我們可以推論出任意的 LTI 系統都可以完整地用系統函數來代表其特性，同樣地，我們假設它爲收斂。

頻率響應相對於我們在單位圓上計算這個系統函數，而系統函數更一般化地以一個複數變數 z 來描敘這個系統；而這兩種方式對於分析和表示一個 LTI 系統都極其有效，因爲我們可以由這些系統響應來迅速地推斷系統的特性。

5.1 LTI 系統的頻率響應

LTI 系統的頻率響應 $H(e^{j\omega})$ 我們已經在第 2.6 節定義爲在系統輸入一個複指數訊號（固有函數）$e^{j\omega n}$ 所得到的複數增益（固有值）。此外，如同我們在第 2.9.6 小節所討論到的，由於一個序列的傅立葉轉換代表了一組複指數的線性組合，因此一個系統的輸入和輸出之傅立葉轉換有以下的關係

$$Y(e^{j\omega})=H(e^{j\omega})X(e^{j\omega}), \tag{5.3}$$

其中 $X(e^{j\omega})$ 和 $Y(e^{j\omega})$ 分別爲系統輸入和輸出的傅立葉轉換。

5.1.1 頻率響應相位與群延遲

一般來說，頻率響應在任何頻率的值都是一個複數。若我們把頻率響應用極座標表示，則系統輸入和輸出傅立葉轉換的強度和相位有下列的關係：

$$|Y(e^{j\omega})|=|H(e^{j\omega})|\cdot|X(e^{j\omega})|, \tag{5.4a}$$

$$\angle Y(e^{j\omega})=\angle H(e^{j\omega})+\angle X(e^{j\omega}), \tag{5.4b}$$

其中 $|H(e^{j\omega})|$ 代表系統的**強度響應**或稱爲系統的**增益**，而 $\angle H(e^{j\omega})$ 稱爲系統的**相位響應**或稱之爲**相位平移**。

如果一個輸入訊號用一個有用的方式改變，則 (5.4a) 和 (5.4b) 式所示的強度和相位響應對於我們是很重要的評估方式；但如果輸入訊號是以有害的形式改變，那這兩項則是不合宜的評估方式。在後面，我們常會提到一個 LTI 系統對於一個訊號的影響，我們會分別以 (5.4a) 和 (5.4b) 式來表示**強度**和**相位失真**。

一個複數的相位角有很多種定義方式，這是由於我們可以在一個複數的相位加上 2π 的任意整倍數而不會對這個數有任何影響。當相位以反正切（Arctangent）作數值運算時，這個複數的主值（principle value）就可以被求出來。我們會以 $\text{ARG}[H(e^{j\omega})]$ 來表示 $H(e^{j\omega})$ 的相位之主值，其中

$$-\pi < \text{ARG}\,|\,H(e^{j\omega})\,| \le \pi \tag{5.5}$$

任何有相同 $H(e^{j\omega})$ 複數值的其他角度可以用主值的形式表示如下

$$\angle H(e^{j\omega}) = \text{ARG}[H(e^{j\omega})] + 2\pi r(\omega), \tag{5.6}$$

其中 $r(\omega)$ 是一個對於不同 ω 有不同值的正或負整數。通常我們會用 (5.6) 式左邊的角度標記來代表模糊相位（ambiguous phase），因爲 $r(\omega)$ 是一個任意值。

在很多情況下，當以 ω 軸來看主值時，它會在 2π 弧度內呈現不連續的現象。如圖 5.1 所示，這是一個連續相位函數 $\arg[H(e^{j\omega})]$ 且其主值 $\text{ARG}[H(e^{j\omega})]$ 圖示於 $0 \le \omega \le \pi$ 區間內。圖 5.1(a) 所示的相位函數超過 $-\pi$ 至 π 的範圍。如圖 5.1(b)，爲了使這些超出範圍的值重新落在主值的範圍內，我們在這個相位曲線上必須加上 2π 的整數倍。圖 5.1(c) 爲 (5.6) 式相對應的 $r(\omega)$ 值。

本書稱 $\text{ARG}[H(e^{j\omega})]$ 爲「摺疊」（wrapped）相位，這是因爲計算 2π 的模數（modulo）可以想像成是摺疊圓上的相位。在一個振幅和相位表示下（其中振幅是一個可正可負的實數值），$\text{ARG}[H(e^{j\omega})]$ 可以「重建」爲一個在 ω 方向連續的相位曲線。連續（重建的）相位曲線以 $\arg[H(e^{j\omega})]$ 表示。另一個獨特且有用的相位表示法是經由群延遲（group delay），其定義爲

$$\tau(\omega) = \text{grd}[H(e^{j\omega})] = \frac{d}{d\omega}\{\arg[H(e^{j\omega})]\} \tag{5.7}$$

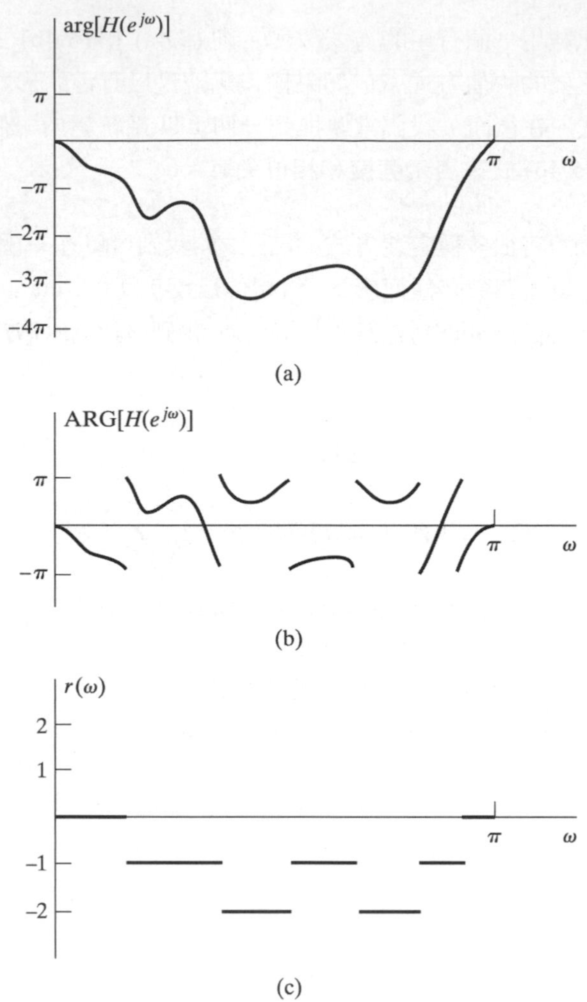

圖 5.1 (a) 在單位圓上估算一個系統函數之連續相位曲線。(b) (a) 部份的相位曲線之主值。(c) 加在 ARG[$H(e^{j\omega})$] 以求得 arg[$H(e^{j\omega})$] 的 2π 整倍數

值得注意的是，由於 arg[$H(e^{j\omega})$] 和 ARG[$H(e^{j\omega})$] 除了在 ARG[$H(e^{j\omega})$] 不連續時導數爲一個脈衝外，其他情況下它們兩個的導數會相等，其中群延遲可以由計算主質的微分求得（除了不連續點外）。同樣地，我們可以用模糊相位 $\angle H(e^{j\omega})$ 來表示群延遲

$$\text{grd}[H(e^{j\omega})] = -\frac{d}{d\omega}\{\angle H(e^{j\omega})\}, \tag{5.8}$$

在 $\angle H(e^{j\omega})$ 中因不連續而產生的脈衝在這裡忽略不談。

爲了了解一個線性系統中相位和尤其是群延遲的效應，讓我們先考慮一個理想的延遲系統。其中它的脈衝響應爲

$$h_{\mathrm{id}}[n]=\delta[n-n_d], \tag{5.9}$$

且頻率響應爲

$$H_{\mathrm{id}}(e^{j\omega})=e^{-j\omega n_d}, \tag{5.10}$$

或

$$|H_{\mathrm{id}}(e^{j\omega})|=1, \tag{5.11a}$$

$$\angle H_{\mathrm{id}}(e^{j\omega})=-\omega n_d,\quad |\omega|<\pi, \tag{5.11b}$$

假設 ω 的頻率爲 2π。從 (5.11b) 式我們可以注意到時間延遲或進一步說 $n_d<0$ 和相位有關，而這個相位和頻率呈線性關係。

在許多應用當中，延遲失真被視爲相位失真的另一種較溫和的形式，因爲它的效應只會造成序列在時間方向的位移。通常這是非常微不足道的，這可以簡單地經由在整個系統中其他部份引入一些延遲來補償。因此，在設計一些理想的濾波器或其他 LTI 系統的近似系統時，理想上我們常常比較樂於接受一個線性相位（linear phase）響應而不是一個零相位響應。舉例來說，一個理想的線性相位低通濾波器可能有以下的頻率響應

$$H_{\mathrm{lp}}(e^{j\omega})=\begin{cases}e^{-j\omega n_d}, & |\omega|<\omega_c,\\ 0, & \omega_c<|\omega|\le\pi\end{cases} \tag{5.12}$$

其相對應的脈衝響應爲

$$h_{\mathrm{lp}}[n]=\frac{\sin\omega_c(n-n_d)}{\pi(n-n_d)},\quad -\infty<n<\infty \tag{5.13}$$

群延遲代表了一個分析相位是否線性的簡便方式。特別是當我們考慮一個頻率響應爲 $H(e^{j\omega})$、輸入是形式爲 $x[n]=s[n]\cos(\omega_0 n)$ 的窄頻訊號之系統的輸出時，因爲我們假設 $X(e^{j\omega})$ 只在 $\omega=\omega_0$ 附近有非零值，所以相位對於系統產生的效應可以在窄帶 $\omega=\omega_0$ 附近用線性近似來近似爲

$$\arg[H(e^{j\omega})]\simeq-\phi_0-\omega n_d, \tag{5.14}$$

其中 n_d 現在代表群延遲。由這個近似值，可以證明（見習題 5.63）對於輸入 $x[n]=s[n]\cos(\omega_0 n)$ 的響應 $y[n]$ 可以近似爲 $y[n]=|H(e^{j\omega})|\,s[n-n_0]\cos(\omega_0 n-\phi_0-\omega_0 n_d)$。因

此，傅立葉轉換中心在 ω_0 的窄頻訊號 $x[n]$ 中的封包 $s[n]$ 之時間延遲為在 ω_0 上相位的斜率再加上一個負號。一般而言，我們可以把一個寬頻訊號想像為一群不同中心頻率的窄頻訊號疊加而成。如果群延遲對於所有頻率而言是一個定值的話，那每一個窄頻訊號都受到同樣的延遲。如果群延遲並非一個定值，那在不同頻率封包就會有不同的延遲，這會造成輸出訊號能量在時間上很分散。因此，相位不線性或者我們說群延遲不為定值都會造成時間擴展（time dispersion）。

5.1.2 群延遲和衰減的效應示例

作為相位、群延遲、和衰減的示例，考慮一個含有下列系統函數的特定系統

$$H(z) = \underbrace{\left(\frac{(1-.98e^{j.8\pi}z^{-1})(1-.98e^{-j.8\pi}z^{-1})}{(1-.8e^{j.4\pi}z^{-1})(1-.8e^{-j.4\pi}z^{-1})}\right)}_{H_1(z)} \underbrace{\prod_{k=1}^{4}\left(\frac{(c_k^* - z^{-1})(c_k - z^{-1})}{(1-c_k z^{-1})(1-c_k^* z^{-1})}\right)^2}_{H_2(z)} \tag{5.15}$$

其中對於 $k=1,2,3,4$ 之 $c_k = 0.95e^{j(.15\pi+.02\pi k)}$ 且 $H_1(z)$ 和 $H_2(z)$ 為如上式之定義。圖 5.2 為整個系統函數 $H(z)$ 的極點－零點圖（pole-zero plot），其中方程式 (5.15) 中的 $H_1(z)$ 因子構成在 $z=0.8e^{\pm j.4\pi}$ 的極點之共軛複數對和在靠近單位圓的零點對 $z=0.98e^{\pm j.8\pi}$。對於 $k=1,2,3,4$，(5.15) 式中的 $H_2(z)$ 因子則構成在 $z=c_k=0.95e^{\pm j(.15\pi+.02\pi k)}$ 的二階極點群和 $z=1/c_k=1/0.95e^{\mp j(.15\pi+.02\pi k)}$ 的二階零點群。根據它，$H_2(z)$ 代表一個全通系統（參見 5.5 節），意即，對於所有的 ω 之 $|H_2(e^{j\omega})|=1$。正如我們將看到的，$H_2(z)$ 經由一些窄頻的頻率造成大量的群延遲。

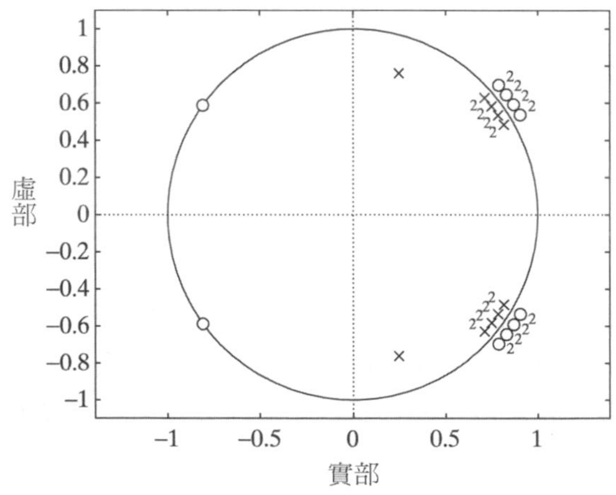

圖 5.2 5.1.2 節的濾波器範例之極點－零點圖

圖 5.3 和 5.4 為整個系統的頻率響應函數。這些圖闡明了幾個重要的重點。我們最先在圖 5.3(a) 發現的是在 2π 的大小中，相位響應的主質呈現多重的不連續。這些是由於相

位的 2π 模數計算。圖 5.3(b) 表示了經由適當地移除 2π 大小的跳躍所得之重建的（連續的）相位曲線。

圖 5.4 為整個系統的群延遲和強度響應。我們可以發現由於重建的相位除了在 $\omega=\pm.8\pi$ 附近外都為單調遞減，因此除了那個區域外的其他區域群延遲都是正的。同樣地，群延遲在頻帶 $.17\pi<|\omega|<.23\pi$ 有一個很大的正的峰值，換句話說，這個頻帶的連續相位有最大的負斜率。這個頻帶對應於圖 5.2 中的極點和其互補的零點群之相角位置。另外注意在 $\omega=\pm.8\pi$ 附近的負向反轉角（negative dip），其中它的相位有正的斜率。由於 $H_2(z)$ 表示一個全通濾波器，因此整個濾波器的強度響應都由 $H_1(z)$ 的極點和零點所控制。因此，由於頻率響應 $H(z)$ 由 $z=e^{j\omega}$ 評估，因此在 $z=0.98e^{\pm j.8\pi}$ 的零點造成整個頻率響應在 $\omega=.8\pi$ 附近的頻帶變成非常小。

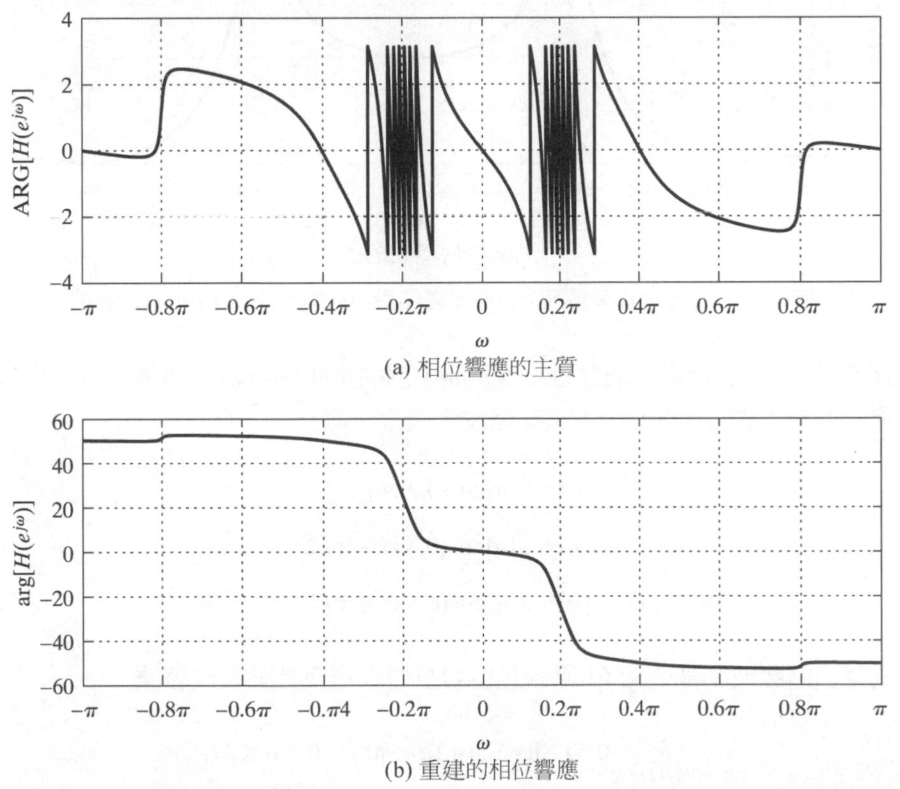

(a) 相位響應的主質

(b) 重建的相位響應

圖 5.3 第 5.1.2 節範例的系統之相位響應函數；(a) 主值相位 $\mathrm{ARG}[H(e^{j\omega})]$，(b) 連續相位 $\arg[H(e^{j\omega})]$

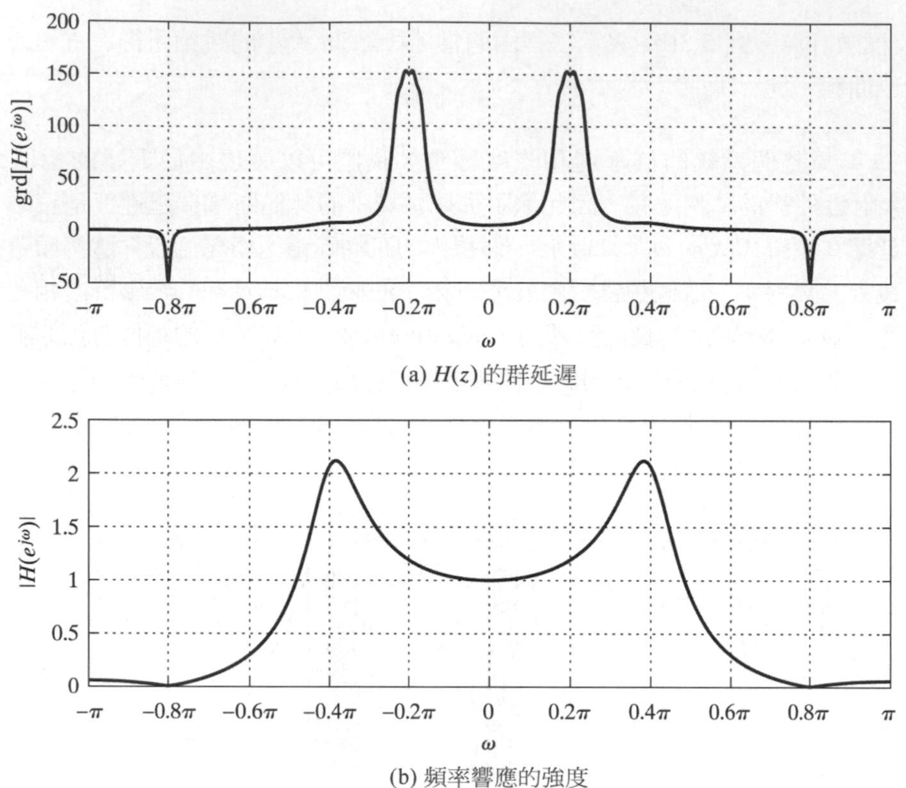

(a) $H(z)$ 的群延遲

(b) 頻率響應的強度

圖 5.4 5.1.2 小節範例的系統之頻率響應；(a)群延遲函數 $\arg[H(e^{j\omega})]$，(b) 頻率響應的強度 $|H(e^{j\omega})|$

如圖 5.5(a)，我們指出一個含有三個時間不同的窄頻脈波輸入訊號 $x[n]$。圖 5.5(b) 爲其相對應的 DTFT 強度 $|X(e^{j\omega})|$。這些脈波定義爲

$$x_1[n] = w[n]\cos(0.2\pi n), \tag{5.16a}$$

$$x_2[n] = w[n]\cos(0.4\pi n - \pi/2), \tag{5.16b}$$

$$x_3[n] = w[n]\cos(0.8\pi n + \pi/5) \tag{5.16c}$$

而且前式每一個脈波都被一個 61 點封包序列塑造成一個有限長度脈波

$$w[n] = \begin{cases} 0.54 - 0.46\cos(2\pi n/M), & 0 \le n \le M, \\ 0, & \text{其他} \end{cases} \tag{5.17}$$

其中 $M = 60$[①]。如圖 5.5(a) 所示之完整的輸入序列爲

$$x[n] = x_3[n] + x_1[n-M-1] + x_2[n-2M-2], \tag{5.18}$$

① 在第 7 章和第 10 章，我們將會知道這個封包序列使用在濾波器設計和頻譜分析時稱為 Hamming 窗函數。

意即，最高頻的脈波最先出現，接下來是最低頻的，最後是中間頻率的脈波。從離散時間傅立葉轉換的調變或稱為加窗定理（2.9.7 節）得知，一個加窗後的（時間上截斷）弦波的 DTFT 是無限長度弦波的 DTFT（由正負弦波頻率的脈衝構成）和窗函數旋積而得。這三個弦波的頻率分別為 $\omega_1 = 0.2\pi$、$\omega_2 = 0.4\pi$ 和 $\omega_3 = 0.8\pi$。同樣地，在圖 5.5(b) 所示之傅立葉轉換強度，我們可以發現能量明顯地集中在這三個頻率附近。每一個脈波構成一組中心在各弦波頻率（頻域中）的頻率值且它們含有加在弦波上的時域窗函數的傅立葉轉換相對應的形狀和寬度[②]。

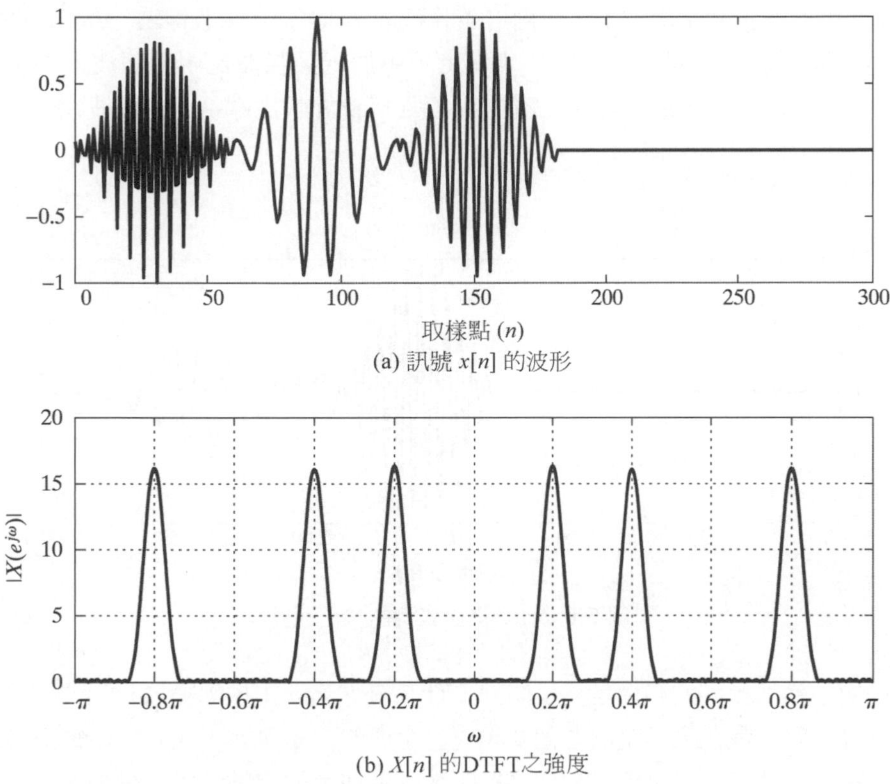

圖 5.5　在 5.1.2 小節當中的範例的系統之輸入訊號；(a) 輸入訊號 $x[n]$、(b) 其對應的 DTFT 強度 $|X(e^{j\omega})|$

當我們用來當作系統函數為 $H(z)$ 的系統之輸入，每一個窄頻脈波的頻率包（frequency packets）或稱頻率群（frequency groups）將會被濾波器響應強度和在每個頻率群的頻帶上的群延遲所影響。從濾波器頻率響應強度可知，頻率群中心在 $\omega = \omega_1 = 0.2\pi$ 的訊號會遭遇到輕微的振幅增益，且中心在 $\omega = \omega_2 = 0.4\pi$ 的訊號會遭遇到大約兩倍的振幅增益。因為在頻率 $\omega = \omega_3 = 0.8\pi$ 附近的頻率響應之強度非常小，因此最高

② 如同我們將在第 7 章和第 10 章所看到的，頻帶的寬度會近似於和窗函數的寬度 $M+1$ 成反比。

頻的脈波將會很明顯地衰減掉。當然，它不會完全地消失，因爲這個頻率群的頻率成份會擴展到頻率 $\omega = \omega_3 = 0.8\pi$ 上下的區域，這是因爲加窗函數在弦波上所產生的加窗效應。觀察圖 5.4(a) 中的系統群延遲圖，我們發現在頻率 $\omega = \omega_1 = 0.2\pi$ 的群延遲明顯大於在 $\omega = \omega_2 = 0.4\pi$ 和 $\omega = \omega_3 = 0.8\pi$，因此最低頻的脈波將會遭遇到系統中最大的延遲。

系統的輸出如圖 5.6 所示。頻率 $\omega = \omega_3 = 0.8\pi$ 的脈波已經基本上消去了，這和頻率響應強度在這個頻率附近的值很小的結果是一致的。而另外兩個脈波的振幅都增強並延遲了。頻率 $\omega = 0.2\pi$ 的脈波的振幅些微地增加並且延遲了大約 150 個取樣點，而頻率 $\omega = 0.4\pi$ 的脈波在振幅上增加了大約兩倍並且延遲了大約 10 個取樣點。這和這些頻率的強度響應和群延遲之結果是一致的。事實上，由於低頻脈波比中頻脈波大約多延遲了 140 個取樣點且每個脈波都只有 61 個取樣點長，因此在輸出端這兩個脈波在時域上會交換位置。

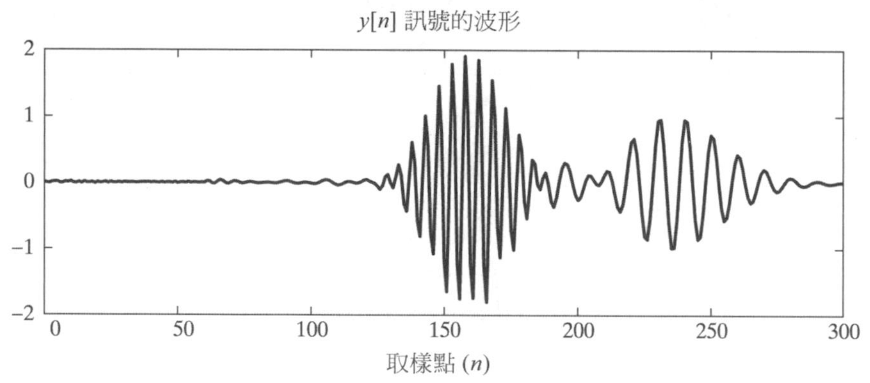

圖 5.6 5.1.2 小節範例的輸出訊號

在這個小節所提到的範例是爲了闡明 LTI 系統如何藉由振幅縮放和相位平移來改變輸入的訊號。對於我們所選定由多個窄頻成份組成的訊號而言，我們可以針對各別的脈波去追蹤它們的效應。這是因爲頻率響應函數分別在這些窄頻帶中都是平滑並且變化不大的。

因此，所有對應於一個特定脈波的頻率都大約得到一樣的增益並且大約延遲相同的取樣點數，結果是在輸出端我們得到只有大小和延遲不相同的脈波波形。對於寬頻訊號而言，這將不會發生。這是因爲頻譜中不同的成份都會被系統作不同的改變。在這種情形下，像是脈波波形這些輸入訊號可辨認的特徵在輸出訊號將會變得難以辨認，且輸入端在時域上分開的脈波可能會在輸出端有重疊的情形。

這個精心打造的範例已經詳細地說明一些極其重要的概念並對接下來的章節打下了穩固的基石。在完全研讀完這一章後，我們建議您重新再來仔細地鑽研這個範例，你將會窺探出其中的奧妙之處。爲了完全地了解這個範例，我們也建議你可以把這個範例以不用的參數複製到像 MATLAB 這種方便的電腦程式上。在測試電腦程式前，讀者可以試著預測其輸出的結果，比如說當窗函數的長度有增減時或弦波的頻率改變時，結果會有什麼變化？

5.2 常係數線性差分方程式的系統特徵

雖然理想的濾波器在概念上很有用，但一般來說離散時間濾波器都藉由 (5.19) 式之常係數線性差分方程式來實現

$$\sum_{k=0}^{N} a_k y[n-k] = \sum_{k=0}^{M} b_k x[n-k] \tag{5.19}$$

在第 6 章中，我們將會討論實現這種系統的各種運算結構，而在第 7 章我們將會討論各式各樣近似我們想要得到的頻率響應之差分方程式係數的程序。這一節中，藉由 z 轉換的幫助，我們會一一檢視如 (5.19) 式描述的 LTI 系統之性質和特性。這些知識將會在接下來的章節扮演很重要的角色。

如同我們在 3.5 節所看到的，在方程式 (5.19) 兩邊執行 z 轉換且運用線性性質（3.4.1 節）和時間平移性質（3.4.2 節），可以推知對於一個輸入和輸出滿足如方程式 (5.19) 所示之差分方程式的系統會有下列代數形式的系統函數

$$H(z) = \frac{Y(z)}{X(z)} = \frac{\sum_{k=0}^{M} b_k z^{-k}}{\sum_{k=0}^{N} a_k z^{-k}} \tag{5.20}$$

在 (5.20) 式中 $H(z)$ 以 z^{-1} 形式的多項比例式呈現，這是因為 (5.19) 式包含有兩個延遲項的線性組合。儘管 (5.20) 式可以重新改寫為 z 的指數多項式而非 z^{-1} 的形式，但一般實務上我們不這麼做。同樣地，(5.20) 式也常常簡便的以因子形式（factored form）表示

$$H(z) = \left(\frac{b_0}{a_0}\right) \frac{\prod_{k=1}^{M} (1 - c_k z^{-1})}{\prod_{k=1}^{N} (1 - d_k z^{-1})} \tag{5.21}$$

每一個在分子的因子 $(1-c_k z^{-1})$ 都由一個在 $z=c_k$ 的零點和一個在 $z=0$ 的極點所構成。同樣地，每一個在分母的因子 $(1-d_k z^{-1})$ 都由一個在 $z=0$ 的零點和一個在 $z=d_k$ 的極點所構成。

在系統函數的差分方程式和其相對應的代數表示式之中，有一個直接的關係。具體地說，在 (5.20) 式的分子多項式和 (5.19) 式的右邊有相同的係數和代數結構（ $b_k z^{-k}$ 形式的項對應於 $b_k x[n-k]$ ），同時在 (5.20) 式的分母多項式和 (5.19) 式的左邊有相同的係數和代數結構（ $a_k z^{-k}$ 形式的項對應於 $a_k y[n-k]$ ）因此，只要我們給定一個如 (5.20) 式形式的系統函數或 (5.19) 式形式的差分方程式，我們都可以直接地得到另外一個表示方式。我們用下列的問題舉例。

範例 5.1　2 階系統

假設有一個 LTI 系統，其系統函數如下

$$H(z)=\frac{(1+z^{-1})^2}{\left(1-\frac{1}{2}z^{-1}\right)\left(1+\frac{3}{4}z^{-1}\right)} \tag{5.22}$$

為了找到滿足這個系統輸入輸出關係的差分方程式，我們用 (5.20) 式的形式來表示 $H(z)$。我們把分母和分子展開可得到下列的分式多項式

$$H(z)=\frac{1+2z^{-1}+z^{-2}}{1+\frac{1}{4}z^{-1}-\frac{3}{8}z^{-2}}=\frac{Y(z)}{X(z)} \tag{5.23}$$

因此，

$$\left(1+\tfrac{1}{4}z^{-1}-\tfrac{3}{8}z^{-2}\right)Y(z)=(1+2z^{-1}+z^{-2})X(z),$$

所以，差分方程式為

$$y[n]+\tfrac{1}{4}y[n-1]-\tfrac{3}{8}y[n-2]=x[n]+2x[n-1]+x[n-2] \tag{5.24}$$

5.2.1 穩定性和因果性

爲了從 (5.19) 式得到 (5.20) 式，我們假設系統爲線性且非時變的，因此 (5.2) 式可以使用，但是我們沒有對穩定性和因果性（causality）有進一步的假設。同樣地，我們可以從差分方程式得到系統函數的代數表示式，但卻不能得知它的收斂區間（ROC）。明確地說，$H(z)$ 的收斂區間不能由 (5.20) 式所導出，這是由於 (5.20) 式所要求的條件只有 $H(z)$ 和 $Y(z)$ 之間的收斂區間維持不重疊即可。這和我們第 2 章所看到的結果是一致的，差分方程式並不能唯一決定一個 LTI 系統的脈衝響應。對於 (5.20) 或 (5.21) 式的系統函數而言，收斂區間有很多種選擇。對於一個特定的分式多項式，選定不同的收斂區間會得到不同的脈衝響應，但它們都對應到相同的差分方程式。然而，如果我們假設系統是因果的，那就代表 $h[n]$ 一定是一個右邊序列，因此 $H(z)$ 的收斂區間一定落在最外面

的極點之外。另一方面，如果我們假設系統是穩定的，從第 2.4 節的討論可知，脈衝響應就一定會有絕對可加性，也就是說

$$\sum_{n=-\infty}^{\infty} |h[n]| < \infty \tag{5.25}$$

由於當 $|z|=1$ 時 (5.25) 式等同於下式的條件

$$\sum_{n=-\infty}^{\infty} |h[n]z^{-n}| < \infty \tag{5.26}$$

因此穩定性的條件就如同 $H(z)$ 的收斂區間要在單位圓內。如何決定系統的收斂區間和如何從差分方程式得到系統函數將由下面的範例說明。

範例 5.2 決定收斂區間

考慮一個輸入和輸出有下列差分方程式的關係之 LTI 系統

$$y[n] - \tfrac{5}{2}y[n-1] + y[n-2] = x[n] \tag{5.27}$$

從前面的討論，我們可以求出 $H(z)$ 的代數表式為

$$H(z) = \frac{1}{1-\frac{5}{2}z^{-1}+z^{-2}} = \frac{1}{\left(1+\frac{1}{2}z^{-1}\right)(1-2z^{-1})} \tag{5.28}$$

圖 5.7 為 $H(z)$ 相對應的極點－零點圖。其中收斂區間（ROC）有三種選擇。如果這個系統是因果的，那它的收斂區間就在最外面的極點之外，也就是 $|z|>2$。在這個情況下，這個系統將不會穩定，這是因為收斂區間並沒有包含單位圓。如果我們假設系統是穩定的，那收斂區間將會落在 $\frac{1}{2}<|z|<2$，並且 $h[n]$ 就會是一個雙邊序列。收斂區間的第三個選擇是 $|z|<\frac{1}{2}$，這個系統將會不穩定也非因果的。

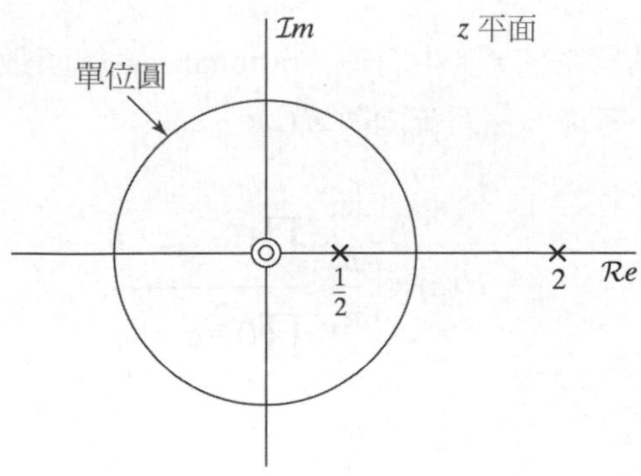

圖 5.7 範例 5.2 的極點－零點圖

從範例 5.2 我們可以發現，在這個範例中因果性和穩定性是無法同時滿足的。對於一個輸入和輸出滿足 (5.19) 式的差分方程式之 LTI 系統，若我們想讓這個系統同時為穩定且為因果性的，那其系統函數所對應的收斂區間一定要在最外面的極點之外並且包含單位圓。清楚地說，這個要求限制系統函數所有的極點都要在單位圓內。

5.2.2 反系統

對於一個函數為 $H(z)$ 的 LTI 系統而言，其相對應的反系統函數 $H_i(z)$定義為能夠讓這個反系統（inverse systems）和系統串聯後的全部有效系統函數為 1 的系統，意即，

$$G(z) = H(z)H_i(z) = 1 \tag{5.29}$$

這意味著

$$H_i(z) = \frac{1}{H(z)} \tag{5.30}$$

和 (5.29) 式等效的時域條件為

$$g[n] = h[n] * h_i[n] = \delta[n] \tag{5.31}$$

從 (5.30) 式我們可以得知若反系統存在，則它的頻率響應為

$$H_i(e^{j\omega}) = \frac{1}{H(e^{j\omega})} \tag{5.32}$$

意即 $H_i(e^{j\omega})$ 和 $H(e^{j\omega})$ 互為倒數。同樣地，反系統之對數強度、相位、和群延遲都是其原來系統相對應的函數之負值。並非所有系統都有反系統。例如理想的低通濾波器沒有反系統。我們沒有辦法去回覆已經被濾波器所濾除之高頻訊號成份。

很多系統確實有其反系統，其中有理（rational）系統函數這一類是非常有用且有意思的範例。具體地說，考慮一個系統函數 $H(z)$

$$H(z) = \left(\frac{b_0}{a_0}\right)\frac{\prod_{k=1}^{M}(1 - c_k z^{-1})}{\prod_{k=1}^{N}(1 - d_k z^{-1})}, \tag{5.33}$$

其中零點在 $z=c_k$ 且極點在 $z=d_k$ 。另外可能有零點和/或極點在 $z=0$ 和 $z=\infty$ 的位置。然後，

$$H_i(z)=\left(\frac{a_0}{b_0}\right)\frac{\prod_{k=1}^{N}(1-d_k z^{-1})}{\prod_{k=1}^{M}(1-c_k z^{-1})}; \tag{5.34}$$

也就是說，$H_i(z)$ 的極點就是 $H(z)$ 的極點，反之亦然。現在出現了一個問題，那 $H_i(z)$ 的收斂區間爲何呢？在這個情況下答案可以由運用如 (5.31) 式之旋積定理所得到。爲了滿足 (5.31) 式，$H(z)$ 和 $H_i(z)$ 的收斂區間一定要重疊。如果 $H(z)$ 是因果性的話，則它的收斂區間爲

$$|z|>\max_k |d_k| \tag{5.35}$$

因此，任何能夠重疊於 (5.35) 式所示之區間的收斂區間都可以是 $H_i(z)$ 的收斂區間。範例 5.3 和 5.4 說明了其中的一些可能的結果。

範例 5.3　一階系統的反系統

令 $H(z)$ 為

$$H(z)=\frac{1-0.5z^{-1}}{1-0.9z^{-1}}$$

其中其收斂區間為 $|z|>0.9$ 。另外，$H_i(z)$ 為

$$H_i(z)=\frac{1-0.9z^{-1}}{1-0.5z^{-1}}$$

由於 $H_i(z)$ 只有一個極點，因此它的收斂區間只有兩個可能性，並且唯一能夠和 $H(z)$ 的收斂區間 $|z|>0.9$ 重疊的只有 $|z|>0.5$ 這個收斂區間。因此，反系統的脈衝響應為

$$h_i[n]=(0.5)^n u[n]-0.9(0.5)^{n-1}u[n-1]$$

在這個範例中，反系統是因果性且穩定的。

範例 5.4 收斂區間內有一個零點的系統之反系統

假設 $H(z)$ 為

$$H(z)=\frac{z^{-1}-0.5}{1-0.9z^{-1}},\quad |z|>0.9$$

其反系統函數為

$$H_i(z)=\frac{1-0.9z^{-1}}{z^{-1}-0.5}=\frac{-2+1.8z^{-1}}{1-2z^{-1}}$$

如同前面談到的，這個 $H_i(z)$ 的代數表示式有兩種可能的收斂區間：$|z|<2$ 和 $|z|>2$。然而，在這個情況下這兩個區間都和 $|z|>0.9$ 重疊，因此這兩個都是有效的反系統。其中收斂區間 $|z|<2$ 所對應的脈衝響應為

$$h_{i1}[n]=2(2)^n u[-n-1]-1.8(2)^{n-1}u[-n]$$

而收斂區間 $|z|>2$ 所對應的脈衝響應為

$$h_{i2}[n]=-2(2)^n u[n]+1.8(2)^{n-1}u[n-1]$$

我們發現 $h_{i1}[n]$ 為穩定且非因果性的，然而 $h_{i2}[n]$ 則是不穩定且因果性的。理論上這兩個系統和 $H(z)$ 串接後都會是相同的系統。

範例 5.3 和 5.4 的結論爲：如果 $H(z)$ 是一個零點在 $c_k, k=1,\ldots,M$ 的因果性系統，則它的反系統就會是因果性的若且唯若我們讓 $H_i(z)$ 的收斂區間爲

$$|z|>\max_k |c_k|,$$

如果我們要求反系統同時滿足穩定性，那 $H_i(z)$ 的收斂區間一定要包含單位圓，在這個情況下

$$\max_k |c_k|<1$$

意即，$H(z)$ 所有的零點都要在單位圓內。因此，一個 LTI 系統爲穩定且因果性並且只有一個穩定且因果性的反系統若且唯若 $H(z)$ 的極點和零點都在單位圓內。這種系統稱作爲**最小相位**（minimum-phase）系統，這種系統將在第 5.6 節有更深入的討論。

5.2.3 有理系統函數的脈衝響應

求反 z 轉換之部份分式展開技術的討論（3.3.2 節）可以應用在 $H(z)$ 以求得滿足 (5.21) 式之有理系統之脈衝響應一般式。記得任意只有一階極點之 z^{-1} 次有理函數可以用下列形式展開

$$H(z)=\sum_{r=0}^{M-N}B_r z^{-r}+\sum_{k=1}^{N}\frac{A_k}{1-d_k z^{-1}}, \tag{5.36}$$

其中第一個加法項可以由分母對分子長除法得到，並且只有在 $M\geq N$ 時存在。第二個項的係數 A_k 可以用 (3.43) 式求得。如果 $H(z)$ 有多階極點，那它的部份分式展開會呈現如 (3.46) 式的形式。

如果我們假設系統爲因果性的，那它的收斂區間便落在 (5.36) 式之所有的極點外，因此

$$h[n]=\sum_{r=0}^{M-N}B_r\delta[n-r]+\sum_{k=1}^{N}A_k d_k^n u[n], \tag{5.37}$$

其中第一個加法項只有在 $M\geq N$ 時存在。

在討論 LTI 系統時，我們通常會把這種系統分作兩個類別。其中第一種的系統 $H(z)$ 至少有一個非零的極點不被零點所抵消。在這種情形下，$h[n]$ 至少會有一個如 $A_k(d_k)^n u[n]$ 形式的項，且 $h[n]$ 不會是有限長度的，也就是說 $h[n]$ 在一個有限區間內都不爲零。因此，這種類型的系統爲無限脈衝響應（IIR）系統。

至於第二種系統，$H(z)$ 除了在 $z=0$ 外沒有極點；也就是說，(5.19) 和 (5.20) 式的 $N=0$。因此，我們沒有辦法使用部份分式展開，而 $H(z)$ 爲如下式之簡單的 z^{-1} 次多項式

$$H(z)=\sum_{k=0}^{M}b_k z^{-k} \tag{5.38}$$

（我們假設不失一般性，也就是 $a_0=1$）在這個情況下，$H(z)$ 取決於一連串的定值乘法器。經過檢查，從 (5.38) 式可知，$h[n]$ 爲

$$h[n]=\sum_{k=0}^{M}b_k\delta[n-k]=\begin{cases}b_n, & 0\leq n\leq M,\\ 0, & \text{其他}\end{cases} \tag{5.39}$$

在這個情形下，脈衝響應的長度是有限的；意即，它在一個有限區間外爲零。因此，這些系統稱爲有限脈衝響應（FIR）系統。注意，對於 FIR 系統而言，(5.19) 式的差分方程式與旋積的和相等，也就是說

$$y[n]=\sum_{k=0}^{M} b_k x[n-k] \tag{5.40}$$

範例 5.5 爲一個簡單的 FIR 系統範例。

範例 5.5 一個簡單的 FIR 系統

考慮一個脈衝響應是由 IIR 系統的脈衝響應截斷而成之系統，其系統函數為

$$G(z)=\frac{1}{1-az^{-1}},\quad |z|>|a|,$$

也就是指，

$$h[n]=\begin{cases} a^n, & 0\le n\le M,\\ 0, & \text{otherwise}\end{cases}$$

因此，其系統函數為

$$H(z)=\sum_{n=0}^{M} a^n z^{-n}=\frac{1-a^{M+1}z^{-M-1}}{1-az^{-1}} \tag{5.41}$$

由於分子中的零點在 z 平面上位於下列位置

$$z_k=ae^{j2\pi k/(M+1)},\quad k=0,1,\ldots,M, \tag{5.42}$$

假設 a 為實數且為正數，在 $z=a$ 之極點會被 z_0 這個零點抵消。在 $M=7$ 下的極點－零點圖表示於圖 5.8。

滿足 LTI 系統之輸入和輸出的差分方程式為離散旋積

$$y[n]=\sum_{k=0}^{M} a^k x[n-k] \tag{5.43}$$

然而，(5.41) 式間接表示了輸入和輸出也滿足下列差分方程式

$$y[n]-ay[n-1]=x[n]-a^{M+1}x[n-M-1] \tag{5.44}$$

這兩個等效的差分方程式是由 (5.41) 式兩個相同形式之 $H(z)$ 所產生。

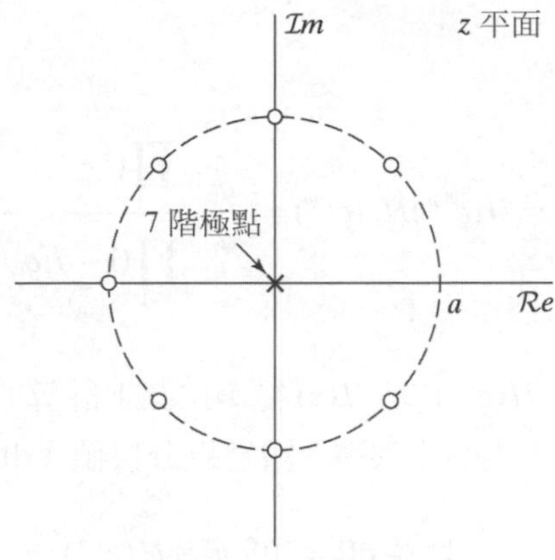

圖 5.8 範例 5.5 之極點－零點圖

5.3 有理系統函數的頻率響應

如果一個穩定的 LTI 系統有一個有理系統函數，意即，如果它的輸入和輸出滿足 (5.19) 式形式之差分方程式，那它的頻率響應 [方程式 (5.20) 之系統函數在單位圓上計算] 有以下的形式

$$H(e^{j\omega}) = \frac{\sum_{k=0}^{M} b_k e^{-j\omega k}}{\sum_{k=0}^{N} a_k e^{-j\omega k}} \tag{5.45}$$

也就是 $H(e^{j\omega})$ 是一個 $e^{-j\omega}$ 爲變數之分式多項式。爲了計算這種系統的頻率響應之強度、相位、和群延遲，我們可以把 $H(e^{j\omega})$ 以 $H(z)$ 之極點和零點的形式表示。這個表示法可以由 $z = e^{j\omega}$ 代入 (5.21) 式而得

$$H(e^{j\omega}) = \left(\frac{b_0}{a_0}\right) \frac{\prod_{k=1}^{M} (1 - c_k e^{-j\omega})}{\prod_{k=1}^{N} (1 - d_k e^{-j\omega})} \tag{5.46}$$

從 (5.46) 式可得

$$|H(e^{j\omega})| = \left|\frac{b_0}{a_0}\right| \frac{\prod_{k=1}^{M} |1 - c_k e^{-j\omega}|}{\prod_{k=1}^{N} |1 - d_k e^{-j\omega}|} \tag{5.47}$$

同樣地，強度平方函數為

$$|H(e^{j\omega})|^2 = H(e^{j\omega})H^*(e^{j\omega}) = \left(\frac{b_0}{a_0}\right)\frac{\prod_{k=1}^{M}(1-c_k e^{-j\omega})(1-c_k^* e^{j\omega})}{\prod_{k=1}^{N}(1-d_k e^{-j\omega})(1-d_k^* e^{j\omega})} \tag{5.48}$$

從 (5.47) 式，我們注意到 $|H(e^{j\omega})|$ 是 $H(z)$ 從單位圓上計算的零點因素之強度乘積，除上從單位圓上計算的極點因素之強度乘積。增益以分貝值（dB）來表示如下

$$\text{增益 dB} = 20\log_{10}|H(e^{j\omega})| \tag{5.49}$$

$$\begin{aligned}\text{增益 dB} = 20\log_{10}\left|\frac{b_0}{a_0}\right| + \sum_{k=1}^{M} 20\log_{10}|1-c_k e^{-j\omega}| \\ - \sum_{k=1}^{N} 20\log_{10}|1-d_k e^{-j\omega}|\end{aligned} \tag{5.50}$$

有理系統函數之相位響應有以下的形式

$$\arg[H(e^{j\omega})] = \arg\left[\frac{b_0}{a_0}\right] + \sum_{k=1}^{M}\arg[1-c_k e^{-j\omega}] - \sum_{k=1}^{N}\arg[1-d_k e^{-j\omega}] \tag{5.51}$$

其中 arg[] 表示連續的（重建的）相位。

有理系統函數相對應的群延遲為

$$\text{grd}[H(e^{j\omega})] = \sum_{k=1}^{N}\frac{d}{d\omega}(\arg[1-d_k e^{-j\omega}]) - \sum_{k=1}^{M}\frac{d}{d\omega}(\arg[1-c_k e^{-j\omega}]) \tag{5.52}$$

我們可以把它等效表示為

$$\text{grd}[H(e^{j\omega})] = \sum_{k=1}^{N}\frac{|d_k|^2 - \mathcal{R}e\{d_k e^{-j\omega}\}}{1+|d_k|^2 - 2\mathcal{R}e\{d_k e^{-j\omega}\}} - \sum_{k=1}^{M}\frac{|c_k|^2 - \mathcal{R}e\{c_k e^{-j\omega}\}}{1+|c_k|^2 - 2\mathcal{R}e\{c_k e^{-j\omega}\}} \tag{5.53}$$

如同 (5.51) 式所敘述的，每一項的相位都是模糊的；意即，在任一個頻率 ω 下，在每一項加上 2π 的任意整數倍都不會影響其複數值。另一方面，群延遲的表示式定義為對重建的相位微分的形式。

(5.50)、(5.51)、和(5.53) 式分別以每個零點和極點的貢獻來表示系統函數之強度（dB）、相位、和群延遲。因此，為了了解高階穩定系統之極點和零點的位置如何影響它們之頻率響應，我們可以仔細地探討一階和二階系統與它們的極點和零點位置之關係。

5.3.1 一階系統之頻率響應

在這一小節中，我們會探討一個形如 $(1-re^{j\theta}e^{-j\omega})$ 之單一因素的性質。其中 r 為 z 平面上極點或零點之半徑而 θ 為 z 平面上極點或零點之角度。這個因子象徵為 z 平面上半徑為 r、角度為 θ 之極點或零點。

這個因子的強度之平方為

$$|1-re^{j\theta}e^{-j\omega}|^2=(1-re^{j\theta}e^{-j\omega})(1-re^{-j\theta}e^{j\omega})=1+r^2-2r\cos(\omega-\theta) \quad (5.54)$$

以分貝來表示這個因子之增益為

$$(+/-)20\log_{10}|1-re^{j\theta}e^{-j\omega}|=(+/-)10\log_{10}[1+r^2-2r\cos(\omega-\theta)], \quad (5.55)$$

若此因子代表零點的話即為正，反之若此因子代表極點的話即為負值。

這個因子對於相位主值的貢獻為

$$(+/-)\text{ARG}[1-re^{j\theta}e^{-j\omega}]=(+/-)\arctan\left[\frac{r\sin(\omega-\theta)}{1-r\cos(\omega-\theta)}\right] \quad (5.56)$$

對 (5.56) 式的右邊微分（除了不連續點）可以得到這個因子對群延遲的貢獻

$$(+/-)\text{grd}[1-re^{j\theta}e^{-j\omega}]=(+/-)\frac{r^2-r\cos(\omega-\theta)}{1+r^2-2r\cos(\omega-\theta)}=(+/-)\frac{r^2-r\cos(\omega-\theta)}{|1-re^{j\theta}e^{-j\omega}|^2} \quad (5.57)$$

同樣地，若此因子代表零點的話即為正，反之若此因子代表極點的話即為負值。無疑地，(5.54)－(5.57) 式是 ω 週期為 2π 之函數。圖 5.9(a) 所示為 (5.55) 式在 $r=0.9$ 下，不同 θ 值 ω 在一個週期內（$0\le\omega<2\pi$）的曲線圖。

圖 5.9(b) 為 (5.56) 式之相位函數在 $r=0.9$ 下，不同 θ 值 ω 在一個週期內($0\le\omega<2\pi$)的曲線圖。注意到在 $\omega=\theta$ 時相位為零，且對於固定的 r 這個函數只單純地位移 θ。圖 5.9(c) 為 (5.57) 式之群延遲在相同 r 和 θ 的情況下之曲線圖。注意到在 $\omega=\theta$ 附近之高的正斜率在群延遲函數裡對應到在 $\omega=\theta$ 之極負峰值。

為了推測連續時間或離散時間系統之頻率響應性質，在複平面上的相關向量圖通常非常有用。在這種表示方式下，每一個極點和零點因子都可以表示為 z 平面上從極點或零點指向單位圓上一點的一個向量。對於一個下列形式的一階系統函數

$$H(z)=(1-re^{j\theta}z^{-1})=\frac{(z-re^{j\theta})}{z}, \quad r<1, \quad (5.58)$$

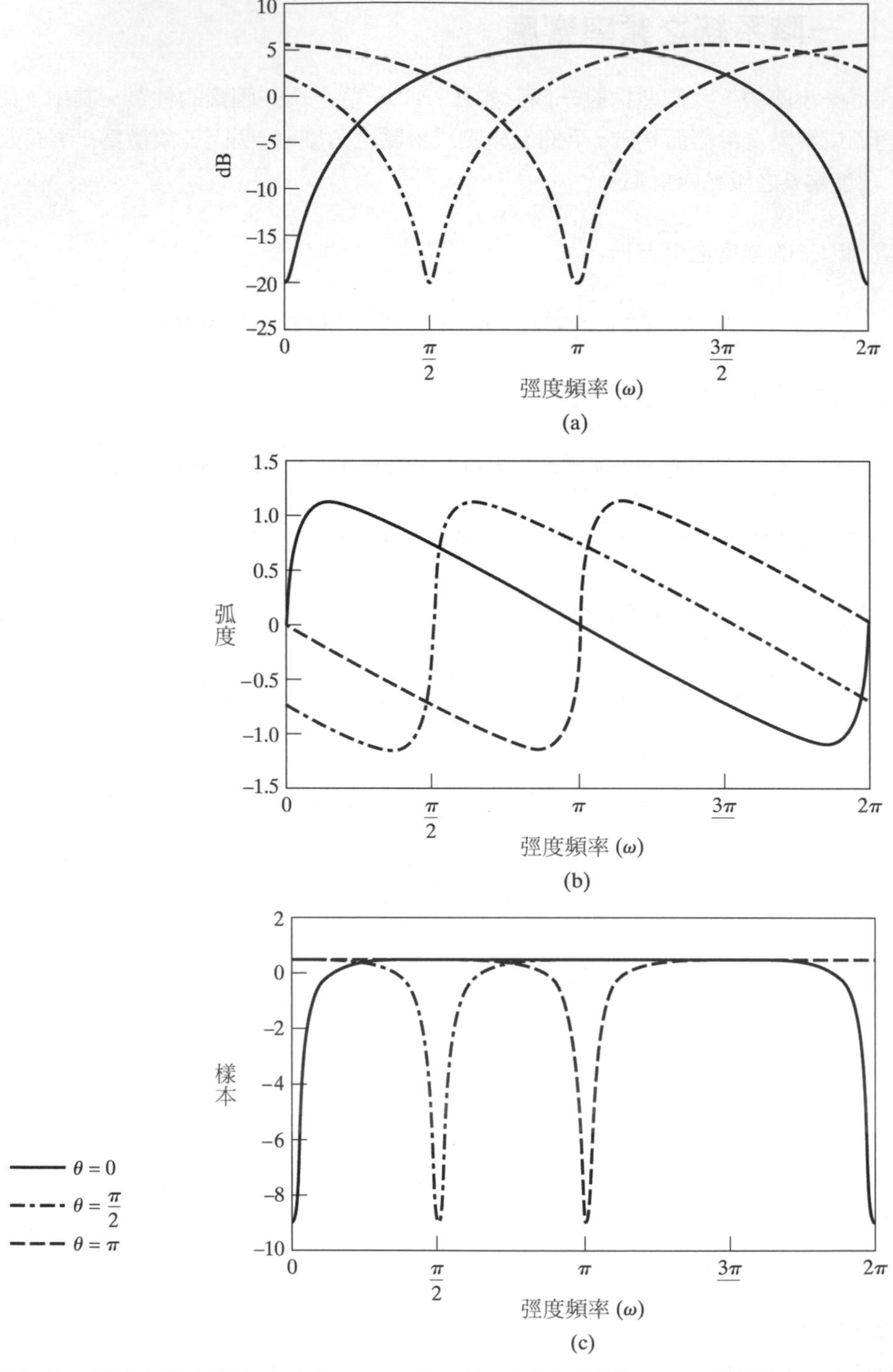

圖 5.9 單一零點之頻率響應，其中 $r = 0.9$ 且三種 θ 之值如圖所示。(a) 對數強度。(b) 相位。(c) 群延遲

其中極點－零點圖示繪於圖 5.10。分別代表複數 $e^{j\omega}$ 、 $re^{j\theta}$ 和 $(e^{j\omega}-re^{j\theta})$ 的向量 v_1 、 v_2 和 $v_3=v_2-v_1$ 也同樣表示在圖上。以這些向量來表示複數的強度

$$\frac{e^{j\omega}-re^{j\theta}}{e^{j\omega}}$$

其中這個值是向量 v_3 和 v_1 強度的比值，意即

$$|1-re^{j\theta}e^{-j\omega}|=\left|\frac{e^{j\omega}-re^{j\theta}}{e^{j\omega}}\right|=\frac{|v_3|}{|v_1|}, \tag{5.59}$$

或者，由於 $|v_1|=1$ ， (5.59) 式和 $|v_3|$ 相等。其相對應的相位為

$$\begin{aligned}\angle(1-re^{j\theta}e^{-j\omega})&=\angle(e^{j\omega}-re^{j\theta})-\angle(e^{j\omega})=\angle(v_3)-\angle(v_1)\\&=\phi_3-\phi_1=\phi_3-\omega\end{aligned} \tag{5.60}$$

因此，單一因素 $(1-re^{j\theta}z^{-1})$ 在頻率 ω 對強度函數的貢獻是向量 v_3 從零到單位圓上點 $z=e^{j\omega}$ 的長度。當 $\omega=\theta$ 時向量有最小的長度。這視為在圖 5.9(a) 中強度函數在頻率 $\omega=\theta$ 的急劇下降。向量 v_1 從在 $z=0$ 上的極點到 $z=e^{j\omega}$ 一定長度為 1。因此，它對強度響應不會造成任何影響。 (5.60) 式指出相位函數相等於 $re^{j\theta}$ 上的零點到點 $z=e^{j\omega}$ 的向量角和 $z=0$ 上的極點到點 $z=e^{j\omega}$ 的向量角之差值。

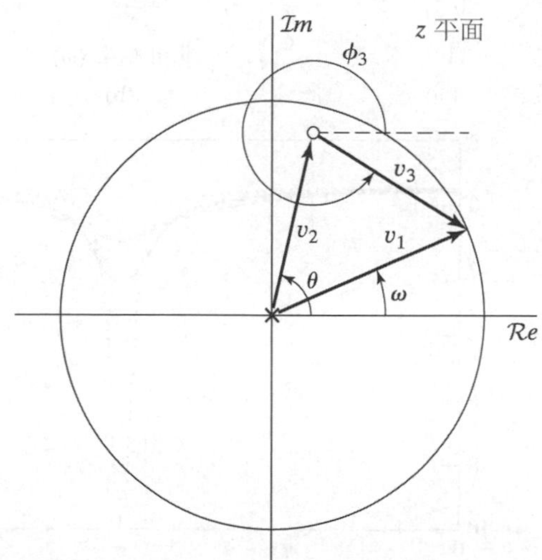

圖 5.10 在單位圓上計算一階系統函數之 z 平面向量，其中 $r<1$

在半徑 r 靠著單一因素 $(1-re^{j\theta}e^{-j\omega})$ 所貢獻的頻率響應用不同的 r 值和 $\theta=\pi$ 圖示於圖 5.11。注意到圖 5.11(a) 所示的對數強度函數當 r 靠近 1 時下降得更深；的確，當 r 靠近 1 時，在 $\omega=\theta$ 的強度分貝趨近於 $-\infty$。圖 5.11(b) 所示的相位函數在 $\omega=\theta$ 附近有正斜率，且當 r 接近 1 時它會趨近於無限大。因此，$r=1$ 時的相位函數是不連續的，它在 $\omega=\theta$ 時

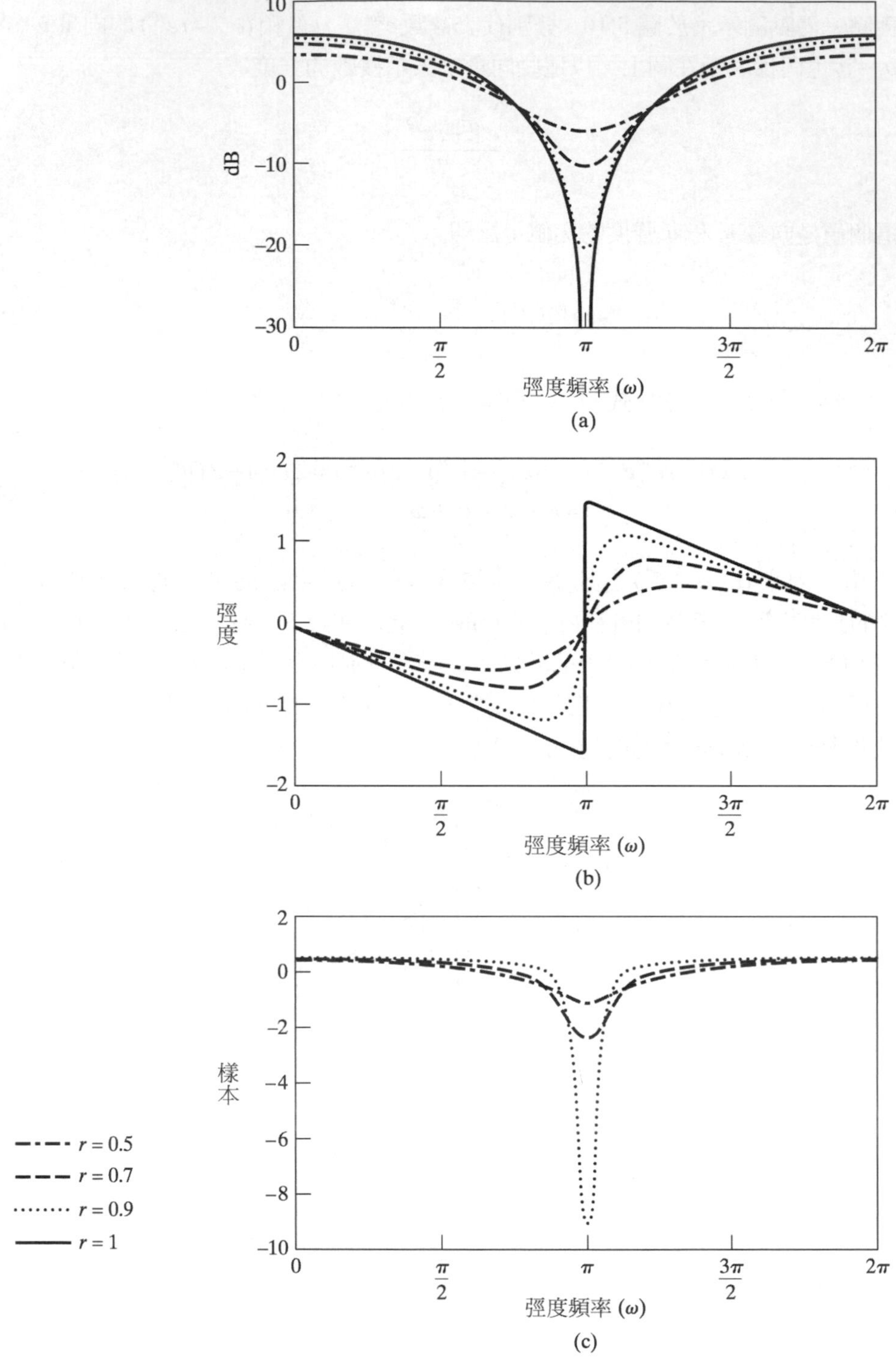

圖 5.11 單一零點的頻率響應，其中 $\theta=\pi$ 、 $r=1, 0.9, 0.7$ 和 0.5。(a) 對數強度。(b) 相位。(c) $r=0.9, 0.7$ 和 0.5 時的群延遲

弧度會跳 π。離開 $\omega = \theta$ 的地方相位函數的斜率便爲負。因於群延遲是相位曲線之負的斜率，所以在 $\omega = \theta$ 附近的群延遲爲負，且當 r 接近 1 時下降得很快並在 $r = 1$ 時成爲一個脈衝（沒有畫出來）。圖 5.11(c) 展示了當我們往 $\omega = \theta$ 外移動，群延遲會變爲正且平坦的。

5.3.2 有多個零點與極點的範例

在這一節中，我們運用並延伸 5.3.1 小節所討論的來求得有理系統函數之頻率響應。

範例 5.6　二階 IIR 系統

考慮一個二階系統

$$H(z) = \frac{1}{(1 - re^{j\theta}z^{-1})(1 - re^{-j\theta}z^{-1})} = \frac{1}{1 - 2r\cos\theta z^{-1} + r^2 z^{-2}} \tag{5.61}$$

滿足系統輸入和輸出的差分方程式為

$$y[n] - 2r\cos\theta\, y[n-1] + r^2 y[n-2] = x[n]$$

運用部份分式展開的技巧，我們可以求得一個含有這個系統函數之因果性系統的脈衝響應為

$$h[n] = \frac{r^n \sin[\theta(n+1)]}{\sin\theta} u[n] \tag{5.62}$$

(5.61) 式中的系統函數在 $z = re^{j\theta}$ 上有一個極點且在它的共軛位置上也有一個極點，而在 $z = 0$ 上有兩個零點。圖 5.12 為它的極點－零點圖。

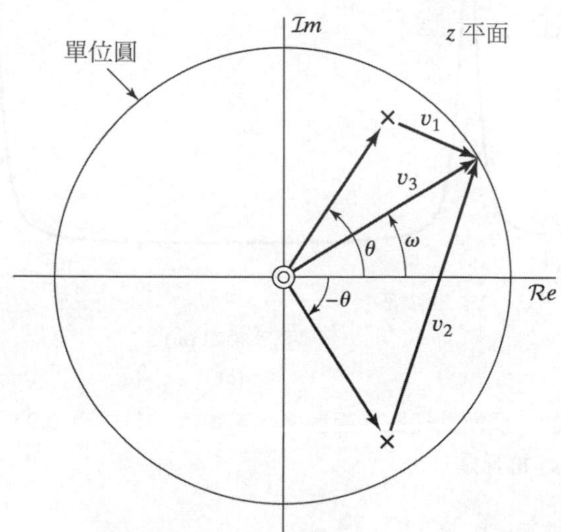

圖 5.12　範例 5.6 的極點－零點圖

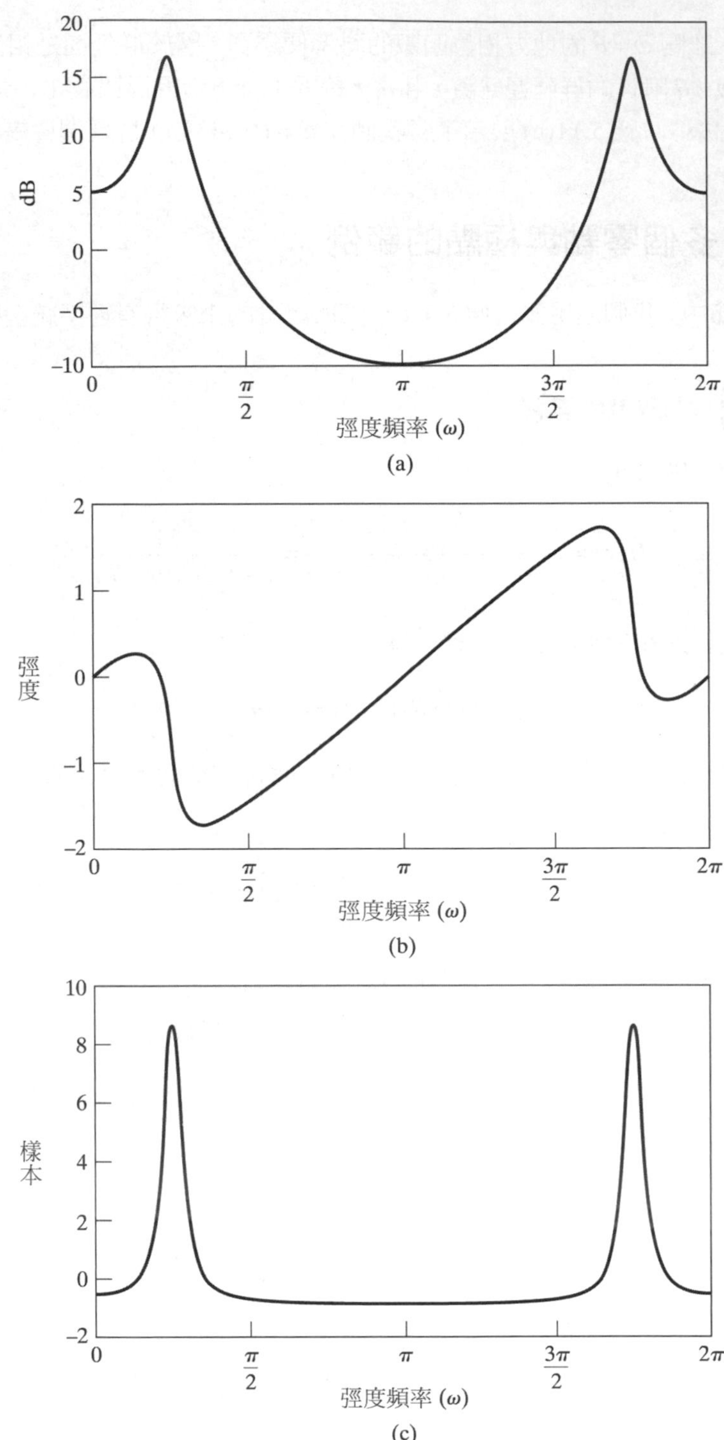

圖 5.13 範例 5.6 中的一個極點複數共軛對之頻率響應，其中 $r = 0.9$，$\theta = \pi/4$。(a) 對數強度。(b) 相位。(c) 群延遲

從 5.3.1 的討論得知

$$20\log_{10}|H(e^{j\omega})| = -10\log_{10}[1+r^2-2r\cos(\omega-\theta)] \\ -10\log_{10}[1+r^2-2r\cos(\omega+\theta)], \tag{5.63a}$$

$$\angle H(e^{j\omega}) = -\arctan\left[\frac{r\sin(\omega-\theta)}{1-r\cos(\omega-\theta)}\right] - \arctan\left[\frac{r\sin(\omega+\theta)}{1-r\cos(\omega+\theta)}\right], \tag{5.63b}$$

且

$$\text{grd}[H(e^{j\omega})] = -\frac{r^2-r\cos(\omega-\theta)}{1+r^2-2r\cos(\omega-\theta)} - \frac{r^2-r\cos(\omega+\theta)}{1+r^2-2r\cos(\omega+\theta)} \tag{5.63c}$$

這些函數圖示於圖 5.13，圖中的 $r = 0.9$ 且 $\theta = \pi/4$。

圖 5.12 展示了極點和零點向量 v_1、v_2 和 v_3。強度響應為零點向量長度間的乘積（在這個例子中皆為 1），再除極點向量長度之乘積。也就是，

$$|H(e^{j\omega})| = \frac{|v_3|^2}{|v_1|\cdot|v_2|} = \frac{1}{|v_1|\cdot|v_2|} \tag{5.64}$$

當 $\omega \approx \theta$ 時，向量 $v_1 = e^{j\omega} - re^{j\theta}$ 的長度會變得很小且隨著 ω 在 θ 附近改變而變化很劇烈，然而向量 $v_2 = e^{j\omega} - re^{-j\theta}$ 的長度當 ω 在 $\omega = \theta$ 附近改變時只有些微地變化。因此，在角度 θ 的極點主宰了 $\omega = \theta$ 附近的頻率響應，這可以在圖 5.13 清楚地看見。由對稱性得知，在角度 $-\theta$ 的極點主宰了 $\omega = -\theta$ 附近的頻率響應。

範例 5.7　二階 FIR 系統

考慮一個 FIR 系統，其脈衝響應為

$$h[n] = \delta[n] - 2r\cos\theta\delta[n-1] + r^2\delta[n-2] \tag{5.65}$$

相對應的系統函數是

$$H(z) = 1 - 2r\cos\theta z^{-1} + r^2 z^{-2}, \tag{5.66}$$

這是範例 5.6 中系統函數的倒數，因此這個 FIR 系統的頻率響應圖僅是圖 5.13 的負號。注意極點和零點的位置以倒數方式交換。

範例 5.8 三階 IIR 系統

現在我們利用第 7 章近似的方法來設計低通濾波器，方程式如下

$$H(z)=\frac{0.05634(1+z^{-1})(1-1.0166z^{-1}+z^{-2})}{(1-0.683z^{-1})(1-1.4461z^{-1}+0.7957z^{-2})}, \tag{5.67}$$

這個系統函數的零點為

半徑	幅角
1	π 徑度
1	±1.0376 徑度 (59.45°)

極點為

半徑	幅角
0.683	0
0.892	±0.6257 徑度 (35.85°)

此系統的極點零點圖在圖 5.14，圖 5.15 是此系統的對數大小、相位和群延遲。在單位圓上的零點，$\omega=\pm1.0376$ 和 π，其效應是明顯的，然而，所放的極點，使得從 $\omega=0$ 到 $\omega=0.2\pi$ 的頻帶，其大小響應仍為 0 dB（經由對稱性，從 $\omega=1.8\pi$ 到 $\omega=2\pi$ 亦同）。然後從 $\omega=0.3\pi$ 到 $\omega=1.7\pi$ 陡降到−25 dB 以下。由這例子可知，頻率選擇濾波器的近似，可用極點去建構大小響應，用零點去壓制它。

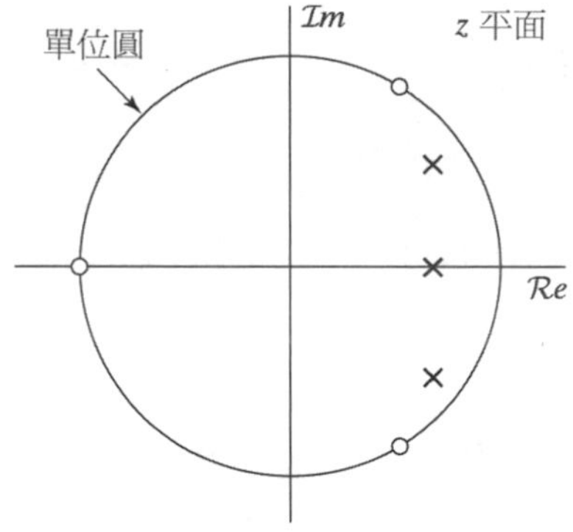

圖 5.14 範例 5.8 之低通濾波器的極點零點圖

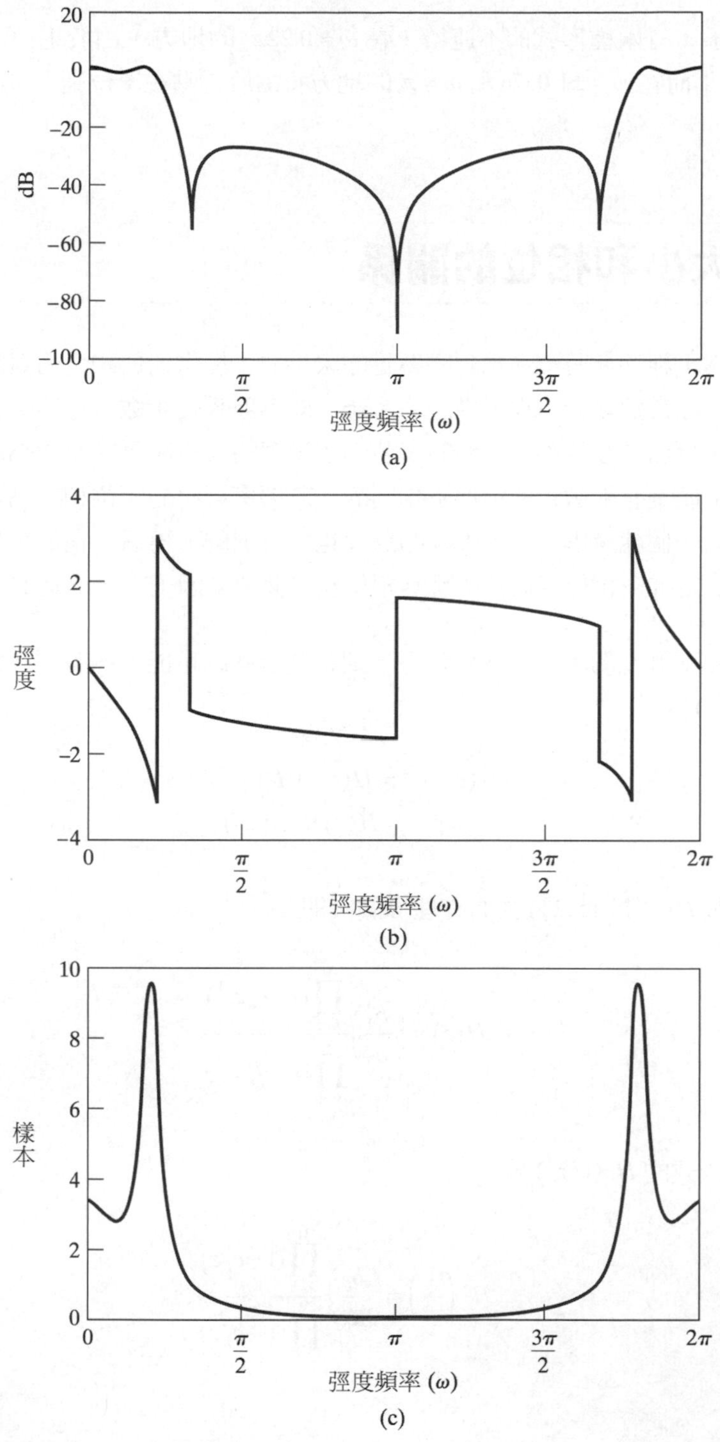

圖 5.15 範例 5.8 之低通濾波器的頻率響應 (a) 對數大小 (b) 相位 (c) 群延遲

在這例子，有兩種形式的不連續，在 $\omega \approx 0.22\pi$ 的地方，由於主值之使用，有一個 2π 的不連續；而在 $\omega = \pm 1.0376$ 和 $\omega = \pi$ 的地方，由於零點在單位圓上，故有一個 π 的不連續。

5.4 大小和相位的關係

一般來說，線性非時變系統頻率響應的大小並不提供任何相位的資訊，反之亦然。不過，對用線性常數差分方程式描述的系統，即有理系統函數，它的大小和相位之間存在某些限制，特別是在這節所討論的，若頻率響應的大小和零點及極點的數目均已知，則相關的相位僅是有限數目的選擇；相同的，若頻率響應的相位和零點及極點的數目均已知，則在同一個純量因子下，大小的選擇也是有限的。再者，在最小相位限制下，頻率響應大小決定唯一相位；而頻率響應相位在一個純量因子下，決定唯一大小。

在系統頻率響應的大小平方給定下，則系統函數的可能選擇有限，為了利用此，我們考慮 $|H(e^{j\omega})|^2$

$$\begin{aligned}|H(e^{j\omega})|^2 &= H(e^{j\omega})H^*(e^{j\omega})\\ &= H(z)H^*(1/z^*)|_{z=1^{j\omega}}\end{aligned} \tag{5.68}$$

限制系統函數 $H(z)$ 是 (5.21) 式的有理形式，即

$$H(z) = \left(\frac{b_0}{a_0}\right)\frac{\prod_{k=1}^{M}(1-c_k z^{-1})}{\prod_{k=1}^{N}(1-d_k z^{-1})}, \tag{5.69}$$

那麼在 (5.68) 式的 $H^*(1/z^*)$ 為

$$H^*\left(\frac{1}{z^*}\right) = \left(\frac{b_0}{a_0}\right)\frac{\prod_{k=1}^{M}(1-c_k^* z)}{\prod_{k=1}^{N}(1-d_k^* z)}, \tag{5.70}$$

此次假設 a_0 和 b_0 是實數，因此 (5.68) 式敘述了在單位圓上計算頻率響應的大小平方，相關的 z 轉換 $C(z)$ 爲

$$C(z) = H(z)H^*(1/z^*) \tag{5.71}$$

$$= \left(\frac{b_0}{a_0}\right)^2 \frac{\prod_{k=1}^{M}(1-c_k z^{-1})(1-c_k^* z)}{\prod_{k=1}^{N}(1-d_k z^{-1})(1-d_k^* z)} \tag{5.72}$$

假如 $|H(e^{j\omega})|^2$ 是給定的，那我們只須用 z 取代 $(e^{j\omega})$，則可建構 $C(z)$。從 $C(z)$，我們想要去推論可能的 $H(z)$。首先，每一個 $H(z)$ 的極點 d_k，$C(z)$ 必有極點 d_k 和 $(d_k^*)^{-1}$，同理，每一個 $H(z)$ 的零點 c_k，$C(z)$ 必有零點 c_k 和 $(c_k^*)^{-1}$，結果 $C(z)$ 的極點和零點以共軛倒數對出現，每對的其中一個元素與 $H(z)$ 有關，而另一個元素與 $H^*(1/z^*)$ 有關。此外，每對的其中一個元素在單位圓外，另一個將在單位圓內，唯一其他的可能是二者均在單位圓上。

若 $H(z)$ 是對到一個因果穩定系統，擇其所有極點均在單位圓內，由這個限制，$H(z)$ 的極點完全可由 $C(z)$ 的極點加以辨證，但 $H(z)$ 的零點並不能由 $C(z)$ 的極點唯一辨證，可從下例看到。

範例 5.9 有相同 $C(z)$ 的系統

考慮二個穩定系統，其系統函數為

$$H_1(z) = \frac{2(1-z^{-1})(1+0.5z^{-1})}{(1-0.8e^{j\pi/4}z^{-1})(1-0.8e^{-j\pi/4}z^{-1})} \tag{5.73}$$

和

$$H_2(z) = \frac{(1-z^{-1})(1+2z^{-1})}{(1-0.8e^{j\pi/4}z^{-1})(1-0.8e^{-j\pi/4}z^{-1})} \tag{5.74}$$

這二個系統的零點極點圖在圖 5.16(a) 和圖 5.16(b)，此二系統有相同的極點，且皆有一個零點在 $z=1$ 的位置，但另一個零點不同，現在

$$C_1(z) = H_1(z)H_1^*(1/z^*)$$
$$= \frac{2(1-z^{-1})(1+0.5z^{-1})2(1-z)(1+0.5z)}{(1-0.8e^{j\pi/4}z^{-1})(1-0.8e^{-j\pi/4}z^{-1})(1-0.8e^{-j\pi/4}z)(1-0.8e^{j\pi/4}z)} \tag{5.75}$$

和

$$C_2(z) = H_2(z)H_2^*(1/z^*)$$
$$= \frac{(1-z^{-1})(1+2z^{-1})(1-z)(1+2z)}{(1-0.8e^{j\pi/4}z^{-1})(1-0.8e^{-j\pi/4}z^{-1})(1-0.8e^{-j\pi/4}z)(1-0.8e^{j\pi/4}z)} \tag{5.76}$$

根據

$$4(1+0.5z^{-1})(1+0.5z) = (1+2z^{-1})(1+2z), \tag{5.77}$$

我們可以看到 $C_1(z) = C_2(z)$，$C_1(z)$和 $C_2(z)$的零點極點圖在圖 5.16(c)。

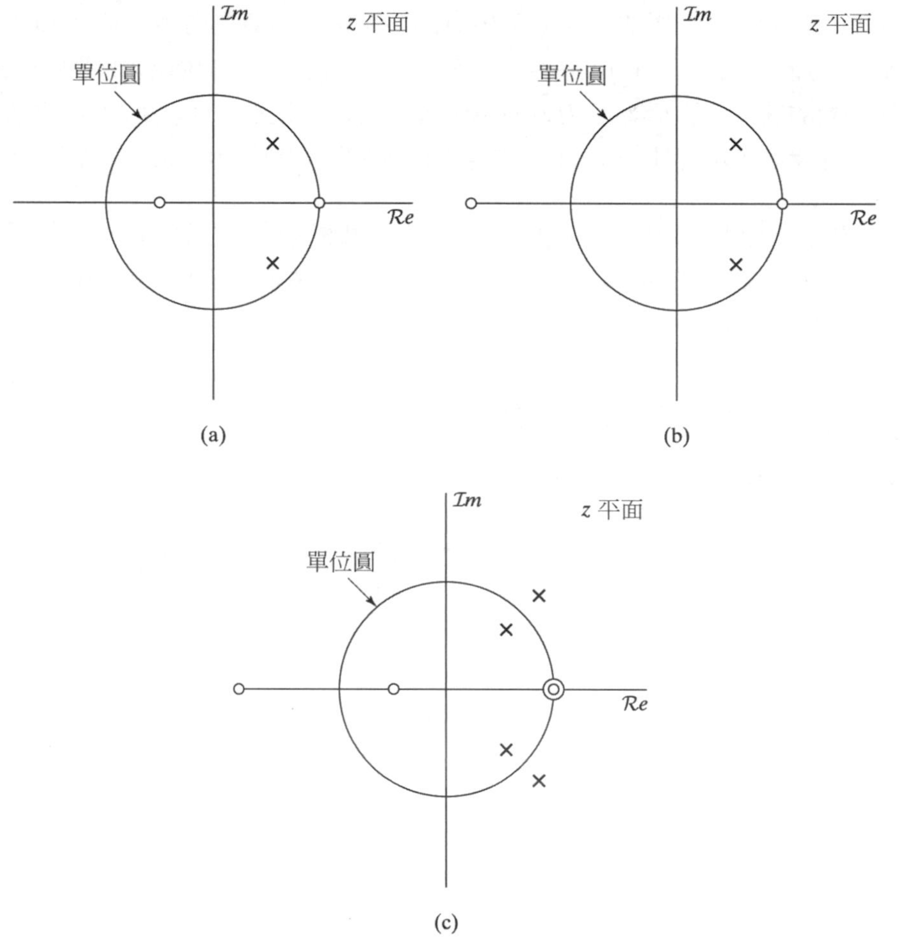

圖 5.16 二系統函數，和它們共同的大小平方函數之零點極點圖。(a) $H_1(z)$ $H_1(z)$；(b) $H_2(z)$；(c) $C_1(z)$；(d) $C_2(z)$

在範例 5.9，系統函數 $H_1(z)$和 $H_2(z)$僅零點的位置不同，在此例中，因子 $2(1+0.5z^{-1}) = (z^{-1}+2)$ 和因子 $(1+2z^{-1})$ 貢獻相同的頻率響應之大小平方。結果$|H_1(e^{j\omega})|$和$|H_2(e^{j\omega})|$相同，不過此二個頻率響應的相位函數是不同的。

範例 5.10 利用 $C(z)$ 決定 $H(z)$

假如我們給定 $C(z)$ 的極點零點圖如圖 5.17 且想要去決定 $H(z)$ 的零點和極點。極點和零點的共軛倒數對，其一個和 $H(z)$ 相關，另一個和 $H^*(1/z^*)$ 相關，為

極點對 1：(p_1, p_4)

極點對 2：(p_2, p_5)

極點對 3：(p_3, p_6)

零點對 1：(z_1, z_4)

零點對 2：(z_2, z_5)

零點對 3：(z_3, z_6)

若 $H(z)$ 對到一個穩定因果系統，則我們必定從每一對中選出單位圓內的極點，p_1、p_2 和 p_3，但零點不需在單位圓內。假如我們讓 (5.19) 和 (5.20) 式中的係數 a_k 和 b_k 是實數，則零點不是實數，就是以共軛複數對發生。結果 $H(z)$ 的相關零點為

$$z_3 \text{ 或 } z_6$$

和

$$(z_1, z_2) \text{ 或 } (z_4, z_5)$$

因此，共有四種不同的穩定因果系統，其中三個極點和三個零點可參考圖 5.17，且此四個系統的頻率響應大小均相同，如果沒有假設 a_k a_k 和 b_k b_k 是實數則選取的數目更多，再者，若 $H(z)$ 的極點和零點數目沒有限制，則 $H(z)$ 的數目將無窮多，為了解此，假設 $H(z)$ 有一個因子，其形式如下

$$\frac{z^{-1} - a^*}{1 - az^{-1}},$$

則

$$H(z) = H_1(z)\frac{z^{-1} - a^*}{1 - az^{-1}} \tag{5.78}$$

這形式的因子稱為**全通因子**（allpass factor），因為它們在單位圓上有單一大小，在第 5.5 節將詳細討論。我們很容易可得證

$$C(z) = H(z)H^*(1/z^*) = H_1(z)H_1^*(1/z^*); \tag{5.79}$$

即全通因子在 $C(z)$ 中互相消掉，故從 $C(z)$ 的極點零點圖是不可辨認的，結果，若 $H(z)$ 的極點零點數目不標定，則對給定的 $C(z)$，$H(z)$ 可以串接上任何極點在單位圓內的全通因子（即 $|a| < 1$）。

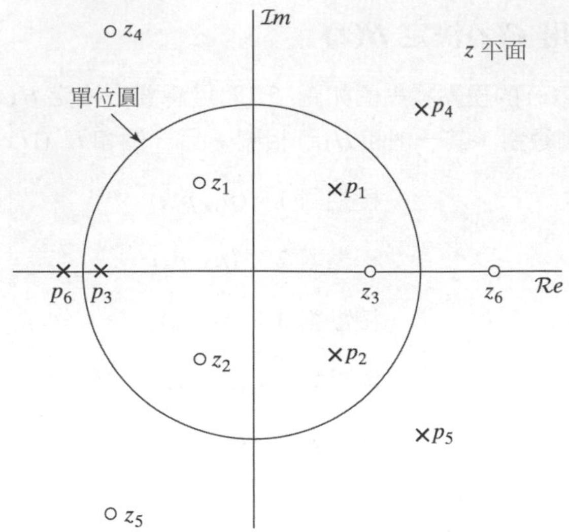

圖 5.17 範例 5.10 中大小平方函數之零點極點圖

5.5 全通系統

如同範例 5.10 所討論的，一個形式爲

$$H_{\text{ap}}(z) = \frac{z^{-1} - a^*}{1 - az^{-1}} \tag{5.80}$$

的穩定系統函數，其頻率響應大小和 ω 無關，這可將 $H_{\text{ap}}(e^{j\omega})$ 下列形式而觀得

$$\begin{aligned} H_{\text{ap}}(e^{j\omega}) &= \frac{e^{-j\omega} - a^*}{1 - ae^{-j\omega}} \\ &= e^{-j\omega} \frac{1 - a^* e^{j\omega}}{1 - ae^{-j\omega}} \end{aligned} \tag{5.81}$$

在 (5.81) 式中，$e^{j\omega}$ 這一項的大小爲一。而剩下的分子和分母因子呈共軛複數，故有相同的大小。結果 $|H_{\text{ap}}(e^{j\omega})| = 1$。此系統稱爲一個全通系統，因爲系統讓所有的輸入頻率成分通過並伴隨固定的增益或衰減[3]。

[3] 在其他一些討論中，一個全通系統被定義擁有單位增益。在本文中，則定義為一個系統通過所有頻率且增益為常數 A，而並非為單位。

全通系統的系統函數在其脈衝響應爲實數時，且極點是以共軛對存在，其最一般的形式是由 (5.80) 式的因子相成而得，即

$$H_{\mathrm{ap}}(z)=A\prod_{k=1}^{M_r}\frac{z^{-1}-d_k}{1-d_kz^{-1}}\prod_{k=1}^{M_c}\frac{(z^{-1}-e_k^*)(z^{-1}-e_k)}{(1-e_kz^{-1})(1-e_k^*z^{-1})}, \tag{5.82}$$

此處 A 是大於零的常數且 d_k 是實數極點，而 e_k 是 $H_{\mathrm{ap}}(z)$ 複數極點，對一個因果穩定的全通系統 $|d_k|<1$ 且 $|e_k|<1$。根據一般系統函數的符號，全通系統有 $M=N\ =2M_c+M_r$ 的極點和零點，注意每個 $H_{\mathrm{ap}}(z)$ 的極點有其共軛倒數爲零點。

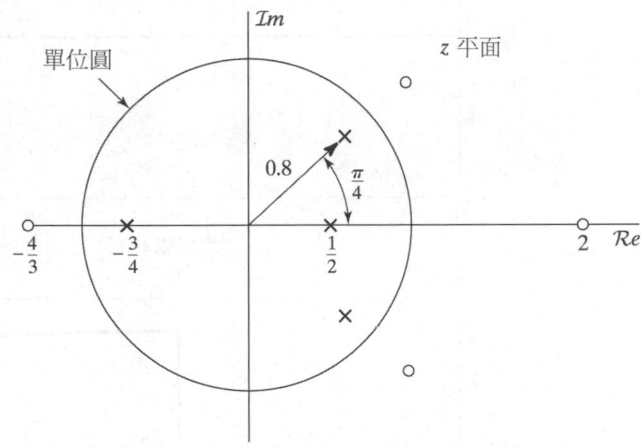

圖 5.18 典型全通系統的極點和零點

一般全通系統的頻率響應，可根據 (5.80) 式所標定的一階全通系統的頻率響應來表示，每一個系統包含一個極點在單位圓內和一個零點在其共軛倒數位置。每一項的大小響應已證實是 1，因此對數大小是 0 dB。同理，對一般全通系統，其對數大小爲 0 dB 而 $a=re^{j\theta}$ ，(5.80) 式的相位函數是

$$\angle\left[\frac{e^{-j\omega}-re^{-j\theta}}{1-re^{j\theta}e^{-j\omega}}\right]=-\omega-2\arctan\left[\frac{r\sin(\omega-\theta)}{1-r\cos(\omega-\theta)}\right] \tag{5.83}$$

同樣地，對一個極點在 $z=re^{j\theta}$ 和 $z=-re^{-j\theta}$ 的一階全通系統，其相位爲

$$\begin{aligned}\angle\left[\frac{(e^{-j\omega}-re^{-j\theta})(e^{-j\omega}-re^{j\theta})}{(1-re^{j\theta}e^{-j\omega})(1-re^{-j\theta}e^{-j\omega})}\right]&=-2\omega-2\arctan\left[\frac{r\sin(\omega-\theta)}{1-r\cos(\omega-\theta)}\right]\\&\quad-2\arctan\left[\frac{r\sin(\omega+\theta)}{1-r\cos(\omega+\theta)}\right]\end{aligned} \tag{5.84}$$

範例 5.11 一階與二階全通系統

圖 5.19 表示了兩個一階全通系統的對數大小，相位和群延遲，一個的實際極點在 $z=0.9$（$\theta=0$，$r=0.9$），另一個，其極點在 $z=-0.9$（$\theta=\pi$，$r=0.9$）$z=0.9$（$\theta=\pi$，$r=0.9$）對這兩個系統，極點的半徑均為 $r=0.9$。同樣的，圖 5.20 表示一個二階全通系統的同樣函數，其極點在 $z=0.9e^{j\pi/4}$ 和 $z=0.9e^{-j\pi/4}$。

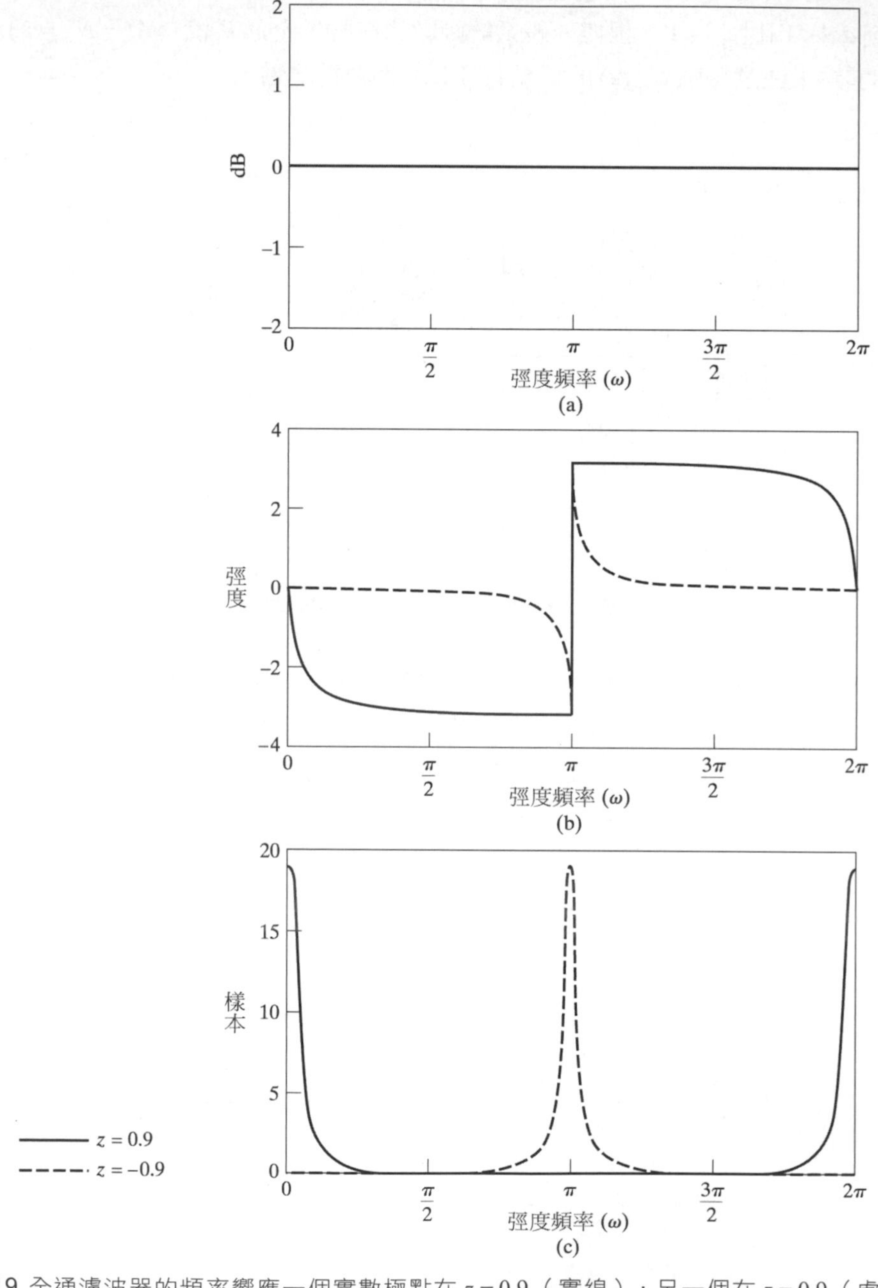

圖 5.19 全通濾波器的頻率響應一個實數極點在 $z=0.9$（實線），另一個在 $z=0.9$（虛線）。(a) 對數大小。(b) 相位（主值）。(c) 群延遲

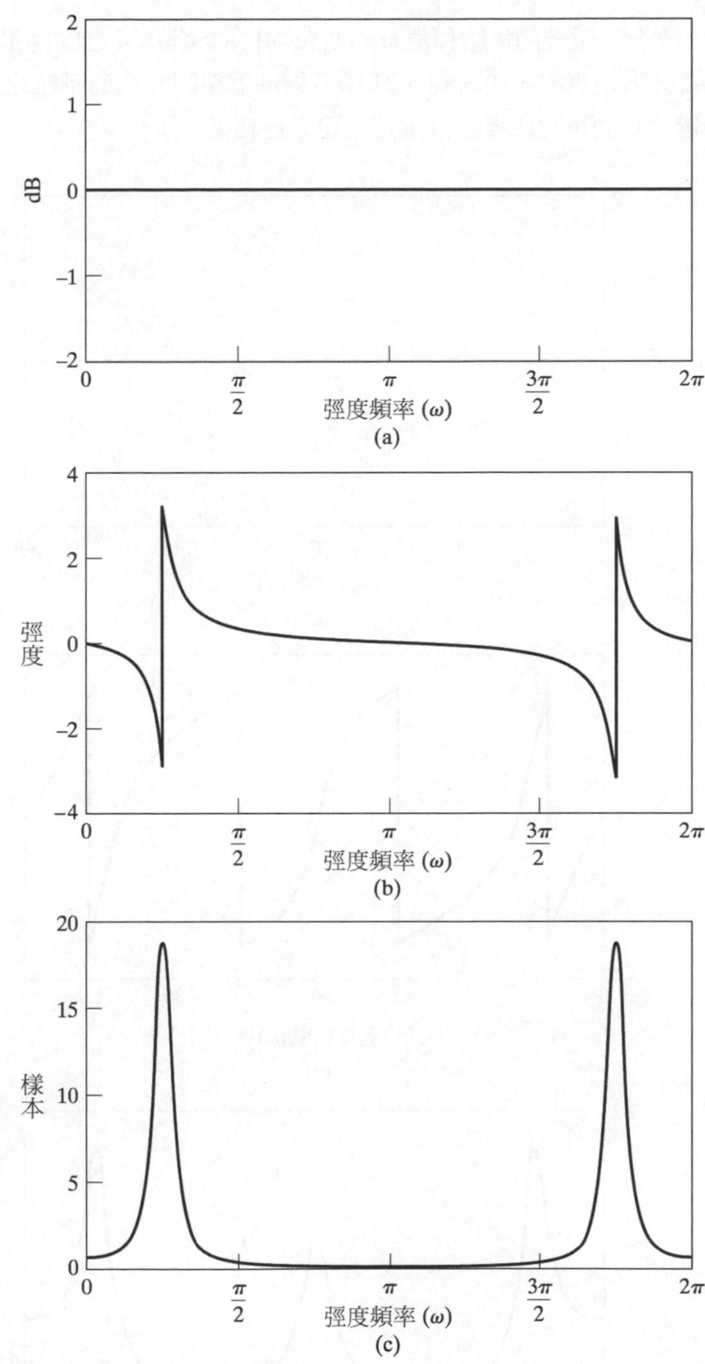

圖 5.20 極點在 $z = 0.9e^{j\pi/4}$ 的二階全通系統之頻率響應。(a) 對數大小；(b) 相位（主值）；(c) 群延遲

範例 5.11 說明了全通系統的一般性質，在圖 5.19(b) 中，看到相位在 $0 < \omega < \pi$ 之間是非正的，同理，在圖 5.20(b)，若因爲計算主值而導致的 2π 不連續性被拿掉，則連續相位曲線在 $0 < \omega < \pi$ 之間是非正的，因爲 (5.82) 式所給的更一般全通系統僅是一階和二

階因子的乘積，故全通系統的連續相位 $\arg[H_{ap}(e^{j\omega})]$ 在 $0 < \omega < \pi$ 之間總是非正的，假如主值被標示，這或許不是真的，如同圖 5.21 所示極點零點圖的全通系統之對數大小，相位和群延遲，不過，我們可經由考慮群延遲而建立這結果。

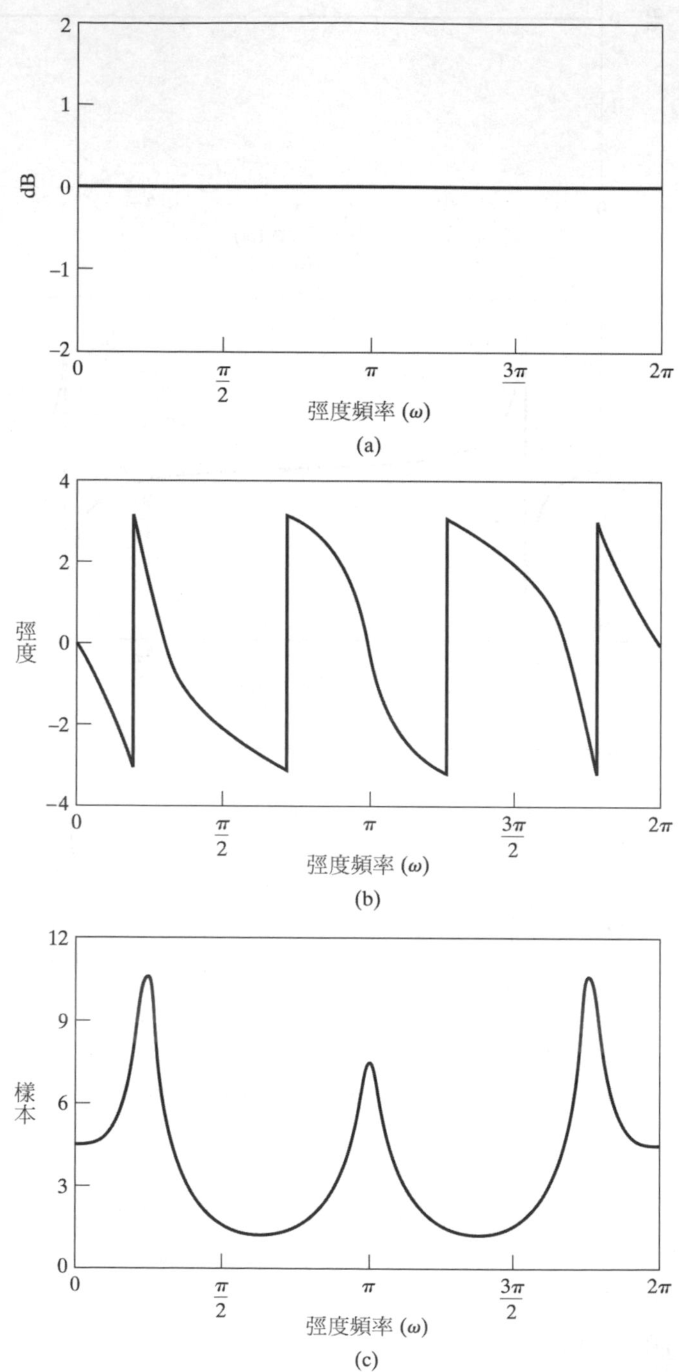

圖 5.21 圖 5.18 所示極點零點圖之全通系統的頻率響應。(a) 對數大小；(b) 相位（主值）；(c) 群延遲

(5.80) 式中之單一個極點全通系統的群延遲是 (5.83) 式所給的相位負的導數。經過一些代數化簡，可得證

$$\mathrm{grd}\left[\frac{e^{-j\omega}-re^{-j\theta}}{1-re^{j\theta}e^{-j\omega}}\right]=\frac{1-r^2}{1+r^2-2r\cos(\omega-\theta)}=\frac{1-r^2}{|1-re^{j\theta}e^{-j\omega}|^2} \tag{5.85}$$

對一個穩定因果全通系統，$r<1$，故從 (5.85) 式可知單一個全通系統因子的群延遲貢獻總是正的，又因爲高階全通系統的群延遲是 (5.85) 式正項的和，故一般有理全通系統的群延遲總是正的，這可由圖 5.19(c)、5.20(c) 和 5.21(c) 加以證實，它們分別表示一階，二階和三階全通系統。

全通系統的群延遲的恆正性是其相位的恆負性的簡單證明基礎，首先

$$\arg[H_{\mathrm{ap}}(e^{j\omega})]=-\int_0^{\omega}\mathrm{grd}[H_{\mathrm{ap}}(e^{j\phi})]d\phi+\arg[H_{\mathrm{ap}}(e^{j0})] \tag{5.86}$$

對 $0\le\omega\le\pi$，從 (5.82) 式可得

$$H_{\mathrm{ap}}(e^{j0})=A\prod_{k=1}^{M_r}\frac{1-d_k}{1-dk}\prod_{k=1}^{M_c}\frac{|1-e_k|^2}{|1-e_k|^2}-A \tag{5.87}$$

因此 $\arg[H_{\mathrm{ap}}(e^{j0})]=0$ 且因爲

$$\mathrm{grd}[H_{\mathrm{ap}}(e^{j\omega})]\ge 0, \tag{5.88}$$

故從 (5.86) 式可得

$$\arg[H_{\mathrm{ap}}(e^{j\omega})]\le 0,\quad 當\ 0\le\omega<\pi \tag{5.89}$$

群延遲恆正而相位爲非正，是因果全通系統的重要性質。

全通系統有許多應用，它們能當作相位失真的補償器，這將在第 7 章討論，它們在討論最小相位系統的理論時亦很有用，在 5.6 節將看到。它們在轉換頻率選擇低通濾波器至其他頻率選擇形式和獲得可變截止頻率選擇濾波器等二方面均很有用。這些應用將在第 7 章加以討論。

5.6 最小相位系統

在 5.4 節中，我們已證實，對有理系統函數的 LTI 系統，其頻率響應大小沒有唯一特徵這系統。若系統是穩定和因果的，則極點須在單位圓之內，但穩定性和因果性並沒

有限制零點。對某類問題，加上額外限制是有用的，譬如說，反系統異是穩定和因果的，從 5.2.2 節的討論，馬上可知 $H(z)$ 的極點和零點均須在單位圓內，因爲 $1/H(z)$ 的極點是 $H(z)$ 的零點。像這樣的系統稱爲**最小相位系統**（minimum-phase system），最小相位是源自相位的性質，而從定義看是不明顯的，這和其他基本性質對這類系統而言是唯一的，且這些性質將在 5.6.3 節中討論。

假如我們被給定一個 (5.72) 式形式的大小平方函數，且知道這系統爲最小相位系統，則 $H(z)$ 唯一被決定。它包含了 $C(z)=H(z)H^*(1/z^*)$ 所有在單位圓內的極點和零點④。在設計濾波器時，若僅大小響應被考慮，則這方法常被使用（參考第 7 章）。

5.6.1 最小相位和全通分解

在 5.4 節中，我們證實了，僅從頻率響應的大小平方不能唯一決定系統函數 $H(z)$，因爲給定的頻率響應大小中任何全通因子均不會改變其大小。一點單的觀察是任何有理系統函數⑤能被表示成

$$H(z)=H_{\text{min}}(z)H_{\text{ap}}(z), \tag{5.90}$$

此處 $H_{\text{min}}(z)$ 是一個最小相位系統，而 $H_{\text{ap}}(z)$ 是一個全通系統。

爲了證明此式，假設 $H(z)$ 僅有一個零點 $z=1/c^*$ 在單位圓外，此處 $|c|<1$，而其他極點和零點均在單位圓內，於是 $H(z)$ 可被表示成

$$H(z)=H_1(z)(z^{-1}-c^*), \tag{5.91}$$

此處由定義之 $H_1(z)$ 爲最小相位，$H(z)$ 的一個等效表示式爲

$$H(z)=H_1(z)(1-cz^{-1})\frac{z^{-1}-c^*}{1-cz^{-1}} \tag{5.92}$$

因爲 $|c|<1$，故因子 $H_1(z)(1-cz^{-1})$ 亦是最小相位，且它和 $H(z)$ 不同的地方只在 $H(z)$ 那個在單位圓外的零點 $z=1/c^*$，已被反射入單位圓內，且在共軛倒數位置 $z=c$。

---

④ 我們假設 $C(z)$ 沒有即點和零點在單位圓上。嚴格來說，系統有極點在單位圓上是不穩定的且在實做上是盡量避免的。然而，零點在單位圓上經常發生在濾波器設計的實做上。藉由我們的定義，此系統為非最小相位，但在這情形下卻有許多最小相位系統的特性。

⑤ 為了某程度上的方便，雖然觀察需要更一般性，但我們將討論限制在因果穩定的系統下。

$(z^{-1}-c^*)(1-cz^{-1})$ 這一項是全通的。這個例子能夠直接一般化成許多零點在單位圓外的情形。因此證實了任何系統函數可被表示成

$$H(z)=H_{\min}(z)H_{\mathrm{ap}}(z), \tag{5.93}$$

此處 $H_{\min}(z)$ 包含了 $H(z)$ 在單位圓內的極點和零點以及 $H(z)$ 在單位圓外之零點其共軛倒數。而 $H_{\mathrm{ap}}(z)$ 包含了所有在單位圓外的零點，以及消去 $H_{\min}(z)$ 中之反射共軛倒數零點的極點。

使用 (5.93) 式，我們可以從最小相位系統，經由反射單位圓的零點到單位圓外共軛倒數的位置而形成非最小相位系統。相反地，經由反射到單位圓外的零點到單位圓內共軛倒數的位置，可以從非最小相位系統形成最小相位系統，不管在哪一種情形，最小相位和非最小相位系統將有相同的頻率響應大小。

範例 5.12　最小相位／全通分解

為了闡釋如何將一個因果穩定系統分解成最小相位系統串接上一個全通系統，考慮下列二個因果穩定系統，其系統轉換函數為

$$H_1(z)=\frac{(1+3z^{-1})}{1+\frac{1}{2}z^{-1}}$$

且

$$H_2(z)=\frac{\left(1+\frac{3}{2}e^{+j\pi/4}z^{-1}\right)\left(1+\frac{3}{2}e^{-j\pi/4}z^{-1}\right)}{\left(1-\frac{1}{3}z^{-1}\right)}$$

第一個系統函數 $H_1(z)$ 有一個極點 $z=-1/2$ 在單位圓內有一個零點 $z=-3$ 在單位圓外，我們須選取適當的系統去將這個零點反射入單位圓內，從 (5.91) 式，我們有 $c=-1/3$，因此，由 (5.92) 和 (5.93) 式，全通系統為

$$H_{\mathrm{ap}}(z)=\frac{z^{-1}+\frac{1}{3}}{1+\frac{1}{3}z^{-1}},$$

且最小相位分量為

$$H_{\min}(z)=3\frac{1+\frac{1}{3}z^{-1}}{1+\frac{1}{2}z^{-1}};$$

即

$$H_1(z)=\left(3\frac{1+\frac{1}{3}z^{-1}}{1+\frac{1}{2}z^{-1}}\right)\left(\frac{z^{-1}+\frac{1}{3}}{1+\frac{1}{3}z^{-1}}\right)$$

第二個系統函數 $H_2(z)$ 有二個複數零點在單位圓外，且有一個實數極點在單位圓內，將分子項分解成 $\frac{3}{2}e^{j\pi/4}$ 和 $\frac{3}{2}e^{-j\pi/4}$ ，$H_2(z)$ 可表示成 (5.91) 式的形式如下

$$H_2(z)=\frac{9}{4}\frac{\left(z^{-1}+\frac{2}{3}e^{-j\pi/4}\right)\left(z^{-1}+\frac{2}{3}e^{j\pi/4}\right)}{1-\frac{1}{3}z^{-1}}$$

如同 (5.92) 式的分解，可得

$$H_2(z)=\left[\frac{9}{4}\frac{\left(1+\frac{2}{3}e^{-j\pi/4}z^{-1}\right)\left(1+\frac{2}{3}e^{j\pi/4}z^{-1}\right)}{1-\frac{1}{3}z^{-1}}\right]\times\left[\frac{\left(z^{-1}+\frac{2}{3}e^{-j\pi/4}\right)\left(z^{-1}+\frac{2}{3}e^{j\pi/4}\right)}{\left(1+\frac{2}{3}e^{j\pi/4}z^{-1}\right)\left(1+\frac{2}{3}e^{-j\pi/4}z^{-1}\right)}\right]$$

第一項是一個最小相位系統，而第二項是一個全通系統。

5.6.2 非最小相位系統的頻率響應補償

在許多信號處理的內容，我們想要補償一個已被不想要的頻率響應之 LTI 系統處理過的信號，如圖 5.22 所示。譬如說，在一個通訊通道上傳輸之輸出信號的情形。假如能獲完美的補償，則 $s_c[n]=s[n]$，即 $H_c(z)$ 是 $H_d(z)$ 的反系統。不過，若失真系統是穩定因果的，且所需之補償亦是穩定因果的，則完美補償只在 $H_d(z)$ 是最小相位系統才能達到。

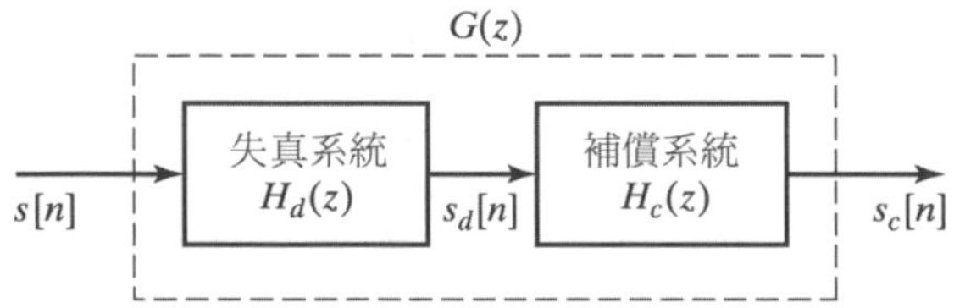

圖 5.22 利用線性濾波器來完成失真補償之闡釋

基於先前的討論，假設 $H_d(z)$ 已知，或近似成一個有理系統函數，則我們可以經由反射 $H_d(z)$ 在單位圓外的所有零點到它們的共軛倒數位置來形成最小相位系統 $H_{d\min}(z)$、$H_d(z)$ 和 $H_{d\min}(z)$ 有相同的頻率響應大小，且經由一個全通系統 $H_{\text{ap}}(z)$ 有關係如下：

$$H_d(z)=H_{d\min}(z)H_{\text{ap}}(z) \tag{5.94}$$

選取補償濾波器爲

$$H_c(z)=\frac{1}{H_{d\min}(z)}, \tag{5.95}$$

則 $s[n]$和 $s_c[n]$的整個系統函數 $G(z)$ 爲

$$G(z) = H_d(z)H_c(z) = H_{\text{ap}}(z); \tag{5.96}$$

則它對到一個全通系統，結果，頻率響應大小確實地被補償，但相位響應已被修正了 $\angle H_{\text{ap}}(e^{j\omega})$。

下面的例子闡釋對一個非最小相位 FIR 系統做頻響應大小補償的情形。

範例 5.13 FIR 系統的補償

考慮系統函數

$$\begin{aligned} H_d(z) = &(1-0.9e^{j0.6\pi}z^{-1})(1-0.9e^{-j0.6\pi}z^{-1}) \\ &\times(1-1.25e^{j0.8\pi}z^{-1})(1-1.25e^{-j0.8\pi}z^{-1}) \end{aligned} \tag{5.97}$$

其極點零點圖示在圖 5.23。因為 $H_d(z)$ 僅有零點（所有極點在 $z=0$），故此系統有一個有限區間的脈衝響應。因此，此系統是穩定的，且因為 $H_d(z)$ 僅是 z 負冪次方的多項式，故系統是因果的。不過，因為有兩個極點在單位圓外，故不是最小相位系統，圖 5.24 表示了 $H_d(e^{j\omega})$ 的對數大小、相位和群延遲。相對應的最小相位系統可經由反射在 $z=1.25e^{\pm j0.8\pi}$ 的零點到單位圓內其共軛倒數的位置而得，若我們表示 $H_d(z)$ 成

$$\begin{aligned} H_d(z) = &(1-0.9e^{j0.6\pi}z^{-1})(1-0.9e^{-j0.6\pi}z^{-1})(1.25)^2 \\ &\times(z^{-1}-0.8e^{-j0.8\pi})(z^{-1}-0.8e^{j0.8\pi}), \end{aligned} \tag{5.98}$$

則

$$\begin{aligned} H_{\min}(z) = &(1.25)^2(1-0.9e^{j0.6\pi}z^{-1})(1-0.9e^{-j0.6\pi}z^{-1}) \\ &\times(1-0.8e^{-j0.8\pi}z^{-1})(1-0.8e^{j0.8\pi}z^{-1}), \end{aligned} \tag{5.99}$$

且 $H_{\min}(z)$ 和 $H_d(z)$ 相關的全通系統為

$$H_{\text{ap}}(z) = \frac{(z^{-1}-0.8e^{-j0.8\pi})(z^{-1}-0.8e^{j0.8\pi})}{(1-0.8e^{j0.8\pi}z^{-1})(1-0.8e^{-j0.8\pi}z^{-1})} \tag{5.100}$$

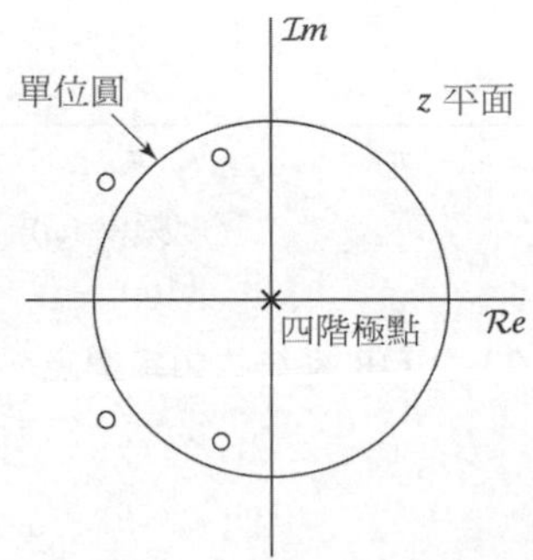

圖 5.23 範例 5.13 中之 FIR 系統的零點極點圖

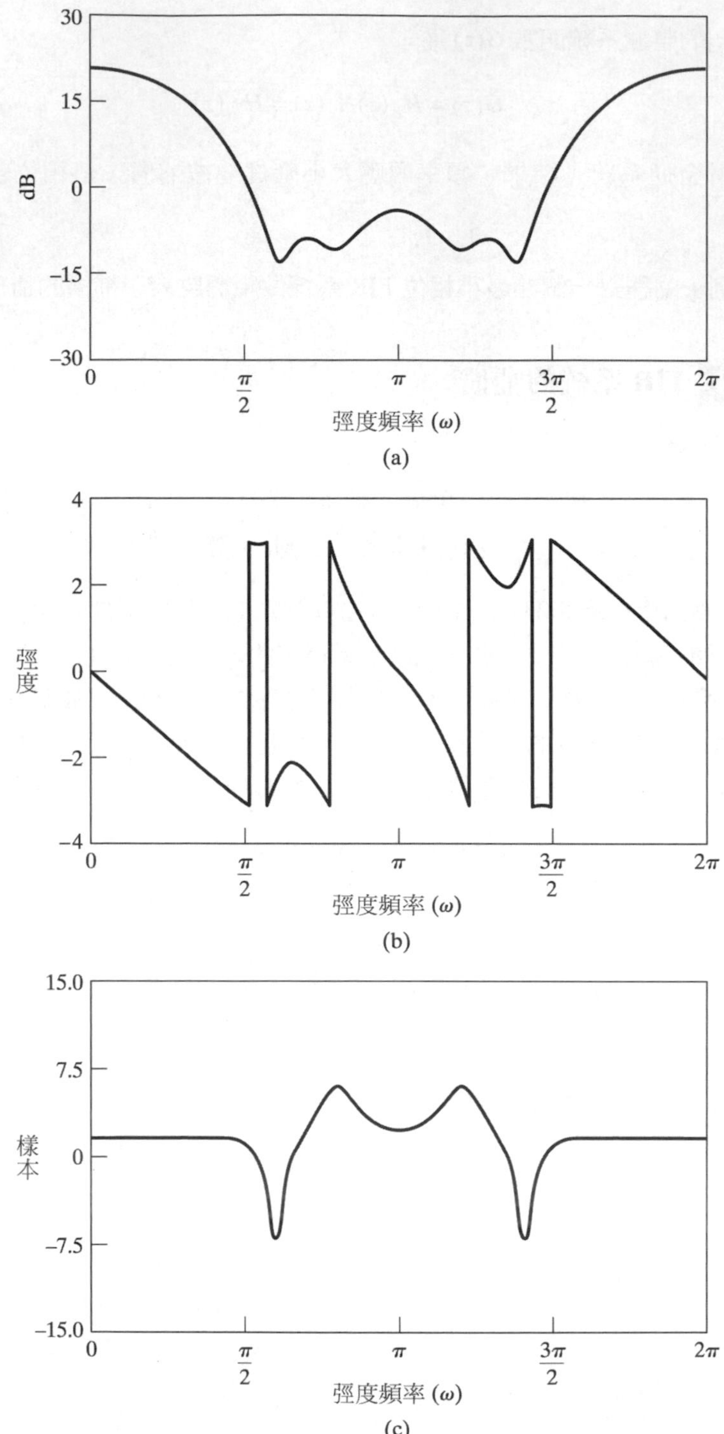

圖 5.24 極點零點圖在圖 5.23 之 FIR 系統的頻率響應。(a) 對數大小；(b) 相位（主值）；(c)群延遲

$H_{\min}(z)$ 的對數大小，相位和群延遲在圖 5.25，當然圖 5.24(a) 和圖 5.25(a) 是相同的，$H_{ap}(e^{j\omega})$ 的系統，相位和群延遲在圖 5.26。

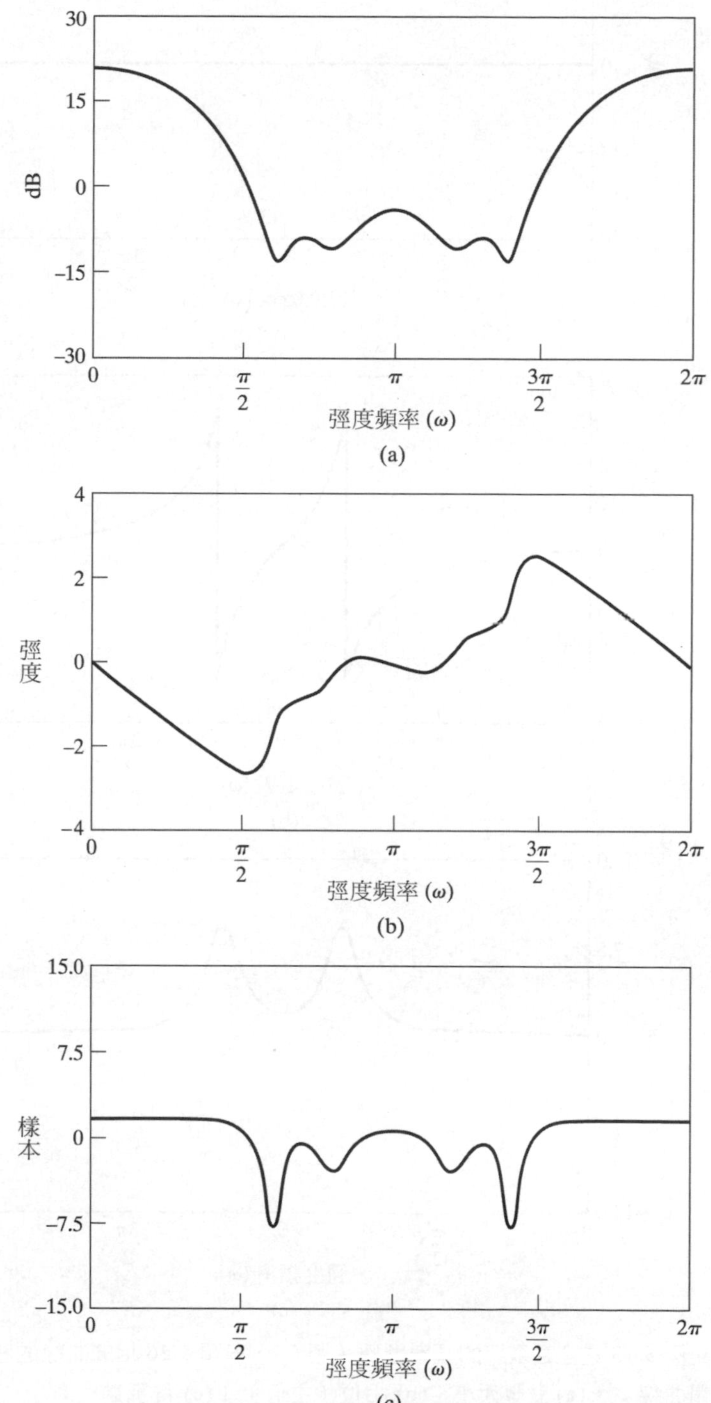

圖 5.25 極點零點圖在圖 5.13 之最小相位系統的頻率響應。(a) 對數大小；(b) 相位（主值）；(c) 群延遲

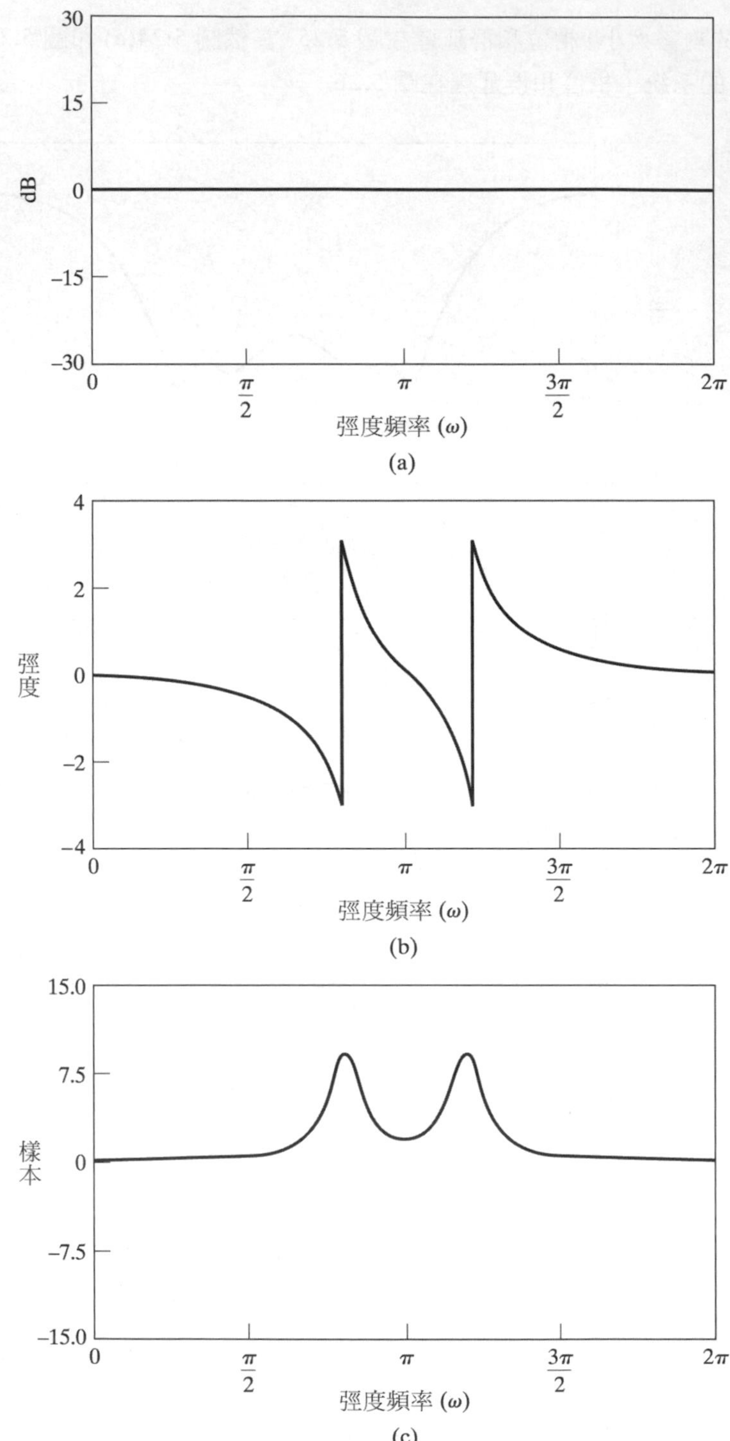

圖 5.26 範例 5.13 之全通系統的頻率響應（圖 5.25 和圖 5.26 相關曲線的和等於圖 5.24 的相關曲線）。(a) 對數大小；(b) 相位（主值）；(c) 群延遲

注意 $H_d(z)$ 的反系統講有極點在 $z=1.25e^{\pm j0.8\pi}$ 和 $z=0.9e^{\pm j0.6\pi}$，因此其因果反系統將是不穩定的，最小相位反系統是 (5.99) 式所給之 $H_{\min}(z)$ 的倒數，且這個反系統和圖 5.22 的系統串接時，整個有效系統函數將是 (5.100) 式所給之 $H_{\text{ap}}(z)$ 。

5.6.3 最小相位系統的性質

我們已經使用最小相位去稱呼這個系統，若它是因果穩定的，則它的反系統亦是因果穩定的，選這個名字的動機是由於它的相位函數性質，然而從上面的定義是不明顯的。在這一節，我們將發展一些具有相同頻率響應大小的最小相位系統之性質。

最小相位延遲性質

使用「最小相位」這個術語來描述所有極點和零點均在單位圓內的系統已由範例 5.13 加以提示。注意 (5.90) 式的結果，任何非最小相位系統的連續相位，即 $\arg[H(e^{j\omega})]$，可被表示成

$$\arg[H(e^{j\omega})]=\arg[H_{\min}(e^{j\omega})]+\arg[H_{\text{ap}}(e^{j\omega})] \tag{5.101}$$

因此，對到圖 5.24(b) 主值相位的連續相位是圖 5.25(b) 之最小相位之連續相位和圖 5.26(b) 所示之全通系統的連續相位二者的和。如同 5.5 節所證和圖 5.19(b)、5.20(b)、5.21(b) 及 5.22(b) 所示的主值相位曲線，可知一個全通系統的連續相位曲線在 $0\le\omega\le\pi$ 間總是負的。因此將 $H_{\min}(z)$ 的零點從單位圓反射至共軛倒數，將使連續相位遞減或負的相位遞增，此被稱爲**相位延遲**（phase lag）函數，故在所有有相同的大小響應的穩定因果系統中，所有零點均在單位圓內的系統，有最小的相位延遲函數。因此，比較精確的術語應是**最小相位延遲**系統，而**最小相位**只是歷史上建立的術語。

爲了使最小相位延遲系統的解釋更清楚，故在 $H(e^{j\omega})$ 加上額外的條件是需要的，此條件爲

$$H(e^{j0})=\sum_{n=-\infty}^{\infty}h[n]>0 \tag{5.102}$$

注意若 $h[n]$是實數，則 $H(e^{j\omega})$ 亦是實數，(5.102) 式的條件是需要的，因爲脈衝響應爲一個 $h[n]$的系統將和脈衝響應爲 $h[n]$的系統有相同的極點和零點。不過，乘上 -1 將使相位改變 π 徑度，因此爲了挪掉模糊性，我們必須加上 (5.102) 式的條件去保證所有極點和零點均在單位圓內的系統有最小相位延遲性質，不過，這個限制在 5.6 節一開始的定義中，並不包含它。

最小群延遲性質

範例 5.13 闡釋了所有極點和零點均在單位圓內的系統之另一個性質。首先注意到有相同大小響應之系統的群延遲爲：

$$\text{grd}[H(e^{j\omega})] = \text{grd}[H_{\min}(e^{j\omega})] + \text{grd}[H_{\text{ap}}(e^{j\omega})] \tag{5.103}$$

圖 5.25(c) 中之最小相位系統的群延遲，總是小於圖 5.24(c) 中之非最小相位系統的群延遲。這是因爲，如同圖 5.26(c) 所示，轉換最小相位系統成非最小相位系統的全通系統有正的群延遲。在 5.5 節，我們已證實，這是全通系統的一般性質，即對所有 ω，它們總是有正的群延遲。因此，若我們在一度考慮所有大小響應爲 $|H_{\min}(e^{j\omega})|$ 的系統，則所有極點和零點均在單位圓內的系統有最小群延遲。故此系統可以叫做**最小群延遲**系統，但這術語一般不用它。

最小能量延遲性質

在範例 5.13 當中總共有四種因果 FIR 系統，其脈衝響應有相同的頻率響應大小，這些相關的零點極點圖畫在圖 5.27 中，此處圖 5.27(d) 對到 (5.97) 式，且圖 5.27(a) 對到 (5.99) 式的最小相位系統。這四種情形的脈衝響應畫在圖 5.28。若比較圖 5.28 中的四個序列，會觀察到最小相位序列在它的左邊比其他序列出現較大的樣本。事實上，對這個例子和更一般化的情形而言

$$|h[n]| \le |h_{\min}[0]| \tag{5.104}$$

其中 $h[n]$是任何因果穩定序列，且滿足

$$|H(e^{j\omega})| = |H_{\min}(e^{j\omega})| \tag{5.105}$$

這個性質的證明在習題 5.71 中提示。

所有大小響應等於 $|H_{\min}(e^{j\omega})|$ 的脈衝響應和 $h_{\min}[n]$ 有相同的能量，因爲帕色瓦定理

$$\begin{aligned}\sum_{n=0}^{\infty}|h[n]|^2 &= \frac{1}{2\pi}\int_{-\pi}^{\pi}|H(e^{j\omega})|^2\, d\omega = \frac{1}{2\pi}\int_{-\pi}^{\pi}|H_{\min}(e^{j\omega})|^2\, d\omega \\ &= \sum_{n=0}^{\infty}|h_{\min}[n]|^2\end{aligned} \tag{5.106}$$

若我們定義脈衝響應的**部分能量**爲

$$E[n] = \sum_{m=0}^{n}|h[m]|^2, \tag{5.107}$$

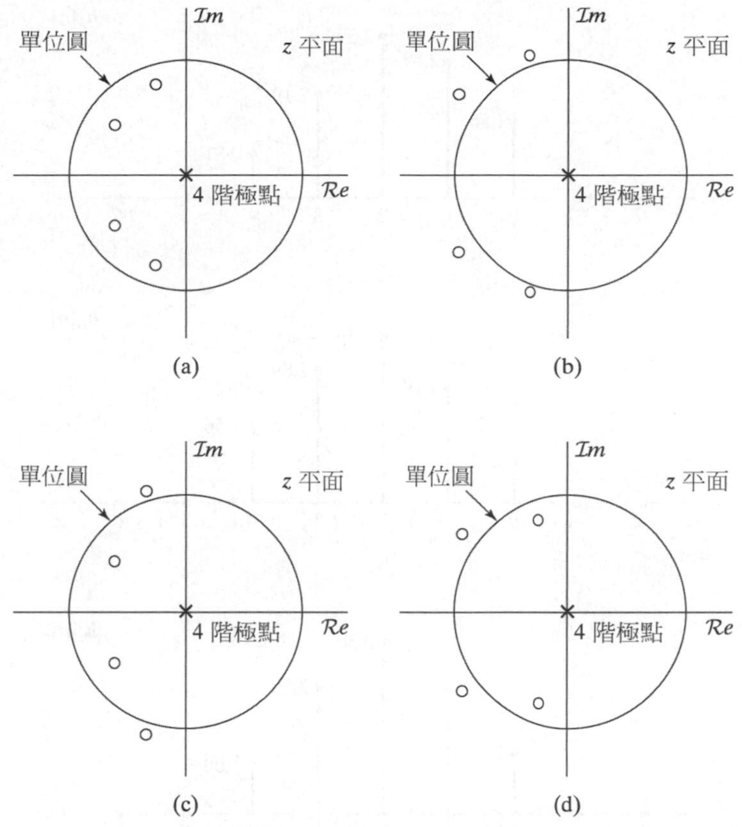

圖 5.27 四個系統，全部有相同頻率響應大小。所有組合中的零點為 $0.9e^{\pm j0.6\pi}$ 和 $0.8e^{\pm j0.8\pi}$ 及它們的倒數

則可證明下面的式子（見習題 5.72）

$$\sum_{m=0}^{n}|h[m]|^2 \le \sum_{m=0}^{n}|h_{\min}[m]|^2 \tag{5.108}$$

對所有有方程式 (5.105) 所給定之大小響應的系統之脈衝響應 $h[n]$。根據 (5.108) 式，最小相位系統的部分能量大部分集中在 $n=0$ 附近，即最小相位系統的部份能量在所有有相同大小響應函數中延遲得最少，爲了此理由，最小相位系統亦叫做**最小能量延遲**（minimum energy-delay systems）或僅叫**最小延遲**系統（minimum-delay systems），這個延遲性質被表示在圖 5.29，此圖畫出圖 5.28 中四個序列的部分能量，從這個例子，我們注意到說，最小能量延遲發生在所有零點均在單位圓內的系統，而最大能量延遲發生在所有零點均在單位圓外的系統，最大能量延遲系統亦叫做**最大相位**系統（maximum-phase systems）。

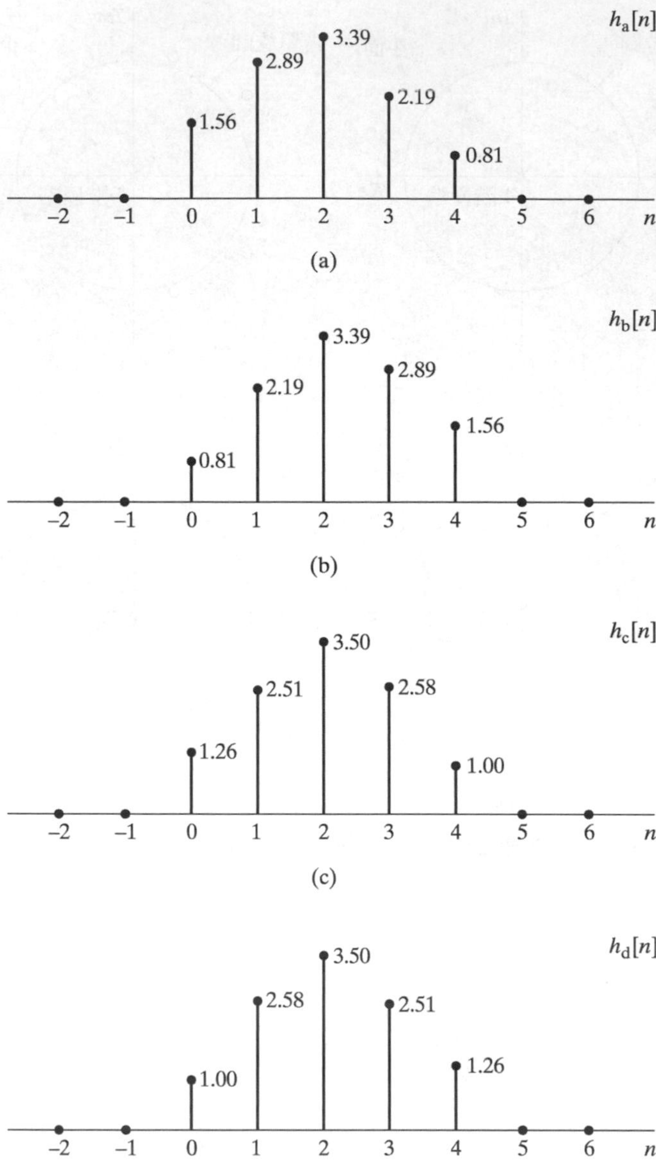

圖 5.28 對應到圖 5.27 之零點極點圖的序列

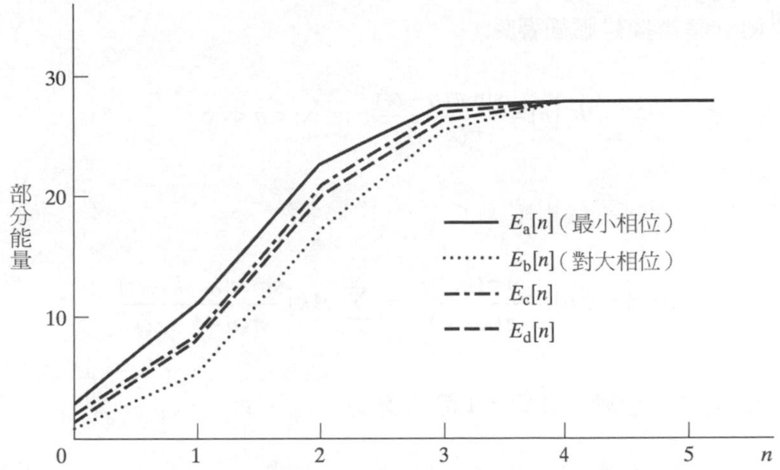

圖 5.29 圖 5.28 中四個序列的部分能量（注意 $E_a[n]$ 對到最小相位序列 $h_a[n]$，而 $E_b[n]$ 對到最小相位序列 $h_b[n]$）

5.7 一般化線性相位的線性系統

在設計濾波器或其他信號處理系統時，我們想達到某個頻段的頻率響應有常數大小和零相位。對因果系統而言，零相位是達不到的，相位是真是必然的。如 5.1 節所見，整數斜率的線性相位（linear phase）僅是一個延遲，另一方面，非線性相位在信號形狀上有主要的影響，即使在頻率響應大小是常數時亦是如此。因此在許多情形，我們想設計系統具有確實或近似線性的相位。在這一節，經由考慮具有常數群延遲的系統，而將線性相位和理想時間延遲的符號正式化和一般化。我們經由重新考慮在離散時間系統的延遲觀念開始。

5.7.1 有線性相位的系統

考慮一個 LTI 系統，其頻率響應在一個週期上為

$$H_{id}(e^{j\omega}) = e^{-j\omega\alpha}, \quad |\omega| < \pi, \tag{5.109}$$

此處 α 是一個實數，不需要是整數。此系統是一個理想延遲系統（ideal delay system）。注意這系統有常數大小響應、線性相位，和常數群延遲，即

$$|H_{id}(e^{j\omega})| = 1, \tag{5.110a}$$

$$\angle H_{id}(e^{j\omega}) = -\omega\alpha, \tag{5.110b}$$

$$\text{grd}[H_{id}(e^{j\omega})] = \alpha \tag{5.110c}$$

$H_{\text{id}}(e^{j\omega})$ 的反傅立葉轉換是脈衝響應

$$h_{\text{id}}[n]=\frac{\sin\pi(n-\alpha)}{\pi(n-\alpha)},\quad -\infty<n<\infty \tag{5.111}$$

對一個輸入為 $x[n]$時之系統輸出為

$$y[n]=x[n]*\frac{\sin\pi(n-\alpha)}{\pi(n-\alpha)}=\sum_{k=-\infty}^{\infty}x[k]\frac{\sin\pi(n-k-\alpha)}{\pi(n-k-\alpha)} \tag{5.112}$$

若 $\alpha=n_d$ ，此處 n_d 是一整數，如同 5.1 節考慮的

$$h_{\text{id}}[n]=\delta[n-n_d] \tag{5.113}$$

且

$$y[n]=x[n]*\delta[n-n_d]=x[n-n_d] \tag{5.114}$$

即，若 $\alpha=n_d$ 是一個整數，則在 (5.109) 式之線性相位和單一增益的系統僅把輸入序列平移 n_d 個樣本，若 α 不是一個整數，則最直接的解釋是第 4 章範例 4.7。特別的，(5.109) 式的系統的表示在圖 5.30，其 $h_c(t)=\delta(t-\alpha T)$ 且 $H_c(j\Omega)=e^{-j\Omega\alpha T}$ ，故

$$H(e^{j\omega})=e^{-j\omega\alpha},\quad |\omega|<\pi \tag{5.115}$$

在這表示式中，T 的選擇是無關緊要的，它能被正規化為一，再次強調，不管 $x[n]$是否由連續時間信號取樣而得，這表示式是有效的。根據在圖 5.30 的表示，$y[n]$等於是輸入序列 $x[n]$的時間平移有限頻帶的內插序列，即 $y[n]=x_c(nT-\alpha T)$ ，故 (5.109) 式的系統叫做理想延遲系統，且有 α 個樣本延遲，即使 α 不是整數。若 α 是一個正數，即為延遲；若為負數則為超前。

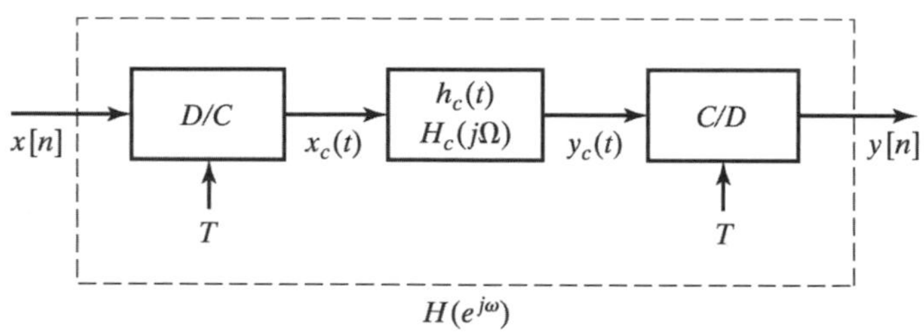

圖 5.30 在離散時間系統中之非整數延遲內插

理想時間延遲系統的討論提供了線性相位有用的解釋，當它和非常數大小響應連用時，例如，考慮有一個線性相位的頻率響應，即

$$H(e^{j\omega}) = |H(e^{j\omega})| e^{-j\omega\alpha}, \quad |\omega| < \pi \tag{5.116}$$

(5.116) 式說明了圖 5.31 的內插關係，信號 $x[n]$首先被零相位頻率響應的$|H(e^{j\omega})|$所濾，然後這濾波器的輸出再被延遲α，若$H(e^{j\omega})$是線性相位理想低通濾波器，則為

$$H_{\text{lp}}(e^{j\omega}) = \begin{cases} e^{-j\omega\alpha}, & |\omega| < \omega_c, \\ 0, & \omega_c < |\omega| \le \pi \end{cases} \tag{5.117}$$

相對應的脈衝響應為

$$h_{\text{lp}}[n] = \frac{\sin \omega_c (n-\alpha)}{\pi(n-\alpha)} \tag{5.118}$$

注意若$\omega_c = \pi$，(5.111) 式可被獲得。

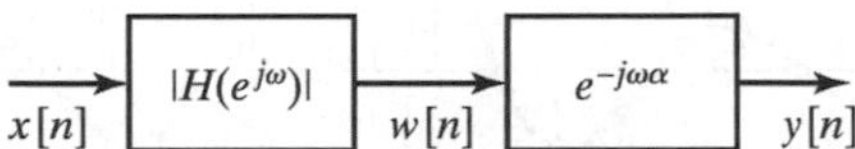

圖 5.31 將一個線性相位 LTI 系統表示成一個大小濾波器和一個延遲的串接

範例 5.14 線性相位的理想低通濾波器

這理想低通濾波器的脈衝響應闡述了一些線性相位系統的有趣性質。圖 5.32(a)畫出$h_{\text{lp}}[n]$對$\omega_c = 0.4\pi$和$\alpha = n_d = 5$。注意，當α是整數時，脈衝響應對$n = n_d$對稱，即

$$\begin{aligned} h_{\text{lp}}[2n_d - n] &= \frac{\sin \omega_c (2n_d - n - n_d)}{\pi(2n_d - n - n_d)} \\ &= \frac{\sin \omega_c (n_d - n)}{\pi(n_d - n)} \\ &= h_{\text{lp}}[n] \end{aligned} \tag{5.119}$$

在這情形下，我們定義一個**零相位系統**

$$\hat{H}_{\text{lp}}(e^{j\omega}) = H_{\text{lp}}(e^{j\omega}) e^{j\omega n_d} = |H_{\text{lp}}(e^{j\omega})|, \tag{5.120}$$

此處脈衝響應被左移n_d個樣本，產生一個偶序列

$$\hat{h}_{\text{lp}}[n] = \frac{\sin \omega_c n}{\pi n} = \hat{h}_{\text{lp}}[-n] \tag{5.121}$$

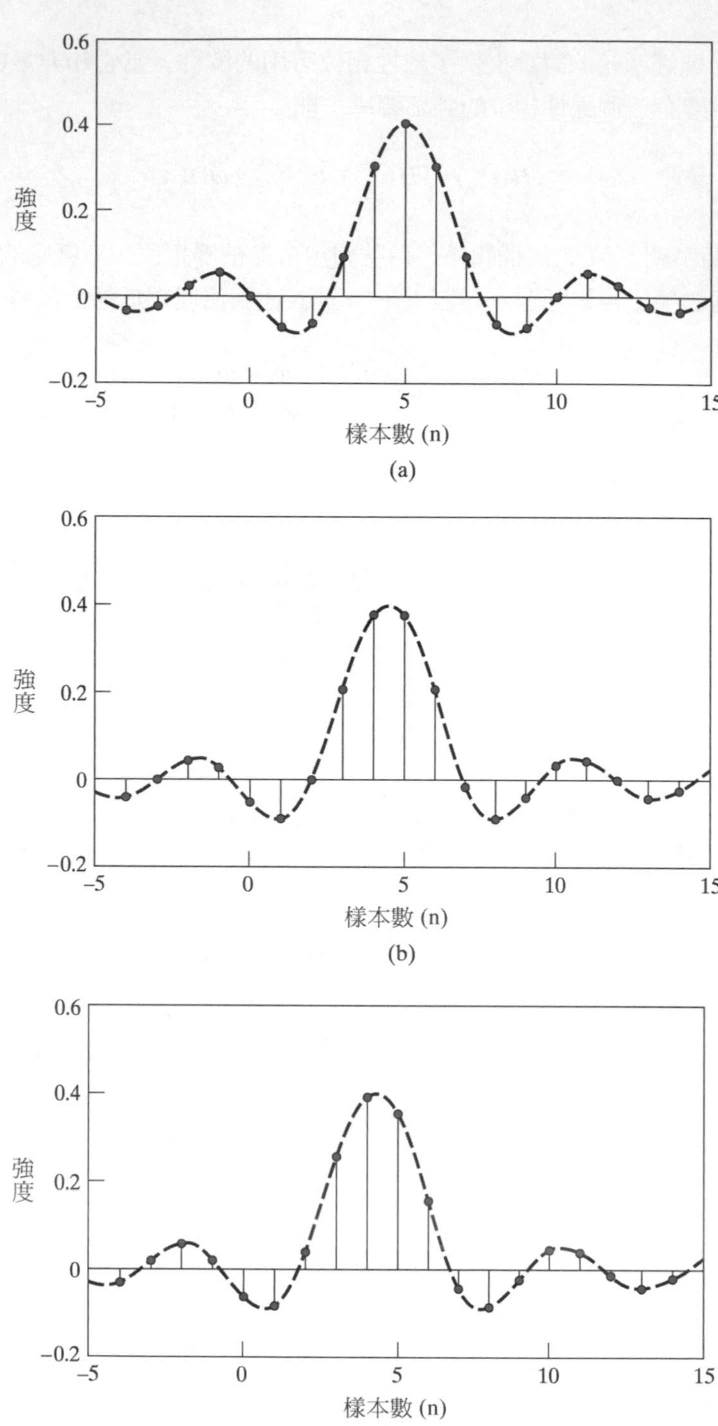

圖 5.32 理想低通濾波器的脈衝響應，其 $\omega_c = 0.4\pi$ 。(a) 延遲 $= \alpha = 5$ 。(b) 延遲 $= \alpha = 4.5$ 。(c) 延遲 $= \alpha = 4.3$

圖 5.32(b) 畫出 $h_{\mathrm{lp}}[n]$對對 $\omega_c = 0.4\pi$ 和 $\alpha = 4.5$。當線性相位對到一個整數加上 1/2 時，這是一點形的情形，如同整數延遲的情形，若 α 是一個整數加上 1/2 時，則可證得

$$h_{\mathrm{lp}}[2\alpha - n] = h_{\mathrm{lp}}[n] \tag{5.122}$$

在這個情形，對稱點是 α，且它不是一個整數。因此，因為對稱點不是序列上的一點，故去平移序列成有零相位的偶序列是不可能的。這和範例 4.8，M 是奇數的情形很像。

圖 5.32(c) 表示了第三種情形，此種情形一點也沒有對稱性，且 $\omega_c = 0.4\pi$，$\alpha = 4.3$。

一般線性相位系統的頻率響應為

$$H(e^{j\omega}) = |H(e^{j\omega})| e^{-j\omega\alpha} \tag{5.123}$$

如範例 5.14 所提的，若 2α 是一個整數，即 α 是一個整數或一個整數加上 1/2，則相關的脈衝響應對 α 是偶對稱，即

$$h[2\alpha - n] = h[n] \tag{5.124}$$

若 2α 不是一個整數，則頻率響應就不會是偶對稱。圖 5.32(c) 畫出一個線性相位系統或等同於群延遲為一個常數，但其脈衝響應並不對稱。

5.7.2 一般化線性相位

在 5.7.1 節中的討論，我們考慮一組系統，其頻率響應為 (5.116) 式的形式，即一個 ω 的實數值非負函數乘上一個線性相位項 $e^{-j\omega\alpha}$。對這種形式的頻率響應，$H(e^{j\omega})$ 的相位完全和線性相位因子 $e^{-j\omega\alpha}$ 有關，即 $\arg[H(e^{j\omega})] = -\omega\alpha$，結果這類系統被稱為線性相位系統，在範例 4.8 的移動平均例子中，(4.66) 式的頻率響應是 ω 的實數值函數乘上一個線性相位項。但嚴格來說，這系統並不是一個線性相位系統，因為因子

$$\frac{1}{M+1}\frac{\sin[\omega(M+1)/2]}{\sin(\omega/2)}$$

在某些頻率上是負的，這項將貢獻額外 π 個弳度的相位至整個相位上。

因為應用線性相位系統的方法至 (4.66) 式形式的系統亦有許多好處，故去拓展線性相位的定義和觀念是有用的。特別地，一個系統將被叫做**一般化線性相位系統**，假如它的頻率響應能被表示成下列形式

$$H(e^{j\omega}) = A(e^{j\omega}) e^{-j\alpha\omega + j\beta}, \tag{5.125}$$

此處 α 和 β 是常數，而 $A(e^{j\omega})$ 是一個實數的 ω 函數，對 (5.117) 式的線性相位系統，和範例 4.8 的移動平移濾波器，$\alpha = M/2$ 和 $\beta = 0$，不過我們看到範例 4.4 的有限頻寬微分器，有 (5.125) 式的形式，且 $\alpha = 0$、$\beta = \pi/2$，$A(e^{j\omega}) = \omega/T$。

一個系統，其頻率響應有 (5.125) 式的形式叫作一般化線性相位系統，因此此系統的相位包括一個常數項加上一個線性函數 $-\omega\alpha$，即 $-\omega\alpha + \beta$ 是直線方程式。不過，若我們忽略任何源自常數相位加法所造成的不連續性，則此系統特徵為能夠被常數群延遲。即這類系統有

$$\tau(\omega) = \text{grd}[H(e^{j\omega})] = -\frac{d}{d\omega}\{\arg[H(e^{j\omega})]\} = \alpha \tag{5.126}$$

且線性相位有下列一般形式

$$\arg[H(e^{j\omega})] = \beta - \omega\alpha, \quad 0 < \omega < \pi, \tag{5.127}$$

此處 β 和 α 均是實數常數。

在 5.7.1 節中，我們已經證明線性相位系統的脈衝響應是對 α 對稱的，假如 2α 是一個整數。為了解一般化線性相位系統的涵意，去推導一個滿足 $h[n]$ 的方程式是有用的，這個方程式的推導，是經由注意常數群延遲系統的頻率響應能被表示成

$$\begin{aligned} H(e^{j\omega}) &= A(e^{j\omega})e^{j(\beta-\alpha\omega)} \\ &= A(e^{j\omega})\cos(\beta-\omega\alpha) + jA(e^{j\omega})\sin(\beta-\omega\alpha), \end{aligned} \tag{5.128}$$

或等效成

$$\begin{aligned} H(e^{j\omega}) &= \sum_{n=-\infty}^{\infty} h[n]e^{-j\omega n} \\ &= \sum_{n=-\infty}^{\infty} h[n]\cos\omega n - j\sum_{n=-\infty}^{\infty} h[n]\sin\omega n, \end{aligned} \tag{5.129}$$

此處我已假設 $h[n]$ 是實數，$H(e^{j\omega})$ 的相位角的正切函數被表式成

$$\tan(\beta-\omega\alpha) = \frac{\sin(\beta-\omega\alpha)}{\cos(\beta-\omega\alpha)} = \frac{-\sum_{n=-\infty}^{\infty} h[n]\sin\omega n}{\sum_{n=-\infty}^{\infty} h[n]\cos\omega n}$$

交叉相乘並利用三角恆等式可導出下列方程式

$$\sum_{n=-\infty}^{\infty} h[n]\sin[\omega(n-\alpha)+\beta]=0, \qquad \text{對所有的 } \omega \tag{5.130}$$

這個方程式對所有 ω 均須成立，對常數群延遲系統的 $h[n]$，α 和 β 而言它是一個必要條件。但並不是一個充分條件，因爲它沒有告訴我們如何去找一個線性相位系統。譬如說，滿足 (5.130) 式的條件集合是

$$\beta = 0 \quad \text{或} \quad \pi, \tag{5.131a}$$

$$2\alpha = M = \text{一個整數}, \tag{5.131b}$$

$$h[2\alpha - n] = h[n] \tag{5.131c}$$

當 $\beta = 0$ 或 π 時式 (5.130) 變成

$$\sum_{n=-\infty}^{\infty} h[n]\sin[\omega(n-\alpha)]=0, \tag{5.132}$$

從此可證明說，若 2α 是一個整數，則 (5.132) 式中的項能夠被配對，以至於每一對對所有 ω 均爲零，這條件隱含著，相關的頻率響應有 (5.125) 式的形式，且 $\beta = 0$ 或 π，而 $A(e^{j\omega})$ 是 ω 的一個偶函數。

另外，若一般化線性相位系統有

$$\beta = \pi/2 \quad \text{或} \quad 3\pi/2, \tag{5.133a}$$

$$2\alpha = M = \text{一個整數}, \tag{5.133b}$$

和

$$h[2\alpha - n] = -h[n] \tag{5.133c}$$

(5.133) 式說明了頻率響應有 (5.125) 式的形式，且 $\beta = \pi/2$，而 $A(e^{j\omega})$ 是 ω 的一個奇函數。那麼 (5.130) 式成爲

$$\sum_{n=-\infty}^{\infty} h[n]\cos[\omega(n-\alpha)]=0, \tag{5.134}$$

且滿足所有 ω。

注意 (5.131) 和 (5.133) 式給了兩組保證一般化線性相位或常數群延遲的條件，但如同在圖 5.32(c) 中看到的，有其他滿足 (5.125) 式的系統，但沒有這對稱性的條件。

5.7.3 因果一般化線性相位系統

若系統是因果的，那麼 (5.130) 式變成

$$\sum_{n=0}^{\infty} h[n]\sin[\omega(n-\alpha)+\beta]=0, \qquad \text{對所有的 } \omega \tag{5.135}$$

因果性和 (5.131) 及 (5.133) 式的條件隱含著

$$h[n]=0, \quad n<0 \quad \text{和} \quad n>M;$$

即，因果 FIR 系統有一般化線性相位，假如脈衝響應長度爲 $(M+1)$，且滿足 (5.131c) 或 (5.133c) 式，特別地，若

$$h[n]=\begin{cases} h[M-n], & 0\le n\le M, \\ 0, & \text{其他} \end{cases} \tag{5.136a}$$

則可證明

$$H(e^{j\omega})=A_e(e^{j\omega})e^{-j\omega M/2}, \tag{5.136b}$$

此處 $A_e(e^{j\omega})$ 是 ω 的實數、周期性的偶函數。同理，若

$$h[n]=\begin{cases} -h[M-n], & 0\le n\le M, \\ 0, & \text{其他} \end{cases} \tag{5.137a}$$

即可得

$$H(e^{j\omega})=jA_o(e^{j\omega})e^{-j\omega M/2}=A_e(e^{j\omega})e^{-j\omega M/2+j\pi/2}, \tag{5.137b}$$

此處 $A_o(e^{j\omega})$ 是 ω 的實數、周期性的偶函數。注意在此二情形，脈衝響應的長度是 $(M+1)$ 樣本。

(5.136a) 和 (5.137a) 式的條件是保證一個因果系統有一般化線性相位的充分條件。不過，它們不是必要條件。柯里曼特和畢斯 (1989) 已經證明因果無線區間脈衝響應亦可以有一般化線性相位的傅式轉換。然而，相關的系統函數不是有理的，故此系統不能用差分程式加以實施。

FIR 線性相位系統的頻率響應之表示式在濾波器設計和在了解此系統的某些特性是有用的。在推導這些表示式時，可知由對稱的形式和 M 是奇數或偶數等條件，可得到不同的結果，爲此，去定義四種一般化線性相位系統是有用的。

型－I 的 FIR 線性相位系統

型－I 的系統被定義成偶對稱脈衝響應

$$h[n] = h[M-n], \quad 0 \le n \le M, \tag{5.138}$$

且 M 爲一個偶數，延遲 $M/2$ 是一個整數，其頻率響應爲

$$H(e^{j\omega}) = \sum_{n=0}^{M} h[n]e^{-j\omega n} \tag{5.139}$$

經由應用對稱條件式 (5.138)，可將 (5.139) 式之和處理成

$$H(e^{j\omega}) = e^{-j\omega M/2}\left(\sum_{k=0}^{M/2} a[k]\cos \omega k\right), \tag{5.140a}$$

此處

$$a[0] = h[M/2], \tag{5.140b}$$

$$a[k] = 2h[(M/2)-k], \quad k = 1, 2, \ldots, M/2 \tag{5.140c}$$

因此，從 (5.140a) 式，我們看到 $H(e^{j\omega})$ 有 (5.136b) 式的形式，特別地，在 (5.125) 式中 β 不是 0 就是 π。

型－II 的 FIR 線性相位系統

型－II 的系統有 (5.138) 式的對稱脈衝響應，其 M 是一個奇數，這情形下 $H(e^{j\omega})$ 能被表示成

$$H(e^{j\omega}) = e^{-j\omega M/2}\left\{\sum_{k=1}^{(M+1)/2} b[k]\cos\left[\omega\left(k-\tfrac{1}{2}\right)\right]\right\}, \tag{5.141a}$$

此處

$$b[k] = 2h[(M+1)/2-k], \quad k = 1, 2, \ldots, (M+1)/2 \tag{5.141b}$$

同樣的，$H(e^{j\omega})$ 有 (5.136b) 式的形式，時間延遲是 $M/2$，這情形下是整數加上 $1/2$，且 (5.125) 式中 β 不是 0 就是 π。

型－III 的 FIR 線性相位系統

型－III 的系統有反對稱的脈衝響應如下

$$h[n] = -h[M-n], \quad 0 \le n \le M, \tag{5.142}$$

其中 M 是一個偶數整數，$H(e^{j\omega})$ 有以下形式

$$H(e^{j\omega}) = je^{-j\omega M/2}\left[\sum_{k=1}^{M/2} c[k]\sin \omega k\right], \tag{5.143a}$$

此處

$$c[k] = 2h[(M/2)-k], \quad k = 1, 2, \ldots, M/2 \tag{5.143b}$$

在這情況下，$H(e^{j\omega})$ 有 (5.137b) 式的形式且延遲 $M/2$，其中 α 和 β 在 (5.125) 式中是 $\pi/2$ 或 $3\pi/2$ 。

型－IV 的 FIR 線性相位系統

若脈衝響應是反對稱如 (5.142) 式且 M 爲奇數，則

$$H(e^{j\omega}) = je^{-j\omega M/2}\left[\sum_{k=1}^{(M+1)/2} d[k]\sin\left[\omega\left(k-\tfrac{1}{2}\right)\right]\right], \tag{5.144a}$$

其中

$$d[k] = 2h[(M+1)/2-k], \quad k = 1, 2, \ldots, (M+1)/2 \tag{5.144b}$$

如型－III 的系統，$H(e^{j\omega})$ 有 (5.137b) 式的形式且延遲爲 $M/2$ ，爲一個整數加上 1/2，β 在 (5.125) 式中爲 $\pi/2$ 或 $3\pi/2$ 。

FIR 線性相位系統的範例

圖 5.33 展示了四種型式的 FIR 線性相位脈衝響應，而相關的頻率響應在範例 5.15 到 5.18。

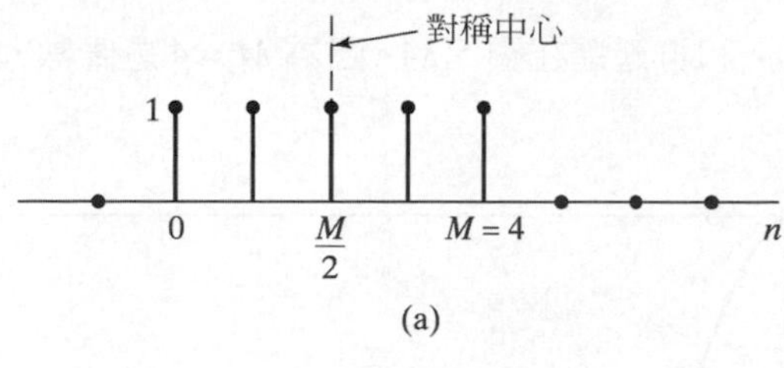

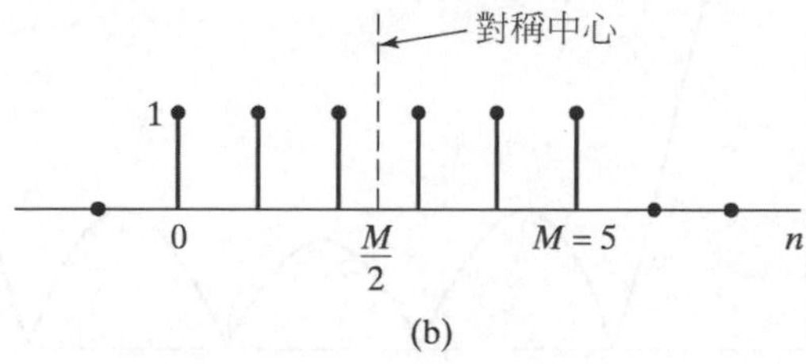

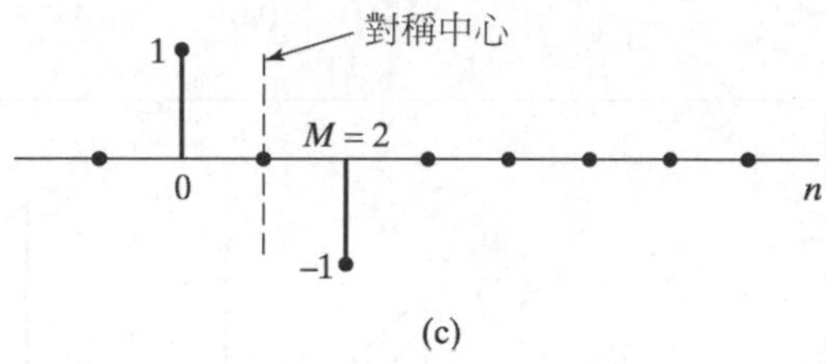

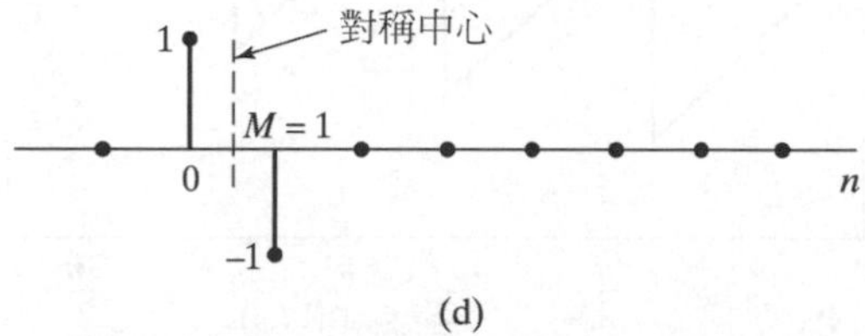

圖 5.33 FIR 線性相位系統的範例。(a)型－I，M 為偶數，$h[n]=h[M-n]$。(b) 型－II，M 是奇數，$h[n]=h[M-n]$。(c) 型－III，M 為偶數，$h[n]=-h[M-n]$。(d) 型－IV，M 是奇數，$h[n]=-h[M-n]$

範例 5.15　型－I 的線性相位系統

若脈衝響應為

$$h[n]=\begin{cases}1, & 0\le n\le 4,\\ 0, & \text{其他}\end{cases} \tag{5.145}$$

如圖 5.33(a) 所示。這個系統滿足 (5.138) 式的條件，其頻率響應為

$$\begin{aligned}H(e^{j\omega})&=\sum_{n=0}^{4}e^{-j\omega n}=\frac{1-e^{-j\omega 5}}{1-e^{-j\omega}}\\&=e^{-j\omega 2}\frac{\sin(5\omega/2)}{\sin(\omega/2)}\end{aligned} \tag{5.146}$$

此系統的大小、相位，和群延遲在圖 5.34。因為 $M = 4$ 是偶數，故群延遲是一個整數，即 $\alpha = 2$ 。

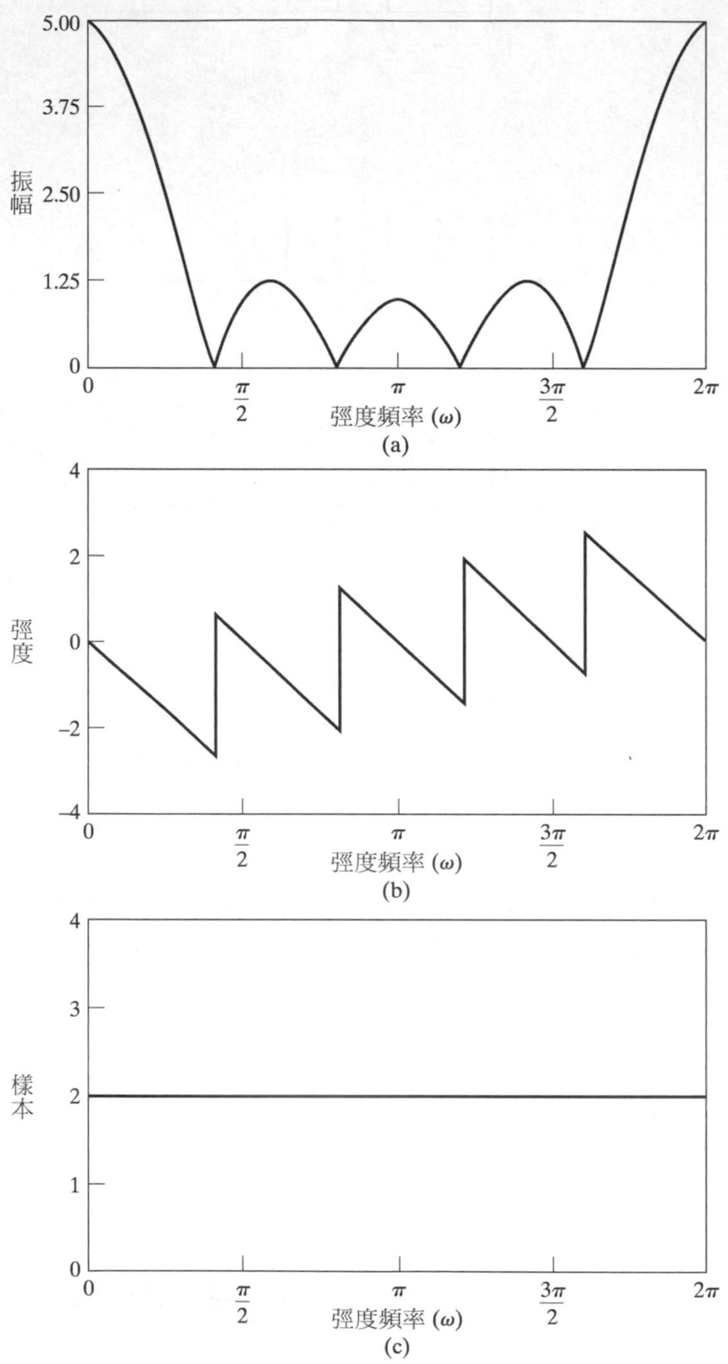

圖 5.34 範例 5.15 中型－I 的系統的頻率響應。(a) 大小。(b) 相位。(c) 群延遲

範例 5.16　型－II 的線性相位系統

若先前例子的脈衝響應長度被延伸一個樣本，則我們有圖 5.33(b) 之脈衝響應，其頻率響應為

$$H(e^{j\omega}) = e^{-j\omega 5/2} \frac{\sin(3\omega)}{\sin(\omega/2)} \tag{5.147}$$

這個系統的頻率響應函數表示在圖 5.35，注意在這個情形下的群延遲是一個常數，即 $\alpha = 5/2$。

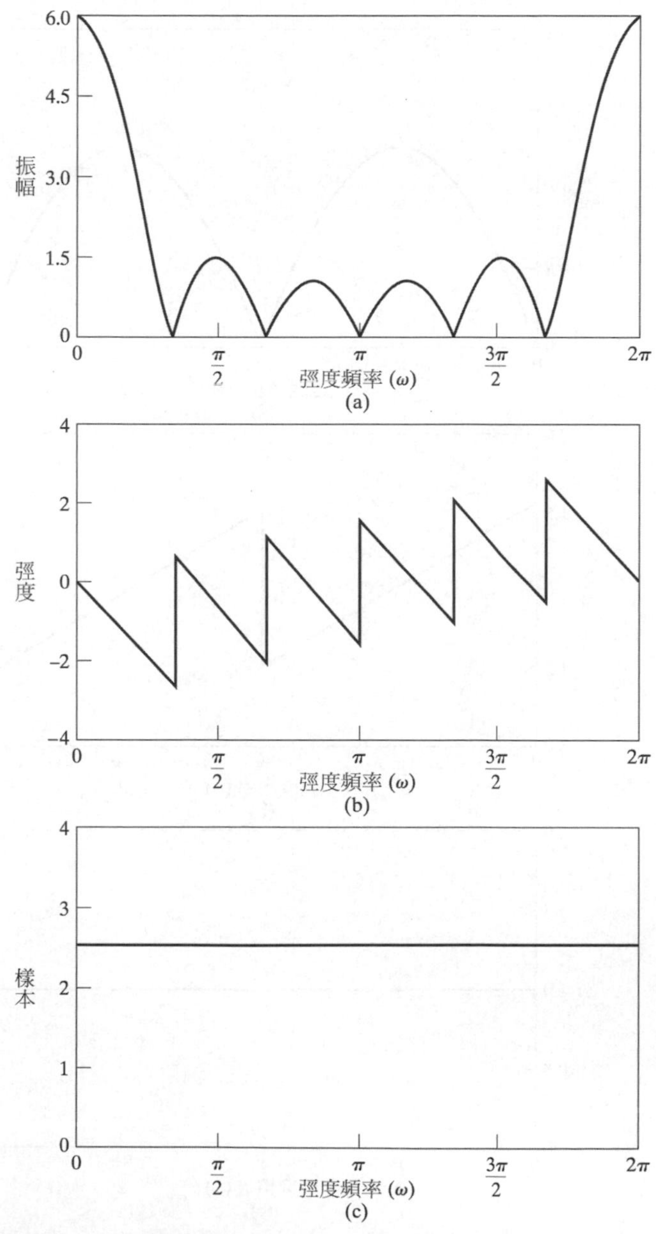

圖 5.35　範例 5.16 中型－II 的系統的頻率響應。(a) 大小，(b) 相位，(c) 群延遲

範例 5.17 型－III 的線性相位系統

假設脈衝響應是

$$h[n]=\delta[n]-\delta[n-2], \tag{5.148}$$

如同圖 5.33(c) 所示，則

$$H(e^{j\omega})=1-e^{-j2\omega}=j[2\sin(\omega)]e^{-j\omega} \tag{5.149}$$

這個例子的頻率響應表示在圖 5.36 中，注意在這個情形的群延遲是一個常數，且 $\alpha=1$。

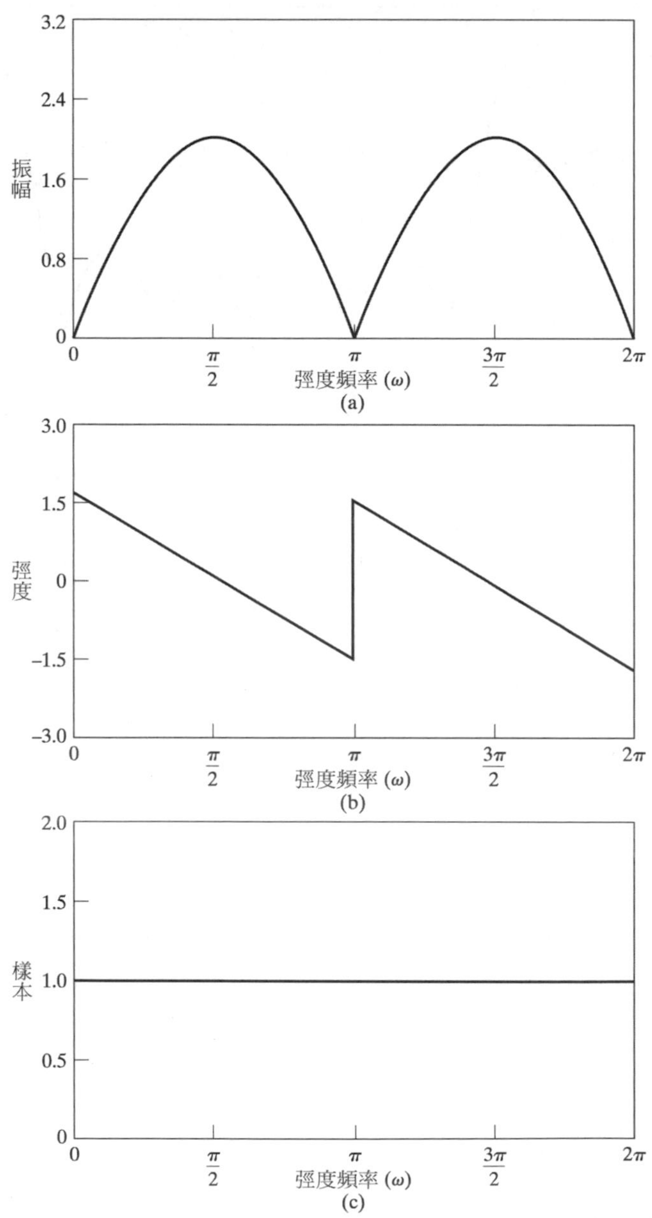

圖 5.36 範例 5.17 中型－III 的系統的頻率響應。(a) 大小，(b) 相位，(c) 群延遲

範例 5.18　型－IV 的線性相位系統

在這個情形（圖 5.33d），脈衝響應是

$$h[n]=\delta[n]-\delta[n-1], \tag{5.150}$$

其頻率響應是

$$\begin{aligned} H(e^{j\omega}) &= 1-e^{-j\omega} \\ &= j[2\sin(\omega/2)]e^{-j\omega/2} \end{aligned} \tag{5.151}$$

這個系統的頻率響應表示在圖 5.37。注意群延遲對所有 ω 均等於 1/2。

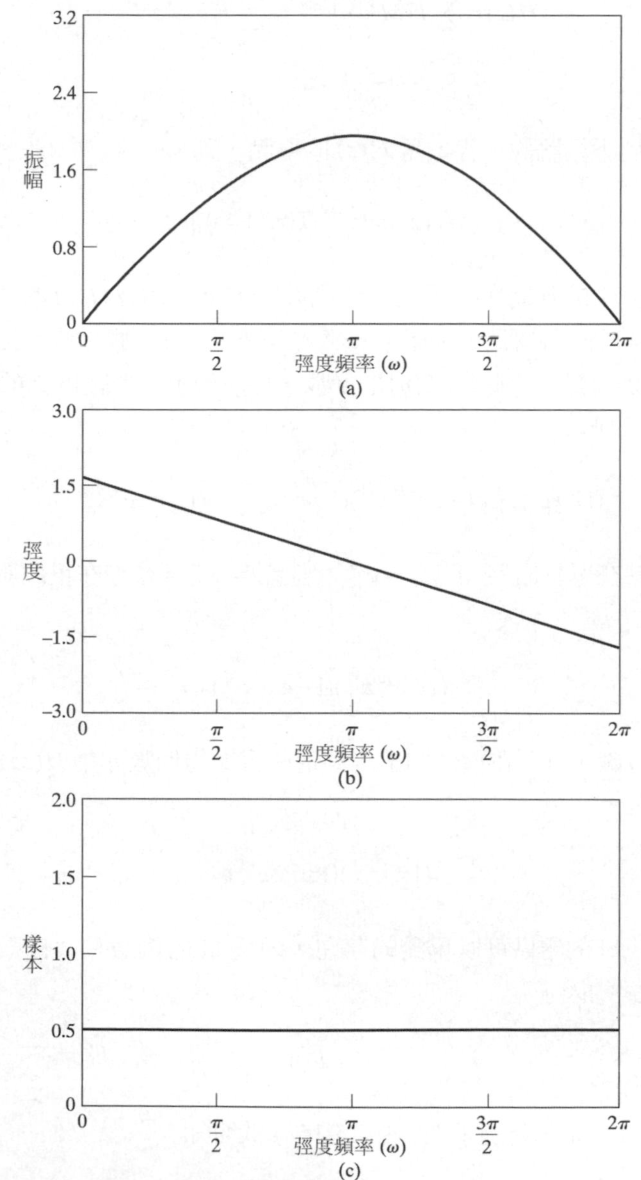

圖 5.37　範例 5.18 中型－IV系統的頻率響應。(a) 強度，(b) 相位，(c) 群延遲

FIR 線性相位系統的零點位置

先前的例子闡述了脈衝響應的性質和頻率響應對四種型式的 FIR 線性相位系統，去考慮 FIR 線性相位系統的系統函數的零點位置是有意義的，系統函數式

$$H(z)=\sum_{n=0}^{M}h[n]z^{-n} \tag{5.152}$$

在對稱的情形（型－I和型－II），我們能夠使用 (5.138) 式去表示 $H(z)$

$$\begin{aligned} H(z)&=\sum_{n=0}^{M}h[M-n]z^{-n}=\sum_{k=M}^{0}h[k]z^{k}z^{-M} \\ &=z^{-M}H(z^{-1}) \end{aligned} \tag{5.153}$$

從 (5.153) 式，我們下結論說，若 z_0 是 $H(z)$ 的零點，則

$$H(z_0)=z_0^{-M}H(z_0^{-1})=0 \tag{5.154}$$

這暗示著，若 $z_0=re^{j\theta}$ 是 $H(z)$ 的一個零點，則 $z_0^{-1}=r^{-1}e^{-j\theta}$ 亦是 $H(z)$ 的一個零點。當 $h[n]$ 是實數且 z_0 是 $H(z)$ 的一個零點，則 $z_0^*=re^{-j\theta}$ 亦是 $H(z)$ 的一個零點，且由先前的論調，知 $(z_0^*)^{-1}=r^{-1}e^{j\theta}$ 也是零點。因此當 $h[n]$ 是實數，每一個不在單位圓上的零點，將有以下四個共軛倒數零點的形式

$$(1-re^{j\theta}z^{-1})(1-re^{-j\theta}z^{-1})(1-r^{-1}e^{j\theta}z^{-1})(1-r^{-1}e^{-j\theta}z^{-1})$$

若 $H(z)$ 有一個零點在單位圓上，即 $z_0=e^{j\theta}$，則 $z_0^{-1}=e^{-j\theta}=z_0^*$ 亦在單位圓上，故零點有下列成對的形式

$$(1-e^{j\theta}z^{-1})(1-e^{-j\theta}z^{-1})$$

若 $H(z)$ 的零點是實數，且不在單位圓上，則這些零點的倒數亦是 $H(z)$ 的零點，且 $H(z)$ 有下列形式的因子

$$(1\pm rz^{-1})(1\pm r^{-1}z^{-1})$$

最後，$H(z)$ 在 $z=\pm 1$ 的零點可以單獨的存在，因爲 ± 1 的倒數和共軛數皆爲自己本身，故 $H(z)$ 有下列形式的因子

$$(1\pm z^{-1})$$

單一個零點在 $z=-1$ 的情形特別重要。由 (5.153) 式可知

$$H(-1)=(-1)^{M}H(-1)$$

若 M 是偶數，我們會得到一個簡單的等式。但若 M 是奇數，$H(-1)=-H(-1)$，則 $H(-1)$ 必定為零。因此對 M 為奇數的對稱脈衝響應，系統函數必定有個在 $z=-1$ 的零點。圖 5.38(a) 和圖 5.38(b) 表示型－I（M 為偶數）和型－II（M 為奇數）系統的典型零點位置。

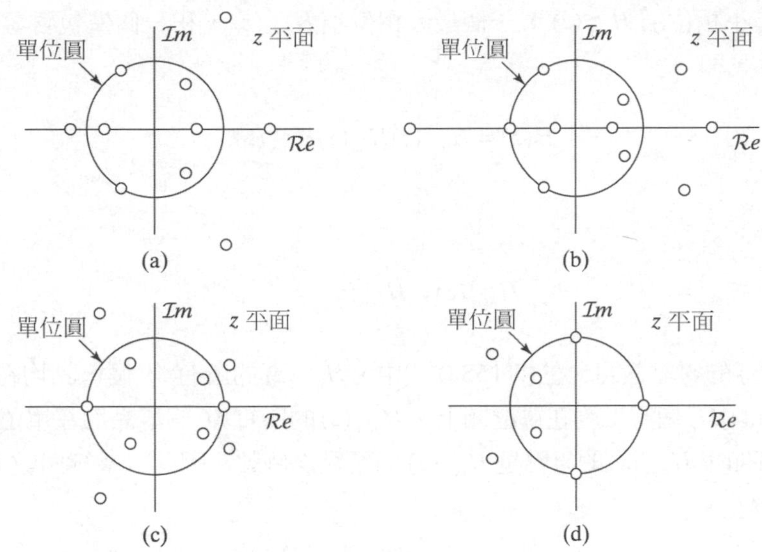

圖 5.38　線性相位系統的典型零點圖。(a) 型－I。(b) 型－II。(c) 型－III。(d) 型－IV

若脈衝響應是反對稱的（型－III和型－IV），則循著得到 (5.153) 式的方法，我們可推得

$$H(z)=-z^{-M}H(z^{-1}) \tag{5.155}$$

這個方程式可以用來顯示，反對稱情形的 $H(z)$ 零點和對稱情形時的零點被相同的方式所限制。然而在反對稱情形中，$z=1$ 和 $z=-1$ 都是特別有趣的情形，若 $z=1$，(5.155) 式將變成

$$H(1)=-H(1) \tag{5.156}$$

因此，不論 M 是偶數或奇數，$H(z)$ 都必定有在 $z=1$ 的零點。若 $z=-1$，(5.155) 式變成

$$H(-1)=(-1)^{-M+1}H(-1) \tag{5.157}$$

在這個情形中，若 $(M\text{-}1)$ 是奇數（M 為偶數），則 $H(-1)=-H(-1)$，所以當 M 為偶數時，$z=-1$ 必定是 $H(z)$ 的一個零點。圖 5.38(c) 和圖 5.38(d) 分別表示型－III和型－IV系統的典型零點位置。

這些零點的限制，在 FIR 線性相位系統的設計上是很重要的，因為它們限制了能過獲得的頻率響應形式。譬如說，當我們使用對稱頻率響應去近似一個高通濾波器時，M 不可為奇數，因為在 $\omega=\pi(z=-1)$ 頻率響應已被限制為零。

5.7.4 FIR 線性相位系統和最小相位系統的關係

先前的討論已證實，所有具有實數脈衝響應的 FIR 線性相位系統皆有在單位圓或共軛倒數位置上的零點。因此，很容易就可以證明任何 FIR 線性相位系統的系統函數可被分解成一個最小相位項 $H_{\min}(z)$，一個最大相位項 $H_{\max}(z)$，和一個僅包含零點在單位原上的項 $H_{uc}(z)$，即

$$H(z)=H_{\min}(z)H_{uc}(z)H_{\max}(z), \tag{5.158a}$$

此處

$$H_{\max}(z)=H_{\min}(z^{-1})z^{-M_i} \tag{5.158b}$$

且 M_i 是 $H_{\min}(z)$ 的零點數目。在 (5.158a) 式中，$H_{\min}(z)$ 的所有 M_i 個零點均在單位圓內，而 $H_{uc}(z)$ 的所有 M_o 個零點均在單位圓上。$H_{\max}(z)$ 的所有 M_i 個零點均在單位圓外，且由 (5.158b) 式可知，$H_{\max}(z)$ 的零點是 $H_{\min}(z)$ 的零點之倒數。因此，系統函數 $H(z)$ 的階數為 $M=2M_i+M_o$。

範例 5.19 線性相位系統的分解

本範例為 (5.158) 式的例子，考慮 (5.99) 式中的最小相位系統函數，其頻率響應被顯示在圖 5.25 中。應用 (5.158b) 式至 (5.99) 式的 $H_{\min}(z)$ 所得到的系統為

$$\begin{aligned}H_{\max}(z)&=(0.9)^2(1-1.1111e^{j0.6\pi}z^{-1})(1-1.1111e^{-j0.6\pi}z^{-1})\\&\times(1-1.25e^{-j0.8\pi}z^{-1})(1-1.25e^{j0.8\pi}z^{-1})\end{aligned}$$

$H_{\max}(z)$ 的頻率響應顯示在圖 5.39 中。現在，若將此二系統串接，則由 (5.158b) 式可得整個系統

$$H(z)=H_{\min}(z)H_{\max}(z)$$

具有線性相位。這個複合系統的頻率響應可經過個別之對數強度，相位，和群延遲函數的相加而得。因此，

$$\begin{aligned}20\log_{10}|H(e^{j\omega})|&=20\log_{10}|H_{\min}(e^{j\omega})|+20\log_{10}|H_{\max}(e^{j\omega})|\\&=40\log_{10}|H_{\min}(e^{j\omega})|\end{aligned} \tag{5.159}$$

同理，

$$\angle H(e^{j\omega})=\angle H_{\min}(e^{j\omega})+\angle H_{\max}(e^{j\omega}) \tag{5.160}$$

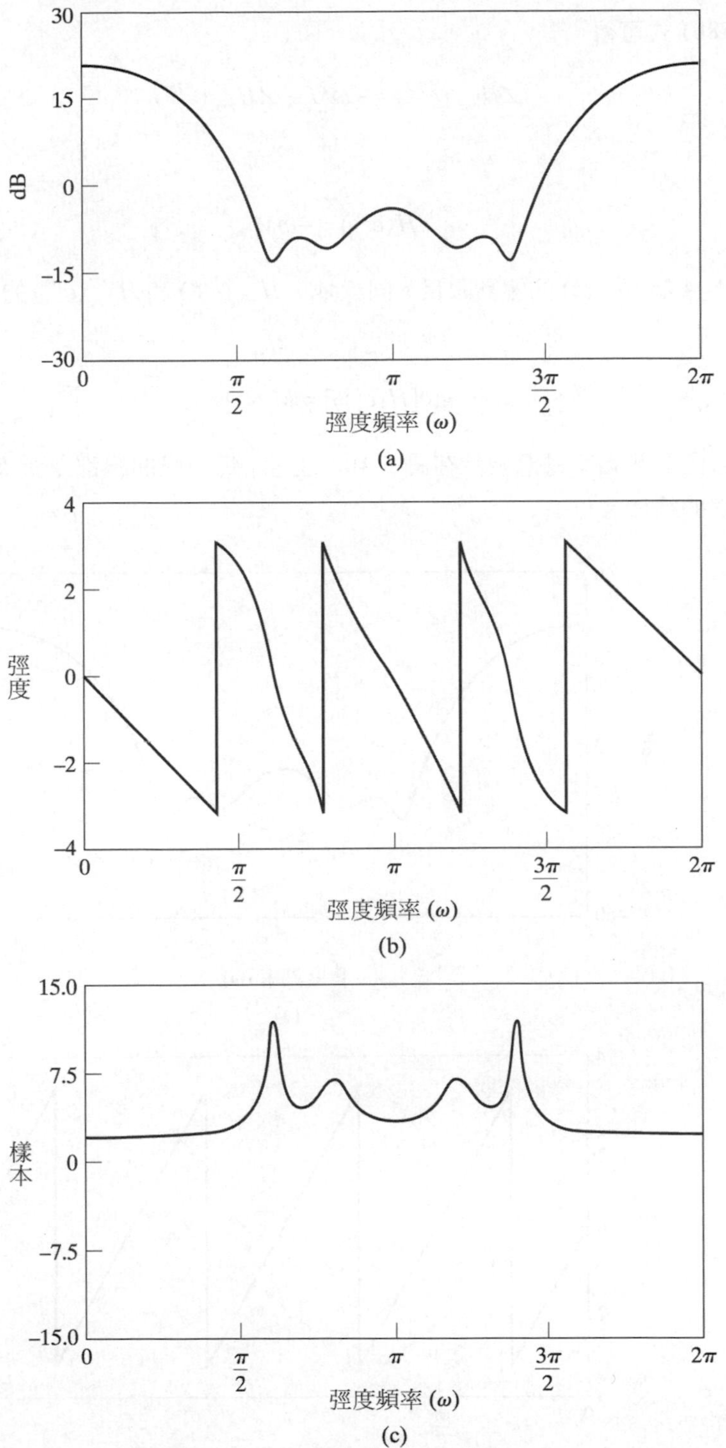

圖 5.39　最大相位系統的頻率響應。此和圖 5.25 的系統有相同的強度。(a) 對數強度，(b) 相位（主值），(c) 群延遲

從 (5.158b) 式可得

$$\angle H_{\max}(e^{j\omega}) = -\omega M_i - \angle H_{\min}(e^{j\omega}) \tag{5.161}$$

且

$$\angle H(e^{j\omega}) = -\omega M_i,$$

此處 $M_i = 4$ 為 $H_{\min}(z)$ 的零點數目。同樣地，$H_{\min}(e^{j\omega})$ 和 $H_{\max}(e^{j\omega})$ 的群延遲函數可被組合成

$$\text{grd}[H(e^{j\omega})] = M_i = 4$$

這個複合函數的頻率響應顯示在圖 5.40。注意，每一條曲線都是圖 5.25 和圖 5.39 中相關曲線的總和。

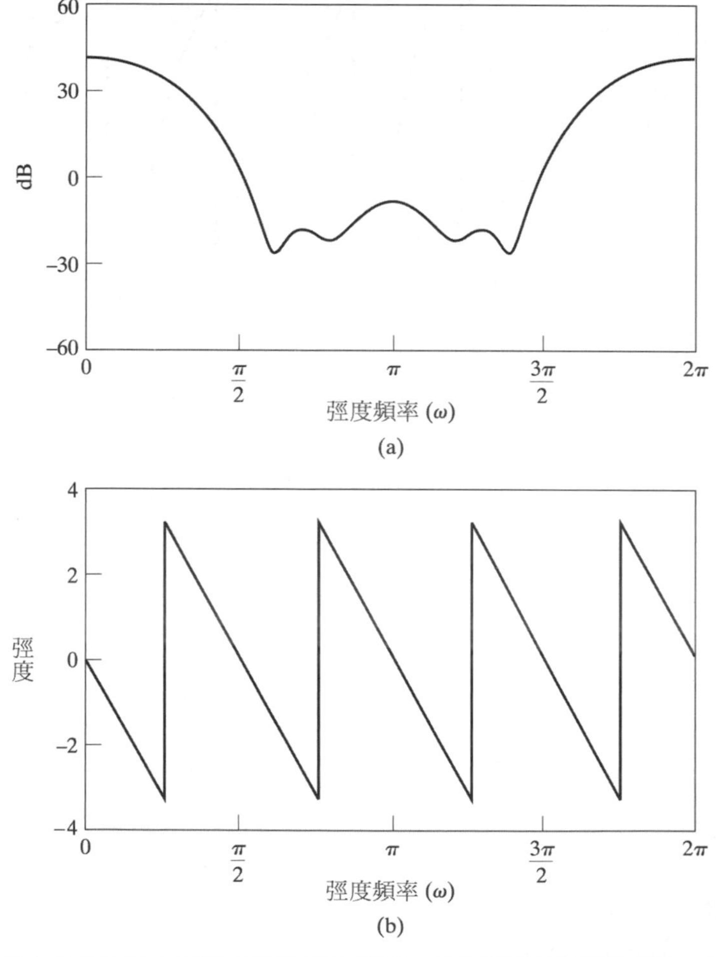

圖 5.40 串接最大相位和最小相位系統的頻率響應，且此系統具有線性相位。(a) 對數強度。(b) 相位（主值）

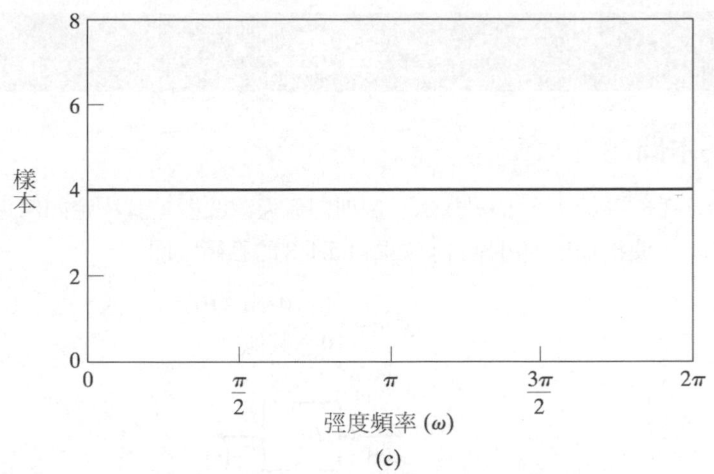

圖 5.40　串接最大相位和最小相位系統的頻率響應，且此系統具有線性相位。(c) 群延遲

5.8 總結

在這一章中，我們使用傅立葉轉換和 z 轉換去研究與探討 LTI 系統的表示與分析。LTI 系統轉換分析的重要性直接源自於複數指數是這種系統之固有函數，且對應的固有值相當於系統函數或頻率響應的事實。

可以用常數係數線性差分方程式來表示的系統，是 LTI 系統當中特別重要的一類。以差分方程式來表示的系統可具有無線長度（IIR）或有限長度（FIR）的脈衝響應。轉換分析在分析這類系統上是特別有效的，因爲傅立葉轉換和 z 轉換能將差分方程式轉換成代數方程式。特別來說，此系統函數是一個多項式的比值，且多項式的係數可直接由差分方程式的係數得到。而這些多項式的根，藉由極點零點圖提供了有效的系統表示。

LTI 系統的頻率響應通常以強度、相位，或群延遲爲特徵，而群延遲是相位的負導數。線性相位常是系統頻率響應所要的特徵，因爲它具有相當溫和的相位失真，相當於一個時間平移。FIR 系統的重要性部分在於這類系統很容易設計成線性相位，然而，對於給定強度規格的頻率響應，IIR 系統是更爲有效的。這些和其他權衡將在第 7 章中作更深入的探討。

一般來說，LTI 系統頻率響應的強度和相位是獨立的，但最小相位系統的強度卻唯一指定了其相位，而相位也唯一決定了其強度，只差一個尺度因子尙未被指定。而非最小相位系統則可被表示成一個最小相位系統和一個全通系統的串接組合。傅立葉轉換的強度和相位之間的關係將在第 12 章中加以討論。

習題

有解答的基本問題

5.1 在圖 P5.1-1 的系統中，$H(e^{j\omega})$ 是一個理想低通濾波器，試決定如何選取輸入 $x[n]$ 和截止頻率 ω_c，使得輸出 $y[n]$ 能具有如圖 P5.1-2 的脈衝。即

$$y[n]=\begin{cases}1, & 0\le n\le 10,\\ 0, & \text{其他}\end{cases}$$

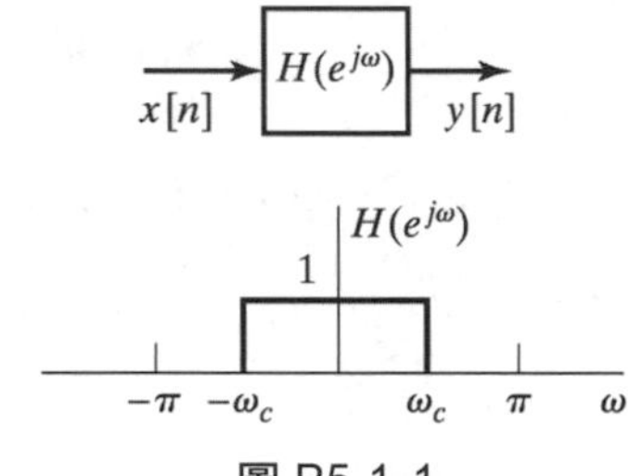

圖 P5.1-1

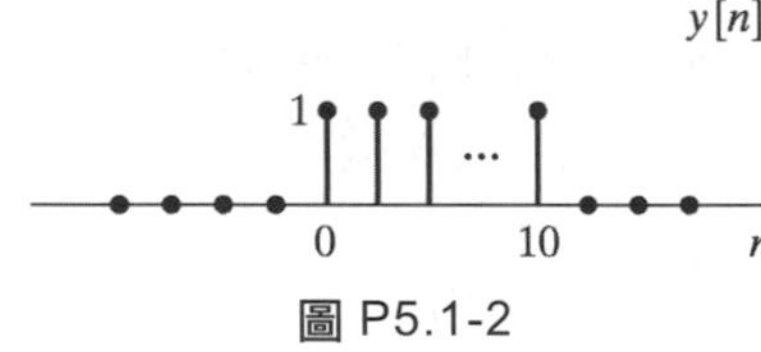

圖 P5.1-2

5.2 考慮一個穩定 LTI 系統，其輸入為 $x[n]$，輸出為 $y[n]$，且輸入與輸出滿足下列的差分方程式。

$$y[n-1]-\tfrac{10}{3}y[n]+y[n+1]=x[n]$$

(a) 在 z 平面上畫出系統函數的極點和零點。

(b) 找出脈衝響應 $h[n]$。

5.3 考慮一個 LTI 離散時間系統，其輸入 $x[n]$ 和輸出 $y[n]$ 滿足下列二階差分方程式的關係。

$$y[n-1]+\tfrac{1}{3}y[n-2]=x[n]$$

試從下面的序列當中，選出這個系統可能的兩個脈衝響應。

(a) $\left(-\tfrac{1}{3}\right)^{n+1}u[n+1]$

(b) $3^{n+1}u[n+1]$

(c) $3(3-)^{n+2}u[-n-2]$

(d) $\tfrac{1}{3}\left(-\tfrac{1}{3}\right)^{n}u[-n-2]$

(e) $\left(-\tfrac{1}{3}\right)^{n+1}u[-n-2]$

(f) $\left(\frac{1}{3}\right)^{n+1} u[n+1]$

(g) $(-3)^{n+1} u[n]$

(h) $n^{1/3} u[n]$

5.4　當 LTI 系統的輸入為

$$[n]=\left(\tfrac{1}{2}\right)^{n} u[n]+(2)^{n} u[-n-1],$$

而輸出為

$$y[n]=6\left(\tfrac{1}{2}\right)^{n} u[n]-6\left(\tfrac{3}{4}\right)^{n} u[n]$$

(a) 試找出此系統的系統函數 $H(z)$ 並畫出其極點和零點與指出收斂區間（ROC）。

(b) 試對所有 n 值，找出此系統的脈衝響應 $h[n]$。

(c) 試寫出此系統的特徵差分方程式。

(d) 系統穩定嗎？因果嗎？

5.5　考慮一系統，它由一具有初始靜止條件的常係數線性差分方程式所描述。若此系統的步階響應為

$$y[n]=\left(\tfrac{1}{3}\right)^{n} u[n]+\left(\tfrac{1}{4}\right)^{n} u[n]+u[n]$$

(a) 試決定此差分方程式。

(b) 試決定此系統的脈衝響應。

(c) 此系統是否穩定？

5.6　已知一個 LTI 系統的下列資訊

(1) 此系統是因果的。

(2) 當輸入為

$$x[n]=-\tfrac{1}{3}\left(\tfrac{1}{2}\right)^{n} u[n]-\tfrac{4}{3}(2)^{n} u[-n-1],$$

則其輸出的 z 轉換為

$$Y(z)=\frac{1-z^{-2}}{\left(1-\frac{1}{2}z^{-1}\right)\left(1-2z^{-1}\right)}$$

(a) $x[n]$ 的 z 轉換為何？

(b) 什麼是 $Y(z)$ 收斂區間的可能選擇？

(c) 什麼是系統脈衝響應的可能選擇？

5.7　當一個 LTI 系統的輸入為

$$x[n]=5u[n],$$

輸出為

$$y[n]=\left[2\left(\tfrac{1}{2}\right)^n+3\left(-\tfrac{3}{4}\right)^n\right]u[n]$$

(a) 試找出此系統的系統函數 $H(z)$ 並畫出其極點和零點與指出收斂區間。

(b) 試對所有 n 值，找出此系統的脈衝響應。

(c) 寫出此系統的特徵差分方程式。

5.8 下列差分方程式描述了一個因果的 LTI 系統。

$$y[n]=\tfrac{3}{2}y[n-1]+y[n-2]+x[n-1]$$

(a) 試求出系統函數 $H(z)=Y(z)/X(z)$，畫出 $H(z)$ 的極點和零點，並指出收斂區間。

(b) 求出此系統的脈衝響應。

(c) 你會發現此系統不穩定。試求出滿足此差分方程的穩定（非因果）脈衝響應。

5.9 考慮一個 LTI 系統，其輸入為 $x[n]$，輸出為 $y[n]$，且

$$y[n-1]-\tfrac{5}{2}y[n]+y[n+1]=x[n]$$

這系統是可以或不可以穩定且／或因果的。試經由考慮此差分方程式的極點零點型態，決定此系統脈衝響應的三種可能選擇，並證明每一個選擇皆滿足此差分方程式。試指示哪一種選擇對應到穩定系統，而哪種選擇對應到因果系統。

5.10 若一個LTI系統的系統函數 $H(z)$ 具有如圖 P5.10 顯示的極點零點圖，且此系統是因果的。則反系統 $H_i(z)$ 是因果且穩定的嗎？此處 $H(z)H_i(z)=1$。請解釋你的答案。

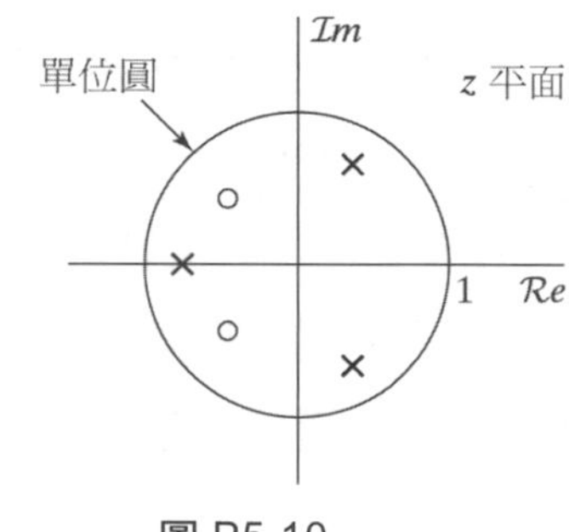

圖 P5.10

5.11 一個 LTI 系統之系統函數的極點零點圖顯示在圖 P5.11 中。請標明下列敘述之真假，或無法由給定的資訊來決定。

(a) 系統式穩定的。

(b) 系統是因果的。

(c) 若系統是因果的，則它必穩定。

(d) 若系統是穩定的，則它有雙邊脈衝響應。

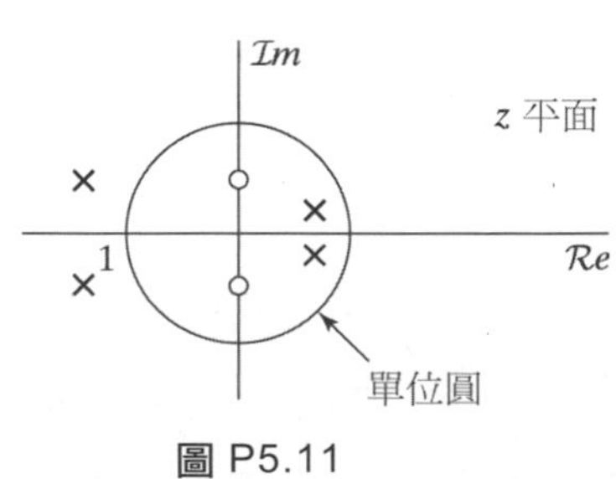

圖 P5.11

5.12 一個 LTI 的離散時間因果系統具有以下的系統函數

$$H(z)=\frac{(1+0.2z^{-1})(1-9z^{-2})}{(1+0.81z^{-2})}$$

(a) 此系統穩定嗎？

(b) 求出一個最小相位系統 $H_1(z)$ 和一個全通系統 $H_{\text{ap}}(z)$ 使得

$$H(z)=H_1(z)H_{\text{ap}}(z)$$

5.13 圖 P5.13 是四個不同 LTI 系統的極點零點圖。試由圖說明每個系統是否為全通系統。

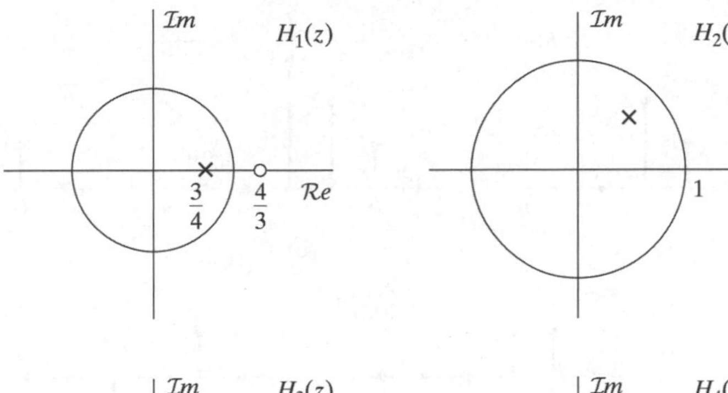

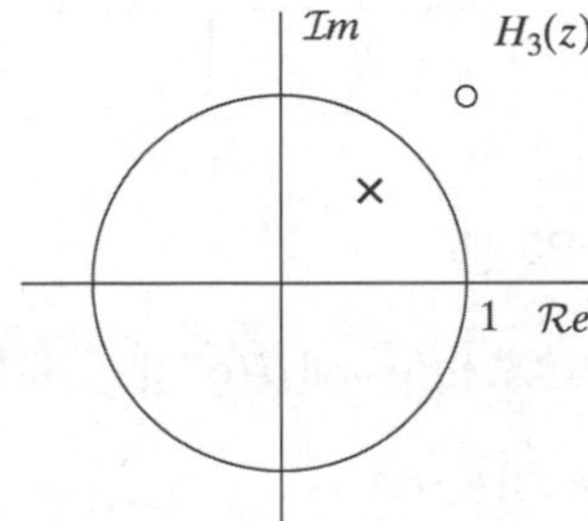

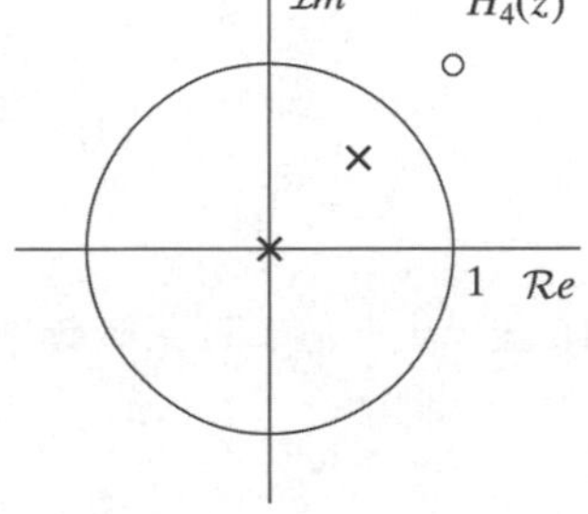

圖 P5.13

5.14 求出下列序列在 $0<\omega<\pi$ 之間的群延遲。

(a)

$$x_1[n]=\begin{cases} n-1, & 1\le n\le 5,\\ 9-n, & 1<n\le 9,\\ 0, & \text{其他}\end{cases}$$

(b)

$$x_2[n]=\left(\frac{1}{2}\right)^{|n-1|}+\left(\frac{1}{2}\right)^{|n|}$$

5.15 考慮一類具有下列頻率響應形式的離散時間濾波器

$$H(e^{j\omega})=|H(e^{j\omega})|\,e^{-j\alpha\omega},$$

此處$|H(e^{j\omega})|$是ω的實數非負函數，且α是一個實常數。如同 5.7.1 節中所討論的，這類濾波器叫做**線性相位**濾波器。此外，考慮另一類離散時間濾波器，其頻率響應為

$$H(e^{j\omega}) = A(e^{j\omega})e^{-j\alpha\omega + j\beta},$$

此處$A(e^{j\omega})$是ω的實函數，且α和β皆為實常數，如同 5.7.2 節中所討論的，這類濾波器叫做**廣義線性相位**濾波器。

對圖 P5.15 中的每一個濾波器，決定是否它是廣義線性相位濾波器。假如是，那麼試找出$A(e^{j\omega})$，α和β。此外，對於每個被認定為是廣義線性相位的濾波器，標示出它是否也符合線性相位濾波器的條件。

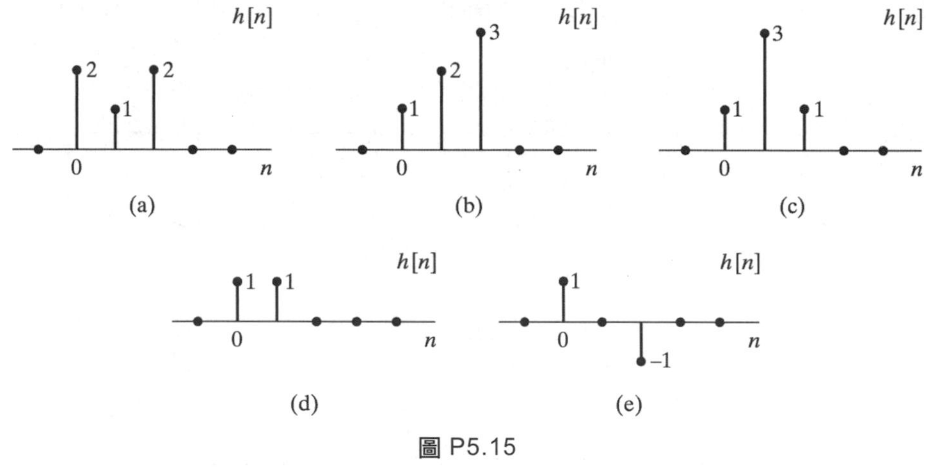

圖 P5.15

5.16 圖 P5.16 表示出一個 LTI 系統頻率響應的連續相位 $\arg[H(e^{j\omega})]$，其中對於$|\omega|<\pi$

$$\arg[H(e^{j\omega})] = -\alpha\omega$$

而α是一個正整數

則此系統的脈衝響應$h[n]$是因果的嗎？此系統是絕對因果，或是絕對非因果，請給出證明。如果無法由圖 P5.16 中確認系統是否是因果的，請舉出一個因果與一個非因果的序列，同時能滿足上數之相位響應 $\arg[H(e^{j\omega})]$。

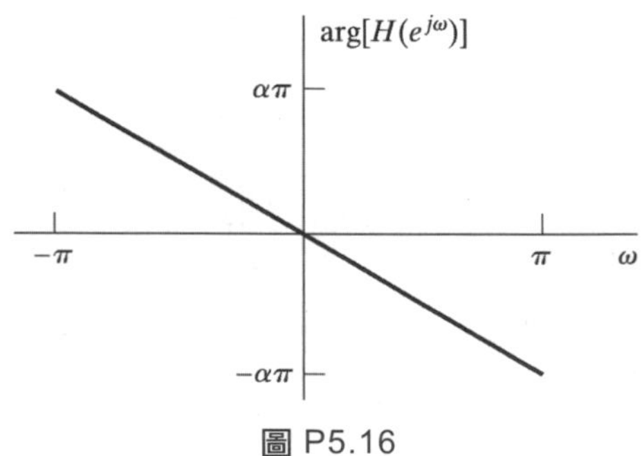

圖 P5.16

5.17 對於下列各系統函數，試說明它們是否為最小相位系統，並證明你的答案。

$$H_1(z) = \frac{(1-2z^{-1})\left(1+\frac{1}{2}z^{-1}\right)}{\left(1-\frac{1}{3}z^{-1}\right)\left(1+\frac{1}{3}z^{-1}\right)},$$

$$H_2(z) = \frac{\left(1+\frac{1}{4}z^{-1}\right)\left(1-\frac{1}{4}z^{-1}\right)}{\left(1-\frac{2}{3}z^{-1}\right)\left(1+\frac{2}{3}z^{-1}\right)},$$

$$H_3(z) = \frac{1-\frac{1}{3}z^{-1}}{(1-\frac{j}{2}z^{-1})(1+\frac{j}{2}z^{-1})},$$

$$H_4(z) = \frac{z^{-1}\left(1-\frac{1}{3}z^{-1}\right)}{(1-\frac{j}{2}z^{-1})(1+\frac{j}{2}z^{-1})}.$$

5.18 對於下列各系統函數 $H_k(z)$，求出一個最小相位系統函數 $H_{\min}(z)$，使得兩系統的頻率響應強度相同，即 $|H_k(e^{j\omega})| = |H_{\min}(e^{j\omega})|$。

(a) $H_1(z) = \dfrac{1-2z^{-1}}{1+\frac{1}{3}z^{-1}}$

(b) $H_2(z) = \dfrac{(1+3z^{-1})(1-\frac{1}{2}z^{-1})}{z^{-1}\left(1+\frac{1}{3}z^{-1}\right)}$

(c) $H_3(z) = \dfrac{(1-3z^{-1})\left(1-\frac{1}{4}z^{-1}\right)}{\left(1-\frac{3}{4}z^{-1}\right)\left(1-\frac{4}{3}z^{-1}\right)}$

5.19 圖 P5.19 是某些 LTI 系統的脈衝響應圖，試求出每個系統的群延遲。

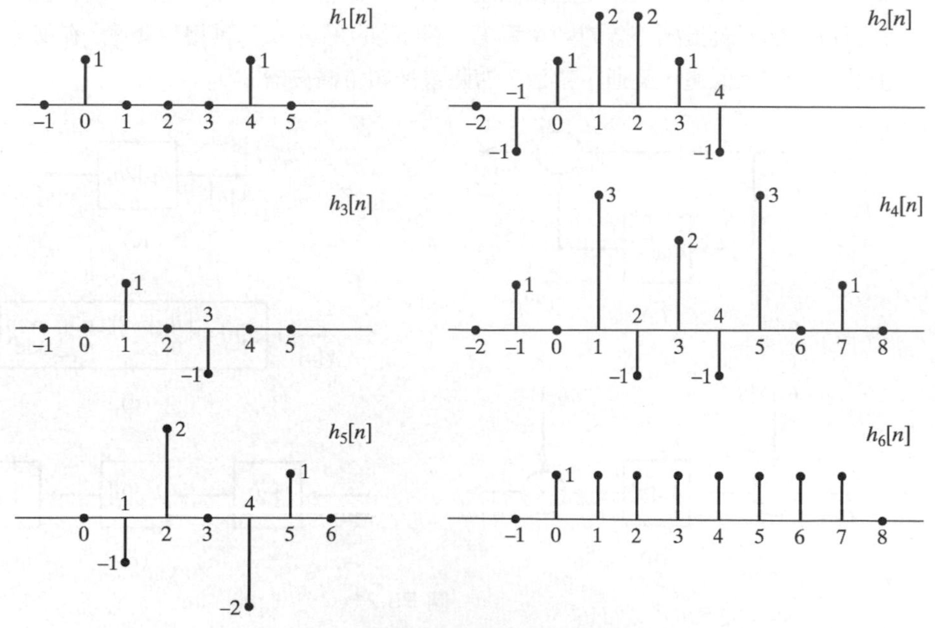

圖 P5.19

5.20 圖 P5.20 為某些系統函數的零點圖。對於每一個圖，說明是否其系統函數可為被實係數的常係數線性差分方程式所實現的廣義線性相位系統。

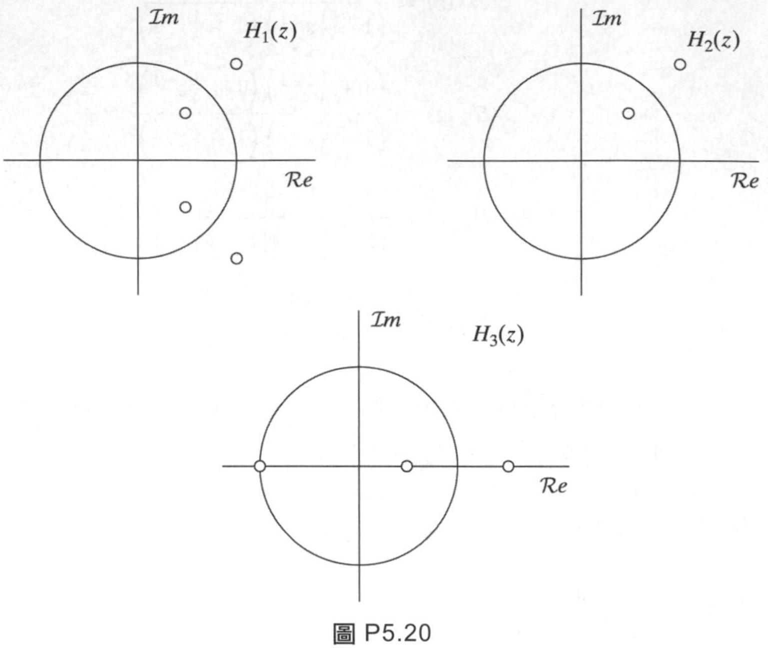

圖 P5.20

基本問題

5.21 $h_{lp}[n]$ 表示一個理想低通濾波器的脈衝響應，其具有一致的通帶增益且截止頻率為 $\omega_c = \pi/4$。圖 P5.21 表示了五個系統，而每一個皆能等效成理想的 LTI 選頻濾波器。試對每一個系統畫出等效的頻率響應，並明確的用 ω_c 標示其邊界頻率。在每一情形中，須註明系統是低通、高通、帶通、帶除或多頻帶濾波器。

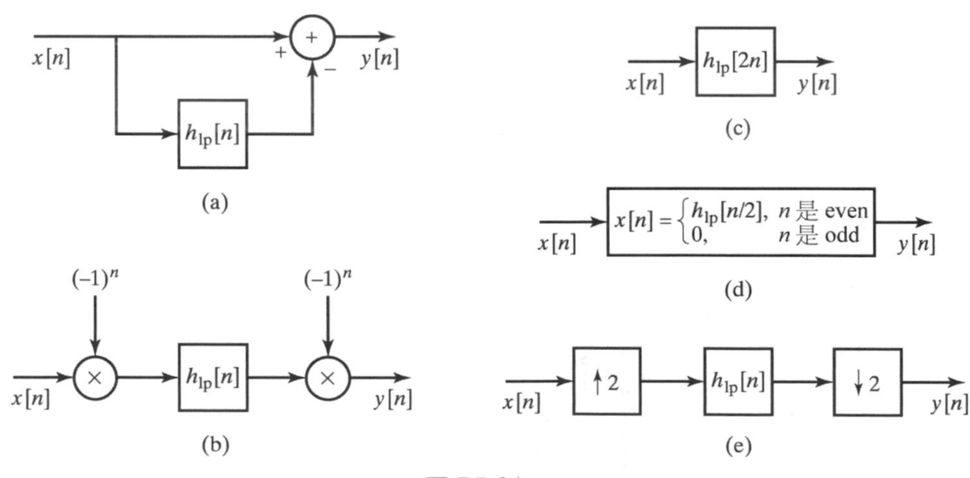

圖 P5.21

5.22 一個離散時間序列 $h[n]$ 或一個 LTI 系統脈衝響應 $h[n]$ 的許多性質可由其頻率響應 $H[z]$ 的極點零點圖中看出。在此題中，我們只考慮因果系統，請清楚的描述下列性質所對應的 z 平面之特徵。

(a) 實數脈衝響應。

(b) 有限脈衝響應。

(c) $h[n]=h[2\alpha-n]$ 此處 2α 是一整數。

(d) 最小相位。

(e) 全通。

5.23 考慮一個因果線性非時變系統，其系統函數如下所示且 a 是一個實數。

$$H(z)=\frac{1-a^{-1}z^{-1}}{1-az^{-1}},$$

(a) 寫出描述系統輸入輸出關係的差分方程式。

(b) a 在什麼範圍內，此系統會是穩定的。

(c) 對 $a=1/2$ 時，畫出極點零點圖並標示收斂區間。

(d) 找出系統的脈衝響應 $h[n]$。

(e) 證明此系統是一個全通系統，即頻率響應的強度是一個常數，並且找出此常數。

5.24 **(a)** 對 5.7.3 節中所討論的四種因果線性相位 FIR 濾波器型式，分別決定是否對稱性會對在 $\omega=0$ 且／或 $\omega=\pi$ 的頻率響應產生限制。

(b) 對於以下列出的幾種想要的濾波器，請問四種型式的 FIR 濾波器中，哪一個對於近似這些想要的濾波器是有用的？

低通

帶通

高通

帶除

微分器

5.25 令 $x[n]$ 爲一個 N 點的因果序列，其在 $0\le n\le N-1$ 的範圍外都是零。當我們輸入 $x[n]$ 到一個差分方程式爲

$$y[n]-\tfrac{1}{4}y[n-2]=x[n-2]-\tfrac{1}{4}x[n],$$

的因果 LTI 系統，其輸出也是一個 N 點的因果序列，$y[n]$。

(a) 證明上述的因果 LTI 系統爲一全通濾波器。

(b) 若

$$\sum_{n=0}^{N-1}|x[n]|^2=5,$$

求出下式的值

$$\sum_{n=0}^{N-1}|y[n]|^2$$

5.26 下列敘述正確或是錯誤？

「非因果系統不可能有大於零的常數群延遲，即 $\text{grd}[H(e^{j\omega})]=\tau_0>0$ 。」

若此敘述是正確的，請給出簡單的論證；若是錯誤的，請舉出反例。

5.27 **(a)** 一個理想低通濾波器之脈衝響應 $h[n]$ 被設計爲零相位，截止頻率 $\omega_c=\pi/4$ ，通帶增益爲 1，且阻帶增益爲 0 [圖 P5.21 顯示其 $H(e^{j\omega})$]。請描繪出 $(-1)^n h[n]$ 的離散時間傅立葉轉換。

(b) 圖 P5.27 是一個脈衝響應爲 $g[n]$ 之複數濾波器的極點零點圖。試畫出 $(-1)^n g[n]$ 的極點零點圖。若圖中所提供的資訊不足，請解釋。

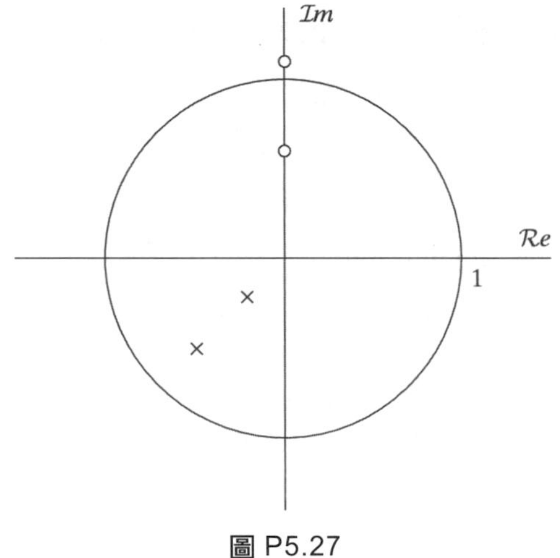

圖 P5.27

5.28 一個訊號 $x[n]=\cos(0.3\pi n)$ 經過一個單位增益全通 LTI 系統的處理可獲得其輸出 $y[n]$ ，其中此系統之頻率響應爲 $\omega=H(e^{j\omega})$ 且在 $\omega=0.3\pi$ 時具有 4 個取樣點的群延遲。此外，$\angle H(e^{j0.3\pi})=\theta$ 而 $\angle H(e^{-j0.3\pi})=-\theta$ 。請選出對 $y[n]$ 最切確的敘述。

(a) $y[n]=\cos(0.3\pi n+\theta)$

(b) $y[n]=\cos(0.3\pi(n-4)+\theta)$

(c) $y[n]=\cos(0.3\pi(n-4-\theta))$

(d) $y[n] = \cos(0.3\pi(n-4))$

(e) $y[n] = \cos(0.3\pi(n-4+\theta))$

5.29 一個因果 LTI 系統之系統函數如下

$$H(z) = \frac{(1-e^{j\pi/3}z^{-1})(1-e^{-j\pi/3}z^{-1})(1+1.1765z^{-1})}{(1-0.9e^{j\pi/3}z^{-1})(1-0.9e^{-j\pi/3}z^{-1})(1+0.85z^{-1})}$$

(a) 請寫出滿足此系統輸入 $x[n]$ 與輸出 $y[n]$ 的差分方程式

(b) 畫出其極點零點圖與指出此系統函數之收斂區間（ROC）。

(c) 畫出 $|H(e^{j\omega})|$ 並做仔細的標記。使用極點和零點的位置去解釋此頻率響應圖。

(d) 請指出下列對於此系統的敘述是否正確

(i) 此系統是穩定的。

(ii) 脈衝響應在 n 相當大時趨近一非零常數。

(iii) 因爲系統函數有一極點在 $\omega=\pi/3$，頻率響應強度在接近 $\omega=\pi/3$ 處有一個尖峰。

(iv) 此系統爲最小相位系統。

(v) 反系統是因果且穩定的。

5.30 有一個 LTI 系統的脈衝響應 $h_1[n]$ 爲理想低通濾波器，截止頻率爲 $\omega_c=\pi/2$，且其頻率響應爲 $H_1(e^{j\omega})$。假設另一個 LTI 系統之脈衝響應 $h_2[n]$ 爲

$$h_2[n] = (1-)^n h_1[n]$$

請畫出頻率響應 $H_2(e^{j\omega})$。

5.31 考慮下列的系統函數

$$H(z) = \frac{rz^{-1}}{1-(2r\cos\omega_0)z^{-1}+r^2z^{-2}}, \quad |z|>r$$

假設 $\omega_0 \neq 0$。

(a) 畫出標記的極點零點圖並求出 $h[n]$。

(b) 假設 $\omega_0=0$，重作 (a)。這稱爲臨界阻尼系統。

進階問題

5.32 考慮一個線性非時變系統，其系統函數為

$$H(z)=\frac{z^{-2}}{\left(1-\frac{1}{2}z^{-1}\right)(1-3z^{-1})}$$

(a) 假設此系統是穩定的，當輸入 $x[n]$ 是單位步階序列，試決定輸出 $y[n]$。

(b) 假設 $H(z)$ 的收斂區間包含 $z=\infty$，當 $x[n]$ 如圖 P5.32 所示，求出 $y[n]$ 在 $n=2$ 的值。

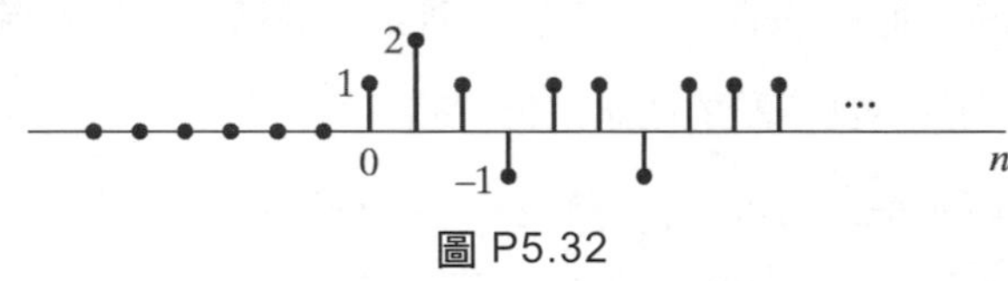

圖 P5.32

(c) 假設我們想透過一個脈衝響應為 $h_i[n]$ 的 LTI 系統對 $y[n]$ 的處理去回推 $x[n]$，試求出 $h_i[n]$。$h_i[n]$ 是否受到 $H(z)$ 的收斂區間所影響？

5.33 $H(z)$ 是一個穩定 LTI 系統的系統函數：

$$H(z)=\frac{(1-2z^{-1})(1-0.75z^{-1})}{z^{-1}(1-0.5z^{-1})}$$

(a) $H(z)$ 可表示為一個最小相位系統 $H_{\min 1}(z)$ 和一單位增益全通系統 $H_{\mathrm{ap}}(z)$ 的串接，即

$$H(z)=H_{\min 1}(z)H_{\mathrm{ap}}(z)$$

找出一組 $H_{\min 1}(z)$ 和 $H_{\mathrm{ap}}(z)$ 並具體說明，排除尺度因子，這組解是否唯一。

(b) $H(z)$ 可表示為一個最小相位系統 $H_{\min 2}(z)$ 和一個廣義線性相位 FIR 系統 $H_{\mathrm{lp}}(z)$ 的串接：

$$H(z)=H_{\min 2}(z)H_{\mathrm{lp}}(z)$$

找出一組 $H_{\min 2}(z)$ 和 $H_{\mathrm{lp}}(z)$ 並具體說明，排除尺度因子，這組解是否唯一。

5.34 圖 P5.34-1 顯示一個離散時間 LTI 系統的頻率響應強度與群延遲函數。其輸入為 $x[n]$ 而輸出為 $y[n]$，且如圖 P5.34-1 所示，$x[n]$ 是三個窄頻脈波的組合。具體來說，圖 P5.34-1 包含以下圖表：

- $x[n]$
- $|X(e^{j\omega})|$，$x[n]$的傅立葉轉換強度。
- 此系統的頻率響應強度圖。
- 此系統的群延遲圖。

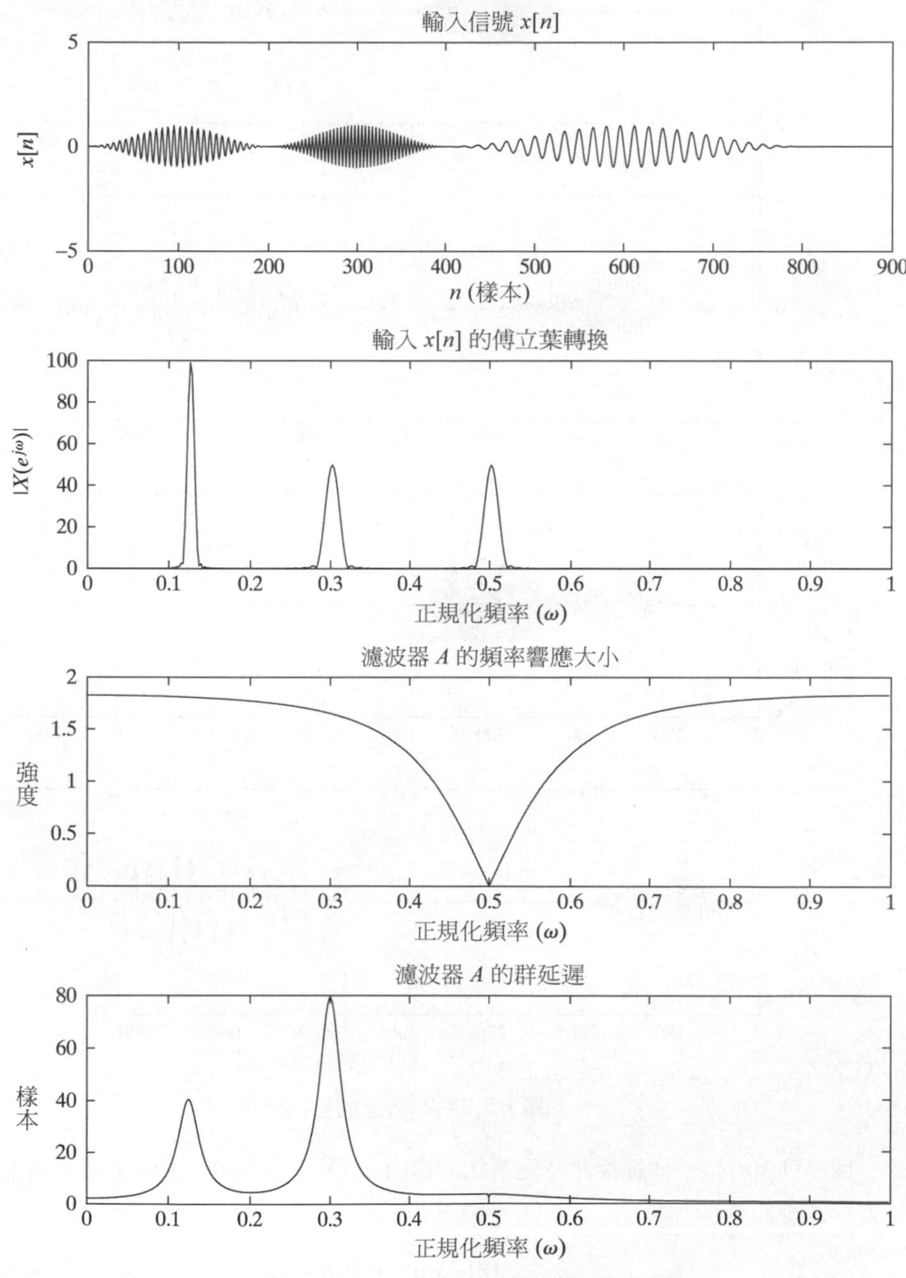

圖 P5.34-1 輸入訊號與濾波器的頻率響應

圖 P5.34-2 是四個可能的輸出訊號，$y_i[n]$ $i = 1, 2, \ldots, 4$。試決定哪一個是以 $x[n]$ 爲輸入的系統輸出，並提出論證。

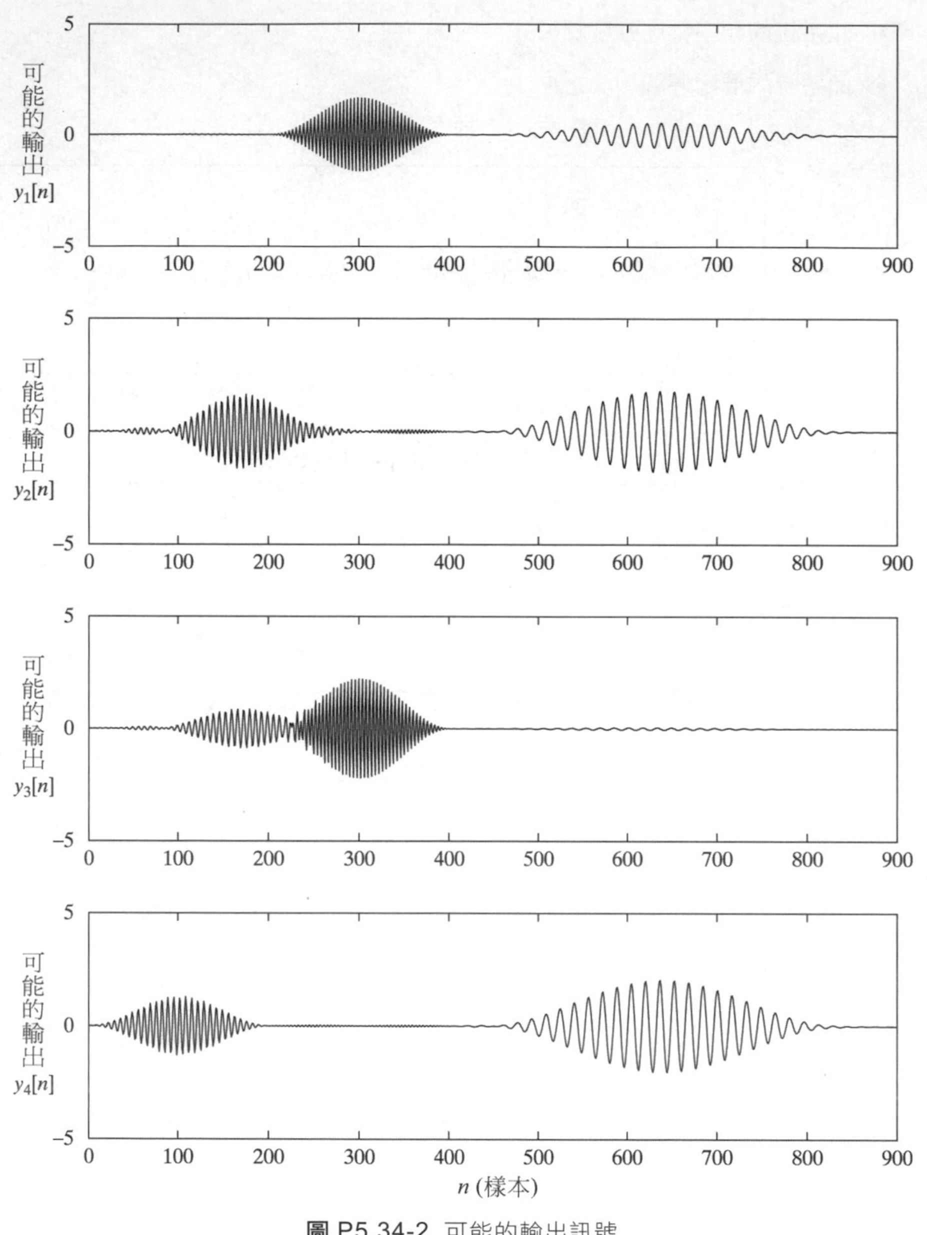

圖 P5.34-2 可能的輸出訊號

5.35 一個序列 $x[n]$ 是一個線性非時變系統的輸出，其輸入爲 $s[n]$，這個系統可由下列之差分方程式來描述

$$x[n] = s[n] - e^{-8\alpha}s[n-8], \tag{P5.35-1}$$

此處 $0 < \alpha$。

(a) 試找出系統函數

$$H_1(z) = \frac{X(z)}{S(z)},$$

並在 z 平面上畫出它的極點和零點，且指出收斂區間。

(b) 我們想要用一個線性非時變系統從 $x[n]$ 回復 $s[n]$ ，請找出系統函數

$$H_2(z) = \frac{Y(z)}{X(z)}$$

使得 $y[n] = s[n]$。請找出 $H_2(z)$ 所有可能的收斂區間，並指出系統是否是因果和／或穩定的。

(c) 請找出所有可能的脈衝響應 $h_2[n]$ ，使得

$$y[n] = h_2[n] * x[n] = s[n] \qquad \text{(P5.35-2)}$$

(d) 對所有 (c) 中所做的選擇，利用 (P5.35-2) 式的旋積明確示範之，若 $s[n] = \delta[n]$ ， $y[n] = \delta[n]$ 。

注意：如同問題 4.7 中討論的，(P5.35-1) 式表示一個多路徑通道的模型，而在 (b) 和 (c) 中所決定得系統則對應到訂正多路徑失真的補償系統。

5.36 考慮一個線性非時變系統，其脈衝響應爲

$$h[n] = \left(\tfrac{1}{2}\right)^n u[n] + \left(\tfrac{1}{3}\right)^n u[n]$$

輸入 $x[n]$ 在 $n < 0$ 爲零，但在 $0 \le n \le \infty$ 時，一般不爲零。我們想要計算在 $0 \le n \le 10^9$ 的輸出 $y[n]$ ，並特別去比較使用 FIR 濾波器和 IIR 濾波器來獲得 $y[n]$ 有何不同。

(a) 試決定一個常係數線性差分方程式，使得 $x[n]$ 和 $y[n]$ 的關係爲一個 IIR 系統。

(b) 試決定最小長度 LTI FIR 濾波器的脈衝響應 $h_1[n]$ ，其輸出 $y_1[n]$ 在 $0 \le n \le 10^9$ 內和輸出 $y[n]$ 相同。

(c) 標定在 (b) 中，和 FIR 濾波器相關的常係數線性差分方程式。

(d) 試比較使用 (a) 和 (c) 中之常係數線性差分方程式去計算在 $0 \le n \le 10^9$ 內的 $y[n]$ 所需之算術運算數目（乘法與加法）。

5.37 圖 P5.37-1 表示兩種不同的三系統連接方式，而脈衝響應 $h_1[n]$、$h_2[n]$和 $h_3[n]$顯示在圖 P5.37-2 中。決定是否系統 A 和系統 B 爲廣義線性相位系統。

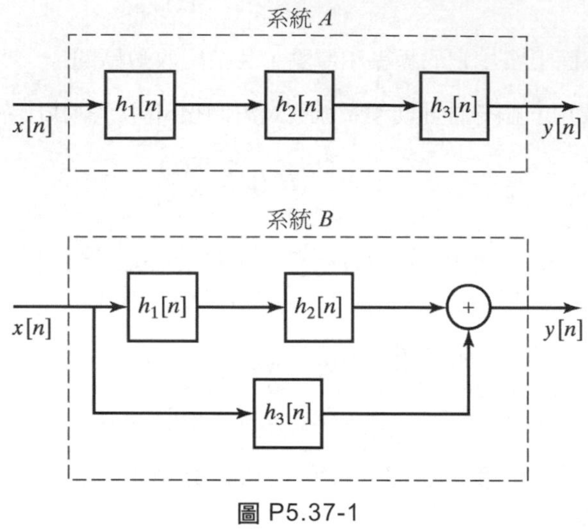

圖 P5.37-1

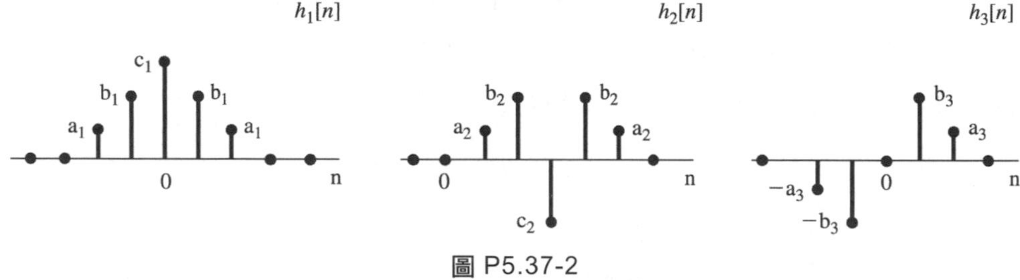

圖 P5.37-2

5.38 有一個因果 LTI 離散時間系統的系統函數爲

$$H(z)=\frac{(1-0.5z^{-1})(1+4z^{-2})}{(1-0.64z^{-2})}$$

(a) 求出最小相位系統 $H_1(z)$ 和全通系統 $H_{ap}(z)$ 使得

$$H(z)=H_1(z)H_{ap}(z)$$

(b) 求出另一個最小相位系統 $H_2(z)$ 和一個廣義線性相位 FIR 系統使得

$$H(z)=H_2(z)H_{lin}(z)$$

5.39 考慮一個 LTI 系統，其輸入爲 $x[n]$ 而輸出爲 $y[n]$。當系統的輸入爲

$$x[n]=5\frac{\sin(0.4\pi n)}{\pi n}+10\cos(0.5\pi n),$$

輸出訊號爲

$$y[n]=10\frac{\sin[0.3\pi(n-10)]}{\pi(n-10)}$$

求出此 LTI 系統的頻率響應 $H(e^{j\omega})$ 和脈衝響應 $h[n]$。

5.40 $H(z)$ 是一個穩定 LTI 系統的系統函數：

$$H(z)=\frac{(1-9z^{-2})(1+\frac{1}{3}z^{-1})}{1-\frac{1}{3}z^{-1}}$$

(a) $H(z)$ 可表示爲一個最小相位系統 $H_{\min}(z)$ 和一個單位增益全通系統 $H_{\text{ap}}(z)$ 的串接。找出一組 $H_{\min}(z)$ 和 $H_{\text{ap}}(z)$ 並說明，排除尺度因子，這組解是否唯一。

(b) 最小相位系統 $H_{\min}(z)$ 是否爲 FIR 系統？請解釋。

(c) 最小相位系統 $H_{\min}(z)$ 是否爲一個廣義線性相位系統？若不是，$H(z)$ 可否被表示爲一個廣義線性相位系統 $H_{\text{lin}}(z)$ 和一個全通系統 $H_{\text{ap2}}(z)$ 的串接？如果可以，請找出 $H_{\text{lin}}(z)$ 和 $H_{\text{ap2}}(z)$。若不可以，請解釋。

5.41 圖 P5.41 是三個因果 LTI 系統的的極點零點圖，其脈衝響應均爲實數。指出每個系統具有以下的哪些性質：IIR、FIR、最小相位、全通、廣義線性相位、對於所有 ω，群延遲皆大於零。

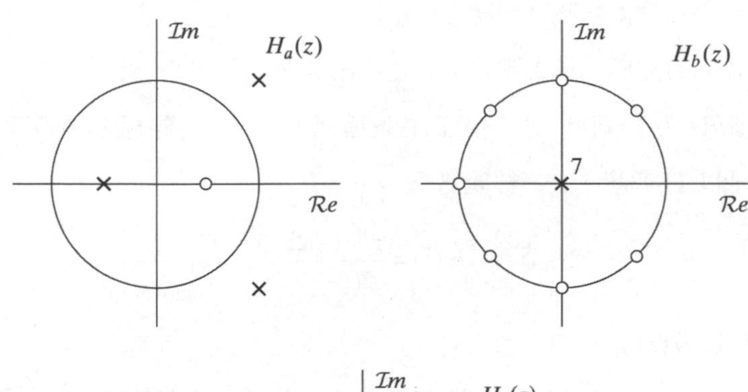

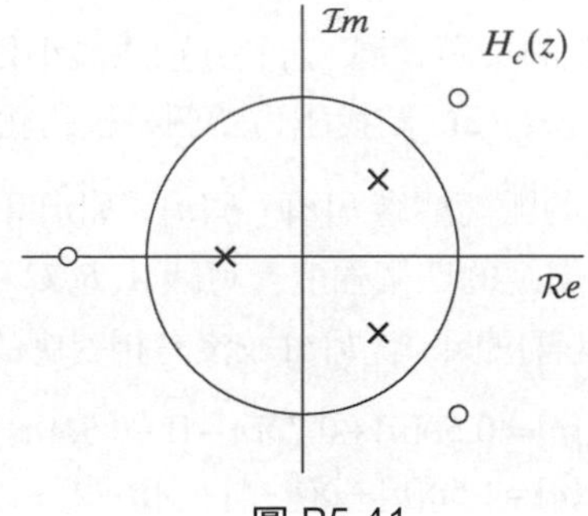

圖 P5.41

5.42 S_1 是一個 LTI 系統，系統函數為

$$H_1(z)=\frac{1-z^{-5}}{1-z^{-1}},\quad |z|>0,$$

且脈衝響應為 $h_1[n]$。

(a) S_1 是否為因果系統？請解釋。

(b) 令 $g[n]=h_1[n]*h_2[n]$，求出一個 $h_2[n]$ 使得 $g[n]$ 至少有 9 個非零樣本質，且 $g[n]$ 可視為一個因果 LTI 系統的脈衝響應，並具有嚴格的線性相位，即 $G(e^{j\omega})=|G(e^{j\omega})|e^{-j\omega n_0}$，其中 n_0 為一個整數。

(c) 令 $q[n]=h_1[n]*h_3[n]$，求出一個 $h_3[n]$ 使得

$$q[n]=\delta[n],\quad 0\le n\le 19$$

5.43 已知訊號 $x[n]$ 和它的 z 轉換 $X(z)$ 滿足下列三個條件：

(i) $x[n]$ 是實質和最小相位。

(ii) $x[n]$ 在 $0\le n\le 4$ 之外均為零。

(iii) $X(z)$ 在 $z=\frac{1}{2}e^{j\pi/4}$ 和 $z=\frac{1}{2}e^{j3\pi/4}$ 有零點。

根據上述資訊，回答以下問題：

(a) $X(z)$ 是有理函數嗎？證明之。

(b) 畫出 $X(z)$ 完整的極點零點圖，並指出 ROC。

(c) 若 $y[n]*x[n]=\delta[n]$，且 $y[n]$ 為右邊序列，畫出 $y[n]$ 的極點零點圖並指出 ROC。

5.44 考慮一個 LTI 系統，其系統函數為：

$$H(z)=\frac{z^{-2}(1-2z^{-1})}{2(1-\frac{1}{2}z^{-1})},\quad |z|>\frac{1}{2}$$

(a) 請解釋 $H(z)$ 是否為全通系統。

(b) 此系統可被三個系統的接所實現，它們分別為最小相位 $H_{\min}(z)$，最大相位 $H_{\max}(z)$，與整數時間平移系統 $H_d(z)$。請找出這三個系統的脈衝響應 $h_{\min}[n]$、$h_{\max}[n]$ 和 $h_d[n]$。

5.45 四個線性相位 LTI 系統的脈衝響應 $h_1[n]$、$h_2[n]$、$h_3[n]$ 和 $h_4[n]$ 如下所示。此外，圖 P5.45 是可能對應到這些脈衝響應的四個強度響應圖 A, B, C 和 D。請指出對應到每一脈衝響應 $h_i[n], i=1,\ldots,4$ 的強度響應圖。若 $h_i[n]$ 並沒有相對應的強度響應圖，請標明「沒有」。

$$h_1[n]=0.5\delta[n]+0.7\delta[n-1]+0.5\delta[n-2]$$
$$h_2[n]=1.5\delta[n]+\delta[n-1]+\delta[n-2]+1.5\delta[n-3]$$
$$h_3[n]=-0.5\delta[n]-\delta[n-1]+\delta[n-3]+0.5\delta[n-4]$$
$$h_4[n]=-\delta[n]+0.5\delta[n-1]-0.5\delta[n-2]+\delta[n-3]$$

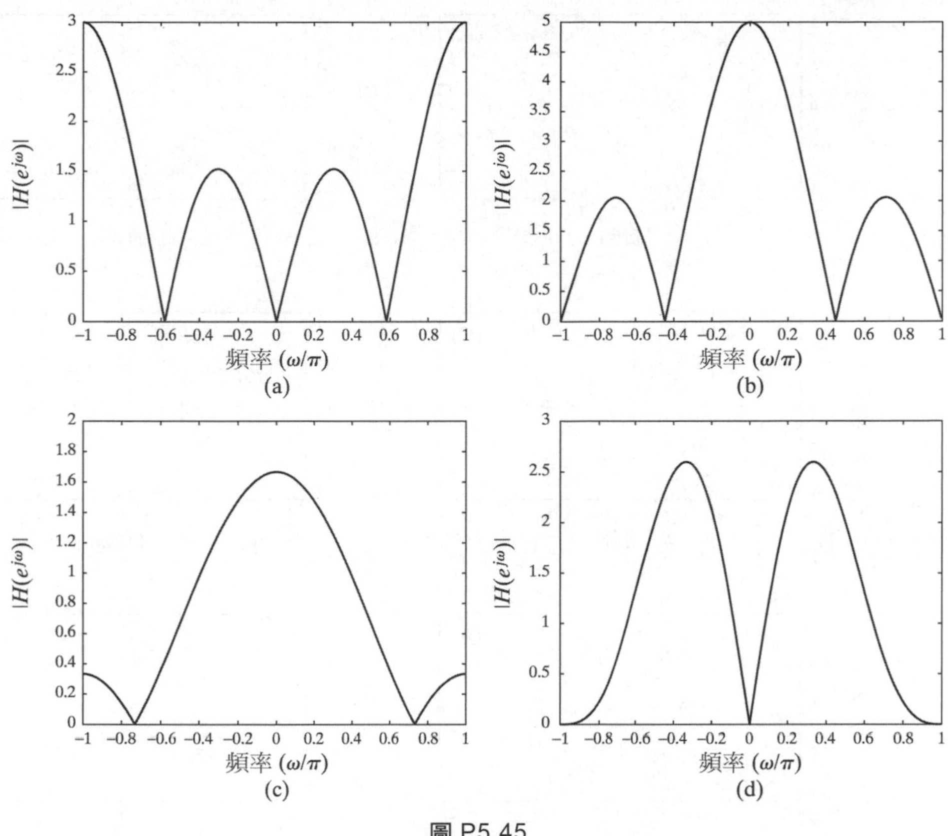

圖 P5.45

5.46 圖 P5.46 是六個不同因果 LTI 系統的極點零點圖。

請回答有關以上極點零點圖所表示系統的問題。**答案可以是沒有或全部皆是**。

(a) 哪些爲 IIR 系統？

(b) 哪些爲 FIR 系統？

(c) 哪些系統是穩定的？

(d) 哪些是最小相位系統？

(e) 哪些是廣義線性相位系統？

(f) 哪些系統對於所有 ω，$|H(e^{j\omega})|$ 均爲常數？

(g) 那些系統具有穩定且因果的反系統？

(h) 哪個系統的脈衝響應最短（最少非零樣本點）？

(i) 哪些系統有低通頻率響應？

(j) 哪些系統有最小群延遲？

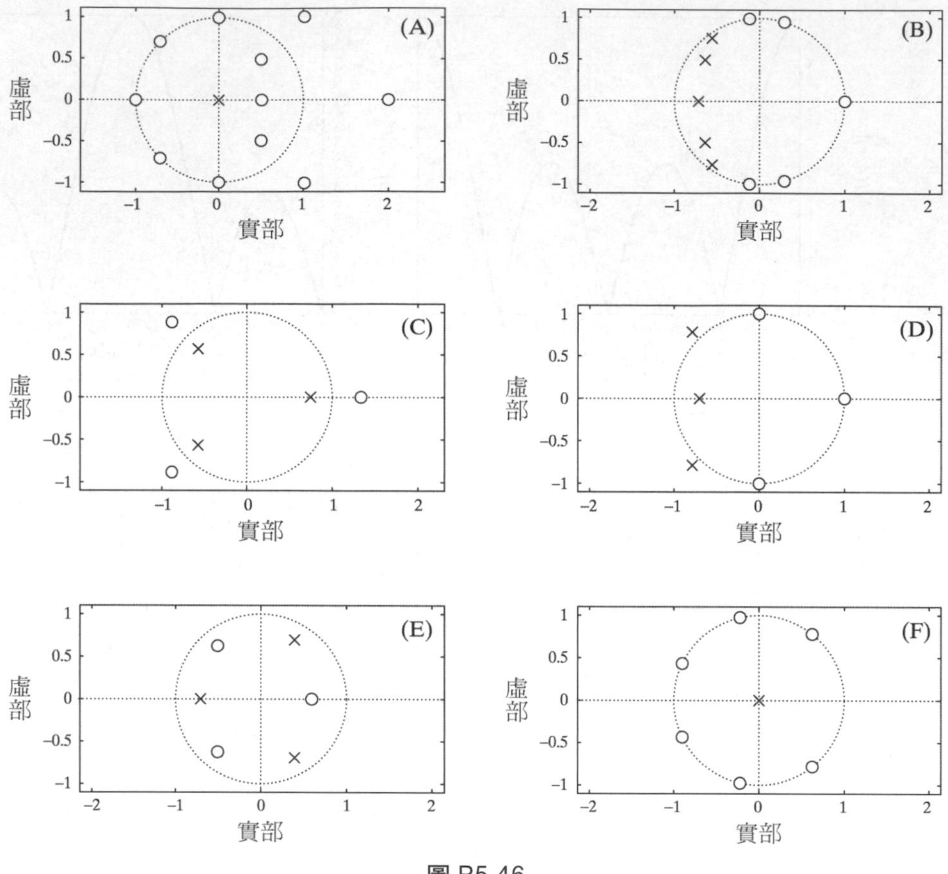

圖 P5.46

5.47 假設圖 P5.47 所示兩個串接的線性系統均是線性相位 FIR 濾波器。若 $H_1(z)$ 爲 M_1 階（脈衝響應長度爲 M_1+1）而 $H_2(z)$ 爲 M_2 階，且頻率響應具有 $H_1(e^{j\omega})=A_1(e^{j\omega})e^{-j\omega M_1/2}$ 和 $H_2(e^{j\omega})=jA_2(e^{j\omega})e^{-j\omega M_2/2}$ 的形式，此處 M_1 是一個偶整數，M_2 是一個奇整數。

(a) 求出整個系統的頻率響應 $H(e^{j\omega})$。

(b) 求出整個系統的脈衝響應長度。

(c) 求出整個系統的群延遲。

(d) 請問此系統是屬於廣義線性相位系統型－I、型－II、型－III或型－IV中的何者？

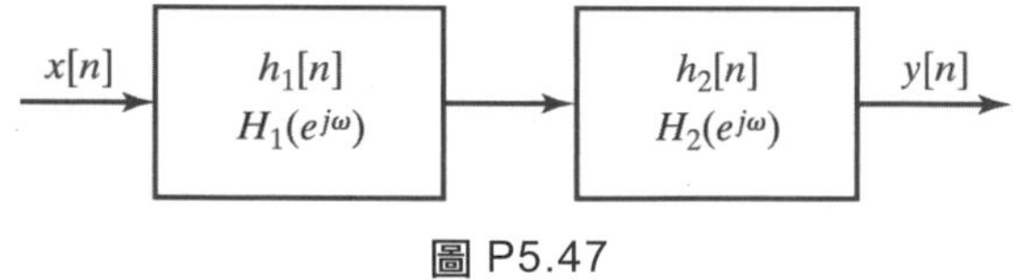

圖 P5.47

5.48 圖 P5.48 是一個因果 LTI 系統函數 $H(z)$ 的極點零點圖，已知當 $z=1$，$H(z)=6$。

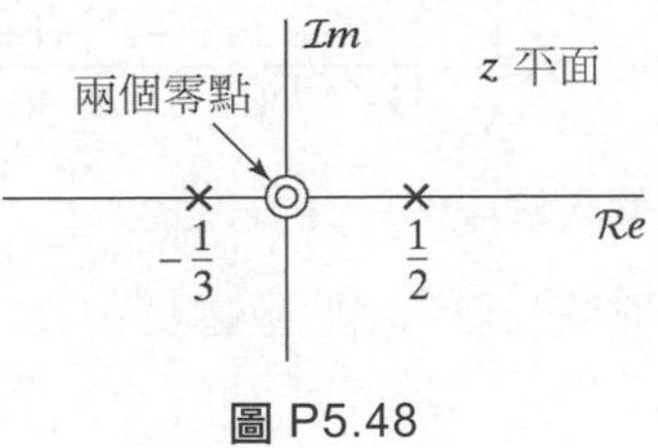

圖 P5.48

(a) 求出 $H(z)$。

(b) 求出系統的脈衝響應 $h[n]$。

(c) 若以下列訊號當作輸入，求出系統的輸出響應。

(i) $x[n]=u[n]-\frac{1}{2}u[n-1]$

(ii) 序列 $x[n]$ 爲下列連續時間訊號的取樣結果

$$x(t)=50+10\cos 20\pi t+30\cos 40\pi t$$

取樣頻率 $\Omega_s=2\pi(40)\text{rad/s}$。

5.49 一個 LTI 系統的系統函數如下所示

$$H(z)=\frac{21}{\left(1-\frac{1}{2}z^{-1}\right)(1-2z^{-1})(1-4z^{-1})}$$

已知此系統是不穩定的，且脈衝響應爲雙邊。

(a) 算出系統的脈衝響應 $h[n]$。

(b) (a) 小題中的脈衝響應該能被表示成一個因果脈衝響應 $h_1[n]$ 和一個非因果脈衝響應 $h_2[n]$ 的和，試求出相關的系統函數 $H_1(z)$ 和 $H_2(z)$。

5.50 一個穩定 LTI 系統的傅立葉轉換是純實數，且如圖 P5.50 所示。則此系統有穩定的反系統嗎？

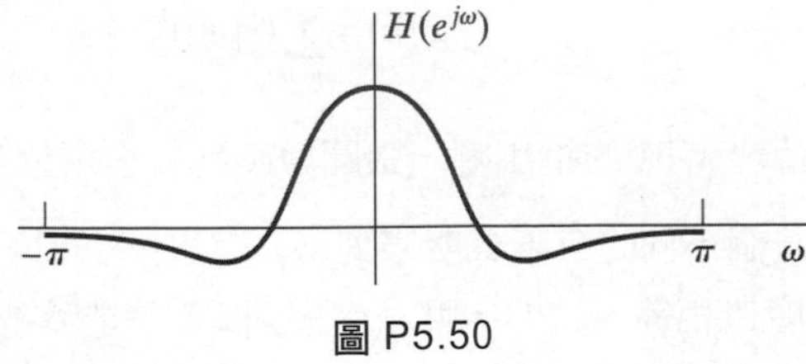

圖 P5.50

5.51 一個因果 LTI 系統有以下的系統函數：

$$H(z)=\frac{(1-1.5z^{-1}-z^{-2})(1+0.9z^{-1})}{(1-z^{-1})(1+0.7jz^{-1})(1-0.7jz^{-1})}$$

(a) 試寫出滿足此系統輸入輸出的差分方程式。

(b) 畫出系統的極點零點圖並標示出收斂區間。

(c) 畫出 $|H(e^{j\omega})|$。

(d) 是說出下列敘述的真假：

(i) 系統是穩定的。

(ii) 當 n 很大時，脈衝響應趨近一常數。

(iii) 頻率響應強度約在 $\omega=\pm\pi/4$ 處有一個尖峰。

(iv) 系統有一穩定且因果的反系統。

5.52 考慮一個因果序列 $x[n]$，其 z 轉換為

$$X(z)=\frac{\left(1-\frac{1}{2}z^{-1}\right)\left(1-\frac{1}{4}z^{-1}\right)\left(1-\frac{1}{5}z\right)}{\left(1-\frac{1}{6}z\right)}$$

則當 α 值為多少時，才可以使 $\alpha^n x[n]$ 是一個實數最小相位序列。

5.53 考慮一個 LTI 系統，其系統函數為

$$H(z)=(1-0.9e^{j0.6\pi}z^{-1})(1-0.9e^{-j0.6\pi}z^{-1})(1-1.25e^{j0.8\pi}z^{-1})(1-1.25e^{-j0.8\pi}z^{-1})$$

(a) 決定所有因果系統函數，其能產生和 $H(z)$ 相同的頻率響應強度，且脈衝響應為實數值並有跟 $H(z)$ 相對應的脈衝響應相同的長度（應有四個不同的系統函數符合以上條件）。確認哪個系統函數是最小相位，而在時間平移上，哪個是最大相位？

(b) 決定 (a) 中系統函數的脈衝響應。

(c) 對 (b) 中每一個序列，運算並畫出

$$E[n]=\sum_{m=0}^{n}(h[m])^2$$

在 $0\le n\le 5$ 的值。明確的指出哪一張圖對應到最小相位系統。

5.54 圖 P5.54 表示了八個不同的有限長度序列，每一個序列的長度均為 4。對每個序列而言，傅立葉轉換的強度皆相等，試問，哪一個序列 z 轉換的零點均在**單位圓內**？

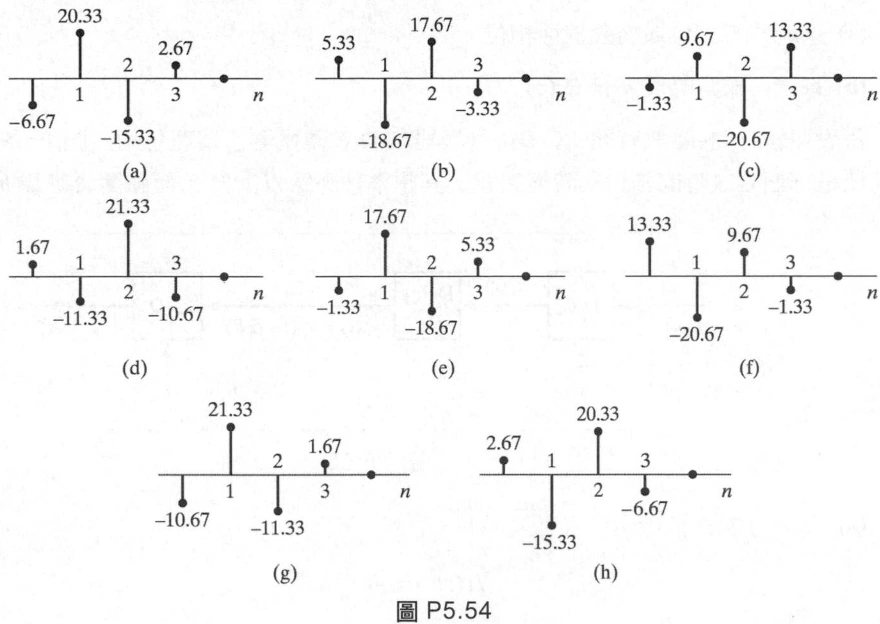

圖 P5.54

5.55 圖 P5.55 中的每一個極點零點圖和所標定的收斂區間，描述了一個系統函數為 $H(z)$ 的 LTI 系統。在每一種情形中，決定下列敘述是否為真？用簡單的敘述或反例證實你的答案。

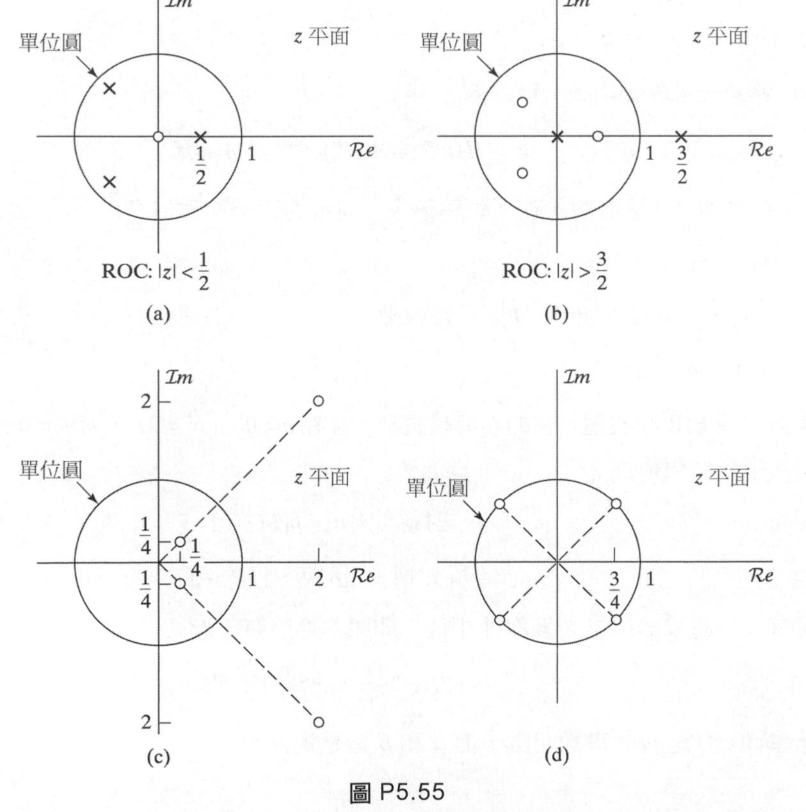

圖 P5.55

(a) 系統為零相位或廣義線性相位。

(b) 系統有穩定的反系統 $H_i(z)$

5.56 假設連續時間–離散時間（C/D）轉換器和 D/C 轉換器皆為理想的。圖 P5.56 之整個系統是一個離散時間線性非時變系統，其頻率響應為 $H(e^{j\omega})$，而脈衝響應為 $h[n]$。

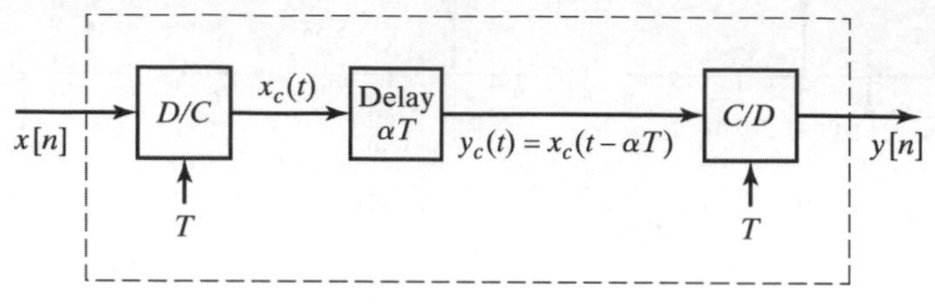

圖 P5.56

(a) $H(e^{j\omega})$ 能夠被表示成

$$H(e^{j\omega}) = A(e^{j\omega})e^{j\phi(\omega)},$$

其中 $A(e^{j\omega})$ 是實數。決定並畫出在 $|\omega| < \pi$ 範圍的 $A(e^{j\omega})$ 和 $\phi(\omega)$。

(b) 畫出下列情形時之 $h[n]$

(i) $\alpha = 3$

(ii) $\alpha = 3\frac{1}{2}$

(iii) $\alpha = 3\frac{1}{4}$。

(c) 考慮一個離散時間 LTI 系統，其

$$H(e^{j\omega}) = A(e^{j\omega})e^{j\alpha\omega}, \quad |\omega| < \pi,$$

其中 $A(e^{j\omega})$ 是實數，在下列情形下，$h[n]$ 的對稱性為何？

(i) α 是整數。

(ii) $\alpha = M/2$，此處 M 是一奇整數。

(iii) 一般之 α。

5.57 考慮一類 FIR 濾波器，它的 $h[n]$ 是實數，且在 $n < 0$ 和 $N < M$，$h[n] = 0$，此外它還有下列其中一個對稱性：

$$\text{對稱：} h[n] = h[M - n]$$

$$\text{反對稱：} h[n] = -h[M - n]$$

所有這類濾波器都是廣義線性相位，即頻率響應有下形式

$$H(e^{j\omega}) = A(e^{j\omega})e^{-j\alpha\omega + j\beta},$$

此處 $A(e^{j\omega})$ 是 ω 的實數函數，而 α 和 β 皆是實常數。

對下表所列，證明 $A(e^{j\omega})$ 具有所列之形式，並求出 α 和 β 的值。

型態	對稱性	濾波器長度 $(M+1)$	$A(e^{j\omega})$ 的型式	α	β
I	對稱	奇	$\sum_{n=0}^{M/2} a[n]\cos\omega n$		
II	對稱	偶	$\sum_{n=0}^{M/2} a[n]\cos\omega n$		
III	反對稱	奇	$\sum_{n=1}^{(M+1)/2} b[n]\cos\omega(n-1/2)$		
IV	反對稱	偶	$\sum_{n=1}^{(M+1)/2} d[n]\sin\omega(n-1/2)$		

以下有許多有用的建議：

- 對型－I的濾波器，先證明 $H(e^{j\omega})$ 能寫成下列形式

$$H(e^{j\omega})=\sum_{n=0}^{(M-2)/2} h[n]e^{-j\omega n}+\sum_{n=0}^{(M-2)/2} h[M-n]e^{-j\omega[M-n]}+h[M/2]e^{-j\omega(M/2)}$$

- 型－III濾波器的分析和型－I很像，除了改變正負號和挪掉其中一項之外。
- 對型－II的濾波器，先將 $H(e^{j\omega})$ 寫成下列形式

$$H(e^{j\omega})=\sum_{n=0}^{(M-1)/2} h[n]e^{-j\omega n}+\sum_{n=0}^{(M-1)/2} h[M-n]e^{-j\omega[M-n]},$$

　然後由兩個加法項中抽出共同因子 $e^{-j\omega(M/2)}$。

- 型－IV濾波器的分析和型－II很像。

5.58 令 $h_{lp}[n]$ 表示一個廣義線性相位 FIR 低通濾波器之脈衝響應，而廣義線性相位 FIR 高通濾波器的脈衝響應 $h_{hp}[n]$ 可經由下述轉換獲得

$$h_{hp}[n]=(-1)^n h_{lp}[n]$$

如果我們使用這個轉換來設計對稱的高通濾波器，四種廣義線性相位 FIR 濾波器形式中，哪一種可被用來設計低通濾波器？答案必須考慮所有可能形式。

5.59 **(a)** 有一個最小相位系統的系統函數 H_{min} 可寫成

$$H_{min}(z)H_{ap}(z)=H_{lin}(z),$$

此處 $H_{ap}(z)$ 爲一全通系統函數，而 $H_{lin}(z)$ 是一個因果廣義線性相位系統。這說明了哪些關於 $H_{min}(z)$ 的零點和極點的訊息。

(b) 有一個廣義線性相位 FIR 系統，其脈衝響應 $h[n]$ 爲實數，且在 $n<0$ 和 $n\geq 8$ 時 $h[n]=0$，此外 $h[n]=-h[7-n]$。此系統的系統函數在 $z=0.8e^{j\pi/4}$ 和 $z=-2$ 皆有零點，試求出 $H(z)$。

5.60 本題考慮一離散時間濾波器，其脈衝響應 $h[n]$ 為實數。判別下列敘述是否為真：

敘述：若此濾波器的群延遲在 $0<\omega<\pi$ 為常數，則其脈衝響應必定具有性質

$$h[n]=h[M-n]$$

或

$$h[n]=-h[M-n],$$

此處 M 是一個整數。

若此敘述是對的，請說明。若是錯的，請提出一個反例。

5.61 系統函數 $H_{\mathrm{II}}(z)$ 表示型－II的廣義線性相位 FIR 系統，其脈衝響應為 $h_{\mathrm{II}}[n]$。此系統和一個系統函數為 $(1-z^{-1})$ 的 LTI 系統串接後可得到第三個系統，其系統函數為 $H(z)$ 且脈衝響應為 $h[n]$。證明整個系統是一個廣義線性相位系統，並指出它屬於哪一形式的線性相位系統。

5.62 令 S_1 為一個因果且穩定的 LTI 系統，其脈衝響應為 $h_1[n]$ 而頻率響應為 $H_1(e^{j\omega})$。S_1 的輸入 $x[n]$ 和輸出 $y[n]$ 滿足下列差分方程式

$$y[n]-y[n-1]+\tfrac{1}{4}y[n-2]=x[n]$$

(a) 若一個 LTI 系統 S_2 的頻率響應為 $H_2(e^{j\omega})=H_1(-e^{j\omega})$，則 S_2 是低通、帶通或高通濾波器？證明你的答案。

(b) 令 S_3 為一個因果 LTI 系統，其頻率響應 $H_3(e^{j\omega})$ 具有以下性質

$$H_3(e^{j\omega})H_1(e^{j\omega})=1$$

則 S_3 是否為最小相位濾波器？S_3 是否可歸類為四種廣義線性相位 FIR 濾波器之一？證明你的答案。

(c) 令 S_4 為一個穩定且非因果的 LTI 系統，其頻率響應為 $H_4(e^{j\omega})$ 且輸入 $x[n]$ 和輸出 $y[n]$ 滿足下列差分方程式：

$$y[n]+\alpha_1 y[n-1]+\alpha_2 y[n-2]=\beta_0 x[n],$$

其中 α_1、α_2 和 β_0 都是實值非零常數。求出一個 α_1，一個 α_2 和一個 β_0 使得 $|H_4(e^{j\omega})|=|H_1(e^{j\omega})|$。

(d) 令 S_5 為 FIR 濾波器，其脈衝響應為 $h_5[n]$，頻率響應為 $H_5(e^{j\omega})$ 且有一個 DTFT $A(e^{j\omega})$ 滿足 $H_5(e^{j\omega})=|A(e^{j\omega})|^2$（即 S_5 為一零相位濾波器）。求出 $h_5[n]$ 使得 $h_5[n]*h_1[n]$ 為一個非因果 FIR 濾波器的脈衝響應。

延伸問題

5.63 在圖 P5.63-1 所顯示的系統中，假設輸入可被表示爲：

$$x[n]=s[n]\cos(\omega_0 n)$$

同時假設 $s[n]$ 爲低通並具有相對窄頻，即對 $|\omega|>\Delta$，$S(e^{j\omega})=0$，此處 Δ 非常小且 $\Delta \ll \omega_0$，因此 $X(e^{j\omega})$ 在 $\omega=\pm\omega_0$ 附近是窄頻的。

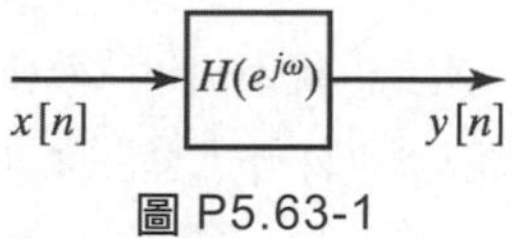

圖 P5.63-1

(a) 若 $|H(e^{j\omega})|=1$ 且 $\angle H(e^{j\omega})$ 如圖 P5.63-2 所示，試證 $y[n]=s[n]\cos(\omega_0 n-\phi_0)$。

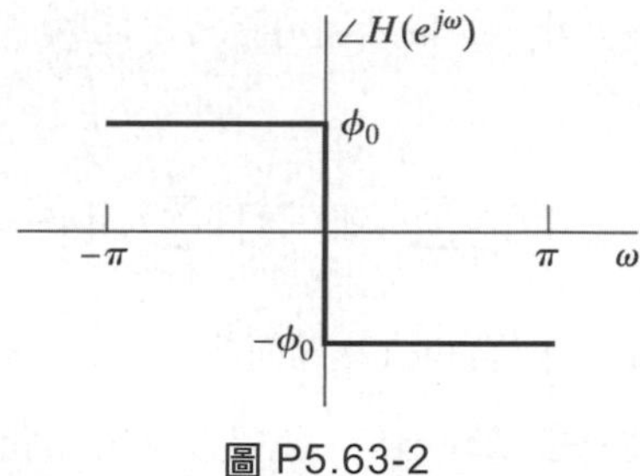

圖 P5.63-2

(b) 若 $|H(e^{j\omega})|=1$ 且 $\angle H(e^{j\omega})$ 如圖 P5.63-3 所示，試證 $y[n]$ 可被表示成

$$y[n]=s[n-n_d]\cos(\omega_0 n-\phi_0-\omega_0 n_d)$$

並且試證 $y[n]$ 能等效表示成

$$y[n]=s[n-n_d]\cos(\omega_0 n-\phi_1),$$

此處 $-\phi_1$ 是 $H(e^{j\omega})$ 在 $\omega=\omega_0$ 的相位。

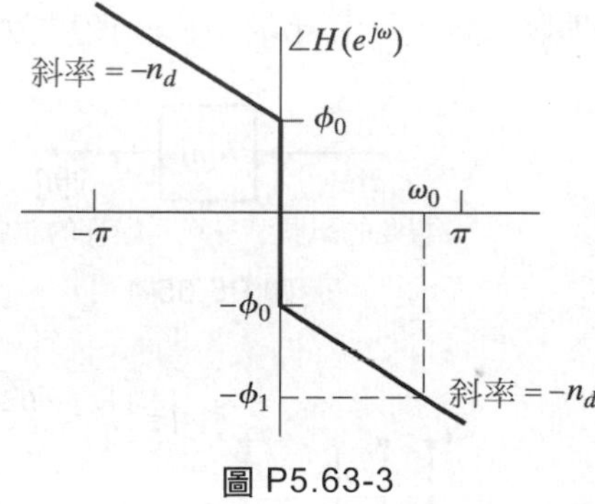

圖 P5.63-3

(c) 和 $H(e^{j\omega})$ 相關聯的群延遲被定義爲

$$\tau_{\mathrm{gr}}(\omega) = -\frac{d}{d\omega}\arg[H(e^{j\omega})],$$

而相位延遲被定義爲 $\tau_{\mathrm{ph}}(\omega) = -(1/\omega)\angle H(e^{j\omega})$。假設 $|H(e^{j\omega})|$ 在 $x[n]$ 的頻帶內是 1，基於 (a) 和 (b) 的結果及 $x[n]$ 是窄頻的假設，試證若 $\tau_{\mathrm{gr}}(\omega_0)$ 和 $\tau_{\mathrm{ph}}(\omega_0)$ 皆爲整數，則

$$y[n] = s[n-\tau_{\mathrm{gr}}(\omega_0)]\cos\{\omega_0[n-\tau_{\mathrm{ph}}(\omega_0)]\}$$

此方程式表示，對於一窄頻訊號 $x[n]$，$\angle H(e^{j\omega})$ 有效地在 $x[n]$ 的包絡線 $s[n]$ 上產生 $\tau_{\mathrm{gr}}(\omega_0)$ 的延遲，並在載波 $\cos(\omega_0 n)$ 上產生 $\tau_{\mathrm{ph}}(\omega_0)$ 的延遲。

(d) 參考第 4.5 節中關於序列非整數延遲的討論，你能解釋當 $\tau_{\mathrm{gr}}(\omega_0)$ 和／或 $\tau_{\mathrm{ph}}(\omega_0)$ 不是整數時之群延遲與相位延遲的效應嗎？

5.64 一 LTI 系統的輸出爲 $y[n]$，而輸入 $x[n]$ 爲零平均的白雜訊。此系統可由以下的差分方程式描述：

$$y[n] = \sum_{k=1}^{N} a_k y[n-k] + \sum_{k=0}^{M} b_k x[n-k], \quad b_0 = 1$$

(a) 自相關函數 $\phi_{yy}[n]$ 的 z 轉換 $\Phi_{yy}(z)$ 爲何？

有時經由線性濾波器去處理 $y[n]$，使得以 $y[n]$ 爲此線性濾波器輸入之輸出功率頻譜平坦化是有趣的。此過程被稱作 $y[n]$ 的白色化，而用來完成此任務的線性濾波器則稱作 $y[n]$ 的白色化濾波器。假定已知自相關函數 $\phi_{yy}[n]$ 和它的 z 轉換 $\Phi_{yy}(z)$，但未知上列方程式的參數 a_k 和 b_k。

(b) 試討論一個可找到白色化濾波器之系統函數 $H_w(z)$ 的步驟。

(c) 白色化濾波器是唯一的嗎？

5.65 在許多實際情況中，我們面對如何回復經旋積過程模糊化之訊號的問題。我們可將此模糊過程視爲如圖 P5.65-1 所示的線性濾波器運算，而此處之模糊脈衝響應顯示於圖 P5.65-2 中。這個問題將考慮如何由 $y[n]$ 回復 $x[n]$ 的方法。

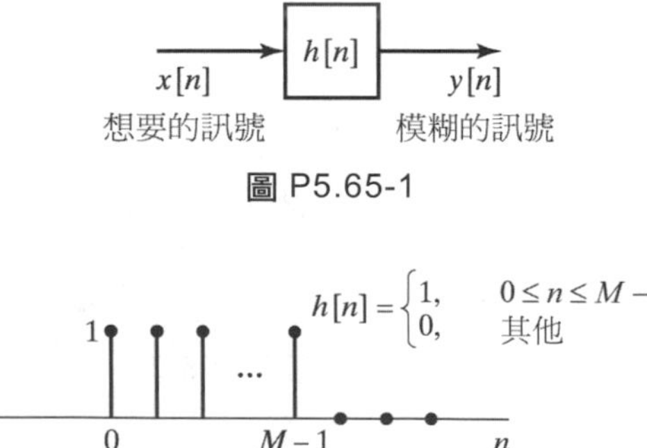

圖 P5.65-1

圖 P5.65-2

(a) 一種由 $y[n]$ 回復 $x[n]$ 的方法是使用反濾波器，即 $y[n]$ 被一個頻率響應如下之系統所濾波：

$$H_i(e^{j\omega}) = \frac{1}{H(e^{j\omega})},$$

此處 $H(e^{j\omega})$ 是 $h[n]$ 的傅立葉轉換。試就圖 P5.65-2 所示之脈衝響應，討論如何使用反濾波器的方法。請完整但簡潔的回答。

(b) 因爲使用反濾波器的方法有許多困難，所以下列的方法被提議來回復 $x[n]$：模糊訊號 $y[n]$ 被圖 P5.65-3 所示之系統處理，它產生一個輸出 $w[n]$，而從 $w[n]$，我們可得到改進的 $x[n]$ 複製品。圖 P5.65-4 顯示脈衝響應 $h_1[n]$ 和 $h_2[n]$，請解釋此系統如何工作？特別是，什麼條件下我們可確實地由 $w[n]$ 回復 $x[n]$。提示：考慮由 $x[n]$ 到 $w[n]$ 之完整系統的脈衝響應。

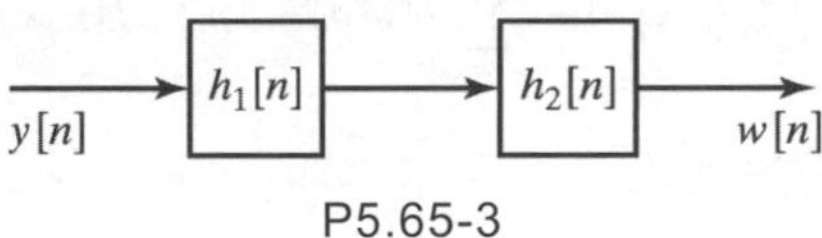

P5.65-3

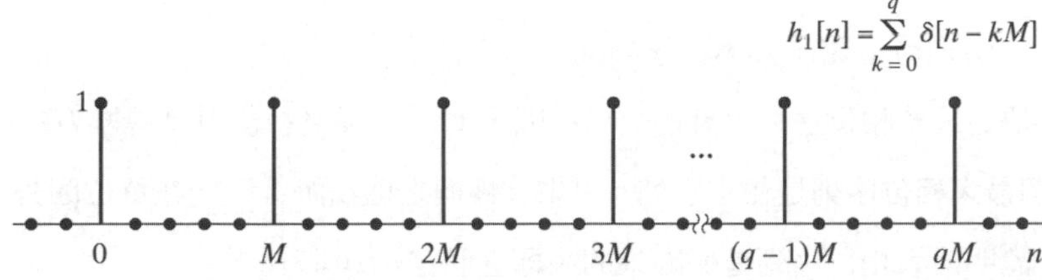

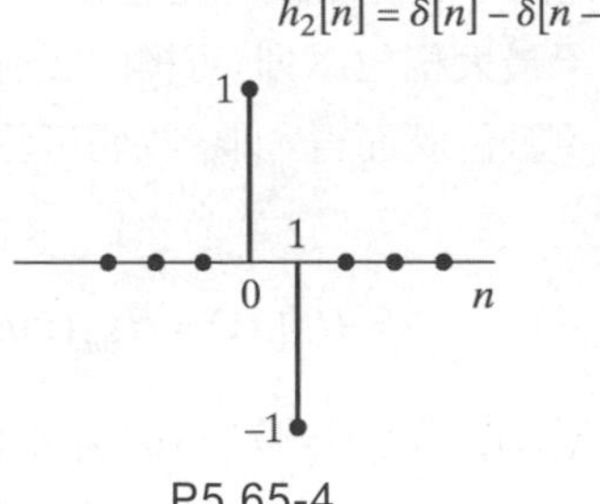

P5.65-4

(c) 現在讓我們嘗試去把這個方法一般化到任意有限長度的模糊脈衝響應 $h[n]$，即只假設在 $n<0$ 或 $n \geq M$，$h[n]=0$。此外，假設 $h_1[n]$ 和圖 P5.65-4 所示者相同，請問要使系統如同 (b) 中一樣運作，$H_2(z)$ 與 $H(z)$ 的關係應爲何呢？又 $H(z)$ 須滿足什麼條件，才可能使 $H_2(z)$ 爲因果系統。

5.66 在此問題中，我們將示範，對一個有理的 z 轉換而言，$(z-z_0)$ 形式的因子和 $z/(z-1/z_0^*)$ 形式的因子貢獻相同的相位。

(a) 令 $H(z)=z-1/a$，此處 a 是實數且 $0<a<1$，畫出此系統的極點零點圖，並表明 $z=\infty$ 的極點與零點。試求出此系統的相位 $\angle H(e^{j\omega})$。

(b) 令 $G(z)$ 有在 $H(z)$ 零點共軛倒數位置的極點，且 $G(z)$ 有在 $H(z)$ 極點共軛倒數位置的零點，並包含在 0 跟 ∞ 位置的極點與零點。請畫出 $G(z)$ 的極點零點圖，決定系統的相位 $\angle G(e^{j\omega})$ 並證明它和 $\angle H(e^{j\omega})$ 是相同的。

5.67 證明下列兩敘述的有效性：

(a) 兩個最小相位序列的旋積是最小相位序列。

(b) 兩個最小相位序列的和不一定是最小相位序列。特別來說，各找一個例子使得兩個最小相位序列的和爲做小相位與非最小相位。

5.68 一個序列被以下關係所定義：

$$r[n]=\sum_{m=-\infty}^{\infty} h[m]h[n+m]=h[n]*h[-n],$$

此處 $h[n]$ 是最小相位序列且

$$r[n]=\tfrac{4}{3}\left(\tfrac{1}{2}\right)^{n}u[n]+\tfrac{4}{3}2^{n}u[-n-1]$$

(a) 找出 $R(z)$ 並畫出其極點零點圖。

(b) 決定最小相位序列 $h[n]$ 在一尺度因子 ±1 內，並且找出其 z 轉換 $H(z)$。

5.69 一個**最大相位序列**是穩定序列，且其 z 轉換之極點與零點均在**單位圓外**。

(a) 證明最大相位序列是反因果的，即它們在 $n>0$ 時爲零。

FIR 最大相位序列可經由一個有限量的延遲而變成因果的，而一個具有給定的傅立葉轉換強度之有限區間因果最大相位序列，可經由反射一個最小相位序列之 z 轉換的所有零點至單位圓外的共軛倒數位置而得。即，我們可將有限區間因果最大相位序列之 z 轉換表示爲

$$H_{\text{max}}(z)=H_{\text{min}}(z)H_{\text{ap}}(z)$$

明顯地，這個處理保證 $|H_{\text{max}}(e^{j\omega})|=|H_{\text{min}}(e^{j\omega})|$。現在，一個有限區間最小相位序列之 z 轉換可以被表示成

$$H_{\text{min}}(z)=h_{\text{min}}[0]\prod_{k=1}^{M}(1-c_k z^{-1}),\quad |c_k|<1$$

(b) 找出一個全通系統函數的表示式，使得所有 $H_{\text{min}}(z)$ 的零點反射至單位圓外。

(c) 證明 $H_{\text{max}}(z)$ 可被表示爲

$$H_{\text{max}}(z)=z^{-M}H_{\text{min}}(z^{-1})$$

(d) 使用 (c) 中的結果，利用 $h_{\text{min}}[n]$ 去表示最大相位序列 $h_{\text{max}}[n]$。

5.70 對於非最小相位系統而言，找出一個因果且穩定的反系統（一個完美的補償器）是不可能的。在這個問題中，我們將研究一個補償非最小相位系統之頻率響應強度的方法。

假設一個穩定非最小相位 LTI 離散時間系統，其有理系統函數為 $H(z)$ 且如圖 P5.70 所示與一個補償系統 $H_c(z)$ 串接。

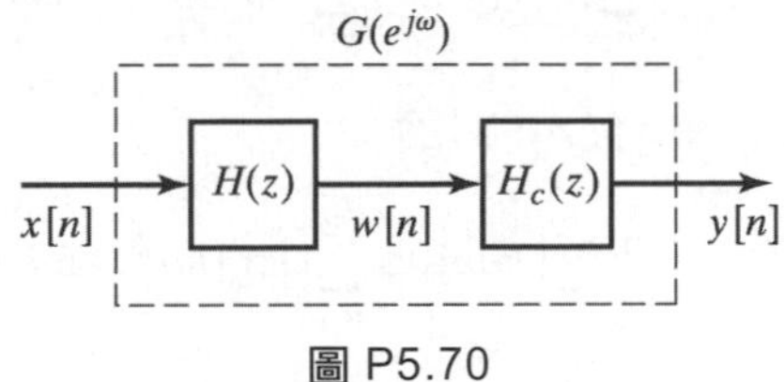

圖 P5.70

(a) $H_c(z)$ 應如何選取才能其穩定且因果，並使整個有效頻率響應之強度是一？［注意 $H(z)$ 總是可以表是成 $H(z)=H_{\text{ap}}(z)H_{\min}(z)$ 。］

(b) $H_c(z)$ 和 $G(z)$ 的系統函數為何？

(c) 假設

$$H(z)=(1-0.8e^{j0.3\pi}z^{-1})(1-0.8e^{-j0.3\pi}z^{-1})(1-1.2e^{j0.7\pi}z^{-1})(1-1.2e^{-j0.7\pi}z^{-1})$$

試找出此情形下之 $H_{\min}(z)$ 、 $H_{\text{ap}}(z)$ 、 $H_c(z)$ 、 $G(z)$ ，並畫出每個系統函數的極點零點圖。

5.71 令 $h_{\min}[n]$ 表示一個最小相位序列，其 z 轉換為 $H_{\min}(z)$ 。若 $h[n]$ 是一個因果非最小相位序列且它的傅立葉轉換強度跟 $|H_{\min}(e^{j\omega})|$ 相同，試證

$$|h[0]|<|h_{\min}[0]|$$

[使用初始值定理和方程式 (5.93)。]

5.72 最小能量延遲性質是最小相位序列有趣且重要的性質之一，即對所有具有相同傅立葉轉換強度函數 $|H_{\min}(e^{j\omega})|$ 的因果序列，當 $h[n]$ 為最小相位序列時，

$$E[n]=\sum_{m=0}^{n}|h[m]|^2$$

的值對所有 $n\geq 0$ 是最大的。此結果可證明如下：令 $h_{\min}[n]$ 是一最小相位序列且其 z 轉換為 $H_{\min}(z)$ 。再者，令 z_k 為 $H_{\min}(z)$ 的一個零點則我們可以將 $H_{\min}(z)$ 表示成

$$H_{\min}(z)=Q(z)(1-z_k z^{-1}),\quad |z_k|<1,$$

此處 $Q(z)$ 仍是最小相位。現在考慮另一個 Z 轉換為 $H(z)$ 的序列 $h[n]$ 使得

$$|H(e^{j\omega})|=|H_{\min}(e^{j\omega})|$$

且 $H(z)$ 在 $z=1/z_k^*$ 有一零點，而非在 z_k 。

(a) 試利用 $Q(z)$ 去表示 $H(z)$。

(b) 試利用 z 轉換為 $Q(z)$ 的最小相位序列 $q[n]$ 去表示 $h[n]$ 和 $h_{\min}[n]$。

(c) 為了比較二序列的能量分布，請證明

$$\varepsilon = \sum_{m=0}^{n} |h_{\min}[m]|^2 - \sum_{m=0}^{n} |h[m]|^2 = (1-|z_k|^2)|q[n]|^2$$

(d) 利用 (c) 的結果，對所有 n，討論

$$\sum_{m=0}^{n} |h[m]|^2 \le \sum_{m=0}^{n} |h_{\min}[m]|^2 \quad \text{for all n}$$

5.73 一個因果全通系統 $H_{ap}(z)$ 有輸入 $x[n]$ 及輸出 $y[n]$。

(a) 若 $x[n]$ 是一個實數最小相位序列（同時代表當 $n<0$，$x[n]=0$），利用 (5.108) 式證明

$$\sum_{k=0}^{n} |x[k]|^2 \ge \sum_{k=0}^{n} |y[k]|^2 \tag{P5.73-1}$$

(b) 證明即使 $x[n]$ 不是最小相位，但當 $n<0$ 時 $x[n]=0$，(P5.73-1) 式仍然成立。

5.74 在設計連續時間或離散時間濾波器時，我們通常近似一個標訂好的強度特徵，而不考慮相位。舉例來說，低通和帶通濾波器的標準設計技巧中，我們只考慮強度特徵而已。

在許多濾波器問題中，我們喜歡相位特徵是零或線性的。因果濾波器不可能具有零相位，然而，在許多濾波器應用當中，若處理並不需要即時的話，則濾波器的脈衝響應在 $n<0$ 可以不為零。

當所要處理的資料是有限區間且已儲存在電腦的記憶體內，在離散時間濾波器中，一個常用的技巧是使用相同的濾波器去正向爾後反向的處理資料。

令 $h[n]$ 為一個具有任意相位特徵之因果濾波器脈衝響應。假設 $h[n]$ 是實數的且其傅立葉轉換為 $H(e^{j\omega})$，而 $x[n]$ 為我們將濾波的資料。

(a) **方法 A**：此濾波運算程序如圖 P5.74-1 所示。

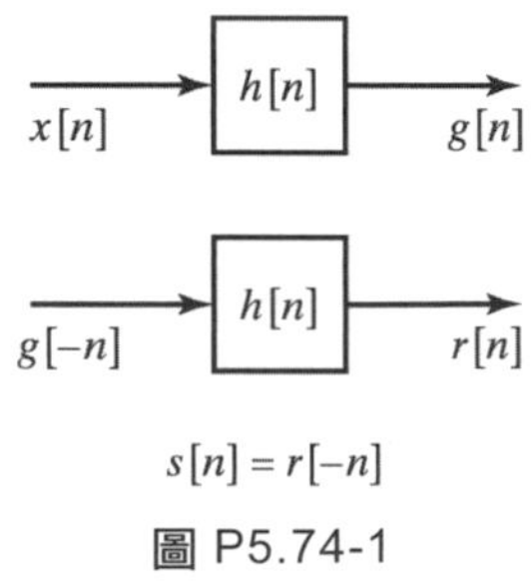

圖 P5.74-1

1. 決定 $s[n]$ 與 $x[n]$ 間之整體的脈衝響應 $h_1[n]$，並證明它具有零相位之特徵。

2. 決定 $|H_1(e^{j\omega})|$，並利用 $|H(e^{j\omega})|$ 與 $\angle H(e^{j\omega})$ 去表示之。

(b) **方法 B**：如圖 P5.74-2 所示，$x[n]$經由$h[n]$的濾波後可獲得$g[n]$，而把$x[n]$反向通過$h[n]$可得$r[n]$，最後輸出$y[n]$則為$g[n]$與$r[-n]$的和。這些運算的組合集可被一個輸入為$x[n]$輸出為$y[n]$且脈衝響應為$h_2[n]$之濾波器所表示。

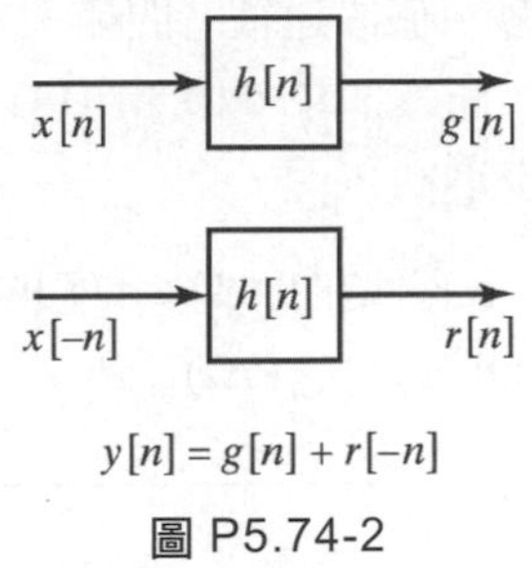

$$y[n] = g[n] + r[-n]$$

圖 P5.74-2

1. 證明組合濾波器$h_2[n]$具有零相位之特徵。

2. 決定$|H_2(e^{j\omega})|$，並利用$|H(e^{j\omega})|$與$\angle H(e^{j\omega})$去表示之。

(c) 假設給定一個有限區間的序列，而我們想對其作帶通零相位的濾波運算。此外，假設我們已被給定一個帶通濾波器$h[n]$，其頻率響應如圖 P5.74-3 所示，它的強度特徵是我們想要的，但具有線性相位。為了獲得零相位，我們可以使用方法 A 或方法 B 去決定並畫出$|H_1(e^{j\omega})|$和$|H_2(e^{j\omega})|$。從這些結果，哪　種方法可以得到想要的帶通濾波器運算？請解釋。更一般來說，若$h[n]$有想要的強度但為非線性相位，哪一種方法較適合去獲得得零相位特徵？

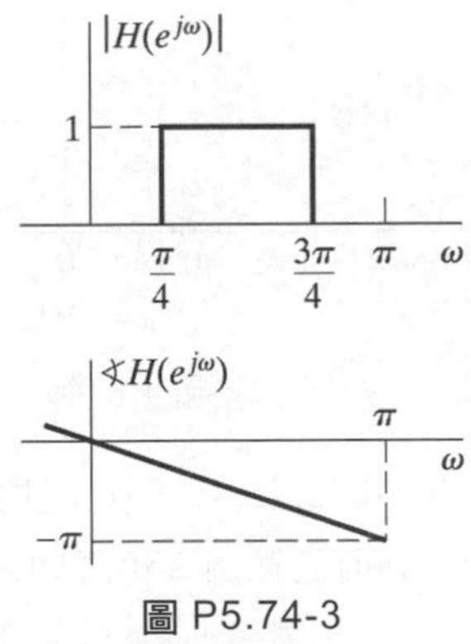

圖 P5.74-3

5.75 決定下列敘述的真假，若為真，請說明理由；反之，請舉出反例。

敘述：若系統函數$H(z)$具有在原點和無限大以外任何地方的極點，則此系統無法具有零相位或廣義線性相位。

5.76 圖 P5.76 顯示一個實數因果線性相位 FIR 濾波器之系統函數$H(z)$的零點位置。所有被標式的零點皆可表示為$(1-az^{-1})$的形式，而在$z=0$所對應的極點並未畫在圖中。此濾波器在通帶約具有單位增益。

(a) 若一個零點的強度爲 0.5，角度爲 153 度。試根據已知的資訊決定其他零點切確的位置，越多越好。

(b) 如圖 4.10 所示，此系統函數 $H(z)$ 在離散時間處理中，被用來處理連續時間訊號，其取樣週期 $T = 0.5$ 毫秒。假設連續時間輸入 $H_c(j\Omega)$ 爲有限頻寬，且取樣頻率夠高而不致發生疊頻現象。此外，若 C/D 和 D/C 轉換器所需的時間可以忽略，則整個系統的時間延遲爲多少毫秒？

(c) 根據 (b) 的系統，用以上條件在 $0 \leq \Omega \leq \pi/T$ 的範圍中盡量精確地畫出整體系統的有效連續時間頻率響應 $20\log_{10}|H_{\text{eff}}(j\Omega)|$。

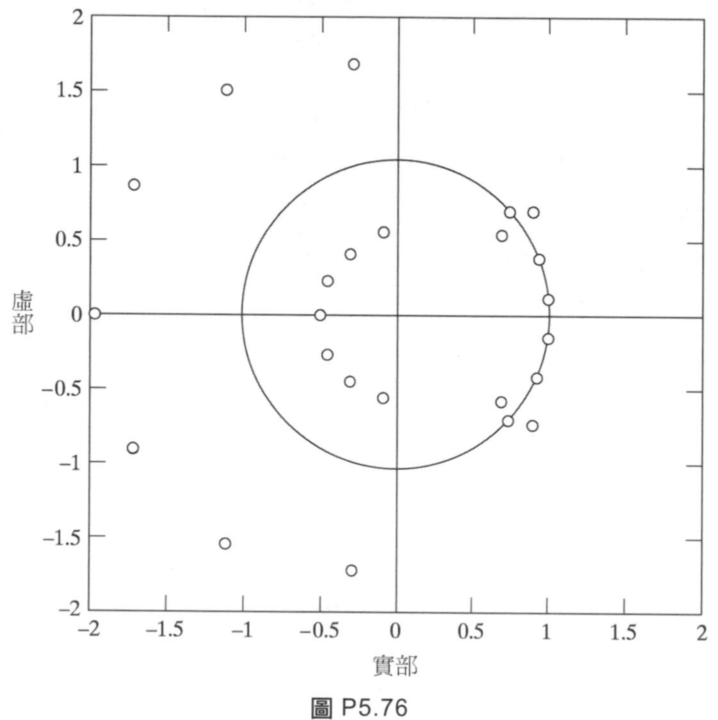

圖 P5.76

5.77 一個訊號 $x[n]$ 經由一個 LTI 系統 $H(z)$ 處理後，再透過 2 倍降頻以獲得如圖 P5.77 所示之 $y[n]$。圖中同時還顯示，$x[n]$ 先經由 2 倍降頻再透過一個 LTI 系統 $G(z)$ 處理以獲得 $r[n]$ 得過程。

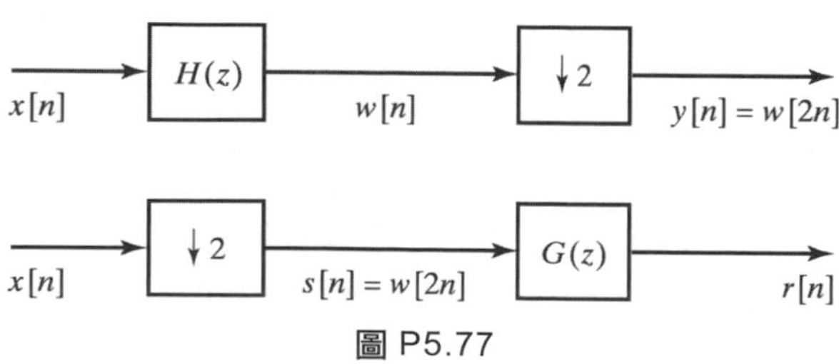

圖 P5.77

(a) 找出 $H(z)$（不可爲常數）與 $G(z)$，使得任意的 $x[n]$ 都滿足 $r[n]=y[n]$。

(b) 找出 $H(z)$，使得任意的 $x[n]$ 都無法找出 $G(z)$ 來滿足 $r[n]=y[n]$。

(c) 對於 $H(z)$，決定盡量一般的條件，使得任意的 $x[n]$ 皆能根據此條件找到 $G(z)$ 來滿足 $r[n]=y[n]$。此條件應和 $x[n]$ 的選擇無關。若你是從 $h[n]$ 開始推導此條件，請用 $H(z)$ 表示此條件。

(d) 由 (c) 中所導出的條件下，以 $h[n]$ 表示 $g[n]$，使得 $r[n]=y[n]$。

5.78 考慮一個離散時間 LTI 系統，它具有實數值的脈衝響應 $h[n]$。我們想藉由脈衝響應的自相關序列 $c_{hh}[\ell]$ 去得到 $h[n]$，或是其系統函數 $H(z)$。自相關序列的定義如下：

$$c_{hh}[\ell]=\sum_{k=-\infty}^{\infty}h[k]h[k+\ell]$$

(a) 若此系統 $h[n]$ 是因果且穩定的，是否能由 $c_{hh}[\ell]$ 找到唯一的 $h[n]$？

(b) 假設 $h[n]$ 是因果且穩定，並已知系統函數具有以下形式：

$$H(z)=\frac{1}{1-\sum_{k=1}^{N}a_k z^{-k}}$$

此處 a_k 爲有限值，則是否能由 $c_{hh}[\ell]$ 找到唯一的 $h[n]$？請解釋你的答案。

5.79 令 $h[n]$ 和 $H(z)$ 表示一個穩定全通 LTI 系統的脈衝響應和系統函數，且令 $h_i[n]$ 表示（穩定的）LTI 反系統之脈衝響應。假設 $h[n]$ 是實數的，證明 $h_i[n]=h[-n]$。

5.80 考慮一個實數值的序列 $x[n]$，其傅立葉轉換 $X(e^{j\omega})=0$ 在 $\frac{\pi}{4}\le|\omega|\le\pi$。$x[n]$ 的其中一個序列值可能遭到破壞，而我們想要將它近似或確實地回復。令 $g[n]$ 表示遭到破壞的訊號，

$$g[n]=x[n],\quad 對於\ n\neq n_0,$$

$g[n_0]$ 是實數的但與 $x[n_0]$ 無關。在下列的兩個情況中，找出實際的演算法能近似或確實地由 $g[n]$ 回復 $x[n]$。

(a) 不知道 n_0 的確實值，但已知它是奇數。

(b) 完全不知 n_0 的任何資訊。

5.81 證明若 $h[n]$ 是一個 $(M+1)$ 點 FIR 濾波器使得 $h[n]=h[M-n]$ 且 $H(z_0)=0$，則 $H(1/z_0)=0$。這也顯示了偶對稱線性相位 FIR 濾波器的零點互爲倒數（若 $h[n]$ 是實數的，則其零點不是實數，就是以共軛複數出現）。

CHAPTER

06

離散時間系統的結構

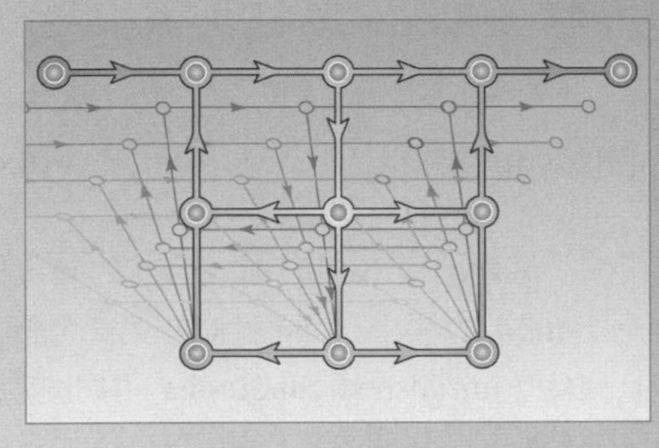

6.0 簡介

正如我們在第 5 章所見，一個具有有理式系統函數的 LTI 系統其輸入序列與輸出序列滿足一個線性常數係數差分方程式。因爲系統函數是脈衝響應的 z 轉換，而且輸入與輸出之間所滿足之差分方程式可以由觀察系統函數而得到，所以差分方程式、脈衝響應、和系統函數這三者對一個 LTI 離散時間系統的輸入－輸出關係而言，是等價的。當我們想利用離散時間之類比或數位硬體來實現如此的系統時，代表系統的差分方程式或是系統函數必需轉換成可以用想要技術來實現的一個演算法或結構。在本章中，我們將會看到由線性常係數差分方程式所描述的系統可以用包含一些基本運算的一個互聯結構來表示，這些基本運算包括加法運算、乘以一個常數的運算、和延遲，至於實際實施的方式則取決於我們所使用的技術。

爲了要說明在一個差分方程式中所伴隨的運算，考慮由以下的系統函數所描述的系統

$$H(z)=\frac{b_0+b_1z^{-1}}{1-az^{-1}},\quad |z|>|a| \tag{6.1}$$

這個系統的脈衝響應爲

$$h[n] = b_0 a^n u[n] + b_1 a^{n-1} u[n-1], \tag{6.2}$$

且被輸入和輸出序列所滿足之一階差分方程式爲

$$y[n] - ay[n-1] = b_0 x[n] + b_1 x[n-1] \tag{6.3}$$

(6.2) 式爲這個系統其脈衝響應的公式。不過，因爲這個系統具有無限長度的脈衝響應，就算我們只想要計算在某段有限區間上的輸出，用離散捲積（discrete convolution）的策略卻不是個有效率的方式，因爲計算 $y[n]$ 所需要的計算量會隨著 n 的成長而變大。然而，我們可以把 (6.3) 式改寫成

$$y[n] = ay[n-1] + b_0 x[n] + b_1 x[n-1] \tag{6.4}$$

它提供了一個遞迴演算法的基礎：我們可以使用前一個輸出樣本 $y[n-1]$，目前的輸入樣本 $x[n]$，和前一個輸入樣本 $x[n-1]$ 來計算在任何時間 n 的輸出。如同我們在第 2.5 節所討論的一般，假若我們更進一步地假設初始靜止條件（initial-rest conditions）（也就是說，若對於 $n<0$ ，$x[n]=0$ ，則對於 $n<0$ ，$y[n]=0$ ），而且假若我們使用 (6.4) 式當作爲計算輸出的一個遞迴公式，用以前的輸出值和現在及以前的輸入值來計算目前的的輸出值，則這個系統將會是線性和非時變的。一個類似的處理方式可被套用至更爲一般的 N 階差分方程式。然而，由 (6.4) 式所提供的演算法，和其對高階差分方程式的一般化，並非實現某個特殊系統的唯一運算演算法；而且通常它並不是最好的方法。我們將會看到，對於某個輸入序列 $x[n]$ 和某輸出序列 $y[n]$ 的關係而言，產生該關係的運算結構其類型有無窮多個。

在本章的其餘部分，我們考慮在實現 LTI 離散時間系統中會遇到的重要課題。首先，對於代表一個 LTI 因果系統之線性常係數差分方程式，我們介紹其運算結構的方塊圖表示法和信號流程圖表示法[①]。混合運用代數的推導和方塊圖的操作，我們可以推得一些實現一個因果 LTI 系統之基本的等價結構，其中包括格狀（lattice）結構。雖然當我們用無限精準度來代表係數和變數時，兩個結構在它們的輸入－輸出關係上可能等價；但當數值的精準度是有限時，它們可能會有截然不同的行爲。這也是我們對於不同的實現結構感興趣的主要理由。系統係數採用有限精準度表示法的效應和系統中途運算採用直接截取（truncation）或四捨五入（rounding）的效應我們將會在本章的稍後節次中討論。

---

① 類似電路圖的說法，如此的流程圖也稱為「網路」。在本文中，我們將會交互地使用流程圖、結構，和網路這些術語，它們都是對應到差分方程式的圖形表示。

6.1 線性常係數差分方程式的方塊圖表示法

由差分方程式我們可以獲得遞迴公式，若我們以迭代式地計算該公式的方式來實現一個 LTI 離散時間系統，則我們需要輸出的延遲值，輸入，和中途的序列。序列值的延遲意味著我們需要儲存之前的序列值。而且，我們也必須提供把延遲序列值乘以係數值的方法，以及把乘積加起來的方法。因此，欲實現一個 LTI 離散時間系統，我們需要如下的基本元素：加法器，乘法器，和儲存延遲序列值和係數的記憶體。這些基本元素之間的互連性可以很方便地用方塊圖表現出來，其中方塊圖的基本的圖形符號如圖 6.1 所示。圖 6.1(a) 代表兩個序列的相加。在一般的方塊圖符號中，一個加法器的輸入可能有任意個。然而，在幾乎所有實際的實現中，加法器只有兩個輸入。在本章所有的圖形中，我們藉由限制其輸入的數目明顯地指出這項特性，如圖 6.1(a) 所示。圖 6.1(b) 畫出把一個序列乘上一個常數的動作，而圖 6.1(c) 畫出把一個序列延遲一個樣本的動作。在數位式的執行中，延遲運算的實現是藉由在每一個需要單位延遲的地方提供一個儲存暫存器來達成的。就是因為這個理由，我們有時候會把圖 6.1(c) 的運算子稱為是一個延遲暫存器（delay register）。在類比式的離散時間實現，如交換電容濾波器（switched-capacitor filters）中，延遲的實施是藉由電荷儲存裝置來達成的。在圖 6.1(c) 中，單位延遲系統是以它的系統函數 z^{-1} 來表示的。多於一個樣本的延遲也可以用圖 6.1(c) 來表示，但其系統函數要改為 z^{-M} ，其中 M 是延遲的樣本數；然而，在實際上，實現 M 個樣本延遲的方式一般我們會用串接 M 個單位延遲來達成。在一個積體電路（integrated-circuit）的實現之中，這些單位延遲可以形成一個移位暫存器（shift register），而該移位暫存器是由輸入信號的取樣率來觸發的。在軟體方式的實現中，M 個串接的單位延遲是以 M 個連續的記憶體暫存器來實現的。

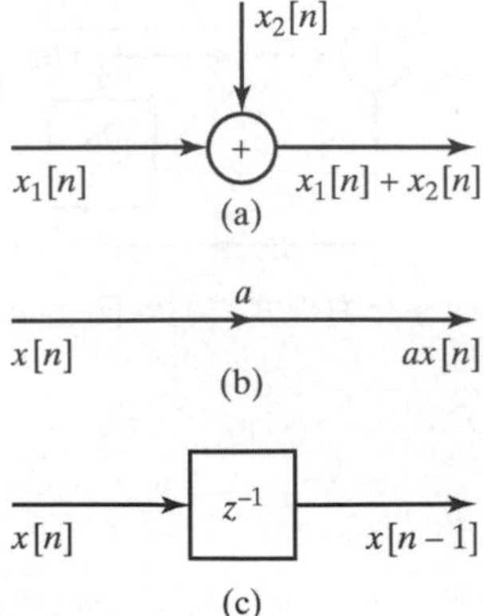

圖 6.1　方塊圖符號。(a) 兩個序列的相加。(b) 把一個序列乘上一個常數。(c) 單位延遲

範例 6.1 一個差分方程式的方塊圖表示

這個範例說明如何把一個差分方程式使用圖 6.1 的元素來表示。考慮以下的二階差分方程式

$$y[n]=a_1y[n-1]+a_2y[n-2]+b_0x[n] \tag{6.5}$$

其對應的系統函數為

$$H(z)=\frac{b_0}{1-a_1z^{-1}-a_2z^{-2}} \tag{6.6}$$

基礎於 (6.5) 式所得到之系統實現方塊圖我們展示在圖 6.2 中。在其中，我們用圖形來表現出實現這個系統的一個運算演算法。當這個系統是用一般用途的電腦或是在一個數位信號處理（digital signal processing, DSP）的晶片上來執行時，在圖 6.2 中的網路結構就是我們要實現此一系統所用程式的基礎。假若這個系統是使用離散元件實現出來，或是使用超大型積體電路（very large-scale integration, VLSI）的技術把它整個的實現出來，這個方塊圖就是決定系統硬體結構的基礎。在這兩種情況下，圖 6.2 明白地顯示出我們必須提供延遲變數（在這個例子中是 $y[n-1]$ 和 $y[n-2]$）和差分方程式係數（在這個例子中是 a_1 、 a_2 、和 b_0 ）的儲存。而且，我們由圖 6.2 可看出：若要計算出輸出序列值 $y[n]$ ，我們首先要計算出乘積 $a_1y[n-1]$ 和 $a_2y[n-2]$ ，把它們加起來，最後再把結果加上 $b_0x[n]$ 。因此，圖 6.2 方便地描述出這個運算演算法所伴隨的複雜度、演算步驟、和實現此一系統的硬體需求量。

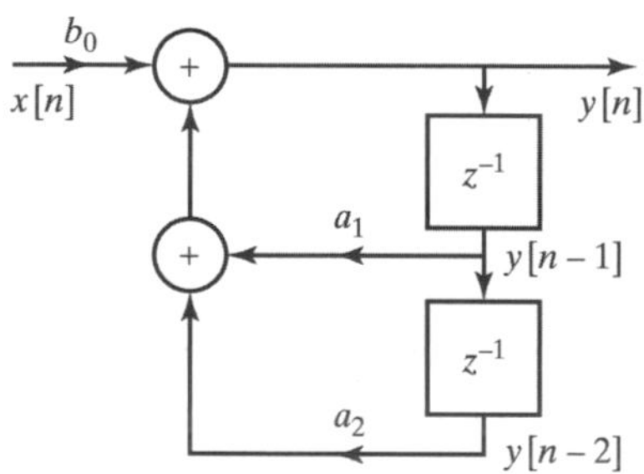

圖 6.2 一個差分方程式其方塊圖表示法的範例

範例 6.1 可以延伸至更高階的差分方程式，形式如下[②]

$$y[n]-\sum_{k=1}^{N}a_k y[n-k]=\sum_{k=0}^{M}b_k x[n-k], \tag{6.7}$$

其對應的系統函數為

$$H(z)=\frac{\sum_{k=0}^{M}b_k z^{-k}}{1-\sum_{k=1}^{N}a_k z^{-k}} \tag{6.8}$$

重寫 (6.7) 式成為 $y[n]$ 的一個遞迴公式，把它表示為輸出序列的過去值、輸入序列的目前值、及輸入序列的過去值的一個線性組合，我們會有下式

$$y[n]=\sum_{k=1}^{N}a_k y[n-k]+\sum_{k=0}^{M}b_k x[n-k] \tag{6.9}$$

圖 6.3 的方塊圖是 (6.9) 式的一個明顯的圖形表示法。更為精確地說，它代表一組差分方程式

$$v[n]=\sum_{k=0}^{M}b_k x[n-k], \tag{6.10a}$$

$$y[n]=\sum_{k=1}^{N}a_k y[n-k]+v[n] \tag{6.10b}$$

兩個輸入的加法器意味著加法動作是以一個指定的順序來進行的。也就是說，圖 6.3 顯示出我們必須先計算出乘積 $a_N y[n-N]$ 和 $a_{N-1}y[n-N+1]$，然後相加，然後再把其所得的和加到 $a_{N-2}y[n-N+2]$，以此類推。當 $y[n]$ 被計算出來之後，我們必須把延遲變數更新，把 $y[n-N+1]$ 移到持有 $y[n-N]$ 的暫存器上，以此類推，而新計算出的 $y[n]$ 在下一次的迭代中會變成 $y[n-1]$。

一個方塊圖我們可以用許多不同種類的方法重新安排之或修改之，而不影響其整體的系統函數。每一個適當的重新安排都代表一個**不同**的運算演算法，但都是實現**相同**的

---

② 在前面幾章中，一般的 N 階差分方程式其形式為

$$\sum_{k=0}^{N}a_k y[n-k]=\sum_{k=0}^{M}b_k x[n-k]$$

在本書的剩餘章節中，我們都會使用 (6.7) 式，其中 $y[n]$ 的係數被正規化成 1，而且當我們把延遲輸出移到方程式的右邊時，其伴隨係數的符號都是正的（請見 (6.9) 式）。

系統。舉例來說，圖 6.3 的方塊圖可以看成是兩個系統的串接，第一個系統是指從 $x[n]$ 計算出 $v[n]$ 的系統；而第二個系統是指從 $v[n]$ 計算出 $y[n]$ 的系統。因爲這兩個系統都是 LTI 系統（假設所有的延遲暫存器都是初始靜止的），所以這兩個系統的串接順序可以對調，如圖 6.4 所示，而不影響整體的系統函數。在圖 6.4 中，就簡便起見，我們已先假設 $M = N$。很清楚地，這並不喪失一般性，因爲就算 $M \neq N$，在圖中的某些係數 a_k 或 b_k 的值會是零，而整個圖形還可以簡化。

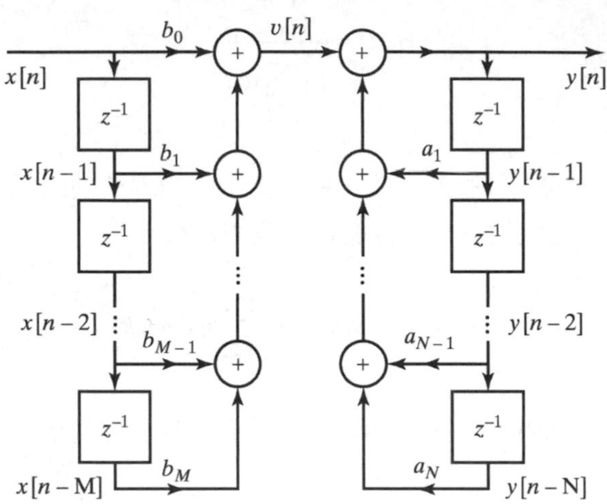

圖 6.3 一個一般的 N 階差分方程式其方塊圖表示

用 (6.8) 式的系統函數 $H(z)$ 來表示，圖 6.3 可視爲是用以下的分解來實現 $H(z)$ 的

$$H(z) = H_2(z)H_1(z) = \left(\frac{1}{1-\sum_{k=1}^{N} a_k z^{-k}}\right)\left(\sum_{k=0}^{M} b_k z^{-k}\right) \tag{6.11}$$

或是等價地是由以下的方程式組來實現的

$$V(z) = H_1(z)X(z) = \left(\sum_{k=0}^{M} b_k z^{-k}\right)X(z), \tag{6.12a}$$

$$Y(z) = H_2(z)V(z) = \left(\frac{1}{1-\sum_{k=1}^{N} a_k z^{-k}}\right)V(z) \tag{6.12b}$$

圖 6.4，在另一方面，把 $H(z)$ 表示成

$$H(z)=H_1(z)H_2(z)=\left(\sum_{k=0}^{M}b_k z^{-k}\right)\left(\frac{1}{1-\sum_{k=1}^{N}a_k z^{-k}}\right) \tag{6.13}$$

或是等價地是由以下的方程式組來實現的

$$W(z)=H_2(z)X(z)=\left(\frac{1}{1-\sum_{k=1}^{N}a_k z^{-k}}\right)X(z), \tag{6.14a}$$

$$Y(z)=H_1(z)W(z)=\left(\sum_{k=0}^{M}b_k z^{-k}\right)W(z) \tag{6.14b}$$

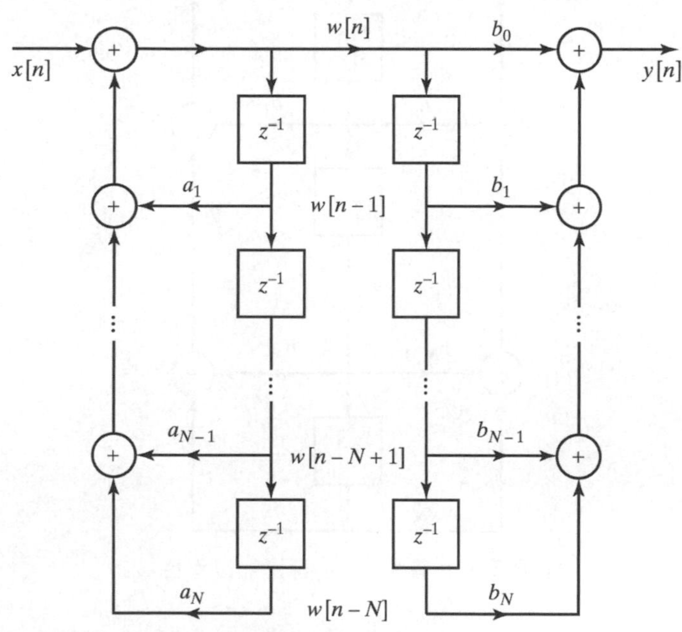

圖 6.4 圖 6.3 重新安排後的方塊圖。就簡便起見，我們假設 $N=M$ 。假若 $M\neq N$ ，某些係數之值將會是零

在時域上，圖 6.4 或是等價的 (6.14a) 和 (6.14b) 兩式可以由以下的差分方程式組來表示之

$$w[n]=\sum_{k=1}^{N}a_k w[n-k]+x[n], \tag{6.15a}$$

$$y[n]=\sum_{k=0}^{M}b_k w[n-k] \tag{6.15b}$$

圖 6.3 和圖 6.4 的方塊圖有幾個重要的差異。在圖 6.3 中，$H(z)$ 的零點部分，就是 $H_1(z)$，它先被實現出來，然後才是極點的部分，也就是 $H_2(z)$。在圖 6.4 中，極點先被實現出來，然後才是零點。理論上，實現的順序不會影響整體的系統函數。然而，我們將會看到，當一個差分方程式是以有限精準度的運算來實現時，兩個在理論上等價的系統可能會有非常大的差異，因爲所謂的等價是在實數系統具無限精準度的前提下才成立。另外一個重要的考量因素爲在兩個系統中的延遲元件數目。從圖中可以看出，圖 6.3 和圖 6.4 的系統都有（$N+M$）個延遲元件。然而，我們可以重畫圖 6.4 的方塊圖，因爲我們可以看出在該圖中兩串延遲鏈其中所儲存的信號，$w[n]$，是完全相同的。因此，我們可以把兩串延遲鏈整合成只剩一串延遲鏈，如圖 6.5 所示。

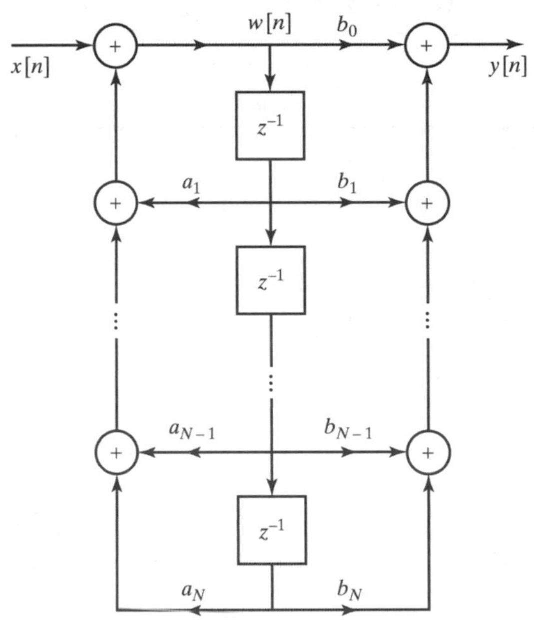

圖 6.5 把圖 6.4 中的延遲加以整合

就延遲元件的總數而言，在圖 6.5 中的數目少於或等於在圖 6.3 或圖 6.4 中所需的數目，事實上，這是實現一個像 (6.8) 式之系統所需要之最少的延遲元件數目。明確地說，延遲元件數目的最小值一般而言爲 max(N, M)。一個使用最少延遲元件的實現我們通常稱之爲**標準型實現**（canonic form implementation）。在圖 6.3 中之非標準型的方塊圖我們稱之爲一般 N 階系統的**直接式 I**（direct form I）實現，因爲它是輸入 $x[n]$ 和輸出 $y[n]$ 之間差分方程式的一種直接實現，而該差分方程式可以用觀察系統函數的方式直接寫出。圖 6.5 我們通常稱之爲**直接式 II**（direct form II）或**標準直接式實現**（canonic direct form implementation）。由於知道圖 6.5 是 (6.8) 式定義出 $H(z)$ 的一個適當的實現結構，我們就可以在系統函數和方塊圖（或是等價的差分方程式）之間直接來回穿梭討論。

範例 6.2 一個 LTI 系統的直接式 I 和直接式 II 實現

考慮一個 LTI 系統，其系統函數如下

$$H(z)=\frac{1+2z^{-1}}{1-1.5z^{-1}+0.9z^{-2}} \tag{6.16}$$

把這個系統函數和 (6.8) 式做比較，我們發覺 $b_0=1$，$b_1=2$，$a_1=+1.5$，$a_2=-0.9$，所以根據圖 6.3，我們可以用直接式 I 來實現這個系統，其方塊圖如圖 6.6 所示。參考圖 6.5，我們也可以使用直接式 II 來實現這個系統函數，如圖 6.7 所示。在這兩個方塊圖中，請注意在反饋分支上的係數和在 (6.16) 式中 z^{-1} 和 z^{-2} 的對應係數恰好有相反的正負符號。雖然這樣子的符號改變有時會令人感到困惑，但是我們一定要記住反饋係數 $\{a_k\}$ 它們在差分方程式中的符號和在系統函數中的符號是相反的。另外也要注意的是 $H(z)$ 其直接式 II 的實現只需要兩個延遲元件，比起它的直接式 I 實現，延遲元件要少一個。

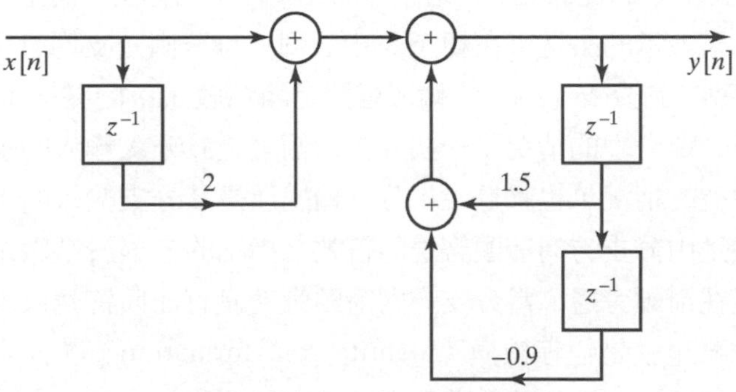

圖 6.6 (6.16) 式的直接式 I 實現

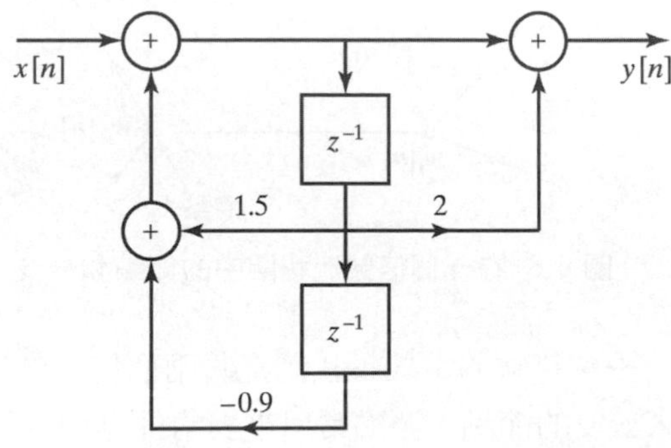

圖 6.7 (6.16) 式的直接式 II 實現

在前面的討論中，我們爲系統函數爲 (6.8) 式的 LTI 系統發展出兩個等價的實現方塊圖。這些方塊圖，它們代表使用不同的運算演算法來實現其系統，是由把系統的線性特性和系統函數的代數特性加以巧妙處理而得。事實上，因爲代表一個 LTI 系統的基本差分方程式是線性的，所以等價的差分方程式組可以由把差分方程式的變數做線性轉換而獲得。因此，若要實現任何給定的系統，我們會有無限多種的等價實現方式。在第 6.3 節中，我們將使用類似於在本節中所採用的方式，爲系統函數爲 (6.8) 式的系統發展出其他一些重要並有用的等價結構。然而，在討論這些其他的架構之前，我們先介紹除了方塊圖之外，可代表差分方程式之另外一種方法，即信號流程圖表示法。

6.2 線性常係數差分方程式的信號流程圖表示法

差分方程式之信號流程圖表示法基本上和其方塊圖表式法是一樣的，只有一些在符號上的差異。正式地說，一個信號流程圖是一個具有連接節點之指向分支的網路圖。對應於每一個節點的是一個變數或是一個節點值。節點 k 所對應的值可以記爲 w_k ，或者，因爲數位濾波器的節點變數通常是序列，所以我們通常就用符號 $w_k[n]$ 明白地指出這個事實。分支 (j,k) 表示一個從節點 j 開始而在節點 k 終結的分支，而這個 從 j 到 k 的方向是以分支上的箭頭來表示的。這可在圖 6.8 中看到。每一個分支均有一個輸入信號和一個輸出信號。從節點 j 到分支 (j,k) 的輸入信號是節點值 $w_j[n]$ 。在一個線性的信號流程圖中，也是我們唯一會考慮的情況，一個分支的輸出是該分支輸入的線性轉換。最簡單的例子就是常數增益的情況，也就是說，分支輸出僅是該分支輸入的一個常數倍數。分支的線性運算通常是由分支方向箭頭旁邊的符號來指出的。對於常數乘積運算而言，該常數會簡單的出現在箭頭旁邊。當分支方向箭頭旁邊沒有任何符號或表示時，這就表示該分支的增益爲一，也就是恆等轉換（identity transformation）。從定義上來看，圖中每一個節點的節點值是所有進入該節點分支之輸出的總和。

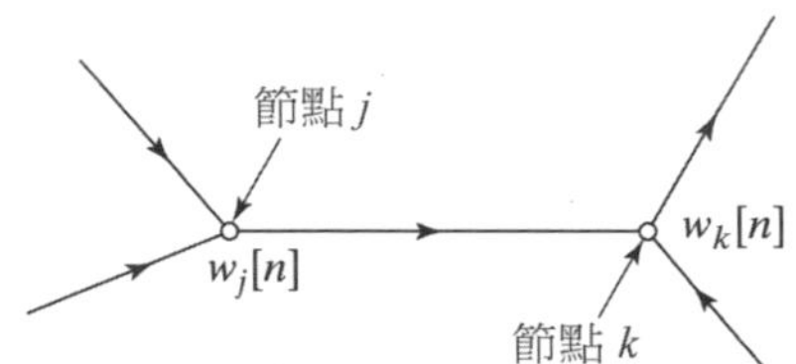

圖 6.8 在一個信號流程圖中的節點和分支

爲了要完成信號流程圖符號的定義，我們定義兩個特殊的節點型態。**源點**（source node）是那些沒有進入分支的節點。源點常用來表示外界輸入的注入或是要進入一個圖形的信號源。**匯點**（sink node）是那些只有進入分支的節點。匯點被使用來從一個圖形中抽取出輸出。在圖 6.9 的信號流程圖中，展示了源點、匯點，和簡單分支增益。該圖所代表的線性方程式如下所示：

$$
\begin{aligned}
w_1[n] &= x[n] + aw_2[n] + bw_2[n], \\
w_2[n] &= cw_1[n], \\
y[n] &= dx[n] + ew_2[n]
\end{aligned}
\tag{6.17}
$$

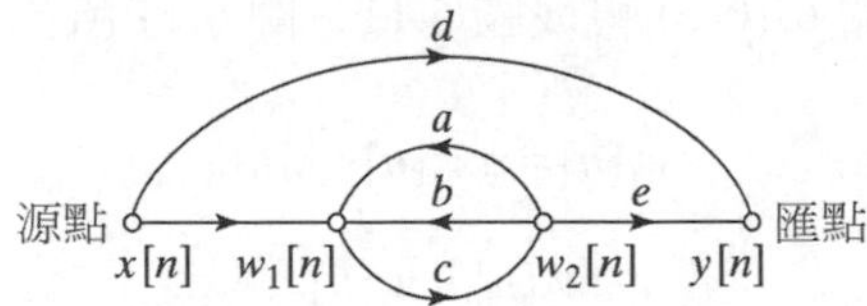

圖 6.9　一個信號流程圖的源點和匯點

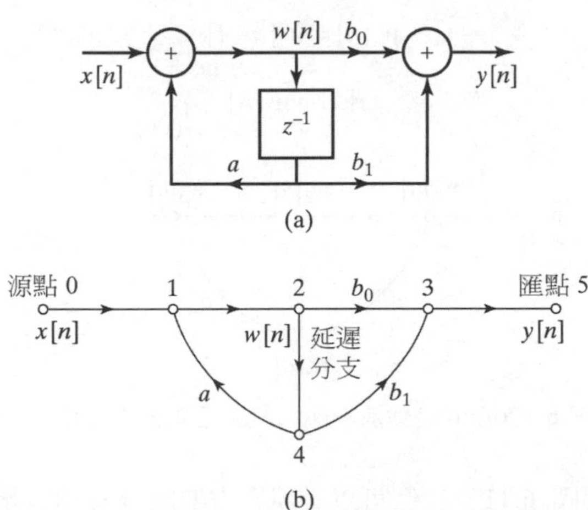

圖 6.10　(a) 一階數位濾波器的方塊圖表示。(b) 對應至 (a) 方塊圖之信號流程圖結構

加法、乘上一個常數、和延遲是實現一個線性常係數差分方程式的基本運算。因爲這些全都是線性運算，所以我們可以使用信號流程圖的符號來描述出實現 LTI 離散時間系統的演算法。爲了要說明信號流程圖的概念是如何應用來代表一個差分方程式，考慮在圖 6.10(a) 中的方塊圖，它是 (6.1) 式之系統函數其直接式 II 的實現。這個系統的信號流程圖我們展示在圖 6.10(b) 中。在差分方程式的信號流程圖表示法中，節點變數均是序列。在圖 6.10(b) 中，節點 0 是一個源點，其值是由輸入序列 $x[n]$ 來決定；節點 5 是一個匯點，它的值我們記爲 $y[n]$。請注意源點和匯點都是用單一增益的分支和圖形的其餘部份連接，以便清楚地表示出這個系統的輸入和輸出。很明顯地，節點 3 和節點 5 有相同的值。之所以會使用此額外的單一增益分支的目的僅是要突顯節點 3 是系統輸出的事實。在圖 6.10(b) 中，除了一個（延遲分支 (2, 4)）之外，所有其它的分支均可以表示成一個簡單的分支增益；也就是說，輸出信號是分支輸入的一個常數倍數。延遲在時域中無法用一個分支增益來表示。然而，在 z 轉換表示法中，一個單位延遲是以乘上一個因

子 z^{-1} 來表示的。假若我們是用 z 轉換來表示差分方程式，那麼所有的分支都可以用它們的系統函數來表示。在這個情況中，每一個分支增益都會是一個 z 的函數；舉例來說，一個單位延遲分支的增益爲 z^{-1}。習慣上，在一個信號流程圖中的變數通常都是用序列來表示，而不是用序列的 z 轉換來表示。然而，爲了簡化符號起見，我們通常把一個延遲分支用 z^{-1} 這樣的分支增益來表示，但是我們知道它的意義是把分支輸入延遲一個序列值當輸出。也就是說，在一個信號流程圖中，z^{-1} 是一個會產生一個樣本延遲的運算子。使用這種方式，我們可以把圖 6.10(b) 畫成圖 6.11。圖 6.11 所代表的方程式爲：

$$w_1[n] = aw_4[n] + x[n], \tag{6.18a}$$

$$w_2[n] = w_1[n], \tag{6.18b}$$

$$w_3[n] = b_0 w_2[n] + b_1 w_4[n], \tag{6.18c}$$

$$w_4[n] = w_2[n-1], \tag{6.18d}$$

$$y[n] = w_3[n] \tag{6.18e}$$

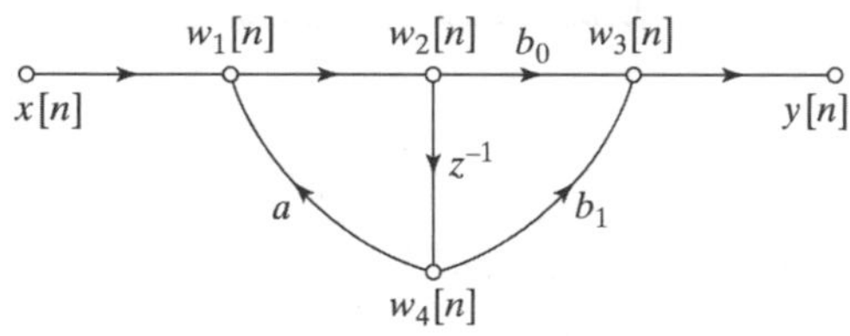

圖 6.11 圖 6.10(b) 的信號流程圖，其中延遲分支是以 z^{-1} 來表示的

比較圖 6.10(a) 和圖 6.11，我們可以發現在方塊圖分支和信號流程圖分支之間有一個直接的對應關係。事實上，這兩種表示法最重要的差異在於節點上。在流程圖中，節點代表分支點也可代表加法器；而在方塊圖中則另有一個特殊的符號用來代表加法器。方塊圖中的分支點在流程圖中是用一個僅有一個輸入分支及有一個或多個輸出分支的節點來表示。而方塊圖中的加法器在信號流程圖中是用有兩個（或多個）輸入分支的節點來表示的。一般而言，當我們在畫流程圖時，每一個節點最多只會畫兩個輸入，因爲在大部分的加法器硬體實現中，都只有兩個輸入。因此，差分方程式的信號流程圖表示和方塊圖表示是完全等價的，只不過前者比較容易畫。就像方塊圖一樣，它們也可以在圖形上做巧妙的操作，進而得到系統特性之有用的觀點。目前已經有很多的信號流程圖理論，而且它們可以直接套用至離散時間系統的信號流程圖中（請參見 Mason and Zimmermann, 1960; Chow and Cassignol, 1962; 和 Phillips and Nagle, 1995）。雖然我們會使用流程圖的主要原因在於它們的圖形價值，但是我們也將會使用一些有關於信號流程圖的定理來檢視實現線性系統的某些架構。

(6.18) 的 5 個式子定義出從一個輸入序列 $x[n]$ 計算出一個 LTI 系統輸出的多重步驟演算法。這個例子也說明了資料之間的優先順序關係，此關係在實現 IIR 系統時經常可見。(6.18) 的 5 個式子不能用任意的順序來計算。(6.18a) 式和 (6.18c) 式需要乘法和加法動作，而 (6.18b) 式和 (6.18e) 式僅需把變數改名即可。(6.18d) 式代表系統記憶體的「更新」。它可以藉由把代表 $w_4[n]$ 的記憶暫存器內容替換成 $w_2[n]$ 的值來達成執行的目的，但是它一定要在其他方程式之值全部都算出來之後才能被執行。我們可以定義 $w_2[-1]=0$ 或 $w_4[0]=0$，把初始靜止狀態條件加入倒這個系統中。很清楚地，(6.18) 的 5 個式子一定要按照給定的順序來計算，但最後兩個式子的順序是可以互換的，我們可以先計算最後一個式子，或者還是先把 (6.18d) 式的值計算出都可。

流程圖代表一組差分方程式，在網路中的每一個節點均可寫出一道方程式。在圖 6.11 的流程圖中，我們可以把其中的某些變數消去而得到下列的方程式組

$$w_2[n]=aw_2[n-1]+x[n], \quad (6.19a)$$

$$y[n]=b_0w_2[n]+b_1w_2[n-1], \quad (6.19b)$$

它們和 (6.15a) 式和 (6.15b) 式的型式類似；也就是說，用直接式 II 的寫法。通常來說，要操作信號流程圖的差分方程式是困難的，因為我們常要在時域中處理延遲變數的迴授（feedback）情形。在這種情況下，我們通常是改用 z 轉換表示法來處理之，因為在 z 轉換表示法中每一個分支都是簡單的增益，而延遲是以乘以 z^{-1} 來表示的。習題 6.1 至 6.29 就是討論如何使用流程圖的 z 轉換分析來獲得差分方程式的等價方程組。

範例 6.3 從一個信號流程圖決定出一個系統函數

為了要說明如何使用 z 轉換來從一個信號流程圖決定出一個系統函數，請考慮圖 6.12。在這個圖中的流程圖不是直接式。因此，系統函數無法藉由觀察圖形而直接寫出。然而，這個圖形所代表的差分方程式組確可以很容易地寫出，只要把每一個節點的值用其他的節點變數表示出來就可以了。這五個方程式為

$$w_1[n]=w_4[n]-x[n], \quad (6.20a)$$

$$w_2[n]=\alpha w_1[n], \quad (6.20b)$$

$$w_3[n]=w_2[n]+x[n], \quad (6.20c)$$

$$w_4[n]=w_3[n-1], \quad (6.20d)$$

$$y[n]=w_2[n]+w_4[n] \quad (6.20e)$$

這些方程式可以被使用來實現在流程圖中所描述出的那個系統。(6.20a) 式至(6.20e)式也可以用 z 轉換的式子來表示

$$W_1(z) = W_4(z) - X(z), \tag{6.21a}$$

$$W_2(z) = \alpha W_1(z), \tag{6.21b}$$

$$W_3(z) = W_2(z) + X(z), \tag{6.21c}$$

$$W_4(z) = z^{-1} W_3(z), \tag{6.21d}$$

$$Y(z) = W_2(z) + W_4(z) \tag{6.21e}$$

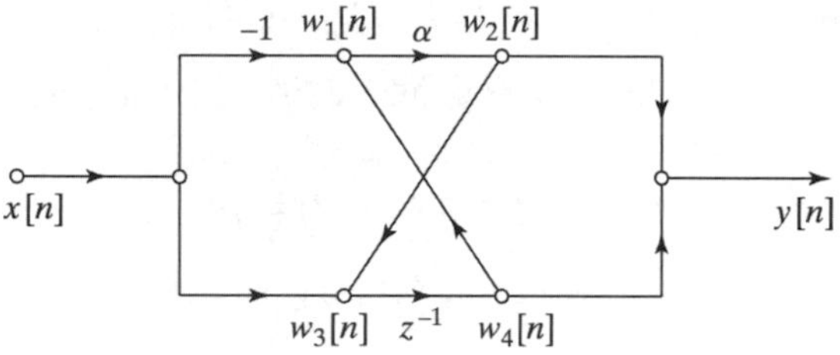

圖 6.12 不是標準直接式的信號流程圖

把 (6.21a) 式代入 (6.21b) 式，並把 (6.21c) 式代入至 (6.21d) 式，我們可以消去 $W_1(z)$ 和 $W_3(z)$ 這兩個變數，而獲得

$$W_2(z) = \alpha(W_4(z) - X(z)), \tag{6.22a}$$

$$W_4(z) = z^{-1}(W_2(z) + X(z)), \tag{6.22b}$$

$$Y(z) = W_2(z) + W_4(z) \tag{6.22c}$$

(6.22a) 式和 (6.22b) 式可以用來解出 $W_2(z)$ 和 $W_4(z)$，結果為

$$W_2(z) = \frac{\alpha(z^{-1} - 1)}{1 - \alpha z^{-1}} X(z), \tag{6.23a}$$

$$W_4(z) = \frac{z^{-1}(1 - \alpha)}{1 - \alpha z^{-1}} X(z), \tag{6.23b}$$

並把 (6.23a) 式和 (6.23b) 式代入至 (6.22c) 式中可得到

$$Y(z) = \left(\frac{\alpha(z^{-1} - 1) + z^{-1}(1 - \alpha)}{1 - \alpha z^{-1}} \right) X(z) = \left(\frac{z^{-1} - \alpha}{1 - \alpha z^{-1}} \right) X(z) \tag{6.24}$$

因此，圖 6.12 流程圖的系統函數為

$$H(z)=\frac{z^{-1}-\alpha}{1-\alpha z^{-1}}, \tag{6.25}$$

從上式我們可得知這個系統的脈衝響應為

$$h[n]=\alpha^{n-1}u[n-1]-\alpha^{n+1}u[n]$$

而它的直接式 I 信號流程圖就正如圖 6.13 所示。

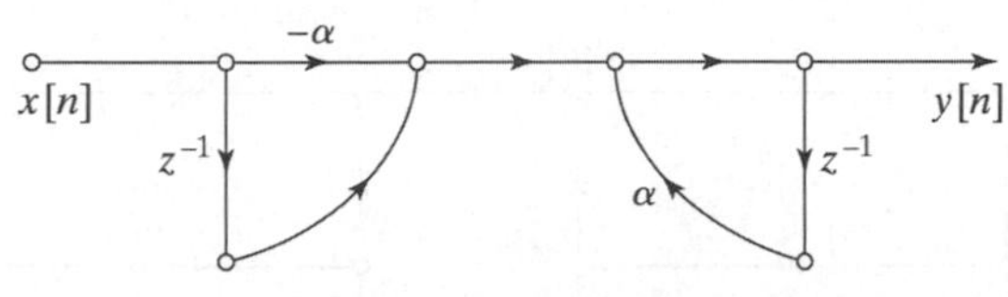

圖 6.13　圖 6.12 的直接式 I 等價圖

範例 6.3 說明了 z 轉換如何把時域的表示式轉換成線性方程式。一般而言，時域的表示式牽涉到迴授，因此比較難解，而轉換成線性方程式之後就可以用一般代數的技巧來解之。這個範例也說明了不同的信號流程圖表示方式定義了不同的運算演算法，它們所需要運算量也不同。比較圖 6.12 和圖 6.13，我們可以看到原來的實現方式只需要一個乘法和一個延遲（記憶）元件，而直接式 I 的實現方式則需要兩個乘法和兩個延遲元件。直接式 II 的實現方式在延遲元件方面的需求會少一個，但是它仍然需要兩個乘法動作。

6.3 IIR 系統的基本結構

在第 6.1 節中，我們介紹兩種實現一個 LTI 系統（系統函數如 (6.8) 式）的結構。在這一節中，我們將說明那些系統的信號流程圖表示法，而且我們也發展出一些其他常用的等價流程圖網路結構。我們的討論將會說明下面的事實：對於任何給定的有理系統函數，存在有許多種類之等價差分方程式組或等價網路結構。在選擇這些不同種類的結構時，其中一個考量因素是運算的複雜度。舉例來說，在某些數位方式的實現中，我們最想要的結構是那些具有最少的常數乘法器和有最少的延遲分支的結構。這是因爲乘法運算在數位硬體中一般來說是一個相當耗時且花費甚高的動作，而每一個延遲元件則對應到一個記憶暫存器。因此，常數乘法器數目的減少意味著速度的增加，而延遲元件數目的減少意味著記憶需求的下降。

在 VLSI 的實現中，常存在著許多微妙的權衡，其中晶片面積常常是效率的一個重要的測度。在晶片上具模組性（Modularity）和簡單性的資料傳輸也常是這種實現中想要的特質。在多重處理器（multiprocessor）實現中，最重要的考量因素通常和演算法的分段（partitioning）以及處理器之間所需要的通訊兩項因素有關。另外一個主要的考量就是有限暫存器長度和有限精準度算術的效應問題。這些效應取決於我們是如何安排運算的，也就是說，取決於信號流程圖的結構。有時候，我們倒是希望有一個結構它對有限暫存器長度的效應較不敏感，雖然它的乘法器數目或是延遲元件的數目並不是最少。

在這節中，我們發展出一些實現 LTI IIR 系統之常用型式，並得到其信號流程圖表示法。

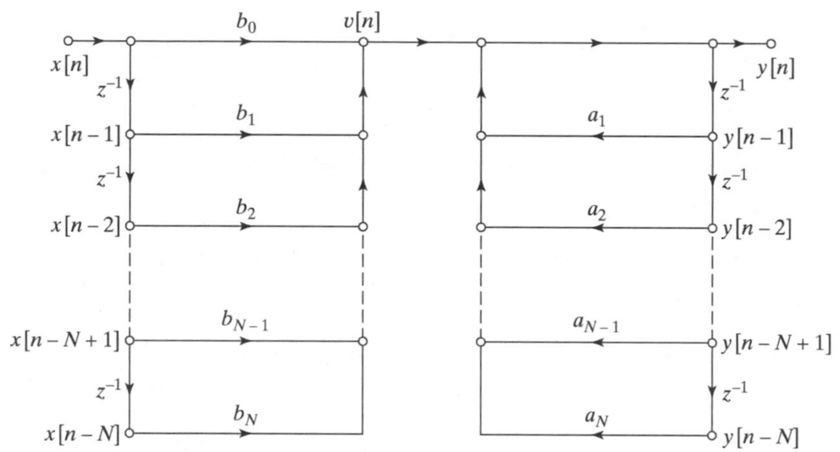

圖 6.14 N 階系統其直接式 I 結構的信號流程圖

6.3.1 直接型式

在第 6.1 節中，我們得到直接式 I 的方塊圖表示法（圖 6.3）和直接式 II，或標準直接式結構的方塊圖表示法（圖 6.5），它們所對應的輸入和輸出滿足以下的差分方程式

$$y[n]-\sum_{k=1}^{N}a_k y[n-k]=\sum_{k=0}^{M}b_k x[n-k], \tag{6.26}$$

而其對應的有理系統函數為

$$H(z)=\frac{\sum_{k=0}^{M}b_k z^{-k}}{1-\sum_{k=1}^{N}a_k z^{-k}} \tag{6.27}$$

在圖 6.14 中，我們把圖 6.3 的直接式 I 結構用信號流程圖表示出來，而在圖 6.15 中，我們把圖 6.5 的直接式 II 結構也用信號流程圖表示出來。再一次地為方便起見，我們假設 $N=M$。請注意在信號流程圖中，每一個節點的輸入數目不超過兩個。當然，在信號流

程圖中，節點的輸入數目並不受限爲 2，但是，正如我們在先前所描述的一般，這種兩個輸入表示法所得到的圖形和我們在實現這個系統時所用的程式和結構，是非常的類似。

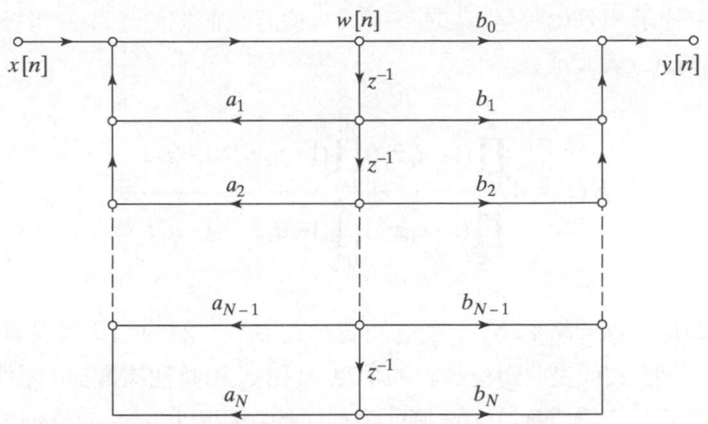

圖 6.15 N 階系統其直接式 II 結構的信號流程圖

範例 6.4 直接式 I 和直接式 II 結構的示範

考慮系統函數

$$H(z)=\frac{1+2z^{-1}+z^{-2}}{1-0.75z^{-1}+0.125z^{-2}} \tag{6.28}$$

因為直接式結構的係數是直接對應到分子和分母多項式的係數（請注意在 (6.27) 式中分母的負號），其實我們可以直接藉由觀察法，再參照圖 6.14 和圖 6.15，直接畫出這些結構來。這個範例的直接式 I 和直接式 II 結構分別畫在圖 6.16 和圖 6.17 中。

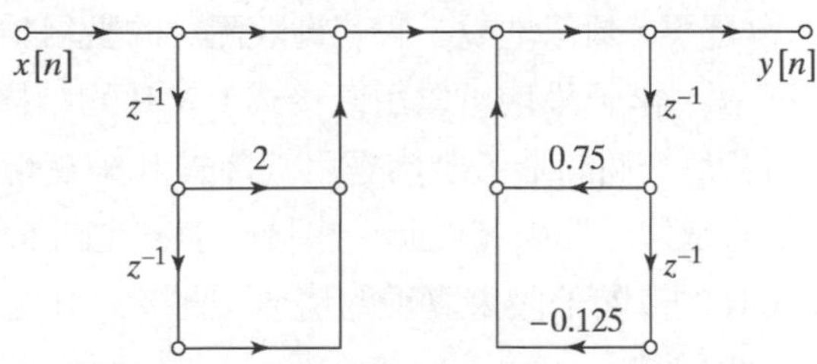

圖 6.16 範例 6.4 的直接式 I 結構

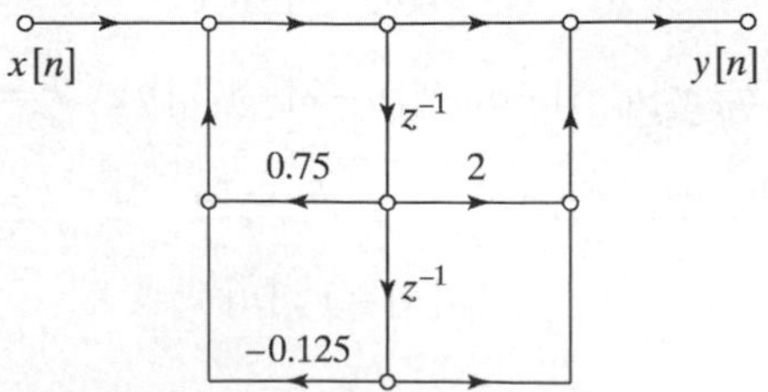

圖 6.17 範例 6.4 的直接式 II 結構

6.3.2 串接式

直接式結構能直接從系統函數 $H(z)$ 獲得，因如 (6.27) 式所示，系統函數通常寫成有理式型式，其中分子和分母都是 z^{-1} 的多項式。假若我們把分子和分母多項式做因式分解，我們可以把 $H(z)$ 表示成

$$H(z) = A\frac{\prod_{k=1}^{M_1}(1-f_k z^{-1})\prod_{k=1}^{M_2}(1-g_k z^{-1})(1-g_k^* z^{-1})}{\prod_{k=1}^{N_1}(1-c_k z^{-1})\prod_{k=1}^{N_2}(1-d_k z^{-1})(1-d_k^* z^{-1})}, \tag{6.29}$$

其中 $M = M_1 + 2M_2$ ， $N = N_1 + 2N_2$ 。在這個表示式中，一階的因式代表實數零點 f_k 和實數極點 c_k ，而二階因式代表共軛複數對的零點 g_k 和 g_k^* 和共軛複數對的極點 d_k 和 d_k^* 。當在 (6.27) 式中的係數全為實數時，這個代表最一般之極點和零點的分佈情形。(6.29) 式提出了一種串接一階和二階系統的結構。在選擇子系統的組合和子系統的串接順序上，它提供了很大的自由度。然而，在實務上，我們通常希望能用最少的儲存和最少的運算來實現這個串接結構。在許多種類的實現中，我們常希望有模組化的結構，這可以藉由把一對實數因式合併或是把共軛複數對合併以形成二階因式來達到目的，如此一來 (6.29) 式可以表示成

$$H(z) = \prod_{k=1}^{N_s}\frac{b_{0k} + b_{1k}z^{-1} + b_{2k}z^{-2}}{1 - a_{1k}z^{-1} - a_{2k}z^{-2}}, \tag{6.30}$$

其中 $N_S = \lfloor (N+1)/2 \rfloor$ 是比 $(N+1)/2$ 還要小的最大整數。把 $H(z)$ 寫成這種形式，我們已經假設 $M \le N$ ，而且實數的極點和零點已經結合成對。假若實數零點的數目為奇數的話，則其中一個係數 b_{2k} 將會是零。類似地說，假若實數極點的數目為奇數的話，則其中一個係數 a_{2k} 將會是零。每一個二階子段均可以用直接式 I 或 II 的結構實現出來；然而，從前面的討論中我們知道假若每一個二階子段均是用直接式 II 來實現的話，我們可以用最少數目的乘法和最少數目的延遲元件來實現此一串接結構。在圖 6.18 中，我們展示出一個六階系統用三個直接式 II 的二階子段來實現的情形。直接式 II 之二階子段其差分方程式組為

$$y_0[n] = x[n], \tag{6.31a}$$

$$w_k[n] = a_{1k}w_k[n-1] + a_{2k}w_k[n-2] + y_{k-1}[n], \quad k = 1, 2, \ldots, N_s, \tag{6.31b}$$

$$y_k[n] = b_{0k}w_k[n] + b_{1k}w_k[n-1] + b_{2k}w_k[n-2], \quad k = 1, 2, \ldots, N_s, \tag{6.31c}$$

$$y[n] = y_{N_s}[n] \tag{6.31d}$$

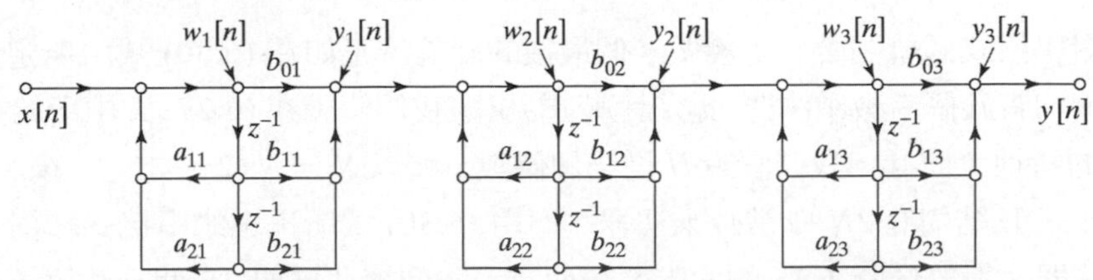

圖 6.18　一個六階系統的串接結構，每一個二階子系統均是一個直接式 II 的實現

若我們把組合極點和零點的方法做不同的變化，而且把二階子段的順序做不同的改變，則我們可以獲得許多理論上等價系統。事實上，假若我們有 N_S 個二階子段，則我們有 N_S!（N_S 階乘）種的極點和零點的配對，和有 N_S! 種的二階子段排列法，也就是說總共有 $(N_S!)^2$ 種不同的配對和排列。雖然在無限精準度運算下，所有的這些系統均有相同的系統函數和相同的輸入－輸出關係，但是當我們考慮有限精準度運算時，這些系統的行爲可能非常的不同，我們將會在第 6.8 節到第 6.10 節中做進一步討論。

範例 6.5　串接結構的示範

讓我們再次地考慮系統函數 (6.28) 式。因為這是一個二階系統，一個直接式 II 的二階子段串接結構就是如圖 6.17 的結構。為了要說明另外一種串接結構，我們可以使用一階系統，方式為把 $H(z)$ 表示成一階因式的乘積，如下所示

$$H(z)=\frac{1+2z^{-1}+z^{-2}}{1-0.75z^{-1}+0.125z^{-2}}=\frac{(1+z^{-1})(1+z^{-1})}{(1-0.5z^{-1})(1-0.25z^{-1})} \tag{6.32}$$

因為所有的極點和零點都是實數，一個使用一階子段做串接的結構也是有實數係數。假若極點和／或零點是複數，則只有二階子段會有實數係數。圖 6.19 展示出兩個等價的串接結構，兩者的系統函數都是 (6.32) 式。這兩個流程圖所代表的差分方程式可以很容易地寫出。在習題 6.22 中，我們考慮找尋其它等價系統結構的問題。

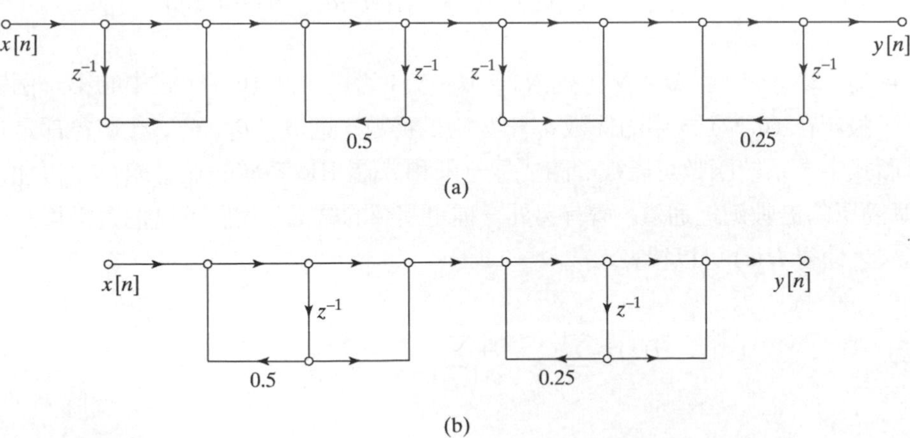

圖 6.19　範例 6.5 的串接結構。(a) 直接式 I 子段。(b) 直接式 II 子段

我們對串接式系統函數的定義做一個最後的評論。正如在 (6.30) 式中所定義，每一個二階子段均有五個常數乘法器。爲了比較起見，讓我們假設在 (6.27) 式中所給定的 H(z) 有 $M=N$ 的特性，而且，我們假設 N 是一個偶數，所以 $N_s=N/2$。如此一來，直接式 I 結構和直接式 II 結構有 $2N+1$ 常數乘法器，而由 (6.30) 式所提出的串接式結構有 $5N/2$ 個常數乘法器。對於像圖 6.18 的六階系統而言，我們總共需要 15 個乘法器，而其等價之直接式卻只需要 13 個乘法器。串接式的另一個定義爲

$$H(z)=b_0\prod_{k=1}^{N_s}\frac{1+\tilde{b}_{1k}z^{-1}+\tilde{b}_{2k}z^{-2}}{1-a_{1k}z^{-1}-a_{2k}z^{-2}}, \tag{6.33}$$

其中 b_0 是在 (6.27) 式中分子多項式的帶頭係數（leading coefficient），而 $\tilde{b}_{ik}=b_{ik}/b_{0k}$，$i=1$，2 且 $k=1,2,\cdots,N_S$。這種型式的 $H(z)$ 其每一個二階子段僅需四個常數乘法器，再加上一個整體增益常數 b_0。這種串接式結構和直接式結構有相同的常數乘法器數目。我們將會在第 6.9 節中討論，當我們用定點（fixed-point）運算來實現此一系統時，五個乘法器的二階子段是較爲常用的結構，因爲使用這種結構我們可以分配其系統的整體增益，進一步控制在系統中各種臨界點（critical points）上信號的大小。當我們使用浮點（floating-point）運算而且信號的動態範圍不是問題時，則四個乘法器的二階子段能用來減少計算量。假若零點是在單位圓上，則我們可以得到更進一步的簡化。在這中情況中，$\tilde{b}_{2k}=1$，所以每一個二階子段我們僅需要三個乘法器。

6.3.3 並聯式（Parallel Form）

除了把 $H(z)$ 的分子和分母多項式做因式分解之外，我們還可以把一個如 (6.27) 式或是 (6.29) 式的有理式系統函數做部份分式展開，而得到以下的型式

$$H(z)=\sum_{k=0}^{N_p}C_kz^{-k}+\sum_{k=1}^{N_1}\frac{A_k}{1-c_kz^{-1}}+\sum_{k=1}^{N_2}\frac{B_k(1-e_kz^{-1})}{(1-d_kz^{-1})(1-d_k^*z^{-1})}, \tag{6.34}$$

其中 $N=N_1+2N_2$。假若 $M\geq N$，則 $N_P=M-N$；否則，在 (6.34) 式中的第一個總和項不存在。假若在 (6.27) 式中的係數 a_k 和 b_k 均是實數，則 A_k, B_k, C_k, c_k 和 e_k 都是實數。在這種形式中，系統函數可以被解讀成爲一階和二階 IIR 系統的並聯組合，再加上可能有 N_P 個簡單的倍數延遲通道。還有另外一種可選擇的結構，我們可以把實數極點成對的組合起來，使得 $H(z)$ 可以被表示成

$$H(z)=\sum_{k=0}^{N_p}C_kz^{-k}+\sum_{k=1}^{N_s}\frac{e_{0k}+e_{1k}z^{-1}}{1-a_{1k}z^{-1}-a_{2k}z^{-2}}, \tag{6.35}$$

其中，和串接結構類似，$N_S = \lfloor (N+1)/2 \rfloor$ 是小於或等於 $(N+1)/2$ 的最大整數，而且假若 $N_P = M - N$ 是負數的話，第一個總和項不存在。一個典型之 $N = M = 6$ 的例子我們展式在圖 6.20 中。在並聯式結構中，每一個二階直接式 II 子段的差分方程式為

$$w_k[n] = a_{1k} w_k[n-1] + a_{2k} w_k[n-2] + x[n], \quad k = 1, 2, \ldots, N_s, \tag{6.36a}$$

$$y_k[n] = e_{0k} w_k[n] + e_{1k} w_k[n-1], \quad k = 1, 2, \ldots, N_s, \tag{6.36b}$$

$$y[n] = \sum_{k=0}^{N_p} C_k x[n-k] + \sum_{k=1}^{N_s} y_k[n] \tag{6.36c}$$

假若 $M < N$，則在 (6.36c) 式中的第一個總和項不存在。

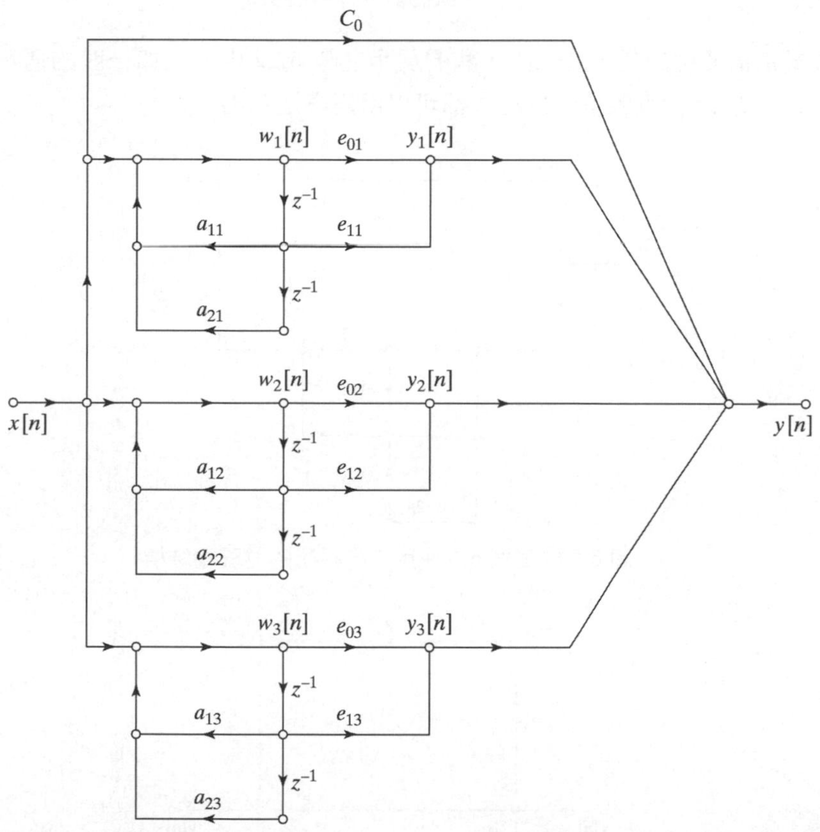

圖 6.20　六階系統 $(M = N = 6)$ 的並聯式結構，其實數極點和複數極點已經成對地集合起來

範例 6.6 並聯式結構的示範

再次地考慮在範例 6.4 和範例 6.5 中所使用的系統函數。若要使用並聯式結構，我們必須把 $H(z)$ 表示成 (6.34) 式或 (6.35) 式。假若我們使用二階子段，則

$$H(z)=\frac{1+2z^{-1}+z^{-2}}{1-0.75z^{-1}+0.125z^{-2}}=8+\frac{-7+8z^{-1}}{1-0.75z^{-1}+0.125z^{-2}} \tag{6.37}$$

這個範例使用二階子段的並聯式結構實現，我們展示在圖 6.21 中。

因為所有的極點都是實數，我們可以把 $H(z)$ 展開成下式而獲得另一種並聯式結構實現

$$H(z)=8+\frac{18}{1-0.5z^{-1}}-\frac{25}{1-0.25z^{-1}} \tag{6.38}$$

該並聯式結構使用的是一階子段，我們展示在圖 6.22 中。正如一般的情況一樣，圖 6.21 和圖 6.22 所代表的差分方程式都可以用觀察法寫出。

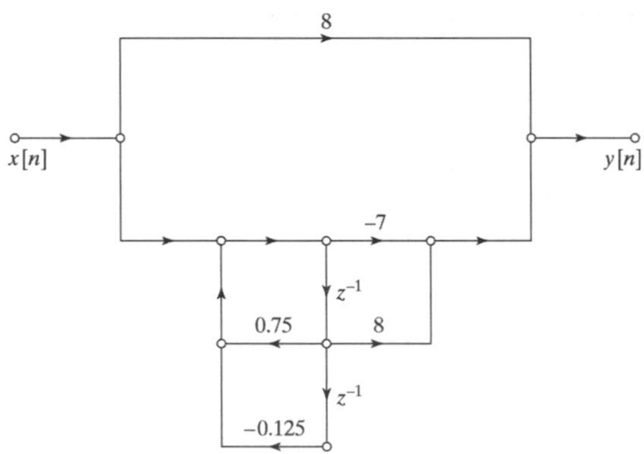

圖 6.21 範例 6.6 使用二階系統的並聯式結構

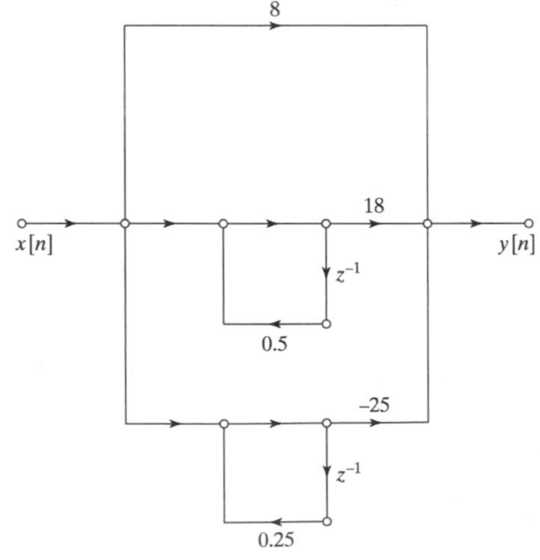

圖 6.22 範例 6.6 使用一階系統的並聯式結構

6.3.4 IIR 系統中的迴授

這一節中所有的流程圖都有迴授迴路；也就是說，它們有如以下所述的封閉路徑：從一個節點出發，按照箭頭所指示的方向通過分支，最後再返回原來的節點。這種流程圖結構意味著在迴路中的某個節點變數直接或間接地和自己本身有關。一個簡單的範例可以在圖 6.23(a) 看到，它代表以下的差分方程式

$$y[n] = ay[n-1] + x[n] \tag{6.39}$$

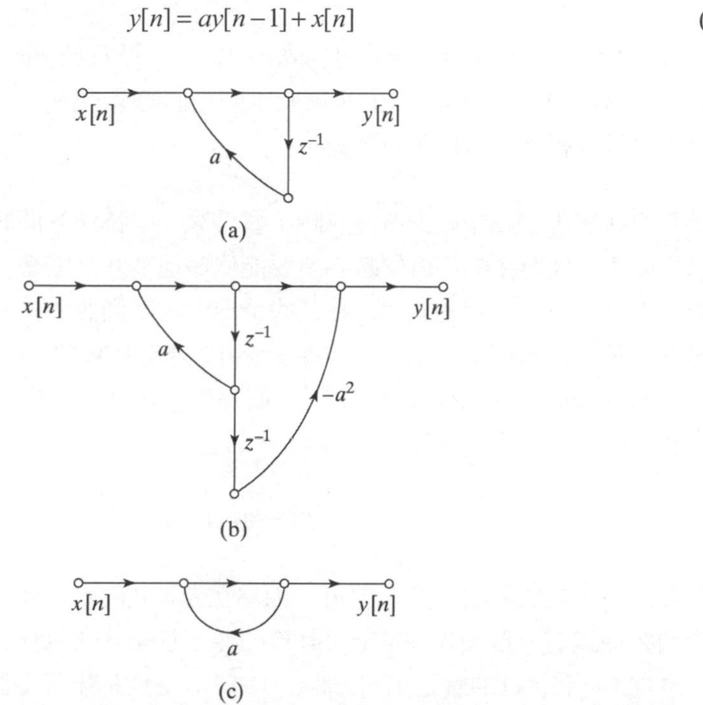

圖 6.23 (a) 有迴授迴路的系統。(b) 有迴授迴路的 FIR 系統。(c) 非可計算的系統

對於要產生無限長度的脈衝響應，這種迴路是必要的（但不是充分的）。假若我們考慮一個沒有迴授迴路的網路，我們可以看到這種特性。在這種情況中，任何從輸入到輸出的路徑僅通過每一個延遲元件一次。因此，在輸入和輸出之間最長的延遲會發生在當一個路徑它通過網路中所有的延遲元件時。因此，對於一個沒有迴路的網路，脈衝響應絕對不會比網路中延遲元件的總數還長。所以，我們可以得到一個結論：假若一個網路沒有迴路，則其系統函數只有零點（除了 $z=0$ 的極點之外），而且其零點的數目不會比網路中延遲元件的總數還要多。

再回到圖 6.23(a) 的簡單範例，我們可以看到當輸入是脈衝序列 $\delta[n]$ 時，這個單一輸入樣本會在迴授迴路中持續地繞迴圈，所以它的振幅會因為乘以常數 a 而遞增（假若 $|a| > 1$）或遞減（假若 $|a| < 1$），所以系統脈衝響應是 $h[n] = a^n u[n]$。這說明了迴授是如何地產生一個具無限長度的脈衝響應。

假若一個系統函數有極點，則其對應的方塊圖或信號流程圖將會有迴授迴路。在另一方面，在系統函數中的極點和在網路中的迴路都不足以說明脈衝響應是無限長的。圖 6.23(b) 展示出一個有迴授迴路的網路，但是其脈衝響應卻是有限長度的。這是因爲該系統函數的極點會和系統函數的零點相消；也就是說，對於圖 6.23(b) 而言，

$$H(z)=\frac{1-a^2z^{-2}}{1-az^{-1}}=\frac{(1-az^{-1})(1+az^{-1})}{1-az^{-1}}=1+az^{-1} \tag{6.40}$$

這個系統的脈衝響應爲 $h[n]=\delta[n]+a\delta[n-1]$。這個系統是一種叫做**頻率取樣系統**（frequency sampling systems）FIR 系統中的一個簡單的例子。我們在習題 6.39 和習題 6.50 中會更爲詳細地考慮這類的系統。

當我們在實現網路中的迴路運算時，會帶來一些特殊的問題。正如我們在先前已經討論過的概念，網路中的節點變數必須要能依序地被計算出來，所以當我們需要這些變數值時，它們是可供使用的數值。在某些情況中，我們無法指揮運算順序使得一個流程圖的節點變數可被依序地算出。這種網路是叫做**非可計算的**（non-computable）網路（請參見 Crochiere and Oppenheim, 1975）。一個簡單的非可計算的網路我們展示在圖 6.23(c) 中。這個網路的差分方程式爲

$$y[n]=ay[n]+x[n] \tag{6.41}$$

在這個形式中，我們無法計算出 $y[n]$，因爲在方程式的右方也有我們要計算出的量。但是，我們要知道若一個流程圖是非可計算的並不意味著該流程圖所代表的方程式是不可解的；事實上，(6.41) 的解是 $y[n]=x[n]/(1-a)$。這也意味著這個流程圖所代表的差分方程式組是不能連續地解出節點變數的。一個流程圖爲可計算的關鍵在於網路中的每一條迴路至少必須包含一個單位延遲元件。因此，在操作 LTI 系統的流程圖表示法時，我們必須要小心不得產生無延遲迴路。在習題 6.37 中，我們會處理一個具無延遲迴路的系統。在習題 7.51 中，我們會說明如何引入一個無延遲迴路。

6.4 對換式

線性信號流程圖的理論提供了許多種不同之轉換信號流程圖成爲不同形式但是不改變其輸入與輸出間整體系統函數的方法。其中的一種方法，叫做**流程圖逆轉**（flow graph reversal）或**對換**（transposition），它可以讓我們得到一組對換的系統結構，也提供我們一些不同於之前所討論之有用結構。

一個流程圖的對換可以由逆轉在網路中所有分支的方向來完成。在這逆轉中，分支的傳遞函數（branch transmittances）不變，但逆轉輸入和輸出的角色，使得源點變成匯點，而匯點變成源點。就單一輸入／單一輸出的系統而言，所得的流程圖和原來的圖形會有相同的系統函數，假若輸入節點和輸出節點被對調的話。雖然在這裡我們並不正式地證明這個結果[③]，我們將用兩個範例來示範其正確性。

範例 6.7　一個沒有零點之一階系統的對換式

圖 6.24(a) 之流程圖其對應的一階系統函數為

$$H(z) = \frac{1}{1 - az^{-1}} \tag{6.42}$$

為了要獲得這個系統的對換形式，我們把所有分支上的箭頭方向逆轉，然後再把輸入與輸出的位置對調。所得結果展示在圖 6.24(b) 中。習慣上，我們通常把輸入置於左邊，而把輸出放在右邊，正如我們在圖 6.24(c) 中所示。比較圖 6.24(a) 和圖 6.24(c)，我們可以看出唯一的差異在於圖 6.24(a) 中，我們把延遲輸出序列 $y[n-1]$ 乘以係數 a，而在圖 6.24(c) 中，我們是先把輸出 $y[n]$ 乘以係數 a，然後才把所得的乘積做延遲。因為這兩個運算是可以互換的，所以用觀察法我們可以看出在圖 6.24(a) 中的原來系統和在圖 6.24(c) 中其對應的對換系統有相同的系統函數。

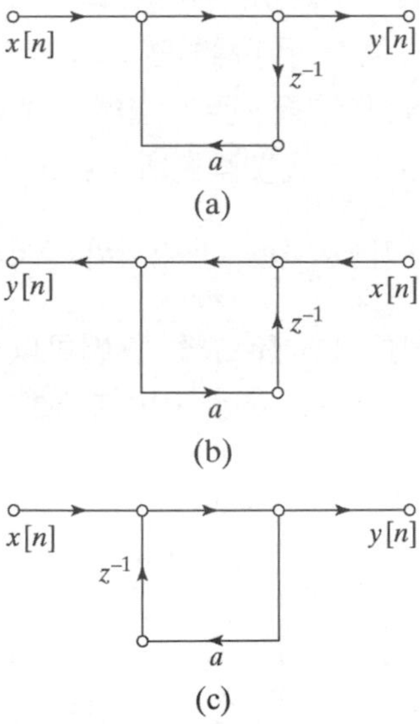

圖 6.24　(a) 簡單的一階系統的流程圖。(b) (a)的對換式。(c) 重畫(b)，把輸入置於左方後的結構

---

③ 這個定理可以直接由信號流程圖理論的梅生增益公式（Mason's Rule）推得（請參見 Mason and Zimmermann, 1960; Chow and Cassignol, 1962; Phillips and Nagle, 1995）。

在範例 6.7，我們可以直接地看出原系統和它的對換式具有相同的系統函數。然而，對於更爲複雜的圖形而言，有相同系統函數的特性通常不是那麼的明顯。我們在下一個範例說明此一情況。

範例 6.8 一個基本二階子段的對換型式

考慮在圖 6.25 中基本的二階子段。其對應的差分方程式為

$$w[n] = a_1 w[n-1] + a_2 w[n-2] + x[n], \tag{6.43a}$$

$$y[n] = b_0 w[n] + b_1 w[n-1] + b_2 w[n-2] \tag{6.43b}$$

其對換式的流程圖如圖 6.26 所示；它對應的差分方程式為

$$v_0[n] = b_0 x[n] + v_1[n-1], \tag{6.44a}$$

$$y[n] = v_0[n], \tag{6.44b}$$

$$v_1[n] = a_1 y[n] + b_1 x[n] + v_2[n-1], \tag{6.44c}$$

$$v_2[n] = a_2 y[n] + b_2 x[n] \tag{6.44d}$$

(6.43a) 式到 (6.43b) 式、和 (6.44a) 式到 (6.44d) 式是從輸入樣本 $x[n]$ 來計算輸出樣本 $y[n]$ 之兩種不同的方法，而且我們無法立即地知道兩組差分方程式是否等價。欲證明等價性，一種方式就是用它們的 z 轉換表示，對兩組方程式分別解出 $Y(z)/X(z) = H(z)$，再比較其結果。另一種辦法就是把 (6.44d) 式代入 (6.44c) 式，再把所得結果代入 (6.44a) 式，最後再把所得結果代入 (6.44b) 式。最後的結果為

$$y[n] = a_1 y[n-1] + a_2 y[n-2] + b_0 x[n] + b_1 x[n-1] + b_2 x[n-2] \tag{6.45}$$

因為圖 6.25 的網路是一個直接式 II 結構，我們可以容易地看出圖 6.25 系統輸入和輸出也滿足 (6.45) 式的差分方程式。因此，對初始靜止條件，在圖 6.25 和圖 6.26 中的系統是等價的。

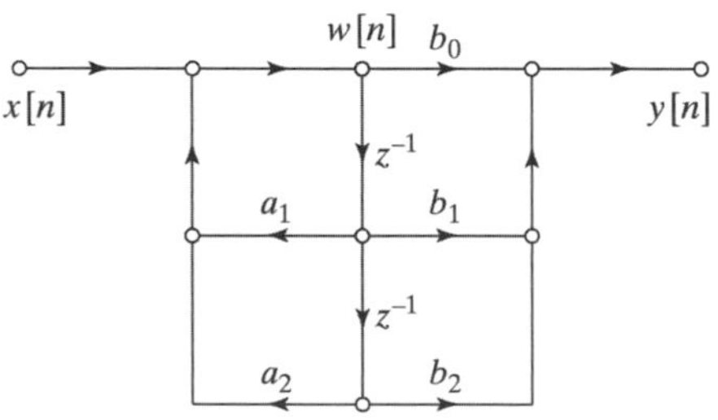

圖 6.25 範例 6.8 的直接式 II 結構

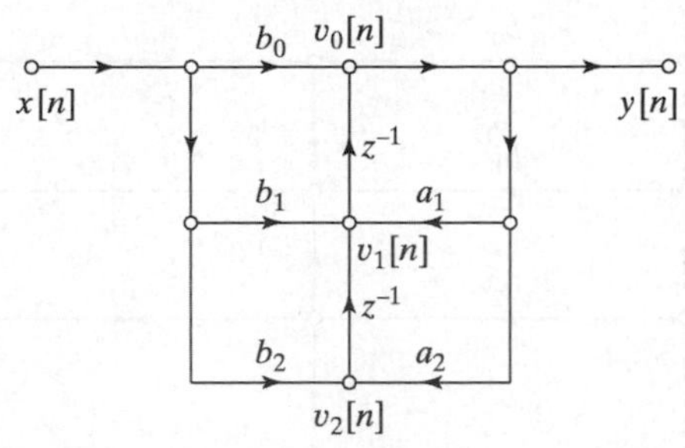

圖 6.26　範例 6.8 之對換的直接式 II 結構

對換定理可以套用至到目前爲止我們所討論過之所有的結構。舉例來說，若我們把對換定理套用至如圖 6.14 之直接式 I 結構，則我們會有如圖 6.27 的結果，而且，類似地，若我們把圖 6.15 的直接式 II 結構做對換，則我們也會有如圖 6.28 的結果。很明顯地，假若我們把一個信號流程圖做對換，對換後的結果其延遲分支的數目和係數的數目和原圖形是一樣的。因此，直接式 II 的對換結構也是一個標準結構。從某種角度來看，由直接式所衍生出的對換結構也是「直接的」，因爲它們可以由觀察系統函數的分子和分母而被建構出來。

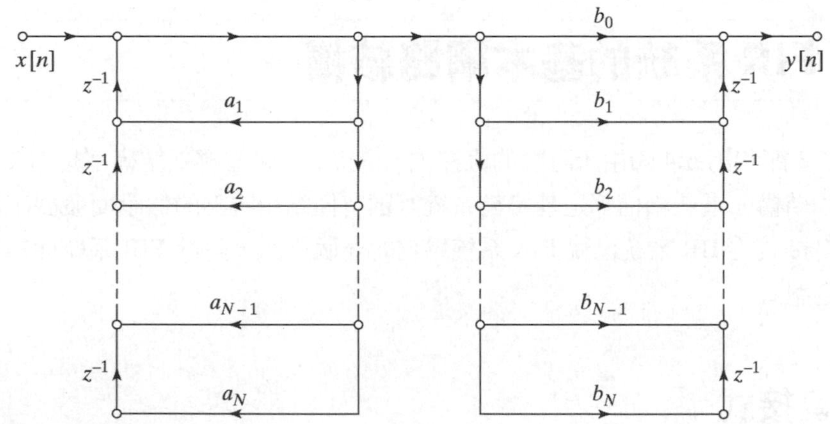

圖 6.27　把對換定理套用至如圖 6.14 之直接式 I 結構後所得的一般的流程圖結果

比較圖 6.15 和圖 6.28，我們可以明顯地看出一個重要的關鍵。直接式 II 的結構先實現極點，然後才實現零點；然而對換的直接式 II 結構則是先實現零點，然後才實現極點。當考慮有限精準度數位實現的量化時，或考慮離散時間類比實現的雜訊時，這些差異會變得相當重要。

當對換定理被套用至串接式或並聯式結構時，其中個別的二階系統均被替換成對換結構。舉例來說，把對換定理套用至圖 6.18，我們可以得到一個由三個對換之直接式 II 子段所串接的結構（每一個都會像在範例 6.8 中的那個一樣），它們的係數正如圖 6.18 中的係數，但是它們的串接順序顛倒。若我們對換圖 6.20，也可以得到一個類似的論述。

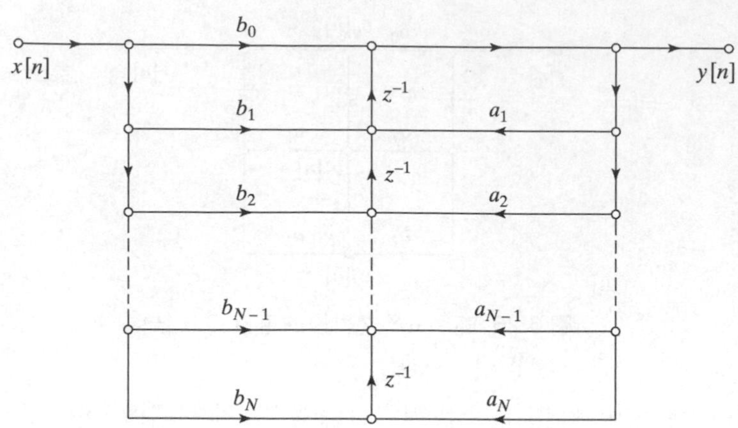

圖 6.28 把對換定理套用至如圖 6.15 之直接式 II 結構後所得的一般的流程圖結果

對換定理更進一步地強調：對於任何給定的有理系統函數，存在有無限多種實現結構可以實現之。對換定理提供了產生新結構的一個簡單的方法。為了要解決用有限精準度算術來實現系統所產生的問題，已經有許多種的等價結構被發展出來，比我們能在本書中討論的種類還多。因此，我們僅把注意力集中在幾個最為常用的結構上。

6.5 FIR 系統的基本網路結構

在第 6.3 節和第 6.4 節中所討論的直接式，串接式，和並聯式結構都是 IIR 系統最為常用的基本結構。這些結構都是基礎於系統函數有極點和零點的假設而發展出的。雖然直接式和串接式的 IIR 系統已視 FIR 系統為它的一個特例，對於 FIR 系統而言仍有一些額外的特定型式。

6.5.1 直接式

對於因果的 FIR 系統，系統函數只有零點（除了在 $z=0$ 處的極點之外），而且，因為係數 a_k 都是零，所以 (6.9) 式的差分方程式簡化成

$$y[n]=\sum_{k=0}^{M}b_k x[n-k] \tag{6.46}$$

上式可以看成是 $x[n]$ 和以下脈衝響應的離散捲積

$$h[n]=\begin{cases} b_n, & n=0,1,\ldots,M, \\ 0, & \text{其他} \end{cases} \tag{6.47}$$

在這個情況中，圖 6.14 和圖 6.15 的直接式 I 和直接式 II 結構都能簡化成如圖 6.29 的直接式 FIR 結構。因爲延遲元件鏈橫過圖形的頂端，所以這個結構也稱爲**接頭式延遲線**（tapped delay line）結構或是**橫向濾波器**（transversal filter）結構。我們可以從圖 6.29 中看出，延這個鏈上的每一個接頭信號都被適當的係數（脈衝響應值）所權重，然後所得的乘積全部相加而得到輸出 $y[n]$。

我們可以把對換定理套用至圖 6.29 而得到 FIR 的對換直接式，或是等價地說，把在圖 6.27 或圖 6.28 中的係數 a_k 設定爲零即可。所得結果是展示在圖 6.30 中。

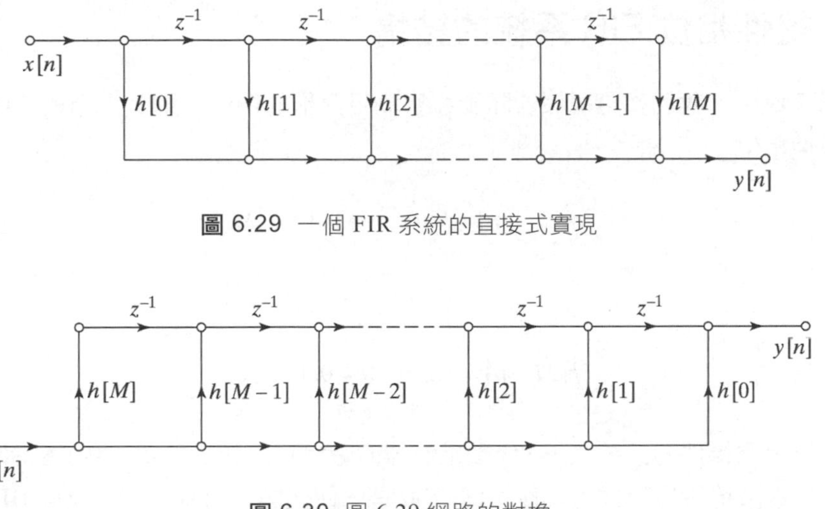

圖 6.29　一個 FIR 系統的直接式實現

圖 6.30　圖 6.29 網路的對換

6.5.2 串接式

把多項式的系統函數做因式分解，可得 FIR 系統的串接式結構。也就是說，我們把 $H(z)$ 表示成

$$H(z) = \sum_{n=0}^{M} h[n]z^{-n} = \prod_{k=1}^{M_s} (b_{0k} + b_{1k}z^{-1} + b_{2k}z^{-2}), \tag{6.48}$$

其中 $M_S = \lfloor (M+1)/2 \rfloor$，是小於或等於 $(M+1)/2$ 的最大整數。假若 M 爲奇數，則係數 b_{2k} 的其中一個將會是零，因爲 $H(z)$ 在此情況下會有奇數個實數零點。(6.48) 式的信號流程圖我們展示在圖 6.31 中，它和圖 6.18 的情況一樣，只是現在係數 a_{1k} 和 a_{2k} 都是零。在圖 6.31 中的每一個二階子段都是使用如圖 6.29 的直接式。另外一種選擇是使用對換之直接式二階子段，或者等價地說，把對換定理套用至圖 6.31。

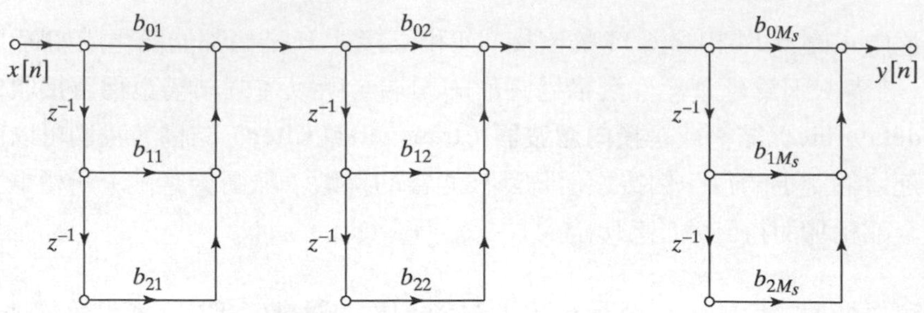

圖 6.31 FIR 系統的串接式實現

6.5.3 線性相位 FIR 系統的結構

在第 5 章中，我們曾證明假若脈衝響應滿足對稱的條件，則其因果的 FIR 系統會有廣義的線性相位

$$h[M-n]=h[n] \quad n=0,1,\dots,M \tag{6.49a}$$

或

$$h[M-n]=-h[n] \quad n=0,1,\dots,M \tag{6.49b}$$

有了以上兩條件的其中之一，係數乘法器的數目可以減少一半。爲了要看這項特性，考慮以下對離散捲積方程式的操作，假設 M 是一個偶數，對應到型 I 或型 III 系統：

$$\begin{aligned}y[n]&=\sum_{k=0}^{M}h[k]x[n-k]\\&=\sum_{k=0}^{M/2-1}h[k]x[n-k]+h[M/2]x[n-M/2]+\sum_{k=M/2+1}^{M}h[k]x[n-k]\\&=\sum_{k-0}^{M/2-1}h[k]x[n-k]+h[M/2]x[n-M/2]+\sum_{k=0}^{M/2-1}h[M-k]x[n-M+k]\end{aligned}$$

對於型 I 系統，我們使用 (6.49a) 式以獲得

$$y[n]=\sum_{k=0}^{M/2-1}h[k](x[n-k]+x[n-M+k])+h[M/2]x[n-M/2] \tag{6.50}$$

對於型 III 系統，我們使用 (6.49b) 式以獲得

$$y[n]=\sum_{k=0}^{M/2-1}h[k](x[n-k]-x[n-M+k]) \tag{6.51}$$

當 M 是一個奇數時，其對應的方程式為以下兩式，對於型 II 系統而言，

$$y[n] = \sum_{k=0}^{(M-1)/2} h[k](x[n-k] + x[n-M+k]) \tag{6.52}$$

而對於型 IV 系統而言，

$$y[n] = \sum_{k=0}^{(M-1)/2} h[k](x[n-k] - x[n-M+k]) \tag{6.53}$$

(6.50) 式到 (6.53) 式它們所隱含的結構其係數乘法器的數目為 $M/2+1$，$M/2$，或 $(M+1)/2$，而不是如圖 6.29 之一般直接式結構所需的 M 個係數乘法器。圖 6.32 顯示出 (6.50) 式所隱含的結構，而圖 6.33 顯示出 (6.52) 式所隱含的結構。

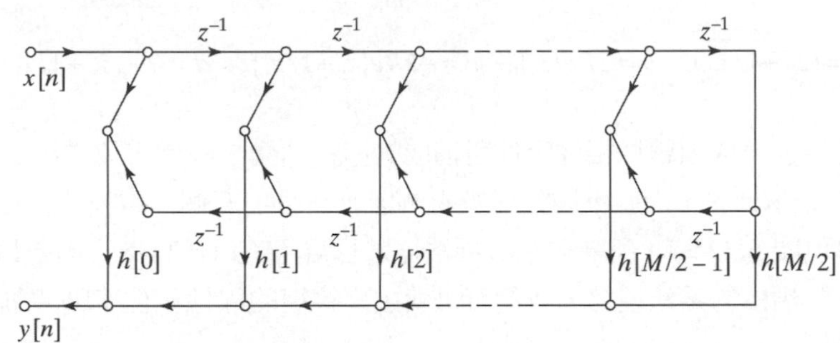

圖 6.32　當 M 是偶數時 FIR 線性相位系統的直接式結構

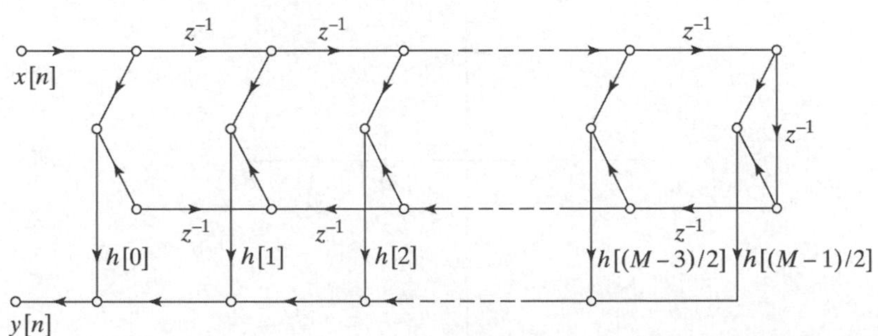

圖 6.33　當 M 是奇數時 FIR 線性相位系統的直接式結構

從 5.7.3 節我們對線性相位系統的討論中，我們曾證明 (6.49a) 式和 (6.49b) 式的對稱條件會使得 $H(z)$ 的零點呈現鏡像對（mirror-image pairs）的現象。也就是說，假若 z_0 是 $H(z)$ 的一個零點，則 $1/z_0$ 也會是 $H(z)$ 的一個零點。更進一步的說，假若 $h[n]$ 是實數，則是 $H(z)$ 的零點會呈現共軛複數對。因此，不在單位圓上的實數零點會呈現倒數對。不在單位圓上的複數零點會四個成一群，對應至共軛複數和倒數。假若一個零點是在單位圓上，則它的倒數也是它的共軛複數。因此，在單位圓上的複數零點通常是兩個成一組。

在 $z=\pm 1$ 的零點自己是自己的倒數，自己也是自己的共軛複數。這四種情況我們整理在圖 6.34 中，其中在 z_1，z_1^*，$1/z_1$，和 $1/z_1^*$ 的零點我們看成四個一組。在 z_2 和 $1/z_2$ 的零點我們看成兩個一組，在 z_3 和 z_3^* 的零點也是看成兩個一組。在 z_4 的零點則自成一組。假若 $H(z)$ 有如圖 6.34 所示的零點，則它可以被因式分解成一階因式、二階因式、和四階因式的乘積，其中每一個因子都是一個多項式，它們的係數都有和 $H(z)$ 係數一樣的對稱性；也就是說，每一個因式都是 z^{-1} 的線性相位多項式。因此，這個系統可以使用串接一階系統、二階系統、和四階系統的方式實現出來。舉例來說，對應到圖 6.34 零點的系統函數可以被表示成

$$\begin{aligned} H(z) = h[0](1+z^{-1})(1+az^{-1}+z^{-2})(1+bz^{-1}+z^{-2}) \\ \times(1+cz^{-1}+dz^{-2}+cz^{-3}+z^{-4}), \end{aligned} \tag{6.54}$$

其中

$$a=(z_2+1/z_2),\quad b=2Re\{z_3\},\quad c=-2Re\{z_1+1/z_1\},\quad d=2+|z_1+1/z_1|^2$$

這個表示式提供了一種由線性相位元件所構成的串接結構。我們可以看出這個系統 函數多項式的階數爲 $M=9$，而且不同的係數乘法器的數目是五個。當我們使用線性相位直接式系統來實現圖 6.32 時，所需要常數乘法器數目爲 $(M+1)/2=5$ ，兩數目是相同的。因此，並不需要額外的乘法運算，我們可以藉由串接短的線性相位 FIR 系統而獲得一個模組化的結構。

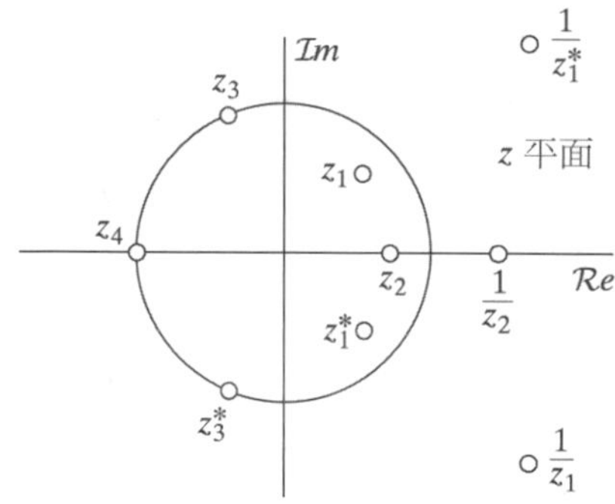

圖 6.34 一個線性相位 FIR 濾波器其零點的對稱性

6.6 格狀濾波器

在第 6.3.2 節和第 6.5.2 節中，我們討論過 IIR 系統和 FIR 系統的串接式結構，其獲得的方式為把它們的系統函數因式分解成一階和二階的子段。另一種有趣且有用的串接結構是基礎於把如圖 6.35(a) 所示的基本結構做串接式的連接（某段的輸出連到下一段的輸入）。圖 6.35(a) 的基本建構方塊系統有兩個輸入和兩個輸出，我們稱此之為雙埠流程圖（two-port flow graph）。圖 6.35(b) 顯示等價的流程圖表示。在圖 6.36 中，我們把 M 個這種基本方塊做串接，在整個串接結構的最末端會有一個「終止處」，使得整體系統是一個單一輸入單一輸出的系統，其中輸入 $x[n]$ 同時饋入到雙埠建構方塊 (1) 的兩個輸入端，而輸出 $y[n]$ 定義為最後一個雙埠建構方塊 M 的上端輸出（第 M 個子段的下端輸出一般來說我們會忽略之）。在這樣子的結構中，只要基本建構方塊的定義不同，就可以得到不同的型式，但是我們將只把我們的注意力侷限在如圖 6.35(b) 中的特殊選擇中，選擇它會產生一個已被廣泛使用的 FIR 和 IIR 濾波器結構，也就是著名的**格狀濾波器**（lattice filters）。

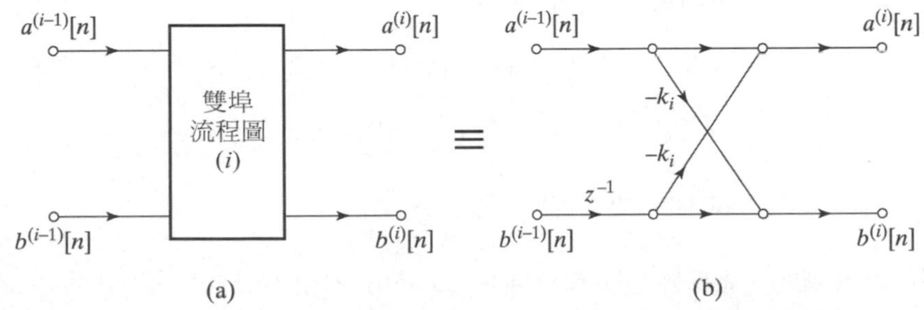

圖 6.35　FIR 格狀濾波器的一個格狀結構子段。(a) 一個雙埠建構方塊的方塊圖表示。(b) 等價流程圖

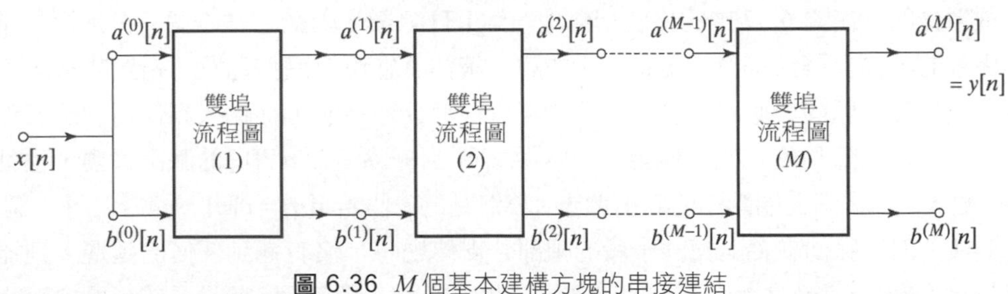

圖 6.36　M 個基本建構方塊的串接連結

6.6.1 FIR 格狀濾波器

假若圖 6.35(b) 的基本蝴蝶形雙埠建構方塊是用在圖 6.36 的串接中，我們可以獲得一個如圖 6.37 所示的流程圖，它的格子形狀也就是它為何叫做**格狀濾波器**的原因。係數

k_1，k_2，…，k_M，一般稱爲格狀結構的 k 參數。在第 11 章，我們將會看到在信號之全極點模型的環境中，k 參數有一個特殊的意義存在，而圖 6.37 的格狀濾波器是信號樣本其線性預測（linear prediction）的一個實現結構。在本章中，我們只聚焦在如何使用格狀濾波器來實現 FIR 和全極點 IIR 的系統函數。

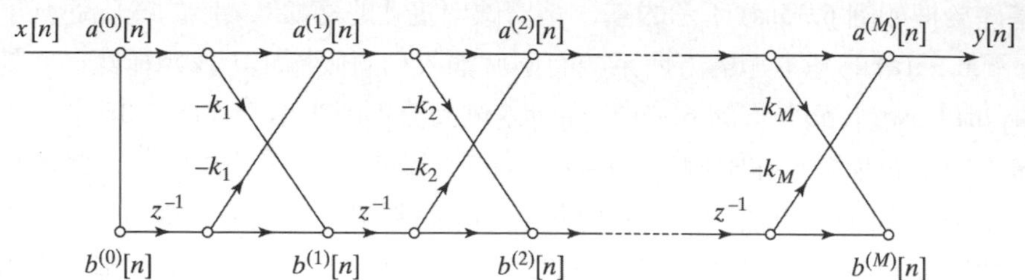

圖 6.37 基礎於串接 M 個如圖 6.35(b) 的雙埠建構方塊，一個 FIR 系統的格狀流程圖

圖 6.37 之節點變數 $a^{(i)}[n]$ 和 $b^{(i)}[n]$ 是一些中途序列，透過以下的差分方程式組，它們的值可由輸入 $x[n]$ 決定出來

$$a^{(0)}[n]=b^{(0)}[n]=x[n] \tag{6.55a}$$

$$a^{(i)}[n]=a^{(i-1)}[n]-k_i b^{(i-1)}[n-1] \quad i=1,2,\dots,M \tag{6.55b}$$

$$b^{(i)}[n]=b^{(i-1)}[n-1]-k_i a^{(i-1)}[n] \quad i=1,2,\dots,M \tag{6.55c}$$

$$y[n]=a^{(M)}[n] \tag{6.55d}$$

正如我們可以看到的，k 參數是圖 6.37 中由 (6.55b) 式和 (6.55c) 式所代表之 M 對差分方程式組的係數。要注意的是，這些方程式對必須要按照順序計算 (i=0, 1, ⋯, M)，因爲第 $(i-1)$ 段的輸出要算出來之後才能當作第 (i) 段的輸入，等等。

很清楚的，在圖 6.37 中的格狀結構是一個 LTI 系統，因爲它是一個只有延遲和常數分支係數的線性信號流程圖。更進一步的說，請注意它沒有迴授迴路，這意味著該系統具有有限長度的脈衝響應。事實上，我們可以很容易地證明出從輸入到任何內部節點的脈衝響應都具有限長度。明確地說，考慮從 $x[n]$ 到節點變數 $a^{(i)}[n]$ 的脈衝響應，也就是說，從輸入到第 i 個上端節點的脈衝響應。很清楚的，假若 $x[n]=\delta[n]$，則對於每一個 i，$a^{(i)}[0]=1$，因爲脈衝在沿著每一子段的頂部分支傳遞時，沒有遇到任何的延遲。到達節點變數 $a^{(i)}[n]$ 或 $b^{(i)}[n]$ 之所有其他的路徑則最少會通過一個延遲，而最長的延遲會發生在沿著底部路徑傳遞，最後再往上經過係數 $-k_i$ 到達節點變數 $a^{(i)}[n]$。這個將會是到達 $a^{(i)}[n]$ 之最後一個脈衝，所以脈衝響應將會有 $i+1$ 個樣本長度。到一個內部節點之所有其他的路徑則會在圖的頂部與底部之間做作之字形前進，因此在第 (i) 個子段前的延遲最少會通過一個，但不會通過全部。

請注意在我們介紹格狀濾波器時，在圖 6.37 和 (6.55a) 式到 (6.55d) 式中的 $a^{(i)}[n]$ 和 $b^{(i)}[n]$ 是使用來表示建構方塊 (i) 的節點變數，其中 $x[n]$ 可以是**任何**的輸入。然而，在我們剩下來的討論中，我們將明確地假設 $x[n]=\delta[n]$，故 $a^{(i)}[n]$ 和 $b^{(i)}[n]$ 爲在對應節點所得的脈衝響應，而對應的 z 轉換 $A^{(i)}(z)$ 和 $B^{(i)}(z)$ 則爲在輸入和第 i 個節點之間的轉移函數。因此，在輸入和第 i 個上端節點之間的轉移函數爲

$$A^{(i)}(z)=\sum_{n=0}^{i}a^{(i)}[n]z^{-n}=1-\sum_{m=1}^{i}\alpha_m^{(i)}z^{-m}, \tag{6.56}$$

其中在第二式中，係數 $\alpha_m^{(i)}$，$m\le i$，是由係數 k_j，$j\le m$，的乘積和所構成。如前所述，從輸入到第 i 個上端節點之最長延遲的係數 $\alpha_i^{(i)}=k_i$。用這個符號，從 $x[n]$ 到節點變數 $a^{(i)}[n]$ 的脈衝響應爲

$$a^{(i)}[n]=\begin{cases}1, & n=0\\ -\alpha_n^{(i)}, & 1\le n\le i\\ 0, & \text{其他}\end{cases} \tag{6.57}$$

類似地，從輸入到第 i 個下端節點間的轉移函數記爲 $B^{(i)}(z)$。因此，從圖 6.35(b) 或 (6.55b) 式和 (6.55c) 式，我們看到

$$A^{(i)}(z)=A^{(i-1)}(z)-k_i z^{-1}B^{(i-1)}(z) \tag{6.58a}$$

$$B^{(i)}(z)=-k_i A^{(i-1)}(z)+z^{-1}B^{(i-1)}(z) \tag{6.58b}$$

而且，我們也注意到在輸入端 $(i=0)$

$$A_0(z)=B_0(z)=1 \tag{6.59}$$

使用 (6.58a) 式和 (6.58b) 式並從 (6.59) 式開始，我們可以遞迴地計算 $A^{(i)}(z)$ 和 $B^{(i)}(z)$ 到任意一個 i 值。假若我們繼續往下做的話，在 $A^{(i)}(z)$ 和 $B^{(i)}(z)$ 之間的關係就會呈現出來，爲

$$B^{(i)}(z)=z^{-i}A^{(i)}(1/z) \tag{6.60a}$$

或是把在 (6.60a) 式中的 z 換成 $1/z$，我們有以下的等價的關係

$$A^{(i)}(z)=z^{-i}B^{(i)}(1/z) \tag{6.60b}$$

我們可以正式地以歸納法來驗證這些等價關係，也就是說，證明若它們對某個 $i-1$ 值爲真，則它們對 i 值亦爲真。明確地說，從 (6.59) 式我們可以直接看出 (6.60a) 式和 (6.60b) 式在 $i=0$ 時爲真。現在請注意對於 $i=1$ 的情況，

$$
\begin{aligned}
A^{(1)}(z) &= A^{(0)}(z) - k_1 z^{-1} B^{(0)}(z) = 1 - k_1 z^{-1} \\
B^{(1)}(z) &= -k_1 A^{(0)}(z) + z^{-1} B^{(0)}(z) = -k_1 + z^{-1} \\
&= z^{-1}(1 - k_1 z) \\
&= z^{-1} A^{(1)}(1/z)
\end{aligned}
$$

對於 $i=2$ 的情況，

$$
\begin{aligned}
A^{(2)}(z) &= A^{(1)}(z) - k_2 z^{-1} B^{(1)}(z) = 1 - k_1 z^{-1} - k_2 z^{-2}(1 - k_1 z) \\
&= 1 - k_1(1 - k_2) z^{-1} - k_2 z^{-2} \\
B^{(2)}(z) &= -k_2 A^{(1)}(z) + z^{-1} B^{(1)}(z) = -k_2(1 - k_1 z^{-1}) + z^{-2}(1 - k_1 z) \\
&= z^{-2}(1 - k_1(1 - k_2) z - k_2 z^2) \\
&= z^{-2} A^{(2)}(1/z)
\end{aligned}
$$

證明一般結果的方式爲先假設 (6.60a) 式和 (6.60b) 式對於 $i-1$ 爲真，然後代入 (6.58b) 式以獲得

$$
\begin{aligned}
B^{(i)}(z) &= -k_i z^{-(i-1)} B^{(i-1)}(1/z) + z^{-1} z^{-(i-1)} A^{(i-1)}(1/z) \\
&= z^{-i}[A^{(i-1)}(1/z) - k_i z B^{(i-1)}(1/z)]
\end{aligned}
$$

由 (6.58a) 式可知在中括弧內的項爲 $A^{(i)}(z)$ ，所以就一般而言，

$$
B^{(i)}(z) = z^{-i} A^{(i)}(1/z),
$$

就是 (6.60a) 式。因此，我們已經證明出 (6.60a) 式和 (6.60b) 式對於任何的 $i \geq 0$ 都是對的。

之前有提過，轉移函數 $A^{(i)}(z)$ 和 $B^{(i)}(z)$ 可以使用 (6.58a) 式和 (6.58b) 式遞迴地計算出來。這些轉移函數是 i 次的多項式，而且在獲得多項式係數間的直接關係方面，它們特別的有用。我們現在來看這項事實。(6.57) 式的右邊定義了 $A^{(i)}(z)$ 的係數爲 $-\alpha_m^{(i)}$ ，$m = 1, 2, \cdots, i$ ，而帶頭係數等於一；也就是說，如同 (6.56) 式，

$$
A^{(i)}(z) = 1 - \sum_{m=1}^{i} \alpha_m^{(i)} z^{-m}, \tag{6.61}
$$

類似地，

$$A^{(i-1)}(z)=1-\sum_{m=1}^{i-1}\alpha_m^{(i-1)}z^{-m} \tag{6.62}$$

為了要獲得使用 $\alpha_m^{(i-1)}$ 和 k_i 來求出係數 $\alpha_m^{(i)}$ 的一個直接的遞迴關係，我們結合 (6.60a) 式和 (6.62) 式，而得

$$B^{(i-1)}(z)=z^{-(i-1)}A^{(i-1)}(1/z)=z^{-(i-1)}\left[1-\sum_{m=1}^{i-1}\alpha_m^{(i-1)}z^{+m}\right] \tag{6.63}$$

把 (6.62) 式和 (6.63) 式代入 (6.58a) 式，$A^{(i)}(z)$ 也可以被表示成

$$A^{(i)}(z)=\left(1-\sum_{m=1}^{i-1}\alpha_m^{(i-1)}z^{-m}\right)-k_i z^{-1}\left(z^{-(i-1)}\left[1-\sum_{m=1}^{i-1}\alpha_m^{(i-1)}z^{+m}\right]\right) \tag{6.64}$$

把第二個總和項重新索引之，先逆轉每一項的順序（也就是說，用 $i-m$ 替換 m，再重新加總）並結合在 (6.64) 式中的項，可得

$$A^{(i)}(z)=1-\sum_{m=1}^{i-1}\left[\alpha_m^{(i-1)}-k_i\alpha_{i-m}^{(i-1)}\right]z^{-m}-k_i z^{-i}, \tag{6.65}$$

其中我們可以看到，正如先前所指出的一般，z^{-i} 的係數為 $-k_i$。比較 (6.65) 式和 (6.61) 式，可得

$$\alpha_m^{(i)}=\left[\alpha_m^{(i-1)}-k_i\alpha_{i-m}^{(i-1)}\right]\quad m=1,\ldots,i-1 \tag{6.66a}$$

$$\alpha_i^{(i)}=k_i \tag{6.66b}$$

(6.66) 式就是在 $A^{(i)}(z)$ 係數和 $A^{(i-1)}(z)$ 係數之間的直接遞迴關係式。這些方程式，伴隨 (6.60a) 式，也可以決定出轉移函數 $B^{(i)}(z)$。

(6.66) 式的遞迴也可以用矩陣的形式來表示。令 $\boldsymbol{\alpha}_{i-1}$ 代表由 $A^{(i-1)}(z)$ 的轉移函數係數所形成的向量，而 $\breve{\alpha}_{i-1}$ 則是把那些係數反過來排所形成的向量，也就是說，

$$\boldsymbol{\alpha}_{i-1}=\left[\alpha_1^{(i-1)}\alpha_2^{(i-1)}\cdots\alpha_{i-1}^{(i-1)}\right]^T$$

和

$$\breve{\alpha}_{i-1}=\left[\alpha_{i-1}^{(i-1)}\alpha_{i-2}^{(i-1)}\cdots\alpha_1^{(i-1)}\right]^T$$

(6.66) 式現在就可以用矩陣方程式來表示了：

$$\alpha_i \begin{bmatrix} \alpha_{i-1} \\ \cdots \\ 0 \end{bmatrix} - k_i \begin{bmatrix} \breve{\alpha}_{i-1} \\ \cdots \\ -1 \end{bmatrix} \tag{6.67}$$

若要設計一個演算法來從一個 FIR 格狀結構推出其轉移函數，(6.66) 式或 (6.67) 式中的遞迴會是該演算法的基礎。我們從圖 6.37 中的流程圖開始，它有一組 k 參數 $\{k_1, k_2, \cdots, k_M\}$。我們可以使用 (6.66) 式遞迴地計算出一階、二階、三階、一直到更高階之 FIR 濾波器的轉移函數，直到我們來到串接的末端，此時我們有

$$A(z) = 1 - \sum_{m=1}^{M} \alpha_m z^{-m} = \frac{Y(z)}{X(z)}, \tag{6.68a}$$

其中

$$\alpha_m = \alpha_m^{(M)} \quad m = 1, 2, \ldots, M \tag{6.68b}$$

這個演算法的步驟我們整理在圖 6.38 中。

從 k 參數轉換成係數的演算法

```
給定 k_1, k_2, ..., k_M
for i = 1, 2, ..., M
  α_i^(i) = k_i                                   Eq. (6.66b)
  if i > 1 then for j = 1, 2, ..., i − 1
    α_j^(i) = α_j^(i−1) − k_i α_{i−j}^(i−1)        Eq. (6.66a)
  end
end
α_j = α_j^(M)   j = 1, 2, ..., M                  Eq. (6.68b)
```

圖 6.38 從 k 參數轉換成 FIR 濾波器係數的演算法

另外，若有一個 FIR 格狀結構它實現了一個從輸入 $x[n]$ 到輸出 y[n]= $a^{(M)}[n]$ 特定的傳輸函數，我們對獲得該結構的 k 參數也深感興趣；也就是說，我們希望從一個由 (6.68a) 式和 (6.68b) 式所指定的多項式 $A(z)$ 求出如圖 6.37 格狀結構的 k 參數。我們可以先逆轉在 (6.66) 式或 (6.67) 式中的遞迴以連續地用 $A^{(i)}(z)$ 獲得 $A^{(i-1)}(z)$，$i = M, M-1, \cdots, 2$。在這個過程中，k 參數會以一個副產品的型式獲得。

明確地說，我們假設係數 $\alpha_m^{(M)} = \alpha_m$，$m = 1, \cdots, M$，都已經明確地指定，而我們希望獲得 k 參數 $k_1, k_2, \cdots, k_M$ 以格狀型式來實現這個轉移函數。我們由 FIR 格狀的最後一個格子開始，也就是說，從 $i = M$ 開始。從 (6.66b) 式，

$$k_M = \alpha_M^{(M)} = \alpha_M \tag{6.69}$$

而 $A^{(M)}(z)$ 使用指定的係數定義成

$$A^{(M)}(z)=1-\sum_{m=1}^{M}\alpha_m^{(M)}z^{-m}=1-\sum_{m=1}^{M}\alpha_m z^{-m} \tag{6.70}$$

反轉 (6.66) 式或 (6.67) 式，以 $i=M$ 且 $k_M=\alpha_m^{(M)}$，然後決定 $\boldsymbol{\alpha}_{M-1}$，也就是只到最後一個格子的隔壁 $i=M-1$ 轉換係數的向量。這個過程會一直重複直到我們做到 $A^{(1)}(z)$。

若要從 (6.66a) 式獲得一個使用 $\alpha_m^{(i)}$ 求出 $\alpha_m^{(i-1)}$ 的一般遞迴公式，請注意 $\alpha_{i-m}^{(i-1)}$ 必須要被消去。若要達到此目的，請在 (6.66a) 式中用 $i-m$ 替換 m，然後把所得方程式的兩邊都乘以 k_i，可得

$$k_i\alpha_{i-m}^{(i)}=k_i\alpha_{i-m}^{(i-1)}-k_i^2\alpha_m^{(i-1)}$$

把這個方程式加到 (6.66a) 式可得

$$\alpha_m^{(i)}+k_i\alpha_{i-m}^{(i)}=\alpha_m^{(i-1)}-k_i^2\alpha_m^{(i-1)}$$

移項整理一下可得

$$\alpha_m^{(i-1)}=\frac{\alpha_m^{(i)}+k_i\alpha_{i-m}^{(i)}}{1-k_i^2}\qquad m=1,2,\ldots,i-1 \tag{6.71a}$$

有了計算出來的 $\alpha_m^{(i-1)}$，$m=1,\cdots,i-1$，由 (6.66b) 式可知

$$k_{i-1}=\alpha_{i-1}^{(i-1)} \tag{6.71b}$$

因此，從 $\alpha_m^{(M)}=\alpha_m$，$m=1,\cdots,M$ 開始，我們可以使用 (6.71a) 式和 (6.71b) 式來計算出 $\alpha_m^{(M-1)}$，$m=1,\cdots,M-1$，和 k_{M-1}，然後遞迴地重複這個程序以獲得所有的轉移函數 $A^{(i)}(z)$，而在這個過程中，所有的 k 參數會以副產品的形式獲得。整個演算法我們整理在圖 6.39 中。

由係數求出 k 參數的演算法

```
給定 α_j^(M) = α_j   j = 1, 2, ..., M
k_M = α_M^(M)                                   Eq. (6.69)
for i = M, M − 1, ..., 2
   for j = 1, 2, ..., i − 1
      α_j^(i−1) = (α_j^(i) + k_i α_(i−j)^(i)) / (1 − k_i^2)   Eq. (6.71a)
   end
   k_(i−1) = α_(i−1)^(i−1)                      Eq. (6.71b)
end
```

圖 6.39 從 FIR 濾波器係數轉換成 k 參數的演算法

範例 6.9 一個三階 FIR 系統的 k 參數

考慮圖 6.40(a) 的 FIR 系統，它的系統函數為

$$A(z) = 1 - 0.9z^{-1} + 0.64z^{-2} - 0.576z^{-3}$$

所以，$M = 3$ 且在 (6.70) 式中的係數 $\alpha_k^{(3)}$ 為

$$\alpha_1^{(3)} = 0.9 \quad \alpha_2^{(3)} = 0.64 \quad \alpha_3^{(3)} = 0.576$$

一開始，我們可以觀察出 $k_3 = \alpha_3^{(3)} = 0.576$ 。

接下來我們希望使用 (6.71a) 式計算出轉移函數 $A^{(2)}(z)$ 的係數。明確地說，套用 (6.71a) 式，我們可以獲得（四捨五入至 3 位小數位數）：

$$\alpha_1^{(2)} = \frac{\alpha_1^{(3)} + k_3\alpha_2^{(3)}}{1 - k_3^2} = 0.795$$

$$\alpha_2^{(2)} = \frac{\alpha_2^{(3)} + k_3\alpha_1^{(3)}}{1 - k_3^2} = -0.182$$

從 (6.71b) 式我們可以確認 $k_2 = \alpha_2^{(2)} = -0.182$ 。

為了獲得 $A^{(1)}(z)$，我們再次地套用 (6.71a) 式而獲得

$$\alpha_1^{(1)} = \frac{\alpha_1^{(3)} + k_2\alpha_1^{(2)}}{1 - k_2^2} = 0.673$$

我們然後可以確認 $k_1 = \alpha_1^{(1)} = 0.673$ 。所得的格狀結構我們展示在圖 6.40(b) 中。

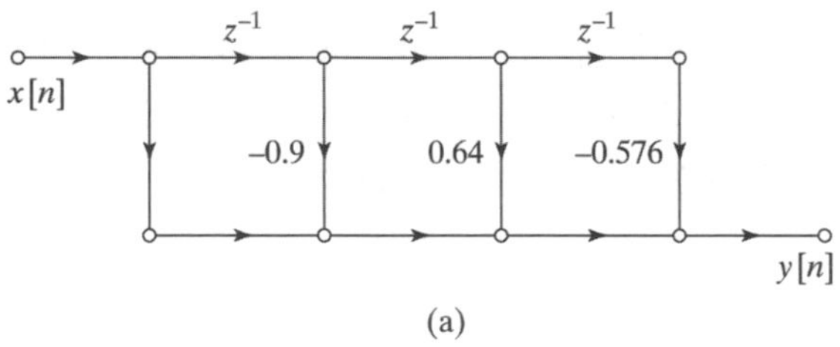

(a)

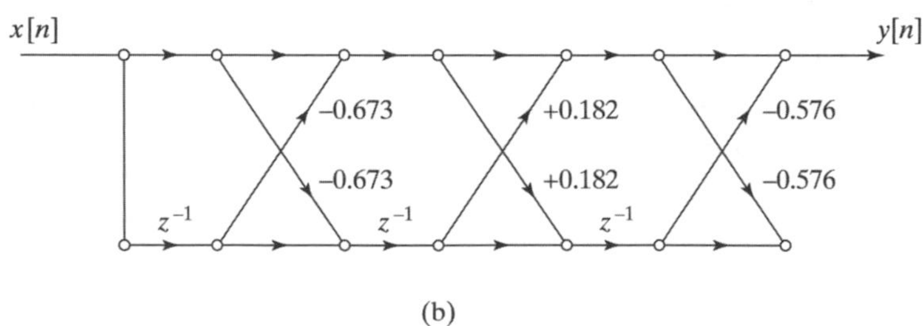

(b)

圖 6.40 範例的流程圖。(a) 直接式。(b) 格狀結構（係數四捨五入至 3 位小數位數）

6.6.2 全極點格狀結構

全極點系統函數 $H(z)=1/A(z)$ 的一種格狀結構實現可以由前一節的 FIR 格狀結構發展出來，因爲 $H(z)$ 是 FIR 系統函數 $A(z)$ 的倒數濾波器。爲了要推導出全極點格狀結構，假設給定 $y[n]=a^{(M)}[n]$，我們希望計算出輸入 $a^{(0)}[n]=x[n]$。這個的做法爲從右邊做到左邊，以逆轉在圖 6.37 中的運算。更爲明確地說，假若我們用 $A^{(i)}(z)$ 和 $B^{(i-1)}(z)$ 解出 (6.58a) 的 $A^{(i)}(z)$，而讓 (6.58b) 維持不變，我們可以獲得以下這對方程式

$$A^{(i-1)}(z)=A^{(i)}(z)+k_i z^{-1}B^{(i-1)}(z) \tag{6.72a}$$

$$B^{(i)}(z)=-k_i A^{(i-1)}(z)+z^{-1}B^{(i-1)}(z), \tag{6.72b}$$

它的流程圖表示法會如圖 6.41 所示。請注意在這個情況中，信號流是沿著圖形的頂端從 i 到 $i-1$，且沿著圖形的底部從 $i-1$ 到 i。連續連接 M 個如圖 6.41 的結構，在每一個格子中使用適當的 k_i，會使輸入 $a^{(M)}[n]$ 跑到輸出 $a^{(0)}[n]$，如在圖 6.42 的流程圖所示。最後，在圖 6.42 中最後一個格子的端點有 $x[n]=a^{(0)}[n]=b^{(0)}[n]$ 的條件，它會造成一個迴授連接，提供序列 $b^{(i)}[n]$ 做逆方向的傳遞。當然，如此的迴授對於一個 IIR 系統而言是有必要的。

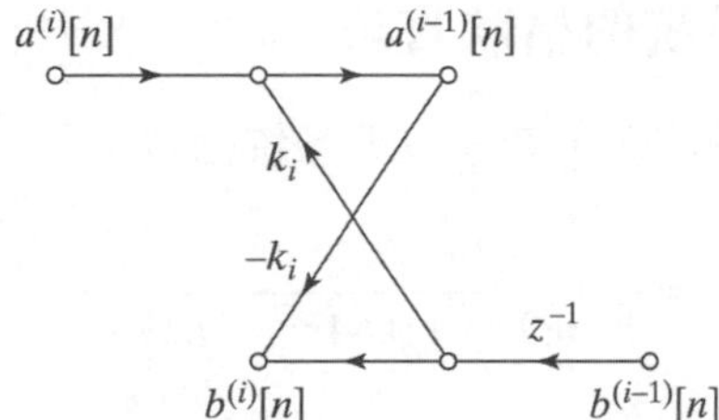

圖 6.41　一個全極點格狀系統中某個格子的計算

圖 6.42 所表現的差分方程式組爲[4]

$$a^{(M)}[n]=y[n] \tag{6.73a}$$

$$a^{(i-1)}[n]=a^{(i)}[n]+k_i b^{(i-1)}[n-1] \quad i=M, M-1, \dots, 1 \tag{6.73b}$$

$$b^{(i)}[n]=b^{(i-1)}[n-1]-k_i a^{(i-1)}[n] \quad i=M, M-1, \dots, 1 \tag{6.73c}$$

$$x[n]=a^{(0)}[n]=b^{(0)}[n] \tag{6.73d}$$

---

[4] 請注意我們的全極點格狀推導是基礎於在圖 6.37 中的 FIR 格狀，我們最後把輸入記為 $y[n]$ 和把輸出記為 $x[n]$，恰好和我們一般的習慣相反。當然，這種符號標記方式在我們完成推導之後，可以做任意的修改。

因為在圖 6.42 中有迴授和它們對應的方程式，所以我們必須為伴隨有延遲的節點變數指定初始條件。典型上，我們會指定 $b^{(i)}[-1]=0$ 當作初始靜止條件。然後，假若 (6.73b) 是先被計算的，那麼當我們在時間 $n\ge 0$ 計算 (6.73c) 式時，$a^{(i-1)}[n]$ 都會已經準備好了，而 $b^{(i-1)}[n-1]$ 的值會由前一次迭代中的計算所提供。

現在我們可以說在第 6.6.1 節中所有的分析都可以套用至圖 6.42 的全極點格狀系統。令某一個全極點系統其系統函數為 $H(z)=1/A(z)$，假若我們希望獲得它的一個格狀實現，則我們可以簡單地使用在圖 6.39 和圖 6.38 的演算法來從分母多項式的係數獲得 k 參數，或是反過來從 k 參數獲得分母多項式的係數。

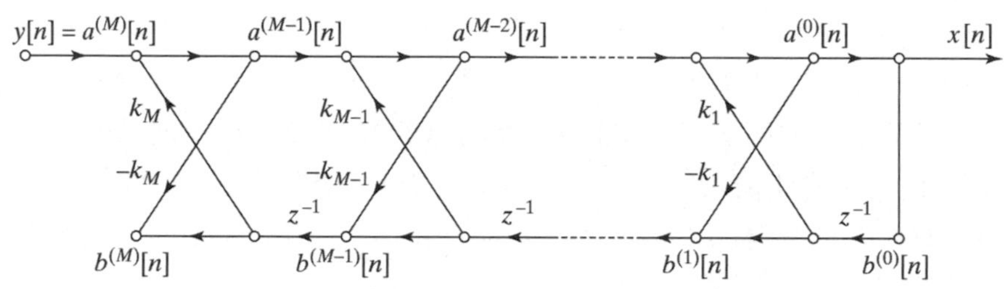

圖 6.42 全極點格狀系統

範例 6.10 一個 IIR 系統的格狀實現

做為一個 IIR 系統的一個範例，考慮以下系統函數

$$H(z)=\frac{1}{1-0.9z^{-1}+0.64z^{-2}-0.576z^{-2}} \tag{6.74a}$$

$$=\frac{1}{(1-0.8jz^{-1})(1+0.8jz^{-1})(1-0.9z^{-1})} \tag{6.74b}$$

它是範例 6.9 中系統的倒數系統。圖 6.43(a) 展示這個系統的直接式實現，而圖 6.43(b) 展示其等價的 IIR 格狀系統，我們使用的是在範例 6.9 中所計算出的 k 參數。就延遲（記憶暫存器）的數目而言，請注意格狀結構和直接式結構有相同的數目。然而，就乘法器的數目而言，格狀結構是直接式的兩倍。很明顯，這種現象對任何的階數 M 都成立。

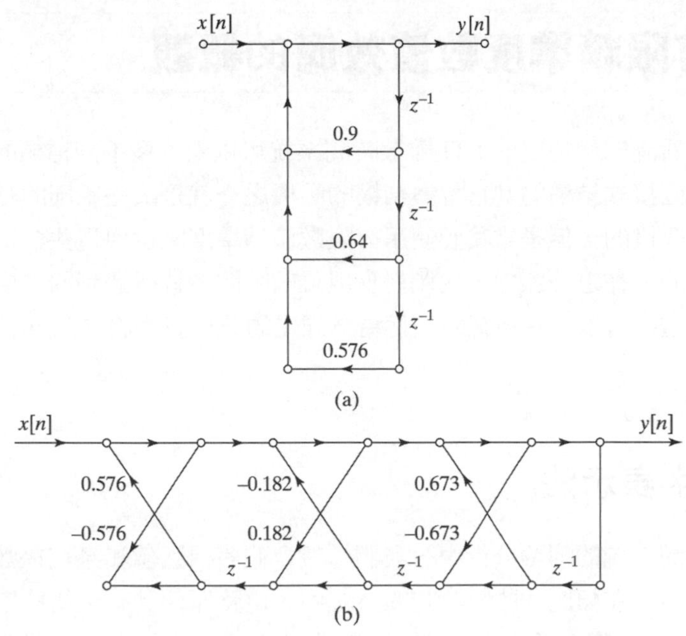

圖 6.43 IIR 濾波器的信號流程圖；(a) 直接式結構，(b)格狀結構

因為圖 6.42 的格狀結構是一個 IIR 系統，我們必須要小心它的穩定性。在第 13 章中，我們將會看到一個多項式 $A(z)$ 其所有的零點都位於單位圓內的一個充分且必要的條件是 $|k_i|<1$ ，$i=1,2,\ldots,M$ （請參見 Markel and Gray, 1976）。範例 6.10 確認了這個事實，因為如 (6.74b) 式所示，$H(z)$ 的極點（ $A(z)$ 的零點）都位於 z 平面的單位圓內，而所有的 k 參數其大小都少於一。對於 IIR 系統，由條件 $|k_i|<1$ 所保證的穩定性是特別重要的。雖然比起直接式，每一個輸出樣本格狀結構需要兩倍的乘法數目，但是它對 k 參數的量化是不敏感的。就是因為有這個特質，才會使得格狀濾波器在語音合成的應用方面非常熱門（請參見 Quatieri, 2002；Rabiner and Schafer, 1978）。

6.6.3 格狀系統的一般化

我們已經展示 FIR 系統和全極點 IIR 系統有其格狀結構表示。當系統函數同時有極點和零點時，我們仍然可以找到一個格狀結構來實現之，方法為修改圖 6.42 的全極點結構。此項推導將不會在這裡說明（請參見 Gray and Markel, 1973, 1976），但是會在習題 11.27 中陳述。

6.7 有限精準度數值效應的概觀

我們已經看到一個特定的 LTI 離散時間系統可以由許多不同種類的運算結構實現出來。考慮簡單直接式結構的其它替換結構的動機之一就是這些不同的結構雖然在無限精準度運算下是等價的，但是當我們使用有限數值精準度來實現這些結構時，它們的特性可能大不相同的。在這一節中，我們對實現離散時間系統所遇到的主要數值問題做一個簡要的介紹。這些有限字長效應的一個更爲詳盡的分析我們將在第 6.8 節至第 6.10 節中討論。

6.7.1 數字表示法

在離散時間系統的理論分析中，我們一般會假設信號值和系統係數都是用實數系統來表示的。然而，在類比式的離散時間系統中，電路元件其有限的精準度使得我們要正確地實現係數變得困難。類似地，當實現數位信號處理的系統時，我們必須要把信號和係數表式成某些有限精準度的數位數值系統。

有限數值精準度的問題我們已經在 4.8.2 節討論 A/D 轉換時討論過。在那一節中，我們說明從一個 A/D 轉換器所得的輸出樣本會被量化，因此我們就可以把它表示成定點式的二進位數。爲了在實現運算時的簡潔性和簡單性，二進位數的其中一個位元假設是用來指出該數值的代數符號。那些像是**符號和大小**（sign and magnitude），**1 補數**（one's complement），和 **2 補數**（two's complement），都是可用的格式，但是其中以 2 補數系統是最爲常用的[⑤]。一個實數可以用 2 補數系統表示成無限精準度的形式

$$x = X_m\left(-b_0 + \sum_{i=1}^{\infty} b_i 2^{-i}\right), \tag{6.75}$$

其中 X_m 是一個任意的比例因子，而 b_i 非 0 即 1。我們是稱 b_0 爲**符號位元**。假若 $b_0 = 0$，則 $0 \le x \le X_m$，而且假若 $b_0 = 1$，則 $-X_m \le x < 0$。因此，任何大小小於或等於 X_m 的實數都可以由 (6.75) 式來表示。一個任意實數 x 需要無有限多個位元數才能正確地用二進位表示法表示出來。正如我們在 A/D 轉換中看到的情況一樣，假若我們僅用有限數目 $(B+1)$ 個位元，則 (6.75) 式的表示式必須修改爲

$$\hat{x} = Q_B[x] = X_m\left(-b_0 + \sum_{i=1}^{B} b_i 2^{-i}\right) = X_m \hat{x}_B \tag{6.76}$$

---

⑤ 對於二進位數系統和其運算的詳盡描述可以參見 Knuth (1997)。

所得的二進位表示被量化，所以在數目之間最小的差異爲

$$\Delta = X_m 2^{-B} \tag{6.77}$$

在這個例子中，量化值的範圍爲 $-X_m \le \hat{x} \le X_m$。$\hat{x}$ 的分數部分可以用位置符號表示成

$$\hat{x}_B = b_{0\Diamond}b_1b_2b_3\ldots b_B, \tag{6.78}$$

其中 $\Diamond$ 代表二進位小數點。

把一個數目量化成 $(B+1)$ 個位元的動作可以藉由四捨五入（rounding）或藉由截取（truncation）的運算來實現，但是這兩種量化運算都是非線性無記憶性運算。當 $B = 2$ 時，圖 6.44(a) 和圖 6.44(b) 分別展示出 2 補數之四捨五入和截取運算的輸入／輸出關係圖。在考慮量化效應時，我們通常定義**量化誤差**爲

$$e = Q_B[x] - x \tag{6.79}$$

在 2 補數之四捨五入動作中，$-\Delta/2 < e \le \Delta/2$，而在 2 補數之截取，動作中，$-\Delta < e \le 0$[⑥]。

假若一個數目比 X_m 還要大（此狀況叫做溢位），我們必須實施某些方法來決定出量化的結果。在 2 補數算術系統中，當我們把兩個數目相加而其和大於 X_m 時，這種需求就會產生。舉例來說，考慮 4 位元之 2 補數數目 0111，它的十進位值爲 7。假若我們把它加上 0001，進位會一直傳遞到符號位元上，以致於所得的結果爲 1000，它的十進位值是 −8。因此，當溢位發生時，所得的誤差會變得非常的大。圖 6.45(a) 展示出 2 補數系統四捨五入量化器，包括正常 2 補數算術運算溢位的效應。另一種選擇，叫做**飽和溢位**或**截割**（clipping），我們展示在圖 6.45(b) 中。這種處理溢位的方法一般用在 A/D 轉換中，而且有時它被實現在特殊的 DSP 微處理器中，用來處理 2 補數加法運算。使用飽和溢位的好處爲當溢位發生時，誤差的大小不會突然的增加；然而，這種溢位處理法的缺點就是它沒有了以下 2 補數運算之有趣的且有用的特質：假若有一些 2 補數數目，它們的總和不會溢位，則當我們把這些數值相加時，所得的結果會是正確的，但是在中途運算中的和可能會溢位。

---

⑥ 請注意 (6.76) 式也代表著四捨五入或截取任何 (B_1+1) 位元之二進位數目的結果，其中 $B_1 > B$。在這種情況中，量化誤差大小範圍中的 Δ 可以用 $(\Delta - X_m 2^{-B_1})$ 來取代之。

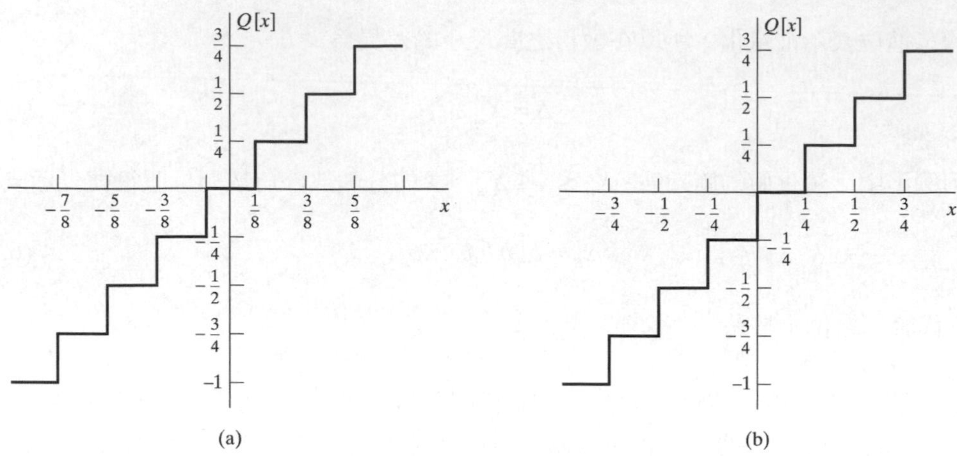

圖 6.44 對 $B = 2$ 而言，表示成 2 補數的非線性關係 (a) 四捨五入 (b) 截取

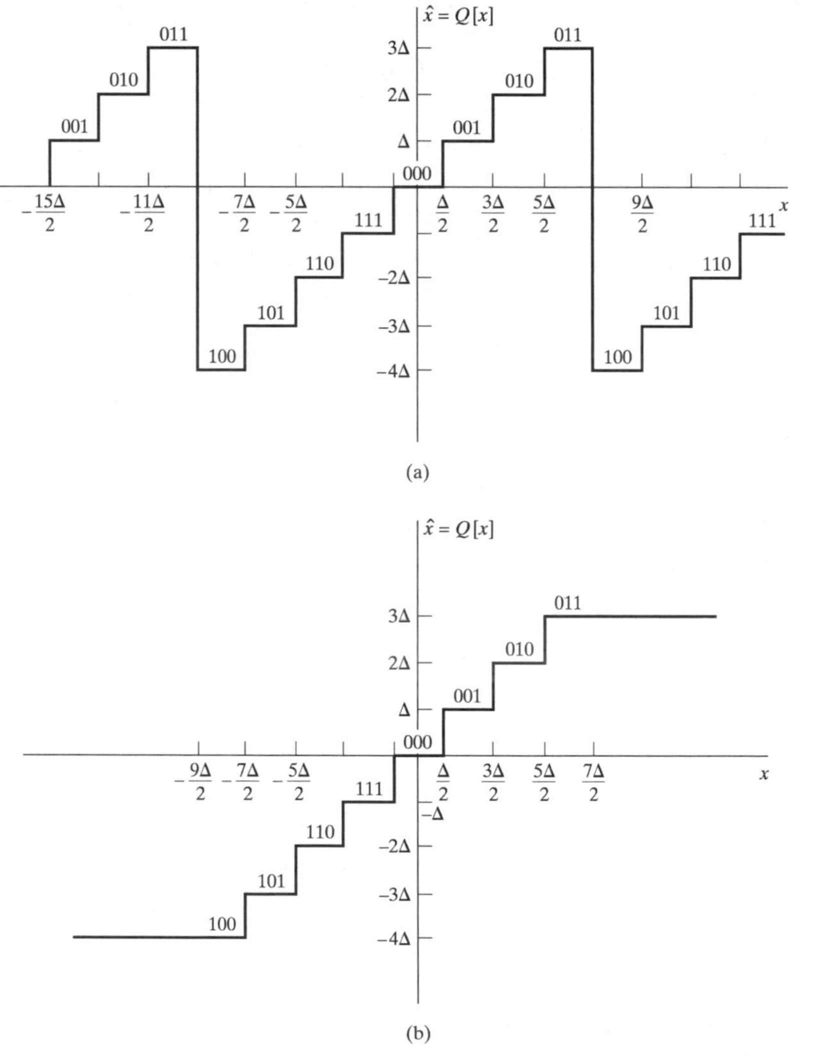

圖 6.45 2 補數的四捨五入運算。(a) 自然的溢位。(b) 飽和

在數字的數位表示中，量化和溢位都會帶來誤差。不幸的是，為了要最小化溢位同時保持相同的位元數，我們必須增加 X_m，因此也成比例地增加了量化誤差的大小。因此，為了要同時具有更寬的動態範圍和更少的量化誤差，我們必須增加在二進位表示中的位元數目。

到目前為止，我們已經簡單地說明了 X_m 是一個任意的比例因子；然而，這個因子有幾個有用的解釋。在 A/D 轉換中，我們把 X_m 看成是 A/D 轉換器的全尺度振幅。在這種情況中，X_m 可能會代表在系統類比部分中的一個電壓或電流。因此，X_m 是一個在大小範圍為 $-1 \le \hat{x}_B \le 1$ 的二進位數和類比信號振幅之間的刻度常數。

在數位信號處理的實現中，我們通常假設所有的信號變數和所有的係數都是二進位的分數。因此，假若我們把一個 $(B+1)$ 位元的信號變數和一個 $(B+1)$ 位元的係數相乘，所得的結果是一個 $(2B+1)$ 位元的分數，而通常我們是藉由四捨五入或是截掉其最不重要的位元使其位元數減少至$(B+1)$。由於這種習慣，X_m 可以想像成是一個可以讓數目表示其大小大於一的比例因子。舉例來說，在定點運算中，我們通常均假設每一個二進位數有一個比例因子，其形式為 $X_m = 2^c$。因此，$c = 2$ 意味著二進位小數點實際上是位於 (6.78) 式之二進位字的 b_2 和 b_3 之間。通常，這個比例因子並不明顯地被表示出來；事實上，它是隱含在實現程式或是硬體結構中。

另外一種看比例因子 X_m 的方法導致出**浮點表示法**，其中比例因子的指數 c 叫做**特徵值**（characteristic）而其分數部份 $\hat{x}_B$ 叫做**假數**（mantissa）。在浮點運算系統中，特徵值和假數都明顯地被表示成二進位數。對於維持一個寬的動態範圍和小的量化雜訊而言，浮點表示法提供了一個方便的方法；然而，其量化誤差的表示方式卻是不太一樣。

6.7.2 實現系統時的量化

數值的量化是以幾種方式來影響 LTI 離散時間系統的實現。舉一個簡單的例子，考慮圖 6.46(a)，它是一個系統的方塊圖，其中我們對一個有限頻寬的連續時間信號 $x_c(t)$ 做取樣本而獲得序列 $x[n]$，後者一個 LTI 系統的輸入，其系統函數為

$$H(z) = \frac{1}{1 - az^{-1}} \tag{6.80}$$

這個系統輸出，$y[n]$，是藉由一個理想的有限頻寬內插運算而轉換成一個有限頻寬信號 $y_c(t)$。

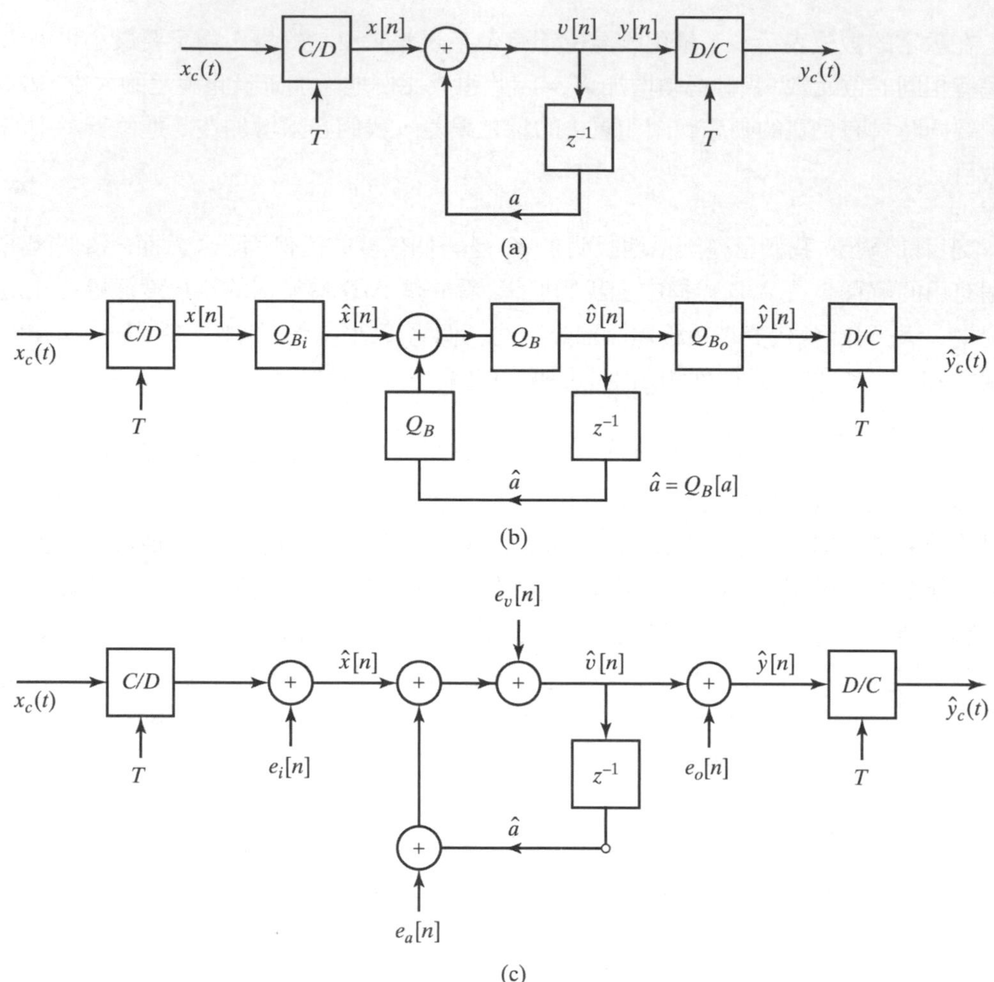

圖 6.46 一個類比信號其離散時間濾波的實現。(a) 理想的系統。(b) 非線性模型。(c) 線性化的模型

一個更為真實的模型我們展示在圖 6.46(b) 中。在一個實際的設置中，取樣可由一個 (B_i+1) 個位元的有限精準度 A/D 轉換器來達成。這個系統是使用 $(B+1)$ 個位元的二進位運算來實現的。圖 6.46(a) 中的係數 a 可用 $(B+1)$ 個位元的有限精準度表示出來。而且，延遲變數 $\hat{v}[n-1]$ 也是用一個 $(B+1)$ 位元的暫存器來儲存。當 $(B+1)$ 位元的數 $\hat{v}[n-1]$ 乘以 $(B+1)$ 位元的數 $\hat{a}$ 時，所得的乘積其長度會是 $(2B+1)$ 個位元。假若我們是用一個 $(B+1)$ 位元的加法器，則乘積 $\hat{a}\hat{v}[n-1]$ 必須被量化（也就是說，四捨五入或是截取）成 $(B+1)$ 個位元的數，然後它才可以和 (B_i+1) 個位元的輸入樣本 $\hat{x}[n]$ 相加。當 $B_i < B$ 時，一個 (B_i+1) 位元的輸入樣本可以用適當的符號擴充方式把其置於一個 $(B+1)$ 位元二進位字組中任意的位置上。不同的位置選擇對應到對輸入做不同的尺度變化。係數 a 已經被量化，所以就算撇開其它的量化誤差不談，這個系統的響應一般而言已經不和圖 6.46(a) 的系統相同。最後，$(B+1)$ 位元的樣本 $\hat{v}[n]$，是由迭代地計算方塊圖中所示之差分方程式而得到的

值，會用一個 (B_0+1) 位元的 D/A 轉換器轉換成一個類比信號。當 $B_0<B$ 時，輸出樣本必須先被量化才能做 D/A 轉換。

雖然圖 6.46(b) 的模型是一個實際系統的真實呈現，但它卻相當難以分析。由於有加法器溢位的可能性和有量化器的存在，該系統是非線性的。而且，在系統中的許多點都會有量化誤差的產生。要精確地分析出這些誤差的效應是不可能的，因爲它們取決於輸入信號，而一般而言輸入信號是未知的。因此，我們必須要採用一些不同的近似方法來簡化此類系統的分析。

量化系統參數的效應，如在圖 6.46(a) 中的係數 a，一般來說，它和資料轉換的量化效應以及實現差分方程式的量化效應是分開來分析的。也就是說，在先忽略其它種類量化的情況下，一個系統函數其理想的係數都被替換成它們的量化值，而我們測試其所得的響應函數看看濾波器係數量化是否會使得系統效能破壞到一種無法接受的程度。拿圖 6.46 的例子來說，假若實數值 a 被量化成 $(B+1)$ 個位元，則我們必須考慮所得的系統其系統函數

$$\hat{H}(z)=\frac{1}{1-\hat{a}z^{-1}} \tag{6.81}$$

是否夠靠近由 (6.80) 式所給定之想要的系統函數 $H(z)$。因爲只有 2^{B+1} 個不同的 $(B+1)$ 個位元的二進位數，所以 $H(z)$ 的極點僅可能落在 z 平面實數軸上的 2^{B+1} 個不同的位置上，當然，$\hat{a}=a$ 是有可能的，但是在大部分的情況中，會偏離理想的響應一些。在第 6.8 節中，我們將用更爲一般化的情形來討論這種型態的分析。

圖 6.46(b) 系統的非線性性質會產生一些線性系統不會發生的行爲。明確地說，像這樣子的系統可能會產生零輸入極限圈（zero-input limit cycles），也就是當輸入從非零變成是零時，輸出還是會做週期性地震盪。極限圈是由量化和溢位所產生的。雖然這種現象的分析是很困難的，但是某些有用的近似結果已經被發展出來了。極限圈將會在 6.10 節中做簡要的討論。

在設計一個數位實現時，假若我們很小心的話，我們可以保證溢位發生的機率非常的低，而且量化誤差也會很小。在這些條件下，圖 6.46(b) 的系統會非常像是一個線性系統（具有量化係數），而且量化誤差會被注入在輸入處和輸出處，和注入在結構中會發生四捨五入或截取的內點上。因此，我們可以把圖 6.46(b) 的模型換成圖 6.46(c) 的線性化模型，其中我們把量化器替換成加成性雜訊源（請參見 Gold and Rader, 1969; Jackson, 1970a, 1970b）。假若我們正確地知道每一個雜訊源，圖 6.46(c) 會等價於圖 6.46(b)。然而，正如我們在第 4.8.3 節中所討論，假若我們假設一個隨機雜訊模型在 A/D 轉換的量化雜訊上，則我們可以獲得有用的結果。這個相同的方法可以被使用來分析線性系統其

數位實現的算術量化效應。正如在圖 6.46(c) 中所見，每一個雜訊源注入一個隨機的信號，而其後跟隨著系統的不同部分，但是因爲我們假設系統其所有的部分都是線性的，所以我們可以使用重疊原理（superposition）來計算整體的效應。在第 6.9 節中，我們將說明這種型態的分析對幾個重要系統的情形。

在圖 6.46 這個簡單的例子中，在結構的選擇上沒有什麼彈性。然而，對於較高階的系統而言，我們已經看出我們可以有很多的選擇。某些結構對係數量化的敏感程度會比其它的系統要來得低。類似地，因爲不同的結構有不同的量化雜訊源，而且因爲這些雜訊源會被系統用不同的方式來濾波，所以我們將會發現雖然這些結構在理論上是等價的，當我們使用有限精準度算術來實現它們時，它們會有非常不同的表現。

6.8 係數量化的效應

LTI 離散時間系統一般都是被使用來執行一個濾波的運算。我們將在第 7 章中討論 FIR 和 IIR 濾波器的設計方法。這些設計方法通常先假設系統函數爲一個特殊的形式。濾波器設計程序的結果是一個系統函數，對它我們必須從無限多個理論上等價的實現結構中選擇一個結構（一組差分方程式）來實現之。雖然我們幾乎總是對有最少硬體或軟體需求的實現結構感興趣，但是這並不是我們選擇實現結構的唯一標準。我們將會第 6.9 節中看到，實現結構決定在系統內部所產生的量化雜訊。而且，某些結構對於係數擾動會比其它的結構更爲敏感。正如我們在第 6.7 節中所指出的一般，研究係數量化和量化雜訊的標準方法就是把它們獨自個別地處理。在本節中，我們考慮量化系統參數的效應。

6.8.1 IIR 系統中係數量化的效應

當一個有理式系統函數或其對應差分方程式的參數被量化時，其系統函數的極點和零點會移動到 z 平面的新位置上。等價地說，其頻率響應已從它原來的值被擾動到其它的值。假若該系統的實現結構對係數擾動具高度敏感性的話，則所得的系統可能不再滿足原來的設計規格，甚至一個 IIR 系統可能會變得不穩定。

對於一般情況做詳盡的敏感度分析相當複雜，而且此一分析結果對特定的數位濾波器實現結構沒有很大的價值。使用功能強大的模擬工具，我們通常是先簡單地量化實現該系統之差分方程式的係數，然後計算其對應的頻率響應，在把它和想要的頻率響應函數做比較。雖然在特定的情況中做系統模擬一般而言是必要的，但是考慮系統函數是如何地受其差分方程式係數量化的影響仍然是滿值得的。舉例來說，兩個直接式（和它們對應的對換式版本）的系統函數表示法爲兩多項式的比例值

$$H(z)=\frac{\sum_{k=0}^{M}b_k z^{-k}}{1-\sum_{k=1}^{N}a_k z^{-k}} \tag{6.82}$$

在直接式實現結構（和對應的對換結構）中兩組係數 $\{a_k\}$ 和 $\{b_k\}$ 都是具無限精準度的係數。假若我們量化這些係數，我們可以得到系統函數

$$\hat{H}(z)=\frac{\sum_{k=0}^{M}\hat{b}_k z^{-k}}{1-\sum_{k=1}^{N}\hat{a}_k z^{-k}} \tag{6.83}$$

其中 $\hat{a}_k=a_k+\Delta a_k$ 和 $\hat{b}_k=b_k+\Delta b_k$ 是量化後的係數，它們和原來係數之間的量化誤差爲 Δa_k 和 Δb_k。

現在考慮分母多項式和分子多項式的根（$H(z)$ 的極點和零點）是如何的會受到係數誤差的影響。每一個多項式的根會受多項式中所有係數誤差的影響，因爲每一個根是該多項式所有係數的一個函數。因此，每一個極點和零點將會分別地受到分母多項式和分子多項式其所有量化誤差的影響。更爲明確地說，Kaiser (1966) 曾證明假若極點（或是零點）有緊密群集現象的話，對於直接式結構而言，分母（分子）係數之很小的誤差都可能會導致極點（零點）的大幅度移位。因此，假若極點（零點）緊密群集，而且是對應到一個窄的帶通濾波器或是對應到一個窄頻寬的低通濾波器，則我們可以預期直接式結構的極點對係數的量化誤差將會相當的敏感。更進一步的說，Kaiser 的分析曾證明若極點（零點）群集的數目愈大的話，則其敏感程度就會愈大。

串接式和並聯式系統函數，分別在 (6.30) 式和 (6.35) 式中定義，是由二階直接式系統所組合而成。然而，在這兩種情況中，每一組共軛複數對的極點都是獨立於所有其它的極點來實現的。因此，在某一特殊極點對的誤差與它和系統函數之其它極點的距離是無關的。對於串接式結構而言，相同的論述同樣地適用在零點的情形，因爲它們被實現成獨立的二階因式。因此，一般而言，串接式結構對係數量化的敏感程度要比其等價之直接式結構要少得很多。

從 (6.35) 式來看，並聯式系統函數的零點是隱含地實現的，藉由組合量化的二階子段以得到一個共同的分母。因此，一個特定的零點會受到所有二階子段其分子和分母係數量化誤差的影響。然而，對於大部分實際的濾波器設計而言，我們也發現並聯式結構對係數量化的敏感程度要比其等價之直接式結構要少得很多，因爲二階子系統對量化並不是非常的敏感。在許多實際的濾波器中，零點通常都是廣泛地分佈在單位圓四周，或者在某些情況下它們可能全都位於 $z=\pm1$ 處。在後者的情形中，這些零點主要是提供在

頻率 $\omega = 0$ 和 $\omega = \pi$ 附近有比指定衰減量還要多的衰減量，因此，零點在 $z = \pm 1$ 處附近的移動並不會嚴重地破壞系統效能。

6.8.2 一個橢圓濾波器其係數量化的範例

爲了要說明係數量化的效應，考慮一個 IIR 帶通橢圓濾波器的例子，其設計的方法是使用在第 7 章所討論的近似技巧。濾波器被設計來滿足以下的規格：

$$
\begin{aligned}
0.99 \le |H(e^{j\omega})| 1.01, \qquad & 0.3\pi \le |\omega| < 0.4\pi, \\
|H(e^{j\omega})| \le 0.01(\text{即} -40\text{dB}), \qquad & |\omega| \le 0.29\pi, \\
|H(e^{j\omega})| \le 0.01(\text{即} -40\text{dB}), \qquad & 0.41\pi \le |\omega| \le \pi
\end{aligned}
$$

也就是說，此濾波器在通帶 $0.3\pi \le |\omega| \le 0.4\pi$ 中應該近似一，在 $0 \le |\omega| \le \pi$ 區間中除了通帶其它的地方應該近似零。做爲運算可實現性的妥協，兩個長度爲 0.01π 的過渡帶（不在乎）區域被安排在通帶的兩邊。在第 7 章，我們將會看到頻率選擇濾波器其設計演算法的規格通常都是以這種形式來呈現。使用 MATLAB 的橢圓濾波器設計函數，我們可以得到一個十二階直接式結構的系統函數係數，其形式如同 (6.82) 式，其中係數 $\{a_k\}$ 和 $\{b_k\}$ 是用 64 位元浮點運算所計算出來的，我們把它們展示在表 6.1 中，每一個都有完全之 15 個十進位數字的精準度。我們把濾波器的這種表現方式稱之爲「未經量化的」。

▼表 6.1 一個十二階橢圓濾波器的未量化直接式結構係數

k	b_k	a_k
0	0.01075998066934	1.00000000000000
1	-0.05308642937079	-5.22581881365349
2	0.16220359377307	16.78472670299535
3	-0.34568964826145	-36.88325765883139
4	0.57751602647909	62.39704677556246
5	-0.77113336470234	-82.65403268814103
6	0.85093484466974	88.67462886449437
7	-0.77113336470234	-76.47294840588104
8	0.57751602647909	53.41004513122380
9	-0.34568964826145	-29.20227549870331
10	0.16220359377307	12.29074563512827
11	-0.05308642937079	-3.53766014466313
12	0.01075998066934	0.62628586102551

未經量化的濾波器其頻率響應 $20\log_{10}|H(e^{j\omega})|$ 展示在圖 6.47(a) 中，它顯示出該濾波器在滯帶（stopband）中滿足規格（最少有 40 dB 衰減）。而且，在圖 6.47(b) 中的實線，它是把未經量化的濾波器其通帶區域 $0.3\pi \le |\omega| \le 0.4\pi$ 放大的結果，它顯示出該濾波器在通帶中也滿足規格。

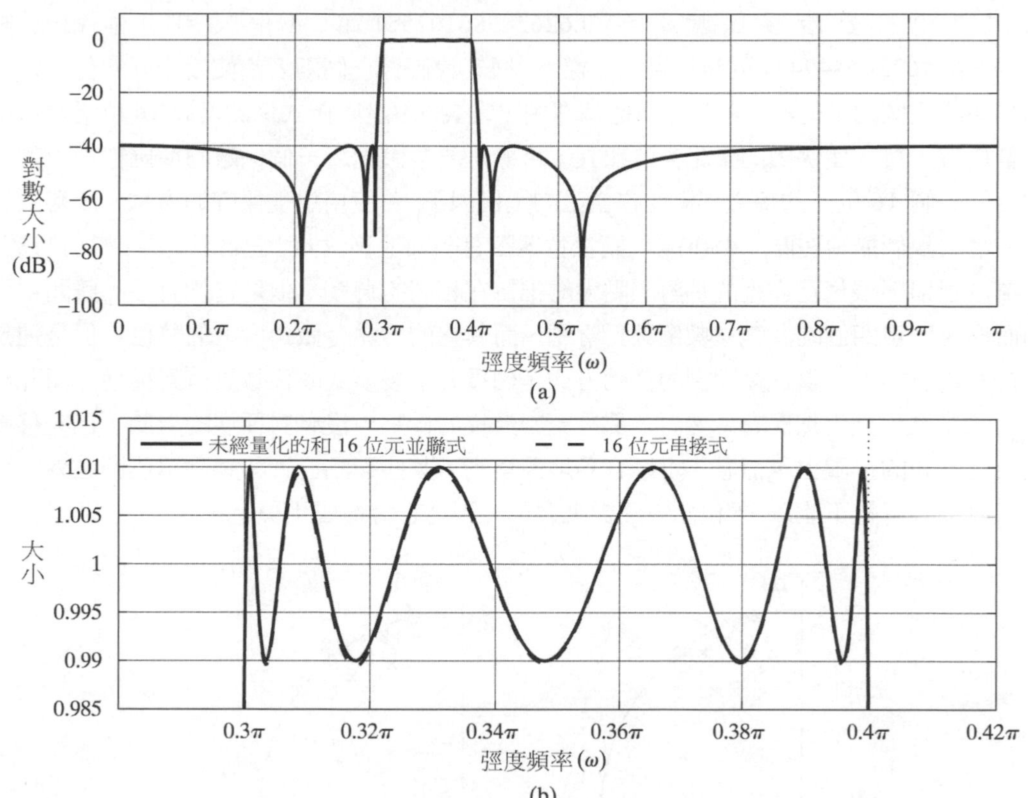

圖 6.47 IIR 係數量化的範例。(a) 未經量化的橢圓帶通濾波器其對數大小。(b) 未經量化濾波器其通帶大小（實線）和 16 位元量化串接式結構（短折線）

把表 6.1 中係數所對應 (6.82) 式的分子和分母多項式做因式分解，可得以下表示式

$$H(z) = \prod_{k=1}^{12} \frac{b_0(1-c_k z^{-1})}{(1-d_k z^{-1})} \tag{6.84}$$

其中的零點和極點我們列在表 6.2 中。

我們把此一未經量化的濾波器其落在 z 平面上半部的極點和零點繪於圖 6.48(a) 中。請注意所有的零點都在單位圓上，它們的角度位置對應到圖 6.47 的深谷位置。這些零點是有策略地被濾波器設計方法安排到通帶的兩邊，以提供想要的滯帶衰減和陡峭的頻率截止。而且請注意極點們叢集在窄的通帶中，其中有兩對共軛複數極點它們的半徑大於

0.99。若要產生具有窄通帶和陡峭頻率截止的帶通濾波器，如在圖 6.47(a) 中所展示的頻率響應，這種零點和極點的微調安排是有需要的。

看一下在表 6.1 中的係數，我們知道對直接式係數做量化可能會產生嚴重的問題。憶及使用一個定點量化器時，量化誤差的大小是相同的，它才不管要被量化數值的大小爲何；也就是說，係數 a_{12} = 0.62628586102551 的量化誤差可能和係數 a_6 =88.67462886449437 的量化誤差一樣大，假若我們對它們兩者都使用相同的位元數目和相同的比例因子的話。就是因爲這個理由，當表 6.1 之直接式係數是以 16 位元精準度被量化時，每一個係數的量化各自獨立，目標是要最大化每一個係數的準確性；也就是說，每一個 16 位元的係數都需要它自己的比例因子[⑦]。使用這種保守的方法，所得的極點和零點我們描繪在圖 6.48(b) 中。請注意零點有明顯地移位，但是並不劇烈。特別的是，在單位圓頂部很相互靠近的那對零點大約維持在相同的角度，但是它們有移動離開單位圓而形成一組四個的共軛複數倒數對零點，而其它的零點有做角度上的移位，但是還是維持在單位圓上。這種受限制的移動方式是因爲分子多項式的係數具有對稱性，而此一對稱性在量化後仍然保有。然而，那些緊密叢集的極點，沒有對稱性的限制，已經移動到相當不同的位置上，而且，可以容易地觀察到，某些極點已經移動到單位圓之外。因此，直接式系統不能以 16 位元的係數來實現，因爲它會造成不穩定。

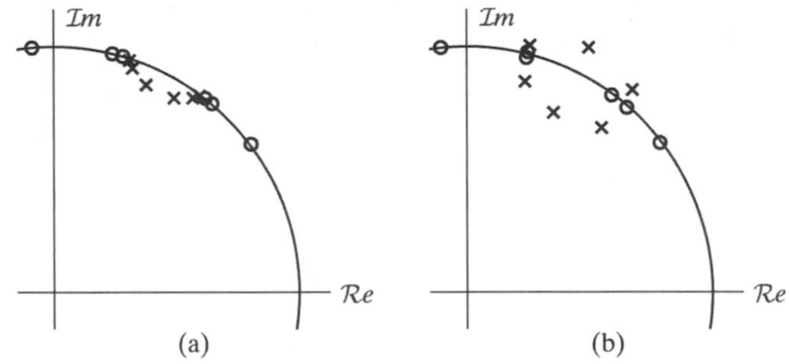

圖 6.48 IIR 係數量化的範例。(a) 未量化係數之 $H(z)$ 其極點和零點。(b) 直接式結構係數 16 位元量化後其極點和零點

在另一方面，串接式結構對係數量化比較不敏感。這個範例其串接式結構的獲得方式爲把在 (6.84) 式和表 6.2 中極點和零點的共軛複數對組合在一起，以形成 6 個二階因式

$$H(z)=\prod_{k=1}^{6}\frac{b_{0k}(1-c_k z^{-1})(1-c_k^* z^{-1})}{(1-d_k z^{-1})(1-d_k^* z^{-1})}=\prod_{k=1}^{6}\frac{b_{0k}+b_{1k}z^{-1}+b_{2k}z^{-2}}{1-a_{1k}z^{-1}-a_{2k}z^{-2}} \tag{6.85}$$

⑦ 但是為了簡化實現起見，我們當然最希望每一個係數都有相同的比例因子，但是可能就比較不精確。

▼表 6.2　未經量化之十二階橢圓濾波器的零點和極點

k	$\lvert c_k\rvert$	$\angle c_k$	$\lvert d_k\rvert$	$\angle d_{1k}$
1	1.0	± 1.65799617112574	0.92299356261936	±1.15956955465354
2	1.0	± 0.65411612347125	0.92795010695052	±1.02603244134180
3	1.0	± 1.33272553462313	0.96600955362927	±1.23886921536789
4	1.0	± 0.87998582176421	0.97053510266510	±0.95722682653782
5	1.0	± 1.28973944928129	0.99214245914242	±1.26048962626170
6	1.0	± 0.91475122405407	0.99333628602629	±0.93918174153968

串接式結構的零點 c_k 和極點 d_k 以及係數 b_{ik} 和 a_{ik} 是用 64 位元浮點精確度來計算，所以這些係數仍然被認定是未經量化的。表 6.3 列出六個二階子段的係數（定義在 (6.85) 式中）。至於極點和零點的配對和排序則是根據在 6.9.3 節中會討論的一個程序來決定。

▼表 6.3　一個十二階橢圓濾波器其未量化的串接式結構係數

k	a_{1k}	a_{2k}	b_{0k}	b_{1k}	b_{2k}
1	0.737904	−0.851917	0.137493	0.023948	0.137493
2	0.961757	−0.861091	0.281558	−0.446881	0.281558
3	0.629578	−0.933174	0.545323	−0.257205	0.545323
4	1.117648	−0.941938	0.706400	−0.900183	0.706400
5	0.605903	−0.984347	0.769509	−0.426879	0.769509
6	1.173028	−0.986717	0.937657	−1.143918	0.937657

爲了要說明係數是如何被量化和如何被表示成定點數，在表 6.3 中的係數被量化成 16 位元的精確度。所得的係數我們展示在表 6.4 中。這些定點係數的形式爲一個十進位的整數乘上一個 2 的冪次的比例因子。把那十進位整數轉換成一個二進位數我們就可以得到它的二進位表示式。在一個定點實現中，比例因子僅被隱含地表示在資料位移中，而這個位移是在和其他的乘積做加法運算之前，所需要的一個整頓乘積二進位點的動作。請注意係數的二進位點並不是全在相同的位置上。舉例來說，所有具有比例因子 2^{-15} 的係數它們的二進位點是落在符號位元，b_0，和最高的分數位元，b_1，之間，正如在 (6.78) 式中所展示的一般。然而，那些大小不超過 0.5 的數，如係數 b_{02}，能夠往左邊再位移一個或更多的位元位置[8]。因此，b_{02} 的二進位點事實上是在符號位元的左邊，宛若該字的長度被擴展成 17 位元。在另一方面，那些大小超過 1 但是小於 2 的數，如 a_{16}，必須使它們的二進位點往右邊移一個位元，也就是說，在 (6.78) 式的 b_1 和 b_2 之間。

[8] 使用不同的二進位點位置可以得到更具精確度的係數，但是它卻會使得程式設計或是系統結構變得複雜。

▼表 6.4 一個十二階橢圓濾波器其 16 位元量化串接式結構係數

k	a_{1k}	a_{2k}	b_{0k}	b_{1k}	b_{2k}
1	24196×2^{-15}	-27880×2^{-15}	17805×2^{-17}	3443×2^{-17}	17805×2^{-17}
2	31470×2^{-15}	-28180×2^{-15}	18278×2^{-16}	-29131×2^{-16}	18278×2^{-16}
3	20626×2^{-15}	-30522×2^{-15}	17556×2^{-15}	-8167×2^{-15}	17556×2^{-15}
4	18292×2^{-14}	-30816×2^{-15}	22854×2^{-15}	-29214×2^{-15}	22854×2^{-15}
5	19831×2^{-15}	-32234×2^{-15}	25333×2^{-15}	-13957×2^{-15}	25333×2^{-15}
6	19220×2^{-14}	-32315×2^{-15}	15039×2^{-14}	-18387×2^{-14}	15039×2^{-14}

在圖 6.47(b) 中的短折線顯示出量化之串接式實現其通帶的大小響應。在通帶範圍中，其頻率響應是僅是些微地被破壞，在滯帶中的破壞幾乎看不出來。

為了要得到其他的等價結構，串接式系統函數必須被重新安排成不同的形式。舉例來說，假若一個並聯式結構被決定出來（把一個未經量化的系統函數做部份分式展開而得），而且把所得的係數如前地量化成 16 位元，其在通帶的頻率響應非常靠近未經量化的頻率響應，它和圖 6.47(a) 中的差異是看不出來的，而和圖 6.47(b) 中也只有非常非常小的差異。

這個範例說明了串接式結構和並聯式結構對係數量化效應的穩健性，而且它也說明了對於高階濾波器而言，直接式實現對係數量化之極度的敏感性。就是因為這個敏感性，直接式結構很少用來實現任何其他的非二階系統[9]。因為串接式結構和並聯式結構可以被配置成使用和標準直接式一樣多的記憶體，和使用等量或是僅多一點的計算量，所以這些模組化的結構是最為常用的結構。更為複雜的結構如格狀結構，它在非常短字長的效應方面可能更為穩健，但對於相同階數的系統，它們卻需要更為大量的運算。

6.8.3 量化後二階子段的極點

就算二階系統是使用來實現串接式結構和並聯式結構，但是若要改善對係數量化的穩健性，還是存在有某些彈性。考慮使用直接式結構來實現一個共軛複數極點對，如圖 6.49 所示。使用無限精準度係數，這個流程圖的極點在 $z = re^{j\theta}$ 和 $z = re^{-j\theta}$ 上。然而，假若我們量化係數 $2r\cos\theta$ 和 $-r^2$，則我們只會有有限個不同的極點位置。極點必須落在 z 平面上由同心圓（對應到 r^2 的量化）和垂直線（對應到 $2r\cos\theta$ 的量化）交叉點所構成的網點上。這樣子的一個網點我們展示在圖 6.50(a) 中，該圖是 4 位元量化的情形（3 個位元

[9] 有個例外是在語音合成中，在那裏十階和更高階的系統是使用直接式結構來實現的。這是可能的，因為在語音合成中，系統函數的極點分得很開（請參見 Rabiner and Schafer, 1978）。

加上 1 個符號位元）；也就是說，r^2 被限制成只有 7 個正數和零可以選擇，而 $2r\cos\theta$ 被限制成只能在 7 個正數，8 個負數，和零之中做選擇。圖 6.50(b) 則展示出一個較密的網點，它是用 7 位元量化（6 個位元加上 1 個符號位元）而得到的情形。當然，在圖 6.50 中的圖在 z 平面上是呈現象限對稱的。請注意對直接式而言，在實軸附近的網點相當的疏鬆。因此，位於 $\theta = 0$ 或 $\theta = \pi$ 附近的極點它的移位量可能會比那些位於 $\theta = \pi/2$ 附近的極點要大得多。當然，用無限精準度的話，我們可以總是可以讓極點位置先非常的靠近一個被允許的量化極點位置。在這種情況中，量化不會產生任何習題，但是就一般而言，量化可預期的會破壞系統效能。

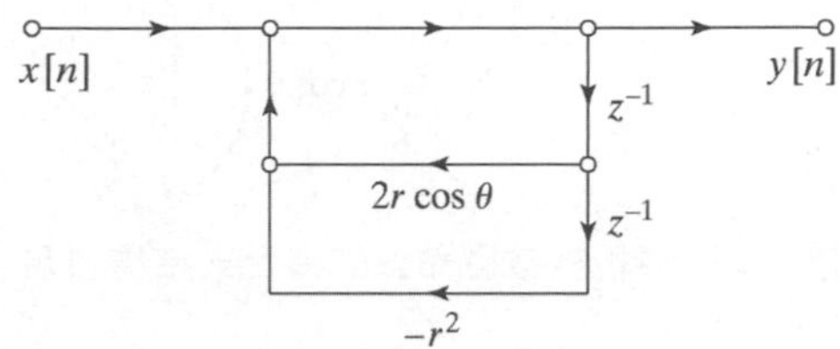

圖 6.49　一組共軛複數極點對的直接式實現

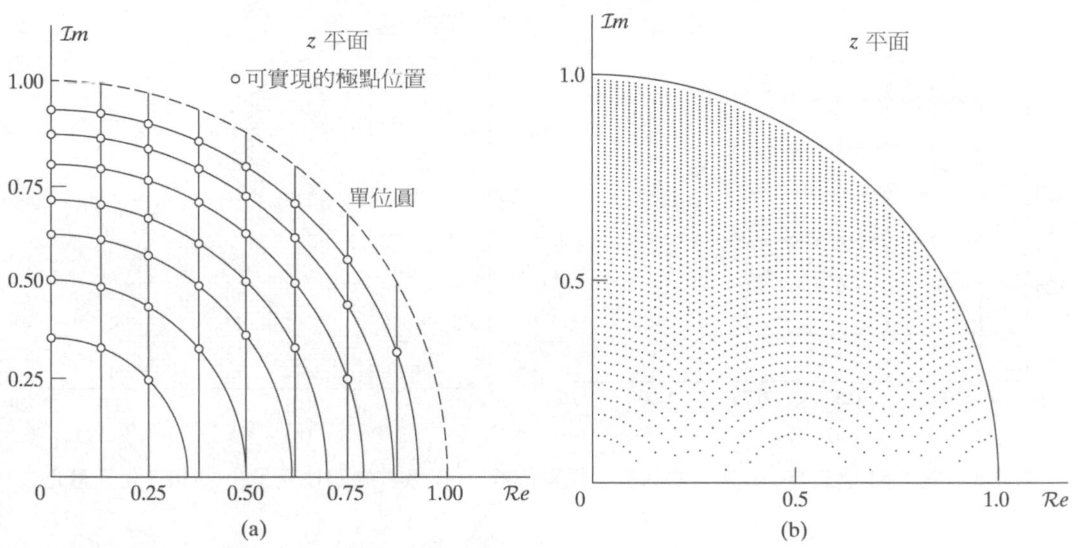

圖 6.50　圖 6.49 之二階 IIR 直接式系統的極點位置。(a) 係數的四位元量化。(b) 7 位元量化

實現在 $z = re^{j\theta}$ 和 $z = re^{-j\theta}$ 上極點的另外一種二階結構我們展示在圖 6.51 中。這種結構叫做二階系統的**耦合式結構**（coupled form）（請參見 Rader and Gold, 1967）。我們可以很容易地證明出在無限精準度係數的情況下，圖 6.49 的系統和圖 6.51 的系統有相同的極點。爲了要實現圖 6.51 的系統，我們必須量化 $r\cos\theta$ 和 $r\sin\theta$。因爲這些量分別爲極點位置的實部和虛部，所以量化的極點位置爲 z 平面上等距的水平線和垂直線的交叉點。圖 6.52(a) 和圖 6.52(b) 分別顯示出 4 位元量化和 7 位元量化的可能的極點位置。在這個情況中，極點位置的密度是均勻地分佈在單位圓內。但是爲了要得到這個更爲均勻

的密度，我們需要用多出一倍的常數乘法器。在某些情況中，既要減少字長又要有更為精確的極點位置，付出額外的計算量可能是划得來的。

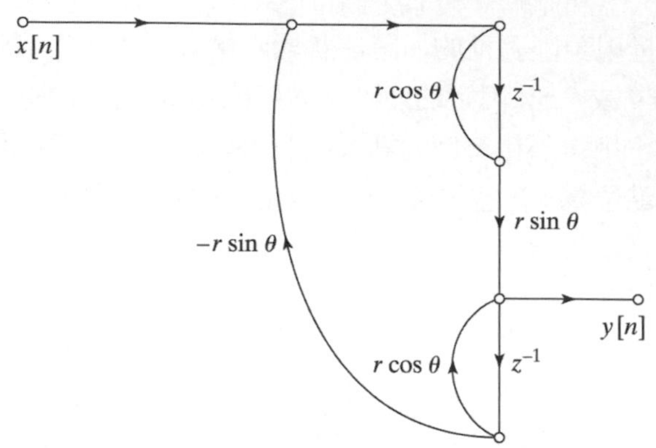

圖 6.51 共軛複數極點對的耦合式結構實現

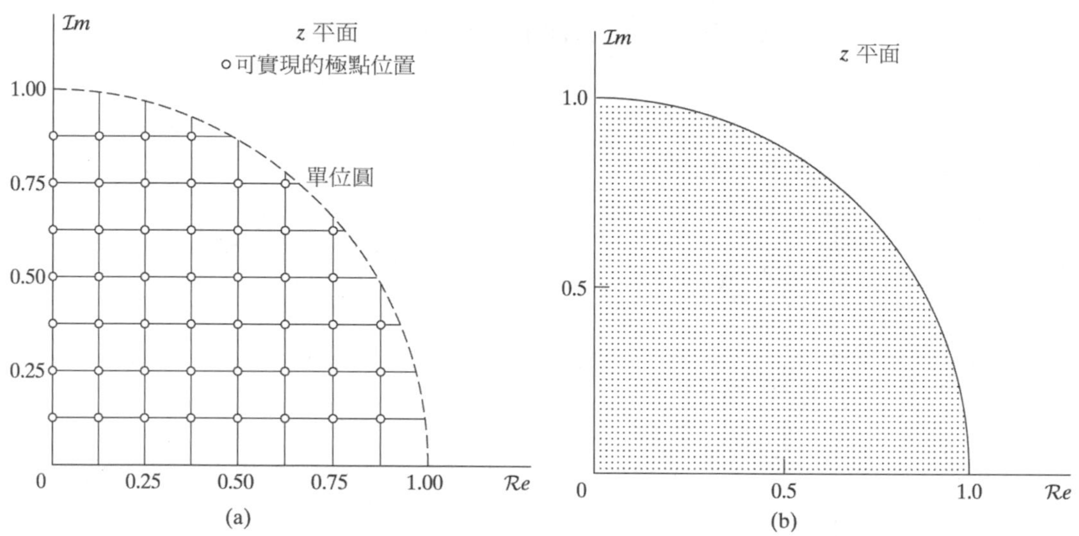

圖 6.52 圖 6.51 之二階 IIR 耦合式系統的極點位置。(a) 係數的四位元量化。(b) 7 位元量化

6.8.4 在 FIR 系統中係數量化的效應

在 FIR 系統中，我們僅需關心系統函數的零點位置，因為，就因果 FIR 系統而言，所有的極點都位在 $z=0$ 處。雖然我們剛剛已經看到直接式結構應該避免用來實現高階的 IIR 系統，但是我們將可發現直接式結構是最常被使用來實現 FIR 系統的結構。為了要了解為何會如此，我們把直接式 FIR 系統的系統函數表示成

$$H(z)=\sum_{n=0}^{M} h[n]z^{-n} \tag{6.86}$$

現在，假設係數 $\{h[n]\}$ 已經被量化，得到一組新的係數 $\{\hat{h}[n]=h[n]+\Delta h[n]\}$。量化系統的系統函數為

$$\hat{H}(z)=\sum_{n=0}^{M}\hat{h}[n]z^{-n}=H(z)+\Delta H(z), \tag{6.87}$$

其中

$$\Delta H(z)=\sum_{n=0}^{M}\Delta h[n]z^{-n} \tag{6.88}$$

因此，量化系統的系統函數（因此，頻率響應也是）和脈衝響應係數的量化誤差呈線性關係。就是因為這個理由，量化系統可以表示成如圖 6.53 的情況，在圖中未經量化的系統和誤差系統並聯，而誤差系統的脈衝響應是量化誤差樣本 $\Delta h[n]$ 序列，其系統函數是對應的 z 轉換，$\Delta H(z)$。

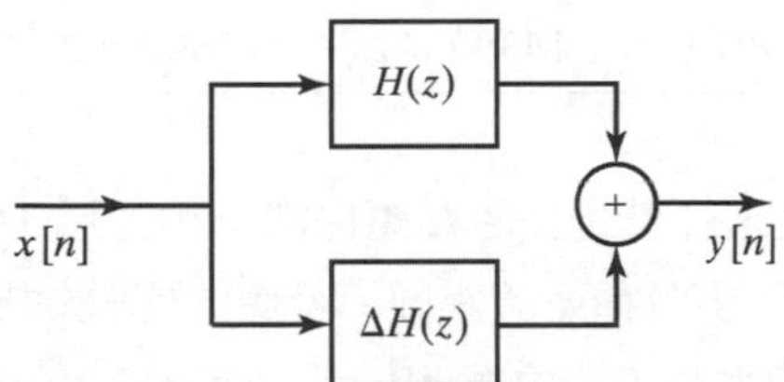

圖 6.53　FIR 系統係數量化的示意圖

研究直接式 FIR 結構敏感度的另外一種方法就是檢視零點對脈衝響應係數量化誤差的敏感度，所謂的脈衝響應當然就是多項式 $H(z)$ 的係數。假若 $H(z)$ 的零點是緊密叢集的話，則它們的位置將會對在脈衝響應係數中的量化誤差有高度的敏感性。直接式 FIR 系統之所以會被廣泛使用的理由是：因為對於大部分的線性相位 FIR 濾波器而言，零點或多或少都是均勻地散佈在 z 平面上。我們用以下的這個範例來示範這個現象。

6.8.5 一個最佳的 FIR 濾波器的量化範例

做為一個在 FIR 的情況中係數量化效應的範例，考慮一個線性相位低通濾波器，設計來滿足以下的規格：

$$0.99\le|H(e^{j\omega})|\le 1.01,\quad 0\le|\omega|\le 0.4\pi,$$
$$|H(e^{j\omega})|\le 0.001(\text{即}-60\text{dB}),\quad 0.6\pi\le|\omega|\le\pi$$

這個濾波器是使用帕克斯－麥克連（Parks-McClellan）設計技巧設計出來的，我們將會在第 7.7.3 節中討論之。設計這個範例的細節我們會在第 7.8.1 節中考慮。

▼表 6.5 一個最佳的 FIR 低通濾波器其未經量化的和已量化的係數（$M = 27$）

係數	未經量化的	16 位元	14 位元	13 位元	8 位元
$h[0] = h[27]$	1.359657×10^{-3}	45×2^{-15}	11×2^{-13}	6×2^{-12}	0×2^{-7}
$h[1] = h[26]$	-1.616993×10^{-3}	-53×2^{-15}	-13×2^{-13}	-7×2^{-12}	0×2^{-7}
$h[2] = h[25]$	-7.738032×10^{-3}	-254×2^{-15}	-63×2^{-13}	-32×2^{-12}	-1×2^{-7}
$h[3] = h[24]$	-2.686841×10^{-3}	-88×2^{-15}	-22×2^{-13}	-11×2^{-12}	0×2^{-7}
$h[4] = h[23]$	1.255246×10^{-2}	411×2^{-15}	103×2^{-13}	51×2^{-12}	2×2^{-7}
$h[5] = h[22]$	6.591530×10^{-3}	216×2^{-15}	54×2^{-13}	27×2^{-12}	1×2^{-7}
$h[6] = h[21]$	-2.217952×10^{-2}	-727×2^{-15}	-182×2^{-13}	-91×2^{-12}	-3×2^{-7}
$h[7] = h[20]$	-1.524663×10^{-2}	-500×2^{-15}	-125×2^{-13}	-62×2^{-12}	-2×2^{-7}
$h[8] = h[19]$	3.720668×10^{-2}	1219×2^{-15}	305×2^{-13}	152×2^{-12}	5×2^{-7}
$h[9] = h[18]$	3.233332×10^{-2}	1059×2^{-15}	265×2^{-13}	132×2^{-12}	4×2^{-7}
$h[10] = h[17]$	-6.537057×10^{-2}	-2142×2^{-15}	-536×2^{-13}	-268×2^{-12}	-8×2^{-7}
$h[11] = h[16]$	-7.528754×10^{-2}	-2467×2^{-15}	-617×2^{-13}	-308×2^{-12}	-10×2^{-7}
$h[12] = h[15]$	1.560970×10^{-1}	5115×2^{-15}	1279×2^{-13}	639×2^{-12}	20×2^{-7}
$h[13] = h[14]$	4.394094×10^{-1}	14399×2^{-15}	3600×2^{-13}	1800×2^{-12}	56×2^{-7}

表 6.5 展示出本系統之未經量化脈衝響應係數，和經過 16、14、13、和 8 位元量化後的量化係數。圖 6.54 展示出各種系統其頻率響應的比較情形。圖 6.54(a) 展示出未經量化係數其頻率響應的對數大小，單位爲 dB。圖 6.54(b)、(c)、(d)、(e)、和 (f) 分別顯示出經 16、14、13、和 8 位元量化後通帶和滯帶的近似誤差情形（在通帶爲近似 1 的誤差，在滯帶爲近似 0 的誤差）。從圖 6.54，我們可以看到未經量化的系統、16 位元量化系統、和 14 位元量化系統這三種系統滿足規格的需求。然而，13 位元量化的結果其滯帶的近似誤差變成大於 0.001，而 8 位元量化的結果其滯帶近似誤差則是超過規格的 10 倍。因此，我們可以看出若要用直接式結構來實現此一系統，最少需要 14 位元的係數。然而，這並不是一個嚴重的限制，因爲許多的濾波器實現技術都是使用 16 位元或 14 位元的係數。

濾波器係數量化後對於濾波器其零點位置的影響我們展示在圖 6.55 中。請注意在未經量化的情況中，如在圖 6.55(a) 中所示，零點是散佈在 z 平面上，雖然其中有一些零點是群集在單位圓上。在單位圓上的零點主要是負責提供滯帶的衰減，而那些不在單位圓上的共軛複數倒數對的零點主要是負責形成通帶響應。請注意在圖 6.55(b) 中 16 位元量化情況中，差異幾乎是觀察不到，但在圖 6.55(c) 中，該圖展示 13 位元量化的情況，在單位圓上的零點有明顯地移動。最後，在圖 6.55(d) 中，我們看到 8 位元的量化會造成在單位圓上的一些零點移動離開單位圓上而形成共軛複數倒數對的零點。這個零點的行爲解釋了展示在圖 6.54 中頻率響應的行爲。

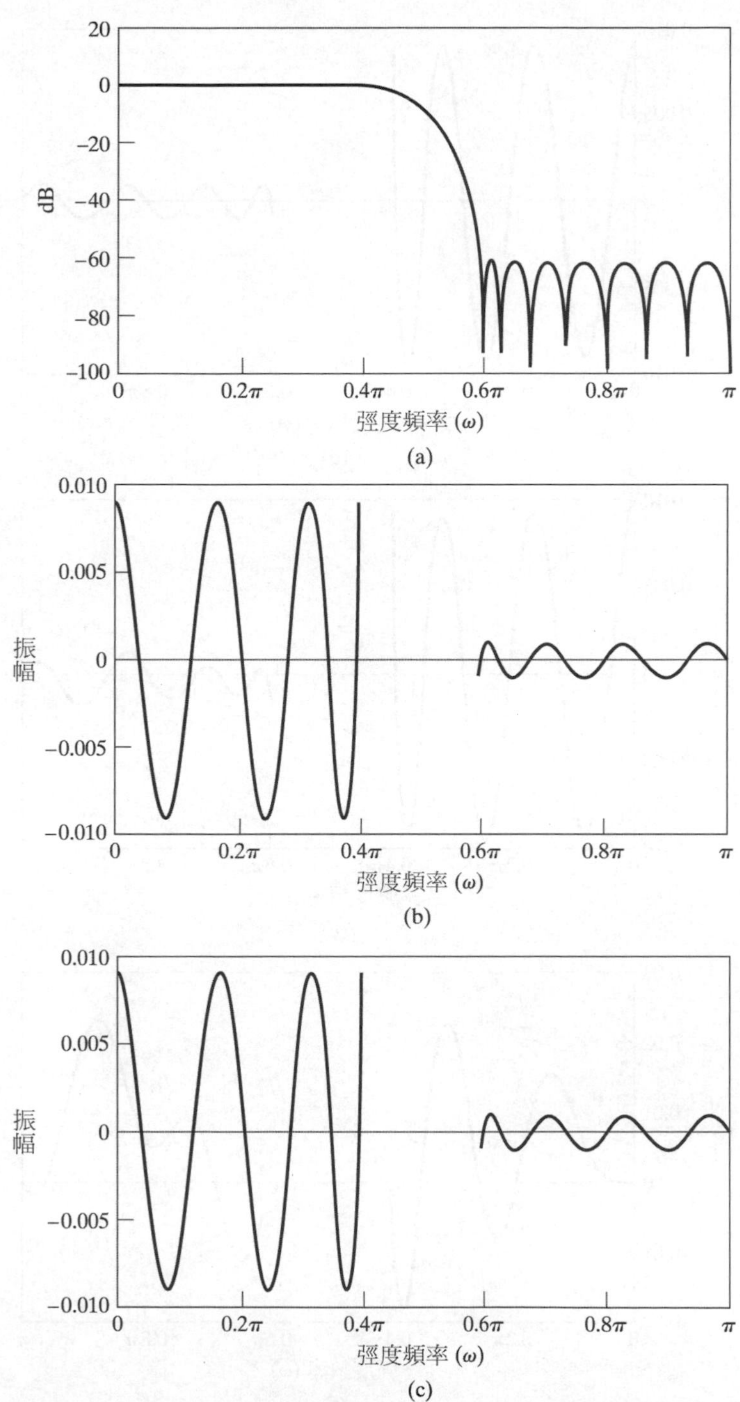

圖 6.54 FIR 量化範例。(a) 未經量化濾波器的對數大小。(b) 未經量化濾波器的近似誤差（誤差在過渡帶中沒有定義）。(c) 16 位元量化的近似誤差

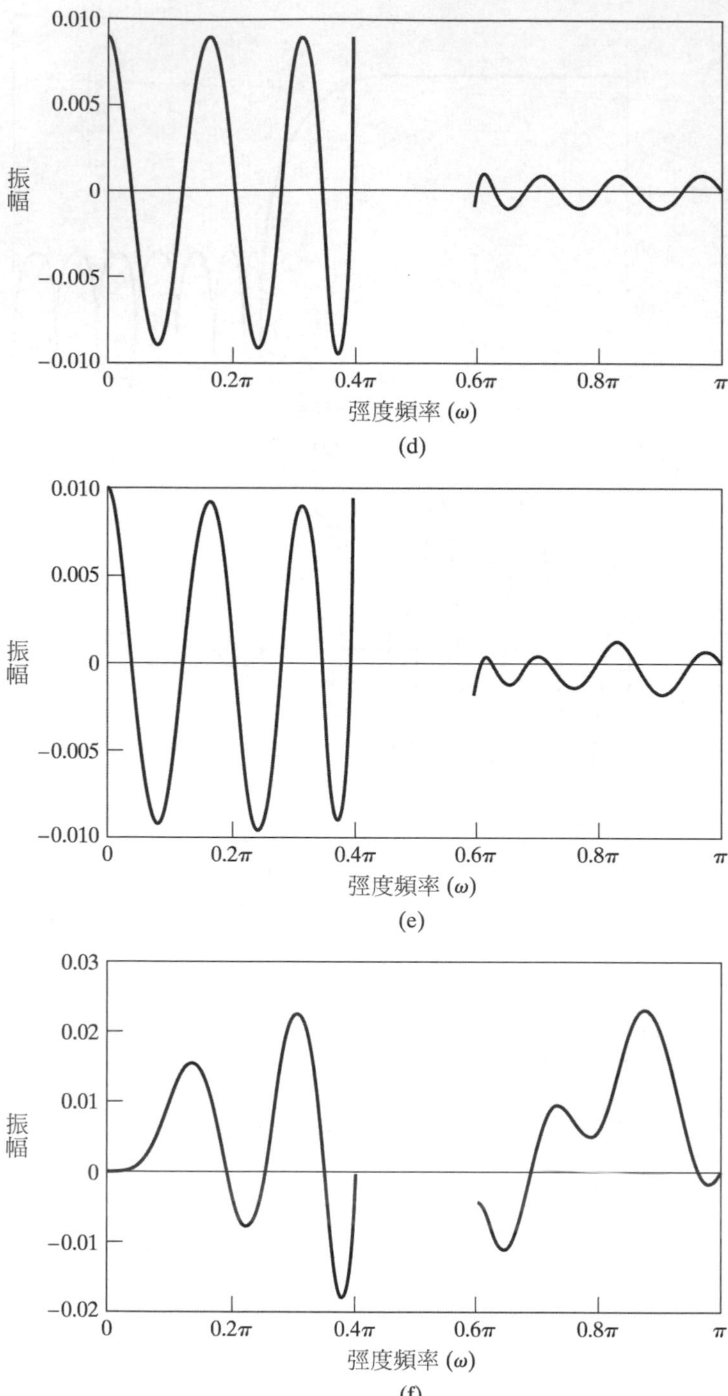

圖 6.54 （續）(d) 14 位元量化的近似誤差。(e) 13 位元量化的近似誤差。(f) 8 位元量化的近似誤差

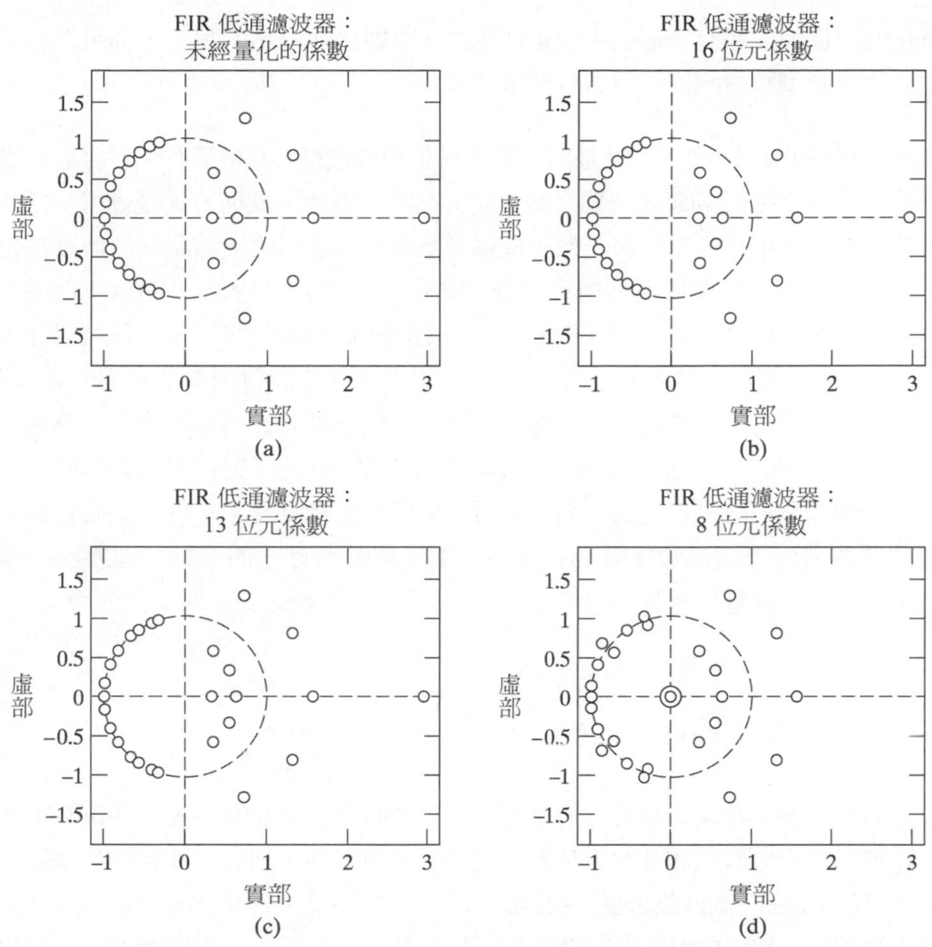

圖 6.55 脈衝響應量化在 $H(z)$ 零點上的效應。(a) 未經量化。(b) 16 位元量化。(c) 13 位元量化。(d) 8 位元量化

這個範例最後還有一個要點值得一提。所有未經量化的係數其大小均小於 0.5。因此，假若所有的係數（就是脈衝響應）在量化之前均先乘以 2，則我們可以更有效率地利用可用的位元數，其效應就好像把 B 遞增 1 一樣。在表 6.5 和圖 6.54 中，我們並未使用這個潛在的可能性來增加精確度。

6.8.6 維持線性相位

到目前為止，我們對 FIR 系統的相位響應並沒有做任何的假設。然而，廣義線性相位的可能性是一個 FIR 系統主要的優點之一。憶及一個線性相位 FIR 系統它有一個對稱的 ($h[M-n]=h[n]$) 或一個反對稱的 ($h[M-n]=-h[n]$) 脈衝響應。這些線性相位條件對於直接式的量化系統而言可容易地保留下來。因此，在前一個子節的範例中，所有的系統

不管量化的粗糙與否都有一個正確的線性相位。有關於這一點的驗證，你可以看到在圖 6.55 中共軛複數倒數對的情況仍然有保留下來。

圖 6.55(d) 說明了一件事，就是對於那些量化相當粗糙，或是具有相當靠近零點群的高階系統中，用串接式 FIR 系統獨立地實現零點的小集合，這種方式是值得一試的。爲了維持線性相位，串接式中的每一個子段也必須要有線性相位。請記住一個線性相位系統其零點必須和圖 6.34 中所示的情況類似。舉例來說，假若每對在單位圓上的共軛複數零點都使用二階子段$(1+az^{-1}+z^{-2})$來實現，則當係數 a 被量化時，零點僅可以在單位圓上移動。這個可以防止零點從單位圓上移開，零點離開單位圓會減少了它們的衰減效應。類似地，在單位圓內的實數零點和其在單位圓外倒數位置上的零點都會保持爲實數。而且，在 $z=\pm 1$ 的零點可以用一階系統正確地實現出來。假若一對在單位圓內的共軛複數零點是用一個二階系統來實現之，而不是用一個四階系統實現之，則我們必須保證，對於在單位圓內的每一個複數零點必在其共軛倒數位置上有一個零點，此零點在單位圓外。這可以藉由把對應到零點 $z=re^{j\theta}$ 和 $z=r^{-1}e^{-j\theta}$ 的四階因式表示成下式而得

$$\begin{aligned}&1+cz^{-1}+dz^{-2}+cz^{-3}+z^{-4}\\&=(1-2r\cos\theta z^{-1}+r^2z^{-2})\frac{1}{r^2}(r^2-2r\cos\theta z^{-1}+z^{-2})\end{aligned}\tag{6.89}$$

這個條件對應到展示在圖 6.56 中的子系統。這個系統使用相同的係數，$-2r\cos\theta$ 和 r^2，來實現在單位圓內的零點和其在單位圓外的共軛倒數零點。因此，線性相位條件在量化的情況下仍能被保有。請注意因式 $1-2r\cos\theta z^{-1}+r^2z^{-2}$ 和圖 6.49 的二階直接式 IIR 系統的分母是一樣的。因此，它的量化零點集合就有如圖 6.50 所描述。有關於 FIR 系統串接式實現之更爲詳盡的討論請參見 Herrmann 和 Schussler (1970b)。

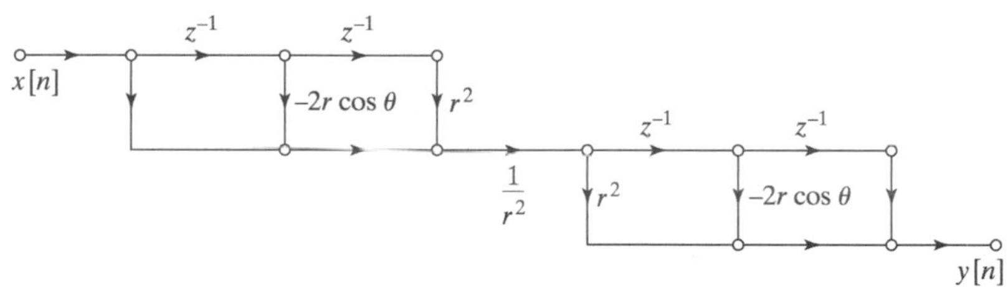

圖 6.56 在一個線性相位 FIR 系統中實現四階因式的子系統。如此一來，不管參數量化與否，線性相位的特性均能維持

6.9 數位濾波器的捨入雜訊效應

用有限精準度運算所實現的差分方程式是非線性系統。雖然了解這個非線性特性是如何地影響離散時間系統效能的這個課題一般來說是重要的，但是通常在實際的應用中，我們並不需要有算術量化效應的一個精確的分析，因爲我們通常考慮的是某一個特定系統的效能。事實上，正如有係數量化的情形一般，通常最有效的方法就是模擬那個系統再測量它的效能。舉例來說，在量化誤差分析中的一個常見的方針就是選擇數位字長使得這個數位系統是想要線性系統之一個足夠精確的實現，同時系統所需要的硬體或軟體複雜度可達最小的程度。這個數位字長當然可以 1 位元 1 位元的做改變，而且正如我們在 4.8.2 節中所見，把字長增加 1 個位元可以把量化誤差的大小減少成一半。因此，字長的選擇對於在量化誤差分析中的不準確度並不敏感；一個準確到 30% 至 40% 的分析通常就足夠了。就是因爲這個理由，許多重要的量化效應可以使用線性加成性的雜訊的近似來研究。在本節中，我們發展出此一種近似並且使用幾個範例來說明它們的用法。一個例外就是零輸入極限圈的現象，這個是完全非線性的現象。對於數位濾波器其非線性模型的研究，我們僅在 6.10 節中針對零輸入極限圈做一個簡要的介紹。

6.9.1 直接式 IIR 結構的分析

爲了要介紹這個基本的概念，讓我們考慮一個 LTI 離散時間系統的直接式結構。一個直接式 I 二階系統的流程圖我們展示在圖 6.57(a) 中。直接式 I 結構的一般 N 階差分方程式爲

$$y[n]=\sum_{k=1}^{N}a_k y[n-k]+\sum_{k=0}^{M}b_k x[n-k], \tag{6.90}$$

而系統函數爲

$$H(z)=\frac{\sum_{k=0}^{M}b_k z^{-k}}{1-\sum_{k=1}^{N}a_k z^{-k}}=\frac{B(z)}{A(z)} \tag{6.91}$$

讓我們假設所有的信號值和係數都用 $(B+1)$ 個位元的定點二進位數來表示。然後，若使用一個 $(B+1)$ 位元的加法器來實現 (6.90) 式的話，我們必須要把長度爲 $(2B+1)$ 位元的乘積（由兩個 $(B+1)$ 位元的數值相乘而得）減少到 $(B+1)$ 位元。因爲所有的數目都被視爲是分數，我們可以用四捨五入或截取法去掉最不重要的 B 個位元。我們可以把在

圖 6.57(a) 中每一個常數乘法器分支換成圖 6.57(b) 中的非線性模型：一個常數乘法器後面跟著一個量化器。對應至圖 6.57(b) 的差分方程式是以下的線性方程式

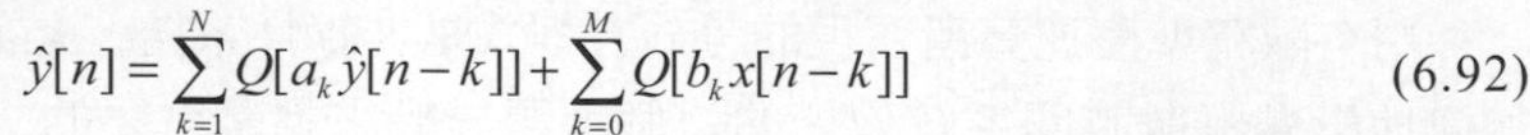

$$\hat{y}[n]=\sum_{k=1}^{N}Q[a_k\hat{y}[n-k]]+\sum_{k=0}^{M}Q[b_kx[n-k]] \tag{6.92}$$

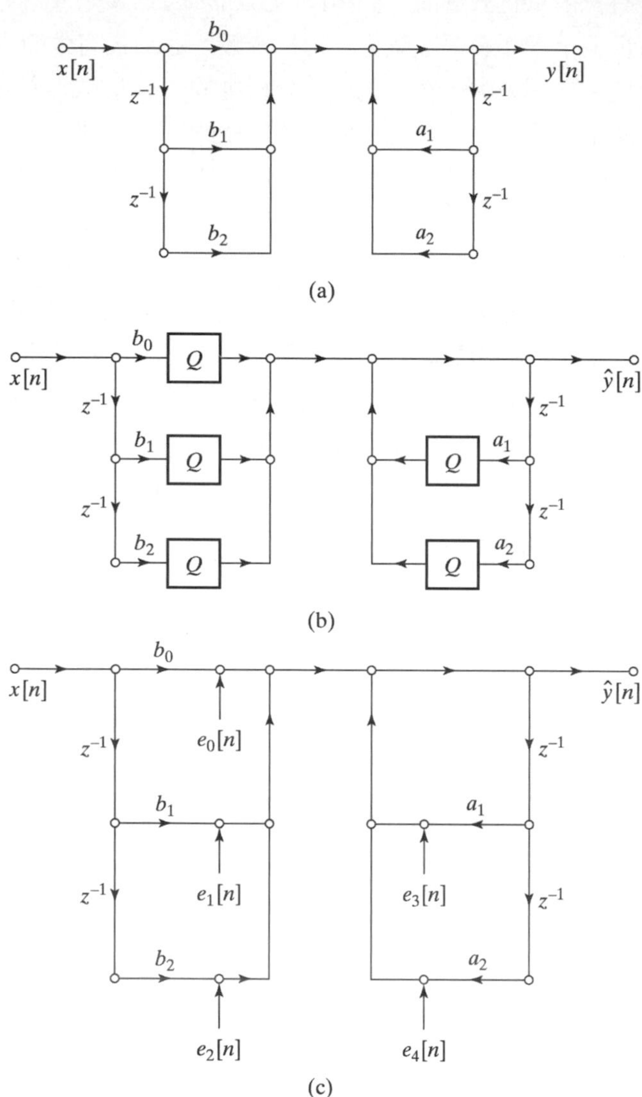

圖 6.57 直接式 I 系統模型。(a) 無限精準度模型。(b) 非線性量化模型。(c) 線性雜訊模型

圖 6.57(c) 展示出另一種表示法，其中量化器被替換成和每一個量化器輸出之量化誤差等量的雜訊源。舉例來說，把一個乘積 $bx[n]$ 做四捨五入或截取的動作可以用下列之雜訊源來代表

$$e[n]=Q[bx[n]]-bx[n] \tag{6.93}$$

假若我們正確地知道雜訊源，則圖 6.57(c) 和圖 6.57(b) 是完全等價的。然而，當我們假設每一個量化雜訊源有以下的性質時，圖 6.57(c) 是最為有用的：

1. 每一個量化雜訊源 $e[n]$ 是一個廣義穩定的白雜訊程序（wide-sense-stationary white-noise process）。
2. 每一個量化雜訊源其振幅在一個量化區間中做均勻（uniform）分佈。
3. 每一個量化雜訊源和其對應的量化器的輸入、所有其他的量化雜訊源、和系統輸入，都是**不相關**的（uncorrelated）。

這些假設和我們在 4.8 節中分析 A/D 轉換時所做的那些假設是相同的。嚴格地說，我們在這裡的所做的假設並不正確，因為量化誤差直接和量化器的輸入有關。對於常數信號和弦波信號這個特性相當的明顯。然而，實驗及理論分析已經證明出(請參見 Bennett, 1948; Widrow, 1956, 1961; Widrow and Kollar, 2008)，在許多的情況中，剛才所描述的那個近似模型會得到正確的統計平均預測值，如平均值，變異量，和相關函數。當輸入信號是一個複雜的寬頻信號，像是語音，這個特性會是正確的，其中信號在所有的量化階層中迅速地變動，而且在樣本和樣本間遊走於許多的量化階層中（請參見 Gold and Rader, 1969）。在這裡所展示之簡單的線性雜訊源近似讓我們可以用像是平均值和變異量的平均量來描述系統中所產生的雜訊，並且決定出這些平均量是如何的被系統所修正。

對於 $(B+1)$ 位元的量化，我們在 6.6 節中曾指出對於四捨五入而言，

$$-\frac{1}{2}2^{-B} < e[n] \le \frac{1}{2}2^{-B}, \tag{6.94a}$$

而對於 2 補數的截取而言，

$$-2^{-B} < e[n] \le 0 \tag{6.94b}$$

因此，根據我們的第二項假設，代表量化誤差隨機變數的機率密度函數是如圖 6.58 所示的均勻密度，其中圖 6.58(a) 是四捨五入的情形而圖 6.58(b) 是截取的情形。在四捨五入時其平均值和變異量分別為

$$m_e = 0, \tag{6.95a}$$

$$\sigma_e^2 = \frac{2^{-2B}}{12} \tag{6.95b}$$

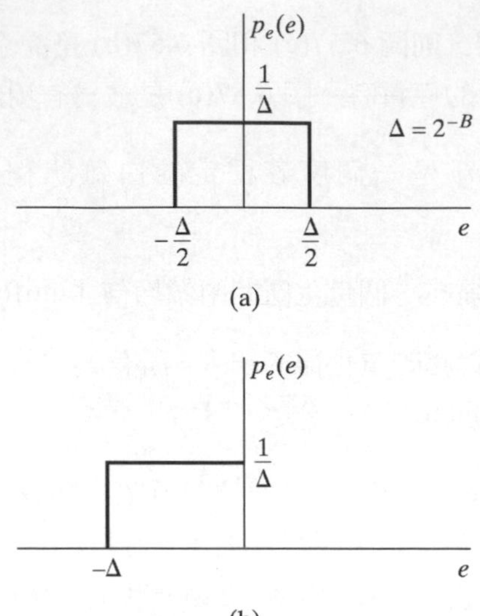

圖 6.58 量化誤差的機率密度函數。(a) 四捨五入。(b) 截取

對於 2 補數的截取而言，平均值和變異量爲

$$m_e = -\frac{2^{-B}}{2}, \tag{6.96a}$$

$$\sigma_e^2 = \frac{2^{-2B}}{12} \tag{6.96b}$$

一般而言，一個量化雜訊源的自關係（autocorrelation）序列根據第一項的假設爲

$$\phi_{ee}[n] = \sigma_e^2 \delta[n] + m_e^2 \tag{6.97}$$

在四捨五入的情況中，爲了方便起見，我們假設 $m_e = 0$，所以自相關函數爲 $\phi_{ee}[n] = \sigma_e^2 \delta[n]$，而功率頻譜（power spectrum）爲 $\Phi_{ee}(e^{j\omega}) = \sigma_e^2$ ，$|\omega| \le \pi$ 。在這個情況中，變異量和平均功率是相同的。在截取的情況中，平均值並不爲零，所以在四捨五入時所推導出的平均功率結果必須要被修正，方式爲計算出信號的平均值，並把它的平方加到四捨五入時所求出的平均功率結果。

把這個模型用在圖 6.57(c) 的每一個雜訊源中，現在我們可以決定出量化雜訊在系統輸出的效應。爲了有助於做這件事，我們可以觀察出所有在圖中的雜訊源都是有效地被注入到實現零點的那部份系統和實現極點的那部份系統兩者之間。因此，圖 6.59 等價於圖 6.57(c)，假若在圖 6.59 中的 $e[n]$ 爲

$$e[n] = e_0[n] + e_1[n] + e_2[n] + e_3[n] + e_4[n] \tag{6.98}$$

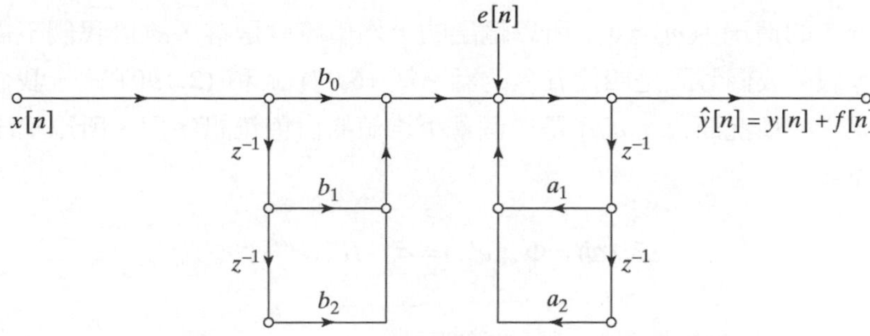

圖 6.59　直接式 I 的線性雜訊模型，其中雜訊源已經集合起來

因為我們假設所有的雜訊源和輸入以及其它所有的雜訊源是相互獨立的，所以二階直接式 I 情形中的組合雜訊源其變異量為

$$\sigma_e^2 = \sigma_{e_0}^2 + \sigma_{e_1}^2 + \sigma_{e_2}^2 + \sigma_{e_3}^2 + \sigma_{e_4}^2 = 5 \cdot \frac{2^{-2B}}{12}, \tag{6.99}$$

而且對於一般的直接式 I 情況，它是

$$\sigma_e^2 = (M+1+N)\frac{2^{-2B}}{12} \tag{6.100}$$

為了要獲得輸出雜訊的一個表示式，我們從圖 6.59 可以看出這個系統有兩個輸入，$x[n]$ 和 $e[n]$，而且因為這個系統現在被假設為線性系統，輸出可以被表示成 $\hat{y}[n] = y[n] + f[n]$，其中 $y[n]$ 是理想之未經量化的系統對輸入序列 $x[n]$ 的響應，而 $f[n]$ 是系統對輸入 $e[n]$ 的響應。輸出 $y[n]$ 是由 (6.90) 式的差分方程式所給定，但是因為 $e[n]$ 是在零點之後和在極點之前被注入，所以輸出雜訊滿足差分方程式

$$f[n] = \sum_{k=1}^{N} a_k f[n-k] + e[n]; \tag{6.101}$$

也就是說，在直接式 I 實現中輸出雜訊的特質僅依賴於系統的極點而已。

為了要決定輸出雜訊序列的平均值和變異量，我們可以使用在 2.10 節中的一些結果。考慮一個線性系統，其系統函數為 $H_{ef}(z)$，輸入為一個白色雜訊源 $e[n]$，而對應的輸出為 $f[n]$。則從 (2.184) 式和 (2.185) 式，輸出的平均值為

$$m_f = m_e \sum_{n=-\infty}^{\infty} h_{ef}[n] = m_e H_{ef}(e^{j0}) \tag{6.102}$$

因爲在四捨五入的情況中 $m_e = 0$ ，所以輸出的平均值將會是零，故以我們不需要關心雜訊的平均值，假若我們假設是四捨五入的話。從 (6.97) 式和 (2.190) 式，我們知道，因爲對於四捨五入的情況而言，$e[n]$ 是一個零平均值的白色雜訊序列，所以輸出雜訊的功率密度頻譜僅爲

$$P_{ff}(\omega) = \Phi_{ff}(e^{j\omega}) = \sigma_e^2 \, |H_{ef}(e^{j\omega})|^2 \tag{6.103}$$

從 (2.192) 式，輸出雜訊的變異量可以被證明是

$$\sigma_f^2 = \frac{1}{2\pi}\int_{-\pi}^{\pi} P_{ff}(\omega)d\omega = \sigma_e^2 \frac{1}{2\pi}\int_{-\pi}^{\pi} |H_{ef}(e^{j\omega})|^2 \, d\omega \tag{6.104}$$

使用帕色瓦（Parseval's）定理，用 (2.162) 式的形式，我們也可以把 σ_f^2 表示成

$$\sigma_f^2 = \sigma_e^2 \sum_{n=-\infty}^{\infty} |h_{ef}[n]|^2 \tag{6.105}$$

當對應到 $h_{ef}[n]$ 的系統函數是一個有理函數，就好像我們在本章所考慮的那種差分方程式時，我們可以使用在附錄 A 中的 (A.66) 式來估算在 (6.105) 式中的無限平方和。

在我們的線性系統量化雜訊分析中，我們將會經常使用整理在 (6.102) 式至 (6.105) 式的結果。舉例來說，對於圖 6.59 的直接式 I 系統，$H_{ef}(z) = 1/A(z)$ ；也就是說，從所有的雜訊源均被注入的那一點到輸出點之間，其中的系統函數僅包含 (6.91) 式中系統函數 $H(z)$ 的極點。因此，我們的結論爲：一般而言，由內部四捨五入或截取所產生的總輸出變異量爲

$$\begin{aligned}\sigma_f^2 &= (M+1+N)\frac{2^{-2B}}{12}\frac{1}{2\pi}\int_{-\pi}^{\pi}\frac{d\omega}{|A(e^{j\omega})|^2} \\ &= (M+1+N)\frac{2^{-2B}}{12}\sum_{n=-\infty}^{\infty}|h_{ef}[n]|^2,\end{aligned} \tag{6.106}$$

其中 $h_{ef}[n]$ 爲對應到 $H_{ef}(z) = 1/A(z)$ 的脈衝響應。我們用以下的範例來說明前述結果的用法。

範例 6.11　在一個一階系統中的捨入雜訊

假設我們希望實現一個穩定的系統其系統函數為

$$H(z)=\frac{b}{1-az^{-1}},\quad |a|<1 \tag{6.107}$$

圖 6.60 顯示出實現此一系統之線性雜訊源模型的流程圖，其中乘積是在加法運算前被量化。每一個雜訊源都被具有脈衝響應 $h_{ef}[n]=a^n u[n]$ 的系統來濾波，從 $e[n]$ 到輸出。因為這個範例的 $M=0$ 和 $N=1$，從 (6.103) 式，輸出雜訊功率的頻譜為

$$P_{ff}(\omega)=2\frac{2^{-2B}}{12}\left(\frac{1}{1+a^2-2a\cos\omega}\right), \tag{6.108}$$

在輸出處的總雜訊變異量為

$$\sigma_f^2=2\frac{2^{-2B}}{12}\sum_{n=0}^{\infty}|a|^{2n}=2\frac{2^{-2B}}{12}\left(\frac{1}{1-|a|^2}\right) \tag{6.109}$$

從 (6.109) 式，我們可以看出當在 $z=a$ 的極點逼近單位圓時，輸出雜訊變異量會增加。因此，當 $|a|$ 趨近於 1 而我們又想維持其雜訊變異量在一個指定的程度以下時，我們必須使用更長的字長。以下的範例也說明了這個論點。

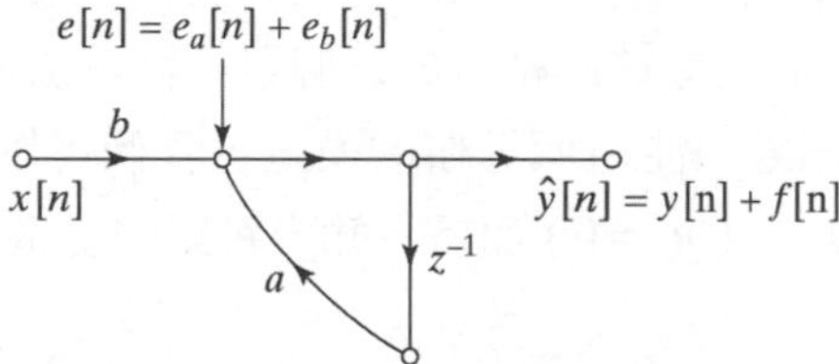

圖 6.60　一階線性雜訊源模型

範例 6.12　在一個二階系統中的捨入雜訊源

考慮一個穩定的二階直接式 I 系統，其系統函數為

$$H(z)=\frac{b_0+b_1z^{-1}+b_2z^{-2}}{(1-re^{j\theta}z^{-1})(1-re^{-j\theta}z^{-1})} \tag{6.110}$$

這個系統的線性雜訊源模型展示在圖 6.57(c) 中，或等價成圖 6.59，其中 $a_1=2r\cos\theta$ 且 $a_2=-r^2$。在這個情況中，總輸出雜訊功率可以表示成

$$\sigma_f^2=5\frac{2^{-2B}}{12}\frac{1}{2\pi}\int_{-\pi}^{\pi}\frac{d\omega}{|(1-re^{j\theta}e^{-j\omega})(1-re^{-j\theta}e^{-j\omega})|^2} \tag{6.111}$$

使用在附錄 A 中的 (A.66) 式，輸出雜訊功率為

$$\sigma_f^2 = 5\frac{2^{-2B}}{12}\left(\frac{1+r^2}{1-r^2}\right)\frac{1}{r^4+1-2r^2\cos 2\theta} \tag{6.112}$$

正如同在範例 6.11 中所示，我們看到當共軛複數極點逼近單位圓時（$r \to 1$），總輸出雜訊變異量增加，因此，若我們想維持其雜訊變異量在一個指定的程度以下，我們必須使用更長的字長。

到目前爲止所發展出對直接式 I 結構的分析技巧也可以套用至直接式 II 的結構。直接式 II 結構的非線性差分方程式爲

$$\hat{w}[n] = \sum_{k=1}^{N} Q[a_k \hat{w}[n-k]] + x[n], \tag{6.113a}$$

$$\hat{y}[n] = \sum_{k=0}^{M} Q[b_k \hat{w}[n-k]] \tag{6.113b}$$

圖 6.61(a) 顯示出一個二階直接式 II 系統的線性雜訊模型。每一個乘法運算之後都會引入一個雜訊源，這指出這些乘積在加法運算之前都已量化成 $(B+1)$ 個位元。圖 6.61(b) 展示出一個等價的線性模型，其中我們已經移走因爲實現極點所產生的雜訊源，而且把它們結合成一個單一雜訊源 $e_a[n]=e_3[n]+e_4[n]$，並置於輸入端。同樣地，我們移走由於實現零點所產生的雜訊源，而且把它們結合成一個單一雜訊源 $e_b[n]=e_0[n]+e_1[n]+e_2[n]$，而且我們把它直接加在輸出處。從這個等價的模型，我們可以很容易地看出對於 M 個零點，N 個極點，和四捨五入（$m_e=0$）而言，輸出雜訊的功率頻譜爲

$$P_{ff}(\omega) = N\frac{2^{-2B}}{12}|H(e^{j\omega})|^2 + (M+1)\frac{2^{-2B}}{12}, \tag{6.114}$$

而輸出雜訊變異量是

$$\begin{aligned}\sigma_f^2 &= N\frac{2^{-2B}}{12}\frac{1}{2\pi}\int_{-\pi}^{\pi}|H(e^{j\omega})|^2\,d\omega + (M+1)\frac{2^{-2B}}{12}\\ &= N\frac{2^{-2B}}{12}\sum_{n=-\infty}^{\infty}|h[n]|^2 + (M+1)\frac{2^{-2B}}{12}\end{aligned} \tag{6.115}$$

也就是說，因實現極點所產生的白色雜訊被整個系統所濾波，而由於實現零點所產生的白色雜訊則是直接加到系統輸出。在寫 (6.115) 式時，我們已經假設在輸入的 N 個雜訊源是相互獨立的，所以它們總和的變異量爲單一量化雜訊源變異量的 N 倍。在輸出端的 $(M+1)$ 個雜訊源我們也做了相同的假設。這些結果能很容易地修改成爲 2 補數截取中的情形。由 (6.95a) 式至 (6.95b) 式和由 (6.96a) 式至 (6.96b) 式，我們知道一個截取雜訊源

的變異量和一個四捨五入雜訊源的變異量是相同的，但是一個截取雜訊源的平均值不是零。因此，在 (6.106) 式和 (6.115) 式中對總輸出雜訊變異量的公式也適用於截取的情況。然而，輸出雜訊源將會有一個非零的平均值，而該值可以使用 (6.102) 式計算出來。

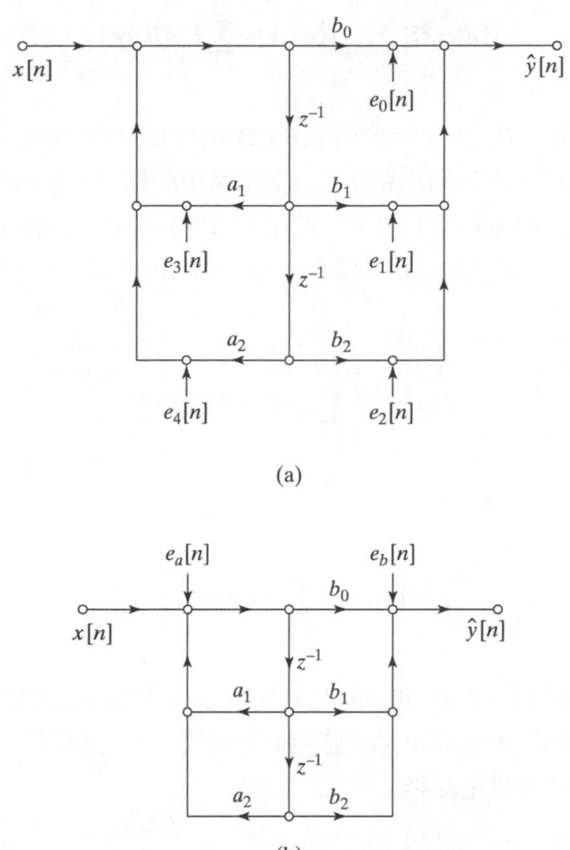

圖 6.61　直接式 II 的線性雜訊源模型。(a) 展示出個別乘積的量化。(b) 把雜訊源組合起來

比較 (6.106) 式和 (6.115) 式，我們可知直接式 I 結構和直接式 II 結構在實現對應的差分方程式時受乘積量化的影響是不同的。一般而言，其他的等價結構，如串接式結構，並聯式結構，和對換式結構，這些結構它們都將會有異於直接式結構的總輸出雜訊變異量。然而，就算 (6.106) 式和 (6.115) 式是不同的，我們還是不能說那個系統將會有較小的輸出雜訊變異量，除非我們知道系統係數其特定的值。換句話說，要指出那一個特殊的結構一定會產生最小的輸出雜訊是不可能的。

藉由使用一個 $(2B+1)$ 位元的加法器來累積在直接式系統中所需要的乘積和(sum of products)，我們可以改善直接式系統（串接式和並聯式也是一樣）的雜訊效能。舉例來說，對於直接式 I 的實現，我們可以使用一個如下的差分方程式

$$\hat{y}[n]=Q\left[\sum_{k=1}^{N}a_k\hat{y}[n-k]+\sum_{k=0}^{M}b_kx[n-k]\right]; \tag{6.116}$$

也就是說，乘積和是用 $(2B+1)$ 位元或是 $(2B+2)$ 個位元的精確度來做累積的，而再把結果是量化成 $(B+1)$ 個位元作爲輸出和在延遲記憶體中的儲存。在直接式 I 的情況中，這個意味著量化雜訊仍然被極點所濾波，但是在 (6.106) 式中的因數 $(M+1+N)$ 會被換成 1。類似的，對於直接式 II 實現，(6.113a) 式和 (6.113b) 式的差分方程式可以分別被替換成

$$\hat{w}[n]=Q\left[\sum_{k=1}^{N}a_k\hat{w}[n-k]+x[n]\right] \tag{6.117a}$$

和

$$\hat{y}[n]=Q\left[\sum_{k=0}^{M}b_k\hat{w}[n-k]\right] \tag{6.117b}$$

這意味著輸入和輸出都有一個單一的雜訊源，所以在 (6.115) 式中的因數 N 和 $(M+1)$ 都被換成 1。因此，在大部分的 DSP 晶片都提供有的雙倍長度的累加器可以被使用來大量地減少在直接式系統中的量化雜訊。

6.9.2 在 IIR 系統定點實現中的尺度調整

溢位的可能性是在 IIR 系統的定點運算實現中另外的一個重要的考量。假若我們依照慣例，每一個定點數代表著一個分式（可能會乘上一個已知的比例因子），則在結構中的每一個節點其大小均必須要限制成小於 1，以避免溢位的發生。假若 $w_k[n]$ 表示第 k 個節點變數的值，而 $h_k[n]$ 代表從輸入 $x[n]$ 到節點變數 $w_k[n]$ 之間的脈衝響應，則

$$|w_k[n]|=\left|\sum_{m=-\infty}^{\infty}x[n-m]h_k[m]\right| \tag{6.118}$$

其上限

$$|w_k[n]|\le x_{\max}\sum_{m=-\infty}^{\infty}|h_k[m]| \tag{6.119}$$

是由把 $x[n-m]$ 替換成其最大的值 $x_{\max}$，再使用「和的大小小於或等於其大小的和」這項事實來得到的。因此，$|w_k[n]|<1$ 的一個充分條件爲對於在流程圖中的每一個節點

$$x_{\max} < \frac{1}{\sum_{m=-\infty}^{\infty} |h_k[m]|} \tag{6.120}$$

假若 $x_{\max}$ 並不滿足 (6.120) 式，則我們可以在系統輸入端把 $x[n]$ 乘以一個尺度調整的乘數 s，使得對於在流程圖中的每一個節點，$sx_{\max}$ 均滿足 (6.120) 式；也就是說，

$$sx_{\max} < \frac{1}{\max_k \left[\sum_{m=-\infty}^{\infty} |h_k[m]|\right]} \tag{6.121}$$

把輸入端做如此的尺度調整可以保證溢位絕對不會發生在流程圖中任何的節點上。(6.120) 式是必要的也是充分的，因爲總是存在一個輸入使得 (6.119) 式是以等式來滿足的（請參見在第 2.4 節中討論穩定性的 (2.70) 式）。然而，(6.120) 式對於大部分的信號而言是一個過度保守的輸入尺度調整方式。

另外一種尺度調整的方法是假設輸入是一個窄頻帶信號，令之爲 $x[n]=x_{\max}\cos\omega_0 n$。在這個情況中，節點變數將會是

$$w_k[n]=|H_k(e^{j\omega_0})|\,x_{\max}\cos(\omega_0 n+\angle H_k(e^{j\omega_0})) \tag{6.122}$$

因此，對於所有的弦波信號溢位都能被避免掉，假若

$$\max_{k,|\omega|\le\pi} |H_k(e^{j\omega})|\,x_{\max} < 1 \tag{6.123}$$

或是假若輸入是用以下的比例因子 s 做尺度調整使得

$$sx_{\max} < \frac{1}{\max_{k,|\omega|\le\pi} |H_k(e^{j\omega})|} \tag{6.124}$$

除了以上所提的之外，另外一種尺度調整的方法是基礎於輸入信號的能量 $E=\sum_n |x[n]|^2$。在這個情況中，我們推導出比例因子的方式爲藉由利用 Schwarz 不等式（參見 Bartle, 2000）以獲得以下的這個不等式，它把節點信號的平方和輸入信號的能量以及節點脈衝響應三者做關聯：

$$\begin{aligned} |w_k[n]|^2 &= \left|\frac{1}{2\pi}\int_{-\pi}^{\pi} H_k(e^{j\omega})X(e^{j\omega})e^{j\omega n}d\omega\right|^2 \\ &\le \left(\frac{1}{2\pi}\int_{-\pi}^{\pi}|H_k(e^{j\omega})|^2\,d\omega\right)\left(\frac{1}{2\pi}\int_{-\pi}^{\pi}|X(e^{j\omega})|^2\,d\omega\right) \end{aligned} \tag{6.125}$$

因此，假若我們把輸入序列值乘上一個比例因數 s 和套用帕色瓦定理，我們可以看出對於所有的節點 k，$|w_k[n]|^2<1$ 假若

$$s^2\left(\sum_{n=-\infty}^{\infty}|x[n]|^2\right)=s^2E<\frac{1}{\max_k\left[\sum_{n=-\infty}^{\infty}|h_k[n]|^2\right]} \tag{6.126}$$

因為我們可以證明出對於第 k 個節點，

$$\left\{\sum_{n=-\infty}^{\infty}|h_k[n]|^2\right\}^{1/2}\le\max_{\omega}|H_k(e^{j\omega})|\le\sum_{n=-\infty}^{\infty}|h_k[n]|, \tag{6.127}$$

因此（對於大部分的輸入信號）(6.121) 式，(6.124) 式，和 (6.126) 式提出三種得到數位濾波器輸入之尺度調整因子之不那麼保守的方法（等價地會遞減濾波器的增益）。三者之中，(6.126) 式一般而言是最容易被估算出來的，因為我們可以使用附錄 A 的部份分式法；然而使用 (6.126) 式需要一個有關於信號的均方值，E，的假設。在另一方面，除了最簡單的系統之外，(6.121) 式不容易被估算出來。當然，假若濾波器的係數是固定的數目，那麼比例因子可以藉由計算脈衝響應或頻率響應而被估計出來。

假若輸入一定要被調低的話 ($s<1$)，則在系統輸出端其信號雜訊比（signal-to-noise ratio, SNR）將會減少，因為信號功率被降低，而雜訊功率僅取決於四捨五入運算。圖 6.62 展示出二階直接式 I 和直接式 II 系統，其在輸入端均有尺度調整乘數。在決定這些系統的尺度調整乘數時，我們並不需要檢視流程圖中的每一個節點。某些節點並不代表加法運算，因此不會發生溢位。有些其他的節點則代表部份和。假若我們使用非飽和性的 2 補數算術運算，則只要某些特定的關鍵節點不溢位的話，其餘的節點我們允許其溢位。舉例來說，在圖 6.62(a) 中，我們把注意力放在那個用虛線圓圈起來的節點。在圖中，尺度調整乘數和 b_k 結合在一起，以致於雜訊源和在圖 6.59 中的一樣；也就是說，它有五倍單一量化雜訊源的功率[10]。因為雜訊源再次地僅被極點所濾波，所以輸出雜訊功率和在圖 6.59 和圖 6.62(a) 中的一樣。然而，在圖 6.62(a) 中系統的整體系統函數是 $sH(z)$ 而不是 $H(z)$，所以輸出 $\hat{y}[n]$ 的未經量化成份為 $sy[n]$ 而不是 $y[n]$。因為雜訊是在尺度調整之後才注入的，所以在經過尺度調整後，信號功率對雜訊功率的比例值會是圖 6.59 其 SNR 的 s^2 倍。假若尺度調整是需要用來避免溢位的話，那麼 $s<1$，而 SNR 會因尺度調整而減少。

---

[10] 這樣可以省去了一個分開的尺度調整乘法運算和其伴隨的量化雜訊源。然而，把 b_k 做尺度調整（和量化）會改變系統的頻率響應。假若一個分開的輸入尺度調整乘數是放在圖 6.62(a) 中零點的實現之前的話，那麼一個額外的量化雜訊源會透過整個系統 $H(z)$ 貢獻到輸出雜訊上。

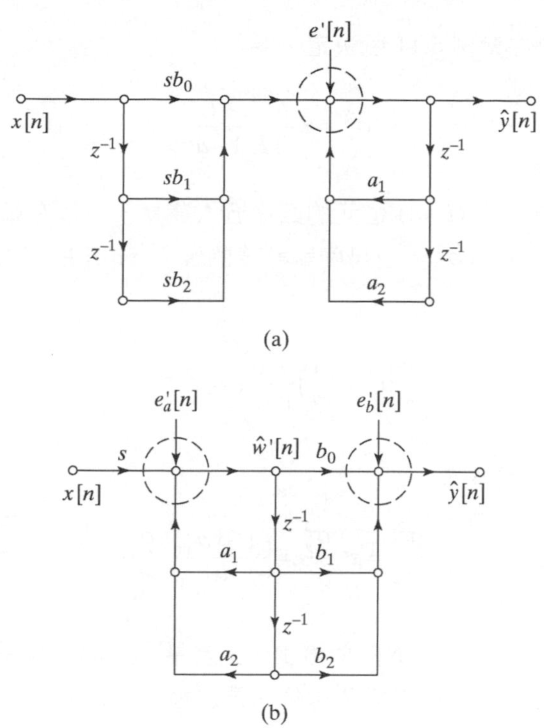

圖 6.62　直接式系統的尺度調整。(a) 直接式 I。(b) 直接式 II

對於圖 6.62(b) 的直接式 II 系統，相同的論述依然成立。在這個情況中，我們必須決定出尺度調整乘數使得在圖中被圈起來的節點都能避免溢位的發生。再次地，系統的整體增益是在圖 6.61(b) 中系統增益的 s 倍，但在這個情況中我們可能需要明顯地實現尺度調整乘數以避免在左邊節點的溢位。這個尺度調整乘數會加上一個額外的雜訊成分至 $e_a[n]$，所以在輸入端的雜訊功率一般而言爲 $(N+1)2^{-2B}/12$。否則，雜訊源會被系統濾波，和在圖 6.61(b) 和圖 6.62(b) 中的情況是一模一樣的。因此，信號功率乘以 s^2，而在輸出端的雜訊功率再次地是由 (6.115) 式所給定，只是把 N 替換成 $(N+1)$。SNR 再次地會降低，假若尺度調整是需要用來避免溢位的話。

範例 6.13　尺度調整和捨入雜訊之間的交互關係

為了要說明了尺度調整和捨入雜訊之間的互動，考慮範例 6.11 的系統，其系統函數是由 (6.107) 式所給定。假若尺度調整乘數是和係數 b 結合在一起的話，則我們可以得到如圖 6.63 之尺度調整後系統的流程圖。假設輸入是一個白色雜訊，其振幅均勻地分配在 −1 和 +1 之間。則其總信號變異量是 $\sigma_x^2 = 1/3$。為了要保證在計算 $\hat{y}[n]$ 時不會有溢位發生，我們使用 (6.121) 式來計算出比例因子

$$s = \frac{1}{\sum_{n=0}^{\infty} |b||a|^n} = \frac{1-|a|}{|b|} \tag{6.128}$$

輸出雜訊變異量是在範例 6.11 所決定，為

$$\sigma_f^2 = 2\frac{2^{-2B}}{12}\frac{1}{1-a^2} \tag{6.129}$$

因為我們再次地有兩個 $(B+1)$ 位元的四捨五入運算，所以在輸出端的雜訊功率是一樣的，也就是說，$\sigma_{f'}^2 = \sigma_f^2$。由尺度調整後的輸入 $sx[n]$ 所造成的輸出 $y'[n]$ 其變異量為

$$\sigma_{y'}^2 = \left(\frac{1}{3}\right)\frac{s^2b^2}{1-a^2} = s^2\sigma_y^2 \tag{6.130}$$

因此，在輸出端的 SNR 是

$$\frac{\sigma_{y'}^2}{\sigma_{f'}^2} = s^2\frac{\sigma_y^2}{\sigma_f^2} = \left(\frac{1-|a|}{|b|}\right)^2\frac{\sigma_y^2}{\sigma_f^2} \tag{6.131}$$

當系統極點逼近單位圓時，SNR 會減少，因為量化雜訊已被系統放大而且因為系統的高增益強迫輸入要被調小以避免溢位。再次地，我們看到溢位和量化雜訊分別以不同的方式來破壞系統效能。

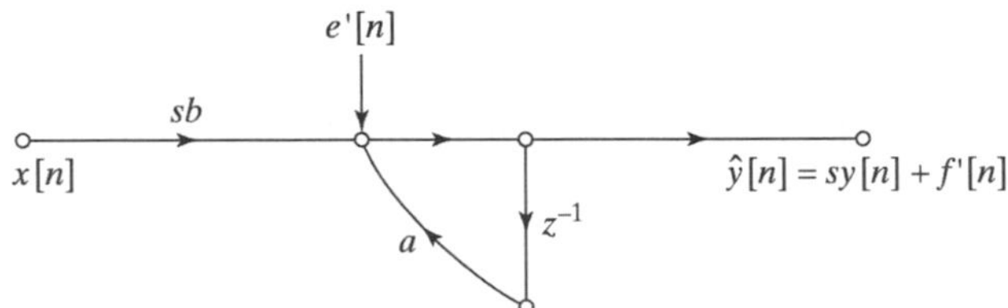

圖 6.63 尺度調整後的一階系統

6.9.3 一個串接 IIR 結構的分析範例

這一節先前的結果可以被直接的應用到二階直接式子系統的並聯式結構和串接式結構的分析上。在串接式結構中，尺度調整和量化之間的相互關係是個特別有趣的課題。我們對串接式系統的一般評論將會交織在一個特定的範例中。

一個橢圓低通濾波器已經設計來滿足以下規格：

$$0.99 \le |H(e^{j\omega})| \le 1.01, \quad |\omega| \le 0.5\pi,$$
$$|H(e^{j\omega})| \le 0.01, \quad 0.56\pi \le |\omega| \le \pi$$

所得系統的系統函數為

$$H(z)=0.079459\prod_{j=1}^{3}\left(\frac{1+b_{1k}z^{-1}+z^{-2}}{1-a_{1k}z^{-1}-a_{2k}z^{-2}}\right)=0.079459\prod_{k=1}^{3}H_k(z), \tag{6.132}$$

其中係數是在表 6.6 所給定。請注意在這個範例中 $H(z)$ 其所有的零點都是在單位圓上；然而，這在一般的情況中不一定成立。

▼表 6.6　串接式橢圓低通濾波器的係數

k	a_{1k}	a_{2k}	b_{1k}
1	0.478882	−0.172150	1.719454
2	0.137787	−0.610077	0.781109
3	−0.054779	−0.902374	0.411452

圖 6.64(a) 顯示出這個系統用二階對換直接式 II 之子系統做串接實現的一個可能的流程圖。增益常數，0.079459，是使得系統整體增益在通帶中近似為 1 的常數，而且我們假設這個常數可以保證在系統的輸出端沒有溢位。圖 6.64(a) 顯示出這個增益常數是位於系統的輸入端。這個方法會立即地減少信號振幅，使得在往後的幾個濾波器子段必須要有高增益以使得整體增益為一。因為量化雜訊源在 0.079459 的增益之後就會產生，因而被系統的其餘部分來放大，所以這不是一個好的方法。理想上來說，整體增益常數要比 1 來得小，而且應該要被放置在串接結構的終點上，如此一來信號和雜訊源將會做同量的衰減。然而，這樣子做卻會使得串接結構之中會有發生溢位的可能性。因此，一個較佳的方法就是把該增益分配到系統的三個階段中，而使得溢位情形在串接的每一個階段中都剛好被避免掉。這種分配的情形可以表示成

$$H(z)=s_1H_1(z)s_2H_2(z)s_3H_3(z), \tag{6.133}$$

其中 $s_1s_2s_3=0.079459$。此一尺度調整乘數可以被併入至個別系統函數的分子係數中，所以 $H'_k(z)=s_kH_k(z)$，如下所示

$$H(z)=\prod_{k=1}^{3}\left(\frac{b'_{0k}+b'_{1k}z^{-1}+b'_{2k}z^{-2}}{1-a_{1k}z^{-1}-a_{2k}z^{-2}}\right)=\prod_{k=1}^{3}H'_k(z), \tag{6.134}$$

其中 $b'_{0k}+b'_{2k}=s_k$，而 $b'_{1k}=s_kb_{1k}$。所得的尺度調整後系統我們描繪在圖 6.64(b) 中。

在圖 6.64(b) 中也展示出代表在加法運算之前乘積量化的量化雜訊源。圖 6.64(c) 展示出一個等價雜訊模型，其中我們可以看出在某一特殊子段中所有的雜訊源僅被該子段的極點所濾波（和被往後的子系統來濾波）。圖 6.64(c) 也用到以下的事實：延遲的白色

雜訊源仍然是白色雜訊，而且和所有其他的雜訊源是相互獨立的，所以在一個子段中所有的 5 個雜訊源可以合併成一個單一雜訊源，而其變異量爲單一量化雜訊源變異量的 5 倍[⑪]。因爲雜訊源是被假設成相互獨立的，所以輸出雜訊的變異量爲圖 6.64(c) 中三個雜訊源變異量的和。因此，對於四捨五入而言，輸出雜訊的功率頻譜爲

$$P_{f'f'}(\omega)=5\frac{2^{-2B}}{12}\left[\frac{s_2^2\,|\,H_2(e^{j\omega})\,|^2\;s_3^2H_3(e^{j\omega})\,|^2}{|\,A_1(e^{j\omega})\,|^2}+\frac{s_3^2\,|\,H_3(e^{j\omega})\,|^2}{|\,A_2(e^{j\omega})\,|^2}+\frac{1}{|\,A_3(e^{j\omega})\,|^2}\right],\qquad(6.135)$$

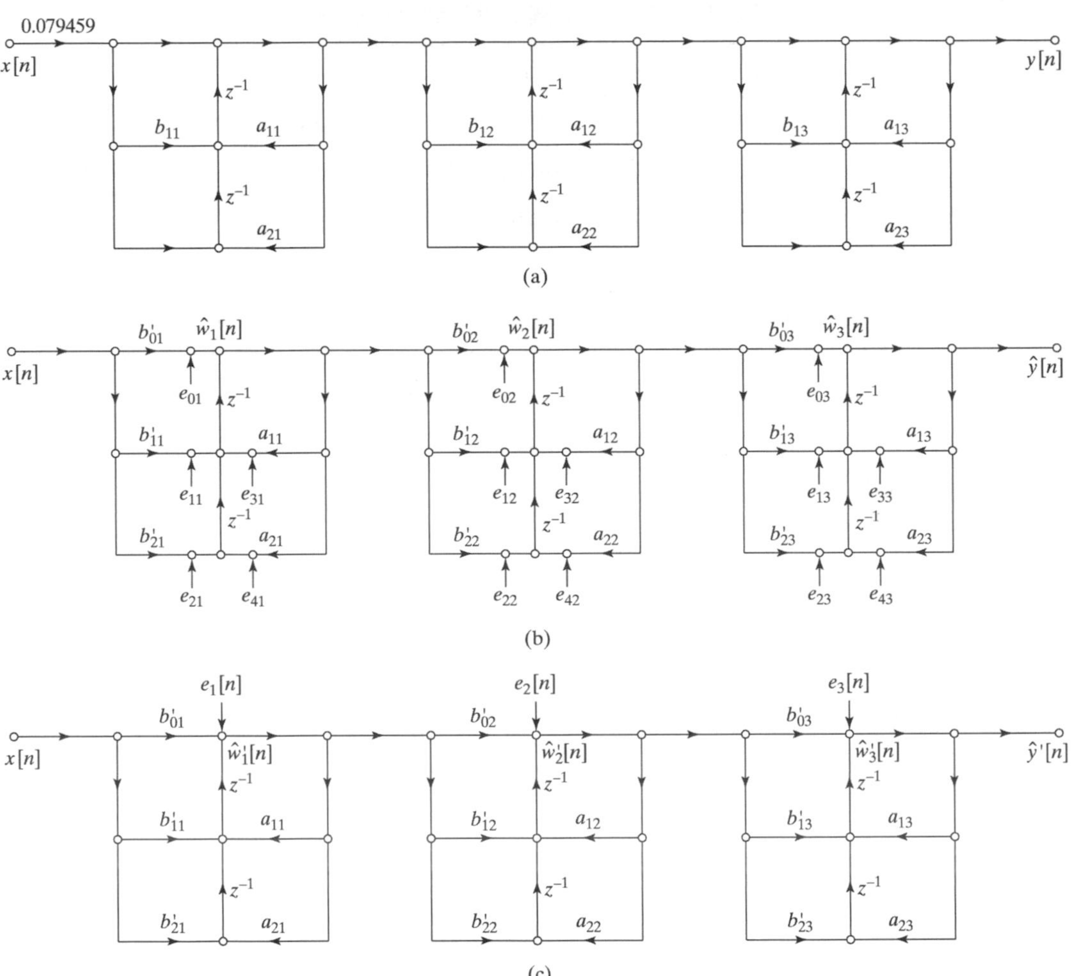

圖 6.64 具對換直接式 II 子段之六階串接系統的模型。(a) 無限精準度模型。(b) 尺度調整後系統其線性雜訊源模型，其中有展示出個別乘法運算後的量化。(c) 雜訊源結合後的線性雜訊源模型

⑪ 這個討論可以被推廣來證明對換直接式 II 結構和直接式 I 系統有相同的雜訊源行為。

而總輸出雜訊變異量是

$$\sigma_{f'}^2 = 5\frac{2^{-2B}}{12}\left[\frac{1}{2\pi}\int_{-\pi}^{\pi}\frac{s_2^2\,|H_2(e^{j\omega})|^2\,s_3^2\,|H_3(e^{j\omega})|^2}{|A_1(e^{j\omega})|^2}d\omega + \frac{1}{2\pi}\int_{-\pi}^{\pi}\frac{s_3^2\,|H_3(e^{j\omega})|^2}{|A_2(e^{j\omega})|^2}d\omega + \frac{1}{2\pi}\int_{-\pi}^{\pi}\frac{1}{|A_3(e^{j\omega})|^2}d\omega\right] \tag{6.136}$$

假若我們有一個雙倍長度累加器的話，則我們僅需要量化在圖 6.64(b) 中延遲元件輸入的和即可。在這種情況中，(6.135) 式和 (6.136) 式中的因數 5 會被改變成 3。更進一步的說，假若一個雙倍長度暫存器被使用來實現延遲元素的話，則只有變數 $\hat{w}_k[n]$ 需要被量化，因而在每一個子系統中僅有一個量化雜訊源。在該情況中，(6.135) 式和 (6.136) 式中的因數 5 會被改變成 1。

我們選擇比例因子 s_k 來避免在串接系統中節點會發生溢位的情形。我們將會使用 (6.124) 式的尺度調整方式。因此，我們選擇尺度調整常數來滿足

$$s_1 \max_{|\omega|\le\pi} |H_1(e^{j\omega})| < 1, \tag{6.137a}$$

$$s_1 s_2 \max_{|\omega|\le\pi} |H_1(e^{j\omega})H_2(e^{j\omega})| < 1, \tag{6.137b}$$

$$s_1 s_2 s_3 = 0.079459 \tag{6.137c}$$

最後一個條件保證對於具單位振幅之弦波輸入而言，系統輸出將不會有溢位發生，因為濾波器其最大的整體增益為一。對於表 6.6 的係數，所得的比例因子為 $s_1 = 0.186447$，$s_2 = 0.529236$，和 $s_3 = 0.805267$。

(6.135) 式和 (6.136) 式顯示出輸出雜訊功率頻譜的形狀和總輸出雜訊變異量取決於在串接式實現中零點和極點是如何地配對成二階子段，以及那些二階子段的排列順序。事實上，我們能容易地看出，對於 N 個子段而言，有 $(N!)$ 種方式可以配對極點和零點，而所得的二階子段同樣地也有 $(N!)$ 種排列方式，所以總共有 $(N!)^2$ 種不同的系統。除此之外，在實現這些二階子段時，我們可以選擇直接式 I 或直接式 II（或是它們的對換式結構）來實現之。在我們的例子中，假若我們希望決定出具有最低輸出雜訊變異量的系統，這意味著我們共有 144 種不同的串接系統需要考慮。若系統是以 5 個子段做串接，則一共會有 57,600 不同的系統。很清楚地，就算是一個低階的系統，要對它做完整的分析也會是一項冗長煩悶的事，因為對於每一組的配對和排序，一個像是 (6.136) 式的表示式必須被計算出來。Hwang (1974) 使用動態規劃（dynamic programming），Liu 和 Peled (1975) 使用一種啓發式（huristic）方法來降低計算量。

雖然要找出最佳的配對和排序可能需要電腦最佳化，Jackson (1970a, 1970b, 1996) 發現只要套用以下幾個簡單的規則，我們幾乎總是可以獲得好的結果：

1. 最靠近單位圓的極點應該要和 z 平面上最靠近它的零點配對。
2. 重複使用規則 1，直到應該所有的極點和零點都已經成對了爲止。
3. 所得的二階子段應該要根據極點到單位圓的靠近程度來排列，可依照靠近程度的遞增順序來排列，也可依照靠近程度遞減的順序來排列。

這個配對規則的訂定是基礎於我們觀察到具高尖峰增益的子系統是不理想的，一來是因爲它們會造成溢位，二來是因爲它們會放大量化雜訊。把一個靠近單位圓的極點配上一個鄰近的零點會減少該子段的尖峰增益。這些啓發式的規則可在一些設計和分析工具中看到，如 MATLAB 函數 zp2sos。

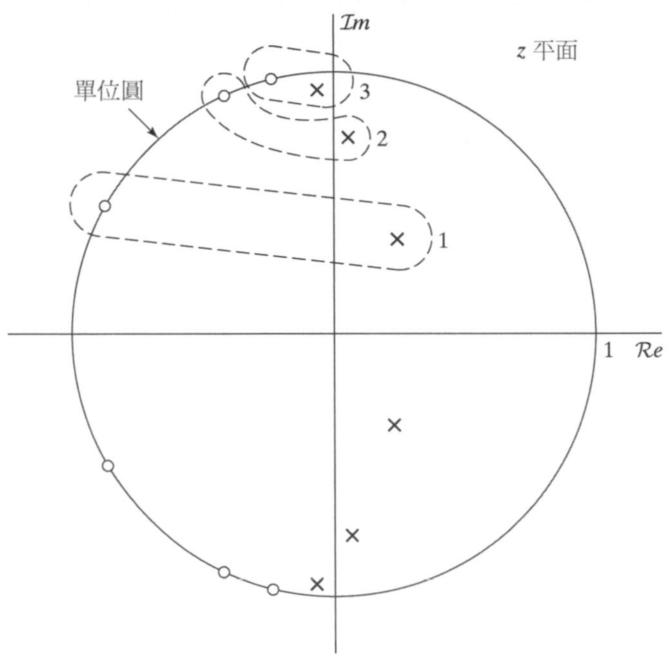

圖 6.65 圖 6.64 之六階系統其極點－零點圖，圖中有展示出極點和零點的配對

規則 3 的一個動機是由 (6.135) 式而來。我們可看到某些子系統的頻率響應其在輸出雜訊功率頻譜的方程式中出現的次數不只一次。假若我們不希望輸出雜訊變異量的頻譜在靠近單位圓的極點附近有一個高尖峰值，則我們最好要讓該靠近單位圓極點的頻率響應成分不會經常出現在 (6.135) 式中。這暗示我們要把這些「高 Q 值」的極點移動到整個串接結構的一開始處。在另一方面，從輸入到流程圖中某特定節點的頻率響應將會牽涉到位於該節點之前子系統頻率響應的一個乘積。因此，爲了要避免在串接結構的前幾級中信號準位可能會大量減少，我們應該把靠近單位圓的極點放置在整個順序的後面。

由這些論述，很清楚的，排序的問題是視一些考量的因素而定，包括總輸出雜訊變異量和輸出雜訊頻譜的形狀。Jackson (1970a, 1970b) 使用 L_p 範數（L_p norms）來爲配對和排序問題做定量分析，而且提出許多滿詳盡的「一般實用法則」，使用它們讓我們不用把所有的可能性都算過一次就可以獲得不錯的結果。

我們把此一範例系統的極點－零點圖展示在圖 6.65 中。配對後的極點和零點我們有用圓形圈起來。在這個範例中，我們已經把這些子段按照其尖峰頻率響應的情況來排列，順序是從最不尖的到最尖的頻率響應。圖 6.66 說明了這些個別子段的頻率響應是如何地組合起來以形成整體的頻率響應。圖 6.66(a) 到 (c) 顯示出個別未經尺度調整之子系統其頻率響應。圖 6.66(d) 到 (f) 顯示出整體頻率響應是如何被建構出來的。請注意圖 6.66(d) 到 (f) 示範出從 (6.137a) 式到 (6.137c) 式的尺度調整保證從輸入到任何子系統的輸出其最大的增益均小於 1。在圖 6.67 的實線顯示出排序爲 123（從最不尖的到最尖的）的輸出雜訊功率頻譜。在該圖中我們假設 $B+1=16$。請注意在最靠近單位圓的極點附近會有頻譜尖峰。虛線顯示出當子段的順序是反過來排時（也就是說，321）其輸出雜訊的功率頻譜。因爲子段 1 在低頻率時有高增益，雜訊頻譜在低頻時很明顯的比較大，在尖峰附近稍微地較低。高 Q 值的極點會在串接結構中濾除第一個子段的雜訊源，所以它仍然主宰了頻譜。這兩種擺放順序的總雜訊功率在這個情況中最後會發覺幾乎是相同的。

我們剛剛所展示的範例顯示出在串接 IIR 系統之定點實現中所發生的複雜情形。並聯式結構分析起來會比較簡單一點，因爲沒有配對和排序的課題要考慮。然而，尺度調整是仍然是需要的，以避免在個別的二階子系統中的溢位，以及避免子系統輸出加總以產生整體輸出時的溢位。因此，我們剛剛發展出來的技巧必定也可以套用至並聯式結構。Jackson (1996) 詳盡地討論並聯式結構的分析，並指出並聯式結構和用最佳配對和排序的串接式結構有差不多的總輸出雜訊功率。但就算是如此，串接式結構在 IIR 濾波器中還是較爲流行，因爲系統函數的零點是在單位圓上，串接式結構可以用較少的乘法器來實現之，而且對於零點的位置它可做更多的控制。

6.9.4 直接式 FIR 系統的分析

因爲直接式 I 和直接式 II 的 IIR 系統把直接式 FIR 系統當作是它的一個特例（也就是說，在圖 6.14 和圖 6.15 中所有係數 a_k 都是零），所以 6.9.1 節和 6.9.2 節的結果和分析技巧也適用在 FIR 系統上，我們只要去除和系統函數極點的相關部分，和去除信號流程圖中所有的迴授路徑即可。

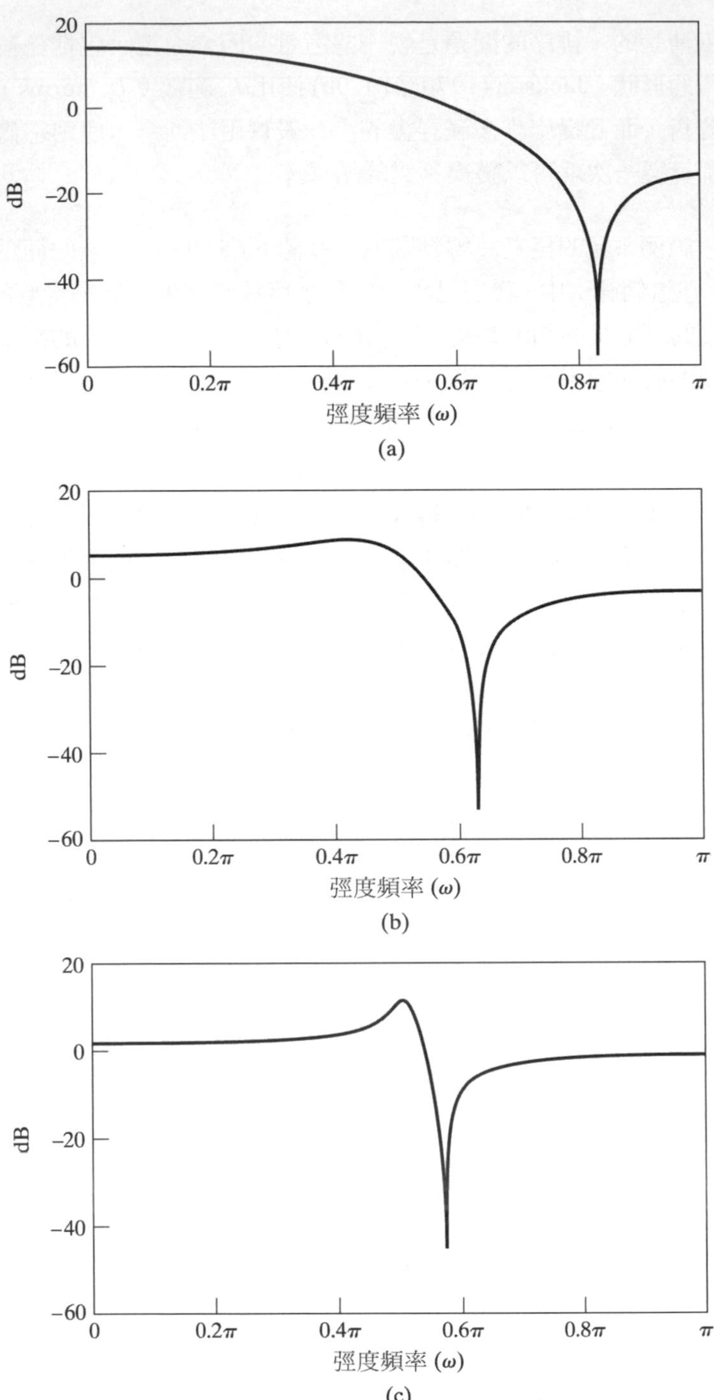

圖 6.66 範例系統的頻率響應函數

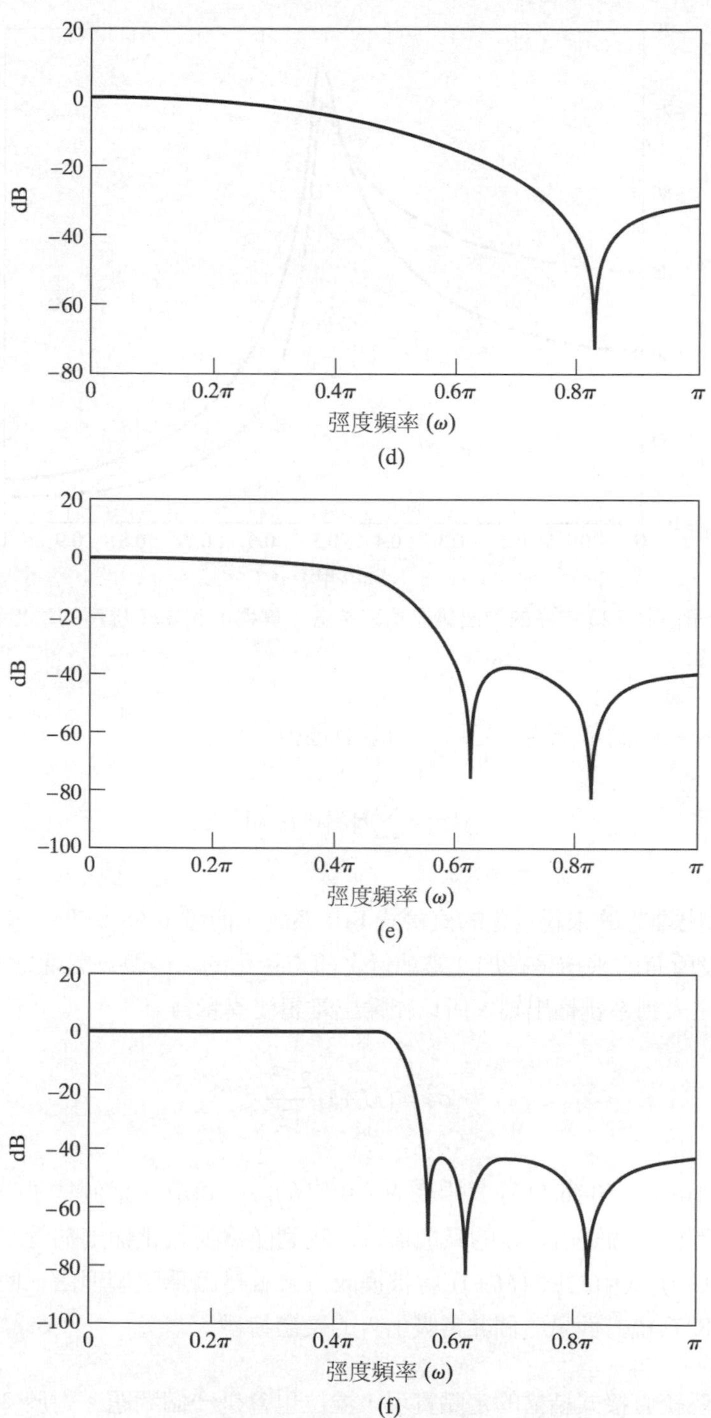

圖 6.66　範例系統的頻率響應函數

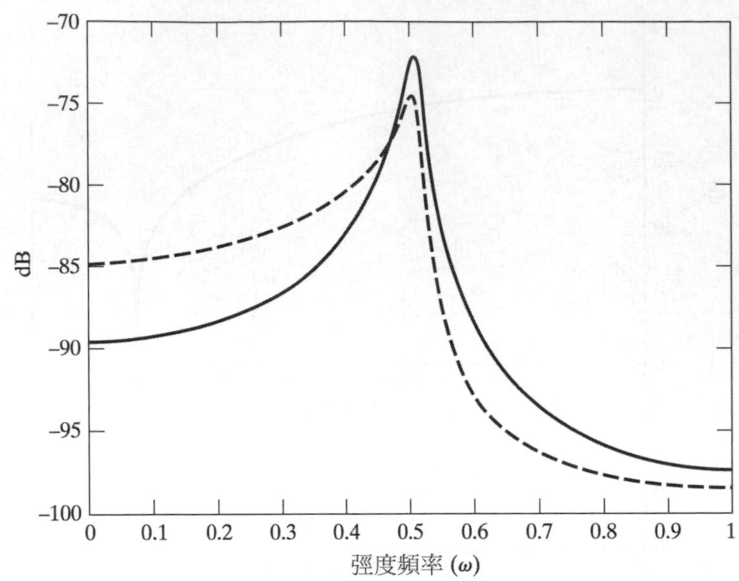

圖 6.67 二階子段其 123 排序的輸出雜訊功率頻譜（實線）和 321 排序的輸出雜訊功率頻譜（虛線）

直接式 FIR 系統簡單來講就是以下的離散捲積

$$y[n]=\sum_{k=0}^{M}h[k]x[n-k] \tag{6.138}$$

圖 6.68(a) 顯示出理想的未經量化的直接式 FIR 系統，而圖 6.68(b) 展示出系統的線性雜訊源模型，假設所有的乘積是在加法被執行之前來量化的。整體效應就是把 $(M+1)$ 個白色雜訊源直接注入到系統輸出端，所以總輸出雜訊變異量爲

$$\sigma_f^2=(M+1)\frac{2^{-2B}}{12} \tag{6.139}$$

假若我們在 (6.106) 式和 (6.115) 式中令 $N=0$ 和 $h_{ef}[n]=\delta[n]$ ，這個式子正是我們會獲得的結果。當我們有一個雙倍長度的累加器時，我們僅需要量化輸出端就好了。因此，在此情況中，(6.139) 式中的數 $(M+1)$ 會被換成 1。就是因爲這個理由，使得雙倍長度累加器在實現 FIR 系統方面是一個非常吸引人的硬體特徵。

對於 FIR 系統直接式結構的定點實現，溢位也會是一個問題。對於 2 補數算術，我們只需要關心輸出的大小即可，因爲在圖 6.68(b) 中所有其他的和都只是部份和。因此，脈衝響應係數可以做尺度調整以減少溢位的可能性。我們可以使用在 6.9.2 節中所討論的任何方法來決定尺度調整乘數。當然，對脈衝響應做尺度調整會減少系統增益，因此在輸出端的 SNR 是會減少的，正如在該節中所討論的一般。

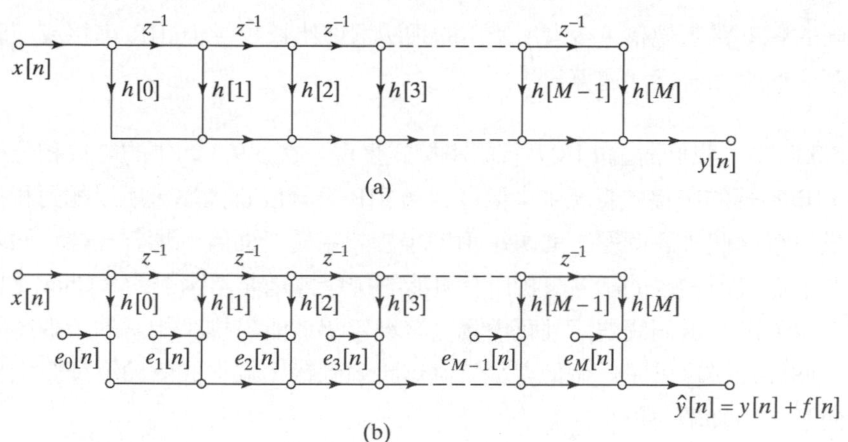

圖 6.68　一個 FIR 系統的直接式實現。(a) 無限精準度模型。(b) 線性雜訊源模型

範例 6.14　在 6.8.5 節中的 FIR 系統其尺度調整的考量

在 6.8.5 節中的 FIR 系統其脈衝響應係數我們展示在表 6.5 中。經過簡單的計算，和從圖 6.54(b) 中，我們可知

$$\sum_{n=0}^{27} |h[n]| = 1.751352,$$

$$\left(\sum_{n=0}^{27} |h[n]|^2\right)^{1/2} = 0.679442,$$

$$\max_{|\omega|\pi} |H(e^{j\omega})| \approx 1.009$$

這些數值滿足 (6.127) 式的大小順序關係。因此，此給定系統做尺度調整後，對於一個振幅大於 1/1.009 = 0.9911 的弦波信號，理論上溢位還是可能發生的。但就算是如此，對於大部分的輸入信號，溢位是不太可能發生的。事實上，因為該濾波器有線性相位，我們可以有以下的論述：對於寬頻信號，因為在通帶的增益近似一，而其它部分的增益小於一，輸出信號應該會比輸入信號要小得多。

在 6.5.3 節中，我們曾證明一個類似範例 6.14 的線性相位系統比起一般的 FIR 系統能節省大約一半的乘法數目。從圖 6.32 和圖 6.33 的信號流程圖看來，這點是相當明顯的。在這些情況中，我們應該清楚地知道假若乘積是在加法之前被量化的話，輸出雜訊變異量會減少一半。然而，比起直接式結構，使用這樣的結構牽涉到一個更為複雜索引演算法。絕大部分的 DSP 晶片結構已把一個具有效率的管線（pipelined）乘法－累加運算的雙倍字長的累加器和簡單的迴路控制結合在一起，以最佳化直接式 FIR 系統的實現。就是因為這個理由，直接式 FIR 實現通常是最具吸引力的，比起 IIR 濾波器要受歡迎得多，雖然在相同的頻率響應規格下後者所使用的乘法器會比較少，但 IIR 串接或並聯結構並不允許長序列的乘法－累加運算。

在 6.5.3 節中，我們討論 FIR 系統的串接式實現。在 6.9.3 節中的結果和分析技巧可以套用到 FIR 系統的串接式實現中；但是因為 FIR 系統沒有極點，所以配對和排序的問題會減化成只有一個排序問題。就像在 IIR 串接式系統所面臨的情況一樣，假若系統是是由許多的子系統所構成的話，分析所有可能的排序會是非常困難的。Chan 和 Rabiner (1973a, 1973b) 研究這個問題而且藉由實驗發現雜訊效能對排序相當的不敏感。他們的結果建議一個好的排序就是一個使得從每個雜訊源到輸出端之間的頻率響應均相當平坦的排序，而且其尖峰增益很小。

6.9.5 離散時間系統的浮點實現

從前面的討論中，我們清楚的知道由於定點運算其有限的動態範圍，使得在處理離散時間系統定點數位實現的時候，我們必須要小心的把輸入信號和中途信號的準位做尺度調整。藉由使用浮點數值表示法和浮點運算，這種對尺度調整的需求可以完全的消除。

在浮點表示法中，一個實數 x 被表示成二進位數目 $2^c\hat{x}_M$，其中比例因數的指數 c 叫做**特徵值**（characteristic），和 $\hat{x}_M$ 是一個分數部分我們稱其為**假數**（mantissa）。在浮點運算系統中，特徵值和假數都被明白地表式成定點二進位數。對於維持一個寬闊的動態範圍和低的量化雜訊，浮點表示提供了一個簡便的方法；然而，量化誤差是以一種有點不同的方式來呈現的。浮點運算藉由調整特徵值和正規化假數使得 $0.5 \le \hat{x}_M < 1$，用這兩種方法來維持其高精確度和寬的動態範圍。當兩浮點數相乘時，它們的特徵值相加而它們的假數相乘。因此，假數必須被量化。當兩個浮點數相加時，它們的特徵值必須要先調整成一樣，方式為移動較小的那個數其假數的二進位點。因此，加法運算也會造成量化。假設特徵值的範圍足夠地使沒有任何一個數目其值會大於 2^c，則量化僅影響假數，但是在假數上的誤差也是被 2^c 來做尺度調整。因此，一個量化的浮點數目通常我們把它表示為

$$\hat{x} = x(1+\varepsilon) = x + \varepsilon x \tag{6.140}$$

藉由把量化誤差表示為 x 的一個分數 ε，我們已自動地表示出量化誤差是跟隨著信號準位做尺度放大和縮小的事實。

在前面所提的那些浮點運算的特性會使得離散時間系統其浮點實現的量化誤差分析變得複雜。首先，雜訊源必須要被安插在每一個乘法運算和每一個加法運算之後。這導致的一個重要的結果為：不同於定點運算，乘法運算和加法運算的執行順序有時會造成

巨大的差異。對於分析而言，更重要的是我們已經不能再假設量化雜訊源爲白色雜訊也不能假設它和信號是相互獨立的。事實上，在 (6.140) 式中，雜訊是用信號明顯地表示出來的。因此，若要分析雜訊的話，我們一定要先對輸入信號的性質做假設。假若輸入是假設已知的話（舉例來說，白色雜訊），則一個合理的假設爲其相對誤差 ε 獨立於 x，而且是均勻分配的白色雜訊。

用這些型態的假設，一些有用的結果已經被 Sandberg (1967)，Liu 和 Kaneko (1969)，Weinstein 和 Oppenheim (1969)，以及 Kan 和 Aggarwal (1971)所提出。其中，Weinstein 和 Oppenheim 特別比較一階和二階 IIR 系統的浮點和定點實現，他們曾證明出假若代表浮點假數的位元數和定點字的長度是一樣的話，則浮點算術在輸出端會有較高的 SNR。不令人驚訝的是，當極點靠近單位圓時，這個差異會更大。然而，額外的位元被需要用來表示特徵值，而且若想要的動態範圍愈大，則需要更多的位元來表示特徵值。而且，實現浮點運算的硬體會比實現定點運算的硬體要複雜得多。因此，浮點運算的使用件隨著字組長度的增加以及在運算單元中複雜度的增加。它主要的優點爲它本質上消除了溢位的問題，而且假如我們使用足夠長度的假數的話，量化影響會變得不是什麼問題。這些優點會轉化成系統設計和實現方面的簡單性。

在現今的日子中，多媒體信號的數位濾波通常是在個人電腦或是在工作站上實現出來，它們有非常高精準度的浮點數值的表示和高速的運算單元。在如此的情況中，在 6.7 節到 6.9 節中所討論的量化課題一般而言影響甚微或是根本不用考慮。然而，在大量製造的系統中，定點運算一般而言是需要的，因爲它有較低的製造成本。

6.10 IIR 數位濾波器定點實現中的零輸入極限圈

對於用無限精準度算術來實現穩定的 IIR 離散時間系統，假若當 n 大於某個值 n_0 時輸入值變成零之後一直維持在零，則對於 $n > n_0$ 的輸出將會漸漸地衰減成零。對於相同的系統，假若我們是用有限長度暫存器的運算來實現的話，就算是輸入維持在零，輸出可能會以一個週期性的型態作持續無窮地震盪。這個效應通常稱之爲**零輸入極限圈行為**，而且是由於在系統迴授路徑中的非線性量化器或是由於加法運算的溢位所導致的結果。一個數位濾波器的極限圈行爲非常複雜並且難以分析，所以我們並不打算要廣泛地探討這個課題。然而，爲了要說明此一現象，我們將會使用兩個簡單的範例來示範極限圈是如何地產生的。

6.10.1 由捨入或截取所產生的極限圈

在一個迭代的差分方程式中對乘積做連續性的捨入或截取會產生重複性的型態。我們在以下的範例中說明。

範例 6.15 在一個一階系統中的極限圈行為

考慮一個一階系統，其差分方程式為

$$y[n] = ay[n-1] + x[n], \quad |a| < 1 \tag{6.141}$$

這個系統的信號流程圖展示在圖 6.69(a) 中。讓我們假設儲存係數 a、輸入 $x[n]$、和濾波器節點變數 $y[n-1]$ 的暫存器長度為 4 位元（也就是說，在二進位點的左邊有一個符號位元，在二進位點的右邊有三個位元）。因為是有限長度暫存器，乘積 $ay[n-1]$ 在和 $x[n]$ 做加法運算之前必須要被捨入或截取成 4 位元的數。在圖 6.69(b) 中，我們展示出基礎於 (6.141) 式之實際實現的流程圖。假設我們把乘積做四捨五入，則實際的輸出 $\hat{y}[n]$ 滿足非線性差分方程式

$$\hat{y}[n] = Q[a\hat{y}[n-1]] + x[n], \tag{6.142}$$

其中 $Q[\cdot]$ 代表四捨五入運算。讓我們假設 $a = 1/2 = 0_\diamond100$ 而且輸入為 $x[n] = 7/8\delta[n] = (0_\diamond111)\delta[n]$。使用 (6.142) 式，我們看到對於 $n = 0$，$\hat{y}[0] = 7/8 = 0_\diamond111$。為了要獲得 $\hat{y}[1]$，我們把 $\hat{y}[0]$ 乘以 a，獲得的結果為 $a\hat{y}[0] = 0_\diamond011100$，它是一個 7 位元的數，而我們必須要把它四捨五入成 4 個位元。這個數目，7/16，正好是在兩個 4 位元的量化階層 4/8 和 3/8 的中間。假若在這種情況中我們始終是選擇往上做捨入，則 $0_\diamond011100$ 捨入至 4 位元為 $0_\diamond100 = 1/2$。因為 $x[1] = 0$，我們有 $\hat{y}[1] = 0_\diamond100 = 1/2$。繼續迭代此一差分方程式，我們可得 $\hat{y}[2] = Q[a\hat{y}[1]] = 0_\diamond010 = 1/4$ 和 $\hat{y}[3] = 0_\diamond001 = 1/8$。在這兩個情形中，勿需做四捨五入運算。然而，為了要得到 $\hat{y}[4]$，我們必須要把那 7 位元的數 $a\hat{y}[3] = 0_\diamond000100$ 捨入成 $0_\diamond001$。對於所有 $n \geq 3$ 的值，都會有相同的結果。這個範例的輸出序列展示在圖 6.70(a) 中。假若 $a = -1/2$，我們可以再次地進行前述的運算而得到如展示在圖 6.70(b) 中的輸出。因此，由於我們對乘積 $a\hat{y}[n-1]$ 做四捨五入運算，當 $a = 1/2$ 時，輸出會到達一個常數值 1/8；而當 $a = -1/2$ 時，輸出會在 +1/8 和 −1/8 之間做週期性的穩態震盪。這些週期性的輸出會和一個在 $z = \pm1$ 處有一階極點的系統所得到的輸出類似，反而不是和一個在 $z = \pm1/2$ 處有一階極點的系統所得到的輸出類似。

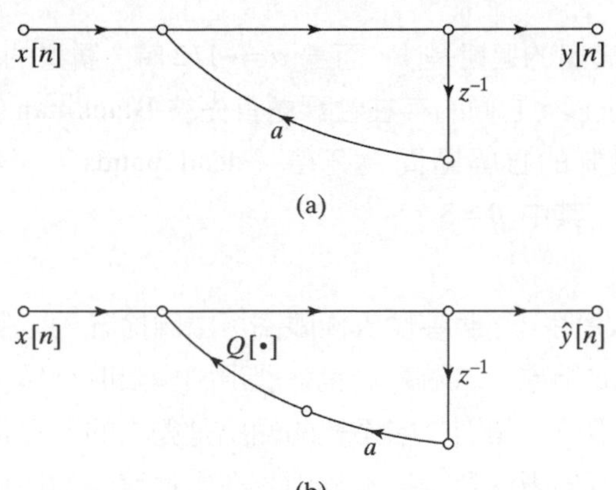

圖 6.69 一階 IIR 系統。(a) 無限精準度的線性系統。(b) 由於量化所造成的非線性系統

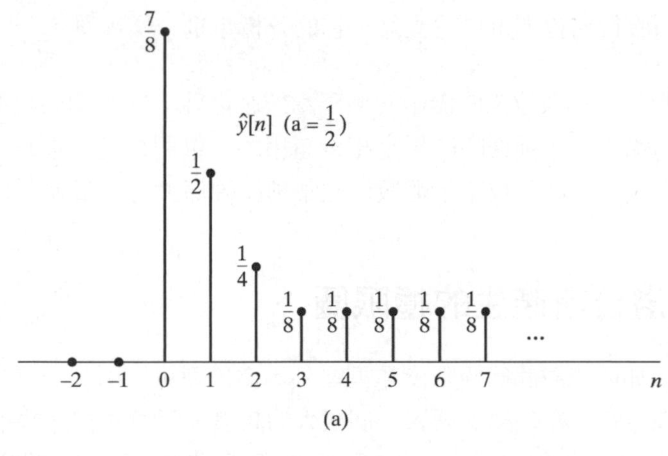

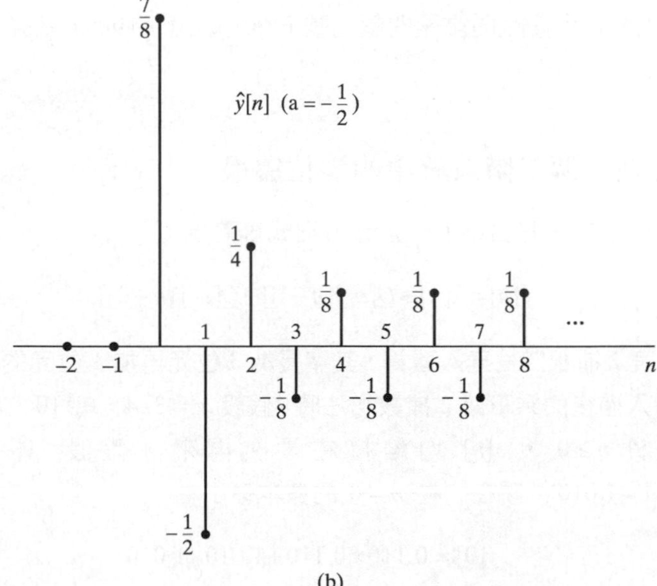

圖 6.70 圖 6.69 的一階系統對一個脈衝的響應。(a) $a = 1/2$ 。(b) $a = -1/2$

當 $a=+1/2$ 時，震盪的週期是 1，而當 $a=-1/2$ 時，震盪的週期是 2。這種穩態的週期性輸出叫做極限圈，它們的存在性課題首先被 Blackman (1965) 所注意到，他稱這種極限圈所被限制的振幅區間為死帶（dead bands）。在這個範例中，死帶為 $-2^{B} \le \hat{y}[n] \le +2^{-B}$，其中 $B=3$。

前述的範例已經說明了一個零輸入極限圈可由四捨五入一個一階 IIR 系統而產生。截取運算也會有類似的結果。二階系統也會展現出極限圈行爲。在較高階系統的並聯實現情況中，當輸入是零時，個別二階系統的輸出是獨立的。在這種情況中，一個或多個的二階子段會貢獻一個極限圈到輸出總和中。在串接實現的情況中，僅有第一個子段有零輸入；後面跟隨的子段可能會展現出它們自己的潛在的極限圈行爲，或者它們可能把前一個子段的極限圈輸出做簡單的濾波。對於用其他種的濾波器結構來實現的較高階系統而言，其極限圈行爲會變得更爲複雜，它的分析也是一樣複雜。

除了讓我們了解在數位濾波器中的極限圈效應之外，當一個系統的零輸入極限圈響應是我們想要的輸出時，前面的結果是相當有用的。舉例來說，當我們想要有一個數位的弦波震盪器來做信號產生或產生離散傅立葉轉換的係數時，這就可以派上用場。

6.10.2 由溢位所產生的極限圈

除了在前面那節所討論的極限圈類型之外，溢位還可以引起一種更爲嚴重的極限圈型態。溢位的效應就是在輸出處插入一個很大的誤差，而導致在某些情況中濾波器 的輸出會在大振幅的極限中震盪。這樣子的極限圈我們稱之爲**溢位震盪**（overflow oscillation）。由溢位所產生的震盪問題已被 Ebert et al. (1969) 做詳盡的討論。我們用以下的範例說明溢位震盪。

範例 6.16 在一個二階系統中的溢位震盪

考慮一個二階系統，是由以下的差分方程式來實現

$$\hat{y}[n]=x[n]+Q[a_1\hat{y}[n-1]]+Q[a_2\hat{y}[n-2]], \tag{6.143}$$

其中 $Q[\cdot]$ 代表 2 補數四捨五入運算，其字長為 3 位元再加 1 位元的符號位元。溢位會發生在把捨入過後的乘積做 2 補數加法時。假設 $a_1=3/4=0_\diamond110$，$a_2=-3/4=1_\diamond010$，和假設對於 $n\ge 0$，$x[n]$ 均維持在零。再來，假設 $\hat{y}[-1]=3/4=0_\diamond110$ 和 $\hat{y}[-2]=-3/4=1_\diamond010$。現在，在 $n=0$ 的樣本輸出為

$$\hat{y}[0]=0_\diamond110\times 0_\diamond110+1_\diamond010\times 1_\diamond010$$

假如我們使用 2 補數算術運算來計算其乘積，我們可得

$$\hat{y}[0] = 0_{\diamond}100100 + 0_{\diamond}100100,$$

而且假若當我們遇到的數正好是在兩個量化階層的中間時，我們選擇往上做捨入，所以此一 2 補數加法運算的結果為

$$\hat{y}[0] = 0_{\diamond}101 + 0_{\diamond}101 = 1_{\diamond}010 = -\frac{3}{4}$$

在這個情況中，二位元進位溢位至符號位元，因此把該正數改變成為一個負數。重複此一過程我們可得

$$\hat{y}[1] = 1_{\diamond}011 + 1_{\diamond}011 = 0_{\diamond}110 = \frac{3}{4}$$

在這個情形中，符號位元相加所產生的二位元進位將丟棄，而負數和被映射至一個正數。很清楚地，$\hat{y}[n]$ 將會持續地在+3/4 和-3/4 之間震盪，直到一個輸入信號來到為止。因此，$\hat{y}[n]$ 已經進入了一個週期性的極限圈，其週期為 2 而其振幅幾乎是實現該系統的全幅大小。

這個範例說明了溢位震盪是如何發生的。更高階的系統會展現更爲複雜的行爲，也可能發生其它的頻率。當溢位震盪是由一個差分方程式所維持時，某些結果是可以預測出來的（請參見 Ebert et al., 1969）。溢位震盪可以藉由使用圖 6.45(b) 之飽和溢位的特性來予以避免（請參見 Ebert et al., 1969）。

6.10.3 避免極限圈

零輸入極限圈的存在與否在某些應用中是個重要考量，其中一個應用就是在連續運算中的數位濾波器，因爲一般我們會希望當輸入是零時輸出會趨近於零。舉例來說，假設一個語音信號被取樣，再被一個數位濾波器濾波，然後再用一個 D/A 轉換器把它轉換回一個聲音信號。在這種情況中，我們非常不希望每當輸入是零時濾波器會進入一個週期性的極限圈，因爲該極限圈會產生一個可聽到的聲調。

對於極限圈的一般問題，一個處理的方法就是尋找一個不能維持極限圈震盪的結構。這種結構已經用狀態空間表示法（請參見 Barnes and Fam, 1977; Mills, Mullis and Roberts, 1978）和用類似於類比系統中的被動性概念（請參見 Rao and Kailath, 1984; Fettweis, 1986）推導出來。然而，這些結構一般而言比起其等價的串接式或並聯式實現需要更多的運算量。藉由把字長加入更多的位元，我們一般可以避免溢位。類似地，因爲捨入極限圈通常是限制在二進位字組中最不重要的位元，額外的位元可以被使用來減

少極限圈的有效振幅。而且，Claasen et al. (1973) 曾證明假若我們使用的是雙倍長度的累加器以致於量化是發生在乘積累加運算之後，則由捨入所產生的極限圈在二階系統中不太可能發生。因此，極限圈在字組長度和運算演算法複雜度之間的權衡問題，就好像是在係數量化和捨入雜訊之間的權衡問題一般。

最後，我們要指出的要點是，由溢位和捨入所造成的零輸入極限圈是一個只有在 IIR 系統中才會發生的現象：FIR 系統無法維持零輸入極限圈， 因爲它們沒有迴授路徑。在輸入變成零和維持在零之後，不晚於 $(M+1)$ 個樣本點，一個 FIR 系統的輸出必定爲零。在那些極限圈震盪不能被容忍的應用中，FIR 系統會有很大的優勢。

6.11 總結

在本章中，我們已經考慮了實現一個 LTI 離散時間系統的所面臨問題的許多面向。本章前半部份探討的是基本的實現結構。在介紹過差分方程式的兩大圖形表示法方塊圖和信號流程圖之後，我們討論 IIR 和 FIR 離散時間系統的一些基本的結構。這些包括了直接式 I 結構、直接式 II 結構、串接式結構、並聯式結構、格狀結構，和對換式結構。我們已說明當使用無限精準度運算來實現這些結構時，這些結構全部都是等價結構。然而，在有限精準度實現的環境中，不同的結構才會展現其不同的重要性。因此，本章的其餘部份探討在基本結構的定點數位實現中，有限精準度或量化所會產生的問題。

首先，我們對數位數值表示法的有限精準度效應做一個簡要的回顧，也回顧一下量化效應分別在取樣中的重要性（在第 4 章中討論），在表示離散時間系統係數中的重要性，和在用有限精準度運算實現一系統時的重要性。我們透過幾個範例說明了差分方程式其係數的量化效應。這個課題是和有限精準度運算的效應獨自分開來考慮的，有限精準度運算會在系統中引入非線性特性。我們證明出在某些情況中這個非線性特性會產生極限圈，所謂的極限圈就是在一個系統的輸入已經變成零之後輸出仍可能存在的特性。我們也說明量化效應可以使用獨立的隨機白色雜訊源模型來描述之，而該雜訊源是在流程圖的中間被注入的。我們已經發展出直接式結構和串接式結構的線性雜訊源模型。在所有我們對量化效應的討論中，潛在的課題爲我們對於精細量化的欲望和維持一個大範圍信號振幅的需求，我們需要權衡在這兩者之間的衝突。在定點實現中，我們看到只要犧牲其中一項，另外一項就可以改善；但是若想要改善其中一項而又要使得另一個不受影響，則必需要增加用來表示係數和信號振幅的位元數目。這可以藉由增加定點字組長度或是採用浮點表示法來達到目的。

我們對量化效應的討論有兩個目的。第一，我們發展出幾種能夠導引實際實現設計之有用的結果。我們發現量化效應非常地依賴於我們所使用的結構，也取決於要被實現系統之特定的參數，就算通常我們需要做系統模擬來評估系統效能，當我們設計系統要做智慧型判斷時，在本章中所討論的一些結果還是滿有用的。第二，在本章中這個部份的另一同等重要的目的爲說明一個分析的形式，該形式可以被應用至研究其它種類的數位信號處理演算法的量化效應。本章的範例指出一些在研究量化效應中常做的假種假設和近似。在第 9 章中，我們將會把在這裡所發展出的分析技巧應用至研究在計算離散傅立葉轉換時所產生的量化效應。

習題

有解答的基本問題

6.1　對在圖 P6.1 中的兩個流程圖，決定出系統函數並證明出它們有相同的極點。

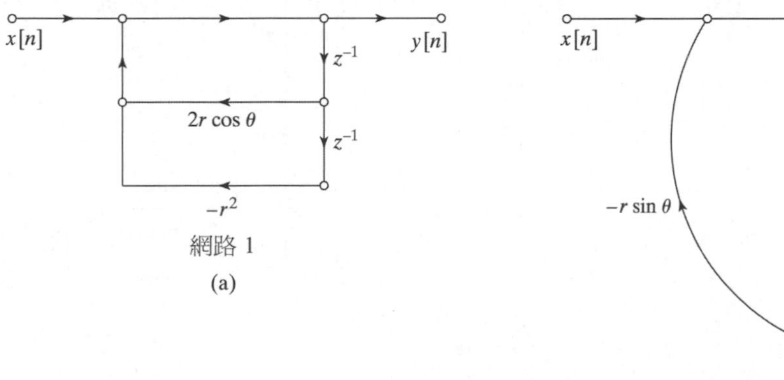

圖 P6.1

6.2　在圖 P6.2 中的信號流程圖代表一個常係數線性差分方程式。決定出輸出 $y[n]$ 和輸入 $x[n]$ 之間的差分方程式。

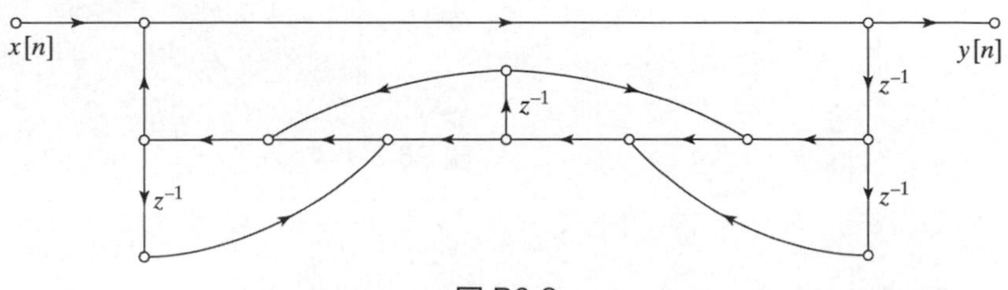

圖 P6.2

6.3 圖 P6.3 顯示出 6 個系統。決定出最後 5 個，(b) 到 (f)，中的那一個會和 (a) 有相同的系統函數。你應該可以藉由觀察法消去一些可能性。

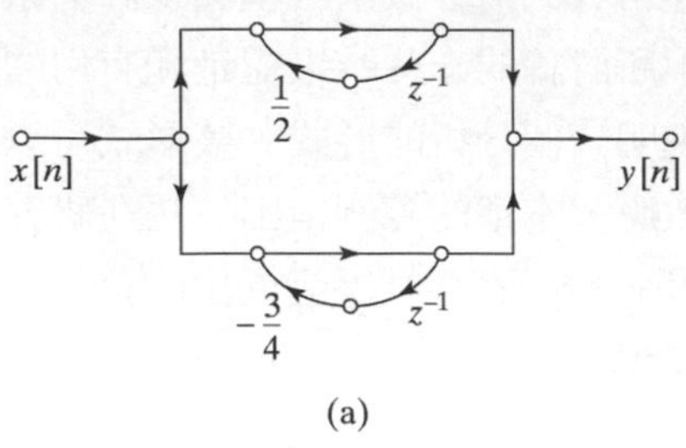

(a)

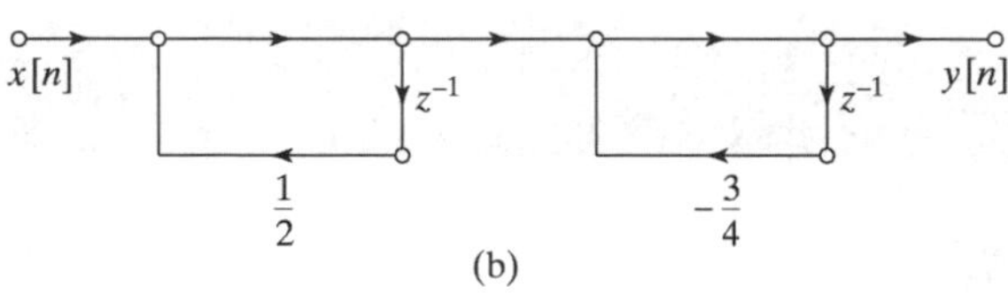

(b)

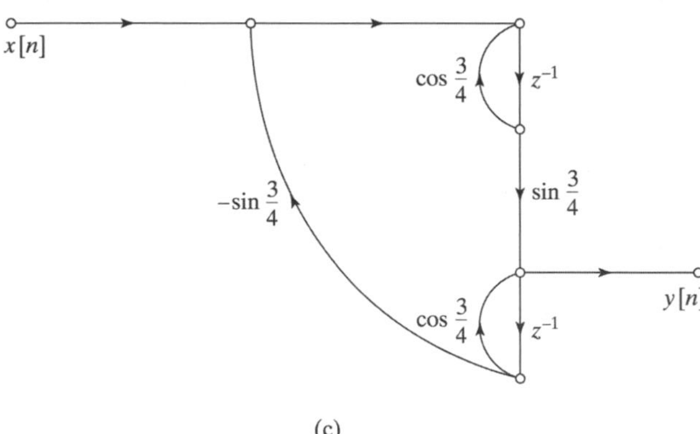

(c)

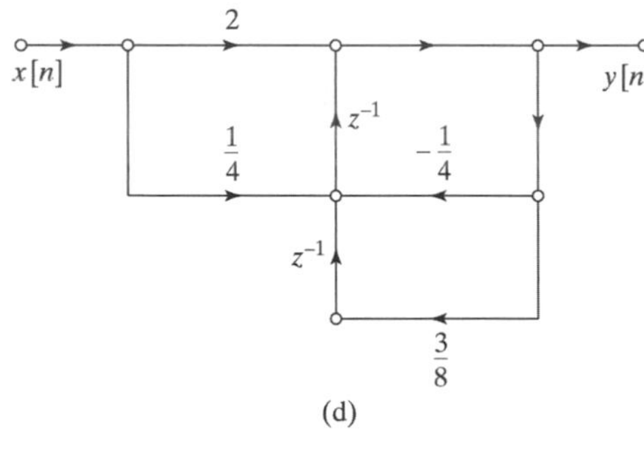

(d)

圖 P6.3

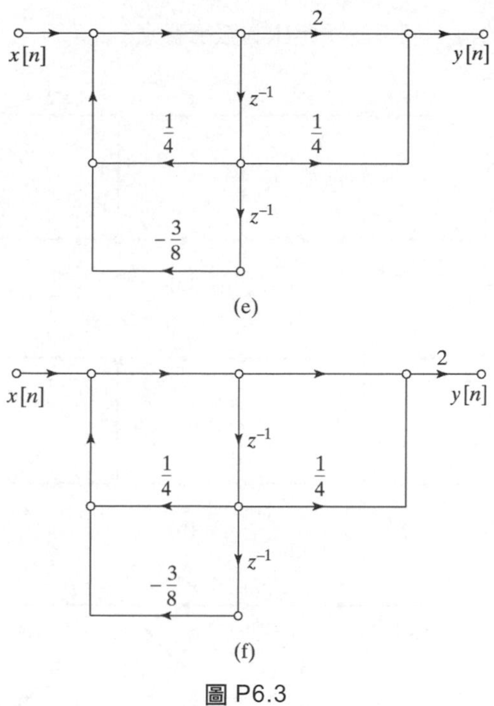

圖 P6.3

6.4　考慮在圖 P6.3(d) 中的系統。

(a) 請用 z 轉換決定出輸入和輸出間的系統函數。

(b) 決定出輸出 $y[n]$ 和輸入 $x[n]$ 之間的差分方程式。

6.5　一個 LTI 系統是用展示在圖 P6.5 中的流程圖實現出來的。

(a) 決定出輸出 $y[n]$ 和輸入 $x[n]$ 之間的差分方程式。

(b) 此系統的系統函數爲何？

(c) 在實現圖 P6.5 時，計算出每一個輸出樣本需要多少個實數乘法運算和實數加法運算？（假設 $x[n]$ 是實數，並假設乘以 1 的乘法運算不記在運算總數中。）

(d) 實現圖 P6.5 需要 4 個儲存暫存器（延遲元素）。我們可不可以使用一個不同的結構來減少儲存暫存器的數目？假若是的話，畫出其流程圖；假若不是的話，解釋爲什麼儲存暫存器的數目不能被減少。

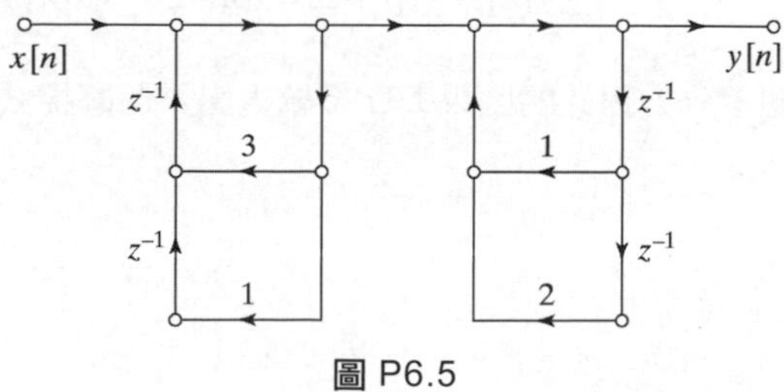

圖 P6.5

6.6 爲在圖 P6.6 中的每一個系統決定出其脈衝響應。

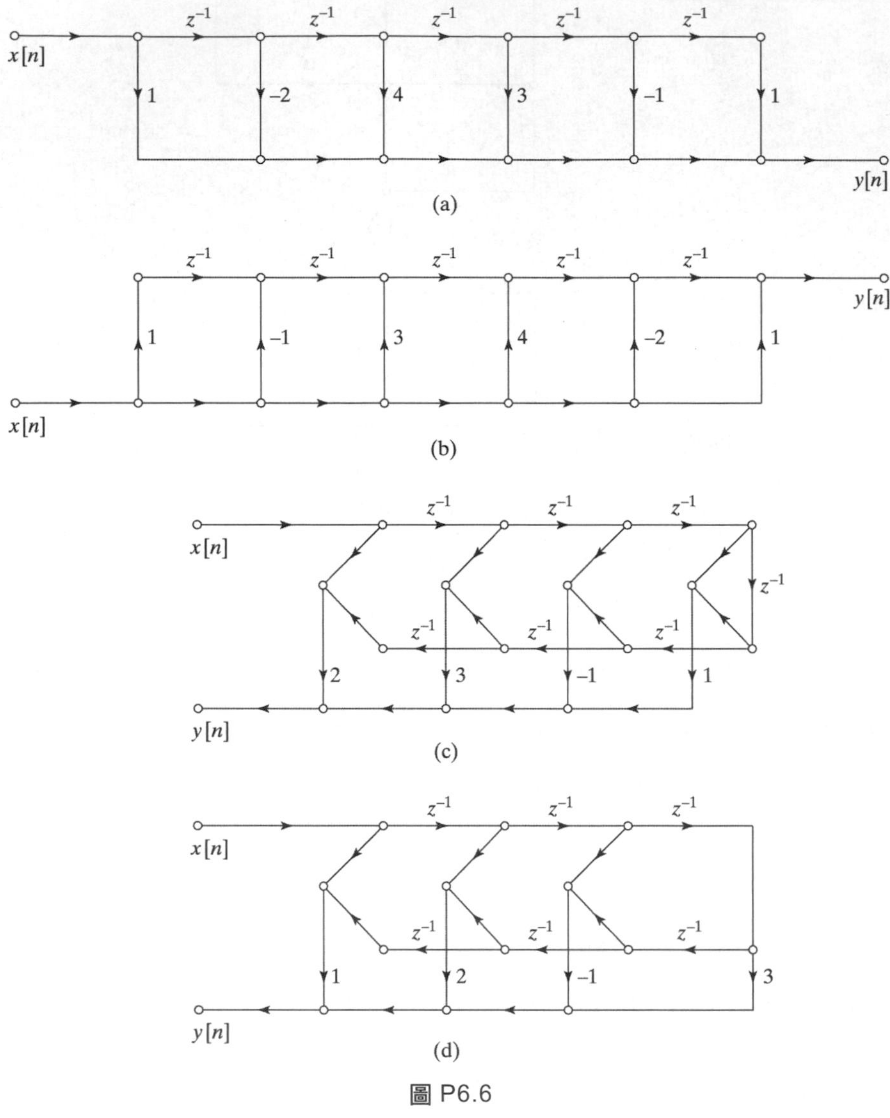

圖 P6.6

6.7 令 $x[n]$ 和 $y[n]$ 滿足以下的差分方程式：

$$y[n]-\frac{1}{4}y[n-2]=x[n-2]-\frac{1}{4}x[n]$$

請爲對應到這個差分方程式的因果 LTI 系統畫出一個直接式 II 的信號流程圖。

6.8 在圖 P6.8 中的信號流程圖代表一個 LTI 系統。請寫出輸出 $y[n]$ 和輸入 $x[n]$ 之間的差分方程式。正如往常一般，在信號流程圖中其所有的分支增益均為 1，除非有特別明確地指出。

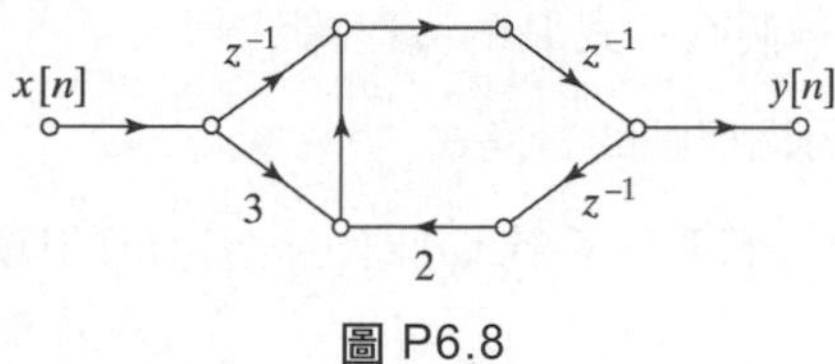

圖 P6.8

6.9 圖 P6.9 顯示出一個因果離散時間 LTI 系統的信號流程圖。分支若沒有特別明確地指出，其增益均為 1。

(a) 利用一個脈衝走過流程圖的路徑，決定出 $h[1]$，也就是在 $n=1$ 時的脈衝響應。

(b) 請寫出輸出 $y[n]$ 和輸入 $x[n]$ 之間的差分方程式。

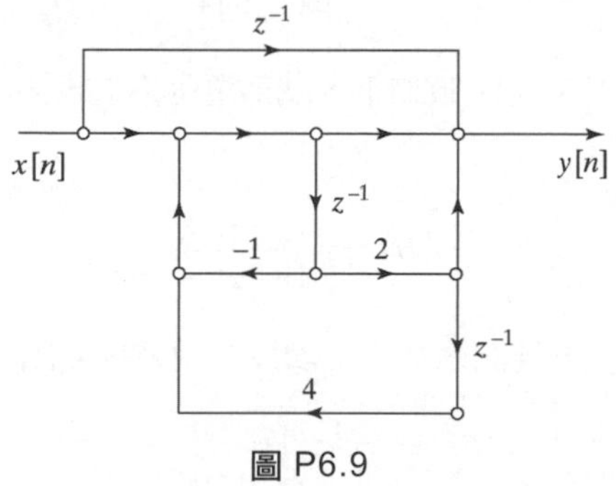

圖 P6.9

6.10 考慮展示在圖 P6.10 中的信號流程圖。

(a) 使用在圖中定義的節點變數，寫出這個流程圖的差分方程式組。

(b) 畫出這個系統其某一等價系統的流程圖，它是由兩個一階系統串接而成。

(c) 這個系統穩定嗎？請解釋之。

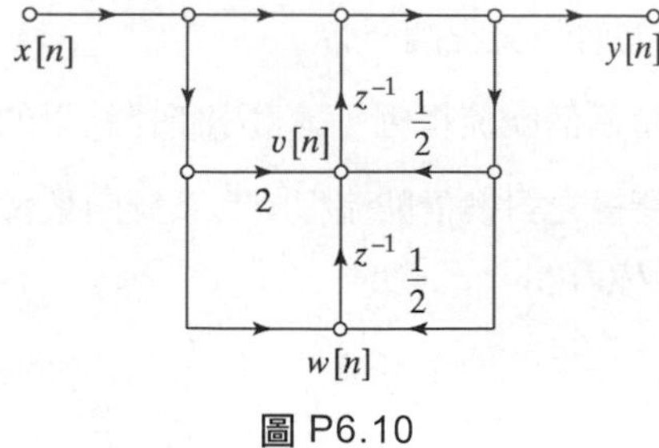

圖 P6.10

6.11 考慮一個因果 LTI 系統，其脈衝響應為 $h[n]$ 而其系統函數為

$$H(z)=\frac{(1-2z^{-1})(1-4z^{-1})}{z\left(1-\frac{1}{2}z^{-1}\right)}$$

(a) 試為這個系統畫出一個直接式 II 的流程圖。

(b) 畫出你在 (a) 中所得流程圖的對換式。

6.12 圖 P6.12 的流程圖描述一個 LTI 系統，請寫出輸出 $y[n]$ 和輸入 $x[n]$ 之間的差分方程式。

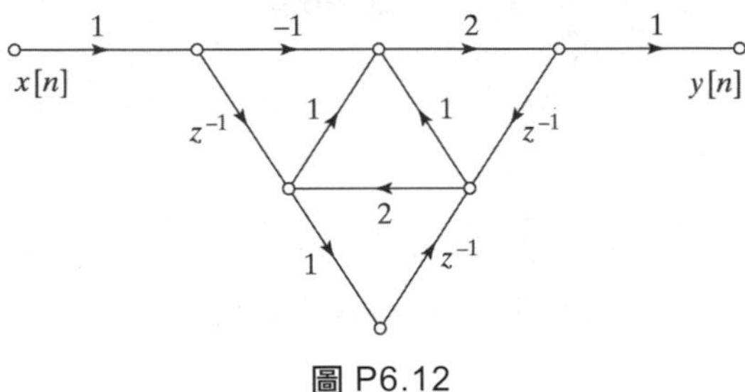

圖 P6.12

6.13 考慮一個 LTI 系統，其系統函數如下，試為這個系統畫出一個直接式 I 實現的信號流程圖。

$$H(z)=\frac{1-\frac{1}{2}z^{-2}}{1-\frac{1}{4}z^{-1}-\frac{1}{8}z^{-2}}$$

6.14 考慮一個 LTI 系統，其系統函數如下，試為這個系統畫出一個直接式 II 實現的信號流程圖。

$$H(z)=\frac{1+\frac{5}{6}z^{-1}+\frac{1}{6}z^{-2}}{1-\frac{1}{2}z^{-1}-\frac{1}{2}z^{-2}}$$

6.15 考慮一個 LTI 系統，其系統函數如下，試為這個系統畫出一個對換的直接式 II 實現的信號流程圖。

$$H(z)=\frac{1-\frac{7}{6}z^{-1}+\frac{1}{6}z^{-2}}{1+z^{-1}+\frac{1}{2}z^{-2}}$$

6.16 考慮展示在圖 P6.16 中的信號流程圖。

(a) 把對換定理套用到這個信號流程圖，請畫出所得結果的信號流程圖。

(b) 請驗證你在 (a) 中所得之對換信號流程圖其系統函數會和在圖 P6.16 中原來的系統有相同的系統函數 $H(z)$。

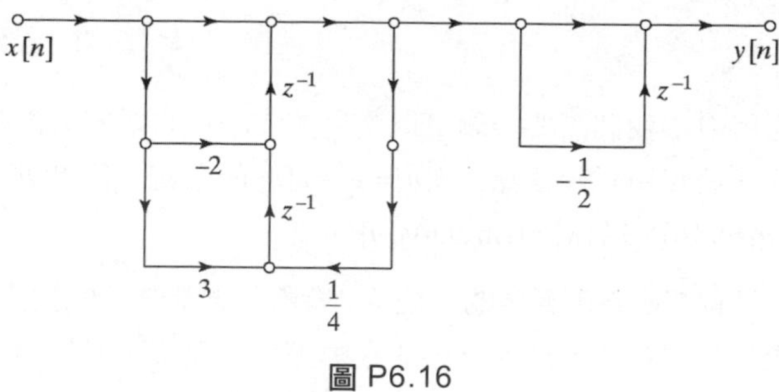

圖 P6.16

6.17 考慮一個因果 LTI 系統，其系統函數如下

$$H(z) = 1 - \frac{1}{3}z^{-1} + \frac{1}{6}z^{-2} + z^{-3}$$

(a) 試爲這個系統畫出一個直接式實現的信號流程圖。

(b) 試爲這個系統畫出一個對換的直接式實現的信號流程圖。

6.18 參數 a 若選擇爲某個非零值，則在圖 P6.18 中的信號流程圖可以被一個二階直接式 II 的信號流程圖所取代，而兩者實現了相同的系統函數。請爲 a 選擇這樣的值，並寫出所得的系統函數 $H(z)$。

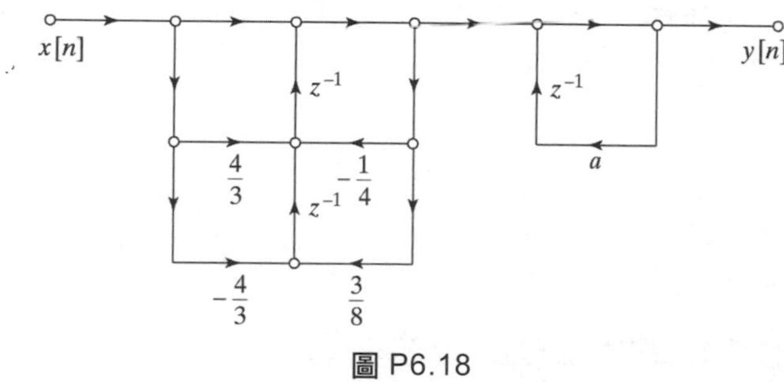

圖 P6.18

6.19 考慮一個因果 LTI 系統其系統函數如下

$$H(z) = \frac{2 - \frac{8}{3}z^{-1} - 2z^{-2}}{\left(1 - \frac{1}{3}z^{-1}\right)\left(1 + \frac{2}{3}z^{-1}\right)}$$

請把這個系統實現成爲若干個一階對換的直接式 II 子段的一個並聯組合，並請畫出其信號流程圖。

6.20 一個系統其系統函數如下

$$H(z) = \frac{(1 + (1 - j/2)z^{-1})(1 + (1 + j/2)z^{-1})}{(1 + (j/2)z^{-1})(1 - (j/2)z^{-1})(1 - (1/2)z^{-1})(1 - 2z^{-1})}$$

請把這個系統實現成爲若干個具有實數係數二階對換直接式 II 子段的一個串接組合，並請畫出其信號流程圖。

基本問題

6.21 在許多的應用中，我們需要一個可以產生弦波序列的系統。欲達到這個目的，有一個可能的方式就是使用脈衝響應為 $h[n]=e^{j\omega_0 n}u[n]$ 的系統。因此 $h[n]$ 的實部和虛部分別為 $h_r[n]=(\cos\omega_0 n)u[n]$ 和 $h_i[n]=(\sin\omega_0 n)u[n]$。

在實現一個具有複數脈衝響應的系統時，實部和虛部被分開為不同的輸出。首先，我們寫出可以產生想要脈衝響應所需要的複數差分方程式，然後再把它分解成它的實部和虛部，再畫出一個將會實現該系統的流程圖。你畫的流程圖中應該僅有實數係數。這種實現方式有時候叫做**耦合式振盪器**，因為，當輸入是一個脈衝時，輸出為弦波信號。

6.22 對於系統函數

$$H(z)=\frac{1+2z^{-1}+z^{-2}}{1-0.75z^{-1}+0.125z^{-2}},$$

畫出所有可能實現此一系統的流程圖，用一階系統的串接式結構。

6.23 我們想要實現一個因果系統 $H(z)$，其極點－零點圖展示在圖 P6.23 中。就這個習題的所有部分而言，z_1，z_2，p_1，和 p_2 為實數，和有一個獨立於頻率的增益常數可以被吸收到每一個流程圖輸出分支的增益係數內。

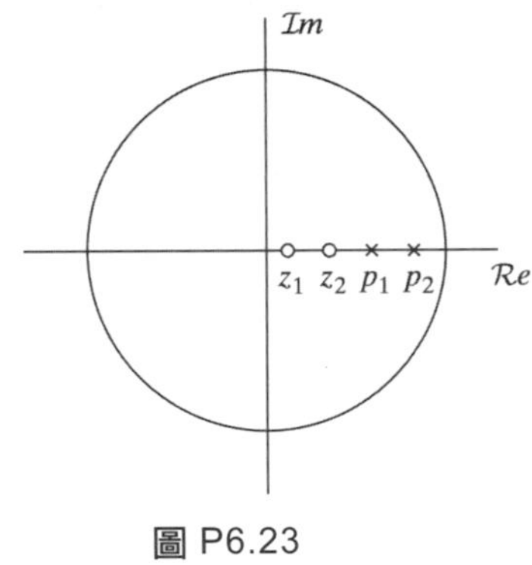

圖 P6.23

(a) 畫出直接式 II 實現的流程圖。使用變數 z_1，z_2，p_1，和 p_2 決定出每一個分支增益的表示式。

(b) 畫出用串接二階直接式 II 子段來實現的流程圖。使用變數 z_1，z_2，p_1，和 p_2 決定出每一個分支增益的表示式。

(c) 畫出用並聯一階直接式 II 子段來實現的流程圖。寫出一組線性方程式，它可以被解出來使得我們可以用變數 z_1，z_2，p_1，和 p_2 把分支增益表示出來。

6.24 考慮一個因果 LTI 系統，它的系統函數為

$$H(z)=\frac{1-\frac{3}{10}z^{-1}+\frac{1}{3}z^{-2}}{\left(1-\frac{4}{5}z^{-1}+\frac{2}{3}z^{-2}\right)\left(1+\frac{1}{5}z^{-1}\right)}=\frac{\frac{1}{2}}{1-\frac{4}{5}z^{-1}+\frac{2}{3}z^{-2}}+\frac{\frac{1}{2}}{1+\frac{1}{5}z^{-1}}$$

(a) 用以下的每一種形式畫出實現此一系統的信號流程圖：

(i) 直接式 I。

(ii) 直接式 II。

(iii) 使用一階和二階直接式 II 子段的串接式結構。

(iv) 使用一階和二階直接式 II 子段的並聯式結構。

(v) 對換直接式 II。

(b) 把 (a) 中第 (v) 小題流程圖的差分方程式寫出來，並且證明這個系統有正確的系統函數。

6.25 一個因果 LTI 系統定義成如展示在圖 P6.25 中的信號流程圖，它是把一個二階系統和一個一階系統串接起來的系統。

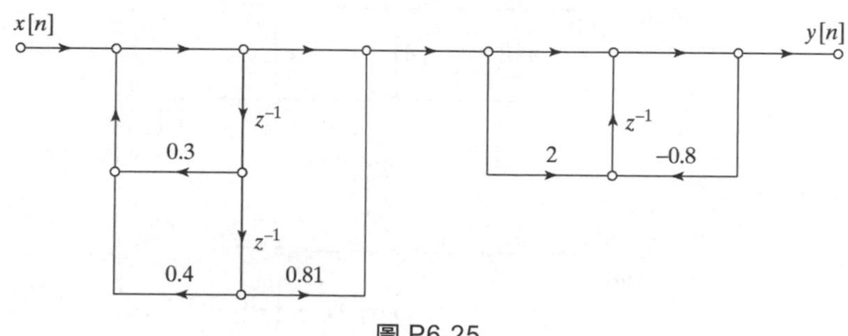

圖 P6.25

(a) 整個串接系統的系統函數為何？

(b) 整個串接系統穩定嗎？請簡要的解釋。

(c) 整個串接系統是一個最小相位系統嗎？請簡要的解釋。

(d) 請畫出這個系統其對換直接式 II 實現的信號流程圖。

6.26 考慮一個因果線性非時變系統，它的系統函數為

$$H(z)=\frac{1-\frac{1}{5}z^{-1}}{\left(1-\frac{1}{2}z^{-1}+\frac{1}{3}z^{-2}\right)\left(1+\frac{1}{4}z^{-1}\right)}$$

(a) 用以下的每一種形式畫出實現此一系統的信號流程圖：

(i) 直接式 I。

(ii) 直接式 II。

(iii) 使用一階和二階直接式 II 子段的串接式結構。

(iv) 使用一階和二階直接式 II 子段的並聯式結構。

(v) 對換直接式 II。

(b) 把 (a) 中第 (v) 部份流程圖的差分方程式寫出來，並且證明這個系統有正確的系統函數。

6.27 有一些流程圖展示在圖 P6.27 中。決定出每一個流程圖的對換結構，並驗證在每一個情況中，原來的系統和對換後的流程圖有相同的系統函數。

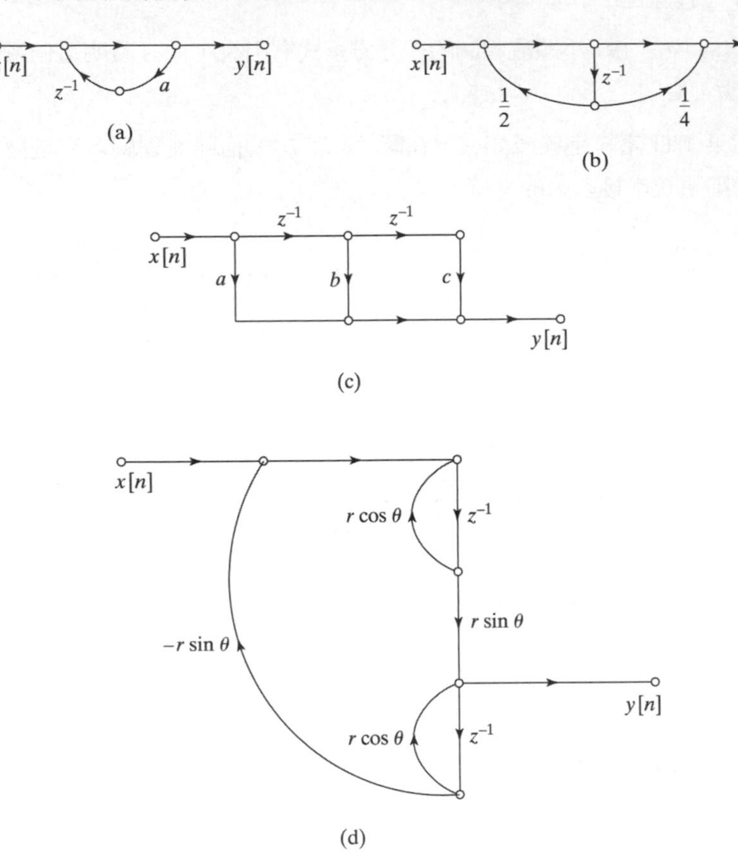

圖 P6.27

6.28 考慮在圖 P6.28 中的系統。

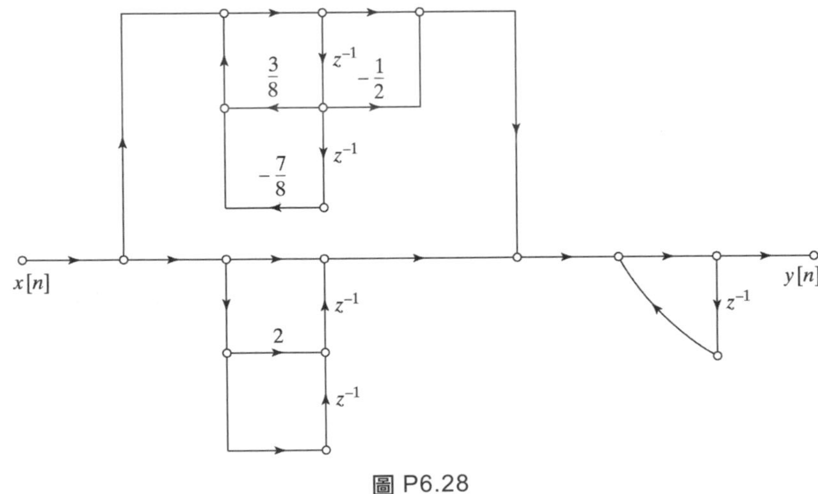

圖 P6.28

(a) 請用 z 轉換決定出輸入和輸出間的系統函數。

(b) 決定出輸出 $y[n]$ 和輸入 $x[n]$ 之間的差分方程式。

(c) 畫一個信號流程圖，它和圖 P6.28 的系統有相同的輸入－輸出關係，但它會有最小的可能數目的延遲元件。

6.29 一個 LTI 系統其系統函數為

$$H(z)=\frac{0.2(1+z^{-1})^6}{\left(1-2z^{-1}+\frac{7}{8}z^{-2}\right)\left(1+z^{-1}+\frac{1}{2}z^{-2}\right)\left(1-\frac{1}{2}z^{-1}+z^{-2}\right)}$$

我們要用如圖 P6.29 中所示的流程圖來實現之。

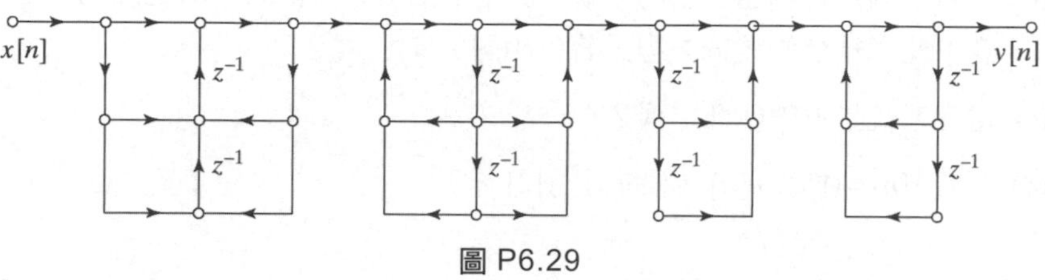

圖 P6.29

(a) 把所有的係數填入到圖 P6.29 中。你的答案唯一嗎？

(b) 在圖 P6.29 中定義出適當的節點變數，並寫出此流程圖所代表的差分方程式。

6.30 決定出並畫出以下因果全極點系統函數的格狀濾波器實現：

$$H(z)=\frac{1}{1+\frac{3}{2}z^{-1}-z^{-2}+\frac{3}{4}z^{-3}+2z^{-4}}$$

這個系統穩定嗎？

6.31 一個 IIR 格狀濾波器展示在圖 P6.31 中。

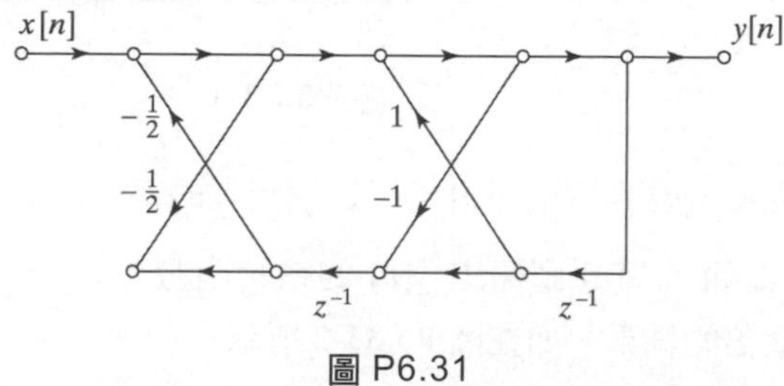

圖 P6.31

(a) 利用一個脈衝走過流程圖的路徑，決定出 $y[1]$，也就是在 $n=1$ 時的脈衝響應。

(b) 決定出其對應之互逆濾波器的一個流程圖。

(c) 決定出在圖 P6.31 中 IIR 濾波器的轉移函數。

6.32 展示在圖 P6.32 中的流程圖實現了一個因果的 LTI 系統。

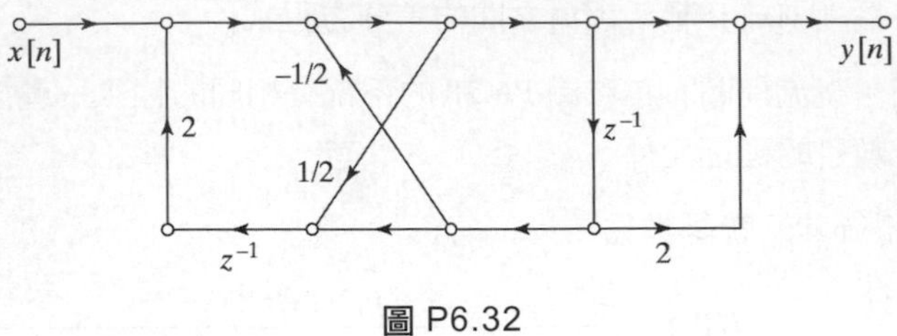

圖 P6.32

(a) 畫出該信號流程圖的對換。

(b) 對原來的系統和它對換的系統，決定輸出 $y[n]$ 和輸入 $x[n]$ 之間的差分方程式（請注意：此二結構的差分方程式將會相同）。

(c) 這個系統是 BIBO 穩定嗎？

(d) 假若 $x[n]=(1/2)^n u[n]$，決定出 $y[2]$。

進階問題

6.33 考慮在圖 P6.33-1 中的 FIR 格狀結構，它是一個 LTI 系統。

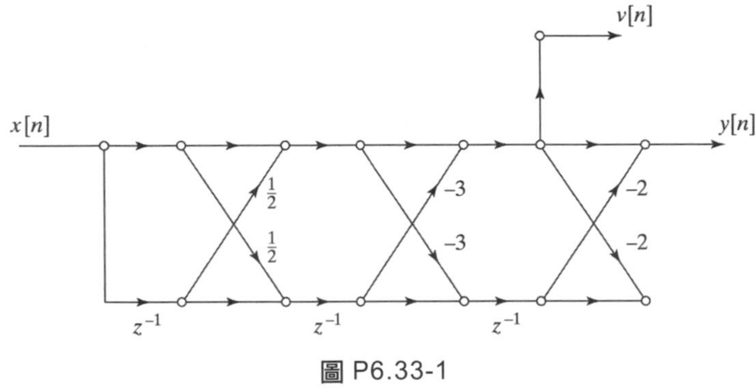

圖 P6.33-1

(a) 決定出從輸入 $x[n]$ 到輸出 $v[n]$（不是 $y[n]$）的系統函數。

(b) 令 $H(z)$ 為從輸入 $x[n]$ 到輸出 $y[n]$ 的系統函數，並令 $g[n]$ 為把對應的脈衝響應 $h[n]$ 升頻 2 倍的結果，如在圖 P6.33-2 所示。

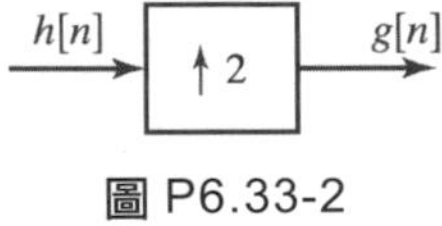

圖 P6.33-2

脈衝響應 $g[n]$ 定義了一個新的系統，系統函數為 $G(z)$。我們想要使用一個 FIR 格狀結構來實現 $G(z)$。決定出 $G(z)$ 其 FIR 格狀實現的 k-參數。請注意：在埋首進入冗長計算之前，你應該先做仔細的思考。

6.34 圖 P6.34-1 展示出一個脈衝響應 $h[n]$，定義如下

$$h[n]=\begin{cases}\left(\dfrac{1}{2}\right)^{n/4}u[n] & ，n \text{ 是 4 的倍數。}\\ \text{一小段常數，如圖所示。}\end{cases}$$

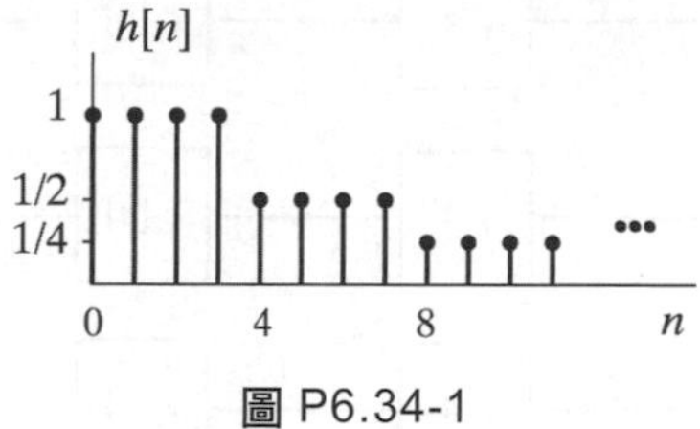

圖 P6.34-1

(a) 決定出 $h_1[n]$ 和 $h_2[n]$ 使得

$$h[n]=h_1[n]*h_2[n]，$$

其中 $h_1[n]$ 是一個 FIR 濾波器，而 $n/4$ 不是一個整數的話 $h_2[n]=0$。$h_2[n]$ 是一個 FIR 還是 IIR 濾波器？

(b) 脈衝響應 $h[n]$ 將被使用在一個降頻系統中，如圖 P6.34-2 所示。

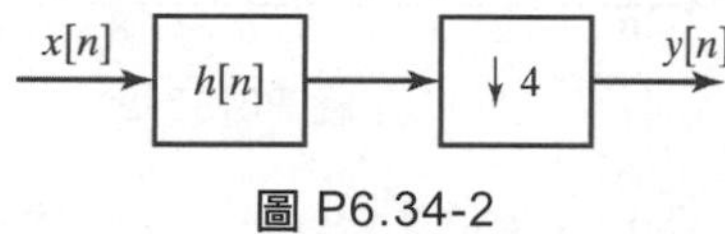

圖 P6.34-2

為圖 P6.34-2 的系統畫一個實現流程圖，該圖會有最少數目的非零和非一係數乘法器。你可以使用單位延遲元件，係數乘法器，加法器和降頻器（乘以零或乘以一的運算不需要一個乘法器）。

(c) 對於你的系統，陳述每一個輸入樣本和每一個輸出樣本需要多少個乘法運算，並給一個簡要的解釋。

6.35 考慮展示在圖 P6.35-1 的系統。

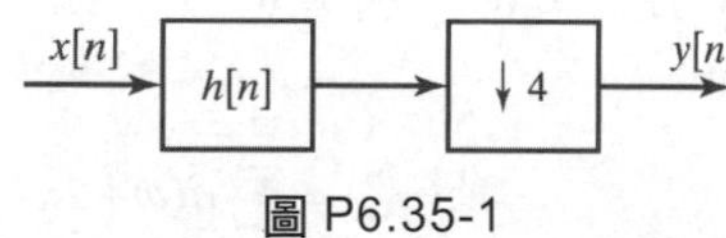

圖 P6.35-1

我們想要使用展示在圖 P6.35-2 中的多相位結構來實現這個系統。

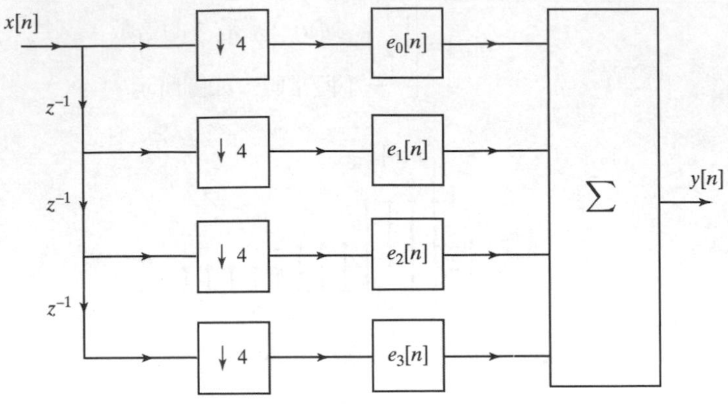

圖 P6.35-2 這個系統的多相位結構

對於 (a) 小題和 (b) 小題，假設 $h[n]$ 如圖 P6.35-3 所定義。

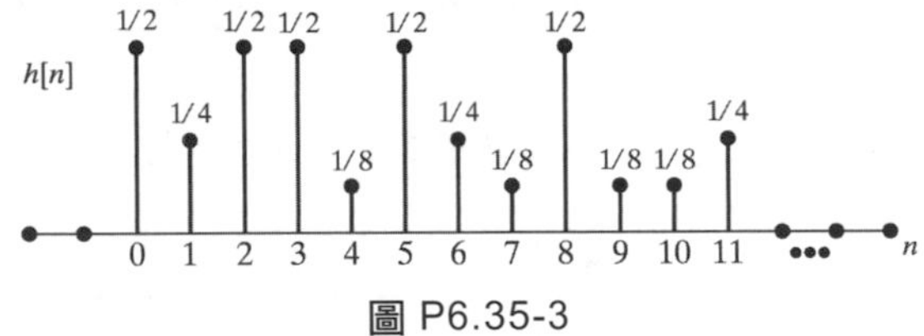

圖 P6.35-3

（對於所有的 $n<0$ 和 $n \geq 12$， $h[n]=0$ ）

(a) 若欲產生一個正確的實現，請指出序列 $e_0[n]$， $e_1[n]$， $e_2[n]$，和 $e_3[n]$ 爲何。

(b) 對於圖 P6.35-2 的實現結構，我們想要最小化每一個輸出樣本的乘法器總數。使用在第 (a) 小題所選擇的 $e_0[n]$， $e_1[n]$， $e_2[n]$，和 $e_3[n]$，決定出整個系統每一個輸出樣本所需最小的乘法器數目。而且，決定出整個系統每一個輸入樣本所需最小的乘法器數目。請解釋之。

(c) 現在我們不使用在 (a) 小題所選擇的序列 $e_0[n]$， $e_1[n]$， $e_2[n]$，和 $e_3[n]$，假設 $e_0[n]$ 和 $e_2[n]$ 的 DTFT 分別爲 $E_1(e^{j\omega})$ 和 $E_2(e^{j\omega})$，如在圖 P6.35-4 中所給定，而且 $E_0(e^{j\omega}) = E_3(e^{j\omega}) = 0$。

$$E_2(e^{j\omega}) = \sum_{r=-\infty}^{\infty} \delta(\omega + 2\pi r)$$

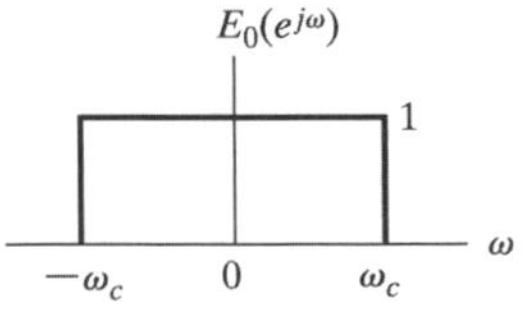

$E_0(e^{j\omega})$

1

$-\omega_c$ 0 ω_c ω

圖 P6.35-4

畫出並標記出 $H(e^{j\omega})$，從 $(-\pi, \pi)$。

6.36 考慮一個由係數乘法器和延遲元件所建構出的一般流程圖（記爲網路 A），如在圖 P6.36-1 所示。假若這個系統是初始靜止的，則它的行爲能完全的由它的脈衝響應 $h[n]$ 來決定。我們希望修正此一系統以產生一個新的流程圖（記爲網路 A_1），其脈衝響應爲 $h_1[n]=(-1)^n h[n]$。

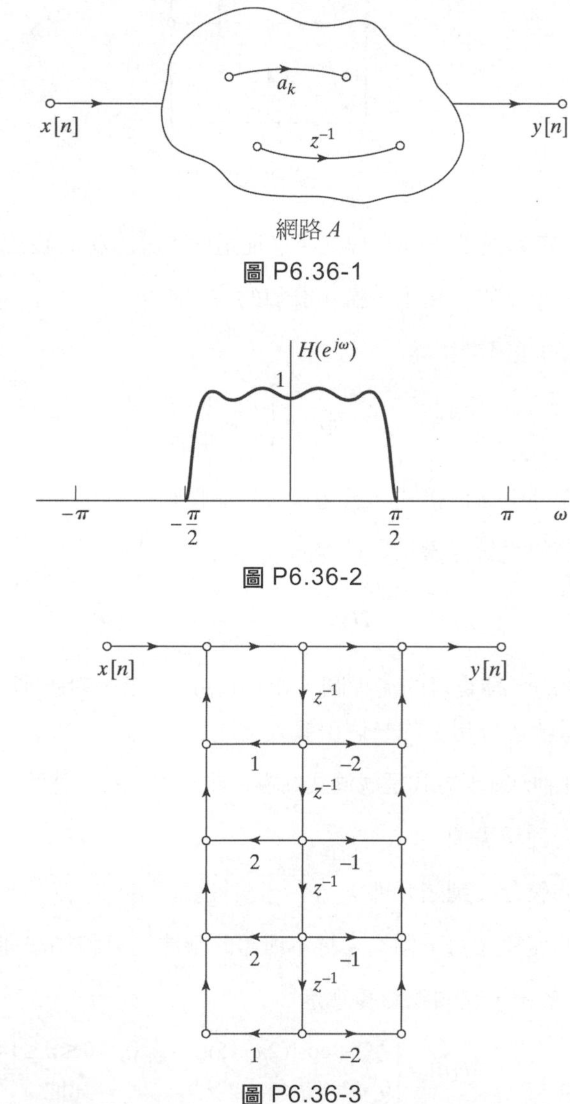

(a) 假若 $H(e^{j\omega})$ 正如同在圖 P6.36-2 中所給定，畫出 $H_1(e^{j\omega})$。

(b) 解釋如何藉由簡單的修正網路 A 的係數乘法器和/或修正它的延遲分支以形成新的網路 A_1，它的脈衝響應是 $h_1[n]$。

(c) 假若網路 A 如圖 P6.36-3 給定的，說明如何藉由僅對網路 A 的**係數乘法器**做簡單的修正以形成新的網路 A_1，它的脈衝響應是 $h_1[n]$。

6.37 展示在圖 P6.37 中的流程圖是不可計算的；也就是說，我們不可能使用此一流程圖的差分方程式來計算輸出，因爲它包含一個沒有延遲元件的封閉迴路。

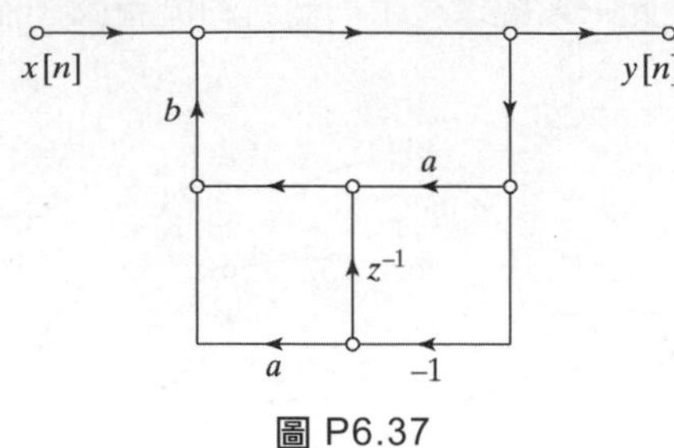

圖 P6.37

(a) 寫出圖 P6.37 系統的差分方程式，並從這些差分方程式找出流程圖的系統函數。

(b) 從所得的系統函數，找出一個可計算的流程圖。

6.38 一個 LTI 系統的脈衝響應爲

$$h[n]=\begin{cases} a^n, & 0\le n\le 7, \\ 0, & \text{其他} \end{cases}$$

(a) 畫出此系統的一個直接式非遞迴實現的流程圖。

(b) 證明其對應的系統函數可以被表示成

$$H(z)=\frac{1-a^8z^{-8}}{1-az^{-1}},\quad |z|>|a|$$

(c) 畫出 $H(z)$ 的一種實現的流程圖，如 (b) 小題所示，對應到一個 FIR 系統（分子)和一個 IIR 系統（分母）的一個串接式結構。

(d) 在 (c) 小題中的實現方式是遞迴式的還是非遞迴式的？整體系統是 FIR 還是 IIR？

(e) 那一種系統實現需要

(i) 最多的儲存（延遲元件）？

(ii) 最多的運算（每一個輸出樣本所需的乘法運算和加法運算）？

6.39 考慮一個 FIR 系統，它的脈衝響應是

$$h[n]=\begin{cases} \frac{1}{15}(1+\cos[(2\pi/15)(n-n_0]), & 0\le n\le 14, \\ 0, & \text{其他} \end{cases}$$

這個系統是頻率取樣濾波器的一個例子。習題 6.50 會更詳盡地討論這些濾波器。在這個習題中，我們只考慮一個特殊的情況。

(a) 針對 $n_0=0$ 和 $n_0=15/2$ ，畫出系統的脈衝響應。

(b) 證明此一系統的系統函數可以表示成

$$H(z)=(1-z^{-15})\cdot\frac{1}{15}\left[\frac{1}{1-z^{-1}}+\frac{\frac{1}{2}e^{-j2\pi n_0/15}}{1-e^{j2\pi/15}z^{-1}}+\frac{\frac{1}{2}e^{j2\pi n_0/15}}{1-e^{-j2\pi/15}z^{-1}}\right]$$

(c) 證明假若 $n_0 = 15/2$ ，系統的頻率響應可以表示成

$$H(e^{j\omega}) = \frac{1}{15} e^{-j\omega 7} \left\{ \frac{\sin(\omega 15/2)}{\sin(\omega/2)} + \frac{1}{2} \frac{\sin[(\omega - 2\pi/15)15/2]}{\sin[(\omega - 2\pi/15)/2]} \right.$$
$$\left. \frac{1}{2} \frac{\sin[(\omega + 2\pi/15)15/2]}{\sin[(\omega + 2\pi/15)/2]} \right\}$$

用這個表示式畫出 $n_0 = 15/2$ 時系統頻率響應的大小。求出 $n_0 = 0$ 時的一個類似的表示式。畫出 $n_0 = 0$ 時的大小響應。 n_0 的那一個選擇系統會有廣義的線性相位？

(d) 畫出實現此系統的一個信號流程圖，其方式為把一個系統函數是 $1 - z^{-15}$ 的 FIR 系統串接一個由一階和二階 IIR 系統並聯起來的結構。

6.40 考慮在圖 P6.40-1 中的離散時間系統。

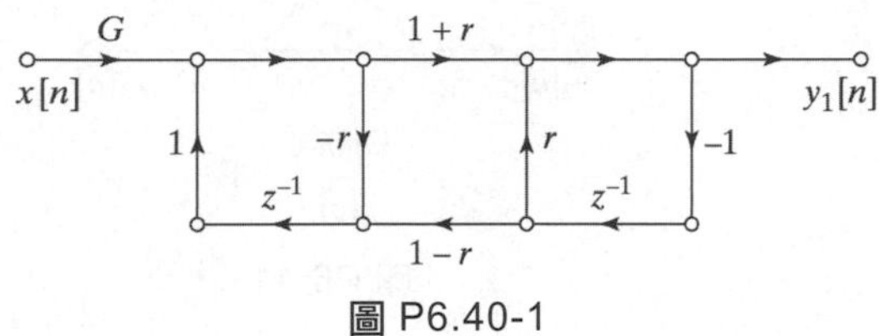

圖 P6.40-1

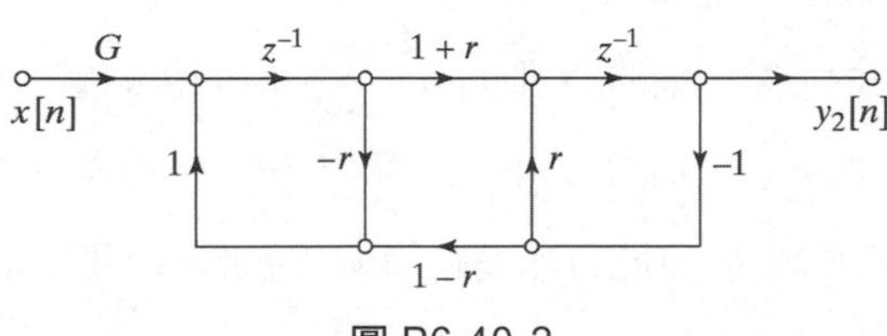

圖 P6.40-2

(a) 寫出其差分方程式組。

(b) 決定出系統函數 $H_1(z) = Y_1(z)/X(z)$ ，並決定出 $H_1(z)$ 的極點大小和角度，它是一個 r 函數， $-1 < r < 1$ 。

(c) 圖 P6.40-2 是一個不同的流程圖，其獲得的方式是把圖 P6.40-1 的延遲元件移動到頂部分支而得。系統函數 $H_2(z) = Y_2(z)/X(z)$ 和 $H_1(z)$ 的關係為何？

6.41 圖 P6.41 中的三個流程圖是同一個兩輸入兩輸出 LTI 系統的等價實現。

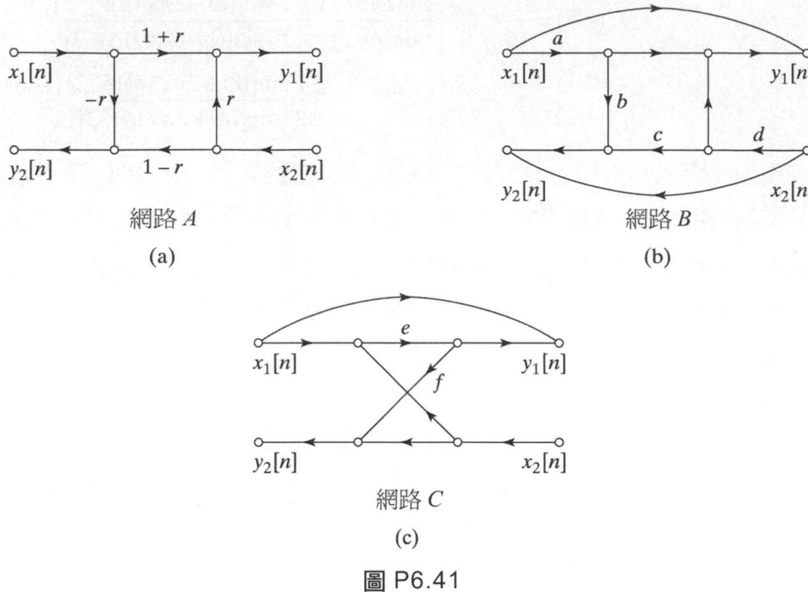

圖 P6.41

(a) 寫出網路 A 的差分方程式。

(b) 用網路 A 中的 r 求出網路 B 中的 a，b，c，和 d 值，使得兩個系統是等價的。

(c) 用網路 A 中的 r 求出網路 C 中的 e 和 f 值，使得兩個系統是等價的。。

(d) 爲什麼網路 B 或 C 可能會比網路 A 好？網路 A 要比網路 B 或 C 要好之可能的優點爲何？

6.42 考慮一個全通系統，其系統函數爲

$$H(z) = -0.54\frac{1-(1/0.54)z^{-1}}{1-0.54z^{-1}}$$

這個系統的一個實現流程圖展示在圖 P6.42 中。

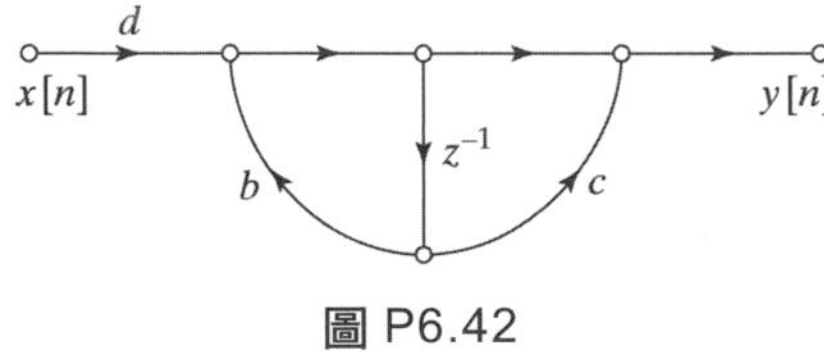

圖 P6.42

(a) 決定係數 b，c，和 d 的值，使得在圖 P6.42 中的流程圖是 $H(z)$ 的直接實現。

(b) 在實際實現圖 P6.42 時，係數 b，c，和 d 其真正的值會被四捨五入到只剩下一個小數位數（舉例來說，0.54 將會捨入成 0.5，而 1/0.54 =1.8518…將會捨入成 1.9）。所得的系統仍然會是一個全通系統嗎？

(c) 請證明系統函數爲 $H(z)$ 的全通系統其輸入和輸出之間的差分方程式可以被表示成

$$y[n] = 0.54(y[n-1] - x[n]) + x[n-1]$$

畫出一個實現這個差分方程式的流程圖，它需要兩個延遲元件，但僅需要一個不是乘以 ±1 的常數乘法器。

(d) 用量化後的係數，(c) 的流程圖會是一個全通系統嗎？

比起 (a) 的實現，(c) 的實現其主要的缺點爲它需要兩個延遲元件。然而，對於更高階的系統，我們需要實現一個全通系統的串接。對於 N 個全通子段的串接，我們可以使用在 (c) 中所決定的全通子段形式，所以全部僅需要 $(N+1)$ 延遲元件。這是藉由共用子段間的延遲元件來達到目的的。

(e) 考慮一全通系統，其系統函數爲

$$H(z) = \left(\frac{z^{-1} - a}{1 - az^{-1}}\right)\left(\frac{z^{-1} - b}{1 - bz^{-1}}\right)$$

畫出一個「串接式」實現的流程圖，它包含了兩個在 (c) 中所決定的全通子段形式，且兩個子段間共用一個延遲元件。所得的流程圖應該有僅有三個延遲元件。

(f) 係數 a 和 b 量化後，(e) 的流程圖會是一個全通系統嗎？

6.43 在這個習題中，信號流程圖其所有的分支均有單一增益，除非有明確地指出是其它的增益值。

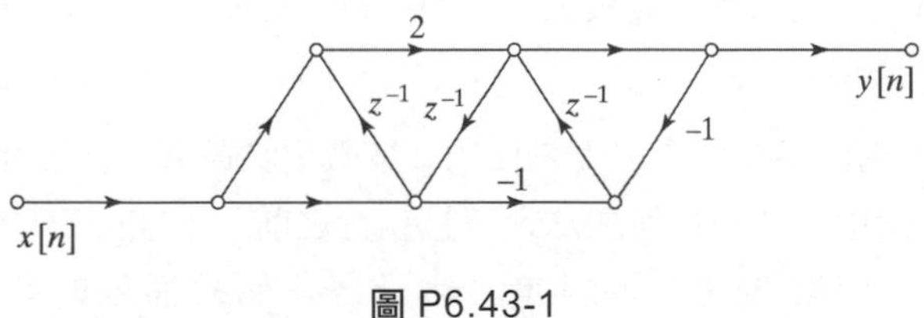

圖 P6.43-1

(a) 系統 A 的信號流程圖，展示在圖 P6.43-1 中，代表一個因果 LTI 系統。我們可以使用較少的延遲來實現相同的輸入－輸出關係嗎？假若可能的話，實現一個等價系統最少需要多少個延遲？假若不可能的話，解釋爲什麼不可能。

(b) 展示在圖 P6.43-2 中的系統 B 和在圖 P6.43-1 中的系統 A 有相同的輸入－輸出關係嗎？請清楚地解釋之。

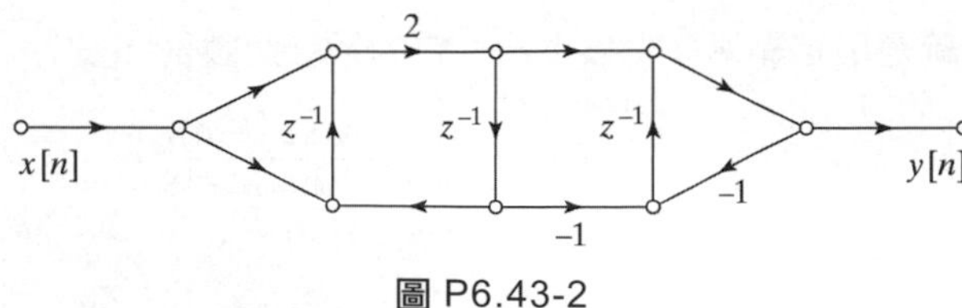

圖 P6.43-2

6.44 考慮一個全通系統，它的系統函數為

$$H(z)=\frac{z^{-1}-\frac{1}{3}}{1-\frac{1}{3}z^{-1}}$$

(a) 畫出這個系統的直接式 I 信號流程圖。你需要多少個延遲和乘法器？（乘以 ±1 的乘法不算。）

(b) 請為此系統畫出只使用一個乘法器的信號流程圖。請最小化延遲的數目。

(c) 現在考慮另一個全通系統，它的系統函數是

$$H(z)=\frac{(z^{-1}-\frac{1}{3})(z^{-1}-2)}{(1-\frac{1}{3}z^{-1})(1-2z^{-1})}$$

請用兩個乘法器和三個延遲為此系統畫出一個信號流程圖。

6.45 使用無限精準度運算，圖 P6.45 中的兩個流程圖有相同的系統函數，但是若使用量化的定點運算，它們有不同的行為。假設 a 和 b 為實數，且 $0<a<1$。

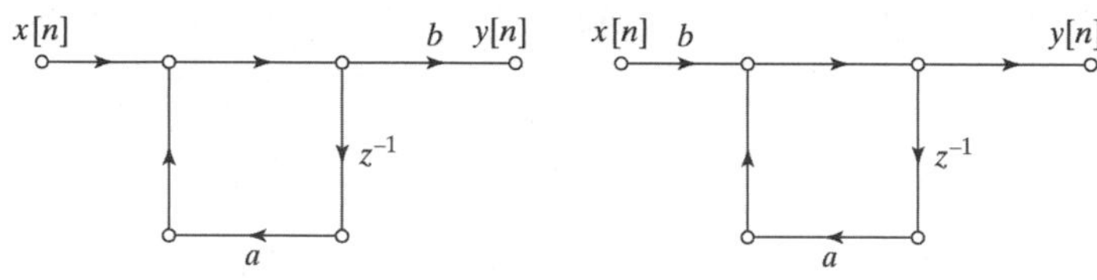

圖 P6.45

(a) 決定出 x_{max}，輸入樣本其最大可能的振幅，使得兩個系統的輸出 $y[n]$ 其最大的值都保證小於一。

(b) 假設以上兩個系統的實現都是使用 2 補數定點運算，而且所有的乘積都是馬上捨入到 $B+1$ 個位元（在任何加法運算被執行之前）。在圖形中適當的位置上插入捨入雜訊源以模擬四捨五入誤差。假設每一個被插入的雜訊源其平均功率等於 $\sigma_B^2=2^{-2B}/12$。

(c) 假若乘積被捨入的方式如 (b) 小題所描述，兩個系統的輸出將會不一樣；也就是說，第一個系統的輸出將會是 $y_1[n]=y[n]+f_1[n]$，而輸出第二個系統的輸出將會是 $y_2[n]=y[n]+f_2[n]$，其中 $f_2[n]$ 和 $f_1[n]$ 都是因為雜訊源所產生的輸出。決定出兩個系統其輸出雜訊的功率密度頻譜 $\Phi_{f_1f_1}(e^{j\omega})$ 和 $\Phi_{f_2f_2}(e^{j\omega})$。

(d) 決定出兩個系統其輸出處的總雜訊功率 $\sigma_{f_1}^2$ 和 $\sigma_{f_2}^2$。

6.46 一個全通系統是用定點運算來實現的。它的系統函數是

$$H(z)=\frac{(z^{-1}-a^*)(z^{-1}-a)}{(1-az^{-1})(1-a^*z^{-1})}$$

其中 $a=re^{j\theta}$。

(a) 畫出這個系統其直接式 I 和直接式 II 實現的信號流程圖，把它實現成一個二階系統，僅使用一個實數係數。

(b) 假設乘積是在加法運算被執行之前就被捨入，在 (a) 所畫的網路中插入適當的雜訊源，結合每一個可能的雜訊源，並使用 σ_B^2 指出每一個雜訊源的功率，其中 σ_B^2 是單一一個四捨五入雜訊源的功率。

(c) 把在你的網路中可能會發生溢位的節點圈起來。

(d) 指出直接式 II 系統的輸出雜訊功率是否獨立於 r，我們知道直接式 I 系統的輸出雜訊功率當 $r \to 1$ 時會隨之遞增。請給出一個令人信服的論述來支持你的答案。嚐試不用計算兩個系統的輸出雜訊功率來回答這個問題。當然，這樣子的一個計算當然可以回答本問題，但是你應該能夠不用計算雜訊功率就可以看出答案。

(e) 現在，決定兩個系統的輸出雜訊功率。

6.47 假設圖 P6.47 中的 a 是實數，且 $0<a<1$。請注意在無限精準度運算下，兩個系統是等價的。

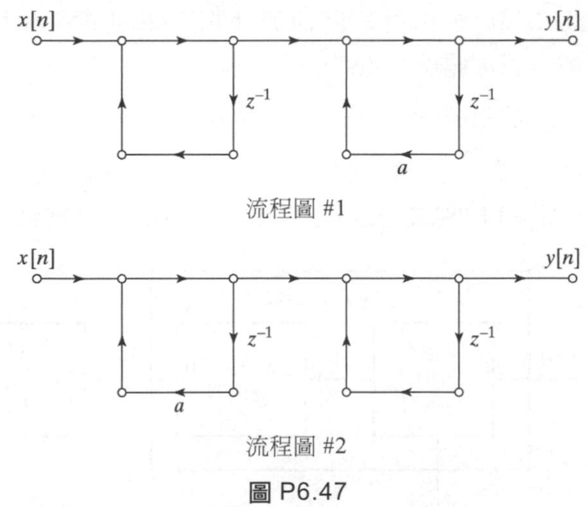

圖 P6.47

(a) 假設以上兩個系統的實現都是使用 2 補數定點運算，而且所有的乘積都是馬上捨入到 $B+1$ 個位元（在任何加法運算被執行**之前**）。在圖形中適當的位置上插入捨入雜訊源以模擬四捨五入誤差（乘以一並不引入雜訊源）。假設每一個被插入的雜訊源其平均功率等於 $\sigma_B^2 = 2^{-2B}/12$。

(b) 假若乘積被捨入的方式如 (a) 小題所描述，兩個系統的輸出將會不一樣；也就是說，第一個系統的輸出將會是 $y_1[n]=y[n]+f_1[n]$，而輸出第二個系統的輸出將會是 $y_2[n]=y[n]+f_2[n]$，其中 $y[n]$ 是只有 $x[n]$ 作用的輸出，而 $f_2[n]$ 和 $f_1[n]$ 都是因爲雜訊源所產生的輸出。決定出輸出雜訊的功率密度頻譜 $\Phi_{f_1f_1}(e^{j\omega})$。並且決定流程圖 #1 輸出的總雜訊源功率；也就是說，決定出 $\sigma_{f_1}^2$。

(c) 不用去計算流程圖 #2 的輸出雜訊功率，你應該可以決定那一個系統在輸出處有最大的總雜訊功率。爲你的答案給一個簡要的解釋。

6.48 考慮圖 P6.48 的並聯式流程圖。

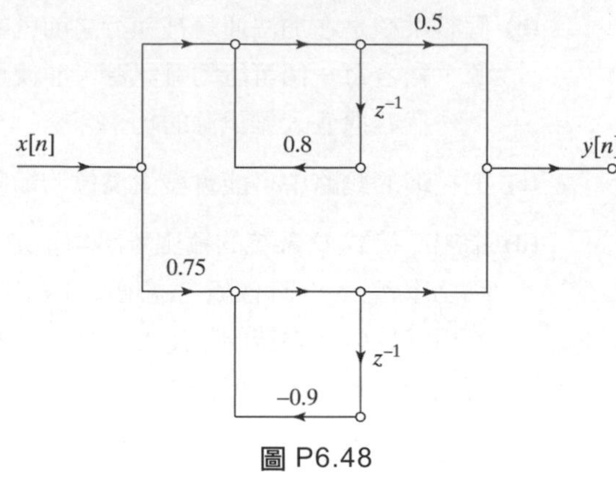

圖 P6.48

(a) 假設此系統的實現是使用 2 補數定點運算，而且所有的乘積（乘以一的運算並不引入雜訊源）都是馬上捨入到 $B+1$ 個位元(在任何加法運算被執行**之前**）。在圖形中適當的位置上插入捨入雜訊源以模擬四捨五入誤差。並使用 σ_B^2 指出每一個雜訊源的平均功率，其中 σ_B^2 是單一一個四捨五入運算的雜訊源的功率。

(b) 假若乘積被捨入的方式如(a)小題所描述，系統的輸出將會是 $\hat{y}[n]=y[n]+f[n]$，其中 $y[n]$ 是只有 $x[n]$ 作用的輸出，而 $f[n]$ 是因為雜訊源所產生的獨立輸出。決定出輸出雜訊的功率密度頻譜 $\Phi_{ff}(e^{j\omega})$。

(c) 決定出輸出的雜訊成分的總雜訊源功率 σ_f^2。

6.49 考慮圖 P6.49 的系統，它包含一個 16 位元的 A/D 轉換器，它的輸出是一個 FIR 數位濾波器的輸入，而該 FIR 濾波器是以 16 位元的定點運算來實現。

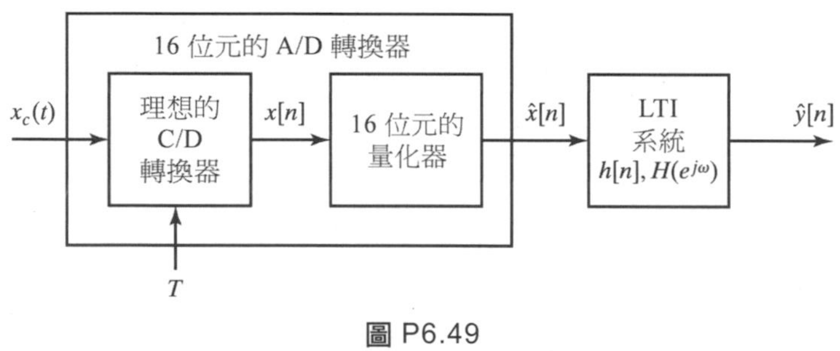

圖 P6.49

數位濾波器的脈衝響應是

$$h[n]=.4\delta[n]+.8\delta[n-1]-.4\delta[n-2]$$

這個系統是用 16 位元的 2 補數運算來實現的。乘積是在累積加法運算被執行以產生輸出**之前**捨入量化成 16 位元。期待使用線性雜訊模型來分析這個系統，我們定義 $\hat{x}[n]=x[n]+e[n]$ 和 $\hat{y}[n]=y[n]+f[n]$，其中 $e[n]$ 是由 A/D 轉換器所引入的量化誤差而 $f[n]$ 是濾波器輸出的**總量化雜訊**。

(a) 決定 $\hat{x}[n]$ 其最大的大小使得實現數位濾波器時不會發生溢位；也就是說，決定出 $x_{\max}$，使得對於 $-\infty<n<\infty$，當 $\hat{x}[n]<x_{\max}$ 時，$\hat{y}[n]<1$。

(b) 畫出完整系統的線性雜訊模型（包括 A/D 的線性雜訊模型）。你的圖中要有數位濾波器的一個詳盡的流程圖，並包括所有的量化雜訊源。

(c) 決定出在輸出處的總雜訊源功率。把它記爲 σ_f^2 。

(d) 決定濾波器輸出處的雜訊功率頻譜；也就是說，決定出 $\Phi_{ff}(e^{j\omega})$ 。畫出你的結果。

延伸問題

6.50 在這個習題中，我們將會發展出一種叫做頻率取樣濾波器的離散時間系統的一些性質。這類濾波器的系統函數有以下形式

$$H(z)=(1-z^{-N})\cdot\sum_{k=0}^{N-1}\frac{\tilde{H}[k]/N}{1-z_k z^{-1}},$$

其中 $z_k=e^{j(2\pi/N)k}$ ， $k=0,1,\cdots,N-1$ 。

(a) 系統函數 $H(z)$ 可以實現成一個系統函數是$(1-z^{-N})$的 FIR 系統和一個一階 IIR 系統並聯組合的串接。請畫出此一實現的信號流程圖。

(b) 請證明 $H(z)$ 是 z^{-1} 的一個 $(N-1)$ 階多項式。要證明這項事實，我們必須要證明 $H(z)$ 沒有異於 $z=0$ 的極點，而且 z^{-1} 的指數沒有高於 $(N-1)$ 的。這些條件對系統脈衝響應的長度有何暗示？

(c) 證明脈衝響應的表示式爲

$$h[n]=\left(\frac{1}{N}\sum_{k=0}^{N-1}\tilde{H}[k]e^{j(2\pi/N)kn}\right)(u[n]-u[n-N])$$

提示：找出系統 FIR 部分和 IIR 部分的脈衝響應，再把它們做捲積運算，以得到整體的脈衝響應。

(d) 使用 l'Hôpital's 規則證明出

$$H(z_m)=H(e^{j(2\pi/N)m})=\tilde{H}[m],\quad m=0,1,\dots,N-1;$$

也就是說，證明常數 $\tilde{H}[m]$ 爲系統頻率響應在等距頻率點 $\omega_m=(2\pi/N)m$ ， $m=0,1,\cdots,N-1$ ，上的樣本。也就是因爲有這個性質使得這種 FIR 系統叫做頻率取樣濾波器。

(e) 一般而言，IIR 部分的極點 z_k 和頻率響應樣本 $\tilde{H}[k]$ 將會是複數。然而，假若 $h[n]$ 是實數的話，則我們可以找到一個僅含實數的實現。明確地說，請證明假若 $h[n]$ 是實數且 N 是一個偶數，則 $H(z)$ 可以被表示成

$$H(z)=(1-z^{-N})\left\{\frac{H(1)/N}{1-z^{-1}}+\frac{H(-1)/N}{1+z^{-1}}+\sum_{k=1}^{(N/2)-1}\frac{2|H(e^{j(2\pi/N)k})|}{N}\cdot\frac{\cos[\theta(2\pi k/N)]-z^{-1}\cos[\theta(2\pi k/N)-2\pi k/N]}{1-2\cos(2\pi k/N)z^{-1}+z^{-2}}\right\}$$

其中 $H(e^{j\omega})=|H(e^{j\omega})|e^{j\theta(\omega)}$ 。當 $N=16$ 且 $H(e^{j\omega_k})=0$ ， $k=3,4,\cdots,14$ 時，畫出此一個系統的信號流程圖。

6.51 在第 4 章中，我們曾證明，一般而言，一個離散時間信號的取樣率可以藉由組合線性濾波運算和時間壓縮運算來降低之。圖 P6.51 是一個 M 到 1 降頻器的方塊圖，它可以被使用來降低取樣率成爲原來的 M 分之一。根據這個模型，線性濾波器工作在高取樣率中。然而，假若 M 很大，則濾波器其大部分的輸出樣本將會被壓縮器丟棄之。在某些情況中，更有效率的實現方式是有可能的。

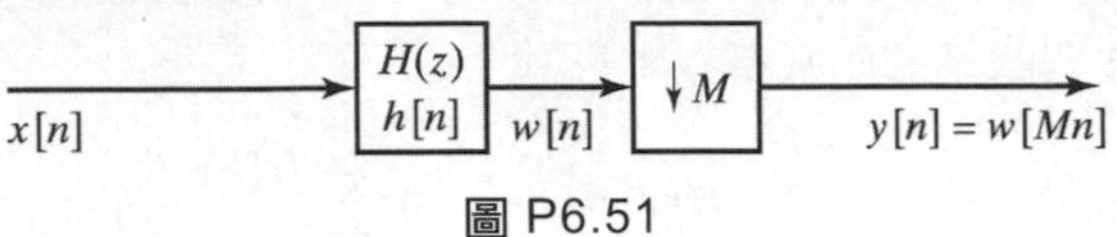

圖 P6.51

(a) 假設這個濾波器是一個 FIR 系統，其脈衝響應 $h[n]$ 在 $n<0$ 和在 $n>10$ 時均爲零。基礎於給定的資訊，請畫出圖 P6.51 系統的流程圖，但是請把濾波器 $h[n]$ 用一個等價信的號流程圖來做替換。請注意我們是不可能使用一個信號流程圖來實現 M 到 1 的壓縮器的，所以你必須要用一個方塊來表示它，如圖 P6.51 所示。

(b) 請注意某些分支運算可以和壓縮運算做順序交換。使用這項事實，畫出 (a) 系統之一個更有效率實現的流程圖。要得到輸出 $y[n]$ 所需要的總運算量可以減少多少倍？

(c) 現在假設在圖 P6.51 中濾波器的系統函數爲

$$H(z)=\frac{1}{1-\frac{1}{2}z^{-1}}, \quad |z|>\tfrac{1}{2}$$

請畫出此圖完整系統之直接式實現的流程圖。用這種線性濾波器系統，每個輸出樣本所需要的總運算量可以減少嗎？假若可以減少的話，可以減少成原來的幾分之一？

(d) 最後，假設在圖 P6.51 中濾波器的系統函數爲

$$H(z)=\frac{1+\frac{7}{8}z^{-1}}{1-\frac{1}{2}z^{-1}}, \quad |z|>\tfrac{1}{2}$$

請畫出此圖完整系統之流程圖，假設線性濾波器是使用下列的每一種結構來實現的話：

(i) 直接式 I

(ii) 直接式 II

(iii) 對換直接式 I

(iv) 對換直接式 II。

以上的四種結構中，那一種形式可以藉由和壓縮運算做交換而把圖 P6.51 的系統做更爲有效率的實現？

6.52 語音的產生可以用一個代表音腔的線性系統來模擬之，它是透過震動音絃而使空氣做膨脹收縮來源發的。一個合成語音的方法就是把音腔表示成一些等長圓柱形聲音管的串接，但是那些聲音管有不同的橫截面積，如圖 P6.52 所描述。假設我們想用代表氣流

的量速度（volume velocity）來模擬這個系統。輸入是透過音絃的一個小緊縮而被耦合到音管（vocal tract）上的。我們將會假設輸入是由一個在左方端點的量速度改變來表示的，但是在左方端點行進波（traveling wave）的邊界條件為淨量速度必須為零。這類似一條傳輸線，在一端點有電流源驅動，而在遠方的另一個端點為一個開路（open circuit）。在傳輸線中的電流源是類比於在音管中的量速度，而傳輸線中的電壓源則是類比於在音管中的音壓（acoustic pressure）。音管的輸出是在右邊端點的量速度。我們假設每一個子段都是一個無漏失（lossless）聲音傳輸線。

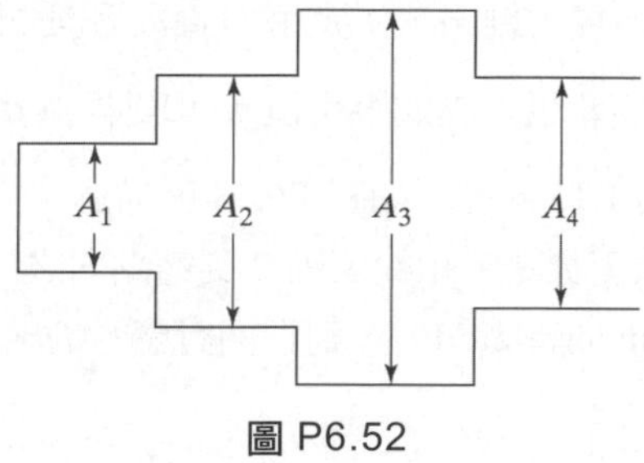

圖 P6.52

在子段間的每一個介面中，一個正向的行進波 f^+ 以一個係數傳遞到下一個子段，而以一個不同的係數反射成一個反向行進波 f^-。類似的，一個反向行進波 f^- 是以一個係數傳遞到一個介面，並以一個不同的係數做反射。明確地說，考慮在橫截面面積為 A_1 的管子中的一個正向的行進波 f^+，到達到橫截面面積為 A_2 管子的介面，則傳入的正向的行進波是 $(1+r)f^+$ 而反射波為 rf^+，其中

$$r = \frac{A_2 - A_1}{A_2 + A_1}$$

令每一個子段的長度為 3.4 cm，而空氣聲音的速度等於 34000 cm/s。畫一個流程圖可以實現圖 P6.52 的四子段模型，而輸出的取樣為 20000 樣本/秒。

雖然這是一個相當長的簡介，本題是一個合理且直接的習題。假若你認為用音管來想這個問題很難，那麼你可以使用具有不同特徵阻抗的傳輸線子段來思考這個問題。正如同傳輸線的情況一般，我們很難用一個表示式把脈衝響應表示出來。因此，我們直接從物理的考量來畫這個流程圖，使用在每一個子段中的正向和反向行進的脈衝來表示。

6.53 在模擬數位濾波器實現中的捨入和截取效應時，量化變數被表示成

$$\hat{x}[n] = Q[x[n]] = x[n] + e[n],$$

其中 $Q[\cdot]$ 表示成四捨五入或截取成 $(B+1)$ 個位元的運算，而 $e[n]$ 是量化誤差。我們假設量化雜訊序列是一個穩定的白色雜訊源序列，使得

$$\varepsilon\{(e[n]-m_e)(e[n+m]-m_e)\} = \sigma_e^2\delta[m]$$

而雜訊序列的振幅值是在量化位階長度 $\Delta = 2^{-B}$ 中做均勻地分配。四捨五入和截取運算的一階機率密度分別展示在圖 P6.53(a) 和 (b) 中。

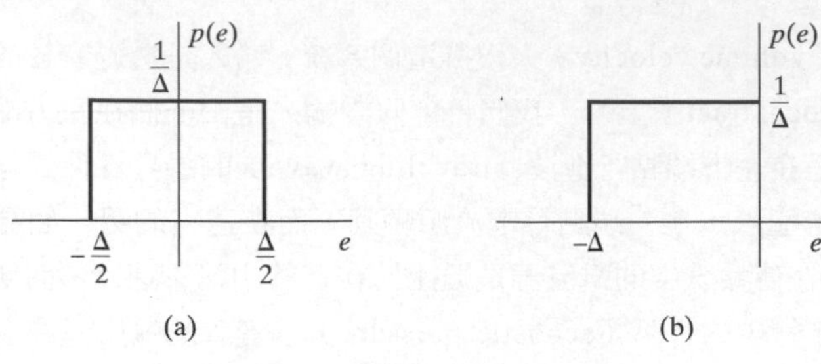

圖 P6.53

(a) 對於四捨五入所造成的雜訊，決定平均值 m_e 和變異量 σ_e^2 。

(b) 對於截取所造成的雜訊，決定平均值 m_e 和變異量 σ_e^2 。

6.54 考慮一個兩個輸入的 LTI 系統，如圖 P6.54 所描述。令 $h_1[n]$ 和 $h_2[n]$ 分別為從節點 1 到輸出節點 3 之間的脈衝響應，和從節點 2 到節點 3 之間的脈衝響應。證明假若 $x_1[n]$ 和 $x_2[n]$ 是不相關的（uncorrelated），則它們對應的輸出 $y_1[n]$ 和 $y_2[n]$ 也是不相關的。

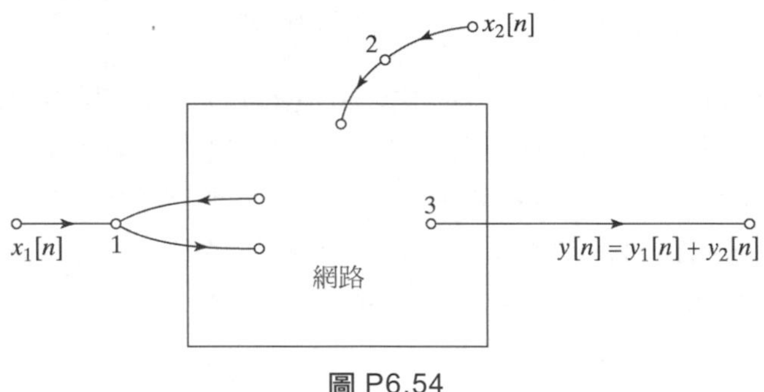

圖 P6.54

6.55 圖 P6.55 中的流程圖都有相同的系統函數。假設在圖中的系統都是使用 $(B+1)$ 個位元的定點運算來實現的。而且假設所有乘積都是在任何加法運算被執行**之前**捨入成 $(B+1)$ 個位元。

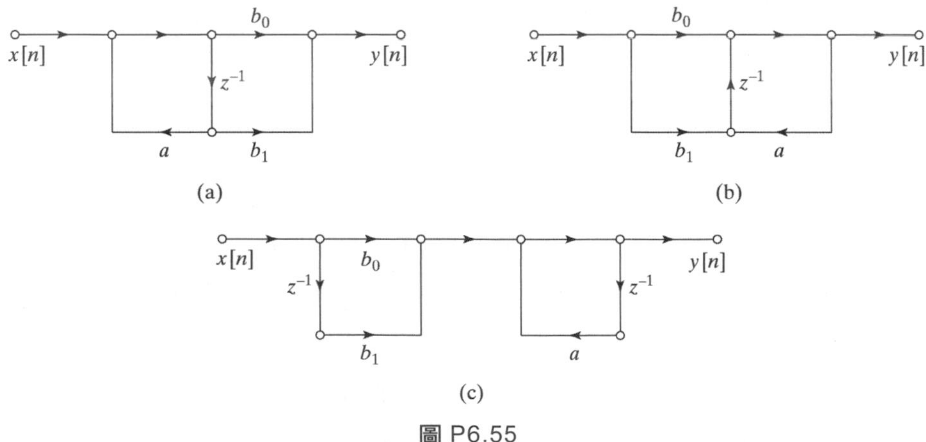

圖 P6.55

(a) 為圖 P6.55 中的每一個系統畫出其線性雜訊源模型。

(b) 由於運算的捨入，在圖 P6.55 中有兩個流程圖會有**相同**的總輸出雜訊功率。不用明白地計算出輸出雜訊功率，請決定出那兩個會有相同的輸出雜訊功率。

(c) 決定出圖 P6.55 中每一個系統的輸出雜訊功率。使用 σ_B^2 指出輸出雜訊功率，其中 σ_B^2 是單一一個四捨五入運算的雜訊源的功率。

6.56 圖 P6.56-1 是一個一階系統的流程圖。

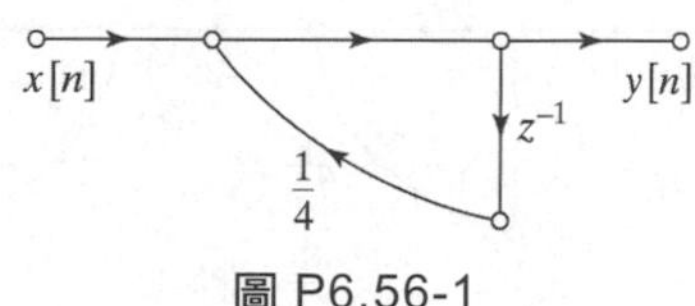

圖 P6.56-1

(a) 假設用無限精準度運算，求出系統對輸入

$$x[n]=\begin{cases}\frac{1}{2}, & n\geq 0,\\ 0, & n<0\end{cases}$$

的響應。當 n 很大時，系統響應為何？

現在假設這個系統是用定點運算來實現的。在流程圖中所有的係數和所有的變數都是用符號和大小的 5 位元表示法來表示的。也就是說，所有數目都被視為是有符號的分數，被表示成

$$b_0b_1b_2b_3b_4$$

其中 b_0，b_1，b_2，b_3，和 b_4 不是 0 就是 1，而且

$$|\text{暫存器值}|=b_12^{-1}+b_22^{-2}+b_32^{-3}+b_42^{-4}\text{。}$$

假若 $b_0=0$，則分數是正的，假若 $b_0=1$，則分數是負的。把一個序列值乘上一個係數的結果是在加法運算發生前就被截取掉的；也就是說，僅有符號位元和最重要的四的位元被保留下來。

(b) 計算這個量化後的系統對 (a) 小題中輸入的響應，並畫出量化後和未經量化系統的響應出來，對 $0\leq n\leq 5$。當 n 很大時，兩種響應的比較情形是如何？

(c) 現在考慮圖 P6.56-2 的系統，其中

$$x[n]=\begin{cases}\frac{1}{2}(-1)^n, & n\geq 0,\\ 0, & n<0\end{cases}$$

對於這個系統和輸入，請重做 (a) 和 (b)。

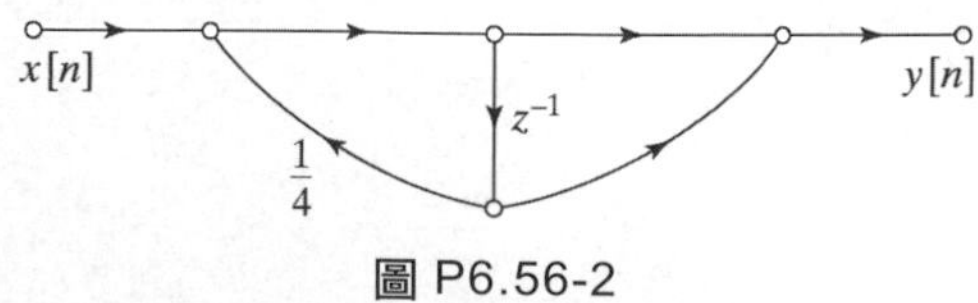

圖 P6.56-2

6.57 一個因果的 LTI 系統有如下的系統函數

$$H(z)=\frac{1}{1-1.04z^{-1}+0.98z^{-2}}$$

(a) 這個系統穩定嗎？

(b) 假若係數被捨入至只剩下一個小數位數，所得的系統穩定嗎？

6.58 當我們用無限精準度運算來實現時，圖 P6.58 中的兩個流程圖有相同的系統函數。

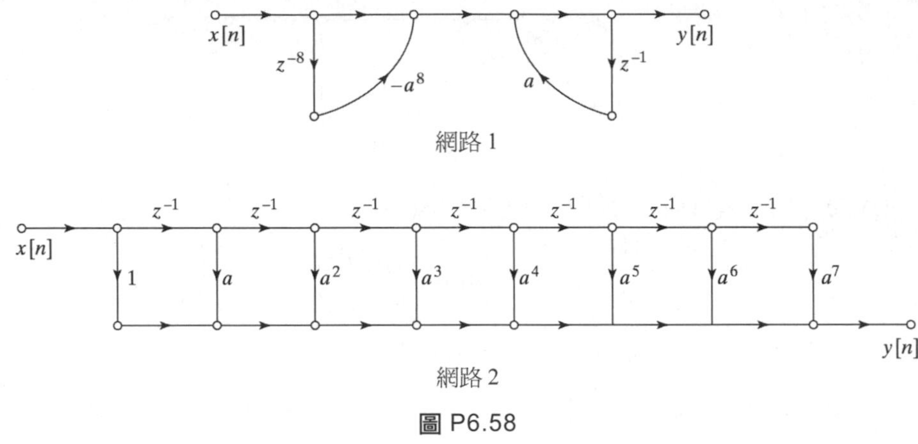

圖 P6.58

(a) 證明兩個系統有相同之從輸入 $x[n]$ 到輸出 $y[n]$ 的系統函數。

(b) 假設系統是用 2 補數定點運算來實現的，而乘積是在累積加法運算被執行之前就做捨入量化的動作。請畫出信號流程圖，並在圖 P6.58 中適當的位置上注入捨入量化雜訊源。

(c) 承上一小題，把在網路中可能會發生溢位的節點圈起來。

(d) 決定出輸入樣本其最大可能的大小，在該大小之下這兩個系統都不會發生溢位。

(e) 假設 $|a|<1$。請決定出每一個系統其輸出處的總雜訊功率，並決定出 $|a|$ 最大的值，使得網路 1 它的輸出雜訊功率會比網路 2 要小。

CHAPTER

07

濾波器設計技巧

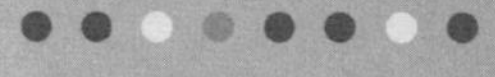

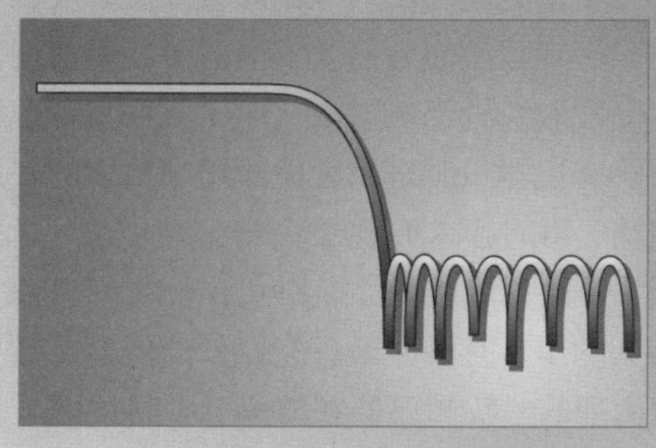

7.0 簡介

濾波器是在 LTI 系統中非常重要的一類。嚴格地說，「選頻濾波器」這個術語提出一個能讓輸入信號之特定的頻率成分通過，並完全地去除所有其它頻率成分的系統，但是在一個更爲廣義的情況中，任何在相對於其它頻率的成分下會修改特定頻率成分的系統也都是叫做濾波器。雖然本章主要強調的是頻率選擇濾波器的設計，但是某些設計的技巧可以廣泛地應用到其他類型的濾波器設計上。我們將專注在因果濾波器的設計上，雖然在許多的情況下，濾波器並不需要被侷限在因果設計上。通常，藉由修正因果設計，我們可以設計和實現非因果濾波器。

離散時間濾波器的設計對應到決定一個轉移函數或是差分方程式的參數，以近似一個想要的脈衝響應或頻率響應，而誤差是在指定的容忍度範圍中。如同第 2 章的討論，用差分方程式來實現的離散時間系統可以分成兩個基本的類型：無限脈衝響應（IIR）系統和有限脈衝響應（FIR）系統。設計 IIR 濾波器意味著所獲得的近似轉移函數是 z 的一個有理式函數，而設計 FIR 濾波器意味著多項式的近似。這兩類型的濾波器通常使用不同的設計技巧。當離散時間濾波器剛問世時，它們的設計是基礎於把已經發展成熟之連續時間濾波器的設計透過一些技巧映射成離散時間設計，如脈衝不變性和雙線性轉換，我們將會在 7.2.1 節和 7.2.2 節中做詳細的討論。這些方法總是會導致出 IIR 濾波器的設計結果，並且只能用來設計頻率選擇之離散時間 IIR 濾波器。不同的是，因爲在連續時間的情況中沒有所謂的 FIR 設計技巧，所以我們也無法採用連續時間的設計映射成離散時間設計，通常只會在濾波器於實際系統中變得重要之後，這類濾波器的設計技巧才會浮出檯面。設計 FIR 濾波器之最流行的方法爲使用加窗法（windowing），我們將會在 7.5 節中做詳細的討論，和在 7.7 節中會討論的迭代演算法，我們總稱之爲帕克斯－麥克連（Parks-McClellan）演算法。

濾波器的設計牽涉到以下的步驟：系統想要特性的規格，用一個因果離散時間系統來近似那些規格，和整個系統的實現。雖然這三個步驟並非是完全獨立的，我們只把我們的注意力放在第二個步驟，因爲第一個步驟高度取決於應用本身，而第三個步驟取決於所使用的技術。在一個實際的設定中，想要的濾波器一般是用數位硬體來實現的，通常是用來濾波那種把連續時間信號做週期性取樣，再通過 A/D 轉換所得到的信號。就是因爲這個理由，我們通常把離散時間濾波器稱爲是**數位濾波器**（digital filter），就算其潛在的設計技巧通常僅和信號與系統其離散時間的本質有關。至於有關於濾波器係數與信號的量化，以及數位表示法的課題是分開來處理的，我們已經在第 6 章中討論過。

在這一章中，我們將會大範圍的討論設計 IIR 和 FIR 濾波器的方法。在任何實際的情況中，在兩類濾波器之間有許多類型的權衡，在選擇一個特定的設計程序或濾波器類型時，有許多因素需要考慮。這一章我們的目標是討論和說明某些最被廣泛使用的設計技巧，並指出其所牽涉到之某種程度的權衡。在本書伴隨網頁中的計劃和和習題則提供讀者一個絕佳的機會來深度探索各式各樣濾波器的型態和種類，以及其對應的課題和權衡。

7.1 濾波器規格

當我們討論濾波器的設計技巧時，我們將主要聚焦在頻率選擇之低通濾波器上，雖然許多的技巧和範例可以一般化來對付其他型態的濾波器。更進一步的說，正如將會在 7.4 節中所討論的一般，低通濾波器的設計可以很容易地轉換成其他型態的頻率選擇濾波器。

一個離散時間低通濾波器理想上在通帶（passband）中有單一增益，在滯帶（stopband）中有零增益。圖 7.1 畫出當我們近似該濾波器時，其典型的誤差容忍極限表示。我們稱一個如圖 7.1 的圖爲「容忍圖」（tolerance scheme）。

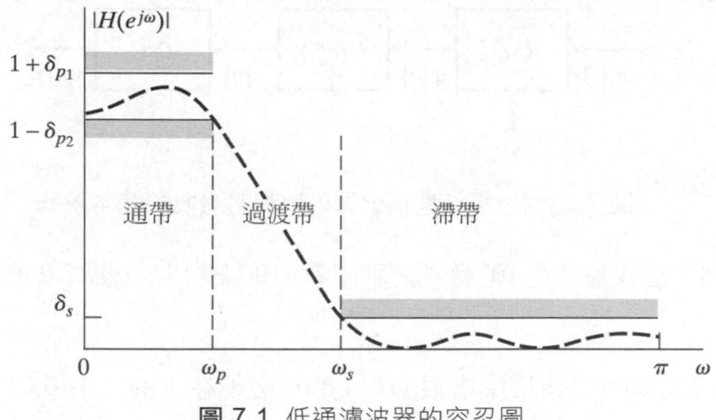

圖 7.1 低通濾波器的容忍圖

因爲我們所做的近似不可能有一個突然從通帶掉到滯帶的情況，一個從通帶邊緣頻率 ω_p 到滯帶一開始頻率 ω_s 的過渡帶區域是允許的，在該區域中濾波器的增益是不受限制的。

取決於應用本身和設計技巧的歷史基礎，通帶容忍極限可能是在單一增益附近做對稱性地變化，在此情況中 $\delta_{P1} = \delta_{P2}$；或者通帶可能被限制成其最大的增益不能超過一，在此情況中 $\delta_{P1} = 0$。

許多在實務中所使用的濾波器是由一個類似在以下之範例 7.1 所展示的容忍圖來指定的，除了那些隱含的穩定性和因果性需要之外，在相位響應上並無限制。舉例來說，對一個具因果性和穩定性的 IIR 濾波器而言，系統函數的極點必須落在單位圓內。在設計 FIR 濾波器時，我們通常加諸線性相位的限制。這去除了在設計程序中對相位的考慮。

範例 7.1 為一個離散時間濾波器定出規格

考慮一個離散時間低通濾波器，它被使用來濾波一個連續時間信號，其基本的結構如圖 7.2 所示。我們曾在 4.4 節中說明，假若一個 LTI 離散時間系統其使用的方式如圖 7.2 所示，和假若輸入是有限頻寬且取樣頻率夠高來避免交疊（aliasing）現象，則整體系統的行為就好像是一個 LTI 連續時間系統其頻率響應為

$$H_{\text{eff}}(j\Omega) = \begin{cases} H(e^{j\Omega T}), & |\Omega| < \pi/T, \\ 0, & |\Omega| \geq \pi/T \end{cases} \tag{7.1a}$$

在這種情況下，把有效的連續時間濾波器的規格透過 $\omega = \Omega T$ 的關係式轉化成離散時間濾波器規格是非常直接的。也就是說，可用下列的式子來定義一個週期的 $H(e^{j\omega})$

$$H(e^{j\omega}) = H_{\text{eff}}\left(j\frac{\omega}{T}\right), \quad |\omega| \leq \pi \tag{7.1b}$$

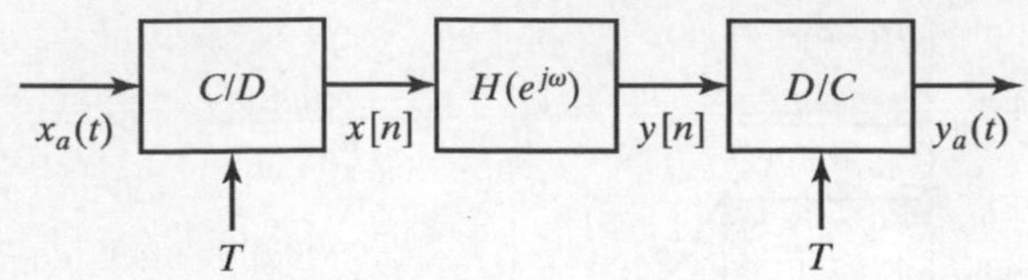

圖 7.2 對連續時間信號做離散時間濾波的基本系統

對於這個範例，當取樣率是 10^4 樣本／秒（$T=10^{-4}$ 秒）時，圖 7.2 的整體系統有以下的特性：

1. 在 $0<\Omega<2\pi(2000)$ 的頻帶中增益 $|H_{\text{eff}}(j\Omega)|$ 必須在 1 的上下 0.01 之間。

2. 在 $2\pi(3000)<\Omega$ 的頻帶中增益不能大於 0.001。

因為 (7.1a) 式是一個在連續時間頻率和離散時間頻率之間的對應關係，它僅影響通帶和滯帶的邊緣頻率，不會影響在頻率響應大小上的容忍極限。對這個特定的範例而言，參數會是

$$\delta_{p1}=\delta_{p2}=0.01$$

$$\delta_s=0.001$$

$$\omega_p=0.4\pi \text{ 弳（radian）}$$

$$\omega_s=0.6\pi \text{ 弳（radian）}$$

因此，在這個情況中，理想的通帶大小是一，且允許在$(1+\delta_{p1})$和$(1-\delta_{p2})$之間做變動，而滯帶大小允許在 0 和 δ_s 之間做變動。用分貝的單位表示，

$$\text{理想的通帶增益用分貝表示} = 20\log_{10}(1)=0\text{ dB}$$

$$\text{最大的通帶增益用分貝表示} = 20\log_{10}(1.01)=0.086\text{ dB}$$

$$\text{在通帶邊緣的最小的通帶增益用分貝表示} = 20\log_{10}(0.99)=-0.873\text{ dB}$$

$$\text{最大的滯帶增益用分貝表示} = 20\log_{10}(0.001)=-60\text{ dB}$$

範例 7.1 的情況是使用一個離散時間濾波器來處理一個經過週期性取樣後的連續時間信號。但是在許多的應用中，我們要濾波的離散時間信號不一定是從一個連續時間信號得來，而且對於使用序列來代表連續時間信號的方法而言，除了週期性取樣的方法之外，還有許多其它的方法。而且，在大部分我們所討論的設計技巧中，取樣週期在近似的程序中並沒有扮演任何的角色。就是因爲這些理由，我們採用的觀點爲：濾波器設計問題是從一組使用離散時間頻率變數 ω 的需求規格開始。取決於特定的應用或環境，這些規格可能是或可能不是從圖 7.2 的濾波架構而得到的。

7.2 用連續時間濾波器來設計離散時間 IIR 濾波器

在歷史上，當數位信號處理的領域剛浮出檯面時，設計離散時間 IIR 濾波器的技巧仰賴於轉換一個連續時間濾波器成為一個離散時間濾波器來滿足預定的規格。由於以下幾個理由，這個方法仍然是一個合宜的方法：

- 連續時間 IIR 濾波器的設計技巧非常的先進，因為有這些非常有用的結果，使用已經發展好之連續時間濾波器的設計方法是一個非常有利的優勢。
- 許多有用的連續時間 IIR 設計方法有相當簡單的封閉(closed-form)設計公式。因此，基礎於這些標準的連續時間設計公式所發展出的離散時間 IIR 濾波器設計方法都是相當容易來進行的。
- 把那些適用於連續時間 IIR 濾波器設計的標準近似方法直接應用到離散時間 IIR 的情況並不會有簡單的封閉設計公式，因為一個離散時間濾波器的頻率響應是週期性的，而一個連續時間濾波器則不是。

連續時間濾波器的設計可以被映射到離散時間濾波器的設計，這項事實是完全地和「該離散時間濾波器是否是使用在如圖 7.2 的配置來處理連續時間信號」沒有任何關聯。我們再次地強調離散時間系統的設計程序是從一組離散時間的規格開始。因此，我們假設這些規格已經被適當的決定出來了。我們之所以會使用連續時間濾波器近似方法的理由僅是為了可以方便的決定出離散時間濾波器來滿足想要的規格而已。事實上，當離散時間濾波器是使用在圖 7.2 中的配置時，那個要近似的連續時間濾波器可能有一個和有效頻率響應差別很大的頻率響應。

當我們藉由轉換一個原型的連續時間濾波器來設計一個離散時間濾波器時，連續時間濾波器的規格是藉由轉換想要離散時間濾波器的規格而獲得的。連續時間濾波器的系統函數 $H_c(s)$ 或脈衝響應 $h_c(t)$ 則是透過一個已經建立好的連續時間濾波器設計的近似方法來獲得的，在附錄 B 中我們有討論一些例子。接下來，離散時間濾波器的系統函數 $H(z)$ 或脈衝響應 $h[n]$ 是藉由把這節所討論的轉換型態套用至 $H_c(s)$ 或 $h_c(t)$ 而得到的。

在這樣的轉換中，我們一般會要求連續時間頻率響應之某個本質上的特性會在所設計出的離散時間濾波器頻率響應中保留下來。明確地說，這個意味著我們希望 s 平面上的虛軸要映射至 z 平面的單位圓上。第二個條件就是一個穩定的連續時間濾波器應該要被轉換成一個穩定的離散時間濾波器。這意味著假若連續時間系統其極點僅落在 s 平面的左半平面上，則離散時間濾波器必須要讓極點僅落在 z 平面的單位圓之中。本節所討論之所有的技巧都滿足這些基本的限制。

7.2.1 脈衝不變性濾波器設計

在 4.4.2 節中，我們討論過**脈衝不變性**的概念，其中一個離散時間系統是由取樣一個連續時間系統的脈衝響應來定義的。我們曾說明當我們把有限頻寬的輸入信號輸入到一個有限頻寬的連續時間系統時，脈衝不變性提供一個直接的方法來計算輸出的樣本。在某些環境中，藉由取樣一個連續時間濾波器的脈衝響應來設計一個離散時間濾波器是特別適當和方便的。舉例來說，假若整體的目標是在一個離散時間設定中模擬一個連續時間系統，我們通常會進行在圖 7.2 中配置的模擬，其中離散時間系統被設計成它的脈衝響應對應到要被模擬之連續時間濾波器的樣本。在其他的環境中，有時候我們希望一個離散時間設定要維持有已良好設計之連續時間濾波器其特定的時域特性，如想要的時域超越量（overshoot），能量集中（energy compaction），已控制的時域漣波（ripple），以此類推。或者，在濾波器設計的環境中，我們可以把脈衝不變性想像成是一個方法，它可由一個連續時間系統的頻率響應來決定一個離散時間系統的頻率響應。

在把連續時間濾波器轉換成爲離散時間濾波器的脈衝不變性設計程序中，離散時間濾波器的脈衝響應是由把連續時間濾波器的脈衝響應做等距離取樣而得；也就是說，

$$h[n] = T_d h_c(nT_d), \tag{7.2}$$

其中 T_d 代表一個取樣間隔。我們將會看到，因爲我們是以離散時間濾波器的規格來開始設計問題的，(7.2) 式中的參數 T_d 實際上在設計過程中或是在最後所得之離散時間濾波器中並沒有扮演任何的角色。然而，因爲在定義設計程序中我們習慣指定這個參數，所以在往後的討論中都會有它。就算最終濾波器是使用在圖 7.2 的基本配置中，設計的取樣週期 T_d 並不一定和 C/D 和 D/C 轉換的取樣週期 T 相同。

當我們使用脈衝不變性來設計一個具指定的頻率響應的離散時間濾波器時，我們特別對在離散時間和連續時間濾波器之間的頻率響應關係感到興趣。從第 4 章對取樣的討論中，我們知道由 (7.2) 式所得的離散時間濾波器其頻率響應和連續時間濾波器的頻率響應有如下的關係

$$H(e^{j\omega}) = \sum_{k=-\infty}^{\infty} H_c\left(j\frac{\omega}{T_d} + j\frac{2\pi}{T_d}k\right) \tag{7.3}$$

假若連續時間濾波器是有限頻寬的，使得

$$H_c = (j\Omega) = 0, \quad |\Omega| \geq \pi / T_d, \tag{7.4}$$

則

$$H(e^{j\omega}) = H_c\left(j\frac{\omega}{T_d}\right), \quad |\omega| \le \pi; \tag{7.5}$$

也就是說，離散時間和連續時間的頻率響應關係只是頻率軸的一個線性比例調整而已，即 $\omega = \Omega T_d$，$|\omega| < \pi$。不幸的是，任何實際的連續時間濾波器不可能是有限頻寬的，因而會導致在 (7.3) 式中的連續兩項之間會有相互干擾產生並造成交疊現象，如圖 7.3 所示。然而，假若連續時間濾波器其響應在高頻率時趨近於零，那麼交疊的部分就會是可以忽略的很小，因此一個有用的離散時間濾波器便可以從取樣 一個連續時間濾波器的脈衝響應來獲得。

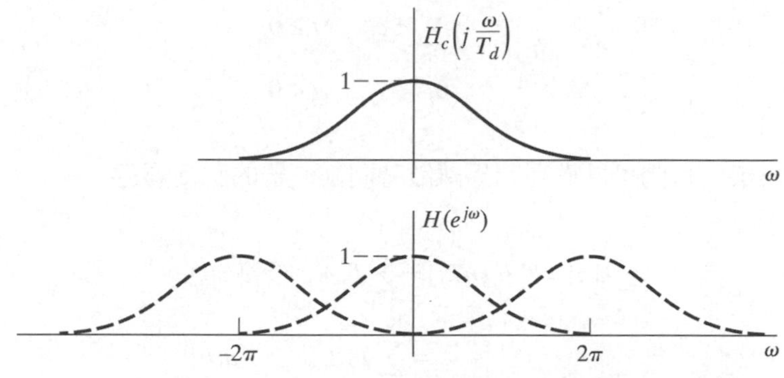

圖 7.3　在脈衝不變性設計技巧中的交疊現象

當我們使用脈衝不變性的設計程序，利用連續時間濾波器的設計方法，來設計一個具給定頻率響應規格的離散時間濾波器時，首先，使用 (7.5) 式，該離散時間濾波器的規格要轉換成連續時間濾波器的規格。假設從 $H_c(j\Omega)$ 轉換到 $H(e^{j\omega})$ 所產生的交疊是可以忽略的，我們可以藉由以下關係來獲得 $H_c(j\Omega)$ 的規格

$$\Omega = \omega / T_d \tag{7.6}$$

藉此我們便可從 $H(e^{j\omega})$ 的規格那兒獲得連續時間濾波器的規格。接下來，設計一個滿足這些規格的連續時間濾波器，然後再把具系統函數 $H_c(s)$ 的連續時間濾波器轉換成想要的離散時間濾波器，其系統函數爲 $H(z)$。以下我們將簡要地推導出從 $H_c(s)$ 轉換到 $H(z)$ 的代數細節。然而，請注意，在轉換回離散時間頻率時，$H_c(j\Omega)$ 和 $H(e^{j\omega})$ 之間將會有 (7.3) 式的關係，也就是說我們把頻率軸經 (7.6) 式做轉換。結果，「取樣」參數 T_d 並不能被使用來控制交疊現象。因爲基本的規格都是用離散時間頻率來表示的，所以假若取樣率增加（也就是說，假若 T_d 使之變小），則連續時間濾波器的截止頻率必然會等比例的增加。在實務上，若要控制從 $H_c(j\Omega)$ 轉換到 $H(e^{j\omega})$ 會發生的交疊現象，連續時間濾波器一

定要過度地設計（overdesigned）一些，也就是說，在設計連續時間濾波器時必須要設計成超過規格的要求一些，由其是在滯帶響應上。

雖然從連續時間到離散時間的脈衝不變性轉換是使用時域取樣來定義的，但是我們可以容易的把它表示成爲系統函數的一個轉換。爲了要發展出此轉換公式，我們把一個因果連續時間濾波器的系統函數用部份分式展開，所以有下式[①]

$$H_c(s) = \sum_{k=1}^{N} \frac{A_k}{s - s_k} \tag{7.7}$$

其對應的脈衝響應爲

$$h_c(t) = \begin{cases} \sum_{k=1}^{N} A_k e^{s_k t}, & t \ge 0, \\ 0, & t < 0 \end{cases} \tag{7.8}$$

藉由對 $T_d h_c(t)$ 取樣，我們可以獲得因果離散時間濾波器的脈衝響應

$$\begin{aligned} h[n] = T_d h_c(nT_d) &= \sum_{k=1}^{N} T_d A_k e^{s_k n T_d} u[n] \\ &= \sum_{k=1}^{N} T_d A_k (e^{s_k T_d})^n u[n] \end{aligned} \tag{7.9}$$

因果離散時間濾波器的系統函數因此可以表示成

$$H(z) = \sum_{k=1}^{N} \frac{T_d A_k}{1 - e^{s_k T_d} z^{-1}} \tag{7.10}$$

比較 (7.7) 式和 (7.10) 式，我們觀察到在 s 平面上 $s = s_k$ 的極點會轉換成在 z 平面上 $z = e^{s_k T_d}$ 處的極點，而且除了比例乘數 T_d 之外，$H_c(s)$ 和 $H(z)$的部份分式展開式的係數均相等。假若連續時間因果濾波器是穩定的，意味著 s_k 的實部會小於零，則 $e^{s_k T_d}$ 的大小將小於一，所以對應的離散時間濾波器的極點將落在單位圓內。因此，因果離散時間濾波器也是穩定的。雖然在 s 平面上的極點是根據 $z_k = e^{s_k T_d}$ 的關係式映射到在 z 平面上的極點，但是請認清脈衝不變性設計程序並不是把整個 s 平面也用該關係式映射到 z 平面上，這是很重要的一項事實。特別的是，在離散時間系統函數中的零點是極點 $e^{s_k T_d}$ 和在部份分式展開

① 為了簡單起見，在我們的討論中均假設 $H(s)$ 的所有極點都是一階的。在習題 7.38 中，我們考慮對於多階極點所需要做的修正。

中係數 $T_d A_k$ 的一個函數，一般來說它們並不會有像極點般的映射方式。我們用以下這個低通濾波器的設計範例來說明脈衝不變性的設計程序。

範例 7.2 脈衝不變性和一個巴特渥斯（Butterworth）濾波器

在這個範例中我們考慮設計一個低通離散時間濾波器，方式為把脈衝不變性套用到一個適當的連續時間濾波器上。在這個範例中我們選擇的濾波器種類稱為巴特渥斯濾波器，該濾波器我們會在第 7.3 節以及附錄 B 中做更為詳盡的討論[②]。離散時間濾波器的規格為通帶增益是在 0 dB 和 −1 dB 之間，滯帶衰減最少要有 −15 dB，也就是說，

$$0.89125 \le |H(e^{j\omega})| \le 1, \quad 0 \le |\omega| \le 0.2\pi, \tag{7.11a}$$

$$|H(e^{j\omega})| \le 0.17783, \qquad 0.3\pi \le |\omega| \le \pi \tag{7.11b}$$

因為在脈衝不變性設計程序中參數 T_d 會消去，我們只要選擇 $T_d = 1$ 即可，所以我們有 $\omega = \Omega$。在習題 7.2 中，我們會考慮同一個範例，但是參數 T_d 先不要消去，並說明它是如何被消去的。

在使用脈衝不變性來轉換一個連續時間巴特渥斯濾波器時，我們首先必須把離散時間規格轉換成連續時間濾波器規格。就這個範例而言，我們將假設在 (7.3) 式中的交疊效應是可以忽略的。在設計完成之後，我們再評估所得的頻率響應是否滿足在 (7.11a) 式和 (7.11b) 式中的規格。

根據前面的考量，我們希望設計一個連續時間巴特渥斯濾波器，其大小函數 $|H_c(j\Omega)|$ 滿足

$$0.89125 \le |H_c(j\omega)| \le 1, \quad 0 \le |\Omega| \le 0.2\pi, \tag{7.12a}$$

$$|H_c(j\omega)| \le 0.17783, \qquad 0.3\pi \le |\Omega| \le \pi \tag{7.12b}$$

因為一個類比的巴特渥斯濾波器其大小響應是頻率的一個單調（monotonic）函數，(7.12a) 式和 (7.12b) 式將會滿足假若 $H_c(j0) = 1$，

$$|H_c(j0.2\pi)| \ge 0.89125 \tag{7.13a}$$

且

$$|H_c(j0.3\pi)| \le 0.17783 \tag{7.13b}$$

---

② 連續時間巴特渥斯和柴比雪夫（Chebyshev）濾波器會在附錄 B 中討論。

一個巴特渥斯濾波器的大小平方函數其形式為

$$|H_c(j\Omega)|^2 = \frac{1}{1+(\Omega/\Omega_c)^{2N}}, \tag{7.14}$$

所以濾波器設計程序就是要決定出參數 N 和 Ω_c 來滿足想要的規格。把 (7.14) 式代入 (7.13) 式中，並使得等號成立，我們有

$$1+\left(\frac{0.2\pi}{\Omega_c}\right)^{2N} = \left(\frac{1}{0.89125}\right)^2 \tag{7.15a}$$

及

$$1+\left(\frac{0.3\pi}{\Omega_c}\right)^{2N} = \left(\frac{1}{0.17783}\right)^2 \tag{7.15b}$$

這聯立方程式的解為 $N = 5.8858$ 和 $\Omega_c = 0.70474$。然而，參數 N 必須要為一個整數。為了讓規格被吻合或被超過，我們必須把 N 做無條件進位成最接近的整數，$N = 6$，如此一來濾波器將不會同時正確地滿足 (7.15a) 式和 (7.15b) 式。使用 $N = 6$，我們可以選擇濾波器參數 Ω_c 的值以超過指定的需求（也就是說，有較低的近似誤差），可能導致在通帶有較低的近似誤差，可能在滯帶有較低的近似誤差，或兩者都有較低的近似誤差。明確地說，當 Ω_c 的值做變化時，在滯帶和通帶響應規格被超過的量有個權衡的關係存在。假若我們把 $N = 6$ 代入至 (7.15a) 式中，我們可得（$\Omega_c = 0.7032$）。使用這個值，通帶規格（連續時間濾波器的）將會完全地吻合，而滯帶規格（連續時間濾波器的）將會超過所要求。這可以讓離散時間濾波器的交疊現象小一點。使用（$\Omega_c = 0.7032$）和 $N = 6$，大小平方函數 $H_c(s)H_c(-s) = 1/[1+(s/j\Omega_c)^{2N}]$ 的 12 個極點會如圖 7.4 所示的均勻地分佈在一個半徑為（$\Omega_c = 0.7032$）的圓上。因此，$H_c(s)$ 的極點是在 s 平面左半平面上的三個極點對，其座標如下：

極點對 1：$-0.182 \pm j(0.679)$，

極點對 2：$-0.497 \pm j(0.497)$，

極點對 3：$-0.679 \pm j(0.182)$。

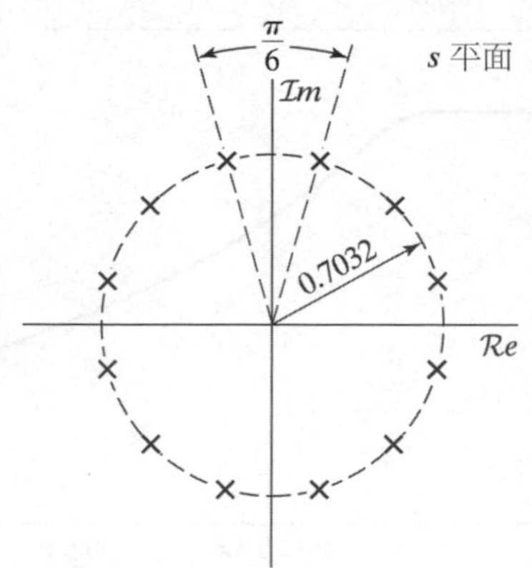

圖 7.4 在範例 7.2 中的 6 階巴特渥斯濾波器其 $H_c(s)H_c(-s)$ 的極點在 s 平面上的位置

因此，

$$H_c(s) = \frac{0.12093}{(s^2+0.3640s+0.4945)(s^2+0.9945s+0.4945)(s^2+1.3585s+0.4945)} \tag{7.16}$$

假若我們把 $H_c(s)$ 用部份分式展開，再用 (7.10) 式來執行轉換，然後再結合共軛複數項，所得的離散時間濾波器的系統函數為

$$\begin{aligned} H(z) = &\frac{0.2871-0.4466z^{-1}}{1-1.2971z^{-1}+0.6949z^{-2}} + \frac{-2.1428+1.1455z^{-1}}{1-1.0691z^{-1}+0.3699z^{-2}} \\ &+\frac{1.8557-0.6303z^{-1}}{1-0.9972z^{-1}+0.2570z^{-2}} \end{aligned} \tag{7.17}$$

很明顯的可以由 (7.17) 式中看出，用脈衝不變性設計程序所得的系統函數可以直接用並聯式結構來實現。假若串接式結構或是直接式結構才是想要的結構，那麼這些分開的二階項必須要以一個適當的方式組合起來。

離散時間系統的頻率響應函數展示在圖 7.5 中。記得連續時間濾波器的原型被設計成在通帶邊緣完全正確地吻合其規格，而在滯帶邊緣超過其規格，這個現象也顯現在所得的離散時間濾波器中。這指出的事實為該連續時間濾波器是足夠有限頻寬的，使得交疊現象不會產生太大的問題。事實上，在 $20\log_{10}|H(e^{j\omega})|$ 和 $20\log_{10}|H_c(j\Omega)|$ 之間的差異如果是用如圖所示的比例尺度是看不出來的，除了在 $\omega=\pi$ 附近有一些微小的偏移量（記得 $T_d=1$，所以 $\Omega=\omega$）。有時候，交疊會產生嚴重的問題。假若因為交疊現象使得所得的離散時間濾波器無法滿足規格，那麼對於脈衝不變性而言，就沒有第二條路可以走了，但是可以嘗試增加濾波器的階數試看看，或是階數固定，用不同的濾波器參數試試看。

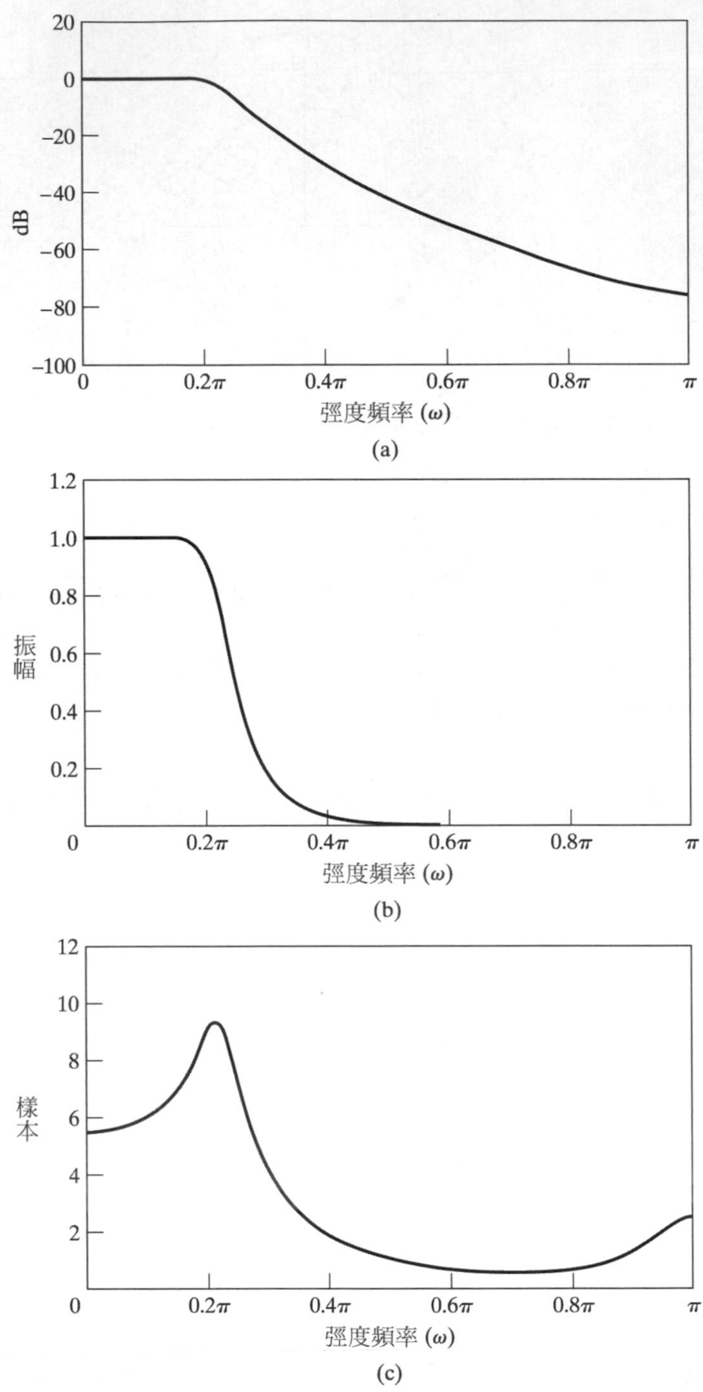

圖 7.5 用脈衝不變性轉換所設計出的 6 階巴特渥斯濾波器的頻率響應。(a) 對數大小（用分貝表示）；(b) 大小；(c) 群延遲

脈衝不變性的基礎是選擇離散時間濾波器的脈衝響應，使之在某種意義上類似於連續時間濾波器的脈衝響應。使用這種程序的最初想法可能是要維持脈衝響應的波形，或

是認為假若連續時間濾波器是有限頻寬的，那麼離散時間濾波器的頻率響應將會非常近似於連續時間的頻率響應。當主要的目的是要控制某些時間響應的特質時，如控制脈衝響應或步階響應（step response）的特質時，一個直觀的方法就是用脈衝不變性或步階不變性（step invariance）來設計離散時間濾波器。在後者步階不變性的情況中，濾波器對單位步階函數（unit step function）的響應是由取樣連續時間步階響應所得的序列來定義的。假若連續時間濾波器有良好的步階響應特質，如有一個小的上升時間（rise time）和低的尖峰超越量（peak overshoot），這些特質將會被保有在離散時間濾波器中。很清楚地，這種波形不變性的概念可以被延伸至要保持任意種輸入所得的輸出波形，如習題 7.1 所陳述。該習題點出的事實為：用脈衝不變性或是用步階不變性（或是某種其他的波形不變性設計法）轉換相同的連續時間濾波器，並不會得到相同的離散時間濾波器。

在脈衝不變性的設計程序中，在連續時間和離散時間之間的頻率關係是線性關係；因此，除了交疊之外，頻率響應的形狀會被完整的保留。這個特性和以下要討論的設計方法大異其趣，下一節要討論的方法是基礎於一種代數的轉換。我們對這一個小節做個結論：脈衝不變性技巧僅適用有限頻寬濾波器；那些像是高通或帶拒（bandstop）連續時間濾波器，假若脈衝不變性設計要使用的話，必須要加入額外的限頻以避免嚴重的交疊失真。

7.2.2 雙線性轉換

在這節中所討論的技巧使用雙線性轉換，它是一個在變數 s 和 z 之間的代數轉換，能把在 s 平面上整個 $j\Omega$ 軸映射到 z 平面一整圈的單位圓上。使用這個方法，$-\infty \le \Omega \le \infty$ 會映射到 $-\pi \le \omega \le \pi$，在連續時間和離散時間之間頻率變數的轉換一定是非線性的。因此，要使用這個技巧的先決條件是如此之非線性頻率軸扭曲現象必須是可以接受的。

令 $H_c(s)$ 表示連續時間系統函數，$H(z)$表示離散時間系統函數，雙線性轉換把 s 換成

$$s = \frac{2}{T_d}\left(\frac{1-z^{-1}}{1+z^{-1}}\right); \tag{7.18}$$

也就是說，

$$H(z) = H_c\left(\frac{2}{T_d}\left(\frac{1-z^{-1}}{1+z^{-1}}\right)\right) \tag{7.19}$$

正如脈衝不變性設計法中，一個「取樣」參數 T_d 也出現在雙線性轉換的定義中。從歷史的角度來看，這個參數之所以會存在的原因是因為當我們把梯形積分法套用到 $H_c(s)$ 所對應的微分方程式中，T_d 代表數值積分的步長大小（step size），我們可以獲得對應於

$H(z)$ 的差分方程式（請參見 Kaiser, 1966，和習題 7.49）。然而，在濾波器設計中，我們之所以會使用雙線性轉換是基礎於給定在 (7.18) 式中代數轉換的特性。如同脈衝不變性一般，參數 T_d 在設計程序中沒有任何重要性，因為我們假設設計問題總是從離散時間濾波器 $H(e^{j\omega})$ 的規格開始。當這些規格被映射成連續時間規格，而連續時間濾波器然後被映射回一個離散時間濾波器時，T_d 的效應將會消去。基於歷史的理由，我們將會保留參數 T_d 在我們的討論中；但是在特定的問題和範例中，任何方便的值都可以用來代表 T_d。

為了要發展出 (7.18) 式的代數轉換特性，我們把 z 解出，可得

$$z = \frac{1+(T_d/2)s}{1-(T_d/2)s}, \tag{7.20}$$

用 $s = \sigma + j\Omega$ 代入 (7.20) 式，我們有

$$z = \frac{1+\sigma T_d/2 + j\Omega T_d/2}{1-\sigma T_d/2 - j\Omega T_d/2} \tag{7.21}$$

假若 $\sigma < 0$，則從 (7.21) 式中可知對任何的 Ω 而言，$|z| < 1$ 均成立。類似的，假若 $\sigma > 0$，則對任何的 Ω 而言，$|z| > 1$。也就是說，假若 $H_c(s)$ 的一個極點在 s 平面的左半平面上，它在 z 平面上的象（image）將會落在單位圓內。因此，因果穩定的連續時間濾波器會映射成因果穩定的離散時間濾波器。

接下來，為了要證明 s 平面的 $j\Omega$ 軸映射到單位圓上，我們把 $s = j\Omega$ 代入到 (7.20) 式中，獲得

$$z = \frac{1+j\Omega T_d/2}{1-j\Omega T_d/2} \tag{7.22}$$

從 (7.22) 式，可很清楚看出對於 $j\Omega$ 軸上所有的值，$|z| = 1$ 均成立。也就是說，$j\Omega$ 軸映射到單位圓上，所以 (7.22) 式也可以表示成

$$e^{j\omega} = \frac{1+j\Omega T_d/2}{1-j\Omega T_d/2} \tag{7.23}$$

為了導得變數 ω 和 Ω 之間的關係，我們把 $z = e^{j\omega}$ 代回到 (7.18) 式中，可得

$$s = \frac{2}{T_d}\left(\frac{1-e^{-j\omega}}{1+e^{-j\omega}}\right), \tag{7.24}$$

或是，等價地說，

$$s = \sigma + j\Omega = \frac{2}{T_d}\left[\frac{2e^{-j\omega/2}(j\sin\omega/2)}{2e^{-j\omega/2}(\cos\omega/2)}\right] = \frac{2j}{T_d}\tan(\omega/2) \tag{7.25}$$

讓 (7.25) 式左右兩邊實部等於實部，虛部等於虛部，我們有 $\sigma = 0$ 和

$$\Omega = \frac{2}{T_d}\tan(\omega/2), \tag{7.26}$$

即

$$\omega = 2\arctan(\Omega T_d/2) \tag{7.27}$$

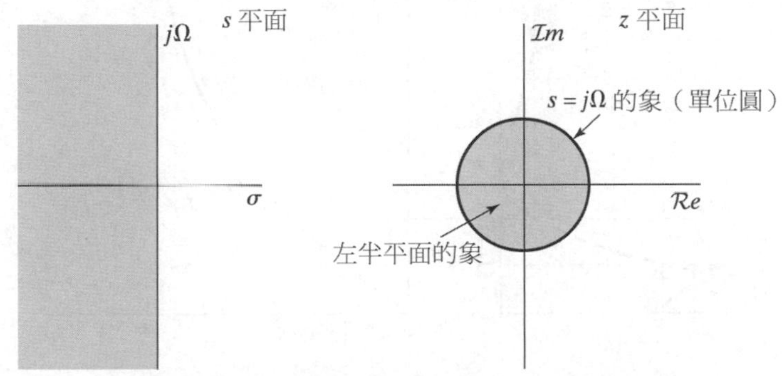

圖 7.6　使用雙線性轉換把 s 平面映射到 z 平面的情形

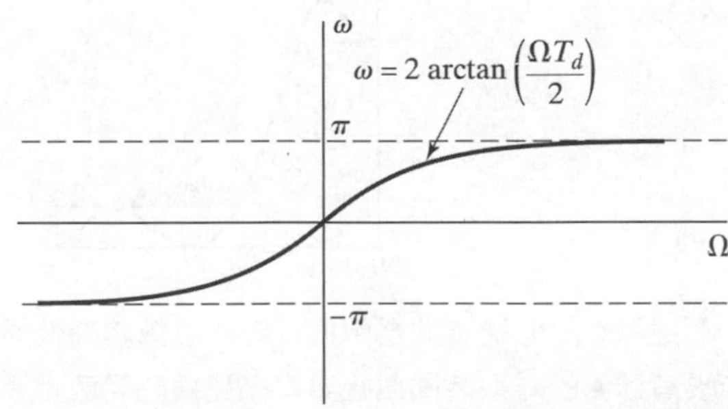

圖 7.7　使用雙線性轉換把連續時間頻率軸映射到離散時間頻率軸的情形

這些雙線性轉換的特性可以用圖 7.6 和圖 7.7 做個總結。它是一個從 s 平面到 z 平面的映射，我們可以看出頻率範圍 $0 \le \Omega \le \infty$ 映射到 $0 \le \omega \le \pi$，而頻率範圍 $-\infty \le \Omega \le 0$ 映射到 $-\pi \le \omega \le 0$。雙線性轉換可以避免在使用脈衝不變性時所遇到的交疊問題，因爲它把 s 平面的整個虛軸映射到在 z 平面的單位圓上。然而，我們要付出的代價是雙線性轉換會有如圖 7.7 所描述之頻率軸非線性壓縮。所以，只有當這種壓縮可以被容忍或被補償時，使用雙線性轉換來設計離散時間濾波器才會是有用的。舉例來說，若濾波器要近似的是

一種理想的具分段常數（piecewise-constant）特性之大小響應，雙線性轉換可以派上用場。這被瞄繪在圖 7.8 中，在其中我們展示出透過 (7.26) 式和 (7.27) 式的頻率扭曲，一個連續時間頻率響應及其容忍圖如何被映射成一個對應的離散時間頻率響應和其容忍圖。假若連續時間濾波器的臨界頻率（如通帶的邊緣頻率和滯帶的邊緣頻率）已根據 (7.26) 式預先扭曲（prewarped）成適當的值，當連續時間濾波器使用 (7.19) 式被轉換成離散時間濾波器時，該離散時間濾波器將會滿足想要的規格。

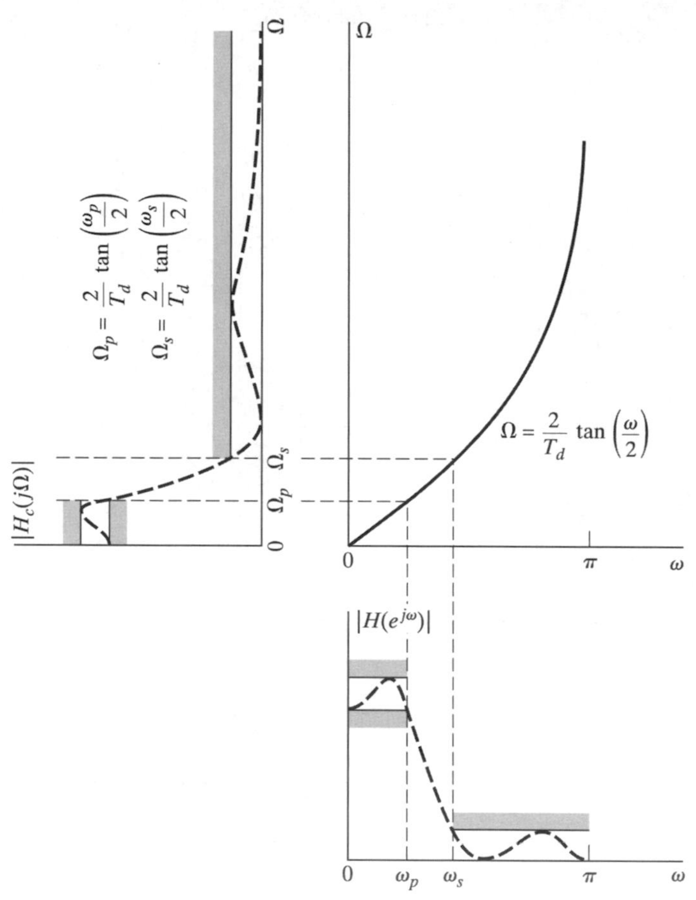

圖 7.8 用雙線性轉換把一個連續時間低通濾波器轉換成一個離散時間低通濾波器時，無法避免的頻率扭曲現象。若要有想要的離散時間截止頻率，連續時間截止頻率必須要預先扭曲成適當的值

雖然雙線性轉換可以有效的把一個具分段常數特性的大小響應從 s 平面映射到 z 平面，它的頻率軸扭曲特性也說明了它有讓濾波器的相位響應扭曲的特性。舉例來說，圖 7.9 顯示出把雙線性轉換套用至一個理想線性相位因子 $e^{-s\alpha}$ 的結果。假若我們把 (7.18) 式代入到 s，然後再計算在單位圓上的結果，所得的相位角度是 $-(2\alpha/T_d)\tan(\omega/2)$。在圖 7.9 中，實線顯示出函數 $-(2\alpha/T_d)\tan(\omega/2)$，而虛線則表示具週期性的線性相位函數 $-(\omega\alpha/T_d)$，在這裡我們有使用小角度近似公式 $\omega/2 \approx \tan(\omega/2)$。從這裡可以很明顯的看

出，假若我們想要設計一個具有線性相位特質的離散時間低通濾波器，我們是不可能藉由把雙線性轉換套用至一個具線性相位特質的連續時間低通濾波器來達到目的的。

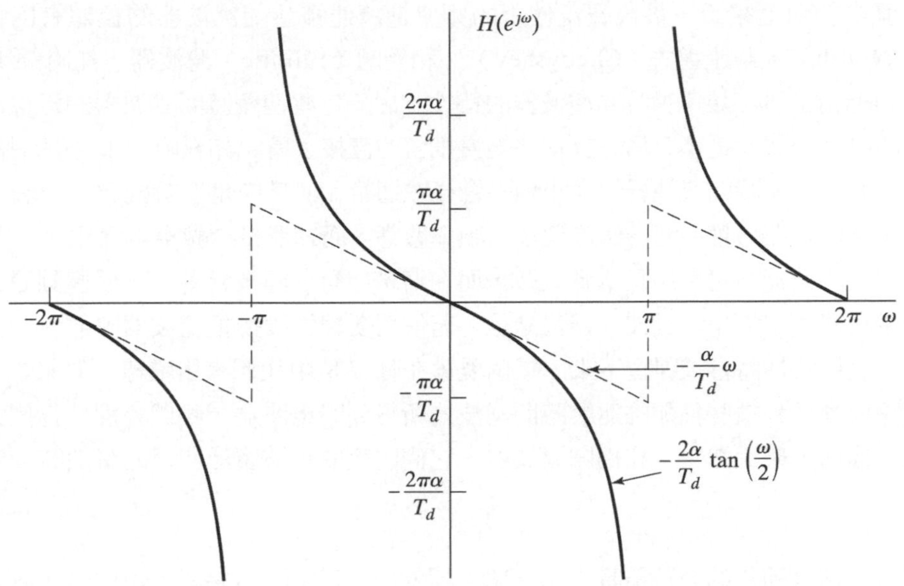

圖 7.9 用雙線性轉換來轉換一個線性相位函數的效應圖示（虛線是線性相位，而實線是經雙線性轉換後所產生的相位結果）

如同先前所描述，因爲頻率扭曲的原因，雙線性轉換在設計那些具有分段常數頻率大小特性的濾波器時特別的有用，如高通、低通、和帶通（bandpass）濾波器。從範例 7.2 中可知，脈衝不變性也可以被使用來設計低通濾波器。然而，脈衝不變性不能被使用來把一個高通連續時間設計映射成一個高通的離散時間設計，因爲高通連續時間濾波器並不是有限頻寬的。

在範例 4.4 中，我們討論了一類濾波器，稱之爲離散時間微分器。這類濾波器有一個重要的頻率響應特徵就是它的頻率響應和頻率有線性的關係。由雙線性轉換所引起之頻率軸非線性扭曲將導致這種線性關係特性無法被保留下來。因此，把雙線性轉換套用至一個連續時間微分器將不會產生一個離散時間微分器。然而，若把脈衝不變性套用至一個適當的有限頻寬連續時間微分器，那麼將會產生一個離散時間的微分器。

7.3 離散時間巴特渥斯，柴比雪夫和橢圓濾波器

從歷史的角度來說，最被廣泛使用的頻率選擇連續時間濾波器的種類有巴特渥斯（Butterworth），柴比雪夫（Chebyshev）、和橢圓（Elliptic）濾波器。在附錄 B 中我們簡要的總結了這三類連續時間濾波器的特性。由於這些連續時間濾波器的近似法有封閉型式的設計公式，這讓整個設計程序變得相當的直接了當。如在附錄 B 中所討論的，一個巴特渥斯連續時間濾波器的大小頻率響應在通帶和滯帶中是單調函數。一個型 I 的柴比雪夫濾波器在通帶中有一個等漣波的頻率響應，而在滯帶中做單調變化。一個型 II 的柴比雪夫濾波器在通帶中是單調函數，而在滯帶中有等漣波響應。一個橢圓濾波器則是在通帶和滯帶中均是等漣波。很清楚地，若使用雙線性轉換把濾波器映射成一個數位濾波器，這些特性將會被保留下來。這個現象在圖 7.8 中我們有用虛線近似來說明。把雙線性轉換套用到這些種類的連續時間濾波器所得到的濾波器，我們分別稱它們爲離散時間巴特渥斯、柴比雪夫、和橢圓濾波器，它們也變成是被廣泛使用的離散時間頻率選擇濾波器。

在設計這些種類的濾波器時，第一個步驟就是要定出臨界頻率，也就是，頻帶邊緣頻率的值。我們必須用 (7.26) 式先定出連續時間頻率值，之後的雙線性轉換才會再把該連續時間頻率轉換回正確的離散時間頻率。這個預先扭曲機制將會在範例 7.3 中做更爲詳盡的說明。對於離散時間和連續時間濾波器，在通帶和滯帶中被允許的容忍度將會是相同的，因爲雙線性映射僅扭曲頻率軸而已，並不會影響振幅大小。在使用離散時間濾波器的設計套裝軟體時，如 MATLAB 和 LabVIEW，典型的輸入參數會是想要的容忍度和離散時間臨界頻率。該設計程式會明白地或隱含地幫你處理任何必要之頻率預先扭曲動作。

在示範這些種類的濾波器設計之前，我們先來評論一些一般我們會預期的特性。我們預期設計出的離散時間巴特渥斯、柴比雪夫，和橢圓濾波器其頻率響應會保留對應之連續時間濾波器其單調函數特性和漣波特性。N 階的連續時間低通巴特渥斯濾波器在 $\Omega=\infty$ 處有 N 個零點。因爲雙線性轉換把 $s=\infty$ 映射到 $z=-1$，我們會預期任何使用雙線性轉換的巴特渥斯設計會在 $z=-1$ 產生 N 個零點。同樣的論述對於柴比雪夫型 I 低通濾波器也爲真。

7.3.1 IIR 濾波器的設計範例

在以下的討論中，我們示範出一些 IIR 濾波器的設計範例。範例 7.3 的目的是使用雙線性轉換來設計一個巴特渥斯濾波器，我們說明了設計的步驟，並把結果和脈衝不變性的結果做比較。範例 7.4 則用一組設計規格比較了一個巴特渥斯、柴比雪夫 I、柴比雪夫

II，和橢圓濾波器的設計。範例 7.5 使用了幾組不同的規格，來探討一個巴特渥斯、柴比雪夫 I、柴比雪夫 II，和橢圓濾波器的設計。這些設計將會和 7.8.1 節的 FIR 設計做比較。我們使用 MATLAB 其信號處理工具箱（signal processing toolbox）中的濾波器設計程式來完成在範例 7.4 和 7.5 中的設計。

範例 7.3　巴特渥斯濾波器的雙線性轉換

考慮範例 7.2 的離散時間濾波器規格，先前我們說明了如何使用脈衝不變性的技巧來設計一個離散時間濾波器。該離散時間濾波器的規格為

$$0.89125 \le |H(e^{j\omega})| \le 1, \quad 0 \le \omega \le 0.2\pi, \tag{7.28a}$$

$$|H(e^{j\omega})| \le 0.17783, \qquad 0.3\pi \le \omega \le \pi \tag{7.28b}$$

在使用雙線性轉換來轉換一個連續時間設計時，離散時間濾波器的臨界頻率首先要使用 (7.26) 式求出其對應的連續時間頻率，如此才會使之後的雙線性轉換會把該連續時間頻率轉換回正確的離散時間臨界頻率。在此一範例中，令 $|H_c(j\Omega)|$ 代表連續時間濾波器的大小響應函數，我們要求

$$0.89125 \le |H_c(j\Omega)| < 1, \quad 0 \le \Omega \le \frac{2}{T_d}\tan\left(\frac{0.2\pi}{2}\right), \tag{7.29a}$$

$$|H_c(j\Omega)| \le 0.17783, \qquad \frac{2}{T_d}\tan\left(\frac{0.3\pi}{2}\right) \le \Omega \le \infty \tag{7.29b}$$

為了方便起見，我們令 $T_d = 1$。而且，正如範例 7.2 所述，因為一個連續時間巴特渥斯濾波器有一個單調遞減的大小響應，我們可以等價地要求

$$|H_c(j2\tan(0.1\pi))| \ge 0.89125 \tag{7.30a}$$

以及

$$|H_c(j2\tan(0.15\pi))| \le 0.17783 \tag{7.30b}$$

巴特渥斯濾波器的大小平方函數為

$$|H_c(j\Omega)|^2 = \frac{1}{1+(\Omega/\Omega_c)^{2N}}, \tag{7.31}$$

把 (7.30a) 式和 (7.30b) 式中的不等號改成等號，解出參數 N 和 Ω_c，我們獲得

$$1+\left(\frac{2\tan(0.1\pi)}{\Omega_c}\right)^{2N} = \left(\frac{1}{0.89}\right)^2 \tag{7.32a}$$

和

$$1+\left(\frac{2\tan(0.15\pi)}{\Omega_c}\right)^{2N}=\left(\frac{1}{0.178}\right)^2 \tag{7.32b}$$

用 (7.32a) 式和 (7.32b) 式解出 N 可得

$$\begin{aligned} N &= \frac{\log\left[\left(\left(\frac{1}{0.178}\right)^2-1\right)\Big/\left(\left(\frac{1}{0.89}\right)^2-1\right)\right]}{2\log[\tan(0.15\pi)/\tan(0.1\pi)]} \\ &= 5.305 \end{aligned} \tag{7.33}$$

因為 N 必須要為一個整數，故我們選擇 $N = 6$。把 $N = 6$ 代入 (7.32b) 式中，我們可得 $\Omega_c = 0.766$。對這個 Ω_c 值而言，通帶規格會過度滿足而滯帶規格會剛好滿足。這種選擇對雙線性轉換而言是合理的，因為我們不需要關心交疊問題。也就是說，只要經過適當的預先扭曲步驟，我們就可以肯定所得的離散時間濾波器將會在滯帶邊緣上正確地滿足規格。

在 s 平面上，大小平方函數的 12 個極點均勻地分佈在一個半徑為 0.766 的圓上，如圖 7.10 所示。若把左半平面上的極點挑出，所得的因果連續時間濾波器其系統函數為

$$H_c(s)=\frac{0.20238}{(s^2+0.3996s+0.5871)(s^2+1.836s+0.5871)(s^2+1.4802s+0.5871)} \tag{7.34}$$

然後，把雙線性轉換套用至 $H_c(s)$，且令 $T_d=1$，所得的離散時間濾波器其系統函數為

$$\begin{aligned} H(z) &= \frac{0.0007378(1+z^{-1})^6}{(1-1.2686z^{-1}+0.7051z^{-2})(1-1.0106z^{-1}+0.3583z^{-2})} \\ &\quad \times\frac{1}{(1-0.9044z^{-1}+0.2155z^{-2})} \end{aligned} \tag{7.35}$$

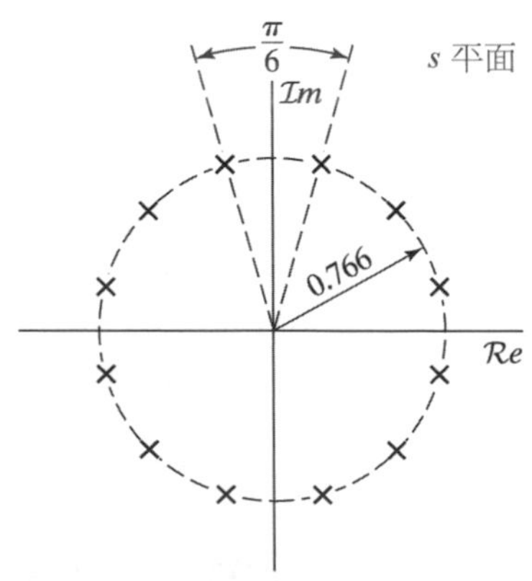

圖 7.10 在範例 7.3 中的 6 階巴特渥斯濾波器其 $H_c(s)H_c(-s)$ 的極點在 s 平面上的位置

在圖 7.11 中，我們展示出該離散時間濾波器頻率響應的大小，對數大小，和群延遲。在 $\omega = 0.2\pi$ 時，對數大小是 -0.56 dB，而在 $\omega = 0.3\pi$ 時，對數大小剛好是 -15 dB。

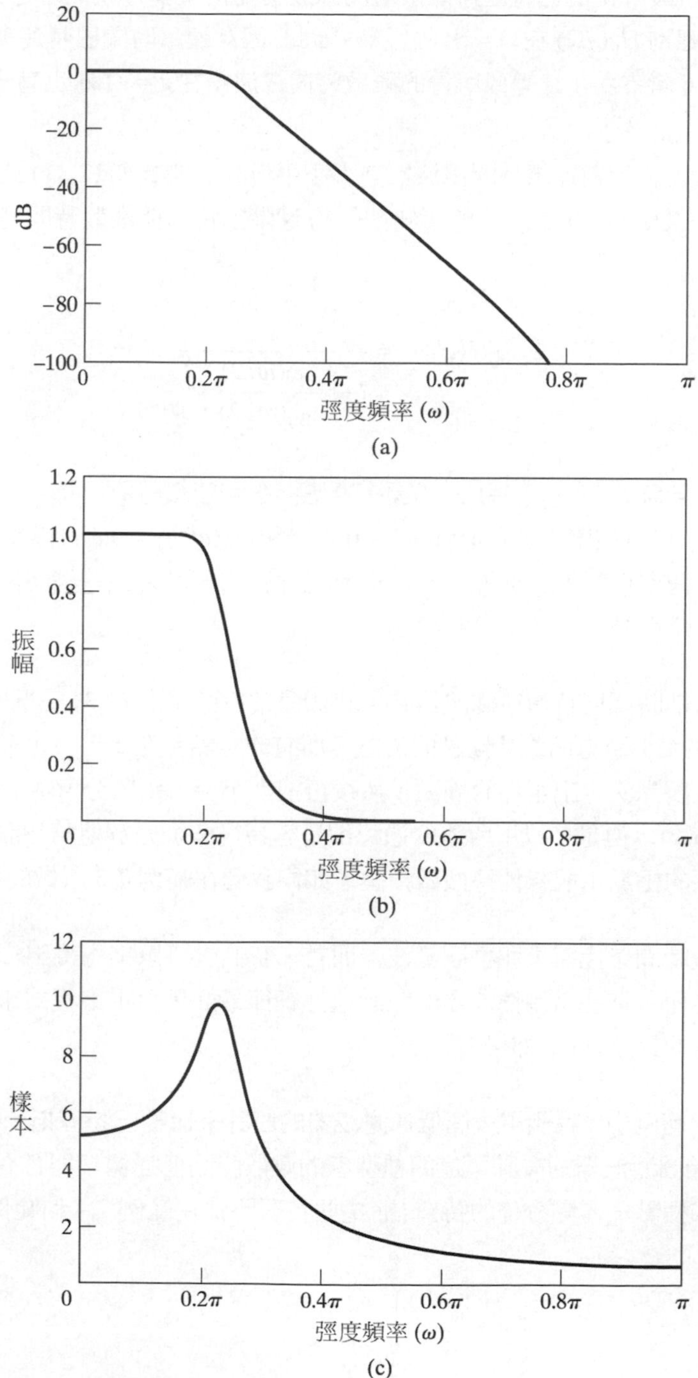

圖 7.11 用雙線性轉換所設計出的 6 階巴特渥斯濾波器其頻率響應。(a) 對數大小，單位為 dB。(b) 大小。(c) 群延遲

因為雙線性轉換把 s 平面之整個 $j\Omega$ 軸映射到 z 平面的單位圓上，故所得離散時間濾波器的大小響應其掉落速度會比原來的連續時間濾波器要快得多，或掉落的比由脈衝不變性所設計出的巴特渥斯離散時間濾波器要快得多。特別的是，$H(e^{j\omega})$ 在 $\omega=\pi$ 的行為對應到 $H_c(j\Omega)$ 在 $\Omega=\infty$ 的行為。因此，因為連續時間巴特渥斯濾波器在 $s=\infty$ 處有一個 6 階零點，這導致所得的離散時間濾波器在 $z=-1$ 處也有一個 6 階零點。■

因為 N 階巴特渥斯連續時間濾波器其大小平方的一般式如 (7.31) 式所給定，且因為 ω 和 Ω 的關係式如 (7.26) 式，我們可知一般的 N 階巴特渥斯離散時間濾波器其大小平方函數為

$$|H(e^{j\omega})|^2=\frac{1}{1+\left(\dfrac{\tan(\omega/2)}{\tan(\omega_c/2)}\right)^{2N}}, \tag{7.36}$$

其中 $\tan(\omega_c/2)=\Omega_c T_d/2$。(7.36) 式的頻率響應函數和連續時間巴特渥斯響應有相同的特性；也就是說，它有通帶最平（maximally flat）[③]和 $|H(e^{j\omega})|^2=0.5$ 的特性。然而，在 (7.36) 式中的函數是週期性函數，週期為 2π，而且它掉落的速度要比連續時間巴特渥斯響應的掉落程度要陡峭得多。

在設計離散時間巴特渥斯濾波器時，我們通常不直接由 (7.36) 式開始，因為要決定像 (7.36) 式之大小平方函數其極點的位置（所有的零點都在 $z=-1$）並不是一件容易的事。我們必須要先決定出全部的極點，然後再把大小平方函數分解成 $H(z)H(z^{-1})$，最後才能決定出 $H(z)$。但是，以下所述的過程卻是容易得多：分解連續時間系統函數，然後再把左半平面的極點用雙線性轉換做轉換，如同我們在範例 7.3 所做的過程一般。

對於離散時間柴比雪夫和橢圓濾波器而言，我們也可以推導得出一個類似 (7.36) 的式子出來。然而，這些常用濾波器的設計運算細節最好是用電腦程式來執行，該程式中會使用到適當的封閉型式設計公式。

在下一個範例中，我們用一個低通濾波器的設計來比較巴特渥斯、柴比雪夫 I、柴比雪夫 II、和橢圓濾波器的設計。這四種型態的離散時間低通濾波器各有其獨特的頻率響應大小特質和極點－零點分佈的特質，而這些特質將會在範例 7.4 和範例 7.5 的設計中一一的呈現。

---

③ $|H(e^{j\omega})|^2$ 在 $\omega=0$ 處的前 $(2N-1)$ 階導數均為零。

對於一個巴特渥斯低通濾波器，頻率響應大小在通帶和滯帶呈單調遞減，系統函數其所有的零點皆在 $z = -1$ 處。對於一個柴比雪夫型 I 低通濾波器，在通帶中的頻率響應大小將會呈現等漣波，也就是說，它將會在想要的增益上下兩邊做等幅度的振盪，而在滯帶中呈現單調遞減。對應的系統函數其所有的零點皆在 $z = -1$ 處。對於一個柴比雪夫型 II 低通濾波器，其頻率響應大小在通帶中呈現單調遞減，而在滯帶呈現等漣波，也就是說，它將會在 0 增益的上下兩邊做等幅度的振盪。就是因爲這個等漣波的滯帶行爲，系統函數的零點將會對應地分佈在單位圓上。

在兩種柴比雪夫近似的情況中，在滯帶或通帶中的單調遞減行爲暗示我們假若我們在滯帶和通帶中都使用等漣波近似，或許我們可以用一個更低階的系統來滿足規格需求。事實上（請參見 Papoulis, 1957），對於如圖 7.1 所示容忍圖中一組給定的 δ_{p1}、δ_{p2}、ω_p、和 ω_s，當我們使用等漣波近似法讓近似誤差在兩個近似頻帶中做等漣波振盪時，我們可以用最少階數的濾波器來滿足此一給定規格。這種等漣波行爲的濾波器種類稱之爲橢圓濾波器。橢圓濾波器，就像柴比雪夫型 II 濾波器一般，它的零點分佈在單位圓上的滯帶區域中。我們用以下的範例來說明巴特渥斯、柴比雪夫、和橢圓濾波器的這些特性。

範例 7.4　四種設計的比較

對於以下四類型的濾波器設計，我們使用 MATLAB 的信號處理工具箱來完成之。對於 IIR 低通濾波器設計而言，典型的設計程式均假設容忍規格如圖 7.1 所示，且 $\delta_{p1} = 0$。雖然所得的設計結果都是把雙線性轉換套用到一個適當的連續時間設計而得，但所有需要做的頻率預先扭曲步驟和套用雙線性轉換步驟，都是在這些設計程式的內部搞定，對於使用者來說它們是透明的。因此我們直接把設計規格用離散時間參數來表示，並把它們丟給設計程式。對於這個範例，濾波器要設計成滿足或超過以下的規格：

$$\text{通帶邊緣頻率 } \omega_p = 0.5\pi$$
$$\text{滯帶邊緣頻率 } \omega_s = 0.6\pi$$
$$\text{最大的通帶增益} = 0\text{dB}$$
$$\text{最小的通帶增益} = -0.3\text{ dB}$$
$$\text{最大的滯帶增益} = -30\text{ dB}$$

參考圖 7.1，對應的通帶和滯帶容忍極限為

$$20\log_{10}(1+\delta_{p1}) = 0 \text{ 或等價的説 } \delta_{p1} = 0$$
$$20\log_{10}(1-\delta_{p2}) = -0.3 \text{ 或等價的説 } \delta_{p2} = 0.0339$$
$$20\log_{10}(\delta_s) = -30 \text{ 或等價的説 } \delta_s = 0.0316$$

請注意這些規格僅定出頻率響應的大小。相位是隱含地由近似函數的本質來決定的。

使用濾波器設計程式，對於一個巴特渥斯設計而言，滿足或超過給定規格之最小可能（整數的）濾波器階數為 15。所得的頻率響應大小，群延遲，和極點－零點分佈圖展示在圖 7.12 中。正如所預期的，巴特渥斯濾波器其所有的零點都在 $z=-1$ 處。

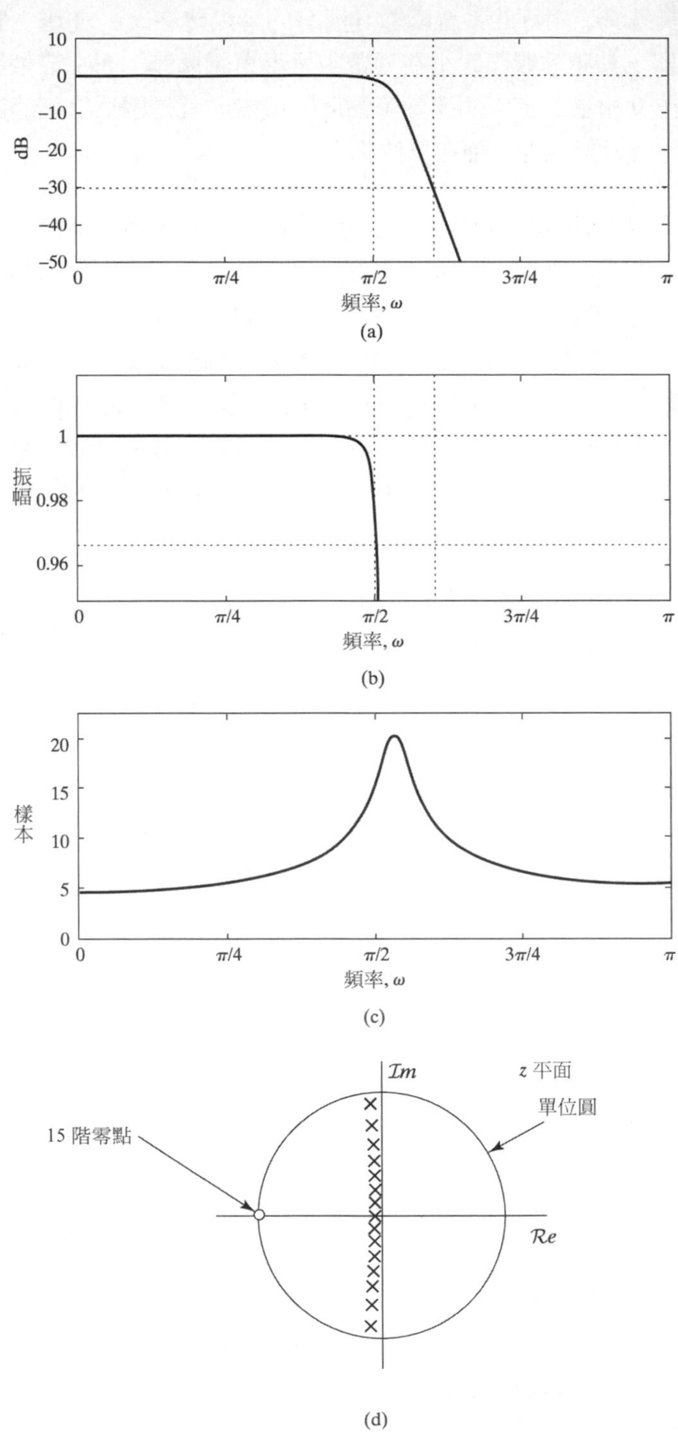

圖 7.12 巴特渥斯濾波器，15 階

對於一個柴比雪夫型 I 設計，滿足或超過給定規格之最小可能（整數的）濾波器階數為 7。所得的頻率響應大小，群延遲，和極點－零點分佈圖展示在圖 7.13 中。正如所預期的，其所有的零點都在 $z=-1$ 處，頻率響應大小在通帶呈現等漣波而在滯帶中呈現單調遞減。

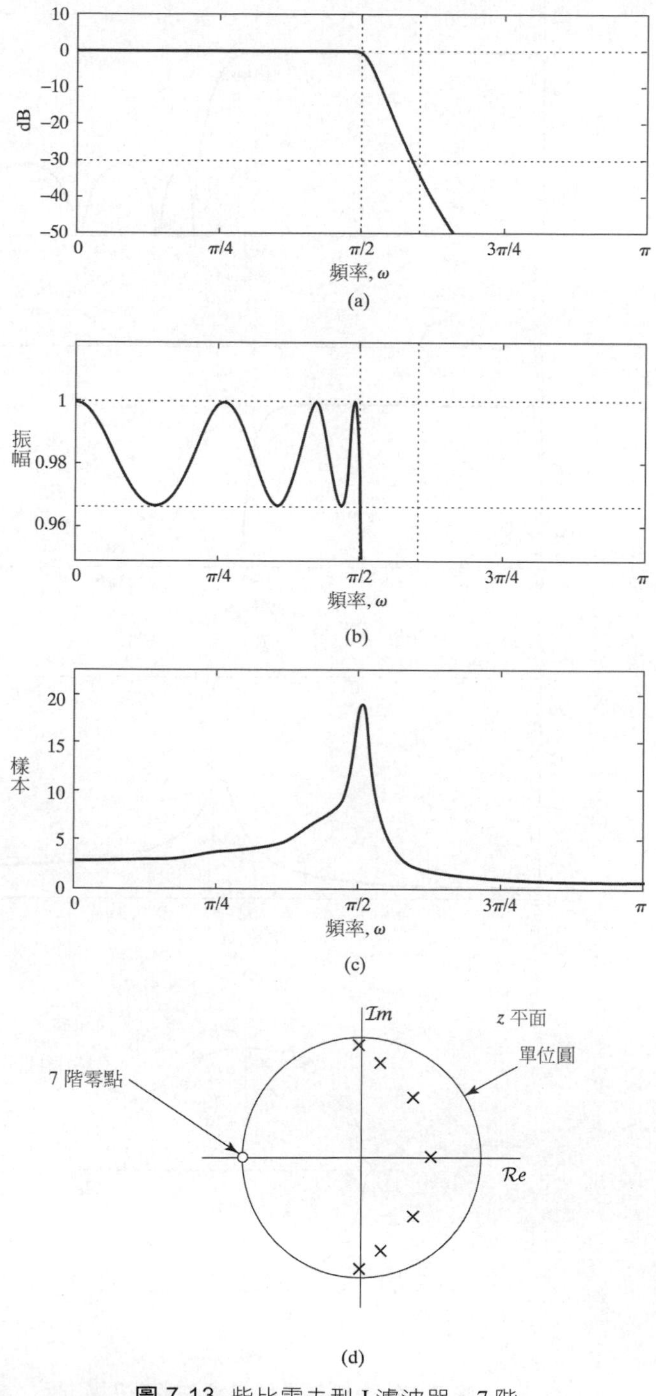

圖 7.13　柴比雪夫型 I 濾波器，7 階

對於一個柴比雪夫型 II 設計，滿足或超過給定規格之最小可能（整數的）濾波器階數再次為 7。所得的頻率響應大小，群延遲，和極點－零點分佈圖展示在圖 7.14 中。再次地正如預期，頻率響應大小在通帶呈現單調遞減，而在滯帶中呈現等漣波。系統函數的零點分佈在單位圓上的滯帶區域中。

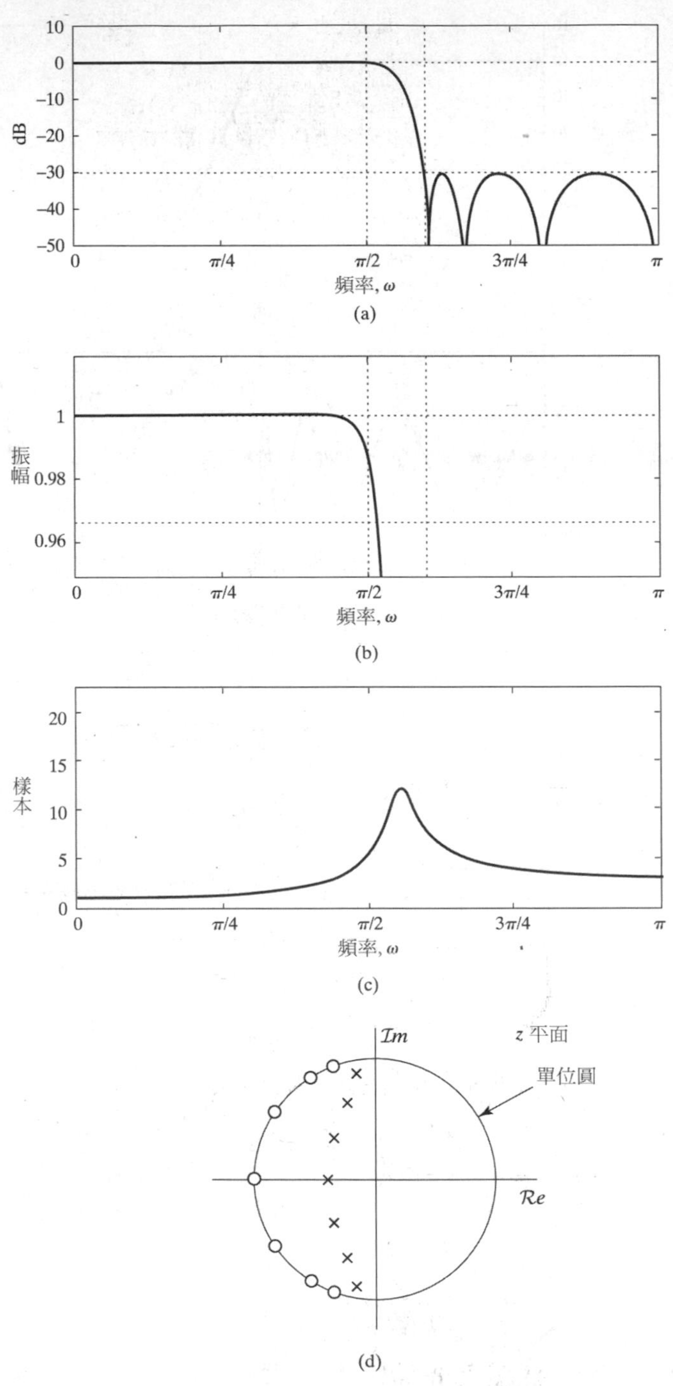

圖 7.14 柴比雪夫型 II 濾波器，7 階

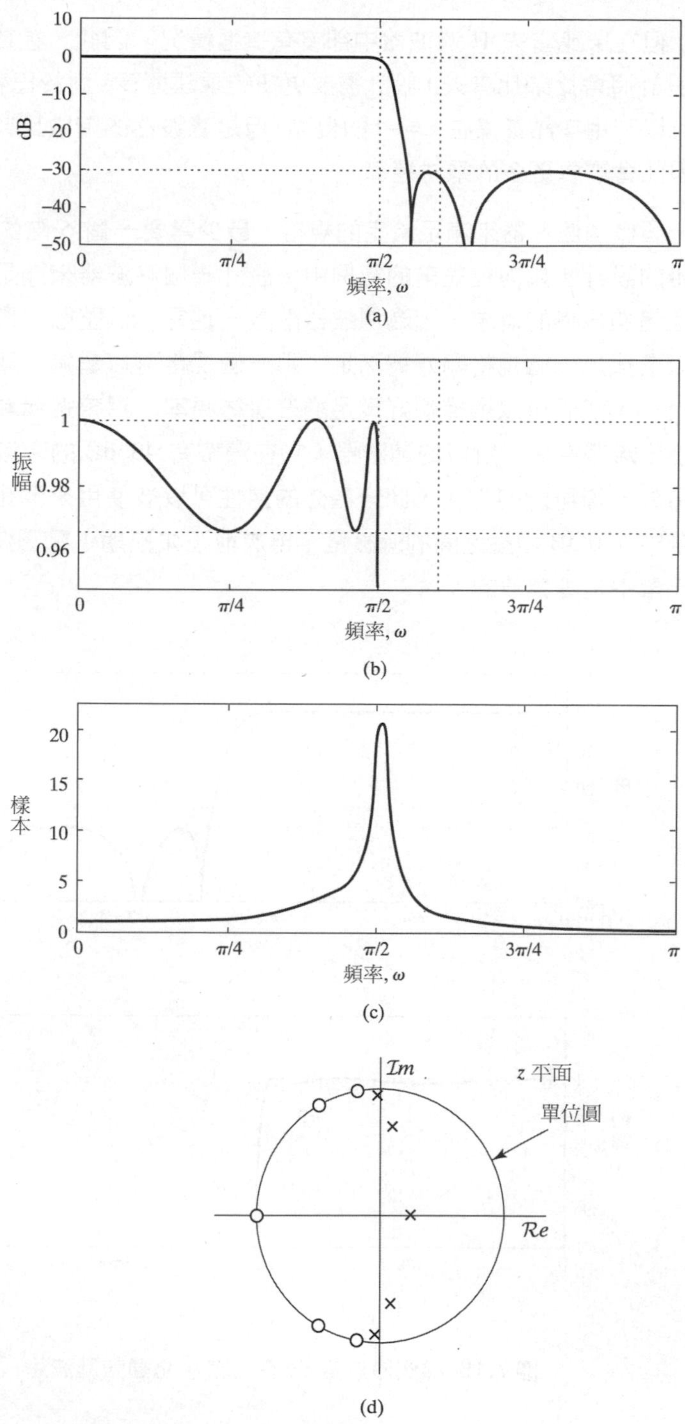

圖 7.15　橢圓濾波器，5 階，超過設計規格

比較柴比雪夫 I 和柴比雪夫 II 設計，值得一提的是對於兩者，系統函數的分母多項式的次數是 7，而分子多項式的次數也是 7。在實現柴比雪夫 I 設計和巴特渥斯設計的差分方程式時，我們可以利用所有的零點都發生在 $z = -1$ 的這項事實，這是一個重

要的優點。但在柴比雪夫 II 濾波器中卻沒有這種情況。因此，在實現濾波器時，柴比雪夫 II 設計將會比柴比雪夫 I 設計需要更多的乘法運算。對於巴特渥斯設計而言，雖然我們可以利用零點叢集在 $z=-1$ 的優點，但是濾波器的階數比柴比雪夫設計多出兩倍多，因此會需要更多的乘法運算。

對於設計一個橢圓濾波器來滿足給定的規格，最少需要一個 5 階的濾波器。圖 7.15 顯示出所得的設計。如同在先前的範例中，設計一個濾波器來滿足給定的規格時，很有可能會超過規格的需求，因為濾波器階數一定是一個整數。取決於應用本身，設計者可以選擇那一個規格剛好被滿足，那一個規格可以超過。舉例來說，使用橢圓濾波器設計，我們可以選擇剛好滿足通帶邊緣頻率、滯帶邊緣頻率、和通帶變化量，並最小化滯帶增益。所得的濾波器，它在滯帶有 43 dB 的衰減，展示在圖 7.16 中。考慮另外一種可能的方式，此一額外的彈性可以被使用來窄化過渡帶寬度，或減少在通帶中與 0 dB 增益之間的偏移量。再次地正如預期，橢圓濾波器的頻率響應在通帶和滯帶中是等漣波的。

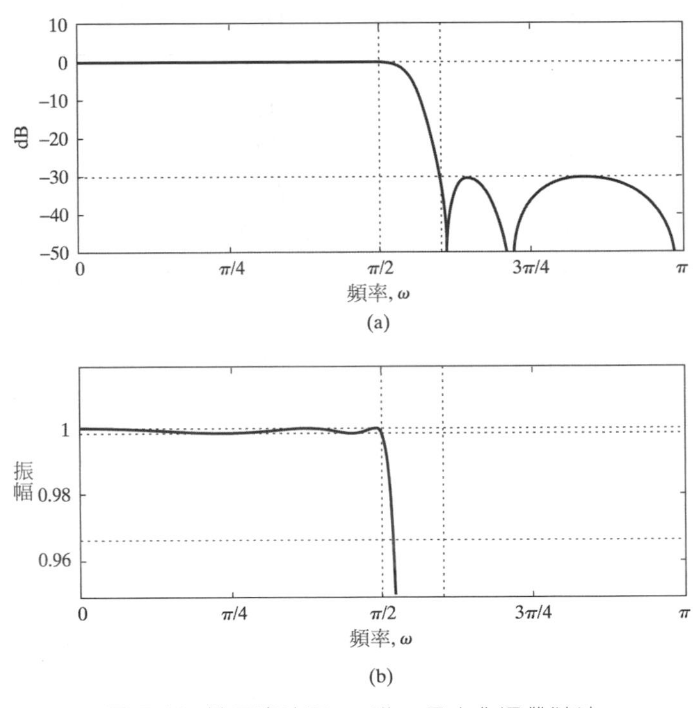

圖 7.16 橢圓濾波器，5 階，最小化通帶漣波

範例 7.5 和 FIR 設計比較的設計範例

在這個範例中，我們重返範例 7.1 的濾波器規格，把該規格分別用巴特渥斯、柴比雪夫 I、柴比雪夫 II、和橢圓來設計之。這些設計再次地是用 MATLAB 信號處理工具箱中的濾波器設計程式來完成的。在 7.8.1 節中我們將會把這些 IIR 設計和 FIR 設計

做比較。典型的 FIR 濾波器設計程式會要求圖 7.1 中通帶容忍極限值 $\delta_{p1} = \delta_{p2}$，而對於 IIR 濾波器，通常假設 $\delta_{p1} = 0$。因此若要比較 IIR 和 FIR 設計，某種通帶和滯帶規格的正規化可能需要執行（舉例來說，請參見習題 7.3），在範例 7.5 中我們有這麼做。

這個範例的低通離散時間濾波器的規格為：

$$0.99 \le |H(e^{j\omega})| \le 1.01, \quad |\omega| \le 0.4\pi, \tag{7.37a}$$

和

$$|H(e^{j\omega})| \le 0.001, \quad 0.6\pi \le |\omega| \le \pi \tag{7.37b}$$

用圖 7.1 的容忍圖，$\delta_{p1} = \delta_{p2} = 0.01$，$\delta_s = 0.001$，$\omega_p = 0.4\pi$，$\omega_s = 0.6\pi$。重新正規化調整這些規格使得 $\delta_{p1} = 0$ 就是把濾波器都乘以 $1/(1+\delta_{p1})$ 以獲得：$\delta_{p1} = 0$，$\delta_{p2} = 0.0198$，和 $\delta_s = 0.00099$。

這些濾波器首先是用濾波器設計程式先以這些規格先設計出來，設計出的濾波器再乘以一個因子 1.01 做尺度調整以滿足在 (7.37a) 式和 (7.37b) 式中的規格。

對於在這個範例中的規格，巴特渥斯近似方法需要一個 14 階的系統。把一個預先扭曲的巴特渥斯濾波器經雙線性轉換後所得的離散時間濾波器其頻率響應展示在圖 7.17 中。圖 7.17(a) 顯示出其對數大小，單位是 dB，圖 7.17(b) 顯示出 $H(e^{j\omega})$ 僅在通帶中的大小，圖 7.17(c) 則顯示出濾波器的群延遲。從這些圖中可看出，正如預期的，巴特渥斯頻率響應隨著頻率增加做單調遞減，濾波器的增益在 $\omega = 0.7\pi$ 附近會變得非常的小。

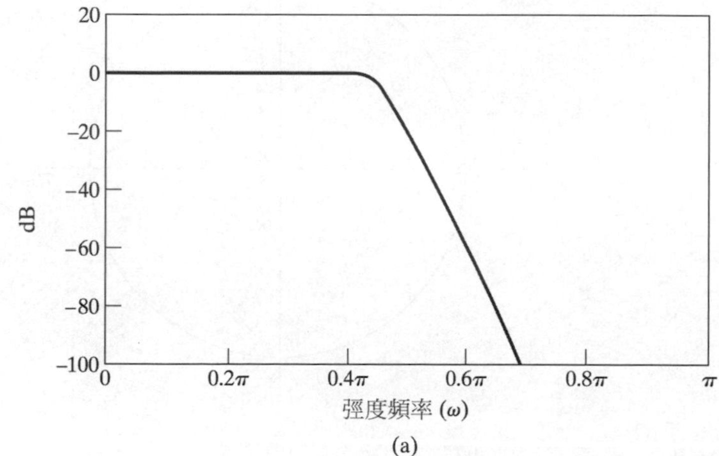

圖 7.17　在範例 7.5 中 14 階巴特渥斯濾波器的頻率響應。(a) 對數大小，單位是 dB

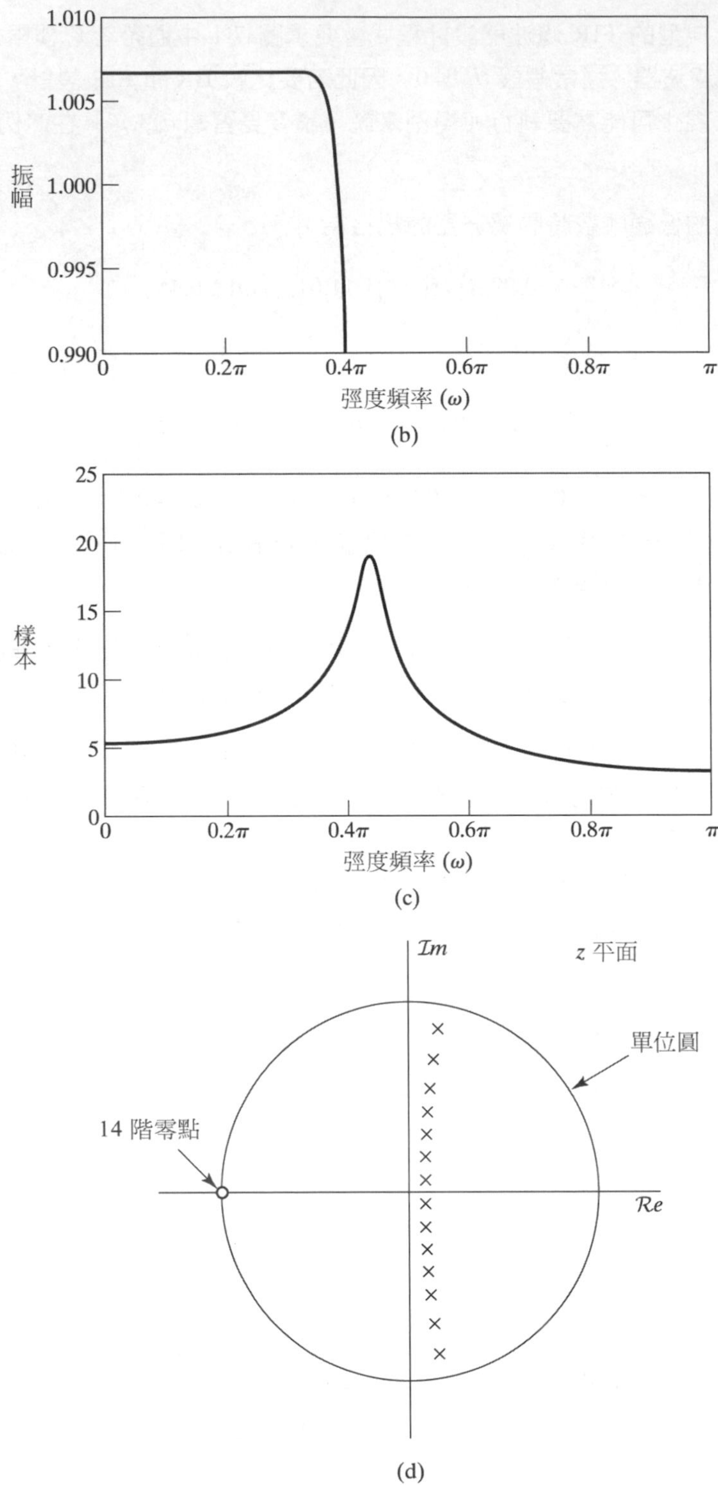

圖 7.17 在範例 7.5 中 14 階巴特渥斯濾波器的頻率響應。(b) 通帶大小的放大圖。(c) 群延遲。(d) 極點－零點分佈圖

對 (7.37a) 式和 (7.37b) 式這一組規格，柴比雪夫設計 I 和 II 所需要的濾波器階數都是 8，比起巴特渥斯近似所需要的階數 14，少很多。圖 7.18 顯示出型 I 近似的對數大小，通帶大小，和群延遲。正如預期的，頻率響應在通帶想要的增益 1 上下兩邊做等幅度的振盪。

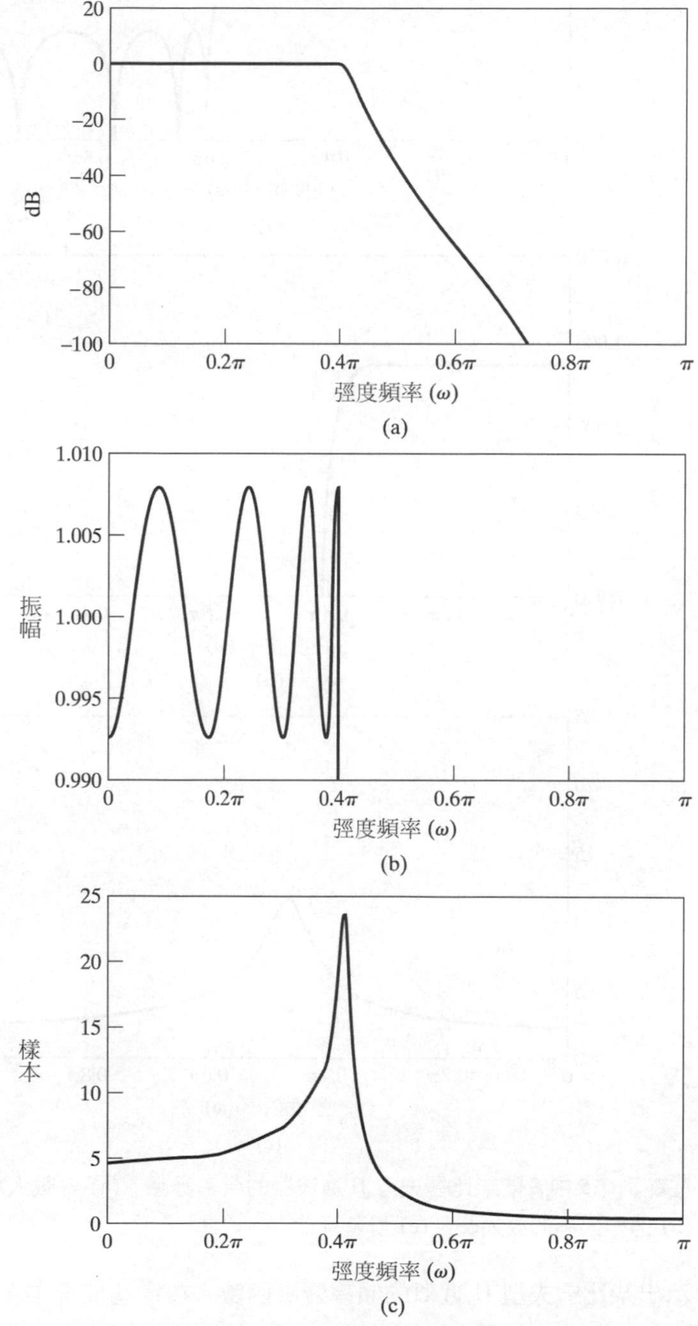

圖 7.18 在範例 7.5 中 8 階柴比雪夫型 I 濾波器的頻率響應。(a) 對數大小，單位是 dB。(b) 通帶大小的放大圖。(c) 群延遲

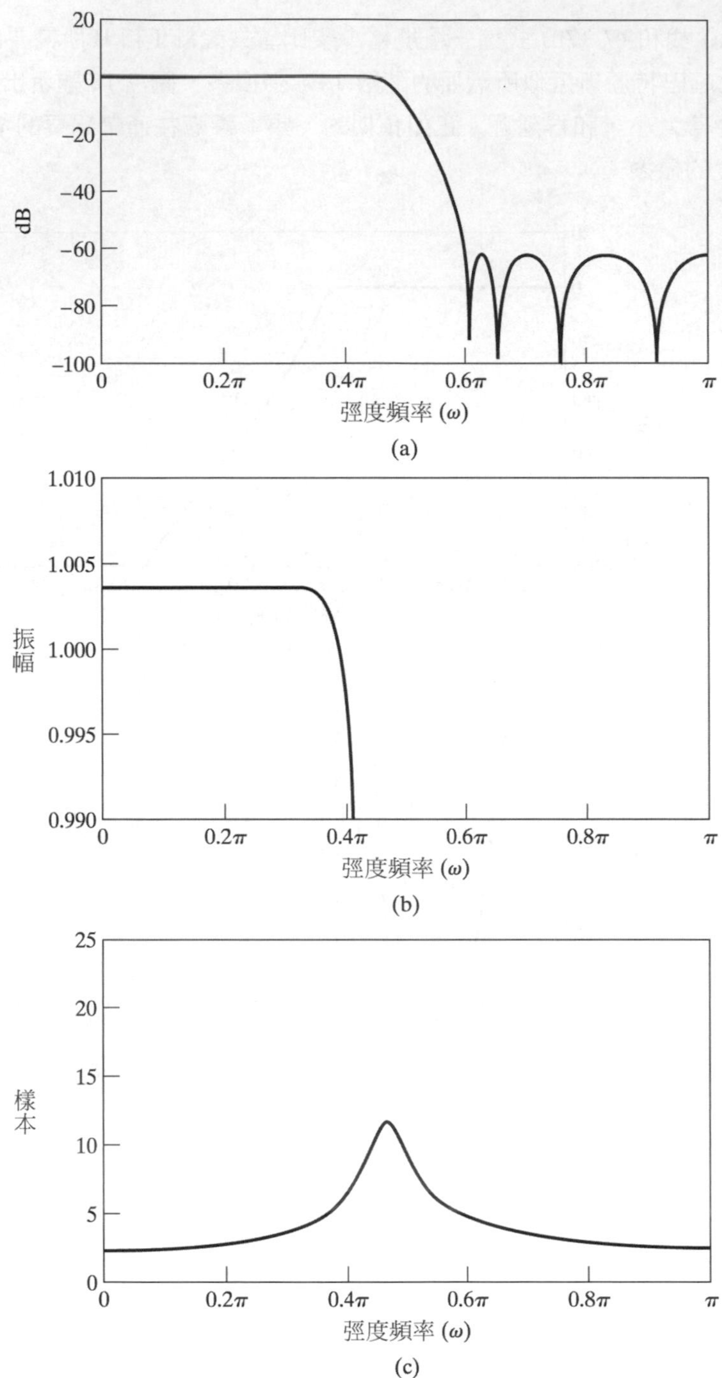

圖 7.19 在範例 7.5 中 8 階柴比雪夫型 II 濾波器的頻率響應。(a) 對數大小，單位是 dB。(b) 通帶大小的放大圖。(c) 群延遲

圖 7.19 顯示出柴比雪夫型 II 近似的頻率響應函數。在這個情況中，等漣波近似的行為是在滯帶中。柴比雪夫濾波器的極點－零點分佈圖展示在圖 7.20 中。請注意柴比雪夫型 I 濾波器類似於巴特渥斯濾波器的是它所有的 8 個零點都在 $z = -1$ 處。在另一

方面，型 II 濾波器的零點將會對應地分佈在單位圓上。這些零點被設計方程式做自然地配置使之在滯帶中具等漣波行為。

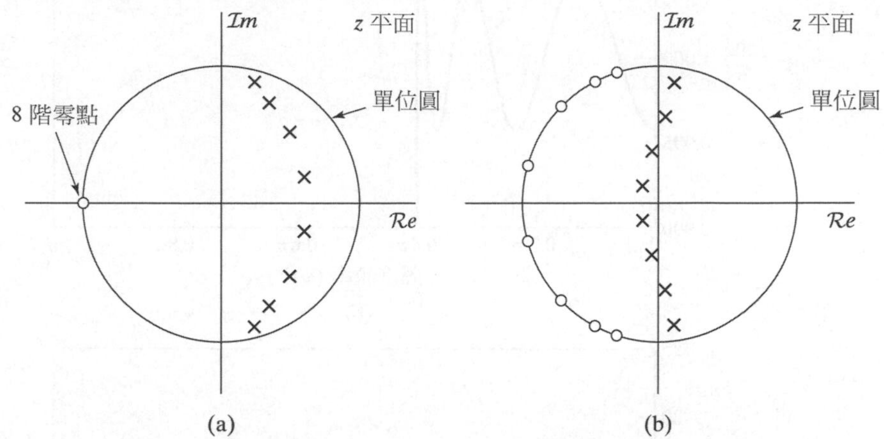

圖 7.20　在範例 7.5 中 8 階柴比雪夫濾波器其極點－零點分佈圖。(a) 型 I。(b) 型 II

對 (7.37a) 式和 (7.37b) 式這一組規格，一個 6 階橢圓濾波器就可以滿足之。這也是用有理式函數近似此規格所需要的最低可能階數。圖 7.21 很清楚地顯示出在兩個近似頻帶中都有的等漣波行為。圖 7.22 顯示出橢圓濾波器的零點分佈圖，就像柴比雪夫型 II，它的零點分佈在單位圓上的滯帶區域中。

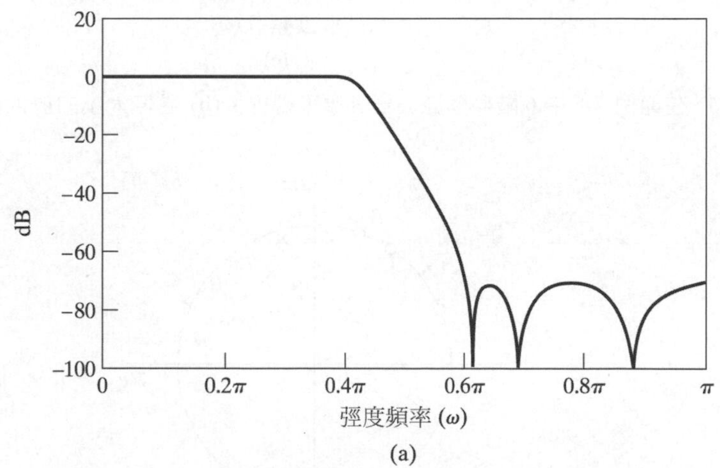

圖 7.21　在範例 7.5 中 6 階橢圓濾波器其頻率響應。(a) 對數大小，單位是 dB

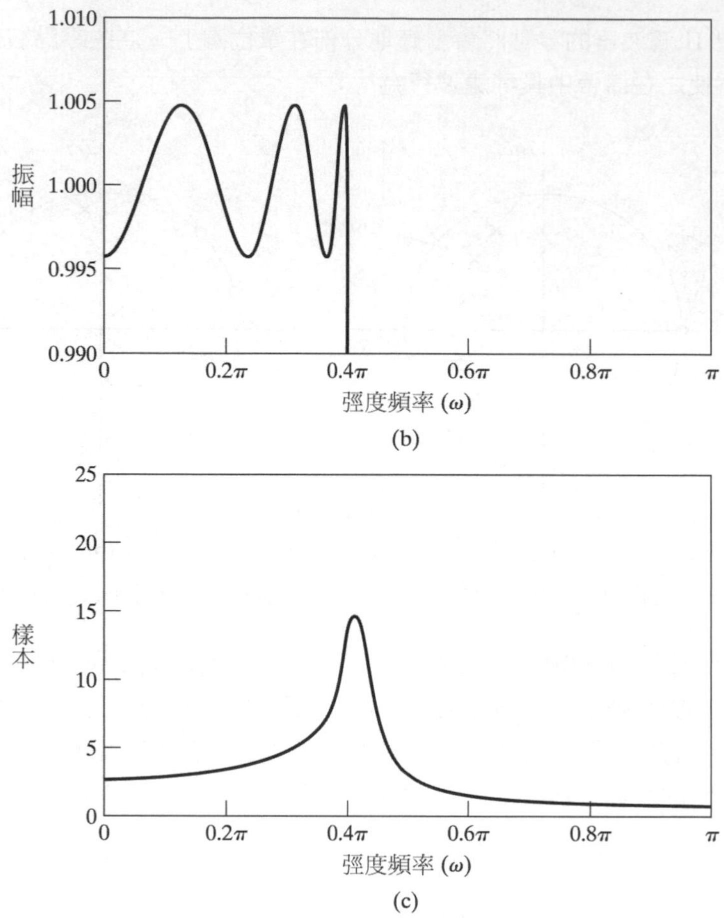

圖 7.21 在範例 7.5 中 6 階橢圓濾波器其頻率響應。(b) 通帶大小的放大圖。(c) 群延遲

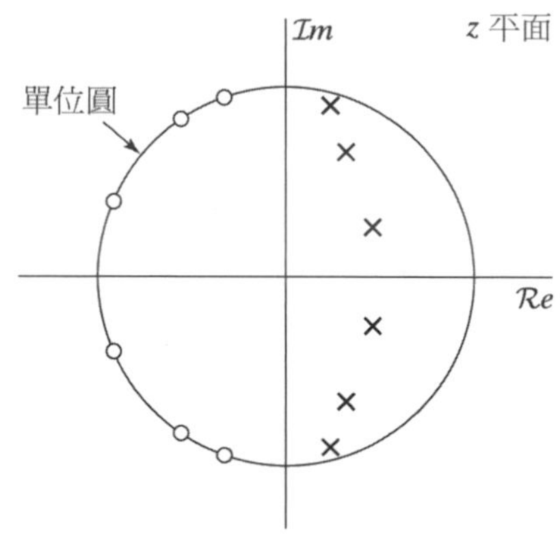

圖 7.22 在範例 7.5 中 6 階橢圓濾波器其極點－零點分佈圖

7.4 低通 IIR 濾波器的頻率轉換

我們對 IIR 濾波器設計的討論和範例都是聚焦在頻率選擇低通濾波器的設計上。其它型態的頻率選擇濾波器，如高通、帶通、帶拒、和多頻帶濾波器也是同等重要的。如同低通濾波器一般，這些其它類型的濾波器會有一個或數個通帶和滯帶，每一個都由通帶和滯帶邊緣頻率所指定。一般而言，理想的濾波器增益在通帶中是一而在滯帶中是零，但是就好像處理低通濾波器的情況一般，濾波器設計規格會包括容忍極限，它指出在通帶和在滯帶中理想的增益或衰減可以被超過的上限。一個多頻帶濾波器，它有兩個通帶和一個滯帶，它的一個典型的容忍圖展示在圖 7.23 中。

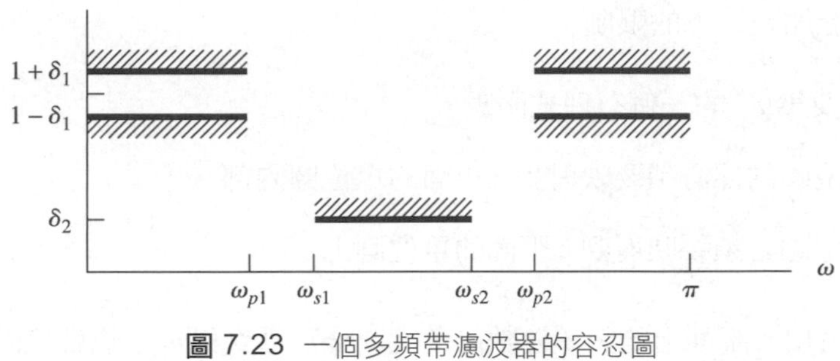

圖 7.23　一個多頻帶濾波器的容忍圖

許多連續時間頻率選擇濾波器的傳統設計方法是先設計一個頻率正規化的原型低通濾波器，然後再使用一個代數轉換，從該原型低通濾波器得出想要的濾波器（請參見 Guillemin, 1957 and Daniels, 1974）。在離散時間頻率選擇濾波器的情況中，我們可以先設計一個具想要型態的連續時間頻率選擇濾波器，然後把它轉換成一個離散時間濾波器。這種程序對雙線性轉換而言是可以的，但是脈衝不變性很清楚地無法使用來把高通和帶拒連續時間濾波器轉換成對應的離散時間濾波器，因爲交疊現象會產生很嚴重的問題。另外一種對雙線性轉換或脈衝不變性都可以的程序就是先設計一個離散時間原型低通濾波器，然後對它執行一個代數轉換以獲得想要的頻率選擇離散時間濾波器。

在前一節中我們提到雙線性轉換可被用來把連續時間系統函數轉換成離散時間系統函數，使用一個非常類似於雙線性轉換的轉換，我們可以把一個低通離散時間濾波器轉換成低通、高通、帶通、和帶拒頻率選擇濾波器。爲了要說明這是如何達成的，假設我們有一個低通系統函數 $H_{\mathrm{lp}}(Z)$，我們希望把它轉換成一個新的系統函數 $H(z)$，當我們計算此一新系統函數在單位圓上的響應時，它可能會有低通、高通、帶通、或帶拒的特性。請注意我們用複數變數 Z 來表示原型低通濾波器，而用複數變數 z 來表示轉換後的濾波器。然後，我們定義一個從 Z 平面到 z 平面的映射形式

$$Z^{-1} = G(z^{-1}) \tag{7.38}$$

所以我們有

$$H(z) = H_{1p}(Z)|_{Z^{-1}=G(z^{-1})} \tag{7.39}$$

請注意在 (7.38) 式中我們已經假設 Z^{-1} 爲 z^{-1} 的一個函數，而不是把 Z 表示成 z 的一個函數。因此，根據 (7.39) 式，要從 $H_{lp}(Z)$ 獲得 $H(z)$，我們只要把 $H_{lp}(Z)$ 中的 Z^{-1} 都換成函數 $G(z^{-1})$ 即可。這樣倒是一個方便的表示法，因爲通常我們會把 $H_{lp}(Z)$ 表示成 Z^{-1} 的一個有理式函數。

假若 $H_{lp}(Z)$ 是一個因果且穩定的有理式系統函數，我們自然地也要求轉換後的系統函數 $H(z)$ 是 z^{-1} 的一個有理式函數，而且該系統也是因果和穩定的。這個要求會在轉換式 $Z^{-1} = G(z^{-1})$ 上加入以下的限制：

1. $G(z^{-1})$ 必須要爲 z^{-1} 的一個有理式函數。
2. Z 平面的單位圓內部必須要映射到 z 平面的單位圓內部。
3. Z 平面的單位圓必須要映射到 z 平面的單位圓上。

令在 Z 平面和 z 平面上的頻率變數（角度）分別爲 θ 和 ω，也就是說，其單位圓分別爲 $Z = e^{j\theta}$ 和 $z = e^{j\omega}$。然後，爲了要使條件 3 成立，下式必須要爲真

$$e^{-j\theta} = |G(e^{-j\omega})| e^{j\angle G(e^{-j\omega})}, \tag{7.40}$$

所以，

$$|G(e^{-j\omega})| = 1 \tag{7.41}$$

因此，在頻率變數之間的關係是

$$-\theta\angle G(e^{-j\omega}) \tag{7.42}$$

Constantinides (1970) 曾證明出滿足以上所有條件，且最一般化的函數 $G(z^{-1})$ 的形式爲

$$Z^{-1} = G(z^{-1}) = \pm\prod_{k=1}^{N} \frac{z^{-1} - \alpha_k}{1 - \alpha_k z^{-1}} \tag{7.43}$$

從我們在第 5 章中對全通系統的討論可知，很清楚地 (7.43) 式的 $G(z^{-1})$ 滿足 (7.41) 式，而且我們可以很容易地證明 (7.43) 式把 Z 平面單位圓的內部映射到 z 平面單位圓的內部，若且唯若 $|\alpha_k| < 1$。藉由選擇適當的 N 和常數 α_k，可以獲得各式各樣的映射形態。

最簡單的就是一個可以把一個低通濾波器轉換成另一個低通濾波器的映射，但是它們有不同的通帶和滯帶邊緣頻率。就這個情況而言，

$$Z^{-1} = G(z^{-1}) = \frac{z^{-1} - \alpha}{1 - \alpha z^{-1}} \tag{7.44}$$

假若我們代入 $Z = e^{j\theta}$ 和 $z = e^{j\omega}$ ，我們可得

$$e^{-j\theta} = \frac{e^{-j\theta} - \alpha}{1 - \alpha e^{-j\omega}}, \tag{7.45}$$

從上式經推導可得

$$\omega = \arctan\left[\frac{(1-\alpha^2)\sin\theta}{2\alpha + (1+\alpha^2)\cos\theta}\right] \tag{7.46}$$

針對幾個不同的 α 值，我們把上式的關係描繪在圖 7.24 中。在圖 7.24 中，一種頻率扭曲的現象是滿明顯的（除了在 $\alpha = 0$ 的情況之外，該情況對應到 $Z^{-1} = z^{-1}$ ），假若原來的系統有一個分段常數的低通頻率響應，其截止頻率為 θ_p ，則轉換後的系統將同樣地會有個類似的低通響應，但其截止頻率 ω_p 則由 α 的選擇來決定。

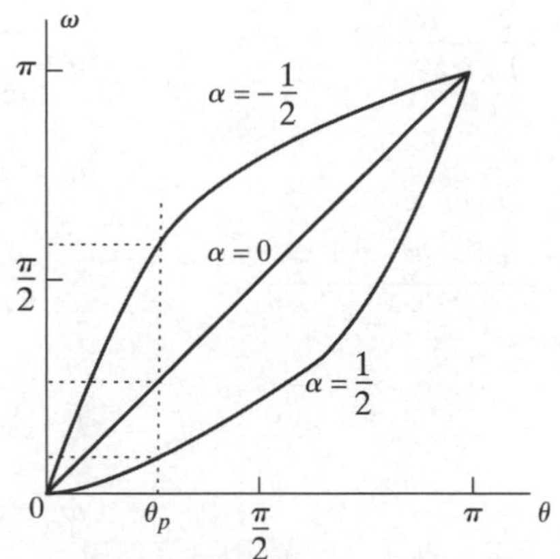

圖 7.24　在低通到低通的轉換中頻率軸的扭曲

用 θ_p 和 ω_p 解出 α ，我們可得

$$\alpha = \frac{\sin[(\theta_p - \omega_p)/2]}{\sin[(\theta_p + \omega_p)/2]} \tag{7.47}$$

因此，爲了要從一個已經設計好的低通濾波器 $H_{\mathrm{lp}}(Z)$，其截止頻率爲 θ_p，轉換成另一個低通濾波器 $H(z)$，其截止頻率爲 ω_p，我們先使用 (7.47) 式決定出 α，然後再代入到以下表示式中

$$H(z)=H_{\mathrm{1p}}(Z)\big|_{Z^{-1}=(z^{-1}-\alpha)/(1-\alpha z^{-1})} \tag{7.48}$$

（這個低通到低通的轉換可以被使用來設計出一個具可變截止頻率濾波器的網路結構，其中截止頻率是由一個單一參數 α 來決定的。習題 7.51 探討了如此的課題。）

從一個低通濾波器轉換成高通、帶通、和帶拒濾波器的方法可以用一種類似的方式推導出來。這些轉換我們整理在表 7.1 中。在設計公式中，所有的截止頻率均假設是在零到 π 之間。以下的範例說明了如何使用這種轉換。

▼表 7.1 從一個截止頻率為 θ_p 的低通數位濾波器原型轉換成高通、帶通、和帶拒濾波器

濾波器型態	轉換	對應的設計公式
低通	$Z^{-1}=\dfrac{z^{-1}-\alpha}{1-az^{-1}}$	$\alpha=\dfrac{\sin\left(\frac{\theta_p-\omega_p}{2}\right)}{\sin\left(\frac{\theta_p+\omega_p}{2}\right)}$ $\omega_p=$ 想要的截止頻率
高通	$Z^{-1}=\dfrac{z^{-1}+\alpha}{1+\alpha z^{-1}}$	$\alpha=\dfrac{\cos\left(\frac{\theta_p+\omega_p}{2}\right)}{\cos\left(\frac{\theta_p-\omega_p}{2}\right)}$ $\omega_p=$ 想要的截止頻率
帶通	$Z^{-1}=\dfrac{z^{-2}-\frac{2\alpha k}{k+1}z^{-1}+\frac{k-1}{k+1}}{\frac{k-1}{k+1}z^{-2}-\frac{2\alpha k}{k+1}z^{-1}+1}$	$\alpha=\dfrac{\cos\left(\frac{\omega_{p2}+\omega_{p1}}{2}\right)}{\cos\left(\frac{\omega_{p2}-\omega_{p1}}{2}\right)}$ $k=\cot\left(\dfrac{\omega_{p2}-\omega_{p1}}{2}\right)\tan\left(\dfrac{\theta_p}{2}\right)$ $\omega_{p1}=$ 想要的低截止頻率 $\omega_{p2}=$ 想要的高截止頻率
帶拒	$Z^{-1}=\dfrac{z^{-2}-\frac{2\alpha}{1+k}z^{-1}+\frac{1-k}{1+k}}{\frac{1-k}{1+k}z^{-2}-\frac{2\alpha}{1+k}z^{-1}+1}$	$\alpha=\dfrac{\cos\left(\frac{\omega_{p2}+\omega_{p1}}{2}\right)}{\cos\left(\frac{\omega_{p2}-\omega_{p1}}{2}\right)}$ $k=\tan\left(\dfrac{\omega_{p2}-\omega_{p1}}{2}\right)\tan\left(\dfrac{\theta_p}{2}\right)$ $\omega_{p1}=$ 想要的低截止頻率 $\omega_{p2}=$ 想要的高截止頻率

範例 7.6 把一個低通濾波器轉換成高通濾波器

考慮一個型 I 柴比雪夫低通濾波器，其系統函數為

$$H_{1p}(Z) = \frac{0.001836(1+Z^{-1})^4}{(1-1.55482Z^{-1}+0.6493Z^{-2})(1-1.4996Z^{-1}+0.8482Z^{-2})} \tag{7.49}$$

此一 4 階系統被設計來滿足以下的規格

$$0.89125 \le |H_{1p}(e^{j\theta})| \le 1, \quad 0 \le \theta \le 0.2\pi, \tag{7.50a}$$

$$|H_{1p}(e^{j\theta})| \le 0.17783, \quad 3\pi \le \theta \le \pi \tag{7.50b}$$

這個濾波器的頻率響應展示在圖 7.25 中。

為了要轉換這個濾波器成為一個高通濾波器，具通帶截止頻率 $\omega = 0.6\pi$ ，從表 7.1 可得

$$\alpha = -\frac{\cos[(0.2\pi + 0.6\pi)/2]}{\cos[(0.2\pi - 0.6\pi)/2]} = -0.38197 \tag{7.51}$$

因此，使用在表 7.1 中所指出的低通－高通轉換，我們可以獲得

$$\begin{aligned} H(z) &= H_{1p}(Z)\big|_{Z^{-1}=-[(z^{-1}-0.38197)/(1-0.38197z^{-1})]} \\ &= \frac{0.02426(1-z^{-1})^4}{(1+1.0416z^{-1}+0.4019z^{-2})(1+0.5661z^{-1}+0.7657z^{-2})} \end{aligned} \tag{7.52}$$

這個系統的頻率響應展示在圖 7.26 中。請注意除了在頻率上有些不同之外，此一高通頻率響應實在很像是把該低通頻率響應移位 π 而得。而且請注意低通濾波器有 4 階零點在 $Z = -1$ 處，而現在則是高通濾波器有 4 階零點在 $z = 1$ 處。這個範例也驗證了等漣波通帶和和遞減滯帶的行為也被此一型態的頻率轉換保留下來了。而且請注意在圖 7.26(c) 中的群延遲並不是簡單的把圖 7.25(c) 做擴展和移位而已。這是因為相位變化被擴展和移位，所以對於高通濾波器而言相位微分之後會變得較小。

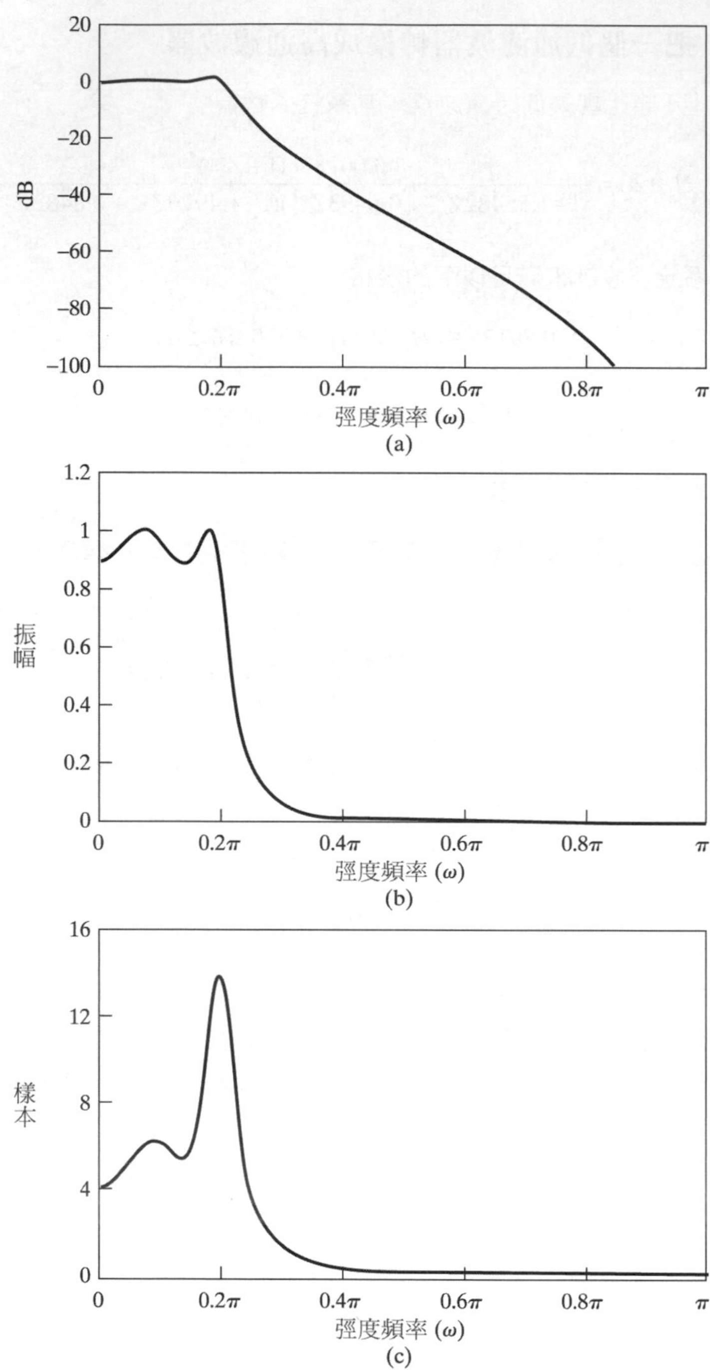

圖 7.25 4 階柴比雪夫低通濾波器的頻率響應。(a) 對數大小，單位是 dB。(b) 大小。(c) 群延遲

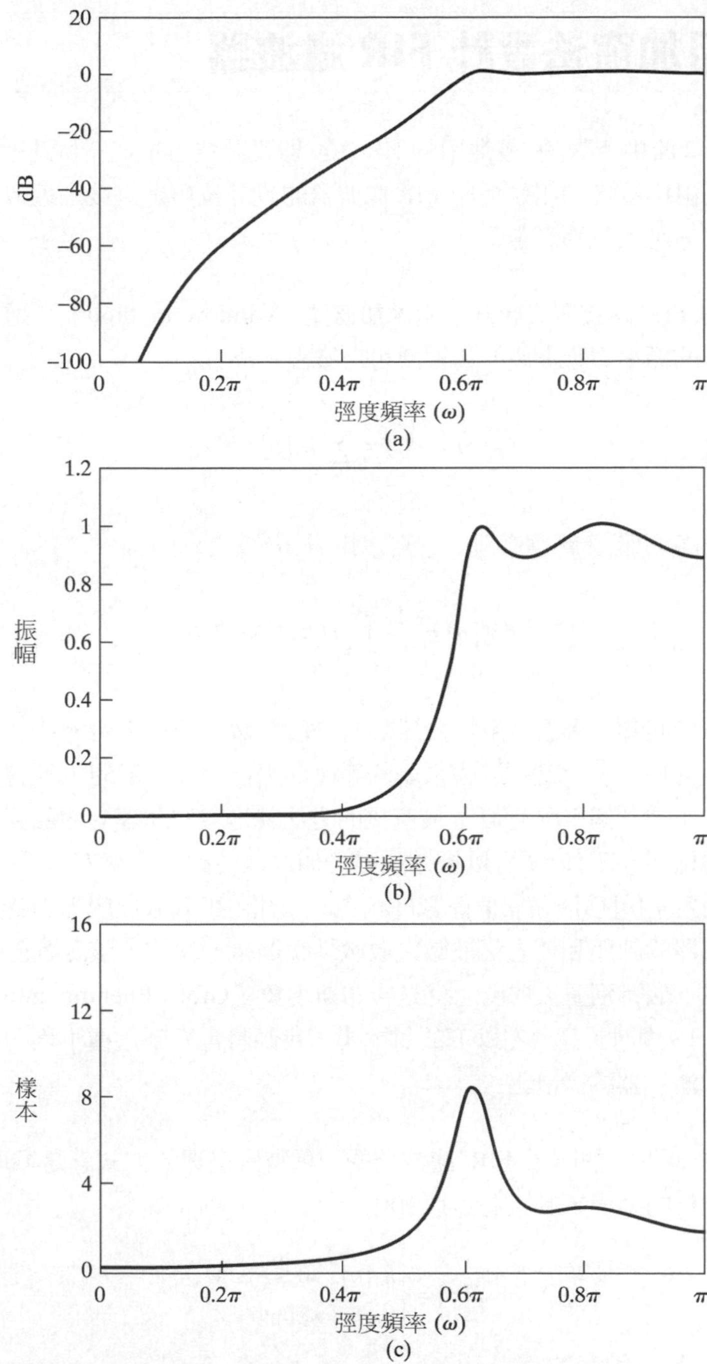

圖 7.26 由頻率轉換所得之 4 階柴比雪夫高通濾波器的頻率響應。(a) 對數大小，單位是 dB。(b) 大小。(c) 群延遲

7.5 用加窗法設計 FIR 濾波器

正如在 7.2 節中所討論，最常用的 IIR 濾波器設計技巧是把一個連續時間 IIR 系統轉換成離散時間 IIR 系統。相較之下，FIR 濾波器的設計技巧是直接去近似某離散時間系統其理想的頻率響應或脈衝響應。

最簡單的 FIR 濾波器設計方法叫做**加窗法**（window method）。這個方法一般來說是從一個理想的頻率響應開始，其響應可以被表示成

$$H_d(e^{j\omega}) = \sum_{n=-\infty}^{\infty} h_d[n]e^{-j\omega n}, \tag{7.53}$$

其中 $h_d[n]$ 是對應的脈衝響應序列，它可以用 $H_d(e^{j\omega})$ 表示成

$$h_d[n] = \frac{1}{2\pi}\int_{-\pi}^{\pi} H_d(e^{j\omega})e^{j\omega m}d\omega \tag{7.54}$$

許多的理想系統其頻率響應多半定義成具有分段常數或分段平滑的特性，且在頻帶的邊緣具有不連續的特性。因此，這些系統的脈衝響應都是非因果的，且有無限長的長度。要獲得這種系統的一個 FIR 近似，最直接的方法就是截取其理想的脈衝響應，透過一種稱為加窗法的程序。(7.53) 式可以被想成是一個週期性頻率響應 $H_d(e^{j\omega})$ 的一個傅立葉級數表示，而序列 $h_d[n]$ 扮演傅立葉係數的角色。因此，用截取理想脈衝響應的方式來近似一個理想濾波器的課題和傅立葉級數之收斂性課題是一樣的，該課題已被廣泛的研究。這個理論其中一個特別重要的概念就是吉布斯現象（Gibbs Phenomenon），這個現象我們已在範例 2.18 中討論過。在以下的討論中，我們將會看到這種不均勻的收斂現象是如何顯現在 FIR 濾波器的設計上。

由 $h_d[n]$ 來獲得一個因果 FIR 濾波器的一種特別簡單的方式就是截取 $h_d[n]$，也就是說，定義一個新的系統，其脈衝響應 $h[n]$ 為[④]

$$h[n] = \begin{cases} h_d[n], & 0 \le n \le M, \\ 0, & \text{其他} \end{cases} \tag{7.55}$$

---

④ FIR 系統的符號已經在第 5 章中定義完成。也就是說，M 是系統函數多項式的階數。因此，脈衝響應的長度是 $(M+1)$。在文獻中，我們經常看到 N 被使用來表示一個 FIR 濾波器其脈衝響應的長度；然而，我們已經使用 N 來表示一個 IIR 濾波器系統函數其分母多項式的階數。因此，為了要避免混淆並維持本書的一致性，我們均把一個 FIR 濾波器其脈衝響應的長度視為 $(M+1)$。

說得更一般性一點，我們可以把 $h[n]$ 看成是理想的脈衝響應和一個有限長度的「窗」$w[n]$ 的乘積；也就是說，

$$h[n] = h_d[n]w[n] \tag{7.56}$$

其中，對於 (7.55) 式之簡單截取而言，所用的窗就是長方形窗（rectangular window）

$$w[n] = \begin{cases} 1, & 0 \le n \le M, \\ 0, & \text{其他} \end{cases} \qquad (7.57)\text{式}$$

從調變定理，或是加窗定理（2.9.7 節），可知

$$H(e^{j\omega}) = \frac{1}{2\pi}\int_{-\pi}^{\pi} H_d(e^{j\theta})W(e^{j(\omega-\theta)})d\theta \tag{7.58}$$

也就是說，$H(e^{j\omega})$ 是想要的理想頻率響應和窗函數其傅立葉轉換的週期性捲積。因此，頻率響應 $H(e^{j\omega})$ 將會是理想響應 $H_d(e^{j\omega})$ 的一個「弄壞的」版本。圖 7.27(a) 是以 θ 函數的方式畫出典型的 $H_d(e^{j\theta})$ 函數和 $W(e^{j(\omega-\theta)})$，它們是 (7.58) 式所需要的東西。

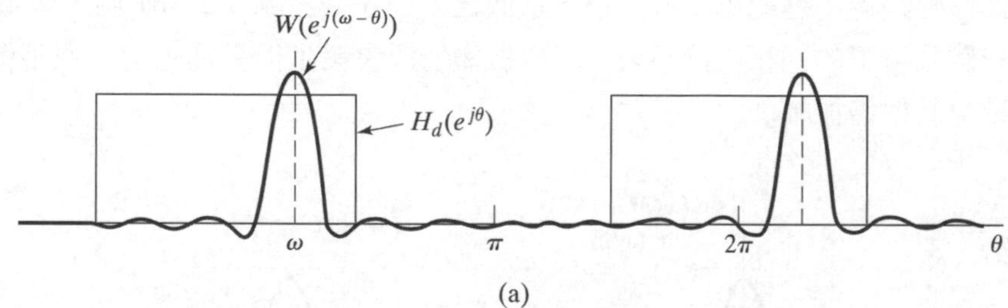

(a)

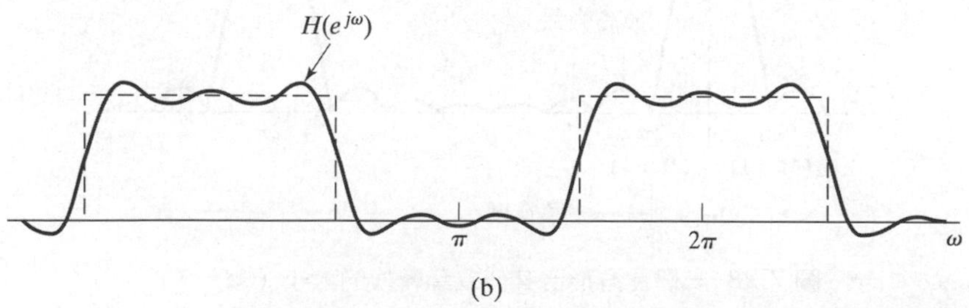

(b)

圖 7.27 (a) 截取理想脈衝響應所隱含的捲積程序。(b) 把理想脈衝響應加窗後所得的典型近似結果

假若對於所有的 n，$w[n]=1$（也就是說，假若我們完全不做任何的截取），$W(e^{j\omega})$ 是一個週期爲 2π 的週期性脈衝串列，因此，$H(e^{j\omega}) = H_d(e^{j\omega})$。這個解釋暗示我們：假若 $w[n]$ 的選擇會使得 $W(e^{j\omega})$ 集中在頻率 $\omega = 0$ 附近的一個窄頻帶範圍內，也就是說，它

近似一個脈衝，則 $H(e^{j\omega})$ 將會「看起來像」 $H_d(e^{j\omega})$ ，除了在一些 $H_d(e^{j\omega})$ 改變得非常劇烈的地方。因此，主導如何選擇窗函數的準則是一來我們希望 $w[n]$ 的長度要盡可能的短，在實現濾波器時才會有最少的計算量，二來我們希望 $W(e^{j\omega})$ 要近似一個脈衝；也就是說，我們希望 $W(e^{j\omega})$ 是頻率的高度集中函數，使得 (7.58) 式的捲積會忠實地再生想要的頻率響應。但是，這兩項需求是相互衝突的，就拿 (7.57) 式中長方形窗的情況來看，其中

$$W(e^{j\omega}) = \sum_{n=0}^{M} e^{-j\omega n} = \frac{1-e^{-j\omega(M+1)}}{1-e^{-j\omega}} = e^{-j\omega M/2}\frac{\sin[\omega(M+1)/2]}{\sin(\omega/2)} \tag{7.59}$$

大小函數 $\sin[\omega(M+1)/2]/\sin(\omega/2)$ 我們畫在圖 7.28 中，其中 $M = 7$。請注意長方形窗的 $W(e^{j\omega})$ 有一個廣義的線性相位。當 M 增加時，「主葉」（main lobe）的寬度會減少。主葉通常是定義成原點兩邊第一個零穿越點之間的區域。對於長方形窗而言，主葉寬度是 $\Delta\omega_m = 4\pi/(M+1)$。然而，對於長方形窗而言，其旁葉（side lobes）相當的大。事實上，當 M 增加時，主葉和旁葉的峰值都會增加，但是它們增加的方式會使得在每一葉瓣之下的面積維持不變，所以每一葉瓣的寬度會隨 M 的增加而減少。因此，隨著 ω 的變化當 $W(e^{j(\omega-\theta)})$「滑過」$H_d(e^{j\omega})$ 的不連續處時，$W(e^{j(\omega-\theta)})$ $H_d(e^{j\omega})$ 的積分將會隨著 $W(e^{j(\omega-\theta)})$ 的每一個旁葉移動經過不連續處而做振盪。這個結果是描繪在圖 7.27(b) 中。因爲當 M 增加時在每一個葉瓣下的面積維持不變，所以振盪情況會發生得更爲迅速，並不會隨著 M 的增加而減少其振盪振幅。

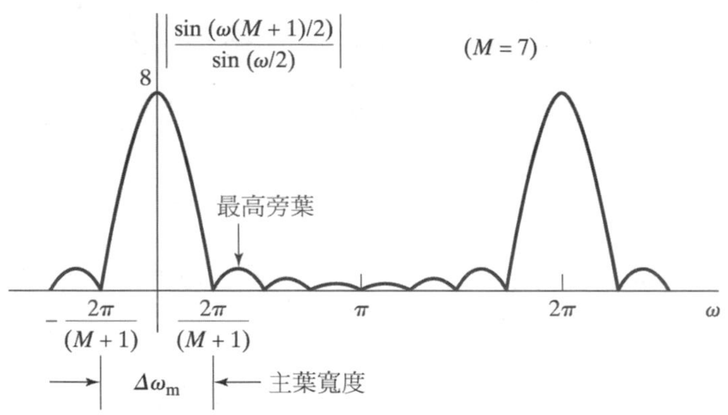

圖 7.28 一個長方形窗其傅立葉轉換的大小（$M = 7$）

在傅立葉級數的理論中，這種這個不均勻收斂的特性就是**吉布斯現象**，我們可以透過使用一個不那麼突然截取的傅立葉級數來緩和這種現象。若我們把窗函數平滑地向兩個端點減少到零，那麼旁葉的高度就可以減少；然而，這麼做所付出的代價是會有一個較寬的主葉，因此在不連續處會有一個較寬的過渡帶。

7.5.1 常用窗的性質

某些常用的窗函數我們展示在圖 7.29 中。這些窗函數是用以下的式子來定義的：

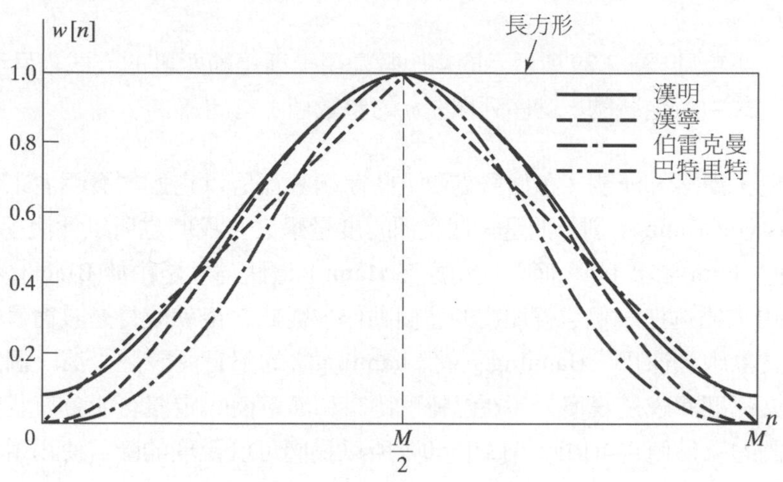

圖 7.29 常用窗函數

長方形

$$w[n]=\begin{cases}1, & 0\le n\le M,\\ 0, & \text{其他}\end{cases} \tag{7.60a}$$

巴特里特（Bartlett）（三角形）

$$w[n]=\begin{cases}2n/M, & 0\le n\le M/2,\ M\ \text{爲偶數}\\ 2-2n/M, & M/2<n\le M,\\ 0, & \text{其他}\end{cases} \tag{7.60b}$$

漢寧（Hann）

$$w[n]=\begin{cases}0.5-0.5\cos(2\pi n/M), & 0\le n\le M,\\ 0, & \text{其他}\end{cases} \tag{7.60c}$$

漢明（Hamming）

$$w[n]=\begin{cases}0.54-0.46\cos(2\pi n/M), & 0\le n\le M,\\ 0, & \text{其他}\end{cases} \tag{7.60d}$$

伯雷克曼（Blackman）

$$w[n]=\begin{cases}0.42-0.5\cos(2\pi n/M+0.08\cos(4\pi n/M), & 0\le n\le M,\\ 0, & \text{其他}\end{cases} \tag{7.60e}$$

（為了方便起見，圖 7.29 所展示的窗函數是用一種連續函數的方式來呈現的；然而，如同在 (7.60) 式中所定義的，窗序列僅在 n 的整數值上有定義。）

巴特里特、漢寧、漢明、和伯雷克曼這些窗函數都是以它們的發明者來命名的。漢寧窗為 Julius von Hann 所創，他是一個澳洲的度量學家。我們之所以會使用「hanning」（譯註：指把 Hann 加上 ing，而非使用原名 Hann）這個詞，是由於 Blackman 和 Tukey (1958) 他們用來描述把一個信號加窗的這個動作，從此之後就變得是該窗最被廣泛使用的名稱，在文獻中該窗用「Hanning」或「hanning」的都有（譯註：第一個字母大小寫而已，但中文都翻譯成是漢寧）。在巴特里特窗和漢寧窗的定義可能會有些變化。我們已經定義它們的端點值為 $w[0]=w[M]=0$，所以我們可以合理的斷言使用這個定義，窗長度實際上僅有 $M-1$ 個樣本。在其他可能的巴特里特窗和漢寧窗的定義版本中，可能會把我們的定義位移一個樣本並重新定義窗的長度。

我們將會在第 10 章中討論，(7.60) 式的窗函數定義經常被使用來做頻譜分析。它們的傅立葉轉換都是集中在 $\omega=0$ 附近，而且它們都有簡單的函數式使得它們可以容易地被計算出來。巴特里特窗的傅立葉轉換可以表示成長方形窗傅立葉轉換的一個乘積，而其他窗的傅立葉轉換則可以表示成長方形窗之傅立葉轉換的頻率移位和，如 (7.59) 式所給定的一般（請參見習題 7.40）。

每一種窗函數的大小函數 $20\log_{10}|W(e^{j\omega})|$ 我們畫在圖 7.30 中，其中 $M=50$。很清楚地，長方形窗有最窄的主葉，因此，對於一個給定的長度，它應該會使得 $H(e^{j\omega})$ 在 $H_d(e^{j\omega})$ 的不連續處有最陡峭的過渡帶。然而，它的第一個旁葉高度只比主葉高度低 13 dB，導至 $H(e^{j\omega})$ 在 $H_d(e^{j\omega})$ 的不連續處附近會有不小的振盪。在表 7.2 中，我們比較 (7.60) 式所定義的窗函數，它顯示出若我們把窗函數平滑地向兩個端點減少到零，如同巴特里特、漢明、漢寧、和伯雷克曼窗一般，則旁葉高度（第二欄）會大幅地減少；然而，這麼做所付出的代價是會有一個較寬的主葉（第三欄），導致在 $H_d(e^{j\omega})$ 的不連續處會有一個較寬的過渡帶。表 7.2 其他的欄位將會在往後討論。

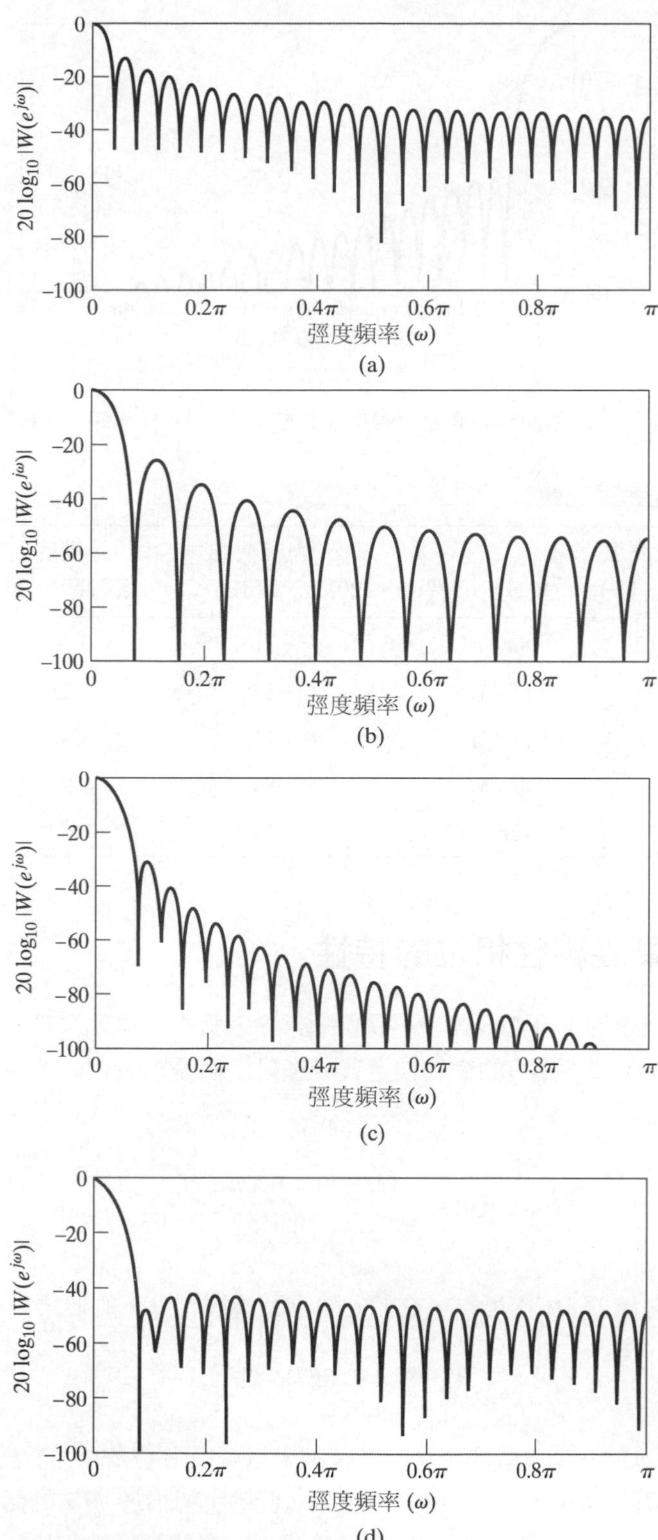

圖 7.30　圖 7.29 的窗函數的傅立葉轉換（對數大小，且 $M = 50$）。(a) 長方形。(b) 巴特里特。(c) 漢寧。(d) 漢明

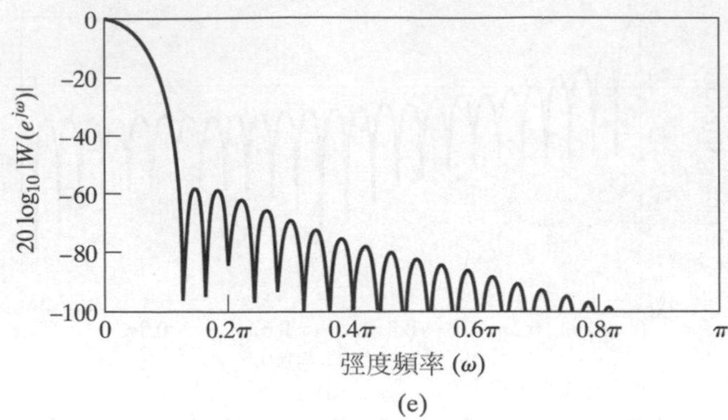

(e)

圖 7.30 圖 7.29 的窗函數的傅立葉轉換（對數大小，且 $M = 50$）。(e) 伯雷克曼

▼表 7.2 常用窗函數的比較

窗的型式	旁葉高度（相對量）	主葉近似寬度	最大的近似誤差 $20\log_{10}\delta$ (dB)	等價的凱瑟窗，β	等價凱瑟窗的過渡帶寬度
長方形	−13	$4\pi/(M+1)$	−21	0	$1.81\pi/M$
巴特里特	−25	$8\pi/M$	−25	1.33	$2.37\pi/M$
漢寧	−31	$8\pi/M$	−44	3.86	$5.01\pi/M$
漢明	−41	$8\pi/M$	−53	4.86	$6.27\pi/M$
伯雷克曼	−57	$12\pi/M$	−74	7.04	$9.19\pi/M$

7.5.2 併入廣義線性相位的特性

在設計各種型態的 FIR 濾波器時，我們通常希望獲得一個因果系統且具有廣義的線性相位響應。(7.60) 式中所有的窗均被定義成滿足這個需求。明確地說，請注意所有的窗都有以下的特質

$$w[n] = \begin{cases} w[M-n], & 0 \le n \le M, \\ 0, & \text{其他} \end{cases} \tag{7.61}$$

也就是說，它們對稱於 $M/2$。所以，它們的傅立葉轉換有以下的形式

$$W(e^{j\omega}) = W_e(e^{j\omega})e^{-j\omega M/2}, \tag{7.62}$$

其中，$W_e(e^{j\omega})$ 是 ω 的一個實數偶（even）函數。這可以由 (7.59) 式看出。由 (7.61) 式，我們一定會有因果的濾波器，而且假若理想脈衝響應也對稱於 $M/2$ 的話，也就是說，假若 $h_d[M-n] = h_d[n]$，則經過加窗後的脈衝響應將也會有該對稱性，故所得的頻率響應將會有一個廣義的線性相位；也就是說，

$$H(e^{j\omega}) = A_e(e^{j\omega})e^{-j\omega M/2}, \tag{7.63}$$

其中 $A_e(e^{j\omega})$ 是 ω 的一個實數偶函數。類似的，假若理想脈衝響應反對稱於 $M/2$，也就是說，假若 $h_d[M-n]=-h_d[n]$，則經過加窗後的脈衝響應將也會反對稱於 $M/2$，故所得的頻率響應也將會有一個廣義的線性相位，但是多加了 90° 的常數相位位移；也就是說，

$$H(e^{j\omega}) = jA_o(e^{j\omega})e^{-j\omega M/2}, \tag{7.64}$$

其中 $A_o(e^{j\omega})$ 是 ω 的一個實數奇（odd）函數。

雖然前面的論述在時域上來看相當的明顯，其實就是對稱窗和對稱（或反對稱）理想脈衝響應的乘積，但是從頻域的角度來看它倒是相當有用的觀點。假設 $h_d[M-n]=h_d[n]$。那麼，

$$H_d(e^{j\omega}) = H_e(e^{j\omega})e^{-j\omega M/2}, \tag{7.65}$$

其中 $H_e(e^{j\omega})$ 是 ω 的一個實數偶函數。

假若該窗是對稱的，我們可以把 (7.62) 式和 (7.65) 式代入 (7.58) 式以獲得

$$H(e^{j\omega}) = \frac{1}{2\pi}\int_{-\pi}^{\pi} H_e(e^{j\theta})e^{-j\theta M/2}W_e(e^{j(\omega-\theta)})e^{-j(\omega-\theta)M/2}d\theta \tag{7.66}$$

把相位因子簡單的整理一下，可得

$$H(e^{j\omega}) = A_e(e^{j\omega})e^{-j\omega M/2}, \tag{7.67}$$

其中

$$A_e(e^{j\omega}) = \frac{1}{2\pi}\int_{-\pi}^{\pi} H_e(e^{j\theta})W_e(e^{j(\omega-\theta)})d\theta \tag{7.68}$$

因此，我們可看出所得的系統有一個廣義的線性相位，而且，實數函數 $A_e(e^{j\omega})$ 是把兩個實數函數 $H_e(e^{j\omega})$ 和 $W_e(e^{j\omega})$ 做週期性捲積的結果。

(7.68) 式的捲積行爲決定了由加窗法所得的濾波器其大小響應的結果。以下的範例用一個線性相位低通濾波器來說明這個情形。

範例 7.7 線性相位低通濾波器

理想的頻率響應定義成

$$H_{\mathrm{lp}}(e^{j\omega}) = \begin{cases} e^{-j\omega M/2}, & |\omega| < \omega_c, \\ 0, & \omega_c < |\omega| \le \pi, \end{cases} \tag{7.69}$$

其中廣義的線性相位因子已經被併入到此一理想低通濾波器的定義中。對應的理想脈衝響應是

$$h_{\mathrm{lp}}[n] = \frac{1}{2\pi}\int_{-\omega_c}^{\omega_c} e^{-j\omega M/2} e^{j\omega n} d\omega = \frac{\sin[\omega_c(n-M/2)]}{\pi(n-M/2)} \tag{7.70}$$

其中 $-\infty < n < \infty$。我們可以容易地證明出 $h_{\mathrm{lp}}[M-n] = h_{\mathrm{lp}}[n]$，所以假若我們使用一個對稱窗在下列的式子中

$$h[n] = \frac{\sin[\omega_c(n-M/2)]}{\pi(n-M/2)} w[n], \tag{7.71}$$

則我們可得到一個線性相位系統。

用 (7.60) 式窗函數所設計出的濾波器其振幅響應我們展示在圖 7.31 的上半部份中，但是巴特里特窗除外，因為它很少使用來做濾波器設計（對於偶數的 M，巴特里特窗會產生一個單調函數 $A_e(e^{j\omega})$，因為 $W_e(e^{j\omega})$ 是一個正的函數）。當我們用加窗法來近似一個具有步階不連續性之理想頻率響應時，該圖也展示出其重要的特性。這個結果通常會在以下兩個條件成立時變得明顯：當 ω_c 並非離零或離 π 很近時，而且當主葉的寬度小於 2 ω_c 時。該圖的下半部份是一個對稱窗函數其典型的傅立葉轉換（但線性相位特性沒有秀出）。我們可以把這個函數從不同位置的角度來看它，如此有助於我們了解 $A_e(e^{j\omega})$ 在 ω_c 附近的近似特性。

當 $\omega = \omega_c$ 時，對稱函數 $W(e^{j(\omega-\theta)})$ 的中心點是在不連續點上，所以它大約有一半的面積貢獻到 $A_e(e^{j\omega})$ 上。類似的，我們可以看到其正的穿越頂點是發生在當 $W(e^{j(\omega-\theta)})$ 移動到一個位置，使得右邊的第一個負旁葉剛好是在 ω_c 的右邊時。類似的，我們可以看到其負的穿越頂點是發生在當 $W(e^{j(\omega-\theta)})$ 移動到一個位置，使得左邊的第一個負旁葉剛好是在 ω_c 的左邊時。這個意味著不連續點兩邊尖峰漣波間的距離大約為主葉寬度 $\Delta\omega_m$，如圖 7.31 所示。定義在該圖中的過渡帶寬度 $\Delta\omega$ 因此略少於主葉的寬度。最後，由於 $W(e^{j(\omega-\theta)})$ 的對稱性，我們所得的近似也傾向對稱於 ω_c；也就是說，在通帶中的近似穿越值 δ 和在滯帶中的近似不足值（undershoots）是具有相同大小的量。

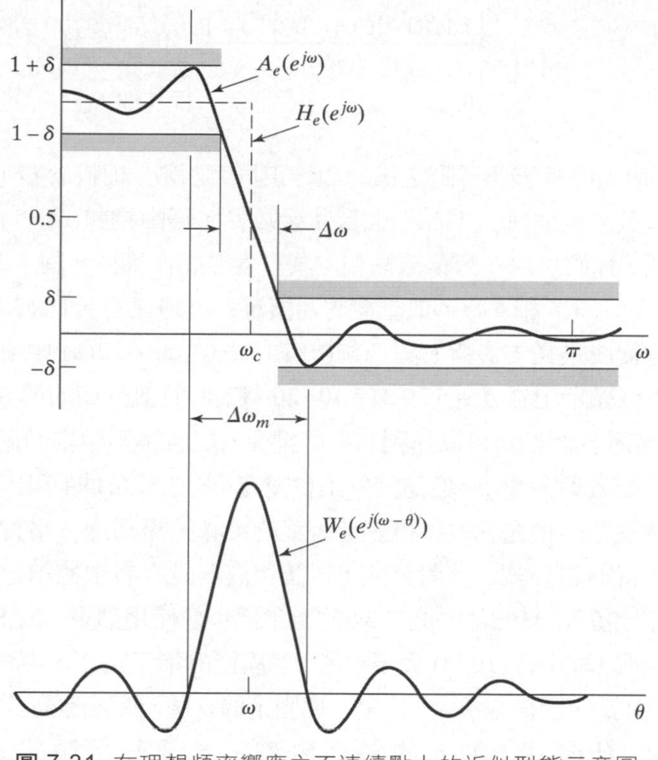

圖 7.31　在理想頻率響應之不連續點上的近似型態示意圖

當我們使用 (7.60) 式的窗函數做設計時，表 7.2 的第 4 個欄位顯示出在不連續點上的尖峰近似誤差（單位用 dB）。很清楚地，具有較小旁葉的窗會在理想響應的不連續點上產生出較佳的近似。而且，在第 3 欄，它顯示出主葉的寬度，並建議我們只要增加 M 的值，我們就會有愈窄的過渡帶區域。因此，透過選擇窗函數的形狀和長度，我們可以控制所得 FIR 濾波器的特性。然而，用嘗試錯誤法（trial and error）來選擇不同種類的窗函數並調整其長度來做濾波器的設計並不是一個令人滿意的方式。幸運的是，凱瑟 (Kaiser, 1974) 已經把加窗法用一個式子做簡單的型式化了。

7.5.3 凱瑟窗濾波器設計法

在主葉寬度和旁葉面積之間的權衡可以藉由查看窗函數在頻域 $\omega = 0$ 附近的集中程度來做量化。此一課題已經被深度地研究，我們可由 Slepian et al. (1961) 一系列經典的論文看出。他們的解牽涉到擴展橢圓體（prolate spheroidal）的波函數（wave functions），它們非常的難以計算，因此，對於濾波器設計而言實在不具吸引力。然而，凱瑟 (Kaiser, 1966, 1974) 發現只要使用第零階之第一類修正貝索（Bessel）函數，我們可以找出一個幾近最佳的窗函數，該貝索函數就容易計算得多。凱瑟窗的定義爲

$$w[n]=\begin{cases}\dfrac{I_0[\beta(1-[(n-\alpha)/\alpha]^2)^{1/2}]}{I_0(\beta)}, & 0\le n\le M,\\ 0, & \text{其他}\end{cases} \tag{7.72}$$

其中 $\alpha = M/2$，而 $I_0(\cdot)$ 代表第零階之第一類修正貝索函數。相較於 (7.60) 式中其它的窗，凱瑟窗有兩個參數：長度$(M+1)$和一個形狀參數 β 。藉由調整$(M+1)$和 β ，也就是調整窗的長度和形狀，我們可以在旁葉振幅和主葉寬度之間作權衡。圖 7.32(a) 顯示出在長度 $M+1=21$ ， $\beta=0$，3，和 6 時，凱瑟窗的連續波封。請注意，從 (7.72) 式可知當 $\beta=0$ 時，凱瑟窗就會變成是長方形窗。圖 7.32(b) 顯示出在圖 7.32(a) 中凱瑟窗其對應的傅立葉轉換。圖 7.32(c) 顯示出在 $\beta=6$ 和 $M=10$，20，和 40 時凱瑟窗的傅立葉轉換。圖 7.32(b) 和(c) 很清楚地告訴我們如何可以達到想要的權衡。假若窗函數其值減少的程度增加，那麼其傅立葉轉換的旁葉會變小，但是其主葉會變寬。圖 7.32(c) 顯示出遞增 M 同時維持 β 不變會使得主葉變窄，但是它並不會影響旁葉的尖峰振幅高度。事實上，透過大量的數值實驗，凱瑟獲得一對公式，該對公式可以讓濾波器設計者根據給定的頻率選擇濾波器規格來事先預測出 β 和 M 的值。圖 7.31 的上半部也是使用凱瑟窗（Kaiser window）可獲得的典型近似圖，Kaiser (1974) 發現，在一般廣泛的情況之下，尖峰近似誤差（圖 7.31 中的 δ ）可以藉由 β 的選擇來決定。給定一個固定的 δ 值，低通濾波器的通帶截止頻率 ω_p 被定義成是使 $|H(e^{j\omega})| \ge 1-\delta$ 的最高頻率。滯帶截止頻率 ω_s 被定義成是使 $|H(e^{j\omega})| \le \delta$ 的最低頻率。因此，過渡帶區域的寬度爲

$$\Delta\omega = \omega_s - \omega_p \tag{7.73}$$

此值是針對低通濾波器的近似情況而言。定義

$$A = -20\log_{10}\delta, \tag{7.74}$$

爲了要達到某一個特定的 A 值， β 值的決定公式也被凱瑟用實驗的方法得出

$$\beta=\begin{cases}0.1102(A-8.7), & A>50,\\ 0.5842(A-21)^{0.4}+0.07886(A-21), & 21\le A\le 50,\\ 0.0, & A<21\end{cases} \tag{7.75}$$

（記得 $\beta=0$ 的情況是長方形窗的情況，在該情況 $A=21$）更進一步而言，凱瑟發現爲了要達到預定的 A 值和 $\Delta\omega$，M 必須滿足

$$M=\frac{A-8}{2.285\Delta\omega} \tag{7.76}$$

對於大部分的 A 值和 $\Delta\omega$ 而言，(7.76) 式都適用，M 大概只有 ±2 的誤差。因此，有了這些公式，凱瑟窗設計法幾乎不需要迭代運算或是嘗試錯誤過程。在 7.6 節中的範例說明了此一事實和設計的程序。

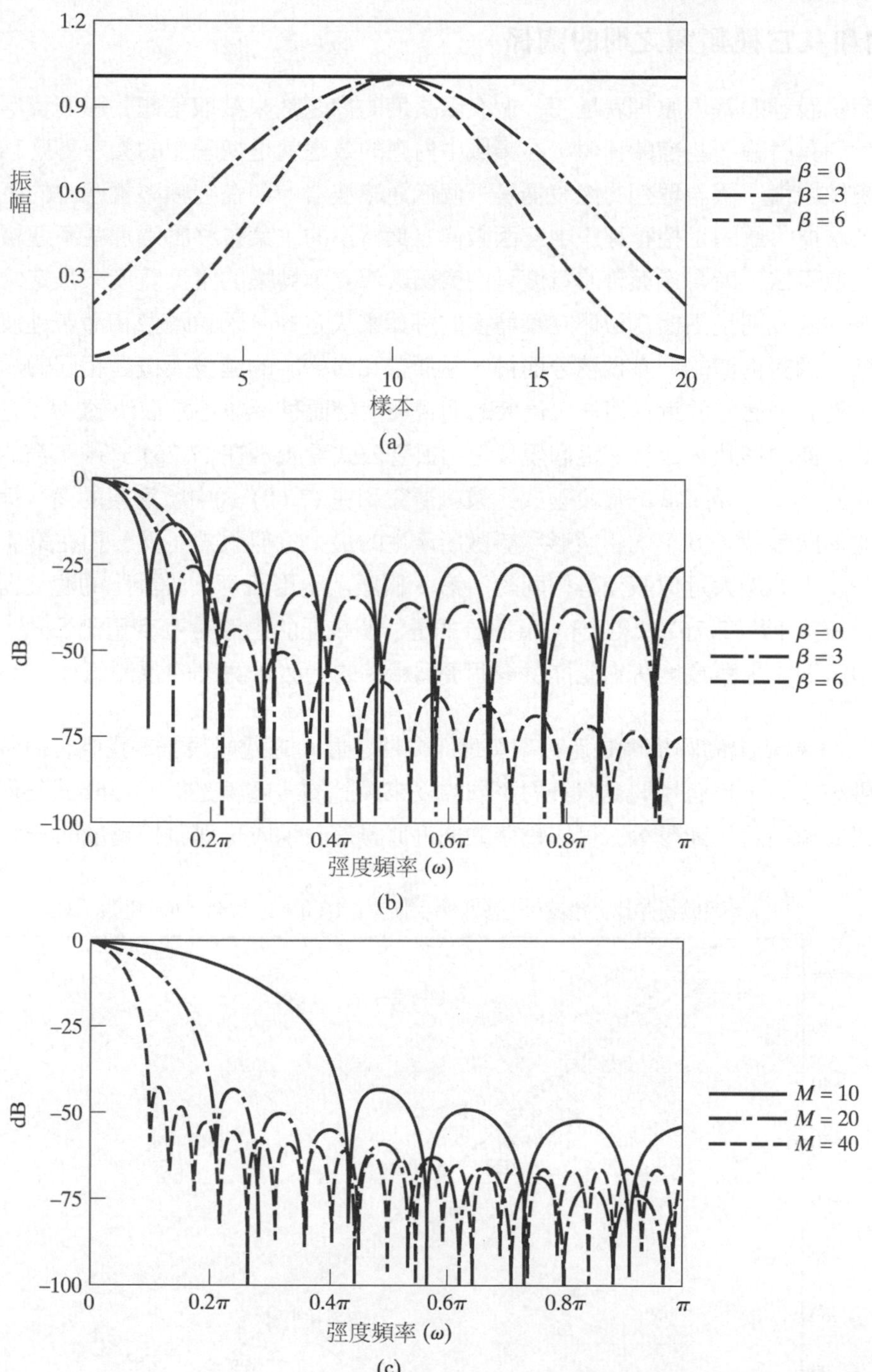

圖 7.32 (a) $M = 20$，$\beta = 0$，3，和 6 的凱瑟窗。(b) 對應到 (a) 中窗函數的傅立葉轉換。(c) $\beta = 6$，$M = 10$，20，和 40 之凱瑟窗的傅立葉轉換

凱瑟窗和其它種類窗之間的關係

加窗法設計的基本原理就是用一個有限長度的窗函數來截取理想的脈衝響應，在這一節中我們有討論一些窗的種類。在頻域中對應的效應就是把理想的頻率響應和窗的傅立葉轉換做捲積。假若理想的濾波器是一個低通濾波器，則在它頻率響應中的不連續點處會被破壞掉，原因是捲積程序中窗函數傅立葉轉換的主葉會移動過那些不連續點處。對一個近似而言，所得過渡帶的寬度是由窗函數傅立葉轉換的主葉寬度來決定的，而通帶和滯帶的漣波則是由窗函數傅立葉轉換的旁葉來決定的。因爲通帶和滯帶漣波的產生是藉由把一個對稱窗的旁葉做積分而得，在通帶和滯帶中的漣波大概是相同的。更進一步的說，對於一個好的近似而言，最大的通帶及滯帶偏移量並不是取決於 M，它們僅可以藉由改變窗的形狀來改變。這個現象可由凱瑟公式看出，在 (7.75) 式中，窗的形狀參數是獨立於 M 的。表 7.2 的最後兩欄比較凱瑟窗和在 (7.60) 式中所定義的窗。第 5 欄是凱瑟窗的形狀參數（β），用該形狀參數所產生的最大近似誤差（δ）和在第 1 欄中所列之窗所產生的最大近似誤差是相同的。第 6 欄顯示出用凱瑟窗設計出的濾波器其對應的過渡帶寬度 [從 (7.76) 式得出]。這個公式是一個較佳的過渡帶寬度預測公式，比起在第 3 欄中所列之主葉寬度，它能提供一個更爲精確的過渡帶寬度的預測值。

圖 7.33 展示出的圖橫軸是過渡帶寬度，縱軸是最大的近似誤差，我們有用各種不同的窗函數來設計，也有用凱瑟窗針對不同的 β 來設計的。虛線是從 (7.76) 式獲得，顯示出對於凱瑟窗而言，凱瑟公式可以精確的把近似誤差表示成是過渡帶寬度的一個函數。

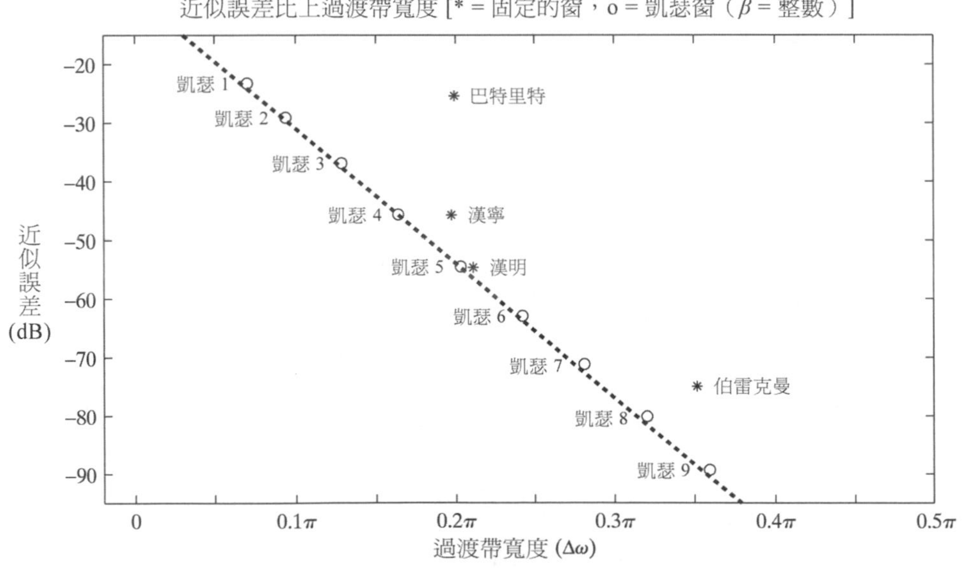

圖 7.33 在一個低通濾波器設計（$M = 32$ 且 $\omega_c = \pi/2$）的應用中，比較固定窗法和凱瑟窗法的結果（請注意設計結果「凱瑟 6」意味著是使用 $\beta = 6$ 的凱瑟窗所設計出的結過，以此類推）

7.6 用凱瑟窗設計法來設計 FIR 濾波器的範例

在這一節中，我們用幾個範例說明如何使用凱瑟窗來獲得幾種濾波器型態的 FIR 近似，其中包括低通濾波器。我們並且利用這些範點出 FIR 系統之某些重要的特性。

7.6.1 低通濾波器

使用凱瑟窗的設計公式，我們可以很直接的設計出一個 FIR 低通濾波器來滿足一個預先設定的規格。設計程序如下：

1. 首先，規格必須要被建立出來。這意味著我們要選出想要的 ω_p、ω_s、和最大允許的近似誤差。對於加窗設計法而言，所得的濾波器其通帶的最大近似誤差和滯帶的最大近似誤差將會是相同的 δ。在這個範例中，我們使用在範例 7.5 中相同的規格，$\omega_p = 0.4\pi$，$\omega_s = 0.6\pi$，$\delta_1 = 0.01$，和 $\delta_2 = 0.001$。因爲用加窗法所得的濾波器其本質上 $\delta_1 = \delta_2$，所以我們必須設定 $\delta = 0.001$。

2. 我們必須要找出潛在理想低通濾波器的截止頻率。由於在 $H_d(e^{j\omega})$ 的不連續處其近似是對稱的，我們可以設定截止頻率爲

$$\omega_c = \frac{\omega_p + \omega_s}{2} = 0.5\pi$$

3. 爲了要決定凱瑟窗的參數，我們首先計算出

$$\Delta\omega = \omega_s - \omega_p = 0.2\pi, \quad A = -20\log_{10}\delta = 60$$

我們把這兩個值代入 (7.75) 式和 (7.76) 式以計算出所需要的 β 和 M。在這個範例中，公式預測出

$$\beta = 5.653, \quad M = 37$$

4. 再來，可用 (7.71) 式和 (7.72) 式計算出濾波器的脈衝響應。我們可得

$$h[n] = \begin{cases} \dfrac{\sin\omega_c(n-\alpha)}{\pi(n-\alpha)} \cdot \dfrac{I_0[\beta(1-[(n-\alpha)/\alpha]^2)^{1/2}]}{I_0(\beta)}, & 0 \le n \le M, \\ 0, & \text{其他} \end{cases}$$

其中 $\alpha = M/2 = 37/2 = 18.5$。因爲 $M = 37$ 是一個奇數整數，故所得的線性相位系統爲型 II 的系統（請參見 5.7.3 節，該節定義了四種型態的廣義線性相位 FIR 系統）。設計出的濾波器其響應特性展示在圖 7.34 中。圖 7.34(a) 顯示了脈衝響應，呈現一個型 II 系統的對稱特性。圖 7.34(b) 顯示出對數大小響應，單位是 dB，它指出 $H(e^{j\omega})$ 在 $\omega = \pi$ 是零，或等價的說，$H(z)$ 在 $z = -1$ 處有一個零點，這是一個型 II FIR 系統的特性之一。圖 7.34(c) 顯示出在通帶和滯帶中的近似誤差。這個誤差函數被定義成

$$E_A(\omega)=\begin{cases}1-A_e(e^{j\omega}), & 0\le\omega\le\omega_p,\\ 0-A_e(e^{j\omega}), & \omega_s\le\omega\le\pi\end{cases} \tag{7.77}$$

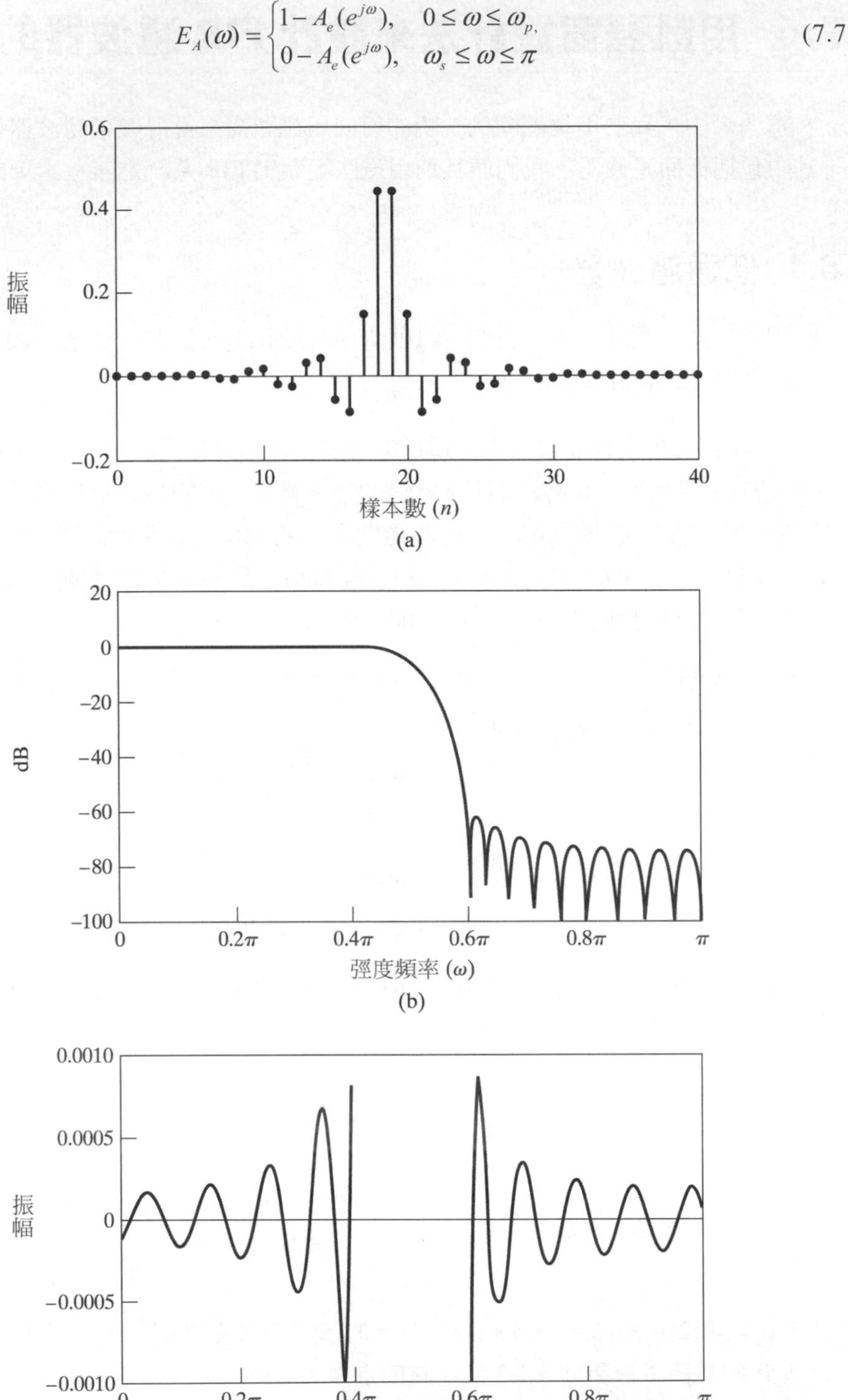

圖 7.34 用凱瑟窗設計之低通濾波器其響應函數。(a) 脈衝響應（$M=37$）。(b) 對數大小。(c) $A_e(e^{j\omega})$ 的近似誤差

（在過渡帶區域，$0.4\pi < \omega < 0.6\pi$，沒有定義誤差）請注意近似誤差的對稱，而且其最大的近似誤差是 $\delta = 0.00113$ 而不是想要的 0.001。在這個情況中，我們必須要增加 M 到 40 以滿足規格。

5. 最後，觀察到我們不用畫出相位或是群延遲，因爲我們知道其相位是精確的線性相位而且其延遲是 $M/2 = 18.5$ 個樣本。

7.6.2 高通濾波器

理想之具廣義線性相位的高通濾波器有以下的頻率響應

$$H_{\text{hp}}(e^{j\omega}) = \begin{cases} 0, & |\omega| < \omega_c, \\ e^{-j\omega M/2}, & \omega_c < |\omega| \le \pi \end{cases} \tag{7.78}$$

其對應的脈衝響應可以藉由把 $H_{\text{hp}}(e^{j\omega})$ 做逆轉換而得，或者我們可以觀察到

$$H_{\text{hp}}(e^{j\omega}) = e^{-j\omega M/2} - H_{\text{lp}}(e^{j\omega}), \tag{7.79}$$

其中 $H_{\text{lp}}(e^{j\omega})$ 正如 (7.69) 式所給定。因此，$h_{\text{hp}}[n]$ 爲

$$h_{\text{hp}}[n] = \frac{\sin \pi(n - M/2)}{\pi(n - M/2)} - \frac{\sin \omega_c(n - M/2)}{\pi(n - M/2)}, \quad -\infty < n < \infty \tag{7.80}$$

要設計一個 FIR 來近似高通濾波器，我們可以用一種類似 7.6.1 節的方式來進行。

假設我們希望設計一個濾波器來滿足高通規格

$$|H(e^{j\omega})| \le \delta_2, \quad |\omega| \le \omega_s$$
$$1 - \delta_1 \le |H(e^{j\omega})| \le 1 + \delta_1, \quad \omega_p \le |\omega| \le \pi$$

其中 $\omega_s = 0.35\pi$，$\omega_p = 0.5\pi$，和 $\delta_1 = \delta_2 = \delta = 0.02$。因爲理想的響應也有一個不連續點，我們可以套用凱瑟公式 (7.75) 式和 (7.76) 式，其中 $A = 33.98$ 和 $\Delta\omega = 0.15\pi$，以估計出需要的值 $\beta = 2.65$ 和 $M = 24$。有這兩參數之後，凱瑟窗就已知。用 $\omega_c = (0.35\pi + 0.5\pi)/2$ 求出 $h_{\text{hp}}[n]$ 序列，再把凱瑟窗套用至 $h_{\text{hp}}[n]$，便可得出設計結果，圖 7.35 顯示出其響應的特性。請注意，因爲 M 是一個偶數，故該濾波器是一個型 I 線性相位 FIR 系統，而延遲爲 $M/2 = 12$ 個樣本。在這個情況中，實際的最大近似誤差爲 $\delta = 0.0209$ 而不是所指定的 0.02。因爲除了在滯帶邊緣上，在絕大部分的頻帶中誤差均小於 0.02，所以我們可以簡單地把 M 增加到 25，把 β 固定，來達到把過渡帶區域窄化的目的。這個型 II 濾波器，展示在圖 7.36 中，是一個相當令人不滿意的結果，因爲線性相位的限制會使得 $H(z)$ 必須要有個零點在 $z = -1$，也就是在 $\omega = \pi$ 處。雖然把階數增加 1 會導致出一個更糟的結果，

但是若把 M 增加到 26，當然，我們又可以得到一個型 I 系統，而且它會超過規格的要求。很清楚地，型 II FIR 線性相位系統一般而言不適合用來近似高通或帶拒濾波器。

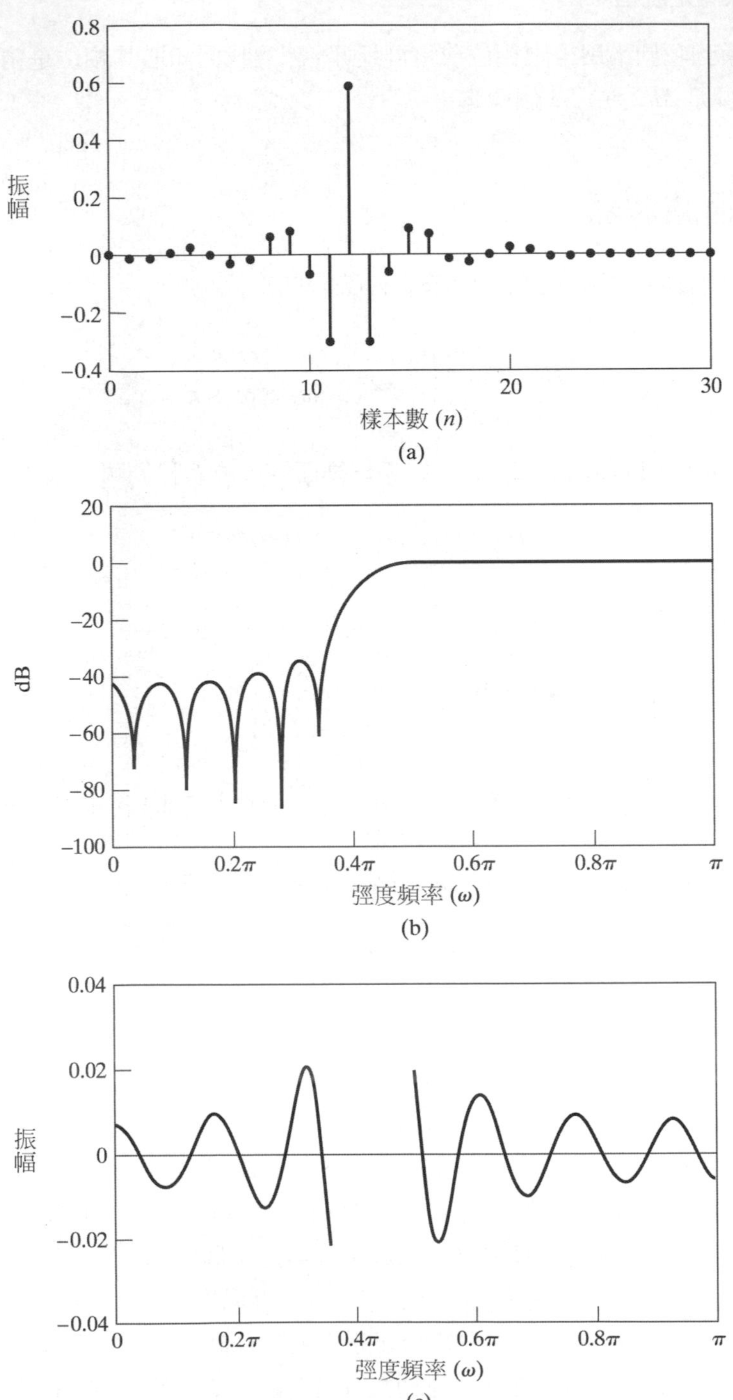

圖 7.35 用凱瑟窗設計之型 I FIR 高通濾波器其響應函數。(a) 脈衝響應（$M=24$）。(b) 對數大小。(c) $A_e(e^{j\omega})$ 的近似誤差

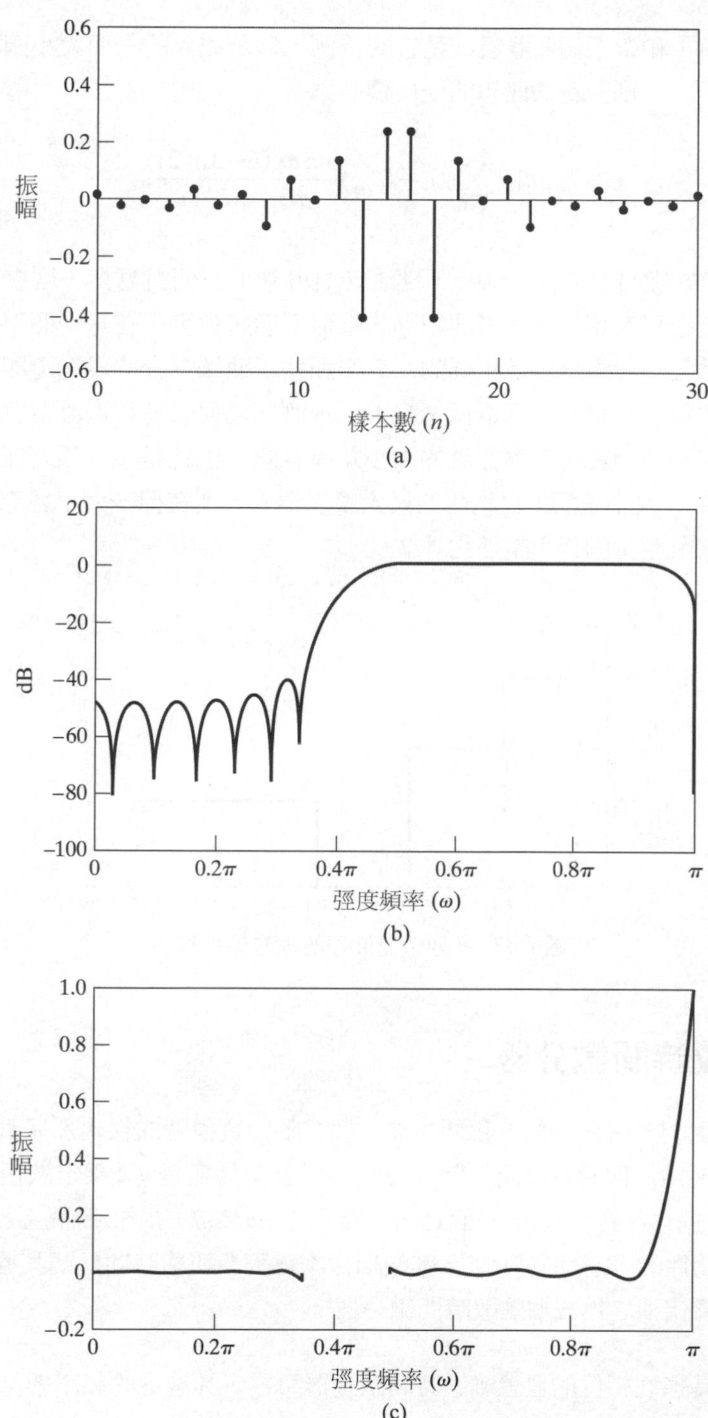

圖 7.36　用凱瑟窗設計之型 II FIR 高通濾波器其響應函數。(a) 脈衝響應（$M = 25$）。(b) 傅立葉轉換的對數大小。(c) $A_e(e^{j\omega})$ 的近似誤差

前面所討論的高通濾波器設計範例可以被延伸來處理多重通帶和多重滯帶的設計情況。圖 7.37 是一個理想的多頻帶頻率選擇頻率響應。這個廣義的多頻帶濾波器可以把低

通、高通、帶通、和帶拒濾波器看成是它的特例。假若如此的一個大小函數乘上一個線性相位因子 $e^{-j\omega M/2}$ ，則對應的理想的脈衝響應為

$$h_{\text{mb}}[n]=\sum_{k=1}^{N_{\text{mb}}}(G_k-G_{k+1})\frac{\sin\omega_k(n-M/2)}{\pi(n-M/2)}, \tag{7.81}$$

其中 N_{mb} 是頻帶的數目且 $G_{N_{\text{mb}}+1}=0$ 。假若把 $h_{\text{mb}}[n]$ 乘上一個凱瑟窗，則在之前我們處理低通和高通系統中只有單一一個不連續點的近似型態將會發生在每一個不連續點上。在每一個不連續點上的行為將會是相同的，只要那些不連續點分開得夠遠即可。因此，窗參數的凱瑟公式還是可以套用至這個情況中以預測出近似誤差和過渡帶寬度。請注意近似誤差的大小和不連續點處頻率響應的大小差異有關。也就是說，假若在某不連續點上的頻率響應有 1 的大小差異，它產生的最大誤差為 δ ，則在另一大小響應有 1/2 差異的不連續點上，它所產生的最大誤差為 $\delta/2$。

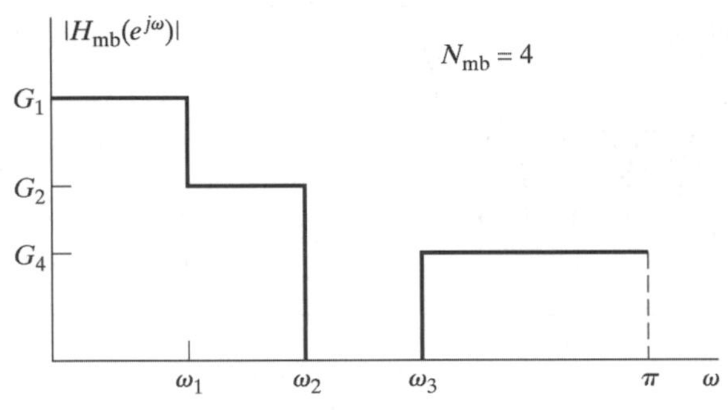

圖 7.37 多頻帶濾波器的理想頻率響應

7.6.3 離散時間微分器

範例 4.4 說明了有些時候，我們想從一個有限頻寬信號的樣本那兒直接獲得其信號導數的樣本。因為一個連續時間信號其導數的傅立葉轉換是 $j\Omega$ 乘上該信號的傅立葉轉換，所以對有限頻寬信號而言，一個具頻率響應（ $j\omega/T$ ）的離散時間系統， $-\pi<\omega<\pi$ （而且是具週期性的，週期為 2π ），其輸出樣本會等於連續時間信號其導數的樣本。一個具此特性的系統稱之為一個離散時間微分器。

對於一個具線性相位的理想離散時間微分器而言，其適當的頻率響應為

$$H_{\text{diff}}(e^{j\omega})=(j\omega)e^{-j\omega M/2},\quad -\pi<\omega<\pi \tag{7.82}$$

（我們已經略去 $1/T$）其對應的理想脈衝響應爲

$$h_{\text{diff}}[n]=\frac{\cos\pi(n-M/2)}{(n-M/2)}-\frac{\sin\pi(n-M/2)}{\pi(n-M/2)^2},\quad -\infty<n<\infty \tag{7.83}$$

假若把 $h_{\text{diff}}[n]$ 乘上一個長度爲（$M+1$）的對稱窗，則我們有 $h[n]=-h[M-n]$。因此，所得的系統是不是一個型 III 就是一個型 IV 的廣義線性相位系統。

因爲凱瑟公式是基礎於在頻率響應中帶有簡單之大小不連續點而發展出來的，而在微分器中，在理想頻率響應中的不連續是由相位造成而非大小，所以用凱瑟公式來設計微分器並不是很直接。雖然如此，誠如我們在下一個範例所看到的，加窗法在設計如此系統方面還是非常有效的。

微分器的凱瑟窗設計

爲了要說明如何用加窗法設計一個微分器，假設 $M=10$ 和 $\beta=2.4$。設計出的響應我們展示在圖 7.38 中。圖 7.38(a) 顯示出反對稱的脈衝響應。因爲 M 是偶數，故系統是一個型 III 的線性相位系統，這意味著 $H(z)$ 在 $z-+1(\omega=0)$處和 $z=-1$（$\omega=\pi$）處**皆有**零點。這個現象可以很清楚地從展示在圖 7.38(b) 中的大小響應看出。因爲型 III 系統的相位是一個 $\pi/2$ 弳度的常數相位位移再加上一個對應至 $M/2=5$ 個樣本延遲的線性相位，所以相位是正確的。圖 7.38(c) 顯示出大小的近似誤差

$$E_{\text{diff}}(\omega)=\omega-A_o(e^{j\omega}),\quad 0\le\omega\le 0.8\pi, \tag{7.84}$$

其中 $A_o(e^{j\omega})$ 是近似的大小（請注意此一誤差在 $\omega=\pi$ 的附近相當的大，所以在 $\omega=0.8\pi$ 以上的頻率我們並沒有畫出誤差）。很清楚的，我們所希望之具線性遞增大小的特性無法在整個頻帶中被滿足，而且，很明顯地，相對誤差（也就是說，$E_{\text{diff}}(\omega)/\omega$）在低頻率處或在高頻率處（$\omega=\pi$ 附近）都非常的大。

型 IV 線性相位系統並不會限制 $H(z)$ 要有一個零點在 $z=-1$ 處。所以這種型態的系統會產生較佳的大小函數近似，如圖 7.39 中所示，該圖的 $M=5$ 和 $\beta=2.4$。在這個情況中，大小近似誤差在 $\omega=0.8\pi$ 之前和之後都非常的小。這個系統的相位再次是一個 $\pi/2$ 弳度的常數相位位移再加上一個對應至 $M/2=2.5$ 個樣本延遲的線性相位。這個非整數延遲是我們要得到此一超好振幅近似所需要付出的代價。如此一來，我們所獲得的樣本不再是連續時間信號其導數在原來的時間 $t=nT$ 時的取樣，而是連續時間信號其導數在時間 $t=(n-2.5)T$ 時的取樣。然而，在許多的應用中，這種非整數延遲可能不會造成什麼問題，或者我們也可以再加上另一個亦具非整數延遲的線性相位系統來補償這種具非整數延遲的濾波器。

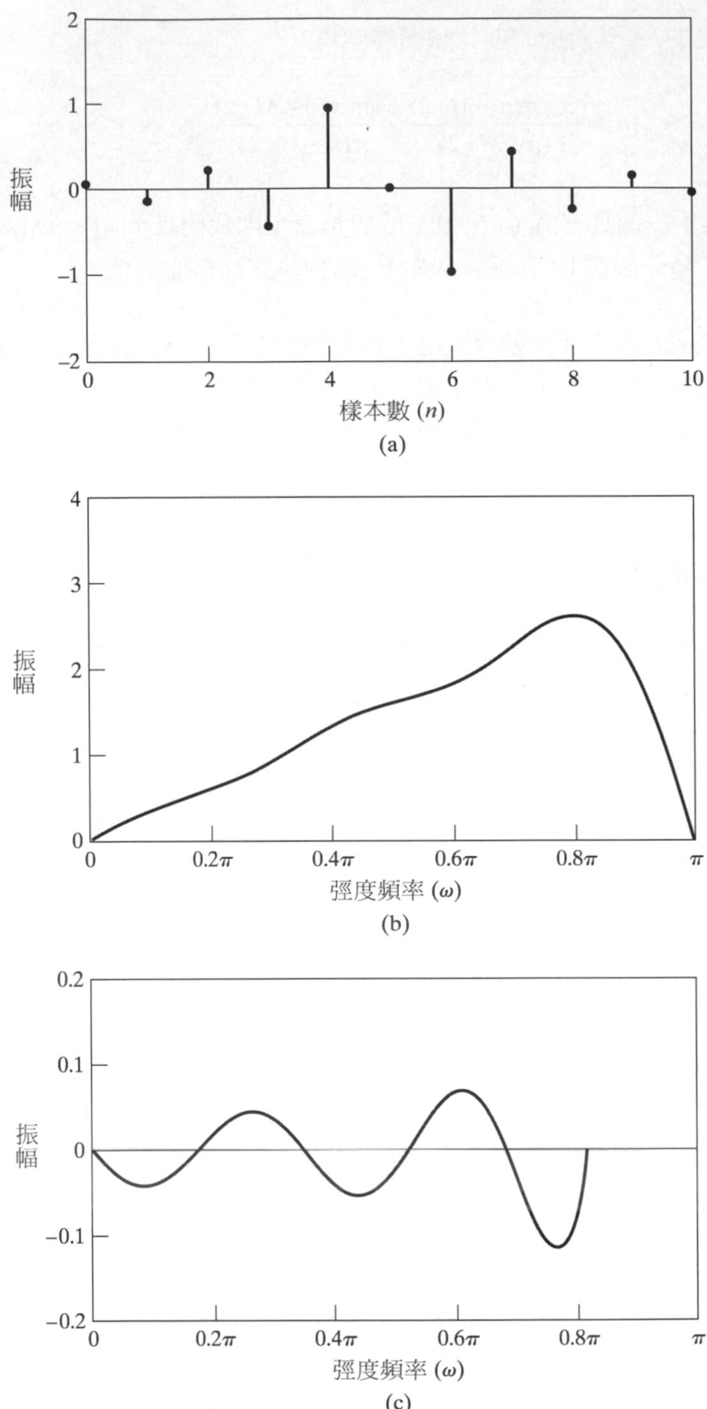

圖 7.38 型 III FIR 離散時間微分器的響應函數。(a) 脈衝響應（$M = 10$）。(b) 大小。(c) $A_o(e^{j\omega})$ 的近似誤差

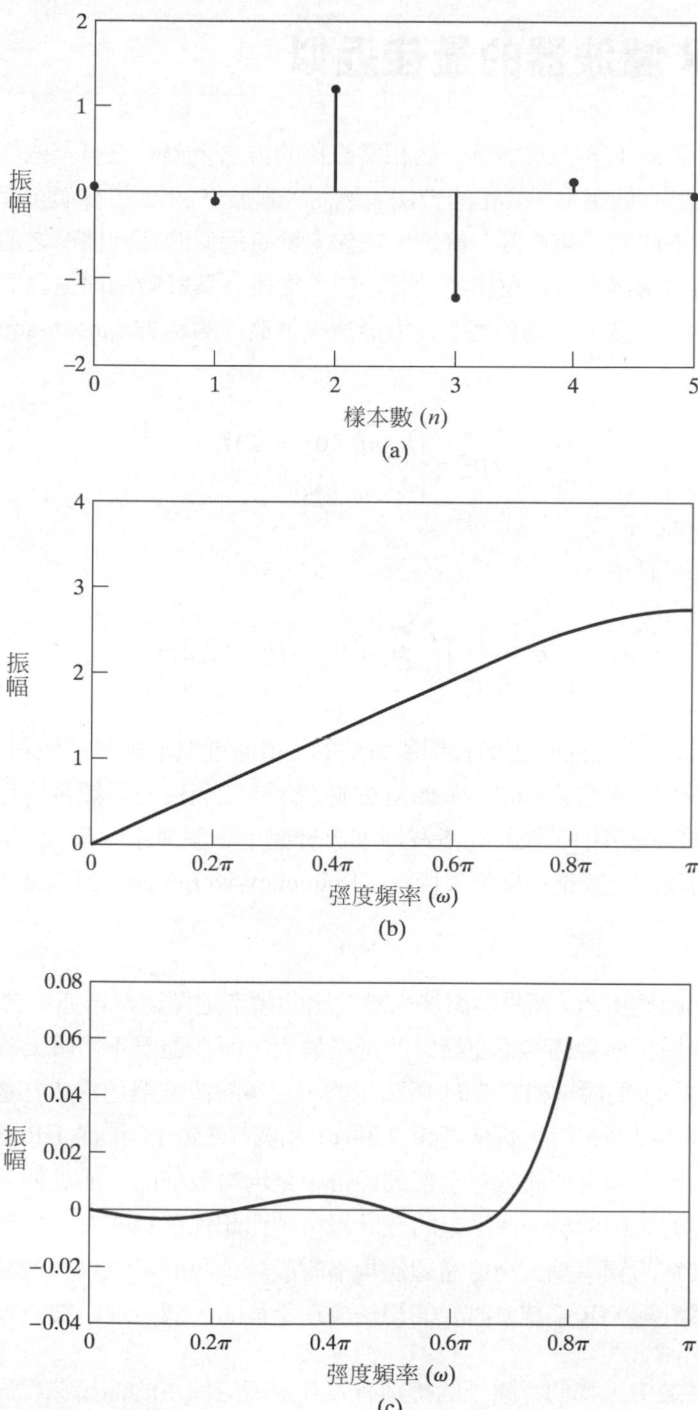

圖 7.39 型 IV FIR 離散時間微分器的響應函數。(a) 脈衝響應（$M = 5$）。(b) 大小。(c) $A_o(e^{j\omega})$ 的近似誤差

7.7 FIR 濾波器的最佳近似

用加窗法來設計 FIR 濾波器是一個相當直接的方法，雖然它有一些如下即將討論到的限制，但它還是一個相當一般化的方法。然而，對於一個給定 M 值，我們通常希望可以設計出一個「最佳的」濾波器。當然，在尚未給定近似的評判標準之前，討論這個課題是毫無意義的。舉例來說，在加窗設計法中，從傅立葉級數的理論我們可知對於一個給定 M 值，對一個想要的頻率響應，長方形窗提供最佳的均方（mean-square）近似。也就是說，

$$h[n]=\begin{cases} h_d[n], & 0\le n\le M, \\ 0, & \text{其他} \end{cases} \tag{7.85}$$

可以最小化以下的表示式

$$\varepsilon^2=\frac{1}{2\pi}\int_{-\pi}^{\pi}|H_d(e^{j\omega})-H(e^{j\omega})|^2\,d\omega \tag{7.86}$$

（請參見習題 7.25）。然而，正如我們所看到的，這個近似準則會導致在 $H_d(e^{j\omega})$ 的不連續點有不良的特性。更進一步的說，加窗法並不允許我們對不同頻帶的近似誤差做個別的控制。在許多的應用中，較好的濾波器來自於使用一個最小化最大（minimax）策略（最小化最大的誤差）或是一個頻率權重（frequency-weighted）誤差準則。這種設計可以使用演算法的技巧來達成。

如同前一個範例所示，藉由加窗法來設計出的頻率選擇濾波器通常會有如下的特質:近似誤差會在理想頻率響應其不連續點的兩邊最大，而在遠離不連續點的頻率上近似誤差會變小。更進一步的說，如圖 7.31 所暗示的，這樣的濾波器通常會在通帶和滯帶中有大約相同的誤差（舉例來說，請參見圖 7.34(c) 和圖 7.35(c)）。從 IIR 濾波器的設計經驗，我們已經看到假若近似誤差在全部的頻帶中是均勻散佈的，而且假若通帶和滯帶漣波是分開來調整的，則對於一個給定的設計規格，比起那些只在某一個頻率點上滿足規格而在大部分其它的頻率點上均遠遠超過規格的設計，我們可以用一個較低階的濾波器來滿足它。這個針對 FIR 系統之直覺的想法會在稍後的一個定理中被證實。

在以下的討論中，我們考慮一個特別有效且被廣泛使用的演算法程序來設計一個具廣義線性相位的 FIR 濾波器。雖然我們僅詳細地考慮型 I 濾波器的設計，但是我們仍會指出如何把所得結果套用來設計型 II、型 III、和型 IV 之廣義線性相位的濾波器。

在設計一個因果的型 I 線性相位 FIR 濾波器時，通常我們可以先考慮設計一個零相位的濾波器，也就是說，先設計一個有如下性質的濾波器

$$h_e[n] = h_e[-n], \tag{7.87}$$

然後再加入一個適當的延遲使之變成具因果性。因此，我們考慮滿足 (7.87) 式條件的 $h_e[n]$。其對應的頻率響應爲

$$A_e(e^{j\omega}) = \sum_{n=-L}^{L} h_e[n]e^{-j\omega n}, \tag{7.88}$$

其中 $L = M/2$ 爲一個整數，或者，因爲 (7.87) 式的原故，

$$A_e(e^{j\omega}) = h_e[0] + \sum_{n=1}^{L} 2h_e[n]\cos(\omega n) \tag{7.89}$$

請注意 $A_e(e^{j\omega})$ 是一個實數偶函數，也是 ω 的週期性函數。只要把它延遲 $L = M/2$ 個樣本，我們就可以從 $h_e[n]$ 得到一個因果系統。所得的系統其脈衝響應爲

$$h[n] = h_e[n - M/2] = h[M - n] \tag{7.90}$$

且其頻率響應爲

$$H(e^{j\omega}) = A_e(e^{j\omega})e^{-j\omega M/2} \tag{7.91}$$

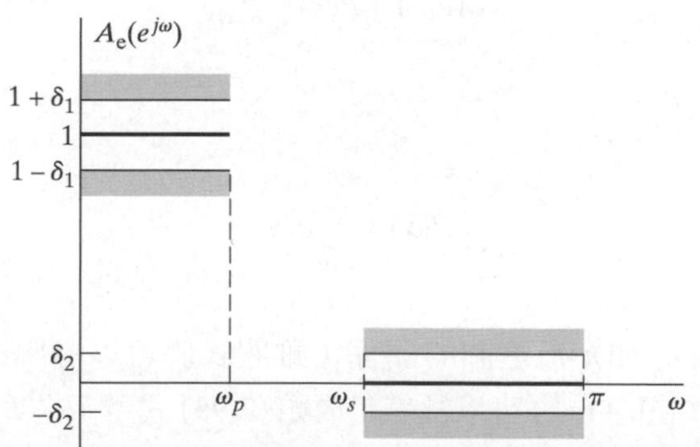

圖 7.40 低通濾波器的容忍圖和理想響應

圖 7.40 就是我們要拿一個如 $A_e(e^{j\omega})$ 的實數函數來近似一個低通濾波器的一個誤差容忍圖。在頻帶 $0 \le |\omega| \le \omega_p$ 中，我們要近似 1，而最大的誤差絕對值是 δ_1，而在頻帶 $\omega_s \le |\omega| \le \pi$ 中，我們要近似零，而最大的誤差絕對值是 δ_2。用一個演算法的技巧來設計一個濾波器，我們必須有效和有系統的改變這 $(L + 1)$ 個不受限制的脈衝響應值 $h_e[n]$，$0 \le n \le L$，來使系統響應滿足給定的規格。有一些設計演算法已經被發展出來，我們可

以把參數 L、δ_1、δ_2、ω_p，和 ω_s 的其中一些固定，再經過一個迭代的程序以獲得剩下未固定參數的最佳調整值。兩個不同的方法已經被發展出來。Herrmann (1970)，Herrmann 和 Schüssler (1970a)，以及 Hofstetter，Oppenheim 和 Siegel (1971) 所發展的方法是把 L、δ_1、和 δ_2 固定，而 ω_p 和 ω_s 是兩個可調整的變數。Parks 和 McClellan (1972a, 1972b)，McClellan 和 Parks (1973)，和 Rabiner (1972a, 1972b) 所發展出來的方法則是 L、ω_p、ω_s，和 δ_1/δ_2 的比例值是固定的，而 δ_1（或是 δ_2）是可調整的變數。在那段時期，有一些不同的方法被發展出來，最後帕克斯－麥克連演算法變成是 FIR 濾波器其最佳設計的最主要的方法。這是因爲它最具融通性，而且在運算上最具效率。因此，在這裡我們將僅會討論帕克斯－麥克連演算法。

帕克斯－麥克連演算法的基本精神是把一個濾波器設計的問題轉換成是一個多項式近似的問題。明確地說，(7.89) 式中的 $\cos(\omega n)$ 可以表示成爲 $\cos\omega$ 的一個多項式

$$\cos(\omega n) = T_n(\cos\omega), \tag{7.92}$$

其中 $T_n(x)$ 是一個 n 階多項式[⑤]。因此，(7.89) 式可以改寫成爲 $\cos\omega$ 的 L 階多項式，即，

$$A_e(e^{j\omega}) = \sum_{k=0}^{L} a_k(\cos\omega)^k, \tag{7.93}$$

其中 a_k 是常數，它們和脈衝響應值 $h_e[n]$ 有關。把 $x = \cos\omega$ 代入，我們可以把 (7.93) 式表示成

$$A_e(e^{j\omega}) = P(x)\,|_{x=\cos\omega}, \tag{7.94}$$

其中 $P(x)$ 是 L 階多項式

$$P(x) = \sum_{k=0}^{L} a_k x^k \tag{7.95}$$

我們並不需要知道在 a_k 和 $h_e[n]$ 之間的關係（雖然我們可以導出在它們之間的一個公式）；對我們而言，知道 $A_e(e^{j\omega})$ 可以被表示成如 (7.93) 式所示之 L 階三角多項式，就足夠了。

獲得控制的關鍵在於把 ω_p 和 ω_s 固定在它們想要的值上，並讓 δ_1 和 δ_2 變化。Parks 和 McClellan (1972a, 1972b) 曾證明只要 L，ω_p，和 ω_s 固定，頻率選擇濾波器設計問題會

---

⑤ 更為明確地說，$T_n(x)$ 是 n 階柴比雪夫多項式，定義成 $T_n(x) = \cos(n\cos^{-1}x)$。

變成一個在不相交集合（disjoint sets）中的柴比雪夫近似問題，這是一個在近似理論（approximation theory）中重要的問題，對該問題已經有一些有用的定理和方法被發展出來（請參見 Cheney, 1982）。爲了要使這個近似問題形式化，讓我們定義一個近似誤差函數爲

$$E(\omega) = W(\omega)[H_d(e^{j\omega}) - A_e(e^{j\omega})], \tag{7.96}$$

其中權重函數 $W(\omega)$ 和近似誤差參數一起被併入到設計程序中。在這個設計方法中，誤差函數 $E(\omega)$，權重函數 $W(\omega)$，和理想的頻率響應 $H_d(e^{j\omega})$ 均只定義在 $0 \le \omega \le \pi$ 的封閉子區間中。舉例來說，欲近似一個低通濾波器，這些函數被定義在 $0 \le \omega \le \omega_p$ 和 $\omega_s \le \omega \le \pi$ 中。近似函數 $A_e(e^{j\omega})$ 在過渡帶區域中（舉例來說，$\omega_p \le \omega \le \omega_s$）並不受到任何限制，爲了要達到在其他的子區間中所要的響應，過渡帶中的響應可以是任何形狀的。

舉例來說，假設我們希望獲得如圖 7.40 的一個近似，其中 L、ω_p，和 ω_s 是固定的設計參數。在這個情況中，

$$H_d(e^{j\omega}) = \begin{cases} 1, & 0 \le \omega \le \omega_p, \\ 0, & \omega_s \le \omega \le \pi \end{cases} \tag{7.97}$$

權重函數 $W(\omega)$ 讓我們可以在不同近似區間的近似誤差上放上不同的權重。就此一低通濾波器的近似問題而言，權重函數爲

$$W(\omega) = \begin{cases} \dfrac{1}{K}, & 0 \le \omega \le \omega_p, \\ 1, & \omega \le \omega \le \pi, \end{cases} \tag{7.98}$$

其中 $K = \delta_1 / \delta_2$。假若 $A_e(e^{j\omega})$ 爲如圖 7.41 所示，則 (7.96) 式中所定義的權重近似誤差 $E(\omega)$ 會如圖 7.42 所示。請注意使用這個權重，在兩個頻帶中最大的權重近似誤差絕對值是 $\delta = \delta_2$。

在這個設計程序中所使用的特殊準則是所謂的最小化最大或柴比雪夫準則，其中，在所有我們感興趣的頻率區間中（對一個低通濾波器而言就是通帶和滯帶），我們要尋找一個頻率響應 $A_e(e^{j\omega})$，使得 (7.96) 式的權重近似誤差其**最大值**可以**最小化**。說得更簡潔一些，最佳的近似就是用以下的意義（sense）來尋找

$$\min_{\{h_e[n]:0\le n\le L\}} \left(\max_{\omega\in F} |E(\omega)| \right),$$

其中 F 是 $0 \le \omega \le \pi$ 的封閉子集合，像是 $0 \le \omega \le \omega_p$ 或 $\omega_s \le \omega \le \pi$。因此，我們要尋找一組脈衝響應值使得圖 7.42 的 δ 可以最小化。

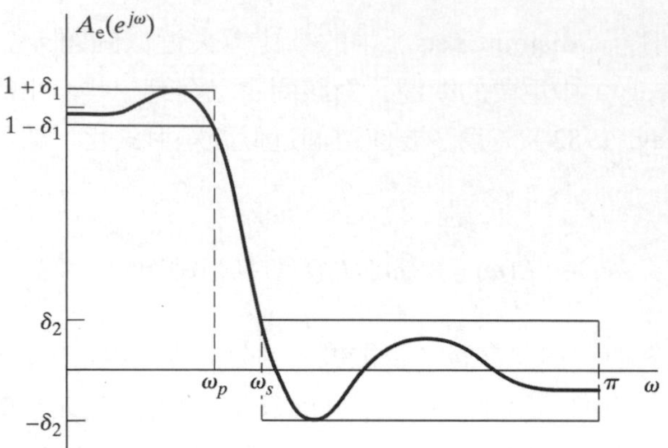

圖 7.41 滿足圖 7.40 所示規格之典型的頻率響應

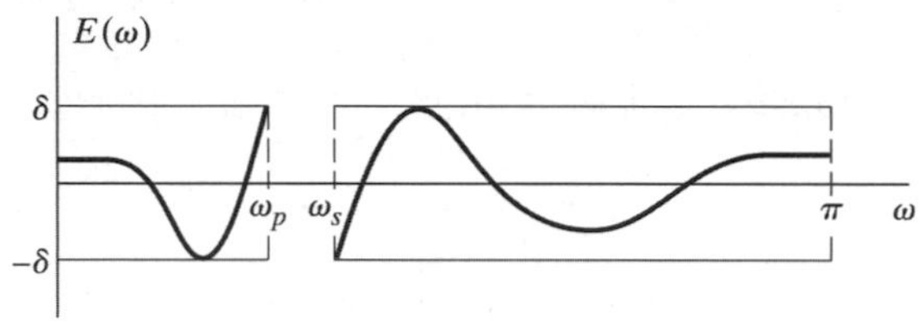

圖 7.42 圖 7.41 的權重近似誤差

Parks 和 McClellan (1972a, 1972b) 運用以下這一個近似理論的定理來解決濾波器的設計問題。

> **交替定理（Alternation Theorem）**：令 F_P 表示是由在實數軸 x 上之一些封閉子集合所構成的不相交聯集（disjoint union）。而且，
>
> $$P(x)=\sum_{k=0}^{r}a_k x^k$$
>
> 是一個 r 階多項式，$D_P(x)$ 表示一個給定之理想函數，它在 F_P 上連續；$W_P(x)$ 是一個正的函數，它在 F_P 上連續，而
>
> $$E_P(x)=W_P(x)[D_P(x)-P(x)]$$
>
> 是權重誤差。最大的誤差定義為
>
> $$\| E \| = \max_{x\in F_P} | E_P(x) |$$
>
> $P(x)$ 是唯一一個 r 階多項式使得 $\| E \|$ 最小化的充分和必要條件為 $E_P(x)$ 最少有 $(r+2)$ 個交替；也就是說，在 F_P 中 $E_P(x)$ **最少**必須要有 $(r+2)$ 個 x_i 值使得 $x_1<x_2<\cdots<x_{r+2}$ 而且 $E_P(x_i)=-E_P(x_{i+1})=\pm\| E \|$，$i=1,2,\cdots,(r+1)$。

剛看這個定理，我們似乎很難把它和濾波器設計問題扯上關係。然而，在之後的討論中，我們將會發覺這個定理的每一個細節均是發展出設計演算法的重要關鍵。爲了要幫助讀者了解交替定理，在 7.7.1 節中我們將會特別地把它解讀成是一個型 I 低通濾波器的設計。然而，在我們把交替定理套用到濾波器設計問題之前，我們先在範例 7.8 中說明該定理是如何可以被套用至多項式上。

範例 7.8 交替定理和多項式

對一個給定的階數，一個多項式若要最小化最大的權重誤差，則該多項式必須滿足交替定理所提出的充分和必要條件。為了要說明這個定理是如何被應用的，假設我們希望多項式 $P(x)$在 $-1 \le x \le -0.1$ 中近似一，而在 $0.1 \le x \le 1$ 中近似零。請考慮三種如此的多項式，展示在圖 7.43 中。這些多項式的每一個都是 5 階多項式，而我們想要決定三者中的哪一個，假若有的話，會滿足交替定理。在定理中要用到之實數軸 x 上的封閉子集合為 $-1 \le x \le -0.1$ 和 $0.1 \le x \le 1$。在這兩個區域中的誤差權重是一樣的，也就是說，$W_p(x)=1$。一開始，讀者可以小心的為每一個多項式繪出其近似誤差函數，如圖 7.43 中所示。這樣子做滿有用的。

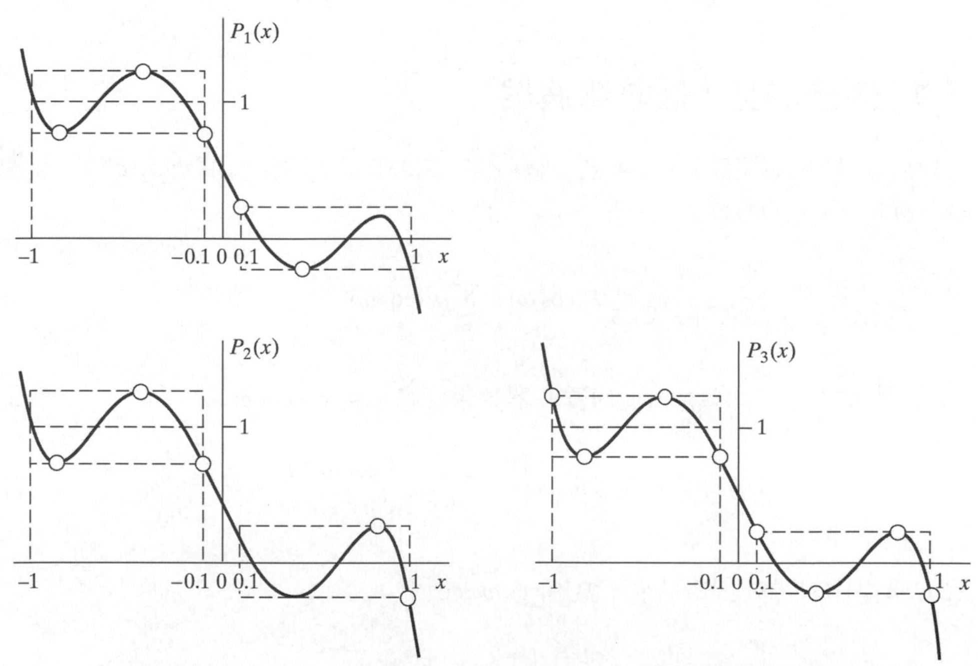

圖 7.43 範例 7.8 的 5 階多項式。我們有用「。」指出交替所在

根據交替定理，最佳的 5 階多項式其近似誤差必須要在封閉子集合 F_P 對應的區域中呈現出**最少** 7 個交替。$P_1(x)$ 僅有 5 個交替，它在 $-1 \le x \le -0.1$ 中有 3 個，而在 $0.1 \le x \le 1$ 中有兩個。多項式在 F_P 中達到最大近似誤差 $\| E \|$ 的 x 點稱為極值點(extremal points)（或簡單的叫做極值）。所有的交替發生在極值上，但並不是所有極值點都是交替，

我們將會看到這種例子。舉例來說，靠近 $x = 1$ 的那個零斜率點並沒有觸碰到虛線，該點是一個局部極大值點，但是它不是一個交替，因為其對應的誤差函數並沒有到達負的極值[6]。交替定理指出相鄰的交替必須要有正負交替的符號，所以在 $x = 1$ 極值也不是一個交替，因為前一個交替（就是在 $0.1 \leq x \leq 1$ 中第一個零斜率點上的那一個）是一個正的極值。在圖 7.43 中我們用符號「。」指出交替的位置。

$P_2(x)$ 也是僅有 5 個交替，因此也不是最佳的。明確地說，$P_2(x)$ 在 $-1 \leq x \leq -0.1$ 中有 3 個交替，但是再次地，在 $0.1 \leq x \leq 1$ 中它僅有兩個交替。問題出在 $x = 0.1$ 處並不是一個負的極值。該點的前一個交替是在 $x = -0.1$ 處，它是一個正的極值，所以我們需要一個負的極值來當作下一個交替。在 $0.1 \leq x \leq 1$ 中的第一個零斜率點也不能算是，因為它是一個正的極值，就像在 $x = -0.1$ 處的一樣是正的極值，並沒有呈現交替的符號。我們可以算入在這個區域中的第二個零斜率點和 $x = 1$ 處，所以在 $0.1 \leq x \leq 1$ 中給出了兩個交替，兩區域總共有 5 個交替。

$P_3(x)$ 有 8 個交替；所有的零斜率點都是，$x = -1$、$x = -0.1$、$x = 0.1$、和 $x = 1$ 也都是。因為交替定理指出最少要有 7 個交替，故 8 個交替滿足交替定理要求，$P_3(x)$ 是這個區域唯一一個最佳的 5 階多項式近似。

7.7.1 最佳的型 I 低通濾波器

對於型 I 濾波器而言，多項式 $P(x)$是如 (7.93) 式的餘弦多項式 $A_e(e^{j\omega})$，把變數做 $x = \cos\omega$ 和 $r = L$ 的轉換：

$$P(\cos\omega) = \sum_{k=0}^{L} a_k (\cos\omega)^k \tag{7.99}$$

$D_P(x)$ 是如 (7.97) 式的理想的低通濾波器頻率響應，且 $x = \cos\omega$：

$$D_P(\cos\omega) = \begin{cases} 1, & \cos\omega_p \leq \cos\omega \leq 1, \\ 0, & -1 \leq \cos\omega \leq \cos\omega_s \end{cases} \tag{7.100}$$

$W_P(\cos\omega)$ 是由 (7.98) 式所給定，但用 $\cos\omega$ 來改寫：

$$W_P(\cos\omega) = \begin{cases} \dfrac{1}{K}, & \cos\omega_P \leq \cos\omega \leq 1, \\ 1, & -1 \leq \cos\omega \leq \cos\omega_s \end{cases} \tag{7.101}$$

---

[6] 在這個討論中，我們提及誤差函數的正的和負的極值。因為多項式被減去一個常數以形成誤差，極值點會落在圖 7.43 中多項式的曲線上，但是符號剛好和在理想常數值上下震盪的方向相反。

而權重近似誤差為

$$E_P(\cos\omega) = W_P(\cos\omega)[D_P(\cos\omega) - P(\cos\omega)] \tag{7.102}$$

封閉子集合 F_P 是兩個子區間 $0 \le \omega \le \omega_p$ 和 $\omega_s \le \omega \le \pi$ 的聯集，使用 $\cos\omega$ 來表示的話，其對應的區間會變成 $\cos\omega_p \le \cos\omega \le 1$ 和 $-1 \le \cos\omega \le \cos\omega_s$ 。交替定理則陳述了以下的事實：假若 δ_1/δ_2 的比例值固定在 K ，通帶和滯帶邊緣分別為 ω_p 和 ω_s ，(7.99) 式中的一組係數 a_k 將會是對理想低通濾波器的唯一最佳近似，若且唯若 $E_P(\cos\omega)$ 在 F_P 上最少有 $(L+2)$ 個交替，也就是說，若且唯若 $E_P(\cos\omega)$ 在具相同大小的正負極值上最少交替 $(L+2)$ 次。在先前橢圓 IIR 濾波器近似的情況中，我們就看過這種**等漣波**的近似（equiripple approximations）情況了。

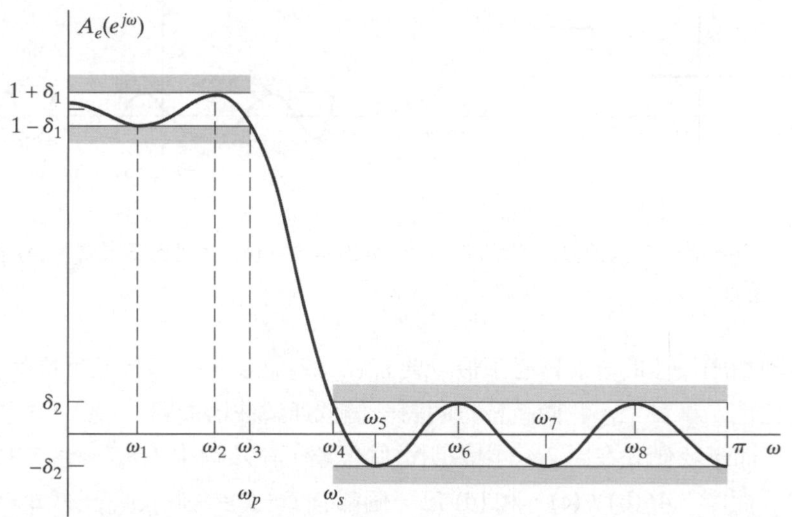

圖 7.44 低通濾波器近似的一個典型的範例，根據交替定理且 $L=7$，我們知道它是一個最佳解

圖 7.44 展示出一個濾波器的頻率響應，根據交替定理且 $L = 7$，我們知道它是最佳解。在這個圖中， $A_e(e^{j\omega})$ 的橫軸是 ω 。為了要正式地驗證交替定理，我們首先要重畫 $A_e(e^{j\omega})$ 成為 $x=\cos\omega$ 的一個函數。更進一步的說，我們希望明白地檢視 $E_P(x)$ 的交替。因此，在圖 7.45(a)、(b)，和 (c) 中，我們分別展示 $P(x)$，$W_P(x)$，和 $E_P(x)$，都是 $x=\cos\omega$ 的函數。在這個範例中，$L=7$，我們看到誤差共有 9 個交替。因此，交替定理是滿足的。一個重點是，在計算交替中，我們也算入 $\cos\omega_p$ 和 $\cos\omega_s$ 這兩點，因為根據交替定理，在 F_P 中的子集合（或子區間）是封閉的，也就是說，區間端點也要算入。雖然這看起來好像只是一個小的爭論點而已，事實上這點非常的重要，我們將會在之後看到。

比較圖 7.44 和 7.45，我們知道當想要的濾波器是一個低通濾波器時（或是任何具分段常數的濾波器），我們可以容易地藉由直接檢視頻率響應來計算交替數，但是請記住在通帶和滯帶中最大的誤差是不同的（有一個比例值 $K=\delta_1/\delta_2$ ）。

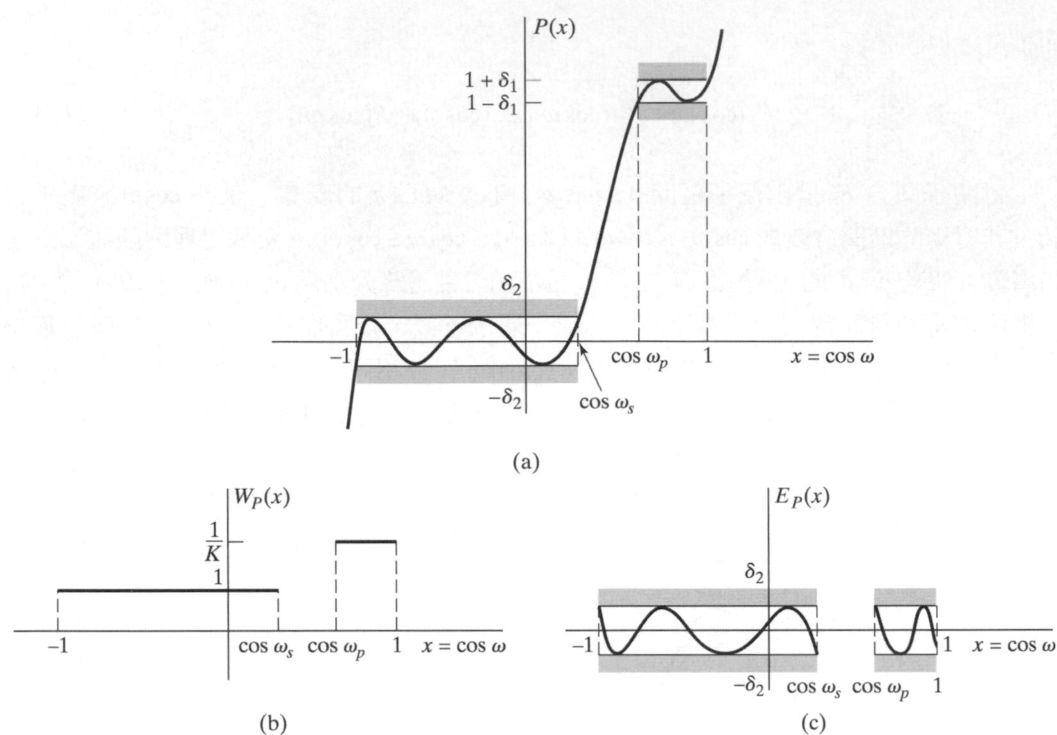

圖 7.45 等價的多項式近似函數，表示成 $x=\cos\omega$ 的函數。(a) 近似的多項式。(b) 權重函數。(c) 近似誤差

交替定理指出最佳的濾波器必須最少要有 $(L+2)$ 個交替，但是並不排除多於 $(L+2)$ 個交替的可能性。事實上，我們將會證明對一個低通濾波器而言，最大可能的交替數目是 $(L+3)$。然而，我們先在圖 7.46 中說明這個現象，在該圖中 $L=7$。圖 7.46(a)有 $L+3=10$ 個交替，而圖 7.46(b)、(c)，和 (d) 每一個都有 $L+2=9$ 個交替。有 $L+3$ 個交替的情況（圖 7.46a）通常叫做**超漣波**（extraripple）情況。請注意在超漣波濾波器的情況中，在 $\omega=0$、$\omega=\pi$、$\omega=\omega_p$、和 $\omega=\omega_s$ 的點上都有交替，也就是說，在所有的頻帶邊緣上都有交替。對於圖 7.46(b) 和 (c)，再次地在 $\omega=\omega_p$ 和 $\omega=\omega_s$ 的點上有交替，但是在 $\omega=0$ 和 $\omega=\pi$ 上並不是都有交替。在圖 7.46(d) 中，在 $\omega=0$、$\omega=\pi$、$\omega=\omega_p$、和 $\omega=\omega_s$ 的點上都有交替，但是在滯帶中少一個零斜率點。我們也觀察出在所有的這些情況中在通帶和滯帶中均有等漣波；也就是說，在頻率區間 $0<\omega<\pi$ 中所有的零斜率點都是權重誤差大小是極大之處。最後，因爲圖 7.46 中所有的濾波器均滿足 $L=7$ 的交替定理，而且都是針對相同的 $K=\delta_1/\delta_2$ 值，我們知道這四種狀況的 ω_p 和 ω_s 一定都不一樣，因爲交替定理指出滿足定理條件的最佳的濾波器是唯一的。

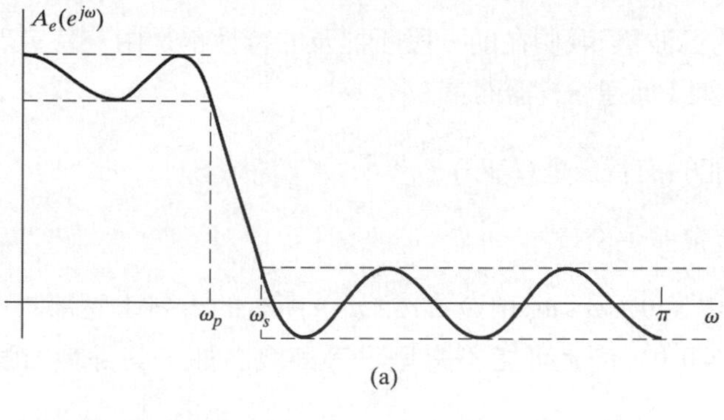

(a)

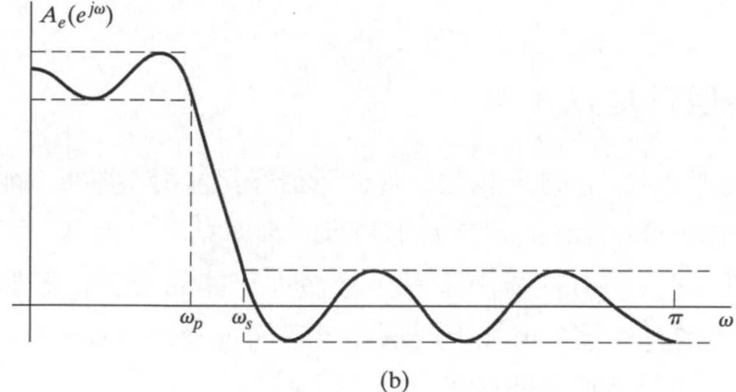

(b)

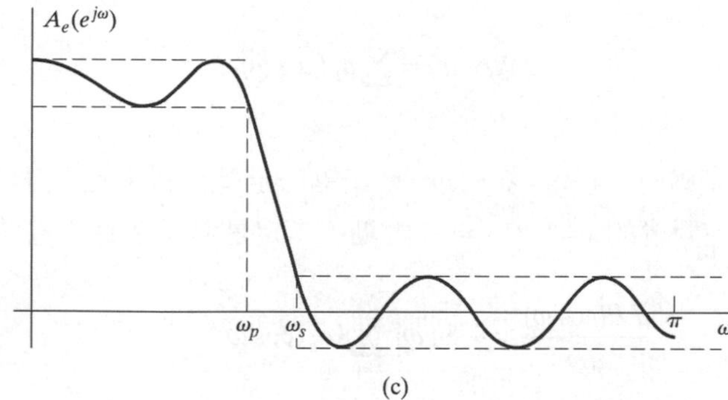

(c)

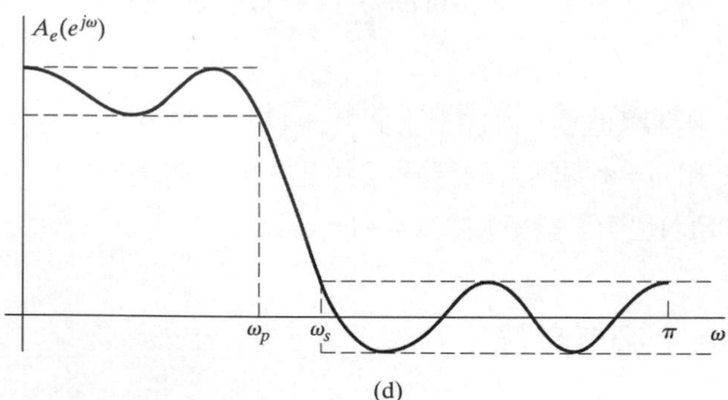

(d)

圖 7.46 在 $L = 7$ 時，所有可能的最佳低通濾波器近似。(a) $L + 3$ 個交替（超漣波情況）。(b) $L + 2$ 個交替（在 $\omega = \pi$ 處有極值）。(c) $L + 2$ 個交替（在 $\omega = 0$ 處有極值）。(d) $L + 2$ 個交替（在 $\omega = \pi$ 和 $\omega = 0$ 處都有極值）

對於圖 7.46 的濾波器，我們在前一段所提及的特性都是由交替定理而得。明確地說，我們將會證明對於型 I 低通濾波器而言：

- 誤差之最大可能的交替數是 $(L+3)$。
- ω_p 和 ω_s 將一定會發生交替。
- 在通帶和滯帶中（$0 \le \omega \le \omega_p$ 和 $\omega_s \le \omega \le \pi$）所有的零斜率點都將會有交替；也就是說，除了在 $\omega = 0$ 和 $\omega = \pi$ 可能不會呈現等漣波之外，其餘地方濾波器將會呈現等漣波。

最大可能的交替數目是 $(L + 3)$

參考圖 7.44 或圖 7.46，它暗示我們交替位置最多可能發生在四個頻帶邊緣（$\omega = 0$、$\omega = \pi$、$\omega = \omega_p$、和 $\omega = \omega_s$）和 $A_e(e^{j\omega})$ 有零斜率的頻率點上。因爲一個 L 階多項式在一個開區間中最多可以有 $(L-1)$ 個零斜率點，故最大可能的交替位置數目爲該多項式之 $(L-1)$ 個局部極大値或極小値，再加上四個頻帶邊緣，總共有 $(L+3)$ 個。在考慮三角多項式的零斜率點時，値得注意的是當那三角多項式

$$P(\cos\omega) = \sum_{k=0}^{L} a_k (\cos\omega)^k, \tag{7.103}$$

考慮成爲一個 ω 的函數時，在 $\omega = 0$ 和 $\omega = \pi$ 兩點一定是零斜率點，雖然當 $P(x)$ 考慮成爲一個 x 的函數時，在對應的 $x = 1$ 和 $x = -1$ 兩點不一定是零斜率點。這是因爲

$$\begin{aligned} \frac{d\,P(\cos\omega)}{d\omega} &= -\sin\omega\left(\sum_{k=0}^{L} k a_k (\cos\omega)^{k-1}\right) \\ &= -\sin\omega\left(\sum_{k=0}^{L-1} (k+1) a_{k+1} (\cos\omega)^k\right), \end{aligned} \tag{7.104}$$

它在 $\omega = 0$ 和 $\omega = \pi$ 兩點總是零，再加上上式此一 $(L-1)$ 階多項式的 $(L-1)$ 個根也會使得上式爲零。在 $\omega = 0$ 和 $\omega = \pi$ 兩點上的行爲可由圖 7.46 中明顯的看出。在圖 7.46(d) 中，它恰巧使得多項式 $P(x)$ 也有零斜率點在 $x = -1 = \cos\pi$。

在 $\omega = \omega_p$ 和 $\omega = \omega_s$ 上必有交替

在圖 7.46 中所有的頻率響應，$A_e(e^{j\omega})$ 在通帶邊緣 ω_p 上剛好等於 $1-\delta_1$，而在滯帶邊緣 ω_s 上 $A_e(e^{j\omega})$ 剛好等於 δ_2。爲了要說明爲什麼一定會有這種情況，讓我們考慮在圖 7.46(a) 中的濾波器，我們把 ω_p 減少，但多項式不變，可得圖 7.47 的情況。請問圖 7.47 的情況也是最佳的嗎？使權重誤差的大小會有最大値的頻率點爲 $\omega = 0$、ω_1、ω_2、ω_s、

ω_3、ω_4、ω_5、ω_6和$\omega=\pi$，總共有$(L+2)=9$個。然而，上述的頻率點並不是完全交替的，因爲，在交替定理中，在這些頻率點上誤差必須要在$\delta=\pm\|E\|$之間**交替**。因此，因爲在ω_2和ω_s上誤差都是負的，故在交替定理中能算數的頻率爲$\omega=0$、ω_1、ω_2、ω_3、ω_4、ω_5、ω_6和$\omega=\pi$，總共有 8 個。但因爲$(L+2)=9$，故交替定理的條件不被滿足，故圖 7.47 的頻率響應以所示的ω_p和ω_s來說，不是最佳的。換句話說，移走ω_p此一交替頻率會連帶地總共移走兩個交替點。因爲最大的交替數目是$(L+3)$，這樣會導致最多只剩下$(L+1)$個，它不是一個充分的數目。假若我們移走ω_s此一交替頻率的話，會有一個一模一樣的論述。一個類似的論述也可以針對高通濾波器建構出來，但是對於帶通或多頻帶濾波器而言，就未必是如此的狀況（請參見習題 7.63）。

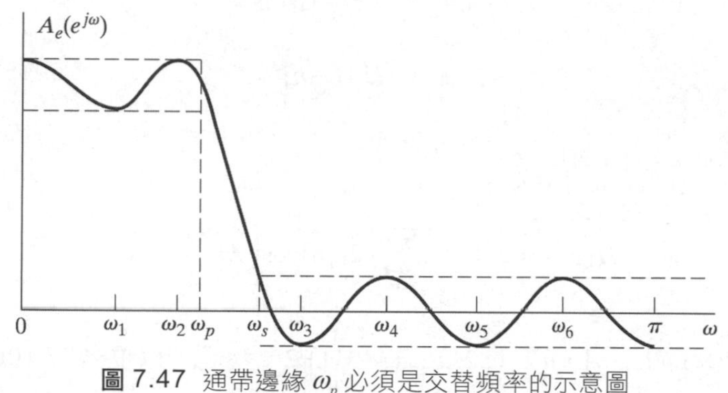

圖 7.47　通帶邊緣ω_p必須是交替頻率的示意圖

濾波器將會有等漣波特性，除了可能在$\omega=0$或$\omega=\pi$不會有之外

在這裡所提出的論述非常類似於之前我們使用來說明在$\omega=\omega_p$和$\omega=\omega_s$上必有交替的論述。假設，舉例來說，在圖 7.46(a) 中的濾波器被修改成如圖 7.48 所示，有一個零斜率點並沒有達到最大的誤差。雖然最大的誤差發生在 9 個頻率點上，但是其中僅有 8 個可以被計數成是交替。因此，把一個有最大誤差的漣波點消去會減少兩個交替數目，而使最大可能的數目剩下$(L+1)$。

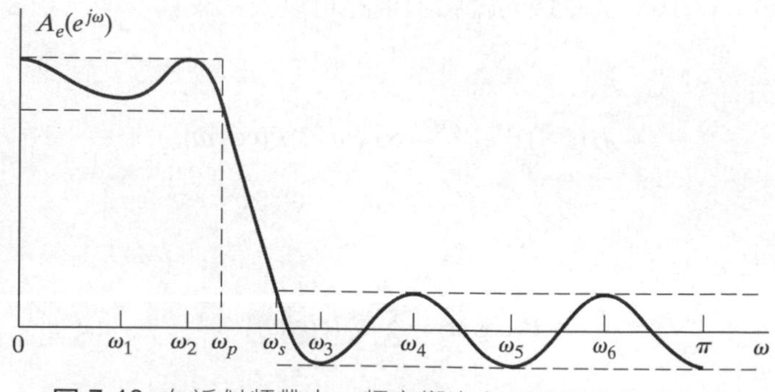

圖 7.48　在近似頻帶中，頻率響應必須等漣波的示意圖

以上，我們僅討論一些可從交替定理推斷出的特性，但事實上還有許多其它的特性。其中一些討論在 Rabiner 和 Gold (1975) 中。更進一步的說，我們只有考慮型 I 低通濾波器。但是，若要更為廣泛和詳盡的討論型 II、III、和 IV 濾波器，或討論更為一般化的理想頻率響應濾波器設計，已超過這本書的範圍了，接下來，我們簡要地考慮型 II 低通濾波器，並用它來進一步地強調交替定理的一些重要觀點。

7.7.2 最佳的型 II 低通濾波器

一個型 II 的因果濾波器有以下特性：在 $0 \le n \le M$ 範圍之外的 $h[n]=0$，濾波器的長度 $(M+1)$ 為偶數，也就是說，M 是奇數，且其對稱性質為

$$h[n]=h[M-n] \tag{7.105}$$

因此，其頻率響應 $H(e^{j\omega})$ 可以寫成

$$H(e^{j\omega})=e^{-j\omega M/2}\sum_{n=0}^{(M-1)/2} 2h[n]\cos\left[\omega\left(\frac{M}{2}-n\right)\right] \tag{7.106}$$

令 $b[n]=2h[(M+1)/2-n]$，$n=1, 2, \ldots, (M+1)/2$，我們可以重寫 (7.106) 式成為

$$H(e^{j\omega})=e^{-j\omega M/2}\left\{\sum_{n=1}^{(M+1)/2} b[n]\cos\left[\omega\left(n-\frac{1}{2}\right)\right]\right\} \tag{7.107}$$

為了要把交替定理套用到型 II 濾波器的設計，我們必須要能夠把這個問題視為是一個多項式近似問題。為了達此目的，我們把 (7.107) 式中的總和項表示成

$$\sum_{n=1}^{(M+1)/2} b[n]\cos\left[\omega\left(n-\frac{1}{2}\right)\right]=\cos(\omega/2)\left[\sum_{n=0}^{(M-1)/2}\tilde{b}[n]\cos(\omega n)\right] \tag{7.108}$$

（請參見習題 7.58）(7.108) 式右邊的總和項現在可以表示成為一個三角多項式 $P(\cos\omega)$，所以

$$H(e^{j\omega})=e^{-j\omega M/2}\cos(\omega/2)P(\cos\omega), \tag{7.109a}$$

其中

$$P(\cos\omega)=\sum_{k=0}^{L}a_k(\cos\omega)^k \tag{7.109b}$$

且 $L=(M-1)/2$。在 (7.109b) 式中的係數 a_k 和在 (7.108) 式中的係數 $\tilde{b}[n]$ 有關，而接下來又和在 (7.107) 式中的係數 $b[n]=2h[(M+1)/2-n]$ 有關。正如同在型 I 的情況中，我們不需要推導出在脈衝響應和 a_k 之間的明顯的關係式。我們現在可以把交替定理套用到在 $P(\cos\omega)$ 和理想頻率響應之間的權重誤差。對於一個型 I 低通濾波器，其通帶漣波和滯帶漣波的比例值爲 K，其理想函數是由 (7.97) 式所給定，誤差的權重函數是由 (7.98) 式所給定。對於型 II 低通濾波器而言，因爲在 (7.109a) 式中多出 $\cos(\omega/2)$ 這個因子，所以多項式 $P(\cos\omega)$ 要近似的函數被定義成

$$H_d(e^{j\omega})=D_P(\cos\omega)=\begin{cases}\dfrac{1}{\cos(\omega/2)}, & 0\le\omega\le\omega_p,\\ 0, & \omega_s\le\omega\le\pi,\end{cases} \tag{7.110}$$

而其誤差權重函數爲

$$W(\omega)=W_P(\cos\omega)=\begin{cases}\dfrac{\cos(\omega/2)}{K}, & 0\le\omega\le\omega_p,\\ \cos(\omega/2), & \omega_s\le\omega\le\pi\end{cases} \tag{7.111}$$

因此，比起型 I 濾波器設計，型 II 濾波器設計只是一個不同的多項式近似問題而已。

在這節中，我們僅描述型 II 濾波器的設計，而且把重點放在強調在設計之前必須要把設計問題先轉換成一個多項式的近似問題。在設計型 III 和型 IV 線性相位 FIR 濾波器時，也會有類似的課題。明確地說，這兩類型的設計問題也都可以轉換成多項式的近似問題，但是在每一個類型中，套用至誤差的權重函數都有一種三角函數型式，正如同我們在處理型 II 濾波器時所導致的現象一般(請參見習題 7.58)。在 Rabiner 和 Gold (1975) 的論文中有對這些類型的濾波器設計和特性做一個詳盡的討論。

在本節中，我們所詳盡討論的型 I 和型 II 線性相位系統的設計問題都是針對低通濾波器而言。然而，從我們在討論型 II 系統的經驗可知，在選擇理想響應函數 $H_d(e^{j\omega})$ 和權重函數 $W(\omega)$ 時，存在有很大的彈性空間。舉例來說，我們可以使用理想函數來定義權重函數，如此一來我們就會設計出等漣波的相對誤差近似。這個方法在計型 III 和型 IV 微分器系統時特別的有用。

7.7.3 帕克斯－麥克連演算法

在誤差的柴比雪夫的準則下，交替定理提供了判定某一設計是否是最佳設計之必要和充分條件。雖然該定理並沒有明白地指出如何設計出最佳的濾波器，但是它的條件卻

提供了我們設計出一個有效率的濾波器設計演算法的基礎。雖然我們的討論都是針對型I低通濾波器來描述的，但是此一演算法可以容易地一般化來處理其它類型的設計。

從交替定理，我們知道最佳的濾波器 $A_e(e^{j\omega})$ 將會滿足下列的方程式組

$$W(\omega_i)[H_d(e^{j\omega_i})-A_e(e^{j\omega_i})]=(-1)^{i+1}\delta, \quad i=1,2,\ldots,(L+2), \tag{7.112}$$

其中 δ 是最佳的誤差值，$A_e(e^{j\omega})$ 是如 (7.89) 式或是如 (7.93) 式所給定。使用(7.93) 式的 $A_e(e^{j\omega})$，我們可以把這些方程式寫成

$$\begin{bmatrix} 1 & x_1 & x_1^2 & \cdots & x_1^L & \dfrac{1}{W(\omega_1)} \\ 1 & x_2 & x_2^2 & \cdots & x_2^L & \dfrac{-1}{W(\omega_2)} \\ \vdots & \vdots & \vdots & & \vdots & \vdots \\ 1 & x_{L+2} & x_{L+2}^2 & \cdots & x_{L+2}^L & \dfrac{(-1)^{L+1}}{W(\omega_{L+2})} \end{bmatrix} \begin{bmatrix} a_0 \\ a_1 \\ \vdots \\ \delta \end{bmatrix} = \begin{bmatrix} H_d(e^{j\omega_1}) \\ H_d(e^{j\omega_2}) \\ \vdots \\ H_d(e^{j\omega_{L+2}}) \end{bmatrix}, \tag{7.113}$$

其中 $x_i=\cos\omega_i$。這組方程式就是找出最佳 $A_e(e^{j\omega})$ 的迭代演算法的基礎。此程序是由猜測一組交替頻率開始，ω_i，$i=1,2,\cdots,(L+2)$。請注意 ω_p 和 ω_s 是固定的，而且基礎於我們在 7.7.1 節中的討論，它們兩必定是在交替頻率的集合中。明確地說，假若 $\omega_l=\omega_p$，則 $\omega_{l+1}=\omega_s$。(7.113) 中的方程式組可以解出係數組 a_k 和 δ。然而，另一種更爲有效率的方式是使用多項式內插運算。特別的是，Parks 和 McClellan (1972a, 1972b) 發現，對於一組給定的極值頻率，δ 能用下式求出

$$\delta=\frac{\sum_{k=1}^{L+2} b_k H_d(e^{j\omega_k})}{\sum_{k=1}^{L+2} \dfrac{b_k(-1)^{k+1}}{W(\omega_k)}}, \tag{7.114}$$

其中

$$b_k=\prod_{\substack{i=1\\ i\neq k}}^{L+2} \frac{1}{(x_k-x_i)} \tag{7.115}$$

而且，如同前面所述，$x_i=\cos\omega_i$。也就是說，假若 $A_e(e^{j\omega})$ 是由滿足 (7.113) 式的係數組 a_k 來決定的，δ 是由 (7.114) 式所給定，則誤差函數會在那 $(L+2)$ 個頻率點 ω_i 上通過 $\pm\delta$，或者，等價的說，假若 $0\le\omega\le\omega_p$，$A_e(e^{j\omega})$ 的值爲 $1\pm K\delta$；假若 $\omega_s\le\omega\le\pi$，$A_e(e^{j\omega})$ 的值爲 $\pm\delta$。現在，因爲 $A_e(e^{j\omega})$ 是一個 L 階的三角多項式，我們可以透過 $(L+2)$ 個已知

的 $E(\omega_i)$（或等價地說，$A_e(e^{j\omega_i})$）中的 $(L+1)$ 個值來內插一個三角多項式。帕克斯和麥克連使用 Lagrange 內插運算公式而得到

$$A_e(e^{j\omega}) = P(\cos\omega) = \frac{\sum_{k=1}^{L+1}[d_k/(x-x_k)]C_k}{\sum_{k=1}^{L+1}[d_k/(x-x_k)]}, \tag{7.116a}$$

其中 $x=\cos\omega$，$x_i=\cos\omega_i$，

$$C_k = H_d(e^{j\omega_k}) - \frac{(-1)^{k+1}\delta}{W(\omega_k)}, \tag{7.116b}$$

而且

$$d_k = \prod_{\substack{i=1\\ i\neq k}}^{L+1} \frac{1}{(x_k - x_i)} = b_k(x_k - x_{L+2}) \tag{7.116c}$$

雖然我們僅用頻率 ω_1、ω_2、…、ω_{L+1} 來套適（fitting）這個 L 階多項式，但是我們可以肯定的是這個多項式在 ω_{L+2} 該點有正確的值，因為 (7.113) 式被所得的 $A_e(e^{j\omega})$ 所滿足。

現在，不需要解出方程式組 (7.113) 式以求出係數 a_k，就可以得到 $A_e(e^{j\omega})$ 在任何想要的頻率點上的值。(7.116a) 式中的多項式可以被使用來估算 $A_e(e^{j\omega})$ 和 $E(\omega)$ 的值，我們可以在通帶和滯帶中做稠密取樣以獲得欲做估算的頻率點。假若在通帶和滯帶中所有的 ω 均有 $\|E(\omega)\|\le\delta$，則最佳的近似已經找到了。否則的話，我們必須要找一個組新的極值頻率點。

圖 7.49 展示出一個典型的型 I 低通濾波器範例，其最佳解尚未找到。很清楚地，那組用來找出 δ 的頻率 ω_i（在圖中用一小圓圈表示者）會使得 δ 太小。採用 Remez 互換法（Remez exchange method）的原理（請參見 Cheney, 2000），我們把極值頻率換成一組全新的集合，集合元素定義成是誤差曲線中 $(L+2)$ 個最大尖點的頻率。在該圖中，畫「×」的地方就是新的頻率點集合。和前述一樣，ω_p 和 ω_s 必須被選為是極值頻率。憶及在開區間 $0<\omega<\omega_p$ 和 $\omega_s<\omega<\pi$ 中最多有 $(L-1)$ 個局部極大值和極小值。剩下的極值頻率可能是在 $\omega=0$ 或 $\omega=\pi$ 處。假若在 $\omega=0$ 和 $\omega=\pi$ 處都是誤差函數的極大值，則我們把發生最大誤差的頻率當成是剩下極值頻率的新的估計。這個循環為 — 計算出 δ 值，在假設之誤差尖點上套適一個多項式，然後再找出真實的誤差尖峰位置 — 一直重複這個循環，直到連續兩個求出的 δ 其間的變化量小於一個預先設定的小值為止。這個 δ 值就會是想要的最小的最大權重近似誤差。

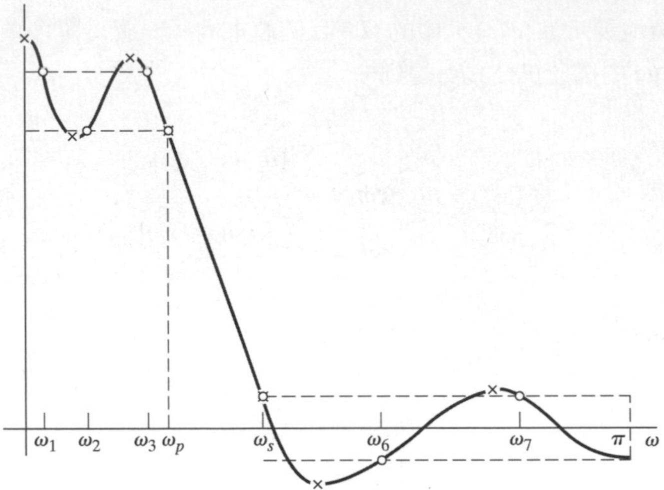

圖 7.49 用帕克斯－麥克連演算法來做等漣波近似的示意圖

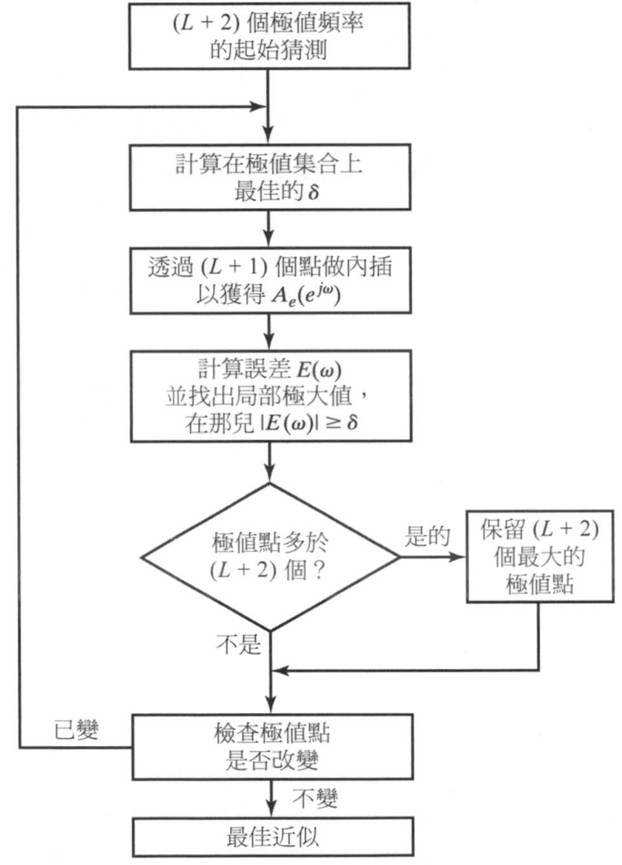

圖 7.50 帕克斯－麥克連演算法的流程圖

帕克斯－麥克連演算法的流程圖展示在圖 7.50 中。在這個演算法中，所有的脈衝響應值 $h_e[n]$ 在每一個迭代中均隱含地做變化以獲得想要的最佳的近似，但是 $h_e[n]$ 的值卻一直沒有被明顯地計算出來。在演算法已經收斂之後，脈衝響應可以從多項式的樣本再配合離散傅立葉轉換計算出來。離散傅立葉轉換將會在第 8 章討論。

7.7.4 最佳 FIR 濾波器的特徵

對於給定的通帶和滯帶邊緣頻率 ω_p 和 ω_s，最佳的低通 FIR 濾波器有最小的最大權重近似誤差 δ。對於 (7.98) 式的權重函數，所得的最大滯帶近似誤差是 $\delta_2 = \delta$，而最大的通帶近似誤差是 $\delta_1 = K\delta$。在圖 7.51 中，我們說明了 δ 是如何的根據濾波器的階數和通帶截止頻率的值來做變化。在這個範例中，$K = 1$，而過渡帶寬度是固定成是 $(\omega_s - \omega_p) = 0.2\pi$。從這些曲線我們可以看出當 ω_p 增加，誤差 δ 會達到局部極小值。在這些曲線上的局部的極小值對應到超漣波（$L+3$ 個極值）濾波器。所有在極小值之間的點對應到的濾波器都是滿足交替定理的最佳解。$M = 8$ 和 $M = 10$ 的濾波器是型 I 濾波器，而 $M = 9$ 和 $M = 11$ 則是對應到型 II 濾波器。有趣的是，請注意，對於某些參數的選擇，一個較短的濾波器（$M = 9$）可能會比一個較長的濾波器（$M = 10$）有更佳的響應（也就是說，它產生一個較小的誤差）。乍看之下，這好像是一個令人驚訝而且不合理的情形。然而，$M = 9$ 和 $M = 10$ 基本上代表了不同的類型的濾波器。用另一種方式來解釋，$M = 9$ 的濾波器不能視爲是 $M = 10$ 的特例，不能認爲只要把 $M = 10$ 濾波器的某個點設成零即可，因爲這樣子會破壞線性相位的對稱性需求。在另一方面，$M = 8$ 則可以視爲是 $M = 10$ 的一個特例，只要把第一個和最後一個樣本設定爲零即可。所以，$M = 8$ 其最佳的濾波器不可能比 $M = 10$ 其最佳的濾波器要來得好。這個限制可以從圖 7.51 看出，其中 $M = 8$ 的曲線總是高於或等於 $M = 10$ 的曲線。這兩條曲線會觸碰到的點對應到有相同的脈衝響應，也就是 $M = 10$ 的濾波器其第一個和最後一個點的值等於零。

Herrmann et al. (1973) 曾做過大量的運算來研究在進行等漣波低通近似時，在參數 M、δ_1、δ_2、ω_p、和 ω_s 之間的關係，Kaiser (1974) 則分析他們的資料而獲得一個簡化的公式如下

$$M = \frac{-10\log_{10}(\delta_1\delta_2) - 13}{2.324\Delta\omega}, \tag{7.117}$$

其中 $\Delta\omega = \omega_s - \omega_p$。比較 (7.117) 式和 (7.76) 式的凱瑟窗法設計公式，我們可以看到，在可以比較的情況下（$\delta_1 = \delta_2 = \delta$），對於一個給定的 M 值，最佳近似所產生的近似誤差會比凱瑟窗所產生的近似誤差少 5 dB。等漣波濾波器設計法的另外一個重要的優點 δ_1 和 δ_2 不一定要相同，但是在加窗法中 δ_1 和 δ_2 一定要相同。

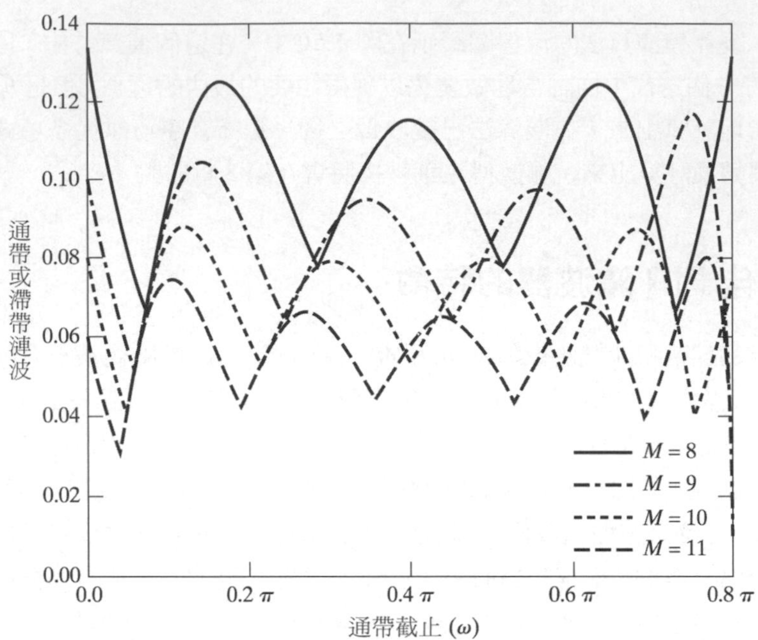

圖 7.51 低通濾波器的最佳近似其通帶和滯帶誤差與截止頻率之間的依賴關係。在這個範例中，$K = 1$ 且 $(\omega_s - \omega_p) = 0.2\pi$（取材自 Herrmann, Rabiner and Chan, 1973）

7.8 FIR 等漣波近似的範例

帕克斯－麥克連演算法可以使用來設計廣泛種類之 FIR 濾波器，並可得到它們的最佳的等漣波近似。在這一節中，我們提出幾個範例來說明最佳近似的某些特性，並且指出此設計方法可以提供的廣大彈性。

7.8.1 低通濾波器

對於低通濾波器的情況，我們再次的使用同一組規格，該規格已經使用在範例 7.5 中和使用在 7.6.1 節中，如此一來我們便可以用相同的低通濾波器規格來比較所有主要的設計方法。這些規格為 $\omega_p = 0.4\pi$ 、 $\omega_s = 0.6\pi$ 、 $\delta_1 = 0.01$ 、和 $\delta_2 = 0.001$ 。相較於加窗法，帕克斯－麥克連演算法可以藉由固定其權重函數參數 $K = \delta_1 / \delta_2 = 10$ ，而達到其在通帶和滯帶中有不同近似誤差的目的。

把上述的規格代入到 (7.117) 式中，並往上做四捨五入以產生 M 的估計值 $M = 26$，這是需要用來滿足規格的 M 值。以 $M = 26$，$\omega_p = 0.4\pi$，和 $\omega_s = 0.6\pi$ 所設計出的最佳濾波器展示在圖 7.52 中，其中 (a)、(b) 和 (c) 分別爲脈衝響應，對數大小，和近似誤差。圖 7.52(c) 顯示出**沒有加上權重**的近似誤差

$$E_A(\omega) = \frac{E(\omega)}{W(\omega)} = \begin{cases} 1 - A_e(e^{j\omega}), & 0 \le \omega \le \omega_p, \\ 0 - A_e(e^{j\omega}), & \omega_s \le \omega \le \pi, \end{cases} \tag{7.118}$$

而不是使用在設計演算法中的權重誤差。權重誤差的情況會和圖 7.52(c) 的情況相同，但是在通帶中其誤差會除以 10[⑦]。近似誤差的交替可以很清楚地由圖 7.52(c) 中看出。在通帶中有 7 個交替，而在滯帶中有 8 個交替，總共有 15 個交替。因爲對於型 I（M 爲偶數）系統 $L = M/2$，而 $M = 26$，故交替的最小數目是 $(L + 2) = (26/2 + 2) = 15$。因此，圖 7.52 的濾波器對於 $M = 26$，$\omega_p = 0.4\pi$，和 $\omega_s = 0.6\pi$ 而言是最佳的濾波器。然而，圖 7.52(c) 顯示出該濾波器在通帶和滯帶誤差方面無法滿足原來的規格（在通帶和滯帶中最大的誤差分別爲 0.0116 和 0.00116）。爲了要滿足或超過規格，我們必須要增加 M。

$M = 27$ 的濾波器響應函數展示在圖 7.53 中。現在，通帶和滯帶的近似誤差均些微地小於指定的值（在通帶和滯帶中最大的誤差分別爲 0.0092 和 0.00092）。在這個情況中，再次地在通帶中有 7 個交替，而在滯帶中有 8 個交替，總共有 15 個交替。請注意，因爲 $M = 27$，這是一個型 II 系統，對於型 II 系統，隱含的近似多項式其階數爲 $L = (M - 1)/2 = (27 - 1)/2 = 13$。因此，交替的最小數目仍然是 15。請注意在型 II 的情況中，其系統函數在 $z = -1$ 即 $\omega = \pi$ 處必然有一個零點。這一點可以很清楚地由圖 7.53(b) 和 (c) 中看出。

假若我們比較這個範例的結果和 7.6.1 節的結果，我們發現凱瑟窗法需要 $M = 40$ 才能滿足或超過規格，而帕克斯－麥克連方法僅需要 $M = 27$。這個突顯的不同點是因爲加窗法會在通帶和滯帶中產生大約相等的最大誤差，而帕克斯－麥克連方法可以把誤差做不同的權重。

---

⑦ 對於頻率選擇濾波器，未經權重的近似誤差可以很方便地表示出通帶和滯帶的行為出來，因為在通帶中 $A_e(e^{j\omega}) = 1 - E(\omega)$，而在滯帶中 $A_e(e^{j\omega}) = -E(\omega)$。

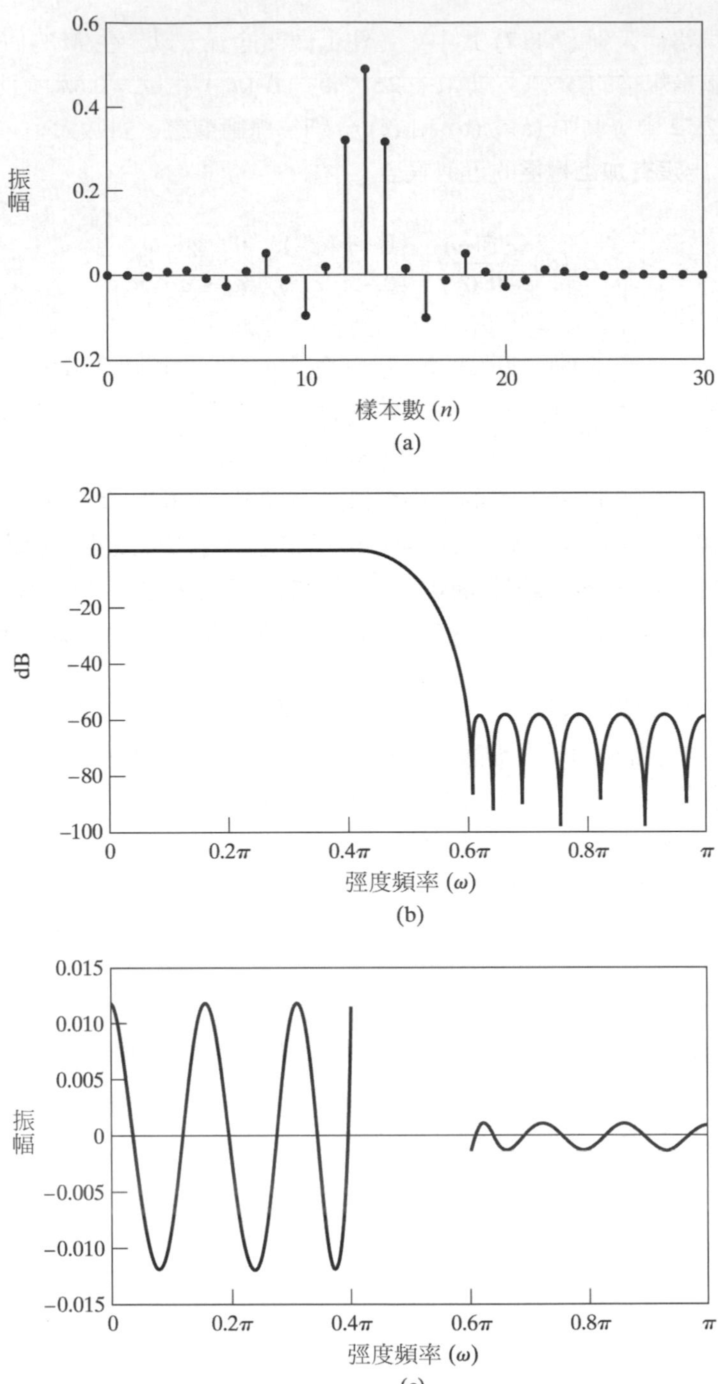

圖 7.52 $M = 26$、$\omega_p = 0.4\pi$ 、$\omega_s = 0.6\pi$ 、和 $K = 10$ 之最佳的型 I FIR 低通濾波器。(a) 脈衝響應。(b) 頻率響應的對數大小。(c) 近似誤差（沒有加上權重）

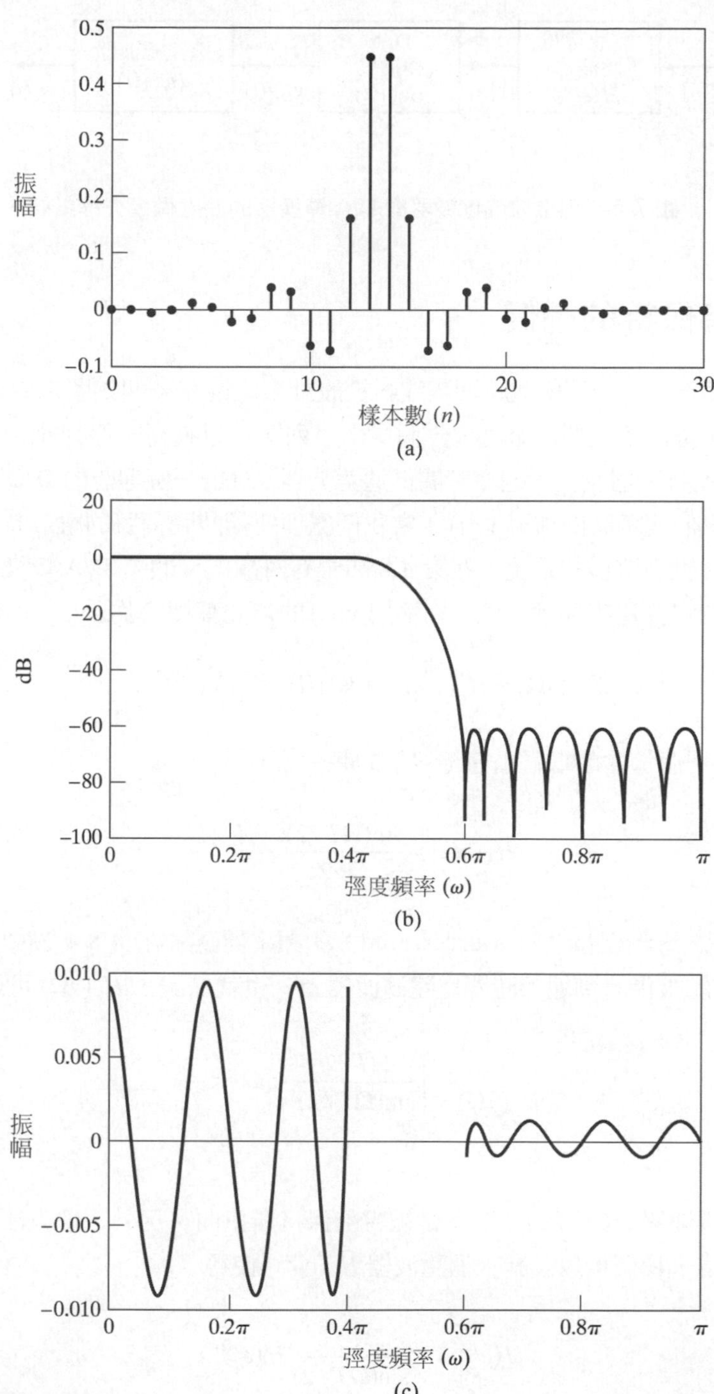

圖 7.53 $M=27$、$\omega_p=0.4\pi$、$\omega_s=0.6\pi$、和 $K=10$ 之最佳的型 II FIR 低通濾波器。(a) 脈衝響應。(b) 頻率響應的對數大小。(c) 近似誤差（沒有加上權重）

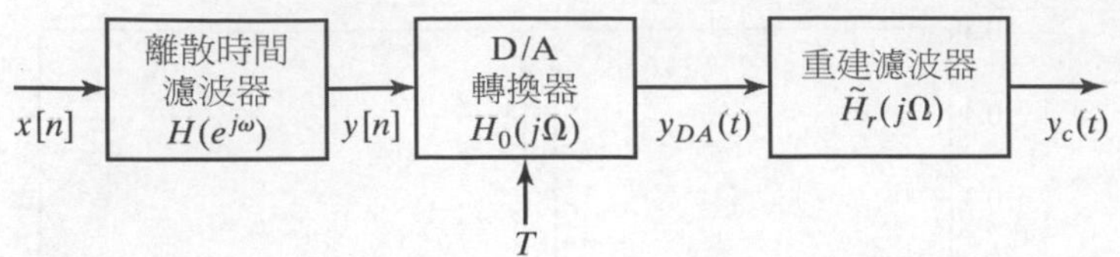

圖 7.54 離散時間濾波器對 D/A 轉換器的效應做預先補償

7.8.2 零階保持的補償

在許多的情況中，一個離散時間濾波器被設計來使用在一個如圖 7.54 所描述的系統中；也就是說，濾波器被使用來處理一個樣本序列 $x[n]$以獲得一序列 $y[n]$，然後再把它輸入到一個 D/A 轉換器及一個連續時間低通濾波器（這是一個理想的 D/C 轉換器的近似系統）以重建一個連續時間信號 $y_c(t)$。當我們處理連續時間信號的離散時間濾波時，在該系統之中常會看到這樣的系統，在第 4.8 節中有討論過。假若 D/A 轉換器在整個取樣週期 T 下均保持它的輸出為常數值，則輸出 $y_c(t)$ 的傅立葉轉換為

$$Y_c(j\Omega)=\tilde{H}_r(j\Omega)H_o(j\Omega)H(e^{j\Omega T})X(e^{j\Omega T}), \tag{7.119}$$

其中 $\tilde{H}_r(j\Omega)$ 是一個適當的低通重建濾波器的頻率響應，而

$$H_o(j\Omega)=\frac{\sin(\Omega T/2)}{\Omega/2}e^{-j\Omega T/2} \tag{7.120}$$

是 D/A 轉換器之零階保持（zero-order hold）的頻率響應。在 4.8.4 節中，我們建議對 $H_0(j\Omega)$ 的補償能被併入到連續時間重建濾波器上；也就是說，$\tilde{H}_r(j\Omega)$ 可以被選擇成

$$\tilde{H}_r(j\Omega)=\begin{cases}\dfrac{\Omega T/2}{\sin(\Omega T/2)} & |\Omega|<\dfrac{\pi}{T}\\ 0 & \text{其他}\end{cases} \tag{7.121}$$

使得離散時間濾波器 $H(e^{j\omega})$ 的效應不會被零階保持所扭曲。另外一種方法是用離散時間濾波器來做補償，我們可以設計一個濾波器 $\tilde{H}_r(e^{j\Omega T})$ 使得

$$\tilde{H}(e^{j\Omega T})=\frac{\Omega T/2}{\sin(\Omega T/2)}H(e^{j\Omega T}) \tag{7.122}$$

一個 D/A 補償低通濾波器可以由帕克斯－麥克連演算法很容易地設計出來，假若我們簡單的定義理想的響應為

$$\tilde{H}_d(e^{j\omega})=\begin{cases}\dfrac{\omega/2}{\sin(\omega/2)}, & 0\le\omega\le\omega_p,\\ 0, & \omega_s\le\omega\le\pi\end{cases} \tag{7.123}$$

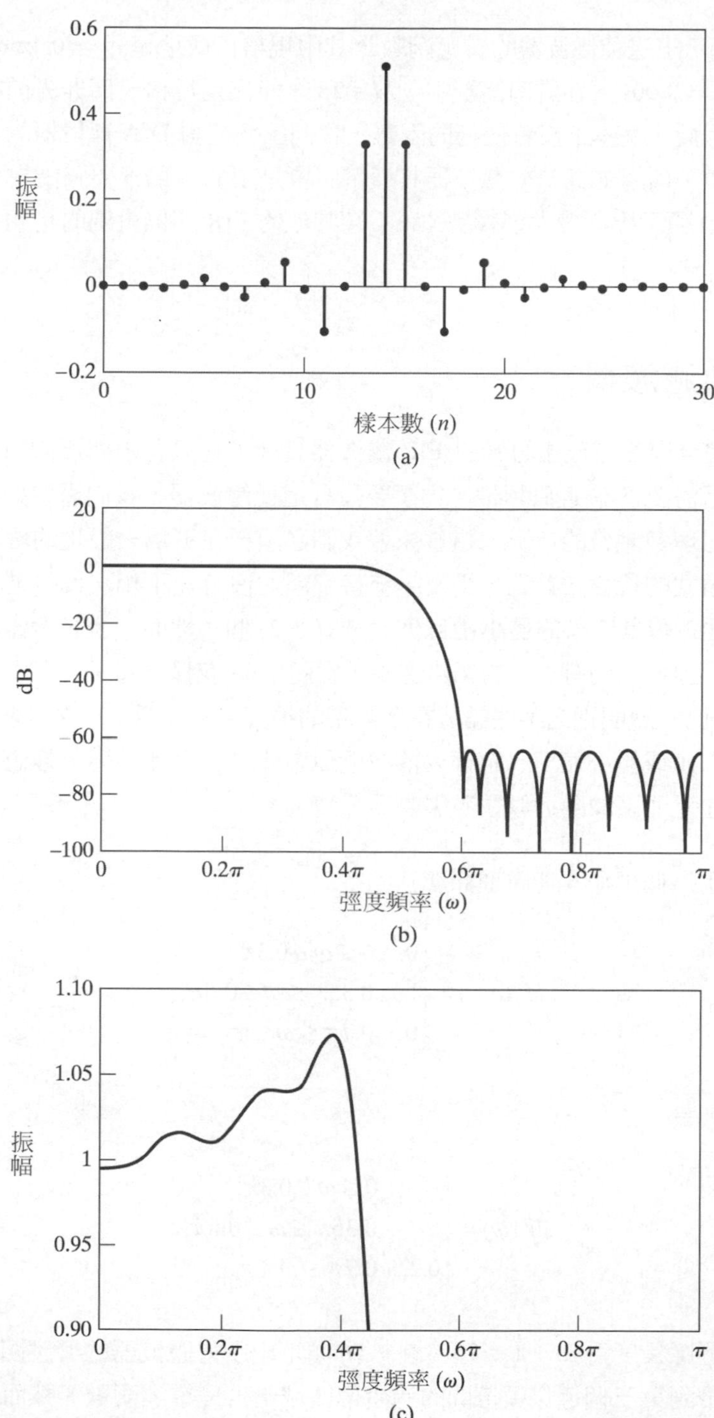

圖 7.55 $M=28$、$\omega_p=0.4\pi$、$\omega_s=0.6\pi$、和 $K=10$ 之最佳的 D/A 補償低通濾波器。(a) 脈衝響應。(b) 頻率響應的對數大小。(c) 通帶大小響應

圖 7.55 顯示出這種濾波器的響應函數，其中規格再次地是 $\omega_p = 0.4\pi$ 、 $\omega_s = 0.6\pi$ 、 $\delta_1 = 0.01$ 、和 $\delta_2 = 0.001$ 。在這個情況中，$M = 28$ 才能滿足規格，而非先前處理常數增益時的 $M = 27$。因此，基本上沒有任何的困難，我們已經把對 D/A 轉換器的補償納入至離散時間濾波器中，所以如此一來濾波器其通帶將會是平的（爲了要強調在通帶中的傾斜本質，圖 7.55(c) 顯示出通帶大小響應，而不像其他的 FIR 範例畫出的是頻率響應的近似誤差）。

7.8.3 帶通濾波器

第 7.7 節完全聚焦在最佳的低通 FIR 濾波器設計，它只有兩個近似頻帶。然而，帶通和帶拒濾波器需要 3 個近似頻帶。爲了要設計這種濾波器，我們需要把在 7.7 節中的討論一般化來處理多頻帶的情況。這意味著我們必須要在更爲一般化的環境中探索交替定理和近似多項式的特性。首先，憶及，交替定理並沒有在不相交近似區間的數目上設限。因此，最佳近似其交替的**最小數目**仍然是 $(L+2)$ 個。然而，多頻帶濾波器可以多於 $(L+3)$ 個交替，因爲它們有更多的頻帶邊緣（習題 7.63 有探索這個課題）。這意味著我們在 7.7.1 節中已經證明過之某些論述在多頻帶的情況中並不爲真。舉例來說，$A_e(e^{j\omega})$ 其所有的局部極大值或極小值不一定都要落在近似區間中。因此，局部極值可能發生在過渡帶區域中，在近似區域中近似並不需要爲等漣波。

爲了要說明這個現象，考慮理想響應如下

$$H_d(e^{j\omega}) = \begin{cases} 0, & 0 \le \omega \le 0.3\pi, \\ 1, & 0.35\pi \le \omega \le 0.6\pi, \\ 0, & 0.7\pi \le \omega \le \pi, \end{cases} \tag{7.124}$$

其誤差權重函數爲

$$W(\omega) = \begin{cases} 1, & 0 \le \omega \le 0.3\pi, \\ 1, & 0.35\pi \le \omega \le 0.6\pi, \\ 0.2, & 0.7\pi \le \omega \le \pi \end{cases} \tag{7.125}$$

濾波器其脈衝響應長度爲 $M + 1 = 75$。圖 7.56 顯示出所得濾波器的響應函數。請注意從第二個近似頻帶到第三個近似頻帶間的過渡帶區域不再是單調函數。然而，在這個不受限制的區域中，使用兩個局部極值並不違反交替定理。因爲 $M = 74$，濾波器是一個型 I 系統，其隱含的近似多項式的階數是 $L = M/2 = 74/2 = 37$。因此，交替定理最少需要 $L + 2 = 39$ 個交替。這可以相當容易的從圖 7.56(c) 中看出，該圖顯示出未加權重的近似誤差，在每一個頻帶中都有 13 個交替，總共有 39 個交替。

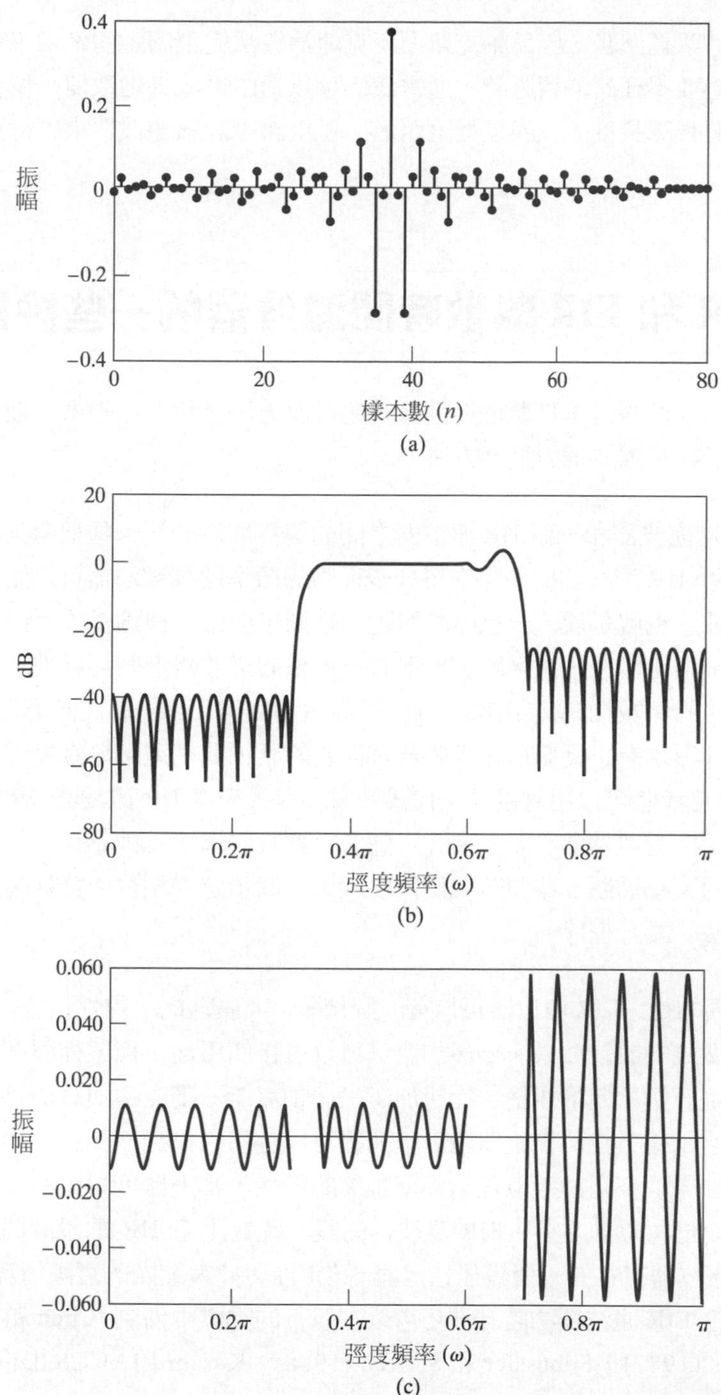

圖 7.56　$M = 74$ 之最佳的 FIR 帶通濾波器。(a) 脈衝響應。(b) 頻率響應的對數大小。(c) 近似誤差（沒有加上權重）

雖然展示在圖 7.56 中的近似以交替定理的觀點來看，它是最佳的，但是它在一個濾波器應用中，可能是無法接受的結果。一般而言，我們無法保證一個多頻帶濾波器的過渡帶區域將會是單調函數，因為帕克斯－麥克連演算法完全讓這些區域不受任何限制。當我們設計出這種不理想的響應時，通常我們可以藉由系統式地改變一個或多個的頻帶邊緣頻率，脈衝響應長度，或誤差權重函數，並重新設計該濾波器來獲得可以接受的渡帶區域。

7.9 IIR 和 FIR 離散時間濾波器的一些評論

在這章中，我們探討 LTI 離散時間系統的設計方法。我們已經廣泛地討論有限長度和無限長度脈衝響應濾波器的設計方法。

在一個 FIR 濾波器和一個 IIR 濾波器之間的選擇取決於每一種型態其設計優點的重要性。舉例來說，IIR 濾波器的優點在於許多種類的頻率選擇濾波器可以使用封閉型式的設計公式來設計。也就是說，一旦設計問題已經指定使用一種適當的近似方法（舉例來說，巴特渥斯、柴比雪夫、或橢圓），則滿足規格的濾波器階數可以被計算出來，然後離散時間濾波器的係數（或極點和零點）可以藉由直接代入到一組設計方程式中來獲得。就是因為其設計程序有這種簡單性，假若有需要的話，我們還可以直接用手計算來設計 IIR 濾波器，而且我們可以用直接非迭代式的電腦程式來做 IIR 濾波器設計。但是這些方法僅限於頻率選擇濾波器的設計，而且它們僅允許我們指定其大小響應。假若我們想要近似其它種類的大小形狀，或假若我們需要近似一個預定的相位或群延遲響應，則必須要訴諸於演算法的設計程序。

和 IIR 不同的是，FIR 濾波器可以有一個精確之（廣義的）線性相位。然而，FIR 濾波器沒有封閉型式的設計公式。雖然加窗法可以直接使用之，但某種程度的迭代運算可能有需要來滿足一個給定的規格。比起加窗法，帕克斯－麥克連演算法可以設計出較低階的濾波器。這兩種方法的濾波器設計程式都可以容易的找到。而且，加窗法和絕大部份的一般演算法方法都可以近似任意頻率響應的特性，其困難度只比在設計低通濾波器時難上一點點而已。除此之外，FIR 濾波器的設計問題比起 IIR 的設計問題更為容易控制，因為 FIR 濾波器存在有一個最佳性定理，該定理對於大範圍的實際情況都可以適用。不具線性相位之 FIR 濾波器的設計技巧可以在以下的文獻中看到：Chen 和 Parks (1987)，Parks 和 Burrus (1987)，Schussler 和 Steffen (1988)，Karam 和 McClellan (1995)。

在實現一個離散時間濾波器時，通常會有經濟性的考量。經濟性的考量通常是使用以下這些因素來判定的：硬體複雜度、晶片面積、或運算速度。這些因素或多或少都和滿足一組給定規格所需要的濾波器階數有關。在一些應用中，假若多相位（polyphase）實現的優勢無法被利用的話，對於一個給定的大小響應規格，一般來說用一個 IIR 濾波器來實現之是有效率的。然而，在許多的情況中，一個 FIR 濾波器其天生的線性相位可能值得我們花上額外的成本。

在任何特定的實際設定中，如何選擇濾波器的種類和設計的方法高度取決於所處的環境、限制、規格、和實現平台。在下一節中，我們以一個特定的範例總結本章，它說明了可能會產生之某些權衡和課題。然而，它僅是許多可能情況的其中之一罷了，每一種不同的情況可能產生不同的選擇和結論。

7.10 一個升頻濾波器設計

最後，我們在升頻的環境中做 IIR 和 FIR 濾波器的設計，我們以它們的比較來總結本章。正如在第 4 章中的討論，第 4.6.2 和 4.9.3 節，整數升頻和過渡取樣的 D/A 轉換使用一個 L 倍的擴張器後面跟著一個離散時間低通濾波器。因為在擴張器輸出處的取樣率是輸入取樣率的 L 倍，所以低通濾波器的工作頻率是輸入到升頻器或 D/A 轉換器信號其取樣率的 L 倍。在這個範例中我們會說明，低通濾波器的階數取決於該濾波器是設計成一個 IIR 還是設計成一個 FIR 濾波器，在選擇濾波器種類後，階數也取決於設計者所選擇的濾波器設計方法。雖然所得 IIR 濾波器的階數會明顯的少於 FIR 濾波器的階數，但是 FIR 濾波器可以利用多相位實現的有效性。對於 IIR 設計而言，系統函數的零點可以利用多相位實現的優點，但是極點則不行。

我們要實現的系統是一個 4 倍的升頻器，也就是說，$L=4$。在第 4 章討論過，1：4 內插運算的理想濾波器是一個理想的低通濾波器，其增益為 4 且截止頻率為 $\pi/4$。為了近似這個濾波器，我們設定規格如下[8]：

$$\text{通帶邊緣頻率 } \omega_p = 0.22\pi$$
$$\text{滯帶邊緣頻率 } \omega_s = 0.29\pi$$
$$\text{最大的通帶增益} = 0\text{dB}$$
$$\text{最小的通帶增益} = -1\text{dB}$$
$$\text{最大的滯帶增益} = -40\text{ dB}$$

我們設計 6 個不同的濾波器來滿足這些規格：在 7.3 節中討論的 4 種 IIR 濾波器設計（巴特渥斯、柴比雪夫 I、柴比雪夫 II、橢圓），和兩種 FIR 濾波器設計（凱瑟窗設計法

---

[8] 在通帶中，增益被正規化成 1。在所有情況中，當使用在內插運算時，設計之濾波器再乘以 4 即可。

和使用帕克斯－麥克連演算法的最佳濾波器設計）。我們是用 MATLAB 中的信號處理工具箱來完成設計的。因為 FIR 設計程式要求通帶的容忍極限要對稱於 1，所以以上的規格先做適當的尺度調整以完成 FIR 設計，所得的 FIR 濾波器再重新做尺度調整使之其最大的通帶增益為 0 dB（請參見習題 7.3）。

所得的 6 個濾波器其濾波器階數展示在表 7.3 中，而對應的極點－零點分佈圖展示在圖 7.57(a)－(f) 中。對於兩個 FIR 設計，圖 7.57 僅展示其零點位置。假若這些濾波器被實現成因果濾波器的話，在原點處將會有一多重階數的極點以匹配系統函數的零點數目。

▼表 7.3 設計濾波器的階數

濾波器設計	階數
巴特渥斯	18
柴比雪夫 I	8
柴比雪夫 II	8
橢圓	5
凱瑟	63
帕克斯－麥克連	44

假若不去利用一些可用的運算有效結構的話，舉例來說，假如不使用一種多相位實現的話，那麼那兩個 FIR 設計其每一個輸出樣本所需要的乘法運算數將會遠遠的大於任何一種的 IIR 設計。在 IIR 設計中，每一個輸出樣本所需要的乘法運算數目將明確地取決於其零點實現的方式。接下來，我們討論如何有效率的實現每一種設計出的濾波器。我們比較每一個輸出樣本所需要的乘法運算數，並總結在表 7.4 中。4 種 IIR 設計的實現結構可以想成是串接一個 FIR 濾波器（實現系統函數的零點）和一個 IIR 濾波器（實現系統函數的極點）。我們先討論兩個 FIR 設計，因為有一些效率性可以被開發出來，而那些效率性也可以被 IIR 濾波器的 FIR 成份來利用。

帕克斯－麥克連和凱瑟窗設計： 若沒有利用脈衝響應的對稱性或多相位實現，每一個「輸出」樣本所需要的乘法運算數會等於濾波器的長度。假若使用多相位實現，如在 4.7.5 節中所討論，則每一個「輸入」樣本所需要的乘法運算數會等於濾波器的長度。二者擇一地，因為兩種濾波器都是對稱的，使用在 6.5.3 節所討論的結構(圖 6.32 和 6.33)，以輸入率的角度來看，大約可以減少一半的乘法運算量[⑨]。

---

⑨ 當然，在實現對稱的 FIR 濾波器時，我們是有可能結合多相位實現的效率性和係數的對稱性（請參見 Baran and Oppenheim, 2007）。所得的乘法運算數數大約是濾波器長度的一半，而且是以輸入樣本頻率的角度來看，而非以輸出樣本頻率的角度來看。然而，所得的結構是更為複雜的。

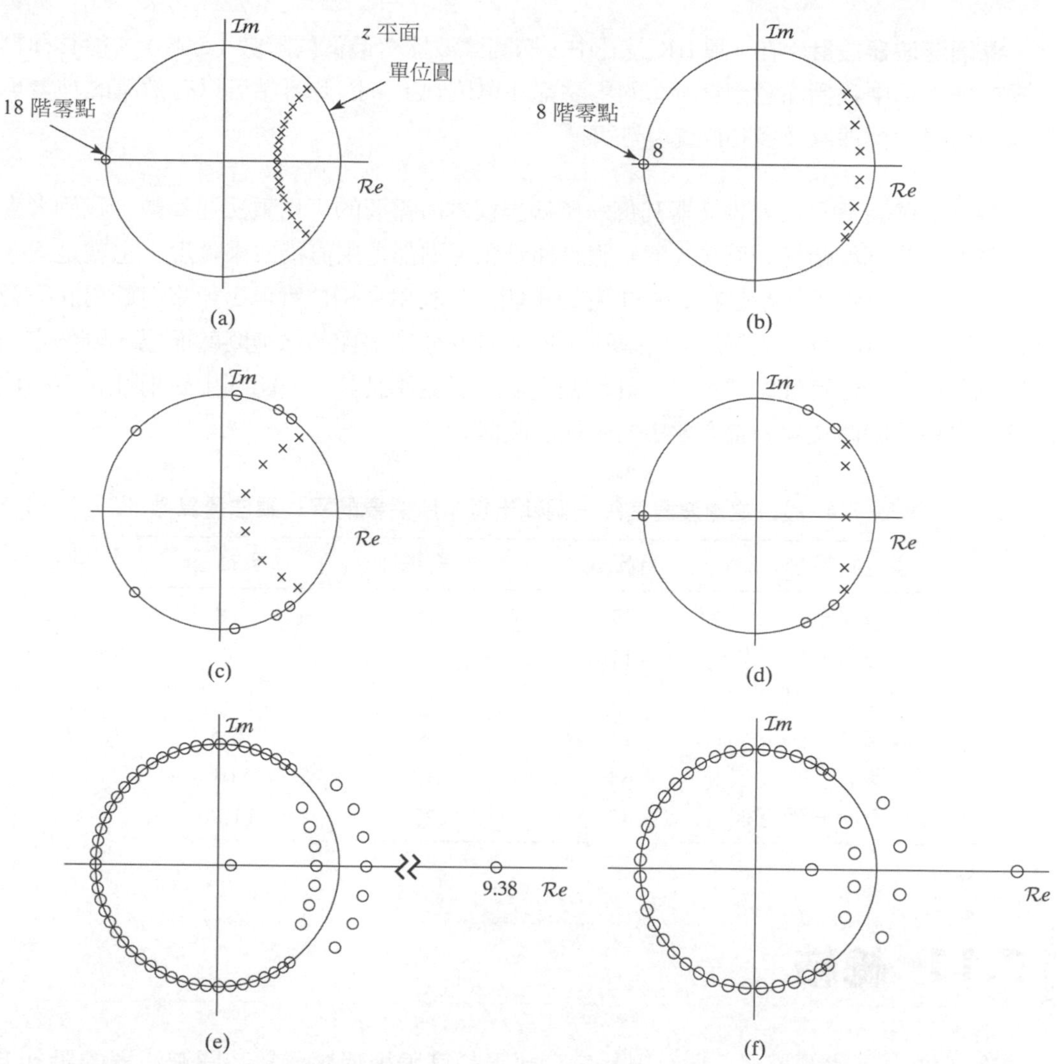

圖 7.57 6 個設計的極點－零點分佈圖。(a) 巴特渥斯濾波器。(b) 柴比雪夫 I 濾波器。(c) 柴比雪夫 II 濾波器。(d) 橢圓濾波器。(e) 凱瑟濾波器。(f) 帕克斯－麥克連濾波器

巴特渥斯設計：離散時間巴特渥斯濾波器有個特性爲所有的零點都發生在 $z=-1$ 處，而極點都呈現共軛複數對。零點可以實現成串接 18 個一階項，每一項都是 $(1+z^{-1})$，所以實現零點不需要乘法。18 個極點會使得每一個輸出樣本所需要的乘法運算數爲 18。

柴比雪夫 I 設計：柴比雪夫 I 濾波器有 8 階數零點在 $z=-1$ 處，因此實現零點不需要乘法。8 個極點會使得每一個輸出樣本所需要的乘法運算數爲 8。

柴比雪夫 II 設計：在這個設計中，濾波器階數再次地爲 8。因爲零點現在是四處分佈在單位圓上，所以它們的實現將會需要某些乘法。然而，因爲所有的零點都在單位圓上，其對應的 FIR 脈衝響應將會有對稱性，所以對稱性和／或多相位的效率性可以被利用來實現零點。

橢圓濾波器設計：在 4 種 IIR 設計中，橢圓濾波器有最低的階數（5 階）。從其極點－零點分佈圖中我們注意到它所有的零點都在單位圓上。因此零點可以有效率的被實現出來，利用對稱性以及多相位實現皆可。

表 7.4 總結 6 種設計濾波器其每一個輸出樣本所需要的平均乘法運算數，我們考慮了幾種不同的實現結構。直接式實現假設極點和零點都是用直接式來實現，也就是說，它並沒有利用零點可能都是在 $z = -1$ 處的可能性。利用多相位實現，但沒有利用脈衝響應的對稱性，FIR 設計比起最有效率的 IIR 設計在效率上僅些微地略輸而已，雖然它們是唯一有線性相位特性的濾波器。實現帕克斯－麥克連設計時一起利用對稱性和多相位實現，它和橢圓濾波器是最有效率的兩種濾波器。

▼表 7.4 設計之濾波器其每一個輸出樣本所需要的平均乘法運算數

濾波器設計	直接式	對稱	多相位
巴特渥斯	37	18	18
柴比雪夫 I	17	8	8
柴比雪夫 II	17	13	10.25
橢圓	11	8	6.5
凱瑟	64	32	16
帕克斯－麥克連	45	23	11.25

7.11 總結

在這章中，我們探討一些有限長度和無限長度脈衝響應離散時間濾波器的設計方法。我們強調的重點是置於理想濾波器的頻域規格上，因爲在實務中最常碰見的情況就是如此。我們的目標是對離散時間濾波器的廣泛設計範圍給一個一般性的鳥瞰，而且也對其中某些技巧做充分詳盡的探討，使我們可以直接使用這些方法來設計濾波器，而不用去翻閱大量有關於離散時間濾波器設計的文獻。在 FIR 濾波器設計的情況中，我們對加窗法和帕克斯－麥克連演算法式的方法都有做非常詳盡的介紹。

我們以評論如何在兩種數位濾波器之間做選擇的來當做本章的結語。討論的重點在於做如此的選擇不一定總是清楚明確的，而且可能取決於多個考慮因素，而那些考慮因素通常難以去量化或是難以以一般的方式來討論。然而，從這一章和第 6 章，我們應該清楚的知道數位濾波器其最重要的特徵在於它們在設計和實現方面上廣大的彈性。就是因爲有這個彈性使得我們可能可以實現一些相當精緻的信號處理動作，而這些精緻的信號處理動作若想用類比的方法來實現的話，就算不是不可能，在許多的情況中也會是非常困難的。

習題

有解答的基本問題

7.1 考慮一個因果連續時間系統，其脈衝響應爲 $h_c(t)$ 而其系統函數爲

$$H_c(s) = \frac{s+a}{(s+a)^2+b^2}$$

(a) 使用脈衝不變性決定出一個離散時間系統 $H_1(z)$，且 $h_1[n] = h_c(nT)$。

(b) 使用步階不變性決定出一個離散時間系統 $H_2(z)$，且 $s_1[n] = s_c(nT)$，其中

$$s_2[n] = \sum_{k=-\infty}^{n} h_2[k] \text{ 且 } s_c(t) = \int_{-\infty}^{t} h_c(\tau)d\tau \text{。}$$

(c) 決定出系統 1 的步階響應 $s_1[n]$ 和系統 2 的脈衝響應 $h_2[n]$。$h_2[n] = h_1[n] = h_c(nT)$ 的真僞？$s_1[n] = s_2[n] = s_c(nT)$ 的真僞？

7.2 一個離散時間低通濾波器是藉由把脈衝不變性法套用至一個連續時間巴特渥斯濾波器而設計出。該巴特渥斯濾波器有以下的大小平方函數

$$|H_c(j\Omega)|^2 = \frac{1}{1+(\Omega/\Omega_c)^{2N}}$$

離散時間系統規格和範例 7.2 的規格相同，也就是說，

$$\begin{aligned} 0.89125 \le |H(e^{j\omega})| \le 1, &\quad 0 \le |\omega| \le 0.2\pi, \\ |H(e^{j\omega})| \le 0.17783, &\quad 0.3\pi \le |\omega| \le \pi \end{aligned}$$

假設，和範例 7.2 相同，交疊現象不會產生問題；也就是說，直接設計連續時間巴特渥斯濾波器來滿足想要離散時間濾波器的通帶和滯帶規格。

(a) 畫出連續時間巴特渥斯濾波器其大小頻率響應 $|H_c(j\Omega)|$ 的誤差容忍範圍。把脈衝不變性方法應用至巴特渥斯濾波器（也就是說，$h[n] = T_d h_c(nT_d)$），所得的離散時間濾波器將會滿足給定的設計規格。請不要像在範例 7.2 中假設 $T_d = 1$。

(b) 決定出整數階數 N 和 $T_d\Omega_c$，使得連續時間巴特渥斯濾波器在通帶邊緣上正確地滿足在 (a) 小題中所求出的規格。

(c) 請注意假若 $T_d = 1$，你在 (b) 中的答案應該會和在範例 7.2 中所得到的答案一樣。使用這個觀察決定出在 $T_d \ne 1$ 時的系統函數 $H_c(s)$，並說明爲何用脈衝不變性所設計出的系統函數 $H(z)$ 在 $T_d \ne 1$ 和 $T_d = 1$ 時的結果是相同的。

7.3 我們希望使用脈衝不變性或雙線性轉換來設計一個離散時間濾波器滿足以下規格：

$$\begin{aligned} 1-\delta_1 \le |H(e^{j\omega})| \le 1+\delta_1, &\quad 0 \le |\omega| \le \omega_p, \\ |H(e^{j\omega})| \le \delta_2, &\quad \omega_s \le |\omega| \le \pi \end{aligned} \tag{P7.3-1}$$

由於歷史的原因，連續時間濾波器其絕大部份的設計公式、表格、或圖表通常會把在通帶中的最大增益設定成 1；也就是說，

$$\begin{aligned} 1-\hat{\delta}_1 \le |H_c(j\Omega)| \le 1, \quad & 0 \le |\Omega| \le \Omega_p, \\ |H_c(\Omega)| \le \hat{\delta}_2, \quad & \Omega_s \le |\Omega| \end{aligned} \tag{P7.3-2}$$

用這種連續時間濾波器規格做設計的一些有用的設計圖表可參見 Rabiner、Kaiser、Herrmann 和 Dolan (1974)。

(a) 爲了使用這些表格和圖表來設計一個最大增益爲 $(1+\delta_1)$ 的離散時間系統，我們必須把離散時間規格轉換成如 (P7.3-2) 式的規格。這可以藉由把離散時間規格除以 $(1+\delta_1)$ 而達成。使用這個方法來獲得一個用 δ_1 和 δ_2 來表示 $\hat{\delta}_1$ 和 $\hat{\delta}_2$ 的表示式。

(b) 在範例 7.2 中，我們設計一個最大通帶增益爲一的離散時間濾波器。這個濾波器可以被轉換成爲一個滿足 (P7.3-1) 式規格的濾波器，只要乘以一個常數 $(1+\delta_1)$ 即可。找出所需要的 δ_1 值和在這個範例中對應的 δ_2 值，並使用 (7.17) 式決定出新濾波器系統函數的係數。

(c) 用範例 7.3 中的濾波器，重做 (b) 小題。

7.4 一個離散時間系統的系統函數是

$$H(z) = \frac{2}{1-e^{-0.2}z^{-1}} - \frac{1}{1-e^{-0.4}z^{-1}}$$

(a) 假設這個離散時間濾波器是用脈衝不變性法設計出來的，$T_d = 2$；也就是說，$h[n] = 2h_c(2n)$，其中 $h_c(t)$ 是實數函數。請找出能用來設計出此一系統的一個連續時間濾波器系統函數 $H_c(s)$。你的答案唯一嗎？假若不是的話，請找出另一個系統函數 $H_c(s)$。

(b) 假設這個離散時間濾波器是用雙線性轉換法設計出來的，$T_d = 2$。請找出能用來設計出此一系統的一個連續時間濾波器系統函數 $H_c(s)$。你的答案唯一嗎？假若不是的話，請找出另一個系統函數 $H_c(s)$。

7.5 我們希望使用凱瑟窗法來設計一個離散時間濾波器，它具有廣義的線性相位並滿足以下的規格：

$$\begin{aligned} |H(e^{j\omega})| \le 0.01, \quad & 0 \le |\omega| \le 0.25\pi, \\ 0.95 \le |H(e^{j\omega})| \le 1.05, \quad & 0.35\pi \le |\omega| \le 0.6\pi, \\ |H(e^{j\omega})| \le 0.01, \quad & 0.65\pi \le |\omega| \le \pi \end{aligned}$$

(a) 決定出滿足上述規格的濾波器其脈衝響應的最小長度 $(M+1)$ 和凱瑟窗參數 β。

(b) 此濾波器的延遲爲何？

(c) 決定出要乘上凱瑟窗的理想脈衝響應 $h_d[n]$。

7.6 我們希望使用凱瑟窗法來設計一個對稱的實係數 FIR 濾波器，它具零相位並滿足以下的規格：

$$0.9 < H(e^{j\omega}) < 1.1, \quad 0 \le |\omega| \le 0.2\pi,$$
$$-0.06 < H(e^{j\omega}) < 0.06, \quad 0.3\pi \le |\omega| \le 0.475\pi,$$
$$1.9 < H(e^{j\omega}) < 2.1, \quad 0.525\pi \le |\omega| \le \pi$$

我們可以把凱瑟窗套用至以下這個理想頻率響應 $H_d(e^{j\omega})$ 的實數值脈衝響應，來滿足以上規格：

$$H_d(e^{j\omega}) = \begin{cases} 1, & 0 \le |\omega| \le 0.25\pi, \\ 0, & 0.25\pi \le |\omega| \le 0.5\pi, \\ 2, & 0.5\pi \le |\omega| \le \pi \end{cases}$$

(a) 要滿足這個規格，可以使用的最大的 δ 值爲何？對應的 β 值爲何？請清楚地解釋你的理由。

(b) 要滿足這個規格，可以使用的最大的 $\Delta\omega$ 值爲何？對應的 M 值爲何？請清楚地解釋你的理由。

7.7 我們想要實現一個連續時間 LTI 低通濾波器 $H(j\Omega)$，使用展示在圖 4.10 中的系統，其中離散時間系統其頻率響應爲 $H_d(e^{j\omega})$。取樣時間 $T = 10^{-4}$ 秒，輸入信號 $x_c(t)$ 被適當的限頻，對於 $|\Omega| \ge 2\pi(5000)$，$X_c(j\Omega) = 0$。

令 $|H(j\Omega)|$ 的規格爲

$$0.99 \le |H(j\Omega)| \le 1.01, \quad |\Omega| \le 2\pi(1000),$$
$$|H(j\Omega)| \le 0.01, \quad |\Omega| \ge 2\pi(1100)$$

請決定出其對應的離散時間頻率響應 $H_d(e^{j\omega})$ 的規格。

7.8 我們希望設計一個最佳的（帕克斯－麥克連）零相位型 I FIR 低通濾波器，通帶頻率 $\omega_p = 0.3\pi$，滯帶頻率 $\omega_s = 0.6\pi$，在通帶和滯帶中有相同的誤差權重。濾波器的脈衝響應長度爲 11；也就是說，$n < -5$ 或 $n > 5$ 時 $h[n] = 0$。圖 P7.8 顯示出兩個不同濾波器的頻率響應 $H(e^{j\omega})$。對於每一個濾波器，指出該濾波器有多少個交替，並說明該濾波器是否滿足交替定理，是否是滿足前述規格之柴比雪夫準則下的最佳濾波器。

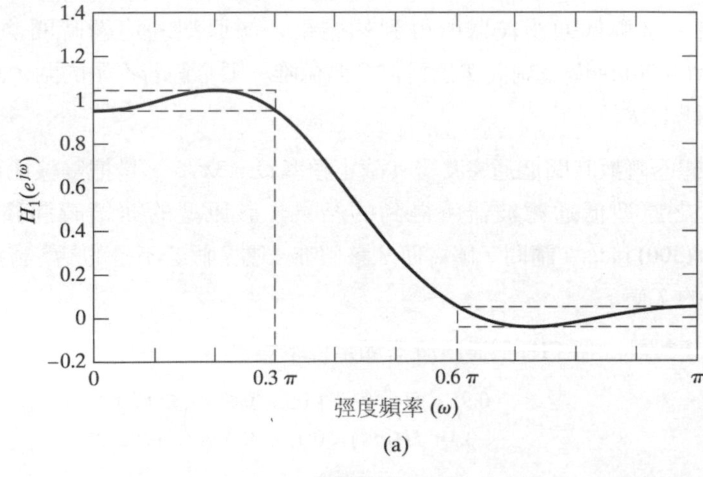

(a)

圖 P7.8

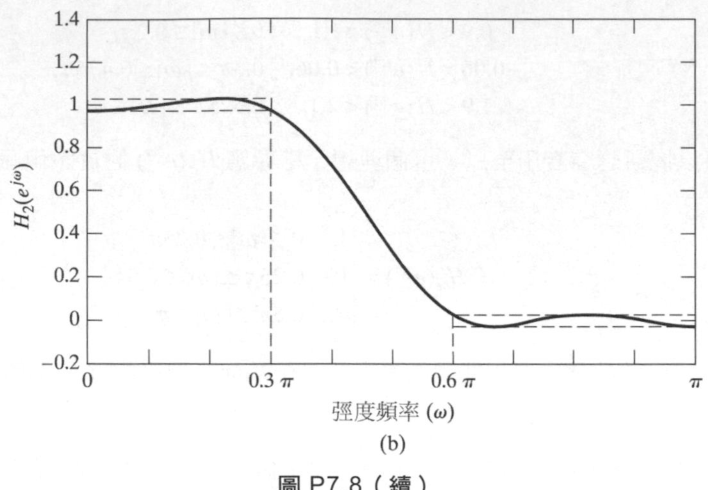

(b)

圖 P7.8（續）

7.9 假設我們使用脈衝不變性的技巧來設計一個離散時間濾波器，並使用一個理想的連續時間低通濾波器來當做一個原型。該原型濾波器的截止頻率 $\Omega_c = 2\pi(1000)$ rad/s ，而脈衝不變性轉換使用 $T = 0.2$ ms。所得的離散時間濾波器其截止頻率 ω_c 爲何？

7.10 假設我們使用雙線性轉換的技巧來設計一個離散時間濾波器，並使用一個理想的連續時間低通濾波器來當做一個原型。該原型濾波器的截止頻率 $\Omega_c = 2\pi(1000)$ rad/s ，而脈衝不變性轉換使用 $T = 0.4$ ms。所得的離散時間濾波器其截止頻率 ω_c 爲何？

7.11 假設我們有一個理想的離散時間低通濾波器，其截止頻率 $\omega_c = \pi/4$ 。除此之外，我們被告知這個濾波器是把脈衝不變性套用到一個連續時間之原型低通濾波器所得到的結果，使用 $T = 0.1$ ms。該原型的連續時間濾波器的截止頻率 Ω_c 爲何？

7.12 假設我們有一個理想的離散時間高通濾波器，其截止頻率 $\omega_c = \pi/2$ 。除此之外，我們被告知這個濾波器是把雙線性轉換套用到一個連續時間之原型高通濾波器所得到的結果，使用 $T = 1$ ms。該原型的連續時間高通濾波器的截止頻率 Ω_c 爲何？

7.13 一個理想的離散時間低通濾波器其截止頻率 $\omega_c = 2\pi/5$ ，是把脈衝不變性套用到一個連續時間之原型低通濾波器所得到的結果。該原型的連續時間濾波器的截止頻率 $\Omega_c = 2\pi(4000)$ rad/s 。請問 T 值爲何？該值唯一嗎？假若不是的話，請找出另一個符合給定資訊的 T 值。

7.14 一個理想的離散時間低通濾波器其截止頻率 $\omega_c = 3\pi/5$ ，是把雙線性轉換套用到一個連續時間之原型低通濾波器所得到的結果。該原型的連續時間濾波器的截止頻率 $\Omega_c = 2\pi(300)$ rad/s。請問 T 值爲何？該值唯一嗎？假若不是的話，請找出另一個符合給定資訊的 T 值。

7.15 我們希望設計一個 FIR 低通濾波器滿足以下規格

$$0.95 < H(e^{j\omega}) < 1.05, \quad 0 \le |\omega| \le 0.25\pi,$$
$$-0.1 < H(e^{j\omega}) < 0.1, \quad 0.35\pi \le |\omega| \le \pi,$$

設計方式是把一個窗 $w[n]$套用至脈衝響應 $h_d[n]$，$h_d[n]$是理想離散時間低通濾波器的脈衝響應，截止頻率 $\omega_c = 0.3\pi$。在 7.5.1 節中的那一個窗可以被使用來滿足這個規格？ 對於你聲稱會滿足這個規格的每一個窗，指出濾波器所需要的最小長度 $M + 1$。

7.16 我們希望設計一個 FIR 低通濾波器滿足以下規格

$$0.98 < H(e^{j\omega}) < 1.02, \quad 0 \le |\omega| \le 0.63\pi,$$
$$-0.15 < H(e^{j\omega}) < 0.15, \quad 0.65\pi \le |\omega| \le \pi,$$

設計方式是把一個凱瑟窗套用至脈衝響應 $h_d[n]$，$h_d[n]$是理想離散時間低通濾波器的脈衝響應，截止頻率 $\omega_c = 0.64\pi$。請找出滿足這個規格所需要的 β 和 M 值。

7.17 假設我們希望設計一個帶通濾波器滿足以下規格：

$$-0.02 < |H(e^{j\omega})| < 0.02, \quad 0 \le |\omega| \le 0.2\pi,$$
$$0.95 < |H(e^{j\omega})| < 1.05, \quad 0.3\pi \le |\omega| \le 0.7\pi,$$
$$-0.01 < |H(e^{j\omega})| < 0.001, \quad 0.75\pi \le |\omega| \le \pi$$

設計方式是把脈衝不變性套用至一個原型連續時間濾波器，其中 T = 5 ms。請陳述設計該原型續時間濾波器時所需要用的規格。

7.18 假設我們希望設計一個高通濾波器滿足以下規格：

$$-0.04 < |H(e^{j\omega})| < 0.04, \quad 0 \le |\omega| \le 0.2\pi,$$
$$0.995 < |H(e^{j\omega})| < 1.005, \quad 0.3\pi \le |\omega| \le \pi$$

設計方式是把雙線性轉換套用至一個原型連續時間濾波器，其中 T = 2 ms。請陳述設計該原型續時間濾波器時所需要用的規格，以保證所設計出的離散時間濾波器會滿足上述規格。

7.19 我們希望設計一個離散時間理想的帶通濾波器，它的通帶爲 $\pi/4 \le \omega \le \pi/2$。設計方法是把脈衝不變性套用到一個連續時間之原型帶通濾波器。該原型的連續時間濾波器的通帶爲 $2\pi(300) \le \Omega_c \le 2\pi(600)$ rad/s。請問 T 值爲何？該值唯一嗎？

7.20 判定以下敘述的真僞。請證明你的答案。

敘述：假若雙線性轉換被使用來轉換一個連續時間全通系統成爲一個離散時間系統，所得的離散時間系統將會也會是一個全通系統。

基本問題

7.21 假設我們有一個連續時間低通濾波器，其頻率響應 $H_c(j\Omega)$ 滿足

$$1-\delta_1 \le |H_c(j\Omega)| \le 1+\delta_1, \quad |\Omega| \le \Omega_p,$$
$$|H_c(j\Omega)| \le \delta_2, \quad |\Omega| \ge \Omega_s$$

我們可以獲得一組離散時間低通濾波器，只要把雙線性轉換套用到 $H_c(j\Omega)$ 即可，也就是說，

$$H(z) = H_c(s)|_{s=(2/T_d)[(1-z^{-1})/(1+z^{-1})]},$$

其中 T_d 是一個變數。

(a) 假設 Ω_p 是固定的，求出使得對應的離散時間系統其通帶截止頻率 $\omega_p = \pi/2$ 的 T_d 值。

(b) 固定 Ω_p，畫出 ω_p 的函數圖，橫軸爲 $0<T_d<\infty$。

(c) 固定 Ω_p 和 Ω_s，畫出 $0<T_d<\infty$ 時過渡帶區域 $\Delta\omega=(\omega_s-\omega_p)$ 的圖。

7.22 展示在圖 P7.22 的系統中，離散時間系統是一個線性相位 FIR 低通濾波器，是藉由帕克斯－麥克連演算法設計出來的，$\delta_1 = 0.01$、$\delta_2 = 0.001$、$\omega_p = 0.4\pi$、$\omega_s = 0.6\pi$。脈衝響應的長度是 28 個樣本。理想的 C/D 和 D/C 轉換器的取樣率爲 $1/T = 10000$ 樣本/秒。

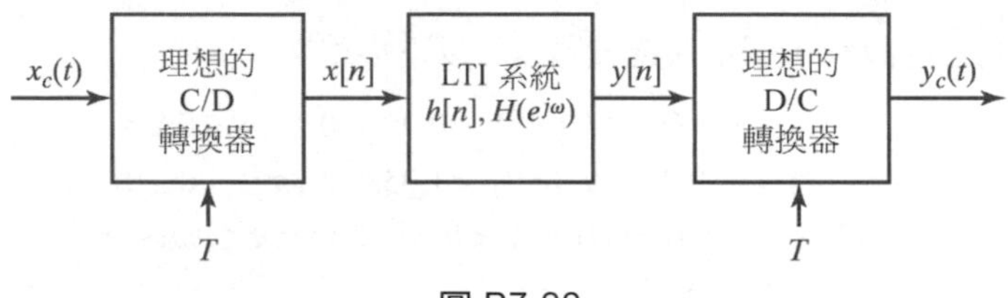

圖 P7.22

(a) 輸入信號應該要有什麼特性，才會使得整體系統的行爲會像是一個 LTI 系統，$Y_c(j\Omega) = H_{eff}(j\Omega)X_c(j\Omega)$？

(b) 針對你在 (a) 中找到的條件，決定被 $|H_{eff}(j\Omega)|$ 所滿足的近似誤差規格。把你的答案用一個方程式表示出來，或是把它畫成是 Ω 的一個函數。

(c) 在圖 P7.22 的系統，從連續時間輸入到連續時間輸出系統的整體延遲是多少秒？

7.23 考慮一個連續時間系統，系統函數爲

$$H_c(s) = \frac{1}{s}$$

此一系統叫做**積分器**，因爲輸出 $y_c(t)$ 和輸入 $x_c(t)$ 之間的關係爲

$$y_c(t) = \int_{-\infty}^{t} x_c(\tau)d\tau$$

假設我們把雙線性轉換套用至 $H_c(s)$ 而得到一個離散時間系統。

(a) 所得的離散時間系統其系統函數 $H(z)$爲何？脈衝響應 $h[n]$爲何？

(b) 假若對於所得的離散時間系統，$x[n]$是輸入，$y[n]$是輸出，寫出輸入和輸出間的差分方程式。若我們使用此一差分方程式來實現該離散時間系統，你預期會發生什麼問題？

(c) 寫出此離散系統頻率響應 $H(e^{j\omega})$ 的一個表示式。畫出此離散時間系統的大小和相位，$0\le|\omega|\le\pi$。把它們和連續時間積分器頻率響應 $H_c(j\Omega)$ 的大小和相位做比較。在什麼條件下，離散時間「積分器」才能視爲是連續時間積分器的一個好的近似？

現在考慮一個連續時間系統，其系統函數爲

$$G_c(s) = s$$

此一系統叫做**微分器**；也就是說，輸出 $y_c(t)$ 是輸入 $x_c(t)$ 的導數。假設我們把雙線性轉換套用至 $G_c(s)$ 而得到一個離散時間系統。

(d) 所得的離散時間系統其系統函數 $G(z)$ 為何？脈衝響應 $g[n]$ 為何？

(e) 寫出此離散系統頻率響應 $G(e^{j\omega})$ 的一個表示式。畫出此離散時間系統的大小和相位，$0\le|\omega|\le\pi$。把它們和連續時間微分器頻率響應 $G_c(j\Omega)$ 的大小和相位做比較。在什麼條件下，離散時間「微分器」才能視為是連續時間微分器的一個好的近似？

(f) 連續時間積分器和連續時間微分器之間彼此互逆。使用雙線性轉換後，所得之離散時間近似，此一彼此互逆的關係還成立嗎？

7.24 一個連續時間濾波器其脈衝響應為 $h_c(t)$，而其頻率響應大小為

$$|H_c(j\Omega)|=\begin{cases}|\Omega|, & |\Omega|<10\pi,\\ 0, & |\Omega|>10\pi,\end{cases}$$

它被使用來做為設計一個離散時間濾波器的原型。所得的離散時間系統是使用在圖 P7.24 的配置中，用來濾波連續時間信號 $x_c(t)$。

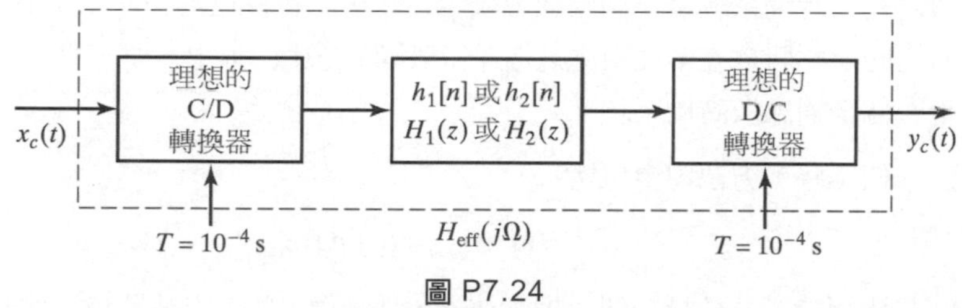

圖 P7.24

(a) 一個離散時間系統其脈衝響應 $h_1[n]$ 和系統函數 $H_1(z)$，乃是把原型連續時間系統套用脈衝不變性而獲得，且 $T_d=0.01$；也就是說，$h_1[n]=0.01h_c(0.01n)$。當這個離散時間系統是使用在圖 P7.24 中時，畫出整體頻率響應 $H_{eff}(j\Omega)=Y_c(j\Omega)/X_c(j\Omega)$ 的大小。

(b) 另外一種考量，假設一個離散時間系統 $h_2[n]$ 和系統函數 $H_2(z)$，乃是把原型連續時間系統套用雙線性轉換而獲得，且 $T_d=2$；也就是說，

$$H_2(z)=H_c(s)\big|_{s=(1-z^{-1})/(1+z^{-1})}$$

當這個離散時間系統是使用在圖 P7.24 中時，畫出整體頻率響應 $H_{eff}(j\Omega)=Y_c(j\Omega)/X_c(j\Omega)$ 的大小。

7.25 一個理想系統的脈衝響應為 $h_d[n]$，而其對應的頻率響應為 $H_d(e^{j\omega})$。該理想系統的一個 FIR 近似其脈衝響應和頻率響應分別為 $h[n]$ 和 $H(e^{j\omega})$。假設對 $n<0$ 和 $n>M$，$h[n]=0$。我們希望選擇脈衝響應的 $(M+1)$ 個樣本使得頻率響應的均方誤差可以最小化，該誤差定義成

$$\varepsilon^2=\frac{1}{2\pi}\int_{-\pi}^{\pi}|H_d(e^{j\omega})-H(e^{j\omega})|^2\,d\omega$$

(a) 使用帕色瓦關係把此誤差函數用序列 $h_d[n]$ 和 $h[n]$ 表示出來。

(b) 使用 (a) 的結果，決定出 $h[n]$ 的值，$0 \le n \le M$，使得 ε^2 最小化。

(c) (b)中所決定出的 FIR 濾波器可以由一個加窗運算獲得。也就是說，只要把理想的無限長度序列 $h_d[n]$ 乘以一個有限長度序列 $w[n]$ 就可以獲得 $h[n]$。決定出必要的窗函數 $w[n]$ 使得最佳的脈衝響應是 $h[n] = w[n]h_d[n]$。

進階問題

7.26 **脈衝不變性**和**雙線性轉換**是設計離散時間濾波器的兩個方法。這兩個方法都是轉換一個連續時間系統函數 $H_c(s)$ 成爲一個離散時間系統函數 $H(z)$。回答以下的問題，指出那一個（些）方法將會得到想要的結果：

(a) 一個最小相位連續時間系統其所有的極點和零點都在左半 s 平面。假若一個最小相位連續時間系統被轉換成一個離散時間系統，那一個（些）方法將會產生一個最小相位離散時間系統？

(b) 假若連續時間系統是一個全通系統，它的極點將會在落在左半 s 平面的位置 s_k 上，而它的零點將會在落在對應之右半 s 平面的位置 $-s_k$ 上。那一個（些）方法將會產生一個全通離散時間系統？

(c) 那一個（些）方法將會保證

$$H(e^{j\omega})|_{\omega=0} = H_c(j\Omega)|_{\Omega=0} \ ?$$

(d) 假若連續時間系統是一個帶拒濾波器，那一個（些）方法將會產生一個離散時間帶拒濾波器？

(e) 假設 $H_1(z)$、$H_2(z)$、和 $H(z)$ 分別爲 $H_{c1}(s)$、$H_{c2}(s)$、和 $H_c(s)$ 的轉換版本。若 $H_c(s) = H_{c1}(s)H_{c2}(s)$，那一個（些）方法將會保證 $H(z) = H_1(z)H_2(z)$？

(f) 假設 $H_1(z)$、$H_2(z)$、和 $H(z)$ 分別爲 $H_{c1}(s)$、$H_{c2}(s)$、和 $H_c(s)$ 的轉換版本。若 $H_c(s) = H_{c1}(s) + H_{c2}(s)$，那一個（些）方法將會保證 $H(z) = H_1(z) + H_2(z)$？

(g) 假設兩個連續時間系統函數滿足以下條件

$$\frac{H_{c1}(j\Omega)}{H_{c2}(j\Omega)} = \begin{cases} e^{-j\pi/2}, & \Omega > 0, \\ e^{j\pi/2}, & \Omega < 0 \end{cases}$$

假若假設 $H_1(z)$ 和 $H_2(z)$ 分別爲 $H_{c1}(s)$ 和 $H_{c2}(s)$ 的轉換版本，那一個（些）方法將會產生離散時間系統使得

$$\frac{H_1(e^{j\omega})}{H_2(e^{j\omega})} = \begin{cases} e^{-j\pi/2}, & 0 < \omega < \pi, \\ e^{j\pi/2}, & -\pi < \omega < 0? \end{cases}$$

（這種系統叫做「90 度相位分離器」。）

7.27 一個離散時間濾波器，其系統函數爲 $H(z)$，是用轉換一個連續時間濾波器，其系統函數爲 $H_c(s)$，所設計出來的。我們想要

$$H(e^{j\omega})|_{\omega=0} = H_c(j\Omega)|_{\Omega=0}$$

(a) 用脈衝不變性所設計出的濾波器會滿足這個條件嗎？假若是的話，什麼條件，假若有的話，是 $H_c(j\Omega)$ 必須要滿足的？

(b) 用雙線性轉換所設計出的濾波器會滿足這個條件嗎？假若是的話，什麼條件，假若有的話，是 $H_c(j\Omega)$ 必須要滿足的？

7.28 假設我們有一個理想的低通離散時間濾波器，其頻率響應爲

$$H(e^{j\omega}) = \begin{cases} 1, & |\omega| < \pi/4, \\ 0, & \pi/4 < |\omega| \le \pi \end{cases}$$

我們希望藉由操作這個原型的脈衝響應 $h[n]$ 來推導出新的濾波器。

(a) 假若有一系統它的脈衝響應是 $h_1[n] = h(2n)$，繪出其頻率響應 $H_1(e^{j\omega})$。

(b) 假若有一系統它的脈衝響應如下式，繪出其頻率響應 $H_2(e^{j\omega})$。

$$h_2[n] = \begin{cases} h[n/2], & n = 0, \pm 2, \pm 4, \ldots, \\ 0, & \text{其他} \end{cases}$$

(c) 假若有一系統它的脈衝響應爲 $h_3[n] = e^{j\pi n}h[n] = (-1)^n h[n]$，繪出其頻率響應 $H_3(e^{j\omega})$。

7.29 考慮一個連續時間低通濾波器 $H_c(s)$，其通帶和滯帶規格爲

$$\begin{aligned} 1-\delta_1 \le |H_c(j\Omega)| \le 1+\delta_1, &\quad |\Omega| \le \Omega_p, \\ |H_c(j\Omega)| \le \delta_2, &\quad \Omega_s \le |\Omega| \end{aligned}$$

這個濾波器然後被轉換成一個低通離散時間濾波器 $H_1(z)$，由以下的轉換

$$H_1(z) = H_c(s)|_{s=(1-z^{-1})/(1+z^{-1})},$$

而同一個連續時間濾波器也被轉換成一個高通離散時間濾波器，由以下的轉換

$$H_2(z) = H_c(s)|_{s=(1+z^{-1})/(1-z^{-1})}$$

(a) 決定出連續時間低通濾波器通帶截止頻率 Ω_p 和離散時間低通濾波器通帶截止頻率 ω_{p1} 之間的關係。

(b) 決定出連續時間低通濾波器通帶截止頻率 Ω_p 和離散時間高通濾波器通帶截止頻率 ω_{p2} 之間的關係。

(c) 決定出離散時間低通濾波器通帶截止頻率 ω_{p1} 和離散時間高通濾波器通帶截止頻率 ω_{p2} 之間的關係。

(d) 圖 P7.29 中網路畫出的是離散時間低通濾波器，其系統函數爲 $H_1(z)$，的一個實現。係數 A、B、C、和 D 均爲實數。我們應該如何修改這些係數以獲得一個實現離散時間高通濾波器 $H_2(z)$ 的網路？

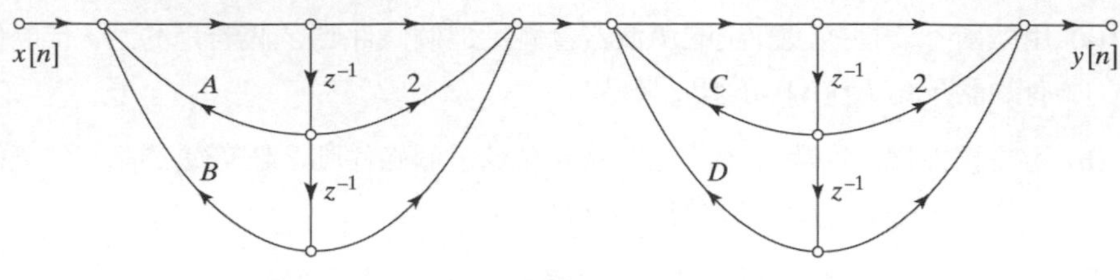

圖 P7.29

7.30 一個離散時間系統其系統函數爲 $H(Z)$，脈衝響應爲 $h[n]$，有如下頻率響應

$$H(e^{j\theta}) = \begin{cases} A, & |\theta| < \theta_c, \\ 0, & \theta_c < |\theta| \le \pi, \end{cases}$$

其中 $0 < \theta_c < \pi$。藉由轉換 $Z = -z^2$，這個濾波器被轉換成爲一個新的濾波器；也就是說，

$$H_1(z) = H(Z)|_{Z=-z^2} = H(-z^2)$$

(a) 寫出原來低通系統 $H(Z)$ 的頻率變數 θ 和新系統 $H_1(z)$ 的頻率變數 ω 之間的關係。

(b) 爲此新濾波器畫出頻率響應 $H_1(e^{j\omega})$，並小心的爲它給上標記。

(c) 用 $h[n]$ 寫出 $h_1[n]$ 的表示式。

(d) 假設 $H(Z)$ 可以由以下這組差分方程式來實現

$$\begin{aligned} g[n] &= x[n] - a_1 g[n-1] - b_1 f[n-2], \\ f[n] &= a_2 g[n-1] + b_2 f[n-1], \\ y[n] &= c_1 f[n] - c_2 g[n-1], \end{aligned}$$

其中 $x[n]$ 是系統輸入，$y[n]$ 是系統輸出。決定一個組差分方程式，它將會實現轉換後的系統 $H_1(z) = H(-z^2)$。

7.31 考慮設計一個離散時間濾波器 $H(z)$，它是從一個具有理式系統函數 $H_c(s)$ 之連續時間濾波器經由以下的轉換設計出來的

$$H(z) = H_c(s)|_{s=\beta[(1-z^{-\alpha})/(1+z^{-\alpha})]},$$

其中 α 是一個非零整數且 β 是實數。

(a) 假若 $\alpha > 0$，則 β 的爲何值才可以使一個穩定的、因果連續時間濾波器 $H_c(s)$ 一定可以轉換成爲一個穩定的、因果離散時間濾波器 $H(z)$？

(b) 假若 $\alpha < 0$，則 β 的爲何值才可以使一個穩定的、因果連續時間濾波器 $H_c(s)$ 一定可以轉換成爲一個穩定的、因果離散時間濾波器 $H(z)$？

(c) 若 $\alpha = 2$ 和 $\beta = 1$，決定出 s 平面的 $j\Omega$ 軸映射到 z 平面上的輪廓。

(d) 假設連續時間濾波器是一個穩定的低通濾波器，其通帶頻率響應滿足

$$1-\delta_1 \le |H_c(j\Omega)| < 1+\delta_1, \qquad 當 |\Omega| \le 1$$

假若離散時間系統 $H(z)$是由上式做轉換而獲得，而該轉換正如本習題一開始所定義，用$\alpha=2$和$\beta=1$，請決定出在區間$|\omega|\le\pi$中ω的值使得

$$1-\delta_1 \le |H(e^{j\omega})| \le 1+\delta_1$$

7.32 一個離散時間高通濾波器可以從一個連續時間低通濾波器藉由以下的轉換而獲得：

$$H(z)=H_c(s)\big|_{s=[(1+z^{-1})/(1-z^{-1})]}$$

(a) 請證明這個轉換把 s 平面的 $j\Omega$ 軸映射到 z 平面上的單位圓上。

(b) 請證明假若 $H_c(s)$ 是一個有理式函數，其所有的極點都在左半 s 平面上，則 $H(z)$將會是一個有理式函數，其所有的極點都會在 z 平面的單位圓內。

(c) 假設一個想要的高通離散時間濾波器有以下的規格

$$|H(e^{j\omega})| \le 0.01, \quad |\omega| \le \pi/3,$$
$$0.95 \le |H(e^{j\omega}) \le 1.05, \quad \pi/2 \le |\omega| \le \pi$$

決定連續時間低通濾波器的規格，使得想要的高通離散時間濾波器可以從本習題一開始所定義的轉換獲得。

7.33 你被要求要設計一個 FIR 濾波器，$h[n]$，滿足以下的大小規格：

- 通帶邊緣：$\omega_p=\pi/100$。
- 滯帶邊緣：$\omega_s=\pi/50$。
- 最大的滯帶增益：相對於通帶，$\delta_s \le -60$ dB。

有人建議你使用一個凱瑟窗。形狀參數β和濾波器長度 M的凱瑟窗設計公式，都提供在 7.5.3 節中。

(a) 若要滿足規格，β和M的值爲何？

你把所得的濾波器拿給你的老闆看，但是他不滿意。他要求你要減少濾波器所需要的運算量。有位顧問建議你可以把該濾波器設計成串接兩個子段：$h'[n]=p[n]*q[n]$。爲了設計出 $p[n]$，他建議你先設計一個濾波器，$g[n]$，其通帶邊緣$\omega'_p=10\omega_p$，滯帶邊緣$\omega'_s=10\omega_s$，滯帶增益$\delta'_s=\delta_s$。接下來，把 $g[n]$擴張 10 倍，可得濾波器 $p[n]$：

$$p[n]=\begin{cases} g[n/10], & 當\ n/10\ 是一個整數, \\ 0, & 其他 \end{cases}$$

(b) 若要滿足 $g[n]$的規格，β'和M'的值爲何？

(c) 畫出$P(e^{j\omega})$，從$\omega=0$到$\omega=\pi/4$。你並不需要畫出頻率響應其完全正確的形狀；取而代之的是，你應該展示頻率響應的那塊區域接近 0 dB，那塊區域等於或低於 −60 dB。在你的圖中標示出所有的頻帶邊緣。

(d) 在設計 $q[n]$ 時，你應該要使用什麼規格來保證 $h'[n]=p[n]*q[n]$ 會滿足或超過原來的需求？指出 $q[n]$ 需要的通帶邊緣，ω''_p，頻帶邊緣，ω''_s，和滯帶衰減，δ''_s。

(e) 在設計 $q[n]$ 時，若要滿足 $q[n]$ 的規格，β'' 和 M'' 的值爲何？$h'[n]=p[n]*q[n]$ 將會有多少個非零樣本？

(f) 從 (b) 到 (e) 所設計出的濾波器 $h'[n]$ 其實現方式是先把輸入和 $q[n]$ 做直接捲積，然後再把結果和 $p[n]$ 做直接捲積。在(a)中所設計出的濾波器 $h[n]$ 其實現方式是把輸入和 $h[n]$ 做直接捲積。這些兩種實現哪一種需要較少的乘法運算？請解釋之。請注意：乘以 0 的運算不用去計算之。

7.34 考慮一個實數，有限頻寬的信號 $x_a(t)$，其傅立葉轉換 $X_a(j\Omega)$ 有以下的特性：

$$X_a(j\Omega)=0 \qquad 當\ |\Omega|>2\pi\cdot 10000$$

也就是說，該信號是有限頻寬到 10 kHz。

我們希望用一個高通類比濾波器來處理 $x_a(t)$，該濾波器的大小響應滿足以下規格（請參見圖 P7.34）：

$$\begin{cases} 0\le |H_a(j\Omega)|\le 0.1 & 當\ 0\le|\Omega|\le 2\pi\cdot 4000=\Omega_s \\ 0.9\le |H_a(j\Omega)|\le 1 & 當\ \Omega_p=2\pi\cdot 8000\le|\Omega|, \end{cases}$$

其中 Ω_s 和 Ω_p 分別代表滯帶邊緣頻率和通帶邊緣頻率。

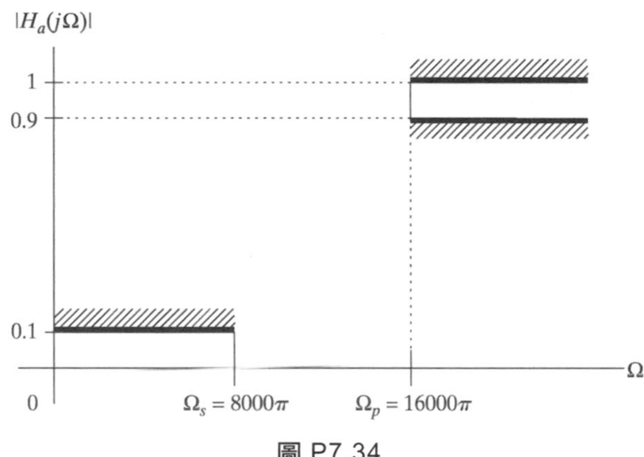

圖 P7.34

(a) 假設該類比濾波器 $H_a(j\Omega)$ 是用離散時間處理來實現的，根據展示在圖 7.2 中的結構。理想的 C/D 和 D/C 轉換器它們的取樣頻率 $f_s=\dfrac{1}{T}$ 都是 24 kHz。決定數位濾波器其大小響應 $|H(e^{j\omega})|$ 的適當濾波器規格。

(b) 使用雙線性轉換 $s=\dfrac{1-z^{-1}}{1+z^{-1}}$，我們像要設計一個數位濾波器，它的大小響應規格就是我們在 (a) 中所求出的。求出 $|G_{HP}(j\Omega_1)|$ 的規格，即高通類比濾波器的大小響應，該高通類比濾波器會透過雙線性轉換和數位濾波器做關聯。再次地，請畫出大小響應 $|G_{HP}(j\Omega_1)|$ 的規格，並在圖上做詳盡的標示。

(c) 使用頻率轉換 $s_1 = \dfrac{1}{s_2}$（也就是說，把 Laplace 轉換的 s 變數換成它的倒數），從最低階數的巴特渥斯濾波器設計出高通類比濾波器 $G_{HP}(j\Omega_1)$，而巴特渥斯濾波器的大小平方頻率響應給定如下：

$$|G(j\Omega_2)|^2 = \frac{1}{1+(\Omega_2/\Omega_c)^{2N}}$$

特別的是，求出最小的濾波器階數 N 和它對應的截止頻率 Ω_c，使得原來的濾波器的通帶規格($|H_a(j\Omega_p)| = 0.9$)會被正確地滿足。請畫出一個圖，在其中標示出你所設計之巴特渥斯濾波器其大小響應的突出特徵。

(d) 畫出（低通）巴特渥斯濾波器 $G(s_2)$ 的極點－零點圖，和寫出其系統函數的一個表示式。

7.35 一個零相位 FIR 濾波器 $h[n]$ 其對應的 DTFT $H(e^{j\omega})$，展示在圖 P7.35 中。

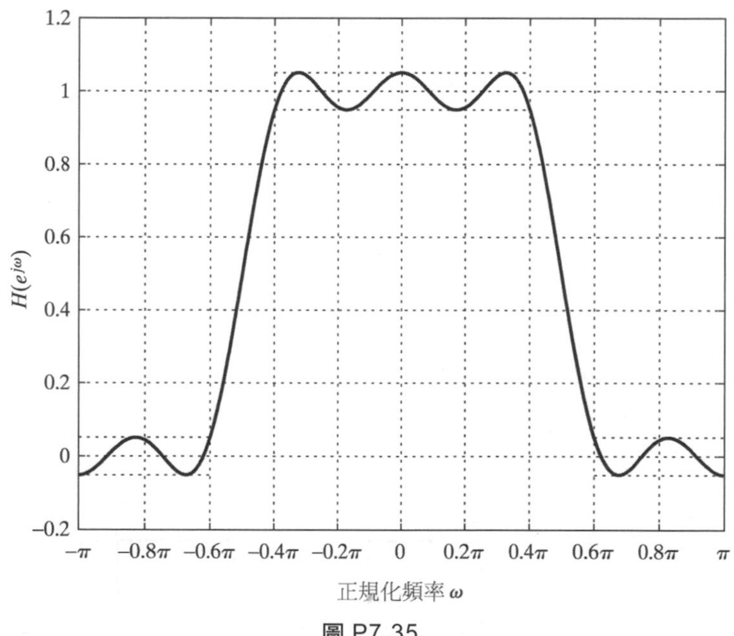

圖 P7.35

該濾波器已知是使用帕克斯－麥克連（PM）演算法來設計的。PM 演算法的輸入參數已知有：

- 通帶邊緣：$\omega_p = 0.4\pi$
- 滯帶邊緣：$\omega_s = 0.6\pi$
- 理想的通帶增益：$G_p = 1$
- 理想的滯帶增益：$G_s = 0$
- 誤差權重函數 $W(\omega) = 1$

脈衝響應 $h[n]$ 的長度爲 $M+1=2L+1$ 且

$$h[n]=0 \text{，} |n|>L \text{。}$$

L 的值是未知的。

有人宣稱，有兩個濾波器，每一個濾波器的頻率響應都和展示在圖 P7.35 中的響應一模一樣，兩者都是用帕克斯－麥克連演算法設計出來的，但是使用**不同**的 L 值。

- **濾波器 1**： $L=L_1$
- **濾波器 2**： $L=L_2>L_1$ 。

除了 L 的值不一樣之外，兩個濾波器都是使用完全相同的帕克斯－麥克連演算法和完全相同的輸入參數設計出來的。

(a) L_1 的可能值爲何？

(b) $L_2>L_1$ 的可能值爲何？

(c) 兩個濾波器的脈衝響應 $h_1[n]$ 和 $h_2[n]$ 完全相同嗎？

(d) 交替定理保證「唯一的 r 階多項式」。假若你在 (c) 的答案是「yes」，解釋爲什麼交替定理並沒有違背。假若你在 (c) 的答案是「no」，展示兩個濾波器，$h_1[n]$ 和 $h_2[n]$，它們之間的關係爲何。

7.36 圖 P7.36 是理想的，想要的大小頻率響應，我們用它來設計一個帶通濾波器，設計成是一個型 I FIR 濾波器 $h[n]$，其 DTFT $H(e^{j\omega})$ 近似 $H_d(e^{j\omega})$ 並滿足以下的限制：

$$-\delta_1 \le H(e^{j\omega}) \le \delta_1,\ 0 \le |\omega| \le \omega_1$$
$$1-\delta_2 H(e^{j\omega}) \le 1+\delta_2,\ \omega_2 \le |\omega| \le \omega_3$$
$$-\delta_3 \le H(e^{j\omega}) \le \delta_3,\ \omega_4 \le |\omega| \le \pi$$

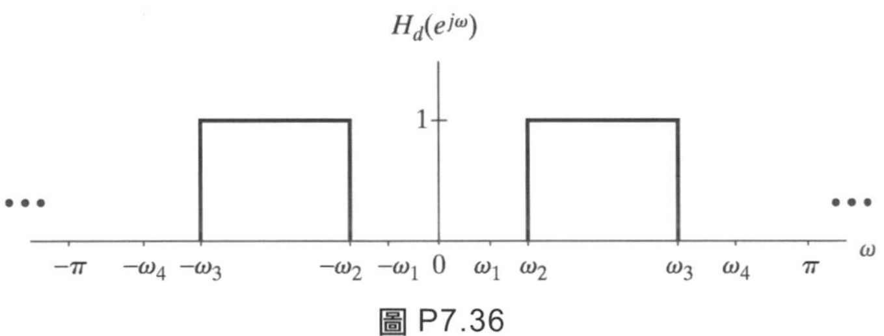

圖 P7.36

所得的濾波器 $h[n]$ 最小化最大的權重誤差，因此必須滿足交替定理。

決定和畫出一個適當的權重函數選擇，並把它使用在帕克斯－麥克連演算法中。

7.37 **(a)** 圖 P7.37-1 顯示出頻率響應 $A_e(e^{j\omega})$ ，它是一個低通的型 I 帕克斯－麥克連濾波器，基礎於以下的規格所設計出的。因此它滿足交替定理。

通帶邊緣： $\omega_p = 0.45\pi$

滯帶邊緣： $\omega_s = 0.50\pi$

想要的通帶大小：1

想要的滯帶大小：0

使用在通帶和滯帶中的權重函數 $W(\omega) = 1$ 。

有關於在此一濾波器的脈衝響應中最大可能的非零值數目，你有何看法？

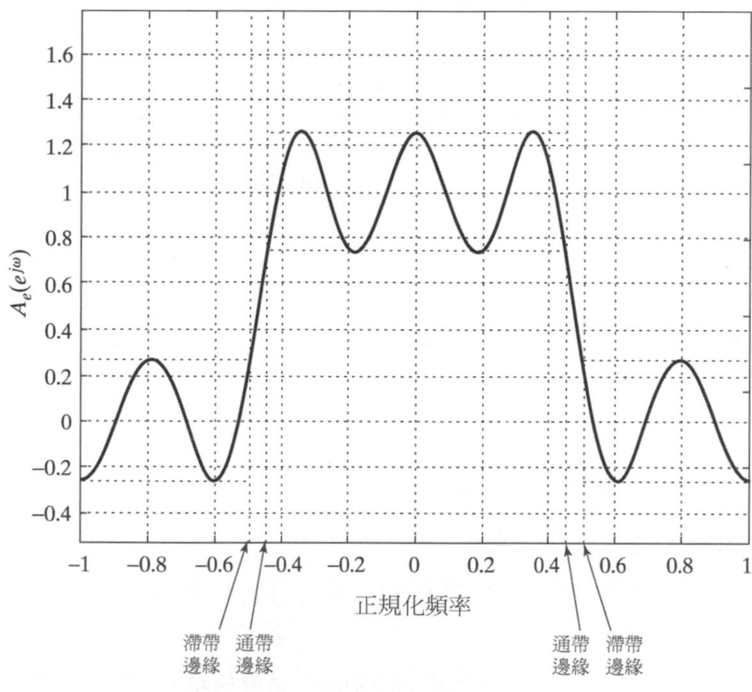

圖 P7.37-1

(b) 圖 P7.37-2 顯示另外一個頻率響應 $B_e(e^{j\omega})$ ，它是一個型 I FIR 濾波器。 $B_e(e^{j\omega})$ 是由 $A_e(e^{j\omega})$ 所獲得的，方式如下：

$$B_e(e^{j\omega}) = k_1\left(A_e(e^{j\omega})\right)^2 + k_2,$$

其中 k_1 和 k_2 爲常數。觀察 $B_e(e^{j\omega})$ ，它有等漣波行爲，但在通帶和滯帶中有不同的最大誤差。

這個濾波器滿足交替定理嗎？其中通帶和滯帶邊緣頻率同前所述，但通帶漣波和滯帶漣波是由虛線指出。

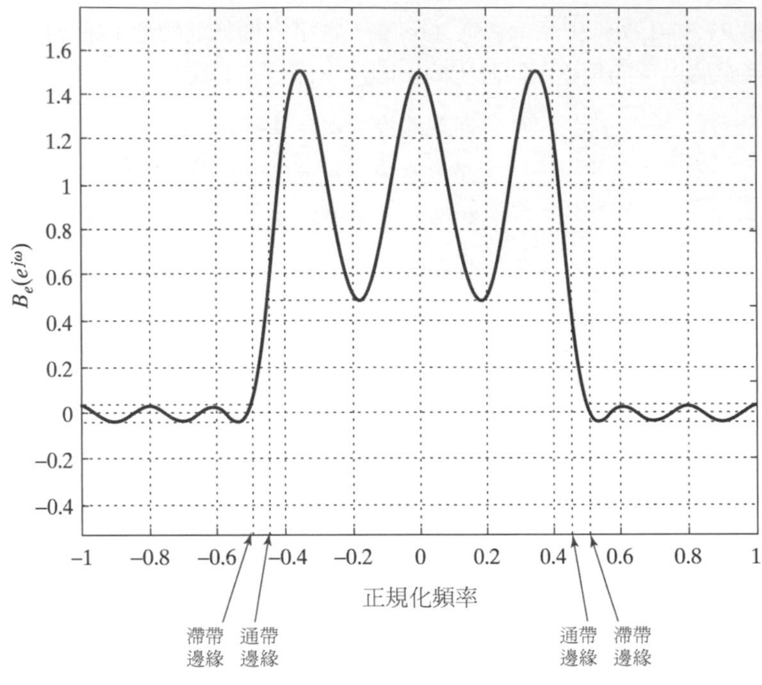

圖 P7.37-2

7.38 假設 $H_c(s)$ 在 $s=s_0$ 處有一個 r 階極點，所以可以表示成

$$H_c(s)=\sum_{k=1}^{r}\frac{A_k}{(s-s_0)^k}+G_c(s),$$

其中 $G_c(s)$ 僅有一階極點。假設 $H_c(s)$ 是因果的。

(a) 找出決定常數 A_k 的一個公式。

(b) 式獲得一個表示式把脈衝響應 $h_c(t)$ 用 s_0 和 $g_c(t)$ 表示出來，其中後者是 $G_c(s)$ 的反 Laplace 轉換。

7.39 在第 12 章我們會討論，一個**理想的離散時間希爾伯特**（Hilbert）轉換器是一個相位移位系統，它在 $0<\omega<\pi$ 中會使相位移位 −90 度（$-\pi/2$ 弳），而在 $-\pi<\omega<0$ 中會使相位移位+90 度（$+\pi/2$ 弳）。在 $0<\omega<\pi$ 和 $-\pi<\omega<0$ 中，頻率響應的大小都是常數（1）。這種系統也叫做**理想的 90 度相位移位器**。

(a) 考慮一個理想的離散時間希爾伯特轉換器，它具有常數（非零）群延遲，請寫出其理想的頻率響應 $H_d(e^{j\omega})$。畫出這個系統的相位響應，$-\pi<\omega<\pi$。

(b) 那種（些）型式的 FIR 線性相位系統（I、II、III、或 IV）可以被使用來近似在 (a) 小題中理想的希爾伯特轉換器？

(c) 假設我們希望使用加窗法來設計一個理想希爾伯特轉換器的線性相位近似。使用在 (a) 小題中所得到的 $H_d(e^{j\omega})$ 來決定理想的脈衝響應 $h_d[n]$。假設該 FIR 系統在 $n<0$ 和 $n>M$ 時 $h[n]=0$。

(d) 假若 $M = 21$，此系統的延遲為何？假設使用一個長方形窗，畫出此 FIR 近似頻率響應的大小。

(e) 假若 $M = 20$，此系統的延遲為何？假設使用一個長方形窗，畫出此 FIR 近似頻率響應的大小。

7.40 在 7.5.1 節中所提到的常用窗均可以使用長方形窗來表示之。這個事實可以被使用來獲得巴特里特窗和升餘弦（raised-cosine）窗的傅立葉轉換表示式，升餘弦窗家族包括漢寧、漢明，和伯雷克曼窗。

(a) 證明 $(M+1)$ 點的巴特里特窗，它定義在 (7.60b) 式中，可以表示成兩個較小長方形窗的捲積。使用這個事實，證明 $(M+1)$ 點巴特里特窗的傅立葉轉換為

$$W_B(e^{j\omega}) = e^{-j\omega M/2}(2/M)\left(\frac{\sin(\omega M/4)}{\sin(\omega/2)}\right)^2 \qquad M \text{ 為偶數。}$$

或

$$W_B(e^{j\omega}) = e^{-j\omega M/2}(2/M)\left(\frac{\sin[\omega(M+1)/4]}{\sin(\omega/2)}\right)\left(\frac{\sin[\omega(M-1)/4]}{\sin(\omega/2)}\right) \qquad M \text{ 為奇數。}$$

(b) 我們可以很容易地看出由 (7.60c) 式到 (7.60e) 式所定義的 $(M+1)$ 點升餘弦窗都可以表示成以下的形式

$$w[n] = [A + B\cos(2\pi n/M) + C\cos(4\pi n/M)]w_R[n],$$

其中 $w_R[n]$ 是一個 $(M+1)$ 點的長方形窗。使用這個關係求出一般升餘弦窗的傅立葉轉換。

(c) 適當的選擇 A、B、和 C，並利用在 (b) 小題中的結果，畫出漢寧窗其傅立葉轉換的大小。

7.41 一個最佳的等漣波 FIR 線性相位濾波器已由帕克斯－麥克連演算法設計出來。它的頻率響應大小展示在圖 P7.41 中。在通帶中最大的近似誤差是 $\delta_1 = 0.0531$，在滯帶中最大的近似誤差是 $\delta_2 = 0.085$。通帶和滯帶截止頻率為 $\omega_p = 0.4\pi$ 和 $\omega_s = 0.58\pi$。

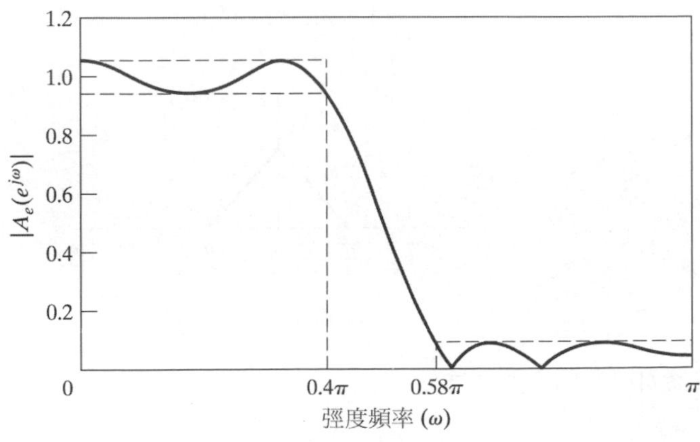

圖 P7.41

(a) 這是哪一型的（I、II、 III、或 IV）的線性相位系統？解釋你是如何判斷的。

(b) 在最佳化的過程中，所用的誤差權重函數 $W(\omega)$ 為何？

(c) 小心的畫出權重近似誤差；也就是說，畫出

$$E(\omega)=W(\omega)[H_d(e^{j\omega})-A_e(e^{j\omega})]$$

（請注意圖 P7.41 顯示出 $|A_e(e^{j\omega})|$。）

(d) 系統脈衝響應的長度為何？

(e) 假如這個系統是因果的，它可以有的最小的群延遲為何？

(f) 在 z 平面上儘可能精確地畫出系統函數 $H(z)$的零點。

7.42 考慮以下多頻帶濾波器的理想頻率響應：

$$H_d(e^{j\omega})=\begin{cases} e^{-j\omega M/2}, & 0\le|\omega|<0.3\pi, \\ 0, & 0.3\pi<|\omega|<0.6\pi, \\ 0.5e^{-j\omega M/2}, & 0.6\pi<|\omega|\le\pi \end{cases}$$

其脈衝響應 $h_d[n]$ 乘上一個凱瑟窗，其 $M=48$ 且 $\beta=3.68$，產生一個線性相位 FIR 系統其脈衝響應為 $h[n]$。

(a) 濾波器的延遲為何？

(b) 決定出理想的脈衝響應 $h_d[n]$。

(c) 決定出此一 FIR 濾波器所滿足的近似誤差規格；也就是說，決定出在下式中的參數 δ_1、δ_2、δ_3、C、B、ω_{p1}、ω_{s1}、ω_{p2}、和 ω_{s2}。

$$\begin{aligned} B-\delta_1\le|H(e^{j\omega})|\le B+\delta_1, &\quad 0\le\omega\le\omega_{p1}, \\ |H(e^{j\omega})|\le\delta_2, &\quad \omega_{s1}\le\omega\le\omega_{s2}, \\ C-\delta_3\le|H(e^{j\omega})|\le C+\delta_3, &\quad \omega_{p2}\le\omega\le\pi \end{aligned}$$

7.43 一個理想的濾波器 $h_d[n]$ 的頻率響應展示在圖 P7.43 中。在這個習題中，我們希望設計一個 $(M+1)$ 點的因果線性相位 FIR 濾波器 $h[n]$，它最小化以下的平方誤差積分

$$\epsilon_d^2=\frac{1}{2\pi}\int_{-\pi}^{\pi}|A(e^{j\omega})-H_d(e^{j\omega})|^2\,d\omega,$$

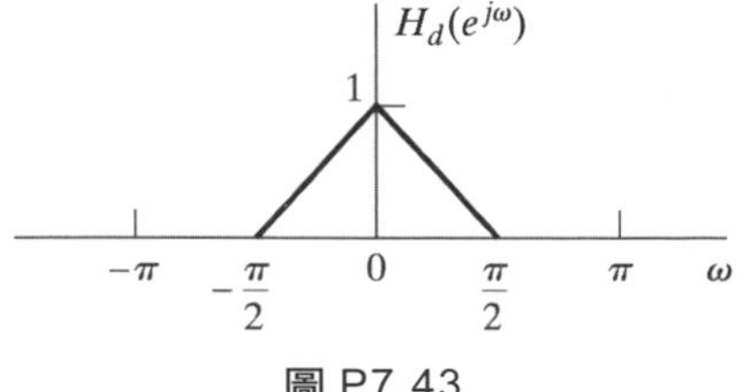

圖 P7.43

其中濾波器 $h[n]$的頻率響應為

$$H(e^{j\omega})=A(e^{j\omega})e^{-j\omega M/2}$$

且 M 是一個偶數。

(a) 決定出 $h_d[n]$。

(b) $h[n]$ 在 $0 \le n \le N-1$ 的範圍中會有什麼對稱性？簡要的解釋你的理由。

(c) 在範圍 $0 \le n \le N-1$ 中決定出 $h[n]$。

(d) 把最小平方誤差積分 ϵ^2 表示成 $h_d[n]$ 和 M 的一個函數，請寫出該函數表示式。

7.44 考慮一個型 I 線性相位 FIR 低通濾波器，其脈衝響應 $h_{LP}[n]$ 長度爲 $(M+1)$，而頻率響應爲

$$H_{LP}(e^{j\omega}) = A_e(e^{j\omega})e^{-j\omega M/2}$$

該系統的振幅函數 $A_e(e^{j\omega})$ 展示在圖 P7.44 中。

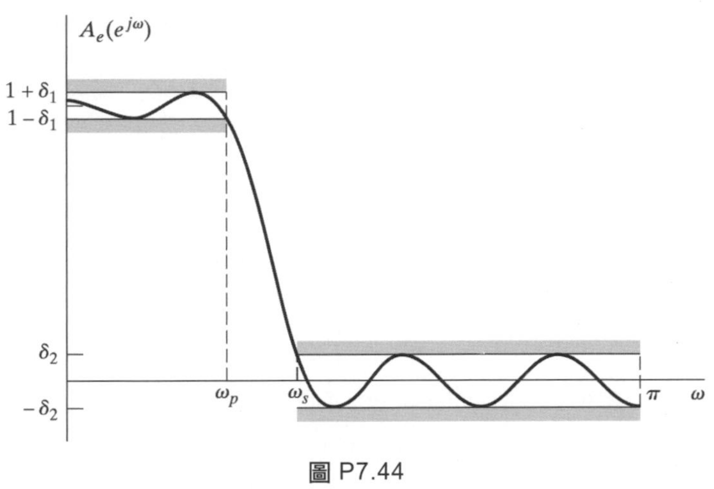

圖 P7.44

這個振幅函數是最佳的近似（在帕克斯－麥克連的觀點中），在頻帶 $0 \le \omega \le \omega_p$ 中近似 1，其中 $\omega_p = 0.27\pi$，在頻帶 $\omega_s \le \omega \le \pi$ 中近似 0，其中 $\omega_s = 0.4\pi$。

(a) M 的值爲何？

假設現在有一個高通濾波器，它是從這個低通濾波器所延伸出來的，其脈衝響應爲

$$h_{HP}[n] = (-1)^{n+1}h_{LP}[n] = -e^{j\pi n}h_{LP}[n]$$

(b) 證明所得的頻率響應其形式是 $H_{HP}(e^{j\omega}) = B_e(e^{j\omega})e^{-j\omega M/2}$。

(c) 畫出 $B_e(e^{j\omega})$，$0 \le \omega \le \pi$。

(d) 如果我們宣稱對於給定的 M 值（如在 (a) 小題中所找到的 M），所得的高通濾波器在頻帶 $0 \le \omega \le 0.6\pi$ 中最佳地近似零，而在頻帶 $0.73\pi \le \omega \le \pi$ 中最佳地近似一。這個宣稱是正確的嗎？驗證你的答案。

7.45 濾波器 C 是一個穩定的連續時間 IIR 濾波器，系統函數爲 $H_c(s)$ 而脈衝響應爲 $h_c(t)$。濾波器 B 是一個穩定的離散時間濾波器，系統函數爲 $H_b(z)$ 而脈衝響應爲 $h_b[n]$。濾波器 B

和濾波器 C 之間的關係是一個雙線性轉換。判定以下陳述的真僞。假若是真的話，說明你的理由。假若是僞的話，請舉出一個反例。

陳述：濾波器 B 不可能是一個 FIR 濾波器。

7.46 假設有一個離散時間濾波器，它是把雙線性轉換套用到一個原型連續時間濾波器 $H_e(s)$ 而得到的。而且，假設該連續時間濾波器有一個常數群延遲；也就是說，

$$H_e(j\Omega) = A(\Omega)e^{-j\Omega\alpha},$$

其中 $A(\Omega)$ 是一個實數函數。請問所得的離散時間濾波器也會有一個常數群延遲嗎？解釋你的理由。

7.47 設計一個三點的最佳的（用最小化最大準則）因果低通濾波器，使用 $\omega_s = \pi/2$，$\omega_p = \pi/3$，$K = 1$。指出你所設計濾波器的脈衝響應 $h[n]$。請注意：$\cos(\pi/2) = 0$ 和 $\cos(\pi/3) = 0.5$。

延伸問題

7.48 假若一個 LTI 連續時間系統有一個有理式系統函數，則它的輸入和輸出滿足一個常係數之線性常微分方程式。一個標準之模擬此系統的方式是使用有限差分來近似微分方程式的導數。特別地，因爲，對於連續可微分函數 $y_c(t)$，

$$\frac{dy_c(t)}{dt} = \lim_{T\to 0}\left[\frac{y_c(t) - y_c(t-T)}{T}\right],$$

所以假若 T「夠小」，把 $dy_c(t)/dt$ 換成 $[y_c(t) - y_c(t-T)]/T$ 應該是一個好的近似。

雖然這個簡單的方法可能在模擬連續時間系統時相當有用，但是它在設計離散時間系統方面一般來說不是一個有用的方法。爲了要了解用差分方程式來近似微分方程式的效應，我們可以考慮一個特定的範例。假設一個連續時間系統其系統函數爲

$$H_c(s) = \frac{A}{s+c},$$

其中 A 和 c 爲常數。

(a) 證明此系統的輸入 $x_c(t)$ 和輸出 $y_c(t)$ 滿足以下的微分方程式

$$\frac{dy_c(t)}{dt} + cy_c(t) = Ax_c(t)$$

(b) 在 $t = nT$ 處計算該微分方程式，並代入

$$\left.\frac{dy_c(t)}{dt}\right|_{t=nT} \approx \frac{y_c(nT) - y_c(nT-T)}{T},$$

也就是說，用**一階反向差分**（first backward difference）來代換一階導數。

(c) 定義 $x[n] = x_c(nT)$ 和 $y[n] = y_c(nT)$。請用這些符號和 (b) 小題中的結果，導出在 $x[n]$ 和 $y[n]$ 之間的差分方程式，並決定所得離散時間系統之系統函數 $H(z) = Y(z)/X(z)$。

(d) 證明對這個例子來說，

$$H(z) = H_c(s)\big|_{s=(1-z^{-1})/T};$$

也就是說，證明 $H(z)$ 可以直接從 $H_c(s)$ 由以下的映射關係獲得

$$s = \frac{1-z^{-1}}{T}$$

（我們可以證明假若我們重複的使用一階反向差分來近似較高階導數的話，則 (d) 的結果也適用於較高階的系統。）

(e) 對於 (d) 的映射，決定出 s 平面上的 $j\Omega$ 軸映射到 z 平面上的輪廓。而且，也決定出左半 s 平面映射到 z 平面上的區域。假若連續時間系統 $H_c(s)$ 是穩定的，由一階反向差分近似所獲得的離散時間系統將也會是穩定的嗎？離散時間系統的頻率響應將會是連續時間系統頻率響應的一種忠實呈現嗎？T 的選擇將會如何影響穩定性和頻率響應？

(f) 假設一階導數現在改由**一階正向差分**來近似；也就是說，

$$\left.\frac{dy_c(t)}{dt}\right|_{t=nT} \approx \frac{y_c(nT+T) - y_c(nT)}{T}$$

決定出其對應之從 s 平面上到 z 平面上的映射，並重做 (e) 小題。

7.49 考慮一個 LTI 連續時間系統，具有理式系統函數 $H_c(s)$。其輸入 $x_c(t)$ 和輸出 $y_c(t)$ 滿足一個常係數線性常微分方程式。模擬此一系統的一種方法就是使用數值的技巧來積分該微分方程式。在這個習題中，我們示範假若我們使用梯形積分公式，這個方法是等價於使用雙線性轉換把連續時間系統函數 $H_c(s)$ 轉換成一個離散時間系統函數 $H(z)$。

爲了示範這個論述，考慮以下的連續時間系統函數

$$H_c(s) = \frac{A}{s+c},$$

其中 A 和 c 是常數。對應的微分方程式是

$$\dot{y}_c(t) + c y_c(t) = A x_c(t),$$

其中

$$\dot{y}_c(t) = \frac{dy_c(t)}{dt}$$

(a) 證明 $y_c(nT)$ 可以使用 $\dot{y}_c(t)$ 表示成

$$y_c(nT) = \int_{(nT-T)}^{nT} \dot{y}_c(\tau)d\tau + y_c(nT-T)$$

在這個方程式中的定積分表示函數 $\dot{y}_c(t)$ 從 $(nT\text{-}T)$ 到 nT 此一區間曲線下的面積。圖 P7.49 展示出一個函數 $\dot{y}_c(t)$ 和一個有陰影的梯形區域，它的面積近似曲線下的面積。這個積分的近似就是著名的**梯形近似**（trapezoidal approximation）。很清楚地，

當 T 趨近於零，此近似效果會更加改善。請使用梯形近似來獲得一個用 $y_c(nT-T)$，$\dot{y}_c(nT)$，和 $\dot{y}_c(nT-T)$ 來表示 $y_c(nT)$ 的表示式。

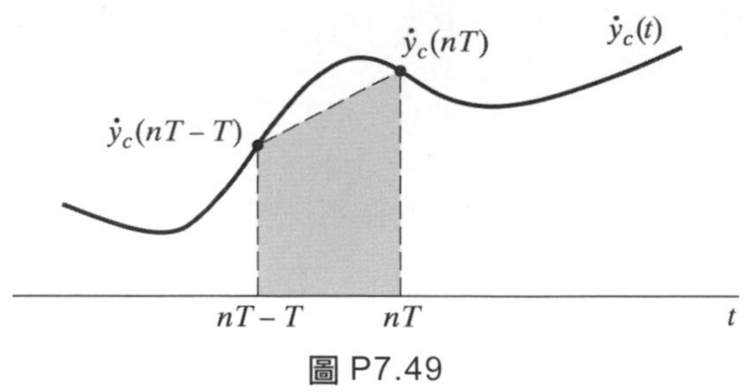

圖 P7.49

(b) 使用微分方程式求得一個 $\dot{y}_c(nT)$ 的表示式，把這個表示式代入到你在 (a) 小題中所獲得的表示式。

(c) 定義 $x[n]=x_c(nT)$ 和 $y[n]=y_c(nT)$。請用這些符號和你在 (b) 題中所得的結果，導出在 $x[n]$ 和 $y[n]$ 之間的差分方程式，並決定所得離散時間系統之系統函數 $H(z)=Y(z)/X(z)$。

(d) 證明在這個例子中，

$$H(z)=H_c(s)\big|_{s=(2/T)[(1-z^{-1})/(1+z^{-1})]};$$

也就是說，證明 $H(z)$ 可以直接從 $H_c(s)$ 做雙線性轉換來獲得（在較高階的微分方程式中，對輸出的最高階數導數重複地套用梯形積分法，就是等同處理一個具有理式系統函數之更爲一般的連續時間系統）。

7.50 在這個習題中，我們考慮一種可以叫做**自相關不變性**（autocorrelation invariance）的濾波器設計法。考慮一個穩定的連續時間系統，脈衝響應爲 $h_c(t)$ 而系統函數爲 $H_c(s)$。系統脈衝響應的自相關函數定義爲

$$\phi_c(\tau)=\int_{-\infty}^{\infty}h_c(t)h_c(t+\tau)d\tau,$$

對於一個實數脈衝響應而言，我們可以容易地證明 $\phi_c(\tau)$ 的 Laplace 轉換爲 $\Phi_c(s)=H_c(s)H_c(-s)$。類似的，考慮一個離散時間系統，脈衝響應爲 $h[n]$ 而系統函數爲 $H(z)$。一個離散時間系統脈衝響應的自相關函數定義爲

$$\phi[m]=\sum_{n=-\infty}^{\infty}h[n]h[n+m],$$

對於一個實數脈衝響應而言，$\Phi(z)=H(z)H(z^{-1})$。

自相關不變性意味著藉由使離散時間系統的自相關函數等同於一個連續時間系統自相關函數的取樣值，我們可以定義一個離散時間濾波器；也就是說，

$$\phi[m]=T_d\phi_c(mT_d),\quad -\infty<m<\infty$$

以下的設計程序是我們提出的自相關不變性法，其中 $H_c(s)$ 是一個有理式函數，有 N 個一階極點在 s_k ，$k = 1, 2, \ldots, N$，和有 $M < N$ 個零點：

1. 把 $\Phi_c(s)$ 做部份分式展開

$$\Phi_c(s) = \sum_{k=1}^{N}\left(\frac{A_k}{s - s_k} + \frac{B_k}{s + s_k}\right)$$

2. 求出其 z 轉換

$$\Phi(z) = \sum_{k=1}^{N}\left(\frac{T_d A_k}{1 - e^{s_k T_d} z^{-1}} + \frac{T_d B_k}{1 - e^{-s_k T_d} z^{-1}}\right)$$

3. 找出 $\Phi(z)$ 的極點和零點，求出 $\Phi(z)$ 的最小相位系統函數 $H(z)$ ，只要把 $\Phi(z)$ 在**單位圓內**的極點和零點挑出即可。

(a) 驗證此一設計程序的每一個步驟；也就是說，證明所得離散時間系統的自相關函數是一個連續時間系統自相關函數的取樣值。爲了要驗證此一程序，我們考慮一個一階系統，其脈衝響應爲

$$h_c(t) = e^{-\alpha t} u(t)$$

對應的系統函數爲

$$H_c(s) = \frac{1}{s + \alpha}$$

(b) $|H(e^{j\omega})|^2$ 和 $|H_c(j\Omega)|^2$ 之間有什麼關係？那種型態的頻率響應函數會適用於自相關不變性的設計？

(c) 在步驟 3 所獲得系統函數是唯一的嗎？假若不是的話，描述如何獲得另外一個自相關不變的離散時間系統。

7.51 令 $H_{lp}(Z)$ 爲一個離散時間低通濾波器的系統函數。如此系統的實現可以由包含加法器、增益、和如圖 P7.51-1 的單位延遲元件的線性信號流程圖表示出來。我們想要實現一個低通濾波器，它的截止頻率可以藉由改變單一一個參數來做變化。我們提出的策略是把 $H_{lp}(Z)$ 流程圖中的每一個單位延遲元件都換成如圖 P7.51-2 所示的網路，其中 α 是實數且 $|\alpha| < 1$。

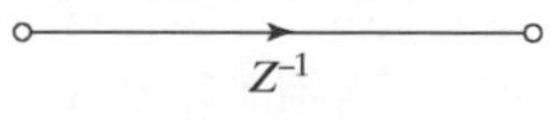

Z^{-1}

圖 P7.51-1

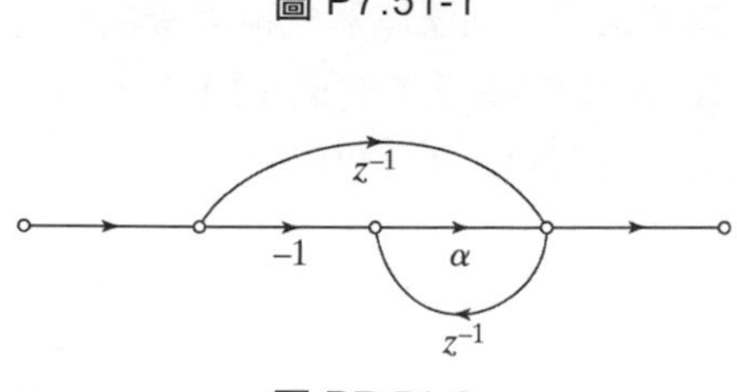

圖 P7.51-2

(a) 把 $H_{lp}(Z)$ 流程圖中的每一個單位延遲元件都換成如圖 P7.51-2 所示的網路之後，令 $H(z)$ 為所得濾波器之系統函數。請證明 $H(z)$和 $H_{1p}(Z)$ 之間的關係是一個從 Z 平面到 z 平面的映射。

(b) 假若 $H(e^{j\omega})$ 和 $H_{1p}(e^{j\theta})$ 是那兩個系統的頻率響應，請決定出在頻率變數 ω 和 θ 之間的關係。把 ω 當作是 θ 的一個函數，畫出當 $\alpha=0.5$ 和 $\alpha=-0.5$ 時 ω 的圖形，並證明 $H(e^{j\omega})$ 是一個低通濾波器。而且，假若原來的低通濾波器 $H_{1p}(Z)$ 的通帶截止頻率為 θ_p，請求出 ω_p 的一個方程式，ω_p 為新濾波器 $H(z)$的截止頻率，而且它是一個 θ_p 和 α 的函數。

(c) 假設原來的低通濾波器其系統函數為

$$H_{1p}(Z)=\frac{1}{1-0.9Z^{-1}}$$

畫出一個實現 $H_{1p}(Z)$ 的流程圖，也畫出實現 $H(z)$ 的流程圖，後者是把 $H_{1p}(Z)$ 流程圖中的每一個單位延遲元件都換成如圖 P7.51-2 所示的網路而得到的。所得的網路會對應到一個可以計算的差分方程式嗎？

(d) 假若 $H_{1p}(Z)$ 對應到一個 FIR 系統，它是用直接式來實現的，該流程圖操作會導致一個可以計算的差分方程式嗎？假若 FIR 系統 $H_{1p}(Z)$ 是一個線性相位系統，所得的系統 $H(z)$也會是一個線性相位系統嗎？假若 FIR 系統 $H_{1p}(Z)$ 其脈衝響應長度為 $M+1$ 個樣本，轉換後的系統其脈衝響應長度為何？

(e) 為了要避免在 (c) 中所引起的困難，我們建議把圖 P7.51-2 的網路串接一個單位延遲元件，如圖 P7.51-3 所描述。把 $H_{1p}(Z)$ 流程圖中的每一個單位延遲元件都換成如圖 P7.51-3 所示的網路，重做 (a) 的分析。決定出把 θ 當作是 ω 的函數的一個表示式，並證明假若 $H_{1p}(e^{j\theta})$ 是一個低通濾波器的話，則 $H(e^{j\omega})$ 不會是一個低通濾波器。

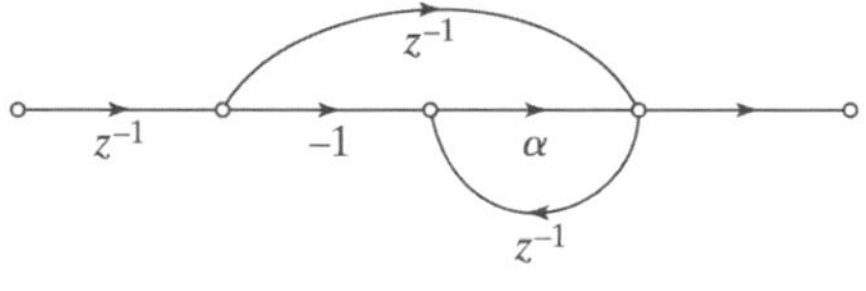

圖 P7.51-3

7.52 假若我們有一個基本的濾波器模組（一種硬體或一個電腦副程式），有時候我們可以重複地使用它來實現一個新的濾波器，它會具有更為陡峭的頻率響應特性。其中一種做法是就是把兩個或多個的相同濾波器模組串接起來，但是我們知道雖然滯帶誤差會被平方（因此會降低滯帶誤差，假若它們小於 1 的話），但是這種方法將會增加通帶近似誤差。另一種方法，由 Tukey (1977) 所提出，展示在圖 P7.52-1 的方塊圖中。Tukey 稱這個方法為「兩次濾波」（twicing）。

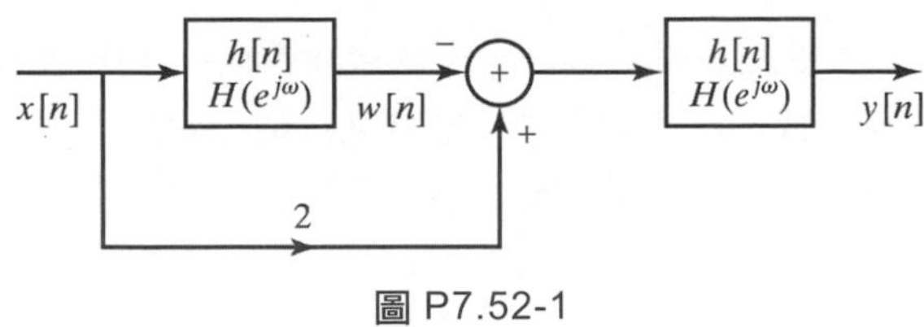

圖 P7.52-1

(a) 假設基本系統有一個對稱的有限長度脈衝響應；也就是說，

$$h[n]=\begin{cases} h[-n], & -L\le n\le L, \\ 0, & \text{其他} \end{cases}$$

決定整體脈衝響應 $g[n]$是否是 (i) FIR。(ii) 具對稱性的。

(b) 假設 $H(e^{j\omega})$ 滿足以下的近似誤差規格：

$$\begin{aligned} (1-\delta_1)\le H(e^{j\omega})\le(1+\delta_1), &\quad 0\le\omega\le\omega_p, \\ -\delta_2\le H(e^{j\omega})\le\delta_2, &\quad \omega_s\le\omega\le\pi \end{aligned}$$

假若基本系統滿足這些規格，則我們可以證明出整體頻率響應 $G(e^{j\omega})$（從 $x[n]$到 $y[n]$）滿足規格以下規格

$$\begin{aligned} A\le G(e^{j\omega})\le B, &\quad 0\le\omega\le\omega_p, \\ C\le G(e^{j\omega})\le D, &\quad \omega_s\le\omega\le\pi \end{aligned}$$

用 δ_1 和 δ_2 決定出 A、B、C、和 D。假若 $\delta_1 \ll 1$ 且 $\delta_2 \ll 1$，則 $G(e^{j\omega})$ 最大的通帶和滯帶近似誤差爲何？

(c) 正如在 (b) 中所求的，Tukey 的兩次濾波法改善了通帶近似誤差，但增加了滯帶誤差。凱瑟和漢明 (1977) 把兩次濾波法做一般化來改善通帶和滯帶的誤差。他們稱他們的方法爲「陡化」（sharpening）。可以改善通帶和滯帶誤差之最簡單的陡化系統我們展示在圖 P7.52-2 中。再次地假設基本系統的脈衝響應正如 (a) 中所給定。對於圖 P7.52-2 中的系統，重做 (b)。

(d) 在之前的討論中，基本系統均是假設爲非因果的。假若現在基本系統的脈衝響應是一個因果線性相位 FIR 系統，

$$h[n]=\begin{cases} h[M-n], & 0\le n\le M, \\ 0, & \text{其他} \end{cases}$$

圖 P7.52-1 和 P7.52-2 的系統應該如何做修改？ 我們能用那種（些）型式（I、II、III、或 IV）的因果線性相位 FIR 系統？圖 P7.52-1 和 P7.52-2 的系統脈衝響應長度爲何（用 L 表示）？

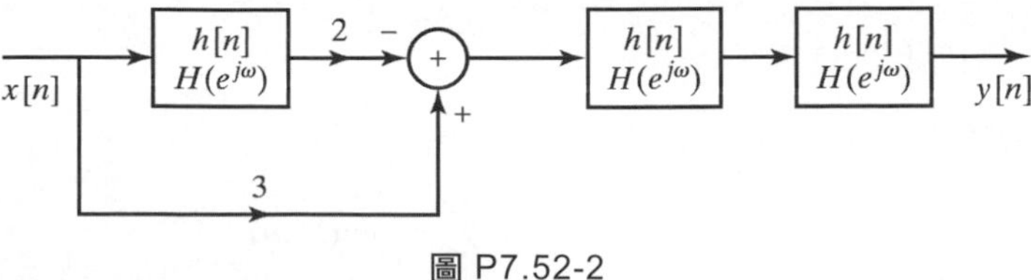

圖 P7.52-2

7.53 考慮用帕克斯－麥克連演算法設計一個低通線性相位 FIR 濾波器。使用交替定理來論述在通帶和滯帶之間的「不須在乎」區域其近似必須呈現單調地遞減。提示：證明三角多項式其所有的局部極大值和極小值爲了要滿足交替定理，它們的位置必須要在通帶或滯帶中。

7.54 圖 P7.54 顯示一個離散時間 FIR 系統的頻率響應 $A_e(e^{j\omega})$，其脈衝響應爲

$$h_e[n] = \begin{cases} h_e[-n], & -L \le n \le L, \\ 0, & \text{其他} \end{cases}$$

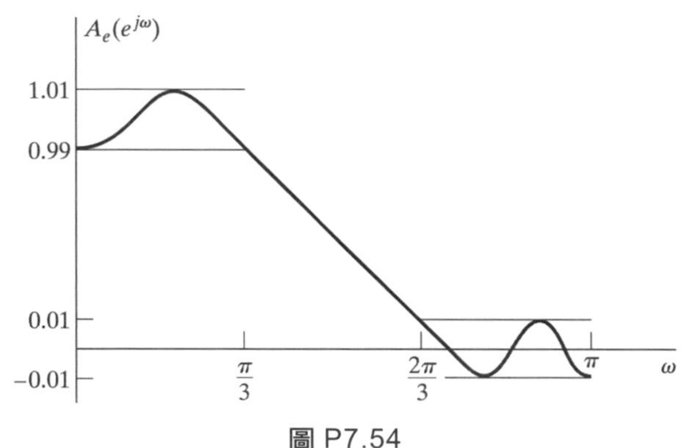

圖 P7.54

(a) 用帕克斯－麥克連演算法設計一個 FIR 濾波器，通帶邊緣頻率爲 $\pi/3$，滯帶邊緣頻率爲 $2\pi/3$，在通帶和滯帶中的誤差權重函數都是 1，請證明 $A_e(e^{j\omega})$ 不能被設計出來。清楚地解釋你的理由。暗示：交替定理指出最佳近似是唯一的。

(b) 基礎於圖 P7.54 和 $A_e(e^{j\omega})$ 不是一個最佳濾波器的事實，有關於 L 的值我們可以有什麼評論？

7.55 考慮圖 P7.55 的系統。

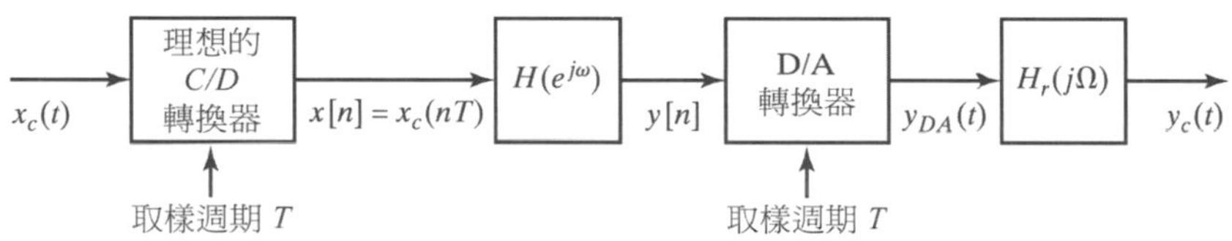

圖 P7.55

1. 假設對於 $|\Omega| \ge \pi/T$，$X_c(j\Omega) = 0$，而且

$$H_r(j\Omega) = \begin{cases} 1, & |\Omega| < \pi/T, \\ 0, & |\Omega| > \pi/T, \end{cases}$$

是一個理想的低通重建濾波器。

2. D/A 轉換器有一個內建的零階保持電路，所以

$$Y_{DA}(t) = \sum_{n=-\infty}^{\infty} y[n]h_0(t - nT),$$

其中

$$h_0(t) = \begin{cases} 1, & 0 \le t < T, \\ 0, & \text{其他} \end{cases}$$

（我們忽略在 D/A 轉換器中的量化。）

3. 圖 P7.55 的第二個系統是一個線性相位 FIR 離散時間系統，頻率響應爲 $H(e^{j\omega})$。

我們希望使用帕克斯－麥克連演算法設計一個 FIR 系統來補償零階保持系統的效應。

(a) 輸出的傅立葉轉換是 $Y_c(j\Omega) = H_{\text{eff}}(j\Omega)X_c(j\Omega)$。用 $H(e^{j\Omega T})$ 和 T 決定出 $H_{\text{eff}}(j\Omega)$ 的一個表示式。

(b) 假若該線性相位 FIR 系統在 $n<0$ 和 $n>51$ 時 $h[n]=0$，且 $T=10^{-4}$ 秒，在 $x_c(t)$ 和 $y_c(t)$ 之間整體時間延遲是多少毫秒？

(c) 假設當 $T=10^{-4}$ 時，我們希望有效的頻率響應要有等漣波（在通帶和滯帶中均是），且有以下的容忍度：

$$0.99 \le |H_{\text{eff}}(j\Omega)| \le 1.01, \quad |\Omega| \le 2\pi(1000),$$
$$|H_{\text{eff}}(j\Omega)| \le 0.01, \quad 2\pi(2000) \le |\Omega| \le 2\pi(5000)$$

我們想藉由設計一個最佳的線性相位濾波器（使用帕克斯－麥克連演算法）來達到這個目的，而且也包括對零階保持的補償。請寫出在此情況下的理想響應 $H_d(e^{j\omega})$。求出和畫出要使用的權重函數 $W(\omega)$。請畫出一個可能會產生之「典型的」頻率響應 $H(e^{j\omega})$。

(d) 你會如何修正你在 (c) 中的結果以納入對重建濾波器 $H_r(j\Omega)$ 的大小補償？$H_r(j\Omega)$ 在 $\Omega = 2\pi(5000)$ 以上爲零增益，但是其通帶是斜的。

7.56 當一個離散時間信號被低通濾波之後，通常會做降頻取樣（downsampling）或做抽取（decimated），如圖 P7.56-1 所描述。在這種應用中，我們通常會用線性相位 FIR 濾波器，但是假若在圖中的低通濾波器有一個窄過渡帶時，該 FIR 系統將會有一個長的脈衝響應，因此每一個輸出樣本將會需要一個大數目的乘法運算和加法運算。

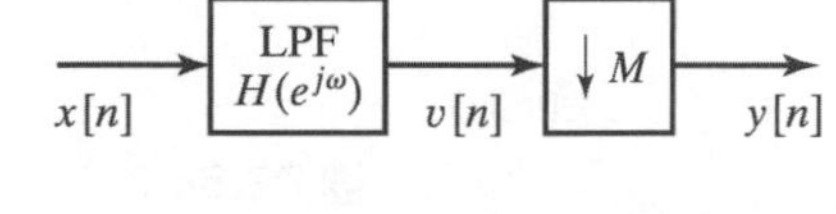

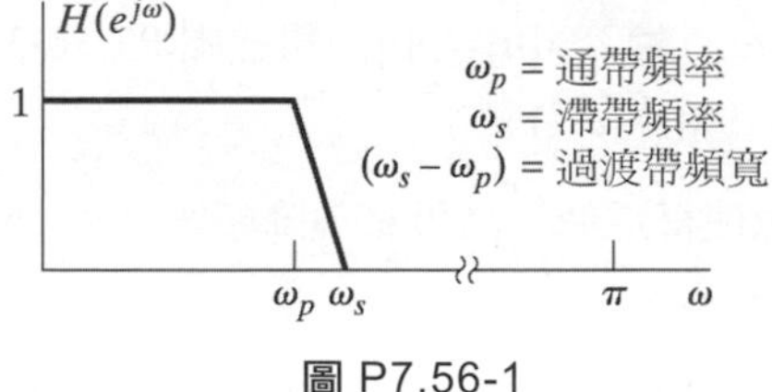

圖 P7.56-1

在這個習題中，我們將會研究圖 P7.56-1 的系統其多階（multistage）實現的優點。在當 ω_s 很小且抽取因子 M 很大時，這種實現特別的有用。一個一般的多段實現我們描述在圖 P7.56-2 中。我們的策略是：在前面的階段中，我們使用具較寬過渡帶的低通濾波器，因此在那幾個階段中，所需濾波器脈衝響應的長度可以降低。當抽取運算發生時，信號樣本的數目會減少，因此我們可以漸進式的減少那些作用在抽取後信號的濾波器的過渡帶寬度。用這種方式，實現該降頻器（decimator）所需運算的整體數目可以減少。

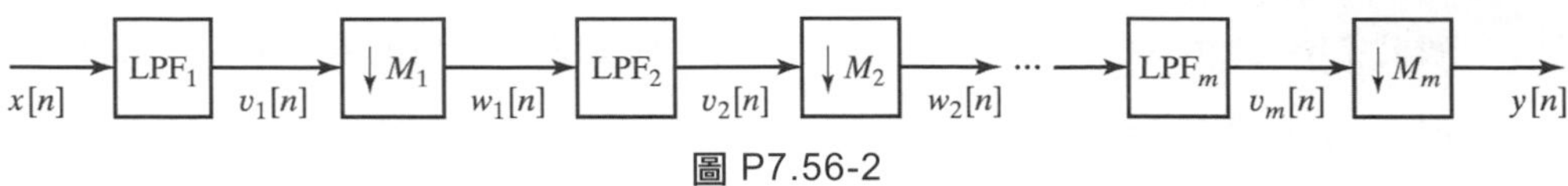

圖 P7.56-2

(a) 假若在圖 P7.56-1 中的抽取運算不會產生交疊現象，最大的可用的抽取因子 M 為何？用 ω_s 表示之。

(b) 令在圖 P7.56-2 的系統中，$M=100$，$\omega_s=\pi/100$，$\omega_p=0.9\pi/100$。假若 $x[n]=\delta[n]$，畫出 $V(e^{j\omega})$ 和 $Y(e^{j\omega})$。

現在考慮一個 $M=100$ 的二階段實現降頻器，如圖 P7.56-3 所描述，其中 $M_1=50$、$M_2=2$、$\omega_{p1}=0.9\pi/100$、$\omega_{p2}=0.9\pi/2$、和 $\omega_{s2}=\pi/2$。我們必須選擇 ω_{s1} 或是，等價的，選擇 LPF1 的過渡帶頻帶（$\omega_{s1}-\omega_{p1}$），使得此二階段實現會和單階降頻器會有相同的通帶和滯帶頻率（我們並不關心在過渡帶中頻率響應的形狀為何，只要這兩個系統在過渡帶中都有單調遞減的響應即可）。

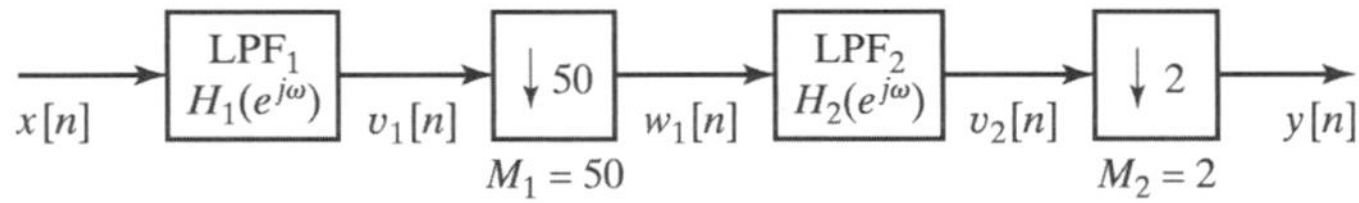

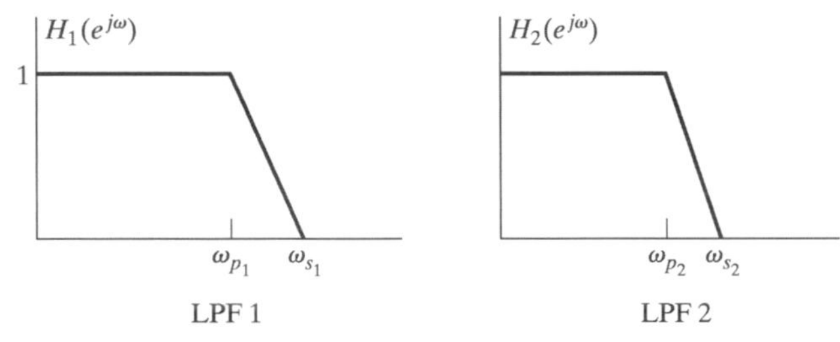

圖 P7.56-3

(c) 對於一個任意的 ω_{s1}，輸入 $x[n]=\delta[n]$，畫出圖 P7.56-3 二階段實現降頻器其 $V_1(e^{j\omega})$、$W_1(e^{j\omega})$、$V_2(e^{j\omega})$、和 $Y(e^{j\omega})$。

(d) 求出**最大**的 ω_{s1} 值使得這個二階段實現降頻器會和 (b) 中的單階降頻器會有相同的通帶和滯帶截止頻率。

除了有一個非零的過渡帶頻寬之外，這個低通濾波器在通帶和滯帶中分別有近似誤差 δ_p 和 δ_s。假設使用線性相位等漣波 FIR 近似。從 (7.117) 式，可知對於最佳的低通濾波器，

$$N \approx \frac{-10\log_{10}(\delta_p\delta_s)-13}{2.324\Delta\omega}+1, \qquad \text{(P7.56-1)}$$

其中 N 是脈衝響應長度，$\Delta\omega=\omega_s-\omega_p$ 是該低通濾波器的過渡帶頻帶。式 (P7.56-1) 提供我們比較兩種降頻器實現方式的基礎。假若濾波器設計是使用凱瑟窗法的話，要估計脈衝響應長度，只要把 (P7.56-1) 式換成 (7.76) 式即可。

(e) 對單階實現中的低通濾波器而言，假設 $\delta_p=0.01$ 和 $\delta_s=0.001$。計算低通濾波器的脈衝響應長度 N，並決定出每一個輸出樣本所需要的乘法運算數目。請利用線性相位 FIR 系統脈衝響應其對稱的優點（請注意在這個抽取應用中，僅需要計算出輸出的每 M 個樣本即可；也就是說，壓縮器（compressor）和 FIR 系統的乘法運算互換）。

(f) 使用在 (d) 中找到的 ω_{s1} 值，分別計算 LPF1 和 LPF2 的脈衝響應長度 N_1 和 N_2，它們使用在圖 P7.56-3 的二階段實現降頻器中。求出在該二階段降頻器中每一個輸出樣本所需要的乘法運算數目。

(g) 假若在二階段降頻器中的濾波器都使用同一近似誤差規格 $\delta_p=0.01$ 和 $\delta_s=0.001$，整體通帶漣波可能會大於 0.01，因爲兩個階段的通帶漣波會彼此的加強；舉例來說，$(1+\delta_p)(1+\delta_p)>(1+\delta_p)$。爲了要補償這個效應，在二階段實現中的濾波器每一個都被設計成僅有單階實現濾波器一半的通帶漣波。因此，在二階段降頻器中的每一個濾波器，我們均假設 $\delta_p=0.005$ 和 $\delta_s=0.001$。分別計算 LPF1 和 LPF2 的脈衝響應長度 N_1 和 N_2，和決定出每一個輸出樣本所需要的乘法運算總數目。

(h) 對於在二階段降頻器中的每一個濾波器，我們是否也應該減少滯帶近似誤差的規格？

(i) 本小題可選擇做或不做。對於每一個輸出樣本所需要的乘法運算總數而言，$M_1=50$ 和 $M_2=2$ 的組合可能不是產生最小的總數的一組。我們也可以選擇其他的 M_1 和 M_2 整數對，只要 $M_1M_2=100$ 即可。決定 M_1 和 M_2 的值，使得每一個輸出樣本所需要的乘法運算總數可以最小化。

7.57 在這個習題中，我們發展出一個技巧來設計具有最小相位的離散時間濾波器。這種濾波器它們所有的極點和零點都是在單位圓內（或是在單位圓上）。（我們將會允許零點在單位圓上。）首先，讓我們考慮轉換一個型 I 線性相位 FIR 等漣波低通濾波器成爲一個最小相位系統的問題。假若 $H(e^{j\omega})$ 是一個型 I 線性相位濾波器的頻率響應，則

1. 對應的脈衝響應

$$h[n]=\begin{cases} h[M-n], & 0\le n\le M, \\ 0, & \text{其他} \end{cases}$$

是實數值，且 M 是一個偶數。

2. 從第 1 點可知 $H(e^{j\omega})=A_e(e^{j\omega})e^{-j\omega n_0}$，其中 $A_e(e^{j\omega})$ 是實數函數且 $n_0=M/2$ 是一個整數。

3. 通帶漣波是 δ_1；也就是說，在通帶中，$A_e(e^{j\omega})$ 在$(1+\delta_1)$和$(1-\delta_1)$之間振盪（請參見圖 P7.57-1）。

4. 滯帶漣波是 δ_2；也就是說，在滯帶中，$-\delta_2 \le A_e(e^{j\omega}) \le \delta_2$，即 $A_e(e^{j\omega})$ 在 $-\delta_2$ 和 $+\delta_2$ 之間振盪（請參見圖 P7.57-1）。

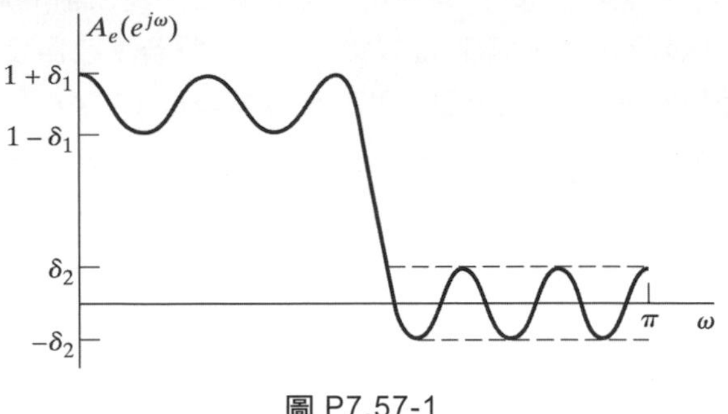

圖 P7.57-1

以下的技巧是由 Herrmann 和 Schussler (1970a) 所提出的，此技巧轉換以上這個線性相位系統成為一個最小相位系統，其系統函數為 $H_{\min}(z)$ 且其單位樣本響應為 $h_{\min}[n]$（在這個習題中，我們假設最小相位系統的零點可以在單位圓上）：

步驟 1. 產生一個新的序列

$$h_1[n] = \begin{cases} h[n], & n \ne n_0, \\ h[n_0] + \delta_2, & n = n_0 \end{cases}$$

步驟 2. 認定 $H_1(z)$ 可以表示成以下形式

$$H_1(z) = z^{-n_0} H_2(z) H_2(1/z) = z^{-n_0} H_3(z)$$

其中 $H_2(z)$ 其所有的極點和零點都是在單位圓內或是在單位圓上，而且 $h_2[n]$ 是實數值。

步驟 3. 定義

$$H_{\min}(z) = \frac{H_2(z)}{a}$$

分母常數 $a = \left(\sqrt{1-\delta_1+\delta_2} + \sqrt{1+\delta_1+\delta_2}\right)/2$ 正規化通帶，如此一來所得的頻率響應 $H_{\min}(e^{j\omega})$ 將會在 1 做上下振盪。

(a) 證明假若 $h_1[n]$ 是如步驟 1 所選出，則 $H_1(e^{j\omega})$ 可以寫成

$$H_1(e^{j\omega}) = e^{-j\omega n_0} H_3(e^{j\omega}),$$

其中 $H_3(e^{j\omega})$ 對於所有的 ω 都是非負的實數值。

(b) 假若 $H_3(e^{j\omega}) \ge 0$，如(a)中所示，請證明存在一個 $H_2(z)$ 使得

$$H_3(z) = H_2(z) H_2(1/z),$$

其中 $H_2(z)$ 是一個最小相位系統函數，且 $h_2[n]$ 是實數值（也就是說，驗證步驟 2）。

(c) 藉由計算 δ_1' 和 δ_2'，示範新的濾波器 $H_{\min}(e^{j\omega})$ 是一個等漣波的低通濾波器（也就是說，它的大小特性有展示在圖 P7.57-2 中的形式）。新的脈衝響應 $h_{\min}[n]$ 的長度爲何？

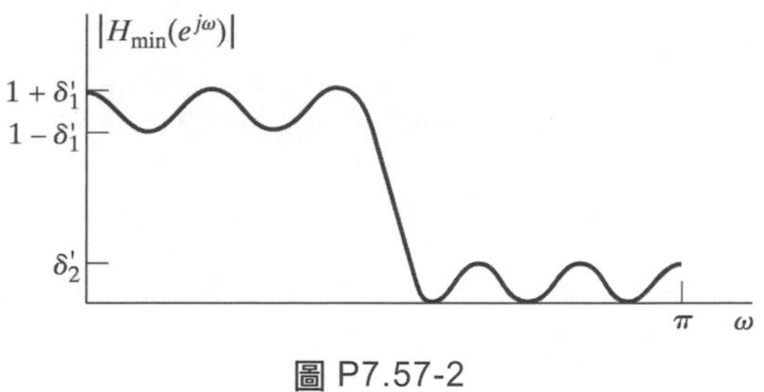

圖 P7.57-2

(d) 在 (a)、(b) 和 (c) 小題中，我們假設我們是由一個型 I FIR 線性相位濾波器開始整個設計程序。假若我們移去線性相位限制，這個技巧依然能用嗎？假若我們使用一個型 II FIR 線性相位系統，這個技巧依然能用嗎？

7.58 對於給定的 L 、F 、$W(\omega)$ 、和 $H_d(e^{j\omega})$，假設我們有一個程式可以找出係數組 $a[n]$，$n = 0, 1, \ldots, L$，可以最小化

$$\max_{\omega\in F}\left\{\left|W(\omega)\left[H_d(e^{j\omega})-\sum_{n=0}^{L}a[n]\cos\omega n\right]\right|\right\},$$

我們已經證明出這個最佳化問題的解是一個非因果 FIR 零相位系統，其脈衝響應滿足 $h_e[n]=h_e[-n]$。藉由把 $h_e[n]$ 延遲 L 個樣本，我們獲得一個因果得型 I FIR 線性相位系統，其頻率響應爲

$$H(e^{j\omega})=e^{-j\omega M/2}\sum_{n=0}^{L}a[n]\cos\omega n=\sum_{n=0}^{2L}h[n]e^{-j\omega n},$$

其中脈衝響應和係數 $a[n]$ 的關係爲

$$a[n]=\begin{cases}2h[M/2-n], & 1\le n\le L,\\ h[M/2], & n=0\end{cases}$$

$M=2L$ 是系統函數多項式的階數（脈衝響應的長度是 $M+1$）。

其它的 3 種型態（II、III、和 IV）的線性相位 FIR 濾波器也可以由這個已有的程式設計出來，只要我們把權重函數 $W(\omega)$ 和想要的頻率響應 $H_d(e^{j\omega})$ 做適當的修正即可。爲了要說明是如何修正的，我們必須要把頻率響應的表示式做適當的操作使之符合程式所假設的標準型式。

(a) 假設我們希望設計一個因果的型 II FIR 線性相位系統，其脈衝響應 $h[n]=h[M-n]$，對 $n = 0, 1, \ldots, M$，其中 M 是一個奇數。證明這個型態系統的頻率響應可以表示成

$$H(e^{j\omega})=e^{-j\omega M/2}\sum_{n=1}^{(M+1)/2}b[n]\cos\omega\left(n-\tfrac{1}{2}\right),$$

並決定出在係數 $b[n]$ 和 $h[n]$ 之間的關係。

(b) 證明總和項

$$\sum_{n=1}^{(M+1)/2} b[n]\cos\omega\left(n-\tfrac{1}{2}\right)$$

可以寫成

$$\cos(\omega/2)\sum_{n=0}^{(M-1)/2} \tilde{b}[n]\cos\omega n$$

關鍵是用 $\tilde{b}[n]$，$n = 1, 2, \ldots, (M-1)/2$ 來表示 $b[n]$，$n = 0, 1, \ldots, (M+1)/2$，的表示式。暗示：請注意 $b[n]$ 是用 $\tilde{b}[n]$ 來表示。而且，要使用三角恆等式 $\cos\alpha\cos\beta=\frac{1}{2}\cos(\alpha+\beta)+\frac{1}{2}\cos(\alpha-\beta)$。

(c) 假若我們希望使用給定的程式來設計型 II 系統（M 為奇數），對一組給定的 F、$W(\omega)$、和 $H_d(e^{j\omega})$，證明如何用 L、F、$W(\omega)$、和 $H_d(e^{j\omega})$ 來獲得 $\tilde{L}$、$\tilde{F}$、$\tilde{W}(\omega)$、和 $\tilde{H}_d(e^{j\omega})$，使得假若我們用 $\tilde{L}$、$\tilde{F}$、$\tilde{W}(\omega)$、和 $\tilde{H}_d(e^{j\omega})$ 來跑這個程式的話，我們可以使用所得的係數組來決定出想要的型 II 系統的脈衝響應。

(d) (a) 小題到 (c) 小題的處理方式可以重複來分析型 III 和型 IV 因果線性相位 FIR 系統，其中 $h[n]=-h[M-n]$。對於這些情況，你必須證明，對於型 III 系統（M 為偶數），頻率響應可以表示成

$$\begin{aligned}H(e^{j\omega}) &= e^{-j\omega M/2}\sum_{n=1}^{M/2} c[n]\sin\omega n\\ &= e^{-j\omega M/2}\sin\omega\sum_{n=0}^{(M-2)/2}\tilde{c}[n]\cos\omega n,\end{aligned}$$

而對於型 IV 系統（M 為奇數），

$$\begin{aligned}H(e^{j\omega}) &= e^{-j\omega M/2}\sum_{n=1}^{(M+1)/2} d[n]\sin\omega\left(n-\tfrac{1}{2}\right)\\ &= e^{-j\omega M/2}\sin(\omega/2)\sum_{n=0}^{(M-1)/2}\tilde{d}[n]\cos\omega n\end{aligned}$$

正如 (b) 小題，你必須用 $\tilde{c}[n]$ 來表示 $c[n]$，用 $\tilde{d}[n]$ 來表示 $d[n]$，使用三角恆等式 $\sin\alpha\cos\beta=\frac{1}{2}\sin(\alpha+\beta)+\frac{1}{2}\sin(\alpha-\beta)$。McClellan 和 Parks (1973) 以及 Rabiner 和 Gold (1975) 有對此一課題做非常詳盡的討論。

7.59 在這個習題中，我們考慮一個可變截止（variable cutoff）線性相位濾波器的實現方式。假設我們有一個用帕克斯－麥克連方法所設計的零相位濾波器。這個濾波器的頻率響應可以表示為

$$A_e(e^{j\theta})=\sum_{k=0}^{L} a_k(\cos\theta)^k,$$

它的系統函數因此可以表示成

$$A_e(Z)=\sum_{k=0}^{L} a_k\left(\frac{Z+Z^{-1}}{2}\right)^k,$$

其中 $e^{j\theta}=Z$（我們在原來的系統中用 Z，轉換原來的系統所獲得的系統用 z）。

(a) 使用前面的系統函數表示式，畫一個實現該系統的方塊圖或流程圖，所用的材料為乘以係數 a_k 的乘法運算，加法，和有系統函數 $(Z+Z^{-1})/2$ 的基本系統元件。

(b) 系統脈衝響應長度為何？整個系統可以藉由串接 L 個樣本的延遲使之具因果性。把這些延遲分散成單位延遲使得在網路中的每一個部份都會是因果的。

(c) 假設我們從 $A_e(Z)$ 經由下式的轉換獲得一個新的系統函數

$$B_e(z)=A_e(Z)\big|_{(Z+Z^{-1})/2=\alpha_0+\alpha_1[(z+z^{-1})/2]}$$

使用 (a) 中所獲得的流程圖，畫出一個實現系統函數 $B_e(z)$ 的系統流程圖。這個系統脈衝響應的長度為何？如 (b) 小題的方式修正網路使得整個系統和在網路中的每一個部份都會是因果的。

(d) 假若 $A_e(e^{j\theta})$ 是原來濾波器的頻率響應，$B_e(e^{j\omega})$ 是轉換後濾波器的頻率響應，決定在 θ 和 ω 之間的關係。

(e) 原來的最佳濾波器其頻率響應展示在圖 P7.59 中。對於 $\alpha_1=1-\alpha_0$ 且 $0\le\alpha_0<1$ 的情況，描述頻率響應 $B_e(e^{j\omega})$ 是如何隨著 α_0 的變化做改變。暗示：把 $A_e(e^{j\theta})$ 和 $B_e(e^{j\omega})$ 畫成是 $\cos\theta$ 和 $\cos\omega$ 的函數。轉換後所得的濾波器以在轉換後的通帶和滯帶中有最小的最大權重近似誤差的準則下，是否是最佳的？

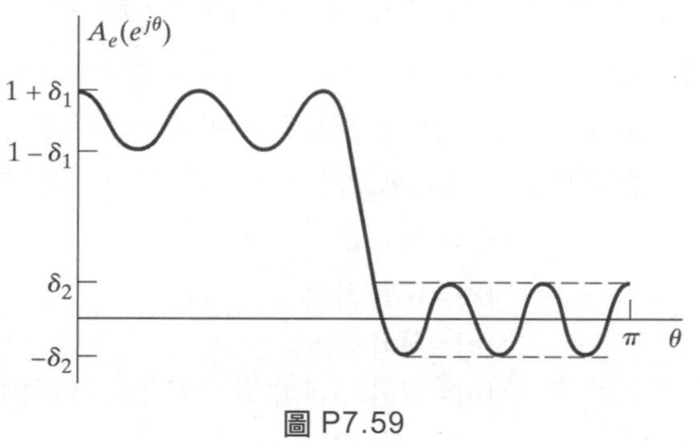

圖 P7.59

(f) 本小題可選擇做或不做。對於 $\alpha_1=1+\alpha_0$ 且 $-1<\alpha_0\le 0$ 的情況重複做 (e) 小題。

7.60 在這個習題中，我們考慮把連續時間濾波器映射成離散時間濾波器的問題，方式為把一個連續時間濾波器的微分方程式中的導數運算替換成中央差分（central difference）以獲得一個差分方程式。一個序列 $x[n]$ 的一階中央差分定義成

$$\Delta^{(1)}\{x[n]\}=x[n+1]-x[n-1],$$

而 k 階中央差分被遞迴式地定義成

$$\Delta^{(k)}\{x[n]\}=\Delta^{(1)}\{\Delta^{(k-1)}\{x[n]\}\}$$

為了一致性起見，零階中央差分被定義成

$$\Delta^{(0)}\{x[n]\}=x[n]$$

(a) 假若 $X(z)$爲 $x[n]$的 z 轉換，決定出 $\Delta^{(k)}\{x[n]\}$ 的 z 轉換。

一個 LTI 連續時間濾波器被映射成爲一個 LTI 離散時間濾波器的方式如下：令連續時間濾波器的輸入 $x(t)$和輸出 $y(t)$之間的關係爲以下的微分方程式

$$\sum_{k=0}^{N} a_k \frac{d^k y(t)}{dt^k} = \sum_{r=0}^{M} b_r \frac{d^r x(t)}{dt^r}$$

則對應離散時間濾波器的輸入 $x[n]$和輸出 $y[n]$之間的關係爲以下的差分方程式

$$\sum_{k=0}^{N} a_k \Delta^{(k)}\{y[n]\} = \sum_{r=0}^{M} b_r \Delta^{(r)}\{x[n]\}$$

(b) 假若 $H_c(s)$ 是一個有理式連續時間系統函數， $H_d(z)$ 爲對應的離散時間系統函數，獲得的方式爲把微分方程式映射成爲一個差分方程式，如 (a) 部份所述，則

$$H_d(z) = H_c(s)|_{s=m(z)}$$

請決定 $m(z)$。

(c) 假設 $H_c(s)$ 近似一個連續時間低通濾波器，截止頻率 $\Omega = 1$ ；也就是說，

$$H(j\Omega) \approx \begin{cases} 1, & |\Omega| < 1, \\ 0, & \text{其他} \end{cases}$$

這個濾波器被映射成一個離散時間濾波器，使用在 (a) 部份所討論的中央差分。畫出你所預期之離散時間濾波器近似的頻率響應，假設它是穩定的。

7.61 令 $h[n]$爲最佳的型 I 等漣波低通濾波器，它展示在圖 P7.61 中，是以權重函數 $W(\omega)$ 和想要的頻率響應 $H_d(e^{j\omega})$ 來設計的。爲了簡單起見，假設濾波器是零相位（也就是說，非因果的）。我們將會使用 $h[n]$來設計 5 種不同的 FIR 濾波器如下：

$$h_1[n] = h[-n],$$
$$h_2[n] = (-1)^n h[n],$$
$$h_3[n] = h[n] * h[n],$$
$$h_4[n] = h[n] - k\delta[n], \text{其中 } K \text{ 是一個常數}$$
$$h_5[n] = \begin{cases} h[n/2], & n \text{ 爲偶數} \\ 0, & \text{其他} \end{cases}$$

對於每一個濾波器 $h_i[n]$，在最小最大的準則中，決定是否 $h_i[n]$ 是最佳的。也就是說，對於某些選擇的 $H_d(e^{j\omega})$ 和 $W(\omega)$ ，決定是否

$$h_i[n] = \min_{h_i[n]} \max_{\omega \in F} (W(e^{j\omega}) \,|\, H_d(e^{j\omega}) - H_i(e^{j\omega}) \,|)$$

其中 F 是在 $0 \le \omega \le \pi$ 上不相交封閉區間的聯集。假若 $h_i[n]$ 是最佳的，決定出對應的 $H_d(e^{j\omega})$ 和 $W(\omega)$ 。假若 $h_i[n]$ 不是最佳的，請解釋爲什麼。

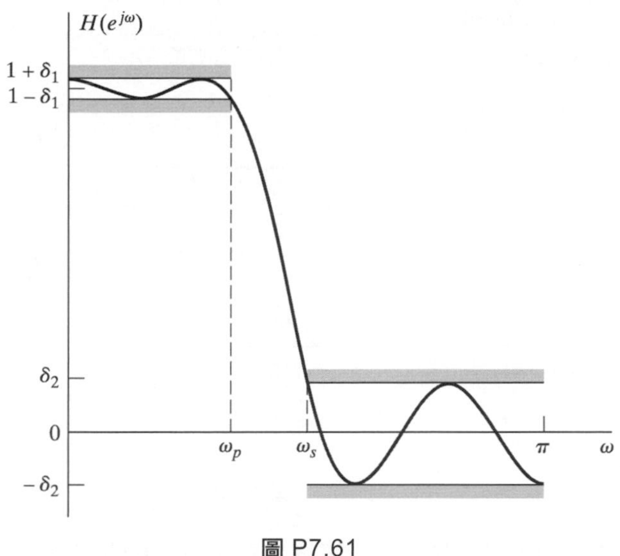

圖 P7.61

7.62 假設你已經使用帕克斯－麥克連演算法設計一個因果 FIR 線性相位系統。這個系統的系統函數是 $H(z)$。脈衝響應的長度是 25 個樣本，對於 $n<0$ 和 $n>24$，$h[n]=0$ 且 $h[0]\neq 0$。對於以下的每一個命題，回答「真」、「僞」、或「資訊不充分」：

(a) $h[n+12]=h[12-n]$ 或 $h[n+12]=-h[12-n]$，$-\infty \le n \le \infty$。

(b) 該系統有一個穩定且因果的逆系統。

(c) 我們知道 $H(-1)=0$。

(d) 在所有的近似頻帶中，最大的權重近似誤差是相同的。

(e) 該系統可以用一個沒有迴授路徑的信號流程圖實現出來。

(f) 對於 $0\le\omega\le\pi$，群延遲是正的。

7.63 考慮使用帕克斯－麥克連演算法設計一個型 I 帶通線性相位 FIR 濾波器。脈衝響應的長度是 $M+1=2L+1$。憶及對於型 I 系統，頻率響應是 $H(e^{j\omega})=A_e(e^{j\theta})e^{j\omega M/2}$，而帕克斯－麥克連演算法會找出函數 $A_e(e^{j\theta})$ 最小化誤差函數的最大值，誤差函數定義爲

$$E(\omega)=W(\omega)[H_d(e^{j\omega})-A_e(e^{j\omega})],\quad \omega\in F,$$

其中 F 是在 $0\le\omega\le\pi$ 上不相交封閉區間的聯集，$W(\omega)$ 是一個權重函數，$H_d(e^{j\omega})$ 定義了在近似區間 F 中想要的頻率響應。一個帶通濾波器的容忍圖展示在圖 P7.63 中。

(a) 寫出在圖 P7.63 容忍圖中想要響應 $H_d(e^{j\omega})$ 的方程式。

(b) 寫出在圖 P7.63 容忍圖中權重函數 $W(\omega)$ 的方程式。

(c) 最佳濾波器的誤差函數其**最小**的交替數目爲何？

(d) 最佳濾波器的誤差函數其**最大**的交替數目爲何？

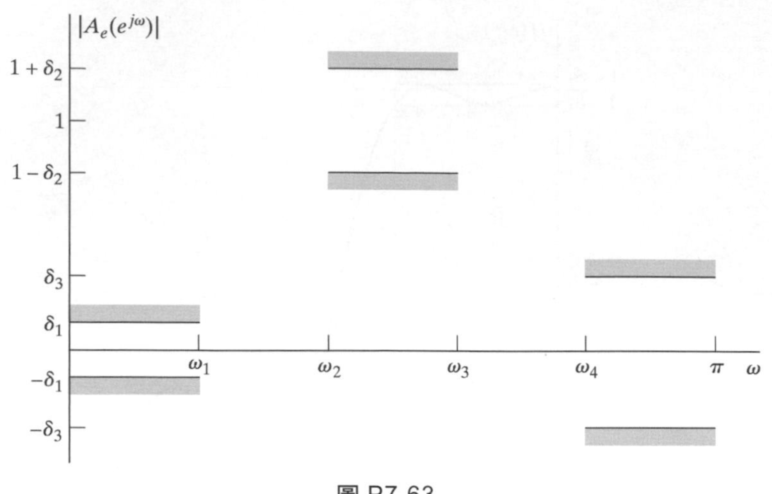

圖 P7.63

(e) 假若 $M = 14$，畫出最佳帶通濾波器其誤差函數的一個「典型的」權重誤差函數 $E(\omega)$。假設它有**最大**的交替數目。

(f) 現在假設 M、ω_1、ω_2、ω_3、權重函數、和想要的函數均維持不變，但是 ω_4 **增加**，使得過渡帶頻帶（$\omega_4-\omega_3$）是增加的。以這些新規格所設出的最佳濾波器**一定**會比原來規格所設出的最佳濾波器有**較小**的最大近似誤差嗎？清楚地說明你的理由。

(g) 在低通濾波器的情況中，$A_e(e^{j\theta})$ 其所有的局部極小值和極大值必須發生在近似頻帶 $\omega\in F$ 中；它們**不能**發生在「不須在乎」頻帶中。而且，在低通的情況中，發生在近似頻帶中的局部極小值和極大值必須是誤差的交替。請證明在帶通濾波器的情況中，這些都不一定正確。明確地說，使用交替定理證明 (i) $A_e(e^{j\theta})$ 其局部的極大值和極小值並沒有限制在近似頻帶中，和 (ii) 在近似頻帶中的局部極大值和極小值不一定是交替。

7.64 通常我們會希望可以先設計一個離散時間原型低通濾波器，然後對它執行一個代數轉換以獲得想要的頻率選擇離散時間濾波器。特別的是，脈衝不變性法不能被使用來轉換連續時間高通或帶拒濾波器成爲離散時間高通或帶拒濾波器。因此，我們先用傳統的方法設計一個原型的低通離散時間濾波器，使用脈衝不變性或雙線性轉換皆可，然後使用一個代數的轉換來把設計出的離散時間低通濾波器轉換成想要的頻率選擇濾波器。

爲了要說明這是如何達成的，假設我們有一個低通系統函數 $H_{\text{lp}}(Z)$，我們希望把它轉換成一個新的系統函數 $H(z)$，當我們計算此一新系統函數在單位圓上的響應時，它可能會有低通、高通、帶通、或帶拒的特性。請注意我們用複數變數 Z 來表示原型低通濾波器，而用複數變數 z 來表示轉換後的濾波器。然後，我們定義一個從 Z 平面到 z 平面的映射形式

$$Z^{-1}=G(z^{-1}) \tag{P7.64-1}$$

所以我們有

$$H(z) = H_{1p}(z)|_{Z^{-1}=G(z^{-1})} \tag{P7.64-2}$$

請注意在 (P7.64-1) 式中我們已經假設 Z^{-1} 爲 z^{-1} 的一個函數，而不是把 Z 表示成 z 的一個函數。因此，根據 (P7.64-2) 式，要從 $H_{1p}(Z)$ 獲得 $H(z)$，我們只要把 $H_{1p}(Z)$ 中的 Z^{-1} 都換成函數 $G(z^{-1})$ 即可。這樣倒是一個方便的表示法，因爲通常我們會把 $H_{lp}(Z)$ 表示成 Z^{-1} 的一個有理式函數。

假若 $H_{lp}(Z)$ 是一個因果且穩定的有理式系統函數，我們自然地也要求轉換後的系統函數 $H(z)$是 z^{-1} 的一個有理式函數，而且該系統也是因果和穩定的。這個要求會在轉換式 $Z^{-1} = G(z^{-1})$ 上加入以下的限制：

1. $G(z^{-1})$ 必須要爲 z 的一個有理式函數。

2. Z 平面的單位圓內部必須要映射到 z 平面的單位圓內部。

3. Z 平面的單位圓必須要映射到 z 平面的單位圓上。

在這個習題中，你將會推導出該必要的代數轉換，並陳述該轉換的特性。使用該轉換，你可以轉換一個離散時間低通濾波器成爲另一個低通濾波器，但具有不同的截止頻率；或是可以轉換一個離散時間低通濾波器成爲一個離散時間高通濾波器。

(a) 令在 Z 平面和 z 平面上的頻率變數（角度）分別爲 θ 和 ω，也就是說，其單位圓分別爲 $Z = e^{j\theta}$ 和 $z = e^{j\omega}$。請證明，爲了要使條件 3 成立，$G(z^{-1})$ 必須要爲一個全通系統，也就是說，

$$|G(e^{-j\omega})| = 1 \tag{P7.64-3}$$

(b) 我們可以證明出滿足以上所有的 3 個條件，且最一般化的函數 $G(z^{-1})$ 的形式爲

$$Z^{-1} = G(z^{-1}) = \pm\prod_{k=1}^{N}\frac{z^{-1}-\alpha_k}{1-\alpha_k z^{-1}} \tag{P7.64-4}$$

從我們在第 5 章中對全通系統的討論可知，很清楚地 (P7.64-4) 式的 $G(z^{-1})$ 滿足 (P7.64-3) 式，也就是說，是一個全通系統，因此條件 3 成立。(P7.64-4) 式也很清楚地滿足條件 1。請證明條件 2 成立若且唯若$|\alpha_k| < 1$。

(c) 一個簡單的一階 $G(z^{-1})$ 可以把一個原型低通濾波器 $H_{1p}(Z)$，其截止頻率爲 θ_p，轉換成另一個低通濾波器 H(z)，其截止頻率爲 ω_p。請說明

$$G(z^{-1}) = \frac{z^{-1}-\alpha}{1-\alpha z^{-1}}$$

將會產生這種低通到低通的轉換，只要設定 α 的值即可。請用 θ_p 和 ω_p 解出 α。這種低通到低通的轉換可以被使用來設計出一個具可變截止頻率濾波器的網路結構，其中截止頻率是由一個單一參數 α 來決定的。習題 7.51 探討了如此的課題。

(d) 考慮一個原型低通濾波器，$\theta_p = \pi/2$。對於以下每一個α的選擇，指出轉換後所得的濾波器其截止頻率ω_p爲何：

(i) $\alpha = -0.2679$。

(ii) $\alpha = 0$。

(iii) $\alpha = 0.4142$。

(e) 我們也可以找到一個一階全通系統$G(z^{-1})$，使得原型低通濾波器可以轉換成爲一個離散時間高通濾波器，截止頻率爲ω_p。請注意如此的一個轉換必須有以下的映射：$Z^{-1} = e^{j\theta_p} \to z^{-1} = e^{j\omega_p}$，而且$Z^{-1} = 1 \to z^{-1} = -1$；也就是說，$\theta = 0$映射到$\omega = \pi$。求出這個轉換的$G(z^{-1})$，而且，請用$\theta_p$和$\omega_p$解出$\alpha$的一個表示式。

(f) 使用和在 (d) 中相同的原型濾波器和α值，利用你在 (e) 中所指定出的轉換，畫出所得的高通濾波器的頻率響應。

類似的，但更爲複雜的是，此類轉換也可以被使用來轉換原型低通濾波器$H_{\mathrm{lp}}(Z)$成爲帶通和帶拒濾波器。Constantinides (1970) 對這些轉換課題有做非常詳盡的描述。

CHAPTER

08

離散傅立葉轉換

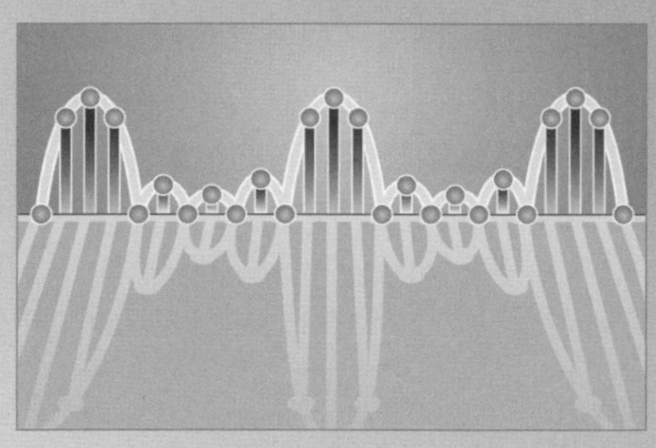

8.0 簡介

在第 2 章和第 3 章中，我們分別的討論過用離散時間傅立葉和 z 轉換來表示序列和 LTI 系統。對於有限長度的序列而言，我們另有一種離散時間傅立葉表示法可用，稱之爲**離散傅立葉轉換**（discrete Fourier Transform, DFT）。DFT 本身是一個序列，而非一個連續變數的一個函數，DFT 對應到一信號其 DTFT 在頻率上做等距取樣的樣本。DFT 除了在序列之傅立葉表示方面有其理論上的重要性之外，DFT 還在數位信號處理演算法的各種實現方式上扮演一個重要的角色。這是因爲對於 DFT 的計算存在有有效率的演算法。這些演算法將會在第 9 章中做詳盡的討論。DFT 在頻譜分析上的應用將會在第 10 章中描述。

雖然推導和解釋一個有限長度序列的 DFT 表示法有好幾個觀點可以使用，但我們所採用的方式是基礎於在週期性序列和有限長度序列之間的關係。我們將從考慮週期性序列的傅立葉級數表示法開始。雖然傅立葉級數表示法本身即有其重要性，但通常我們最感興趣的是如何應用傅立葉級數的結果來表示有限長度的序列。爲了要達成這個目的，得先建立一個週期性序列，該序列的每一個週期會和所要表示之有限長度序列一模一樣。週期性序列的傅立葉級數表示法則對應到有限長度序列的 DFT。因此，我們的方法是先定義週期性序列的傅立葉級數表式法，然後研究這種表式法的特性。接下來，假設要被表示的序列是一個有限長度序列，重覆相同的推導過程。這種推導 DFT 的方式強調 DFT 表示法其固有的週期性，同時也保證在應用 DFT 時這個週期性不會被忽略。

8.1 週期性序列的表式法：離散傅立葉級數

考慮一個週期性序列 $\tilde{x}[n]$ [①] 其週期為 N，使得對於任何的整數值 n 和 r，$\tilde{x}[n]=\tilde{x}[n+rN]$。和連續時間週期性信號一樣，這種序列可以用一個傅立葉級數來表示，它對應到一組諧波相關之複數指數序列的總和，其中，週期性序列 $\tilde{x}[n]$ 的基頻（fundamental frequency）為（$2\pi/N$），諧波是頻率為基頻整數倍數的複數指數。這些週期性複數指數的形式為

$$e_k[n]=e^{j(2\pi/N)kn}=e_k[n+rN], \tag{8.1}$$

其中 k 是任意整數，而傅立葉級數表式法則有以下形式[②]

$$\tilde{x}[n]=\frac{1}{N}\sum_k \tilde{X}[k]e^{j(2\pi/N)kn} \tag{8.2}$$

一個連續時間週期性信號的傅立葉級數表式法一般來說需要無限多個的諧波相關的複數指數，但是對於任何具週期 N 的離散時間信號而言，其傅立葉級數僅需要 N 個諧波相關的複數指數。為了要了解這項事實，請注意在 (8.1) 式中的諧波相關的複數指數 $e_k[n]$，它對於兩兩間差異為 N 的 k 值都是相同的；也就是說，$e_0[n]=e_N[n]$，$e_1[n]=e_{N+1}[n]$，而且，一般而言，

$$e_{k+\ell N}[n]=e^{j(2\pi/N)(k+\ell N)n}=e^{j(2\pi/N)kn}e^{j2\pi\ell n}=e^{j(2\pi/N)kn}=e_k[n], \tag{8.3}$$

其中 ℓ 是任意整數。因此，一組 N 個週期性複數指數 $e_0[n]$、$e_1[n]$、…、$e_{N-1}[n]$ 定義了頻率為（$2\pi/N$）整數倍數之所有不同的週期性複數指數。因此，一個週期性序列 $\tilde{x}[n]$ 的傅立葉級數表式法僅需要包含這些複數指數的其中 N 個即可。為了符號方便起見，我們選擇 k 在範圍 0 到 $N-1$ 中；因此，(8.2) 式有以下形式

---

① 往後，在任何地方我們需要很清楚地區週期性序列和非週期性序列時，我們將會使用顎化（tilde）符號（~）來表示週期性序列。

② 為了方便起見，我們把乘法常數 $1/N$ 納入至 (8.2) 式中。該常數也可以被 $\tilde{X}[k]$ 的定義納入。

$$\tilde{x}[n]=\frac{1}{N}\sum_{k=0}^{N-1}\tilde{X}[k]e^{j(2\pi/N)kn} \tag{8.4}$$

然而，只要 k 所選擇的範圍是 $\tilde{X}[k]$ 之任何一完整的週期的話，都會是正確的選擇。

爲了要從週期性序列 $\tilde{x}[n]$ 獲得傅立葉級數係數序列 $\tilde{X}[k]$，我們須好好的利用這組複數指數序列的正交性。把 (8.4) 式兩邊都乘以 $e^{-j(2\pi/N)rn}$，然後再把它從 $n=0$ 到 $n=N-1$ 全加起來，我們可獲得

$$\sum_{n=0}^{N-1}\tilde{x}[n]e^{-j(2\pi/N)rn}=\sum_{n=0}^{N-1}\frac{1}{N}\sum_{k=0}^{N-1}\tilde{X}[k]e^{j(2\pi/N)(k-r)n} \tag{8.5}$$

把右邊的總和項順序對調，(8.5) 式變成

$$\sum_{n=0}^{N-1}\tilde{x}[n]e^{-j(2\pi/N)rn}=\sum_{k=0}^{N-1}\tilde{X}[k]\left[\frac{1}{N}\sum_{n=0}^{N-1}e^{j(2\pi/N)(k-r)n}\right] \tag{8.6}$$

以下的恆等式表示出這些複數指數的正交性：

$$\frac{1}{N}\sum_{n=0}^{N-1}e^{j(2\pi/N)(k-r)n}=\begin{cases}1, & k-r=mN,\quad m\text{ 是一個整數,}\\ 0, & \text{其他}\end{cases} \tag{8.7}$$

這個恆等式可以容易地被證明出（請參見習題 8.54），而且當它被套用至 (8.6) 式中括弧中的總和項時，結果爲

$$\sum_{n=0}^{N-1}\tilde{x}[n]e^{-j(2\pi/N)rn}=\tilde{X}[r] \tag{8.8}$$

因此，在 (8.4) 式中的傅立葉級數係數 $\tilde{X}[k]$ 可以從 $\tilde{x}[n]$ 獲得，使用以下的關係式

$$\tilde{X}[k]=\sum_{n=0}^{N-1}\tilde{x}[n]e^{-j(2\pi/N)kn} \tag{8.9}$$

請注意在 (8.9) 式中所定義的序列 $\tilde{X}[k]$ 也是週期性的，具週期 N。假若 (8.9) 式是在 $0\le k\le N-1$ 的範圍之外做計算的話，該週期性就派上用場；也就是說，$\tilde{X}[0]=\tilde{X}[N]$，$\tilde{X}[1]=\tilde{X}[N+1]$，而且，更爲一般的說，

$$\begin{aligned}\tilde{X}[k+N]&=\sum_{n=0}^{N-1}\tilde{x}[n]e^{-j(2\pi/N)(k+N)n}\\&=\left(\sum_{n=0}^{N-1}\tilde{x}[n]e^{-j(2\pi/N)kn}\right)e^{-j2\pi n}=\tilde{X}[k],\end{aligned}$$

對於任意整數 k 都成立。

傅立葉級數係數可以被解釋成是一個有限長度序列，在 $k = 0, \cdots, (N-1)$ 時，如 (8.9) 式給定，而在其它的 k 值均爲零；或可以被解釋成是一個週期性的序列，對於所有 k 值都由 (8.9) 式所定義。很清楚地，這兩種解釋都是可接受的，因爲在 (8.4) 式中我們僅使用 $0 \le k \le (N-1)$ 的 $\tilde{X}[k]$ 值。把傅立葉級數係數 $\tilde{X}[k]$ 解釋成是一個週期性序列有一個好處，就是如此一來，對於週期性序列的傅立葉級數表式法來講，在時域和頻域之間會存在一個對偶性（duality）。(8.9) 式和 (8.4) 式在一起會形成一組分析（analysis）/合成（synthesis）對，而且將會被稱之爲一個週期性序列的**離散傅立葉級數**（discrete Fourier series, DFS）表式法。

爲了符號方便起見，這些方程式通常使用以下的複數量來表示

$$W_N = e^{j(2\pi/N)} \tag{8.10}$$

使用這個符號，DFS 分析／合成對被表示成以下的形式：

$$\text{分析方程式：}\ \tilde{X}[k] = \sum_{n=0}^{N-1} \tilde{x}[n] W_N^{kn} \tag{8.11}$$

$$\text{合成方程式：}\ \tilde{x}[n] = \frac{1}{N}\sum_{k=0}^{N-1} \tilde{X}[k] W_N^{-kn} \tag{8.12}$$

在這兩個式子中，$\tilde{X}[k]$ 和 $\tilde{x}[n]$ 都是週期性的序列。有時候，我們會發現用以下的符號來表示滿方便的

$$\tilde{x}[n] \overset{\mathcal{DFS}}{\longleftrightarrow} \tilde{X}[k] \tag{8.13}$$

以表明 (8.11) 式和 (8.12) 式的關係。以下的範例說明了這兩方程式的使用。

範例 8.1　一個週期性脈衝串的 DFS

我們考慮週期性脈衝串

$$\tilde{x}[n] = \sum_{r=-\infty}^{\infty} \delta[n-rN] = \begin{cases} 1, & n = rN,\quad r\ \text{爲任意整數}, \\ 0, & \text{其他} \end{cases} \tag{8.14}$$

因為在 $0 \le n \le (N-1)$ ，$\tilde{x}[n] = \delta[n]$ ，使用 (8.11) 式，可得 DFS 係數，為

$$\tilde{X}[k] = \sum_{n=0}^{N-1} \delta[n] W_N^{kn} = W_N^0 = 1 \tag{8.15}$$

在這個情況中，對所有的 k，$\tilde{X}[k]=1$。因此，把 (8.15) 式代入 (8.12) 式，可得以下的表示式

$$\tilde{x}[n]=\sum_{r=-\infty}^{\infty}\delta[n-rN]=\frac{1}{N}\sum_{k=0}^{N-1}W_N^{-kn}=\frac{1}{N}\sum_{k=0}^{N-1}e^{j(2\pi/N)kn} \tag{8.16}$$

範例 8.1 用複數指數的一個總和來產生一個週期性脈衝串的一個有用的表示法，其中所有的複數指數都有相同的大小和相位，當 n 是 N 的整數倍數時它們的和為 1，而當 n 是所有其他的整數時它們的和為 0。假若我們更仔細的檢視 (8.11) 式和 (8.12) 式，我們看到這兩個方程式非常的類似，不同的地方僅在一個常數乘數和指數的符號。在週期性序列 $\tilde{x}[n]$ 和其 DFS 係數序列 $\tilde{X}[k]$ 之間的對偶性我們用以下的範例說明。

範例 8.2　DFS 中的對偶性

在這個範例中，DFS 係數是一個週期性的脈衝串：

$$\tilde{Y}[k]=\sum_{r=-\infty}^{\infty}N\delta[k-rN]$$

把 $\tilde{Y}[k]$ 代入 (8.12) 式，可得

$$\tilde{y}[n]=\frac{1}{N}\sum_{k=0}^{N-1}N\delta[k]W_N^{-kn}=W_N^{-0}=1$$

在這個情況中，對於所有的 n，$\tilde{y}[n]=1$。比較這個結果和範例 8.1 中對於 $\tilde{X}[k]$ 和 $\tilde{x}[n]$ 的結果，我們看到 $\tilde{Y}[k]=N\tilde{x}[k]$ 和 $\tilde{y}[n]=\tilde{X}[n]$。在 8.2.3 節中，我們將會證明這個範例是一個更為廣義之對偶特性的一個特例。

假若序列 $\tilde{x}[n]$ 只有在一個週期的某個部份中等於一，則其 DFS 係數也是可以得到一個封閉形式的表示式。我們用下一個範例說明。

範例 8.3　一個週期性的長方形脈衝串的 DFS

在這個範例中，序列 $\tilde{x}[n]$ 展示在圖 8.1 中，它的週期是 $N=10$。從 (8.11) 式，

$$\tilde{X}[k]=\sum_{n=0}^{4}W_{10}^{kn}=\sum_{n=0}^{4}e^{-j(2\pi/10)kn} \tag{8.17}$$

此一有限總和有封閉式公式

$$\tilde{X}[k]=\frac{1-W_{10}^{5k}}{1-W_{10}^{k}}=e^{-j(4\pi k/10)}\frac{\sin(\pi k/2)}{\sin(\pi k/10)} \tag{8.18}$$

週期性序列 $\tilde{X}[k]$ 的大小和相位展示在圖 8.2 中。

圖 8.1 週期 $N = 10$ 的週期性序列，我們要計算其傅立葉級數表示法

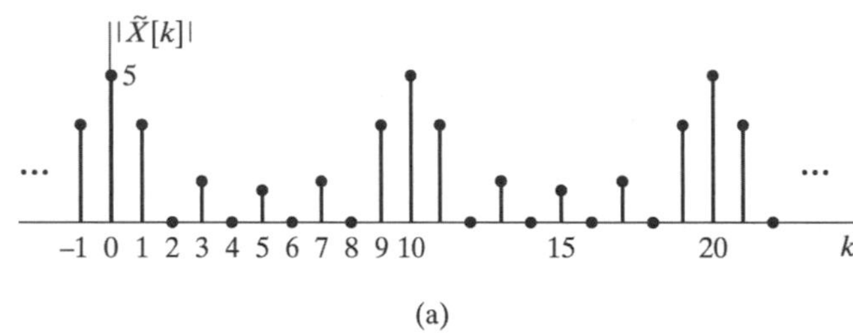

(a)

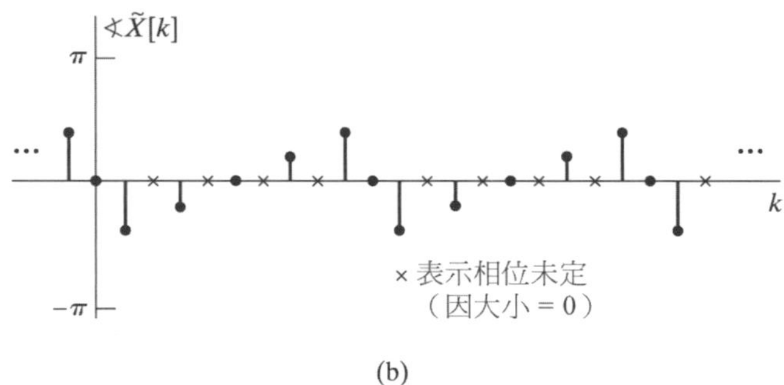

(b)

圖 8.2 圖 8.1 的序列其傅立葉級數係數的大小和相位

我們已經展示了任何週期性的序列可以被表示成一些複數指數序列的一個總和。一些關鍵結果我們總結在 (8.11) 式和 (8.12) 式中。正如同我們將會看到的，這些關係爲 DFT 的基礎，而 DFT 專注於處理有限長度序列。然而，在討論 DFT 之前，我們將在 8.2 節中考慮週期性序列其 DFS 表示法的一些基本的特性，然後，在 8.3 節中，我們將會說明我們如何可以使用 DFS 表示法來獲得週期性信號的一個 DTFT 表示法。

8.2 DFS 的性質

傅立葉級數、傅立葉轉換、和拉氏轉換對於連續時間信號的關係就如同離散時間傅立葉轉換和 z 轉換對於非週期性序列的關係一樣，DFS 的某些特定的性質對於它之所以可成功的使用在信號處理問題中具有根本的重要性。在這一節中，我們整理這些 重要的性質。正如我們所預期的是，這些基本性質其中有許多類比於 z 轉換和 DTFT 的性質。然而，我們將會小心的點出在 $\tilde{x}[n]$ 和 $\tilde{X}[k]$ 中的週期性所導致的某些重要的區別。而且，在 DFS 表示法中，存在於時域和頻域之間有一個完美的對偶性關係，但是該關係並不存在於序列的 DTFT 和 z 轉換表示法中。

8.2.1 線性性質

考慮兩個週期性序列 $\tilde{x}_1[n]$ 和 $\tilde{x}_2[n]$，兩者週期都是 N，使得

$$\tilde{x}_1[n] \overset{\mathcal{DFS}}{\longleftrightarrow} \tilde{X}_1[k], \tag{8.19a}$$

和

$$\tilde{x}_2[n] \overset{\mathcal{DFS}}{\longleftrightarrow} \tilde{X}_2[k] \tag{8.19b}$$

則

$$a\tilde{x}_1[n] + b\tilde{x}_2[n] \overset{\mathcal{DFS}}{\longleftrightarrow} a\tilde{X}_1[k] + b\tilde{X}_2[k] \tag{8.20}$$

這個線性性質可以直接從 (8.11) 式和 (8.12) 式的形式得出。

8.2.2 一個序列的移位

假若一個週期性序列 $\tilde{x}[n]$ 有傅立葉係數 $\tilde{X}[k]$，則 $\tilde{x}[n-m]$ 是 $\tilde{x}[n]$ 的一個移位版本，而且

$$\tilde{x}[n-m] \overset{\mathcal{DFS}}{\longleftrightarrow} W_N^{km}\tilde{X}[k] \tag{8.21}$$

這個性質的證明我們在習題 8.55 中考慮。考慮任何大於或等於週期的移位，也就是說，移位值 $m \ge N$。現在求出 m_1 使得 $m = m_1 + m_2 N$，其中 m_1 和 m_2 爲整數且 $0 \le m_1 \le N-1$。（另外一種說法就是 $m_1 = m \bmod N$，或等價的說，m_1 是 m 除以 N 的餘數。）在這種情況中，在時域中我們無法區分移位 m 和移位一個較少值 m_1 的結果。用這種 m 的表示法，我們可以容易地證明 $W_N^{km} = W_N^{km_1}$；也就是說，在時域中移位的混淆性也會在頻域表示式中呈現出來。

因爲一個週期性序列其傅立葉級數係數序列是一個週期性序列，一個類似的結果也可以應用至傅立葉係數移位一個整數 ℓ 的情況中。明確地說，

$$W_N^{-n\ell}\tilde{x}[n] \overset{\mathcal{DFS}}{\longleftrightarrow} \tilde{X}[k-\ell] \tag{8.22}$$

請注意在 (8.21) 式和 (8.22) 式中指數符號的差異。

8.2.3 對偶性

因爲連續時間的傅立葉分析和合成方程式之間存在有非常強烈的類似性，所以在時域和頻域之間存在一個對偶性。然而，對於非週期性信號的 DTFT，不存在類似的對偶性，因爲非週期性信號和它們的傅立葉轉換是非常不同種類的函數：非週期性離散時間信號，當然，是非週期性的序列，但是它們的 DTFT 卻總是一個連續頻率變數的週期性函數。

從 (8.11) 式和 (8.12) 式中，我們看到 DFS 分析和合成方程式其間的差異僅在於一個 $1/N$ 的因數和 W_N 指數的符號 。更進一步的說，一個週期性序列和它的 DFS 係數是相同種類的函數；它們都是週期性的序列。明確地說，考慮因數 $1/N$ 和在 (8.11) 式和 (8.12) 式之間指數符號的差異，從 (8.12) 式可得

$$N\tilde{x}[-n] = \sum_{k=0}^{N-1}\tilde{X}[k]W_N^{kn} \tag{8.23}$$

或是，互換在 (8.23) 式中 n 和 k 的角色，

$$N\tilde{x}[-k] = \sum_{n=0}^{N-1}\tilde{X}[n]W_N^{nk} \tag{8.24}$$

我們看到 (8.24) 式類似 (8.11) 式。換句話說，週期性序列 $\tilde{X}[n]$ 的 DFS 係數序列是 $N\tilde{x}[-k]$，也就是說，把原來的週期性序列之順序逆轉並乘以 N。這個對偶特性整理如下：

假若

$$\tilde{x}[n] \overset{\mathcal{DFS}}{\longleftrightarrow} \tilde{X}[k], \tag{8.25a}$$

則

$$\tilde{X}[n] \overset{\mathcal{DFS}}{\longleftrightarrow} N\tilde{x}[-k] \tag{8.25b}$$

8.2.4 對稱性質

正如我們在 2.8 節中的討論，一個非週期性序列的傅立葉轉換有一些有用的對稱特性。對於一個週期性序列的 DFS 表示法，也有相同的基本特性。這些特性的推導，類似於在第 2 章的推導風格，我們把它們留作習題（請參見習題 8.56）。所得的性質我們整理成表 8.1 中的性質 9 到 17。

8.2.5 週期性的捲積

考慮兩個週期為 N 的週期性序列 $\tilde{x}_1[n]$ 和 $\tilde{x}_2[n]$，它們的 DFS 係數分別為 $\tilde{X}_1[k]$ 和 $\tilde{X}_2[k]$。假若我們有以下乘積

$$\tilde{X}_3[k]=\tilde{X}_1[k]\tilde{X}_2[k], \tag{8.26}$$

則具傅立葉級數係數 $\tilde{X}_3[k]$ 的週期性序列 $\tilde{x}_3[n]$ 為

$$\tilde{x}_3[n]=\sum_{m=0}^{N-1}\tilde{x}_1[m]\tilde{x}_2[n-m] \tag{8.27}$$

這個結果並不令人驚訝，因為我們之前的對轉換經驗告訴我們頻域函數的乘積對應到時域函數的捲積。(8.27) 看起來非常像是一個捲積和。方程式 (8.27) 牽涉到 $\tilde{x}_1[m]$ 和 $\tilde{x}_2[n-m]$ 乘積的總和，$\tilde{x}_2[n-m]$ 是 $\tilde{x}_2[m]$ 的一個時間反轉和時間移位的版本，正如同在非週期性離散捲積的情況一般。然而，在 (8.27) 式中的序列全都是週期為 N 的週期性序列，而該總和項我們僅在一個週期中來做。一個如 (8.27) 式的捲積稱之為**週期性的捲積**。正如同非週期性的捲積一般，週期性的捲積具交換性（commutative）；也就是說，

$$\tilde{x}_3[n]=\sum_{m=0}^{N-1}\tilde{x}_2[m]\tilde{x}_1[n-m] \tag{8.28}$$

為了要證明 $\tilde{X}_3[k]$，如 (8.26) 式所給定，是 (8.27) 式所給定之 $\tilde{x}_3[n]$ 的傅立葉係數序列，讓我們首先把 (8.11) 式，DFS 分析方程式，套用到 (8.27) 式以獲得

$$\tilde{X}_3[k]=\sum_{n=0}^{N-1}\left(\sum_{m=0}^{N-1}\tilde{x}_1[m]\tilde{x}_2[n-m]\right)W_N^{kn}, \tag{8.29}$$

互換總和項的順序，變成

$$\tilde{X}_3[k]=\sum_{m=0}^{N-1}\tilde{x}_1[m]\left(\sum_{n=0}^{N-1}\tilde{x}_2[n-m]W_N^{kn}\right) \tag{8.30}$$

下標爲 n 的內部總和項是移位序列 $\tilde{x}_2[n-m]$ 的 DFS。因此，由 8.2.2 節的移位特性，我們可獲得

$$\sum_{n=0}^{N-1} \tilde{x}_2[n-m]W_N^{km} = W_N^{kn}\tilde{X}_2[k],$$

把上式代入至 (8.30) 式中，可得

$$\tilde{X}_3[k] = \sum_{m=0}^{N-1} \tilde{x}_1[m]W_N^{km}\tilde{X}_2[k] = \left(\sum_{m=0}^{N-1} \tilde{x}_1[m]W_N^{km}\right)\tilde{X}_2[k] = \tilde{X}_1[k]\tilde{X}_2[k] \tag{8.31}$$

總結以上，我們有

$$\sum_{m=0}^{N-1} \tilde{x}_1[m]\tilde{x}_2[n-m] \xleftrightarrow{\mathcal{DFS}} \tilde{X}_1[k]\tilde{X}_2[k] \tag{8.32}$$

因此，週期性序列的週期性捲積會對應至個別傅立葉級數係數的乘積。

因爲週期性的捲積還是有一些不同於非週期性的捲積，所以我們還是應該要考慮一下 (8.27) 式的計算機制。首先，請注意 (8.27) 式要求序列 $\tilde{x}_1[m]$ 和 $\tilde{x}_2[n-m] = \tilde{x}_2[-(m-n)]$ 的乘積要視爲是 m 的函數，而 n 是固定的。這和非週期性捲積的情況是相同的，但是有以下兩個主要的差異：

1. 總和項僅在有限區間 $0 \le m \le N-1$ 中。
2. 在區間 $0 \le m \le N-1$ 中 $\tilde{x}_2[n-m]$ 的值對於落在區間外的 m 是做週期性地重覆。

這些細節部分我們用以下範例來說明。

範例 8.4 週期性的捲積

說明在 (8.27) 式中兩個週期性序列的週期性捲積的示意圖展示在圖 8.3 中，其中我們展示出序列 $\tilde{x}_2[m]$、$\tilde{x}_1[m]$、$\tilde{x}_2[-m]$、$\tilde{x}_2[1-m] = \tilde{x}_2[-(m-1)]$、和 $\tilde{x}_2[2-m] = \tilde{x}_2[-(m-2)]$。舉例來說，為了要計算 (8.27) 式之 $\tilde{x}_3[n]$ 在 $n = 2$ 的值，我們把 $\tilde{x}_1[m]$ 乘以 $\tilde{x}_2[2-m]$，然後把 $0 \le m \le N-1$ 中所有的 $\tilde{x}_1[m]\tilde{x}_2[2-m]$ 乘積項全部加起來，以獲得 $\tilde{x}_3[2]$。當 n 改變時，序列 $\tilde{x}_2[n-m]$ 會做適當的移位，而 (8.27) 式對於在 $0 \le n \le N-1$ 中的每一個 n 值都計算出來。請注意當序列 $\tilde{x}_2[n-m]$ 往右邊或左邊移位時，那些從虛線區間的一端離開虛線區間的值會從虛線區間的另外一端出現，因為有週期性的緣故。因為 $\tilde{x}_3[n]$ 具週期性，我們並不需要計算在區間 $0 \le n \le N-1$ 之外的 $\tilde{x}_3[n]$。

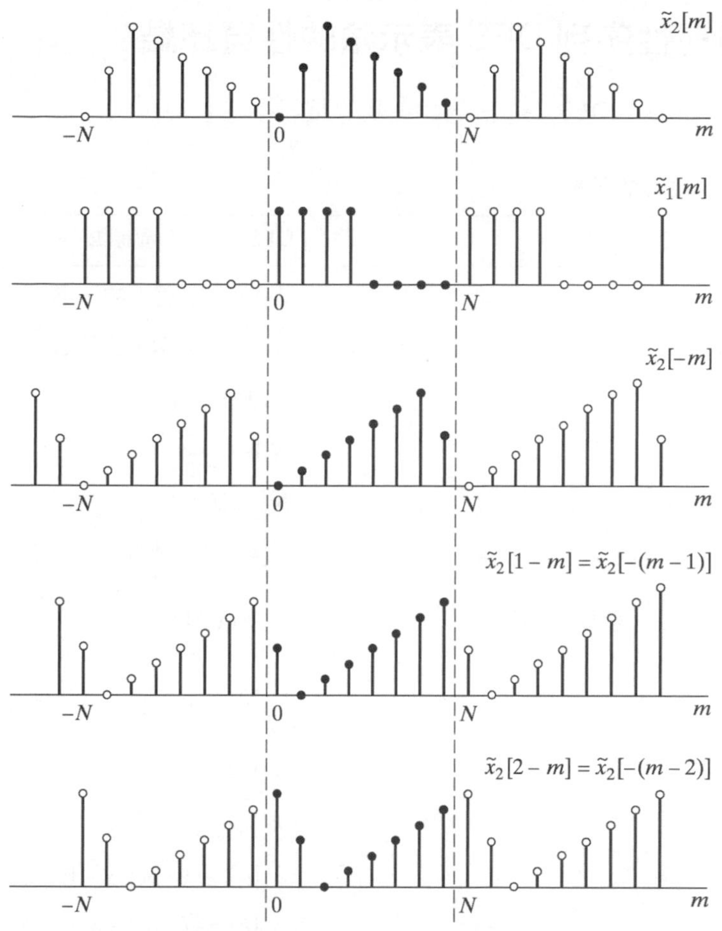

圖 8.3 兩個週期性序列的週期性捲積的形成程序

8.2.3 節的對偶性定理暗示我們假若我們把時間和頻率的角色互換，我們將會獲得一個幾乎和前一個結果相同的結果。也就是說，週期性序列

$$\tilde{x}_3[n] = \tilde{x}_1[n]\tilde{x}_2[n], \tag{8.33}$$

其中 $\tilde{x}_1[n]$ 和 $\tilde{x}_2[n]$ 爲週期性序列，週期均爲 N，$\tilde{x}_3[n]$ 的 DFS 係數爲

$$\tilde{X}_3[k] = \frac{1}{N}\sum_{\ell=0}^{N-1}\tilde{X}_1[\ell]\tilde{X}_2[k-\ell], \tag{8.34}$$

對應至 $1/N$ 乘以 $\tilde{X}_1[k]$ 和 $\tilde{X}_2[k]$ 的週期性捲積。你也可以把 (8.34) 式的 $\tilde{X}_3[k]$ 代入到 (8.12) 式的傅立葉級數關係式來獲得 $\tilde{x}_3[n]$ ，這也是此結果的另外一種證明法。

8.2.6 週期性序列 DFS 表示法的性質總結

這一節所討論之 DFS 表示法的特性我們整理在表 8.1 中。

▼表 8.1 DFS 性質的總結

週期性序列（週期為 N）	DFS 係數（週期為 N）
1. $\tilde{x}[n]$	$\tilde{X}[k]$ 是週期性的，週期為 N
2. $\tilde{x}_1[n], \tilde{x}_2[n]$	$\tilde{X}_1[k]$，$\tilde{X}_2[k]$ 是週期性的，週期為 N
3. $a\tilde{x}_1[n]+b\tilde{x}_2[n]$	$a\tilde{X}_1[k]+b\tilde{X}_2[k]$
4. $\tilde{X}[n]$	$N\tilde{x}[-k]$
5. $\tilde{x}[n-m]$	$W_N^{km}\tilde{X}[k]$
6. $W_N^{-\ell n}\tilde{x}[n]$	$\tilde{X}[k-\ell]$
7. $\sum_{m=0}^{N-1}\tilde{x}_1[m]\tilde{x}_2[n-m]$（週期性捲積）	$\tilde{X}_1[k]\tilde{X}_2[k]$
8. $\tilde{x}_1[n]\tilde{x}_2[n]$	$\frac{1}{N}\sum_{\ell=0}^{N-1}\tilde{X}_1[\ell]\tilde{X}_2[k-\ell]$（週期性捲積）
9. $\tilde{x}^*[n]$	$\tilde{X}^*[-k]$
10. $\tilde{x}^*[-n]$	$\tilde{X}^*[k]$
11. $\mathcal{R}e\{\tilde{x}[n]\}$	$\tilde{X}_e[k]=\frac{1}{2}(\tilde{X}[k]+\tilde{X}^*[-k])$
12. $j\mathcal{I}m\{\tilde{x}[n]\}$	$\tilde{X}_o[k]=\frac{1}{2}(\tilde{X}[k]-\tilde{X}^*[-k])$
13. $\tilde{x}_e[n]=\frac{1}{2}(\tilde{x}[n]+\tilde{x}^*[-n])$	$\mathcal{R}e\{\tilde{X}[k]\}$
14. $\tilde{x}_o[n]=\frac{1}{2}(\tilde{x}[n]-\tilde{x}^*[-n])$	$j\mathcal{I}m\{\tilde{X}[k]\}$
性質 15 到 17 僅當 $x[n]$ 是實數時方能適用。	
15. 對稱性質	$\begin{cases} \tilde{X}[k]=\tilde{X}^*[-k] \\ \mathcal{R}e\{\tilde{X}[k]\}=\mathcal{R}e\{\tilde{X}[-k]\} \\ \mathcal{I}m\{\tilde{X}[k]\}=-\mathcal{I}m\{\tilde{X}[-k]\} \\ \lvert\tilde{X}[k]\rvert=\lvert\tilde{X}[-k]\rvert \\ \angle\tilde{X}[k]=-\angle\tilde{X}[-k] \end{cases}$
16. $\tilde{x}_o[n]=\frac{1}{2}(\tilde{x}[n]+\tilde{x}[-n])$	$\mathcal{R}e\{\tilde{X}[k]\}$
17. $\tilde{x}_0[n]=\frac{1}{2}(\tilde{x}[n]-\tilde{x}[-n])$	$j\mathcal{I}m\{\tilde{X}[k]\}$

8.3 週期性信號的傅立葉轉換

正如同在第 2.7 節中討論的一樣，一個序列其傅立葉轉換具均勻收斂性的前提是該序列本身必須是絕對可相加的（absolutely summable），而具均方（mean-square）收斂性的前提是該序列本身必須是平方可相加的（square summable）。週期性的序列這兩個條件都不滿足。然而，正如我們在 2.7 節簡要討論過的一樣，可以表示成複數指數總和的一個序列其傅立葉轉換表示法可以視爲有 (2.147) 式的形式，也就是說，有一個脈衝串的形式。類似的，把週期性信號的 DFS 表示法併入至離散時間傅立葉轉換的架構之中通常是個有用的做法。做法爲把一個週期性信號的離散時間傅立葉轉換解釋成爲一個在頻域中的脈衝串，而其脈衝值正比於序列的 DFS 係數。明確地說，假若 $\tilde{x}[n]$ 是週期性的，週期爲 N，而對應的 DFS 係數爲 $\tilde{X}[k]$，則 $\tilde{x}[n]$ 的傅立葉轉換被定義成是以下的脈衝串

$$\tilde{X}(e^{j\omega}) = \sum_{k=-\infty}^{\infty} \frac{2\pi}{N} \tilde{X}[k] \delta\left(\omega - \frac{2\pi k}{N}\right) \tag{8.35}$$

請注意 $\tilde{X}(e^{j\omega})$ 有必然的週期性，週期爲 2π，因爲 $\tilde{X}[k]$ 的週期爲 N，兩兩脈衝之間的間隔爲 $2\pi/N$ 的整數倍數，其中 N 是一個整數。爲了要證明定義在 (8.35) 式中的 $\tilde{X}(e^{j\omega})$ 是週期性序列 $\tilde{x}[n]$ 的一個傅立葉轉換表示法，我們把 (8.35) 式代入至逆傅立葉轉換方程式 (2.130) 中；也就是說，

$$\frac{1}{2\pi} \int_{0-\epsilon}^{2\pi-\epsilon} \tilde{X}(e^{j\omega}) e^{j\omega n} d\omega = \frac{1}{2\pi} \int_{0-\epsilon}^{2\pi-\epsilon} \sum_{k=-\infty}^{\infty} \frac{2\pi}{N} \tilde{X}[k] \delta\left(\omega - \frac{2\pi k}{N}\right) e^{j\omega n} d\omega, \tag{8.36}$$

其中 ϵ 滿足不等式 $0 < \epsilon < (2\pi/N)$ 式。憶及在計算逆傅立葉轉換時，我們可以對任何長度爲 2π 的區間做積分，因爲 $\tilde{X}(e^{j\omega})e^{j\omega n}$ 是具週期性的，週期爲 2π。在 (8.36) 式中，積分上下限爲 $0-\epsilon$ 和 $2\pi-\epsilon$，這意味著整個積分是從 $\omega = 0$ 之前到 $\omega = 2\pi$ 之前。這上下限是合宜的，因爲它們包含了在 $\omega = 0$ 處的脈衝而去除了在 $\omega = 2\pi$ 處的脈衝③。把積分和總和的順序對調，我們有

$$\begin{aligned} \frac{1}{2\pi} \int_{0-\epsilon}^{2\pi-\epsilon} \tilde{X}(e^{j\omega}) e^{j\omega n} d\omega &= \frac{1}{N} \sum_{k=-\infty}^{\infty} \tilde{X}[k] \int_{0-\epsilon}^{2\pi-\epsilon} \delta\left(\omega - \frac{2\pi k}{N}\right) e^{j\omega n} d\omega \\ &= \frac{1}{N} \sum_{k=0}^{N-1} \tilde{X}[k] e^{j(2\pi/N)kn} \end{aligned} \tag{8.37}$$

(8.37) 式的最後那個式子之所以會得到是因爲僅有對應到 $k = 0, 1, \ldots, (N-1)$ 的脈衝才會被含入至 $\omega = 0-\epsilon$ 到 $\omega = 2\pi-\epsilon$ 之間的區間中。

③ 上下限如果用 0 到 2π 會產生問題，因為在 0 和 2π 處的脈衝會需要特殊的處理方式。

比較 (8.37) 式和 (8.12) 式，我們看到 (8.37) 式的最後一個右邊的式子和 (8.12) 式之 $\tilde{x}[n]$ 的傅立葉級數表式法是完全一樣的。因此，在 (8.35) 式中脈衝串的逆傅立葉轉換就是想要的週期性信號 $\tilde{x}[n]$。

雖然一個週期性序列的傅立葉轉換在一般的意義下是不會收斂的，但是只要適當的使用脈衝，我們便可以正式的把週期性序列包含在傅立葉轉換分析的架構中。這種方法也曾在第 2 章中使用過，目的是要獲得其他不可相加序列的傅立葉轉換表示法，如雙邊常數序列（範例 2.19）或複數指數序列（範例 2.20）。雖然 DFS 表式法對於大部分的目的而言是已足夠了，但是如 (8.35) 式的傅立葉轉換表示法有時候會導致更爲簡單或更爲簡潔的表示式，而且也能簡化分析。

範例 8.5 一個週期性離散時間脈衝串的傅立葉轉換

考慮以下具週期性的離散時間脈衝串

$$\tilde{p}[n] = \sum_{r=-\infty}^{\infty} \delta[n - rN], \tag{8.38}$$

它和在範例 8.1 中考慮的週期性序列 $\tilde{x}[n]$ 是相同的。從範例 8.1 的結果，可得

$$\tilde{P}[k] = 1\text{，} \quad \text{對於所有的 } k \tag{8.39}$$

因此，$\tilde{p}[n]$ 的 DTFT 為

$$\tilde{P}(e^{j\omega}) = \sum_{k=-\infty}^{\infty} \frac{2\pi}{N} \delta\left(\omega - \frac{2\pi k}{N}\right) \tag{8.40}$$

對於解釋在一個週期性信號和一個有限長度信號之間的關係，範例 8.5 的結果是一個有用的基礎。考慮一個有限長度信號 $x[n]$，在區間 $0 \le n \le N-1$ 之外的範圍 $x[n]=0$，並且考慮 $x[n]$ 和範例 8.5 中的週期性脈衝串 $\tilde{p}[n]$ 做捲積：

$$\tilde{x}[n] = x[n] * \tilde{p}[n] = x[n] * \sum_{r=-\infty}^{\infty} \delta[n - rN] = \sum_{r=-\infty}^{\infty} x[n - rN] \tag{8.41}$$

(8.41) 式說明了 $\tilde{x}[n]$ 是把有限長度序列 $x[n]$ 做週期性地重複所構成的。圖 8.4 說明了一個週期性序列 $\tilde{x}[n]$ 如何可以從一個有限長度序列 $x[n]$ 透過 (8.41) 式來形成。$x[n]$ 的傅立葉轉換爲 $X(e^{j\omega})$，而 $\tilde{x}[n]$ 的傅立葉轉換爲

$$\begin{aligned}\tilde{X}(e^{j\omega}) &= X(e^{j\omega})\tilde{P}(e^{j\omega}) \\ &= X(e^{j\omega})\sum_{k=-\infty}^{\infty}\frac{2\pi}{N}\delta\left(\omega-\frac{2\pi k}{N}\right) \\ &= \sum_{k=-\infty}^{\infty}\frac{2\pi}{N}X(e^{j(2\pi/N)k})\delta\left(\omega-\frac{2\pi k}{N}\right)\end{aligned} \tag{8.42}$$

比較 (8.42) 式和 (8.35) 式，我們可以得到以下的結論

$$\tilde{X}[k] = X(e^{j(2\pi/N)k}) = X(e^{j\omega})\big|_{\omega=(2\pi/N)k} \tag{8.43}$$

換句話說，(8.11) 式中 DFS 係數的週期性序列 $\tilde{X}[k]$ 有一個離散時間解釋如下：先把 $\tilde{x}[n]$ 抽取出其中一個週期以獲得有限長度序列

$$x[n] = \begin{cases}\tilde{x}[n], & 0 \le n \le N-1, \\ 0, & \text{其他}\end{cases} \tag{8.44}$$

對 $x[n]$ 做傅立葉轉換，再把該 DTFT 做等間隔取樣就可以獲得 $\tilde{X}[k]$。這也和圖 8.4 的情況吻合，其中我們可以清楚的看出 $x[n]$ 可以使用 (8.44) 式從 $\tilde{x}[n]$ 獲得。我們可以用另一種方式驗證 (8.43) 式。因爲在區間 $0 \le n \le N-1$ 中 $x[n] = \tilde{x}[n]$，而在其它的部份中 $x[n] = 0$，

$$X(e^{j\omega}) = \sum_{n=0}^{N-1} x[n]e^{-j\omega n} = \sum_{n=0}^{N-1}\tilde{x}[n]e^{-j\omega n} \tag{8.45}$$

比較 (8.45) 式和 (8.11) 式，我們可以再次地看到

$$\tilde{X}[k] = X(e^{j\omega})\big|_{\omega=2\pi k/N} \tag{8.46}$$

這對應到我們對傅立葉轉換在 N 個等距頻率點上做取樣，取樣的頻率點是在 $\omega = 0$ 到 $\omega = 2\pi$ 的範圍中，每兩點的頻率間隔爲 $2\pi/N$。

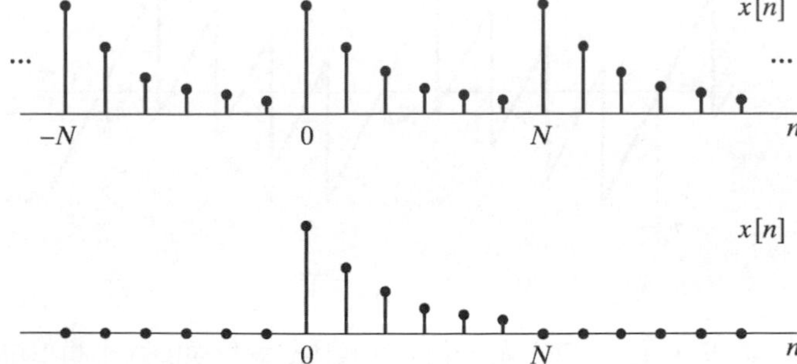

圖 8.4 我們週期性地重複一個有限長度序列 $x[n]$ 而形成一個週期性序列 $\tilde{x}[n]$。也可以這麼說，在一個週期中，$x[n] = \tilde{x}[n]$，在其它的點則都是零

範例 8.6 傅立葉級數係數和一個週期之傅立葉轉換之間的關係

我們再次地考慮範例 8.3 的序列 $\tilde{x}[n]$，它展示在圖 8.1 中。$\tilde{x}[n]$ 的一個週期為

$$x[n]=\begin{cases}1, & 0\le n\le 4,\\ 0, & \text{其他}\end{cases} \tag{8.47}$$

$\tilde{x}[n]$ 的一個週期的傅立葉轉換為

$$X(e^{j\omega})=\sum_{n=0}^{4}e^{-j\omega n}=e^{-j2\omega}\frac{\sin(5\omega/2)}{\sin(\omega/2)} \tag{8.48}$$

把 $\omega=2\pi k/10$ 代入到 (8.48) 式中，我們有

$$\tilde{X}[k]=e^{-j(4\pi k/10)}\frac{\sin(\pi k/2)}{\sin(\pi k/10)},$$

它和 (8.18) 式一模一樣。所以我們驗證了這個範例滿足 (8.46) 式。$X(e^{j\omega})$ 的大小和相位展示在圖 8.5 中。請注意相位在那些使得 $X(e^{j\omega})=0$ 的頻率上是不連續的。在圖 8.2(a) 和 (b) 的序列分別對應到圖 8.5(a) 和 (b) 的樣本，我們示範在圖 8.6 中，其中圖 8.2 和 8.5 已經被重疊再一起了。

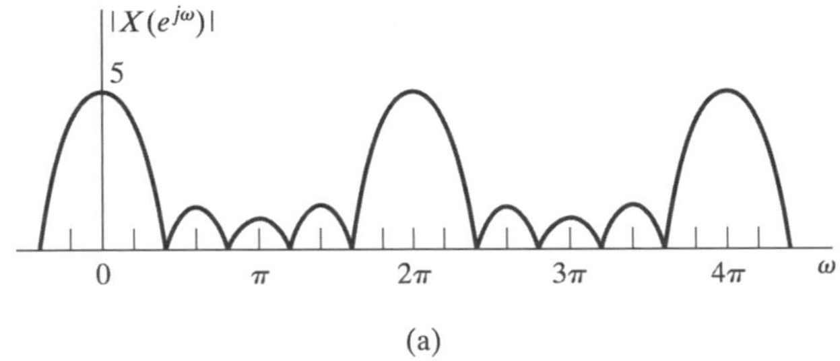

(a)

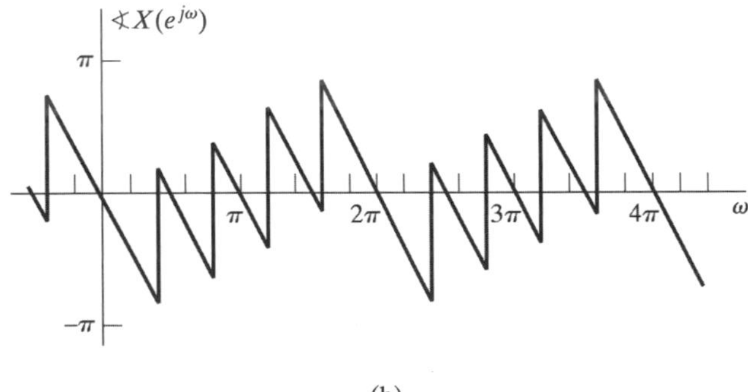

(b)

圖 8.5 圖 8.1 序列的一個週期其傅立葉轉換的大小和相位

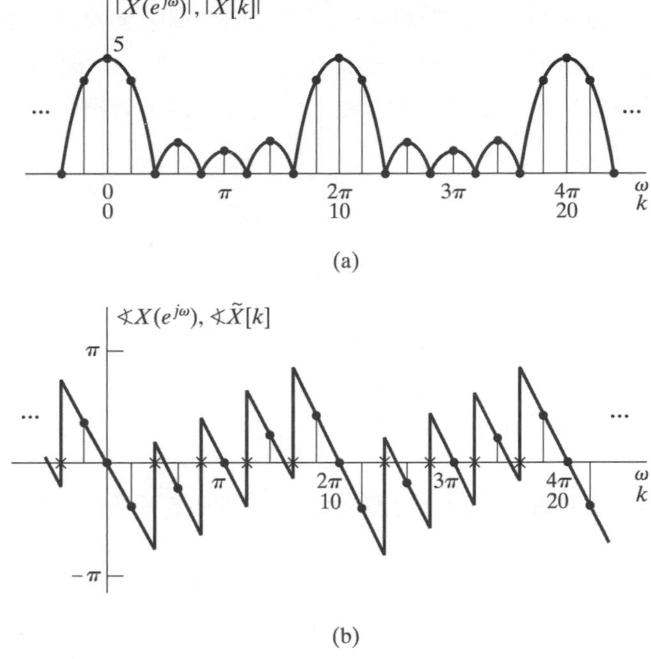

圖 8.6 圖 8.2 和圖 8.5 的重疊，示範了一個週期性序列的 DFS 係數就是該週期性序列的一個週期做傅立葉轉換後的樣本

8.4 把傅立葉轉換做取樣

有一個非週期性序列，其傅立葉轉換為 $X(e^{j\omega})$，和有一個週期性序列，其 DFS 係數對應到 $X(e^{j\omega})$ 在頻域中的等距樣本。在這一節中，我們將討論它們兩者之間更為一般的關係。我們將會發現這個關係在當我們討論離散傅立葉轉換和它的性質時，特別的重要。

考慮一個非週期性的序列 $x[n]$，其傅立葉轉換為 $X(e^{j\omega})$，並假設一個序列 $\tilde{X}[k]$ 獲得的方式是藉由取樣 $X(e^{j\omega})$ 而來，取樣頻率點為 $\omega_k = 2\pi k/N$；也就是說，

$$\tilde{X}[k] = X(e^{j\omega})|_{\omega=(2\pi/N)k} = X(e^{j(2\pi/N)k}) \tag{8.49}$$

因為傅立葉轉換是 ω 的週期函數，週期為 2π，所得的序列是 k 的週期函數，週期為 N。而且，因為傅立葉轉換等於是在單位圓上計算 z 轉換，所以 $\tilde{X}[k]$ 可以也是藉由在單位圓的 N 個等距點上取樣 $X(z)$ 而獲得。因此，

$$\tilde{X}[k] = X(z)|_{z=e^{j(2\pi/N)k}} = X(e^{j(2\pi/N)k}) \tag{8.50}$$

這些取樣點描繪在圖 8.7 中，在該圖中，$N=8$。從該圖中，我們可以很清楚的看出樣本序列是週期性的，因爲那 N 個點是等距的分開，而且是從零度開始。因此，當 k 超過 $0\le n\le N-1$ 的範圍時，相同的序列會重複，因爲我們還是繼續在同一個單位圓上跑，訪問相同一組的 N 個點。

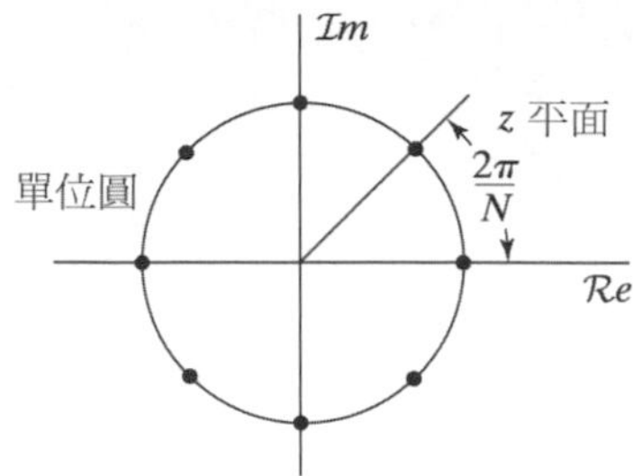

圖 8.7 單位圓上的點，在這些點上對 $X(z)$上取樣可以獲得週期性的序列 $\tilde{X}[k]$ $(N=8)$

請注意樣本 $\tilde{X}[k]$ 的序列，具週期性且週期爲 N，可能是一個序列 $\tilde{x}[n]$ 其 DFS 係數序列。爲了要獲得那個序列，我們可以簡單的把由取樣而得到的 $\tilde{X}[k]$ 代入至 (8.12) 式中：

$$\tilde{x}[n]=\frac{1}{N}\sum_{k=0}^{N-1}\tilde{X}[k]W_N^{-kn} \tag{8.51}$$

因爲我們對於 $x[n]$ 除了其傅立葉轉換存在之外，並沒有做任何其它的假設，我們可以用無窮級數來表示出 $X(e^{j\omega})$

$$X(e^{j\omega})=\sum_{m=-\infty}^{\infty}x[m]e^{-j\omega m} \tag{8.52}$$

所有的非零值 $x[m]$ 都有用到。

把 (8.52) 式代入至 (8.49) 式，再把所得的 $\tilde{X}[k]$ 表示式代入至 (8.51) 式，可得

$$\tilde{x}[n]=\frac{1}{N}\sum_{k=0}^{N-1}\left[\sum_{m=-\infty}^{\infty}x[m]e^{-j(2\pi/N)km}\right]W_N^{-kn}, \tag{8.53}$$

把總和的順序對調，變成

$$\tilde{x}[n]=\sum_{m=-\infty}^{\infty}x[m]\left[\frac{1}{N}\sum_{k=0}^{N-1}W_N^{-k(n-m)}\right]=\sum_{m=-\infty}^{\infty}x[m]\tilde{p}[n-m] \tag{8.54}$$

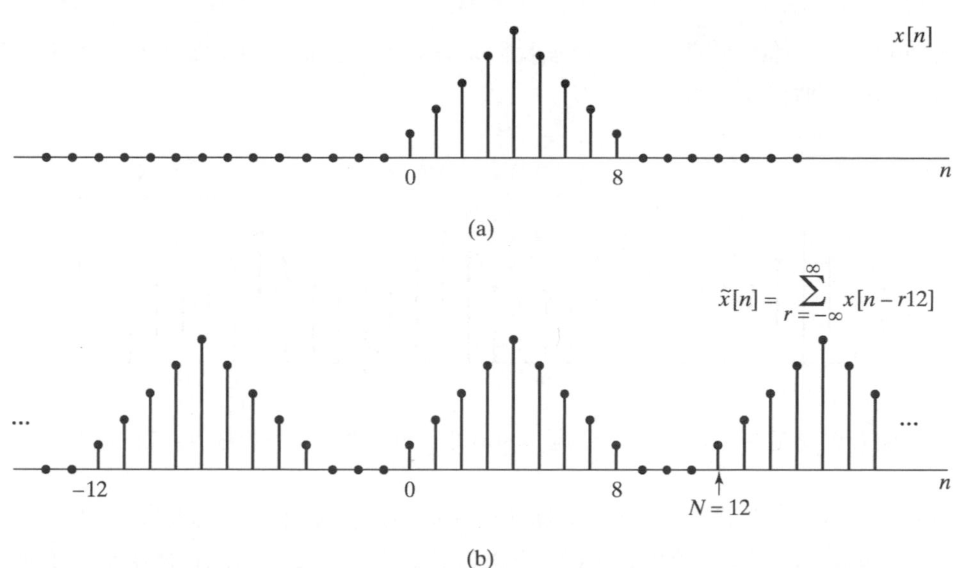

圖 8.8 (a) 有限長度序列 $x[n]$ 。(b) 週期性序列 $\tilde{x}[n]$ ，對應到把 $x[n]$ 的傅立葉轉換做 $N = 12$ 點的取樣

(8.54) 式的中括弧那一項可視爲是從 (8.7) 式或 (8.16) 式而來，而且正是範例 8.1 和範例 8.2 中週期性脈衝串的傅立葉級數表示法。明確地說，

$$\tilde{p}[n-m] = \frac{1}{N}\sum_{k=0}^{N-1} W_N^{-k(n-m)} = \sum_{r=-\infty}^{\infty} \delta[n-m-rN] \tag{8.55}$$

因此，

$$\tilde{x}[n] = x[n] * \sum_{r=-\infty}^{\infty} \delta[n-rN] = \sum_{r=-\infty}^{\infty} x[n-rN], \tag{8.56}$$

其中 $*$ 表示非週期性的捲積。也就是說，$\tilde{x}[n]$ 是由 $x[n]$ 和一個週期性的單位脈衝串做非週期性的捲積所得到的週期性的序列。因此，週期性的序列 $\tilde{x}[n]$ ，其所對應的 $\tilde{X}[k]$ 是把 $X(e^{j\omega})$ 做取樣而得到，可以藉由把 $x[n]$ 再加上無限多個 $x[n]$ 的移位複製版本而得。這些移位是 N 之所有正的整數倍數和負的整數倍數，而 N 是序列 $\tilde{X}[k]$ 的週期。這個現象描繪在圖 8.8 中，其中序列 $x[n]$ 的長度爲 9 而在 (8.56) 式中 N 的值是 $N = 12$。因此，$x[n]$ 的移位複製版本之間不會交疊，而週期性序列 $\tilde{x}[n]$ 的其中一個週期我們可以看出是 $x[n]$ 。這個和在第 8.3 節的範例 8.6 所做的討論是一致的，在那裏我們曾證明出一個週期性序列的傅立葉級數係數是該週期性序列的一個週期其傅立葉轉換的樣本。在圖 8.9 中，我們使用相同的序列 $x[n]$ ，但是 N 的值現在改成 $N = 7$。在這個情況中，$x[n]$ 的移位複製版本之間會發生交疊，故 $\tilde{x}[n]$ 的一個週期不再和 $x[n]$ 相同。然而，在這兩種情況中，(8.49) 式仍然保持；也就是說，在這兩種情況中，$\tilde{x}[n]$ 的 DFS 係數仍然是 $x[n]$ 傅立葉轉換的樣本，取樣點是在 $2\pi/N$ 的整數倍數頻率上。這個討論應該可以讓我們回憶起我們在第 4 章中對

取樣所做的討論。唯一的差異是在這裡我們是在頻域取樣而非在時域取樣。然而，其數學表示法的一般概要卻是非常的類似。

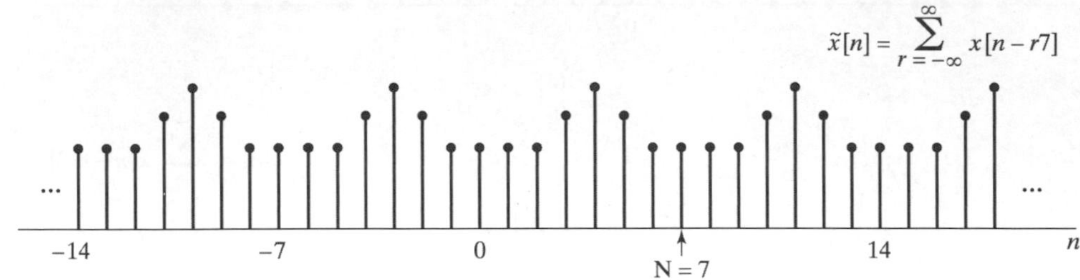

圖 8.9 週期性序列 $\tilde{x}[n]$ 對應到圖 8.8(a) 之 $x[n]$ 的傅立葉轉換做 $N = 7$ 的取樣

對於在圖 8.8 中的範例，原來的系統序列 $x[n]$ 可以從 $\tilde{x}[n]$ 還原，只要取出其中一個週期即可。等價的說，傅立葉轉換 $X(e^{j\omega})$ 可以從頻率間隔為 $2\pi/12$ 的樣本那兒還原回來。但是，在圖 8.9 中，$x[n]$ 無法由取出 $\tilde{x}[n]$ 的一個週期而還原，等價的說，$X(e^{j\omega})$ 無法從它的樣本那兒還原回來，假若樣本的間隔僅是 $2\pi/7$ 的話。實際上，對於圖 8.8 的情況，$x[n]$ 的傅立葉轉換已經被足夠的取樣，樣本點在頻率中的間隔已足夠的小以至於能夠從這些樣本還原回來，但圖 8.9 則表示一個傅立葉轉換取樣不足的情況。在取樣不足的情況中，在 $x[n]$ 和 $\tilde{x}[n]$ 的一個週期之間的關係可以想成是一種在時域中的交疊現象；當我們在時域中取樣不足時，則會發生頻域交疊（曾在第 4 章中討論過）。這兩種情況在本質上是相同的。很明顯地，只有當 $x[n]$ 是有限長度時，時域交疊才可以被避免，就好像是只有當信號具有有限頻寬的傅立葉轉換時，頻域交疊方可以被避免。

這個討論強調了幾個重要的概念，而這些概念將會在本章的其餘部份扮演一個重要的角色。我們已經看到一個非週期性序列 $x[n]$ 其傅立葉轉換的樣本可以被想成是一個週期性的序列 $\tilde{x}[n]$ 的 DFS 係數，而 $\tilde{x}[n]$ 是透過把 $x[n]$ 的週期性複製全部加起來而得到。假若 $x[n]$ 是有限長度的，而且我們對其傅立葉轉換取足夠多數目的等距樣本點（明確地說，樣本點數目大於或等於 $x[n]$ 的長度），則傅立葉轉換是可從這些樣本點還原回來的，而且，等價的說，$x[n]$ 可從對應的週期性序列 $\tilde{x}[n]$ 還原回來。明確地說，假若在區間 $n = 0$，$n = N-1$ 之外 $x[n] = 0$，則

$$x[n] = \begin{cases} \tilde{x}[n], & 0 \le n \le N-1, \\ 0, & \text{其他} \end{cases} \qquad (8.57)$$

假若 $x[n]$ 其非零點的區間不是在 0，$N-1$ 之間，則 (8.57) 式要做適當的修正。

在 $X(e^{j\omega})$ 和它的樣本點 $\tilde{X}[k]$ 之間的一個直接關係，也就是說，$X(e^{j\omega})$ 的一個內插運算公式，可以被推導出（請參見習題 8.57）。然而，我們前面所討論的精隨是若我們要表示或還原 $x[n]$，則我們不需要知道在所有的頻率上的 $X(e^{j\omega})$ 值，假若 $x[n]$ 具有限長度

的話。給定一個有限長度序列 $x[n]$，我們可以使用 (8.56) 式形成一個週期性序列，該序列接下來可以藉由 DFS 表示之。兩者取一的，給定傅立葉係數 $\tilde{X}[k]$ 序列，我們可以求出 $\tilde{x}[n]$ 並使用 (8.57) 式來獲得 $x[n]$。當傅立葉級數是以這種方式來使用以表示有限長度序列時，我們把它叫做離散傅立葉轉換（discrete Fourier transform）或 DFT。在發展、討論、和應用 DFT 的同時，非常重要的一點就是要記住：使用傅立葉轉換樣本的表示法，實際上就是用一個週期性序列來表示一個有限長度序列的表示法，而那一個週期性序列的其中一個週期就是我們希望要表示的有限長度序列。

8.5 有限長度序列的傅立葉表示法：DFT

在這一節，我們把在前一節最後所提出的觀點做一個正式的闡述。首先，我們考慮一個有限長度序列 $x[n]$，長度為 N 個樣本，在 $0 \le n \le N-1$ 的範圍之外 $x[n]=0$。在許多的例子中，就算它的長度是 $M \le N$，我們仍然會假設該序列的長度為 N。在如此的情況中，我們只要簡單的認為最後的 $(N-M)$ 個樣本為零即可。對於每一個長度為 N 之有限長度序列，我們總是可以用它建構一個週期性的序列

$$\tilde{x}[n] = \sum_{r=-\infty}^{\infty} x[n-rN] \tag{8.58a}$$

有限長度序列 $x[n]$ 可以從 $\tilde{x}[n]$ 透過 (8.57) 式還原回來，也就是說，

$$x[n] = \begin{cases} \tilde{x}[n], & 0 \le n \le N-1, \\ 0, & \text{其他} \end{cases} \tag{8.58b}$$

憶及在 8.4 節中，$\tilde{x}[n]$ 的 DFS 係數是 $x[n]$ 其傅立葉轉換的樣本（頻率間隔是 $2\pi/N$）。因為 $x[n]$ 被假設成具有限長度 N，所以對於不同的 r 值，$x[n-rN]$ 的各項之間是不會發生交疊的。因此，(8.58a) 式也可以被寫成

$$\tilde{x}[n] = x[(n \text{ modulo } N)] \tag{8.59}$$

為了方便起見，我們將會使用符號 $((n))_N$ 來表示（n 模數 N）；使用這個符號，(8.59) 式可以表示成

$$\tilde{x}[n] = x[((n))_N] \tag{8.60}$$

請注意只有當 $x[n]$ 的長度小於或等於 N 時，(8.60) 式才會等價於 (8.58a) 式。有限長度序列 $x[n]$ 可由取出 $\tilde{x}[n]$ 的一個週期而獲得，正如 (8.58b) 式。

我們另外可以用一種不太正式，但是滿有用的方式來觀察 (8.59) 式，就是想像成是把有限長度序列 $x[n]$ 纏繞在一個圓柱體上，而該圓柱體的周長等於該序列的長度。當我們重複地遊走於這個圓柱體的圓周時，我們可看到該有限長度序列會做週期性的重複。使用這種解釋方式，用週期性序列來表示有限長度序列的表示法對應到把那有限長度序列纏繞在一個圓柱體上；使用 (8.58b) 式從週期性序列還原出該有限長度序列可以想像成是把該圓柱體整個攤開，並把它攤平放置，所以該序列現在是被展示在一個線性時間軸上，而非一個圓形的（模數 N）的時間軸上。

正如在 8.1 節所定義的，週期性序列 $\tilde{x}[n]$ 其 DFS 係數 $\tilde{X}[k]$ 序列本身就是一個週期性的序列，週期為 N。為了要維持在時域和頻域之間的對偶性，我們將會認定一個有限長度序列所伴隨的傅立葉係數是一個有限長度序列，它對應到 $\tilde{X}[k]$ 的一個週期。這個有限長度序列，$X[k]$，將會被稱之為 DFT。因此，DFT $X[k]$ 和 DFS 係數 $\tilde{X}[k]$ 它們之間的關係為

$$X[k]=\begin{cases}\tilde{X}[k], & 0\le k\le N-1,\\ 0, & \text{其他}\end{cases} \tag{8.61}$$

和

$$\tilde{X}[k]=X[(k \text{ modulo } N)]=X[((k))_N] \tag{8.62}$$

從 8.1 節可知，$\tilde{X}[k]$ 和 $\tilde{x}[n]$ 之間的關係為

$$\tilde{X}[k]=\sum_{n=0}^{N-1}\tilde{x}[n]W_N^{kn}, \tag{8.63}$$

$$\tilde{x}[n]=\frac{1}{N}\sum_{k=0}^{N-1}\tilde{X}[k]W_N^{-kn} \tag{8.64}$$

其中 $W_N=e^{-j(2\pi/N)}$。

因為在 (8.63) 式和 (8.64) 式中的總和項僅牽涉到區間零到 $(N-1)$ 的運算，所以從 (8.58b) 式到 (8.64) 式我們可知

$$X[k]=\begin{cases}\displaystyle\sum_{n=0}^{N-1}x[n]W_N^{kn}, & 0\le k\le N-1,\\ 0, & \text{其他}\end{cases} \tag{8.65}$$

$$x[n]=\begin{cases}\displaystyle\frac{1}{N}\sum_{k=0}^{N-1}X[k]W_N^{-kn}, & 0\le n\le N-1,\\ 0, & \text{其他}\end{cases} \tag{8.66}$$

一般而言，DFT 分析方程式和合成方程式可以寫成如下的形式：

$$\text{分析方程式：}\quad X[k]=\sum_{n=0}^{N-1}x[n]W_N^{kn},\quad 0\le k\le N-1, \tag{8.67}$$

$$\text{合成方程式：}\quad x[n]=\frac{1}{N}\sum_{k=0}^{N-1}X[k]W_N^{-kn},\quad 0\le n\le N-1 \tag{8.68}$$

也就是說，對於在區間 $0\le k\le N-1$ 之外的 k， $X[k]=0$ ，和對於在區間 $0\le n\le N-1$ 之外的 n， $x[n]=0$ ，這兩個事實是被隱含著的，而非被明白陳述的。由 (8.67) 式和 (8.68) 式所隱含之在 $x[n]$ 和 $X[k]$ 之間的關係有時候我們會把它記為

$$x[n]\overset{\mathcal{DFT}}{\longleftrightarrow}X[k] \tag{8.69}$$

對於有限長度的序列，在我們把 (8.11) 式和 (8.12) 式重鑄成 (8.67) 式和 (8.68) 式的同時，我們並沒有消去其固有的週期性。正如 DFS 一樣，DFT $X[k]$ 等於具週期性之傅立葉轉換 $X(e^{j\omega})$ 的樣本，而且假若我們是在區間 $0\le n\le N-1$ 之外的值計算 (8.68) 式的話， 所得的結果將不會是零，而是 $x[n]$ 的一個週期性的延伸。這個天生的週期性是一定會用遠存在的。有時候，這種特性會對我們造成困擾，有時候，我們卻是可以好好的利用這種特性，但是完全地忽視它卻是會招來問題。在定義 DFT 的表示式時，我們簡單的認為我們僅對在區間 $0\le n\le N-1$ 中的 $x[n]$ 值感興趣，因為 $x[n]$ 在那區間之外的值實際上為零，而且我們也僅對在區間 $0\le k\le N-1$ 中的 $X[k]$ 值感興趣，因為在 (8.68) 式中當我們要重建 $x[n]$ 時，我們僅需要那些值而已。

範例 8.7　一個長方形脈衝的 DFT

為了要說明一個有限長度序列的 DFT，考慮展示在圖 8.10(a) 中的 $x[n]$。在決定其 DFT 時，我們可以把 $x[n]$ 視為是一個有限長度序列，其長度可以是任意值，只要大於或等於 N = 5 即可。若我們把該序列考慮為長度 $N=5$，則對應的週期性序列 $\tilde{x}[n]$ 我們展示在圖 8.10(b) 中，請注意 $\tilde{x}[n]$ 的 DFS 即 $x[n]$ 的 DFT。因為在圖 8.10(b) 式中的序列在區間 $0\le n\le 4$ 中是常數，可得

$$\begin{aligned}\tilde{X}[k]&=\sum_{n=0}^{4}e^{-j(2\pi k/5)n}=\frac{1-e^{-j2\pi k}}{1-e^{-j(2\pi k/5)}}\\&=\begin{cases}5, & k=0,\pm5,\pm10,\ldots,\\0, & \text{其他}\end{cases}\end{aligned} \tag{8.70}$$

也就是說，非零的 DFS 係數 $\tilde{X}[k]$ 僅存在於 $k=0$ 和 $k=5$ 的整數倍數上（所有的這些都代表相同的複數指數頻率）。DFS 係數展示在圖 8.10(c) 中。而且在圖 8.10(c) 也展式了 DTFT 的大小，$|X(e^{j\omega})|$。很清楚地， $\tilde{X}[k]$ 是 $X(e^{j\omega})$ 在頻率 $\omega_k=2\pi k/N$ 上的

樣本序列。根據 (8.61) 式，$x[n]$ 的 5 點 DFT 就是取出一個週期的 $\tilde{X}[k]$ 所獲得的有限長度序列。因此，$x[n]$ 的 5 點 DFT 展示在圖 8.10(d) 中。

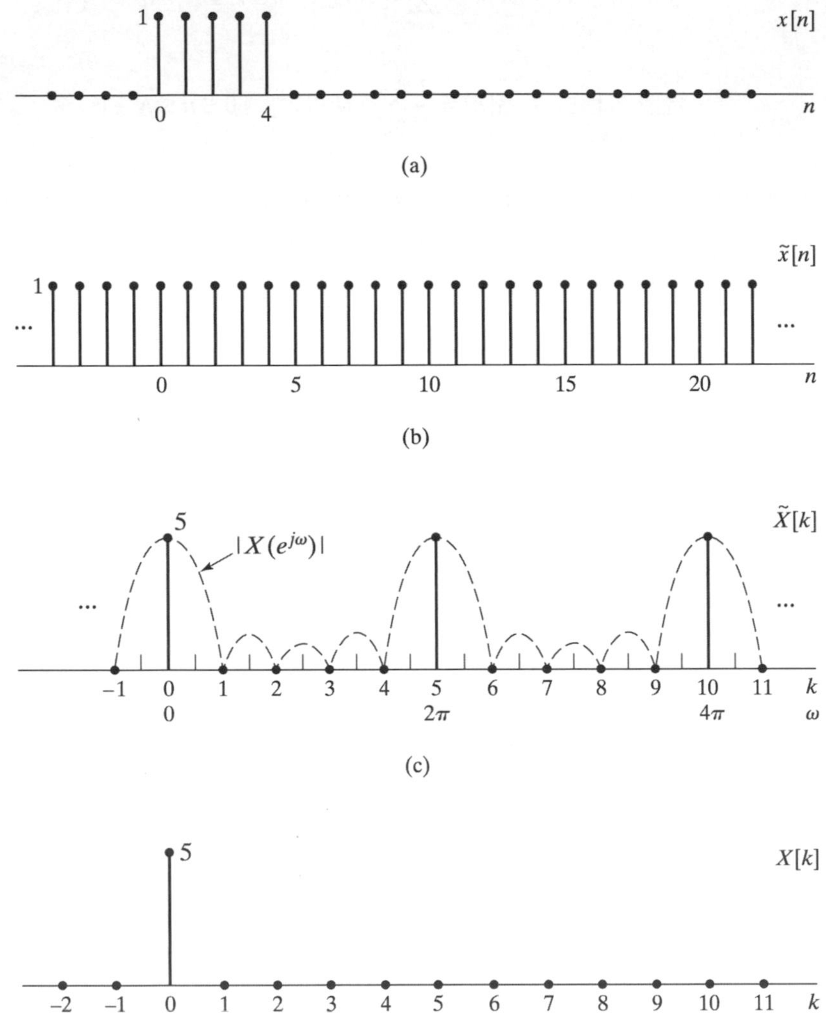

圖 8.10 DFT 的說明。(a) 有限長度序列 $x[n]$。(b) 週期性序列 $\tilde{x}[n]$，由 $x[n]$ 以週期 $N = 5$ 構成。(c) $\tilde{x}[n]$ 的傅立葉級數係數 $\tilde{X}[k]$。為了要強調傅立葉級數係數是傅立葉轉換的樣本，$|X(e^{j\omega})|$ 也有被展示出來。(d) $x[n]$ 的 DFT

假若現在我們考慮 $x[n]$ 的長度是 $N = 10$ 的話，則其潛在的週期性序列展示在圖 8.11(b) 中，它正是在範例 8.3 中所考慮的週期性序列。因此，此情況的 $\tilde{X}[k]$ 展示在圖 8.2 和圖 8.6 中，而 10 點 DFT $X[k]$ 展示在圖 8.11(c)，8.11(d) 則是一個週期的 $\tilde{X}[k]$。

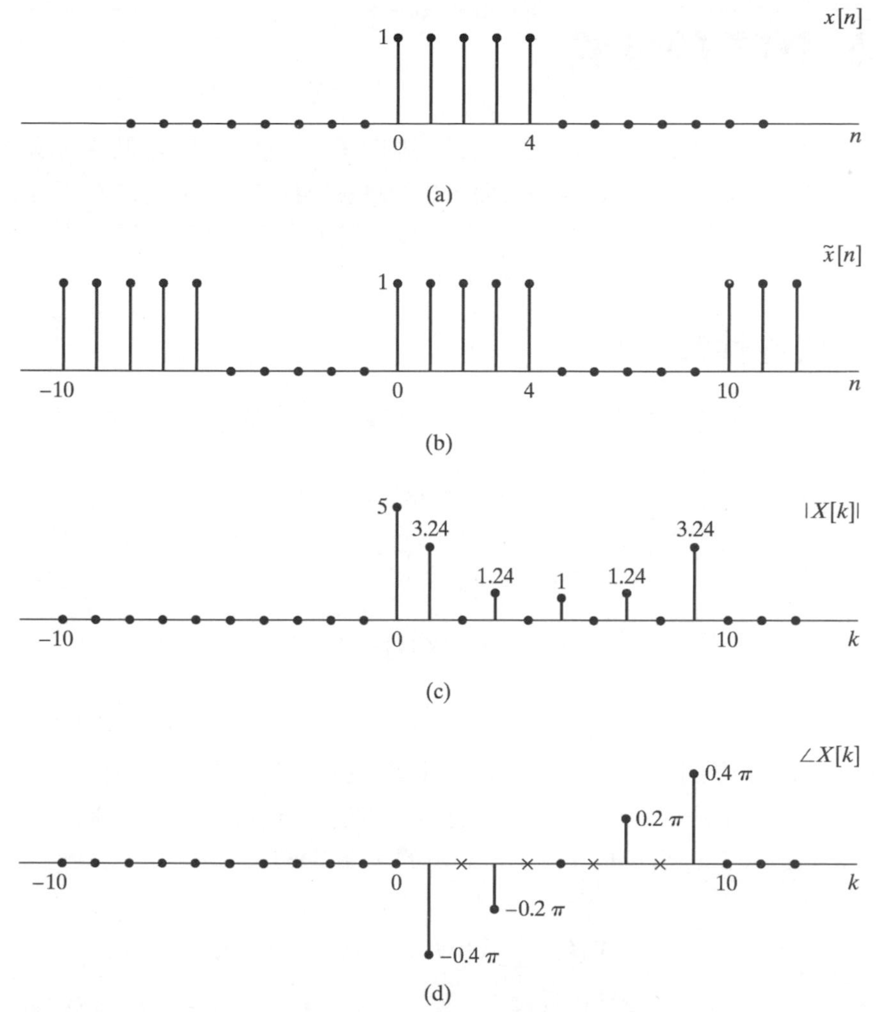

圖 8.11 DFT 的說明。(a) 有限長度序列 $x[n]$。(b) 週期性序列 $\tilde{x}[n]$，由 $x[n]$ 以週期 $N = 10$ 構成。(c) DFT 大小。(d) DFT 相位（"×" 表示相位值未定）

由 (8.57) 式和 (8.60) 式的關係來看，在有限長度序列 $x[n]$和週期性序列 $\tilde{x}[n]$ 之間的差異好像很小，因爲，使用這些方程式，我們好像可以直接從其中一個建構出另外一個。然而，當我們考慮 DFT 的性質時，和當我們考慮修正 $X[k]$會在 $x[n]$上產生何種效應時，這些差異將會變得很重要。在下一節，我們將會討論 DFT 表示法的特性，我們以上所言將會變得很明顯。

8.6 DFT 的性質

在這一節中，我們將考慮有限長度序列其 DFT 的一些性質。我們的討論將會平行於在 8.2 節中對週期性序列的討論。然而，我們將會把我們的注意力放在「有限長度的假設」和「有限長度序列其 DFT 表示法所隱含之週期性」兩者間的互動。

8.6.1 線性性質

假若兩個有限長度序列 $x_1[n]$ 和 $x_2[n]$ 做線性組合，也就是說，假若

$$x_3[n] = ax_1[n] + bx_2[n], \tag{8.71}$$

則 $x_3[n]$ 的 DFT 為

$$X_3[k] = aX_1[k] + bX_2[k] \tag{8.72}$$

很清楚地，假若 $x_1[n]$ 其長度為 N_1 而 $x_2[n]$ 長度為 N_2， 則 $x_3[n]$ 其最大的長度將會是 $N_3 = \max(N_1, N_2)$。因此，為了要使 (8.72) 有意義，兩者的 DFT 都必須用相同的長度 $N \geq N_3$ 來計算。假若，舉例來說，$N_1 < N_2$，則我們先把序列 $x_1[n]$ 的後面後補上 $N_2 - N_1$ 個零，然後才計算其 DFT $X_1[k]$。也就是說，$x_1[n]$ 的 N_2 點 DFT 為

$$X_1[k] = \sum_{n=0}^{N_1-1} x_1[n] W_{N_2}^{kn}, \quad 0 \leq k \leq N_2 - 1, \tag{8.73}$$

和 $x_2[n]$ 的 N_2 點 DFT 為

$$X_2[k] = \sum_{n=0}^{N_2-1} x_2[n] W_{N_2}^{kn}, \quad 0 \leq k \leq N_2 - 1 \tag{8.74}$$

總結，假若

$$x_1[n] \overset{\mathcal{DFT}}{\longleftrightarrow} X_1[k] \tag{8.75a}$$

且

$$x_2[n] \overset{\mathcal{DFT}}{\longleftrightarrow} X_2[k] \tag{8.75b}$$

則

$$ax_1[n]+bx_2[n] \xleftrightarrow{\mathcal{DFT}} aX_1[k]+bX_2[k], \tag{8.76}$$

其中序列的長度和它們的 DFT 的長度都最少要等於 $x_1[n]$ 和 $x_2[n]$ 長度的較大值。當然，只要在兩個序列的後面都補上零值樣本的話，我們可以計算具更大長度的 DFT。

8.6.2 一個序列的環狀移位

根據 2.9.2 節和在表 2.2 中的性質 2，假若 $X(e^{j\omega})$ 是 $x[n]$的離散時間傅立葉轉換，則 $e^{-j\omega m}X(e^{j\omega})$ 是時間移位序列 $x[n-m]$的傅立葉轉換。換句話說，在時域中移位 m 點（正的 m 對應到一個時間延遲，負的 m 對應到一個時間領先）對應到在頻域中的情況爲把傅立葉轉換乘上線性相位因子 $e^{-j\omega m}$。在 8.2.2 節中，我們曾討論一個週期性序列其 DFS 係數的類似性質；明確地說，假若一個週期性序列 $\tilde{x}[n]$ 有傅立葉級數係數 $\tilde{X}[k]$，則移位序列 $\tilde{x}[n-m]$ 有傅立葉級數係數 $e^{-j(2\pi k/N)m}\tilde{X}[k]$。現在我們將考慮在時域中的某個運算它會對應到把一個有限長度序列 $x[n]$其 DFT 係數乘以一個線性相位因子 $e^{-j(2\pi k/N)m}$。明確地說，令 $x_1[n]$ 代表一有限長度序列，而其 DFT 是 $e^{-j(2\pi k/N)m}X[k]$；也就是說，假若

$$x[n] \xleftrightarrow{\mathcal{DFT}} X[k], \tag{8.77}$$

則我們有興趣找出 $x_1[n]$ 使得

$$x_1[n] \xleftrightarrow{\mathcal{DFT}} X_1[k]=e^{-j(2\pi k/N)m}X[k]=W_N^m X[k] \tag{8.78}$$

因爲 N 點 DFT 代表一個長度爲 N 的有限長度序列，所以 $x[n]$和 $x_1[n]$ 在區間 $0 \le n \le N-1$ 之外必須爲零，因此，$x_1[n]$ 絕對不會只是 $x[n]$的一個簡單的時間移位而已。由 8.2.2 節的結果，和把 DFT 解釋成爲週期性序列 $x_1[((n))_N]$的傅立葉級數係數，從這兩方面，正確的結果可以直接的得到。特別的是，從 (8.59) 式和 (8.62) 式，我們可得

$$\tilde{x}[n]=x[((n))_N] \xleftrightarrow{\mathcal{DFS}} \tilde{X}[k]=X[((k))_N], \tag{8.79}$$

而且，類似的，我們可以定義一個週期性序列 $\tilde{x}_1[n]$ 使得

$$\tilde{x}_1[n]=x_1[((n))_N] \xleftrightarrow{\mathcal{DFS}} \tilde{X}_1[k]=X_1[((k))_N], \tag{8.80}$$

其中，藉由假設，

$$X_1[k]=e^{-j(2\pi k/N)m}X[k] \tag{8.81}$$

因此，$\tilde{x}_1[n]$的 DFS 係數爲

$$\tilde{X}_1[k] = e^{-j[2\pi((k))_N/N]m} X[((k))_N] \tag{8.82}$$

請注意

$$e^{-j[2\pi((k))_N/N]m} = e^{-j(2\pi k/N)m} \tag{8.83}$$

也就是說，因爲 $e^{-j(2\pi k/N)m}$ 對 k 和 m 而言都是週期性的函數，週期爲 N，因此我們可以去掉符號 $((k))_N$。因此，(8.82) 式變成

$$\tilde{X}_1[k] = e^{-j(2\pi k/N)m} \tilde{X}[k], \tag{8.84}$$

從 8.2.2 節我們知道

$$\tilde{x}_1[n] = \tilde{x}[n-m] = x[((n-m))_N] \tag{8.85}$$

因此，有限長度序列 $x_1[n]$ 其 DFT 是由 (8.81) 式給定，是

$$x_1[n] = \begin{cases} \tilde{x}_1[n] = x[((n-m))_N], & 0 \le n \le N-1, \\ 0, & \text{其他} \end{cases} \tag{8.86}$$

(8.86) 式告訴我們如何來從 $x[n]$建構出 $x_1[n]$。

範例 8.8 一個序列的環狀移位

對於 $m = -2$ 的環狀移位程序我們展示在圖 8.12 中；也就是說，我們希望決定出 $N = 6$ 的 $x_1[n] = x[((n+2))_N]$，它將會有 DFT $X_1[k] = W_6^{-2k} X[k]$。明確地說，從 $x[n]$，我們建構出週期性序列 $\tilde{x}[n] = x[((n))_6]$，正如同在圖 8.12(b) 中所指出。根據 (8.85) 式，我們然後把 $\tilde{x}[n]$ 往左邊移位 2，獲得 $\tilde{x}_1[n] = \tilde{x}[n+2]$，如圖 8.12(c) 所示。最後，使用 (8.86) 式，我們取出一個週期的 $\tilde{x}_1[n]$ 以獲得 $x_1[n]$，如圖 8.12(d) 所示。

比較圖 8.12(a) 和 (d)，可以很清楚地指出 $x_1[n]$不會是 $x[n]$的一個線性移位，而且事實上，兩個序列都被限制在區間 0 到 $(N-1)$ 中。參考圖 8.12，我們看到 $x_1[n]$可以藉由移位 $x[n]$而形成，只要當一個序列值從一端離開區間 0 到 $(N-1)$，它會從另外一個端點進入該區間即可。另外有趣的一點就是，對於展示在圖 8.12(a) 的序列，假若我們令 $x_2[n] = x[((n-4))_6]$，把該序列往右邊移位 4 再取模數 6，我們會得到和 $x_1[n]$ 一模一樣的序列。套句 DFT 的話來説，這是因為 $W_6^{4k} = W_6^{-2k}$ 的結果，或者，更為一般的情況，$W_N^{mk} = W_N^{-(N-m)k}$，這意味著一個 N 點序列在一個方向做環狀移位 m 等同於該序列在相反的方向做環狀移位 $N-m$。

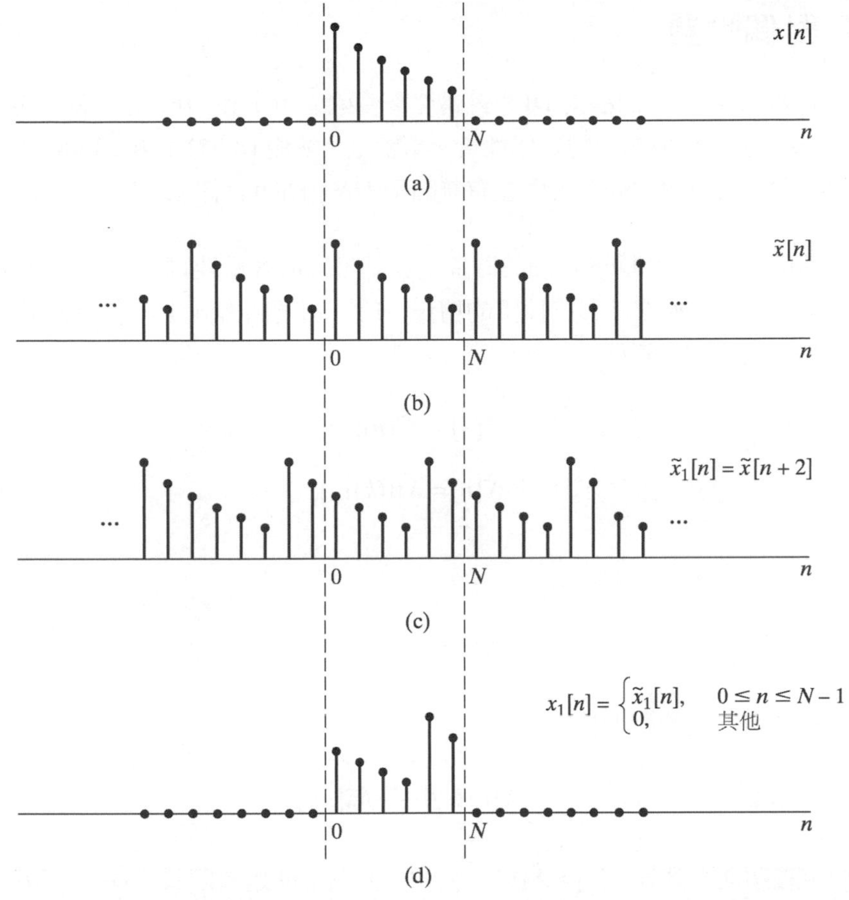

圖 8.12　一個有限長度序列的環狀移位；也就是說，把序列的 DFT 乘上一個線性相位因子它在時域中的效應

在 8.5 節中，我們曾經提出如何從有限長度序列 $x[n]$建構出週期性序列 $\tilde{x}[n]$的解釋法，就是把 $x[n]$繞在一個圓柱體的圓周上，而其圓周剛好是 N 點。當我們重複地在圓柱體的圓周上游走時，我們所看見的序列就是週期性序列 $\tilde{x}[n]$。週期性序列 $\tilde{x}[n]$的線性移位然後就對應至圓柱體的一個旋轉。在有限長度序列和 DFT 的環境中，這樣的一個移位叫做一個環狀移位，或是在區間 $0 \le n \le N-1$ 中序列的一個旋轉。

總結，DFT 的環狀移位性質為

$$x[((n-m))_N],\quad 0 \le n \le N-1 \overset{\mathcal{DFT}}{\longleftrightarrow} e^{-j(2\pi k/N)m} X[k] = W_N^m X[k] \tag{8.87}$$

8.6.3 對偶性質

我們於 8.2.3 節中有討論的 DFS 對偶性質，因爲 DFT 和 DFS 有緊密的關聯性，所以我們預期 DFT 也會呈現類似的對偶性質。事實上，檢視 (8.67) 式和 (8.68) 式，我們看到分析方程式和合成方程式的差異僅在有無因子 $1/N$ 和在 W_N 指數的符號。

藉由利用在 DFT 和 DFS 之間的關係，我們可以很容易地推導出 DFT 的對偶性質出來，就好像我們在推導環狀移位性質的情況一般。朝這個方向走，考慮 $x[n]$和它的 DFT $X[k]$，並建構出週期性序列

$$\tilde{x}[n] = x[((n))_N], \tag{8.88a}$$

$$\tilde{X}[n] = X[((k))_N], \tag{8.88b}$$

以致於

$$\tilde{x}[n] \xleftrightarrow{\mathcal{DFS}} \tilde{X}[k] \tag{8.89}$$

從在 (8.25) 式所給定的對偶性質，

$$\tilde{X}[n] \xleftrightarrow{\mathcal{DFS}} N\tilde{x}[-k] \tag{8.90}$$

假如我們定義週期性序列 $\tilde{x}_1[n] = \tilde{X}[n]$，它的一個週期就是有限長度序列 $x_1[n] = X[n]$，則 $\tilde{x}_1[n]$ 的 DFS 係數爲 $\tilde{X}_1[k] = N\tilde{x}[-k]$。因此，$x_1[n]$ 的 DFT 爲

$$X_1[k] = \begin{cases} N\tilde{x}[-k], & 0 \le k \le N-1, \\ 0, & \text{其他}, \end{cases} \tag{8.91}$$

或，等價的，

$$X_1[k] = \begin{cases} Nx[((-k))_N], & 0 \le k \le N-1, \\ 0, & \text{其他} \end{cases} \tag{8.92}$$

因此，DFT 的對偶性質可以陳述如下：假若

$$x[n] \xleftrightarrow{\mathcal{DFT}} X[k], \tag{8.93a}$$

則

$$X[n] \xleftrightarrow{\mathcal{DFT}} Nx[((-k))_N], \quad 0 \le k \le N-1 \tag{8.93b}$$

序列 $Nx[((-k))_N]$ 是 $Nx[k]$ 的索引值逆轉，再取模數 N。索引值逆轉再取模數 N，明確地說，對於 $1 \le k \le N-1$，$((-k))_N = N-k$；對於 $k = 0$，$((-k))_N = ((k))_N$。正如同在移位再取模數 N 的情況，索引值逆轉再取模數 N 的程序通常最好是用其潛在的週期性序列來看待。

範例 8.9 DFT 的對偶關係

為了要說明在 (8.93) 式中的對偶關係，讓我們考慮範例 8.7 的序列 $x[n]$。圖 8.13(a) 顯示出有限長度序列 $x[n]$，圖 8.13(b) 和圖 8.13(c) 分別為其 10 點 DFT $X[k]$ 的實部和虛部。藉由簡單的重新命名水平軸，我們可得複數序列 $x_1[n] = X[n]$，如圖 8.13(d) 和圖 8.13(e) 所示。根據 (8.93) 式的對偶關係，（複數值）序列 $X[n]$ 的 10 點 DFT 序列展示在圖 8.13(f) 中。

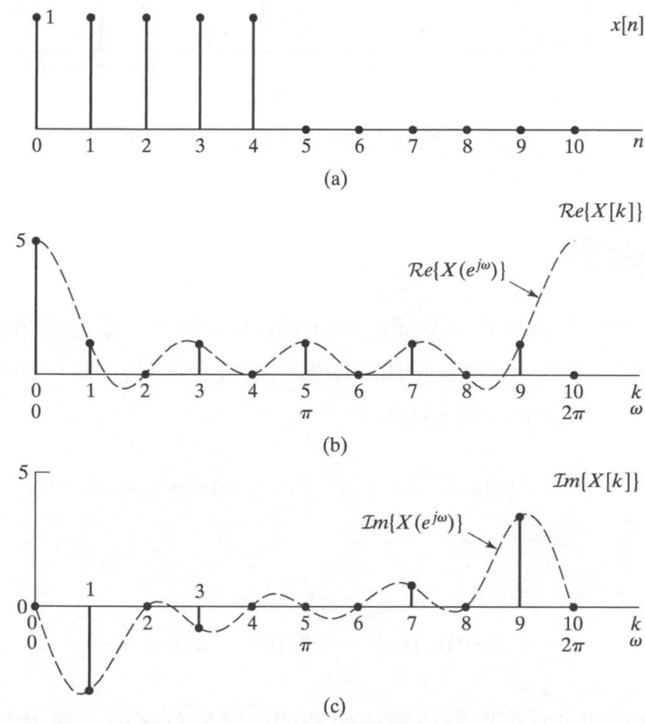

圖 8.13 對偶性的示範。(a) 實數有限長度序列 $x[n]$。(b) 和 (c) 對應的 DFT $X[k]$ 的實部和虛部

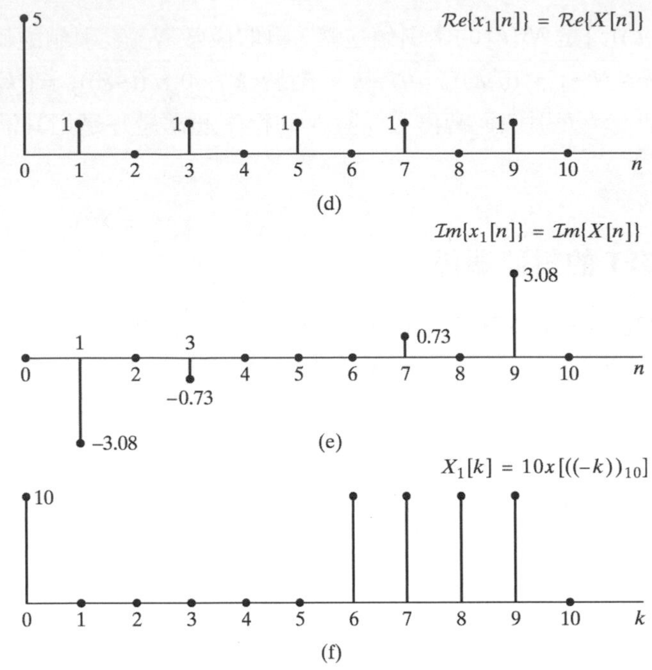

圖 8.13（續） 對偶性的示範。(d) 和 (e) 對偶序列 $x_1[n]=X[n]$ 的實部和虛部。(f) $x_1[n]$ 的 DFT

8.6.4 對稱性質

因爲 $x[n]$ 的 DFT 和週期性序列 $\tilde{x}[n]=x[((n))_N]$ 的 DFS 係數是相同的，所以 DFT 的對稱性質可以從整理在 8.2.6 節表 8.1 中的 DFS 對稱性質延伸出來。明確地說，使用 (8.88) 式以及表 8.1 的性質 9 和 10，我們有

$$x^*[n] \xleftrightarrow{\mathcal{DFT}} X^*[((-k))_N], \quad 0 \le n \le N-1, \tag{8.94}$$

和

$$x^*[((-n))_N] \xleftrightarrow{\mathcal{DFT}} X^*[k], \quad 0 \le n \le N-1 \tag{8.95}$$

表 8.1 的性質 11 到 14 可以看成把一個週期性序列分解成一個共軛對稱（conjugate-symmetric）序列和一個共軛反對稱（conjugate-antisymmetric）序列的和。這暗示了我們可以把有限長度序列 $x[n]$ 分解成兩個有限長度序列，長度爲 N，分別對應至 $\tilde{x}[n]$ 其共軛對稱的一個週期和共軛反對稱的一個週期。我們將會把 $x[n]$ 的這兩個部份記爲 $x_{\text{ep}}[n]$ 和 $x_{\text{op}}[n]$。因此，有了

$$\tilde{x}[n] = x[((n))_N] \tag{8.96}$$

其共軛對稱部份為

$$\tilde{x}_e[n] = \tfrac{1}{2}\{\tilde{x}[n] + \tilde{x}^*[-n]\}, \tag{8.97}$$

共軛反對稱部份為

$$\tilde{x}_o = \tfrac{1}{2}\{\tilde{x}[n] - \tilde{x}^*[-n]\}, \tag{8.98}$$

我們定義 $x_{\text{ep}}[n]$ 和 $x_{\text{op}}[n]$ 為

$$x_{\text{ep}}[n] = \tilde{x}_e[n], \quad 0 \le n \le N-1, \tag{8.99}$$

$$x_{\text{op}}[n] = \tilde{x}_o[n], \quad 0 \le n \le N-1, \tag{8.100}$$

或是，等價的，

$$x_{\text{ep}}[n] = \tfrac{1}{2}\{x[((n))_N] + x^*[((-n))_N]\}, \quad 0 \le n \le N-1, \tag{8.101a}$$

$$x_{\text{op}}[n] = \tfrac{1}{2}\{x[((n))_N] - x^*[((-n))_N]\}, \quad 0 \le n \le N-1, \tag{8.101b}$$

$x_{\text{ep}}[n]$ 和 $x_{\text{op}}[n]$ 兩者都是有限長度序列，也就是說，兩者在區間 $0 \le n \le N-1$ 之外都是零。因為在區間 $0 \le n \le N-1$ 中 $((-n))_N = (N-n)$ 且 $((n))_N = n$，我們也可以把 (8.101) 式表示成

$$x_{\text{ep}}[n] = \tfrac{1}{2}\{x[n] + x^*[N-n]\}, \quad 1 \le n \le N-1, \tag{8.102a}$$

$$x_{\text{ep}}[0] = \mathcal{R}e\{x[0]\}, \tag{8.102b}$$

$$x_{\text{op}}[n] = \tfrac{1}{2}\{x[n] - x^*[N-n]\}, \quad 1 \le n \le N-1, \tag{8.102c}$$

$$x_{\text{op}}[0] = j\mathcal{I}m\{x[0]\} \tag{8.102d}$$

用這種形式滿方便的，因為它避免了索引值之模數 N 的運算。

很清楚地，$x_{\text{ep}}[n]$ 和 $x_{\text{op}}[n]$ 並不等價定義在 (2.149a) 式和 (2.149b) 式中的 $x_e[n]$ 和 $x_o[n]$。然而，我們可以證明（請參見習題 8.59）

$$x_{\text{ep}}[n] = \{x_e[n] + x_e[n-N]\}, \quad 0 \le n \le N-1, \tag{8.103}$$

和

$$x_{\text{op}}[n] = \{x_o[n] + x_o[n-N]\}, \quad 0 \le n \le N-1 \tag{8.104}$$

換句話說，$x_{ep}[n]$和$x_{op}[n]$可以藉由把$x_e[n]$和$x_o[n]$在時間交疊至區間$0 \le n \le N-1$中而產生。序列$x_{ep}[n]$和$x_{op}[n]$將會分別被稱爲是$x[n]$的**週期性共軛對稱**成份和**週期性共軛反對稱**成份。當$x_{ep}[n]$和$x_{op}[n]$爲實數時，它們將會分別被稱之爲**週期性偶函數**成份和**週期性奇函數**成份。請注意序列$x_{ep}[n]$和$x_{op}[n]$並非週期性的序列；然而，它們是有限長度序列，它們分別等於一個週期的週期性序列$\tilde{x}_e[n]$和$\tilde{x}_o[n]$。

(8.101) 式和 (8.102) 式用$x[n]$定義$x_{ep}[n]$和$x_{op}[n]$。它的逆關係，用$x_{ep}[n]$和$x_{op}[n]$來表示$x[n]$，可以用如下的方式獲得：先使用 (8.97) 式和 (8.98) 式把$\tilde{x}[n]$表示成

$$\tilde{x}[n] = \tilde{x}_e[n] + \tilde{x}_o[n] \tag{8.105}$$

因此，

$$x[n] = \tilde{x}[n] = \tilde{x}_e[n] + \tilde{x}_o[n], \quad 0 \le n \le N-1 \tag{8.106}$$

合併 (8.106) 式、(8.99) 式、和 (8.100) 式，我們可得

$$x[n] = x_{ep}[n] + x_{op}[n] \tag{8.107}$$

另外一種說法是，把 (8.102) 式相加而產生出 (8.107) 式。對應於表 8.1 之性質 11 到 14，現在我們把 DFT 的對稱性質直接整理如下：

$$\mathcal{Re}\{x[n]\} \stackrel{\mathcal{DFT}}{\longleftrightarrow} X_{ep}[k], \tag{8.108}$$

$$j\mathcal{Im}\{x[n]\} \stackrel{\mathcal{DFT}}{\longleftrightarrow} X_{op}[k], \tag{8.109}$$

$$x_{ep}[n] \stackrel{\mathcal{DFT}}{\longleftrightarrow} \mathcal{Re}\{X[k]\}, \tag{8.110}$$

$$x_{op}[n] \stackrel{\mathcal{DFT}}{\longleftrightarrow} j\mathcal{Im}\{X[k]\} \tag{8.111}$$

8.6.5 環狀捲積

在 8.2.5 節中，我們曾證明兩個週期性序列的 DFS 係數乘積對應到那兩序列的一種週期性的捲積。在這裡，我們考慮兩個**有限長度**序列$x_1[n]$和$x_2[n]$，兩者長度都是N，DFT 分別爲$X_1[k]$和$X_2[k]$，我們希望決定序列$x_3[n]$，其 DFT 爲$X_3[k] = X_1[k]X_2[k]$。爲了要決定$x_3[n]$，我們可以套用 8.2.5 節的結果。明確地說，$x_3[n]$對應到$\tilde{x}_3[n]$的一個週期，而後者是由 (8.27) 式所給定。因此，

$$x_3[n] = \sum_{m=0}^{N-1} \tilde{x}_1[m]\tilde{x}_2[n-m], \quad 0 \le n \le N-1, \tag{8.112}$$

或是，等價的說，

$$x_3[n]=\sum_{m=0}^{N-1}x_1[((m))_N]x_2[((n-m))_N],\quad 0\le n\le N-1 \tag{8.113}$$

因爲對於 $0\le m\le N-1$ ，$((m))_N=m$ ，(8.113) 式可以寫成

$$x_3[n]=\sum_{m=0}^{N-1}x_1[m]x_2[((n-m))_N],\quad 0\le n\le N-1 \tag{8.114}$$

(8.114) 式和在 (2.49) 式所定義之 $x_1[n]$ 和 $x_2[n]$ 的線性捲積，在某些重要的觀點上，它們是不同的。在線性捲積中，序列值 $x_3[n]$ 的計算牽涉到把一個序列和另一個序列的一個時間反轉且線性移位版本做相乘，然後對於所有的 m，我們把乘積 $x_1[m]\ x_2[n-m]$ 全部相加起來。爲了要獲得由捲積運算所產生序列的連續值，那兩個序列必須要在一個線性軸上連續地做彼此的相對移位。相較之下，對於定義在 (8.114) 式的捲積運算，第二個序列是做環狀式的時間反轉和相對於第一個序列做環狀式的移位。就是因爲這個理由，根據 (8.114) 式來結合兩個有限長度序列的運算叫做環狀捲積。更爲明確地說，我們稱 (8.114) 式為 ·個 N 點的**環狀捲積**，明白地指出兩個序列都具長度 N（或是少於 N）和兩個序列都被移位後做模數 N 運算的事實。有時候，使用 (8.114) 式的運算產生一個序列 $x_3[n]$ ，$0\le n\le N-1$ ，將會被記爲

$$x_3[n]=x_1[n]\,Ⓝ\,x_2[n], \tag{8.115}$$

也就是說，符號 Ⓝ 表示 N 點的環狀捲積。

因爲 $x_3[n]$ 的 DFT 爲 $X_3[k]=X_1[k]X_2[k]$，而且因爲 $X_1[k]X_2[k]=X_2[k]X_1[k]$，不用更進一步的分析我們就可以知道

$$x_3[n]=x_2[n]\,Ⓝ\,x_1[n], \tag{8.116}$$

或是，更爲明確地說，

$$x_3[n]=\sum_{m=0}^{N-1}x_2[m]x_1[((n-m))_N] \tag{8.117}$$

也就是說，環狀捲積，就像線性捲積一樣，是一個具交換性的（commutative）運算。

因爲環狀捲積事實上是週期性的捲積，所已範例 8.4 和圖 8.3 也說明了環狀捲積。然而，假若我們使用環狀移位的概念，則我們不需要像圖 8.3 般還要建構其潛在的週期性序列。我們在以下的範例中來說明之。

範例 8.10 和一個被延遲的脈衝序列做環狀捲積

環狀捲積的一個範例可以藉由 8.6.2 節的結果來提供。令 $x_2[n]$ 是一個有限長度序列，長度為 N，而

$$x_1[n] = \delta[n-n_0], \tag{8.118}$$

其中 $0 < n_0 < N$。很清楚地，$x_1[n]$ 可以被視為是以下的有限長度序列

$$x_1[n] = \begin{cases} 0, & 0 \le n \le n_0, \\ 1, & n = n_0, \\ 0, & n_0 < n \le N-1 \end{cases} \tag{8.119}$$

如圖 8.14 所描繪，在該圖中 $n_0 = 1$。

$x_1[n]$ 的 DFT 為

$$X_1[k] = W_N^{kn_0} \tag{8.120}$$

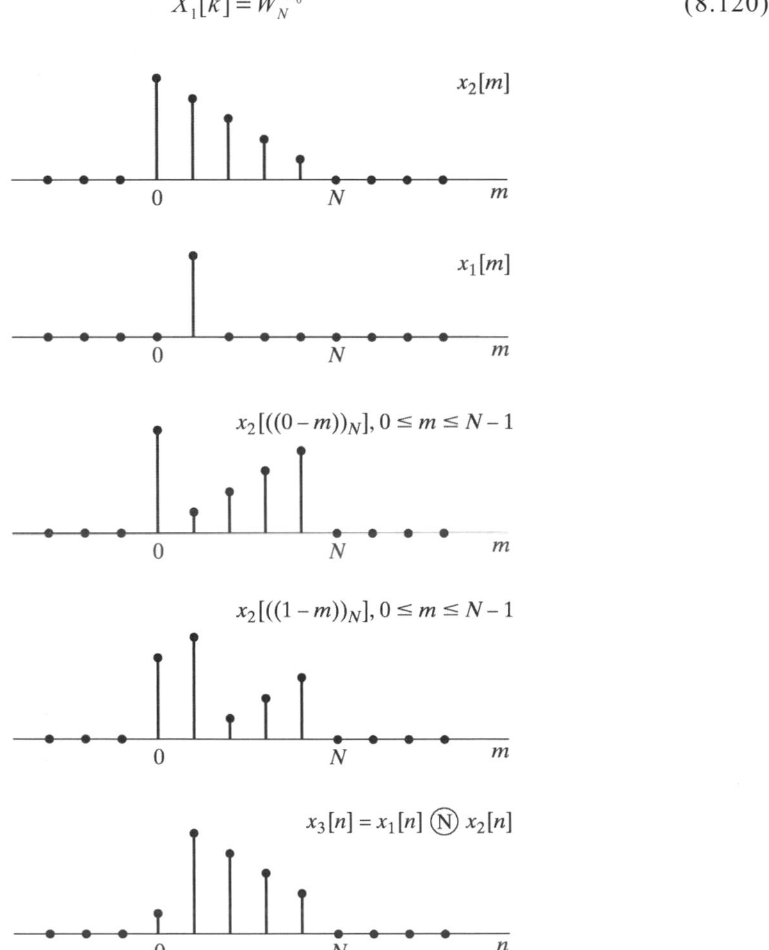

圖 8.14 一個有限長度序列 $x_2[n]$ 和一個單一延遲的脈衝，$x_1[n] = \delta[n-1]$，做環狀捲積

假若我們建構以下的乘積

$$X_3[k] = W_N^{kn_0} X_2[k], \tag{8.121}$$

從 8.6.2 節，我們看見對應到 $X_3[k]$ 的有限長度序列就是序列 $x_2[n]$ 在區間 $0 \le n \le N-1$ 之中往右邊旋轉 n_0 個樣本所得的序列。也就是說，序列 $x_2[n]$ 和一個單一延遲的單位脈衝做環狀捲積的結果就是 $x_2[n]$ 在區間 $0 \le n \le N-1$ 之中做一個旋轉。對於 $N = 5$ 和 $n_0 = 1$ 的情況，我們描繪在圖 8.14 中。在這裡，我們先展示序列 $x_2[m]$ 和 $x_1[m]$，然後是 $x_2[((0-m))_N]$ 和 $x_2[((1-m))_N]$。從這兩個情況中我們可以很清楚的看出 $x_2[n]$ 和一個單一移位單位脈衝做環狀捲積的結果將會是 $x_2[n]$ 的環狀移位。最後展示的序列是 $x_3[n]$，它是 $x_1[n]$ 和 $x_2[n]$ 做環狀捲積的結果。

範例 8.11　兩個長方形脈衝的環狀捲積

這是另一個環狀捲積的範例。令

$$x_1[n] = x_2[n] = \begin{cases} 1, & 0 \le n \le L-1, \\ 0, & \text{其他} \end{cases} \tag{8.122}$$

如圖 8.15 所示，其中 $L = 6$。假若我們令 N 代表 DFT 的長度，那麼，對於 $N = L$，N 點 DFT 為

$$X_1[k] = X_2[k] = \sum_{n=0}^{N-1} W_N^{kn} = \begin{cases} N, & k = 0, \\ 0, & \text{其他} \end{cases} \tag{8.123}$$

假如我們把 $X_1[k]$ 和 $X_2[k]$ 相乘，我們可得

$$X_3[k] = X_1[k]X_2[k] = \begin{cases} N^2, & k = 0, \\ 0, & \text{其他} \end{cases} \tag{8.124}$$

從上式我們可知

$$x_3[n] = N, \quad 0 \le n \le N-1 \tag{8.125}$$

這個結果描繪在圖 8.15 中。很清楚地，當序列 $x_2[((n-m))_N]$ 是相對於 $x_1[m]$ 做旋轉，乘積 $x_1[m]x_2[((n-m))_N]$ 的和將會始終等於 N。

當然，我們可以把 $x_1[n]$ 和 $x_2[n]$ 都想成是 $2L$ 點的序列，只要把它們的後面都補上 L 個零即可。然後我們對兩補零的序列執行一個 $2L$ 點的環狀捲積，我們會獲得如圖 8.16 所示的序列，該結果和兩有限長度序列 $x_1[n]$ 和 $x_2[n]$ 做線性捲積的結果會是相同的。這個重要的觀察將會在 8.7 節中做更為詳盡的討論。

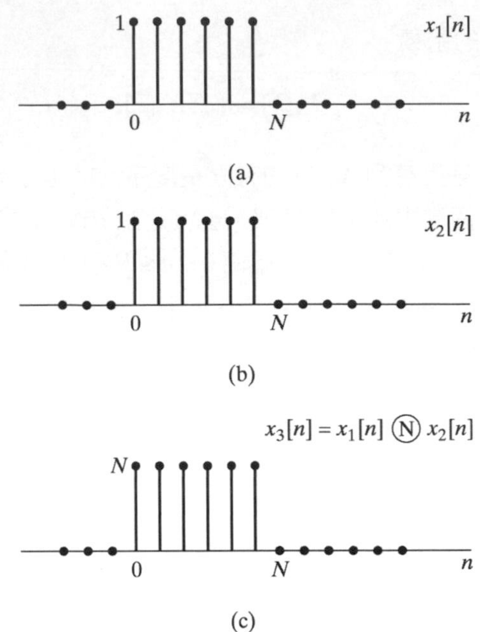

圖 8.15 兩個長度為 N 的常數序列做 N 點環狀捲積

請注意對於 $N = 2L$，如圖 8.16 所示，

$$X_1[k] = X_2[k] = \frac{1 - W_N^{Lk}}{1 - W_N^k},$$

所以在圖 8.16(e) 中三角形形狀的序列 $x_3[n]$ 其 DFT 為

$$X_3[k] = \left(\frac{1 - W_N^{Lk}}{1 - W_N^k}\right)^2,$$

其中 $N = 2L$。

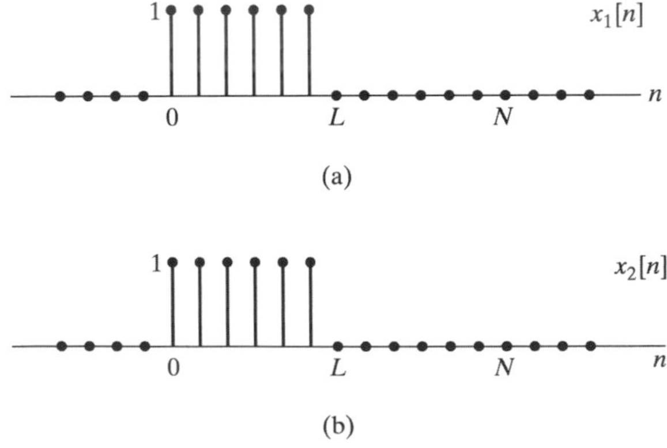

圖 8.16 兩個長度為 L 的常數序列做 $2L$ 點環狀捲積

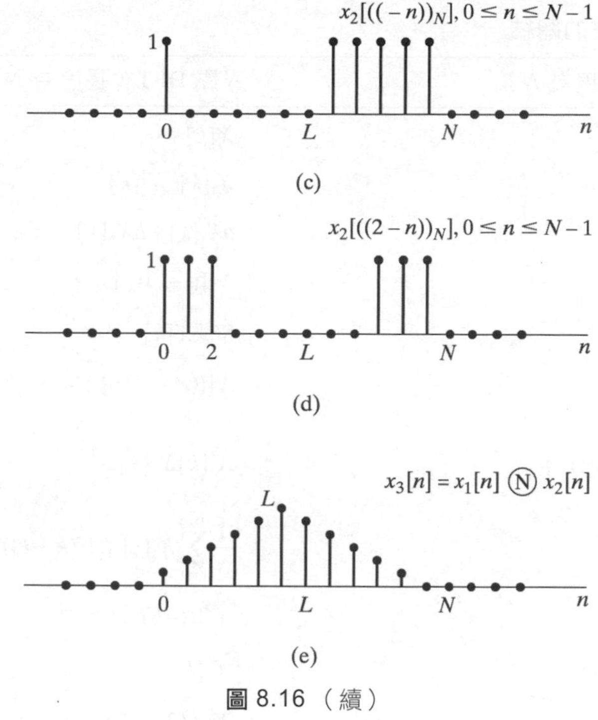

圖 8.16 （續）

環狀捲積性質我們把它表示成

$$x_1[n] \,Ⓝ\, x_2[n] \xleftrightarrow{\mathcal{DFT}} X_1[k]X_2[k] \tag{8.126}$$

從 DFT 關係的對偶性來看，我們知道兩個 N 點序列它們乘積的 DFT 會等於它們個別的 DFT 做環狀捲積。明確地說，假若 $x_3[n] = x_1[n]x_2[n]$ ，則

$$X_3[k] = \frac{1}{N}\sum_{\ell=0}^{N-1} X_1[\ell]X_2[((k-\ell))_N] \tag{8.127}$$

或是

$$x_1[n]x_2[n] \xleftrightarrow{\mathcal{DFT}} \frac{1}{N} X_1[k] \,Ⓝ\, X_2[k] \tag{8.128}$$

8.6.6 DFT 性質的總結

在 8.6 節我們所討論的 DFT 性質我們整理在表 8.2 中。請注意對於所有的這些性質，$x[n]$ 的範圍是 $0 \le n \le N-1$ ，而 $X[k]$ 的範圍是 $0 \le k \le N-1$ 。$x[n]$ 和 $X[k]$ 兩者在那兩個指定的範圍之外都等於零。

▼表 8.2 DFT 性質的總結

有限長度序列（長度為 N）	N 點 DFT（長度為 N）
1. $x[n]$	$X[k]$
2. $x_1[n], x_2[n]$	$X_1[k], X_2[k]$
3. $ax_1[n]+bx_2[n]$	$aX_1[k]+bX_2[k]$
4. $X[n]$	$N_x[((-k))_N]$
5. $x[((n-m))_N]$	$W_N^{km}X[k]$
6. $W_N^{-\ell n}x[n]$	$X[((k-\ell))_N]$
7. $\sum_{m=0}^{N-1} x_1[m]x_2[((n-m))_N]$	$X_1[k]X_2[k]$
8. $x_1[n]x_2[n]$	$\frac{1}{N}\sum_{\ell=0}^{N-1} X_1[\ell]X_2[((k-\ell))_N]$
9. $x^*[n]$	$X^*[((-k))_N]$
10. $x^*[((-n))_N]$	$X^*[k]$
11. $\mathcal{R}e\{x[n]\}$	$X_{\text{ep}}[k]=\frac{1}{2}\{X[((k))_N]+X^*[((-k))_N]\}$
12. $j\mathcal{I}m\{x[n]\}$	$X_{\text{op}}[k]=\frac{1}{2}\{X[((k))_N]-X^*[((-k))_N]\}$
13. $x_{\text{ep}}[n]=\frac{1}{2}\{x[n]+x^*[((-n))_N]\}$	$\mathcal{R}e\{X[k]\}$
14. $x_{\text{op}}[n]=\frac{1}{2}\{x[n]-x^*[((-n))_N]\}$	$j\mathcal{I}m\{X[k]\}$
性質 15 到 17 僅適用在當 $x[n]$為實數時。	
15. 對稱性質	$\begin{cases} X[k]=X^*[((-k))_N] \\ \mathcal{R}e\{X[k]\}=\mathcal{R}e\{X[((-k))_N]\} \\ \mathcal{I}m\{X[k]\}=-\mathcal{I}m\{X[((-k))_N]\} \\ \lvert X[k]\rvert=\lvert X[((-k))_N]\rvert \\ \angle\{X[k]\}=-\angle\{X[((-k))_N]\} \end{cases}$
16. $x_{\text{ep}}[n]=\frac{1}{2}\{x[n]+x[((-n))_N]\}$	$\mathcal{R}e\{X[k]\}$
17. $x_{\text{op}}[n]=\frac{1}{2}\{x[n]-x[((-n))_N]\}$	$j\mathcal{I}m\{X[k]\}$

8.7 使用 DFT 計算線性捲積

我們將會在第 9 章中說明，對於計算一個有限長度序列的 DFT，存在有有效率的演算法。這些方法總稱為 FFT 演算法。因為這些演算法的存在，在實現兩個序列的捲積運算時，我們可以考慮以下之具效率的運算程序：

(a) 分別計算兩個序列 $x_1[n]$ 和 $x_2[n]$ 的 N 點 DFT $X_1[k]$ 和 $X_2[k]$。

(b) 計算乘積 $X_3[k]=X_1[k]X_2[k]$，$0\le k\le N-1$。

(c) 用 $X_3[k]$ 的逆 DFT 計算出序列 $x_3[n]=x_1[n]\,Ⓝ\,x_2[n]$。

在許多的 DSP 應用中，我們對實現兩序列的線性捲積感興趣；也就是說，我們希望實現一個 LTI 系統。舉例來說，在濾波一個序列如一個語音波形或是一個雷達信號時，或在計算這些信號的自相關函數時。正如我們在 8.6.5 節中所見，DFT 的積對應到序列的環狀捲積。為了獲得一個線性捲積，我們必須保證環狀捲積要有線性捲積的效果。在範例 8.11 末端的討論暗示了這個要如何的達成。現在，我們提出一個更為詳盡的分析。

8.7.1 兩個有限長度序列的線性捲積

考慮一個序列 $x_1[n]$，其長度是 L 點，和一個序列 $x_2[n]$，它的長度是 P 點，假設我們希望用線性捲積結合這兩個序列以獲得第三個序列

$$x_3[n]=\sum_{m=-\infty}^{\infty}x_1[m]x_2[n-m] \qquad (8.129)$$

圖 8.17(a) 展示出一個典型的序列 $x_1[m]$，圖 8.17(b) 展示出三個典型的序列 $x_2[n-m]$，針對三種情況：$n=-1$、$0\le n\le L-1$、和 $n=L+P-1$。很清楚地，每當 $n<0$ 和 $n>L+P-2$ 時，對於所有的 m，乘積 $x_1[m]x_2[n-m]$ 都是零；也就是說，對於 $0\le n\le L+P-2$，$x_3[n]\ne 0$。因此，把一個長度為 L 的序列和一個長度為 P 的序列做線性捲積，產生的序列 $x_3[n]$ 其最大可能的長度為 $(L+P-1)$。

8.7.2 環狀捲積為有交疊的線性捲積

正如範例 8.10 和 8.11 所示，一個環狀捲積和一個線性捲積是否相同，取決於 DFT 的長度和兩序列長度之間的關係。在環狀捲積和線性捲積之間關係的一種極為有用的解釋法是用時間交疊現像來解釋。因為這種解釋法在了解環狀捲積方面是非常重要且有用的，我們將會用幾種不同的方式來發展之。

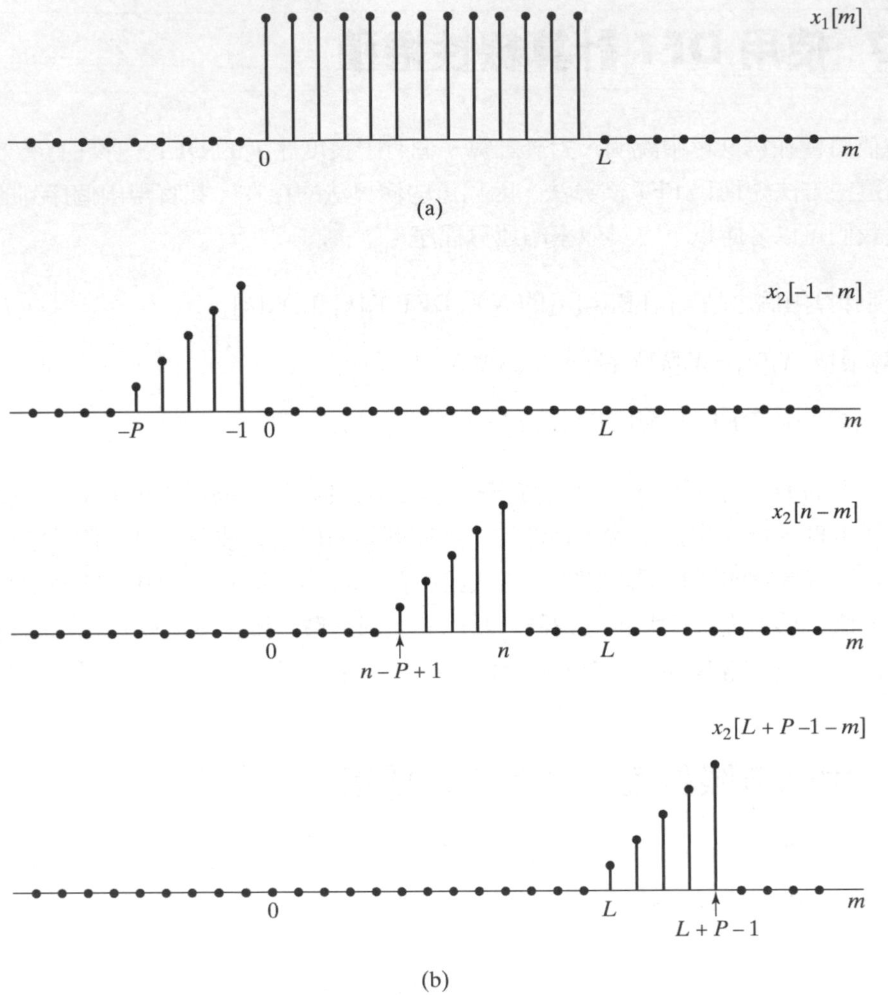

圖 8.17 兩個有限長度序列其線性捲積的範例，說明結果 $x_3[n]$ 在 $n \le -1$ 和 $n \ge L+P-1$ 時都等於 0。(a) 有長度序列 $x_1[m]$。(b) 對於幾個 n 值的 $x_2[n-m]$

在 8.4 節，我們觀察到假若一個序列 $x[n]$的傅立葉轉換 $X(e^{j\omega})$ 在頻率 $\omega_k = 2\pi k / N$ 處被取樣，則所得的序列對應到以下這個週期性序列的 DFS 係數

$$\tilde{x}[n] = \sum_{r=-\infty}^{\infty} x[n-rN] \tag{8.130}$$

從我們對 DFT 的討論中，我們知道有限長度序列

$$X[k] = \begin{cases} X(e^{j(2\pi k/N)}), & 0 \le k \le N-1, \\ 0, & \text{其他} \end{cases} \tag{8.131}$$

是 (8.130) 式中 $\tilde{x}[n]$ 其 DFT 的一個週期；也就是說，

$$x_p[n] = \begin{cases} \tilde{x}[n], & 0 \le n \le N-1, \\ 0, & \text{其他} \end{cases} \tag{8.132}$$

很明顯的，假若 $x[n]$ 其長度小於或等於 N，不會發生時間交疊，因此 $x_p[n] = x[n]$。然而，假若 $x[n]$ 的長度大於 N，則 $x_p[n]$ 在部份 n 值或所有的 n 值可能不會等於 $x[n]$。我們因此將會使用下標 p 來表示該序列是一個週期性序列的其中一個週期，而該週期性序列是把傅立葉轉換取樣後做逆 DFT 而得的。假若時間交疊很清楚的是可以避免的話，則下標可以去掉。

(8.129) 式的序列 $x_3[n]$ 其傅立葉轉換為

$$X_3(e^{j\omega}) = X_1(e^{j\omega})X_2(e^{j\omega}) \tag{8.133}$$

假若我們定義一個 DFT

$$X_3[k] = X_3(e^{j(2\pi k/N)}), \quad 0 \le k \le N-1, \tag{8.134}$$

則從 (8.133) 式和 (8.134) 式，很清楚的

$$X_3[k] = X_1(e^{j(2\pi k/N)})X_2(e^{j(2\pi k/N)}), \quad 0 \le k \le N-1, \tag{8.135}$$

因此，

$$X_3[k] = X_1[k]X_2[k] \tag{8.136}$$

也就是說，由 $X_3[k]$ 的逆 DFT 所得的序列為

$$x_{3p}[n] = \begin{cases} \sum_{r=-\infty}^{\infty} x_3[n-rN], & 0 \le n \le N-1, \\ 0, & \text{其他} \end{cases} \tag{8.137}$$

從 (8.136) 式，我們知道

$$x_{3p}[n] = x_1[n] \textcircled{N} x_2[n] \tag{8.138}$$

因此，兩個有限長度序列的環狀捲積等價於兩個序列的線性捲積，並有如 (8.137) 式所示的時間交疊現象。

請注意假若 N 大於或等於 L 或 P 的話，$X_1[k]$和 $X_2[k]$可以正確的表示出 $x_1[n]$和 $x_2[n]$，但是 $x_{3p}[n]=x_3[n]$僅成立於當 N 大於或等於序列 $x_3[n]$的長度時。正如我們在 8.7.1 節所示，假若 $x_1[n]$長度爲 L，$x_2[n]$長度爲 P，則 $x_3[n]$的最大可能長度爲 $(L+P-1)$。因此，對應到 $X_1[k]X_2[k]$的環狀捲積會和對應到 $X_1(e^{j\omega})X_2(e^{j\omega})$的線性捲積相同，假若 DFT 的長度 N 滿足 $N\geq L+P-1$的話。

範例 8.12 環狀捲積為有交疊的線性捲積

範例 8.11 的結果用剛才所討論的解釋法來看的話，可以很容易地了解之。請注意 $x_1[n]$和 $x_2[n]$是相同的常數序列，長度 $L=P=6$，如圖 8.18(a) 所示。$x_1[n]$和 $x_2[n]$的線性捲積其長度 $L+P-1=11$，並有三角形的形狀，如圖 8.18(b) 所示。在圖 8.18(c) 和 (d) 中展示在 $N=6$ 時，(8.137) 式中 $x_3[n-rN]$的兩個版本，$x_3[n-N]$和 $x_3[n+N]$。$x_1[n]$和 $x_2[n]$的 N 點環狀捲積可以藉由使用 (8.137) 式來建構。當 $N=L=6$ 時，結果展示在圖 8.18(e) 中，當 $N=L=12$ 時，結果展示在圖 8.18(f) 中。請注意對於 $N=L=6$，只有 $x_3[n]$和 $x_3[n+N]$對結果有貢獻。但對於 $N=2L=12$，僅剩下 $x_3[n]$對結果有貢獻。因為線性捲積的長度是 $(2L-1)$，所以 $N=2L$ 的環狀捲積結果會和線性捲積結果是相同的，對於所有的 $0\leq n\leq N-1$。事實上，當 $N=2L-1=11$ 時，這個現象也會成立。

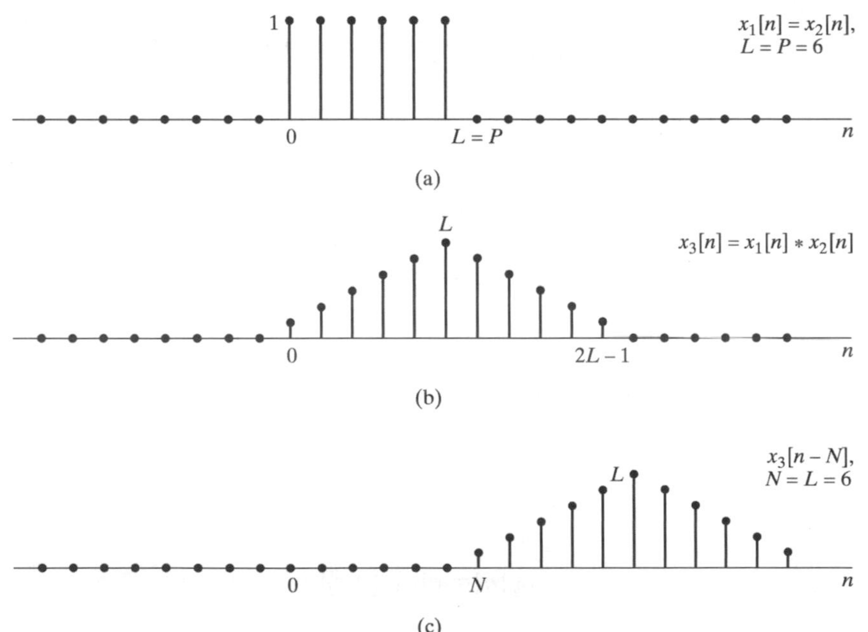

圖 8.18 環狀捲積等於線性捲積再加上交疊。(a) 要做捲積的序列 $x_1[n]$和 $x_2[n]$。(b) $x_1[n]$和 $x_2[n]$的線性捲積。(c) $N=6$ 時的 $x_3[n-N]$

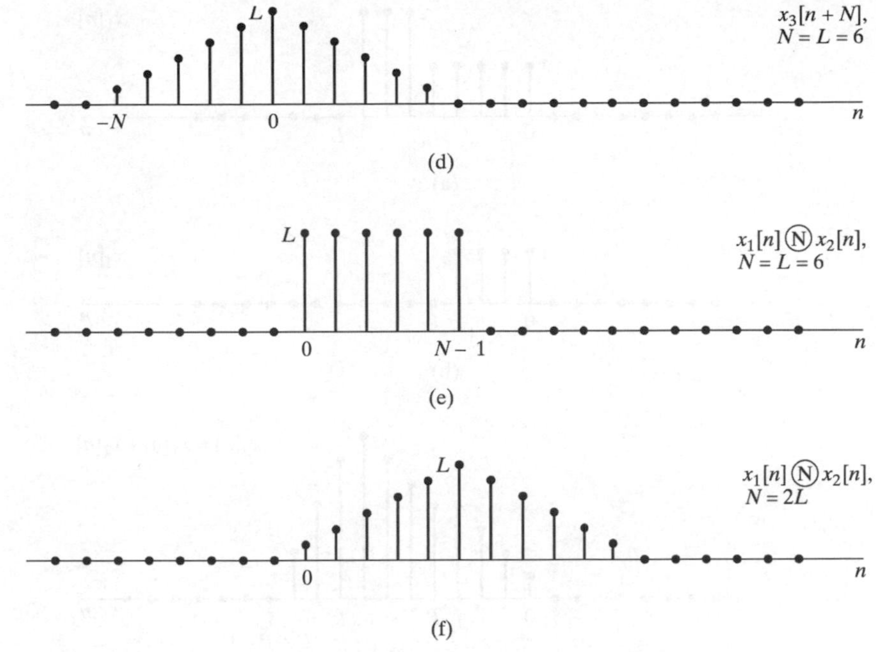

圖 8.18　環狀捲積等於線性捲積再加上交疊。(d) $N = 6$ 時的 $x_3[n+N]$。(e) $x_1[n]$ ⑥ $x_2[n]$，它等於在區間 $0 \le n \le 5$ 中 (b)、(c)、和 (d) 的總和。(f) $x_1[n]$ ⑫ $x_2[n]$

正如範例 8.12 所點出的，假若 $N \ge L+P-1$ 的話，兩個有限長度序列做環狀捲積所產生的時間交疊是可以被避免的。而且，很明顯的，假若 $N=L=P$ 的話，則環狀捲積之所有的序列值都可能和線性捲積的序列值不同。然而，假若 $P < L$ 的話，則在 L 點環狀捲積中的某些序列值將會等於線性捲積對應的序列值。我們用時間交疊解釋法來展示這個現象。

考慮兩個有限長度序列 $x_1[n]$ 和 $x_2[n]$，$x_1[n]$ 的長度爲 L 而 $x_2[n]$ 的長度爲 P，其中 $P<L$，分別如圖 8.19(a) 和圖 8.19(b) 所示。我們首先考慮 $x_1[n]$ 和 $x_2[n]$ 的 L 點環狀捲積，再查看在環狀捲積中的那些序列值會和從一個線性捲積所獲得的值相同，而那些會不同。$x_1[n]$ 和 $x_2[n]$ 的線性捲積將會是一個有限長度序列，長度爲 $(L+P-1)$，如圖 8.19(c) 所示。爲了要決定出 L 點的環狀捲積，我們使用 (8.137) 式和 (8.138) 式而得

$$x_{3p}[n] = \begin{cases} x_1[n] \textcircled{L} x_2[n] = \sum_{r=-\infty}^{\infty} x_3[n-rL], & 0 \le n \le L-1, \\ 0, & \text{其他} \end{cases} \tag{8.139}$$

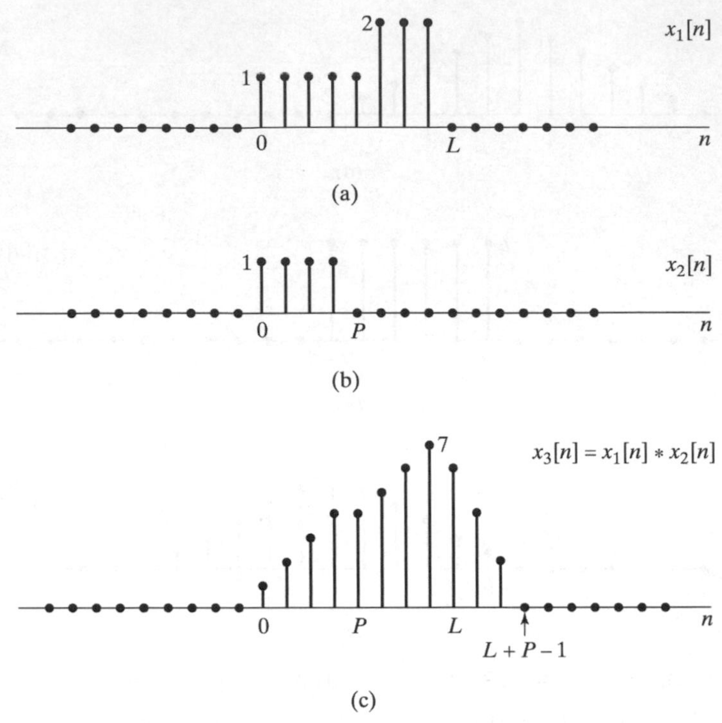

圖 8.19 兩個有限長度序列的線性捲積範例

圖 8.20(a) 顯示出在 (8.139) 式中 $r = 0$ 那一項，而圖 8.20(b) 和 8.20(c) 則分別展示出 $r = -1$ 和 $r = +1$ 那兩項。從圖 8.20，我們可以清楚的看出在區間 $0 \le n \le L-1$ 中，$x_{3_p}[n]$ 僅會受 $x_3[n]$ 和 $x_3[n+L]$ 的影響。

一般而言，只要當 $P < L$，只有 $x_3[n+L]$ 那一項會交疊到區間 $0 \le n \le L-1$ 中。更為明確地說，當這些項被相加起來時，$x_3[n+L]$ 的最後 $(P-1)$ 點，也就是從 $n = 0$ 到 $n = P-2$ 的點，將會被加到 $x_3[n]$ 的前 $(P-1)$ 個點，而 $x_3[n]$ 的最後 $(P-1)$ 個點，也就是從 $n = L$ 到 $n = L+P-2$ 的點，將僅會貢獻到潛在週期性結果 $\tilde{x}_3[n]$ 的下一個週期。然後，$x_{3_p}[n]$ 是藉由取出 $0 \le n \le L-1$ 的部份來形成的。因為 $x_3[n+L]$ 的最後 $(P-1)$ 個點和 $x_3[n]$ 的最後 $(P-1)$ 個點是相同的，我們可以用另外一種觀點來看形成環狀捲積 $x_{3_p}[n]$ 的程序：用線性捲積再加上交疊，交疊是先取出 $x_3[n]$ 的 $(P-1)$ 個值，從 $n = L$ 到 $n = L+P-2$，再把它們加到 $x_3[n]$ 的前 $(P-1)$ 個值。這個程序展示在圖 8.21 中，其中 $P = 4$ 和 $L = 8$。圖 8.21(a) 顯示出線性捲積 $x_3[n]$，而其中對於 $n \ge L$ 的點我們用空點來表示。請注意在 $n \ge L$ 的範圍中，僅有 $(P-1)$ 點為非零點。圖 8.21(b) 顯示出 $x_{3_p}[n]$ 的形成，乃是藉由把「$x_3[n]$ 纏繞捲回自己」而形成的。前 $(P-1)$ 點被時間交疊破壞了，而剩下的點，從 $n = P-1$ 到 $n = L-1$ 的點（也就是說，最後 $L-P+1$ 個點），並未被破壞；也就是說，它們和線性捲積所獲得的值是相同的。

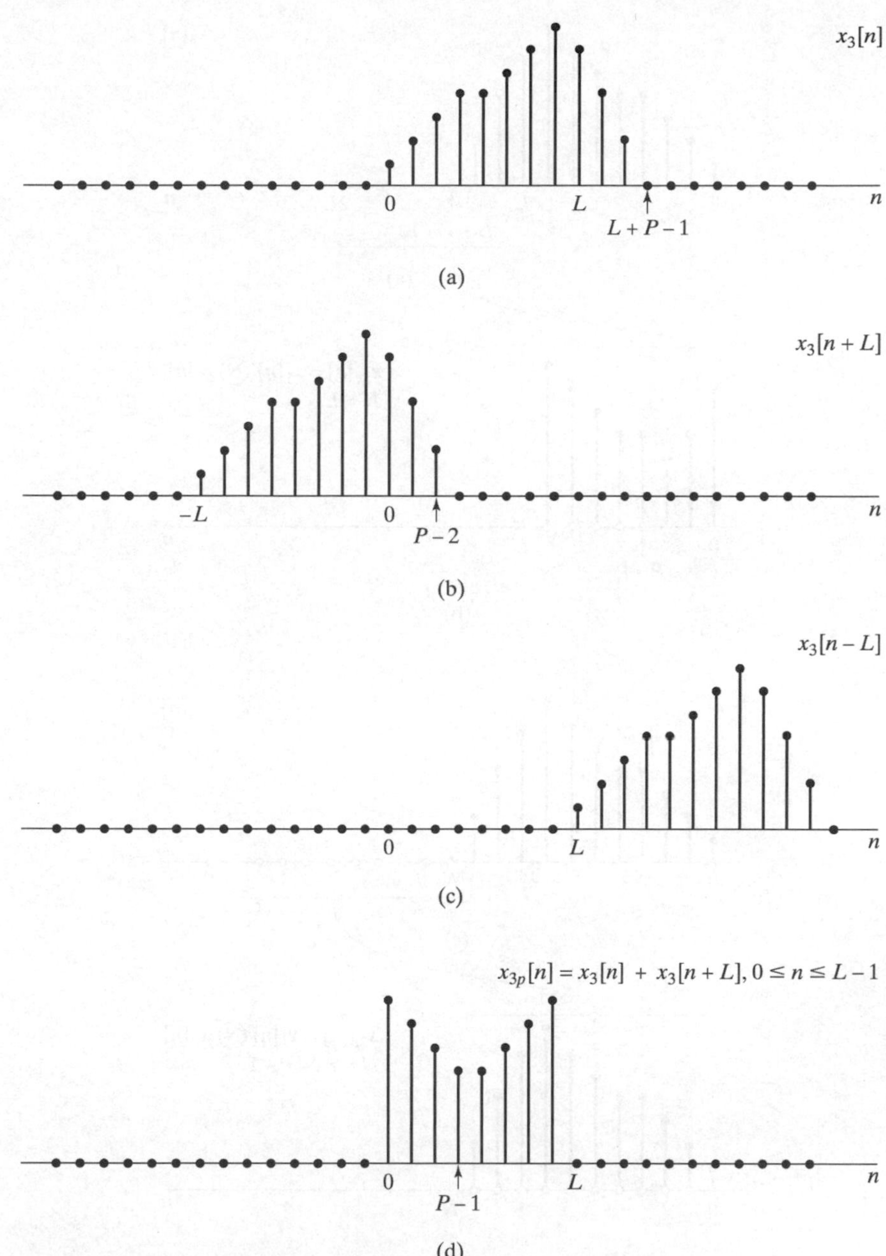

圖 8.20 環狀捲積等於線性捲積再加上交疊的解釋，我們把圖 8.19 的兩個序列 $x_1[n]$ 和 $x_2[n]$ 做環狀捲積

從這個討論，我們應該可以清楚的知道，假若環狀捲積的長度相對於序列 $x_1[n]$ 和 $x_2[n]$ 的長度是充分夠長的話，則此一非零值交疊的情況是可以避免的，如此一來，環狀捲積和線性捲積將會是相同的。明確地說，對於剛剛考慮的情況，假若 $x_3[n]$ 是以週期 $N \ge L+P-1$ 來複製的話，則不會發生非零交疊。圖 8.21(c) 和圖 8.21(d) 說明了這個情況，再次地我們以 $P = 4$ 和 $L = 8$ 來做，但是此時 $N = 11$。

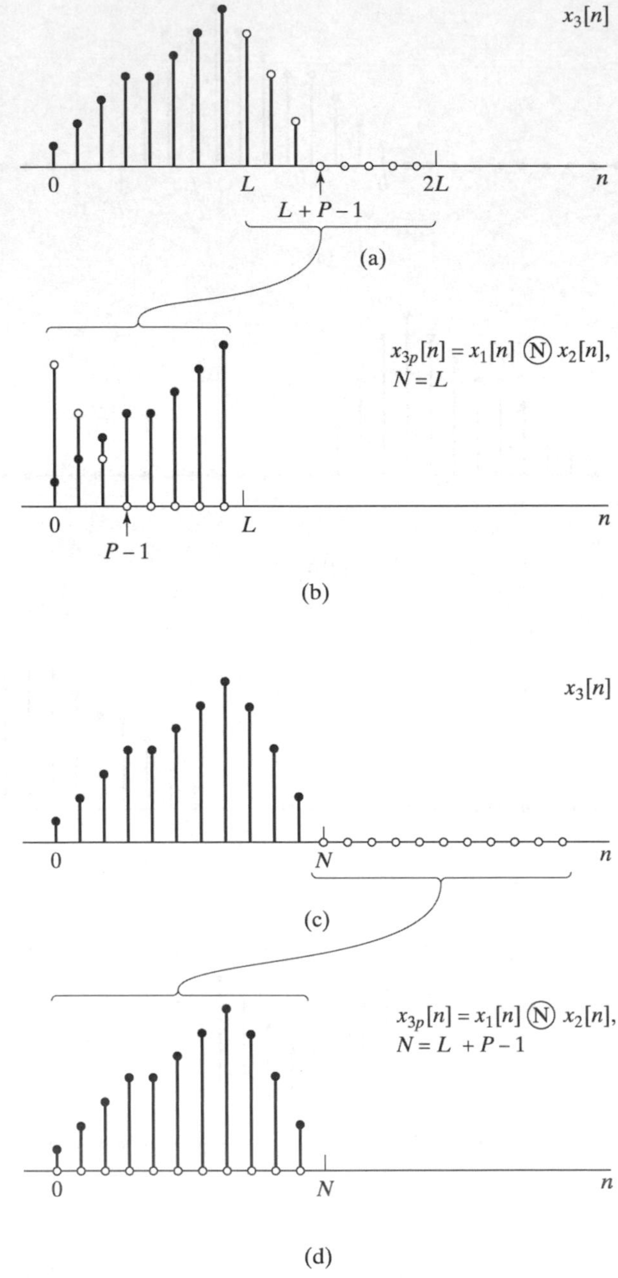

圖 8.21 一個環狀捲積是如何的「纏繞捲回」的示意圖。(a) 和 (b) $N = L$，所以交疊的「尾巴」重疊在前 $(P-1)$ 個點。(c) 和 (d) $N = (L + P - 1)$，所以沒有交疊發生

8.7.3 使用 DFT 實現線性非時變系統

前面的討論聚焦在從一個環狀捲積獲得一個線性捲積的方式。因為 LTI 系統可以用捲積來實現，這個意味著環狀捲積（以 8.7 節一開始所建議的程序來實現）可以被使用

來實現這些系統。為了要了解這是如何達成的，讓我們首先考慮一個 L 點的輸入序列 $x[n]$ 和一個 P 點脈衝響應 $h[n]$。這些兩個序列的線性捲積，將會被記為是 $y[n]$，具有限的長度，長度為 $(L+P-1)$。因此，正如 8.7.2 節所討論，若環狀捲積和線性捲積要相同的話，環狀捲積的長度最少必須要有 $(L+P-1)$ 點。環狀捲積可以藉由把 $x[n]$ 和 $h[n]$ 的 DFT 相乘而得。因為我們希望該乘積可以表示 $x[n]$ 和 $h[n]$ 線性捲積的 DFT，它的長度是 $(L+P-1)$，所以我們所計算的 DFT 必須最少也是要有那個長度，也就是說，$x[n]$ 和 $h[n]$ 兩者必須要在序列後面補上零值點。這個程序是通常稱之為**零值填補**（zero-padding）。

這個程序允許我們用使用 DFT 來計算兩個有限長度序列的線性捲積；也就是說，當一個 FIR 系統若它的輸入具有限長度的話，則其輸出可以使用 DFT 計算出來。在許多的應用中，如濾波一個語音波形，輸入信號具有無限長的長度。理論上，雖然我們可能可以儲存整個波形，然後用剛剛所討論的程序，使用一個有大數目點數的 DFT 來實現之，但是如此的一個 DFT 其點數太大，要計算它是不切實際的。這種濾波方法的另外一個考量點是，在所有的輸入樣本都被收集完畢之前，沒有任何的濾波樣本可以計算。一般而言，我們希望要避免如此的一個大的處理延遲。這兩個問題的解決之道是使用**方塊捲積**（block convolution），要被濾波的信號先被分解成長度為 L 的分段。每一個分段然後都和具有限長度的脈衝響應做捲積，而濾波後的分段再用一個適當的方法組合起來。每一個方塊的線性濾波則都可以使用 DFT 來實現。

為了要說明這個程序和發展出組合濾波後分段的方法，考慮長度為 P 的脈衝響應 $h[n]$ 和描繪在圖 8.22 中的信號 $x[n]$。今後，我們將假設對於 $n<0$ 時 $x[n]=0$，而且 $x[n]$ 的長度遠遠的大於 P。序列 $x[n]$ 可以表示成為一些長度為 L 之無交疊移位分段的總和；也就是說，

$$x[n]=\sum_{r=0}^{\infty}x_r[n-rL], \tag{8.140}$$

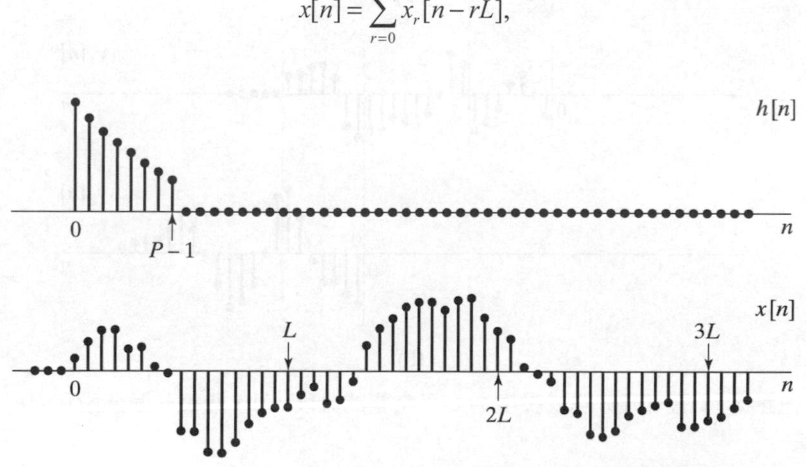

圖 8.22　有限長度脈衝響應 $h[n]$ 和要被濾波之無限長度信號 $x[n]$

其中

$$x_r[n]=\begin{cases}x[n+rL], & 0\le n\le L-1,\\ 0, & \text{其他}\end{cases}\tag{8.141}$$

圖 8.23(a) 說明了對圖 8.22 的 $x[n]$ 所做的這種分段。請注意在每一個分段 $x_r[n]$ 中，第一個樣本是在 $n=0$ 處；然而，$x_r[n]$ 的第零個樣本是序列 $x[n]$ 的第 rL 個樣本。這個現象展示在圖 8.23(a) 中，在該圖中，每一個分段都畫在它們的移位位置上，但是我們都有重新定義每一個分段的時間原點。

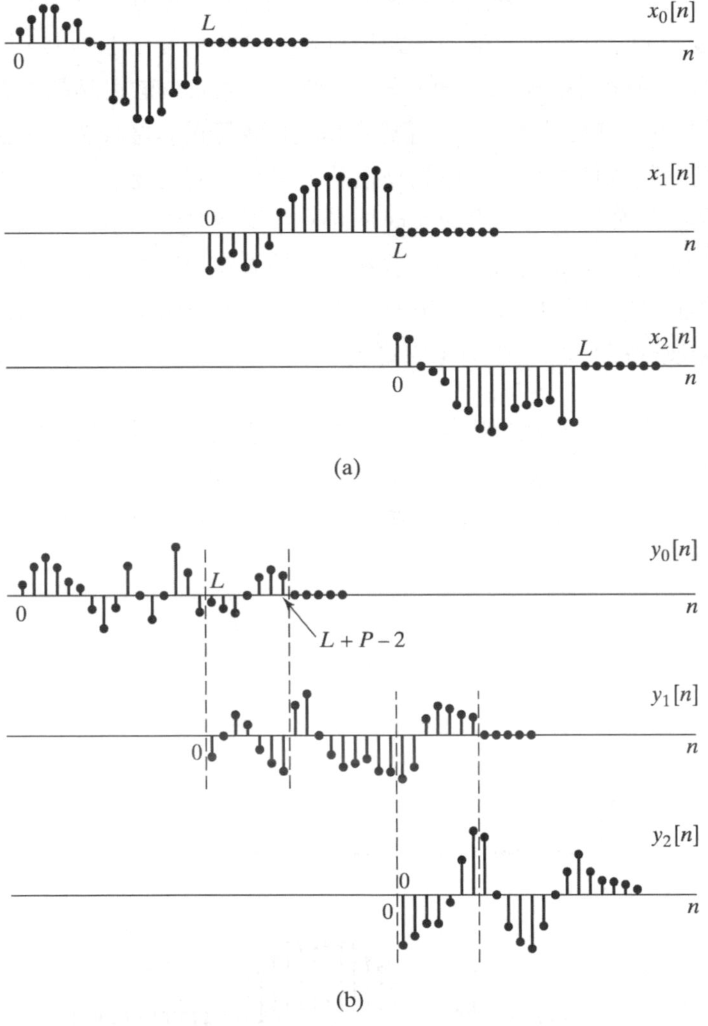

圖 8.23 (a) 把圖 8.22 的 $x[n]$ 分解成長度為 L 不交疊的分段。(b) 把每一個分段和 $h[n]$ 做捲積後的結果

因爲捲積是一個 LTI 運算，從 (8.140) 式可知

$$y[n] = x[n] * h[n] = \sum_{r=0}^{\infty} y_r[n - rL], \tag{8.142}$$

其中

$$y_r[n] = x_r[n] * h[n] \tag{8.143}$$

因爲序列 $x_r[n]$ 僅有 L 個非零點，$h[n]$ 的長度爲 P，每一個 $y_r[n] = x_r[n] * h[n]$ 項都有長度 $(L + P - 1)$。因此，線性捲積 $x_r[n] * h[n]$ 可以用先前所描述的程序使用 N 點 DFT 獲得，只要 $N \geq L + P - 1$ 即可。因爲每一個輸入分段的起始點和它旁邊分段的起始點距離爲 L 點，而每一個濾波後的分段長度爲 $(L + P - 1)$，所以在濾波後分段的非零點將會有 $(P - 1)$ 點的交疊，而這些交疊樣本必須要被相加起來以執行 (8.142) 式中的總和項需求。這展示在圖 8.23(b) 中，展示了濾波後的分段，$y_r[n] = x_r[n] * h[n]$。正如同輸入波形可以藉由把圖 8.23(a) 中的延遲波形相加而建構出來，濾波後的結果 $x[n] * h[n]$ 也可以藉由把圖 8.23(b) 中所繪之延遲後的濾波後分段相加而建構出來。這種從濾波後的分段建構出濾波總輸出的程序通常我們稱之爲**重疊－相加法**（overlap-add method），因爲濾波後的分段是兩兩重疊的，而且我們要把它們相加起來以建構出輸出。重疊會發生的原因是因爲每一個分段和脈衝響應的線性捲積一般來說會比該分段的長度要來得長。方塊捲積的重疊－相加法並沒有和 DFT 以及環狀捲積綁在一起。很清楚地，我們所需要做的事情就是計算小型的捲積，並把結果做適當的結合。

另外一種方塊捲積程序，通常叫做**重疊－保存法**（overlap-save method），它實現一個 P 點的脈衝響應 $h[n]$ 和一個 L 點的分段 $x_r[n]$ 的一個 L 點環狀捲積，然後再判定環狀捲積的那一個部份和對應的線性捲積是一樣的。所得的輸出分段然後再「拼湊在一起」以形成輸出。明確地說，我們曾證明假若一個 L 點序列和一個 P 點的序列 $(P < L)$ 做環狀捲積，則結果的前 $(P - 1)$ 點是不正確的，因爲有時間交疊的緣故，而結果其它剩下的點則和線性捲積所產生的值是相同的。因此，我們可以把 $x[n]$ 分解成長度爲 L 的分段，而每一個輸入分段和前一個分段重疊 $(P - 1)$ 點。也就是說，我們定義分段爲

$$x_r[n] = x[n + r(L - P + 1) - P + 1], \quad 0 \leq n \leq L - 1, \tag{8.144}$$

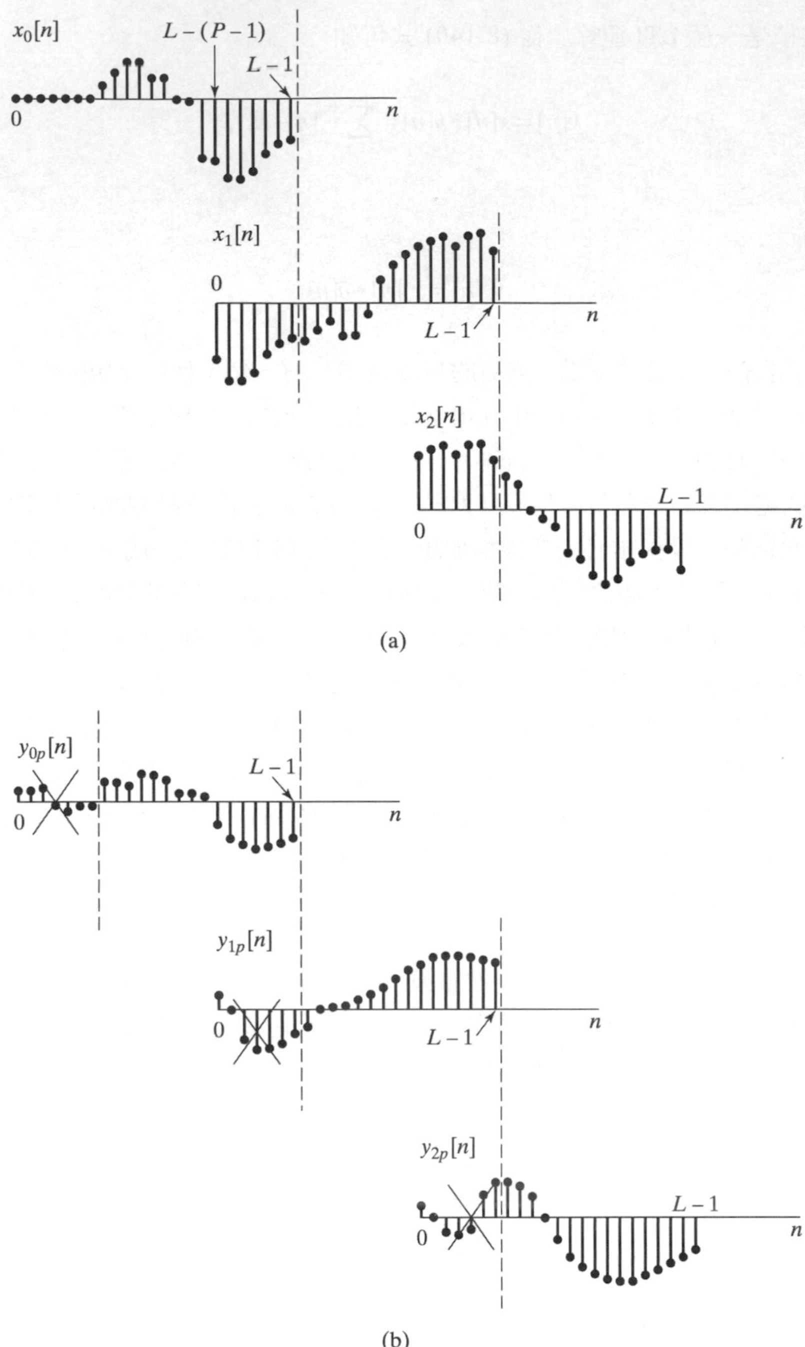

圖 8.24 (a) 把圖 8.22 的 $x[n]$ 分解成長度為 L 之重疊的分段。(b) 把每一個分段和 $h[n]$ 做捲積後的結果。為了要建構出線性捲積，每個濾波後的分段中要被丟棄的部份有被指出

其中，正如之前處理的方式，我們定義每一個分段的時間原點是在每一個分段的開始處而不是 $x[n]$ 的原點。這種分段方法描繪在圖 8.24(a) 中。每一個分段和 $h[n]$ 的環狀捲積記為 $y_{rp}[n]$，此額外的下標 p 指出 $y_{rp}[n]$ 是一個環狀捲積的結果，在其中時間交疊已經發生。

這些序列描繪在圖 8.24(b) 中。在每一個輸出分段中的 $0 \le n \le P-2$ 區域就是我們必須要丟棄的部份。然後我們把各個分段的其餘樣本連接起來以建構出最後的濾波輸出。也就是說，

$$y[n] = \sum_{r=0}^{\infty} y_r[n - r(L-P+1) + P - 1], \tag{8.145}$$

其中

$$y_r[n] = \begin{cases} y_{rp}[n], & P-1 \le n \le L-1, \\ 0, & \text{其他} \end{cases} \tag{8.146}$$

這種程序叫做重疊－保存法，因爲輸入分段重疊，所以每一個後繼的輸入分段包含 $(L-P+1)$ 個新的點，和從前一個分段所保存下來的 $(P-1)$ 個舊的點。

方塊捲積的重疊－相加法和重疊－保存法的用途現在可能不太明顯。在第 9 章，我們考慮計算 DFT 的高效率演算法。這些演算法，總稱爲 FFT，是非常有效率的，使得對於中等長度的 FIR 脈衝響應（階數爲 25 或 30）而言，使用 DFT 來做方塊捲積可能會比直接實現線性捲積要更爲有效率得多。當然，會使得 DFT 方法變得更爲有效率的長度 P 之值取決於要實現該運算的硬體和軟體（請參見 Stockham, 1966 和 Helms, 1967）。

8.8 離散餘弦轉換（DCT）

對於以下這個一般化的有限長度轉換表示式，DFT 或許是最爲常見的範例

$$A[k] = \sum_{n=0}^{N-1} x[n]\phi_k^*[n], \tag{8.147}$$

$$x[n] = \frac{1}{N}\sum_{k=0}^{N-1} A[k]\phi_k[n], \tag{8.148}$$

其中序列 $\phi_k[n]$，稱之爲**基底序列**，彼此相互正交（orthogonal）；也就是說，

$$\frac{1}{N}\sum_{n=0}^{N-1} \phi_k[n]\phi_m^*[n] = \begin{cases} 1, & m = k, \\ 0, & m \ne k \end{cases} \tag{8.149}$$

在 DFT 的情況中，基底序列爲複數週期性序列 $e^{j2\pi kn/N}$，一般而言，就算序列 $x[n]$ 是實數值，序列 $A[k]$ 也會是複數值的。很自然的，你可能會問：是否存在一組實數值的基底序列集合，當 $x[n]$ 是實數值時，會產生實數值的轉換序列 $A[k]$？這個問題導致出一些其他

的正交轉換表式法的定義，如 Haar 轉換，Hadamard 轉換（請參見 Elliott and Rao, 1982），和 Hartley 轉換 (Bracewell, 1983, 1984, 1989)（Hartley 轉換的定義和性質我們會在習題 8.68 探索）。另一個實數序列的正交轉換是離散餘弦轉換（discrete cosine transform, DCT）（請參見 Ahmed, Natarajan and Rao, 1974 和 Rao and Yip, 1990）。DCT 它和 DFT 的關聯性頗爲緊密，而且 DCT 在一些信號處理應用的場合中特別的有用且重要，特別是在語音和影像壓縮方面。在這一節，我們藉由介紹 DCT 和證明它和 DFT 的關係來總結我們對 DFT 的討論。

8.8.1 DCT 的定義

DCT 的轉換形式和 (8.147) 式以及 (8.148) 式一樣，其基底序列 $\phi_k[n]$ 爲餘弦。因爲餘弦具週期性並且爲偶對稱函數，故在合成 (8.148) 式時，當 $x[n]$ 延伸超過範圍 $0 \le n \le N-1$ 之外仍然將具週期性並且爲偶對稱函數。換句話說，正如同 DFT 牽涉到一個隱含的週期性假設，DCT 牽涉到隱含的週期性並且爲**偶對稱**函數的假設。

在發展 DFT 時，我們表現有限長度序列的方式爲先建構一週期性序列，從該週期性序列我們可以唯一的還原出該有限長度序列，然後使用週期性複數指數來做一個擴展。用一種類似的風格，DCT 對應到從一個有限長度序列以一種方式建構出一個具週期性的對稱序列，而原來的有限長度序列可以從該建構出的序列被唯一的還原回來。因爲要達到這個目的的方式有許多種，所以 DCT 有許多的定義。在圖 8.25 中，我們把一個 4 點序列做對稱的週期性擴展，用 4 種方法，每一種方法都展示出 17 個樣本點。原來的有限長度序列也展示在每一個子圖中，其樣本點我們有用實心圓表示出來。所有的這些序列均具週期性（週期 16 或是更少），也具有偶對稱性。在每一個情況中，原來的有限長度序列可以容易地取出，就是某一個週期的前 4 個點即可。爲了方便起見，我們把在圖 8.25(a)、(b)、(c)，和(d) 中 4 個序列的每一個都以週期 16 來做重複，所得到的週期性序列分別記爲 $\tilde{x}_1[n]$、$\tilde{x}_2[n]$、$\tilde{x}_3[n]$、和 $\tilde{x}_4[n]$。請注意 $\tilde{x}_1[n]$ 其週期爲 $(2N-2)=6$，而且偶對稱於 $n=0$ 和 $n=(N-1)=3$。序列 $\tilde{x}_2[n]$ 其週期爲 $2N=8$，而且偶對稱於「半樣本」點 $n=-\dfrac{1}{2}$ 和 $n=\dfrac{7}{2}$。序列 $\tilde{x}_3[n]$ 其週期爲 $4N=16$，而且偶對稱於 $n=0$ 和 $n=8$。序列 $\tilde{x}_4[n]$ 也具週期 $4N=16$，並且偶對稱於「半樣本」點 $n=-\dfrac{1}{2}$ 和 $n=(2N-\dfrac{1}{2})=\dfrac{15}{2}$。

圖 8.25 所示之 4 種不同的情況爲 4 種 DCT 常見的形式，分別稱之爲 DCT-1、DCT-2、DCT-3 和 DCT-4，它們說明了 DCT 所隱含的週期性。我們還可以證明（請參見 Martucci, 1994）若要從 $x[n]$ 產生一個偶對稱週期性序列，我們還有 4 種其它的方式可以產生之。這個意味著 4 種其他可能的 DCT 表式法。更進一步的說，我們也有可能從 $x[n]$ 產生 8 種奇對稱的週期性實數序列，而導致出 8 種不同版本的**離散正弦轉換**（discrete sine transform, DST），其中在正交表示法中的基底序列是正弦函數。這些轉換構成了實數序列的 16 個正交轉換家族。這些轉換之中，DCT-1 和 DCT-2 表示法是兩個最常被使用的，所以，在我們往後的討論中，我們將聚焦在它們兩個之上。

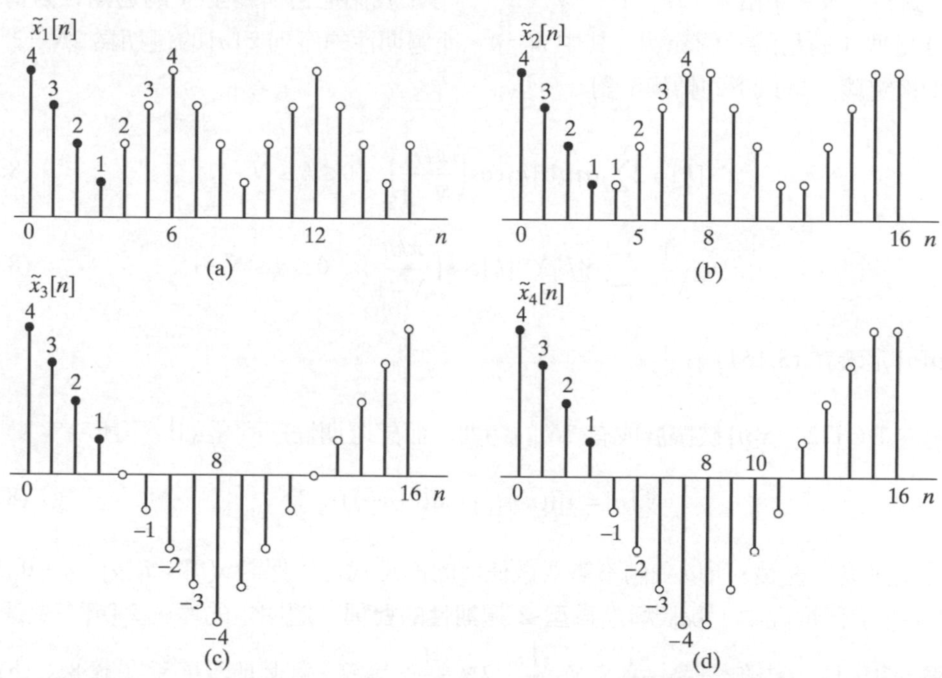

圖 8.25 用 4 種方式把一個 4 點序列做對稱的週期性擴展。有限長度序列 $x[n]$ 是以實心圓表示出。(a) DCT-1 的型-1 週期性延伸。(b) DCT-2 的型-2 週期性延伸。(c) DCT-3 的型-3 週期性延伸。(d) DCT-4 的型-4 週期性延伸

8.8.2 DCT-1 和 DCT-2 的定義

各種不同的週期性擴展可以導致出 DCT 的各種不同形式，但它們都可以想像成是 N 點序列 $\pm x[n]$ 和 $\pm x[-n]$ 的移位拷貝總和。DCT-1 擴展和 DCT-2 擴展之間的差異取決於端點是否會和它們本身的移位版本重疊，假若是如此的話，是那些端點會重疊。對於 DCT-1，$x[n]$ 首先在端點處被修正，然後被擴展成具有週期 $2N-2$。所得的週期性序列為

$$\tilde{x}_1[n] = x_\alpha[((n))_{2N-2}] + x_\alpha[((-n))_{2N-2}], \tag{8.150}$$

其中 $x_\alpha[n]$ 為修正後序列，$x_\alpha[n] = \alpha[n]x[n]$，其中

$$\alpha[n] = \begin{cases} \frac{1}{2}, & n = 0 \text{ 和 } N-1, \\ 1, & 1 \le n \le N-2 \end{cases} \tag{8.151}$$

在端點處的權重剛好抵消了在 (8.150) 式中那兩項在 $n=0$ 和 $n=(N-1)$ 處的重疊，以及抵消了所有和那兩個 n 相隔 $(2N-2)$ 整數倍數對應點上的重疊。使用這個權重，我們可以容易地驗證出 $x[n]=\tilde{x}_1[n]$，$n=0, 1, \ldots, N-1$。所得的週期性序列 $\tilde{x}_1[n]$ 有偶週期性的對稱，對稱於 $n=0$ 和 $n=N-1$，$2N-2$，等等，我們把它稱爲**型-1 的週期性對稱**。圖 8.25(a) 是型-1 對稱的一個範例，其中 $N=4$，而週期性的序列 $\tilde{x}_1[n]$ 的週期爲 $2N-2=6$。DCT-1 被定義成是以下的轉換配對

$$X^{c1}[k]=2\sum_{n=0}^{N-1}\alpha[n]x[n]\cos\left(\frac{\pi kn}{N-1}\right),\quad 0\le k\le N-1, \tag{8.152}$$

$$x[n]=\frac{1}{N-1}\sum_{k=0}^{N-1}\alpha[k]X^{c1}[k]\cos\left(\frac{\pi kn}{N-1}\right),\quad 0\le n\le N-1, \tag{8.153}$$

其中 $\alpha[n]$ 定義在 (8.151) 式中。

對於 DCT-2，$x[n]$ 被擴展成有 $2N$ 的週期，而該週期性序列是如以下所給定

$$\tilde{x}_2[n]=x[((n))_{2N}]+x[((-n-1))_{2N}], \tag{8.154}$$

因爲端點並沒有重疊，所以我們不需要做任何的修正就可以保證 $x[n]=\tilde{x}_2[n]$，$n=0, 1, \ldots, N-1$。在這個情況中，我們稱之爲**型-2 週期性的對稱**，週期性的序列 $\tilde{x}_2[n]$ 有偶週期性的對稱，對稱於「半樣本」點 $-\frac{1}{2}$、$N-\frac{1}{2}$、$2N-\frac{1}{2}$，等等。這個情況展示在圖 8.25(b) 中，其中 $N=4$，週期 $2N=8$。DCT-2 被定義成是以下的轉換配對

$$X^{c2}[k]=2\sum_{n=0}^{N-1}x[n]\cos\left(\frac{\pi k(2n+1)}{2N}\right),\quad 0\le k\le N-1, \tag{8.155}$$

$$x[n]=\frac{1}{N}\sum_{k=0}^{N-1}\beta[k]X^{c2}[k]\cos\left(\frac{\pi k(2n+1)}{2N}\right),\quad 0\le n\le N-1, \tag{8.156}$$

其中逆 DCT-2 牽涉到以下的權重函數

$$\beta[k]=\begin{cases}\frac{1}{2}, & k=0\\ 1, & 1\le k\le N-1\end{cases} \tag{8.157}$$

在許多的版本中，DCT 定義會包含正規化因子來使得轉換變得**恆一化**（unitary）[④]。舉例來說，DCT-2 常常定義成

$$\tilde{X}^{c2}[k]=\sqrt{\frac{2}{N}}\tilde{\beta}[k]\sum_{n=0}^{N-1}x[n]\cos\left(\frac{\pi k(2n+1)}{2N}\right),\quad 0\le k\le N-1, \tag{8.158}$$

$$x[n]=\sqrt{\frac{2}{N}}\sum_{k=0}^{N-1}\tilde{\beta}[k]\tilde{X}^{c2}[k]\cos\left(\frac{\pi k(2n+1)}{2N}\right),\quad 0\le n\le N-1 \tag{8.159}$$

其中

$$\tilde{\beta}[k]=\begin{cases}\frac{1}{\sqrt{2}}, & k=0,\\ 1, & k=1,2,\ldots,N-1\end{cases} \tag{8.160}$$

比較這些方程式和 (8.155) 式以及 (8.156) 式，我們看到乘數因子 2, $1/N$，和 $\beta[k]$ 已經在正轉換和逆轉換之間做重新的分配（一種類似的正規化也可以被套用來定義 DCT-1 的一個正規化版本）。雖然這個正規化會產生一個恆一轉換表示，但是在 (8.152) 式和 (8.153) 式以及在 (8.155) 式和 (8.156) 式定義較為簡單，而且和我們在本章定義的 DFT 看起來較有關聯。因此，在以下的討論中，我們使用我們的定義，而不是使用正規化的定義。一些正規化的定義你可以在 Rao 和 Yip (1990) 和許多的其它的文獻中找到。

雖然我們通常只對 $0\le k\le N-1$ 計算 DCT，但是我們也可以在那區間之外計算 DCT 方程式看一看，如圖 8.26 所示，其中在 $0\le k\le N-1$ 範圍中的 DCT 值是用實心圓展示。這些圖說明了 DCT 也是偶週期性的序列。然而，轉換序列的對稱性不一定和其隱含週期性輸入序列的對稱性相同。雖然 $\tilde{x}_1[n]$ 和 $X^{c1}[k]$ 的延伸兩者都有型-1 對稱，且有相同的週期，但是比較圖 8.25(c) 和圖 8.26(b)，我們看到延伸的 $X^{c2}[k]$ 和 $\tilde{x}_3[n]$ 有相同的對稱性，而不是和 $\tilde{x}_2[n]$ 有相同的對稱性。而且，$X^{c2}[k]$ 的週期為 $4N$，而 $\tilde{x}_2[n]$ 的週期為 $2N$。

因為 DCT 為正交轉換，所以它們也有類似 DFT 的性質。在 Ahmed, Natarajan 和 Rao (1974) 以及 Rao 和 Yip (1990) 的文獻中有對那些性質做詳盡的探討。

---

④ 假若 DCT 不但正交而且也有 $\sum_{n=0}^{N-1}(x[n])^2=\sum_{k=0}^{N-1}(X^{c2}[k])^2$ 的性質的話，那麼該 DCT 轉換會是一個恆一的轉換。

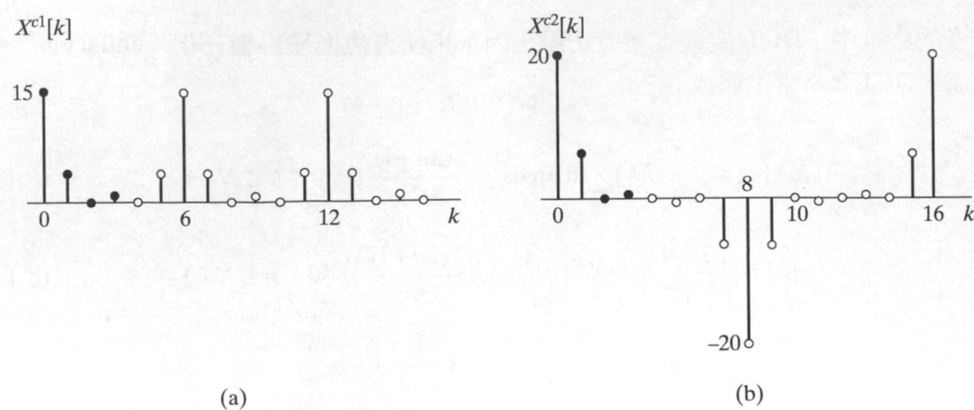

圖 8.26 使用在圖 8.25 中的那個 4 點序列的 DCT-1 和 DCT-2。(a) DCT-1。(b) DCT-2

8.8.3 在 DFT 和 DCT-1 之間的關係

正如同我們可以預期的，一個有限長度序列的 DFT 和各種類型的 DCT 之間有著緊密的關係。爲了要發展出這個關係，我們注意到，因爲，對於 DCT-1 而言，$\tilde{x}_1[n]$ 是從 $x_1[n]$ 透過 (8.150) 式和 (8.151) 式建構出來的，週期性的序列 $\tilde{x}_1[n]$ 的一個週期定義了有限長度序列

$$x_1[n] = x_\alpha[((n))_{2N-2}] + x_\alpha[((-n))_{2N-2}] = \tilde{x}_1[n], \quad n = 0, 1, \ldots, 2N-3 \tag{8.161}$$

其中 $x_\alpha[n] = \alpha[n]x[n]$ 爲 N 點實數序列，且端點除以 2。從 (8.161) 式，我們知道 $(2N-2)$ 點序列 $x_1[n]$ 的 $(2N-2)$ 點 DFT 爲

$$X_1[k] = X_\alpha[k] + X_\alpha^*[k] = 2\mathcal{R}e\{X_\alpha[k]\}, \quad k = 0, 1, \ldots, 2N-3 \tag{8.162}$$

其中 $x_\alpha[n]$ 爲 N 點序列 $\alpha[n]x[n]$ 的 $(2N-2)$ 點 DFT；也就是說，把 $\alpha[n]x[n]$ 後面補上 $(N-2)$ 個零值樣本後再取 DFT。使用該補零序列的 $(2N-2)$ 點 DFT 的定義，對於 $k = 0, 1, \ldots, N$，我們獲得

$$X_1[k] = 2\mathcal{R}e\{X_\alpha[k]\} = 2\sum_{n=0}^{N-1} \alpha[n]x[n]\cos\left(\frac{2\pi kn}{2N-2}\right) = X^{c1}[k] \tag{8.163}$$

因此，一個 N 點序列的 DCT-1 和其對稱延伸序列 $x_1[n]$ 的 $(2N-2)$ 點 DFT $X_1[k]$ 的前 N 點是一樣的，也和加權後序列 $x_\alpha[n]$ 的 $(2N-2)$ 點 DFT $X_\alpha[k]$ 的前 N 點的實部的兩倍是一樣的。

因爲，如在第 9 章討論，對於 DFT 存在有快速演算法，它們可以被使用來計算在 (8.163) 式中的 DFT $X_\alpha[k]$ 或 $X_1[k]$，因此提供了一個方便的而且馬上就可用的 DCT-1 快

速計算法。因為 DCT-1 的定義僅牽涉到實數值係數，所以也有一些有效率的演算法可以更為直接地計算實數序列的 DCT-1，而不需要使用複數乘法和加法（請參見 Ahmed, Natarajan and Rao, 1974 和 Chen and Fralick, 1977）。

逆 DCT-1 也可以使用逆 DFT 來計算。我們僅需要使用 (8.163) 式來從 $X^{c1}[k]$ 建構出 $X_1[k]$，然後計算 $(2N-2)$ 點的逆 DFT。明確地說，

$$X_1[k]=\begin{cases}X^{c1}[k], & k=0,\ldots,N-1,\\ X^{c1}[2N-2-k], & k=N,\ldots,2N-3,\end{cases} \tag{8.164}$$

並且，使用 $(2N-2)$ 點的逆 DFT 的定義，我們可以計算該對稱延伸的序列

$$x_1[n]=\frac{1}{2N-2}\sum_{k=0}^{2N-3}X_1[k]e^{2j\pi kn/(2N-2)},\quad n=0,1,\ldots,2N-3, \tag{8.165}$$

從那兒，我們可以取出前 N 點而獲得 $x[n]$，也就是說，$x[n]=x_1[n]$，$n=0,1,\cdots,N-1$。藉由把 (8.164) 式代入 (8.165) 式，我們可知逆 DCT-1 關係可以使用 $X^{c1}[k]$ 和餘弦函數表示出來，如 (8.153) 式中所示。我們建議讀者自行練習，請參見習題 8.71。

8.8.4 在 DFT 和 DCT-2 之間的關係

我們也可以使用 DFT 來表示出一個有限長度序列 $x[n]$ 的 DCT-2。為了發展出這個關係，我們觀察到週期性序列 $\tilde{x}_2[n]$ 的一個週期定義了 $2N$ 點序列

$$x_2[n]=x[((n))_{2N}]+x[((-n-1))_{2N}]=\tilde{x}_2[n],\quad n=0,1,\ldots,2N-1, \tag{8.166}$$

其中 $x[n]$ 是原來的 N 點實數序列。從 (8.166) 式，我們知道 $2N$ 點序列 $x_2[n]$ 的 $2N$ 點 DFT 為

$$X_2[k]=X[k]+X^*[k]e^{j2\pi k/(2N)},\quad k=0,1,\ldots,2N-1, \tag{8.167}$$

其中 $X[k]$ 為 N 點序列 $x[n]$ 的 $2N$ 點 DFT；也就是說，在這個情況中，$x[n]$ 的後面補上 N 個零值樣本。從 (8.167) 式，我們可得

$$\begin{aligned}X_2[k]&=X[k]+X^*[k]e^{j2\pi k/(2N)}\\&=e^{j\pi k/(2N)}\left(X[k]e^{-j\pi k/(2N)}+X^*[k]e^{j\pi k/(2N)}\right)\\&=e^{j\pi k/(2N)}2\mathcal{R}e\left\{X[k]e^{-j\pi k/(2N)}\right\}\end{aligned} \tag{8.168}$$

從該補零序列其 $2N$ 點 DFT 的定義，我們可知

$$\mathcal{R}e\left\{X[k]e^{-j\pi k/(2N)}\right\}=\sum_{n=0}^{N-1}x[n]\cos\left(\frac{\pi k(2n+1)}{2N}\right) \tag{8.169}$$

因此，使用 (8.155) 式、(8.167) 式、和 (8.169) 式，我們可以用 $X[k]$，即 N 點序列 $x[n]$ 的 $2N$ 點 DFT，來表示 $X^{c2}[k]$ 成爲

$$X^{c2}[k]=2\mathcal{R}e\left\{X[k]e^{-j\pi k/(2N)}\right\},\quad k=0,1,\ldots,N-1, \tag{8.170}$$

或是使用 $2N$ 點 DFT $X_2[k]$，即定義在 (8.166) 式中 $2N$ 點對稱延伸的序列 $x_2[n]$ 的 DFT，來表示

$$X^{c2}[k]=e^{-j\pi k/(2N)}X_2[k],\quad k=0,1,\ldots,N-1, \tag{8.171}$$

或等價地，

$$X_2[k]=e^{j\pi k/(2N)}X^{c2}[k],\quad k=0,1,\ldots,N-1 \tag{8.172}$$

如同在 DCT-1 的情況，快速演算法可以被使用來分別計算在 (8.170) 式和 (8.171) 式的 $2N$ 點 DFT $X[k]$ 和 $X_2[k]$。Makhoul (1980) 討論了 DFT 可以被使用來計算 DCT-2 的其它種方式（也請參見習題 8.72）。除此之外，對於計算 DCT-2 之特別的快速演算法也已經開發出來 (Rao and Yip, 1990)。

逆 DCT-2 也可以使用逆 DFT 計算出來。該程序利用了 (8.172) 式和 DCT-2 的一個對稱性質。明確地說，藉由直接代入到 (8.155) 式，我們可以很容易地驗證出

$$X^{c2}[2N-k]=-X^{c2}[k],\quad k=0,1,\ldots,2N-1 \tag{8.173}$$

從上式，我們有

$$X_2[k]=\begin{cases}X^{c2}[0], & k=0,\\ e^{j\pi k/(2N)}X^{c2}[k], & k=1,\ldots,N-1,\\ 0, & k=N,\\ -e^{j\pi k/(2N)}X^{c2}[2N-k], & k=N+1,N+2,\ldots,2N-1\end{cases} \tag{8.174}$$

使用逆 DFT，我們可以計算出對稱延伸的序列

$$x_2[n]=\frac{1}{2N}\sum_{k=0}^{2N-1}X_2[k]e^{j2\pi kn/(2N)},\quad n=0,1,\ldots,2N-1 \tag{8.175}$$

從上式我們可以獲得 $x[n]=x_2[n]$，$n=0,1,\cdots,N-1$。藉由把 (8.174) 式代入至 (8.175) 式，我們可以容易地證明逆 DCT-2 的關係式就是由 (8.156) 式所給定的結果（請參見習題 8.73）。

8.8.5 DCT-2 的能量緊密特性

DCT-2 被使用在許多的資料壓縮應用中，它比 DFT 還好用，原因就是它有一個通常稱之為「能量緊密」的特性。明確地說，把一個有限長度序列分別做 DCT-2 和 DFT，比起 DFT 的係數，DCT-2 的係數會有更高度集中在低索引值得傾向。這個的重要性是來自帕色瓦定理，對於 DCT-1 而言，是

$$\sum_{n=0}^{N-1}\alpha[n]\,|\,x[n]\,|^2=\frac{1}{2N-1}\sum_{k=0}^{N-1}\alpha[k]\,|\,X^{c1}[k]\,|^2, \tag{8.176}$$

而對於 DCT-2，是

$$\sum_{n=0}^{N-1}|\,x[n]\,|^2=\frac{1}{N}\sum_{k=0}^{N-1}\beta[k]\,|\,X^{c2}[k]\,|^2, \tag{8.177}$$

其中 $\beta[k]$ 的定義如 (8.157) 式。DCT 可以說是集中在 DCT 的低索引值部分，也就是說，假若把其他的 DCT 係數都設成是零，對該信號的能量也不會有重大的影響。我們在以下的範例說明能量緊密的特性。

範例 8.13 DCT-2 中的能量緊密特性

考慮一個測試輸入信號如下

$$x[n]=a^n\cos(\omega_0 n+\phi),\quad n=0,1,\ldots,N-1 \tag{8.178}$$

該信號展示在圖 8.27 中，其中 $a=0.9$、$\omega_0=0.1\pi$、$\phi=0$、$N=32$。

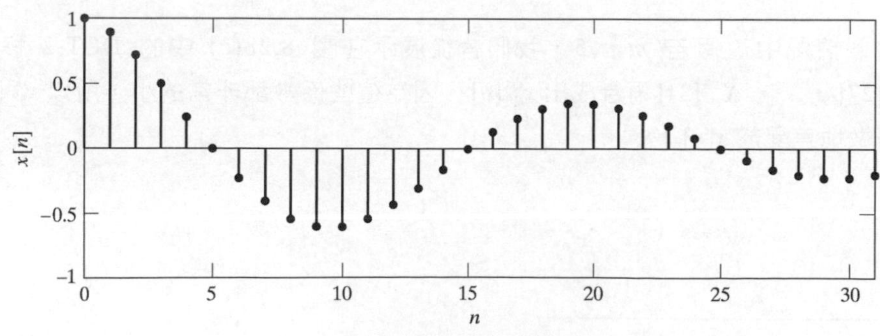

圖 8.27 比較 DFT 和 DCT 的測試輸入信號

圖 8.27 的 32 點序列做 32 點的 DFT，其實數和虛部分別展示在圖 8.28(a) 和 (b) 中，而做 DCT-2 所產生的序列則展示在圖 8.28(c) 中。在 DFT 的情況，我們只展示在 $k=0, 1, \ldots, 16$ 的實部和虛部。因為該信號是實數信號，$X[0]$ 和 $X[16]$ 為實數。剩下的值是複數，且呈共軛複數對稱。因此，展示在圖 8.28(a) 和 (b) 中之 32 個實數數目可以完整的指定出該 32 點的 DFT。在 DCT-2 的情況，我們則展示出所有的 32 個實數的 DCT-2 值。很清楚地，DCT-2 值高度集中在低索引值處，所以帕色瓦定理暗示了對於序列能量集中程度而言，DCT-2 表示法優於 DFT 表示法。

我們可以把這個能量集中性質做一個量化的比較，方法為截取這兩個表示法中的轉換值，在兩者都使用相同數目的實數係數下，再比較兩個表示法的均方近似誤差。我們先定義

$$x_m^{\text{dft}}[n]=\frac{1}{N}\sum_{k=0}^{N-1}T_m[k]X[k]e^{j2\pi kn/N},\quad n=0,1,\ldots,N-1, \tag{8.179}$$

在這個情況中，$X[k]$ 是 $x[n]$ 的 N 點 DFT，而且

$$T_m[k]=\begin{cases}1, & 0\le k\le (N-1-m)/2,\\ 0, & (N+1-m)/2\le k\le (N-1+m)/2,\\ 1, & (N+1+m)/2\le k\le N-1\end{cases}$$

假若 $m=1$，則 $X[N/2]$ 那一項就沒了。假若 $m=3$，則 $X[N/2]$ 和 $X[N/2-1]$ 和它對應的共軛複數 $X[N/2+1]$ 那幾項就沒了，以此類推；也就是說，對於 $m=1, 3, 5, \ldots, N-1$ 之 $x_m^{\text{dft}}[n]$ 就是在對稱地移除 m 個 DFT 係數之後所合成的序列[⑤]。除了 $X[N/2]$ 這個實數值的 DFT 值之外，每一個被移除的複數 DFT 值會一併移除其對應的共軛複數，實際上是移除了兩個實數。舉例來說，$m=5$ 會對應到把展示在圖 8.28(a) 和 (b) 中的 32 點 DFT 係數 $X[14]$、$X[15]$、$X[16]$、$X[17]$、和 $X[18]$ 設定成零，再合成出 $x_5^{\text{dft}}[n]$。

同樣地，我們可以截取 DCT-2 表示式，而獲得

$$x_m^{\text{dct}}[n]=\frac{1}{N}\sum_{k=0}^{N-1-m}\beta[k]X^{c2}[k]\cos\left(\frac{\pi k(2n+1)}{2N}\right),\quad 0\le n\le N-1 \tag{8.180}$$

在這個情況中，假若 $m=5$，我們會從展示在圖 8.28(c) 中的 DCT-2 移除係數 $X^{c2}[27]$，…，$X^{c2}[31]$ 再合成出 $x_m^{\text{dct}}[n]$。因為這些係數都非常的小，所以 $x_5^{\text{dct}}[n]$ 應該僅些微地差異於 $x[n]$。

---

⑤ 為了簡化起見，我們假設 N 是一個偶數。

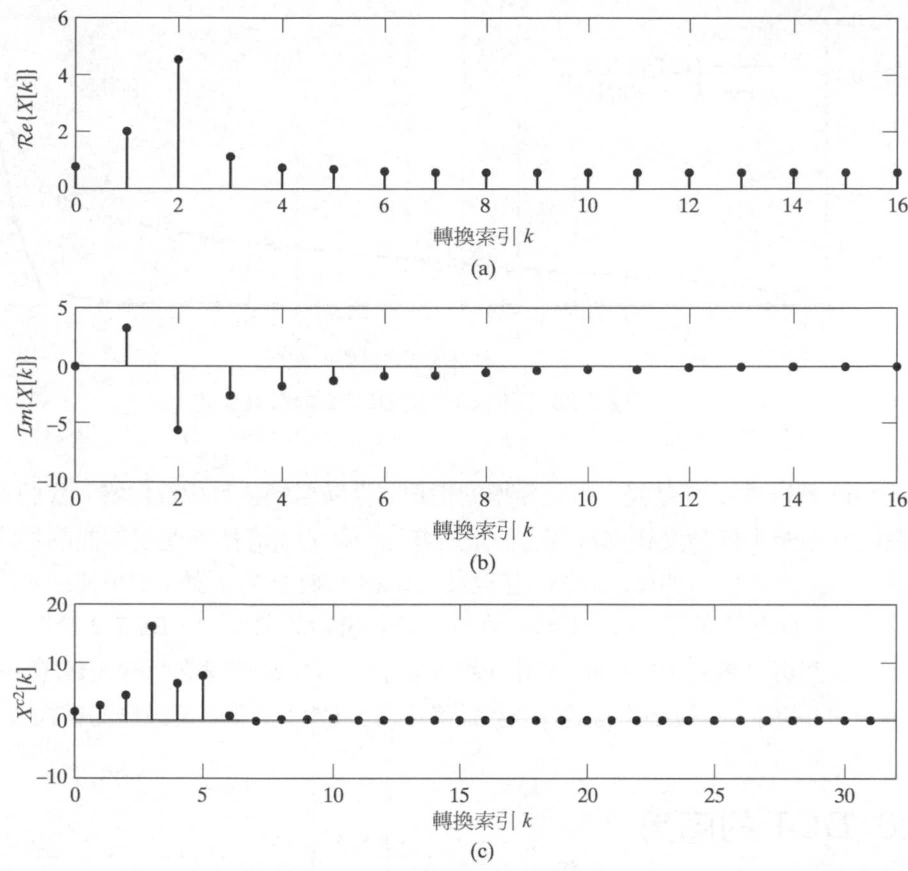

圖 8.28 圖 8.27 之測試信號的：(a) 32 點 DFT 的實部；(b) 32 點 DFT 的虛部；(c) 32 點 DCT-2

為了要展示 DFT 和 DCT-2 的近似誤差是如何的和 m 息息相關，我們定義

$$E^{\text{dft}}[m]=\frac{1}{N}\sum_{n=0}^{N-1}|\,x[n]-x_m^{\text{dft}}[n]\,|^2$$

和

$$E^{\text{dct}}[m]=\frac{1}{N}\sum_{n=0}^{N-1}|\,x[n]-x_m^{\text{dct}}[n]\,|^2$$

它們分別為截取的 DFT 和截取的 DCT 的均方近似誤差。這些誤差我們畫在圖 8.29 中，其中 $E^{\text{dft}}[m]$ 是用「○」指出，而 $E^{\text{dct}}[m]$ 是用「●」指出。對於一些特殊的情況，如 $m=0$（沒有截取），此時 DFT 截取函數是 $T_0[k]=1$，$0\le k\le N-1$；和如 $m=N-1$（僅留下 DC 值），此時 DFT 截取函數是 $T_{N-1}[k]=0$，$1\le k\le N-1$，且 $T_{N-1}[0]=1$。在這兩情況中，兩種表示法都有相同的誤差。對於 $1\le m\le 30$，隨著 m 的增加，DFT 的誤差會穩定的增加；而對於 DCT 誤差而言，m 一直增加到 25 之前，DCT 的誤差都可以維持得非常的小 — 這意味著序列 $x[n]$ 的 32 個數目可以只用 7 個 DCT-2 係數來表示即可，其近似誤差非常的小。

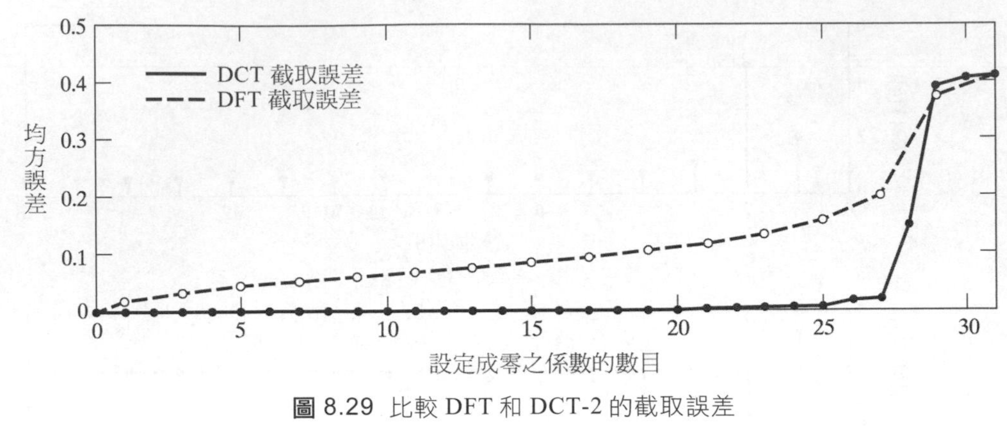

圖 8.29 比較 DFT 和 DCT-2 的截取誤差

在範例 8.13 中的信號是一個低頻率的指數式衰減信號，其相位為零。我們刻意的選擇這個範例來強調能量緊密的特質。但是並非每一種的 $x[n]$ 都會產生如此劇烈的效果。一些高通信號就不會有如此的效果，甚至某些如 (8.178) 式的信號，如果使用不同參數的話，也不會有如此的效果。雖然如此，在許多資料壓縮的情況中，DCT-2 還是比 DFT 好用得多。我們可以證明 (Rao and Yip, 1990) 對於具有指數型態之相關函數（correlation function）的序列，在最小均方截取誤差的準則下，DCT-2 幾乎是最佳的轉換。

8.8.6 DCT 的應用

DCT-2 主要的應用是在信號壓縮方面，在信號壓縮中它是許多標準演算法的關鍵部分（請參見 Jayant and Noll, 1984, Pau, 1995, Rao and Hwang, 1996, Taubman and Marcellin, 2002, Bosi and Goldberg, 2003 和 Spanias, Painter and Atti, 2007）。在這個應用中，信號區塊是以它們的餘弦轉換來表示的。DCT 在信號壓縮方面之所以會那麼流行最主要是因為它有能量緊密的特質，這個特性我們已經在前一節中用一個簡單的範例來示範過了。

DCT 表示法，就像是 DFT 的正交轉換，它有許多類似 DFT 的性質，使得 DCT 可以非常有彈性的操作它們所要表示的信號。DFT 其最重要的性質之一就是兩個有限長度序列的週期性捲積對應到它們個別 DFT 的乘積。在 8.7 節中，我們已經看到我們可以利用這個性質，只要做 DFT 運算，我們就可以計算線性捲積。在 DCT 的情況中，對應的結果是 DCT 的乘積對應到潛在之對稱延伸序列的週期性的捲積。然而，還有一些額外的複雜性。舉例來說，兩個型-2 對稱週期性序列的週期性捲積並不是一個型-2 序列，反而是一個型-1 序列。另外，把一個型-1 序列和一個具相同隱含週期的型-2 序列做週期性捲積所產生的結果是一個型-2 序列。因此，DCT 的型態混合是有必要的，如此才能藉由 DCT 乘積的逆轉換來反應週期性對稱的捲積。至於要做 DCT 乘積逆轉的方式有許多種，因為我們有許多的不同種類的定義可供選擇。每一種不同的組合會對應到一對對稱延伸之有限序列的週期性捲積。在使用 DCT 和 DST 轉換來實現對稱週期性捲積這方面，Martucci (1994) 提供了一個完整的討論。

「DCT 的乘積對應到一種特殊型態的週期性捲積」這個特性在某些應用中可能是非常有用的。正如同我們在 DFT 所見，週期性捲積會有末端效應，就是所謂的「捲過來」的效應。事實上，就算是兩個有限長度序列的線性捲積也會有末端效應，當脈衝響應剛接觸輸入時和將離開輸入時也會有末端效應。週期性對稱捲積的末端效應和一般捲積的末端效應不太一樣，也和用 DFT 相乘來實現週期性捲積的末端效應不太一樣。對稱的延伸會在端點處產生對稱性。這個意味著有個「平順的」邊界，如此一來通常可以減輕在捲積兩個有限長度序列時所會面臨的末端效應。像這種對稱捲積在影像濾波的領域中特別的有用，因為在那兒令人厭惡的邊緣效應看起來非常的令人不舒服。在那些應用中，DCT 可能會比 DFT 或甚至比一般的線性捲積要來得優。在利用 DCT 乘法來做週期性對稱捲積時，我們可以強迫其結果和一般捲積的結果一樣，只要延伸該序列即可，把每一個序列的開始處和末端放置足夠數目的零值樣本點就可以了。

8.9 總結

在本章中，我們已經討論了有限長度序列的離散傅立葉表式法。我們大部分的討論聚焦在離散傅立葉轉換（DFT）上，它是基礎於週期性序列的 DFS 表示法。藉由定義一個週期性序列使得每一個週期都和該有限長度序列一模一樣，DFT 會變成和 DFS 係數的一個週期一模一樣。因為這個潛在的週期性非常的重要，我們先檢視 DFS 表式法的性質，然後使用有限長度序列來解釋那些性質。一個重要的結果是 DFT 值會等於 z 轉換在單位圓等距頻率點上的取樣值。這個導致出在解釋 DFT 性質時所引出的時間交疊概念，在研究環狀捲積和它對線性捲積的關係時，我們大量地使用該概念。我們然後使用這個研究的結果來說明如何使用 DFT 來實現一個有限長度脈衝響應和一個無限長輸入信號的線性捲積。

本章的最後我們對 DCT 做了一個簡介。我們證明了 DCT 和 DFT 有緊密的關聯性，而且它們都具有週期性的隱含假設。能量聚集的性質，它就是使得 DCT 在資料壓縮應用上非常流行的主要理由，我們也有用一個範例來做示範。

習題

有解答的基本問題

8.1 假設 $x_c(t)$ 是一個週期性的連續時間信號，週期為 1 ms，其傅立葉級數是

$$x_c(t)=\sum_{k=-9}^{9} a_k e^{j(2000\pi kt)}$$

傅立葉級數係數 a_k 對於 $|k|>9$ 的值都是零。 $x_c(t)$ 被取樣，樣本間隔為 $T=\frac{1}{6}\times 10^{-3}$ s，以得到 $x[n]$。也就是說，

$$x[n]=x_c\left(\frac{n}{6000}\right)$$

(a) $x[n]$ 具週期性嗎？假若是的話，週期為何？

(b) 取樣率高過奈奎斯（Nyquist）率嗎？也就是說，T 足夠小到避免交疊嗎？

(c) 用 a_k 求出 $x[n]$ 的 DFS 係數。

8.2 假設 $\tilde{x}[n]$ 是一個週期性序列，週期為 N。則 $\tilde{x}[n]$ 也是一個週期為 $3N$ 的週期性序列。當 $\tilde{x}[n]$ 是一個週期為 N 的週期性序列時， $\tilde{X}[k]$ 為其 DFS 係數。當 $\tilde{x}[n]$ 是一個週期為 $3N$ 的週期性序列時， $\tilde{X}_3[k]$ 為其 DFS 係數。

(a) 用 $\tilde{X}[k]$ 表示出 $\tilde{X}_3[k]$ 。

(b) 若 $\tilde{x}[n]$ 如圖 P8.2 所給定，計算出 $\tilde{X}[k]$ 和 $\tilde{X}_3[k]$ ，並驗證你的在 (a) 中的答案。

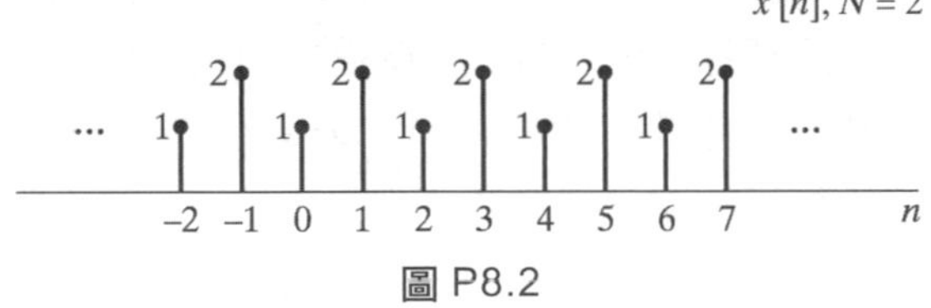

圖 P8.2

8.3 圖 P8.3 顯示出三個週期性序列， $\tilde{x}_1[n]$ 到 $\tilde{x}_3[n]$。這些序列可以用傅立葉級數表示成

$$\tilde{x}[n]=\frac{1}{N}\sum_{k=0}^{N-1}\tilde{X}[k]e^{j(2\pi/N)kn}$$

(a) 對於那些序列我們可以選擇時間原點使得所有的 $\tilde{X}[k]$ 都是實數？

(b) 對於那些序列我們可以選擇時間原點使得所有的 $\tilde{X}[k]$ 都是虛數(除了 k 的整數倍數之外）？

(c) 對於 $k=\pm 2, \pm 4, \pm 6$，那些序列的 $\tilde{X}[k]=0$ ？

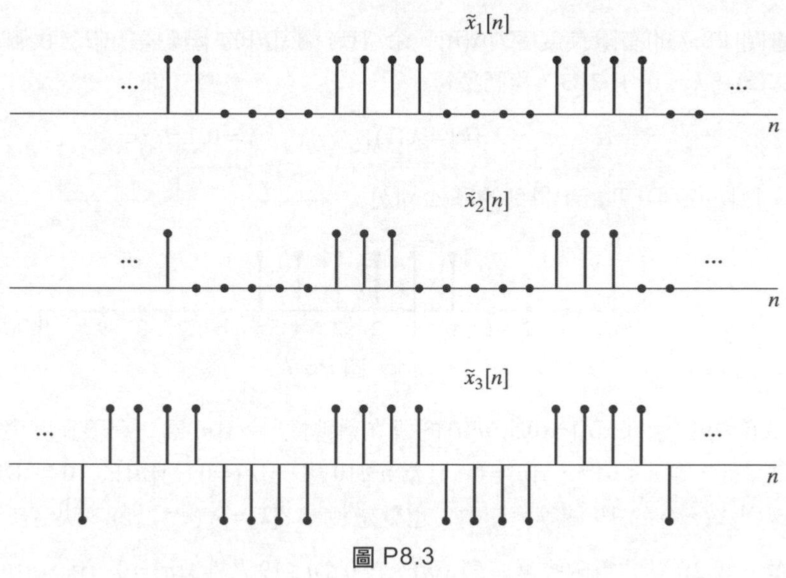

圖 P8.3

8.4　考慮序列 $x[n]=\alpha^n u[n]$。假設 $|\alpha|<1$。從 $x[n]$ 用以下的方式建構出一個週期性序列 $\tilde{x}[n]$：

$$\tilde{x}[n]=\sum_{r=-\infty}^{\infty} x[n+rN]$$

(a) 決定出 $x[n]$ 的傅立葉轉換 $X(e^{j\omega})$。

(b) 決定 $\tilde{x}[n]$ 的 DFS 係數 $\tilde{X}[k]$。

(c) $\tilde{X}[k]$ 和 $X(e^{j\omega})$ 有何種關聯？

8.5　計算出以下每一個有限長度序列的 DFT，它們的長度都是 N（其中 N 是偶數）：

(a) $x[n]=\delta[n]$,

(b) $x[n]=\delta[n-n_0],\quad 0\le n_0\le N-1$,

(c) $x[n]=\begin{cases}1, & n\text{ 為偶數}, \quad 0\le n_0\le N-1,\\ 0, & n\text{ 為奇數}, \quad 0\le n\le N-1,\end{cases}$

(d) $x[n]=\begin{cases}1, & 0\le n\le N/2-1,\\ 0, & N/2\le n\le N-1,\end{cases}$

(e) $x[n]=\begin{cases}a^n, & 0\le n\le N-1,\\ 0, & \text{其他}\end{cases}$

8.6　考慮複數序列

$$x[n]=\begin{cases}e^{j\omega_0 n}, & 0\le n\le N-1,\\ 0, & \text{其他}\end{cases}$$

(a) 決定出 $x[n]$ 的傅立葉轉換 $X(e^{j\omega})$。

(b) 求出有限長度序列 $x[n]$ 的 N 點 DFT X[k]。

(c) 對於 $\omega_0=2\pi k_0/N$，k_0 是一個整數，求出有限長度序列 $x[n]$ 的 N 點 DFT。

8.7 考慮圖 P8.7 的有限長度序列 $x[n]$。令 $X(z)$ 為 $x[n]$ 的 z 轉換。假若我們在 $z=e^{j(2\pi/4)k}$ 取樣 $X(z)$，$k=0, 1, 2, 3$，我們獲得

$$X_1[k]=X(z)\big|_{z=e^{j(2\pi/4)k}}, \quad k=0,1,2,3$$

用 $X_1[k]$ 的逆 DFT 畫出得到的序列 $x_1[n]$。

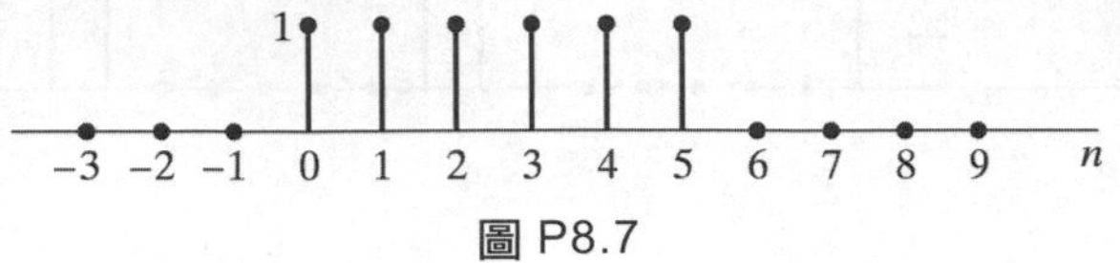

圖 P8.7

8.8 令 $X(e^{j\omega})$ 為序列 $x[n]=(0.5)^n u[n]$ 的傅立葉轉換。令 $y[n]$ 為一有限長度序列，長度為 10；也就是說，當 $n<0$ 時，$y[n]=0$，且當 $n\geq 10$ 時，$y[n]=0$。$y[n]$ 的 10 點 DFT，記為 $Y[k]$，對應到 $X(e^{j\omega})$ 的 10 個等距樣本；也就是說，$Y[k]=X(e^{j2\pi k/10})$。決定出 $y[n]$。

8.9 考慮一個 20 點的有限長度序列 $x[n]$，在 $0\leq n\leq 19$ 之外 $x[n]=0$，且 $x[n]$ 的傅立葉轉換為 $X(e^{j\omega})$。

(a) 假若我們想藉由計算一個 M 點 DFT 來計算在 $\omega=4\pi/5$ 的 $X(e^{j\omega})$，決定出最小可能的 M 值，並發展出一個方法使用最小的 M 值來獲得在 $\omega=4\pi/5$ 的 $X(e^{j\omega})$。

(b) 假若我們想藉由計算一個 L 點 DFT 來計算在 $\omega=10\pi/27$ 的 $X(e^{j\omega})$，決定出最小可能的 L 值，並發展出一個方法使用最小的 L 值來獲得在 $\omega=10\pi/27$ 的 $X(e^{j\omega})$。

8.10 兩個八點序列 $x_1[n]$ 和 $x_2[n]$ 展示在圖 P8.10 中，它們的 DFT 分別為 $X_1[k]$ 和 $X_2[k]$。決定 $X_1[k]$ 和 $X_2[k]$ 之間的關係。

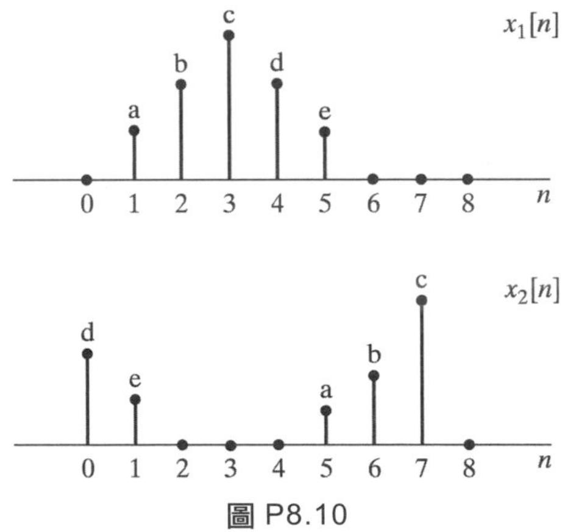

圖 P8.10

8.11 圖 P8.11 展示出兩個有限長度序列 $x_1[n]$ 和 $x_2[n]$。畫出它們的六點環狀捲積。

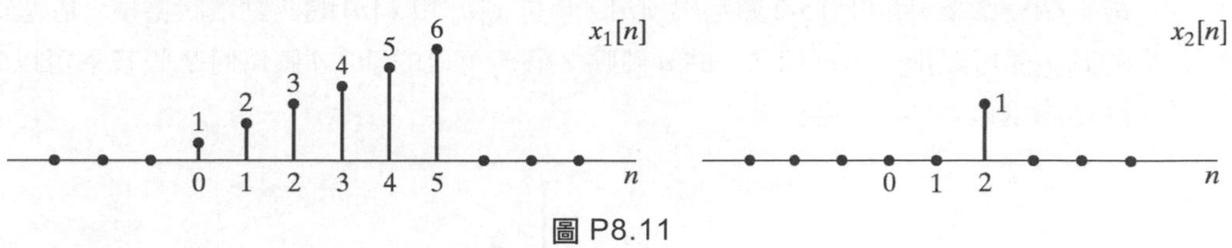

圖 P8.11

8.12 假設我們有兩個四點序列 $x[n]$ 和 $h[n]$：

$$x[n] = \cos\left(\frac{\pi n}{2}\right), \quad n = 0, 1, 2, 3,$$
$$h[n] = 2^n, \quad n = 0, 1, 2, 3$$

(a) 計算出 4 點 DFT $X[k]$。

(b) 計算出 4 點 DFT $H[k]$。

(c) 藉由直接做環狀捲積，計算出 $y[n] = x[n]$ ④ $h[n]$。

(d) 藉由把 $x[n]$ 的 DFT 和 $h[n]$ 的 DFT 相乘，再執行一個逆 DFT 來計算 (c) 小題的 $y[n]$。

8.13 考慮圖 P8.13 的有限長度序列 $x[n]$，其五點 DFT 為 $X[k]$。畫出序列 $y[n]$，它的 DFT 是

$$Y[k] = W_5^{-2k} X[k]$$

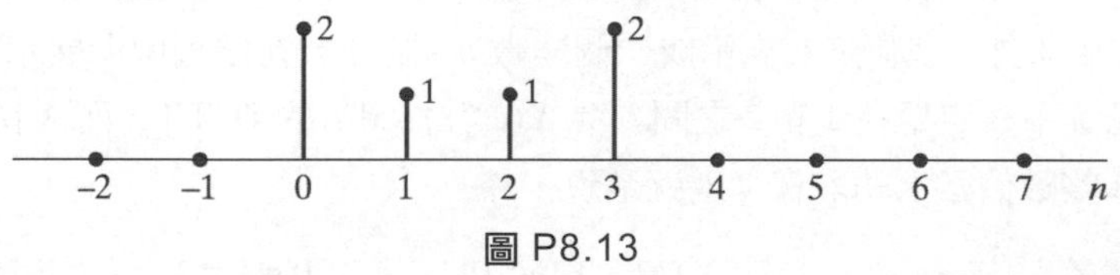

圖 P8.13

8.14 兩個有限長度信號，$x_1[n]$ 和 $x_2[n]$，如圖 P8.14 所示。假設在該圖展示區域之外，$x_1[n]$ 和 $x_2[n]$ 都為零。令 $x_3[n]$ 為 $x_1[n]$ 和 $x_2[n]$ 的八點環狀捲積；也就是說，$x_3[n] = x_1[n]$ ⑧ $x_2[n]$。決定出 $x_3[2]$。

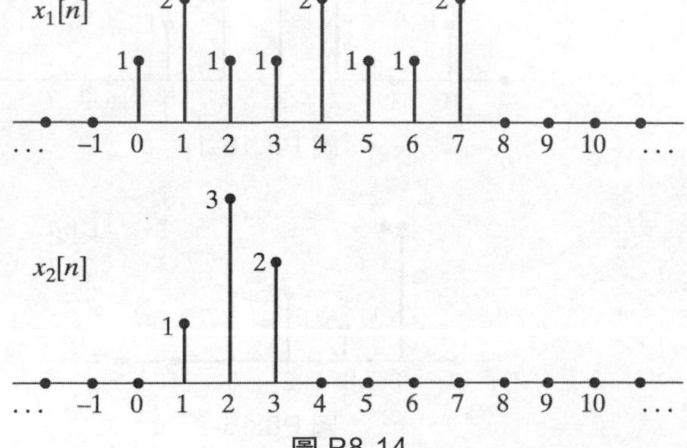

圖 P8.14

8.15 圖 P8.15-1 展示出兩個序列 $x_1[n]$ 和 $x_2[n]$。$x_2[n]$ 在時間 $n=3$ 時的值未知，我們把它表示成一個變數 a。圖 P8.15-2 顯示出 $y[n]$，它是 $x_1[n]$ 和 $x_2[n]$ 的四點環狀捲積。基礎於 $y[n]$ 的圖，你可以指定出一個唯一的 a 值嗎？假若可以的話，a 值爲何？假若不可以的話，請給出兩個可能的 a 值。

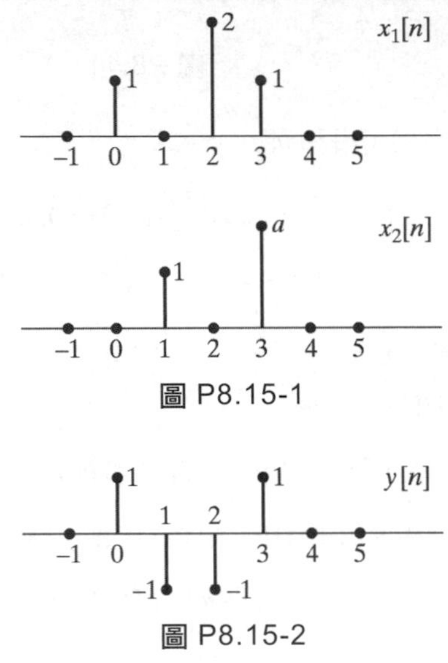

圖 P8.15-1

圖 P8.15-2

8.16 圖 P8.16-1 展示出一個 6 點的離散時間序列 $x[n]$。假設在該圖展示區域之外，$x[n]=0$。$x[4]$ 的值未知，我們把它表示成一個變數 b。請注意在該圖中所展示的 b 值只是隨便畫的而已，不一定是在 1 和 2 之間。令 $X(e^{j\omega})$ 爲 $x[n]$ 的 DTFT，而 $X_1[k]$ 爲 $X(e^{j\omega})$ 在每一個 $\pi/2$ 整數倍數上的取樣；也就是說，

$$X_1[k]=X(e^{j\omega})|_{\omega=(\pi/2)k},\quad 0\le k\le 3$$

把 $X_1[k]$ 做 4 點逆 DFT 可得序列 $x_1[n]$，如圖 P8.16-2 所示。基礎於這個圖，你可以決定出一個唯一的 b 值嗎？假若可以的話，b 值爲何？

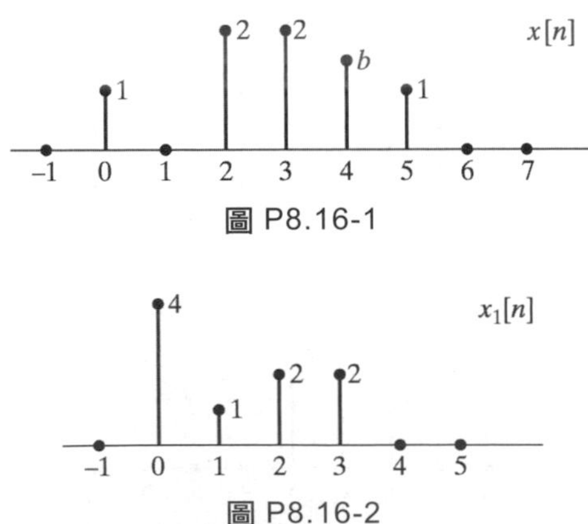

圖 P8.16-1

圖 P8.16-2

8.17 圖 P8.17 展示出兩個有限長度序列 $x_1[n]$ 和 $x_2[n]$。若 $x_1[n]$ 和 $x_2[n]$ 的 N 點環狀捲積等於它們的線性捲積，也就是說，$x_1[n] \, Ⓝ \, x_2[n] = x_1[n] * x_2[n]$，最小的 N 值爲何？

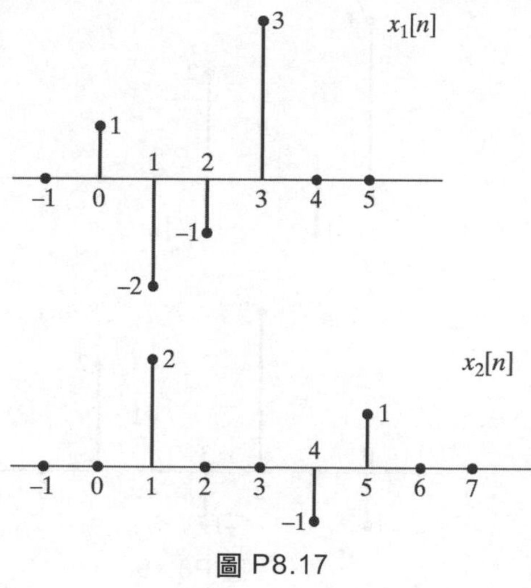

圖 P8.17

8.18 圖 P8.18-1 顯示出一個序列 $x[n]$，其中 $x[3]$ 的值是一個未知常數 c。請注意振幅 c 值只是隨便畫的而已。令

$$X_1[k] = X[k] e^{j2\pi 3k/5},$$

其中 $X[k]$ 是 $x[n]$ 的 5 點 DFT。在圖 P8.18-2 中的序列 $x_1[n]$ 是 $X_1[k]$ 的逆 DFT。c 的值爲何？

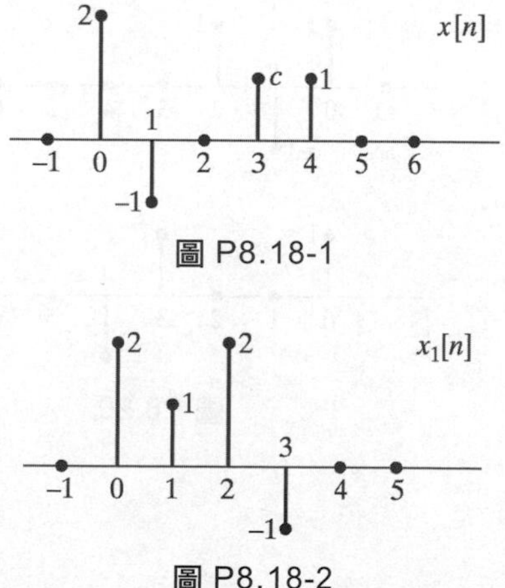

圖 P8.18-1

圖 P8.18-2

8.19 圖 P8.19 展示出兩個有限長度 $x[n]$ 和 $x_1[n]$。它們的 DFT 分別分別爲 $X[k]$ 和 $X_1[k]$，它們之間的關係爲

$$X_1[k] = X[k] e^{-j(2\pi km/6)},$$

其中 m 是一個未知常數。基礎於圖 P8.19，你可以決定出 m 的值嗎？你選擇的 m 值唯一嗎？假若是的話，請證明你的說法。假若不是的話，請給出另外一個 m 的選擇。

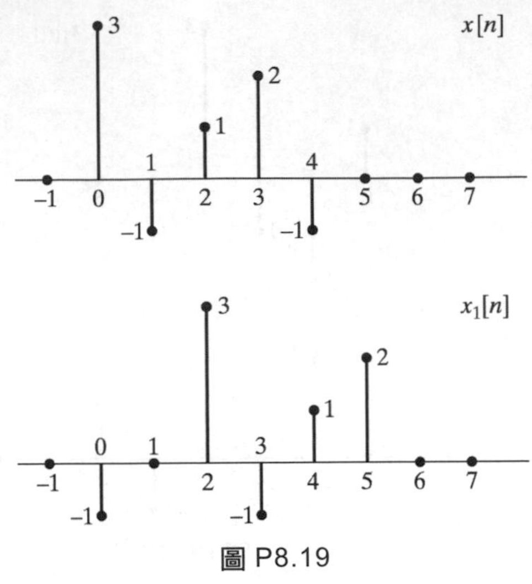

圖 P8.19

8.20 兩個有限長度序列 $x[n]$ 和 $x_1[n]$ 展示在圖 P8.20 中。它們的 N 點 DFT 分別爲 $X[k]$ 和 $X_1[k]$，它們之間的關係爲

$$X_1[k] = X[k]e^{j2\pi k2/N},$$

其中 N 是一個未知常數。基礎於圖 P8.20，你可以決定出 N 的值嗎？你選擇的 N 值唯一嗎？假若是的話，請證明你的說法。假若不是的話，請給出另外一個 N 的選擇。

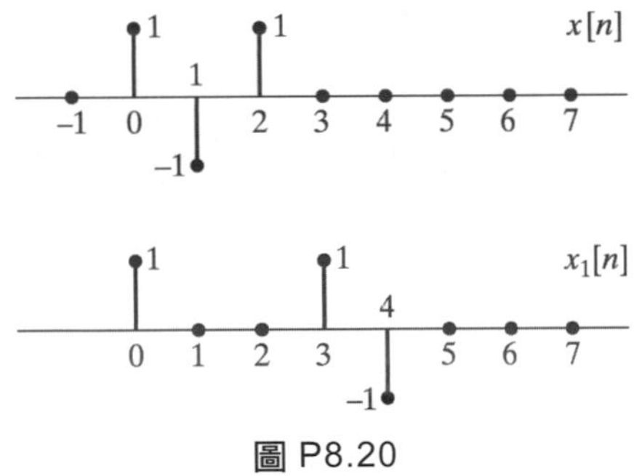

圖 P8.20

基本問題

8.21 **(a)** 圖 P8.21-1 展示出兩個週期性序列 $\tilde{x}_1[n]$ 和 $\tilde{x}_2[n]$，週期 $N = 7$。請求出一個序列 $\tilde{y}_1[n]$ 其 DFS 等於 $\tilde{x}_1[n]$ 的 DFS 和 $\tilde{x}_2[n]$ 的 DFS 的乘積，也就是說，

$$\tilde{Y}_1[k] = \tilde{X}_1[k]\tilde{X}_2[k]$$

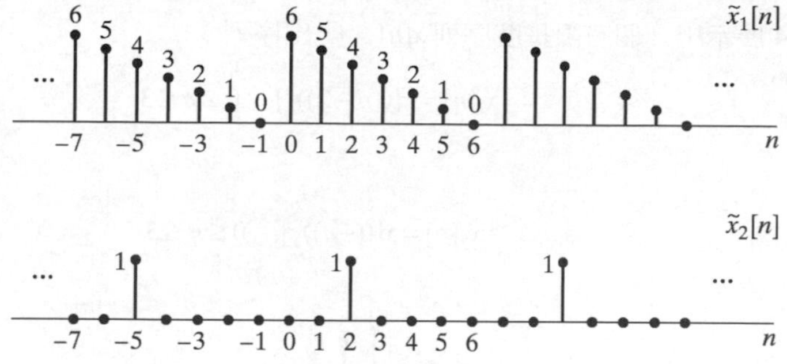

圖 P8.21-1

(b) 圖 P8.21-2 展示出一個週期性序列 $\tilde{x}_3[n]$，週期 $N=7$。請求出一個序列 $\tilde{y}_2[n]$ 其 DFS 等於 $\tilde{x}_1[n]$ 的 DFS 和 $\tilde{x}_3[n]$ 的 DFS 的乘積，也就是說，

$$\tilde{Y}_2[k]=\tilde{X}_1[k]\tilde{X}_3[k]$$

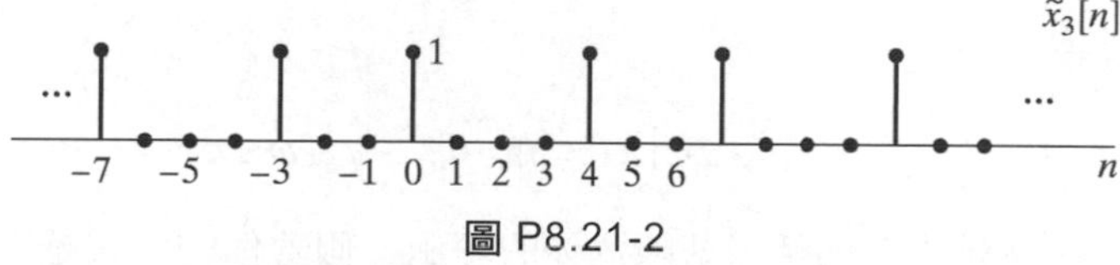

圖 P8.21-2

8.22　$x[n]$ 爲一個有限長度序列，長度爲 N。請證明

$$x[((-n))_N]=x[((N-n))_N]$$

8.23　考慮展示在圖 P8.23 中的實數有限長度序列 $x[n]$。

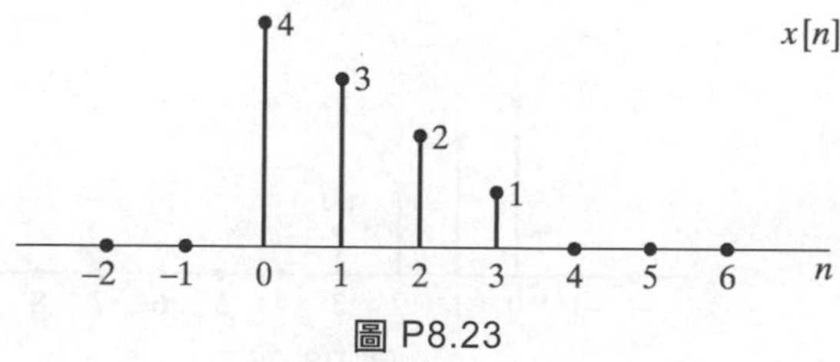

圖 P8.23

(a) 畫出有限長度序列 $y[n]$，它的 6 點 DFT 爲

$$Y[k]=W_6^{4k}X[k],$$

其中 $X[k]$ 是 $x[n]$ 的 6 點 DFT。

(b) 畫出有限長度序列 $w[n]$，它的 6 點 DFT 爲

$$W[k]=\mathcal{R}e\{X[k]\}$$

(c) 畫出有限長度序列 $q[n]$，它的 3 點 DFT 爲

$$Q[k]=X[2k],\quad k=0,1,2$$

8.24 圖 P8.24 展示出一個有限長度序列 $x[n]$。畫出序列

$$x_1[n] = x[((n-2))_4], \quad 0 \le n \le 3,$$

和

$$x_2[n] = x[((-n))_4], \quad 0 \le n \le 3$$

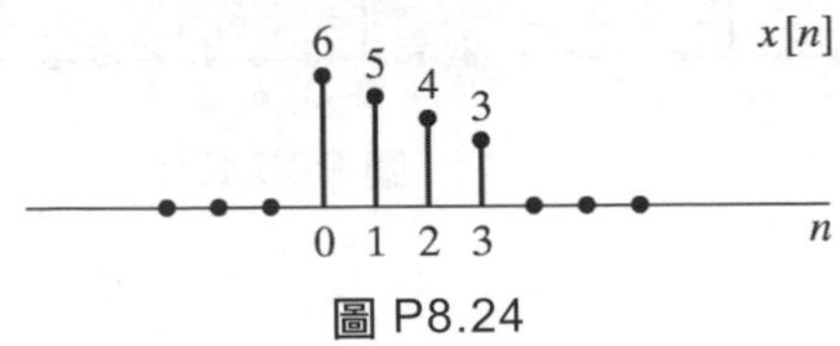

圖 P8.24

8.25 考慮一個實數有限長度序列 $x[n]$，其傅立葉轉換為 $X(e^{j\omega})$ 而 DFT 為 $X[k]$。假若

$$\mathcal{I}m\{X[k]\} = 0, \quad k = 0, 1, \ldots, N-1,$$

我們可以說

$$\mathcal{I}m\{X(e^{j\omega})\} = 0, \quad -\pi \le \omega \le \pi?$$

假若你的答案是肯定的話，請陳述你的理由。假若你的答案是否定的話，請給一個反例。

8.26 考慮圖 P8.26 的有限長度序列 $x[n]$。$x[n]$的 4 點 DFT 為 $X[k]$。畫出序列 $y[n]$，它的 DFT 為

$$Y[k] = W_4^{3k} X[k]$$

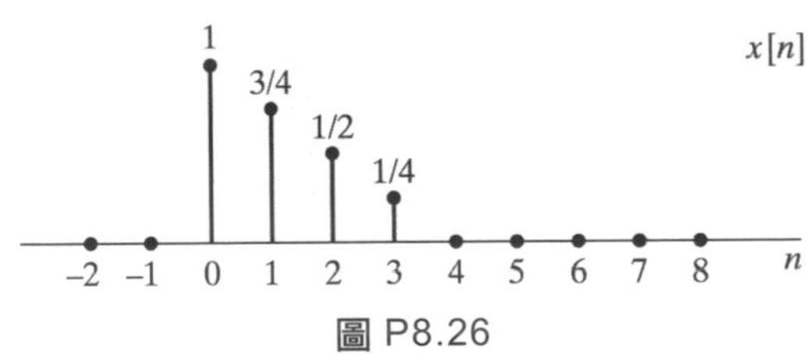

圖 P8.26

8.27 我們已經證明一個有限長度序列 $x[n]$的 DFT $X[k]$ 就是該序列其 DTFT $X(e^{j\omega})$ 在頻率 $\omega_k = (2\pi/N)k$ 的樣本點；也就是說，$X[k] = X(e^{j(2\pi/N)k})$，$k = 0, 1, \ldots, N-1$。現在考慮一個序列 $y[n] = e^{-j(\pi/N)n}x[n]$，它的 DFT 是 $Y[k]$。

(a) 決定出在 DFT $Y[k]$ 和 DTFT $X(e^{j\omega})$ 之間的關係。

(b) (a) 小題的結果顯示出 $Y[k]$ 是 $X(e^{j\omega})$ 的一個不同的取樣版本。$X(e^{j\omega})$ 是在那些頻率點上被取樣的？

(c) 給定修改後的 DFT $Y[k]$，你如何還原回原來的系統序列 $x[n]$？

8.28 考慮以下 6 點序列

$$x[n]=6\delta[n]+5\delta[n-1]+4\delta[n-2]+3\delta[n-3]+2\delta[n-4]+\delta[n-5]$$

它展示在圖 P8.28 中。

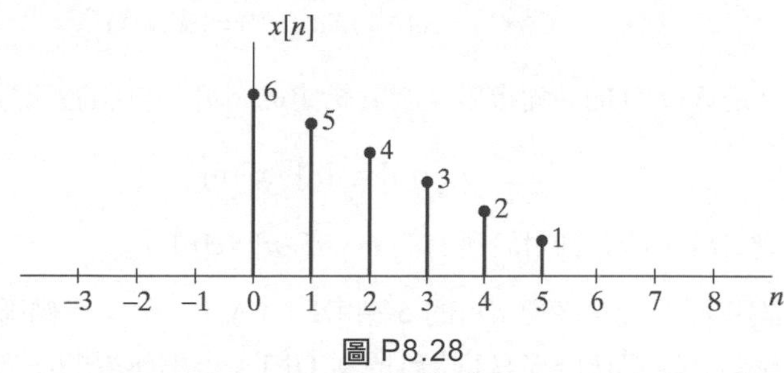

圖 P8.28

(a) 決定出 $X[k]$，$x[n]$的 6 點 DFT。用 $W_6=e^{-j2\pi/6}$ 表示出你的答案。

(b) 畫出序列 $w[n]$, n = 0, 1, ..., 5，它是 $W[k]=W_6^{-2k}X[k]$ 的 6 點逆 DFT 的結果。

(c) 使用任何方便的方法來計算 $x[n]$和序列 $h[n]=\delta[n]+\delta[n-1]+\delta[n-2]$的 6 點環狀捲積。請畫出所得結果。

(d) 假若我們把給定的 $x[n]$和給定的 $h[n]$做 N 點的環狀捲積，應該如何選擇 N 使得環狀捲積的結果會和線性捲積的結果一模一樣？也就是說，選擇 N 使得

$$y_p[n]=x[n]\,\text{Ⓝ}\,h[n]=\sum_{m=0}^{N-1}x[m]h[((n-m))_N]$$

$$=x[n]*h[n]=\sum_{m=-\infty}^{\infty}x[m]h[n-m],\quad 0\le n\le N-1$$

(e) 在特定的應用中，如多載波（multicarrier）通訊系統（請參見 Starr et al., 1999），一個長度爲 L 之有限長度信號 $x[n]$和一個長度較短之有限長度脈衝響應 $h[n]$的線性捲積結果被要求要和 $x[n]$與 $h[n]$的 L 點環狀捲積結果相同（在 $0\le n\le L-1$ 中）。要達到這個目的，我們可以把序列 $x[n]$做適當的擴增。請看圖 P8.28，其中 $L=6$，把樣本加到給定的序列 $x[n]$上以產生一個新的序列 $x_1[n]$，使得一般的捲積 $y_1[n]=x_1[n]*h[n]$滿足以下的方程式

$$y_1[n]=x_1[n]*h[n]=\sum_{m=-\infty}^{\infty}x_1[m]h[n-m]$$

$$=y_p[n]=x[n]\,\text{Ⓛ}\,h[n]=\sum_{m=0}^{5}x[m]h[((n-m))_6],\quad 0\le n\le 5$$

其中序列 $h[n]$如在 (c) 中給定。

(f) 令 $h[n]$在 $0\le n\le M$ 中非零，$x[n]$在 $0\le n\le L-1$中非零，其中 $M<L$，請一般化 (e) 的結果；也就是說，展示如何從 $x[n]$建構出一個序列 $x_1[n]$使得在 $0\le n\le L-1$的範圍中線性捲積 $x_1[n]*h[n]$會等於環狀捲積 $x[n]\,\text{Ⓛ}\,h[n]$。

8.29 考慮實數的 5 點序列

$$x[n]=\delta[n]+\delta[n-1]+\delta[n-2]-\delta[n-3]+\delta[n-4]$$

這個序列的自相關函數是以下式子的逆 DTFT

$$C(e^{j\omega})=X(e^{j\omega})X^*(e^{j\omega})=|X(e^{j\omega})|^2,$$

其中 $X^*(e^{j\omega})$ 是 $X(e^{j\omega})$ 的共軛複數。對於給定的 $x[n]$，自相關函數為

$$c[n]=x[n]*x[-n]$$

(a) 畫出序列 $c[n]$。觀察到對於所有的 n，$c[-n]=c[n]$。

(b) 現在假設我們要計算序列 $x[n]$ 的 5 點 DFT（$N=5$）。我們稱這個 DFT 為 $X_5[k]$。然後，我們計算 $C_5[k]=X_5[k]X_5^*[k]$ 的逆 DFT。畫出所得的序列 $c_5[n]$。$c_5[n]$ 和 (a) 小題中的 $c[n]$ 有何關係？

(c) 現在假設我們要計算序列 $x[n]$ 的 10 點 DFT（$N=10$）。我們稱這個 DFT 為 $X_{10}[k]$。然後，我們計算 $C_{10}[k]=X_{10}[k]X_{10}^*[k]$ 的逆 DFT。畫出所得的序列 $c_{10}[n]$。

(d) 現在假設我們使用 $X_{10}[k]$ 來建構出 $D_{10}[k]=W_{10}^{5k}C_{10}[k]=W_{10}^{5k}X_{10}[k]X_{10}^*[k]$，其中 $W_{10}=e^{-j(2\pi/10)}$。然後，我們計算 $D_{10}[k]$ 的逆 DFT。畫出所得的序列 $d_{10}[n]$。

8.30 考慮兩個序列 $x[n]$ 和 $h[n]$，令 $y[n]$ 為它們的一般（線性）捲積，$y[n]=x[n]*h[n]$。假設在區間 $21\le n\le 31$ 之外 $x[n]$ 為零，在區間 $18\le n\le 31$ 之外 $h[n]$ 為零。

(a) 在區間 $N_1\le n\le N_2$ 之外信號 $y[n]$ 將會為零。決定 N_1 和 N_2 的值。

(b) 現在假設我們計算以下兩者的 32 點 DFT

$$x_1[n]=\begin{cases}0, & n=0,1,\ldots,20\\ x[n], & n=21,22,\ldots,31\end{cases}$$

和

$$h_1[n]=\begin{cases}0, & n=0,1,\ldots,17\\ h[n], & n=18,19,\ldots,31\end{cases}$$

（也就是說，在每一個序列一開始處的零值樣本都包含在內）然後，我們計算乘積 $Y_1[k]=X_1[k]H_1[k]$。假若我們定義 $y_1[n]$ 為 $Y_1[k]$ 的 32 點逆 DFT，$y_1[n]$ 和一般捲積 $y[n]$ 之間的關係為何？也就是說，請給出一個方程式，在 $0\le n\le 31$ 中用 $y[n]$ 表示出 $y_1[n]$。

(c) 假設你做 (b) 小題時可以自由的選擇 DFT 的長度 (N)，所以序列也可能會在它們的末端補零。在 $0\le n\le N-1$ 中使得 $y_1[n]=y[n]$ 之**最小**的 N 值為何？

8.31 圖 P8.31 展示出兩個序列，

$$x_1[n]=\begin{cases}1, & 0\le n\le 99,\\ 0, & \text{其他}\end{cases}$$

和

$$x_2[n] = \begin{cases} 1, & 0 \le n \le 9, \\ 0, & \text{其他} \end{cases}$$

(a) 決定出和畫出線性捲積 $x_1[n] * x_2[n]$。

(b) 決定出和畫出 100 點環狀捲積 $x_1[n]$ ⑩⓪ $x_2[n]$。

(c) 決定出和畫出 110 點環狀捲積 $x_1[n]$ ⑪⓪ $x_2[n]$。

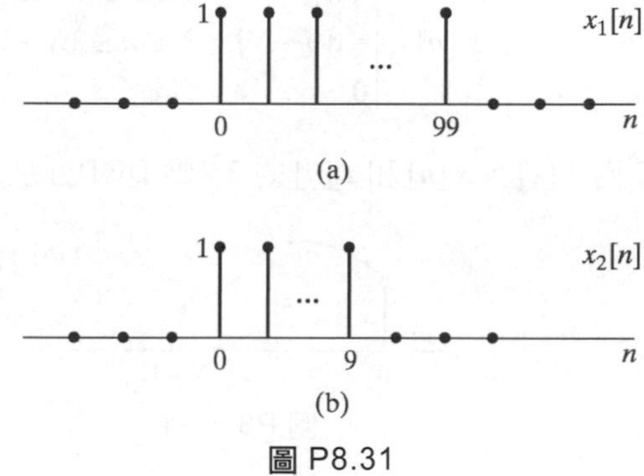

圖 P8.31

8.32 圖 P8.32 展示出兩個有限長度序列。畫出它們的 N 點環狀捲積，$N = 6$ 和 $N = 10$。

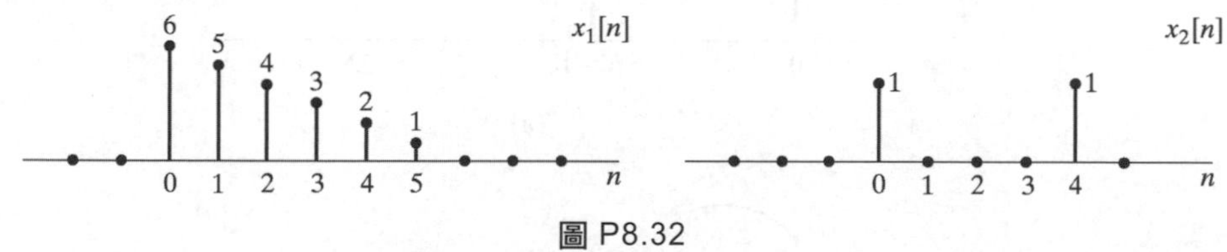

圖 P8.32

8.33 考慮一個有限長度序列 $x[n]$，長度為 P，對於 $n < 0$ 和 $n \ge P$，$x[n] = 0$。我們想要計算其傅立葉轉換在 N 個等距頻率點上的樣本

$$\omega_k = \frac{2\pi k}{N}, \quad k = 0, 1, \ldots, N-1$$

針對以下兩種情況，決定出僅使用一個 N 點 DFT 來計算出傅立葉轉換的 N 個樣本的方法，並驗證你的方法：

(a) $N > P$。

(b) $N < P$。

8.34 假設 $x_1[n]$ 和 $x_2[n]$ 為兩個有限長度序列，長度為 N，也就是說，在 $0 \le n \le N-1$ 的範圍之外 $x_1[n] = x_2[n] = 0$。$x_1[n]$ 的 z 轉換為 $X_1(z)$，$x_2[n]$ 的 N 點 DFT 為 $X_2[k]$。兩個轉換 $X_1(z)$ 和 $X_2[k]$ 的關係為：

$$X_2[k] = X_1(z)\Big|_{z=\frac{1}{2}e^{-j\frac{2\pi k}{n}}}, \quad k = 0, 1, \ldots, N-1$$

決定在 $x_1[n]$ 和 $x_2[n]$ 之間的關係。

進階問題

8.35 考慮一個有限長度序列 $x[n]$，長度為 N，如圖 P8.35-1 所示（實線是用來暗示我們在 0 和 $N-1$ 之間序列值的波封）。兩個長度為 $2N$ 的有限長度序列 $x_1[n]$ 和 $x_2[n]$ 如圖 P8.35-2 所示的從 $x[n]$ 被建構出，$x_1[n]$ 和 $x_2[n]$ 給定如下：

$$x_1[n]=\begin{cases} x[n], & 0\le n\le N-1, \\ 0, & \text{其他}, \end{cases}$$

$$x_2[n]=\begin{cases} x[n], & 0\le n\le N-1, \\ -x[n-N], & N\le n\le 2N-1, \\ 0, & \text{其他} \end{cases}$$

$x[n]$ 的 N 點 DFT 為 $X[k]$，$x_1[n]$ 和 $x_2[n]$ 的 $2N$ 點 DFT 分別為 $X_1[k]$ 和 $X_2[k]$。

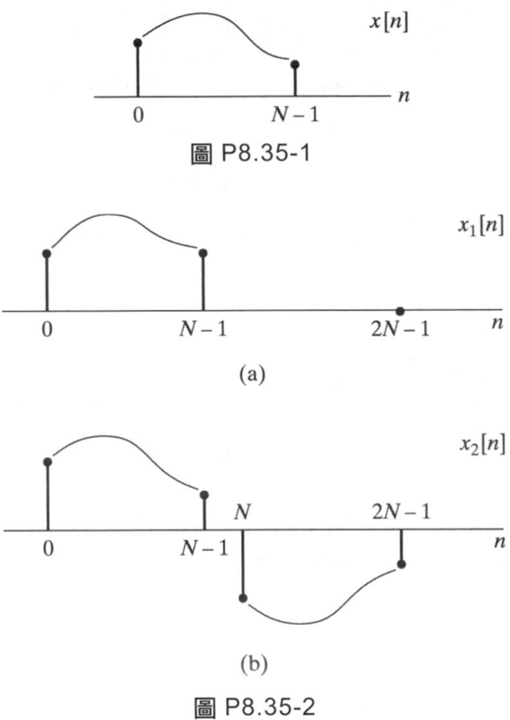

圖 P8.35-1

圖 P8.35-2

(a) 假若給定 $X[k]$，你可以求出 $X_2[k]$ 嗎？清楚地指出你的理由。

(b) 決定出從 $X_1[k]$ 可獲得 $X[k]$ 之最簡單可能的關係式。

8.36 圖 P8.36-1 展示了一個 6 點的離散時間序列 $x[n]$。假設在該圖所示的區間之外 $x[n]$ 為零。$x[4]$ 的值未知，我們把它表示成一個變數 b。請注意在該圖中所展示的 b 值只是隨便畫的而已，不一定是在 1 和 2 之間。令 $X(e^{j\omega})$ 為 $x[n]$ 的 DTFT，而 $X_1[k]$ 為 $X(e^{j\omega})$ 在 $\omega_k=2\pi k/4$ 上的取樣；也就是說，

$$X_1[k]=X(e^{j\omega})\Big|_{\omega=\frac{\pi k}{2}},\quad 0\le k\le 3$$

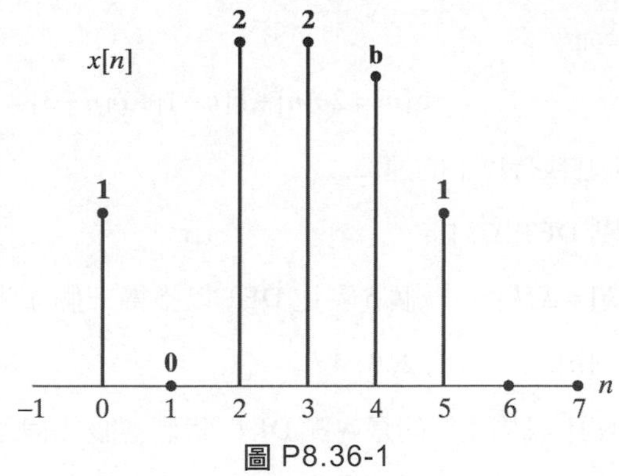

圖 P8.36-1

把 $X_1[k]$ 做 4 點逆 DFT 可得序列 $x_1[n]$，如圖 P8.36-2 所示。基礎於這個圖，你可以決定出一個唯一的 b 值嗎？假若可以的話，b 值爲何？

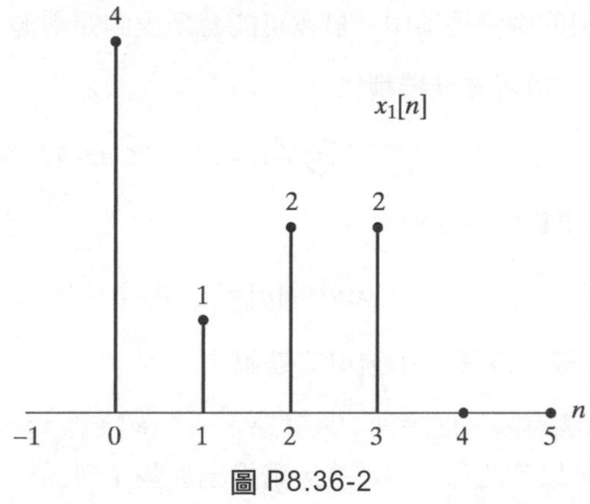

圖 P8.36-2

8.37 把一個 10,000 點長的序列和一個 100 點長的脈衝響應做線性捲積。該捲積是用長度 256 的 DFT 和逆 DFT 來實現的。

(a) 假若使用重疊－相加法，則最少需要做幾次 256 點的 DFT？最少需要做幾次 256 點的逆 DFT？驗證你的答案。

(b) 假若使用重疊－保存法，則最少需要做幾次 256 點的 DFT？最少需要做幾次 256 點的逆 DFT？驗證你的答案。

(c) 在第 9 章，我們會看到當 N 是 2 的冪次時，一個 N 點 DFT 或逆 DFT 需要 $(N/2)\log_2 N$ 個複數乘法運算和 $N\log_2 N$ 個複數加法運算。就本習題所考慮的濾波問題，比較在重疊－相加法，重疊－保存法，和直接捲積中三者所需要的算術運算（乘法和加法）數目。

8.38 考慮有限長度序列

$$x[n]=2\delta[n]+\delta[n-1]+\delta[n-3]$$

我們在這個序列上執行以下的運算：

(i) 我們計算 5 點 DFT $X[k]$。

(ii) 我們計算 $Y[k]=X[k]^2$ 的一個 5 點逆 DFT 以獲得一個序列 $y[n]$。

(a) 決定出序列 $y[n]$, $n = 0, 1, 2, 3, 4$。

(b) 假若在此程序中我們使用的是 N 點 DFT，我們應該如何選擇 N 使得 $y[n]=x[n]*x[n]$，$0\le n\le N-1$？

8.39 考慮兩個有限長度序列 $x[n]$ 和 $h[n]$，在區間 $0\le n\le 49$ 之外 $x[n]=0$，在區間 $0\le n\le 9$ 之外 $h[n]=0$。

(a) 在 $x[n]$ 和 $h[n]$ 的線性捲積中，最多可能有多少個非零值？

(b) $x[n]$ 和 $h[n]$ 的 50 點**環狀捲積**爲

$$x[n]\,\text{⑸}\,h[n]=10,\quad 0\le n\le 49$$

$x[n]$ 和 $h[n]$ **線性捲積**的前 5 點爲

$$x[n]*h[n]=5,\quad 0\le n\le 4$$

盡可能的決定出線性捲積 $x[n]*h[n]$ 的點值。

8.40 圖 P8.40 中有 3 個有限長度序列，長度爲 5。$X_i(e^{j\omega})$ 爲 $x_i[n]$ 的 DTFT，$X_i[k]$ 爲 $x_i[n]$ 的 5 點 DFT。對於以下的每一個敘述，請指出那些序列滿足之，而那些序列並不滿足。對於每一個序列和每一個敘述，請清楚的驗證你的答案。

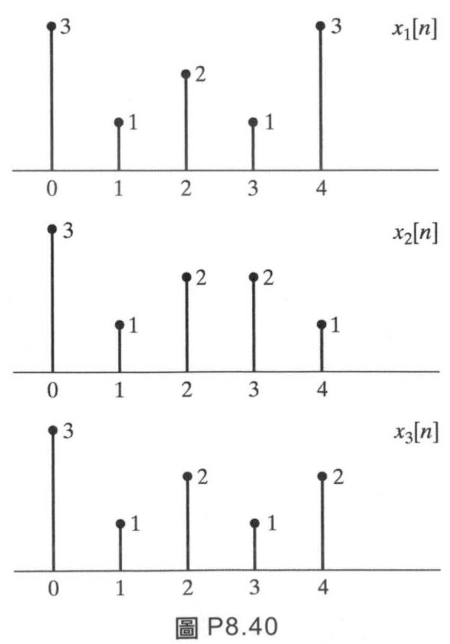

圖 P8.40

(i) 對於所有的 k，$X_i[k]$ 是實數。

(ii) $X_i(e^{j\omega}) = A_i(\omega)e^{j\alpha_i\omega}$，其中 $A_i(\omega)$ 是實數而 α_i 是一個常數。

(iii) $X_i[k] = B_i[k]e^{j\gamma_i k}$，其中 $B_i[k]$ 是實數而 γ_i 是一個常數。

8.41 3 個實數值的 7 點序列（$x_1[n]$、$x_2[n]$、和 $x_3[n]$）展示在圖 P8.41 中。對於每一個序列，指出其 7 點 DFT 是否可以寫成以下的形式

$$X_i[k] = A_i[k]e^{-j(2\pi k/7)k\alpha_i} \quad k = 0, 1, \ldots, 6$$

其中 $A_i[k]$ 是實數值而 $2\alpha_i$ 是一個整數。請給出一個簡要的解釋。對於每一個可以寫成該形式的序列，指出 α_i 所有的對應值，$0 \le \alpha_i < 7$。

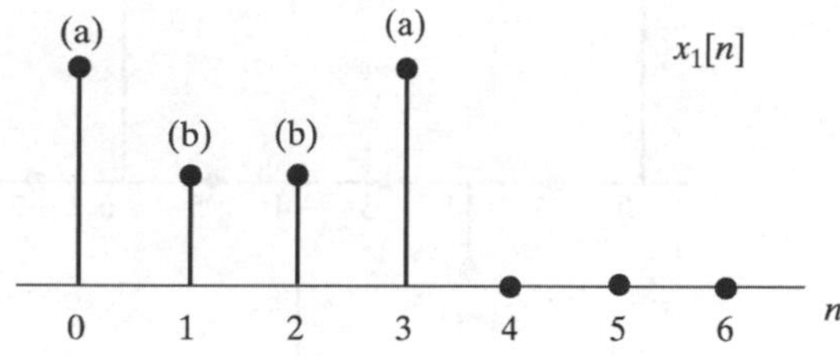

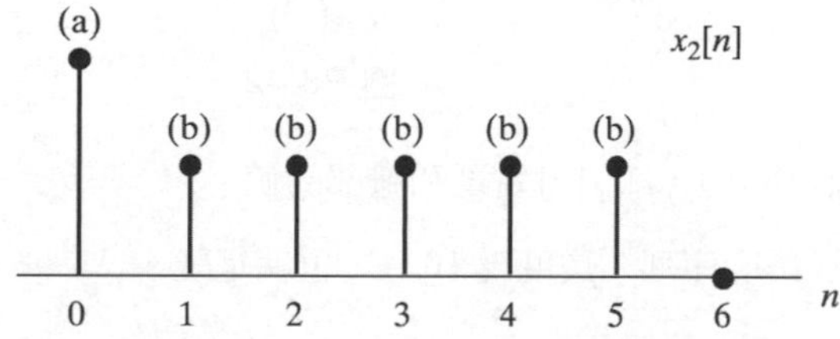

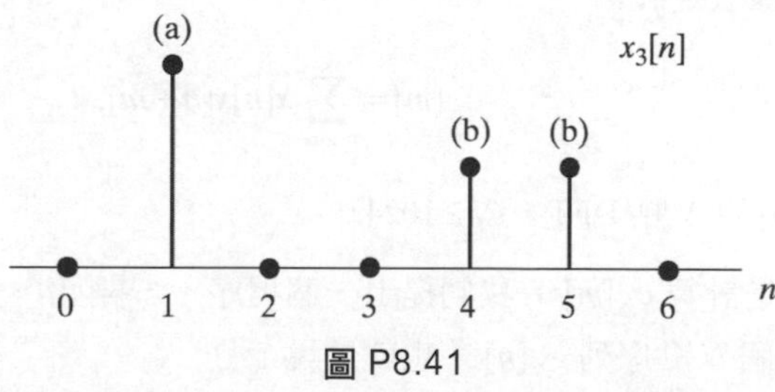

圖 P8.41

8.42 假設 $x[n]$ 是 8 點的複數值序列，它的實部 $x_r[n]$ 和虛部 $x_i[n]$ 展示在圖 P8.42 中（也就是說，$x[n] = x_r[n] + jx_i[n]$），它的 8 點 DFT 爲 $X[k]$。令 $y[n]$ 是 4 點的複數值序列，其 4 點 DFT 爲 $Y[k]$。令 $Y[k]$ 等於 $X[k]$ 在奇數索引值的值（$X[k]$ 在奇數索引值的值就是在 $k = 1, 3, 5, 7$ 處的 $X[k]$ 值）。

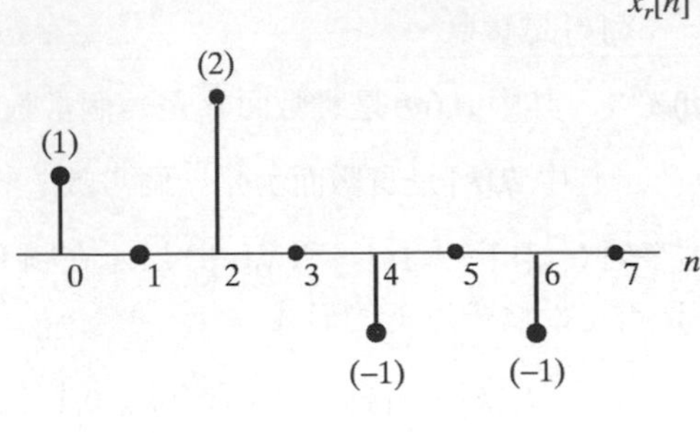

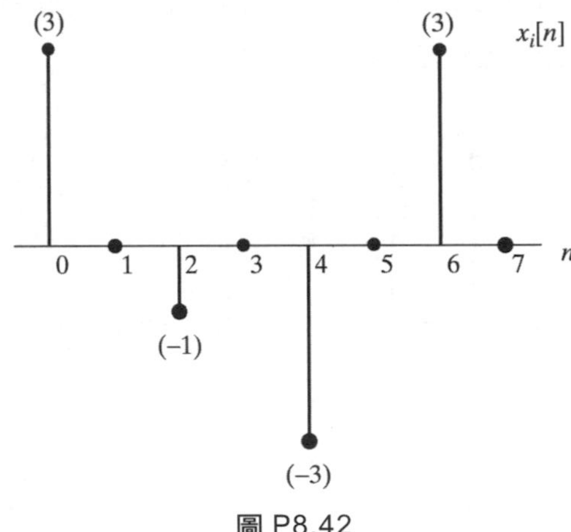

圖 P8.42

決定 $y_r[n]$ 和 $y_i[n]$ 的值，即 $y[n]$ 實部和虛部的值。

8.43 $x[n]$ 是一個有限長度序列，長度爲 1024，也就是說，

$$x[n]=0, \qquad n<0, n>1023$$

$x[n]$ 的自相關函數定義爲

$$c_{xx}[m]=\sum_{n=-\infty}^{\infty} x[n]x[n+m],$$

而 $X_N[k]$ 是 $x[n]$ 的 N 點 DFT，$N \geq 1024$。

我們感興趣的是計算 $c_{xx}[m]$。我們提出一個程序。一開始，先計算 $|X_N[k]|^2$ 的 N 點逆 DFT 以獲得一個 N 點序列 $g_N[n]$，也就是說，

$$g_N[n]=N\text{點 IDFT}\left\{|X_N[k]|^2\right\}$$

(a) 決定出最小的 N 值使得 $c_{xx}[m]$ 可以從 $g_N[n]$ 獲得。並且指出你如何從 $g_N[n]$ 獲得 $c_{xx}[m]$。

(b) 決定出最小的 N 值使得在 $|m| \leq 10$ 時的 $c_{xx}[m]$ 可以從 $g_N[n]$ 獲得。而且指出你如何從 $g_N[n]$ 獲得 $c_{xx}[m]$ 的那些值。

8.44 在圖 P8.44 中，$x[n]$ 是一個有限長度序列，長度爲 1024。序列 $R[k]$ 是 $x[n]$ 先取 1024 點 DFT 後，再做 2 倍抽取的結果。

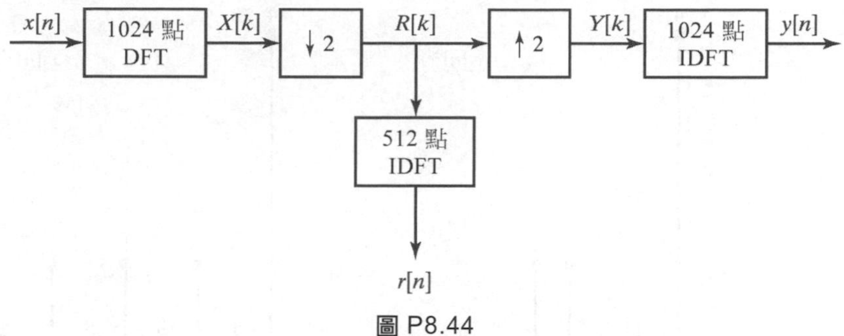

圖 P8.44

(a) 令 $r[n]$ 是 $R[k]$ 的 512 點逆 DFT。請爲 $r[n]$ 選擇一個最爲正確的敘述。請用一兩句簡潔的話來驗證你的選擇。

(i) $r[n] = x[n], 0 \le n \le 511$

(ii) $r[n] = x[2n], \quad 0 \le n \le 511$

(iii) $r[n] = x[n] + x[n+512], \quad 0 \le n \le 511$

(iv) $r[n] = x[n] + x[-n+52], \quad 0 \le n \le 511$

(v) $r[n] = x[n] + x[1023-n], \quad 0 \le n \le 511$

在所有情況中，在 $0 \le n \le 511$ 的範圍之外 $r[n] = 0$。

(b) 序列 $Y[k]$ 是把 $R[k]$ 擴張 2 倍的結果。令 $y[n]$ 是 $Y[k]$ 的 1024 點逆 DFT。請爲 $y[n]$ 選擇一個最爲正確的敘述。請用一兩句簡潔的話來驗證你的選擇。

(i) $y[n] = \begin{cases} \frac{1}{2}(x[n] + x[n+512]), & 0 \le n \le 511 \\ \frac{1}{2}(x[n] + x[n-512]), & 512 \le n \le 1023 \end{cases}$

(ii) $y[n] = \begin{cases} x[n], & 0 \le n \le 511 \\ x[n-512], & 512 \le n \le 1023 \end{cases}$

(iii) $y[n] = \begin{cases} x[n], & n \text{ 爲偶數} \\ 0, & n \text{ 爲奇數} \end{cases}$

(iv) $y[n] = \begin{cases} x[2n], & 0 \le n \le 511 \\ x[2(n-512)], & 512 \le n \le 1023 \end{cases}$

(v) $y[n] = \frac{1}{2}(x[n] + x[1023-n]), \quad 0 \le n \le 1023$

在所有情況中，在 $0 \le n \le 1023$ 的範圍之外 $y[n] = 0$。

8.45 圖 P8.45 展示出兩個有限長度序列 $x_1[n]$ 和 $x_2[n]$，長度為 7。$X_i(e^{j\omega})$ 為 $x_i[n]$ 的 DTFT，$X_i[k]$ 為 $x_i[n]$ 的 7 點 DFT。

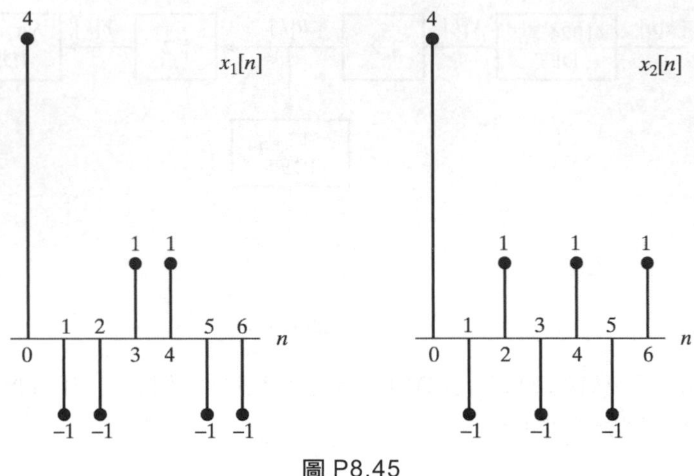

圖 P8.45

對於以下的每一個敘述，請指出 $x_1[n]$ 和 $x_2[n]$ 中那個（些）序列滿足之：

(a) $X_i(e^{j\omega})$ 可以寫成

$$X_i(e^{j\omega}) = A_i(\omega)e^{j\alpha_i\omega}，\quad \omega\in(-\pi,\pi)，$$

其中 $A_i(\omega)$ 是實數而 α_i 是一個常數。

(b) $X_i[k]$ 可以寫成

$$X_i[k] = B_i[k]e^{j\beta_i k}，$$

其中 $B_i[k]$ 是實數而 β_i 是一個常數。

8.46 假設 $x_1[n]$ 是一個無限長度，穩定的（也就是說，絕對可相加的）序列，其 z 轉換為

$$X_1(z) = \frac{1}{1-\frac{1}{3}z^{-1}}$$

假設 $x_2[n]$ 是一個有限長度序列，長度為 N，其 N 點 DFT 為

$$X_2[k] = X_1(z)\big|_{z=e^{j2\pi k/N}},\quad k = 0, 1, \ldots, N-1$$

請決定出 $x_2[n]$。

8.47 這個習題的每一個小題可能是獨立求解的。所有的小題都使用信號 $x[n]$，給定如下

$$x[n] = 3\delta[n]-\delta[n-1]+2\delta[n-3]+\delta[n-4]-\delta[n-6]$$

(a) 令 $X(e^{j\omega})$ 為 $x[n]$ 的 DTFT。定義

$$R[k] = X(e^{j\omega})\big|_{\omega=\frac{2\pi k}{4}},\quad 0\le k\le 3$$

令 $R[k]$ 的 4 點逆 DFT 為 $r[n]$，畫出信號 $r[n]$。

(b) 令 $X[k]$ 爲 $x[n]$ 的 8 點 DFT，和令 $H[k]$ 爲脈衝響應 $h[n]$ 的 8 點 DFT，$h[n]$ 給定如下

$$h[n] = \delta[n] - \delta[n-4]$$

定義 $Y[k] = X[k]H[k]$，$0 \le k \le 7$。畫出 $y[n]$，它是 $Y[k]$ 的 8 點逆 DFT。

8.48 考慮一個有限時間長度的連續時間信號 $x_c(t)$，它的長度是 100 ms。假設這個信號有一個有限頻寬的傅立葉轉換，使得對於 $|\Omega| \ge 2\pi(10{,}000)$ rad/s，$X_c(j\Omega) = 0$；也就是說，假設交疊是可以忽略的。我們希望在區間 $0 \le \Omega \le 2\pi(10{,}000)$ 中計算 $X_c(j\Omega)$ 的樣本，兩樣本間的間隔爲 5 Hz。這可以用一個 4000 點的 DFT 來做。明確地說，我們希望獲得一個 4000 點的序列 $x[n]$，它的 4000 點 DFT 和 $X_c(j\Omega)$ 的關係爲：

$$X[k] = \alpha X_c(j2\pi \cdot 5 \cdot k), \quad k = 0, 1, \ldots, 1999, \tag{P8.48-1}$$

其中 α 是一個已知的比例因子。以下提出的方法可以獲得一個 4000 點的序列，它的 DFT 會給出 $X_c(j\Omega)$ 其想要的樣本。首先，$x_c(t)$ 以取樣週期 $T = 50\mu$s 來取樣。接下來，所得的 2000 點序列被使用來建構序列 $\hat{x}[n]$：

$$\hat{x}[n] = \begin{cases} x_c(nT), & 0 \le n \le 1999, \\ x_c(n-2000)T, & 2000 \le n \le 3999, \\ 0, & \text{其他} \end{cases} \tag{P8.48-2}$$

最後，計算這個序列的 4000 點 DFT $\hat{X}[k]$。針對這個方法，決定出 $\hat{X}[k]$ 和 $X_c(j\Omega)$ 的關係。在一個「典型的」傅立葉轉換 $X_c(j\Omega)$ 圖中指出這個關係。明白地陳述 $\hat{X}[k]$ 是否是想要的結果，也就是說，是否 $\hat{X}[k]$ 會等於指定在 (P8.48-1) 式中的 $X[k]$。

8.49 在兩個實數序列間的交互相關（crosscorrelation）函數被定義成

$$c_{xy}[n] = \sum_{n=-\infty}^{\infty} y[m]x[n+m] = \sum_{n=-\infty}^{\infty} y[-m]x[n-x] = y[-n] * x[n] \quad -\infty < n < \infty$$

(a) 證明 $c_{xy}[n]$ 的 DTFT 是 $C_{xy}(e^{j\omega}) = X(e^{j\omega})Y^*(e^{j\omega})$。

(b) 假設在 $n < 0$ 和 $n > 99$ 時 $x[n] = 0$，在 $n < 0$ 和 $n > 49$ 時 $y[n] = 0$。對應的交互相關函數 $c_{xy}[n]$ 將只會在區間 $N_1 \le n \le N_2$ 之中非零。決定 N_1 和 N_2 的值。

(c) 假設我們希望計算在區間 $0 \le n \le 20$ 中 $c_{xy}[n]$ 的值，使用以下的程序：

(i) 計算 $X[k]$，$x[n]$ 的 N 點 DFT

(ii) 計算 $Y[k]$，$y[n]$ 的 N 點 DFT

(iii) 計算 $C[k] = X[k]Y^*[k]$，$0 \le k \le N-1$

(iv) 計算 $c[n]$，$C[k]$ 的逆 DFT

使得 $c[n] = c_{xy}[n]$，$0 \le n \le 20$，**最小的** N 值爲何？解釋你的理由。

8.50 一個有限長度序列的 DFT 對應到它的 z 轉換在單位圓上的樣本。舉例來說，一個 10 點序列 $x[n]$ 的 DFT 對應到 $X(z)$ 在 10 個等距點上的樣本，如圖 P8.50-1 所示。我們希望求出在圖 P8.50-2 所示圓周上 $X(z)$ 的等距樣本點；也就是說，我們希望獲得

$$X(z)\big|_{z=0.5e^{j[(2\pi k/10)+(\pi/10)]}}$$

證明如何修正 $x[n]$ 以獲得一個序列 $x_1[n]$，使得 $x_1[n]$ 的 DFT 對應到 $X(z)$ 想要的樣本。

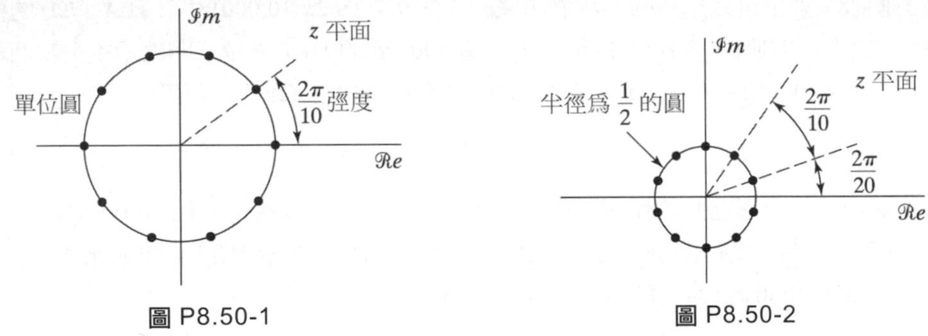

圖 P8.50-1　　　　圖 P8.50-2

8.51 考慮兩個有限長度序列 $x[n]$ 和 $y[n]$。序列 $x[n]$ 只有在 $0 \le n \le 9$ 和 $30 \le n \le 39$ 的區間中才有非零值。序列 $y[n]$ 只有在 $10 \le n \le 19$ 的區間中才有非零值。

令 $w[n] = x[n] * y[n]$ 為 $x[n]$ 和 $y[n]$ 的線性捲積，並且令 $g[n] = x[n] \circledast_{40} y[n]$ 為 $x[n]$ 和 $y[n]$ 的 40 點環狀捲積。

(a) 決定出使得 $w[n]$ 之值為非零的 n 值。

(b) 決定出可以從 $g[n]$ 獲得 $w[n]$ 的那些 n 值。明白地指出在 $g[n]$ 中的那些 n 值會出現 $w[n]$ 的值。

8.52 當 $n < 0$ 或 $n > 7$ 時，$x[n] = 0$，它是一個實數值的 8 點序列，$X[k]$ 為它的 8 點 DFT。

(a) 求出

$$\left.\left(\frac{1}{8}\sum_{k=0}^{7} X[k]e^{j(2\pi/8)kn}\right)\right|_{n=9}$$

答案用 $x[n]$ 表示。

(b) 令 $n < 0$ 或 $n > 7$ 時，$v[n] = 0$，它是一個 8 點序列，$V[k]$ 為它的 8 點 DFT。

假若對於 $k = 0, \ldots, 7$，在 $z = 2\exp(j(2\pi k + \pi)/8)$, $V[k] = X(z)$，其中 $X(z)$ 是 $x[n]$ 的 z 轉換，請用 $x[n]$ 表示出 $v[n]$。

(c) 令 $n < 0$ 或 $n > 3$ 時，$w[n] = 0$，它是一個 4 點序列，$W[k]$ 為它的 4 點 DFT。

假若 $W[k] = X[k] + X[k+4]$，請用 $x[n]$ 表示出 $w[n]$。

(d) 令 $n<0$ 或 $n>7$ 時，$y[n]=0$，它是一個 8 點序列，$Y[k]$ 為它的 8 點 DFT。

假若

$$Y[k]=\begin{cases}2X[k], & k=0,2,4,6,\\ 0, & k=1,3,5,7,\end{cases}$$

請用 $x[n]$ 表示出 $y[n]$。

8.53 請小心的閱讀這個習題中的每一個小題，並注意每一個小題之間的差異。

(a) 考慮以下的信號

$$x[n]=\begin{cases}1+\cos(\pi n/4)-0.5\cos(3\pi n/4), & 0\le n\le 7,\\ 0, & \text{其他},\end{cases}$$

它可以用以下的 IDFT 方程式來表示之

$$x[n]=\begin{cases}\frac{1}{8}\sum_{k=0}^{7}X_8[k]e^{j(2\pi k/8)n}, & 0\le n\le 7,\\ 0, & \text{其他},\end{cases}$$

其中 $X_8[k]$ 是 $x[n]$ 的 8 點 DFT。繪出 $X_8[k]$，$0\le k\le 7$。

(b) 決定 $V_{16}[k]$，它是以下之 16 點序列的 16 點 DFT

$$v[n]=\begin{cases}1+\cos(\pi n/4)-0.5\cos(3\pi n/4), & 0\le n\le 15,\\ 0, & \text{其他}\end{cases}$$

繪出 $V_{16}[k]$，$0\le k\le 15$。

(c) 最後，考慮 $|X_{16}[k]|$，它是以下之 8 點序列的 16 點 DFT 的大小

$$x[n]=\begin{cases}1+\cos(\pi n/4)-0.5\cos(3\pi n/4), & 0\le n\le 7,\\ 0, & \text{其他}\end{cases}$$

繪出 $|X_{16}[k]|$，$0\le k\le 15$，但請不要去計算 DFT 表示式。雖然觀察 (a) 小題和 (b) 小題的結果無法讓你找出 $|X_{16}[k]|$ 其所有的值，但是你應該可以正確地找出某些值。點出所有的值，把你所知道的一些正確的值用實心圓點出，然後把你所估計的其它值用空心圓點出。

延伸問題

8.54 在推導 DFS 分析方程式 (8.11) 式時，我們使用了 (8.7) 式這個恆等式。為了驗證這個恆等式，我們將分開地考慮兩個情況 $k-r=mN$ 和 $k-r\ne mN$。

(a) 對於 $k-r=mN$，證明 $e^{j(2\pi/N)(k-r)n}=1$，而從此可得

$$\frac{1}{N}\sum_{n=0}^{N-1}e^{j(2\pi/N)(k-r)n}=1,\qquad k-r=mN \tag{P8.54-1}$$

(b) 因爲在 (8.7) 式中 k 和 r 都是整數，我們先做變數代換 $k-r=\ell$，再考慮總和項

$$\frac{1}{N}\sum_{n=0}^{N-1} e^{j(2\pi/N)\ell n} = \frac{1}{N}\sum_{n=0}^{N-1}[e^{j(2\pi/N)\ell}]^n \tag{P8.54-2}$$

因爲這個總和項是幾何級數的有限項的和，我們可以用一個封閉形式的式子來表示

$$\frac{1}{N}\sum_{n=0}^{N-1}[e^{j(2\pi/N)\ell}]^n = \frac{1}{N}\frac{1-e^{j(2\pi/N)\ell N}}{1-e^{j(2\pi/N)\ell}} \tag{P8.54-3}$$

那些 ℓ 值會使得 (P8.54-3) 式的右邊會變得不定？也就是說，那些 ℓ 值會使得 (P8.54-3) 式的右邊其分子和分母同時爲零？

(c) 從 (b) 小題的結果，證明假若 $k-r \neq mN$，則

$$\frac{1}{N}\sum_{n=0}^{N-1} e^{j(2\pi/N)(k-r)n} = 0 \tag{P8.54-4}$$

8.55 在 8.2 節中，我們曾說明以下的性質：假若

$$\tilde{x}_1[n] = \tilde{x}[n-m],$$

則

$$\tilde{X}_1[k] = W_N^{km}\tilde{X}[k],$$

其中 $\tilde{X}[k]$ 和 $\tilde{X}_1[k]$ 分別爲 $\tilde{x}[n]$ 和 $\tilde{x}_1[n]$ 的 DFS 係數。在這個習題中，我們考慮該性質的證明。

(a) 使用 (8.11) 式和一個適當的變數代換，證明 $\tilde{X}_1[k]$ 可以表示成

$$\tilde{X}_1[k] = W_N^{km}\sum_{r=-m}^{N-1-m}\tilde{x}[r]W_N^{kr} \tag{P8.55-1}$$

(b) (P8.55-1) 式中的總和項可以被重寫成

$$\sum_{r=-m}^{N-1-m}\tilde{x}[r]W_N^{kr} = \sum_{r=-m}^{-1}\tilde{x}[r]W_N^{kr} + \sum_{r=0}^{N-1-m}\tilde{x}[r]W_N^{kr} \tag{P8.55-2}$$

使用 $\tilde{x}[r]$ 和 W_N^{kr} 都具週期性的事實，證明

$$\sum_{r=-m}^{-1}\tilde{x}[r]W_N^{kr} = \sum_{r=N-m}^{N-1}\tilde{x}[r]W_N^{kr} \tag{P8.55-3}$$

(c) 使用在 (a) 和 (b) 中的結果，證明

$$\tilde{X}_1[k] = W_N^{km}\sum_{r=0}^{N-1}\tilde{x}[r]W_N^{kr} = W_N^{km}\tilde{X}[k]$$

8.56 **(a)** 表 8.1 列出一些週期性序列其 DFS 的對稱性質，其中幾個我們列在這裡。證明這些性質的每一個都是對的。在進行你的證明時，你可能需要使用 DFS 的定義和在列表中任何一個前面的性質（舉例來說，證明性質 3，你可能要使用性質 1 和 2）。

序列	DFS
1. $\tilde{x}^*[n]$	$\tilde{X}^*[-k]$
2. $\tilde{x}^*[-n]$	$\tilde{X}^*[k]$
3. $\mathcal{R}e\{\tilde{x}[n]\}$	$\tilde{X}_e[k]$
4. $j\mathcal{I}m\{\tilde{x}[n]\}$	$\tilde{X}_o[k]$

(b) 從 (a) 中所證明的性質，證明對於一個實數週期性序列 $\tilde{x}[n]$ 而言，以下的 DFS 對稱性質也成立：

1. $\mathcal{R}e\{\tilde{X}[k]\} = \mathcal{R}e\{\tilde{X}[-k]\}$

2. $\mathcal{I}m\{\tilde{X}[k]\} = -\mathcal{I}m\{\tilde{X}[-k]\}$

3. $|\tilde{X}[k]| = |\tilde{X}[-k]|$

4. $\angle\tilde{X}[k] = -\angle\tilde{X}[-k]$

8.57 在 8.4 節中我們曾說過我們可以在 $X(e^{j\omega})$ 和 $\tilde{X}[k]$ 之間導出一個直接的關係，其中 $\tilde{X}[k]$ 爲一個週期性序列的 DFS 係數而 $X(e^{j\omega})$ 是一個週期的傅立葉轉換。因爲 $\tilde{X}[k]$ 對應到 $X(e^{j\omega})$ 的樣本，所以這個關係會對應到一個內插運算公式。

要獲得此一想要關係式的一個方法就是仰賴於 8.4 節的討論、(8.54) 式的關係式、和 2.9.7 節的調變性質。此一程序如下所示：

1. $\tilde{X}[k]$ 代表 $\tilde{x}[n]$ 的 DFS 係數，把 $\tilde{x}[n]$ 的傅立葉轉換 $X(e^{j\omega})$ 表示成一個脈衝串；也就是說，把脈衝函數 $S(\omega)$ 尺度調整和移位。

2. 從 (8.57) 式，$x[n]$ 可以表示成 $x[n]=\tilde{x}[n]w[n]$，其中 $w[n]$ 是一個適當的有限長度窗函數。

3. 因爲 $x[n]=\tilde{x}[n]w[n]$，從 2.9.7 節可知，$X(e^{j\omega})$ 可以表示成 $\tilde{X}(e^{j\omega})$ 和 $W(e^{j\omega})$ 的（週期性）捲積。

執行以上這個程序，證明 $X(e^{j\omega})$ 可以表示成

$$X(e^{j\omega}) = \frac{1}{N}\sum_k \tilde{X}[k]\frac{\sin[(\omega N-2\pi k)/2]}{\sin\{[\omega-(2\pi k/N)]\}}e^{-j[(N-1)/2](\omega-2\pi k/N)}$$

並明白地指出該總和項的上下限。

8.58 令 $X[k]$ 爲 N 點序列 $x[n]$ 的 N 點 DFT。

(a) 證明假若

$$x[n] = -x[N-1-n],$$

則 $X[0]=0$。分別考慮 N 爲偶數和 N 爲奇數的情況。

(b) 證明假若 N 爲偶數且假若

$$x[n] = x[N-1-n],$$

則 $X[N/2] = 0$。

8.59 在 2.8 節中，我們曾定義序列 $x[n]$ 的共軛對稱部份和共軛反對稱部分，分別爲

$$x_e[n] = \frac{1}{2}(x[n] + x^*[-n]),$$
$$x_o[n] = \frac{1}{2}(x[n] - x^*[-n])$$

在 8.6.4 節中，我們發現我們可以定義一個長度爲 N 的序列其週期性共軛對稱部份和週期性共軛反對稱部分，分別爲

$$x_{\text{ep}}[n] = \frac{1}{2}\{x[((n))_N] + x^*[((-n))_N]\}, \quad 0 \le n \le N-1,$$
$$x_{\text{op}}[n] = \frac{1}{2}\{x[((n))_N] - x^*[((-n))_N]\}, \quad 0 \le n \le N-1$$

(a) 證明 $x_{\text{ep}}[n]$ 和 $x_{\text{e}}[n]$ 的關係以及 $x_{\text{op}}[n]$ 和 $x_{\text{o}}[n]$ 的關係分別爲

$$x_{\text{ep}}[n] = (x_e[n] + x_e[n-N]), \quad 0 \le n \le N-1,$$
$$x_{\text{op}}[n] = (x_o[n] + x_o[n-N]), \quad 0 \le n \le N-1$$

(b) 若 $x[n]$ 是一個長度爲 N 的序列，一般而言，我們無法從 $x_{\text{ep}}[n]$ 還原回 $x_{\text{e}}[n]$，也無法從 $x_{\text{op}}[n]$ 還原回 $x_{\text{o}}[n]$。證明若 $x[n]$ 是一個長度爲 N 的序列，但是對於 $n > N/2$，$x[n] = 0$，則我們可以從 $x_{\text{ep}}[n]$ 還原回 $x_{\text{e}}[n]$，也可以從 $x_{\text{op}}[n]$ 還原回 $x_{\text{o}}[n]$。

8.60 令 $x[n]$ 是一個 N 點序列，$X[k]$ 是它的 N 點 DFT，從 (8.65) 式和 (8.66) 式證明

$$\sum_{n=0}^{N-1} |x[n]|^2 = \frac{1}{N}\sum_{k=0}^{N-1} |X[k]|^2$$

這方程式我們常常稱之爲 DFT 的**帕色瓦關係**。

8.61 $x[n]$ 是一個實數值，非負的，長度爲 N 的有限長度序列；也就是說，對於 $0 \le n \le N-1$，$x[n]$ 是實數且非負，否則的話是零。$x[n]$ 的 N 點 DFT 爲 $X[k]$，$x[n]$ 的傅立葉轉換爲 $X(e^{j\omega})$。

對於以下的每一個命題，判定是真或僞。對於每一個命題，假若是真的話，清楚地說明你的理由。假若是僞的話，請舉出一個反例。

(a) 假若 $X(e^{j\omega})$ 可以表示成

$$X(e^{j\omega}) = B(\omega)e^{j\alpha\omega},$$

其中 $B(\omega)$ 是實數而 α 是一個實常數，則 $X[k]$ 可以寫成

$$X[k] = A[k]e^{j\gamma k},$$

其中 $A[k]$ 是實數而 γ 是一個實常數。

(b) 假若 $X[k]$ 可以表示成

$$X[k] = A[k]e^{j\gamma k},$$

其中 $A[k]$ 是實數而 γ 是一個實常數，則 $X(e^{j\omega})$ 可以寫成

$$X(e^{j\omega}) = B(\omega)e^{j\alpha\omega},$$

其中 $B(\omega)$ 是實數而 α 是一個實常數。

8.62 $x[n]$ 和 $y[n]$ 是兩個實數值，正的，長度為 256 的有限長度序列；也就是說，

$$\begin{aligned} x[n] > 0, &\quad 0 \le n \le 225, \\ y[n] > 0, &\quad 0 \le n \le 225, \\ x[n] = y[n] = 0, &\quad 其他 \end{aligned}$$

$r[n]$ 為 $x[n]$ 和 $y[n]$ 的**線性**捲積。$R(e^{j\omega})$ 為 $r[n]$ 的傅立葉轉換。$R_s[k]$ 為 $R(e^{j\omega})$ 的 128 個等距樣本點；也就是說，

$$R_s[k] = R(e^{j\omega})\Big|_{\omega=2\pi k/128}, \quad k = 0, 1, \ldots, 127$$

給定的 $x[n]$ 和 $y[n]$，我們想用最有效率的方式獲得 $R_s[k]$。我們可以使用的模組展示在圖 P8.62 中。對應於每一個模組的成本如下：

模組 I 和 II 免費。

模組 III 要 10 個單位的花費。

模組 IV 要 50 個單位的花費。

模組 V 要 100 個單位的花費。

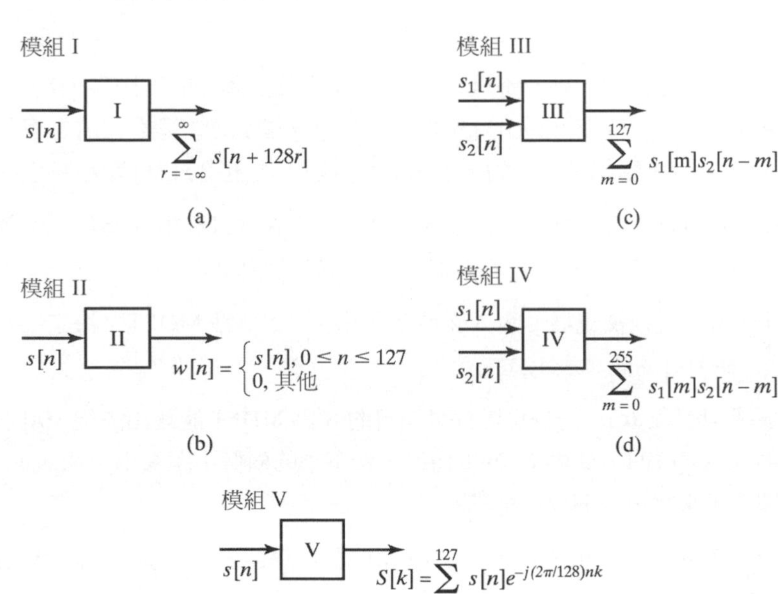

圖 P8.62

你可以適當的連接一個或好幾個模組，目的爲建構出一個系統其輸入爲 $x[n]$ 和 $y[n]$，而輸出是 $R_s[k]$。重要的考量爲 (a) 系統是否正確工作，和 (b) 系統是否有效率。總成本愈低，系統效率愈高。

8.63 $y[n]$ 是一個穩定的 LTI 系統的輸出，該系統的系統函數 $H(z)=1/(z-bz^{-1})$，其中 b 是一個已知常數。藉由操作 $y[n]$，我們希望還原輸入信號 $x[n]$。

以下所提之程序是從資料 $y[n]$ 還原出部分 $x[n]$ 的步驟：

1. 使用 $y[n]$，$0\le n\le N-1$，計算 $Y[k]$，$y[n]$ 的 N 點 DFT。

2. 建構

$$V[k]=(W_N^{-k}-bW_N^{k})Y[k]$$

3. 計算 $V[k]$ 的逆 DFT 以獲得 $v[n]$。

在範圍 $n=0, 1, \ldots, N-1$ 中，那些 n 值可以保證

$$x[n]=v[n]?$$

8.64 一個修正的離散傅立葉轉換（MDFT）曾被提出 (Vernet, 1971) 來計算在單位圓上 z 轉換的樣本點，它們和那些由 DFT 所計算的點是有偏移量的。特別的是，我們把 $x[n]$ 的 MDFT 記爲 $X_M[k]$，

$$X_M[k]=X(z)\big|_{z=e^{j[2\pi k/N+\pi/N]}},\quad k=0,1,2,\ldots,N-1$$

假設 N 爲偶數。

(a) 序列 $x[n]$ 的 N 點 MDFT 對應到一個序列 $x_M[n]$ 的 N 點 DFT，$x_M[n]$ 可以容易地從 $x[n]$ 建構出來。請用 $x[n]$ 決定出 $x_M[n]$。

(b) 假若 $x[n]$ 是實數，則並不是所有的 DFT 點都是獨立的，因爲 DFT 是共軛對稱；也就是說，$X[k]=X^*[((-k))_N]$，$0\le k\le N-1$。類似的，假若 $x[n]$ 是實數，則並不是所有的 MDFT 點都是獨立的。若 $x[n]$ 爲實數，決定出 $x_M[n]$ 點和點之間的關係。

(c) (i) 令 $R[k]=X_M[2k]$；也就是說，$R[k]$ 包含在 $X_M[k]$ 中的偶數索引值的點。從你在 (b) 中的答案，證明 $X_M[k]$ 可以從 $R[k]$ 被還原回來。

(ii) $R[k]$ 可以被視爲一個 $N/2$ 點序列 $r[n]$ 的 $N/2$ 點 MDFT。決定出一個用 $x[n]$ 來表示 $r[n]$ 的簡單表示式。

根據 (b) 和 (c)，一個實數序列 $x[n]$ 的 N 點 MDFT 能藉由先從 $x[n]$ 形成 $r[n]$，然後再計算 $r[n]$ 的 $N/2$ 點 MDFT 而得。接下來的兩個小題被引導來說明 MDFT 也可以被使用來實現一個線性捲積。

(d) 考慮 3 個序列 $x_1[n]$、$x_2[n]$、和 $x_3[n]$，都具有長度 N。令 $X_{1M}[k]$、$X_{2M}[k]$、和 $X_{3M}[k]$ 分別爲那 3 個序列的 MDFT。假若

$$X_{3M}[k]=X_{1M}[k]X_{2M}[k],$$

用 $x_2[n]$ 和 $x_1[n]$ 表示出 $x_3[n]$。你的表示式必須要有以下的形式：一個單一的總和項，包含 $x_1[n]$ 和 $x_2[n]$ 的一個「組合」，就好像是（但是不是）一個環狀捲積一樣。

(e) 我們可稱在 (d) 中的結果為一個修正的環狀捲積。假若序列 $x_1[n]$ 和 $x_2[n]$ 在 $n \ge N/2$ 時都是零的話，證明 $x_1[n]$ 和 $x_2[n]$ 之修正環狀捲積和 $x_1[n]$ 和 $x_2[n]$ 之線性捲積是相同的。

8.65 在編碼理論的某些應用中，我們必須要計算兩個 63 點序列 $x[n]$ 和 $h[n]$ 的 63 點的環狀捲積。假設我們有的運算裝置只有乘法器，加法器，和計算 N 點 DFT 的處理器，其中 N 必須要是 2 的冪次。

(a) 我們可以使用一些 64 點 DFT，逆 DFT，和重疊－相加法來計算 $x[n]$ 和 $h[n]$ 的 63 點環狀捲積。需要使用多少次的 DFT？暗示：把每一個 63 點序列視為是一個 32 點序列和一個 31 點序列的和。

(b) 指出一個演算法來計算 $x[n]$ 和 $h[n]$ 的 63 點環狀捲積，它是使用兩個 128 點的 DFT 和一個 128 點的逆 DFT。

(c) 我們也可以藉由計算 $x[n]$ 和 $h[n]$ 在時域中的線性捲積，然後再交疊其結果，來計算出它們的 63 點環狀捲積。利用乘法當作比較指標，這 3 個方法那個最有效率？那個最沒有效率？（假設一個複數乘法需要 4 個實數乘法，且 $x[n]$ 和 $h[n]$ 為實數。）

8.66 我們想要濾波一個非常長的序列，用一個 FIR 濾波器，它的脈衝響應有 50 個樣本長。我們希望實現這個濾波器的方式為使用重疊－保存技巧。它的程序如下：

1. 輸入分段必須重疊 V 個樣本。
2. 我們必須從每一個分段的輸出抽出 M 個樣本，當這些從每一個分段抽出的樣本組合起來時，所得的序列就是想要的濾波輸出。

假設輸入分段有 100 個樣本長，DFT 的大小是 $128(=2^7)$ 點。假設由環狀捲積所得的輸出序列其下標是從點 0 到點 127。

(a) 決定出 V。

(b) 決定出 M。

(c) 決定出要抽出之 M 個樣本的開始下標和結束下標；也就是說，決定出環狀捲積的 128 點那些點是要被抽取出以便和前一個分段的結果做結合。

8.67 一個在實務中常見的問題為：當一個想要的信號 $x[n]$ 已經被一個 LTI 系統濾波過，其輸出即為失真的信號 $y[n]$。我們希望藉由處理 $y[n]$ 來還原回原來的信號 $x[n]$。理論上，讓 $y[n]$ 通過一個逆濾波器，$x[n]$ 可以被還原，而該逆濾波器的系統函數等於該失真濾波器其系統函數的倒數。假設失真是由一個 FIR 濾波器所造成，其脈衝響應為

$$h[n] = \delta[n] - 0.5\delta[n - n_0],$$

其中 n_0 是一個正的整數，也就是說，$x[n]$ 的失真其形式為一個延遲為 n_0 的回音。

(a) 決定出脈衝響應 $h[n]$ 的 z 轉換 $H(z)$ 和其 N 點 DFT $H[k]$。假設 $N = 4\,n_0$。

(b) 令 $H_i(z)$ 爲逆濾波器的系統函數，並令 $h_i[n]$ 爲其對應的脈衝響應。決定出 $h_i[n]$。它是一個 FIR 還是一個 IIR 濾波器？$h_i[n]$ 的長度爲何？

(c) 假設我們使用一個長度爲 N 的 FIR 濾波器來嘗試實現該逆濾波器，並令該 FIR 濾波器的 N 點 DFT 爲

$$G[k] = 1/H[k], \quad k = 0, 1, \ldots, N-1$$

此一 FIR 濾波器的脈衝響應 $g[n]$ 爲何？

(d) 至此，好像出現了一個 FIR 濾波器，其 DFT $G[k] = 1/H[k]$，完美的實現了逆濾波器。最後，有人可能會說 FIR 失真濾波器有一個 N 點的 DFT $H[k]$，而該 FIR 濾波器串接了一個具 N 點 DFT $G[k] = 1/H[k]$ 的 FIR 濾波器，因爲對所有的 k，$G[k]H[k] = 1$，故我們實現了一個全通，無失真濾波器。簡要的說明在這個論述中的錯誤處。

(e) 執行 $g[n]$ 和 $h[n]$ 的捲積，而因此決定出用 N 點 DFT 爲 $G[k] = 1/H[k]$ 的 FIR 濾波器來實現逆濾波器的好壞程度。

8.68 一個長度爲 N 的序列 $x[n]$ 其離散 Hartley 轉換（DHT）定義爲

$$X_H[k] = \sum_{n=0}^{N-1} x[n] H_N[nk], \quad k = 0, 1, \ldots, N-1, \qquad \text{(P8.68-1)}$$

其中

$$H_N[a] = C_N[a] + S_N[a],$$

而且

$$C_N[a] = \cos(2\pi a/N), \quad S_N[a] = \sin(2\pi a/N)$$

它最出是由 R.V.L. Hartley 在 1942 年爲連續時間信號所提出的，但是 Hartley 轉換有一些特性使得它在離散時間信號中也具有吸引力和用途（Bracewell, 1983, 1984）。明確地說，從 (P8.68-1) 式，很明顯的是一個實數序列的 DHT 也是一個實數序列。除此之外，DHT 有一個捲積性質，它的計算也存在快速演算法。

完全類似於 DFT，DHT 有一個隱含的週期性，在使用它時我們必須知道。也就是說，假若我們考慮 $x[n]$ 是一個有限長度序列，對於 $n < 0$ 和 $n > N-1$ 時 $x[n] = 0$，則我們可以建構一個週期性序列

$$\tilde{x}[n] = \sum_{r=-\infty}^{\infty} x[n + rN]$$

使得 $x[n]$ 只是 $\tilde{x}[n]$ 的一個週期。週期性序列 $\tilde{x}[n]$ 可以用一個離散 Hartley 級數（DHS）表示出來，故 DHS 可以被解釋成是 DHT，只要把注意力集中在該週期性序列的一個週期即可。

(a) DHS 分析方程式定義爲

$$\tilde{X}_H[k]=\sum_{n=0}^{N-1}\tilde{x}[n]H_N[nk] \tag{P8.68-2}$$

請證明 DHS 係數形成了一個序列，該序列也具週期性且週期爲 N；也就是說，

$$\tilde{X}_H[k]=\tilde{X}_H[k+N] \quad \text{對於所有的 } k$$

(b) 我們也可以證明序列 $H_N[nk]$ 是正交的；也就是說，

$$\sum_{k=0}^{N-1}H_N[nk]H_N[mk]=\begin{cases}N, & ((n))_N=((m))_N,\\ 0, & \text{其他}\end{cases}$$

使用這個性質和 DHS 分析公式 (P8.68-2) 式，請證明 DHS 的合成公式是

$$\tilde{x}[n]=\frac{1}{N}\sum_{k=0}^{N-1}\tilde{X}_H[k]H_N[nk] \tag{P8.68-3}$$

請注意 DHT 僅是一個週期的 DHS 係數，同樣地，DHT 合成（逆轉換）方程式和 DHS 合成 (P8.68-3) 式一模一樣，除了我們只抽取出 $\tilde{x}[n]$ 的一個週期而已；也就是說，DHT 合成表示式是

$$x[n]=\frac{1}{N}\sum_{k=0}^{N-1}X_H[k]H_N[nk], \quad n=0,1,\ldots,N-1 \tag{P8.68-4}$$

對於 DHT，(P8.68-1) 式和 (P8.68-4) 式分別定義了分析和合成關係，我們現在可以推導它的一些有用的性質來表示一個有限長度離散時間信號。

(c) 驗證 $H_N[a]=H_N[a+N]$，並驗證 $H_N[a]$ 之以下有用的性質：

$$\begin{aligned}H_N[a+b]&=H_N[a]C_N[b]+H_N[-a]S_N[b]\\&=H_N[b]C_N[a]+H_N[-b]S_N[a]\end{aligned}$$

(d) 考慮一個環狀移位序列

$$x_1[n]=\begin{cases}\tilde{x}[n-n_0]=x[((n-n_0))_N], & n=0,1,\ldots,N-1,\\ 0, & \text{其他}\end{cases} \tag{P8.68-5}$$

換句話說，只要從移位週期性序列 $\tilde{x}[n-n_0]$ 抽取出一個週期，就可以得到序列 $x_1[n]$。使用 (c) 中的恆等式，證明該移位週期性序列的 DHS 係數爲

$$\tilde{x}[n-n_0]\stackrel{\mathcal{DHS}}{\longleftrightarrow}\tilde{X}_H[k]C_N[n_0k]+\tilde{X}_H[-k]S_N[n_0k] \tag{P8.68-6}$$

從這個，我們可以說該有限長度環狀移位序列 $x[((n-n_0))_N]$ 的 DHT 爲

$$x[((n-n_0))_N]\stackrel{\mathcal{DHT}}{\longleftrightarrow}X_H[k]C_N[n_0k]+X_H[((-k))_N]S_N[n_0k] \tag{P8.68-7}$$

(e) 假設 $x_3[n]$ 是兩個 N 點序列 $x_1[n]$ 和 $x_2[n]$ 的 N 點環狀捲積；也就是說，

$$\begin{aligned} x_3[n] &= x_1[n] \circledN x_2[n] \\ &= \sum_{m=0}^{N-1} x_1[m]x_2[((n-m))_N], \quad n = 0, 1, \ldots, N-1 \end{aligned} \tag{P8.68-8}$$

把 (P8.68-8) 式的兩邊都套用 DHT 並使用 (P8.68-7) 式，證明

$$\begin{aligned} X_{H3}[k] &= \tfrac{1}{2} X_{H1}[k](X_{H2}[k] + X_{H2}[((-k))_N]) \\ &\quad + \tfrac{1}{2} X_{H1}[((-k))_N](X_{H2}[k] - X_{H2}[((-k))_N]) \end{aligned} \tag{P8.68-9}$$

$k = 0, 1, \ldots, N-1$。這就是想要的捲積性質。

請注意使用 DHT 也可以計算線性捲積，其方式和用 DFT 使用計算線性捲積的方式相同。雖然從 $X_{H1}[k]$ 和 $X_{H2}[k]$ 計算出 $X_{H3}[k]$ 所需要的計算量和從 $X_1[k]$ 和 $X_2[k]$ 計算出 $X_3[k]$ 所需要的計算量相同，但是比起 DFT 的計算，DHT 的計算僅需要一半的實數乘法運算。

(f) 假設我們希望計算一個 N 點序列 $x[n]$ 的 DHT，而且我們已經有計算 N 點 DFT 的方法。請描述一個可以從 $X[k]$ 獲得 $X_H[k]$ 的技巧，$k = 0, 1, \ldots, N-1$。

(g) 假設我們希望計算一個 N 點序列 $x[n]$ 的 DFT，而且我們已經有計算 N 點 DHT 的方法。請描述一個可以從 $X_H[k]$ 獲得 $X[k]$ 的技巧，$k = 0, 1, \ldots, N-1$。

8.69 令 $x[n]$ 是一個 N 點序列，對於 $n < 0$ 和 $n > N-1$，$x[n] = 0$。令 $\hat{x}[n]$ 是 $2N$ 點序列，是由重複 $x[n]$ 而獲得的；也就是說，

$$\hat{x}[n] = \begin{cases} x[n], & 0 \le n \le N-1, \\ x[n-N], & N \le n \le 2N-1, \\ 0, & \text{其他} \end{cases}$$

考慮實現一個離散時間濾波器，如圖 P8.69 所示。這個系統的脈衝響應 $h[n]$ 有 $2N$ 點長；也就是說，對於 $n < 0$ 和 $n > 2N-1$，$h[n] = 0$。

(a) 在圖 P8.69-1 中，如何用 $X[k]$ 表示出 $\hat{X}[k]$？$\hat{X}[k]$ 是 $\hat{x}[n]$ 的 $2N$ 點 DFT，而 $X[k]$ 是 $x[n]$ 的 N 點 DFT。

(b) 展示在圖 P8.69-1 中的系統可以僅使用 N 點 DFT 來實現，如圖 P8.69-2 所示，只要適當的選擇系統 A 和系統 B 即可。請指定系統 A 和系統 B，使得在圖 P8.69-1 中的 $\hat{y}[n]$ 和在圖 P8.69-2 中的 $y[n]$ 相等，對於 $0 \le n \le 2N-1$。請注意在圖 P8.69-2 中的 $h[n]$ 和 $y[n]$ 是 $2N$ 點序列，而 $w[n]$ 和 $[n]$ 為 N 點序列。

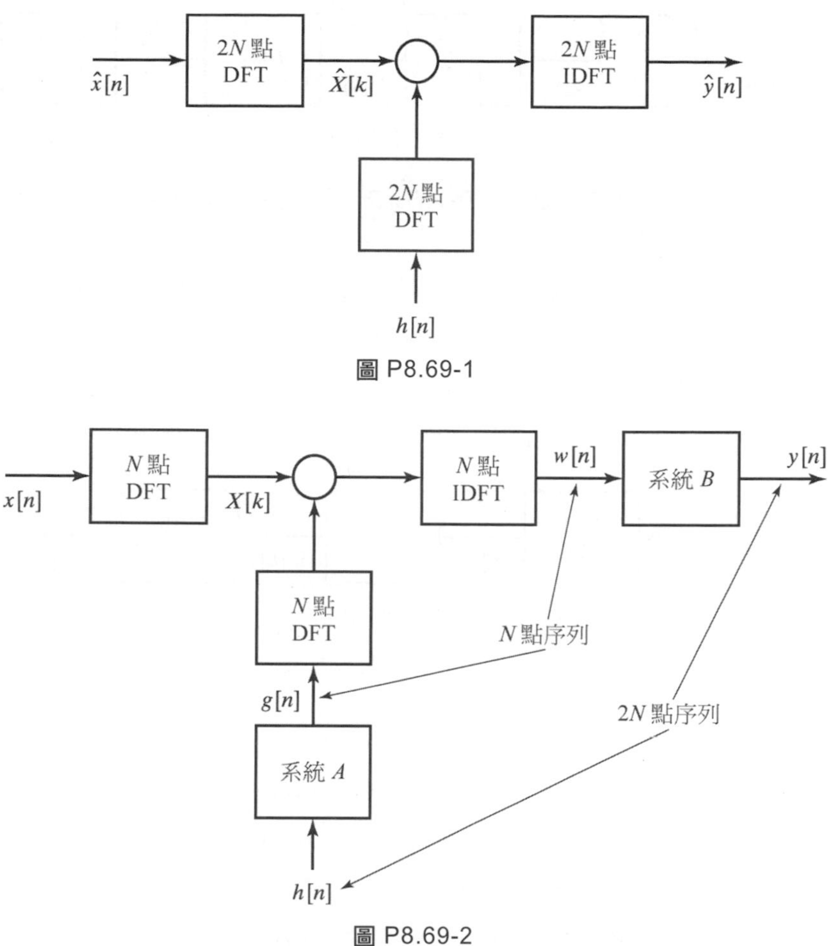

圖 P8.69-1

圖 P8.69-2

8.70 在這個習題中，你將會檢視如何使用 DFT 來實現離散時間內插運算所需要的濾波動做，也就是所謂的信號升頻（upsampling）。假設離散時間信號 $x[n]$ 是由取樣一個連續時間信號 $x_c(t)$ 而獲得，取樣週期為 T。而且，該連續時間信號已做適當的限頻；也就是說，對於 $|\Omega| \geq 2\pi/T$ ，$X_c(j\Omega)=0$ 。對於這個習題，我們將假設 $x[n]$ 的長度為 N；也就是說，對於 $n<0$ 或 $n>N-1$ 的 n 值而言 $x[n]=0$ ，其中 N 是偶數。雖然嚴格來說一個有限頻寬的信號不可能是有限長度的，但是在實際的系統中，這是一個常用的假設，我們假設所要處理之有限長度信號它在頻帶 $|\Omega| \geq 2\pi/T$ 之外只有非常少的能量。

我們希望實現一個 1:4 的內插運算，也就是說，取樣率增加為原來的 4 倍。請參見圖 4.23，我們可以使用一個取樣率擴張器之後再跟著一個適當的低通濾波器來執行這個取樣率轉換。在這章中，我們已經看過低通濾波器可以使用 DFT 實現，假若該濾波器是一個 FIR 脈衝響應的話。對於這個習題而言，假設這個濾波器有一個脈衝響應 $h[n]$，長 $N+1$ 點。圖 P8.70-1 畫出一個如此的系統，其中 $H[k]$ 是低通濾波器其脈衝響應的 $4N$ 點 DFT。請注意 $v[n]$ 和 $y[n]$ 都是 $4N$ 點的序列。

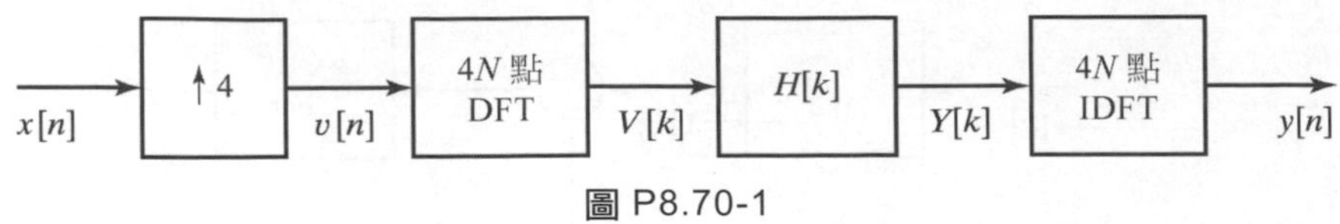

圖 P8.70-1

(a) 指定 DFT $H[k]$，使得圖 P8.70-1 的系統可實現想要的升頻系統。仔細的想一想有關於 $H[k]$ 其值的相位。

(b) 我們也可以使用圖 P8.70-2 的系統來升頻 $x[n]$。請指定在中間方塊中的系統 A 使得在圖中的 $4N$ 點信號 $y_2[n]$ 會和在圖 P8.70-1 中的 $y[n]$ 一樣。請注意系統 A 可能是用多於一個運算所組成的系統。

(c) 有沒有什麼理由會讓在圖 P8.70-2 中的實現優於在圖 P8.70-1 中的實現？

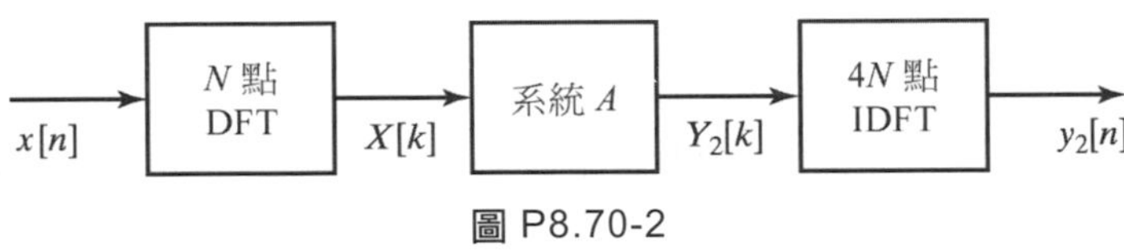

圖 P8.70-2

8.71 使用 (8.164) 式和 (8.165) 式推導出 (8.153) 式。

8.72 考慮以下程序

(a) 建構序列 $\upsilon[n]=x_2[2n]$，其中 $x_2[n]$ 如 (8.166) 式所定義。這會導致

$$\begin{aligned} \upsilon[n] &= x[2n], & 0 &= 0,1,\ldots,N/2-1 \\ \upsilon[N-1-n] &= x[2n+1], & n &= 0,1,\ldots,N/2-1 \end{aligned}$$

(b) 計算 $V[k]$， $\upsilon[n]$ 的 N 點 DFT。請證明以下為真：

$$\begin{aligned} X^{c2}[k] &= 2\mathcal{R}e\{e^{-j2\pi k/(4N)}V[k]\}, & k &= 0,1,\ldots,N-1, \\ &= 2\sum_{n=0}^{N-1}\upsilon[n]\cos\left[\frac{\pi k(4n+1)}{2N}\right], & k &= 0,1,\ldots,N-1, \\ &= 2\sum_{n=0}^{N-1}x[n]\cos\left[\frac{\pi k(2n+1)}{2N}\right], & k &= 0,1,\ldots,N-1 \end{aligned}$$

請注意這個演算法使用 N 點 DFT，而非在 (8.167) 式中所需的 $2N$ 點 DFT。除此之外，因為 $\upsilon[n]$ 是一個實數序列，我們可以利用偶對稱性和奇對稱性，用一個 $N/4$ 點的複數 DFT 來做 $V[k]$ 的計算。

8.73 使用 (8.174) 式和 (8.157) 式推導 (8.156) 式。

8.74 **(a)** 使用 DCT 的帕色瓦定理來推導在 $\sum_k |X^{c1}[k]|^2$ 和 $\sum_n |x[n]|^2$ 之間的關係。

(b) 使用 DCT 的帕色瓦定理來推導在 $\sum_k |X^{c2}[k]|^2$ 和 $\sum_n |x[n]|^2$ 之間的關係。

CHAPTER

09

計算離散傅立葉轉換

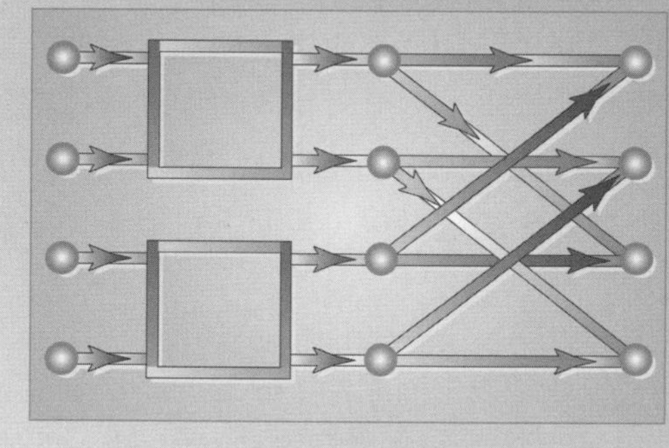

9.0 簡介

我們在第 2 章和第 8 章分別討論過離散時間傅立葉轉換（discrtet time Fourier transform, DTFT）和離散傅立葉轉換（discrtet Fourier transform, DFT），因爲這些轉換的基本性質特別便利於頻域上的系統分析與設計，而且存在著有效的演算法可用來計算 DFT，所以這些轉換在離散時間訊號處理的演算法和系統的分析、設計與實現上扮演了重要的角色，在許多離散時間系統的應用上也是重要的元件。

本章將討論數種計算 DFT 的方法，著重在是第 9.2、9.3 和 9.5 節所討論的演算法，泛稱爲 FFT 演算法，用數位的方式計算 N 點 DFT 時，這類演算法特別有效。FFT 必須一次算出 DFT 的所有 N 個值，才能達到最大的效率，在 $0 \leq \omega \leq 2\pi$ 這個範圍內，如果只需要計算某些頻率的 DFT 值，其他演算法可能更有效率和彈性，但是，如果需要計算 DFT 的全部 N 個值時，這些演算法的效率不如 FFT。這些演算法的例子是第 9.1.2 節所討論的 Goertzel 演算法，和第 9.6.2 節所討論的啾聲轉換演算法。

有許多方式可用來評估演算法或實作的效率或複雜度，最終的評價結果和可用的技術與應用的領域有關。我們評估計算複雜度的方式是乘法數和加法數。這個評估方式很容易使用，而且不論演算法是實現在通用型電腦或是專用型處理器，計算速度也直接和乘法數和加法數相關。不過，有時候有更合適的評估方式，舉例來說，如果使用客制化 VLSI 實現演算法，那麼晶片面積和功率的需求是重要的考量，但是這些因素不一定直接相關於計算量。

FFT 這類演算法的效率如果換算成乘法數和加法數，可能比相關的演算法高上好幾個數量級，因爲 FFT 的效率如此之高，很多情況下，計算旋積最有效的步驟是先轉換要做旋積的序列，把轉換後的結果相乘，然後做逆轉換得到旋積的結果，8.7 節討論過這技巧的細節。矛盾的是，（9.6 節將簡短地提到）一類計算 DFT（或是求任意一組傅立葉轉換值）的演算法，其效率來自於用旋積表示傅立葉轉換，然後用有效的步驟計算這些旋積，以實現傅立葉轉換。這似乎建議用 DFT 和乘法實現旋積，卻將此 DFT 先表示成旋積，然後利用有效的步驟實現這些旋積。我們在 9.6 節會發現，表面上這似乎是矛盾的作法，但是在某些情形下卻是完全合理的方式。

接下來各小節將探討許多計算 DFT 的演算法，由第 9.1 節開始，討論的方法是直接計算法，也就是用定義式直接計算 DFT，我們也會討論 Goertzel 演算法 (Goertzel, 1958)，其計算量正比於 N^2，然而其比例常數小於直接計算法，直接計算法和 Goertzel 演算法不只能計算 DFT，也能計算有限長度序列的 DTFT 在任一頻率上的值，這是它們的主要優點。

第 9.2 和 9.3 節將詳細討論 FFT 演算法，其計算量正比於 $N\log_2 N$，就算數運算數而言，FFT 比 Goertzel 演算法有效得多，不過，FFT 特別用來計算 DFT *所有*的值。我們的介紹並不企圖去窮盡所有的 FFT 演算法，而是仔細說明一些較通用的作法，藉此闡釋 FFT 的共通原理。

第 9.2 和 9.3 節討論的是長度爲 2 的冪次方的 FFT 演算法，9.4 節則探討實現這些演算法時會出現的實際課題。9.5 節除了簡短地介紹一些演算法，可用於 N 爲合成數的情形，對於針對特殊電腦架構做最佳化設計的 FFT 演算法，也給出了參考資料。第 9.6 節討論的是用旋積表示 DFT 以作計算的演算法，第 9.7 節則討論四捨五入對 FFT 演算法產生的效應。

9.1 直接計算離散傅立葉轉換

如同第 8 章的定義，若一有限長序列的長度爲 N，則其 DFT 爲

$$X[k]=\sum_{n=0}^{N-1}x[n]W_N^{kn},\quad k=0,1,\ldots,N-1, \tag{9.1}$$

上式中的 $W_N=e^{-j(2\pi/N)}$。而逆離散傅立葉轉換（inverse discrete Fourier transform, IDFT）的定義爲

$$x[n]=\frac{1}{N}\sum_{k=0}^{N-1}X[k]W_N^{-kn},\quad n=0,1,\ldots,N-1 \tag{9.2}$$

在 (9.1) 和 (9.2) 中，$x[n]$和 $X[k]$ 可能都是複數[①]。因爲 (9.1) 和 (9.2) 的等號右邊，只有乘上的倍數$1/N$和W_N 指數部分的正負號有所不同，所以對於使用 (9.1) 的計算方法所做的討論，只要直接修改，就是對於使用 (9.2) 的計算方法的討論（見習題 9.1）。

大部分改進 DFT 計算效率的方式，都利用了 W_N^{kn} 的對稱性和週期性，也就是

$$W_N^{k(N-n)}=W_N^{-kn}=(W_N^{kn})^*\quad（複共軛對稱性） \tag{9.3a}$$

$$W_N^{kn}=W_N^{k(n+N)}=W_N^{(k+N)n}\quad（n 和 k 的週期性） \tag{9.3b}$$

[因爲 $W_N^{kn}=\cos(2\pi kn/N)-j\sin(2\pi kn/N)$，所以根據正弦和餘弦函數的對稱性和週期性，就可以得到 W_N^{kn} 的對稱性和週期性。] 既然複數 W_N^{kn} 是 (9.1) 和 (9.2) 式中的係數，那麼隱含在對稱性和週期性的資料重複，就有利於減少 DFT 的計算量。

---

① 當我們討論有限長度序列 $x[n]$ 的 DFT 演算法時，可以回想第 8 章，由 (9.1) 式定義的 DFT 可以看作是 DTFT $X(e^{j\omega})$ 在 $\omega_k=2\pi k/N$ 這些頻率點的值，也可以看作是以下週期序列的離散時間傅立葉級數（discrtete-time Fourier series）的係數

$$\tilde{x}[n]=\sum_{r=-\infty}^{\infty}x[n+rN]$$

記住這兩種看法，而且能從一種看法切換到另一種，將會很有用，而且很方便。

9.1.1 用 DFT 的定義直接求值

首先考慮用 DFT 的定義式 (9.1) 直接求值，這可以當做參考的基準。因為 $x[n]$ 可能是複數，所以直接計算 DFT 的一個值需要 N 個複數乘法和 $(N-1)$ 個複數加法，計算全部 N 個值需要 N^2 個複數乘法和 $N(N-1)$ 個複數加法。把 (9.1) 式用實數運算表示，可得

$$
\begin{aligned}
X[k]=\sum_{n=0}^{N-1}[(\mathcal{R}e\{x[n]\}\mathcal{R}e\{W_N^{kn}\}-\mathcal{I}m\{x[n]\}\mathcal{I}m\{W_N^{kn}\}) \\
+j(\mathcal{R}e\{x[n]\}\mathcal{I}m\{W_N^{kn}\}+\mathcal{I}m\{x[n]\}\mathcal{R}e\{W_N^{kn}\})], \\
k=0,1,\ldots,N-1,
\end{aligned}
\tag{9.4}
$$

上式說明了計算複數乘法 $x[n]\cdot W_N^{kn}$ 需要 4 個實數乘法和 2 個實數加法，而每個複數加法需要 2 個實數加法，因此，對於每個 k 值，直接計算 $X[k]$需要 $4N$ 個實數乘法和 $(4N-2)$ 個實數加法[②]。既然有 N 個不同的 k 值，我們有 N 個 $X[k]$需要計算，所以直接計算序列 $x[n]$ 的 DFT 需要 $4N^2$ 個實數乘法和 $N(4N-2)$ 個實數加法。在通用型電腦或專用的硬體上用 (9.4) 式計算 DFT 時，除了計算乘法與加法之外，也必須能存取 N 個複輸入值 $x[n]$ 以及複係數 W_N^{kn}。既然 DFT 的計算量大約正比於 N^2，計算時間也是如此，很明顯的，當 N 值變大，直接計算法的計算量會變得非常大，因此，對於能夠減少乘法和加法數的計算方法，我們就很感興趣。

我們用 (9.3a) 式的對稱性為例，說明 W_N^{kn} 的性質如何用來減少計算量。(9.4) 式的求和運算中，跟 n 以及 $(N-n)$ 有關的項可以併在一起計算。舉例來說，以下的集項方式可以減少一個實數乘法

$$
\begin{aligned}
&\mathcal{R}e\{x[n]\}\mathcal{R}e\{W_N^{kn}\}+\mathcal{R}e\{x[N-n]\}\mathcal{R}e\{W_N^{k(N-n)}\} \\
&\qquad=(\mathcal{R}e\{x[n]\}+\mathcal{R}e\{x[N-n]\})\mathcal{R}e\{W_N^{kn}\}
\end{aligned}
$$

以下的方式也是

$$
\begin{aligned}
&-\mathcal{I}m\{x[n]\}\mathcal{I}m\{W_N^{kn}\}-\mathcal{I}m\{x[N-n]\}\mathcal{I}m\{W_N^{k(N-n)}\} \\
&\qquad=-(\mathcal{I}m\{x[n]\}-\mathcal{I}m\{x[N-n]\})\mathcal{I}m\{W_N^{kn}\}
\end{aligned}
$$

應用類似的集項方式到 (9.4) 式的其他項，乘法數大約可以減少 2 倍。對於某些 kn 的乘積，隱含在 W_N^{kn} 的正弦或餘弦函數的值是 0 或 1，利用這個性質也可以少用一些乘法。然

---

② 在所有關於計算量的討論中，計算量的公式可能只是近似值，舉例來說，乘以 W_N^0 不需要用到乘法。不過，如果目的是比較兩類不同演算法的計算量，當 N 值很大，即使計入了這類計算，計算量的近似值也已經足夠精確。

而，運用這類技巧雖然可減少計算量，總計算量依然正比於 NM 。所幸，如果以遞廻的方式加以利用， W_N^{kn} 的第二個性質 [(9.3b) 式]，也就是 W_N^{kn} 的週期性，就可以大幅減少 DFT 的計算量。

9.1.2 Goertzel 演算法

Goertzel 演算法 (Goertzel, 1958) 可以當作一個範例，說明序列 W_N^{kn} 的周期性如何用來減少計算量。要推導這個演算法，首先注意到 k 是一個整數，所以

$$W_N^{-kN} = e^{j(2\pi/N)Nk} = e^{j2\pi k} = 1, \tag{9.5}$$

因為 W_N^{-kn} 既是 n 也是 k 的週期序列，而且周期為 N，所以由此週期性可得上式。利用 (9.5) 式，可以把 (9.1) 式的等號右邊乘以 W_N^{-kN} ，等號仍然成立，也就是

$$X[k] = W_N^{-kN}\sum_{r=0}^{N-1} x[r]W_N^{kr} = \sum_{r=0}^{N-1} x[r]W_N^{-k(N-r)} \tag{9.6}$$

為了得到最後的結果，我們定義以下序列

$$y_k[n] = \sum_{r=-\infty}^{\infty} x[r]W_N^{-k(n-r)}u[n-r] \tag{9.7}$$

由 (9.6) 和 (9.7) 式，以及 $n<0$ 或 $n \ge N$ 時， $x[n]=0$ 這個條件，可以得到

$$X[k] = y_k[n]\big|_{n=N} \tag{9.8}$$

(9.7) 式可以解釋成有限長度序列 $x[n]$， $0 \le n \le N-1$ 和序列 $W_N^{-kn}u[n]$ 的旋積。因此， $y_k[n]$ 可以視為輸入有限長度序列 $x[n]$ 到某個系統的輸出，此系統的脈衝響應為 $W_N^{-kn}u[n]$ ，而 $X[k]$ 是在 $n=N$ 這個時刻的輸出值。

假設初始靜止條件（initial rest conditions）成立，則圖 9.1 的訊號流程圖代表以下的差分方程式

$$y_k[n] = W_N^{-k}y_k[n-1] + x[n], \tag{9.9}$$

此系統的脈衝響應為 $W_N^{-kn}u[n]$。一般說來，因為輸入序列 $x[n]$ 和係數 W_N^{-k} 都是複數，所以使用圖 9.1 的系統計算一個新的 $y_k[n]$ 需要 4 個實數乘法和 4 個實數加法。對於某個 k 值，如果使用圖 9.1 所代表的演算法計算 $X[k]$，為了計算出 $y_k[N]=X[k]$，必須先計算出所有的中間值 $y_k[1], y_k[2], \ldots, y_k[N-1]$ ，總共需要 $4N$ 個實數乘法和 $4N$ 個實數加法。因此，相

較於直接計算法，這個方法效率較低，但是因爲係數 W_N^{kn} 隱含在圖 9.1 所示的遞迴計算裡，所以不需要計算或儲存這些係數。

我們有機會把乘法數減少 2 倍，但是保持著上述的簡化，爲了瞭解如何達到這一點，首先注意到圖 9.1 的系統函數爲

$$H_k(z) = \frac{1}{1 - W_N^{-k} z^{-1}} \tag{9.10}$$

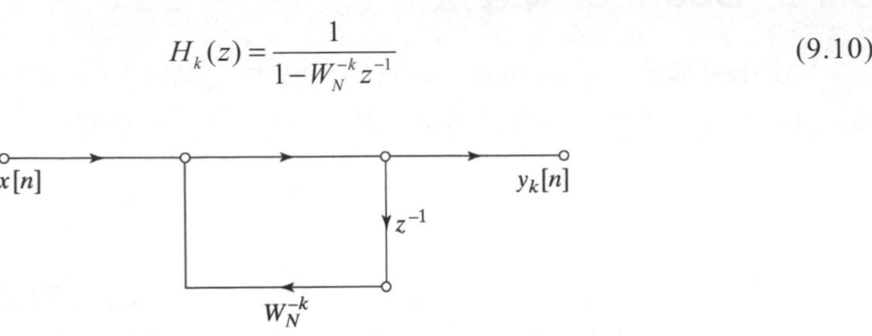

圖 9.1 複數一階遞迴計算 $X[k]$ 的訊號流程圖

將 $H_k[z]$ 的分子分母同乘以 $(1 - W_N^k z^{-1})$，可得

$$\begin{aligned} H_k(z) &= \frac{1 - W_N^k z^{-1}}{(1 - W_N^{-k} z^{-1})(1 - W_N^k z^{-1})} \\ &= \frac{1 - W_N^k z^{-1}}{1 - 2\cos(2\pi k / N) z^{-1} + z^{-2}} \end{aligned} \tag{9.11}$$

圖 9.2 的訊號流程圖代表以直接型－II 的架構實作系統函數 (9.11) 的結果，其極點所代表的差分方程式爲

$$v_k[n] = 2\cos(2\pi k / N) v_k[n-1] - v_k[n-2] + x[n] \tag{9.12a}$$

從初始靜止條件 $w_k[-2] = w_k[-1] = 0$ 開始，對 (9.12a) 式進行 N 次疊代，並以下列方式實作零點，可計算出 DFT 的值

$$X[k] = y_k[n]|_{n=N} = v_k[n] - W_N^k v_k[N-1] \tag{9.12b}$$

因爲實作此系統的極點時，所用的係數是實數，而且乘以−1 不算作乘法，所以即使如果輸入值是複數，計算一個值也只需要 2 個實數乘法，相較於一階系統，如果輸入值是複數，實現系統的極點需要 4 個實數加法。另一方面，因爲我們對此系統進行差分方程的疊代時，只需要疊代到能計算 $y_k[N]$ 的狀態即可，並不需要在每次疊代都作乘以 $-W_N^k$ 的運算以實作零點，因此，總計算量是實作極點的 $2N$ 個實數乘法和 $4N$ 個實數加法[③]，

③ 在這裡假設 $x[n]$ 是複數，如果 $x[n]$ 是實數，實作極點只需要 N 個實數乘法和 $2N$ 個實數加法。

加上實作零點的 4 個實數乘法和 4 個實數加法，總共是 $2(N+2)$ 個實數乘法和 $4(N+1)$ 個實數加法，實數乘法數大約是直接計算法的一半。使用這個較有效的方式，依舊保有只需計算和儲存 $\cos(2\pi k/N)$ 和 W_N^k 這兩個係數的優點，而係數 W_N^{kn} 也依舊隱含在圖 9.2 所示的遞迴計算裡。

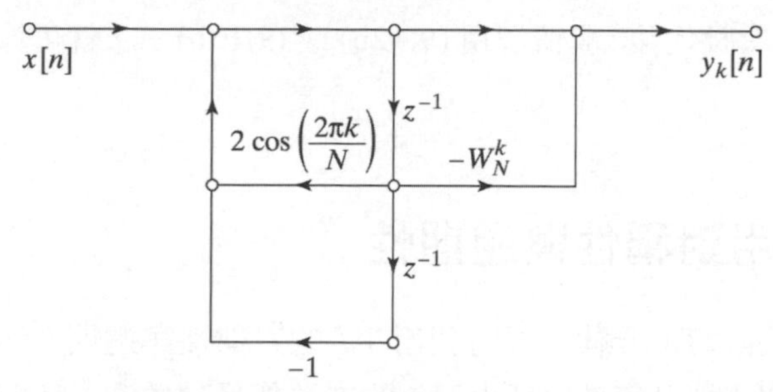

圖 9.2 二階遞迴計算 $X[k]$ 的訊號流程圖（Goertzel 演算法）

使用這個系統有另一個額外的優點，若我們想計算 $x[n]$ 在 $2\pi k/N$ 和 $2\pi(N-k)/N$ 這兩個對稱頻率的 DFT 值，也就是計算 $X[k]$ 和 $X[N-k]$，則圖 9.2 的系統在計算 $X[k]$ 時所用的極點和計算 $X[N-k]$ 時所用的極點是相同的，而實作零點所用的係數則互為共軛複數，證明此性質的方式相當直接（見習題 9.21）。既然只需要在最後一次疊代實作零點，所以計算這 2 個 DFT 值，需要 $2N$ 個乘法和 $2N$ 個加法以實作極點，因此，用 Goertzel 演算法計算 DFT 的所有 N 個值，大約需要 N^2 個實數乘法和 $2N^2$ 個實數加法，計算量雖然比直接法計算 DFT 有效，但依然正比於 N^2。

不論是直接計算法或是 Goertzel 演算法，都不需要對所有 N 個 k 值求 $X[k]$，的確，對任何 M 個 k 值，只要對於每一個 $X[k]$ 使用適當的係數，就可以用圖 9.2 的遞迴系統求此 $X[k]$，在這個情形下，計算量正比於 NM。當 M 很小時，直接計算法或是 Goertzel 法相當具有吸引力，然而，如先前所提，當 N 是 2 的冪次方，有一些演算法的計算量正比於 $N\log_2 N$。因此，當 M 小於 $\log_2 N$，Goertzel 演算法或是直接計算 DFT 可能就是最有效的方法，可是如果需要計算出 $X[k]$ 的所有 N 個值，接下來要討論的分時演算法，其效率就比 Goertzel 演算法或是直接計算法大約高出 $(N/\log_2 N)$ 倍。

我們曾經推導過，Goertzel 演算法所計算的 DFT 值 $X[k]$，等於 DTFT $X(e^{j\omega})$ 在 $\omega = 2\pi k/N$ 之處的值。將此推導做些許修改，可以求得 DTFT $X(e^{j\omega})$ 在任何頻率點 ω_a 的值。方法是對以下的差分方程式進行 N 次疊代，

$$v_a[n] = 2\cos(\omega_0)v_a[n-1] - v_a[n-2] + x[n], \tag{9.13a}$$

然後用以下的算式可以得到預期的 DTFT 值

$$X(e^{j\omega_a}) = e^{-j\omega_a N}(v_a[N] - e^{-j\omega_a}v_a[N-1]) \tag{9.13b}$$

注意到當 $\omega_a = 2\pi k / N$ ，(9.13a) 和 (9.13b) 式簡化成 (9.12a) 和 (9.12b)式。因為 (9.13b) 式只需要計算 1 次，所以選擇任意頻率點計算 $X(e^{j\omega})$ 的效率，只稍微低於計算 DFT。

在某些即時的應用中，Goertzel 演算法還有另一個優點，只要有訊號的第一個輸入值，就可以開始進行計算，每當輸入一個新的值，就可以疊代一次 (9.12a) 或 (9.13a) 式這兩個差分方程，N 次疊代後，視情況用 (9.12b) 或 (9.13b) 式，就可算出所需要的 $X(e^{j\omega})$ 的值。

9.1.3 同時利用對稱性與週期性

甚早於高速數位計算的年代，同時利用 W_N^{kn} 的對稱性與週期性的演算法就已為人所知。在那個年代，即使把計算量只減少兩倍的方法都受到歡迎，Heideman、Johnson 和 Burrus (1984) 的研究發現，FFT的基本原理可追溯到 1805 年的高斯 (Gauss)。Runge (1905) 以及後來的 Danielson 和 Lanczos (1942) 描述了一種演算法，其計算量大約正比於 $N\log_2 N$ ，而不是 N^2。然而，在 N 小到能用手算的情形下，減少這程度的計算量並不重要，以至於大量減少計算量的機會通常都被忽略了。一直到 1965，Cooley 和 Tukey (1965) 的論文刊出了一種計算 DFT 的演算法，可以用在 N 為合成數，也就是 N 是兩個或兩個整數以上的乘積的情形。他們論文的刊登對於 DFT 在訊號處理的應用引發了一陣熱潮，促成了許多高度有效率演算法的發明，所有這類演算法就統稱為快速傅立葉轉換（fast Fourier transform），也就是 FFT[④]。

對照於以上討論的直接計算法，在計算 N 點長度序列的 DFT 時，FFT 演算法的基本原理是先將它分解成長度較短的 DFT，再組合回原來的 N 點 DFT，這些長度較短的 DFT 可以用直接計算法求值，也可以繼續分解成長度更短的 DFT，應用這個原理可以得到許多種不同的演算法，計算速度上都可相提並論。本章著重在兩類基本的 FFT 演算法，分解 DFT 成更短的轉換時，第一類演算法將序列 $x[n]$（一般都當作時間的序列）分解成越來越小的子序列，因此稱為分時（decimation in time）演算法。第二類演算法把 DFT 值 $X[k]$ 分解成較小的子序列，所以取名為分頻（decimation in frequency）演算法。

我們在 9.2 節討論分時演算法，分頻演算法在 9.3 節討論，討論的順序是隨意安排的，基本上這兩小節是獨立的，先讀哪一小節都可以。

---

④ Cooley, Lewis 和 Welch (1967) 與 Heideman, Johnson 和 Burrus (1984) 整理了 FFT 相關演算法的發展歷史。

9.2 FFT 的分時演算法

將 DFT 分解爲越來越小的 DFT，而且同時利用到複數指數序列 $W_N^{kn} = e^{-j(2\pi/N)kn}$ 的對稱性與週期性，可以大幅改進 DFT 的計算效率。如果演算法是將序列 $x[n]$ 分解成越來越短的子序列，就稱爲**分時演算法**。

用 N 等於 2 的整數次方，也就是 $N = 2^\nu$ 的特殊情況，比較便於說明分時演算法的原理。因爲 N 可以被 2 整除，所以我們把 $x[n]$ 分成兩個長度爲 $(N/2)$ 點[⑤]的序列，其中一個序列 $g[n] = x[2n]$ 由偶數編號的點所組成，另一個序列 $h[n] = x[2n+1]$ 由奇數編號的點所組成，用這種分解法計算 $X[k]$。圖 9.3 是這種分解方式的方塊圖，圖中也指出一個（明顯但是重要）的事實：只要簡單地交錯兩個子序列，就可以恢復爲原來的序列。

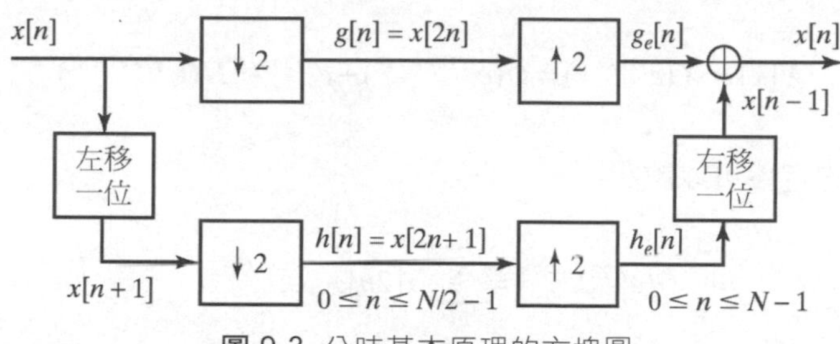

圖 9.3　分時基本原理的方塊圖

探討圖 9.3 的方塊圖在頻域上的等效操作，有助於瞭解此方塊圖對於架構 DFT 計算原理的重要性。首先注意到，圖中標記爲時域上「左移一位」的方塊，在頻域上對應到的是將 $X(e^{j\omega})$ 乘以 $e^{j\omega}$。4.6.1 節討論過，用 $\omega \to \omega/2$ 的代換方式縮放 $X(e^{j\omega})$ 和 $e^{j\omega}X(e^{j\omega})$ 的頻率，然後在頻域上疊頻，可以得到 $G(e^{j\omega})$ 和 $X(e^{j\omega})$ 這兩個 DTFT（因此可得 $G[k]$ 和 $H[k]$），在時域上，這些運算對應到的運算是將序列壓縮 2 倍。換句話說，$g[n] = x[2n]$ 和 $h[n] = x[2n+1]$ 是經過壓縮的序列，其 DTFT 分別爲

$$G(e^{j\omega}) = \frac{1}{2}\left(X(e^{j\omega/2}) + x(e^{j(\omega-2\pi)/2}\right) \tag{9.14a}$$

$$H(e^{j\omega}) = \frac{1}{2}\left(X(e^{j\omega/2})e^{j\omega/2} + X(e^{j(\omega-2\pi)/2})e^{j(\omega-2\pi)/2}\right) \tag{9.14b}$$

⑤ 討論 FFT 的演算法時，通常可以互用「樣本」和「點」這兩個字，意思都是「序列值」，它是一個數字。另外，長度為 N 的序列稱為 N 點序列，長度為 N 的序列的 DFT 稱為 N 點 DFT。

譯注：以下章節用 N 點 DFT 表示 N 點 DFT。

圖 9.3 右半邊的方塊圖所表示的運算是將序列擴張 2 倍，結果得到的是 $G_e(e^{j\omega}) = G(e^{j2\omega})$ 和 $H_e(e^{j\omega}) = H(e^{j2\omega})$ 這兩個頻域壓縮的 DTFT。根據圖 9.3，以下列方式組合這兩個 DTFT，可以得到原來的 $X(e^{j\omega})$：

$$\begin{aligned} X(e^{j\omega}) &= G_e(e^{j\omega}) + e^{-j\omega} H_e(e^{j\omega}) \\ &= G(e^{j2\omega}) + e^{-j\omega} H(e^{j2\omega}) \end{aligned} \tag{9.15}$$

把 (9.14a) 和 (9.14b) 式代入 (9.15) 式，可以證明，$g[n] = x[2n]$ 和 $h[n] = x[2n+1]$ 這兩個 $N/2$ 點序列的 DTFT，可以用來表示 (9.15) 式中的 N 點序列 $x[n]$ 的 DTFT $X(e^{j\omega})$。因此，$g[n]$ 和 $h[n]$ 的 DFT 也可以用來表示 DFT $X[k]$。

明確地說，$X[k]$ 等於 $X(e^{j\omega})$ 在頻率 $\omega_k = 2\pi k/N$ 的值，$k = 0, 1, \ldots, N-1$，因此，將這些頻率代入 (9.15) 式可得

$$X[k] = X(e^{j2\pi k/N}) = G(e^{j(2\pi k/N)2}) + e^{-j2\pi k/N} H(e^{(j2\pi k/N)2}) \tag{9.16}$$

由 $g[n]$ 和 $G(e^{j\omega})$ 的定義可以證明

$$\begin{aligned} G(e^{j(2\pi k/N)2}) &= \sum_{n=0}^{N/2-1} x[2n] e^{-j(2\pi k/N)2n} \\ &= \sum_{n=0}^{N/2-1} x[2n] e^{-j(2\pi k/(N/2)n)} \\ &= \sum_{n=0}^{N/2-1} x[2n] W_{N/2}^{kn}, \end{aligned} \tag{9.17a}$$

經由類似的計算也可以證明

$$H(e^{j(2\pi k/N)2}) = \sum_{n=0}^{N/2-1} x[2n+1] W_{N/2}^{kn} \tag{9.17b}$$

因此，將 (9.17a)、(9.17b) 式代入 (9.16) 式，可得

$$X[k] = \sum_{n=0}^{N/2-1} x[2n] W_{N/2}^{kn} + W_N^k \sum_{n=0}^{N/2-1} x[2n+1] W_{N/2}^{kn} \quad k = 0, 1, \ldots, N-1, \tag{9.18}$$

根據定義，N 點 DFT $X[k]$ 的算式爲

$$X[k] = \sum_{n=0}^{N-1} x[n] W_N^{nk}, \quad k = 0, 1, \ldots, N-1 \tag{9.19}$$

而 $g[n]$和 $h[n]$的 $(N/2)$ 點 DFT 的定義式爲

$$G[k]=\sum_{n=0}^{N/2-1} x[2n]W_{N/2}^{nk}, \quad k=0,1,\ldots,N/2-1 \tag{9.20a}$$

$$H[k]=\sum_{n=0}^{N/2-1} x[2n+1]W_{N/2}^{nk}, \quad k=0,1,\ldots,N/2-1 \tag{9.20b}$$

(9.18) 式證明，欲計算 N 點 DFT $X[k]$，我們要用 $k=0,1,\ldots,N-1$ 計算 $(N/2)$ 點 DFT $G[k]$ 和 $H[k]$，代替一般情形下計算 $(N/2)$ 點 DFT 的 $k=0,1,\ldots,N/2-1$。然而，因爲 $(N/2)$ 點 DFT 的週期爲 $N/2$，所以即使只用 $k=0,1,\ldots,N/2-1$ 計算 $G[k]$ 和 $H[k]$，也很容易求出在 $k=0,1,\ldots,N-1$ 這個範圍內其他點的值，藉由這個觀察，可以將 (9.18) 重寫爲

$$X[k]=G[((k))_{N/2}]+W_N^k H[((k))_{N/2}] \quad k=0,1,\ldots,N-1 \tag{9.21}$$

即使只用 $k=0,1,\ldots,N/2-1$ 的範圍計算 $G[k]$ 和 $H[k]$ ，只要把 k 解釋成 k 除以 $N/2$ 的餘數，就可以把這兩個 DFT（不使用任何額外的計算）展開成週期序列。而記號 $((k))_{N/2}$ 便於將這兩個 DFT 表示成明顯的週期序列。

根據 (9.21) 式，組合兩個 DFT 的計算結果可以得到 N 點 DFT $X[k]$。圖 9.4 代表 8 點 DFT 的計算方式，這個圖的畫法是第 6 章介紹過的訊號流程圖（signal flow graph），用來圖示差分方程式。也就是說，相加進入同一個節點（node）的不同分支（branch），以產生節點變數；沒有標明係數的分支，假設其增益（transmittance）爲 1；其餘有標明係數的分支，其增益爲複數 W_N 的整數次方。

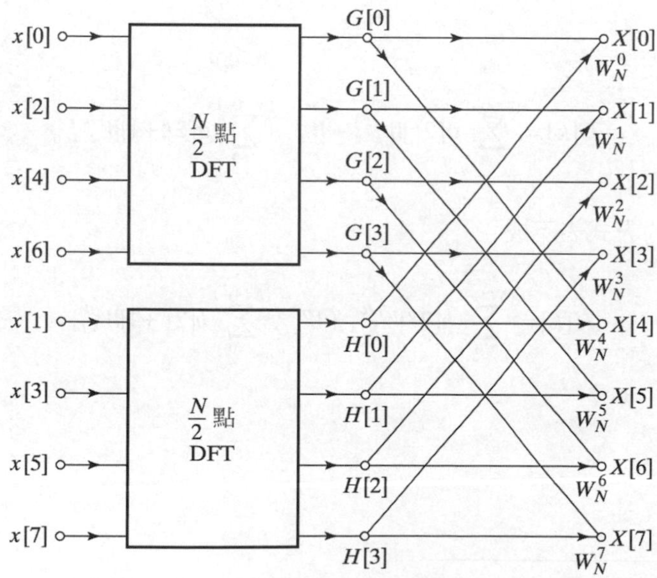

圖 9.4　分時演算法的訊號流程圖，把 N 點 DFT 分解成 2 個 $(N/2)$ 點 DFT（ $N=8$ ）

在圖 9.4 的訊號流程圖中，需要計算兩個 4 點 DFT，其中 $G[k]$ 代表偶數編號序列的 4 點 DFT，$H[k]$ 代表奇數編號序列的 4 點 DFT，根據 (9.21)，將 $H[0]$ 乘以 W_N^0 加上 $G[0]$ 可以得到 $X[0]$，$H[1]$ 乘以 W_N^1 加上 $G[1]$ 可以得到 $X[1]$。要得到 $X[4]$，因爲 $G[k]$ 和 $H[k]$ 隱含著週期性，所以根據 (9.21) 式，計算 $X[4]$ 的方式是 $H[((4))_4]$ 乘以 W_N^4，然後加上 $G[((4))_4]$，也就是將 $H[0]$ 乘以 W_N^4 加上 $G[0]$。如圖 9.4 所示，可以用類似的方式計算 $X[4]$、$X[5]$、$X[6]$ 的值。

對於 DFT 的直接計算法，以及根據 (9.21) 式重新安排的計算方式，我們可以比較這兩者所需要的乘法和加法數。已經知道，不利用對稱性的直接計算法，需要 N^2 個複數乘法和加法⑥。相較之下，(9.21) 式需要計算兩個 $(N/2)$ 點 DFT，如果用直接法計算這兩個 DFT，需要大約 $2(N/2)^2$ 個複數乘法和 $2(N/2)^2$ 個複數加法，然後必須結合這兩個 $(N/2)$ 點 DFT 的計算結果才能得到預期的 DFT：計算 (9.21) 第二項中對於 W_N^k 的乘積，需要 N 個複數乘法；將 (9.21) 中第二項的乘積加到前一項，需要 N 個複數加法。結論是，要對所有的 k 值計算 (9.21) 式的值，至多需要 $N+2(N/2)^2$，也就是 $N+N^2/2$ 個複數乘法和複數加法。當 $N>2$，很容易證明總計算量 $N+N^2/2$ 小於 N^2。

(9.21) 式的計算方式是將原來的 N 點 DFT 打斷成兩個 $(N/2)$ 點 DFT，如果 $N/2$ 也是偶數，例如 N 等於 2 的冪次方，我們可以打斷 (9.21) 式中的 $(N/2)$ 點 DFT，使其變成兩個 $(N/4)$ 點 DFT，再將其計算結果組合回原來的 $(N/2)$ 點 DFT。此時，(9.21) 式的 $G[k]$ 可以表示成

$$G[k]=\sum_{r=0}^{(N/2)-1} g[r]W_{N/2}^{rk}=\sum_{\ell=0}^{(N/4)-1} g[2\ell]W_{N/2}^{2\ell k}+\sum_{\ell=0}^{(N/4)-1} g[2\ell+1]W_{N/2}^{(2\ell+1)k}, \tag{9.22}$$

或是

$$G[k]=\sum_{\ell=0}^{(N/4)-1} g[2\ell]W_{N/4}^{\ell k}+W_{N/2}^{k}\sum_{\ell=0}^{(N/4)-1} g[2\ell+1]W_{N/4}^{\ell k} \tag{9.23}$$

$H[k]$ 可以用類似的方式表示成

$$H[k]=\sum_{\ell=0}^{(N/4)-1} h[2\ell]W_{N/4}^{\ell k}+W_{N/2}^{k}\sum_{\ell=0}^{(N/4)-1} h[2\ell+1]W_{N/4}^{\ell k} \tag{9.24}$$

⑥ 為了簡化分析，我們假設 N 值很大，所以 $(N-1)$ 近似等於 N。

結論是，組合 $g[2\ell]$ 和 $g[2\ell+1]$ 這兩個序列的 $(N/4)$ 點 DFT，可以得到 $G[k]$ 這個 $(N/2)$ 點 DFT。類似的情況，組合 $h[2\ell]$ 和 $h[2\ell+1]$ 這兩個序列的 $(N/4)$ 點 DFT，可以得到 $H[k]$ 這個 $(N/2)$ 點 DFT。因此，利用 (9.23) 和 (9.24) 式計算圖 9.4 的 4 點 DFT，可表示成圖 9.5 的訊號流程圖，再把圖 9.5 的訊號流程圖代入圖 9.4，最後得到完整的訊號流程圖，即圖 9.6。我們利用等式 $W_{N/2}=W_N^2$，將圖中的係數表示成 W_N 的冪次方，而不是 $W_{N/2}$ 的冪次方。

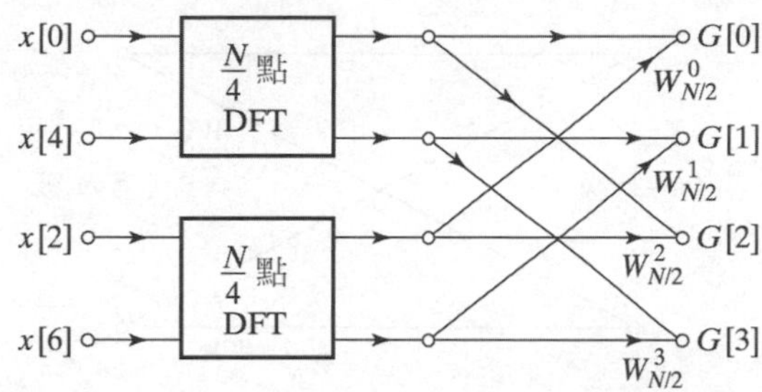

圖 9.5 分時演算法的訊號流程圖，把 $(N/2)$ 點 DFT 分解成 2 個 $(N/4)$ 點 DFT（ $N=8$ ）

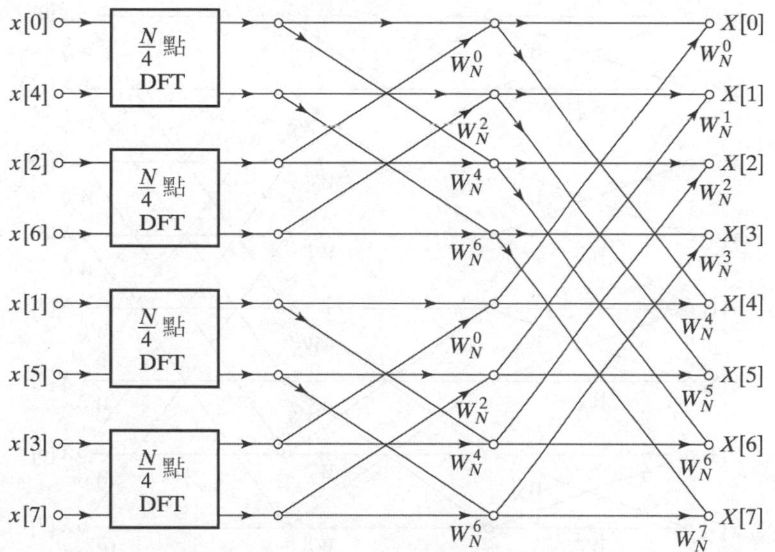

圖 9.6 把圖 9.5 代入圖 9.4 得到的結果

我們用 8 點 DFT 的例子說明，計算 8 點 DFT 可以化簡到計算 2 點 DFT。舉例來說，有一個序列由 $x[0]$ 和 $x[4]$ 兩個點所組成，圖 9.7 代表這個序列的 2 點 DFT。將圖 9.7 的訊號流程圖代入圖 9.6，可以得到計算 8 點 DFT 的完整訊號流程圖，即圖 9.9。

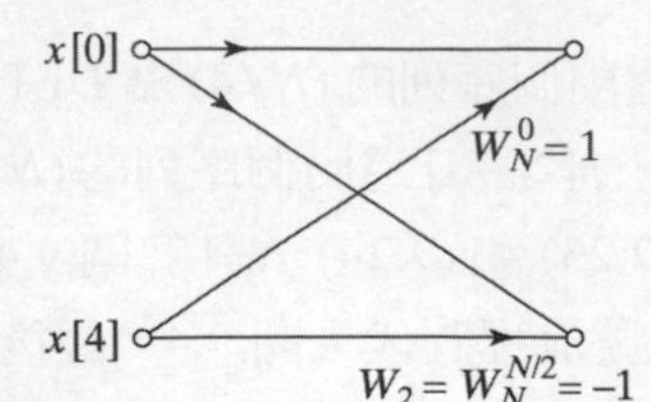

圖 9.7 2 點 DFT 的訊號流程圖

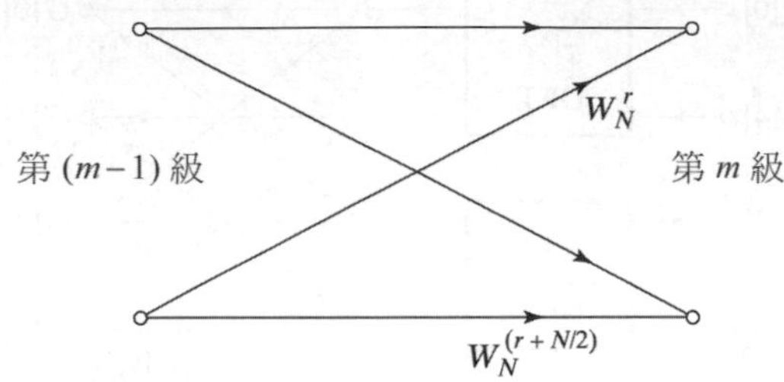

圖 9.8 蝴蝶計算單元的訊號流程圖，這是圖 9.9 的基本結構

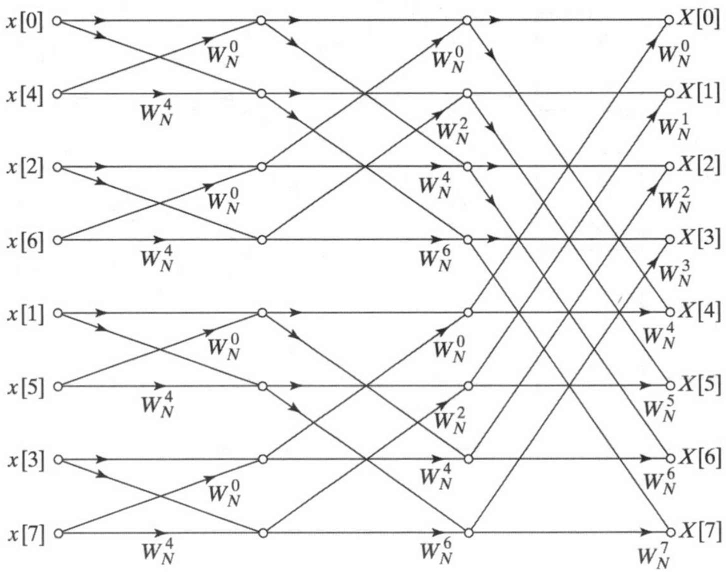

圖 9.9 分時演算法的訊號流程圖，8 點 DFT 的完全分解圖

對於一般的 N，N 等於 2 的冪次方，可能要把 (9.23) 和 (9.24) 式中的 $(N/4)$ 點 DFT 繼續分解成 $(N/8)$ 點 DFT，一直分解到只剩下 2 點 DFT，這總共需要 $v = \log_2 N$ 級的計算。先前已經發現，將 N 點 DFT 分解成兩個 $(N/2)$ 點 DFT，需要 $N + 2(N/2)^2$ 個複數乘法和加法，當 $(N/2)$ 點 DFT 分解成 $(N/4)$ 點 DFT，$(N/2)^2$ 這個量就換成 $N/2 + 2(N/4)^2$，所以總計算量是 $N + N + 4(N/4)^2$ 個複數乘法和加法。當 $N=2^v$，可以做至多 $v = \log_2 N$ 次的代換，因此，如果儘可能分解 DFT，複數乘法和加法的數目等於 $Nv = N\log_2 N$。

圖 9.9 的訊號流程圖明白地表示出這些運算，藉由計算增益的形式爲 W_N^r 的分支數目，可以發現每一級有 N 個複數乘法和 N 個複數加法，既然共有 $\log_2 N$ 級，所以共有 $N\log_2 N$ 個複數乘法和加法，這是實質的計算量減少。舉例來說，如果 $N = 2^{10} = 1024$，則 $N^2 = 2^{20} = 1048576$，而 $N\log_2 N = 10240$，減少量超過兩個數量級！

圖 9.9 的訊號流程圖中，如果利用係數 W_N^r 的週期性和對稱性，可以進一步減少計算量。首先注意到，在圖 9.9 中，從一級進到下一級的計算，其基本形式都可表示成圖 9.8 的訊號流程圖，也就是說，使用前一級的兩個值，計算出這一級的兩個值，用到的係數是 W_N 的冪次方，指數相差 $N/2$，因爲這個訊號流程圖的形狀像蝴蝶，所以把這個基本運算形式稱爲「蝴蝶計算單元」（butterfly）。根據下式

$$W_N^{N/2} = e^{-j(2\pi/N)N/2} = e^{-j\pi} = -1, \tag{9.25}$$

可將係數 $W_N^{r+N/2}$ 寫成

$$W_N^{r+N/2} = W_N^{N/2} W_N^r = -W_N^r \tag{9.26}$$

利用這個觀察，可以把圖 9.8 的蝴蝶計算單元化簡成圖 9.10 的形式，此圖需要一個複數加法和一個複數減法，可是只需要一個複數乘法，而不是兩個。把蝴蝶計算單元的訊號流程圖從圖 9.8 的形式換成圖 9.10，則可以從圖 9.9 的訊號流程圖得到圖 9.11 的訊號流程圖，特別的地方是，跟圖 9.9 比較起來，複數乘法的數目減少了 2 倍。

圖 9.11 畫出了 $\log_2 N$ 級的計算，每一級計算用到一組 2 點 DFT（蝴蝶計算單元），包含 $N/2$ 個 2 點 DFT，在每一組 2 點 DFT 之間是複數乘數 W_N^r，因爲它們的作用是調整計算過程，將 2 點 DFT 轉換成較長的 DFT，所以這些複數乘數稱爲「旋轉因子」（twiddle factor）。

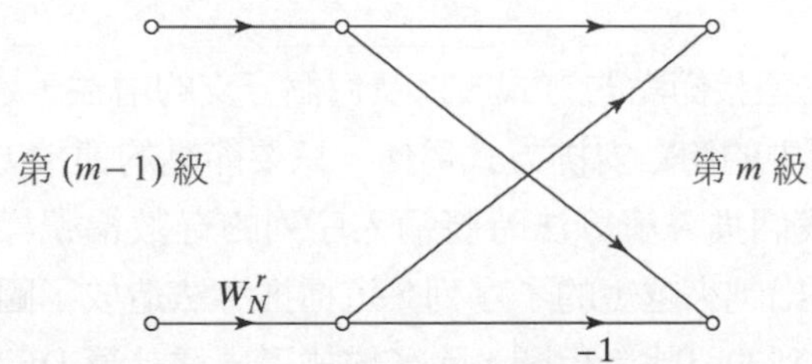

圖 9.10 蝴蝶計算單元的訊號流程圖，經過化簡，只需要 1 個複數乘法

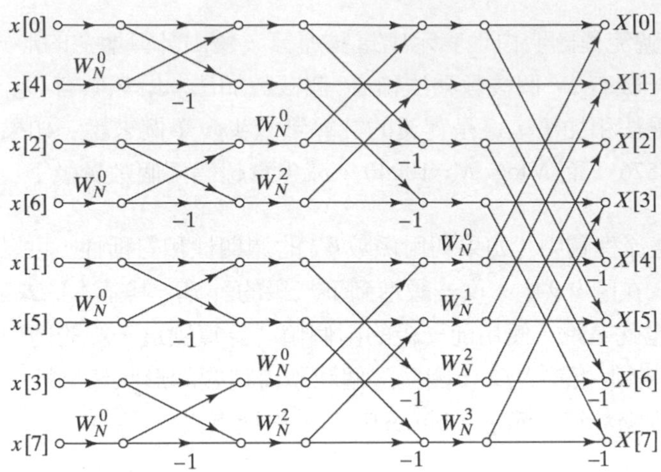

圖 9.11 8 點 DFT 的訊號流程圖，使用圖 9.10 的蝴蝶計算單元

9.2.1 FFT 的一般化與程式設計

圖 9.11 的訊號流程圖代表的是 8 點 DFT 的演算法，很容易將它一般化，推廣成計算 $N = 2^{\nu}$ 點 DFT 的訊號流程圖，所以圖 9.11 既證明了 DFT 計算量的數量級是 $N \log N$ ，也是設計 DFT 程式的圖示。雖然用高階電腦語言的寫出的程式隨處可得，有時候，還是必須爲新的硬體架構設計程式，或是利用硬體架構的低階特性對某個程式做最佳化。更詳細的分析訊號流程圖可以揭露許多細節，對於程式設計，或是設計特殊硬體用於計算 DFT，都很重要。我們在第 9.2.2 和 9.2.3 節討論分時演算法的一些細節，在第 9.3.1 和 9.3.2 節討論分頻演算法的細節，9.4 節討論更多實際的考量。雖然這幾個小節對於了解 FFT 的原理並不是必須的，但是對於編寫程式和設計系統提供了有用的指引。

9.2.2 就地計算

在圖 9.11 中，分支連接節點的方式，以及每個分支的增益，是此訊號流程圖的基本特徵。無論訊號流程圖中的節點安排方式爲何，只要節點的連接方式和增益量不變，總是代表同樣的計算。我們推導演算法時將輸入序列的奇數編號樣本和偶數編號樣本分開，然後以同樣方式造出越來越短的子序列，這種推導法造成了圖 9.11 訊號流程圖的特殊型式。這個推導所得到的訊號流程圖，除了描述了一種計算 DFT 的有效方式，還有一個有趣的副產品，就是對於如何儲存原始輸入資料和暫時的計算結果，此訊號流程圖也建議了有效的方式。

要了解這個方式，注意到圖 9.11 中每一級的計算都是用圖 9.10 的蝴蝶計算單元，把一組 N 個複數轉換成另一組 N 個複數，這個過程重覆 $\nu = \log_2 N$ 次，最後計算出所要的 DFT。當我們使用圖 9.11 實現 DFT 的時候，想像有兩個陣列，每個陣列包含一組（複數）

暫存器，一個陣列儲存計算要用的資料，另一個儲存計算後的結果。舉例來說，圖 9.11 中計算第一個陣列時，可以用一組暫存器儲存輸入資料，用第二組暫存器儲存第一級的計算結果。圖 9.11 的正確性和輸入資料儲存的順序無關，我們可以輸入的複數資料的順序排成和圖中（由上到下）的順序相同。令 $X_m[\ell]$ 代表第 m 級計算結果的複數序列，$\ell=0,1,\ldots,N-1$，$m=1,\ldots,v$，另外爲了方便起見，令 $X_0[\ell]$ 代表輸入序列，可以把 $X_{m-1}[\ell]$ 想成是第 m 級計算的輸入陣列，而 $X_m[\ell]$ 是輸入陣列，因此在圖 9.11 中，也就是 $N=8$ 的情形，可得

$$\begin{aligned} X_0[0] &= x[0], \\ X_0[1] &= x[4], \\ X_0[2] &= x[2], \\ X_0[3] &= x[6], \\ X_0[4] &= x[1], \\ X_0[5] &= x[5], \\ X_0[6] &= x[3], \\ X_0[7] &= x[7] \end{aligned} \tag{9.27}$$

使用這樣的表示方法，我們可以標記圖 9.10 中蝴蝶計算單元的輸入和輸出，結果如圖 9.12 所示，其對應的方程式爲

$$X_m[p] = X_{m-1}[p] + W_N^r X_{m-1}[q], \tag{9.28a}$$

$$X_m[q] = X_{m-1}[p] + W_N^r X_{m-1}[q] \tag{9.28b}$$

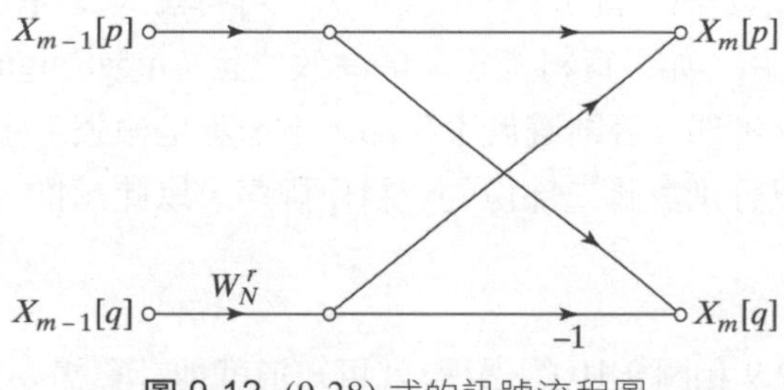

圖 9.12 (9.28) 式的訊號流程圖

(9.28) 式中的 p、q、r 值隨著級數而變化，從圖 9.11 和 (9.21)、(9.23)、(9.24) 式可以推知變化的方式，由圖 9.11 和圖 9.12 可知，欲計算第 m 個陣列中暫存器位置爲 p 和 q 的複數值，只需要用到第 $(m-1)$ 個陣列中暫存器位置爲 p 和 q 的複數值。因此，如果讓儲存 $X_m[p]$ 和 $X_m[q]$ 的暫存器和儲存 $X_{m-1}[p]$ 和 $X_{m-1}[q]$ 的暫存器相同，實際上只要一個大小爲 N 個暫存器的複數陣列，就足夠實現完整的計算。一般把這種計算稱爲**就地**（in-place）計算，圖 9.11（或圖 9.9）表現出就地計算的原因是，我們認爲訊號流程圖

中同一條水平線上的節點使用相同的儲存位置，而且兩個陣列之間的蝴蝶計算的輸入節點和輸出節點是水平相鄰的節點。

如圖 9.11 所示，爲了能進行以上討論的就地計算，必須用非循序的方式儲存輸入序列（至少要能用非循序的方式存取輸入序列）。事實上，儲存或取得輸入資料的順序稱爲**位元倒轉**（bit-reversed）順序，要了解這個術語的意思，注意到先前討論的 8 點訊號流程圖中，資料編號要用 3 個位元，將 (9.27) 中的指標表示成二進位，可以得到以下這組方程式

$$\begin{aligned}
X_0[000] &= x[000],\\
X_0[001] &= x[100],\\
X_0[010] &= x[010],\\
X_0[011] &= x[110],\\
X_0[000] &= x[001],\\
X_0[100] &= x[001],\\
X_0[101] &= x[101],\\
X_0[110] &= x[011],\\
X_0[111] &= x[111]
\end{aligned} \tag{9.29}$$

令 (n_2, n_1, n_0) 爲序列 $x[n]$ 的指標 n 的二進位表示式，則 $x[n_2, n_1, n_0]$ 的值儲存在 $X[n_0, n_1, n_2]$ 的位置，也就是說，要知道 $x[n_2, n_1, n_0]$ 在輸入陣列中的位置，必須倒轉指標 n 的二進位表示式。

藉由逐個位元檢查資料指標的二進位表示法，可將輸入資料排成正常順序，此步驟圖示於圖 9.13 的樹狀圖，如果資料指標的最高效位元（most significant bit）爲 0，則 $x[n]$ 屬於排序陣列的上半部，否則屬於下半部，下一步是檢查上半部和下半部的子序列的第二高效位元，可以分別對此二部份的資料作排序，以此類推，可將輸入資料排成正常順序。

回想我們推導圖 9.9 和圖 9.10 的過程，就可知道就地計算需要倒轉位元順序的原因。一開始我們分開偶數編號和奇數編號的序列樣本，偶數編號的樣本出現在圖 9.4 的上半部，奇數編號的樣本出現在下半部，這種分開序列樣本的方式可以藉由檢查樣本指標 n 的最低效位元（least significant bit）$[n_0]$ 來達成，如果樣本指標的最低效位元等於 0，則此樣本是偶數編號，出現在陣列 $X_0[\ell]$ 的上半部；如果最低效位元等於 1，則此樣本是奇數編號，出現在陣列的下半部。下一步，檢查指標的第二低效位元，可以分別將偶數編號和奇數編號的子序列分成各自的偶數編號和奇數編號的子序列，首先考慮偶數編號的子序列，如果樣本指標的第二低效位元等於 0，則此樣本在此子序列中是偶數編號，如果第二低效位元等於 1，則此樣本在此子序列中是奇數編號，對於原始序列中奇數編

號的子序列，進行相同的處理方式。重複此過程，直到子序列的長度等於 1。圖 9.14 是排序成偶數編號子序列和奇數編號子序列所代表的樹狀圖。

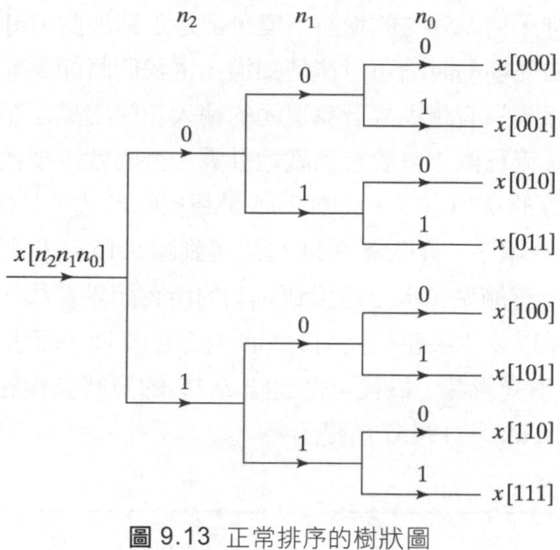

圖 9.13 正常排序的樹狀圖

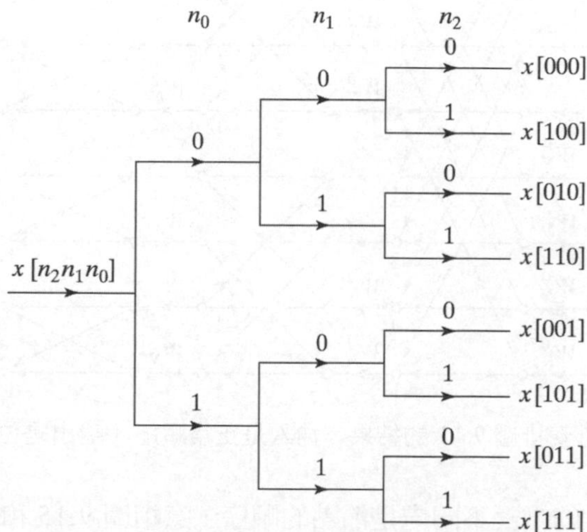

圖 9.14 位元順序倒轉排序的樹狀圖

對於正常的排序，我們從左到右檢查樣本指標的二進位表示法；然而對於位元倒轉的排序，我們倒轉檢查的順序，由右至左檢查指標的二進位表示法，這時自然就會得到圖 9.9 或圖 9.11 的排序結果，除此之外，圖 9.13 和圖 9.14 是一樣的樹狀圖。因此，我們將 DFT 逐步分解成較小的 DFT 的計算方式，除了得到圖 9.9 或圖 9.11，也是倒轉序列 $x[n]$ 位元順序的原因。

9.2.3 替代形式

根據圖 9.11 中節點的順序儲存每一級的計算結果，雖然合理，但並非必要。無論圖 9.11 中的節點如何安排，只要分支的增益不變，都是正確地對 $x[n]$計算 DFT，改變的只是存取資料的順序。由先前的討論可以清楚知道，當我們將節點和陣列中儲存複數資料的位置編號聯結在一起，只有讓蝴蝶計算單元的輸入和輸出是水平相鄰的節點，依照這種順序安排節點，訊號流程圖才會對應到就地計算，否則就需要兩個複數陣列。毋庸置疑，圖 9.11 是就地計算的排列方式，而圖 9.15 是替代的形式，其輸入序列是正常順序，而 DFT 序列是位元倒轉順序。修改圖 9.11 可以得到圖 9.15，方式如下：在圖 9.11 中，將水平連接到 $x[4]$的所有節點和水平連接到 $x[1]$的所有節點互換，以類似的方式將水平連接到 $x[6]$的所有節點以及水平連接到 $x[3]$的所有節點互換，而水平連接到 $x[0]$、$x[2]$、$x[5]$、$x[7]$的節點位置不受影響，最後可得到圖 9.15 的訊號流程圖，所對應到的分時演算法最早由 Cooley 和 Tukey (1965) 所提出。

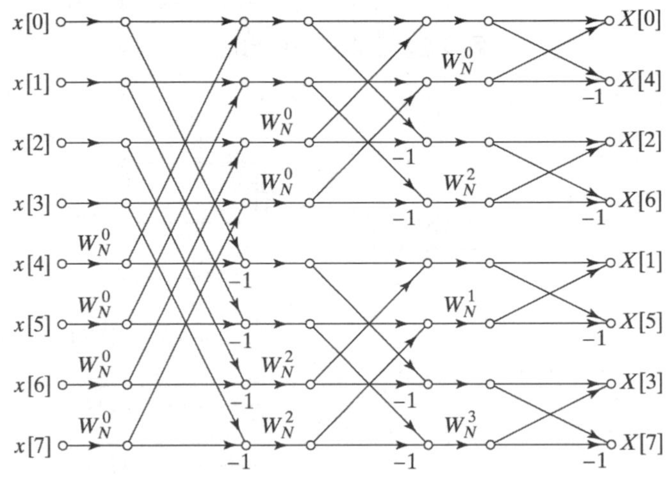

圖 9.15 重新安排圖 9.11 的結果，輸入是正常順序，輸出是位元倒轉順序

圖 9.15 和圖 9.11 的唯一不同處是節點的順序，意指圖 9.15 和圖 9.11 代表兩個不同的程式，因爲分支增益（W_N的冪次方）維持不變，所以每一級中間的計算結果也不變，只是在該級中有不同的計算順序。理所當然，有許多安排節點順序的方式，但是從計算的觀點來看，大部份方式並沒有很大的意義，舉例來說，假設輸出和輸入節點都是正常順序，如圖 9.16 的訊號流程圖所示，因爲從第一級以後蝴蝶結構並未繼續下去，不能進行就地計算，所以需要兩個長度 N 的複數陣列，才能進行圖 9.16 所示的計算。

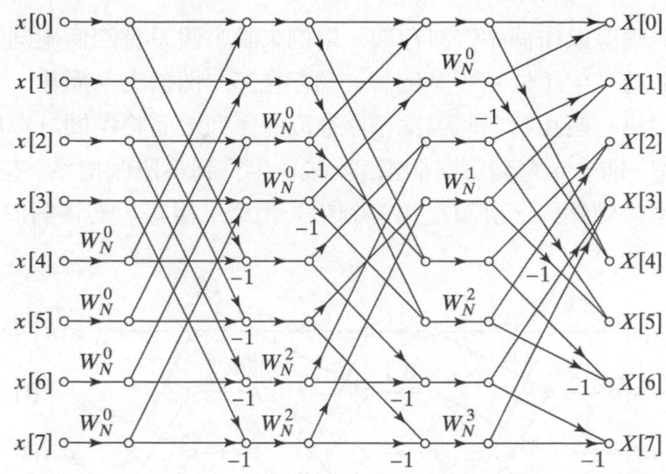

圖 9.16　重新安排圖 9.11 的結果，輸入和輸出都是正常順序

在實作圖 9.11、圖 9.15、圖 9.16 所示的計算時，很明顯要用非循序的次序存取中間陣列的資料，因此，爲了有較快的計算速度，複數必須儲存在隨機存取記憶體[7]。舉例來說，在圖 9.11 中從輸入陣列計算第一級陣列時，每個蝴蝶計算單元的輸入是相鄰的節點變數，可當作是儲存在記憶體相鄰的位置，從第一級的中間陣列計算第二級的中間陣列時，蝴蝶計算單元的輸入被兩個儲存位置分開，從第二級的中間陣列計算第三級的中間陣列時，蝴蝶計算單元的輸入被四個儲存位置分開，如果 $N>8$，第四級蝴蝶計算單元的輸入被八個儲存位置分開，以此類推，最後一級（第 v 級）被 $N/2$ 個儲存位置分開。

圖 9.15 有類似的情形，由輸入資料計算第一級陣列時，我們使用的是被四個儲存位置分開的資料，計算第二級陣列時，我們使用被二個位置分開的資料，接下來，計算最後一級陣列，使用的是相鄰的資料。如果資料儲存在隨機存取記憶體，只要修改存取資料的指標暫存器，就可以用圖 9.11 或圖 9.15 的訊號流程圖所示的方式存取資料，很直接就可想出修改指標暫存器的簡單演算法。然而圖 9.16 的訊號流程圖中，資料是以非循序的方式進行存取，不能用就地計算，資料編號的方式比剛才兩個例子複雜許多。即使有大容量的隨機存取記憶體可用，減少乘法數和加法數所增加的計算效率，很容易就被產生指標的固定計算量所抵消。所以這個結構並沒有明顯的優點。

某些結構雖然不能進行就地計算，依然有其優點。如果沒有適當大小的隨機存取記憶體可用，那麼將圖 9.11 的訊號流程圖重新排列成圖 9.17 的形式就特別有用。這個分時演算法的訊號流程圖最早由 Singleton (1969) 所提出，首先注意到其輸入是位元倒轉的順序而輸出是正常順序，重要的特徵是每一級的幾何結構都相同，只有分支的增益不

---

⑦　當 1965 年 Cooley-Tukey 演算法首次出現時，數位記憶體既昂貴，容量也受限制。今日，除非是容量極大的記憶體，否則隨機存取記憶體已是隨處可得，容量大小不再是問題。

同，此特徵令此結構得以作循序資料存取。舉例來說，假設有四個不同的大容量檔案，也假設輸入序列的前一半（位元順序倒轉）儲存在第一個檔案，而後一半儲存在第二個檔案，我們可以由第一個和第二個檔案循序存取此序列，而將中間計算結果循序寫到第三個和第四個檔案，前一半寫到第三個檔案，後一半寫到第四個檔案。在下一級計算時，將第三、第四檔案當做輸入，計算結果寫到第一和第二檔案，然後對於 v 級的計算重複此方式。

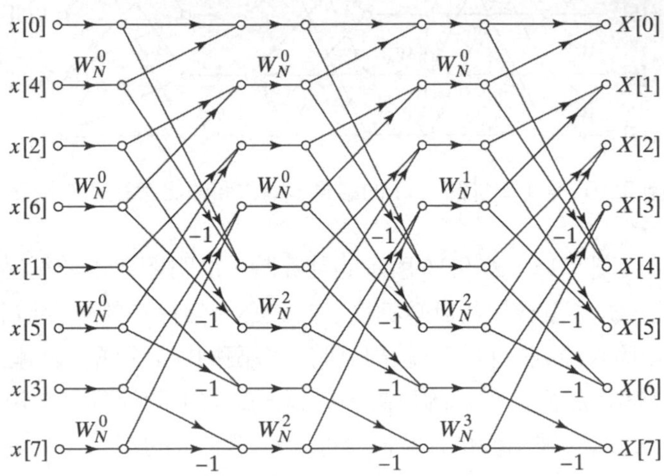

圖 9.17 重排圖 9.11 所得的訊號流程圖，每一級的幾何結構都相同，可以簡化資料存取

在計算極度長序列的 DFT 時，這個演算法非常有用，既然已經常用容量為 Giga 位元組的隨機存取記憶體，所謂極度長序列的長度 N 可能長達數百個百萬的數量級。或許圖 9.17 的訊號流程圖有個更有趣的特徵，就是指標索引的方式非常簡單，而且每一級都相同，使用兩組（bank）隨機存取記憶體，這個演算法計算指標的方式可以非常簡單。

9.3 FFT 的分頻演算法

我們把輸入序列 $x[n]$ 分成越來越短的子序列，然後計算其 DFT，這是分時 FFT 演算法的根源，換個作法，也可以用類似的方式把 DFT 序列 $X[k]$ 分成越來越短的子序列，根據這種作法得到的 FFT 演算法，通常稱為*分頻*演算法。

我們推導這類演算法時，依舊限制在 N 是 2 的冪次方的情形。我們分開計算 $N/2$ 個偶數編號的 DFT 值和 $N/2$ 個奇數編號的 DFT 值，計算方式圖示於圖 9.18 的方塊圖，圖中 $X_0[k]=X[2k]$ ，$X_1[k]=X[2k+1]$，為了讓壓縮器選出奇數編號的 DFT 值，我們需要將 DFT 序列左移一位，然而，重要的是，記得 DFT $X[k]$是週期為 N 的週期序列，所以在圖 9.18 中標記的是「循環左移一位」（以及相對應的「循環右移一位」），觀察圖 9.3 可發現相似的結構，只不過圖 9.3 是對時間序列 $x[n]$ 作運算，而不是對 DFT $X[k]$ 作運算。圖 9.18 直接表示出以下事實，將偶數編號的樣本值和奇數編號的樣本值擴張 2 倍之後，再相互交錯（interleaving），可以得到原來的 N 點 DFT $X[k]$。

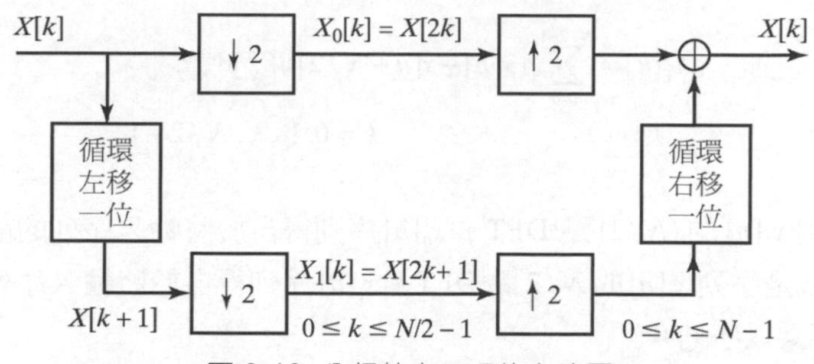

圖 9.18 分頻基本原理的方塊圖

雖然圖 9.18 正確表示出 $X[k]$，但是要根據此圖計算 $X[k]$，先要證明由時間序列 $x[n]$ 可以計算出 $X[2k]$ 和 $X[2k+1]$。在 8.4 節已經知道 DFT 是 DTFT 在頻率為 $2\pi k/N$ 這些點的值，時域上相對應的操作是時間上的交疊，重複長度（週期）為 N。在 8.4 節討論過，如果 N 大於或等於序列 $x[n]$ 的長度，因為在時域上作重複長度 N 的交疊時，$0 \le n \le N-1$ 範圍內的 $x[n]$ 並未重疊，所以在 $0 \le n \le N-1$ 的範圍內 IDFT 可以解回原來的序列 $x[n]$，然而，圖 9.18 中將 DFT 壓縮 2 倍，等於在頻率為 $2\pi k/(N/2)$ 這些點求 DTFT $X(e^{j\omega})$ 的值，因此，$X_0[k] = X[2k]$ 所對應的時域上的周期序列為

$$\tilde{x}_0[n] = \sum_{m=-\infty}^{\infty} x[n+mN/2] \quad -\infty < n < \infty \tag{9.30}$$

因為 $x[n]$ 的長度為 N，所以在 $0 \le n \le N/2-1$ 的範圍內，這些平移的 $x[n]$ 序列只有兩個重疊，所對應到的有限長度序列 $x_0[n]$ 為

$$x_0[n] = x[n] + x[n+N/2] \quad 0 \le n \le N/2-1 \tag{9.31a}$$

要對於奇數編號 DFT 值得到類似結果，先要回想 DFT $X[k+1]$ 的循環平移，在時域對應到的運算是 $W_N^x x[n]$（見表 8.2 的性質 6），因此 $X_1[k] = X[2k+1]$ 所對應到的 $N/2$ 點序列 $x_1[n]$ 為

$$\begin{aligned} x_1[n] &= x[n]W_N^n + x[n+N/2]W_N^{n+N/2} \\ &= (x[n] - x[n+N/2])W_N^n \quad 0 \le n \le N/2-1 \end{aligned} \tag{9.31b}$$

上式中用到 $W_N^{N/2} = -1$。

由 (9.31a) 和 (9.31b) 式可得

$$X_0[k]=\sum_{n=0}^{N/2-1}(x[n]+x[n+N/2])W_{N/2}^{kn} \tag{9.32a}$$

$$X_1[k]=\sum_{n=0}^{N/2-1}[(x[n]-x[n+N/2])W_N^n]W_{N/2}^{kn} \tag{9.32b}$$

$$k=0,1,\ldots,N/2-1$$

(9.32a) 式是序列 $x_0[n]$ 的 $(N/2)$ 點 DFT， $x_0[n]$ 序列得自於將輸入序列的前一半加上後一半，而 (9.32b) 式是序列 $x_1[n]$ 的 $N/2$ 點 DFT， $x_1[n]$ 序列得自於將輸入序列的前一半減去後一半之後，再乘以序列 W_N^n 。

因為 $X[2k]=X_0[k]$ 和 $X[2k+1]=X_1[k]$ ，所以利用 (9.32a) 和 (9.32b) 可以分別算出偶數編號和奇數編號的 $X[k]$，對於 8 點 DFT，(9.32a) 和 (9.32b) 式所建議的計算方法圖示於圖 9.19。

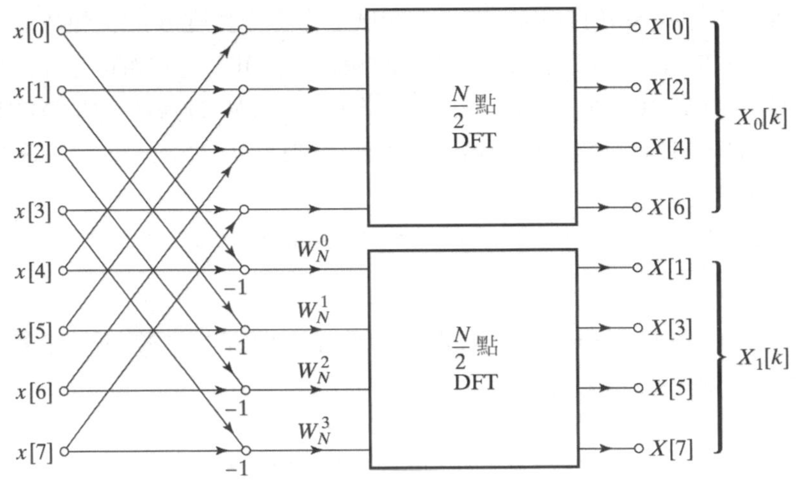

圖 9.19 分頻演算法的訊號流程圖，把 N 點 DFT 分解成 2 個 $(N/2)$ 點 DFT（ $N=8$ ）

接下來的推導方式類似於推導分時演算法，因為 N 是 2 的冪次方， $N/2$ 可以被 2 整除，所以計算 $(N/2)$ 點 DFT 也可以由計算 $(N/2)$ 點 DFT 的奇數編號和偶數編號的輸出點所達成，就如同 (9.32a) 和 (9.32b) 式所建議的步驟，可以組合 $(N/2)$ 點 DFT 的前一半輸入點和後一半輸入點，然後計算它們的 $(N/4)$ 點 DFT。圖 9.20 的訊號流程圖是以這個步驟計算 8 點 DFT 的範例，在這個例子裡，已經化簡計算到 2 點 DFT，一如先前的討論，2 點 DFT 的實作只是對輸入點作加法和減法，因此，可以將圖 9.20 的 2 點 DFT 換成圖 9.21 的訊號流程圖，計算 8 點 DFT 就可以用圖 9.22 代表的演算法完成，我們再次發現

有 $\log_2 N$ 級的 2 點 DFT，彼此用旋轉因子耦合在一起，此處旋轉因子出現在 2 點 DFT 的輸出端。

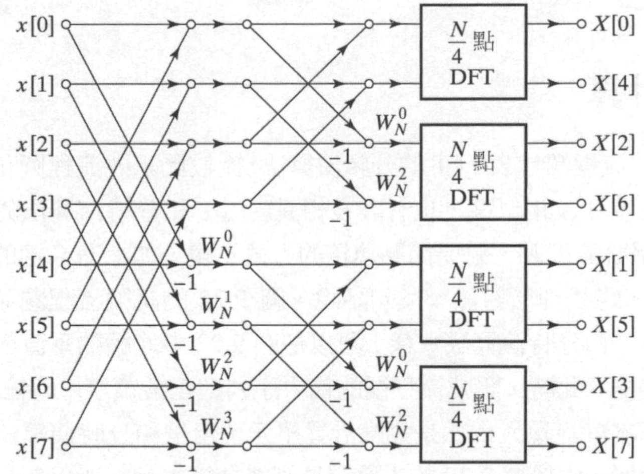

圖 9.20 分頻演算法的訊號流程圖，把 8 點 DFT 分解成 4 個 2 點 DFT

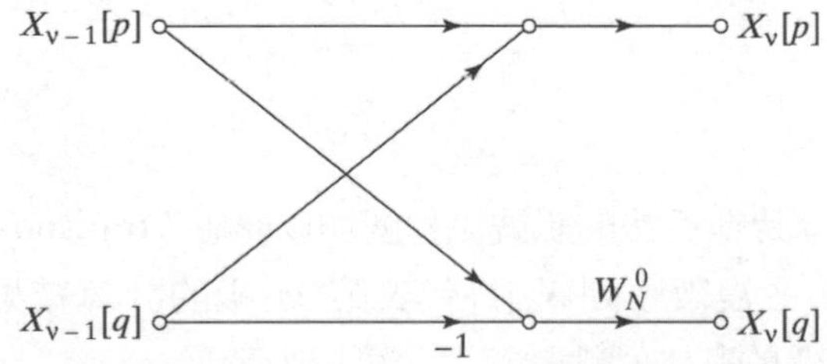

圖 9.21 典型 2 點 DFT 的訊號流程圖，使用於分頻演算法的最後一級

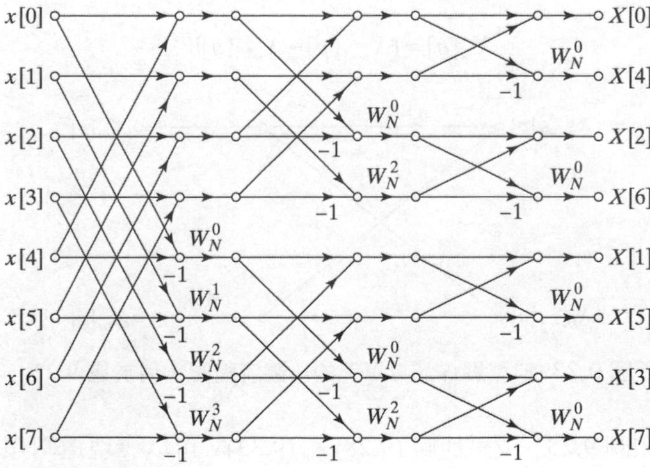

圖 9.22 分頻演算法的訊號流程圖，8 點 DFT 的完全分解

如果我們將圖 9.22 中的長度 N 推廣到 $N=2^{\nu}$，然後計算算術運算的數量，可以發現圖 9.22 需要 $(N/2)\log_2 N$ 個複數乘法和 $N\log_2 N$ 個複數加法，因此，分頻演算法的計算量和分時演算法相同。

9.3.1 就地計算

圖 9.22 的訊號流程圖代表 FFT 的分頻演算法，比較此訊號流程圖和分時演算法的訊號流程圖，可以發現許多相似點，也有許多相異之處。和分時演算法的相同點是，不論怎麼畫圖 9.22 的訊號流程圖，只要節點連接的方式不變，加上有合適的分支增益，就對應到 DFT 的計算，這是理所當然。換句話說，圖 9.22 的訊號流程圖並不預設輸入序列儲存的順序，然而，和分時演算法一樣，可以把圖 9.22 中連續的垂直節點對應到記憶體中連續的儲存暫存器，此時，訊號流程圖的輸入序列是正常順序，而輸出的 DFT 序列是位元倒轉順序。基本計算單元依然是蝴蝶計算單元，但是和分時演算法的蝴蝶計算單元有所不同。無論如何，由於圖 9.22 的本質還是蝴蝶計算單元，所以還是可以用就地計算解釋圖 9.22 所代表的演算法。

9.3.2 替代形式

將 9.2.3 節推導的分時演算法的訊號流程圖加以轉置（transpose），可以得到許多分頻演算法的替代形式。令複數序列 $X_m[\ell]$ 代表第 m 級的計算結果，$\ell=0,1,\ldots,N-1$，$m=1,2,\ldots,\nu$，則圖 9.23 的基本蝴蝶計算單元可以表示爲

$$X_m[p]=X_{m-1}[p]+X_{m-1}[q], \tag{9.33a}$$

$$X_m[q]=(X_{m-1}[p]-X_{m-1}[q]W_N^r \tag{9.33b}$$

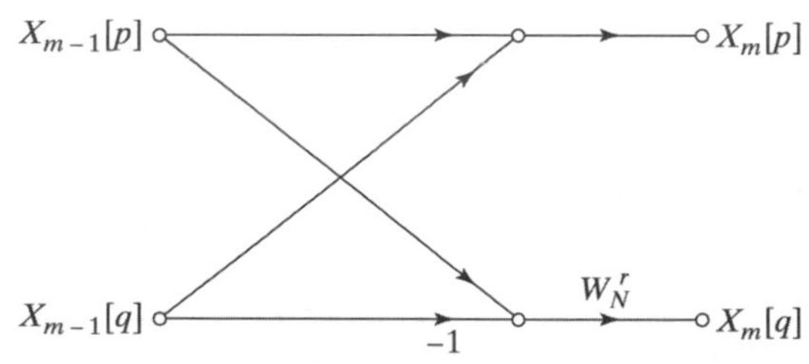

圖 9.23 典型蝴蝶計算單元的訊號流程圖，用於圖 9.22

比較圖 9.12 和圖 9.23，或是比較 (9.28) 和 (9.33)，可以發現這兩類 FFT 演算法的蝴蝶計算單元有所不同，然而用第六章的術語來說，這兩個蝴蝶計算單元的訊號流程圖彼此互爲轉置，也就是說，如果倒轉圖 9.12 的箭號方向，並且重新定義輸入和輸出節點，就得到圖 9.23，反之亦然。既然 FFT 的訊號流程圖是由許多彼此相連的蝴蝶計算單元所

組成，我們在圖 9.11 和圖 9.22 的訊號流程圖之間找到相似之處，也就不讓人驚訝。具體地說，將圖 9.11 的訊號流程圖的箭號方向倒轉，並且交換輸入和輸出，就可以得到圖 9.22，也就是說，圖 9.22 的訊號流程圖是圖 9.11 的轉置。第 6 章所敘述的轉置定理只能應用到單入單出（single-input/single-output）的訊號流程圖，可是 FFT 演算法的訊號流程圖是多入多出（multi-input/multi-output）的系統，其實需要使用廣義的轉置定理（見 Claasen 和 Mecklenbräuker, 1978）。雖然如此，基於以上的觀察，圖 9.11 和圖 9.22 彼此之間的蝴蝶計算單元互為轉置，根據直覺，其訊號流程圖的輸出-輸入之間的特性也應該相同。注意到，用輸出陣列當作起始值，倒推著解 (9.33) 代表的蝴蝶計算，可以得到較正式的證明（習題 9.31 給出此證明的綱要）。更一般的結果是，對於每一個分時 FFT 演算法，將其訊號流程圖分支的的箭號倒轉，並且交換輸入和輸出，可以對應到一個分頻 FFT 演算法。

這結果的意思是 9.2 節的所有訊號流程圖都可以對應到分頻演算法，當然也可以重新排列分頻演算法的節點，卻不影響最後的結果，這和以前所提的結果相同。

將轉置的方式應用到圖 9.15 可以得到圖 9.24，在此訊號流程圖中，輸出是正常順序而輸入是位元倒轉順序，轉置圖 9.16 的訊號流程圖可以得到輸出輸入都是正常順序的訊號流程圖，使用這個訊號流程圖的演算法也會受限於和圖 9.16 一樣的限制。

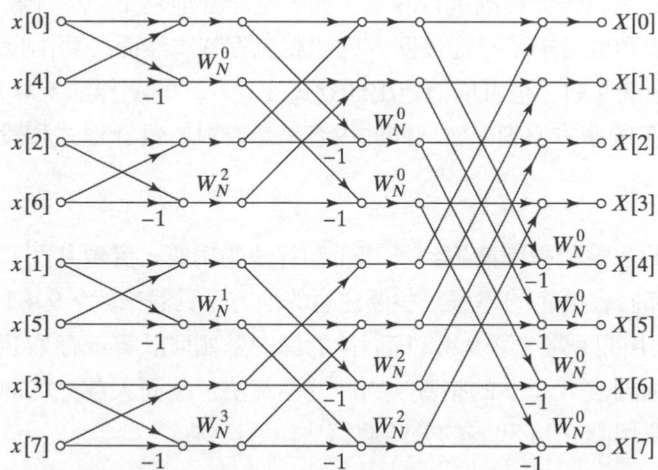

圖 9.24　圖 9.22 得到的 DFT 分時演算法的訊號流程圖，輸入為位元倒轉順序，輸出為正常順序（圖 9.15 的轉置）

轉置圖 9.17 可以得到圖 9.25，這個訊號流程圖的每一級都有相同的幾何結構，這個性質可以簡化資料的存取，和之前的討論相同。

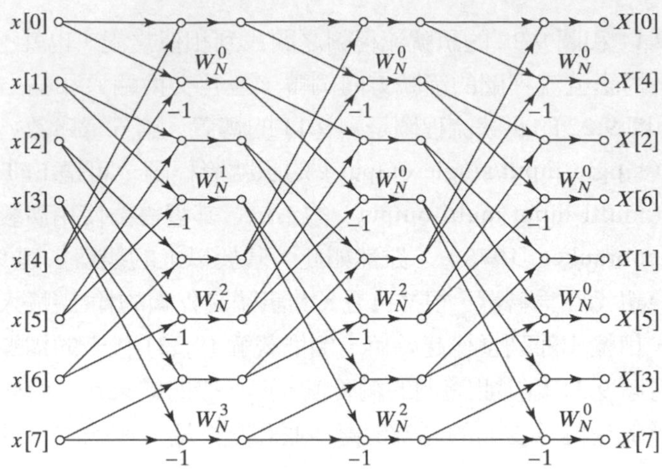

圖 9.25 重排圖 9.22 的訊號流程圖，每一級的幾何結構都相同，可以簡化資料存取（圖 9.17 的轉置）

9.4 實際應用的考量

我們在 9.2 和 9.3 節討論了有效計算 DFT 所用的基本原理，其 DFT 長度 N 是 2 的整數次方。我們偏好用訊號流程圖進行討論，而不是詳細地寫下訊號流程圖所代表的方程式。出於必要，我們也畫出了特定長度 N 的訊號流程圖，然而，藉由探討特定長度 N 的訊號流程圖，像是圖 9.11，也可以構造出任意長度 $N = 2^\nu$ 的演算法。第 9.2 和 9.3 節完全適合用來了解 FFT 的基本原理，這一節的內容是想要對於設計程式和設計系統提供有用的指引。

雖然前幾節的訊號流程圖捕捉到了 FFT 演算法的本質，實現某個演算法還是有許多細節要考慮。本節將會簡短的建議一些要注意的地方。具體來說，9.4.1 節討論的課題是如何存取 FFT 的中間陣列，第 9.4.2 節討論的課題是如何計算或存取訊號流程圖的分支係數，我們特別強調當 N 是 2 的整數次方時的演算法，然而大部分的討論都可以用到更一般的情形，主要用圖 9.11 代表的分時演算法作為釋例。

9.4.1 指標索引的方式

對於圖 9.11 代表的演算法，輸入序列必須是位元倒轉順序才能做就地計算，所得到的 DFT 是正常順序。一般說來，序列不會一開始就排成位元倒轉順序，所以實作圖 9.11 的第一步是將輸入序列排序成位元倒轉順序。如同這個圖 9.11、(9.27) 和 (9.29) 式所示，只需要將某一編號的資料和倒轉位元順序編號的資料互換，逐對互換序列的樣本，就可以就地倒轉位元順序。用兩個計數器（counter）計數，一個以正常順序計數，另一個以位元倒轉順序計數，然後用這兩個計數器當作指標，將對應到的資料互換，可以很容易做到就地倒轉位元順序。一旦輸入排成位元倒轉順序，就可以進行第一級計算，此時，蝴蝶計算單元的輸入在陣列 $X_0[\cdot]$ 中是相鄰的資料，在第二級，蝴蝶計算單元的輸入在陣列 $X_1[\cdot]$ 中的間隔為 2，在第 m 級，蝴蝶計算單元的輸入間隔為 2^{m-1}。如果是從圖 9.11 的上方開始進行蝴蝶計算，則第 m 級的係數是 $W_N^{(N/2^m)}$ 的冪次方，以正常順序取用這些係數。以上敘述定義了某一級資料的存取方式，理所當然，資料存取方式也和實作訊號流程圖的方式有關。舉例來說，圖 9.15 中第 m 級的蝴蝶計算單元的輸入間隔為 $2^{\nu-m}$，以位元倒轉順序取用係數，輸入是正常順序，輸出是位元倒轉順序，所以，一般來說必須將輸出重新排序成正常順序，如前所示，這可以用一個正常位元順序的計數器和一個倒轉位元順序的計數器達成。

一般來說，第 9.2 和 9.3 節的所有訊號流程圖代表的演算法都有本身特有的指標索引（indexing）的課題。很多因素都會影響到演算法的選擇，在地計算的好處是有效使用記憶體，可是有兩個缺點，一個缺點是必須使用隨機存取記憶體，而非循序存取記憶體；另一個缺點是輸入序列或是輸出的 DFT 序列是倒轉位元順序。除此之外，係數取用的順序可能是正常順序，也可能是倒轉位元順序，視演算法為分時或分頻以及輸入－輸出序列的順序是正常或位元倒轉而定。我們已經介紹過，如果使用的是循序存取記憶體，某些 FFT 演算法的輸入或輸出序列必須是位元倒轉順序。雖然可以重新安排此演算法的訊號流程圖，使演算法的輸入、輸出、係數都是正常順序，可是實現此演算法的指標索引結構會很複雜，而且需要使用比隨機存取記憶體多上兩倍的記憶體。因此，這些演算法並沒有明顯的優勢。

圖 9.11、9.15、9.22、9.24 代表的就地計算演算法屬於最常用的 FFT 演算法，如果只需要作一次 DFT，那麼必須對輸入序列或輸出序列作位元倒轉排序，然而，有些應用是先對序列作 DFT，修改 DFT 結果，然後再計算 IDFT。舉例來說，用 DFT 實作 FIR 濾波器的區塊旋積時，我們將輸入序列其中一段的 DFT 乘以濾波器脈衝響應的 DFT，然後把乘積結果作 IDFT，可得到濾波器輸出的其中一段，用 DFT 計算自相關（autocorrelation）函數或是互相關（cross-correlation）函數的方法也很類似，先作序列的 DFT，將 DFT 結果相乘，再作乘積的 IDFT。如果兩個轉換是以這種方式串接起來，藉由選擇適當的 FFT 演算法，有機會可以不用作位元倒轉。舉例來說，用 DFT 實作 FIR 數位濾波器時，可以選擇輸入序列是正常順序，而 DFT 輸出是位元倒轉的演算法，例如圖 9.15 的分時演算法或圖 9.22 的分頻演算法，他們的差別只在於分時演算法是以位元倒轉順序取用係數，而分頻演算法是以正常順序取用係數。

注意到圖 9.11 的係數是以正常順序取用，而圖 9.24 是位元倒轉順序，如果選擇分時演算法作正轉換，那麼應該用分頻演算法作逆轉換，而係數是位元倒轉順序。類似的觀念，分頻演算法的正轉換要搭配分時演算法的逆轉換，使用正常順序的係數。

9.4.2 係數

我們已經觀察到，取用係數 W_N^r（旋轉因子）的順序可能是位元倒轉順序，也可能是正常順序，不論哪一種情形，如果不是存起所有的係數以便查表，就是要在用到這些係數時把值計算出來。前一種方法的優點是速度，代價當然是額外的記憶體，由訊號流程圖可知，我們需要 W_N^r，$r=0,1,\ldots,(N/2)-1$，因此一個完整的係數表需要有 $(N/2)$ 個複數暫存器。[⑧]如果是以位元倒轉順序使用係數，只需把係數以位元倒轉順序存入表中即可。

當場計算係數值的方式可以節省記憶體，可是比查表法較沒有效率。如果要當場計算係數，最有效的方法通常是使用遞迴公式做計算。某一級所需要的係數都可以表示成 W_N^q 的複數的冪次方，其中 q 值和演算法與級數有關，因此，如果是以正常順序取用係數，那麼用以下的遞迴公式

$$W_N^{q\ell} = W_N^q \cdot W_N^{q(\ell-1)} \tag{9.34}$$

可以從第 $(\ell-1)$ 個係數計算出第 ℓ 個係數。如果是以位元倒轉順序取用係數，明顯地不能套用遞迴計算的方式。注意到 (9.34) 式只是習題 6.21 探討的耦合形式振盪器，如果使用有限精確度計算，進行差分方程式的疊代時會累積誤差，因此，通常要重設某些點的值（像是 $W_N^{N/4}=-j$），誤差才不會大到無法接受。

9.5 更一般的 FFT 演算法

第 9.2 和 9.3 節詳細討論到 2 的冪次方的演算法，這類演算法直接而且容易設計有效率的程式，然而對於某些應用，不同 N 值的有效演算法也會非常有用。

9.5.1 N 為合成數的演算法

雖然對於 N 是 2 的冪次方這個特例，我們推導的演算法有特別簡單的架構，然而並非只有這類的 N 值才能減少 DFT 的計算量。用來推導 N 是 2 的冪次方的分時和分頻演算法的原理也可以用到 N 是合成數的情形，也就是 N 是兩個或兩個以上整數的乘積。舉例來說，如果 $N=N_1N_2$，就有可能把 N 點 DFT 表示成 N_1 個 N_2 點 DFT 的組合，或是表示成 N_2 個 N_1 點 DFT 的組合，藉此減少計算量。要瞭解細節，首先將指標 n 和 k 以下列方式表示

---

⑧ 利用係數的對稱性可以減少暫存器使用量，付出的代價是查表的複雜度較大。

$$n = N_2 n_1 + n_2 \quad \begin{cases} n_1 = 0, 1, \ldots, N_1 - 1 \\ n_2 = 0, 1, \ldots, N_2 - 1 \end{cases} \tag{9.35a}$$

$$k = k_1 + N_1 k_2 \quad \begin{cases} k_1 = 0, 1, \ldots, N_1 - 1 \\ k_2 = 0, 1, \ldots, N_2 - 1 \end{cases} \tag{9.35b}$$

因為 $N = N_1 N_2$，所以這種指標分解方式確保 n 和 k 涵蓋 $0, 1, \ldots, N-1$ 每一個值，將 n 和 k 的表示式代入 DFT 的定義，經過一些計算和化簡，可得

$$\begin{aligned} X[k] &= X[k_1 + N_1 k_2] \\ &= \sum_{n_2=0}^{N_2-1}\left[\left(\sum_{n_1=0}^{N_1-1} x[N_2 n_1 + n_2] W_{N_1}^{k_1 n_1}\right) W_N^{k_1 n_2}\right] W_{N_2}^{k_2 n_2}, \end{aligned} \tag{9.36}$$

其中 $k_1 = 0, 1, \ldots, N_1 - 1$，$k_2 = 0, 1, \ldots, N_2 - 1$。(9.36) 式小括號中的算式代表 N_2 個 N_1 點 DFT，將此 DFT 乘上旋轉因子 $W_N^{k_1 n_2}$，再作 N_2 點 DFT，對應到的是外層的求和運算，即 N_1 個 N_2 點 DFT。

如果 $N_1 = 2$ 、 $N_2 = N/2$ ，則 (9.36) 式可化簡成 2 的冪次方的分頻演算法的第一級，由 $N/2$ 個 2 點 DFT 組成，繼之以 2 個 $(N/2)$ 點 DFT，見第 9.3 節的圖 9.19。反之，如果 $N_1 = N_2$ 、 $N_2 = 2$ ，則 (9.36) 式可化簡成 2 的冪次方的分時演算法的第一級，由 2 個 $N/2$ 點 DFT 組成，繼之以 $N/2$ 個 2 點 DFT，見 9.2 節的圖 9.4[9]。

對於 N 是一般合成數的 Cooley-Tukey 演算法，可以先做 N_1 點 DFT，然後繼續應用 (9.36) 到 N/N_1 的因數 N_2，直到 N 的所有因數都被用過為止。重複使用 (9.36) 式得到的演算法類似 2 的冪次方的分解方式，這些演算法的指標索引方式稍微比 2 的冪次方的情形複雜。如果 N 的因數彼此互質，所需的乘法數可以進一步減少，付出的代價是更複雜的指標索引方式。為了不使用 (9.36) 式的旋轉因子，「質因數」演算法使用的指標索引分解方式和 (9.35a)、(9.35b) 式不同，因此可減少相當多的計算量。一般的 Cooley-Tukey 演算法和質因數演算法的更多細節見 Burrus 和 Parks (1985)，Burrus (1988)，與 Blahut (1985)。

圖 9.26 的實測結果可顯示質因數演算法的計算量，我們使用 MATLAB 5.2 的函式 `fft()`，測量此函式所用的浮點運算數（floating-point operations, FLOPS）和 N 之間的關係[10]。根據我們討論的結果，當 N 是 2 的冪次方時，FLOPS 正比於 $N \log_2 N$ ，直接計

---

[9] 如果 (9.36) 式要確實表示圖 9.4，則最後一級的 2 點蝴蝶計算單元要換成圖 9.10 的蝴蝶計算單元。

[10] 圖 9.26 是由 C. S. Burrus 所寫的程式的修正版所得，因為 MATLAB 最近的版本不再提供 FLOPS 的測量結果，所以讀者或許無法重作這個實驗。

算 DFT 時，FLOPS 正比於 N^2，對於其他的 N 值，總運算量應該和因數的個數 [以及基數（cardinality）] 相關。

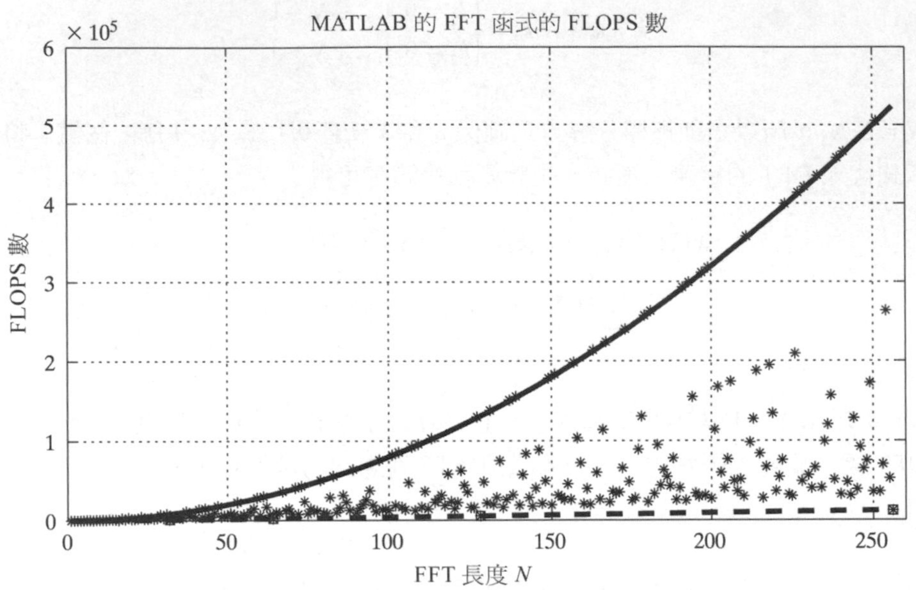

圖 9.26 函式 `fft( )` 的浮點運算數和 N 的關係（MATLAB 5.2）

當 N 是質數，只能用直接計算法，所以 FLOPS 正比於 N^2，圖 9.26 最上方的（實）線代表以下函數

$$\text{FLOPS}(N) = 6N^2 + 2N(N-1) \tag{9.37}$$

當 N 是質數所測量的值都落在這條曲線上。最下方的虛線代表以下函數

$$\text{FLOPS}(N) = 6N\log_2 N \tag{9.38}$$

當 N 是 2 的冪次方，所測量的值都落在這條曲線上。其他合成數所測量到的運算數落在這兩條線之間。要瞭解效率如何隨著不同 N 值而變，可以觀察 N 從 199 到 202 的測量結果，199 是質數，所以其 FLOPS (318004) 落在最大值的曲線上，$N = 200$ 可以因數分解成 $N = 2\cdot2\cdot2\cdot5\cdot5$，其 FLOPS (27134) 接近最小值的曲線，$N = 201 = 3\cdot67$ 的 FLOPS 爲 113788，$N = 202 = 2\cdot101$ 的 FLOPS 爲 167676，$N = 201$ 和 $N = 202$ 的 FLOPS 相差懸殊是因爲 101 點轉換比 67 點轉換需要多得多的計算量，也注意到當 N 有許多小因數時（例如 $N = 200$ 的情形），有高得多的計算效率。

9.5.2 FFT 演算法的最佳化

在 9.2 和 9.3 節詳細討論過，FFT 演算法的數學原理是將 DFT 分解成許多較小轉換的組合，可以用高階程式語言設計 FFT 演算法的程式，由編譯器將程式轉換成機械層級的指令，以便在特定硬體上執行，這種作法通常會讓 FFT 的效率隨著硬體架構不同而改變。Frigo 和 Johnson (1998, 2005) 提出了在不同的硬體都要達到最高效率的課題，並且寫出了一套免費的程式庫，稱爲 FFTW（Fastest Fourier Transform in the West，西方最快速的傅立葉轉換）。FFTW 使用「計劃者」（planner）調整其廣義 Coley-Tukey FFT 演算法，在給定的硬體平台得到最大效率。此系統的進行分成兩階段，第一階段是計畫的階段，在給定的硬體建構最佳的計算方式，以便得到最佳的效率，第一階段是計算的階段，執行上一階段得到的計畫（程式）。只要確定計畫，在此硬體上就可以視需要重複執行此計畫。FFTW 的細節超越此處的討論範圍，無論如何，Frigo 和 Johnson (2005) 證明了當 N 從 16 到 8192，FFTW 演算法在相當多不同的硬體都遠快於其他的實作方法，N 值超過 8192，由於快取記憶體的原因，FFTW 的效能掉落得非常快。

9.6 使用旋積實現 DFT

因爲 FFT 的驚人效率，計算兩個序列的旋積通常是先作兩個序列的 DFT，將其 DFT 相乘，再做乘積的 IDFT 以得到旋積的結果，其中的 DFT 和 IDFT 都用 FFT 來計算。有時候，我們傾向於使用相反的作法，甚至是看起來矛盾的作法（當然了，事實並非如此），也就是重新用旋積表示 DFT，然後藉此計算 DFT。我們已經見過一個例子，就是 Goertzel 演算法。以這個方式爲基礎發展出許多更成熟的演算法，我們將在以下各小節討論。

9.6.1 Winograd 傅立葉轉換演算法概論

S. Winograd (1978) 提出並發展一種計算 DFT 的方法，通常稱爲 Winograd 傅立葉轉換演算法（Winograd Fourier transform algorithm, WFTA），藉由將 DFT 表示爲多項式乘法，等效於旋積，此方法達到很高的計算效率。WFTA 使用的指標索引方式對應到將 DFT 分解成許多長度互質的短 DFT，再將這些短 DFT 轉換成週期旋積。在輸入序列的長度是質數的情形下，Rader (1968) 提出了一種將 DFT 轉成旋積的方式，但是要等到計算週期旋積的方法發展出來之後，Rader 的方法才得到充分的應用。Winograd 將前述的方式以及有效計算循環旋積的演算法結合在一起，成爲計算 DFT 的新方法，推導有效的短旋積演算法需要用到較進階的數論觀念，像是多項式的中國剩餘定理（Chinese remainder theorem），所以我們不在這裡探討細節，然而，McClellan 和 Rader (1979)、Blahut (1985)、Burrus (1988) 對於 WFTA 的細節提供了極佳的討論。

使用 WFTA 計算 N 點 DFT 所需的乘法數正比於 N，而非 $N\log N$，雖然 WFTA 使用最少的乘法數，但是加法數比 FFT 多上許多，因此，在乘法計算比加法計算慢很多的應用，像是一般的定點數算數，WFTA 最有利，然而在乘法和累加器結合在一起的處理器中，較常用的是 Cooley-Tukey 或是質因數演算法。WFTA 其他的困難點是指標索引較複雜、不能用就地計算、以及對於不同 N 值有非常不同的結構。

因此，在比較 DFT 的計算效率（以乘法數表示）時，雖然 WFTA 是非常重要的基準，但是在硬體或軟體實作 DFT 時，通常由其他原因主宰速度或效率。

9.6.2 啾聲轉換演算法

另一種將 DFT 用旋積表示的演算法稱為啾聲演算法（chirp transform algorithm, CTA），這個演算法不會讓任何一種評估複雜度的方式得出最佳值，可是在許多的場合卻都很有用。如果軟體或硬體是用預先給定的固定脈衝響應作旋積計算，特別適合用來實作 CTA，而且 CTA 可以在單位圓上**任何一組**等間隔的頻率點上計算傅立葉轉換的值，這點也比 FFT 有彈性。

接下來推導 CTA，令 $x[n]$ 代表長度為 N 的序列，其傅立葉轉換為 $X(e^{j\omega})$，我們要在單位圓上 M 個等夾角的頻率點上計算 $X(e^{j\omega})$ 的值。如圖 9.27 所示，這些點可表示為

$$\omega_k = \omega_0 + k\Delta\omega, \quad k = 0, 1, \ldots, M-1, \tag{9.39}$$

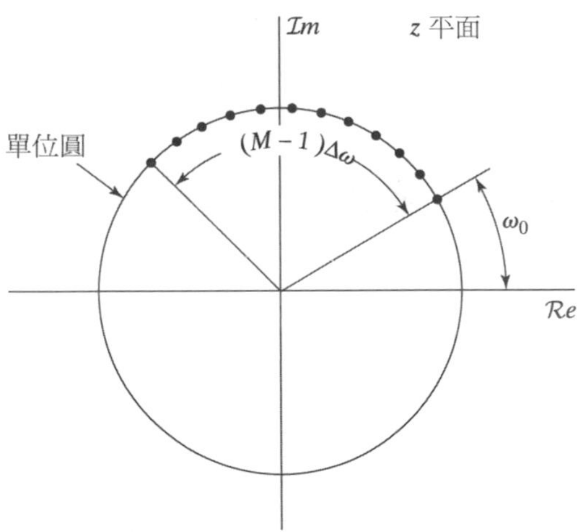

圖 9.27 CTA 的頻率點位置

可以任意選擇上式的起始頻率 ω_0 和頻率增量 $\Delta\omega$（DFT 是 $\omega_0 = 0$ 、 $M = N$ 、 $\Delta\omega = 2\pi / N$ 的特例）。在這些一般的頻率點上，傅立葉轉換的值爲

$$X(e^{j\omega_k}) = \sum_{n=0}^{N-1} x[n]e^{-j\omega_k n}, \quad k = 0, 1, \ldots, M-1, \tag{9.40}$$

接下來定義 W 如下：

$$W = e^{-j\Delta\omega} \tag{9.41}$$

利用以上的定義和 (9.39) 式可得

$$X(e^{j\omega_k}) = \sum_{n=0}^{N-1} x[n]e^{-j\omega_0 n}W^{nk} \tag{9.42}$$

爲了將 $X(e^{j\omega_k})$ 表示成旋積的形式，我們利用以下的恆等式

$$nk = \tfrac{1}{2}[n^2 + k^2 - (k-n)^2] \tag{9.43}$$

將 (9.42) 表示爲以下的形式

$$X(e^{j\omega_k}) = \sum_{n=0}^{N-1} x[n]e^{-j\omega_0 n}W^{n^2/2}W^{k^2/2}W^{-(k-n)^2/2} \tag{9.44}$$

利用以下的定義

$$g[n] = x[n]e^{-j\omega_0 n}W^{n^2/2}, \tag{9.45}$$

可將 $X(e^{j\omega_k})$ 重寫爲

$$X(e^{j\omega_k}) = W^{k^2/2}\left(\sum_{n=0}^{N-1} g[n]W^{-(k-n)^2/2}\right), \quad k = 0, 1, \ldots, M-1 \tag{9.46}$$

爲了準備將 (9.46) 式解釋成 LTI 系統的輸出，我們將此式的 k 換成 n，n 換成 k，得到以下較熟悉的表示式

$$X(e^{j\omega_n}) = W^{n^2/2}\left(\sum_{k=0}^{N-1} g[k]w^{-(n-k)^2/2}\right), \quad n = 0, 1, \ldots, M-1 \tag{9.47}$$

在 (9.47) 式中，將序列 $g[n]$ 和序列 $W^{-n^2/2}$ 的旋積乘以序列 $W^{n^2/2}$ ，可以得到 $X(e^{j\omega_n})$ ，換句話說，傅立葉轉換 $X(e^{j\omega_n})$ 就是輸出序列，指標爲獨立變數 n。圖 9.28 是這種解釋的方

塊圖。可以將序列 $W^{-n^2/2}$ 看成一個複指數序列，其頻率以線性方式增加，增加量爲 $n\Delta\omega$。在雷達（radar）系統中，這種訊號稱爲啾聲訊號，所以這種轉換稱爲**啾聲轉換**。在雷達或聲納（sonar）訊號處理中，常用類似圖 9.28 的系統來作脈衝壓縮 (Skolnik, 2002)。

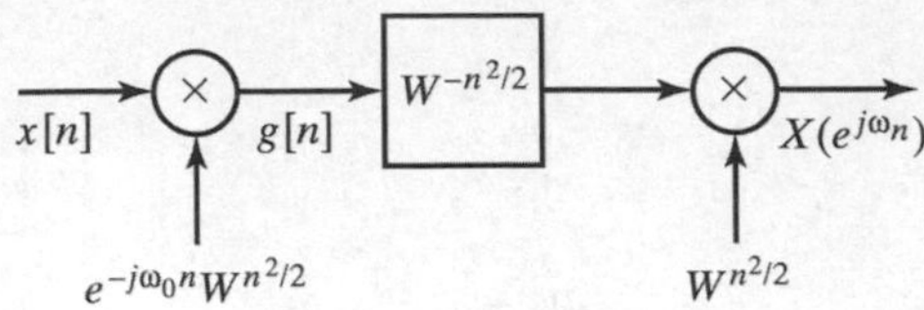

圖 9.28 CTA 的方塊圖

當我們用 (9.47) 式求傅立葉轉換的值，只需要在有限的範圍內計算圖 9.28 的系統的輸出。圖 9.29 是 $g[n]$、$W^{-n^2/2}$、以及 $g[n]*W^{-n^2/2}$ 的示例，因爲 $g[n]$ 是有限長度序列，所以序列 $W^{-n^2/2}$ 只有一部份用來計算 $n=0,1,\ldots,M-1$ 此範圍內的 $g[n]*W^{-n^2/2}$，具體來說，這部份是從 $n=-(N-1)$ 到 $n=M-1$。令

$$h[n]=\begin{cases}W^{-n^2/2}, & -(N-1)\le n\le M-1,\\ 0, & \text{其他}\end{cases} \tag{9.48}$$

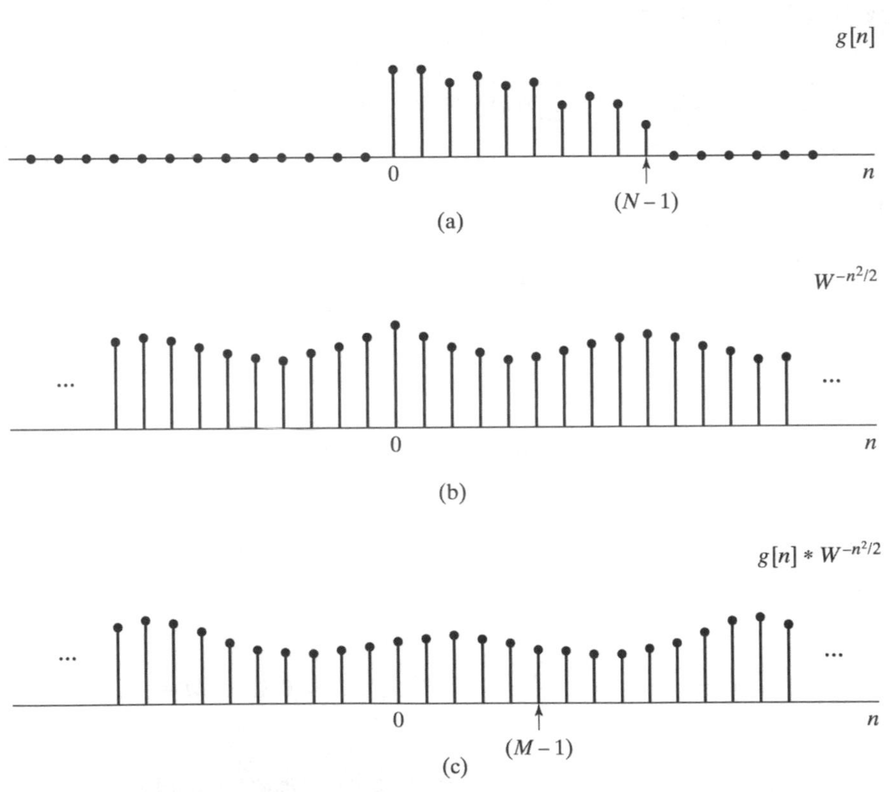

圖 9.29 啾聲轉換演算法中各序列的示意圖，注意：這些序列實際上是複值。
(a) $g[n]=x[n]e^{-j\omega_0 n}W^{n^2/2}$；(b) $W^{-n^2/2}$；(c) $g[n]*W^{-n^2/2}$

圖 9.30 是 $h[n]$ 的示例，藉由旋積計算的圖示很容易證明以下等式

$$g[n]*W^{-n^2/2}=g[n]*h[n],\quad n=0,1,\ldots,M-1 \tag{9.49}$$

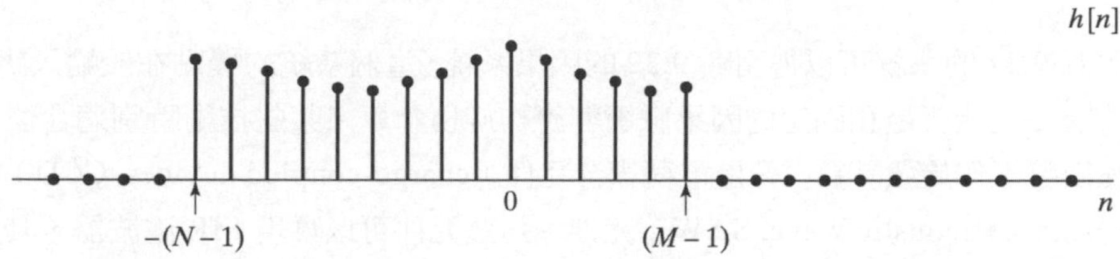

圖 9.30 FIR 啾聲濾波器支持區域（region of support）的示意圖。注意：實際上定義在 (9.48) 的 $h[n]$ 是複值

所以圖 9.28 系統中的無限脈衝響應 $W^{-n^2/2}$ 可以換成圖 9.30 的有限脈衝響應，圖 9.31 是此有限脈衝響應系統的方塊圖，其中 $h[n]$ 定義於 (9.48)，傅立葉轉換值為

$$X(e^{j\omega_n})=y[n],\quad n=0,1,\ldots,M-1 \tag{9.50}$$

使用圖 9.31 的方法求傅立葉轉換的值有許多潛在的優點，通常不需如同 FFT 滿足 $N=M$，N 跟 M 也不需是合成數，如果必要的話，它們可以是質數，除此之外，我們在 8.7 節介紹過，可以用 FFT 演算法有效地實作圖 9.31 的旋積計算，所以可以任意選取參數 ω_0 的值，而不減低計算的效率，這也比 FFT 有彈性。8.7 節討論過，計算旋積使用的 FFT 長度必須大於或等於 $(M+N-1)$，才能在 $0\le n\le M-1$ 的範圍內讓循環旋積等於 $g[n]*h[n]$，除了這個限制之外，可以任意選取 FFT 的長度，舉例來說，讓長度等於 2 的冪次方。有趣的是，用來計算 CTA 中旋積的 FFT 演算法可以是 Winograd 演算法，而 Winograd 演算法本身卻是用旋積實作 DFT。

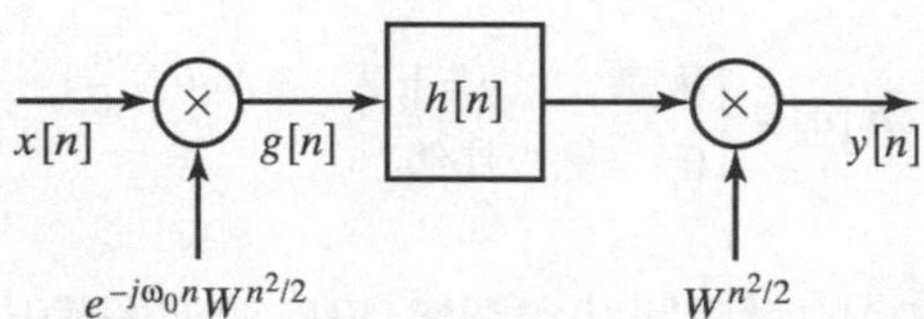

圖 9.31 啾聲轉換系統的方塊圖，此系統具備有限脈衝響應

在圖 9.31 的系統中，$h[n]$ 是非因果的脈衝響應，必許作些修改才能實作某些因果系統，因為 $h[n]$ 是有限長度序列，所做的修改只是將 $h[n]$ 延遲 $(N-1)$ 個樣本，就可以得到因果的脈衝響應

$$h_1[n]=\begin{cases}W^{-(n-N+1)^2/2}, & n=0,1,\ldots,M+N-2,\\ 0, & \text{其他}\end{cases} \tag{9.51}$$

既然輸出訊號和輸入訊號的啾聲解調變序列也隨之延遲 $(N-1)$ 個樣本，所以傅立葉轉換的值為

$$X(e^{j\omega_n}) = y_1[n+N-1], \quad n = 0, 1, \ldots, M-1 \tag{9.52}$$

修改圖 9.31 的系統可以得到圖 9.32 的因果系統，這個系統的優點在於輸入訊號（用啾聲訊號調變之後）是和固定的因果脈衝響應作旋積計算，某些技術特別適合使用預給的固定脈衝響應作旋積計算，像是電荷耦合元件（charge-coupled devices, CCD）或是表面聲波（surface acoustic wave, SAW）元件，這些元件可以實現 FIR 濾波器，其脈衝響應可以在晶圓製造的階段用電極的幾何樣式蝕刻在元件上，Hewes, Broderson 和 Buss (1979) 以類似的方式在 CCD 上實作 CTA。

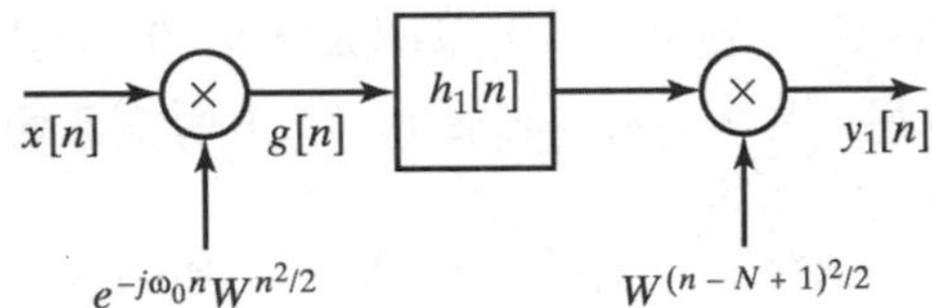

圖 9.32 啾聲轉換系統的方塊圖，此系統具備因果有限脈衝響應

如果選取的頻率點是 DFT 的頻率點，也就是 $\omega_0 = 0$、$W = e^{-j2\pi/N}$，此時 $\omega_n = 2\pi n/N$，CTA 也可以作進一步簡化，為了方便起見，我們直接修改圖 9.32 的系統方塊圖，也就是令圖中的 $\omega_0 = 0$ 和 $W = e^{-j2\pi/N} = W_N$，並且將脈衝響應多加上一個樣本的延遲，如果 N 是偶數，$W_N^N = e^{-j2\pi} = 1$，可得

$$W_N^{-(n-N)^2/2} = W_N^{-n^2/2} \tag{9.53}$$

在這些條件下，可得圖 9.33 系統方塊圖，其中的脈衝響應為

$$h_2[n] = \begin{cases} W_N^{-n^2/2}, & n = 1, 2, \ldots, N+N-1, \\ 0, & \text{其他} \end{cases} \tag{9.54}$$

此時用來調變輸入訊號 $x[n]$ 的啾聲訊號和調變 FIR 濾波器輸出訊號的啾聲訊號完全相同，最後可得

$$X(e^{j2\pi n/N}) = y_2[n+N], \quad n = 0, 1, \ldots, M-1 \tag{9.55}$$

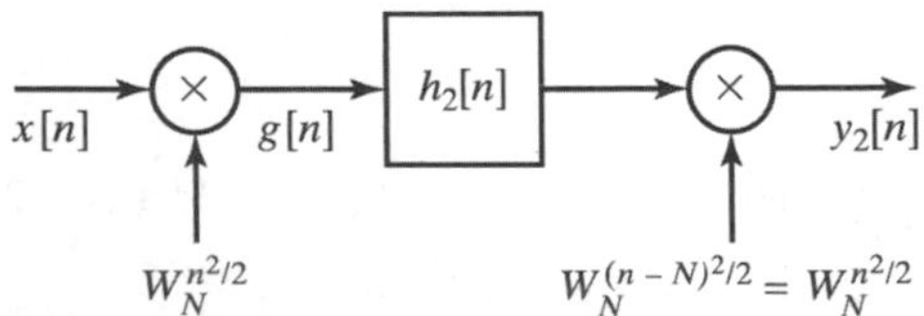

圖 9.33 啾聲轉換系統的方塊圖，此系統可計算 DFT

範例 9.1　指定啾聲轉換的參數

假設有限長度序列 $x[n]$ 的值僅在 $n=0,\ldots,25$ 的範圍內不為零，我們想要求 DTFT 在頻率為 $\omega_k=2\pi/27+2\pi k/1024$，$k=0,\ldots,15$ 這 16 個點上的值。在圖 9.32 的系統中選取適當的參數，然後和此系統的脈衝響應作旋積，可以計算出這些 DFT 值。令頻率點數 $M=16$，序列的長度 $N=26$，起始頻率 $\omega_0=2\pi/27$，相鄰頻率點的間隔 $\Delta\omega=2\pi/1024$，藉由這些參數可算出 (9.41) 式的 $W=e^{-j\Delta\omega}$，進而算出 (9.51) 式的因果脈衝響應

$$h_1[n]=\begin{cases}[e^{-j2\pi/1024}]^{-(n-25)^2/2}, & n=0,\ldots,40,\\ 0, & \text{其他}\end{cases}$$

藉此因果脈衝響應可計算出輸出序列 $y_1[n]$，欲求得的 DTFT 值從 $y_1[25]$ 開始輸出，如下所示

$$y_1[n+25]=X(e^{j\omega_n})\big|_{\omega_n=2\pi/27+2\pi n/1024},\quad n=0,\ldots,15$$

Bluestein (1970) 首次提出一種類似 CTA 的演算法，當 N 是完全平方數，而且 $\Delta\omega=2\pi/N$ 的情形下，證明了可以用遞迴方式實現圖 9.32（見習題 9.48）。當 z 平面上的點以等夾角分佈在一個螺線的弧上，Rabiner, Schafer 和 Rader(1969)推廣這個演算法，用來計算這些點的 z 轉換值，這個比 CTA 廣義的演算法稱爲啾聲 z 轉換(chirp z-transform, CZT）演算法，CTA 是 CZT 演算法的特例。

9.7 有限暫存器長度的效應

既然數位濾波和頻譜分析大量使用 FFT 演算法，瞭解有限暫存器長度對於計算 FFT 產生的效應就變得重要，和數位濾波器的情況相同，我們很難精確地分析此效應。然而，簡化的分析通常就足以幫助我們選擇暫存器長度。我們即將呈現的分析相當類似於 6.9 節的分析方式，具體來說，我們對於每一個會發生捨入（round-off）的計算都插入一個加成性（additive）的雜訊源，借助這種線性雜訊模型來分析算術的捨入效應，然後根據一些假設條件進一步簡化我們的分析。最後對於算術捨入效應所得到的估計值雖然簡單，卻很有用。雖然我們的分析都針對四捨五入的計算，通常很容易修改爲無條件捨去（truncation）的結果。

我們已經見過數種 FFT 演算法的架構，然而捨入雜訊對不同類演算法產生的效應都很類似，因此，雖然我們只分析 radix-2 分時演算法，分析結果仍可代表其他架構。

圖 9.34 的訊號流程圖代表 $N=8$ 的分時演算法，即圖 9.11，這個訊號流程圖有許多標準的 radix-2 演算法的共通要素，計算 DFT 需要 $v=\log_2 N$ 級，每一級新的 N 個值是由前一級的 N 個值兩兩作線性組合所得，第 v 級的 N 個值就是欲求的 DFT，在 radix-2 分時演算法中，基本的 2-DFT 的計算如下

$$X_m[p]=X_{m-1}[p]+W_N^r X_{m-1}[q], \tag{9.56a}$$

$$X_m[q]=X_{m-1}[p]-W_N^r X_{m-1}[q] \tag{9.56b}$$

此處的足標 m 和 $(m-1)$ 分別代表第 m 個陣列和第 $(m-1)$ 個陣列，p 和 q 表示此數在陣列中的位置（ $m=0$ 代表輸入陣列， $m=v$ 代表輸出陣列）。圖 9.35 是蝴蝶計算單元的訊號流程圖。

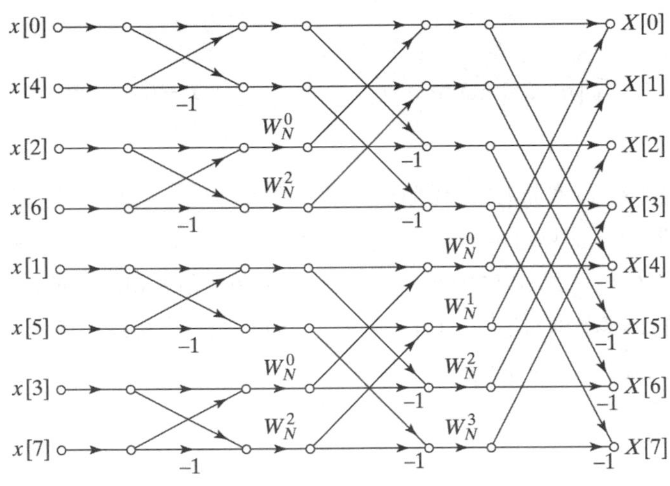

圖 9.34 FFT 分時演算法的訊號流程圖

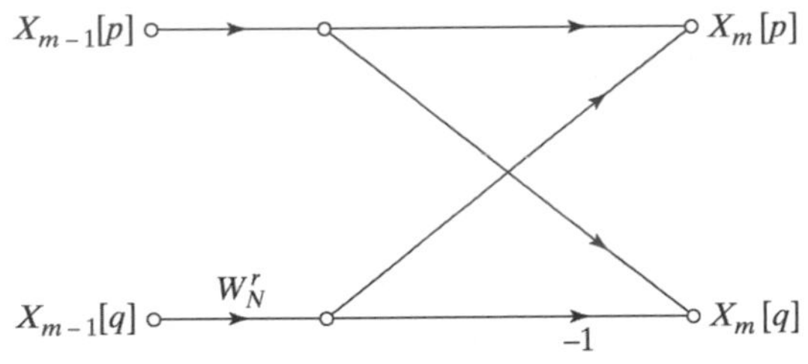

圖 9.35 分時演算法的蝴蝶計算單元

在每一級進行著 $N/2$ 個不同的蝴蝶計算以產生下一級陣列，整數 r 隨著 p、q、m 改變，改變方式因 FFT 演算法而異，然而我們的分析並不因 r 的變化方式而有差異，而且 p、q、m 之間的特定關係雖然會影響第 m 個陣列的編號方式，對於此處的分析也不重要。因爲蝴蝶計算單元的不同，分析分時演算法和分頻演算法的細節或多或少有所差異，但

是分析的基本結果並沒有很大的不同，在我們的分析中，假設蝴蝶架構如 (9.56a) 和 (9.56b) 所示，對應到的是分時演算法。

我們對於每一個定點數乘法都關聯到一個加成性的雜訊源，以建立捨入雜訊模型，藉由這個雜訊模型，我們將圖 9.35 的蝴蝶架構換成圖 9.36 的架構，以便分析捨入雜訊的效應。從第 $(m-1)$ 個陣列計算出第 m 個陣列所產生的複數值誤差記作 $\varepsilon[m, q]$，也就是第 $(m-1)$ 個陣列的第 q 個元素乘上一個複係數時所產生的量化誤差。

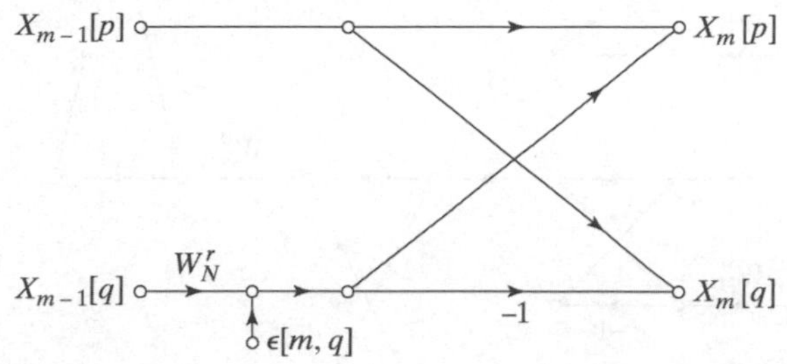

圖 9.36 捨入雜訊的線性雜訊模型，用於定點數分時演算法的蝴蝶計算單元

一般來說，假設 FFT 的輸入序列是複數，所以乘法也是複數乘法，由四個實數乘法所組成，假設實數乘法所產生的誤差有以下的性質：

1. 如 6.7.1 節的表示法，數字表示成 $(B+1)$ 位元的有號小數，誤差源是隨機變數，均勻分佈在 $-(1/2)\cdot 2^{-B}$ 到 $(1/2)\cdot 2^{-B}$ 之間，所以誤差源的變異數（variance）是 $2^{-2B}/12$。
2. 誤差源彼此不相關（uncorrelated）。
3. 所有的誤差源和輸入不相關，因此也和輸出不相關。

因為 4 個雜訊序列都是不相關的零值白雜訊（whute noise），變異數也相同，所以

$$\mathcal{E}\{|\varepsilon[m, q]|^2\} = 4\cdot\frac{2^{-2B}}{12} = \tfrac{1}{3}\cdot 2^{-2B} = \sigma_B^2 \tag{9.57}$$

我們必須考慮每一個雜訊源傳播到某一個輸出節點所造成的影響，才能求出該節點輸出雜訊的均方值，從圖 9.34 可以做出以下觀察：

1. 訊號流程圖中任一個節點連接到另一個節點的增益（transmission）是一個絕對值為 1 的複數（因為每一段分支的增益若不是 1，就是 W_N 的整數次方）。
2. 訊號流程圖中的任一個輸出節點都連接到 7 個蝴蝶計算單元 [一般的情況是任一個輸出節點都連接到 $(N-1)$ 個蝴蝶計算單元]。舉例來說，圖 9.37(a) 的流程圖移去了所有不和 $X[0]$連接的蝴蝶計算單元，圖 9.37(b) 的流程圖移去了所有不和 $X[2]$連接的蝴蝶計算單元。

這些觀察可以推廣到任何 N 是 2 的冪次方的情形。

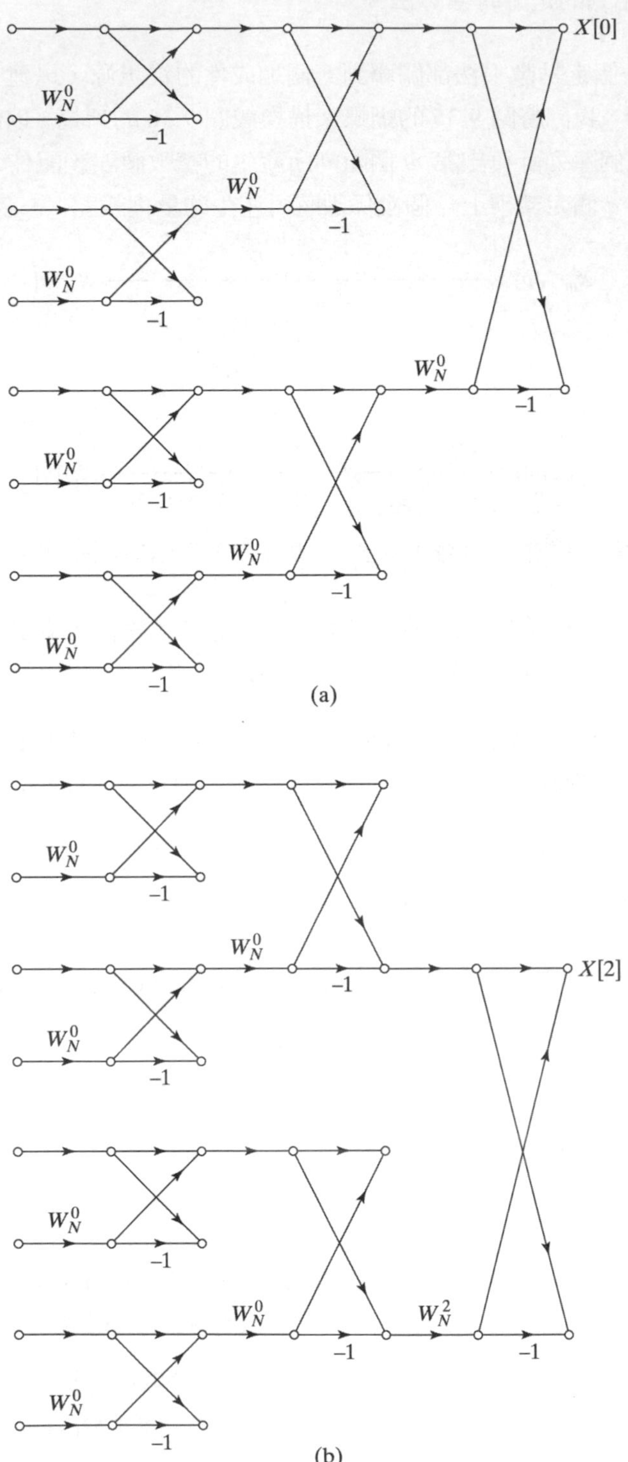

圖 9.37 (a) 影響到 $X[0]$ 的蝴蝶計算單元。(b) 影響到 $X[2]$ 的蝴蝶計算單元

由第一個觀察可以推論，基本雜訊源在輸出端產生的雜訊振幅的均方值都相同，都等於 σ_B^2，輸出端的總雜訊等於傳播到此端點的雜訊總和，因爲我們已經假設所有的雜訊源都不相關，所以輸出端雜訊振幅的均方值等於 σ_B^2 乘以傳播到此端點的雜訊源數目。因爲每個蝴蝶計算單元最多有一個複數雜訊源，所以由第二個觀察可知，最多有 $(N-1)$ 雜訊源傳播到輸出端。事實上，並非每個蝴蝶計算單元都會產生捨入雜訊，因爲某些蝴蝶作的是乘以 1 的計算（像是 $N=8$ 的第一級和第二級）。然而爲了簡化分析，我們假設每一級都會產生捨入雜訊，將此分析結果作爲輸出雜訊的上限。藉由此一假設，第 k 個 DFT 值 $F[k]$ 的輸出雜訊的均方值爲

$$\mathcal{E}\{|F[k]|^2\} = (N-1)\sigma_B^2, \tag{9.58}$$

在 N 很大的情形，上式可近似爲

$$\mathcal{E}\{|F[k]|^2\} \cong N\sigma_B^2 \tag{9.59}$$

由此結果可知，輸出雜訊的均方值和做轉換的點數 N 成正比，如果將 N 加倍，或是將 FFT 增加一級，會使輸出雜訊的均方值加倍。習題 9.52 考慮的是不在乘以 1 或 j 的蝴蝶計算單元加上雜訊源的修正結果。注意到因爲蝴蝶計算單元的輸出必須儲存在每一級輸出的 $(B+1)$ 位元暫存器，所以在 FFT 演算法中將累加器的長度加倍並不能減少捨入誤差。

以定點數算術實作 FFT 演算法時必須確保不發生溢位（overflow）。由 (9.56a) 和 (9.56b) 式可知

$$\max(|X_{m-1}[p]|,\ |X_{m-1}[q]|) \le \max(|X_m[p]|,\ |X_m[q]|) \tag{9.60}$$

而且

$$\max(|X_m[p]|,\ |X_m[q]|) \le 2\max(|X_{m-1}[p],\ |X_{m-1}[q]|) \tag{9.61}$$

（見習題 9.51）(9.60) 式意指從一級到下一級的最大絕對值是非遞減（non-decreasing）的變化，如果 FFT 輸出值的絕對值小於 1，那麼所有陣列中的每一個點的絕對值也小於 1，這就表示所有陣列都不會發生溢位[11]。

---

[11] 事實上，應該分別就資料的實部和虛部討論溢位，而不是只看絕對值，然而 $|x|<1$ 即表示 $|\mathcal{R}e\{x\}|<1$ 和 $|\mathcal{I}m\{x\}|1$，所以分別縮放資料的實部和虛部，允許的訊號位準只比用縮放絕對值稍大一些。

要把這個限制條件換成輸入序列上下限的限制，首先注意到以下條件

$$|x[n]| < \frac{1}{N}, \quad 0 \le n \le N-1, \tag{9.62}$$

是確保

$$|X[k]| < 1, \quad 0 \le k \le N-1 \tag{9.63}$$

的充要條件。上式可由 DFT 的定義以及下式而得

$$|X[k]| = \left|\sum_{n=0}^{N-1} x[n]W_N^{kn}\right| \le \sum_{n=0}^{N-1} |x[n]| \quad k = 0, 1, \dots N-1 \tag{9.64}$$

因此 (9.62) 式可以確保演算法的每一級都不會發生溢位。

要求得 FFT 輸出端的雜訊－訊號比（noise-to-signal ratio）的表示式，我們假設輸入是統計不相關的值，也就是白雜訊輸入序列，而且假設輸入序列的實部和虛部也不相關，其振幅的機率密度均勻分佈在 $-1/(\sqrt{2}N)$ 和 $+1/(\sqrt{2}N)$ 之間 [注意：此訊號滿足 (9.62) 式]。因此，這個複數輸入序列振幅均方值為

$$\mathcal{E}\{|x[n]|^2\} = \frac{1}{3N^2} = \sigma_x^2 \tag{9.65}$$

因為輸入序列的 DFT 為

$$X[k] = \sum_{n=0}^{N-1} x[n]W^{kn}, \tag{9.66}$$

所以利用前述對於輸入的假設，可以證明下式

$$\begin{aligned}\mathcal{E}\{|X[k]|^2\} &= \sum_{n=0}^{N-1} \mathcal{E}\{|x[n]|^2\}|W^{kn}|^2 \\ &= N\sigma_x^2 = \frac{1}{3N}\end{aligned} \tag{9.67}$$

將 (9.59) 和 (9.67) 式合在一起可得

$$\frac{\mathcal{E}\{|F[k]|^2\}}{\mathcal{E}\{|X[k]|^2\}} = 3N^2\sigma_B^2 = N^2 2^{-2B} \tag{9.68}$$

由 (9.68) 式可知雜訊－訊號比正比於 N^2，或是每級增加 1 位元。也就是說，如果 N 變成兩倍，也就是將 FFT 增加一級，那麼如果要維持相同的雜訊－訊號比，必須將暫存器長

度增加 1 位元，輸入訊號必須是白雜訊的假設在這裡並不非常重要，有許多不同的輸入訊號，雜訊－訊號比也是和 N^2 成正比，不同的只是比例常數。

(9.61) 式建議另一種縮放的方式，因爲從一級到另外一級之間最大絕對值的變化不超過兩倍，所以可以令 $|x[n]|<1$，同時讓每一級的輸入都衰減 1/2 以避免溢位，此時輸出值是 DFT 值的 $(1/N)$ 倍。雖然輸出訊號的均方值是不作縮放的 $(1/N)$ 倍，可是輸入訊號的振幅可以放大 N 倍而不造成溢位，對於白雜訊輸入訊號，也就是假設實部和虛部是均勻分佈在 $-1/\sqrt{2}$ 和 $+1/\sqrt{2}$ 之間，所以 $|x[n]|<1$。因此，將 v 除以 2，則（白雜訊輸入訊號的）DFT 的絕對值平方的期望值可達到的最大值和 (9.67) 式相同，然而，輸出雜訊的大小將遠小於 (9.59) 式所給的值，這是因爲在 FFT 每一級所產生的雜訊在進到下一級之前就因爲比例縮放而被衰減掉了。具體來說，因爲每一個蝴蝶計算單元的輸入端都做了 1/2 的比例縮放，所以圖 9.36 可以修改成圖 9.38，其中特別的是每一個蝴蝶計算單元都關聯到兩個雜訊源。跟之前的假設一樣，令這些雜訊源的實部和虛部彼此不相關，不同雜訊源也不相關，假設實部和虛部是均勻分佈在 $\pm(1/2)\cdot 2^{-B}$ 之間的隨機變數，因此跟之前一樣：

$$\mathcal{E}\{|\varepsilon[m,q]|^2\} = \sigma_B^2 = \tfrac{1}{3}\cdot 2^{-2B} = \mathcal{E}\{|\varepsilon[m,p]|^2\} \tag{9.69}$$

因爲雜訊源彼此不相關，所以每個輸出節點雜訊大小的均方值依然是訊號流程圖中每個雜訊源所貢獻的均方值的總和，跟之前不同的是雜訊源在穿過訊號流程圖所受到的衰減和此雜訊源所起始的陣列有關，起始於第 m 個陣列的雜訊源傳播到輸出端將乘上絕對值爲 $(1/2)^{v-m-1}$ 的複常數。檢視圖 9.34 可以發現，當 $N=8$，每個輸出節點都連接到

1 個起始於第 $(v-1)$ 個陣列的蝴蝶計算單元，

2 個起始於第 $(v-2)$ 個陣列的蝴蝶計算單元，

4 個起始於第 $(v-3)$ 個陣列的蝴蝶計算單元，以此類推

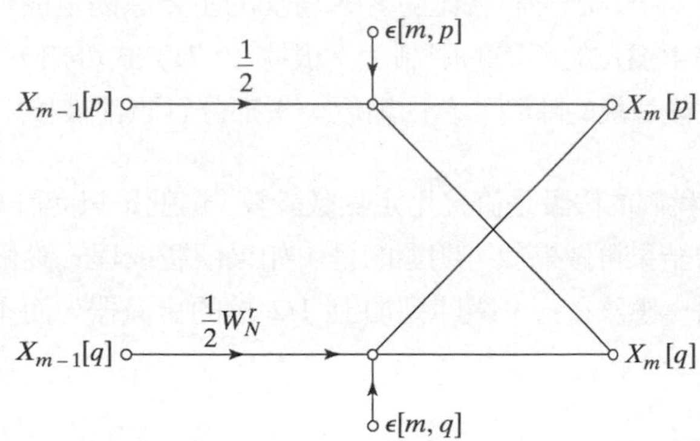

圖 9.38　蝴蝶計算單元的訊號流程圖，包括作縮放的乘法器，以及定點捨入雜訊

對於 $N=2^{\nu}$ 的一般情況，每個輸出節點連接到 $2^{\nu-m-1}$ 個蝴蝶計算單元，因此有 $2^{\nu-m}$ 個蝴蝶計算單元起始於第 m 個陣列，所以每個輸出節點雜訊絕對值的均方值爲

$$\begin{aligned}\mathcal{E}\{|F[k]|^2\} &= \sigma_B^2 \sum_{m=0}^{\nu-1} 2^{\nu-m} \cdot (0.5)^{2\nu-2m-2} \\ &= \sigma_B^2 \sum_{m=0}^{\nu-1} (0.5)^{\nu-m-2} \\ &= \sigma_B^2 \cdot 2 \sum_{k=0}^{\nu-1} 0.5k \\ &= 2\sigma_B^2 \frac{1-0.5^{\nu}}{1-0.5} = 4\sigma_B^2(1-0.5^{\nu})\end{aligned} \tag{9.70}$$

當 N 值很大，假設 0.5^{ν}（也就是 $1/N$）的值和 1 比起來可以忽略，因此

$$\mathcal{E}\{|F[k]|^2\} \cong 4\sigma_B^2 = \tfrac{4}{3} \cdot 2^{-2B}, \tag{9.71}$$

這個量遠小於縮放輸入資料時所產生的雜訊變異數。

現在可以將 (9.71) 和 (9.67) 式結合在一起，在逐級縮放和白輸入訊號的情形下，輸出的雜訊－訊號比爲

$$\frac{\mathcal{E}\{|F[k]|^2\}}{\mathcal{E}\{|X[k]|^2\}} = 12N\sigma_B^2 = 4N \cdot 2^{-2B}, \tag{9.72}$$

此值正比於 N 而非 N^2。(9.72) 式可以解釋成當輸出的雜訊－訊號比正比於 N，對應到每級增加半個位元，這結果由 Welch (1969) 首度提出。重要的是再次注意到白雜訊的假設在分析中並不是非常必要，對於許多類的訊號而言，每一級增加半個位元這個基本的結果依然成立，不同的是 (9.72) 式中的比例常數。

我們應該也注意到，雜訊－訊號比隨著 N 增加的主要原因是從一級到下一級時訊號大小的減少（避免發生溢位的所需的限制），根據 (9.71) 式可知，只有少量的雜訊（1 或 2 位元）出現在最後一級的陣列，藉由縮放，大部分雜訊都被移出二進位字元了。

在先前的討論，我們的假設是直接用定點數計算，也就是只允許事前指定的衰減量，而不利用溢位測試的結果再做縮放，明顯的是，如果硬體或程式設備只能直接用定點數計算，那麼可能的話，應該在每一級陣列加上 1/2 倍的衰減器，而不是在輸入陣列使用很大的衰減量。

避免溢位的第三個方式是使用**區塊浮點法**（block floating point），在此計算方法程中，原始陣列被正規化到電腦字元的最左邊，但是仍然滿足 $|x[n]|<1$ 的限制，以定點數

的方式進行計算，但是在做完每一次加法後就做一次溢位測試，如果偵測到溢位發生，整個陣列的值就除以 2，然後繼續進行計算，同時記下除以 2 的次數，以便決定最後陣列的比例常數。區塊浮點法的輸出雜訊－訊號比和溢位發生的次數以及在哪一級計算發生溢位有強烈的關係，然而溢位發生的位置和時間點是由作轉換的訊號所決定，因此，在實作區塊浮點法 FFT 的時候，要知道輸入訊號才能分析雜訊－訊號比。

先前的分析指出，在實作定點 FFT 演算法時，爲了避免發生溢位所做的縮放是決定雜訊－訊號比的主要因素，因此，浮點數算術應該可以改善這些演算法的效能，Gentleman 和 Sande (1966)、Weinstein 和 Oppenheim (1969)、Kaneko 和 Liu (1970) 從理論和實驗分析了浮點數 FFT 的捨入效應，這些研究指出，因爲不再需要比例變換，當 N 增加時，雜訊－訊號比的增加量遠小於定點數算術的結果。

舉例來說，當 $N = 2^{\nu}$ ，Weinstein (1969) 證明，理論上雜訊－訊號比正比於 ν 值，而非正比於定點數算術的 N 值，因此，將 ν 變成 4 倍（將 N 變成 4 次方），雜訊－訊號比只增加 1 位元，

9.8 總結

本章探討了一些計算 DFT 的技巧，我們也知道複數序列 $e^{-j(2\pi/N)kn}$ 的周期性和對稱性可以用來增加 DFT 的計算效率。

本章也探討 Goertzel 演算法和直接用 DFT 公式求值的方法，在不需要計算 DFT 的全部 N 個值的場合，這是兩種重要的方法。然而，我們主要強調快速傅立葉轉換（FFT），們仔細描述了分時和分頻這兩類 FFT 演算法，介紹了一些實作上的考量，像是編號方式和係數量化的效應。大部分關於演算法細節的討論限制在 N 是 2 的冪次方的情形，因爲這些演算法容易了解，設計程式簡單，也最常被使用。

我們簡短討論了如何使用旋積做爲計算 DFT 的基礎，對 Winograd 演算法做了簡短的概覽，接著對於 CTA 做了較仔細的討論。

本章最後一節討論的是有限字元（word）長度對於計算 DFT 產生的影響。我們用線性雜訊模型證明了 DFT 的雜訊－訊號比隨著序列長度不同的有不同的變化，視縮放的方式而定。我們也簡短地評論了浮點表示法。

習題

有解答的基本問題

9.1 有一個程式可以計算以下 DFT：

$$X[k]=\sum_{n=0}^{N-1}x[n]e^{-j(2\pi/N)kn},\quad k=0,1,\ldots,N-1;$$

也就是說，若程式的輸入序列是 $x[n]$，則輸出是 DFT 序列 $X[k]$。試證：重新安排輸入和（或）輸出序列，這個程式也可以計算以下 IDFT：

$$x[n]=\frac{1}{N}\sum_{k=0}^{N-1}X[k]e^{j(2\pi/N)kn},\quad n=0,1,\ldots,N-1;$$

並說明安排輸出入序列方式。換句話說，若程式的輸入序列是 $X[k]$ 或是只和 $X[k]$ 相關的序列，則輸出序列是 $x[n]$ 或是只和 $x[n]$ 相關的序列。方法不只一種。

9.2 計算 DFT 通常需要複數乘法，若將複數乘法表示成 $X+jY=(A+jB)(C+jD)=(AC-BD)+j(BC+AD)$，則此形式使用 4 個實數乘法和 2 個實數加法。試證：複數乘法亦可表示成以下形式

$$X=(A-B)D+(C-D)A,$$
$$Y=(A-B)D+(C+D)B$$

此演算法使用 3 個實數乘法和 5 個實數加法。

9.3 某人將 32 點序列 $x[n]$ 作時間倒轉和延遲，得到新的序列 $x_1[n]=x[32-n]$。在圖 P9.4 的系統中，若輸入訊號為 $x_1[n]$，試求輸出訊號值 $y[32]$，將它用 $X(e^{j\omega})$ 表示，換言之，試以原始序列 $x[n]$ 的 DTFT 表示 $y[32]$。

9.4 在圖 P9.4 的系統中，若輸入訊號是 32 點的序列 $x[n]$，$0\le n\le 31$，則輸出訊號 $y[n]$ 在 $n=32$ 的值等於 $X(e^{j\omega})$ 在某個頻率 ω_k 的值，就圖 P9.4 的係數而言，試求 ω_k 的值。

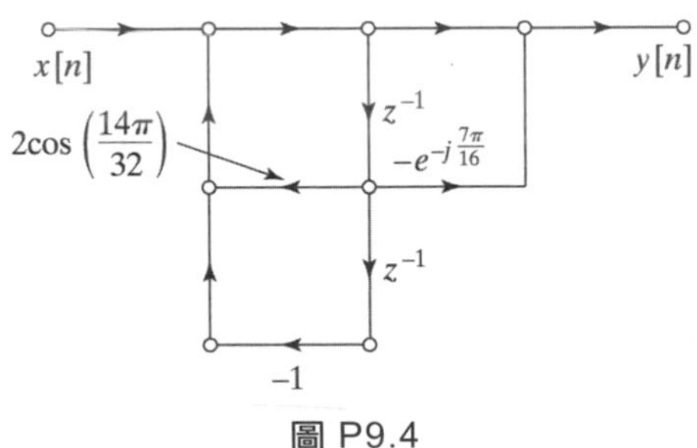

圖 P9.4

9.5　在圖 P9.5 的訊號流程圖中，若輸入訊號 $x[n]$ 是 8 點的序列，欲滿足 $y[8]=X(e^{j6\pi/8})$，試求 a、b 的值。

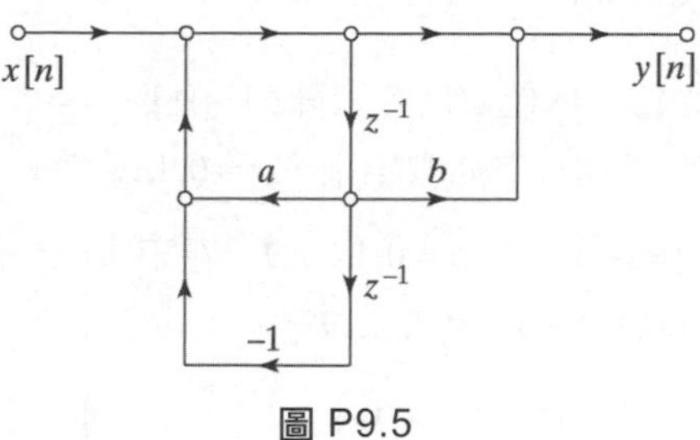

圖 P9.5

9.6　圖 P9.6 是分時 FFT 演算法的訊號流程圖，其中 $N=8$，顏色較深的線代表從輸入值 $x[7]$ 到輸出值 $X[2]$ 的路徑。

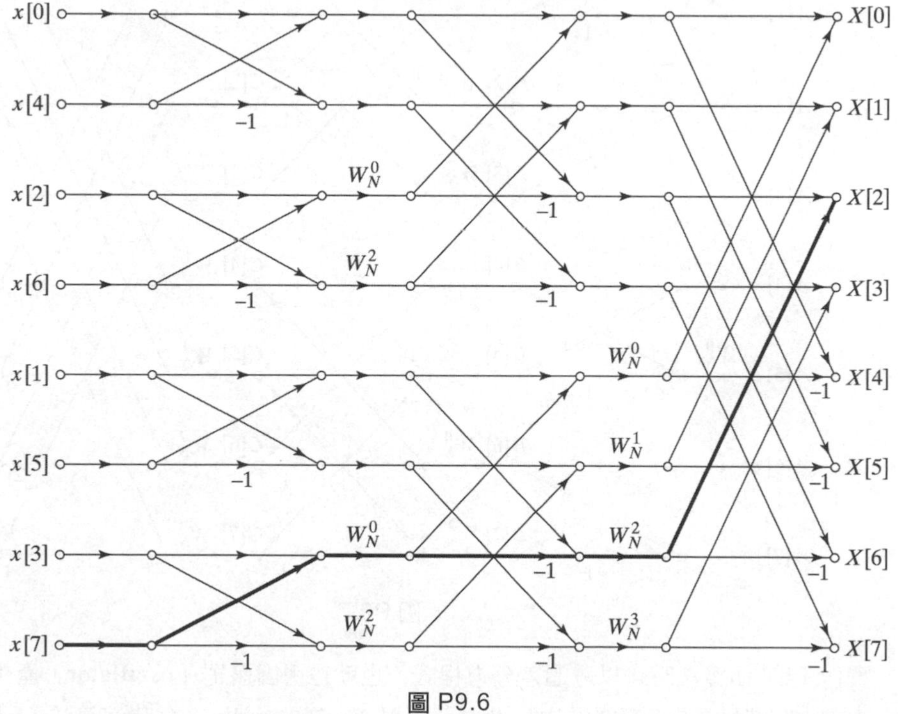

圖 P9.6

(a) 圖 P9.6 中這條路徑的「增益」值為何？

(b) 在此訊號流程圖中，還有多少條路徑是起始於 $x[7]$ 而結束於 $X[2]$？一般來說都有一樣多的路徑嗎？換句話說，連接任一個輸入值和任一個輸出值之間有幾條路徑？

(c) 現在考慮 DFT 值 $X[2]$，探尋圖 P9.6 訊號流程圖的路徑，證明每一個輸入值都貢獻出適當的量給 DFT 輸出值 $X[2]$，也就是確認下式

$$X[2]=\sum_{n=0}^{N-1}x[n]e^{-j(2\pi/N)2n}$$

9.7 圖 P9.7 是 8 點 FFT 分時演算法的訊號流程圖，令序列 $x[n]$ 的 DFT 爲 $X[k]$，在此訊號流程圖中，$A[\cdot]$、$B[\cdot]$、$C[\cdot]$、$D[\cdot]$ 是分開的陣列，其連續編號的順序和所標記的節點相同。

(a) 指出序列 $x[n]$ 的每一個值如何存入陣列 $A[r]$，$r = 0, 1, \ldots, 7$，也指出 DFT 序列的每一個值如何從陣列 $D[r]$ 中抽取出來，$r = 0, 1, \ldots, 7$。

(b) 若輸入序列 $x[n] = (-W_N)^n$，$n = 0, 1, \ldots, 7$，在不求出中間陣列 $B[\cdot]$ 和 $C[\cdot]$ 值的限制下，求得並畫出序列 $D[r]$，$r = 0, 1, \ldots, 7$。

(c) 若輸出 DFT 的值 $X[k] = 1$，$k = 0, 1, \ldots, 7$，求得並畫出序列 $C[r]$，$r = 0, 1, \ldots, 7$。

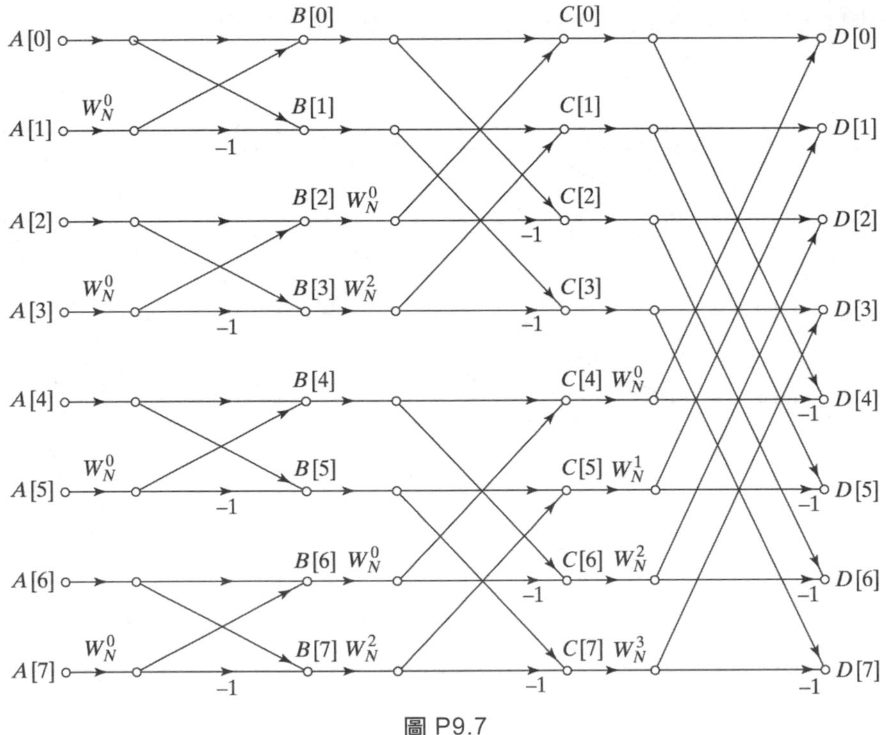

圖 P9.7

9.8 實作 FFT 演算法時，以遞迴差分方程式，也就是用震盪器（oscillator）產生 W_N 的冪次方，有時候是很有用的方式。此習題探討 $N = 2^v$ 的 radix-2 分時演算法，圖 9.11 是這類演算法的訊號流程圖，其中 $N = 8$，爲了有效地產生係數，每一級震盪器的頻率都不一樣。

假設陣列的編號是從 0 到 $v = \log_2 N$，一開始，輸入序列儲存在第 0 組陣列，而 DFT 的結果儲存在第 v 組陣列，進行某一級的蝴蝶計算時，在取得新的係數之前，要先進行所有用到相同係數 W_N^r 的蝴蝶計算，以指標對陣列進行索引時，假設資料儲存在連續的複數暫存器中，編號從 0 到 $(N-1)$，以下所有的問題關心的是如何從第 $(m-1)$ 組陣列計算出第 m 組陣列，其中 $1 \le m \le v$。答案要用 m 表示。

(a) 第 m 級有多少個蝴蝶單元要進行計算？第 m 級需要多少個不同的係數？

(b) 寫出一差分方程式，其脈衝響應 $h[n]$ 包含第 m 級的蝴蝶單元要用到的係數 W_N^r 。

(c) (b) 小題的差分方程式應該是振盪器的形式，也就是說對於 $n \geq 0$ ， $h[n]$ 應該是週期序列。 $h[n]$ 的週期為何？據此將振盪器週期表示成 m 的函數。

9.9 圖 P9.9 是從某個 FFT 的訊號流程圖中擷取出來的蝴蝶計算單元，從以下選項選出最準確的一個敘述。

1. 這是從分時演算法擷取出來的蝴蝶計算單元。

2. 這是從分頻演算法擷取出來的蝴蝶計算單元。

3. 從此圖不可能分辨是從哪一種演算法擷取出來的蝴蝶計算單元。

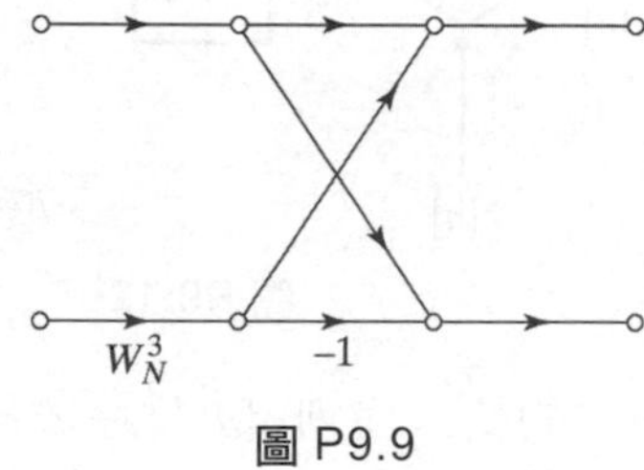

圖 P9.9

9.10 已知有限長度訊號 $x[n]$ 的值在 $0 \leq n \leq 19$ 的範圍內不為零，將此訊號輸入到圖 P9.10 的系統中，其中

$$h[n] = \begin{cases} e^{j(2\pi/21)(n-19)^2/2}, & n = 0, 1, \ldots, 28, \\ 0, & \text{其他} \end{cases}$$

$$W = e^{-j(2\pi/21)}$$

在 $n = 19, \ldots, 28$ 的範圍內，可以用 DTFT $X(e^{j\omega})$ 和適當的 ω 值表示此系統的輸出訊號 $y[n]$ 的值，在此範圍內，用 $X(e^{j\omega})$ 表示 $y[n]$ 。

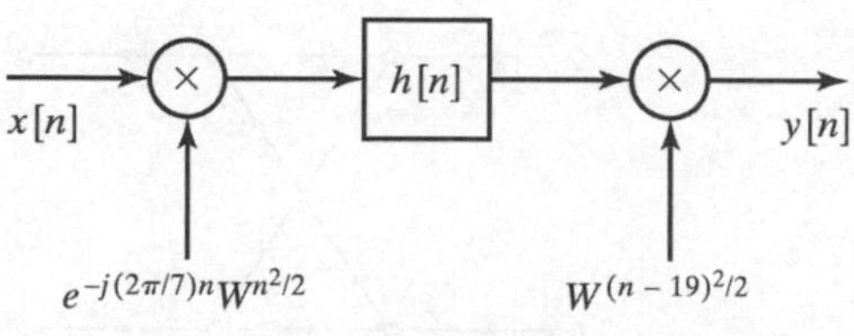

圖 P9.10

9.11 圖 9.10 的蝴蝶計算單元訊號流程圖可以「就地」計算 DFT，序列的長度為 $N = 2^v$ ，也就是說，只用一組複數暫存器陣列就可以儲存所有的計算中間值。假設這組暫存器陣列 $A[\ell]$ 的編號範圍是 $0 \leq \ell \leq N-1$ ，一開始輸入序列是以位元倒轉順序儲存在 $A[\ell]$ ，這組陣列經過 v 級的蝴蝶計算，每個蝴蝶計算單元從陣列中提取兩個值 $A[\ell_0]$ 和 $A[\ell_1]$ 當作輸入值，然後將輸出值存回陣列的相同位置， ℓ_0 和 ℓ_1 的值和級數以及蝴蝶計算單元在訊號流程圖中的位置有關，計算級數的編號為 $m = 1, \ldots, v$ 。

(a) 將 $|\ell_1 - \ell_0|$ 表示成級數 m 的函數，此函數爲何？

(b) 有許多級的蝴蝶計算單元具有相同的「旋轉」因子 W_N^r，這幾級中，具有相同 W_N^r 的蝴蝶計算單元的 ℓ_0 值相差多少？

9.12 圖 P9.12 中，

$$h[n] = \begin{cases} e^{j(2\pi/10)(n-11)^2/2}, & n = 0, 1, \ldots, 15, \\ 0, & \text{其他} \end{cases}$$

我們希望此系統的輸出 $y[n+11] = X(e^{j\omega_n})$，其中 $\omega_n = (2\pi/19) + n(2\pi/10)$，$n = 0, \ldots, 4$。求出圖 P9.12 中 $r[n]$ 的正確值，使輸出序列 $y[n]$ 爲我們所希望的 DTFT 的樣本值。

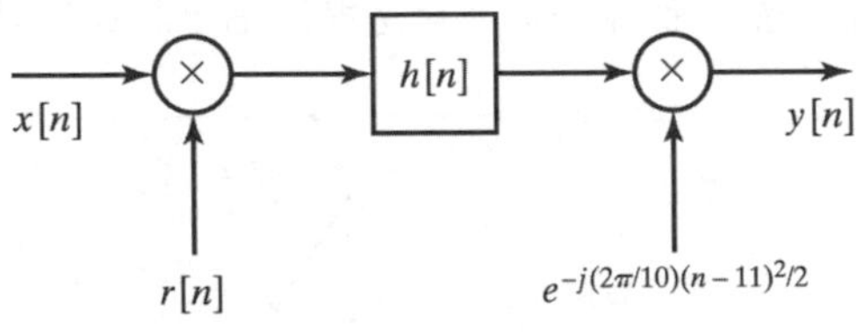

圖 P9.12

9.13 某人希望將 FFT 演算法的輸入序列 $x[n]$ 排序成爲位元倒轉順序，此序列的長度 $N = 16$，求出此位元倒轉序列的樣本順序。

9.14 假設序列 $x[n]$ 的長度 $N = 2^v$，$x[n]$ 的 N 點 DFT 爲 $X[k]$，指出以下陳述正確與否，並說明理由。

陳述：有可能建構從 $x[n]$ 計算 $X[k]$ 的訊號流程圖，其中 $x[n]$ 和 $X[k]$ 都是正常順序（而非位元倒轉順序）。

9.15 圖 P9.15 是從 $N = 16$ 的分頻 FFT 演算法擷取出來的蝴蝶計算單元，其輸入序列爲正常順序，注意到 16 點 FFT 的計算分成四級，編號爲 $m = 1, \ldots, 4$，哪幾級有這種形式的蝴蝶計算單元？說明你的答案。

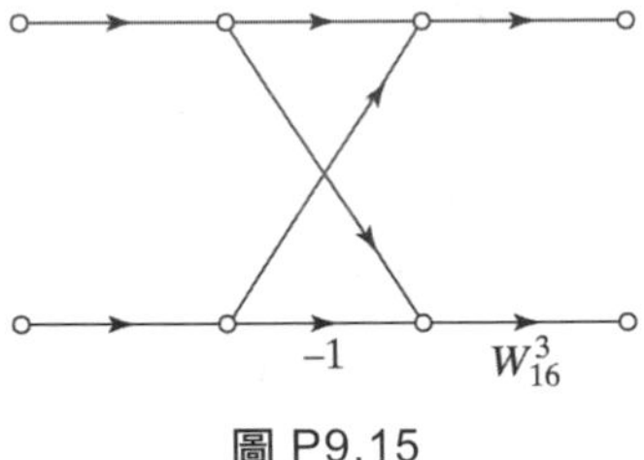

圖 P9.15

9.16 圖 P9.16 是從 $N=16$ 的分時 FFT 演算法擷取出來的蝴蝶計算單元，假設訊號流程圖中的四級計算編號為 $m=1,\ldots,4$，在此四級的每一級計算中可能的 r 值為何？

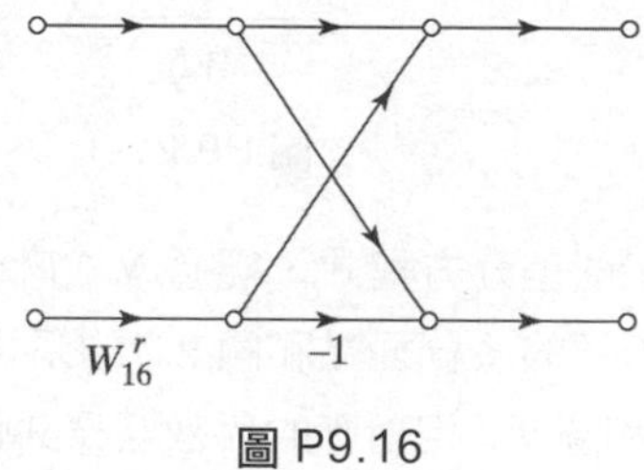

圖 P9.16

9.17 假設 $x[n]$ 有 $N=2^\nu$ 個非零值，有兩個程式可以計算序列 $x[n]$ 的 DFT，程式 A 實作 (8.67) 的求和式，直接用定義計算 DFT，執行時間為 N^2 秒；程式 B 實作分時 FFT 演算法，執行時間為 $10N\log_2 N$ 秒，已知程式 B 比程式 A 快，求 N 的最小值。

9.18 圖 P9.18 是從 $N=16$ 的分時 FFT 演算法擷取出來的蝴蝶計算單元，假設訊號流程圖中的四級計算編號為 $m=1,\ldots,4$，哪幾級有這種形式的蝴蝶計算單元？

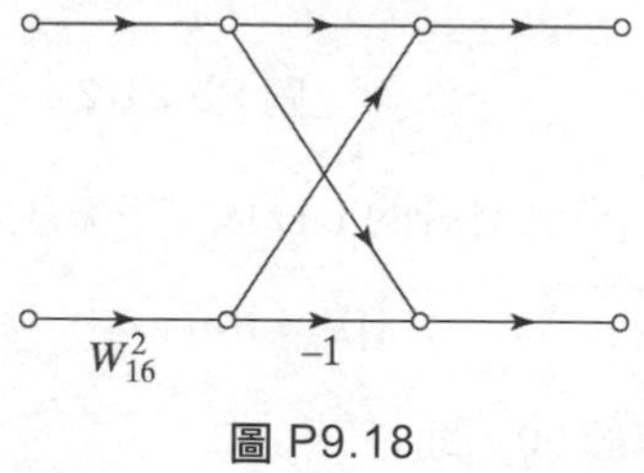

圖 P9.18

9.19 某人提到在 $N=32$ 的 FFT 中，第五級（最後一級）的計算中有一個蝴蝶計算單元的「旋轉」因子是 W_{32}^2，此 FFT 是分時演算法還是分頻演算法？

9.20 某人想用 DFT 估計訊號 $x[n]$ 的 DTFT，此訊號有 1021 個非零值，他發現電腦用了 100 秒計算 $x[n]$ 的 1021 點 DFT，接著，此人在序列末尾加上 3 個零，得到 1024 點的序列 $x_1[n]$，用同樣的程式計算 $X_1[k]$，結果只用了 1 秒。仔細想想，某人在 $x[n]$ 的末尾加上零，假裝此序列變長了，就可以用 $x_1[n]$ 在短得多的時間內算出 $X(e^{j\omega})$ 更多點的值。請解釋這個似非而是的情況。

基本問題

9.21 9.1.2 節中推導遞迴演算法，以計算有限長度序列 $x[n]$，$n=0,1,\ldots,N-1$ 的 DFT 的某個特定值 $X[k]$ 的過程中，使用了等式 $W_N^{-kN}=1$。

(a) 使用等式 $W_N^{kN}=W_N^{Nn}=1$，證明圖 P9.21-1 所示的差分方程式，經過 N 次疊代之後的輸出值等於 $X[N-k]$。也就是證明

$$X[N-k]=y_k[N]$$

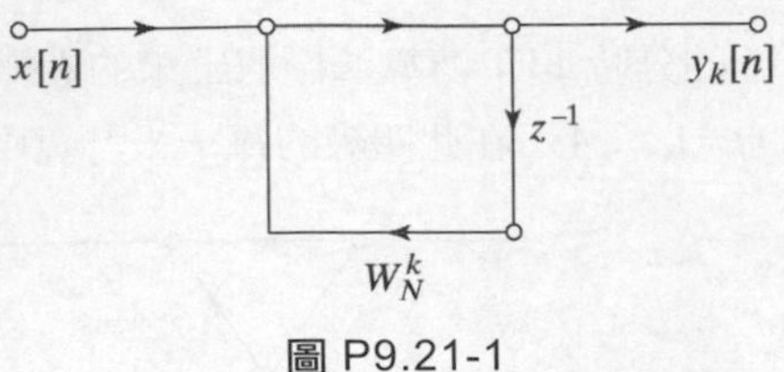

圖 P9.21-1

(b) 證明圖 P9.21-2 所示的差分方程式，經過 N 次疊代之後的輸出值也等於 $X[N-k]$。注意到圖 P9.21-2 所示的系統極點和圖 9.2 的系統極點相同，但是圖 P9.21-2 中用來實作複零點的係數和圖 9.2 相對應的係數互為共軛，即 $W_N^{-k}=(W_N^k)^*$。

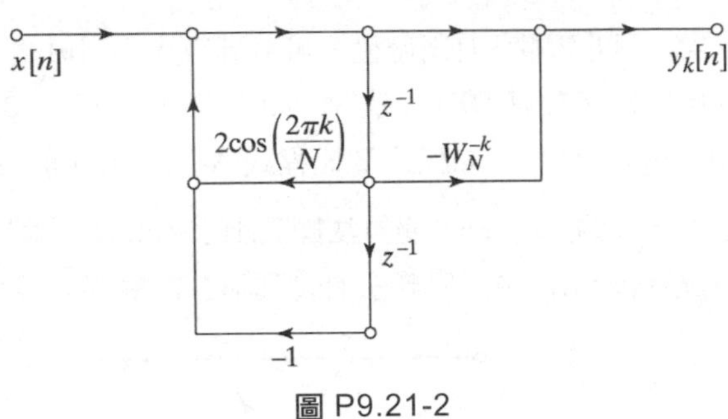

圖 P9.21-2

9.22 圖 9.22 的系統中，從 $x[n]$ 到 $y[n]$ 的 LTI 因果子系統實作了以下的差分方程式

$$y[n]=x[n]+ay[n-1]$$

其中序列 $x[n]$ 的長度等於 90，即

$$x[n]=0,\quad n<0 \quad 或 \quad n>89$$

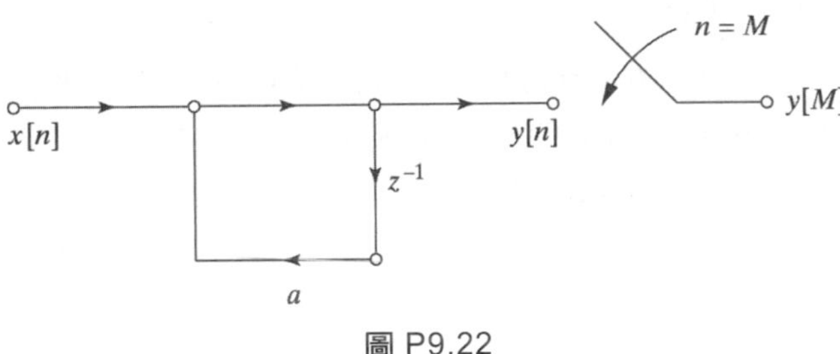

圖 P9.22

求出一個複常數 a 和一個取樣時間 M 以滿足下式

$$y[M]=X(e^{j\omega})\Big|_{\omega=2\pi/60}$$

9.23 建構 16 點 radix-2 分時 FFT 演算法的訊號流程圖。標記、並以 W_{16} 的冪次方表示所有的乘法，也標示出所有增益值等於 -1 的分支增益，用輸入序列和輸出的 DFT 序列分別標記輸入節點和輸出節點，求出實現此訊號流程圖所需的實數乘法和實數加法的數目。

9.24 有一個 FFT 程式可以計算 N 點 DFT，某人建議用此程式計算 N 點序列 $X[k]$ 的 IDFT，方式如下：

1. 互換每一個 DFT 值 $X[k]$ 的實部和虛部。
2. 將此序列當作此 FFT 程式的輸入。
3. 互換輸出序列的實部和虛部。
4. 將結果乘上 $\frac{1}{N}$ 之後得到序列 $x[n]$，這就是 $X[k]$ 的 IDFT。

確定此方式是否有用。如果不是，作簡單的修正，讓此方式可計算 IDFT。

9.25 DFT 是對 DTFT 作取樣之後的有限長度序列，換句話說，

$$\begin{aligned} X[k] &= X(e^{j(2\pi/N)k}) \\ &= X(e^{j\omega_k})\Big|_{\omega_k=(2\pi/N)k} \\ &= \sum_{n=0}^{N-1} x[n]e^{-j(2\pi/N)kn}, \quad k=0,1,\ldots,N-1 \end{aligned} \tag{P9.25-1}$$

而 FFT 演算法可以有效地計算 $X[k]$。現在假設有一序列 $x[n]$，其長度為 N，我們想要計算 $x[n]$ 的 z 轉換 $X(z)$ 在 z 平面上某些點的值，這些點為

$$z_k = re^{j(2\pi/N)k}, \quad k=0,1,\ldots,N-1,$$

其中 r 是一個正數。我們可以使用 FFT 演算法。

(a) 若 $N=8$ 和 $r=0.9$，在 z 平面上畫出 z_k。

(b) 寫出 $X(z_k)$ 的方程式 [類似於 (P9.25-1)]，證明 $X(z_k)$ 等於某個經過修改的序列 $\tilde{x}[n]$ 的 DFT，求出 $\tilde{x}[n]$。

(c) 找出一個演算法，可用 FFT 演算法計算 $X(z_k)$（直接計算不算在內）。可以用文字和方程式敘述你的演算法，由 $x[n]$ 開始，結束於 $X(z_k)$，敘述演算法的每一個步驟。

9.26 有一序列 $x[n]$ 的長度為 627（也就是當 $n<0$ 或 $n>626$，$x[n]=0$），有一程式可以計算任何長度為 $N=2^v$ 的序列的 DFT。

我們想要計算此序列的 DTFT 在以下頻率點的值：

$$\omega_k = \frac{2\pi}{627} + \frac{2\pi k}{256}, \quad k=0,1,\ldots,255$$

說明一個方式，先由 $x[n]$ 算出新序列 $y[n]$，然後用此程式計算 $y[n]$ 的 DFT，最後用此 DFT 得到上述頻率點的 DTFT 值，v 的值越小越好。

9.27 有一長度 $L=500$ 的有限長度序列 $x[n]$（當 $n<0$ 或 $n>L-1$，$x[n]=0$）得自於取樣連續時間訊號，取樣率為每秒 10000 個樣本。我們想要計算 $x[n]$ 的 z 轉換在 N 個等間隔分佈的點上的值，這些點為 $z_k=(0.8)e^{j2\pi k/N}$，$0\le k\le N-1$，有效頻率間隔等於 50 Hz 或更小。

(a) 若 $N=2^v$，求 N 的最小值。

(b) 若 N 等於 (a) 小題所求出的值，求出序列 $y[n]$，使其 DFT 序列 $Y[k]$ 等於 $x[n]$ 的 z 轉換在這些點上的值。

9.28 如果你被要求建造一個系統，用來計算以下 4 點序列的 DFT

$$x[0], x[1], x[2], x[3]$$

你可以購買不限數量的計算元件，其單價如表 9.1 所示。

表 9.1

元件	單價
8 點 DFT	1 元
8 點 IDFT	1 元
加法器	10 元
乘法器	100 元

試以最低的價格設計此系統，畫出系統方塊圖，並指出此系統的價格。

進階問題

9.29 一 N 點序列 $x[n]$ 的 DFT 為 $X[k]$，$k=0,1,\ldots,N-1$，當 N 為偶數，以下的演算法只用一個 $(N-2)$ 點 DFT，就可以計算出偶數編號的 DFT 值 $X[k]$，$k=0,2,\ldots,N-2$：

1. 在時域上交疊，造出序列 $y[n]$，即

$$y[n]=\begin{cases} x[n]+x[n+N/2], & 0\le n\le N/2-1, \\ 0, & \text{其他} \end{cases}$$

2. 計算 $y[n]$ 的 $(N-2)$ 點 DFT $Y[r]$，$r=0,1,\ldots,(N/2)-1$。

3. 偶數編號的 $X[k]$ 即 $X[k]=Y[k/2]$，$k=0,2,\ldots,N-2$。

(a) 證明以上演算法可以得到預期的結果。

(b) 現在我們以下列方式從序列 $x[n]$ 造出有限長度序列 $y[n]$：

$$y[n]=\begin{cases} \sum_{r=-\infty}^{\infty} x[n+rM], & 0\le n\le M-1, \\ 0, & \text{其他} \end{cases}$$

求出 M 點 DFT $Y[k]$ 和 $x[n]$ 的傅立葉轉換 $X(e^{j\omega})$ 之間的關係。證明 (a) 小題的結果是 (b) 小題的特例。

(c) 當 N 為偶數，發展一個類似 (a) 小題的演算法，只用一個 $(N-2)$ 點 DFT 計算出奇數編號的 DFT 值 $X[k]$，$k=1,3,\ldots,N-1$。

9.30 圖 P9.30 的系統將 N 點序列 $x[n]$（N 爲偶數）分解成 2 個 $(N-2)$ 點序列 $g_1[n]$ 和 $g_2[n]$，計算他們的 $(N-2)$ 點 DFT $G_1[k]$和 $G_2[k]$，然後組合這兩個 DFT，計算出 N 點序列 $x[n]$ 的 N 點 DFT $X[k]$。

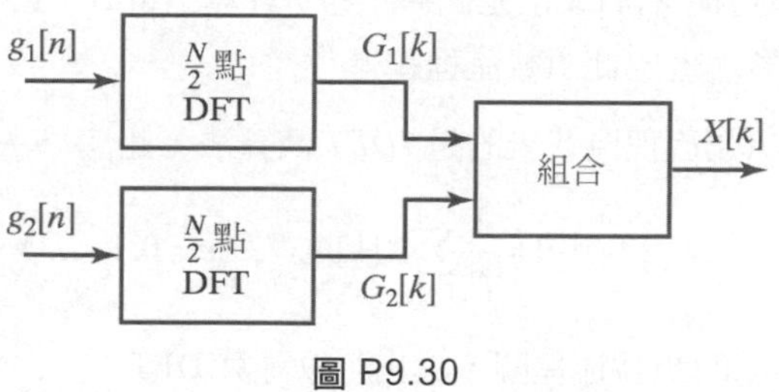

圖 P9.30

如果 $g_1[n]$ 是偶數編號的 $x[n]$，$g_2[n]$ 是奇數編號的 $x[n]$，即 $g_1[n]=x[2n]$、$g_2[n]=x[2n+1]$，則 $X[k]$ 等於 $x[n]$的 N 點 DFT。如果我們使用圖 P9.30 的系統時犯了錯誤，建造 $g_1[n]$ 和 $g_2[n]$ 時誤將 $g_1[n]$ 選成奇數編號，$g_2[n]$ 選成偶數編號，但是依然將 $G_1[k]$ 和 $G_2[k]$ 組合在一起，得到錯誤的序列 $\hat{X}[k]$。用 $X[k]$ 表示出 $\hat{X}[k]$。

9.31 我們在 9.3.2 節斷言，某個 FFT 演算法的訊號流程圖，經過轉置之後，也是某個 FFT 演算法的訊號流程圖，本題的目的就是要對 radix-2 FFT 演算法探討這個結果。

(a) 圖 P9.31-1 是 radix-2 FFT 分頻演算法的基本蝴蝶架構，這個訊號流程圖實作了以下方程式

$$X_m[p]=X_{m-1}[p]+X_{m-1}[q],$$
$$X_m[q]=(X_{m-1}[p]-X_{m-1}[q])W_N^r$$

利用這些方程式證明，應用圖 P9.31-2 的蝴蝶，可以從 $X_m[p]$和 $X_m[q]$計算出 $X_{m-1}[p]$ 和 $X_{m-1}[q]$。

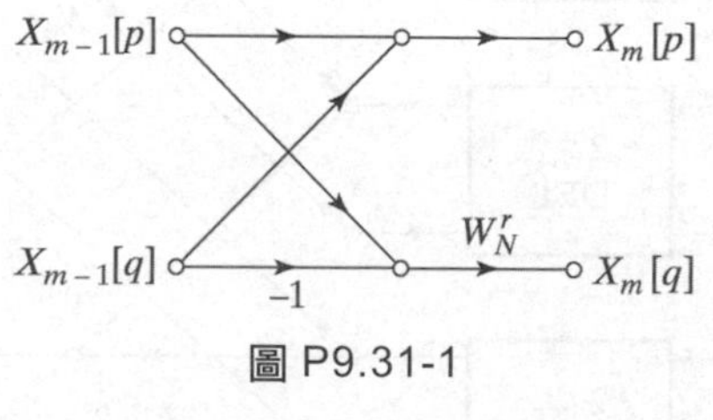

圖 P9.31-1

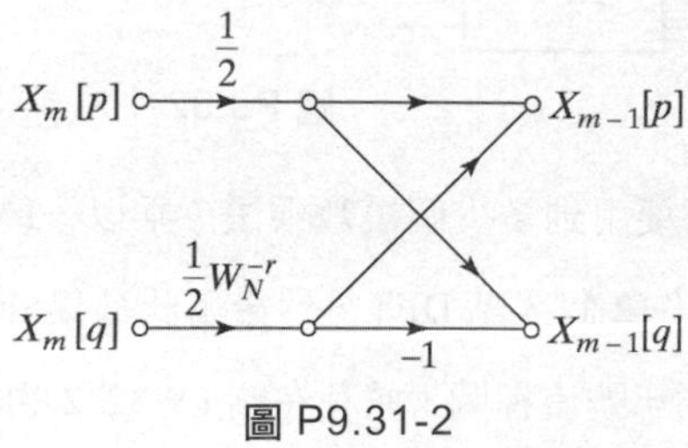

圖 P9.31-2

(b) 在圖 9.22 所示的分頻演算法中，$X_v[r]$，$r=0,1,\ldots,N-1$ 是 DFT 序列 $X[k]$ 的位元倒轉順序排列，而 $X_0[r]=x[r]$，$r=0,1,\ldots,N-1$，也就是第 0 個陣列，是輸入序列的正常順序排列，如果圖 9.22 的每一個蝴蝶都換成適當的蝴蝶，形式如圖 P9.31 所示，得到的結果是從 $X[k]$（位元倒轉順序）計算出 $x[n]$（正常順序）的訊號流程圖。就 $N=8$ 的情形，畫出此訊號流程圖。

(c) (b) 小題的訊號流程圖代表的是 *IDFT* 演算法，此演算法計算的是

$$x[n]=\frac{1}{N}\sum_{n=0}^{N-1}X[k]W_N^{-kn},\quad n=0,1,\ldots,N-1$$

修改 (b) 小題的訊號流程圖，讓它可以計算 DFT：

$$X[k]=\sum_{n=0}^{N-1}x[n]W_N^{kn},\quad k=0,1,\ldots,N-1,$$

而不是計算 IDFT。

(d) 觀察 (c) 小題的結果，它是圖 9.22 的分頻演算法的轉置，而且和圖 9.11 的分時演算法相同。是否可以認爲每一個分時演算法（如圖 9.15 到圖 9.17）的轉置，都可以對應到一個分頻演算法？反之是否亦然？說明你的理由。

9.32 我們想用混合基數（mixed radix）的方式實作 6 點分時 FFT，第一個想法是先作 3 個 2 點 DFT，然後用此結果計算 6 點 DFT。針對這個想法：

(a) 畫出 2 點 DFT 的訊號流程圖，並且在圖 P9.32-1 的訊號流程圖中填入計算 DFT 值 X_2、X_3、X_5 所缺少的路徑。

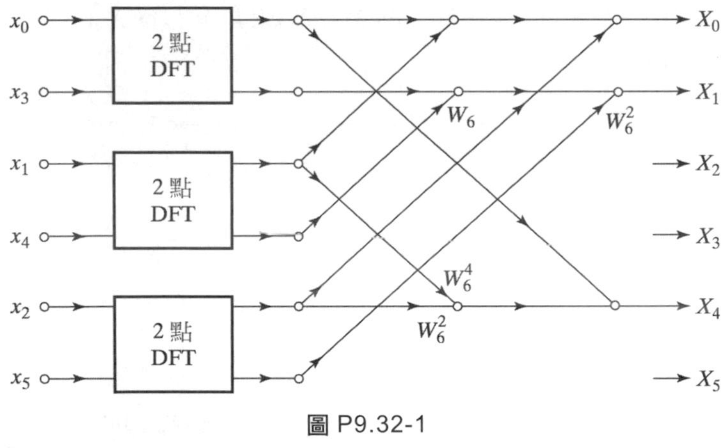

圖 P9.32-1

(b) 實作這個想法需要用到多少個複數乘法（乘以 −1 不算在內）？

第二個想法是先作 2 個 3 點 DFT，然後用此結果計算 6 點 DFT。

(c) 畫出 3 點 DFT 的訊號流程圖，並且在圖 P9.32-2 的訊號流程圖中填入缺少的部份。簡短地解釋你的推導方式。

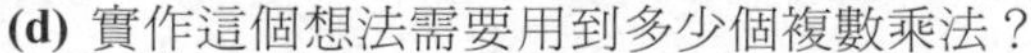

(d) 實作這個想法需要用到多少個複數乘法？

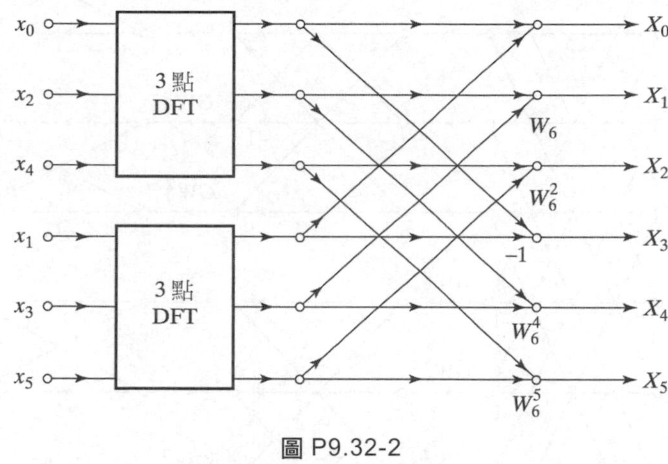

圖 P9.32-2

9.33 我們已經發現，FFT 演算法可以看作是蝴蝶計算單元的互相連接。舉例來說，圖 P9.33-1 是 radix-2 FFT 分頻演算法的蝴蝶計算單元，這個蝴蝶計算單元的輸入是兩個複數，輸出也是兩個複數，實作此蝴蝶計算要用 1 個乘法，即乘以 W_N^r，其中 r 是一個整數，r 的值和此蝴蝶計算在訊號流程圖中的位置有關，因爲此複數乘法可以表示成 $W_N^r = e^{j\theta}$ 的形式，所以使用 CORDIC（coordinate rotation digital computer，座標旋轉數位電腦）旋轉器演算法可以有效地實作此複數乘法（見習題 9.46）。不巧的是，雖然 CORDIC 旋轉器演算法可以改變預期的角度，卻也引進了固定的放大倍率，此放大倍率和角度 θ 無關。因此，如果要用 CORDIC 旋轉器演算法實作乘以 W_N^r 的乘法計算，那麼圖 P9.33-1 的蝴蝶計算單元就要替換成圖 P9.33-2 的蝴蝶，其中 G 代表 CORDIC 旋轉器的固定放大倍率（假設作旋轉角度的近似沒有任何誤差）。如果在 FFT 分頻演算法的訊號流程圖中，所有的蝴蝶計算單元都替換成圖 P9.33-2 的蝴蝶計算，那麼可以得到一個修改的 FFT 演算法，若 $N=8$，其訊號流程圖如圖 P9.33-3 所示。這個修改的 FFT 演算法所產生的輸出不是預期的 DFT。

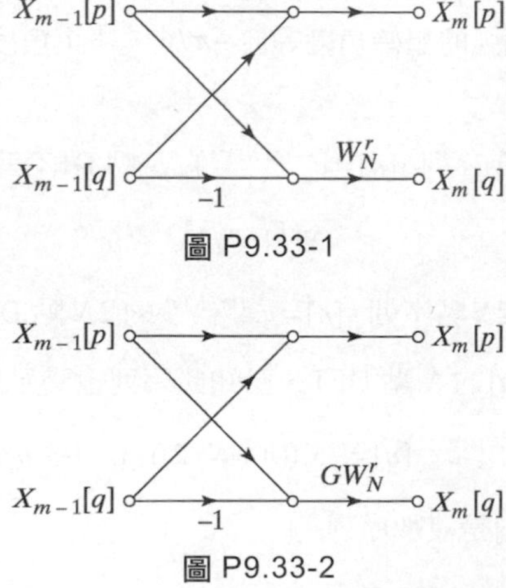

圖 P9.33-1

圖 P9.33-2

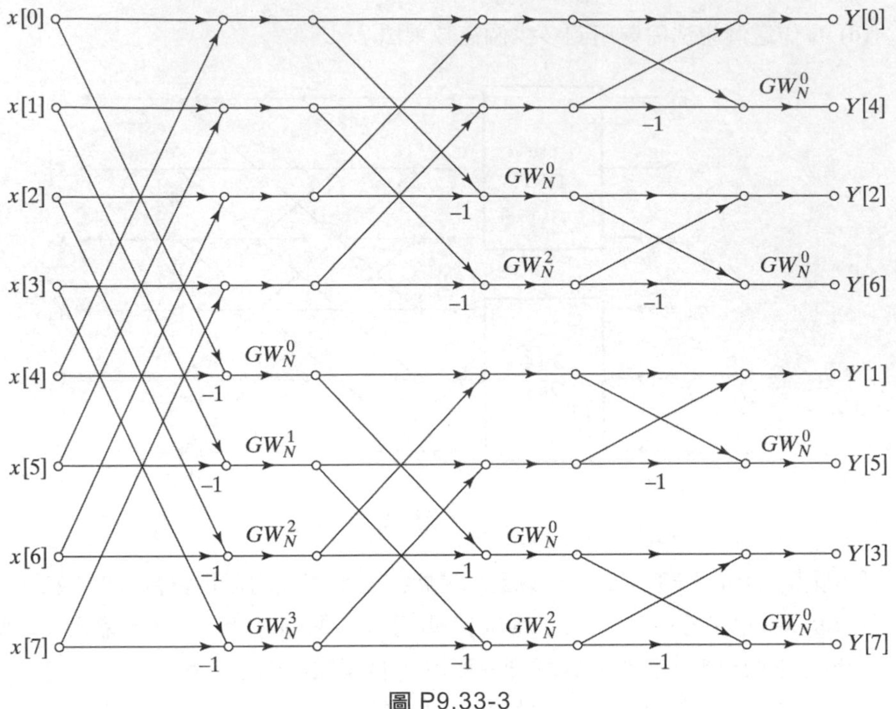

圖 P9.33-3

(a) 證明此修改的 FFT 演算法所產生的輸出序列 $Y[k]=W[k]X[k]$，$X[k]$ 是輸入序列 $x[n]$ 的真正 DFT，$W[k]$是 G、N、k 的函數。

(b) 可以用一個很簡單的規則描述序列 $W[k]$。找出這個規則，並且說明它和 G、N、k 的關係。

(c) 假設我們想要對輸入序列 $x[n]$ 作前處理，用來補償修改的 FFT 演算法所產生的效應。求出一個方式，先從序列 $x[n]$ 得到序列 $\hat{x}[n]$，然後用 $\hat{x}[n]$ 輸入修改的 FFT 演算法，得到的輸出等於 $X[k]$，即得到原本輸入序列 $x[n]$ 的真正 DFT。

9.34 本題處理的問題是 z 轉換的求值，有效地求出有限長度序列的 z 轉換在某些點的值。發展一個方式，使用啾聲轉換演算法計算 $X(z)$ 在 25 個點的值，這些點均勻分佈在半徑等於 0.5 的圓弧上，圓弧的起始角度等於 $-\pi/6$，終止角度等於 $2\pi/3$，序列的長度為 100 個樣本。

9.35 若 N 為偶數，則 N 點序列 $x[n]=e^{-j(\pi/N)n^2}$ 的 N 點 DFT 等於

$$X[k]=\sqrt{N}e^{-j\pi/4}e^{j(\pi/N)k^2}$$

假設 N 為偶數，求 $2N$ 點序列 $y[n]=e^{-j(\pi/N)n^2}$ 的 $2N$ 點 DFT。

9.36 令 $X[k]$ 表示序列 $x[n]$ 的 N 點 DFT，已知此序列也滿足以下的對稱性

$$x[n]=-x[((n+N/2))_N],\quad 0\le n\le N-1,$$

假設 N 為偶數，$x[n]$是複數序列。

(a) 證明 $X[k]=0$ ，$k=1,3,\ldots,N-1$。

(b) 說明一個方法，只用一個 $(N/2)$ 點 DFT 和少量額外的計算，就可得到奇數編號的 DFT 值，即 $X[k]$ ，$k=1,3,\ldots,N-1$。

9.37 某個 1024 點的序列 $x[n]$ 是由穿插 $x_e[n]$ 和 $x_o[n]$ 這二個 512 點序列而得，即

$$x[n]=\begin{cases} x_e[n/2], & n=0,2,4,\ldots,1022; \\ x_o[(n-1)/2], & n=1,3,5,\ldots,1023; \\ 0, & n \text{ 不在 } 0\le n\le 1023 \text{ 的範圍內} \end{cases}$$

令 $X[k]$ 表示 $x[n]$ 的 1024 點 DFT，$X_e[k]$ 和 $X_o[k]$ 分別表示 $x_e[n]$ 和 $x_o[n]$ 的 512 點 DFT，已知 $X[k]$ ，我們想要從 $X[k]$ 有效地計算出 $X_e[k]$ ，計算效率的測量方式是複數乘法數和複數加法的總數量。圖 P9.37 是一種不甚有效的方法。

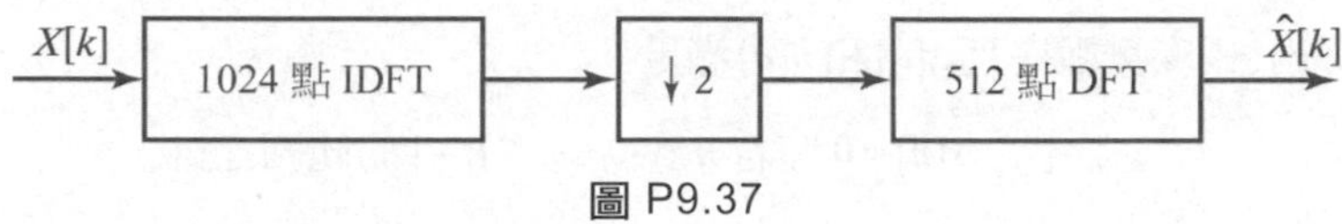

圖 P9.37

求出一種最有效的方法，可以從 $X[k]$ 算出 $X_e[k]$（當然一定要比圖 P9.37 的方塊圖有效）。

9.38 假設有一個程式可以計算複數序列的 DFT，如果想要計算實數序列的 DFT，可以簡單地指定虛部等於零，然後直接使用這個程式計算 DFT。不過，利用實數序列 DFT 的對稱性，可以減少計算量。

(a) 令 $x[n]$ 代表長度等於 N 的實數序列，其 DFT 為 $X[k]$ ，$X[k]$ 的實部和虛部分別用 $X_R[k]$ 和 $X_I[k]$ 表示，即

$$X[k]=X_R[k]+jX_I[k]$$

證明 $X_R[k]=X_R[N-k]$ ，$X_I[k]=-X_I[N-k]$ ，$k=1,\ldots,N-1$。

(b) 現在考慮兩個實數序列 $x_1[n]$ 和 $x_2[n]$ ，其 DFT 分別為 $X_1[k]$ 和 $X_2[k]$ ，令複數序列 $g[n]=x_1[n]+jx_2[n]$，其 DFT 為 $G[k]=G_R[k]+jG_I[k]$，並且令 $G_{\text{OR}}[k]$、$G_{\text{ER}}[k]$、$G_{\text{OI}}[k]$、$G_{\text{EI}}[k]$ 分別代表 $G[k]$ 實部的奇成份、實部的偶成份、虛部的奇成份、虛部的偶成份，換言之，$1\le k\le N-1$，

$$\begin{aligned} G_{\text{OR}}[k]&=\tfrac{1}{2}\{G_R[k]-G_R[N-k]\}, \\ G_{\text{ER}}[k]&=\tfrac{1}{2}\{G_R[k]+G_R[N-k]\}, \\ G_{\text{OI}}[k]&=\tfrac{1}{2}\{G_I[k]-G_I[N-k]\}, \\ G_{\text{EI}}[k]&=\tfrac{1}{2}\{G_I[k]+G_I[N-k]\}, \end{aligned}$$

而且有 $G_{\text{OR}}[0]=G_{\text{OI}}[0]=0$ ，$G_{\text{ER}}[0]=G_R[0]$ ，$G_{\text{EI}}[0]=G_I[0]$。試用 $G_{\text{OR}}[k]$ 、$G_{\text{ER}}[k]$ 、$G_{\text{OI}}[k]$ 、$G_{\text{EI}}[k]$ 表示 $X_1[k]$ 和 $X_2[k]$。

(c) 假設 $N=2^{\nu}$，我們有一個 radix-2 FFT 程式可以計算 DFT，如果想要計算 $X_1[k]$ 和 $X_2[k]$，對於以下計算方式分別求出所需要的實數乘法數和實數加法數：(i) 使用此程式兩次（並且指定輸入序列的虛部爲零），個別計算 $X_1[k]$ 和 $X_2[k]$ 這二個複數 N 點 DFT。(ii) 使用 (b) 小題建議的方法，只需要計算一次 N 點 DFT。

(d) 假設我們只有一個 N 點的實數序列，N 爲 2 的冪次方，令 $x_1[n]$ 和 $x_2[n]$ 代表二個 $(N/2)$ 點的實數序列，滿足 $x_1[n]=x[2n]$，$x_2[n]=x[2n+1]$，$n=0,1,\ldots,(N/2)-1$，試用 $X_1[k]$ 和 $X_2[k]$ 這兩個 $(N/2)$ 點 DFT 表示 $X[k]$。

(e) 運用 (b)、(c)、(d) 小題的結果，說明一種計算 DFT 的方式，只需要計算一次 $(N/2)$ 點 FFT，就可求得 N 點實數序列 $x[n]$ 的 DFT。試求此方式所需要的實數乘法數和實數加法數，並且和 N 點 FFT 比較這些運算量，N 點 FFT 的計算方式是將虛部指定爲零以求得 $X[k]$。

9.39 兩個有限長度實數序列 $x[n]$ 和 $h[n]$ 滿足

$$x[n]=0\text{，若 } n \text{ 在 } 0\le n\le L-1 \text{ 的範圍之外，}$$

$$h[n]=0\text{，若 } n \text{ 在 } 0\le n\le P-1 \text{ 的範圍之外。}$$

我們想要計算出序列 $y[n]=x[n]*h[n]$，其中 $*$ 代表平常的旋積。

(a) 試求 $y[n]$ 的長度。

(b) 如果直接計算旋積，需要使用多少實數乘法，才能算出 $y[n]$ 全部的非零樣本？你的計算可能會用到下列恆等式：

$$\sum_{k=1}^{N} k=\frac{N(N+1)}{2}$$

(c) 說明一個方法，可以用 DFT 計算 $y[n]$ 全部的非零樣本，試求出 DFT 和 IDFT 的最小長度，並用 L 和 P 表示。

(d) 假設 $L=P=N/2$，DFT 的長度 $N=2^{\nu}$，如果使用 (c) 小題的方法，並且用 radix-2 FFT 實作 DFT，以計算 $y[n]$ 全部的非零樣本。將所需的實數乘法數以公式表示。用這個公式求出最小的 N 值，使得 FFT 法的實數乘法數少於直接計算旋積的實數乘法數。

9.40 我們在§8.7.3 證明，將輸入序列分成有限長度的段落，用 DFT 實作這些段落的循環旋積，就可以實作線性非時變的濾波。當時討論過兩個方法，稱爲重疊－相加法和重疊－儲存法，針對每個輸出樣本所需要的複數乘法數[12]作比較，如果用 FFT 演算法計算 DFT，這些分段計算的方法所需要的單位乘法數可能會少於直接計算旋積的單位乘法數。

(a) 假設輸入序列 $x[n]$ 是無限長的複數序列，$h[n]$ 是長度爲 P 個樣本的複數脈衝響應，因此只有在 $0\le n\le P-1$ 的範圍內，$h[n]\neq 0$。假設我們用重疊－儲存法計算輸出序

---

[12] 譯注：本題將「每個輸出樣本所需要的複數乘法數」稱為「單位乘法數」。

列，使用的 DFT 長度為 $L=2^{\nu}$，計算 DFT 的方法是 radix-2 FFT 演算法。試求單位乘法數，將它表示成 ν 和 P 的函數。

(b) 假設脈衝響應的長度 $P=500$，使用重疊－儲存法計算旋積，用 (a) 小題的公式，在 $\nu \le 20$ 的範圍內畫出單位乘法數和 ν 的函數圖。當單位乘法數有最小值，ν 的值為何？比較使用 FFT 的重疊－儲存法和直接計算旋積的單位乘法數。

(c) 當 FFT 的長度很大，證明單位乘法數大約等於 ν。因此，當 FFT 的長度大於某個值，直接計算法會比重疊－儲存法有效。若 $P=500$，試求 ν 值，使直接計算法比較有效。

(d) 假設 FFT 的長度是脈衝響應長度的兩倍（即 $L=2P$），也假設 $L=2^{\nu}$，用 (a) 小題的公式，求出最小的 P 值，讓使用 FFT 的重疊－儲存法比直接計算旋積法有較少的單位乘法數。

9.41 假設 $x[n]$ 是一個 1024 點的序列，其值只在 $0 \le n \le 1023$ 的範圍內不為零。令 $X[k]$ 代表 $x[n]$ 的 1024 點 DFT。已知 $X[k]$，我們想用圖 P9.41 的系統計算 $x[n]$ 在 $0 \le n \le 3$ 和 $1020 \le n \le 1023$ 這些範圍內的值。注意到此系統的輸入序列是 DFT 係數，選擇合適的 $m_1[n]$、$m_2[n]$、$h[n]$，證明此系統可以得到預期的 $x[n]$ 樣本。注意：在 $0 \le n \le 7$ 的範圍內，$y[n]$ 必須包含預期的 $x[n]$ 樣本。

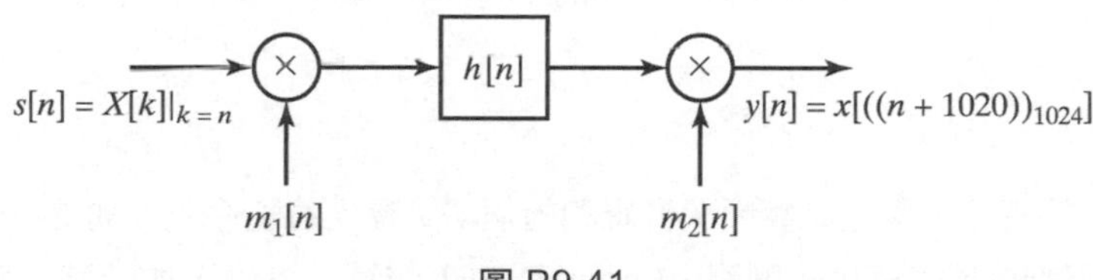

圖 P9.41

9.42 有一類根基於 DFT 的演算法可以實作某個因果 FIR 濾波器，其脈衝響應 $h[n]$ 在 $0 \le n \le 63$ 的範圍外等於零，（FIR 濾波器的）輸入訊號 $x[n]$ 被分成無限多段的區塊 $x_i[n]$，長度為 128，可能有重疊，i 是整數，滿足 $-\infty < i < \infty$，即

$$x_i[n] = \begin{cases} x[n], & iL \le n \le iL+127, \\ 0, & \text{其他} \end{cases}$$

其中 L 為正整數。

試求一個方法，就所有的 i 值，計算

$$y_i[n] = x_i[n] * h[n]$$

你的答案如果畫成方塊圖，只能用到圖 P9.42-1 和圖 P9.42-2 所提供的模組。使用某種模組不限一次，也可以不使用某種模組。

圖 P9.42-2 的四種模組如果是計算 $x[n]$ 的 N 點 DFT $X[k]$，則使用的是 radix-2 FFT，如果是從 $X[k]$ 計算 $x[n]$，則使用的是 radix-2 逆 FFT（IFFT）。

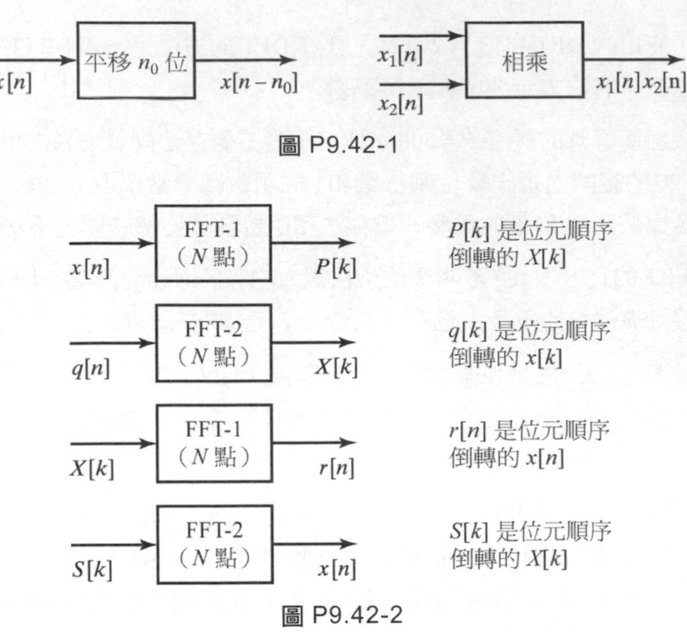

圖 P9.42-1

圖 P9.42-2

你的方法必須標明 FFT 和 IFFT 的長度，使用到每一個「平移 n_0 位」的模組時，必須標明 n_0 的值，也就是標明輸入序列的平移量。

延伸問題

9.43 有許多的應用（像是計算頻率響應和內插法）會先將短序列「補零」，再計算其 DFT，在這種情形下，特殊的「刪簡」(pruned)FFT 演算法可以增加計算效率 (Markel, 1971)。本習題探討 radix-2 刪簡分頻演算法，假設輸入序列的長度 $M \leq 2^{\mu}$，DFT 的長度 $N \leq 2^{\nu}$，$\mu < \nu$。

(a) 若 DFT 的長度 $N = 16$，畫出 radix-2 FFT 分頻演算法的完整訊號流程圖。適當地標記所有的分支。

(b) 假設輸入序列的長度 $M = 2$，換言之，只有當 $N = 0$ 或 $N = 1$，$x[n] \neq 0$。若 DFT 長度 $N = 16$，畫出新的訊號流程圖，並且指出非零輸入值如何傳播到 DFT 輸出端。換言之，在 (a) 小題的訊號流程圖中，消去或刪簡所有對零輸入值作運算的分支。

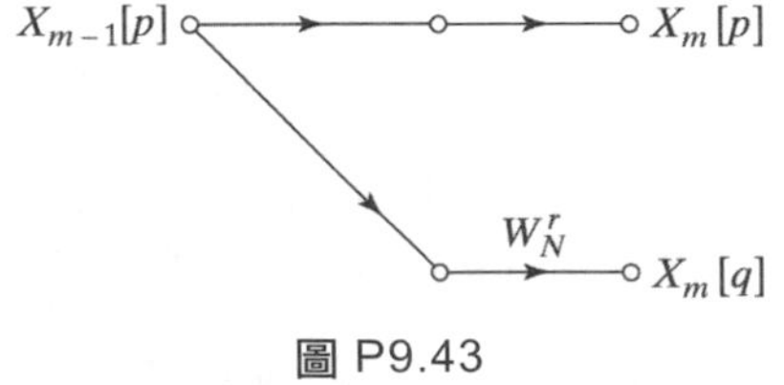

圖 P9.43

(c) 在 (b) 小題中，前三級計算中的蝴蝶計算單元，實際上應該換成圖 P9.43 的半蝴蝶計算單元，最後一級的蝴蝶計算單元，應該是原來的形式。一般情形下，若輸入序列的長度 $M \le 2^{\mu}$，DFT 的長度 $N \le 2^{\nu}$，$\mu < \nu$，有多少級計算可以使用刪簡的蝴蝶計算單元？如果用刪簡 FFT 演算法計算此 M 點序列的 N 點 DFT，試求所需要的複數乘法數，將答案用 μ 和 ν 表示。

9.44 若 N 可被 2 整除，我們在 9.2 節證明 N 點 DFT 可以表示成

$$X[k] = G[((k))_{N/2}] + W_N^k H[((k))_{N/2}], \quad 0 \le k \le N-1 \tag{P9.44-1}$$

$G[k]$ 代表以下偶數編號序列的 $(N/2)$ 點 DFT，即

$$g[n] = x[2n], \quad 0 \le n \le (N/2)-1,$$

$H[k]$ 代表以下奇數編號序列的 $(N/2)$ 點 DFT，即

$$h[n] = x[2n+1], \quad 0 \le n \le (N/2)-1$$

注意到如果 (P9.44-1) 要有意義，則 $G[k]$ 和 $H[k]$ 在 $N/2 \le k \le N-1$ 的範圍內必須週期地重複範圍外的值。若 $N = 2^{\nu}$，重複地使用這種分解，最後得到 FFT 的分時演算法，圖 9.11 即 $N=8$ 的情形。正如我們所見，這個演算法必須作複數乘法，乘以「旋轉」因子 W_N^r。Rader 和 Brenner (1976) 推導出一個新的演算法，只需要乘以純虛數。因此，只需要兩個實數乘法，不需要加法。在此演算法中，(P9.44-1) 被替換成以下的方程式：

$$X[0] = G[0] + F[0], \tag{P9.44-2}$$

$$X[N/2] = G[0] - F[0], \tag{P9.44-3}$$

$$X[k] = G[k] - \frac{1}{2} j \frac{F[k]}{\sin(2\pi k/N)}, \quad k \ne 0, N/2 \tag{P9.44-4}$$

$F[k]$ 代表以下序列的 $(N/2)$ 點 DFT，

$$f[n] = x[2n+1] - x[2n-1] + Q,$$

其中

$$Q = \frac{2}{N} \sum_{n=0}^{(N/2)-1} x[2n+1]$$

Q 是個只需要被計算一次的量。

(a) 證明 $F[0] = H[0]$，因此，當 $k=0$ 或 $N/2$，(P9.44-2) 和 (P9.44-3) 的計算結果和 (P9.44-1) 的結果相同。

(b) 當 $k = 1, 2, \ldots, (N/2)-1$，證明

$$F[k] = H[k] W_N^k (W_N^{-k} - W_N^k)$$

利用這個結果證明 (P9.44-4)。爲什麼要用不同的算式計算 $X[0]$ 和 $X[N/2]$？

(c) 若 $N=2^{\nu}$，重複地使用 (P9.44-2) 到 (P9.44-4)，可以得到完整的分時 FFT 演算法。試求實數乘法數和實數加法數的通式，將它表示成 N 的函數。計算 (P9.44-4) 的乘法數的時候，可以利用任何的對稱性和週期性，但是不要把乘以 $\pm j/2$ 的「不足道」的乘法排除在外。

(d) Rader 和 Brenner (1976) 宣稱由 (P9.44-2) 到 (P9.44-4) 所推得的 FFT 演算法有「很差的雜訊特性」，為甚麼這件事可能是正確的？

9.45 Duhamel 和 Hollman (1984) 提出一種修改過的 FFT 演算法，稱為**基數分裂**（split-radix）FFT，或是 SRFFT。基數分裂演算法的訊號流程圖類似於 radix-2 的訊號流程圖，也是從長度等於 N 的序列 $x[n]$ 算出它的 DFT 序列 $X[k]$，可是使用了較少的實數乘法。本題將闡明 SRFFT 的原理。

(a) 證明偶數編號的 $X[k]$ 可以表示成以下的 $(N/2)$ 點 DFT：

$$X[2k]=\sum_{n=0}^{(N/2)-1}(x[n]+x[n+N/2])W_N^{2kn}$$

$k=0,1,\ldots,(N/2)-1$。

(b) 證明奇數編號的 $X[k]$ 可以表示成以下兩種 $(N/4)$ 點 DFT，分別是

$$X[4k+1]=\sum_{n=0}^{(N/4)-1}\{(x[n]-x[n+N/2])-j(x[n+N/4]-x[n+3N/4])\}W_N^{n}W_N^{4kn}$$

$k=0,1,\ldots,(N/4)-1$，以及

$$X[4k+3]=\sum_{n=0}^{(N/4)-1}\{(x[n]-x[n+N/2])+j(x[n+N/4]-x[n+3N/4])\}W_N^{3n}W_N^{4kn}$$

$k=0,1,\ldots,(N/4)-1$。

(c) 對於 16 點 DFT，前述的 DFT 分解方式可以畫成圖 P9.45 的訊號流程圖。重新畫此訊號流程圖，在每一個分支標明合適的增益係數。

(d) 在圖 P9.45 的訊號流程圖中，將 SRFFT 的原理用於計算其他的 DFT，試求實作 16-DFT 所需的實數乘法數，並且和 16 點 radix-2 分頻演算法的實數乘法數作比較。假設在這兩種演算法中，不作乘以 W_N^0 的乘法。

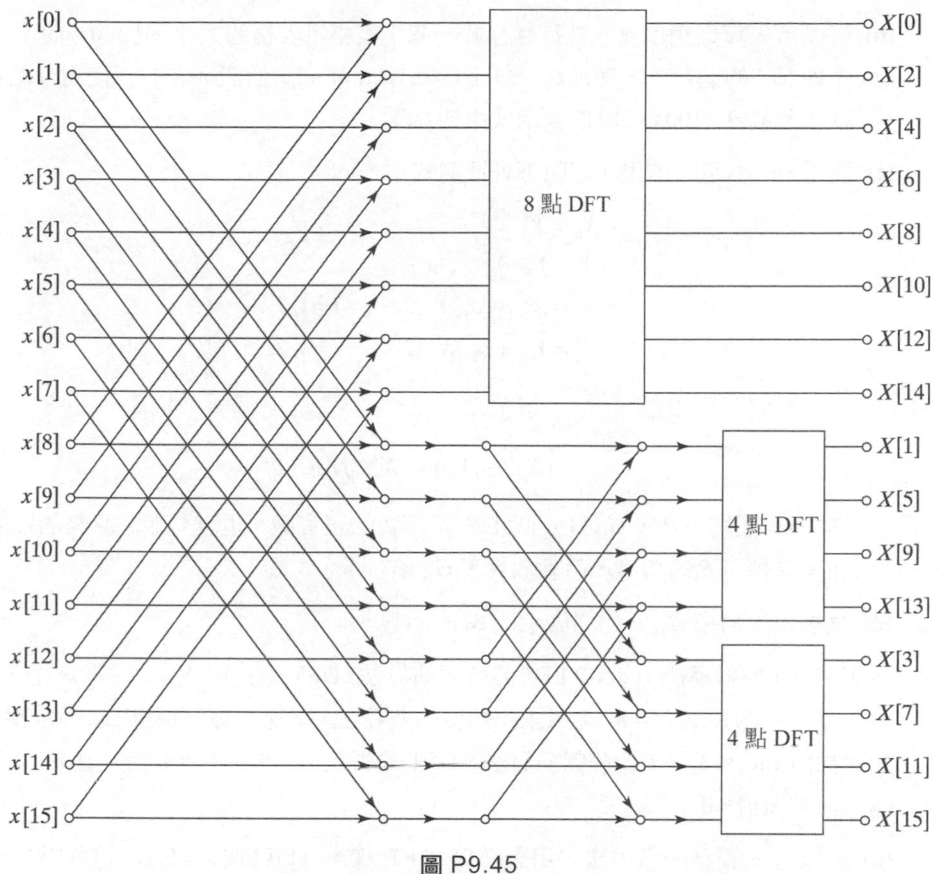

圖 P9.45

9.46 計算 DFT 的時候，必須將一個複數乘上另一個絕對值等於 1 的複數，也就是作型為 $(X+jY)e^{j\theta}$ 的乘法，顯而易見，這個複數乘法只是改變被乘數的角度，被乘數的絕對值保持不變。因此，乘以複數 $e^{j\theta}$ 的乘法有時候稱為**旋轉**（rotation）。DFT 或 FFT 演算法用到許多不同角度 θ 的旋轉。然而，或許我們不希望把所有用到的 $\sin\theta$ 和 $\cos\theta$ 的值都用表存起來，而且用冪級數計算這些函數值也需要很多的乘法和加法。Volder (1959) 提出了 CORDIC 演算法，這個演算法使用加法、位元平移以及某個小表的查表這些運算的組合，可以有效地作 $(X+jY)e^{j\theta}$ 的乘法。

(a) 定義 $\theta_i = \arctan(2^{-i})$，對於任何滿足 $0<\theta<\pi/2$ 的角度 θ，證明 θ 可以用下列方式表示

$$\theta = \sum_{i=0}^{M-1} \alpha_i \theta_i + \epsilon = \hat{\theta} + \epsilon,$$

其中 $\alpha_i = \pm 1$，誤差 ϵ 的大小限制為

$$|\epsilon| \le \arctan(2^{-M})$$

(b) 可以預先算好角度 θ_i，然後儲存於一個小表格，表格的大小等於 M，說明一個求得序列 $\{\alpha_i\}$ 的演算法，滿足 $\alpha_i = \pm 1$，$i = 0, 1, \ldots, M-1$。假設 $M = 11$，使用你的演算法，試求角度 $\theta = 100\pi/512$ 的表示式中的 $\{\alpha_i\}$。

(c) 使用 (a) 小題的結果，證明下列遞迴式

$$\begin{aligned} X_0 &= X, \\ Y_0 &= Y, \\ X_i &= X_{i-1} - \alpha_{i-1} Y_{i-1} 2^{-i+1}, \quad i = 1, 2, \ldots, M, \\ Y_i &= Y_{i-1} + \alpha_{i-1} X_{i-1} 2^{-i+1}, \quad i = 1, 2, \ldots, M, \end{aligned}$$

可以得到下列複數

$$(X_M + jY_M) = (X + jY) G_M e^{j\hat{\theta}},$$

其中 $\hat{\theta} = \sum_{i=0}^{M-1} \alpha_i \theta_i$，$G_M$ 是一個和 θ 不相關的正實數。也就是說，原來的複數在複平面上旋轉了 $\hat{\theta}$ 的角度，而且放大了 G_M 倍。

(d) 試求放大倍率 G_M，將它表示成 M 的函數。

9.47 我們在 9.3 節推導出 radix-2 FFT 的分頻演算法，DFT 的長度 $N = 2^\nu$。若 m 是一個整數，對於更一般的長度 $N = m^\nu$ 可以求出類似的演算法，這種演算法稱爲 radix-m 演算法。本題將探討 radix-3 FFT 的分頻演算法，DFT 的長度 $N = 9$，也就是說，當 $n < 0$ 或 $n > 8$，輸入序列 $x[n] = 0$。

(a) 試以公式表示一個方法，用來計算 DFT 樣本 $X[3k]$ 在 $k = 0, 1, 2$ 這些點的值。考慮 $X_1[k] = X(e^{j\omega_k})|_{\omega_k = 2\pi k/3}$，有一序列 $x_1[n]$ 的 3 點 DFT 滿足 $X_1[k] = X[3k]$，試求 $x_1[n]$，並且用 $x[n]$ 表示之。

(b) 接下來，有一序列 $x_2[n]$ 的 3 點 DFT 滿足 $X_2[k] = X[3k+1]$，$k = 0, 1, 2$。試求 $x_2[n]$，並且用 $x[n]$ 表示之。類似的問題，有一序列 $x_3[n]$ 的 3 點 DFT 滿足 $X_3[k] = X[3k+2]$，$k = 0, 1, 2$。試求 $x_3[n]$。注意：藉由建構合適的 3 點序列，我們已經用 3 個 3 點 DFT 定義了 9 點 DFT。

(c) 畫出 $N = 3$ DFT 的訊號流程圖，也就是 radix-3 的蝴蝶計算單元。

(d) 用 (a) 小題和 (b) 小題的結果，考慮一個系統，此系統先形成 $x_1[n]$、$x_2[n]$、$x_3[n]$，然後用 3 點 DFT 的方塊對這些序列進行 3 點 DFT，最後產生 $X[k]$，$k = 0, 1, \ldots, 8$，畫出此系統的訊號流程圖。注意：為了圖形明白起見，不要畫出 3 點 DFT 的訊號流程圖，只要將它標記爲「$N = 3$ 點 DFT」的方塊即可。這些方塊的內部架構就是 (c) 小題所畫的訊號流程圖。

(e) 在 (d) 小題畫出來的系統中，對 W_9 的冪次方作適當的分解，可以把這些系統表示成 3 點 DFT，繼之以「旋轉因子」，類比於 radix-2 演算法。重畫一次 (d) 小題的系統，使其完全由 3 點 DFT 和「旋轉因子」所組成。這就是 $N = 9$ 的情形下，radix-3 FFT 分頻演算法的完整公式。

(f) 如果直接用 DFT 的公式實作 9 點 DFT，需要多少複數乘法？和 (e) 小題的系統比較複數乘法數。一般情形下，如果序列長度 $N = 3^{\nu}$，radix-3 FFT 需要多少複數乘法？

9.48 若 DFT 長度 $N = M^2$ ，Bluestein (1970) 證明可以用遞迴的方式實作啾聲轉換演算法。

(a) 證明 DFT 可以表示成以下旋積的形式

$$X[k] = h^*[k]\sum_{n=0}^{N-1}(x[n]h^*[n])h[k-n],$$

上式中的 * 代表複數共軛，序列

$$h[n] = e^{j(\pi/N)n^2}, \quad -\infty < n < \infty$$

(b) 證明欲求的 $X[k](k = 0, 1, \ldots, N-1)$ 可以用 $k = N, N+1, \ldots, 2N-1$ 代入 (a) 小題的旋積求值而得。

(c) 用 (b) 小題的結果，證明 $X[k]$ 也等於圖 P9.48 的系統在 $k = N, N+1, \ldots, 2N-1$ 時的輸出值，圖中的有限長度序列 $\hat{h}[k]$ 如下所示

$$\hat{h}[k] = \begin{cases} e^{j(\pi/N)k^2}, & 0 \le k \le 2N-1, \\ 0, & \text{其他} \end{cases}$$

(d) 使用 $N = M^2$ 這個條件，證明脈衝響應 $\hat{h}[k]$ 所對應到的系統函數為

$$\hat{H}(z) = \sum_{k=0}^{2N-1} e^{j(\pi/N)k^2} z^{-k}$$
$$= \sum_{r=0}^{M-1} e^{j(\pi/N)r^2} z^{-r} \frac{1 - z^{-2M^2}}{1 + e^{j(2\pi/M)r} z^{-M}}$$

提示：將 k 寫成 $k = r + \ell M$ 。

(e) (d) 小題解出的 $\hat{H}(z)$ 建議了一種遞迴實作此 FIR 系統的方式。畫出這種實作方式的訊號流程圖。

(f) 根據 (e) 小題的結果，如果要算出預期 $X[k]$ 的所有 N 個值，試求複數乘法和加法的總數。和直接計算 $X[k]$ 所需的計算數作比較。

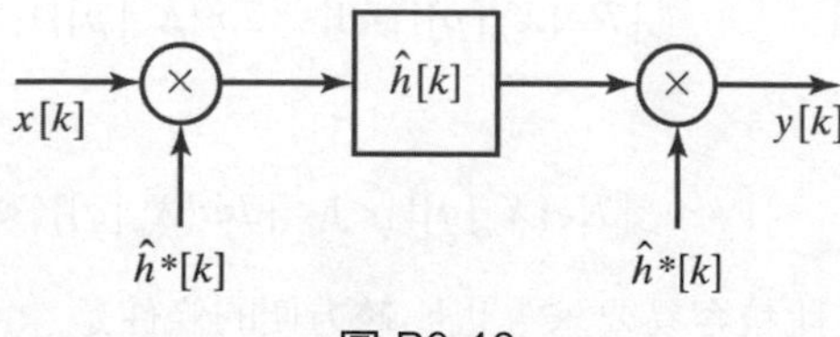

圖 P9.48

9.49 使用 Goertzel 演算法計算 DFT 時，$X[k]$ 的計算方式如下

$$X[k] = y_k[N]$$

其中 $y_k[n]$ 是圖 P9.49 的訊號流程圖的輸出。假設我們使用四捨五入法實作定點數的 Goertzel 演算法，暫存器長度爲 B 位元加上符號位元，也假設做完乘法後先作四捨五入再作加法，進一步假設捨入雜訊源彼此之間相互獨立。

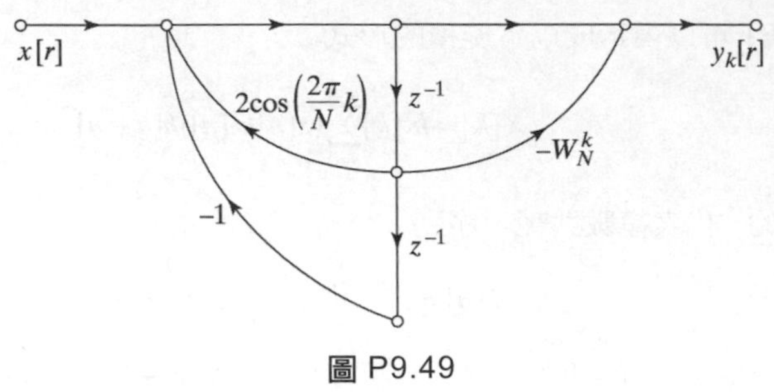

圖 P9.49

(a) 如果 $x[n]$ 是實數訊號，我們要用有限精確度算術計算出 $X[k]$ 的實部和虛部，假設乘以 ±1 不產生捨入雜訊，畫出線性雜訊模型的訊號流向圖。

(b) 計算捨入雜訊在 $X[k]$ 的實部和虛部產生的變異數。

9.50 假設我們使用四捨五入法實作定點數的 DFT 直接計算法，暫存器長度爲 B 位元加上符號位元（共有 $B+1$ 位元），假設實數乘法所產生的捨入雜訊源彼此之間相互獨立。如果 $x[n]$ 是實數訊號，試求捨入雜訊在每一個 DFT 值 $X[k]$ 的實部和虛部產生的變異數。

9.51 已知分時 FFT 演算法基本的蝴蝶計算單元如下所示

$$X_m[p] = X_{m-1}[p] + W_N^r X_{m-1}[q],$$
$$X_m[q] = X_{m-1}[p] - W_N^r X_{m-1}[q]$$

當我們用定點數算術實作此計算時，通常假設所有的數字都進行縮放，使其值小於 1，因此，爲了要避免溢位現象，就必須保證蝴蝶計算結果所得的實數值大小不大於 1。

(a) 如果滿足下列條件：

$$|X_{m-1}[p]| < \tfrac{1}{2} \quad 和 \quad |X_{m-1}[q]| < \tfrac{1}{2}$$

證明蝴蝶計算的結果不會發生溢位現象。換句話說，試證

$$|\mathcal{R}e\{X_m[p]\}| < 1, \quad |\mathcal{I}m\{X_m[p]\}| < 1,$$

和

$$|\mathcal{R}e\{X_m[q]\}| < 1, \quad |\mathcal{I}m\{X_m[q]\}| < 1$$

(b) 實際應用時，比較容易要求、也比較方便的條件是

$$|\mathcal{R}e\{X_{m-1}[p]\}| < \tfrac{1}{2}, \quad |\mathcal{I}m\{X_{m-1}[p]\}| < \tfrac{1}{2},$$

和

$$|\mathcal{R}e\{X_{m-1}[q]\}| < \tfrac{1}{2}, \quad |\mathcal{I}m\{X_{m-1}[q]\}| < \tfrac{1}{2}$$

試問這些條件是否足以確保分時演算法的蝴蝶計算不會發生溢位現象？試說明之。

9.52 對於 radix-2 FFT 的定點數分時演算法，我們假設每個輸出節點都連接到 $(N-1)$ 個蝴蝶計算單元，每個蝴蝶計算單元都貢獻出 $\sigma_B^2 = 1/3 \cdot 2^{-2B}$ 的量給輸出雜訊的變異數，藉以推導輸出端雜訊－訊號比的公式。然而當 $W_N^r = \pm 1$ 或是 $\pm j$，對這些值作乘法並不會產生誤差，如果考慮此一事實，並藉以修正第 9.7 節所推導的結果，對於量化雜訊效應所做的估計可以不那麼悲觀。

(a) 對於 9.7 節討論的分時演算法，試求每一級有多少個蝴蝶計算單元做的是乘以 ± 1 或是 $\pm j$ 的乘法。

(b) 試使用 (a) 小題的結果，對於奇數 k 值，改進輸出雜訊變異數的估計值 (9.58)，也改進雜訊－訊號比的估計值 (9.68)。對於偶數 k 值，試討論這些估計值有何不同。不要試著對於偶數 k 值求出這些估計值的公式。

(c) 如果每一級的輸出值都衰減爲 $1/2$ 倍，重作 (a) 和 (b) 小題。換句話說，假設乘以 ± 1 或是 $\pm j$ 的乘法不會產生誤差，修正輸出雜訊變異數 (9.71) 和輸出雜訊－訊號比 (9.72) 的表示式。

9.53 我們使用圖 9.11 的訊號流向圖，在第 9.7 節分析了 FFT 分時演算法的雜訊行爲，試對圖 9.22 的分頻演算法進行類似的分析，分別針對在輸入端進行縮放，以及在每一級的計算乘以 1/2 這兩種縮放的方式，求出輸出雜訊變異數和雜訊－訊號比的的表示式。

9.54 本題考慮一種計算 DFT 的方法，只計算一次 N 點 DFT，就可以得出 4 個對稱或是反對稱實數 N 點序列的 DFT。因爲我們的輸入是有限長度的序列，所以此處的*對稱*和*反對稱*實際上意指定義於第 8.6.4 節的**週期對稱**和**週期反對稱**。令 $x_1[n]$、$x_2[n]$、$x_3[n]$、$x_4[n]$ 代表 4 個長度爲 N 的實數序列，其 DFT 分別以 $X_1[k]$、$X_2[k]$、$X_3[k]$、$X_4[k]$ 表示。我們首先假設 $x_1[n]$、$x_2[n]$ 是對稱序列，$x_3[n]$、$x_4[n]$ 是反對稱序列，即對於 $n = 1, 2, \ldots, N-1$，這些序列滿足

$$x_1[n] = x_1[N-n], \quad x_2[n] = x_2[N-n],$$
$$x_3[n] = -x_3[N-n], \quad x_4[n] = -x_4[N-n],$$

且滿足 $x_3[0] = x_4[0] = 0$。

(a) 定義 $y_1[n] = x_1[n] + x_3[n]$，令 $Y_1[k]$ 代表 $y_1[n]$ 的 DFT。試求從 $Y_1[k]$ 恢復 $X_1[k]$ 和 $X_2[k]$ 的方法。

(b) 定義於 (a) 小題的 $y_1[n]$ 是一個實數序列，其對稱成份爲 $x_1[n]$，反對稱成份爲 $x_3[n]$，我們可以用類似的方式定義 $y_2[n] = x_2[n] + x_4[n]$，然後定義複數序列 $y_3[n]$ 如下

$$y_3[n] = y_1[n] + jy_2[n]$$

首先求出從 $Y_3[k]$ 恢復 $Y_1[k]$ 和 $Y_2[k]$ 的方法。然後利用 (a) 小題的結果，求出從 $Y_3[k]$ 求得 $X_1[k]$、$X_2[k]$、$X_3[k]$、$X_4[k]$ 的方法。

如果兩個序列是對稱序列，另兩個序列是反對稱序列，(b) 小題的結果證明只須計算一次 N 點 DFT，就可以同時得出此四個實數序列的 DFT。現在考慮四個序列都是對稱序列的情形，即對於 $N=0,1,\ldots,N-1$，這四個序列滿足

$$x_i[n]=x_i[N-n],\quad i=1,2,3,4$$

在以下 (c) 到 (f) 小題，假設 $x_3[n]$、$x_4[n]$ 是對稱序列，不是反對稱序列。

(c) 已知 $x_3[n]$ 是對稱序列，證明以下序列

$$u_3[n]=x_3[((n+1))_N]-x_3[((n-1))_N]$$

是反對稱序列，即對於 $N=0,1,\ldots,N-1$，此序列滿足 $x_3[n]=-x_3[N-n]$，且滿足 $u_3[0]=0$。

(d) 令 $U_3[k]$ 代表 $u_3[n]$ 的 N 點 DFT。試以 $X_3[k]$ 表示 $U_3[k]$。

(e) 利用 (c) 小題的方法，我們可以建造一個實數序列 $y_1[n]=x_1[n]+u_3[n]$，其中 $x_1[n]$ 是 $y_1[n]$ 的對稱成份，$u_3[n]$ 是 $y_1[n]$ 的反對稱成份，試求從 $Y_1[k]$ 恢復 $X_1[k]$ 和 $X_3[k]$ 的方法。

(f) 現在令 $y_3[n]=y_1[n]+jy_2[n]$，其中

$$y_1[n]=x_1[n]+u_3[n],\quad y_2[n]=x_2[n]+u_4[n],$$

對於 $N=0,1,\ldots,N-1$，滿足下式

$$u_3[n]=x_3[((n+1))_N]-x_3[((n-1))_N],$$
$$u_4[n]=x_4[((n+1))_N]-x_4[((n-1))_N],$$

試求從 $Y_3[k]$ 求得 $X_1[k]$、$X_2[k]$、$X_3[k]$、$X_4[k]$ 的方法（注意：不能從 $Y_3[k]$ 恢復 $X_3[0]$ 和 $X_4[0]$。當 N 為偶數，也不能從 $Y_3[k]$ 恢復 $X_3[N/2]$ 和 $X_4[N/2]$）。

9.55 一個 LTI 系統的輸出和輸入序列滿足以下的差分方程式

$$y[n]=\sum_{k=1}^{N}a_k y[n-k]+\sum_{k=0}^{M}b_k x[n-k]$$

假設有一個 FFT 程式可以計算任何長度為 $L=2^v$ 序列的 DFT。說明一個方法，可以使用這個 FFT 程式計算

$$H(e^{j(2\pi/512)k}),\quad k=0,1,\ldots,511$$

$H(z)$ 是此系統的系統函數。

9.56 假設我們想在 16 位元的電腦上作兩個超大整數的乘法（可能長達數千位元），本題將探討使用 FFT 作此計算的技巧。

(a) 令 $p(x)$和 $q(x)$爲兩個多項式，定義如下

$$p(x)=\sum_{i=0}^{L-1}a_i x^i,\quad q(x)=\sum_{i=0}^{M-1}b_i x^i$$

試證明循環旋積可以用來計算多項式 $r(x)=p(x)q(x)$ 的係數。

(b) 試說明使用 radix-2 FFT 程式計算 $r(x)$係數的方法。假設 $L+M=2^{\nu}$ ，ν爲整數，$(L+M)$ 的值要到甚麼數量級（orders of magnitude），你的方法才會比直接計算有效？

(c) 現在假設你要計算兩個很長的二進位正整數 u 和 v 的乘積，試證明多項式乘法可以用來計算它們的乘積，並說明使用 FFT 計算此乘積的演算法。如果 u 有 8000 位元，v 有 1000 位元，使用你的方法計算 u 和 v 的乘積，大約需要多少實數乘法和加法？

9.57 假設序列 $x[n]$的長度爲 N，離散哈特來轉換（discrete Hartley transform, DHT）的定義如下：

$$X_H[k]=\sum_{n=0}^{N-1}x[n]H_N[nk],\quad k=0,1,\ldots,N-1,$$

其中

$$H_N[a]=C_N[a]+S_N[a],$$
$$C_N[a]=\cos(2\pi a/N),\quad S_N[a]=\sin(2\pi a/N)$$

習題 8.68 詳細地探討了 DHT 的性質，特別是循環旋積的性質。

(a) 試驗證 $H_N[a]=H_N[a+N]$，並驗證下列關於 $H_N[a]$的有用性質：

$$\begin{aligned}H_N[a+b]&=H_N[a]C_N[b]+H_N[-a]S_N[b]\\&=H_N[b]C_N[a]+N_H[-b]S_N[a]\end{aligned}$$

(b) 將 $x[n]$分解成偶數編號序列和奇數編號序列，試用 (a) 小題的恆等式推導分時 DHT 的快速演算法。

9.58 本題將 FFT 表示成一連串的矩陣運算。圖 P9.58 是 8 點分時 FFT 演算法的訊號流向圖，其中 a 和 f 分別代表輸入和輸出向量，假設輸入是位元倒轉順序，輸出是正常順序（和圖 9.11 作比較），令 b、c、d、e 這些向量代表訊號流向圖中暫時的計算結果。

(a) 試求矩陣 F_1、T_1、F_2、T_2、F_3，使其滿足下列各式

$$\begin{aligned}b&=F_1a,\\c&=T_1b,\\d&=F_2c,\\c&=T_2d,\\f&=F_3e\end{aligned}$$

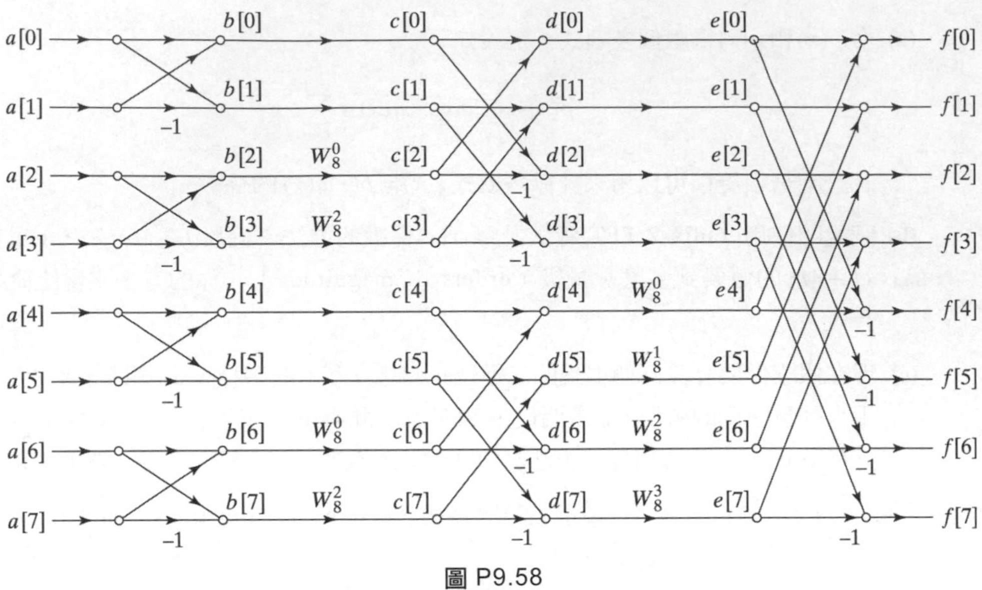

圖 P9.58

(b) 若輸入為 a，輸出為 f，則完整的 FFT 計算可以表示為矩陣運算 $f = Q_a$ ，式中

$$Q = F_3 T_2 F_2 T_1 F_1$$

令 Q^H 代表矩陣 Q 的複轉置 [赫密特（Hermitian）轉置]，用訊號流向圖畫出 Q^H 對序列所作的一連串運算，這個結構所代表的計算為何？

(c) 試求 $(1/N)Q^H Q$ 。

9.59 許多應用需要計算長序列 $x[n]$ 和 $h[n]$ 的旋積，而且它們的樣本值是整數。既然這些序列的值是整數，旋積 $y[n] = x[n] * h[n]$ 的樣本值自然也是整數。

使用 FFT 計算整數旋積的主要缺點在於浮點算術的晶片比整數算術的晶片昂貴，而且浮點算術造成的捨入誤差可能會破壞計算結果。本題將探討一類 FFT 演算法，稱為**數論轉換**（number-theoretic transform, NTT），這類演算法可以克服上述缺點。

(a) 令 $X[k]$ 和 $H[k]$ 分別代表 N 點序列 $x[n]$ 和 $h[n]$ 的 DFT，推導 DFT 的循環旋積性質，換句話說，若 $y[n]$ 是 $x[n]$ 和 $h[n]$ 的 N 點循環旋積，證明 $Y[k] = X[k]H[k]$ 。若 DFT 公式中的 W_N 滿足以下性質：

$$\sum_{n=0}^{N-1} W_N^{nk} = \begin{cases} N, & k = 0, \\ 0, & k \neq 0 \end{cases} \tag{P9.59-1}$$

證明旋積性質依然成立。

定義 NTT 的關鍵是求出滿足 (P9.59-1) 的整數值 W_N ，這可以迫使 DFT 有正交的基底向量，能正確計算 DFT，不巧的是，對於一般的整數算術，不存在能滿足 (P9.59-1) 的整數 W_N 。

爲了克服這個問題，NTT 使用定義於模數（modulo）P 的整數算術，P 是某個整數，本題假設 $P=17$ 。也就是說，加法和乘法是在標準的加法和乘法之後，縮減計算結果爲除以 $P=17$ 的餘數。舉例來說，$((23+18))_{17}=7$，$((10+7))_{17}=0$，$((23\times18))_{17}=6$，$((10\times7))_{17}=2$（只是以正常的方式計算積或和，然後求除以 17 的餘數）。

(b) 令 $P=17$ ，$N=4$ ，$W_N=4$ ，證明

$$\left(\left(\sum_{n=0}^{N-1} W_N^{nk}\right)\right)_P = \begin{cases} N, & k=0, \\ 0, & k\neq 0 \end{cases}$$

(c) 序列 $x[n]$ 和 $h[n]$ 如下所示

$$x[n]=\delta[n]+2\delta[n-1]+3\delta[n-2],$$
$$h[n]=3\delta[n]+\delta[n-1]$$

若 P、N、W_N 的值同 (a) 小題，試求 $x[n]$ 的 4 點 NTT $X[k]$ 如下

$$X[k]=\left(\left(\sum_{n=0}^{N-1} x[n]W_N^{nk}\right)\right)_P$$

用類似的方式計算 $H[k]$。並且也計算 $Y[k]=X[k]H[k]$（要確定計算中的每個算術運算都取模數 17 的結果，而非只在最後結果做模數 17 的運算）。

(d) $Y[k]$ 的逆 NTT 由以下方程式所定義

$$y[n]=\left(\left((N)^{-1}\sum_{k=0}^{N-1} Y[k]W_N^{-nk}\right)\right)_P \qquad \text{(P9.59-2)}$$

欲正確地計算上式，必須求出 W_N^{-1} 和 $(1/N)^{-1}$ ，這兩個**整數值**滿足

$$\left(\left((N^{-1}N)\right)\right)_P=1,$$
$$\left(\left(W_N W_N^{-1}\right)\right)_P=1$$

用 (a) 小題的 P、N、W_N 值，試求這兩個整數。

(e) 使用 (d) 小題求出的 W_N^{-1} 和 $(1/N)^{-1}$ ，計算 (P5.59-2) 所定義的逆 NTT。用直接計算 $y[n]=x[n]*h[n]$ 的結果檢查你的答案。

9.60 第 9.2 和 9.3 節著重在序列長度 N 爲 2 的冪次方的 FFT，不過，即使長度 N 包涵不只一個質因數，也就是 N 不能表示成 $N=m^v$ ，m 是某個整數，也可以求出有效的演算法以計算 DFT。本題將討論 $N=6$ 的情形，此處所介紹的技巧很容易可以應用到其他的合成數。Burrus 和 Parks (1985) 更詳盡地討論了這類演算法。

(a) **指標映射**（index mapping）的觀念是分解 $N=6$ 點 FFT 的關鍵，Cooley 和 Tukey (1965) 在他們最初的 FFT 論文提出了這個觀念。若 $N=6$ ，可以將指標 n 和 k 寫成

$$n=3n_1+n_2,\quad n_1=0,1;\ n_2=0,1,2; \qquad \text{(P9.60-1)}$$

$$k=k_1+2k_2,\quad k_1=0,1;\ k_2=0,1,2; \qquad \text{(P9.60-2)}$$

證明上式中 n_1 和 n_2 的值可以得出 $n=0,\ldots,5$ 的每一個值，每一個值正好一次；k_1 和 k_2 的值也可以得出 k 的每一個值，每一個值正好一次。

(b) 試將 (P9.60-1) 和 (P9.60-2) 代入 DFT 的定義式，以得到用 n_1、n_2、k_1、k_2 表示的 DFT 定義式，此新定義式應該有針對 n_1 和 n_2 求和的雙重求和計算，代替針對 n 求和的單一求和。

(c) 在你的方程式中小心地檢查某些 W_6，你可以把其中一些用 W_2 和 W_3 寫出等效的表示式。

(d) 根據 (c) 小題的結果集項，讓 n_2 的求和項在外層，n_1 的求和項在內層，你所寫出的表示式應該能夠解釋爲 3 個 2 點 DFT，繼之以一些旋轉因子（W_6 的冪次方），繼之以 2 個 3 點 DFT。

(e) 畫出訊號流程圖，實作 (d) 小題的表示式。此訊號流程圖需要多少複數乘法？和直接實作 $N=6$ DFT 方程式所需的複數乘法數作比較。

(f) 求出類似於 (P9.60-1) 和 (P9.60-2) 的另一種指標映射方式，此指標映射所得出的訊號流程圖，由 2 個 3 點 DFT 繼之以 3 個 2 點 DFT 所組成。

CHAPTER

10

使用離散傅立葉轉換進行訊號的傅立葉分析

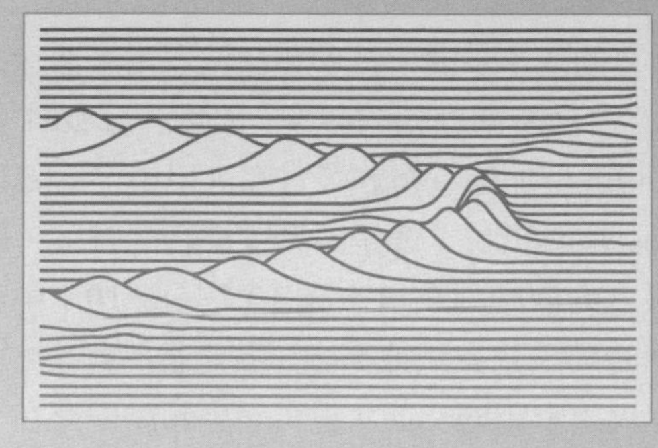

10.0 簡介

我們在第 8 章發展了離散傅立葉轉換（discrete Fourier transform, DFT），作為有限長度訊號的傅立葉表示法，因為有高效能的方法可計算 DFT，所以在許多訊號處理的應用場合，包括數位濾波和頻譜分析，DFT 都扮演了核心的角色。本章將介紹利用 DFT 進行訊號的傅立葉分析的方法。

不論是在實際應用中或是在演算法中，如果我們要確實求出傅立葉轉換的值，理想情形是求出離散時間傅立葉轉換（discrete-time Fourier transform, DTFT）的值，但是，實際上計算的是 DFT。就有限長度訊號而言，DFT 的值是在頻域上取樣 DTFT 得到的樣本值，所以必須要清楚地瞭解頻域上的取樣運算，知道它之所以等效於 DFT 的原因。舉例來說，在第 8.7 節探討過線性濾波或是線性旋積的實現方式，我們乘上的是 DFT，而非 DTFT，換句話說，我們實現的方式是循環旋積，而且要小心地使用，才能確保結果等於線性旋積。除此之外，許多數位濾波和頻譜分析的應用場合，訊號不會一開始就是有限長度，DFT 的輸入必須是有限長度的序列，但是實際訊號卻是無限長，我們可以確實地或近似地調整兩者之間的不一致，方式是透過**加窗**（windowing）、**區塊處理**（block processing）以及**時間相關傅立葉轉換**（time-dependent Fourier transform）等技巧。

10.1 使用 DFT 進行訊號的傅立葉分析

分析連續時間訊號的頻率成份是 DFT 的主要應用之一，舉例來說，對於語音分析與處理的應用，頻率分析對於辨認和建立聲腔（vocal cavity）的模型特別有用，這是在第 10.4.1 節介紹的實例。就都卜勒雷達（Doppler radar）而言，目標的速度是以傳送訊號與接收訊號之間的都卜勒頻移量呈現出來，這是在 10.4.2 節介紹的另一個實例。

圖 10.1 是對於連續時間訊號進行 DFT 計算的基本步驟。抗疊頻濾波器用來消除或是減低疊頻效應，發生在取樣連續時間訊號成爲離散時間序列的時後。因爲計算 DFT 需要有限長度序列，所以必須將 $x[n]$ 乘上 $w[n]$，也就是加窗。在許多實際應用中，$s_c(t)$ 以及對其取樣所得之 $x[n]$ 都是非常長、甚至是無限長的訊號（像是語音或樂音訊號），因此，在計算 DFT 之前，要先對 $x[n]$ 乘上有限長度的窗序列 $w[n]$。圖 10.2 是圖 10.1 中各個訊號的傅立葉轉換的圖示，圖 10.2(a) 是連續時間訊號衰減掉高頻訊號之後的頻譜，不過，它並不是有限頻寬訊號，因爲圖 10.2(a) 呈現出窄頻的突起，也可看出頻譜中存在著窄頻訊號的能量。圖 10.2(b) 是抗疊頻濾波器的頻率響應，圖 10.2(c) 是連續時間訊號通過抗疊頻濾波器之後的連續時間傅立葉轉換 $X_c(j\Omega)$，一旦頻率 Ω 大於抗疊頻濾波器的截止頻率，由此圖可看出，$X_c(j\Omega)$ 只包含極少量關於 $S_c(j\Omega)$ 的資訊，因爲 $H_{aa}(j\Omega)$ 不可能是完美的頻率響應，所以 $H_{aa}(j\Omega)$ 也會改變輸入訊號在通帶（passband）和暫帶（transition band）的頻率成分。

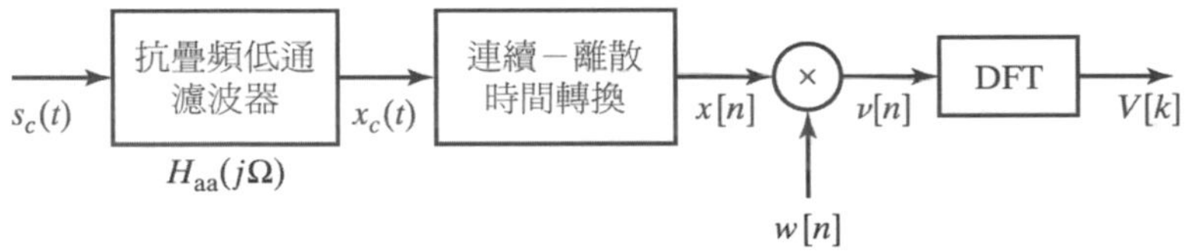

圖 10.1 在離散時間進行連續時間訊號傅立葉分析的步驟

將 $x_c(t)$ 轉換成序列 $x[n]$ 的運算，在頻域上可表示爲頻譜的週期複製、頻率的正規化和振幅的縮放的組合，如下所示：

$$X(e^{j\omega}) = \frac{1}{T}\sum_{r=-\infty}^{\infty} X_c\left(j\frac{\omega}{T} + j\frac{2\pi r}{T}\right) \tag{10.1}$$

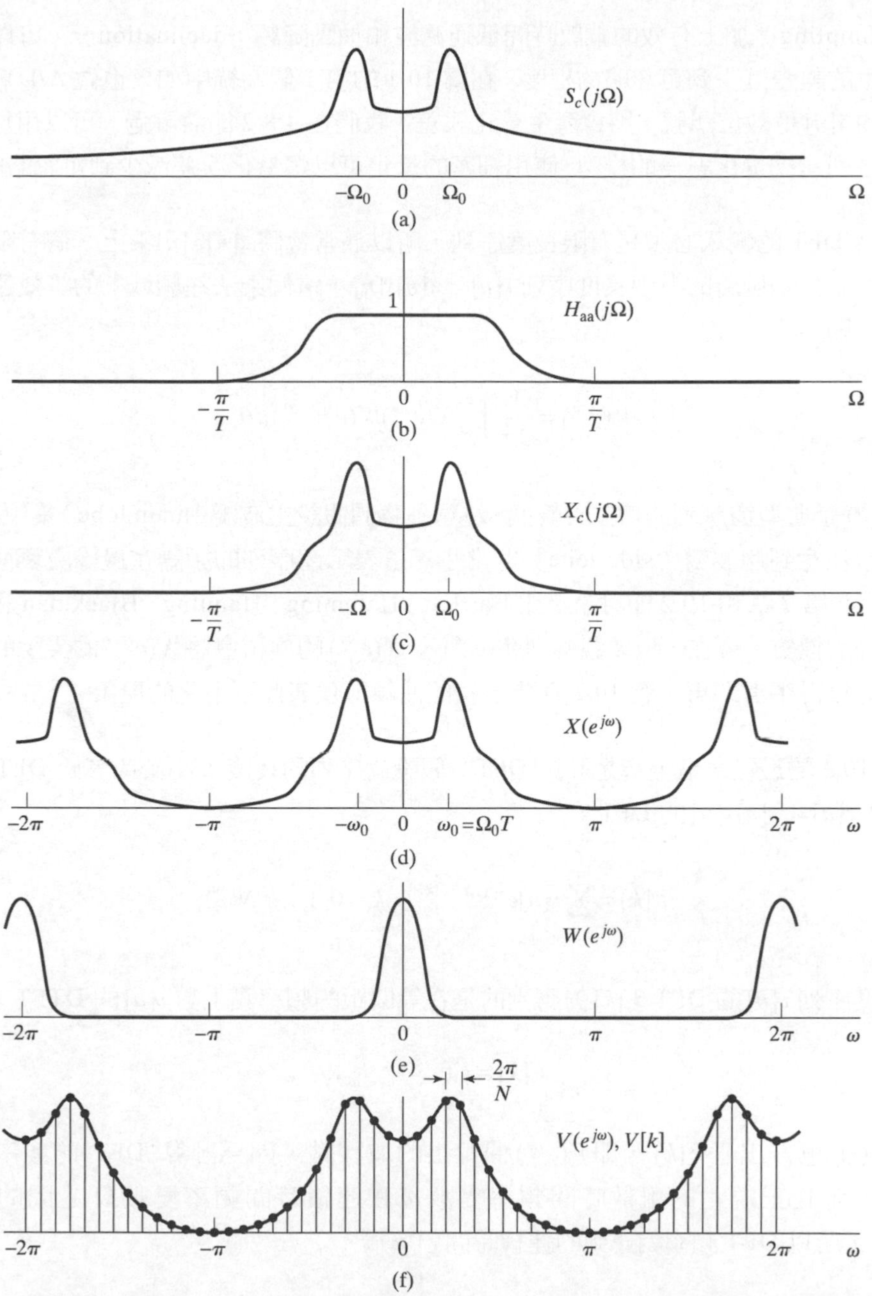

圖 10.2 圖 10.1 系統中各訊號的傅立葉轉換的圖示。(a) 連續時間輸入訊號的傅立葉轉換；(b) 抗疊頻濾波器的頻率響應；(c) 抗疊頻濾波器輸出訊號的傅立葉轉換；(d) 取樣後訊號樣本的 DTFT；(e) 窗序列的 DTFT；(f) 加窗後序列片段的 DTFT，以及 DFT 計算所得到的 DTFT 樣本

圖 10.2(d) 是上式所得之頻譜，因爲不可能實作在止帶有無窮大衰減量的抗疊頻濾波器，所以可預期到 (10.1) 的求和運算中，各項會有非零的重疊量（也就是產生疊頻現象）。然而，使用高品質的連續時間抗疊頻濾波器，或是透過第 4.8.1 節討論的超取樣

（oversampling）加上有效的離散時間低通濾波和抽點降頻（decimation），可以讓疊頻現象產生的誤差減少到可忽略的程度。在圖 10.1 的第二個系統中如果也做 A/D 轉換，那麼得到的 $x[n]$ 是數位訊號，將會產生量化誤差，我們在 4.8.2 節討論過，可以用加到 $x[n]$ 的雜訊序列建立量化誤差的模型，使用細密的量化可以讓量化誤差減少到可忽略的程度。

因為 DFT 的輸入必須是有限長度序列，所以通常會將 $x[n]x[n]$ 乘上一個有限長度序列 $w[n]$，產生一個新的有限長度序列 $v[n]=w[n]x[n]$，這個乘法在頻域上的等效運算是周期旋積，即

$$V(e^{j\omega})=\frac{1}{2\pi}\int_{-\pi}^{\pi}X(e^{j\omega})W(e^{j(\omega-\theta)})d\theta \tag{10.2}$$

圖 10.2(e) 是典型窗序列的傅立葉轉換，注意到我們假設主波瓣（main lobe）集中在 $\omega=0$ 附近，也注意到側波瓣（side lobe）非常小，這表示窗序列的頻譜在邊緣處衰減的非常快。我們在第 7 章和 10.2 節討論諸如 Bartlett、Hamming、Hanning、Blackman 和 Kaiser 等窗序列的性質。現在，只要觀察到 $W(e^{j\omega})$ 和 $X(e^{j\omega})$ 的旋積會將 $X(e^{j\omega})$ 的尖銳的突起和不連續處變得平滑即可，圖 10.2(f) 中連續的曲線即代表此平滑化的現象。

圖 10.1 的最後一個運算是計算 DFT，假設窗序列的長度 L 小於或等於 DFT 的長度 N，序列 $v[n]=w[n]x[n]$ 的 DFT 為

$$V[k]=\sum_{n=0}^{N-1}v[n]e^{-j(2\pi/N)kn},\quad k=0,1,\ldots,N-1, \tag{10.3}$$

有限長度序列 $v[n]$ 的 DFT $V[k]$ 對應到的是在等間距的頻率點上對 $v[n]$ 的 DTFT 求值

$$V[k]=V(e^{j\omega})\,|_{\omega=2nk/N} \tag{10.4}$$

圖 10.2(f) 也畫出了 $V[k]$，即 $V(e^{j\omega})$ 曲線上的取樣點，因為計算 DFT 的頻率間距為 $2\pi/N$，而且正規化的離散時間頻率變數 ω 和連續時間頻率變數 Ω 之間的關係是 $\omega=\Omega T$，所以 DFT 頻率對應到的連續時間頻率為

$$\Omega_k=\frac{2\pi k}{NT} \tag{10.5}$$

我們將在範例 10.1 和 10.2 說明如何使用這個連續時間頻率和 DFT 頻率的關係式。

範例 10.1 使用 DFT 進行傅立葉分析

假設 $x_c(t)$ 是有限頻寬連續時間訊號，在 $|\Omega| \geq 2\pi(2500)$ 的範圍內頻譜 $X_c(j\Omega) = 0$，我們希望使用圖 10.1 的系統估計連續時間頻譜 $X_c(j\Omega)$ 的值，假設 $H_{aa}(j\Omega)$ 是理想的抗疊頻濾波器，C/D 轉換器取樣率是 $1/T$=5000 樣本／秒，如果我們希望 DFT $V[k]$ [等效於 $X_c(j\Omega)$ 的取樣點] 的頻率間距不大於 $2\pi/(10)$ 弧度／秒，即 10 Hz，DFT 的長度 N 的最小值為何？

由 (10.5) 可知 DFT 的相鄰樣本所對應到的連續時間頻率間距為 $2\pi/(NT)$，因此必須滿足下式

$$\frac{2\pi}{NT} \leq 20\pi,$$

也就是

$$N \geq 500$$

可以滿足我們的要求。如果我們希望在圖 10.1 中使用 radix-2 FFT 演算法計算 DFT，可以選用 $N = 512$，此時連續時間的等效頻率間距為 $\Delta\Omega = 2\pi(5000/512) = 2\pi(977)$ 弧度／秒。

範例 10.2 DFT 值之間的關係

考慮範例 10.1 提出的問題，令 $1/T = 5000$，$N = 512$，並且假設 $x_c(t)$ 是實數訊號，而且頻寬相當有限，所以取樣 $x_c(t)$ 時不會發生疊頻現象，已知 $V[11] = 2000(1+j)$，我們還能得知哪些 $V[k]$ 或是 $X_c(j\Omega)$ 的值？

參考表 8.2 列出的 DFT 對稱性，即 $V[k] = V^*[((-k))_N]$，$k = 0, 1, \ldots, N-1$，可得 $V[N-k] = V^*[k]$，所以在本題中可知

$$V[512-11] = V[501] = V^*[11] = 2000(1-j)$$

我們也知道 $k = 11$ 的 DFT 值對應到的連續時間頻率為 $\Omega_{11} = 2\pi(11)(5000)/512 = 2\pi(1074)$，$k = 501$ 對應到的頻率為 $-2\pi(11)(5000)/512 = 2\pi(1074)$，雖然加窗使得頻譜變平滑，我們依然可以得知

$$X_c(j\Omega_{11}) = X_c(j2\pi(107.4)) \approx T \cdot V[11] = 0.4(1+j)$$

注意到必須乘上 T 倍以補償取樣所造成的 $1/T$ 倍衰減，如 (10.1) 所示。我們可以再度使用對稱性得知

$$X_c(-j\Omega_{11}) = X_c(-j2\pi(107.4)) \approx T \cdot V[11] = 0.4(1-j)$$

圖 10.1 和 10.2 具體呈現了許多商用即時頻譜分析儀的設計原理，從先前的討論可以清楚地知道，取樣原始輸入訊號 $s_c(t)$ 可以得到離散時間序列，對此離散時間序列加窗所得的序列片段可以計算 DFT，無論如何，如果要用原始輸入訊號 $s_c(t)$ 的連續時間傅立葉轉換解釋取樣並加窗後所得訊號片段的 DFT，會有許多因素影響到解釋的結果。如果要調整或是減輕這些因素產生的效應，必須小心地進行對於輸入訊號所做的濾波或是取樣等操作。不僅如此，如果要正確地解釋濾波或是取樣的結果，也必須要清楚地了解 DFT 俱有的時域加窗和頻域取樣等操作所造成的效應。接下來的討論中，我們假設可以滿意地處理抗交疊濾波和 C/D 轉換產生的問題，所以它們造成的誤差可以忽略不計。下一節，我們特別專注於加窗和頻域取樣等操作加諸於 DFT 的效應，因爲弦波訊號是完美的有限頻寬訊號，又容易計算，所以我們用弦波訊號當作具體實例以進行討論，然而，透過範例所提出的課題，大部分都可用到一般的情況。

10.2 以 DFT 分析弦波訊號

弦波訊號 $A\cos(\omega_0 n+\phi)$（對所有 n 都有值）的 DTFT 是一對位於 $+\omega_0$ 和 $-\omega_0$ 的脈衝函數（不斷重複，周期爲 2π），加窗和頻譜（頻域）取樣對於弦波訊號的 DFT 分析有著重要的影響，我們在第 10.2.1 節會發現，加窗會塗抹頻譜上的脈衝，使頻譜上的脈衝變寬，因此，較難準確地定出確實的頻率。對於頻率相近的弦波訊號，加窗也會降低分辨這些弦波訊號的能力。DFT 與生俱來的頻譜取樣會潛在地誤導弦波訊號的真實頻譜，或是對其產生不準確的圖像，這個效應將在 10.2.3 節討論。

10.2.1 加窗效應

有一連續時間訊號由兩個弦波訊號的和所組成，即

$$s_c(t) = A_0\cos(\Omega_0 t+\theta_0) + A_1\cos(\Omega_1 t+\theta_1), \quad -\infty < t < \infty \tag{10.6}$$

假設我們有完美的取樣，未產生任何疊頻或是量化誤差，得到的離散時間訊號是

$$x[n] = A_0\cos(\omega_0 n+\theta_0) + A_1\cos(\omega_1 n+\theta_1), \quad -\infty < n < \infty, \tag{10.7}$$

上式中的 $\omega_0 = \Omega_0 T$，$\omega_1 = \Omega_1 T$。圖 10.1 中加窗後的序列 $v[n]$ 可表示爲

$$v[n] = A_0 w[n]\cos(\omega_0 n+\theta_0) + A_1 w[n]\cos(\omega_1 n+\theta_1) \tag{10.8}$$

將 (10.8) 式展開成複指數序列，再利用 2.9.2 節中 (2.158) 式的頻率平移性質，可以得到 $v[n]$ 的 DTFT，具體來說，我們可以將 $v[n]$ 重寫爲

$$\begin{aligned} v[n] &= \frac{A_0}{2} w[n] e^{j\theta_0} e^{j\omega_0 n} + \frac{A_0}{2} w[n] e^{-j\theta_0} e^{-j\omega_0 n} \\ &+ \frac{A_1}{2} w[n] e^{j\theta_1} e^{j\omega_1 n} + \frac{A_1}{2} w[n] e^{-j\theta_1} e^{-j\omega_1 n}, \end{aligned} \tag{10.9}$$

由上式以及 (2.158) 式，可以得到加窗後序列 $v[n]$ 的 DTFT：

$$\begin{aligned} V[e^{jw}] &= \frac{A_0}{2} e^{j\theta_0} w(e^{j(w-w_0)}) + \frac{A_0}{2} e^{-j\theta_0} w(e^{j(w+w_0)}) \\ &+ \frac{A_1}{2} e^{j\theta_1} w(e^{j(w-w_1)}) + \frac{A_1}{2} e^{-j\theta_1} w(e^{j(w+w_1)}). \end{aligned} \tag{10.10}$$

根據 (10.10) 式可知，加窗後序列 $v[n]$ 的 DTFT 是由窗序列的 DTFT 所組成，但是平移到 $\pm\omega_0$ 和 $\pm\omega_1$ 的位置，而且各自用複指數值縮放。

範例 10.3 加窗對於弦波訊號的傅立葉分析造成的效應

我們在此範例探討圖 10.1 的系統，圖中的 $W(e^{j\omega})$ 、 $V(e^{j\omega})$ 和 $s_c(t)$ 的形式如 (10.6) 所示，取樣頻率 $1/T = 10$ kHz，方窗序列 $w[n]$ 的長度是 64，訊號的振幅和相位分別是 $A_0 = 1$ 、 $A_1 = 0.75$ 以及 $\theta_0 = \theta_1 = 0$，為了表示出訊號的基本特徵，我們只畫出傅立葉轉換的強度。圖 10.3(a) 是 $|W(e^{j\omega})|$ ，我們也針對 (10.6) 式考慮數種 Ω_0 和 Ω_1 ，也就是 (10.7) 式的 ω_0 和 ω_1，不同頻率的 $|V(e^{j\omega})|$ 圖示於圖 10.3(b)、(c)、(d)、(e)，圖 10.3(b) 的頻率是 $\Omega_0 = (2\pi/6)\times 10^4$ 和 $\Omega_0 = (2\pi/3)\times 10^4$ ，也就是 $\omega_0 = 2\pi/6$ 和 $\omega_1 = 2\pi/3$ ，圖 10.3(c) 到 (e) 的頻率越來越接近，對於圖 10.3(b) 使用的參數來說，每一個弦波成份的頻率和振幅都很明顯。具體來說，如果 $W(e^{j\omega})$ 的複本在 ω_0 和 ω_1 處並未重疊，因為 $W(e^{j\omega})$ 的峰值為 64，所以 (10.10) 式暗示著 ω_0 處的峰值為 $32A_0$，ω_1 處的峰值為 $32A_1$，圖 10.3(b) 中的兩個高峰的位置大約是 $\omega_0 = 2\pi/6$ 和 $\omega_1 = 2\pi/3$ ，兩個峰值的比值也正確。在圖 10.3(c) 中，$W(e^{j\omega})$ 的複本在 ω_0 和 ω_1 處有較多重疊，雖然還是呈現出兩個明顯的高峰，可是 ω_1 處弦波的振幅已經影響到 ω_0 處的的振幅，反之亦然。這種訊號的互動稱為**漏洩**（leakage）：意思是因為加窗引入的頻譜塗抹，造成某個頻率成份漏到另一個頻率附近。圖 10.3(d) 有更大的漏洩現象，注意到加上了異相（out of phase）的側波瓣造成峰值的**減少**。圖 10.3(e) 中 $W(e^{j\omega})$ 的複本在 ω_0 和 ω_1 處重疊的程度嚴重到使 (b) 到 (d) 中明顯可見的兩個高峰合而為一，換句話說，如果使用這個窗序列，則無法在圖 10.3(e) 的頻譜中分辨這兩個頻率。

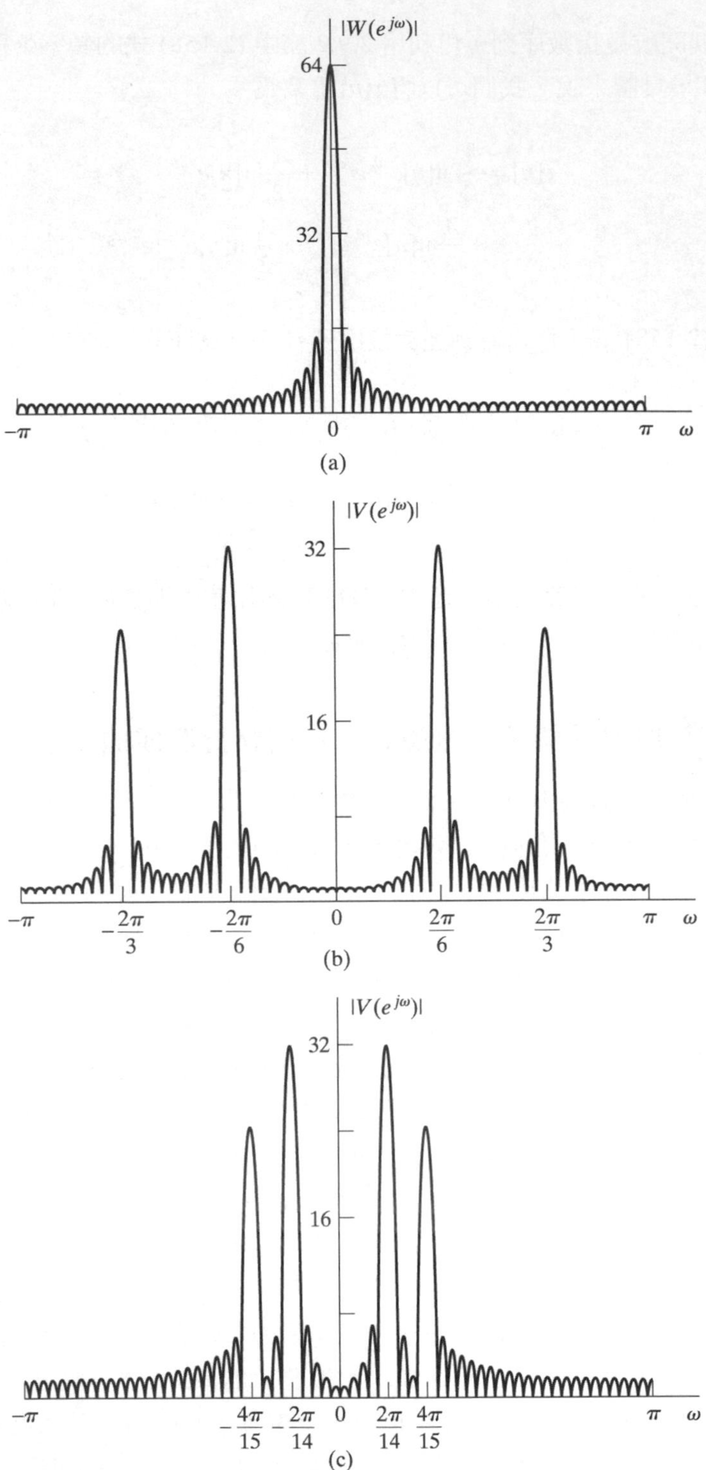

圖 10.3 對餘弦訊號加窗進行傅立葉分析的圖示，使用方窗函數。(a) 窗函數的 DTFT；(b) – (e) 當 $\Omega_1 - \Omega_0$ 的值逐漸變小，加窗後餘弦訊號的 DTFT。(b) $\Omega_0 = (2\pi/6)\times 10^4$，$\Omega_1 = (2\pi/3)\times 10^4$。(c) $\Omega_0 = (2\pi/14)\times 10^4$，$\Omega_1 = (4\pi/15)\times 10^4$

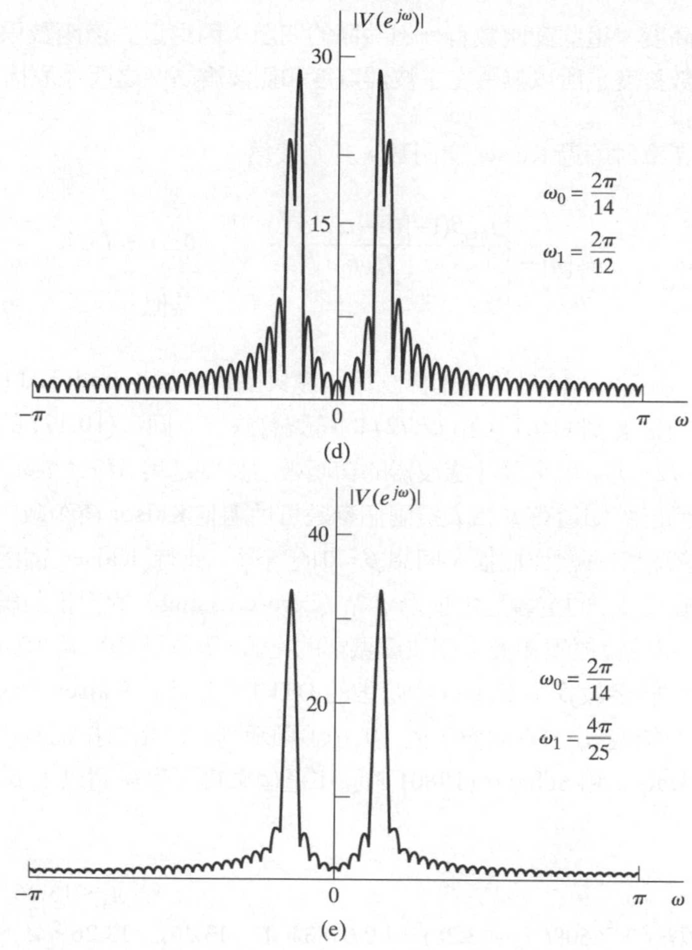

圖 10.3 （續）(d) $\Omega_0 = (2\pi/14)\times10^4$，$\Omega_1 = (2\pi/12)\times10^4$；(e) $\Omega_0 = (2\pi/14)\times10^4$，$\Omega_1 = (4\pi/25)\times10^4$

10.2.2 窗函數的性質

弦波加窗造成的兩個主要的效應是解析度降低和漏洩，影響解析度的主要因素是 $W(e^{j\omega})$ 的主波瓣寬度，漏洩的程度則取決於 $W(e^{j\omega})$ 的側波瓣相對於主波瓣的高度，在第 7 章討論濾波器設計時，我們證明了主波瓣寬度和側波瓣相對高度主要和窗函數長度 L 以及窗函數的形狀（衰減程度）有關，方窗函數的 DTFT 爲

$$W_r(e^{j\omega}) = \sum_{n=0}^{L-1} e^{-j\omega n} = e^{-j\omega(L-1)/2}\frac{\sin(\omega/2)}{\sin(\omega/2)}, \tag{10.11}$$

給定窗函數長度 L，方窗函數的 DTFT 有最小的主波瓣寬度 $(\Delta_{ml} = 8\pi/L)$，但是在常用的窗函數當中，側波瓣卻最高。第 7 章討論過的窗函數包括 Bartlett、Hann 和 Hamming 等窗函數，它們 DTFT 的主波瓣寬度 $\Delta_{ml} = 8\pi/(L-1)$，大約是方窗函數的兩倍，但是卻有小

得多的側波瓣高度。這些窗函數有一個共同的問題：因爲這些窗函數只有一個參數可供調整，即窗函數長度，所以無法在主波瓣寬度和側波瓣高度之間作取捨。

我們在第 7 章討論過 Kaiser 窗函數，其定義爲

$$w_K[n] = \begin{cases} \dfrac{I_0[\beta(1-[(n-\alpha)/\alpha]^2)^{1/2}]}{I_0(\beta)}, & 0 \le n \le L-1, \\ 0, & \text{其他} \end{cases} \tag{10.12}$$

上式中 $\alpha = (L-1)/2$，$I_0(\cdot)$ 是第零階修正第一類貝塞耳函數（modified Bessel function of the first kind）[注意到 (10.12) 和 (7.72) 的符號有些許不同，(10.12) 的 L 代表窗函數的長度，然而 (7.72) 式中用來設計濾波器的窗函數的長度是用 $M+1$ 表示]，在濾波器設計的問題中，我們已經知道有 β 和 L 這兩個參數可供調整 Kaiser 窗函數，可以用來對主波瓣寬度和側波瓣相對振幅作取捨（回想 $\beta = 0$ 的情形，此時 Kaiser 窗函數化簡成方窗函數），主波瓣寬度 Δ_{ml} 的定義是中央過零點（zero-crossing）的對稱距離，側波瓣相對振幅 A_{sl} 的定義是主波瓣振幅和最大側波瓣振幅的比值，單位是 dB，圖 10.4 和圖 7.32 相同，是不同長度和不同參數 β 下 Kaiser 窗函數的 DTFT，在設計 Kaiser 窗函數以進行頻譜分析時，我們想要指定 A_{sl} 和 β 的值，圖 10.4(c) 顯示側波瓣相對振幅基本上和長度無關，只和 β 有關。Kaiser 和 Schafer (1980) 確認了這個事實，也得到以下 β 和 A_{sl} 的最小平方表示式：

$$\beta = \begin{cases} 0, & A_{sl} \le 13.26, \\ 0.76609(A_{sl}-13.26)^{0.4} + 0.09834(A_{sl}-13.26), & 13.26 < A_{sl} \le 60, \\ 0.12438(A_{sl}+6.3), & 60 < A_{sl} \le 120 \end{cases} \tag{10.13}$$

在 $13.26 < A_{sl} < 120$ 的範圍內，使用 (10.13) 式計算出來的 β 值所得到的 Kaiser 窗函數，其 DTFT 的側波瓣相對振幅和預期的側波瓣相對振幅 A_{sl} 之間的誤差小於 0.36（注意到 13.26 這個值是方窗函數的側波瓣相對振幅，對應到 $\beta = 0$ 的 Kaiser 窗函數）。

圖 10.4(c) 也顯示出主波瓣寬度和窗函數長度成反比，主波瓣寬度、側波瓣相對振幅和窗函數長度之間的取捨可以近似地表示成以下的公式：

$$L \simeq \frac{24\pi(A_{sl}+12)}{155\Delta_{ml}} + 1 \tag{10.14}$$

這也是由 Kaiser 和 Schafer (1980) 所提出。

欲決定 Kaiser 窗函數的主波瓣寬度和側波瓣相對振幅，(10.12)、(10.13) 和 (10.14) 是必要的公式，已知 Δ_{ml} 和 A_{sl}，欲決定 Kaiser 窗函數，只要代入 (10.13)，就可以算出 β 值，

代入 (10.14)，就可以算出 L 值，代入 (10.12) 就得到 Kaiser 窗函數，本章其餘的範例都是使用 Kaiser 窗函數，Harris (1978) 探討其他用於頻譜分析的窗函數。

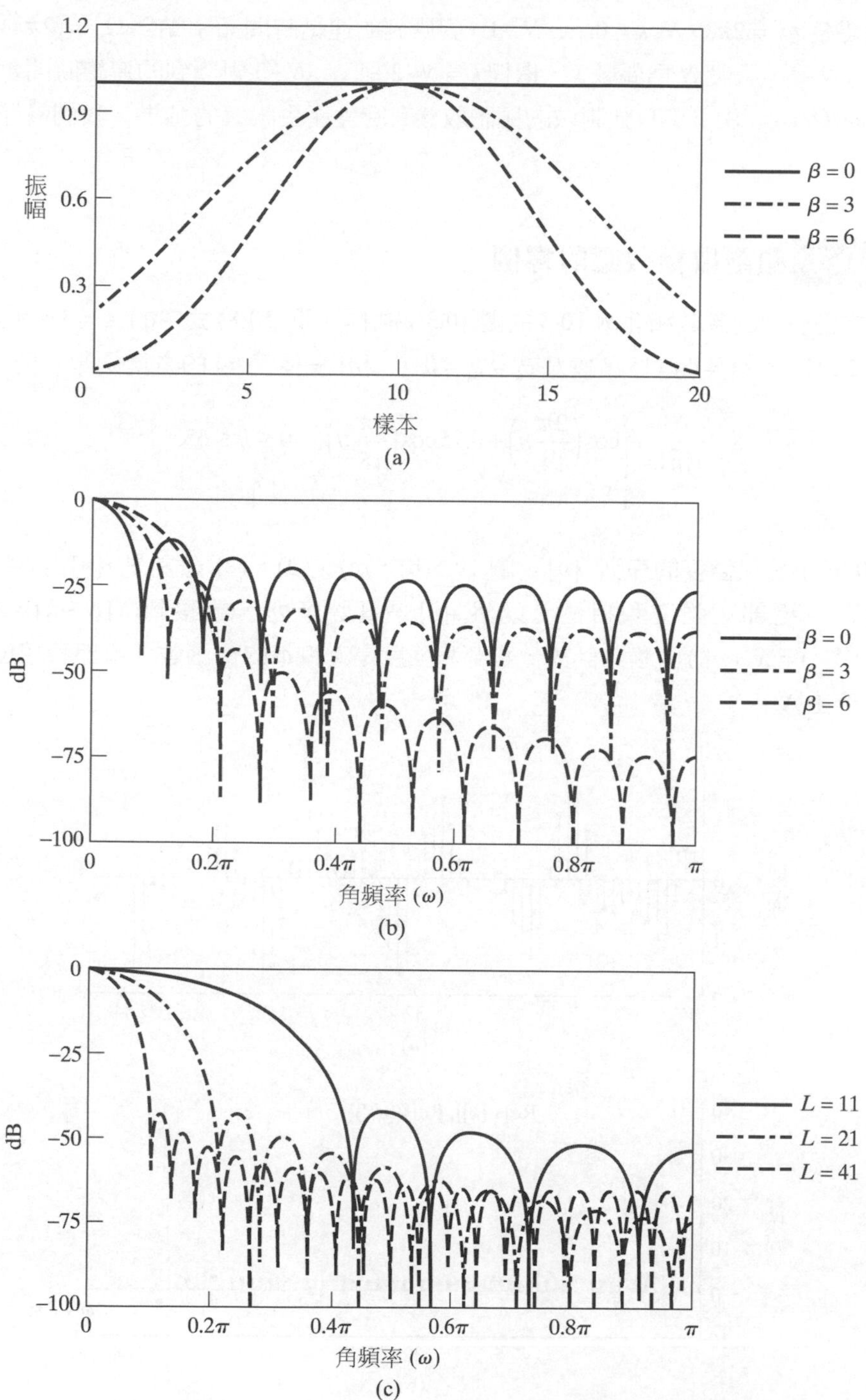

圖 10.4　(a) Kaiser 窗函數，$\beta = 0, 3, 6$，$L = 21$；(b) 圖 (a) 窗函數的傅立葉轉換；(c) Kaiser 窗函數的傅立葉轉換，$\beta = 6$，$L = 11, 21, 41$

10.2.3 頻譜取樣的效應

先前提過，加窗後序列 $v[n]$ 的 DFT 提供 $V(e^{j\omega})$ 在 N 個等間隔頻率點的值，這些離散時間頻率點爲 $\omega_k = 2\pi k/N, k = 0,\ldots, N-1$，對應到的連續時間頻率點爲 $\Omega_k = (2\pi k)/(NT)$, $k = 0,1,\ldots, N/2$（假設 N 爲偶數），指標 $k = N/2+1,\ldots, N-1$ 對應到的連續時間負頻率爲 $-2\pi(N-k)/(NT)$，由 DFT 強制做的頻譜取樣有時會產生誤導的結果，我們最好用範例來介紹。

範例 10.4 頻譜取樣效應的釋例

假設本例使用的參數和範例 10.3 的圖 10.3(c) 相同，即 (10.8) 式中的 $A_0 = 1$、$A_1 = 0.75$、$\omega_0 = 2\pi/14$、$\omega_1 = 4\pi/15$，以及 $\theta_0 = \theta_1 = 0$，$w[n]$ 是長度 64 的方窗函數，則

$$v[n] = \begin{cases} \cos\left(\frac{2\pi}{14}n\right) + 0.75\cos\left(\frac{4\pi}{15}n\right), & 0 \le n \le 63, \\ 0, & \text{其他} \end{cases} \tag{10.15}$$

圖 10.5(a) 是加窗後的序列 $v[n]$，圖 10.5(b)、(c)、(d)、(e) 分別是 $v[n]$ 的 64 點 DFT 的實部、虛部、強度和相位。既然 $x[n]$ 是實數序列，觀察到 $X[N-k] = X^*[k]$ 和 $X(e^{j(2\pi-\omega)}) = X^*(e^{j\omega})$，換句話說，實部和強度是 k 和 ω 的偶函數，虛部和相位是 k 和 ω 的奇函數。

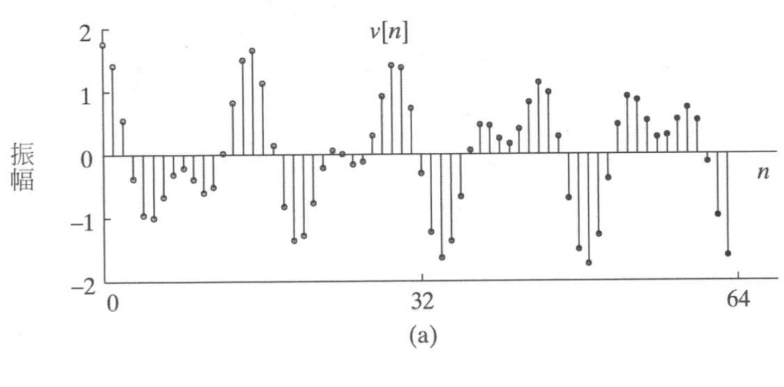

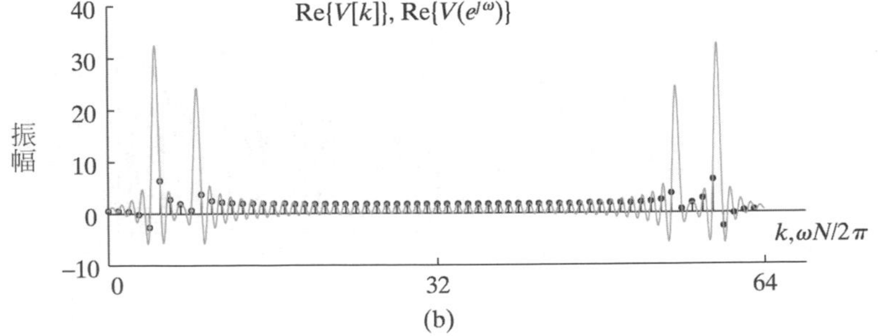

圖 10.5 加方窗的餘弦序列與 DFT，$N = 64$。(a) 加方窗的序列；(b) DFT 實部

圖 10.5(b) 到 (e) 的橫軸（頻率軸）標記是 DFT 的註標，也就是頻率樣本數 k，$k = 32$ 的值對應到 $\omega = \pi$，也就是 $\Omega = \pi / T$，通常我們是從 $k = 0$ 到 $k = N - 1$ 畫出某個序列的 DFT 值，對於 DTFT 而言，對應到的頻率範圍是 0 到 2π，因為 DTFT 的週期性，所以這個範圍的前一半對應到的連續時間頻率是正頻率，也就是 Ω 從 0 到 π / T 的範圍，而這個範圍的後一半對應到負的連續時間頻率，也就是 Ω 從 $-\pi / T$ 到 0。注意到實部和振幅是偶對稱，虛部和相位是奇對稱。

回想到 DFT $V[k]$是取樣後的 DTFT $V(e^{j\omega})$，我們用淺灰色的線把 DTFT $V(e^{j\omega})$ 的值疊在圖 10.5(b) 到 (e) 中的 DFT 上，也就是把 $\mathcal{Re}\{V(e^{j\omega})\}$、$\mathcal{Im}\{V(e^{j\omega})\}$、$|V(e^{j\omega})|$、$\text{ARG}\{V(e^{j\omega})\}$ 畫在對應的圖 10.5(b) 到 (e)，也特別將頻率軸的刻度正規化，方式是 $\omega N / (2\pi)$，也就是 DFT 橫座標（指標）N 對應到 DTFT 的橫座標（頻率）$\omega = 2\pi$，以下的圖 10.6、10.7、10.8、10.9 也用相同的方式將 DTFT 疊在 DFT 上。

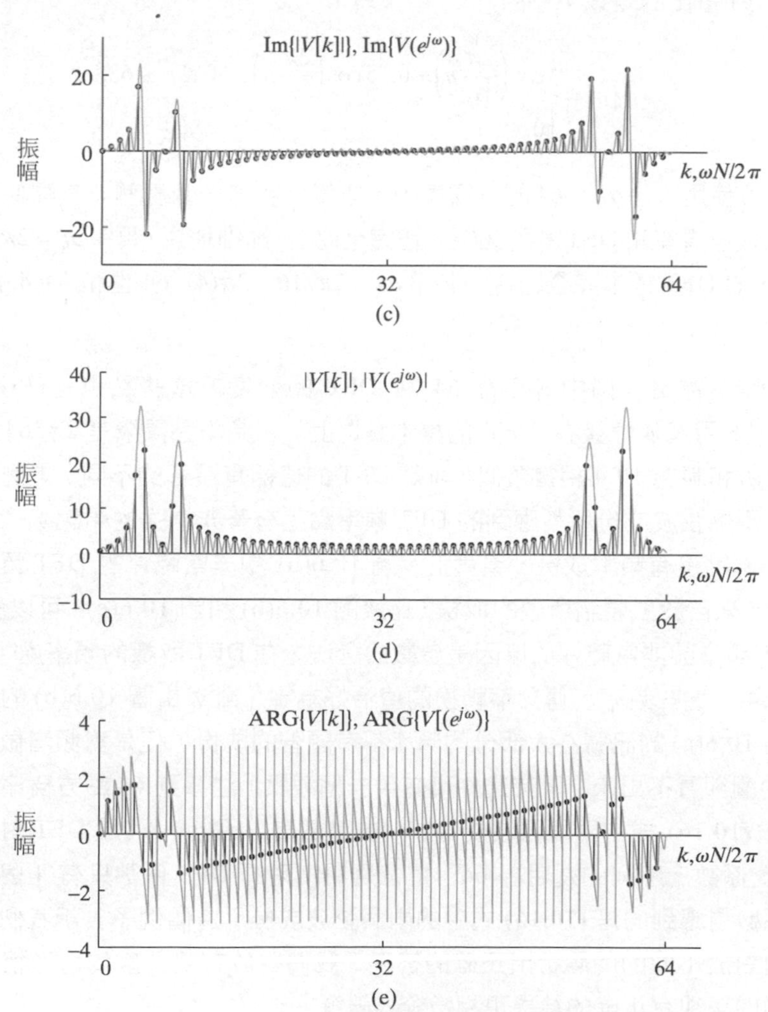

圖 10.5（續）(c) DFT 虛部。注意到 DTFT 以淺實線疊印在 DFT 上；(d) DFT 強度；(e) DFT 相位

圖 10.5(d) 中 DFT 的強度對應到的是$|V(e^{j\omega})|$的樣本值（淺實線），我們可以發現輸入訊號中的兩個弦波訊號的頻率一如預期集中在$\omega_1 = 2\pi/7.5$和$\omega_0 = 2\pi/14$，具體來說，頻率$\omega_1 = 4\pi/15 = 2\pi(8.533\ldots)/64$落在$k = 8$和$k = 9$這兩個 DFT 樣本之間，而頻率$\omega_0 = 2\pi/14 = 2\pi(4.5714\ldots)/64$落在$k = 4$和$k = 5$這兩個 DFT 樣本之間，注意到圖 10.5(d) 中灰線高峰的頻率位置落在 DFT 頻譜的樣本值之間，一般說來，因為 DTFT 高峰的真正位置可以落在 DFT 的樣本點之間，所以 DFT 高峰的位置不一定和 DTFT 高峰的位置完全重合，結論是，如圖 10.5(d) 所證實，DFT 高峰振幅的相對大小不一定可反映$|V(e^{j\omega})|$高峰振幅的相對大小。

範例 10.5 DFT 的頻率和訊號的頻率完全符合的情形

圖 10.6(a) 畫出的是以下序列

$$v[n] = \begin{cases} \cos\left(\frac{2\pi}{16}n\right) + 0.75\cos\left(\frac{2\pi}{8}n\right), & 0 \le n \le 63, \\ 0, & \text{其他} \end{cases} \tag{10.16}$$

我們依然使用$N = L = 64$的方窗序列，本範例和前一個範例非常類似，差別是本範例中的弦波頻率和 DFT 的兩個頻率值完全吻合，詳細地說，頻率$\omega_1 = 2\pi/8 = 2\pi(8)/64$和$k = 8$的 DFT 樣本完全吻合，頻率$\omega_0 = 2\pi/16 = 2\pi(4)/64$也和$k = 4$的 DFT 樣本完全吻合。

圖 10.6(b) 畫出本例中$v[n]$的 64 點 DFT 的強度，這些點也是$|V(e^{j\omega})|$的取樣點（$|V(e^{j\omega})|$用淺灰線疊在 DFT 的樣本點之上），頻率點間隔是$2\pi/64$，雖然本例的訊號參數和範例 10.4 相當類似，可是 DFT 的值卻有顯著的不同，本例特別的地方是信號的兩個弦波成份所對應到的 DFT 頻率點上有著非常強的頻譜線，但是在其他的 DFT 頻率點沒有頻率成份，事實上，圖 10.6(b) 中非常乾淨的 DFT 頻譜圖其實是一種假象，來自於對頻譜所做的取樣，比較圖 10.6(b) 和圖 10.6(c)，可以發現圖 10.6(b) 的 DFT 頻譜圖非常乾淨的原因是參數的選法，在 DFT 取樣的頻率處，除了$k = 4, 8, 64–8, 64–4$這些頻率，傅立葉轉換的值恰好為零，雖然由圖 10.6(b) 的灰色曲線可以看出圖 10.6(a) 的訊號在大部分的頻率都有顯著的成份，但是對頻譜做取樣之後，從 DFT 的圖卻看不出來。看待這件事有另一個觀點，注意到 64 點方窗序列取出的訊號正好是 (10.16) 式中兩個弦波成份週期的整數倍，因此，64 點 DFT 對應到週期序列的 DFS 係數，序列的週期為 64，這個週期序列的 DFS 係數只有 4 個不為零，不為零的係數對應到的是 (10.16) 式中的兩個弦波成份。這個例子告訴我們，週期性的假設如何對於不同的問題給出正確的答案，我們對於有限長度的情形相當有興趣，而不同的問題卻有正確的結果也相當令人誤解。

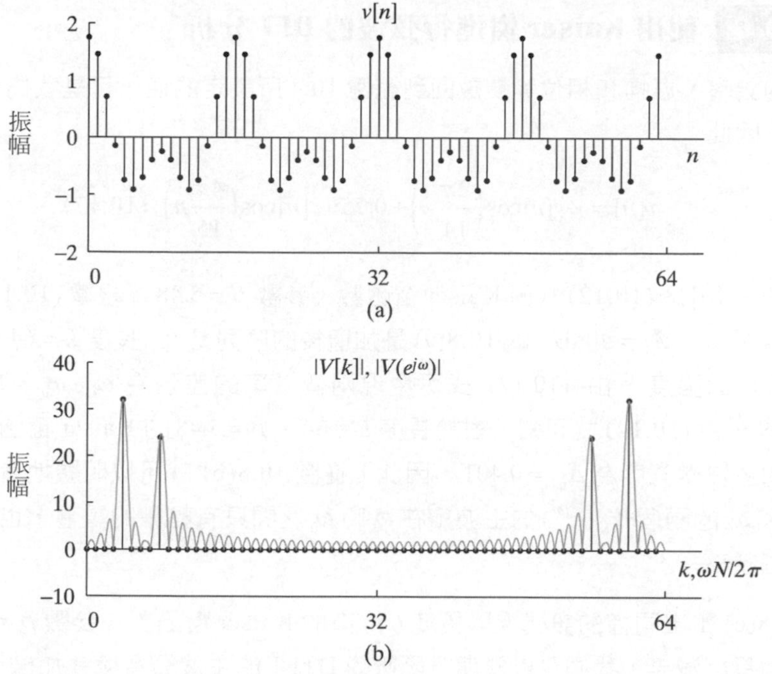

圖 10.6　兩個弦波訊號和的 DFT。本圖中，除了兩個弦波成份所對應到的頻率點之外，其餘頻率點的 DFT 值都是零。(a) 加窗的訊號；(b) DFT 強度，注意到 $|V(e^{j\omega})|$ 以淺實線疊印在 DFT 上

為了進一步闡述這個觀點，我們將 (10.16) 式的 $v[n]$ 補上零，變成長度為 128 的序列，其 128 點 DFT 圖示於圖 10.7，因為對於頻譜做的取樣更加精細，所以其他頻率成份就變得明顯，在此情形下，加窗後的訊號不是週期 128 的週期訊號。

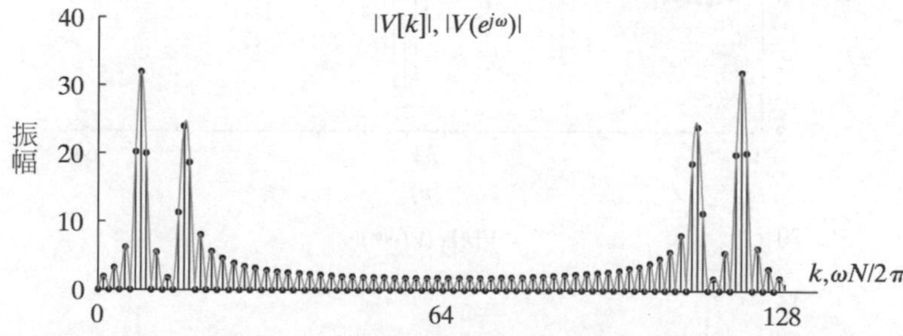

圖 10.7　兩個弦波訊號和的 DFT。本圖的訊號和圖 10.6(a) 相同，但是頻率點的個數是圖 10.6(b) 的兩倍

圖 10.5、10.6、10.7 使用的窗訊號是方窗序列，接下來的範例中，我們舉例說明使用不同的窗序列所造成的影響。

範例 10.6 使用 Kaiser 窗進行弦波的 DFT 分析

本例的頻率、振幅和相位等參數回到範例 10.4 所設定的值，可是我們改用 Kaiser 窗函數，因此

$$v[n] = w_K[n]\cos\left(\frac{2\pi}{14}n\right) + 0.75w_K[n]\cos\left(\frac{4\pi}{15}n\right), \quad (10.17)$$

上式的 $w_K[n]$ 是 (10.12) 式的 Kaiser 窗函數，參數 $\beta = 5.48$，根據 (10.13) 式，側波瓣的相對振幅為 $A_{sl} = 40\text{dB}$，圖 10.8(a) 是加窗後的序列 $v[n]$，長度 $L = 64$，圖 10.8(b) 是其 DFT 的強度，由 (10.17) 式可發現兩個頻率的差值為 $\omega_1 - \omega_0 = 2\pi/7.5 - 2\pi/14 = 0.389$，由 (10.14) 式可知，對於長度 $L = 64$、$\beta = 5.48$ 的 Kaiser 窗函數，其傅立葉轉換的主波瓣寬度為 $\Delta_{ml} = 0.401$，因此，從圖 10.8(b) 就可以明顯地看出，中央點位於 ω_1 和 ω_0 的兩個 $W_K(e^{j\omega})$ 的主波瓣在 ω_1 和 ω_0 之間只有輕微的重疊，也可清楚地分辨這兩個頻率。

圖 10.8(c) 畫出同樣的訊號乘以長度 $L = 32$ 的 Kaiser 窗函數，參數 $\beta = 5.48$，因為窗函數的長度減半，我們可以預期窗函數的 DTFT 的主波瓣寬度會加倍，圖 10.8(d) 確認了這一點，具體來說，由 (10.13) 和 (10.14) 式可以確知 $L = 32$ 和 $\beta = 5.48$ 的主波瓣寬度 $\Delta_{ml} = 0.815$。因此，$W_K(e^{j\omega})$ 的兩個主波瓣在 ω_1 和 ω_0 這兩個餘弦訊號的頻率之間的區域完全重疊，無法分辨這兩個頻率的峰值。

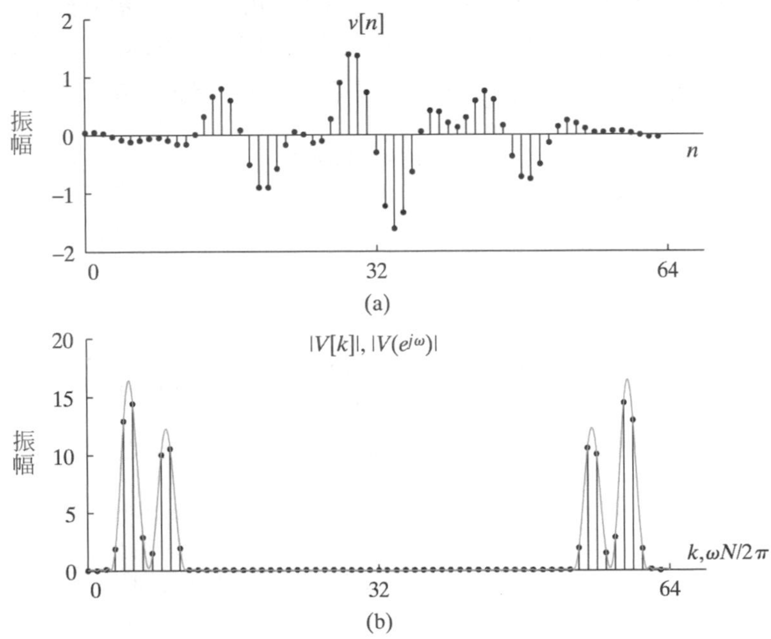

圖 10.8 以 Kaiser 窗函數進行離散時間傅立葉分析。(a) 加窗的序列，$L = 64$；(b) DFT 強度，$L = 64$

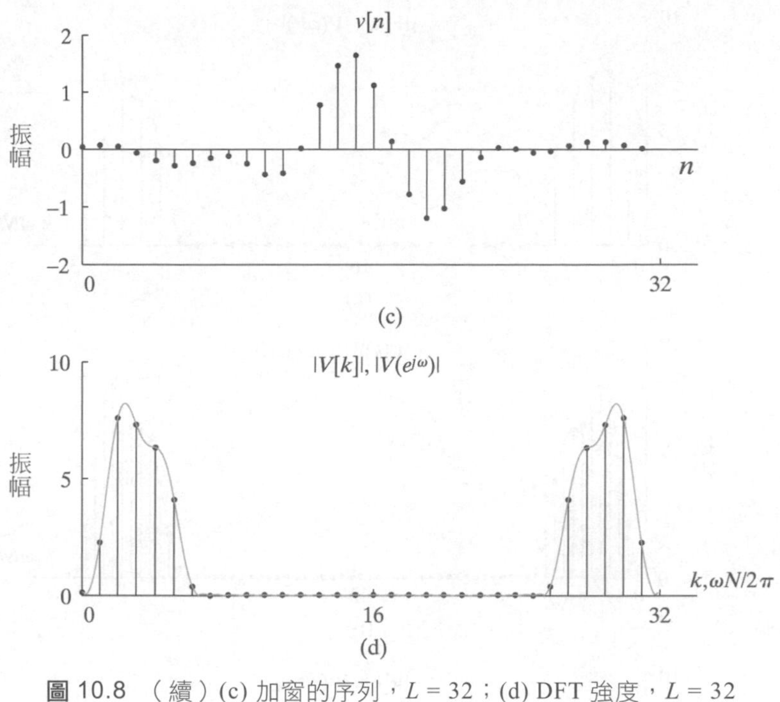

圖 10.8 （續）(c) 加窗的序列，$L = 32$；(d) DFT 強度，$L = 32$

在先前的範例中，除了圖 10.7 之外，DFT 的長度 N 都等於窗函數的長度 L，圖 10.7 是先將加窗後的訊號補零，再計算其 DFT，以便於在更細密的頻率點上求出 DTFT 的值。然而，我們必須瞭解一件事，補零的動作無法改進分辨相近頻率的能力，此分辨力和窗函數的長度以及形狀有關，我們在下個例子解釋這一點。

範例 10.7 以 32 點 Kaiser 窗和訊號補零進行 DFT 分析

本範例繼續使用範例 10.6 的參數，Kaiser 窗函數的長度 $L = 32$、$\beta = 5.48$。DFT 的長度將會改變，圖 10.9(a) 和圖 10.8(d) 相同，顯示 $N = L = 32$ 情況下的 DFT 強度，圖 10.9(b) 和 (c) 也顯示 DFT 強度，窗函數的長度 $L = 32$，然而圖 10.9(b) 的 DFT 長度 $N = 64$，圖 10.9(c) 的 DFT 長度 $N = 128$。和範例 10.5 相同，對 32 點序列補零可以對 DTFT 頻譜得到較細密的取樣結果，然而從圖 10.9 的淺色連續曲線可以看出，每一個圖中 DFT 的包絡線（envelop）都相同，因此，以填零的方式增加 DFT 的長度無法改變分辨弦波頻率的能力，但是的確改變了頻率取樣點的間距，如果 N 增加到超過 128，代表 DFT 的點會非常接近到無法分開，因此，我們畫 DFT 的圖時常常將相鄰的 DFT 值用線段連接，而不是用一個個的點畫出 DFT 的值。舉例來說，從圖 10.5 到圖 10.8，我們將有限長度序列 $v[n]$ 的 DTFT $|V(e^{j\omega})|$ 用淺色的連續曲線畫出，其實這些曲線是序列填零之後的 2048 點 DFT，在這些範例中，對於 DTFT 作 $N = 2048$ 的取樣已經足夠細密，無法和變數 ω 的連續函數做出區別。

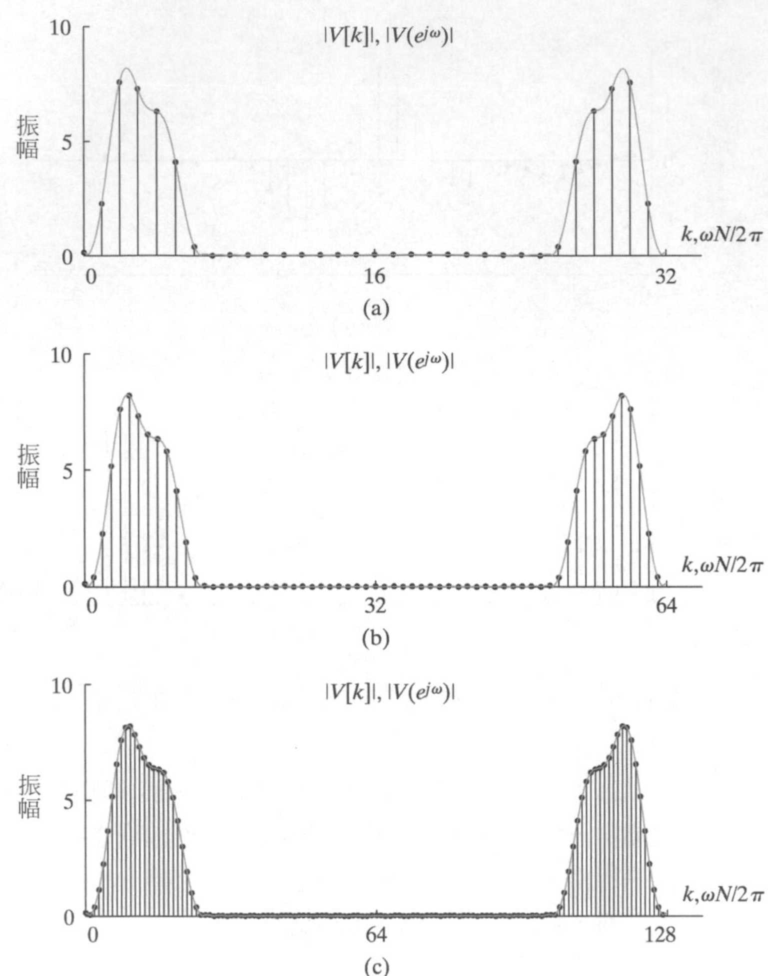

圖 10.9 不同 DFT 長度所產生的效應，使用 $L = 32$ 的 Kaiser 窗函數。(a) DFT 強度，$N = 32$；(b) DFT 強度，$N = 64$；(c) DFT 強度，$N = 128$

因為將長度為 L 的序列的 L 點 DFT 作逆轉換可以恢復為原來的序列，所以 L 點 DFT 經足以完整地表示長度為 L 的序列，然而從先前的例子可以發現，對於 L 點 DFT 作過於簡單的觀察會得到令人誤解的解釋，因此，通常我們會應用填零的操作讓頻譜有適度的過取樣，使得重要的特徵變得明顯。藉由時域上高度的填零，或是頻域上高度的取樣，只要將 DFT 值作簡單的內插（例如線性內插），傅立葉頻譜就足以提供足夠精確的近似，這個近似頻譜的用途，舉例來說，可以用來估計高峰的位置和高度，我們在下個範例說明這種應用。

範例 10.8　以過取樣和線性內插進行頻率估計

圖 10.10 說明了如何使用 2048 點 DFT 在細密的頻率點上求出加窗後訊號的 DTFT，也說明了增加窗函數的寬度如何改進兩個相鄰弦波訊號的分辨力。以下我們使用的是範例 10.6 的訊號，它有兩個弦波成份，頻率為 $2\pi/14$ 和 $2\pi/15$，使用的窗函數為 Kaiser 窗，長度 $L=32$、42、64，參數 $\beta=5.48$，首先注意到所有的情形中，我們將 2048 點 DFT 的取樣點用直線連接起來，得到平滑的結果。在圖 10.10(a) 中，$L=32$，無法分辨兩個弦波成份，當然了，增加 DFT 點數只能讓曲線變得更平滑。當窗函數的長度從 $L=32$ 增加到 $L=42$，可以發現改善了兩個頻率的分辨力，以及弦波成份相對振幅的近似力，每一個圖中的虛線代表的是 $k_0=146\approx 2048/18$ 和 $k_1=273\approx 4095/15$ 這兩個指標的 DFT 值，它們是最接近弦波成份頻率的 DFT 頻率（$N=2048$）。注意到，雖然圖 10.10(c) 和圖 10.8(b) 都是用 64 點 Kaiser 窗函數計算而得，但是圖 10.10(c) 的 2048 點 DFT 比圖 10.8(b) 的粗略取樣的 DFT 更能精確地定位出加窗後傅立葉轉換的高峰位置，也注意到圖 10.10 中兩個高峰的高度比值非常接近正確的比值 0.75 比 1。

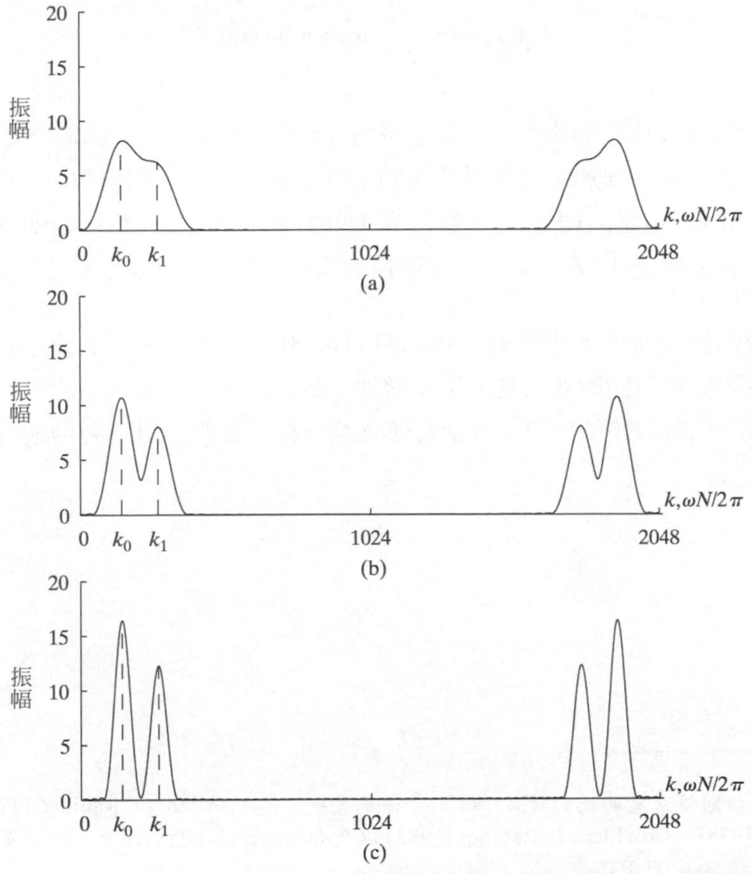

圖 10.10　當 $N\gg L$ 時計算 DFT 的圖示，以線性內插產生平滑曲線。(a) $N=1024$，$L=32$；(b) $N=1024$，$L=42$；(c) $N=1024$，$L=64$（當 DFT 長度 $N=2048$，$k_0=146\approx 2048/14$ 與 $k_1=273\approx 4096/15$ 是最接近 $\omega_0=2\pi/14$ 和 $\omega_1=4\pi/15$ 的 DFT 頻率點）

10.3 時間相關傅立葉轉換

我們在 10.2 節中說明了如何使用 DFT 求得由弦波組成的訊號的頻域成份，討論中假設了餘弦訊號的頻率不會隨時間而改變，所以無論窗函數有多長，訊號的性質（振幅、頻率和相位）從窗函數的起始到結束都相同。雖然較長的窗函數有較佳的頻率分辨力，但是在實際應用弦波訊號模型時，訊號的性質（例如振幅和頻率）經常會隨著時間而改變。舉例來說，性質隨時間而改變的非穩態（nonstationary）訊號模型經常用來描述雷達、聲納、語音和數據通訊的訊號。這就和使用較長的窗函數進行訊號分析有衝突，使用單一的 DFT 進行估計不足以描述這類訊號，結果引導我們到另一種概念，稱爲**時間相關傅立葉轉換**（time-dependent Fourier transform），也稱作短時傅立葉轉換（short-time Fourier transform）①。

訊號 $x[n]$ 的 TDFT 定義如下

$$X[n,\lambda)=\sum_{m=-\infty}^{\infty}x[n+m]w[m]e^{-j\lambda m}, \tag{10.18}$$

上式中的 $w[n]$ 代表窗序列。一維的序列 $x[n]x[n]$ 本身是單一個離散變數 n 的函數，在 TDFT 的表示法中被轉換成二維的函數，其自變數包括時間變數 n，這是離散變數；以及頻率變數 λ，這是連續變數②。注意到 TDFT 是 λ 的週期函數，週期爲 2π，因此，我們要考慮的 λ 範圍是 $0\le\lambda<2\pi$ ，或是任何長度爲 2π 的區間即可。

透過窗函數 $w[m]$ 觀察訊號時，可以將 (10.18) 式解釋爲平移訊號 $x[n+m]$ 的 DTFT。此時窗函數的原點不隨時間而變，當 n 增加，訊號流過窗函數，所以對於不同的 n 值，窗函數抽取出訊號的不同部份，以進行傅立葉分析，我們用以下範例進行說明。

---

① 對於時間相關傅立葉轉換的討論可以參考許多資料，包括 Allen 和 Rabiner (1977)、Rabiner 和 Schafer (1978)、Crochiere 和 Rabiner (1983) 以及 Quatieri (2002)。譯注：以下章節將時間相關傅立葉轉換縮寫為 TDFT。

② 習慣上，我們總是用 ω 代表 DTFT 的頻率變數，為了有所區別，所以我們用 λ 代表 TDFT 的頻率變數。我們在 $X[n,\lambda)$ 的標示法中混用了中括號和小括號，這是為了提醒自己 n 是離散變數，λ 是連續變數。

範例 10.9　線性啾聲訊號的 TDFT

連續時間啾聲訊號的定義如下

$$x_c(t) = \cos(\theta(t)) = \cos(A_0 t^2), \tag{10.19}$$

上式中 A_0 的單位是弧度／秒 ^{2}（因為這類訊號的短脈衝在聽覺頻率範圍內聽起來像鳥的啾鳴聲，所以稱為啾聲訊號）。(10.19) 式的訊號 $x_c(t)$ 屬於定義更廣的一類訊號，稱為調頻（frequency modulation, FM）訊號，FM 訊號的**瞬時頻率**（instaneous frequency）定義為餘弦函數引數 $\theta(t)$ 對時間的導數，因此在本例中，瞬時頻率為

$$\Omega_i(t) = \frac{d\theta(t)}{dt} = \frac{d}{dt}(A_0 t^2) = 2A_0 t, \tag{10.20}$$

可見瞬時頻率和時間成正比，這就是**線性**啾聲訊號的由來，如果我們取樣 $x_c(t)$，可以得到離散時間線性啾聲訊號[③]

$$x[n] = x_c(nT) = \cos(A_0 t^2 n^2) = \cos(\alpha_0 n^2), \tag{10.21}$$

上式中 $\alpha_0 = A_0 T^2$ 的單位是弧度。經過取樣的啾聲訊號瞬時頻率是原始連續時間啾聲訊號瞬時頻率經過頻率正規化以及取樣之後的結果，如下式所示

$$\omega_i[n] = \Omega_i(nT) \cdot T = 2A_0 T^2 n = 2\alpha_0 n, \tag{10.22}$$

上式同樣地表示出離散時間啾聲訊號的頻率隨著指標 n 成比例增加，而增加率由參數 α_0 所控制。圖 10.11 給出兩個經過取樣的啾聲訊號片段，如 (10.21) 式所示，其長度為 1021 個樣本點，$\alpha_0 = 15\pi \times 10^{-6}$（在圖中這些樣本點以直線連接）。在短時間內，這個訊號看起來像是弦波，可是當時間逐漸增加，峰值之間的距離變得越來越小，意指頻率隨著時間而增加。

圖 10.11 也畫出了時間平移的訊號和 TDFD 窗函數之間的關係，(10.18) 式中的 $w[m]$ 通常是有限長度，以 $m = 0$ 為中心，因此 $X[n, \lambda)$ 表示了訊號在 $n = 0$ 附近的頻率特徵，圖 10.11(a) 畫出了在 $0 \le m \le 1200$ 範圍內的 $x[320 + m]$，同時也畫出長度 $L = 401$ 點的 Hamming 窗函數 $w[m]$，在時間點 n = 320 的 TDFT 是 $w[n]x[320 + m]$ 的 DTFT，圖 10.11(b) 是類似的圖，畫出了窗函數和啾聲訊號較晚的片段，起始樣本指標 $n = 720$。

---

③ 我們在第 9 章討論啾聲轉換演算法時，已經見過離散時間線性複指數啾聲訊號。

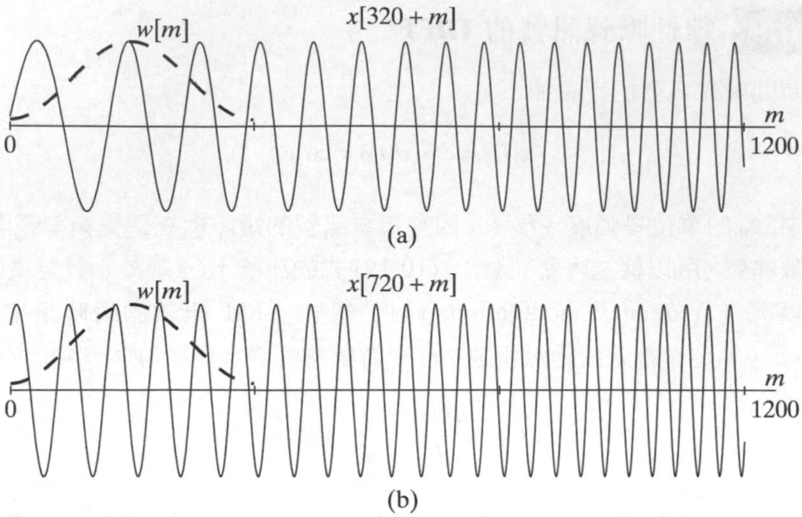

圖 10.11 線性啾聲訊號 $x[n]=\cos(\alpha_0 n^2)$ 的兩個片段，$\alpha_0 = 15\pi\times10^{-6}$，同時疊印長度為 400 個樣本的 Hamming 窗函數。(a) n = 320 處的 $X[n,\lambda)$ 是上圖的曲線乘上窗函數後的 DTFT；(a) $X[720,\lambda)$ 是下圖的曲線乘上窗函數後的 DTFT

圖 10.12 說明了窗函數在進行離散時間時變訊號的傅立葉分析時的重要性，圖 10.12(a) 是離散時間啾聲訊號的 20000 個樣本（以方窗函數取得）的 DTFT，在此區間內，啾聲訊號的正規化瞬時頻率為

$$f_i[n]=\omega_i[n]/(2\pi)=2\alpha_0 n/(2\pi),$$

其值從 0 增加到 $0.00003\pi(20000)/(2\pi)=0.3$，因為 DTFT 只顯示出影響到所有指標 n 的固定頻率，所以瞬時頻率就會包括樣本區間內的所有頻率，正如圖 10.12(a) 所示。因此，以平常 DTFT 的觀點來看，長訊號片段的 DTFT 只能顯示出此訊號有大的頻寬。另一方面，圖 10.12(b) 和 (c) 分別是此啾聲訊號在 n = 5000 和 n = 15000 處的 DTFT，使用長度為 401 點的 Hamming 窗函數，因此圖 10.12(b) 和 (c) 分別給出了 TDFT $|X[5000,\lambda)|$ 和 $|X[15000,\lambda)|$（表示成 $\lambda/(2\pi)$ 的函數），因為窗函數長度 L = 401，訊號的頻率在此區間內的變化並不大，所以 TDFT 對於頻率的變化掌握地相當良好，注意到在時間點 $n=5000$ 和 $n=15000$ 時，可以預期 TDFT 會出現高峰，位置分別在 $\lambda/(2\pi)=0.00003\pi(5000)/(2\pi)=0.075$ 和 $\lambda/(2\pi)=0.00003\pi(15000)/(2\pi)=0.225$，檢視圖 10.12(b) 和 (c) 可以發現的確如此。

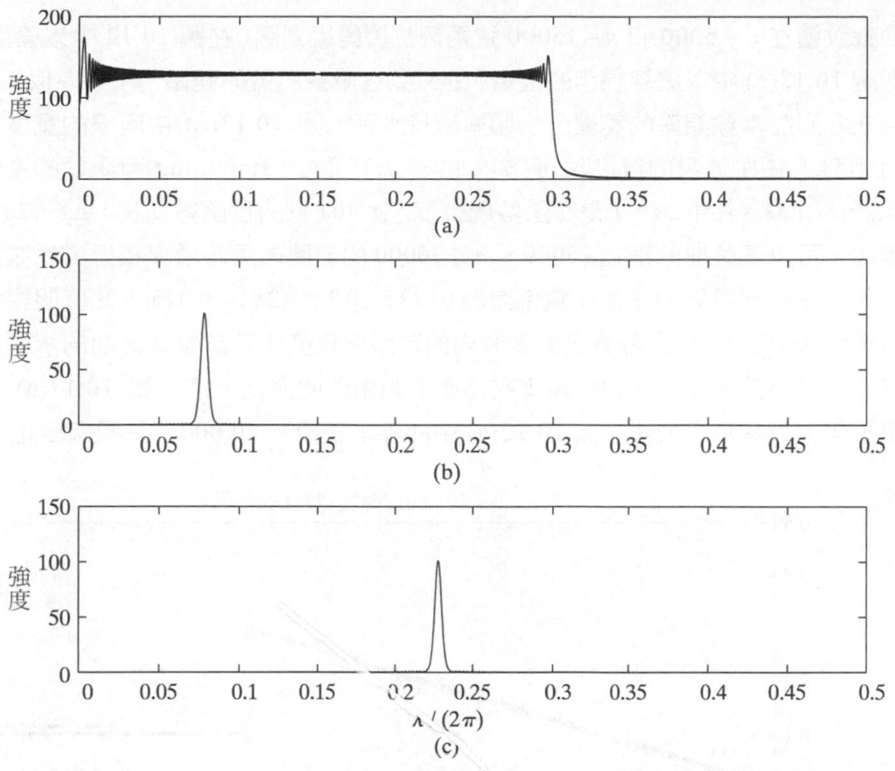

圖 10.12　線性啾聲訊號片段的 DTFT。(a) 訊號 $x[n]=\cos(\alpha_0 n^2)$ 中 20,000 個樣本的 DTFT；(b) $x[5000+m]w[m]$ 的 DTFT，即 $X[5000,\lambda)$，$w[m]$ 是長度 $L=401$ 的 Hamming 窗函數；(c) $x[15000+m]w[m]$ 的 DTFT，即 $X[15000,\lambda)$，$w[m]$ 是長度 $L=401$ 的 Hamming 窗函數

範例 10.10　畫出 $X[n,\lambda)$：聲紋圖

我們將 TDFT 當作時間變數 n 和頻率 $\lambda/(2\pi)$ 的雙變數函數，圖 10.13 是以下訊號的 TDFT 強度 $|Y[n,\lambda)|$：

$$y[n]=\begin{cases}0, & n<0\\ \cos(\alpha_0 n^2), & 0\le n\le 20000\\ \cos(0.2\pi n), & 20000<n\le 25000\\ \cos(0.2\pi n)+\cos(0.23\pi n), & 25000<n\end{cases} \tag{10.23}$$

注意到在 $0\le n\le 20000$ 的範圍內的 $y[n]$ 等於 (10.21) 式的 $x[n]$，然後在 $n>20000$ 之後突然變成頻率固定的餘弦訊號，我們設計這個訊號用來說明數個 TDFT 的特點。首先，圖 10.13(a) 是在 $0\le n\le 30000$ 範圍內 $y[n]$ 的 TDFT，使用的是長度 $L=401$ 的 Hamming 窗函數，此圖以時間 n 為橫座標，頻率 $\lambda/(2\pi)$ 為縱座標，畫出的是 $20\log_{10}|Y[n,\lambda)|$，稱為**聲紋圖**（spectrogram）。我們以深色的程度來表示在 50 dB 範圍內的 $20\log_{10}|Y[n,\lambda)|$ 的值，將此深色點標示在 $[n,\lambda)$ 的位置。圖 10.12(b) 和 (c) 是

此聲紋圖在 $n = 5000$ 和 $n = 15000$ 這兩個位置的縱剖圖(在圖 10.12 中以強度表示),即圖 10.13(a) 中以虛線標示的位置。注意到在啾聲訊號的範圍內,頻率以線性遞增。也注意到在常數頻率的範圍內,頻率維持水平。圖 10.13(a) 中暗線的寬度和窗函數的 DTFT 中主波瓣的寬度 Δ_{ml} 有關。由表 7.2 可知,Hamming 窗函數的主波瓣寬度 $\Delta_{ml} = 8\pi / M$,其中 $M+1$ 是窗函數的長度,就 401 點的窗函數而言,$\Delta_{ml} /(2\pi) = 0.01$,因此,可以清楚地分辨在 $25000 < n \leq 30000$ 的範圍內兩個頻率相近的餘弦訊號,這是因為這兩個訊號的正規化頻率差為 $(0.23\pi - 0.2\pi)/(2\pi) = 0.015$,此值明顯大於主波瓣寬度 0.01。注意到啾聲訊號範圍內的暗斜線寬度比常數頻率區間的水平線寬度還寬,這個額外的寬度來自於頻率在窗函數範圍內的變化,這和圖 10.12(a) 所示的效果相同,只是規模較小,圖 10.12(a) 中的樣本範圍為 20,000,其頻率變化大得多。

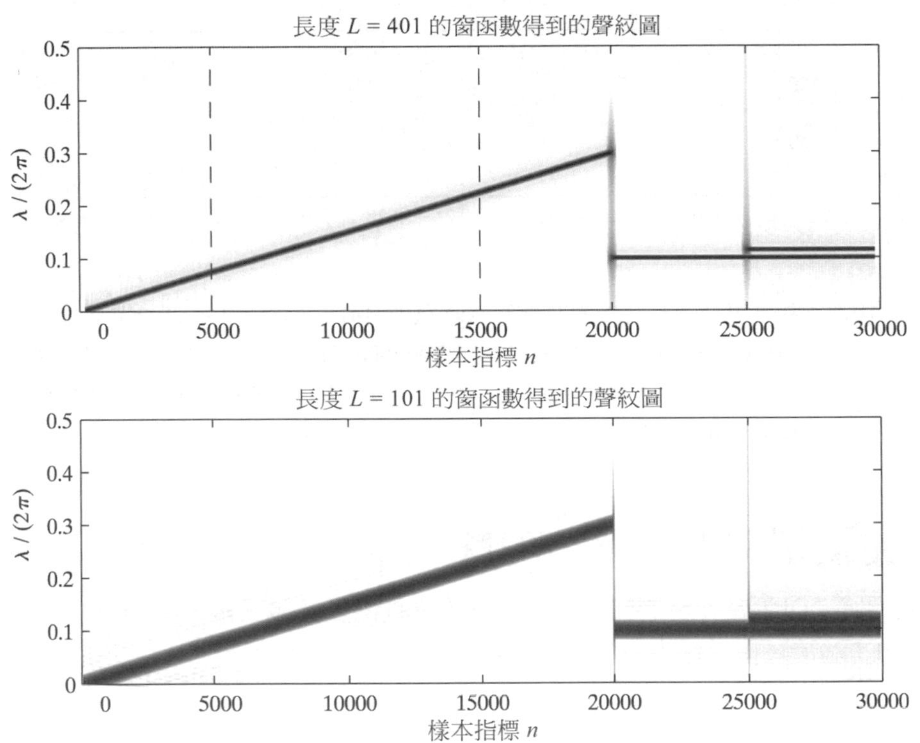

圖 10.13 (10.23) 式中 $y[n]$的 TDFT 強度。(a) 使用長度 $L = 401$ 的 Hamming 窗函數;(b) 使用長度 $L = 101$ 的 Hamming 窗函數

圖 10.13(a) 也闡明了 TDFT 的另一種重要的觀點,長度為 401 的窗函數在所有的時間點幾乎都提供了良好的頻率解析度,然而注意到在 $n = 20000$ 和 $n = 25000$ 這兩個訊號性質突然改變的時刻前後,窗函數擷取出的 401 個樣本同時包含了改變前和改變後的訊號,因而在聲紋圖上產生了一塊模糊的區域,其訊號特質非常不明顯。可以將窗函數縮短,以改進訊號在時間軸上變化的分辨能力,圖 10.13(b) 即說明此一性質,圖中窗函數的長度 $L = 101$,使用這個窗函數對於訊號的變化點可以提供較佳

的分辨力，然而，101 點 Hamming 窗函數的正規化主波瓣寬度為 $\Delta_{ml}/(2\pi)=0.04$，但是在 $n=25000$ 之後兩個常數頻率餘弦訊號的頻率差只有 0.015，因此，由圖 10.13(b) 可以清楚地發現，雖然在時間軸上可以較精確地辨認出訊號陡變的時間點，但是以 101 點窗函數無法分辨兩個餘弦的頻率。

範例 10.9 和 10.10 說明了如何將 10.1 和 10.2 節所討論的離散時間傅立葉分析原理應用到特性隨時間變化的訊號。時間相關傅立葉分析既廣泛地應用到訊號特性的分析，也廣泛地應用於訊號的表示，在後者的應用中，對於 (10.18) 式的二維表示法發展出較深入的瞭解是相當重要的。

10.3.1　$X[n,\lambda)$ 的可逆性

因為 $X[n,\lambda)$ 是 $x[n+m]w[m]$ 的 DTFT，所以當 $w[m]$ 至少有一個值不為零，TDFT 是可逆的，具體來說，由 (2.130) 式的傅立葉轉換合成公式可知

$$x[n+m]w[m]=\frac{1}{2\pi}\int_0^{2\pi}X[n,\lambda)e^{j\lambda m}d\lambda,\quad -\infty<m<\infty \tag{10.24}$$

若 $w[m]\neq 0$[④]，上式也可以寫成

$$x[n+m]=\frac{1}{2\pi w[m]}\int_0^{2\pi}X[n,\lambda)d\lambda \tag{10.25}$$

因此，只要選出任何滿足 $w[m]\neq 0$ 的 m 值，就可以使用 (10.25) 式，從 $X[n,\lambda)$ 恢復任何 n 值的 $x[n]$。

雖然以上討論證明了 TDFT 是可逆轉換，但是使用 (10.24) 和 (10.25) 式時，必須知道所有 λ 的 $X[n,\lambda)$ 值，也必須進行積分運算，所以 (10.24) 和 (10.25) 式並未提供任何計算逆轉換的方法。不過，如果同時在時間和頻率上對於 $X[n,\lambda)$ 進行取樣，則逆轉換將變成 DFT，我們將在 10.3.4 節較完整地討論這些問題。

---

④ 因為 $X[n,\lambda)$ 是 λ 的週期函數，週期為 2π，所以可以在任何長度為 2π 的區間內計算 (10.24) 和 (10.25) 式的積分。

10.3.2 以濾波器組詮釋 $X[n,\lambda)$

重新安排 (10.18) 式的求和運算可以對於 TDFT 得到另一種有用的解釋，如果我們用 $m'=n+m$ 代入 (10.18) 式，則 $X[n,\lambda)$ 可以寫成

$$X[n,\lambda)=\sum_{m'=-\infty}^{\infty}x[m']w[-(n-m')e^{j\lambda(n-m')} \tag{10.26}$$

(10.26) 式可以解釋成下列旋積

$$X[n,\lambda)=x[n]*h_{\lambda}[n], \tag{10.27a}$$

上式中

$$h_{\lambda}[n]=w[-n]e^{j\lambda n} \tag{10.27b}$$

當 λ 固定，由 (10.27a) 式可以發現 TDFT 是 n 的函數，可以將其看作是 LTI 濾波器的輸出，濾波器的脈衝響應爲 $h_{\lambda}[n]$，頻率響應爲

$$H_{\lambda}(e^{j\omega})=W(e^{j(\lambda-\omega)}) \tag{10.28}$$

一般說來，因爲使用 (10.18) 式計算 $X[n,\lambda)$ 需要序列中時間點 n 之後的樣本，所以我們將在正的時間有非零值的窗函數稱爲**非因果性**（noncausal）的窗函數，以線性濾波詮釋時，等效的看法是當 $n<0$， $w[n]=0$ ，則脈衝響應 $h_{\lambda}[n]=w[-n]e^{j\lambda n}$ 是**非因果性**。換句話說，當 $n\geq 0$ ，若窗函數不爲零，則 (10.27b) 式給出非因果性的脈衝響應 $h_{\lambda}[n]$ ，然而當 $n\leq 0$ ，若窗函數不爲零，則線性濾波器是因果性的。

在 (10.18) 的定義式中，窗函數的時間原點固定不變，而將訊號看作是平移通過窗函數的支撐區間（support interval），實際上這是把傅立葉轉換的時間原點重新定在訊號的第 n 個樣本。另外一種可能是將傅立葉轉換的時間原點定在訊號的時間原點，然後讓窗函數隨著 n 而改變，這可以將 TDFT 定義成以下的形式

$$\check{X}[n,\lambda)=\sum_{m=-\infty}^{\infty}x[m]w[m-n]e^{-j\lambda m} \tag{10.29}$$

很容易可以證明 (10.18) 和 (10.29) 式之間的關係爲

$$\check{X}[n,\lambda)=e^{-j\lambda n}X[n,\lambda) \tag{10.30}$$

當我們用 DFT 計算 TDFT 在 λ 上的樣本值時，利用 (10.18) 式的定義式特別方便，這是因爲如果 $w[m]$ 是定義在 $0\leq m\leq(L-1)$ 範圍內的有限長度窗函數，則 $x[n+m]w[m]$ 也

是有限長度。另一方面，(10.29) 的定義式對於使用濾波器組詮釋傅立葉分析時也有其優點，因爲我們主要的興趣在於應用 DFT，所以大部分的討論根基於 (10.18) 式。

10.3.3 窗函數的效應

在 TDFT 中，窗函數的主要目的在於限制序列的範圍以便進行轉換，所以在窗函數持續時間內的頻譜特性應該大致維持不變。訊號特性變動得越快，窗函數應該越短。我們在 10.2 節已經看到，窗函數越短，頻率解析度隨之減少，理所當然，對於 $X[n, \lambda)$ 也有同樣的效應，另一方面，當窗函數變短，在時間上分辨訊號變化的能力隨之增加，結果讓窗函數長度的選擇必須在頻率解析力和時間解析力之間作取捨，我們在範例 10.10 說明如何作此取捨。

假設訊號 $x[n]x[n]$有一般的 DTFT $X(e^{j\omega})$，可以用來說明窗函數對於 TDFT 造成的影響，首先假設對於所有的 m 值，窗函數的值都是 1，即假設完全不使用窗函數，則由 (10.18) 式可得

$$X[n, \lambda) = X(e^{j\lambda})e^{j\lambda n} \tag{10.31}$$

對於 TDFT 所使用的典型窗函數的振幅當然會漸漸變弱到零，所以才能只擷取出部份訊號進行分析，另一方面，我們在 10.2 節討論過，窗函數的長度和形狀的選取方式是要使窗函數的傅立葉轉換較訊號的傅立葉轉換的變化爲短，因此，對於良好時間解析度的需求和良好頻率解析度的需求經常必須取得折衷。圖 10.14(a) 是典型窗函數的傅立葉轉換。

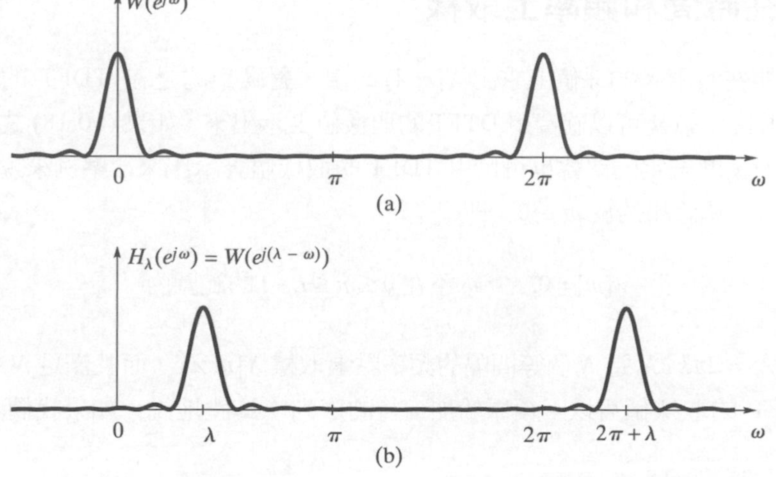

圖 10.14 (a) 應用於時間相關傅立葉分析的 Bartlett 窗函數的傅立葉轉換；(b) 應用於時間相關傅立葉分析的等效帶通濾波器

如果我們固定 n 值，由 DTFT 的性質可知，TDFT 可表示為

$$X[n,\lambda)=\frac{1}{2\pi}\int_0^{2\pi} e^{j\theta n}X(e^{j\theta})W(e^{j(\lambda-\theta)})d\theta \tag{10.32}$$

換句話說，TDFT 是平移訊號的傅立葉轉換和窗函數傅立葉轉換的旋積，這和 (10.2) 式類似，差別在於我們在 (10.2) 中假設訊號相對於窗函數沒有連續地平移，然而在此我們對於每一個 n 值計算傅立葉轉換。我們在 10.2 節中見到分辨兩個窄頻訊號的能力和窗函數的主波瓣寬度有關，然而能量從一個窄頻訊號洩溢到另一個窄頻訊號範圍的程度和側波瓣的相對振幅有關，對於沒有窗函數的情形，也就是對於所有 n 值，$w[n]=1$ 的情形下，其 DTFT $W(e^{j\omega})=2\pi\delta(\omega)$，$-\pi\le\omega\le\pi$。所以在沒有窗函數的情形下，我們有精確的頻率解析力，但是沒有時間解析力。

在 (10.27a)、(10.27b) 和 (10.28) 式的線性濾波詮釋下，$W(e^{j\omega})$ 通常有如圖 10.14(a) 所示的低通特性，因此 $H_\lambda(e^{j\omega})$ 是帶通濾波器，中心點頻率 $\omega=\lambda$，如圖 10.14(b) 所示。明顯可見，此帶通濾波器的頻寬大約等於窗函數傅立葉轉換的主波瓣寬度，而對於鄰近頻率成份的衰減程度和側波瓣的相對振幅有關。

當我們使用 TDFT 估計時間相關訊號的頻譜時，先前的討論建議讓窗函數的值漸漸變小，以降低測波瓣振幅，然而要讓窗函數儘可能長，以改進頻率解析度，我們已經用範例 10.9 和 10.10 說明之。在 10.4 節會考慮其他的範例，在此之前，我們先討論如何使用 DFT 確實求出 TDFT 的值。

10.3.4 在時間和頻率上取樣

我們只能在有限多的 λ 值上求出 $X[n,\lambda)$ 的值，對應到的是在 TDFT 的頻域進行取樣，正如有限長度訊號可以確實用 DTFT 的取樣值表示出來，如果 (10.18) 式的窗函數的長度有限，則長度未定的訊號也可以用 TDFT 的取樣值表示出來。舉例來說，假設窗函數的長度為 L，其值起始於 $m=0$，即

$$w[m]=0,\qquad m \text{ 不在 } 0\le m\le L-1 \text{ 的範圍內} \tag{10.33}$$

如果我們在 $\lambda_k=2\pi k/N$ 這 N 個等間隔的頻率點上取樣 $X[n,\lambda)$，而且滿足 $N\ge L$，那麼使用這些 TDFT 的取樣值可以回復原始加窗後的序列，具體地說，如果我們定義 $X[n,k]$ 如下

$$X[n,k]=X[n,2\pi k/N)=\sum_{m=0}^{L-1}x[n+m]w[m]e^{-j(2\pi/N)km},\quad 0\le k\le N-1 \tag{10.34}$$

當 n 固定，$X[n, k]$ 是加窗後的序列 $x[n+m]w[m]$ 的 DFT，使用 IDFT 可得

$$x[n+m]w[m] = \frac{1}{N}\sum_{k=0}^{N-1} X[n, k]e^{j(2\pi/N)km}, \quad 0 \le m \le L-1 \tag{10.35}$$

既然我們假設在 $0 \le m \le L-1$ 的範圍內，$w[m] \ne 0$，所以在 n 到 $(n+L-1)$ 這個範圍內的訊號值可以用以下算式恢復：

$$x[n+m] = \frac{1}{Nw[m]}\sum_{k=0}^{N-1} X[n, k]e^{j(2\pi/N)km}, \quad 0 \le m \le L-1 \tag{10.36}$$

重要的事情在於窗函數是有限長度，所以我們在λ軸上的最少取樣點數只要和窗函數的非零點數相等即可，也就是 $N \ge L$。雖然 (10.33) 式對應到的是非因果的窗函數，我們還是可以使用因果的窗函數，在 $-(L-1) \le m \le 0$ 的範圍內，滿足 $w[m] \ne 0$。或是使用對稱的窗函數，在 $|m| \le (L-1)/2$ 的範圍內，滿足 $w[m] = w[-m]$，其中 L 是奇數。在 (10.34) 式中使用非因果的窗函數只是為了便於分析，因為使用非因果的窗函數自然而然可以將取樣的 TDFT 解釋為起點為 n 的訊號區塊的 DFT。

既然 (10.34) 對應到將 (10.18) 在 λ 上取樣，它也對應到將 (10.26)、(10.27a)和 (10.27b) 在 λ 上取樣，具體來說，(10.34) 式可以重寫為

$$X[n, k] = x[n] * h_k[n], \quad 0 \le k \le N-1 \tag{10.37a}$$

其中

$$h_k[n] = w[-n]e^{j(2\pi/N)kn} \tag{10.37b}$$

如圖 10.15 所示，(10.37a) 和 (10.37b) 式可視為由 N 個濾波器組成的濾波器組，其中第 k 個濾波器的頻率響應為

$$H_k(e^{j\omega}) = W(e^{j[(2\pi k/N)-\omega]}) \tag{10.38}$$

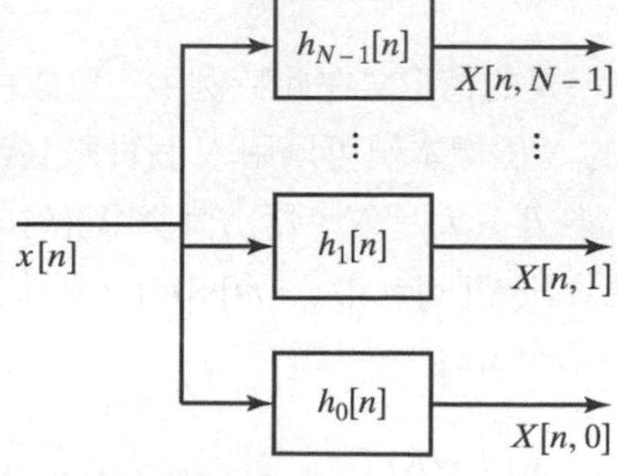

圖 10.15 TDFT 的濾波器組表示法

如果 $X[n, \lambda]$ 或 $X[n, k]$ 是由時域取樣而得，則我們的討論暗示在 $-\infty < n < \infty$ 範圍內的 $x[n]$ 都可以由 $X[n, \lambda]$ 或 $X[n, k]$ 恢復。具體來說，使用 (10.36) 式可以由 $X[n_0, k]$ 恢復在 $n_0 \le n \le n_0 + L - 1$ 範圍內的訊號，也可以由 $X[n_0 + L, k]$ 恢復在 $n_0 + L \le n \le n_0 + 2L - 1$ 範圍內的訊號，以此類推。因此，由 TDFT 在時域和頻域上的樣本值可以確實重建 $x[n]$，一般說來，對於指定於 (10.33) 式中的窗函數支撐域而言，可以定義取樣的 TDFT 如下

$$X[r, R, k] = X[rR, 2\pi k / N) = \sum_{m=0}^{L-1} x[rR + m]w[m]e^{-j(2\pi/N)km}, \tag{10.39}$$

其中整數 r 和 k 分別滿足 $-\infty < r < \infty$ 和 $0 \le k \le N-1$，為了進一步簡化我們的符號，定義

$$X_r[k] = X[rR, k] = X[rR, \lambda_k), \quad -\infty < r < \infty, \quad 0 \le k \le N-1, \tag{10.40}$$

其中 $\lambda_k = 2\pi k / N$，這個符號明確地將取樣後的 TDFT 定義為以下加窗所得訊號片段的 N-DFT：

$$x_r[m] = x[rR + m]w[m], \quad -\infty < r < \infty, \quad 0 \le m \le L-1, \tag{10.41}$$

其中窗函數一次跳動 R 個時間點。圖 10.16 中 $[n, \lambda)$ 平面上的直線代表 $x[n, \lambda)$ 的支撐域，而 $[n, \lambda)$ 平面上的格點代表 $N = 10$ 和 $R = 3$ 的取樣點。我們可以發現，選取適當的 L 值，就可以由此二維的離散表示法重建出唯一的原始訊號。

(10.39) 式中使用到以下的整數參數：窗函數長度 L、頻域上的取樣點數，也就是 DFT 點數 N、以及時域上窗函數的移動點數 R，雖然任意選取參數 N、R、L 和 $w[n]$ 並非都可以確實重建出原來的訊號，但是有許多的參數組合可以使用。選取 $L \le N$ 可以確保從區塊的轉換值 $X_r[k]$ 重建出加窗後的序列片段 $x_r[m]$，如果 $R < L$，則序列片段重疊，可是如果 $R > L$，則不會用到訊號的某些樣本值，因此無法由 $X_r[k]$ 重建出訊號。因此，有一個選擇，是讓這些參數滿足 $R \le L \le N$，則（原則上）對於所有的 n 值，我們可以逐個區塊地從 $X_r[k]$ 恢復 $x[n]$ 的 R 個樣本值，注意到每一個訊號區塊中的 R 個樣本值是由 TDFT 取樣出的 N 個複數值所表示，換句話說，如果訊號是實數，則利用 DFT 的對稱性，只需要 N 個實數值即可表示區塊中的樣本。

一個具體的例子是 $R = L = N$ 的情形，在此特例中，可以由取樣的 TDFT 確實解回原來的訊號，此時，實數訊號的 N 個樣本值可以用 N 個實數表示，對於任意的訊號，這是我們所能預期的最小數目，當 $R = L = N$，藉由計算 $X_r[k]$ 的 IDFT，我們可以恢復在 $0 \le m \le L-1$ 的範圍內的訊號片段 $x_r[m] = x[rR + m]w[m]$，因此，在 $rR \le n \le [(r+1)R - 1]$ 的範圍內，我們可以用 $x_r[m]$ 表示出 $x[n]$：

$$x[n] = \frac{x_r[n - rR]}{w[n - rR]}, \quad rR \le n \le [(r+1)R - 1], \tag{10.42}$$

換句話說，我們復原了加窗後的 N 點訊號片段，去除了窗函數的效應，然後將訊號片段接在一起，重建出原始的序列。

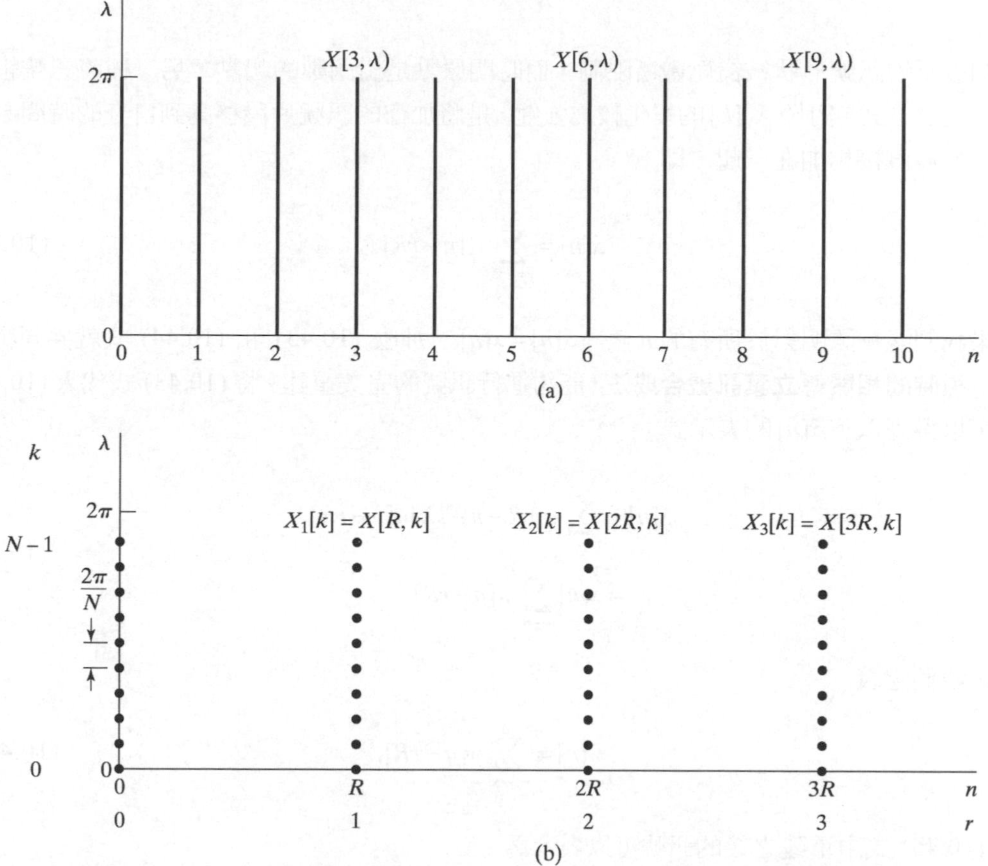

圖 10.16 (a) $X[n, \lambda)$ 的支撐域；(b) TDFT 在 $[n, \lambda)$ 平面上的取樣點，$N = 10$，$R = 3$

10.3.5 以重疊－相加法重建訊號

先前的討論確認了從 TDFT 在時域和頻域上的樣本值確實重建回原來的樣本，在理論上是可行的，但是先前的證明並未提供可行的重建演算法，可以在音訊編碼（audio coding）或是降噪（noise reduction）等常見的應用中使用 TDFT。在這些應用中，(10.42) 式所需要的除以振幅漸弱的窗函數，會在窗函數邊緣大幅增強雜訊，結果讓訊號區塊無法平滑地接合在一起。另一方面，在這些應用場合中，讓 R 小於 L 和 N，使得區塊重疊，將會有所幫助，如果也能適當地選取窗函數，就不一定要作 (10.42) 式所需要的除以窗函數的運算。

假設 $R \le L \le N$，可得

$$x_r[m] = x[rR+m]w[m] = \frac{1}{N}\sum_{k=0}^{N-1} X_r[k]e^{j(2\pi k/N)m}, \quad 0 \le m \le L-1 \tag{10.43}$$

可知復原的訊號形狀被窗函數所限制，而時間原點是窗函數的起點，另一種將訊號組合在一起的方式，對於 $X_r[k]$ 的變化較爲強健，是將加窗的訊號片段移動到自身的時間原點 rR，然後直接相加在一起，即

$$\hat{x}[n] = \sum_{r=-\infty}^{\infty} x_r[n-rR] \tag{10.44}$$

如果我們能夠證明對於所有的 n 值，$\hat{x}[n] = x[n]$，那麼 (10.43) 和 (10.44) 式就共同組成了一種**時間相關傅立葉訊號合成法**，能夠進行訊號的完美重建。將 (10.43) 式代入 (10.44) 式可以得到以下 $\hat{x}[n]$ 的表示式：

$$\begin{aligned}\hat{x}[n] &= \sum_{r=-\infty}^{\infty} x[rR+n-rR]w[n-rR] \\ &= x[n]\sum_{r=-\infty}^{\infty} w[n-rR]\end{aligned} \tag{10.45}$$

如果我們定義

$$\tilde{w}[n] = \sum_{r=-\infty}^{\infty} w[n-rR], \tag{10.46a}$$

則 (10.45) 式中重建之後的訊號可以表示爲

$$\hat{x}[n] = x[n]\tilde{w}[n] \tag{10.46b}$$

由 (10.46b) 式可知完美重建訊號的條件如下

$$\tilde{w}[n] = \sum_{r=-\infty}^{\infty} w[n-rR] = C, \quad -\infty < n < \infty \tag{10.47}$$

換句話說，將窗函數每平移 R 個樣本得到一個複本，將這些複本全部相加，結果對於所有的 n 值必須是一個重建常數 C。

注意到序列 $\tilde{w}[n]$ 是週期序列（週期爲 R），由時域上重疊的窗序列所組成，舉個簡單的例子，考慮長度爲 L 個樣本的方窗序列 $w_{\text{rect}}[n]$，如果 $R = L$，則加窗後的序列只是一個片段接著一個片段地靠在一起，彼此沒有重疊，因爲此情形中，平移後的窗函數彼此既沒有重疊也沒有空隙，因此滿足 (10.47) 式，其中 $C = 1$（簡單畫圖就可以確認此事）。若方窗序列的長度 L 爲偶數，且 $R = L/2$，則經由簡單的分析或是畫圖可知此情形也滿足

(10.47)，且 $C=2$。事實上，如果 $L=2^{\nu}$，當 $L\le N$ 且 $R=L, L/2,\ldots,1$ 時，經由 (10.44) 式的重疊－相加法可由 $X_r[k]$ 完美地重建回訊號 $x[n]$。對應到的重建增益為 $C=1,2,\ldots,L$。雖然以上說明了利用某些方窗序列以及某些窗序列的間隔 R 可以透過重疊－相加法完美地重建回原始訊號，可是因為方窗序列的能量洩漏很嚴重，因此極少應用於時間相關傅立葉分析／合成。其餘振幅漸弱的窗函數，像是 Bartlett、Hann、Hamming 或 Kaiser 序列是較常用的窗函數，幸虧這些窗函數具有優秀的頻譜分離的性質，所以能從 TDFT 完美或是接近完美地重建回原來的訊號。

Bartlett 和 Hann 窗序列是兩種可達成完美重建的窗函數，我們已經在第 7 章探討濾波器設計時介紹過這兩種窗函數，我們分別在 (10.48) 和 (10.49) 式再寫出一次它們的定義：

Bartlett（三角）窗函數

$$w_{\text{Bart}}[n]=\begin{cases}2n/M, & 0\le n\le M/2,\\ 2-2n/M, & M/2<n\le M,\\ 0, & \text{其他}\end{cases}\tag{10.48}$$

Hann 窗函數

$$w_{\text{Hann}}[n]=\begin{cases}0.5-0.5\cos(2\pi n/M), & 0\le n\le M,\\ 0, & \text{其他}\end{cases}\tag{10.49}$$

由上述定義可知，窗函數長度 $L=M+1$，而且兩端的樣本值等於零[⑤]。當 M 為偶數且 $R=M/2$，很容易可證明 Bartlett 窗函數滿足 (10.47) 式，且 $C=1$。圖 10.17(a) 是重疊的 Bartlett 窗函數，長度為 $M+1$（前後樣本值為零），且 $R=M/2$，明顯可見這些窗函數經平移相加之後得到的重建增益 $C=1$。圖 10.17(a) 是 Hann 窗函數的圖，長度同樣為 $L=M+1$（前後樣本值為零）且 $R=M/2$，雖然這些窗函數經平移相加之後得到的重建增益在圖中較不明顯，但是對於所有的 n 值，重建增益值 $C=1$ 依然成立。對於 Hamming 和許多其它的窗函數也有類似的結果。

圖 7.30 比較了方窗函數、Bartlett 和 Hann 窗函數的 DTFT，當 L 相同，注意到 Bartlett 和 Hann 窗函數的主波瓣寬度是方窗函數的兩倍，然而 Bartlett 和 Hann 窗函數的側波瓣振幅低了許多，因此，跟方窗函數比較起來，這兩個窗函數和圖 7.30 中的其它窗函數較常應用於時間相關傅立葉分析／合成。

---

⑤ 雖然由定義可知 Bartlett 和 Hann 窗函數實際上非零的樣本點數為 $M-1$，但是加入了零值樣本點較容易進行數學運算的化簡。

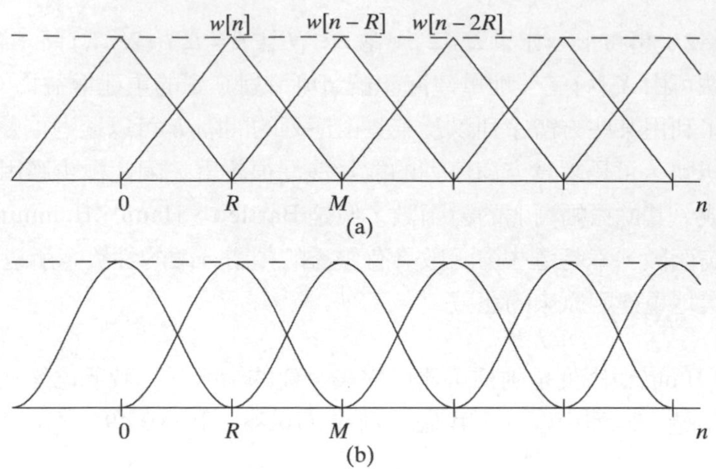

圖 10.17 (a) 平移 $R = M/2$ 點的 Bartlett 窗函數，窗函數長度為 $M+1$；(b) 平移 $R = M/2$ 點的 Bartlett 窗函數，窗函數長度為 $M+1$。虛線是週期序列 $\tilde{w}[n]$

雖然圖 10.17 直覺上很容易知道 Bartlett 和 Hann 窗函數可以提供完美重建，但是當 $M = 2^\nu$，對於 $R = M/2, M/4, \ldots, 1$ 也可以提供重建增益爲 $M/(2R)$ 的完美重建，就不是那麼明顯。要瞭解這一點，回想作爲包絡用的序列 $\tilde{w}[n]$ 本質上是週期爲 R 的週期序列，將會有幫助。序列 $\tilde{w}[n]$ 可以用 IDFT 表示爲

$$\tilde{w}[n] = \sum_{r=-\infty}^{\infty} w[n-rR] = \frac{1}{R}\sum_{k=0}^{R-1} W(e^{j(2\pi k/R)})e^{j(2\pi k/R)n} \tag{10.50}$$

上式中的 $W(e^{j(2\pi k/R)})$ 是 $w[n]$ 的 DTFT 在頻率 $(2\pi k/R)$, $k = 0, 1, \ldots, R-1$ 這些頻率上的取樣值，由 (10.50) 可知，完美重建的條件爲

$$W(e^{j(2\pi k/R)}) = 0, \quad k = 1, 2, \ldots, R-1, \tag{10.51a}$$

若 (10.51) 成立，則由 (10.50) 可得重建增益爲

$$C = \frac{W(e^{j0})}{R} \tag{10.51b}$$

跟 Bartlett、Hann、Hamming 和 Blackman 等常用的窗函數比較起來，較容易得到方窗函數 DTFT 的公式，所以第 7 章的習題 7.40 探討用方窗函數表示這些常用窗函數的想法。對於 (10.48) 式的 Bartlett 窗函數，習題 7.40 也特別給出了 M 爲偶數的結果，其 DTFT 爲

$$W_{\text{Bart}}(e^{j\omega}) = \left(\frac{2}{M}\right)\left(\frac{\sin(\omega M/4)}{\sin(\omega/2)}\right)^2 e^{-j\omega M/2} \tag{10.52}$$

由 (10.52) 式可知 Bartlett 窗的傅立葉轉換的零點以等間隔分佈在 $4\pi k/M$，$k=1,2,\ldots,M-1$ 這些頻率點上，因此，如果我們選取的 R 值滿足 $2\pi k/R=4\pi k/M$，即 $R=M/2$，則 (10.51a) 式的條件成立，令 $\omega=0$ 代入 (10.52) 式可得 $W_{\text{Bart}}(e^{0})=M/2$，因此完美重建的條件成立，增益為 $C=M/(2R)=1$。選取 $R=M/2$ 可以讓 $W_{\text{Bart}}(e^{j\omega})$ 的零點對準頻率點 $2\pi k/R$，如果 M 可以被 4 整除，可以選擇 $R=M/4$，則頻率點 $2\pi k/R$ 依然對準 $W_{\text{Bart}}(e^{j\omega})$ 的零點，重建增益為 $C=M/(2R)=2$。若 M 為 2 的冪次方，則 R 的值可以更小，而 C 的值隨之增加。

DTFT $W_{\text{Hann}}(e^{j\omega})$ 的零點也以等間距在 $4\pi/M$ 的整數倍的頻率點上，所以也可以用 (10.49) 式定義的 Hann 窗函數進行確實的訊號重建，從圖 7.30(b) 和 (c) 可以清楚地看出 $W_{\text{Bart}}(e^{j\omega})$ 和 $W_{\text{Hann}}(e^{j\omega})$ 的這些等間距分佈的零點，圖 7.30(d) 是 Hamming 窗函數，它是將 Hann 窗函數的側波瓣振幅最小化之後的版本，經過調整，係數從 0.5、0.5 變成 0.54、0.46，所以 $W_{\text{Hamm}}(e^{j\omega})$ 的零點產生輕微的移動，再不可能選取 R 值讓 $W_{\text{Hann}}(e^{j\omega})$ 的零點落在 $2\pi k/R$ 這些頻率點上，然而由表 7.2 所示，在頻率大於 $4\pi/M$ 之後的最大側波瓣振幅為 -41 dB，因此，在 $2\pi k/R$ 這些頻率點上，近似地滿足 (10.51a) 式的條件。如果沒有確實滿足 (10.51a)，則 (10.50) 式證明，$\tilde{w}[n]$ 的值會有在 C 附近震盪的傾向，頻率為 R，對於重建的訊號會造成輕微的調幅（amplitude modulation）現象。

10.3.6 利用 TDFT 進行訊號處理

圖 10.18 是利用 TDFT 進行訊號處理的通用架構，之前討論到經由適當地選取窗函數和取樣參數，則可由 TDFT 在時間和頻率上的取樣值 $X_r[k]$ 重建回訊號 $x[n]$，圖 10.18 的系統即建立在此原理。如果經過圖 10.18 所示系統的處理後，$Y_r[k]$ 維持著 TDFT 的完整性（integrity），則利用像是重疊－相加或是帶通濾波器組的技術，就可以由 TDFT 重建回處理後的訊號 $y[n]$。舉例來說，如果 $x[n]$ 是樂音訊號，我們對 $X_r[k]$ 進行量化以壓縮訊號，則時間相關傅立葉的訊號表現法提供了自然和方便的架構，可以用聽覺遮蔽（auditory masking）的現象「隱藏」量化雜訊（舉例來說，見 Bosi and Goldberg, 2003 and Spanias, Painter and Atti, 2007）。然後使用時間相關傅立葉訊號合成重建訊號 $y[n]$ 以供聆聽。這就是 MP3 音訊編碼的基礎。另一個應用是音訊雜訊的抑制，此處我們估計聽覺雜訊的頻譜，然後由輸入訊號的時間關傅立葉頻譜減去此雜訊頻譜，或是當作 Wiener 濾波的基礎，對 $X_r[k]$ 進行處理（見 Quatieri, 2002）。這些技術以及許多其他的應用都大量使用 FFT 演算法，用來有效地計算 TDFT。

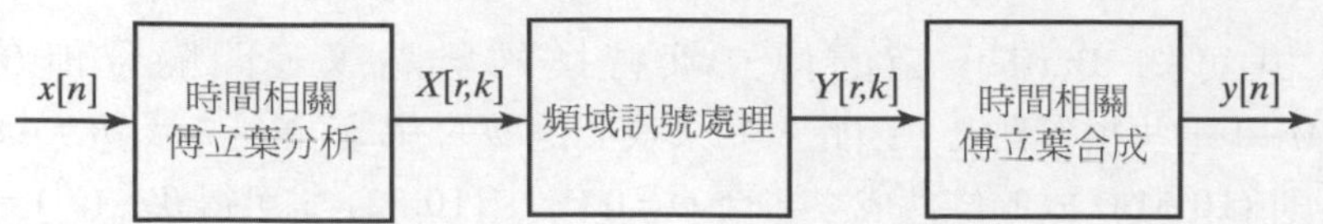

圖 10.18 使用時間相關傅立葉分析/合成的訊號處理步驟

討論這類型的應用會讓我們離題太遠，我們已經在第 8 章介紹過以區塊處理離散時間訊號的技術，如果輸入是無限長的訊號，當時也討論過如何用 DFT 實現有限長度脈衝響應的旋積計算，到目前為止的討論，使用時間相關傅立葉訊號的分析和合成的定義和觀念，可以對於以區塊實現 LTI 系統的方法得到有用的詮釋。

具體來說，假設當 $n<0$，$x[n]=0$，也假設我們使用方窗函數計算 TDFT，且 $R=L$，換句話說，經過取樣後 TDFT $X_r[k]$ 由以下輸入序列片段的 N-DFT 所組成

$$x_r[m]=x[rL+m],\quad 0\le m\le L-1 \tag{10.53}$$

因為這些片段包含了 $x[n]$ 的所有樣本點，而且片段之間並未重疊，因此

$$x[n]=\sum_{r=0}^{\infty}x_r[n-rL] \tag{10.54}$$

現在，假設我們定義新的 TDFT：

$$Y_r[k]=H[k]X_r[k],\quad 0\le k\le N-1, \tag{10.55}$$

其中 $H[k]$ 是有限長度單位脈衝序列 $h[n]$ 的 N-DFT，當 $n<0$ 或 $n>P-1$ 時，$h[n]=0$，如果我們計算 $Y_r[k]$ 的 IDFT 可得

$$y_r[m]=\frac{1}{N}\sum_{k=0}^{N-1}Y_r[k]e^{j(2\pi/N)km}=\sum_{\ell=0}^{N-1}x_r[\ell]h[((m-\ell))_N] \tag{10.56}$$

也就是說 $y_r[m]$ 是 $h[m]$ 和 $x_r[m]$ 的 N 點循環旋積，既然 $h[m]$ 的長度為 P 個樣本而 $x_r[m]$ 的長度為 L 個樣本，由 8.7 節的討論可知，當 $N\ge L+P-1$，在 $0\le m\le L+P-2$ 的範圍內，$y_r[m]$ 和 $h[m]$ 與 $x_r[m]$ 的線性旋積完全相同，而在此範圍之外，線性旋積的值為零，因此，如果以下列方式建造輸出序列

$$y[n]=\sum_{r=0}^{\infty}y_r[n-rL] \tag{10.57}$$

則 $y[n]$ 是脈衝響應為 $h[n]$ 的 LTI 系統的輸出序列，以上描述的方法正是區塊旋積的**重疊－相加法**。在 TDFT 的架構下，也可應用 8.7 節提到的重疊－儲存法。

10.3.7 以濾波器組詮釋 TDFT

我們可以在時間軸上取樣 TDFT，另一個看待此事實的方法是回想到λ固定（或是在頻率點 $\lambda_k = 2\pi k / N$ 中的 k 固定）的情形下，TDFT 是時間的一維序列，它是帶通濾波器的輸出，頻率響應表示於 (10.28) 式，圖示於圖 10.19。圖 10.19(a) 是 $L = N = 16$ 的方窗序列所對應到的等效帶通濾波器，即使 L 和 N 的值可能大得多，圖 10.19 還是可以用來說明了濾波器組的詮釋，當 N 增加，濾波器的通帶變窄，但是側波瓣和相鄰通道重疊的方式相同，注意到方窗函數對應到的濾波器組通帶有明顯的重疊，所以不管用什麼標準來看待，選擇頻率的能力都不佳。事實上，任一個帶通濾波器的側波瓣都和其左右兩側的通帶完全重疊，既然任何有限長度振幅漸減的窗函數的傅立葉轉換不可能具有完美的頻率響應，所以一般來說，我們會在時域上遭受嚴重的訊號交疊的問題。然而，雖然我們在 10.3.5 節討論過方窗函數的頻率選擇能力不佳，即使如此，重疊的方窗函數還是能提供訊號的完美重建。雖然個別帶通濾波器的輸出訊號發生了疊頻現象，當所有頻道的輸出以重疊－相加法合成，可以主張疊頻失真都被彼此抵消了，疊頻相消（alias cancelling）的觀念是從濾波器組的深入探討中所得到的重要概念之一。

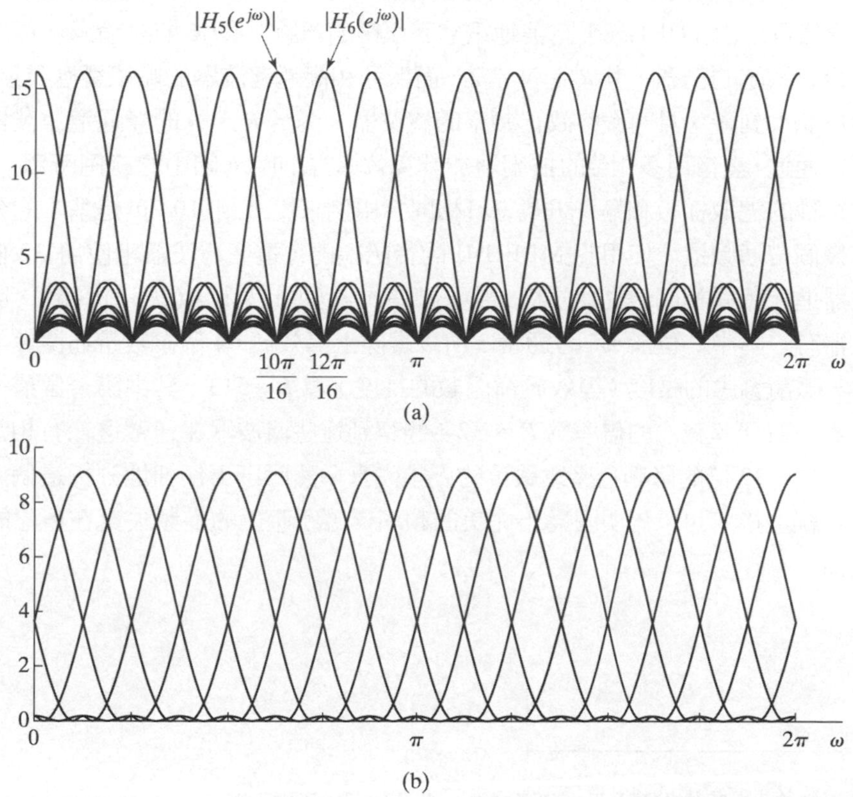

圖 10.19　濾波器組的頻率響應。(a) 方窗函數；(b) Kaiser 窗函數

使用振幅漸弱的窗函數可以大大減少側波瓣振幅，圖 10.19(b) 是 Kaiser 窗函數對應到的濾波器組的頻率響應，長度和圖 10.19(a) 的方窗函數相同，即 $L = N = 16$。此時側波瓣小了許多，但是主波瓣寬了許多，所以這些濾波器重疊的部份更多，先前區塊處理的推論再一次證明，如果 R 值夠小，我們可以從 TDFT 在時間和頻率上的取樣值確實重建回原始訊號，因此，對於圖 10.19(b) 的 Kaiser 窗函數而言，每一個帶通分析頻道中序列的取樣率可以是 $2\pi / R = \Delta_{ml}$，其中 Δ_{ml} 是窗函數的傅立葉轉換中的主波瓣寬度[⑥]。以圖 10.19(a) 爲例，主波瓣的近似寬度爲 $\Delta_{ml} = 0.4\pi$，意指時域上的取樣間隔 $R = 5$，可以在重疊－相加法中由 $X[rR, \lambda_k)$ 達到近似的完美重建。更一般的情形下，舉例來說，對於長度爲 $L = M + 1$ 個樣本的 Hamming 窗函數而言，$\Delta_{ml} = 8\pi / M$，所以時域在名義上的取樣間隔 $R = M / 4$，以這樣的取樣率，我們先前的討論證明了利用 Hamming 窗函數和參數爲 $R = L / 4$ 和 $L \leq N$ 的重疊－相加法，可以由 $X[rR, \lambda_k)$ 近似完美地重建回訊號 $x[n]$。

使用重疊－相加法進行訊號分析/合成時，一般來說參數滿足 $R \leq L \leq N$，意指（考慮到對稱性）在時間相關傅立葉表示法 $X[rR, \lambda_k)$ 中每秒的實際總樣本數是 N/R 的因數，大於 $x[n]$ 本身的取樣率，在某些應用中或許這不是問題，但是在資料壓縮的應用中，像是音訊編碼，就會造成問題。幸好可以用濾波器組的觀點證明，有可能選取滿足 $R = N \leq L$ 的參數，依然可以由 TDFT 幾乎完美地重建回原來的訊號。4.7.6 節討論過一種這類的訊號分析／合成系統的例子，其 $R = N = 2$，而低通和高通濾波器的脈衝響應長度爲 L，L 值可以儘可能大到產生具有嚴格截止頻率的濾波器。滿足 $R = N$ 的雙通道濾波器組可以推廣成更多通道，然後用多相位的技術增加計算效率，如 4.7.6 節中的範例所示。令 $R = N$ 的優點是每秒的總取樣數和輸入訊號 $x[n]$ 相同，舉例來說，圖 10.20 是基本的分析濾波器組的前幾個帶通頻道，使用於 MPEG-II 的音訊編碼，這個濾波器組使用 32 個實數的帶通濾波器進行時間相關傅立葉分析，中心頻率的移動量爲 $\lambda_k = (2k + 1)\pi / 64$，因爲實數帶通濾波器有一對中心位於 $\pm\lambda_k$ 的通帶，所以實際上等效於 64 個複數帶通濾波器，在這個例子中，脈衝響應的長度（等效於窗函數的長度）爲 $L = 513$，其中第一個最後一個樣本值等於零，取樣率減少的倍率爲 $R = 32$，觀察到這些濾波器在通帶邊緣有相當嚴重的重疊現象，$R = 32$ 倍的降頻也導致嚴重的疊頻失真，然而，更仔細地分析這個完整的分析／合成系統之後，可以證明因爲不完美的頻率響應所產生的疊頻失真在重建的過程中會彼此抵消。

---

⑥ 在我們的定義中，既然 TDFT 每一個通道的訊號 $X[n, \lambda_k)$ 是中央頻率為 λ_k 的中頻訊號，它們可以往低頻移動 λ_k 的頻率量，變成落在 $\pm\Delta_{ml}$ 的頻帶中的低頻訊號，這些低頻訊號的最高頻為 $\Delta_{ml}/2$，所以最低的取樣頻率為 $2\pi / R = \Delta_{ml}$。如果 $R = N$，則降頻取樣自動就產生了頻率往低頻移動的結果。

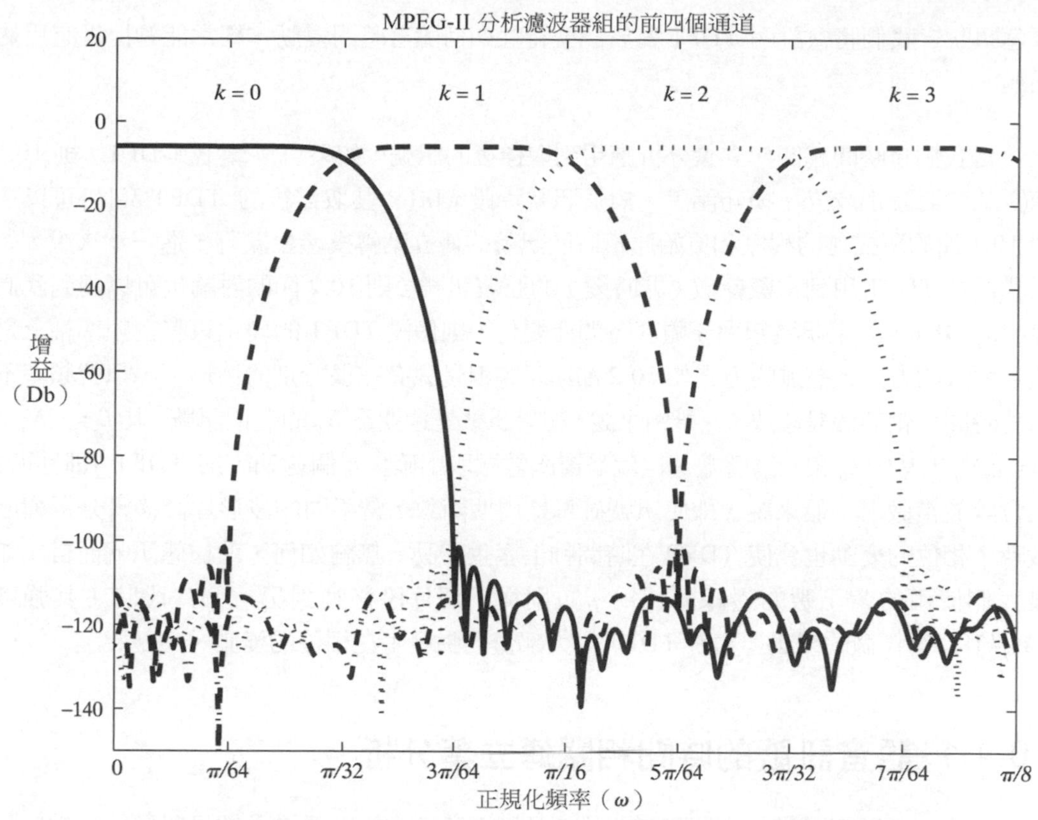

圖 10.20　數個帶通通道的頻率響應，使用於 MPEG-II 的分析濾波器組

全方位的討論分析和和合成濾波器組超出本章的範圍，這些討論的大綱是習題 10.46 的基礎，更進一步的討論可見 Rabiner 和 Schafer (1978)、Crochiere 和 Rabiner (1983)，以及 Vaidyanathan (1993) 等書。

10.4　非穩態訊號傅立葉分析的範例

我們在 10.3.6 節中有一個簡單的例子，考慮如何使用 TDFT 實現線性濾波，在這個應用中，我們並不像對於是否能從修改過的 TDFT 重建修改過的訊號一般地對於頻譜解析度感興趣，另一方面，對於非穩態離散時間訊號，TDFT 的觀念經常用來當作許多頻譜估計技術的架構，在這些應用中，頻譜解析度、隨時間的變動以及其他因素都是最重要的課題。

所謂非穩態離散時間訊號指的是性質隨著時間變動的訊號，像是時變振幅、頻率、或相位的弦波成份的和。在 10.4.1 節將會介紹語音訊號，在 10.4.2 節介紹都卜勒(Doppler)

雷達訊號，我們將會說明 TDFT 對於訊號特性如何隨著時間變動，經常能夠提供有用的描述。

當我們將時間相關傅立葉分析應用到取樣後的訊號，如果可以算出其 DFT，則 10.1 節全部的討論都成立。換句話說，對於訊號片段 $x_r[n]$，其取樣後的 TDFT $X_r[k]$ 可以透過 10.1 節的所描述的程序和原始連續時間訊號的傅立葉轉換產生關聯，進一步來說，如果我們把 TDFT 用到常數參數（非時變）的弦波訊號，則 10.2 節的討論也可以用到我們算出的 DFT，如果訊號頻率不隨著時間而變化，則假設 TDFT 的變化只有在頻率軸上是種吸引人的方式，描述的方式如 10.2 節所示，但是只有在很特別的情形下，訊號頻率不隨著時間變化的假設才成立。舉例來說，如果訊號是週期爲 N_p 的週期訊號，且 $L=\ell_0 N_p$，$R=r_0 N_p$，其中 ℓ_0 和 r_0 爲整數，也就是窗函數擷取出確實 r_0 個週期，則 TDFT 在時間軸上會等於常數。一般來說，即使訊號確實是周期函數，當不同的波形片段移入分析窗函數時，相位的變動也會使 TDFT 在時間軸上產生變動。無論如何，就穩態訊號而言，如果我們使用的窗函數的邊緣漸減爲零，則從一個片段移動到另一個片段時，其強度 $|X_r[k]|$ 只有輕微的變動，複數 TDFT 的大部份變動發生在相位的變動。

10.4.1 語音訊號的時間相關傅立葉分析

語音是由語音通道（亦即聲道）的振動與否所產生的，聲道一端是雙唇的末端，另一端則是喉頭。語音基本型態有三種：

- 有聲音是由喉頭（glottis）開閉引起的連續氣流振動聲帶所產生的音。
- 塞擦音（fricative sounds）是在聲帶處形成一個阻塞，當氣流通過阻塞處時會有旋轉氣流因而產生類似噪音摩擦的聲音。
- 暴擦音（plosive sounds）是藉著完全關閉聲帶,在關閉處後方形成壓力並且突然釋放壓力所形成的音。

語音訊號模型與 TDFT 應用的相關討論出現在 Flanagan (1972)、Rabiner 和 Schafer (1978)、O'Shaughnessy (1999)、Parsons (1986)以及 Quatieri (2002)。

如果聲道的形狀固定，可以用 LTI 系統（聲道）的響應當作語音的模型，有聲音是系統對於準週期（quasiperiodic）脈衝列的響應，無聲音則是系統對於寬頻雜訊的響應。聲道是語音的傳送系統，特徵爲其自然頻率，稱爲**共振峰**（formants），對應到的是頻率響應中的共振頻率（resonances），對於正常的語音，當唇與舌形成發聲的形狀後，聲道改變形狀的速度相當慢，因此可以用慢時變濾波器當作模型，將其頻率響應的特性加到激發訊號的頻譜，圖 10.21 是典型的語音波形。

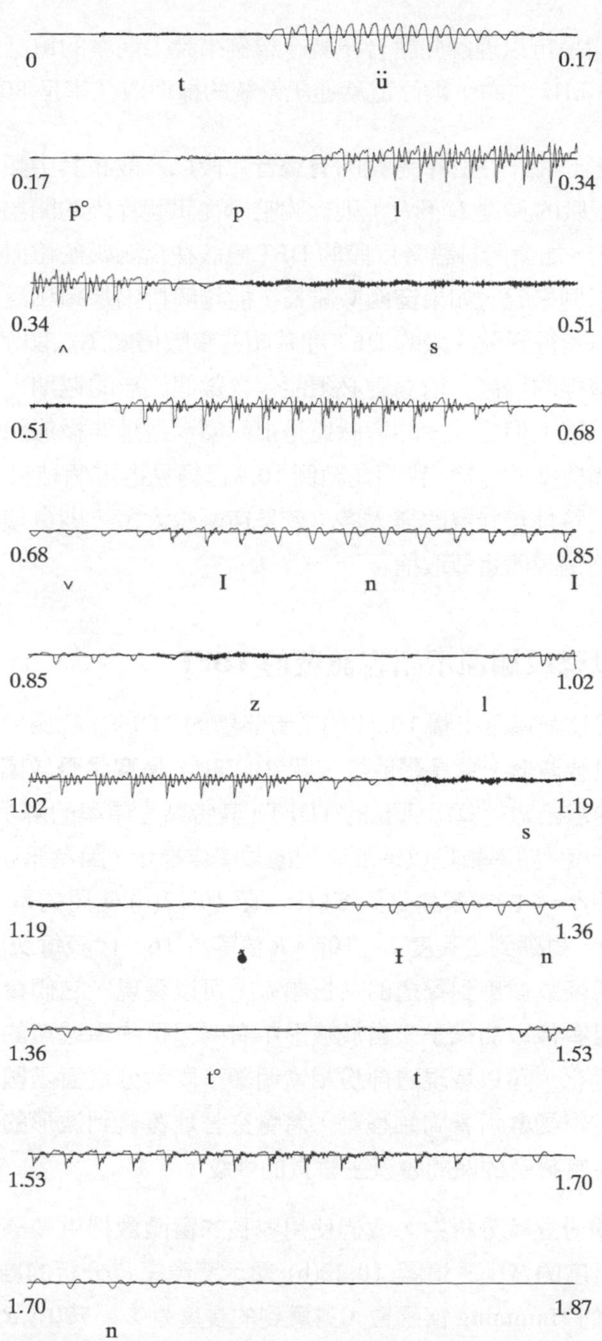

圖 10.21 話語 "Two plus seven is less than ten." 的波形。每一條線的持續時間是 0.17 秒，我們在波形下方同時標記出對應的音素。因為取樣率為 16000 樣本／秒，所以每一條線有 2720 個樣本

經由上述對於語音發生過程的簡短敘述，以及觀察圖 10.21，我們可以發現語音絕對是非穩態的訊號，然而，由圖中也可以發現，在 30 或 40 毫秒的時間內，可以假設訊號的特性基本上維持不變。雖然語音訊號的頻率範圍可以大到 15 kHz 或是更高，但是即使

頻寬低於 3 kHz，還是可以理解此語音訊號。舉例來說，商業的電話系統通常會將最高的傳輸頻率限制在 3 kHz 左右，數位電話通訊系統的標準取樣率是 8000 樣本／秒。

圖 10.21 的波形是由一序列準週期的**有聲音**片段以及散布其中類似雜訊的*無聲音*片段所組成，如果窗函數的長度 L 不大，則此圖暗示從訊號片段的開始到結尾不容易察覺其特性的變化。因此，加窗所得語音片段的 DFT 應該在窗函數的位置展現出訊號在該時間點的頻域特性。舉例來說，如果窗函數夠長，能夠解析出基頻和泛頻，則在窗函數的範圍內，有聲音加窗所得訊號片段的 DFT 在基頻的整數倍處應該顯示出一連串的脈衝，一般說來，要達到這樣的結果，窗函數必須能包含數個波形的週期，如果窗函數太短，就無法解析出泛頻訊號，但是頻譜的形狀還是很明顯，這是非穩態訊號分析在頻率解析度和時間解析度之間典型的取捨，我們在範例 10.9 已經見過這個結果。若是窗函數太長，訊號通過窗函數時其特性可能會改變太多；若是窗函數太短，則會犧牲掉窄頻成份的解析度。我們在以下範例說明這種取捨。

範例 10.11 以聲紋圖顯示語音訊號的 TDFT

圖 10.22(a) 以聲紋圖顯示出圖 10.21 的語音訊號的 TDFT，在聲紋圖底下也以相同的時間單位畫出訊號波形。更具體地說，圖 10.22(a) 是**寬頻聲紋圖**。所謂寬頻聲紋圖是以相對較短的窗函數計算出訊號的 TDFT，其特點是頻率的解析度較差，但是具有良好的時間解析度。頻率軸是以連續時間的頻率作標示，因為訊號的取樣率是 16000 樣本／秒，所以 $\lambda = \pi$ 的頻率對應到 8 kHz。圖 10.22(a) 使用的是 Hamming 窗函數，寬度是 6.7 毫秒，對應到的長度 $L = 108$。R 值等於 16，代表每次增加 1 毫秒[⑦]。橫跨聲紋圖的寬黑色條紋對應到聲道的共振頻率，可以發現，它們會隨著時間而改變，聲紋圖的垂直且有條紋的樣子來自於波形中有聲部份的準週期的本質，比較波形圖和聲紋圖中的變化，可以發現這部份相當明顯，既然分析窗函數的長度大致和波形的週期相當，當窗函數沿著間軸移動，將會交替地覆蓋到波形的高能量片段和低能量片段，所以在有聲音的區間會產生垂直的條紋。

在**窄頻**時間相關傅立葉分析中，我們使用較長的窗函數提供較高頻率解析度，對應到的是時間解析度的減少。這圖 10.22(b) 顯示窄頻語音分析的結果，此圖使用持續時間為 45 毫秒的 Hamming 窗函數，對應到的長度是 $L = 720$，R 值依然是 16。

---

⑦ 在畫聲紋圖時，通常用相對較小的 R 值，可以得到變動較平滑的圖形。

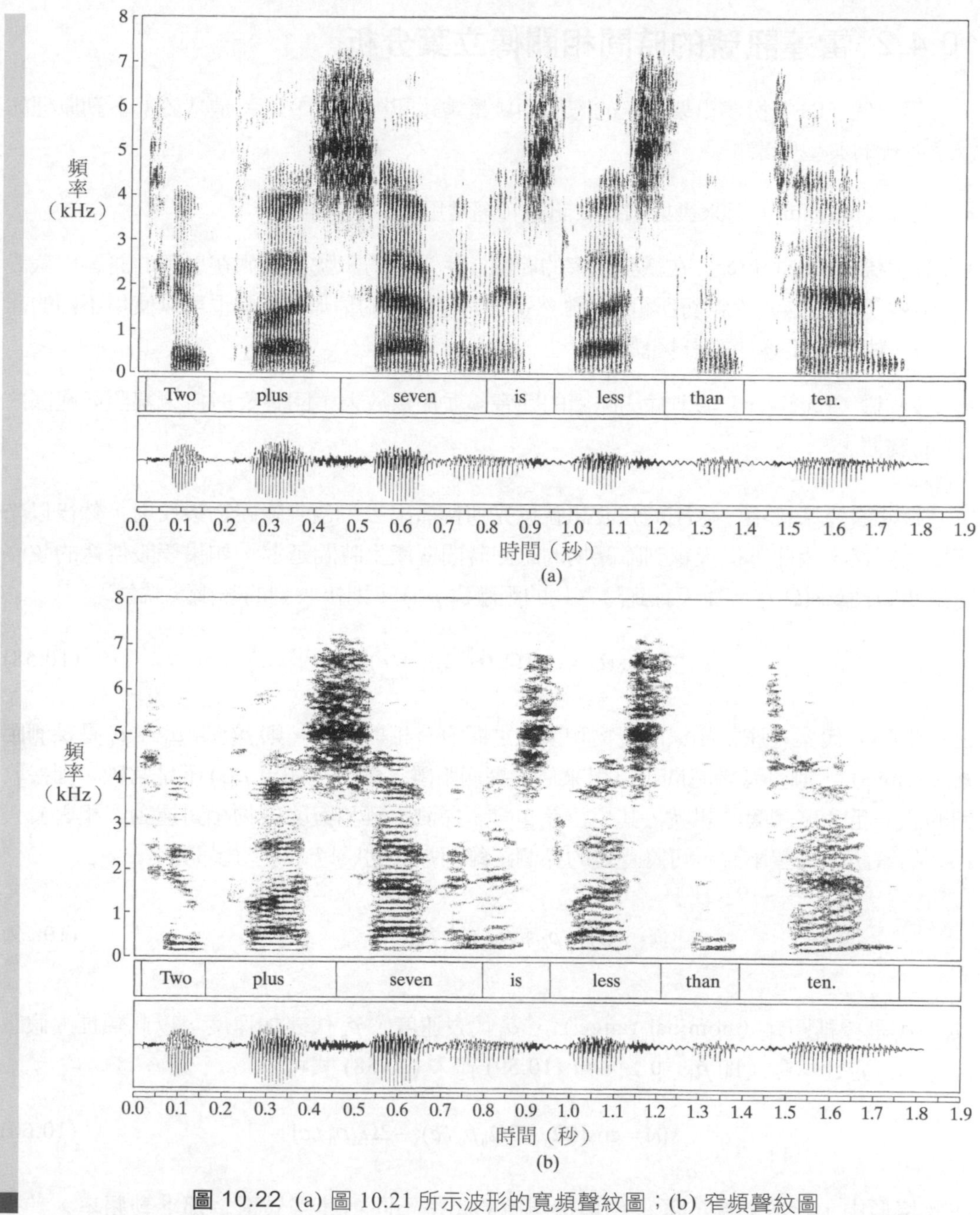

圖 10.22 (a) 圖 10.21 所示波形的寬頻聲紋圖；(b) 窄頻聲紋圖

有需多理由可以說明 TDFT 在語音分析和處理的重要性，這個範例只是作爲提示。TDFT 的概念直接或間接地作爲聽覺－語言分析的基礎，也的確是許多基本語音處理應用的基礎，像是數位編碼、雜訊和回音消除、語音辨認、語者確認和語者辨認。目前我們的討論僅限於介紹性的說明。

10.4.2 雷達訊號的時間相關傅立葉分析

另一個 TDFT 扮演重要角色的應用領域是雷達訊號分析，以下是基於都卜勒原理的雷達系統的典型要素：

- 天線（antenna）用來發射和接收訊號（經常用同一組天線）。
- 發射機（transmitter）在微波頻率的範圍產生適當的訊號，我們在以下的討論中假設這些訊號由弦波的脈衝所組成。雖然這經常是實際的情形，但是也可以使用不同的訊號，視特定雷達的設計目標而定。
- 接收機（receiver）偵測輸出脈衝的回音，並加以放大，回音反射自天線照射範圍內的物體。

在此雷達系統中，送出的弦波訊號以光速傳播出去，遇到障礙物後反射，然後以光速返回天線，因此，從天線到障礙物的來回時間會產生時間延遲，如果假設傳送的弦波脈衝訊號爲 $\cos(\Omega_0 t)$，從天線到障礙物的距離爲 $\rho(t)$，則接收到的脈衝訊號爲

$$s(t)=\cos[\Omega_0(t-2\rho(t)/c)], \tag{10.58}$$

上式中的 c 代表光速。如果障礙物和天線之間沒有相對移動，則 $\rho(t)=\rho_0$，ρ_0 是**探測距離**（range），測量延遲時間可以用來估計探測距離。然而，如果 $\rho(t)$ 不是常數，則接收到的訊號是角度調變的訊號，其相位差包含了探測距離和與障礙物相對運動（相對於天線）的資訊。具體來說，可將時變的探測距離函數展開成以下泰勒展開式

$$\rho(t)=\rho_0+\dot{\rho}_0 t+\frac{1}{2!}\ddot{\rho}_0 t^2+\cdots, \tag{10.59}$$

其中 ρ_0 是標稱距離（nominal range），$\dot{\rho}_0$ 代表速度，$\ddot{\rho}_0$ 代表加速度，以此類推。假設障礙物以定速移動（即 $\ddot{\rho}_0=0$），將 (10.59) 代入 (10.58) 式可得

$$s(t)=\cos[(\Omega_0-2\Omega_0\dot{\rho}_0/c)t-2\Omega_0\rho_0/c] \tag{10.60}$$

在此情形中，接收訊號的頻率和傳送訊號的頻率不同，其差異稱爲**都卜勒頻率**，其定義爲

$$\Omega_d=-2\Omega_0\dot{\rho}_0/c \tag{10.61}$$

因此，延遲時間依然可以用來估計探測距離，如果我們可以求出都卜勒頻率，也可以決定天線和障礙物之間的相對速度。

實際上，接收到的訊號通常非常微弱，因此 (10.60) 應該加上雜訊，本節所做的簡單分析中，我們將忽略雜訊的效應。而且在大部分雷達系統中，進行偵測時會把(10.60)中訊號的頻率移到較低的標稱頻率（nominal frequency），無論如何，即使 $s(t)$以較低的中心頻率作解調，都卜勒位移依然滿足 (10.61)。

要將 TDFT 應用到這類訊號，我們先限制訊號的頻帶，使其包含預期的都卜勒頻率位移即可，然後以適當的取樣週期 T 進行取樣，得到以下的離散時間訊號

$$x[n] = \cos[(\omega_0 - 2\omega_0\dot{\rho}_0 / c)n - 2\omega_0\rho_0 / c], \tag{10.62}$$

上式中 $\omega_0 = \Omega_0 T$ ，有許多情形障礙物的移動可能較我們做的假設爲複雜，此時必須在(10.59) 式中使用更多項，因而在接收訊號產生較複雜的角度調變。對於回音頻率的複雜變化，有另一種表示法是利用 TDFT，並使用足夠短的窗函數，使得窗函數區間內的都卜勒頻率位移爲常數的假設能成立，但是當兩個或多個移動障礙物所產生的都卜勒位移訊號返回接收端並疊加在一起時，又不至於短到犧牲掉適當的頻率解析度。

範例 10.12　都卜勒雷達訊號的時間相關富立葉分析

圖 10.23 是都卜勒雷達訊號的時間相關富立葉分析的範例（見 Schaefer, Schafer and Mersereau, 1979），雷達訊號已經經過前處理，移除低速的都卜勒位移，其餘的變化顯示在此圖中，TDFT 使用的窗函數為 Kaiser 窗，參數為 $N = L = 64$ 以及 $\beta = 4$ ，圖中 $|X_r[k]|$ 的縱軸是時間（往上增加），橫軸是頻率[8]，此例中，連續的 DFT 緊接著畫在一起，我們使用隱藏線消除的演算法造出 TDFT 的二維影像，在這個時間－頻率平面上有明顯的強波峰以平滑的路徑移動到中央線的左邊，這現象代表障礙物的移動速度相當規律，在 TDFT 上其餘較寬的波峰來自於雜訊和假的回音，在雷達技術的用語稱為**雜亂回波**（clutter），當火箭以定速前進，但是沿著其縱軸旋轉，其都卜勒頻率就可能會產生這種變動，當火箭自旋，使其尾翼交替地靠近然後遠離天線，就可能在 TDFT 上產生移動的峰值，圖 10.23(b) 是將估計到的都卜勒頻率表示成時間的函數，此估計值是簡單地找出每一個 DFT 中最高的峰值。

---

[8] 此圖的負頻率在中央線的左側，正頻率在右側，要畫出這樣的圖，可以計算 $(-1)^n x_r[n]$ 的 DFT，注意到，這種算法實際上是把 DFT 的原點移到編號為 $k = N/2$ 之處。另一種方法是計算 $x_r[n]$的 DFT，然後重新編號。

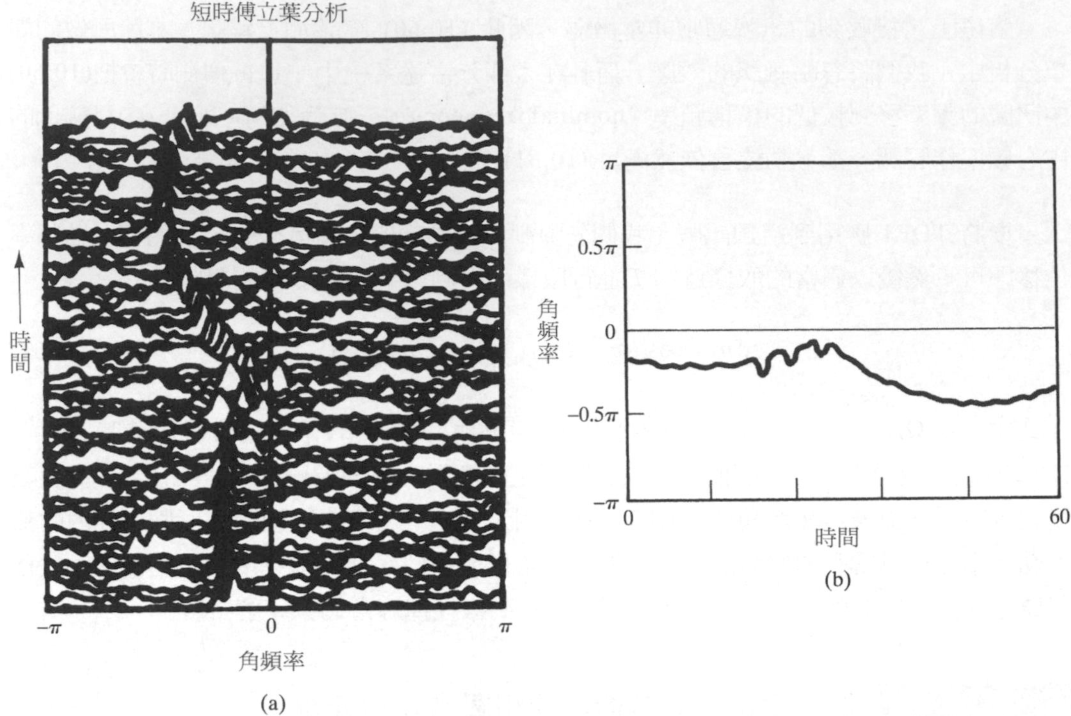

圖 10.23 都卜勒雷達訊號的時間相關傅立葉分析的示意圖。(a) 都卜勒雷達訊號的傅立葉轉換序列；(b) 由 TDFT 的最大峰值所估計的都卜勒頻率

10.5 穩態隨機訊號的傅立葉分析：週期圖

在先前的章節中，我們討論並且舉例說明了穩態（非時變）參數的弦波訊號、以及像是語音和雷達等非穩態訊號的傅立葉分析，如果可以用弦波訊號的和，或是以週期脈衝列輸入線性系統的之後的輸出當作訊號的模型，那麼訊號片段的傅立葉轉換就可以用傅立葉轉換、加窗以及線性系統理論得到方便且自然的詮釋。然而，類似雜訊的訊號，像是 10.4.1 節的無聲音的例子，最好是用隨機訊號當作模型。

當產生訊號的過程過於複雜，以至於難以建立合理的確定性模型，此時通常是用隨機過程建立訊號的模型，我們曾在 2.10 節討論過，也會在附錄 A 見到。當 LTI 系統的輸入訊號模型是穩態隨機過程，許多輸出和輸入典型的基本特性用平均值來表示比較適合，像是平均值（DC 值）、變異數（平均功率）、自相關函數或是功率密度頻譜（power density spectrum）等。結論是，對於給定的訊號，估計這些量特別有利。如附錄 A 所討論，從資料的有限長度片段得到穩態隨機訊號的平均值的估計值是**樣本平均值**（sample mean），定義如下：

$$\hat{m}_x = \frac{1}{L}\sum_{n=0}^{L-1} x[n] \tag{10.63}$$

變異數的估計值稱爲**樣本變異數**（sample variance），有類似的定義如下：

$$\hat{\sigma}_x^2 = \frac{1}{L}\sum_{n=0}^{L-1} (x[n] - \hat{m}_x)^2 \tag{10.64}$$

樣本平均值和樣本變異數本身都是隨機變數，分別是**無偏差**（unbiased）和**漸近無偏差**（asymptotically unbiased）估計量（estimator），也就是說 $\hat{m}_x$ 的期望值等於真正的平均值 m_x，而當 L 趨近 ∞，$\hat{\sigma}^2$ 的期望值趨近於真正的變異數 σ^2，進一步來說，當 L 增加，這兩個估計式的估計能力都有改進，當 L 趨近 ∞，這兩個估計式的變異數都趨近於零，所以它們都是**一致**（consistent）估計量。

我們將在本章剩餘的部份探討如何使用 DFT 估計隨機訊號的功率頻譜（power spectrum）[9]，我們將會知道估計功率頻譜的兩種基本方式，我們在這一小節將會發展第一種方式，稱爲**週期圖分析**（periodogram analysis），是基於對訊號的有限長度片段直接作傅立葉轉換，10.6 節發展第二種方式，是先估計自變異序列，然後計算估計值的傅立葉轉換。對於這兩種方式，我們通常有興趣的是得到一致無偏差的估計量。不幸的是，分析這類估計量非常困難，而且通常只能達成近似分析。然而，即使是近似分析也超過了本書的範圍，我們僅在質的方面參考這些分析的結果，詳細的的討論可見 Blackman 和 Tukey (1958)、Hannan (1960)、Jenkins 和 Watts (1968)、Koopmans (1995)、Kay 和 Marple (1981)、Marple (1987)、Kay (1988)，以及 Stoica 和 Moses (2005)。

10.5.1 週期圖

我們考慮的問題是估計連續時間訊號 $s_c(t)$ 的功率密度頻譜 $P_{ss}(\Omega)$，圖 10.1 建議的是估計功率密度頻譜的直覺方式，相關的討論可見 10.1 節，我們利用這個方式，並且假設輸入訊號 $s_c(t)$ 是穩態隨機訊號，抗交疊低通濾波器產生一個新的穩態隨機訊號，其功率頻譜是有限頻寬，所以可以對訊號取樣而不造成交疊。接下來，$x[n]$ 是穩態離散時間隨機訊號，其功率密度頻譜 $P_{xx}(\omega)$ 在抗交疊濾波器的通帶內正比於 $P_{ss}(\Omega)$，即

$$P_{xx}(\omega) = \frac{1}{T} P_{ss}\left(\frac{\omega}{T}\right), \quad |\omega| < \pi, \tag{10.65}$$

[9] 「功率頻譜」這個名詞通常可以和「功率密度頻譜」這個更精確的名詞互用。

在此我們假設抗交疊濾波器的截止頻率為 π/T，T 為取樣週期（對於取樣隨機訊號的進一步討論，見習題 10.39）。因此，對於 $P_{xx}(\omega)$ 的較佳估計將可提供 $P_{ss}(\Omega)$ 的有用估計。圖 10.1 中的窗函數 $w[n]$ 擷取出 $x[n]$ 的有限長度片段（包含 L 個樣本），我們用 $v[n]$ 表示之，其傅立葉轉換為

$$V(e^{j\omega}) = \sum_{n=0}^{L-1} w[n]x[n]e^{-j\omega n} \tag{10.66}$$

考慮以下功率頻譜的估計值

$$I(\omega) = \frac{1}{LU}|V(e^{j\omega})|^2, \tag{10.67}$$

上式中的常數 U 是作為正規化之用，以便消去頻譜估計值的偏差值（bias）。當我們使用的窗函數是方窗函數，此功率頻譜的估計值稱為**週期圖**（periodogram）。如果窗函數不是方窗函數，則 $I(\omega)$ 稱為**修正週期圖**（modified periodogram）。明顯可見的是，週期圖有些基本性質和功率頻譜相同，它們是非負函數，而且對於實數訊號，它們是頻率的實函數和偶函數。我們可以進一步證明（見習題 10.33）：

$$I(\omega) = \frac{1}{LU}\sum_{m=-(L-1)}^{L-1} c_{vv}[m]e^{-j\omega m}, \tag{10.68}$$

上式中

$$c_{vv}[m] = \sum_{n=0}^{L-1} x[n]w[n]x[n+m]w[n+m] \tag{10.69}$$

注意到序列 $c_{vv}[m]$ 是有限長度序列 $v[n]=w[n]x[n]$ 的非週期相關序列。因此，週期圖實際上是加窗資料序列的非週期相關序列。

我們只能在離散的頻率點上確實算出週期圖，如果 $w[n]x[n]$ 的 DTFT 換成 DFT，由 (10.66) 和 (10.67) 式可以得到週期圖在 DFT 頻率點上的值，這些頻率點是 $\omega_k = 2\pi k/N, k=0,1,\ldots,N-1$。具體來說，週期圖的樣本值為

$$I[k] = I(\omega_k) = \frac{1}{LU}|V[k]|^2, \tag{10.70}$$

上式中的 $V[k]$ 是 $w[n]x[n]$ 的 N 點 DFT。如果選取的 N 值大於窗函數的長度 L，可以對於 $w[n]x[n]$ 填上適當的零以計算 DFT。

如果隨機訊號的平均值不爲零，則功率頻譜在頻率等於零之處將有一個脈衝，如果平均值相當大，則此脈衝成份將會主宰頻譜的估計值，讓低振幅、低頻成份被漏洩所屏蔽。因此，實際上我們經常先使用 (10.63) 式估計平均值，然後在估計功率頻譜之前先從隨機訊號減去此平均值的估計值，雖然樣本平均值只能近似地估計頻率爲零的訊號成份，但是將其由訊號中減去，對於鄰近的頻率經常可以得到較佳的估計結果。

10.5.2 週期圖的性質

當我們認出對於每一個 ω 值，週期圖 $I(\omega)$ 是一個隨機變數時，就可以決定使用週期圖估計功率頻譜的本質，計算出 $I(\omega)$ 的平均值和變異數可以決定此估計值是否爲偏差或是一致的估計量。

由 (10.68) 式可知 $I(\omega)$ 的期望值爲

$$\mathcal{E}\{I(\omega)\} = \frac{1}{LU}\sum_{m=-(L-1)}^{L-1} \mathcal{E}\{c_{vv}[m]\}e^{-j\omega m} \tag{10.71}$$

另一方面，$c_{vv}[m]$ 的期望值可表示爲

$$\begin{aligned}\mathcal{E}\{c_{vv}[m]\} &= \sum_{n=0}^{L-1}\mathcal{E}\{x[n]w[n]x[n+m]w[n+m]\}\\ &= \sum_{n=0}^{L-1} w[n]w[n+m]\mathcal{E}\{x[n]x[n+m]\}\end{aligned} \tag{10.72}$$

因爲我們假設 $x[n]$ 是穩態訊號，即

$$\mathcal{E}\{x[n]x[n+m]\} = \phi_{xx}[m], \tag{10.73}$$

所以 (10.72) 式可以重新表示爲

$$\mathcal{E}\{c_{vv}[m]\} = c_{ww}[m]\phi_{xx}[m], \tag{10.74}$$

上式中的 $c_{ww}[m]$ 爲窗函數的非週期自相關序列，即

$$c_{ww}[m] = \sum_{n=0}^{L-1} w[n]w[n+m] \tag{10.75}$$

換句話說，加窗序列的非週期自相關序列等於窗函數的非週期自相關序列乘上訊號真正的自相關序列，也就是說，以平均值來看，窗函數的自相關函數像是對於真正自相關序列所加上的窗函數。

由 (10.71)、(10.74) 式和傅立葉轉換的調變－加窗性質（2.9.7 節）可得

$$\mathcal{E}\{I(\omega)\} = \frac{1}{2\pi LU}\int_{-\pi}^{\pi} P_{xx}(\theta)C_{ww}(e^{j(\omega-\theta)})d\theta, \tag{10.76}$$

上式中的 $C_{ww}(e^{j\omega})$ 是窗函數的非週期自相關序列的傅立葉轉換，即

$$C_{ww}(e^{j\omega}) = |W(e^{j\omega})|^2 \tag{10.77}$$

既然 $\varepsilon\{I(\omega)\}$ 不等於 $P_{xx}(\omega)$，由 (10.76) 式可知週期圖和修正週期圖都是功率頻譜的偏差估計值，我們的確發現統計偏差值來自於真實的功率頻譜和窗函數的自相關序列的傅立葉轉換所做的旋積，如果漸漸增加窗函數的長度，我們期望 $W(e^{j\omega})$ 會較集中於 $\omega=0$，因此讓 $C_{ww}(e^{j\omega})$ 看起來漸漸像是週期脈衝列，如果正確地選取縮放常數 $1/(LU)$，當 $C_{ww}(e^{j\omega})$ 逼近週期脈衝列，$\varepsilon\{I(\omega)\}$ 應該會逼近 $P_{xx}(\omega)$，縮放常數的調整方式是選取正規化常數 U，使其滿足

$$\frac{1}{2\pi LU}\int_{-\pi}^{\pi}|W(e^{j\omega})|^2\, d\omega = \frac{1}{LU}\sum_{n=0}^{L-1}(w[n])^2 = 1, \tag{10.78}$$

也就是

$$U = \frac{1}{L}\sum_{n=0}^{L-1}(w[n])^2 \tag{10.79}$$

對於方窗函數而言，我們應該選取 $U=1$，對於其餘的窗函數 $w[n]$，如果正規化其最大值，令之為 1，則選取的 U 值滿足 $0<U<1$。另一種正規化的方式是將其吸收到 $w[n]$ 的振幅，因此，如果適當地進行正規化，則週期圖和修正週期圖都是漸進無偏差的估計量，也就是說，當窗函數的長度增加，偏差值將趨近於零。

如果要檢視週期圖是否為一致估計量，或是當窗函數的長度增加時是否會變成一致估計量，就必須考慮週期圖變異數的行為。但是，即使是最簡單的情形，也很難得到週期圖變異數的表示式，無論如何，當窗函數的長度增加，對於相當一般的情形都可以證明下式（見 Jenkins and Watts, 1968）

$$\mathrm{var}[I(\omega)] \simeq P_{xx}^2(\omega) \tag{10.80}$$

也就是說，週期圖估計量的變異數大約等於進行估計功率頻譜的平方，因此，當窗函數的長度增加，既然變異數不會漸進地趨近於零，所以週期圖不是一致估計量。

先前所討論的功率頻譜的週期圖估計值的性質可以用圖 10.24 加以說明，此圖是白雜訊的週期圖估計值，使用長度 $L = 16, 64, 256$ 和 1024 的方窗函數，序列 $x[n]$ 產生自虛擬亂數產生器（pseudorandom-numer generator），並且加以縮放，使其大小滿足 $|x[n]|\sqrt{3}$，良好的亂數產生器產生出均勻分佈的亂數，而且樣本之間的相關性很小，在此情形下，對於所有的 ω，亂數產生器輸出訊號的功率頻譜的模型為 $P_{xx}(\omega)=\sigma_x^2=1$。對於圖 10.24 使用的四個方窗函數，是以正規化常數 $U = 1$，$N = 1024$，在 $\omega_k = 2\pi k/N$ 這些點上以 DFT 計算週期圖，即

$$I[k]=I(\omega_k)=\frac{1}{L}|V[k]|^2=\frac{1}{L}\left|\sum_{n=0}^{L-1}w[n]x[n]e^{-j(2\pi/N)kn}\right|^2 \tag{10.81}$$

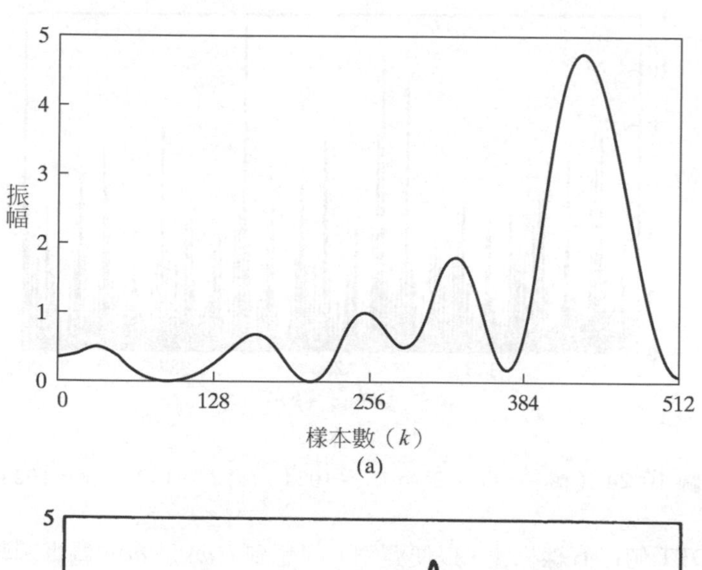

(a)

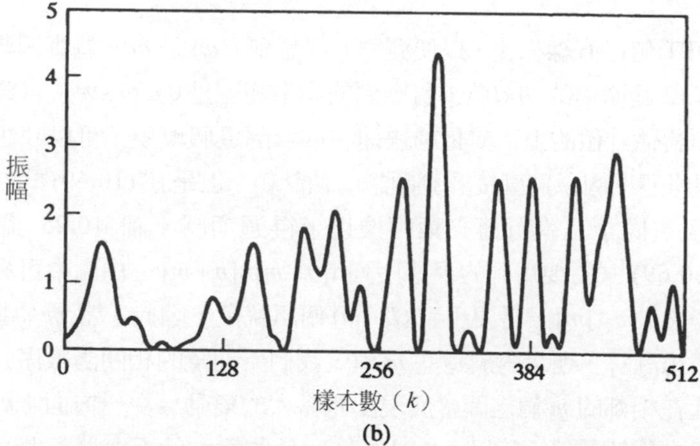

(b)

圖 10.24　擬隨機白雜訊序列的週期圖。(a) 窗函數長度 $L = 16$，DFT 長度 $N = 1024$；(b) $L = 64$，$N = 1024$

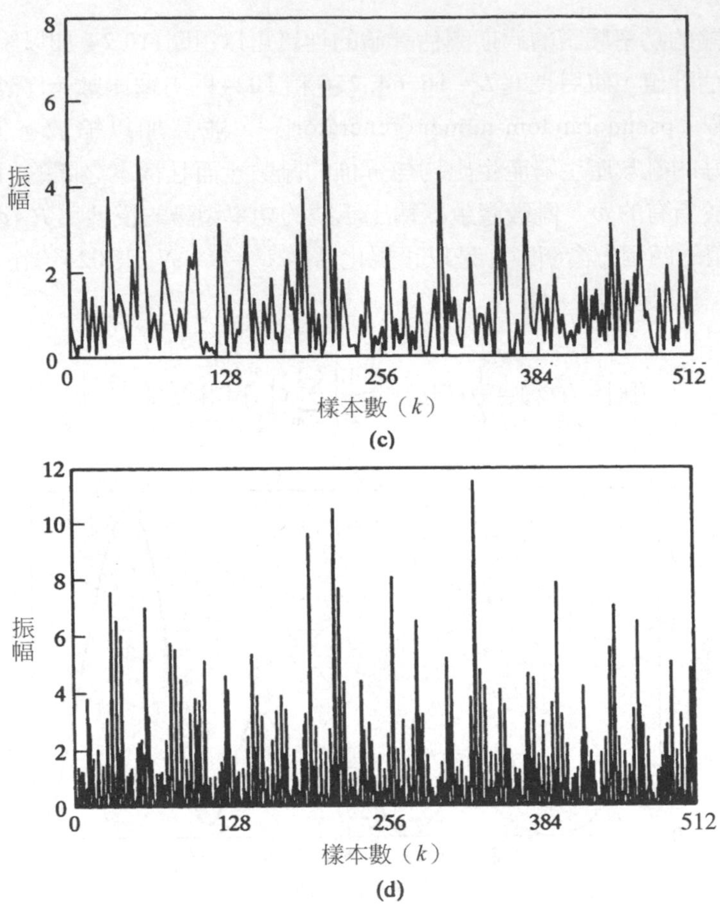

圖 10.24 （續）(c) $L = 256$，$N = 1024$；(d) $L = 1024$，$N = 1024$

圖 10.24 中的 DFT 值以直線相連，以便觀察。回想到 $I(\omega)$ 是 ω 的偶實函數，所以我們只需畫出 $0 \leq k \leq N/2$ 範圍內的 $I[k]$ 值，對應到的頻率範圍是 $0 \leq \omega \leq \pi$。當窗函數的長度 L 增加，注意到頻譜估計值的上下變化越快速。欲瞭解這個現象，可以回想週期圖的計算方式，雖然我們將週期圖視為直接計算頻譜的估計值，但是在 (10.69) 式的相關函數估計式中，可以發現實際上是進行傅立葉轉換以求得週期圖。圖 10.25 畫出了加窗序列 $x[n]w[n]$ 以及 (10.69) 式需要用到的平移序列 $x[n+m]w[n+m]$。由圖中可發現，計算特定延遲值的相關函數值 $c_{ww}[m]$，需要用到 $(L-m)$ 個訊號值，因此，當 m 值接近 L，$x[n]$ 中只有少數的值用來計算，所以對於這些 m 值，我們所期望的相關函數序列估計值將會相當不準確，因此在相鄰的 m 值之間會展現出相當大的變動。另一方面，如果 m 值很小，將會有較多的樣本用於計算，所以 $c_{ww}[m]$ 隨著 m 值的變動就不會那麼大。大的 m 值使傅立葉轉換所有的頻率顯出上下變動，因此，對於大的 L 值，週期圖估計值傾向於隨著頻率有較快速的變化。當 $N = L$，的確可以證明（見 Jenkins and Watts, 1968）在 DFT 頻率 $2\pi k/N$ 處的這些週期圖估計值變成統計不相關。當 N 值增加，既然 DFT 頻率點變得越來越接近，這個現象和我們要得到較佳的功率頻譜估計值的目的就不一致。我們較喜歡

的是求得平滑的頻譜估計值，不希望在估計的過程中產生隨機的變動。要達到這個目的，可以對數個獨立的週期圖估計值加以平均，以減低變動量。

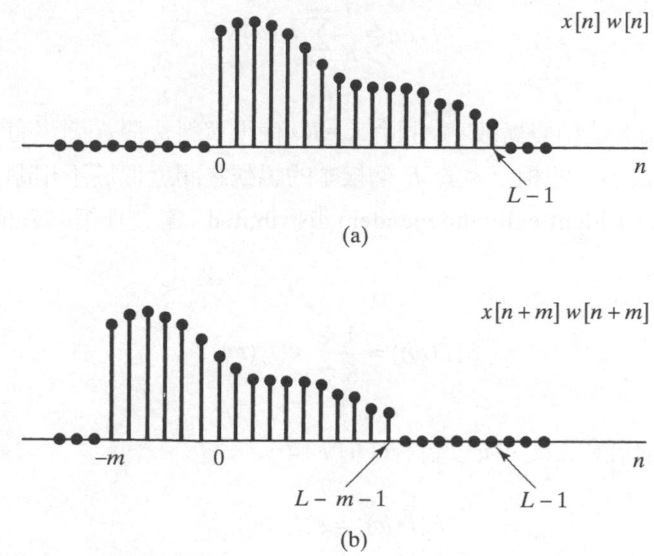

圖 10.25 (10.69) 式中各序列的圖示。(a) 一有限長度序列；(b) 平移後的序列，$m>0$

10.5.3 平均週期圖

Bartlett (1953) 首先對於以平均週期圖進行頻譜估計的技巧進行廣泛的研究，接下來，發展出數種計算 DFT 的演算法之後，Welch (1970) 將這些計算演算法與資料加上窗函數 $w[n]$ 的技巧結合，發展出平均修正週期圖的方法。在平均週期圖的方法中，我們將範圍爲 $0 \le n \le Q-1$ 的資料序列 $x[n]$ 分割成數個長度爲 L 個樣本的片段，然後將長度爲 L 的窗函數加到每一個資料片段，即建造以下的資料片段：

$$x_r[n] = x[rR+n]w[n], \quad 0 \le n \le L-1 \tag{10.82}$$

若 $R<L$，則資料片段重疊；當 $R=L$，則得到連續的資料片段，注意到 Q 代表可用資料的長度，而資料片段的總數和 R、L、Q 的值以及彼此之間的關係有關，具體來說，假設 K 是完整資料片段的數目，則 K 是滿足 $(K-1)R+(L-1) \le Q-1$ 的最大整數。第 r 個片段的週期圖爲

$$I_r(\omega) = \frac{1}{LU} |X_r(e^{j\omega})|^2, \tag{10.83}$$

上式中的 $X_r(e^{j\omega})$ 是 $x_r[n]$ 的 DTFT。每一個週期圖 $I_r(\omega)$ 都有先前描述過的性質。平均週期圖是 K 個週期圖估計值 $I_r(\omega)$ 的平均值，也就是計算以下時間平均的週期圖

$$\bar{I}(\omega) = \frac{1}{K}\sum_{r=0}^{K-1} I_r(\omega) \tag{10.84}$$

爲了檢視 $\bar{I}(\omega)$ 的偏差值和變異數，我們令 $L = R$，使得資料片段之間沒有重疊，當 $m > L$，也假設 $\phi_{xx}[m]$ 的值很小，即相距大於 L 個樣本的訊號之間近似於不相關。如果我們假設週期圖 $I_r(\omega)$ 是 i.i.d.（identically independent distributed，獨立且相同分佈）的隨機變數，則 $\bar{I}(\omega)$ 的期望值爲

$$\mathcal{E}\{\bar{I}(\omega)\} = \frac{1}{K}\sum_{r=0}^{K-1} \varepsilon\{I_r(\omega)\}, \tag{10.85}$$

既然我們假設週期圖是 i.i.d.，所以對於任何 r 值，

$$\mathcal{E}\{\bar{I}(\omega)\} = \varepsilon\{I_r(\omega)\} \tag{10.86}$$

由 (10.76) 式可知

$$\mathcal{E}\{\bar{I}(\omega)\} = \varepsilon\{I_r(\omega)\} = \frac{1}{2\pi LU}\int_{-\pi}^{\pi} P_{xx}(\theta) C_{ww}(e^{j(\omega-\theta)})d\theta, \tag{10.87}$$

上式中的 L 是窗函數長度。如果窗函數 $w[n]$ 是方窗函數，則計算平均週期圖的方法稱爲 **Bartlett 過程**，在此例中可以證明

$$c_{ww}[m] = \begin{cases} L - |m|, & |m| \le (L-1), \\ 0, & \text{其他} \end{cases} \tag{10.88}$$

因此

$$C_{ww}(e^{j\omega}) = \left(\frac{\sin(\omega L/2)}{\sin(\omega/2)}\right)^2 \tag{10.89}$$

也就是說，平均週期圖所做的頻譜估計是真正的功率頻譜和三角序列 $c_{ww}[n]$ 的傅立葉轉換的旋積，而三角序列是方窗函數的自相關序列。因此，平均週期圖也是頻譜的偏差估計值。

欲檢驗平均週期圖的變異數，我們使用以下事實：一般來說，K 個 i.i.d.隨機變數的平均值的變異數是個別隨機變數變異數的 $1/K$ 倍（見 Bertsekas and Tsitsiklis, 2008），因此，平均週期圖的變異數爲

$$\text{var}[\bar{I}(\omega)] = \frac{1}{K}\text{var}[I_r(\omega)], \tag{10.90}$$

或是利用 (10.80) 式可得

$$\text{var}[\bar{I}(\omega)] \simeq \frac{1}{K}P_{xx}^2(\omega) \tag{10.91}$$

結論是 $\bar{I}(\omega)$ 的變異數和週期圖進行平均的數目 K 成反比，當 K 增加，變異數趨近於零。

當資料片段 $x_r[n]$ 的長度 L 增加，由 (10.89) 式可知 $C_{ww}(e^{j\omega})$ 的主波瓣寬度減少，因此由 (10.87) 式可知 $\mathcal{E}\{\bar{I}(\omega)\}$ 更近似於 $P_{xx}(\omega)$，無論如何，當資料總長度 Q 不變，資料片段的總數（假設 $L=R$）爲 Q/L，因此當 L 值增加，K 值減少，因此由 (10.91) 式可知 $\bar{I}(\omega)$ 的變異數增加。因此，當資料長度不變，在偏差值和變異數間會有取捨，這是統計估計理論的典型問題。無論如何，當資料長度 Q 增加，L 和 K 值都可以增加，所以當 Q 趨近於 ∞，$\bar{I}(\omega)$ 的偏差值和變異數可以趨近於零。因此，平均週期圖對於 $P_{xx}(\omega)$ 提供了無偏差且一致的估計值。

在計算時間相關週期圖時，以上的討論假設所使用的方窗函數並未重疊，如果使用的窗函數形狀不同，Welch (1970) 證明平均週期圖的變異數行爲依舊如 (10.91) 式所示。Welch 也考慮了窗函數重疊的情形，如果窗函數有一半重疊，因爲資料片段的數目加倍，Welch 證明了變異數可以進一步減少到近似於原來的一半。當重疊部份增加，資料片段將變得越來越不獨立，所以更多的重疊部份並不會進一步減少變異數。

10.5.4 使用 DFT 計算平均週期圖

跟週期圖的求值相同，我們只能在離散的頻率點上確實算出平均週期圖的值，因爲有 FFT 演算法可以計算 DFT，對於適當選取的 N 值，特別方便且廣爲使用的頻率點爲 $\omega_k = 2\pi k/N$。如果將 (10.83) 中 $x_r[n]$ 的 DTFT 換成 $x_r[n]$ 的 DFT，由 (10.84) 式可知，我們可以求得 $\bar{I}(\omega)$ 在 DFT 頻率點 $\omega_k = 2\pi k/N$，$k = 0, 1, \ldots, N-1$ 處的值。具體來說，令 $X_r[k]$ 代表 $x_r[n]$ 的 DFT，則

$$I_r[k] = I_r(\omega_k) = \frac{1}{LU}|X_r[k]|^2, \tag{10.92a}$$

$$\bar{I}[k] = \bar{I}(\omega_k) = \frac{1}{K}\sum_{r=0}^{K-1} I_r[k] \tag{10.92b}$$

值得注意的是 10.3 節所討論到的平均週期圖和 TDFT 之間的關係，(10.92a) 式除了引入了中正規化常數 $1/(LU)$，也證明了單獨的週期圖只是 TDFT 在時間 rR 和頻率 $2\pi k/N$ 之處的強度的平方值。因此，對於每一個頻率指標 k，平均的功率頻譜估計值是 TDFT 在時間上取樣之後的時間平均值。由圖 10.22 的聲紋圖可看出此結果的視覺化。$\bar{I}[k]$ 的值只是沿著頻率點爲 $2\pi k/N$ [或是類比頻率爲 $2\pi k/(NT)$] 的水平線計算的平均值[10]，平均寬頻聲紋圖隱含著所得的功率頻譜估計值會是頻率的平滑函數，然而窄頻的情形對應到較長的窗函數，因此在頻率上較不平滑。

令 $I_r(2\pi k/N)$ 代表序列 $I_r[k]$，$\bar{I}(2\pi k/N)$ 代表序列 $\bar{I}[k]$，根據 (10.92a) 和 (10.92b) 式，功率頻譜的平均週期圖估計值是在 N 個等間隔的頻率點上計算加窗後資料片段的 DFT 強度平方的平均值，並且以常數 LU 進行正規化。這個方法對於估計功率頻譜提供了非常方便的架構，可以在頻譜估計值的解析度和變異數之間進行取捨，第 9 章討論過的 FFT 演算法提供了特別簡單並有效的實現方式。跟我們將在 10.6 節介紹的方法比較起來，此方法的一個重要優點是估計到的頻譜總是非負值。

10.5.5 週期圖分析法的範例

功率頻譜分析法對於建立訊號模型是一種有價值的工具，它也可以用來偵測訊號，特別是找出取樣後訊號隱藏的週期性。以下是利用平均週期圖法進行這類應用的範例。考慮以下序列

$$x[n] = A\cos(\omega_0 n + \theta) + e[n] \tag{10.93}$$

上式中的 θ 是均勻分佈在 0 到 2π 之間的隨機變數，$e[n]$ 是平均值爲零的白雜訊序列，其功率頻譜爲常數，即對於所有 ω 值，$P_{ee}(\omega) = \sigma_e^2$，$\theta$ 和 $e[n]$ 是獨立的隨機變數，在這種形式的訊號模型中，餘弦函數通常是欲求得的訊號，而 $e[n]$ 是不想要的雜訊成份。在實際偵測訊號的問題中，我們有興趣的情形通常是餘弦訊號的功率小於雜訊的功率，在一個完整的基本週期 $|\omega| \le \pi$ 內，可以證明此訊號的功率頻譜爲

$$P_{xx}(\omega) = \frac{A^2\pi}{2}[\delta(\omega-\omega_0) + \delta(\omega+\omega_0)] + \sigma_e^2, \quad |\omega| \le \pi \tag{10.94}$$

---

[10] 注意到在正常的聲紋圖計算過程中，當 r 變動，加窗取得的訊號片段會有相當程度的重疊；然而在計算平均週期圖時，R 通常等於窗函數的長度，或是長度的一半。

由 (10.87) 和 (10.94) 式可知平均週期圖的期望值爲

$$\varepsilon\{\bar{I}(\omega)\} = \frac{A^2}{4LU}[C_{ww}(e^{j(\omega-\omega_0)}) + C_{ww}(e^{j(\omega+\omega_0)})] + \sigma_e^2 \tag{10.95}$$

圖 10.26 和圖 10.27 是對 (10.93) 式的訊號應用平均法的結果，參數爲 $A = 0.5$、$\omega_0 = 2\pi/21$，隨機相位滿足 $0 \le \theta < 2\pi$。雜訊的振幅爲均勻分佈，滿足 $-\sqrt{3} < e[n] \le \sqrt{3}$，因此可以很容易證明 $\sigma_e^2 = 1$。雜訊成份的平均值等於零。圖 10.26 畫出序列 $x[n]$ 的 101 個樣本值。既然雜訊成份 $e[n]$ 的最大振幅爲 $\sqrt{3}$，餘弦成份在序列 $x[n]$（週期爲 21）中並不明顯。

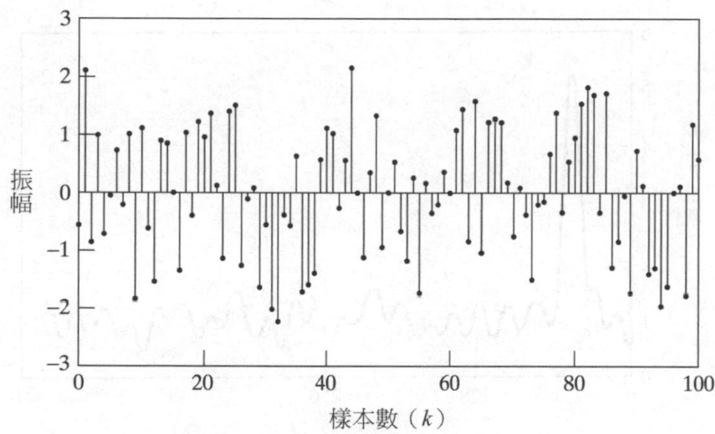

圖 10.26 (10.93) 式中的餘弦序列與白雜訊

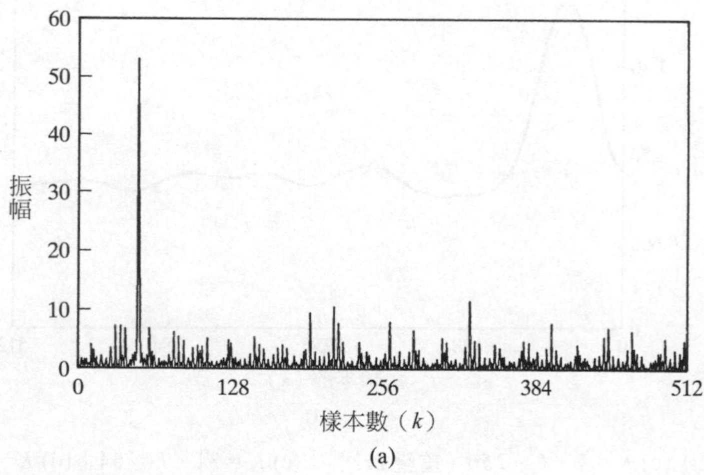

圖 10.27 平均週期圖的範例，訊號長度 $Q = 1024$。(a) 使用窗函數長度 $L = Q = 1024$ 的週期圖（只有一個片段）

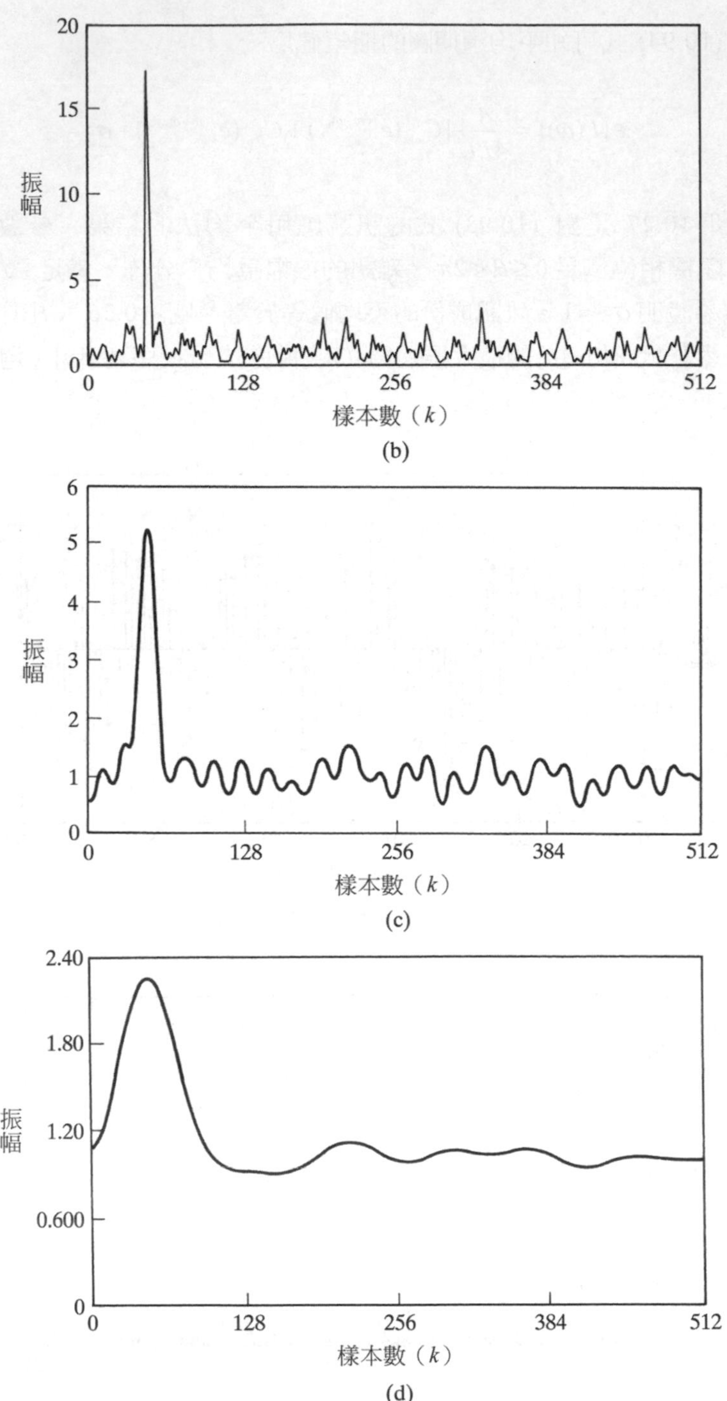

圖 10.27 （續）(b) $K=7$，$L=256$（重疊 $L/2$）；(c) $K=31$，$L=64$；(d) $K=127$，$L=16$

圖 10.27 是功率頻譜的平均週期圖估計值，使用振幅爲 1 的方窗函數，因此 $U=1$，方窗函數長度 $L=1024, 256, 64$ 和 16，所有情形中的資料總長度都是 $Q=1024$，除了圖 10.27(a) 之外，窗函數都重疊了一半的長度。圖 10.27(a) 是使用完整資料的週期圖，圖

10.27(b)、(c) 和 (d) 是平均週期圖，分別用 K = 7、31 和 127 個片段。所有情形中的平均週期圖都是在 $\omega_k = 2\pi k/1024$ 這些頻率點上用 1024 點 DFT 求值而得（對於窗函數長度 $L < 1024$ 的情形，窗函數取出的序列先補上零值以計算 DFT）。因此，頻率值 $\omega_0 = 2\pi/21$ 落在 $\omega_{48} = 2\pi 48/1024$ 和 $\omega_{49} = 2\pi 49/1024$ 這兩個 DFT 頻率之間。

當我們使用這種功率頻譜的估計值以偵測餘弦成份的存在，和（或是）偵測餘弦成份的頻率時，或許會在頻譜估計值中搜尋最高的高峰，然後比較突起的高度和其周圍頻譜值的大小。由 (10.89) 和 (10.95) 式可知，在頻率 ω_0 之處平均週期圖的期望值爲

$$\mathcal{E}\{\bar{I}(\omega_0)\} = \frac{A^2 L}{4} + \sigma_e^2 \tag{10.96}$$

因此，如果希望來自於餘弦成份的高峰高於平均週期圖的變動量，在此特例中，我們選取的 L 必須滿足 $A^2L/4 \gg \sigma_e^2$。圖 10.27(a) 說明了這個情形，其中的 L 值大到相當於資料長度 Q。當 $L = 1024$，可以發現方窗函數的自相關函數的傅立葉轉換有非常窄的主波瓣，因此有可能分別出頻率很接近的弦波訊號。對於此例中的參數值（A = 0.5 和 $\sigma_e^2 = 1$）以及 L = 1024，注意到週期圖在頻率爲 $2\pi/21$ 處的振幅很近預期的值 65，但是並不相等。也可以觀察到週期圖中有其他高峰的高度大於 10，只要餘弦成份的振幅 A 再小一半，明顯可知餘弦成份的高峰就可能會被週期圖俱有的變動性所混淆。

我們已經知道減少頻譜估計值的變異數的唯一方法是增加訊號所紀錄到的長度，然而，可能無法達到此目的，即使可以，較長的資料長度也需要更多的處理。如果我們使用較短的窗函數，用更多的資料片段進行平均，就可以減少估計值的變動量，卻依然讓紀錄到的資料長度維持不變，這個方式所付出的代價由圖 10.27(b)、(c) 和 (d) 說明之。當我們使用更多的資料片段，頻譜估計值的變異數減少，然而注意到，根據 (10.96) 式，餘弦成份突起的高度也變小了。因此，我們再度面臨了取捨。較短的窗函數明顯地減少了變動性，特別是當我們比較圖 10.27(b)、(c) 和 (d) 中遠離突起的高頻區域。回想到對於所有頻率，此亂數產生器模型產生的理想功率頻譜爲常數（$\sigma_e^2 = 1$），當真實的頻譜值等於 1，在圖 10.27(a) 中有一些高峰高度大約等於 10；在圖 10.27(b) 中，相對於 1 的變動值大約小於 3；然而在圖 10.27(c) 中，相對於 1 的變動值大約小於 0.5。無論如何，如果有窄頻成份，較短的窗函數會降低其高峰的高度，較短的窗函數也會降低頻率相近弦波訊號的解析能力，從圖 10.27 也可清楚發現此高峰降低的情形。我們再一次發現，在圖 10.27(b) 中如果我們把 A 值減爲一半，高峰的高度大約等於 4，這和高頻區域的其他高峰就不會相差太多，在圖 10.27(c) 中，將 A 值減少一半會使高峰的高度大約等於 1.25，這將無法分辨目標高峰和估計值中的其他高峰。在圖 10.27(d) 中，使用的窗函數非常短，因此大大減少了頻譜估計值的上下跳動，但是來自餘弦成份的高峰變得非常的寬廣，因此當 $A = 0.5$，餘弦成份的高峰就很難很大於雜訊。如果長度再短一點，來自於負頻成份的漏洩將會導致低頻區域們有可分辨的高峰。

對於頻譜的估計，這個範例確認了平均週期圖可以在頻譜解析度和變異數減少之間提供直接的取捨。雖然本範例的主題是雜訊中的弦波偵測，平均週期圖也可用來建立訊號模型。圖 10.27 的頻譜估計結果清楚地建議能以 (10.93) 式的形式建立訊號模型，用功率頻譜的平均週期圖估計值可以估計出此模型中的大部分參數。

10.6 使用自相關序列的估計值進行隨機訊號的頻譜估計

我們在前一小節中探討了週期圖，用來直接估計隨機訊號的功率頻譜。週期圖或是平均週期圖都是直接的估計值，意思是此估計值直接得自於隨機訊號樣本值的傅立葉轉換。利用功率密度頻譜是自相關函數的傅立葉轉換此一事實，可以得到另一種估計方式，先對於一組延遲值 $-M \le m \le M$ 得到自相關函數的估計 $\hat{\phi}[m]$ ，對此估計值加上窗函數 $w_c[m]$ 之後再計算其 DTFT。這種估計功率頻譜的方式通常稱爲 Blackman-Tukey 法（見 Blackman and Tukey, 1958）。我們在本小節中探討這種方式的一些重要的面向，並且說明如何用 DFT 實現這種方法。

跟之前一樣，假設我們有隨機訊號 $x[n]$ 的有限長度紀錄值的序列，表示爲

$$v[n] = \begin{cases} x[n], & 0 \le n \le Q-1, \\ 0 & \text{其他} \end{cases} \tag{10.97}$$

考慮以下自相關序列的估計值

$$\hat{\phi}_{xx}[m] = \frac{1}{Q} c_{vv}[m], \tag{10.98a}$$

因爲 $c_{vv}[-m] = c_{vv}[m]$ ，因此

$$c_{vv}[m] = \sum_{n=0}^{Q-1} v[n]v[n+m] = \begin{cases} \displaystyle\sum_{n=0}^{Q-|m|-1} x[n]x[n+|m|], & |m| \le Q-1, \\ 0, & \text{其他} \end{cases} \tag{10.98b}$$

上式是長度爲 Q 的 $x[n]$ 片段的非週期自相關序列，使用的是方窗函數。

欲決定自相關序列估計值的性質，我們考慮隨機變數 $\hat{\phi}[m]$ 的平均值和變異數，由 (10.98a) 和 (10.98b) 式可知

$$\mathcal{E}\{\hat{\phi}_{xx}[m]\} = \frac{1}{Q}\sum_{n=0}^{Q-|m|-1}\mathcal{E}\{x[n]x[n+|m|]\} = \frac{1}{Q}\sum_{n=0}^{Q-|m|-1}\phi_{xx}[m], \tag{10.99}$$

對於穩態隨機過程，既然 $\phi_{xx}[m]$ 和 n 無關，因此

$$\mathcal{E}\{\hat{\phi}_{xx}[m]\} = \begin{cases} \left(\dfrac{Q-|m|}{Q}\right)\phi_{xx}[m], & |m| \le Q-1, \\ 0, & \text{其他} \end{cases} \tag{10.100}$$

既然 $\varepsilon\{\hat{\phi}_{xx}[m]\}$ 不等於 $\phi_{xx}[m]$，由 (10.100) 式可知 $\hat{\phi}[m]$ 是 $\phi_{xx}[m]$ 的有偏差估計值，但是當 $|m| \ll Q$，此偏差值很小。對於 $|m| \le Q-1$，我們也知道自相關序列的無偏差估計值為

$$\check{\phi}_{xx}[m] = \left(\frac{1}{Q-|m|}\right)c_{vv}[m] \tag{10.101}$$

換句話說，我們計算 $c_{vv}[m]$ 之後，將其除以延遲項的和之中的非零項，而不是除以資料中樣本的總數目，得到的就是無偏差估計量。

即使簡化我們的假設，計算自相關函數估計值的變異數也是困難的事，不過，在 Jenkins 和 Watts (1968)中可以找到 $\hat{\phi}_{xx}[m]$ 和 $\check{\phi}_{xx}[m]$ 的變異數近似公式。此處，我們只需要從 (10.98b) 式觀察到以下情形：估計自相關函數的時候，若 $|m|$ 趨近於 Q，用到的 $x[n]$ 樣本的數量越來越少，因此當 $|m|$ 增加，可預期的是，自相關函數變異數將會增加。對於週期圖，因為對於所有的延遲的自相關函數值都會用來計算週期圖，所以變異數的增加會影響到所有頻率的頻譜估計值。然而，藉由確實地計算自相關函數的估計值，我們可以自由地選擇要將那一個延遲值的相關函數用來估計功率頻譜，因此，如果我們將功率頻譜的估計值定義為

$$S(\omega) = \sum_{m=-(M-1)}^{M-1}\hat{\phi}_{xx}[m]w_c[m]e^{-j\omega m}, \tag{10.102}$$

上式中的 $w_c[m]$ 是用來估計自相關函數的對稱窗函數，長度為 $(2M-1)$，當 $x[n]$ 是實數序列，自相關序列和窗函數的乘積必須是偶序列，其功率頻譜的估計值才會是 ω 的偶實函數，因此，此處的窗函數必須是偶序列，藉由限制窗函數的長度，使其滿足 $M \ll Q$，我們可以只包含到變異數較小的自相關函數的估計值。

要瞭解對於自相關序列加窗以減少功率頻譜估計值的變異數的機制，在頻域上進行探討是最佳的途徑。由 (10.68)、(10.69) 以及 (10.98b) 式可知，如果窗函數為 $w[n]=1$，$0\le n\le(Q-1)$ 的方窗函數，則週期圖是自相關序列 $\hat{\phi}_{xx}[m]$ 的傅立葉轉換，即

$$\hat{\phi}_{xx}[m]=\frac{1}{Q}c_{vv}[m]\overset{\mathcal{F}}{\longleftrightarrow}\frac{1}{Q}|V(e^{j\omega})|^2=I(\omega) \tag{10.103}$$

因此，由 (10.102) 式可知對於 $\hat{\phi}_{xx}[m]$ 加窗所得到的頻譜估計值可表示為以下的旋積

$$S(\omega)=\frac{1}{2\pi}\int_{-\pi}^{\pi}I(\theta)W_c(e^{j(\omega-\theta)})d\theta \tag{10.104}$$

由 (10.104) 式可知對於自相關函數的估計值加上窗函數 $w_c[m]$ 等於是計算週期圖與窗函數的傅立葉轉換的旋積。這會使週期圖頻譜估計值的快速上下變化變得平滑。窗函數越短，頻譜估計值就越平滑，反之亦然。

既然功率頻譜 $P_{xx}(\omega)$ 是頻率的非負函數，由週期圖和平均週期圖的定義可知它們自動地有此非負的性質。相較之下，由 (10.104) 式可知並不能確保 $S(\omega)$ 有此非負的性質，除非我們進一步加上以下條件

$$W_c(e^{j\omega})\ge 0,\qquad -\pi<\omega\le\pi \tag{10.105}$$

三角（Bartlett）窗函數的 DTFT 滿足以上條件，但是方窗函數、Hanning、Hamming 或是 Kaiser 窗函數都不滿足。因此，雖然跟三角窗函數比較起來，後者這些窗函數的側波瓣較小，但是在頻譜的低頻區域的負頻譜估計值可能會產生頻譜漏洩。

平滑後的週期圖的期望值為

$$\begin{aligned}\mathcal{E}\{S(\omega)\}&=\sum_{m=-(M-1)}^{M-1}\mathcal{E}\{\hat{\phi}_{xx}[m]\}w_c[m]e^{-j\omega m}\\&=\sum_{m=-(M-1)}^{M-1}\phi_{xx}[m]\left(\frac{Q-|m|}{Q}\right)w_c[m]e^{-j\omega m}\end{aligned} \tag{10.106}$$

如果 $Q\gg M$，則 (10.106) 式中的 $(Q-|m|)/Q$ 這一項可忽略[11]，可得

$$\mathcal{E}\{S(\omega)\}\cong\sum_{m=-(M-1)}^{M-1}\phi_{xx}[m]w_c[m]e^{-j\omega m}=\frac{1}{2\pi}\int_{-\pi}^{\pi}P_{xx}(\theta)W_c(e^{j(\omega-\theta)})d\theta \tag{10.107}$$

[11] 我們可以更精確地將有效的相關值窗函數定義為 $w_e[m]=w_c[m](Q-|m|)/Q$。

因此，加窗的自相關估計值得到的是功率頻譜的偏差估計值。和平均週期圖的情形相同，爲了減少頻譜估計直的變異數，也可能要犧牲頻譜解析度。當資料紀錄的長度固定，對於頻率相近的窄頻成份，如果我們願意接受較差的解析度，就可以得到較小的變異數，或者我們可以接受較高的變異數，就可以得到較佳的解析度。如果我們能夠自由地加長觀察訊號的時間（即增加資料紀錄的長度 Q），就可以同時改進解析度和變異數。如果窗函數以下列方式正規化

$$\frac{1}{2\pi}\int_{-\pi}^{\pi} W_c(e^{j\omega})d\omega = 1 = w_c[0] \tag{10.108}$$

則頻譜估計值 $S(\omega)$ 是漸進無偏差估計值。當我們增加 Q 值以及窗函數的長度，以這種正規化的方式所得到窗函數的傅立葉轉換將會趨近於週期脈衝列，而 (10.107) 式的旋積計算結果將會複製出 $P_{xx}(\omega)$。

已經證明出 $S(\omega)$ 的變異數可以表示爲以下形式（見 Jenkins and Watts, 1968）：

$$\text{var}[S(\omega)] \simeq \left(\frac{1}{Q}\sum_{m=-(M-1)}^{M-1} w_c^2[m]\right) P_{xx}^2(\omega) \tag{10.109}$$

如果我們要減少頻譜估計值的變異數，比較 (10.109) 式和週期圖的對應結果 (10.80) 式之後，可以得到以下結論：我們選擇的窗函數參數 M 和形狀除了可能要滿足 (10.105) 式的條件，也應該使下式的值

$$\left(\frac{1}{Q}\sum_{m=-(M-1)}^{M-1} w_c^2[m]\right) \tag{10.110}$$

儘可能小。習題 10.37 對於數種常用的窗函數探討了上述變異數降低因子的計算方式。

利用自相關函數估計值的傅立葉轉換估計功率頻譜清楚地是平均週期圖的替代方法。對於一般的誤差計算方式，這方法不一定有較小的誤差，這方法只是有不一樣的特點，實現方式或許也不相同。在某些情形下，或許想要同時計算自相關序列和功率頻譜的估計值，此時自然地會採用本小節介紹的方法，習題 10.43 探討了由平均週期圖決定自相關函數估計值會遇到的課題。

10.6.1 使用 DFT 計算相關函數和功率頻譜估計值

我們考慮的功率頻譜估計方法中需要對於$|m| \le M-1$的範圍計算以下自相關函數的估計值

$$\hat{\phi}_{xx}[m] = \frac{1}{Q} \sum_{n=0}^{Q-|m|-1} x[n]x[n+|m|] \tag{10.111}$$

既然$\hat{\phi}_{xx}[-m] = \hat{\phi}_{xx}[m]$，我們只需針對非負的 m 值，即$0 \le m \le M-1$計算 (10.111)式。如果我們觀察到$\hat{\phi}_{xx}[m]$是$x[n]$]和 $x[-n]$的非周期離散旋積，就可以用 DFT 和相關的快速演算法計算$\hat{\phi}_{xx}[m]$。如果我們算出$x[n]$的 N點 DFT $X[k]$，乘上 $X^*[k]$，可以得到$|X[k]|^2$，對應到的是有限長度序列 $x[n]$ 和 $x[((-n))_N]$ 的循環旋積，即**循環自相關**（circular autocorrelation）函數。如同我們在 8.7 節所建議的方式，也將在習題 10.34 進一步發展，有可能將$x[n]$補上零值，強制循環自相關函數的值在$0 \le m \le M-1$的範圍內等於預期的自相關函數值。

考慮圖 10.28 可以知道如何選擇 DFT 的長度 N。就某一個特別的正值 m，圖 10.28(a) 展現出兩個序列$x[n]$和$x[n+m]$，將它們表示為 n 的函數，圖 10.28(b) 展現出序列$x[n]$和 $x[((n+m))_N]$，它們用於計算對應到$|X[k]|^2$的循環自相關函數。當$0 \le m \le M-1$，如果 $x[((n+m))_N]$沒有折回並且和$x[n]$重疊在一起，則在$0 \le m \le M-1$的範圍內，循環自相關函數顯然等於$Q\hat{\phi}_{xx}[m]$。從圖 10.28(b) 可知，只要$N-(M-1) \ge Q$或$N \ge Q+M-1$，就可以得到上述的結果。

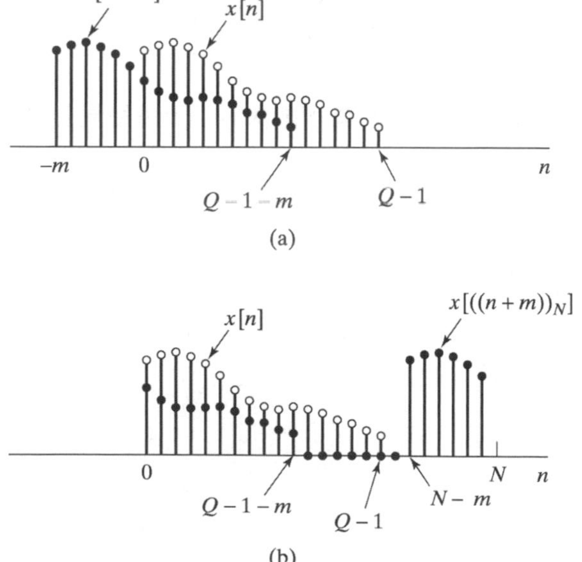

圖 10.28 循環自相關序列的計算。(a) 長度為 Q 的有限長度序列 $x[n]$和 $x[n+m]$；(b) 循環相關序列的計算中所需要的 $x[n]$和 $x[((n+m))_N]$

總之，我們可以用以下步驟計算 $\hat{\phi}_{xx}[m]$, $0 \le m \le M-1$：

1. 用 $(M-1)$ 個零值將 $x[n]$ 增長為 N 點序列。
2. 計算以下 N 點 DFT

$$X[k] = \sum_{n=0}^{N-1} x[n] e^{-j(2\pi/N)kn}, \qquad k = 0, 1, \ldots, N-1$$

3. 計算下式

$$|X[k]|^2 = X[k]X^*[k], \qquad k = 0, 1, \ldots, N-1$$

4. 計算 $|X[k]|^2$ 的 IDFT，得到下式

$$\tilde{c}_{vv}[m] = \frac{1}{N}\sum_{k=0}^{N-1} |X[k]|^2 \, e^{j(2\pi/N)km}, \qquad m = 0, 1, \ldots, N-1$$

5. 將得到的序列除以 Q，得到以下自相關序列的估計值

$$\hat{\phi}_{xx}[m] = \frac{1}{Q}\tilde{c}_{vv}[m], \qquad m = 0, 1, \ldots, M-1$$

這是預期的自相關序列值，可以將其對稱地擴展到負的 m 值。

如果 M 值很小，直接求 (10.111) 式的值或許較有效率。對於這種情形，計算量正比於 $Q \cdot M$。相較之下，如果是以第 9 章討論的 FFT 演算法計算此過程中的 DFT，長度滿足 $N \ge Q + M - 1$，則當 N 是 2 的冪次方，計算量大約正比於 $N \log_2 N$。對於足夠大的 M 值，結論是使用 FFT 比使用 (10.111) 式直接求值更有效率。打平計算量的 M 值和計算 DFT 的實現方式有關，無論如何，如同 Stockham (1966) 所證明，此打平值或許小於 $M = 100$。

為了減少自相關函數估計值的變異數，或是從估計出的自相關函數所得功率頻譜估計值的變異數，我們必須選擇較大的資料紀錄長度 Q。對於具備大記憶體和快速處理器的電腦，通常這不會是問題。然而，既然 M 值通常比 Q 值小得多，有可能將 $x[n]$ 以類似於 8.7.3 節所討論的方式加以分段，當時是用來計算有限長度脈衝響應和無限長度輸入序列的旋積。Rader (1970) 提出一種特別有效且具彈性的過程，利用許多實數序列 DFT 的性質以減低計算量。習題 10.44 將發展此一技巧。

一旦計算出自相關函數的估計值，在 $\omega_k = 2\pi k / N$ 這些頻率點的功率頻譜估計值可以透過構造以下序列而得

$$s[m] = \begin{cases} \hat{\phi}_{xx}[m]w_c[m], & 0 \le m \le M-1, \\ 0, & M \le m \le N-M, \\ \hat{\phi}_{xx}[N-m]w_c[N-m], & N-M+1 \le m \le N-1 \end{cases} \tag{10.112}$$

其中 $w_c[m]$ 是對稱的窗函數。則 $s[m]$ 的 DFT 為

$$S[k] = S(\omega)\big|_{\omega=2\pi k/N}, \quad k = 0, 1, \ldots, N-1 \tag{10.113}$$

上式中的 $S(\omega)$ 是加窗後的自相關序列的傅立葉轉換，定義於 (10.102) 式。注意到，只要方便和符合實際情形，可以選取儘可能大的 N 值，在密集的頻率點上求出 $S(\omega)$ 的樣本值。無論如何，正如我們在本章一貫的展示結果，頻率解析度總是取決於窗函數 $w_c[m]$ 的形狀和長度。

10.6.2 估計量化雜訊的功率頻譜

我們在第 4 章中假設量化所產生的雜訊具有白雜訊的性質。到目前為止本章的技巧是用來估計如圖 4.60 的功率頻譜，當時是用來建議白雜訊近似的合理性。我們在本小節對於自相關序列和功率頻譜的估計值將提供更多的範例，可用於量化雜訊的研究，這些討論將會加強我們對於白雜訊模型的信心，也提供了機會，指出估計功率頻譜的一些實際觀點。

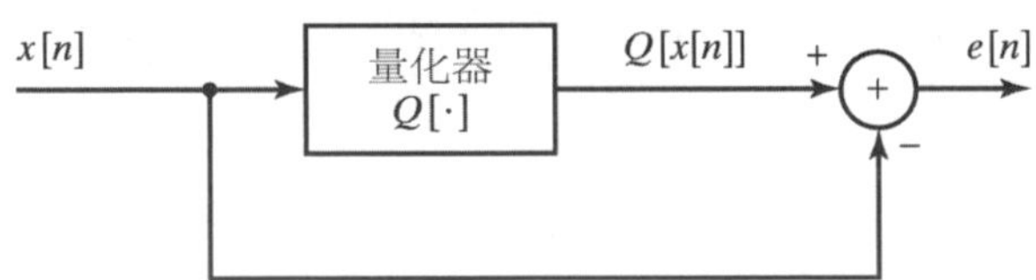

圖 10.29 產生量化雜訊序列的過程

考慮描述於圖 10.29 的實驗，語音訊號 $x_c(t)$ 經過低通濾波之後，以 16 KHz 的頻率取樣，所得到的序列 $x[n]$ 圖示於圖 10.21[12]。此序列以 10 位元的線性量化器（$B = 9$）量化，得到誤差序列 $e[n] = Q[x[n]] - x[n]$。圖 10.30 的第一和第三條線是此語音訊號的連續 2000 個樣本，第二和第四條線是相對應的量化誤差序列。觀察和比較這兩組圖，似乎可

[12] 雖然這些樣本起初是用 A/D 轉換器量化為 12 位元，就此實驗的目的而言，這些樣本經過縮放使其最大值為 1，因此加上了小量的隨機雜訊。我們假設這就是「未經量化」的樣本，也就是說，相對於我們在接下來的討論中所施以的量化，這些 12 位元的樣本是未經量化的樣本。

以加強對我們先前假設的模型的信心：即雜訊看來好像是隨機地變動，遍布在 $-2^{-(B+1)} < e[n] \le 2^{-(B+1)}$ 的範圍。無論如何，這種定性的觀察可能會誤導我們。量化雜訊頻譜是否平坦只能以量化雜訊 $e[n]$的自相關序列以及功率頻譜的估計值加以確認。

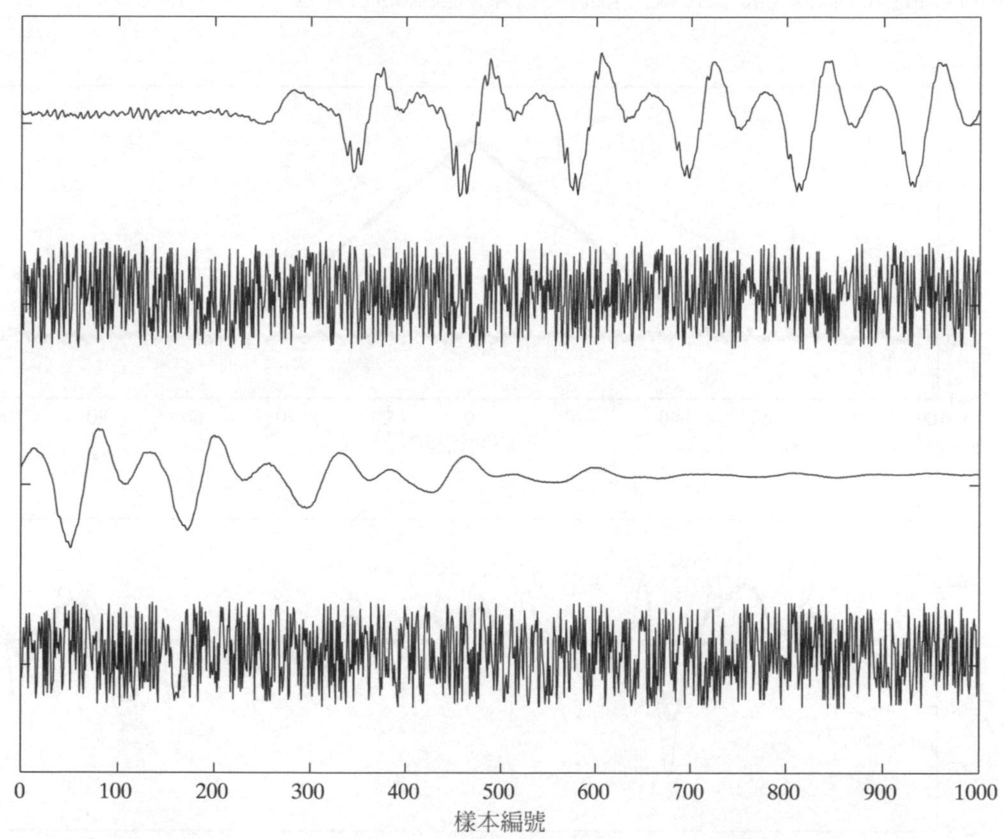

圖 10.30 將語音波形（第一和第三條線）量化為 10 位元所產生的量化誤差（第二和第四條線，放大 2^9 倍），每一條線有 1000 個連續的樣本，並且以直線相連，以便於圖示

圖 10.31 是量化雜訊的自相關序列以及功率頻譜的估計值，紀錄資料的長度 $Q = 3000$ 個樣本。自相關序列的估計值是以 (10.98a) 和 (10.98b) 式計算所得，延遲的範圍是 $|m| \le 100$，得到的估計值圖示於圖 10.31(a)。在此延遲範圍中，除了 $\hat{\phi}[0] = 3.17\times10^{-7}$，其的估計值都在 $-1.45\times10^{-8} \le \hat{\phi}[m] \le 1.39\times10^{-8}$ 的範圍內，此自相關序列的估計值建議雜訊序列的樣本之間的相關值相當的小，此自相關序列估計值是乘以 Bartlett 窗函數所得，參數 $M = 100$ 和 $M = 50$。窗函數疊印在圖 10.31 的 $\hat{\phi}[m]$ 之上（並且經過縮放以便用相同的座標軸畫出），圖 10.31(b) 是以 10.6.1 節所討論的方式所計算出的相對應頻譜估計值。

如圖 10.31(b) 所示，圖中虛線的頻譜值爲 $10\log_{10}(2^{-18}/12) = -64.98$ dB（這是 $B = 9$ 的白雜訊頻譜值，其變異數 $\sigma_e^2 = 2^{-2B}/12$），對於此虛線，$M = 100$ 的 Blackman-Tukey 頻譜估計值（細實線）顯露出稍微有點奇怪的變動。粗實線是 $M = 50$ 的功率頻譜估計值，

由圖 10.31(b) 可以發現，在 $B+1=10$ 的情形下，對於所有頻率，白雜訊模型的近似功率頻譜和實驗的誤差都在 ±2 dB 之內，正如我們在 10.6 節的討論，因爲較短的窗函數有較低的頻率解析度，所以得到較平滑的頻譜估計值，具有較小的變異數。$M=100$ 和 $M=50$ 所得的頻譜估計值似乎都支持量化雜訊的白雜訊模型的合理性。

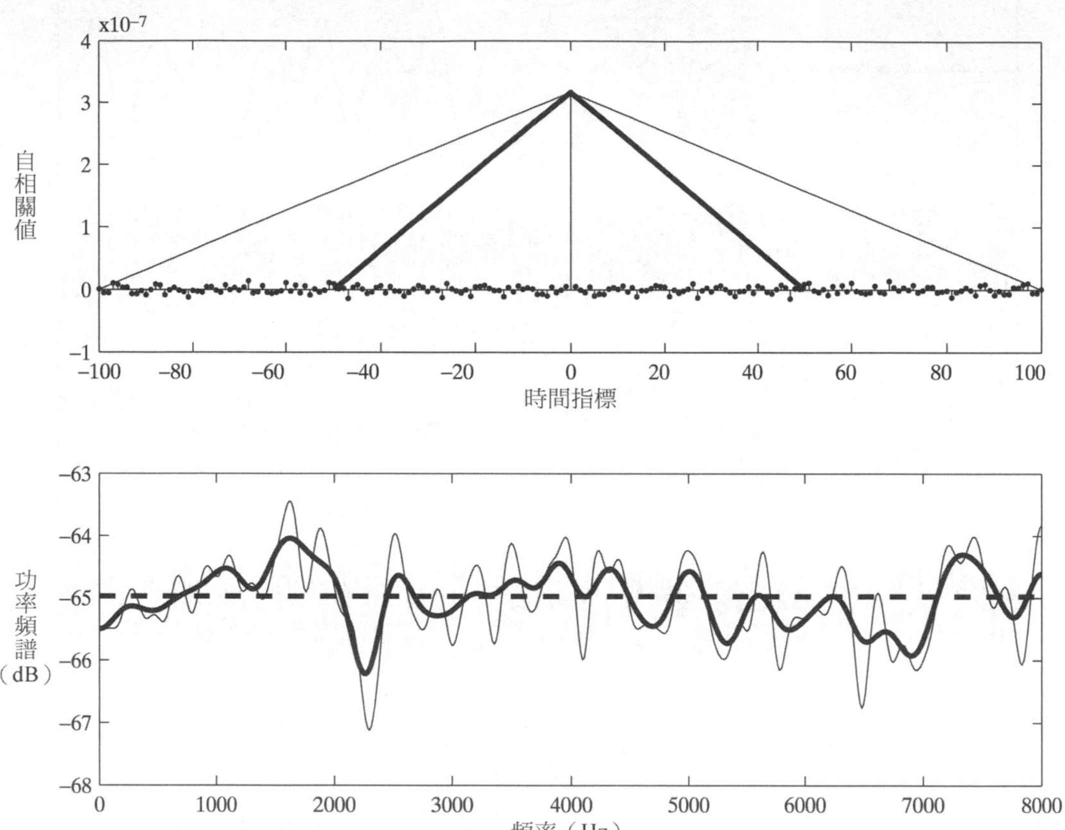

圖 10.31 (a) 10 位元量化雜訊的自相關序列估計值，$|m|\le 100$，資料紀錄長度 $Q=3000$；(b) 利用 Blackman-Tukey 法所估計的功率頻譜，使用 Bartlett 窗函數，$M=100$ 與 $M=50$ [虛線表示的位準為 $10\log_{10}(2^{-18}/12)$]

雖然我們已經定量地計算出自相關序列和功率頻譜的估計值，然而對於這些量測結果只有定性的解釋。現在，如果 $e[n]$ 真是白雜訊，究竟自相關序列會有多小，這是很合理的問題，要對這個問題給出定量的答案，必須應用統計決定理論，對於我們的估計值計算出信心區間（confidence interval）[對於是否爲白雜訊的測試，見 Jenkins 和 Watts (1968)]，然而，在許多情形中，並不需要這個附加的統計處理，實際上，只要觀察到除了 $m=0$ 之外，正規化後的自相關序列值非常小，我們經常就覺得足夠且滿意了。

如果紀錄資料的長度增加，將會改進穩態隨機過程的自相關序列和功率頻譜的估計值，這是本章許多重要的洞察之一。這也由圖 10.32 所闡明，此圖可對應到圖 10.31，除

了將 Q 值增加到 30,000 個樣本。回想到自相關序列的估計值正比於 $1/Q$，因此，將 Q 值由 3000 增加到 30,000，應該會使估計值的變異數減少十倍，比較圖 10.31(a) 和圖 10.32(a) 似乎可以驗證這個結果，當 $Q = 3000$，估計值落在 $-1.45\times10^{-8} \le \hat{\phi}[m] \le 1.39\times10^{-8}$ 這兩個限制範圍內，當 $Q = 30000$ 的時候，限制範圍是 $-4.5\times10^{-9} \le \hat{\phi}[m] \le 4.15\times10^{-9}$。比較 $Q = 30000$ 和 $Q = 3000$ 的情形，變動範圍顯示變異數一如預期減少了十倍[13]。注意到，由 (10.110) 式也可預期頻譜估計值有類似的變異數減低量，比較圖 10.31(b) 和圖 10.32(b) 再次明顯地看出此現象（確定注意到這兩組圖之間的比例不同）。對於資料紀錄較長的情形，白雜訊模型的近似功率頻譜和實驗的誤差都在±0.5 dB 之內，注意到圖 10.32(b) 的頻譜估計值同樣顯示出變異數和解析度之間的取捨。

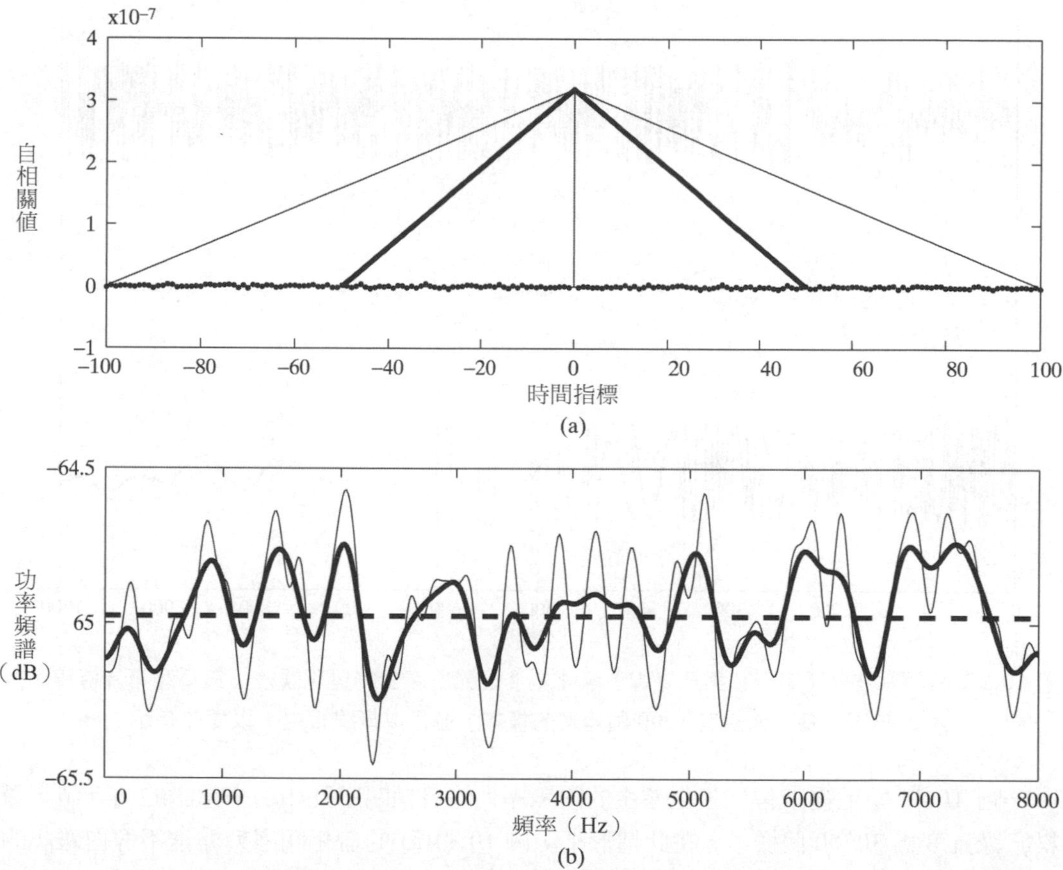

圖 10.32 (a) 10 位元量化雜訊的自相關序列估計值，資料紀錄長度 $Q = 30000$；(b) 利用 Blackman-Tukey 法所估計的功率頻譜，使用 Bartlett 窗函數，$M = 100$ 與 $M = 50$

[13] 回想到變異數減少十倍對應到振幅減少的倍數是 $\sqrt{10} \approx 3.16$。

只要量化步階很小，我們在第 4 章主張的白雜訊是合理的模型，當位元數少，這條件就不成立，欲看到這對於量化雜訊頻譜的影響，可以重複先前的實驗，但是只用 16 個量化位階，也就是 4 個位元。圖 10.33 顯示出語音波形與 4 位元量化後的量化誤差，注意到誤差的某部份波形看起來很像原始的語音波形，我們可以預期這現象會反應在功率頻譜的估計上。

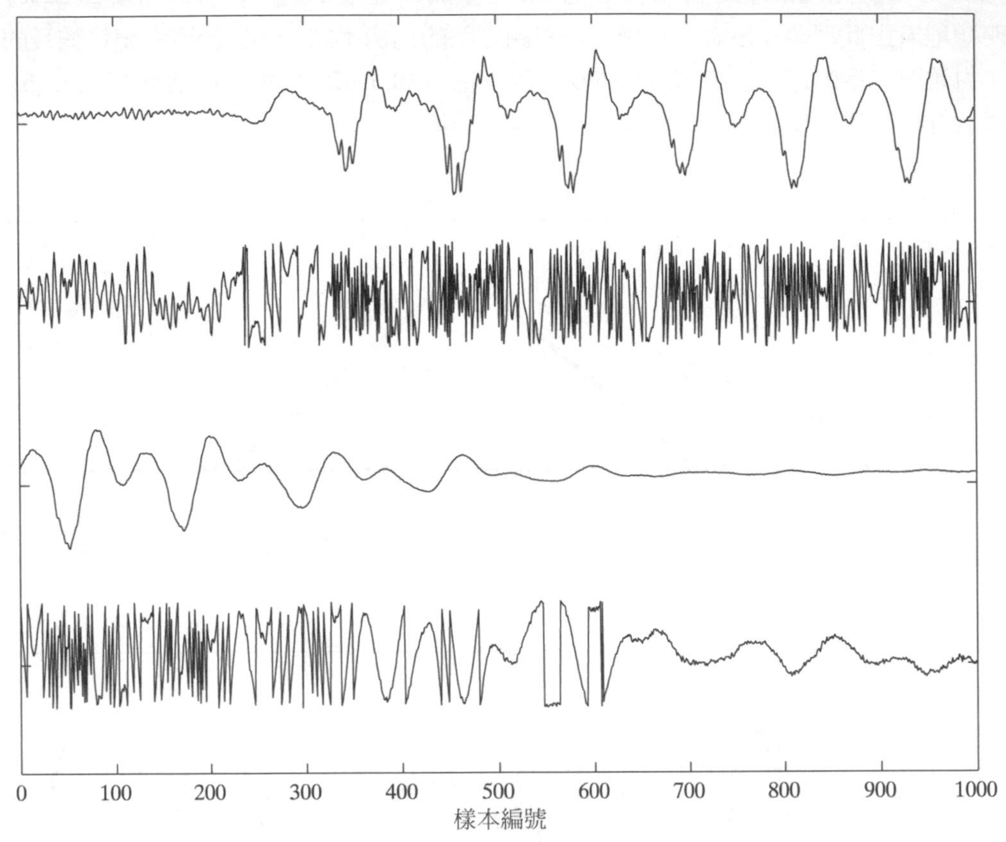

圖 10.33 將語音波形（第一和第三條線）量化為 4 位元所產生的量化誤差（第 2 和第 4 條線，放大 2^3 倍），每一條線有 1000 個連續的樣本，並且以直線相連，以便於圖示

圖 10.34 顯示經 4 位元量化產生的誤差序列的自相關序列和功率頻譜的估計值，資料紀錄長度為 30000 個樣本。在此情形下，圖 10.34(a) 的自相關序列非常不像白雜訊的理想自相關序列。考慮到先前在圖 10.33 所顯示的訊號與雜訊之間的相關性，這並不意外。圖 10.34(b) 顯示功率頻譜的估計值，使用 $M = 50$ 和 $M = 100$ 的 Bartlett 窗函數。雖然大致上反映出雜訊的平均功率，但是功率頻譜很明顯並不平坦，事實上，我們將會發現量化雜訊傾向於和語音頻譜有大致相同的形狀，因此，在此情形下，只能認為量化雜訊的白雜訊模型是相當粗糙的近似模型，量化越粗略，白雜訊模型將越不合理。

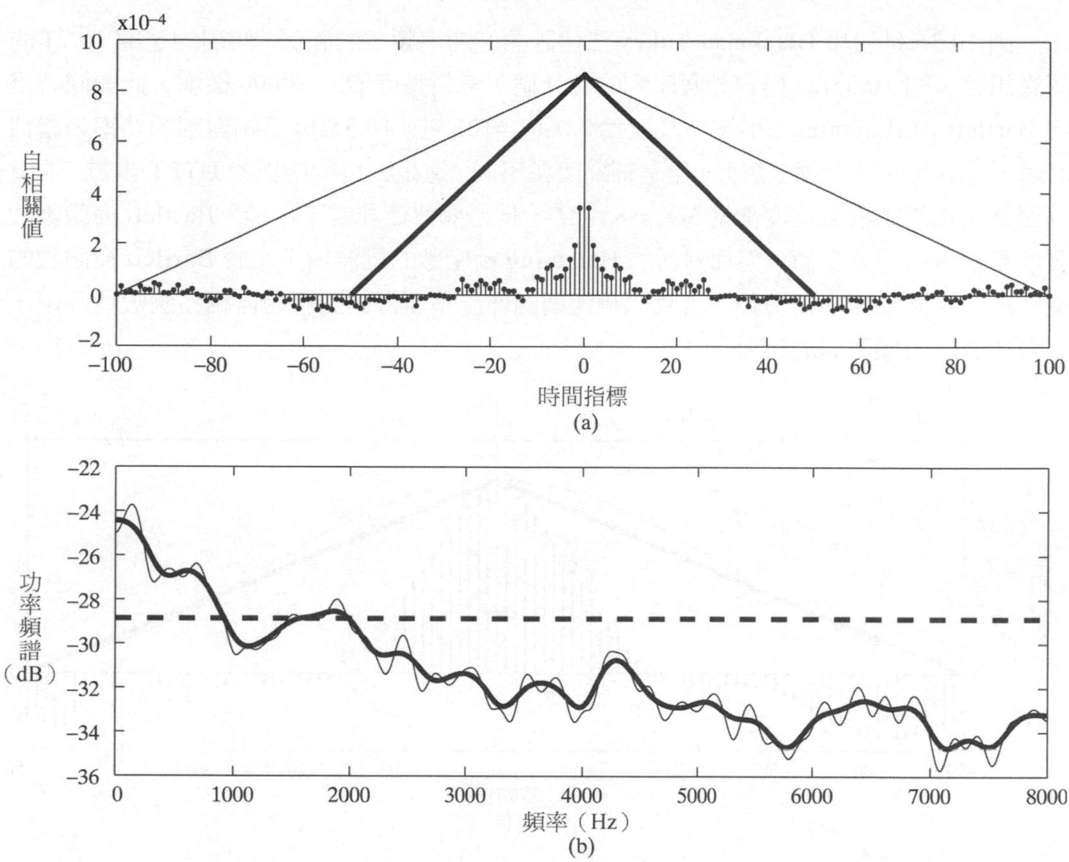

圖 10.34 (a) 4 位元量化雜訊的自相關序列估計值，資料紀錄長度 $Q = 30000$；(b) 利用 Blackman-Tukey 法所估計的功率頻譜，使用 Bartlett 窗函數，$M = 100$ 與 $M = 50$ [虛線表示的位準為 $10\log_{10}(2^{-6}/12)$]

本小節的範例說明如何用自相關序列和功率頻譜的估計值支持理論的模型，具體來說，我們示範說明了第 4 章中某些基本假設的合理性，也指出對於非常粗糙的量化，這些假設將不成立。這是簡單但是有用的範例，可以用來說明實際上如何應用本章的技巧。

10.6.3 估計語音的功率頻譜

我們已經知道 TDFT 可以追蹤語音訊號的時變本質，因此特別適合用來表現語音訊號。然而，有些情況採取不同的觀點會很有用。舉一個特別的例子，即使圖 10.21 的語音波形隨著時間顯露出相當大的變動，圖 10.21 的 TDFT 也顯露出相同的情形，雖然如此，還是有可能*假設*語音是穩態隨機訊號，然後應用我們的長時間頻譜分析的技巧。此方法在一個比語音產生變化的間隔還要長得多的時間區間內進行平均，所得到的頻譜大致形狀對於設計語音編碼器相當有用，也可用於決定傳送語音時的頻寬需求。

圖 10.35 是使用 Blackman-Tukey 法估計語音功率頻譜的範例，使用的是圖 10.21 的語音訊號，圖 10.35(a) 是自相關序列的估計值，資料長度 Q = 30000 樣本，此圖同時畫出 Bartlett 和 Hamming 窗函數，長度為 $2M+1=101$。圖 10.35(b) 是相對應的功率頻譜估計值，這兩個估計大致上類似，但是細部明顯不同，這是因為窗函數的 DTFT 本質不同。兩個窗函數的主波瓣寬度都是 $\Delta\omega_m = 8\pi / M$，但是側波瓣非常不一樣。Bartlett 窗函數的側波瓣是嚴格的非負值，然而對稱的 Hamming 窗函數的側波瓣（小於 Bartlett 窗函數的側波瓣）在某些頻率是負值，當我們和週期圖作旋積而得到對應的自相關函數估計值，就會顯露出明顯不同的結果。

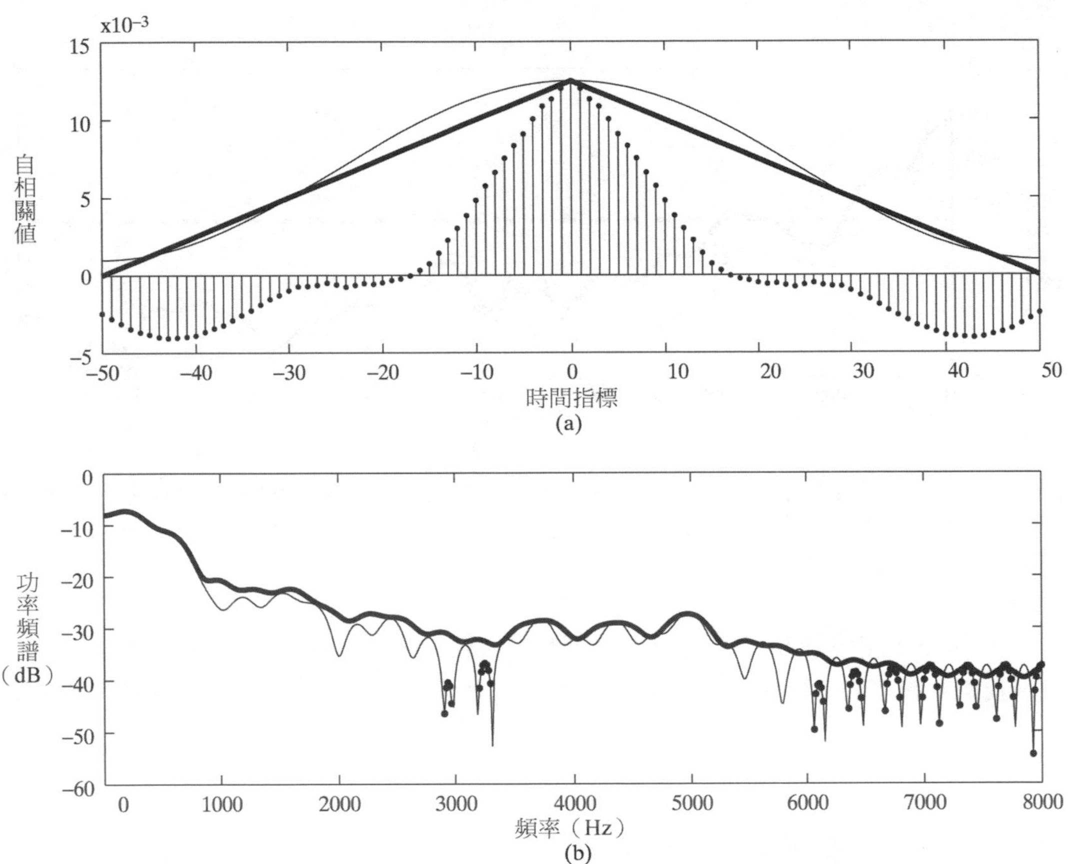

圖 10.35 (a) 圖 10.21 所示語音訊號的自相關序列估計值，資料紀錄長度 Q = 30000；(b) 利用 Blackman-Tukey 法所估計的功率頻譜，使用 Bartlett 窗函數（粗線）與 Hamming 窗函數（細線），$M = 50$

如果將 Hamming 窗函數（或是其他的窗函數，像是 Kaiser 窗函數）用於 10.5.3 節所討論的平均週期圖法，那麼用來估計頻譜時就可以免除負估計值的威脅。因為進行平均的週期圖是正值，因此保證有正的估計值。圖 10.36 對於圖 10.35(b) 的 Blackman-Tukey 估計值和使用平均週期圖的 Welch 法所得的估計值進行比較。深色虛線是 Welch

估計值，注意到此估計值和其他兩種方法所得估計值的形狀大致相同，但是在高頻區域有很大的差別。在高頻區域的語音頻譜值通常很小，而且類比抗交疊濾波器的頻率響應也會導致高頻區域有很小的語音頻譜值。因爲平均週期圖法有優異的能力，能夠以高動態範圍產生一致的頻譜解析度，而且很容易用 DFT 實現，所以在頻譜估計的實務上被廣爲利用。

圖 10.36 的每個頻譜值都顯露出此語音訊號的特徵，小於 500 Hz 處有一個峰值，當頻率增加到 6 KHz 處，頻譜衰減了 30 至 40dB，3 KHz 到 5 KHz 之間有數個明顯的峰值，來自於不隨時間變動的較高的聲道共振。不同的語者或不同的語料必定會產生不同的頻譜估計值，然而頻譜估計值的一般本質類似於圖 10.36 所示。

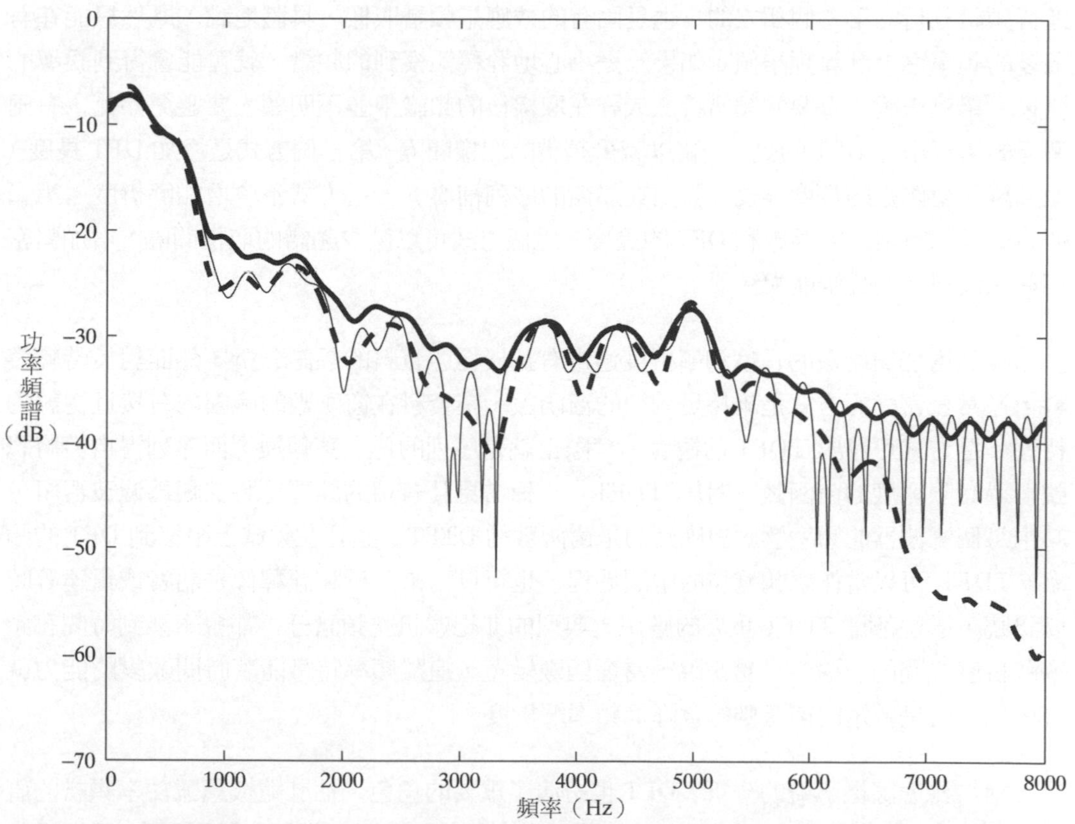

圖 10.36　利用 Blackman-Tukey 法所估計的功率頻譜，使用 Bartlett 窗函數（粗線）與 Hamming 窗函數（細線），$M = 50$。虛線是用重疊平均週期圖所估計的功率頻譜，使用 Hamming 窗函數，$M = 50$

10.7 總結

訊號處理的重要應用之一是分析訊號頻譜。因為 FFT 有很高的計算效率，所以許多訊號分析的技巧，不論是連續時間還是離散時間訊號，都直接或間接使用 DFT，我們在本章探討並闡明了一些這類技巧。

在分析弦波訊號的脈絡下，最容易瞭解許多關聯到頻譜分析的課題，因為 DFT 需要有限長度訊號，所以在進行分析之前要先對訊號加窗，就弦波訊號而言，由 DFT 觀察到的頻譜高峰的寬度和窗函數的長度有關，增加窗函數的長度會讓頻譜高峰變尖。因此，如果窗函數變短，則在頻譜估計值中分辨緊密相鄰弦波訊號的能力就會變差。使用 DFT 進行頻譜分析的第二個獨立的、也是固有的效應是頻譜取樣，具體地說，既然只能在有限多的頻率點上計算頻譜值，如果不是小心地詮釋觀察到的頻譜，就可能會得到誤導的結果。舉例來說，重要的頻譜特徵或許在取樣後的頻譜中並不明顯。要避免如此，有兩個方式可以增加 DFT 的長度，藉以減少頻譜的取樣間隔。第一個方式是增加 DFT 長度，並且維持窗函數的長度不變（需要在加窗的序列補零），這方式不會增加解析度。第二個方式是同時增加窗函數和 DFT 的長度，這個方式可以減少頻譜的取樣間隔，增加緊密相鄰弦波訊號的分辨能力。

雖然增加窗函數的長度和解析度通常有益於穩態資料的頻譜分析，然而對於時變資料，通常較喜愛的方式是維持足夠短的窗函數，讓資料在窗函數的範圍內有接近穩態的特性。這方式可得出 TDFT 的觀念，實際上就是序列的傅立葉轉換，而序列得自於將訊號滑過有限寬度的窗函數。對於 TDFT，一種常見且有用的詮釋是將其視為濾波器組，其中每個濾波器的頻率響應對應到的是窗函數的 DTFT，並且在頻域上平移到 DFT 的頻率。TDFT 可以當作訊號濾波的中間過程，也可以用來分析和詮釋像是語音或雷達等時變訊號，這些都是 TDFT 重要的應用。典型的非穩態訊號頻譜分析都會牽涉到時間和頻率解析度之間的取捨，具體來說，當窗函數變短，追蹤頻率特徵隨著時間改變的能力就會增加，可是較短的窗函數卻會降低頻率解析度。

對於穩態隨機訊號的分析，DFT 也扮演了重要的角色。估計隨機訊號功率頻譜的直覺方式之一是計算訊號片段的 DFT 強度的平方值，得到的估計值稱為週期圖，是漸進無偏差的估計量，可是當訊號片段的長度增加，週期圖估計值的變異數並不會減少到零，所以週期圖不是好的估計量。無論如何，如果將可用的訊號序列分成較短的片段，然後平均這些週期圖，可以得到行為正確的估計量。另一種方式是先計算自相關函數，可以直接計算，也可以使用 DFT。如果將自相關函數的估計值加窗，然後再計算 DFT，所得到的結果稱為平滑週期圖，這是一種好的頻譜估計值。

習題

有解答的基本問題

10.1 有一實數連續時間訊號 $x_c(t)$ 的頻寬爲 5 kHz，即 $X_c(j\Omega)=0, |\Omega| \geq 2\pi(5000)$。此訊號 $x_c(t)$ 以 10000 樣本／秒（10 kHz）的速率取樣後產生序列 $x[n]=x_c(nT)$，$T=10^{-4}$。令 $X[k]$ 代表 $x[n]$ 的 1000-DFT。

(a) 對於 $X[k]$，$k=150$ 對應到的連續時間頻率爲何？

(b) 對於 $X[k]$，$k=800$ 對應到的連續時間頻率爲何？

10.2 有一實數連續時間訊號 $x_c(t)$ 的頻寬爲 5 kHz，即 $X_c(j\Omega)=0, |\Omega| \geq 2\pi(5000)$。以週期 T 取樣 $x_c(t)$ 後產生序列 $x[n]=x_c(nT)$，欲檢視此訊號的頻譜特性，我們計算 $x[n]$ 片段的 N 點 DFT，片段長度爲 N 個樣本。計算 DFT 的電腦程式要求 $N=2^v$，v 爲整數。

試求 N 的最小值與取樣率的範圍

$$F_{\min} < \frac{1}{T} < F_{\max}$$

以避免疊頻效應，並且使 DFT 頻率的實際間隔小於 5 Hz，即傅立葉轉換是在等效的連續時間頻率上求值，而這些頻率的間隔小於 5 Hz。

10.3 有一實數連續時間訊號 $x_c(t)=\cos(\Omega_0 t)$ 以週期 T 取樣之後產生序列 $x[n]=x_c(nT)$，將 N 點方窗函數加到 $x[n], n=0,1,\ldots,N-1$，令所得序列片段的 N 點 DFT 爲 $X[k], k=0,1,\ldots,N-1$。

(a) 假設 Ω_0、N 和 k_0 的值固定，應該如何選擇 T 值，使得 $X[k_0]$ 和 $X[N-k_0]$ 的值不爲零，而對於其餘 k 值，$X[k]=0$？

(b) 這是唯一的答案嗎？如果不是，試求另一個滿足 (a) 小題所描述條件的 T 值。

10.4 令 $x_c(t)$ 是一有限頻寬實數訊號，其傅立葉轉換 $X_c(j\Omega)=0, |\Omega| \geq 2\pi(5000)$。以 10 kHz 取樣 $x_c(t)$ 之後得到序列 $x[n]$，假設當 $n<0$ 或 $n>999$，$x[n]=0$。

令 $X[k]$ 代表 $x[n]$ 的 1000 點 DFT，已知 $X[900]=1$ 和 $X[420]=5$。在 $|\Omega|<2\pi(5000)$ 的範圍內對於儘可能多的 Ω 求出 $X_c(j\Omega)$ 的值。

10.5 考慮以 DFT 估計離散時間訊號 $x[n]$ 的頻譜，加到 $x[n]$ 的窗函數是 Hamming 窗函數，對於加窗的 DFT 分析，頻率解析度的保守估計值等於 $W(e^{j\omega})$ 的主波瓣寬度。你希望能夠分辨出在 ω 上的頻率差異小到 $\pi/100$ 的弦波訊號，除此之外，窗函數長度 L 也必須是 2 的冪次方，試求最小的長度 $L=2^v$ 以滿足解析度的需求。

10.6 以下三個不同的訊號 $x_i[n]$ 都是兩個弦波的和

$$x_1[n]=\cos(\pi n/4)+\cos(17\pi n/64),$$
$$x_2[n]=\cos(\pi n/4)+0.8\cos(21\pi n/64),$$
$$x_3[n]=\cos(\pi n/4)+0.001\cos(21\pi n/64)$$

我們希望估計這些訊號的頻譜，使用的是 64 點 DFT 和 64 點方窗函數。指出哪些訊號在加窗之後的 64 點 DFT 有預期的兩個不同的頻譜突起。

10.7 將連續時間訊號 $x_c(t)$ 取樣之後得到 500 點序列 $x[n]$，取樣週期 $T = 50\mu s$。如果 $X[k]$ 是 $x[n]$ 的 8192 點 DFT，試求 DFT 的相鄰樣本在連續時間的等效頻率間隔。

10.8 將連續時間訊號 $x_c(t)$ 取樣之後得到 1000 點的序列 $x[n]$，取樣頻率爲 8 kHz，假設 $X_c(j\Omega)$ 是有限頻寬訊號，不會發生疊頻現象。試求 DFT 的最小長度 N，使得 $X[k]$ 的相鄰樣本在原來連續時間訊號頻率間隔至多爲 5 Hz。

10.9 令 $X_r[k]$ 代表定義於 (10.40) 式的 TDFT，本題考慮 DFT 長度 $N = 36$ 和取樣區間 $R = 36$ 的 TDFT，窗函數 $w[n]$ 是長度 $L = 36$ 的方窗函數。計算以下訊號的 TDFT $X_r[k]$，$-\infty < r < \infty, 0 \le k \le N-1$：

$$x[n] = \begin{cases} \cos(\pi n/6), & 0 \le n \le 35, \\ \cos(\pi n/2), & 36 \le n \le 71, \\ 0, & \text{其他} \end{cases}$$

10.10 圖 P10.10 是啾聲訊號的聲紋圖，訊號的形式如下

$$x[n] = \sin\left(\omega_0 n + \frac{1}{2}\lambda n^2\right)$$

注意到聲紋圖是定義於 (10.34) 式的 $X[n,k]$ 的強度的一種表示方式，暗區指出 $|X[n,k]|$ 有較大的值，試用此圖估計 ω_0 和 λ 的值。

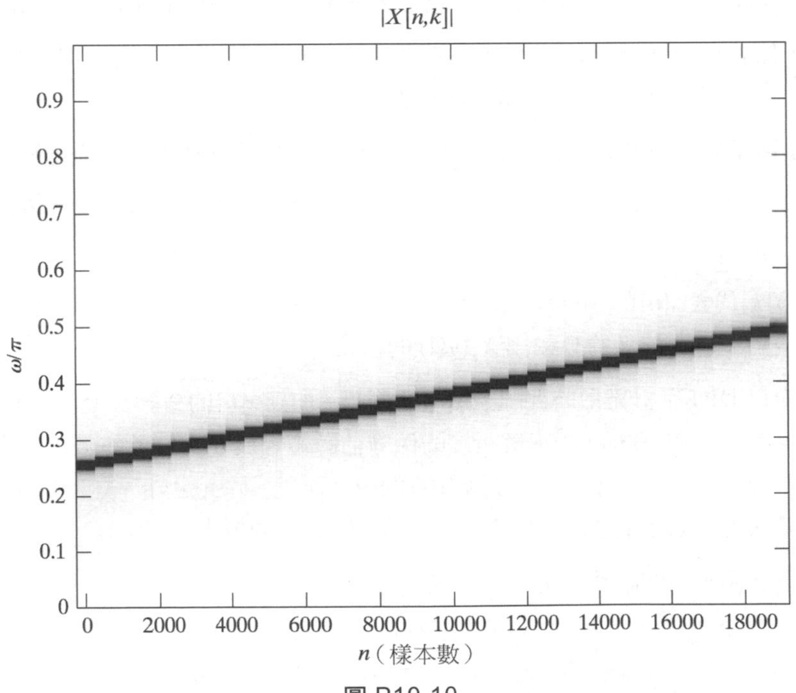

圖 P10.10

10.11 一連續時間訊號以 10 kHz 的頻率取樣之後計算 1024 個樣本的 DFT。試求頻譜樣本之間的連續時間頻率間隔。證明你的答案。

10.12 假設 $x[n]$ 是只有單一弦波成份的訊號，將 $x[n]$ 加上 L 點 Hamming 窗函數 $w[n]$ 後得到序列 $v_1[n]$，其 DTFT 爲 $V_1(e^{j\omega})$，訊號 $x[n]$ 也加上 L 點方窗函數後得到序列 $v_2[n]$，其 DTFT 爲 $V_2(e^{j\omega})$。試問 $|V_1(e^{j\omega})|$ 和 $|V_2(e^{j\omega})|$ 的高峰高度是否相同？如果答案爲是，證明你的答案。如果爲否，哪一個高峰較高？

10.13 我們想估計 $x[n]$ 的頻譜，在計算 $X(e^{j\omega})$ 之前，先對訊號加上 512 點的 Kaiser 窗函數。

(a) 在系統所要求的頻率解析度的要求下，Kaiser 窗函數可容忍的最大主波瓣寬度爲 $\pi/100$，在這些條件下，最佳的側波瓣衰減量爲何？

(b) 假如你已經知道 $x[n]$ 有兩個弦波成份，頻率至少相差 $\pi/50$，而且較強的弦波振幅爲 1。如果你希望在較強弦波成份的側波瓣之上還能看到較弱的弦波成份，根據 (a) 小題的答案，試求較弱弦波成份振幅的最小值。

10.14 有一語音訊號以 16000 樣本／秒（16 kHz）的取樣率取樣，我們以 10.3 節所描述的方式對此訊號進行時間相關傅立葉分析，使用的窗函數持續時間爲 20 毫秒，窗函數每次都前移 40 個樣本以計算 DFT。假設 DFT 長度 $N = 2^{v}$。

(a) 此窗函數擷取出的語音片段內包含多少個樣本？

(b) 此時間相關傅立葉分析的「禎速率」（frame rate）爲何？即每秒可對此訊號計算幾次 DFT？

(c) 如果可由 TDFT 重建原始輸入訊號，試求最小的 DFT 長度 N。

(d) 使用 (c) 小題的最小值 N，試求 DFT 樣本之間的間隔（以 Hz 表示）。

10.15 有一連續時間實數訊號 $x_c(t)$ 的片段以 20000 樣本／秒的頻率取樣後，得到 1000 點的有限長度離散時間訊號 $x[n]$，$x[n]\neq 0$，$0\leq n\leq 999$。已知 $x_c(t)$ 也是有限頻寬訊號，$X_c(j\Omega)=0$，$|\Omega|\geq 2\pi(10000)$。換句話說，在此假設取樣不會產生疊頻失真。

令 $X[k]$ 代表 $x[n]$ 的 1000 點 DFT，已知 $X[800]=1+j$。

(a) 根據以上資訊，可以求出其他 k 值的 $X[k]$ 嗎？如果可以，指出 k 和相對應的 $X[k]$ 值，如果不行，請說明原因。

(b) 根據以上資訊，若 $X_c(j\Omega)$ 已知，指出 Ω 和相對應的 $X_c(j\Omega)$ 值。

10.16 令 $x[n]$ 代表一離散時間訊號，我們希望以加窗法和 DFT 估計其頻譜。對於頻率解析度的需求是 $\pi/25$ 或更小，對於窗函數長度的需求是 $N = 256$。已知在估計頻譜時，對於頻率解析度的保險估計值等於所使用窗函數的主波瓣寬度，在表 7.2 中，哪一個窗函數滿足頻率解析度的要求？

10.17 取樣連續時間訊號 $x_c(t)$ 之後得到離散時間訊號 $x[n]$，取樣週期為 T，所以 $[n]=x_c(nT)$。假設 $x_c(t)$ 的頻寬為 100 Hz，換句話說，$X_c(j\Omega)=0$，$|\Omega|\geq 2\pi(100)$。我們希望以 $x[n]$ 的 1024 點 DFT $X[k]$ 估計連續時間頻譜 $X_c(j\Omega)$，試求最小的 T 值，使 DFT 連續兩個樣本值 $X[k]$ 之間在連續時間的等效頻率間隔為 1 Hz 或更小。

10.18 將訊號 $x[n]$ 乘上 128 點的方窗函數 $w[n]$ 之後，得到訊號 $v[n]$，即 $v[n]=x[n]w[n]$。令 $V[k]$ 代表訊號 $v[n]$ 的 128 點 DFT，圖 P10.18 畫出了 $V[k]$ 的強度 $|V[k]|$，注意到圖 P10.18 只畫出範圍是 $0\leq k\leq 64$ 的 $|V[k]|$。以下哪些訊號可能是 $x[n]$？也就是說，哪些訊號的資訊和圖 P10.18 是一致的？

$$
\begin{aligned}
x_1[n] &= \cos(\pi n/4)+\cos(0.26\pi n),\\
x_2[n] &= \cos(\pi n/4)+(1/3)\sin(\pi n/8),\\
x_3[n] &= \cos(\pi n/4)+(1/3)\cos(\pi n/8),\\
x_4[n] &= \cos(\pi n/8)+(1/3)\cos(\pi n/16),\\
x_5[n] &= (1/3)\cos(\pi n/4)+\cos(\pi n/8),\\
x_6[n] &= \cos(\pi n/4)+(1/3)\cos(\pi n/8+\pi/3)
\end{aligned}
$$

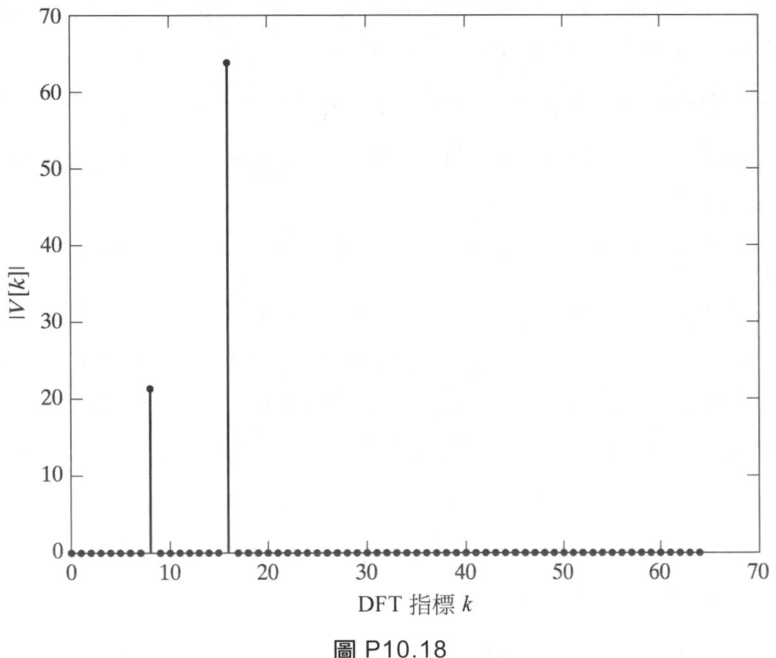

圖 P10.18

10.19 我們用 (10.40) 式所定義的 TDFT $X_r[k]$ 進行訊號 $x[n]$ 的分析。起初，我們用長度 $L=128$ 的 Hamming 窗函數 $w[n]$ 搭配 128 點 DFT 進行分析，相鄰區塊在時域上的取樣間距為 $R=128$，也就是說加窗後的訊號片段在時間上的位移是 128 個樣本，結果這樣的分析方式的頻率解析度不夠，所以我們想要改進解析度。為了達到這個目標，建議了一些方法以修改以上的分析方式。以下哪些方法可以改進 TDFT $X_r[k]$ 的頻率解析度？

方法 1：N 值增加到 256，L 值和 R 值維持不變。

方法 2：N 值和 L 值增加到 256，R 值維持不變。

方法 3：R 值減少為 64，N 值和 L 值維持不變。

方法 4：L 值減少為 64，N 值和 R 值維持不變。

方法 5：N 值、R 值和 L 值都維持不變，但是將 $w[n]$ 改為方窗函數。

10.20 假設你想要估計 $x[n]$ 的頻譜，在計算 DTFT 前先對 $x[n]$ 加上 Kaiser 窗函數。窗函數的側波瓣必須低於主波瓣 30 dB，頻率解析度的需求是 $\pi/40$。已知頻率解析度的保險估計值等於窗函數的主波瓣寬度，對於滿足這些需求的窗函數，試估計其寬度 L 的最小值。

基本問題

10.21 令 $x[n]=\cos(2\pi n/5)$，將 $x[n]$ 加上 32 點方窗函數後得到序列 $v[n]$，$V(e^{j\omega})$ 是 $v[n]$ 的 DTFT。試畫出 $|V(e^{j\omega})|$, $-\pi\le\omega\le\pi$，標明所有突起的頻率和突起兩側第一個零點（null）的頻率，除此之外，標明突起的振幅和最強側波瓣的振幅。

10.22 我們在本題中有興趣的是估計三個非常強的實數資料序列 $x_1[n]$、$x_2[n]$ 和 $x_3[n]$ 的頻譜，每個訊號都是由兩個弦波成份的和所組成。然而，對於每一個訊號我們只有 256 點的訊號片段可供分析。令 $\bar{x}_1[n]$、$\bar{x}_2[n]$ 和 $|\bar{x}_3[n]|$ 分別代表 $x_1[n]$、$x_2[n]$ 和 $x_3[n]$ 的 256 點訊號片段，對於無限長序列的頻譜，我們也有一些資訊，表示於 (P10.22-1) 到 (P10.22-3) 式。我們考慮要用的頻譜分析步驟有兩種，一種使用 256 點方窗函數，另一種使用 256 點 Hamming 窗函數。分析步驟的說明如下，令 $\mathcal{R}_N[n]$ 代表 N 點方窗函數，$\mathcal{H}_N[n]$ 代表 N 點 Hamming 窗函數，運算子 $\text{DFT}_{2048}\{\}$ 代表對引數尾端補零後計算 2048 點 DFT，這可以由 DFT 的頻率樣本值得到良好的 DTFT 內插值。

$$X_1(e^{j\omega})\approx\delta(\omega+\frac{17\pi}{64})+\delta(\omega+\frac{\pi}{4})+\delta(\omega-\frac{\pi}{4})+\delta(\omega-\frac{17\pi}{64}) \tag{P10.22-1}$$

$$X_2(e^{j\omega})\approx 0.017\delta(\omega+\frac{11\pi}{32})+\delta(\omega+\frac{\pi}{4})+\delta(\omega-\frac{\pi}{4})+0.017\delta(\omega-\frac{11\pi}{32}) \tag{P10.22-2}$$

$$X_3(e^{j\omega})\approx 0.01\delta(\omega+\frac{257\pi}{1024})+\delta(\omega+\frac{\pi}{4})+\delta(\omega-\frac{\pi}{4})+0.01\delta(\omega-\frac{257\pi}{1024}) \tag{P1022-3}$$

根據 (P10.22-1) 到 (P10.22-3) 式，以下哪一種頻譜分析的步驟，可以讓你明白地對於是否呈現出該訊號的頻率成份做出結論。一個好的判斷方式，至少要對於估計量的解析度和側波瓣的行為做出定量的考量。要注意，對於某一個資料序列，可能兩種演算法都能得分析出結果，也可能都不行。要決定哪一個序列要用哪一種演算法時，表 7.2 或許會有用。

頻譜分析演算法

演算法 1：將完整的資料片段加上方窗函數

$$\upsilon[n] = \mathcal{R}_{256}[n]\bar{x}[n]$$
$$|V(e^{j\omega})|_{\omega=\frac{2\pi k}{2048}} = |\,\mathrm{DFT}_{2048}\{\upsilon[n]\}|$$

演算法 2：將完整的資料片段加上 Hamming 窗函數

$$\upsilon[n] = \mathcal{H}_{256}[n]\bar{x}[n]$$
$$|V(e^{j\omega})|_{\omega=\frac{2\pi k}{2048}} = |\,\mathrm{DFT}_{2048}\{\upsilon[n]\}|$$

10.23 對於以下訊號不重疊地加上 256 點窗函數($R = 256$)和計算 256 點 DFT，在 $0 \le n \le 16000$ 的區間內畫出其聲紋圖

$$x[n] = \cos\left[\frac{\pi n}{4} + 1000\sin\left(\frac{\pi n}{8000}\right)\right]$$

10.24 **(a)** 在圖 P10.24-1 系統中，輸入訊號 $x(t) = e^{j(3\pi/8)10^4 t}$ ，取樣週期 $T = 10^{-4}$ ，以及

$$w[n] = \begin{cases} 1, & 0 \le n \le N-1, \\ 0, & \text{其他} \end{cases}$$

已知只有一個 k 值的 $X_w[k]$ 值不為零，試求 N 的最小非零值。

(b) 現在假設 $N = 32$，輸入訊號 $x(t) = e^{j\Omega_0 t}$ ，選擇的取樣週期 T 使得取樣過程不會發生疊頻現象。圖 10.24-2 和圖 10.24-3 顯示出序列 $X_w[k]$ 的強度， $k = 0, \ldots, 31$ ，使用的窗函數 $w[n]$ 如下

$$w_1[n] = \begin{cases} 1, & 0 \le n \le 31, \\ 0, & \text{其他} \end{cases}$$
$$w_2[n] = \begin{cases} 1, & 0 \le n \le 7, \\ 0, & \text{其他} \end{cases}$$

試指出哪一個圖是用哪一個窗函數所產生。清楚地說明你的理由。

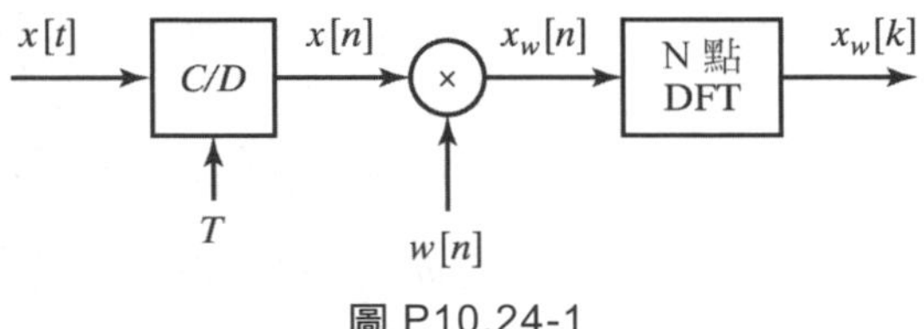

圖 P10.24-1

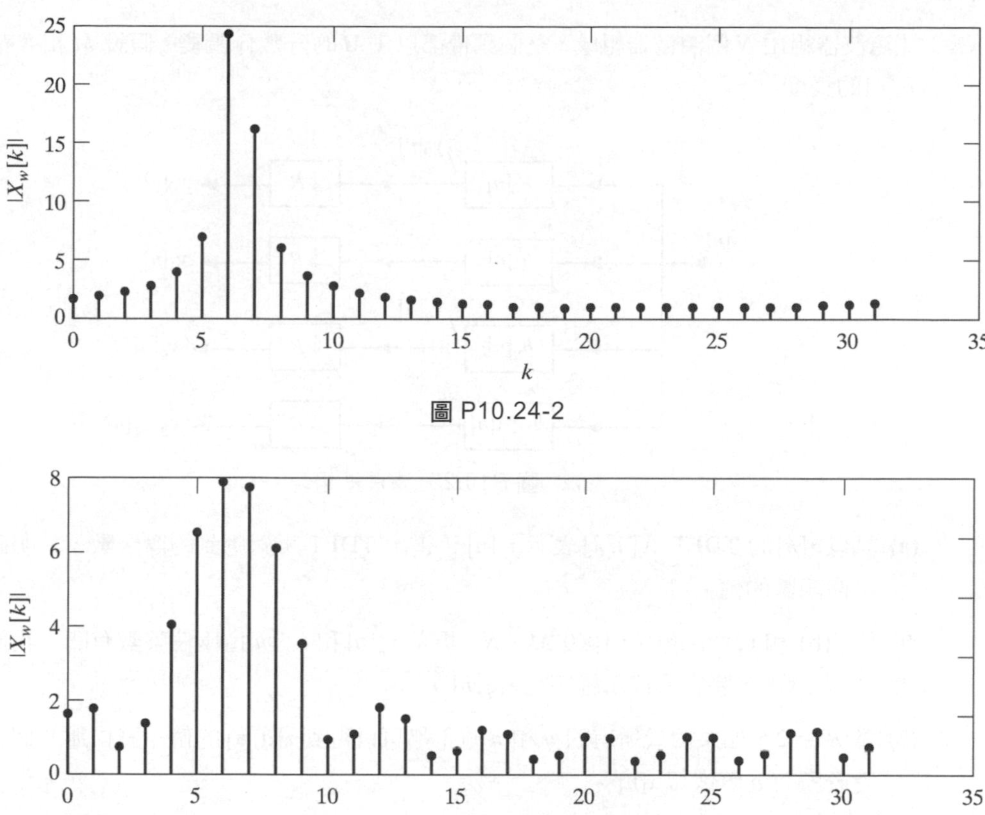

圖 P10.24-2

圖 P10.24-3

(c) 對於 (b) 小題使用的輸入訊號和參數，我們想要從圖 P10.24-3 估計 Ω_0 的值，取樣週期 $T = 10^{-4}$。假設窗函數序列爲

$$w[n] = \begin{cases} 1, & 0 \le n \le 31, \\ 0, & \text{其他} \end{cases}$$

取樣週期可以確保取樣過程中不會發生疊頻現象，試估計 Ω_0 的值。你得到的是精確的估計值嗎？如果不是，估計值的最大誤差爲何？

(d) 對於窗函數 $w_1[n]$ 和 $w_2[n]$，假設你得到了 32 點 DFT $X_w[k]$ 的精確值，簡短地說明一個方法，以得到 Ω_0 的精確估計值。

進階問題

10.25 圖 P10.25 中顯示出一組濾波器，其脈衝響應爲

$$h_0[n] = 3\delta[n+1] + 2\delta[n] + \delta[n-1],$$

和

$$h_q[n] = e^{j\frac{2\pi qn}{M}} h_0[n], \quad q = 1, \ldots, N-1$$

此濾波器組由 N 個濾波器組成，整個頻帶都以 $1/M$ 的分數作調變。假設 M 和 N 都大於 $h_0[n]$ 的長度。

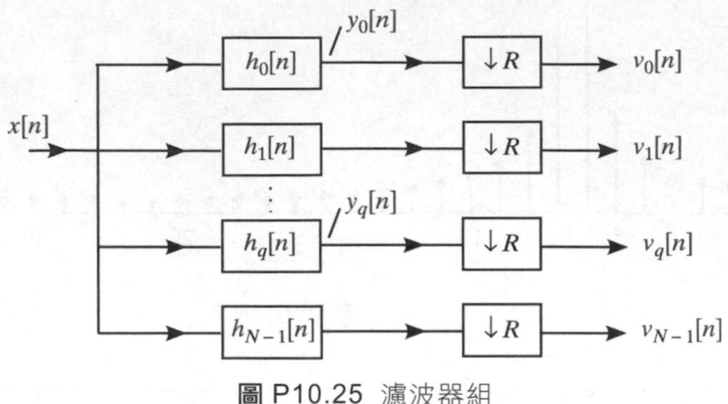

圖 P10.25 濾波器組

(a) 試以 $x[n]$ 的 TDFT $X[n, \lambda]$ 表示 $y_q[n]$，畫出 TDFT 所對應到的窗函數，並明確地標示窗函數的值。

在以下 (b) 和 (c) 小題中，假設 $M = N$。既然 $v_q[n]$ 和 q、n 這兩個整數有關，我們使用另一種表示法，將它寫成二維序列 $v[q, n]$。

(b) 當 $R = 2$，如果對於所有的 q 和 n 值，都可以得到 $v[q, n]$ 的值，試描述一個方法，對於所有 n 值恢復 $x[n]$。

(c) 你在 (b) 小題使用的方法可以用到 $R = 5$ 的情形嗎？清楚地說理由。

10.26 假設對於序列 $x[n]$ 加窗後得到序列 $x_w[n]$，即 $x_w[n] = x[n]w[n]$，當 $0 \le n \le 255$，窗函數 $w[n] = 1$，對於其餘 n 值，$w[n] = 0$。$x_w[n]$ 的 z 轉換定義如下

$$X_w(z) = \sum_{n=0}^{255} x[n] z^{-n}$$

我們想要對於 $x_w[n]$ 的 z 轉換計算 256 個等間距樣本的值，這些樣本 $X_w[k]$ 爲

$$X_w(z) = X_w(z)\big|_{z=0.9e^{j\frac{2\pi}{256}k}}, \quad k = 0, 1, \ldots, 255$$

我們希望用調變濾波器組對訊號 $x[n]$ 進行處理，如圖 P10.26 所示。

在此濾波器組中，每一個濾波器的脈衝響應都可以從因果低通濾波器的原型 $h_0[n]$ 產生，方式如下

$$h_k[n] = h_0[n] e^{-j\omega_k n}, \quad k = 1, 2, \ldots, 255$$

濾波器組的每一個輸出在時間點 $n = N_k$ 都被取樣一次，以得到 $X_w[k]$，即

$$X_w[k] = v_k[N_k]$$

試求 $h_0[n]$、ω_k 和 N_k，以滿足

$$X_w[k] = v_k[N_k] = X_w(z)\big|_{z=0.9e^{j\frac{2\pi}{256}k}}, \quad k = 0, 1, \ldots, 255$$

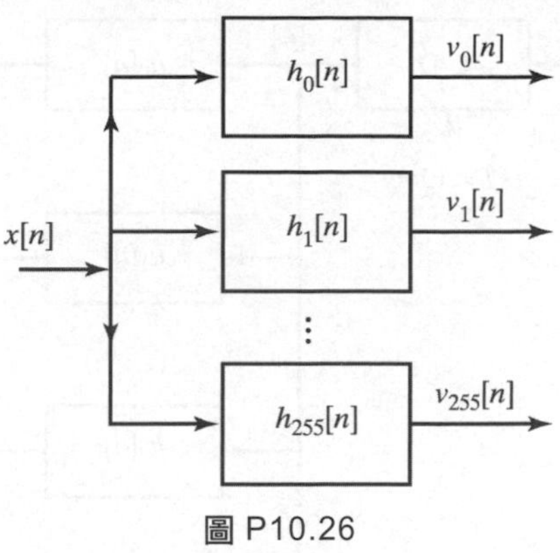

圖 P10.26

10.27 **(a)** 圖 P10.27-1 的系統可進行訊號 $x_c(t)$ 的頻譜分析，圖中

$$G_k[n] = \sum_{l=0}^{N-1} g_l[n] e^{-j\frac{2\pi}{N}lk},$$

$$N = 512, \quad LR = 256$$

對於最一般的乘數 a_l，試求 L 和 R 值，使得每秒使用的乘法數最少。

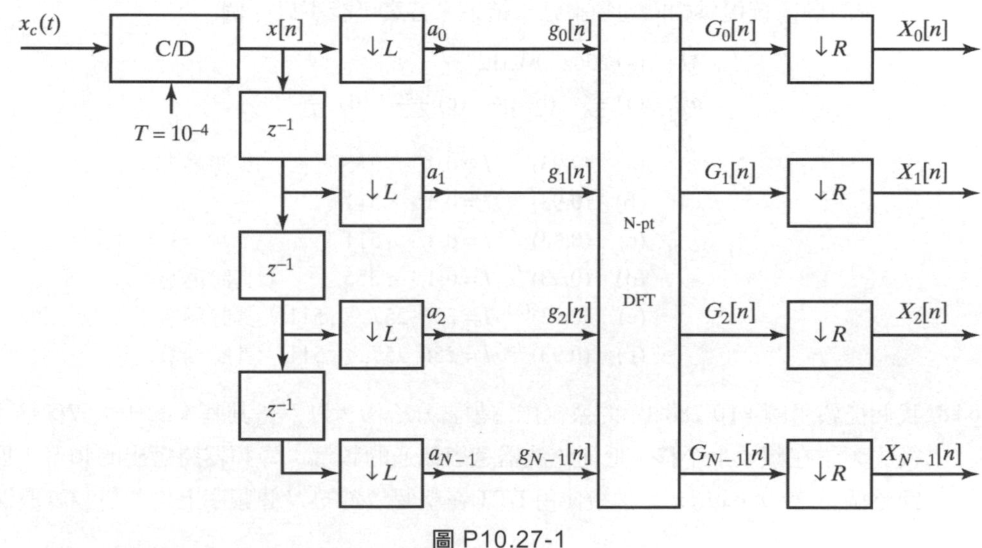

圖 P10.27-1

(b) 圖 P10.27-2 是另一個系統，進行訊號 $x_c(t)$ 的頻譜分析，圖中

$$h[n] = \begin{cases} (0.93)^n, & 0 \le n \le 255 \\ 0, & \text{其他} \end{cases}$$

$$h_k[n] = h[n] e^{-j\omega_k n}, \quad k = 0, 1, \ldots, N-1, \quad N = 512$$

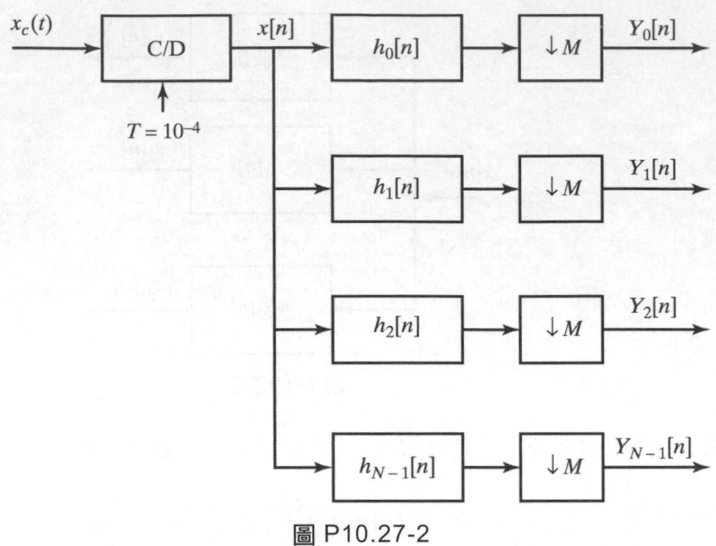

圖 P10.27-2

以下列出了兩種 M 值的選擇，四種 ω_k 值的選擇，以及六種乘數 a_l 值的選擇，在這些參數中，找出所有可能的組合，使得 $Y_k[n] = X_k[n]$，也就是說，哪些參數組合會讓兩個系統提供相同的頻譜分析結果。答案可能不只一個。

M: (a) 256 (b) 512

ω_k: (a) $\frac{2\pi k}{256}$ (b) $\frac{2\pi k}{512}$ (c) $\frac{-2\pi k}{256}$ (d) $\frac{-2\pi k}{512}$

a_l: (a) $(0.93)^l$ $l = 0, 1, \cdots, 255,$ 其餘為零
(b) $(0.93)^{-l}$ $l = 0, 1, \cdots, 511$
(c) $(0.93)^l$ $l = 0, 1, \cdots, 511$
(d) $(0.93)^{-l}$ $l = 0, 1, \cdots, 255,$ 其餘為零
(e) $(0.93)^l$ $l = 256, 257, \cdots, 511,$ 其餘為零
(f) $(0.93)^{-l}$ $l = 256, 257, \cdots, 511,$ 其餘為零

10.28 我們提議用圖 P10.28 顯示的系統作為頻譜分析儀，以下是其基本操作：取樣輸入訊號後的頻譜在頻域上平移；低通濾波器選出低通的頻帶；降頻器將選出的頻帶「展開」回整個頻帶 $-\pi < \omega < \pi$；然後使用 DFT 在整個頻帶的 N 個頻率上均勻對頻譜取樣。

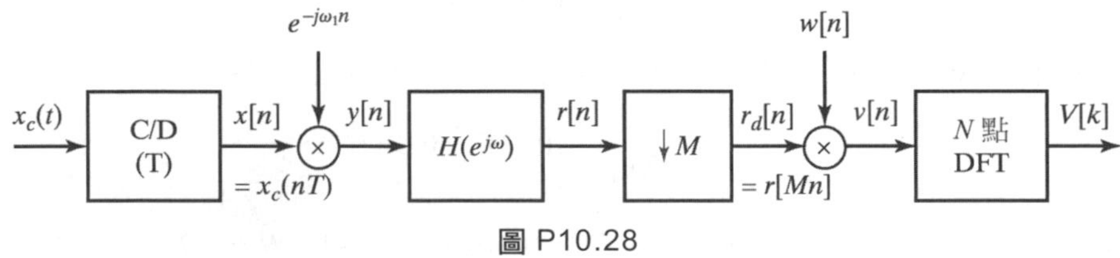

圖 P10.28

假設輸入訊號是有限頻寬，$X_c(j\Omega) = 0, |\Omega| \geq \pi/T$。LTI 系統的頻率響應為 $H(e^{j\omega})$，它是理想的低通濾波器，增益值等於 1，截止頻率為 π/M，我們進一步假設 $0 < \omega_1 < \pi$，資料的窗函數 $w[n]$ 是長度為 N 的方窗函數。

(a) 如果 $\omega_1 = \pi/2$ 和 $M = 4$，對於上述給定的 $X_c(j\Omega)$，畫出 $X(e^{j\omega})$、$Y(e^{j\omega})$、$R(e^{j\omega})$ 和 $R_d(e^{j\omega})$ 等 DTFT。對於此系統中的每一級，給出輸入傅立葉轉換和輸出傅立葉轉換之間的關係，舉例來說，在第 4 個圖你應該指出 $R(e^{j\omega}) = H(e^{j\omega})Y(e^{j\omega})$。

(b) 推廣你在 (a) 小題所得的結果，求出 $X_c(j\Omega)$ 的連續時間頻帶中的那一個頻帶會落在低通離散時間濾波器的通帶內，你的答案會與 M、ω_1 和 T 有關。針對 $\omega_1 = \pi/2$ 和 $M = 4$ 的特例，在 (a) 小題所指定的 $X_c(j\Omega)$ 的圖上指出此頻帶。

(c) (i) 在 $0 \le k \le N/2$ 的範圍內的 DFT $V[k]$ 在 $X_c(j\Omega)$ 所對應到的連續時間頻率爲何？

(ii) $N/2 < k \le N-1$ 所對應到的連續時間頻率爲何？對於每一個 k 值求出頻率 Ω_k 的公式。

10.29 有一連續時間實數訊號 $x_c(t)$，其持續時間爲 100 毫秒，假設此訊號的傅立葉轉換是有限頻寬，即 $X_c(j\Omega) = 0, |\Omega| \ge 2\pi(10000)$ 弧度／秒，也就是說，假設疊頻現象可忽略。我們想要計算 $X_c(j\Omega)$ 在 $0 \le \Omega \le 2\pi(10000)$ 範圍內的樣本值，頻率間隔爲 5 Hz，這可以用 4000 點 DFT 達成。具體來說，我們想要得到一個 4000 點序列 $x[n]$，其 4000 點 DFT 和 $X_c(j\Omega)$ 的關係如下

$$X[k] = \alpha X_c(j2\pi \cdot 5 \cdot k), \quad k = 0, 1, \ldots, 1999,$$

上式中的 α 是一個已知的比例常數。我們提議以下 3 個方法以得到此 4000 點的序列，其 DFT 將可得出預期的 $X_c(j\Omega)$ 樣本值。

方法 1：以週期 $T = 25$ 微秒取樣 $x_c(t)$，換句話說，我們計算以下序列的 DFT $X_1[k]$：

$$x_1[n] = \begin{cases} x_c(nT), & n = 0, 1, \ldots, 3999, \\ 0, & \text{其他} \end{cases}$$

既然 $x_c(t)$ 的持續時間爲 100 毫秒，$x_1[n]$ 是有限長度序列，長度爲 4000 點（100 毫秒／25 微秒）。

方法 2：以週期 $T = 50$ 微秒取樣 $x_c(t)$，既然 $x_c(t)$ 的持續時間爲 100 毫秒，所得的有限長度序列長度只有 2000（00 毫秒／50 微秒）個非零樣本，即

$$x_2[n] = \begin{cases} x_c(nT), & n = 0, 1, \ldots, 1999, \\ 0, & \text{其他} \end{cases}$$

換句話說，我們將此序列補上零以得到 4000 點的序列，然後計算其 4000 點 DFT $X_2[k]$。

方法 3：如方法 2，以週期 $T = 50$ 微秒取樣 $x_c(t)$，將所得的 2000 點序列用以下方式產生序列 $x_3[n]$：

$$x_3[n] = \begin{cases} x_c(nT), & 0 \le n \le 1999, \\ x_c((n-2000)T), & 2000 \le n \le 3999, \\ 0, & \text{其他} \end{cases}$$

然後計算此序列的 4000 點 DFT $X_3[k]$。

對於這三種方法，試求 4000 點 DFT 和 $X_c(j\Omega)$ 的關係，以一個「典型」的傅立葉轉換 $X_c(j\Omega)$ 的圖表示出此關係。明確地說明哪一些方法可以提供預期的 $X_c(j\Omega)$ 樣本值。

10.30 有一連續時間、有限持續時間訊號 $x_c(t)$ 以 20000 樣本／秒的頻率取樣後，得到 1000 點的有限長度序列 $x[n]$，它在 $0 \le n \le 999$ 的區間內有非零值。我們在本題中也假設此連續時間訊號也是有限頻寬訊號，$X_c(j\Omega)=0$，$|\Omega| \ge 2\pi(10000)$，也就是假設可忽略取樣所產生的疊頻失真。也假設有程式或裝置可計算 1000 點 DFT 和 1000 點 IDFT。

(a) 令 $X[k]$ 代表序列 $x[n]$ 的 1000 點 DFT，$X[k]$ 和 $X_c(j\Omega)$ 的關係爲何？DFT 樣本之間所對應的實際連續時間頻率間隔爲何？

由 1000 點 DFT $X[k]$ 開始，以下步驟提議用來擴展傅立葉轉換 $X_c(j\Omega)$ 的顯示範圍至 $|\Omega| \le 2\pi(5000)$。

步驟 1：產生一個新的 1000 點 DFT 如下

$$W[k]=\begin{cases} X[k], & 0 \le k \le 250, \\ 0, & 251 \le k \le 749, \\ X[k], & 750 \le k \le 999 \end{cases}$$

步驟 2：計算 $W[k]$ 的 1000 點 IDFT，得到序列 $w[n]$，$n=0,1,\ldots,999$。

步驟 3：將 $w[n]$ 降頻取樣兩倍，然後用 500 個零擴增所得結果，得到以下序列

$$y[n]=\begin{cases} w[2n], & 0 \le n \le 499, \\ 0, & 500 \le n \le 999 \end{cases}$$

步驟 4：計算 $y[n]$ 的 1000 點 DFT，得到 $Y[k]$。

(b) 此演算法的設計者主張

$$Y[k]=\alpha X_c(j2\pi \cdot 10 \cdot k), \quad k=0,1,\ldots,500,$$

上式中的α是比例常數。這主張是正確的嗎？如果不是，請說明理由。

10.31 假設當輸入序列爲 $x[n]$ 時，有一 LTI FIR 系統的輸出序列爲 $y[n]$，即

$$y[n]=\sum_{k=0}^{M} h[k]x[n-k]$$

(a) 試求此線性系統輸出序列的 TDFT $Y[n,\lambda)$ 和輸入序列的 TDFT $X[n,\lambda)$ 之間的關係。

(b) 如果窗函數的長度大於 M，試證

$$\breve{Y}[n,\lambda) \simeq H(e^{j\lambda})\breve{X}[n,\lambda),$$

上式中的 $H(e^{j\omega})$ 是此線性系統的頻率響應。

10.32 有一類比訊號 $x_c(t)$ 由弦波的和所組成，以頻率 $f_s=10000$ 樣本／秒取樣後，得到序列 $x[n]=x_c(nT)$，以下圖 P10.32 的四個聲紋圖顯示此序列的 TDFT $|X[n,\lambda)|$，使用的窗函數是方窗或是 Hamming 窗函數（振幅用的是對數的刻度，而且只顯示前 35 dB）。

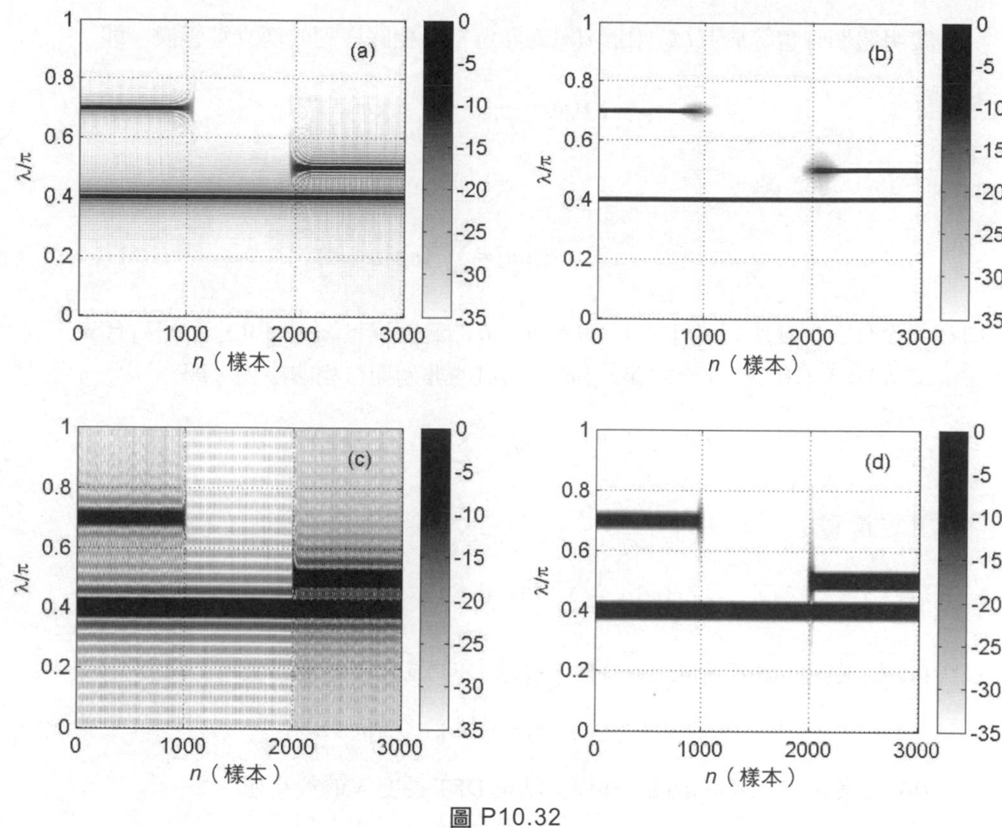

圖 P10.32

(a) 哪一些聲紋圖使用的是方窗函數？

(a)　(b)　(c)　(d)

(b) 哪幾對聲紋圖的頻率解析度約略相同？

(a&b)　(b&d)　(c&d)　(a&d)　(b&c)

(c) 哪一個聲紋圖使用的窗函數最短？

(a)　(b)　(c)　(d)

(d) 估計聲紋圖 (b) 使用的窗函數 L（單位是樣本數），估計到最接近的 100 個樣本。

(e) 使用圖 P10.32 的聲紋圖，幫助你寫出類比訊號 $x_c(t)$ 的弦波和的方程式（或數個方程式）。當此方程式代表的類比訊號以 $f_s = 10000$ 取樣後，可以得到上述的聲紋圖。對此類比訊號的描述請儘可能完整。指出任何無法由聲紋圖辨認出的參數。

10.33 定義於 (10.67) 式的離散時間隨機訊號 $x[n]$ 的週期圖 $I(\omega)$ 爲

$$I(\omega) = \frac{1}{LU} |V(e^{j\omega})|^2,$$

上式中的 $V(e^{j\omega})$ 是有限長度序列 $v[n] = w[n]x[n]$，$w[n]$ 是有限長度窗函數序列，長度爲 L，U 是正規化常數。假設 $x[n]$ 和 $w[n]$ 都是實數。

證明週期圖也等於 $1/LU$ 乘以 $v[n]$ 的非週期自相關序列的傅立葉轉換，即

$$I(\omega)=\frac{1}{LU}\sum_{m=-(L-1)}^{L-1}c_{vv}[m]e^{-j\omega m},$$

上式中

$$c_{vv}[m]=\sum_{n=0}^{L-1}v[n]v[n+m]$$

10.34 假設有限長度序列 $x[n]$ 在 $n<0$ 或 $n\geq L$ 的範圍滿足 $x[n]=0$，令 $X[k]$ 代表序列 $x[n]$ 的 N 點 DFT，且 $N>L$。定義 $c_{xx}[m]$ 爲 $x[n]$ 的非週期自相關序列，即

$$c_{xx}[m]=\sum_{n=-\infty}^{\infty}x[n]x[n+m]$$

且定義

$$\tilde{c}_{xx}[m]=\frac{1}{N}\sum_{m=0}^{N-1}|X[k]|^2 e^{j(2\pi/N)km},\quad m=0,1,\ldots,N-1$$

(a) 如果我們需要滿足以下條件，試求 DFT 長度 N 的最小值。

$$c_{xx}[m]=\tilde{c}_{xx}[m],\quad 0\leq m\leq L-1$$

(b) 如果我們需要滿足以下條件，試求 DFT 長度 N 的最小值。

$$c_{xx}[m]=\tilde{c}_{xx}[m],\quad 0\leq m\leq M-1,$$

上式中的 $M<L$。

10.35 對稱 Bartlett 窗函數出現在功率頻譜估計的許多層面，其定義如下

$$w_B[m]=\begin{cases}1-|m|/M, & |m|\leq M-1,\\ 0, & \text{其他}\end{cases}\qquad\text{(P10.35-1)}$$

我們在 10.6 節討論過，Bartlett 窗函數特別吸引人之處在於對自相關函數的估計值加窗，以得到功率頻譜的估計值。因爲其傅立葉轉換爲非負值，可以確保平滑過的頻譜估計在所有頻率值都是非負值。

(a) 試證定義於 (P10.35-1) 式的 Bartlett 窗函數等於序列 $(u[n]-u[n-M])$ 的非週期自相關序列乘以 $(1/M)$。

(b) 利用 (a) 小題的結果，證明 Bartlett 窗函數的 DTFT 爲

$$W_B(e^{j\omega})=\frac{1}{M}\left[\frac{\sin(\omega M/2)}{\sin(\omega/2)}\right]^2,\qquad\text{(P10.35-2)}$$

上式明顯爲非負值。

(c) 試描述一個方法，可以產生有限長度的窗序列，具有非負的傅立葉轉換。

10.36 以下訊號

$$x[n]=\left[\sin\left(\frac{\pi n}{2}\right)\right]^2 u[n]$$

的 TDFT 是用以下的分析窗函數所計算

$$w[n]=\begin{cases}1, & 0\le n\le 13,\\ 0, & 其他\end{cases}$$

令 $X[n,k]=X[n,2\pi k/7]$，$0\le k\le 6$，$X[n,\lambda)$ 如 10.3 節所定義。

(a) 試求 $X[0,k]$，$0\le k\le 6$。

(b) 計算 $\sum_{k=0}^{6}X[n,k]$，$0\le n<\infty$。

延伸問題

10.37 我們在 10.6 節中證明，對於自相關序列的估計值加窗，可以得到平滑化的功率頻譜估計值。當時提到 [見 (10.109) 式] 平滑化的頻譜估計值的變異數為

$$\text{var}[S(\omega)]\simeq FP_{xx}^2(\omega),$$

上式中的 F 稱為**變異數比**（variance ratio），或是**變異數減縮比**（variance reduction ratio），其計算式如下

$$F=\frac{1}{Q}\sum_{m=-(M-1)}^{M-1}(w_c[m])^2=\frac{1}{2\pi Q}\int_{-\pi}^{\pi}|W_c(e^{j\omega})|^2\,d\omega$$

如同我們在 10.6 節的討論，Q 是序列 $x[n]$ 的長度，$(2M-1)$ 是對稱窗序列 $w_c[m]$ 的長度，用來估計自相關序列。因此，當 Q 值不變，藉由調整加到相關函數的窗函數形狀和持續時間，可以減少平滑化的頻譜估計值的變異數。

我們在本題將會證明，當窗函數長度減少，F 值隨之減少。但是由先前第 7 章對於窗函數的討論，我們也已經知道，當窗函數長度減少，$W_c(e^{j\omega})$ 的主波瓣寬度增加，因此，當窗函數長度減少，分辨相近頻率的能力也會減少。所以在變異數和解析度的縮減之間必須作取捨。我們將針對以下常用的窗函數研究此取捨。

方窗函數

$$w_R[m]=\begin{cases}1, & |m|\le M-1,\\ 0, & 其他\end{cases}$$

Bartlett（三角）窗函數

$$w_R[m]=\begin{cases}1-|m|/M, & |m|\le M-1,\\ 0, & 其他\end{cases}$$

Hanning/Hamming 窗函數

$$w_H[m]=\begin{cases}\alpha+\beta\cos[\pi m/(M-1)], & |m|\le M-1,\\ 0, & \text{其他}\end{cases}$$

（Hanning 窗函數的 $\alpha=\beta=0.5$，Hamming 窗函數的 $\alpha=0.54$，$\beta=0.46$。）

(a) 求出先前這些窗函數的 DTFT，即計算 $W_R(e^{j\omega})$、$W_B(e^{j\omega})$ 和 $W_H(e^{j\omega})$。將這些 DTFT 當作 ω 的函數，畫出它們的圖。

(b) 對於每一個窗函數，證明下表中的每一條目當 $M\gg 1$ 都是近似地成立。

窗函數名	主波瓣近似寬度	近似的變異數比（F）
方窗函數	$2\pi/M$	$2M/Q$
Bartlett	$4\pi/M$	$2M/(3Q)$
Hanning/Hamming	$3\pi/M$	$2M(\alpha^2+\beta^2/2)/Q$

10.38 證明 (10.18) 式所定義的 TDFT 具備以下性質。

(a) **線性**（linearity）：若 $x[n]=ax_1[n]+bx_2[n]$，則 $x[n,\lambda)=aX_1[n,\lambda)+bX_2[n,\lambda)$。

(b) **平移性質**（shifting）：若 $y[n]=x[n-n_0]$，則 $Y[n,\lambda)=X[n-n_0,\lambda)$。

(c) **調變性質**（modulation）：若 $y[n]=e^{j\omega_0 n}x[n]$，則 $Y[n,\lambda)=e^{j\omega_0 n}X[n,\lambda)$。

(d) **共軛對稱性**（conjugate symmetry）：若 $x[n]$ 爲實數序列，則 $X[n,\lambda)=X^*[n,-\lambda)$。

10.39 假設 $x_c(t)$ 是實數連續時間穩態隨機訊號，其自相關函數爲

$$\phi_c(\tau)=\varepsilon\{x_c(t)x_c(t+\tau)\}$$

功率密度頻譜爲

$$P_c(\Omega)=\int_{-\infty}^{\infty}\phi_c(\tau)e^{-j\Omega\tau}d\tau$$

以週期 T 取樣 $x_c(t)$ 之後，得到離散時間穩態隨機訊號 $x[n]$，即 $x[n]=x_c(nT)$。

(a) 證明 $x[n]$ 的自相關序列 $\phi[m]$ 可表示爲

$$\phi[m]=\phi_c(mT)$$

(b) 連續時間穩態隨機訊號的功率密度頻譜 $P_c(\Omega)$ 和離散時間穩態隨機訊號的功率密度頻譜 $P(\omega)$ 之間的關係爲何？

(c) 需要滿足何種條件才能使下式成立？

$$P(\omega)=\frac{1}{T}P_c\left(\frac{\omega}{T}\right),\quad |\omega|<\pi$$

10.40 我們在 10.5.5 節考慮過弦波加上白雜訊的功率頻譜估計。本題中，我們將會決定這類訊號真實的功率頻譜。假設

$$x[n] = A\cos(\omega_0 n + \theta) + e[n],$$

上式中的 θ 是均勻分佈在 0 到 2π 之間的隨機變數，$e[n]$ 是平均值爲零的隨機變數序列，彼此獨立，也都和 θ 獨立。換句話說，餘弦成份的相位是隨意選取的，而 $e[n]$ 代表白雜訊。

(a) 根據先前的假設，證明 $x[n]$ 的自相關函數爲

$$\phi_{xx}[m] = \varepsilon\{x[n]x[m+n]\} = \frac{A^2}{2}\cos(\omega_0 m) + \sigma_e^2\delta[m],$$

上式中的 $\sigma_e^2 = \mathcal{E}\{(e[n])^2\}$。

(b) 利用 (a) 小題的結果，證明 $x[n]$ 在頻域上一個週期內的功率頻譜爲

$$P_{xx}(\omega) = \frac{A^2\pi}{2}[\delta(\omega-\omega_0) + \delta(\omega+\omega_0)] + \sigma_e^2, \quad |\omega| \le \pi$$

10.41 假設長度爲 N 的離散時間訊號 $x[n]$ 是取樣自連續時間白色的穩態訊號，其平均值爲零，可以推得

$$\mathcal{E}\{x[n]x[m]\} = \sigma_x^2\delta[n-m],$$
$$\mathcal{E}\{x[n]\} = 0$$

如果我們計算此有限長度序列 $x[n]$ 的 DFT，得到 $X[k]$, $k = 0, 1, \ldots, N-1$。

(a) 利用 (10.80) 和 (10.84) 式，試求 $|X[k]|^2$ 的變異數近似值。

(b) 試求 DFT 值之間的互相關（cross-correlation）函數，也就是說，計算 $\varepsilon\{X[k]X^*[r]\}$，他是 k 和 r 的函數。

10.42 有一有限頻寬連續時間訊號，在 $|\Omega| \ge 2\pi(10^4)$rad/s 的範圍內，其有限頻寬功率頻譜的值爲零，此訊號在 10 秒的時間內以 20000 樣本／秒的頻率取樣。我們用 10.5.3 節所介紹的平均週期圖法估計此訊號的功率頻譜。

(a) 資料紀錄的長度 Q（樣本數）爲何？

(b) 如果我們使用 radix-2 FFT 計算其週期圖，而且希望在等頻率的頻率點上得到功率頻譜的估計值，頻率頻率不超過 10 Hz，試求 FFT 長度 N 的最小值。

(c) 如果資料片段長度 L 等於 (b) 小題的 FFT 長度 N，而且資料片段彼此不互相重疊，可以得到多少資料片段 K？

(d) 假設我們想要將頻譜估計值的變異數減少 10 倍，但是維持 (b) 小題所要求的頻率間隔，試給出兩個方法以達到此目的。這兩個方法得到的結果相同嗎？如果不同，請解釋不同之處。

10.43 假設有一訊號的功率頻譜估計自 10.5.3 節所述之平均週期圖法，也就是說，頻譜估計值為

$$\bar{I}(\omega) = \frac{1}{K}\sum_{r=0}^{K-1} I_r(\omega),$$

上式中的 K 個週期圖 $I_r(\omega)$ 是由長度為 L 點的訊號片段計算而得，使用的是 (10.82) 和 (10.83) 式。我們將自相關函數的估計值定義為 $\bar{I}(\omega)$ 的逆傅立葉轉換，即

$$\bar{\phi}[m] = \frac{1}{2\pi}\int_{-\pi}^{\pi} \bar{I}(\omega) e^{j\omega m} d\omega$$

(a) 試證

$$\mathcal{E}\{\bar{\phi}[m]\} = \frac{1}{LU} c_{ww}[m]\phi_{xx}[m],$$

上式中的 L 是訊號片段的長度；U 是正規化常數，表示於 (10.79) 式；$c_{ww}[m]$ 是加到訊號片段的窗函數的非週期自相關序列，表示於 (10.75) 式。

(b) 在平均週期圖的應用中，通常我們會使用 FFT 演算法以計算 $\bar{I}(\omega)$ 在 N 個等間隔頻率點的值，即

$$\bar{I}[k] = \bar{I}(2\pi k/N), \quad k = 0, 1, \ldots, N-1,$$

其中 $N \geq L$。假設我們用 $\bar{I}[k]$ 的 IDFT 當作自相關函數的估計值，即

$$\bar{\phi}_p[m] = \frac{1}{N}\sum_{k=0}^{N-1} \bar{I}[k] e^{j(2\pi/N)km}, \quad m = 0, 1, \ldots, N-1$$

求出 $\mathcal{E}\{\bar{\phi}_p[m]\}$ 的表示式。

(c) 要如何選擇 N 值，才能滿足

$$\mathcal{E}\{\bar{\phi}_p[m]\} = \mathcal{E}\{\bar{\phi}[m]\}, \quad m = 0, 1, \ldots, L-1?$$

10.44 考慮以下自相關函數估計值的計算方式

$$\hat{\phi}_{xx}[m] = \frac{1}{Q}\sum_{n=0}^{Q-|m|-1} x[n]x[n+|m|], \tag{P10.44-1}$$

上式中的 $x[n]$ 是實數序列。既然 $\hat{\phi}_{xx}[-m] = \hat{\phi}_{xx}[m]$，要在 $-(M-1) \leq m \leq M-1$ 的範圍內得到 $\hat{\phi}_{xx}[m]$ 的值，我們只需要在 $0 \leq m \leq M-1$ 的範圍內計算 (P10.44-1) 式，如同使用 (10.102) 式估計功率頻譜的情形。

(a) 當 $Q \gg M$，使用單一個 FFT 計算 $\hat{\phi}_{xx}[m]$ 可能並不可行，在此情形下，將 $\hat{\phi}_{xx}[m]$ 表示成較短序列的相關函數估計值的和會比較方便。若 $Q = KM$，對於 $0 \leq m \leq M-1$，試證

$$\hat{\phi}_{xx}[m] = \frac{1}{Q}\sum_{i=0}^{K-1} c_i[m],$$

上式中的 $c_i[m]$ 爲

$$c_i[m]=\sum_{n=0}^{M-1}x[n+iM]x[n+iM+m],$$

(b) 試證相關函數 $c_i[m]$ 可以得自於 N 點**循環**（circular）相關函數，

$$\tilde{c}_i[m]=\sum_{n=0}^{N-1}x_i[n]y_i[((n+m))_N],$$

上式中的 $x_i[n]$ 與 $y_i[n]$ 分別是

$$x_i[n]=\begin{cases}x[n+iM], & 0\le n\le M-1,\\ 0, & M\le n\le N-1,\end{cases}$$

與

$$y_i[n]=x[n+iM],\quad 0\le n\le N-1 \qquad \text{(P10.44-2)}$$

要滿足 $c_i[m]=\tilde{c}_i[m]$，$0\le m\le M-1$，N 的最小值爲何（以 M 表示）？

(c) 試說明一個計算 $\hat{\phi}_{xx}[m]$, $0\le m\le M-1$ 的方法，方法中使用 $2K$ 個實數的 N 點 DFT 和一個 N 點 IDFT。對於 $0\le m\le M-1$，如果使用 radix-2 FFT，需要用到多少複數乘法？

(d) 必須要如何修改 (c) 小題的方法，才能計算以下的互相關函數估計值

$$\hat{\phi}_{xy}[m]=\frac{1}{Q}\sum_{n=0}^{Q-|m|-1}x[n]y[n+m],\quad -(M-1)\le m\le M-1,$$

上式中的 $x[n]$ 和 $y[n]$, $0\le n\le Q-1$ 是已知的實數序列。

(e) 如果要計算自相關函數估計值 $\hat{\phi}_{xx}[m]$, $0\le m\le M-1$，Rader (1970) 證明，當 $N=2M$ 可以減少相當多的計算量。試證：定義於 (P10.44-2) 式的訊號片段 $y_i[n]$ 的 N 點 DFT 可以表示爲

$$Y_i[k]=X_i[k]+(-1)^k X_{i+1}[k],\quad k=0,1,\ldots,N-1$$

試說明計算 $\hat{\phi}_{xx}[m]$，$0\le m\le M-1$ 的方法，方法中使用 K 個 N 點 DFT 和一個 N 點 IDFT。如果在此情形中使用 radix-2 FFT，試求複數乘法的總數。

10.45 我們在 10.3 節定義了訊號 $x[m]$ 的 TDFT，當 n 值固定，此 TDFT 等效於序列 $x[n+m]w[m]$ 的 DTFT，其中的 $w[m]$ 是窗序列。當 n 值固定，將序列 $x[n]$ 的時間相關自相關函數的傅立葉轉換定義爲 TDFT 強度的平方值，也是有用的定義方式。具體來說，時間相關自相關函數的定義爲

$$c[n,m]=\frac{1}{2\pi}\int_{-\pi}^{\pi}|X[n,\lambda)|^2 e^{j\lambda m}d\lambda,$$

上式中的 $X[n,\lambda)$ 定義於 (10.18) 式。

(a) 如果 $x[n]$ 是實數序列，證明

$$c[n,m]=\sum_{r=-\infty}^{\infty}x[n+r]w[r]x[m+n+r]w[m+r];$$

換句話說，當 n 固定，$c[n,m]$ 是序列 $x[n+r]w[r]$，$-\infty<r<\infty$ 的非週期自相關序列。

(b) 當 n 固定，證明時間相關自相關函數是 m 的偶函數，使用此一事實得到等效的表示式

$$c[n,m]=\sum_{r=-\infty}^{\infty}x[r]x[r-m]h_m[n-r],$$

上式中

$$h_m[r]=w[-r]w[-(m+r)] \qquad \text{(P10.45-1)}$$

(c) 當 m 固定且 $-\infty<r<\infty$，如果要用 (P10.45-1) 式和因果性的計算求出 $c[n,m]$，$w[r]$ 必須滿足甚麼條件？

(d) 假設

$$w[-r]=\begin{cases}a^r, & r\geq 0,\\ 0, & r<0\end{cases} \qquad \text{(P10.45-2)}$$

試求計算第 m 個自相關延遲值所用的脈衝響應 $h_m[r]$ 以及對應的系統函數 $H_m(z)$。針對 (P10.45-2) 式的窗函數所得的系統函數，畫出計算第 m 個自相關延遲值 $c[n,m]$，$-\infty<n<\infty$ 所用因果系統方塊圖。

(e) 重作 (d) 小題，但是窗函數改為

$$w[-r]=\begin{cases}ra^r, & r\geq 0,\\ 0, & r<0\end{cases}$$

10.46 有時候我們用濾波器組實現 TDFT，即使使用的方法是 FFT，濾波器組的詮釋也可以對 TDFT 提供有用的洞察。當 λ 值固定，定義於 (10.18) 式的 TDFT $X[n,\lambda)$ 只是一個序列，可視為組合了濾波和調變操作的結果，這是濾波器組詮釋的基礎。本題將檢視此一詮釋。

(a) 在圖 P10.46-1 的 LTI 系統中，如果脈衝響應 $h_0[n]=w[-n]$，證明系統的輸出為 $X[n,\lambda)$。當 λ 值固定，同時證明圖 P10.46-1 中整個系統的行為像是一個 LTI 系統，並且求出此等效 LTI 系統的脈衝響應與頻率響應。

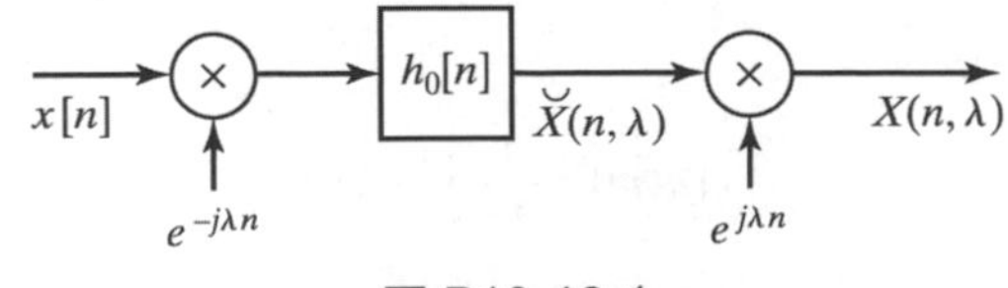

圖 P10.46-1

(b) 當 λ 值固定，對於典型的窗序列，證明圖 P10.46-1 中的序列 $s[n]=\check{X}[n,\lambda)$ 有低通的 DTFT。對於典型的窗序列，同時證明圖 P10.46-1 中整個系統的頻率響應是中心點位於 $\omega=\lambda$ 的帶通濾波器。

(c) 圖 P10.46-2 的濾波器組由 N 個帶通濾波器通道所組成，每個通道都用圖 P10.46-1 的系統實現。每個通道的中心頻率為 $\lambda_k=2\pi k/N$，而低通濾波器的脈衝響應 $h_0[n]=w[-n]$。證明每個通道的輸出 $y_k[n]$ 是 TDFT（在 λ 域）的樣本。同時證明整個系統的輸出 $y[n]=Nw[0]x[n]$，也就是說，證明圖 P10.46-2 的系統從 TDFT 的樣本確實地重建了輸入訊號（只相差比例常數）。

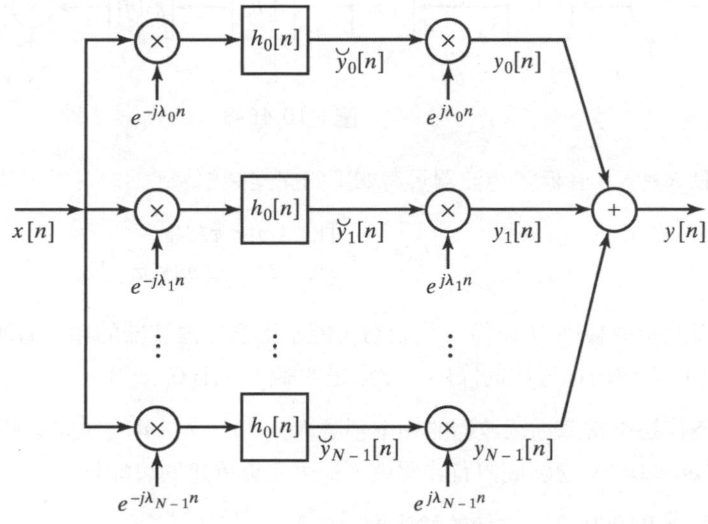

圖 P10.46-2

圖 P10.46-2 的系統將單一個輸入序列 $x[n]$ 轉換成 N 個序列，因而將每秒的總樣本數增加了 N 倍。正如我們在 (b) 小題所證明，對於典型的窗序列，通道訊號 $\breve{y}_k[n]$ 有低通的傅立葉轉換，因此，應該能減少這些訊號的取樣率，如同圖 P10.46-3 所示。一個特別的情形是當取樣率減少的倍數 $R=N$，此時每秒的總樣本數和 $x[n]$ 相等，這個情形的濾波器組稱為**臨界取樣**（critically sampled，見 Crochiere and Rabiner, 1983）。如圖所示，從降頻取樣的通道樣本重建原始訊號需要作訊號內插。明白可知的是，瞭解此系統能將原始輸入訊號 $x[n]$ 重建到何種程度，會是有用的資訊。

(d) 在圖 P10.46-3 的系統中，證明輸出訊號的 DTFT 可以表示成以下關係式

$$Y(e^{j\omega})=\frac{1}{R}\sum_{\ell=0}^{R-1}\sum_{k=0}^{N-1}G_0(e^{j(\omega-\lambda_k)})H_0(e^{j(\omega-\lambda_k-2\pi\ell/R)})X(e^{j(\omega-2\pi\ell/R)}),$$

上式中的 $\lambda_k=2\pi k/N$。上式清楚地表示出對於通道訊號 $\breve{y}_k[n]$ 降頻取樣所產生的疊頻現象。如果想要抵消疊頻現象，使 $y[n]=x[n]$，根據此 $Y(e^{j\omega})$ 的表示式，求出 $H_0(e^{j\omega})$ 和 $G_0(e^{j\omega})$ 必須相互滿足的關係式。

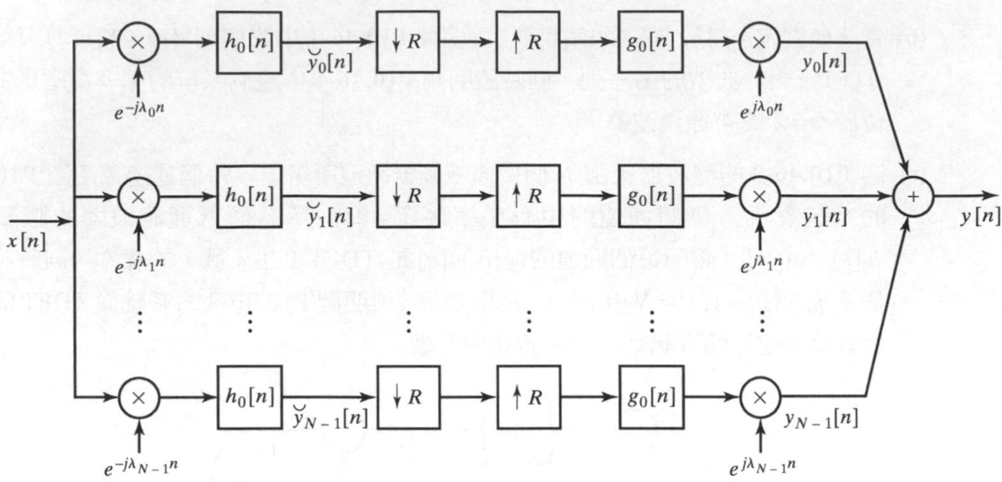

圖 P10.46-3

(e) 假設 $R = N$，且低通濾波器具有如下的完美頻率響應：

$$H_0(e^{j\omega}) = \begin{cases} 1, & |\omega| < \pi/N, \\ 0, & \pi/N < |\omega| \le \pi \end{cases}$$

針對此頻率響應 $H_0(e^{j\omega})$，是否有可能求出插值濾波器的頻率響應 $G_0(e^{j\omega})$，而且滿足 (d) 小題所推導出的條件？如果是的話，求出 $G_0(e^{j\omega})$。

(f) 選擇作答：當低通濾波器的頻率響應 $H_0(e^{j\omega})$（$w[-n]$的傅立葉轉換）是不完美的，在$|\omega| < 2\pi/N$ 的區間內有非零值，探討完美重建的可能性。

(g) 證明圖 P10.46-3 中系統的輸出為

$$y[n] = N\sum_{r=-\infty}^{\infty} x[n-rN]\sum_{\ell=-\infty}^{\infty} g_0[n-\ell R]h_0[\ell r + rN - n]$$

如果想要使 $y[n] = x[n]$，根據此表示式，求出 $h_0[n]$ 和 $g_0[n]$ 必須相互滿足的關係式。

(h) 假設 $R = N$，且低通濾波器的脈衝響應為

$$h_0[n] = \begin{cases} 1, & -(N-1) \le n \le 0, \\ 0, & \text{其他} \end{cases}$$

針對此脈衝響應 $h_0[n]$，是否有可能求出插值濾波器的脈衝響應 $g_0[n]$，而且滿足(g) 小題所推導出的條件？如果是的話，求出 $g_0[n]$。

(i) 選擇作答：當低通濾波器的頻率響應 $h_0[n] = w[-n]$ 是逐漸變弱的窗函數，長度大於 N，探討完美重建的可能性。

10.47 有一穩定的 LTI 系統具有實數脈衝響應 $h[n]$，其輸入為實數訊號 $x[n]$，輸出訊號為 $y[n]$。假設輸入訊號是白雜訊，平均值為零，變異數是 σ_x^2。此系統的系統函數為

$$H(z)=\frac{\sum_{k=0}^{M} b_k z^{-k}}{1-\sum_{k=1}^{N} a_k z^{-k}},$$

我們在本題中假設 a_k 和 b_k 都是實數。輸入和輸出滿足以下常係數差分方程式

$$y[n]=\sum_{k=1}^{N} a_k y[n-k]+\sum_{k=0}^{M} b_k x[n-k]$$

如果 a_k 值都等於零，則 $y[n]$稱為**移動平均**（moving-average, MA）線性隨機過程；如果除了 b_0 之外，b_k 值都等於零，則 $y[n]$稱為**自回歸**（autoregressive, AR）線性隨機過程；如果 N 和 M 都不等於零，則 $y[n]$ 稱為**自回歸移動平均**（autoregressive moving-average, ARMA）線性隨機過程。

(a) 用線性系統的脈衝響應 $h[n]$表示 $y[n]$的自相關序列。

(b) 根據 (a) 小題的結果，用系統的頻率響應表示 $y[n]$的功率密度頻譜。

(c) 證明 MA 過程的自相關序列 $\phi_{yy}[m]$僅在$|m|\le M$ 的區間內有非零值。

(d) 試求 AR 過程的自相關序列的通式。

(e) 若 $b_0=1$，證明 AR 過程的自相關序列滿足以下差分方程式

$$\phi_{yy}[0]=\sum_{k=1}^{N} a_k \phi_{yy}[k]+\sigma_x^2,$$

$$\phi_{yy}[m]=\sum_{k=1}^{N} a_k \phi_{yy}[m-k],\quad m\ge 1$$

(f) 根據 (e) 小題的結果和 $\phi_{yy}[m]$的對稱性，證明

$$\sum_{k=1}^{N} a_k \phi_{yy}[|m-k|]=\phi_{yy}[m],\quad m=1,2,\ldots,N$$

對此隨機過程模型，給定 $m=0,1,\ldots,N$ 的 $\phi_{yy}[m]$ 值，可以證明總是可以唯一地解出 a_k 和 σ_x^2 的值。這些值可以用到 (b) 小題的結果，得到 $y[n]$的功率密度頻譜的表示式。這種方式是許多參數化頻譜估計技巧的基礎 [對於這些方法的進一步討論，見 Gardner (1988)、Kay (1988) 和 Marple (1987)]。

10.48 本題將闡明一種插值法的基礎，這種方法使用 FFT 以內插週期連續時間訊號的樣本值（取樣頻率滿足 Nyquist 定理）。令

$$x_c(t)=\frac{1}{16}\sum_{k=-4}^{4}\left(\frac{1}{2}\right)^{|k|} e^{jkt}$$

代表一週期訊號，將以圖 10.48 的系統進行處理。

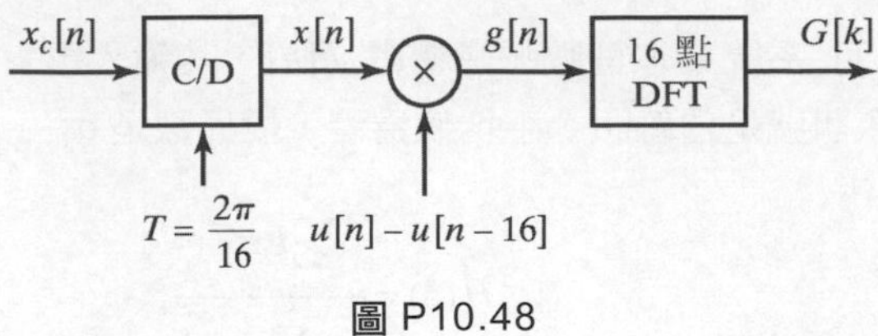

圖 P10.48

(a) 畫出 16 點序列 $G[k]$。

(b) 說明如何將 $G[k]$變成 32 點序列 $Q[k]$，且 $Q[k]$的 32-IDFT 爲以下序列

$$q[n]=\alpha x_c\left(\frac{n2\pi}{32}\right),\quad 0\le n\le 31,$$

其中α是非零常數。不必求出 α 的值。

10.49 在許多真實的應用場合，現實的限制不允許處理長時間的序列。無論如何，依然可以從加窗所得的序列片段獲得重要的資訊。本題中，給定 256 個樣本的區塊，範圍是 $0\le n\le 255$，你將會見到如何計算無限長度訊號 $x[n]$的傅立葉轉換。你決定使用 256 點 DFT 以估計傅立葉轉換，方法是定義以下訊號 $\hat{x}[n]$，並且計算其 256 點 DFT，

$$\hat{x}[n]=\begin{cases}x[n], & 0\le n\le 255,\\ 0, & \text{其他}\end{cases}$$

(a) 假設訊號 $x[n]$得自於取樣連續時間訊號 $x_c(t)$，取樣頻率 $f_s=20\text{ kHz}$，即

$$x[n]=x_c(nT_s),$$
$$1/T_s=20\text{ kHz}$$

假設 $x_c(t)$ 是有限頻寬訊號，頻寬爲 10 kHz。令 $\hat{X}[k]$ 代表 $\hat{x}[n]$ 的 DFT，$k=0,1,\ldots,255$，試問 k = 32 和 k = 231 這兩個 DFT 指標所對應到的連續時間頻率爲何？確定你的答案是用 Hz 表示。

(b) 令 $X(e^{j\omega})$ 和 $W_R(e^{j\omega})$ 分別代表 $x[n]$ 和 256 點方窗函數 $w_R[n]$ 的 DTFT。試用 $X(e^{j\omega})$ 和 $W_R(e^{j\omega})$ 表示 $\hat{x}[n]$的 DTFT。

(c) 假設你用平均的技巧估計 k = 32 的轉換值

$$X_{\text{avg}}[32]=\alpha\hat{X}[31]+\hat{X}[32]+\alpha\hat{X}[33]$$

這種形式的平均等效於先將訊號 $x[n]$ 乘上新的窗函數 $w_{\text{avg}}[n]$，再計算 DFT。試證 $W_{\text{avg}}(e^{j\omega})$ 必須滿足

$$W_{\text{avg}}(e^{j\omega})=\begin{cases}1, & \omega=0,\\ \alpha, & \omega=\pm 2\pi/L,\\ 0, & \omega=2\pi k/L,\quad k=2,3,\ldots,L-2,\end{cases}$$

其中 L = 256。

(d) 試證：可以用 $W_R(e^{j\omega})$ 及其兩個平移的版本表示此新的窗函數的 DTFT。

(e) 導出 $w_{avg}[n]$ 的簡單公式，並且針對 $\alpha=-0.5$ 與 $0 \le n \le 255$ 畫出此窗函數。

10.50 拉近（zoom in）DFT 的某個區域以檢視更多的細節，經常是有用的操作。我們在本題中將探討兩種實現此操作的演算法，以便在有興趣的頻率範圍內，得到 $X(e^{j\omega})$ 更多的樣本。

假設 $X_N[k]$ 代表有限長度訊號 $x[n]$ 的 N 點 DFT，回想到 $X_N[k]$ 是由 $X(e^{j\omega})$ 在 ω 軸上每 $2\pi/N$ 取一個樣本所組成，給定 $X_N[k]$，我們想要計算 $X(e^{j\omega})$ 在 $\omega=\omega_c-\Delta\omega$ 與 $\omega=\omega_c+\Delta\omega$ 之間的 N 個樣本值，頻率間隔為 $2\Delta\omega/N$，此處

$$\omega_c=\frac{2\pi k_c}{N}$$

以及

$$\Delta\omega=\frac{2\pi k_\Delta}{N}$$

以上敘述等效於拉近 $\omega_c-\Delta\omega<\omega<\omega_c+\Delta\omega$ 此範圍內的 $X(e^{j\omega})$，圖 10.50-1 是實現此頻譜縮放的系統之一，假設 $x_z[n]$ 是填零之後的訊號，以便計算 N 點 DFT，$h[n]$是理想的低通濾波器，截止頻率為 $\Delta\omega$。

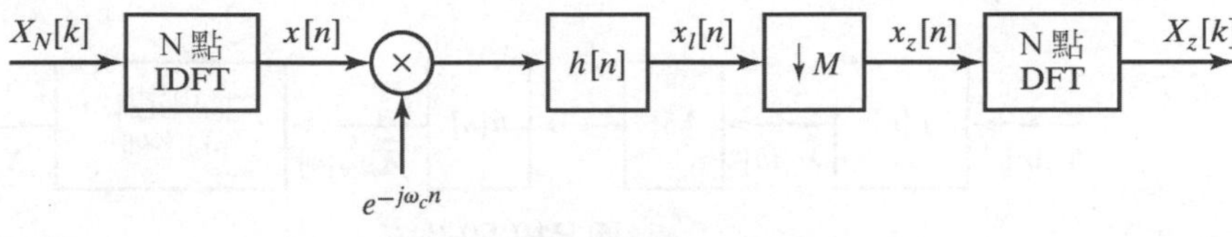

圖 P10.50-1

(a) 如果要避免降頻取樣器產生疊頻現象，最大的 M 值（可能不是整數）為何？以 k_Δ 與轉換長度 N 表示之。

(b) 假設訊號 $x[n]$ 的 DTFT 如圖 10.50-2 所示。若 $\omega_c=\pi/2$ 且 $\Delta\omega=\pi/6$，使用 (a) 小題所得的最大 M 值畫出中間訊號 $x_\ell[n]$ 與 $x_z[n]$ 的 DTFT。示範說明此系統的確可以提供預期的頻率樣本。

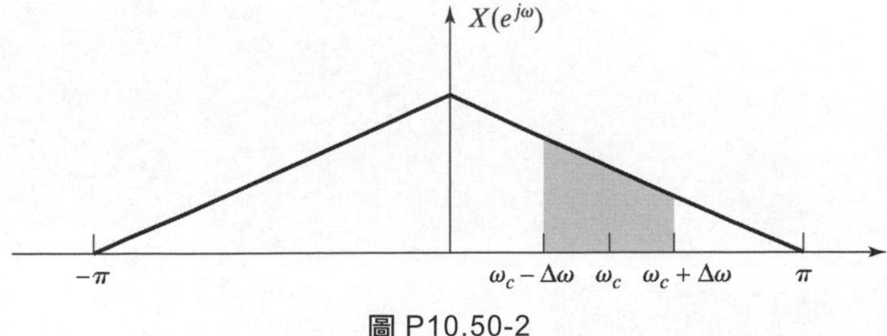

圖 P10.50-2

另一種可以得到預期樣本的演算法是將有限長度序列 $X_N[k]$ 看作是離散時間序列，將此訊號用圖 10.53-3 的系統進行處理。圖中第一個系統的脈衝響應為

$$p[n]=\sum_{r=-\infty}^{\infty}\delta[n+rN],$$

濾波器 $h[n]$的頻率響應為

$$H(e^{j\omega})=\begin{cases}1, & |\omega|\le\pi/M,\\ 0, & \text{其他}\end{cases}$$

拉近之後的訊號定義如下

$$X_z[n]=\tilde{X}_{NM}[Mk_c-Mk_\Delta+n],\quad 0\le n\le N-1,$$

上式中的 k_c 和 k_Δ 是適當的值。以下各小題中，假設我們選取的 k_Δ 值會使 M 值為整數。

(c) 假如我們用因果的型－I 線性相位濾波器近似理想低通濾波器 $h[n]$，線性相位濾波器的長度為 513（在 $0\le n\le 512$ 的範圍內有非零值），指出 $X_{NM}[n]$的哪些樣本以提供預期的頻率樣本。

(d) 利用典型的 $X_N[k]$ 和 $X(e^{j\omega})$ 的頻譜圖，示範說明圖 10.53-3 的系統的確可以產生預期的頻率樣本。

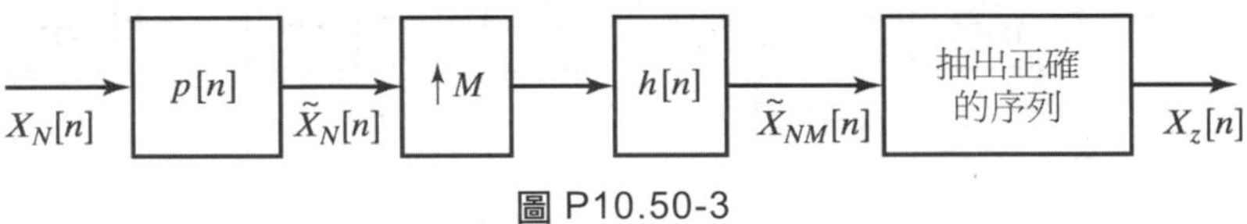

圖 P10.50-3

CHAPTER

11

參數訊號模型

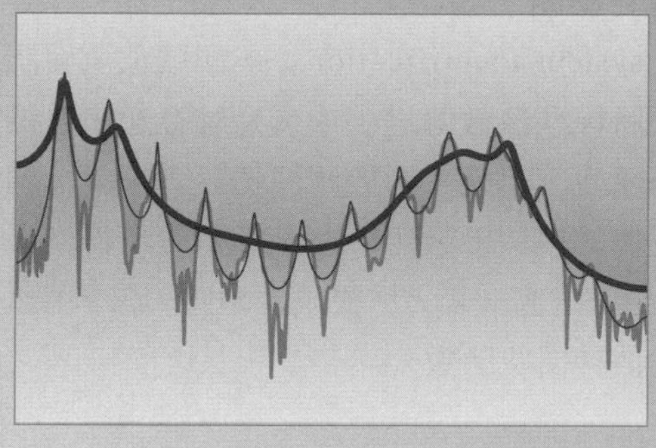

11.0 簡介

在本書中，我們發現使用數種不同的方式表示訊號與系統是相當方便的作法。舉例來說，將第 2 章中 (2.5) 式的離散時間訊號用一連串經過縮放的脈衝表示，可以用來推導出 LTI 系統的旋積性質。將訊號表示成弦波和複指數訊號的線性組合，可以得到傅立葉級數、傅立葉轉換，並且推導出訊號和 LTI 系統的頻域特徵。因爲這些表示法可以用到一般的訊號，所以特別有用，然而，如果知道訊號的結構，它們並不一定是最有效的表示法。

本章介紹另一種很有威力的表示法，稱爲**參數訊號模型**（parametric signal modeling）。這種方式是用數學模型來表示訊號，訊號模型有預先給定的結構，其中只用到有限多個參數。給定訊號 $s[n]$，我們選擇適當的參數值，使訊號模型的輸出訊號 $\hat{s}[n]$ 在某種意義下儘可能接近 $s[n]$。一個常見的範例是將訊號表示成離散時間線性系統的輸出，如圖 11.1 所示。這類模型包含輸入訊號 $v[n]$ 和線性系統的系統函數 $H(z)$，給定要建立模型的訊號，如果有一些條件能讓我們解出 $H(z)$ 的參數，那麼這類模型就很有用。舉例來說，給定訊號 $v[n]$，並且假設系統函數是有理函數，其形式如下

$$H(z)=\frac{\sum_{k=0}^{q}b_k z^{-k}}{1-\sum_{k=1}^{p}a_k z^{-k}}, \tag{11.1}$$

則可用 a_k 和 b_k 的值以及輸入的資訊一起建立訊號模型，等效的參數是 $H(z)$ 的零點和極點。對於確定性（deterministic）的訊號而言，通常假設輸入訊號 $v[n]$ 是單位脈衝序列 $\delta[n]$；另一方面，如果將訊號 $s[n]$ 視為隨機訊號，則假設輸入訊號是白雜訊。選擇適當的模型，就有可能用相對較少的參數表示出大量的訊號樣本。

參數訊號模型具有廣泛的應用，包含資料壓縮、頻譜分析、訊號預測、解旋積（deconvolution）、濾波器設計、系統識別（system identification）、訊號偵測與訊號分類。舉例來說，對於資料壓縮而言，當我們將模型參數傳送出去或是儲存起來之後，接收器可以根據這些參數，利用訊號模型重新產生出訊號。對於濾波器設計來說，給定預期的頻率響應或是等效的脈衝響應，我們選擇的模型參數可以在某種意義下得到最佳的近似，因此這些參數加上模型就是我們設計出來的濾波器。想要成功地應用參數模型，兩個關鍵要素是選擇適當的模型，以及精確地估計模型參數。

11.1 訊號的全極點模型

(11.1) 式所代表的模型通常同時具有極點和零點，雖然有各式各樣的技巧可用於決定 (11.1) 式中所有分子和分母的係數，最成功和最廣為使用的技巧是限制 q 值為零，只使用分母多項式。此時，圖 11.1 中的 $H(z)$ 可表示為

$$H(z)=\frac{G}{1-\sum_{k=1}^{p}a_k z^{-k}}=\frac{G}{A(z)}, \tag{11.2}$$

我們將參數 b_0 換成上式中的參數 G，以強調其角色是整體的增益因子。這個模型可適切地命名為「全極點」模型[①]。根據全極點模型的本質，似乎只適合建構無限長的訊號。或許理論上是正確的，然而我們發現，選擇這個模型作為系統函數，對於許多應用中出現的訊號都運作得很好，我們也將證明，可以從給定訊號的有限長度片段直接算出系統參數。

---

① 對於這個情形以及更一般的極點／零點的情形，Kay (1988)、Thierrien (1992)、Hayes (1996)、Stoica 和 Moses (2005) 等書有詳細的討論。

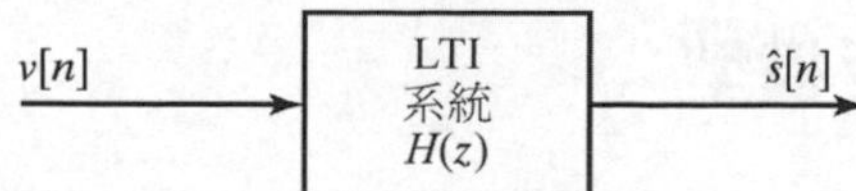

圖 11.1　訊號 $s[n]$ 的線性系統模型

在 (11.2) 式的全極點系統中，輸入訊號和輸出訊號滿足以下常係數線性差分程式

$$\hat{s}[n] = \sum_{k=1}^{p} a_k \hat{s}[n-k] + Gv[n], \tag{11.3}$$

也就是說，此模型在時間點 n 的輸出值是由過去輸出值的線性組合以及縮放後的輸入值所組成。我們將會見到，此結構指出全極點模型等效於線性預測，也就是假設現在的訊號可用過去訊號的線性組合作爲近似值（也就是可線性地預測），所以，這種建立訊號模型的方法也經常稱爲**線性預測分析**（linear predictive analysis）或是**線性預測**（linear prediction）②。

11.1.1 最小平方近似

建立全極點模型的目標是選擇輸入訊號 $v[n]$、參數 G 以及 (11.3) 式中的係數 $a_1, \ldots, a_p$，使得 $\hat{s}[n]$ 在某種意義下近似於 $s[n]$，也就是近似於要建立模型的訊號。如果 $v[n]$ 是事先指定的訊號（例如 $v[n] = \delta[n]$），這也是常見的情形，此時求出最佳參數值的方式是直接讓誤差訊號 $e_{se}[n] = (s[n] - \hat{s}[n])$ 的總能量有最小值，從而得到 $s[n]$ 的最小平方近似值。具體來說，對於確定性訊號而言，我們選取模型參數，讓以下的總平方誤差有最小值

$$\sum_{n=-\infty}^{\infty} (s[n] - \hat{s}[n])^2 = \sum_{n=-\infty}^{\infty} \left(s[n] - \sum_{k=1}^{p} a_k \hat{s}[n-k] - Gv[n] \right)^2 \tag{11.4}$$

原則上，將 (11.4) 式對於每一個參數作微分，令導數值等於零，然後求解所得到的方程式，就可以求出使平方誤差有最小值的係數 a_k，然而，這方式將會得到一組非線性方程式，通常難以求解。雖然這個最小平方的問題對於實際的應用過於困難，但是小平方的基本原則可以應用到略爲不同的表示式，而且應用得相當成功。

② 在討論語音處理時，線性預測分析經常稱為「線性預測編碼」（linear predictive coding, LPC）（見 Rabner and Schafer, 1978 和 Quatieri, 2002）。

11.1.2 最小平方反模型

根據反濾波（inverse filtering）寫出的表示式，對於全極點模型的參數提供了較直接可行的解法，不論哪一種近似方式，我們認識到，在大部份情形中訊號模型一開始的輸出訊號不會和要建立模型的訊號完全相等。在圖 11.1 中的模型中，如果給定的訊號 $s[n]$ 真的是濾波器 $H(z)$ 的輸出訊號，則使用 $s[n]$ 當作 $H(z)$ 的反系統的輸入訊號，輸出訊號將會是 $v[n]$，這個觀察是反濾波的基礎。因此，假設 $H(z)$ 是形式為 (11.2) 式的全極點系統，則其反濾波器 $A(z)$ 的系統函數為：

$$A(z) = 1 - \sum_{k=1}^{p} a_k z^{-k}, \tag{11.5}$$

如圖 11.2 所示。我們想要求出 $A(z)$，使其輸出訊號 $g[n]$ 等於縮放過的輸入訊號 $Gv[n]$。在這個解法中，接下來我們要選擇反濾波器的參數（也就是訊號模型的參數），讓 $g[n]$ 和 $Gv[n]$ 之間的均方誤差（mean-squared error）有最小值，我們將會發現，這個解法會得出行為良好的線性方程組。

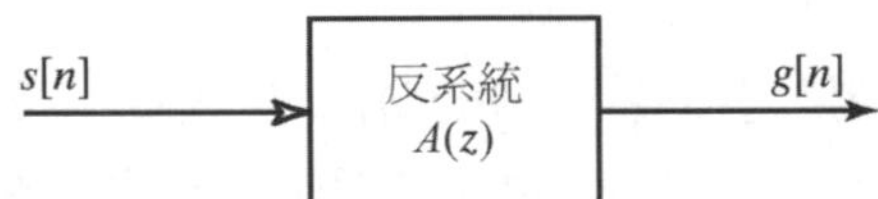

圖 11.2 全極點訊號模型的反濾波器表示法

從圖 11.2 和 (11.5) 式得知，$g[n]$ 和 $s[n]$ 滿足以下差分方程式

$$g[n] = s[n] - \sum_{k=1}^{p} a_k s[n-k] \tag{11.6}$$

令模型誤差序列 $\hat{e}[n]$ 的定義為：

$$\hat{e}[n] = g[n] - Gv[n] = s[n] - \sum_{k=1}^{p} a_k s[n-k] - Gv[n] \tag{11.7}$$

如果 $v[n]$ 是脈衝函數，則當 $n > 0$，誤差序列 $\hat{e}[n]$ 是 $s[n]$ 和其線性預測值之間的誤差，此預測值是對於 $s[n]$ 使用此模型參數而得。因此，用下式表示 (11.7) 也很方便：

$$\hat{e}[n] = e[n] - Gv[n], \tag{11.8}$$

上式中的預測誤差 $e[n]$ 的定義如下：

$$e[n] = s[n] - \sum_{k=1}^{p} a_k s[n-k] \tag{11.9}$$

如果訊號完全符合 (11.3) 式的全極點模型，其模型誤差 $\hat{e}[n]$ 將等於零，而預測誤差 $e[n]$ 等於經過縮放的輸入訊號，即

$$e[n] = Gv[n] \tag{11.10}$$

既然我們假設 $v[n]$ 是已知的訊號，而且用 (11.9) 式可以從 $s[n]$ 算出 $e[n]$，反濾波的解法可以相當程度地簡化求解過程。接下來我們選擇參數 a_k 使以下的誤差值達到最小

$$\mathcal{E} = \left\langle |\,\hat{e}[n]\,|^2 \right\rangle, \tag{11.11}$$

對於有限能量決定性訊號，上式中的記號 $\langle\cdot\rangle$ 代表求和運算；對於隨機訊號，$\langle\cdot\rangle$ 代表取總體平均（ensamble averaging）。對於確定性訊號而言，在反濾波法中求取 (11.1) 式中 $\mathcal{E}$ 的最小值，等於是求取模型誤差總能量的最小值，對於隨機訊號則是求取模型誤差均方值的最小值。爲了方便起見，我們將會常用 $\langle\cdot\rangle$ 代表求取平均值的運算，至於要解釋成求和或是求總體平均，則是由上下文而定。再一次注意到，解出圖 11.2 中反系統的參數 a_k，也就是解出了全極點模型的參數。

欲解出最佳的參數值，我們將 (11.8) 代入 (11.11) 式，得到下式

$$\mathcal{E} = \left\langle (e[n] - Gv[n])^2 \right\rangle, \tag{11.12}$$

也就是

$$\mathcal{E} = \left\langle e^2[n] \right\rangle + G^2 \left\langle v^2[n] \right\rangle - 2G\langle v[n]e[n] \rangle \tag{11.13}$$

欲解出令 ε 有最小值的參數，我們將 (11.12) 式對第 i 個濾波器係數 a_i 微分，令其導數值等於零，可以得到下列聯立方程式

$$\frac{\partial \mathcal{E}}{\partial a_i} = \frac{\partial}{\partial a_i}\left[\left\langle e^2[n] \right\rangle - 2G\langle v[n]s[n-i] \rangle \right] = 0, \quad i = 1, 2, \ldots, p, \tag{11.14}$$

因爲我們已經假設 G 和 a_i 獨立，所以 $v[n]$ 也是如此，因此

$$\frac{\partial}{\partial a_i}\left[G^2 \left\langle v^2[n] \right\rangle \right] = 0 \tag{11.15}$$

對於我們有用的訊號模型中，如果 $s[n]$ 是因果有限能量訊號，則 $v[n]$ 是脈衝訊號；如果 $s[n]$ 是廣義穩態隨機過程，則 $v[n]$ 是白雜訊。當 $v[n]$ 是脈衝訊號且在 $n<0$ 的範圍內

$s[n]=0$，則乘積 $\upsilon[n]s[n-i]=0$，$i=1,2,\ldots,p$。當 $\upsilon[n]$ 是白雜訊，對於任何 n 值，既然在時間點 n 之前，因果系統的白雜訊輸入訊號和輸出訊號之間不相關，可得：

$$\langle \upsilon[n]s[n-i]\rangle = 0, \quad i=1,2,\ldots,p, \tag{11.16}$$

因此，對於這兩種情形，(11.14) 式都可以化簡為

$$\frac{\partial \varepsilon}{\partial a_i}=\frac{\partial}{\partial a_i}\left\langle e^2[n]\right\rangle = 0, \quad i=1,2,\ldots,p \tag{11.17}$$

換句話說，選取係數使模型誤差 $\langle \hat{e}^2[n]\rangle$ 的均方值有最小值，等效於使預測誤差 $\langle e^2[n]\rangle$ 的均方值有最小值。展開 (11.17) 式，並且利用求平均運算是線性運算此性質，可得

$$\langle s[n]s[n-i]\rangle - \sum_{k=1}^{p} a_k \langle s[n-k]s[n-i]\rangle = 0, \quad i=1,\ldots,p \tag{11.18}$$

利用以下的定義

$$\phi_{ss}[i,k] = \langle s[n-i]s[n-k]\rangle, \tag{11.19}$$

則可以用更簡潔的方式將 (11.18) 式重寫為

$$\sum_{k=1}^{p} a_k \phi_{ss}[i,k] = \phi_{ss}[i,0], \quad i=1,2,\ldots,p \tag{11.20}$$

(11.20) 式由 p 個未知數和 p 個線性方程式所組成。先由 $s[n]$ 計算 $\phi_{ss}[n]$，$i=1,2,\ldots,p$、$k=0,1,\ldots,p$，然後用已知值的 $\phi_{ss}[n]$ 求解這組聯立方程式，解出 a_k，$k=1,2,\ldots,p$，就可以計算出模型的參數。

11.1.3 全極點模型的線性預測表示法

正如同先前所建議，將 (11.3) 節解釋為用過去的值對於輸出值作線性預測，這是對於全極點模型的另一種有用的解釋，其預測誤差 $e[n]$ 是縮放過的輸入訊號 $G\upsilon[n]$，即

$$e[n] = s[n] - \sum_{k=1}^{p} a_k s[n-k] = G\upsilon[n] \tag{11.21}$$

正如 (11.7) 式所指出，求出 (11.11) 式中反模型誤差 ε 的最小值，等效於求出平均預測誤差 $\langle e^2[n]\rangle$ 的最小值。如果訊號 $s[n]$ 是由模型系統所產生，$\upsilon[n]$ 是脈衝訊號，而且 $s[n]$

完全符合全極點模型，則對於任何 n，只要 $n>0$，訊號都可由其過去值作線性預測，也就是說預測誤差等於零。如果 $v[n]$ 是白雜訊，預測誤差也是白雜訊。

圖 11.3 是用線性預測的方式解釋全極點模型的圖示，圖中預測濾波器 $P(z)$ 的轉移函數為

$$P(z)=\sum_{k=1}^{p}a_k z^{-k} \tag{11.22}$$

此系統稱為訊號 $s[n]$ 的**第 p 階線性預測器**（p^{th}-order linear predictor）。其輸出為

$$\tilde{s}[n]=\sum_{k=1}^{p}a_k s[n-k], \tag{11.23}$$

如圖 11.3 所示，預測誤差為 $e[n]=s[n]-\tilde{s}[n]$。序列 $e[n]$ 代表線性預測器無法確實預測訊號 $s[n]$ 時所產生的量，因此，有時也將 $e[n]$ 稱為預測誤差殘餘量（prediction error residual）或簡單地稱為殘餘量（residual），根據這種觀點，係數 a_k 稱為預測係數（prediction coefficients）。從圖 11.3 也可看出，預測誤差濾波器和線性預測器之間的關係為

$$A(z)=1-P(z)=1-\sum_{k=1}^{p}a_k z^{-k} \tag{11.24}$$

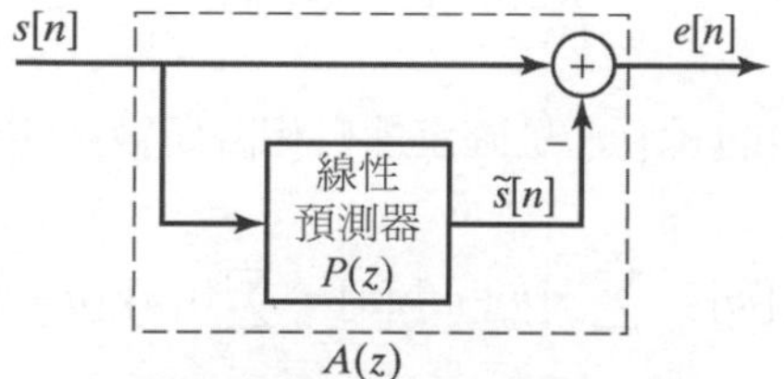

圖 11.3　全極點訊號模型的線性預測表示法

11.2　確定性和隨機訊號模型

要用最佳反濾波器（等同於最佳線性預測器）作為參數訊號模型，必須更加具體地說明對於輸入訊號 $v[n]$ 所作的假設，以及指定計算平均值 $\langle\cdot\rangle$ 的方法。為了達到這個目標，我們將分開考慮確定性訊號和隨機訊號這兩種情形。計算平均時，我們假設訊號在所有的時間 $-\infty<n<\infty$ 內都有值，並且在此範圍內建立訊號模型。當訊號 $s[n]$ 只有有限長度片段可用時，我們在 11.3 節中也將就此討論一些實際的考量。

11.2.1 有限能量確定性訊號的全極點模型

我們在本小節中假設全極點模型是因果且穩定的系統，而且當 $n<0$，輸入訊號 $v[n]$ 和欲建立模型的訊號 $s[n]$ 的值都是零。我們進一步假設 $s[n]$ 的能量有限且已知 $s[n]$ 在 $n \geq 0$ 範圍內的值。在建立誤差序列 $\hat{e}[n]$ 的模型時，我們將 (11.11) 式中的運算 $\langle\cdot\rangle$ 當作求取總能量，即

$$\varepsilon = \left\langle |\hat{e}[n]|^2 \right\rangle = \sum_{n=-\infty}^{\infty} |\hat{e}[n]|^2 \tag{11.25}$$

使用以上求平均值的定義，(11.19) 式中的 $\phi_{ss}[i,k]$ 可表示爲

$$\phi_{ss}[i,k] = \sum_{n=-\infty}^{\infty} s[n-i]s[n-k] \tag{11.26}$$

上式也等效於

$$\phi_{ss}[i,k] = \sum_{n=-\infty}^{\infty} s[n]s[n-(i-k)] \tag{11.27}$$

(11.20) 式中的係數 $\phi_{ss}[i,k]$ 現在可表示爲

$$\phi_{ss}[i,k] = r_{ss}[i-k] \tag{11.28}$$

對於實數訊號 $s[n]$，上式中的 $r_{ss}[m]$ 是確定性自相關函數，定義如下

$$r_{ss}[m] = \sum_{n=-\infty}^{\infty} s[n+m]s[n] = \sum_{n=-\infty}^{\infty} s[n]s[n-m] \tag{11.29}$$

因此，(11.20) 式可表示爲

$$\sum_{k=1}^{p} a_k r_{ss}[i-k] = r_{ss}[i], \quad i = 1, 2, \ldots, p \tag{11.30}$$

以上聯立方程式稱爲**自相關法方程式**（autocorrelation normal equations），也稱爲 *Yule-Walker* 方程式。這組方程式是由訊號的自相關函數計算參數 $a_1, a_2, \ldots, a_p$ 的基礎，在 11.2.5 節中，我們將討論增益常數 G 的選法。

11.2.2 隨機訊號的模型

就零均值廣義穩態隨機訊號的全極點模型而言，假設全極點模型的輸入訊號是零均值、變異數爲 1 的白雜訊，如圖 11.4 所示。此系統的差分方程式爲

$$\hat{s}[n]=\sum_{k=1}^{p}a_k\hat{s}[n-k]+Gw[n], \tag{11.31}$$

上式中輸入訊號的自相關函數爲 $E\{w[n+m]w[n]\}=\delta[m]$，平均值爲零 $(E\{w[n]=0\})$，平均功率等於 $1(E\{w[n]^2\}=\delta[0]=1)$，其中 $E\{\}$ 代表期望值，或是機率的取平均計算[③]。

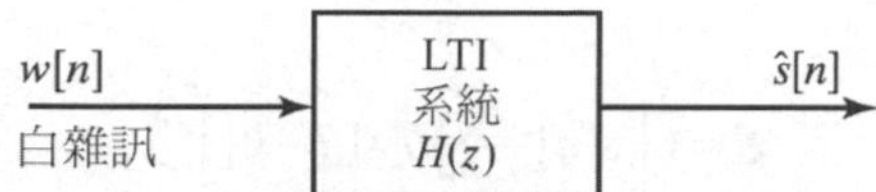

圖 11.4 隨機訊號 $s[n]$ 的線性系統模型

以上進行訊號分析的所得的模型和圖 11.2 相同，但是我們想要的輸出訊號 $g[n]$ 不同。就隨機訊號而言，我們想要讓 $g[n]$ 盡可能近似於白雜訊，而不是像確定性訊號一般，讓 $g[n]$ 近似於單位脈衝序列。因此，隨機訊號的最佳反濾波器通常稱爲白化濾波器（whiting filter）。

就隨機訊號而言，我們也要在 (11.11) 式中選取適當的平均運算子 $\langle\cdot\rangle$，具體而言，$\langle\cdot\rangle$ 是均方值，也就是平均功率。此時，(11.11) 式變成

$$\varepsilon=E\{(\hat{e}[n])^2\} \tag{11.32}$$

如果假設 $s[n]$ 是穩態隨機過程的樣本函數，則 (11.19) 式中的 $\phi_{ss}[i,k]$ 是自相關函數，定義如下

$$\phi_{ss}[i,k]=E\{s[n-i]s[n-k]\}=r_{ss}[i-k] \tag{11.33}$$

跟之前相同，可由 (11.20) 式求出系統的係數，因此，系統係數滿足的聯立方程式和 (11.30) 有相同形式：

$$\sum_{k=1}^{p}a_k r_{ss}[i-k]=r_{ss}[i],\quad i=1,2,\ldots,p \tag{11.34}$$

---

③ 我們必須知道機率密度函數才能計算 $E\{\}$，就穩態隨機訊號而言，只需要單一密度函數，不需要聯合密度函數。就遍歷性（ergodic）隨機過程來說，可以使用無窮時間的單一平均。在實際應用上，無窮時間的平均值必須用有限時間平均的估計值來近似。

所以，建立隨機訊號的模型再次得出 Yule-Walker 方程式，在此情形中，自相關函數的定義是以下機率的平均值：

$$r_{ss}[m]=E\{s[n+m]s[n]\}=E\{s[n]s[n-m]\} \tag{11.35}$$

11.2.3 最小均方誤差

不論是確定性訊號的模型（11.2.1 節），或是隨機訊號模型（11.2.2 節），(11.20) 中的相關函數值可用來求出預測器的最佳係數，透過相關函數，可用來表示圖 11.3 中預測誤差 $e[n]$ 的最小值。欲知其中原因，我們將 $\mathcal{E}$ 表示爲

$$\mathcal{E}=\left\langle\left(s[n]-\sum_{k=1}^{p}a_k s[n-k]\right)^2\right\rangle \tag{11.36}$$

展開 (11.36)，然後將 (11.20) 式代入，可得

$$\mathcal{E}=\phi_{ss}[0,0]-\sum_{k=1}^{p}a_k\phi_{ss}[0,k] \tag{11.37}$$

我們將在習題 11.2 詳加說明此結果。對於任何合適的平均運算子，(11.37) 式都成立。舉例來說，如果平均值的定義讓我們得到 $\phi_{ss}[i,k]=r_{ss}[i-k]$，則 (11.37) 式變成

$$\mathcal{E}=r_{ss}[0]-\sum_{k=1}^{p}a_k r_{ss}[k] \tag{11.38}$$

11.2.4 自相關對應性質

在全極點模型中，就確定性訊號求解 (11.30) 式，或是就隨機訊號求解(11.34) 式，可以得到一個重要且有用的性質，稱爲自相關對應性質 (Makhoul, 1973)。利用 (11.30) 和 (11.34) 式所代表的 p 個方程式可解出模型參數 a_k，$k=1,\ldots,p$。在方程式等號左右兩邊的係數由 $(p+1)$ 個相關函數值 $r_{ss}[m],\quad m=0,1,\ldots,p$ 所組成，其中相關函數值的選取決於訊號模型爲確定性或隨機而定。

若圖 11.1 的模型系統 $H(z)$ 可表示爲 (11.2) 式的全極點系統，則訊號 $\hat{s}[n]$ 明顯地符合此模型，這是驗證自相關對應性質的基礎。如果再次建立 $\hat{s}[n]$ 的全極點模型，當然將再度得到 (11.30) 或 (11.34) 式，但此時，$r_{\hat{s}\hat{s}}[m]$ 換成 $r_{ss}[m]$。既然 $\hat{s}[n]$ 符合此模型，則解得的參數必定是 a_k，$k=1,\ldots,p$，且若

$$r_{ss}[m]=cr_{\hat{s}\hat{s}}[m],\quad 0\le m\le p, \tag{11.39}$$

c 爲任意的常數，則也將解得相同的參數值。我們將在 11.6 節發展 Yule-Walker 方程式的遞迴解，由此遞迴解的形式可知，(11.39) 的等式必定成立。換句話說，欲使自相關法方程式成立，則對於 $|m| = 0, 1, \ldots, p$ 此範圍內的延遲值，模型輸入的自相關函數值必須和訊號的相關函數值成正比。

11.2.5 增益參數 G 的解法

根據我們所採取的方式，模型係數 a_k 的最佳值和系統增益 G 無關。由圖 11.2 的反濾波表示法看來，選取參數 G 的方法之一是讓 $\langle(\hat{s}[n])^2\rangle = \langle(s[n])^2\rangle$，就有限能量確定性訊號而言，此式是讓訊號模型輸出的總能量等於欲建立模型的訊號總能量。就隨機訊號而言，使其相等的是平均功率。對於這兩種情形，都是選取適當的 G 值，使其滿足 $r_{\hat{s}\hat{s}}[0] = r_{ss}[0]$，根據這種選擇，(11.39) 式中的比例常數 $c = 1$。

範例 11.1　第一階系統

圖 11.5 中的兩個訊號都是第一階系統的輸出，其系統函數為

$$H(z) = \frac{1}{1 - \alpha z^{-1}} \tag{11.40}$$

當輸入訊號是單位脈衝函數 $\delta[n]$，輸出訊號是 $s_d[n] = h[n] = d^n u[n]$；當輸入訊號是零均值、變異數為 1 的白雜訊，輸出訊號是 $s_r[n]$。這兩個訊號的範圍都是 $-\infty < n < \infty$，如圖 11.5 所示。

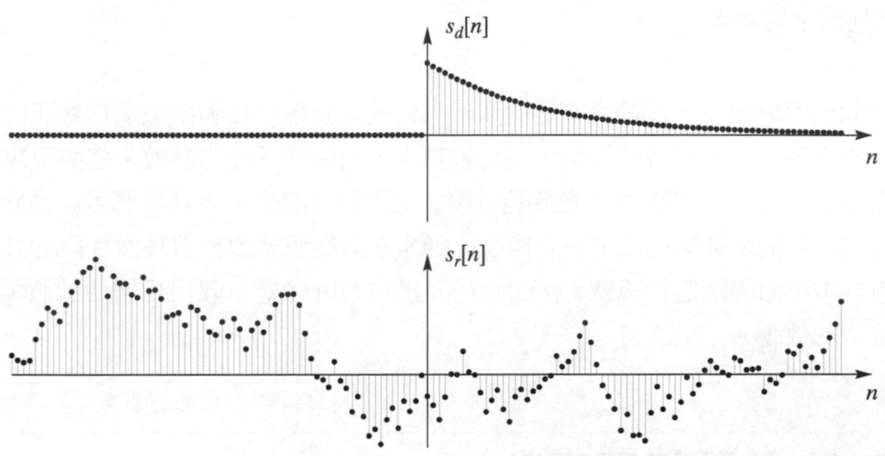

圖 11.5　確定性訊號和隨機訊號的範例，它們是第一階全極點系統的輸出訊號

訊號 $s_d[n]$ 的自相關函數為

$$r_{s_d s_d}[m] = r_{hh}[m] = \sum_{n=0}^{\infty} \alpha^{n+m} \alpha^n = \frac{\alpha^{|m|}}{1-\alpha^2}, \tag{11.41}$$

因為 $s_r[n]$ 是系統對於白雜訊輸入訊號的輸出，其自相關函數為單位脈衝序列，因此，(11.41) 式也是 $s_r[n]$ 的自相關函數。

因為這兩種訊號都是由第一階全極點系統產生，所以必定符合第一階全極點模型。就確定性訊號而言，最佳反濾波器的輸出是單位脈衝函數。就隨機訊號而言，最佳反濾波器的輸出是零均值、平均功率為 1 的白雜訊序列。就第一階模型而言，要證明訊號完全符合最佳反濾波器，注意到 (11.30) 或 (11.34) 式可以簡化為：

$$r_{s_d s_d}[0] a_1 = r_{s_d s_d}[1], \tag{11.42}$$

由 (11.41) 式可知，不論是確定性或隨機訊號，預測器的最佳係數都是

$$a_1 = \frac{r_{s_d s_d}[1]}{r_{s_d s_d}[0]} = \frac{\dfrac{\alpha}{1-\alpha^2}}{\dfrac{1}{1-\alpha^2}} = \alpha \tag{11.43}$$

由 (11.38) 式可知，均方誤差的最小值為

$$\mathcal{E} = \frac{1}{1-\alpha^2} - a_1 \frac{\alpha}{1-\alpha^2} = \frac{1-\alpha^2}{1-\alpha^2} = 1, \tag{11.44}$$

就確定性訊號而言，這就是單位脈衝函數的大小，而就隨機訊號而言，這是白雜訊序列的平均功率。

正如前面所提及，此範例清楚的顯示，當輸入訊號是脈衝函數或白雜訊時，如果要建立全極點系統輸出訊號的模型，則可確實求出全極點系統的參數。這必須事先知道模型的階數 p 以及自相關函數。在此範例中，這是有可能的，因爲我們可以得到自相關函數所需要計算的無窮和的公式。實際上，通常必須從訊號的有限長度片段估計自相關函數。對於本小節的確定性訊號 $s_d[n]$ 而言，習題 11.14 考慮有限自相關估計值（下一小節會討論）的效應。

11.3 估計相關函數

爲了使用 11.1 和 11.2 節的結果來建立確定性或隨機訊號的模型，我們需要事先知道相關函數 $\phi_{ss}[i, k]$ 的資訊，以得到係數 a_k 的系統方程式。否則我們就要從給定的訊號估計

相關函數。此外，我們或許想要使用區塊處理或是短時分析的技巧，用來表示非穩態訊號，像是語音訊號的時變性質。本節中，我們將討論兩種估計相關函數的方式，可實際應用在參數訊號模型。這兩種方法就是有名的自相關法（autocorrelation method）和共變異數法（covariance method）。

11.3.1 自相關法

假設我們有 $M+1$ 個訊號樣本 $s[n]$，$0 \le n \le M$，想要計算全極點模型的係數。在自相關法中，假設訊號的範圍是 $-\infty < n < \infty$，在 $0 \le n \le M$ 範圍外的訊號值等於零，即使它們是由較長的序列所抽取出來的。因爲用來建立 $s[n]$ 的有限長度片段的模型是全極點模型的 IIR 脈衝響應，當然我們可以預期訊號範圍的限制會使訊號完全符合模型。

雖然在求解濾波器係數時不需要確實算出預測誤差序列，然而仔細地考慮其計算將會帶給我們更多的瞭解。由 $A(z)$ 的定義可知，(11.24) 式中預測誤差濾波器的脈衝響應爲

$$h_A[n] = \delta[n] - \sum_{k=1}^{p} a_k \delta[n-k] \tag{11.45}$$

因爲訊號 $s[n]$ 是長度爲 $M+1$ 的有限長度訊號，而預測濾波器 $A(z)$ 的脈衝響應 $h_A[n]$ 的長度爲 $p+1$，因此預測誤差序列 $e[n] = h_A[n] * s[n]$ 在 $0 \le n \le M+p$ 範圍外的值總是等於零。圖 11.6 的範例是 $p=5$ 的線性預測器產生的預測誤差。上圖將預測誤差濾波器的脈衝響應 $h_A[n-m]$ 當作 m 的函數，畫出了三個不同 n 值的 $h_A[n-m]$（時間反轉且平移），有方點的黑線是 $h_A[n-m]$，而圓點的灰線是序列 $s[m]$，$0 \le m \le 30$。圖 11.6 的上圖左邊是 $h_A[0-m]$，其中顯示出預測誤差的第一個非零值是 $e[0] = s[0]$，當然，這和 (11.9) 式一致。圖的最右邊是 $h_A[m+p-m]$，顯示出預測誤差的最後一個非零值是 $e[M+p] = -a_p s[M]$。圖 11.6 的第二個圖是誤差訊號 $e[n]$，$0 \le n \le M+p$。由線性預測的觀點來看，前 p 個樣本（有黑點的黑線）是由假設其值爲零的樣本值所預測，相類似的情形，假設 $n \ge M+1$ 的輸入樣本值爲零，以得到有限長度序列。線性預測器企圖在 $M+1 \le n \le M+p$ 的範圍內，利用先前非零值的樣本和一部分原始訊號預測零值的樣本，的確，如果 $s[0] \ne 0$ 且 $s[M] \ne 0$，則 $e[0] = s[0]$ 與 $e[M+p] = -a_p s[M]$ 都是非零值。也就是說，如果訊號值在 $0 \le n \le M$ 的範圍外被定義成零，則預測誤差 [總平方誤差（total-squared error）$\mathcal{E}$] 將永不爲零。除此之外，第 p 階預測器的總平方預測誤差將會是

$$\mathcal{E}^{(p)} = \langle e[n]^2 \rangle = \sum_{n=-\infty}^{\infty} e[n]^2 = \sum_{n=0}^{M+p} e[n]^2, \tag{11.46}$$

也就是說，爲了方便起見，求和的上下限是無窮大，但實際上是有限的。

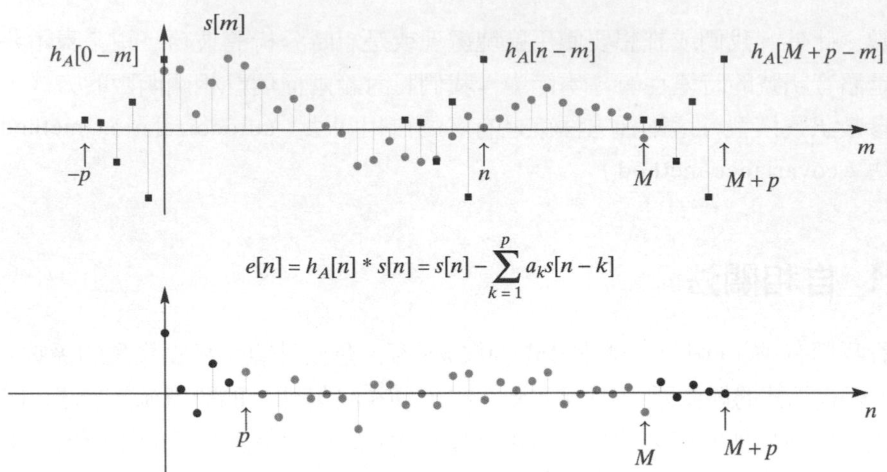

圖 11.6 使用自相關法計算預測誤差的圖示（$p = 5$）（方點代表 $h_A[n-m]$，淺色圓點在上圖代表 $s[m]$，在下圖代表 $e[n]$）

當我們假設訊號在 $0 \le n \le M$ 的範圍之外確實等於零，其相關函數 $\phi_{ss}[i, k]$ 簡化爲 $r_{ss}[m]$，而 11.30) 式需要 $r_{ss}[m]$ 在 $m = |i-k|$ 的值。圖 11.7 顯示用來計算 $r_{ss}[m]$ 所需要的平移後的序列，其中 $s[n]$ 用圓點表示，而 $s[n+m]$ 用方點表示。對於有限長度訊號而言，當 $m \ge 0$，注意到 $s[n]s[n+m]$ 只有在 $0 \le n \le M-m$ 的範圍內不爲零。既然 r_{ss} 是偶函數，也就是說 $r_{ss}[-m] = r_{ss}[m] = r_{ss}[|m|]$，則 Yule-Walker 方程式所需要的自相關函數值爲

$$r_{ss}[|m|] = \sum_{n=-\infty}^{\infty} s[n]s[n+|m|] = \sum_{n=0}^{M-|m|} s[n]s[n+|m|] \tag{11.47}$$

就有限長度訊號而言，(11.47) 式具有自相關函數具備的所有性質，而且 $r_{ss}[m] = 0$，$m > M$。當然，$r_{ss}[m]$ 和抽取出訊號片段的無限長度序列的自相關函數不同。

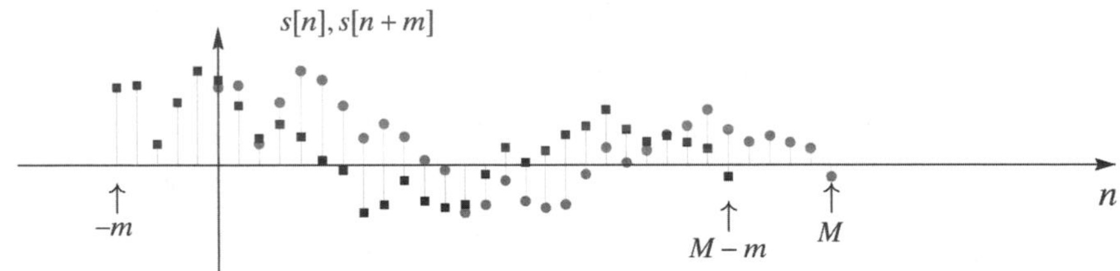

圖 11.7 對於有限長度序列，計算其自相關函數的圖示（方點代表 $s[n+m]$，淺色圓點代表 $s[n]$）

不論是確定性訊號或是隨機訊號，都可以用 (11.47) 式計算自相關函數的估計值④。有限長度輸入訊號經常抽取自較長的序列，舉例來說，應用到語音處理時，將有聲音的

④ 我們在 10.6 節對於隨機訊號的討論中，證明 (11.47) 式是自相關函數的偏差估計值，對於 $p \ll M$ 這種常見的情況，一般都忽略此統計上的偏差值。

片段（像是母音）當作確定性訊號，而將無聲音的片段（摩擦音）當作隨機訊號，就是這種情形[5]。根據先前的討論，因爲企圖用零值樣本預測非零樣本，以及企圖用非零樣本預測零值樣本，所以預測誤差的前 p 個值和最後 p 的值可能會很大。既然這會使預測器係數的估計值產生偏差，通常在計算自相關函數之前會對訊號加上振幅漸減的窗函數，像是 Hamming 窗函數。

11.3.2 共變異法

對於第 p 階預測器，求預測誤差平均值的另一種選擇是

$$\mathcal{E}_{\text{cov}}^{(p)} = \langle (e[n])^2 \rangle = \sum_{n=p}^{M} (e[n])^2 \tag{11.48}$$

和自相關法相同的是，求取平均值的範圍是有限區間（$p \le n \le M$）；然而不同的是，我們在 $0 \le n \le M$ 此較大的區間內知道欲建立模型的訊號值。總平方誤差只包括可以在 $0 \le n \le M$ 的範圍內計算出誤差的 $e[n]$ 值。因此，只有在 $p \le n \le M$ 此較短的區間內求平均。這很重要，因爲這樣就解除了全極點模型和有限長度序列之間的不一致[6]。在此情形中，我們只要求在有限的區間內作訊號的對應，不像自相關法對於所有的 n 值作對應。圖 11.8 中上圖的訊號 $s[m]$ 和圖 11.6 中上圖的訊號相同，但是現在，只在 $p \le n \le M$ 的範圍內計算 (11.48) 式所需要的預測誤差。如上圖中的預測誤差濾波器的脈衝響應 $h_A[n-m]$ 所示，如果用這種方式計算預測誤差，既然我們有計算預測誤差所需要的所有訊號樣本值，就不會有端點效應。正因爲如此，如果有限長度訊號片段抽取自全極點模型的輸出，則此輸出訊號的預測誤差在整個 $p \le n \le M$ 的範圍內有可能確實等於零。以另一種方式來看，如果 $s[n]$ 是全極點模型的輸出，輸入訊號值在 $n > 0$ 的範圍內等於零，則由 (11.9) 與 (11.10) 式可看出在 $n > 0$ 的範圍內預測誤差等於零。

---

[5] 對於這兩種情形，都是使用 (11.47) 式的確定性自相關函數當作估計值。

[6] (11.48) 和 (11.46) 式所定義的總平方預測誤差是完全不同的，所以我們用不同的下標 $_{\text{cov}}$ 作為區別。

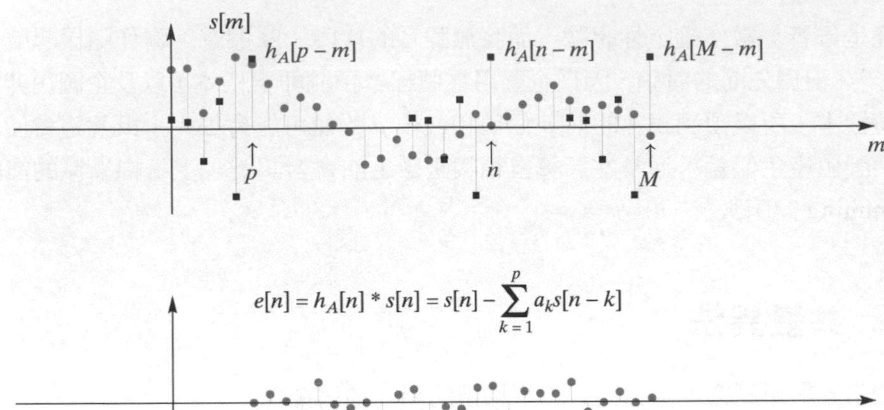

圖 11.8 使用共變異法計算預測誤差的圖示（$p=5$）（上圖中的方點代表 $h_A[n-m]$，淺色圓點代表 $s[m]$）

共變異函數承繼了和平均運算子相同的定義

$$\phi_{ss}[i,k]=\sum_{n=p}^{M}s[n-i]s[n-k] \tag{11.49}$$

圖 11.9 顯示平移的序列 $s[n-i]$（淺色圓點的直線）和 $s[n-k]$（深色方點的直線），既然我們只需要 $i=0,1,\ldots,p$ 和 $k=1,2,\ldots,p$ 範圍內的 $\phi_{ss}[i,k]$ 值，此圖顯示出訊號片段 $s[n]$，$0\le n\le M$ 包含所有在 (11.49) 式中需要用來計算 $\phi_{ss}[i,k]$ 的樣本值。

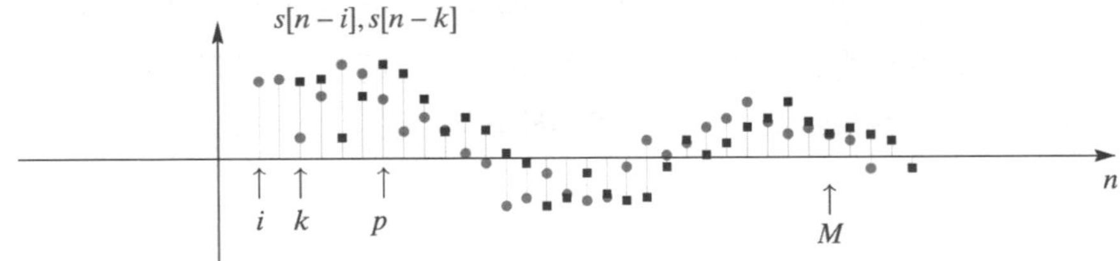

圖 11.9 對於有限長度序列，計算其共變異函數的圖示（方點代表 $s[n-k]$，淺色圓點代表 $s[n-i]$）

11.3.3 不同方法的比較

自相關法和共變異法有許多類似的性質，但是這兩種方法和所得到的全極點模型也有許多不同之處。我們在本小節中將歸納一些不同點，有些我們已經說明過，請大家也要注意一些其餘的不同。

預測誤差

平均預測誤差 $\langle e^2[n]\rangle$ 和平均模型誤差 $\langle \hat{e}^2[n]\rangle$ 都是非負值，隨著模型階數 p 增加，它們是非遞增量。以有限長度訊號所得到的估計值所發展出的自相關法，平均模型誤差或平均預測誤差永不爲零，因爲無法確實得到自相關值。此外，如 (11.10) 式指出，確實的模型所得到的預測誤差最小值是 $Gv[n]$。共變異法中，如果原始訊號是由全極點模型所產生，則當 $n>0$，預測誤差可以確實等於零。範例 11.2 將加以說明。

預測器係數的方程式組

在兩種方法中，使平均預測誤差有最小值的預測器係數滿足一組聯立方程式，可表示爲矩陣的形式 $\mathbf{\Phi}\boldsymbol{a}=\boldsymbol{\psi}$。全極點模型的係數可以將矩陣 $\mathbf{\Phi}$ 反轉而得，即 $\boldsymbol{a}=\mathbf{\Phi}^{-1}\boldsymbol{\psi}$。在共變異法中，矩陣 $\mathbf{\Phi}$ 中的每一項 $\phi_{ss}[i,k]$ 可以用 (11.49) 式計算得出。在自相關法中，共變異數函數值變成自相關函數值，即 $\phi_{ss}[i,k]=r_{ss}[|1-k|]$，可以用 (11.47) 式計算而得。對於這兩種情形，矩陣 $\mathbf{\Phi}$ 是對稱且正定的矩陣，在自相關法中，$\mathbf{\Phi}$ 也是 Toeplitz 矩陣。這告訴我們，其解有許多特殊性質，也比一般認知的方法能更有效率的得出方程式的解。11.6 節將探討自相關法的特殊性質。

模型系統的穩定性

預測誤差濾波器的系統函數爲 $A(z)$，它是 z^{-1} 的多項式，因此，可用其零點表示：

$$A(z)=1-\sum_{k=1}^{p}a_k z^{-k}=\prod_{k=1}^{p}(1-z_k z^{-1}) \tag{11.50}$$

在自相關法中，預測誤差濾波器 $A(z)$ 的零點位置確定在 z 平面的單位圓之內，即 $|z_k|<1$。這代表模型的因果系統函數 $H(z)=G/A(z)$ 的極點在單位圓內，也就是模型系統是穩定的系統。Lang 和 McClellan (1979) 和 McClellan (1988) 對於此敘述給了簡單的證明。利用預測誤差系統的格狀濾波器解釋法（在 11.7.1 節討論），我們在習題 11.10 發展出另一個證明。對於此處我們所使用的共變異法，並不保證得到穩定的系統。

11.4 模型階數

參數訊號模型的重要課題之一是模型階數的選擇，這對於模型的精確度有相當大的影響。選擇 p 值的普遍作法是檢查第 p 階模型產生的最佳平均預測誤差(通常稱爲剩餘)。令 $a_k^{(p)}$ 代表第 p 階預測器 (11.30) 式的最佳係數，自相關法中，第 p 階模型的預測誤差能量爲[⑦]：

$$\mathcal{E}^{(p)} = \sum_{n=-\infty}^{\infty}\left(s[n]-\sum_{k=1}^{p}a_k^{(p)}s[n-k]\right)^2 \tag{11.51}$$

在第零階預測器中（ $p=0$ ），(11.51) 式沒有延遲項，換句話說，預測器只是恆等系統，滿足 $e[n]=s[n]$。因此，當 $p=0$ ：

$$\mathcal{E}^{(0)} = \sum_{n=-\infty}^{\infty} s^2[n] = r_{ss}[0] \tag{11.52}$$

畫出正規化的均方預測誤差 $\mathcal{V}^{(p)}=\mathcal{E}^{(p)}/\mathcal{E}^{(0)}$ 對於 p 值的函數圖形，可以看出 p 值的增加如何改變誤差能量。在自相關法中，即使訊號 $s[n]$ 是由全極點模型所產生，我們已經說明平均預測誤差永不爲零，而模型階數跟產生此訊號的系統階數相等。但是，在共變異法中，如果全極點模型是訊號 $s[n]$ 的完美模型，因爲我們只在 $p\le n\le M$ 的範圍內考慮平均預測誤差，則當 p 值正確時，$\mathcal{E}_{\text{cov}}^{(p)}$ 將確實爲零。即使無法建立 $s[n]$ 的完美全極點模型，通常會存在一個 p 值，當 p 值繼續增加時，不論對於 $\mathcal{V}^{(p)}$ 或 $\mathcal{V}_{\text{cov}}^{(p)}=\mathcal{E}_{\text{cov}}^{(p)}/\mathcal{E}_{\text{cov}}^{(0)}$ 的影響都是微乎其微。對於訊號的全極點模型，此門檻值是模型階數的有效選擇。

範例 11.2 模型階數的選擇

為了表示模型階數的效應，考慮由以下第十階系統所產生的訊號 $s[n]$，

$$H(z)=\frac{0.6}{\begin{array}{c}(1-1.03z^{-1}+0.79z^{-2}-1.34z^{-3}+0.78z^{-4}-0.92z^{-5}\\ +1.22z^{-6}-0.43z^{-7}+0.6z^{-8}-0.29z^{-9}-0.23z^{-10})\end{array}} \tag{11.53}$$

其輸入訊號是脈衝函數 $v[n]=\delta[n]$。圖 11.6 和 11.8 中，上圖是 $s[n]$，$0\le n\le 30$。我們要用自相關法和共變異法建立此訊號的全極點模型。用 $s[n]$ 的 31 個值計算自相關和共變異數值，然後用 (11.30) 和 (11.34) 式解出預測器的係數。圖 11.10 是正規化

---

⑦ 回想 $\mathcal{E}_{\text{cov}}^{(p)}$ 代表共變異法的總平方預測誤差，然而我們用沒有下標的 $\mathcal{E}^{(p)}$ 代表自相關法的總平方誤差。

的均方預測誤差。不論是自相關法或共變異法，注意到正規化的誤差在 $p=1$ 時突然減少，當 p 繼續增加，此誤差減少較緩慢。當 $p = 10$，共變異法的誤差為零，然而當 $p \geq 10$，自相關法繼續有非零的平均誤差。對於此預測誤差的現象，這和我們在 11.3 節的討論一致。

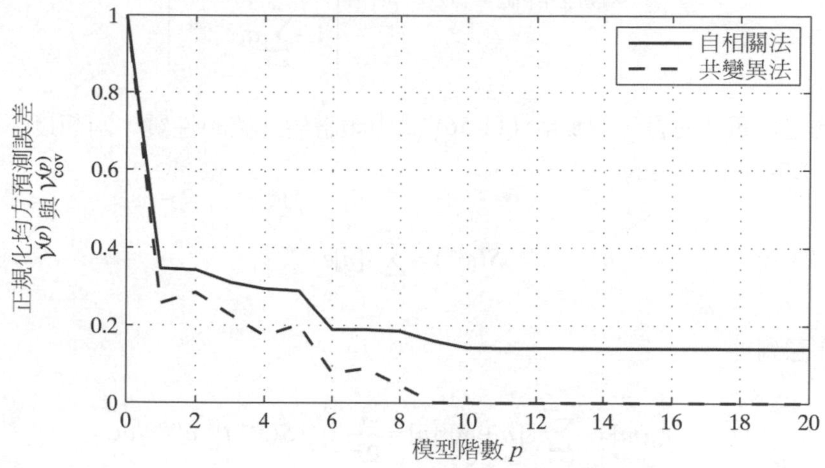

圖 11.10　範例 11.12 中的正規化均方預測誤差 $\mathcal{V}^{(p)}$ 對於模型階數 p 的函數圖

當我們建立取樣訊號的全極點模型時，範例 11.2 中對於平均預測誤差和 p 值間的相關性，不僅是我們理想狀況的模擬，同時也是典型結果的呈現。將 $\mathcal{V}^{(p)}$ 畫成 p 的函數，往往在某些點之後會變平，這個點的 p 值經常被當作模型階數。在語音分析應用上，有可能根據產生語音訊號的生理選擇模型階數（見 Rabiner and Schafer, 1978）。

11.5 全極點頻譜分析

訊號的全極點模型提供了一個方法，可以由截斷或是加窗的資料得到訊號頻譜的高解析度估計值。如果資料符合模型，則資料的有限長度片段可用來求出模型參數，因此，也可用來求出其頻譜，這是使用參數訊號模型於頻譜分析的基礎。在確定性訊號的情形中，具體來說，

$$|\hat{S}(e^{j\omega})|^2 = |H(e^{j\omega})|^2 |V(e^{j\omega})|^2 = |H(e^{j\omega})|^2 \tag{11.54}$$

因為就模型系統的單位脈衝輸入訊號而言，$|V(e^{j\omega})|^2 = 1$。同樣地，就隨機訊號而言，模型輸出的功率頻譜為

$$P_{\hat{s}\hat{s}}(e^{j\omega}) = |H(e^{j\omega})|^2 \, P_{ww}(e^{j\omega}) = |H(e^{j\omega})|^2, \tag{11.55}$$

這是因爲白雜訊輸入訊號的功率頻譜 $P_{ww}(e^{j\omega})=1$。因此，藉由訊號的全極點模型，並且計算模型系統頻率響應的強度平方函數，可以得到訊號 $s[n]$ 頻譜的估計值。不論是確定性或是隨機訊號的情況，頻譜估計值都可表示爲以下的形式

$$\text{頻譜估計值} = |H(e^{j\omega})|^2 = \left| \frac{G}{1-\sum_{k=1}^{p} a_k e^{-j\omega k}} \right|^2 \tag{11.56}$$

就確定性訊號而言，要瞭解 (11.56) 式中頻譜估計值的性質，回想以下有限長度訊號 $s[n]$ 的 DTFT 是有用的

$$S(e^{j\omega}) = \sum_{n=0}^{M} s[n]e^{-j\omega n} \tag{11.57}$$

另外，注意到

$$r_{ss}[m] = \sum_{n=0}^{M-|m|} s[n+m]s[n] = \frac{1}{2\pi}\int_{-\pi}^{\pi} |S(e^{j\omega})|^2 \, e^{j\omega m} d\omega, \tag{11.58}$$

因爲 $s[n]$ 的長度有限，所以當 $|m|>M$，上式的 $r_{ss}[m] = 0$。在自相關法中，$r_{ss}[m]$, $m=0,1,2,\ldots,p$ 是用來計算全極點模型，因此，可以合理推測，訊號的傅立葉頻譜 $|S(e^{j\omega})|^2$ 和全極點模型的頻譜 $|\hat{S}(E^{j\omega})|^2 = |H(e^{j\omega})|^2$ 之間是相關的。

用訊號 $s[n]$ 的 DTFT 表示平均預測誤差，是用來說明上述關係的方法之一。如之前所說，預測誤差可表示爲 $e[n]=h_A[n]*s[n]$，$h_A[n]$ 是預測誤差濾波器的脈衝響應。由 Parseval 定理可知，平均預測誤差爲

$$\mathcal{E} = \sum_{n=0}^{M+p} (e[n])^2 = \frac{1}{2\pi}\int_{-\pi}^{\pi} |S(e^{j\omega})|^2 |A(e^{j\omega})|^2 \, d\omega, \tag{11.59}$$

$S(e^{j\omega})$ 就是 (11.57) 式中的 $s[n]$ 的 DTFT。因爲，$H(z)=G/A(z)$，所以可用 $H(e^{j\omega})$ 將 (11.59) 式表示爲

$$\mathcal{E} = \frac{G^2}{2\pi}\int_{-\pi}^{\pi} \frac{|S(e^{j\omega})|^2}{|H(e^{j\omega})|^2} d\omega \tag{11.60}$$

因爲 (11.60) 式的積分項爲正值，且當 $-\pi<\omega<\pi$，$|H(e^{j\omega})|^2>0$，由 (11.60) 式可知，求 $\mathcal{E}$ 的最小值，等效於求訊號 $s[n]$ 的能量頻譜和全極點模型線性系統的強度響應平方比值的最小值。因此可推論，由於滿足 $S(e^{j\omega})|^2>|H(e^{j\omega})|^2$ 的頻率比不滿足的頻率會造成更多的均方誤差，因此全極點模型頻譜在訊號頻譜較大的頻率之處，會較接近訊號的能量頻譜。所以，全極點模型頻譜估計值在訊號頻譜的突起處會較吻合。針對這一點，11.5.1 節會有更多說明。上述的分析與說明同樣可以使用到 $s[n]$ 是隨機訊號的情形。

11.5.1 語音訊號的全極點分析

全極點模型被廣泛使用在語音編碼和頻譜分析上，語音編碼經常使用線性預測編碼（LPC，見 Atal and Hanauer, 1971；Makhoul, 1975；Rabiner and Schafer, 1978；Quatieri, 2002）。爲闡述本章中的許多概念，我們會針對全極點模型如何運用在語音訊號頻譜分析上多加說明。這種方法多半以時間相關的方式加以應用，藉由週期性地選擇語音訊號的片段來作分析，分析方式如同 10.3 節所討論的時間相關傳立葉分析。因爲 TDFT 基本上是有限長度片段的 DTFT 序列，以上對於 DTFT 和全極點模型之相互關係的討論也可以用於討論時間相關傳立葉分析和時間相關全極點模型頻譜分析之間的關係。

圖 11.11(a) 是語音訊號 $s[n]$的 201 點片段，使用的窗函數爲 Hamming 窗函數，圖 11.11(b) 是相對應的自相關函數 $r_{ss}[m]$。在此時間範圍內，語音訊號是有聲音（聲帶發生振動），訊號具有週期的特徵就是證據。此週期性反應在自相關函數上是在大約第 27 個樣本（就 8 kHz 的取樣率而言，27/8 = 3.375 毫秒）及其整數倍之處的突起。

當我們將全極點模型應用到有聲語音訊號時，將訊號想做是確定性訊號，其輸入函數是週期脈衝列，是有用的想法。當窗函數如圖 11.11(a) 一般擷取出數個訊號周期時，這可說明自相關函數的週期性。

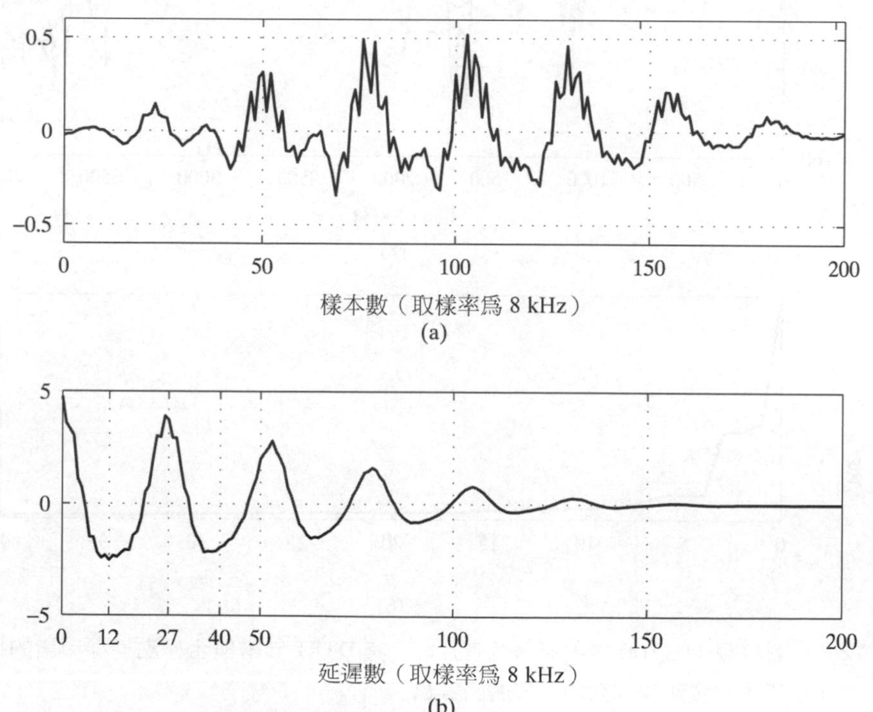

圖 11.11 (a) 加窗的有聲語音波形。(b) 此訊號的自相關函數（樣本值以直線連接）

圖 11.12 比較了圖 11.11(a) 中訊號的 DTFT 以及兩種不同階數的全極點模型所計算出的頻譜，所使用的自相關函數值如圖 11.11(b) 所示。注意到 $s[n]$ 的 DTFT 在基頻 $F_0 = 8$ kHz/27 = 296 Hz 的整數倍處有突起，還有許多較不顯著的突起和凹陷，是由 10.2.1 節討論過的加窗效應所引起。如果使用圖 11.11(b) 中 $r_{ss}[m]$ 的前 13 個樣本值計算全極點模型的頻譜（$p = 12$），其結果是圖 11.12(a) 中較平滑的粗線。使用第 12 階濾波器，以及基本週期爲 27 個樣本的情形下，事實上頻譜估計值忽略了產生自訊號週期性的頻譜特性，因此得到了平滑許多的頻譜估計值。使用 $r_{ss}[m]$ 的 41 個樣本所得到的頻譜以細線畫出，因爲訊號週期爲 27，$p = 40$ 的情形包含了自相關函數中的週期突起，因此全極點模型可以表現出許多出現在 DTFT 頻譜中的細節。注意到兩種情形都支持我們先前的說法，也就是全極點模型在 DTFT 的突起處可以得到較佳的估計。

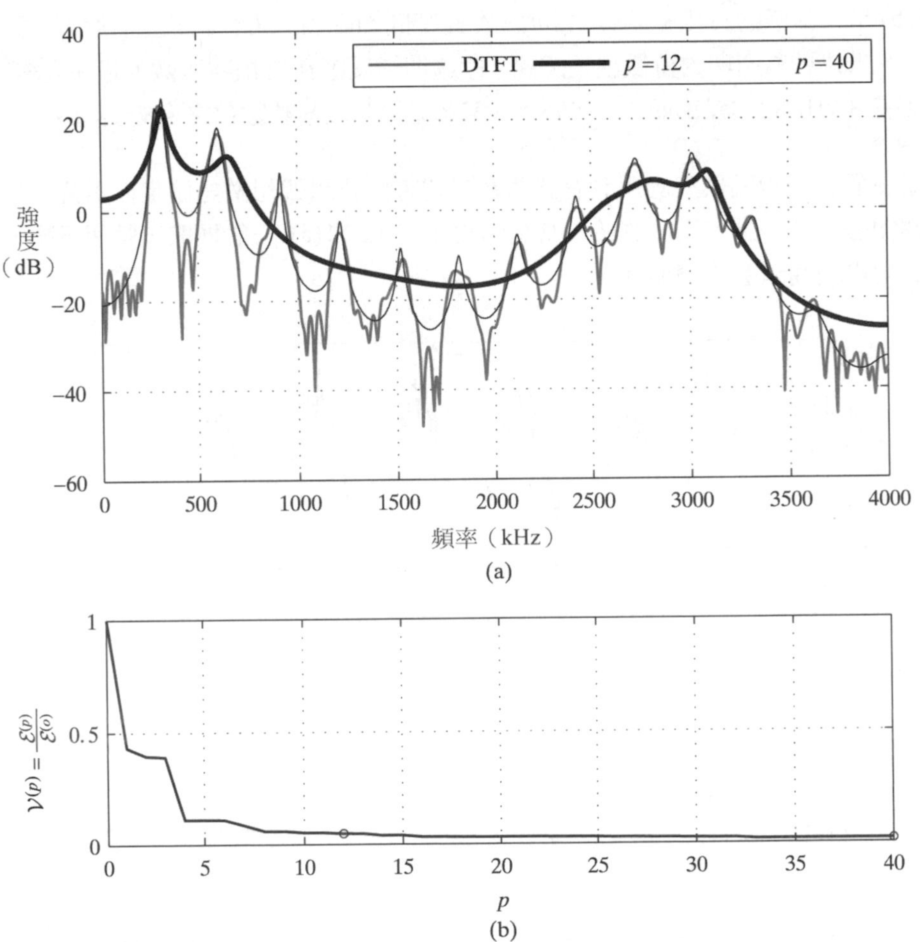

圖 11.12 (a) 對於圖 11.11(a) 中的有聲語音片段，其 DTFT 頻譜與全極點模型頻譜的比較。(b) 正規化預測誤差對於 p 值的函數圖

此範例說明了模型階數的選擇控制了 DTFT 頻譜的平滑程度，圖 11.12(b) 顯示，當 p 值增加，均方預測誤差先快速減少，然後變平，跟先前的範例相同。回想在第 11.2.4

和 11.2.5 節中，我們提到選擇適當的增益值，全極點模型可以讓訊號的自相關函數值對應到全極點模型的自相關函數值，最多對應 p 個延遲值，如 (11.39) 式所示。這告訴我們，當 p 值增加，全極點模型頻譜將會逼近 DTFT 頻譜，當 $p \to \infty$，因為對於所有的 m 值，$r_{hh}[m]=r_{ss}[m]$，因此，$|H(e^{j\omega})|^2=|S(e^{j\omega})|^2$。然而，因為 $H(z)$ 是 IIR 系統，而 $S(z)$ 是有限長度序列的 z 轉換，所以 $p \to \infty$ 並不代表 $H(e^{j\omega})=S(e^{j\omega})$。也要注意到一件事，當 $p \to \infty$，即使 $|H(e^{j\omega})|^2 \to |S(e^{j\omega})|^2$，平均預測誤差也不會趨近於零。如同我們先前所討論，發生這情形是因為 (11.11) 式中的總誤差等於預測誤差 $\tilde{e}[n]$ 減去 $Gv[n]$。換個說法，線性預測器總是要從先前的零值樣本預測第一個非零值樣本。

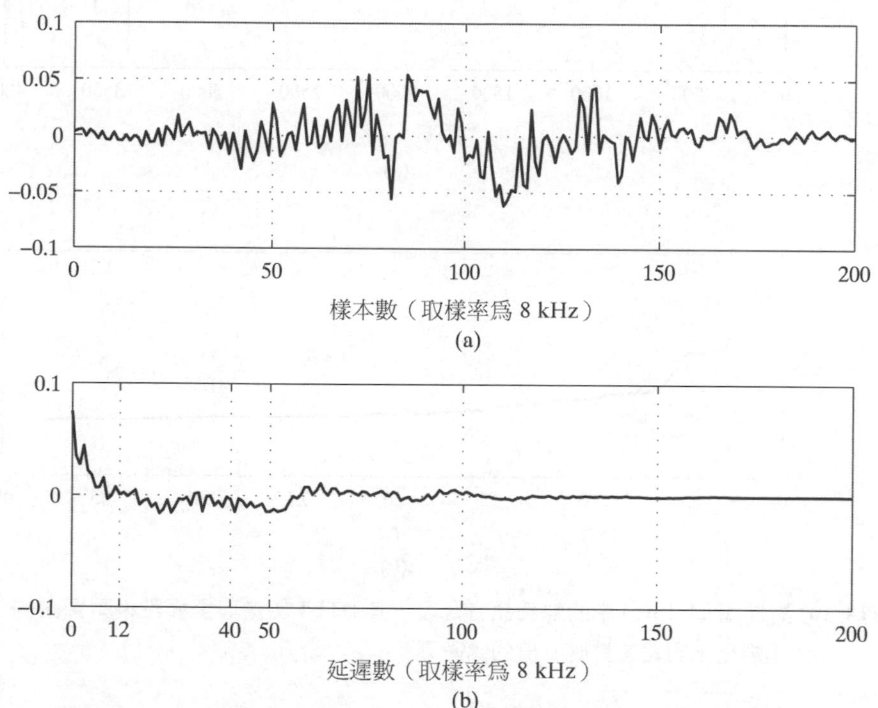

圖 11.13 (a) 加窗的無聲語音波形。(b) 此訊號的自相關函數（樣本值以直線連接）

語音的其餘部份主要由無聲音所組成，像是摩擦音。這些聲音是由聲道中的隨機亂氣流所產生，所以使用輸入訊號為白雜訊的全極點系統作為其模型是最好的方式。圖 11.13 是使用 201 點的 Hamming 窗函數所擷取出的無聲音片段，以及它的自相關函數。注意到在自相關函數中，並沒有任何跡象指出訊號波形或是自相關函數本身存在著週期性。圖 11.14(a) 比較了圖 11.13(a) 所示訊號的 DTFT 以及兩種用圖 11.13(b) 的自相關函數所計算出的全極點模型頻譜，根據隨機訊號頻譜分析的觀點，DTFT 的強度平方函數就是週期圖。因此，週期圖包含了隨著頻率產生隨機變化的成份。再一次，利用模型階數的選擇，我們可以得到具有任何平滑程度的週期圖。

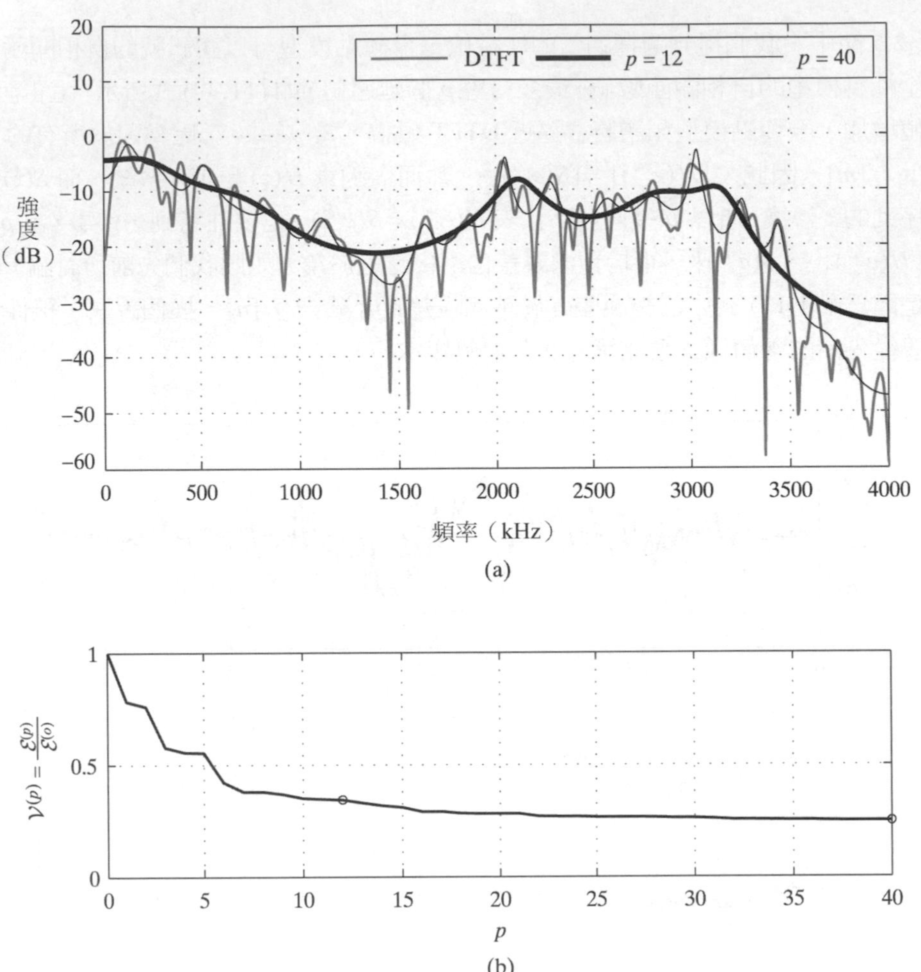

圖 11.14 (a) 對於圖 11.13(a) 中的無聲語音片段，其 DTFT 頻譜與全極點模型頻譜的比較。(b) 正規化預測誤差對於 p 值的函數圖

11.5.2 極點的位置

在語音訊號處理中，全極點模型的極點位置和聲道的共振頻率有密切的關係，因此，分解多項式 $A(z)$ 以得出零點，並且表示成 (11.50) 式，經常是有用的作法。我們在 11.3.3 節討論過預測誤差濾波器的零點 z_k 是全極點系統函數的極點，在 11.5.1 節所討論的頻譜估計法中，系統函數的極點可對應到頻譜估計值的高峰，當頻率接近極點的角度時，如果極點越接近單位圓，則此頻率的頻譜會有越高的高峰。

利用圖 11.12(a) 的兩個頻譜估計值，可以計算出預測誤差系統函數 $A(z)$ 的零點（也就是模型系統的極點），如圖 11.15 所示。當 $p = 12$， $A(z)$ 的零點是用空心圓表示，有五對複共軛的零點靠近單位圓。圖 11.12(a) 的粗線也顯示出這些極點的存在。當 $p = 40$，

$A(z)$的零點是用黑點表示，觀察到大部分零點都靠近單位圓，也近似均勻地分佈在單位圓附近。在模型頻譜上，這些極點所產生的高峰分佈在語音訊號基頻的倍數附近，訊號基頻所對應到的正規化角頻率在 z 平面上的角度為 $2\pi(296\text{ Hz})/8\text{ kHz}$ 。

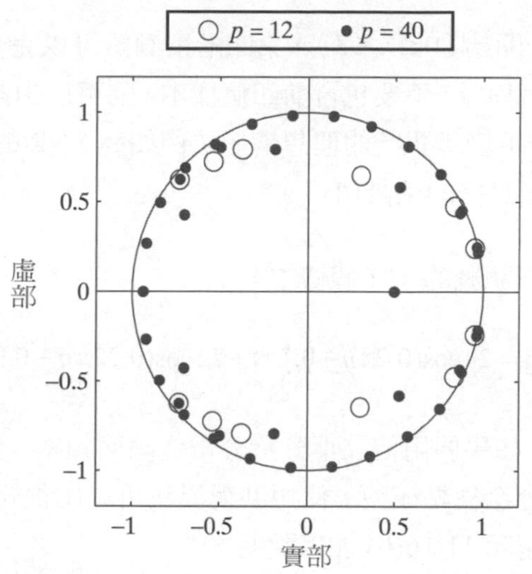

圖 11.15 預測誤差濾波器的零點（模型系統的極點），用來計算出圖 11.12 的頻譜估計值

11.5.3 弦波訊號的全極點模型

使用全極點模型的極點估計弦波訊號的頻率，這是另一個重要的範例，要知道可以這樣作的原因，可以考慮兩個弦波訊號的和

$$s[n]=[A_1\cos(\omega_1 n+\theta_1)+A_2\cos(\omega_2 n+\theta_2)]u[n] \tag{11.61}$$

則 $s[n]$的 z 轉換可寫成

$$S(z)=\frac{b_0+b_1z^{-1}+b_2z^{-2}+b_3z^{-3}}{(1-e^{j\omega_1}z^{-1})(1-e^{-j\omega_1}z^{-1})(1-e^{j\omega_2}z^{-1})(1-e^{-j\omega_2}z^{-1})} \tag{11.62}$$

也就是說，兩個弦波訊號的和可表示成 LTI 系統的脈衝響應，其系統函數同時具有極點與零點。其分子多項式是振幅、頻率和相位三個變數的函數，稍微有些複雜。對於我們比較重要的系統函數是四階分母多項式、三階分子多項式，且分母的根都在單位圓上，角度為 $\pm\omega_1$ 和 $\pm\omega_2$ 。當輸入為脈衝函數，描述此系統函數的差分方程式為

$$s[n]-\sum_{k=1}^{4}a_ks[n-k]=\sum_{k=1}^{3}b_k\delta[n-k] \tag{11.63}$$

將分母多項式的因式乘開之後可以得到上式中的 a_k，注意到

$$s[n]-\sum_{k=1}^{4}a_k s[n-k]=0,\quad n\geq 4 \tag{11.64}$$

上式告訴我們，除了在一開始（$0\leq n\leq 3$），第四階預測器可以完全無誤差地預測出 $s[n]$，使用共變異法於訊號的短片段，不要包含前四個樣本，就可以由訊號估計出分母的係數。對於可用 (11.61) 式準確地表示訊號的理想情形（例如高 SNR 的情形），多項式的根對於弦波成份的頻率提供了良好的估計值。

圖 11.16(a) 顯示以下訊號的 101 個樣本[⑧]

$$s[n]=20\cos(0.2\pi n-0.1\pi)+22\cos(0.22\pi n+0.9\pi) \tag{11.65}$$

因爲兩個頻率非常接近，如果要用傅立葉分析分辨這兩個頻率，要使用大量的訊號樣本。然而，因爲訊號完全符合全極點模型，使用共變異法可以由很短的訊號片段得到非常精確的頻率估計值。我們用圖 11.16(b) 加以說明。

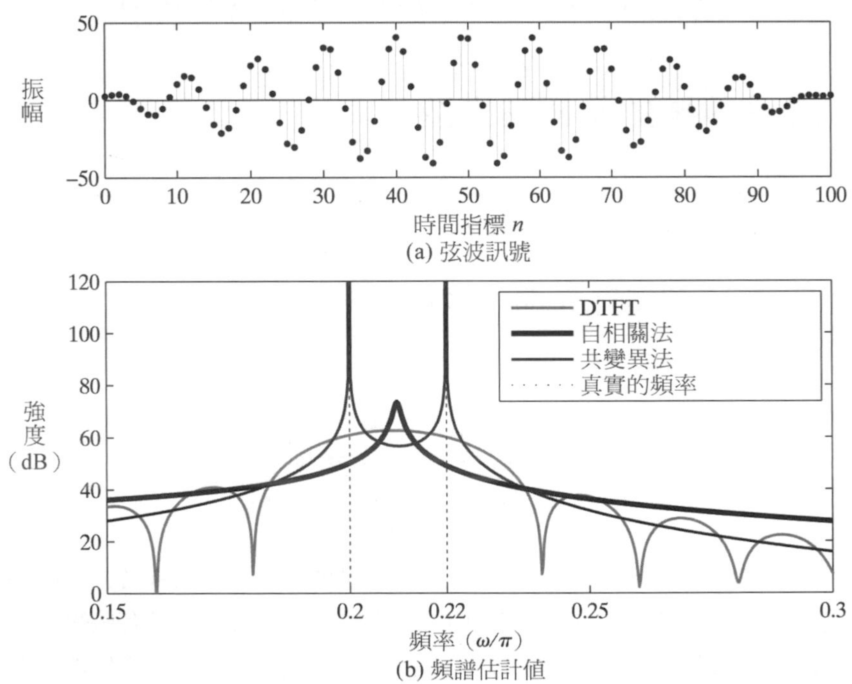

圖 11.16 弦波訊號的頻譜估計值

⑧ 圖 11.16(a) 中訊號片段逐漸變弱不是加窗的結果，它是由於兩個頻率接近的弦波訊號所產生的「節拍」，節拍的頻率（0.22π和 0.2π的差）所對應的週期是 100 個樣本。

101 個樣本的 DTFT（使用方窗函數）沒有顯示出在 $\omega = 0.21\pi$ 附近有兩個不同的弦波頻率，回想到 $(M+1)$ 點方窗函數的主波瓣寬度為 $\Delta\omega = 4\pi/(M+1)$，當頻率相差不小於大約 0.04π 弧度／秒，長度為 101 點的方窗函數才可清楚分辨這兩個頻率，因此，DTFT 無法顯示出兩個頻譜的高峰。

類似的情形，使用自相關法進行頻譜估計的結果由粗線表示。此估計值只有一個頻譜高峰。以自相關法得到的預測誤差濾波器（因式分解的形式）為

$$\begin{aligned} A_a(z) &= (1-0.998e^{j0.21\pi}z^{-1})(1-0.998e^{-j0.21\pi}z^{-1}) \\ &\quad \cdot(1-0.426z^{-1})(1-0.1165z^{-1}) \end{aligned} \tag{11.66}$$

上式中的兩個實數極點不產生任何高峰，複數的極點的確接近單位圓，可是角度是 $\pm 0.21\pi$，剛好位於兩個頻率正中間。因此，自相關法固有的加窗動作導致模型鎖定在平均頻率 0.21π。

另一方面，將共變異法得到的預測誤差濾波器（將強度和角度作四捨五入）因式分解後可得

$$\begin{aligned} A_c(z) &= (1-e^{j0.2\pi}z^{-1})(1-e^{-j0.2\pi}z^{-1}) \\ &\quad \cdot(1-e^{j0.22\pi}z^{-1})(1-e^{-j0.22\pi}z^{-1}) \end{aligned} \tag{11.67}$$

在此方法中，零點的角度幾乎完全等於兩個弦波的頻率，圖 11.16(b) 也顯示此模型的頻率響應（以 dB 畫出）為：

$$|H_{\text{cov}}(e^{j\omega})|^2 = \frac{1}{|A_{\text{cov}}(e^{j\omega})|^2} \tag{11.68}$$

在此情形中，預測誤差非常接近零，如果用來估計全極點模型的增益值，將會得到無法確定的估計值。因此，我們隨意地選取增益值，令其為 1，結果讓 (11.68) 式和其他估計值可一起畫在比例相近的圖。因為極點幾乎完全落在單位圓上，在極點頻率處的強度頻譜值變得非常大。注意到預測誤差濾波器的根對於頻率給出了非常精確的估計值，當然了，這個方法對於弦波成份的振幅和相位並不提供精確的資訊。

11.6 自相關法方程式組的解

在計算相函數值的自相關法或共變異法中，使均方反濾波器誤差（等效於預測誤差）有最小值的預測器係數滿足一組聯立方程式，其形式如下

$$\begin{bmatrix} \phi_{ss}[1,1] & \phi_{ss}[1,2] & \phi_{ss}[1,3] & \cdots & \phi_{ss}[1,p] \\ \phi_{ss}[2,1] & \phi_{ss}[2,2] & \phi_{ss}[2,3] & \cdots & \phi_{ss}[2,p] \\ \phi_{ss}[3,1] & \phi_{ss}[3,2] & \phi_{ss}[3,3] & \cdots & \phi_{ss}[3,p] \\ \vdots & \vdots & \vdots & \cdots & \vdots \\ \phi_{ss}[p,1] & \phi_{ss}[p,2] & \phi_{ss}[p,3] & \cdots & \phi_{ss}[p,p] \end{bmatrix} \begin{bmatrix} a_1 \\ a_2 \\ a_3 \\ \vdots \\ a_p \end{bmatrix} = \begin{bmatrix} \phi_{ss}[1,0] \\ \phi_{ss}[2,0] \\ \phi_{ss}[3,0] \\ \vdots \\ \phi_{ss}[p,0] \end{bmatrix} \tag{11.69}$$

這些線性方程式可以用矩陣表示為

$$\mathbf{\Phi a} = \boldsymbol{\psi} \tag{11.70}$$

不論是自相關法或是共變異數法，因為 $\phi[i,k]=\phi[k,i]$，所以 $\mathbf{\Phi}$ 是對稱矩陣，也因為 $\mathbf{\Phi}$ 來自於最小平方的問題，所以它也是正定矩陣，這些性質確保 $\mathbf{\Phi}$ 是可逆矩陣。一般來說，當 $\mathbf{\Phi}$ 是對稱的正定矩陣，利用以矩陣分解為基礎的方法可以有效地解出反矩陣，像是 Cholesky 分解（見 Press, et al., 2007）。然而對於自相關法這種特定情況，或是任何滿足 $\phi_{ss}[i,k]=r_{ss}[|i-k|]$ 的方法，(11.69) 式變成自相關法方程式（也稱為 Yule-Walker 方程式）

$$\begin{bmatrix} r_{ss}[0] & r_{ss}[1] & r_{ss}[2] & \cdots & r_{ss}[p-1] \\ r_{ss}[1] & r_{ss}[0] & r_{ss}[1] & \cdots & r_{ss}[p-2] \\ r_{ss}[2] & r_{ss}[1] & r_{ss}[0] & \cdots & r_{ss}[p-3] \\ \vdots & \vdots & \vdots & \cdots & \vdots \\ r_{ss}[p-1] & r_{ss}[p-2] & r_{ss}[p-3] & \cdots & r_{ss}[0] \end{bmatrix} \begin{bmatrix} a_1 \\ a_2 \\ a_3 \\ \vdots \\ a_p \end{bmatrix} = \begin{bmatrix} r_{ss}[1] \\ r_{ss}[2] \\ r_{ss}[3] \\ \vdots \\ r_{ss}[p] \end{bmatrix} \tag{11.71}$$

在此情形中，$\mathbf{\Phi}$ 除了是對稱且正定的矩陣之外，它也是 Toeplitz 矩陣，這類矩陣在次對角線上的每一項都相等。這個性質對於求解方程式可以得到有效的演算法，稱為 Levinson-Durbin 遞迴法。

11.6.1 Levinson-Durbin 遞迴法

Levinson-Durbin 演算法用於計算預測器的係數，使得全平方預測誤差有最小值。其原理除了來自於矩陣 $\mathbf{\Phi}$ 的高度對稱性，也來自於 (11.71) 式等號右邊的向量 $\boldsymbol{\psi}$ 中的每一項也構成了矩陣 $\mathbf{\Phi}$，由 (11.71) 式可確認此性質。Levinson-Durbin 演算法由圖 11.17 的

(L-D.1) 式到 (L-D.6) 式所定義，11.6.2 節給出這些方程式的推導，但是在討論推導的細節之前，我們先簡單地檢視演算法的每一個步驟。

Levinson-Durbin 演算法

$$\mathcal{E}^{(0)} = r_{ss}[0] \quad \text{(L–D.1)}$$

for $i = 1, 2, \ldots, p$

$$k_i = \left(r_{ss}[i] - \sum_{j=1}^{i-1} a_j^{(i-1)} r_{ss}[i-j] \right) \Big/ \mathcal{E}^{(i-1)} \quad \text{(L–D.2)}$$

$$a_i^{(i)} = k_i \quad \text{(L–D.3)}$$

　if $i > 1$ then for $j = 1, 2, \ldots, i-1$

$$a_j^{(i)} = a_j^{(i-1)} - k_i a_{i-j}^{(i-1)} \quad \text{(L–D.4)}$$

　end

$$\mathcal{E}^{(i)} = (1 - k_i^2)\mathcal{E}^{(i-1)} \quad \text{(L–D.5)}$$

end

$$a_j = a_j^{(p)} \quad j = 1, 2, \ldots, p \quad \text{(L–D.6)}$$

圖 11.17　定義 Levinson-Durbin 演算法的方程式

(L-D.1) 此步驟將均方預測誤差的起始值定為訊號的能量。因為預測誤差 $e[n]$ 等於訊號 $s[n]$，也就是使用第零階預測器（無預測器），所以並不減少預測誤差的能量。

圖 11.17 的下一行敘述告訴我們從 (L-D.2) 到 (L-D.6) 式要重複執行 p 次，每次執行這些步驟時要將預測器的階數加 1。換句話說，此演算法開始於 $i-1=0$，然後利用第 $(i-1)$ 階的預測器計算第 i 階預測器，

(L-D.2) 此步驟計算 k_i，這些我們稱為 k-參數的序列 k_i, $i=1, 2, \ldots, p$ 對於產生下一組預測器係數扮演了關鍵的角色[⑨]。

(L-D.3) 這個方程式告訴我們第 i 階預測器的第 i 個係數 $a_i^{(i)}$ 等於 k_i。

(L-D.4) 這個方程式告訴我們如何使用 k_i 計算第 i 階預測器的其餘係數，第 i 階預測器的係數是將第 $(i-1)$ 階預測器的係數和這些係數以相反順序排列之後加以組合。

(L-D.5) 這個算式更新了第 i 階預測器的預測誤差。

(L-D.6) 這是最後的步驟，第 i 階預測器的係數定義為此演算法經過 p 次遞迴之後的結果。

---

⑨ 為了在第 11.7 節進行討論，k-參數也稱為 **PARCOR**（PARtial CORrelation，部份相關）**係數**，或稱為**反射係數**（reflection coefficients）。

Levinson-Dubrin 演算法的價值在於它是自相關法方程式的有效解法，而且對於線性預測以及全極點模型的性質提供了更深入的瞭解。舉例來說，可以證明第 p 階預測器的平均預測誤差等於較低階預測器所有預測誤差的乘積，因之可推得 $0<\mathcal{E}^{(i)}\leq\mathcal{E}^{(i-1)}<\mathcal{E}^{(p)}$，以及

$$\mathcal{E}^{(p)}=\mathcal{E}^{(0)}\prod_{i=1}^{p}(1-k_i^2)=r_{ss}[0]\prod_{i=1}^{p}(1-k_i^2) \tag{11.72}$$

因爲 $\mathcal{E}^{(i)}>0$，所以對於所有 $i=1,2,\ldots,p$，$-1<k_i<1$ 必定成立。也就是說，$k-$參數的絕對值必定小於 1。

11.6.2 Levinson-Durbin 演算法的推導

由 (11.30) 式可知最佳預測器係數滿足以下方程式

$$r_{ss}[i]-\sum_{k=1}^{p}a_k r_{ss}[i-k]=0,\quad i=1,2,\ldots,p, \tag{11.73a}$$

而均方預測誤差的最小值爲

$$r_{ss}[0]-\sum_{k=1}^{p}a_k r_{ss}[k]=\mathcal{E}^{(p)} \tag{11.73b}$$

因爲 (11.73b) 中的相關係數值與 (11.73a) 相同，所以可將它們放在一起，寫出新的 $(p+1)$ 個方程式，這組方程式由 p 個未知的預測器係數以及未知的均方預測誤差 $\mathcal{E}^{(p)}$ 所組成，可用矩陣的形式表示爲

$$\begin{bmatrix} r_{ss}[0] & r_{ss}[1] & r_{ss}[2] & \cdots & r_{ss}[p] \\ r_{ss}[1] & r_{ss}[0] & r_{ss}[1] & \cdots & r_{ss}[p-1] \\ r_{ss}[2] & r_{ss}[1] & r_{ss}[0] & \cdots & r_{ss}[p-2] \\ \vdots & \vdots & \vdots & \cdots & \vdots \\ r_{ss}[p] & r_{ss}[p-1] & r_{ss}[p-2] & \cdots & r_{ss}[0] \end{bmatrix}\begin{bmatrix} 1 \\ -a_1^{(p)} \\ -a_2^{(p)} \\ \vdots \\ -a_p^{(p)} \end{bmatrix}=\begin{bmatrix} \mathcal{E}^{(p)} \\ 0 \\ 0 \\ \vdots \\ 0 \end{bmatrix} \tag{11.74}$$

正是這組方程式可用 Levinson-Durbin 演算法遞迴地求解，作法是在每一次遞迴計算加入一個新的相關係數值，然後用這個新的相關係數值以及先前解得的預測器解出高一階的預測器。

對於任何階數 i，(11.74) 式的聯立方程式可以用矩陣的符號表示爲

$$\mathrm{R}^{(i)}\mathrm{a}^{(i)}=\mathrm{e}^{(i)} \tag{11.75}$$

我們想要證明第由 $(i-1)$ 個解可以導出第 i 個解，換句話說，給定 $\mathrm{R}^{(i-1)}\mathrm{a}^{(i-1)}=\mathrm{e}^{(i-1)}$ 的解 $\mathrm{a}^{(i-1)}$，我們想要導出 $\mathrm{R}^{(i)}\mathrm{a}^{(i)}=\mathrm{e}^{(i)}$ 的解。

首先，將 $\mathrm{R}^{(i-1)}\mathrm{a}^{(i-1)}=\mathrm{e}^{(i-1)}$ 展開：

$$\begin{bmatrix} r_{ss}[0] & r_{ss}[1] & r_{ss}[2] & \cdots & r_{ss}[i-1] \\ r_{ss}[1] & r_{ss}[0] & r_{ss}[1] & \cdots & r_{ss}[i-2] \\ r_{ss}[2] & r_{ss}[1] & r_{ss}[0] & \cdots & r_{ss}[i-3] \\ \vdots & \vdots & \vdots & \cdots & \vdots \\ r_{ss}[i-1] & r_{ss}[i-2] & r_{ss}[i-3] & \cdots & r_{ss}[0] \end{bmatrix} \begin{bmatrix} 1 \\ -a_1^{(i-1)} \\ -a_2^{(i-1)} \\ \vdots \\ -a_{i-1}^{(i-1)} \end{bmatrix} = \begin{bmatrix} \mathcal{E}^{(i-1)} \\ 0 \\ 0 \\ \vdots \\ 0 \end{bmatrix} \tag{11.76}$$

將向量 $\mathrm{a}^{(i-1)})$ 補上一個 0，然後乘以矩陣 $\mathrm{R}^{(i)}$ 可得

$$\begin{bmatrix} r_{ss}[0] & r_{ss}[1] & r_{ss}[2] & \cdots & r_{ss}[i] \\ r_{ss}[1] & r_{ss}[0] & r_{ss}[1] & \cdots & r_{ss}[i-1] \\ r_{ss}[2] & r_{ss}[1] & r_{ss}[0] & \cdots & r_{ss}[i-2] \\ \vdots & \vdots & \vdots & \cdots & \vdots \\ r_{ss}[i-1] & r_{ss}[i-2] & r_{ss}[i-3] & \cdots & r_{ss}[1] \\ r_{ss}[i] & r_{ss}[i-1] & r_{ss}[i-2] & \cdots & r_{ss}[0] \end{bmatrix} \begin{bmatrix} 1 \\ -a_1^{(i-1)} \\ -a_2^{(i-1)} \\ \vdots \\ -a_{i-1}^{(i-1)} \\ 0 \end{bmatrix} = \begin{bmatrix} \mathcal{E}^{(i-1)} \\ 0 \\ 0 \\ \vdots \\ 0 \\ Y^{(i-1)} \end{bmatrix} \tag{11.77}$$

要讓 (11.77) 式成立，可知

$$\gamma^{(i-1)} = r_{ss}[i] - \sum_{j=1}^{i-1} a_j^{(i-1)} r_{ss}[i-j] \tag{11.78}$$

正是在 (11.78) 式引入了新的相關係數值 $r_{ss}[i]$，然而，(11.77) 式還不是我們想要的形式 $\mathrm{R}^{(i)}\mathrm{a}^{(i)}=\mathrm{e}^{(i)}$，此推導的關鍵步驟是認出這些方程式可以用相反地順序重寫（第一個方程式變成最後一個，最後一個方程式變成第一個，以此類推），然而根據 Toeplitz 矩陣 $\mathrm{R}^{(i)}$ 的特殊對稱性，重寫後的方程式組中還是得到 $\mathrm{R}^{(i)}$，即

$$\begin{bmatrix} r_{ss}[0] & r_{ss}[1] & r_{ss}[2] & \cdots & r_{ss}[i] \\ r_{ss}[1] & r_{ss}[0] & r_{ss}[1] & \cdots & r_{ss}[i-1] \\ r_{ss}[2] & r_{ss}[1] & r_{ss}[0] & \cdots & r_{ss}[i-2] \\ \vdots & \vdots & \vdots & \cdots & \vdots \\ r_{ss}[i-1] & r_{ss}[i-2] & r_{ss}[i-3] & \cdots & r_{ss}[1] \\ r_{ss}[i] & r_{ss}[i-1] & r_{ss}[i-2] & \cdots & r_{ss}[0] \end{bmatrix} \begin{bmatrix} 0 \\ -a_{i-1}^{(i-1)} \\ -a_{i-2}^{(i-1)} \\ \vdots \\ -a_1^{(i-1)} \\ 1 \end{bmatrix} = \begin{bmatrix} \gamma^{(i-1)} \\ 0 \\ 0 \\ \vdots \\ 0 \\ \mathcal{E}^{(i-1)} \end{bmatrix} \tag{11.79}$$

現在，根據下式可將 (11.77) 和 (11.79) 式組合在一起

$$R^{(i)}\left[\begin{bmatrix}1\\-a_1^{(i-1)}\\-a_2^{(i-1)}\\\vdots\\-a_{i-1}^{(i-1)}\\0\end{bmatrix}-k_i\begin{bmatrix}0\\-a_{i-1}^{(i-1)}\\-a_{i-2}^{(i-1)}\\\vdots\\-a_1^{(i-1)}\\1\end{bmatrix}\right]=\left[\begin{bmatrix}\mathcal{E}^{(i-1)}\\0\\0\\\vdots\\0\\\gamma^{(i-1)}\end{bmatrix}-k_i\begin{bmatrix}\gamma^{(i-1)}\\0\\0\\\vdots\\0\\\mathcal{E}^{(i-1)}\end{bmatrix}\right] \tag{11.80}$$

(11.80) 式已經接近我們想要的形式 $\mathrm{R}^{(i)}\mathrm{a}^{(i)}=\mathrm{e}^{(i)}$。剩下的工作是選取 $\gamma^{(i-1)}$，使等號右邊的向量只有一個非零項，我們需要滿足

$$k_i=\frac{\gamma^{(i-1)}}{\mathcal{E}^{(i-1)}}=\frac{r_{ss}[i]-\sum_{j=1}^{i-1}a_j^{(i-1)}r_{ss}[i-j]}{\mathcal{E}^{(i-1)}}, \tag{11.81}$$

上式確保等號右邊向量的最後一項會被消掉，而使得第一項變成

$$\mathcal{E}^{(i)}=\mathcal{E}^{(i-1)}-k_i\gamma^{(i-1)}=\mathcal{E}^{(i-1)}(1-k_i^2) \tag{11.82}$$

利用以這種方式選取的 $\gamma^{(i-1)}$，可推得第 i 階預測器的係數向量爲

$$\begin{bmatrix}1\\-a_1^{(i)}\\-a_2^{(i)}\\\vdots\\-a_{i-1}^{(i)}\\-a_i^{(i)}\end{bmatrix}=\begin{bmatrix}1\\-a_1^{(i-1)}\\-a_2^{(i-1)}\\\vdots\\-a_{i-1}^{(i-1)}\\0\end{bmatrix}-k_i\begin{bmatrix}0\\-a_{i-1}^{(i-1)}\\-a_{i-2}^{(i-1)}\\\vdots\\-a_1^{(i-1)}\\1\end{bmatrix} \tag{11.83}$$

根據 (11.83) 式，我們可以把更新係數的方程式寫爲

$$a_j^{(i)}=a_j^{(i-1)}-k_ia_{i-j}^{(i-1)},\quad j=1,2,\ldots,i-1, \tag{11.84a}$$

和

$$a_i^{(i)}=k_i \tag{11.84b}$$

(11.81)、(11.84b)、(11.84a) 和 (11.82) 是 Levinson-Durbin 演算法中關鍵的方程式，對應到圖 11.17 中的(L-D.2)、(L-D.3)、(L-D.4) 和 (L-D.5)。這些方程式顯示如何用階數的遞迴計算對於線性預測器求出最佳的預測器係數、均方預測誤差以及係數 k_i，一直到第 p 階預測器。

11.7 格狀濾波器

從 Levinson-Durbin 演算法所浮現出來許多有趣和有用的概念，利用第 6.6 節所提到的格狀結構解釋 Levinson-Durbin 演算法也是其中之一。當時我們證明了如果 FIR 濾波器的系統函數可以表示成以下形式

$$A(z) = 1 - \sum_{k=1}^{M} a_k z^{-k} \tag{11.85}$$

就可以用格狀結構加以實現，並圖示於圖 6.37。此外，我們也證明了 FIR 系統函數的係數和它所對應的格狀濾波器的 k−參數滿足圖 6.38 所示的遞迴關係式。為了便於討論與對照，我們將此圖再次顯示在圖 11.18 的的下半部。將 $k-\alpha$演算法的步驟倒轉，我們得到圖 6.39 的演算法，此演算法可以從參數α_j, $j = 1, 2, \ldots, M$ 計算出 k−參數。因此，在 FIR 濾波器的直接型係數與格狀結構之間有 1 對 1 的關係。

Levinson-Durbin 演算法

$\mathcal{E}^{(0)} = r_{ss}[0]$
for $i = 1, 2, \ldots, p$
  $k_i = \left(r_{ss}[i] - \sum_{j=1}^{i-1} a_j^{(i-1)} r_{ss}[i-j] \right) / \mathcal{E}^{(i-1)}$　Eq. (11.81)
  $a_i^{(i)} = k_i$　Eq. (11.84b)
  if $i > 1$ then for $j = 1, 2, \ldots, i-1$
    $a_j^{(i)} = a_j^{(i-1)} - k_i a_{i-j}^{(i-1)}$　Eq. (11.84a)
  end
  $\mathcal{E}^{(i)} = (1 - k_i^2)\mathcal{E}^{(i-1)}$　Eq. (11.82)
end
$a_j = a_j^{(p)}$　$j = 1, 2, \ldots, p$

格狀結構的 k-α 演算法

Given $k_1, k_2, \ldots, k_M$
for $i = 1, 2, \ldots, M$
  $\alpha_i^{(i)} = k_i$　Eq. (6.66b)
  if $i > 1$ then for $j = 1, 2, \ldots, i-1$
    $\alpha_j^{(i)} = \alpha_j^{(i-1)} - k_i \alpha_{i-j}^{(i-1)}$　Eq. (6.66a)
  end
end
$\alpha_j = \alpha_j^{(M)}$　$j = 1, 2, \ldots, M$　Eq. (6.68b)

圖 11.18 Levinsin-Durbin 演算法與 $k-\alpha$演算法的比較，$k-\alpha$演算法用來將格狀結構的 k−參數轉換成 (11.85) 式的 FIR 系統的脈衝響應

在本章中，我們已經證明出第 p 階預測誤差濾波器是 FIR 濾波器，其系統函數爲

$$A^{(p)}(z)=1-\sum_{k=1}^{p}a_k^{(p)}z^{-k},$$

透過我們稱爲 Levinson-Durbin 演算法的步驟，可以從訊號的自相關函數計算出上式中的係數。Levinson-Durbin 演算法的的副產品是一組參數，稱爲 k−參數，也用 k_i 代表。我們在圖 11.18 中比較這兩個演算法，可以發現它們的步驟完全相同，除了一個重要的細節。在第 6 章所推導出的演算法中，我們已知的是格狀濾波器的係數 k_i，從這些係數開始，可以利用遞迴關係式求得直接型 FIR 濾波器的係數。而在 Levinson-Durbin 演算法中，我們從訊號的自相關函數開始，遞迴地計算 k-參數，這是計算過程的中間結果，最後得到的是 FIR 預測誤差濾波器的係數。因爲經過 p 次疊代之後這兩個演算法都得到唯一的結果，而且在 k−參數和 FIR 濾波器係數之間有 1 對 1 的關係，因此，當 $M=p$ 且 $a_j=a_j,\ j=1,2,\ldots,p$ ，由 Levinson-Durbin 演算法所產生的 k−參數必定等於 FIR 預測誤差濾波器 $A^{(p)}(z)$ 的格裝濾波器結構中的 k -參數。

11.7.1 預測誤差的格狀網路

爲了進一步探討格狀濾波器的解釋法，我們假設第 i 階預測誤差的系統函數爲

$$A^{(i)}(z)=1-\sum_{k=1}^{i}a_i^{(i)}z^{-k} \tag{11.86}$$

預測誤差[10]的 z 轉換爲

$$E^{(i)}(z)=A^{(i)}(z)S(z), \tag{11.87}$$

而此 FIR 濾波器在時域上滿足的差分方程式爲

$$e^{(i)}[n]=s[n]-\sum_{k=1}^{i}a_k^{(i)}s[n-k] \tag{11.88}$$

序列 $e^{(i)}[n]$ 有一個具體的名字，稱爲**前向預測誤差**（forward prediction error），因爲它是用先前的 i 個樣本預測 $s[n]$ 所產生的誤差。

---

[10] 此 z 轉換的等式中假設 $e[n]$ 和 $s[n]$ 的 z 轉換都存在。對於隨機訊號而言，雖然這不成立，但是對於系統而言，這些變數之間的關係式依然成立。使用 z 轉換的符號有助於發展這些關係式。

格狀濾波器解釋法的根源是 (11.84a) 和 (11.84b) 式，將這兩式代入 (11.86) 式，可得以下 $A^{(i)}(z)$和 $A^{(i-1)}(z)$的關係式

$$A^{(i)}(z) = A^{(i-1)}(z) - k_i z^{-i} A^{(i-1)}(z^{-1}) \tag{11.89}$$

如果我們觀察多項式 $A^{(i)}(z)$的矩陣表示式，如 (11.83) 式[11]所示，就不會覺得上式令人驚訝。現在，如果把 (11.89) 的 $A^{(i)}(z)$ 代入 (11.87) 式，可得

$$E^{(i)}(z) = A^{(i-1)}(z)S(z) - k_i z^{-i} A^{(i-1)}(z^{-1})S(z) \tag{11.90}$$

上式中等號右邊的第一項是 $E^{(i-1)}(z)$，也就是第 $(i-1)$ 階濾波器的預測誤差。如果我們使用以下的定義

$$\tilde{E}^{(i)}(z) = z^{-i} A^{(i)}(z^{-1})S(z) = B^{(i)}(z)S(z), \tag{11.91}$$

其中 $B^{(i)}(z)$的定義爲

$$B^{(i)}(z) = z^{-i} A^{(i)}(z^{-1}) \tag{11.92}$$

則 (11.90) 式等號右邊的第二項也有類似的解釋。(11.91) 式在時域上的解釋法爲

$$\tilde{e}^{(i)}[n] = s[n-i] - \sum_{k=1}^{i} a_k^{(i)} s[n-i+k] \tag{11.93}$$

因爲 (11.93) 式告訴我們 $s[n-i]$ 是由第 $(n-i)$ 的樣本*之後*的 i 個樣本所「預測」的結果，所以序列 $\tilde{e}^{(i)}[n]$稱爲**後向預測誤差**（backward prediction error）。

利用這些定義，由 (11.90) 式可得

$$E^{(i)}(z) = E^{(i-1)}(z) - k_i z^{-1} \tilde{E}^{(i-1)}(z) \tag{11.94}$$

因此

$$e^{(i)}[n] = e^{(i-1)}[n] - k_i \tilde{e}^{(i-1)}[n-1] \tag{11.95}$$

將 (11.89) 代入 (11.90) 式可得

$$\tilde{E}^{(i)}(z) = z^{-1}\tilde{E}^{(i-1)}(z) - k_i E^{(i-1)}(z), \tag{11.96}$$

---

[11] 我們建議將此結果的推導過程作練習，見習題 11.21。

上式在時域上的表示法為

$$\tilde{e}^{(i)}[n]=\tilde{e}^{(i-1)}[n-1]-k_i e^{(i-1)}[n] \tag{11.97}$$

(11.95) 和 (11.97) 這兩個差分方程式利用第 $(i-1)$ 階前向和後向預測誤差表示出第 i 階前向和後向預測誤差，圖 11.19 顯示這對差分方程式的訊號流程圖，因此，圖 11.19 的差分方程式包含了 Levinson-Durbin 遞迴法的一次疊代計算，在 Levinson-Durbin 遞迴計算中，我們是由第零階預測器開始，即

$$e^{(0)}[n]=\tilde{e}^{(0)}[n]=s[n] \tag{11.98}$$

在圖 11.19 所示的第一級計算中，如果係數是 k_1，輸入是 $e^{(0)}[n]=s[n]$ 與 $\tilde{e}^{(0)}[n]=s[n]$，則輸出是 $e^{(1)}[n]$ 與 $\tilde{e}^{(1)}[n]$，這些是第二級所需要的輸入。我們可以串接 p 個圖 11.19 的結構以建造一個系統，則此系統的輸出是我們想要的第 p 階預測誤差訊號 $e[n]=\tilde{e}^{(p)}[n]$。這個系統圖示於圖 11.20，和 6.6 節中[12]圖 6.37 所示的格狀網路完全相同。總之，圖 11.20 的訊號流程圖代表以下方程式

$$e^{(0)}[n]=\tilde{e}^{(0)}[n]=s[n] \tag{11.99a}$$

$$e^{(i)}[n]=e^{(i-1)}[n]-k_i\tilde{e}^{(i-1)}[n-1], \quad i=1,2,\ldots,p \tag{11.99b}$$

$$\tilde{e}^{(i)}[n]=\tilde{e}^{(i-1)}[n-1]-k_i e^{(i-1)}[n], \quad i=1,2,\ldots,p \tag{11.99c}$$

$$e[n]=e^{(p)}[n], \tag{11.99d}$$

如果以上各式中的係數 k_i 是由 Levinson-Durbin 遞迴所計算，則 $e^{(i)}[n]$ 與 $\tilde{e}^{(i)}[n]$ 是第 i 階最佳預測器的前向和後向預測誤差。

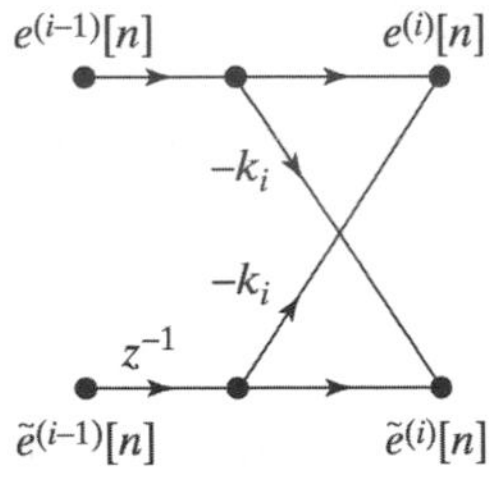

圖 11.19 計算預測誤差的訊號流程圖

[12] 對於圖 6.37 中的節點變數，注意到我們分別用 $a^{(i)}[n]$ 和 $b^{(i)}[n]$ 代替 $e^{(i)}[n]$ 與 $\tilde{e}^{(i)}[n]$。

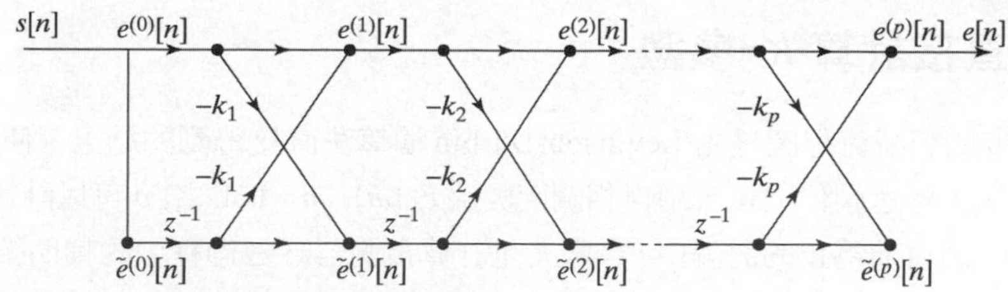

圖 11.20　格狀網路的訊號流程圖，此格狀結構用來計算第 p 階預測誤差

11.7.2　全極點模型格狀網路

在 6.6.2 節中，我們證明了圖 6.42 的格狀網路可以實現全極點系統函數 $H(z)=1/A(z)$，此處的 $A(z)$ 是 FIR 系統的系統函數，換句話說，$H(z)$ 確實是 $A(z)$ 的反系統函數。而在現在的討論中，$A(z)$ 正是全極點模型的系統函數，其增益值 $G = 1$。在本小節中，我們將用前向和後向預測誤差的觀念回顧全極點格狀結構。

如果我們將圖 6.42 中節點變數的符號 $a^{(i)}[n]$ 和 $b^{(i)}[n]$ 分別換成 $e^{(i)}[n]$ 與 $\tilde{e}^{(i)}[n]$，可得圖 11.21 的訊號流程圖，此圖代表以下的方程式組

$$e^{(p)}[n[=e[n] \tag{11.100a}$$

$$e^{(i-1)}[n]=e^{(i)}+k_i\tilde{e}^{(i-1)}[n-1] \quad i=p, p-1, \cdots, 1 \tag{11.100b}$$

$$\tilde{e}^{(i)}=\tilde{e}^{(i-1)}[n-1]-k_i e^{(i-1)}[n] \quad i=p, p-1, \ldots, 1 \tag{11.100c}$$

$$s[n]=e^{(0)}[n]=e^{(0)}[n] \tag{11.100d}$$

我們在 6.6.2 節討論過，圖 11.21 的格狀結構可以用來實現任何穩定的全極點系統。在這類系統中，$|k_i|<1$ 的條件可以確保系統的穩定性，這個性質非常重要。根直接型結構比較起來，雖然格狀結構計算每一個輸出樣本需要兩倍的乘法數，但是當係數只能作粗略的量化時，此結構或許是優先考慮的實現方式。直接型結構的頻率響應對於係數的量化極度敏感，此外，我們已經見過直接型結構的 IIR 系統由於係數量化的緣故而變得不穩定。然而，只要格狀網路的 k－參數經過量化後維持 $|k_i|<1$ 的條件，就不會發生這種情形。除此之外，格狀網路的頻率響應對於 k－參數的量化較不敏感。

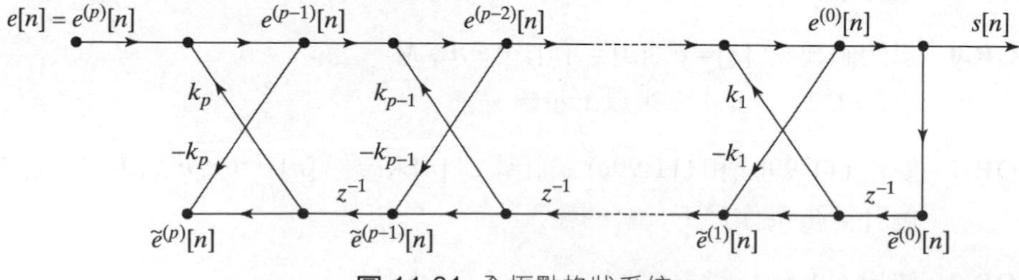

圖 11.21　全極點格狀系統

11.7.3 直接計算 k-參數

圖 11.20 的訊號流程圖是由 Levinson-Durbin 演算法直接得到的結果，使用圖 11.17 所示的演算法，經過疊代之後，用自相關函數值 $r_{ss}[m],\ m=0,1,\ldots,p$ 可以計算出參數 k_i, $i=1,2,\ldots,p$。到目前爲止的討論中，參數 k_i 是計算預測器參數過程中的輔助結果，然而，Itakura 和 Saito (1968, 1970) 證明，用圖 11.20 中的前向和後向預測誤差可以直接計算出參數 k_i，而且，因爲疊代過程代表圖 11.19 的各級的串接結構，所以，可以由格狀結構的前一級訊號循序計算出參數 k_i。因此，我們可以用以下方程式直接計算出參數 k_i：

$$k_i^P=\frac{\sum_{n=-\infty}^{\infty}e^{(i-1)}[n]\tilde{e}^{(i-1)}[n-1]}{\left\{\sum_{n=-\infty}^{\infty}(e^{(i-1)}[n])^2\sum_{n=-\infty}^{\infty}(\tilde{e}^{(i-1)}[n-1])^2\right\}^{1/2}} \tag{11.101}$$

觀察到 (11.101) 的形式是是第 i 級輸出訊號的前向和後向預測誤差之間的互相關值，並且以能量進行正規化。因此，使用 (11.101) 式所計算出的 k_i^p 稱爲 PARCOR 係數，更準確的說法是**部份相關係數**（PARtial CORrelation coefficients）。由圖 11.20 可以得到以下的解釋：格狀濾波器一步步地移除 $s[n]$ 的相關性，而 $s[n]$ 的相關性是以其自相關函數 $r_{ss}[m]$ 所表示。對於部份相關係數的觀念的較詳細討論，可見 Stoica 和 Moses (2005) 或是 Markel 和 Gray (1976)。

(11.101) 式利用 k_i^f 和 k_i^b 之間的幾何平均數計算 k_i^p，其中 k_i^f 使前向預測誤差的均方值最小，k_i^b 讓後向預測誤差的均方值最小，我們在習題 11.28 推導這個結果。注意到求和式中的上下限爲無窮大只是要強調此求和式用到了**所有的**誤差樣本值。更準確地說，(11.101) 中的求和式開始於 $n=0$，結束於 $n=M+i$，在這個範圍內，第 i 階前向和後向預測器的誤差輸出訊號不等於零。在建立有限長度訊號的自相關法時，也用了相同的假設。的確，我們可以證明，利用 (11.101) 式所計算出來的 k_i^p 和 (11.81) 或是圖 11.17 的 (L-D.2) 計算出來的 k_i 相等，習題 11.29 描述了證明的概要。因此，圖 11.17 的 (L-D.2) 可以換成 (11.101)，所得到的預測係數將會和由自相關函數所計算出來的結果完全相等。

要使用 (11.101) 的方程式，事實上必須利用圖 11.19 的計算方式算出前向和後向預測誤差，以下步驟歸納出 PARCOR 係數 $k_i^p,\ i=1,2,\ldots,p$ 的計算方式。

PARCOR.0 起始值爲 $e^{(0)}[n]=\tilde{e}^{(0)}[n]=s[n],\ 0\le n\le M$。
令 $i=1,2,\ldots,p$，重複以下步驟。

PARCOR.1 使用 (11.99b) 和 (11.99c) 式計算 $e^{(i)}[n]$ 和 $\tilde{e}^{(i-1)}[n]$，$0\le n\le M+i$。儲存這兩個計算結果作爲下一級的輸入。

PARCOR.2 使用 (11.101) 式計算 k_i^p。

Burg (1975) 介紹另一種方式以計算圖 11.20 的係數，他用最大熵原理（maximally entropy principle）表示全極點模型的問題。圖 11.20 的結構體現了 Levinson-Durbin 演算法，使用圖 11.20 時，他提議結構中的係數 k_i^B 要使每一級輸出的前向和後向預測誤差的均方和有最小值，結果用以下的方程式表示

$$k_i^B = \frac{2\sum_{n=i}^{N} e^{(i-1)}[n]\tilde{e}^{(i-1)}[n-1]}{\sum_{n=i}^{N}(e^{(i-1)}[n])^2 + \sum_{n=i}^{N}(\tilde{e}^{(i-1)}[n-1])^2} \tag{11.102}$$

使用以上方程式計算序列 $k_i^B,\ i=1,2,\ldots,p$ 的演算法和 PARCOR 法相同，在 PARCOR.2 這個步驟中，簡單地將 k_i^P 換成 (11.102) 式的 k_i^B，在這個情形下，計算平均值的運算子和共變異法相同，意指我們可以使用序列 $s[n]$ 的很短的片段，但是依然維持很高的頻譜解析度。

即使 Burg 法使用共變異數形式的分析，但是依然滿足 $|k_i^B|<1$ 的條件，意指以格狀濾波器實現的全極點模型是穩定的濾波器(見習題 11.30)。和 PARCOR 法相同，圖 11.17 的 (L-D.2) 可以換成 (11.102) 式以計算預測係數。雖然所得到的係數和自相關法或是 (11.101) 式所得到的係數不同，但是全極點模型依然是穩定的。推導 (11.102) 是習題 11.30 的主題。

11.8 總結

本章介紹了參數訊號模型。我們強調的是全極點模型，但是許多觀念可以應用到更一般的技術，這些技術使用了有理系統函數。我們說明了全極點模型的參數可以用兩個步驟解得。第一個步驟是從有限長度訊號計算相關函數值，第二個步驟是求解一組線性方程式，此方程式的係數由相關函數值所組成。我們說明了所求得的解和相關函數值的計算方式有關，也說明了當相關函數值等於真正的自相關函數值，對於方程式的求解可以推導出一個很有用的演算法，稱爲 Levinson-Durbin 演算法。此外，Levinson-Durbin 演算法的結構可以用來說明許多全極點模型的性質，參數訊號模型有著豐富的歷史、浩瀚的文獻與許多應用，每一樣都是值得進一步探討的主題。

習題

基本問題

11.1 假設我們知道有限能量訊號 $s[n]$ 在所有時間點的值，$\phi_{ss}[n]$ 的定義爲

$$\phi_{ss}[i,k]=\sum_{n=-\infty}^{\infty}s[n-i]s[n-k]$$

試證 $\phi_{ss}[n]$ 可以表示爲 $|i-k|$ 的函數。

11.2 一般而言，(11.36) 式中的均方預測誤差的定義爲

$$\mathcal{E}=\left\langle\left(s[n]-\sum_{k=1}^{p}a_k s[n-k]\right)^2\right\rangle \tag{P11.2-1}$$

(a) 展開 (P11.2-1) 式，然後利用 $\langle s[n-i]s[n-k]\rangle=\phi_{ss}[i,k]=\phi_{ss}[k,i]$，證明

$$\mathcal{E}=\phi_{ss}[0,0]-2\sum_{k=1}^{p}a_k\phi_{ss}[0,k]+\sum_{i=1}^{p}a_i\sum_{k=1}^{p}a_k\phi_{ss}[i,k] \tag{P11.2-2}$$

(b) 對於滿足 (11.20) 式的最佳預測器係數，證明 (P11.2-2) 式變成

$$\mathcal{E}=\phi_{ss}[0,0]-\sum_{k=1}^{p}a_k\phi_{ss}[0,k] \tag{P11.2-3}$$

11.3 圖 11.1 的因果全極點模型的脈衝響應、(11.3) 式的系統參數 G 和 $\{a_k\}$ 滿足以下差分方程式

$$h[n]=\sum_{k=1}^{p}a_k h[n-k]+G\delta[n] \tag{P11.3-1}$$

(a) 已知系統脈衝響應的自相關函數爲

$$r_{hh}[m]=\sum_{n=-\infty}^{\infty}h[n]h[n+m]$$

將 (P11.3-1) 代入 $r_{hh}[-m]$，並且利用 $r_{hh}[-m]=r_{hh}[m]$，證明

$$\sum_{k=1}^{p}a_k r_{hh}[|m-k|]=r_{hh}[m],\quad m=1,2,\ldots,p \tag{P11.3-2}$$

(b) 使用和 (a) 小題相同的方式，證明

$$r_{hh}[0]-\sum_{k=1}^{p}a_k r_{hh}[k]=G^2 \tag{P11.3-3}$$

11.4 考慮訊號 $x[n]=s[n]+w[n]$，其中 $s[n]$ 滿足以下差分方程式

$$s[n]=0.8s[n-1]+v[n]$$

$v[n]$是零均值白雜訊序列，變異數 $\sigma_v^2 = 0.49$，$w[n]$ 是零均值白雜訊序列，變異數 $\sigma_w^2 = 1$，$v[n]$和 $w[n]$ 是不相關的隨機過程。試求自相關序列 $\phi_{ss}[m]$ 與 $\phi_{xx}[m]$。

11.5 使用反濾波器建立確定性訊號 $s[n]$ 的全極點模型的方式討論於 11.1.2 節，且圖示於圖 11.2。(11.5) 式是反濾波器的系統函數。

(a) 利用這個方式，對於 $p=2$ 與訊號 $s[n]=\delta[n]+\delta[n-2]$，試求全極點模型的係數 a_1 與 a_2。

(b) 再一次利用這個方式，對於 $p=3$ 與訊號 $s[n]=\delta[n]+\delta[n-2]$，求出全極點模型的係數 a_1、a_2 與 a_3。

11.6 假設你已經計算出全極點模型的參數 G 與係數 $a_k,\ k=1,2,\ldots,p$

$$H(z)=\frac{G}{1-\sum_{k=1}^{p}a_k z^{-k}}$$

說明如何用 DFT 計算全極點模型在 N 個頻率點 $\omega_k = 2\pi k/N, k=0,1,\ldots N-1$ 上的頻譜估計值 $|H(e^{j\omega_k})|$。

11.7 我們想要用一系統近似預期的因果脈衝響應 $h_d[n]$，此系統的脈衝函數為 $h_d[n]$，系統函數為

$$H(z)=\frac{b}{1-az^{-1}}$$

最佳化的原則是讓以下的誤差函數有最小值

$$\mathcal{E}=\sum_{n=0}^{\infty}(h_d[n]-h[n])^2$$

(a) 給定 a 值，我們想要求出未知參數 b 的值，使 $\mathcal{E}$ 有最小值。假設 $|a|<1$，這會得到一組非線性方程式嗎？如果答案為是，試說明原因，如果為否，試求出 b 值。

(b) 給定 b 值，我們想要求出未知參數 a 的值，使 $\mathcal{E}$ 有最小值。這會得到一組非線性方程式嗎？如果答案為是，試說明原因，如果為否，試求出 a 值。

11.8 假設 $s[n]$ 是有限長度（加窗的）序列，在 $0 \le m \le M-1$ *範圍外*的序列值等於零。此訊號的第 p 階後向線性預測誤差序列的定義為

$$\tilde{e}[n]=s[n]-\sum_{k=1}^{p}\beta_k s[m+k]$$

換句話說，$s[n]$ 是由第 n 個樣本*之後*的 p 個樣本所「預測」。後向預測誤差的均方值為

$$\tilde{\mathcal{E}}=\sum_{m=-\infty}^{\infty}(\tilde{e}[m])^2=\sum_{m=-\infty}^{\infty}\left(s[m]-\sum_{k=1}^{p}\beta_k s[m+k]\right)^2$$

其中求和式中無窮大的上下限意指求和式是對所有不爲零的 $(\tilde{e}[m])^2$ 求和，如同用於自相關法中的「前向預測」。

(a) 已知在 $N_1 \le n \le N_2$ 的範圍之外，預測誤差序列 $\tilde{e}[n]$ 的值爲零，試求 N_1 與 N_2。

(b) 使用本章中前向線性預測器的推導方式，推導出 β_k 滿足的法方程式，使均方預測誤差 $\tilde{\mathcal{E}}$ 有最小值。將你的答案用明白且定義清楚的方式，用自相關函數值表示出來。

(c) 利用 (b) 小題的結果，描述後向線性預測器係數 $\{\beta_k\}$ 和前向線性預測器係數 $\{\alpha_k\}$ 之間的關係。

進階問題

11.9 我們想建立訊號 $s[n]$ 的模型，將此訊號當作第 p 階全極點系統的脈衝響應。令 $H^{(p)}(z)$ 代表第 p 階全極點系統的系統函數，相對應的脈衝響應爲 $h^{(p)}[n]$。令 $H^{(p)}(z)$ 的反系統函數爲 $H_{\text{inv}}^{(p)}(z)=1/H^{(p)}(z)$，相對應的脈衝響應爲 $h_{\text{inv}}^{(p)}[n]$。我們求出反濾波器的脈衝響應 $h_{\text{inv}}^{(p)}[n]$，使以下的全平方誤差 $\varepsilon^{(p)}$ 有最小值

$$\tilde{\mathcal{E}} = \sum_{n=-\infty}^{\infty}\left[\delta[n]-g^{(p)}[n]\right]^2,$$

其中 $g^{(p)}[n]$ 是當輸入爲 $s[n]$ 時反濾波器 $H_{\text{inv}}^{(p)}(z)$ 的輸出。

(a) 圖 P11.9 是以格狀濾波器實現 $H_{\text{inv}}^{(4)}(z)$ 時的訊號流程圖，試求 $h_{\text{inv}}^{(4)}[1]$，即 $n = 1$ 的脈衝響應值。

(b) 假設現在我們要建立訊號 $s[n]$ 的模型，將 $s[n]$ 當成第二階全極點濾波器的脈衝響應。畫出以格狀濾波器實現 $H_{\text{inv}}^{(2)}(z)$ 時的訊號流程圖。

(c) 試求第二階全極點濾波器的系統函數 $H^{(2)}(z)$。

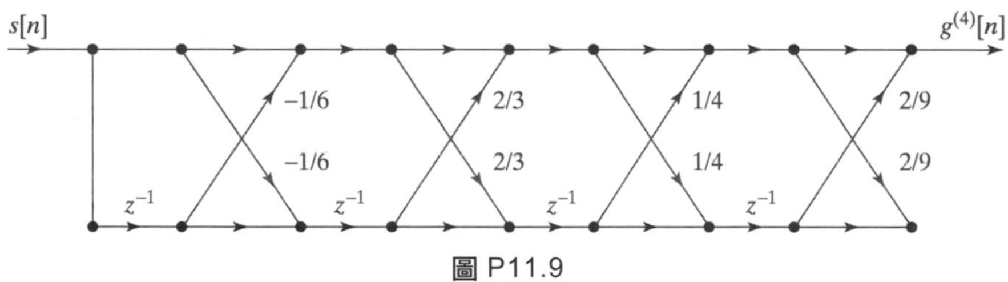

圖 P11.9

11.10 有一個第 i 階預測器的預測誤差系統函數爲

$$A^{(i)}(z)=1-\sum_{j=1}^{i}a_j^{(i)}z^{-j}=\prod_{j=1}^{i}(1-z_j^{(i)}z^{-1}) \qquad \text{(P11.10-1)}$$

根據 Levinson-Durbin 遞迴式可知 $a_i^{(i)}=k_i$。利用這個結果以及 (P11.10-1) 式，如果 $|k_i|\ge 1$，證明必定存在 j 使得 $|z_j^{(i)}|\ge 1$。也就是說，$|k_i|<1$ 是 $A^{(p)}(z)$ 所有的零點完全**落在單位圓內**的必要條件。

11.11 有一個 LTI 系統的系統函數爲 $H(z)=h_0+h_1z^{-1}$，當系統的輸入訊號是零均值、變異數爲 1 的白雜訊時，輸出訊號是 $y[n]$。

(a) 試求輸出訊號 $y[n]$ 的自相關函數 $r_{yy}[m]$。

(b) 第二階前向預測誤差的定義爲

$$e[n]=y[n]-a_1y[n-1]-a_2y[n-2]$$

不直接使用 Yule-Walker 方程式，試求 a_1 和 a_2，使 $e[n]$ 的變異數有最小值。

(c) $y[n]$ 的後向預測濾波器的定義爲

$$\tilde{e}[n]=y[n]-b_1y[n+1]-b_2y[n+2]$$

試求 b_1 和 b_2 值，使 $\tilde{e}[n]$ 的變異數有最小值。比較這些係數和 (b) 小題的結果。

11.12 **(a)** 給定零均值廣義穩態隨機過程 $y[n]$ 的自相關函數 $r_{yy}[m]$，我們用第三階全極點系統的輸出序列當作此隨機過程的模型，對應的輸入爲白雜訊序列。此全極點系統函數爲

$$H(z)=\frac{A}{1-az^{-1}-bz^{-3}}$$

試用 $r_{yy}[m]$ 寫出建立模型的 Yule-Walker 方程式。

(b) 假設圖 P11.12-1 所示系統的輸出訊號是隨機過程 $\upsilon[n]$，圖中 $x[n]$ 和 $z[n]$ 是獨立、零均值、變異數爲 1 的白雜訊，且 $h[n]=\delta[n-1]+\frac{1}{2}\delta[n-2]$。試求 $\upsilon[n]$ 的自相關函數 $r_{\upsilon\upsilon}[m]$。

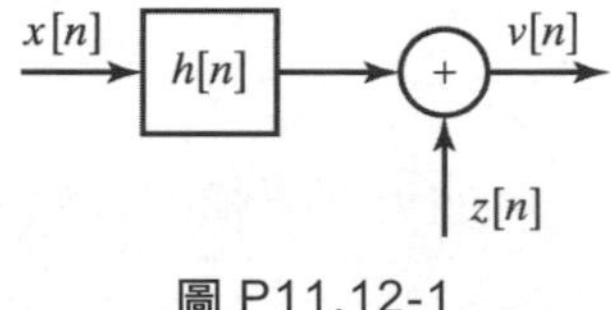

圖 P11.12-1

(c) 假設圖 P11.12-2 所示系統的輸出訊號是隨機過程 $y_1[n]$，圖中 $x[n]$ 和 $z[n]$ 是獨立、零均值、變異數爲 1 的白雜訊，且

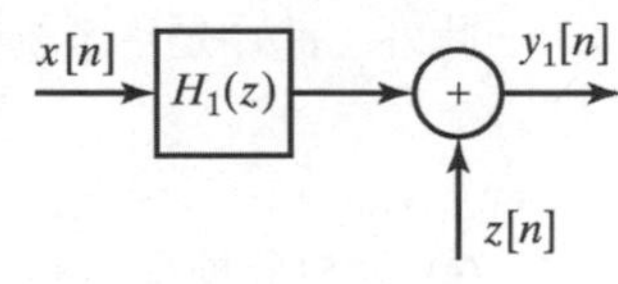

圖 P11.12-2

$$H_1(z)=\frac{1}{1-az^{-1}-bz^{-3}}$$

使用 (a) 小題求出的 a 和 b 值建立 $y_1[n]$ 的全極點模型，反模型的誤差 $w_1[n]$ 是圖 11.12-3 的系統輸出。$w_1[n]$ 是否爲白雜訊？是否爲零均值？試說明之。

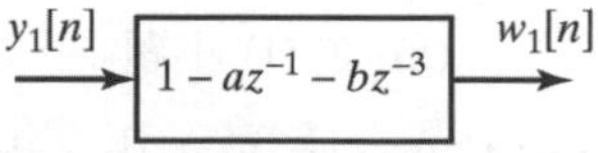

$y_1[n]$　$1-az^{-1}-bz^{-3}$　$w_1[n]$

圖 P11.12-3

(d) 試求 $w_1[n]$ 的異數。

11.13 我們觀察到因果訊號 $s[n]$ 的前 6 個樣本值爲 $s[0]=4$、$s[1]=8$、$s[2]=4$、$s[3]=2$、$s[4]=1$ 與 $s[5]=0.5$。在本習題的第一個部份，我們要用穩定、因果、最小相位的雙極點系統建立此訊號的模型。假設此模型的脈衝響應爲 $\hat{s}[n]$，系統函數爲

$$H(z)=\frac{G}{1-a_1z^{-1}-a_2z^{-2}}$$

建立模型的方式是求出以下模型誤差 ε 的最小值

$$\mathcal{E}=\min_{a_1,a_2,A}\sum_{n=0}^{5}(g[n]-G\delta[n])^2,$$

上式中的 $g[n]$ 是當輸入訊號爲 $s[n]$ 時的反系統輸出，而反系統的系統函數爲

$$A(z)=1-a_1z^{-1}-a_2z^{-2}$$

(a) 寫出 $g[n]-G\delta[n]$，$0\le n\le 5$。

(b) 利用 (a) 小題的結果，寫出參數 a_1、a_2 和 G 的線性方程式。

(c) G 值爲何？

(d) 就此訊號 $s[n]$ 而言，不解出 (b) 小題方程式，是否可期待模型誤差 $\mathcal{E}$ 等零？試討論之。

本習題剩下的部份，我們想要用不同的穩定、因果、最小相位系統建立此訊號的模型。假設此模型的脈衝響應爲 $\hat{s}_2[n]$，系統函數爲

$$H_2(z)=\frac{b_0+b_1z^{-1}}{1-az^{-1}}$$

在此情形中，我們想要使以下模型誤差 $\mathcal{E}_2$ 有最小值

$$\mathcal{E}_2=\min_{a,b_0,b_1}\sum_{n=0}^{5}(g[n]-r[n])^2,$$

$g[n]$ 是當輸入訊號爲 $s[n]$ 時的反系統輸出，而現在反系統的系統函數爲

$$A(z)=1-az^{-1}$$

此外，$r[n]$ 是一系統的脈衝響應，其系統函數爲

$$B(z)=b_0+b_1z^{-1}$$

(e) 對於此模型，寫出 $g[n]-r[n]$，$0\le n\le 5$。

(f) 計算參數 a、b_0 與 b_1 的值，使模型誤差有最小值。

(g) 在 (f) 小題中，計算模型誤差 $\mathcal{E}_2$ 的最小值。

11.14 在範例 11.1 中，我們考慮序列 $s_d[n]=\alpha^n u[n]$，它是第一階全極點系統的脈衝響應，系統函數如下

$$H(z)=\frac{1}{1-\alpha z^{-1}}$$

本習題考慮的是估計全極點模型的參數值，已知的資料是 $s_d[n]$ 在 $0\le n\le M$ 範圍內的值。

(a) 首先，我們使用自相關法估計第一階全極點系統的參數值，一開始，證明有限長度序列 $s[n]=s_d[n](u[n]-u[n-M-1])=d^n(u[n]-u[n-M-1])$ 的自相關函數爲

$$r_{ss}[m]=\alpha^{|m|}\frac{1-\alpha^{2(M-|m|+1)}}{1-\alpha^2} \qquad \text{(P11.14-1)}$$

(b) 使用 (a) 小題中 (11.34) 式的自相關函數解出第一階預測器的係數 a_1。

(c) 在範例 11.1 中我們使用無限長的序列計算自相關函數，你應該發現到 (b) 小題的結果不等於範例 11.1 解出的實際值（即 $a_1 \neq \alpha$）。然而，證明當 $M\to\infty$，$a_1\to\alpha$。

(d) 在 (11.38) 式中使用 (a) 和 (b) 小題的結果，在此習題求出均方預測誤差的最小值。證明當 $M\to\infty$，此誤差趨近於範例 11.1 中使用確實的自相關函數所得到的最小均方預測誤差。

(e) 現在，我們使用共變異法估計自相關函數值。當 $p=1$，證明 (11.49) 式中的 $\phi_{ss}[i,k]$ 爲

$$\phi_{ss}[i,k]=\alpha^{2-i-k}\frac{1-\alpha^{2M}}{1-\alpha^2} \quad 0\le(i,k)\le 1 \qquad \text{(P11.4-2)}$$

(f) 在 (11.38) 式中使用 (e) 小題的結果，試解出第一階預測器的最佳係數。比較你的結果和 (b) 小題以及範例 11.1 的結果。

(g) 在 (11.37) 式中使用 (e) 和 (f) 小題的結果，求出均方預測誤差的最小值。比較你的結果和 (d) 小題以及範例 11.1 的結果。

11.15 有一訊號爲

$$s[n]=3\left(\frac{1}{2}\right)^n u[n]+4\left(-\frac{2}{3}\right)^n u[n]$$

(a) 我們想要使用以下的因果第二階全極點模型

$$H(z)=\frac{A}{1-a_1z^{-1}-a_2z^{-2}},$$

得到訊號 $s[n]$ 的最佳表示法，使平方誤差有最小值。試求 a_1、a_2 和 A。

(b) 現在，如果我們想要使用以下的因果第三階全極點模型

$$H(z)=\frac{B}{1-b_1z^{-1}-b_2z^{-2}-b_3z^{-3}},$$

得到訊號 $s[n]$ 的最佳表示法，使平方誤差有最小值。試求 b_1、b_2、b_3 和 B。

11.16 有一訊號爲

$$s[n]=2\left(\frac{1}{3}\right)^n u[n]+3\left(-\frac{1}{2}\right)^n u[n] \qquad \text{(P11.16-1)}$$

我們想要建立此訊號的第二階（$p=2$）全極點模型，也就是建立此訊號的第二階線性預測器。

在此習題中，因為我們有 $s[n]$ 的公式，而且 $s[n]$ 是某個全極點濾波器的脈衝響應，所以我們可以從 $s[n]$ 的 z 轉換直接得到線性預測器的係數 [請作 (a) 小題]。實際上，通常我們得到的資料是一組訊號值，不會有它們的公式，此時，即使訊號的模型是某個全極點濾波器的脈衝響應，我們也要對於這些訊號進行某種計算，使用 11.3 節所討論的方法，求出線性預測器的係數。

有些情形是我們有訊號的公式，但是訊號不是全極點濾波器的脈衝響應，可是我們想要用全極點濾波器作為訊號模型。此時，我們再次要用第 11.3 節所討論的方法，對於這些訊號進行計算。

(a) 對於 (P11.16-1) 式的訊號 $s[n]$，直接從 $s[n]$ 的 z 轉換求出線性預測器的係數 a_1 與 a_2。

(b) 寫出 $p=2$ 的法方程式，即用 $r_{ss}[m]$ 表示 a_1 與 a_2 所滿足的方程式。

(c) 對於 (P11.16-1) 式的訊號 $s[n]$ ，求出 $r_{ss}[0]$、$r_{ss}[1]$和 $r_{ss}[2]$ 的值。

(d) 使用 (c) 小題的結果，試解 (b) 小題所得的聯立方程式以求出 a_k的值。

(e) 就此訊號而言，(d) 小題解得的 a_k 值是否是預期的值？清楚地說明你的答案。

(f) 如果你希望對此訊號建立 $p=3$ 的模型，寫出法方程式。

(g) 試求 $r_{ss}[3]$ 的值。

(h) 當 $p=3$ ，試解出 a_k的值。

(i) 就訊號 $s[n]$ 而言，(h) 小題解得的 a_k 值是否是預期的值？清楚地說明你的答案。

(j) 如果用 $p=4$ 建立此訊號的模型，a_1 與 a_2 的值和 (h) 小題是否不同？

11.17 $x[n]$和 $y[n]$ 是聯合廣義穩態、零均值隨機過程的樣本序列，對於自相關函數 $\phi_{xx}[m]$ 與互相關函數 $\phi_{xy}[m]$ 的已知資訊如下

$$\phi_{xx}[m]=\begin{cases} 0, & m \text{ 為奇數} \\ \frac{1}{2^{|m|}}, & m \text{ 為偶數} \end{cases}$$

$$\phi_{yx}[-1]=2 \quad \phi_{yx}[0]=3 \quad \phi_{yx}[1]=8 \quad \phi_{yx}[2]=-3$$
$$\phi_{yx}[3]=2 \quad \phi_{yx}[4]=-0.75$$

(a) 令給定 x 時 y 的線性估計值為 $\hat{y}_x$ ，我們要求出下式的最小值

$$\mathcal{E}=E\left(|y[n]-\hat{y}_x[n]|^2\right), \qquad \text{(P11.17-1)}$$

其中 $\hat{y}_x[n]$是以 FIR 濾波器處理 $x[n]$所得的訊號，FIR 濾波器的脈衝響應 $h[n]$ 長度為 3，形式如下

$$h[n]=h_0\delta[n]+h_1\delta[n-1]+h_2\delta[n-2]$$

試求 h_0、h_1 與 h_2 的值，使 $\mathcal{E}$ 有最小值。

(b) 在此小題中，我們再次用給定 x 時 y 的線性估計值 $\hat{y}_x$，使 (P11.17-1) 式的誤差有最小值，但是對於線性濾波器使用不同的結構。此處，估計值是以 FIR 濾波器處理 $x[n]$ 所得的訊號，FIR 濾波器的脈衝響應 $g[n]$ 長度爲 2，形式如下

$$g[n] = g_1\delta[n-1] + g_2\delta[n-2]$$

試求 g_1 與 g_2 的值，使 $\mathcal{E}$ 有最小值

(c) 我們可以用以下雙極點濾波器 $H(z)$ 的輸出訊號當作訊號 $x[n]$ 的模型，對應的輸入訊號是廣義穩態、零均值、變異數爲 1 的白雜訊 $w[n]$。

$$H(z) = \frac{1}{1 - a_1 z^{-1} - a_2 z^{-2}}$$

利用 11.1.2 節的最小平方反模型法，求出 a_1 與 a_2 的值。

(d) 我們想要實現圖 P11.17 的系統，其中係數 a_i 來自於 (c) 小題的全極點模型，係數 h_i 是 (a) 小題的線性估計子的脈衝響應值。畫出讓延遲器產生的總費用有最小值的實現方式，此處個別延遲器產生的費用和其時脈（clock rate）成正比。

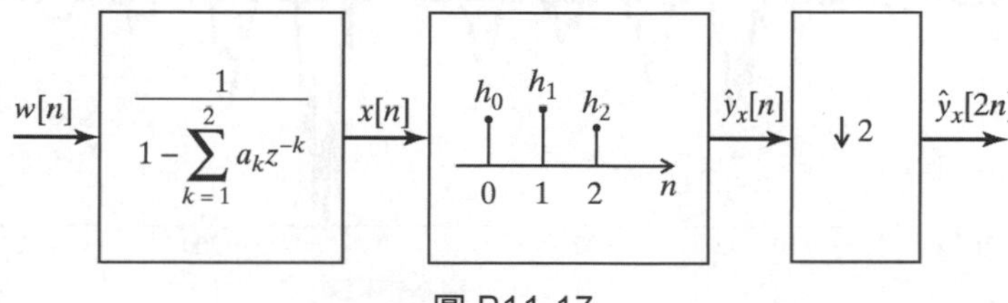

圖 P11.17

(e) 令 $\mathcal{E}_a$ 是 (a) 小題的誤差，$\mathcal{E}_b$ 是 (b) 小題的誤差，這些誤差值 $\mathcal{E}$ 定義於 (P11.17-1) 式。試問 $\mathcal{E}_a$ 大於、等於或小於 $\mathcal{E}_b$？或是資訊不足以比較這兩個誤差值的大小？

(f) 當 $\phi_{yy}[0]=88$，計算 $\mathcal{E}_a$ 和 $\mathcal{E}_b$ 的值（提示：(a) 和 (b) 小題中的最佳 FIR 濾波器滿足 $E[\hat{y}_x[n](y[n]-\hat{y}_x[n])]=0$）。

11.18 有一離散時間通訊頻道的脈衝響應爲 $h[n]$，我們要用脈衝響應爲 $h_c[n]$ 的 LTI 系統加以補償，如圖 P11.18 所示。已知頻道 $h[n]$ 是單一樣本的延遲器，即

$$h[n] = \delta[n-1]$$

補償器 $h_c[n]$ 是 N 點因果 FIR 濾波器，即

$$H_c(z) = \sum_{k=0}^{N-1} a_k z^{-k}$$

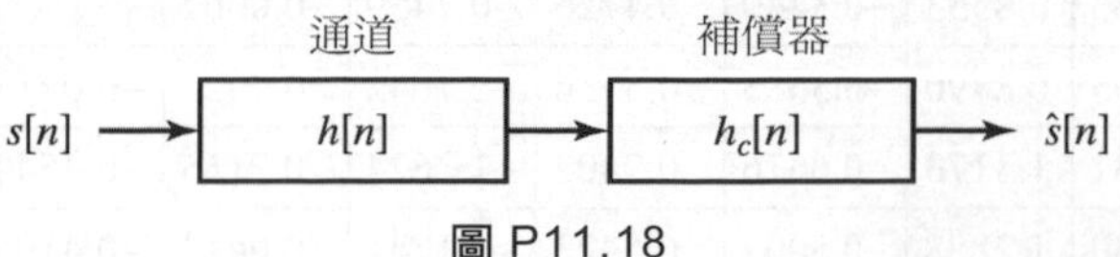

圖 P11.18

補償器 $h_c[n]$ 用來反轉（或補償）此頻道。具體來說，當 $s[n]=\delta[n]$，我們設計出 $h_c[n]$ 使 $\hat{s}[n]$ 儘可能「接近」脈衝函數，也就是說，求出 $h_c[n]$ 使以下誤差有最小值

$$\mathcal{E}=\sum_{n=-\infty}^{\infty}|\hat{s}[n]-\delta[n]|^2$$

求出長度爲 N 的最佳補償器，換句話說，求出 $a_0, a_1, \ldots, a_{N-1}$，使誤差 ε 有最小值。

11.19 有一語音訊號以 8 kHz 的取樣率進行取樣，我們從其母音中選出 300 個樣本的聲音片段，將它加上 Hamming 窗函數，如圖 P11.19 所示。我們利用自相關法由此訊號計算出一組線性預測器

$$P^{(i)}(z)=\sum_{k=1}^{i}a_k^{(i)}z^{-k},$$

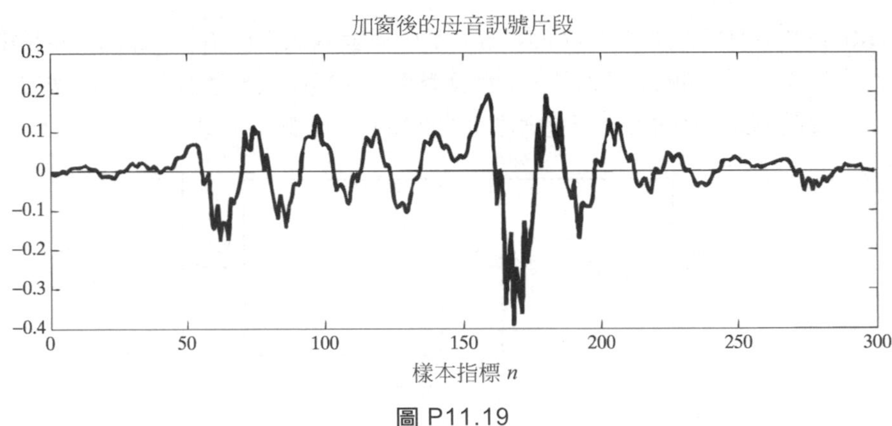

圖 P11.19

階數的範圍從 $i=1$ 到 $i=11$。表 11.1 是以 Levinson-Durbin 遞迴式所建議的方式列出預測器的係數。

▼表 11.1 一組線性預測器的預測係數

i	$a_1^{(i)}$	$a_2^{(i)}$	$a_3^{(i)}$	$a_4^{(i)}$	$a_5^{(i)}$	$a_6^{(i)}$	$a_7^{(i)}$	$a_8^{(i)}$	$a_9^{(i)}$	$a_{10}^{(i)}$	$a_{11}^{(i)}$
1	0.8328										
2	0.7459	0.1044									
3	0.7273	−0.0289	0.1786								
4	0.8047	−0.0414	0.4940	−0.4337							
5	0.7623	0.0069	0.4899	−0.3550	−0.0978						
6	0.6889	−0.2595	0.8576	−0.3498	0.4743	−0.7505					
7	0.6839	−0.2563	0.8553	−0.3440	0.4726	−0.7459	−0.0067				
8	0.6834	−0.3095	0.8890	−0.3685	0.5336	−0.7642	0.0421	−0.0713			
9	0.7234	−0.3331	1.3173	−0.6676	0.7402	−1.2624	0.2155	−0.4544	0.5605		
10	0.6493	−0.2730	1.2888	−0.5007	0.6423	−1.1741	0.0413	−0.4103	0.4648	0.1323	
11	0.6444	−0.2902	1.3040	−0.5022	0.6859	−1.1980	0.0599	−0.4582	0.4749	0.1081	0.0371

(a) 試求第四階預測誤差濾波器的 z 轉換 $A^{(4)}(z)$。畫出並標記此系統的直接型結構。

(b) 試求第四階預測誤差格狀濾波器的 k−參數組$\{k_1, k_2, k_3, k_4\}$。畫出並標記此系統的格狀結構。

(c) 已知第二階預測器預測誤差的最小均方值爲 $E^{(2)} = 0.5803$，試求第三階預測器預測誤差的最小均方值。訊號 $s[n]$ 的總能量爲何？自相關函數 $r_{ss}[1]$ 的值爲何？

(d) 這些預測器的最小均方預測誤差形成一個序列$\{E^{(0)}, E^{(1)}, E^{(2)}, \ldots, E^{(11)}\}$，可以證明此序列的值從 $i = 0$ 到 $i = 1$ 時突然遞減，然後在數個階數之內慢慢減少，然後又突然減少。當這個情形發生時，你預期是發生在那一階？

(e) 就圖 P11.19 的輸入訊號 $s[n]$ 而言，仔細地畫出預測誤差序列 $e^{(11)}[n]$。

(f) 第十一階全極點模型的系統函數爲

$$H(z) = \frac{G}{A^{(11)}(z)} = \frac{G}{1 - \sum_{k=1}^{11} a_k^{(11)} z^{-k}} = \frac{G}{\prod_{k=1}^{11} (1 - z_i z^{-1})}$$

下表是第十一階預測誤差濾波器 $A^{(11)}(z)$ 的 5 個根：

i	$\lvert z_i \rvert$	$\angle z_i$（弧度）
1	0.2567	2.0677
2	0.9681	1.4402
3	0.9850	0.2750
4	0.8647	2.0036
5	0.9590	2.4162

簡短地說明 $A^{(11)}(z)$ 其餘 6 個零點的位置，答案儘可能精確。

(g) 使用此表所提供的資訊以及 (c) 小題的結果，求出第十一階全極點模型的增益參數 G 值。

(h) 在類比頻率爲 $0 \le F \le 4$ kHz 的範圍內，仔細地畫出並標記第十一階全極點模型濾波器的頻率響應。

11.20 頻譜分析經常應用到由弦波組成的訊號，弦波訊號特別的有趣，因爲它們同時享有確定性訊號和隨機訊號的性質。一方面，我們可以用簡單的方程式描述弦波訊號；另一方面，它們有無窮大的能量，所以我們可以用平均功率作爲它們的特徵，像是隨機訊號一樣。這個習題利用隨機訊號的觀點，從理論上探討建立弦波訊號模型時的某些課題。

我們可以將弦波訊號視爲穩態隨機訊號，假設其訊號模型爲 $s[n] = A\cos(\omega_0 n + \theta)$，$-\infty < n < \infty$。其中 A 和 θ 都是隨機訊號。在此模型中，訊號所屬的弦波總體是由 A 和 θ 所滿足的機率法則所描述。爲了簡化起見，假設 A 是常數，θ 是隨機變數，均勻分佈在 $0 \le \theta < 2\pi$ 的範圍內。

(a) 證明此訊號的自相關函數為

$$r_{ss}[m]=E\{s[n+m]s[n]\}=\frac{A^2}{2}\cos(\omega_0 m) \quad \text{(P11.20-1)}$$

(b) 對於此訊號而言，利用 (11.34) 式寫下第二階線性預測器的係數所滿足的方程式組。

(c) 解出 (b) 小題的方程式組以求得最佳預測器係數。你的答案應該是 ω_0 的函數。

(d) 描述預測誤差濾波器的多項式為 $A(z)=1-a_1z^{-1}-a_2z^{-2}$，分解此多項式。

(e) 使用 (11.37) 式求出最小均方預測誤差的表示式。你的答案應該可以確定為何隨機弦波訊號被稱為是「可預測的」而且／或是「確定性的」訊號。

11.21 使用 (11.84a) 和 (11.84b) 式與 Levinso-Durbin 遞迴式，推導出 (11.89) 式給出的第 i 階和第$(i-1)$階預測誤差濾波器之間的關係。

11.22 在本習題中，我們建構一格狀濾波器以實現以下訊號的反濾波器

$$s[n]=2\left(\frac{1}{3}\right)^n u[n]+3\left(-\frac{1}{2}\right)^n u[n]$$

(a) 試求第二階（$p=2$）濾波器的 k−參數 k_1 和 k_2 值。

(b) 對於此反濾波器，畫出其格狀結構的訊號流程圖。換句話說，如果此濾波器的輸入訊號 $x[n]=s[n]$，則輸出訊號 $y[n]=A\delta[n]$（經過縮放的脈衝函數）。

(c) 證明反濾波器的 z 轉換的確正比於 $S(z)$的倒數，藉此確認 (b) 小題的訊號流程圖有正確的脈衝響應。

(d) 如果一全極點系統的輸入訊號 $x[n]=\delta[n]$，則輸出訊號為上述的 $s[n]$。對於此全極點系統，畫出其格狀結構的訊號流程圖。

(e) 對於 (d) 小題的訊號流程圖，導出其系統函數，並且展示其脈衝響應滿足 $h[n]=s[n]$。

11.23 有一訊號可表示為

$$s[n]=\alpha\left(\frac{2}{3}\right)^n u[n]+\beta\left(\frac{1}{4}\right)^n u[n]$$

其中α與β都是常數。我們想要從過去的 p 個值線性地預測 $s[n]$，方式如下

$$\hat{s}[n]=\sum_{k=1}^{p}a_k s[n-k]$$

上式中的 a_k都是常數。所選取的 a_k 要讓以下的預測誤差有最小值

$$\mathcal{E}=\sum_{n=-\infty}^{\infty}(s[n]-\hat{s}[n])^2$$

(a) 令 $r_{ss}[m]$ 代表 $s[n]$ 的自相關函數，當 $p=2$，寫出 a_1 和 a_2 所滿足的方程式組。

(b) 當 $p=2$，若法方程式的解為 $a_1=\frac{11}{12}$ 與 $a_2=-\frac{1}{6}$，試求 α 與 β 的值。你的答案是否唯一？試說明之。

(c) 當 $p = 3$，若 $\alpha = 8$ 且 $\beta = -3$，試求 Levinson-Durbin 遞迴式中求解法方程式的 k−參數值 k_3。此值和 $p = 4$ 情形下的 k−參數值 k_3 是否不同？

11.24 考慮下述 Yule-Walker 方程式：$\boldsymbol{\Gamma}_p \boldsymbol{a}_p = \boldsymbol{\gamma}_p$，其中

$$\boldsymbol{a}_p = \begin{bmatrix} a_1^p \\ \vdots \\ a_p^p \end{bmatrix} \qquad \boldsymbol{\gamma}_p = \begin{bmatrix} \phi[1] \\ \vdots \\ \phi[p] \end{bmatrix}$$

以及

$$\boldsymbol{\Gamma}_p = \begin{bmatrix} \phi[0] & \cdots & \phi[p-1] \\ \vdots & \ddots & \vdots \\ \phi[p-1] & \cdots & \phi[0] \end{bmatrix} \quad \text{(Toeplitz 矩陣)}$$

Levinson-Durbin 演算法對於法方程式 $\boldsymbol{\Gamma}_{p+1} \boldsymbol{a}_{p+1} = \boldsymbol{\gamma}_{p+1}$ 提供了以下的遞迴解法

$$a_{p+1}^{p+1} = \frac{\phi[p+1] - \left(\gamma_p^b\right)^T a_p}{\phi[0] - \left(\gamma_p\right)^T a_p}, \qquad a_m^{p+1} = a_m^p - a_{p+1}^{p+1} \cdot a_{p-m+1}^p, \quad m = 1, \ldots, p$$

其中 $\boldsymbol{\gamma}_p^b$ 是 $\boldsymbol{\gamma}_p$ 的後向版本：$\boldsymbol{\gamma}_p^b = [\phi[p] \cdots \phi[1]]^T$，$a_1^1 = \frac{\phi[1]}{\phi[0]}$。注意：模型階數顯示在向量的下標，但是顯示在純量的上標。

現在考慮以下的法方程式：$\boldsymbol{\Gamma}_p \boldsymbol{b}_p = \boldsymbol{c}_p$，其中

$$\boldsymbol{b}_p = \begin{bmatrix} b_1^p \\ \vdots \\ b_p^p \end{bmatrix}, \qquad \boldsymbol{c}_p = \begin{bmatrix} c[1] \\ \vdots \\ c[p] \end{bmatrix}$$

證明 $\boldsymbol{\Gamma}_{p+1} \boldsymbol{b}_{p+1} = \boldsymbol{c}_{p+1}$ 的遞迴解法為

$$b_{p+1}^{p+1} = \frac{c[p+1] - \left(\gamma_p^b\right)^T b_p}{\phi[0] - \left(\gamma_p\right)^T a_p}, \qquad b_m^{p+1} = b_m^p - b_{p+1}^{p+1} \cdot a_{p-m+1}^p, \quad m = 1, \ldots, p$$

其中 $b_1^1 = \frac{c[1]}{\phi[0]}$。

（*注意*：或許你會發現使用 $\boldsymbol{a}_p^b = \boldsymbol{\Gamma}_p^{-1} \boldsymbol{\gamma}_p^b$ 這個關係式將會有用。）

11.25 我們想要使用圖 P11.25-1 的系統白化（whiten）有色廣義穩態隨機訊號 $s[n]$，給定階數 p，在設計最佳白化濾波器時，我們選擇的係數 $a_k^{(p)}$, $k = 1, \ldots, p$ 滿足 (11.34) 式的自相關法方程式，其中 $r_{ss}[m]$ 是 $s[n]$ 的自相關函數。

$$s[n] \longrightarrow \boxed{1 - \sum_{k=1}^{p} a_k z^{-k}} \longrightarrow g[n]$$

圖 P11.25-1

已知$s[n]$的最佳第二階白化濾波器爲$H_2(z)=1+\frac{1}{4}z^{-1}-\frac{1}{8}z^{-2}$（即$a_1^{(2)}=-\frac{1}{4}$，$a_2^{(2)}=\frac{1}{8}$），我們用圖 P11.25-2 的第二階格狀結構實現此濾波器。然而，我們也想要使用第四階的系統，其轉移函數爲

$$H_4(z)=1-\sum_{k=1}^{4}a_k^{(4)}z^{-k}$$

上述系統的格狀結構圖示於圖 P11.25-3。根據以上資訊，可以決定哪些$H_4(z)$的參數k_1、k_2、k_3與k_4？求出這些參數值。如果有些參數的值無法決定，試說明原因。

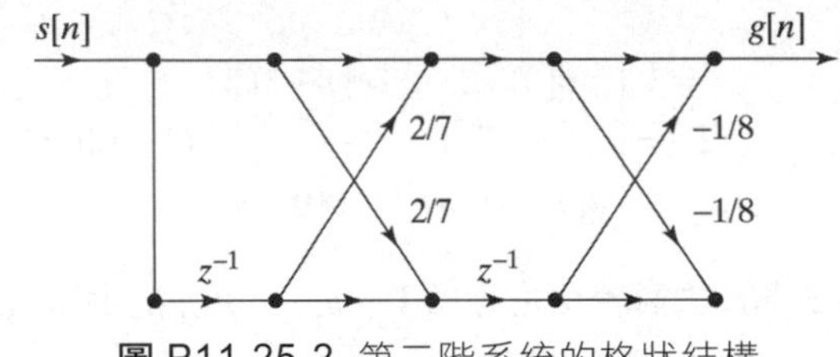

圖 P11.25-2 第二階系統的格狀結構

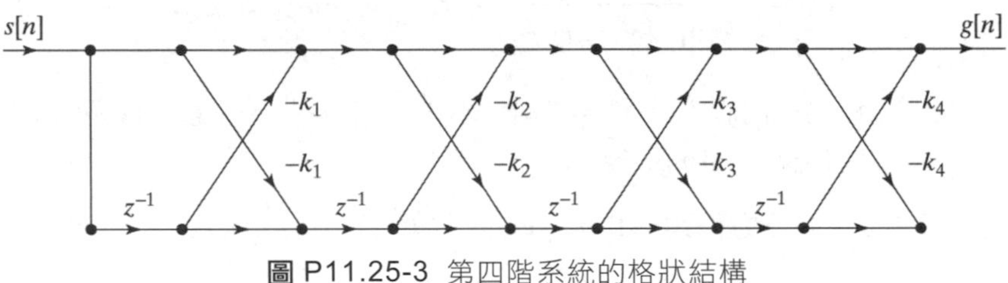

圖 P11.25-3 第四階系統的格狀結構

延伸問題

11.26 以下是一穩定全極點模型的系統函數

$$H(z)=\frac{G}{1-\sum_{m-1}^{p}a_m z^{-m}}=\frac{G}{A(z)}$$

假設G是正數。

在本題中，我們將要證明$H(z)$的強度平方函數在單位圓上的$(p+1)$個值

$$C[k]=|H(e^{j\pi k/p})|^2,\qquad k=0,1,\ldots,p,$$

就足以代表這個系統。也就是說，證明給定$C[k],\ k=0,1,\ldots,p$就可以求出參數G和a_m，$m=0,1,\ldots,p$的值。

(a) 假設序列$q[n]$的z轉換爲

$$Q(z)=\frac{1}{H(z)H(z^{-1})}=\frac{A(z)A(z^{-1})}{G^2},$$

試求$q[n]$和$h_A[n]$之間的關係。此處的$h_A[n]$是預測誤差濾波器的脈衝響應，其系統函數爲$A(z)$。試求n的範圍使$q[n]$值不爲零。

(b) 設計一個利用 DFT 的方法，可以從給定的強度平方樣本值 $C[k]$ 求出 $q[n]$。

(c) 假設我們已經知道 (b) 小題的序列 $q[n]$，說明求出 $A(z)$和 G 值的方法。

11.27 圖 11.21 是 IIR 系統的格狀結構，只能代表全極點系統。然而，不論是極點或是零點都能用圖 P11.27-1 的系統加以實現 (Gray and Markel, 1973, 1975)。在圖 P11.27-1 中，每一段的訊號流程圖如圖 P11.27-2 所示。換句話說，圖 11.21 包含在圖 11.27-1 中，其輸出訊號是後向預測誤差序列的線性組合。

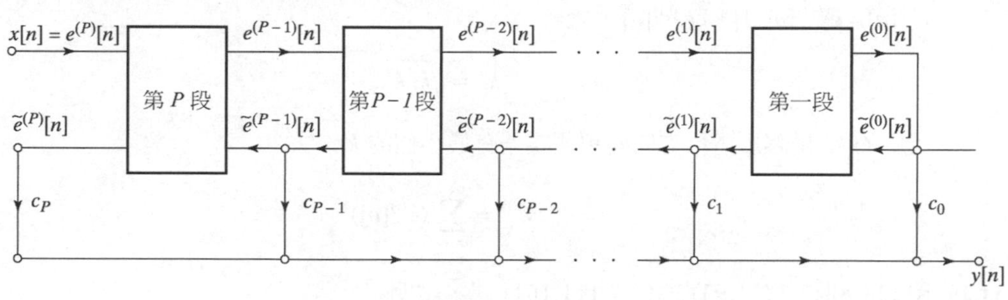

圖 P11.27-1

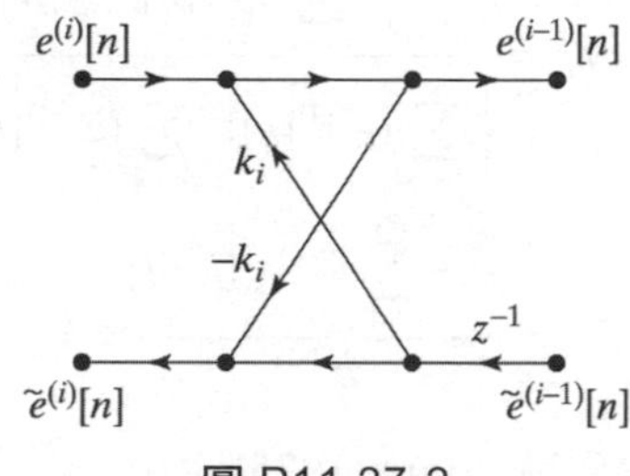

圖 P11.27-2

(a) 證明在輸入訊號 $X(z)=E^{(p)}(z)$ 和 $\tilde{E}^{(i)}(z)$ 之間的系統函數為

$$\tilde{H}^{(i)}(z)=\frac{\tilde{E}^{(i)}(z)}{X(z)}=\frac{z^{-1}A^{(i)}(z^{-1})}{A^{(p)}(z)} \tag{P11.27-1}$$

(b) 證明 $\tilde{H}^{(p)}(z)$ 是全極點系統（本習題接下來的部份不需要用到這個結果）。

(c) 從 $X(z)$到 $Y(z)$的完整系統函數為

$$H(z)=\frac{Y(z)}{X(z)}=\sum_{k=0}^{p}\frac{c_i z^{-1}A^{(i)}(z^{-1})}{A^{(p)}(z)}=\frac{Q(z)}{A^{(p)}(z)} \tag{P11.27-2}$$

證明 (P11.27-2) 中的分母 $Q(z)$是第 p 階多項式，可表示為

$$Q(z)=\sum_{m=0}^{p}q_m z^{-m} \tag{P11.27-3}$$

圖 P11.27 中的係數 c_m 可以用以下公式計算出來

$$c_m=q_m+\sum_{i=m+1}^{p}c_i a_{i-m}^{(i)},\qquad m=p,p-1,\ldots,1,0 \tag{P11.27-4}$$

(d) 說明一個計算圖 P11.27 中所有參數的方法，可以使用圖 P11.27 的格狀結構實現 (P11.27-2) 式的系統函數。

(e) 使用 (c) 小題的方法，畫出以下格狀結構的完整訊號流程圖，以實現以下系統函數

$$H(z)=\frac{1+3z^{-1}+3z^{-2}+z^{-3}}{1-0.9z^{-1}+0.64z^{-2}-0.576z^{-3}} \tag{P11.27-5}$$

11.28 在第 11.7.3 節中，我們用 (11.101) 式計算 k−參數。利用 $e^{(i)}[n]=e^{(i-1)}[n]-k_i\tilde{e}^{(i-1)}[n-1]$ 與 $\tilde{e}^{(i)}[n]=\tilde{e}^{(i-1)}[n-1]-k_ie^{(i-1)}[n]$，證明

$$k_i^P=\sqrt{k_i^f k_i^b},$$

其中的 k_i^f 是讓以下均方前向預測誤差有最小值的 k_i：

$$\tilde{\mathcal{E}}^{(i)}=\sum_{n=-\infty}^{\infty}(\tilde{e}^{(i)}[n])^2$$

11.29 將 (11.88) 和 (11.93) 式代入 (11.101) 式，證明

$$k_i^P=\frac{\displaystyle\sum_{n=-\infty}^{\infty}e^{(i-1)}[n]\tilde{e}^{(i-1)}[n-1]}{\left\{\displaystyle\sum_{n=-\infty}^{\infty}(e^{(i-1)}[n])^2\sum_{n=-\infty}^{\infty}(\tilde{e}^{(i-1)}[n-1])^2\right\}^{1/2}}$$

$$=\frac{r_{ss}-\displaystyle\sum_{j=1}^{i-1}a_j^{(i-1)}r_{ss}[i-j]}{\mathcal{E}^{(i-1)}}=k_i$$

11.30 我們在第 11.7.3 節中提到過，Burg (1975) 提出一種計算 k−參數的方式，使格狀濾波器中第 i 級的前向和後向預測誤差的和有最小值，即

$$\mathcal{B}^{(i)}=\sum_{n=i}^{M}\left[(e^{(i)}[n])^2+(\tilde{e}^{(i)}[n])^2\right] \tag{P11.30-1}$$

其中求和的範圍固定在 $i\le n\le M$ 。

(a) 將格狀濾波器的訊號 $e^{(i)}[n]=e^{(i-1)}[n]-k_i\tilde{e}^{(i-1)}[n-1]$ 與 $\tilde{e}^{(i)}[n]=\tilde{e}^{(i-1)}[n-1]-k_ie^{(i-1)}[n]$ 代入 (P11.30-1) 式，證明讓 $\mathcal{B}^{(i)}$ 有最小直的 k_i 爲

$$k_i^B=\frac{2\displaystyle\sum_{n=i}^{M}e^{(i-1)}[n]\tilde{e}^{(i-1)}[n-1]}{\left\{\displaystyle\sum_{n=i}^{M}(e^{(i-1)}[n])^2+\sum_{n=i}^{M}(\tilde{e}^{(i-1)}[n-1])^2\right\}} \tag{P11.30-2}$$

(b) 證明 $-1<k_i^{\mathcal{B}}<1$ 。

（*提示*：利用 $\sum_{n=i}^{M}(x[n]\pm y[n])^2\ge 0$ ， $x[n]$ 和 $y[n]$ 是兩個不同的序列。）

(c) 給定一組 Burg 係數 $k_i^{\mathcal{B}}$ ， $i=1,2,\ldots,p$ ，如何得到預測誤差濾波器 $A^{(p)}(z)$的係數？

CHAPTER

12

離散希爾伯特轉換

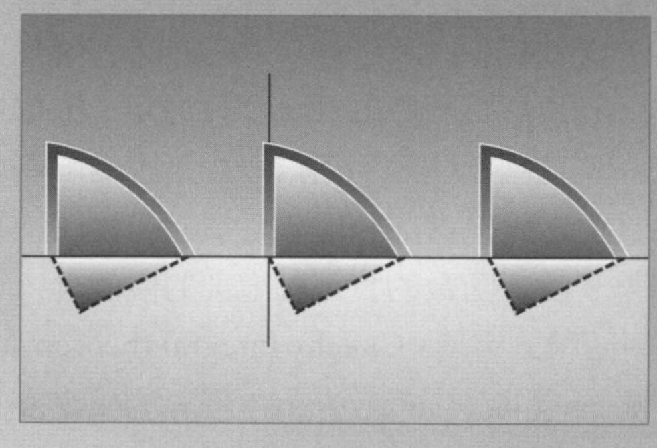

12.0 簡介

要指定一個序列的傅立葉轉換，一般而言，必須知道傅立葉轉換在 $-\pi < \omega \le \pi$ 範圍內的實部和虛部，或是強度及相位的完整資訊才行。然而在某些情況下，傅立葉轉換滿足某些限制條件。舉例來說，我們在 2.8 節中知道，如果 $x[n]$ 是實數序列，那麼它的傅立葉轉換是共軛對稱的函數，也就是滿足 $X(e^{j\omega}) = X^*(e^{-j\omega})$。由此可知，在 $0 \le \omega \le \pi$ 的範圍內指定 $X(e^{j\omega})$ 的值，也就指定了 $X(e^{j\omega})$ 在 $-\pi \le \omega \le 0$ 範圍內的值。類似地，我們在 5.4 節中知道，在最小相位（minimum phase）的限制下，傅立葉轉換的強度和相位並不是相互獨立的函數。也就是說，指定強度就決定了相位，指定相位也決定了強度（只相差比例常數）。我們在 8.5 節知道，就長度為 N 的有限序列而言，只要在 N 個等間隔的頻率點上指定 $X(e^{j\omega})$ 的值，就可以決定 $X(e^{j\omega})$ 在所有頻率上的值。

我們在本章中將看到，如果序列滿足因果性的限制，此序列的傅立葉轉換的實部和虛部之間存在一對一的相關性。除了在信號處理的領域，這種實部和虛部之間的相關性也出現在很多的領域，我們通常將這類相關性稱為**希爾伯特轉換關係**（Hilbert transform relationships）。除了針對因果序列的傅立葉轉換發展希爾伯特轉換關係，我們也對 DFT

和具有單邊傅立葉轉換的序列發展這些相關性。而且在 12.3 節中，我們也將指出如何用希爾伯特轉換來解釋最小相位序列的強度與相位之間的關係。

雖然我們在本章中採取直覺的方式探討希爾伯特轉換（見 Gold, Oppenheim and Rader, 1970），但也要注意一件重要的事：利用解析函數（analytic function）的性質，也可以正式地推導出希爾伯特轉換關係（見習題 12.21）。更明確地說，在離散時間訊號及系統的數學表示式中出現的複數函數，通常都是正常（well-behaved）的函數。除了少數的例外，我們有興趣的 z 轉換都具有定義明確（well-defined）的區域，冪級數在這些區域內都是絕對收斂（absolutely convergent）。因爲冪級數在其 ROC 之內是解析函數，所以 z 轉換在其 ROC 之內也是解析函數。由解析函數的定義來看，這代表 z 轉換在其 ROC 之內的每一點都有定義明確的導數。此外，z 轉換本身和它所有的導數在其 ROC 之內都是連續函數。對於 z 轉換在 ROC 中的行爲，利用解析函數的性質可以得到一些相當有用的限制條件。而因爲傅立葉轉換是 z 轉換在單位圓上的值，所以以上所說的限制條件也限制了傅立葉轉換的行爲。這些限制條件其中之一是實部和虛部必須滿足柯西－黎曼條件（Cauchy-Riemann conditions），它聯繫了解析函數的實部和虛部的偏微分（可見 Churchill and Brown, 1990）。另一個條件是柯西積分定理（Cauchy integral theorem），透過這個定理，我們可以用複變函數在其解析域（region of analyticity）邊界的值來表示此函數在解析域內每一處的值。基於這些解析函數的關係，我們就有可能在某些條件之下，對於 z 轉換的實部和虛部在 ROC 的閉曲線上的積分，明確推導出兩個積分之間的關係。在數學的文獻中，這些關係通常稱爲 Poisson 公式，而在系統理論中，它們就是有名的**希爾伯特轉換關係**。

與其用以上討論的數學方法發展希爾伯特轉換關係，我們將利用以下事實進行推導：一個因果序列的傅立葉轉換的實部和虛部，分別是這個序列的偶成分和奇成份的傅立葉轉換（見表 2.1 的性質 5 和性質 6）。利用這個性質，我們將會證明：因果序列可以完全由它的偶成分決定，意指此序列的傅立葉轉換可以完全由它的實部決定。對於一個特定的因果序列，除了應用以上的推論，使用傅立葉轉換的實部來指定完整的傅立葉轉換之外，在某些情況下，也可以用傅立葉轉換的強度來指定完整的傅立葉轉換。

在連續時間信號處理中，解析訊號的觀念非常的重要。所謂的解析信號是時間的複數函數（本身是解析函數），它的傅立葉轉換的值在負頻率處爲零。因爲複數序列是整數變數的函數，所以在正式的意義下它不能視爲解析訊號。然而，以類似於前一段的描述方法，對於在 $-\pi<\omega<0$ 的範圍內頻譜值爲零的複數序列，我們仍有可能建立此序列的頻譜實部和虛部之間的關係。此外，對於週期序列，或等效的有限長度序列來說，我們也可以用類似的方式建立此序列的 DFT 實部和虛部之間的關係。對於週期序列而言，所謂的「因果性」意指在每個週期的後半序列的值爲零。

因此，本章將使用因果性的觀念建立函數的偶成份及奇成分之間的關係，也等效於傅立葉轉換的實部及虛部之間的關係。我們將在四個情況中使用這個方法。首先，對於一個在 $n<0$ 時其值爲零的序列 $x[n]$，我們建立其 DTFT $X(e^{j\omega})$ 的實部和虛部之間的關係。其次，對於週期序列，等效於長度爲 N 的有限長度序列，但是序列的最後 $(N/2)-1$ 點的值爲零，我們將建立其 DFT 實部和虛部之間的關係。第三，我們建立傅立葉轉換的對數值的實部和虛部之間的關係，但有個條件是：這個對數傅立葉轉換的逆轉換在 $n<0$ 時其值爲零。建立對數傅立葉轉換的實部和虛部之間的關係就是建立傅立葉轉換的強度對數值和相位之間的關係。最後，我們建立複數序列的實部和虛部之間的關係，條件是此複數序列的傅立葉轉換（它是 ω 的週期函數）在每個後半週期的值等於零。

12.1 因果序列傅立葉轉換的實部及虛部的充分性

任何序列都能表示成偶序列和奇序列的和。明確地說，令 $x_e[n]$ 和 $x_o[n]$ 分別代表 $x[n]$ 的偶成份和奇成份[①]，可得

$$x[n]=x_e[n]+x_o[n] \tag{12.1}$$

其中

$$x_e[n]=\frac{x[n]+x[-n]}{2} \tag{12.2}$$

以及

$$x_o[n]=\frac{x[n]-x[-n]}{2} \tag{12.3}$$

不論一個序列是否是因果序列或實數序列，(12.1) 式到 (12.3) 式都可以適用。然而，如果 $x[n]$ 是因果序列，也就是當 $n<0$ 時，$x[n]=0$，那麼就有可能從 $x_e[n]$ 重建 $x[n]$，或由 $x_o[n]$ 重建 $x[n]$，但是 $n\neq 0$。舉例來說，圖 12.1 顯示一個因果序列 $x[n]$ 以及它的偶成份和奇成份。因爲 $x[n]$ 是因果序列，所以當 $n<0$ 時，$x[n]=0$，以及 $n>0$ 時，$x[-n]=0$。因此，除了在 $n=0$ 這一點之外，$x[n]$ 和 $x[-n]$ 不爲零的部份是不重疊的。所以根據 (12.2) 及 (12.3) 式可得

$$x[n]=2x_e[n]u[n]-x_e[0]\delta[n] \tag{12.4}$$

---

① 如果 $x[n]$ 是實數序列，則 (12.2) 和 (12.3) 式中的 $x_e[n]$ 和 $x_o[n]$ 分別是 $x[n]$ 的偶成份和奇成份，這一點和第 2 章相同。但是，如果 $x[n]$ 是複數序列，我們依然用 (12.2) 和 (12.3) 式作為 $x_e[n]$ 和 $x_o[n]$ 的定義，而不是將它們定義為複數序列的共軛對稱成份和共軛反對稱成份，這一點和第 2 章不同。

以及

$$x[n] = 2x_o[n]u[n] + x[0]\delta[n] \qquad (12.5)$$

由圖 12.1 可以很容易看出這些關係式的正確性。要注意的是，$x_e[n]$ 可以完全決定 $x[n]$，但是，因爲 $x_o[0]=0$，所以 $x_o[n]$ 只能復原 $x[n]$ 在 $n \neq 0$ 處的值。

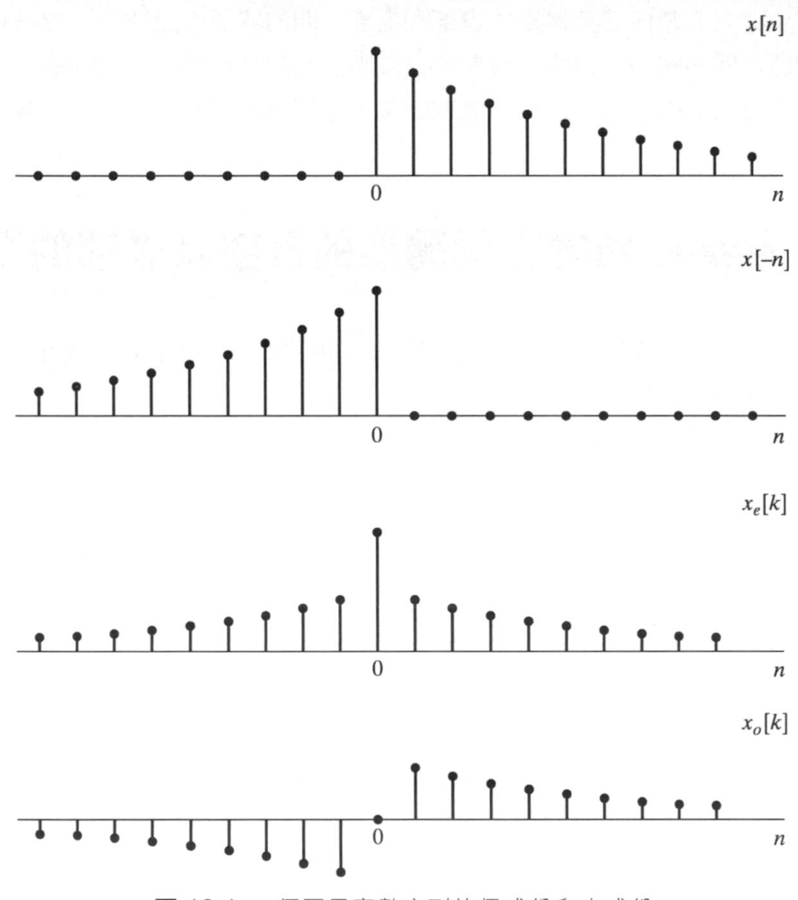

圖 12.1 一個因果實數序列的偶成份和奇成份

現在，如果 $x[n]$ 是穩定序列，也就是絕對可加的序列，那麼 $x[n]$ 的 DTFT 存在。此時，我們可以把 $x[n]$ 的 DTFT 表示爲

$$X(e^{j\omega}) = X_R(e^{j\omega}) + jX_I(e^{j\omega}), \qquad (12.6)$$

此處的 $X_R(e^{j\omega})$ 是 $X(e^{j\omega})$ 的實部，$X_I(e^{j\omega})$ 是虛部。如果 $x[n]$ 是*實數*序列，回想到 $X_R(e^{j\omega})$ 是 $x_e[n]$ 的 DTFT，而 $jX_I(e^{j\omega})$ 是 $x_o[n]$ 的 DTFT。因此，對於穩定的因果實數序列 $x[n]$ 而言，$X_R(e^{j\omega})$ 可以完全決定 $X(e^{j\omega})$，這是因爲對於給定的 $X_R(e^{j\omega})$，我們可以用以下的步驟求出 $X(e^{j\omega})$：

1. 求出 $X_R(e^{j\omega})$ 的逆傅立葉轉換 $x_e[n]$。
2. 使用 (12.4) 式求出 $x[n]$。
3. 求出 $x[n]$ 的 DTFT $X(e^{j\omega})$。

當然這也告訴我們，從 $X_R(e^{j\omega})$ 可以決定 $X_I(e^{j\omega})$，在範例 12.1 中，我們將說明如何應用以上的步驟，從 $X_R(e^{j\omega})$ 求出 $X(e^{j\omega})$ 和 $X_I(e^{j\omega})$。

範例 12.1　有限長度序列

假設一個因果實數序列 $x[n]$ 的 DTFT 的實部 $X_R(e^{j\omega})$ 為

$$X_R(e^{j\omega}) = 1 + \cos 2\omega \tag{12.7}$$

我們想要求出原始的序列 $x[n]$、$x[n]$ 的 DTFT $X(e^{j\omega})$ 和 $X(e^{j\omega})$ 的虛部 $X_I(e^{j\omega})$。第一步，我們將 (12.7) 式的餘弦表示式重新寫成複數指數的和：

$$X_R(e^{j\omega}) = 1 + \frac{1}{2}e^{-j2\omega} + \frac{1}{2}e^{j2\omega} \tag{12.8}$$

已知 $X_R(e^{j\omega})$ 是 $x_e[n]$ 的 DTFT，而 $x_e[n]$ 是 $x[n]$ 的偶成分，定義於 (12.2) 式。比較 (12.8) 式和傅立葉轉換的定義式 (2.134)，並且逐項作對應，可得

$$x_e[n] = \delta[n] + \frac{1}{2}\delta[n-2] + \frac{1}{2}\delta[n+2]$$

現在，我們得到了偶成份，所以利用 (12.4) 式可得 $x[n]$：

$$x[n] = \delta[n] + \delta[n-2] \tag{12.9}$$

然後從 $x[n]$ 可得到它的 DTFT：

$$\begin{aligned} X(e^{j\omega}) &= 1 + e^{-j2\omega} \\ &= 1 + \cos 2\omega - j\sin 2\omega \end{aligned} \tag{12.10}$$

從 (12.10) 式，我們可再次確認 $X_R(e^{j\omega})$ 正是 (12.7) 式所指定的函數，而且可得到虛部：

$$X_I(e^{j\omega}) = -\sin 2\omega \tag{12.11}$$

有另一種求出 $X_I(e^{j\omega})$ 的方法，我們先用 (12.3) 式從 $x[n]$ 求出 $x_o[n]$，將 (12.9) 式代入 (12.3) 式可得

$$x_o[n] = \frac{1}{2}\delta[n-2] - \frac{1}{2}\delta[n+2]$$

因為 $x_o[n]$ 的 DTFT 為 $jX_I(e^{j\omega})$，因此

$$jX_I(e^{j\omega}) = \frac{1}{2}e^{-j2\omega} - \frac{1}{2}e^{j2\omega}$$
$$= -j\sin 2\omega,$$

也就是說

$$X_I(e^{j\omega}) = -\sin 2\omega,$$

這個結果和 (12.11) 式相同。

範例 12.2 指數序列

給定

$$X_R(e^{j\omega}) = \frac{1-\alpha\cos\omega}{1-2\alpha\cos\omega+\alpha^2}, \quad |\alpha|<1, \tag{12.12}$$

也就是

$$X_R(e^{j\omega}) = \frac{1-(\alpha/2)(e^{j\omega}+e^{-j\omega})}{1-\alpha(e^{j\omega}+e^{-j\omega})+\alpha^2}, \quad |\alpha|<1, \tag{12.13}$$

此處的α是實數。我們先求出 $x_e[n]$ ，然後使用 (12.4) 式求出 $x[n]$ 。

為了求得 $X_R(e^{j\omega})$ 的逆傅立葉轉換 $x_e[n]$，先求出 $x_e[n]$ 的 z 轉換 $X_R(z)$ 是比較方便的作法，直接利用 (12.13) 式可得

$$X_R(e^{j\omega}) = X_R(z)\big|_{z=e^{j\omega}}$$

因此，在 (12.13) 式中將 $e^{j\omega}$ 代換成 z，可得

$$X_R(z) = \frac{1-(\alpha/2)(z+z^{-1})}{1-\alpha(z+z^{-1})+\alpha^2} \tag{12.14}$$

$$= \frac{1-\frac{\alpha}{2}(z+z^{-1})}{(1-\alpha z^{-1})(1-\alpha z)} \tag{12.15}$$

因為我們一開始給定的是 $X_R(e^{j\omega})$ ，然後將 $X_R(e^{j\omega})$ 擴展到 z 平面上，藉以得到 $X_R(z)$ ，所以 $X_R(z)$ 的 ROC 一定要包含單位圓。 $X_R(z)$ 的 ROC 內圍邊界是由極點 $z=\alpha$ 決定，而外圍邊界是由極點 $z=1/\alpha$ 決定。

我們想要從 (12.15) 式得到 $X_R(z)$ 的逆 z 轉換 $x_e[n]$，將 (12.15) 式展開成部分分式，可得

$$X_R(z) = \frac{1}{2}\left[\frac{1}{1-\alpha z^{-1}} + \frac{1}{1-\alpha z}\right], \tag{12.16}$$

它的 ROC 必須包含單位圓。應用逆 z 轉換到 (12.16) 式的每一項，可得

$$x_e[n] = \frac{1}{2}\alpha^n u[n] + \frac{1}{2}\alpha^{-n} u[-n] \tag{12.17}$$

因此，利用 (12.4) 式可得

$$\begin{aligned} x[n] &= \alpha^n u[n] + \alpha^{-n} u[-n] u[n] - \delta[n] \\ &= \alpha^n u[n] \end{aligned}$$

$x_e[n]$ 的 DTFT $X(e^{j\omega})$ 為

$$X(e^{j\omega}) = \frac{1}{1-\alpha e^{-j\omega}}, \tag{12.18}$$

而 $X(z)$ 為

$$X(z) = \frac{1}{1-\alpha z^{-1}} \quad |z| > |\alpha| \tag{12.19}$$

用解析的方式推導範例 12.1 中的建構性步驟，可以得到一般的關係式，讓我們能用 $X_R(e^{j\omega})$ 直接表示 $X_I(e^{j\omega})$ 。利用 (12.4)、複數旋積定理以及 $x_e[0] = x[0]$ 此一事實，可得

$$X(e^{j\omega}) = \frac{1}{\pi}\int_{-\pi}^{\pi} X_R(e^{j\theta}) U(e^{j(\omega-\theta)}) d\theta - x[0], \tag{12.20}$$

此處的 $U(e^{j\omega})$ 是單位步階序列的 DTFT。我們在 2.7 節提過，雖然單位步階序列既不是絕對可加的序列，也不是平方可加（square summable）的序列，但是它的 DTFT 可以表示爲

$$U(e^{j\omega}) = \sum_{k=-\infty}^{\infty} \pi\delta(\omega - 2\pi k) + \frac{1}{1-e^{-j\omega}}, \tag{12.21}$$

因爲 $1/(1-e^{-j\omega})$ 可以重寫爲

$$\frac{1}{1-e^{-j\omega}} = \frac{1}{2} - \frac{j}{2}\cot\left(\frac{\omega}{2}\right), \tag{12.22}$$

所以 (12.21) 式變成

$$U(e^{j\omega}) = \sum_{k=-\infty}^{\infty} \pi\delta(\omega-2\pi k) + \frac{1}{2} - \frac{j}{2}\cot\left(\frac{\omega}{2}\right) \tag{12.23}$$

利用 (12.23) 式，我們可以將 (12.20) 式表示爲

$$\begin{aligned} X(e^{j\omega}) &= X_R(e^{j\omega}) + jX_I(e^{j\omega}) \\ &= X_R(e^{j\omega}) + \frac{1}{2\pi}\int_{-\pi}^{\pi} X_R(e^{j\theta})d\theta \\ &\quad - \frac{j}{2\pi}\int_{-\pi}^{\pi} X_R(e^{j\theta})\cot\left(\frac{\omega-\theta}{2}\right)d\theta - x[0] \end{aligned} \tag{12.24}$$

分別令 (12.24) 式等號兩邊的實部和虛部相等，並且注意到

$$x[0] = \frac{1}{2\pi}\int_{-\pi}^{\pi} X_R(e^{j\theta})d\theta, \tag{12.25}$$

可以得到以下關係式

$$X_I(e^{j\omega}) = \frac{1}{2\pi}\int_{-\pi}^{\pi} X_R(e^{j\theta})\cot\left(\frac{\omega-\theta}{2}\right)d\theta \tag{12.26}$$

使用類似的推導步驟，我們可以使用 (12.5) 式從 $X_I(e^{j\omega})$ 和 $x[0]$得到 $x[n]$和 $X(e^{j\omega})$。這個步驟得到以下的關係式，讓我們可以用 $X_I(e^{j\omega})$ 表示 $X_R(e^{j\omega})$ ：

$$X_R(e^{j\omega}) = x[0] + \frac{1}{2\pi}\int_{-\pi}^{\pi} X_I(e^{j\theta})\cot\left(\frac{\omega-\theta}{2}\right)d\theta \tag{12.27}$$

(12.26) 和 (12.27) 式稱爲離散希爾伯特轉換關係，適用於因果穩定實數序列的傅立葉轉換的實部和虛部。因爲這兩個積分式在 $\omega-\theta=0$的地方存在著奇異（singular）點，所以離散希爾伯特轉換關係是一個瑕積分（improper integral）。這種積分在求值時必須要特別小心，以獲得合理的有限值。要正式對這個積分式求值，可以用柯西主值（Cauchy principle values）來解釋。也就是說，(11.26) 式變成

$$X_I(e^{j\omega}) = -\frac{1}{2\pi}\mathcal{P}\int_{-\pi}^{\pi} X_R(e^{j\theta})\cot\left(\frac{\omega-\theta}{2}\right)d\theta, \tag{12.28a}$$

而 (12.27) 式變成

$$X_R(e^{j\omega}) = x[0] + \frac{1}{2\pi}\mathcal{P}\int_{-\pi}^{\pi} X_I(e^{j\theta})\cot\left(\frac{\omega-\theta}{2}\right)d\theta, \tag{12.28b}$$

此處的 $\mathcal{P}$ 代表求取接在此符號後面積分式的柯西主值。舉例來說，(12.28a) 式中柯西主值的意義是

$$X_I(e^{j\omega}) = -\frac{1}{2\pi}\lim_{\varepsilon\to 0}\left[\int_{\omega+\varepsilon}^{\pi} X_R(e^{j\theta})\cot\left(\frac{\omega-\theta}{2}\right)d\theta + \int_{-\pi}^{\omega-\varepsilon} X_R(e^{j\theta})\cot\left(\frac{\omega-\theta}{2}\right)d\theta\right] \tag{12.29}$$

(12.29) 式告訴我們使用 $-\cot(\omega/2)$ 和 $X_R(e^{j\omega})$ 的週期旋積可以得到 $X_I(e^{j\omega})$，但是在奇異點 $\theta=\omega$ 附近要特別小心。相類似的情形出現在 (12.28b) 式，此式用到 $\cot(\omega/2)$ 和 $X_I(e^{j\omega})$ 的週期旋積。

圖 12.2 顯示了 (11.28a) 式，也就是 (12.29) 式的旋積積分用到的兩個函數，因為 $\cot[(\omega-\theta)/2]$ 這個函數在奇異點 $\theta=\omega$ 附近是反對稱函數，而且 (12.29) 式在奇異點附近是用對稱的方式計算極限值，所以 (12.29) 式的極限值存在。

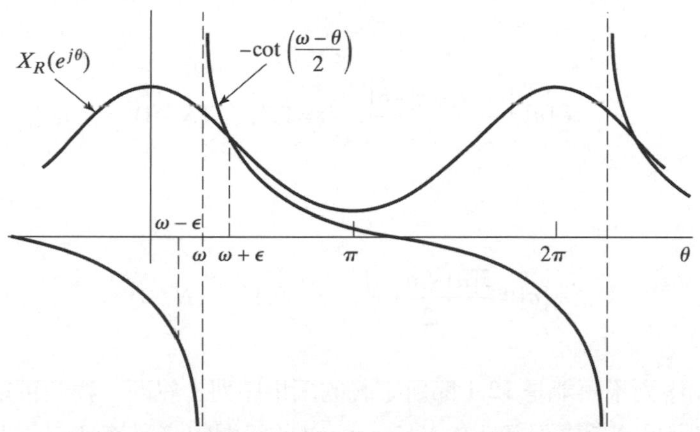

圖 12.2 用週期旋積解釋希爾伯特轉換的示意圖

12.2 有限長度序列的充分性定理

在 12.1 節中，我們說明一個實數序列的因果性，也就是單邊性，對於此序列的傅立葉轉換加上了很強的限制。前面章節的結果當然也適用於有限長度的因果序列，可是和單邊性比較起來，有限長度的條件對於序列加上了更大的限制，所以或許可以合理地預期，有限長度的條件對於傅立葉轉換加上了更強的限制。我們將會看到的確是這樣的情形。

要利用有限長度這個特性的方式之一，是回想到有限長度序列可用 DFT 表示。因爲 DFT 使用的是求和計算，而不是積分，所以瑕積分的問題就消失了。

因爲 DFT 實際上是週期序列的一種表示法，所以任何我們所推導出的結果，也必定可以利用週期序列的性質推導出來。的確，在推導有限長度序列的希爾伯特轉換關係時，要牢記 DFT 具備固有的週期性，這是非常重要的。因此，我們首先考慮週期性的情況，然後將其結果應用在有限長度的情況。

一個週期爲 N 的週期序列 $\tilde{x}[n]$ 和長度爲 N 的有限長度序列 $x[n]$ 之間的關係可表示爲

$$\tilde{x}[n] = x[((n))_N] \tag{12.30}$$

和 12.1 節相同，可將 $\tilde{x}[n]$ 表示爲週期偶序列和奇序列的和，即

$$\tilde{x}[n] = \tilde{x}_e[n] + \tilde{x}_o[n], \quad n = 0, 1, \ldots, (N-1), \tag{12.31}$$

其中

$$\tilde{x}_e[n] = \frac{\tilde{x}[n] + \tilde{x}[-n]}{2}, \quad n = 0, 1, \ldots, (N-1), \tag{12.32a}$$

以及

$$\tilde{x}_o[n] = \frac{\tilde{x}[n] - \tilde{x}[-n]}{2}, \quad n = 0, 1, \ldots, (N-1) \tag{12.32b}$$

當然，週期序列不可能是 12.1 節所定義的因果序列。然而，我們可以定義「因果週期」序列，一個因果週期序列 $\tilde{x}[n]$ 在 $N/2 < n < N$ 的範圍內滿足 $\tilde{x}[n] = 0$，也就是說，$\tilde{x}[n]$ 在後半週期的值爲零。我們此後都假設 N 爲偶數，N 爲奇數的情況在習題 12.25 中討論。要注意的是，因爲 $\tilde{x}[n]$ 是週期序列，所以在 $-N/2 < n < 0$ 的範圍內 $\tilde{x}[n] = 0$ 也成立。就有限長度序列而言，雖然它的長度爲 N，但是因果週期性的限制意指此序列的後半部有 $(N/2)-1$ 個點的值爲零。我們在圖 12.3 中顯示一個 $N = 8$ 的因果週期序列以及它的偶成份和奇成份。既然 $\tilde{x}[n]$ 在後半週期的值爲零，所以 $\tilde{x}[-n]$ 在前半週期的值爲零，因此，除了 $n = 0$ 和 $n = N/2$ 這兩點之外，$\tilde{x}[n]$ 和 $\tilde{x}[-n]$ 的非零部分不會重疊。也就是說，對於因果週期序列而言，我們可以用偶成份和奇成份表示 $\tilde{x}[n]$，即

$$\tilde{x}[n] = \begin{cases} 2\tilde{x}_e[n], & n = 1, 2, \ldots, (N/2)-1, \\ \tilde{x}_e[n], & n = 0, N/2, \\ 0, & n = (N/2)+1, \ldots, N-1, \end{cases} \tag{12.33}$$

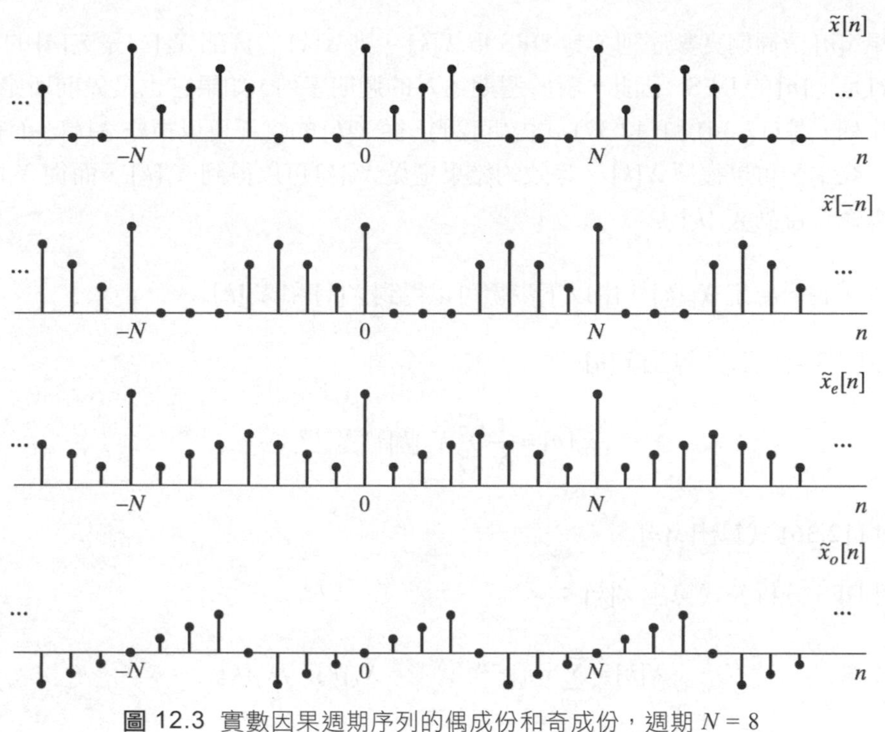

圖 12.3 實數因果週期序列的偶成份和奇成份，週期 $N = 8$

和

$$\tilde{x}[n] = \begin{cases} 2\tilde{x}_o[n], & n = 1, 2, \ldots, (N/2)-1, \\ 0, & n = (N/2)+1, \ldots, N-1 \end{cases} \tag{12.34}$$

因爲 $\tilde{x}_o[n] = \tilde{x}_o[N/2] = 0$，所以從 $\tilde{x}_o[n]$ 不能復原 $\tilde{x}[n]$。定義以下週期序列

$$\tilde{u}_N[n] = \begin{cases} 1, & n = 0, N/2, \\ 2, & n = 1, 2, \ldots, (N/2)-1, \\ 0, & n = (N/2)+1, \ldots, N-1 \end{cases} \tag{12.35}$$

那麼，當 N 是偶數，我們可以利用 $\tilde{u}_N[n]$ 得到 $\tilde{x}[n]$ 的表示式：

$$\tilde{x}[n] = \tilde{x}_e[n]\tilde{u}_N[n] \tag{12.36}$$

以及

$$\tilde{x}[n] = \tilde{x}_o[n]\tilde{u}_N[n] + \tilde{x}[0]\tilde{\delta}[n] + \tilde{x}[N/2]\tilde{\delta}[n-(N/2)] \tag{12.37}$$

此處的 $\tilde{\delta}[n]$ 是週期爲 N 的單位脈衝序列。因此，由 $\tilde{x}_e[n]$ 可以完全復原 $\tilde{x}[n]$。另一方面，因爲 $\tilde{x}_o[n]$ 在 $n = 0$ 和 $n = N/2$ 這兩點的值總是爲零，所以從 $\tilde{x}_o[n]$ 只能復原 $\tilde{x}[n]$ 在 $n \neq 0$ 和 $n \neq N/2$ 之處的值。

如果 $\tilde{x}[n]$ 是周期實數序列，其 DFS 爲 $\tilde{X}[k]$，則 $\tilde{X}[k]$ 的實部 $\tilde{X}_R[k]$ 是 $\tilde{x}_e[n]$ 的 DFS，而 $j\tilde{X}_I[k]$ 是 $\tilde{x}_o[n]$ 的 DFS。因此，對於週期爲 N 的週期序列，如果它也是先前所定義的因果週期序列，則 (12.36) 和 (12.37) 式告訴我們，從 $\tilde{X}[k]$ 的實部可以復原 $\tilde{X}[k]$，而從 $\tilde{X}[k]$ 的虛部（幾乎）可以復原 $\tilde{X}[k]$。等效的結果是從 $\tilde{X}_R[k]$ 可以得到 $\tilde{X}_I[k]$，而從 $\tilde{X}_I[k]$（幾乎）可以完全得到 $\tilde{X}_R[k]$。

具體來說，給定 $\tilde{X}_R[k]$，由以下步驟可以得到 $\tilde{X}[k]$ 和 $\tilde{X}_I[k]$：

1. 使用 DFS 合成公式算出 $\tilde{x}_e[n]$：

$$\tilde{x}_e[n] = \frac{1}{N}\sum_{k=0}^{N-1}\tilde{X}_R[k]e^{j(2\pi/N)kn} \tag{12.38}$$

2. 使用 (12.36) 式算出 $\tilde{x}[n]$。

3. 使用 DFS 分析公式算出 $\tilde{X}[k]$：

$$\tilde{X}[k] = \sum_{n=0}^{N-1}\tilde{x}[n]e^{-j(2\pi/N)kn} = \tilde{X}_R[k] + j\tilde{X}_I[k] \tag{12.39}$$

相較於 12.1 節所討論的一般因果性的情況，因爲 (12.38) 和 (12.39) 式可以用 FFT 演算法進行有效且精確的計算，所以以上步驟可以用電腦實現。

而爲了明確地表示出 $\tilde{X}_R[k]$ 和 $\tilde{X}_I[k]$ 之間的關係，我們可以用解析的方式推導以上步驟。根據 (12.36) 和 (8.34) 式可得：

$$\begin{aligned}\tilde{X}[k] &= \tilde{X}_R[k] + j\tilde{X}_I[k] \\ &= \frac{1}{N}\sum_{m=0}^{N-1}\tilde{X}_R[m]\tilde{U}_N[k-m];\end{aligned} \tag{12.40}$$

也就是說，$\tilde{X}[k]$ 是 $\tilde{X}_R[k]$ 和 $\tilde{U}_N[k]$ 的週期旋積，此處 $\tilde{X}_R[k]$ 是 $\tilde{x}_e[n]$ 的 DFS，而 $\tilde{U}_N[k]$ 是 $\tilde{u}_N[n]$ 的 DFS。可以證明 $\tilde{u}_N[n]$ 的 DFS 爲（見習題 12.24）：

$$\tilde{U}_N[k] = \begin{cases} N, & k = 0, \\ -j2\cot(\pi k/N), & k \text{ 爲奇數}, \\ 0, & k \text{ 爲偶數} \end{cases} \tag{12.41}$$

如果我們定義

$$\tilde{V}_N[k] = \begin{cases} -j2\cot(\pi k/N), & k \text{ 爲奇數}, \\ 0, & k \text{ 爲偶數} \end{cases} \tag{12.42}$$

則可將 (12.40) 表示爲

$$\tilde{X}[k]=\tilde{X}_R[k]+\frac{1}{N}\sum_{m=0}^{N-1}\tilde{X}_R[m]\tilde{V}_N[k-m] \tag{12.43}$$

因此

$$j\tilde{X}_I[k]=\frac{1}{N}\sum_{m=0}^{N-1}\tilde{X}_R[m]\tilde{V}_N[k-m] \tag{12.44}$$

對於因果週期實數序列的 DFS，這就是我們想要得到的實部和虛部之間的關係。從 (12.37) 式開始，以類似的方式可以證明：

$$\tilde{X}_R[k]=\frac{1}{N}\sum_{m=0}^{N-1}j\tilde{X}_I[m]\tilde{V}_N[k-m]+\tilde{x}[0]+(-1)^k\tilde{x}[N/2] \tag{12.45}$$

對於週期序列 $\tilde{x}[n]$，(12.44) 和 (12.45) 式建立此序列的 DFS 實部和虛部之間的關係。如果將 $\tilde{x}[n]$ 視爲將有限長度序列 $x[n]$ 週期地重製所得的結果，如 (12.30) 式所示，則

$$x[n]=\begin{cases}\tilde{x}[n], & 0\le n\le N-1,\\ 0, & \text{其他}\end{cases} \tag{12.46}$$

如果 $x[n]$ 序列具有週期爲 N 的「因果週期」的特性（也就是說，當 $n<0$ 或 $n>N/2$，$x[n]=0$），那麼先前的結果都可以適用於 $x[n]$ 的 DFT。換句話說，我們可以移除 (12.44) 和 (12.45) 式中變數上方的「波浪」（tilde，即「~」）符號，從而得到以下的 DFT 關係式：

$$jX_I[k]=\begin{cases}\dfrac{1}{N}\displaystyle\sum_{m=0}^{N-1}X_R[m]V_N[k-m], & 0\le k\le N-1,\\ 0, & \text{其他}\end{cases} \tag{12.47}$$

和

$$X_R[k]=\begin{cases}\dfrac{1}{N}\displaystyle\sum_{m=0}^{N-1}jX_I[m]V_N[k-m]+x[0]+(-1)^k x[N/2], & 0\le k\le N-1,\\ 0, & \text{其他}\end{cases} \tag{12.48}$$

注意到，(12.42) 式的 $V_N[k-m]$ 是週期爲 N 的週期序列，所以我們不必擔心必須在 (12.47) 和 (12.48) 式中計算 $((k-m))_N$，對於真實長度小於或等於 $(N/2)+1$（N 爲偶數）的實數序列而言，(12.47) 和 (12.48) 式就是我們想要的 N 點 DFT 實部和虛部之間的關係。這兩式計算的是循環旋積，舉例來說，我們可以用以下的步驟有效地計算 (12.47) 式：

1. 計算 $X_R[k]$ 的 IDFT，得到以下序列

$$x_{\text{ep}}[n]=\frac{x[n]+x[((-n))_N]}{2},\quad 0\le n\le N-1 \tag{12.49}$$

2. 以下列方式算出 $x[n]$ 的週期奇成份

$$x_{\text{op}}[n]=\begin{cases}x_{\text{ep}}[n], & 0<n<N/2,\\ -x_{\text{ep}}[n], & N/2<n\le N-1,\\ 0, & 其他\end{cases} \tag{12.50}$$

3. 算出 $x_{\text{op}}[n]$ 的 DFT，得到 $jX_I[k]$。

注意到，如果在步驟 2 中不是計算出 $x[n]$ 的奇成份，而是算出以下序列

$$x[n]=\begin{cases}x_{\text{ep}}[0], & n=0,\\ 2x_{\text{ep}}[n], & 0<n<N/2,\\ x_{\text{ep}}[N/2], & n=N/2,\\ 0, & 其他\end{cases} \tag{12.51}$$

則以上序列的 DFT 就是 $X[k]$，也就是 $x[n]$ 完整的 DFT。

範例 12.3 週期序列

有一因果週期序列的週期 $N=4$，且

$$X_R[k]=\begin{cases}2, & k=0,\\ 3, & k=1,\\ 4, & k=2,\\ 3, & k=3\end{cases}$$

我們可用兩個方式求出此 DFT 的虛部。第一個方式是用 (12.47) 式，當 $N=4$，可得

$$V_4[k]=\begin{cases}2j, & k=-1+4m,\\ -2j, & k=1+4m,\\ 0, & 其他\end{cases}$$

此處的 m 是整數。接下來計算 (12.47) 式的旋積，可得

$$\begin{aligned}jX_I[4]&=\frac{1}{4}\sum_{m=0}^{3}X_R[m]V_4[k-m],\quad 0\le k\le 3\\ &=\begin{cases}j, & k=1,\\ -j, & k=3,\\ 0, & 其他\end{cases}\end{aligned}$$

另一個方式是用包含了 (12.49) 和 (12.50) 式的三個步驟，先計算出 $X_R[k]$ 的 IDFT：

$$x_e[n]=\frac{1}{4}\sum_{k=0}^{3}X_R[k]W_4^{-kn}=\frac{1}{4}[2+3(j)^n+4(-1)^n+3(-j)^n]$$

$$=\begin{cases}3, & n=0,\\ -\frac{1}{2}, & n=1,3,\\ 0, & n=2\end{cases}$$

注意到，雖然序列 $x_e[n]$ 本身不是偶對稱，但是將它周期地複製後可得到偶對稱序列。因此，$x_e[n]$ 的 DFT $X_R[k]$ 是純實數。接著利用 (12.50) 式可求出週期奇成份 $x_{\text{op}}[n]$，即

$$x_{\text{op}}[n]=\begin{cases}-\frac{1}{2}, & n=1,\\ \frac{1}{2}, & n=3,\\ 0, & \text{其他}\end{cases}$$

最後，從 $x_{\text{op}}[n]$ 的 DFT 可得到 $jX_R[k]$，即

$$jX_I[k]=\sum_{n=0}^{3}x_{\text{op}}[n]W_4^{nk}=-\frac{1}{2}W_4^{k}+\frac{1}{2}W_4^{3k}$$

$$=\begin{cases}j, & k=1,\\ -j, & k=3,\\ 0, & \text{其他}\end{cases}$$

以上結果當然和使用 (12.47) 式所得到的結果相同。

12.3 強度和相位之間的關係

到目前為止，我們都把焦點放在一個序列的傅立葉轉換實部和虛部之間的關係。通常，我們有興趣的是傅立葉轉換的強度和相位之間的關係。在本小節中，我們將考慮在何種條件下這些函數之間會有一對一的相關性。表面上看來，實部和虛部之間的關係也隱含著強度和相位之間的關係，其實不然。我們在第 5.4 節的範例 5.9 曾有詳細的說明，在這個範例中，假設我們有兩個因果穩定系統的系統函數 $H_1(z)$和 $H_2(z)$。因此，$H_1(e^{j\omega})$ 的實部和虛部滿足希爾伯特轉換關係，即 (12.28a) 式和 (12.28b) 式，$H_2(e^{j\omega})$ 也是如此。然而，由 $|H_1(e^{j\omega})|$ 並不能求出 $\angle H_1(e^{j\omega})$，這是因為 $H_1(e^{j\omega})$ 和 $H_2(e^{j\omega})$ 的強度相同，但相位不同。

對於序列 $x[n]$ 的 DTFT 而言，其實部和虛部之間的希爾伯特轉換關係來自於 $x[n]$ 的因果性。如果可以從 $x[n]$ 推導出一個序列 $\hat{x}[n]$，使得 $\hat{x}[n]$ 的 DTFT 是 $x[n]$ 的 DTFT 的對

數，那麼對於序列 $\hat{x}[n]$ 加上因果性，就可以得到強度和相位之間的希爾伯特轉換關係。明確地說，我們定義序列 $\hat{x}[n]$ 滿足以下條件

$$x[n] \stackrel{\mathcal{F}}{\longleftrightarrow} X(e^{j\omega}) = |X(e^{j\omega})| e^{j\arg[X(e^{j\omega})]}, \tag{12.52a}$$

$$\hat{x}[n] \stackrel{\mathcal{F}}{\longleftrightarrow} \hat{X}(e^{j\omega}), \tag{12.52b}$$

其中

$$\hat{X}(e^{j\omega}) = \log[X(e^{j\omega})] = \log|X(e^{j\omega})| + j\arg[X(e^{j\omega})] \tag{12.53}$$

根據 5.1 節的定義，$\arg[X(e^{j\omega})]$ 代表 $X(e^{j\omega})$ 的連續相位。序列 $\hat{x}[n]$ 通常稱為 $x[n]$ 的**複數倒頻譜**（complex cepstrum），我們將會在第 13 章詳細討論複數倒頻的性質與應用[②]。

現在，如果我們要求 $\hat{x}[n]$ 是因果序列，則 $\hat{X}(e^{j\omega})$ 的實部和虛部分別是 $\log|X(e^{j\omega})|$ 和 $\arg[X(e^{j\omega})]$，利用 (12.28a) 和 (12.28b) 式可知它們之間的關係為

$$\arg[X(e^{j\omega})] = -\frac{1}{2\pi}\mathcal{P}\int_{-\pi}^{\pi} \log|X(e^{j\theta})| \cot\left(\frac{\omega-\theta}{2}\right) d\theta \tag{12.54}$$

和

$$\log|X(e^{j\omega})| = \hat{x}[0] + \frac{1}{2\pi}\mathcal{P}\int_{-\pi}^{\pi} \arg[X(e^{j\theta})] \cot\left(\frac{\omega-\theta}{2}\right) d\theta, \tag{12.55a}$$

在 (12.55a) 式中的 $\hat{x}[0]$ 為

$$\hat{x}[0] = \frac{1}{2\pi}\int_{-\pi}^{\pi} \log|X(e^{j\omega})| d\omega \tag{12.55b}$$

雖然在目前並不明顯，不過我們將會在習題 12.35 和第 13 章推導以下性質：如果序列滿足第 5.6 節所定義的最小相位條件，也就是說 $X(z)$ 的極點和零點都在單位圓內，就可以保證複數倒頻譜的因果性。因此，5.6 節的最小相位條件，以及複數倒頻譜的因果性，事實上是同樣的限制條件，只不過我們是從不同的觀點所發展出來。注意到，當 $\hat{x}[n]$ 是因果序列時，利用 (12.54) 可以從 $\log|X(e^{j\omega})|$ 完全決定 $\arg[X(e^{j\omega})]$。然而，如果想利用 (12.55a) 式完全決定 $\log|X(e^{j\omega})|$ 的話，就同時需要 $\arg[X(e^{j\omega})]$ 和 $\hat{x}[0]$。如果 $\hat{x}[0]$ 未知，那麼只能求出相差了加法常數的 $\log|X(e^{j\omega})|$，或是說，只能求出相差了乘法常數（增益值）的 $|X(e^{j\omega})|$。

---

② 雖然序列 $\hat{x}[n]$ 稱為複數倒頻譜，它其實是實數序列，這是因為定義在 (12.53) 式中的 $\hat{X}(e^{j\omega})$ 是共軛對稱的函數。

並不是只能用複數倒頻譜的最小相位性質或因果性，才能建立 DTFT 的強度和相位之間的一對一關係。Hayes、Lim 和 Oppenheim (1980) 證明，如果一個序列是有限長度，而且它的 z 轉換任何沒有一對零點是互爲共軛倒數，那麼我們就可以從 DTFT 的相位決定這個序列（因此也可以決定 DTFT 的強度），但是相差了比例常數。這是另一類型限制的例子。

12.4 複數序列的希爾伯特轉換關係

到目前爲止，我們已經討論了因果序列的 DTFT 的希爾伯特轉換關係，以及「因果週期」序列的 DFT 的希爾伯特轉換關係，因果週期的意義是在每個後半週期序列的值等於零。在本節中，我們考慮的是複數序列，其實部和虛部之間滿足離散旋積的關係式，類似於前面各小節的希爾伯特轉換關係。當我們要以類比於連續時間訊號理論 (Papoulis, 1977) 中的解析訊號的形式，將帶通訊號表示成複數訊號時，這些關係式將非常有用。

和先前的討論一樣，利用因果性或單邊性的觀念作爲基礎，藉以推導出希爾伯特轉換關係是有可能的。因爲我們有興趣的是建立複數序列的實部和虛部之間的關係，單邊性將被應用在序列的 DTFT。當然，我們不能要求在 $\omega<0$ 處的 DTFT 值爲零，這是因爲 DTFT 必須是週期函數。取而代之的是考慮在後半週期處的 DTFT 值爲零的序列；也就是說，在單位圓的下半部 $(-\pi\le\omega<0)$ 的 z 轉換值爲零。因此，令序列 $x[n]$ 的 DTFT 爲 $X(e^{j\omega})$，$X(e^{j\omega})$ 必須滿足

$$X(e^{j\omega})=0,\quad -\pi\le\omega<0 \tag{12.56}$$

[也可以假設在 $0<\omega\le\pi$ 處的 $X(e^{j\omega})$ 值爲零。] DTFT 爲 $X(e^{j\omega})$ 的序列 $x[n]$ 必定是複數序列，這是因爲如果 $x[n]$ 是實數序列，則 $X(e^{j\omega})$ 就必定是共軛對稱的函數；也就是說 $X(e^{j\omega})=X^*(e^{-j\omega})$。因此，我們可以將 $x[n]$ 表示爲：

$$x[n]=x_r[n]+jx_i[n], \tag{12.57}$$

此處的 $x_r[n]$ 和 $x_i[n]$ 都是實數序列。在連續時間訊號理論中，可作爲對照的訊號是解析函數，因此它也稱爲**解析訊號**（analytical signal）。對於序列而言，雖然解析性並沒有正式的意義，但是對於具有單邊 DTFT 的複數序列而言，我們仍然使用解析訊號這個用詞。

令 $X_r(e^{j\omega})$ 和 $X_i(e^{j\omega})$ 分別代表實數序列 $x_r[n]$ 和 $x_i[n]$ 的 DTFT，則

$$X(e^{j\omega})=X_r(e^{j\omega})+jX_i(e^{j\omega}), \tag{12.58a}$$

根據上式可得

$$X_r(e^{j\omega}) = \frac{1}{2}[X(e^{j\omega}) + X^*(e^{-j\omega})], \tag{12.58b}$$

和

$$jX_i(e^{j\omega}) = \frac{1}{2}[X(e^{j\omega}) - X^*(e^{-j\omega})] \tag{12.58c}$$

注意到 (12.58c) 給出了 $jX_i(e^{j\omega})$ 的表示式，它是純虛數函數 $j\,x_i[n]$ 的 DTFT。也注意到 $x[n]$ 的實部和虛部的 DTFT $X_r(e^{j\omega})$ 和 $X_i(e^{j\omega})$ 都是複數函數。一般而言，$X_r(e^{j\omega})$ 和 $X_i(e^{j\omega})$ 所扮演的角色類似於先前各小節中因果序列的偶成份和奇成份的角色。然而，$X_r(e^{j\omega})$ 是共軛對稱的函數；也就是 $X_r(e^{j\omega}) = X_r^*(e^{-j\omega})$。類似地，$jX_i(e^{j\omega})$ 是共軛反對稱的函數；也就是 $jX_i(e^{j\omega}) = -jX_i^*(e^{-j\omega})$。

圖 12.4 顯示一個複數序列 $x[n] = x_r[n] + jx_i[n]$ 的單邊 DTFT，以及 $x_r[n]$ 和 $x_i[n]$ 的雙邊 DTFT。此圖也以圖形的方式顯示出 (12.58) 式所隱含的頻譜對消。

如果在 $-\pi \le \omega < 0$ 的範圍內 $X(e^{j\omega})$ 的值爲零，那麼，除了在 $\omega = 0$ 這一點之外，$X(e^{j\omega})$ 和 $X^*(e^{-j\omega})$ 的非零部分不會重疊，因此，除了在 $\omega = 0$ 這一點之外，利用 $X_r(e^{j\omega})$ 或 $X_i(e^{j\omega})$ 都可以復原 $X(e^{j\omega})$。因爲我們假設 $X(e^{j\omega})$ 在 $\omega = \pm\pi$ 處的值爲零，所以，除了在 $\omega = 0$ 這一點之外，利用 $jX_i(e^{j\omega})$ 可以完全復原 $X(e^{j\omega})$。這可以和 12.2 節的結果相互對照，當時的結果告訴我們，除了在端點之外，由因果序列的奇成份可以復原此序列。

特別的是，

$$X(e^{j\omega}) = \begin{cases} 2X_r(e^{j\omega}), & 0 < \omega < \pi, \\ 0, & -\pi \le \omega < 0 \end{cases} \tag{12.59}$$

以及

$$X(e^{j\omega}) = \begin{cases} 2jX_I(e^{j\omega}), & 0 < \omega < \pi, \\ 0, & -\pi \le \omega < 0 \end{cases} \tag{12.60}$$

此外，我們可以直接建立 $X_r(e^{j\omega})$ 和 $X_i(e^{j\omega})$ 之間的關係：

$$X_i(e^{j\omega}) = \begin{cases} -jX_r(e^{j\omega}), & 0 < \omega < \pi, \\ jX_r(e^{j\omega}), & -\pi \le \omega < 0 \end{cases} \tag{12.61}$$

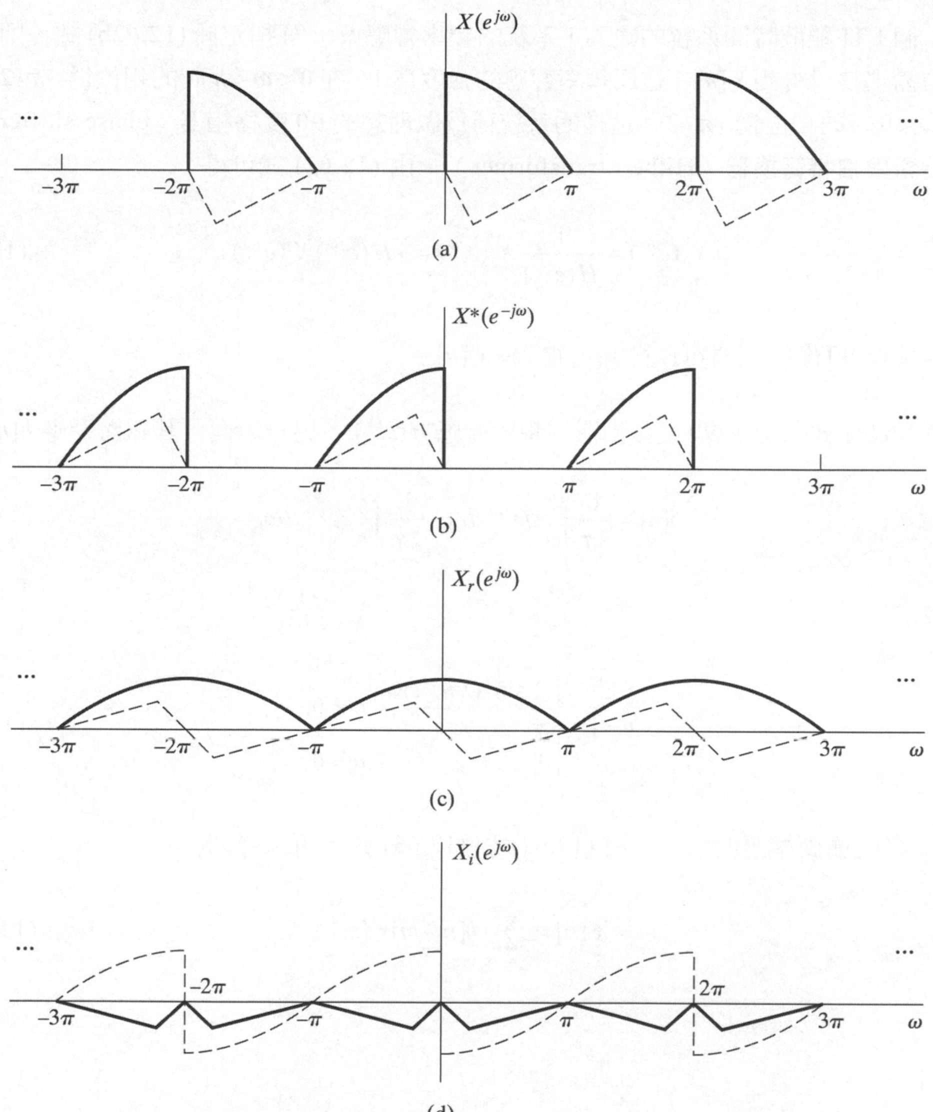

圖 12.4　分解一個單邊傅立葉轉換的示意圖（實線代表實部，虛線代表虛部）

或是

$$X_i(e^{j\omega}) = H(e^{j\omega})X_r(e^{j\omega}), \tag{12.62a}$$

其中

$$H(e^{j\omega}) = \begin{cases} -j, & 0 < \omega < \pi, \\ j, & -\pi < \omega < 0 \end{cases} \tag{12.62b}$$

比較圖 12.4(c) 和 12.4(d) 可以說明 (12.62) 式。因爲 $X_i(e^{j\omega})$ 是 $x_i[n]$（即 $x[n]$ 的虛部）的 DTFT，$X_r(e^{j\omega})$ 是 $x_r[n]$（ $x[n]$ 的實部）的 DTFT，因此，根據 (12.62) 式，將序列 $x_r[n]$

作爲一個 LTI 離散時間系統的輸入，系統的頻率響應 $H(e^{j\omega})$ 指定於 (12.62b) 式，則由此系統的輸出就可得到 $x_i[n]$。這個頻率響應的強度爲 1，在 $0<\omega<\pi$ 時的相位爲 $-\pi/2$；在 $-\pi<\omega<0$ 時的相位爲 $+\pi/2$。這樣的系統稱爲做理想的 90 度移相器（phase shifter），或稱爲**希爾伯特轉換器**（Hilbert transformer）。由 (12.62) 式可得

$$X_r(e^{j\omega}) = \frac{1}{H(e^{j\omega})} X_i(e^{j\omega}) = -H(e^{j\omega}) X_i(e^{j\omega}) \tag{12.63}$$

因此，使用 90 度移相器可以從 $x_i[n]$ 得到 $-x_r[n]$。

(12.62b) 式給出了 90 度移相器的頻率響應 $H(e^{j\omega})$，另一方面，其脈衝響應 $h[n]$ 爲

$$h[n] = \frac{1}{2\pi}\int_{-\pi}^{0} je^{j\omega n}d\omega - \frac{1}{2\pi}\int_{0}^{\pi} je^{j\omega n}d\omega,$$

也就是

$$h[n] = \begin{cases} \dfrac{2}{\pi}\dfrac{\sin^2(\pi n/2)}{n}, & n \neq 0, \\ 0, & n = 0 \end{cases} \tag{12.64}$$

圖 12.5 是此脈衝響應的圖。使用 (12.62) 和 (12.63) 式，可以得到

$$x_i[n] = \sum_{m=-\infty}^{\infty} h[n-m]x_r[m] \tag{12.65a}$$

以及

$$x_r[n] = -\sum_{m=-\infty}^{\infty} h[n-m]x_i[m] \tag{12.65b}$$

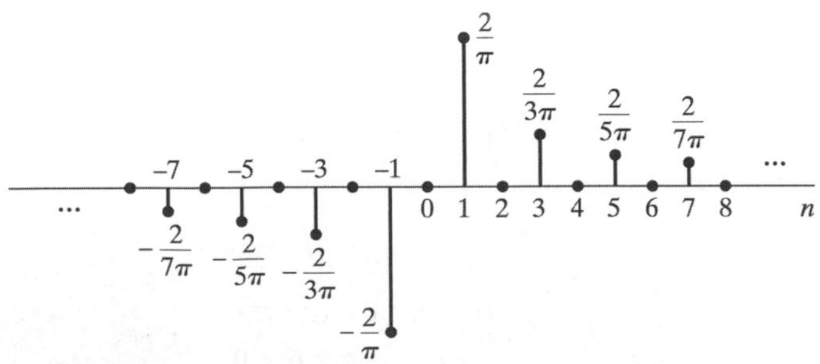

圖 12.5 一個理想希爾伯特轉換器（90 度移相器）的脈衝響應

對於離散時間解析信號而言，(12.65) 式就是我們預期的實部和虛部之間的希爾伯特轉換關係。圖 12.6 顯示如何使用離散時間希爾伯特轉換器系統以得到複數解析信號，其實它只是一對實數訊號。

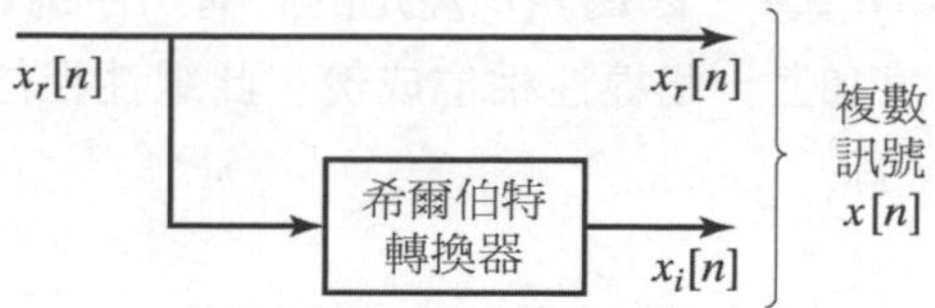

圖 12.6　一個產生複數序列的方塊圖，此複數序列具有單邊 DTFT

12.4.1 設計希爾伯特轉換器

對於希爾伯特轉換器而言，(12.64) 式給出的脈衝響應不是絕對可加，因此，只有在均方誤差的意義下，才能認為下式

$$H(e^{j\omega}) = \sum_{n=-\infty}^{\infty} h[n]e^{-j\omega n} \tag{12.66}$$

收斂到 (12.62b) 式所指定的函數。因此，理想的希爾伯特轉換器，也就是 90 度移相器、理想低通濾波器以及理想有限頻寬微分器，在理論上一起佔有一席之地，它們都對應到非因果的系統，而且其系統函數只有在某種限制的意義下才存在，這些概念在理論上很有價值。

當然，我們可以得到希爾伯特轉換器的近似函數。我們可以用加窗法或是等漣波近似法設計出具有常數群延遲的 FIR 濾波器，用來近似希爾伯特轉換器。在這些近似函數中，可以確實達到 90 度的相移，但是為了讓 FIR 系統滿足因果性，系統必須有額外的線性相位成份。在以下範例中，我們使用 Kaiser 窗函數設計希爾伯特轉換器，並藉以說明這些近似函數的性質。

範例 12.4　以 Kaiser 窗函數設計希爾伯特轉換器

以 Kaiser 窗函數設計的 M 階（長度為 $M+1$）離散 FIR 希爾伯特轉換器會有以下的形式

$$h[n] = \begin{cases} \left(\dfrac{I_o\{\beta(1-[(n-n_d)/n_d]^2)^{1/2}}{I_o(\beta)}\right)\left(\dfrac{2}{\pi}\dfrac{\sin^2[\pi(n-n_d)/2]}{n-n_d}\right), & 0 \le n \le M, \\ 0, & \text{其他} \end{cases} \tag{12.67}$$

此處的 $n_d = M/2$。如果 M 為偶數，此系統是第 5.7.3 節所討論的型－III FIR 廣義線性相位系統。

圖 12.7(a) 顯示此系統的脈衝響應，圖 12.7(b) 是頻率響應的強度，使用的參數為 $M=18$ 和 $\beta=2.629$。當 $0 \le n \le M$，因為 $h[n]$ 滿足的對稱條件為 $h[n]=-h[M-n]$，所以相位響應是精確的 90 度加上一個線性相位成份，此線性相位成份對應到的延遲值為 $n_d = 18/2 = 9$ 個樣本，即

$$\angle H(e^{j\omega}) = \frac{-\pi}{2} - 9\omega, \quad 0 < \omega < \pi \tag{12.68}$$

我們在圖 12.27(b) 中可以發現，在 $z=1$ 和 $z=-1$（$\omega=0$ 和 $\omega=\pi$）處的頻率響應值等於零，這是型－III 系統所固有的性質。因此，除了在某個中頻頻帶 $\omega_L < |\omega| < \omega_H$ 之外，強度響應無法很好地近似理想值 1。

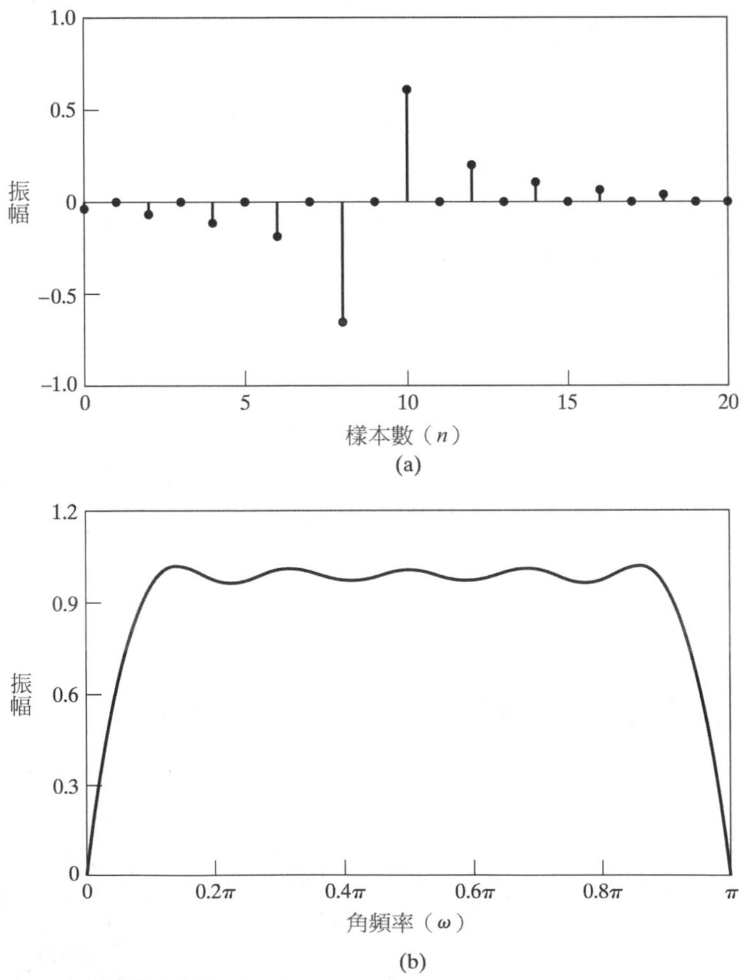

圖 12.7 使用 Kaiser 窗函數設計出來的 FIR 希爾伯特轉換器（$M=18$, $\beta=2.629$）。(a) 脈衝響應；(b) 強度響應

假如 M 是奇數，我們得到一個型－IV 的系統，如圖 12.8 所示，此圖的參數為 $M=17$ 與 $\beta=2.44$。就型－IV 系統而言，只有在 $z=1$（$\omega=0$）處的頻率響應值一定等於零，所以在 $\omega=\pi$ 附近對於常數強度響應可以得到較好的近似結果。相位響應也是精確的 90 度加上一個線性相位成份，此線性相位成份對應到的延遲值為 $n_d=17/2=8.5$ 個樣本，即

$$\angle H(e^{j\omega})=\frac{-\pi}{2}-8.5\omega,\quad 0<\omega<\pi \tag{12.69}$$

從圖 12.7(a) 和 12.8(a) 可以看出，和型－IV FIR 希爾伯特轉換器比較起來，如果在 $\omega=\pi$ 處不需要近似於常數強度響應，那麼型－III FIR 希爾伯特轉換器的計算效率佔有相當大的優勢。這是因為在型－III 系統中，偶數編號的脈衝響應值都等於零。因此，如果在這兩個情形中都利用了反對稱性，$M=17$ 的系統需要作 8 次乘法才能算出一個輸出樣本，然而 $M=18$ 的系統只要作 5 次乘法就能算出一個輸出樣本。

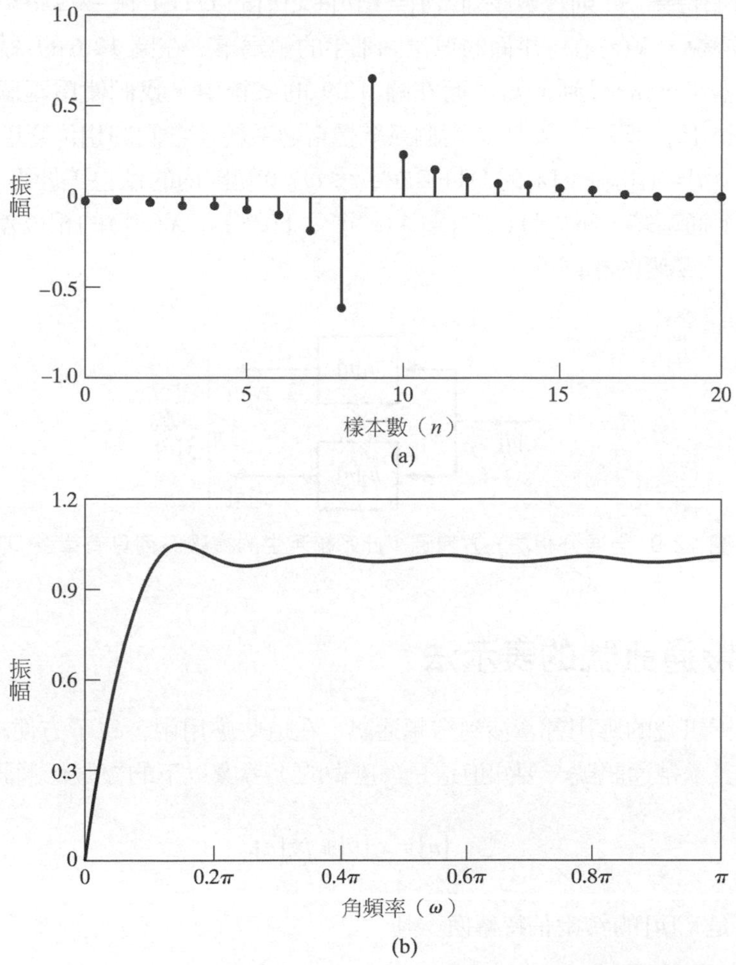

圖 12.8　使用 Kaiser 窗函數設計出來的 FIR 希爾伯特轉換器（$M=17, \beta=2.44$）。(a) 脈衝響應；(b) 強度響應

我們可以使用第 7.4 和 7.5 節所介紹的 Parks-McClellan 演算法設計出具有等漣波強度和精確 90 度相移的型－III 和型－IV 的線性相位希爾伯特轉換器。和加窗法比較起來，對於相等長度的濾波器而言，我們可以預期 Parks-McClellan 演算法將改善強度響應的誤差（見 Rabiner and Schafer, 1974）。

由於型－III 和型－IV 的 FIR 系統可以得到準確的相位響應，所以我們總是希望用這兩種結構設計希爾伯特轉換器。而使用 IIR 系統近似希爾伯特轉換器時，總是有強度及相位響應的誤差。設計 IIR 希爾伯特轉換器最成功的方式是設計「分相器」（phase splitter）。分相器由兩個全通系統組成，在 $0<|\omega|<\pi$ 中的部分頻帶，這兩個系統的相位響應相差 90 度。使用雙線性轉換將連續時間分相系統轉換成離散時間系統，就可以設計出這類系統（這類系統的範例可見 Gold, Oppenheim and Rader, 1970）。

圖 12.9 顯示一個 90 度分相系統。若 $x_r[n]$ 代表此系統的實數輸入序列，$x_i[n]$ 代表 $x_r[n]$ 的希爾伯特轉換，則複數序列 $x[n]=x_r[n]+x_i[n]$ 的 DTFT 在 $-\pi\le\omega<0$ 範圍內的值等於零。也就是說，$X(z)$ 在 z 平面的單位圓下半的值爲零。在圖 12.6 的系統中，我們用希爾伯特轉換器從 $x_r[n]$ 得到 $x_i[n]$。而在圖 12.9 的系統中，我們使用兩個系統 $H_1(e^{j\omega})$ 和 $H_2(e^{j\omega})$ 處理 $x_r[n]$。現在，如果這兩個系統是全通系統，它們的相位響應相差 90 度，那麼複數訊號 $y[n]=y_r[n]+y_i[n]$ 的 DTFT 在 $-\pi\le\omega<0$ 範圍內的值也等於零。此外，因爲分相系統也是全通系統，所以 $|Y(e^{j\omega})|=|X(e^{j\omega})|$。$Y(e^{j\omega})$ 和 $X(e^{j\omega})$ 的相位差等於 $H_1(e^{j\omega})$ 和 $H_2(e^{j\omega})$ 的相位響應的相同部份。

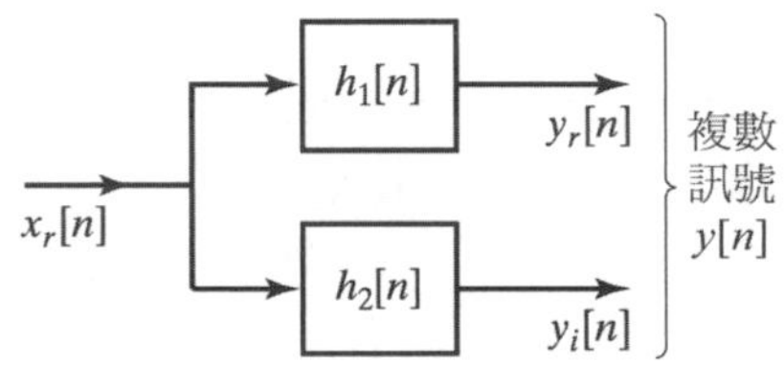

圖 12.9 全通分相法的方塊圖，此系統產生的複數序列具有單邊 DTFT

12.4.2 帶通訊號的表示法

許多解析訊號的應用都牽涉到窄頻通訊。在這些應用中，爲了方便起見，有時候會用低通訊號表示帶通訊號。要知道這是怎麼做的，考慮以下的複數低通訊號

$$[n]=x_r[n]+jx_i[n],$$

此處的 $x_i[n]$ 是 $x_r[n]$ 的希爾伯特轉換，且

$$X(e^{j\omega})=0,\quad -\pi\le\omega<0$$

$X_r(e^{j\omega})$ 和 $X_i(e^{j\omega})$ 這兩個 DTFT 分別圖示於圖 12.10(a) 和 12.10(b)，完整的轉換 $X(e^{j\omega})=X_r(e^{j\omega})+jX_i(e^{j\omega})$ 圖示於圖 12.10(c)（實線代表實部，虛線代表虛部）。現在，考慮以下序列

$$s[n]=x[n]e^{j\omega_c n}=s_r[n]+js_i[n], \tag{12.70}$$

其中 $s_r[n]$ 和 $s_i[n]$ 都是實數序列。$s[n]$ 的 DTFT 為

$$S(e^{j\omega})=X(e^{j(\omega-\omega_c)}), \tag{12.71}$$

以上 DTFT 圖示於圖 12.10(d)。使用 (12.59) 於 $S(e^{j\omega})$ 可以得到以下各式

$$S_r(e^{j\omega})=\tfrac{1}{2}[S(e^{j\omega})+S^*(e^{-j\omega})], \tag{12.72a}$$

$$jS_i(e^{j\omega})=\tfrac{1}{2}[S(e^{j\omega})-S^*(e^{-j\omega})] \tag{12.72b}$$

在圖 12.10 的範例中，$S_r(e^{j\omega})$ 和 $S_i(e^{j\omega})$ 分別圖示於圖 12.10(e) 和 12.10(f)。可以很直接地證明：如果在 $\Delta\omega<|\omega|\le\pi$ 範圍內的 $H_r(e^{j\omega})$ 值為零，且 $\omega_c+\Delta\omega<\pi$，則 $S(e^{j\omega})$ 是單邊帶通信號，在 $\omega_c<\omega\le\omega_c+\Delta\omega$ 範圍外的 $S(e^{j\omega})$ 值為零。因此，由圖 12.10 的範例可以說明，或是由 (12.57) 和 (12.58) 式也可以證明：$S_i(e^{j\omega})=H(e^{j\omega})S_r(e^{j\omega})$。也就是說，$s_i[n]$ 是 $s_r[n]$ 的希爾伯特轉換。

複數訊號的另一種表示法是使用強度及相位，也就是說，將 $x[n]$ 表示為

$$x[n]=A[n]e^{j\phi[n]}, \tag{12.73a}$$

其中

$$A[n]=(x_r^2[n]+x_i^2[n])^{1/2} \tag{12.73b}$$

以及

$$\phi[n]=\arctan\left(\frac{x_i[n]}{x_r[n]}\right) \tag{12.73c}$$

因此，根據 (12.70) 和 (12.73) 式，我們可將 $s[n]$ 表示為

$$s[n]=(x_r[n]+jx_i[n])e^{j\omega_c n} \tag{12.74a}$$

$$=A[n]e^{j(\omega_c n+\phi[n])} \tag{12.74b}$$

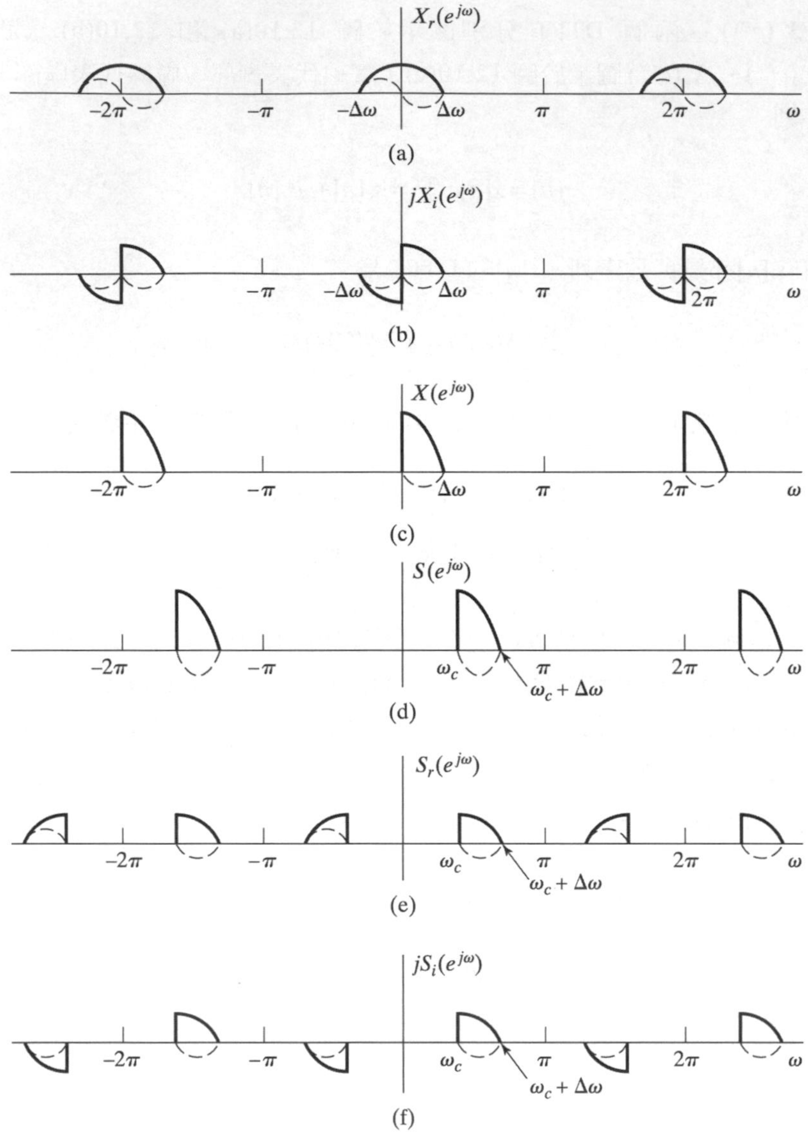

圖 12.10 一個帶通訊號的傅立葉轉換表示法（實線代表實部，虛線代表虛部）（注意到圖 (b) 和圖 (c) 所畫出的函數是 $jX_i(e^{j\omega})$ 和 $jS_i(e^{j\omega})$，此處 $jX_i(e^{j\omega})$ 和 $jS_i(e^{j\omega})$ 分別是 $x_i[n]$和 $s_i[n]$ 的 DTFT）

從而得到以下表示式

$$s_r[n] = x_r[n]\cos\omega_c n - x_i[n]\sin\omega_c n \tag{12.75a}$$

或是

$$s_r[n] = A[n]\cos(\omega_c n + \phi[n]) \tag{12.75b}$$

以及

$$s_i[n]=x_r[n]\sin\omega_c n+x_i[n]\cos\omega_c n \tag{12.76a}$$

或是

$$s_i[n]=A[n]\sin(\omega_c n+\phi[n]) \tag{12.76b}$$

(12.75a) 及 (12.76a) 式分別圖示於圖 12.11(a) 和 12.11(b)。這些方塊圖說明了如何將低通的實數訊號轉換爲複數的（單邊帶）帶通訊號。

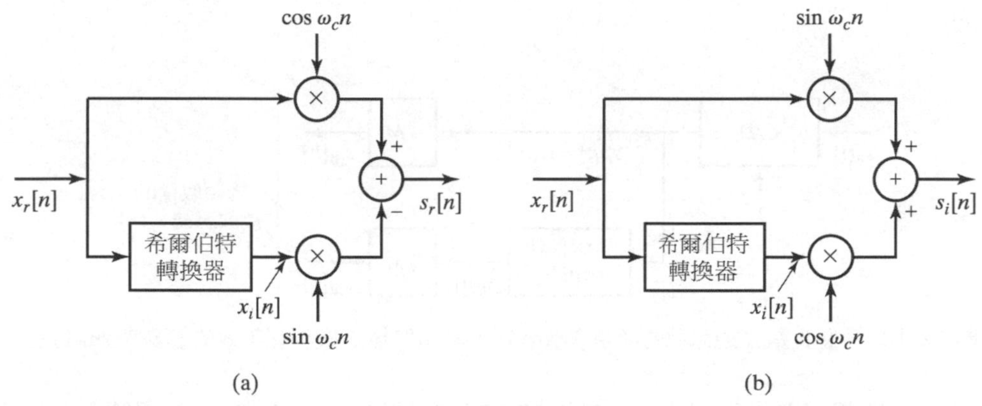

圖 12.11　(12.75a) 和 (12.75b) 式的方塊圖，這些系統用來產生單邊帶訊號

(12.75) 和 (12.76) 這些公式是我們預期的時域表示法，讓我們將一般的複數帶通信號 $s[n]$用複數低通信號 $x[n]$的實部和虛部表示出來。一般說來，當我們要表示實數帶通信號時，這個複數表示法是一個方便的機制。舉例來說，(12.75a) 提供了一個方式，讓我們用「平行分量」（in-phase component）$x_r[n]$和「垂直分量」（quadrature component，相位偏移 90 度的成份）$x_i[n]$表示出實數帶通信號。的確，如圖 12.10(a) 所示，雖然實數帶通信號的 DTFT 對於通帶中心不是共軛對稱（這是形式爲 $x_r[n]\cos\omega_c t$ 的訊號所發生的情形），但是 (11.76a) 讓我們能寫出這類信號（或是濾波器的脈衝響應）的表示式。

由 (12.75) 和 (12.76) 式的形式以及從圖 12.11 的圖中可以很清楚地發現，一般帶通信號都具有弦波的形式，但是振幅和相位都經過調變。序列 $A[n]$稱爲包絡線（envelope），$\phi[n]$稱爲相位。這種窄頻訊號的表示法可以用來表示出許多種振幅和相位的調變系統。圖 12.10 就說明了單邊帶調變系統例子。如果低通實數訊號 $x_r[n]$是單邊帶調變系統的輸入訊號，輸出訊號是 $s_r[n]$，則圖 12.11(a) 代表了一種實現單邊帶調變系統的方式。因爲單邊帶調變系統可以用最小的頻寬表示出帶通實數訊號，因此對於分頻多工（frequency-division multiplexing）極爲有用。

12.4.3 帶通取樣

解析訊號的另一個重要的應用是取樣帶通信號。我們在第 4 章中看到，一般而言，如果一個連續時間信號是有限頻寬信號，而且在$|\Omega| \geq \Omega_N$範圍外其傅立葉轉換$S_c(j\Omega)=0$，那麼當取樣率滿足$2\pi/T \geq 2\Omega_N$時，此訊號可以用其樣本確實地表示出來。要證明此結果的關鍵是避免$S_c(j\Omega)$發生疊頻現象，樣本序列的 DTFT 就是用$S_c(j\Omega)$的複本所表示出來。在$0 \leq |\Omega| \leq \Omega_c$或$|\Omega| \geq \Omega_c+\Delta\Omega$的範圍內，連續時間帶通訊號的傅立葉轉換$S_c(j\Omega)=0$，因此，這個帶通訊號的頻寬，也就是支撐域的寬度為$2\Delta\Omega$，而不是$2(\Omega_c+\Delta\Omega)$，利用適當的取樣方式，我們可以用$S_c(j\Omega)$的非零部份填滿$-\Omega_c \leq \Omega \leq \Omega_c$這個區域，而不會產生疊頻現象。要得到這種取樣結果，使用帶通訊號的複數表示法將大有幫助。

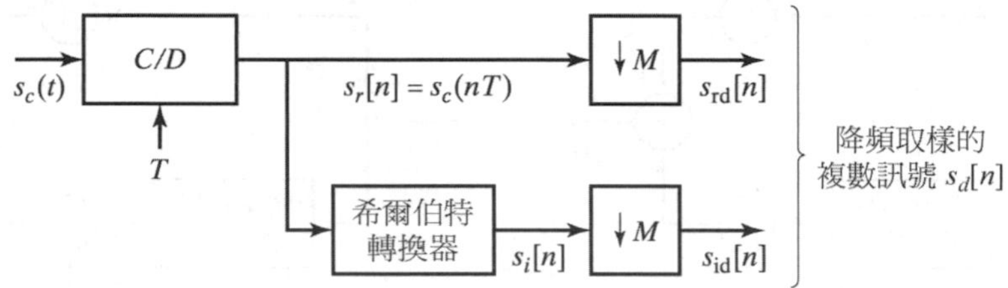

圖 12.12 一個實數帶通訊號的降頻取樣系統，降頻取樣是操作在等效的複數帶通訊號上

為了說明帶通取樣的觀念，考慮圖 12.12 的系統以及圖 12.13(a) 的訊號，此輸入訊號的最高頻率為$\Omega_c+\Delta\Omega$。如果這個訊號的取樣率正好是 Nyquist 率，即$2\pi/T=2(\Omega_c+\Delta\Omega)$，則所得序列$s_r[n]=s_c(nT)$的傅立葉轉換為$S_r(e^{j\omega})$，如圖 12.12(b) 所示。如果我們使用離散希爾伯特轉換器的話，可以得到以下複數序列$s[n]=s_r[n]+js_i[n]$，它的 DTFT $S(e^{j\omega})$圖示在圖 12.13(c)。$S(e^{j\omega})$的非零值區域的寬度是$\Delta\omega=(\Delta\Omega)T$。令$M$是小於或等於$2\pi/\Delta\omega$的最大整數，可以發現在$-\pi<\omega<\pi$的範圍可以填入$M$個$S(e^{j\omega})$的複本 [在圖 12.13(c) 的範例中，$2\pi/\Delta\omega=5$]。因此，藉由降頻取樣的方式，$s[n]$的取樣率就能像圖 12.12 所示一般降低$M$倍，所得到的複數信號為$s_d[n]=s_{\text{rd}}[n]+js_{\text{id}}[n]=s[Mn]$，它的 DTFT 為：

$$S_d(e^{j\omega})=\frac{1}{M}\sum_{k=0}^{M-1}S(e^{j[(\omega-2\pi k)/M]}) \tag{12.77}$$

圖 12.13(d) 顯示的是 (12.77) 式中的$S_d(e^{j\omega})$，參數值$M=5$。圖 12.13(d) 也明白地指出了$S(e^{j\omega})$和它的兩個經過縮放和平移後的複本。很明顯地，我們已經避免了疊頻現象，而且重建原始帶通訊號所需的資訊都在$-\pi<\omega\leq\pi$的離散時間範圍內。以複數濾波器處理$s_d[n]$，也可以用不同的方式轉換$s_d[n]$的資訊，例如進一步地限制其頻寬、補償振幅或

相位等操作，或者將複數訊號進行編碼後，進行傳送或加以儲存。因為我們可用低取樣率進行這些操作，當然，這就是我們要降低取樣頻率的動機。

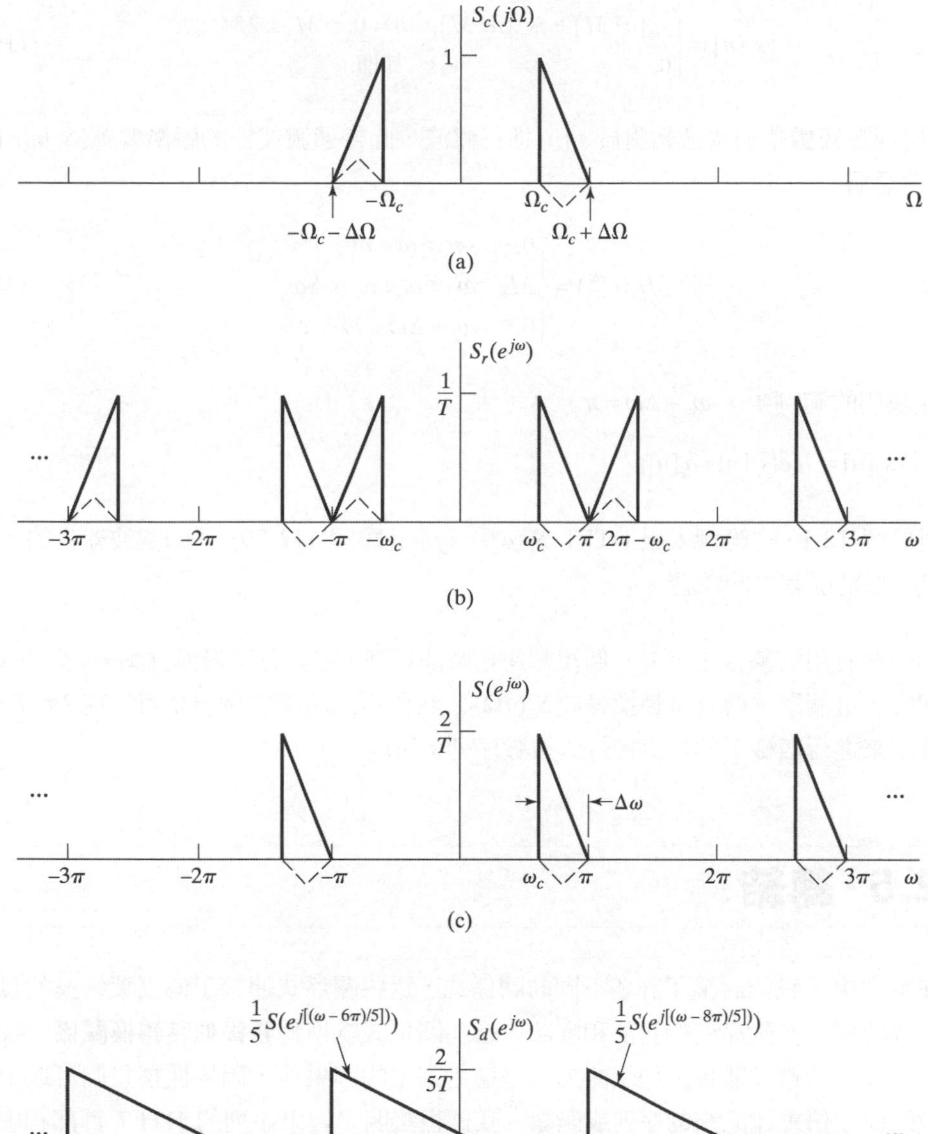

圖 12.13 使用圖 12.12 的系統對帶通訊號進行降頻取樣的範例。(a) 連續時間帶通訊號的傅立葉轉換；(b) 取樣後訊號的 DTFT；(c) 從 (a) 圖的訊號所求得的複數帶通離散時間訊號的 DTFT；(d) 對 (c) 圖的複數帶通訊號進行降頻取樣所得訊號的 DTFT（實線代表實部，虛線代表虛部）

原始的實數帶通訊號 $s_r[n]$ 可以用下面的步驟理想地重建出來：

1. 將此複數序列擴張 M 倍，即

$$s_e[n]=\begin{cases} s_{\text{rd}}[n/M]+js_{\text{id}}[n/M], & n=0,\pm M,\pm 2M,\ldots, \\ 0, & \text{其他} \end{cases} \tag{12.78}$$

2. 使用理想**複數**帶通濾波器對於 $s_e[n]$ 進行濾波，此帶通濾波器的脈衝響應爲 $h_i[n]$，頻率響應爲

$$H_i(e^{j\omega})=\begin{cases} 0, & -\pi<\omega<\omega_c, \\ M, & \omega_c<\omega<\omega_c+\Delta\omega, \\ 0, & \omega_c+\Delta\omega<\omega<\pi \end{cases} \tag{12.79}$$

（在我們的範例中，$\omega_c+\Delta\omega=\pi$ 。）

3. 求得 $s_r[n]=\mathcal{R}e\{s_e[n]*h_i[n]\}$

對於圖 12.13 的範例畫出 DTFT $S_e(e^{j\omega})$，並且驗證 (12.79) 式的濾波器真的可以復原 $s[n]$，都是很有用的練習。

另一個有用的練習是考慮一個複數連續時間信號，它具有單邊傅立葉轉換，在 $\Omega\geq 0$ 的範圍內，這個單邊傅立葉轉換等於 $S_c(j\Omega)$。我們可以證明這個訊號可以用 $2\pi/T=\Delta\Omega$ 的取樣率來進行取樣，然後直接得到複數序列 $s_d[n]$。

12.5 總結

在本章中，我們討論了許多不同的關係式，這些關係式連接了傅立葉轉換的實部和虛部，或連接了複數序列的實部和虛部。這些關係式統稱爲**希爾伯特轉換關係**。我們推導這些希爾伯特轉換關係所使用的方式是應用基本的因果性，因果性讓我們可以由序列或函數的偶成份重建原來的序列或函數。我們也證明了因果序列的 DTFT 實部和虛部之間的關係滿足一種類似旋積的積分式。此外，如果一個序列的複數倒頻譜是因果序列，也就是說，這個序列的 z 轉換的極點和零點都在單位圓內（滿足最小相位條件），就此特例而言，這個的序列的 DTFT 的強度對數和相位之間滿足希爾伯特轉換關係。

對於滿足修正因果性的週期序列，以及在單位圓下半部其 DTFT 的值等零的複數序列，我們也推導出了這些序列的希爾伯特轉換關係。我們也討論了複數解析訊號的應用，這類訊號可以用來表示帶通訊號，也可以對帶通訊號進行有效的取樣。

習題

有解答的基本問題

12.1 令 $X(e^{j\omega})$ 代表序列 $x[n]$的 DTFT，假設此 $x[n]$是因果實數序列，而且

$$\mathcal{R}e\{X(e^{j\omega})\} = 2 - 2a\cos\omega$$

試求 $\mathcal{I}m\{X(e^{j\omega})\}$。

12.2 令 $X(e^{j\omega})$ 代表序列 $x[n]$的 DTFT，已知

$x[n]$是因果實數序列

$$\mathcal{R}e\{X(e^{j\omega})\} = \tfrac{5}{4} - \cos\omega$$

試求出滿足上述條件的序列 $x[n]$。

12.3 令 $X(e^{j\omega})$ 代表序列 $x[n]$的 DTFT，已知

$x[n]$是實數序列

$$x[0] = 0,$$

$$x[1] > 0,$$

$$|X(e^{j\omega})|^2 = \tfrac{5}{4} - \cos\omega$$

試求出兩個滿足上述條件的序列 $x_1[n]$ 和 $x_2[n]$。

12.4 考慮一個複數序列 $x[n] = x_r[n] + jx_i[n]$，此處 $x_r[n]$ 和 $x_i[n]$ 分別是 $x[n]$的實部和虛部，若在單位圓的下半，$x[n]$的 z 轉換 $X(z)$的值為零 [即在 $-\pi \le \omega < 2\pi$ 的範圍內 $X(e^{j\omega}) = 0$]，且 $x[n]$的實部為

$$x_r[n] = \begin{cases} 1/2, & n = 0, \\ -1/4, & n = \pm 2, \\ 0, & \text{其他} \end{cases}$$

試求 $X(e^{j\omega})$ 的實部和虛部。

12.5 試求以下各序列的希爾伯特轉換 $x_i[n] = \mathcal{H}\{x_r[n]\}$：

(a) $x_r[n] = \cos\omega_0 n$

(b) $x_r[n] = \sin\omega_0 n$

(c) $x_r[n] = \dfrac{\sin(\omega_0 n)}{\pi n}$

12.6 令 $X(e^{j\omega})$ 代表因果實數序列 $x[n]$的 DTFT，已知 $X(e^{j\omega})$ 的虛部為

$$X_I(e^{j\omega}) = 2\sin\omega - 3\sin 4\omega$$

除此之外，我們也知道 $X(e^{j\omega})|_{\omega=0} = 6$，試求 $x[n]$。

12.7 **(a)** 令 $X(e^{j\omega})$ 代表因果實數序列 $x[n]$ 的 DTFT，已知 $X(e^{j\omega})$ 的虛部爲

$$\mathcal{I}m\{X(e^{j\omega})\} = \sin\omega + 2\sin 2\omega$$

試求出 $x[n]$。

(b) 你在 (a) 小題答案是唯一的嗎？如果是的話，請解釋原因，如果不是的話，求出另一個和 (a) 小題不同的答案，但是滿足 (a) 小題的條件。

12.8 令 $X(e^{j\omega}) = X_R(e^{j\omega}) + jX_I(e^{j\omega})$ 代表因果實數序列 $x[n]$ 的 DTFT。已知 $X(e^{j\omega})$ 的虛部爲

$$X_I(e^{j\omega}) = 3\sin(2\omega)$$

下列各函數 $X_{Rm}(e^{j\omega})$ 哪些可能是 $X(e^{j\omega})$ 的實部？

$$X_{R1}(e^{j\omega}) = \frac{3}{2}\cos(2\omega),$$
$$X_{R2}(e^{j\omega}) = -3\cos(2\omega) - 1,$$
$$X_{R3}(e^{j\omega}) = -3\cos(2\omega),$$
$$X_{R4}(e^{j\omega}) = 2\cos(3\omega),$$
$$X_{R5}(e^{j\omega}) = \frac{3}{2}\cos(2\omega) + 1$$

12.9 對於一個因果實數序列 $x[n]$ 以及它的 DTFT $X(e^{j\omega})$，我們知道以下資訊

$$\mathcal{I}m\{X(e^{j\omega})\} = 3\sin(\omega) + \sin(3\omega),$$
$$X(e^{j\omega})|_{\omega=\pi} = 3$$

試求滿足這些條件的序列 $x[n]$。答案是唯一的嗎？

12.10 已知一個穩定因果 LTI 系統的脈衝響應爲 $h[n]$，此系統的頻率響應爲 $X(e^{j\omega})$，我們知道以下資訊

(i) 此系統有穩定因果的反系統

(ii) $|H(e^{j\omega})|^2 = \dfrac{\frac{5}{4} - \cos\omega}{5 + 4\cos\omega}$

儘可能詳盡地求出 $h[n]$。

12.11 令 $X(e^{j\omega})$ 代表複數序列 $x[n] = x_r[n] + jx_i[n]$ 的 DTFT，在 $-\pi \le \omega < 0$ 的範圍內 $X(e^{j\omega}) = 0$，已知 $x[n]$ 的虛部爲

$$x_i[n] = \begin{cases} 4, & n = 3, \\ -4, & n = -3 \end{cases}$$

試求 $X(e^{j\omega})$ 的實部和虛部。

12.12 已知 $h[n]$ 是因果實數序列，且 $h[0]$ 爲不爲零的正數。$h[n]$ 的頻率響應的強度平方函數爲

$$|H(e^{j\omega})|^2 = \frac{10}{9} - \frac{2}{3}\cos(\omega)$$

(a) 試求 $h[n]$。

(b) 你在(a)小題答案是唯一的嗎？如果是的話，請解釋原因，如果不是的話，求出另一個滿足上述條件的 $h[n]$。

12.13 假設 $x[n]$ 是一個因果複數序列，其 DTFT 爲 $X(e^{j\omega})=X_R(e^{j\omega})+jX_I(e^{j\omega})$。如果 $X_R(e^{j\omega})=1+\cos(\omega)+\sin(\omega)-\sin(2\omega)$，試求 $X_I(e^{j\omega})$。

12.14 令 $X(e^{j\omega})$ 代表反因果實數序列 $x[n]$ 的 DTFT，已知 $X(e^{j\omega})$ 的實部爲

$$X_R(e^{j\omega})=\sum_{k=0}^{\infty}(1/2)^k\cos(k\omega)$$

試求 $X(e^{j\omega})$ 的虛部 $X_I(e^{j\omega})$（反因果序列 $x[n]$ 的定義是當 $n<0$，$x[n]=0$）。

12.15 令 $X(e^{j\omega})$ 代表因果實數序列 $x[n]$ 的 DTFT，已知 $X(e^{j\omega})$ 的虛部爲

$$\mathcal{I}m\{X(e^{j\omega})\}=\sin\omega,$$

而且我們也知道

$$\sum_{n=-\infty}^{\infty}x[n]=3$$

試求 $x[n]$。

12.16 令 $X(e^{j\omega})$ 代表實數因果序列 $x[n]$ 的 DTFT，已知兩個關於 $X(e^{j\omega})$ 的資訊

$$X_R(e^{j\omega})=2-4\cos(3\omega),$$
$$X(e^{j\omega})|_{\omega=\pi}=7$$

這些資訊是否相互一致？也就是說，是否存在任何序列 $x[n]$ 同時滿足這兩個條件？如果是的話，試求出一個 $x[n]$ 的答案；如果不是，請解釋資訊不一致的原因。

12.17 一個實數因果有限長度序列 $x[n]$ 的長度 $N=2$，它的 2 點 DFT 爲 $X[k]=X_R[k]+jX_I[k]$，$k=0,1$。如果 $X_R[k]=2\delta[k]-4\delta[k-1]$，是否可以求出唯一的 $x[n]$？如果是的話，求出 $x[n]$；如果不是，求出一些 $x[n]$，它們都滿足上述關於 $X_R[k]$ 的條件。

12.18 一個實數因果有限長度序列 $x[n]$ 的長度 $N=3$，試求兩個 $x[n]$，使其 DFT 的實部 $X_R[k]$ 符合圖 P12.18 所給定的值。注意到，你的答案中只能有一個是第 10.2 節所定義的「因果週期」序列。因果週期序列的定義是在 $N/2<n\le N-1$ 的範圍內，序列 $x[n]=0$。

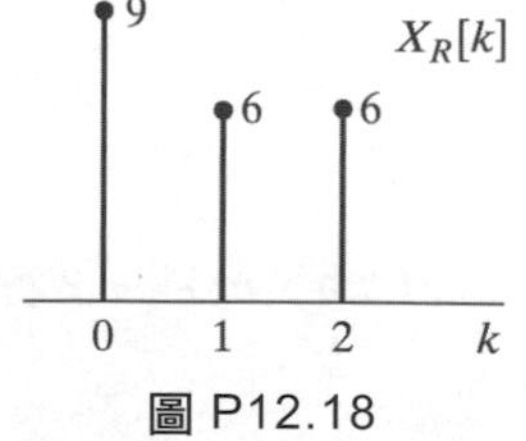

圖 P12.18

12.19 令 $x[n]$ 是長度 $N=3$ 的實數因果有限長度序列，$x[n]$ 也是因果週期序列。若此序列的 4 點 DFT 的實部 $X_R[k]$ 如圖 P12.19 所示，試求 DFT 的虛部 $X_I[k]$。

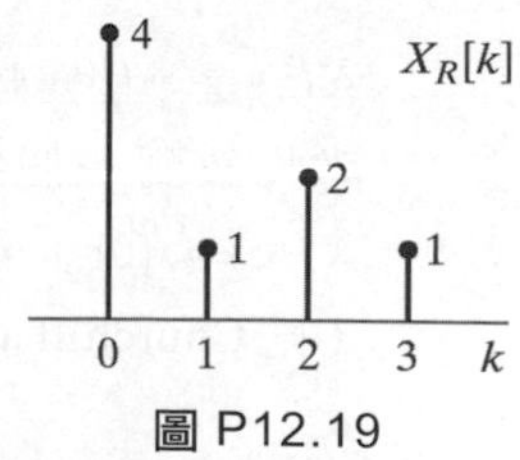

圖 P12.19

12.20 一個實數因果有限長度序列 $x[n]$ 的長度 $N=6$，此序列的 6 點 DFT 的虛部為

$$jX_I=\begin{cases}-j2/\sqrt{3}, & k=2,\\ j2/\sqrt{3}, & k=4,\\ 0, & \text{其他}\end{cases}$$

除此之外，我們也知道

$$\frac{1}{6}\sum_{k=0}^{5}X[k]=1$$

在圖 P12.20 之中，那些序列符合以上提供的資訊？

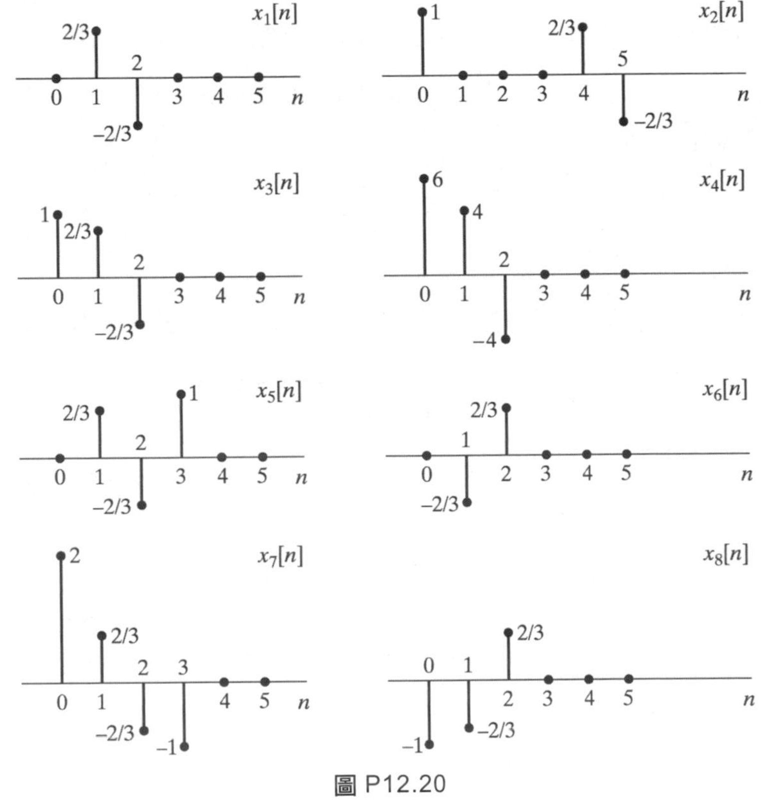

圖 P12.20

12.21 令 $x[n]$ 是一個實數因果序列，滿足 $|x[n]|<\infty$，$x[n]$ 的 z 轉換為

$$X(z)=\sum_{n=0}^{\infty}x|n|z^{-n},$$

$X(z)$ 是一個變數為 z^{-1} 的泰勒級數，所以在圓心為 $z=0$ 的某個圓盤之外的每一點，$X(z)$ 都收斂到一個解析函數（這是因為 ROC 包含了 $z=\infty$ 這一點，而且，事實上 $X(\infty)=x[0]$）。$X(z)$ 在其 ROC 內為解析函數的條件對於 $X(z)$ 而言是一個很強的限制（見 Churchill and Brown, 1990）。明確地說，$X(z)$ 的實部和虛部都滿足 Laplace 方程

式，而且實部和虛部之間也滿足柯西-黎曼方程式。當 $x[n]$ 是一個實數因果有限長度序列，我們將利用這些性質從 $X(z)$ 的實部求出 $X(z)$。

我們將 $x[n]$ 的 z 轉換表示爲

$$X(z) = X_R(z) + jX_I(z)$$

此處的 $X_R(z)$ 和 $X_I(z)$ 都是 z 的實值函數。當 $z = \rho e^{j\omega}$，假設 $X_R(z)$ 可表示爲

$$X_R(\rho e^{j\omega}) = \frac{\rho + \alpha\cos\omega}{\rho}, \quad \alpha \text{ 是實數},$$

而且除了 $z = 0$ 之外，$X(z)$ 到處都是可解析的，試求 $X(z)$（表示成 z 的顯函數）。使用以下兩種方法求出 $X(z)$。

(a) 方法 1，頻域。這個方法是基於以下性質：在 $X(z)$ 是可解析的區域內，除了 $z = 0$ 之外，$X(z)$ 的實部和虛部滿足柯西－黎曼方程式。柯西－黎曼方程式的表示方法如下

1. 在笛卡兒座標系統（Cartesian coordinate，即直角座標系統）中的柯西－黎曼方程式爲

$$\frac{\partial U}{\partial x} = \frac{\partial V}{\partial y}, \quad \frac{\partial V}{\partial x} = -\frac{\partial U}{\partial y},$$

此處的 $z = x + jy$，且 $X(x + jy) = U(x, y) + jV(x, y)$。

2. 在極座標系統（polar coordinate）中的柯西－黎曼方程式爲

$$\frac{\partial U}{\partial \rho} = \frac{1}{\rho}\frac{\partial V}{\partial \omega}, \quad \frac{\partial V}{\partial \rho} = -\frac{1}{\rho}\frac{\partial U}{\partial \omega},$$

此處的 $z = \rho e^{j\omega}$，且 $X(\rho e^{j\omega}) = U(\rho, \omega) + jV(\rho, \omega)$。

因爲我們已經知道 $U = X_R$，所以我們可以積分這些方程式以求得 $V = X_I$，進而得到 X（但是要小心地處理積分常數）。

(b) 方法 2，時域。將序列 $x[n]$ 表示爲 $x[n] = x_e[n] + x_o[n]$，其中 $x_e[n]$ 是一個實數的偶序列，它的 DTFT 爲 $X_R(e^{j\omega})$，$x_o[n]$ 是一個實數的奇序列，它的 DTFT 爲 $jX_I(e^{j\omega})$。求出 $x_e[n]$，然後利用因果性求出 $x_o[n]$，進而求出 $x[n]$ 和 $X(z)$。

12.22 令 $x[n]$ 代表一個實數因果序列，它的 DTFT 爲 $X(e^{j\omega})$。已知

$$\mathrm{Re}\{X(e^{j\omega})\} = 1 + 3\cos\omega + \cos 3\omega$$

試求滿足以上條件的序列 $x[n]$。指出你的答案是不是唯一的解答。

12.23 令 $x[n]$ 代表一個實數因果序列，它的 DTFT 爲 $X(e^{j\omega})$。如果 $X(e^{j\omega})$ 的虛部爲

$$\mathrm{Im}\{X(e^{j\omega})\} = 3\sin(2\omega) - 2\sin(3\omega)$$

試求 $x[n]$。

12.24 已知

$$\tilde{u}_N[n]=\begin{cases}1, & n=0,\quad N/2,\\ 2, & n=1,2,\ldots,N/2-1,\\ 0, & n=N/2+1,\ldots,N-1\end{cases}$$

證明以上序列的 DFS 係數爲

$$\tilde{U}_N[k]=\begin{cases}N, & k=0,\\ -j2\cot(\pi k/N), & k\text{ 是奇數},\\ 0, & k\text{ 是偶數},k\neq 0\end{cases}$$

（提示：先求出以下序列的 z 轉換

$$u_N[n]=2u[n]-2u[n-N/2]-\delta[n]+\delta[n-N/2],$$

然後對你求出的 z 轉換取樣以求出 $\tilde{U}[k]$ ）。

進階問題

12.25 令 $x[n]$ 代表一個實數有限長度序列，它的長度爲 M，也就是說，在 $n<0$ 或 $n>M-1$ 的範圍中 $x[n]=0$。令 $X[k]$ 代表 $x[n]$ 的 N 點 DFT，已知 $N\geq M$ 以及 N 爲奇數。令 $X_R[k]$ 代表 $X[k]$ 的實部。

(a) 試求 N 的最小值，讓我們能從 $X_R[k]$ 唯一地決定 $X[k]$。將你的答案 N 用 M 表示。

(b) 如果我們使用滿足 (a) 小題的 N 值，則 $X[k]$ 可以表示成 $X_R[k]$ 和某個序列 $U_N[k]$ 的循環旋積。試求 $U_N[k]$。

12.26 令 $y_r[n]$ 代表一個實數序列，它的 DTFT 爲 $Y_r(e^{j\omega})$。我們將圖 P12.26 中的序列 $y_r[n]$ 和 $y_i[n]$ 看作是某個複數序列 $y[n]$ 的實部和虛部，即 $y[n]=y_r[n]+jy_i[n]$。在 $-\pi$ 和 π 之間的頻率的範圍內，試求圖 P12.26 中的 $H(e^{j\omega})$，使得 $Y(e^{j\omega})$ 在負頻率的範圍內等於 $Y_r(e^{j\omega})$，而在正頻率的範圍內等於零。也就是說，$Y(e^{j\omega})$ 爲

$$Y(e^{j\omega})=\begin{cases}Y_r(e^{j\omega}), & -\pi<\omega<0\\ 0, & 0<\omega<\pi\end{cases}$$

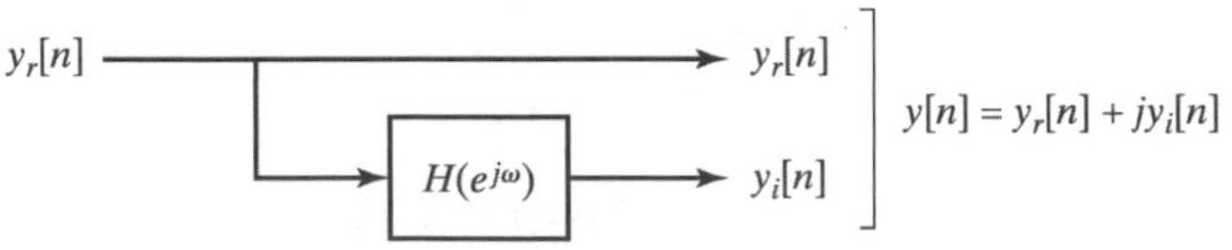

圖 P12.26

12.27 有一個複數序列 $h[n]=h_r[n]+jh_i[n]$，其中 $h_r[n]$ 和 $h_i[n]$ 都是實數序列，令 $h[n]$ 的 DTFT 爲 $H(e^{j\omega})=H_R(e^{j\omega})+jH_I(e^{j\omega})$，其中 $H_R(e^{j\omega})$ 和 $H_I(e^{j\omega})$ 分別代表 $H(e^{j\omega})$ 的實部和虛部。

令 $H_{\text{ER}}(e^{j\omega})$ 和 $H_{\text{OR}}(e^{j\omega})$ 分別代表 $H_R(e^{j\omega})$ 的偶成份和奇成份，$H_{\text{EI}}(e^{j\omega})$ 和 $H_{\text{OI}}(e^{j\omega})$ 分別代表 $H_I(e^{j\omega})$ 的偶成份和奇成份。此外，$H_A(e^{j\omega})$ 和 $H_B(e^{j\omega})$ 分別代表 $h_r[n]$的 DTFT 的實部和虛部，$H_C(e^{j\omega})$ 和 $H_D(e^{j\omega})$ 分別代表 $h_i[n]$的 DTFT 的實部和虛部。試用 $H_{\text{ER}}(e^{j\omega})$、$H_{\text{OR}}(e^{j\omega})$、$H_{\text{EI}}(e^{j\omega})$ 和 $H_{\text{OI}}(e^{j\omega})$ 表示出 $H_A(e^{j\omega})$、$H_B(e^{j\omega})$、$H_C(e^{j\omega})$ 和 $H_D(e^{j\omega})$。

12.28 理想希爾伯特轉換器（即 90 度移相器）的（一個週期內的）頻率響應為

$$H(e^{j\omega})=\begin{cases}-j, & \omega>0,\\ j, & \omega<0\end{cases}$$

圖 P12.28-1 顯示的是 $H(e^{j\omega})$，圖 P12.28-2 顯示的是理想低通濾波器 $H_{\text{lp}}(e^{j\omega})$ 的頻率響應，它的截止頻率為 $\omega_c=\pi/2$。很清楚的，這些頻率響應具有類似的地方，就是它們的不連續點之間的距離都是 π。

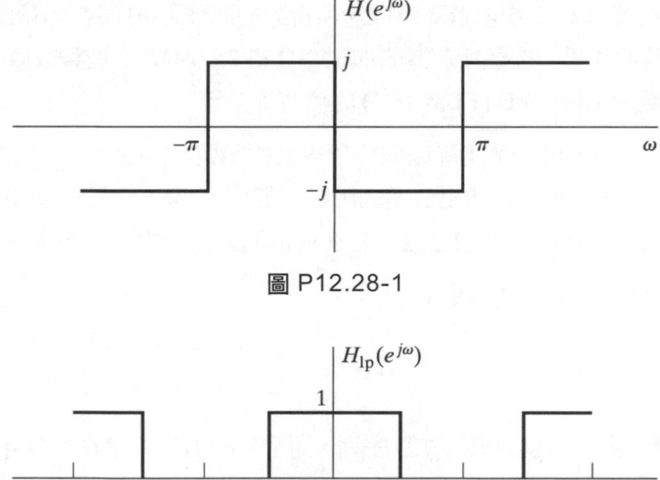

圖 P12.28-1

圖 P12.28-2

(a) 先求出用 $H_{\text{lp}}(e^{j\omega})$ 表示 $H(e^{j\omega})$ 的關係式，然後解出 $H_{\text{lp}}(e^{j\omega})$，得到用 $H(e^{j\omega})$ 表示 $H_{\text{lp}}(e^{j\omega})$ 的表示式。

(b) 使用 (a) 小題的關係式求出用 $h_{\text{lp}}[n]$ 表示 $h[n]$的關係式，然後解出用 $h[n]$ 表示 $h_{\text{lp}}[n]$ 的表示式。

(a) 小題和 (b) 小題所求出的關係式都是利用了理想系統的定義，其相位都是零。然而，對於具有廣義線性相位的非理想系統，也存在著類似的關係式。

(c) 使用 (b) 小題的結果，求出希爾伯特轉換器的脈衝響應和低通濾波器的脈衝響應之間的關係式，此處的脈衝響應都是使用因果 FIR 濾波器設計這些理想系統的結果。我們的設計方法是：(1) 加入適當的線性相位，(2) 求出具有線性相位的理想脈衝響應，(3) 將求出的理想脈衝響應乘上相同的窗函數，窗函數的長度為 $(M+1)$，也就是用第 7 章所討論的加窗法設計 FIR 濾波器（如果有需要的話，將奇數 M 值和偶數 M 值的情形分開考慮）。

(d) 範例 12.4 所設計的希爾伯特轉換器可對應到一個低通濾波器，畫出此低通濾波器頻率響應的強度。

12.29 我們在第 12.4.3 節中討論到一種有效的方法，可用來取樣帶通連續時間訊號，帶通連續時間訊號的傅立葉轉換爲

$$S_c(j\Omega)=0 \quad |\Omega|\le\Omega_c \text{ 或 } |\Omega|\ge\Omega_c+\Delta\Omega$$

在當時的討論中，我們假設此訊號一開始的取樣率是 $2\pi/T=2(\Omega_c+\Delta\Omega)$，這種帶通取樣的方式圖示於圖 12.12，當我們得到具有單邊 DTFT $S(e^{j\omega})$ 的複數帶通離散訊號 $s[n]$ 之後，這個訊號被降頻取樣 M 倍，此處我們假設 M 是小於或等於 $2\pi/\Delta\Omega T$ 的最大整數。

(a) 對於在圖 12.12 中經過降頻取樣所得到的訊號 $s_d[n]$ 而言，藉由像是圖 12.13 的實例，證明如果一開始所選擇的取樣率使得 $2\pi/\Delta\Omega T$ 不是整數值，那麼在頻譜上的某些區域內 $s_d[n]$ 的 DTFT $S_d(e^{j\omega})$ 的值將等於零。

(b) 對於在圖 12.12 中經過降頻取樣所得到的訊號 $s_d[n]$ 而言，如何選擇一開始的取樣率 $2\pi/T$，讓我們可以求出合適的降頻取樣倍率 M，使得 $s_d[n]$ 的 DTFT $S_d(e^{j\omega})$ 既不發生疊頻現象，在頻譜上也沒有任何區域讓 $S_d(e^{j\omega})$ 值等於零。

12.30 有一個 LTI 系統的頻率響應爲

$$H(e^{j\omega})=\begin{cases}1, & 0\le\omega\le\pi,\\ 0, & -\pi<\omega<0\end{cases}$$

若此系統的輸入訊號 $x[n]$ 是實數序列，而且它的 DTFT 存在（即 $x[n]$ 是絕對可加），是否總是可以從系統的輸出訊號復原唯一的輸入訊號？如果可以的話，說明復原的方式，如果不行，請說明理由。

延伸問題

12.31 如果 $h[n]$ 是一個穩定因果的實數序列，也就是當 $n>0$ 時 $h[n]=0$。在*單位圓外*，求出 $H(z)$ 的積分表示式，將此表示式用 $\mathcal{R}e\{H(e^{j\omega})\}$ 表示。

12.32 令 $\mathcal{H}\{\}$ 代表（理想的）希爾伯特轉換，也就是說

$$\mathcal{H}\{x[n]\}=\sum_{k=-\infty}^{\infty}x[k]h[n-k]$$

上式中的 $h[n]$ 是

$$h[n]=\begin{cases}\dfrac{2\sin^2(\pi n/2)}{\pi n}, & n\ne 0,\\ 0, & n=0\end{cases}$$

證明下述關於理想希爾伯特轉換的性質：

(a) $\mathcal{H}\{\mathcal{H}\{x[n]\}\} = -x[n]$

(b) $\sum_{n=-\infty}^{\infty} x[n]\mathcal{H}\{x[n]\} = 0$（提示：利用 Parseval 定理）

(c) $\mathcal{H}\{x[n]*y[n]\} = \mathcal{H}\{x[n]\}*y[n] = x[n]*\mathcal{H}\{y[n]\}$，此處的 $x[n]$ 和 $y[n]$ 是任意的序列。

12.33 一個理想希爾伯特轉換器的脈衝響應為

$$h[n] = \begin{cases} \dfrac{2\sin^2(\pi n/2)}{\pi n}, & n \neq 0, \\ 0, & n = 0 \end{cases}$$

假設它的輸入訊號為 $x_r[n]$，輸出訊號為 $x_i[n] = x_r[n]*h[n]$，此處的 $x_r[n]$ 是一個離散時間隨機訊號。

(a) 使用 $h[n]$ 和輸入訊號的自相關序列 $\phi_{x_ix_i}[m]$ 表示出輸出訊號的自相關序列 $\phi_{x_rx_r}[m]$。

(b) 試求互相關序列 $\phi_{x_rx_i}[m]$ 的表示式。在本題的情形下，證明 $\phi_{x_rx_i}[m]$ 是 m 的奇函數。

(c) 試求複數解析訊號 $x[n] = x_r[n] + jx_i[n]$ 的自相關函數。

(d) 試求(c)小題中的複數訊號的功率頻譜 $P_{xx}(\omega)$。

12.34 我們在第 12.4.3 節中討論到一種有效的方法，可用來取樣帶通連續時間訊號，帶通連續時間訊號的傅立葉轉換為

$$S_c(j\Omega) = 0, \qquad |\Omega| \leq \Omega_c \quad 或 \quad |\Omega| \geq \Omega_c + \Delta\Omega$$

圖 12.12 是帶通取樣法的圖示。在第 12.4.3 節的末尾，我們給出了一種重建原始離散訊號 $s_r[n]$ 的方式，當然了，從 $s_r[n]$ 也可以利用理想的有限頻寬內插運算（理想的 D/C 轉換）重建出圖 12.12 的原始連續時間訊號 $s_c(t)$。圖 12.32-1 的方塊圖就是重建系統的圖示，此系統可以從一個經過降頻取樣的複數訊號重建出實數的連續時間帶通訊號。在圖 P12.34-1 中，假設複數帶通濾波器的頻率響應為 $H_i(e^{j\omega})$，(12.79) 式給出了此頻率響應。

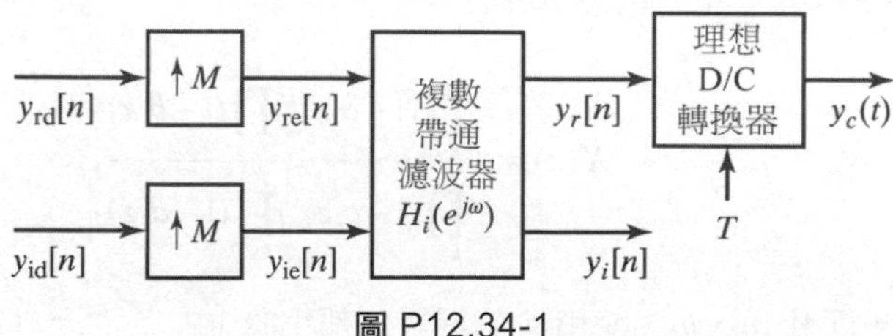

圖 P12.34-1

(a) 使用圖 12.13 的例子，如果圖 P12.34-1 的系統輸入是 $y_{rd}[n] = s_{rd}[n]$ 與 $y_{id}[n] = s_{id}[n]$，證明此系統可以重建出原始的實數帶通訊號 [即重建出 $y_c(t) = s_c(t)$]。

(b) 求出圖 P12.34-1 中複數帶通濾波器的脈衝響應 $h_i[n] = h_{ri}[n] + jh_{ii}[n]$。

(c) 在圖 P12.34-1 中只畫出了實部的完整方塊圖，試畫出較詳細的方塊圖，去掉所有不需要用來計算最後輸出訊號的方塊。

(d) 現在我們考慮在圖 12.12 的系統和圖 P12.34-1 的系統之間加進去一個複數 LTI 系統。這個系統圖示於圖 P12.34-2，令此系統的頻率響應為 $H(e^{j\omega})$。試求出 $H(e^{j\omega})$，讓整個系統的頻率響應滿足

$$Y_c(j\Omega) = H_{\text{eff}}(j\Omega)S_c(j\Omega),$$

此處

$$H_{\text{eff}}(j\Omega) = \begin{cases} 1, & \Omega_c < |\Omega| < \Omega_c + \Delta\Omega/2, \\ 0, & \text{其他} \end{cases}$$

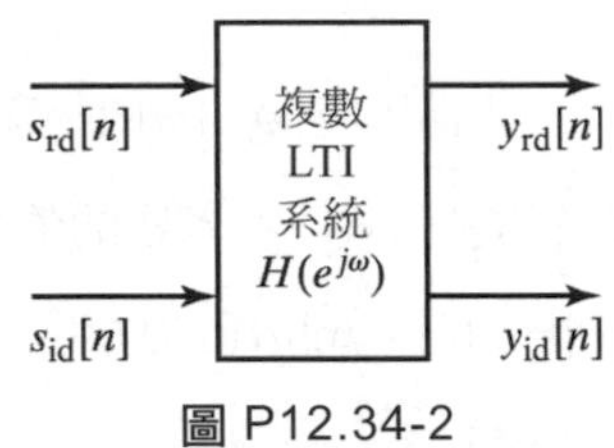

圖 P12.34-2

12.35 在第 12.3 節中，我們定義了序列 $x[n]$ 的複數倒頻譜 $\hat{x}[n]$，並且指出複數倒頻譜 $\hat{x}[n]$ 的因果性和§5.4 所討論的序列 $x[n]$ 的最小相位條件是等效的。序列 $\hat{x}[n]$ 是 $\hat{X}(e^{j\omega})$ 的逆傅立葉轉換。此處的 $\hat{X}(e^{j\omega})$ 定義於 (12.53) 式。注意到，因為 $X(e^{j\omega})$ 和 $\hat{X}(e^{j\omega})$ 都已經定義出來了，所以 $X(z)$ 和 $\hat{X}(z)$ 都必須包含單位圓。

(a) 確認以下陳述：$X(z)$ 的極點或零點都是 $\hat{X}(z)$ 的奇異點（就是極點）。並使用這個事實證明：如果 $\hat{x}[n]$ 是因果序列，則 $x[n]$ 一定是最小相位序列。

(b) 確認以下陳述：如果 $x[n]$ 是最小相位序列，那麼這個對於 ROC 的限制需要 $\hat{x}[n]$ 是因果序列才能成立。

當 $x[n]$ 可表示為複數指數訊號的疊加結果時，我們可以檢查這個性質，明確地說，考慮具有以下 z 轉換形式的訊號 $x[n]$

$$X(z) = A\frac{\prod_{k=1}^{M_i}(1-a_k z^{-1})\prod_{k=1}^{M_o}(1-b_k z)}{\prod_{k=1}^{N_i}(1-c_k z^{-1})\prod_{k=1}^{N_o}(1-d_k z)},$$

此處 $A > 0$，而且 a_k、b_k、c_k 和 d_k 的絕對值都小於 1。

(c) 寫出 $\hat{X}(z) = \log X(z)$ 的表示式。

(d) 對於 (c) 小題的答案取逆 z 轉換，進而解出 $\hat{x}[n]$。

(e) 利用 (d) 小題的結果和 $X(z)$ 的表示式，試論：$x[n]$ 的複數倒頻譜的因果性和 $x[n]$ 的最小相位條件是等效的。

CHAPTER

13

倒頻譜分析與同態解旋積

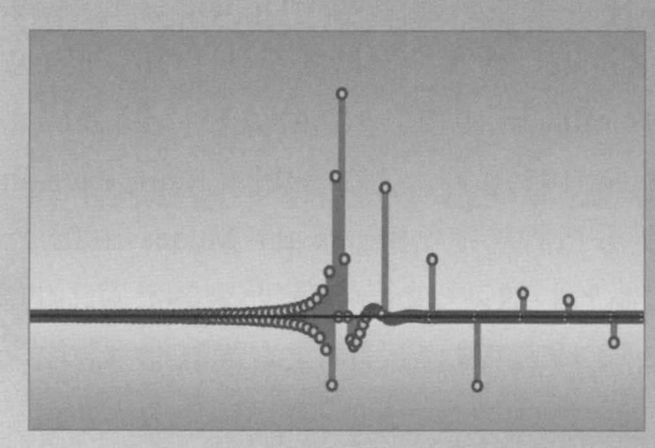

13.0 簡介

本書主要是探討線性訊號處理的方法。然而，本章要介紹的是一類非線性訊號處理的技巧，稱爲**倒頻譜分析**（cepstrum analysis）與**同態解旋積**（homomorphic deconvolution）。這些非線性的方法除了在各種應用上相當有效外，利用離散時間的訊號處理技術也說明了這些非線性的方法具有相當大的彈性及成熟度。1963 年，Bogert、Healy 和 Tukey 發表了一篇名稱很特殊的論文，題目爲「The Quefrency Analysis of Time Series for Echoes: Cepstrum, Pseudoautocovariance, Cross-Cepstrum, and Saphe Cracking」（見 Bogert, Healy and Tukey, 1963）。他們發現，對於含有回音的訊號而言，此訊號功率頻譜的對數會因爲回音的緣故，產生附加的週期成分，因此，功率頻譜對數的功率頻譜應該會在迴音延遲値的位置上產生一個高峰。我們把這個函數稱之爲**倒頻譜**（cepstrum），名稱是從**頻譜**（spectrum）一字的字母相互交換得來，這是因爲「一般而言，我們習慣將時域上的運算方式用到頻域上，反之亦然。」Bogert 等人企圖定義出更多的字彙來描述這種新的訊號處理技術，然而，最後只有倒頻譜和倒頻率（quefrency）被廣爲使用。

同一時期，Oppenheim (1964, 1967, 1969a) 提出一類新的系統，叫做**同態系統**（homomorphic systems）。雖然這些系統在古典意義中是非線性的，但是它們滿足了廣義的疊加原理。也就是說，輸入訊號和相對應的輸出訊號所滿足的疊加（組合在一起的）特性和加法的代數特性相同。雖然同態系統是一種廣義的概念，可是此概念一直被廣泛研究的原因是爲了將乘法和旋積的運算結合在一起，許多訊號模型都會用到這些運算。將訊號轉換成倒頻譜是將旋積映射到加法的同態轉換，而倒頻譜定義的修正版本是同態訊號系統理論的基本要素，用來處理被旋積結合在一起的訊號。

自從倒頻譜問世以來，倒頻譜與同態系統已被證明是訊號處理中非常有用的概念，而且一直被成功地應用到各種訊號的處理，像是處理語音訊號（Oppenheim, 1969b, Oppenheim and Schafer, 1968 and Schafer and Rabiner, 1970）、地震訊號（Ulrych, 1971 and Tribolet, 1979）、生醫訊號（Senmoto and Childers, 1972）、舊的錄音（old acoustic recordings）（Stockham, Cannon and Ingebretsen, 1975）以及聲納訊號（Reut, Pace and Heator, 1985）。倒頻譜也向來被提議作爲頻譜分析的基礎（Stoica and Moses, 2005）。本章對於倒頻譜的性質，以及伴隨著倒頻譜和基於同態系統的解旋積而來的計算上的課題提供了詳細的討論。這些概念有許多是在第 13.10 節中以語音處理的背景進行說明。

13.1 倒頻譜的定義

下述簡單的例子可用來說明 Boger 等人定義倒頻譜的原始動機。有一個離散訊號 $x[n]$ 是由訊號 $v[n]$ 和 $v[n]$ 經過平移和縮放之後的複本（回音）的和所組成，也就是說：

$$x[n]=v[n]+\alpha v[n-n_0]=v[n]*(\delta[n]+\alpha\delta[n-n_0]) \qquad (13.1)$$

注意到 $x[n]$ 可以用**旋積**表示出來，因此，可以用乘積來表示 $x[n]$ 的 DTFT（discrete-time Fourier transform）：

$$V(e^{j\omega})=V(e^{j\omega})[1+\alpha e^{-j\omega n_0}] \qquad (13.2)$$

$X(e^{j\omega})$ 的強度爲

$$|X(e^{j\omega})|=|V(e^{j\omega})|(1+\alpha^2+2\alpha\cos(\omega n_0))^{1/2}, \qquad (13.3)$$

它是 ω 的實值偶函數。觀察到像是 (13.3) 這樣的乘積經過取對數之後會變成兩個函數的和，這個簡單的觀察是計算倒頻譜的動機。具體來說，

$$\log|X(e^{j\omega})|=\log|V(e^{j\omega})|+\tfrac{1}{2}\log(1+\alpha^2+2\alpha\cos(\omega n_0)) \qquad (13.4)$$

爲了方便起見，令 $C_x(e^{j\omega})=\log|X(e^{j\omega})|$，因爲預期到我們的討論將會著重在時域和頻域之間的對偶性，所以我們用 $\omega=2\pi f$ 代入 $C_x(e^{j\omega})$，可得

$$C_x(e^{j2\pi f})=\log|X(e^{j2\pi f})|=\log|V(e^{j2\pi f})|+\tfrac{1}{2}\log(1+\alpha^2+2\alpha\cos(2\pi f n_0)) \tag{13.5}$$

以上的實數函數是 f 的函數，他有兩個成份：$\log|V(e^{j2\pi f})|$ 這一項單獨來自於訊號 $v[n]$，而第二項 $\log(1+\alpha^2+2\alpha\cos(2\pi f n_0))$ 來自於訊號 $v[n]$ 和訊號本身的組合（回音）。我們可以將 $C_x(e^{j2\pi f})$ 想像成一個有連續的波形，它是獨立變數 f 的函數。$C_x(e^{j2\pi f})$ 中來自於回音的成份是一個 f 的週期函數，週期爲 $1/n_0$ ①。我們所習慣的觀念是週期的時間波形具有直線的頻譜，也就是說，週期波形的頻譜集中在基本頻率的整數倍之處，此基本頻率是基本週期的倒數。然而，在現在的情形中，我們的「波形」是 f 的實值偶函數。所以如果要對於像是 $C_x(e^{j2\pi f})$ 的連續變數的周期函數進行合適的傅立葉分析，自然就是進行 IDTFT（inverse DTFT），也就是

$$c_x[n]=\frac{1}{2\pi}\int_{-\pi}^{\pi}C_x(e^{j\omega})e^{j\omega n}d\omega=\int_{-1/2}^{1/2}C_x(e^{j2\pi f})e^{j2\pi fn}df \tag{13.6}$$

在 Bogert 等人使用的名詞中，$c_x[n]$ 稱爲 $C_x(e^{j2\pi f})$ 的**倒頻譜**（也可說是 $x[n]$ 的倒頻譜，因爲 $C_x(e^{j2\pi f})$ 是直接由 $x[n]$ 所導出的量）。雖然定義在 (13.6) 式的倒頻譜很明顯是離散時間指標 n 的函數，但是 Bogert 等人引進了「倒頻率」（quefrency）這個名詞，用來強調倒頻譜時域和原始訊號時域之間的不同。因爲在 $C_x(e^{j2\pi f})$ 中的 $\log(1+\alpha^2+2\alpha\cos(2\pi f n_0))$ 是 f 的週期函數，週期爲 $1/n_0$，n_0 是 $\log(1+\alpha^2+2\alpha\cos(2\pi f n_0))$ 的基本倒頻率，所以只有在 n_0 的整數倍的地方，$\log(1+\alpha^2+2\alpha\cos(2\pi f n_0))$ 在 $c_x[n]$ 中所對應到的項的值不爲零。稍後我們將會證明在這個具有簡單回音成份的例子中，如果 $|\alpha|<1$，則倒頻譜 $c_x[n]$ 可表示爲

$$c_x[n]=c_v[n]+\sum_{k=1}^{\infty}(-1)^{k+1}\frac{\alpha^k}{2k}(\delta[n+kn_0]+\delta[n-kn_0]), \tag{13.7}$$

此處的 $c_v[n]$ 是 $\log|V(e^{j\omega})|$ 的 DTFT（也就是 $v[n]$ 的倒頻譜），而這些離散的脈衝只和回音的參數 α 和 n_0 相關。正是這個結果讓 Bogert 等人觀察到，如果一個訊號包含了回音，那麼這個訊號的倒頻譜中會在回音的延遲時間 n_0 之處有一個「高峰」，明顯地高於 $c_v[n]$。因此倒頻譜可以用來當作**偵測**回音的基礎。如同先前所提到，創造「倒頻譜」和「倒頻率」這兩個看起來有點奇怪的用詞以及其他用詞的目的是要吸引大家的注意，讓大家思考訊號的傅立葉分析的新方法，在這些方法中，我們交換了時域和頻域的運算。在本章

---

① 因為 $\log(1+\alpha^2+2\alpha\cos(2\pi f n_0))$ 是 DTFT 的強度對數函數，所以它也是 f 的周期函數，周期等於 1（在 ω 上，周期等於 2π），也就是 $1/n_0$。

接下來的部份，我們將使用**複數**對數以推廣倒頻譜的觀念，對於隨之所得的數學定義，我們也將證明出許多有趣的性質。此外，如果訊號是被旋積組合在一起，我們也將會看到複數倒頻譜可以當作**分離**這些訊號的基礎。

13.2 複數倒頻譜的定義

為了推廣倒頻譜的概念，考慮一個穩定序列 $x[n]$，我們將 $x[n]$ 的 z 轉換表示為極座標的形式：

$$X(z) = |X(z)| e^{j\angle X(z)}, \tag{13.8}$$

此處的 $|X(z)|$ 和 $\angle X(z)$ 分別是複數函數 $X(z)$ 的強度和角度。因為 $x[n]$ 是穩定序列，所以 $X(z)$ 的 ROC 包含單位圓，而且 $x[n]$ 的 DTFT 存在，也等於 $X(e^{j\omega})$。我們將 $x[n]$ 的*複數倒頻譜*定義為一個穩定序列 $\hat{x}[n]$[2]，而且 $\hat{x}[n]$ 的 z 轉換是

$$\hat{X}(z) = \log[X(z)] \tag{13.9}$$

雖然這裡的對數可以使用任何底數，但是通常使用的是自然對數（底數等於 e），我們接下來的討論中也假設使用的是自然對數。對於 (13.8) 式中的複數函數 $X(z)$ 取對數的定義是

$$\log[X(z)] = \log[|X(z)| e^{j\angle X(z)}] = \log|X(z)| + j\angle X(z) \tag{13.10}$$

在複數的極座標表示法中，因為極座標的角度只有在去掉 2π 的整數倍之後才有唯一的值，所以 (13.10) 式中的虛部並不是定義良好的函數。我們將會簡短地探討這個課題，現在，我們先假設有可能得到合適的定義，而且也已經使用了這個定義。

如果 $\log[X(z)]$ 有收斂的冪級數，則複數倒頻譜存在。$\log[X(z)]$ 的冪級數為

$$\hat{X}(z) = \log[X(z)] = \sum_{n=-\infty}^{\infty} \hat{x}[n] z^{-n}, \quad |z| = 1, \tag{13.11}$$

如果以上函數收斂，則 $\hat{X}(z) = \log[X(z)]$ 必定具有穩定序列的 z 轉換的所有性質。明確地說，$\log[X(z)]$ 的冪級數的 ROC 必定是以下的形式

$$r_R < |z| < r_L, \tag{13.12}$$

---

[2] 在稍微廣義一點的定義中，$x[n]$ 和它複數倒頻譜 $\hat{x}[n]$ 不需要是有穩定序列。然而，加入穩定性的限制讓我們能使用比廣義複數倒頻譜更簡單的符號闡述一些重要的概念。

此處 $0<r_R<1<r_L$。如果是這樣的情形，那麼冪級數的係數所形成的序列 $\hat{x}[n]$ 就是我們所說的 $x[n]$ 的**複數倒頻譜**。

因爲我們要求 $\hat{x}[n]$ 是穩定序列，所以 $\hat{X}(z)$ 的 ROC 包含單位圓，因此可以用 IDTFT 將複數倒頻譜表示爲

$$\begin{aligned}\hat{x}[n]&=\frac{1}{2\pi}\int_{-\pi}^{\pi}\log[x(e^{j\omega})]e^{j\omega n}d\omega\\&=\frac{1}{2\pi}\int_{-\pi}^{\pi}[\log|X(e^{j\omega})|+j\angle X(e^{j\omega})]e^{j\omega n}d\omega\end{aligned}\tag{13.13}$$

使用複數倒頻譜這個用語可以區別出我們較爲廣義的定義和 Boger et al. (1963) 的原始倒頻譜定義，原始的倒頻譜是用連續時間訊號的功率頻譜進行定義，而在討論的背景中使用*複數*這個字告訴我們在定義中使用的是複數對數。但是這並不是說複數倒頻譜一定就是複數序列。的確，我們很快就會看到，我們對於複數倒頻譜的定義方式，確保實數序列的複數倒頻譜也是實數序列。

我們用離散時間系統運算子 $D_*[\cdot]$ 代表將序列 $x[n]$ 映射到它的複數倒頻譜的運算，也就是 $\hat{x}=D_*[x]$。我們用一個方塊圖代表這個運算，並且畫在圖 13.1 的左邊。相類似的，因爲 (13.9) 式的逆運算是複數指數函數，我們也可以定義出反系統 $D_*^{-1}[\cdot]$，它可以從 $\hat{x}[n]$ 復原回 $x[n]$。我們用一個方塊圖代表 $D_*^{-1}[\cdot]$，並且畫在圖 13.1 的右邊。明確地說，在圖 13.1 中的 $D_*[\cdot]$ 和 $D_*^{-1}[\cdot]$ 的定義是要滿足以下條件：如果 $\hat{y}[n]=\hat{x}[n]$，則 $y[n]=x[n]$。當我們在 13.8 節討論到對於被旋積組合在一起的訊號進行同態濾波運算時，我們將會把 $D_*[\cdot]$ 稱爲旋積的**特徵系統**（characteristic system）。

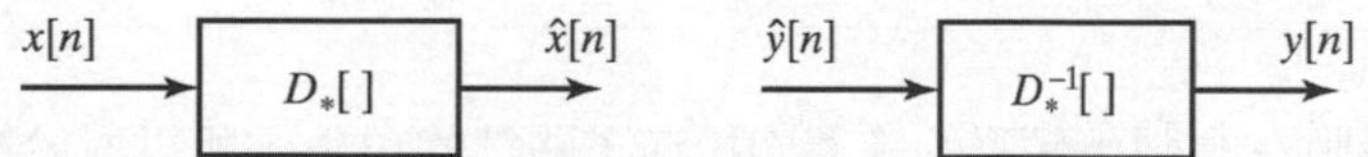

圖 13.1　將訊號映射成複數倒頻譜的系統和對應的反系統的符號

如同我們在第 13.1 節所介紹的一樣，我們將訊號[3]的倒頻譜 $c_x[n]$ 定義爲此訊號的 DTFT 的強度對數的 IDTFT，也就是

$$c_x[n]=\frac{1}{2\pi}\int_{-\pi}^{\pi}\log|X(e^{j\omega})|e^{j\omega n}d\omega\tag{13.14}$$

[3] $c_x[n]$ 也被稱為實數倒頻譜，用來強調它只對應到複數對數的實部。

因為 DTFT 的強度是實數的非負函數，所以在 (13.14) 式中對於對數的定義不必有特殊的考量。比較 (13.14) 和 (13.13) 式，我們可以看出 $c_x[n]$ 是 $\hat{X}(e^{j\omega})$ 實部的 IDTFT，因此，$c_x[n]$ 等於 $\hat{x}[n]$ 的共軛對稱成份，也就是

$$c_x[n]=\frac{\hat{x}[n]+\hat{x}^*[-n]}{2} \tag{13.15}$$

倒頻譜在許多應用中都很有用，而且因為倒頻譜和 $X(e^{j\omega})$ 的相位無關，所以它比複數倒頻譜容易計算。然而，因為倒頻譜只和 DTFT 的強度有關，所以它不可逆，也就是說，除了特殊的情形之外，一般而言從 $c_x[n]$ 無法復原 $x[n]$。計算複數倒頻譜稍微困難一點，但是它是可逆的。因為複數倒頻譜是比倒頻譜更廣義的觀念，也因為有 (13.15) 式，所以我們從複數倒頻譜的性質可以推導出倒頻譜的性質，因此我們在本章中強調的是複數倒頻譜。

定義和計算複數倒頻譜的時候會遇到一些額外的困難，但是有許多理由讓我們相信這是值得作的。首先，從 (13.10) 式可以看出複數倒頻譜的效果是創造出一個新的 DTFT，它的實部和虛部分別是 $\log|X(e^{j\omega})|$ 和 $\angle X(e^{j\omega})$。因此，如果複數倒頻譜是因果序列，那麼這兩個函數之間就會滿足希爾伯特轉換關係。我們將在第 13.5.2 節對這個性質作進一步的討論，並且看到這個性質如何和最小相位序列產生關聯。其次，定義複數倒頻譜更一般的動機起源於複數倒頻譜在定義某一類系統中所扮演的角色，這類系統是用來分離和處理被旋積組合在一起的訊號。

13.3 複數對數的性質

因為複數對數在複數倒頻譜的定義中扮演了關鍵的角色，所以對於複數對數的定義和性質有所瞭解是很重要的。含糊不清的定義對於複數對數的計算將會產生嚴重的問題。這些問題在第 13.6 節中有詳細的討論。如果一個序列的 z 轉換的對數可以展開為如 (13.11) 式所示的冪級數，那麼它的複數倒頻譜存在，當時我們已經指定 ROC 必須包含單位圓。它的意思是以下的 DTFT

$$\hat{X}(e^{j\omega})=\log|X(e^{j\omega})|+j\angle X(e^{j\omega}) \tag{13.16}$$

必定是 ω 的連續的周期函數，因此，$\log|X(e^{j\omega})|$ 和 $\angle X(e^{j\omega})$ 兩者必定是 ω 的連續函數。因為我們假設 $X(e^{j\omega})$ 在單位圓上是可解析的，所以如果 $X(z)$ 在單位圓上沒有任何零點，就確保了 $\log|X(e^{j\omega})|$ 的連續性。然而，如同我們先前在第 5.1.1 節所討論的結果，$\angle X(e^{j\omega})$ 的值通常是不確定的，在每個 ω 之處，我們都可以將 $\angle X(e^{j\omega})$ 加上 2π 的整數倍，所以，$\angle X(e^{j\omega})$ 的連續性和如何消除它的不明確性有關。因為 $\text{ARG}[X(e^{j\omega})]$ 可以是不連續的函

數，所以一般而言，必須將 (13.16) 式中的 $\angle X(e^{j\omega})$ 指定爲還原的（unwrapped）（也就是連續的）相位函數 $\arg[X(e^{j\omega})]$。

注意到當 $X(z)=X_1(z)X_2(z)$，則

$$\arg[X(e^{j\omega})]=\arg[X_1(e^{j\omega})]+\arg[X_2(e^{j\omega})] \tag{13.17}$$

這是重要的性質。對於 $\mathrm{ARG}[X(e^{j\omega})]$ 來說，類似的加成性並不成立，也就是說，一般而言，

$$\mathrm{ARG}[X(e^{j\omega})]\neq \mathrm{ARG}[X_1(e^{j\omega})]+\mathrm{ARG}[X_2(e^{j\omega})] \tag{13.18}$$

因此，爲了讓 $\hat{X}(e^{j\omega})$ 是可解析的（連續的）函數，而且當 $X(e^{j\omega})=X_1(e^{j\omega})X_2(e^{j\omega})$，$\hat{X}(e^{j\omega})$ 可以滿足以下性質

$$\hat{X}(e^{j\omega})=\hat{X}(e^{j\omega})+\hat{X}_2(e^{j\omega}), \tag{13.19}$$

我們必須將 $\hat{X}(e^{j\omega})$ 定義爲

$$\hat{X}(e^{j\omega})=\log|X(e^{j\omega})|+j\arg[X(e^{j\omega})] \tag{13.20}$$

如果 $x[n]$ 是實數序列，總是可以將 $\arg[X(e^{j\omega})]$ 指定爲 ω 的週期奇函數，如果 $\arg[X(e^{j\omega})]$ 是 ω 的奇函數，而且 $\log|X(e^{j\omega})|$ 是 ω 的偶函數，就可以確保複數倒頻譜 $\hat{x}[n]$ 是實數序列[④]。

13.4 複數倒頻譜的另一種表示法

到目前爲止，我們是將複數倒頻譜定義爲 $\hat{X}(z)=\log[X(z)]$ 的冪級數展開式中的係數所形成的序列，我們也在 (13.13) 式中給出一個積分式，可以從 $\hat{X}(e^{j\omega})=\log|X(e^{j\omega})|+\angle X(e^{j\omega})$ 求出 $\hat{x}[n]$，此處的 $\angle X(e^{j\omega})$ 是還原的相位函數 $\arg[X(e^{j\omega})]$。使用對數的導數，可以推導出複數倒頻譜的其他關係式，而不必明顯地用到複數對數。假設 $\log[X(z)]$ 是解析函數，則

$$\hat{X}'(z)=\frac{X'(z)}{X(z)} \tag{13.21}$$

---

④ 對於這個出現在複數對數的問題，透過黎曼曲面（Riemann surface）的概念可以將以上所提的概要處理方式作更正式的發展（見 Brown and Churchill, 2008）。

此處的「′」代表對於 z 作微分。根據表 3.2 的性質 4，$z\hat{X}'(z)$ 是 $-n\hat{x}[n]$ 的 z 轉換，也就是

$$-n\hat{x}[n] \xleftrightarrow{z} z\hat{X}'(z) \tag{13.22}$$

因此，從 (13.21) 式可知

$$-n\hat{x}[n] \xleftrightarrow{z} \frac{zX'(z)}{X(z)} \tag{13.23}$$

我們也可以從 (13.21) 式推導出 $x[n]$ 和 $\hat{x}[n]$ 所滿足的差分方程式。將 (13.21) 式重新安排，然後乘上 z，可以得到

$$zX'(z) = z\hat{X}'(z) \cdot X(z) \tag{13.24}$$

利用 (13.22) 式可以得到以上方程式的逆 z 轉換：

$$-nx[n] = \sum^{\infty}(-k\hat{x}[k])x[n-k] \tag{13.25}$$

將等號兩邊除以 $-n$，可得

$$x[n] = \sum_{k=-\infty}^{\infty}\left(\frac{k}{n}\right)\hat{x}[k]x[n-k], \quad n \neq 0 \tag{13.26}$$

注意到：

$$\hat{x}[0] = \frac{1}{2\pi}\int_{-\pi}^{\pi}\hat{X}(e^{j\omega})d\omega \tag{13.27}$$

因此我們可以得到 $\hat{x}[0]$ 的值。因為 $\hat{X}(e^{j\omega})$ 的虛部是 ω 的奇函數，所以 (13.27) 式變成

$$\hat{x}[0] = \frac{1}{2\pi}\int_{-\pi}^{\pi}\log|X(e^{j\omega})|\,d\omega \tag{13.28}$$

總而言之，一個訊號和它的複數倒頻譜滿足非線性差分方程式 (13.26)。在某些條件下，這個 $x[n]$ 和 $\hat{x}[n]$ 之間隱含的關係式可以重新排列成一個遞迴關係式，作為計算之用。我們將在第 13.6.4 節討論這類關係式。

13.5 指數序列、最小相位序列和最大相位序列的複數倒頻譜

13.5.1 指數序列

如果一個序列 $x[n]$ 是由複數指數序列的和所組成，那麼它的 z 轉換 $X(z)$ 是 z 的有理函數。分析這類序列既有用，也很方便。在本節中，我們考慮的是穩定序列 $x[n]$ 的複數倒頻譜，它的 z 轉換是以下的形式：

$$X(z)=\frac{Az^r\prod_{k=1}^{M_i}(1-a_kz^{-1})\prod_{k=1}^{M_o}(1-b_kz)}{\prod_{k=1}^{N_i}(1-c_kz^{-1})\prod_{k=1}^{N_o}(1-d_kz)}, \tag{13.29}$$

此處的 $|a_k|$、$|b_k|$、$|c_k|$ 和 $|d_k|$ 都小於 1。因此 $(1-a_kz^{-1})$ 和 $(1-c_kz^{-1})$ 這類因式對應到的是單位圓內的 M_i 個零點和 N_i 個極點，而 $(1-b_kz)$ 和 $(1-d_kz)$ 這類因式對應到的是單位圓外的 M_o 個零點和 N_o 個極點。這類 z 轉換是穩定指數序列的和所組成的序列的特徵。對於沒有任何極點 [也就是 (13.29) 式的分母等於 1] 的特殊情形，此 z 轉換所對應到的序列 $x[n]$ 是有限長度序列（長度為 $M+1=M_o+N_o+1$）。

利用複數對數的性質，可以將 (13.29) 式的乘積表示式轉換成對數的和：

$$\begin{aligned}\hat{X}(z)=\log(A)+\log(z^r)+\sum_{k=1}^{M_i}\log(1-a_kz^{-1})+\sum_{k=1}^{M_o}\log(1-b_kz)\\ -\sum_{k=1}^{N_i}\log(1-c_kz^{-1})-\sum_{k=1}^{N_o}\log(1-d_kz)\end{aligned} \tag{13.30}$$

$\hat{x}[n]$ 的性質和上式中每一項經過逆轉換之後的總合性質有關。

如果序列是實數序列，則 A 是實數，如果 A 也是正數，那麼第一項 $\log(A)$ 只和 $\hat{x}[0]$ 有關。具體地說（見習題 13.15）：

$$\hat{x}[0]=\log|A| \tag{13.31}$$

如果 A 是負數，那麼要求出 $\log(A)$ 和複數倒頻譜之間的關係就不那麼直接。z^r 這一項只對應到序列 $x[n]$ 的延遲量或推前量。如果 $r=0$，那麼這一項就會在 (13.30) 式中消失。然而，如果 $r\neq 0$，那麼還原的相位函數 $\arg[X(e^{j\omega})]$ 中將會包含一個斜率為 r 的直線函數。因此，將 $\arg[X(e^{j\omega})]$ 定義為 ω 的週期奇函數，並且在 $|\omega|<\pi$ 的範圍內是連續函數，這個

直線函數將會迫使 $\arg[X(e^{j\omega})]$ 在 $\omega=\pm\pi$ 的地方變成不連續，因此 $\hat{X}(z)$ 在單位圓上不再是可解析的函數。雖然我們可以正式地解決 A 是負值以及 $r\neq 0$ 的情形，但是這樣作似乎沒有真正的好處，這是因爲如果將兩個形爲 (13.29) 式的 z 轉換相乘在一起之後，我們無法預期能夠決定出哪一個轉換貢獻出多少的量給 A 值或 r 值。這就像是在平常的線性濾波中，兩個具有 DC 值的訊號被相加在一起的情況。實際上我們可以避免這個情況，方法是先求出 A 的正負號和 r 的值，然後調整輸入訊號，使其 z 轉換的形式變成

$$X(z)=\frac{|A|\prod_{k=1}^{M_i}(1-a_k z^{-1})\prod_{k=1}^{M_o}(1-b_k z)}{\prod_{k=1}^{N_i}(1-c_k z^{-1})\prod_{k=1}^{N_o}(1-d_k z)} \tag{13.32}$$

結果，(13.30) 式變成

$$\begin{aligned}\hat{X}(z)=\log|A|&+\sum_{k=1}^{M_i}\log(1-a_k z^{-1})+\sum_{k=1}^{M_o}\log(1-b_k z)\\&-\sum_{k=1}^{N_i}\log(1-c_k z^{-1})-\sum_{k=1}^{N_o}\log(1-d_k z)\end{aligned} \tag{13.33}$$

在 (13.33) 式中除了我們已經考慮過的 $\log|A|$ 這一項之外，其餘的項都有 $\log(1-\alpha z^{-1})$ 和 $\log(1-\beta z^{-1})$ 的形式。要記住這些項所代表的 z 轉換的 ROC 都包含單位圓，所以我們可以將它們展開成以下的冪級數：

$$\log(1-\alpha z^{-1})=-\sum_{n=1}^{\infty}\frac{\alpha^n}{n}z^{-n},\quad |z|>|\alpha|, \tag{13.34}$$

$$\log(1-\beta z)=-\sum_{n=1}^{\infty}\frac{\beta^n}{n}z^{n},\quad |z|<|\beta^{-1}| \tag{13.35}$$

利用這些公式，我們可以發現如果訊號 $x[n]$ 的 z 轉換是如同 (13.32) 式的有理函數，那麼 $\hat{x}[n]$ 的一般形式爲

$$\hat{x}[n]=\begin{cases}\log|A|, & n=0, & (13.36a)\\ -\sum_{k=1}^{M_i}\frac{a_k^n}{n}+\sum_{k=1}^{N_i}\frac{c_k^n}{n}, & n>0, & (13.36b)\\ \sum_{k=1}^{M_o}\frac{b_k^{-n}}{n}-\sum_{k=1}^{N_o}\frac{d_k^{-n}}{n}, & n<0 & (13.36c)\end{cases}$$

注意到有限長度序列的特殊情形，此時在 (13.36b) 和 (13.36c) 式中的第二項將會消失。(13.36a) 和 (13.36c) 式告訴我們複數倒頻譜具有以下的一般性質。

性質 1：複數倒頻譜衰減的速度至少和$1/|n|$一樣快。明確地說

$$|\hat{x}[n]| < C\frac{\alpha^{|n|}}{|n|}, \quad -\infty < n < \infty,$$

此處的 C 是常數，α等於$|a_k|$、$|b_k|$、$|c_k|$和$|d_k|$的最大值[⑤]。

性質 2：即使 $x[n]$ 是有限長度序列，$\hat{x}[n]$ 也是無限長。

性質 3：如果 $x[n]$ 是實數序列，則 $\hat{x}[n]$ 也是實數序列。

從 (13.36a) 到 (13.36c) 式可以直接得到性質 1 和 2。我們已經在稍早暗示了性質 3，根據的是以下事實：如果 $x[n]$ 是實數序列，則 $\log|X(e^{j\omega})|$是偶函數，$\arg[X(e^{j\omega})]$是奇函數，因此下式的 IDTFT 是實數：

$$\hat{X}(e^{j\omega}) = \log|X(e^{j\omega})| + j\arg[X(e^{j\omega})]$$

要在本小節的背景中瞭解性質 3，就要注意到如果 $x[n]$ 是實數序列，則 $X(z)$ 的極點和零點是以共軛複數的方式成對出現，因此，在 (13.36a) 到 (13.36c) 式中，只要有一項的形式是 α^n/n，就會有這項的共軛複數 $(\alpha^*)^n/n$ 出現，所以它們的和將會是實數。

13.5.2 最小相位序列和最大相位序列

我們在第 5 章和第 12 章討論過，最小相位序列是穩定的因果實數序列，它的 z 轉換的所有的零點和極點都在單位圓內。注意到 $X(z)$ 的零點和極點都是 $\log[X(z)]$ 的奇異點。因爲我們需要讓 $\log[X(z)]$ 的 ROC 包含單位圓，使得 $\hat{x}[n]$ 是穩定的序列，也因爲因果序列的 ROC 的形式爲 $r_R < |z|$，所以可以得知，如果當 $n<0$ 時 $\hat{x}[n]=0$，則 $\log[X(z)]$ 的奇異點不能在單位圓上或是單位圓外。反之，如果 $\hat{X}(z)=\log[X(z)]$ 的奇異點都在單位圓內，那麼可以得知，當 $n<0$ 時 $\hat{x}[n]=0$。因爲 $\hat{X}(z)$ 的奇異點是 $X(z)$ 的零點或極點，所以 $x[n]$ 的複數倒頻譜是因果序列（當 $n<0$ 時 $\hat{x}[n]=0$）若且唯若 $X(z)$ 的零點或極點都在單位圓內。換句話說，$x[n]$ 是最小相位序列若且唯若 $x[n]$ 的複數倒頻譜是因果序列。

藉由考慮 (13.36a) 到 (13.36c) 式，當序列是指數或是有限長度序列時，很容易看出以上事實。很明顯的，如果係數 b_k 和 d_k 都是零，也就是沒有任何極點和零點在單位圓外

---

⑤ 實際上，通常我們處理的是有限長度序列，它的 z 轉換是 z^{-1} 的多項式，也就是 (13.32) 式的分子的形式。在很多的狀況下，這個序列的長度可能是數百或是數千個樣本，對於這種序列而言，當序列的長度增加，幾乎多項式的所有零點都好像越來越群聚在單位圓周圍（Hughes and Nikeghbali, 2005）。這個現象告訴我們對於很長的限長度序列而言，複數倒頻譜的衰減速度主要是來自於 $1/n$。

或是單位圓上，那麼 (13.36c) 式中的每一項都會等於零。因此，我們就得到了另一個複數倒頻譜的性質：

性質 4：當 $n<0$ 時複數倒頻譜 $\hat{x}[n]=0$ 若且唯若 $x[n]$ 是最小相位序列，也就是若且唯若 $X(z)$ 的零點或極點都在單位圓內。

範例 13.1 最小相位回音系統的複數倒頻譜

倒頻譜的觀念一開始是出現在對於回音的探討，我們在 13.1 節中說明過，具有回音的訊號可以表示成旋積的形式：$x[n]=v[n]*p[n]$，此處

$$p[n]=\delta[n]+\alpha\delta[n-n_0]\overset{z}{\longleftrightarrow}P(z)=1+\alpha z^{-n_0} \tag{13.37}$$

$P(z)$的零點位置是 $z_k=\alpha^{1/n_0}e^{j2\pi(k+1/2)/n_0}$，如果$|\alpha|<1$，那麼所有的零點都在單位圓內，在這個情況下 $p[n]$ 是最小相位回音系統。如果要求出複數倒頻譜 $\hat{p}[n]$，我們可以使用在第 13.5.1 節中討論過的方式，將 $\log[P(z)]$ 展開成冪級數而得到

$$\hat{P}(z)=\log[1+\alpha z^{-n_0}]=-\sum_{n=1}^{\infty}\frac{(-\alpha)^n}{n}z^{-nn_0} \tag{13.38}$$

根據以上冪級數可得

$$\hat{p}[n]=\sum_{m=1}^{\infty}(-1)^{m+1}\frac{\alpha^m}{m}\delta[n-mn_0] \tag{13.39}$$

我們從 (13.39) 節可以看出如果$|\alpha|<1$，那麼當 $n<0$ 時複數倒頻譜 $\hat{p}[n]=0$，正是最小相位系統應該具有的性質。此外我們也可以看到，最小相位回音系統的複數倒頻譜的非零值出現在 n_0 的正整數倍之處。

最大相位序列指的是所有的極點和零點都在**單位圓外**的穩定序列，因此，最大相位序列是左邊序列，而且藉由和以上類似的推論，可以得知最大相位序列的複數倒頻譜也是左邊序列。因此，我們得到另一個複數倒頻譜的性質。

性質 5：當 $n>0$ 時複數倒頻譜 $\hat{x}[n]=0$ 若且唯若 $x[n]$ 是最大相位序列，也就是若且唯若 $X(z)$ 的零點或極點都在單位圓外。

對於有限長度序列或是指數序列可以很容易驗證這個複數倒頻譜的性質，只要注意到如果所有的 c_k 和 a_k 都等於零（也就是沒有任何零點或極點在單位圓內），那麼 (13.36b) 式就說明了當 $n>0$ 時 $\hat{x}[n]=0$。

在範例 13.1 中，當$|\alpha|<1$，也就是回音訊號小於直接訊號的情形下，我們求出了回音系統的脈衝響應的複數倒頻譜。如果$|\alpha|>1$，那麼回音訊號大於直接訊號，而且系統函數 $P(z)=1+\alpha z^{-n_0}$ 的零點都在單位圓外。在這個情形下，回音系統是最大相位系統⑥。其複數倒頻譜為

$$\hat{p}[n]=\log|\alpha|\,\delta[n]+\sum_{m=1}^{\infty}(-1)^{m+1}\frac{\alpha^{-m}}{m}\delta[n+mn_0] \tag{13.40}$$

根據 (13.40) 式`.我們可以看出若$|\alpha|>1$，則 $n>0$ 時 $\hat{p}[n]=0$ 。正是最大相位系統應該具有的性質。在這個情形下，最大相位回音系統的複數倒頻譜的非零值出現在 n_0 的負整數倍之處。

13.5.3 實數倒頻譜和複數倒頻譜之間的關係

我們在 13.1 和 13.2 節的討論中提到，實數倒頻譜 $c_x[n]$ 的傅立葉轉換是複數倒頻譜 $\hat{x}[n]$ 的傅立葉轉換的實部，也就是說，$c_x[n]$ 是 $\hat{x}[n]$ 的偶成份，即

$$c_x[n]=\frac{\hat{x}[n]+\hat{x}[-n]}{2} \tag{13.41}$$

當 $\hat{x}[n]$ 是因果序列，也就是當 $x[n]$ 是最小相位序列，(13.41) 式是可逆的，也就是說，只要對 $c_x[n]$ 加上合適的窗函數，就可以從 $c_x[n]$ 可以復原 $\hat{x}[n]$ 。明確地說，

$$\hat{x}[n]=c_x[n]\ell_{min}[n] \tag{13.42a}$$

此處

$$\ell_{min}[n]=2u[n]-\delta[n]=\begin{cases}2 n>0\\1 n=0\\0 n<0\end{cases} \tag{13.42b}$$

(13.42a) 和 (13.42b) 式指出如何從實數倒頻譜得到複數倒頻譜，因此，如果已知 $x[n]$ 是最小相位序列，那麼單獨由強度的對數函數也可以得到複數倒頻譜。我們用圖 13.2 的方塊圖加以說明。

---

⑥　在計算 $\hat{p}[n]$ 時，我們忽略 $P(z)=z^{-n_0}(\alpha+z^{n_0})$ 在 $z=0$ 處的 n_0 個極點。

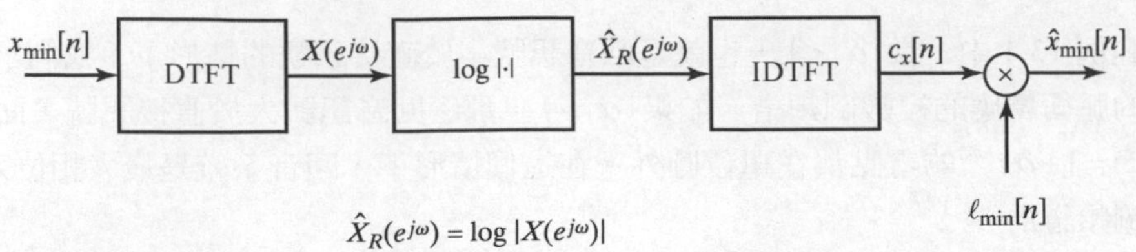

圖 13.2 對於最小相位訊號計算複數倒頻譜的方塊圖

接下來的範例中，我們使用範例 13.1 的最小相位回音系統說明 (13.41) 和 (13.42a) 式。

範例 13.2 最小相位回音系統的實數倒頻譜

考慮範例 13.1 中的最小相位回音系統的複數倒頻譜，如 (13.39) 所示。根據 (13.41) 式可以得知小相位回音系統的實數倒頻譜為

$$c_p[n] = \frac{1}{2}\Big(\sum_{m=1}^{\infty}(-1)^{m+1}\frac{\alpha^m}{m}\delta[n-mn_0] + \sum_{m=1}^{\infty}(1-)^{m-1}\frac{\alpha^m}{m}\delta[-n-mn_0]\Big) \tag{13.43}$$

因為 $\delta[-n]=\delta[n]$，所以 (13.43) 式可以改寫為較為緊湊的形式：

$$c_p[n] = \sum_{m=1}^{\infty}(-1)^{m+1}\frac{\alpha^m}{2m}(\delta[n-mn_0]+\delta[n+mn_0]) \tag{13.44}$$

也要注意到，如果 $c_p[n]$ 是由 (13.44) 式所給出，而且 $\ell_{min}[n]$ 是由 (13.42b) 式所給出，則 $\ell_{min}[n]c_p[n]$ 等於 (13.39) 式中的 $\hat{p}[n]$。

13.6 複數倒頻譜的計算

實際使用複數倒頻譜的時候，爲了從訊號的取樣值得到複數倒頻譜，需要有精確和有效的計算方法，在先前的所有討論中，雖然沒有明確地提出來，我們一直都假設輸入訊號的傅立葉轉換的複數倒頻譜具有唯一性和連續性。如果我們要用先前所得到的數學表示式作爲計算複數倒頻譜的基礎，也就是實現系統 $D_*[\cdot]$ 的基礎，那麼我們就必須處理跟傅立葉轉換和複數對數的計算有關的課題。

我們用 DTFT 表示出系統 $D_*[\cdot]$，方程式如下：

$$X(e^{j\omega}) = \sum_{n=-\infty}^{\infty} x[n]e^{-j\omega n}, \tag{13.45a}$$

$$X(e^{j\omega}) = \log[X(e^{j\omega})], \tag{13.45b}$$

$$\hat{x}[n] = \frac{1}{2\pi}\int_{-\pi}^{\pi} \hat{X}(e^{j\omega})e^{j\omega n}d\omega \tag{13.45c}$$

這些方程式對應到圖 13.3 中的三個系統的串接。

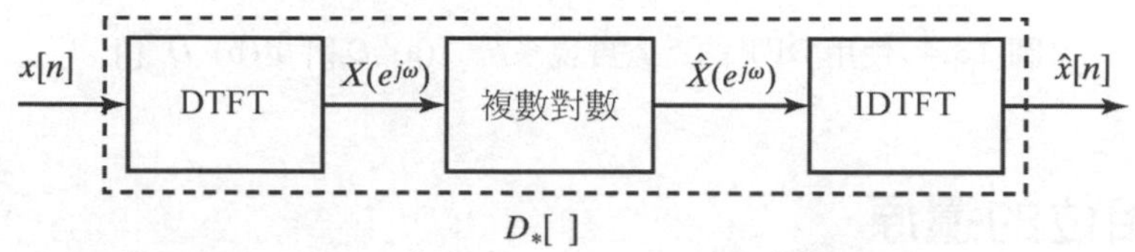

圖 13.3　三個系統的串接，用來實現複數倒頻譜運算子 $D_*[\cdot]$

在複數倒頻譜的數值計算中，我們限制輸入序列必須是有限長度序列，而且我們只能在有限多的頻率點上計算出 DTFT 的值。也就是說，我們不是使用 DTFT，而是 DFT。因此，我們用來代替 (13.45a) 到 (13.45c) 式的計算方式是

$$X[k] = X(e^{j\omega})\Big|_{\omega=(2\pi/N)k} \sum_{n=0}^{N-1} x[n]e^{-j(2\pi/N)kn}, \tag{13.46a}$$

$$\hat{X}[k] = \log[X(e^{j\omega})]\Big|_{\omega=(2\pi/N)k}, \tag{13.46b}$$

$$\hat{x}_p[n] = \frac{1}{N}\sum_{k=0}^{N-1} \hat{X}[k]e^{j(2\pi/N)kn} \tag{13.46c}$$

這些運算圖示於圖 13.4(a)，而實現相對應的反系統所需的運算則圖示於圖 13.4(b)。

因為 (13.46b) 式中的 $\hat{X}[k]$ 是對 $\hat{X}(e^{j\omega})$ 取樣的結果，根據 8.4 節中的討論可以得知，$\hat{x}_p[n]$ 是 $\hat{x}[n]$ 在時域上交疊的版本，也就是 $\hat{x}_p[n]$ 和預期的 $\hat{x}[n]$ 之間的關係為

$$\hat{x}_p[n] = \sum_{r=-\infty}^{\infty} \hat{x}[n+rN] \tag{13.47}$$

然而注意到，第 13.5 節中的性質一告訴我們 $\hat{x}[n]$ 的衰減速度比指數序列還快，所以當 N 增加時，近似結果會變好，這是可以預期的。將輸入序列的尾部填零，通常可以增加傅立葉轉換的複數對數的取樣率，使得計算複數倒頻譜時不會在時域上發生嚴重的交疊現象。

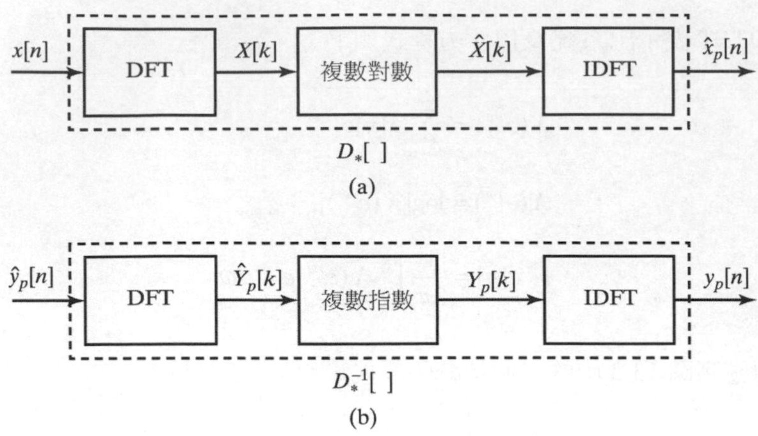

圖 13.4 使用 DFT 的近似實現系統：(a) $D_*[\cdot]$；(b) $D_*^{-1}[\cdot]$

13.6.1 相位的還原

要得到由 (13.46c) 式所給出的 $\hat{X}(e^{j\omega})$ 的樣本值，需要用到 $\log|X(e^{j\omega})|$ 和 $\arg[X(e^{j\omega})]$ 的樣本值，使用合適的取樣率，可以將 $x[n]$ 填零後計算其 DFT 而得出 $\log|X(e^{j\omega})|$ 的樣本值。也可以用類似的方式，從 $X(e^{j\omega})$ 利用標準的反正切函數計算出 $\text{ARG}[X(e^{j\omega})]$ 的樣本值，也就是相位除以 2π 所得的餘數，大部分的高階電腦語言中都有提供反正切函數的程式可以進行相關的計算。然而，如果要得到複數倒頻譜或是它的交疊版本 $\hat{x}_p[n]$，就需要連續相位函數 $\arg[X(e^{j\omega})]$ 的樣本值。因此，用來還原相位函數的有效演算法，能夠從相位除以 2π 所得的餘數函數的樣本得到還原相位函數的樣本值，對於複數倒頻譜的計算方式而言，就變成是重要的計算過程。

爲了說明這個課題，我們考慮一個有限長度的因果輸入序列，它的 DTFT 用以下形式表示：

$$\begin{aligned} X(e^{j\omega}) &= \sum_{n=0}^{M} x[n]e^{-j\omega n} \\ &= Ae^{-j\omega M_o}\prod_{k=1}^{M_i}(1-a_k e^{-j\omega})\prod_{k=1}^{M_o}(1-b_k e^{j\omega}), \end{aligned} \tag{13.48}$$

此處的 $|a_k|$ 和 $|b_k|$ 都小於 1，$M = M_o + M_i$，而且 A 是正數。圖 13.5(a) 顯示出這種序列的連續相位函數，黑點代表頻率位於 $\omega_k = (2\pi/N)/k$ 的相位樣本，用此輸入序列的 DTFT 的相位函數所計算出來的主值與它的樣本畫在圖 13.5(b)。要將相位函數的主值還原成連續相位的方式之一是利用以下關係式

$$\arg(X[k]) = \text{ARG}(X[k]) + 2\pi r[k], \tag{13.49}$$

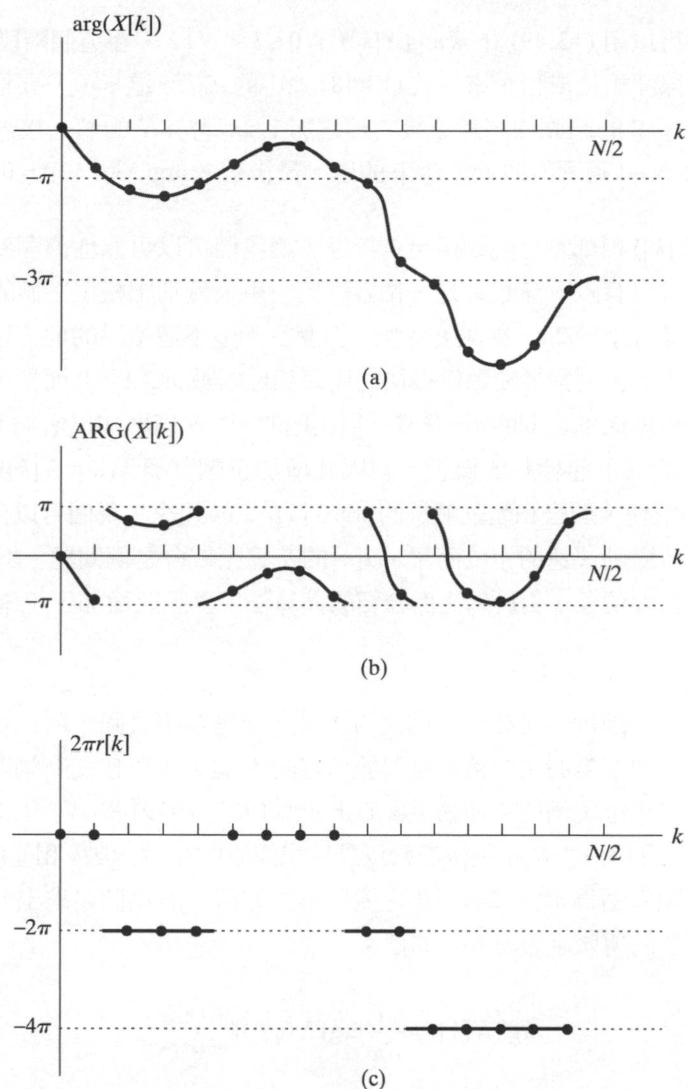

圖 13.5 (a) $\arg[X(e^{j\omega})]$ 的樣本點；(b) (a) 圖的主值；(c) 要從 ARG 計算出 arg 所需要的更正序列

此處的 $r[k]$ 是一個整數，將 2π乘上這個整數倍數之後可以加到頻率爲 $\omega_k=(2\pi/N)k$ 之處的相位主值。圖 13.5(c) 顯示的是要從圖 13.5(b) 得到圖 13.5(a) 所需要的 $2\pi r[k]$的值。這個例子建議我們用以下的演算法從 $\text{ARG}(X[k])$ 計算出 $r[k]$，起始值爲 $r[0]=0$：

1. 如果 $\text{ARG}(X[k])-\text{ARG}(X[k-1])>2\pi-\varepsilon_1$，則 $r[k]=r[k-1]-1$。
2. 如果 $\text{ARG}(X[k])-\text{ARG}(X[k-1])<-(2\pi-\varepsilon_1)$，則 $r[k]=r[k-1]+1$。
3. 否則 $r[k]=r[k-1]$。
4. 對於 $1\le k<N/2$，重複步驟 1 到 3。

求出 $r[k]$ 之後，可以用 (13.49) 計算 $\arg(X[k])$ ， $0 \le k < N/2$ 。在這個階段， $\arg(X[k])$ 將會具有一個大的線性相位成份，來自於 (13.48) 式中的 $e^{-j\omega M_o}$ 這一項。要移除這一項，我們可以在 $0 \le k < N/2$ 的範圍內將還原後的相位加上 $2\pi k M_o / N$ 的值，接著利用對稱性可以得到 $N/2 < k \le N-1$ 範圍內的 $\arg(X[k])$ 的值。最後，令 $\arg(X[N/2]) = 0$ 。

如果 $\text{ARG}(X[k])$ 相鄰點之間的值足夠接近，讓我們可以可靠地偵測到不連續點，那麼以上演算法將會很有效。參數 ε_1 是一個容許值，用來識別出相位主值的鄰近樣本值之間的差的絕對值是否小於 2π。如果 ε_1 太大，那麼在不是不連續點的地方也會認爲是不連續點。如果 ε_1 太小，那麼對於變動得很快的連續相位函數 $\arg(X[k])$ 而言，這個演算法將會失去位在兩個相鄰樣本之間的不連續點。很明顯的，將 N 值增加以增加 DFT 的取樣率，將會增加正確偵測到不連續點的機會，也因此增加正確計算出 $\arg(X[k])$ 的機會。如果 $\arg(X[k])$ 變動得很快，那麼和變動較慢的 $\arg(X[k])$ 比較起來，我們可以預期 $\hat{x}[n]$ 衰減地較慢，因此，對於變動快速的相位而言， $\hat{x}[n]$ 的交疊比較會是個問題。增加 N 值可以減少複數倒頻譜的交疊現象，對於以上所介紹的演算法，也因此增加了正確還原 $X[k]$ 相位的機會。

在某些情形下，因爲不可能使用夠大的 N 值，或是並不實際，所以可能不能使用以上的演算法。另一個經常發生的情形是對於給定的 N 值，可以接受交疊產生的誤差，卻無法可靠地偵測出相位主值的不連續點。Tribolet (1977, 1979) 提出了以上演算法的修正版本，這個方法使用相位主值和相位導數以計算出還原的相位函數。和先前一樣，(13.49) 式給出了一組在頻率點爲 $\omega_k = (2\pi/N)k$ 之處所容許的值，而我們要求出 $r[k]$ 的值。假設我們已經知道相位的導數在所有點 k 的值：

$$\arg'(X[k]) = \frac{d}{d\omega}\arg[X(e^{j\omega})]\Big|_{\omega=2\pi k/N}$$

（第 13.6.2 節將會發展出一個計算這些相位導數樣本值的演算法）。爲了計算出 $\arg(X[k])$，我們進一步假設已經知道 $\arg(X[k-1])$ 的值，這時，$\widetilde{\arg}(X[k])$，也就是 $\arg(X[k])$ 的估計值，可以定義爲：

$$\widetilde{\arg}(X[k]) = \arg(X[k-1]) + \frac{\Delta\omega}{2}\{\arg'(X[k]) + \arg'(X[k-1])\} \tag{13.50}$$

我們是對於相位導數的樣本值應用數值積分的梯形法而得到 (13.50) 式，對於某個 ε_2 值而言，如果存在整數 $r[k]$ 使得

$$|\widetilde{\arg}(X[k]) - \text{ARG}(X[k]) - 2\pi r[k]| < \varepsilon_2 < \pi \tag{13.51}$$

那麼這個估計值稱爲**一致的**（consistent）估計值。明顯的，減少數值積分的步階大小 $\Delta\omega$ 將會改進這個估計值。一開始，我們使用 DFT 所提供的步階大小 $\Delta\omega = 2\pi / N$ 。如果整數 $r[k]$ 無法滿足 (13.51) 式，那麼就把 $\Delta\omega$ 減半，用這個新步階計算出 $\arg(X[k])$ 的新估計值。藉由數值積分逐漸增加 $\arg(X[k])$ 估計值的準確度，直到整數 $r[k]$ 滿足 (13.51) 式。然後在 (13.49) 式中使用以上所得到的整數 $r[k]$ 以計算出最終的 $\arg(X[k])$ 。接下來，我們使用這個還原的相位樣本值 $\arg(X[k])$ 以計算 $\arg(X[k+1])$ ，以此類推。

另一個還原有限長度序列相位的方法是基於以下事實：有限長度序列的 z 轉換是一個有限次的多項式，因此可視爲是由一階因式的乘積所組成。對於每一個一次因式而言，它的 $\arg[X(e^{j\omega})]$ 和 $\text{ARG}[X(e^{j\omega})]$ 是相等的，也就是說，單一個一次因式不需作相位還原。此外，個別因式乘積的連續相位等於個別因式連續相位的和。因此，將長度爲 N 的有限長度序列當作是 N 次多項式的係數，然後將這個 N 次多項式因式分解成一次因式的乘積，就很容易計算出連續相位函數。當 N 值很小的時候，我們可以使用傳統的多項式求根的演算法，當 N 值很大的時候，Sitton et al. (2003) 已經發展出了一種有效的演算法，並且成功地應用到數百萬次的多項式。然而，也有這個演算法失敗的情形發生，特別是當多項式的根不接近單位圓的時候。

在以上的討論中，我們已經簡短地描述了一些計算出連續相位函數的演算法。Karam 和 Oppenheim (2007) 也提議組合這些演算法，以利用它們各自的優點。

要從輸入訊號的樣本值 $x[n]$ 計算複數倒頻譜的其他課題是和 $\arg[X(e^{j\omega})]$ 所包含的線性相位成份以及和整體比例常數 A 的正負號有關。在我們對於複數倒頻譜的定義中，$\arg[X(e^{j\omega})]$ 必須是 ω 的週期連續奇函數，因此，比例常數 A 必須是一個正數，否則，在 $\omega = 0$ 的地方將會出現相位的不連續點。此外，$\arg[X(e^{j\omega})]$ 不能包含線性相位成份，否則也會在 $\omega = \pi$ 的地方出現相位的不連續點。舉例來說，考慮一個長度爲 $M+1$ 的有限長度因果序列，其 z 轉換將會是如同 (13.29) 式所表示的形式，其中 $N_o = N_i = 0$ 以及 $M = M_o + M_i$ 。而且因爲當 $n<0$ 時 $x[n]=0$ ，所以可以得知 $r = -M$ 。因此，它的傅立葉轉換可表示爲

$$\begin{aligned} X(e^{j\omega}) &= \sum_{n=0}^{M} x[n]e^{-j\omega n} \\ &= Ae^{-j\omega M_o}\prod_{k=1}^{M_i}(1-a_k e^{-j\omega})\prod_{k=1}^{M_o}(1-b_k e^{j\omega}), \end{aligned} \tag{13.52}$$

此處的 $|a_k|$ 和 $|b_k|$ 都小於 1。事實上，因爲 A 對應到的是 $X(e^{j\omega})$ 在 $\omega = 0$ 處的值，其實就是輸入序列每一項的和，所以很容易求出 A 的正負號。

13.6.2 使用對數導數計算複數倒頻譜

我們可以利用對數導數的數學表示法當作另一種計算複數倒頻譜的方式，對於實數序列而言，$\hat{X}(e^{j\omega})$ 的導數可以表示成以下的等效形式

$$\hat{X}'(e^{j\omega}) = \frac{d\hat{X}(e^{j\omega})}{d\omega} = \frac{d}{d\omega}\log|X(e^{j\omega})| + j\frac{d}{d\omega}\arg[X(e^{j\omega})] \tag{13.53a}$$

以及

$$\hat{X}'(e^{j\omega}) = \frac{X'(e^{j\omega})}{X(e^{j\omega})} \tag{13.53b}$$

此處的「$'$」代表對於 ω 的微分。因爲 $x[n]$ 的 DTFT 爲

$$X(e^{j\omega}) = \sum_{n=-\infty}^{\infty} x[n]e^{-j\omega n}, \tag{13.54}$$

所以上式對於 ω 的微分是

$$X'(e^{j\omega}) = \sum_{n=-\infty}^{\infty} (-jnx[n])e^{-j\omega n}; \tag{13.55}$$

也就是說，$X'(e^{j\omega})$ 是 $-jnx[n]$ 的 DTFT。相類似的，$\hat{X}'(e^{j\omega})$ 是 $-jn\hat{x}[n]$ 的 DTFT。因此，我們可以利用下式求出 $\hat{x}[n]$ 在 $n \neq 0$ 處的值：

$$\hat{x}[n] = \frac{-1}{2\pi nj}\int_{-\pi}^{\pi} \frac{X'(e^{j\omega})}{X(e^{j\omega})} e^{j\omega n} d\omega, \quad n \neq 0 \tag{13.56}$$

從強度對數函數可以求出 $\hat{x}[0]$ 的值，方式如下：

$$\hat{x}[0] = \frac{1}{2\pi}\int_{-\pi}^{\pi} \log|X(e^{j\omega})|\, d\omega \tag{13.57}$$

(13.54) 到 (13.57) 式代表使用 $x[n]$ 和 $nx[n]$ 所表示的 DTFT 複數倒頻譜，因此，它們並不明顯地牽涉到連續相位函數。對於有限長度序列而言，我們可以使用 DFT 計算出這些 DTFT 的樣本值，藉此得到以下的方程式

$$X[k] = \sum_{n=0}^{N-1} x[n]e^{-j(2\pi/N)kn} = X(e^{j\omega})\Big|_{\omega=(2\pi/N)k}, \tag{13.58a}$$

$$X'[k] = -j\sum_{n=0}^{N-1} nx[n]e^{-j(2\pi/N)kn} = X'(e^{j\omega})\Big|_{\omega=(2\pi/N)k}, \tag{13.58b}$$

$$\hat{x}_{dp}[n] = -\frac{1}{jnN}\sum_{k=0}^{N-1}\frac{X'[k]}{X[k]}e^{j(2\pi/N)kn}, \quad 1 \le n \le N-1, \tag{13.58c}$$

$$\hat{x}_{dp}[0] = \frac{1}{N}\sum_{k=0}^{N-1}\log|X[k]|, \tag{13.58d}$$

此處變數中的下標 d 代表使用了對數導數，而下標 p 代表 DFT 固有的週期性。我們利用 (13.58a) 到 (13.58d) 式避免了計算複數對數所產生的問題，然而，代價是較嚴重的交疊現象，這是因為

$$\hat{x}_{dp}[n] = \frac{1}{n}\sum_{r=-\infty}^{\infty}(n+rN)\hat{x}[n+rN], \quad n \ne 0 \tag{13.59}$$

因此，假設可以精確地算出連續相位函數的樣本值，我們將可預期對於給定的 N 值，跟 (13.58c) 式中的 $\hat{x}_{dp}[n]$ 比較起來，(13.46c) 式中的 $\hat{x}_p[n]$ 對於 $\hat{x}[n]$ 而言將會是較佳的近似值。

13.6.3 最小相位序列的最小相位實現

對於最小相位序列這個特例而言，我們可以簡化圖 13.2 所代表的數學表示式，將圖 13.2 中的 DTFT 換成 DFT 之後給出了以下的方程式，可以作為一種計算方式：

$$X[k] = \sum_{n=0}^{N-1}x[n]e^{-j(2\pi/N)kn}, \tag{13.60a}$$

$$c_{xp}[n] = \frac{1}{N}\sum_{k=0}^{N-1}\log|X[k]|e^{j(2\pi/N)kn} \tag{13.60b}$$

對於這種情形，得到的正是在時域上交疊的倒頻譜，即

$$c_{xp}[n] = \sum_{r=-\infty}^{\infty}c_x[n+rN] \tag{13.61}$$

如果要利用圖 13.2 從 $c_{xp}[n]$ 計算出複數倒頻譜，我們可以寫出以下式子：

$$\hat{x}_{xp}[n] = \begin{cases} c_{xp}[n], & n = 0,\ N/2, \\ 2c_{xp}[n], & 1 \le n < N/2, \\ 0, & N/2 < n \le N-1 \end{cases} \tag{13.62}$$

很明顯的，$\hat{x}_{cp}[n] \ne \hat{x}_p[n]$，這是因為它是 $\hat{x}[n]$ 經過時域交疊之後的偶成份，而不是 $\hat{x}[n]$ 本身。然而，當 N 值很大，我們可以預期在 $0 \le n < N/2$ 的範圍內 $\hat{x}_{cp}[n]$ 是 $\hat{x}[n]$ 的合理近似

值，類相似的，如果 $x[n]$ 是最大相位序列，那麼我們可以從以下的算式得到複數倒頻譜的近似值

$$\hat{x}_{cp}[n]=\begin{cases}c_{xp}[n], & n=0,\quad N/2,\\ 0, & 1\leq n<N/2,\\ 2c_{xp}[n], & N/2<n\leq N-1\end{cases} \tag{13.63}$$

13.6.4 以遞迴方式計算最小相位和最大相位序列的複數倒頻譜

對於最小相位序列而言，我們可以重新安排 (13.26) 式的差分方程式，藉以得到 $\hat{x}[n]$ 的遞迴公式。因爲當 $n<0$ 最小相位序列滿足 $\hat{x}[n]=0$ 以及 $x[n]=0$ ，所以 (13.26) 式變成

$$\begin{aligned}x[n]&=\sum_{k=0}^{n}\left(\frac{k}{n}\right)\hat{x}[k]x[n-k],\quad n>0,\\ &=\hat{x}[n]x[0]+\sum_{k=0}^{n-1}\left(\frac{k}{n}\right)\hat{x}[k]x[n-k]\end{aligned} \tag{13.64}$$

對於最小相位序列而言，這是 $D_*[\cdot]$ 的遞迴公式。解出公式中的 $\hat{x}[n]$ 可以得到以下的遞迴公式：

$$\hat{x}[n]=\begin{cases}0, & n<0,\\ \dfrac{x[n]}{x[0]}-\displaystyle\sum_{k=0}^{n-1}\left(\frac{k}{n}\right)\hat{x}[k]\frac{x[n-k]}{x[0]}, & n>0\end{cases} \tag{13.65}$$

假設 $x[0]>0$，可以證明 $\hat{x}[0]$ 的值爲

$$\hat{x}[0]=\log(|A|)=\log(|x[0]|) \tag{13.66}$$

（見習題 13.15）因此，(13.65) 和 (13.6) 式組成了一個演算法，可以計算最小相位序列的複數倒頻譜。根據 (13.65) 式可以得知這個計算過程對於最小相位輸入序列而言是因果的計算，也就是說，在時間點 n_0 的輸出值只和時間點 $n<n_0$ 的輸入值有關，此處的 n_0 是任意的值（見習題 13.20）。相類似的，(13.64) 和 (13.66) 式代表的是從最小相位序列的複數倒頻譜計算出該序列的公式。

對於最大相位序列而言，當 $n>0$ 時 $\hat{x}[n]=0$ 以及 $x[n]=0$ ，此時，(13.26) 式變成

$$\begin{aligned}x[n]&=\sum_{k=n}^{0}\left(\frac{k}{n}\right)\hat{x}[k]x[n-k],\quad n<0,\\ &=\hat{x}[n]x[0]+\sum_{k=n+1}^{0}\left(\frac{k}{n}\right)\hat{x}[k]x[n-k]\end{aligned} \tag{13.67}$$

解出上式中的 $\hat{x}[n]$，可得

$$\hat{x}[n]=\begin{cases}\dfrac{x[n]}{x[0]}-\displaystyle\sum_{k=n+1}^{0}\left(\frac{k}{n}\right)\hat{x}[k]\frac{x[n-k]}{x[0]}, & n<0,\\ \log(x[0]), & n=0,\\ 0, & n>0\end{cases} \tag{13.68}$$

(13.68) 式可以作為計算最大相位序列的複數倒頻譜的演算法，而 (13.67) 式是實現旋積特徵系統的反系統的演算法。

因此，不論是最小相位序列或是最大相位序列，我們都有 (13.64) 到 (13.68) 式的遞迴公式可以作為特徵系統和反系統的可能的實現方式之一。當輸入訊號是很短的序列，或是我們只需要複數倒頻譜的少數樣本時，這些方程式可能相當的有用。當然了，使用這些公式計算的結果不會有時域交疊的誤差。

13.6.5 指數加權的使用

對序列加上指數權重可以避免或是減輕在計算複數倒頻譜時遭遇的某些問題。對於序列加上指數權重的定義是

$$w[n]=\alpha^n x[n] \tag{13.69}$$

相對應的 z 轉換是

$$W(z)=X(\alpha^{-1}z) \tag{13.70}$$

如果 $X(z)$ 的 ROC 是 $r_R<|z|<r_L$，則 $W(z)$ 的 ROC 是 $|\alpha|r_R<|z|<|\alpha|r_L$，而且 $X(z)$ 的極點和零點是放射狀地平移 $|\alpha|$ 倍，也就是說，如果 z_0 是 $X(z)$ 的一個極點或是零點，則 $z_0\alpha$ 是在 $W(z)$ 中相對應的極點或是零點。

指數加權的一個使用起來很方便的性質是對於旋積滿足交換律，也就是說，如果 $x[n]=x_1[n]*x_2[n]$，且 $w[n]=a^n x[n]$，則

$$W(z)=X(\alpha^{-1}z)=X_1(\alpha^{-1}z)X_2(\alpha^{-1}z) \tag{13.71}$$

由此可得

$$\begin{aligned}w[n]&=(a^n x_1[n])*(a^n x_2[n])\\&=w_1[n]*w_2[n]\end{aligned} \tag{13.72}$$

因此，在計算複數倒頻譜的時候，如果 $X[n]=X_1[n]X_2[n]$ ，則

$$\begin{aligned}\hat{W}(z)&=\log[W(z)]\\&=\log[W_1(z)]+\log[W_2(z)]\end{aligned} \tag{13.73}$$

在計算複數倒頻譜的時候，我們可以在許多方面利用指數加權的技巧。舉例來說，在計算複數倒頻譜的時候， $X(z)$ 在單位圓上的極點或是零點必須要作特別的處理。可以證明 (Carslaw, 1952) 函數 $\log(1-e^{j\theta}e^{-j\omega})$ 的傅立葉級數為

$$\log(1-e^{j\theta}e^{-j\omega})=-\sum_{n=1}^{\infty}\frac{e^{j\theta n}}{n}e^{-j\omega n} \tag{13.74}$$

因此，這個函數對於複數倒頻譜的貢獻是 $(e^{j\theta n}/n)u[n-1]$ ，然而，這個函數的強度對數函數是無限大，而且相位函數在 $\pi=\theta$ 處有一個跳躍量為 π 弧度的不連續點。這些性質會在計算上產生明顯的困難，我們想要避免這些困難。藉由 $0<\alpha<1$ 的指數加權，所有的零點和極點都被放射狀地向內移，因此，在單位圓上的零點和極點將會被移動到單位圓內。

下一個例子，考慮一個因果穩定的非最小相位訊號 $x[n]$ ，如果選擇的 α 值滿足 $|z_{max}\alpha|<1$，此處的 z_{max} 是具有最大絕對值的零點位置，則指數加權的訊號 $w[n]=\alpha^n x[n]$ 將被轉換為最小相位序列。

13.7 使用多項式求根法計算複數倒頻譜

在第 13.6.1 節中，我們討論到以下事實：對於一個有限長度序列而言，其 z 轉換是有限次多項式；以及所有一次因式的連續相位函數的和可以得到最終的連續相位函數。如果我們用多項式求根法先將多項式分解成一次式的乘積，那麼就很容易指定每一個一次式的連續相位函數的公式。以類似的方式，先分解多項式，然後將所有一次式的複數倒頻譜加總起來，就可以得到有限長度序列的複數倒頻譜。

第 13.5.1 節已經建議過這個基本的方式，如果序列 $x[n]$ 是有限長度序列，基本上這是訊號取樣後總是會發生的情形，則此序列的 z 轉換是 z^{-1} 的多項式，可表示為

$$X(z)=\sum_{n=0}^{M}x[n]z^{-n} \tag{13.57}$$

這個 z^{-1} 的 M 次多項式可表示為

$$X(z)=x[0]\prod_{m=1}^{M_i}(1-a_m z^{-1})\prod_{m=1}^{M_o}(1-b_m^{-1}z^{-1}) \tag{13.76}$$

此處的 a_m 是單位圓內的（複數）零點，而 b_m^{-1} 是單位圓外的零點，也就是說，$|a_m|<1$ 且 $|b_m^{-1}|<1$。我們假設沒有任何零點恰好落在單位圓上。如果我們從 (13.76) 式最右邊的乘積中的每一項提出 $-b_m^{-1}z^{-1}$，則此式變成

$$X(z)=Az^{-M_o}\sum_{m=1}^{M_i}(1-a_m z^{-1})\prod_{m=1}^{M_o}(1-b_m z), \tag{13.77a}$$

其中

$$A=x[0](-1)^{M_o}\prod_{m=1}^{M_o}b_m^{-1} \tag{13.77b}$$

當此多項式的係數是序列 $x[n]$，我們可以使用多項式求根的演算法解出單位圓內的零點 a_m 和單位圓外的零點 $1/b_m$，然後計算出 (13.77) 的表示式[7]。

給定 z 轉換多項式的數值表示式，如同 (13.77a) 和 (13.77b) 式的結果時，可以用 (13.36a) 到 (13.36c) 式計算出複數倒頻譜序列的數值，方式如下：

$$\hat{x}[n]=\begin{cases}\log|A|, & n=0,\\ -\sum\limits_{m=1}^{M_i}\dfrac{a_m^n}{n}, & n>0,\\ \sum\limits_{m=1}^{M_o}\dfrac{b_m^{-n}}{n}, & n<0\end{cases} \tag{13.78}$$

如果 $A<0$，我們可以把這個狀況記錄下來，也將 M_o 的值以及在單位圓外根的數目記錄下來，利用這些資訊以及 $\hat{x}[n]$ 的值，我們就具備了所有重建原始序列 $x[n]$ 的必要資訊。的確，我們已經在 13.8.2 節中說明，從 $M+1=M_o+M_i+1$ 個 $\hat{x}[n]$ 的樣本原則上就可以計算出 $x[n]$。

當 $M=M_o+M_i$ 的值很小的時候，這個計算方法特別有用，然而，也不限於小的 M 值。Steiglitz 和 Dickinson (1982) 首先提出這個方法，並且成功地解出高達 256 次多項式的根，這是那個時候計算資源的極限。利用 Sitton et al. (2003) 所提出的多項式求根的演算法可以精確地計算出非常長的有限長度序列的複數倒頻譜。這個方法的優點是沒有時域的交疊現象，以及還原相位時沒有不確定性。

---

[7] 或許並不令人驚訝，多項式計算出來的零點很少恰好落在單位圓上，如果真的發生了，我們可以用第 13.6.5 節所討論的指數加權的技巧移動這些零點。

13.8 使用複數倒頻譜進行同態解旋積

複數倒頻譜運算子 $D_*[\cdot]$ 在同態系統理論中扮演著關鍵的角色，所謂的同態系統是疊加原理的推廣（Oppenheim, 1964, 1967, 1969a, Schafer, 1969 and Oppenheim, Schafer and Stockham, 1968）。在旋積訊號（convolved signal）的同態濾波運算中，$D_*[\cdot]$ 這個運算子的也稱爲**旋積的特徵系統**（characteristic system for convolution），這是因爲它具有著特殊的性質，可以將旋積運算轉換成加法運算。要明白這一點，假設

$$x[n] = x_1[n] * x_2[n] \tag{13.79}$$

所以相對應的 z 轉換爲

$$X(z) = X_1(z) \cdot X_z(z) \tag{13.80}$$

如果複數對數的計算方式是用我們先前在複數倒頻譜中所定義的方式，則

$$\begin{aligned} \hat{X}(z) &= \log[X(z)] = \log[X_1(z)] + \log[X_2(z)] \\ &= \hat{X}_1(z) + \hat{X}_2(z), \end{aligned} \tag{13.81}$$

這就告訴我們複數倒頻譜爲

$$\hat{x}[n] = D_*[x_1[n] * x_2[n]] = \hat{x}_1[n] + \hat{x}_2[n] \tag{13.82}$$

經由類似的分析方式可以證明，如果 $\hat{y}[n] = y_1[n] + y_2[n]$，則 $D_*^{-1}[\hat{y}_1[n] + \hat{y}_2[n]] = \hat{y}_1[n]^* \hat{y}_2[n]$。如果倒頻譜成份 $\hat{x}_1[n]$ 和 $\hat{x}_2[n]$ 在倒頻率上佔據了不同的範圍，那麼我們可以對於複數倒頻譜使用線性濾波運算以移除 $x_1[n]$ 或是 $x_2[n]$ 其中之一。如果接在這個運算之後是用反系統 $D_*^{-1}[\cdot]$ 進行逆轉換，則相對應的成份將會從輸出訊號中移除。這種分離被旋積結合在一起的訊號（解旋積）的演算法圖示於圖 13.6，此處的系統 $L[\cdot]$ 是一個線性（但是不一定是非時變）的系統。在圖 13.6 中子系統的輸出和輸入端，「*」和「+」這兩個符號代表在此方塊圖中該點可成立的疊加運算的類型。圖 13.6 是某一類系統的一般表示法，這類系統遵守廣義的疊加原則，而系統中將訊號組合在一起的運算是旋積。

在本節接下來的部份，我們將說明倒頻譜分析法如何用來處理一類特殊的解旋積問題，利用這個方法可以將一個訊號分解成最小相位訊號和全通訊號的旋積，或是將它分解成最小相位訊號和最大相位訊號的旋積。另外，在第 13.9 節中，我們將會說明倒頻譜分析如何用來分解一個訊號和脈衝列的旋積，我們用一個理想化的多路徑通道環境爲例加以說明。最後，在第 13.19 節中，我們將推廣這個範例的結果，說明倒頻譜分析如何成功地用來進行語音處理。

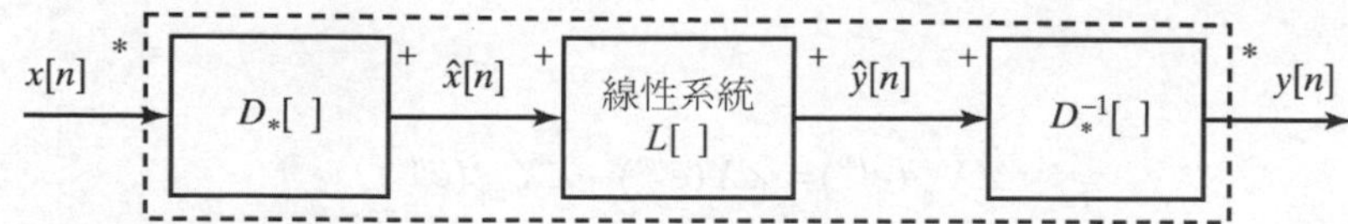

圖 13.6 同態系統的正規形式（canonic form），此處的輸入訊號和對應的輸出訊號都是用旋積結合在一起。

13.8.1 最小相位/全通訊號的同態解旋積

任何存在複數倒頻譜的序列 $x[n]$ 總是可以表示爲最小相位訊號和全通訊號的旋積，如下所示

$$x[n] = x_{min}[n] * x_{ap}[n] \tag{13.83}$$

在 (13.83) 節中，$x_{min}[n]$ 和 $x_{ap}[n]$ 分別代表最小相位訊號成份和全通訊號成份。

假設圖 13.2 系統的輸入訊號爲 $x[n]$，而且 $\ell_{min}[n]$ 如同 (13.42b) 所指定，如果 $x[n]$ 不是最小相位訊號，則此系統產生一個最小相位訊號的複數倒頻譜，而且和 $x[n]$ 的 DTFT 有相同的強度響應。如果使用 $\ell_{max}[n] = \ell_{min}[-n]$，則輸出訊號將是最大相位訊號的複數倒頻譜，而且和 $x[n]$ 的 DTFT 有相同的強度響應。

使用圖 13.2 所示的一連串運算，我們可以得到 (13.83) 式中的序列 $x_{min}[n]$ 的複數倒頻譜 $\hat{x}_{min}[n]$。從 $\hat{x}[n]$ 減去 $\hat{x}_{min}[n]$，我們可以從 $\hat{x}[n]$ 得到複數倒頻譜 $\hat{x}_{ap}[n]$，即

$$\hat{x}_{ap}[n] = \hat{x}[n] - \hat{x}_{min}[n]$$

我們對於序列 $\hat{x}_{min}[n]$ 和 $\hat{x}_{ap}[n]$ 使用 D_*^{-1} 這個轉換，可以得到 $x_{min}[n]$ 和 $x_{ap}[n]$。

雖然以上所提用來求出 $x_{min}[n]$ 和 $x_{ap}[n]$ 的概要方式在理論上是正確的，但是在實做上必須明確地求出複數倒頻譜 $\hat{x}[n]$ 的值。如果我們只想求出 $x_{min}[n]$ 和 $x_{ap}[n]$，其實可以避免求出複數倒頻譜的值和所需要的相位還原計算。圖 13.7 的方塊圖說明了我們所使用的基本策略。這個系統是建立在以下事實：

$$X_{ap}(e^{j\omega}) = \frac{X(e^{j\omega})}{X_{min}(e^{j\omega})} \tag{13.84a}$$

因此，$X_{ap}(e^{j\omega})$ 的強度爲

$$|X_{ap}(e^{j\omega})| = \frac{|X(e^{j\omega})|}{|X_{min}(e^{j\omega})|} = 1 \tag{13.84b}$$

以及相位為

$$\angle X_{ap}(e^{j\omega}) = \angle X(e^{j\omega}) - \angle X_{min}(e^{j\omega}) \tag{13.84c}$$

因為 $x_{ap}[n]$ 是從 $e^{j\angle X_{ap}(e^{j\omega})}$ 的 IDTFT 所求得（也就是說，$|X_{ap}(e^{j\omega})|=1$），所以只需要知道或是指定在 (13.84c) 式中每一個相位函數除以 2π 的餘數，因此，即使作為圖 13.7 所概要說明的演算法的自然結果，$\angle X_{min}(e^{j\omega}) = \mathcal{I}m\{\hat{X}_{min}(e^{j\omega})\}$ 也將是連續的相位函數，而 $\angle X(e^{j\omega})$ 可以用除以 2π 的餘數當作結果。

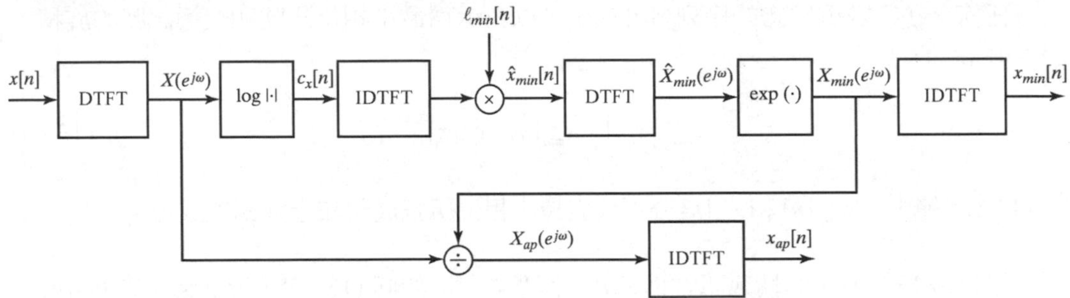

圖 13.7 使用複數倒頻譜進行解旋積的方塊圖，將序列分解為最小相位成份和全通成份

13.8.2 最小相位/最大相位訊號的同態解旋積

一個序列的另一種表示法是表示成最小相位序列和最大相位序列的旋積，如下所示：

$$x[n] = x_{mn}[n] * x_{mx}[n], \tag{13.85}$$

此處的 $x_{mn}[n]$ 和 $x_{mx}[n]$ 分別代表最小相位訊號成份和最大相位訊號成份[⑧]。這個情形所對應到的複數倒頻譜為

$$\hat{x}[n] = \hat{x}_{mn}[n] + \hat{x}_{mx}[n] \tag{13.86}$$

如果要從 $x[n]$ 抽取出 $x_{mn}[n]$ 和 $x_{mx}[n]$，我們將 $\hat{x}_{mn}[n]$ 指定為

$$\hat{x}_{mn}[n] = \ell_{mn}[n]\hat{x}[n], \tag{13.87a}$$

此處

$$\ell_{mn}[n] = u[n] \tag{13.87b}$$

⑧ 一般說來，(13.85) 式中的最小相位訊號成份 $x_{mn}[n]$ 和 (13.83) 式中的最小相位訊號成份 $x_{min}[n]$ 是不同的序列。

類似的，我們將 $\hat{x}_{mx}[n]$ 指定爲

$$\hat{x}_{mx}[n] = \ell_{mx}[n]\hat{x}[n] \tag{13.88a}$$

其中

$$\ell_{mx}[n] = u[-n-1] \tag{13.88b}$$

從 $\hat{x}_{mn}[n]$ 和 $\hat{x}_{mx}[n]$ 可以用特徵反系統 $D_*^{-1}[\cdot]$ 的輸出求出 $x_{mn}[n]$ 和 $x_{mx}[n]$，(13.85) 中進行訊號分解所需要的運算圖示於圖 13.8。將序列分解爲最小相位和最大相位成份的方法已經被 Smith 和 Barnwell (1986) 用來設計濾波器組。注意到我們已經任意指定了 $\hat{x}[0]$ 到 $\hat{x}_{mn}[0]$ 的值，而且令 $\hat{x}_{mx}[0]=0$。明顯的，也可以用不同的組合，這是因爲我們所必須滿足的關係只有 $\hat{x}_{mn}[0]+\hat{x}_{mx}[0]=\hat{x}[0]$。

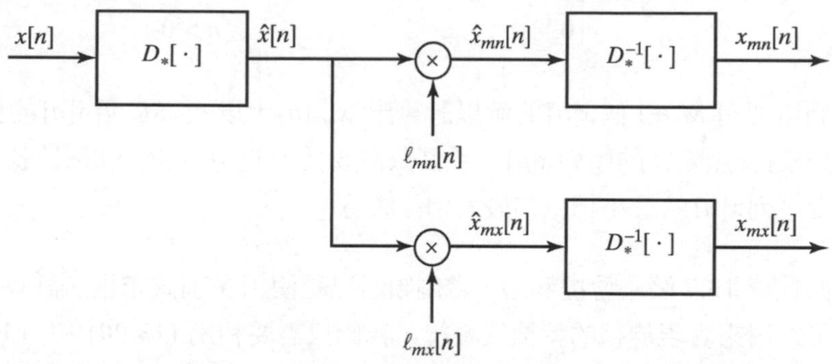

圖 13.8 同態解旋積的方塊圖，將序列分解為最小相位成份和最大相位成份

對於有限長度序列而言，將第 13.6.4 節的遞迴公式和 (13.85) 的表示式組合起來，可以得到一個有趣的結果。明白地說，雖然有限長度序列有無限長的複數倒頻譜，我們可以證明，對於長度爲 $M+1$ 的輸入序列而言，只需要 $M+1$ 個 $\hat{x}[n]$ 的值就可求出 $x[n]$。要知道原因，考慮 (13.85) 式的 z 轉換，即

$$X(z) = X_{mn}(z)X_{mx}(z) \tag{13.89a}$$

此處

$$X_{mn}(z) = A\prod_{k=1}^{M_i}(1-a_k z^{-1}), \tag{13.89b}$$

$$X_{mx}(z) = \prod_{k=1}^{M_o}(1-b_k z) \tag{13.89c}$$

其中的$|a_k|<1$且$|b_k|<1$。注意到，我們忽略了 M_o 個樣本的延遲量，對於因果序列而言將會需要這個延遲量，使得在$0\le n\le M_i$範圍外的 $x_{mn}[n]=0$，且在$-M_o\le n\le 0$範圍外的 $x_{mx}[n]=0$。因爲序列 $x[n]$ 是 $x_{mn}[n]$ 和 $x_{mx}[n]$ 的旋積，所以 $x[n]$ 在$-M_o\le n\le M_i$範圍內有非零值，使用先前的遞迴公式，我們可以寫出

$$x_{mn}[n]=\begin{cases}0, & n<0,\\ e^{\hat{x}[0]}, & n=0,\\ \hat{x}[n]x_{mn}[0]+\sum_{k=0}^{n-1}\left(\frac{k}{n}\right)\hat{x}[k]x_{mn}[n-k], & n>0\end{cases} \tag{13.90}$$

以及

$$x_{mx}[n]=\begin{cases}\hat{x}[n]+\sum_{k=n+1}^{0}\left(\frac{k}{n}\right)\hat{x}[k]x_{mx}[n-k], & n<0,\\ 1, & n=0,\\ 0, & n>0\end{cases} \tag{13.91}$$

明顯的，我們需要有 M_i+1 個 $\hat{x}[n]$的值以計算出 $x_{mn}[n]$，以及 M_o 個 $\hat{x}[n]$的值以計算出 $x_{mx}[n]$。因此，對於無限長的序列 $\hat{x}[n]$，我們只需要其中的 M_i+M_o+1個值就可以完全復原出有限長度序列 $x[n]$的最小相位和最大相位成份。

就像我們在第 13.7 節中曾提到過，當倒頻譜已經使用多項式求根法計算出來，以上得到的結果可以用來實現旋積的特徵反系統，我們只需要利用 (13.90) 和 (13.91) 節的遞迴式計算出 $x_{mn}[n]$ 和 $x_{mx}[n]$，然後利用以下旋積 $x_{mn}[n]=x_{mn}[n]*x_{mx}[n]$重建出原始訊號。

13.9 簡單多路徑模型的複數倒頻譜

如同範例 13.1 所討論的一樣，將接收到的訊號表示爲傳送出去的訊號和脈衝列的旋積，可以當作是高度簡化過的多路徑模型或是反射模型，明確地說，令 $v[n]$ 代表傳送出去的訊號，$p[n]$ 代表多路徑通道或是其他會產生多重回音的系統的脈衝響應，則

$$x[n]=v[n]*p[n] \tag{13.92a}$$

或是以 z 轉換可表示爲

$$X(z)=V(z)P(z) \tag{13.92b}$$

在本節的分析中，我們假設 $p[n]$ 的形式如下：

$$p[n]=\delta[n]+\beta\delta[n-N_0]+\beta^2\delta[n-2N_0] \tag{13.93a}$$

則 $p[n]$ 的 z 轉換為

$$P(z) = 1 + \beta z^{-N_0} + \beta^2 z^{-2N_0} = \frac{1-\beta^3 z^{-3N_0}}{1-\beta z^{-N_0}} \tag{13.93b}$$

舉例來說，$p[n]$ 或許是多路徑通道或是其他會產生多重回音的系統的脈衝響應，回音的間隔為 N_0 和 $2N_0$。我們可以將 $v[n]$ 這個成份當作二階系統的脈衝響應，即

$$V(z) = \frac{b_0 + b_1 z^{-1}}{(1-re^{j\theta}z^{-1})(1-re^{-j\theta}z^{-1})}, \quad |z|>|r| \tag{13.94a}$$

在時域上，$v[n]$ 可以表示為

$$v[n] = b_0 w[n] + b_1 w[n-1], \tag{13.94b}$$

此處

$$w[n] = \frac{r^n}{4\sin^2\theta}\{\cos(\theta n) - \cos[\theta(n+2)]\}u[n], \quad \theta \neq 0, \pi \tag{13.94c}$$

圖 13.9 是 $X(z) = V(z)P(z)$ 這個 z 轉換的零點－極點分佈圖，使用的參數為 $b_0 = 0.98$、$b_1 = 1$、$\beta = r = 0.9$、$\theta = \pi/6$ 和 $N_0 = 15$。圖 13.10 則顯示出使用這些參數的 $v[n]$、$p[n]$ 和 $x[n]$ 這些訊號。如同圖 13.10 所示，類似脈衝的訊號 $v[n]$ 和脈衝響應 $p[n]$ 的旋積得到的是一連串的延遲的 $v[n]$ 複本被疊加在一起。

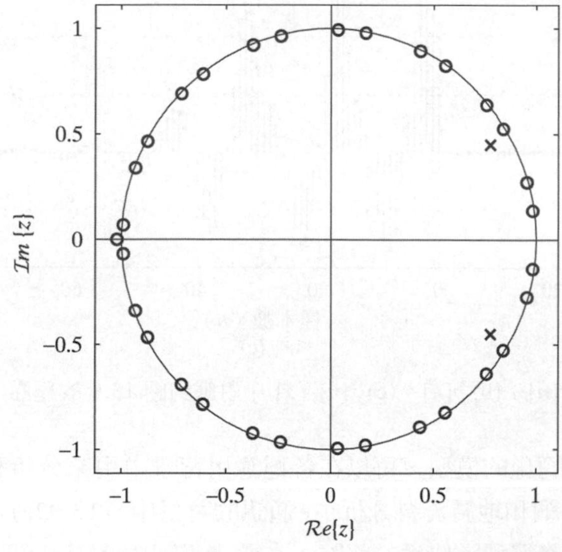

圖 13.9　對於圖 13.10 中的範例訊號而言，$X(z) = V(z)P(z)$ 這個 z 轉換的極點－零點分佈圖

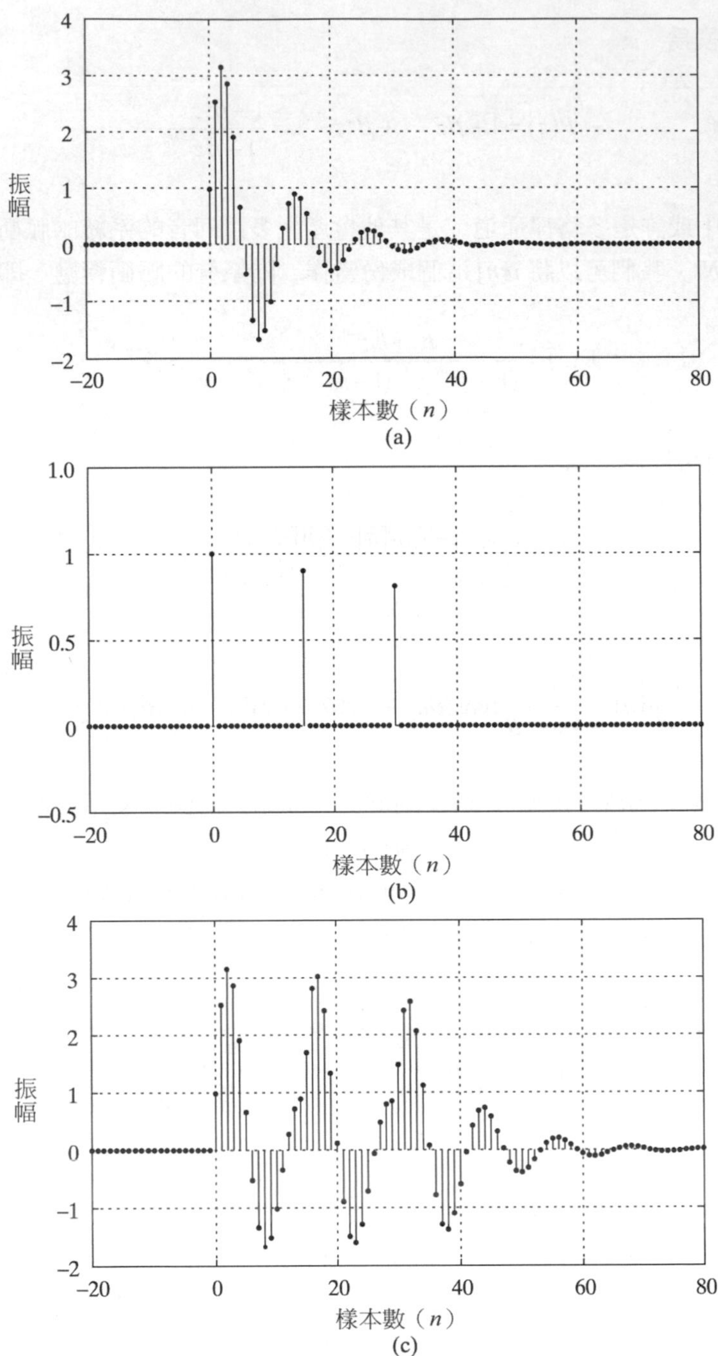

圖 13.10 (a) $v[n]$；(b) $p[n]$；(c) $x[n]$。$x[n]$ 對應到圖 13.9 的極點－零點分佈圖

這個訊號是一個簡化的模型，可以在各種應用背景中用來分析和處理訊號，包括通訊系統、語音處理、聲納和地震資料分析。在通訊的背景中，(13.92a) 和 (13.92b) 式的 $v[n]$ 可以代表一個透過多路徑通道傳送的訊號。在語音處理中，$v[n]$ 可以代表聲門脈衝的形狀加上聲道共振所組合在一起的效應，而 $p[n]$ 則代表發出有聲音時的聲音刺激，像是母

音（Flanagan, 1972; Rabiner and Schafer, 1978; Quatieri, 2002）。(13.94a) 式只表現出一次共振，然而在一般化的語音模型中，一般而言分母都包含了至少 10 個複數極點。在地震資料分析中，$v[n]$ 可以代表在地底下傳播的聲音脈衝的波形，來自於炸藥爆炸或是類似的擾動，而脈衝成份 $p[n]$ 則代表在地層邊界因爲不同的傳播特型而發生的反射。在實際使用這樣的模型時，常有比 (13.93a) 式所假設的數目更多的脈衝在 $p[n]$ 之中，而且脈衝之間的間隔也常常並不相等。而且，$V(z)$這個成份一般而言經常有多得多的零點，模型中也經常沒有極點（Ulrych, 1971; Tribolet, 1979; Robinson and Treitel, 1980）。

雖然以上所討論的模型在典型的應用中是高度簡化的表示法，但是它可以得到確實的公式，便於和取樣後的訊號所得到的結果進行比較計，所以有著解析上的方便性和實用性。此外，如果一個訊號的 z 轉換是有理函數，我們將會看到此訊號倒頻譜的所有重要性質都可以用這個簡單的模型加以說明。

我們將在第 19.3.1 節中解析地計算出接收到的訊號 $x[n]$ 的複數倒頻譜，在 19.3.2 節我們將說明如何使用 DFT 計算數倒頻譜，在第 19.3.3 節中我們將說明同態解旋積的技巧。

13.9.1 以 z 轉換分析法計算複數倒頻譜

爲了要求出 $\hat{x}[n]$ 的方程式，也就是在 (13.92a) 式的簡單模型中，求出 $x[n]$ 的複數倒頻譜，我們使用以下的關係式：

$$\hat{x}[n] = \hat{v}[n] + \hat{p}[n], \tag{13.95a}$$

$$\hat{X}(z) = \hat{V}(z) + \hat{P}(z), \tag{13.95b}$$

$$\hat{X}(z) = \log[X(z)], \tag{13.95c}$$

$$\hat{V}(z) = \log[V(z)] \tag{13.95d}$$

以及

$$\hat{P}(z) = \log[P(z)] \tag{13.96c}$$

要求出 $\hat{v}[n]$ ，我們可以直接利用第 13.5 節的結果。明確地說，爲了將 $V(z)$ 表示成 (13.29) 的形式，我們首先注意到對於圖 13.9 中的特定訊號 $X(z)$ 而言，$V(z)$ 的極點位於單位圓內，零點位在單位圓外（ $r = 0.9$ 和 $b_0 / b_1 = 0.8$ ），因此，根據 (13.29)，我們可以將 $V(z)$ 寫成

$$V(z) = \frac{b_1 z^{-1}(1 + (b_0 / b_1)z)}{(1 - re^{j\theta}z^{-1})(1 - re^{-j\theta}z^{-1})}, \quad |z| > |r| \tag{13.97}$$

如同第 13.5 節所討論，z^{-1} 這一項貢獻出一個線性成份給還原的相位函數，因此強迫 $\hat{\upsilon}[n]$ 的 DTFT 在 $\pm\pi$ 處出現不連續點，所以 $\hat{V}(z)$ 在單位圓上將不是解析函數。爲了避免這個問題，我們可以將 $\upsilon[n]$（ $x[n]$ 也是）平移一個樣本，所以取而代之的是計算 $\upsilon[n+1]$ 的複數倒頻譜，因此，也是計算 $x[n+1]$ 的複數倒頻譜。如果在處理完複數倒頻譜之後想要重新合成 $\upsilon[n]$ 或 $x[n]$ ，要記得作過了時間平移，並且在最終的輸出將其補償回來。

將 $\upsilon[n]$ 換成 $\upsilon[n+1]$ 之後，相對應的 z 轉換 $V(z)$ 也要換成 $zV(z)$ ，所以現在所考慮的 $V(z)$ 可以表示爲以下形式：

$$V(z)=\frac{b_1(1+(b_0/b_1)z)}{(1-re^{j\theta}z^{-1})(1-re^{-j\theta}z^{-1})} \tag{13.98}$$

根據 (13.36a) 到 (13.36c) 式，我們可以將 $\hat{\upsilon}[n]$ 明確地表示爲

$$\hat{\upsilon}[n]=\begin{cases}\log b_1, & n=0, \quad (13.99a)\\ \dfrac{1}{n}(re^{j\theta})^n+(re^{-j\theta})^n], & n>0, \quad (13.99b)\\ \dfrac{1}{n}\left(\dfrac{-b_0}{b_1}\right)^{-n}, & n<0 \quad (13.99c)\end{cases}$$

我們可以利用 $\hat{P}(z)$ 的逆 z 轉換求出 $\hat{p}[n]$ ，根據 (13.93b) 式， $\hat{P}(z)$ 爲

$$\hat{P}(z)=\log(1-\beta^3z^{-3N_0})-\log(1-\beta z^{-N_0}) \tag{13.100}$$

在我們的例子中，參數 $\beta=0.9$ ，因此 $|\beta|<1$ 。如果要計算出 (13.100) 式的逆 z 轉換，方式之一是使用 $\hat{P}(z)$ 的冪級數展開式，明確地說，因爲 $|\beta|<1$ ，所以

$$\hat{P}(z)=-\sum_{k=1}^{\infty}\frac{\beta^{3k}}{k}z^{-3N_0k}+\sum_{k=1}^{\infty}\frac{\beta^k}{k}z^{-N_0k} \tag{13.101}$$

根據上式我們可以求出 $\hat{p}[n]$ 如下

$$\hat{p}[n]=-\sum_{k=1}^{\infty}\frac{\beta^{3k}}{k}\delta[n-3N_0k]+\sum_{k=1}^{\infty}\frac{\beta^k}{k}\delta[n-N_0k] \tag{13.102}$$

另外一個求出 $\hat{p}[n]$ 的方法是根據我們在習題 13.28 所發展出來的性質。

根據 (13.95a) 式， $x[n]$ 的複數倒頻譜爲

$$\hat{x}[n]=\hat{\upsilon}[n]+\hat{p}[n] \tag{13.103}$$

此處的 $\hat{v}[n]$ 和 $\hat{p}[n]$ 分別由 (13.99a) 到 (13.99c) 以及 (13.102) 式所給出，$\hat{v}[n]$、$\hat{p}[n]$ 和 $\hat{x}[n]$ 這些序列顯示在圖 13.11。

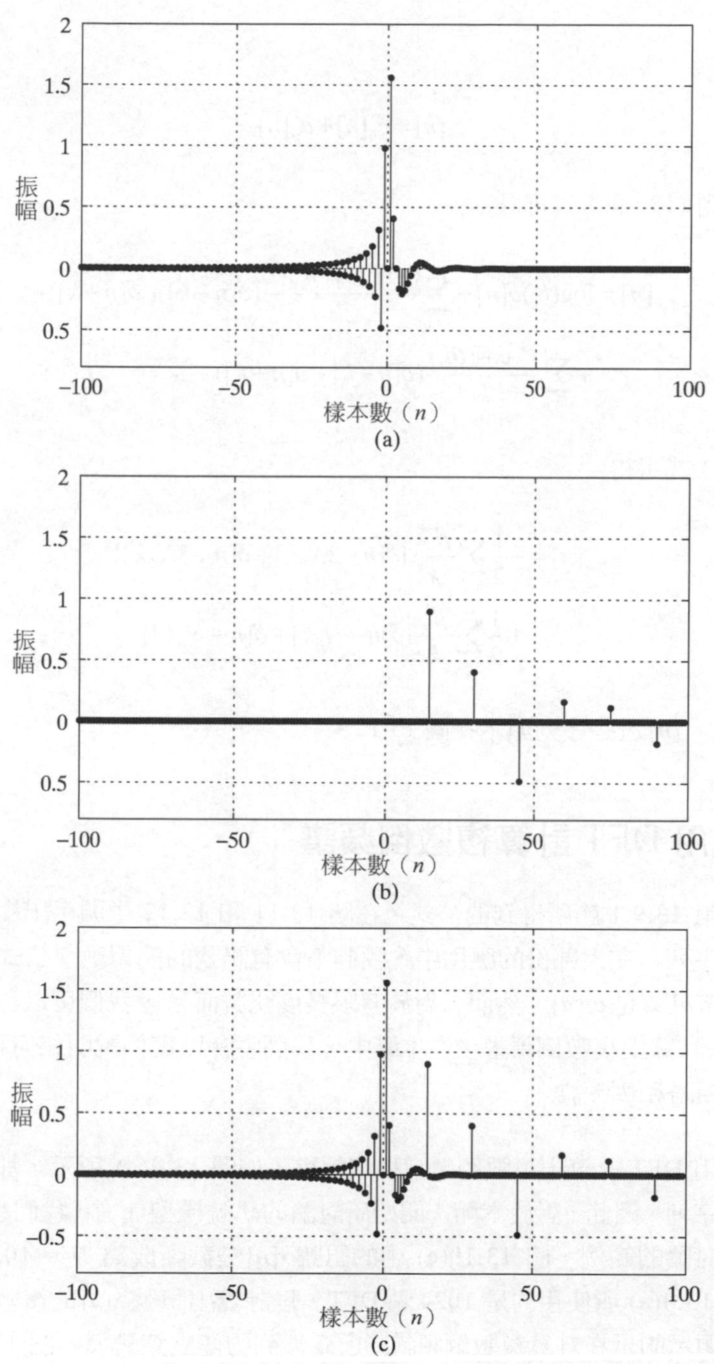

圖 13.11　(a) $\hat{v}[n]$；(b) $\hat{p}[n]$；(c) $\hat{x}[n]$

$x[n]$的倒頻譜$c_x[n]$是$\hat{x}[n]$的偶成份，即

$$c_x[n] = \tfrac{1}{2}(\hat{x}[n] + \hat{x}[-n]) \tag{13.104}$$

此外，

$$c_x[n] = c_v[n] + c_p[n] \tag{13.105}$$

根據 (13.99a) 到 (13.99c) 式可得

$$\begin{aligned} c_v[n] = \log(b_1)\delta[n] &+ \sum_{k=1}^{\infty}\frac{(-1)^k(b_0/b_1)^{-k}}{2k}(\delta[n-k]+\delta[n+k]) \\ &+ \sum_{k=1}^{\infty}\frac{r^k\cos(\theta k)}{k}(\delta[n-k]+\delta[n+k]) \end{aligned} \tag{13.106a}$$

而根據 (13.102) 式可得

$$\begin{aligned} c_p[n] = &-\frac{1}{2}\sum_{k=1}^{\infty}\frac{\beta^{3k}}{k}\{\delta[n-3N_0k]+\delta[n+3N_0k]\} \\ &+\frac{1}{2}\sum_{k=1}^{\infty}\frac{\beta^{k}}{k}\{\delta]n-N_0k]+\delta[n+N_0k]\} \end{aligned} \tag{13.106b}$$

$c_v[n]$、$c_p[n]$ 和$c_x[n]$這些序列顯示在圖 13.12。

13.9.2 使用 DFT 計算複數倒頻譜

我們利用第 13.9.1 節所得到的公式，在圖 13.11 和 13.12 中顯示出複數倒頻譜和相對應的倒頻譜序列。在大部份的應用中，我們不會有訊號的簡單數學公式，因此也無法用公式計算出$\hat{x}[n]$或是$c_x[n]$。然而，對於有限長度訊號而言，我們可以利用多項式求根法或是 DFT 法計算出複數倒頻譜。在本節中，我們將會以實例說明如何利用 DFT 計算$x[n]$的複數倒頻譜和倒頻譜。

如果要使用 DFT 計算出複數倒頻譜和倒頻譜，如圖 13.4(a) 所示，那麼輸入訊號必須是有限長度序列，因此，對於本節一開始所討論的訊號模型而言，我們必須截斷$x[n]$。對於本小節所討論的範例，圖 13.10(c) 中的訊號$x[n]$被截斷成爲 $N = 1024$ 個樣本的序列，而且在圖 13.4(a) 所使用的是 1024 點 DFT，以計算出訊號$x[n]$的複數倒頻譜和倒頻譜。圖 13.13 顯示的是在計算複數倒頻譜時所牽涉到的傅立葉轉換。圖 13.13(a) 顯示的是$x[n]$的 1024 個樣本的 DFT 強度對數值，我們在圖中將這些計算出來的樣本點連接起來，用來試著說明這個有限長度輸入序列的 DTFT 的樣子。圖 13.13(b) 顯示的是相位函數的主值，注意到，當相位值超過$\pm\pi$時，此相位值對於2π取餘數所產生的不連續性，

圖 13.13(c) 顯示出「還原的」連續相位函數，如同我們在第 13.6.1 節所討論的情形。在以上的討論中，如果仔細地比較圖 13.13(b) 和 13.13(c) 就會發現，很明顯的，來自於一個樣本的延遲的線性相位成份已經被移除，所以還原後的相位函數在 0 和 π 是連續的。因此，圖 13.13(c) 顯示的連續相位函數所對應到的序列是 $x[n+1]$，而不是 $x[n]$。

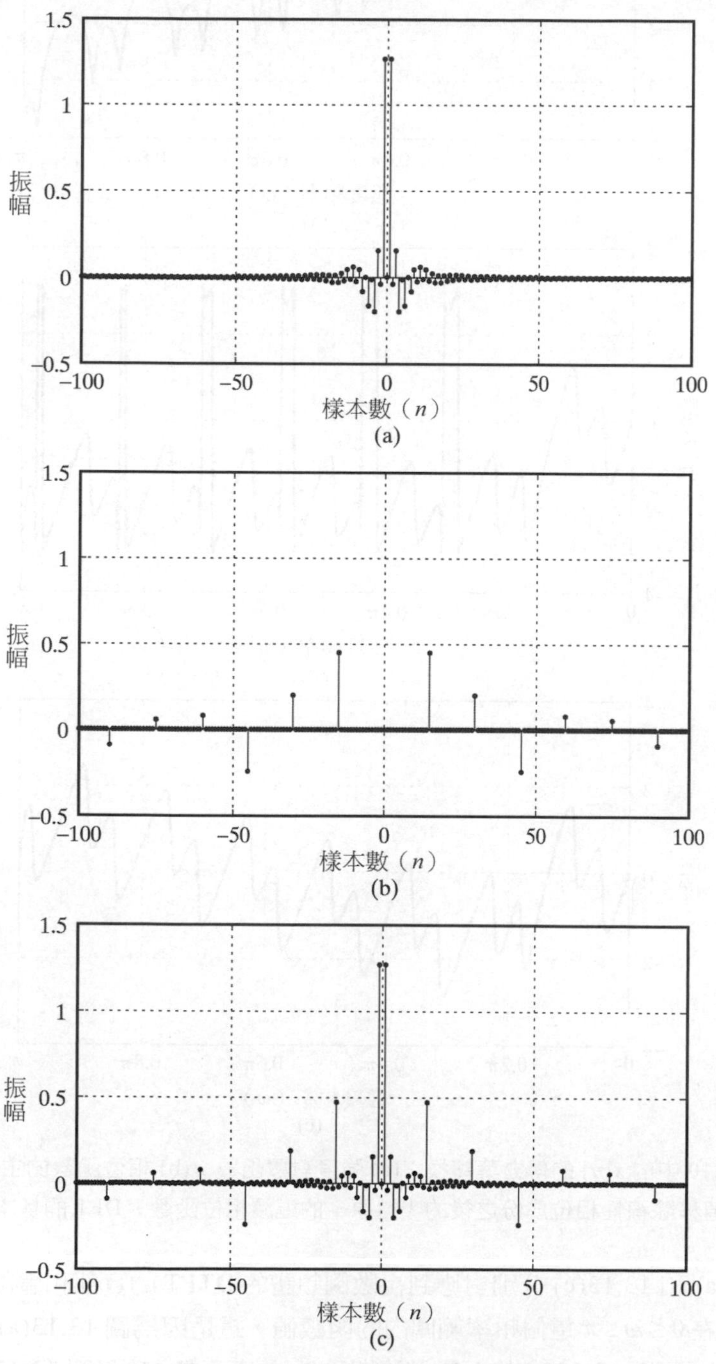

圖 13.12 (a) $c_v[n]$；(b) $c_p[n]$；(c) $c_x[n]$

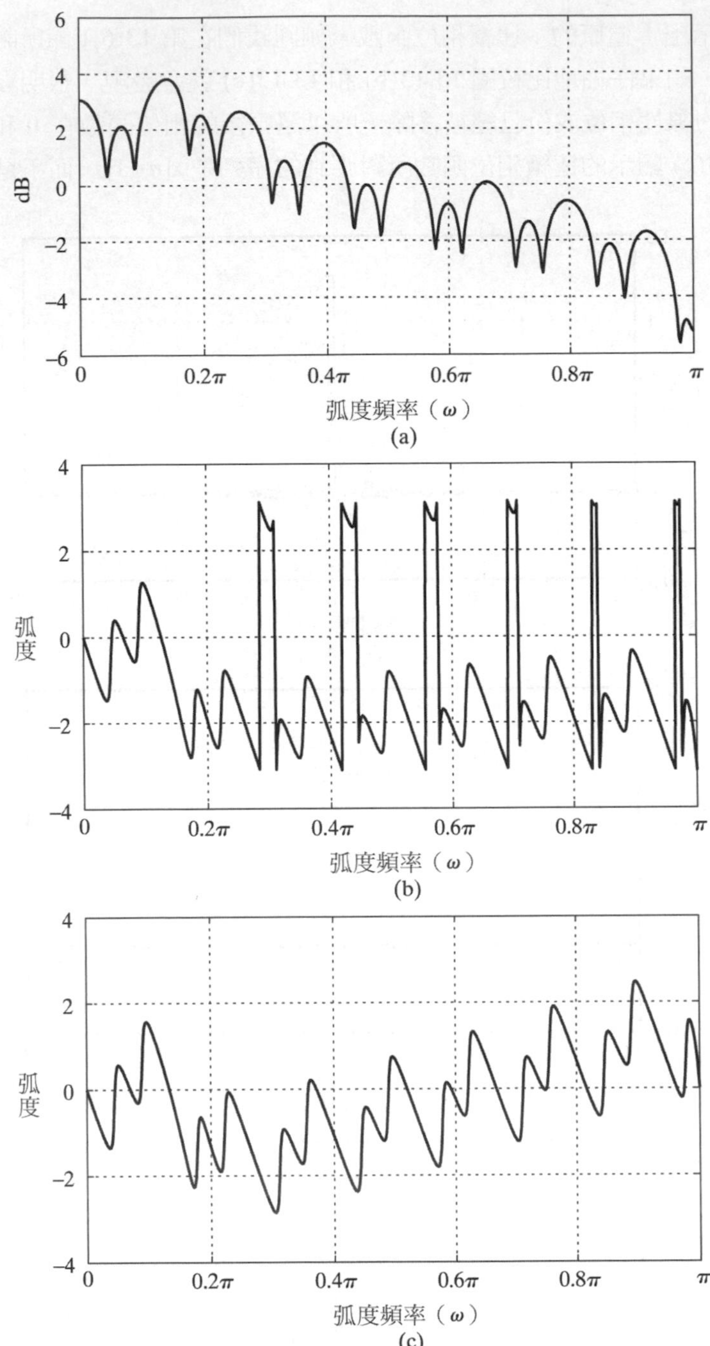

圖 13.13 圖 13.10 中的 $x[n]$ 的傅立葉轉換：(a) 強度對數函數；(b) 相位函數的主值；(c) 從 (b) 圖的主值移除線性相位成份之後的「還原」的連續相位函數。DFT 的樣本點以直線連接

圖 13.13(a) 和 13.13(c) 分別對應到複數倒頻譜的 DTFT 的實部和虛部的樣本值，我們只有顯示出在 $0 \leq \omega \leq \pi$ 這個頻率範圍內的函數值，這是因爲圖 13.13(a) 的函數是週期爲 2π 的偶函數，而圖 13.13(c) 的函數是週期爲 2π 的奇函數。檢視圖 13.13(a) 和 13.13(c)

之後，我們注意到這兩個函數看起來都有變動得很快的（頻率上的）週期成份加上變動得較慢的成份。事實上，週期變動的成份對應到的是 $\hat{P}(e^{j\omega})$，而變動得較慢的成份對應到的是 $\hat{V}(e^{j\omega})$。

圖 13.14(a) 顯示的是 DFT 的複數對數的 IDFT，也就是時域交疊的複數倒頻譜 $\hat{x}_p[n]$。注意到位於 $N_0 = 15$ 的整數倍之處的脈衝，這些脈衝是由 $\hat{p}[n]$ 所產生，對應到的是在 DFT 的對數函數所觀察到的變動得很快的週期成份。我們也看到因為輸入訊號不是最小相位訊號，所以當 $n < 0$ 複數倒頻譜的值不為零[9]。

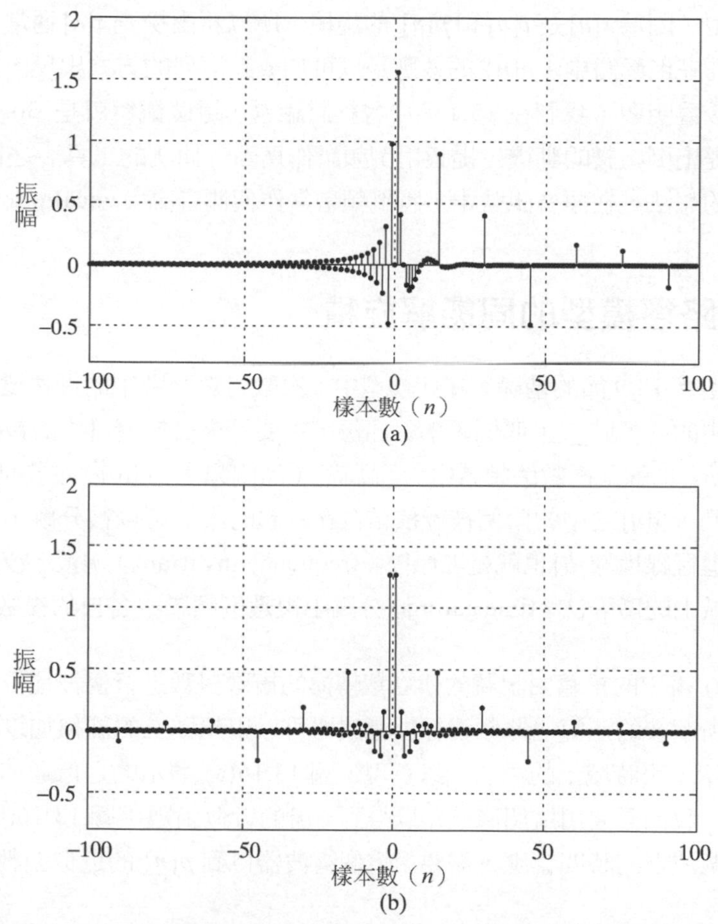

圖 13.14 (a) 圖 13.10(c) 所示序列的複數倒頻譜 $\hat{x}_p[n]$；(b) 圖 13.10(c) 所示序列的倒頻譜 $c_x[n]$

---

[9] 當我們使用 DFT 求得圖 13.13(a) 和 13.13(c) 的逆傅立葉轉換時，和 $n<0$ 有關的值正常來說都出現在 $N/2<n\leq N-1$ 的範圍內。但是傳統上，顯示時間序列的時候時間原點 $n=0$ 會放在圖的中心，因此，我們已經將 $\hat{x}_p[n]$ 重新定位，而且只畫出總數為 201 的樣本點，而且對稱於 $n=0$。

因爲計算 DFT 時使用了大量的樣本點，所以時域交疊的複數倒頻譜值和正確值之間的差距很小，對於產生出圖 13.10 的輸入訊號所使用的參數值，我們可以計算 (13.99a) 到 (13.99c)、(13.102) 和 (13.103) 式的值而求出複數倒頻譜的正確值。

圖 13.14(b) 顯示的是此例中的時域交疊複數倒頻譜 $c_{xp}[n]$，和複數複數倒頻譜的情形相同，位於 15 的整數倍之處的有明顯的脈衝，對應到的是在 DFT 的強度對數函數中的週期成份。

如同我們在本節一開始所提到的，訊號 $v[n]$ 和像是 $p[n]$ 的脈衝列兩者的旋積是多重回音的訊號模型，因爲 $x[n]$ 是 $v[n]$ 和 $p[n]$ 的旋積，所以藉由檢查 $x[n]$ 通常不容易偵測出回音的時間。而在倒頻譜中，$p[n]$ 的效應是以可加成脈衝列的方式出現，所以回音的外觀和位置通常較爲明顯。我們在 13.1 節中曾經討論過，這個觀察就是 Bogert、Healy 和 Tukey (1963) 提出倒頻譜的動機，提議用倒頻譜作爲回音偵測的工具。之後 Noll (1967) 也使用了相同的想法，在語音訊號中，將倒頻譜當作偵測音高（vocal pitch）的基礎。

13.9.3 多路徑模型的同態解旋積

多路徑模型是 13.9 節的基礎，在此模型中，複數對數函數中的慢速變化成份，也就是複數倒頻譜中的「低時」（低倒頻率）部份，主要是來自於 $v[n]$；而複數對數函數中的快速變化成份，也就是複數倒頻譜中的「高時」（高倒頻率）部份，主要是來自於 $p[n]$。這件事告訴我們，$x[n]$ 之中的兩個被旋積結合在一起的成份可以被分離，方式是對傅立葉轉換的對數進行線性濾波[也就是非頻變（frequency invariant）濾波，或是等效於利用加窗法或是時域上的區隔法（time gating）分離出複數倒頻譜中各自的複數倒頻譜成份。

圖 13.15(a) 畫出的是藉由訊號的傅立葉轉換的複數對數進行濾波運算以分離旋積在一起的成份時所牽涉的運算。非頻變線性濾波器可以用頻域上的旋積加以實現，或是如圖 13.15(b) 所示，用時域上的乘法加以實現。圖 13.16(a) 顯示的是低通非頻變線性濾波器的時間響應，我們需要用這個濾波器以得到 $v[n]$ 的近似函數；圖 13.16(b) 顯示的是高通非頻變線性濾波器的時間響應，需要用這個濾波器得到 $p[n]$ 的近似函數[⑩]。

圖 13.17 顯示的是低通非頻變濾波運算後的結果，在圖 13.17(a) 和 13.17(b) 中變動得較快的訊號是輸入訊號的傅立葉轉換的複數對數，也就是複數倒頻譜的傅立葉轉換。圖 13.17(a) 和 13.17(b) 中變動得較慢的曲線（以虛線表示）分別是 $\hat{y}[n]$ 的傅立葉轉換的實部和虛部，此時非時變系統 $\ell[n]$ 的形式是如同圖 13.16(a) 所示，參數分別是 $N_1 = 14$ 與

---

⑩ 圖 13.16 假設 $D_*[\cdot]$ 和 $D_*^{-1}[\cdot]$ 這兩個系統和圖 13.4 一樣是用 DFT 來實現。

$N_2 = 14$，而且用圖 13.15 的系統加以實現，系統中使用的 DFT 長度 $N = 1024$。圖 13.17(c) 顯示的是相對應的輸出訊號 $y[n]$。這個序列近似於從同態解旋積所得到的 $\upsilon[n]$，如果要知道 $y[n]$ 和 $\upsilon[n]$ 之間的關係，可以回想我們在復原相位的時候，移除了線性相位成份，對應到的是平移一個樣本的 $\upsilon[n]$。因此，圖 13.17(c) 中的 $y[n]$ 對應到的是從同態解旋積所得到的 $\upsilon[n+1]$ 近似值。

這種類型的濾波運算一直都被成功地應用在語音訊號處理，用來復原聲道響應的資訊（Oppenheim, 1969b; Schafer and Rabiner, 1970）。而在地震訊號分析中可用來復原地震子波（seismic wavelets）（Ulrych, 1971; Tribolet, 1979）。

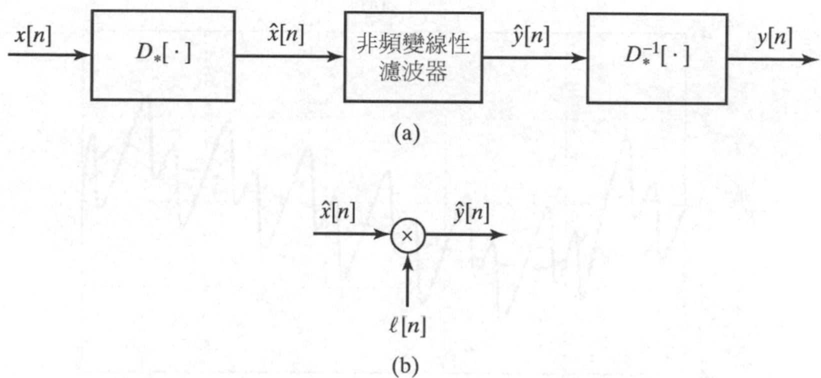

圖 13.15 (a) 同態解旋積的系統；(b) 非頻變濾波運算的時域表示法

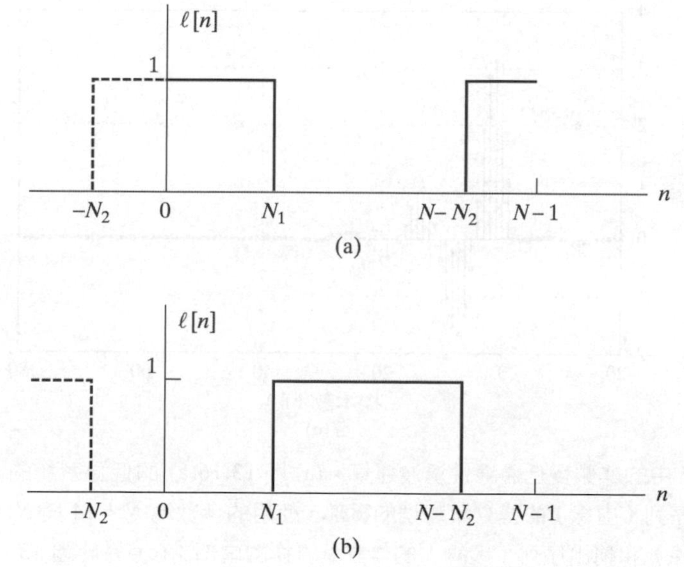

圖 13.16 同態解旋積的非頻變線性系統的時間響應。(a) 低通系統；(b) 高通系統（實線是序列 $\ell[n]$ 的包絡線，在使用 DFT 實現時會用到。虛線是將實線擴張成週期函數）

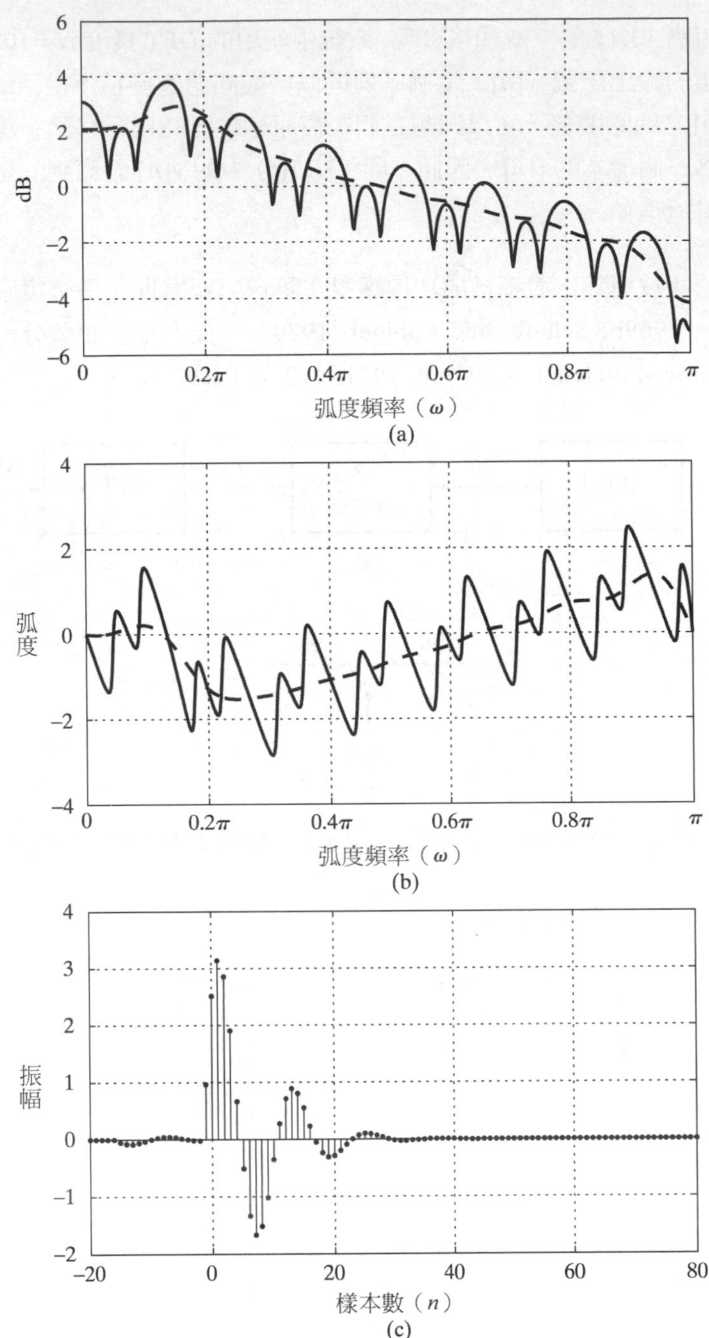

圖 13.17 圖 13.15 中的非頻變低通線性濾波運算。(a) 圖 13.16(a) 的低通系統的輸入序列（實線）和輸出序列（虛線）的傅立葉轉換的實部，使用的參數為 $N_1 = 14$ 與 $N_2 = 14$；(b) 輸入序列（實線）和輸出序列（虛線）的傅立葉轉換的虛部；(c) 對於圖 13.10(c) 的輸入訊號所得的輸出序列 $y[n]$

圖 13.18 顯示的是高通非頻變濾波的結果。圖 13.18(a) 和 (b) 中的快速變動的曲線分別是 $\hat{y}[n]$ 的傅立葉轉換的實部和虛部，此時非時變線性系統 $\ell[n]$ 的形式是如同圖

13.16(b) 所示，參數分別是 $N_1 = 14$ 與 $N_2 = 512$（也就是說負時的部份被完全移除），再一次，系統中使用 1024 點 DFT。圖 13.18(c) 顯示的是相對應的輸出訊號 $y[n]$。這個序列近似於從同態解旋積所得到的 $p[n]$。和使用複數倒頻譜以**偵測**回音或週期性的方式對照起來，這個方式是要求出脈衝列，以指定出 $v[n]$ 複本的位置和大小。

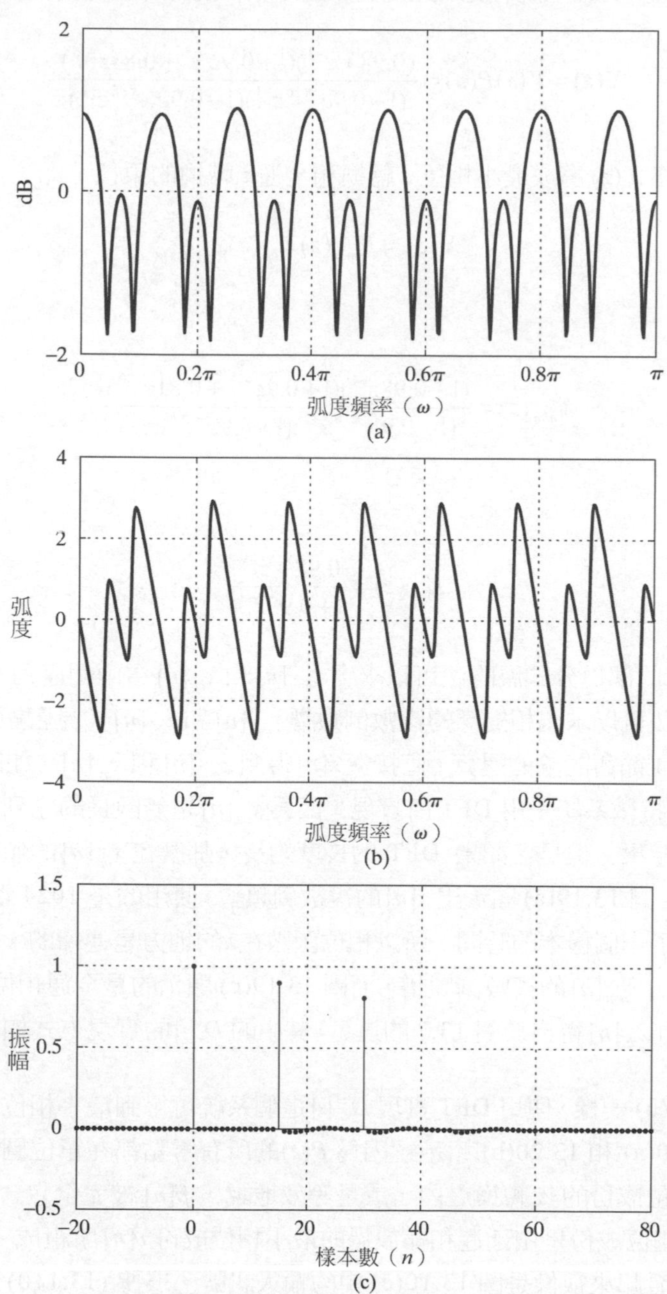

圖 13.18　圖 13.15 中的非頻變高通線性濾波運算的圖示。(a) 圖 13.16(b) 的高通非頻變系統的輸出序列的傅立葉轉換的實部，使用的參數為 $N_1 = 14$ 與 $N_2 = 512$；(b) (a) 圖的的虛部；(c) 對於圖 13.10 的輸入訊號所得的輸出序列 $y[n]$

13.9.4 最小相位分解

在 13.8.1 節中，我們討論過一些同態解旋積的方式，可以將一個序列分解為最小相位成份和全通成份，或是分解為最小相位成份和最大相位成份。我們將應用這些技巧到 13.9 節的訊號模型。明確地說，使用此範例中的參數，我們可以得到輸入序列的 z 轉換：

$$X(z)=V(z)P(z)=\frac{(0.98+z^{-1})(1+0.9z^{-15}+0.81z^{-30})}{(1-0.9e^{j\pi/6}z^{-1})(1-0.9e^{-j\pi/6}z^{-1})} \tag{13.107}$$

首先，我們可以將 $X(z)$ 寫成最小相位 z 轉換和全通 z 轉換的乘積，即

$$X(z)=X_{min}(z)X_{ap}(z), \tag{13.108}$$

其中

$$X_{min}(z)=\frac{(1+0.98z^{-1})(1+0.9z^{-15}+0.81z^{-30})}{(1-0.9e^{j\pi/6}z^{-1})(1-0.9e^{-j\pi/6}z^{-1})} \tag{13.109}$$

以及

$$X_{ap}(z)=\frac{0.98+z^{-1}}{1+0.98z^{-1}} \tag{13.110}$$

使用第 3 章的部份分式展開法可以求出 $x_{min}[n]$ 和 $x_{ap}[n]$ 這兩個序列，然後利用 13.5 節的冪級數展開法可以求出相對應的複數倒頻譜 $\hat{x}_{min}[n]$ 和 $\hat{x}_{ap}[n]$（見習題 13.25）。另一個方法是用 13.8.1 節所討論的運算，直接從 $\hat{x}[n]$ 得到 $\hat{x}_{min}[n]$ 和 $\hat{x}_{ap}[n]$，如圖 13.7 所示。如果在圖 13.7 中的特徵系統是用 DFT 所實現，因為 $x_{ap}[n]$ 是無限長的序列，所以分離出的訊號只是近似的結果。但是，如果 DFT 的長度夠長，那麼在 $x_{ap}[n]$ 的值較大的區間內近似誤差可以很小。圖 13.19(a) 顯示出 $x[n]$ 的複數倒頻譜，使用的是 1024 點 DFT。再一次，我們將 $v[n]$ 延遲了一個樣本的時間，所以相位函數在 π 的地方是連續的。圖 13.19(b) 顯示的是最小相位成份 $\hat{x}_{min}[n]$ 的複數倒頻譜，而圖 13.19(c) 顯示的是全通相位成份 $\hat{x}_{ap}[n]$ 的複數倒頻譜，此處的 $\hat{x}_{ap}[n]$ 得自於圖 13.7 的運算，其中的 $D_*[\cdot]$ 的實現方式如圖 13.4(a) 所示。

如同圖 13.4(b) 一樣，使用 DFT 實現 $D_*^{-1}[\cdot]$ 這個系統可得到最小相位和全通成份的近似值，如圖 13.20(a) 和 13.20(b) 所示。因為 $P(z)$ 的所有零點都在單位圓內，所以 $P(z)$ 都被包含在最小相位成份的 z 轉換之內，或是等效地說，$\hat{p}[n]$ 被完全包含在 $\hat{x}_{min}[n]$ 之內。因此，這個最小相位成份是由延遲和縮放過的最小相位成份 $v[n]$ 所組成。所以圖 13.20(a) 的最小相位成份看起來很像是圖 13.10(c) 中的輸入訊號。根據 (13.110) 式可以知道全通成份為

$$x_{ap}[n]=0.98\delta[n]+0.0396(-0.98)^{n-1}u[n-1] \tag{13.111}$$

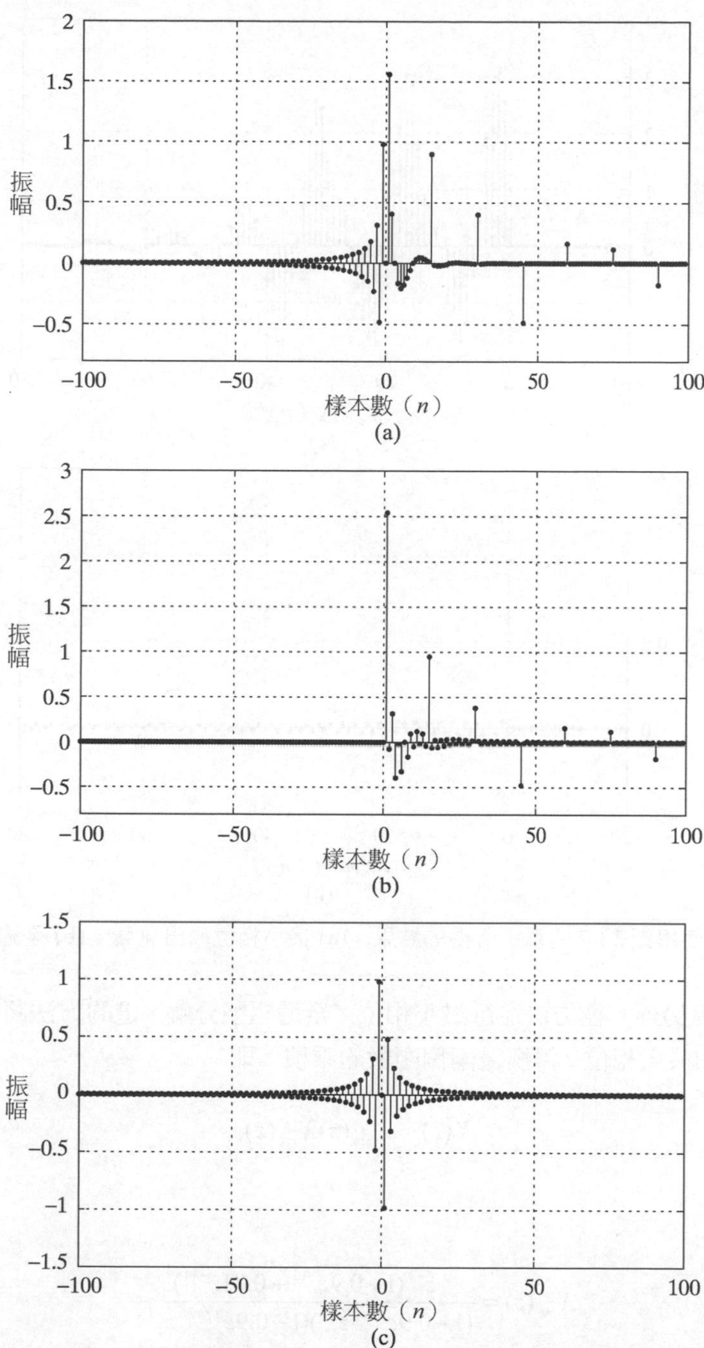

圖 13.19 (a) $x[n]=x_{min}n*x_{ap}[n]$ 的複數倒頻譜；(b) $x_{min}[n]$ 的複數倒頻譜；(c) $x_{ap}[n]$ 的複數倒頻譜

當 n 值較小，序列有較大的振幅，此時圖 13.20(b) 的結果非常接近理想的結果。這個範例所說明的訊號分解技巧已經被 Bauman, Lipshitz 和 Vanderkooy (1985) 用來分析電聲換能器（electroacoustic transducers）的響應特性，以及計算出它的特徵。類似的分解技巧也可以在設計數位濾波器時用來分解強度平方函數（見習題 13.27）。

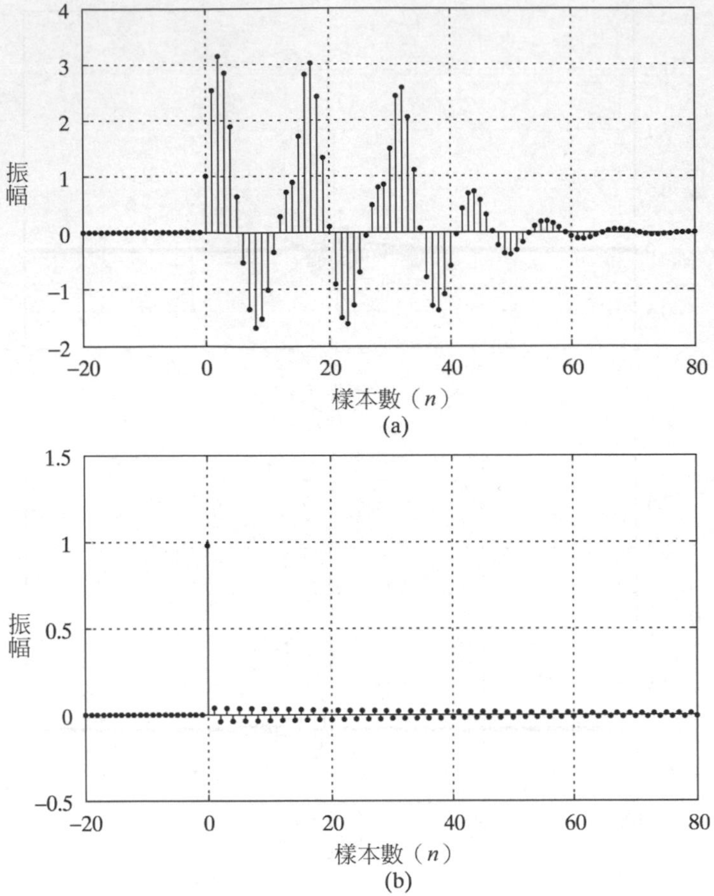

圖 13.20 使用圖 13.7 的系統所得的結果。(a) 最小相位輸出訊號；(b) 全通輸出訊號

我們可以用另外一種方法進行最小相位／全通訊號分解，這的方法將 $X(z)$ 表示爲最小相位 z 轉換和最大相位 z 轉換這兩個函數的乘積，即

$$X(z) = X_{mn}(z)X_{mx}(z), \tag{13.112}$$

其中

$$X_{mn}(z) = \frac{z^{-1}(1+0.9z^{-15}+0.81z^{-30})}{(1-0.9e^{j\pi/6}z^{-1})(1-0.9e^{-j\pi/6}z^{-1})} \tag{13.113}$$

以及

$$X_{mx}(z) = 0.98z+1 \tag{13.114}$$

使用第 3 章的部份分式展開法可以求出序列 $x_{mn}[n]$ 和 $x_{mx}[n]$，而利用第 13.5 節的冪級數技巧可以求出序列相對應的複數倒頻譜 $\hat{x}_{mn}[n]$ 和 $\hat{x}_{mx}[n]$（見習題 13.25）。此外，利

用 13.8.2 節所討論的運算，如圖 13.8 所示，也可以從 $\hat{x}[n]$ 計算出 $\hat{x}_{mn}[n]$ 和 $\hat{x}_{mx}[n]$ 的真正值，此處

$$\ell_{mn}[n] = u[n] \tag{13.115}$$

以及

$$\ell_{mx}[n] = u[-n-1] \tag{13.116}$$

也就是說，最小相位序列是定義爲複數倒頻譜的正時部份，而最大相位序列是定義爲複數倒頻譜的負時部份，如果圖 13.8 的特徵系統是用 DFT 來實現，則複數倒頻譜的負時部份的位置是在 DFT 的後半部，此時分離開的最小相位成份和最大相位成份只是近似值，這是因爲時域上有交疊現象發生，然而藉由大的 DFT 長度，可以讓時域上的交疊誤差變小。圖 13.19(a) 是 $x[n]$ 的複數倒頻譜，使用的 DFT 長度爲 1024。將 (13.87) 和 (13.88) 式應用到圖 13.19(a) 的複數倒頻譜，可以得到圖 13.21 所顯示的兩個輸出序列，就像是用 DFT 實現圖 13.8 中的特徵反系統，如圖 13.4(b) 所示。和以前一樣，因爲 $\hat{p}[n]$ 完全包含在 $\hat{x}_{mn}[n]$ 之內，所以對應到的輸出序列 $x_{mn}[n]$ 是由延遲和縮放後的最小相位序列所組成，因此，它也是看起來非常像是輸入序列。無論如何，小心地比較圖 13.20(a) 和 13.21(a) 可以發現 $x_{min}[n] \neq x_{mn}[n]$。根據 (13.114) 式可知最大相位序列爲

$$x_{mx}[n] = 0.98\delta[n+1] + \delta[n] \tag{13.117}$$

圖 13.21(b) 非常接近理想的結果（注意到訊號的平移，這是因爲在還原相位時移除了線性相位成份）。Smith 和 Barnwell (1984) 使用了這個最小相位/最大相位分解的技巧，用來設計和實現完美重建濾波器組，並且應用在語音分析和編碼。

13.9.5 推廣

第 13.9 節的範例中考慮了一個簡單的指數訊號，它和脈衝列的旋積產生了一連串指數訊號的延遲和縮放後的複本。這個模型說明了許多複數倒頻譜和同態濾波運算的特徵。

特別的是，在語音通訊和地震應用有關的一般模型中，一個合適的訊號模型是由兩個成份的旋積所組成，有一個成份的特徵和 $v[n]$ 相同，也就是傅立葉轉換的值在頻域上是緩慢變化，另一個成份的特徵和 $p[n]$ 相同，這個成份類似於回音的樣式或是類似於脈衝列，它的傅立葉轉換的值在頻域上是變化快速，而且近似於頻域上的周期函數。因此，這兩個成份的貢獻可以在複數倒頻譜或是倒頻譜上加以分開，此外，複數倒頻譜或是倒頻譜在回音延遲量的倍數部份將會包含了脈衝。因此，同態解旋積可以用來分離訊號中被旋積結合在一起的成份，而倒頻譜可以用來偵測回音的延遲量。在下一節中，我們將說明如何使用這些倒頻譜的一般性質到語音分析的應用中。

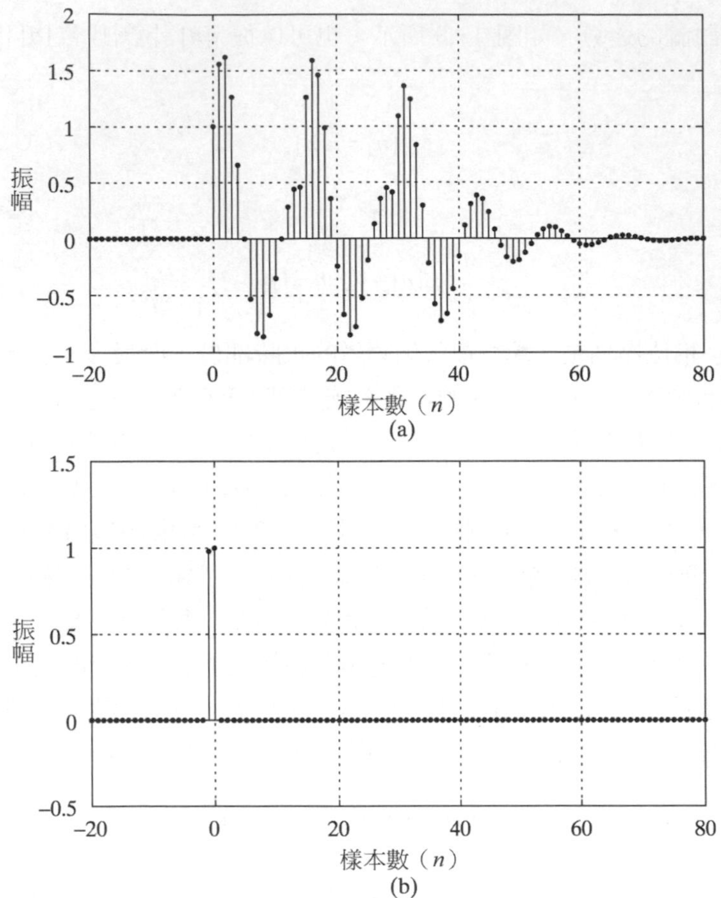

圖 13.21 使用圖 13.8 的系統所得的結果。(a) 最小相位輸出訊號；(b) 最大相位輸出訊號

13.10 應用到語音分析

倒頻譜的技術已經以不同的方式被成功地應用到語音分析中，在本小節的簡短討論裡，我們將會把先前在理論上的討論結果和第 13.9 節的範例以相當直接的方式應用到語音分析。

13.10.1 語音模型

和第 10.4.1 節中的簡短討論相同，根據聲道的激發（excitation）型態可以將語音的基本型態分成三種：

- 有聲音（voiced sounds）是由喉頭（glottis）開閉引起的類週期氣流脈衝振動聲道所產生的音。

◆ 塞擦音（fricative sounds）是在聲道處形成一個阻塞，強迫氣流通過阻塞處時會產生擾動氣流（turbulence），因而產生類似噪音摩擦的聲音。

◆ 暴擦音（plosive sounds）是藉著完全關閉聲道，在關閉處後方形成壓力並且突然釋放壓力所形成的音。

對於每一種型態，語音訊號都是來自於以寬頻的激發源激發聲道系統（一種聲音傳送系統）所產生。因為聲道的形狀改變得較慢，所以可以用慢時變的濾波器當作聲道的模型，聲道將它的頻率響應特性去影響激發源的頻譜，而聲道的特徵是它的自然頻率 [稱為共振峰（formants）]，對應到的是聲道頻率響應中的共振頻率。

如果我們假設激發源和聲道形狀之間是相互獨立的，那麼就可以得到圖 13.22 的離散時間模型，用來代表經過取樣之後的語音波形。在這個模型中，我們假設語音訊號的樣本是時變離散時間系統的輸出，而這個時變離散時間系統是聲道系統的共振模型。這個系統的激發模式在週期脈衝和隨機雜訊之間轉換，激發模式和發出的聲音型態有關。

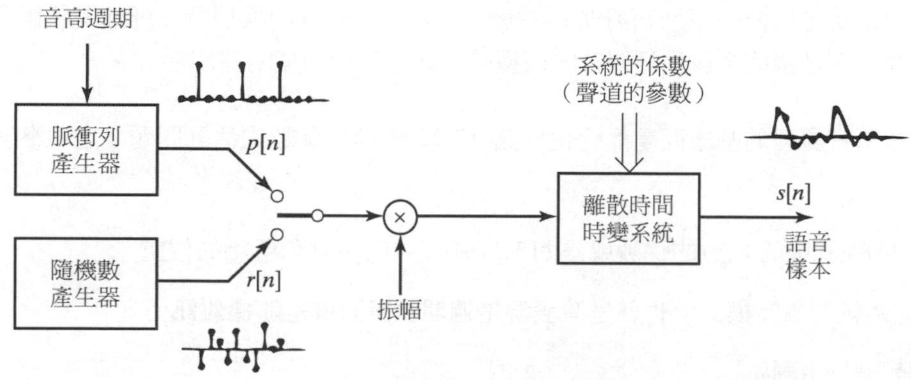

圖 13.22　語音生成的離散時間模型

因為連續語音中的聲道形狀改變得相當慢，所以假設模型中的離散時間系統具在一段長為 10 毫秒左右的時間內具有固定的特性是很合理的，因此，在這段時間內可以用 IIR 系統的係數、頻率響應或是脈衝響應來當作離散時間系統的特徵。明確地說，可以採取以下的形式當作聲道的系統函數模型

$$V(z)=\frac{\sum_{k=0}^{K} b_k z^{-k}}{\sum_{k=0}^{P} a_k z^{-k}} \tag{13.118}$$

或是

$$V(z)=\frac{Az^{-K_o}\prod_{k=1}^{K_i}(1-\alpha_k z^{-1})\prod_{k=1}^{K_o}(1-\beta_k z)}{\prod_{k=1}^{[P/2]}(1-r_k e^{j\theta_k}z^{-1})(1-r_k e^{-j\theta_k}z^{-1})} \tag{13.119}$$

此處的 $r_k e^{j\theta_k}$ $(|r_k|<1)$ 是聲道的複數自然頻率，這些量當然會和聲道形狀有關，所以也會隨著時間而改變。$V(z)$ 的零點說明了有限持續時間的喉頭脈衝波形，也說明了產生鼻音（nasal voiced sound）和塞擦音時由於聲道阻塞所導致的傳輸零點。這些零點經常不包含在模型內，這是因爲只從語音波形很難估計出它們的位置。而且已經證明了 (Atal and Hanauer, 1971) 只要在模型中加入比聲道共振頻率數目更多的極點，那麼不需用到零點也可以精確地建立語音訊號頻譜形狀的模型。在我們的分析中加入了零點，這是因爲對於語音的複數倒頻譜的精確表示需要包含零點。注意到我們也不排除單位圓外的零點的可能性。

聲道系統是以激發序列 $p[n]$ 加以激發，在建立有聲音的模型時，$p[n]$ 是脈衝列，在建立無聲音像是塞擦音或是暴擦音的模型時，$p[n]$ 是類週期的雜訊序列。

許多語音處理的基本問題都簡化爲圖 13.22 中模型參數的估計問題，這些參數的說明如下：

- (13.118) 式中的 $V(z)$ 的係數或是 (13.119) 式中的極點和零點的位置
- 聲道系統的激發模式，也就是激發源是**週期脈衝列**或是**隨機雜訊**
- 激發訊號的振幅
- 激發有聲音的音高週期

如果假設在一段短時間內系統模型是合理的，那麼就可以用同態解旋積來估計這些參數，此時，語音訊號樣本的一段長度爲 L 個樣本的短片段可以用以下的旋積來表示：

$$s[n]=v[n]*p[n] \quad \text{for } 0\le n\le L-1 \tag{13.120}$$

此處的 $v[n]$ 是聲道的脈衝響應，$p[n]$ 是週期訊號（就有聲音而言）或是隨機雜訊（就無聲音而言）。很明顯的，在進行訊號分析的時間段落的邊緣處 (13.120) 式並不合理，因爲在此段落之前和之後的有脈衝訊號出現。如果要減輕這個出現在時間段落邊緣處的模型「不連續性」所產生的效應，我們可以將語音訊號 $s[n]$ 乘上一個在兩端漸減至零的窗函數 $w[n]$。因此，同態解旋積系統的輸入訊號爲

$$x[n]=w[n]s[n] \tag{13.121}$$

首先考慮有聲音的情形，如果相對於 $v[n]$ 而言，$w[n]$ 變化得很慢，那麼以下的假設將大大地簡化我們的分析：

$$x[n] = v[n] * p_w[n] \tag{13.122}$$

其中

$$p_w[n] = w[n]p[n] \tag{13.123}$$

（見 Oppenheim and Schafer, 1968）不使用這個假設所進行的詳細分析，基本上得到的結論和我們以下的結果相同 (Verhelst and Steenhaut, 1986)。就有聲音而言，$p[n]$ 是一個脈衝列，可表示爲

$$p[n] = \sum_{k=0}^{M-1} \delta[n - kN_0] \tag{13.124}$$

所以

$$p_w[n] = \sum_{k=0}^{M-1} w[kN_0]\delta[n - kN_0] \tag{13.125}$$

這裡我們假設音高週期爲 N_0，以及在窗函數的範圍內可以取得 M 個週期。

$x[n]$、$v[n]$ 和 $p_w[n]$ 的複數倒頻譜之間的關係爲

$$\hat{x}[n] = \hat{v}[n] + \hat{p}_w[n] \tag{13.126}$$

如果要求出 $\hat{p}_w[n]$，我們定義以下序列

$$w_{N_0}[k] = \begin{cases} w[kN_0], & k = 0, 1, \dots, M-1, \\ 0, & \text{其他} \end{cases} \tag{13.127}$$

它的傅立葉轉換爲

$$P_w(e^{j\omega}) = \sum_{k=0}^{M-1} w[kN_0]e^{-\omega kN_0} = W_{N_0}(e^{j\omega N_0}) \tag{13.128}$$

因此 $P_w(e^{j\omega})$ 和 $\hat{P}_w(e^{j\omega})$ 兩者都是週期爲 $2\pi / N_0$ 的週期函數，而且 $p_w[n]$ 的複數倒頻譜爲

$$\hat{p}_w[n] = \begin{cases} \hat{w}_{N_0}[n / N_0], & n = 0, \pm N_0, \pm 2N_0, \dots, \\ 0, & \text{其他} \end{cases} \tag{13.129}$$

複數對數的週期性來自於有聲語音訊號的週期性，在複數倒頻譜中 N_0（音高週期）的整數倍處的脈衝可以看出這個週期性。如果 $w_{N_0}[n]$ 是最小相位序列，則當 $n<0$ 時 $\hat{p}_w[n]$ 的值將等於零。否則的話，對於正的 n 值和負的 n 值，$\hat{p}_w[n]$ 將在 N_0 個樣本的區間處出現脈衝，對於這種情形，將會在 $|n|\geq N_0$ 處發現 $\hat{p}_w[n]$ 對於 $\hat{x}[n]$ 的貢獻。

根據 $V(z)$ 的複數對數的冪級數展開式，可以證明 $v[n]$ 對於複數倒頻譜的貢獻為

$$\hat{v}[n]=\begin{cases}\displaystyle\sum_{k=1}^{K_0}\frac{\beta_k^{-n}}{n}, & n<0,\\ \log|A|, & n=0,\\ \displaystyle-\sum_{k=1}^{K_i}\frac{\alpha_k^n}{n}+\sum_{k=1}^{[P/2]}\frac{2r_k^n}{n}\cos(\theta_k n), & n>0\end{cases} \tag{13.130}$$

和 13.9.1 節中較簡單的範例相同，(13.119) 式中 z^{-K_0} 這一項代表線性相位成份，在還原相位和計算複數倒頻譜時會被移除，因此，(13.130) 式中的 $\hat{v}[n]$ 較準確的說法是 $v[n+K_0]$ 的複數倒頻譜。

根據 (13.130) 式可以發現，聲道響應對於複數倒頻譜的貢獻佔據了整個 $-\infty<n<\infty$ 的範圍，但是集中在 $n=0$ 附近。我們也注意到因為聲道共振頻率是用單位圓內的極點來表示，所以當 $n<0$ 時聲道共振頻率對於數倒頻譜的貢獻等於零。

13.10.2 語音同態解旋積的範例

以 10000 樣本／秒取樣語音訊號時，音高週期 N_0 的範圍大約是從 25 個樣本（很高的聲音）到 150 個樣本（非常低的聲音），因為複數倒頻譜 $\hat{v}[n]$ 中的聲道成份衰減得很快，所以 $\hat{p}_w[n]$ 比 $\hat{v}[n]$ 明顯得多。換句話說，聲道成份在複數對數中變化得較慢，而激發成份變化得較快。我們用以下範例加以說明。圖 13.23(a) 顯示的是一段語音波形乘上一個 Hamming 窗函數的結果，長度為 401 個樣本（對於取樣率為 8000 樣本／秒而言，此長度為 50 毫秒）。圖 13.24 顯示的是圖 13.23(a) 中訊號的 DFT 的複數對數（對數強度以及還原的相位）[11]，注意到快速變動且近似週期成份來自於 $p_w[n]$，而變動得較慢的成份來自於 $v[n]$，這些特性也顯現在圖 13.25 的複數倒頻譜中，顯現的方式是位於大約 13 毫秒（語音片段輸入訊號的週期）的整數倍處的脈衝，這些脈衝來自於 $\hat{p}_w[n]$；以及在 $|nT|<5$ 毫秒的區域處的樣本，它們屬於 $\hat{v}[n]$。和前一小節相同，可以用非頻變濾波器分離這個語音訊號旋積模型中的成份。複數對數的低通濾波運算可以用來得到 $v[n]$ 的近似值，而高通濾波可以用來得到 $p_w[n]$ 的近似值。圖 13.23(c) 顯示的是 $v[n]$ 的近似值，得自

[11] 在本小節所有的圖中，所有序列的樣本點都被連接起來以便於顯示在圖中。

於圖 13.16(a) 中的非頻變低通濾波器，參數爲 $N_1 = 30$ 和 $N_2 = 30$。圖 13.24 中變動得較慢的虛線是圖 13.23(c) 中的低倒頻成份的 DTFT 的複數對數函數，另一方面，圖 13.23(b) 顯示的是 $p_w[n]$ 的近似值，得自於將圖 13.16(b) 中的對稱非頻變高通濾波器應用到複數倒頻譜，參數爲 $N_1 = 95$ 和 $N_2 = 95$。對於這兩種情形，特徵反系統是用 1024 點 DFT 加以實現，和圖 13.4(b) 相同。

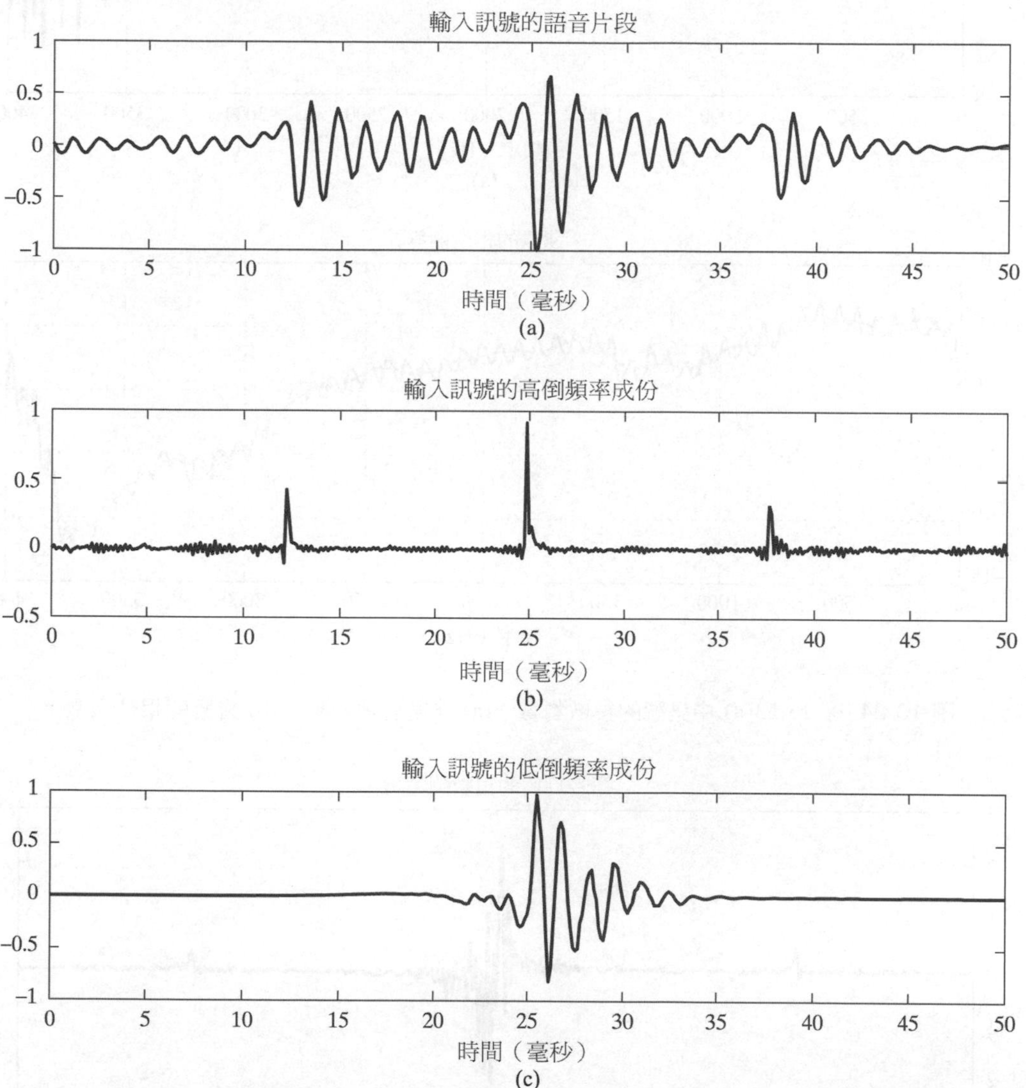

圖 13.23　語音訊號的同態解旋積。(a) 加上 Hamming 窗函數後的語音片段；(b) (a) 圖訊號中高倒頻率成份；(c) (a) 圖訊號中低倒頻率成份

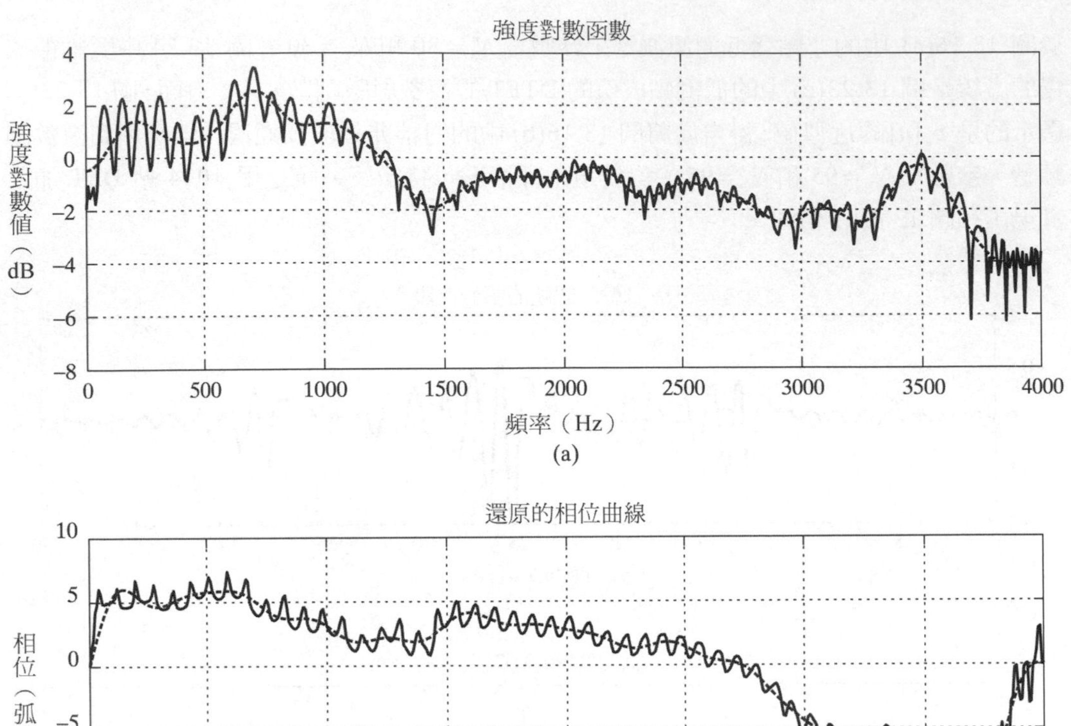

圖 13.24 圖 13.23(a) 中訊號的複數對數：(a) 強度對數函數；(b) 還原的相位函數

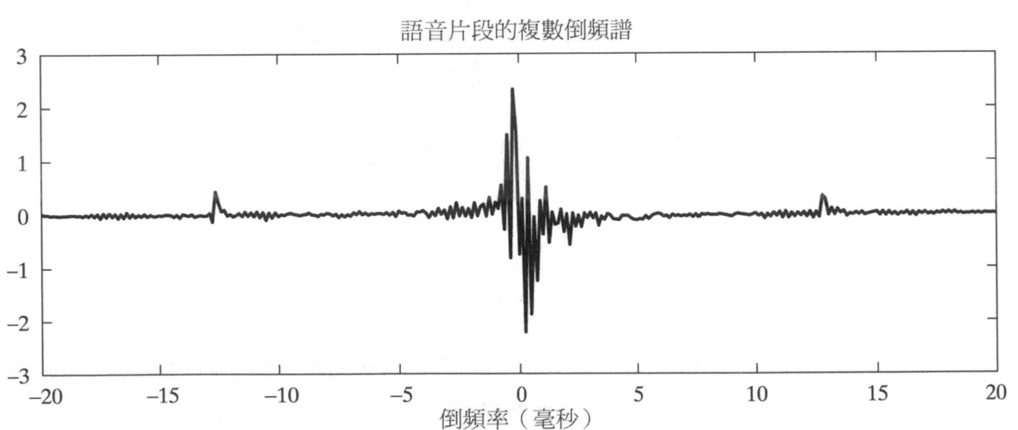

圖 13.25 圖 13.23(a) 中訊號的複數倒頻譜（圖 13.24 中的複數對數的 IDTFT）

13.10.3 估計語音模型的參數

雖然同態解旋積可以成功地分離語音波形的成份，但是在許多語音處理的應用中，我們有興趣的只是在語音訊號的參數表示法中估計參數值。因爲語音訊號的特性對於時間而言改變得相當慢，我們通常是在大約 10 毫秒（100 次／秒）的範圍內對於圖 13.22 的模型進行參數估計。在這個情形下，可以用第 10 章所討論的 TDFT 當作時間相關同態解旋積的基礎。舉例來說，要決定模型的激發模式（有聲音或無聲音），或是要決定有聲音的音高週期，或許大約每 10 毫秒（當取樣率爲 10000 Hz 時有 100 個樣本）檢查一次語音片段就已經足夠。或者是，我們想要追蹤聲道共振頻率（共振峰）的變動情形。對於這些問題，利用倒頻譜就可以避免相位的計算，此時只需要傅立葉轉換的強度對數函數，因爲倒頻譜是複數倒頻譜的偶成份，所以根據我們先前的討論，$c_x[n]$的低時部份應該對應到語音片段傅立葉轉換的強度對數中變動較慢的成份，而且對於有聲音而言，倒頻譜應該在音高週期的整數倍之處出現脈衝。

圖 13.26(a) 顯示的是使用倒頻譜估計語音參數時所使用到的運算，圖 13.26(b) 顯示的是有聲音的典型結果。圖中加窗的語音訊號標記爲 A，$\log|X[k]|$標記爲 C，而倒頻譜 $c_x[n]$則標記爲 D，倒頻譜中大約 8 毫秒處的高峰指出這個語音片段是有聲音，週期就是 8 毫秒。平滑化的頻譜，或稱爲**頻譜包絡線**（spectrum envelope），得自於非頻變低通濾波器，其截止時間低於 8 毫秒，標記爲 E，並且和 C 疊印在一起。無聲音的情形顯示在圖 13.26(c)，這個情形也很類似，除了輸入語音片段的激發成份的隨機特性導致$\log|X[k]|$中有快速變動的隨機成份，而不是週期成份。因此，和以前一樣，倒頻譜中的低時成份對應到的是聲道的系統函數，這是因爲$\log|X[k]|$中的快速變動成份不是周期函數，所以沒有明顯的高峰出現在倒頻譜中。因此在正常音高週期的範圍內，倒頻譜中高峰的出現與否可以當作是很好的有聲音／無聲音的偵測器，也是音高週期的估計器。在無聲音的情形中，低通非頻變濾波運算的結果類似於有聲音的情形。所得到的平滑的頻譜包絡線估計值和 E 的情形相同。

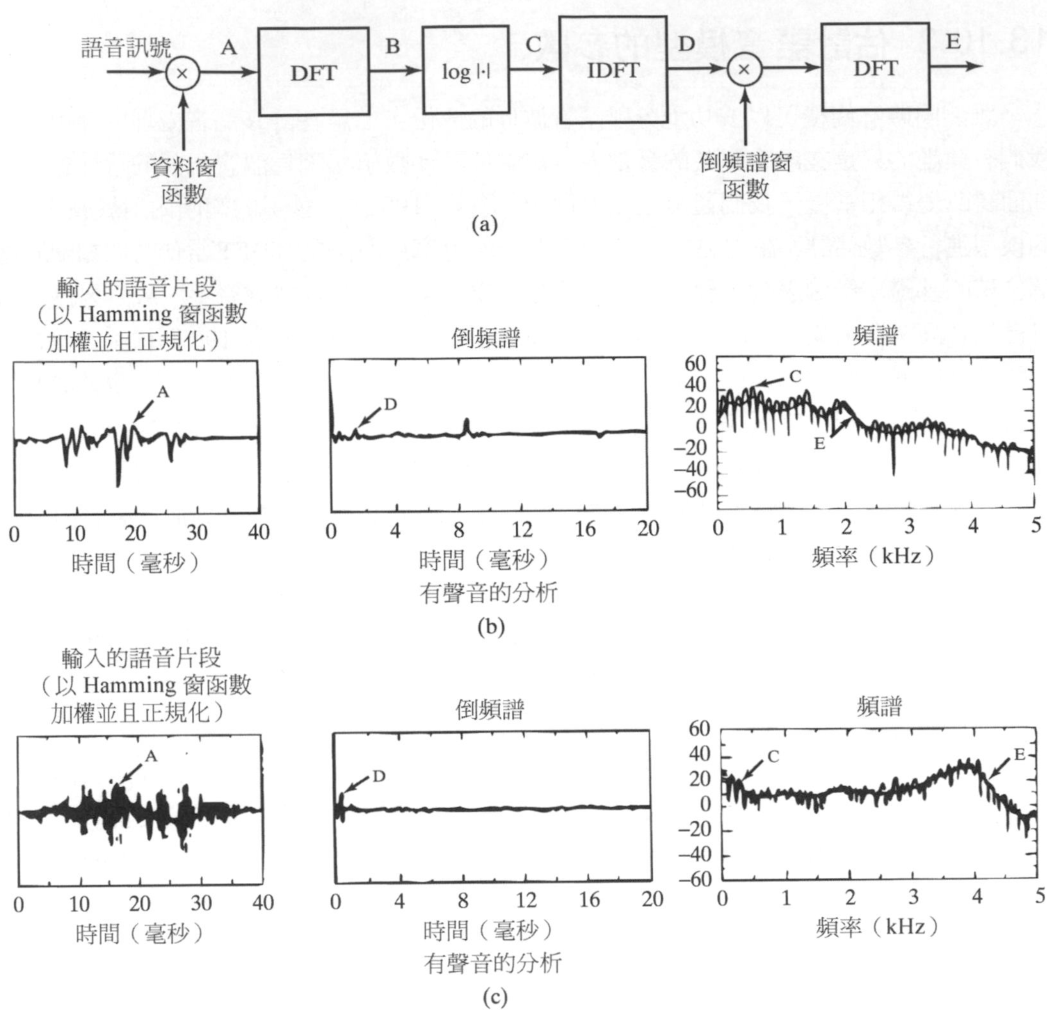

圖 13.26 (a) 語音訊號倒頻譜分析的系統；(b) 有聲音的分析；(c) 無聲音的分析。

在語音分析的應用中，圖 13.26(a) 中的運算被重複地應用到連續的語音波形片段，必須小心地選擇語音片段的長度，如果語音片段太長，語音訊號的特性在此片段內將會改變太多，如果語音片段太短，那麼訊號的資訊就不足以明顯地指出週期性。通常語音片段的長度是設定為語音訊號中平均音高週期的大約三到四倍，圖 13.27 顯示的例子說明了如何將倒頻譜用於偵測音高以及用於估計聲道的共振頻率。圖 13.27(a) 顯示的是從 20 毫秒長的語音片段所計算出來的一序列倒頻譜，圖中語音片段的序列自始至終都存在著明顯的高峰，指出這個語音從開始到結束都是有聲音，倒頻譜中高峰的位置指出在這段時間內的音高週期的值。圖 13.27(b) 顯示的是強度對數函數，並且和相對應的平滑化的頻譜疊印在一起。將聲道共振頻率連接在一起的線段得自於直覺的取出高峰（peak-picking）的演算法（見 Schafer and Rabiner, 1970）。

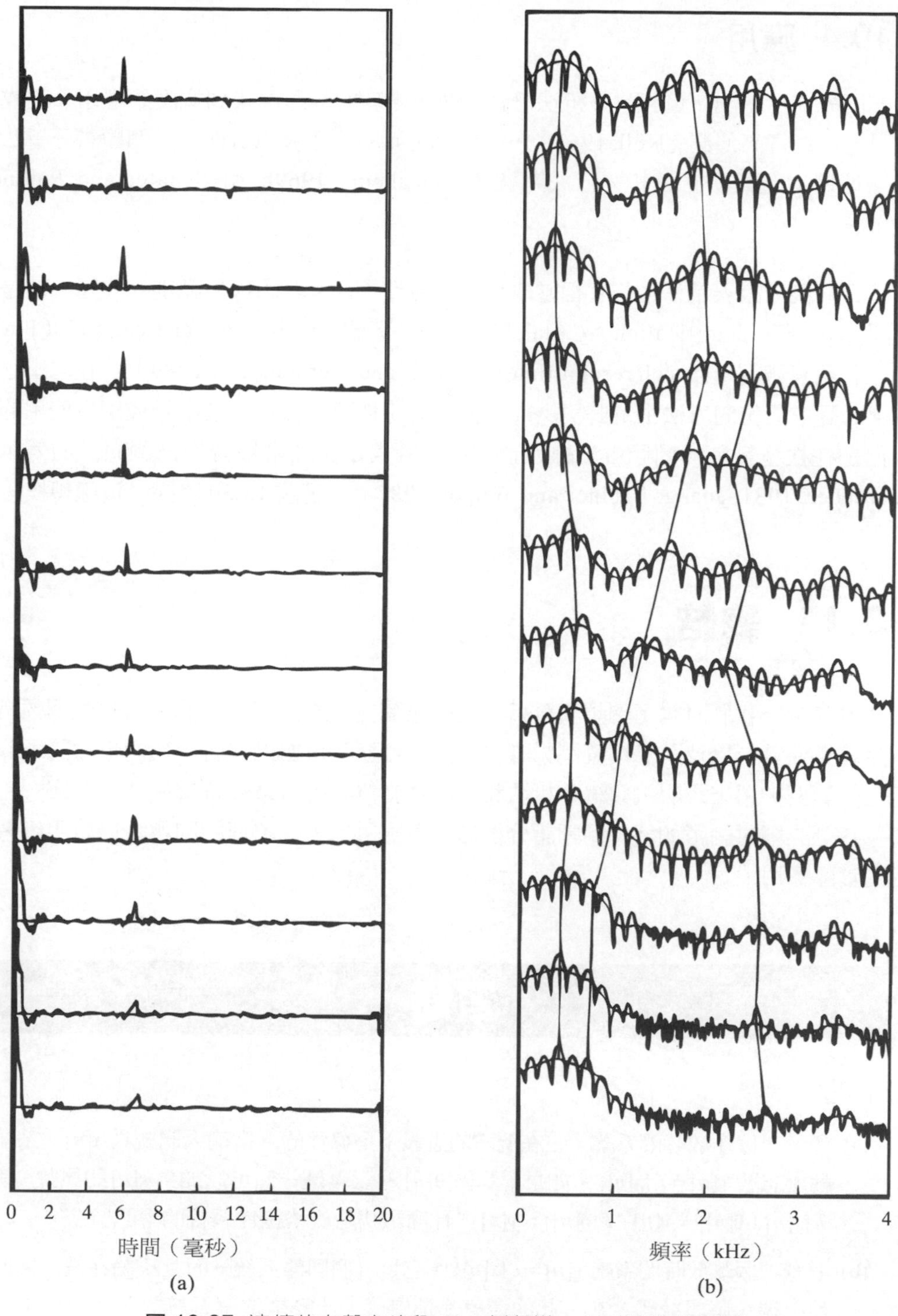

圖 13.27　連續的有聲音片段：(a) 倒頻譜；(b) 頻譜對數函數

13.10.4 應用

如同先前所指出，倒頻譜分析法已經在語音處理的問題中找到寬廣的應用，最成功的應用之一是音高偵測（Noll, 1967）。對於低位元率的語音訊號而言，倒頻譜分析法也被成功地用到這類語音分析／合成系統（Oppenheim, 1969b 和 Schafer and Rabiner, 1970）。

語音的倒頻譜表示法也一直相當成功地被用到語音處理的樣型識別的問題，像是語者辨認（speaker identification）（Atal, 1976）、語者確認（speaker verification）（Furui, 1981）和語音辨認（speech recognition）（Davis and Mermelstein, 1980）。在求出語音模型中的聲道成份的方法中，雖然第 11 章介紹的線性預測分析的技術是最廣爲使用的方法，但是在樣型識別的問題中，線性預測模型的表示法經常被轉換爲倒頻譜的表示法（Schroeder, 1981; Juang, Rabiner and Wilpon 1987）。習題 13.30 將探討這種轉換。

13.11 總結

在本章中，我們討論了倒頻譜分析以及同態解旋積的技巧。我們針對複數倒頻譜的各種定義與性質，以及計算複數倒頻譜會遇到的實際問題加以探討。我們也討論了一個理想化的範例，用來說明倒頻譜分析法和同態解旋積如何用來分離被旋積結合在一起的訊號。我們詳細討論了如何將倒頻譜分析的技術應用到語音處理的問題，以說明倒頻譜分析的實際應用。

習題

基本問題

13.1 **(a)** 考慮一個離散時間系統，它在旋積的意義下是線性的。當輸入訊號爲 $x[n]$，系統的輸出訊號 $y[n]=T\{x[n]\}$，如果零訊號 $\mathbf{0}[n]$ 的意義是一個可以加到 $x[n]$ 的訊號，使得 $T\{x[n]+\mathbf{0}[n]\}=y[n]+T\{\mathbf{0}[n]\}=y[n]$。什麼訊號是旋積線性系統的零訊號？

(b) 考慮一個離散時間系統 $y[n]=T\{x[n]\}$，它是一個同態系統，而且不論在輸入端或是輸出端，將訊號組合在一起的運算都是旋積，什麼是這個系統的零訊號？也就是說，什麼訊號 $\mathbf{0}[n]$ 滿足 $T\{x[n]*\mathbf{0}[n]\}=y[n]*T\{\mathbf{0}[n]\}=y[n]$？

13.2 令 $x_1[n]$ 和 $x_2[n]$ 代表兩個序列，$\hat{x}_1[n]$ 和 $\hat{x}_2[n]$ 代表相對應的複數倒頻譜。如果 $x_1[n]*x_2[n]=\delta[n]$，試求 $\hat{x}_1[n]$ 和 $\hat{x}_2[n]$ 之間的關係。

13.3 在考慮如何實現旋積的同態系統時，我們將注意力限制在輸入訊號的 z 轉換是有理函數，形式如 (13.32) 所示。如果輸入訊號 $x[n]$ 的 z 轉換是有理函數，但是增益常數是負數，或是延遲量不能用 (13.32) 式來表示，那麼我們可以藉由適當地平移 $x[n]$ 以及將訊號乘上 -1，而得到如同 (13.32) 形式的 z 轉換。然後或許就可以用 (13.33) 式計算複數倒頻譜。

假設 $x[n]=\delta[n]-2\delta[n-1]$，並且定義 $y[n]=\alpha x[n-r]$，此處的 $\alpha=\pm1$，而且 r 是一個整數。試求 α 和 r 的值，使得 $Y(z)$ 的形式可以表示爲 (13.32) 式，然後求出 $\hat{y}[n]$。

13.4 我們在第 13.5.1 節中提到過，在計算複數倒頻譜之前應該要先從還原的相位中移除線性相位成份，這個習題探討的是如果沒有移除來自於 (13.29) 中的 z^r 這個因子的線性相位成份會造成什麼影響。

明確地說，假設旋積特徵系統的輸入訊號爲 $x[n]=\delta[n+r]$。證明：正式使用以下 DTFT 的定義

$$\hat{x}[n]=\frac{1}{2\pi}\int_{-\pi}^{\pi}\log[X(e^{j\omega})]e^{j\omega n}d\omega \tag{P13.4-1}$$

將得到

$$\hat{x}[n]=\begin{cases} r\dfrac{\cos(\pi n)}{n}, & n\neq 0,\\ 0, & n=0\end{cases}$$

根據以上的結果，移除線性相位成份的優點就很清楚了，這是因爲當 r 值很大的時候，線性相位成份將會主宰複數倒頻譜。

13.5 假設序列 $s[n]$ 的 z 轉換爲

$$S(z)=\frac{(1-\frac{1}{2}z^{-1})(1-\frac{1}{4}z)}{(1-\frac{1}{3}z^{-1})(1-\frac{1}{5}z)}$$

除了 $|z|=0$ 和 ∞ 的極點之外，試求出 $n\hat{s}[n]$ 的 z 轉換的極點位置。

13.6 假設 $y[n]$ 的複數倒頻譜爲 $\hat{y}n=\hat{s}[n]+2\delta[n]$，試用 $s[n]$ 表示出 $y[n]$。

13.7 試求出 $x[n]=2\delta[n]-2\delta[n-1]+0.5\delta[n-2]$ 的複數倒頻譜，如果需要的話，可將 $x[n]$ 平移或是改變正負號。

13.8 假設穩定序列 $x[n]$ 的 z 轉換爲

$$X(z)=\frac{1-\frac{1}{2}z^{-1}}{1+\frac{1}{2}z},$$

令穩定序列 $y[n]$ 的複數倒頻譜爲 $\hat{y}[n]=\hat{x}[-n]$，此處的 $\hat{x}[n]$ 是 $x[n]$ 的複數倒頻譜。試求 $y[n]$。

13.9 當輸入序列 $x[n]$ 是最小相位序列或最大相位序列，可以分別用 (13.65) 或 (13.68) 式的遞迴關係式計算出複數倒頻譜 $\hat{x}[n]$。

(a) 使用 (13.65) 式遞迴地計算出序列 $x[n]=a^n u[n]$ 的複數倒頻譜，此處 $|a|<1$。

(b) 使用 (13.68) 式遞迴地計算出序列 $x[n]=\delta[n]-a\delta[n+1]$ 的複數倒頻譜，此處 $|a|<1$。

13.10 $\text{ARG}\{X(e^{j\omega})\}$ 代表 $X(e^{j\omega})$ 的相位響應的主值，而 $\arg\{X(e^{j\omega})\}$ 代表 $X(e^{j\omega})$ 的連續相位函數。假設 $\text{ARG}\{X(e^{j\omega})\}$ 已經在 $\omega_k=2\pi k/N$ 這些頻率點被取樣為序列 $\text{ARG}\{X[k]\}=\text{ARG}\{X(e^{j(2\pi/N)k})\}$，如圖 P13.10 所示。假設對於所有的 k 值都有 $|\arg\{X[k]\}-\arg\{X[k-1]\}|<\pi$，試求出並畫出 (13.49) 中的 $r[k]$ 和 $\arg\{X[k]\}$，$0\le k\le 10$。

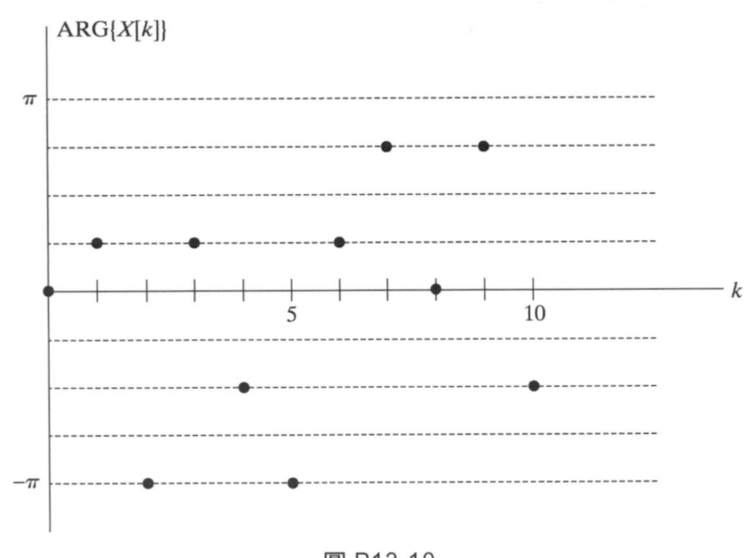

圖 P13.10

13.11 令 $\hat{x}[n]$ 代表實數值序列 $x[n]$ 的複數倒頻譜，指出以下敘述是否正確，並簡短地說明你的理由。

敘述 1：若 $x_1[n]=x[-n]$，則 $\hat{x}_1[n]=\hat{x}[-n]$。

敘述 2：因為 $x[n]$ 的值是實數，所以複數倒頻譜 $\hat{x}[n]$ 的值必定也是實數。

進階問題

13.12 考慮圖 P13.12 中的系統，其中 S_1 是一個 LTI 系統，其脈衝響應為 $h_1[n]$，S_2 是一個輸入和輸出運算都是旋積的同態系統，也就是說，$T_2\{\}$ 這個轉換滿足

$$T_2\{w_1[n]*w_2[n]\}=T_2\{w_1[n]\}*T_2\{w_2[n]\}$$

假設輸入訊號 $x[n]$ 的複數倒頻譜為 $\hat{x}[n]=\delta[n]+\delta[n-1]$，試求出 $h_1[n]$ 的公式，使得輸出訊號 $y[n]=\delta[n]$。

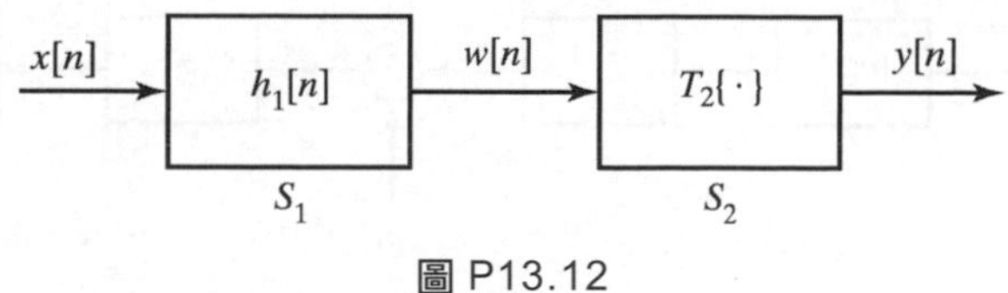

圖 P13.12

13.13 假設我們用圖 P13.13-1 的系統計算有限長度訊號 $x[n]$ 的複數倒頻譜，如果我們已經知道 $x[n]$ 是最小相位序列（所有零點和極點都在單位圓內），而且用圖 P13.13-2 的系統計算出 $x[n]$ 的複數倒頻譜，試說明如何用 $c_x[n]$ 造出 $\hat{x}[n]$。

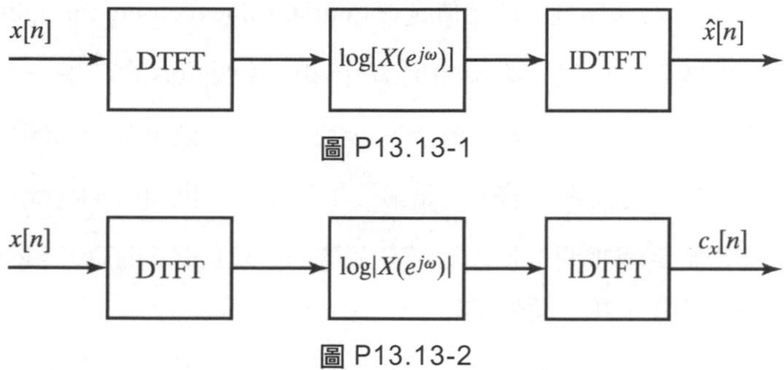

圖 P13.13-1

圖 P13.13-2

13.14 有一類實數穩定序列的 z 轉換可表示爲

$$X(z)=|A|\frac{\prod_{k=1}^{M_i}(1-a_k z^{-1})\prod_{k=1}^{M_o}(1-b_k z)}{\prod_{k=1}^{N_i}(1-c_k z^{-1})\prod_{k=1}^{N_o}(1-d_k z)}$$

其中的 $|a_k|$、$|b_k|$、$|c_k|$ 和 $|d_k|$ 都小於 1，令 $\hat{x}[n]$ 代表 $x[n]$ 的複數倒頻譜。

(a) 令 $y[n]=x[-n]$，試用 $\hat{x}[n]$ 表示出 $\hat{y}[n]$。

(b) 如果 $x[n]$ 是因果序列，是否它也是最小相位序列？試說明之。

(c) 假設 $x[n]$ 是有限長度訊號，其 z 轉換可表示爲

$$X(z)=|A|\prod_{k=1}^{M_i}(1-a_k z^{-1})\prod_{k=1}^{M_o}(1-b_k z)$$

其中 $|a_k|<1$ 和 $|b_k|<1$，函數 $X(z)$ 有單位圓外和圓內的零點。假設我們想要求出 $y[n]$，使得 $|Y(e^{j\omega})|=|X(e^{j\omega})|$，而且 $Y(z)$ 沒有單位圓外的零點。要達到這個目的的方式之一圖示於圖 P13.14。試求圖中所需要的序列 $\ell[n]$。圖 P13.14 的可能應用之一是將不穩定的系統變爲穩定，方式是將圖 P13.14 所示的轉換應用到不穩定的系統函數的分母係數。

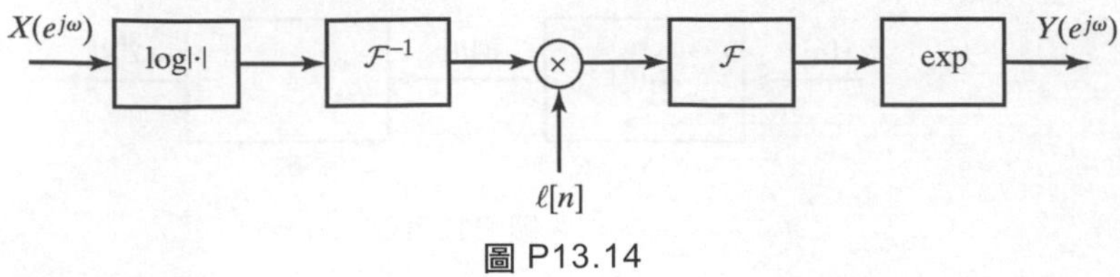

圖 P13.14

13.15 可以證明（見習題 3.50）若 $n<0$ 時 $x[n]=0$，則

$$x[0]=\lim_{z\to\infty}X(z)$$

以上的結果稱爲**右邊序列的起始值定理**（initial value theorem for right-sided sequences）。

(a) 對於**左邊序列**，也就是當 $n>0$ 時 $x[n]=0$，證明類似的結果。

(b) 使用起始值定理證明：若 $x[n]$ 是最小相位序列，則 $\hat{x}[0]=\log(x[0])$。

(c) 使用起始值定理證明：若 $x[n]$ 是最大相位序列，則 $\hat{x}[0]=\log(x[0])$。

(d) 使用起始值定理證明：若 $X(z)$ 可表示爲 (13.32) 式，則 $\hat{x}[0]=\log(|A|)$。這個結果是否和 (b)、(c) 小題的結果一致？

13.16 假設 $x[n]$ 的複數倒頻譜爲 $\hat{x}[n]$，且 $\hat{x}[n]=-\hat{x}[-n]$。試求以下 E 值

$$E=\sum_{n=-\infty}^{\infty}x^2[n]$$

13.17 考慮一個實數、穩定、兩邊的偶序列 $h[n]$，$h[n]$ 的 DTFT 對於所有的 ω 都是正值，即

$$H(e^{j\omega})>0,\quad -\pi<\omega\le\pi$$

假設 $h[n]$ 的 z 轉換存在，但是並不假設 $H(z)$ 是有理函數。

(a) 試證：存在一個最小相位序列 $g[n]$，滿足

$$H(z)=G(z)G(z^{-1})$$

此處的 $G(z)$ 是序列 $g[n]$ 的 z 轉換，且當 $n<0$ 時 $g[n]=0$。明白地寫出 $\hat{h}[n]$ 和 $\hat{g}[n]$ 之間的關係式，此處 $\hat{h}[n]$ 和 $\hat{g}[n]$ 分別是 $h[n]$ 和 $g[n]$ 的複數倒頻譜。

(b) 給定一個穩定序列 $s[n]$，其 z 轉換爲以下的有理函數

$$S(z)=\frac{(1-2z^{-1})(1-\frac{1}{2}z^{-1})}{(1-4z^{-1})(1-\frac{1}{3}z^{-1})}$$

令 $h[n]=s[n]*s[-n]$。試求 [(a)小題的] $G(z)$，並且用 $S(z)$ 表示。

(c) 考慮圖 P13.17 中的系統，其中 $\ell[n]$ 的定義如下

$$\ell[n]=u[n-1]+(-1)^n u[n-1]$$

試求 $x[n]$ 要滿足的**最一般的**條件，使得對於所有的 n 值都有 $y[n]=x[n]$。

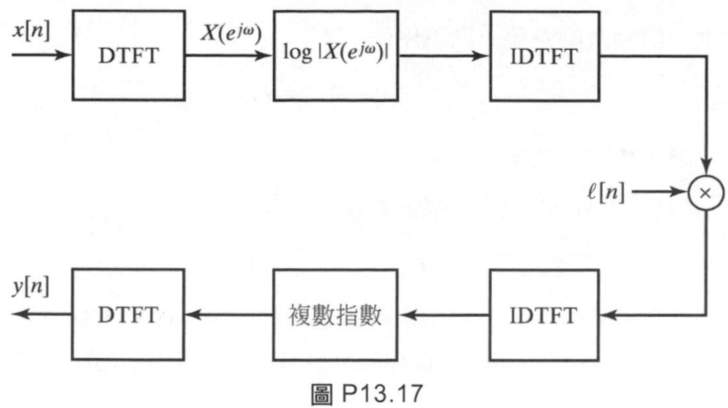

圖 P13.17

13.18 考慮一個最大相位訊號 $x[n]$：

(a) 證明：一個最大相位訊號的複數倒頻譜 $\hat{x}[n]$ 和它的倒頻譜 $c_x[n]$ 之間的關係可表示爲

$$\hat{x}[n]=c_x[n]\ell_{max}[n]$$

其中 $\ell_{max}[n]=2u[-n]-\delta[n]$ 。

(b) 使用 (a) 小題的關係式，證明：

$$\arg\{X(e^{j\omega})\}=\frac{1}{2\pi}\mathcal{P}\int_{-\pi}^{\pi}\log|X(e^{j\theta})|\cot\left(\frac{\omega-\theta}{2}\right)d\theta$$

(c) 證明：

$$\log|X(e^{j\omega})|=\hat{x}[0]-\frac{1}{2\pi}\mathcal{P}\int_{-\pi}^{\pi}\arg\{X(e^{j\theta})\}\cot\left(\frac{\omega-\theta}{2}\right)d\theta$$

13.19 假設序列 $x[n]$ 的 DTFT 爲 $X(e^{j\omega})$，其複數倒頻譜爲 $\hat{x}[n]$。使用同態濾波運算後得到一個新的訊號 $y[n]$，滿足

$$\hat{y}[n]=(\hat{x}[n]-\hat{x}[-n])u[n-1]$$

(a) 證明：$y[n]$ 是最小相位序列。

(b) 試求 $Y(e^{j\omega})$ 的相位函數。

(c) 試求 $\arg[Y(e^{j\omega})]$ 和 $\log|Y(e^{j\omega})|$ 之間的關係式。

(d) 如果 $x[n]$ 是最小相位序列，那麼 $y[n]$ 和 $x[n]$ 之間的關係爲何？

13.20 (13.65) 式代表序列 $x[n]$ 和它的複數倒頻譜 $\hat{x}[n]$ 之間的遞迴關係式。證明：根據 (13.65)，如果特徵系統 $D_*[\cdot]$ 的輸入是最小相位訊號，則此系統的行爲像是一個因果系統。也就是證明：如果系統的輸入訊號 $x[n]$ 是最小相位訊號，則 $\hat{x}[n]$ 只和 $k\le n$ 的 $x[k]$ 值有關。

13.21 已知以下的 z 轉換，試說明一個演算法以計算出因果序列 $x[n]$ 的值。

$$X(z)=-z^3\frac{(1-0.95z^{-1})^{2/5}}{(1-0.9z^{-1})^{7/13}}$$

13.22 對於產生一個回音的系統，以下序列

$$h[n]=\delta[n]+\alpha\delta[n-n_0]$$

是將系統簡化後的脈衝響應。

(a) 求出並畫出此序列的複數倒頻譜 $\hat{h}[n]$。

(b) 求出並畫出此序列的倒頻譜 $c_h[n]$。

(c) 假設我們用 N 點 DFT 計算複數倒頻譜的近似值，如 (13.46a) 到 (13.46c) 式所示。如果 $n_0=N/6$，並且假設可以精確地計算出連續相位函數，試求複數倒頻譜近似值 $\hat{h}_p[n]$ 的公式，$0\le n\le N-1$。如果 N 不能被 n_0 整除的話，會發生什麼情形？

(d) 使用 (13.60a) 到 (13.60b) 式，計算倒頻譜的近似值 $c_{xp}[n]$，$0\le n\le N-1$。重複 (c) 題的問題。

(e) 如果倒頻譜的近似值 $c_{xp}[n]$ 之中的最大脈衝被用來偵測回音延遲量 n_0 的值，N 值要多大才能得到明顯的結果？假設對於這個 N 值可以精確地計算出連續相位函數。

13.23 令 $x[n]$ 是一個有限長度最小相位序列，它的複數倒頻譜為 $\hat{x}[n]$。定義 $y[n]$ 為

$$y[n]=\alpha^n x[n]$$

$y[n]$ 的複數倒頻譜為 $\hat{y}[n]$。

(a) 如果 $0<\alpha<1$，則 $\hat{y}[n]$ 和 $\hat{x}[n]$ 之間的關係式為何？

(b) 如何選擇 α 值，使得 $y[n]$ 不再是最小相位序列？

(c) 如何選擇 α 值，使得移去線性相位成份之後所計算出的複數倒頻譜 $\hat{y}[n]$ 滿足：當 $n>0$ 時 $\hat{y}[n]=0$？

13.24 考慮一個最小相位序列 $x[n]$，它的 z 轉換為 $X(z)$，複數倒頻譜為 $\hat{x}[n]$。以下關係式定義出一個新的複數倒頻譜

$$\hat{y}[n]=(\alpha^n-1)\hat{x}[n]$$

試求 z 轉換 $Y(z)$。這個結果是不是最小相位序列？

13.25 第 13.9.4 節包含了一個例子，用來說明複數倒頻譜可以用來得到兩種不同的分解結果，牽涉到的訊號是一個最小相位序列和另一個序列的旋積。在當時的例子中

$$X(z)=\frac{(0.98+z^{-1})(1+0.9z^{-15}+0.81z^{-30})}{(1-0.9e^{j\pi/6}z^{-1})(1-0.9e^{-j\pi/6}z^{1})}$$

(a) 第一種分解是 $X(z)=X_{min}(z)X_{ap}(z)$，其中

$$X_{min}(z)=\frac{(1+0.98z^{-1})(1+0.9z^{-15}+0.81z^{-30})}{(1-0.9e^{j\pi/6}z^{-1})(1-0.9e^{-j\pi/6}z^{-1})}$$

以及

$$X_{ap}(z)=\frac{(0.98+z^{-1})}{(1+0.98z^{-1})}$$

使用對數的冪級數展開式，求出 $\hat{x}_{min}[n]$、$\hat{x}_{ap}[n]$ 和 $\hat{x}[n]$ 這些複數倒頻譜。畫出這些序列的圖，然後和圖 13.19 作比較。

(b) 第二種分解是 $X(z)=X_{mn}(z)X_{mx}(z)$，其中

$$X_{mn}(z)=\frac{z^{-1}(1+0.9z^{-15}+0.81z^{-30})}{(1-0.9e^{j\pi/6}z^{-1})(1-0.9e^{-j\pi/6}z^{-1})}$$

以及

$$X_{mx}(z)=(0.98z+1)$$

使用對數的冪級數展開式求出這些複數倒頻譜。並且證明 $\hat{x}_{mn}[n]\neq\hat{x}_{min}[n]$，但是 $\hat{x}[n]=\hat{x}_{mn}[n]+\hat{x}_{mx}[n]$ 和 (a) 小題的結果相同。注意到下式

$$(1+0.9z^{-15}+0.81z^{-30})=\frac{(1-(0.9)^3z^{-45})}{(1-0.9z^{-15})}$$

13.26 假設 $s[n]=h[n]*g[n]*p[n]$，此處的 $h[n]$ 是一個最小相位序列，$g[n]$ 是一個最大相位序列，而 $p[n]$ 爲

$$p[n]=\sum_{k=0}^{4}\alpha_k\delta[n-kn_0],$$

其中的 α_k 和 n_0 都是未知數。發展出一個方法可以從 $s[n]$ 中分離出 $h[n]$。

延伸問題

13.27 令序列 $x[n]$ 的 z 轉換爲 $X(z)$，複數倒頻譜爲 $\hat{x}[n]$。$X(z)$ 的強度平方函數爲

$$V(z)=X(z)X^*(1/z^*)$$

因爲 $V(e^{j\omega})=|X(e^{j\omega})|^2\geq 0$，所以我們可以計算 $V(z)$ 所對應到的複數倒頻譜 $\hat{v}[n]$，但是不需要還原相位。

(a) 試求出複數倒頻譜 $\hat{x}[n]$ 和 $\hat{v}[n]$ 之間的關係式。

(b) 試用倒頻譜 $c_x[n]$ 表示出複數倒頻譜 $\hat{v}[n]$。

(c) 試求序列 $\ell[n]$ 使得以下序列

$$\hat{x}_{min}[n]=\ell[n]\hat{v}[n]$$

是最小相位序列 $x_{min}[n]$ 的複數倒頻譜，而且

$$|X_{min}(e^{j\omega})|^2=V(e^{j\omega})$$

(d) 假設 $X(z)$是由 (13.32) 式所給出，使用 (c) 小題的結果以及使用 (13.36a) 到 (13.36c) 式，求出最小相位序列的複數倒頻譜，然後回推出 $X_{min}(z)$。

(d) 小題所使用的技巧一般來說可以用來得到強度平方函數的最小相位分解。

13.28 令序列 $x[n]$的複數倒頻譜為 $\hat{x}[n]$，定義序列 $x_e[n]$如下

$$x_e[n] = \begin{cases} x[n/N], & n = 0, \pm N, \pm 2N, \ldots, \\ 0, & \text{其他} \end{cases}$$

證明 $x_e[n]$的複數倒頻譜為

$$\hat{x}_e[n] = \begin{cases} \hat{x}[n/N], & n = 0, \pm N, \pm 2N, \ldots, \\ 0, & \text{其他} \end{cases}$$

13.29 在語音分析、合成和編碼的應用中，常常利用 LTI 系統的脈衝響應當作一段短時間內的語音訊號模型，而且此系統的輸入訊號是在等間隔的脈衝列（有聲音）和寬頻隨機雜訊（無聲音）之間切換。如果要用同態解旋積分離訊號模型中的訊號成份，那麼語音訊號 $s[n] = v[n] * p[n]$ 將被乘上一個窗序列 $w[n]$ 而得到 $x[n] = s[n]w[n]$。為了簡化我們的分析，$x[n]$被近似為

$$x[n] = (v[n] * p[n] \cdot w[n] \simeq v[n] * (p[n] \cdot w[n]) = v[n] * p_w[n]$$

此處的 $p_w[n] = s[n]w[n]$，和 (13.123) 式相同。

(a) 給出 $p[n]$、$v[n]$和 $w[n]$的例子，使得以上的假設變成是很差的近似。

(b) 要估計激發參數（有聲音或是無聲音，以及有聲音的脈衝間隔）的方式之一是計算語音訊號 $x[n]$的加窗片段的實數倒頻譜 $c_x[n]$，如圖 P13.29-1 所示。對於 13.10.1 節的模型而言，用複數倒頻譜為 $\hat{x}[n]$表示出 $c_x[n]$。如何用 $c_x[n]$估計這些激發參數？

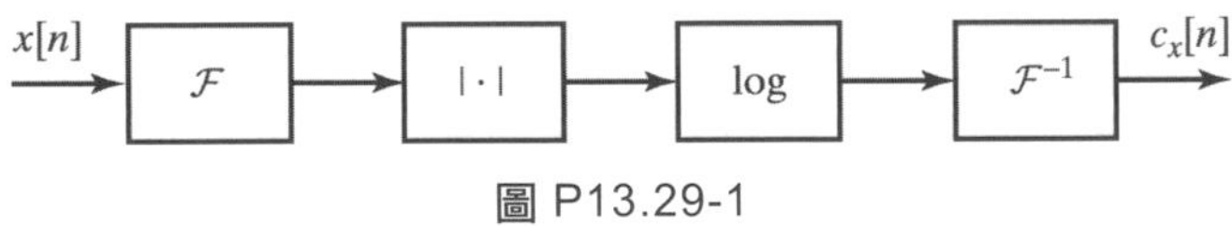

圖 P13.29-1

(c) 假設我們將圖 P13.29-1 的 log 運算換成「平方」運算，使得新的系統如圖 P13.29-2 所示。新系統所計算出來的新的「倒頻譜」是否可以用來估計這些激發參數？試說明之。

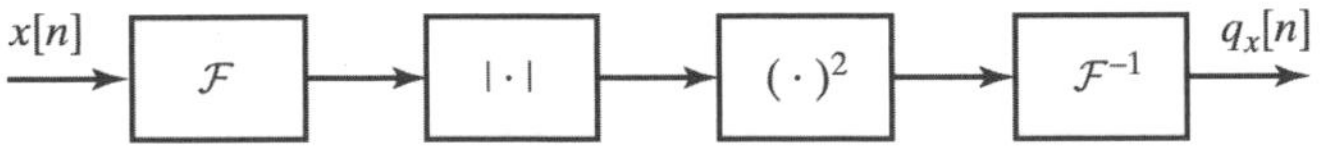

$x[n] \rightarrow \boxed{\mathcal{F}} \rightarrow \boxed{|\cdot|} \rightarrow \boxed{(\cdot)^2} \rightarrow \boxed{\mathcal{F}^{-1}} \rightarrow q_x[n]$

圖 P13.29-2

13.30 考慮一個穩定的 LTI 系統，它的脈衝響應為 $h[n]$，而且具有以下的全極點系統函數：

$$H(z) = \frac{G}{1 - \sum_{k=1}^{N} a_k z^{-k}}$$

線性預測分析會用到這類全極點系統。如果能夠從 $H(z)$ 的係數直接計算出複數倒頻譜將是有用的一件事。

(a) 試求 $\hat{h}[0]$。

(b) 證明：

$$\hat{h}[n] = a_n + \sum_{k=1}^{n-1}\left(\frac{k}{n}\right)\hat{h}[k]a_{n-k}, \quad n \geq 1$$

利用 (a)、(b) 小題的關係式，我們不必還原相位，也不用解出 $H(z)$ 分母的根，就可以計算出複數倒頻譜。

13.31 圖 P13.31 顯示的是一個比習題 13.22 的回音系統稍微廣義一點的模型。此系統的脈衝響應爲

$$h[n] = \delta[n] + \alpha g[n - n_0]$$

$\alpha g[n]$ 是回音路徑的脈衝響應。

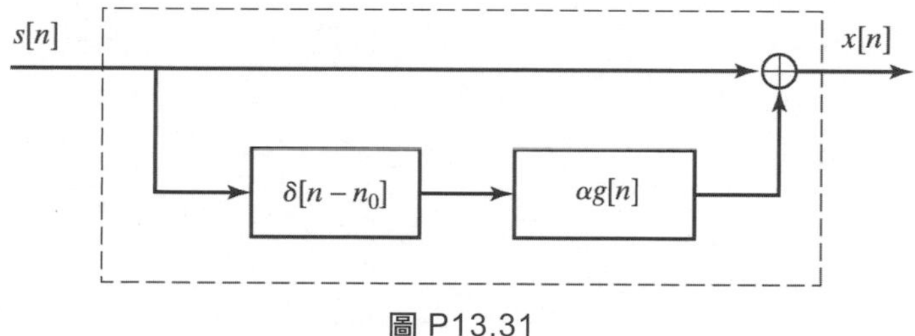

圖 P13.31

(a) 假設

$$\max_{-\pi<\omega<\pi} |\alpha G(e^{j\omega})| < 1$$

證明：複數倒頻譜 $\hat{h}[n]$ 的形式可表示爲

$$\hat{h}[n] = \sum_{k=1}^{\infty}(-1)^{k+1}\frac{\alpha^k}{k}g_k[n - kn_0]$$

並且用 $g[n]$ 表示出 $g_k[n]$。

(b) 對於 (a) 小題的條件，當 $g[n] = \delta[n]$，求出並畫出複數倒頻譜 $\hat{h}[n]$。

(c) 對於 (a) 小題的條件，當 $g[n] = a^n u[n]$，求出並畫出複數倒頻譜 $\hat{h}[n]$。α 和 a 必須滿足什麼條件，才能使用 (a) 小題的結果？

(d) 對於 (a) 小題的條件，當 $g[n] = a_0\delta[n] + a_1\delta[n - n_1]$，求出並畫出複數倒頻譜 $\hat{h}[n]$。α、a_0、a_1 和 n_1 必須滿足什麼條件，才能使用 (a) 小題的結果？

13.32 指數加權的一個有趣的應用是不計算還原相位而計算出複數倒頻譜。如果 $X(z)$沒有極點和零點在單位圓上，那麼在 $w[n]=d^n x[n]$ 這個乘積中，有可能求出指數加權因子 α 的值，使得在形成 $W(z)=X(\alpha^{-1}z)$ 時，$X(z)$的極點和零點沒有一個會跨越單位圓。

(a) 假設 $X(z)$沒有極點和零點跨越單位圓，證明：

$$\hat{w}[n]=\alpha^n \hat{x}[n] \tag{P13.32-1}$$

(b) 現在假設我們計算的是 $c_x[n]$ 和 $c_w[n]$，而不是複數倒頻譜。使用 (a) 小題的結果求出 $c_x[n]$ 和 $c_w[n]$，並且將這兩者用 $\hat{x}[n]$ 表示。

(c) 現在證明：

$$\hat{x}[n]=\frac{2(c_x[n]-\alpha^n c_w[n])}{1-\alpha^{2n}}, \quad n \neq 0 \tag{P13.32-2}$$

(d) 因為分別從 $\log|X(e^{j\omega})|$ 和 $\log|W(e^{j\omega})|$ 可以計算出 $c_x[n]$ 和 $c_w[n]$，所以 (P13.32-3) 式是不計算 $X(e^{j\omega})$ 的相位而計算出複數倒頻譜的基礎。試討論這個方式可能會出現的一些潛在問題。

APPENDIX

A

隨機訊號

在此附錄中，我們收集並歸納了一些關於隨機訊號的結果，並且建立隨機訊號表示法的符號。在此，我們並不企圖去仔細討論那些隱藏在理論背後的困難且精細的數學課題，雖然我們討論的方式並不嚴格，卻已經歸納了重要的結果以及數學推導所隱含的數學假設。對於隨機訊號理論的詳細介紹可參考其它教科書，像是 Davenport (1970)、Papoulis (1984)、Gray 和 Davidson (2004)、Kay (2006) 以及 Bertsekas 和 Tsitsiklis (2008)。

A.1 離散時間隨機訊號

對於隨機訊號的數學表示法，我們所使用的基本觀念是**隨機過程**（random process），當我們討論隨機過程，並將它當作離散時間訊號的模型時，我們假設讀者已經熟悉機率的基本觀念，像是隨機變數（random variable）、機率分佈（probability distribution）和平均量（average）。

當我們在訊號處理的實際應用中使用隨機過程模型時，我們考慮的特定序列是樣本序列總體（ensemble）中的一個序列。給定一個離散時間訊號，它所對應到的隨機過程結構，像是機率法則（probability law），一般而言都是未知的，必須以某種方式進行推論。有可能對於隨機過程的結構做出合理的假設，也有可能從典型樣本序列的有限片段中估計出隨機過程表示法的某些性質。

形式上，隨機過程是一組帶有指標的隨機變數 $\{\mathbf{x}_n\}$，其特徵是一組機率分佈函數，通常是指標 n 的函數。當我們使用隨機過程的觀念當作離散時間訊號的模型時，我們將指標 n 連結到時間指標 n。換句話說，我們假設隨機訊號 $x[n]$ 的每一個樣本值都是由滿足某個機率法則的機制所產生的結果。描述隨機變數 $\mathbf{x}_n$ 的方式是機率分佈函數：

$$P_{\mathbf{x}_n}(x_n, n) = \text{Probability}[\mathbf{x}_n \le x_n] \tag{A.1}$$

其中 $\mathbf{x}_n$ 代表隨機變數，而 x_n 代表 $\mathbf{x}_n$ 的特定值[①]。如果 $\mathbf{x}_n$ 的值落在一段連續的範圍之內，則指定隨機變數的等效方式是用**機率密度函數**（probability density function）

$$p_{\mathbf{x}_n}(x_n, n) = \frac{\partial P_{\mathbf{x}_n}(x_n, n)}{\partial x_n} \tag{A.2}$$

或是**機率分佈函數**（probability distribution function）

$$P_{\mathbf{x}_n}(x_n, x) = \int_{-\infty}^{x_n} p_{\mathbf{x}_n}(x, n)dx \tag{A.3}$$

要描述隨機過程的兩個隨機變數之間的相互獨立性，可用聯合機率分佈函數

$$P_{\mathbf{x}_n, \mathbf{x}_m}(x_n, n, x_m, m) = \text{Probability}[\mathbf{x}_n \le x_n \text{ 且 } \mathbf{x}_m \le x_m] \tag{A.4}$$

或是用聯合機率密度

$$p_{\mathbf{x}_n, \mathbf{x}_m}(x_n, n, x_m, m) = \frac{\partial^2 P_{\mathbf{x}_n, \mathbf{x}_m}(x_n, n, x_m, m)}{\partial x_n \partial x_m} \tag{A.5}$$

如果知道一個隨機變數的值不影響另一個隨機變數的機率密度，那麼這兩個隨機變數稱為**統計獨立**（statistically independent）。如果隨機變數集合 $\{\mathbf{x}_n\}$ 中的所有隨機變數都是統計獨立，則

$$P_{\mathbf{x}_n, \mathbf{x}_m}(x_n, n, x_m, m) = P_{\mathbf{x}_n}(x_n, n) \cdot P_{\mathbf{x}_m}(x_m, m), \qquad m \ne n, \tag{A.6}$$

要完整描述一個隨機過程的特徵必須指定所有可能的聯合機率分佈，如先前所示，這些機率分佈可能是時間指標 m 和 n 的函數。如果將時間起點平移之後，所有的機率分

---

① 在本附錄中，設定為粗體的英文字代表隨機變數，而未設定為粗體的英文字代表機率函數的虛變數（dummy variable）。

佈都和平移前相同，則此隨機過程稱為**穩態**（stationary）隨機過程。舉例來說，穩態隨機過程的 2 階分佈對於所有 k 值都滿足下式

$$P_{\mathbf{x}_{n+k},\,\mathbf{x}_{m+k}}(x_{n+k},\,n+k,\,x_{m+k},\,m+k)=P_{\mathbf{x}_n,\,\mathbf{x}_m}(x_n,\,n,\,x_m,\,m) \tag{A.7}$$

在許多離散時間訊號處理的應用中，隨機過程作為訊號模型的意義是將一個特定的訊號看作是隨機過程的一個樣本序列。因為無法預期這類訊號的細節，所以使用確定性的方式以表示這類訊號是不合適的，但是，只要給定此隨機過程的機率法則，就可以求得訊號總體的某些平均性質。經常使用這些平均性質作為這類訊號的特徵，雖然它們並不完整。

A.2 平均量

使用平均量作為隨機變數的特徵，像是平均值或是變異數，經常是有用的作法，因為隨機過程是帶有指標的隨機變數集合，所以使用隨機變數的統計平均量，同樣地可作為隨機過程的特徵。這類平均量稱為**總體平均量**（ensemble average）。我們將從定義開始進行平均量的討論。

A.2.1 定義

隨機過程的平均量（average），或是平均值（mean）的定義如下

$$m_{\mathbf{x}_n}=\mathcal{E}\{\mathbf{x}_n\}=\int_{-\infty}^{\infty}xp_{\mathbf{x}_n}(x,n)dx, \tag{A.8}$$

其中 $\mathcal{E}$ 所代表的運算子稱為**數學期望值**（mathematical expectation）。一般而言，平均值（期望值）和 n 有關。除此之外，如果 $g(\cdot)$ 是單值函數，則 $g(\mathbf{x}_n)$ 是一個隨機變數，而隨機變數的集合 $\{g(\mathbf{x}_n)\}$ 定義出新的隨機過程。我們可以先推導出新隨機變數的機率分佈，在藉此計算新隨機過程的平均量。另一種方式是

$$\mathcal{E}\{g(\mathbf{x}_n)\}=\int_{-\infty}^{\infty}g(x)p_{\mathbf{x}_n}(x,n)dx \tag{A.9}$$

如果隨機變數是離散隨機變數，也就是說它們的值是經過量化的，則上式中的積分變成對於隨機變數所有可能的值進行求和，在這種情形下，$\mathcal{E}\{g(x)\}$ 可表示為為

$$\mathcal{E}\{g(\mathbf{x}_n)\}=\sum_x g(x)\hat{p}_{\mathbf{x}_n}(x,n) \tag{A.10}$$

如果我們對於多個隨機過程之間的關係感興趣，則必須關心多個隨機變數集合。舉例來說，對於兩個隨機變數集合 $\{\mathbf{x}_n\}$ 和 $\{\mathbf{y}_m\}$ 而言，兩個隨機變數的函數期望值爲

$$\mathcal{E}\{g(\mathbf{x}_n, \mathbf{y}_m)\} = \int_{-\infty}^{\infty}\int_{-\infty}^{\infty} g(x, y) p_{\mathbf{x}_n, \mathbf{y}_m}(x, n, y, m) dx\, dy, \tag{A.11}$$

其中 $p_{\mathbf{x}_n, \mathbf{y}_m}(x_m, n, y_m, m)$ 是隨機變數 $\mathbf{x}_n$ 和 $\mathbf{y}_m$ 的聯合機率密度。

數學期望值是一種線性運算子，也就是說，我們可以證明：

1. $\mathcal{E}\{\mathbf{x}_n + \mathbf{y}_m\} = \mathcal{E}\{\mathbf{x}_n\} + \mathcal{E}[\mathbf{y}_m]$；換句話說，和的平均值等於平均值的和。
2. $\mathcal{E}\{a\mathbf{x}_n\} = a\mathcal{E}\{\mathbf{x}_n\}$；換句話說，$\mathbf{x}_n$ 乘上常數的平均值等於 $\mathbf{x}_n$ 的平均值乘上該常數。

一般而言，兩個隨機變數乘積的平均值不等於平均值的乘積，然而，如果此性質成立，則這兩個隨機變數稱爲**線性獨立**（linearly independent）或**不相關**（uncorrelated）。換句話說，如果隨機變數 $\mathbf{x}_n$ 和 $\mathbf{y}_m$ 滿足

$$\mathcal{E}\{\mathbf{x}_n \mathbf{y}_m\} = \mathcal{E}\{\mathbf{x}_m\} \cdot \mathcal{E}\{\mathbf{y}_m\} \tag{A.12}$$

則它們是線性獨立，或不相關。從 (A.11) 和 (A.12) 式可以很容易看出線性獨立的充份條件之一是

$$p_{\mathbf{x}_n, \mathbf{y}_m}(x_n, n, y_m, m) = p_{\mathbf{x}_n}(x_n, n) \cdot p_{\mathbf{y}_m}(y_m, m) \tag{A.13}$$

然而，(A.13) 的獨立性質是比 (A.12) 式更強的敘述。如先前所述，滿足 (A.13) 式的隨機變數稱爲**統計獨立**，如果對於所有的 n 值和 m 值，(A.13) 式成立，則隨機過程 $\{\mathbf{x}_n\}$ 和 $\{\mathbf{y}_m\}$ 稱爲統計獨立。統計獨立的隨機過程也是線性獨立，反之不然。線性獨立性並不隱含統計獨立性。

由 (A.9) 到 (A.11) 式可以看出，平均值一般而言是時間指標的函數。就穩態隨機過程來說，持續此隨機過程的隨機變數平均值都相同，換句話說，穩態隨機過程的平均值是常數，我們用 m_x 表示之。

除了 (A.8) 式所定義的平均值之外，在訊號處理的討論中，還有許多特別重要的隨機過程平均量，將在接下來介紹其定義。爲了符號的便利性，我們假設機率分佈是連續函數，對於離散隨機變數，應用 (A.10) 式可以得到相對應的定義。

$\mathbf{x}_n$ 的**均方值**（mean-square value）是 $|\mathbf{x}_n|^2$ 的平均值，即

$$\mathcal{E}\{|\mathbf{x}_n|^2\} = \text{均方值} = \int_{-\infty}^{\infty} |x|^2\, p_{\mathbf{x}_n}(x, n) dx \tag{A.14}$$

有時候均方值稱爲**平均功率**（average power）。

$\mathbf{x}_n$ 的**變異數**（variance）是 $[\mathbf{x}_n - m_{x_n}]$ 的均方值，即

$$\text{var}[\mathbf{x}_n] = \mathcal{E}\{|(\mathbf{x}_n - m_{x_n})|^2\} = \sigma_{\mathbf{x}_n}^2 \tag{A.15}$$

因爲和的平均值等於平均值的和，所以可將 (A.15) 式表示爲

$$\text{var}[\mathbf{x}_n] = \mathcal{E}\{|\mathbf{x}_n|^2\} - |m_{x_n}|^2 \tag{A.16}$$

一般而言，均方值和變異數是時間的函數，然而對於穩態隨機過程而言，它們都是常數。

平均值、均方值和變異數都是簡單的平均量，對於隨機過程只能提供少量的資訊。較有用的平均量是**自相關序列**（autocorrelation sequence），其定義如下

$$\begin{aligned}\phi_{xx}[n,m] &= \mathcal{E}\{\mathbf{x}_n \mathbf{x}_m^*\} \\ &= \int_{-\infty}^{\infty}\int_{-\infty}^{\infty} x_n x_m^* p_{\mathbf{x}_n,\mathbf{x}_m}(x_n, n, x_m, m)dx_n dx_m,\end{aligned} \tag{A.17}$$

其中 * 代表取複數共軛。隨機過程的自共變異（autocovariance）序列的定義如下

$$\gamma_{xx}[n,m] = \mathcal{E}\{(\mathbf{x}_n - m_{x_n})(\mathbf{x}_m - m_{x_m})^*\}, \tag{A.18}$$

上式也可寫成

$$\gamma_{xx}[n,m] = \phi_{xx}[n,m] - m_{x_n} - m_{x_m}^* \tag{A.19}$$

注意到，自相關序列和自共變異序列一般而言都是二維序列，也就是說，它們是雙離散變數的函數。

自相關序列可測量隨機過程在不同時間點的獨立性，在此意義下，自相關序列也部份描述了隨機訊號隨著時間的變動程度。利用互相關序列（cross-correlation sequence）可以測量兩個隨機訊號之間的相關性。令 $\{\mathbf{x}_n\}$ 和 $\{\mathbf{y}_m\}$ 代表兩個隨機過程，它們的互相關序列爲

$$\begin{aligned}\phi_{xy}[n,m] &= \mathcal{E}\{\mathbf{x}_n \mathbf{y}_m^*\} \\ &= \int_{-\infty}^{\infty}\int_{-\infty}^{\infty} xy^* p_{\mathbf{x}_n,\mathbf{y}_m}(x, n, y, m)dx\,dy,\end{aligned} \tag{A.20}$$

其中 $p_{\mathbf{x}_n,\mathbf{y}_m}(x, n, y, m)$ 是隨機變數 $\mathbf{x}_n$ 和 $\mathbf{y}_m$ 的聯合機率密度。互共變異函數（cross-covariance function）的定義如下

$$\begin{aligned}\gamma_{xy}[n,m] &= \mathcal{E}\{(\mathbf{x}_n - m_{x_n})(\mathbf{y}_m - m_{y_m})^*\} \\ &= \phi_{xy}[n,m] - m_{x_n} m_{y_m}^*\end{aligned} \tag{A.21}$$

正如我們所指出，隨機過程的統計特性一般而言會隨著時間而改變。然而，穩態隨機過程是以其均衡狀態作爲特徵，此時其統計特性不隨時間原點的移動而改變。其意義是一階機率分佈和時間無關。同樣的，所有的聯合機率函數不隨時間原點的移動而改變，也就是說，二階聯合機率分佈函數只和時間差 $(m-n)$ 有關。像是平均值和變異數的一階平均量和時間無關；而像是自相關函數 $\phi_{xx}[n,m]$ 的二階平均量和時間差 $(m-n)$ 有關。因此，就穩態隨機過程而言，我們可以寫成

$$m_x = \mathcal{E}\{\mathbf{x}_n\}, \tag{A.22}$$

$$\sigma_x^2 = \mathcal{E}\{|(\mathbf{x}_n - m_x)|^2\}, \tag{A.23}$$

這兩者都和 n 無關。如果我們令時間差爲 m，則可寫成

$$\phi_{xx}[n+m,n] = \phi_{xx}[m] = \mathcal{E}\{\mathbf{x}_{n+m}\mathbf{x}_n^*\} \tag{A.24}$$

也就是說，穩態隨機過程的自相關函數是一維序列，它是時間差 m 的函數。

在許多情形中，我們遇到的隨機過程雖然不是**嚴格意義**（strict sense）下的穩態隨機過程，也就是說其機率分佈不是非時變，但是 (A.22) 到 (A.24) 式依然成立，這類隨機過程稱爲**廣義穩態**（wide-sense stationary）隨機過程。

A.2.2 時間平均量

在訊號處理的脈絡中，訊號總體的概念是一種方便的數學觀念，讓我們能用機率理論進行訊號的表示。然而在實際情形中，我們能用的總是有限數量的有限長度序列，而不是無窮多的訊號總體。舉例來說，或許我們想要量測訊號總體的單一個訊號，從中推論出機率法則或是某種平均量，當機率分佈和時間無關時，直覺告訴我們，對於單一個樣本序列的長片段計算其振幅分佈（直方圖，histogram），應該近似於此隨機過程中每一個隨機變數的機率密度函數。同樣的，單一序列中大量樣本值的算術平均，應該會非常接近隨機過程的平均值。爲了要將此由直覺得出的概念正式表達出來，我們定義隨機過程的時間平均值如下

$$\langle \mathbf{x}_n \rangle = \lim_{L\to\infty} \frac{1}{2L+1} \sum_{n=-L}^{L} \mathbf{x}_n \tag{A.25}$$

相同的，時間自相關序列的定義爲

$$\langle \mathbf{x}_{n+m}\mathbf{x}_n^* \rangle = \lim_{L\to\infty} \frac{1}{2L+1} \sum_{n=-L}^{L} \mathbf{x}_{n+m}\mathbf{x}_n^* \tag{A.26}$$

如果 $\{\mathbf{x}_n\}$ 是有限平均值的穩態隨機過程，可以證明 (A.25) 和 (A.26) 式中的極限值都存在。根據這兩個定義式，這些時間平均量是無窮多個隨機變數的函數，因此本身可適當地看作是隨機變數。然而，在滿足所謂**遍歷性**（ergodicity）的情形下，(A.25) 和 (A.26) 式中的時間平均量等於常數，其意義是可能的樣本序列的時間平均量幾乎都等於相同的常數，此外，也等於相對應的總體平均[②]。因此，就任何單一的樣本序列 $\{x[n]\}$，$-\infty < n < \infty$ 而言，可得

$$\langle x[n] \rangle = \lim_{L\to\infty} \frac{1}{2L+1} \sum_{n=-L}^{L} x[n] = \mathcal{E}\{\mathbf{x}_n\} = m_x \tag{A.27}$$

和

$$\langle x[n+m]x^*[n] \rangle = \lim_{L\to\infty} \frac{1}{2L+1} \sum_{n=-L}^{L} x[n+m]x^*[n] = \mathcal{E}\{\mathbf{x}_{n+m}\mathbf{x}_n^*\} = \phi_{xx}[m] \tag{A.28}$$

時間平均運算子 $\langle\cdot\rangle$ 和總體平均運算子 $\mathcal{E}\{\}$ 有相同的性質。因此，通常我們並不區分隨機變數 $\mathbf{x}_n$ 和它在樣本序列中的值 $x[n]$。舉例來說，$\mathcal{E}\{x[n]\}$ 的解釋應該是 $\mathcal{E}\{\mathbf{x}_n\} = \langle x[n] \rangle$。一般而言，**遍歷性過程**（ergodic process）的時間平均量等於總體平均量。

實際上，我們常常假設給定的序列是遍歷性隨機過程的樣本序列，所以平均量可由單一序列計算而得。當然，通常我們無法計算 (A.27) 和 (A.28) 式的極限值，替代的結果是

$$\hat{m}_x = \frac{1}{L} \sum_{n=0}^{L-1} x[n], \tag{A.29}$$

$$\hat{\sigma}_x^2 = \frac{1}{L} \sum_{n=0}^{L-1} |x[n] - \hat{m}_x|^2, \tag{A.30}$$

和

$$\langle x[n+m]x^*[n] \rangle_L = \frac{1}{L} \sum_{n=0}^{L-1} x[n+m]x^*[n] \tag{A.31}$$

或是類似的近似量，它們通常當作平均值、變異數和自相關函數的**估計值**。$\hat{m}_x$ 和 $\hat{\sigma}_x^2$ 分別稱為樣本平均（sample mean）和樣本變異數（sample variance）。從資料的有限長度片段估計隨機過程平均量的估計值是統計學的問題，我們在第 10 章作簡單的討論。

---

② 較精確的陳述是隨機變數 $\langle \mathbf{x}_n \rangle$ 和 $\langle \mathbf{x}_{n+m}\mathbf{x}_n^* \rangle$ 的平均值分別等於 m_x 和 $\phi_{xx}[m]$，而且這兩個隨機變數的變異數都等於零。

A.3 穩態隨機過程的相關序列和共變異數序列之性質

由定義可以直接得出相關函數和共變異數函數的一些有用的性質，本小節將介紹這些性質。

考慮兩個穩態隨機過程 $\{\mathbf{x}_n\}$ 和 $\{\mathbf{y}_n\}$，它們的自相關、自共變異、互相關與互共變異序列依序定義如下

$$\phi_{xx}[m] = \mathcal{E}\{\mathbf{x}_{n+m}\mathbf{x}_n^*\}, \tag{A.32}$$

$$\gamma_{xx}[m] = \mathcal{E}\{(\mathbf{x}_{n+m} - m_x)(\mathbf{x}_n - m_x)^*\}, \tag{A.33}$$

$$\phi_{xy}[m] = \mathcal{E}\{\mathbf{x}_{n+m}\mathbf{y}_n^*\}, \tag{A.34}$$

$$\gamma_{xy}[m] = \mathcal{E}\{(\mathbf{x}_{n+m} - m_x)(\mathbf{y}_n - m_y)^*\}, \tag{A.35}$$

其中 m_x 和 m_y 是這兩個隨機過程的平均值。根據這些定義和簡單的計算可以推導出以下性質：

性質 1：

$$\gamma_{xx}[m] = \phi_{xx}[m] - |m_x|^2, \tag{A.36a}$$

$$\gamma_{xy}[m] = \phi_{xy}[m] - m_x m_y^* \tag{A.36b}$$

從 (A.19) 和 (A.21) 式可直接得到這兩個結果。它們指出零均值隨機過程的相關值和共變異是相等的序列。

性質 2：

$$\phi_{xx}[0] = \varepsilon[|\mathbf{x}_n|^2] = \text{均方值}, \tag{A.37a}$$

$$\gamma_{xx}[0] = \sigma_x^2 = \text{變異數} \tag{A.37b}$$

性質 3：

$$\phi_{xx}[-m] = \phi_{xx}^*[m], \tag{A.38a}$$

$$\gamma_{xx}[-m] = \gamma_{xx}^*[m], \tag{A.38b}$$

$$\phi_{xy}[-m] = \phi_{yx}^*[m], \tag{A.38c}$$

$$\gamma_{xy}[-m] = \gamma_{yx}^*[m] \tag{A.38d}$$

性質 4：

$$|\phi_{xx}[m]| \le \phi_{xx}[0], \tag{A.39a}$$

$$|\gamma_{xx}[m]| \le \gamma_{xx}[0] \tag{A.39b}$$

特別的結果：

$$|\phi_{xx}[m]| \le \phi_{xx}[0], \tag{A40.a}$$

$$|\gamma_{xx}[m]| \le \gamma_{xx}[0] \tag{A40.b}$$

性質 5：若 $\mathbf{y}_n = \mathbf{x}_{n-n_0}$，則

$$\phi_{yy}[m] = \phi_{xx}[m], \tag{A.41a}$$

$$\gamma_{yy}[m] = \gamma_{xx}[m] \tag{A.41b}$$

性質 6：在許多隨機過程中，當時間差越大，隨機變數變得越不相關。即

$$\lim_{m\to\infty} \gamma_{xx}[m] = 0, \tag{A.42a}$$

$$\lim_{m\to\infty} \phi_{xx}[m] = |m_x|^2, \tag{A.42b}$$

$$\lim_{m\to\infty} \gamma_{xy}[m] = 0, \tag{A.42c}$$

$$\lim_{m\to\infty} \phi_{xx}[m] = m_x m_y^* \tag{A.42d}$$

相關值序列和共變異序列是有限能量序列，當 m 值變大，這些序列將會逐漸消失，這是性質 6 的本質。因此，經常可以用傅立葉轉換或是 z 轉換表示這些序列。

A.4 隨機訊號的傅立葉轉換表示法

除非考慮廣義傅立葉轉換，否則隨機訊號的傅立葉轉換並不存在，但是隨機訊號的自共變異序列和自相關序列是非週期序列，其傅立葉轉換存在。當 LTI 系統的輸入訊號是隨機訊號時，使用相關函數的頻譜表示法，對於描述系統輸出入之間的關係扮演著重要的角色。因此，考慮相關值序列和共變異序列以及其傅立葉轉換與 z 轉換的性質是有益處的。

令 $\phi_{xx}[m]$、$\gamma_{xx}[m]$、$\phi_{xy}[m]$和$\gamma_{xy}[m]$的 DTFT 分別是 $\Phi_{xx}(e^{j\omega})$、$\Gamma_{xx}(e^{j\omega})$、$\Phi_{xy}(e^{j\omega})$和 $\Gamma_{xy}(e^{j\omega})$，因爲這些函數都是序列的 DTFT，它們的週期一定是 2π。在$|\omega|\le\pi$ 此週期內，由 (A.36a) 和 (A.36b) 式可知

$$\Phi_{xx}(e^{j\omega})=\Gamma_{xx}(e^{j\omega})+2\pi|m_x|^2\,\delta(\omega),\quad |\omega|\le\pi, \tag{A.43a}$$

以及

$$\Phi_{xy}(e^{j\omega})=\Gamma_{xy}(e^{j\omega})+2\pi m_x m_y^*\delta(\omega),\quad |\omega|\le\pi \tag{A43.b}$$

對於零均值（ $m_x=0$ 且 $m_y=0$ ）的隨機訊號而言，相關函數和共變異數函數相等，所以 $\Phi_{xx}(e^{j\omega})=\Gamma_{xx}(e^{j\omega})$ 以及 $\Phi_{xy}(e^{j\omega})=\Gamma_{xy}(e^{j\omega})$ 。

由逆傅立葉轉換的公式可得

$$\gamma_{xx}[m]=\frac{1}{2\pi}\int_{-\pi}^{\pi}\Gamma_{xx}(e^{j\omega})e^{j\omega m}d\omega, \tag{A.44a}$$

$$\phi_{xx}[m]=\frac{1}{2\pi}\int_{-\pi}^{\pi}\Phi_{xx}(e^{j\omega})e^{j\omega m}d\omega, \tag{A.44b}$$

因此

$$\mathcal{E}\{|x[n]|^2\}=\phi_{xx}[0]=\sigma_x^2=\frac{1}{2\pi}\int_{-\pi}^{\pi}\Phi_{xx}(e^{j\omega})d\omega, \tag{A.45a}$$

$$\sigma_x^2=\gamma_{xx}[0]=\frac{1}{2\pi}\int_{-\pi}^{\pi}\Gamma_{xx}(e^{j\omega})d\omega \tag{A.45b}$$

有時爲了符號的方便性，定義

$$P_{xx}(\omega)=\Phi_{xx}(e^{j\omega}), \tag{A.46}$$

此時 (A.45a) 和 (A.45b) 式可表示爲

$$\mathcal{E}\{|x[n]|^2\}=\frac{1}{2\pi}\int_{-\pi}^{\pi}P_{xx}(\omega)d\omega, \tag{A.47a}$$

$$\sigma_x^2=\frac{1}{2\pi}\int_{-\pi}^{\pi}P_{xx}(\omega)d\omega \tag{A.47b}$$

因此，在$-\pi\le\omega\le\pi$ 的範圍內， $P_{xx}(\omega)$ 下方的面積正比於訊號的平均功率。如同第 2.10 節所討論，$P_{xx}(\omega)$ 在一段頻帶內的積分值正比於訊號在此頻帶內的功率，基於這個原因，

$P_{xx}(\omega)$ 稱爲**功率密度頻譜**（power density spectrum），或簡稱爲**功率頻譜**（power spectrum）。若 $P_{xx}(\omega)$ 是和 ω 無關的常數，此隨機過程稱爲白雜訊過程。若 $P_{xx}(\omega)$ 在某段頻帶內爲常數，其餘頻率爲零，我們稱爲有限頻寬白雜訊。

由 (A.38a) 式可知 $P_{xx}(\omega)=P_{xx}^*(\omega)$，換句話說，$P_{xx}(\omega)$ 的值都是實數。此外，就實數隨機過程而言，$\phi_{xx}[m]=\phi_{xx}[-m]$，所以 $P_{xx}(\omega)$ 既是實數也是偶對稱，即

$$P_{xx}(\omega)=P_{xx}(-\omega) \tag{A.48}$$

另一個重要的性質是功率密度頻譜是非負值，即對於所有 ω，$P_{xx}(\omega)\geq 0$。2.10 節討論過這個性質。

互功率密度頻譜（cross power density spectrum）的定義如下：

$$P_{xy}(\omega)=\Phi_{xy}(e^{j\omega}) \tag{A.49}$$

此函數通常是複數值，而且由 (A.38c) 式可知：

$$P_{xy}(\omega)=P_{yx}^*(\omega) \tag{A.50}$$

最後，我們在 2.10 節證明過，如果隨機訊號 $x[n]$ 是 LTI 離散時間系統的輸入訊號，系統的的頻率響應爲 $H(e^{j\omega})$，令輸出訊號爲 $y[n]$，則

$$\Phi_{yy}(e^{j\omega})=|H(e^{j\omega})|^2\,\Phi_{xx}(e^{j\omega}) \tag{A.51}$$

以及

$$\Phi_{xy}(e^{j\omega})=H(e^{j\omega})\Phi_{xx}(e^{j\omega}) \tag{A.52}$$

範例 A.1 理想低通濾波器的輸出雜訊功率

假設 $x[n]$ 是零均值白雜訊序列，其自相關序列 $\phi_{xx}[m]=\sigma_x^2\delta[m]$，功率頻譜 $\Phi_{xx}(e^{j\omega})=\sigma_x^2$，$|\omega|\leq\pi$。此外，假設 $x[n]$ 是理想低通濾波器的輸入訊號，濾波器的截止頻率為 ω_c。由 (A.51) 式可知，輸出序列 $y[n]$ 是有限頻寬白雜訊過程，其功率頻譜為

$$\Phi_{yy}(e^{j\omega})=\begin{cases}\sigma_x^2, & |\omega|<\omega_c,\\ 0, & \omega_c<|\omega|\leq\pi\end{cases} \tag{A.53}$$

使用逆傅立葉轉換可以求得自相關序列如下

$$\phi_{yy}[m]=\frac{\sin(\omega_c m)}{\pi m}\sigma_x^2 \tag{A.54}$$

現在，使用 (A.45a) 式可得到輸出訊號的平均功率如下

$$\varepsilon\{y^2[n]\} = \phi_{yy}[0] = \frac{1}{2\pi}\int_{-\omega_c}^{\omega_c}\sigma_x^2 d\omega = \sigma_x^2\frac{\omega_c}{\pi} \tag{A.55}$$

A.5 使用 z 轉換計算平均功率

當我們用 (A.45a) 式計算平均功率時，必須求出功率頻譜的積分值，如範例 A.1 所示。雖然此範例中的積分相當容易計算，但是一般而言，很難用實數積分計算這類積分。不過，有一類重要的情形是系統函數為有理函數，對於這類系統函數，利用 z 轉換可以讓計算平均功率的過程較為直接。

一般而言，z 轉換可以用來表示共變異函數，但是不能表示相關函數，這是因為如果訊號有非零的平均值，會讓自相關函數具有可加成的常數成份，而常數成份沒有 z 轉換的表示法。然而當平均值等於零，共變異函數和相關函數當然相等。如果 $\gamma_{xx}[m]$ 的 z 轉換存在，因為 $\gamma_{xx}[m] = \gamma_{xx}^*[m]$，所以一般而言，

$$\Gamma_{xx}(z) = \Gamma_{xx}^*(1/z^*) \tag{A.56}$$

此外，因為 $\gamma_{xx}[m]$ 是共軛對稱的雙邊序列，因此可以得知 $\Gamma_{xx}(z)$ 的 ROC 形式必定如下：

$$r_a < |z| < \frac{1}{r_a}$$

其中 $0 < r_a < 1$。對於 $\Gamma_{xx}(z)$ 是 z 的有理函數這種重要的情形，由 (A.56) 式可知 $\Gamma_{xx}(z)$ 的零點和極點必須以互為共軛倒數的方式成對出現。

當 $\Gamma_{xx}(z)$ 是有理函數，z 轉換表示法的主要優點是用以下的關係式可以很容易算出隨機訊號的平均功率：

$$\mathcal{E}\{|x[n]-m_x|^2\} = \sigma_x^2 = \gamma_{xx}[0] = \begin{Bmatrix}\Gamma_{xx}(z)\text{ 的逆 } z \text{ 轉換，} \\ \text{在 } m=0 \text{ 處的值}\end{Bmatrix} \tag{A.57}$$

當 $\Gamma_{xx}(z)$ 是 z 的有理函數，可以使用部份分式展開法計算出 $\gamma_{xx}[m]$，基於這個觀察，可以直接計算 (A.57) 式等號最右邊的值，然後只要算出 $\gamma_{xx}[m]$ 在 $m=0$ 處的值就可以得到平均功率。

當 LTI 系統的輸入是隨機訊號，使用 z 轉換計算輸出訊號的自共變異序列和平均功率也很有用。推廣 (A.51) 式可得

$$\Gamma_{yy}(z) = H(z)H^*(1/2^*)\Gamma_{xx}(z), \tag{A.58}$$

根據 z 轉換的性質和 (A.58) 式，可知輸出訊號的自共變異序列可以表示爲以下的旋積

$$\gamma_{yy}[m] = h[m] * h^*[-m] * \gamma_{xx}[m] \tag{A.59}$$

在分析量化誤差時，我們需要計算線性差分方程式輸出訊號的平均功率，輸入訊號是零均值白雜訊，平均功率爲 σ_x^2，此時，(A.59) 式的結果特別有用。在此情形下，因爲輸入訊號的自共變異序列 $\gamma_{xx}[m] = \sigma_x^2\delta[m]$，所以輸出訊號的自共變異序列爲 $\gamma_{yy}[m] = \sigma_x^2(h[m] * h^*[-m])$，換句話說，輸出訊號的共變異序列正比於 LTI 系統脈衝響應的確定性自相關序列。由此結果可知

$$\mathcal{E}\{y^2[n]\} = \gamma_{yy}[0] = \sigma_x^2 \sum_{n=-\infty}^{\infty} |h[n]|^2 \tag{A.60}$$

對於 IIR 系統來說，計算脈衝響應序列的平方和可能相當困難，但是我們可以用 (A.57) 式所建議的替代方法，利用 $\Gamma_{yy}(z)$ 的部份分式展開式得到 $\mathcal{E}\{y^2[n]\}$。回想白雜訊輸入訊號的自共變異序列 $\gamma_{xx}[m] = \sigma_x^2\delta[m]$，其 z 轉換爲 $\Gamma_{xx}(z) = \sigma_x^2$，所以 $\Gamma_{yy}(z) = \sigma_x^2 H(z)H^*(1/2^*)$。因此，將 (A.57) 式應用到系統的輸出可得

$$\mathcal{E}\{y^2[n]\} = \gamma_{yy}[0] = \begin{Bmatrix} \Gamma_{yy}(z) = H(z)H^*(1/z^*)\sigma_x^2 \\ \text{的逆}z\text{ 轉換，在 } m=0 \text{ 處的值} \end{Bmatrix} \tag{A.61}$$

現在考慮穩定因果系統的特殊情況，其有理系統函數的形式爲

$$H(z) = A\frac{\prod_{m=1}^{M}(1-c_m z^{-1})}{\prod_{k=1}^{N}(1-d_k z^{-1})}, \quad |z| > \max_k\{|d_k|\}, \tag{A.62}$$

其中 $\max_k\{|d_k|\} < 1$ 且 $M < N$。當我們以定點數算術實現離散時間系統時，(A.62) 式這類系統可以用來描述系統內部捨入雜訊源以及輸出之間的關係。將 (A.62) 式的 $H(z)$ 代入 (A.58) 式可得

$$\Gamma_{yy}(z) = \sigma_x^2 H(z)H^*(1/z^*) = \sigma_x^2 |A|^2 \frac{\prod_{m=1}^{M}(1-c_m z^{-1})(1-c_m^* z)}{\prod_{k=1}^{N}(1-d_k z^{-1})(1-d_k^* z)} \tag{A.63}$$

因爲我們假設$|d_k|<1$，所以原始的極點都在單位圓內，也因此其餘的極點$(d_k^*)^{-1}$位於單位圓外共軛倒數之處。因此，$\Gamma_{yy}(z)$的 ROC 爲$\max_k|d_k|<|z|<\min_k|(d_k^*)^{-1}|$，因爲$M<N$，可以證明這類有理函數的部份分式展開式的形式如下

$$\Gamma_{yy}(z)=\sigma_x^2\left(\sum_{k=1}^{N}\left(\frac{A_k}{1-d_kz^{-1}}-\frac{A_k^*}{1-(d_k^*)^{-1}z^{-1}}\right)\right) \tag{A.64}$$

其係數可由下式得出

$$A_k=H(z)H^*(1/z^*)(1-d_kz^{-1})|_{z=d_k} \tag{A.65}$$

因爲$z=d_k$處的極點位於 ROC 內邊界之內的區域，所以每一個這類的極點都對應到右邊序列；另一方面，位於$z=(d_k^*)^{-1}$處的極點都對應到左邊序列，因此，(A.64) 式所對應的自共變異函數爲

$$\gamma_{yy}[n]=\sigma_x^2\sum_{k=1}^{N}(A_k(d_k)^nu[n]+A_k^*(d_k^*)^{-n}u[-n-1]),$$

由上式可知平均功率可表示爲

$$\sigma_y^2=\gamma_{yy}[0]=\sigma_x^2\left(\sum_{k=1}^{N}A_k\right) \tag{A.66}$$

由 (A.65) 式可求得上式中的係數A_k。

因此，對於具有有理系統函數的系統而言，當輸入訊號是白雜訊時，計算此系統的平均總輸出功率可以簡化成計算輸出訊號的自相關函數的z轉換的部份分式展開式中的係數，我們用以下範例說明這個方式。

範例 A.2　二階 IIR 濾波器的雜訊輸出功率

假設有一系統的脈衝響應為

$$h[n]=\frac{r^n\sin\theta(n+1)}{\sin\theta}u[n] \tag{A.67}$$

其系統函數為

$$H(z)=\frac{1}{(1-re^{j\theta}z^{-1})(1-re^{-j\theta}z^{-1})} \tag{A.68}$$

當輸入訊號為總平均功率為 σ_x^2 的白雜訊時，輸出訊號自共變異函數的 z 轉換為

$$\Gamma_{yy}(z)=\sigma_x^2\left(\frac{1}{(1-re^{j\theta}z^{-1})(1-re^{-j\theta}z^{-1})}\right)\left(\frac{1}{(1-re^{-j\theta}z)(1-re^{j\theta}z)}\right) \tag{A.69}$$

由上式和 (A.65) 式可得

$$\begin{aligned}\mathcal{E}\{y^2[n]\}=\sigma_x^2\Bigg[&\left(\frac{1}{(1-re^{-j\theta}z^{-1})}\right)\left(\frac{1}{(1-re^{-j\theta}z)(1-re^{j\theta}z)}\right)\Bigg|_{z=re^{j\theta}}\\&+\left(\frac{1}{(1-re^{j\theta}z^{-1})}\right)\left(\frac{1}{(1-re^{-j\theta}z)(1-re^{j\theta}z)}\right)\Bigg|_{z=re^{-j\theta}}\Bigg]\end{aligned} \tag{A.70}$$

進行上式所指定的代換，將兩項合併並且通分化簡後可得

$$\mathcal{E}\{y^2[n]\}=\sigma_x^2\left(\frac{1+r^2}{1-r^2}\right)\left(\frac{1}{1-2r^2\cos(2\theta)+r^4}\right) \tag{A.71}$$

因此，利用 $\Gamma_{yy}(z)$ 的部份分式展開式，可以有效地算出以下的求和式

$$\mathcal{E}\{y^2[n]\}=\sigma_x^2\sum_{n=-\infty}^{\infty}|h[n]|^2=\sigma_x^2\sum_{n=0}^{\infty}\left|\frac{r^n\sin\theta(n+1)}{\sin\theta}\right|^2$$

然而，可能很難直接化簡以上求和式。而以下的積分式

$$\mathcal{E}\{y^2[n]\}=\frac{1}{2\pi}\int_{-\pi}^{\pi}\sigma_x^2|H(e^{j\omega})|^2\,d\omega=\frac{\sigma_x^2}{2\pi}\int_{-\pi}^{\pi}\frac{d\omega}{|(1-re^{j\theta}e^{-j\omega})(1-re^{-j\theta}e^{-j\omega})|^2},$$

也可能很難用實變數 ω 求出其積分值。■

當我們要用平均功率表示式計算平均功率時，範例 A.2 的結果說明了部份分式展開法的威力。我們在第 6 章中使用過這個技巧分析數位濾波器的量化效應。

APPENDIX

B

連續時間濾波器

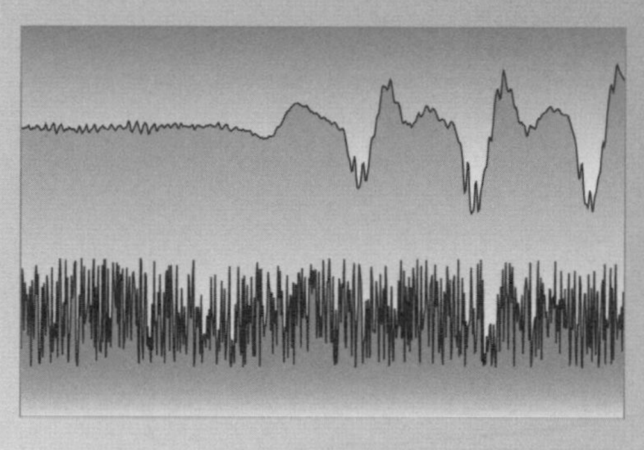

要用第 7 章所討論的技術設計 IIR 數位濾波器時，必須有合適的連續時間濾波器可用。我們在此附錄中簡短地概述對於第 7 章所提及的低通濾波器特性。較詳細的討論可見 Guillemin (1957)、Weinberg (1975)、以及 Parks 和 Burrus (1987)，廣泛的設計表和公式可見 Zverev (1967)。在 MATLAB、Simulink 和 LabVIEW 中有設計濾波器的程式，可將常見的連續時間濾波器近似或轉換成數位濾波器。

B.1 Butterworth 低通濾波器

Butterworth 低通濾波器的強度響應有最大平坦（maximally flat）的通帶，此性質也是 Butterworth 低通濾波器的定義。就第 N 階低通濾波器而言，此性質的意義是強度平方函數在 $\Omega=0$ 處的前 $(2N-1)$ 個導數值等於零。另一個性質是強度響應在通帶和止帶都是單調函數。連續時間 Butterworth 低通濾波器的強度平方函數為

$$|H_c(j\Omega)|^2=\frac{1}{1+(j\Omega/j\Omega_c)^{2N}} \tag{B.1}$$

圖 B.1 顯示此函數的圖形。

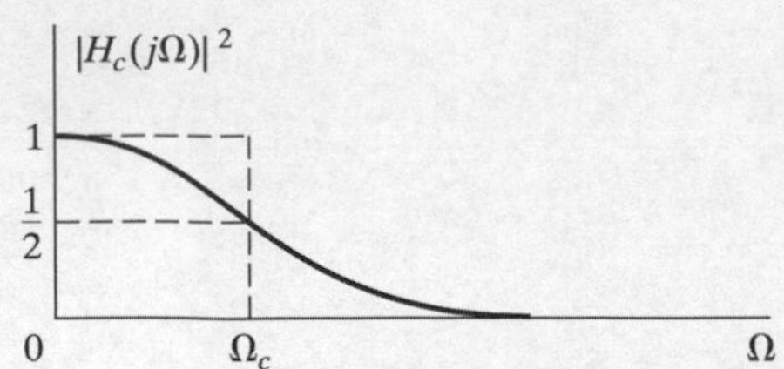

圖 B.1 連續時間 Butterworth 濾波器的強度平方函數

當 (B.1) 式中的參數 N 值增加，濾波器的特性變得越來越明顯，也就是說，根據 (B.1) 式的特性，雖然強度平方函數在截止頻率 Ω_c 處的值一定等於 1/2，但是當 N 值增加，濾波器在通帶內更接近 1，在止帶內更快逼近零，。圖 B.2 顯示 Butterworth 濾波器的特性和參數 N 之間的關係，圖中顯示出不同 N 值的 $|H_c(j\Omega)|$。

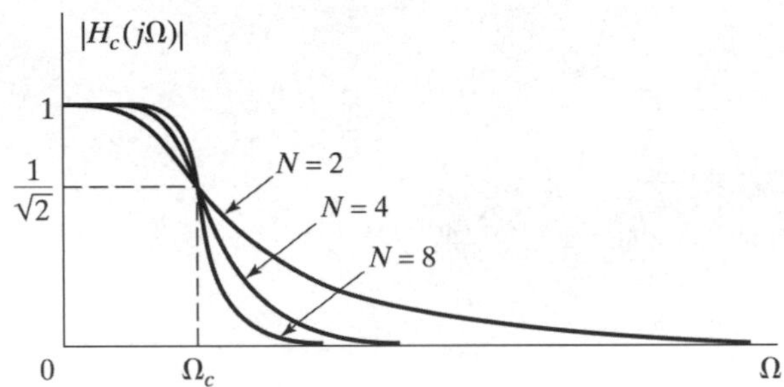

圖 B.2 Butterworth 濾波器的強度特性和階數 N 之間的相關性

將 $j\Omega = s$ 代入 (B.1) 式的強度平方函數，可以觀察到 $H_c(s)H_c(-s)$ 必定可表示成

$$H_c(s)H_c(-s) = \frac{1}{1+(s/j\Omega_c)^{2N}} \tag{B.2}$$

因此，分母多項式的根（對應到強度平方函數的極點）滿足 $1+(s/j\Omega_c)^{2N} = 0$，即

$$s_k = (-1)^{1/2N}(j\Omega_c) = \Omega_c e^{(j\pi/2N)(2k+N-1)}, \quad k = 0, 1, \ldots, 2N-1 \tag{B.3}$$

因此，在 s 平面上，這 $2N$ 個極點以等角度分佈在半徑為 Ω_c 的圓上，且對稱於虛數軸。極點不會落在虛數軸上，當 N 是奇數，有一個極點位於實數軸；然而當 N 是偶數，則無任何極點位於實數軸。極點在圓周上的相鄰角度是 π/N 弧度。舉例來說，如圖 B.3 所示，當 $N = 3$，極點間隔為 $\pi/3$ 弧度，也就是 60 度。如果要從 Butterworth 濾波器的強度平方函數求出類比濾波器的系統函數，必須對 $H_c(s)H_c(-s)$ 作因式分解。因為強度平方函數的極點總是成對出現，如果有一個極點是 $s = s_k$，必定有極點是 $s = -s_k$，所以從每一組極點對中都選取一個極點，就可以從強度平方函數建構出 $H_c(s)$。如果要得到穩定因果濾波器，我們選取的極點應該都落在 s 平面的左半邊。

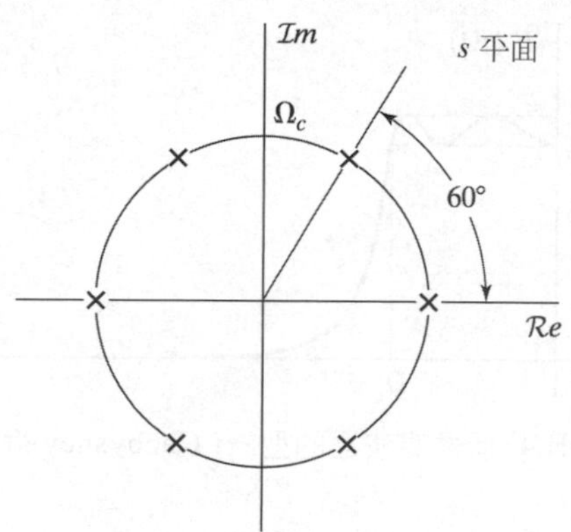

圖 B.3　第 3 階 Butterworth 濾波器的強度平方函數在 s 平面上的極點位置

當 $N=3$，利用上述方式可得

$$H_c(s)=\frac{\Omega_c^3}{(s+\Omega_c)(s-\Omega_c e^{j2\pi/3})(s-\Omega_c e^{-j2\pi/3})}$$

也可表示爲

$$H_c(s)=\frac{\Omega_c^3}{s^3+2\Omega_c s^2+2\Omega_c s+\Omega_c^3}$$

一般來說，$H_c(s)$ 的分子應該等於 Ω_c^N，以確保 $|H_c(0)|=1$。

B.2 Chebyshev 濾波器

Butterworth 濾波器的強度響應在通帶和止帶都是單調遞減函數，因此，如果用通帶和止帶的最大近似誤差作爲濾波器的規格的指定方式，那麼往低頻端移動的通帶誤差和截止頻率之後的止帶誤差將會比規格還小。較有效的近似方式是將精確度均勻分佈到通帶或止帶（或是兩者）之中，這方式通常可以得到較低階的濾波器。在這種設計中，我們所採取的近似行爲是等漣波（equiripple）近似，而不是單調遞減近似。Chebyshev 濾波器的強度響應具有以下的性質：它在通帶是等漣波函數，而在止帶是單調遞減函數（稱爲型－I Chebyshev 濾波器）；也可以在通帶是單調遞減函數而在止帶是等漣波函數（稱爲型－II Chebyshev 濾波器）。圖 B.4 是型－I Chebyshev 濾波器的頻率響應圖，此濾波器的強度平方函數可表示爲

$$|H_c(j\Omega)|^2=\frac{1}{1+\varepsilon^2 V_N^2(\Omega/\Omega_c)} \tag{B.4}$$

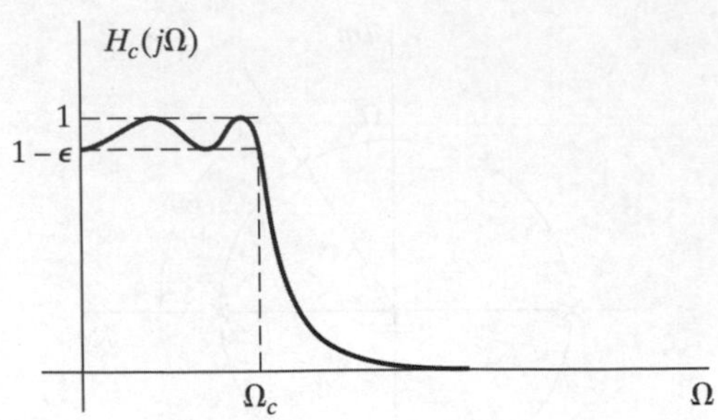

圖 B.4 低通濾波器的型－I Chebyshev 近似

其中 $V_N(x)$ 是第 N 階 Chebyshev 多項式，其定義如下

$$V_N(x)=\cos(N\cos^{-1}x) \tag{B.5}$$

舉例來說，當 $N=0$，$V_0(x)=1$；$N=1$，$V_1(x)=\cos(\cos^{-1}x)=x$；$N=2$，$V_2(x)=\cos(2\cos^{-1}x)=2x^2-1$；以此類推。

(B.5) 式定義了 Chebyshev 多項式，由此定義式可直接得到此多項式的遞迴公式，可由 $V_N(x)$ 和 $V_{N-1}(x)$ 算出 $V_{N+1}(x)$。應用三角恆等式於(B.5)可得

$$V_{N+1}(x)=2xV_N(x)-V_{N-1}(x) \tag{B.6}$$

從 (B.5) 式可以注意到一件事，當 $0<x<1$，$V_N^2(x)$ 的值在 0 和 1 之間變動，當 $x>1$，$\cos^{-1}x$ 是虛數，所以 $V_N(x)$ 的行爲像是雙曲餘弦函數（hyperbolic cosine），因此它是單調遞增的函數。參考 (B.4) 式，可以發現當 $0\le\Omega/\Omega_c\le1$，$|H_c(j\Omega)|^2$ 的值在 1 和 $1/(1+\varepsilon^2)$ 之間呈現出波浪狀的變化；當 $\Omega/\Omega_c>1$，則是單調遞減函數。指定 Chebyshev 濾波器需要有三個參數：ε、Ω_c 和 N。在典型的設計問題中，ε 是由可接受的最大通帶漣波值所指定，Ω_c 是系統要求的通帶截止頻率，最後，選取 N 值以符合止帶的規格。

如圖 B.5 所示，Chebyshev 濾波器的極點位於在 s 平面的橢圓上，此橢圓由兩個圓所定義，圓的直徑分別等於橢圓的長軸與短軸。短軸的長度等於 $2a\Omega_c$，其中

$$a=\tfrac{1}{2}(\alpha^{1/N}-\alpha^{-1/N}) \tag{B.7}$$

且

$$\alpha=\varepsilon^{-1}+\sqrt{1+\varepsilon^{-2}} \tag{B.8}$$

長軸的長度等於 $2b\Omega_c$，其中

$$b=\tfrac{1}{2}(\alpha^{1/N}+\alpha^{-1/N}) \tag{B.9}$$

要定出 Chebyshev 濾波器的極點在橢圓上的位置，首先在長軸圓和短軸圓上找出以等角度間隔分佈的點：這些點對稱於虛軸，但是不落在虛軸上；當 N 是奇數，有一個點落在實軸上，當 N 是偶數，則沒有任何點落在實軸上。這些點分割長軸圓和短軸圓的方式和 (B.3) 式的 Butterworth 濾波器極點分割圓的方式完全相同。由長軸圓和短軸圓的分割點可以求出 Chebyshev 濾波器的極點在橢圓上的位置，某一極點的縱座標等於長軸圓分割點的縱座標，而此極點的橫座標等於短軸圓分割點的橫座標。圖 B.5 顯示出 $N=3$ 的濾波器極點。

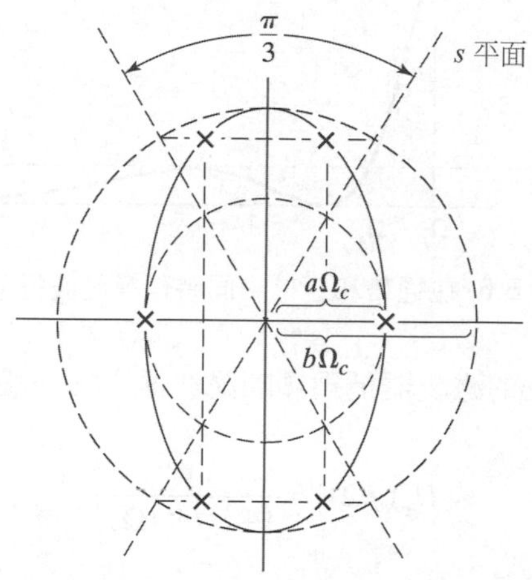

圖 B.5　第 3 階型－I Chebyshev 低通濾波器強度平方函數的極點位置

藉由適當的轉換可以從型－I Chebyshev 低通濾波器得到型－II Chebyshev 低通濾波器，具體來說，在 (B.4) 式中將 $\varepsilon^2 V_N^2(\Omega/\Omega_c)$ 代換成它的倒數，也將 V_N^2 的引數代換成倒數，可得

$$|H_c(j\Omega)|^2 = \frac{1}{1+[\varepsilon^2 V_N^2(\Omega_c/\Omega)]^{-1}} \tag{B.10}$$

這就是型－II Chebyshev 低通濾波器的公式。設計型－II Chebyshev 濾波器的方法之一是先設計出型－I Chebyshev 濾波器，然後應用 (B.10) 式的轉換公式。

B.3　橢圓濾波器

如果我們將設計誤差均勻分佈到整個通帶或是整個止帶，像是 Chebyshev 濾波器的情形，則符合設計規格所需要的濾波器階數將低於將誤差以單調遞增／減的方式分佈到通帶或是止帶所設計出的濾波器，像是 Butterworth 濾波器。注意到型－I Chebyshev 濾波器的止帶誤差隨著頻率單調遞減，如果能將止帶誤差平均分佈到止帶上，就帶給我們進一步改善的機會。這種低通濾波器的設計方法圖示於圖 B.6。的確，給定濾波器階數 N，可以證明這種近似方法（即通帶和止帶都是等漣波誤差）可以得到最佳的設計結果 (Papoulis, 1957)，最佳設計結果的意義是給定參數 Ω_p、δ_1 和 δ_2，此濾波器有最小的暫帶頻寬 $(\Omega_s - \Omega_p)$。

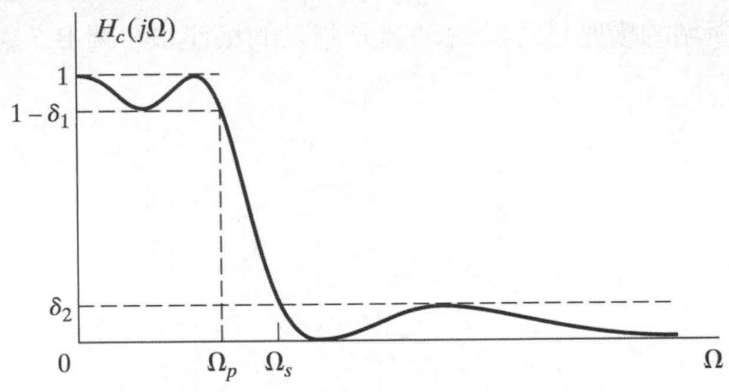

圖 B.6 在通帶和止帶中同時作等漣波近似

這種近似方式所設計出的濾波器稱爲橢圓濾波器，其一般式爲

$$|H_c(j\Omega)|^2 = \frac{1}{1+\varepsilon^2 U_N^2(\Omega)}, \tag{B.11}$$

上式中的 $U_N(\Omega)$ 是 Jacobian 橢圓函數，要在通帶和止帶都得到等漣波誤差，橢圓濾波器必定同時有零點和極點。由 B.6 可看出這個濾波器在 s 平面上有位於 $j\Omega$ 軸的零點。對於橢圓濾波器的設計，即使只討論到最簡單的程度，也超出了本附錄的範圍。讀者可以參考一些教科書以得到較詳細的討論，像是 Guillemin (1957)、Storer (1957)、Gold 和 Rader (1969)、以及 Parks 和 Burrus (1987)。

APPENDIX C

部份基本問題的解答

本附錄是第 2 章到第 10 章前 20 個基本題的解答。

第 2 章基本問題解答

2.1 **(a)** 一定是：(2), (3), (5)。若 $g[n]$ 有界 (1)。

(b) (3)。

(c) 一定是：(1), (3), (4)。若 $n_0 = 0$，(2) 和 (5)。

(d) 一定是：(1), (3), (4)。若 $n_0 = 0$，(5)。若 $n_0 \geq 0$, (2)。

(e) (1), (2), (4), (5)。

(f) 一定是：(1), (2), (4), (5)。若 $b = 0$, (3)。

(g) (1), (3)。

(h) (1), (5)。

2.2 **(a)** $N_4 = N_0 + N_2, N_5 = N_1 + N_3$。

(b) 最多 $N + M - 1$ 非零點。

2.3

$$y[n] = \begin{cases} \dfrac{a^{-n}}{1-a}, & n < 0, \\ \dfrac{1}{1-a}, & n \geq 0 \end{cases}$$

2.4 $y[n]=8[(1/2)^n-(1/4)^n]u[n]$。

2.5 **(a)** $y_h[n]=A_1(2)^n+A_2(3)^n$。

(b) $h[n]=2(3^n-2^n)u[n]$。

(c) $s[n]=[-8(2)^{(n-1)}+9(3)^{(n-1)}+1]u[n]$。

2.6 **(a)**

$$H(e^{j\omega})=\frac{1+2e^{-j\omega}+e^{-j2\omega}}{1-\frac{1}{2}e^{-j\omega}}$$

(b) $y[n]+\frac{1}{2}y[n-1]+\frac{3}{4}y[n-2]=x[n]-\frac{1}{2}x[n-1]+x[n-3]$

2.7 **(a)** 週期。$N=12$。

(b) 週期。$N=8$。

(c) 非週期。

(d) 非週期。

2.8 $y[n]=3(-1/2)^n u[n]+2(1/3)^n u[n]$。

2.9 **(a)**

$$h[n]=2\left[\left(\frac{1}{2}\right)^n-\left(\frac{1}{3}\right)^n\right]u[n],$$

$$H(e^{j\omega})=\frac{\frac{1}{3}e^{-j\omega}}{1-\frac{5}{6}e^{-j\omega}+\frac{1}{6}e^{-j2\omega}},$$

$$s[n]=\left[-2\left(\frac{1}{2}\right)^n+\left(\frac{1}{3}\right)^n+1\right]u[n]$$

(b) $y_h[n]=A_1(1/2)^n+A_2(1/3)^n$。

(c) $y[n]=4(1/2)^n-3(1/3)^n-2(1/2)^n u[-n-1]+2(1/3)^n u[-n-1]$, 答案可能不只一個。

2.10 **(a)**

$$y[n]=\begin{cases}a^{-1}/(1-a^{-1}), & n\geq -1,\\ a^n/(1-a^{-1}), & n\leq -2\end{cases}$$

(b)

$$y[n]=\begin{cases}1, & n\geq 3,\\ 2^{(n-3)}, & n\leq 2\end{cases}$$

(c)

$$y[n]=\begin{cases}1, & n\geq 0,\\ 2^n, & n\leq -1\end{cases}$$

(d)

$$y[n]=\begin{cases}0, & n\geq 9,\\ 1-2^{(n-9)}, & 8\geq n\geq -1,\\ 2^{(n+1)}-2^{(n-9)}, & -2\geq n\end{cases}$$

2.11 $y[n]=2\sqrt{2}\sin(\pi(n+1)/4)$ 。

2.12 **(a)** $y[n]=n!u[n]$

(b) 是線性。

(c) 不是非時變。

2.13 **(a), (b),** 和 **(e)** 是穩定 LTI 系統的固有函數。

2.14 **(a)** (iv)。

(b) (i)。

(c) (iii), $h[n]=(1/2)^n u[n]$ 。

2.15 **(a)** 非 LTI。輸入訊號 $\delta[n]$ 和 $\delta[n-1]$ 違反 TI。

(b) 非因果。考慮 $x[n]=\delta[n-1]$ 。

(c) 穩定。

2.16 **(a)** $y_h[n]=A_1(1/2)^n+A_2(-1/4)^n$ 。

(b) 因果： $h_c[n]=2(1/2)^n u[n]+(-1/4)^n u[n]$ 。

反因果： $h_{ac}[n]=-2(1/2)^n u[-n-1]-(-1/4)^n u[-n-1]$ 。

(c) $h_c[n]$ 是絕對可加。 $h_{ac}[n]$ 不是。

(d) $y_p[n]=(1/3)(-1/4)^n u[n]+(2/3)(1/2)^n u[n]+4(n+1)(1/2)^{(n+1)}u[n+1]$ 。

2.17 **(a)**

$$R(e^{j\omega})=e^{-j\omega M/2}\frac{\sin\left(\omega\left(\frac{M+1}{2}\right)\right)}{\sin\left(\frac{\omega}{2}\right)}$$

(b) $W(e^{j\omega})=(1/2)R(e^{j\omega})-(1/4)R(e^{j(\omega-2\pi/M)})-(1/4)r(e^{j(\omega+2\pi/M)})$ 。

2.18 系統(a) 和 (b) 是因果系統。

2.19 系統(b), (c), (e), 和 (f) 是穩定系統。

2.20 **(a)** $h[n]=(-1/a)^{n-1}u[n-1]$ 。

(b) 當 $|a|>1$ ，系統是穩定系統。

第 3 章基本問題解答

3.1 **(a)** $\dfrac{1}{1+\frac{1}{2}z^{-1}}$, $|z|>\frac{1}{2}$。

(b) $\dfrac{1}{1-\frac{1}{2}z^{-1}}$, $|z|<\frac{1}{2}$。

(c) $\dfrac{-\frac{1}{2}z^{-1}}{1-\frac{1}{2}z^{-1}}$, $|z|<\frac{1}{2}$。

(d) 1, 所有 z。

(e) z^{-1}, $z\neq 0$。

(f) z, $|z|<\infty$。

(g) $\dfrac{1-\left(\frac{1}{2}\right)^{10}z^{-10}}{1-\frac{1}{2}z^{-1}}$, $|z|\neq 0$。

3.2 $X(z)=\dfrac{(1-z^{-N})^2}{(1-z^{-1})^2}$。

3.3 **(a)** $X_a(z)=\dfrac{z^{-1}(\alpha-\alpha^{-1})}{(1-\alpha z^{-1})(1-\alpha^{-1}z^{-1})}$, $\text{ROC}:|\alpha|<|z|<|\alpha^{-1}|$。

(b) $X_b(z)=\dfrac{1-z^{-N}}{1-z^{-1}}$, $\text{ROC}:z\neq 0$。

(c) $X_c(z)=\dfrac{(1-z^{-N})^2}{(1-z^{-1})^2}$, $\text{ROC}:z\neq 0$。

3.4 **(a)** $(1/3)<|z|<2$，兩邊。

(b) 兩個序列。$(1/3)<|z|<2$ 和 $2<|z|<3$。

(c) 不可能。因果序列的 ROC 為 $|z|>3$，不包含單位圓。

3.5 $x[n]=2\delta[n+1]+5\delta[n]-4\delta[n-1]-3\delta[n-2]$。

3.6 **(a)** $x[n]=\left(-\frac{1}{2}\right)^n u[n]$，傅立葉轉換存在。

(b) $x[n]=-\left(-\frac{1}{2}\right)^n u[-n-1]$。傅立葉轉換不存在。

(c) $x[n]=4\left(-\frac{1}{2}\right)^n u[n]-3\left(-\frac{1}{4}\right)^n u[n]$，傅立葉轉換存在。

(d) $x[n]=\left(-\frac{1}{2}\right)^n u[n]$，傅立葉轉換存在。

(e) $x[n]=-(a^{-(n+1)})u[n]+a^{-(n-1)}u[n-1]$，若 $|a|>1$，則傅立葉轉換存在。

3.7 **(a)** $H(z)=\dfrac{1-z^{-1}}{1+z^{-1}}$, $|z|>1$。

(b) $\text{ROC}\{Y(z)\}=|z|>1$。

(c) $y[n]=\left[-\frac{1}{3}\left(\frac{1}{2}\right)^n+\frac{1}{3}(-1)^n\right]u[n]$。

3.8 **(a)** $h[n]=\left(-\frac{3}{4}\right)^n u[n]-\left(-\frac{3}{4}\right)^{n-1}u[n-1]$。

(b) $y[n]=\frac{8}{13}\left(-\frac{3}{4}\right)^n u[n]-\frac{8}{13}\left(\frac{1}{3}\right)^n u[n]$。

(c) 是穩定。

3.9 **(a)** $|z|>(1/2)$。

(b) 是。ROC 包含單位圓。

(c) $X(z)=\dfrac{1-\frac{1}{2}z^{-1}}{1-2z^{-1}}$, ROC :$|z|<2$。

(d) $h[n]=2\left(\frac{1}{2}\right)^n u[n]-\left(-\frac{1}{4}\right)^n u[n]$。

3.10 **(a)** $|z|>\frac{3}{4}$。

(b) $0<|z|<\infty$。

(c) $|z|<2$。

(d) $|z|>1$。

(e) $|z|<\infty$。

(f) $\frac{1}{2}<|z|<\sqrt{13}$。

3.11 **(a)** 因果。

(b) 非因果。

(c) 因果。

(d) 非因果。

3.12 **(a)**

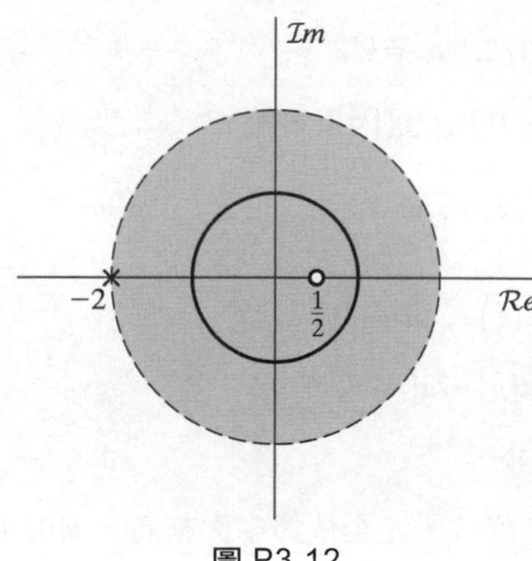

圖 P3.12

(b)

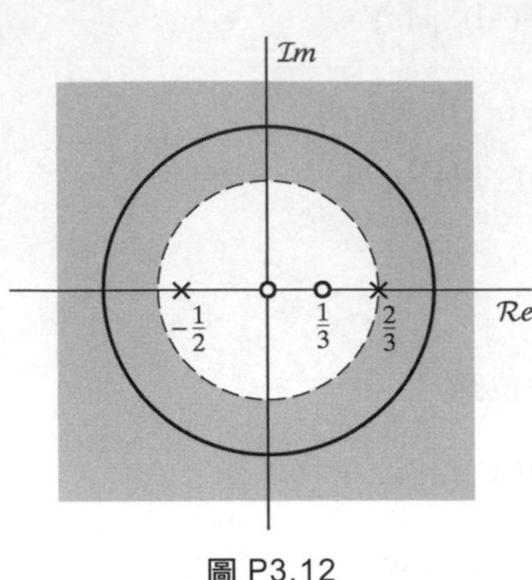

圖 P3.12

(c)

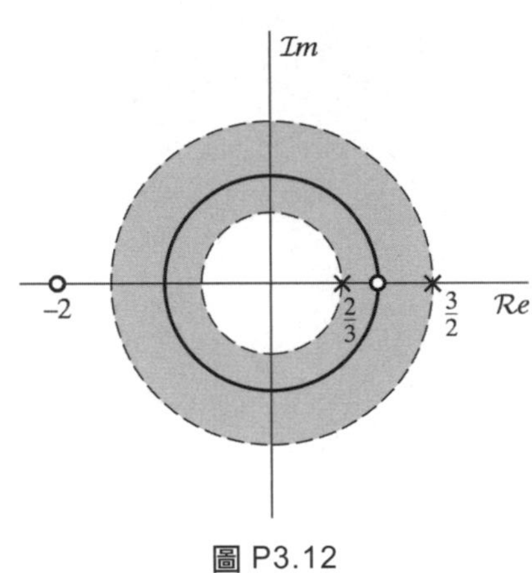

圖 P3.12

3.13 $g[11]=\dfrac{1}{11!}+\dfrac{3}{9!}-\dfrac{2}{7!}$。

3.14 $A_1=A_2=1/2,\quad \alpha_1=-1/2,\quad \alpha_2=1/2$。

3.15 $h[n]=\left(\frac{1}{2}\right)^n(u[n]-u[n-10])$。是因果系統。

3.16 **(a)** $H(z)=\dfrac{1-2z^{-1}}{1-\frac{2}{3}z^{-1}},\quad |z|>\frac{2}{3}$。

(b) $h[n]=\left(\frac{2}{3}\right)^n u[n]-2\left(\frac{2}{3}\right)^{(n-1)}u[n-1]$。

(c) $y[n]-\frac{2}{3}y[n-1]=x[n]-2x[n-1]$。

(d) 是因果穩定系統。

3.17 $h[0]$ 可以是 0, 1/3, 或 1。完全依據字面來看，$h[0]$ 也可以是 2/3, 因爲其脈衝響應 $h[n]=(2/3)(2)^n u[n]-(1/3)(1/2)^n u[-n-1]$，滿足此差分方程式，卻沒有 ROC。沒有 ROC 的非因果系統可以用它的因果成份和反因果成份加以並聯而得。

3.18 (a) $h[n] = -2\delta[n] + \frac{1}{3}\left(-\frac{1}{2}\right)^n u[n] + \frac{8}{3}u[n]$ 。

(b) $y[n] = \dfrac{18}{5}2^n$ 。

3.19 (a) $|z| > 1/2$ 。

(b) $1/3 < |z| < 2$ 。

(c) $|z| > 1/3$ 。

3.20 (a) $|z| > 2/3$ 。

(b) $|z| > 1/6$ 。

第 4 章基本問題解答

4.1 $x[n] = \sin(\pi n/2)$ 。

4.2 $\Omega_0 = 250\pi, 1750\pi$ 。

4.3 (a) $T = 1/12{,}000$ 。(b) 不唯一。$T = 5/12{,}000$ 。

4.4 (a) $T = 1/100$ 。(b) 不唯一。$T = 11/100$ 。

4.5 (a) $T \le 1/10{,}000$ 。(b) 625 Hz 。(c) 1250 Hz 。

4.6 (a) $H_c(j\Omega) = 1/(a + j\Omega)$ 。

(b) $H_d(e^{j\omega}) = T/(1 - e^{-aT}e^{-j\omega})$ 。

(c) $|H_d(e^{j\omega})| = T/(1 + e^{-\alpha T})$ 。

4.7 (a)

$$X_c(j\Omega) = S_c(j\Omega)(1 + \alpha e^{-j\Omega\tau_d}),$$
$$X(e^{j\omega}) = \left(\frac{1}{T}\right)S_c\left(\frac{j\omega}{T}\right)\left(1 + \alpha e^{-j\omega\tau_d/T}\right) \quad |\omega| \le \pi$$

(b) $H(e^{j\omega}) = 1 + \alpha e^{-j\omega\tau_d/T}$ 。

(c) (i) $h[n] = \delta[n] + \alpha\delta[n-1]$

(ii) $h[n] = \delta[n] + \alpha\frac{\sin(\pi(n-1/2))}{\pi(n-1/2)}$

4.8 (a) $T \le 1/20{,}000$ 。

(b) $h[n] = Tu[n]$ 。

(c) $TX(e^{j\omega})|_{\omega=0}$

(d) $T \le 1/10{,}000$ 。

4.9 **(a)** $X(e^{j\omega+\pi}) = X(e^{j(\omega+\pi-\pi)}) = X(e^{j\omega})$。

(b) $x[3] = 0$。

(c) $x[n] = \begin{cases} y[n/2], & n\text{ 是偶數}, \\ 0, & n\text{ 是奇數} \end{cases}$

4.10 **(a)** $x[n] = \cos(2\pi n/3)$。

(b) $x[n] = -\sin(2\pi n/3)$。

(c) $x[n] = \sin(2\pi n/5)/(\pi n/5000)$。

4.11 **(a)** $T = 1/40, T = 9/40$。

(b) $T = 1/20$，唯一。

4.12 **(a)** (i) $y_c(t) = -6\pi\sin(6\pi t)$。

(ii) $y_c(t) = -6\pi\sin(6\pi t)$。

(b) (i) 是。

(ii) 否。

4.13 **(a)** $y[n] = \sin\left(\frac{\pi n}{2} - \frac{\pi}{4}\right)$。

(b) 相同的 $y[n]$。

(c) $h_c(t)$ 對 T 沒有影響。

4.14 **(a)** 否。

(b) 可。

(c) 否。

(d) 可。

(e) 可。（資訊沒有損失，但是無法用圖 P3.21 系統復原此訊號。）

4.15 **(a)** 是。

(b) 可。

(c) 是。

4.16 **(a)** $M/L = 5/2$，唯一。

(b) $M/L = 2/3$；唯一。

4.17 **(a)** $\tilde{x}_d[n] = (4/3)\sin(\pi n/2)/(\pi n)$。

(b) $\tilde{x}_d[n] = 0$。

4.18 **(a)** $\omega_0 = 2\pi/3$。

(b) $\omega_0 = 3\pi/5$。

(c) $\omega_0 = \pi$。

4.19 $T \le \pi / \Omega_0$ 。

4.20 **(a)** $F_s \ge 2000$ Hz 。

(b) $F_s \ge 4000$ Hz 。

第 5 章基本問題解答

5.1 $x[n] = y[n], \omega_c = \pi$ 。

5.2 **(a)** 極點： $z = 3, 1/3$ ，零點： $z = 0, \infty$ 。

(b) $h[n] = -(3/8)(1/3)^n u[n] - (3/8)3^n u[-n-1]$ 。

5.3 **(a), (d)** 是脈衝響應。

5.4 **(a)** $H(z) = \dfrac{1-2z^{-1}}{1-\frac{3}{4}z^{-1}}, |z| > 3/4$ 。

(b) $h[n] = (3/4)^n u[n] - 2(3/4)^{n-1} u[n-1]$ 。

(c) $y[n] - (3/4)y[n-1] = x[n] - 2x[n-1]$ 。

(d) 因果且穩定。

5.5 **(a)** $y[n] - (7/12)y[n-1] + (1/12)y[n-2] = 3x[n] - (19/6)x[n-1] + (2/3)x[n-2]$ 。

(b) $h[n] = 3\delta[n] - (2/3)(1/3)^{n-1}u[n-1] - (3/4)(1/4)^{n-1}u[n-1]$ 。

(c) 穩定。

5.6 **(a)** $X(z) = \dfrac{1}{(1-\frac{1}{2}z^{-1})(1-2z^{-1})}, \quad \dfrac{1}{2} < |z| < 2$ 。

(b) $\frac{1}{2} < |z| < 2$ 。

(c) $h[n] = \delta[n] - \delta[n-2]$ 。

5.7 **(a)** $H(z) = \dfrac{1-z^{-1}}{(1-\frac{1}{2}z^{-1})(1+\frac{3}{4}z^{-1})}, \quad |z| > \dfrac{3}{4}$ 。

(b) $h[n] = -(2/5)(1/2)^n u[n] + (7/5)(-3/4)^n u[n]$ 。

(c) $y[n] + (1/4)y[n-1] - (3/8)y[n-2] = x[n] - x[n-1]$ 。

5.8 **(a)** $H(z) = \dfrac{z^{-1}}{1-\frac{3}{2}z^{-1} - z^{-2}}, \quad |z| > 2$ 。

(b) $h[n] = -(2/5)(-1/2)^n u[n] + (2/5)(2)^n u[n]$ 。

(c) $h[n] = -(2/5)(-1/2)^n u[n] - (2/5)(2)^n u[-n-1]$ 。

5.9

$$h[n]=\left[-\frac{4}{3}(2)^{n-1}+\frac{1}{3}\left(\frac{1}{2}\right)^{n-1}\right]u[-n],\quad |z|<\frac{1}{2},$$
$$h[n]=-\frac{4}{3}(2)^{n-1}u[-n]-\frac{1}{3}\left(\frac{1}{2}\right)^{n-1}u[n-1],\quad \frac{1}{2}<|z|<2,$$
$$h[n]=\frac{4}{3}(2)^{n-1}u[n-1]-\frac{1}{3}\left(\frac{1}{2}\right)^{n-1}u[n-1],\quad |z|>2$$

5.10 $H_i(z)$ 無法既是因果又穩定系統。因爲 $H_i(z)$ 在 $z=\infty$ 處的零點是 $H_i(z)$ 的極點，存在 $z=\infty$ 處的極點意指此系統不是因果系統。

5.11 **(a)** 無法確定。

(b) 無法確定。

(c) 錯誤。

(d) 正確。

5.12 **(a)** 穩定。

(b)

$$H_1(z)=-9\frac{(1+0.2z^{-1})\left(1-\frac{1}{3}z^{-1}\right)\left(1+\frac{1}{3}z^{-1}\right)}{(1-j0.9z^{-1})(1+j0.9z^{-1})},$$
$$H_{\text{ap}}(z)=\frac{\left(z^{-1}-\frac{1}{3}\right)\left(z^{-1}+\frac{1}{3}\right)}{\left(1-\frac{1}{3}z^{-1}\right)\left(1+\frac{1}{3}z^{-1}\right)}$$

5.13 $H_1(z), H_3(z)$, 和 $H_4(z)$ 是全通系統。

5.14 **(a)** 5。

(b) $\frac{1}{2}$。

5.15 **(a)** $\alpha=1, \beta=0, A(e^{j\omega})=1+4\cos(\omega)$。此系統是廣義線性相位系統，但不是線性相位系統，因爲 $A(e^{j\omega})$ 不是 ω 的非負函數。

(b) 不是廣義線性相位或線性相位系統。

(c) $\alpha=1, \beta=0, A(e^{j\omega})=3+2\cos(\omega)$。線性相位，因爲 $|H(e^{j\omega})|=A(e^{j\omega})\geq 0$.

(d) $\alpha=1/2, \beta=0, A(e^{j\omega})=2\cos(\omega/2)$。廣義線性相位。因爲 $A(e^{j\omega})$ 不是 ω 的非負函數。

(e) $\alpha=1, \beta=\pi/2, A(e^{j\omega})=2\sin(\omega)$。廣義線性相位。因爲 $\beta\neq 0$.

5.16 $h[n]$ 不一定是因果性。 $h[n]=\delta[n-\alpha]$ 和 $h[n]=\delta[n+1]+\delta[n-(2\alpha+1)]$ 都有此相位響應函數。

5.17 $H_2(z)$ 和 $H_3(z)$ 是最小相位系統。

5.18 **(a)** $H_{\min}(z)=\dfrac{2\left(1-\frac{1}{2}z^{-1}\right)}{1+\frac{1}{3}z^{-1}}$ 。

(b) $H_{\min}(z)=3\left(1-\dfrac{1}{2}z^{-1}\right)$ 。

(c) $H_{\min}(z)=\dfrac{9}{4}\dfrac{\left(1-\frac{1}{3}z^{-1}\right)\left(1-\frac{1}{4}z^{-1}\right)}{\left(1-\frac{3}{4}z^{-1}\right)^2}$ 。

5.19 $h_1[n]:2, h_2[n]:3/2, h_3[n]:2, h_4[n]:3, h_5[n]:3, h_6[n]:7/2$ 。

5.20 系統 $H_1(z)$ 和 $H_3(z)$ 是線性相位系統，它們可用實值差分方程式加以實現。

第 6 章基本問題解答

6.1 網路 1：

$$H(z)=\frac{1}{1-2r\cos\theta z^{-1}+r^2z^{-2}}$$

網路 2：

$$H(z)=\frac{r\sin\theta z^{-1}}{1-2r\cos\theta z^{-1}+r^2z^{-2}}$$

這兩個系統有相同的分母多項式，因此有相同的極點。

6.2 $y[n]-3y[n-1]-y[n-2]-y[n-3]=x[n]-2x[n-1]+x[n-2]$ 。

6.3 (d) 圖的系統和 (a) 圖的系統相同。

6.4 **(a)**

$$H(z)=\frac{2+\frac{1}{4}z^{-1}}{1+\frac{1}{4}z^{-1}-\frac{3}{8}z^{-2}}.$$

(b)

$$y[n]+\frac{1}{4}y[n-1]-\frac{3}{8}y[n-2]=2x[n]+\frac{1}{4}x[n-1].$$

6.5 **(a)**

$$y[n]-4y[n-1]+7y[n-3]+2y[n-4]=x[n].$$

(b)

$$H(z)=\frac{1}{1-4z^{-1}+7z^{-3}+2z^{-4}}.$$

(c) 兩個乘法四個加法。

(d) 不可能。實現 4 階系統至少需要 4 個延遲器。

6.6

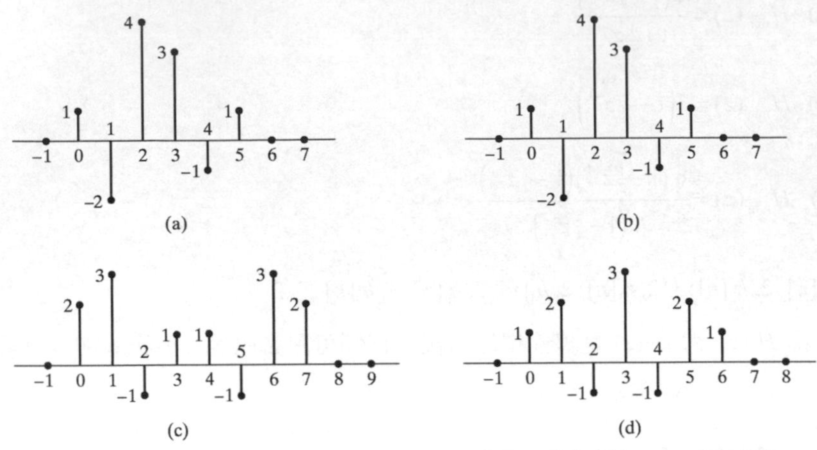

圖 P6.6

6.7

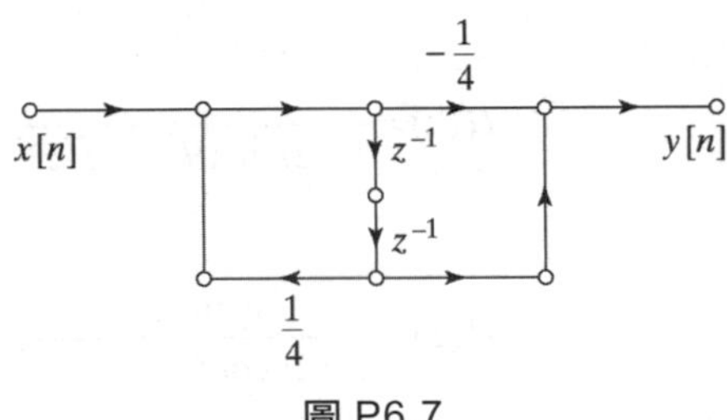

圖 P6.7

6.8 $y[n]-2y[n-2]=3x[n-1]+x[n-2]$.

6.9 **(a)** $h[1]=2$.

(b) $y[n]+y[n-1]-8y[n-2]=x[n]+3x[n-1]+x[n-2]-8x[n-3]$.

6.10 **(a)**

$$y[n]=x[n]+v[n-1]$$

$$v[n]=2x[n]+\frac{1}{2}y[n]+w[n-1]$$

$$w[n]=x[n]+\frac{1}{2}y[n]$$

(b)

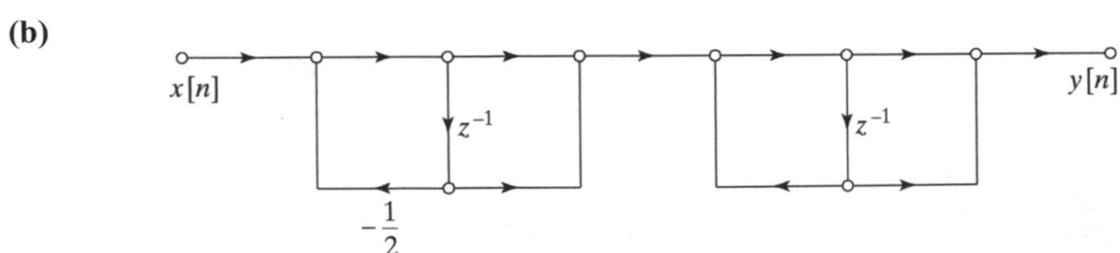

圖 P6.10

(c) 極點是 $z=-1/2$ 和 $z=1$。因爲第二個極點落在單位圓上，所以此系統不穩定。

6.11 **(a)**

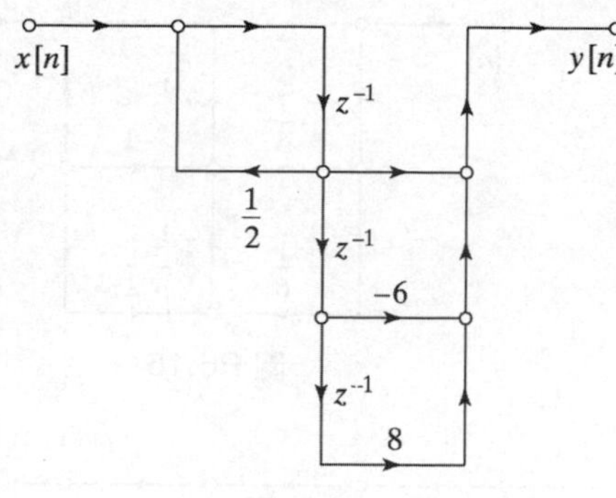

圖 P6.11

(b)

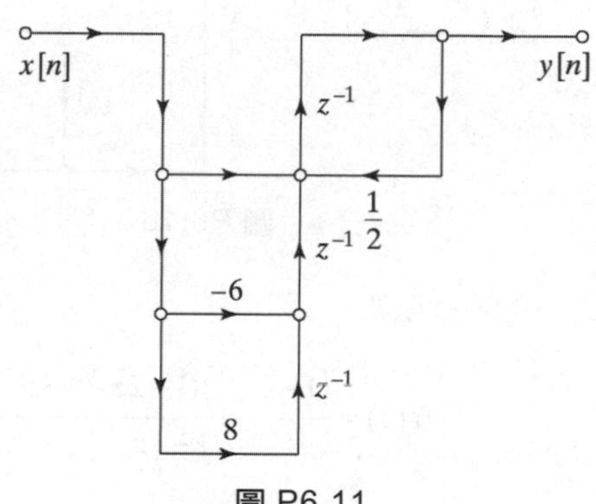

圖 P6.11

6.12 $y[n]-8y[n-1]=-2x[n]+6x[n-1]+2x[n-2]$ 。

6.13

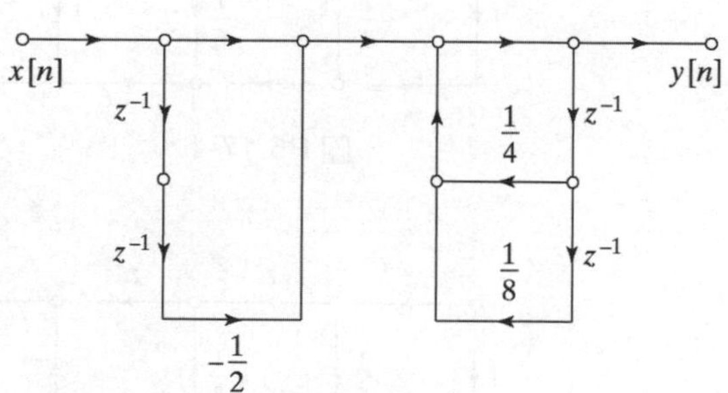

圖 P6.13

6.14

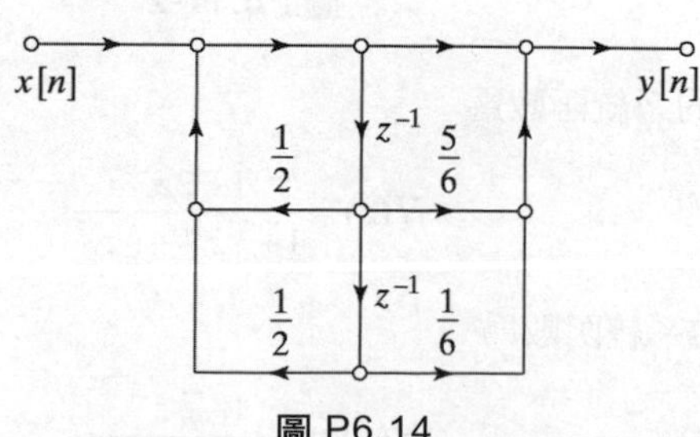

圖 P6.14

6.15

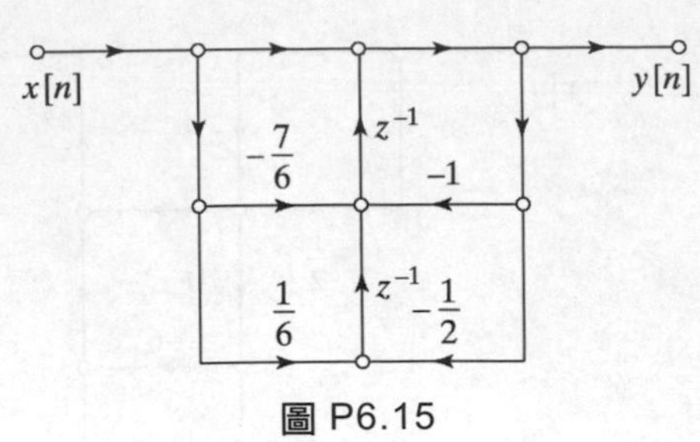

圖 P6.15

6.16 **(a)**

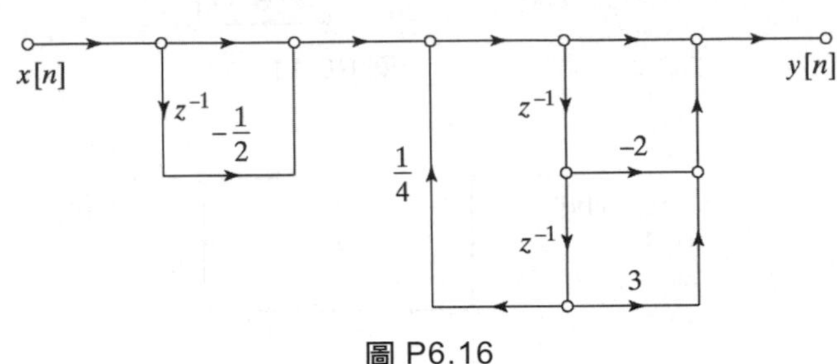

圖 P6.16

(b) 兩個系統都有以下的系統函數

$$H(z)=\frac{\left(1-\frac{1}{2}z^{-1}\right)\left(1-2z^{-1}+3z^{-2}\right)}{1-\frac{1}{4}z^{-2}}.$$

6.17 **(a)**

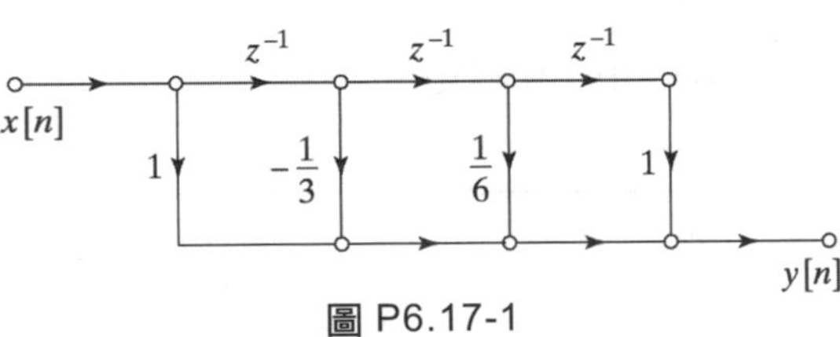

圖 P6.17-1

(b)

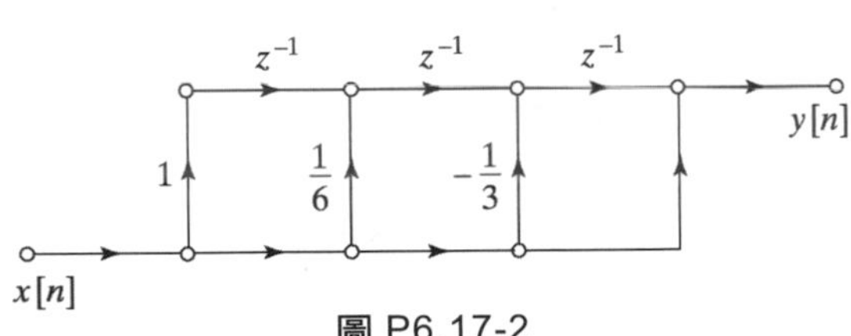

圖 P6.17-2

6.18 若 $a=2/3$，完整的系統函數爲

$$H(z)=\frac{1+2z^{-1}}{1+\frac{1}{4}z^{-1}-\frac{3}{8}z^{-2}}.$$

若 $a=-2$，完整的系統函數爲

$$H(z)=\frac{1-\frac{2}{3}z^{-1}}{1+\frac{1}{4}z^{-1}-\frac{3}{8}z^{-2}}.$$

6.19

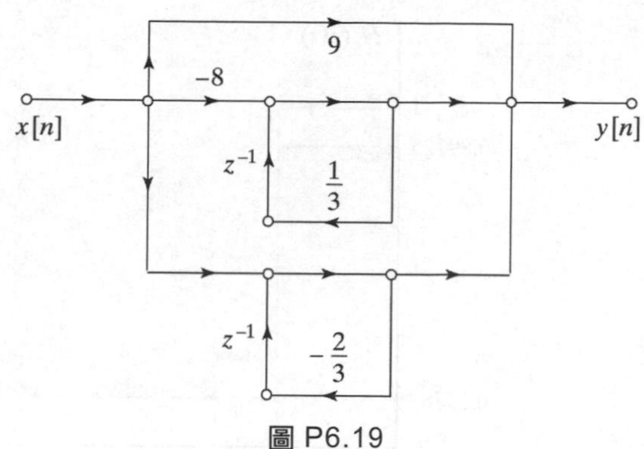

圖 P6.19

6.20

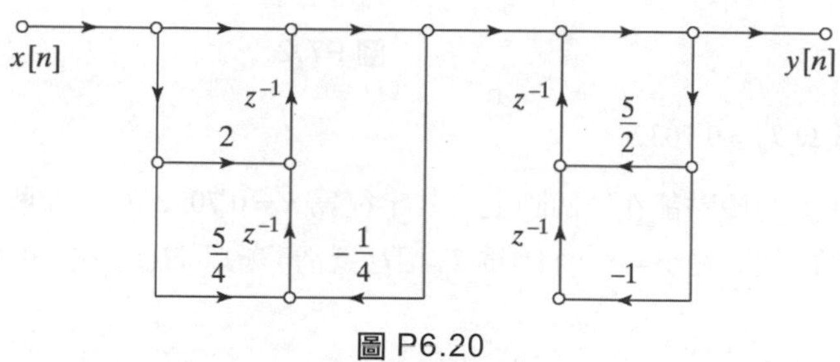

圖 P6.20

第 7 章基本問題解答

7.1 **(a)**

$$H_1(z)=\frac{1-e^{-aT}\cos(bT)z^{-1}}{1-2e^{-aT}\cos(bT)z^{-1}+e^{-2aT}z^{-2}},\ \mathrm{ROC}:|z|>e^{-aT}.$$

(b)

$$H_2(z)=(1-z^{-1})S_2(z),\ \mathrm{ROC}:|z|>e^{-aT},\text{其中}$$

$$S_2(z)=\frac{a}{a^2+b^2}\frac{1}{1-z^{-1}}-\frac{1}{2(a+jb)}\frac{1}{1-e^{-(a+jb)T}z^{-1}}-\frac{1}{2(a-jb)}\frac{1}{1-e^{-(a-jb)T}z^{-1}}$$

(c) 否。

7.2 **(a)**

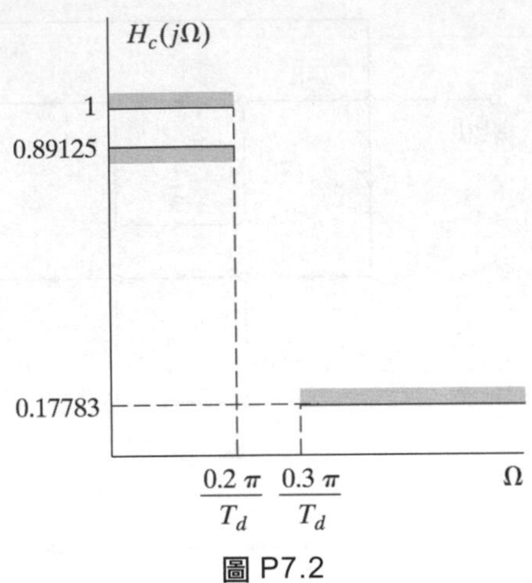

圖 P7.2

(b) $N=6, \Omega_c T_d = 0.7032$。

(c) s 平面上的極點都在一個圓上，其半徑爲 $R=0.7032/T_d$。這些極點被映射成 z 平面的極點，位置是 $z=e^{s_k T_d}$，因爲 T_d 相互抵消，所以 $H(z)$ 在 z 平面上的極點位置和 T_d 無關。

7.3 **(a)** $\hat{\delta}_2 = \delta_2/(1+\delta_1), \hat{\delta}_1 = 2\delta_1/(1+\delta_1)$。

(b)

$$\delta_2 = 0.18806, \delta_1 = 0.05750$$

$$H(z) = \frac{0.3036-0.4723z^{-1}}{1-1.2971z^{-1}+0.6949z^{-2}} + \frac{-2.2660+1.2114z^{-1}}{1-1.0691z^{-1}+0.3699z^{-2}} + \frac{1.9624-0.6665z^{-1}}{1-0.9972z^{-1}+0.2570z^{-2}}$$

(c) 使用相同的 δ_1 和 δ_2。

$$H(z) = \frac{0.0007802(1+z^{-1})^6}{(1-1.2686z^{-1}+0.7051z^{-2})(1-1.0106z^{-1}+0.3583z^{-2})(1-0.9044z^{-1}+0.2155z^{-2})}$$

7.4 **(a)**

$$H_c(s) = \frac{1}{s+0.1} - \frac{0.5}{s+0.2}.$$

答案不只一個，另一個解答爲

$$H_c(s) = \frac{1}{s+0.1+j2\pi} - \frac{0.5}{s+0.2+j2\pi}.$$

(b)

$$H_c(s) = \frac{2(1+s)}{0.1813+1.8187} - \frac{1+s}{0.3297+1.6703s}.$$

這是唯一的答案。

7.5 **(a)** $M+1=91, \beta=3.3953$。

(b) $M/2=45$。

(c) $h_d[n]=\dfrac{\sin[0.625\pi(n-45)]}{\pi(n-45)}-\dfrac{\sin[0.3\pi(n-45)]}{\pi(n-45)}$。

7.6 **(a)** $\delta=0.03, \beta=2.181$。

(b) $\Delta\omega=0.05\pi, M=63$。

7.7

$$0.99\le|H(e^{j\omega})|\le 1.01,\quad |\omega|\le 0.2\pi,$$
$$|H(e^{j\omega})|\le 0.01,\quad 0.22\pi\le|\omega|\le\pi$$

7.8 **(a)** 6 次交替，$L=5$, 不滿足交替定理，所以不是最佳解。

(b) 7 次交替，$L=5$，滿足交替定理。

7.9 $\omega_c=0.4\pi$。

7.10 $\omega_c=2.3842$ 弧度。

7.11 $\Omega_c=2\pi(1250)$ 弧度/秒。

7.12 $\Omega_c=2000$ 弧度/秒。

7.13 $T=50$ 微秒。T 是唯一。

7.14 $T=1.46$ 毫秒。T 是唯一。

7.15 Hamming 和 Hanning：$M+1=81$，Blackman：$M+1=121$。

7.16 $\beta=2.6524, M=181$。

7.17

$$|H_c(j\Omega)|<0.02,\quad |\Omega|\le 2\pi(20)\text{ 弧度/秒},$$
$$0.95<|H_c(j\Omega)|<1.05,\quad 2\pi(30)\le|\Omega|\le 2\pi(70)\text{ 弧度/秒},$$
$$|H_c(j\Omega)|<0.001,\quad 2\pi(75)\text{ 弧度/秒}\le|\Omega|$$

7.18

$$|H_c(j\Omega)|<0.04,\quad |\Omega|\le 324.91\text{ 弧度/秒},$$
$$0.995<|H_c(j\Omega)|<1.005,\quad |\Omega|\ge 509.52\text{ 弧度/秒}$$

7.19 $T=0.41667$ 毫秒。T 是唯一。

7.20 正確。

第 8 章基本問題解答

8.1 **(a)** $x[n]$ 是週期序列，週期 $N=6$。

(b) T 無法避免疊頻現象。

(c)

$$\tilde{X}[k]=2\pi\begin{cases} a_0+a_6+a_{-6}, & k=0,\\ a_1+a_7+a_{-5}, & k=1,\\ a_2+a_8+a_{-4}, & k=2,\\ a_3+a_9+a_{-3}+a_{-9}, & k=3,\\ a_4+a_{-2}+a_{-8}, & k=4,\\ a_5+a_{-1}+a_{-7}, & k=5 \end{cases}$$

8.2 **(a)**

$$\tilde{X}_3[k]=\begin{cases} 3\tilde{X}[k/3], & k=3\ell,\\ 0, & \text{其他} \end{cases}$$

(b)

$$\tilde{X}[k]=\begin{cases} 3, & k=0,\\ -1, & k=1 \end{cases}$$

$$\tilde{X}_3[k]=\begin{cases} 9, & k=0,\\ 0, & k=1,2,4,5,\\ -3, & k=3 \end{cases}$$

8.3 **(a)** $\tilde{x}_2[n]$。

(b) 沒有。

(c) $\tilde{x}_1[n]$ 和 $\tilde{x}_3[n]$。

8.4 **(a)**

$$X(e^{j\omega})=\frac{1}{1-\alpha e^{-j\omega}}.$$

(b)

$$\tilde{X}[k]=\frac{1}{1-\alpha e^{-j(2\pi/N)k}}.$$

(c)

$$\tilde{X}[k]=X(e^{j\omega})\big|_{\omega=(2\pi k/N)}.$$

8.5 **(a)** $X[k]=1$

(b) $X[k]=W_N^{kn_0}$

(c)

$$X[k]=\begin{cases} N/2, & k=0, N/2, \\ 0, & \text{其他} \end{cases}$$

(d)

$$X[k]=\begin{cases} N/2, & k=0, \\ e^{-j(\pi k/N)(N/2-1)}(-1)^{(k-1)/2}\frac{1}{\sin(k\pi/N)}, & k \text{ 奇數}, \\ 0, & \text{其他} \end{cases}$$

(e)

$$X[k]=\frac{1-a^N}{1-aW_N^k}.$$

8.6 (a)

$$X(e^{j\omega})=\frac{1-e^{j(\omega_0-\omega)N}}{1-e^{j(\omega_0-\omega)}}.$$

(b)

$$X[k]=\frac{1-e^{j\omega_0 N}}{1-e^{j\omega_0}W_N^k}.$$

(c)

$$X[k]=\begin{cases} N, & k=k_0 \\ 0, & \text{其他} \end{cases}$$

8.7

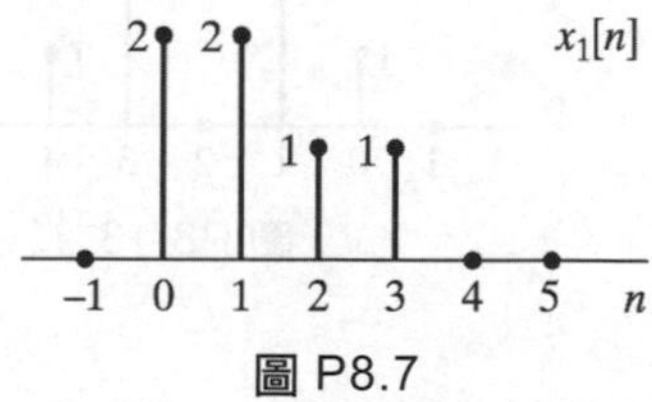

圖 P8.7

8.8

$$y[n]=\begin{cases} \frac{1024}{1023}\left(\frac{1}{2}\right)^n, & 0\le n\le 9, \\ 0, & \text{其他} \end{cases}$$

8.9 (a) 1. 令 $x_1[n]=\sum_m x[n+5m], n=0,1,\ldots,4$。

2. 令 $X_1[k]$ 是 $x_1[n]$ 的 5 點 FFT。$M=5$。

3. $X_1[2]$ 等於 $X(e^{j\omega})$，$\omega=4\pi/5$。

(b) 令 $x_2[n]=\sum_m W_{27}^{-(n+9m)}x[n+9m]$，$n=0,\ldots,8$。

計算 $X_2[k]$， $x_2[n]$ 的 9-DFT。

$$X_2[2]=X(e^{j\omega})|_{\omega=10\pi/27}.$$

8.10 $X_2[k]=(-1)^k X_1[k]$。

8.11

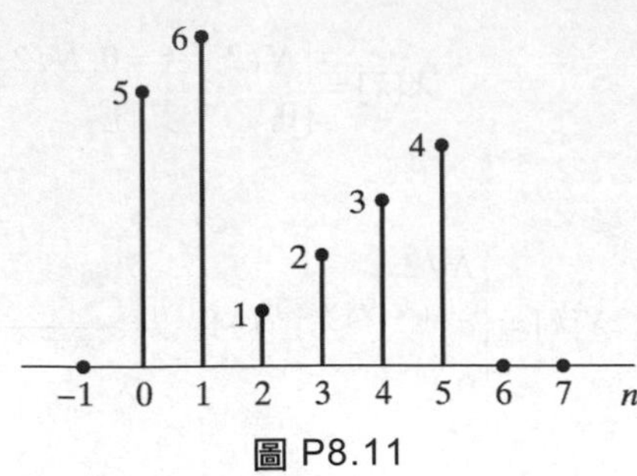

圖 P8.11

8.12 **(a)**

$$X[k]=\begin{cases}2, & k=1,3,\\ 0, & k=0,2\end{cases}$$

(b)

$$H[k]=\begin{cases}15, & k=0,\\ -3+j6, & k=1,\\ -5, & k=2,\\ -3-j6, & k=3\end{cases}$$

(c) $y[n]=-3\delta[n]-6\delta[n-1]+3\delta[n-2]+6\delta[n-3]$ 。

(d) $y[n]=-3\delta[n]-6\delta[n-1]+3\delta[n-2]+6\delta[n-3]$ 。

8.13

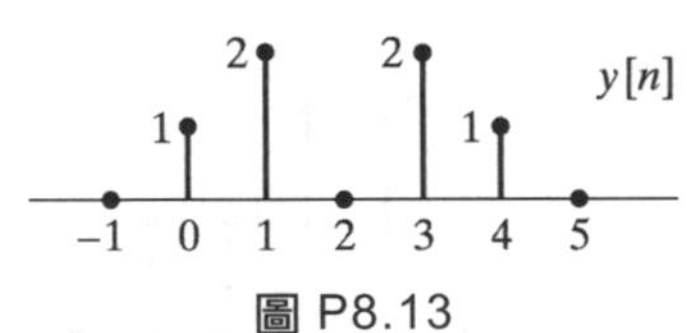

圖 P8.13

8.14 $x_3[2]=9$ 。

8.15 $a=-1$ 。唯一解。

8.16 $b=3$ 。唯一解。

8.17 $N=9$ 。

8.18 $c=2$ 。

8.19 $m=2$ 。不是唯一解，所有滿足 $m=2+6\ell$ 的整數（ ℓ 是整數）都可以。

8.20 $N=5$ 。唯一解。

第 9 章基本問題解答

9.1　若輸入訊號為 $(1/N)X[((-n))_N]$，則 DFT 程式的輸出為 $x[n]$，即 $X[k]$的 IDFT。

9.2

$$X = AD - BD + CA - DA = AC - BD$$
$$Y = AD - BD + BC + BD = BC + AD$$

9.3

$$y[32] = X(e^{-j2\pi(7/32)}) = X(e^{j2\pi(25/32)})$$

9.4　$\omega_k = 7\pi/16$。

9.5

$$a = -\sqrt{2}$$
$$b = -e^{-j(6\pi/8)}$$

9.6　**(a)** 增益是 $-W_N^2$。

(b) 有一條路徑。一般來說，從任何輸入樣本到任何輸出樣本只有一條路徑。

(c) 循著路徑前進，可以發現

$$X[2] = x[0]\cdot 1 + x[1]W_8^2 - x[2] - x[3]W_8^2 + \ldots$$
$$x[4] + x[5]W_8^2 - x[6] - x[7]W_8^2$$

9.7　**(a)** 將 $x[n]$ 以位元倒轉順序存入 $A[\cdot]$，則 $D[\cdot]$ 以循序（正常）順序儲存 $X[k]$。

(b)

$$D[r] = \begin{cases} 8, & r = 3, \\ 0, & \text{其他} \end{cases}$$

(c)

$$C[r] = \begin{cases} 1, & r = 0, 1, 2, 3, \\ 0, & \text{其他} \end{cases}$$

9.8　**(a)** $N/2$ 個蝴蝶計算單元。$2^{(m-1)}$ 不同的係數。

(b) $y[n] = W_N^{2^{v-m}} y[n-1] + x[n]$。

(c) 週期：2^m，頻率：$2\pi 2^{-m}$。

9.9　敘述 1。

9.10

$$y[n] = X(e^{j\omega})\,|_{\omega=(2\pi/7)+(2\pi/21)(n-19)}.$$

9.11　**(a)** 2^{m-1}。

(b) 2^m。

9.12　$r[n] = e^{-j(2\pi/19)n} W^{n^2/2}$ 其中 $W = e^{-j(2\pi/10)}$。

9.13 $x[0], x[8], x[4], x[12], x[2], x[10], x[6], x[14], x[1], x[9], x[5], x[13], x[3], x[11], x[7], x[15]$。

9.14 錯誤。

9.15 $m=1$。

9.16

$$r=\begin{cases}0, & m=1,\\ 0,4, & m=2,\\ 0,2,4,6 & m=3,\\ 0,1,2,3,4,5,6,7 & m=4,\end{cases}$$

9.17 $N=64$。

9.18 $m=3$ 或 4。

9.19 分時。

9.20 1021 是質數，所以程式必須實現所有計算 DFT 的計算式，無法利用任何 FFT 演算法，其計算時間爲 N^2。相較之下，1024 是 2 的冪次方，可以使用 FFT，計算時間爲 $N\log N$。

第 10 章基本問題解答

10.1 (a) $f=1500$ Hz。

(b) $f=-2000$ Hz。

10.2 $n=2048$ 和 $10000\text{ Hz}<f<10240\text{ Hz}$。

10.3 (a) $T=2\pi k_0/(N\Omega_0)$。

(b) 不唯一。$T=(2\pi/\Omega_0)(1-k_0/N)$。

10.4

$$X_c(j2\pi(4200)=5\times10^{-4}$$
$$X_c(-j2\pi(4200))=5\times10^{-4}$$
$$X_c(j2\pi(1000))=10^{-4}$$
$$X_c(-j2\pi(1000))=10^{-4}$$

10.5 $L=1024$。

10.6 $x_2[n]$ 有兩個不同的高峰。

10.7 $\Delta\Omega=2\pi(2.44)$ 弧度/秒。

10.8 $N\geq1600$。

10.9

$$X_0[k]=\begin{cases}18, & k=3,33,\\0, & \text{其他}\end{cases}$$

$$X_1[k]=\begin{cases}18, & k=9,27,\\0, & \text{其他}\end{cases}$$

$$X_r[k]=0 \text{ for } r\neq 0.1$$

10.10 $\omega_0=0.25\pi$ 弧度/樣本，$\lambda=\pi/76000$ 弧度/樣本。

10.11 $\Delta f=9.77$ Hz 。

10.12 高峰的高度不同，來自方窗函數的峰值較大。

10.13 **(a)** $A=21$ dB 。

(b) 當較弱的訊號振幅超過 0.0891，則可見此成份。

10.14 **(a)** 320 個樣本。

(b) 400DFT/秒。

(c) $N=256$ 。

(d) 62.5 Hz 。

10.15 **(a)** $X[200]=1-j$ 。

(b)

$$X(j2\pi(4000))=5\times10^{-5}(1-j)$$
$$X(-j2\pi(4000))=5\times10^{-5}(1+j)$$

10.16 方窗函數, Hanning, Hamming, 以及 Bartlett 等窗函數可以。

10.17 $T>1/1024$ 秒。

10.18 $x_2[n], x_3[n], x_6[n]$ 。

10.19 方法 2 和 5 可改善解析度。

10.20 $L=M+1=262$ 。

索引[①]

－A－

---

① 譯註：每個詞語最後附上該詞語出現的章節，舉例來說，§1 表示出現在第 1 章，§2.7 表示第 2 章第 7 節（即 2.7 節），§4.P 則是第 4 章的習題。

– B –

– C –

－D－

– E –

– F –

– G –

– H –

— I —

— J —

– K –

– L –

– M –

– N –

– O –

– P –

– P –

– R –

– S –

– T –

– U –

– V –

– W –

– Y –

– Z –

參考資料

Adams, J. W., and Wilson, J. A. N., "A New Approach to FIR Digital Filters with Fewer Multiplies and Reduced Sensitivity," *IEEE Trans. of Circuits and Systems*, Vol. 30, pp. 277–283, May 1983.

Ahmed,N., Natarajan,T., andRao,K. R., "Discrete CosineTransform,"*IEEETrans. on Computers*,Vol. C-23, pp. 90–93, Jan. 1974.

Allen, J., and Rabiner, L., "A Unified Approach to Short-time Fourier Analysis and Synthesis," *Proc. IEEE Trans. on Computers*, Vol. 65, pp. 1558–1564, Nov. 1977.

Atal, B. S., and Hanauer, S. L., "Speech Analysis and Synthesis by Linear Prediction of the SpeechWave," *J. Acoustical Society of America*, Vol. 50, pp. 637–655, 1971.

Atal,B. S., "Automatic Recognition of Speakers from theirVoices," *IEEE Proceedings*,Vol. 64, No. 4, pp. 460–475, Apr. 1976.

Andrews, H. C., and Hunt, B. R., *Digital Image Restoration*, Prentice Hall, Englewood Cliffs, NJ, 1977.

Bagchi, S., and Mitra, S., *The Nonuniform DiscreteFourierTransform and Its Applications in Signal Processing*, Springer, New York, NY, 1999.

Baran, T. A., and Oppenheim, A. V., "Design and Implementation of Discrete-time Filters for Efficient Rate-conversion Systems," *Proceedings of the 41st Annual Asilomar Conference on Signals, Systems, and Computers*, Asilomar, CA, Nov. 4–7, 2007.

Baraniuk, R., "Compressive Sensing," *IEEE Signal Processing Magazine*, Vol. 24, No. 4, pp. 118–121, July 2007.

Barnes, C. W., and Fam, A. T., "Minimum Norm Recursive Digital Filters that are Free of Over-flow Limit Cycles," *IEEE Trans. Circuits and Systems*, Vol. CAS-24, pp. 569–574, Oct. 1977.

Bartels R. H., Beatty, J. C., and Barsky, B. A., *An Introduction to Splines for Use in Computer Graphics and Geometric Modelling*, Morgan Kauffman, San Francisco, CA, 1998.

Bartle, R. G., *The Elements of Real Analysis*, 3rd ed, John Wiley and Sons, New York, NY, 2000.

Bartlett, M. S., *An Introduction to Stochastic Processes with Special Reference to Methods and Applications*, Cambridge University Press, Cambridge, UK, 1953.

Bauman, P., Lipshitz, S., and Vanderkooy, J., "Cepstral Analysis of Electroacoustic Transducers," *Proc. Int. Conf. Acoustics, Speech, and Signal Processing* (ICASSP '85), Vol. 10, pp. 1832–1835, Apr. 1985.

Bellanger, M., *Digital Processing of Signals*, 3rd ed., Wiley, New York, NY, 2000.

Bennett, W. R., "Spectra of Quantized Signals," *Bell System Technical J.*, Vol. 27, pp. 446–472, 1948.

Bertsekas, D. and Tsitsiklis, J., *Introduction to Probability*, 2nd ed., Athena Scientific, Belmont, MA, 2008.

Blackman, R. B., and Tukey, J. W., *The Measurement of Power Spectra*, Dover Publications, New York, NY, 1958.

Blackman, R., *Linear Data-Smoothing and Prediction in Theory and Practice*, Addison-Wesley, Reading, MA, 1965.

Blahut, R. E., *Fast Algorithms for Digital Signal Processing*, Addison-Wesley, Reading, MA, 1985.

Bluestein, L. I., "A Linear Filtering Approach to the Computation of Discrete Fourier Transform," *IEEE Trans. Audio Electroacoustics*, Vol. AU-18, pp. 451–455, 1970.

Bogert, B. P., Healy,M. J. R., and Tukey, J.W., "The Quefrency Alanysis of Times Series for Echos: Cepstrum, Pseudo-autocovariance, Cross-cepstrum, and Saphe Cracking," Chapter 15, *Proc. Symposium on Time Series Analysis*, M. Rosenblatt, ed., John Wiley and Sons, New York, NY, 1963.

Bosi, M., and Goldberg,R. E., *Introduction to DigitalAudio Coding and Standards*, Springer Science+Business Media, New York, NY, 2003.

Bovic, A., ed., *Handbook of Image and Video Processing*, 2nd ed., Academic Press, Burlington, MA, 2005.

Bracewell, R. N., "The Discrete Hartley Transform," *J. Optical Society of America*, Vol. 73, pp. 1832–1835, 1983.

Bracewell, R. N., "The Fast Hartley Transform," *IEEE Proceedings*, Vol. 72, No. 8, pp. 1010–1018, 1984.

Bracewell, R. N., *Two-Dimensional Imaging*, Prentice Hall, New York, NY, 1994.

Bracewell, R. N., *The Fourier Transform and Its Applications*, 3rd ed., McGraw-Hill, New York, NY, 1999.

Brigham, E., *Fast Fourier Transform and Its Applications*, Prentice Hall, Upper Saddle River, NJ, 1988.

Brigham, E.O., andMorrow,R. E.,"TheFastFourierTransform,"*IEEESpectrum*,Vol. 4, pp. 63–70,Dec. 1967.

Brown, J.W., and Churchill, R.V., *Introduction to Complex Variables and Applications*, 8th ed., McGraw-Hill, New York, NY, 2008.

Brown, R. C., *Introduction to Random Signal Analysis and Kalman Filtering*, Wiley, New York, NY, 1983.

Burden, R. L., and Faires, J. D., *Numerical Analysis*, 8th ed., Brooks Cole, 2004.

Burg, J. P., "A New Analysis Technique for Time Series Data," *Proc. NATO Advanced Study Institute on Signal Processing*, Enschede, Netherlands, 1968.

Burrus, C. S., "Efficient Fourier Transform and Convolution Algorithms," in *Advanced Topics in Signal Processing*, J. S. Lim and A. V. Oppenheim, eds., Prentice Hall, Englewood Cliffs, NJ, 1988.

Burrus, C. S., and Parks, T. W., *DFT/FFT and Convolution Algorithms Theory and Implementation*, Wiley, New York, NY, 1985.

Burrus, C. S., Gopinath, R. A., and Guo, H., *Introduction to Wavelets and Wavelet Transforms: A Primer*, Prentice Hall, 1997.

Candy, J. C., and Temes, G. C., *Oversampling Delta-Sigma Data Converters: Theory, Design, and Simulation*, IEEE Press, New York, NY, 1992.

Candes, E., "Compressive Sampling," *Int. Congress of Mathematics*, 2006, pp. 1433–1452.

Candes, E., andWakin, M., "An Introduction to Compressive Sampling," *IEEE Signal Processing Magazine*, Vol. 25, No. 2, pp. 21–30, Mar. 2008.

Capon, J., "Maximum-likelihood Spectral Estimation," in *Nonlinear Methods of Spectral Analysis*, 2nd ed., S. Haykin, ed., Springer-Verlag, New York, NY, 1983.

Carslaw, H. S., *Introduction to the Theory of Fourier's Series and Integrals*, 3rd ed., Dover Publications, New York, NY, 1952.

Castleman, K. R., *Digital Image Processing*, 2nd ed., Prentice Hall, Upper Saddle River, NJ, 1996.

Chan,D. S. K., and Rabiner, L. R., "An Algorithm for Minimizing Roundoff Noise in Cascade Realizations of Finite Impulse Response Digital Filters," *Bell System Technical J.*, Vol. 52, No. 3, pp. 347–385, Mar. 1973.

Chan, D. S. K., and Rabiner, L. R., "Analysis of Quantization Errors in the Direct Form for Finite Impulse Response Digital Filters," *IEEE Trans. Audio Electroacoustics*, Vol. 21, pp. 354–366, Aug. 1973.

Chellappa, R., Girod, B., Munson, D. C., Tekalp, A. M., and Vetterli, M., "The Past, Present, and Future of Image and Multidimensional Signal Processing," *IEEE Signal Processing Magazine*, Vol. 15, No. 2, pp. 21–58, Mar. 1998.

Chen, W. H., Smith, C. H., and Fralick, S. C., "A Fast Computational Algorithm for the Discrete Cosine Transform," *IEEE Trans. Commun.*, Vol. 25, pp. 1004–1009, September 1977.

Chen, X., and Parks, T.W., "Design of FIR Filters in the Complex Domain," *IEEE Trans. Acoustics, Speech, and Signal Processing*, Vol. 35, pp. 144–153, 1987.

Cheney, E. W., *Introduction to Approximation Theory*, 2nd ed., Amer. Math. Society, New York, NY, 2000.

Chow, Y., and Cassignol, E., *Linear Signal Flow Graphs and Applications*, Wiley, New York, NY, 1962.

Cioffi, J. M., and Kailath, T., "Fast Recursive Least-squares Transversal Filters for Adaptive Filtering," *IEEE Trans. Acoustics, Speech, and Signal Processing*, Vol. 32, pp. 607–624, June 1984.

Claasen, T. A., and Mecklenbräuker, W. F., "On the Transposition of Linear Time-varying Discrete-time Networks and its Application to Multirate Digital Systems," *Philips J. Res.*, Vol. 23, pp. 78–102, 1978.

Claasen, T. A. C. M., Mecklenbrauker, W. F. G., and Peek, J. B. H., "Second-order Digital Filter with only One Magnitude-truncation Quantizer and Having Practically no Limit Cycles," *Electronics Letters*, Vol. 9, No. 2, pp. 531–532, Nov. 1973.

Clements,M. A., and Pease, J., "On Causal Linear Phase IIR Digital Filters," *IEEE Trans. Acoustics, Speech, and Signal Processing*, Vol. 3, pp. 479–484, Apr. 1989.

Committee, DSP, ed., *Programs for Digital Signal Processing*, IEEE Press, New York, NY, 1979.

Constantinides, A. G., "Spectral Transformations for Digital Filters," *IEEE Proceedings*, Vol. 117, No. 8, pp. 1585–1590, Aug. 1970.

Cooley, J. W., Lewis, P. A. W., and Welch, P. D., "Historical Notes on the Fast Fourier Transform," *IEEE Trans. Audio Electroacoustics*, Vol. 15, pp. 76–79, June 1967.

Cooley, J. W., and Tukey, J. W., "An Algorithm for the Machine Computation of Complex Fourier Series," *Mathematics of Computation*, Vol. 19, pp. 297–301, Apr. 1965.

Crochiere, R. E., and Oppenheim, A. V., "Analysis of Linear Digital Networks," *IEEE Proceedings*, Vol. 63, pp. 581–595, Apr. 1975.

Crochiere, R. E., and Rabiner, L. R., *Multirate Digital Signal Processing*, Prentice Hall, Englewood Cliffs, NJ, 1983.

Daniels, R. W., *Approximation Methods for Electronic Filter Design*, McGraw-Hill, New York, NY, 1974.

Danielson,G.C., and Lanczos,C., "Some Improvements in Practical Fourier Analysis and their Application to X-ray Scattering from Liquids," *J. Franklin Inst.*, Vol. 233, pp. 365–380 and 435–452, Apr. and May 1942.

Davenport,W. B., *Probability and Random Processes: An Introduction for Applied Scientists and Engineers*, McGraw-Hill, New York, NY, 1970.

Davis, S. B., and Mermelstein, P., "Comparison of Parametric Representations for Monosyllabic Word Recognition," *IEEE Trans. Acoustics, Speech and Signal Processing*, Vol. ASSP-28, No. 4, pp. 357–366, Aug. 1980.

Deller, J. R., Hansen, J. H. L., and Proakis, J. G., *Discrete-Time Processing of Speech Signals*, Wiley-IEEE Press, New York, NY, 2000.

Donoho, D. L., "Compressed Sensing," *IEEE Trans. on Information Theory*, Vol. 52, No. 4, pp. 1289–1306, Apr. 2006.

Dudgeon, D. E., and Mersereau, R. M., *Two-Dimensional Digital Signal Processing*, Prentice Hall, Englewood Cliffs, NJ, 1984.

Duhamel, P., "Implementation of 'Split-radix' FFT Algorithms for Complex, Real, and Real-symmetric Data," *IEEE Trans. Acoustics, Speech, and Signal Processing*, Vol. 34, pp. 285–295, Apr. 1986.

Duhamel, P., and Hollmann, H., "Split Radix FFT Algorithm," *Electronic Letters*,Vol. 20, pp. 14–16, Jan. 1984.

Ebert, P. M., Mazo, J. E., and Taylor, M. C., "Overflow Oscillations in Digital Filters," *Bell System Technical J.*, Vol. 48, pp. 2999–3020, 1969.

Eldar,Y.C., and Oppenheim, A.V., "Filterbank Reconstruction of Bandlimited Signals from Nonuniform and Generalized Samples," *IEEE Trans. on Signal Processing*, Vol. 48, No. 10, pp. 2864–2875, October, 2000.

Elliott, D. F., and Rao, K. R., *Fast Transforms: Algorithms, Analysis, Applications*, Academic Press, New York, NY, 1982.

Feller, W., *An Introduction to Probability Theory and Its Applications*, Wiley, New York, NY, 1950, Vols. 1 and 2.

Fettweis, A., "Wave Digital Filters: Theory and Practice," *IEEE Proceedings*, Vol. 74, No. 2, pp. 270–327, Feb. 1986.

Flanagan, J. L., *Speech Analysis, Synthesis and Perception*, 2nd ed., Springer-Verlag, New York, NY, 1972.

Frerking,M. E., *Digital Signal Processing in Communication Systems*, Kluwer Academic, Boston, MA, 1994.

Friedlander, B., "Lattice Filters for Adaptive Processing," *IEEE Proceedings*, Vol. 70, pp. 829–867, Aug. 1982.

Friedlander, B., "Lattice Methods for Spectral Estimation," *IEEE Proceedings*, Vol. 70, pp. 990–1017, September 1982.

Frigo, M., and Johnson, S. G., "FFTW: An Adaptive Software Architecture for the FFT," *Proc. Int. Conf. Acoustics, Speech, and Signal Processing* (ICASSP '98), Vol. 3, pp. 1381–1384, May 1998.

Frigo, M., and Johnson, S. G., "The Design and Implementation of FFTW3," *Proc. of the IEEE*, Vol. 93, No. 2, pp. 216–231, Feb. 2005.

Furui, S., "Cepstral Analysis Technique for Automatic Speaker Verification," *IEEE Trans. Acoustics, Speech, and Signal Processing*, Vol. ASSP-29, No. 2, pp. 254–272, Apr. 1981.

Gallager, R., *Principles of Digital Communication*, Cambridge University Press, Cambridge, UK, 2008.

Gardner, W., *Statistical Spectral Analysis: A Non-Probabilistic Theory*, Prentice Hall, Englewood Cliffs, NJ, 1988.

Gentleman, W. M., and Sande, G., "Fast Fourier Transforms for Fun and Profit," *1966 Fall Joint Computer Conf., AFIPS Conf. Proc*, Vol. 29., Spartan Books, Washington, D.C., pp. 563–578, 1966.

Goertzel, G., "An Algorithm for the Evaluation of Finite Trigonometric Series," *American Math. Monthly*, Vol. 65, pp. 34–35, Jan. 1958.

Gold, B., Oppenheim, A. V., and Rader, C. M., "Theory and Implementation of the Discrete Hilbert Transform," in *Proc. Symp. Computer Processing in Communications*, Vol. 19, Polytechnic Press, New York, NY, 1970.

Gold, B., and Rader, C. M., *Digital Processing of Signals*, McGraw-Hill, New York, NY, 1969.

Gonzalez, R. C., and Woods, R. E., *Digital Image Processing*, Wiley, 2007.

Goyal, V., "Theoretical Foundations of Transform Coding," *IEEE Signal Processing Magazine*, Vol. 18, No. 5, pp. 9–21, Sept. 2001.

Gray, A. H., and Markel, J. D., "A Computer Program for Designing Digital Elliptic Filters," *IEEE Trans. Acoustics, Speech, and Signal Processing*, Vol. 24, pp. 529–538, Dec. 1976.

Gray, R. M., and Davidson, L. D., *Introduction to Statistical Signal Processing*, Cambridge University Press, 2004.

Griffiths, L. J., "An Adaptive Lattice Structure for Noise Canceling Applications," *Proc. Int. Conf. Acoustics, Speech, and Signal Processing* (ICASSP '78), Tulsa, OK, Apr. 1978, pp. 87–90.

Grossman, S., *Calculus Part 2*, 5th ed., Saunders College Publications, Fort Worth, TX, 1992.

Guillemin, E. A., *Synthesis of Passive Networks*, Wiley, New York, NY, 1957.

Hannan, E. J., *Time Series Analysis*, Methuen, London, UK, 1960.

Harris, F. J., "On the Use of Windows for Harmonic Analysis with the Discrete Fourier Transform," *IEEE Proceedings*, Vol. 66, pp. 51–83, Jan. 1978.

Hayes, M. H., Lim, J. S., and Oppenheim, A. V., "Signal Reconstruction from Phase and Magnitude," *IEEE Trans. Acoustics, Speech, and Signal Processing*, Vol. 28, No. 6, pp. 672–680, Dec. 1980.

Hayes, M., *Statistical Digital Signal Processing and Modeling*, Wiley, New York, NY, 1996.

Haykin, S., *Adaptive Filter Theory*, 4th ed., Prentice Hall, 2002.

Haykin, S., and Widrow, B., *Least-Mean-Square Adaptive Filters*, Wiley-Interscience, Hoboken, NJ, 2003.

Heideman, M. T., Johnson, D. H., and Burrus, C. S., "Gauss and the History of the Fast Fourier Transform," *IEEE ASSP Magazine*, Vol. 1, No. 4, pp. 14–21, Oct. 1984.

Helms, H. D., "Fast Fourier Transform Method of Computing Difference Equations and Simulating Filters," *IEEE Trans. Audio Electroacoustics*, Vol. 15, No. 2, pp. 85–90, 1967.

Herrmann, O., "On the Design of Nonrecursive Digital Filters with Linear Phase," *Elec. Lett.*, Vol. 6, No. 11, pp. 328–329, 1970.

Herrmann, O., Rabiner, L. R., and Chan, D. S. K., "Practical Design Rules for Optimum Finite Impulse Response Lowpass Digital Filters," *Bell System Technical J.*, Vol. 52, No. 6, pp. 769–799, July–Aug. 1973.

Herrmann, O., and Schüssler,W., "Design of Nonrecursive Digital Filters with Minimum Phase," *Elec. Lett.*, Vol. 6, No. 6, pp. 329–330, 1970.

Herrmann, O., and W. Schüssler, "On the Accuracy Problem in the Design of Nonrecursive Digital Filters," *Arch. Electronic Ubertragungstechnik*, Vol. 24, pp. 525–526, 1970.

Hewes, C. R., Broderson, R. W., and Buss, D. D., "Applications of CCD and Switched Capacitor Filter Technology," *IEEE Proceedings*, Vol. 67, No. 10, pp. 1403–1415, Oct. 1979.

Hnatek, E. R., *A User's Handbook of D/A and A/D Converters*, R. E. Krieger Publishing Co., Malabar, 1988.

Hofstetter, E., Oppenheim, A. V., and Siegel, J., "On Optimum Nonrecursive Digital Filters," *Proc. 9th Allerton Conf. Circuit System Theory*, Oct. 1971.

Hughes, C. P., and Nikeghbali, A., "The Zeros of Random Polynomials Cluster Near the Unit Circle," arXiv:math/0406376v3 [math.CV], http://arxiv.org/ PS_cache/math/pdf/0406/0406376v3.pdf.

Hwang, S. Y., "On Optimization of Cascade Fixed Point Digital Filters," *IEEE Trans. Circuits and Systems*, Vol. 21, No. 1, pp. 163–166, Jan. 1974.

Itakura, F. I., and Saito, S., "Analysis-synthesis Telephony Based upon the Maximum Likelihood Method," *Proc. 6th Int. Congress on Acoustics*, pp. C17–20, Tokyo, 1968.

Itakura, F. I., and Saito, S., "A Statistical Method for Estimation of Speech Spectral Density and Formant Frequencies," *Elec. and Comm. in Japan*, Vol. 53-A, No. 1, pp. 36–43, 1970.

Jackson, L. B., "On the Interaction of Roundoff Noise and Dynamic Range in Digital Filters," *Bell System Technical J.*, Vol. 49, pp. 159–184, Feb. 1970.

Jackson, L. B., "Roundoff-noise Analysis for Fixed-point Digital Filters Realized in Cascade or Parallel Form," *IEEE Trans. Audio Electroacoustics*, Vol. 18, pp. 107–122, June 1970.

Jackson, L. B., *Digital Filters and Signal Processing: With MATLAB Exercises*, 3rd ed., Kluwer Academic Publishers, Hingham, MA, 1996.

Jacobsen, E., and Lyons, R., "The Sliding DFT," *IEEE Signal Processing Magazine*, Vol. 20, pp. 74–80, Mar. 2003.

Jain, A. K., *Fundamentals of Digital Image Processing*, Prentice Hall, Englewood Cliffs, NJ, 1989.

Jayant, N. S., and Noll, P., *Digital Coding of Waveforms*, Prentice Hall, Englewood Cliffs, NJ, 1984.

Jenkins,G. M., andWatts,D.G., *Spectral Analysis and Its Applications*, Holden-Day, San Francisco, CA, 1968.

Jolley, L. B. W., *Summation of Series*, Dover Publications, New York, NY, 1961.

Johnston, J., "A Filter Family Designed for Use in Quadrature Mirror Filter Banks," *Proc. Int. Conf. Acoustics, Speech, and Signal Processing* (ICASSP '80), Vol. 5, pp. 291–294, Apr. 1980.

Juang, B.-H., Rabiner, L. R., and Wilpon, J. G., "On the Use of Bandpass Liftering in Speech Recognition," *IEEE Trans. Acoustics, Speech, and Signal Processing*, Vol. ASSP-35, No. 7, pp. 947–954, July 1987.

Kaiser, J. F., "Digital Filters," in *System Analysis by Digital Computer*, Chapter 7, F. F. Kuo and J. F. Kaiser, eds., Wiley, New York, NY, 1966.

Kaiser, J. F., "Nonrecursive Digital Filter Design Using the *I*0-sinh Window Function," *Proc. 1974 IEEE International Symp. on Circuits and Systems*, San Francisco, CA, 1974.

Kaiser, J. F., and Hamming, R. W., "Sharpening the Response of a Symmetric Nonrecursive Filter by Multiple Use of the Same Filter," *IEEE Trans. Acoustics, Speech, and Signal Processing*, Vol. 25, No. 5, pp. 415–422, Oct. 1977.

Kaiser, J. F., and Schafer, R. W., "On the Use of the *I*0-sinh Window for Spectrum Analysis," *IEEE Trans. Acoustics, Speech, and Signal Processing*, Vol. 28, No. 1, pp. 105–107, Feb. 1980.

Kan, E. P. F., and Aggarwal, J. K., "Error Analysis of Digital Filters Employing Floating Point Arithmetic," *IEEE Trans. Circuit Theory*, Vol. 18, pp. 678–686, Nov. 1971.

Kaneko, T., and Liu, B., "Accumulation of Roundoff Error in Fast Fourier Transforms," *J. Assoc. Comput. Mach.*, Vol. 17, pp. 637–654, Oct. 1970.

Kanwal, R., *Linear Integral Equations*, 2nd ed., Springer, 1997.

Karam, L. J., and McClellan, J. H., "Complex Chebychev Approximation for FIR Filter Design," *IEEE Trans. Circuits and Systems*, Vol. 42, pp. 207–216, Mar. 1995.

Karam, Z. N., and Oppenheim, A. V., "Computation of the One-dimensional Unwrapped Phase," *15th International Conference on Digital Signal Processing,* pp. 304–307, July 2007.

Kay, S. M., *Modern Spectral Estimation Theory and Application*, Prentice Hall, Englewood Cliffs, NJ, 1988.

Kay, S. M., *Intuitive Probability and Random Processes Using MATLAB*, Springer, New York, NY, 2006.

Kay, S. M., and Marple, S. L., "Spectrum Analysis: A Modern Perspective," *IEEE Proceedings*, Vol. 69, pp. 1380–1419, Nov. 1981.

Keys, R., "Cubic Convolution Interpolation for Digital Image Processing," *IEEE Trans. Acoustics, Speech and Signal Processing*, Vol. 29, No. 6, pp. 1153–1160, Dec. 1981.

Kleijn,W., "Principles of Speech Coding," in *Springer Handbook of Speech Processing*, J. Benesty,M. Sondhi, and Y. Huang, eds., Springer, 2008, pp. 283–306.

Knuth, D. E., *The Art of Computer Programming; Seminumerical Algorithms*, 3rd ed., Addison-Wesley, Reading, MA, 1997, Vol. 2.

Koopmanns, L. H., *Spectral Analysis of Time Series*, 2nd ed., Academic Press, New York, NY, 1995.

Korner, T. W., *Fourier Analysis*, Cambridge University Press, Cambridge, UK, 1989.

Lam, H. Y. F., *Analog and Digital Filters: Design and Realization*, Prentice Hall, Englewood Cliffs, NJ, 1979.

Lang, S.W., and McClellan, J. H., "A Simple Proof of Stability for All-pole Linear Prediction Models," *IEEE Proceedings*, Vol. 67, No. 5, pp. 860–861, May 1979.

Leon-Garcia, A., *Probability and Random Processes for Electrical Engineering*, 2nd ed., Addison-Wesley, Reading, MA, 1994.

Lighthill, M. J., *Introduction to Fourier Analysis and Generalized Functions*, Cambridge University Press, Cambridge, UK, 1958.

Lim, J. S., *Two-Dimensional Digital Signal Processing*, Prentice Hall, Englewood Cliffs, NJ, 1989.

Liu, B., and Kaneko, T., "Error Analysis of Digital Filters Realized in Floating-point Arithmetic," *IEEE Proceedings*, Vol. 57, pp. 1735–1747, Oct. 1969.

Liu, B., and Peled, A., "Heuristic Optimization of the Cascade Realization of Fixed Point Digital Filters," *IEEE Trans. Acoustics, Speech, and Signal Processing*, Vol. 23, pp. 464–473, 1975.

Macovski, A., *Medical Image Processing*, Prentice Hall, Englewood Cliffs, NJ, 1983.

Makhoul, J., "Spectral Analysis of Speech by Linear Prediction," *IEEE Trans. Audio and Electroacoustics*, Vol. AU-21, No. 3, pp. 140–148, June 1973.

Makhoul, J., "Linear Prediction: A Tutorial Review," *IEEE Proceedings*, Vol. 62, pp. 561–580, Apr. 1975.

Makhoul, J., "A Fast Cosine Transform in One and Two Dimensions," *IEEE Trans. Acoustics, Speech, and Signal Processing*, Vol. 28, No. 1, pp. 27–34, Feb. 1980.

Maloberti, F., *Data Converters*, Springer, New York, NY, 2007.

Markel, J. D., "FFT Pruning," *IEEE Trans. Audio and Electroacoustics*, Vol. 19, pp. 305–311, Dec. 1971.

Markel, J. D., and Gray, A. H., Jr., *Linear Prediction of Speech*, Springer-Verlag, New York, NY, 1976.

Marple, S. L., *Digital Spectral Analysis with Applications*, Prentice Hall, Englewood Cliffs, NJ, 1987.

Martucci, S. A., "Symmetrical Convolution and the Discrete Sine and Cosine Transforms," *IEEE Trans. Signal Processing*, Vol. 42, No. 5, pp. 1038–1051, May 1994.

Mason, S., and Zimmermann, H. J., *Electronic Circuits, Signals and Systems*, Wiley, New York, NY, 1960.

Mathworks, *Signal Processing Toolbox Users Guide*, The Mathworks, Inc., Natick, MA, 1998.

McClellan, J. H., and Parks, T.W., "A Unified Approach to the Design of Optimum FIR Linear Phase Digital Filters," *IEEE Trans. Circuit Theory*, Vol. 20, pp. 697–701, Nov. 1973.

McClellan, J. H., and Rader, C. M., *Number Theory in Digital Signal Processing*, Prentice Hall, Englewood Cliffs, NJ, 1979.

McClellan, J. H., "Parametric Signal Modeling," Chapter 1, *Advanced Topics in Signal Processing*, J. S. Lim and A. V. Oppenheim, eds., Prentice Hall, Englewood Cliffs, 1988.

Mersereau, R. M., Schafer, R.W., Barnwell, T. P., and Smith, D. L., "A Digital Filter Design Package for PCs and TMS320s," *Proc. MIDCON*, Dallas, TX, 1984.

Mills, W. L., Mullis, C. T., and Roberts, R. A., "Digital Filter Realizations Without Overflow Oscillations," *IEEE Trans. Acoustics, Speech, and Signal Processing*, Vol. 26, pp. 334–338, Aug. 1978.

Mintzer, F., "Filters for Distortion-free Two-band Multirate Filter Banks," *IEEE Trans. Acoustics, Speech and Signal Processing*, Vol. 33, No. 3, pp. 626–630, June 1985.

Mitra, S. K., *Digital Signal Processing*, 3rd ed., McGraw-Hill, New York, NY, 2005.

Moon, T., and Stirling,W., *Mathematical Methods and Algorithms for Signal Processing*, Prentice Hall, 1999.

Nawab, S. H., and Quatieri, T. F., "Short-time Fourier transforms," in *Advanced Topics in Signal Processing*, J. S. Lim and A. V. Oppenheim, eds., Prentice Hall, Englewood Cliffs, NJ, 1988.

Neuvo, Y., Dong, C.-Y., and Mitra, S., "Interpolated Finite Impulse Response Filters," *IEEE Trans. Acoustics, Speech and Signal Processing*, Vol. 32, No. 3, pp. 563–570, June 1984.

Noll, A. M., "Cepstrum Pitch Determination," *J. Acoustical Society of America*,Vol. 41, pp. 293–309, Feb. 1967.

Nyquist, H., "CertainTopics inTelegraphTransmissionTheory,"*AIEETrans.*,Vol. 90,No. 2, pp. 280–305, 1928.

Oetken, G., Parks, T. W., and Schüssler, H. W., "New Results in the Design of Digital Interpolators," *IEEE Trans. Acoustics, Speech, and Signal Processing*, Vol. 23, pp. 301–309, June 1975.

Oppenheim, A.V., "Superposition in a Class of Nonlinear Systems,"*RLETechnical ReportNo. 432*,MIT, 1964.

Oppenheim, A. V., "Generalized Superposition," *Information and Control*, Vol. 11, Nos. 5–6, pp. 528–536, Nov.–Dec., 1967.

Oppenheim, A. V., "Generalized Linear Filtering," Chapter 8, *Digital Processing of Signals*, B. Gold and C. M. Rader, eds., McGraw-Hill, New York, 1969a.

Oppenheim, A. V., "A Speech Analysis-synthesis System Based on Homomorphic Filtering," *J. Acoustical Society of America*, Vol. 45, pp. 458–465, Feb. 1969b.

Oppenheim, A. V., and Johnson, D. H., "Discrete Representation of Signals," *IEEE Proceedings*, Vol. 60, No. 6, pp. 681–691, June 1972.

Oppenheim, A. V., and Schafer, R. W., "Homomorphic Analysis of Speech," *IEEE Trans. Audio Electroacoustics*, Vol. AU-16, No. 2, pp. 221–226, June 1968.

Oppenheim, A. V., and Schafer, R. W., *Digital Signal Processing*, Prentice Hall, Englewood Cliffs, NJ, 1975.

Oppenheim, A. V., Schafer, R.W., and Stockam, T. G., Jr., "Nonlinear Filtering of Multiplied and Convolved Signals," *IEEE Proceedings*, Vol. 56, No. 8, pp. 1264–1291, Aug. 1968.

Oppenheim, A. V., and Willsky, A. S., *Signals and Systems*, 2nd ed., Prentice Hall, Upper Saddle River, NJ, 1997.

Oraintara, S., Chen, Y. J., and Nguyen, T., "Integer Fast Fourier Transform," *IEEE Trans. on Signal Processing*, Vol. 50, No. 3, pp. 607–618, Mar. 2001.

O'Shaughnessy, D., *Speech Communication, Human and Machine*, 2nd ed., Addison-Wesley, Reading, MA, 1999.

Pan, D., "A Tutorial on MPEG/audio Compression," *IEEE Multimedia*, pp. 60–74, Summer 1995.

Papoulis, A., "On the Approximation Problem in Filter Design," in *IRE Nat. Convention Record, Part 2*, 1957, pp. 175–185.

Papoulis, A., *The Fourier Integral and Its Applications*, McGraw-Hill, New York, NY, 1962.

Papoulis, A., *Signal Analysis*, McGraw-Hill Book Company, New York, NY, 1977.

Papoulis, A., *Probability, Random Variables and Stochastic Processes*, 4th ed., McGraw-Hill, New York, NY, 2002.

Parks, T. W., and Burrus, C. S., *Digital Filter Design*, Wiley, New York, NY, 1987.

Parks, T. W., and McClellan, J. H., "Chebyshev Approximation for Nonrecursive Digital Filters with Linear Phase," *IEEE Trans. Circuit Theory*, Vol. 19, pp. 189–194, Mar. 1972.

Parks, T. W., and McClellan, J. H., "A Program for the Design of Linear Phase Finite Impulse Response Filters," *IEEE Trans. Audio Electroacoustics*, Vol. 20, No. 3, pp. 195–199, Aug. 1972.

Parsons, T. J., *Voice and Speech Processing*, Prentice Hall, New York, NY, 1986.

Parzen, E., *Modern Probability Theory and Its Applications*, Wiley, New York, NY, 1960.

Pennebaker, W. B., and Mitchell, J. L., *JPEG: Still Image Data Compression Standard*, Springer, New York, NY, 1992.

Phillips, C. L., and Nagle, H. T., Jr., *Digital Control System Analysis and Design*, 3rd ed., Prentice Hall, Upper Saddle River, NJ, 1995.

Pratt, W., *Digital Image Processing*, 4th ed., Wiley, New York, NY, 2007.

Press, W. H. F., Teukolsky, S. A. B. P., Vetterling, W. T., and Flannery, B. P., *Numerical Recipes: The Art of Scientific Computing*, 3rd ed., Cambridge University Press, Cambridge, UK, 2007.

Proakis, J. G., and Manolakis, D. G., *Digital Signal Processing*, Prentice Hall, Upper Saddle River, NJ, 2006.

Quatieri, T. F., *Discrete-Time Speech Signal Processing: Principles and Practice*, Prentice Hall, Englewood Cliffs, NJ, 2002.

Rabiner, L. R., "The Design of Finite Impulse Response Digital Filters Using Linear Programming Techniques," *Bell System Technical J.*, Vol. 51, pp. 1117–1198, Aug. 1972.

Rabiner, L. R., "Linear Program Design of Finite Impulse Response (FIR) Digital Filters," *IEEE Trans. Audio and Electroacoustics*, Vol. 20, No. 4, pp. 280–288, Oct. 1972.

Rabiner, L. R., and Gold, B., *Theory and Application of Digital Signal Processing*, Prentice Hall, Englewood Cliffs, NJ, 1975.

Rabiner, L. R., Kaiser, J. F., Herrmann, O., and Dolan, M. T., "Some Comparisons Between FIR and IIR Digital Filters," *Bell System Technical J.*, Vol. 53, No. 2, pp. 305–331, Feb. 1974.

Rabiner, L. R., and Schafer, R. W., "On the Behavior of Minimax FIR Digital Hilbert Transformers," *Bell System Technical J.*, Vol. 53, No. 2, pp. 361–388, Feb. 1974.

Rabiner, L. R., and Schafer, R. W., *Digital Processing of Speech Signals*, Prentice Hall, Englewood Cliffs, NJ, 1978.

Rabiner, L. R., Schafer, R. W., and Rader, C. M., "The Chirp *z*-transform Algorithm," *IEEE Trans. Audio Electroacoustics*, Vol. 17, pp. 86–92, June 1969.

Rader, C. M., "Discrete Fourier Transforms when the Number of Data Samples is Prime," *IEEE Proceedings*, Vol. 56, pp. 1107–1108, June 1968.

Rader, C. M., "An Improved Algorithm for High-speed Autocorrelation with Applications to Spectral Estimation," *IEEE Trans. Audio Electroacoustics*, Vol. 18, pp. 439–441, Dec. 1970.

Rader, C. M., and Brenner,N. M., "ANew Principle for Fast Fourier Transformation," *IEEE Trans. Acoustics, Speech, and Signal Processing*, Vol. 25, pp. 264–265, June 1976.

Rader, C. M., and Gold, B., "Digital Filter Design Techniques in the Frequency Domain," *IEEE Proceedings*, Vol. 55, pp. 149–171, Feb. 1967.

Ragazzini, J. R., and Franklin, G. F., *Sampled Data Control Systems*, McGraw-Hill, New York, NY, 1958.

Rao, K. R., and Hwang, J. J., *Techniques and Standards for Image, Video, and Audio Coding*, Prentice Hall, Upper Saddle River, NJ, 1996.

Rao, K. R., and Yip, P., *Discrete Cosine Transform: Algorithms, Advantages, Applications*, Academic Press, Boston, MA, 1990.

Rao, S. K., and Kailath, T., "Orthogonal Digital Filters for VLSI Implementation," *IEEE Trans. Circuits and System*, Vol. 31, No. 11, pp. 933–945, Nov. 1984.

Reut, Z., Pace, N. G., and Heaton, M. J. P., "Computer Classification of Sea Beds by Sonar," *Nature*, Vol. 314, pp. 426–428, Apr. 4, 1985.

Robinson, E. A., and Durrani, T. S., *Geophysical Signal Processing*, Prentice Hall, Englewood Cliffs,NJ, 1985.

Robinson, E. A., and Treitel, S., *Geophysical Signal Analysis*, Prentice Hall, Englewood Cliffs, NJ, 1980.

Romberg, J., "Imaging Via Compressive Sampling," *IEEE Signal Processing Magazine*, Vol. 25, No. 2, pp. 14–20, Mar. 2008.

Ross, S., *A First Course in Probability*, 8th ed., Prentice Hall, Upper Saddle River, NJ, 2009.

Runge, C., "Uber die Zerlegung Empirisch Gegebener Periodischer Functionen in Sinuswellen," *Z. Math. Physik*, Vol. 53, pp. 117–123, 1905.

Sandberg, I.W., "Floating-point-roundoff Accumulation in Digital Filter Realizations," *Bell System Technical J.*, Vol. 46, pp. 1775–1791, Oct. 1967.

Sayed, A., *Adaptive Filters*, Wiley, Hoboken, NJ, 2008.

Sayed, A. H., *Fundamentals of Adaptive Filtering*, Wiley-IEEE Press, 2003.

Sayood, K., *Introduction to Data Compression*, 3rd ed., Morgan Kaufmann, 2005.

Schaefer, R. T., Schafer, R.W., and Mersereau, R. M., "Digital Signal Processing for Doppler Radar Signals," *Proc. 1979 IEEE Int. Conf. on Acoustics, Speech, and Signal Processing*, pp. 170–173, 1979.

Schafer, R. W., "Echo Removal by Generalized Linear Filtering," *RLE Tech. Report No. 466*, MIT, Cambridge, MA, 1969.

Schafer,R.W., "Homomorphic Systems and Cepstrum Analysis of Speech," Chapter 9, *Springer Handbook of Speech Processing and Communication*, J. Benesty, M. M. Sondhi, and Y. Huang, eds., Springer-Verlag, Heidelberg, 2007.

Schafer, R.W., and Rabiner, L. R., "System forAutomatic Formant Analysis of Voiced Speech," *J. Acoustical Society of America*, Vol. 47, No. 2, pt. 2, pp. 634–648, Feb. 1970.

Schafer, R. W., and Rabiner, L. R., "A Digital Signal Processing Approach to Interpolation," *IEEE Proceedings*, Vol. 61, pp. 692–702, June 1973.

Schmid, H., *Electronic Analog/Digital Conversions*, Wiley, New York, NY, 1976.

Schreier, R., and Temes, G. C., *Understanding Delta-Sigma Data Converters*, IEEE Press and John Wiley and Sons, Hoboken, NJ, 2005.

Schroeder, M. R., "Direct (Nonrecursive) Relations Between Cepstrum and Predictor Coefficients," *IEEE Trans. Acoustics, Speech and Signal Processing*, Vol. 29, No. 2, pp. 297–301, Apr. 1981.

Schüssler, H. W., and Steffen, P., "Some Advanced Topics in Filter Design," in *Advanced Topics in Signal Processing*, S. Lim and A. V. Oppenheim, eds., Prentice Hall, Englewood Cliffs, NJ, 1988.

Senmoto, S., and Childers, D. G., "Adaptive Decomposition of a Composite Signal of Identical Unknown Wavelets in Noise," *IEEE Trans. on Systems, Man, and Cybernetics*, Vol. SMC-2, No. 1, pp. 59, Jan. 1972.

Shannon, C. E., "Communication in the Presence of Noise," *Proceedings of the Institute of Radio Engineers* (IRE), Vol. 37, No. 1, pp. 10–21, Jan. 1949.

Singleton, R. C., "An Algorithm for Computing the Mixed Radix Fast Fourier Transforms," *IEEE Trans. Audio Electroacoustics*, Vol. 17, pp. 93–103, June 1969.

Sitton, G. A., Burrus, C. S., Fox, J. W., and Treitel, S., "Factoring Very-high-degree Polynomials," *IEEE Signal Processing Magazine*, Vol. 20, No. 6, pp. 27–42, Nov. 2003.

Skolnik, M. I., *Introduction to Radar Systems*, 3rd ed., McGraw-Hill, New York, NY, 2002.

Slepian, D., Landau, H. T., and Pollack, H. O., "Prolate Spheroidal Wave Functions, Fourier Analysis, and Uncertainty Principle (I and II)," *Bell System Technical J.*, Vol. 40, No. 1, pp. 43–80, 1961.

Smith, M., and Barnwell, T., " A Procedure for Designing Exact Reconstruction Filter Banks for Treestructured Subband Coders," *Proc. Int. Conf. Acoustics, Speech, and Signal Processing* (ICASSP '84), Vol. 9, Pt. 1, pp. 421–424, Mar. 1984.

Spanias, A., Painter, T., and Atti, V., *Audio Signal Processing and Coding*, Wiley, Hoboken, NJ, 2007.

Sripad, A., and Snyder,D., "ANecessary and Sufficient Condition for Quantization Errors to be Uniform and White," *IEEE Trans. Acoustics, Speech and Signal Processing*, Vol. 25, No. 5, pp. 442–448, Oct. 1977.

Stark, H., and Woods, J., *Probability and Random Processes with Applications to Signal Processing*, 3rd ed., Prentice Hall, Englewood Cliffs, NJ, 2001.

Starr, T., Cioffi, J. M., and Silverman, P. J., *Understanding Digital Subscriber Line Technology*, Prentice Hall, Upper Saddle River, NJ, 1999.

Steiglitz, K., "The Equivalence of Analog and Digital Signal Processing," *Information and Control*, Vol. 8, No. 5, pp. 455–467, Oct. 1965.

Steiglitz, K., and Dickinson, B., "Phase Unwrapping by Factorization," *IEEE Trans. Acoustics, Speech and Signal Processing*, Vol. 30, No. 6, pp. 984–991, Dec. 1982.

Stockham, T. G., "High Speed Convolution and Correlation," in *1966 Spring Joint Computer Conference, AFIPS Proceedings*, Vol. 28, pp. 229–233, 1966.

Stockham, T. G., Cannon, T. M., and Ingebretsen, R. B., "Blind Deconvolution Through Digital Signal Processing," *IEEE Proceedings*, Vol. 63, pp. 678–692, Apr. 1975.

Stoica, P., and Moses, R., *Spectral Analysis of Signals*, Pearson Prentice Hall, Upper Saddle River, NJ, 2005.

Storer, J. E., *Passive Network Synthesis*, McGraw-Hill, New York, NY, 1957.

Strang, G., "The Discrete Cosine Transforms," *SIAM Review*, Vol. 41, No. 1, pp. 135–137, 1999.

Strang, G., and Nguyen, T., *Wavelets and Filter Banks*, Wellesley–Cambridge Press, Cambridge, MA, 1996.

Taubman D. S., and Marcellin, M. W., *JPEG 2000: Image Compression Fundamentals, Standards, and Practice*, Kluwer Academic Publishers, Norwell, MA, 2002.

Therrien, C. W., *Discrete Random Signals and Statistical Signal Processing*, Prentice Hall, Englewood Cliffs, NJ, 1992.

Tribolet, J. M., "A New Phase Unwrapping Algorithms," *IEEE Trans. Acoustics, Speech, and Signal Processing*, Vol. 25, No. 2, pp. 170–177, Apr. 1977.

Tribolet, J. M., *Seismic Applications of Homomorphic Signal Processing*, Prentice Hall, Englewood Cliffs, NJ, 1979.

Tukey, J. W., *Exploratory Data Analysis*, Addison-Wesley, Reading, MA, 1977.

Ulrych, T. J., "Application of Homomorphic Deconvolution to Seismology," *Geophysics*, Vol. 36, No. 4, pp. 650–660, Aug. 1971.

Unser, M., "Sampling—50 Years after Shannon," *IEEE Proceedings*, Vol. 88, No. 4, pp. 569–587, Apr. 2000.

Vaidyanathan, P. P., *Multirate Systems and Filter Banks*, Prentice Hall, Englewood Cliffs, NJ, 1993.

Van Etten, W. C., *Introduction to Random Signals and Noise*, John Wiley and Sons, Hoboken, NJ, 2005.

Verhelst, W., and Steenhaut, O., "A New Model for the Short-time Complex Cepstrum of Voiced Speech," *IEEE Trans. on Acoustics, Speech, and Signal Processing*,Vol. ASSP-34, No. 1, pp. 43–51, February 1986.

Vernet, J. L., "Real Signals Fast Fourier Transform: Storage Capacity and Step Number Reduction by Means of an Odd Discrete Fourier Transform," *IEEE Proceedings*, Vol. 59, No. 10, pp. 1531–1532, Oct. 1971.

Vetterli, M., "A Theory of Multirate Filter Banks," *IEEE Trans. Acoustics, Speech, and Signal Processing*, Vol. 35, pp. 356–372, Mar. 1987.

Vetterli, M., and Kovačević, J., *Wavelets and Subband Coding*, Prentice Hall, Englewood Cliffs, NJ, 1995.

Volder, J. E., "The Cordic Trigonometric Computing Techniques," *IRE Trans. Electronic Computers*, Vol. 8, pp. 330–334, Sept. 1959.

Walden, R., "Analog-to-digital Converter Survey and Analysis," *IEEE Journal on Selected Areas in Communications*, Vol. 17, No. 4, pp. 539–550, Apr. 1999.

Watkinson, J., *MPEG Handbook*, Focal Press, Boston, MA, 2001.

Weinberg, L., *Network Analysis and Synthesis*, R. E. Kreiger, Huntington, NY, 1975.

Weinstein, C. J., "Roundoff Noise in Floating Point Fast Fourier Transform Computation," *IEEE Trans. Audio Electroacoustics*, Vol. 17, pp. 209–215, Sept. 1969.

Weinstein, C. J., and Oppenheim, A. V., "A Comparison of Roundoff Noise in Floating Point and Fixed Point Digital Filter Realizations," *IEEE Proceedings*, Vol. 57, pp. 1181–1183, June 1969.

Welch, P. D., "A Fixed-point Fast Fourier Transform Error Analysis," *IEEE Trans. Audio Electroacoustics*, Vol. 17, pp. 153–157, June 1969.

Welch, P. D., "The Use of the Fast Fourier Transform for the Estimation of Power Spectra," *IEEE Trans. Audio Electroacoustics*, Vol. 15, pp. 70–73, June 1970.

Widrow, B., "A Study of Rough Amplitude Quantization by Means of Nyquist Sampling Theory," *IRE Trans. Circuit Theory*, Vol. 3, pp. 266–276, Dec. 1956.

Widrow, B., "Statistical Analysis of Amplitude-quantized Sampled-data Systems," *AIEE Trans. (Applications and Industry)*, Vol. 81, pp. 555–568, Jan. 1961.

Widrow, B., and Kollár, I., *Quantization Noise: Roundoff Error in Digital Computation, Signal Processing, Control, and Communications*, Cambridge University Press, Cambridge, UK, 2008.

Widrow, B., and Stearns, S. D., *Adaptive Signal Processing*, Prentice Hall, Englewood Cliffs, NJ, 1985.

Winograd, S., "On Computing the Discrete Fourier Transform," *Mathematics of Computation*, Vol. 32, No. 141, pp. 175–199, Jan. 1978.

Woods, J. W., *Multidimensional Signal, Image, and Video Processing and Coding*, Academic Press, 2006.

Yao, K., and Thomas, J. B., "On Some Stability and Interpolatory Properties of Nonuniform Sampling Expansions," *IEEE Trans. Circuit Theory*, Vol. CT-14, pp. 404–408, Dec. 1967.

Yen, J. L., On Nonuniform Sampling of Bandwidth-limited Signals," *IEEE Trans. Circuit Theory*, Vol. CT-3, pp. 251–257, Dec. 1956.

Zverev, A. I., *Handbook of Filter Synthesis*, Wiley, New York, NY, 1967.

國家圖書館出版品預行編目 (CIP) 資料

離散時間訊號處理 / Alan V. Oppenheim, Ronald W. Schafer 原著 ; 丁建均 , 陳常侃 , 王鵬華翻譯 . -- 三版 . -- 臺北市 : 臺灣培生教育 , 2010.11
面 ; 公分
譯自 : Discrete-time signal processing, 3rd ed.
ISBN 978-986-280-008-9(平裝)
1. 通訊工程
448.7 99021580

離散時間訊號處理

原　　著　Alan V. Oppenheim · Ronald W. Schafer
翻　　譯　陳常侃 · 王鵬華 · 丁建均 (依姓氏筆畫排列)
發 行 人　Isa Wong
主　　編　陳慧玉
封面設計　陳韋勳
內文排版　林娟如
美編印務　楊雯如
發 行 所
出 版 者　台灣培生教育出版股份有限公司
地址／台北市重慶南路一段 147 號 5 樓
電話／ 02-2370-8168
傳真／ 02-2370-8169
網址／ www.Pearson.com.tw
E-mail ／ Hed.srv.TW@Pearson.com
台灣總經銷　全華圖書股份有限公司
地址／ 23671 新北市土城區忠義路 21 號
電話／ 02-2262-5666 (總機)
傳真／ 02-2262-8333
網址／ www.chwa.com.tw | www.opentech.com.tw
E-mail ／ book@chwa.com.tw
香港總經銷　培生教育出版亞洲股份有限公司
地址／香港鰂魚涌英皇道 979 號 (太古坊康和大廈 2 樓)
電話／ 852-3180-0000　傳真／ 852-2564-0955
出版日期　2011 年 1 月初版一刷
I S B N　978-986-280-008-9
圖書編號　18041